Beilsteins Handbuch der Organischen Chemie

Beilsteins Handbuch der Organischen Chemie

Vierte Auflage

Drittes und Viertes Ergänzungswerk

Die Literatur von 1930 bis 1959 umfassend

Herausgegeben vom
Beilstein-Institut für Literatur der Organischen Chemie
Frankfurt am Main

Bearbeitet von

Reiner Luckenbach

Unter Mitwirkung von

Oskar Weissbach

Erich Bayer · Adolf Fahrmeir · Friedo Giese · Volker Guth · Irmgard Hagel
Franz-Josef Heinen · Günter Imsieke · Ursula Jacobshagen · Rotraud Kayser
Klaus Koulen · Bruno Langhammer · Dieter Liebegott · Lothar Mähler
Annerose Naumann · Wilma Nickel · Burkhard Polenski · Peter Raig
Helmut Rockelmann · Jürgen Schunck · Eberhard Schwarz · Ilse Sölken
Josef Sunkel · Achim Trede · Paul Vincke

Zweiundzwanzigster Band

Fünfter Teil

Springer-Verlag Berlin · Heidelberg · New York 1979

ISBN 3-540-09649-3 Springer-Verlag, Berlin·Heidelberg·New York
ISBN 0-387-09649-3 Springer-Verlag, New York·Heidelberg·Berlin

© by Springer-Verlag, Berlin · Heidelberg 1979
Library of Congress Catalog Card Number: 22—79
Printed in Germany

Satz, Druck und Bindearbeiten: Universitätsdruckerei H. Stürtz AG Würzburg

Mitarbeiter der Redaktion

Helmut Appelt
Gerhard Aulmich
Gerhard Bambach
Klaus Baumberger
Elise Blazek
Kurt Bohg
Reinhard Bollwan
Jörg Bräutigam
Ruth Brandt
Eberhard Breither
Werner Brich
Stephanie Corsepius
Edgar Deuring
Ingeborg Deuring
Reinhard Ecker
Irene Eigen
Hellmut Fiedler
Franz Heinz Flock
Manfred Frodl
Ingeborg Geibler
Libuse Goebels
Gerhard Grimm
Karl Grimm
Friedhelm Gundlach
Hans Härter
Alfred Haltmeier
Erika Henseleit
Karl-Heinz Herbst
Ruth Hintz-Kowalski
Guido Höffer
Eva Hoffmann
Horst Hoffmann
Werner Hoffmann
Gerhard Hofmann
Gerhard Jooss
Klaus Kinsky
Heinz Klute
Ernst Heinrich Koetter
Irene Kowol

Gisela Lange
Sok Hun Lim
Gerhard Maleck
Kurt Michels
Ingeborg Mischon
Klaus-Diether Möhle
Gerhard Mühle
Heinz-Harald Müller
Ulrich Müller
Peter Otto
Helga Pradella
Hella Rabien
Walter Reinhard
Gerhard Richter
Lutz Rogge
Günter Roth
Liselotte Sauer
Siegfried Schenk
Max Schick
Joachim Schmidt
Werner Schmidt
Gerhard Schmitt
Thilo Schmitt
Peter Schomann
Wolfgang Schütt
Wolfgang Schurek
Bernd-Peter Schwendt
Wolfgang Staehle
Wolfgang Stender
Karl-Heinz Störr
Gundula Tarrach
Hans Tarrach
Elisabeth Tauchert
Mathilde Urban
Rüdiger Walentowski
Hartmut Wehrt
Hedi Weissmann
Frank Wente
Ulrich Winckler
Renate Wittrock

Inhalt — Contents

Dritte Abteilung

Heterocyclische Verbindungen

15. Verbindungen mit einem Stickstoff-Ringatom

VIII. Amine

A. Monoamine

Abkürzungen und Symbole[1])

Abbreviations and symbols[2])

A.	Äthanol	ethanol
Acn.	Aceton	acetone
Ae.	Diäthyläther	diethyl ether
äthanol.	äthanolisch	solution in ethanol
alkal.	alkalisch	alkaline
Anm.	Anmerkung	footnote
at	technische Atmosphäre $(98\,066,5\ \text{N}\cdot\text{m}^{-2} = 0,980665$ bar $= 735,559$ Torr	technical atmosphere
atm	physikalische Atmosphäre	physical (standard) atmosphere
Aufl.	Auflage	edition
B.	Bildungsweise(n), Bildung	formation
Bd.	Band	volume
Bzl.	Benzol	benzene
bzw.	beziehungsweise	or, respectively
c	Konzentration einer optisch aktiven Verbindung in g/100 ml Lösung	concentration of an optically active compound in g/100 ml solution
D	1) Debye (Dimension des Dipolmoments)	1) Debye (dimension of dipole moment)
	2) Dichte (z.B. D_4^{20}: Dichte bei 20° bezogen auf Wasser von 4°)	2) density (e.g. D_4^{20}: density at 20° related to water at 4°)
d	Tag	day
$D(\text{R}-\text{X})$	Dissoziationsenergie der Verbindung RX in die freien Radikale R˙ und X˙	dissociation energy of the compound RX to form the free radicals R˙ and X˙
Diss.	Dissertation	dissertation, thesis
DMF	Dimethylformamid	dimethylformamide
DMSO	Dimethylsulfoxid	dimethyl sulfoxide
E	1) Erstarrungspunkt	1) freezing (solidification) point
	2) Ergänzungswerk des Beilstein-Handbuchs	2) Beilstein supplementary series
E.	Äthylacetat	ethyl acetate
Eg.	Essigsäure (Eisessig)	acetic acid
engl. Ausg.	englische Ausgabe	english edition
EPR	Elektronen-paramagnetische Resonanz (= ESR)	electron paramagnetic resonance (= ESR)
F	Schmelzpunkt (-bereich)	melting point (range)
Gew.-%	Gewichtsprozent	percent by weight
grad	Grad	degree
H	Hauptwerk des Beilstein-Handbuchs	Beilstein basic series
h	Stunde	hour
Hz	Hertz (= s⁻¹)	cycles per second (= s⁻¹)
K	Grad Kelvin	degree Kelvin
konz.	konzentriert	concentrated
korr.	korrigiert	corrected

[1]) Bezüglich weiterer, hier nicht aufgeführter Symbole und Abkürzungen für physikalisch chemische Grössen und Einheiten s.

[2]) For other symbols and abbreviations for physicochemical quantities and units not listed here see

International Union of Pure and Applied Chemistry Manual of Symbols and Terminology for Physicochemical Quantities and Units (1969) [London 1970].

Kp	Siedepunkt (-bereich)	boiling point (range)
l	1) Liter	1) litre
	2) Rohrlänge in dm	2) length of cell in dm
$[M]_\lambda^t$	molares optisches Drehungsvermögen für Licht der Wellenlänge λ bei der Temperatur t	molecular rotation for the wavelength λ and the temperature t
m	1) Meter	1) metre
	2) Molarität einer Lösung	2) molarity of solution
Me.	Methanol	methanol
n	1) bei Dimensionen von Elementarzellen: Anzahl der Moleküle pro Elementarzelle	1) number of formula units in the unit cell
	2) Normalität einer Lösung	2) normality of solution
	3) nano $(=10^{-9})$	3) nano $(=10^{-9})$
	4) Brechungsindex (z.B. $n_{656,1}^{15}$: Brechungsindex für Licht der Wellenlänge 656,1 nm bei 15°)	4) refractive index (e.g. $n_{656,1}^{15}$: refractive index for the wavelength 656.1 nm and 15°)
opt.-inakt.	optisch inaktiv	optically inactive
p	Konzentration einer optisch aktiven Verbindung in g/100 g Lösung	concentration of an optically active compound in g/100 g solution
PAe.	Petroläther, Benzin, Ligroin	petroleum ether, ligroin
Py.	Pyridin	pyridine
S.	Seite	page
s	Sekunde	second
s.	siehe	see
s. a.	siehe auch	see also
s. o.	siehe oben	see above
sog.	sogenannt	so called
Spl.	Supplement	supplement
... stdg.	... stündig (z.B. 3-stündig)	for ... hours (e.g. for 3 hours)
s. u.	siehe unten	see below
Syst.-Nr.	System-Nummer	system number
THF	Tetrahydrofuran	tetrahydrofuran
Tl.	Teil	part
Torr	Torr (= mm Quecksilber)	torr (= millimetre of mercury)
unkorr.	unkorrigiert	uncorrected
unverd.	unverdünnt	undiluted
verd.	verdünnt	diluted
vgl.	vergleiche	compare (cf.)
W.	Wasser	water
wss.	wässrig	aqueous
z.B.	zum Beispiel	for example (e.g.)
Zers.	Zersetzung	decomposition
zit. bei	zitiert bei	cited in
α_λ^t	optisches Drehungsvermögen (Erläuterung s. bei $[M_\lambda^t]$)	angle of rotation (for explanation see $[M_\lambda^t]$)
$[\alpha]_\lambda^t$	spezifisches optisches Drehungsvermögen (Erläuterung s. bei $[M]_\lambda^t$)	specific rotation (for explanation see $[M]_\lambda^t$)
ε	1) Dielektrizitätskonstante	1) dielectric constant, relative permittivity
	2) Molarer dekadischer Extinktionskoeffizient	2) molar extinction coefficient
$\lambda_{(max)}$	Wellenlänge (eines Absorptionsmaximums)	wavelength (of an absorption maximum)
μ	Mikron $(=10^{-6}$ m)	micron $(=10^{-6}$ m)
°	Grad Celsius oder Grad (Drehungswinkel)	degree Celsius or degree (angle of rotation)

Stereochemische Bezeichnungsweisen

Übersicht

Präfix	Definition in §	Symbol	Definition in §
allo	5c, 6c	c	4a—e
altro	5c, 6c	c_F	7a
		D	6a, b, c
anti	3a, 9	D_g	6b
arabino	5c	D_r	7b
		D_s	6b
cat$_F$	7a	(e)	3b
cis	2	(E)	3a
endo	8	L	6a,b,c
ent	10e	L_g	6b
		L_r	7b
erythro	5a	L_s	6b
exo	8	r	4c, d, e
galacto	5c, 6c	r_F	7a
gluco	5c, 6c	(r)	1a
glycero	6c	(R)	1a
gulo	5c, 6c	(R_a)	1b
ido	5c, 6c	(R_p)	1b
		$(\overline{RS})$	1a
lyxo	5c	(s)	1a
manno	5c, 6c	(S)	1a
meso	5b	(S_a)	1b
rac	10e	(S_p)	1b
racem.	5b	t	4a—e
rel	1c	t_F	7a
ribo	5c	(z)	3b
s-cis	3b	(Z)	3a
seqcis	3a	α	10a, c, d
seqtrans	3a	α_F	10b, c
s-trans	3b	β	10a, c, d
syn	3a, 9	β_F	10b, c
talo	5c, 6c	ξ	11a
threo	5a	(ξ)	11c
trans	2	$\varXi$	11b
		$(\varXi)$	11b
		$(\varXi_a)$	11c
xylo	5c	$(\varXi_p)$	11c
		*	12

§ 1. a) Die Symbole (**R**) und (**S**) bzw. (**r**) und (**s**) kennzeichnen die absolute
Konfiguration an Chiralitätszentren (Asymmetriezentren) bzw. ,,Pseu-
doasymmetriezentren'' gemäss der ,,Sequenzregel'' und ihren Anwen-
dungsvorschriften (*Cahn, Ingold, Prelog*, Experientia **12** [1956] 81;
Ang. Ch. **78** [1966] 413, 419; Ang. Ch. int. Ed. **5** [1966] 385, 390,
511; *Cahn, Ingold*, Soc. **1951** 612; s. a. *Cahn*, J. chem. Educ. **41** [1964]
116, 508).

Zur Kennzeichnung der Konfiguration von Racematen aus Verbindungen mit mehreren Chiralitätszentren dienen die Buchstaben-
paare (**RS**) und (**SR**), wobei z. B. durch das Symbol (1*RS*,2*SR*) das
aus dem (1*R*,2*S*)-Enantiomeren und dem (1*S*,2*R*)-Enantiomeren
bestehende Racemat spezifiziert wird (vgl. *Cahn, Ingold, Prelog*, Ang.
Ch. **78** 435; Ang. Ch. int. Ed. **5** 404).

Das Symbol ($\overline{RS}$) kennzeichnet ein Gemisch von annähernd gleichen
Teilen des (*R*)-Enantiomeren und des (*S*)-Enantiomeren.

Beispiele:
  (*R*)-Propan-1,2-diol [E IV **1** 2468]
  (1*R*,3*S*,4*S*)-3-Chlor-*p*-menthan [E IV **5** 152]
  (3a*R*:4*S*:8*R*:8a*S*:9*s*)-9-Hydroxy-2.2.4.8-tetramethyl-decahydro-
      4.8-methano-azulen [E III **6** 425]
  (1*RS*,2*SR*)-2-Amino-1-benzo[1,3]dioxol-5-yl-propan-1-ol [E III/IV **19** 4221]
  (2$\overline{RS}$,4′*R*,8′*R*)-β-Tocopherol [E III/IV **17** 1427]

b) Die Symbole (**R**$_a$) und (**S**$_a$) bzw. (**R**$_p$) und (**S**$_p$) werden in Anlehnung
an den Vorschlag von *Cahn, Ingold* und *Prelog* (Ang. Ch. **78** 437;
Ang. Ch. int. Ed. **5** 406) zur Kennzeichnung der Konfiguration von
Elementen der axialen bzw. planaren Chiralität verwendet.

Beispiele:
  (*R*$_a$)-1,11-Dimethyl-5,7-dihydro-dibenz[*c,e*]oxepin [E III/IV **17** 642]
  (*R*$_a$:*S*$_a$)-3.3′.6′.3′′-Tetrabrom-2′.5′-bis-[((1*R*)-menthyloxy)-acetoxy]-
      2.4.6.2′′.4′′.6′′-hexamethyl-*p*-terphenyl [E III **6** 5820]
  (*R*$_p$)-Cyclohexanhexol-(1*r*.2*c*.3*t*.4*c*.5*t*.6*t*) [E III **6** 6925]

c) Das Symbol *rel* in einem mindestens zwei Chiralitätssymbole [(**R**)
bzw. (**S**); s.o.] enthaltenden Namen einer optisch-aktiven Verbindung
deutet an, dass die Chiralitätssymbole keine absolute, sondern nur
eine relative Konfiguration spezifizieren.

Beispiel:
  (+)(*rel*-1*R*:1′*S*)-(1*rH*.1′*r′H*)-Bicyclohexyl-dicarbonsäure-(2*c*.2′*t*′)
      [E III **9** 4021]

§ 2. Die Präfixe *cis* bzw. *trans* geben an, dass sich die beiden Bezugsliganden
auf der gleichen Seite (*cis*) bzw. auf den entgegengesetzten Seiten
(*trans*) der Bezugsfläche befinden. Bei Olefinen verläuft die ,,Bezugs-
fläche'' durch die beiden doppelt gebundenen Atome und steht
senkrecht zu der Ebene, in der die doppelt gebundenen und die vier
hiermit einfach verbundenen Atome liegen; bei cyclischen Verbindungen wird die Bezugsfläche durch die Ringatome fixiert.

Beispiele:
  β-Brom-*cis*-zimtsäure [E III **9** 2732]
  2-[4-Nitro-*trans*-styryl]-pyridin [E III/IV **20** 3879]
  5-*cis*-Propenyl-benzo[1,3]dioxol [E III/IV **19** 273]

3-[*trans*-2-Nitro-vinyl]-pyridin [E III/IV **20** 2887]
trans-2-Methyl-cyclohexanol [E IV **6** 100]
cis-2-Isopropyl-bicyclohexyl [E IV **5** 352]
4a,8a-Dibrom-*trans*-decahydro-naphthalin [E IV **5** 314]

§ 3. a) Die — bei Bedarf mit einer Stellungsbezeichnung versehenen — Symbole
(**E**) bzw. (**Z**) am Anfang eines Namens oder Namensteils kennzeichnen
die Konfiguration an vorhandenen Doppelbindungen. Sie zeigen an,
dass sich die — jeweils mit Hilfe der Sequenzregel (s. § 1a) ausgewählten — Bezugsliganden an den jeweiligen doppelt gebundenen
Atomen auf den entgegengesetzten Seiten (E) bzw. auf der gleichen
Seite (Z) der Bezugsfläche (vgl. § 2) befinden.

Beispiele:
(E)-1,2,3-Trichlor-propen [E IV **1** 748]
(Z)-1,3-Dichlor-but-2-en [E IV **1** 786]
3*endo*-[(Z)-2-Cyclohexyl-2-phenyl-vinyl]-tropan [E III/IV **20** 3711]
Piperonal-(E)-oxim [E III/IV **19** 1667]

Anstelle von (E) bzw. (Z) waren früher die Bezeichnungen *seqtrans* bzw. *seqcis*
sowie zur Kennzeichnung von stickstoffhaltigen funktionellen Derivaten der Al=
dehyde auch die Bezeichnungen **syn** bzw. **anti** in Gebrauch.

Beispiele:
(3S)-9.10-Seco-cholestadien-(5(10).7*seqtrans*)-ol-(3) [E III **6** 2602]
1.1.3-Trimethyl-cyclohexen-(3)-on-(5)-*seqcis*-oxim [E III **7** 285]
Perillaaldehyd-*anti*-oxim [E III **7** 567]

b) Die — bei Bedarf mit einer Stellungsbezeichnung versehenen — Symbole (**e**) bzw. (**z**) am Anfang eines Namens oder Namensteils kennzeichnen die Konfiguration (Konformation) an den vorhandenen
nicht frei drehbaren Einfachbindungen zwischen zwei dreibindigen
Atomen. Sie zeigen an, dass sich die — jeweils mit Hilfe der Sequenzregel (s. § 1a) ausgewählten — Bezugsliganden an den beiden einfach gebundenen Atomen auf den entgegengesetzten Seiten (e) bzw. auf der
gleichen Seite (z) der durch die einfach gebundenen Atome verlau-
fenden Bezugsgeraden befinden.

Beispiel:
(e)-N-Methyl-thioformamid [E IV **4** 171]

Mit gleicher Bedeutung werden in der Literatur auch die Bezeichnungen **s-trans**
(= *single-trans*) bzw. **s-cis** (= *single-cis*) verwendet.

§ 4. a) Die Symbole **c** bzw. **t** hinter der Stellungsziffer einer C,C-Doppel-
bindung geben an, dass die jeweiligen Bezugsliganden an den beiden
doppelt-gebundenen Kohlenstoff-Atomen cis-ständig (*c*) bzw. trans-
ständig (*t*) sind (vgl. § 2). Als „Bezugsligand" gilt an jedem der beiden
doppelt-gebundenen Atome derjenige äussere — d. h. nicht der Bezugsfläche angehörende — Ligand, der der gleichen Bezifferungseinheit angehört wie das mit ihm verknüpfte doppelt-gebundene Atom.
Gehören beide äusseren Liganden eines der doppelt-gebundenen Atome
der gleichen Bezifferungseinheit an, so gilt der niedrigerbezifferte als
Bezugsligand.

Beispiele:
2-Methyl-oct-3*t*-en-2-ol [E IV **1** 2177]
Cycloocta-1*c*,3*t*-dien [E IV **5** 402]

9,11α-Epoxy-5α-ergosta-7,22*t*-dien-3β-ol [E III/IV **17** 1574]
3β-Acetoxy-16α-hydroxy-23,24-dinor-5α-chol-17(20)*t*-en-21-säure-lacton
      [E III/IV **18** 470]
(3*S*)-9.10-Seco-ergostatrien-(5*t*.7*c*.10(19))-ol-(3) [E III **6** 2832]

b) Die Symbole *c* bzw. *t* hinter der Stellungsziffer eines Substituenten
   an einem doppelt-gebundenen endständigen Kohlenstoff-Atom oder
   vor der eine „offene" Valenz an einem solchen Atom anzeigenden
   Endung -yl geben an, dass dieser Substituent bzw. der mit der „offe-
   nen" Valenz verknüpfte Rest cis-ständig (*c*) bzw. trans-ständig (*t*)
   (vgl. § 2) zum Bezugsliganden (vgl. § 4a) ist.

   Beispiele:
      1*t*,2-Dibrom-propen [E IV **1** 760]
      1*c*,2-Dibrom-3-methyl-buta-1,3-dien [E IV **1** 1005]
      1-But-1-en-*t*-yl-cyclohexen [E IV **5** 431]

c) Die Symbole *c* bzw. *t* hinter der Stellungsziffer 2 eines Substituenten
   am Äthylen-System geben die cis-Stellung (*c*) bzw. die trans-Stellung
   (*t*) (vgl. § 2) dieses Substituenten zu dem durch das Symbol *r* ge-
   kennzeichneten Bezugsliganden an dem mit 1 bezifferten Kohlenstoff-
   Atom an.

   Beispiel:
      1.2*t*-Diphenyl-1*r*-[4-chlor-phenyl]-äthylen [E III **5** 2399]

d) Die mit der Stellungsziffer eines Substituenten (oder den Stellungs-
   ziffern einer im Namen durch ein Präfix bezeichneten Brücke eines
   Ringsystems) kombinierten Symbole *c* bzw. *t* geben an, dass sich
   der Substituent (oder die mit dem Stamm-Ringsystem verknüpften
   Brückenatome) auf der gleichen Seite (*c*) bzw. der entgegengesetzten
   Seite (*t*) der Bezugsfläche befinden wie der Bezugsligand. Dieser Bezugsligand ist durch Hinzufügen des Symbols *r* zu seiner Stellungsziffer kenntlich gemacht.
   Bei einer aus mehreren isolierten Ringen oder Ringsystemen bestehen-
   den Verbindung kann jeder Ring bzw. jedes Ringsystem als gesonderte
   Bezugsfläche für Konfigurationskennzeichen fungieren; die zusammen-
   gehörigen Sätze von Konfigurationssymbolen *r*, *c* und *t* sind dann im
   Namen der Verbindung durch Klammerung voneinander getrennt
   oder durch Strichelung unterschieden (s. Beispiele 1 und 2 unter Abschnitt e).

   Beispiele:
      1*r*,2*t*,3*c*,4*t*-Tetrabrom-cyclohexan [E IV **5** 76]
      1*r*-Acetoxy-1,2*c*-dimethyl-cyclopentan [E IV **6** 111]
      [1,2*c*-Dibrom-cyclohex-*r*-yl]-methanol [E IV **6** 109]
      2*c*-Chlor-(4a*r*,8a*t*)-decahydro-naphthalin [E IV **5** 313]
      5*c*-Brom-(3a*t*,7a*t*)-octahydro-4*r*,7-methano-inden [E IV **5** 467]

e) Die mit einem (gegebenenfalls mit hochgestellter Stellungsziffer ausgestatteten) Atomsymbol kombinierten Symbole *r*, *c* oder *t* beziehen
   sich auf die räumliche Orientierung des indizierten Atoms relativ zur
   Bezugsfläche.

Beispiele:

1-[(4aR)-6t-Hydroxy-2c.5.5.8at-tetramethyl-(4arH)-decahydro-naphth=
yl-(1t)]-2-[(4aR)-6t-hydroxy-2t.5.5.8at-tetramethyl-(4arH)-decahydro-
naphthyl-(1t)]-äthan [E III 6 4829]

2-[(5S)-6,10c'-Dimethyl-(5rC^6,5$r'C^1$)-spiro[4.5]dec-6-en-2t-yl]-propan-2-ol
[E IV 6 419]

(6R)-2ξ-Isopropyl-6c,10ξ-dimethyl-(5rC^1)-spiro[4.5]decan [E IV 5 352]

(1rC^8,2tH,4tH)-Tricyclo[3.2.2.0^{2,4}]nonan-6c,7c-dicarbonsäure-anhydrid
[E III/IV 17 6079]

§ 5. a) Die Präfixe *erythro* und *threo* zeigen an, dass sich die Bezugsliganden
(das sind zwei gleiche oder jeweils die von Wasserstoff verschiedenen
Liganden) an zwei einer Kette angehörenden Chiralitätszentren auf
der gleichen Seite (*erythro*) bzw. auf den entgegengesetzten Seiten
(*threo*) der Fischer-Projektion dieser Kette befinden.

Beispiele:

threo-Pentan-2,3-diol [E IV 1 2543]
threo-3-Hydroxy-2-methyl-valeriansäure [E IV 3 849]
erythro-α'-[4-Methyl-piperidino]-bibenzyl-α-ol [E III/IV 20 1516]

b) Das Präfix *meso* gibt an, dass ein mit einer geraden Anzahl von
Chiralitätszentren ausgestattetes Molekül eine Symmetrieebene oder
ein Symmetriezentrum aufweist. Das Präfix *racem.* kennzeichnet ein
Gemisch gleicher Mengen von Enantiomeren, die zwei identische
Chiralitätszentren oder zwei identische Sätze von Chiralitätszentren
enthalten.

Beispiele:

meso-Pentan-2,4-diol [E IV 1 2543]
meso-1,4-Dipiperidino-butan-2,3-diol [E III/IV 20 1235]
racem.-3,5-Dichlor-2,6-cyclo-norbornan [E IV 5 400]
racem.-(1rH.1$'r'H$)-Bicyclohexyl-dicarbonsäure-(2c.2$'c'$) [E III 9 4020]

c) Die „Kohlenhydrat-Präfixe" *ribo, arabino, xylo* und *lyxo* bzw. *allo,
altro, gluco, manno, gulo, ido, galacto* und *talo* kennzeichnen die
relative Konfiguration von Molekülen mit drei Chiralitätszentren
(deren mittleres ein „Pseudoasymmetriezentrum" sein kann) bzw. vier
Chiralitätszentren, die sich jeweils in einer unverzweigten Kette befinden. In den nachstehend abgebildeten „Leiter-Mustern" geben die
horizontalen Striche die Orientierung der Bezugsliganden an der jeweils als Fischer-Projektion wiedergegebenen Kohlenstoffkette an[1]).

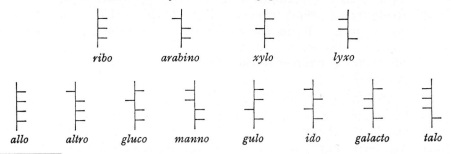

ribo   arabino   xylo   lyxo

allo   altro   gluco   manno   gulo   ido   galacto   talo

[1]) Das niedrigstbezifferte Atom befindet sich hierbei am oberen Ende der vertikal dargestellten Kette der Bezifferungseinheit.

Beispiele:
  ribo-2,3,4-Trimethoxy-pentan-1,5-diol [E IV **1** 2834]
  galacto-Hexan-1,2,3,4,5,6-hexaol [E IV **1** 2844]

§ 6. a) Die ,,Fischer-Symbole" D bzw. L im Namen einer Verbindung mit
       einem Chiralitätszentrum geben an, dass sich der Bezugsligand (d. i.
       der von Wasserstoff verschiedene, nicht der durch den Namensstamm
       gekennzeichneten Kette angehörende Ligand) am Chiralitätszentrum
       in der Fischer-Projektion[1]) auf der rechten Seite (D) bzw. auf der
       linken Seite (L) der Kette befindet.

       Beispiele:
         D-Tetradecan-1,2-diol [E IV **1** 2631]
         L-4-Methoxy-valeriansäure [E IV **3** 812]

   b) In Kombination mit dem Präfix *erythro* geben die Symbole D und L
      an, dass sich die beiden Bezugsliganden auf der rechten Seite (D) bzw.
      auf der linken Seite (L) der Fischer-Projektion[1]) befinden. Die mit
      dem Präfix *threo* kombinierten Symbole D_g und D_s geben an, dass sich
      der höherbezifferte (D_g) bzw. der niedrigerbezifferte (D_s) Bezugsligand
      auf der rechten Seite der Fischer-Projektion[1]) befindet; linksseitige
      Position des jeweiligen Bezugsliganden wird entsprechend durch die
      Symbole L_g bzw. L_s angezeigt.
      In Kombination mit den in § 5c aufgeführten konfigurationsbestim-
      menden Präfixen werden die Symbole D und L ohne Index verwendet;
      sie beziehen sich dabei jeweils auf die Orientierung des höchstbezif-
      ferten (d. h. des in der Abbildung am weitesten unten erscheinenden)
      Bezugsliganden (die in § 5c abgebildeten ,,Leiter-Muster" repräsen-
      tieren jeweils das D-Enantiomere).

      Beispiele:
        D-*erythro*-Nonan-1,2,3-triol [E IV **1** 2792]
        D_s-*threo*-1,4-Dibrom-2,3-dimethyl-butan [E IV **1** 375]
        L_g-*threo*-Hexadecan-7,10-diol [E IV **1** 2636]
        D-*lyxo*-Pentan-1,2,3,4-tetraol [E IV **1** 2811]
        6-Allyloxy-D-*manno*-hexan-1,2,3,4,5-pentaol [E IV **1** 2846]

   c) Kombination der Präfixe D-*glycero* oder L-*glycero* mit einem der
      in § 5c in der zweiten Formelzeile aufgeführten, jeweils mit einem
      Fischer-Symbol versehenen Kohlenhydrat-Präfixe dienen zur Kenn-
      zeichnung der Konfiguration von Molekülen mit fünf in einer Kette
      angeordneten Chiralitätszentren (deren mittleres auch ,,Pseudo-
      asymmetriezentrum" sein kann). Dabei bezieht sich das Kohlenhydrat-
      Präfix auf die vier niedrigstbezifferten Chiralitätszentren, das Präfix
      D-*glycero* oder L-*glycero* auf das höchstbezifferte (d. h. in der Abbildung
      am weitesten unten erscheinende) Chiralitätszentrum.

      Beispiel:
        D-*glycero*-L-*gulo*-Heptit [E IV **1** 2854]

§ 7. a) Die Symbole c_F bzw. t_F hinter der Stellungsziffer eines Substituenten
       an einer mehrere Chiralitätszentren aufweisenden Kette geben an,
       dass sich dieser Substituent und der Bezugssubstituent, der seiner-
       seits durch das Symbol r_F gekennzeichnet wird, auf der gleichen
       Seite (c_F) bzw. auf den entgegengesetzten Seiten (t_F) der Fischer-

Projektion befinden. Ist eines der endständigen Atome der Kette Chiralitätszentrum, so wird der Stellungsziffer des „catenoiden" Substituenten (d. h. des Substituenten, der in der Fischer-Projektion als Verlängerung an der Kette erscheint) das Symbol *cat*$_F$ beigefügt.

b) Die Symbole D$_r$ bzw. L$_r$ am Anfang eines mit dem Kennzeichen *r*$_F$ ausgestatteten Namens geben an, dass sich der Bezugssubstituent auf der rechten Seite (D$_r$) bzw. auf der linken Seite (L$_r$) der in Fischer-Projektion [1]) wiedergegebenen Kette der Bezifferungseinheit befindet.

Beispiele:
Heptan-1,2$r$$_F$,3$c$$_F$,4$t$$_F$,5$c$$_F$,6$c$$_F$,7-heptaol [E IV **1** 2854]
L$_r$-1$c$$_F$,2$t$$_F$,3$t$$_F$,4$c$$_F$,5$r$$_F$-Pentahydroxy-hexan-1$cat$$_F$-sulfonsäure [E IV **1** 4275]

§ 8. Die Symbole *endo* bzw. *exo* hinter der Stellungsziffer eines Substituenten eines Bicycloalkans geben an, dass der Substituent der niedriger bezifferten Nachbarbrücke zugewandt (*endo*) bzw. abgewandt (*exo*) ist.

Beispiele:
5*endo*-Brom-norborn-2-en [E IV **5** 398]
2*endo*,3*exo*-Dimethyl-norbornan [E IV **5** 294]
4*endo*,7,7-Trimethyl-6-oxa-bicyclo[3.2.1]octan-3*exo*,4*exo*-diol
[E III/IV **17** 2044]

§ 9. Die Symbole *syn* bzw. *anti* hinter der Stellungsziffer eines Substituenten an einem Atom der höchstbezifferten Brücke eines Bicycloalkan-Systems oder einer Brücke über ein ortho- oder ortho/perianelliertes Ringsystem geben an, dass der Substituent der Nachbarbrücke zugewandt (*syn*) bzw. abgewandt (*anti*) ist, die das niedrigstbezifferte Ringatom aufweist.

Beispiele:
(3a*R*)-9*syn*-Chlor-1,5,5,8-tetramethyl-(3a*t*,8a*t*)-decahydro-1*r*,4-methano-
azulen [E IV **5** 498]
5*exo*,7*anti*-Dibrom-norborn-2-en [E IV **5** 399]
3*endo*,8*syn*-Dimethyl-7-oxo-6-oxa-bicyclo[3.2.1]octan-2*endo*-carbonsäure
[E III/IV **18** 5363]

§ 10. a) Die Symbole α bzw. β hinter der Stellungsziffer eines ringständigen Substituenten im halbrationalen Namen einer Verbindung mit einer dem Cholestan [E III **5** 1132] entsprechenden Bezifferung und Projektionsanlage geben an, dass sich der Substituent auf der dem Betrachter abgewandten (α) bzw. zugewandten (β) Seite der Fläche des Ringgerüstes befindet.

Beispiele:
3β-Piperidino-cholest-5-en [E III/IV **20** 361]
21-Äthyl-4-methyl-16-methylen-7,20-cyclo-veatchan-1α,15β-diol [E III/IV
21 2308]
3β,21β-Dihydroxy-lupan-29-säure-21-lacton [E III/IV **18** 485]
Onocerandiol-(3β.21α) [E III **6** 4829]

b) Die Symbole α$_F$ bzw. β$_F$ hinter der Stellungsziffer eines an der Seitenkette befindlichen Substituenten im halbrationalen Namen einer Verbindung der unter a) erläuterten Art geben an, dass sich der Substituent auf der rechten (α_F) bzw. linken (β_F) Seite der in Fischer-Projektion dargestellten Seitenkette befindet, wobei sich hier das niedrigst-beziffertе Atom am unteren Ende der Kette befindet.

Beispiele:

16α,17-Epoxy-pregn-5-en-3β,20β_F-diol [E III/IV **17** 2137]

22α_F,23α_F-Dibrom-9,11α-epoxy-5α-ergost-7-en-3β-ol [E III/IV **17** 1519]

c) Die Symbole α und β, die zusammen mit der Stellungsziffer eines angularen oder eines tertiären peripheren Kohlenstoff-Atoms (im zuletzt genannten Fall ist hinter α bzw. *β* das Symbol *H* eingefügt) unmittelbar vor dem Stamm eines Halbrationalnamens erscheinen, kennzeichnen im Sinn von § 10a die räumliche Orientierung der betreffenden angularen Bindung bzw. (im Falle von *αH* und *βH*) des betreffenden (evtl. substituierten) Wasserstoff-Atoms, die entweder durch die Definition des Namensstamms nicht festgelegt ist oder von der Definition abweicht [Epimerie].

In gleicher Weise kennzeichnen die Symbole $\alpha_F H$ und $\beta_F H$ im Sinne von § 10b die von der Definition des Namensstamms abweichende Orientierung des (gegebenenfalls substituierten) Wasserstoff-Atoms an einem Chiralitätszentrum in der Seitenkette von Verbindungen mit einem Halbrationalnamen.

Beispiele:

5,6β-Epoxy-5β,9β,10α-ergosta-7,22*t*-dien-3β-ol [E III/IV **17** 1573]

(25*R*)-5α,20α*H*,22α*H*-Furostan-3β,6α,26-triol [E III/IV **17** 2348]

4β*H*,5α-Eremophilan [E IV **5** 356]

(11*S*)-4-Chlor-8β-hydroxy-4β*H*-eudesman-12-säure-lacton [E III/IV **17** 4674]

5α.20$\beta_F H$.24$\beta_F H$-Ergostanol-(3β) [E III **6** 2161]

d) Die Symbole α bzw. β vor dem halbrationalen Namen eines Kohlen-hydrats, eines Glykosids oder eines Glykosyl-Radikals geben an, dass sich der Bezugsligand (d. h. die am höchstbezifferten chiralen Atom der Kohlenstoff-Kette befindliche Hydroxy-Gruppe) und die mit dem Glykosyl-Rest verbundene Gruppe (bei Pyranosen und Furanosen die Hemiacetal-OH-Gruppe) auf der gleichen (α) bzw. der entgegengesetzten (*β*) Seite der Bezugsgeraden befinden. Die Bezugsgerade besteht dabei aus derjenigen Kette, die die cyclischen Bindungen am acetalischen Kohlenstoff-Atom sowie alle weiteren C,C-Bindungen in der entsprechend § 5c definierten Orientierung der Fischer-Projektion enthält.

Beispiele:

O^2-Methyl-β-D-glucopyranose [E IV **1** 4347]

Methyl-α-D-glucopyranosid [E III/IV **17** 2909]

Tetra-*O*-acetyl-α-D-fructofuranosylchlorid [E III/IV **17** 2651]

e) Das Präfix *ent* vor dem halbrationalen Namen einer Verbindung mit mehreren Chiralitätszentren, deren Konfiguration mit dem Namen festgelegt ist, dient zur Kennzeichnung des Enantiomeren der betreffenden Verbindung. Das Präfix *rac* wird zur Kennzeichnung des einer solchen Verbindung entsprechenden Racemats verwendet.

Beispiele:

ent-(13*S*)-3β,8-Dihydroxy-labdan-15-säure-8-lacton [E III/IV **18** 138]

rac-4,10-Dichlor-4β*H*,10β*H*-cadinan [E IV **5** 354]

§ 11. a) Das Symbol ξ tritt an die Stelle von *cis, trans, c, t,* c_F, t_F, cat_F, *endo, exo, syn, anti,* α, β, α$_F$ oder β$_F$, wenn die Konfiguration an der betreffenden Doppelbindung bzw. an dem betreffenden Chiralitätszentrum (oder die konfigurative Einheitlichkeit eines Präparats hinsichtlich des betreffenden Strukturelements) ungewiss ist.

Beispiele:
1-Nitro-ξ-cycloocten [E IV **5** 264]
1*t*,2-Dibrom-3-methyl-penta-1,3ξ-dien [E IV **1** 1022]
(4a*S*)-2ξ,5ξ-Dichlor-2ξ,5ξ,9,9-tetramethyl-(4a*r*,9a*t*)-decahydro-benzo⸗
   cyclohepten [E IV **5** 353]
D$_r$-1ξ-Phenyl-1ξ-*p*-tolyl-hexanpentol-(2r_F.3t_F.4c_F.5c_F.6) [E III **6** 6904]
6ξ-Methyl-bicyclo[3.2.1]octan [E IV **5** 293]
4,10-Dichlor-1β,4ξ*H*,10ξ*H*-cadinan [E IV **5** 354]
(11*S*)-6ξ,12-Epoxy-4ξ*H*,5ξ-eudesman [E III/IV **17** 350]
3β,5-Diacetoxy-9,11α;22ξ,23ξ-diepoxy-5α-ergost-7-en [E III/IV **19** 1091]

b) Das Symbol Ξ tritt an die Stelle von D oder L, das Symbol (Ξ) an die Stelle von (*R*) oder (*S*) bzw. von (*E*) oder (*Z*), wenn die Konfiguration an dem betreffenden Chiralitätszentrum bzw. an der betreffenden Doppelbindung (oder die konfigurative Einheitlichkeit eines Präparats hinsichtlich des betreffenden Strukturelements) ungewiss ist.

Beispiele:
N-{*N*-[*N*-(Toluol-sulfonyl-(4))-glycyl]-Ξ-seryl}-L-glutaminsäure [E III **11** 280]
(3Ξ,6*R*)-1,3,6-Trimethyl-cyclohexen [E IV **5** 288]
(1*Z*,3Ξ)-1,2-Dibrom-3-methyl-penta-1,3-dien [E IV **1** 1022]

c) Die Symbole (Ξ_a) und (Ξ_p) zeigen unbekannte Konfiguration von Strukturelementen mit axialer bzw. planarer Chiralität (oder ungewisse Einheitlichkeit eines Präparats hinsichtlich dieser Elemente) an; das Symbol (ξ) kennzeichnet unbekannte Konfiguration eines Pseudo-asymmetriezentrums.

Beispiele:
(Ξ_a,6Ξ)-6-[(1*S*,2*R*)-2-Hydroxy-1-methyl-2-phenyl-äthyl]-6-methyl-5,6,7,8-
   tetrahydro-dibenz[*c*,*e*]azocinium-jodid [E III/IV **20** 3932]
(3ξ)-5-Methyl-spiro[2.5]octan-dicarbonsäure-(1*r*.2*c*) [E III **9** 4002]

§ 12. Das Symbol * am Anfang eines Artikels bedeutet, dass über die Konfiguration oder die konfigurative Einheitlichkeit des beschriebenen Präparats keine Angaben oder hinreichend zuverlässige Indizien vorliegen. Wenn mehrere Präparate in einem solchen Artikel beschrieben sind, ist deren Identität nicht gewährleistet.

Stereochemical Conventions

Contents

§ 1. a) The symbols (R) and (S) or (r) and (s) describe the absolute configuration of a chiral centre (centre of asymmetry) or pseudo-asymmetrical centre, following the Sequence-Rule and its applications. (*Cahn, Ingold, Prelog,* Experientia **12** [1956] 81; Ang. Ch. **78** [1966] 413, 419; Ang. Ch. int. Ed. **5** [1966] 385, 390; *Cahn, Ingold,* Soc. **1951** 612; see also *Cahn,* J. chem. Educ. **41** [1964] 116, 508). To define the configuration of racemates of compounds with several chiral centres, the letter-pairs (RS) and (SR) are used; thus $(1RS,2SR)$ specifies a racemate composed of the $(1R,2S)$-enantiomer and the $(1S,2R)$-enantiomer. (cf. *Cahn, Ingold, Prelog,* Ang. Ch. **78** 435; Ang. Ch. int. Ed. **5** 404). The symbol $(\overline{RS})$ represents a mixture of approximately equal parts of the (R)- and (S)-enantiomers.

Examples:
(R)-Propan-1,2-diol [E IV **1** 2468]
$(1R,3S,4S)$-3-Chlor-p-menthan [E IV **5** 152]
$(3aR:4S:8R:8aS:9s)$-9-Hydroxy-2.2.4.8-tetramethyl-decahydro-
    4.8-methano-azulen [E III **6** 425]
$(1RS,2SR)$-2-Amino-1-benzo[1,3]dioxol-5-yl-propan-1-ol [E III/IV **19** 4221]
$(2\overline{RS},4'R,8'R)$-β-Tocopherol [E III/IV **17** 1427]

b) The symbols (R_a) and (S_a) or (R_p) and (S_p) are used (following the suggestion of *Cahn, Ingold* and *Prelog,* Ang. Ch. **78** 437; Ang. Ch. int. Ed. **5** 406) to define the configuration of elements of axial or planar chirality.

Examples:
(R_a)-1,11-Dimethyl-5,7-dihydro-dibenz[c,e]oxepin [E III/IV **17** 642]
$(R_a:S_a)$-3.3'.6'.3''-Tetrabrom-2'.5'-bis-[((1R)-menthyloxy)-acetoxy]-
    2.4.6.2''.4''.6''-hexamethyl-p-terphenyl [E III **6** 5820]
(R_p)-Cyclohexanhexol-(1r.2c.3t.4c.5t.6t) [E III **6** 6925]

c) The symbol *rel* in an optically active compound containing at least two chirality centres designated (R) or (S) (see above) indicates that the configurational symbols specify a relative rather than an absolute configuration.

Example:
$(+)(rel$-1$R:1'S)$-(1rH.1$'r'H$)-Bicyclohexyl-dicarbonsäure-(2c.2't')
    [E III **9** 4021]

§ 2.   The prefices *cis* or *trans* indicate that the given ligands are to be found on the same side (*cis*) or the opposite side (*trans*) of the reference plane. In olefins, this plane contains the two carbon nuclei of the double bond, and lies perpendicular to the nodal plane of the p_z orbitals of the pi bond. In cyclic compounds, the ring atoms are used to define the reference plane.

Examples:
β-Brom-*cis*-zimtsäure [E III **9** 2732]
2-[4-Nitro-*trans*-styryl]-pyridin [E III/IV **20** 3879]
5-*cis*-Propenyl-benzo[1,3]dioxol [E III/IV **19** 273]
3-[*trans*-2-Nitro-vinyl]-pyridin [E III/IV **20** 2887]
trans-2-Methyl-cyclohexanol [E IV **6** 100]
cis-2-Isopropyl-bicyclohexyl [E IV **5** 352]
4a,8a-Dibrom-*trans*-decahydro-naphthalin [E IV **5** 314]

§ 3. a) The symbols (*E*) and (*Z*) (modified where necessary by a locant) at the start of a name or part of a name define the configuration at the given double bond. They indicate that the reference ligands (see Sequence-Rule, § 1. a) at the doubly-bound atoms in question are to be found on the opposite (*E*) or same (*Z*) side of the reference plane, as defined in § 2.

Examples:
(*E*)-1,2,3-Trichlor-propen [E IV **1** 748]
(*Z*)-1,3-Dichlor-but-2-en [E IV **1** 786]
3*endo*-[(*Z*)-2-Cyclohexyl-2-phenyl-vinyl]-tropan [E III/IV **20** 3711]
Piperonal-(*E*)-oxim [E III/IV **19** 1667]

The designations (*E*) and (*Z*) have superseded the older nomenclature *seqtrans* and *seqcis*, as well as *anti* and *syn* in nitrogen-containing functional derivates of aldehydes.

Examples:
(3*S*)-9.10-*Seco*-cholestadien-(5(10).7*seqtrans*)-ol-(3) [E III **6** 2602]
1.1.3-Trimethyl-cyclohexen-(3)-on-(5)-*seqcis*-oxim [E III **7** 285]
Perillaaldehyd-*anti*-oxim [E III **7** 567]

b) The symbols (*e*) and (*z*) (modified where necessary by a locant) at the start of a name or part of a name define the configuration at a single bond between two trigonally disposed atoms which does not show free rotation. They indicate that the reference ligands (see Sequence-Rule, § 1. a) attached to the terminal atoms of the single bond in question are to be found on the opposite (*e*) or same (*z*) side of the reference line drawn between the two atoms.

Example:
(*e*)-*N*-Methyl-thioformamid [E IV **4** 171]

The equivalent usage *s-trans* (= *single-trans*) and *s-cis* (= *single-cis*) is sometimes found in the literature.

§ 4. a) The symbols *c* or *t* following the locant of a double bond indicate that the reference ligands at the carbon termini of the double bond are cis (*c*) or trans (*t*) to one another (cf. § 2). The reference ligands in this case are defined at each of the Carbon atoms as those lateral (i. e. not in the reference plane) groups which belong to the same skeletal unit as the doubly-bound Carbon atom to which they are attached. Should both lateral groups at the carbon of a double bond belong to the same unit, then the group with the lowest-numbered atom as its point of attachment to the doubly-bound Carbon atom is defined as the reference ligand.

Examples:
2-Methyl-oct-3*t*-en-2-ol [E IV **1** 2177]
Cycloocta-1*c*,3*t*-dien [E IV **5** 402]
9,11α-Epoxy-5α-ergosta-7,22*t*-dien-3β-ol [E III/IV **17** 1574]
3β-Acetoxy-16α-hydroxy-23,24-dinor-5α-chol-17(20)*t*-en-21-säure-lacton
   [E III/IV **18** 470]
(3*S*)-9.10-*Seco*-ergostatrien-(5*t*.7*c*.10(19))-ol-(3) [E III **6** 2832]

b) The symbols *c* or *t* following the locant assigned to a substituent at a doubly-bound terminal Carbon atom indicate that the substituent is cis (*c*) or trans (*t*) (see § 2) to the reference ligand (see § 4. a). The same symbols placed before the ending yl (showing a 'free'valence) have the corresponding meaning for the substituent attached *via* this valence.

Examples:
1*t*,2-Dibrom-propen [E IV **1** 760]
1*c*,2-Dibrom-3-methyl-buta-1,3-dien [E IV **1** 1005]
1-But-1-en-*t*-yl-cyclohexen [E IV **5** 431]

c) The symbols *c* or *t* following the locant 2 assigned to a substituent attached to the ethene group indicate respectively the cis and trans configuration (see § 2) for the substituent in question with respect to the reference ligand, labelled *r*, at the 1-position of the double bond.

Example:
1.2*t*-Diphenyl-1*r*-[4-chlor-phenyl]-äthylen [E III **5** 2399]

d) The symbols *c* or *t* following the locant assigned to a substituent (or a bridge in a ring-system) indicate that the substituent (or the points of attachment of the bridge) is/are to be found on the same (*c*) side or the opposite (*t*) side of the reference plane as the reference ligand. The reference ligand is indicated by the symbol *r* placed after its locant. A compound containing several isolated rings or ring-systems may have for each ring or ring-system a specifically defined reference plane for the purpose of definition of configuration. The sets of symbols *r*, *c* and *t* are then separated in the compound name by brackets or dashes. (see examples 1 and 2 under section § 4. e).

Examples:
1*r*,2*t*,3*c*,4*t*-Tetrabrom-cyclohexan [E IV **5** 76]
1*r*-Acetoxy-1,2*c*-dimethyl-cyclopentan [E IV **6** 111]
[1,2*c*-Dibrom-cyclohex-*r*-yl]-methanol [E IV **6** 109]
2*c*-Chlor-(4a*r*,8a*t*)-decahydro-naphthalin [E IV **5** 313]
5*c*-Brom-(3a*t*,7a*t*)-octahydro-4*r*,7-methano-inden [E IV **5** 467]

e) The symbols *r*, *c* and *t*, when combined with an atomic symbol (modified when necessary by a locant used as superscript), refer to the steric arrangement of the atom indicated relative to the reference plane (see § 2).

Examples:
1-[(4a*R*)-6*t*-Hydroxy-2*c*.5.5.8a*t*-tetramethyl-(4a*rH*)-decahydro-naphth=
  yl-(1*t*)]-2-[(4a*R*)-6*t*-hydroxy-2*t*.5.5.8a*t*-tetramethyl-(4a*rH*)-decahydro-
  naphthyl-(1*t*)]-äthan [E III **6** 4829]
2-[(5*S*)-6,10*c'*-Dimethyl-(5*rC*⁶,5*r'C*¹)-spiro[4.5]dec-6-en-2*t*-yl]-propan-2-ol
  [E IV **6** 419]
(6*R*)-2*ξ*-Isopropyl-6*c*,10*ξ*-dimethyl-(5*rC*¹)-spiro[4.5]decan [E IV **5** 352]
(1*rC*⁸,2*tH*,4*tH*)-Tricyclo[3.2.2.0²,⁴]nonan-6*c*,7*c*-dicarbonsäure-anhydrid
  [E III/IV **17** 6079]

§ 5. a) The prefices **erythro** and **threo** indicate that the reference ligands (either two identical ligands or two non-identical ligands other than hydrogen) at each of two chiral centres in a chain are located on the same side (*erythro*) or on the opposite side (*threo*) of the Fischer-Projection of the chain.

Examples:
threo-Pentan-2,3-diol [E IV **1** 2543]

threo-3-Hydroxy-2-methyl-valeriansäure [E IV **3** 849]
erythro-α′-[4-Methyl-piperidino]-bibenzyl-α-ol [E III/IV **20** 1516]

b) The prefix *meso* indicates that a molecule with an even number of chiral centres possesses a symmetry plane or a symmetry centre. The prefix *racem.* indicates a mixture of equal molar quantities of enantiomers which each possess two identical centres (or two sets of identical centres) of chirality.

Examples:
meso-Pentan-2,4-diol [E IV **1** 2543]
meso-1,4-Dipiperidino-butan-2,3-diol [E III/IV **20** 1235]
racem.-3,5-Dichlor-2,6-cyclo-norbornan [E IV **5** 400]
racem.-(1*rH*.1′*r′H*)-Bicyclohexyl-dicarbonsäure-(2*c*.2′*c′*) [E III **9** 4020]

c) The carbohydrate prefices (*ribo, arabino, xylo* and *lyxo*) and (*allo, altro, gluco, manno, gulo, ido, galacto* and *talo*) indicate the relative configuration of molecules with three or four centres of chirality, respectively, in an unbranched chain. In the case of three chiral centres, the middle one may be 'pseudo-asymmetric'. The horizontal lines in the following scheme indicate the reference ligands in the Fischer-Projection formulae of the carbon chain.

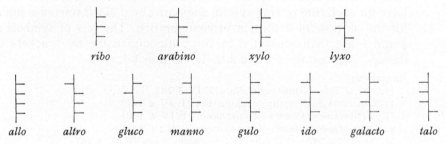

Examples:
ribo-2,3,4-Trimethoxy-pentan-1,5-diol [E IV **1** 2834]
galacto-Hexan-1,2,3,4,5,6-hexaol [E IV **1** 2844]

§ 6. a) The Fischer-Symbols D and L incorporated in the name of a compound with one chiral centre indicate that the reference ligand (which may not be Hydrogen, nor the next member of the chain) lies on the right-hand (D) or left-hand (L) side of the asymmetric centre seen in Fischer-Projection[1]).

Examples:
D-Tetradecan-1,2-diol [E IV **1** 2631]
L-4-Methoxy-valeriansäure [E IV **3** 812]

b) The symbols D and L, when used in conjunction with the prefix *erythro*, indicate that both the reference ligands are to be found on the right-hand side (D) or left-hand side (L) of the Fischer-Projection[1]. Symbols D_g and D_s used in conjunction with the prefix *threo* indicate that the higher-numbered (D_g) or lower-numbered (D_s) reference ligand stands on the right-hand side of the Fischer-Projection[1]). The corresponding symbols L_g and L_s are used for the left-hand side, in the same sense.

---

[1]) The lowest-numbered atom being placed at the 'North' of the projection.

The symbols D and L are used without suffix when the prefices of § 5. c are applied; in these cases reference is always made to the highest-numbered (i. e. for the scheme of § 5. c, the most 'southerly') reference ligand. The examples of the scheme of § 5. c are therefore in every case the D-enantiomer.

Examples:
D-*erythro*-Nonan-1,2,3-triol [E IV **1** 2792]
D$_s$-*threo*-1,4-Dibrom-2,3-dimethyl-butan [E IV **1** 375]
L$_g$-*threo*-Hexadecan-7,10-diol [E IV **1** 2636]
D-*lyxo*-Pentan-1,2,3,4-tetraol [E IV **1** 2811]
6-Allyloxy-D-*manno*-hexan-1,2,3,4,5-pentaol [E IV **1** 2846]

c) The combination of the prefices **D-*glycero*** or **L-*glycero*** with any of the carbohydrate prefices of the second row in the scheme of § 5. c designates the configuration for molecules which contain a chain of five consecutive asymmetric centres, of which the middle one may be pseudo-asymmetric. The carbohydrate prefix always refers to the four lowest-numbered chiral centres, while the prefices D-*glycero* or L-*glycero* refer to the configuration at the highest-numbered (i. e. most 'southerly') chiral centre.

Example:
D-*glycero*-L-*gulo*-Heptit [E IV **1** 2854]

§ 7. a) The symbols c_F or t_F following the locant of a substituent attached to a chain containing several chiral centres indicate that the substituent in question is situated on the same side (c_F) or the opposite side (t_F) of the backbone of the Fischer-Projection as does the reference ligand, which is denoted in turn by the symbol r_F. When a terminal atom in the chain is also a chiral centre, the locant of the 'catenoid substituent' (i. e. the group which is placed in the Fischer-Projection as if it were the continuing chain) is modified by the symbol *cat*$_F$.

b) The symbols **D$_r$** or **L$_r$** at the beginning of a name containing the symbol r_F indicate that the reference ligand is to be placed on the right-hand side (D$_r$) or left-hand side (L$_r$) of the Fischer-Projection[1]).

Examples:
Heptan-1,2r_F,3c_F,4t_F,5c_F,6c_F,7-heptaol [E IV **1** 2854]
L$_r$-1c_F,2t_F,3t_F,4c_F,5r_F-Pentahydroxy-hexan-1*cat*$_F$-sulfonsäure [E IV **1** 4275]

§ 8. The symbols **endo** or **exo** following the locant of a substituent attached to a bicycloalkane indicate that the substituent in question is orientated towards (*endo*) or away from (*exo*) the lower-numbered neighbouring bridge.

Examples:
5*endo*-Brom-norborn-2-en [E IV **5** 398]
2*endo*,3*exo*-Dimethyl-norbornan [E IV **5** 294]
4*endo*,7,7-Trimethyl-6-oxa-bicyclo[3.2.1]octan-3*exo*,4*exo*-diol
    [E III/IV **17** 2044]

§ 9. The symbols **syn** and **anti** following the locant of a substituent at an atom of the highest-numbered bridge of a bicycloalkane or the bridge spanning an ortho or ortho/peri fused ring system indicate that the substituent in question is directed towards (*syn*) or away from (*anti*) the neighbouring bridge which contains the lower-numbered atoms.

Examples:
(3a*R*)-9*syn*-Chlor-1,5,5,8a-tetramethyl-(3a*t*,8a*t*)-decahydro-1*r*,4-methano-azulen [E IV **5** 498]
5*exo*,7*anti*-Dibrom-norborn-2-en [E IV **5** 399]
3*endo*,8*syn*-Dimethyl-7-oxo-6-oxa-bicyclo[3.2.1]octan-2*endo*-carbonsäure [E III/IV **18** 5363]

§ 10. a) The symbols α and β following the locant assigned to a substituent attached to the skeleton of a molecule in the steroid series (numbering and form, see cholestane, [E III **5** 1132]) indicate that the substituent in question is attached to the surface of the molecule which is turned away from (α) or towards (*β*) the observer.

Examples:
3*β*-Piperidino-cholest-5-en [E III/IV **20** 361]
21-Äthyl-4-methyl-16-methylen-7,20-cyclo-veatchan-1α,15*β*-diol   [E III/IV **21** 2308]
3*β*,21*β*-Dihydroxy-lupan-29-säure-21-lacton [E III/IV **18** 485]
Onocerandiol-(3*β*.21α) [E III **6** 4829]

b) The symbols $α_F$ and $β_F$ following the locant assigned to a substituent in the side chain of a compound of the type dealt with in § 10. a indicate that the substituent in question is to be positioned on the right-hand side ($α_F$) or the left-hand side ($β_F$) of the side-chain shown in Fischer-Projection, whereby the lowest-numbered atom is placed at the 'South' of the chain.

Examples:
16α,17-Epoxy-pregn-5-en-3*β*,20$β_F$-diol [E III/IV **17** 2137]
22$α_F$,23$α_F$-Dibrom-9,11α-epoxy-5α-ergost-7-en-3*β*-ol [E III/IV **17** 1519]

c) The symbols α and β, when used in conjunction with the locant of an angular Carbon atom immediately preceding the Parent-Stem in the semisystematic name of a compound, e. g., in the steroid series, indicate, (in the sense of § 10. a) the steric arrangement of the angular bond in question, which is either not defined in the Parent-Stem or which deviates from the configuration laid down in the Parent-Stem. (Epimerism). The symbols α*H* and β*H* are used completely analogously with the locant of a peripheral tertiary Carbon atom to indicate the orientation of the single Hydrogen atom (or corresponding substituent). The symbols $α_F H$ and $β_F H$ indicate (in the sense of § 10. b) the deviation (from the stereochemistry laid down in the Parent-Stem) of a Hydrogen atom (or corresponding substituent) at a chiral centre in the side-chain of a steroid with a semi-systematic name.

Examples:
5,6*β*-Epoxy-5*β*,9*β*,10α-ergosta-7,22*t*-dien-3*β*-ol [E III/IV **17** 1573]
(25*R*)-5α,20α*H*,22α*H*-Furostan-3*β*,6α,26-triol [E III/IV **17** 2348]
4*βH*,5α-Eremophilan [E IV **5** 356]
(11*S*)-4-Chlor-8*β*-hydroxy-4*βH*-eudesman-12-säure-lacton [E III/IV **17** 4674]
5α.20$β_F$*H*.24$β_F$*H*-Ergostanol-(3*β*) [E III **6** 2161]

d) The symbols α and β preceding the semi-systematic name of a carbohydrate, glycoside, or glycosyl fragment indicate that the reference ligand (i. e. the hydroxy group at the highest-numbered chiral atom of the carbon chain) and the group attached to the glycosyl unit (which in pyranose and furanose sugars is the hydroxyl group of the hemi-acetal function) are situated on the same (α) or opposite (β) sides of the reference axis. The reference axis is defined as the chain which contains the ring-bond at the acetal Carbon atom and all further C-C bonds of the backbone in the Fischer-Projection, as shown in the scheme of § 5. c.

Examples:
O^2-Methyl-β-D-glucopyranose [E IV **1** 4347]
Methyl-α-D-glucopyranosid [E III/IV **17** 2909]
Tetra-O-acetyl-α-D-fructofuranosylchlorid [E III/IV **17** 2651]

e) The prefix *ent* preceding the semi-systematic name of a compound which contains several chiral centres, whose configuration is defined in the name, indicates an enantiomer of the compound in question. The prefix *rac* indicates the corresponding racemate.

Examples:
ent-(13S)-3β,8-Dihydroxy-labdan-15-säure-8-lacton [E III/IV **18** 138]
rac-4,10-Dichlor-4βH,10βH-cadinan [E IV **5** 354]

§ 11. a) The symbol ξ occurs in place of the symbols *cis*, *trans*, *c*, *t*, c_F, t_F, cat_F, *endo*, *exo*, *syn*, *anti*, α, β, α_F or β_F when configuration at the double bond or chiral centre in question is uncertain or when the configurative purity of the compound at the designated centre is likewise uncertain.

Examples:
1-Nitro-ξ-cycloocten [E IV **5** 264]
1*t*,2-Dibrom-3-methyl-penta-1,3ξ-dien [E IV **1** 1022]
(4a*S*)-2ξ,5ξ-Dichlor-2ξ,5ξ,9,9-tetramethyl-(4a*r*,9a*t*)-decahydro-benzo=
     cyclohepten [E IV **5** 353]
$_D$r-1ξ-Phenyl-1ξ-*p*-tolyl-hexanpentol-(2r_F.3t_F.4c_F.5c_F.6) [E III **6** 6904]
6ξ-Methyl-bicyclo[3.2.1]octan [E IV **5** 293]
4,10-Dichlor-1β,4ξH,10ξH-cadinan [E IV **5** 354]
(11*S*)-6ξ,12-Epoxy-4ξH,5ξ-eudesman [E III/IV **17** 350]
3β,5-Diacetoxy-9,11α;22ξ,23ξ-diepoxy-5α-ergost-7-en [E III/IV **19** 1091]

b) The symbol Ξ occurs in place of D or L when the configuration at the chiral centre in question is uncertain or when the configurative purity of the compound at the designated centre is likewise uncertain. Similarly (Ξ) is used instead of (*R*), (*S*), (*E*) and (*Z*), the latter pair referring to uncertain configuration at a double bond.

Examples:
N-{*N*-[*N*-(Toluol-sulfonyl-(4))-glycyl]-Ξ-seryl}-L-glutaminsäure [E III **11** 280]
(3Ξ,6*R*)-1,3,6-Trimethyl-cyclohexen [E IV **5** 288]
(1*Z*,3Ξ)-1,2-Dibrom-3-methyl-penta-1,3-dien [E IV **1** 1022]

c) The symbols (Ξ_a) and (Ξ_p) indicate the unknown configuration of structural elements with axial and planar chirality respectively, or uncertainty in the optical purity with respect to these elements. The symbol (ξ) indicates the unknown configuration at a pseudo-asymmetric centre:

Examples:

(Ξ_a,6Ξ)-6-[(1S,2R)-2-Hydroxy-1-methyl-2-phenyl-äthyl]-6-methyl-5,6,7,8-tetrahydro-dibenz[c,e]azocinium-jodid [E III/IV **20** 3932]

(3ξ)-5-Methyl-spiro[2.5]octan-dicarbonsäure-(1r.2c) [E III **9** 4002]

§ 12.   The symbol * at the beginning of an article indicates that the configuration of the compound described therein is not defined. If several preparations are described in such an article, the identity of the compounds is not guaranteed.

Transliteration von russischen Autorennamen
Key to the Russian Alphabet for Authors Names

Russisches Schriftzeichen		Deutsches Äquivalent (BEILSTEIN)	Englisches Äquivalent (Chemical Abstracts)	Russisches Schriftzeichen		Deutsches Äquivalent (BEILSTEIN)	Englisches Äquivalent (Chemical Abstracts)
А	а	a	a	Р	р	r	r
Б	б	b	b	С	с	s̄	s
В	в	w	v	Т	т	t	t
Г	г	g	g	У	у	u	u
Д	д	d	d	Ф	ф	f	f
Е	е	e	e	Х	х	ch	kh
Ж	ж	sh	zh	Ц	ц	z	ts
З	з	s	z	Ч	ч	tsch	ch
И	и	i	i	Ш	ш	sch	sh
Й	й	ï	ï	Щ	щ	schtsch	shch
К	к	k	k	Ы	ы	y	y
Л	л	l	l		ь	'	'
М	м	m	m	Э	э	ė	e
Н	н	n	n	Ю	ю	ju	yu
О	о	o	o	Я	я	ja	ya
П	п	p	p				

Dritte Abteilung

Heterocyclische Verbindungen

Verbindungen mit einem cyclisch gebundenen Stickstoff-Atom

VIII. Amine

A. Monoamine

Monoamine $C_nH_{2n+2}N_2$

Amine $C_5H_{12}N_2$

(±)-2-Diphenylamino-piperidin, (±)-Diphenyl-[2]piperidyl-amin $C_{17}H_{20}N_2$, Formel I (R = H, R' = R'' = C_6H_5).

B. Bei der Hydrierung von 2-Diphenylamino-pyridin an Platin in Essigsäure (*Kirsanov, Ivastchenko*, Bl. [5] **3** [1936] 2279, 2287; Ž. obšč. Chim. **7** [1937] 2092, 2098).

Kristalle (aus Heptan); F: 131–133°.

(±)-1-Acetyl-2-acetylamino-piperidin, (±)-N-[1-Acetyl-[2]piperidyl]-acetamid $C_9H_{16}N_2O_2$, Formel I (R = R' = CO-CH$_3$, R'' = H).

B. Beim Hydrieren von [2]Pyridylamin im Gemisch mit Acetanhydrid und Essigsäure an Platin (*Kirsanov, Ivastchenko*, Bl. [5] **3** [1936] 2279, 2286; Ž. obšč. Chim. **7** [1937] 2092, 2097; *Schöpf et al.*, A. **559** [1948] 1, 39). Beim Hydrieren von N-[2]Pyridyl-acetamid im Gemisch mit Acetanhydrid an Platin (*Sch. et al.*, l. c. S. 40).

Kristalle; F: 123° [aus Acn.] (*Sch. et al.*), 122–123° [aus Bzl.] (*Ki., Iv.*, l. c. S. 2287).

Beim Erwärmen mit wss. NaOH ist Isotripiperidein (Tetradecahydro-tripyrido[1,2-*a*; 1',2'-*c*;3'',2''-*e*]pyrimidin [F: 97–98°]; Syst.-Nr. 3799) erhalten worden (*Sch. et al.*, l. c. S. 12, 39, 40; *Ivastchenko, Kirsanov*, Bl. [5] **3** [1936] 2289, 2293; Ž. obšč. Chim. **7** [1937] 311, 314).

(±)-N,N-Diäthyl-N'-[2]piperidyl-äthylendiamin $C_{11}H_{25}N_3$, Formel I (R = R' = H, R'' = CH$_2$-CH$_2$-N(C$_2$H$_5$)$_2$).

B. Aus dem Dihydrochlorid des N,N-Diäthyl-N'-[2]pyridyl-äthylendiamins beim Hydrieren an Platin in Äthanol (*Whitmore et al.*, Am. Soc. **67** [1945] 393).

Dihydrochlorid $C_{11}H_{25}N_3 \cdot 2$ HCl. Kristalle (aus Ae.); F: 171–173°.

(±)-[3]Piperidylamin $C_5H_{12}N_2$, Formel II (R = R' = H).

B. Beim Hydrieren von [3]Pyridylamin an Platin in methanol. HCl (*Nienburg*, B. **70** [1937] 635, 637).

Hygroskopische Kristalle; F: 55–57°. Kp$_{760}$: 168–170°; Kp$_{17}$: 68°.

Dihydrochlorid $C_5H_{12}N_2 \cdot 2$ HCl. Kristalle (aus Me. + A. oder Me. + Ae.); F: 225° [nach Sintern ab 180°].

Hexachloroplatinat(IV) $C_5H_{12}N_2 \cdot H_2PtCl_6$. Orangefarbene Kristalle (aus H$_2$O).

Dipicrat $C_5H_{12}N_2 \cdot 2$ $C_6H_3N_3O_7$. Gelbe Kristalle (aus H$_2$O); Zers. bei 258°.

(±)-1-Methyl-[3]piperidylamin $C_6H_{14}N_2$, Formel II (R = CH$_3$, R' = H).

B. Beim Erwärmen von (±)-1-Methyl-piperidin-3-carbonsäure-amid mit Brom und wss. KOH (*Tomita*, J. pharm. Soc. Japan **71** [1951] 220, 222; *Sugasawa, Deguchi*, J. pharm. Soc. Japan **76** [1956] 968; C. A. **1957** 2771). Beim Erhitzen von (±)-N-[1-Methyl-[3]piperidyl]-acetamid mit wss. HCl (*To.*). Beim Hydrieren von 3-Amino-1-methyl-pyr≠ idinium-bromid an Raney-Nickel in Äthanol bei 175°/140 at (*Biel et al.*, Am. Soc. **81** [1959] 2527, 2528, 2532). Beim Hydrieren von (±)-[1-Methyl-[3]piperidyl]-hydrazin an Raney-Nickel in Äthanol bei 50° (*Biel et al.*).

Kp$_{48}$: 81–83° (*To.*); Kp$_{43}$: 74–75° (*Su., De.*). n$_D^{20}$: 1,4699 (*Biel et al.*).

Dipicrat $C_6H_{14}N_2 \cdot 2$ $C_6H_3N_3O_7$. Kristalle (aus H$_2$O); F: 226–228° [Zers.] (*To.*), 227° [Zers.] (*Su., De.*).

Bis-hydrogenmaleat $C_6H_{14}N_2 \cdot 2$ $C_4H_4O_4$. F: 154–155° (*Biel et al.*).

(±)-1-Äthyl-[3]piperidylamin $C_7H_{16}N_2$, Formel III (R = R' = H).

B. Aus (±)-1-Äthyl-piperidin-3-carbonsäure-amid beim Erwärmen mit Brom und wss. KOH (*Asano, Tomita,* J. pharm. Soc. Japan **68** [1948] 224; C. A. **1954** 3979; *Tomita,* J. pharm. Soc. Japan **71** [1951] 220, 222) oder mit Brom und methanol. Natriummethylat (*Reitsema, Hunter,* Am. Soc. **71** [1949] 1680). Beim Erhitzen von (±)-*N*-[1-Äthyl-[3]piperidyl]-acetamid mit wss. HCl (*To.*).

Kp_{40}: 82—83° (*To.*).

Dipicrat $C_7H_{16}N_2 \cdot 2 C_6H_3N_3O_7$. Kristalle (aus A. oder H_2O); F: 231—232° [Zers.] (*Re., Hu.; To.*).

I   II   III

(±)-1-Äthyl-3-dimethylamino-piperidin, (±)-[1-Äthyl-[3]piperidyl]-dimethyl-amin $C_9H_{20}N_2$, Formel III (R = R' = CH_3).

Die nachstehend beschriebene Verbindung ist wahrscheinlich als (±)-[1-Äthyl-pyrrolidin-2-ylmethyl]-dimethyl-amin zu formulieren.

B. Beim Erhitzen von (±)-1-Äthyl-3-chlor-piperidin mit Dimethylamin auf 150° (*Soc. Usines Chim. Rhône-Poulenc,* D.B.P. 812911 [1950]; D.R.B.P. Org. Chem. 1950 bis 1951 **3** 1224).

Kp_{10}: 62—64°.

(±)-1-Äthyl-3-äthylamino-piperidin, (±)-Äthyl-[1-äthyl-[3]piperidyl]-amin $C_9H_{20}N_2$, Formel III (R = C_2H_5, R' = H).

Die nachstehend beschriebene Verbindung ist wahrscheinlich als (±)-Äthyl-[1-äthyl-pyrrolidin-2-ylmethyl]-amin zu formulieren.

B. Analog der vorangehenden Verbindung (*Soc. Usines Chim. Rhône-Poulenc,* D.B.P. 812911 [1950]; D.R.B.P. Org. Chem. 1950—1951 **3** 1224).

Kp_{12}: 72—73°.

(±)-1-Äthyl-3-diäthylamino-piperidin, (±)-Diäthyl-[1-äthyl-[3]piperidyl]-amin $C_{11}H_{24}N_2$, Formel III (R = R' = C_2H_5).

Die nachstehend beschriebene Verbindung ist wahrscheinlich als (±)-Diäthyl-[1-äthyl-pyrrolidin-2-ylmethyl]-amin zu formulieren.

B. Analog den vorangehenden Verbindungen (*Soc. Usines Chim. Rhône-Poulenc,* D.B.P. 812911 [1950]; D.R.B.P. Org. Chem. 1950—1951 **3** 1224).

Kp_7: 102—104°.

(±)-1-Isopropyl-[3]piperidylamin $C_8H_{18}N_2$, Formel II (R = $CH(CH_3)_2$, R' = H).

B. Beim Erwärmen von (±)-1-Isopropyl-piperidin-3-carbonsäure-amid mit Brom und wss. KOH (*Tomita,* J. pharm. Soc. Japan **71** [1951] 220, 222).

Kp_{40}: 108—110°.

Dipicrat $C_8H_{18}N_2 \cdot 2 C_6H_3N_3O_7$. Kristalle (aus H_2O); F: 240—242° [Zers.].

(±)-1-Äthyl-3-[*N*-methyl-anilino]-piperidin, (±)-*N*-[1-Äthyl-[3]piperidyl]-*N*-methyl-anilin $C_{14}H_{22}N_2$, Formel III (R = C_6H_5, R' = CH_3).

Für die nachstehend beschriebene Verbindung kommt auch die Formulierung als (±)-*N*-[1-Äthyl-pyrrolidin-2-ylmethyl]-*N*-methyl-anilin in Betracht.

B. Beim Erhitzen von (±)-1-Äthyl-3-chlor-piperidin mit *N*-Methyl-anilin auf 150° (*Soc. Usines Chim. Rhône-Poulenc,* D.B.P. 812911 [1950]; D.R.B.P. Org. Chem. 1950 bis 1951 **3** 1224).

Kp_{10}: 162—164°.

(±)-3-Benzylamino-1-methyl-piperidin, (±)-Benzyl-[1-methyl-[3]piperidyl]-amin $C_{13}H_{20}N_2$, Formel II (R = CH_3, R' = CH_2-C_6H_5).

B. Bei der Hydrierung von 1-Methyl-piperidin-3-on im Gemisch mit Benzylamin an Platin in Äthanol (*Reitsema, Hunter,* Am. Soc. **71** [1949] 1680).

Kp_1: 112—117°. $n_D^{22,6}$: 1,5299.

Dipicrat $C_{13}H_{20}N_2 \cdot 2\,C_6H_3N_3O_7$. F: 191—193°.

(±)-1-Äthyl-3-benzylamino-piperidin, (±)-[1-Äthyl-[3]piperidyl]-benzyl-amin
$C_{14}H_{22}N_2$, Formel III (R = CH_2-C_6H_5, R' = H).
B. Bei der Hydrierung von 1-Äthyl-piperidin-3-on im Gemisch mit Benzylamin an Platin in Methanol (*Reitsema, Hunter*, Am. Soc. **71** [1949] 1680). Beim Erwärmen von (±)-1-Äthyl-piperidin-3-carbonsäure-amid mit Brom und wss. NaOH (*Re., Hu.*).
Kp_{12}: 162—164°. $n_D^{19,5}$: 1,5273.
Dipicrat $C_{14}H_{22}N_2 \cdot 2\,C_6H_3N_3O_7$. Kristalle (aus A.); F: 202—203° [Zers.].

(±)-1-Äthyl-3-[benzyl-methyl-amino]-piperidin, (±)-[1-Äthyl-[3]piperidyl]-benzyl-methyl-amin $C_{15}H_{24}N_2$, Formel III (R = CH_2-C_6H_5, R' = CH_3).
Die nachstehend beschriebene Verbindung ist wahrscheinlich als (±)-[1-Äthyl-pyrr⁓olidin-2-ylmethyl]-benzyl-methyl-amin zu formulieren.
B. Beim Erhitzen von (±)-1-Äthyl-3-chlor-piperidin mit Benzyl-methyl-amin auf 150° (*Soc. Usines Chim. Rhône-Poulenc*, D.B.P. 812911 [1950]; D.R.B.P. Org. Chem. 1950—1951 **3** 1224).
Kp_{10}: 153—154°.

(S)-3-[(S)-2-Methyl-butylamino]-1-phenäthyl-piperidin, [(S)-2-Methyl-butyl]-[(S)-1-phenäthyl-[3]piperidyl]-amin $C_{18}H_{30}N_2$, Formel IV.
B. Beim Erwärmen von Julocrotin ((S)-3-[(S)-2-Methyl-butyrylamino]-1-phenäthyl-piperidin-2,6-dion) mit $LiAlH_4$ in Äther (*Nakano et al.*, Tetrahedron Letters **1959** Nr. 14, S. 8, 9; J. org. Chem. **26** [1961] 1184, 1189).
$Kp_{0,005}$: 110—120° [Badtemperatur]; $[\alpha]_D$: —12,6° [CHCl$_3$; c = 1,5]; $[\alpha]_D$: —4,4° [Me.; c = 1] (*Na. et al.*, J. org. Chem. **26** 1189).
Dipicrat $C_{18}H_{30}N_2 \cdot 2\,C_6H_3N_3O_7$. Kristalle (aus Me.); F: 186—187° (*Na. et al.*, J. org. Chem. **26** 1189).

IV   V

(S)-1-Methyl-3-[methyl-((S)-2-methyl-butyl)-amino]-1-phenäthyl-piperidinium $[C_{20}H_{35}N_2]^+$, entsprechend Formel IV.
Jodid-hydrojodid $[C_{20}H_{35}N_2]I \cdot HI$. Konstitution: *Nakano et al.*, J. org. Chem. **26** [1961] 1184, 1185 Anm. 12. — *B.* Aus der vorangehenden Verbindung beim Erwärmen mit CH_3I in Methanol (*Nakano et al.*, Tetrahedron Letters **1959** Nr. 14, S. 8, 10; J. org. Chem. **26** 1189). — Kristalle (aus Me.); F: 226—227° (*Na. et al.*, J. org. Chem. **26** 1189).

(±)-1-Äthyl-3-[3-chlor-2,4,6-trimethyl-anilino]-piperidin, (±)-N-[1-Äthyl-[3]piperidyl]-3-chlor-2,4,6-trimethyl-anilin $C_{16}H_{25}ClN_2$, Formel V.
Für die nachstehend beschriebene Verbindung kommt auch die Formulierung als (±)-N-[1-Äthyl-pyrrolidin-2-ylmethyl]-3-chlor-2,4,6-trimethyl-anilin in Betracht.
B. Beim Behandeln von 3-Chlor-2,4,6-trimethyl-anilin mit (±)-1-Äthyl-3-chlor-piperidin und $NaNH_2$ in Benzol (*Farbw. Hoechst*, U.S.P. 2827467 [1955]).
Kp_{1-3}: 186—187°.

(±)-1′-Äthyl-decahydro-[1,3′]bipyridyl, (±)-1′-Äthyl-[1,3′]bipiperidyl $C_{12}H_{24}N_2$, Formel VI.
Die nachstehend beschriebene Verbindung ist wahrscheinlich als (±)-1-[1-Äthyl-pyrrolidin-2-ylmethyl]-piperidin zu formulieren.
B. Beim Erhitzen von (±)-1-Äthyl-3-chlor-piperidin mit Piperidin auf 150° (*Soc. Usines Chim. Rhône-Poulenc*, D.B.P. 812911 [1950]; D.R.B.P. Org. Chem. 1950—1951

3 1224).

Kp$_{14}$: 124—126°.

(±)-3-Acetylamino-1-methyl-piperidin, (±)-N-[1-Methyl-[3]piperidyl]-acetamid
$C_8H_{16}N_2O$, Formel VII (R = CH_3).

B. Beim Hydrieren von 3-Acetylamino-1-methyl-pyridinium-jodid an Platin in H_2O
(*Tomita*, J. pharm. Soc. Japan **71** [1951] 220, 223).

Hydrojodid $C_8H_{16}N_2O \cdot HI$. Kristalle (aus A. + Ae.); F: 182—184°.

VI   VII   VIII

(±)-3-Acetylamino-1-äthyl-piperidin, (±)-N-[1-Äthyl-[3]piperidyl]-acetamid
$C_9H_{18}N_2O$, Formel VII (R = C_2H_5).

B. Beim Hydrieren von 3-Acetylamino-1-äthyl-pyridinium-jodid an Platin in H_2O
(*Tomita*, J. pharm. Soc. Japan **71** [1951] 220, 223).

Hydrojodid $C_9H_{18}N_2O \cdot HI$. Kristalle (aus A. + Ae.); F: 144—145°.

(±)-1-Benzoyl-3-benzoylamino-piperidin, (±)-N-[1-Benzoyl-[3]piperidyl]-benzamid
$C_{19}H_{20}N_2O_2$, Formel VIII (R = $CO-C_6H_5$, R' = X = H).

B. Beim Behandeln von (±)-[3]Piperidylamin mit Benzoylchlorid und wss. NaOH
(*Nienburg*, B. **70** [1937] 635, 638).

Kristalle (aus wss. A.); F: 197°.

(±)-4-Nitro-benzoesäure-[(1-äthyl-[3]piperidyl)-benzyl-amid] $C_{21}H_{25}N_3O_3$, Formel VIII
(R = C_2H_5, R' = CH_2-C_6H_5, X = NO_2).

B. Aus (±)-1-Äthyl-3-benzylamino-piperidin (*Reitsema, Hunter*, Am. Soc. **71** [1949]
1680).

Hydrochlorid $C_{21}H_{25}N_3O_3 \cdot HCl$. Kristalle (aus Me. + Ae.); F: 235,5—236,5°.

(±)-3,3-Diäthyl-1-[3]piperidyl-azetidin-2,4-dion $C_{12}H_{20}N_2O_2$, Formel IX (R = H,
R' = C_2H_5).

B. Beim Hydrieren von 3,3-Diäthyl-1-[3]pyridyl-azetidin-2,4-dion-hydrochlorid an
Platin in Äthanol (*Ebnöther et al.*, Helv. **42** [1959] 918, 923, 941, 942).

Kp$_{0,01}$: 95—100° [Luftbadtemperatur].

Picrat $C_{12}H_{20}N_2O_2 \cdot C_6H_3N_3O_7$. F: 124—125° [korr.; evakuierte Kapillare].

Hydrogenmaleat $C_{12}H_{20}N_2O_2 \cdot C_4H_4O_4$. F: 173—174° [korr.; Zers.; evakuierte
Kapillare].

Hydrogentartrat $C_{12}H_{20}N_2O_2 \cdot C_4H_6O_6$. F: 167—168° [korr.; Zers.; evakuierte
Kapillare].

(±)-3,3-Diäthyl-1-[1-methyl-[3]piperidyl]-azetidin-2,4-dion $C_{13}H_{22}N_2O_2$, Formel IX
(R = CH_3, R' = C_2H_5).

B. Beim Hydrieren von 3-[3,3-Diäthyl-2,4-dioxo-azetidin-1-yl]-1-methyl-pyridinium-
jodid an Platin in Aceton (*Ebnöther et al.*, Helv. **42** [1959] 918, 941, 942).

Kp$_{0,01}$: 95° [Luftbadtemperatur].

Hydrojodid $C_{13}H_{22}N_2O_2 \cdot HI$. Kristalle (aus Acn.); F: 200—201° [korr.; evakuierte
Kapillare].

Picrat $C_{13}H_{22}N_2O_2 \cdot C_6H_3N_3O_7$. F: 140—141° [korr.; evakuierte Kapillare].

Hydrogenoxalat $C_{13}H_{22}N_2O_2 \cdot C_2H_2O_4$. F: 188—189° [korr.; Zers.; evakuierte
Kapillare].

Methobromid $[C_{14}H_{25}N_2O_2]Br$; (±)-3-[3,3-Diäthyl-2,4-dioxo-azetidin-1-yl]-
1,1-dimethyl-piperidinium-bromid. F: 230—231° [korr.; evakuierte Kapillare].

(±)-1-[1-Acetyl-[3]piperidyl]-3,3-diäthyl-azetidin-2,4-dion $C_{14}H_{22}N_2O_3$, Formel IX
(R = CO-CH_3, R' = C_2H_5).

Kp$_{0,01}$: 125—130° [Luftbadtemperatur] (*Ebnöther et al.*, Helv. **42** [1959] 918, 942).

(±)-3,3-Diäthyl-1-[1-(4-nitro-benzoyl)-[3]piperidyl]-azetidin-2,4-dion $C_{19}H_{23}N_3O_5$,
Formel IX (R = CO-C_6H_4-NO$_2$(p), R' = C_2H_5).
F: 145—146° [korr.; evakuierte Kapillare] (*Ebnöther et al.*, Helv. **42** [1959] 918, 942).

(±)-1-[1-Methyl-[3]piperidyl]-3,3-diphenyl-azetidin-2,4-dion $C_{21}H_{22}N_2O_2$, Formel IX
(R = CH$_3$, R' = C_6H_5).
B. Beim Hydrieren von 3-[2,4-Dioxo-3,3-diphenyl-azetidin-1-yl]-1-methyl-pyridinium-
jodid an Platin in Aceton (*Ebnöther et al.*, Helv. **42** [1959] 918, 923, 941, 943).
Kp$_{0,01}$: 160° [Luftbadtemperatur].
Hydrochlorid $C_{21}H_{22}N_2O_2$·HCl. F: 223—224° [korr.; evakuierte Kapillare].
Hydrojodid $C_{21}H_{22}N_2O_2$·HI. F: 245—246° [korr.; evakuierte Kapillare].
Methobromid [$C_{22}H_{25}N_2O_2$]Br; (±)-3-[2,4-Dioxo-3,3-diphenyl-azetidin-1-yl]-
1,1-dimethyl-piperidinium-bromid. F: 258—259° [korr.; evakuierte Kapillare].

(±)-N,N-Dimethyl-N'-[1-methyl-[3]piperidyl]-harnstoff $C_9H_{19}N_3O$, Formel X
(R = R' = CH$_3$).
B. Beim Erwärmen von (±)-1-Methyl-[3]piperidylamin mit Dimethylcarbamoyl‐
chlorid in Äther (*Sugasawa, Deguchi*, J. pharm. Soc. Japan **76** [1956] 968; C. A. **1957** 2771).
Kristalle (aus PAe.); F: 110—112°.

IX   X   XI

(±)-N,N-Diäthyl-N'-[1-methyl-[3]piperidyl]-harnstoff $C_{11}H_{23}N_3O$, Formel X (R = CH$_3$,
R' = C_2H_5).
B. Beim Erwärmen von (±)-1-Methyl-[3]piperidylamin mit Diäthylcarbamoylchlorid
in Äther (*Sugasawa, Deguchi*, J. pharm. Soc. Japan **76** [1956] 968; C. A. **1957** 2771).
Picrolonat $C_{11}H_{23}N_3O$·$C_{10}H_8N_4O_5$. Kristalle (aus Ae.); F: 195—197°.

(±)-[1-Carbamoyl-[3]piperidyl]-harnstoff, (±)-3-Ureido-piperidin-1-carbonsäure-amid
$C_7H_{14}N_4O_2$, Formel X (R = CO-NH$_2$, R' = H).
B. Beim Behandeln von (±)-[3]Piperidylamin-dihydrochlorid mit Kaliumcyanat
und wss. Kaliumacetat (*Nienburg*, B. **70** [1937] 635, 638).
Kristalle (aus wss. A.); F: 213° [Zers.].

**(±)-N,N-Dimethyl-N'-[1-methyl-[3]piperidyl]-äthylendiamin, (±)-3-[2-Dimethylamino-
äthylamino]-1-methyl-piperidin** $C_{10}H_{23}N_3$, Formel XI (R = R' = CH$_3$, n = 2).
B. Beim Hydrieren von 1-Methyl-piperidin-3-on im Gemisch mit N,N-Dimethyl-
äthylendiamin an Platin in Äthanol (*Reitsema, Hunter*, Am. Soc. **71** [1949] 1680).
K$_{17}$: 120—123°. n$_D^{24}$: 1,4675.
Tripicrat $C_{10}H_{23}N_3$·3 $C_6H_3N_3O_7$. F: 216—217° [Zers.].

**(±)-N'-[1-Äthyl-[3]piperidyl]-N,N-dimethyl-äthylendiamin, (±)-1-Äthyl-3-[2-di‐
methylamino-äthylamino]-piperidin** $C_{11}H_{25}N_3$, Formel XI (R = C_2H_5, R' = CH$_3$, n = 2).
Die nachstehend beschriebene Verbindung ist wahrscheinlich als (±)-N'-[1-Äthyl-
pyrrolidin-2-ylmethyl]-N,N-dimethyl-äthylendiamin zu formulieren.
B. Beim Erhitzen von (±)-1-Äthyl-3-chlor-piperidin mit N,N-Dimethyl-äthylen‐
diamin auf 150° (*Soc. Usines Chim. Rhône-Poulenc*, D.B.P. 812911 [1950]; D.R.B.P.
Org. Chem. 1950—1951 **3** 1224).
Kp$_9$: 106—108°.

**(±)-N,N-Diäthyl-N'-[1-äthyl-[3]piperidyl]-äthylendiamin, (±)-1-Äthyl-3-[2-diäthyl‐
amino-äthylamino]-piperidin** $C_{13}H_{29}N_3$, Formel XI (R = R' = C_2H_5, n = 2).
Die nachstehend beschriebene Verbindung ist wahrscheinlich als (±)-N,N-Diäthyl-
N'-[1-äthyl-pyrrolidin-2-ylmethyl]-äthylendiamin zu formulieren.
B. Beim Erhitzen von (±)-1-Äthyl-3-chlor-piperidin mit N,N-Diäthyl-äthylendiamin
auf 150° (*Soc. Usines Chim. Rhône-Poulenc*, D.B.P. 812911 [1950]; D.R.B.P. Org.
Chem. 1950—1951 **3** 1224).

Kp_{11}: 140°.

Beim Erhitzen mit (±)-1-Äthyl-3-chlor-piperidin auf 150° ist eine vermutlich als N,N-Diäthyl-N',N'-bis-[1-äthyl-pyrrolidin-2-ylmethyl]-äthylendiamin $C_{20}H_{42}N_4$ zu formulierende Verbindung (Kp_9: 187—189°) erhalten worden.

(±)-N,N-Dimethyl-N'-[1-methyl-[3]piperidyl]-propandiyldiamin, (±)-3-[3-Dimethyl‌amino-propylamino]-1-methyl-piperidin $C_{11}H_{25}N_3$, Formel XI (R = R' = CH₃, n = 3).

B. Beim Hydrieren von 1-Methyl-piperidin-3-on im Gemisch mit N,N-Dimethyl-propan‌diyldiamin an Platin in Äthanol (*Biel et al.*, Am. Soc. **81** [1959] 2527, 2529).

$Kp_{1,0}$: 93°. n_D^{20}: 1,4711.

Trihydrochlorid $C_{11}H_{25}N_3 \cdot 3$ HCl. F: 233—235° [Zers.].

Tripicrat $C_{11}H_{25}N_3 \cdot 3\ C_6H_3N_3O_7$. F: 207°.

Tris-hydrogenmaleat $C_{11}H_{25}N_3 \cdot 3\ C_4H_4O_4$. F: 154—155°.

Bis-methobromid $[C_{13}H_{31}N_3]Br_2$; (±)-1,1-Dimethyl-3-[3-trimethylammo‌nio-propylamino]-piperidinium-dibromid. F: 237—238° (*Biel et al.*, l. c. S. 2530).

(±)-N,N-Diäthyl-N'-[1-äthyl-[3]piperidyl]-pentandiyldiamin, (±)-1-Äthyl-3-[5-diäthyl‌amino-pentylamino]-piperidin $C_{16}H_{35}N_3$, Formel XI (R = R' = C_2H_5, n = 5).

Die nachstehend beschriebene Verbindung ist wahrscheinlich als (±)-N,N-Diäthyl-N'-[1-äthyl-pyrrolidin-2-ylmethyl]-pentandiyldiamin zu formulieren.

B. Beim Erhitzen von (±)-1-Äthyl-3-chlor-piperidin mit N,N-Diäthyl-pentandiyl‌diamin auf 150° (*Soc. Usines Chim. Rhône-Poulenc*, D.B.P. 812911 [1950]; D.R.B.P. Org. Chem. 1950—1951 **3** 1224).

Kp_8: 155°.

(±)-N,N-Diäthyl-N'-[1-äthyl-[3]piperidyl]-p-xylylendiamin, (±)-1-Äthyl-3-[4-diäthyl‌aminomethyl-benzylamino]-piperidin $C_{19}H_{33}N_3$, Formel XII.

Die nachstehend beschriebene Verbindung ist wahrscheinlich als (±)-N,N-Diäthyl-N'-[1-äthyl-pyrrolidin-2-ylmethyl]-p-xylylendiamin zu formulieren.

B. Beim Erhitzen von (±)-1-Äthyl-3-chlor-piperidin mit N,N-Diäthyl-p-xylylendiamin auf 150° (*Soc. Usines Chim. Rhône-Poulenc*, D.B.P. 812911 [1950]; D.R.B.P. Org. Chem. 1950—1951 **3** 1224).

Kp_9: 211—214°.

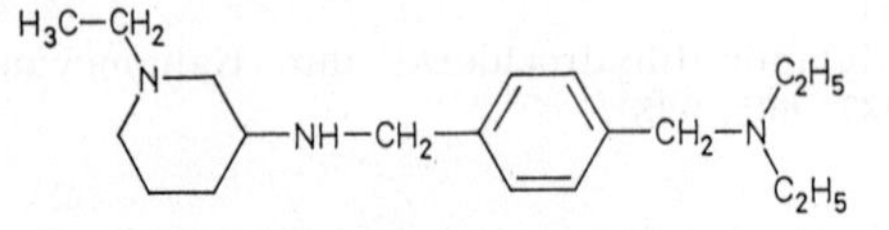

XII 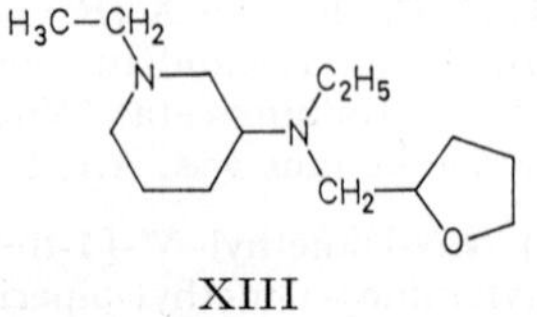   XIII

*Opt.-inakt. Äthyl-[1-äthyl-[3]piperidyl]-tetrahydrofurfuryl-amin, 1-Äthyl-3-[äthyl-tetrahydrofurfuryl-amino]-piperidin $C_{14}H_{28}N_2O$, Formel XIII.

Die nachstehend beschriebene Verbindung ist wahrscheinlich als Äthyl-[1-äthyl-pyrrolidin-2-ylmethyl]-tetrahydrofurfuryl-amin zu formulieren.

B. Beim Erhitzen von (±)-1-Äthyl-3-chlor-piperidin mit (±)-Äthyl-tetrahydrofurfuryl-amin auf 150° (*Soc. Usines Chim. Rhône-Poulenc*, D.B.P. 812911 [1950]; D.R.B.P. Org. Chem. 1950—1951 **3** 1224).

Kp_8: 138—140°.

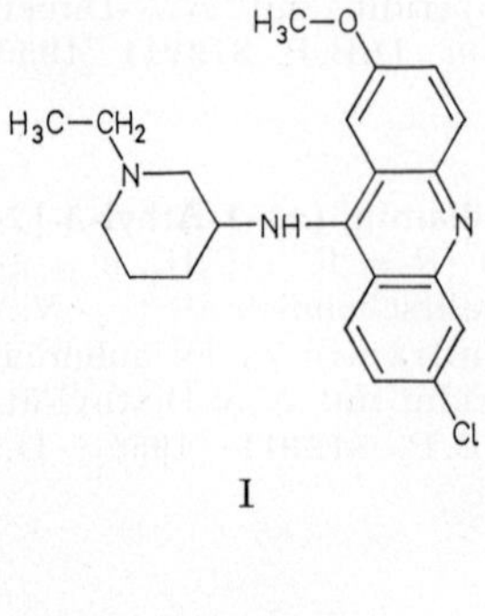

I 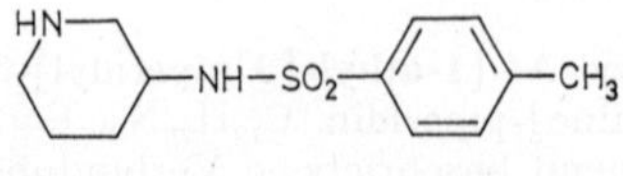   II

(±)-9-[1-Äthyl-[3]piperidylimino]-6-chlor-2-methoxy-9,10-dihydro-acridin $C_{21}H_{24}ClN_3O$
und Tautomeres.

(±)-[1-Äthyl-[3]piperidyl]-[6-chlor-2-methoxy-acridin-9-yl]-amin $C_{21}H_{24}ClN_3O$,
Formel I.

B. Beim Erhitzen von 6-Chlor-2-methoxy-9-phenoxy-acridin mit (±)-1-Äthyl-[3]piper=
idylamin in Phenol auf 110—120° (*Asano, Tomita*, J. pharm. Soc. Japan **68** [1948] 224;
C. A. **1954** 3979).

Gelbe Kristalle (aus Acn. + Ae.); F: 78—79°.

Dihydrochlorid $C_{21}H_{24}ClN_3O \cdot 2$ HCl. Gelbe Kristalle (aus A. + Ae.); Zers. bei 254°.

(±)-N-[3]Piperidyl-toluol-4-sulfonamid $C_{12}H_{18}N_2O_2S$, Formel II.

B. Beim Hydrieren von N-[3]Pyridyl-toluol-4-sulfonamid an Platin in wss.-methanol.
HCl (*Reitsema, Hunter*, Am. Soc. **71** [1949] 1680).

Kristalle (aus PAe.); F: 125—126°.

---

[4]Piperidylamin $C_5H_{12}N_2$, Formel III (R = R′ = H) (E I 624; E II 320).

B. Beim Behandeln von 1-Acetyl-4-acetylamino-piperidin mit wss. HCl (*Tomita*,
J. pharm. Soc. Japan **71** [1951] 1053, 1058; C. A. **1952** 5044). Beim Behandeln von Piper=
idin-4-carbonsäure-hydrochlorid in Benzol mit H_2SO_4 und NaN_3 bei 40° oder mit
H_2SO_4 und HN_3 bei 80° (*Jachontow et al.*, Ž. obšč. Chim. **28** [1958] 3115, 3118; engl.
Ausg. S. 3146, 3148). Beim Behandeln von Piperidin-4-carbonsäure-hydrazid-dihydro=
chlorid mit wss. $NaNO_2$ bei 0°, Erwärmen des Reaktionsprodukts mit Äthanol und an=
schliessend mit konz. wss. HCl (*Ja. et al.*). In geringerer Ausbeute beim Hydrieren von
[4]Pyridylamin-hydrochlorid an Platin in Äthanol (*Ja. et al.*).

Dihydrochlorid $C_5H_{12}N_2 \cdot 2$ HCl (E I 624). Kristalle (aus A.); F: 332—334° (*Ja.
et al.*), 330° (*To.*).

Dipicrat $C_5H_{12}N_2 \cdot 2 C_6H_3N_3O_7$ (E II 320). Hellgelbe Kristalle; F: 258—260° [Zers.;
aus H_2O] (*To.*), 245° [Zers.] (*Ja. et al.*).

1-Methyl-[4]piperidylamin $C_6H_{14}N_2$, Formel IV (R = CH_3, R′ = H).

B. Aus 1-Methyl-piperidin-4-on-oxim beim Erhitzen mit Isopentylalkohol und Natrium
(*Tomita*, J. pharm. Soc. Japan **71** [1951] 1053, 1057; C. A. **1952** 5044) oder mit Äthanol
und Natrium (*Brookes et al.*, Soc. **1957** 3165, 3171). Beim Erwärmen von 1-Methyl-piper=
idin-4-carbonsäure-amid mit Brom und wss. KOH (*Sugasawa, Deguchi*, J. pharm. Soc.
Japan **76** [1956] 968; C. A. **1957** 2771). Beim Behandeln von N-[1-Methyl-[4]piperidyl]-
acetamid mit wss. HCl (*To.*, l. c. S. 1059).

Kp_{48}: 83° (*To.*); Kp_{35}: 70—71° (*Su., De.*).

Dihydrochlorid $C_6H_{14}N_2 \cdot 2$ HCl. Kristalle (aus Me. + E.); F: 242—244° (*Br. et al.*).

Dipicrat $C_6H_{14}N_2 \cdot 2 C_6H_3N_3O_7$. Kristalle (aus H_2O); F: 267—268° [Zers.] (*To.*),
263° [Zers.] (*Su., De.*).

1-Methyl-4-methylamino-piperidin, Methyl-[1-methyl-[4]piperidyl]-amin $C_7H_{16}N_2$,
Formel IV (R = R′ = CH_3).

B. Beim Hydrieren von 1-Methyl-piperidin-4-on im Gemisch mit Methylamin an Platin
in Äthanol (*Brookes et al.*, Soc. **1957** 3165, 3171).

Dihydrochlorid $C_7H_{16}N_2 \cdot 2$ HCl. Kristalle (aus Me. + E.); F: 252—254°.

4-Dimethylamino-piperidin, Dimethyl-[4]piperidyl-amin $C_7H_{16}N_2$, Formel III (R = H,
R′ = CH_3).

B. Beim Hydrieren von 1-Benzyl-4-dimethylamino-piperidin-dihydrochlorid an
Palladium/Kohle in Methanol bei 100°/25 at (*Brookes et al.*, Soc. **1957** 3165, 3172).

Dihydrochlorid $C_7H_{16}N_2 \cdot 2$ HCl. Kristalle (aus Me. + E.); F: 297—298°.

4-Dimethylamino-1-methyl-piperidin, Dimethyl-[1-methyl-[4]piperidyl]-amin $C_8H_{18}N_2$,
Formel III (R = R′ = CH_3).

B. Beim Erhitzen von 1,5-Dibrom-3-dimethylamino-pentan-hydrobromid mit Methyl=
amin in Methanol auf 130° (*Cerkovnikov et al.*, Arh. Kemiju **18** [1946] 87, 89; C. A.
1948 3394).

Kp: 174—175°.

Dihydrochlorid $C_8H_{18}N_2 \cdot 2$ HCl. Kristalle (aus A.); F: 312°.
Dipicrat $C_8H_{18}N_2 \cdot 2\,C_6H_3N_3O_7$. Gelbe Kristalle (aus H_2O); F: 238—239°.

1-Äthyl-[4]piperidylamin $C_7H_{16}N_2$, Formel IV ($R = C_2H_5$, $R' = H$).
B. Bei der Hydrierung von 1-Äthyl-piperidin-4-on im Gemisch mit NH_3 an Raney-Nickel in Äthanol bei 150°/200 at (*Fuson et al.*, Am. Soc. **68** [1946] 1239).
Kp_{16}: 73°. $n_D^{19,5}$: 1,4725.
Dipicrat $C_7H_{16}N_2 \cdot 2\,C_6H_3N_3O_7$. Kristalle (aus Eg.); F: 254—255° [Zers.].

1-Butyl-4-dimethylamino-piperidin, [1-Butyl-[4]piperidyl]-dimethyl-amin $C_{11}H_{24}N_2$,
Formel III ($R = [CH_2]_3\text{-}CH_3$, $R' = CH_3$).
B. Beim Erhitzen von 1,5-Dibrom-3-dimethylamino-pentan-hydrobromid mit Butyl=
amin in Äthanol auf 130—140° (*Cerkovnikov, Prelog*, B. **74** [1941] 1648, 1654).
Kp_{18}: 115°.
Dihydrochlorid $C_{11}H_{24}N_2 \cdot 2$ HCl. F: 314—315° [korr.; aus A.].
Dipicrat $C_{11}H_{24}N_2 \cdot 2\,C_6H_3N_3O_7$. F: 221,5—222,5° [aus H_2O].

1-Isobutyl-[4]piperidylamin $C_9H_{20}N_2$, Formel IV ($R = CH_2\text{-}CH(CH_3)_2$, $R' = H$).
B. Beim Erhitzen von 1-Isobutyl-piperidin-4-on-oxim mit Natrium und Isopentylal=
kohol (*Asano, Tomita*, J. pharm. Soc. Japan **68** [1948] 221; C. A. **1954** 3978).
$Kp_{11,5}$: 81,5—82,5°.
Dipicrat $C_9H_{20}N_2 \cdot 2\,C_6H_3N_3O_7$. Gelbe Kristalle (aus H_2O); Zers. bei 230°.

III   IV   V

4-Dimethylamino-1-isobutyl-piperidin, [1-Isobutyl-[4]piperidyl]-dimethyl-amin
$C_{11}H_{24}N_2$, Formel III ($R = CH_2\text{-}CH(CH_3)_2$, $R' = CH_3$).
B. Beim Erhitzen von 1,5-Dibrom-3-dimethylamino-pentan-hydrobromid mit Iso=
butylamin in Äthanol auf 130—140° (*Cerkovnikov, Prelog*, B. **74** [1941] 1648, 1654).
Kp_{21}: 114—115°.
Dihydrochlorid $C_{11}H_{24}N_2 \cdot 2$ HCl. F: 312° [korr.; aus A.].
Dipicrat $C_{11}H_{24}N_2 \cdot 2\,C_6H_3N_3O_7$. F: 236—237° [aus H_2O].

4-Dimethylamino-1-heptyl-piperidin, [1-Heptyl-[4]piperidyl]-dimethyl-amin $C_{14}H_{30}N_2$,
Formel III ($R = [CH_2]_6\text{-}CH_3$, $R' = CH_3$).
B. Beim Erhitzen von 1,5-Dibrom-3-dimethylamino-pentan-hydrobromid mit Heptyl=
amin in Äthanol auf 130—140° (*Cerkovnikov, Prelog*, B. **74** [1941] 1648, 1654).
Kp_{12}: 145—147°.
Dihydrochlorid $C_{14}H_{30}N_2 \cdot 2$ HCl. F: 321—322° [korr.; aus A.].
Dipicrat $C_{14}H_{30}N_2 \cdot 2\,C_6H_3N_3O_7$. F: 221—222° [aus wss. A.].

1-Cyclohexyl-4-dimethylamino-piperidin, [1-Cyclohexyl-[4]piperidyl]-dimethyl-amin
$C_{13}H_{26}N_2$, Formel III ($R = C_6H_{11}$, $R' = CH_3$).
B. Beim Hydrieren von 4-Dimethylamino-1-phenyl-piperidin-dihydrochlorid an
Platin in Methanol (*Cerkovnikov, Prelog*, B. **74** [1941] 1648, 1655). Beim Erhitzen von
1,5-Dibrom-3-dimethylamino-pentan-hydrobromid mit Cyclohexylamin in Äthanol auf
130—140° (*Ce., Pr.*).
Dihydrochlorid $C_{13}H_{26}N_2 \cdot 2$ HCl. F: 331—332° [korr.; aus Me. + Ae.].
Dipicrat $C_{13}H_{26}N_2 \cdot 2\,C_6H_3N_3O_7$. Gelbe Kristalle (aus H_2O); F: 252—253°.

1-Phenyl-[4]piperidylamin $C_{11}H_{16}N_2$, Formel IV ($R = C_6H_5$, $R' = H$).
B. Beim Erhitzen von 4-Brom-1-phenyl-piperidin-hydrobromid mit methanol. NH_3
auf 140—150° (*Hahn et al.*, B. **74** [1941] 1658). Aus 3-Amino-1,5-dichlor-pentan-hydro=
chlorid (*Hahn et al.*, Helv. **26** [1943] 1132, 1134) bzw. aus 3-Amino-1,5-dibrom-pentan-
hydrobromid (*Cerkovnikov, Prelog*, B. **74** [1941] 1648, 1650) beim Erhitzen mit Anilin in
Äthanol auf 150—160° bzw. auf 130—140°.
Kp_1: 125—127° (*Ce., Pr.*); $Kp_{0,7}$: 125—126° (*Hahn et al.*, Helv. **26** 1134).

Dihydrochlorid $C_{11}H_{16}N_2 \cdot 2$ HCl. Kristalle (aus A. + Ae.); F: 264—265° (*Ce.*, *Pr.*; *Hahn et al.*, Helv. **26** 1134).

Dipicrat $C_{11}H_{16}N_2 \cdot 2 C_6H_3N_3O_7$. Gelbe Kristalle (aus H_2O); F: 201—202° (*Ce.*, *Pr.*; *Hahn et al.*, Helv. **26** 1134).

4-Methylamino-1-phenyl-piperidin, Methyl-[1-phenyl-[4]piperidyl]-amin $C_{12}H_{18}N_2$, Formel IV ($R = C_6H_5$, $R' = CH_3$).

B. Beim Erhitzen von 1,5-Dibrom-3-methylamino-pentan-hydrobromid mit Anilin in Äthanol auf 120—130° (*Cerkovnikov*, *Prelog*, B. **74** [1941] 1648, 1652).

Kristalle (aus PAe.); F: 32—33°.

Dihydrochlorid $C_{12}H_{18}N_2 \cdot 2$ HCl. Kristalle (aus A.); F: 247—247,5° [Zers.].

Dipicrat $C_{12}H_{18}N_2 \cdot 2 C_6H_3N_3O_7$. Gelbe Kristalle (aus A.); F: 199—200°.

4-Anilino-1-methyl-piperidin, N-[1-Methyl-[4]piperidyl]-anilin $C_{12}H_{18}N_2$, Formel IV ($R = CH_3$, $R' = C_6H_5$).

B. Beim Erwärmen von 1-Methyl-piperidin-4-on-phenylimin mit aktiviertem Alu= minium in wss. Methanol (*Knoll A.G.*, D.B.P. 903213 [1944]; D.R.B.P. Org. Chem. 1950—1951 **3** 209; U.S.P. 2683714 [1950], 2683715 [1953]).

Kristalle (aus Dibutyläther); F: 87°. Kp_{15}: 163—165°.

Dihydrochlorid. F: 146° (*Knoll A.G.*, D.B.P. 903213), 246° (*Knoll A.G.*, U.S.P. 2683714, 2683715).

4-Dimethylamino-1-phenyl-piperidin, Dimethyl-[1-phenyl-[4]piperidyl]-amin $C_{13}H_{20}N_2$, Formel III ($R = C_6H_5$, $R' = CH_3$).

B. Aus 4-Chlor-1-phenyl-piperidin (*Hahn et al.*, Helv. **26** [1943] 1132, 1135) bzw. aus 4-Brom-1-phenyl-piperidin (*Hahn et al.*, B. **74** [1941] 1658) beim Erhitzen mit Di= methylamin in Äthanol auf 150° bzw. 135—140°. Aus 1,5-Dichlor-3-dimethylamino-pentan-hydrochlorid (*Hahn et al.*, Helv. **26** 1135) bzw. aus 1,5-Dibrom-3-dimethylamino-pentan-hydrobromid (*Cerkovnikov*, *Prelog*, B. **74** [1941] 1648, 1653) beim Erhitzen mit Anilin in Äthanol auf 150° bzw. 130—140°. Beim Erhitzen von 2-[2-Brom-äthyl]-1,1-di= methyl-azetidinium-bromid mit Anilin und Äthanol auf 130—140° (*Ce.*, *Pr.*, l. c. S. 1653).

Kristalle (aus PAe.); F: 47,5—48,5° (*Ce.*, *Pr.*; *Hahn et al.*, Helv. **26** 1135). Kp_1: 128° bis 132° (*Hahn et al.*, Helv. **26** 1135); $Kp_{0,7}$: 124—126° (*Hahn et al.*, B. **74** 1660); $Kp_{0,5}$: 123—126° (*Ce.*, *Pr.*).

Dihydrochlorid $C_{13}H_{20}N_2 \cdot 2$ HCl. Kristalle (aus A.); F: 252—253° (*Ce.*, *Pr.*; *Hahn et al.*, Helv. **26** 1135).

Dipicrat $C_{13}H_{20}N_2 \cdot 2 C_6H_3N_3O_7$. Gelbe Kristalle (aus H_2O); F: 203—204° (*Ce.*, *Pr.*; *Hahn et al.*, Helv. **26** 1135).

*4-[Dimethyl-oxy-amino]-1-phenyl-piperidin-1-oxid $C_{13}H_{20}N_2O_2$, Formel V.

B. Beim Behandeln (30 h) von 4-Dimethylamino-1-phenyl-piperidin mit wss. H_2O_2 in Aceton (*Cerkovnikov*, *Prelog*, B. **74** [1941] 1648, 1654).

Kristalle (aus Ae. + Acn.); F: 90—91°.

Dihydrochlorid $C_{13}H_{20}N_2O_2 \cdot 2$ HCl. F: 184—185° [aus A. + Ae.].

Dipicrat $C_{13}H_{20}N_2O_2 \cdot 2 C_6H_3N_3O_7$. Kristalle (aus H_2O); F: 148—149°.

4-Anilino-1-phenyl-piperidin, N-[1-Phenyl-[4]piperidyl]-anilin $C_{17}H_{20}N_2$, Formel VI ($R = H$).

B. Beim Erhitzen von 4-Brom-1-phenyl-piperidin-hydrobromid mit Anilin in Äthanol auf 135—140° (*Hahn et al.*, B. **74** [1941] 1658).

$Kp_{0,5}$: 232—235°.

Picrat $C_{17}H_{20}N_2 \cdot C_6H_3N_3O_7$. Kristalle (aus A.); F: 189—190°.

4-Dimethylamino-1-o-tolyl-piperidin, Dimethyl-[1-o-tolyl-[4]piperidyl]-amin $C_{14}H_{22}N_2$, Formel VII ($R = CH_3$, $R' = R'' = H$).

B. Beim Erhitzen von 1,5-Dibrom-3-dimethylamino-pentan-hydrobromid mit o-Tolu= idin in Äthanol auf 130—140° (*Cerkovnikov*, *Prelog*, B. **74** [1941] 1648, 1655).

Kristalle (aus PAe.); F: 50—51°. $Kp_{0,3}$: 122—124°.

Hydrochlorid $C_{14}H_{22}N_2 \cdot$ HCl. F: 252—253° [aus A.].

Dipicrat $C_{14}H_{22}N_2 \cdot 2 C_6H_3N_3O_7$. Gelbe Kristalle (aus H_2O); F: 203—204°.

VI   VII

4-Dimethylamino-1-*m*-tolyl-piperidin, Dimethyl-[1-*m*-tolyl-[4]piperidyl]-amin $C_{14}H_{22}N_2$,
Formel VII (R = R'' = H, R' = CH$_3$).
   B. Beim Erhitzen von 1,5-Dibrom-3-dimethylamino-pentan-hydrobromid mit *m*-Tolu=
idin in Äthanol auf 130—140° (*Cerkovnikov, Prelog*, B. **74** [1941] 1648, 1655).
   Kp$_1$: 140—141°.
   Dihydrochlorid $C_{14}H_{22}N_2 \cdot 2$ HCl. F: 247—248° [aus A.].
   Dipicrat $C_{14}H_{22}N_2 \cdot 2$ $C_6H_3N_3O_7$. Gelbe Kristalle (aus H$_2$O); F: 202—203°.

4-Dimethylamino-1-*p*-tolyl-piperidin, Dimethyl-[1-*p*-tolyl-[4]piperidyl]-amin $C_{14}H_{22}N_2$,
Formel VII (R = R' = H, R'' = CH$_3$).
   B. Beim Erhitzen von 4-Brom-1-*p*-tolyl-piperidin-hydrobromid oder von 4-Jod-
1-*p*-tolyl-piperidin-hydrojodid mit Dimethylamin in Äthanol auf 140—150° (*Hahn
et al.*, Helv. **26** [1943] 1132, 1137). Beim Erhitzen von 1,5-Dibrom-3-dimethylamino-
pentan-hydrobromid mit *p*-Toluidin in Äthanol auf 130—140° (*Cerkovnikov, Prelog*, B.
74 [1941] 1648, 1656).
   F: 39—40° [aus PAe.]; Kp$_1$: 135—137° (*Ce., Pr.*).
   Hydrochlorid $C_{14}H_{22}N_2 \cdot$ HCl. F: 250—251° [aus A.] (*Ce., Pr.*).
   Dipicrat $C_{14}H_{22}N_2 \cdot 2$ $C_6H_3N_3O_7$. F: 212—213° [aus H$_2$O] (*Ce., Pr.*), 210—211°
(*Hahn et al.*).

4-Anilino-1-*p*-tolyl-piperidin, *N*-[1-*p*-Tolyl-[4]piperidyl]-anilin $C_{18}H_{22}N_2$, Formel VI
(R = CH$_3$).
   B. Beim Erhitzen von 4-Brom-1-*p*-tolyl-piperidin-hydrobromid mit Anilin in Äthanol
auf 140—150° (*Hahn et al.*, Helv. **26** [1943] 1132, 1138).
   Dipicrat $C_{18}H_{22}N_2 \cdot 2$ $C_6H_3N_3O_7$. Gelbe Kristalle (aus wss. Me.); Zers. bei 205—210°.
   Direineckat $C_{18}H_{22}N_2 \cdot 2$ H[Cr(CNS)$_4$(NH$_3$)$_2$]. Kristalle (aus H$_2$O); Zers. bei 200°
bis 205°.

1-Benzyl-[4]piperidylamin $C_{12}H_{18}N_2$, Formel VIII (R = H).
   B. Beim Erwärmen von 1-Benzyl-piperidin-4-on-oxim mit Äthanol und Natrium
(*Brookes et al.*, Soc. **1957** 3165, 3172).
   Dihydrochlorid $C_{12}H_{18}N_2 \cdot 2$ HCl. Kristalle (aus Me. + E.) mit 1 Mol H$_2$O; F: 275°.

4-Benzylamino-1-methyl-piperidin, Benzyl-[1-methyl-[4]piperidyl]-amin $C_{13}H_{20}N_2$,
Formel IX (R = CH$_3$).
   B. Bei der Hydrierung von 1-Methyl-piperidin-4-on im Gemisch mit Benzylamin
an Platin in Äthanol (*Reitsema, Hunter*, Am. Soc. **70** [1948] 4009).
   Kp$_{17}$: 168—172°. n$_D^{23}$: 1,5367.
   Dipicrat $C_{13}H_{20}N_2 \cdot 2$ $C_6H_3N_3O_7$. F: 225,5—227° [Zers.].

1-Benzyl-4-dimethylamino-piperidin, [1-Benzyl-[4]piperidyl]-dimethyl-amin $C_{14}H_{22}N_2$,
Formel VIII (R = CH$_3$).
   B. Beim Behandeln von 1-Benzyl-[4]piperidylamin mit wss. Formaldehyd und wss.
Ameisensäure (*Brookes et al.*, Soc. **1957** 3165, 3172). Beim Erhitzen von 1,5-Dibrom-
3-dimethylamino-pentan-hydrobromid mit Benzylamin in Äthanol auf 130—140° (*Cer-
kovnikov, Prelog*, B. **74** [1941] 1648, 1656).
   Kp$_1$: 148—150° (*Ce., Pr.*).
   Hydrochlorid $C_{14}H_{22}N_2 \cdot$ HCl. F: 311—312° [korr.; aus A.] (*Ce., Pr.*).
   Dihydrochlorid $C_{14}H_{22}N_2 \cdot 2$ HCl. Kristalle (aus Me. + E.); F: 305—308° (*Br.
et al.*).
   Dipicrat $C_{14}H_{22}N_2 \cdot 2$ $C_6H_3N_3O_7$. F: 246—247° [aus H$_2$O] (*Ce., Pr.*).

1-Äthyl-4-benzylamino-piperidin, [1-Äthyl-[4]piperidyl]-benzyl-amin $C_{14}H_{22}N_2$, Formel IX (R = C_2H_5).

B. Bei der Hydrierung von 1-Äthyl-piperidin-4-on im Gemisch mit Benzylamin an Platin in Äthanol (*Reitsema, Hunter*, Am. Soc. **70** [1948] 4009).

$Kp_{0,2}$: 113—115°. n_D^{23}: 1,5263.

Dihydrochlorid $C_{14}H_{22}N_2 \cdot 2$ HCl. F: 303—304,5° [Zers.].

Dipicrat $C_{14}H_{22}N_2 \cdot 2$ $C_6H_3N_3O_7$. F: 227—228° [Zers.].

VIII   IX   X

4-[N-Benzyl-anilino]-1-methyl-piperidin, N-Benzyl-N-[1-methyl-[4]piperidyl]-anilin, Bamipin $C_{19}H_{24}N_2$, Formel X (R = X = H).

B. Beim Erwärmen von 4-Anilino-1-methyl-piperidin in Benzol mit $NaNH_2$ und anschliessend mit Benzylchlorid (*Knoll A.G.*, D.B.P. 903213 [1949]; D.R.B.P. Org. Chem. 1950—1951 **3** 209; U.S.P. 2683714 [1950]). Beim Erhitzen von N-Benzyl-anilin in Xylol mit $NaNH_2$ und anschliessend mit 4-Chlor-1-methyl-piperidin (*Knoll A.G.*, D.B.P. 891547 [1950]).

Kristalle (aus Dibutyläther); F: 115°.

Monohydrochlorid $C_{19}H_{24}N_2 \cdot HCl \cdot 1,5$ Mol H_2O. F: 210° [aus Acn.] (*Knoll A.G.*, D.B.P. 891547).

Dihydrochlorid $C_{19}H_{24}N_2 \cdot 2$ HCl; Soventol. F: 189° [aus A.].

4-[N-(4-Chlor-benzyl)-anilino]-1-methyl-piperidin, N-[4-Chlor-benzyl]-N-[1-methyl-[4]piperidyl]-anilin $C_{19}H_{23}ClN_2$, Formel X (R = H, X = Cl).

B. Beim Erhitzen von N-[4-Chlor-benzyl]-anilin mit 4-Chlor-1-methyl-piperidin und K_2CO_3 in Xylol (*Knoll A.G.*, D.B.P. 891547 [1950]; U.S.P. 2683715 [1953]). Beim Erwärmen von 4-Anilino-1-methyl-piperidin mit $NaNH_2$ und 4-Chlor-benzylchlorid in Benzol (*Knoll A.G.*, U.S.P. 2683715).

Kristalle (aus Dibutyläther); F: 115°.

Dihydrochlorid $C_{19}H_{23}ClN_2 \cdot 2$ HCl. Kristalle (aus A.); F: 193°.

4-[N-(4-Brom-benzyl)-anilino]-1-methyl-piperidin, N-[4-Brom-benzyl]-N-[1-methyl-[4]piperidyl]-anilin $C_{19}H_{23}BrN_2$, Formel X (R = H, X = Br).

B. Beim Erwärmen von 4-Anilino-1-methyl-piperidin mit $NaNH_2$ und 4-Brom-benzyl=chlorid in Benzol (*Knoll A.G.*, U.S.P. 2683715 [1953]).

Kristalle (aus Dibutyläther); F: 122°.

Dihydrochlorid $C_{19}H_{23}BrN_2 \cdot 2$ HCl. Kristalle (aus A.); F: 214—215°.

4-[Benzyl-p-tolyl-amino]-1-methyl-piperidin, N-Benzyl-N-[1-methyl-[4]piperidyl]-p-toluidin $C_{20}H_{26}N_2$, Formel X (R = CH_3, X = H).

B. Beim Erhitzen von N-Benzyl-p-toluidin mit $NaNH_2$ und 4-Chlor-1-methyl-piper=idin in Xylol (*Knoll A.G.*, D.B.P. 891547 [1950]).

F: 106—107° [aus Dibutyläther].

Dihydrochlorid $C_{20}H_{26}N_2 \cdot 2$ HCl. F: 223° [aus A.].

4-Dimethylamino-1-phenäthyl-piperidin, Dimethyl-[1-phenäthyl-[4]piperidyl]-amin $C_{15}H_{24}N_2$, Formel XI.

B. Beim Erhitzen von 1,5-Dibrom-3-dimethylamino-pentan-hydrobromid mit Phen=äthylamin in Äthanol auf 130—140° (*Cerkovnikov, Prelog*, B. **74** [1941] 1648, 1656).

Kp_1: 158—160°.

Hydrochlorid $C_{15}H_{24}N_2 \cdot HCl$. Kristalle (aus A.); F: 325—325,5° [korr.].

Dipicrat $C_{15}H_{24}N_2 \cdot 2$ $C_6H_3N_3O_7$. F: 214—215° [aus H_2O].

1-Methyl-4-[N-(4-methyl-benzyl)-anilino]-piperidin, N-[4-Methyl-benzyl]-N-[1-methyl-[4]piperidyl]-anilin $C_{20}H_{26}N_2$, Formel X (R = H, X = CH$_3$).

B. Beim Erwärmen von 4-Anilino-1-methyl-piperidin mit NaNH$_2$ und 4-Methyl-benzyl=chlorid in Benzol (*Knoll A.G.*, U.S.P. 2683715 [1953]).

Kristalle (aus Dibutyläther); F: 87°.

Dihydrochlorid $C_{20}H_{26}N_2 \cdot 2$ HCl. Kristalle (aus A.); F: 198°.

XI   XII   XIII

4-Dimethylamino-1-[1]naphthyl-piperidin, Dimethyl-[1-[1]naphthyl-[4]piperidyl]-amin $C_{17}H_{22}N_2$, Formel XII.

B. Beim Erhitzen von 1,5-Dibrom-3-dimethylamino-pentan-hydrobromid mit [1]Naphthylamin in Äthanol auf 130—140° (*Cerkovnikov, Prelog*, B. **74** [1941] 1648, 1656).

Kristalle (aus PAe.); F: 82—83°. Kp$_{0,3}$: 198—200°.

Dihydrochlorid $C_{17}H_{22}N_2 \cdot 2$ HCl. F: 274—275° [aus A.].

Picrat $C_{17}H_{22}N_2 \cdot C_6H_3N_3O_7$. F: 202—203° [aus wss. A.].

2-[1-Äthyl-[4]piperidylamino]-äthanol $C_9H_{20}N_2O$, Formel XIII.

B. Bei der Hydrierung von 1-Äthyl-piperidin-4-on im Gemisch mit 2-Amino-äthanol an Platin in Äthanol (*Reitsema, Hunter*, Am. Soc. **70** [1948] 4009).

Kp$_{17}$: 117—119°. n$_D^{23}$: 1,4905.

Dipicrat $C_9H_{20}N_2O \cdot 2\,C_6H_3N_3O_7$. F: 217—219° [Zers.].

O-Benzoyl-Derivat $C_{16}H_{24}N_2O_2$; 1-[1-Äthyl-[4]piperidylamino]-2-benzoyl=oxy-äthan. Dihydrochlorid $C_{16}H_{24}N_2O_2 \cdot 2$ HCl. F: 235° [Zers.].

1-Methyl-4-pyrrolidino-piperidin $C_{10}H_{20}N_2$, Formel I.

B. Beim Hydrieren von 1-Methyl-4-pyrrolidino-1,2,3,6-tetrahydro-pyridin an Platin in Cyclohexan (*Tschesche, Snatzke*, B. **90** [1957] 579, 584).

Kp$_{12}$: 109°.

Dihydrochlorid $C_{10}H_{20}N_2 \cdot 2$ HCl. Kristalle (aus Isopropylalkohol); F: 330—335° [Zers.; nach Kristallumwandlung bei 315°; geschlossene Kapillare].

1′-Phenyl-decahydro-[1,4′]bipyridyl, 1′-Phenyl-[1,4′]bipiperidyl $C_{16}H_{24}N_2$, Formel II (R = R′ = H).

B. Neben 1-Phenyl-1,2,3,6-tetrahydro-pyridin aus 4-Brom-1-phenyl-piperidin-hydro=bromid (*Hahn et al.*, B. **74** [1941] 1658) oder aus 4-Jod-1-phenyl-piperidin-hydrojodid (*Hahn et al.*, Helv. **26** [1943] 1132, 1136) beim Erhitzen mit Piperidin in Äthanol auf 140—150° bzw. auf Siedetemperatur.

Kristalle; F: 58,5—59,5° (*Hahn et al.*, B. **74** 1660). Kp$_1$: 165—168° (*Hahn et al.*, Helv. **26** 1136).

Dihydrochlorid $C_{16}H_{24}N_2 \cdot 2$ HCl. Kristalle (aus A.); F: 283—284°.

Dipicrat $C_{16}H_{24}N_2 \cdot 2\,C_6H_3N_3O_7$. Gelbe Kristalle (aus Dioxan); F: 209—209,5° (*Hahn et al.*, B. **74** 1660).

1′-p-Tolyl-decahydro-[1,4′]bipyridyl, 1′-p-Tolyl-[1,4′]bipiperidyl $C_{17}H_{26}N_2$, Formel II (R = H, R′ = CH$_3$).

B. Neben 1-p-Tolyl-1,2,3,6-tetrahydro-pyridin beim Erhitzen von 4-Brom-1-p-tolyl-piperidin-hydrobromid mit Piperidin in Äthanol auf 140—150° (*Hahn et al.*, Helv. **26** [1943] 1132, 1137).

F: 83,5—84,5°. Kp$_{0,1}$: 170—175°.

Dihydrochlorid $C_{17}H_{26}N_2 \cdot 2$ HCl. Kristalle (aus A. + Ae.); F: 264—266°.

Dipicrat $C_{17}H_{26}N_2 \cdot 2\,C_6H_3N_3O_7$. Gelbe Kristalle (aus wss. A.); F: 205—206°.

1'-[2,4-Dimethyl-phenyl]-decahydro-[1,4']bipyridyl, 1'-[2,4-Dimethyl-phenyl]-
[1,4']bipiperidyl C$_{18}$H$_{28}$N$_2$, Formel II (R = R' = CH$_3$).
B. Beim Erhitzen von 1-[2,4-Dimethyl-phenyl]-piperidin-4-ol mit wss. HBr [68%ig]
auf 180° und Erhitzen des Reaktionsprodukts mit Piperidin in Äthanol auf 135° (*Hahn
et al.*, Helv. **26** [1943] 1132, 1139).
Kp$_1$: 220—222°.
Dipicrat C$_{18}$H$_{28}$N$_2$·2 C$_6$H$_3$N$_3$O$_7$. Gelbe Kristalle (aus wss. A.); F: 186,5—188°.
Picrolonat C$_{18}$H$_{28}$N$_2$·C$_{10}$H$_8$N$_4$O$_5$. Gelbe Kristalle (aus A.); F: 178—179°.

4-[4-Dimethylamino-piperidino]-phenol C$_{13}$H$_{20}$N$_2$O, Formel III (R = R' = CH$_3$,
R'' = H).
B. Beim Erhitzen von 4-[4-Brom-piperidino]-phenol mit Dimethylamin in Äthanol
auf 130—140° (*Prelog*, „Kastel", D.R.P. 749887 [1941]; D.R.P. Org. Chem. **3** 126).
Beim Erhitzen von 4-Dimethylamino-1-[4-methoxy-phenyl]-piperidin mit konz. wss.
HBr auf 100° (*Cerkovnikov, Prelog*, B. **74** [1941] 1648, 1657).
Kp$_{0,2}$: 190—192° (*Prelog*, „Kastel").
Dihydrobromid C$_{13}$H$_{20}$N$_2$O·2 HBr. Kristalle (aus Me.); F: 255—256° (*Ce., Pr.*).
Picrat C$_{13}$H$_{20}$N$_2$O·C$_6$H$_3$N$_3$O$_7$. F: 212—213° [aus H$_2$O] (*Ce., Pr.*).

        I   II   III

4-*p*-Anisidino-1-methyl-piperidin, *N*-[1-Methyl-[4]piperidyl]-*p*-anisidin C$_{13}$H$_{20}$N$_2$O,
Formel IV (R = H).
B. Beim Erhitzen von 1-Methyl-piperidin-4-on mit *p*-Anisidin in Toluol und wenig
Essigsäure und Erwärmen des Reaktionsprodukts mit aktiviertem Aluminium in wss.
Methanol (*Knoll A.G.*, D.B.P. 903213 [1949]; D.R.B.P. Org. Chem. 1950—1951 **3** 209;
U.S.P. 2683714 [1950]).
Kristalle (aus PAe.); F: 46,5°. Kp$_8$: 172—173°.
Dihydrochlorid. F: 248°.

4-Dimethylamino-1-[4-methoxy-phenyl]-piperidin, [1-(4-Methoxy-phenyl)-[4]piperidyl]-
dimethyl-amin C$_{14}$H$_{22}$N$_2$O, Formel III (R = R' = R'' = CH$_3$).
B. Beim Erhitzen von 1,5-Dibrom-3-dimethylamino-pentan-hydrobromid mit *p*-Anis-
idin in Äthanol auf 130—140° (*Cerkovnikov, Prelog*, B. **74** [1941] 1648, 1656).
F: 57—58° [aus PAe.]. Kp$_{0,1}$: 140—142°.
Dihydrochlorid C$_{14}$H$_{22}$N$_2$O·2 HCl. F: 250—251° [aus A.].
Dipicrat C$_{14}$H$_{22}$N$_2$O·2 C$_6$H$_3$N$_3$O$_7$. F: 209—210° [aus H$_2$O].

1-[4-Äthoxy-phenyl]-4-dimethylamino-piperidin, [1-(4-Äthoxy-phenyl)-[4]piperidyl]-
dimethyl-amin C$_{15}$H$_{24}$N$_2$O, Formel III (R = R' = CH$_3$, R'' = C$_2$H$_5$).
B. Beim Erhitzen von 1,5-Dibrom-3-dimethylamino-pentan-hydrobromid mit *p*-Phen-
etidin in Äthanol auf 130—140° (*Cerkovnikov, Prelog*, B. **74** [1941] 1648, 1657).
F: 56—57° [aus PAe.]. Kp$_{0,5}$: 158—160°.
Dihydrochlorid C$_{15}$H$_{24}$N$_2$O·2 HCl. F: 252—253° [aus A.].
Dipicrat C$_{15}$H$_{24}$N$_2$O·2 C$_6$H$_3$N$_3$O$_7$. F: 206—207° [aus H$_2$O].

4-[4-Anilino-piperidino]-phenol C$_{17}$H$_{20}$N$_2$O, Formel III (R = C$_6$H$_5$, R' = R'' = H).
B. Beim Erhitzen von 4-[4-Brom-piperidino]-phenol-hydrobromid mit Anilin in
Äthanol auf 140—145° (*Hahn et al.*, Helv. **26** [1943] 1132, 1141).
Dipicrat C$_{17}$H$_{20}$N$_2$O·2 C$_6$H$_3$N$_3$O$_7$. Kristalle (aus wss. Me.); Zers. bei 205—210°.
Direineckat C$_{17}$H$_{20}$N$_2$O·2 H[Cr(CNS)$_4$(NH$_3$)$_2$]. Kristalle (aus H$_2$O); Zers. bei 205°
bis 210°.

4-[Octahydro-[1,4']bipyridyl-1'-yl]-phenol C$_{16}$H$_{24}$N$_2$O, Formel II (R = H, R' = OH).
B. Beim Erhitzen von 4-[4-Brom-piperidino]-phenol-hydrobromid mit Piperidin in

Äthanol auf 140—145° (*Hahn et al.*, Helv. **26** [1943] 1132, 1141).

Dipicrat $C_{16}H_{24}N_2O \cdot 2\ C_6H_3N_3O_7$. Gelbe Kristalle (aus wss. A.); F: 189—191° [Zers.].

Direineckat $C_{16}H_{24}N_2O \cdot 2\ H[Cr(CNS)_4(NH_3)_2]$. Kristalle (aus Acn. + H_2O); F: 191° bis 193° [Zers.].

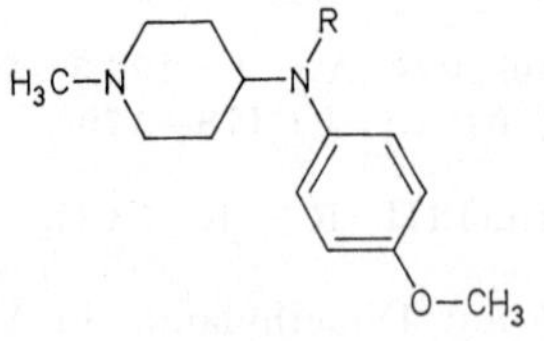

IV 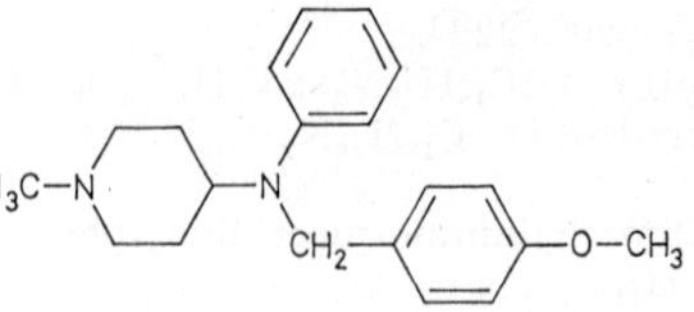   V

4-[N-Benzyl-p-anisidino]-1-methyl-piperidin, N-Benzyl-N-[1-methyl-[4]piperidyl]-p-anisidin $C_{20}H_{26}N_2O$, Formel IV (R = CH_2-C_6H_5).

B. Beim Erwärmen von 4-p-Anisidino-1-methyl-piperidin mit $NaNH_2$ in Benzol und anschliessend mit Benzylchlorid (*Knoll A.G.*, D.B.P. 903213 [1940]; D.R.B.P. Org. Chem. 1950—1951 **3** 209; U.S.P. 2683714 [1950]).

Kristalle (aus PAe.); F: 83°.

Dihydrochlorid. F: 194°.

4-[N-(4-Methoxy-benzyl)-anilino]-1-methyl-piperidin, N-[4-Methoxy-benzyl]-N-[1-methyl-[4]piperidyl]-anilin $C_{20}H_{26}N_2O$, Formel V.

B. Beim Erhitzen von N-[4-Methoxy-benzyl]-anilin mit $NaNH_2$ und 4-Chlor-1-methyl-piperidin in Xylol (*Knoll A.G.*, D.B.P. 891547 [1950]; U.S.P. 2683715 [1953]). Beim Erwärmen von 4-Anilino-1-methyl-piperidin mit $NaNH_2$ in Benzol und anschliessend mit 4-Methoxy-benzylchlorid (*Knoll A.G.*, U.S.P. 2683715).

Kristalle (aus Dibutyläther); F: 115°.

Dihydrochlorid $C_{20}H_{26}N_2O \cdot 2\ HCl$. Kristalle (aus A.) mit 1 Mol H_2O; F: 192°.

1-Formyl-4-formylamino-piperidin, N-[1-Formyl-[4]piperidyl]-formamid $C_7H_{12}N_2O_2$, Formel VI (R = H).

B. Beim Erhitzen von [4]Piperidylamin-dihydrochlorid mit Natriumformiat und Formamid (*Jachontow et al.*, Ž. obšč. Chim. **28** [1958] 3115, 3119; engl. Ausg. S. 3146, 3148).

Kristalle; F: 77—79°.

4-Acetylamino-1-methyl-piperidin, N-[1-Methyl-[4]piperidyl]-acetamid $C_8H_{16}N_2O$, Formel VII.

B. Beim Hydrieren von 4-Acetylimino-1-methyl-1,4-dihydro-pyridin-hydrojodid an Platin in H_2O (*Tomita*, J. pharm. Soc. Japan **71** [1951] 1053, 1059; C. A. **1952** 5044).

Hydrojodid $C_8H_{16}N_2O \cdot HI$. Kristalle (aus A.); F: 224—226°.

1-Acetyl-4-acetylamino-piperidin, N-[1-Acetyl-[4]piperidyl]-acetamid $C_9H_{16}N_2O_2$, Formel VI (R = CH_3).

B. Bei der Hydrierung von 4-Nitro-pyridin-1-oxid oder von 4-Acetylamino-pyridin-1-oxid im Gemisch mit Acetanhydrid an Platin in Essigsäure (*Tomita*, J. pharm. Soc. Japan **71** [1951] 1053, 1058; C. A. **1952** 5044).

Kristalle (aus Bzl.); F: 143—146°.

4-Benzoylamino-1-methyl-piperidin, N-[1-Methyl-[4]piperidyl]-benzamid $C_{13}H_{18}N_2O$, Formel VIII (X = H).

B. Beim Behandeln von 1-Methyl-[4]piperidylamin mit Benzoylchlorid in Benzol (*Sandoz*, U.S.P. 2748134 [1954]).

Kristalle (aus Bzl.); F: 164—165°.

Hydrochlorid $C_{13}H_{18}N_2O \cdot HCl$. Kristalle (aus wss. Acn.) mit 0,5 Mol H_2O; F: 207° bis 209°.

4-Chlor-benzoesäure-[1-methyl-[4]piperidylamid] $C_{13}H_{17}ClN_2O$, Formel VIII (X = Cl).

B. Beim Behandeln von 1-Methyl-[4]piperidylamin mit 4-Chlor-benzoylchlorid in Benzol (*Sandoz*, U.S.P. 2748134 [1954]).

Kristalle (aus A.); F: 230—232°.

Hydrochlorid $C_{13}H_{17}ClN_2O \cdot HCl$. Kristalle (aus A. + Acn. + Ae.) mit 0,5 Mol H_2O; F: 217—219°.

4-Nitro-benzoesäure-[1-methyl-[4]piperidylamid] $C_{13}H_{17}N_3O_3$, Formel VIII (X = NO₂).

B. Beim Behandeln von 1-Methyl-[4]piperidylamin mit 4-Nitro-benzoylchlorid in Benzol (*Sandoz*, U.S.P. 2748134 [1954]).

Kristalle (aus Acn. + A.); F: 197—198°.

Hydrochlorid $C_{13}H_{12}N_3O_3 \cdot HCl$. Kristalle (aus wss. A.); F: 253—255°.

1-Benzoyl-4-benzoylamino-piperidin, *N*-[1-Benzoyl-[4]piperidyl]-benzamid $C_{19}H_{20}N_2O_2$, Formel VI (R = C_6H_5).

B. Aus [4]Piperidylamin-dihydrochlorid und Benzoylchlorid (*Tomita*, J. pharm. Soc. Japan **71** [1951] 1053, 1058; C. A. **1952** 5044).

Kristalle (aus E.); F: 192—194°.

1-Methyl-4-*p*-toluoylamino-piperidin, *N*-[1-Methyl-[4]piperidyl]-*p*-toluamid $C_{14}H_{20}N_2O$, Formel VIII (X = CH₃).

B. Beim Behandeln von 1-Methyl-[4]piperidylamin mit *p*-Toluoylchlorid in Benzol (*Sandoz*, U.S.P. 2748134 [1954]).

Kristalle (aus wss. A.); F: 189—191°.

Hydrochlorid $C_{14}H_{20}N_2O \cdot HCl$. Kristalle (aus A. + Ae.); F: 239—242°.

3,3-Diäthyl-1-[4]piperidyl-azetidin-2,4-dion $C_{12}H_{20}N_2O_2$, Formel IX (R = H, R' = C_2H_5).

B. Beim Hydrieren von 3,3-Diäthyl-1-[4]pyridyl-azetidin-2,4-dion-hydrochlorid an Platin in Äthanol (*Ebnöther et al.*, Helv. **42** [1959] 918, 923, 941, 943).

Kp₀,₀₁: 95° [Luftbadtemperatur].

Hydrochlorid $C_{12}H_{20}N_2O_2 \cdot HCl$. F: 207—208° [korr.; evakuierte Kapillare].

3,3-Diäthyl-1-[1-methyl-[4]piperidyl]-azetidin-2,4-dion $C_{13}H_{22}N_2O_2$, Formel IX (R = CH₃, R' = C_2H_5).

B. Beim Hydrieren von 4-[3,3-Diäthyl-2,4-dioxo-azetidin-1-yl]-1-methyl-pyridinium-jodid an Platin in Aceton (*Ebnöther et al.*, Helv. **42** [1959] 918, 941, 943).

Kp₀,₀₁: 80° [Luftbadtemperatur].

Hydrochlorid $C_{13}H_{22}N_2O_2 \cdot HCl$. F: 236—237° [korr.; evakuierte Kapillare].

Hydrojodid $C_{13}H_{22}N_2O_2 \cdot HI$. F: 177—178° [korr.; evakuierte Kapillare].

Hydrogenoxalat $C_{13}H_{22}N_2O_2 \cdot C_2H_2O_4$. F: 147—148° [korr.; Zers.; evakuierte Kapillare].

Methobromid [$C_{14}H_{25}N_2O_2$]Br; 4-[3,3-Diäthyl-2,4-dioxo-azetidin-1-yl]-1,1-dimethyl-piperidinium-bromid. F: 263—264° [korr.; evakuierte Kapillare].

1-[1-Methyl-[4]piperidyl]-3,3-diphenyl-azetidin-2,4-dion $C_{21}H_{22}N_2O_2$, Formel IX (R = CH₃, R' = C_6H_5).

B. Beim Hydrieren von 4-[2,4-Dioxo-3,3-diphenyl-azetidin-1-yl]-1-methyl-pyridinium-jodid an Platin in Aceton (*Ebnöther et al.*, Helv. **42** [1959] 918, 923, 941, 943).

F: 100—101° [korr.; evakuierte Kapillare].

Hydrochlorid $C_{21}H_{22}N_2O_2 \cdot HCl$. F: 228—230° [korr.; evakuierte Kapillare].

Hydrogenoxalat $C_{21}H_{22}N_2O_2 \cdot C_2H_2O_4$. F: 211—212° [korr.; Zers.; evakuierte Kapillare].

Methobromid [$C_{22}H_{25}N_2O_2$]Br; 4-[2,4-Dioxo-3,3-diphenyl-azetidin-1-yl]-

1,1-dimethyl-piperidinium-bromid. F: $266-268°$ [korr.; Zers.; evakuierte Kapillare].

[1-Methyl-[4]piperidyl]-carbamidsäure-äthylester $C_9H_{18}N_2O_2$, Formel X (R = H, X = O-C$_2$H$_5$).

B. Beim Behandeln von 1-Methyl-[4]piperidylamin-dihydrochlorid mit Triäthylamin und Chlorokohlensäure-äthylester in CHCl$_3$ (*Brookes et al.*, Soc. **1957** 3165, 3171).

Kristalle (aus PAe.); F: $65-67°$.

N,N-Dimethyl-N'-[1-methyl-[4]piperidyl]-harnstoff $C_9H_{19}N_3O$, Formel X (R = H, X = N(CH$_3$)$_2$).

B. Beim Erwärmen von 1-Methyl-[4]piperidylamin mit Dimethylcarbamoylchlorid in Äther (*Sugasawa, Deguchi*, J. pharm. Soc. Japan **76** [1956] 968; C. A. **1957** 2771).

Kristalle (aus PAe.) mit 0,5 Mol H$_2$O; F: $138-139°$.

IX   X   XI

N,N-Diäthyl-N'-[1-methyl-[4]piperidyl]-harnstoff $C_{11}H_{23}N_3O$, Formel X (R = H, X = N(C$_2$H$_5$)$_2$).

B. Beim Erwärmen von 1-Methyl-[4]piperidylamin mit Diäthylcarbamoylchlorid in Äther (*Sugasawa, Deguchi*, J. pharm. Soc. Japan **76** [1956] 968; C. A. **1957** 2771).

Kristalle (aus PAe.); F: $89-90°$.

4-Dimethylamino-piperidin-1-carbonsäure-äthylester $C_{10}H_{20}N_2O_2$, Formel XI (X = O-C$_2$H$_5$).

B. Beim Behandeln von 4-Dimethylamino-piperidin-dihydrochlorid mit Triäthylamin und Chlorokohlensäure-äthylester in CHCl$_3$ (*Brookes et al.*, Soc. **1957** 3165, 3172).

Picrat $C_{10}H_{20}N_2O_2 \cdot C_6H_3N_3O_7$. Gelbe Kristalle (aus Ae. + DMF); F: $128-130°$.

4-Dimethylamino-piperidin-1-carbonsäure-diäthylamid $C_{12}H_{25}N_3O$, Formel XI (X = N(C$_2$H$_5$)$_2$).

B. Beim Behandeln von 4-Dimethylamino-piperidin-dihydrochlorid mit Triäthylamin und Diäthylcarbamoylchlorid in CHCl$_3$ (*Brookes et al.*, Soc. **1957** 3165, 3172).

Kp$_{0,5}$: $110-112°$.

Methyl-[1-methyl-[4]piperidyl]-carbamidsäure-äthylester $C_{10}H_{20}N_2O_2$, Formel X (R = CH$_3$, X = O-C$_2$H$_5$).

B. Beim Behandeln von 1-Methyl-4-methylamino-piperidin-dihydrochlorid mit Triäthylamin und Chlorokohlensäure-äthylester in CHCl$_3$ (*Brookes et al.*, Soc. **1957** 3165, 3172).

Dihydrogencitrat $C_{10}H_{20}N_2O_2 \cdot C_6H_8O_7$. Kristalle (aus Propan-1-ol); F: $153-155°$.

Methyl-[1-methyl-[4]piperidyl]-carbamidsäure-diäthylamid $C_{12}H_{25}N_3O$, Formel X (R = CH$_3$, X = N(C$_2$H$_5$)$_2$).

B. Beim Behandeln von 1-Methyl-4-methylamino-piperidin-dihydrochlorid mit Triäthylamin und Diäthylcarbamoylchlorid in CHCl$_3$ (*Brookes et al.*, Soc. **1957** 3165, 3172).

Dihydrogencitrat $C_{12}H_{25}N_3O \cdot C_6H_8O_7$. Kristalle (aus Propan-1-ol); F: $164-165°$.

4-Methoxy-benzoesäure-[1-methyl-[4]piperidylamid] $C_{14}H_{20}N_2O_2$, Formel XII (X = O-CH$_3$).

B. Beim Behandeln von 1-Methyl-[4]piperidylamin mit 4-Methoxy-benzoylchlorid in Benzol (*Sandoz*, U.S.P. 2748134 [1954]).

Kristalle (aus Acn.); F: $170-171°$.

Hydrochlorid $C_{14}H_{20}N_2O_2 \cdot HCl$. Kristalle (aus A. + Ae.) mit 0,5 Mol H$_2$O; F: $223°$ bis $225°$.

4-Äthoxy-benzoesäure-[1-methyl-[4]piperidylamid] $C_{15}H_{22}N_2O_2$, Formel XII
(X = O-C_2H_5).

B. Beim Behandeln von 1-Methyl-[4]piperidylamin mit 4-Äthoxy-benzoylchlorid in Benzol (*Sandoz*, U.S.P. 2748134 [1954]).

Kristalle (aus Acn.); F: 182—184°.

Hydrochlorid $C_{15}H_{22}N_2O_2 \cdot$ HCl. Kristalle (aus A. + Ae.) mit 1 Mol H_2O; F: 243° bis 246°.

4-Butoxy-benzoesäure-[1-methyl-[4]piperidylamid] $C_{17}H_{26}N_2O_2$, Formel XII
(X = O-[CH_2]$_3$-CH_3).

B. Beim Behandeln von 1-Methyl-[4]piperidylamin mit 4-Butoxy-benzoylchlorid in Benzol (*Sandoz*, U.S.P. 2748134 [1954]).

Kristalle (aus Acn.); F: 171—172°.

Hydrochlorid $C_{17}H_{26}N_2O_2 \cdot$ HCl. Kristalle (aus A. + Ae.); F: 205—207°.

XII   XIII

N′-[1-Äthyl-[4]piperidyl]-N,N-dimethyl-äthylendiamin, 1-Äthyl-4-[2-dimethylamino-äthylamino]-piperidin $C_{11}H_{25}N_3$, Formel XIII (R = H).

B. Bei der Hydrierung von 1-Äthyl-piperidin-4-on im Gemisch mit *N,N*-Dimethyl-äthylendiamin an Platin in Äthanol (*Reitsema, Hunter*, Am. Soc. **70** [1948] 4009). Beim Erhitzen von 1-Äthyl-[4]piperidylamin mit $NaNH_2$ in Toluol und Behandeln des Reaktionsgemisches mit [2-Chlor-äthyl]-dimethyl-amin-hydrochlorid (*Re., Hu.*).

Kp_{17-18}: 136—139°. n_D^{23}: 1,4723.

Tripicrat $C_{11}H_{25}N_3 \cdot 3\ C_6H_3N_3O_7$. F: 238,5—239° [Zers.].

1-Äthyl-4-[2-pyrrolidino-äthylamino]-piperidin, [1-Äthyl-[4]piperidyl]-[2-pyrrolidino-äthyl]-amin $C_{13}H_{27}N_3$, Formel XIV (R = H).

B. Bei der Hydrierung von 1-Äthyl-piperidin-4-on im Gemisch mit 1-[2-Amino-äthyl]-pyrrolidin an Platin in Äthanol (*Reitsema, Hunter*, Am. Soc. **70** [1948] 4009).

$Kp_{0,05}$: 101—104°. n_D^{23}: 1,4883.

Dipicrat $C_{13}H_{27}N_3 \cdot 2\ C_6H_3N_3O_7$. F: 255° [Zers.].

N-[1-Äthyl-[4]piperidyl]-N-benzyl-N′,N′-dimethyl-äthylendiamin $C_{18}H_{31}N_3$,
Formel XIII (R = CH_2-C_6H_5).

B. Beim Erhitzen von *N′*-[1-Äthyl-[4]piperidyl]-*N,N*-dimethyl-äthylendiamin mit Benzylbromid in Xylol auf 160° unter Zusatz von K_2CO_3 und Kupfer-Pulver (*Reitsema, Hunter*, Am. Soc. **70** [1948] 4009).

Kristalle (aus Ae.); F: 99—100° (nicht rein erhalten).

Tripicrat $C_{18}H_{31}N_3 \cdot 3\ C_6H_3N_3O_7$. Kristalle (aus E.); F: 193—195° [Zers.].

XIV   XV

[1-Äthyl-[4]piperidyl]-benzyl-[2-pyrrolidino-äthyl]-amin $C_{20}H_{33}N_3$, Formel XIV
(R = CH_2-C_6H_5).

B. Beim Erhitzen von 1-Äthyl-4-[2-pyrrolidino-äthylamino]-piperidin mit Benzylbromid in Xylol auf 160° unter Zusatz von K_2CO_3 und Kupfer-Pulver (*Reitsema, Hunter*, Am. Soc. **70** [1948] 4009).

$Kp_{0,8}$: 167—169° (*Upjohn Co.*, U.S.P. 2476914 [1948]).

Tripicrat $C_{20}H_{33}N_3 \cdot 3\ C_6H_3N_3O_7$. F: 198,6—200° [Zers.] (*Re., Hu.*).

4-Dimethylamino-1-[4-dimethylamino-phenyl]-piperidin, [1-(4-Dimethylamino-phenyl)-[4]piperidyl]-dimethyl-amin, 4-[4-Dimethylamino-piperidino]-N,N-dimethyl-anilin $C_{15}H_{25}N_3$, Formel XV.

B. Beim Erhitzen von 1,5-Dibrom-3-dimethylamino-pentan-hydrobromid mit N,N-Di=methyl-p-phenylendiamin in Äthanol auf 130—140° (*Cerkovnikov, Prelog*, B. **74** [1941] 1648, 1657).

F: 85—86°. $Kp_{0,2}$: 160—161°.

Trihydrochlorid $C_{15}H_{25}N_3 \cdot 3$ HCl. F: 242—243° [aus äthanol. HCl].

Dipicrat $C_{15}H_{25}N_3 \cdot 2\,C_6H_3N_3O_7$. F: 188—189° [aus H_2O].

4-Butylamino-benzoesäure-[1-methyl-[4]piperidylamid] $C_{17}H_{27}N_3O$, Formel XII ($X = NH-[CH_2]_3-CH_3$).

B. Beim Behandeln von 1-Methyl-[4]piperidylamin mit 4-Butylamino-benzoylchlorid-hydrochlorid in Benzol (*Sandoz*, U.S.P. 2748134 [1954]).

Kristalle (aus Acn. + Ae.); F: 165—167°.

Hydrochlorid $C_{17}H_{27}N_3O \cdot HCl$. Kristalle (aus A. + Ae.); F: 233—235°.

4-[2-Methoxy-äthylamino]-benzoesäure-[1-methyl-[4]piperidylamid] $C_{16}H_{25}N_3O_2$, Formel XII ($X = NH-CH_2-CH_2-O-CH_3$).

B. Beim Behandeln von 1-Methyl-[4]piperidylamin mit 4-[2-Methoxy-äthylamino]-benzoylchlorid in Benzol (*Sandoz*, U.S.P. 2748134 [1954]).

Kristalle (aus Acn. + Ae.); F: 143—145°.

Hydrochlorid $C_{16}H_{25}N_3O_2 \cdot HCl$. Kristalle (aus A. + Ae.); F: 228—230°.

1-Methyl-4-[[2]thienylmethyl-amino]-piperidin $C_{11}H_{18}N_2S$, Formel I (R = X = H).

B. Beim Behandeln von 1-Methyl-[4]piperidylamin mit 2-Chlormethyl-thiophen in Benzol (*Sandoz*, U.S.P. 2715628 [1941]).

Kp_{11}: 147—149°.

Tartrat. Kristalle (aus Me.); Zers. bei 102—104° [nach Sintern ab 95°].

1-Methyl-4-[N-[2]thienylmethyl-anilino]-piperidin, N-[1-Methyl-[4]piperidyl]-N-[2]thienylmethyl-anilin, Thenalidin $C_{17}H_{22}N_2S$, Formel I (R = C_6H_5, X = H).

B. Beim Erhitzen von 4-Anilino-1-methyl-piperidin mit $NaNH_2$ in Xylol und an-schliessend mit 2-Chlormethyl-thiophen (*Sandoz*, D.B.P. 961348 [1952]; U.S.P. 2717251 [1952]). Beim Erhitzen von 1-Methyl-4-[[2]thienylmethyl-amino]-piperidin mit Brom=benzol, K_2CO_3 und Kupfer-Pulver auf 200° (*Sandoz*, D.B.P. 1018420 [1954]; U.S.P. 2757175 [1954]).

Kristalle (aus wss. A. oder Acn.); F: 95—97° (*Sandoz*). Kp_{11}: 218° (*Sandoz*, D.B.P. 1018420; U.S.P. 2757175). UV-Spektrum (220—300 nm): *Neuhoff, Auterhoff*, Ar. **288** [1955] 400, 406.

Dihydrochlorid $C_{17}H_{22}N_2S \cdot 2$ HCl. F: 228—231° [Zers.] (*Sandoz*, D.B.P. 961348; U.S.P. 2717251).

Hydrogenoxalat $C_{17}H_{22}N_2S \cdot C_2H_2O_4$. Kristalle (aus A. + Bzl.); F: 160—162° [Zers.] (*Sandoz*, D.B.P. 961348; U.S.P. 2717251).

Hydrogentartrat $C_{17}H_{22}N_2S \cdot C_4H_6O_6$. F: 170—172° [aus A.] (*Sandoz*, D.B.P. 1018420; U.S.P. 2757175).

4-[N-(5-Chlor-[2]thienylmethyl)-anilino]-1-methyl-piperidin, N-[5-Chlor-[2]thienyl=methyl]-N-[1-methyl-[4]piperidyl]-anilin $C_{17}H_{21}ClN_2S$, Formel I (R = C_6H_5, X = Cl).

B. Beim Erhitzen von 4-Anilino-1-methyl-piperidin mit $NaNH_2$ in Xylol und an-schliessend mit 2-Chlor-5-chlormethyl-thiophen (*Sandoz*, D.B.P. 961348 [1952]; U.S.P. 2717251 [1952]).

Kristalle (aus wss. A.); F: 92—94°.

Hydrogentartrat $C_{17}H_{21}ClN_2S \cdot C_4H_6O_6$. Kristalle (aus A.); F: 148—150°.

4-[N-(5-Brom-[2]thienylmethyl)-anilino]-1-methyl-piperidin, N-[5-Brom-[2]thienyl=methyl]-N-[1-methyl-[4]piperidyl]-anilin $C_{17}H_{21}BrN_2S$, Formel I (R = C_6H_5, X = Br).

B. Beim Erhitzen von 4-Anilino-1-methyl-piperidin mit $NaNH_2$ in Xylol und an-schliessend mit 2-Brom-5-chlormethyl-thiophen (*Sandoz*, D.B.P. 961348 [1952]; U.S.P. 2717251 [1952]).

Kristalle (aus A.); F: 138—142°.

Hydrogentartrat $C_{17}H_{21}BrN_2S \cdot C_4H_6O_6$. Kristalle (aus A.); F: 159—162°.

I   II   III

1-Methyl-4-[N-[2]thienylmethyl-p-toluidino]-piperidin, N-[1-Methyl-[4]piperidyl]-N-[2]thienylmethyl-p-toluidin $C_{18}H_{24}N_2S$, Formel I (R = C_6H_4-$CH_3(p)$, X = H).

B. Beim Erhitzen von 1-Methyl-4-p-toluidino-piperidin mit $NaNH_2$ in Xylol und anschliessend mit 2-Chlormethyl-thiophen (*Sandoz*, U.S.P. 2717251 [1952]).

$Kp_{0,4}$: 180°.

Oxalat. Kristalle (aus A.); F: 143—145°.

6-Chlor-9-[1-isobutyl-[4]piperidylimino]-2-methoxy-9,10-dihydro-acridin $C_{23}H_{28}ClN_3O$ und Tautomeres.

[**6-Chlor-2-methoxy-acridin-9-yl]-[1-isobutyl-[4]piperidyl]-amin** $C_{23}H_{28}ClN_3O$, Formel II.

B. Beim Erhitzen von 6-Chlor-2-methoxy-9-phenoxy-acridin mit 1-Isobutyl-[4]piperidylamin und Phenol auf 110—120° (*Asano, Tomita*, J. pharm. Soc. Japan **68** [1948] 221; C. A. **1954** 3979).

Gelbe Kristalle (aus wss. A.); F: 161—163°.

Dihydrochlorid $C_{23}H_{28}ClN_3O \cdot 2$ HCl. Gelbe Kristalle (aus H_2O + A. + Ae.); F: 265—269°.

1-Methyl-4-nicotinoylamino-piperidin, Nicotinsäure-[1-methyl-[4]piperidylamid] $C_{12}H_{17}N_3O$, Formel III.

B. Beim Behandeln von 1-Methyl-[4]piperidylamin mit Nicotinoylchlorid in Benzol (*Sandoz*, U.S.P. 2748134 [1954]).

Kristalle (aus E.); F: 165—167°.

Hydrochlorid $C_{12}H_{17}N_3O \cdot$ HCl. Kristalle (aus A. + Ae.); F: 224—226°.

2-Aminomethyl-pyrrolidin, C-Pyrrolidin-2-yl-methylamin $C_5H_{12}N_2$.

a) **(S)-2-Aminomethyl-pyrrolidin, C-[(S)-Pyrrolidin-2-yl]-methylamin** $C_5H_{12}N_2$, Formel IV.

B. Beim Erwärmen von L-Prolin-amid mit $LiAlH_4$ in THF (*Schnell, Karrer*, Helv. **38** [1955] 2036).

Kp_{11}: 65°.

Dihydrochlorid $C_5H_{12}N_2 \cdot 2$ HCl. Kristalle (aus A.); F: 124—125°. $[\alpha]_D$: —1,2° [H_2O].

b) **(±)-2-Aminomethyl-pyrrolidin, (±)-C-Pyrrolidin-2-yl-methylamin** $C_5H_{12}N_2$, Formel V (R = R' = H).

B. Beim Erhitzen von 1-Acetyl-DL-prolin-amid mit Acetanhydrid und Natriumacetat auf 170—180° und Behandeln des neben 1-Acetyl-DL-prolin-acetylamid erhaltenen 1-Acetyl-DL-prolin-nitrils mit Natrium und Äthanol (*Putochin*, Ž. russ. fiz.-chim. Obšč. **62** [1930] 2209, 2214; C. **1931** II 441). Beim Hydrieren von C-Pyrrol-2-yl-methylamin an Platin in Essigsäure und äthanol. HCl unter Zusatz von $FeCl_3$ (*Putochin*, Ž. russ. fiz.-chim. Obšč. **62** [1930] 2216, 2219; C. **1931** II 442).

Kp_7: 50° (*Pu.*, l. c. S. 2215, 2220). D_4^{18}: 0,9576; n_D^{22}: 1,4767 (*Pu.*, l. c. S. 2220).

Reaktion mit HNO_2: *Putochin*, Ž. russ. fiz.-chim. Obšč. **62** [1930] 2226, 2231; C. **1931** II 442.

Hexachloroplatinat(IV) $2 C_5H_{12}N_2 \cdot H_2PtCl_6$. Gelbe Kristalle (*Pu.*, l. c. S. 2215, 2220).

(±)-2-Aminomethyl-1-methyl-pyrrolidin, (±)-C-[1-Methyl-pyrrolidin-2-yl]-methylamin $C_6H_{14}N_2$, Formel V (R = CH₃, R′ = H).

B. Beim Hydrieren von (±)-2-Hydrazinomethyl-1-methyl-pyrrolidin an Raney-Nickel in Äthanol (*Biel et al.*, Am. Soc. **81** [1959] 2527, 2531).

Kp₇₆₀: 152—153°. n_D^{20}: 1,4670.

Dipicrat $C_6H_{14}N_2 \cdot 2 C_6H_3N_3O_7$. F: 192,5°.

Bis-hydrogenmaleat $C_6H_{14}N_2 \cdot 2 C_4H_4O_4$. F: 140°.

(±)-1-Äthyl-2-aminomethyl-pyrrolidin, (±)-C-[1-Äthyl-pyrrolidin-2-yl]-methylamin $C_7H_{16}N_2$, Formel V (R = C₂H₅, R′ = H).

B. Beim Hydrieren von (±)-1-Äthyl-2-benzylaminomethyl-pyrrolidin an Palladium/ Kohle in Äthanol (*Reitsema*, Am. Soc. **71** [1949] 2041). In geringer Menge beim Behandeln (20 d) von (±)-1-Äthyl-3-chlor-piperidin mit NH₃ in Äthanol (*Re.*).

Beim Erhitzen mit (±)-1-Äthyl-3-chlor-piperidin auf 150° ist eine vermutlich als Bis-[1-äthyl-pyrrolidin-2-ylmethyl]-amin zu formulierende Verbindung $C_{14}H_{29}N_3$ (Kp₁₀: 148—150°) erhalten worden (*Soc. Usines Chim. Rhône-Poulenc*, D.B.P. 812911 [1950]; D.R.B.P. Org. Chem. 1950—1951 **3** 1224; vgl. a. *Re.*).

Dipicrat $C_7H_{16}N_2 \cdot 2 C_6H_3N_3O_7$. Kristalle (aus A.); F: 178—180° [unkorr.] (*Re.*).

IV   V   VI

(±)-2-Benzylaminomethyl-1-methyl-pyrrolidin, (±)-Benzyl-[1-methyl-pyrrolidin-2-ylmethyl]-amin $C_{13}H_{20}N_2$, Formel V (R = CH₃, R′ = CH₂-C₆H₅).

B. Beim Erwärmen von (±)-3-Chlor-1-methyl-piperidin mit Benzylamin in H_2O (*Reitsema*, Am. Soc. **71** [1949] 2041).

Kp₀,₂₋₀,₃: 110—112°.

Dipicrat $C_{13}H_{20}N_2 \cdot 2 C_6H_3N_3O_7$. F: 173—174° [unkorr.].

(±)-1-Äthyl-2-benzylaminomethyl-pyrrolidin, (±)-[1-Äthyl-pyrrolidin-2-ylmethyl]-benzyl-amin $C_{14}H_{22}N_2$, Formel V (R = C₂H₅, R′ = CH₂-C₆H₅).

B. Beim Erwärmen von (±)-1-Äthyl-3-chlor-piperidin-hydrochlorid mit Benzylamin in H_2O (*Reitsema*, Am. Soc. **71** [1949] 2041).

Kp₁: 134°.

Dipicrat $C_{14}H_{22}N_2 \cdot 2 C_6H_3N_3O_7$. Kristalle (aus A.); F: 190—191° [unkorr.].

(±)-2-Benzhydrylaminomethyl-1-methyl-pyrrolidin, (±)-Benzhydryl-[1-methyl-pyrrolidin-2-ylmethyl]-amin $C_{19}H_{24}N_2$, Formel VI (R = X = H).

B. Beim Erhitzen von (±)-3-Chlor-1-methyl-piperidin mit Benzhydrylamin in 2,6-Dimethyl-heptan-4-ol (*Lakeside Labor. Inc.*, U.S.P. 2874163 [1957]).

Hydrochlorid. Kristalle (aus A. + Isopropylalkohol); F: 246—247°.

*Opt.-inakt. 2-[(4-Chlor-benzhydrylamino)-methyl]-1-methyl-pyrrolidin, [4-Chlor-benzhydryl]-[1-methyl-pyrrolidin-2-ylmethyl]-amin $C_{19}H_{23}ClN_2$, Formel VI (R = H, X = Cl).

B. Beim Erhitzen von (±)-3-Chlor-1-methyl-piperidin mit (±)-4-Chlor-benzhydrylamin in 2,6-Dimethyl-heptan-4-ol (*Lakeside Labor. Inc.*, U.S.P. 2874163 [1957]).

Kp₀,₀₄: 170—173°.

Dihydrochlorid. Kristalle (aus A. + Ae.); F: 184—185°.

(±)-2-[(Benzhydryl-methyl-amino)-methyl]-1-methyl-pyrrolidin, (±)-Benzhydryl-methyl-[1-methyl-pyrrolidin-2-ylmethyl]-amin $C_{20}H_{26}N_2$, Formel VI (R = CH_3, X = H).

B. Beim Erwärmen von (±)-2-Benzhydrylaminomethyl-1-methyl-pyrrolidin mit wss. Ameisensäure und Formaldehyd (*Lakeside Labor. Inc.*, U.S.P. 2874163 [1957]).

$Kp_{0,04}$: 133—135°.

Dihydrochlorid. Kristalle; F: 225—226°.

(±)-*N*,*N*-Dimethyl-*N*′-[1-methyl-pyrrolidin-2-ylmethyl]-äthylendiamin $C_{10}H_{23}N_3$, Formel VII (R = CH_3).

B. Beim Erhitzen von (±)-3-Chlor-1-methyl-piperidin mit *N*,*N*-Dimethyl-äthylen-diamin in 4-Methyl-pentan-2-ol (*Biel et al.*, Am. Soc. **81** [1959] 2527, 2529). Beim Erhitzen von (±)-2-Aminomethyl-1-methyl-pyrrolidin mit [2-Chlor-äthyl]-dimethyl-amin und NaI in Äthanol auf 100° (*Biel et al.*).

$Kp_{4,4}$: 90°. n_D^{25}: 1,4630.

VII   VIII

(±)-*N*,*N*-Diäthyl-*N*′-[1-methyl-pyrrolidin-2-ylmethyl]-äthylendiamin $C_{12}H_{27}N_3$, Formel VII (R = C_2H_5).

B. Beim Erhitzen von (±)-3-Chlor-1-methyl-piperidin mit *N*,*N*-Diäthyl-äthylendiamin in 4-Methyl-pentan-2-ol (*Biel et al.*, Am. Soc. **81** [1959] 2527, 2529). Beim Erhitzen von (±)-2-Aminomethyl-1-methyl-pyrrolidin mit Diäthyl-[2-chlor-äthyl]-amin und NaI in Äthanol auf 100° (*Biel et al.*).

$Kp_{2,3}$: 99°. n_D^{20}: 1,4642.

Tris-hydrogenmaleat $C_{12}H_{27}N_3 \cdot 3\ C_4H_4O_4$. F: 119—120°.

(±)-*N*-[3-Chlor-benzyl]-*N*-methyl-*N*′-[1-methyl-pyrrolidin-2-ylmethyl]-äthylendiamin [1]) $C_{16}H_{26}ClN_3$, Formel VIII.

B. Beim Erhitzen von (±)-3-Chlor-1-methyl-piperidin mit *N*-[3-Chlor-benzyl]-*N*-meth-yl-äthylendiamin in 4-Methyl-pentan-2-ol (*Biel et al.*, Am. Soc. **81** [1959] 2527, 2529).

$Kp_{0,07}$: 125—135°. n_D^{25}: 1,5244.

Tris-hydrogenmaleat $C_{16}H_{26}ClN_3 \cdot 3\ C_4H_4O_4$. F: 134—135°.

(±)-*N*,*N*-Dimethyl-*N*′-[1-methyl-pyrrolidin-2-ylmethyl]-propandiyldiamin $C_{11}H_{25}N_3$, Formel IX (R = H, R′ = CH_3).

B. Beim Erhitzen von (±)-3-Chlor-1-methyl-piperidin mit *N*,*N*-Dimethyl-propandiyl-diamin in 4-Methyl-pentan-2-ol (*Biel et al.*, Am. Soc. **81** [1959] 2527, 2529). Beim Erhitzen von (±)-2-Aminomethyl-1-methyl-pyrrolidin mit [3-Chlor-propyl]-dimethyl-amin und NaI in Äthanol auf 100° (*Biel et al.*, l. c. S. 2530).

$Kp_{1,9}$: 88—89°. n_D^{20}: 1,4661.

Trihydrochlorid $C_{11}H_{25}N_3 \cdot 3$ HCl. Kristalle (aus A.); F: 199—200°.

Tripicrat $C_{11}H_{25}N_3 \cdot 3\ C_6H_3N_3O_7$. F: 208—209° [aus A.].

Tris-hydrogenmaleat $C_{11}H_{25}N_3 \cdot 3\ C_4H_4O_4$. Kristalle (aus A.); F: 140°.

Bis-methobromid $[C_{13}H_{31}N_3]Br_2$; (±)-1,1-Dimethyl-2-[3-trimethylammonio-propylaminomethyl]-pyrrolidinium-dibromid. Kristalle (aus Isopropylalkohol + A.); F: 275—277° [Zers.].

(±)-*N*,*N*-Diäthyl-*N*′-[1-methyl-pyrrolidin-2-ylmethyl]-propandiyldiamin $C_{13}H_{29}N_3$, Formel IX (R = H, R′ = C_2H_5).

B. Beim Erhitzen von (±)-3-Chlor-1-methyl-piperidin mit *N*,*N*-Diäthyl-propandiyl-diamin in 4-Methyl-pentan-2-ol (*Biel et al.*, Am. Soc. **81** [1959] 2527, 2529). Beim Erhitzen von (±)-2-Aminomethyl-1-methyl-pyrrolidin mit Diäthyl-[3-chlor-propyl]-amin und NaI in Äthanol auf 100° (*Biel et al.*).

---

[1]) Von den Autoren vermutlich irrtümlich als *N*-[2-Chlor-benzyl]-*N*-methyl-*N*′-[1-methyl-pyrrolidin-2-ylmethyl]-äthylendiamin bezeichnet.

$Kp_{0,4}$ 120—122°. n_D^{25}: 1,4665.
Tris-hydrogenmaleat $C_{13}H_{29}N_3 \cdot 3\,C_4H_4O_4$. F: 116—117°.

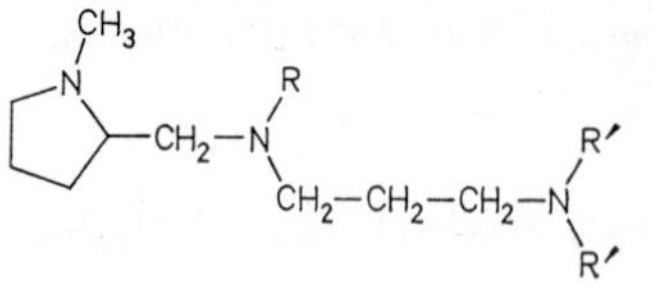

IX 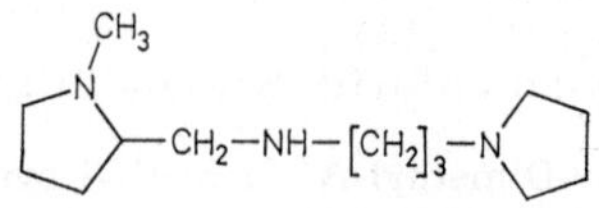   X

(±)-[1-Methyl-pyrrolidin-2-ylmethyl]-[3-pyrrolidino-propyl]-amin $C_{13}H_{27}N_3$, Formel X.
B. Beim Erhitzen von (±)-3-Chlor-1-methyl-piperidin mit 1-[3-Amino-propyl]-pyrr=
olidin in 4-Methyl-pentan-2-ol (*Biel et al.*, Am. Soc. **81** [1959] 2527, 2529). Beim Erhitzen von (±)-2-Aminomethyl-1-methyl-pyrrolidin mit 1-[3-Chlor-propyl]-pyrrolidin
und NaI in Äthanol auf 100° (*Biel et al.*).
$Kp_{6,0}$: 142—143°. n_D^{25}: 1,4837.
Tris-hydrogenmaleat $C_{13}H_{27}N_3 \cdot 3\,C_4H_4O_4$. F: 140—142°.

(±)-N,N,N′-Trimethyl-N′-[1-methyl-pyrrolidin-2-ylmethyl]-propandiyldiamin $C_{12}H_{27}N_3$,
Formel IX (R = R′ = CH_3).
B. Beim Erwärmen von *N*-[3-Dimethylamino-propyl]-*N*-[1-methyl-pyrrolidin-2-yl=
methyl]-formamid mit $LiAlH_4$ in THF (*Biel et al.*, Am. Soc. **81** [1959] 2527, 2531).
$Kp_{4,7}$: 107°. n_D^{20}: 1,4637.
Tris-hydrogenmaleat $C_{12}H_{27}N_3 \cdot 3\,C_4H_4O_4$. F: 108—110°.

(±)-N-[3-Dimethylamino-propyl]-N-[1-methyl-pyrrolidin-2-ylmethyl]-formamid
$C_{12}H_{25}N_3O$, Formel IX (R = CHO, R′ = CH_3).
B. Beim Erhitzen von (±)-*N*,*N*-Dimethyl-*N′*-[1-methyl-pyrrolidin-2-ylmethyl]-propan=
diyldiamin mit Äthylformiat (*Biel et al.*, Am. Soc. **81** [1959] 2527, 2531).
$Kp_{0,9}$: 122°.

(±)-3-[(2-Benzyl-N-methyl-anilino)-methyl]-1-methyl-pyrrolidin, (±)-2-Benzyl-
N-methyl-N-[1-methyl-pyrrolidin-3-ylmethyl]-anilin $C_{20}H_{26}N_2$, Formel XI.
B. Beim Erhitzen von 2-Benzyl-*N*-methyl-anilin mit $NaNH_2$ und (±)-3-Brommethyl-
1-methyl-pyrrolidin in Xylol (*Cilag*, U.S.P. 2861987 [1956]).
$Kp_{0,02}$: 146°.
Hydrochlorid. Kristalle (aus Acn. + Ae.); F: 133—135°.
Methomethylsulfat. Kristalle (aus Acn. + Ae.); F: 80—81°.

Amine $C_6H_{14}N_2$

(±)-Hexahydro-azepin-4-ylamin $C_6H_{14}N_2$, Formel XII (R = H).
B. Beim Hydrieren von (±)-1-Benzyl-hexahydro-azepin-4-ylamin an Palladium in
H_2O (*Morosawa*, Bl. chem. Soc. Japan **31** [1958] 418, 422).
Kp_{10}: 79—80°.
Bis-tetrachloroaurat(III) $C_6H_{14}N_2 \cdot 2\,HAuCl_4$. Gelbe Kristalle (aus H_2O); F: 209°
[Zers.].
Dipicrat $C_6H_{14}N_2 \cdot 2\,C_6H_3N_3O_7$. Gelbe Kristalle (aus A.); F: 224° [Zers.].

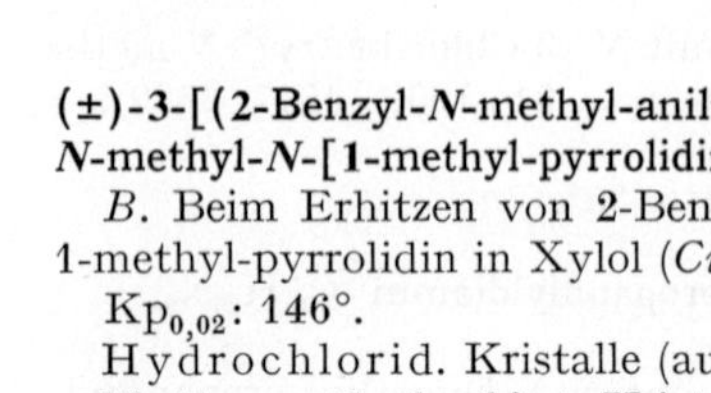

XI 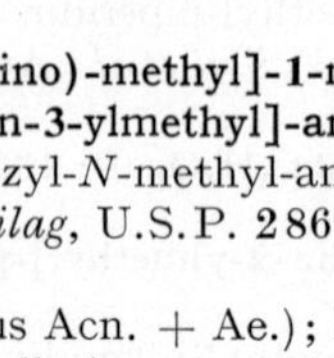   XII 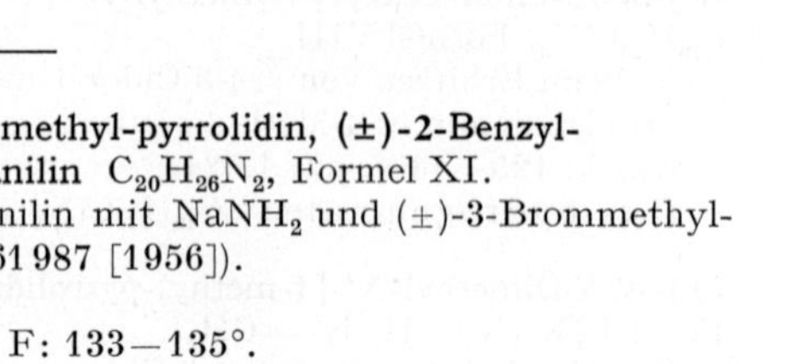   XIII

(±)-1-Benzyl-hexahydro-azepin-4-ylamin $C_{13}H_{20}N_2$, Formel XII (R = CH_2-C_6H_5).
B. Neben Bis-[1-benzyl-hexahydro-azepin-4-yl]-amin (s. u.) beim Erhitzen von
(±)-1-Benzyl-4-chlor-hexahydro-azepin mit NH_3 in Äthanol auf 100° (*Morosawa*, Bl.
chem. Soc. Japan **31** [1958] 418, 422).
$Kp_{0,4}$: 105—106°.
Bis-tetrachloroaurat(III) $C_{13}H_{20}N_2 \cdot 2\ HAuCl_4$. Gelbe Kristalle (aus H_2O); F: 213°
[Zers.].

*Opt.-inakt. **Bis-[1-benzyl-hexahydro-azepin-4-yl]-amin** $C_{26}H_{37}N_3$, Formel XIII.
B. s. im vorangehenden Artikel.
$Kp_{0,3}$: 219—221° (*Morosawa*, Bl. chem. Soc. Japan **31** [1958] 418, 422).
Dipicrolonat $C_{26}H_{37}N_3 \cdot 2\ C_{10}H_8N_4O_5$. Gelbe Kristalle (aus H_2O); F: 213° [Zers.].

(±)-2-Aminomethyl-piperidin, (±)-C-[2]Piperidyl-methylamin $C_6H_{14}N_2$, Formel I
(R = R′ = H).
B. Beim Behandeln von (±)-[1-Acetyl-[2]piperidyl]-aceton-oxim (E III/IV **21** 3266)
mit PCl_5 in Äther und Erhitzen des Reaktionsprodukts mit wss. HCl (*Mortimer*, Austral.
J. Chem. **11** [1958] 82, 84). Beim Erwärmen von (±)-6-Oxo-piperidin-2-carbonsäure-amid
mit $LiAlH_4$ in THF (*Mo.*, l. c. S. 85). Beim Hydrieren von *C*-[2]Pyridyl-methylamin
an Platin in Essigsäure (*Norton et al.*, Am. Soc. **68** [1946] 1330; *Winterfeld, Schüler*,
Naturwiss. **45** [1958] 492). Beim Erhitzen von (±)-*N*-[2]Piperidylmethyl-acetamid mit
wss. HCl (*Augustine*, Am. Soc. **81** [1959] 4664, 4667).
Kp_{18}: 80—81° (*No. et al.*); Kp_{12}: 66—67° (*Wi., Sch.*).
Beim Behandeln mit 1 Mol Formaldehyd ist Octahydro-imidazo[1,5-*a*]pyridin, beim
Behandeln mit überschüssigem Formaldehyd ist Bis-[hexahydro-imidazo[1,5-*a*]pyridin-
2-yl]-methan erhalten worden (*Wi., Sch.*).
Reineckat. F: 174° (*Mo.*).
Dipicrat $C_6H_{14}N_2 \cdot 2\ C_6H_3N_3O_7$. Kristalle (aus H_2O) mit 1 Mol H_2O; F: 201° (*Mo.*),
199—200° (*Au.*).

(±)-2-Methylaminomethyl-piperidin, (±)-Methyl-[2]piperidylmethyl-amin $C_7H_{16}N_2$,
Formel I (R = H, R′ = CH_3).
B. Beim Hydrieren von Methyl-[2]pyridylmethyl-amin in Essigsäure an Platin (*Winterfeld, Schüler*, Naturwiss. **45** [1958] 492). Beim Behandeln von (±)-[2]Piperidylmethyl-
carbamidsäure-äthylester mit $LiAlH_4$ (*Wi., Sch.*).
Kp_{12-13}: 70—71°.

(±)-2-Butylaminomethyl-piperidin, (±)-Butyl-[2]piperidylmethyl-amin $C_{10}H_{22}N_2$,
Formel I (R = H, R′ = [CH_2]$_3$-CH_3).
B. Aus Pyridin-2-carbaldehyd-butylimin (E III/IV **21** 3498) oder aus Butyl-[2]pyridyl-
methyl-amin beim Behandeln mit Natrium und Äthanol (*Profft*, Chem. Tech. **6** [1954]
484, 485).
Kp_{14}: 118—119°. n_D^{20}: 1,4692.
Dihydrochlorid. F: 200°.

(±)-Piperidino-[2]piperidyl-methan, (±)-1,2′-Methandiyl-di-piperidin $C_{11}H_{22}N_2$,
Formel II (R = H).
B. Beim Hydrieren von 2-Piperidinomethyl-pyridin an Platin in Essigsäure (*Sommers
et al.*, Am. Soc. **75** [1953] 57, 58; *Abbott Labor.*, U.S.P. 2684965 [1950]).
Kp_5: 104—106°.

**(±)-[1-Methyl-[2]piperidyl]-piperidino-methan, (±)-1′-Methyl-1,2′-methandiyl-di-
piperidin** $C_{12}H_{24}N_2$, Formel II (R = CH_3).
B. Beim Erwärmen der vorangehenden Verbindung mit Ameisensäure und wss.
Formaldehyd (*Abbott Labor.*, U.S.P. 2684965 [1950]).
$Kp_{2,4}$: 94—95°. n_D^{25}: 1,4846.

(±)-[1-Benzyl-[2]piperidyl]-piperidino-methan, (±)-1′-Benzyl-1,2′-methandiyl-di-piperidin $C_{18}H_{28}N_2$, Formel II (R = CH_2-C_6H_5).

B. Beim Behandeln von (±)-1-Benzoyl-2-piperidinomethyl-piperidin mit $LiAlH_4$ in Äther (*Abbott Labor.*, U.S.P. 2684965 [1950]).

$Kp_{0,3}$: 136—137°.

(±)-N-[2]Piperidylmethyl-acetamid $C_8H_{16}N_2O$, Formel I (R = H, R′ = CO-CH_3).

Diese Konstitution kommt der früher (s. E I **22** 487) als 3-[2]Piperidyl-propionsäure-äthylester beschriebenen Verbindung zu (s. diesbezüglich *Augustine*, Am. Soc. **81** [1959] 4664, 4666; *Kuwata*, Bl. chem. Soc. Japan **33** [1960] 1672).

B. Beim Erwärmen von (±)-Pelletierin-oxim (E III/IV **21** 3264) mit Polyphosphor= säure auf 80° (*Au.*, l. c. S. 4667).

Beim Erwärmen mit PCl_3 ist 3-Methyl-1,5,6,7,8,8a-hexahydro-imidazo[1,5-a]pyridin erhalten worden (*Au.*).

(±)-1-Acetyl-2-[acetylamino-methyl]-piperidin, (±)-N-[1-Acetyl-[2]piperidylmethyl]-acetamid $C_{10}H_{18}N_2O_2$, Formel I (R = R′ = CO-CH_3).

B. Beim Hydrieren von Pyridin-2-carbonitril im Gemisch mit Acetanhydrid an Platin, gelegentlich neben Bis-[1-acetyl-[2]piperidylmethyl]-amin $C_{16}H_{29}N_3O_2$ [im Hoch-vakuum bei 116° destillierbar] (*Reihlen et al.*, A. **493** [1932] 20, 22, 31).

Kristalle (aus Xylol); F: 105°.

(±)-1-Benzoyl-2-piperidinomethyl-piperidin $C_{18}H_{26}N_2O$, Formel II (R = CO-C_6H_5).

B. Beim Erwärmen von (±)-2-Piperidinomethyl-piperidin mit Benzoylchlorid und wss. NaOH in Benzol (*Sommers et al.*, Am. Soc. **75** [1953] 57, 59; *Abbott Labor.*, U.S.P. 2684965 [1950]).

$Kp_{0,3}$: 170—171° (*So. et al.*).

Hydrochlorid $C_{18}H_{26}N_2O \cdot HCl$. Kristalle (aus Ae. + Propan-1-ol); F: 255° (*So. et al.*; *Abbott Labor.*).

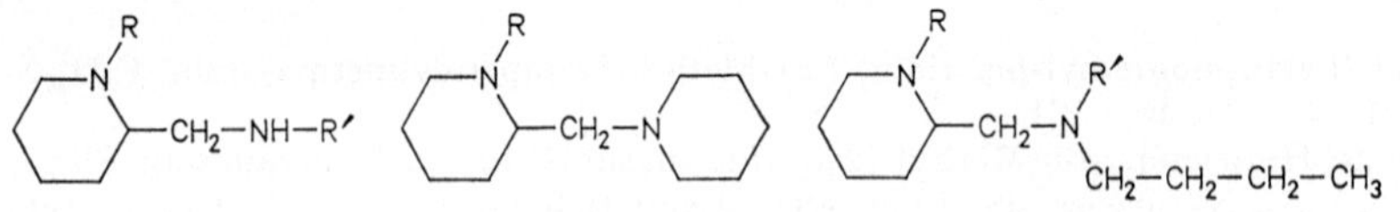

I   II   III

(±)-2-[Acetylamino-methyl]-1-benzoyl-piperidin, (±)-N-[1-Benzoyl-[2]piperidylmethyl]-acetamid $C_{15}H_{20}N_2O_2$, Formel I (R = CO-C_6H_5, R′ = CO-CH_3).

Kristalle (aus Bzl. + Cyclohexan); F: 135—136° (*Augustine*, Am. Soc. **81** [1959] 4664, 4667).

(±)-1-Benzoyl-2-[benzoylamino-methyl]-piperidin, (±)-N-[1-Benzoyl-[2]piperidyl= methyl]-benzamid $C_{20}H_{22}N_2O_2$, Formel I (R = R′ = CO-C_6H_5).

Kristalle (aus Acn.); F: 186—187° (*Augustine*, Am. Soc. **81** [1959] 4664, 4667).

(±)-[2]Piperidylmethyl-carbamidsäure-äthylester $C_9H_{18}N_2O_2$, Formel I (R = H, R′ = CO-O-C_2H_5).

B. Aus [2]Pyridylmethyl-carbamidsäure-äthylester (*Winterfeld, Schüler*, Naturwiss. **45** [1958] 492).

Kristalle (aus Xylol); F: 58,5—59,5°.

(±)-N-Butyl-N-[2]piperidylmethyl-β-alanin-nitril $C_{13}H_{25}N_3$, Formel III (R = H, R′ = CH_2-CH_2-CN).

B. Neben der folgenden Verbindung beim Behandeln von (±)-Butyl-[2]piperidyl= methyl-amin mit Acrylnitril und Essigsäure (*Profft*, Chem. Tech. **6** [1954] 484, 486).

Kp_{12}: 185—188°. n_D^{23}: 1,4799.

(±)-Butyl-[2-cyan-äthyl]-[1-(2-cyan-äthyl)-[2]piperidylmethyl]-amin, (±)-*N*-Butyl-
N-[1-(2-cyan-äthyl)-[2]piperidylmethyl]-*β*-alanin-nitril C$_{16}$H$_{28}$N$_4$, Formel III
(R = R' = CH$_2$-CH$_2$-CN).
   B. s. im vorangehenden Artikel.
   Kp$_2$: 215—218°; n$_D^{23}$: 1,4875 (*Profft*, Chem. Tech. **6** [1954] 484, 486).

(±)-1-[4-Methoxy-benzoyl]-2-piperidinomethyl-piperidin C$_{19}$H$_{28}$N$_2$O$_2$, Formel II
(R = CO-C$_6$H$_4$-O-CH$_3$(*p*)).
   B. Beim Behandeln von (±)-Piperidino-[2]piperidyl-methan mit 4-Methoxy-benzoyl=
chlorid und wss. NaOH (*Sommers et al.*, Am. Soc. **75** [1953] 57, 59; *Abbott Labor.*, U.S.P.
2 684 965 [1950]).
   Kp$_{0,3}$: 185—189°.
   Hydrochlorid C$_{19}$H$_{28}$N$_2$O$_2$·HCl. F: 244°.

(±)-*N*-Butyl-*N*-[2]piperidylmethyl-propandiyldiamin C$_{13}$H$_{29}$N$_3$, Formel III (R = H,
R' = [CH$_2$]$_3$-NH$_2$).
   B. Beim Hydrieren von (±)-*N*-Butyl-*N*-[2]piperidylmethyl-*β*-alanin-nitril an Raney-
Nickel (*Profft*, Chem. Tech. **6** [1954] 484, 486). Beim Behandeln von *N*-Butyl-*N*-[2]pyr=
idylmethyl-*β*-alanin-nitril mit Natrium und Äthanol (*Pr.*).
   Kp$_{10}$: 160—161°. n$_D^{23}$: 1,4823.

(±)-*N*-Butyl-*N*-[1-(2-cyan-äthyl)-[2]piperidylmethyl]-propandiyldiamin,
(±)-3-(2-{[(3-Amino-propyl)-butyl-amino]-methyl}-piperidino)-propionitril C$_{16}$H$_{32}$N$_4$,
Formel III (R = CH$_2$-CH$_2$-CN, R' = [CH$_2$]$_3$-NH$_2$).
   B. Neben anderen Verbindungen beim Hydrieren von (±)-*N*-Butyl-*N*-[1-(2-cyan-
äthyl)-[2]piperidylmethyl]-*β*-alanin-nitril an Raney-Nickel (*Profft*, Chem. Tech. **6** [1954]
484, 486). Beim Behandeln von (±)-*N*-Butyl-*N*-[2]piperidylmethyl-propandiyldiamin
mit Acrylonitril (*Pr.*).
   Kp$_1$: 169—173°. n$_D^{20}$: 1,4880.

(±)-*N*-[1-(3-Amino-propyl)-[2]piperidylmethyl]-*N*-butyl-propandiyldiamin C$_{16}$H$_{36}$N$_4$,
Formel III (R = R' = [CH$_2$]$_3$-NH$_2$).
   B. Aus (±)-*N*-Butyl-*N*-[1-(2-cyan-äthyl)-[2]piperidylmethyl]-propandiyldiamin oder
neben anderen Verbindungen aus (±)-*N*-Butyl-*N*-[1-(2-cyan-äthyl)-[2]piperidylmethyl]-
β-alanin-nitril beim Hydrieren an Raney-Nickel (*Profft*, Chem. Tech. **6** [1954] 484, 487).
   Kp$_2$: 154—158°. n$_D^{21}$: 1,4810.

(±)-3-Aminomethyl-piperidin, (±)-*C*-[3]Piperidyl-methylamin C$_6$H$_{14}$N$_2$, Formel IV
(R = R' = H).
   B. Bei der elektrochemischen Reduktion von Nicotinsäure-amid in wss. H$_2$SO$_4$ an
einer Blei-Kathode (*Šorm*, Collect. **13** [1948] 57, 71).
   Dipicrat C$_6$H$_{14}$N$_2$·2 C$_6$H$_3$N$_3$O$_7$. Kristalle (aus wss. A.); F: 238°.

(±)-3-Aminomethyl-1-methyl-piperidin, (±)-*C*-[1-Methyl-[3]piperidyl]-methylamin
C$_7$H$_{16}$N$_2$, Formel IV (R = CH$_3$, R' = H) (E II 320).
   B. Beim Behandeln von (±)-1-Methyl-piperidin-3-carbonitril mit LiAlH$_4$ in Äther
(*Sugasawa, Deguchi*, J. pharm. Soc. Japan **76** [1956] 968; C. A. **1957** 2771).
   Kp$_{20}$: 81—82°.
   Dipicrat C$_7$H$_{16}$N$_2$·2 C$_6$H$_3$N$_3$O$_7$. F: 231° [Zers.].

IV   V   VI

(±)-1-Äthyl-3-aminomethyl-piperidin, (±)-C-[1-Äthyl-[3]piperidyl]-methylamin
$C_8H_{18}N_2$, Formel IV (R = C_2H_5, R' = H) (H 419).

B. Beim Hydrieren von (±)-1-Äthyl-piperidin-3-carbonitril in Äthanol und wenig
wss. NaOH an Raney-Nickel (*Paul, Tchelitcheff*, Bl. **1958** 736, 741).

Kp$_{20}$: 95—96°; Kp$_5$: 73—74°. D$_4^{20}$: 0,904. n$_D^{20}$: 1,4772.

Dipicrat $C_8H_{18}N_2 \cdot 2 C_6H_3N_3O_7$. Kristalle (aus Benzylalkohol); F: 199°.

(±)-1-Pentyl-3-pentylaminomethyl-piperidin, (±)-Pentyl-[1-pentyl-[3]piperidylmethyl]-amin $C_{16}H_{34}N_2$, Formel IV (R = R' = [CH$_2$]$_4$-CH$_3$).

B. In geringer Menge neben anderen Verbindungen bei der Hydrierung von (±)-6-Oxo-
1-pentyl-piperidin-3-carbonsäure-pentylamid an Kupferoxid-Chromoxid in Dioxan bei
240°/200—300 at (*Sauer, Adkins*, Am. Soc. **60** [1938] 402, 405).

Kp$_8$: 67°. n$_D^{25}$: 1,4383.

Dihydrochlorid $C_{16}H_{34}N_2 \cdot 2$ HCl. F: 184—186°.

(±)-1-Methyl-3-pyrrolidinomethyl-piperidin $C_{11}H_{22}N_2$, Formel V.

B. Beim Behandeln von (±)-1-[1-Methyl-piperidin-3-carbonyl]-pyrrolidin mit LiAlH$_4$
in Äther (*Sam et al.*, Am. Soc. **81** [1959] 710, 713).

Kp$_{0,3}$: 59°.

Bis-methojodid   [$C_{13}H_{28}N_2$]I$_2$;   (±)-1,1-Dimethyl-3-[(1-methyl-pyrrol-
idinium-1-yl)-methyl]-piperidinium-dijodid. Kristalle (aus Me.); F: 264—266°
[unkorr.; Zers.] (*Sam et al.*, Am. Soc. **81** [1959] 710, 713).

(±)-[3-Hexylmercapto-phenyl]-[1-methyl-[3]piperidylmethyl]-phenyl-amin $C_{25}H_{36}N_2S$,
Formel VI.

B. Beim Erhitzen von [3-Hexylmercapto-phenyl]-phenyl-amin mit NaNH$_2$ und (±)-3-
Chlormethyl-1-methyl-piperidin in Xylol (*Bourquin et al.*, Helv. **41** [1958] 1072, 1106).

Kp$_{0,03}$: 207°.

Hydrogenoxalat $C_{25}H_{36}N_2S \cdot C_2H_2O_4$. F: 62—64°.

(±)-N,N-Dimethyl-N'-[1-methyl-[3]piperidylmethyl]-harnstoff $C_{10}H_{21}N_3O$, Formel IV
(R = CH$_3$, R' = CO-N(CH$_3$)$_2$).

B. Beim Behandeln von (±)-3-Aminomethyl-1-methyl-piperidin mit Dimethylcarbamoylchlorid in Äther (*Sugasawa, Deguchi*, J. pharm. Soc. Japan **76** [1956] 968; C. A.
1957 2771).

Kristalle (aus PAe.); F: 66—69°.

4-Aminomethyl-1-methyl-piperidin, C-[1-Methyl-[4]piperidyl]-methylamin $C_7H_{16}N_2$,
Formel VII (R = CH$_3$, R' = R'' = H).

B. Beim Behandeln von 1-Methyl-piperidin-4-carbonitril mit LiAlH$_4$ in Äther (*Sugasawa, Deguchi*, J. pharm. Soc. Japan **76** [1956] 968; C. A. **1957** 2771).

Kp$_{20}$: 80—81°.

Dipicrat $C_7H_{16}N_2 \cdot 2 C_6H_3N_3O_7$. F: 236° [Zers.].

4-Dimethylaminomethyl-1-phenyl-piperidin, Dimethyl-[1-phenyl-[4]piperidylmethyl]-amin $C_{14}H_{22}N_2$, Formel VII (R = C_6H_5, R' = R'' = CH$_3$).

B. Beim Erhitzen von 1,5-Dibrom-3-dimethylaminomethyl-pentan mit Anilin in Äthanol auf 130° (*Cerkovnikov et al.*, Arh. Kemiju **18** [1946] 87, 91; C. A. **1948** 3394).

Kp$_{20}$: 200—202°.

Picrat $C_{14}H_{22}N_2 \cdot C_6H_3N_3O_7$. Kristalle (aus Eg.); F: 124—125°.

Picrolonat $C_{14}H_{22}N_2 \cdot C_{10}H_8N_4O_5$. Kristalle (aus A.); F: 163—164°.

N,N-Dimethyl-N'-[1-methyl-[4]piperidylmethyl]-harnstoff $C_{10}H_{21}N_3O$, Formel VII
(R = CH$_3$, R' = CO-N(CH$_3$)$_2$, R'' = H).

B. Beim Behandeln von 4-Aminomethyl-1-methyl-piperidin mit Dimethylcarbamoylchlorid in Äther (*Sugasawa, Deguchi*, J. pharm. Soc. Japan **76** [1956] 968; C. A. **1957**
2771).

Kristalle (aus PAe.); F: 40—44°.

Hydrochlorid $C_{10}H_{21}N_3O \cdot$ HCl. F: 230° [Zers.].

VII   VIII   IX

N,N-Diäthyl-*N'*-[1-methyl-[4]piperidylmethyl]-harnstoff $C_{12}H_{25}N_3O$, Formel VII
(R = CH_3, R' = CO-N(C_2H_5)$_2$, R'' = H).

B. Beim Behandeln von 4-Aminomethyl-1-methyl-piperidin mit Diäthylcarbamoyl=
chlorid in Äther (*Sugasawa, Deguchi,* J. pharm. Soc. Japan **76** [1956] 968; C. A. **1957**
2771).
Kristalle (aus PAe.); F: 66—68°.

(±)-1-Äthyl-2-[2-amino-äthyl]-pyrrolidin, (±)-2-[1-Äthyl-pyrrolidin-2-yl]-äthylamin
$C_8H_{18}N_2$, Formel VIII.

B. Beim Behandeln von (±)-2-Tetrahydro[2]furyl-äthylamin mit HBr in Essigsäure
und Behandeln des Reaktionsprodukts mit Äthylamin in Benzol (*Paul, Tchelitcheff,*
Bl. **1958** 736, 741). Beim Hydrieren von (±)-[1-Äthyl-pyrrolidin-2-yl]-acetonitril an
Raney-Nickel in Äthanol und wenig NaOH (*Paul, Tch.*).
Kp_{20}: 91—92°; Kp_{10}: 77—78°. D_4^{20}: 0,897. n_D^{20}: 1,4727.
Dipicrat $C_8H_{18}N_2 \cdot 2 \ C_6H_3N_3O_7$. Gelbe Kristalle (aus Benzylalkohol); F: 232°.

(±)-[3-Hexylmercapto-phenyl]-[2-(1-methyl-pyrrolidin-2-yl)-äthyl]-phenyl-amin
$C_{25}H_{36}N_2S$, Formel IX.

B. Beim Erhitzen von [3-Hexylmercapto-phenyl]-phenyl-amin mit $NaNH_2$ und
(±)-2-[2-Chlor-äthyl]-1-methyl-pyrrolidin in Xylol (*Bourquin et al.,* Helv. **41** [1958] 1072,
1106).
$Kp_{0,06}$: 212°.
Hydrogenfumarat $C_{25}H_{36}N_2S \cdot C_4H_4O_4$. F: 106—108° [unkorr.].   [*Blazek*]

Amine $C_7H_{16}N_2$

(±)-Hexahydroazepin-2-yl-piperidino-methan, (±)-2-Piperidinomethyl-hexahydro-azepin
$C_{12}H_{24}N_2$, Formel X.

B. Beim Behandeln von (±)-7-Piperidinomethyl-hexahydro-azepin-2-on mit $LiAlH_4$
in THF (*Schmid et al.,* Helv. **39** [1956] 607, 617).
Dihydrochlorid $C_{12}H_{24}N_2 \cdot 2$ HCl. Kristalle (aus Acetonitril); F: 221—226° [korr.].

(±)-2-[2-Amino-äthyl]-piperidin, (±)-2-[2]Piperidyl-äthylamin $C_7H_{16}N_2$, Formel XI
(R = R' = H) (H 419).

B. Beim Erwärmen von (±)-[2]Piperidylessigsäure-amid mit $LiAlH_4$ in Äther (*Winterfeld, Göbel,* B. **92** [1959] 637, 641).
Kp_{13}: 92°.
Hydrochlorid. Kristalle (aus A.); F: 226—228°.
Dipicrat $C_7H_{16}N_2 \cdot 2 \ C_6H_3N_3O_7$. Gelbe Kristalle (aus A.); F: 195—197°.

(±)-2-[2-Dimethylamino-äthyl]-piperidin, (±)-Dimethyl-[2-[2]piperidyl-äthyl]-amin
$C_9H_{20}N_2$, Formel XI (R = R' = CH_3).

B. Bei der Hydrierung von 2-[2-Dimethylamino-äthyl]-pyridin an Platin in Essig=
säure bei 60°/3 at (*Cohen, Minsk,* Am. Soc. **79** [1957] 1759, 1760, 1761). Beim Erhitzen von (±)-2-[2-Chlor-äthyl]-piperidin-hydrochlorid mit Dimethylamin in Äthanol auf
120—130° (*Co., Mi.*).
Kp_{19}: 80—81°.
Dipicrat $C_9H_{20}N_2 \cdot 2 \ C_6H_3N_3O_7$. F: 175,0—175,5° [aus Dioxan].

(±)-2-[2-Äthylamino-äthyl]-piperidin, (±)-Äthyl-[2-[2]piperidyl-äthyl]-amin $C_9H_{20}N_2$, Formel XI (R = C_2H_5, R' = H) (H 419).

B. Beim Erwärmen von (±)-[2]Piperidylessigsäure-äthylamid mit LiAlH$_4$ in Äther (*Winterfeld, Göbel*, B. **92** [1959] 637, 642).

Kp$_{12}$: 103—104°.

Picrat (H 420). Gelbe Kristalle (aus A.); F: 185—187°.

(±)-2-[2-Diäthylamino-äthyl]-piperidin, (±)-Diäthyl-[2-[2]piperidyl-äthyl]-amin $C_{11}H_{24}N_2$, Formel XI (R = R' = C_2H_5) (H 420).

B. Bei der Hydrierung von 2-[2-Diäthylamino-äthyl]-pyridin an Platin in Essigsäure bei 75° unter Druck (*Sommers et al.*, Am. Soc. **75** [1953] 57, 58).

Kp$_{12}$: 106—109°. n_D^{25}: 1,4753.

(±)-[3-Chlor-phenyl]-phenyl-[2-[2]piperidyl-äthyl]-amin $C_{19}H_{23}ClN_2$, Formel XII (R = X' = H, X = Cl).

B. Beim Erhitzen von [3-Chlor-phenyl]-phenyl-amin mit (±)-2-[2-Chlor-äthyl]-piper=idin und NaNH$_2$ in Xylol (*Bourquin et al.*, Helv. **42** [1959] 259, 264, 266).

Hydrochlorid $C_{19}H_{23}ClN_2 \cdot HCl$. F: 175—177° [unkorr.].

X   XI   XII

(±)-2-[2-Diphenylamino-äthyl]-1-methyl-piperidin, (±)-[2-(1-Methyl-[2]piperidyl)-äthyl]-diphenyl-amin $C_{20}H_{26}N_2$, Formel XII (R = CH$_3$, X = X' = H).

B. Beim Erhitzen von Diphenylamin mit (±)-2-[2-Chlor-äthyl]-1-methyl-piperidin und NaNH$_2$ in Xylol (*Bourquin et al.*, Helv. **42** [1959] 259, 264, 266).

Kp$_{0,25}$: 193° [unkorr.].

Hydrochlorid $C_{20}H_{26}N_2 \cdot HCl$. F: 148—150° [unkorr.].

(±)-[3-Chlor-phenyl]-[2-(1-methyl-[2]piperidyl)-äthyl]-phenyl-amin $C_{20}H_{25}ClN_2$, Formel XII (R = CH$_3$, X = Cl, X' = H).

B. Beim Erhitzen von [3-Chlor-phenyl]-phenyl-amin mit (±)-2-[2-Chlor-äthyl]-1-methyl-piperidin und NaNH$_2$ in Xylol (*Bourquin et al.*, Helv. **42** [1959] 259, 264, 266).

Kp$_{0,04}$: 182° [unkorr.].

Hydrochlorid $C_{20}H_{25}ClN_2 \cdot HCl$. F: 125—127° [unkorr.].

(±)-Bis-[3-chlor-phenyl]-[2-(1-methyl-[2]piperidyl)-äthyl]-amin $C_{20}H_{24}Cl_2N_2$, Formel XII (R = CH$_3$, X = X' = Cl).

B. Beim Erhitzen von Bis-[3-chlor-phenyl]-amin mit (±)-2-[2-Chlor-äthyl]-1-methyl-piperidin und NaNH$_2$ in Xylol (*Bourquin et al.*, Helv. **42** [1959] 259, 264, 267).

Kp$_{0,01}$: 180° [unkorr.].

(±)-[3-Brom-phenyl]-[2-(1-methyl-[2]piperidyl)-äthyl]-phenyl-amin $C_{20}H_{25}BrN_2$, Formel XII (R = CH$_3$, X = Br, X' = H).

B. Beim Erhitzen von [3-Brom-phenyl]-phenyl-amin mit (±)-2-[2-Chlor-äthyl]-1-methyl-piperidin und NaNH$_2$ in Xylol (*Bourquin et al.*, Helv. **42** [1959] 259, 264, 266).

Hydrochlorid $C_{20}H_{25}BrN_2 \cdot HCl$. F: 126—128° [unkorr.].

(±)-[2-(1-Äthyl-[2]piperidyl)-äthyl]-[3-chlor-phenyl]-phenyl-amin $C_{21}H_{27}ClN_2$, Formel XII (R = C_2H_5, X = Cl, X' = H).

B. Beim Erhitzen von [3-Chlor-phenyl]-phenyl-amin mit (±)-1-Äthyl-2-[2-chlor-äthyl]-piperidin und NaNH$_2$ in Xylol (*Bourquin et al.*, Helv. **42** [1959] 259, 264, 266).

Kp$_{0,01}$: 166° [unkorr.].

(±)-[2-(1-Äthyl-[2]piperidyl)-äthyl]-[3-brom-phenyl]-phenyl-amin $C_{21}H_{27}BrN_2$,
Formel XII (R = C_2H_5, X = Br, X' = H).

B. Beim Erhitzen von [3-Brom-phenyl]-phenyl-amin mit (±)-1-Äthyl-2-[2-chlor-
äthyl]-piperidin und $NaNH_2$ in Xylol (*Bourquin et al.*, Helv. **42** [1959] 259, 264, 266).
$Kp_{0,025}$: 186° [unkorr.].

(±)-[2-(1-Methyl-[2]piperidyl)-äthyl]-phenyl-*m*-tolyl-amin $C_{21}H_{28}N_2$, Formel XII
(R = X = CH_3, X' = H).

B. Beim Erhitzen von Phenyl-*m*-tolyl-amin mit (±)-2-[2-Chlor-äthyl]-1-methyl-
piperidin und $NaNH_2$ in Xylol (*Bourquin et al.*, Helv. **42** [1959] 259, 264).
$Kp_{0,007}$: 161° [unkorr.].

(±)-1-[2]Piperidyl-2-pyrrolidino-äthan, (±)-2-[2-Pyrrolidino-äthyl]-piperidin $C_{11}H_{22}N_2$,
Formel XIII.

B. Bei der Hydrierung von 2-[2-Pyrrolidino-äthyl]-pyridin an Raney-Nickel in wss.
Dioxan bei 125°/140 at (*Chough*, Seoul Univ. J. [C] **8** [1959] 335, 349; C. A. **1960** 13129).
Dihydrochlorid $C_{11}H_{22}N_2 \cdot 2$ HCl. Kristalle (aus A.) mit 0,5 Mol H_2O; F: 265—268°.

(±)-1-Piperidino-2-[2]piperidyl-äthan, (±)-1,2'-Äthandiyl-di-piperidin $C_{12}H_{24}N_2$,
Formel XIV (R = H).

B. Bei der Hydrierung von 1-Piperidino-2-[2]pyridyl-äthan an Platin in wss. HBr
[10%ig] (*Boekelheide, Feely*, Am. Soc. **80** [1958] 2217, 2220) bzw. in Essigsäure bei
4 at (*Chough*, Seoul Univ. J. [C] **8** [1959] 335, 350; C. A. **1960** 13129; vgl. *Sommers
et al.*, Am. Soc. **75** [1953] 57, 58).
$Kp_{1,2}$: 107—108°; n_D^{25}: 1,4900 (*So. et al.*). Kp_1: 107°; n_D^{29}: 1,4886 (*Bo., Fe.*). $Kp_{0,6}$: 110°
(*Ch.*).
Dihydrochlorid $C_{12}H_{24}N_2 \cdot 2$ HCl. Kristalle; F: 305—307° [aus A. + Ae.] (*Abbott
Labor.*, U.S.P. 2684965 [1950]), 300—307° [aus A.; Zers.] (*Ch.*).

**(±)-1-[1-Methyl-[2]piperidyl]-2-piperidino-äthan, (±)-1'-Methyl-1,2'-äthandiyl-di-
piperidin** $C_{13}H_{26}N_2$, Formel XIV (R = CH_3).

B. Beim Erhitzen von (±)-1,2'-Äthandiyl-di-piperidin mit wss. Formaldehyd und
Ameisensäure (*Abbott Labor.*, U.S.P. 2684965 [1950]).
$Kp_{0,9}$: 83—84°. n_D^{25}: 1,4876.
Dihydrochlorid. Kristalle (aus A. + Ae.); F: 286—287° [Zers.].

(±)-1-[1-Äthyl-[2]piperidyl]-2-piperidino-äthan, (±)-1'-Äthyl-1,2'-äthandiyl-di-piperidin
$C_{14}H_{28}N_2$, Formel XIV (R = C_2H_5).

B. Beim Erwärmen von (±)-1-Acetyl-2-[2-piperidino-äthyl]-piperidin mit $LiAlH_4$
in Äther (*Abbott Labor.*, U.S.P. 2684965 [1950]).
$Kp_{0,5}$: 87—88°. n_D^{25}: 1,4879.
Dihydrochlorid. Kristalle mit 0,5 Mol H_2O; F: 264—265° [Zers.].

XIII   XIV   XV

**(±)-1-[1-Isopropyl-[2]piperidyl]-2-piperidino-äthan, (±)-1'-Isopropyl-1,2'-äthandiyl-di-
piperidin** $C_{15}H_{30}N_2$, Formel XIV (R = $CH(CH_3)_2$).

B. Beim Erhitzen von (±)-1,2'-Äthandiyl-di-piperidin mit Isopropylbromid (*Abbott
Labor.*, U.S.P. 2684965 [1950]).
Dihydrochlorid. Kristalle (aus Isopropylalkohol + Ae.); F: 248—249° [Zers.].

**(±)-1-[1-Benzyl-[2]piperidyl]-2-piperidino-äthan, (±)-1'-Benzyl-1,2'-äthandiyl-di-
piperidin** $C_{19}H_{30}N_2$, Formel XIV (R = $CH_2-C_6H_5$).

B. Beim Behandeln von (±)-1-Benzoyl-2-[2-piperidino-äthyl]-piperidin mit $LiAlH_4$ in
Äther (*Abbott Labor.*, U.S.P. 2684965 [1950]).
Kp_1: 172—174°. n_D^{25}: 1,5300.

Hydrochlorid. Kristalle (aus Isopropylalkohol + Ae.); F: 175—190° [nach Rot-färbung bei 155°].
Dihydrochlorid. F: 241—242°.

(±)-2-[2-(2-Piperidino-äthyl)-piperidino]-äthanol $C_{14}H_{28}N_2O$, Formel XIV
(R = CH_2-CH_2-OH).
B. Beim Erwärmen von (±)-1,2'-Äthandiyl-di-piperidin mit 2-Chlor-äthanol und wss.
NaOH [10%ig] (*Abbott Labor.*, U.S.P. 2684965 [1950]).
$Kp_{0,4}$: 116—117°. n_D^{25}: 1,5046.

*Opt.-inakt. 1-[2-(2-Piperidino-äthyl)-piperidino]-propan-2-ol $C_{15}H_{30}N_2O$, Formel XIV
(R = CH_2-CH(OH)-CH_3).
B. Beim Erwärmen von (±)-1,2'-Äthandiyl-di-piperidin mit (±)-1,2-Epoxy-propan
in Methanol (*Abbott Labor.*, U.S.P. 2684965 [1950]).
$Kp_{0,3}$: 105°. n_D^{25}: 1,4934.

*Opt.-inakt. 1-[2-Methyl-piperidino]-2-[2]piperidyl-äthan, 2-Methyl-1,2'-äthandiyl-di-piperidin $C_{13}H_{26}N_2$, Formel XV (R = CH_3).
B. Beim Behandeln von (±)-2-Methyl-1-[2-[2]pyridyl-äthyl]-piperidin mit Natrium
und Äthanol (*Profft*, Chem. Tech. **7** [1955] 511, 517).
Kp_{10}: 141—144°. n_D^{20}: 1,4919.
Dihydrochlorid. F: 294—295°.

*Opt.-inakt. 1-[2]Piperidyl-2-[2-propyl-piperidino]-äthan, 2-Propyl-1,2'-äthandiyl-di-piperidin $C_{15}H_{30}N_2$, Formel XV (R = CH_2-CH_2-CH_3).
B. Beim Behandeln von (±)-1-[2-Propyl-piperidino]-2-[2]pyridyl-äthan mit Natrium
und Äthanol (*Profft, Schneider*, Ar. **289** [1956] 99, 103).
Kp_{12}: 169—172°. n_D^{20}: 1,4800.
Hydrochlorid. Kristalle; F: 252°.

*Opt.-inakt. 1-[2-(1-Äthyl-propyl)-piperidino]-2-[2]piperidyl-äthan, 2-[1-Äthyl-propyl]-1,2'-äthandiyl-di-piperidin $C_{17}H_{34}N_2$, Formel XV (R = $CH(C_2H_5)_2$).
B. Beim Behandeln von (±)-1-[2-(1-Äthyl-propyl)-piperidino]-2-[2]pyridyl-äthan mit
Natrium und Äthanol (*Profft, Schneider*, Ar. **289** [1956] 99, 103).
Kp_{13}: 184—187°. n_D^{20}: 1,4900.

(±)-[3-Methoxy-phenyl]-[2-(1-methyl-[2]piperidyl)-äthyl]-phenyl-amin $C_{21}H_{28}N_2O$,
Formel I (R = CH_3, X = H).
B. Beim Erhitzen von [3-Methoxy-phenyl]-phenyl-amin mit (±)-2-[2-Chlor-äthyl]-1-methyl-piperidin und $NaNH_2$ in Xylol (*Bourquin et al.*, Helv. **42** [1959] 259, 264, 265).
$Kp_{0,01}$: 174° [unkorr.].

(±)-[3-Chlor-phenyl]-[3-methoxy-phenyl]-[2-(1-methyl-[2]piperidyl)-äthyl]-amin
$C_{21}H_{27}ClN_2O$, Formel I (R = CH_3, X = Cl).
B. Analog der vorangehenden Verbindung (*Bourquin et al.*, Helv. **42** [1959] 259, 264, 267).
$Kp_{0,007}$: 180° [unkorr.].
Hydrochlorid $C_{21}H_{27}ClN_2O \cdot HCl$. F: 65—68° [unkorr.; Zers.; nach Sintern ab 50°].

(±)-[3-Äthoxy-phenyl]-[2-(1-methyl-[2]piperidyl)-äthyl]-phenyl-amin $C_{22}H_{30}N_2O$,
Formel I (R = C_2H_5, X = H).
B. Analog den vorangehenden Verbindungen (*Bourquin et al.*, Helv. **42** [1959] 259, 264, 265).
$Kp_{0,005}$: 170° [unkorr.].

(±)-[2-(1-Methyl-[2]piperidyl)-äthyl]-phenyl-[3-propoxy-phenyl]-amin $C_{23}H_{32}N_2O$,
Formel I (R = CH_2-CH_2-CH_3, X = H).
B. Analog den vorangehenden Verbindungen (*Bourquin et al.*, Helv. **42** [1959] 259, 264, 265).
$Kp_{0,005}$: 174° [unkorr.].

(±)-[3-Isopropoxy-phenyl]-[2-(1-methyl-[2]piperidyl)-äthyl]-phenyl-amin $C_{23}H_{32}N_2O$,
Formel I (R = $CH(CH_3)_2$, X = H).
  B. Analog den vorangehenden Verbindungen (*Bourquin et al.*, Helv. **42** [1959] 259, 264,
265).
  $Kp_{0,005}$: 172° [unkorr.].

(±)-[3-Butoxy-phenyl]-[2-(1-methyl-[2]piperidyl)-äthyl]-phenyl-amin $C_{24}H_{34}N_2O$,
Formel I (R = $[CH_2]_3$-CH_3, X = H).
  B. Analog den vorangehenden Verbindungen (*Bourquin et al.*, Helv. **42** [1959] 259, 264,
265).
  $Kp_{0,005}$: 187° [unkorr.].

(±)-[2-(1-Methyl-[2]piperidyl)-äthyl]-[3-phenoxy-phenyl]-phenyl-amin $C_{26}H_{30}N_2O$,
Formel I (R = C_6H_5, X = H).
  B. Analog den vorangehenden Verbindungen (*Bourquin et al.*, Helv. **42** [1959] 259, 264,
265).
  $Kp_{0,003}$: 195° [unkorr.].
  Hydrochlorid $C_{26}H_{30}N_2O \cdot HCl$. F: 169—171° [unkorr.].

(±)-[3-Benzyloxy-phenyl]-[2-(1-methyl-[2]piperidyl)-äthyl]-phenyl-amin $C_{27}H_{32}N_2O$,
Formel I (R = CH_2-C_6H_5, X = H).
  B. Analog den vorangehenden Verbindungen (*Bourquin et al.*, Helv. **42** [1959] 259,
264).
  $Kp_{0,002}$: 210° [unkorr.].
  Hydrochlorid $C_{27}H_{32}N_2O \cdot HCl$. Kristalle (aus A.); F: 145—147° [unkorr.].

I   II

(±)-[3-Methylmercapto-phenyl]-[2-(1-methyl-[2]piperidyl)-äthyl]-phenyl-amin
$C_{21}H_{28}N_2S$, Formel II (R = CH_3).
  B. Analog den vorangehenden Verbindungen (*Bourquin et al.*, Helv. **41** [1958] 1072,
1104, 1108).
  $Kp_{0,01}$: 216° [unkorr.].
  Hydrochlorid $C_{21}H_{28}N_2S \cdot HCl$. F: 177—179° [unkorr.; nach Sintern ab 173°].

(±)-[3-Äthylmercapto-phenyl]-[2-(1-methyl-[2]piperidyl)-äthyl]-phenyl-amin
$C_{22}H_{30}N_2S$, Formel II (R = C_2H_5).
  B. Analog den vorangehenden Verbindungen (*Bourquin et al.*, Helv. **41** [1958] 1072,
1104, 1108).
  $Kp_{0,005}$: 206° [unkorr.].

(±)-[2-(1-Methyl-[2]piperidyl)-äthyl]-phenyl-[3-propylmercapto-phenyl]-amin
$C_{23}H_{32}N_2S$, Formel II (R = CH_2-CH_2-CH_3).
  B. Analog den vorangehenden Verbindungen (*Bourquin et al.*, Helv. **41** [1958] 1072,
1104, 1108).
  $Kp_{0,01}$: 198° [unkorr.].
  Hydrochlorid $C_{23}H_{32}N_2S \cdot HCl$. F: 135—137° [unkorr.].

(±)-[3-Isopropylmercapto-phenyl]-[2-(1-methyl-[2]piperidyl)-äthyl]-phenyl-amin
$C_{23}H_{32}N_2S$, Formel II (R = $CH(CH_3)_2$).
  B. Analog den vorangehenden Verbindungen (*Bourquin et al.*, Helv. **41** [1958] 1072,
1104, 1108).

$Kp_{0,005}$: 204° [unkorr.].

Fumarat $C_{23}H_{32}N_2S \cdot C_4H_4O_4$. F: 139—141° [unkorr.].

(±)-[3-Butylmercapto-phenyl]-[2-(1-methyl-[2]piperidyl)-äthyl]-phenyl-amin $C_{24}H_{34}N_2S$, Formel II (R = $[CH_2]_3$-CH_3).

B. Analog den vorangehenden Verbindungen (*Bourquin et al.*, Helv. **41** [1958] 1072, 1108).

$Kp_{0,01}$: 204° [unkorr.].

Hydrochlorid $C_{24}H_{34}N_2S \cdot HCl$. Kristalle (aus A.); F: 112—114° [unkorr.].

(±)-[2-(1-Methyl-[2]piperidyl)-äthyl]-[3-pentylmercapto-phenyl]-phenyl-amin $C_{25}H_{36}N_2S$, Formel II (R = $[CH_2]_4$-CH_3).

B. Analog den vorangehenden Verbindungen (*Bourquin et al.*, Helv. **41** [1958] 1072, 1104, 1108).

$Kp_{0,001}$: 206° [unkorr.].

(±)-[3-Hexylmercapto-phenyl]-[2-(1-methyl-[2]piperidyl)-äthyl]-phenyl-amin $C_{26}H_{38}N_2S$, Formel II (R = $[CH_2]_5$-CH_3).

B. Analog den vorangehenden Verbindungen (*Bourquin et al.*, Helv. **41** [1958] 1072, 1104, 1108).

$Kp_{0,005}$: 209° [unkorr.].

(±)-[2-(1-Methyl-[2]piperidyl)-äthyl]-phenyl-[3-phenylmercapto-phenyl]-amin $C_{26}H_{30}N_2S$, Formel II (R = C_6H_5).

B. Analog den vorangehenden Verbindungen (*Bourquin et al.*, Helv. **41** [1958] 1072, 1104, 1108).

$Kp_{0,01}$: 218° [unkorr.].

Hydrochlorid $C_{26}H_{30}N_2S \cdot HCl$. F: 176—178° [unkorr.; nach Sintern ab 172°].

(±)-[3-Benzylmercapto-phenyl]-[2-(1-methyl-[2]piperidyl)-äthyl]-phenyl-amin $C_{27}H_{32}N_2S$, Formel II (R = CH_2-C_6H_5).

B. Analog den vorangehenden Verbindungen (*Bourquin et al.*, Helv. **41** [1958] 1072, 1104, 1108).

$Kp_{0,005}$: 215° [unkorr.].

Hydrochlorid $C_{27}H_{32}N_2S \cdot HCl$. F: 139—141° [unkorr.].

(±)-[3-Chlor-phenyl]-[4-methoxy-phenyl]-[2-(1-methyl-[2]piperidyl)-äthyl]-amin $C_{21}H_{27}ClN_2O$, Formel III.

B. Analog den vorangehenden Verbindungen (*Bourquin et al.*, Helv. **42** [1959] 259, 264, 267).

$Kp_{0,005}$: 189° [unkorr.].

(±)-1-[1-(4-Methoxy-benzyl)-[2]piperidyl]-2-piperidino-äthan, (±)-1'-[4-Methoxy-benzyl]-1,2'-äthandiyl-di-piperidin $C_{20}H_{32}N_2O$, Formel IV (R = CH_2-C_6H_4-O-$CH_3(p)$).

B. Beim Erhitzen von (±)-1,2'-Äthandiyl-di-piperidin mit 4-Methoxy-benzaldehyd und wss. Ameisensäure [90%ig] (*Abbott Labor.*, U.S.P. 2684965 [1950]).

$Kp_{0,6}$: 190°.

(±)-1-Carbazol-9-yl-2-[1-methyl-[2]piperidyl]-äthan, (±)-9-[2-(1-Methyl-[2]piperidyl)-äthyl]-carbazol $C_{20}H_{24}N_2$, Formel V.

B. Beim Behandeln von Carbazol mit $NaNH_2$ in flüssigem NH_3 und Erhitzen des Reaktionsprodukts mit (±)-2-[2-Chlor-äthyl]-1-methyl-piperidin (*Shapiro et al.*, J. Am. pharm. Assoc. **46** [1957] 333, 335).

Kristalle (aus Hexan); F: 120—122° [unkorr.].

Methojodid $[C_{21}H_{27}N_2]I$; (±)-2-[2-Carbazol-9-yl-äthyl]-1,1-dimethyl-piperidinium-jodid. F: 208—209° [unkorr.; aus A.].

(±)-[5,5-Diäthoxy-pentyl]-[2-[2]piperidyl-äthyl]-amin, (±)-5-[2-[2]Piperidyl-äthyl-amino]-valeraldehyd-diäthylacetal $C_{16}H_{34}N_2O_2$, Formel VI (R = R'' = H, R' = $[CH_2]_4$-CH(O-$C_2H_5)_2$) auf S. 3776.

B. Beim Erhitzen von (±)-[2]Piperidylessigsäure-äthylester mit 5-Amino-valer≈

aldehyd-diäthylacetal in Methanol auf 100° und Erwärmen des Reaktionsprodukts mit LiAlH$_4$ in Äther (*Winterfeld, Göbel*, B. **92** [1959] 637, 643).

Kp$_{0,15}$: 128—130°.

Beim Erwärmen mit wss. HCl [2n] und anschliessenden Behandeln mit wss. NaOH ist Decahydro-dipyrido[1,2-*a*;1′,2′-*c*]pyrimidin (Kp$_{0,05}$: 70°) erhalten worden.

Picrat. Kristalle (aus A.); F: 128—133°.

(±)-1-Formyl-2-[2-piperidino-äthyl]-piperidin C$_{13}$H$_{24}$N$_2$O, Formel IV (R = CHO).

B. Beim Erwärmen von (±)-1,2′-Äthandiyl-di-piperidin mit Äthylformiat in Äthanol (*Sommers et al.*, Am. Soc. **75** [1953] 57, 59).

Kp$_{0,8}$: 131—132°. n$_D^{25}$: 1,5024.

Hydrochlorid C$_{13}$H$_{24}$N$_2$O·HCl. Kristalle (aus Propan-1-ol + Ae. oder Isopropyl= alkohol + Ae.); F: 169—171°.

(±)-1-Acetyl-2-[2-dimethylamino-äthyl]-piperidin C$_{11}$H$_{22}$N$_2$O, Formel VI (R = CO-CH$_3$, R′ = R″ = CH$_3$).

B. Beim Behandeln von (±)-Dimethyl-[2-[2]piperidyl-äthyl]-amin mit Acetanhydrid in Äther (*Cohen, Minsk*, Am. Soc. **79** [1957] 1759, 1761).

Kp$_{0,1}$: 91—92°.

Picrat C$_{11}$H$_{22}$N$_2$O·C$_6$H$_3$N$_3$O$_7$. F: 162—163° [aus A.].

Methojodid [C$_{12}$H$_{25}$N$_2$O]I; (±)-[2-(1-Acetyl-[2]piperidyl)-äthyl]-trimethyl-ammonium-jodid. Kristalle (aus A.), die unterhalb 250° nicht schmelzen.

III   IV   V

(±)-1-Acetyl-2-[2-piperidino-äthyl]-piperidin C$_{14}$H$_{26}$N$_2$O, Formel IV (R = CO-CH$_3$).

B. Beim Erhitzen von (±)-1,2′-Äthandiyl-di-piperidin mit Acetanhydrid (*Sommers et al.*, Am. Soc. **75** [1953] 57, 59).

Kp$_{0,4}$: 124—125°. n$_D^{25}$: 1,5018.

(±)-1-Butyryl-2-[2-piperidino-äthyl]-piperidin C$_{16}$H$_{30}$N$_2$O, Formel IV (R = CO-CH$_2$-CH$_2$-CH$_3$).

B. Beim Behandeln von (±)-1,2′-Äthandiyl-di-piperidin mit Butyrylchlorid und wss. NaOH (*Sommers et al.*, Am. Soc. **75** [1953] 57, 59).

Kp$_{0,3}$: 144—146°. n$_D^{25}$: 1,4968.

Hydrochlorid C$_{16}$H$_{30}$N$_2$O·HCl. Kristalle (aus Propan-1-ol + Ae. oder Isopropyl= alkohol + Ae.); F: 169—170°.

(±)-1-Benzoyl-2-[2-diäthylamino-äthyl]-piperidin C$_{18}$H$_{28}$N$_2$O, Formel VI (R = CO-C$_6$H$_5$, R′ = R″ = C$_2$H$_5$).

B. Beim Erwärmen von (±)-2-[2-Diäthylamino-äthyl]-piperidin mit Benzoylchlorid in Benzol (*Sommers et al.*, Am. Soc. **75** [1953] 57, 59).

Kp$_{0,3}$: 148—153°. n$_D^{25}$: 1,5281.

(±)-1-Benzoyl-2-[2-piperidino-äthyl]-piperidin C$_{19}$H$_{28}$N$_2$O, Formel VII (X = H).

B. Beim Behandeln von (±)-1,2′-Äthandiyl-di-piperidin mit Benzoylchlorid und wss. NaOH (*Sommers et al.*, Am. Soc. **75** [1953] 57, 59; *Abbott Labor.*, U.S.P. 2684965 [1950]).

Kp$_1$: 204—207°; n$_D^{25}$: 1,5443 (*Abbott Labor.*). Kp$_{0,4}$: 184°; n$_D^{25}$: 1,5439 (*So., et al.*).

Hydrochlorid C$_{19}$H$_{28}$N$_2$O·HCl. Kristalle (aus Propan-1-ol + Ae. oder Isopropyl= alkohol + Ae.); F: 214—215° (*So. et al.*).

(±)-1-[4-Chlor-benzoyl]-2-[2-piperidino-äthyl]-piperidin $C_{19}H_{27}ClN_2O$, Formel VII
(X = Cl).

B. Beim Behandeln von (±)-1,2'-Äthandiyl-di-piperidin mit 4-Chlor-benzoylchlorid und wss. NaOH (*Sommers et al.*, Am. Soc. **75** [1953] 57, 59).

$Kp_{0,5}$: 203—204°.

Hydrochlorid $C_{19}H_{27}ClN_2O \cdot HCl$. Kristalle (aus Propan-1-ol + Ae.) mit 0,5 Mol H_2O; F: 209—210°.

VI   VII   VIII

(±)-1-[4-Nitro-benzoyl]-2-[2-piperidino-äthyl]-piperidin $C_{19}H_{27}N_3O_3$, Formel VII
(X = NO_2).

B. Beim Behandeln von (±)-1,2'-Äthandiyl-di-piperidin mit 4-Nitro-benzoylchlorid und wss. NaOH in Benzol (*Sommers et al.*, Am. Soc. **75** [1953] 57, 59; *Abbott Labor.*, U.S.P. 2684965 [1950]).

Hydrochlorid $C_{19}H_{27}N_3O_3 \cdot HCl$. Kristalle (aus Isopropylalkohol + Ae.) mit 1 Mol H_2O; F: 200—201°.

(±)-1-Phenylacetyl-2-[2-piperidino-äthyl]-piperidin $C_{20}H_{30}N_2O$, Formel IV
(R = $CO\text{-}CH_2\text{-}C_6H_5$).

B. Beim Behandeln von (±)-1,2'-Äthandiyl-di-piperidin mit Phenylacetylchlorid und wss. NaOH (*Sommers et al.*, Am. Soc. **75** [1953] 57, 59).

$Kp_{0,3}$: 183—185°. n_D^{25}: 1,5393.

Hydrochlorid $C_{20}H_{30}N_2O \cdot HCl$. Kristalle (aus Propan-1-ol + Ae. oder Isopropyl=alkohol + Ae.); F: 185—187°.

(±)-1-Diphenylacetyl-2-[2-piperidino-äthyl]-piperidin $C_{26}H_{34}N_2O$, Formel IV
(R = $CO\text{-}CH(C_6H_5)_2$).

B. Beim Behandeln von (±)-1,2'-Äthandiyl-di-piperidin mit Diphenylacetylchlorid und wss. NaOH (*Sommers et al.*, Am. Soc. **75** [1953] 57, 59).

Kristalle (aus PAe.); F: 100°.

Hydrochlorid $C_{26}H_{34}N_2O \cdot HCl$. Kristalle (aus Propan-1-ol + Ae. oder Isopropyl=alkohol + Ae.); F: 207—208°.

(±)-2-[2-Piperidino-äthyl]-piperidin-1-carbonsäure-äthylester $C_{15}H_{28}N_2O_2$, Formel IV
(R = $CO\text{-}O\text{-}C_2H_5$).

B. Beim Behandeln von (±)-1,2'-Äthandiyl-di-piperidin mit Chlorokohlensäure-äthylester in Aceton unter Zusatz von $NaHCO_3$ (*Abbott Labor.*, U.S.P. 2684965 [1950]).

$Kp_{0,3}$: 116—117°. n_D^{25}: 1,4867.

***Opt.-inakt. 3-{2-[2-(2-Methyl-piperidino)-äthyl]-piperidino}-propionitril** $C_{16}H_{29}N_3$,
Formel VIII (R = $CH_2\text{-}CH_2\text{-}CN$).

B. Aus opt.-inakt. 2-Methyl-1,2'-äthandiyl-di-piperidin (S. 3772) und Acrylonitril mit Hilfe von Essigsäure (*Profft*, Chem. Tech. **7** [1955] 511, 517).

$Kp_{0,4}$: 154—155°. n_D^{20}: 1,4991.

(±)-1-[4-Methoxy-benzoyl]-2-[2-piperidino-äthyl]-piperidin $C_{20}H_{30}N_2O_2$, Formel VII
(X = $O\text{-}CH_3$).

B. Beim Behandeln von (±)-1,2'-Äthandiyl-di-piperidin mit 4-Methoxy-benzoylchlorid und wss. NaOH (*Sommers et al.*, Am. Soc. **75** [1953] 57, 59).

$Kp_{0,3}$: 203—206°.

Hydrochlorid $C_{20}H_{30}N_2O_2 \cdot HCl$. Kristalle (aus Propan-1-ol + Ae. oder Isopropyl=alkohol + Ae.); F: 227—228°.

(±)-1-[4-Äthoxy-benzoyl]-2-[2-piperidino-äthyl]-piperidin $C_{21}H_{32}N_2O_2$, Formel VII (X = O-C$_2$H$_5$).

B. Beim Behandeln von (±)-1,2'-Äthandiyl-di-piperidin mit 4-Äthoxy-benzoylchlorid und wss. NaOH (*Sommers et al.*, Am. Soc. **75** [1953] 57, 59).

Kp$_2$: 231—233°. n$_D^{25}$: 1,5415.

Hydrochlorid $C_{21}H_{32}N_2O_2 \cdot HCl$. Kristalle (aus Propan-1-ol + Ae. oder Isopropyl= alkohol + Ae.); F: 202—203°.

*Opt.-inakt. 3-{2-[2-(2-Methyl-piperidino)-äthyl]-piperidino}-propylamin,
1'-[3-Amino-propyl]-2-methyl-1,2'-äthandiyl-di-piperidin $C_{16}H_{33}N_3$, Formel VIII (R = [CH$_2$]$_3$-NH$_2$).

B. Bei der Hydrierung von opt.-inakt. 3-{2-[2-(2-Methyl-piperidino)-äthyl]-piperidino}-propionitril (S. 3776) an Raney-Nickel in Äthylacetat und Methanol (*Profft*, Chem. Tech. **7** [1955] 511, 517).

Kp$_{0,7}$: 149—153°. n$_D^{20}$: 1,5009.

*Opt.-inakt. N-(3-{2-[2-(2-Methyl-piperidino)-äthyl]-piperidino}-propyl)-β-alanin-
nitril $C_{19}H_{36}N_4$, Formel VIII (R = [CH$_2$]$_3$-NH-CH$_2$-CH$_2$-CN).

B. Aus opt.-inakt. 1'-[3-Amino-propyl]-2-methyl-1,2'-äthandiyl-di-piperidin (s. o.) und Acrylonitril mit Hilfe von Essigsäure (*Profft*, Chem. Tech. **7** [1955] 511, 517).

Kp$_{0,4}$: 180°. n$_D^{20}$: 1,4999.

(±)-1-[4-Amino-benzoyl]-2-[2-piperidino-äthyl]-piperidin $C_{19}H_{29}N_3O$, Formel VII (X = NH$_2$).

B. Bei der Hydrierung von (±)-1-[4-Nitro-benzoyl]-2-[2-piperidino-äthyl]-piperidin-hydrochlorid an Palladium/Kohle in H$_2$O bei 2,5 at (*Sommers et al.*, Am. Soc. **75** [1953] 57, 59).

Kp$_{0,5}$: 238—242°.

Hydrochlorid $C_{19}H_{29}N_3O \cdot HCl$. Kristalle (aus A.) mit 1 Mol H$_2$O; F: 224° [nach Erweichen ab 169°].

Dihydrochlorid $C_{19}H_{29}N_3O \cdot 2\,HCl$. Das Salz schmilzt und erstarrt wieder bei 180° bis 190°; unterhalb 300° nicht wieder schmelzend.

---

*Opt.-inakt. 3-[1-Diäthylamino-äthyl]-piperidin, Diäthyl-[1-[3]piperidyl-äthyl]-amin
$C_{11}H_{24}N_2$, Formel IX (R = H).

B. Bei der Hydrierung von (±)-3-[1-Diäthylamino-äthyl]-pyridin-dihydrochlorid an Platin in Äthanol (*Jachontow*, *Rubzow*, Ž. obšč. Chim. **26** [1956] 2040; engl. Ausg. S. 2271).

Dihydrochlorid $C_{11}H_{24}N_2 \cdot 2\,HCl$. Kristalle (aus Bzl.); F: 118—119°.

*Opt.-inakt. 1-Benzoyl-3-[1-diäthylamino-äthyl]-piperidin $C_{18}H_{28}N_2O$, Formel IX (R = CO-C$_6$H$_5$).

B. Beim Behandeln einer Mischung aus opt.-inakt. Diäthyl-[1-[3]piperidyl-äthyl]-amin (s. o.), Na$_2$CO$_3$, Natriumacetat und H$_2$O mit Benzoylchlorid (*Jachontow*, *Rubzow*, Ž. obšč. Chim. **26** [1956] 2040; engl. Ausg. S. 2271).

Kp$_8$: 169—171°. n$_D^{20}$: 1,5132.

Methojodid [$C_{19}H_{31}N_2O$]I; Diäthyl-[1-(1-benzoyl-[3]piperidyl)-äthyl]-methyl-ammonium-jodid. Kristalle; F: 121—122°.

(±)-1-Methyl-3-[2-methylamino-äthyl]-piperidin, (±)-Methyl-[2-(1-methyl-[3]piperidyl)-
äthyl]-amin $C_9H_{20}N_2$, Formel X (R = CH$_3$).

B. Beim Erwärmen von (±)-[1-Methyl-[3]piperidyl]-essigsäure-methylamid mit LiAlH$_4$ in THF (*Robison et al.*, Am. Soc. **79** [1957] 2573, 2578).

Hydrojodid $C_9H_{20}N_2 \cdot HI$. Kristalle (aus Acetonitril); F: 141,5—143,0° [korr.].

(±)-N-[2-(1-Methyl-[3]piperidyl)-äthyl]-N'-phenyl-harnstoff $C_{15}H_{23}N_3O$, Formel X (R = CO-NH-C$_6$H$_5$).

B. Bei der Hydrierung von 1-Methyl-3-[2-(N'-phenyl-ureido)-äthyl]-pyridinium-

jodid an Platin in Äthanol (*Robison, Robison*, Am. Soc. **77** [1955] 6554, 6557).
Kristalle (aus Cyclohexan); F: 100,5—102° [korr.].

4-[2-Methylamino-äthyl]-piperidin, Methyl-[2-[4]piperidyl-äthyl]-amin $C_8H_{18}N_2$,
Formel XI (R = R″ = H, R′ = CH_3).

B. Bei der Hydrierung von 4-[2-Methylamino-äthyl]-pyridin-dihydrochlorid an Platin
in Methanol bei 3—4 at (*Phillips*, Am. Soc. **79** [1957] 2836).

Dihydrochlorid $C_8H_{18}N_2 \cdot 2$ HCl. Kristalle (aus A. + E.); F: 185—186°.

4-[2-Dimethylamino-äthyl]-piperidin, Dimethyl-[2-[4]piperidyl-äthyl]-amin $C_9H_{20}N_2$,
Formel XI (R = H, R′ = R″ = CH_3).

B. Bei der Hydrierung von 4-[2-Dimethylamino-äthyl]-pyridin-dihydrochlorid an
Platin in Methanol bei 3—4 at (*Phillips*, Am. Soc. **79** [1957] 2836; vgl. *Cohen, Minsk*,
Am. Soc. **79** [1957] 1759, 1761).

Kp_{17}: 103—104° (*Co., Mi.*).

Dihydrochlorid $C_9H_{20}N_2 \cdot 2$ HCl. Kristalle (aus A.); F: 240—241° (*Ph.*).

Dipicrat $C_9H_{20}N_2 \cdot 2$ $C_6H_3N_3O_7$. F: 188—189° [aus A.] (*Co., Mi.*).

4-[2-Dimethylamino-äthyl]-1-methyl-piperidin, Dimethyl-[2-(1-methyl-[4]piperidyl)-äthyl]-amin $C_{10}H_{22}N_2$, Formel XI (R = R′ = R″ = CH_3).

B. Beim Erhitzen von 4-[2-Dimethylamino-äthyl]-piperidin mit wss. Formaldehyd
und Ameisensäure (*Phillips*, Am. Soc. **79** [1957] 2836).

Dihydrochlorid $C_{10}H_{22}N_2 \cdot 2$ HCl. Kristalle (aus A.); F: 299—300°.

IX   X   XI

1-[1,1-Dimethyl-piperidinium-4-yl]-2-trimethylammonio-äthan, 1,1-Dimethyl-4-[2-trimethylammonio-äthyl]-piperidinium $[C_{12}H_{28}N_2]^{2+}$, Formel XII (R = CH_3).

Dijod $[C_{12}H_{28}N_2]I_2$. *B.* Beim Erwärmen von 4-[2-Dimethylamino-äthyl]-piperidin mit
CH_3I (Überschuss) und methanol. NaOH sowie von 4-[2-Dimethylamino-äthyl]-1-methyl-
piperidin mit CH_3I in Methanol (*Phillips*, Am. Soc. **79** [1957] 2836). — Kristalle (aus
Me.); F: 307—308°.

***1-[Äthyl-dimethyl-ammonio]-2-[1-äthyl-1-methyl-piperidinium-4-yl]-äthan,
1-Äthyl-4-[2-(äthyl-dimethyl-ammonio)-äthyl]-1-methyl-piperidinium** $[C_{14}H_{32}N_2]^{2+}$,
Formel XII (R = C_2H_5).

Dijodid $[C_{14}H_{32}N_2]I_2$. *B.* Beim Erwärmen von 4-[2-Dimethylamino-äthyl]-1-methyl-
piperidin mit Äthyljodid in Methanol (*Phillips*, Am. Soc. **79** [1957] 2836). — Kristalle
(aus Me. + E.); F: 275—276°.

4-[2-Diäthylamino-äthyl]-piperidin, Diäthyl-[2-[4]piperidyl-äthyl]-amin $C_{11}H_{24}N_2$,
Formel XI (R = H, R′ = R″ = C_2H_5).

B. Bei der Hydrierung von 4-[2-Diäthylamino-äthyl]-pyridin-dihydrochlorid an
Platin in Methanol bei 3—4 at (*Phillips*, Am. Soc. **79** [1957] 2836).

Dihydrochlorid $C_{11}H_{24}N_2 \cdot 2$ HCl. Kristalle (aus A. + E.); F: 186—187°.

***1-[Dimethyl-propyl-ammonio]-2-[1-methyl-1-propyl-piperidinium-4-yl]-äthan,
4-[2-(Dimethyl-propyl-ammonio)-äthyl]-1-methyl-1-propyl-piperidinium** $[C_{16}H_{36}N_2]^{2+}$,
Formel XII (R = CH_2-CH_2-CH_3).

Dijodid $[C_{16}H_{36}N_2]I_2$. *B.* Beim Erwärmen von 4-[2-Dimethylamino-äthyl]-1-methyl-
piperidin mit Propyljodid in Methanol (*Phillips*, Am. Soc. **79** [1957] 2836). — Kristalle
(aus A. oder Me. + E.); F: 214—215°.

1-[4]Piperidyl-2-pyrrolidino-äthan, 4-[2-Pyrrolidino-äthyl]-piperidin $C_{11}H_{22}N_2$,
Formel XIII (R = H).
B. Bei der Hydrierung von 4-[2-Pyrrolidino-äthyl]-pyridin an Platin in Essigsäure bei
4 at (*Chough*, Seoul. Univ. J. [C] **8** [1959] 335, 351; C. A. **1960** 13129) sowie von 4-[2-Pyr=
rolidino-äthyl]-pyridin-dihydrochlorid an Platin in Methanol bei 3—4 at (*Phillips*, Am.
Soc. **79** [1957] 2836).
$Kp_{0,3}$: 95° (*Ch.*).
Dihydrochlorid $C_{11}H_{22}N_2 \cdot 2$ HCl. Kristalle (aus A. + E.); F: 266—267° (*Ph.*). F:
266—268° [mit 0,5 Mol H_2O] (*Ch.*).

XII   XIII   XIV

1-[1-Methyl-[4]piperidyl]-2-pyrrolidino-äthan, 1-Methyl-4-[2-pyrrolidino-äthyl]-piperidin
$C_{12}H_{24}N_2$, Formel XIII (R = CH_3).
B. Beim Erhitzen von 4-[2-Pyrrolidino-äthyl]-piperidin mit wss. Formaldehyd und
Ameisensäure (*Phillips*, Am. Soc. **79** [1957] 2836).
Dihydrochlorid $C_{12}H_{24}N_2 \cdot 2$ HCl. Kristalle (aus A.); F: 310—312°.
Bis-methojodid [$C_{14}H_{30}N_2$]I_2; 1,1-Dimethyl-4-[2-(1-methyl-pyrrolidinium-
1-yl)-äthyl]-piperidinium-dijodid. Kristalle (aus Me. + E.); F: 291—292°.
Bis-äthojodid [$C_{16}H_{34}N_2$]I_2; 1-Äthyl-4-[2-(1-äthyl-pyrrolidinium-1-yl)-
äthyl]-1-methyl-piperidinium-jodid. Kristalle (aus Me. + Ae.); F: 264—265°.

1-Piperidino-2-[4]piperidyl-äthan, 1,4′-Äthandiyl-di-piperidin $C_{12}H_{24}N_2$, Formel XIV
(R = H).
B. Bei der Hydrierung von 1-Piperidino-2-[4]pyridyl-äthan an Platin in Essigsäure
bei 4 at (*Chough*, Seoul Univ. J. [C] **8** [1959] 335, 351; C. A. **1960** 13129) sowie von
1-Piperidino-2-[4]pyridyl-äthan-dihydrochlorid an Platin in Methanol bei 3—4 at (*Phillips*, Am. Soc. **79** [1957] 2836).
$Kp_{0,95}$: 160° (*Ch.*).
Dihydrochlorid $C_{12}H_{24}N_2 \cdot 2$ HCl. Kristalle (aus A.); F: 301—302° (*Ph.*).

1-[1-Methyl-[4]piperidyl]-2-piperidino-äthan, 1′-Methyl-1,4′-äthandiyl-di-piperidin
$C_{13}H_{26}N_2$, Formel XIV (R = CH_3).
B. Beim Erhitzen von 1,4′-Äthandiyl-di-piperidin mit wss. Formaldehyd und Ameisen=
säure (*Phillips*, Am. Soc. **79** [1957] 2836).
Dihydrochlorid $C_{13}H_{26}N_2 \cdot 2$ HCl. Kristalle (aus Me. + E.); F: >334°.
Bis-methojodid [$C_{15}H_{32}N_2$]I_2; 1,1′,1′-Trimethyl-1,4′-äthandiyl-bis-piper=
idinium-dijodid. Kristalle (aus Me.); F: 290—291°.

1-Acetyl-4-[2-dimethylamino-äthyl]-piperidin $C_{11}H_{22}N_2O$, Formel XI (R = CO-CH_3,
R′ = R″ = CH_3).
B. Beim Behandeln von 4-[2-Dimethylamino-äthyl]-piperidin mit Acetanhydrid in
Äther (*Cohen, Minsk*, Am. Soc. **79** [1957] 1759, 1761).
Kp_1: 131,5—131,7°.
Picrat $C_{11}H_{22}N_2O \cdot C_6H_3N_3O_7$. F: 114—116° [aus A.].

---

*Opt.-inakt. 1,2,5-Trimethyl-[4]piperidylamin $C_8H_{18}N_2$, Formel I (R = CH_3, R′ = H).
In den nachstehend beschriebenen Präparaten liegen Gemische von (±)-1,2c,5t-Tri=
methyl-[4r]piperidylamin und (±)-1,2t,5c-Trimethyl-[4r]piperidylamin vor (*Urinowitsch
et al.*, Ž. org. Chim. **9** [1973] 1525; engl. Ausg. S. 1553).
B. Als Hauptprodukt neben opt.-inakt. 1,2,5-Trimethyl-piperidin-4-ol (Kp_9: 85—87°
bzw. Kp_5: 78—84°; n_D^{18}: 1,4772) bei der Hydrierung von opt.-inakt. 1,2,5-Trimethyl-
piperidin-4-on (E III/IV **21** 3237) im Gemisch mit wss. NH_3 (Überschuss) an Raney-Nickel
bei 60—75°/80 at (*Nasarow, Golowin*, Ž. obšč. Chim. **26** [1956] 1496, 1499; engl. Ausg.
S. 1679, 1681).

Kp$_5$: 51—52°; Kp$_3$: 47—47,5°; D_4^{20}: 0,8938; n_D^{20}: 1,4678 (Na., Go.).

Dihydrochlorid $C_8H_{18}N_2 \cdot 2$ HCl. Kristalle (aus Me. + A.); F: 321° [Zers.] (Na., Go.).

Dipicrat $C_8H_{18}N_2 \cdot 2 C_6H_3N_3O_7$. Kristalle (aus H_2O + A.); F: 228° [Zers.] (Na., Go.).

Acetyl-Derivat $C_{10}H_{20}N_2O$; N-[1,2,5-Trimethyl-[4]piperidyl]-acetamid. Kristalle (aus PAe.); F: 142—143° (Na., Go., l. c. S. 1506).

*Opt.-inakt. 2,5-Dimethyl-4-methylamino-piperidin, [2,5-Dimethyl-[4]piperidyl]-methyl-amin $C_8H_{18}N_2$, Formel I (R = H, R' = CH_3).

B. Neben anderen Verbindungen bei der Hydrierung von opt.-inakt. 2,5-Dimethyl-piperidin-4-on (Kp$_8$: 71—73°; n_D^{19}: 1,4650) im Gemisch mit wss. Methylamin (Überschuss) an Raney-Nickel bei 80—85°/82 at (Golowin et al., Ž. obšč. Chim. **34** [1954] 1278, 1280, 1281; engl. Ausg. S. 1277, 1278, 1279; vgl. Nasarow, Rudenko, Ž. obšč. Chim. **22** [1952] 623, 626; engl. Ausg. S. 683, 685).

Kp$_{7,5}$: 67°; D_4^{20}: 0,9043; n_D^{20}: 1,4720 (Na., Ru.). Kp$_4$: 55—56°; D_4^{20}: 0,9057; n_D^{20}: 1,4733 (Go. et al.).

Dihydrochlorid $C_8H_{18}N_2 \cdot 2$ HCl. Kristalle (aus A. + Acn.); F: 280—281° (Go. et al., l. c. S. 1282).

Dipicrat $C_8H_{18}N_2 \cdot 2 C_6H_3N_3O_7$. Kristalle (aus H_2O + A.); F: 234—235° (Go. et al., l. c. S. 1282).

*Opt.-inakt. 1,2,5-Trimethyl-4-methylamino-piperidin, Methyl-[1,2,5-trimethyl-[4]piperidyl]-amin $C_9H_{20}N_2$, Formel I (R = R' = CH_3).

B. Als Hauptprodukt neben opt.-inakt. 1,2,5-Trimethyl-piperidin-4-ol (Kp$_{11}$: 94—98°; n_D^{22}: 1,4758) bei der Hydrierung von opt.-inakt. 1,2,5-Trimethyl-piperidin-4-on (E III/IV **21** 3237) im Gemisch mit methanol. Methylamin (Überschuss) an Raney-Nickel bei 90—100°/100 at (Nasarow, Golowin, Ž. obšč. Chim. **26** [1956] 1496, 1500; engl. Ausg. S. 1679, 1683). Bei der Hydrierung von opt.-inakt. 1,2,5-Trimethyl-piperidin-4-on-methylimin (E III/IV **21** 3238) an Platin in Äthanol (Nasarow, Rudenko, Ž. obšč. Chim. **22** [1952] 623, 627; engl. Ausg. S. 683, 686).

Kp$_{11}$: 84—86°; n_D^{21}: 1,4710 (Na., Go.). Kp$_7$: 72—73°; D_4^{20}: 0,8828; n_D^{20}: 1,4637 (Na., Ru.). Kp$_3$: 47,5—48°; D_4^{22}: 0,8895; n_D^{22}: 1,4695 (Na., Go.).

Dihydrochlorid $C_9H_{20}N_2 \cdot 2$ HCl. Kristalle (aus Me. + A.); F: 315° [Zers.] (Na., Go.).

Dipicrat $C_9H_{20}N_2 \cdot 2 C_6H_3N_3O_7$. Kristalle (aus H_2O + A.); F: 239° [Zers.] (Na., Go.).

*Opt.-inakt. 1-Äthyl-2,5-dimethyl-[4]piperidylamin $C_9H_{20}N_2$, Formel I (R = C_2H_5, R' = H).

B. Als Hauptprodukt neben opt.-inakt. 1-Äthyl-2,5-dimethyl-piperidin-4-ol (E III/IV **21** 98) bei der Hydrierung von opt.-inakt. 1-Äthyl-2,5-dimethyl-piperidin-4-on (Kp$_6$: 76—78° [E III/IV **21** 3241]) im Gemisch mit wss. NH_3 (Überschuss) an Raney-Nickel bei 65—75°/90 at (Golowin et al., Ž. obšč. Chim. **34** [1964] 1278, 1280, 1281; engl. Ausg. S. 1277, 1278, 1279; vgl. Nasarow, Golowin, Ž. obšč. Chim. **26** [1956] 1496, 1501; engl. Ausg. S. 1679, 1683).

Kp$_5$: 66—67°; D_4^{20}: 0,8947; n_D^{20}: 1,4712 (Go. et al.). Kp$_{2,5}$: 48—49°; D_4^{20}: 0,8886; n_D^{20}: 1,4687 (Na., Go.).

Dipicrat $C_9H_{20}N_2 \cdot 2 C_6H_3N_3O_7$. Kristalle (aus H_2O + A.); F: 215° [Zers.] (Na., Go.).

Acetyl-Derivat $C_{11}H_{22}N_2O$; N-[1-Äthyl-2,5-dimethyl-[4]piperidyl]-acetamid. Kristalle (aus Bzl. + PAe.); F: 125° (Na., Go., l. c. S. 1506).

I   II   III

*Opt.-inakt. 1-Äthyl-2,5-dimethyl-4-methylamino-piperidin, [1-Äthyl-2,5-dimethyl-[4]piperidyl]-methyl-amin $C_{10}H_{22}N_2$, Formel I (R = C_2H_5, R' = CH_3).

B. Als Hauptprodukt neben opt.-inakt. 1-Äthyl-2,5-dimethyl-piperidin-4-ol (Kp$_{1,5}$:

70—71°; n_D^{17}: 1,4787) bei der Hydrierung von opt.-inakt. 1-Äthyl-2,5-dimethyl-piperidin-4-on (E III/IV **21** 3241) im Gemisch mit wss. Methylamin (Überschuss) an Raney-Nickel bei 60—75°/117 at (*Nasarow, Golowin*, Ž. obšč. Chim. **26** [1956] 1496, 1502; engl. Ausg. S. 1679, 1684).

Kp_{10}: 77—78°. D_4^{20}: 0,8912. n_D^{20}: 1,4706.

Dihydrochlorid $C_{10}H_{22}N_2 \cdot 2$ HCl. Kristalle (aus A. + Acn.); F: 294° [Zers.].

Dipicrat $C_{10}H_{22}N_2 \cdot 2\ C_6H_3N_3O_7$. Kristalle (aus H_2O + A.); F: 222—223° [Zers.].

*Opt.-inakt. 4-Äthylamino-1,2,5-trimethyl-piperidin, Äthyl-[1,2,5-trimethyl-[4]piperidyl]-amin $C_{10}H_{22}N_2$, Formel I (R = CH_3, R' = C_2H_5).

B. Bei der Hydrierung von opt.-inakt. 1,2,5-Trimethyl-piperidin-4-on-äthylimin (E III/IV **21** 3238) an Platin in Äthanol (*Nasarow, Rudenko*, Ž. obšč. Chim. **22** [1952] 623, 628; engl. Ausg. S. 683, 686).

Kp_9: 83—84°. D_4^{20}: 0,8732. n_D^{20}: 1,4604.

Picrat. Kristalle (aus H_2O + A.); F: 218°.

*Opt.-inakt. 2,5-Dimethyl-1-propyl-[4]piperidylamin $C_{10}H_{22}N_2$, Formel I (R = CH_2-CH_2-CH_3, R' = H).

B. Bei der Hydrierung von opt.-inakt. 2,5-Dimethyl-1-propyl-piperidin-4-on (E III/IV **21** 3241) im Gemisch mit wss. NH_3 (Überschuss) an Raney-Nickel bei 60—66°/143 at (*Nasarow, Golowin*, Ž. obšč. Chim. **26** [1956] 1496, 1502; engl. Ausg. S. 1679, 1684).

Kp_3: 65—66°. D_4^{20}: 0,8904. n_D^{20}: 1,4672.

Dihydrochlorid $C_{10}H_{22}N_2 \cdot 2$ HCl. Kristalle (aus A. + Acn.); F: 150° [Zers.].

Dipicrat $C_{10}H_{22}N_2 \cdot 2\ C_6H_3N_3O_7$. Kristalle (aus H_2O + A.); F: 218° [Zers.].

*Opt.-inakt. 2,5-Dimethyl-4-methylamino-1-propyl-piperidin, [2,5-Dimethyl-1-propyl-[4]piperidyl]-methyl-amin $C_{11}H_{24}N_2$, Formel I (R = CH_2-CH_2-CH_3, R' = CH_3).

B. Bei der Hydrierung von opt.-inakt. 2,5-Dimethyl-1-propyl-piperidin-4-on (E III/IV **21** 3241) im Gemisch mit wss. Methylamin (Überschuss) an Raney-Nickel bei 60—67°/145 at (*Nasarow, Golowin*, Ž. obšč. Chim. **26** [1956] 1496, 1503; engl. Ausg. S. 1679, 1685).

Kp_2: 63—64°. D_4^{22}: 0,8780. n_D^{22}: 1,4680.

Dihydrochlorid $C_{11}H_{24}N_2 \cdot 2$ HCl. Kristalle (aus A. + Acn.); F: 164° [Zers.].

Dipicrat $C_{11}H_{24}N_2 \cdot 2\ C_6H_3N_3O_7$. Kristalle (aus H_2O + A.); F: 213° [Zers.].

*Opt.-inakt. 1-Butyl-2,5-dimethyl-[4]piperidylamin $C_{11}H_{24}N_2$, Formel I (R = $[CH_2]_3$-CH_3, R' = H).

B. Bei der Hydrierung von opt.-inakt. 1-Butyl-2,5-dimethyl-piperidin-4-on (E III/IV **21** 3242) im Gemisch mit wss. NH_3 (Überschuss) an Raney-Nickel bei 70—75°/145 at (*Nasarow, Golowin*, Ž. obšč. Chim. **26** [1956] 1496, 1503; engl. Ausg. S. 1679, 1685).

Kp_2: 76—77°. D_4^{20}: 0,8828. n_D^{20}: 1,4680.

Dihydrochlorid $C_{11}H_{24}N_2 \cdot 2$ HCl. Kristalle (aus A. + Acn.); F: 277° [Zers.].

Dipicrat $C_{11}H_{24}N_2 \cdot 2\ C_6H_3N_3O_7$. Kristalle (aus H_2O + A.); F: 238° [Zers.].

*Opt.-inakt. 1-Butyl-2,5-dimethyl-4-methylamino-piperidin, [1-Butyl-2,5-dimethyl-[4]piperidyl]-methyl-amin $C_{12}H_{26}N_2$, Formel I (R = $[CH_2]_3$-CH_3, R' = CH_3).

B. Bei der Hydrierung von opt.-inakt. 1-Butyl-2,5-dimethyl-piperidin-4-on (E III/IV **21** 3242) im Gemisch mit wss. Methylamin (Überschuss) an Raney-Nickel bei 73° bis 77°/142 at (*Nasarow, Golowin*, Ž. obšč. Chim. **26** [1956] 1496, 1504; engl. Ausg. S. 1679, 1685).

Kp_3: 81,5—82°. D_4^{20}: 0,8848. n_D^{20}: 1,4682.

Dihydrochlorid $C_{12}H_{26}N_2 \cdot 2$ HCl. Kristalle (aus A. + Acn.); F: 274° [Zers.].

Dipicrat $C_{12}H_{26}N_2 \cdot 2\ C_6H_3N_3O_7$. Kristalle (aus H_2O + A.); F: 232° [Zers.].

*Opt.-inakt. 1-Cyclohexyl-2,5-dimethyl-[4]piperidylamin $C_{13}H_{26}N_2$, Formel I (R = C_6H_{11}, R' = H).

B. Bei der Hydrierung von opt.-inakt. 1-Cyclohexyl-2,5-dimethyl-piperidin-4-on (E III/IV **21** 3243) im Gemisch mit wss. NH_3 (Überschuss) an Raney-Nickel in Methanol bei 140°/100 at (*Nasarow, Golowin*, Ž. obšč. Chim. **26** [1956] 1496, 1504; engl. Ausg.

S. 1679, 1686).

$Kp_{2,5}$: 117—122°. D_4^{20}: 0,9565. n_D^{20}: 1,5015.

Dipicrat $C_{13}H_{26}N_2 \cdot 2\, C_6H_3N_3O_7$. Kristalle (aus A. + Acn.); F: 226° [Zers.].

*Opt.-inakt. 2,5-Dimethyl-1-phenyl-[4]piperidylamin $C_{13}H_{20}N_2$, Formel I (R = C_6H_5, R' = H) auf S. 3780.

B. Als Hauptprodukt neben Anilin bei der Hydrierung von opt.-inakt. 2,5-Dimethyl-1-phenyl-piperidin-4-on (E III/IV **21** 3244) im Gemisch mit wss. NH_3 (Überschuss) an Raney-Nickel in Methanol bei 90—100°/154 at (*Nasarow, Golowin*, Ž. obšč. Chim. **26** [1956] 1496, 1505; engl. Ausg. S. 1679, 1686). Beim Behandeln von opt.-inakt. 2,5-Dimethyl-1-phenyl-piperidin-4-on-oxim (E III/IV **21** 3244) mit Isoamylalkohol und Natrium, zuletzt unter Erwärmen (*Nasarow et al.*, Izv. Akad. S.S.S.R. Otd. chim. **1952** 1069, 1072; engl. Ausg. S. 933, 935).

Kp_1: 114—116°; n_D^{20}: 1,5573 (*Na., Go.*). Kp_1: 114—115°; D_4^{20}: 1,0035; n_D^{20}: 1,5425 (*Na. et al.*).

Dihydrochlorid $C_{13}H_{20}N_2 \cdot 2\, HCl$. Kristalle (aus A.); F: 204—206° (*Na. et al.*).

Dipicrat $C_{13}H_{20}N_2 \cdot 2\, C_6H_3N_3O_7$. Kristalle (aus A. + Acn.); F: 175—176° [Zers.] (*Na., Go.*).

Acetyl-Derivat $C_{15}H_{22}N_2O$; *N*-[2,5-Dimethyl-1-phenyl-[4]piperidyl]-acetamid. Kristalle (aus A. + PAe.); F: 146—148° (*Na. et al.*).

*Opt.-inakt. 2,5-Dimethyl-4-methylamino-1-phenyl-piperidin, [2,5-Dimethyl-1-phenyl-[4]piperidyl]-methyl-amin $C_{14}H_{22}N_2$, Formel I (R = C_6H_5, R' = CH_3) auf S. 3780.

B. Als Hauptprodukt neben Anilin bei der Hydrierung von opt.-inakt. 2,5-Dimethyl-1-phenyl-piperidin-4-on (E III/IV **21** 3244) im Gemisch mit wss. Methylamin (Überschuss) an Raney-Nickel in Methanol bei 110—120°/112 at (*Nasarow, Golowin*, Ž. obšč. Chim. **26** [1956] 1496, 1505; engl. Ausg. S. 1679, 1686; vgl. *Nasarow et al.*, Izv. Akad. S.S.S.R. Otd. chim. **1952** 1069, 1073; engl. Ausg. S. 933, 936).

Kp_1: 119—121°; n_D^{20}: 1,5522 (*Na. et al.*). Kp_1: 114—118°; n_D^{20}: 1,5542 (*Na., Go.*).

Dihydrochlorid $C_{14}H_{22}N_2 \cdot 2\, HCl$. Kristalle (aus Acn. + Ae.); F: 195,5—197° (*Na. et al.*).

Dipicrat $C_{14}H_{22}N_2 \cdot 2\, C_6H_3N_3O_7$. Kristalle (aus A. + Acn.); F: 185° [Zers.] (*Na., Go.*).

*Opt.-inakt. 4-Anilino-1,2,5-trimethyl-piperidin, *N*-[1,2,5-Trimethyl-[4]piperidyl]-anilin $C_{14}H_{22}N_2$, Formel I (R = CH_3, R' = C_6H_5) auf S. 3780.

B. Beim Behandeln von opt.-inakt. 1,2,5-Trimethyl-piperidin-4-on-phenylimin (E III/IV **21** 3238) mit Natrium und Äthanol (*Nasarow, Rudenko*, Ž. obšč. Chim. **22** [1952] 623, 628; engl. Ausg. S. 683, 687).

$Kp_{6,5}$: 150—151°; Kp_4: 138—139°. D_4^{20}: 0,9668. n_D^{20}: 1,5472.

*Opt.-inakt. 1',2',5'-Trimethyl-decahydro-[1,4']bipyridyl, 1',2',5'-Trimethyl-[1,4']bipiperidyl $C_{13}H_{26}N_2$, Formel II auf S. 3780.

B. In geringer Menge beim Erhitzen von opt.-inakt. 1,2,5-Trimethyl-piperidin-4-on (E III/IV **21** 3237) mit Piperidin und wss. Ameisensäure [98%ig] auf 117—125° (*Nasarow et al.*, Ž. obšč. Chim. **25** [1955] 2245, 2254; engl. Ausg. S. 2209, 2216).

Gelbgrünes Öl; $Kp_{9,5}$: 119,5—120°. D_4^{20}: 0,9324. n_D^{20}: 1,4923.

Bis-methojodid $[C_{15}H_{32}N_2]I_2$; 1,1',1',2',5'-Pentamethyl-dodecahydro-[1,4']bipyridylium(2+)-dijodid. F: 211—212,5° [aus A.].

*Opt.-inakt. 4-Benzylidenamino-1,2,5-trimethyl-piperidin, Benzyliden-[1,2,5-trimethyl-[4]piperidyl]-amin, Benzaldehyd-[1,2,5-trimethyl-[4]piperidylimin] $C_{15}H_{22}N_2$, Formel III auf S. 3780.

B. Beim Erhitzen von opt.-inakt. 1,2,5-Trimethyl-[4]piperidylamin (Kp_2: 55—57°) mit Benzaldehyd und wenig Essigsäure in Toluol unter Entfernen des entstehenden H_2O (*Nasarow et al.*, Chimija chim. Technol. (IVUZ) **2** [1959] 726, 728; C. A. **1960** 8812).

$Kp_{2,5}$: 160—162°.

Methojodid $[C_{16}H_{25}N_2]I$. F: 176—178° [aus A.].

Opt.-inakt. 1-Acetyl-2,5-dimethyl-[4]piperidylamin $C_9H_{18}N_2O$, Formel I (R = CO-CH$_3$, R' = H) auf S. 3780.

a) Stereoisomeres, dessen Hydrochlorid bei 331° schmilzt.

B. Beim Erwärmen von opt.-inakt. 1-Acetyl-2,5-dimethyl-piperidin-4-on-oxim (F: 179—181° [E III/IV **21** 3249]) mit Äthanol und Natrium (*Nasarow et al.*, Ž. obšč. Chim. **28** [1958] 2431, 2435; engl. Ausg. S. 2469, 2473).

Hydrochlorid $C_9H_{18}N_2O \cdot HCl$. Kristalle (aus A.); F: 328—331°.

b) Stereoisomeres, dessen Hydrochlorid bei 275° schmilzt.

B. Beim Erwärmen von opt.-inakt. 1-Acetyl-2,5-dimethyl-piperidin-4-on-oxim (F: 159—160° [E III/IV **21** 3249]) mit Äthanol und Natrium (*Na. et al.*).

Kp$_3$: 138—140°. n$_D^{20}$: 1,4950.

Hydrochlorid $C_9H_{18}N_2O \cdot HCl$. Kristalle (aus A.); F: 273—275°.

*Opt.-inakt. 1-[3-Amino-propyl]-2,5-dimethyl-[4]piperidylamin $C_{10}H_{23}N_3$, Formel I (R = [CH$_2$]$_3$-NH$_2$, R' = H) auf S. 3780.

B. Bei der Hydrierung von opt.-inakt. 3-[2,5-Dimethyl-4-oxo-piperidino]-propionitril (E III/IV **21** 3251) im Gemisch mit methanol. NH$_3$ an Raney-Nickel bei 100—110°/100at (*Nasarow, Schwechgeĭmer*, Ž. obšč. Chim. **24** [1954] 163, 168; engl. Ausg. S. 165, 169).

Kp$_{3,5}$: 108—110°. D$_4^{20}$: 0,9475. n$_D^{20}$: 1,4917.

Picrat. F: 227,5—228,5° [aus A. + Acn.].

*Opt.-inakt. Bis-[1,2,5-trimethyl-[4]piperidyl]-amin, 1,2,5,1',2',5'-Hexamethyl-4,4'-imino-di-piperidin $C_{16}H_{33}N_3$, Formel IV (R = H).

B. Bei der Hydrierung von opt.-inakt. 1,2,5-Trimethyl-piperidin-4-on (vgl. E III/IV **21** 3237) im Gemisch mit NH$_3$ in Methanol an Raney-Nickel bei 74—80°/140 at (*Nasarow, Golowin*, Ž. obšč. Chim. **26** [1956] 1496, 1500; engl. Ausg. S. 1679, 1682).

Kp$_4$: 137—139°. n$_D^{20}$: 1,4902.

Trihydrochlorid $C_{16}H_{33}N_3 \cdot 3$ HCl. Kristalle (aus Me. + A.); F: 296° [Zers.].

*Opt.-inakt. Methyl-bis-[1,2,5-trimethyl-[4]piperidyl]-amin, 1,2,5,1',2',5'-Hexamethyl-4,4'-methylimino-di-piperidin $C_{17}H_{35}N_3$, Formel IV (R = CH$_3$).

B. Neben anderen Verbindungen bei der Hydrierung von opt.-inakt. 1,2,5-Trimethyl-piperidin-4-on (vgl. E III/IV **21** 3237) im Gemisch mit wss. Methylamin [30%ig] an Raney-Nickel bei 70—85°/157 at (*Nasarow, Golowin*, Ž. obšč. Chim. **26** [1956] 1496, 1501; engl. Ausg. S. 1679, 1683).

Kp$_3$: 137—140°. n$_D^{20}$: 1,4913.

Trihydrochlorid $C_{17}H_{35}N_3 \cdot 3$ HCl. Kristalle (aus Me. + A.); F: 308° [Zers.].

---

*Opt.-inakt. 2-Benzylaminomethyl-6-methyl-piperidin, Benzyl-[6-methyl-[2]piperidyl-methyl]-amin $C_{14}H_{22}N_2$, Formel V (R = R'' = H, R' = CH$_2$-C$_6$H$_5$).

B. Beim Behandeln von opt.-inakt. 6-Methyl-piperidin-2-carbonsäure-benzylamid (S. 151) mit LiAlH$_4$ in Äther und Benzol (*Nikitškaja et al.*, Ž. obšč. Chim. **28** [1958] 161, 165; engl. Ausg. S. 161, 165).

Gelbes Öl; Kp$_{0,1}$: 121—122°.

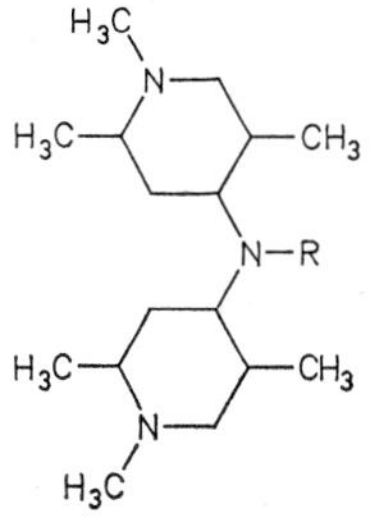

IV 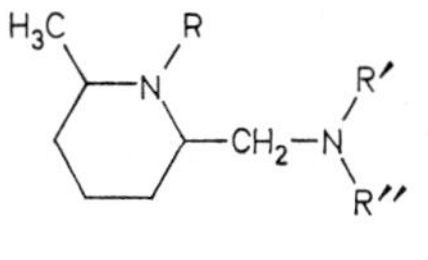   V 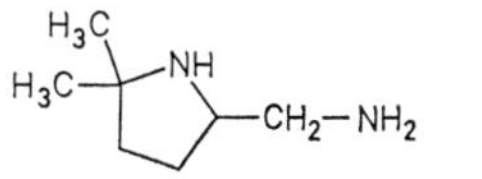   VI

*Opt.-inakt. 2-[(Benzyl-methyl-amino)-methyl]-1,6-dimethyl-piperidin, Benzyl-[1,6-di=
methyl-[2]piperidylmethyl]-methyl-amin $C_{16}H_{26}N_2$, Formel V (R = R″ = CH$_3$,
R′ = CH$_2$-C$_6$H$_5$).
B. Beim Erwärmen von opt.-inakt. Benzyl-[6-methyl-[2]piperidylmethyl]-amin
(S. 3783) mit wss. Formaldehyd, Ameisensäure und H$_2$O (*Nikitškaja et al.*, Ž. obšč.
Chim. **28** [1958] 161, 165; engl. Ausg. S. 161, 165).
Kp$_{0,25}$: 128—130°.

*Opt.-inakt. *N,N*-Diäthyl-*N′*-[1,6-dimethyl-[2]piperidylmethyl]-äthylendiamin $C_{14}H_{31}N_3$,
Formel V (R = CH$_3$, R′ = CH$_2$-CH$_2$-N(C$_2$H$_5$)$_2$, R″ = H).
B. Beim Behandeln von opt.-inakt. 1,6-Dimethyl-piperidin-2-carbonsäure-[2-diäthyl=
amino-äthylamid] (S. 151) mit LiAlH$_4$ in Äther (*Nikitškaja et al.*, Ž. obšč. Chim. **28**
[1958] 161, 166; engl. Ausg. S. 161, 165).
Kp$_5$: 125—127°.

(±)-5-Aminomethyl-2,2-dimethyl-pyrrolidin, (±)-*C*-[5,5-Dimethyl-pyrrolidin-2-yl]-
methylamin $C_7H_{16}N_2$, Formel VI.
B. Beim Behandeln von (±)-5,5-Dimethyl-pyrrolidin-2-carbonitril mit LiAlH$_4$ in
Äther (*Bonnett et al.*, Soc. **1959** 2087, 2092).
Dipicrat $C_7H_{16}N_2 \cdot 2\,C_6H_3N_3O_7$. Kristalle (aus A.); F: 225° [Zers.].   [*Schomann*]

Amine $C_8H_{18}N_2$

*Opt.-inakt. 1-Acetyl-2-[2-amino-propyl]-piperidin $C_{10}H_{20}N_2O$, Formel VII.
B. Bei der Hydrierung von (±)-[1-Acetyl-[2]piperidyl]-aceton-phenylhydrazon an
Platin in Essigsäure unter 3 at (*Norton et al.*, Am. Soc. **68** [1946] 1330).
Kp$_2$: 126°.
Picrat $C_{10}H_{20}N_2O \cdot C_6H_3N_3O_7$. Kristalle (aus A.); F: 205—206° [korr.].

VII   VIII   IX

(±)-2-[3-Dimethylamino-propyl]-piperidin, (±)-Dimethyl-[3-[2]piperidyl-propyl]-amin
$C_{10}H_{22}N_2$, Formel VIII.
B. Beim Erwärmen von (±)-3-[2]Piperidyl-propionsäure-dimethylamid mit LiAlH$_4$
in Äther (*King et al.*, J. org. Chem. **16** [1951] 1100, 1107).
Kp$_{10}$: 60°.
Dihydrochlorid $C_{10}H_{22}N_2 \cdot 2\,HCl$. Kristalle (aus A.); F: 255° [Zers.].
Dihydrobromid $C_{10}H_{22}N_2 \cdot 2\,HBr$. Kristalle (aus A.); F: 224° [Zers.].

*Opt.-inakt. Dimethyl-bis-[3-(1-methyl-[2]piperidyl)-propyl]-ammonium $[C_{20}H_{42}N_3]^+$,
Formel IX.
Jodid-dihydrojodid $[C_{20}H_{42}N_3]I \cdot 2\,HI$. *B.* Bei der Hydrierung von Dimethyl-bis-
[3-(1-methyl-pyridinium-2-yl)-propyl]-ammonium-trijodid an Platin in Methanol unter
3 at (*Carelli et al.*, Ann. Chimica **49** [1959] 1761, 1767). — Kristalle (aus Me.); F: 244°
bis 245°.

*Opt.-inakt. Bis-[3-(1,1-dimethyl-piperidinium-2-yl)-propyl]-dimethyl-ammonium
$[C_{22}H_{48}N_3]^{3+}$, Formel X.
Trijodid $[C_{22}H_{48}N_3]I_3$. *B.* Beim Behandeln der vorangehenden Verbindung mit wss.
Alkalilauge und Erwärmen des Reaktionsprodukts mit CH$_3$I in Methanol (*Carelli et al.*,
Ann. Chimica **49** [1959] 1761, 1767). — Kristalle (aus Me.); F: 278—279°.

(±)-3-[3-Dimethylamino-propyl]-1-methyl-piperidin, (±)-Dimethyl-[3-(1-methyl-[3]piperidyl)-propyl]-amin $C_{11}H_{24}N_2$, Formel XI (R = CH$_3$).

B. Beim Erwärmen von (±)-3-[3-Chlor-propyl]-1-methyl-piperidin-hydrochlorid mit Dimethylamin (*Phillips*, Am. Soc. **79** [1957] 5754).

Kp$_{15}$: 115—116°.

Dihydrochlorid $C_{11}H_{24}N_2 \cdot 2$ HCl. Kristalle (aus A. + Ae.); F: 257—258° [unkorr.].

Bis-methojodid [$C_{13}H_{30}N_2$]I$_2$; (±)-1,1-Dimethyl-3-[3-trimethylammonio-propyl]-piperidinium-dijodid. Kristalle (aus Me. + E.); F: 283—284° [unkorr.].

Bis-äthojodid [$C_{15}H_{34}N_2$]I$_2$; opt.-inakt. 1-Äthyl-3-[3-(äthyl-dimethyl-ammonio)-propyl]-1-methyl-piperidinium-dijodid. Kristalle (aus Me. + E.); F: 263—264° [unkorr.].

X   XI   XII

(±)-3-[3-Diäthylamino-propyl]-1-methyl-piperidin, (±)-Diäthyl-[3-(1-methyl-[3]piperidyl)-propyl]-amin $C_{13}H_{28}N_2$, Formel XI (R = C$_2$H$_5$).

B. Beim Erwärmen von (±)-3-[3-Chlor-propyl]-1-methyl-piperidin-hydrochlorid mit Diäthylamin (*Phillips*, Am. Soc. **79** [1957] 5754).

Kp$_{15}$: 135—137°.

Dihydrochlorid $C_{13}H_{28}N_2 \cdot 2$ HCl. Kristalle (aus A. + Ae.) mit 1 Mol H$_2$O; F: 245° bis 246° [unkorr.].

Bis-methojodid [$C_{15}H_{34}N_2$]I$_2$; (±)-3-[3-(Diäthyl-methyl-ammonio)-propyl]-1,1-dimethyl-piperidinium-dijodid. Kristalle (aus Me. + E.); F: 281—282° [unkorr.].

(±)-1-[1-Methyl-[3]piperidyl]-3-pyrrolidino-propan, (±)-1-Methyl-3-[3-pyrrolidino-propyl]-piperidin $C_{13}H_{26}N_2$, Formel XII.

B. Beim Erwärmen von (±)-3-[3-Chlor-propyl]-1-methyl-piperidin-hydrochlorid mit Pyrrolidin (*Phillips*, Am. Soc. **79** [1957] 5754).

Kp$_{17}$: 153—154°.

Dihydrochlorid $C_{13}H_{26}N_2 \cdot 2$ HCl. Kristalle (aus A. + Ae.) mit 0,5 Mol H$_2$O; F: 232° bis 233° [unkorr.].

Bis-methojodid [$C_{15}H_{32}N_2$]I$_2$; (±)-1,1-Dimethyl-3-[3-(1-methyl-pyrrolidinium-1-yl)-propyl]-piperidinium-dijodid. Kristalle (aus Me. + E.); F: 294° bis 295° [unkorr.; Zers.].

Bis-äthojodid [$C_{17}H_{36}N_2$]I$_2$; opt.-inakt. 1-Äthyl-3-[3-(1-äthyl-pyrrolidinium-1-yl)-propyl]-1-methyl-piperidinium-dijodid. Kristalle (aus A. + E.); F: 270—271° [unkorr.].

(±)-1-[1-Methyl-[3]piperidyl]-3-piperidino-propan, (±)-1'-Methyl-1,3'-propandiyl-di-piperidin $C_{14}H_{28}N_2$, Formel XIII.

B. Beim Erwärmen von (±)-3-[3-Chlor-propyl]-1-methyl-piperidin-hydrochlorid mit Piperidin (*Phillips*, Am. Soc. **79** [1957] 5754).

Kp$_{15-16}$: 161—163°.

Dihydrochlorid $C_{14}H_{28}N_2 \cdot 2$ HCl. Kristalle (aus A. + Ae.); F: 278—279° [unkorr.].

Bis-methojodid [$C_{16}H_{34}N_2$]I$_2$; (±)-1,1',1'-Trimethyl-1,3'-propandiyl-bis-piperidinium-dijodid. Kristalle (aus Me. + E.); F: 283—284° [unkorr.].

Bis-äthojodid [$C_{18}H_{38}N_2$]I$_2$; opt.-inakt. 1,1'-Diäthyl-1'-methyl-1,3'-propandiyl-bis-piperidinium-dijodid. Kristalle (aus Me. + E.); F: 245—246° [unkorr.].

4-[3-Dimethylamino-propyl]-1-methyl-piperidin, Dimethyl-[3-(1-methyl-[4]piperidyl)-propyl]-amin $C_{11}H_{24}N_2$, Formel XIV (R = CH$_3$).

B. Beim Erwärmen von 4-[3-Chlor-propyl]-1-methyl-piperidin-hydrochlorid mit Di=

methylamin in Äthanol (*McMillan et al.*, Am. Soc. **78** [1956] 4077, 4078; s. a. *Phillips*, Am. Soc. **79** [1957] 5754). Beim Erwärmen einer Lösung von 3-[1-Methyl-[4]piperidyl]-propionsäure-dimethylamid in Benzol mit LiAlH₄ in Äther (*McM. et al.*, l. c. S. 4079).
Kp₁₇: 118—120° (*Ph.*).
Dihydrochlorid $C_{11}H_{24}N_2 \cdot 2$ HCl. Kristalle (aus Acn. + A.); F: 254—255° [unkorr.; Zers.] (*McM. et al.*, l. c. S. 4079). Kristalle (aus A. + E.) mit 2 Mol H₂O; F: 251—252° [unkorr.] (*Ph.*).
Bis-methojodid $[C_{13}H_{30}N_2]I_2$; 1,1-Dimethyl-4-[3-trimethylammonio-prop‑yl]-piperidinium-dijodid. Kristalle (aus A.); F: 283—284° [unkorr.] (*Ph.*).
Bis-äthojodid $[C_{15}H_{34}N_2]I_2$; 1-Äthyl-4-[3-(äthyl-dimethyl-ammonio)-prop‑yl]-1-methyl-piperidinium-dijodid. Kristalle (aus A. + E.); F: 255—256° [unkorr.] (*Ph.*).

XIII   XIV   XV

4-[3-Diäthylamino-propyl]-1-methyl-piperidin, Diäthyl-[3-(1-methyl-[4]piperidyl)-propyl]-amin $C_{13}H_{28}N_2$, Formel XIV (R = C₂H₅).
B. Beim Erwärmen von 4-[3-Chlor-propyl]-1-methyl-piperidin-hydrochlorid mit Di‑äthylamin (*Phillips*, Am. Soc. **79** [1957] 5754).
Kp₁₆: 138—140°.
Dihydrochlorid $C_{13}H_{28}N_2 \cdot 2$ HCl. Kristalle (aus A. + E.); F: 289—290° [unkorr.].
Bis-methojodid $[C_{15}H_{34}N_2]I_2$; 4-[3-(Diäthyl-methyl-ammonio)-propyl]-1,1-dimethyl-piperidinium-dijodid. Kristalle (aus Me. + E.); F: 292—293° [unkorr.].
Bis-äthojodid $[C_{17}H_{38}N_2]I_2$; 1-Äthyl-1-methyl-4-[3-triäthylammonio-propyl]-piperidinium-dijodid. Kristalle (aus Me. + E.); F: 271—272° [unkorr.].

1-[1-Methyl-[4]piperidyl]-3-pyrrolidino-propan, 1-Methyl-4-[3-pyrrolidino-propyl]-piperidin $C_{13}H_{26}N_2$, Formel XV.
B. Beim Erwärmen von 4-[3-Chlor-propyl]-1-methyl-piperidin mit Pyrrolidin (*Phillips*, Am. Soc. **79** [1957] 5754).
Kp₁₇: 155—158°.
Dihydrochlorid $C_{13}H_{26}N_2 \cdot 2$ HCl. Kristalle (aus A. + Ae.) mit 2 Mol H₂O; F: 255° bis 260° [unkorr.].
Bis-methojodid $[C_{15}H_{32}N_2]I_2$; 1,1-Dimethyl-4-[3-(1-methyl-pyrrolidinium-1-yl)-propyl]-piperidinium-dijodid. Kristalle (aus Me. + E.); F: 304—305° [un‑korr.].
Bis-äthojodid $[C_{17}H_{36}N_2]I_2$; 1-Äthyl-4-[3-(1-äthyl-pyrrolidinium-1-yl)-propyl]-1-methyl-piperidinium-dijodid. Kristalle (aus A. + E.); F: 272—273° [unkorr.].
Bis-benzylochlorid $[C_{27}H_{40}N_2]Cl_2$; 1-Benzyl-4-[3-(1-benzyl-pyrrolidinium-1-yl)-propyl]-1-methyl-piperidinium-dichlorid. Hygroskopische Kristalle (aus A. + E. + Ae.); F: 200—203° [unkorr.; Zers.].

1-[1-Methyl-[4]piperidyl]-3-piperidino-propan, 1′-Methyl-1,4′-propandiyl-di-piperidin $C_{14}H_{28}N_2$, Formel I (R = H).
Dihydrochlorid $C_{14}H_{28}N_2 \cdot 2$ HCl. *B.* Beim Erwärmen von 4-[3-Chlor-propyl]-1-methyl-piperidin mit Piperidin (*Phillips*, Am. Soc. **79** [1957] 5754). — Kristalle (aus A. + Ae.); F: 290—295° [unkorr.].
Bis-methojodid $[C_{16}H_{34}N_2]I_2$; 1,1′,1′-Trimethyl-1,4′-propandiyl-bis-piper‑idinium-dijodid. Kristalle (aus Me. + Ae.); F: 290—295° [unkorr.].

1-Hexahydroazepin-1-yl-3-[1-methyl-[4]piperidyl]-propan, 1-[3-(1-Methyl-[4]piperidyl)-propyl]-hexahydro-azepin $C_{15}H_{30}N_2$, Formel II.
Dihydrochlorid $C_{15}H_{30}N_2 \cdot 2$ HCl. *B.* Beim Erhitzen von 4-[3-Chlor-propyl]-1-methyl-piperidin-hydrochlorid mit Hexahydro-azepin (*Shapiro et al.*, Am. Soc. **80**

[1958] 2743 Anm. 5). — Kristalle (aus Isopropylalkohol); F: 280—283° [unkorr.].

Bis-methojodid [C₁₇H₃₆N₂]I₂; 1-[3-(1,1-Dimethyl-piperidinium-4-yl)-prop⸗ yl]-1-methyl-hexahydro-azepinium-dijodid. Kristalle (aus Me.); F: 265—267° [unkorr.].

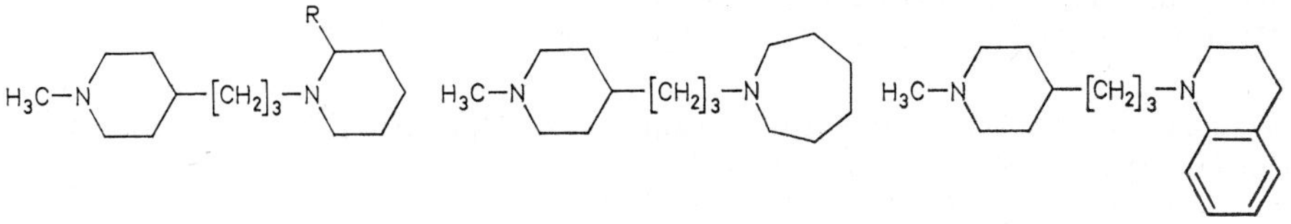

I   II   III

(±)-1-[2-Methyl-piperidino]-3-[1-methyl-[4]piperidyl]-propan, (±)-2,1′-Dimethyl-1,4′-propandiyl-di-piperidin C₁₅H₃₀N₂, Formel I (R = CH₃).

Dihydrochlorid C₁₅H₃₀N₂·2 HCl. *B.* Beim Erwärmen von 4-[3-Chlor-propyl]-1-methyl-piperidin-hydrochlorid mit (±)-2-Methyl-piperidin (*Shapiro et al.*, Am. Soc. **80** [1958] 2743 Anm. 5). — Kristalle (aus A.); F: 295—296° [unkorr.].

Bis-methojodid [C₁₇H₃₆N₂]I₂; opt.-inakt. 1,2,1′,1′-Tetramethyl-1,4′-prop⸗ andiyl-bis-piperidinium-dijodid. Kristalle (aus Acetonitril); F: 296—297° [un-korr.].

1-[3,4-Dihydro-2H-[1]chinolyl]-3-[1-methyl-[4]piperidyl]-propan, 1-[3-(1-Methyl-[4]piperidyl)-propyl]-1,2,3,4-tetrahydro-chinolin C₁₈H₂₈N₂, Formel III.

Dihydrochlorid C₁₈H₂₈N₂·2 HCl. *B.* Beim Erhitzen von 4-[3-Chlor-propyl]-1-methyl-piperidin-hydrochlorid mit 1,2,3,4-Tetrahydro-chinolin (*Shapiro et al.*, Am. Soc. **80** [1958] 2743 Anm. 5). — Kristalle (aus Isopropylalkohol); F: 180—182° [unkorr.].

Bis-methojodid [C₂₀H₃₄N₂]I₂; (±)-1-[3-(1,1-Dimethyl-piperidinium-4-yl)-propyl]-1-methyl-1,2,3,4-tetrahydro-chinolinium-dijodid. Kristalle (aus Iso⸗ propylalkohol); F: 133—137° [unkorr.].

---

*Opt.-inakt. 2,2,6-Trimethyl-[4]piperidylamin C₈H₁₈N₂, Formel IV (vgl. H 421; E I 624; E II 320).

Dinitrat C₈H₁₈N₂·2 HNO₃. *B.* Beim Behandeln einer wss. Lösung des Hydrochlorids der folgenden Verbindung mit AgNO₃ (*Harries*, A. **417** [1918] 107, 145). — Gelblich; F: 182—183°.

4-Isothiocyanato-2,2,6-trimethyl-piperidin, 2,2,6-Trimethyl-[4]piperidylisothiocyanat C₉H₁₆N₂S, Formel V.

Diese Konstitution kommt vermutlich der früher (s. H **24** 77 und E I **24** 230) als 6,6,7-Trimethyl-1,3-diaza-bicyclo[2.2.2]octan-2-thion („*N.N′*-Thiocarbonyl-[4-amino-2.2.6-trimethyl-piperidin]") beschriebenen Verbindung vom F: 77—78° zu (*Pracejus et al.*, Tetrahedron **21** [1965] 2257, 2266).

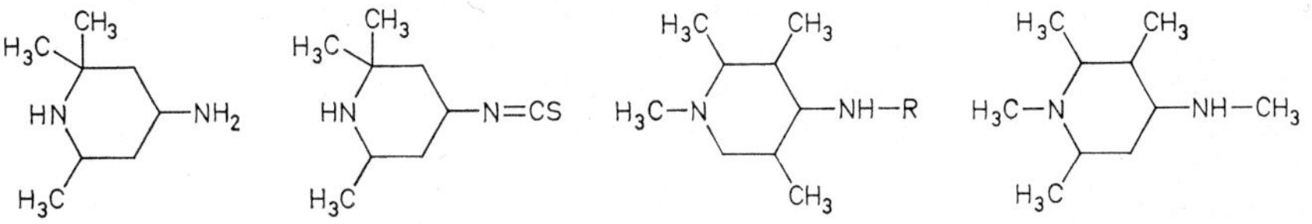

IV   V   VI   VII

*Opt.-inakt. 1,2,3,5-Tetramethyl-[4]piperidylamin C₉H₂₀N₂, Formel VI (R = H).

B. Neben 3-Dimethylaminomethyl-1,2,5-trimethyl-piperidin-4-ol (Kp₁,₅: 78—79°) bei der Hydrierung von opt.-inakt. 3-Dimethylaminomethyl-1,2,5-trimethyl-piperidin-4-on (Kp₄: 90—94°) an Raney-Nickel in wss.-methanol. NH₃ bei 150°/102 at (*Nasarow*, *Golowin*, Ž. obšč. Chim. **26** [1956] 1496, 1505; engl. Ausg. S. 1679, 1687).

Kp₁,₅: 50—51°. D₄²⁰: 0,8984. n_D²⁰: 1,4772.

Dipicrat C₉H₂₀N₂·2 C₆H₃N₃O₇. Kristalle (aus wss. A.); F: 220—221° [Zers.].

*Opt.-inakt. **1,2,3,5-Tetramethyl-4-methylamino-piperidin, Methyl-[1,2,3,5-tetramethyl-[4]piperidyl]-amin** $C_{10}H_{22}N_2$, Formel VI (R = CH_3).

B. Analog der vorangehenden Verbindung (*Nasarow, Golowin,* Ž. obšč. Chim. **26** [1956] 1496, 1505; engl. Ausg. S. 1679, 1687).

$Kp_{1,5}$: 52—53°. D_4^{20}: 0,9064. n_D^{20}: 1,4804.

Dipicrat $C_{10}H_{22}N_2 \cdot 2\ C_6H_3N_3O_7$. Kristalle (aus wss. A.); F: 222° [Zers.].

---

*Opt.-inakt. **1,2,3,6-Tetramethyl-4-methylamino-piperidin, Methyl-[1,2,3,6-tetramethyl-[4]piperidyl]-amin** $C_{10}H_{22}N_2$, Formel VII.

B. Bei der Hydrierung von opt.-inakt. 1,2,3,6-Tetramethyl-piperidin-4-on-methylimin (E III/IV **21** 3272) an Platin in Äthanol (*Nasarow, Rudenko,* Ž. obšč. Chim. **22** [1952] 623, 629; engl. Ausg. S. 683, 688).

$Kp_{4,5}$: 76—77°. D_4^{25}: 0,8971. n_D^{20}: 1,4720.

Dipicrat $C_{10}H_{22}N_2 \cdot 2\ C_6H_3N_3O_7$. Kristalle (aus wss. A.); F: 232—233° [Zers.].

(±)-**2-Aminomethyl-1,4,4-trimethyl-piperidin, (±)-C-[1,4,4-Trimethyl-[2]piperidyl]-methylamin** $C_9H_{20}N_2$, Formel VIII.

B. Aus (±)-1,4,4-Trimethyl-piperidin-2-carbonitril mit Hilfe von LiAlH₄ (*Leonard, Hauck,* Am. Soc. **79** [1957] 5279, 5292).

Kp_{18}: 99°. n_D^{24}: 1,4693.

Dipicrat $C_9H_{20}N_2 \cdot 2\ C_6H_3N_3O_7$. Gelbe Kristalle (aus wss. A.); F: 196—197° [Zers.].

---

*Opt.-inakt. **5-Aminomethyl-2,2,3-trimethyl-pyrrolidin, C-[4,5,5-Trimethyl-pyrrolidin-2-yl]-methylamin** $C_8H_{18}N_2$, Formel IX.

B. Beim Behandeln von opt.-inakt. 4,5,5-Trimethyl-pyrrolidin-2-carbonitril (Kp: 178—180°) mit LiAlH₄ in Äther (*Bonnett et al.,* Soc. **1959** 2087, 2092).

Kp: 192—196°. Scheinbare Dissoziationsexponenten pK'_{a1} und pK'_{a2} der protonierten Verbindung (wss. A. [30%ig] (?); potentiometrisch ermittelt): 6,8 bzw. 10,5.

Diperchlorat $C_8H_{18}N_2 \cdot 2\ HClO_4$. Kristalle (aus A. + Ae.); F: 250—254° [Zers.].

Amine $C_9H_{20}N_2$

(±)-**3-[4-Amino-butyl]-piperidin, (±)-4-[3]Piperidyl-butylamin,** (±)-Octahydronor*nicotin $C_9H_{20}N_2$, Formel X (R = R' = R'' = H).

B. Bei der Hydrierung von 4-[3]Pyridyl-butylamin an Platin in wss. HCl (*Haines et al.,* Am. Soc. **67** [1945] 1258, 1260).

F: 41—42,3° [nach Destillation].

Hydrochlorid. Kristalle (aus A.); F: 228,8—230° [korr.].

Picrat. Kristalle (aus H_2O); F: 118,5—119,5° [korr.].

(±)-**3-[4-Methylamino-butyl]-piperidin, (±)-Methyl-[4-[3]piperidyl-butyl]-amin,** (±)-Octahydrometanicotin $C_{10}H_{22}N_2$, Formel X (R = R'' = H, R' = CH_3) (H 424; E I 627).

B. Bei der Hydrierung von Nicotin an Platin in Essigsäure (*Overhoff, Wibaut,* R. **50** [1931] 957, 976) oder von Nicotin-dihydrochlorid an Platin in Methanol (*Phillips,* Am. Soc. **76** [1954] 2211) oder in Äthanol (*Windus, Marvel,* Am. Soc. **52** [1930] 2543, 2545; *Harlan, Hixon,* Am. Soc. **52** [1930] 3385, 3387; *Ov., Wi.; Phillips,* J. org. Chem. **21** [1956] 1031).

Dihydrochlorid $C_{10}H_{22}N_2 \cdot 2\ HCl$. Kristalle (aus Isopropylalkohol); F: 202—203° (*Ph.,* J. org. Chem. **21** 1031).

(±)-**3-[4-Dimethylamino-butyl]-1-methyl-piperidin, (±)-Dimethyl-[4-(1-methyl-[3]piperidyl)-butyl]-amin** $C_{12}H_{26}N_2$, Formel X (R = R' = R'' = CH_3).

B. Beim Erhitzen von (±)-Octahydrometanicotin (s. o.) mit Ameisensäure und wss. Formaldehyd (*Phillips,* J. org. Chem. **21** [1956] 1031). Beim Erhitzen von Nicotin mit CH_3Br in Methanol auf 100° und Hydrieren des Reaktionsprodukts an Platin/Kohle in H_2O (*Hromatka,* B. **75** [1942] 522, 530). Bei der Hydrierung von Nicotin-bis-metho*jodid an Platin in Methanol (*Phillips,* Am. Soc. **76** [1954] 2211).

Dihydrochlorid $C_{12}H_{26}N_2 \cdot 2$ HCl. Kristalle; F: 239—240° [unkorr.; aus Me. + E.] (*Ph.*, Am. Soc. **76** 2211), 239—240° [aus Isopropylalkohol] (*Ph.*, J. org. Chem. **21** 1031).

Dihydrobromid $C_{12}H_{26}N_2 \cdot 2$ HBr. Kristalle (aus A. + Ae.); F: 216° (*Hr.*).

Dihydrojodid $C_{12}H_{26}N_2 \cdot 2$ HI. Kristalle (aus Me. + E.); F: 189—190° [unkorr.] (*Ph.*, Am. Soc. **76** 2211).

Bis-methojodid $[C_{14}H_{32}N_2]I_2$; $(\pm)$-1,1-Dimethyl-3-[4-trimethylammonio-butyl]-piperidinium-dijodid. Kristalle (aus Me. + Ae.); F: 271—272° [unkorr.] (*Ph.*, Am. Soc. **76** 2211).

Bis-äthojodid $[C_{16}H_{36}N_2]I_2$; opt.-inakt. 1-Äthyl-3-[4-(äthyl-dimethyl-ammonio)-butyl]-1-methyl-piperidinium-dijodid. Kristalle (aus Me. + Ae.); F: 236—237° [unkorr.] (*Ph.*, Am. Soc. **76** 2211).

Bis-propojodid $[C_{18}H_{40}N_2]I_2$; opt.-inakt. 3-[4-(Dimethyl-propyl-ammonio)-butyl]-1-methyl-1-propyl-piperidinium-dijodid. Kristalle (aus Me. + Ae.); F: 194—195° [unkorr.] (*Ph.*, Am. Soc. **76** 2211).

Bis-butojodid $[C_{20}H_{44}N_2]I_2$; opt.-inakt. 1-Butyl-3-[4-(butyl-dimethyl-ammonio)-butyl]-1-methyl-piperidinium-dijodid. Kristalle (aus Me. + Ae.); F: 179—180° [unkorr.] (*Ph.*, Am. Soc. **76** 2211).

Bis-benzylochlorid $[C_{26}H_{40}N_2]Cl_2$; opt.-inakt. 1-Benzyl-3-[4-(benzyl-dimethyl-ammonio)-butyl]-1-methyl-piperidinium-dichlorid. Kristalle (aus Me. + Ae.); F: 222—223° [unkorr.] (*Ph.*, Am. Soc. **76** 2211). — Beim Erhitzen kann Explosion eintreten (*Ph.*, Am. Soc. **76** 2211).

VIII   IX   X

$(\pm)$-1-Äthyl-3-[4-(äthyl-methyl-amino)-butyl]-piperidin, $(\pm)$-Äthyl-[4-(1-äthyl-[3]piperidyl)-butyl]-methyl-amin $C_{14}H_{30}N_2$, Formel X (R = R' = C_2H_5, R'' = CH_3).

Dihydrojodid $C_{14}H_{30}N_2 \cdot 2$ HI. *B.* Bei der Hydrierung von Nicotin-bis-äthojodid an Platin in Methanol (*Phillips*, Am. Soc. **76** [1954] 2211). — Kristalle (aus Me. + E.); F: 160—161° [unkorr.].

$(\pm)$-3-[4-(Methyl-propyl-amino)-butyl]-1-propyl-piperidin, $(\pm)$-Methyl-propyl-[4-(1-propyl-[3]piperidyl)-butyl]-amin $C_{16}H_{34}N_2$, Formel X (R = R' = CH_2-CH_2-CH_3, R'' = CH_3).

Dihydrojodid $C_{16}H_{34}N_2 \cdot 2$ HI. *B.* Bei der Hydrierung von Nicotin-bis-propojodid an Platin in Methanol (*Phillips*, Am. Soc. **76** [1954] 2211). — Kristalle (aus Me. + E.); F: 179—180° [unkorr.].

$(\pm)$-1-[Formyl-methyl-amino]-4-[1-formyl-[3]piperidyl]-butan, $(\pm)$-N-[4-(1-Formyl-[3]piperidyl)-butyl]-N-methyl-formamid $C_{12}H_{22}N_2O_2$, Formel X (R = R' = CHO, R'' = CH_3).

B. Beim Erhitzen von $(\pm)$-Octahydrometanicotin (S. 3788) mit wss. Ameisensäure [85%ig] (*Hromatka*, B. **75** [1942] 522, 527).

Kp_3: 220—225°.

$(\pm)$-N-Methyl-N-[4-[3]piperidyl-butyl]-acetamid $C_{12}H_{24}N_2O$, Formel X (R = H, R' = CO-CH_3, R'' = CH_3).

B. Bei der Hydrierung von N-Methyl-N-[4-[3]pyridyl-butyl]-acetamid an Platin in wss. HCl bei 70° (*Hromatka*, B. **75** [1942] 522, 528).

$Kp_{0,1}$: 170° [Luftbadtemperatur].

$(\pm)$-1-[Acetyl-methyl-amino]-4-[1-acetyl-[3]piperidyl]-butan, $(\pm)$-N-[4-(1-Acetyl-[3]piperidyl)-butyl]-N-methyl-acetamid $C_{14}H_{26}N_2O_2$, Formel X (R = R' = CO-CH_3, R'' = CH_3).

B. Beim Erhitzen von $(\pm)$-Octahydrometanicotin (S. 3788) mit Acetanhydrid (*Hro-*

matka, B. **75** [1942] 522, 527; s. a. *Windus, Marvel*, Am. Soc. **52** [1930] 2543, 2545).

Kp$_1$: 215° (*Hr.*). Kp$_1$: 210—213°; D$_4^{20}$: 1,041; n$_D^{20}$: 1,5033 (*Wi., Ma.*).

(±)-*N*-Methyl-*N*-[4-[3]piperidyl-butyl]-isovaleramid $C_{15}H_{30}N_2O$, Formel X (R = H,
R' = CO-CH$_2$-CH(CH$_3$)$_2$, R'' = CH$_3$).

B. Bei der Hydrierung von *N*-Methyl-*N*-[4-[3]pyridyl-butyl]-isovaleramid-hydro=
chlorid an Platin in H$_2$O bei 75° (*Hromatka*, B. **75** [1942] 522, 528).

Kp$_{0,5}$: 180—195° [Luftbadtemperatur].

(±)-1-[Isovaleryl-methyl-amino]-4-[1-isovaleryl-[3]piperidyl]-butan, (±)-*N*-[4-(1-Iso=
valeryl-[3]piperidyl)-butyl]-*N*-methyl-isovaleramid $C_{20}H_{38}N_2O_2$, Formel X
(R = R' = CO-CH$_2$-CH(CH$_3$)$_2$, R'' = CH$_3$).

B. Beim Erhitzen von (±)-Octahydrometanicotin (S. 3788) mit Isovalerylchlorid in
Pyridin (*Hromatka*, B. **75** [1942] 522, 527).

Kp$_{0,5}$: 230° [Luftbadtemperatur].

(±)-*N*-Methyl-*N*-[4-[3]piperidyl-butyl]-benzamid $C_{17}H_{26}N_2O$, Formel X (R = H,
R' = CO-C$_6$H$_5$, R'' = CH$_3$).

B. Bei der Hydrierung von *N*-Methyl-*N*-[4-[3]pyridyl-butyl]-benzamid-hydrochlorid
an Platin in H$_2$O bei 70° (*Hromatka*, B. **75** [1942] 522, 529).

Kp$_1$: 210—230° [Luftbadtemperatur].

(±)-1-[Benzoyl-methyl-amino]-4-[1-benzoyl-[3]piperidyl]-butan, (±)-*N*-[4-(1-Benzoyl-
[3]piperidyl)-butyl]-*N*-methyl-benzamid $C_{24}H_{30}N_2O_2$, Formel X (R = R' = CO-C$_6$H$_5$,
R'' = CH$_3$) (H 424).

B. Beim Erhitzen von (±)-Octahydrometanicotin (S. 3788) mit Benzoylchlorid in Pyr=
idin (*Hromatka*, B. **75** [1942] 522, 527).

Kp$_1$: 280° [geringe Zers.].

(±)-*N,N*-Diäthyl-*N'*-[4-(1-diäthylcarbamoyl-[3]piperidyl)-butyl]-*N'*-methyl-harnstoff
$C_{20}H_{40}N_4O_2$, Formel X (R = R' = CO-N(C$_2$H$_5$)$_2$, R'' = CH$_3$).

B. Beim Erhitzen von (±)-Octahydrometanicotin (S. 3788) mit Diäthylcarbamoyl=
chlorid in Pyridin (*Hromatka*, B. **75** [1942] 522, 528).

Kp$_1$: 218—226°.

(±)-*N*-[4-(1-Carbamimidoyl-[3]piperidyl)-butyl]-*N*-methyl-guanidin $C_{12}H_{26}N_6$,
Formel X (R = R' = C(NH$_2$)=NH, R'' = CH$_3$).

Dihydrobromid $C_{12}H_{26}N_6 \cdot 2$ HBr. *B.* Beim Behandeln von (±)-Octahydrometanicotin
(S. 3788) mit *S*-Äthyl-isothiouronium-bromid in H$_2$O (*Hromatka*, B. **75** [1942] 522, 528). —
Kristalle (aus H$_2$O); F: 193°.

(±)-1-[Benzolsulfonyl-methyl-amino]-4-[1-benzolsulfonyl-[3]piperidyl]-butan,
(±)-*N*-[4-(1-Benzolsulfonyl-[3]piperidyl)-butyl]-*N*-methyl-benzolsulfonamid
$C_{22}H_{30}N_2O_4S_2$, Formel X (R = R' = SO$_2$-C$_6$H$_5$, R'' = CH$_3$) (H 424).

B. Beim Behandeln von (±)-Octahydrometanicotin (S. 3788) mit Benzolsulfonyl=
chlorid (*Overhoff, Wibaut*, R. **50** [1931] 957, 976).

Kristalle (aus A.); F: 146°.

(±)-1-[Toluol-4-sulfonylamino]-4-[1-(toluol-4-sulfonyl)-[3]piperidyl]-butan,
(±)-*N*-{4-[1-(Toluol-4-sulfonyl)-[3]piperidyl]-butyl}-toluol-4-sulfonamid $C_{23}H_{32}N_2O_4S_2$,
Formel X (R = R' = SO$_2$-C$_6$H$_4$-CH$_3$(*p*), R'' = H).

B. Aus (±)-4-[3]Piperidyl-butylamin (*Haines et al.*, Am. Soc. **67** [1945] 1258, 1260).

Kristalle (aus wss. A.); F: 143—144° [korr.].

---

*Opt.-inakt. 1-[5-Äthyl-1-methyl-[2]piperidyl]-2-carbazol-9-yl-äthan, 9-[2-(5-Äthyl-
1-methyl-[2]piperidyl)-äthyl]-carbazol $C_{22}H_{28}N_2$, Formel XI.

B. Beim Erhitzen von Carbazol mit NaNH$_2$ in Xylol und Erhitzen des Reaktionsgemisches mit opt.-inakt. 5-Äthyl-2-[2-chlor-äthyl]-1-methyl-piperidin [F: 65—69°]
(*Shapiro et al.*, J. Am. pharm. Assoc. **46** [1957] 333, 335).

Hydrochlorid $C_{22}H_{28}N_2 \cdot HCl$. Kristalle (aus Butanon); F: 144—147° [unkorr.].
Methojodid $[C_{23}H_{31}N_2]I$; 5-Äthyl-2-[2-carbazol-9-yl-äthyl]-1,1-dimethyl-piperidinium-jodid. Kristalle (aus Hexan + Butanon); F: 92—95°.

---

*Opt.-inakt. 4-Äthyl-4-anilino-1,2,5-trimethyl-piperidin, N-[4-Äthyl-1,2,5-trimethyl-[4]piperidyl]-anilin $C_{16}H_{26}N_2$, Formel XII.

B. Beim Behandeln von opt.-inakt. 1,2,5-Trimethyl-piperidin-4-on-phenylimin (Kp$_2$: 112—114°) mit Äthyllithium in Äther (*Nasarow et al.*, Chimija chim. Technol. (IVUZ) **2** [1959] 726, 729; C. A. **1960** 8812).
Dihydrochlorid. F: 194—195° [aus Acn.].

XI   XII   XIII

*Opt.-inakt. 2,4,6,6-Tetramethyl-[3]piperidylamin $C_9H_{20}N_2$, Formel XIII (R = H).

B. Bei der Hydrierung von (±)-2,4,6,6-Tetramethyl-5,6-dihydro-4H-pyridin-3-on-oxim an Raney-Nickel in Äthanol bei 110—120°/100 at (*Hancox*, Austral. J. Chem. **6** [1953] 143, 149).
Hygroskopische Flüssigkeit; Kp$_{12}$: 81—82°. n_D^{25}: 1,4670.
Dihydrochlorid $C_9H_{20}N_2 \cdot 2$ HCl. Kristalle (aus A. + Ae.); F: 300° [korr.].
Dipicrat $C_9H_{20}N_2 \cdot 2\,C_6H_3N_3O_7$. Orangefarbene Kristalle (aus A.); Zers. bei ca. 240°.
Monobenzoyl-Derivat $C_{16}H_{24}N_2O$. Kristalle (aus Acn.); F: 171° [korr.].

*Opt.-inakt. N-Phenyl-N'-[2,4,6,6-tetramethyl-1-phenylcarbamoyl-[3]piperidyl]-harnstoff $C_{23}H_{30}N_4O_2$, Formel XIII (R = CO-NH-C$_6$H$_5$).

B. Aus der vorangehenden Verbindung und Phenylisocyanat in Petroläther (*Hancox*, Austral. J. Chem. **6** [1953] 143, 149).
Kristalle (aus Bzl.); F: 194° [korr.].

Amine $C_{10}H_{22}N_2$

(±)-1-Methyl-3-[5-methylamino-pentyl]-piperidin, (±)-Methyl-[5-(1-methyl-[3]piper-idyl)-pentyl]-amin $C_{12}H_{26}N_2$, Formel I (R = H).

B. Neben anderen Verbindungen bei der elektrochemischen Reduktion von N-Methyl-glutarimid in wss. H_2SO_4 an Blei-Elektroden (*Lukeš*, *Kovář*, Collect. **19** [1954] 1215, 1220, 1225). Neben anderen Verbindungen beim Behandeln von 1-Methyl-piperidin-2-on in Butan-1-ol mit Natrium, zuletzt bei Siedetemperatur, und Hydrieren des Reaktions-produkts an Platin in Methanol (*Lu.*, *Ko.*, Collect. **19** 1221, 1222). Beim Erwärmen von (±)-5-[1-Methyl-2,6-dioxo-[3]piperidyl]-valeriansäure-methylamid mit LiAlH$_4$ in THF (*Lukeš*, *Kovář*, Collect. **20** [1955] 1004). Bei der Hydrierung von (±)-1,1'-Dimethyl-1,2,3,4,5,6,1',4',5',6'-decahydro-[2,3']bipyridyl an Platin in Essigsäure (*Leonard*, *Hauck*, Am. Soc. **79** [1957] 5279, 5289; s. a. *Schöpf et al.*, A. **616** [1958] 151, 173).
Kp$_{18}$: 147—148°; n_D^{24}: 1,4675 (*Le.*, *Ha.*). Kp$_{12}$: 136° (*Sch. et al.*, l. c. S. 173).
Dihydrochlorid $C_{12}H_{26}N_2 \cdot 2$ HCl. Kristalle; F: 209—210° [aus Acn. + A. + Ae.] (*Le.*, *Ha.*), 204—205° [aus A. + Acn.] (*Lu.*, *Ko.*, Collect. **19** 1225).
Dipicrat $C_{12}H_{26}N_2 \cdot 2\,C_6H_3N_3O_7$. Gelbe Kristalle; F: 139—141° [aus A.] (*Le.*, *Ha.*), 139—140° [aus A. bzw. aus Me.] (*Lu.*, *Ko.*, Collect. **19** 1225; *Sch. et al.*, l. c. S. 174).

(±)-3-[5-Dimethylamino-pentyl]-1-methyl-piperidin, (±)-Dimethyl-[5-(1-methyl-[3]piperidyl)-pentyl]-amin $C_{13}H_{28}N_2$, Formel I (R = CH$_3$).

B. Beim Erwärmen von (±)-Methyl-[5-(1-methyl-[3]piperidyl)-pentyl]-amin mit Ameisensäure und wss. Formaldehyd (*Leonard*, *Hauck*, Am. Soc. **79** [1957] 5279, 5289;

Schöpf et al., A. **616** [1958] 151, 174).

Kp_{18}: 144—145°; n_D^{20}: 1,4628 (*Le., Ha.*). Kp_{12}: 138—139° (*Sch. et al.*).

Dipicrat $C_{13}H_{28}N_2 \cdot 2 C_6H_3N_3O_7$. Gelbe Kristalle; F: 136—137° [aus Me.] (*Sch. et al.*), 131—134° [aus A.] (*Le., Ha.*).

(±)-1-[1,1-Dimethyl-piperidinium-3-yl]-5-trimethylammonio-pentan, (±)-1,1-Dimethyl-3-[5-trimethylammonio-pentyl]-piperidinium $[C_{15}H_{34}N_2]^{2+}$, Formel II.

Dijodid $[C_{15}H_{34}N_2]I_2$. *B*. Beim Behandeln von (±)-Methyl-[5-(1-methyl-[3]piperidyl)-pentyl]-amin oder von (±)-Dimethyl-[5-(1-methyl-[3]piperidyl)-pentyl]-amin mit CH_3I (*Leonard, Hauck*, Am. Soc. **79** [1957] 5279, 5289). — Kristalle (aus A. + Acn. + Ae.); F: 253—254°.

I   II   III

(±)-3-[5-(Äthyl-methyl-amino)-pentyl]-1-methyl-piperidin, (±)-Äthyl-methyl-[5-(1-methyl-[3]piperidyl)-pentyl]-amin $C_{14}H_{30}N_2$, Formel I (R = C_2H_5).

B. Aus der folgenden Verbindung mit Hilfe von $LiAlH_4$ (*Leonard, Hauck*, Am. Soc. **79** [1957] 5279, 5290).

Kp_{20}: 161°. n_D^{22}: 1,4650.

Dipicrat $C_{14}H_{30}N_2 \cdot 2 C_6H_3N_3O_7$. Gelbe Kristalle (aus H_2O); F: 123—125°.

(±)-1-[Acetyl-methyl-amino]-5-[1-methyl-[3]piperidyl]-pentan, (±)-N-Methyl-N-[5-(1-methyl-[3]piperidyl)-pentyl]-acetamid $C_{14}H_{28}N_2O$, Formel I (R = $CO-CH_3$).

B. Beim Behandeln von (±)-Methyl-[5-(1-methyl-[3]piperidyl)-pentyl]-amin mit Acetylchlorid (*Leonard, Hauck*, Am. Soc. **79** [1957] 5279, 5289).

Gelbliches Öl; $Kp_{0,2}$: 128—129°. n_D^{22}: 1,4832.

(±)-1-[Benzoyl-methyl-amino]-5-[1-methyl-[3]piperidyl]-pentan, (±)-N-Methyl-N-[5-(1-methyl-[3]piperidyl)-pentyl]-benzamid $C_{19}H_{30}N_2O$, Formel I (R = $CO-C_6H_5$).

B. Beim Behandeln von (±)-Methyl-[5-(1-methyl-[3]piperidyl)-pentyl]-amin mit Benzoylchlorid und wss. NaOH (*Schöpf et al.*, A. **616** [1958] 151, 173).

$Kp_{1,5}$: 203° (*Lukeš, Kovář*, Collect **19** [1954] 1215, 1223). $Kp_{0,5}$: 210°; n_D^{20}: 1,5250 (*Leonard, Hauck*, Am. Soc. **79** [1957] 5279, 5289).

Hydrobromid $C_{19}H_{30}N_2O \cdot HBr$. Kristalle (aus Acn.); F: 123—124° (*Sch. et al.*).

Picrolonat $C_{19}H_{30}N_2O \cdot C_{10}H_8N_4O_5$. Kristalle (aus A.); F: 139—140° (*Sch. et al.*).

(±)-1-[1-Methyl-[3]piperidyl]-5-[methyl-(toluol-4-sulfonyl)-amino]-pentan, (±)-N-Methyl-N-[5-(1-methyl-[3]piperidyl)-pentyl]-toluol-4-sulfonamid $C_{19}H_{32}N_2O_2S$, Formel I (R = $SO_2-C_6H_4-CH_3(p)$).

B. Beim Erwärmen von (±)-Methyl-[5-(1-methyl-[3]piperidyl)-pentyl]-amin mit Toluol-4-sulfonylchlorid und wss. KOH (*Lukeš, Kovář*, Collect. **19** [1954] 1215, 1222).

Kristalle (aus Ae.); F: 72—73°.

---

*Opt.-inakt. 2-[4-Amino-1-methyl-butyl]-piperidin(?), 4-[2]Piperidyl-pentylamin(?) $C_{10}H_{22}N_2$, vermutlich Formel III.

B. Neben 6-Propyl-2,3,4,5-tetrahydro-pyridin (Hauptprodukt) beim Erhitzen von Piperidin-2-on mit Propylmagnesiumbromid in Xylol (*Lukeš et al.*, Collect. **12** [1947] 641, 644).

Kristalle; Kp_{11}: 118—122°. Mit Wasserdampf flüchtig.

Dipicrat $C_{10}H_{22}N_2 \cdot 2 C_6H_3N_3O_7$. Kristalle (aus A.); F: 161°.

(±)-2-[3-Amino-3-methyl-butyl]-piperidin, (±)-1,1-Dimethyl-3-[2]piperidyl-propylamin $C_{10}H_{22}N_2$, Formel IV.

B. Bei der Hydrierung von 3-Methyl-3-nitro-1-[2]pyridyl-butan an Raney-Nickel in äthanol. NH_3 bei 200°/135 at (*Profft*, B. **90** [1957] 1734, 1737).

Kp_{13}: 124—126°. n_D^{20}: 1,4895.

IV   V   VI

*Opt.-inakt. 3-[3-Amino-propyl]-2,3-dimethyl-piperidin, 3-[2,3-Dimethyl-[3]piperidyl]-propylamin $C_{10}H_{22}N_2$, Formel V.

B. Bei der Hydrierung von 4-Acetyl-4-methyl-heptandinitril (E III **3** 1398) an Raney-Nickel in Äthanol (*Albertson*, Am. Soc. **72** [1950] 2594, 2596).

Kp_{760}: 250—255°; $Kp_{1,2}$: 80°. n_D^{25}: 1,5031.

Dihydrochlorid $C_{10}H_{22}N_2 \cdot 2$ HCl. F: 243—246°.

Picrat $C_{10}H_{22}N_2 \cdot C_6H_3N_3O_7$. F: 194—195°.

*Opt.-inakt. 3,5-Diäthyl-2-aminomethyl-1-methyl-piperidin, C-[3,5-Diäthyl-1-methyl-[2]piperidyl]-methylamin $C_{11}H_{24}N_2$, Formel VI.

B. Aus opt.-inakt. 3,5-Diäthyl-1-methyl-piperidin-2-carbonitril (S. 177) und $LiAlH_4$ (*Leonard, Hauck*, Am. Soc. **79** [1957] 5279, 5291).

Kp_{20}: 138—139°. n_D^{21}: 1,4743.

Picrat $C_{11}H_{24}N_2 \cdot C_6H_3N_3O_7$. Gelbe Kristalle (aus H_2O); F: 162°.

Amine $C_{11}H_{24}N_2$

*Opt.-inakt. 2-[3-Amino-4-methyl-pentyl]-piperidin, 1-Isopropyl-3-[2]piperidyl-propylamin $C_{11}H_{24}N_2$, Formel VII.

B. Bei der Hydrierung von (±)-4-Methyl-3-nitro-1-[2]pyridyl-pentan an Raney-Nickel in äthanol. NH_3 unter 135 at (*Profft*, B. **90** [1957] 1734, 1737).

Kp_{12}: 148—149°. n_D^{20}: 1,4730.

VII   VIII

*Opt.-inakt. 4-Anilino-4-butyl-1,2,5-trimethyl-piperidin, N-[4-Butyl-1,2,5-trimethyl-[4]piperidyl]-anilin $C_{18}H_{30}N_2$, Formel VIII.

B. Beim Behandeln von opt.-inakt. 1,2,5-Trimethyl-piperidin-4-on-phenylimin (Kp_2: 112—114°) mit Butyllithium in Äther (*Nasarow et al.*, Chimija chim. Technol. (IVUZ) **2** [1959] 726, 729; C. A. **1960** 8812).

Dihydrochlorid $C_{18}H_{30}N_2 \cdot 2$ HCl. F: 182—185° [aus Acn.].

Dipicrat $C_{18}H_{30}N_2 \cdot 2$ $C_6H_3N_3O_7$. F: 146—147° [aus A.].

Amine $C_{14}H_{30}N_2$

(±)-3-[10-Diäthylamino-decyl]-1-methyl-pyrrolidin, (±)-Diäthyl-[10-(1-methyl-pyrrolidin-3-yl)-decyl]-amin $C_{19}H_{40}N_2$, Formel IX.

B. Beim Erhitzen von (±)-3-[10-Cyclohexyloxy-decyl]-1-methyl-pyrrolidin mit konz. wss. HBr und Erwärmen des Reaktionsprodukts mit Diäthylamin in Äthanol (*McConnel et al.*, Soc. **1953** 3332).

$Kp_{0,3}$: 140°.

Dipicrat $C_{19}H_{40}N_2 \cdot 2$ $C_6H_3N_3O_7$. Kristalle (aus A.); F: 140°.

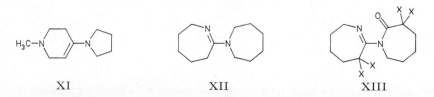

IX   X

Amine $C_{19}H_{40}N_2$

*Opt.-inakt. 3-Äthyl-5-[11-diäthylamino-undecyl]-2,4-dimethyl-pyrrolidin, Diäthyl-[11-(4-äthyl-3,5-dimethyl-pyrrolidin-2-yl)-undecyl]-amin $C_{23}H_{48}N_2$, Formel X.

B. Bei der Hydrierung von Diäthyl-[11-(4-äthyl-3,5-dimethyl-pyrrol-2-yl)-undecyl]-amin an Raney-Nickel in Äthanol bei 125°/160 at (*McConnel et al.*, Soc. **1953** 3332).

Kp$_{0,2}$: 145°.   [*Möhle*]

Monoamine $C_nH_{2n}N_2$

Amine $C_5H_{10}N_2$

1-Methyl-4-pyrrolidino-1,2,3,6-tetrahydro-pyridin $C_{10}H_{18}N_2$, Formel XI.

B. Beim Erwärmen von 1-Methyl-piperidin-4-on mit Pyrrolidin in Benzol unter Entfernen des entstehenden H_2O (*Tschesche, Snatzke*, B. **90** [1957] 579, 584).

F: 9−12°. Kp$_{0,01}$: 76−77°. n_D^{21}: 1,5135. λ_{max} (Ae.): 215 nm und 230 nm (*Tsch., Sn.*, l. c. S. 582).

Amine $C_6H_{12}N_2$

2,3,4,5,6,7,4′,5′,6′,7′-Decahydro-3′*H*-[1,2′]biazepinyl $C_{12}H_{22}N_2$, Formel XII.

B. Beim Erwärmen von 7-Methoxy-3,4,5,6-tetrahydro-2*H*-azepin mit Hexahydroazepin in Methanol (*Benson, Cairns*, Am. Soc. **70** [1948] 2115, 2117). Bei der Hydrierung von 7-Methoxy-3,4,5,6-tetrahydro-2*H*-azepin an Platin in Äthanol (*Be., Ca.*).

Kp$_{25-28}$: 165−170°; n_D^{25}: 1,5242 bzw. Kp$_1$: 98−105°; D_4^{25}: 0,9956; n_D^{25}: 1,5248 [zwei Präparate].

Methojodid [$C_{13}H_{25}N_2$]I. F: 194,5−196°.

XI   XII   XIII

4,5,6,7,4′,5′,6′,7′-Octahydro-3*H*,3′*H*-[1,2′]biazepinyl-2-on $C_{12}H_{20}N_2O$, Formel XIII (X = H).

Diese Konstitution kommt der E III/IV **21** 161 als Bis-[4,5,6,7-tetrahydro-3*H*-azepin-2-yl]-äther beschriebenen Verbindung zu (*Reinisch et al.*, J. pr. **311** [1969] 455, 459).

3,3,3′,3′-Tetrachlor-4,5,6,7,4′,5′,6′,7′-octahydro-3*H*,3′*H*-[1,2′]biazepinyl-2-on $C_{12}H_{16}Cl_4N_2O$, Formel XIII (X = Cl).

Diese Konstitution kommt der von *Caprara et al.* (Ann. Chimica **49** [1959] 1167, 1170) als 4,4(?)-Dichlor-hexahydro-azepin-2-on $C_6H_9Cl_2NO$ angesehenen Verbindung zu (*Reinisch et al.*, J. pr. **311** [1969] 455).

B. Beim Behandeln einer Lösung von Hexahydro-azepin-2-on in CCl_4 mit SO_2Cl_2 bei 45−70° (*Ca. et al.*, l. c. S. 1172; *Re. et al.*).

Kristalle; F: 84,5−85° [aus Me.] (*Re. et al.*), 80−81° [aus Me. oder PAe.] (*Ca. et al.*). ^{1}H-NMR-Spektrum (CDCl$_3$): *Re. et al.*, l. c. S. 458.

3,4-Dimethoxy-N-[1-methyl-1,2,5,6-tetrahydro-[3]pyridylmethyl]-anilin $C_{15}H_{22}N_2O_2$,
Formel XIV.

B. Aus 5-Chlormethyl-1-methyl-1,2,3,6-tetrahydro-pyridin und 3,4-Dimethoxy-anilin
(*I. G. Farbenind.*, D.R.P. 512406 [1927]; Frdl. **17** 2554).

Kp$_2$: 167—168°.

XIV   XV

Amine $C_7H_{14}N_2$

(+)-1-[2-Methyl-butyrylamino]-hexahydro-pyrrolizin, (+)-2-Methyl-buttersäure-hexahydropyrrolizin-1-ylamid $C_{12}H_{22}N_2O$, Formel XV.

Diese Konstitution kommt dem nachstehend beschriebenen **(+)-Laburnamin** zu
(*Neuner-Jehle et al.*, M. **96** [1965] 321, 332—336; *Akramow, Junušow*, Chimija prirodn.
Soedin. **1968** 298, 303; engl. Ausg. S. 252, 255).

Isolierung aus Samen von Cytisus laburnum: *Galinovsky et al.*, Scientia pharm. **21**
[1953] 256; *Ne.-Je. et al.*, l. c. S. 337.

Kristalle (aus Ae.); F: 128—129°; bei 100—110°/0,01 Torr sublimierbar; $[\alpha]_D^{19}$: +18,6°
[A.; c = 3] (*Ga. et al.*).

Massenspektrum: *Ne.-Je. et al.*, l. c. S. 333. Beim Erwärmen mit LiAlH$_4$ in Äther ist
ein opt.-akt.(?) 1-[2-Methyl-butylamino]-hexahydro-pyrrolizin $C_{12}H_{24}N_2$
[Massenspektrum: *Ne.-Je. et al.*, l. c. S. 333; Dipicrat $C_{12}H_{24}N_2 \cdot 2\,C_6H_3N_3O_7$: Kristalle
(aus A.), F: 231—232° [Zers.] (*Ga. et al.*)] erhalten worden (*Ga. et al.*; s. a. *Ne.-Je. et al.*,
l. c. S. 338).

Picrat $C_{12}H_{22}N_2O \cdot C_6H_3N_3O_7$. Gelbe Kristalle (aus A.); F: 204—205° (*Ga. et al.*).

Tropan-3-ylamin $C_8H_{16}N_2$.

Konfiguration der beiden Stereoisomeren: *Archer et al.*, Am. Soc. **79** [1957] 4194, **80**
[1958] 4677.

a) **Tropan-3endo-ylamin**, Tropylamin $C_8H_{16}N_2$, Formel I (R = H) (H 425).

B. Beim Hydrieren von Tropan-3-on-oxim an Platin in Methanol bei 50° (*Archer et al.*,
Am. Soc. **79** [1957] 4194, 4196; s. a. *Stoll et al.*, Helv. **38** [1955] 559, 560, 562). Bei der
Hydrierung von Benzyl-tropan-3endo-yl-amin an Palladium/Kohle in Äthanol (*Ar. et al.*,
Am. Soc. **79** 4196) oder äthanol. HCl (*Archer et al.*, Am. Soc. **80** [1958] 4677, 4679).

Kp$_{43}$: 118—120°; Kp$_{20}$: 98—102°; n$_D^{25}$: 1,5018 (*Ar. et al.*, Am. Soc. **79** 4196).

Phenylthiocarbamoyl-Derivat s. S. 3801.

b) **Tropan-3exo-ylamin**, Pseudotropylamin $C_8H_{16}N_2$, Formel II (H 426).

Kp$_{22}$: 104—106°; n$_D^{25}$: 1,4995 (*Archer et al.*, Am. Soc. **79** [1957] 4194, 4196).

Phenylthiocarbamoyl-Derivat s. S. 3801.

3endo-Methylamino-tropan, Methyl-tropan-3endo-yl-amin $C_9H_{18}N_2$, Formel I (R = CH$_3$).

B. Beim Hydrieren von Tropan-3-on und Methylamin an Platin bei 50° (*Archer et al.*,
Am. Soc. **79** [1957] 4195, 4196).

Kp$_{18}$: 116—118°; Kp$_{0,5}$: 59—60°.

Phenylthiocarbamoyl-Derivat s. S. 3801.

Dipicrat $C_9H_{18}N_2 \cdot 2\,C_6H_3N_3O_7$. Kristalle (aus A.); F: 255° [korr.; Zers.].

3endo-Benzylamino-tropan, Benzyl-tropan-3endo-yl-amin $C_{15}H_{22}N_2$, Formel III
(R = X = H).

B. Bei der Hydrierung von Tropan-3-on und Benzylamin an Platin in Äthanol bei 50°
(*Sterling Drug Inc.*, U.S.P. 2798874 [1955]; *Archer et al.*, Am. Soc. **79** [1957] 4194,
4196). Beim Erwärmen von 3endo-Chlor-tropan mit Benzylamin in Äthanol (*Archer et al.*,
Am. Soc. **80** [1958] 4677, 4679). Beim Erwärmen von Methansulfonsäure-tropan-3endo-

ylester mit Benzylamin in Äthanol (*Ar. et al.*, Am. Soc. **80** 4679).

$Kp_{0,3}$: 134—137°; n_D^{25}: 1,5456 (*Ar. et al.*, Am. Soc. **80** 4679).

Dihydrochlorid $C_{15}H_{22}N_2 \cdot 2$ HCl. Kristalle (aus A.); F: 272° [Zers.] (*Ar. et al.*, Am. Soc. **80** 4697).

Picrat. F: 160—161° (*Sterling Drug Inc.*).

I   II   III

3endo-[4-Chlor-benzylamino]-tropan, [4-Chlor-benzyl]-tropan-3endo-yl-amin $C_{15}H_{21}ClN_2$,
Formel III (R = H, X = Cl).

B. Bei der Hydrierung von Tropan-3-on und 4-Chlor-benzylamin an Platin in Äthanol bei 55° (*Sterling Drug Inc.*, U.S.P. 2798874 [1955]).

$Kp_{0,2}$: 135—153°.

Phenylthiocarbamoyl-Derivat s. S. 3801.

Picrat. F: 185—187°.

3endo-[Benzyl-methyl-amino]-tropan, Benzyl-methyl-tropan-3endo-yl-amin $C_{16}H_{24}N_2$,
Formel III (R = CH_3, X = H).

B. Beim Erwärmen von Benzyl-tropan-3endo-ylamin mit wss. Formaldehyd und Ameisensäure (*Archer et al.*, Am. Soc. **79** [1957] 4194, 4196).

$Kp_{0,3}$: 126—129°.

Dipicrat $C_{16}H_{24}N_2 \cdot 2 C_6H_3N_3O_7$. Kristalle (aus wss. DMF); F: 230—232° [korr.].

Methojodid und weitere quartäre Salze s. u.

3endo-[(4-Chlor-benzyl)-methyl-amino]-tropan, [4-Chlor-benzyl]-methyl-tropan-3endo-yl-amin $C_{16}H_{23}ClN_2$, Formel III (R = CH_3, X = Cl).

B. Beim Erwärmen von [4-Chlor-benzyl]-tropan-3endo-yl-amin mit Formaldehyd und Ameisensäure (*Sterling Drug Inc.*, U.S.P. 2798874 [1955]).

$Kp_{0,3}$: 140°.

3endo-[Benzyl-methyl-amino]-8,8-dimethyl-nortropanium(?) $[C_{17}H_{27}N_2]^+$, vermutlich Formel IV (X = H).

Jodid $[C_{17}H_{27}N_2]$I. *B.* Beim Behandeln von Benzyl-methyl-tropan-3endo-yl-amin mit CH_3I in Äthanol (*Archer et al.*, Am. Soc. **79** [1957] 4194, 4196). — Kristalle (aus Me.); F: 233—237° [korr.; Zers.].

3endo-[(4-Chlor-benzyl)-methyl-amino]-8,8-dimethyl-nortropanium(?) $[C_{17}H_{26}ClN_2]^+$,
vermutlich Formel IV (X = Cl).

Bromid $[C_{17}H_{26}ClN_2]$Br. *B.* Beim Behandeln von [4-Chlor-benzyl]-methyl-tropan-3endo-yl-amin mit CH_3Br in Acetonitril (*Sterling Drug Inc.*, U.S.P. 2798874 [1955]). — Kristalle (aus A. + Ae.); F: 261—263° [Zers.].

Jodid $[C_{17}H_{26}ClN_2]$I. *B.* Beim Behandeln von [4-Chlor-benzyl]-methyl-tropan-3endo-yl-amin mit CH_3I in Äthanol (*Sterling Drug Inc.*). — Kristalle (aus H_2O); F: 255—256° [Zers.].

8ξ-Benzyl-3endo-[benzyl-methyl-amino]-8ξ-methyl-nortropanium(?) $[C_{23}H_{31}N_2]^+$,
vermutlich Formel V (X = X' = X'' = H).

Chlorid $[C_{23}H_{31}N_2]$Cl. *B.* Neben Benzyl-methyl-tropan-3endo-yl-amin beim Erhitzen von Methyl-tropan-3endo-yl-amin mit Benzylchlorid und K_2CO_3 in Toluol (*Sterling Drug Inc.*, U.S.P. 2798874 [1955]). — Kristalle (aus A. + Ae.); F: 224—225,5°.

3endo-[Benzyl-methyl-amino]-8ξ-[4-chlor-benzyl]-8ξ-methyl-nortropanium(?)
$[C_{23}H_{30}ClN_2]^+$, vermutlich Formel V (X = X' = H, X'' = Cl).

Chlorid $[C_{23}H_{30}ClN_2]$Cl. *B.* Beim Behandeln von Benzyl-methyl-tropan-3endo-yl-amin mit 4-Chlor-benzylchlorid in Acetonitril (*Sterling Drug Inc.*, U.S.P. 2798874 [1955]). — Kristalle (aus A. + Ae.); F: 226—228° [Zers.].

3endo-[Benzyl-methyl-amino]-8ξ-[3,4-dichlor-benzyl]-8ξ-methyl-nortropanium(?)

$[C_{23}H_{29}Cl_2N_2]^+$, vermutlich Formel V (X = H, X' = X'' = Cl).

Chlorid $[C_{23}H_{29}Cl_2N_2]Cl$. *B.* Beim Erwärmen von Benzyl-methyl-tropan-3endo-yl-amin mit 3,4-Dichlor-benzylchlorid in Acetonitril (*Sterling Drug Inc.*, U.S.P. 2798874 [1955]). — Kristalle (aus H_2O); F: 232—235° [Zers.].

8ξ-[4-Chlor-benzyl]-3endo-[(4-chlor-benzyl)-methyl-amino]-8ξ-methyl-nortropanium(?)

$[C_{23}H_{29}Cl_2N_2]^+$, vermutlich Formel V (X = X'' = Cl, X' = H).

Chlorid $[C_{23}H_{29}Cl_2N_2]Cl$. *B.* Neben [4-Chlor-benzyl]-methyl-tropan-3endo-yl-amin beim Erhitzen von Methyl-tropan-3endo-yl-amin mit 4-Chlor-benzylchlorid und K_2CO_3 in Toluol (*Sterling Drug Inc.*, U.S.P. 2798874 [1955]). — Kristalle (aus A. + Ae.); F: 202,5—205° [Zers.].

3endo-[(4-Chlor-benzyl)-methyl-amino]-8ξ-[3,4-dichlor-benzyl]-8ξ-methyl-nortropanium(?)

$[C_{23}H_{28}Cl_3N_2]^+$, vermutlich Formel V (X = X' = X'' = Cl).

Chlorid $[C_{23}H_{28}Cl_3N_2]Cl$. *B.* Beim Behandeln von [4-Chlor-benzyl]-methyl-tropan-3endo-yl-amin mit 3,4-Dichlor-benzylchlorid in Acetonitril (*Sterling Drug Inc.*, U.S.P. 2798874 [1955]). — Kristalle (aus A. + Ae.); F: 200—203° [Zers.].

3endo-[Benzyl-methyl-amino]-8ξ-methyl-8ξ-[4-nitro-benzyl]-nortropanium(?)

$[C_{23}H_{30}N_3O_2]^+$, vermutlich Formel V (X = X' = H, X'' = NO_2).

Bromid $[C_{23}H_{30}N_3O_2]Br$. *B.* Beim Behandeln von Benzyl-methyl-tropan-3endo-yl-amin mit 4-Nitro-benzylbromid in Acetonitril (*Sterling Drug Inc.*, U.S.P. 2798874 [1955]). — Gelbe Kristalle (aus H_2O); F: 220—223° [Zers.].

3endo-[(4-Chlor-benzyl)-methyl-amino]-8ξ-methyl-8ξ-[4-nitro-benzyl]-nortropanium(?)

$[C_{23}H_{29}ClN_3O_2]^+$, vermutlich Formel V (X = Cl, X' = H, X'' = NO_2).

Bromid $[C_{23}H_{29}ClN_3O_2]Br$. *B.* Beim Erwärmen von [4-Chlor-benzyl]-methyl-tropan-3endo-yl-amin mit 4-Nitro-benzylbromid in Acetonitril (*Sterling Drug Inc.*, U.S.P. 2798874 [1955]). — Kristalle (aus A.); F: 210—212° [Zers.].

3-Benzhydrylamino-tropan, Benzhydryl-tropan-3-yl-amin $C_{21}H_{26}N_2$.

    a) **Benzhydryl-tropan-3endo-yl-amin** $C_{21}H_{26}N_2$, Formel VI (X = H).

B. Bei der Hydrierung von Tropan-3-on und Benzhydrylamin-hydrochlorid an Platin in Äthanol (*Merck & Co. Inc.*, U.S.P. 2678317 [1953]; D.B.P. 1007332 [1954]).

Kristalle (aus PAe.) mit 0,5 Mol H_2O; F: 62—64° [nach Sintern bei 58°].

Perchlorat. Kristalle (aus A. + Ae.); F: 242—244°.

Dihydrobromid. Kristalle (aus A.); F: 252—254° [Zers.].

Monooxalat. Kristalle (aus Isopropylalkohol + wenig Me.); F: ca. 120°.

Bis-hydrogenoxalat. F: 152—154°.

    b) **Benzhydryl-tropan-3exo-yl-amin** $C_{21}H_{26}N_2$, Formel VII (R = CH_3, X = H).

B. Beim Erhitzen von Tropan-3exo-ylamin mit Benzhydrylchlorid und Na_2CO_3 (*Jucker, Lindenmann*, Helv. **42** [1959] 2451, 2455).

Dihydrobromid $C_{21}H_{26}N_2 \cdot 2\,HBr \cdot 2\,H_2O$. Hygroskopisch; F: >355°.

3-[4-Chlor-benzhydrylamino]-tropan, [4-Chlor-benzhydryl]-tropan-3-yl-amin $C_{21}H_{25}ClN_2$.

    a) **(±)-[4-Chlor-benzhydryl]-tropan-3endo-yl-amin** $C_{21}H_{25}ClN_2$, Formel VI (X = Cl).

B. Bei der Hydrierung von Tropan-3-on und (±)-4-Chlor-benzhydrylamin-hydrochlorid an Platin in Äthanol (*Merck & Co. Inc.*, U.S.P. 2678317 [1953]; D.B.P. 1007332 [1954]).

Bis-hydrogenoxalat. Kristalle (aus A.); F: 102—104°.

b) **(±)-[4-Chlor-benzhydryl]-tropan-3exo-yl-amin** $C_{21}H_{25}ClN_2$, Formel VII (R = CH$_3$, X = Cl).

B. Beim Erhitzen von Tropan-3exo-ylamin mit (±)-4-Chlor-benzhydrylchlorid und Na$_2$CO$_3$ (*Jucker, Lindenmann,* Helv. **42** [1959] 2451, 2455).

Dihydrobromid C$_1$H$_{25}$ClN$_2$·2 HBr. Hygroskopisch; F: ca. 100°.

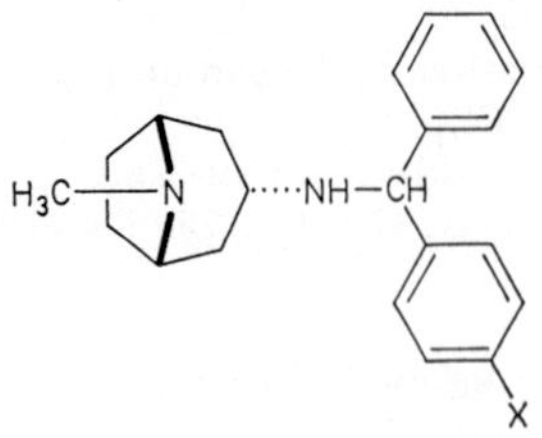

VI 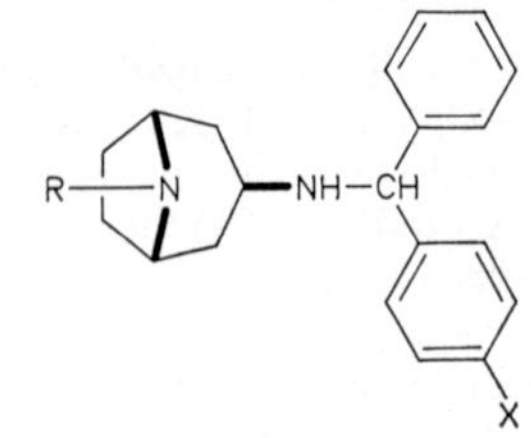   VII 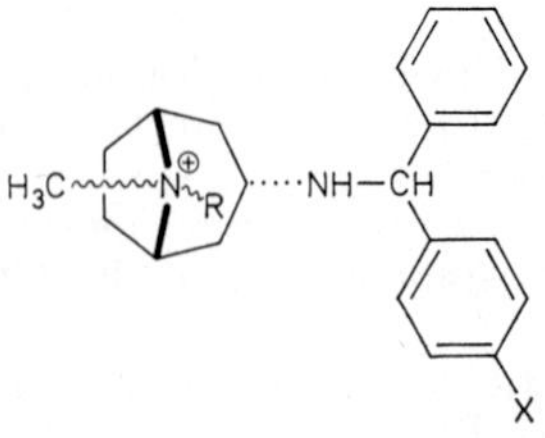   VIII

3endo-Benzhydrylamino-8,8-dimethyl-nortropanium $[C_{22}H_{29}N_2]^+$, Formel VIII (R = CH$_3$, X = H).

Jodid [C$_{22}$H$_{29}$N$_2$]I. *B.* Beim Behandeln von Benzhydryl-tropan-3endo-yl-amin mit CH$_3$I in Äther (*Merck & Co. Inc.,* U.S.P. 2678317 [1953]; D.B.P. 1007332 [1954]). — F: 253° bis 258°.

Methylsulfat [C$_{22}$H$_{29}$N$_2$]CH$_3$O$_4$S. *B.* Beim Behandeln von Benzhydryl-tropan-3endo-yl-amin mit Dimethylsulfat in Äther (*Merck & Co. Inc.*). — Kristalle (aus A.); F: 193—195°.

Nitrat [C$_{22}$H$_{29}$N$_2$]NO$_3$. *B.* Beim Behandeln von Benzhydryl-tropan-3endo-yl-amin mit Methylnitrat in Äthanol (*Merck & Co. Inc.*). — Kristalle (aus A. + Ae.); F: 203—204°.

(±)-3endo-[4-Chlor-benzhydrylamino]-8,8-dimethyl-nortropanium $[C_{22}H_{28}ClN_2]^+$, Formel VIII (R = CH$_3$, X = Cl).

Methylsulfat [C$_{22}$H$_{28}$ClN$_2$]CH$_3$O$_4$S. *B.* Beim Behandeln von (±)-[4-Chlor-benzhydryl]-tropan-3endo-yl-amin mit Dimethylsulfat in Äther (*Merck & Co. Inc.,* U.S.P. 2678317 [1953]; D.B.P. 1007332 [1954]). — Kristalle (aus A. + Ae.); F: 193—194°.

[8-Äthyl-nortropan-3exo-yl]-benzhydryl-amin $C_{22}H_{28}N_2$, Formel VII (R = C$_2$H$_5$, X = H).

B. Beim Erhitzen von 8-Äthyl-nortropan-3exo-yl-amin (vermutlich aus 8-Äthyl-nortropan-3-on hergestellt) mit Benzhydrylchlorid und Na$_2$CO$_3$ (*Jucker, Lindenmann,* Helv. **42** [1959] 2451, 2455).

Dihydrobromid C$_{22}$H$_{28}$N$_2$·2 HBr. Hygroskopisch.

(±)-[8-Äthyl-nortropan-3exo-yl]-[4-chlor-benzhydryl]-amin $C_{22}H_{27}ClN_2$, Formel VII (R = C$_2$H$_5$, X = Cl).

B. Beim Erhitzen von 8-Äthyl-nortropan-3exo-yl-amin (vermutlich aus 8-Äthyl-nortropan-3-on hergestellt) mit (±)-4-Chlor-benzhydrylchlorid und Na$_2$CO$_3$ (*Jucker, Lindenmann,* Helv. **42** [1959] 2451, 2455).

Dihydrobromid C$_{22}$H$_{27}$ClN$_2$·2 HBr·H$_2$O. Hygroskopisch; F: 213—216°.

8ξ-Äthyl-3endo-benzhydrylamino-8ξ-methyl-nortropanium $[C_{23}H_{31}N_2]^+$, Formel VIII (R = C$_2$H$_5$, X = H).

Jodid [C$_{23}$H$_{31}$N$_2$]I. *B.* Beim Behandeln von Benzhydryl-tropan-3endo-yl-amin mit Äthyljodid in Äther (*Merck & Co. Inc.,* U.S.P. 2678317 [1953]; D.B.P. 1007332 [1954]). — Kristalle (aus A. + Ae.); F: 249—250°.

(±)-[4-Methyl-benzhydryl]-tropan-3endo-yl-amin $C_{22}H_{28}N_2$, Formel VI (X = CH$_3$).

B. Bei der Hydrierung von Tropan-3-on und (±)-4-Methyl-benzhydrylamin-hydrochlorid an Platin in Äthanol (*Merck & Co. Inc.,* U.S.P. 2678317 [1953]; D. B. P. 1007332 [1954]).

Hydrochlorid. Kristalle (aus A. + E.). Wasserhaltige Kristalle (aus H$_2$O); F: 175° bis 177°.

(±)-[[1]Naphthyl-phenyl-methyl]-tropan-3exo-yl-amin $C_{25}H_{28}N_2$, Formel IX.

B. Beim Erhitzen von Tropan-3exo-ylamin mit (±)-Chlor-[1]naphthyl-phenyl-methan und Na_2CO_3 auf 125—130° (*Jucker, Lindenmann*, Helv. **42** [1959] 2451, 2455, 2457).

Dihydrobromid $C_{25}H_{28}N_2 \cdot 2$ HBr. Hygroskopische Kristalle (aus Acn. + Me. + Ae.) mit 2 Mol H_2O; F: 203—205° [Zers.].

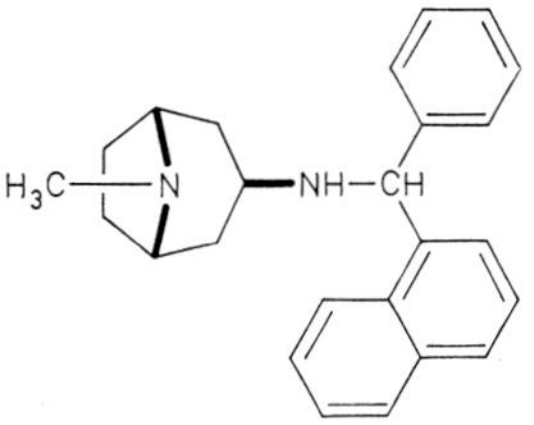

IX 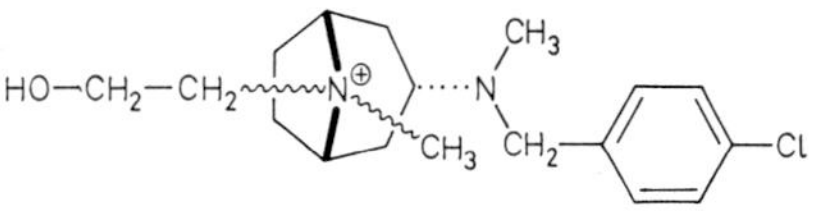   X

3endo-[(4-Chlor-benzyl)-methyl-amino]-8ξ-[2-hydroxy-äthyl]-8ξ-methyl-nortropanium(?) $[C_{18}H_{28}ClN_2O]^+$, vermutlich Formel X.

Bromid $[C_{18}H_{28}ClN_2O]Br$. B. Beim Behandeln von [4-Chlor-benzyl]-methyl-tropan-3endo-yl-amin mit 2-Brom-äthanol in Acetonitril und Äther (*Sterling Drug Inc.*, U.S.P. 2798874 [1955]). — Kristalle (aus Isopropylalkohol); F: 219—221°.

3endo(?)-Pyrrolidino-tropan $C_{12}H_{22}N_2$, vermutlich Formel XI.

B. Beim Hydrieren von 3-Pyrrolidino-trop-2-en an Platin in Cyclohexan (*Tschesche, Snatzke*, B. **90** [1957] 579, 585).

Kp_{14}: 141°.

Dihydrochlorid $C_{12}H_{22}N_2 \cdot 2$ HCl. Kristalle (aus Isopropylalkohol); F: 313—316° [Zers.; geschlossene Kapillare] bzw. Zers. ab 285° [unter teilweiser Sublimation; nach Sintern bei 215° und Änderung der Kristallform bei 245—250°; Kofler-App.].

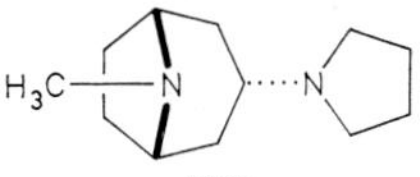

XI 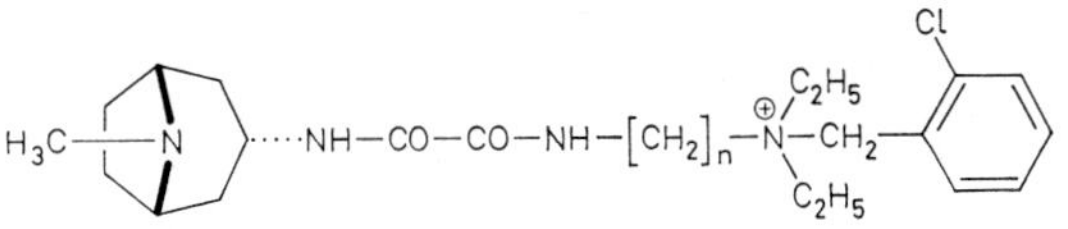   XII

Diäthyl-[2-chlor-benzyl]-[2-(tropan-3endo-ylaminooxalyl-amino)-äthyl]-ammonium $[C_{23}H_{36}ClN_4O_2]^+$, Formel XII (n = 2).

Chlorid $[C_{23}H_{36}ClN_4O_2]Cl$. B. Beim Erwärmen von Tropan-3endo-ylamin mit [2-Äthoxyoxalylamino-äthyl]-diäthyl-[2-chlor-benzyl]-ammonium-chlorid in Äthanol (*Sterling Drug Inc.*, U.S.P. 2857390 [1955]). — F: 160°.

Diäthyl-[2-chlor-benzyl]-[3-(tropan-3endo-ylaminooxalyl-amino)-propyl]-ammonium $[C_{24}H_{38}ClN_4O_2]^+$, Formel XII (n = 3).

Chlorid $[C_{24}H_{38}ClN_4O_2]Cl$. B. Beim Erwärmen von Tropan-3endo-ylamin mit [3-Äthoxyoxalylamino-propyl]-diäthyl-[2-chlor-benzyl]-ammonium-chlorid in Äthanol (*Sterling Drug Inc.*, U.S.P. 2857390 [1955]). — Bei ca. 146° [korr.] sinternd.

N,N'-Di-tropan-3exo-yl-malonamid $C_{19}H_{32}N_4O_2$, Formel XIII (R = H).

B. Beim Behandeln von Tropan-3exo-ylamin mit Malonylchlorid in Benzol (*Saul & Co.*, U.S.P. 2800483 [1955]; s. a. *Stoll et al.*, Helv. **38** [1955] 559, 564).

Kristalle (aus Me. + Ae.); Zers. bei 258—264°.

Dihydrochlorid $C_{19}H_{32}N_4O_2 \cdot 2$ HCl. Hygroskopische Kristalle (aus Me.) mit 2 Mol H_2O; Zers. >250°.

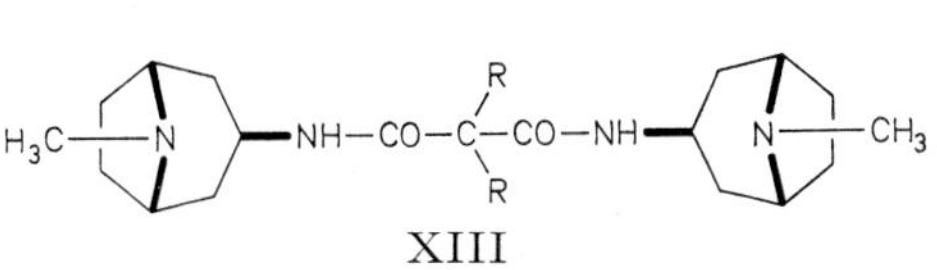

XIII

Diphenylmalonsäure-bis-tropan-3-ylamid $C_{31}H_{40}N_4O_2$.

a) **Diphenylmalonsäure-bis-tropan-3endo-ylamid** $C_{31}H_{40}N_4O_2$, Formel XIV.

B. Beim Behandeln von Tropan-3endo-ylamin mit Diphenylmalonylchlorid und Tri=
äthylamin in CHCl₃ (*Saul & Co.*, U.S.P. 2800483 [1955]).

Kristalle (aus Ae.); F: 136—138°.

b) **Diphenylmalonsäure-bis-tropan-3exo-ylamid** $C_{31}H_{40}N_4O_2$, Formel XIII (R = C₆H₅).

B. Beim Behandeln von Tropan-3exo-ylamin mit Diphenylmalonylchlorid und Tri=
äthylamin in CHCl₃ (*Saul & Co.*, U.S.P. 2800483 [1955]).

Kristalle (aus Ae.); F: 136—137°.

XIV   XV

Tropan-3-yl-carbamidsäure-äthylester $C_{11}H_{20}N_2O_2$.

a) **Tropan-3endo-yl-carbamidsäure-äthylester** $C_{11}H_{20}N_2O_2$, Formel XV.

B. Beim Behandeln von Tropan-3endo-ylamin mit Chlorokohlensäure-äthylester und Tri=
äthylamin in Benzol (*Saul & Co.*, U.S.P. 2800483 [1955]; *Stoll et al.*, Helv. **38** [1955]
559, 563).

Hydrochlorid $C_{11}H_{20}N_2O_2\cdot HCl$. Hygroskopische Kristalle (aus A. + Acn.); mit
1 Mol H₂O; F: 211—214° [Zers.].

b) **Tropan-3exo-yl-carbamidsäure-äthylester** $C_{11}H_{20}N_2O_2$, Formel I (X = O-C₂H₅).

B. Beim Behandeln von Tropan-3exo-ylamin mit Chlorokohlensäure-äthylester und
Triäthylamin in Benzol (*Saul & Co.*, U.S.P. 2800483 [1955]; *Stoll et al.*, Helv. **38** [1955]
559, 565).

Kristalle (aus Hexan); F: 93—94°.

Hydrochlorid $C_{11}H_{20}N_2O_2\cdot HCl$. Kristalle (aus Me. + Ae.); F: 240—241°.

N,N-Dimethyl-N'-tropan-3exo-yl-harnstoff $C_{11}H_{21}N_3O$, Formel I (X = N(CH₃)₂).

B. Beim Behandeln von Tropan-3exo-ylamin mit Dimethylcarbamoylchlorid und Tri=
äthylamin in Benzol (*Stoll et al.*, Helv. **38** [1955] 559, 565, 569).

Kristalle (aus CH₂Cl₂ + Ae.); F: 145—146°.

Hydrochlorid $C_{11}H_{21}N_3O\cdot HCl$. Kristalle (aus CHCl₃ + Acn.) mit 1 Mol H₂O; das
wasserfreie Salz schmilzt bei 224° [Zers.] und nimmt an der Luft rasch 1 Mol H₂O auf.

I   II

N,N'-Di-tropan-3-yl-harnstoff $C_{17}H_{30}N_4O$.

a) **N,N'-Di-tropan-3endo-yl-harnstoff** $C_{17}H_{30}N_4O$, Formel II.

B. Analog dem unter b) beschriebenen Stereoisomeren (*Stoll et al.*, Helv. **38** [1955]
559, 564).

Kristalle (aus Me. + Ae.); F: 220—230° [Zers.].

Dihydrochlorid $C_{17}H_{30}N_4O\cdot 2$ HCl. Kristalle (aus Me. + Ae.) mit 2 Mol H₂O; F:
>300°.

b) **N,N'-Di-tropan-3exo-yl-harnstoff** $C_{17}H_{30}N_4O$, Formel III.

B. Beim Behandeln von Tropan-3exo-ylamin mit COCl₂ in Benzol bei 50° (*Stoll et al.*,
Helv. **38** [1955] 559, 565, 570).

Kristalle (aus CH₂Cl₂ + Ae.); F: 200—210° [Zers.].

Dihydrochlorid $C_{17}H_{30}N_4O\cdot 2$ HCl. Kristalle (aus Me. + Ae.); F: >330° [Zers.].

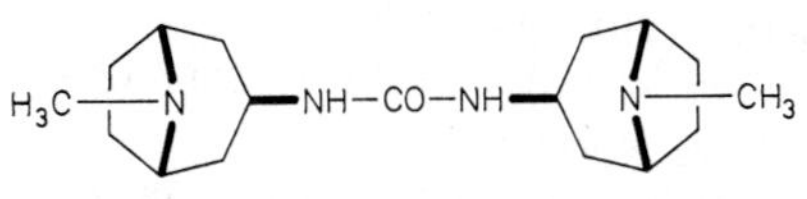

III 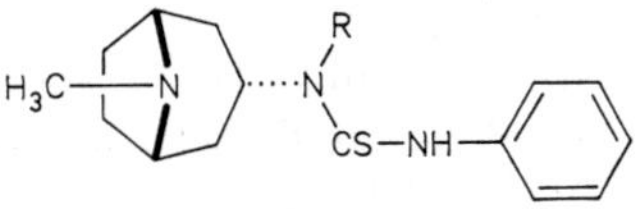   IV

N-Phenyl-*N'*-tropan-3-yl-thioharnstoff $C_{15}H_{21}N_3S$.

a) *N*-Phenyl-*N'*-tropan-3*endo*-yl-thioharnstoff $C_{15}H_{21}N_3S$, Formel IV (R = H) (H 426).

Die Einheitlichkeit des H 426 beschriebenen Präparats ist zweifelhaft (*Stoll et al.*, Helv. **38** [1955] 559, 560; s. a. *Archer et al.*, Am. Soc. **79** [1957] 4194, 4196 Anm. 21).

Kristalle (aus E.); F: 160—161° [korr.] (*Ar. et al.*), 153—154° (*St. et al.*, l. c. S. 562).

b) *N*-Phenyl-*N'*-tropan-3*exo*-yl-thioharnstoff $C_{15}H_{21}N_3S$, Formel V (H 426).

Kristalle (aus E.); F: 174,5—175° (*Archer et al.*, Am. Soc. **80** [1958] 4677, 4680).

N-Methyl-*N'*-phenyl-*N*-tropan-3*endo*-yl-thioharnstoff $C_{16}H_{23}N_3S$, Formel IV (R = CH_3).

B. Beim Behandeln von Methyl-tropan-3*endo*-yl-amin mit Phenylisothiocyanat in Methanol (*Archer et al.*, Am. Soc. **79** [1957] 4194, 4196).

Kristalle (aus E.); F: 160—161° [korr.].

N-[4-Chlor-benzyl]-*N'*-phenyl-*N*-tropan-3*endo*-yl-thioharnstoff $C_{22}H_{26}ClN_3S$, Formel IV (R = CH_2-C_6H_4-Cl(p)).

B. Beim Erhitzen von [4-Chlor-benzyl]-tropan-3*endo*-yl-amin mit Phenylisothiocyanat (*Sterling Drug Inc.*, U.S.P. 2798874 [1955]).

F: 130—132°.

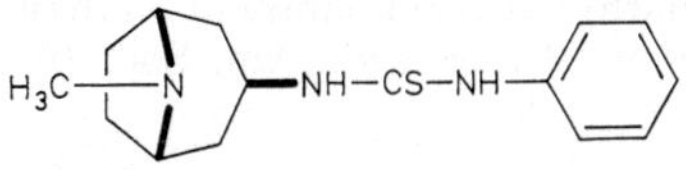

V 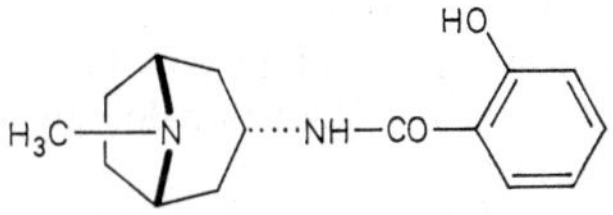   VI

Salicylsäure-tropan-3-ylamid, *N*-Tropan-3-yl-salicylamid $C_{15}H_{20}N_2O_2$.

a) Salicylsäure-tropan-3*endo*-ylamid $C_{15}H_{20}N_2O_2$, Formel VI.

B. Beim Behandeln von Tropan-3*endo*-ylamin mit Salicyloylazid in Äthylacetat (*Stoll et al.*, Helv. **38** [1955] 559, 563, 568).

Kristalle (aus A.) mit 0,25 Mol H_2O; F: 188—189°.

Hydrochlorid $C_{15}H_{20}N_2O_2 \cdot HCl$. Kristalle (aus Me. + Ae.); F: 245—251° [Zers.].

b) Salicylsäure-tropan-3*exo*-ylamid $C_{15}H_{20}N_2O_2$, Formel VII.

B. Beim Behandeln von Tropan-3*exo*-ylamin mit Salicyloylchlorid in Benzol oder mit Salicyloylazid in Äthylacetat (*Saul & Co.*, U.S.P. 2800483 [1955]).

Hydrochlorid $C_{15}H_{20}N_2O_2 \cdot HCl$. Kristalle (aus Me. + Ae.); F: 258—264° [Zers.] (*Saul & Co.*; *Stoll et al.*, Helv. **38** [1955] 559, 564).

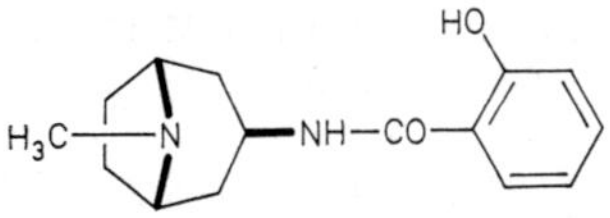

VII 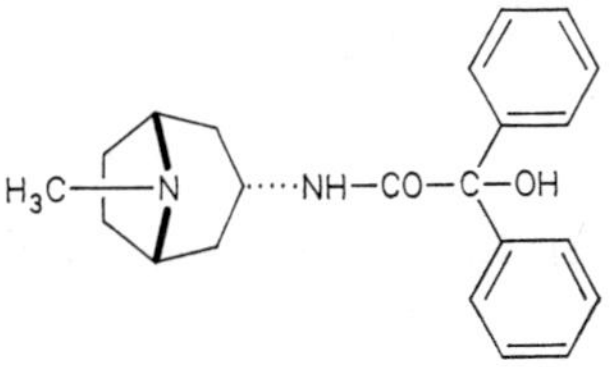   VIII

Benzilsäure-tropan-3-ylamid $C_{22}H_{26}N_2O_2$.

a) Benzilsäure-tropan-3*endo*-ylamid $C_{22}H_{26}N_2O_2$, Formel VIII.

B. Beim Behandeln von Tropan-3*endo*-ylamin mit Benziloylazid in Äther (*Stoll et al.*, Helv. **38** [1955] 559, 563, 569).

Kristalle (aus Me. + Ae.) mit 0,25 Mol H_2O; F: 201—202°.

Hydrochlorid $C_{22}H_{26}N_2O_2 \cdot HCl$. Kristalle (aus A. + Ae.); F: 225—230° [Zers.].

b) **Benzilsäure-tropan-3exo-ylamid** $C_{22}H_{26}N_2O_2$, Formel IX.

B. Analog dem unter a) beschriebenen Stereoisomeren (*Stoll et al.*, Helv. **38** [1955] 559, 564).

Kristalle (aus Me. + Ae.); F: 210—211°.

Hydrochlorid $C_{22}H_{26}N_2O_2 \cdot HCl$. Kristalle (aus Me.); F: 250—252° [Zers.].

3endo-[2-Dimethylamino-äthylamino]-tropan, N,N-Dimethyl-N'-tropan-3endo-yl-äthylendiamin $C_{12}H_{25}N_3$, Formel X (R = R' = CH_3).

B. Bei der Hydrierung von Tropan-3-on und *N,N*-Dimethyl-äthylendiamin an Platin in Äthanol (*Sterling Drug Inc.*, U.S.P. 2836598 [1954], 2845427 [1955]).

$Kp_{0,5}$: 101,5—103°. n_D: 1,4880.

         IX   X

3-[2-Diäthylamino-äthylamino]-tropan, N,N-Diäthyl-N'-tropan-3-yl-äthylendiamin $C_{14}H_{29}N_3$.

a) ***N,N-Diäthyl-N'-tropan-3endo-yl-äthylendiamin*** $C_{14}H_{29}N_3$, Formel X (R = R' = C_2H_5).

B. Beim Behandeln von Tropan-3-on mit *N,N*-Diäthyl-äthylendiamin in Methanol und Hydrieren der Reaktionslösung an Platin unter 70 at (*Archer et al.*, Am. Soc. **79** [1957] 4194, 4196).

$Kp_{0,2}$: 99—101°. n_D^{25}: 1,4842.

Dipicrat $C_{14}H_{29}N_3 \cdot 2\ C_6H_3N_3O_7$. Kristalle (aus A.); F: 168—170° [korr.].

Tripicrat $C_{14}H_{29}N_3 \cdot 3\ C_6H_3N_3O_7$. Kristalle (aus wss. DMF); F: 230—232° [korr.].

Phenylthiocarbamoyl-Derivat s. S. 3812.

b) ***N,N-Diäthyl-N'-tropan-3exo-yl-äthylendiamin*** $C_{14}H_{29}N_3$, Formel XI.

B. Als Hauptprodukt beim Erwärmen von *N,N*-Diäthyl-*N'*-tropan-3-yliden-äthylen-diamin mit Natrium und Äthanol (*Archer et al.*, Am. Soc. **79** [1957] 4194, 4197).

$Kp_{1,5}$: 117—119°. n_D^{25}: 1,4839.

Trihydrochlorid $C_{14}H_{29}N_3 \cdot 3$ HCl. Kristalle (aus A.); F: 268° [korr.; Zers.].

Phenylthiocarbamoyl-Derivat s. S. 3812.

N-Methyl-N-phenyl-N'-tropan-3endo-yl-äthylendiamin $C_{17}H_{27}N_3$, Formel X (R = C_6H_5, R' = CH_3).

B. Beim Behandeln von Tropan-3-on mit *N*-Methyl-*N*-phenyl-äthylendiamin in Äthanol und Hydrieren der Reaktionslösung an Platin (*Archer et al.*, Am. Soc. **79** [1957] 5783).

$Kp_{0,1}$: 169—171°. n_D^{25}: 1,5595.

Beim Erwärmen mit Ameisensäure und wss. Formaldehyd ist 1-Methyl-4-tropan-3endo-yl-2,3,4,5-tetrahydro-1*H*-benzo[*e*][1,4]diazepin erhalten worden.

N-Äthyl-N-phenyl-N'-tropan-3endo-yl-äthylendiamin $C_{18}H_{29}N_3$, Formel X (R = C_6H_5, R' = C_2H_5).

B. Beim Behandeln von Tropan-3-on mit *N*-Äthyl-*N*-phenyl-äthylendiamin in Äthanol und Hydrieren der Reaktionslösung an Platin (*Archer et al.*, Am. Soc. **79** [1957] 5783).

$Kp_{0,25}$: 164—165°. n_D^{25}: 1,5551.

N-Methyl-N-p-tolyl-N'-tropan-3endo-yl-äthylendiamin $C_{18}H_{29}N_3$, Formel XII (R = CH_3).

B. Beim Behandeln von Tropan-3-on mit *N*-Methyl-*N*-*p*-tolyl-äthylendiamin in Äthanol und Hydrieren der Reaktionslösung an Platin unter 70 at (*Archer et al.*, Am. Soc. **79**

[1957] 5783).

$Kp_{0,3}$: $164-167°$. n_D^{25}: $1,5533$.

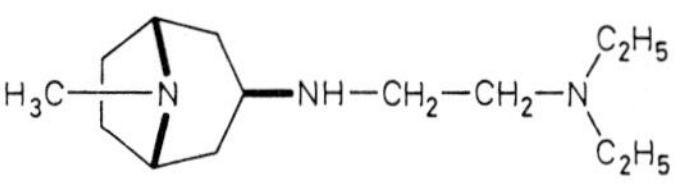

            XI 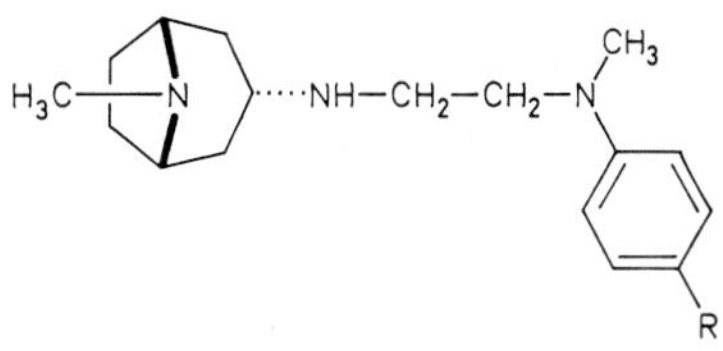   XII

[2-Pyrrolidino-äthyl]-tropan-3endo-yl-amin $C_{14}H_{27}N_3$, Formel XIII.

B. Bei der Hydrierung von Tropan-3-on und 2-Pyrrolidino-äthylamin an Platin in Äthanol (*Sterling Drug Inc.*, U.S.P. 2836598 [1964], 2845427 [1955]).

$Kp_{0,5}$: $130-135°$.

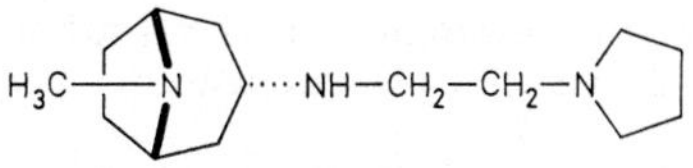

            XIII 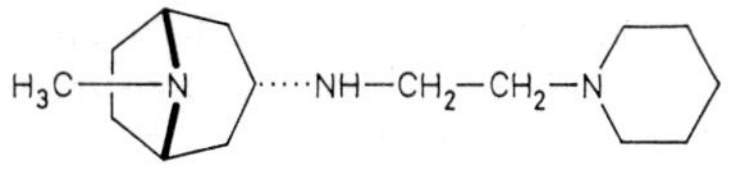   XIV

[2-Piperidino-äthyl]-tropan-3endo-yl-amin $C_{15}H_{29}N_3$, Formel XIV.

B. Bei der Hydrierung von Tropan-3-on und 2-Piperidino-äthylamin an Platin in Äthanol (*Sterling Drug Inc.*, U.S.P. 2836598 [1954], 2845427 [1955]).

$Kp_{0,5}$: $132-133°$.

Trihydrochlorid. Kristalle (aus A.); F: $275-277°$.

N-[4-Methoxy-phenyl]-N-methyl-N′-tropan-3endo-yl-äthylendiamin $C_{18}H_{29}N_3O$, Formel XII (R = O-CH₃).

B. Bei der Hydrierung von Tropan-3-on und N-[4-Methoxy-phenyl]-N-methyl-äthylendiamin an Platin in Äthanol (*Sterling Drug Inc.*, U.S.P. 2845427 [1955], 2902490 [1957]).

$Kp_{0,5}$: $179-183°$. n_D^{24}: $1,5560$.

N,N′-Di-tropan-3endo-yl-äthylendiamin $C_{18}H_{34}N_4$, Formel I.

B. Beim Hydrieren von Tropan-3-on und Äthylendiamin an Platin in Äthanol (*Sterling Drug Inc.*, U.S.P. 2836598 [1954], 2845427 [1955]).

$Kp_{0,6}$: $178-181°$.

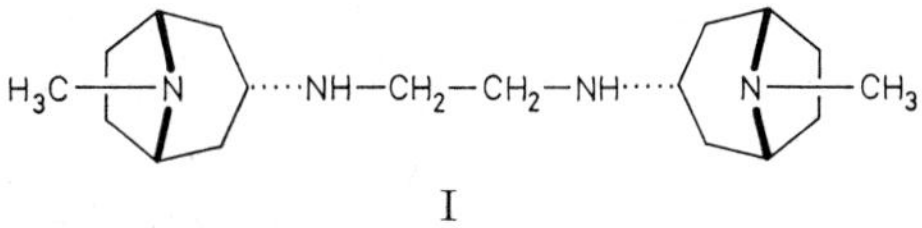

            I 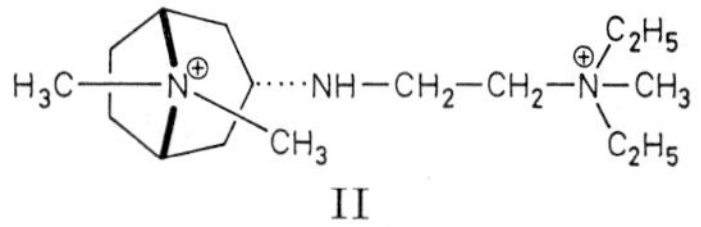   II

1-[Diäthyl-methyl-ammonio]-2-[8,8-dimethyl-nortropanium-3-ylamino]-äthan, 3-[2-(Diäthyl-methyl-ammonio)-äthylamino]-8,8-dimethyl-nortropanium $[C_{16}H_{35}N_3]^{2+}$.

a) **3endo-[2-(Diäthyl-methyl-ammonio)-äthylamino]-8,8-dimethyl-nortropanium** $[C_{16}H_{35}N_3]^{2+}$, Formel II.

Dibromid $[C_{16}H_{35}N_3]Br_2$. *B.* Beim Behandeln von N,N-Diäthyl-N′-tropan-3endo-yl-äthylendiamin mit CH₃Br in Methanol (*Sterling Drug Inc.*, U.S.P. 2836598 [1954], 2845427 [1955]). — Kristalle (aus Me.); F: $289-290°$ [Zers.].

Dijodid $[C_{16}H_{35}N_3]I_2$. *B.* Beim Behandeln von N,N-Diäthyl-N′-tropan-3endo-yl-äthylendiamin mit CH₃I in Äthanol (*Archer et al.*, Am. Soc. **79** [1957] 4194, 4197). — Kristalle (aus wss. A.); F: $265-266°$ [korr.].

b) **3exo-[2-(Diäthyl-methyl-ammonio)-äthylamino]-8,8-dimethyl-nortropanium** $[C_{16}H_{35}N_3]^{2+}$, Formel III.

Dijodid $[C_{16}H_{35}N_3]I_2$. *B.* Beim Behandeln von N,N-Diäthyl-N′-tropan-3exo-yl-äthylen=

diamin mit CH_3I in Äthanol (*Archer et al.*, Am. Soc. **79** [1957] 4194, 4197). — Kristalle (aus Me.); F: 270,5—271,5° [korr.].

III   IV

3endo-[2-(N-Äthyl-anilino)-äthylamino]-8,8-dimethyl-nortropanium $[C_{19}H_{32}N_3]^+$, Formel IV.

Jodid $[C_{19}H_{32}N_3]I$. *B.* Beim Behandeln von *N*-Äthyl-*N*-phenyl-*N'*-tropan-3*endo*-yl-äthylendiamin mit CH_3I in Äthanol (*Sterling Drug Inc.*, U.S.P. 2836598 [1954], 2845427 [1955]). — Kristalle (aus Me.); F: 226—228° [Zers.].

1-[8,8-Dimethyl-nortropanium-3endo-ylamino]-2-[1-methyl-pyrrolidinium-1-yl]-äthan, 8,8-Dimethyl-3endo-[2-(1-methyl-pyrrolidinium-1-yl)-äthylamino]-nortropanium $[C_{16}H_{33}N_3]^{2+}$, Formel V.

Dijodid $[C_{16}H_{33}N_3]I_2$. *B.* Beim Behandeln von [2-Pyrrolidino-äthyl]-tropan-3*endo*-yl-amin mit CH_3I in Äthanol (*Sterling Drug Inc.*, U.S.P. 2836598 [1954], 2845427 [1955]). — Kristalle (aus Me.); F: 290—293° [Zers.].

V   VI

1-[8,8-Dimethyl-nortropanium-3endo-ylamino]-2-[1-methyl-piperidinium-1-yl]-äthan, 8,8-Dimethyl-3endo-[2-(1-methyl-piperidinium-1-yl)-äthylamino]-nortropanium $[C_{17}H_{35}N_3]^{2+}$, Formel VI.

Dijodid $[C_{17}H_{35}N_3]I_2$. *B.* Beim Behandeln von [2-Piperidino-äthyl]-tropan-3*endo*-yl-amin mit CH_3I in Äthanol (*Sterling Drug Inc.*, U.S.P. 2836598 [1954], 2845427 [1955]). — Kristalle (aus A.); F: 293° [Zers.].

3endo-[2-Diäthylamino-äthylamino]-8-phenyl-nortropan, N,N-Diäthyl-N'-[8-phenyl-nortropan-3endo-yl]-äthylendiamin $C_{19}H_{31}N_3$, Formel VII.

B. Bei der Hydrierung von 8-Phenyl-nortropan-3-on und *N*,*N*-Diäthyl-äthylendiamin an Platin in Äthanol (*Sterling Drug Inc.*, U.S.P. 2836598 [1954], 2845427 [1955]). $Kp_{0,2}$: 153—168°.

Phenylthiocarbamoyl-Derivat s. S. 3812.

8-Benzyl-3endo-[2-diäthylamino-äthylamino]-nortropan, N,N-Diäthyl-N'-[8-benzyl-nortropan-3endo-yl]-äthylendiamin $C_{20}H_{33}N_3$, Formel VIII (X = X' = H).

B. Bei der Hydrierung von 8-Benzyl-nortropan-3-on und *N*,*N*-Diäthyl-äthylendiamin an Platin in Äthanol (*Sterling Drug Inc.*, U.S.P. 2836598 [1954], 2845427 [1955]). $Kp_{0,25}$: 161—168°. n_D^{25}: 1,5235.

Trihydrochlorid $C_{20}H_{33}N_3 \cdot 3$ HCl. Kristalle (aus Me.); F: 264—266° [Zers.]. Phenylthiocarbamoyl-Derivat s. S. 3812.

8-[2-Chlor-benzyl]-3endo-[2-diäthylamino-äthylamino]-nortropan, N,N-Diäthyl-N'-[8-(2-chlor-benzyl)-nortropan-3endo-yl]-äthylendiamin $C_{20}H_{32}ClN_3$, Formel VIII (X = Cl, X' = H).

B. Bei der Hydrierung von 8-[2-Chlor-benzyl]-nortropan-3-on und *N*,*N*-Diäthyl-äthylendiamin an Platin in Äthanol (*Sterling Drug Inc.*, U.S.P. 2836598 [1954], 2845427 [1955]).

Phenylthiocarbamoyl-Derivat s. S. 3812.

VII   VIII

8-[4-Chlor-benzyl]-3*endo*-[2-diäthylamino-äthylamino]-nortropan, *N,N*-Diäthyl-
N'-[8-(4-chlor-benzyl)-nortropan-3*endo*-yl]-äthylendiamin C$_{20}$H$_{32}$ClN$_3$, Formel VIII
(X = H, X' = Cl).

B. Bei der Hydrierung von 8-[4-Chlor-benzyl]-nortropan-3-on und *N,N*-Diäthyl-
äthylendiamin an Platin in Äthanol (*Sterling Drug Inc.*, U.S.P. 2 836 598 [1954], 2 845 427
[1955]).

Trihydrochlorid C$_{20}$H$_{32}$ClN$_3$·3 HCl. Kristalle (aus A.); F: 273—275°.

**8-[2-Chlor-benzyl]-3*endo*-[2-pyrrolidino-äthylamino]-nortropan, [8-(2-Chlor-benzyl)-
nortropan-3*endo*-yl]-[2-pyrrolidino-äthyl]-amin** C$_{20}$H$_{30}$ClN$_3$, Formel IX.

B. Bei der Hydrierung von 8-[2-Chlor-benzyl]-nortropan-3-on und 2-Pyrrolidino-äthyl⁼
amin an Platin in Äthanol (*Sterling Drug Inc.*, U.S.P. 2 845 427 [1955]).

Trihydrochlorid C$_{20}$H$_{30}$ClN$_3$·3 HCl. Kristalle (aus A.); F: 253° [Zers.].

**1-[8ξ-Benzyl-8ξ-methyl-nortropanium-3*endo*-ylamino]-2-[diäthyl-methyl-ammonio]-
äthan, 8ξ-Benzyl-3*endo*-[2-(diäthyl-methyl-ammonio)-äthylamino]-8ξ-methyl-
nortropanium** [C$_{22}$H$_{39}$N$_3$]$^{2+}$, Formel X (X = X' = H).

Dijodid [C$_{22}$H$_{39}$N$_3$]I$_2$. *B.* Beim Behandeln von *N,N*-Diäthyl-*N'*-[8-benzyl-nortropan-
3*endo*-yl]-äthylendiamin mit CH$_3$I in Acetonitril und Äthanol (*Sterling Drug Inc.*, U.S.P.
2 836 598 [1954], 2 845 427 [1955]). — Kristalle (aus Me.); F: 255—257°.

**1-[8ξ-(2-Chlor-benzyl)-8ξ-methyl-nortropanium-3*endo*-ylamino]-2-[diäthyl-methyl-
ammonio]-äthan, 8ξ-[2-Chlor-benzyl]-3*endo*[2-(diäthyl-methyl-ammonio)-äthylamino]-
8ξ-methyl-nortropanium** [C$_{22}$H$_{38}$ClN$_3$]$^{2+}$, Formel X (X = Cl, X' = H).

Dibromid [C$_{22}$H$_{38}$ClN$_3$]Br$_2$. Kristalle (aus A. + Acn.); F: 228—230,5° (*Sterling Drug
Inc.*, U.S.P. 2 845 427 [1955]).

Dijodid [C$_{22}$H$_{38}$ClN$_3$]I$_2$. *B.* Beim Behandeln von *N,N*-Diäthyl-*N'*-[8-(2-chlor-benzyl)-
nortropan-3*endo*-yl]-äthylendiamin mit CH$_3$I in Acetonitril und Äthanol (*Sterling Drug
Inc.*, U.S.P. 2 836 598 [1954], 2 845 427 [1955]). — Kristalle (aus Me.); F: 232—234°.

IX   X

**1-[Diäthyl-methyl-ammonio]-2-[8ξ-(2,4-dichlor-benzyl)-8ξ-methyl-nortropanium-
3*endo*-ylamino]-äthan, 3*endo*-[2-(Diäthyl-methyl-ammonio)-äthylamino]-8ξ-[2,4-dichlor-
benzyl]-8ξ-methyl-nortropanium** [C$_{22}$H$_{37}$Cl$_2$N$_3$]$^{2+}$, Formel X (X = X' = Cl).

Dijodid [C$_{22}$H$_{37}$Cl$_2$N$_3$]I$_2$. *B.* Bei der Hydrierung von 8-[2,4-Dichlor-benzyl]-nortropan-
3-on und *N,N*-Diäthyl-äthylendiamin an Platin in Äthanol und Erwärmen des Reaktionsprodukts mit CH$_3$I in Äthanol (*Sterling Drug Inc.*, U.S.P. 2 845 427 [1955]). — Kristalle
(aus Me.); F: 237—239°.

**1-[8ξ-(2-Chlor-benzyl)-8ξ-methyl-nortropanium-3*endo*-ylamino]-2-[1-methyl-
pyrrolidinium-1-yl]-äthan, 8ξ-[2-Chlor-benzyl]-8ξ-methyl-3*endo*-[2-(1-methyl-
pyrrolidinium-1-yl)-äthylamino]-nortropanium** [C$_{22}$H$_{36}$ClN$_3$]$_2$$^+$, Formel XI.

Dijodid [C$_{22}$H$_{36}$ClN$_3$]I$_2$. *B.* Beim Erwärmen von [8-(2-Chlor-benzyl)-nortropan-3*endo*-
yl]-[2-pyrrolidino-äthyl]-amin mit CH$_3$I in Äthanol (*Sterling Drug Inc.*, U.S.P. 2 845 427
[1955]). — Kristalle (aus Me.); F: 218—220° [Zers.].

3endo-[2-Diäthylamino-äthylamino]-8-[2-methoxy-benzyl]-nortropan, N,N-Diäthyl-N'-[8-(2-methoxy-benzyl)-nortropan-3endo-yl]-äthylendiamin $C_{21}H_{35}N_3O$, Formel VIII (X = O-CH$_3$, X' = H).

B. Bei der Hydrierung von 8-[2-Methoxy-benzyl]-nortropan-3-on und N,N-Diäthyl-äthylendiamin an Platin in Äthanol (*Sterling Drug Inc.*, U.S.P. 2836598 [1954], 2845427 [1955]).

Trihydrochlorid. Kristalle (aus A.); F: 248—251°.

1-[Diäthyl-methyl-ammonio]-2-[8ξ-(2-methoxy-benzyl)-8ξ-methyl-nortropanium-3endo-ylamino]-äthan, 3endo-[2-(Diäthyl-methyl-ammonio)-äthylamino]-8ξ-[2-methoxy-benzyl]-8ξ-methyl-nortropanium $[C_{23}H_{41}N_3O]^{2+}$, Formel X (X = O-CH$_3$, X' = H).

Dijodid $[C_{23}H_{41}N_3O]I_2$. B. Beim Behandeln von N,N-Diäthyl-N'-[8-(2-methoxy-benzyl)-nortropan-3endo-yl]-äthylendiamin mit CH$_3$I in Acetonitril (*Sterling Drug Inc.*, U.S.P. 2836598 [1954], 2845427 [1955]). — Kristalle (aus Me.); F: 218,5—221,5°.

3endo-[2-Diäthylamino-äthylamino]-8-[4-methoxy-benzyl]-nortropan, N,N-Diäthyl-N'-[8-(4-methoxy-benzyl)-nortropan-3endo-yl]-äthylendiamin $C_{21}H_{35}N_3O$, Formel VIII (X = H, X' = O-CH$_3$).

B. Bei der Hydrierung von 8-[4-Methoxy-benzyl]-nortropan-3-on und N,N-Diäthyl-äthylendiamin an Platin in Äthanol (*Sterling Drug Inc.*, U.S.P. 2836598 [1954], 2845427 [1955]).

Trihydrochlorid $C_{21}H_{35}N_3O \cdot 3$ HCl. Kristalle (aus Me.); F: 277—278° [Zers.].

1-[Diäthyl-methyl-ammonio]-2-[8ξ-(4-methoxy-benzyl)-8ξ-methyl-nortropanium-3endo-ylamino]-äthan, 3endo-[2-(Diäthyl-methyl-ammonio)-äthylamino]-8ξ-[4-methoxy-benzyl]-8ξ-methyl-nortropanium $[C_{23}H_{41}N_3O]^{2+}$, Formel X (X = H, X' = O-CH$_3$).

Dijodid $[C_{23}H_{41}N_3O]I_2$. B. Beim Behandeln von N,N-Diäthyl-N'-[8-(4-methoxy-benzyl)-nortropan-3endo-yl]-äthylendiamin mit CH$_3$I in Acetonitril (*Sterling Drug Inc.*, U.S.P. 2836598 [1954], 2845427 [1955]). — Kristalle (aus Me.); F: 229—230°.

XI   XII

3endo-[2-Diäthylamino-äthylamino]-8-[2,3-dimethoxy-benzyl]-nortropan, N,N-Diäthyl-N'-[8-(2,3-dimethoxy-benzyl)-nortropan-3endo-yl]-äthylendiamin $C_{22}H_{37}N_3O_2$, Formel XII.

B. Bei der Hydrierung von 8-[2,3-Dimethoxy-benzyl]-nortropan-3-on und N,N-Diäthyl-äthylendiamin an Platin in Äthanol (*Sterling Drug Inc.*, U.S.P. 2836598 [1954], 2845427 [1955]).

Trihydrochlorid $C_{22}H_{37}N_3O_2 \cdot 3$ HCl. Kristalle (aus A.); F: 234—237°.

Bis-methojodid $[C_{24}H_{43}N_3O_2]I_2$; 3endo-[2-(Diäthyl-methyl-ammonio)-äthylamino]-8ξ-[2,3-dimethoxy-benzyl]-8ξ-methyl-nortropanium-dijodid. Kristalle (aus Me.); F: 226—228°.

N,N,N'-Trimethyl-N'-tropan-3endo-yl-äthylendiamin $C_{13}H_{27}N_3$, Formel XIII (R = R' =CH$_3$).

B. Beim Erwärmen von N,N-Dimethyl-N'-tropan-3endo-yl-äthylendiamin mit Ameisensäure und wss. Formaldehyd (*Sterling Drug Inc.*, U.S.P. 2836598 [1954], 2845427 [1955]).

$Kp_{1,2}$: 104—107°. n_D^{25}: 1,4900—1,4909.

N,N-Diäthyl-N'-methyl-N'-tropan-3endo-yl-äthylendiamin $C_{15}H_{31}N_3$, Formel XIII (R = R' = C$_2$H$_5$).

B. Beim Erwärmen von N,N-Diäthyl-N'-tropan-3endo-yl-äthylendiamin mit Ameisensäure und wss. Formaldehyd (*Archer et al.*, Am. Soc. **79** [1957] 4194, 4198).

$Kp_{0,9}$: 120—124°. n_D^{25}: 1,4873.

Trihydrobromid $C_{15}H_{31}N_3 \cdot 3$ HBr. Hygroskopische Kristalle (aus Me.); F: ca. 135—145°.

N,N'-Dimethyl-N-phenyl-N'-tropan-3endo-yl-äthylendiamin $C_{18}H_{29}N_3$, Formel XIII ($R = C_6H_5$, $R' = CH_3$).

B. Beim Behandeln von N-[2-(N-Methyl-anilino)-äthyl]-N-tropan-3endo-yl-formamid mit LiAlH$_4$ in Äther (*Archer et al.*, Am. Soc. **79** [1957] 5783).

Kp$_{0,1}$: 165—168°. n$_D^{25}$: 1,5560.

N-Äthyl-N'-methyl-N-phenyl-N'-tropan-3endo-yl-äthylendiamin $C_{19}H_{31}N_3$, Formel XIII ($R = C_6H_5$, $R' = C_2H_5$).

B. Beim Behandeln von N-[2-(N-Äthyl-anilino)-äthyl]-N-tropan-3endo-yl-formamid mit LiAlH$_4$ in Äther (*Archer et al.*, Am. Soc. **79** [1957] 5783).

Kp$_{1,5}$: 182—187°. n$_D^{25}$: 1,5518.

XIII   XIV   XV

N,N'-Dimethyl-N-p-tolyl-N'-tropan-3endo-yl-äthylendiamin $C_{19}H_{31}N_3$, Formel XIII ($R = C_6H_4\text{-}CH_3(p)$, $R' = CH_3$).

B. Beim Behandeln von N-[2-(N-Methyl-p-toluidino)-äthyl]-N-tropan-3endo-yl-formamid mit LiAlH$_4$ in Äther (*Sterling Drug Inc.*, U.S.P. 2845427 [1955]).

Kp$_{0,5}$: 174—176°. n$_D^{24}$: 1,5508—1,5510.

Hydrochlorid. F: 168°.

Picrat. F: 188° [Zers.].

Methyl-[2-pyrrolidino-äthyl]-tropan-3endo-yl-amin $C_{15}H_{29}N_3$, Formel XIV.

B. Beim Erwärmen von [2-Pyrrolidino-äthyl]-tropan-3endo-yl-amin mit Ameisensäure und wss. Formaldehyd (*Sterling Drug Inc.*, U.S.P. 2836598 [1954], 2845427 [1955]).

Kp$_{0,3}$: 122—124. n$_D^{24}$: 1,5055—1,5060.

Methyl-[2-piperidino-äthyl]-tropan-3endo-yl-amin $C_{16}H_{31}N_3$, Formel XV.

B. Beim Erwärmen von [2-Piperidino-äthyl]-tropan-3endo-yl-amin mit Ameisensäure und wss. Formaldehyd (*Sterling Drug Inc.*, U.S.P. 2836598 [1954], 2845427 [1955]).

Kp$_{0,07}$: 118,5—126°.

Trihydrobromid $C_{16}H_{31}N_3 \cdot 3$ HBr. F: 220—224,5°.

N-[4-Methoxy-phenyl]-N,N'-dimethyl-N'-tropan-3endo-yl-äthylendiamin $C_{19}H_{31}N_3O$, Formel XIII ($R = C_6H_4\text{-}O\text{-}CH_3(p)$, $R' = CH_3$).

B. Beim Behandeln von N-[2-(N-Methyl-p-anisidino)-äthyl]-N-tropan-3endo-yl-formamid mit LiAlH$_4$ in Äther (*Sterling Drug Inc.*, U.S.P. 2854427 [1955]).

Kp$_{0,1}$: 162—166°. n$_D^{25}$: 1,5518.

Picrat. F: 205—207° [Zers.].

N,N'-Dimethyl-N,N'-di-tropan-3endo-yl-äthylendiamin $C_{20}H_{38}N_4$, Formel I.

B. Beim Erwärmen von N,N'-Bis-tropan-3endo-yl-äthylendiamin mit Ameisensäure und wss. Formaldehyd (*Sterling Drug Inc.*, U.S.P. 2836598 [1954], 2845427 [1955]).

Kp$_{1,5}$: 192—200°.

Bis-methojodid $[C_{22}H_{44}N_4]I_2$; N,N'-Dimethyl-N,N'-bis-[8,8-dimethyl-nor=tropanium-3endo-yl]-äthylendiamin. Kristalle (aus Me.); F: 273—274° [Zers.].

1-[(8,8-Dimethyl-nortropanium-3endo-yl)-methyl-amino]-2-trimethylammonio-äthan,
8,8-Dimethyl-3endo-[methyl-(2-trimethylammonio-äthyl)-amino]-nortropanium
$[C_{15}H_{33}N_3]^{2+}$, Formel II ($R = R' = CH_3$).

Dijodid $[C_{15}H_{33}N_3]I_2$. B. Beim Behandeln von N,N,N'-Trimethyl-N'-tropan-3endo-yl-äthylendiamin mit CH_3I in Äthanol (*Sterling Drug Inc.*, U.S.P. 2 836 598 [1954], 2 845 427 [1955]). — Kristalle (aus Me.); F: 238—241° [Zers.].

1-[Diäthyl-methyl-ammonio]-2-[(8,8-dimethyl-nortropanium-3*endo*-yl)-methyl-amino]-äthan, 3*endo*-{[2-(Diäthyl-methyl-ammonio)-äthyl]-methyl-amino}-8,8-dimethyl-nortropanium $[C_{17}H_{37}N_3]^{2+}$, Formel II ($R = R' = C_2H_5$).

Dibromid $[C_{17}H_{37}N_3]Br_2$. *B.* Beim Behandeln von N,N-Diäthyl-N'-methyl-N'-tropan-3*endo*-yl-äthylendiamin mit CH_3Br in Acetonitril (*Archer et al.*, Am. Soc. **79** [1957] 4194, 4198). — Kristalle (aus Isopropylalkohol); F: 230—232° [korr.; Zers.].

Dijodid $[C_{17}H_{37}N_3]I_2$. *B.* Beim Behandeln von N,N-Diäthyl-N'-methyl-N'-tropan-3*endo*-yl-äthylendiamin mit CH_3I in Äthanol (*Sterling Drug Inc.*, U.S.P. 2 836 598 [1954], 2 845 427 [1955]). — Kristalle (aus Me.); F: 242—244°.

I   II

1-[(8,8-Dimethyl-nortropanium-3*endo*-yl)-methyl-amino]-2-[dimethyl-phenyl-ammonio]-äthan, 3*endo*-{[2-(Dimethyl-phenyl-ammonio)-äthyl]-methyl-amino}-8,8-dimethyl-nortropanium $[C_{20}H_{35}N_3]^{2+}$, Formel II ($R = C_6H_5$, $R' = CH_3$).

Dibromid $[C_{20}H_{35}N_3]Br_2$. *B.* Beim Behandeln von N,N'-Dimethyl-N-phenyl-N'-tropan-3*endo*-yl-äthylendiamin mit CH_3Br in Äthanol (*Sterling Drug Inc.*, U.S.P. 2 845 427 [1955]; *Archer et al.*, Am. Soc. **79** [1957] 5783). — F: 258° [Zers.] (*Sterling Drug Inc.*).

Dijodid $[C_{20}H_{35}N_3]I_2$. Kristalle [aus H_2O] (*Ar. et al.*); F: 255° [Zers.] (*Sterling Drug Inc.*).

(±)-1-[Äthyl-methyl-phenyl-ammonio]-2-[(8,8-dimethyl-nortropanium-3*endo*-yl)-methyl-amino]-äthan, (±)-3*endo*-{[2-(Äthyl-methyl-phenyl-ammonio)-äthyl]-methyl-amino}-8,8-dimethyl-nortropanium $[C_{21}H_{37}N_3]^{2+}$, Formel II ($R = C_6H_5$, $R' = C_2H_5$).

Dijodid $[C_{21}H_{37}N_3]I_2$. *B.* Beim Erwärmen von N-Äthyl-N'-methyl-N-phenyl-N'-tropan-3*endo*-yl-äthylendiamin mit CH_3I in Äthanol (*Archer et al.*, Am. Soc. **79** [1957] 5783). — F: 228,5—230° [Zers.].

1-[(8,8-Dimethyl-nortropanium-3*endo*-yl)-methyl-amino]-2-[1-methyl-pyrrolidinium-1-yl]-äthan, 8,8-Dimethyl-3*endo*-{methyl-[2-(1-methyl-pyrrolidinium-1-yl)-äthyl]-amino}-nortropanium $[C_{17}H_{35}N_3]^{2+}$, Formel III.

Dijodid $[C_{17}H_{35}N_3]I_2$. *B.* Beim Behandeln von Methyl-[2-pyrrolidino-äthyl]-tropan-3*endo*-yl-amin mit CH_3I in Äthanol (*Sterling Drug Inc.*, U.S.P. 2 836 598 [1954], 2 845 427 [1955]). — Kristalle (aus Me.); F: 205—220°.

1-[(8,8-Dimethyl-nortropanium-3*endo*-yl)-methyl-amino]-2-[1-methyl-piperidinium-1-yl]-äthan, 8,8-Dimethyl-3*endo*-{methyl-[2-(1-methyl-piperidinium-1-yl)-äthyl]-amino}-nortropanium $[C_{18}H_{37}N_3]^{2+}$, Formel IV ($R = CH_3$).

Dijodid $[C_{18}H_{37}N_3]I_2$. *B.* Beim Behandeln von Methyl-[2-piperidino-äthyl]-tropan-3*endo*-yl-amin mit CH_3I in Äthanol (*Sterling Drug Inc.*, U.S.P. 2 836 598 [1954], 2 845 427 [1955]). — Kristalle (aus Me.); F: 259—266°.

III   IV

1-[(8,8-Dimethyl-nortropanium-3*endo*-yl)-methyl-amino]-2-[(4-methoxy-phenyl)-dimethyl-ammonio]-äthan, 3*endo*-[{2-[(4-Methoxy-phenyl)-dimethyl-ammonio]-äthyl}-methyl-amino]-8,8-dimethyl-nortropanium $[C_{21}H_{37}N_3O]^{2+}$, Formel II (R = C_6H_4-O-CH$_3$(*p*), R' = CH$_3$).

Dijodid $[C_{21}H_{37}N_3O]I_2$. *B.* Beim Behandeln von *N*-[4-Methoxy-phenyl]-*N,N'*-dimethyl-*N'*-tropan-3*endo*-yl-äthylendiamin mit CH$_3$I in Acetonitril (*Sterling Drug Inc.*, U.S.P. 2845427 [1955]). — Kristalle (aus Me.); F: 195—198°.

1-[(8ξ-Äthyl-8ξ-methyl-nortropanium-3*endo*-yl)-methyl-amino]-2-triäthylammonio-äthan, 8ξ-Äthyl-8ξ-methyl-3*endo*-[methyl-(2-triäthylammonio-äthyl)-amino]-nortropanium $[C_{19}H_{41}N_3]^{2+}$, Formel V.

Dijodid $[C_{19}H_{41}N_3]I_2$. *B.* Beim Behandeln von *N,N*-Diäthyl-*N'*-methyl-*N'*-tropan-3*endo*-yl-äthylendiamin mit Äthyljodid in Äthanol (*Sterling Drug Inc.*, U.S.P. 2836598 [1954], 2845427 [1955]). — Kristalle (aus Me.); F: 237—238°.

1-[(8ξ-Äthyl-8ξ-methyl-nortropanium-3*endo*-yl)-methyl-amino]-2-[1-äthyl-piperidinium-1-yl]-äthan, 8ξ-Äthyl-3*endo*-{[2-(1-äthyl-piperidinium-1-yl)-äthyl]-methyl-amino}-8ξ-methyl-nortropanium $[C_{20}H_{41}N_3]^{2+}$, Formel IV (R = C_2H_5).

Dijodid $[C_{20}H_{41}N_3]I_2$. *B.* Beim Behandeln von Methyl-[2-piperidino-äthyl]-tropan-3*endo*-yl-amin mit Äthyljodid in Äthanol (*Sterling Drug Inc.*, U.S.P. 2836598 [1954], 2845427 [1955]). — Kristalle (aus A.); F: 215—219°.

V   VI

1-[(8,8-Dimethyl-nortropanium-3*endo*-yl)-dimethyl-ammonio]-2-[dimethyl-*p*-tolyl-ammonio]-äthan, 3*endo*-{2-(Dimethyl-*p*-tolyl-ammonio)-äthyl]-dimethyl-ammonio}-8,8-dimethyl-nortropanium $[C_{22}H_{40}N_3]^{3+}$, Formel VI.

Trijodid $[C_{22}H_{40}N_3]I_3$. *B.* Beim Behandeln von *N,N'*-Dimethyl-*N-p*-tolyl-*N'*-tropan-3*endo*-yl-äthylendiamin mit CH$_3$I in Acetonitril (*Sterling Drug Inc.*, U.S.P. 2845427 [1955]). — F: 215° [Zers.].

***N,N,N'*-Triäthyl-*N'*-tropan-3*endo*-yl-äthylendiamin** $C_{16}H_{33}N_3$, Formel VII (R = CH$_3$, R' = C_2H_5).

B. Beim Erwärmen von *N*-[2-Diäthylamino-äthyl]-*N*-tropan-3*endo*-yl-acetamid mit LiAlH$_4$ in Äther (*Archer et al.*, Am. Soc. **79** [1957] 4194, 4198).

Kp$_2$: 142°. n$_D^{25}$: 1,4845.

1-[Äthyl-(8,8-dimethyl-nortropanium-3*endo*-yl)-amino]-2-[diäthyl-methyl-ammonio]-äthan, 3*endo*-{Äthyl-[2-(diäthyl-methyl-ammonio)-äthyl]-amino}-8,8-dimethyl-nortropanium $[C_{18}H_{39}N_3]^{2+}$, Formel VIII (R = CH$_3$, R' = C_2H_5).

Dijodid $[C_{18}H_{39}N_3]I_2$. *B.* Beim Behandeln von *N,N,N'*-Triäthyl-*N'*-tropan-3*endo*-yl-äthylendiamin mit CH$_3$I in Acetonitril (*Archer et al.*, Am. Soc. **78** [1957] 4194, 4198). — F: 217,5—219,5° [korr.; Zers.].

1-[Äthyl-(8ξ-äthyl-8ξ-methyl-nortropanium-3*endo*-yl)-amino]-2-triäthylammonio-äthan, 8ξ-Äthyl-3*endo*-[äthyl-(2-triäthylammonio-äthyl)-amino]-8ξ-methyl-nortropanium $[C_{20}H_{43}N_3]^{2+}$, Formel VIII (R = R' = C_2H_5).

Dijodid $[C_{20}H_{43}N_3]I_2$. *B.* Beim Behandeln von *N,N,N'*-Triäthyl-*N'*-tropan-3*endo*-yl-äthylendiamin mit Äthyljodid in Acetonitril (*Sterling Drug Inc.*, U.S.P. 2836598 [1954], 2845427 [1955]). — F: 226° [Zers.].

VII   VIII

***N,N,N'*-Triäthyl-*N'*-[8-phenyl-nortropan-3*endo*-yl]-äthylendiamin** $C_{21}H_{35}N_3$, Formel VII
($R = C_6H_5$, $R' = C_2H_5$).
B. Beim Behandeln von *N*-[2-Diäthylamino-äthyl]-*N*-[8-phenyl-nortropan-3*endo*-yl]-acetamid mit $LiAlH_4$ in Äther (*Sterling Drug Inc.*, U.S.P. 2836598 [1954], 2845427 [1955]).
$Kp_{0,9}$: $180-184°$. n_D^{20}: 1,5370.

***N,N*-Diäthyl-*N'*-propyl-*N'*-tropan-3*endo*-yl-äthylendiamin** $C_{17}H_{35}N_3$, Formel VII
($R = CH_3$, $R' = CH_2\text{-}CH_2\text{-}CH_3$).
B. Beim Behandeln von *N*-[2-Diäthylamino-äthyl]-*N*-tropan-3*endo*-yl-propionamid mit $LiAlH_4$ in Äther (*Sterling Drug Inc.*, U.S.P. 2836598 [1954], 2845427 [1955]; *Archer et al.*, Am. Soc. **79** [1957] 4194, 4198).
$Kp_{0,1}$: $119-126°$; n_D^{25}: 1,4835 (*Sterling Drug Inc.*; *Ar. et al.*).
Picrat. Kristalle (aus DMF + A.); F: 223° [Zers.] (*Sterling Drug Inc.*).

1-[Diäthyl-methyl-ammonio]-2-[(8,8-dimethyl-nortropanium-3*endo*-yl)-propyl-amino]-äthan, 3*endo*-{[2-(Diäthyl-methyl-ammonio)-äthyl]-propyl-amino}-8,8-dimethyl-nortropanium $[C_{19}H_{41}N_3]^{2+}$, Formel VIII ($R = CH_3$, $R' = CH_2\text{-}CH_2\text{-}CH_3$).
Dijodid $[C_{19}H_{41}N_3]I_2$. *B.* Beim Behandeln von *N,N*-Diäthyl-*N'*-propyl-tropan-3*endo*-yl-äthylendiamin mit CH_3I in Acetonitril (*Archer et al.*, Am. Soc. **79** [1957] 4194, 4198). —
F: $193-195°$ [korr.; Zers.].

***N,N*-Diäthyl-*N'*-butyl-*N'*-tropan-3*endo*-yl-äthylendiamin** $C_{18}H_{37}N_3$, Formel VII
($R = CH_3$, $R' = [CH_2]_3\text{-}CH_3$).
B. Beim Behandeln von *N*-[2-Diäthylamino-äthyl]-*N*-tropan-3*endo*-yl-butyramid mit $LiAlH_4$ in Äther (*Sterling Drug Inc.*, U.S.P. 2836598 [1954], 2845427 [1955]).
$Kp_{0,1}$: $125-130°$. n_D^{28}: 1,4839.
Picrat. Kristalle (aus DMF + A.); F: $208-210°$ [Zers.].

***N*-[2-(*N*-Methyl-anilino)-äthyl]-*N*-tropan-3*endo*-yl-formamid, *N*-Formyl-*N'*-methyl-*N'*-phenyl-*N*-tropan-3*endo*-yl-äthylendiamin** $C_{18}H_{27}N_3O$, Formel IX ($R = CH_3$, $R' = H$).
B. Beim Erhitzen von *N*-Methyl-*N*-phenyl-*N'*-tropan-3*endo*-yl-äthylendiamin mit Ameisensäure in Toluol (*Archer et al.*, Am. Soc. **79** [1957] 5783).
Kristalle (aus Ae.); F: $95-97°$.

***N*-[2-(*N*-Äthyl-anilino)-äthyl]-*N*-tropan-3*endo*-yl-formamid, *N*-Äthyl-*N'*-formyl-*N*-phenyl-*N'*-tropan-3*endo*-yl-äthylendiamin** $C_{19}H_{29}N_3O$, Formel IX ($R = C_2H_5$, $R' = H$).
B. Beim Erhitzen von *N*-Äthyl-*N*-phenyl-*N'*-tropan-3*endo*-yl-äthylendiamin mit Ameisensäure in Toluol (*Archer et al.*, Am. Soc. **79** [1957] 5783).
Kristalle (aus Hexan); F: $105-107°$.

***N*-[2-(*N*-Methyl-*p*-toluidino)-äthyl]-*N*-tropan-3*endo*-yl-formamid, *N*-Formyl-*N'*-methyl-*N'*-*p*-tolyl-*N*-tropan-3*endo*-yl-äthylendiamin** $C_{19}H_{29}N_3O$, Formel IX ($R = R' = CH_3$).
B. Beim Erhitzen von *N*-Methyl-*N*-*p*-tolyl-*N'*-tropan-3*endo*-yl-äthylendiamin mit Ameisensäure in Toluol (*Sterling Drug Inc.*, U.S.P. 2845427 [1955]).
F: $95-97°$.

IX   X

***N*-[2-Pyrrolidino-äthyl]-*N*-tropan-3*endo*-yl-formamid** $C_{15}H_{27}N_3O$, Formel X.
B. Beim Erwärmen von [2-Pyrrolidino-äthyl]-tropan-3*endo*-yl-amin mit Ameisensäure (*Sterling Drug Inc.*, U.S.P. 2836598 [1954], 2845427 [1955]).

$Kp_{0,9}$: 166—172°. n_D^{25}: 1,5131.
Picrat. Kristalle (aus wss. DMF); F: 192—194°.

N-[2-(N-Methyl-p-anisidino)-äthyl]-N-tropan-3endo-yl-formamid, N-Formyl-N'-[4-methoxy-phenyl]-N'-methyl-N-tropan-3endo-yl-äthylendiamin $C_{19}H_{29}N_3O_2$, Formel IX (R = CH$_3$, R' = O-CH$_3$).
B. Beim Erhitzen von N-[4-Methoxy-phenyl]-N-methyl-N'-tropan-3endo-yl-äthylen=diamin mit Ameisensäure in Toluol (*Sterling Drug Inc.*, U.S.P. 2 845 427 [1955]).
F: 112—114°.

N-[2-Diäthylamino-äthyl]-N-tropan-3endo-yl-acetamid, N-Acetyl-N',N'-diäthyl-N-tropan-3endo-yl-äthylendiamin $C_{16}H_{31}N_3O$, Formel XI (R = R' = CH$_3$).
B. Beim Erwärmen von N,N-Diäthyl-N'-tropan-3endo-yl-äthylendiamin mit Acetan=hydrid (*Archer et al.*, Am. Soc. **79** [1957] 4194, 4198).
$Kp_{0,09}$: 142—144°. n_D^{25}: 1,4980.
Dipicrat $C_{16}H_{31}N_3O \cdot 2 C_6H_3N_3O_7$. Kristalle (aus A.); F: 194—195° [korr.].

N-[2-Diäthylamino-äthyl]-N-[8-phenyl-nortropan-3endo-yl]-acetamid, N-Acetyl-N',N'-diäthyl-N-[8-phenyl-nortropan-3endo-yl]-äthylendiamin $C_{21}H_{33}N_3O$, Formel XI (R = C$_6$H$_5$, R' = CH$_3$).
B. Beim Erwärmen von N,N-Diäthyl-N'-[8-phenyl-nortropan-3endo-yl]-äthylendiamin mit Acetanhydrid (*Sterling Drug Inc.*, U.S.P. 2 836 598 [1954], 2 845 427 [1955]).
$Kp_{0,2}$: 183—198°. n_D^{25}: 1,5470.

N-[2-Diäthylamino-äthyl]-N-tropan-3endo-yl-propionamid, N,N-Diäthyl-N'-propionyl-N'-tropan-3endo-yl-äthylendiamin $C_{17}H_{33}N_3O$, Formel XI (R = CH$_3$, R' = C$_2$H$_5$).
B. Beim Behandeln von N,N-Diäthyl-N'-tropan-3endo-yl-äthylendiamin mit Prop=ionsäure-anhydrid (*Archer et al.*, Am. Soc. **79** [1957] 4194, 4198).
$Kp_{0,5}$: 160°. n_D^{25}: 1,4945.
Dipicrat $C_{17}H_{33}N_3O \cdot 2 C_6H_3N_3O_7$. Kristalle (aus wss. DMF); F: 173—176° [korr.].

N-[2-Diäthylamino-äthyl]-N-tropan-3-endo-yl-butyramid, N,N-Diäthyl-N'-butyryl-N'-tropan-3endo-yl-äthylendiamin $C_{18}H_{35}N_3O$, Formel XI (R = CH$_3$, R' = CH$_2$-CH$_2$-CH$_3$).
B. Beim Behandeln von N,N-Diäthyl-N'-tropan-3endo-yl-äthylendiamin mit Butter=säure-anhydrid (*Sterling Drug Inc.*, U.S.P. 2 836 598 [1954], 2 845 427 [1955]).
$Kp_{0,7}$: 162—166°. n_D^{25}: 1,4935.
Dipicrat. Kristalle (aus wss. DMF); F: 194—196°.

XI   XII

N'-Äthyl-N-[2-diäthylamino-äthyl]-N-tropan-3endo-yl-thioharnstoff $C_{17}H_{34}N_4S$, Formel XII (R = CH$_3$, R' = C$_2$H$_5$).
B. Beim Behandeln von N,N-Diäthyl-N'-tropan-3endo-yl-äthylendiamin mit Äthyl=isothiocyanat in Petroläther (*Sterling Drug Inc.*, U.S.P. 2 836 598 [1954], 2 845 427 [1955]).
Kristalle (aus PAe.); F: 122—124°.

N'-Allyl-N-[2-diäthylamino-äthyl]-N-tropan-3endo-yl-thioharnstoff $C_{18}H_{34}N_4S$, Formel XII (R = CH$_3$, R' = CH$_2$-CH=CH$_2$).
B. Beim Behandeln von N,N-Diäthyl-N'-tropan-3endo-yl-äthylendiamin mit Allyl=isothiocyanat in Petroläther (*Sterling Drug Inc.*, U.S.P. 2 836 598 [1954], 2 845 427 [1955]).
Kristalle (aus PAe.); F: 97—100°.

N-[2-Diäthylamino-äthyl]-*N'*-phenyl-*N*-tropan-3-yl-thioharnstoff $C_{21}H_{34}N_4S$.

a) *N*-[2-Diäthylamino-äthyl]-*N'*-phenyl-*N*-tropan-3*endo*-yl-thioharnstoff $C_{21}H_{34}N_4S$, Formel XII (R = CH_3, R' = C_6H_5).

B. Beim Behandeln von *N,N*-Diäthyl-*N'*-tropan-3*endo*-yl-äthylendiamin mit Phenyl=isothiocyanat in Methanol (*Archer et al.*, Am. Soc. **79** [1957] 4194, 4196).

Kristalle (aus E.); F: 168—170° [korr.].

b) *N*-[2-Diäthylamino-äthyl]-*N'*-phenyl-*N*-tropan-3*exo*-yl-thioharnstoff $C_{21}H_{34}N_4S$, Formel XIII.

B. Beim Behandeln von *N,N*-Diäthyl-*N'*-tropan-3*exo*-yl-äthylendiamin mit Phenyl=isothiocyanat in Methanol (*Archer et al.*, Am. Soc. **79** [1957] 4194, 4197).

Kristalle (aus E.); F: 138—139,5° [korr.].

Dihydrochlorid $C_{21}H_{34}N_4S \cdot 2$ HCl. Kristalle (aus Me.) mit 1 Mol H_2O; F: 219—221° [korr.].

N'-[4-Äthoxy-phenyl]-*N*-[2-diäthylamino-äthyl]-*N*-tropan-3*endo*-yl-thioharnstoff $C_{23}H_{38}N_4OS$, Formel XII (R = CH_3, R' = C_6H_4-O-$C_2H_5(p)$).

B. Beim Erwärmen von *N,N*-Diäthyl-*N'*-tropan-3*endo*-yl-äthylendiamin mit 4-Äthoxy-phenyl-isothiocyanat in Petroläther (*Sterling Drug Inc.*, U.S.P. 2836598 [1954], 2845427 [1955]).

Kristalle (aus A.); F: 160—161°.

N-[2-Diäthylamino-äthyl]-*N'*-phenyl-*N*-[8-phenyl-nortropan-3*endo*-yl]-thioharnstoff $C_{26}H_{36}N_4S$, Formel XII (R = R' = C_6H_5).

B. Beim Behandeln von *N,N*-Diäthyl-*N'*-[8-phenyl-nortropan-3*endo*-yl]-äthylendiamin mit Phenylisothiocyanat in Methanol (*Sterling Drug Inc.*, U.S.P. 2836598 [1954], 2845427 [1955]).

Kristalle (aus A.); F: 161—163°.

XIII   XIV

N-[8-Benzyl-nortropan-3*endo*-yl]-*N*-[2-diäthylamino-äthyl]-*N'*-phenyl-thioharnstoff $C_{27}H_{38}N_4S$, Formel XIV (X = H).

B. Beim Behandeln von *N,N*-Diäthyl-*N'*-[8-benzyl-nortropan-3*endo*-yl]-äthylendiamin mit Phenylisothiocyanat in Äthanol (*Sterling Drug Inc.*, U.S.P. 2836598 [1954], 2845427 [1955]).

Kristalle (aus A.); F: 138—139°.

N-[8-(2-Chlor-benzyl)-nortropan-3*endo*-yl]-*N*-[2-diäthylamino-äthyl]-*N'*-phenyl-thio=harnstoff $C_{27}H_{37}ClN_4S$, Formel XIV (X = Cl).

B. Beim Behandeln von *N,N*-Diäthyl-*N'*-[8-(2-chlor-benzyl)-nortropan-3*endo*-yl]-äthylendiamin mit Phenylisothiocyanat in Äthanol (*Sterling Drug Inc.*, U.S.P. 2836598 [1954], 2845427 [1955]).

Kristalle (aus A.); F: 124—126°.

3*endo*-[3-Dimethylamino-propylamino]-tropan, *N,N*-Dimethyl-*N'*-tropan-3*endo*-yl-propandiyldiamin $C_{13}H_{27}N_3$, Formel I (R = H, R' = CH_3).

B. Bei der Hydrierung von Tropan-3-on und *N,N*-Dimethyl-propandiyldiamin an Platin in Äthanol (*Sterling Drug Inc.*, U.S.P. 2836598 [1954], 2845427 [1955]).

$Kp_{1,7}$: 112—114°. n_D^{24}: 1,4990.

Tripicrat $C_{13}H_{27}N_3 \cdot 3$ $C_6H_3N_3O_7$. Kristalle (aus DMF); F: ca. 230°.

3*endo*-[3-Diäthylamino-propylamino]-tropan, *N,N*-Diäthyl-*N'*-tropan-3*endo*-yl-propandiyl=diamin $C_{15}H_{31}N_3$, Formel I (R = H, R' = C_2H_5).

B. Bei der Hydrierung von Tropan-3-on und *N,N*-Diäthyl-propandiyldiamin an

Platin in Äthanol (*Sterling Drug Inc.*, U.S.P. 2 836 598 [1954], 2 845 427 [1955]).
$Kp_{0,1}$: 120—125°. n_D^{25}: 1,4862.
Picrat. F: 212° [Zers.].

1-Pyrrolidino-3-tropan-3endo-ylamino-propan, [3-Pyrrolidino-propyl]-tropan-3endo-yl-amin $C_{15}H_{29}N_3$, Formel II (R = H).
B. Bei der Hydrierung von Tropan-3-on und 3-Pyrrolidino-propylamin an Platin in Äthanol (*Sterling Drug Inc.*, U.S.P. 2 836 598 [1954], 2 845 427 [1955]).
$Kp_{0,05}$: 140—144°.

I   II

1-Piperidino-3-tropan-3endo-ylamino-propan, [3-Piperidino-propyl]-tropan-3endo-yl-amin $C_{16}H_{31}N_3$, Formel III (R = H).
B. Bei der Hydrierung von Tropan-3-on und 3-Piperidino-propylamin an Platin in Äthanol (*Sterling Drug Inc.*, U.S.P. 2 836 598 [1954], 2 845 427 [1955]).
$Kp_{0,5}$: 141—150°.

N,N,N′-Trimethyl-N′-tropan-3endo-yl-propandiyldiamin $C_{14}H_{29}N_3$, Formel I (R = R′ = CH_3).
B. Beim Erwärmen von N,N-Dimethyl-N′-tropan-3endo-yl-propandiyldiamin mit Ameisensäure und wss. Formaldehyd (*Sterling Drug Inc.*, U.S.P. 2 836 598 [1954], 2 845 427 [1955]).
$Kp_{0,5}$: 106—112°. n_D^{26}: 1,4885—1,4888.
Picrat. F: 231° [Zers.].

N,N-Diäthyl-N′-methyl-N′-tropan-3endo-yl-propandiyldiamin $C_{16}H_{33}N_3$, Formel I (R = CH_3, R′ = C_2H_5).
B. Beim Erwärmen von N,N-Diäthyl-N′-tropan-3endo-yl-propandiyldiamin mit Ameisensäure und wss. Formaldehyd (*Sterling Drug Inc.*, U.S.P. 2 836 598 [1954], 2 845 427 [1955]).
$Kp_{0,1}$: 120—123°. n_D^{25}: 1,4870.
Bis-methojodid [$C_{18}H_{39}N_3$]I_2; 3endo-{[3-(Diäthyl-methyl-ammonio)-propyl]-methyl-amino}-8,8-dimethyl-nortropanium-dijodid. F: 222—227°.

Methyl-[3-pyrrolidino-propyl]-tropan-3endo-yl-amin $C_{16}H_{31}N_3$, Formel II (R = CH_3).
B. Beim Erwärmen von [3-Pyrrolidino-propyl]-tropan-3endo-yl-amin mit Ameisensäure und wss. Formaldehyd (*Sterling Drug Inc.*, U.S.P. 2 836 598 [1954], 2 845 427 [1955]).
$Kp_{0,2}$: 129—131°. n_D^{24}: 1,5031—1,5040.
Bis-methojodid [$C_{18}H_{37}N_3$]I_2; 8,8-Dimethyl-3endo-{methyl-[3-(1-methyl-pyrrolidinium-1-yl)-propyl]-amino}-nortropanium-dijodid.
Kristalle (aus A.); F: 226—228°.

III   IV

Methyl-[3-piperidino-propyl]-tropan-3endo-yl-amin $C_{17}H_{33}N_3$, Formel III (R = CH_3).
B. Beim Erwärmen von [3-Piperidino-propyl]-tropan-3endo-yl-amin mit Ameisensäure und wss. Formaldehyd (*Sterling Drug Inc.*, U.S.P. 2 836 598 [1954], 2 845 427 [1955]).
$Kp_{0,2}$: 141—148°. n_D^{25}: 1,5057.

1-[(8ξ-Äthyl-8ξ-methyl-nortropanium-3endo-yl)-methyl-amino]-3-[1-äthyl-piperidinium-1-yl]-propan, 8ξ-Äthyl-3endo-{[3-(1-äthyl-piperidinium-1-yl)-propyl]-methyl-amino}-8ξ-methyl-nortropanium $[C_{21}H_{43}N_3]^{2+}$, Formel IV.

Dijodid $[C_{21}H_{43}N_3]I_2$. *B.* Beim Behandeln von Methyl-[3-piperidino-propyl]-tropan-3endo-yl-amin mit Äthyljodid in Äthanol (*Sterling Drug Inc.*, U.S.P. 2836598 [1954], 2845427 [1955]). — Kristalle (aus A.); F: 222—233°.

[8,8-Dimethyl-nortropanium-3endo-yl]-dimethyl-[3-(1-methyl-piperidinium-1-yl)-propyl]-ammonium $[C_{20}H_{42}N_3]^{3+}$, Formel V.

Trijodid $[C_{20}H_{42}N_3]I_3$. *B.* Beim Behandeln von Methyl-[3-piperidino-propyl]-tropan-3endo-yl-amin mit CH_3I in Äthanol (*Sterling Drug Inc.*, U.S.P. 2836598 [1954], 2845427 [1955]). — Kristalle (aus Me.); F: 207—214°.

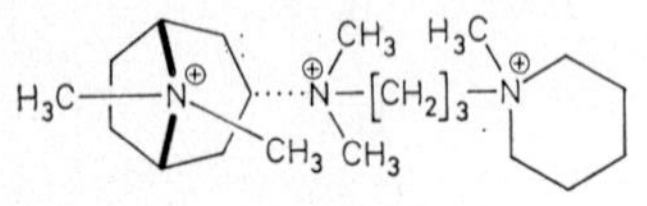

V

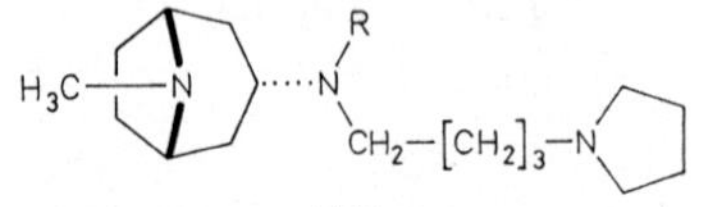

VI

1-Pyrrolidino-4-tropan-3endo-ylamino-butan, [4-Pyrrolidino-butyl]-tropan-3endo-yl-amin $C_{16}H_{31}N_3$, Formel VI (R = H).
B. Bei der Hydrierung von Tropan-3-on und 4-Pyrrolidino-butylamin an Platin in Äthanol (*Sterling Drug Inc.*, U.S.P. 2836598 [1954], 2845427 [1955]).
$Kp_{0,3}$: 142—148°. n_D^{25}: 1,5038—1,5041.

Methyl-[4-pyrrolidino-butyl]-tropan-3endo-yl-amin $C_{17}H_{33}N_3$, Formel VI (R = CH_3).
B. Beim Erwärmen von [4-Pyrrolidino-butyl]-tropan-3endo-yl-amin mit Ameisensäure und wss. Formaldehyd (*Sterling Drug Inc.*, U.S.P. 2836598 [1954], 2845427 [1955]).
$Kp_{0,2}$: 138—140°. $n_D^{25,5}$: 1,5029.

3endo-[4-Diäthylamino-benzylamino]-tropan, [4-Diäthylamino-benzyl]-tropan-3endo-yl-amin $C_{19}H_{31}N_3$, Formel VII (R = H).
B. Bei der Hydrierung von Tropan-3-on und 4-Diäthylamino-benzylamin an Platin in Äthanol bei 55° (*Sterling Drug Inc.*, U.S.P. 2798874 [1955]).
Trihydrochlorid $C_{19}H_{31}N_3 \cdot 3$ HCl. Kristalle (aus Me.) mit 2 Mol H_2O; F: ca. 195° [Zers.].
Picrat. Kristalle (aus A.); F: 185° [Zers.].
Methojodid $[C_{20}H_{34}N_3]I$; 3endo-[4-Diäthylamino-benzylamino]-8,8-dimethyl-nortropanium-jodid. Kristalle (aus Isopropylalkohol); F: 240—245° [Zers.].

8ξ-[4-Chlor-benzyl]-3endo-[4-diäthylamino-benzylamino]-8ξ-methyl-nortropanium $[C_{26}H_{37}ClN_3]^+$, Formel VIII (X = H, X′ = Cl).
Chlorid $[C_{26}H_{37}ClN_3]Cl$. *B.* Beim Erwärmen von [4-Diäthylamino-benzyl]-tropan-3endo-yl-amin mit 4-Chlor-benzylchlorid in Acetonitril (*Sterling Drug Inc.*, U.S.P. 2798874 [1955]). — Kristalle (aus A. + Ae.); F: 208—211° [Zers.].

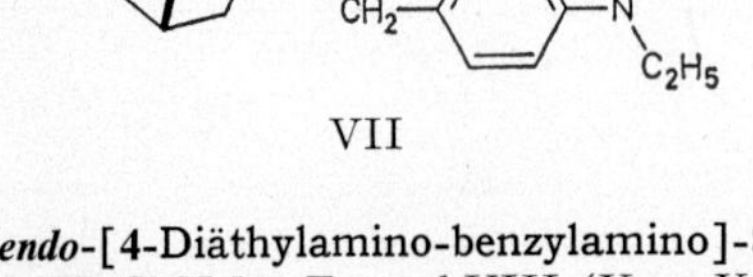

VII

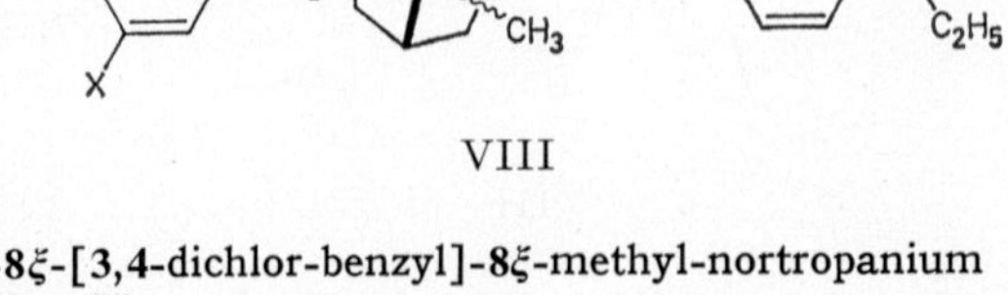

VIII

3endo-[4-Diäthylamino-benzylamino]-8ξ-[3,4-dichlor-benzyl]-8ξ-methyl-nortropanium $[C_{26}H_{36}Cl_2N_3]^+$, Formel VIII (X = X′ = Cl).
Chlorid $[C_{26}H_{36}Cl_2N_3]Cl$. *B.* Beim Erwärmen von [4-Diäthylamino-benzyl]-tropan-3endo-yl-amin mit 3,4-Dichlor-benzylchlorid in Acetonitril (*Sterling Drug Inc.*, U.S.P. 2798874 [1955]). — Kristalle (aus A. + Ae.); F: 200—203° [Zers.].

3endo-[4-Diäthylamino-benzylamino]-8ξ-methyl-8ξ-[4-nitro-benzyl]-nortropanium
$[C_{26}H_{37}N_4O_2]^+$, Formel VIII (X = H, X' = NO_2).

Bromid $[C_{26}H_{37}N_4O_2]$Br. *B*. Beim Behandeln von [4-Diäthylamino-benzyl]-tropan-3endo-yl-amin mit 4-Nitro-benzylbromid in Acetonitril (*Sterling Drug Inc.*, U.S.P. 2798874 [1955]). — Kristalle (aus Acetonitril); F: 189—191°.

N-[4-Diäthylamino-benzyl]-N'-phenyl-N-tropan-3endo-yl-thioharnstoff $C_{26}H_{36}N_4S$, Formel VII (R = CS-NH-C_6H_5).

B. Beim Erwärmen von [4-Diäthylamino-benzyl]-tropan-3endo-yl-amin mit Phenyl≠isothiocyanat in Äthanol (*Sterling Drug Inc.*, U.S.P. 2798874 [1955]).
F: 145—147°.

3endo-[2-Diäthylamino-äthylamino]-8-piperonyl-nortropan, N,N-Diäthyl-N'-[8-piper≠onyl-nortropan-3endo-yl]-äthylendiamin $C_{21}H_{33}N_3O_2$, Formel IX (R = H).

B. Bei der Hydrierung von 8-Piperonyl-nortropan-3-on und N,N-Diäthyl-äthylen≠diamin an Platin in Äthanol (*Sterling Drug Inc.*, U.S.P. 2836598 [1954], 2845427 [1955]).

Trihydrochlorid $C_{21}H_{33}N_3O_2 \cdot 3$ HCl. Kristalle (aus Me.); F: 275—276° [Zers.].

Bis-methojodid $[C_{23}H_{39}N_3O_2]I_2$; 3endo-[2-(Diäthyl-methyl-ammonio)-äthylamino]-8ξ-methyl-8ξ-piperonyl-nortropanium-dijodid. Kristalle (aus Me.); F: 234—237°.

N-[2-Diäthylamino-äthyl]-N'-phenyl-N-[8-piperonyl-nortropan-3endo-yl]-thioharnstoff
$C_{28}H_{38}N_4O_2S$, Formel IX (R = CS-NH-C_6H_5).

B. Aus N,N-Diäthyl-N'-[8-piperonyl-nortropan-3endo-yl]-äthylendiamin und Phenyl≠isothiocyanat (*Sterling Drug Inc.*, U.S.P. 2836598 [1954], 2845427 [1955]).
Kristalle (aus A.); F: 148—149°.

IX   X

Nicotinsäure-tropan-3-ylamid $C_{14}H_{19}N_3O$.

a) **Nicotinsäure-tropan-3endo-ylamid** $C_{14}H_{19}N_3O$, Formel X.
B. Beim Behandeln von Tropan-3endo-ylamin mit Nicotinoylazid in Äther und Äthyl≠acetat (*Saul & Co.*, U.S.P. 2800483 [1955]; s. a. *Stoll et al.*, Helv. **38** [1955] 559, 563).
Kristalle (nach Destillation bei 170—180°/0,02 Torr); F: 122—123° (*Saul & Co.*; s. a. *St. et al.*).
Dihydrochlorid $C_{14}H_{19}N_3O \cdot 2$ HCl. Hygroskopische Kristalle (aus Me. + Ae.); F: 230—250° [Zers.] (*St. et al.*; s. a. *Saul & Co.*).

b) **Nicotinsäure-tropan-3exo-ylamid** $C_{14}H_{19}N_3O$, Formel XI.
B. Beim Behandeln von Tropan-3exo-ylamin mit Nicotinoylchlorid in Benzol (*Saul & Co.*, U.S.P. 2800483 [1955]; s. a. *Stoll et al.*, Helv. **38** [1955] 559, 564).
Kristalle (aus Me. + Ae.); F: 195—196° (*Saul & Co.*; *St. et al.*).
Dihydrochlorid $C_{14}H_{19}N_3O \cdot 2$ HCl. Wasserfreie Kristalle (aus Me. + Ae.), die in ein Monohydrat übergehen (*Saul & Co.*; s. a. *St. et al.*).

XI   XII   XIII

(±)-Chinuclidin-2-yl-carbamidsäure-äthylester $C_{10}H_{18}N_2O_2$, Formel XII (R = C_2H_5).
B. Neben Chinuclidin-2-carbonsäure-äthylester beim Behandeln von (±)-Chinuclidin-2-carbonsäure-hydrazid mit Isopentylnitrit und äthanol. HCl und Erwärmen der Reak≠tionslösung (*Rubzow, Michlina*, Ž. obšč. Chim. **26** [1956] 135; engl. Ausg. S. 135).

F: 166—168°.

Hydrochlorid $C_{10}H_{18}N_2O_2 \cdot HCl$. F: 136—138° [aus wss. Acn.].

(±)-Chinuclidin-2-yl-carbamidsäure-isopentylester $C_{13}H_{24}N_2O_2$, Formel XII
$(R = CH_2\text{-}CH_2\text{-}CH(CH_3)_2)$.

B. Neben Chinuclidin-2-carbonsäure-isopentylester beim Behandeln von (±)-Chin=
uclidin-2-carbonsäure-hydrazid mit Isopentylnitrit und HCl enthaltendem Isopentyl=
alkohol und Erhitzen der Reaktionslösung (*Rubzow, Michlina*, Ž. obšč. Chim. **26** [1956]
135; engl. Ausg. S. 135).

Grünliche Flüssigkeit; $Kp_{0,6}$: 105—108°. n_D^{16}: 1,4587.

(±)-Chinuclidin-3-ylamin $C_7H_{14}N_2$, Formel XIII (R = H).

B. Bei der Hydrierung von Chinuclidin-3-on-oxim-hydrochlorid an Platin in wss. HCl
(*Sternbach, Kaiser*, Am. Soc. **74** [1952] 2215, 2217).

Kristalle (aus Me. + PAe.); F: 218—220° [korr.]. Bei 120°/14 Torr sublimierbar.

Dihydrochlorid $C_7H_{14}N_2 \cdot 2$ HCl. Kristalle (aus A.); F: >280°.

(±)-Diphenylessigsäure-chinuclidin-3-ylamid $C_{21}H_{24}N_2O$, Formel XIII
$(R = CO\text{-}CH(C_6H_5)_2)$.

B. Beim Erwärmen von (±)-Chinuclidin-3-ylamin mit Diphenylacetylchlorid in
Benzol (*Sternbach, Kaiser*, Am. Soc. **74** [1952] 2219).

Kristalle (aus Acn. + Ae. + PAe.); F: 177—179° [korr.].

Amine $C_8H_{16}N_2$

(7aS)-1c-Diäthylaminomethyl-(7ar)-hexahydro-pyrrolizin, Diäthyl-[(7aS)-(7ar)-hexa=
hydro-pyrrolizin-1c-ylmethyl]-amin, Diäthyl-pseudoheliotridyl-amin $C_{12}H_{24}N_2$,
Formel I (R = R' = C_2H_5).

B. Beim Erhitzen von (7aS)-1c-Chlormethyl-(7ar)-hexahydro-pyrrolizin mit Diäthyl=
amin in Petroläther auf 180—200° (*Kusowkow, Men'schikow*, Ž. obšč. Chim. **21** [1951]
2245, 2247; engl. Ausg. S. 2515, 2517).

Kp_4: 87—89°; D_4^{20}: 0,9147; n_D^{20}: 1,4764; $[\alpha]_D$: —7,65° [unverd.] (*Ku., Me.*).

Bis-äthopicrat $[C_{16}H_{34}N_2][C_6H_2N_3O_7]_2$; (7aS)-4ξ-Äthyl-1c-triäthylammonio=
methyl-(7ar)-hexahydro-pyrrolizinium-dipicrat. F: 169—170° (*Kusowkow et al.*,
Doklady Akad. S.S.S.R. **103** [1955] 251; C. A. **1956** 5695).

(7aS)-1c-Octylaminomethyl-(7ar)-hexahydro-pyrrolizin, [(7aS)-(7ar)-Hexahydro-
pyrrolizin-1c-ylmethyl]-octyl-amin, Octyl-pseudoheliotridyl-amin $C_{16}H_{32}N_2$,
Formel I (R = $[CH_2]_7\text{-}CH_3$, R' = H).

B. Beim Erhitzen von (7aS)-1c-Chlormethyl-(7ar)-hexahydro-pyrrolizin mit Octylamin
in Petroläther auf 180—200° (*Kusowkow, Men'schikow*, Ž. obšč. Chim. **21** [1951] 2245,
2247; engl. Ausg. S. 2515, 2516).

Kp_5: 169—170°. D_4^{20}: 0,9013. n_D^{20}: 1,4766. $[\alpha]_D$: —10,65° [unverd.].

[(7aS)-(7ar)-Hexahydro-pyrrolizin-1c-ylmethyl]-methyl-octyl-amin, Methyl-octyl-
pseudoheliotridyl-amin $C_{17}H_{34}N_2$, Formel I (R = $[CH_2]_7\text{-}CH_3$, R' = CH_3).

B. Beim Erwärmen von [(7aS)-(7ar)-Hexahydro-pyrrolizin-1c-ylmethyl]-octyl-amin
mit wss. Formaldehyd und Ameisensäure (*Kusowkow, Men'schikow*, Ž. obšč. Chim. **21**
[1951] 2245, 2247; engl. Ausg. S. 2515, 2516).

Kp_4: 150—151°; D_4^{20}: 0,8887; n_D^{20}: 1,4722; $[\alpha]_D$: —11,93° [unverd.] (*Ku., Me.*).

Bis-methopicrat $[C_{19}H_{40}N_2][C_6H_2N_3O_7]_2$; (7aS)-1c-[Dimethyl-octyl-ammon=
iomethyl]-4ξ-methyl-(7ar)-hexahydro-pyrrolizinium-dipicrat. F: 135—136°
(*Kusowkow et al.*, Doklady Akad. S.S.S.R. **103** [1955] 251; C. A. **1956** 5695).

Bis-methosalicylat $[C_{19}H_{40}N_2][C_7H_5O_3]_2$. Hygroskopische Kristalle (aus Ae.
+ Acn.); F: 93—94,5° [geschlossene Kapillare] (*Ku. et al.*).

(7aS)-1c-Anilinomethyl-(7ar)-hexahydro-pyrrolizin, N-[(7aS)-(7ar)-Hexahydro-
pyrrolizin-1c-ylmethyl]-anilin, Phenyl-pseudoheliotridyl-amin $C_{14}H_{20}N_2$,
Formel I (R = C_6H_5, R' = H).

B. Beim Erhitzen von (7aS)-1c-Chlormethyl-(7ar)-hexahydro-pyrrolizin mit Anilin in

Petroläther auf 180—190° (*Kusowkow, Men'schikow*, Ž. obšč. Chim. **21** [1951] 2245, 2247; engl. Ausg. S. 2515, 2517).

Kristalle (aus PAe.); F: 76—77°.

Dihydrochlorid $C_{14}H_{20}N_2 \cdot 2$ HCl. Kristalle (aus äthanol. HCl); F: 213—214°. $[\alpha]_D$: —15,9° [A.; c = 3].

I II III

Benzyl-[(7aS)-(7ar)-hexahydro-pyrrolizin-1c-ylmethyl]-methyl-amin, Benzyl-methyl-pseudoheliotridyl-amin $C_{16}H_{24}N_2$, Formel I (R = CH_2-C_6H_5, R' = CH_3).

B. Beim Erhitzen von (7aS)-1c-Chlormethyl-(7ar)-hexahydro-pyrrolizin mit Methyl-benzyl-amin in Petroläther auf 180—200° (*Kusowkow, Men'schikow*, Ž. obšč. Chim. **21** [1951] 2245, 2246; engl. Ausg. S. 2515, 2516).

Kp_9: 179—181°; D_4^{20}: 0,9983; n_D^{20}: 1,5306; $[\alpha]_D$: —18,05° [unverd.] (*Ku., Me.*).

Bis-methopicrat $[C_{18}H_{30}N_2][C_6H_2N_3O_7]_2$; (7aS)-1c-[Benzyl-dimethyl-ammoniomethyl]-4ξ-methyl-(7ar)-hexahydro-pyrrolizinium-dipicrat. F: 188° bis 189,5° (*Kusowkow et al.*, Doklady Akad. S.S.S.R. **103** [1955] 251; C. A. **1956** 5695).

2-[(7aS)-(7ar)-Hexahydro-pyrrolizin-1c-ylmethyl-amino]-äthanol, 2-Pseudoheliotridylamino-äthanol $C_{10}H_{20}N_2O$, Formel I (R = CH_2-CH_2-OH, R' = H).

B. Beim Erhitzen von (7aS)-1c-Chlormethyl-(7ar)-hexahydro-pyrrolizin mit 2-Amino-äthanol in Petroläther auf 180—200° (*Kusowkow, Men'schikow*, Ž. obšč. Chim. **21** [1951] 2245, 2247; engl. Ausg. S. 2515, 2516).

Kp_6: 163—165°. D_4^{20}: 1,036. n_D^{20}: 1,5027. $[\alpha]_D$: —13,7° [unverd.].

(7aS)-1c-Piperidinomethyl-(7ar)-hexahydro-pyrrolizin, 1-Pseudoheliotridylpiperidin $C_{13}H_{24}N_2$, Formel II,

B. Beim Erhitzen von (7aS)-1c-Chlormethyl-(7ar)-hexahydro-pyrrolizin mit Piperidin in Petroläther auf 180—200° (*Kusowkow, Men'schikow*, Ž. obšč. Chim. **21** [1951] 2245, 2247; engl. Ausg. S. 2515, 2517).

Kp_5: 124°. D_4^{20}: 0,9620. n_D^{20}: 1,4980. $[\alpha]_D$: —4,82° [unverd.].

3-[2-Diäthylamino-äthylamino]-9-methyl-9-aza-bicyclo[3.3.1]nonan, *N,N*-Diäthyl-*N'*-[9-methyl-9-aza-bicyclo[3.3.1]non-3-yl]-äthylendiamin, 3-[2-Diäthylamino-äthylamino]-9-methyl-granatanin $C_{15}H_{31}N_3$.

a) *N,N*-Diäthyl-*N'*-[9-methyl-9-aza-bicyclo[3.3.1]non-3*endo*-yl]-äthylendiamin $C_{15}H_{31}N_3$, Formel III (R = H, R' = C_2H_5).

B. Bei der Hydrierung von (±)-*N,N*-Diäthyl-*N'*-[9-methyl-9-aza-bicyclo[3.3.1]non-3-yliden]-äthylendiamin an Platin in Äthanol bei 60° (*Sterling Drug Inc.*, U.S.P. 2836598 [1954], 2845427 [1955]; *Archer et al.*, Am. Soc. **79** [1957] 4194, 4197).

$Kp_{0,6}$: 128—130°; n_D^{25}: 1,4920 (*Sterling Drug Inc.*; *Ar. et al.*).

Trihydrochlorid. F: 185° [Zers.] (*Sterling Drug Inc.*).

Phenylthiocarbamoyl-Derivat s. S. 3819.

b) *N,N*-Diäthyl-*N'*-[9-methyl-9-aza-bicyclo[3.3.1]non-3*exo*-yl]-äthylendiamin $C_{15}H_{31}N_3$, Formel IV (R = H).

Trihydrochlorid $C_{15}H_{31}N_3 \cdot 3$ HCl. *B.* Beim Behandeln von *N*-[2-Diäthylamino-äthyl]-*N*-[9-methyl-9-aza-bicyclo[3.3.1]non-3*exo*-yl]-*N'*-phenyl-thioharnstoff mit äthanol. HCl (*Archer et al.*, Am. Soc. **79** [1957] 4194, 4197). — Kristalle (aus Me. + A.); F: 264° bis 267° [korr.; Zers.].

Bis-methojodid $[C_{17}H_{37}N_3]I_2$; 3*exo*-[2-(Diäthyl-methyl-ammonio)-äthylamino]-9,9-dimethyl-9-azonia-bicyclo[3.3.1]nonan-dijodid. Kristalle (aus Me.); F: 270—272° [korr.; Zers.].

N-Äthyl-*N'*-[9-methyl-9-aza-bicyclo[3.3.1]non-3*endo*-yl]-*N*-phenyl-äthylendiamin,
3-[2-(*N*-Äthyl-anilino)-äthylamino]-9-methyl-granatanin $C_{19}H_{31}N_3$,
Formel III (R = H, R' = C_6H_5).

B. Beim Erhitzen von Pseudopelletierin (E III/IV **21** 3315) mit *N*-Äthyl-*N*-phenyl-
äthylendiamin und wenig $ZnCl_2$ in Toluol und Hydrieren des Reaktionsprodukts an
Platin in Äthanol (*Sterling Drug Inc.*, U.S.P. 2845427 [1955], 2902490 [1957]).

$Kp_{0,2-0,9}$: 160—184°. n_D^{30}: 1,5575.

IV

V

9-Methyl-3*endo*-[2-pyrrolidino-äthylamino]-9-aza-bicyclo[3.3.1]nonan, [9-Methyl-
9-aza-bicyclo[3.3.1]non-3*endo*-yl]-[2-pyrrolidino-äthyl]-amin, 9-Methyl-3-[2-pyrr-
olidino-äthylamino]-granatanin $C_{15}H_{29}N_3$, Formel V (R = H).

B. Bei der Hydrierung von (±)-[9-Methyl-9-aza-bicyclo[3.3.1]non-3-yliden]-[2-pyrr-
olidino-äthyl]-amin an Platin in Äthanol (*Sterling Drug Inc.*, U.S.P. 2836598 [1954],
2845427 [1955]).

Kp_2: 155—157°. n_D^{25}: 1,5102.

Phenylthiocarbamoyl-Derivat s. S. 3819.

Bis-methojodid [$C_{17}H_{35}N_3$]I_2; 9,9-Dimethyl-3*endo*-[2-(1-methyl-pyrrolidin-
ium-1-yl)-äthylamino]-9-azonia-bicyclo[3.3.1]nonan-dijodid. Kristalle (aus
Me.); F: 278° [Zers.].

9-Methyl-3-[2-piperidino-äthylamino]-9-aza-bicyclo[3.3.1]nonan, [9-Methyl-9-aza-
bicyclo[3.3.1]non-3-yl]-[2-piperidino-äthyl]-amin, 9-Methyl-3-[2-piperidino-
äthylamino]-granatanin $C_{16}H_{31}N_3$.

a) Isomeres B, vermutlich [9-Methyl-9-aza-bicyclo[3.3.1]non-3*endo*-yl]-
[2-piperidino-äthyl]-amin, Formel VI.

B. Neben dem unter b) beschriebenen Isomeren A beim Erhitzen von (±)-[9-Methyl-
9-aza-bicyclo[3.3.1]non-3-yliden]-[2-piperidino-äthyl]-amin mit Natrium und 4-Methyl-
pentan-2-ol in Toluol (*Sterling Drug Inc.*, U.S.P. 2836598 [1954], 2845427 [1955]).

Trihydrochlorid. Kristalle (aus 4-Methyl-pentan-2-ol); F: 276° [Zers.].

Phenylthiocarbamoyl-Derivat $C_{23}H_{36}N_4S$; vermutlich *N*-[9-Methyl-9-aza-
bicyclo[3.3.1]non-3*endo*-yl]-*N'*-phenyl-*N*-[2-piperidino-äthyl]-thioharn-
stoff. Kristalle (aus Me.); F: 173—174,5°.

VI

VII

b) Isomeres A, vermutlich [9-Methyl-9-aza-bicyclo[3.3.1]non-3*exo*-yl]-
[2-piperidino-äthyl]-amin, Formel VII.

B. s. bei dem unter a) beschriebenen Stereoisomeren.

Trihydrochlorid $C_{16}H_{31}N_3 \cdot 3$ HCl. F: 285—287° [Zers.] (*Sterling Drug Inc.*, U.S.P.
2836598 [1954], 2845427 [1955]).

Phenylthiocarbamoyl-Derivat $C_{23}H_{36}N_4S$; vermutlich *N*-[9-Methyl-9-aza-
bicyclo[3.3.1]non-3*exo*-yl]-*N'*-phenyl-*N*-[2-piperidino-äthyl]-thioharn-
stoff. Kristalle (aus E.); F: 174,5—176°.

N-Äthyl-*N'*-methyl-*N'*-[9-methyl-9-aza-bicyclo[3.3.1]non-3*endo*-yl]-*N*-phenyl-äthylen-
diamin $C_{20}H_{33}N_3$, Formel III (R = CH_3, R' = C_6H_5).

B. Beim Behandeln von *N*-Äthyl-*N'*-formyl-*N'*-[9-methyl-9-aza-bicyclo[3.3.1]non-
3*endo*-yl]-*N*-phenyl-äthylendiamin mit $LiAlH_4$ in Äther (*Sterling Drug Inc.*, U.S.P.

2 845 427 [1955]).

Kp$_{0,15}$: 161—166°.

Picrat. Kristalle (aus wss. DMF); F: 191—194°.

Bis-methojodid [C$_{22}$H$_{39}$N$_3$]I$_2$; (±)-3*endo*-{[2-(Äthyl-methyl-phenyl-ammon=
io)-äthyl]-methyl-amino}-9,9-dimethyl-9-azonia-bicyclo[3.3.1]nonan-di=
jodid.
Kristalle (aus H$_2$O); F: 225—227° [Zers.].

N,N'-Diäthyl-N-[9-methyl-9-aza-bicyclo[3.3.1]non-3*endo*-yl]-N'-phenyl-äthylendiamin
C$_{21}$H$_{35}$N$_3$, Formel III (R = C$_2$H$_5$, R' = C$_6$H$_5$) auf S. 3817.

B. Beim Behandeln von N-[2-(N-Äthyl-anilino)-äthyl]-N-[9-methyl-9-aza-bicyclo=
[3.3.1]non-3*endo*-yl]-acetamid mit LiAlH$_4$ in Äther (*Sterling Drug Inc.*, U.S.P. 2 845 427
[1955]).

Kp$_{0,1}$: 162—167°.

Picrat. Kristalle (aus wss. DMF); F: 203—205° [Zers.].

**N-[2-(N-Äthyl-anilino)-äthyl]-N-[9-methyl-9-aza-bicyclo[3.3.1]non-3*endo*-yl]-form=
amid, N-Äthyl-N'-formyl-N'-[9-methyl-9-aza-bicyclo[3.3.1]non-3*endo*-yl]-N-phenyl-
äthylen-diamin** C$_{20}$H$_{31}$N$_3$O, Formel III (R = CHO, R' = C$_6$H$_5$)auf S. 3817.

B. Beim Erhitzen von N-Äthyl-N'-[9-methyl-9-aza-bicyclo[3.3.1]non-3*endo*-yl]-
N-phenyl-äthylendiamin mit Ameisensäure in Toluol (*Sterling Drug Inc.*, U.S.P. 2 845 427
[1955]).

Kp$_{0,07}$: 190—220°.

**N-[2-(N-Äthyl-anilino)-äthyl]-N-[9-methyl-9-aza-bicyclo[3.3.1]non-3*endo*-yl]-acetamid,
N-Acetyl-N'-äthyl-N-[9-methyl-9-aza-bicyclo[3.3.1]non-3*endo*-yl]-N'-phenyl-äthylen=
diamin** C$_{21}$H$_{33}$N$_3$O, Formel III (R = CO-CH$_3$, R' = C$_6$H$_5$) auf S. 3817.

B. Beim Erwärmen von N-Äthyl-N'-[9-methyl-9-aza-bicyclo[3.3.1]non-3*endo*-yl]-
N-phenyl-äthylendiamin mit Acetanhydrid (*Sterling Drug Inc.*, U.S.P. 2 845 427 [1955]).

Kp$_{0,2}$: 200—214°.

**N-[2-Diäthylamino-äthyl]-N-[9-methyl-9-aza-bicyclo[3.3.1]non-3-yl]-N'-phenyl-
thioharnstoff** C$_{22}$H$_{36}$N$_4$S.

a) **N-[2-Diäthylamino-äthyl]-N-[9-methyl-9-aza-bicyclo[3.3.1]non-3*endo*-yl]-
N'-phenyl-thioharnstoff** C$_{22}$H$_{36}$N$_4$S, Formel III (R = CS-NH-C$_6$H$_5$, R' = C$_2$H$_5$) auf
S. 3817.

B. Beim Behandeln von N,N-Diäthyl-N'-[9-methyl-9-aza-bicyclo[3.3.1]non-3*endo*-yl]-
äthylendiamin mit Phenylisothiocyanat (*Sterling Drug Inc.*, U.S.P. 2 836 598 [1954],
2 845 427 [1955]; *Archer et al.*, Am. Soc. 79 [1957] 4194, 4197).

Kristalle (aus E.); F: 188—190° [korr.] (*Sterling Drug Inc.*; *Ar. et al.*).

Dihydrochlorid. F: 205° [Zers.] (*Sterling Drug Inc.*).

b) **N-[2-Diäthylamino-äthyl]-N-[9-methyl-9-aza-bicyclo[3.3.1]non-3*exo*-yl]-
N'-phenyl-thioharnstoff** C$_{22}$H$_{36}$N$_4$S, Formel IV (R = CS-NH-C$_6$H$_5$).

B. Neben dem unter a) beschriebenen Stereoisomeren beim Erhitzen von (±)-N,N-Di=
äthyl-N'-[9-methyl-9-aza-bicyclo[3.3.1]non-3-yliden]-äthylendiamin mit Natrium und
4-Methyl-pentan-2-ol in Toluol und Behandeln des Reaktionsprodukts mit Phenyliso=
thiocyanat in Äthanol (*Archer et al.*, Am. Soc. 79 [1957] 4194 4198).

Kristalle (aus E.); F: 135—136° [korr.].

**N-[9-Methyl-9-aza-bicyclo[3.3.1]non-3*endo*-yl]-N'-phenyl-N-[2-pyrrolidino-äthyl]-
thioharnstoff** C$_{22}$H$_{34}$N$_4$S, Formel V (R = CS-NH-C$_6$H$_5$).

B. Beim Behandeln von [9-Methyl-9-aza-bicyclo[3.3.1]non-3*endo*-yl]-[2-pyrrolidino-
äthyl]-amin mit Phenylisothiocyanat in Methanol (*Sterling Drug Inc.*, U.S.P. 2 836 598
[1954], 2 845 427 [1955]).

Kristalle (aus E.); F: 173—174°.

(±)-2-Aminomethyl-chinuclidin, (±)-C-Chinuclidin-2-yl-methylamin C$_8$H$_{16}$N$_2$,
Formel VIII (R = R' = H).

B. Beim Erhitzen von (±)-2-Brommethyl-chinuclidin mit methanol. NH$_3$ auf ca. 100°

bis 120° (*Prelog et al.*, Helv. **26** [1943] 1172, 1178). Beim Erwärmen von (±)-Chinuclidin-2-carbonsäure-amid mit LiAlH₄ in Äther (*Rubzow et al.*, Ž. obšč. Chim. **23** [1953] 1555, 1558; engl. Ausg. S. 1633, 1635).

Kp₁₄: 118° (*Pr. et al.*); Kp₅: 83—85° (*Ru. et al.*).

Dihydrochlorid $C_8H_{16}N_2 \cdot 2$ HCl. Kristalle (aus A.); F: 277—279° (*Ru. et al.*).

Dipicrat $C_8H_{16}N_2 \cdot 2 C_6H_3N_3O_7$. Kristalle (aus Me.); F: 213° (*Pr. et al.*).

(±)-2-Dimethylaminomethyl-chinuclidin, (±)-Chinuclidin-2-ylmethyl-dimethyl-amin $C_{10}H_{20}N_2$, Formel VIII (R = R' = CH_3).

B. Beim Erwärmen von (±)-Chinuclidin-2-carbonsäure-dimethylamid mit LiAlH₄ in Äther (*Rubzow et al.*, Ž. obšč. Chim. **23** [1953] 1555, 1558; engl. Ausg. S. 1633, 1635).

Kp₇,₅: 89—90°.

Dipicrat $C_{10}H_{20}N_2 \cdot 2 C_6H_3N_3O_7$. Gelbe Kristalle (aus A.); F: 211,5—213,5°.

(±)-2-Diäthylaminomethyl-chinuclidin, (±)-Diäthyl-chinuclidin-2-ylmethyl-amin $C_{12}H_{24}N_2$, Formel VIII (R = R' = C_2H_5).

B. Beim Erwärmen von (±)-Chinuclidin-2-carbonsäure-diäthylamid mit LiAlH₄ in Äther (*Rubzow et al.*, Ž. obšč. Chim. **23** [1953] 1555, 1558; engl. Ausg. S. 1633, 1636).

Kp₂₀: 131—132°.

Dipicrat $C_{12}H_{24}N_2 \cdot 2 C_6H_3N_3O_7$. Gelbe Kristalle (aus wss. A.); F: 196—198°.

(±)-Benzyl-chinuclidin-2-ylmethyl-amin $C_{15}H_{22}N_2$, Formel VIII (R = CH_2-C_6H_5, R' = H).

B. Beim Behandeln von (±)-Chinuclidin-2-carbonsäure-benzylamid mit LiAlH₄ in Äther und Benzol (*Rubzow, Nikitškaja*, Ž. obšč. Chim. **24** [1954] 1659, 1662; engl. Ausg. S. 1641, 1643).

Kp₀,₂₄: 191°.

Dihydrochlorid $C_{15}H_{22}N_2 \cdot 2$ HCl. Kristalle; F: 202—204°.

Dipicrat $C_{15}H_{22}N_2 \cdot 2 C_6H_3N_3O_7$. Hellgelbe Kristalle; F: 190—191°.

VIII   IX   X

(±)-2-Piperidinomethyl-chinuclidin $C_{13}H_{24}N_2$, Formel IX.

B. Beim Behandeln von (±)-1-[Chinuclidin-2-carbonyl]-piperidin mit LiAlH₄ in Äther (*Rubzow, Nikitškaja*, Ž. obšč. Chim. **24** [1954] 1659, 1663; engl. Ausg. S. 1641, 1643).

Kp₀,₂: 91—93°.

Methojodid $[C_{14}H_{27}N_2]$I. Kristalle; F: 140—142°.

(±)-N,N-Diäthyl-N'-chinuclidin-2-ylmethyl-äthylendiamin $C_{14}H_{29}N_3$, Formel VIII (R = CH_2-CH_2-$N(C_2H_5)_2$, R' = H).

B. Beim Behandeln von Chinuclidin-2-carbonsäure-[2-diäthylamino-äthylamid] mit LiAlH₄ in Äther (*Rubzow, Nikitškaja*, Ž. obšč. Chim. **24** [1954] 1659, 1662; engl. Ausg. S. 1641, 1643).

Kp₁₃: 171—173°.

Tripicrat $C_{14}H_{29}N_3 \cdot 3 C_6H_3N_3O_7$. Gelbe Kristalle; F: 164,5—166,5°.

*Opt.-inakt. N^4,N^4-Diäthyl-N^1-chinuclidin-2-ylmethyl-1-methyl-butandiyldiamin $C_{17}H_{35}N_3$, Formel VIII (R = $CH(CH_3)$-$[CH_2]_3$-$N(C_2H_5)_2$, R' = H).

B. Beim Behandeln von opt.-inakt. Chinuclidin-2-carbonsäure-[4-diäthylamino-1-methyl-butylamid] (S. 202) mit LiAlH₄ in Äther (*Rubzow, Nikitškaja*, Ž. obšč. Chim. **24** [1954]

1659, 1662; engl. Ausg. S. 1641, 1643).

$Kp_{0,3}$: 144—146°.

Triphosphat $C_{17}H_{35}N_3 \cdot 3 H_3PO_4$. Hygroskopische Kristalle.

9-Chinuclidin-2-ylmethylimino-9,10-dihydro-acridin $C_{21}H_{23}N_3$ und Tautomeres.

(±)-**Acridin-9-yl-chinuclidin-2-ylmethyl-amin** $C_{21}H_{23}N_3$, Formel X (X = X' = H).

B. Beim Erhitzen von (±)-2-Aminomethyl-chinuclidin mit 9-Phenoxy-acridin in Butan-1-ol (*Rubzow, Nikitškaja*, Ž. obšč. Chim. **24** [1954] 1659, 1664; engl. Ausg. S. 1641, 1644).

Hellgelbe Kristalle; F: 144—146°.

9-Chinuclidin-2-ylmethylimino-6-chlor-2-methoxy-9,10-dihydro-acridin $C_{22}H_{24}ClN_3O$ und Tautomeres.

(±)-**Chinuclidin-2-ylmethyl-[6-chlor-2-methoxy-acridin-9-yl]-amin** $C_{22}H_{24}ClN_3O$, Formel X (X = O-CH$_3$, X' = Cl).

B. Beim Erhitzen von (±)-2-Aminomethyl-chinuclidin mit 6,9-Dichlor-2-methoxy-acridin in Phenol bis auf 110° (*Prelog et al.*, Helv. **36** [1943] 1172, 1187).

Kristalle (aus A.); F: 157°.

Trihydrochlorid $C_{22}H_{24}ClN_3O \cdot 3$ HCl. Kristalle (aus H_2O); F: 282°.

Amine $C_9H_{18}N_2$

*Opt.-inakt. **Decahydro-[1]isochinolylamin** $C_9H_{18}N_2$, Formel XI.

Acetat $C_9H_{18}N_2 \cdot C_2H_4O_2$ (Acetyl-Derivat-Hydrat $C_{11}H_{20}N_2O \cdot H_2O$?). B. In geringer Menge neben 5,6,7,8-Tetrahydro-[1]isochinolylamin beim Hydrieren von [1]Iso=chinolylamin an Platin in Essigsäure und wenig konz. H_2SO_4 (*Ochiai, Kawazoe*, Pharm. Bl. **5** [1957] 606, 607, 609). — Kristalle (aus Acn.); F: 186°.

Picrat. Kristalle (aus A.); F: 210°.

(9a*R*)-(9a*r*)-**Octahydro-chinolizin-1*t*(?)-ylamin**, 1-Amino-norlupinan $C_9H_{18}N_2$, vermutlich Formel XII (R = H).

B. Beim Erhitzen der folgenden Verbindung mit konz. wss. HCl (*Clemo et al.*, Soc. **1931** 3190, 3195).

Kp_1: 73—75° (*Cl. et al.*, Soc. **1931** 3195).

Beim Erwärmen mit wss. HCl und NaNO$_2$ sind Norlupinen $C_9H_{15}N$ (möglicherweise (9a*R*)-1,3,4,6,7,9a-Hexahydro-2*H*-chinolizin [E III/IV **20** 2176]; Picrolonat $C_9H_{15}N \cdot C_{10}H_8N_4O_5$: Kristalle [aus A.], F: 229—230°) und ein Hydroxynorlupinan $C_9H_{17}NO$ (möglicherweise (9a*R*)-(9a*r*)-Octahydro-chinolizin-1ξ-ol; Kristalle [aus PAe.], F: 109°) erhalten worden (*Clemo et al.*, Soc. **1931** 2195, **1932** 2959, 2968).

[(9a*R*)-(9a*r*)-**Octahydro-chinolizin-1*t*(?)-yl]-carbamidsäure-äthylester** $C_{12}H_{22}N_2O_2$, vermutlich Formel XII (R = CO-O-C$_2$H$_5$).

B. Beim Behandeln von (9a*R*)-(9a*r*)-Octahydro-chinolizin-1*t*-carbonsäure-hydrazid (S. 214) mit Amylnitrit und äthanol. HCl (*Clemo et al.*, Soc. **1931** 3190, 3194).

Kp_1: 125—128°.

Hydrochlorid $C_{12}H_{22}N_2O_2 \cdot$ HCl. Kristalle (aus A.); F: 277—278° [Zers.].

Octahydro-chinolizin-3-ylamin $C_9H_{18}N_2$.

a) (±)-(9a*r*)-**Octahydro-chinolizin-3*c*-ylamin** $C_9H_{18}N_2$, Formel XIII (R = R' = H) + Spiegelbild.

B. Beim Behandeln von (±)-(9a*r*)-Octahydro-chinolizin-3*c*-carbonsäure-hydrazid mit NaNO$_2$ und wss. HCl, Erwärmen des Reaktionsprodukts mit Benzylalkohol in Benzol und Erhitzen des erhaltenen Esters mit wss. HCl und Essigsäure (*Noike*, J. pharm. Soc. Japan **79** [1959] 1514, 1517; C. A. **1960** 11021).

$Kp_{0,1}$: 82—83°.

Dipicrat $C_9H_{18}N_2 \cdot 2 C_6H_3N_3O_7$. Gelbe Kristalle (aus Eg.); F: 275° [Zers.].

b) **(±)-(9ar)-Octahydro-chinolizin-3t-ylamin** $C_9H_{18}N_2$, Formel XIV (R = R' = H) + Spiegelbild.

B. Beim Erhitzen von (±)-[(9a*r*)-Octahydro-chinolizin-3*t*-yl]-carbamidsäure-benzyl= ester mit wss. HCl und Essigsäure (*Noike*, J. pharm. Soc. Japan **79** [1959] 1514, 1517; C. A. **1960** 11 021).

$Kp_{0,1}$: 82—84°.

Dipicrat $C_9H_{18}N_2 \cdot 2\,C_6H_3N_3O_7$. Gelbe Kristalle (aus Eg.); F: 247° [Zers.].

XI   XII   XIII   XIV

(±)-3c-Dimethylamino-(9ar)-octahydro-chinolizin, (±)-Dimethyl-[(9ar)-octahydro-chinolizin-3c-yl]-amin $C_{11}H_{22}N_2$, Formel XIII (R = R' = CH₃) + Spiegelbild.

B. Beim Erhitzen von (±)-(9a*r*)-Octahydro-chinolizin-3*c*-ylamin mit Ameisensäure und wss. Formaldehyd (*Noike*, J. pharm. Soc. Japan **79** [1959] 1514, 1517; C. A. **1960** 11 021).

$Kp_{0,1}$: 62—63°.

Dipicrat $C_{11}H_{22}N_2 \cdot 2\,C_6H_3N_3O_7$. Gelbe Kristalle (aus Eg.); F: 228° [Zers.].

(±)-3c-Benzylamino-(9ar)-octahydro-chinolizin, (±)-Benzyl-[(9ar)-octahydro-chinolizin-3c-yl]-amin $C_{16}H_{24}N_2$, Formel XIII (R = CH₂-C₆H₅, R' = H) + Spiegelbild.

B. Bei der Hydrierung von (±)-3-Benzylamino-1,2,3,4-tetrahydro-chinolizinylium-chlorid an Platin in äthanol. HCl (*Noike*, J. pharm. Soc. Japan **79** [1959] 1514, 1518; C. A. **1960** 11 021). Beim Erwärmen von (±)-*N*-[(9a*r*)-Octahydro-chinolizin-3*c*-yl]-benzamid mit LiAlH₄ in THF (*No.*).

$Kp_{0,05}$: 135—137°.

Dipicrat $C_{16}H_{24}N_2 \cdot 2\,C_6H_3N_3O_7$. Gelbe Kristalle (aus Eg.); F: 218°.

(±)-3c-Benzoylamino-(9ar)-octahydro-chinolizin, (±)-N-[(9ar)-Octahydro-chinolizin-3c-yl]-benzamid $C_{16}H_{22}N_2O$, Formel XIII (R = CO-C₆H₅, R' = H) + Spiegelbild.

B. Beim Behandeln von (±)-(9a*r*)-Octahydro-chinolizin-3*c*-ylamin mit Benzoylchlorid und Pyridin (*Noike*, J. pharm. Soc. Japan **79** [1959] 1514, 1518; C. A. **1960** 11 021).

Kristalle; F: 202—204°.

(±)-[(9ar)-Octahydro-chinolizin-3t-yl]-carbamidsäure-benzylester $C_{17}H_{24}N_2O_2$, Formel XIV (R = CO-O-CH₂-C₆H₅, R' = H) + Spiegelbild.

B. Beim Behandeln von (±)-(9a*r*)-Octahydro-chinolizin-3*t*-carbonsäure-hydrazid mit NaNO₂ und wss. HCl und Erwärmen des Reaktionsprodukts mit Benzylalkohol in Benzol (*Noike*, J. pharm. Soc. Japan **79** [1959] 1514, 1517; C. A. **1960** 11 021).

Picrat $C_{17}H_{24}N_2O_2 \cdot C_6H_3N_3O_7$. Gelbe Kristalle; F: 154°.

N-Octahydrochinolizin-3-yl-N'-phenyl-harnstoff $C_{16}H_{23}N_3O$.

a) **(±)-N-[(9ar)-Octahydro-chinolizin-3c-yl]-N'-phenyl-harnstoff** $C_{16}H_{23}N_3O$, Formel XIII (R = CO-NH-C₆H₅, R' = H) + Spiegelbild.

B. Beim Behandeln von (±)-(9a*r*)-Octahydro-chinolizin-3*c*-carbonsäure-hydrazid mit NaNO₂ und wss. HCl und Erwärmen des Reaktionsprodukts mit Anilin (*Noike*, J. pharm. Soc. Japan **79** [1959] 1514, 1517; C. A. **1960** 11 021).

Kristalle (aus Acn.); F: 208—209°.

b) **(±)-N-[(9ar)-Octahydro-chinolizin-3t-yl]-N'-phenyl-harnstoff** $C_{16}H_{23}N_3O$, Formel XIV (R = CO-NH-C₆H₅, R' = H) + Spiegelbild.

B. Beim Behandeln von (±)-(9a*r*)-Octahydro-chinolizin-3*t*-carbonsäure-hydrazid mit NaNO₂ und wss. HCl und Erwärmen des Reaktionsprodukts mit Anilin in Benzol (*Noike*, J. pharm. Soc. Japan **79** [1959] 1514, 1517; C. A. **1960** 11 021).

Kristalle (aus Acn.); F: 204°.

*Opt.-inakt. 2-Aminomethyl-3-methyl-3-aza-bicyclo[3.3.1]nonan, *C*-[3-Methyl-3-aza-bicyclo[3.3.1]non-2-yl]-methylamin $C_{10}H_{20}N_2$, Formel I (R = H).

B. Beim Erwärmen von opt.-inakt. 3-Methyl-3-aza-bicyclo[3.3.1]nonan-2-carbonitril (S. 208) mit LiAlH$_4$ in Äther (*Rossi et al.*, Farmaco Ed. scient. **14** [1959] 666, 670).

Kp$_1$: 112—115°.

Picrat $C_{10}H_{20}N_2 \cdot C_6H_3N_3O_7$. Gelbe Kristalle (aus Me.); F: 156—157°.

*Opt.-inakt. 2-Dimethylaminomethyl-3-methyl-3-aza-bicyclo[3.3.1]nonan, Dimethyl-[3-methyl-3-aza-bicyclo[3.3.1]non-2-ylmethyl]-amin $C_{12}H_{24}N_2$, Formel I (R = CH$_3$).

B. Beim Erhitzen der im vorangehenden Artikel beschriebenen Verbindung mit Ameisen=säure und wss. Formaldehyd (*Rossi et al.*, Farmaco Ed. scient. **14** [1959] 666, 670).

Kp$_1$: 104—106°.

Methojodid $[C_{13}H_{27}N_2]I$; Trimethyl-[3-methyl-3-aza-bicyclo[3.3.1]non-2-ylmethyl]-ammonium-jodid. F: 189—190°.

I   II   III   IV

*7-Aminomethyl-3-aza-bicyclo[3.3.1]nonan, *C*-[3-Aza-bicyclo[3.3.1]non-7ξ-yl]-methyl=amin $C_9H_{18}N_2$, Formel II.

B. Beim Erhitzen von 2,4-Dioxo-3-aza-bicyclo[3.3.1]nonan-7-carbonsäure-amid (S. 3176) mit LiAlH$_4$ in Dioxan (*Rossi et al.*, Farmaco Ed. scient. **14** [1959] 666, 671).

Dihydrochlorid $C_9H_{18}N_2 \cdot 2$ HCl. Kristalle (aus A. + Ae.); F: 260—261°.

Picrat $C_9H_{18}N_2 \cdot C_6H_3N_3O_7$. Kristalle (aus A.); F: 160—162°.

*Trimethyl-[3-methyl-3-aza-bicyclo[3.3.1]non-7-ylmethyl]-ammonium $[C_{13}H_{27}N_2]^+$, Formel III.

Jodid $[C_{13}H_{27}N_2]I$. B. Beim Erhitzen der vorangehenden Verbindung mit Ameisen=säure und wss. Formaldehyd und Behandeln des Reaktionsprodukts mit CH$_3$I in Aceton (*Rossi et al.*, Farmaco Ed. scient. **14** [1959] 666, 672). — Kristalle (aus A.); F: 203—204°.

Amine $C_{10}H_{20}N_2$

*Opt.-inakt. 1,2-Dimethyl-4-methylamino-decahydro-chinolin, [1,2-Dimethyl-decahydro-[4]chinolyl]-methyl-amin $C_{12}H_{24}N_2$, Formel IV.

B. Beim Hydrieren von opt.-inakt. 1,2-Dimethyl-octahydro-chinolin-4-on-methylimin (E III/IV **21** 3334) an Platin in Äthanol (*Nasarow, Rudenko*, Ž. obšč. Chim. **22** [1952] 623, 630; engl. Ausg. S. 683, 689).

Kp$_{6,5}$: 113—115°. n$_D^{21}$: 1,4985.

Dipicrat $C_{12}H_{24}N_2 \cdot 2$ $C_6H_3N_3O_7$. Kristalle (aus wss. A.); F: 214—216° [nach Dunkel-färbung bei 200°].

(9a*R*)-1*t*-Aminomethyl-(9a*r*)-octahydro-chinolizin, *C*-[(9a*R*)-(9a*r*)-Octahydro-chinolizin-1*t*-yl]-methylamin, Aminolupinan $C_{10}H_{20}N_2$, Formel V (R = R' = H) (E II 321).

B. Aus *N*-[(9a*R*)-(9a*r*)-Octahydro-chinolizin-1*t*-ylmethyl]-phthalimid beim Erwärmen mit N$_2$H$_4 \cdot$H$_2$O in Äthanol (*Clemo et al.*, Soc. **1931** 429, 435) oder beim Erhitzen mit konz. wss. HCl (*Knunjanz, Benewolenškaja*, Ž. obšč. Chim. **7** [1937] 2930; C. **1939** I 1760).

Kp$_{27}$: 140—141° (*Kn., Be.*); Kp$_1$: 98° (*Cl. et al.*).

An der Luft wird rasch CO$_2$ aufgenommen (*Cl. et al.*).

Benzoyl-Derivat s. S. 3824.

(9a*R*)-1*t*-Dimethylaminomethyl-(9a*r*)-octahydro-chinolizin, Dimethyl-[(9a*R*)-(9a*r*)-octahydro-chinolizin-1*t*-ylmethyl]-amin $C_{12}H_{24}N_2$, Formel V (R = R' = CH$_3$) (E II 321).

B. Aus (9a*R*)-1*t*-Chlormethyl-(9a*r*)-octahydro-chinolizin und Dimethylamin (*Clemo* *et al.*, Soc. **1931** 429, 434; vgl. E II 321).

Kp$_{0,5}$: 95°. [α]$_D$: −37,7° [Acn.].

Bis-methojodid   [$C_{14}H_{30}N_2$]I$_2$;   (9aR)-5ξ-Methyl-1t-trimethylammonio≠methyl-(9ar)-octahydro-chinolizinium-dijodid. Kristalle (aus wss. A.); F: 308° (*Cl. et al.*, l. c. S. 435).

Trimethyl-[(9aR)-(9ar)-octahydro-chinolizin-1t-ylmethyl]-ammonium [$C_{13}H_{27}N_2$]$^+$, Formel VI.

Chlorid [$C_{13}H_{27}N_2$]Cl. *B.* Beim Erhitzen von (9aR)-1t-Chlormethyl-(9ar)-octahydro-chinolizin mit Trimethylamin in Äthanol auf 130—135° (*Karrer, Vogt*, Helv. **13** [1930] 1073, 1075). — Hygroskopische Kristalle (aus A.); [α]$_D^{20}$: −17,9° [A.] (*Ka., Vogt*). — Beim Erhitzen des mit Hilfe von Ag$_2$O in H$_2$O erhaltenen Hydroxids sind (9aR)-1-Methyl≠en-octahydro-chinolizin und geringe Mengen Dimethyl-[(9aR)-(9ar)-octahydro-chinolizin-1t-ylmethyl]-amin erhalten worden (*Ka., Vogt; Clemo et al.*, Soc. **1931** 429, 430, 434).

(9aR)-1t-Pyrrolidinomethyl-(9ar)-octahydro-chinolizin $C_{14}H_{26}N_2$, Formel VII.

B. Bei der elektrochemischen Reduktion von N-[(9aR)-(9ar)-Octahydro-chinolizin-1t-ylmethyl]-succinimid in wss. H$_2$SO$_4$ (*Clemo et al.*, Soc. **1931** 429, 436).

Kp$_1$: 155°.

Bis-methojodid   [$C_{16}H_{32}N_2$]I$_2$;   (9aR)-5ξ-Methyl-1t-[1-methyl-pyrrolidin≠ium-1-ylmethyl]-(9ar)-octahydro-chinolizinium-dijodid. Kristalle (aus wss. A.); F: 302° [Zers.].

V   VI   VII   VIII

(9aR)-1t-Isoindolin-2-ylmethyl-(9ar)-octahydro-chinolizin $C_{18}H_{26}N_2$, Formel VIII.

B. Bei der elektrochemischen Reduktion von N-[(9aR)-(9ar)-Octahydro-chinolizin-1t-ylmethyl]-phthalimid in wss. H$_2$SO$_4$ (*Clemo et al.*, Soc. **1931** 429, 435).

Kristalle (aus PAe.); F: 88°.

N-[(9aR)-(9ar)-Octahydro-chinolizin-1t-ylmethyl]-benzamid, N-Lupinyl-benzamid $C_{17}H_{24}N_2O$, Formel V (R = CO-C$_6$H$_5$, R′ = H).

B. Aus Aminolupinan [S. 3823] (*Clemo et al.*, Soc. **1931** 429, 435).

Kristalle (aus PAe.); F: 131—132°.

N,N′-Bis-[(9aR)-(9ar)-octahydro-chinolizin-1t-ylmethyl]-succinamid, N,N′-Dilupinyl-succinamid $C_{24}H_{42}N_4O_2$, Formel IX (n = 2).

B. Neben N-[(9aR)-(9ar)-Octahydro-chinolizin-1t-ylmethyl]-succinimid beim Er≠hitzen von Aminolupinan (S. 3823) mit Bernsteinsäure-dimethylester bis auf 190° (*Clemo et al.*, Soc. **1931** 429, 435).

Kristalle (aus A. oder Bzl.); F: 225—226°.

N-[(9aR)-(9ar)-Octahydro-chinolizin-1t-ylmethyl]-succinimid, N-Lupinyl-succin≠imid $C_{14}H_{22}N_2O_2$, Formel X.

B. s. im vorangehenden Artikel.

Kristalle (aus PAe.); F: 137° (*Clemo et al.*, Soc. **1931** 429, 436). Methojodid   [$C_{15}H_{25}N_2O_2$]I;   (9aR)-5ξ-Methyl-1t-succinimidomethyl-(9ar)-octahydro-chinolizinium-jodid. Kristalle (aus wss. A.); F: 290°, die sich nach Aufbewahren in wss. Äthanol in Kristalle vom F: 293—294° umwandeln.

N-[(9aR)-(9ar)-Octahydro-chinolizin-1t-ylmethyl]-glutaramidsäure-methylester $C_{16}H_{28}N_2O_3$, Formel V (R = CO-[CH$_2$]$_3$-CO-O-CH$_3$, R′ = H).

B. Neben N,N′-Bis-[(9aR)-(9ar)-octahydro-chinolizin-1t-ylmethyl]-glutaramid beim

Erhitzen von Aminolupinan (S. 3823) mit Glutarsäure-dimethylester auf 180° (*Clemo et al.*, Soc. **1931** 429, 436).

Kristalle (aus Bzl. + PAe.); F: 75—76°.

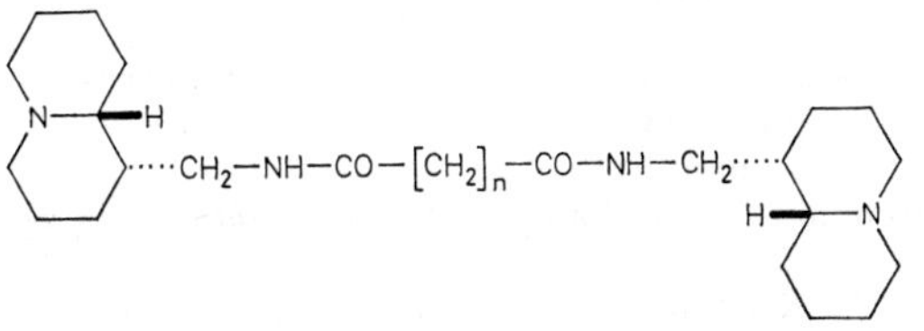

IX 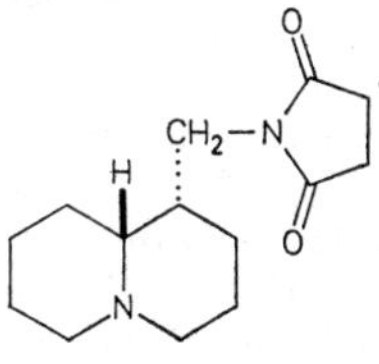   X

N,N'-Bis-[(9aR)-(9ar)-octahydro-chinolizin-1t-ylmethyl]-glutaramid, *N,N'*-Dilupinyl-glutaramid $C_{25}H_{44}N_4O_2$, Formel IX (n = 3).

B. s. im vorangehenden Artikel.

Kristalle (aus A.); F: 193—195° (*Clemo et al.*, Soc. **1931** 429, 436).

N-[(9aR)-(9ar)-Octahydro-chinolizin-1t-ylmethyl]-phthalimid, *N*-Lupinyl-phthalᵃ imid $C_{18}H_{22}N_2O_2$, Formel XI.

B. Aus (9aR)-1t-Chlormethyl-(9ar)-octahydro-chinolizin und Kaliumphthalimid beim Erhitzen auf 170—180° (*Knunjanz, Benewolenškaja*, Ž. obšč. Chim. **7** [1937] 2930; C. **1939** I 1760) oder beim Erhitzen unter Zusatz von Kupfer-Pulver auf 210—220° (*Clemo et al.*, Soc. **1931** 429, 435).

Kristalle (aus PAe.); F: 165° (*Cl. et al.*).

(9aR)-1t-[((Ξ)-4-Diäthylamino-1-methyl-butylamino)-methyl]-(9ar)-octahydro-chinolizin, (Ξ)-N^4,N^4-Diäthyl-1-methyl-N^1-[(9aR)-(9ar)-octahydro-chinolizin-1t-ylᵃ methyl]-butandiyldiamin $C_{19}H_{39}N_3$, Formel V (R = CH(CH₃)-[CH₂]₃-N(C₂H₅)₂, R' = H).

B. Beim Erwärmen von (9aR)-1t-Brommethyl-(9ar)-octahydro-chinolizin mit (±)-4-Amino-1-diäthylamino-pentan und wenig Kupfer-Pulver (*Clemo, Swan*, Soc. **1944** 274).

Kp₂: 165—167°.

Tripicrolonat $C_{19}H_{39}N_3 \cdot 3 C_{10}H_8N_4O_5$. F: ca. 166—172°.

6-Chlor-9-[(9aR)-(9ar)-octahydro-chinolizin-1t-ylmethylimino]-2-methoxy-9,10-dihydro-acridin $C_{24}H_{28}ClN_3O$ und Tautomeres.

  [6-Chlor-2-methoxy-acridin-9-yl]-[(9aR)-(9ar)-octahydro-chinolizin-1t-ylmethyl]-amin $C_{24}H_{28}ClN_3O$, Formel XII.

B. Beim Erwärmen von Aminolupinan (S. 3823) mit 6,9-Dichlor-2-methoxy-acridin in Phenol (*Knunjanz, Benewolenškaja*, Ž. obšč. Chim. **7** [1937] 2930; C. **1939** I 1760).

Gelbe Kristalle; F: 140°.

Dihydrochlorid $C_{24}H_{28}ClN_3O \cdot 2$ HCl. Kristalle (aus A.) mit 3 Mol H_2O, F: 283° [Zers.]; das Kristallwasser wird im Vakuum bei 120° abgegeben.

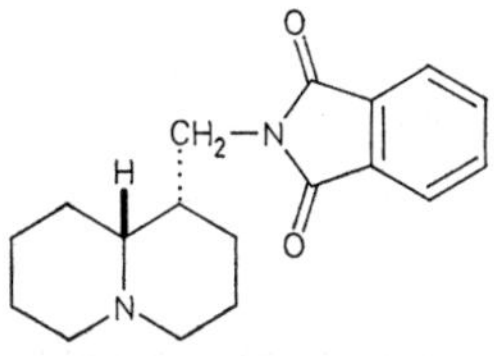

XI 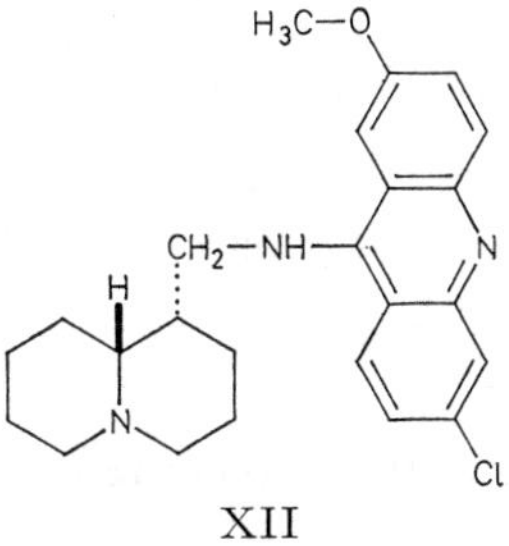   XII 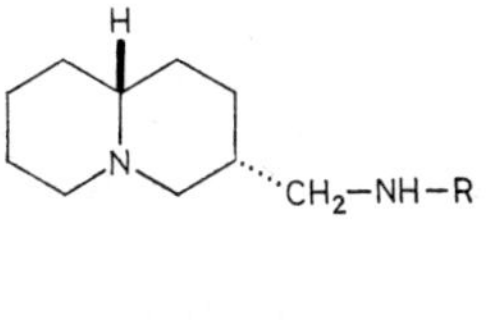   XIII

(±)-3t-Aminomethyl-(9ar)-octahydro-chinolizin, (±)-C-[(9ar)-Octahydro-chinolizin-3t-yl]-methylamin $C_{10}H_{20}N_2$, Formel XIII (R = H) + Spiegelbild.

B. Beim Erwärmen von (±)-3t-Brommethyl-(9ar)-octahydro-chinolizin mit NH_3 in

Methanol auf 100° (*Winterfeld, Schulz*, Ar. **291** [1958] 610, 618). Beim Erwärmen von opt.-inakt. Octahydro-chinolizin-3-carbamid (S. 216) mit LiAlH$_4$ in THF (*Wi., Sch.*).
Kp$_{0,1}$: 80°; Kp$_{0,08}$: 77−78,5°.
Dipicrolonat C$_{10}$H$_{20}$N$_2$·2 C$_{10}$H$_8$N$_4$O$_5$. F: 248,5°.

*Opt.-inakt. 3-Dimethylaminomethyl-octahydro-chinolizin, Dimethyl-[octahydro-chinolizin-3-ylmethyl]-amin C$_{12}$H$_{24}$N$_2$, Formel XIV.
B. Beim Erwärmen von opt.-inakt. 3-Brommethyl-octahydro-chinolizin-hydrobromid (Picrat; F: 146−151°) mit Dimethylamin in Methanol auf 100° (*Ohki, Yamakawa*, Pharm. Bl. **1** [1953] 260, 264).
Dipicrat C$_{12}$H$_{24}$N$_2$·2 C$_6$H$_3$N$_3$O$_7$. Gelbe Kristalle (aus Eg.); F: 216°.

(±)-*N,N*-Diäthyl-glycin-[(9a*r*)-octahydrochinolizin-3*t*-ylmethyl-amid] C$_{16}$H$_{31}$N$_3$O,
Formel XIII (R = CO-CH$_2$-N(C$_2$H$_5$)$_2$) + Spiegelbild.
B. Beim Erhitzen von (±)-3*t*-Aminomethyl-(9a*r*)-octahydro-chinolizin mit *N,N*-Diäthyl-glycin-äthylester in Methanol auf 150° (*Winterfeld, Schulz*, Ar. **291** [1958] 610, 618).
Kp$_{0,05}$: 137−140°.
Dipicrat C$_{16}$H$_{31}$N$_3$O·2 C$_6$H$_3$N$_3$O$_7$. Kristalle (aus A.); F: 187−188°.

(±)-*N*-Acetyl-sulfanilsäure-[(9a*r*)-octahydrochinolizin-3*t*-ylmethyl-amid] C$_{18}$H$_{27}$N$_3$O$_3$S,
Formel XIII (R = SO$_2$-C$_6$H$_4$-NH-CO-CH$_3$(*p*)) + Spiegelbild.
B. Beim Behandeln von (±)-3*t*-Aminomethyl-(9a*r*)-octahydro-chinolizin mit *N*-Acetyl-sulfanilylchlorid in THF (*Winterfeld, Schulz*, Ar. **291** [1958] 610, 615, 619).
Kristalle; F: 116−118° und F: 152−153°.

XIV · XV

*Opt.-inakt. 7-Aminomethyl-6-[2-chlor-äthyl]-1-aza-bicyclo[3.2.1]octan,
C-[6-(2-Chlor-äthyl)-1-aza-bicyclo[3.2.1]oct-7-yl]-methylamin C$_{10}$H$_{19}$ClN$_2$, Formel XV.
B. Beim Erwärmen von opt.-inakt. 6-[2-Chlor-äthyl]-7-chlormethyl-1-aza-bicyclo=[3.2.1]octan (E III/IV **20** 2055) mit Kaliumphthalimid in Äthanol und Erhitzen des Reaktionsprodukts mit wss. HCl (*Furschtatowa et al.*, Ž. obšč. Chim. **28** [1958] 1170, 1176; engl. Ausg. S. 1228, 1232). Beim Erwärmen von opt.-inakt. 2-[7-Aminomethyl-1-aza-bicyclo[3.2.1]oct-6-yl]-äthanol (Kp$_{0,3}$: 140°) mit SOCl$_2$ in Benzol (*Fu. et al.*, l. c. S. 1175).
Dipicrat C$_{10}$H$_{19}$ClN$_2$·2 C$_6$H$_3$N$_3$O$_7$. Gelbe Kristalle (aus wss. Acn.); F: 208°.

Amine C$_{11}$H$_{22}$N$_2$

*Opt.-inakt. 3-[2-Diäthylamino-äthyl]-octahydro-chinolizin, Diäthyl-[2-octahydro=chinolizin-3-yl-äthyl]-amin C$_{15}$H$_{30}$N$_2$, Formel I.
B. Bei der elektrochemischen Reduktion von opt.-inakt. 3-[2-Diäthylamino-äthyl]-octahydro-chinolizin-4-on (Kp$_4$: 170−173°) in wss. H$_2$SO$_4$ an einer Blei-Kathode (*Ohki, Noike*, J. pharm. Soc. Japan **72** [1952] 490; C. A. **1953** 6418).
Kp$_2$: 115−118°.
Tetrachloroaurat(III) C$_{15}$H$_{30}$N$_2$·2 HAuCl$_4$. Gelbe Kristalle (aus wss. A.); F: 174°.
Picrat. Gelbe Kristalle; F: 143°.
Picrolonat. Gelbe Kristalle; F: 212°.

(9a*S*)-1*t*(oder 3*t*)-Dimethylaminomethyl-3ξ(oder 1ξ)-methyl-(9a*r*)-octahydro-chinolizin
C$_{13}$H$_{26}$N$_2$, Formel II oder III; Dihydro-des-*N*-dimethyl-tetrahydrodesoxy=cytisin.
B. Beim Erhitzen von (1*R*)-3,3-Dimethyl-(11a*c*)-decahydro-1*r*,5*c*-methano-pyrido=[1,2-*a*][1,5]diazocinium-hydroxid („*N*-Methyl-tetrahydrodesoxycytisin-methohydroxid") unter vermindertem Druck und Hydrieren des Reaktionsprodukts an Palladium/Kohle

in Essigsäure (*Späth, Galinovky*, B. **65** [1932] 1526, 1528, 1534).

Kp$_{11}$: 132°.

Hexachloroplatinat(IV) C$_{13}$H$_{26}$N$_2$·H$_2$PtCl$_6$.

Bis-methojodid [C$_{15}$H$_{32}$N$_2$]I$_2$; (9aS)-3ξ,5ξ(oder 1ξ,5ξ)-Dimethyl-1*t*(oder 3*t*)-trimethylammoniomethyl-(9a*r*)-octahydro-chinolizinium-dijodid. Kristalle; Zers. bei 325—327° [evakuierte Kapillare].

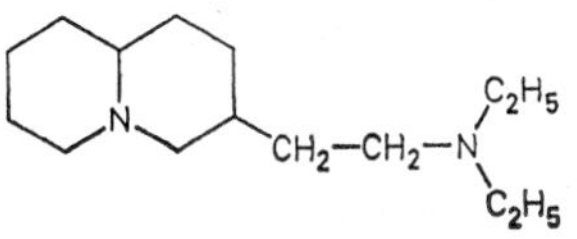

I 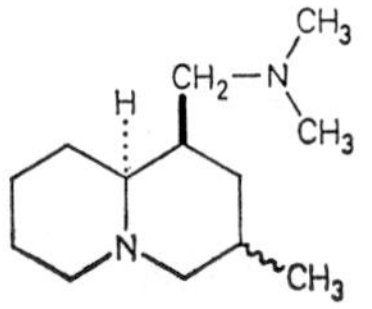   II 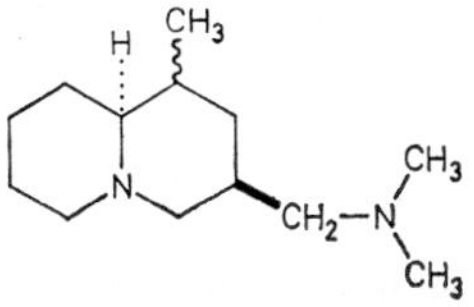   III

Amine C$_{12}$H$_{24}$N$_2$

*Opt.-inakt. 4a-[3-Amino-propyl]-decahydro-chinolin, 3-Octahydro[4a]chinolyl-propyl=amin C$_{12}$H$_{24}$N$_2$, Formel IV.

B. Beim Hydrieren von 2,2-Bis-[2-cyan-äthyl]-cyclohexanon an Raney-Nickel in Methanol bei 90—100°/150 at (*Nasarow et al.*, Ž. obšč. Chim. **24** [1954] 319, 328; engl. Ausg. S. 325, 334).

Kristalle; F: 42—43° [nach Destillation bei 114—120°/4 Torr].

Dihydrochlorid C$_{12}$H$_{24}$N$_2$·2 HCl. Kristalle (aus wasserhaltigem A.); F: 296—298°.

Picrat. Kristalle (aus Me.); F: 188,5—189,5°.

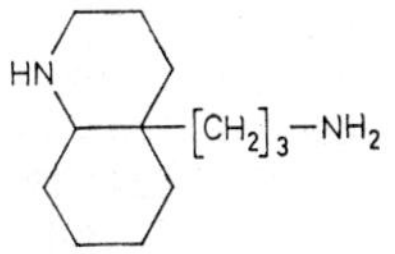

IV 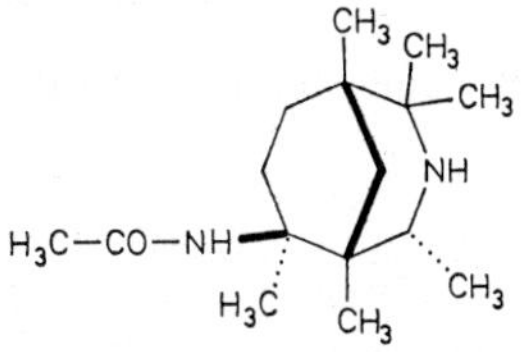   V

Amine C$_{14}$H$_{28}$N$_2$

(±)-6*exo*-Acetylamino-1,2,2,4*endo*,5,6*endo*-hexamethyl-3-aza-bicyclo[3.3.1]nonan, (±)-N-[1,2,2,4*endo*,5,6*endo*-Hexamethyl-3-aza-bicyclo[3.3.1]non-6*exo*-yl]-acetamid C$_{16}$H$_{30}$N$_2$O, Formel V + Spiegelbild.

Diese Konstitution und Konfiguration kommt der nachstehend beschriebenen, von *Lora-Tamayo et al.* (Bl. **1958** 1334) als N-[1-(2,3-Dimethyl-butyl)-2,4,5-trimethyl-[2]piperidyl]-acetamid C$_{16}$H$_{32}$N$_2$O formulierten Verbindung zu (*Garcia-Blanco et al.*, Acta cryst. [B] **32** [1976] 1386).

B. Bei der Hydrierung von (±)-N-[1,2,2,4,5,6*endo*-Hexamethyl-3-aza-bicyclo[3.3.1]=non-3-en-6*exo*-yl]-acetamid-hydrochlorid (S. 3839) an Platin in Äthanol (*Lora-Ta. et al.*).

Atomabstände und Bindungswinkel (aus dem Röntgen-Diagramm): *Ga.-Bl. et al.*

Kristalle (aus Cyclohexan); F: 132—133° [unkorr.] (*Lora-Ta. et al.*). Monoklin; Raumgruppe C2/c (= C$_{2h}^6$); aus dem Röntgen-Diagramm ermittelte Dimensionen der Elementarzelle: a = 19,409 Å; b = 18,368 Å; c = 10,258 Å; β = 117,478°; n = 8; D: 1,074 (*Ga.-Bl. et al.*). IR-Spektrum (Nujol; 3500—650 cm^{-1}): *Lora-Ta. et al.*

Über ein als Methojodid angesehenes Salz (Kristalle [aus A. + Ae.]; F: 242—243° [unkorr.]) s. *Lora-Ta. et al.*

Monoamine C$_n$H$_{2n-2}$N$_2$

Amine C$_4$H$_6$N$_2$

1-Phenyl-pyrrol-3-ylamin C$_{10}$H$_{10}$N$_2$, Formel VI (R = C$_6$H$_5$, R' = H).

B. Beim Behandeln von 3-Nitro-1-phenyl-pyrrol mit Eisen und wss. HCl (*Dhont,*

Wibaut, R. **62** [1943] 177, 185).
Kristalle (aus wss. A.); F: 112°.
Picrat. F: 164—165°.

3-Acetylamino-pyrrol, *N*-Pyrrol-3-yl-acetamid $C_6H_8N_2O$, Formel VI (R = H, R' = CO-CH_3).

B. Beim Erwärmen von Acetylamino-acetaldehyd in wss. Natriumacetat (*Cornforth*, Soc. **1958** 1174). Beim Erhitzen von Pyrrol-3-carbonylazid in Essigsäure (*Co.*).

Kristalle (nach Sublimation bei 75—90°/0,01 Torr); F: 91—92°.

An der Luft erfolgt nach wenigen Stunden Zersetzung.

3-Acetylamino-1-methyl-pyrrol, *N*-[1-Methyl-pyrrol-3-yl]-acetamid $C_7H_{10}N_2O$, Formel VI (R = CH_3, R' = CO-CH_3).

B. Beim Erhitzen von 4-Acetylamino-1-methyl-pyrrol-2-carbonsäure (*Waller et al.*, Am. Soc. **79** [1957] 1265).

F: 119—120°.

1-Acetyl-3-acetylamino-pyrrol, *N*-[1-Acetyl-pyrrol-3-yl]-acetamid $C_8H_{10}N_2O_2$, Formel VI (R = R' = CO-CH_3).

B. Beim kurzen Erwärmen von Acetylamino-acetaldehyd in schwach alkal. wss. Natriumacetat (*Cornforth*, Soc. **1958** 1174).

Kristalle (aus Me. + Ae.); F: 171°. Bei 110—170°/0,05 Torr sublimierbar.

Amine $C_5H_8N_2$

(±)-1-[4'-Amino-biphenyl-4-yl]-2-[4'-amino-biphenyl-4-ylamino]-1,2-dihydro-pyridin $C_{29}H_{26}N_4$, Formel VII.

Hydrochlorid $C_{29}H_{26}N_4 \cdot HCl$. *B.* Aus 1-[4'-Amino-biphenyl-4-ylamino]-5-[4'-amino-biphenyl-4-ylimino]-penta-1,3-dien-hydrochlorid beim Erhitzen auf 170—180° oder beim Erwärmen mit wss.-äthanol. HCl (*Grigor'ewa, Ginze*, Ž. obšč. Chim. **24** [1954] 169, 172; engl. Ausg. S. 171, 173). — Gelbe hygroskopische Kristalle (nach Sublimation) mit 1 Mol H_2O, unterhalb 300° nicht schmelzend; gelbe Kristalle (aus H_2O) mit 4 Mol H_2O, F: 273°; lösungsmittelhaltige gelbe Kristalle (aus Me.), F: 277° (*Gr., Gi.*, Ž. obšč. Chim. **24** 172). — Beim Erwärmen mit konz. wss. HCl ist 1-[4'-Amino-biphenyl-4-yl]-pyridinium-chlorid erhalten worden (*Grigor'ewa, Ginze*, Ž. obšč. Chim. **26** [1956] 232, 238; engl. Ausg. S. 249, 254). Beim Erwärmen einer mit Hilfe von $NaNO_2$ hergestellten Diazoniumsalz-Lösung sind Biphenyl-4,4'-diol und 1-[4'-Hydroxy-biphenyl-4-yl]-pyridinium-chlorid erhalten worden (*Gr., Gi.*, Ž. obšč. Chim. **24** 172). Bei der Hydrierung an Platin in Methanol sind 1-[4'-Amino-biphenyl-4-yl]-piperidin und Benzidin erhalten worden (*Grigor'ewa et al.*, Ž. obšč. Chim. **27** [1957] 1565, 1569; engl. Ausg. S. 1638, 1641). Beim Erhitzen mit wss. NaOH sind 5-[4'-Amino-biphenyl-4-ylamino]-penta-2,4-dienal und Benzidin erhalten worden (*Gr., Gi.*, Ž. obšč. Chim. **24** 172).

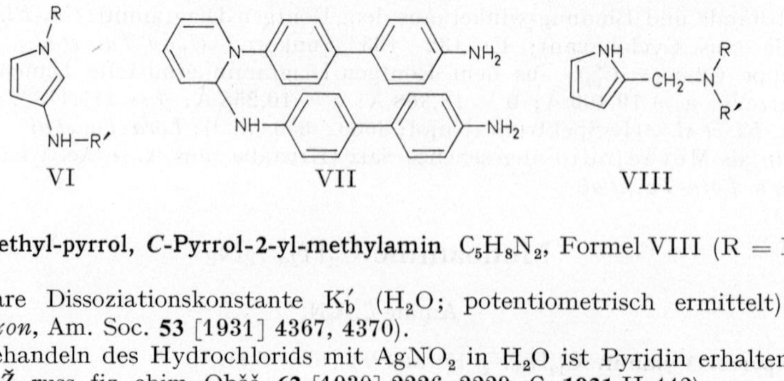

VI VII VIII

2-Aminomethyl-pyrrol, *C*-Pyrrol-2-yl-methylamin $C_5H_8N_2$, Formel VIII (R = R' = H) (E II 322).

Scheinbare Dissoziationskonstante K'_b (H_2O; potentiometrisch ermittelt): $9 \cdot 10^{-6}$ (*Craig, Hixon*, Am. Soc. **53** [1931] 4367, 4370).

Beim Behandeln des Hydrochlorids mit $AgNO_2$ in H_2O ist Pyridin erhalten worden (*Putochin*, Ž. russ. fiz.-chim. Obšč. **62** [1930] 2226, 2229; C. **1931** II 442).

2-Methylaminomethyl-pyrrol, Methyl-pyrrol-2-ylmethyl-amin $C_6H_{10}N_2$, Formel VIII
(R = CH_3, R' = H).

B. Beim Hydrieren von Pyrrol-2-carbaldehyd-methylimin an Platin in Äthanol (*Herz et al.*, Am. Soc. **69** [1947] 1698). Beim Behandeln von Pyrrol mit Methylamin-hydro‑chlorid und wss. Formaldehyd (*Herz et al.*).

Kp_{11}: 84—85°.

Picrat $C_6H_{10}N_2 \cdot C_6H_3N_3O_7$. F: 141—142° [Zers.].

1-Methyl-2-methylaminomethyl-pyrrol, Methyl-[1-methyl-pyrrol-2-ylmethyl]-amin
$C_7H_{12}N_2$, Formel IX (R = CH_3, R' = H).

B. Beim Behandeln von 1-Methyl-pyrrol mit Methylamin-hydrochlorid und wss. Formaldehyd (*Herz, Rogers*, Am. Soc. **73** [1951] 4921).

Kp_6: 66°. n_D^{25}: 1,5033.

2-Dimethylaminomethyl-pyrrol, Dimethyl-pyrrol-2-ylmethyl-amin $C_7H_{12}N_2$, Formel VIII
(R = R' = CH_3).

Diese Konstitution kommt auch dem von *Bachman, Heisey* (Am. Soc. **68** [1946] 2496) aus Pyrrol, Dimethylamin und wss. Formaldehyd erhaltenen, als 2,5-Bis-dimethylamino‑methyl-pyrrol angesehenen Präparat (Kp_2: 56—58°), zu (*Bachman*, zit. bei *Herz et al.*, Am. Soc. **69** [1947] 1698 Anm. 4).

B. Beim Behandeln von Pyrrol mit Dimethylamin-hydrochlorid und wss. Formal‑dehyd (*Herz et al.*; s. a. *Murakoshi*, J. pharm. Soc. Japan **78** [1958] 598, 600; C. A. **1958** 18409) unter Zusatz von Kaliumacetat (*Kutscher, Klamerth*, B. **86** [1953] 352, 357).

Kristalle; F: 68° [aus Heptan] (*Ku., Kl.*), 64° [aus Hexan] (*Herz et al.*). Kp_{19}: 94° (*Herz et al.*); Kp_{14}: 84—86° (*Ku., Kl.*).

Beim Erhitzen mit Äthylmagnesiumbromid in 1,2-Dichlor-benzol ist Chlorin [7,8-Di‑hydro-porphin] (*Eisner, Linstead*, Soc. **1955** 3742, 3748), beim Behandeln mit CH_3I, Magnesium und wenig Jod in Äther unter Luftzutritt ist Porphin (*Krol*, J. org. Chem. **24** [1959] 2065) erhalten worden. Beim Erhitzen mit Formylamino-malonsäure-diäthylester in Xylol unter Zusatz von $NaNH_2$ auf 130° ist Formylamino-pyrrol-2-ylmethyl-malon‑säure-diäthylester als Hauptprodukt, beim Erhitzen mit [2-Phenyl-acetylamino]-malon‑säure-diäthylester in Xylol unter Zusatz von $NaNH_2$ auf 135° ist 3-Oxo-2-[2-phenyl-acetylamino]-2,3-dihydro-1*H*-pyrrolizin-2-carbonsäure-äthylester als Hauptprodukt er‑halten worden (*Ku., Kl.*, l. c. S. 353, 358, 359). Beim Behandeln einer äthanol. Lösung mit wss. Benzoldiazoniumchlorid ist 2-Phenylazo-pyrrol (E III/IV **21** 3347) erhalten worden (*Treibs, Fritz*, A. **611** [1958] 162, 190).

Picrat. F: 136—137° [Zers.] (*Herz et al.*), 136° (*Ku., Kl.*).

2-Dimethylaminomethyl-1-methyl-pyrrol, Dimethyl-[1-methyl-pyrrol-2-ylmethyl]-amin $C_8H_{14}N_2$, Formel IX (R = R' = CH_3).

B. Beim Behandeln von 1-Methyl-pyrrol mit Dimethylamin-hydrochlorid und wss. Formaldehyd (*Herz, Rogers*, Am. Soc. **73** [1951] 4921; s. a. *Treibs, Dietl*, A. **619** [1958] 80, 93).

Gelbliches Öl; Kp_{12}: 63° (*Tr., Fi.*). Kp_6: 53—54°; n_D^{25}: 1,4860 (*Herz, Ro.*).

Picrat $C_8H_{14}N_2 \cdot C_6H_3N_3O_7$. Gelbe Kristalle (aus A.); F: 102,5° [unkorr.] (*Herz, Ro.*).

Trimethyl-pyrrol-2-ylmethyl-ammonium $[C_8H_{15}N_2]^+$, Formel X (R = H, R' = CH_3).

Jodid. *B.* Beim Behandeln von Dimethyl-pyrrol-2-ylmethyl-amin mit CH_3I in Äthanol (*Herz et al.*, Am. Soc. **70** [1948] 504; *Krol*, J. org. Chem. **24** [1959] 2065). — Kristalle [aus H_2O] (*Krol*); Zers. >160° (*Herz et al.*). — Beim Erhitzen mit der Natrium-Verbin‑dung des Acetylamino-malonsäure-diäthylesters in Dioxan ist 2-Acetylamino-3-oxo-2,3-dihydro-1*H*-pyrrolizin-2-carbonsäure-äthylester erhalten worden (*Herz et al.*).

Trimethyl-[1-methyl-pyrrol-2-ylmethyl]-ammonium $[C_9H_{17}N_2]^+$, Formel X
(R = R' = CH_3).

Jodid $[C_9H_{17}N_2]I$. *B.* Beim Behandeln von Dimethyl-[1-methyl-pyrrol-2-ylmethyl]-amin mit CH_3I in Äthanol (*Herz, Rogers*, Am. Soc. **73** [1951] 4921) oder Äther (*Treibs, Dietl*, A. **619** [1958] 80, 93). — Kristalle; Zers. bei 245° [nach Dunkelfärbung bei 140—150°; aus A.] (*Herz, Ro.*); F: 143° [Zers.; aus Me. + Ae.] (*Tr., Di.*). — Beim Erwärmen mit wss. NaCN sind [1-Methyl-pyrrol-2-yl]-acetonitril und 2-[1-Methyl-pyrrol-2-yl]-acetamid erhalten worden (*Herz, Ro.; Herz*, Am. Soc. **75** [1953] 483).

2-Äthylaminomethyl-pyrrol, Äthyl-pyrrol-2-ylmethyl-amin $C_7H_{12}N_2$, Formel VIII (R = C_2H_5, R' = H) auf S. 3828.
B. Beim Behandeln von Pyrrol mit Äthylamin-hydrochlorid und wss. Formaldehyd (*Herz et al.*, Am. Soc. **69** [1947] 1698).
F: 34−36°. Kp_9: 94°.
Picrat $C_7H_{12}N_2 \cdot C_6H_3N_3O_7$. F: 138° [Zers.].

2-Äthylaminomethyl-1-methyl-pyrrol, Äthyl-[1-methyl-pyrrol-2-ylmethyl]-amin $C_8H_{14}N_2$, Formel IX (R = C_2H_5, R' = H).
B. Beim Behandeln von 1-Methyl-pyrrol mit Äthylamin-hydrochlorid und wss. Form= aldehyd (*Herz, Rogers*, Am. Soc. **73** [1951] 4921).
Kp_5: 69−70°. n_D^{25}: 1,4955.
Picrat $C_8H_{14}N_2 \cdot C_6H_3N_3O_7$. Kristalle (aus wss. A. bei −40°); F: 93°.

Äthyl-dimethyl-[1-methyl-pyrrol-2-ylmethyl]-ammonium $[C_{10}H_{19}N_2]^+$, Formel X (R = CH_3, R' = C_2H_5).
Jodid $[C_{10}H_{19}N_2]I$. *B.* Beim Behandeln von Dimethyl-[1-methyl-pyrrol-2-ylmethyl]-amin mit Äthyljodid in Äther (*Treibs, Dietl*, A. **619** [1958] 80, 93). − Kristalle (aus A. + Ae.); F: 118° [Zers.].

IX   X   XI   XII

2-Diäthylaminomethyl-pyrrol, Diäthyl-pyrrol-2-ylmethyl-amin $C_9H_{16}N_2$, Formel VIII (R = R' = C_2H_5) auf S. 3828.
Diese Konstitution kommt auch dem von *Bachman, Heisey* (Am. Soc. **68** [1946] 2496) aus Pyrrol, Diäthylamin und wss. Formaldehyd erhaltenen, als 2,5-Bis-diäthylamino= methyl-pyrrol angesehenen Präparat (Kp_1: 39−39,5°; D_{26}^{26}: 0,9144; n_D^{26}: 1,4812; Hydro= chlorid, F: 124−127°; Picrat, F: 112−114°; Methojodid, F: 130°) zu (*Bachman*, zit. bei *Herz et al.*, Am. Soc. **69** [1947] 1698 Anm. 4).
B. Beim Behandeln von Pyrrol mit Diäthylamin-hydrochlorid und wss. Formaldehyd (*Herz et al.*) oder mit Diäthylamin, wss. Formaldehyd und wss. Essigsäure (*Kutscher, Klamerth*, B. **86** [1953] 352, 357).
F: 21°; Kp_8: 108−111° (*Herz et al.*).
Picrat $C_9H_{16}N_2 \cdot C_6H_3N_3O_7$. F: 119−120° [Zers.] (*Herz et al.*).

2-Diäthylaminomethyl-1-methyl-pyrrol, Diäthyl-[1-methyl-pyrrol-2-ylmethyl]-amin $C_{10}H_{18}N_2$, Formel IX (R = R' = C_2H_5).
B. Beim Behandeln von 1-Methyl-pyrrol mit Diäthylamin-hydrochlorid und wss. Formaldehyd (*Herz, Rogers*, Am. Soc. **73** [1951] 4921).
Kp_6: 75−77°. n_D^{25}: 1,4833.
Picrat $C_{10}H_{18}N_2 \cdot C_6H_3N_3O_7$. Kristalle (aus wss. A. bei −40°); F: 83−84°.

2-Cyclohexylaminomethyl-pyrrol, Cyclohexyl-pyrrol-2-ylmethyl-amin $C_{11}H_{18}N_2$, Formel VIII (R = C_6H_{11}, R' = H) auf S. 3828.
B. Beim Behandeln von Pyrrol mit Cyclohexylamin-hydrochlorid und Formaldehyd in wss. Methanol (*Burke, Hammer*, Am. Soc. **76** [1954] 1294).
Kristalle (aus PAe.); F: 52,5−54°.
Hydrochlorid $C_{11}H_{18}N_2 \cdot HCl$. Kristalle (aus Me. + Ae.); F: 175−176°.

2-Dimethylaminomethyl-1-phenyl-pyrrol, Dimethyl-[1-phenyl-pyrrol-2-ylmethyl]-amin
$C_{13}H_{16}N_2$, Formel XI (R = R' = CH_3).
B. Beim Behandeln von 1-Phenyl-pyrrol mit Dimethylamin und Formaldehyd in wss. Essigsäure (*Herz, Rogers*, Am. Soc. **73** [1951] 4921).
Kp_3: 103—104°. n_D^{25}: 1,5600.
Picrat $C_{13}H_{16}N_2 \cdot C_6H_3N_3O_7$. Kristalle (aus A.); F: 140,5—141° [unkorr.].

Trimethyl-[1-phenyl-pyrrol-2-ylmethyl]-ammonium $[C_{14}H_{19}N_2]^+$, Formel X (R = C_6H_5, R' = CH_3).
Jodid $[C_{14}H_{19}N_2]I$. B. Beim Behandeln von Dimethyl-[1-phenyl-pyrrol-2-ylmethyl]-amin mit CH_3I in Äthanol (*Herz, Rogers*, Am. Soc. **73** [1951] 4921). — Kristalle (aus A.); Zers. bei 268° [nach Dunkelfärbung, partiellem Schmelzen und Wiedererstarren bei 148—150°] (unreines Präparat).

2-Äthylaminomethyl-1-phenyl-pyrrol, Äthyl-[1-phenyl-pyrrol-2-ylmethyl]-amin
$C_{13}H_{16}N_2$, Formel XI (R = C_2H_5, R' = H).
B. Beim Behandeln von 1-Phenyl-pyrrol mit Äthylamin und Formaldehyd in wss. Essigsäure (*Herz, Rogers*, Am. Soc. **73** [1951] 4921).
Kp_1: 110—112°. n_D^{25}: 1,5650.
Picrat $C_{13}H_{16}N_2 \cdot C_6H_3N_3O_7$. Kristalle (aus A.); F: 135—136° [unkorr.].

Piperidino-pyrrol-2-yl-methan, 1-Pyrrol-2-ylmethyl-piperidin $C_{10}H_{16}N_2$, Formel XII (R = H).
B. Beim Behandeln von Pyrrol mit Piperidin und Formaldehyd in wss. Essigsäure (*Bachman, Heisey*, Am. Soc. **68** [1946] 2496; *Kutscher, Klamerth*, B. **86** [1953] 352, 358; s. a. *Herz et al.*, Am. Soc. **69** [1947] 1698). Beim Erwärmen von Pyrrol-2-yl-methanol mit Piperidin und äthanol. Natriumäthylat (*Silverstein et al.*, J. org. Chem. **20** [1955] 668).
Kristalle; F: 75—77° [aus wss. A.] (*Si. et al.*), 74,5—75° [aus Hexan] (*Ba., He.*).
Picrat $C_{10}H_{16}N_2 \cdot C_6H_3N_3O_7$. F: 152,5° (*Herz et al.*).

1-Methyl-2-piperidinomethyl-pyrrol, 1-[1-Methyl-pyrrol-2-ylmethyl]-piperidin $C_{11}H_{18}N_2$, Formel XII (R = CH_3).
B. Beim Behandeln von 1-Methyl-pyrrol mit Piperidin und Formaldehyd in wss. Essigsäure (*Herz, Rogers*, Am. Soc. **73** [1951] 4921).
Kp_5: 97°. n_D^{25}: 1,5115.
Picrat $C_{11}H_{18}N_2 \cdot C_6H_3N_3O_7$. Kristalle (aus A.); Zers. bei 160° [im auf 157° vorgeheizten Bad].

1-Phenyl-2-piperidinomethyl-pyrrol, 1-[1-Phenyl-pyrrol-2-ylmethyl]-piperidin $C_{16}H_{20}N_2$, Formel XII (R = C_6H_5).
B. Beim Behandeln von 1-Phenyl-pyrrol mit Piperidin und Formaldehyd in wss. Essigsäure (*Herz, Rogers*, Am. Soc. **73** [1951] 4921).
Kp_3: 153°. n_D^{25}: 1,5660.
Picrat $C_{16}H_{20}N_2 \cdot C_6H_3N_3O_7$. Kristalle (aus A.); F: 155,5° [unkorr.].

N-[1-Pentyl-pyrrol-2-ylmethyl]-acetamid $C_{12}H_{20}N_2O$, Formel XIII.
B. Beim Erhitzen von opt.-inakt. N-[2,5-Dimethoxy-tetrahydro-furfuryl]-acetamid (E III/IV **18** 7399) mit Pentylamin in Essigsäure (*Elming, Clauson-Kaas*, Acta chem. scand. **6** [1952] 867, 871).
Kristalle (aus Ae.); F: 54—56° (*El., Cl.-Kaas*). λ_{max} (A.): 220 nm (*Cookson*, Soc. **1953** 2789, 2793).

N-[1-Phenyl-pyrrol-2-ylmethyl]-acetamid $C_{13}H_{14}N_2O$, Formel XI (R = CO-CH_3, R' = H)
B. Beim Erhitzen von opt.-inakt. N-[2,5-Dimethoxy-tetrahydro-furfuryl]-acetamid (E III/IV **18** 7399) mit Anilin in Essigsäure (*Clauson-Kaas, Tyle*, Acta chem. scand. **6** [1952] 667).
Kristalle (aus Ae.); F: 88—91°.

Amine $C_6H_{10}N_2$

($\pm$)-1'-Jod-4,4'-dimethyl-1',2'-dihydro-[1,2']bipyridylium(1+)(?), ($\pm$)-1-[1-Jod-4-methyl-1,2-dihydro-[2]pyridyl]-4-methyl-pyridinium(?) $[C_{12}H_{14}N_2I]^+$, vermutlich Formel XIV.

Jodid $[C_{12}H_{14}N_2I]I$. B. Beim Behandeln von 4-Methyl-pyridin mit Jod (*Glusker, Miller*, J. chem. Physics **26** [1957] 331, 332). — Hellbraune Kristalle (aus wss. A.); F: 223—224° [Zers.]. Dichte der Kristalle: ca. 1,9.

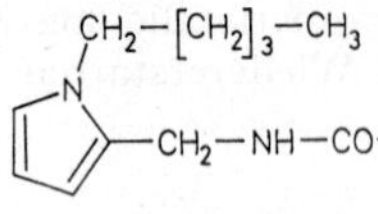

XIII 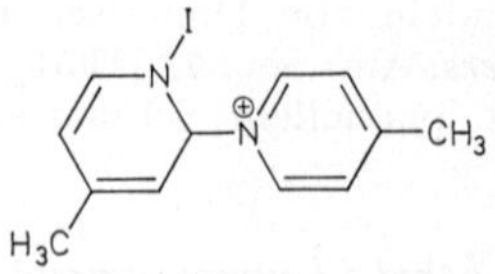   XIV 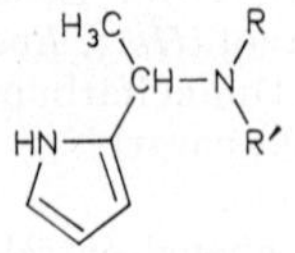   XV 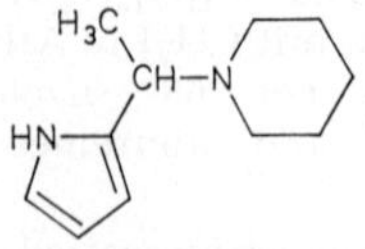   XVI

($\pm$)-2-[1-Dimethylamino-äthyl]-pyrrol, ($\pm$)-Dimethyl-[1-pyrrol-2-yl-äthyl]-amin $C_8H_{14}N_2$, Formel XV (R = R' = CH_3).

B. In geringer Menge beim Behandeln von Pyrrol mit äthanol. Dimethylamin und Acetaldehyd (*Eisner*, Soc. **1957** 854, 856).

Kp_{18}: 80—95°. n_D^{23}: 1,5039.

Picrat $C_8H_{14}N_2 \cdot C_6H_3N_3O_7$. Gelbe Kristalle (aus Me.); F: 160° [Zers.; nach Sintern bei 130°].

($\pm$)-1-Piperidino-1-pyrrol-2-yl-äthan, ($\pm$)-1-[1-Pyrrol-2-yl-äthyl]-piperidin $C_{11}H_{18}N_2$, Formel XVI.

B. Beim Erwärmen von ($\pm$)-1-Pyrrol-2-yl-äthanol mit Piperidin und äthanol. Natrium=äthylat (*Eisner*, Soc. **1957** 854, 857).

F: 28—30°. $Kp_{0,3-0,4}$: 68°.

Beim Erhitzen mit Äthylmagnesiumbromid in Xylol sind 5,10,15,20-Tetramethyl-chlorin (5,10,15,20-Tetramethyl-7,8-dihydro-porphin) und 5,10,15,20-Tetramethyl-por=phin erhalten worden.

Picrat. F: 110—112° [nicht rein erhalten].

($\pm$)-1-Benzoylamino-1-pyrrol-2-yl-äthan, ($\pm$)-N-[1-Pyrrol-2-yl-äthyl]-benzamid $C_{13}H_{14}N_2O$, Formel XV (R = CO-C_6H_5, R' = H).

B. Beim Hydrieren von 1-Pyrrol-2-yl-äthanon-oxim an Raney-Nickel in Dioxan bei 130°/200 at und anschliessenden Behandeln mit Benzoylchlorid und wss. NaOH (*Adkins et al.*, Am. Soc. **66** [1944] 1293).

Kristalle (aus Bzl.); F: 149—150°.

2-[2-Amino-äthyl]-pyrrol, 2-Pyrrol-2-yl-äthylamin $C_6H_{10}N_2$, Formel I (R = R' = H).

B. Beim Erwärmen von Pyrrol-2-yl-essigsäure-amid mit $LiAlH_4$ in Äther (*Eiter*, M. **83** [1952] 252) oder THF (*Kutscher, Klamerth*, Z. physiol. Chem. **289** [1952] 229, 233). Beim Behandeln von Pyrrol-2-yl-acetonitril mit $LiAlH_4$ in Äther (*Herz*, Am. Soc. **75** [1953] 483).

$Kp_{1,7}$: 91—92° (*Herz*).

Hydrochlorid. Kristalle (aus A. + Ae.); F: 149—151° (*Ku., Kl.*).

Carbamat. Kristalle (aus A. + Ae.); F: 100—102° (*Rey-Bellet, Erlenmeyer*, Helv. **38** [1955] 533).

Verbindung mit Nickel(II)-cyanid $C_6H_{10}N_2 \cdot Ni(CN)_2$. Violette Kristalle (*Rey-Be., Er.*).

Picrat $C_6H_{10}N_2 \cdot C_6H_3N_3O_7$. Orangegelbe Kristalle; F: 156° [korr.; Zers.; aus Me.] (*Ei.*), 154,5—155° [unkorr.; Zers.] (*Herz*).

2-[2-Amino-äthyl]-1-methyl-pyrrol, 2-[1-Methyl-pyrrol-2-yl]-äthylamin $C_7H_{12}N_2$, Formel II.

B. Beim Behandeln von [1-Methyl-pyrrol-2-yl]-acetonitril mit $LiAlH_4$ in Äther (*Herz*,

Am. Soc. **75** [1953] 483).
Kp$_{1,5}$: 70—71°. n$_D^{23}$: 1,5248.

2-[2-Methylamino-äthyl]-pyrrol, Methyl-[2-pyrrol-2-yl-äthyl]-amin C$_7$H$_{12}$N$_2$, Formel I (R = CH$_3$, R′ = H).

B. Beim Erwärmen einer Lösung von *N*-[2-Pyrrol-2-yl-äthyl]-formamid in THF mit LiAlH$_4$ in Äther (*Herz et al.*, J. org. Chem. **21** [1956] 896).

Kristalle (nach Sublimation im Vakuum); F: 58—59°.

Picrat C$_7$H$_{12}$N$_2$·C$_6$H$_3$N$_3$O$_7$. F: 157—158° [unkorr.].

2-[2-Dimethylamino-äthyl]-pyrrol, Dimethyl-[2-pyrrol-2-yl-äthyl]-amin C$_8$H$_{14}$N$_2$, Formel I (R = R′ = CH$_3$).

B. Aus *N*-Methyl-*N*-[2-pyrrol-2-yl-äthyl]-formamid und LiAlH$_4$ (*Herz et al.*, J. org. Chem. **21** [1956] 896).

Kp$_4$: 84°. n$_D^{23}$: 1,5062.

Picrat C$_8$H$_{14}$N$_2$·C$_6$H$_3$N$_3$O$_7$. F: 112,5—113° [unkorr.].

Trimethyl-[2-pyrrol-2-yl-äthyl]-ammonium [C$_9$H$_{17}$N$_2$]$^+$, Formel III.

Jodid [C$_9$H$_{17}$N$_2$]I. *B.* Beim Erwärmen von 2-Pyrrol-2-yl-äthylamin mit CH$_3$I und Li$_2$CO$_3$ in Methanol (*Herz et al.*, J. org. Chem. **21** [1956] 896). Aus Dimethyl-[2-pyrrol-2-yl-äthyl]-amin (*Herz et al.*). — Kristalle (aus Me. + Ae.); F: 185—186° [unkorr.; Zers.].

I   II   III

2-[2-Äthylamino-äthyl]-pyrrol, Äthyl-[2-pyrrol-2-yl-äthyl]-amin C$_8$H$_{14}$N$_2$, Formel I (R = C$_2$H$_5$, R′ = H).

B. Aus *N*-[2-Pyrrol-2-yl-äthyl]-acetamid und LiAlH$_4$ (*Herz et al.*, J. org. Chem. **21** [1956] 896).

Kp$_{1,2}$: 82°.

Picrat C$_8$H$_{14}$N$_2$·C$_6$H$_3$N$_3$O$_7$. F: 167—168° [unkorr.].

2-[2-Diäthylamino-äthyl]-pyrrol, Diäthyl-[2-pyrrol-2-yl-äthyl]-amin C$_{10}$H$_{18}$N$_2$, Formel I (R = R′ = C$_2$H$_5$).

B. Aus *N*-Äthyl-*N*-[2-pyrrol-2-yl-äthyl]-acetamid und LiAlH$_4$ (*Herz et al.*, J. org. Chem. **21** [1956] 896).

Kp$_{0,5}$: 74°. n$_D^{22}$: 1,5013.

Methojodid [C$_{11}$H$_{21}$N$_2$]I; Diäthyl-methyl-[2-pyrrol-2-yl-äthyl]-ammon‑iumjodid. F: 110—111° [unkorr.].

1-Formylamino-2-pyrrol-2-yl-äthan, *N*-[2-Pyrrol-2-yl-äthyl]-formamid C$_7$H$_{10}$N$_2$O, Formel I (R = CHO, R′ = H).

B. Beim Erwärmen von 2-Pyrrol-2-yl-äthylamin mit Äthylformiat (*Herz, Tocker*, Am. Soc. **77** [1955] 6353).

Kp$_1$: 165° [unkorr.]. n$_D^{20}$: 1,5418.

N-Methyl-*N*-[2-pyrrol-2-yl-äthyl]-formamid C$_8$H$_{12}$N$_2$O, Formel I (R = CHO, R′ = CH$_3$).

B. Aus Methyl-[2-pyrrol-2-yl-äthyl]-amin (*Herz et al.*, J. org. Chem. **21** [1956] 896).

Kp$_{0,6}$: 138° [unkorr.]. n$_D^{26}$: 1,5346.

1-Acetylamino-2-pyrrol-2-yl-äthan, *N*-[2-Pyrrol-2-yl-äthyl]-acetamid C$_8$H$_{12}$N$_2$O, Formel I (R = CO-CH$_3$, R′ = H).

B. Beim Behandeln von 2-Pyrrol-2-yl-äthylamin mit Acetanhydrid und H$_2$O (*Herz, Tocker*, Am. Soc. **77** [1955] 6353).

Kristalle (aus Bzl. + Hexan); F: 68—69° (*Herz et al.*, J. org. Chem. **21** [1956] 896). Kp$_1$: 163° [unkorr.] (*Herz, To.*; *Herz et al.*).

Beim Erhitzen mit $POCl_3$ in Toluol ist 4-Methyl-6,7-dihydro-1H-pyrrolo[3,2-c]pyridin erhalten worden (*Herz, To.*).

N-Äthyl-N-[2-pyrrol-2-yl-äthyl]-acetamid $C_{10}H_{16}N_2O$, Formel I (R = CO-CH$_3$, R' = C$_2$H$_5$).

B. Aus Äthyl-[2-pyrrol-2-yl-äthyl]-amin (*Herz et al.*, J. org. Chem. **21** [1956] 896).
F: 62–63°. $Kp_{0,3}$: 129–135° [unkorr.].

1-Benzoylamino-2-pyrrol-2-yl-äthan, N-[2-Pyrrol-2-yl-äthyl]-benzamid $C_{13}H_{14}N_2O$, Formel I (R = CO-C$_6$H$_5$, R' = H).
B. Beim Behandeln von 2-Pyrrol-2-yl-äthylamin mit Benzoylchlorid und wss. NaOH (*Herz, Tocker*, Am. Soc. **77** [1955] 6353).
Kristalle (aus Bzl.); F: 110° [unkorr.]. Bei 83°/0,5 Torr sublimierbar.

[3,4-Dimethoxy-phenyl]-essigsäure-[2-pyrrol-2-yl-äthylamid] $C_{16}H_{20}N_2O_3$, Formel IV.
B. Beim Behandeln von 2-Pyrrol-2-yl-äthylamin mit [3,4-Dimethoxy-phenyl]-acetyl=chlorid und wss. KOH (*Herz, Tocker*, Am. Soc. **77** [1955] 6353).
Kristalle (aus Bzl.); F: 105° [unkorr.].

IV   V

Bis-[2-pyrrol-2-yl-äthyl]-amin $C_{12}H_{17}N_3$, Formel V.
B. Neben 2-Pyrrol-2-yl-äthylamin bei der Hydrierung von Pyrrol-2-yl-acetonitril in mit NH$_3$ gesättigtem Methanol an Platin (*Herz, Tocker*, Am. Soc. **77** [1955] 6353).
Kp_2: 190° [unkorr.].

2,4-Dimethyl-pyrrol-3-ylamin $C_6H_{10}N_2$, Formel VI (R = H).
B. Beim Erwärmen von 4-Amino-3,5-dimethyl-pyrrol-2-carbonsäure auf 75° (*Fischer, Zeile*, A. **483** [1930] 251, 259).
Kristalle (nach Sublimation im Vakuum bei 110–120°); F: 127°.

3-Acetylamino-2,4-dimethyl-pyrrol, N-[2,4-Dimethyl-pyrrol-3-yl]-acetamid $C_8H_{12}N_2O$, Formel VI (R = CO-CH$_3$).
B. Beim Erwärmen von 2,4-Dimethyl-pyrrol-3-ylamin mit Acetanhydrid (*Fischer, Zeile*, A. **483** [1930] 251, 259). Beim Erhitzen von 4-Acetylamino-3,5-dimethyl-pyrrol-2-carbonsäure im Vakuum (*Fi., Ze.*). Beim Behandeln von 1-[2,4-Dimethyl-pyrrol-3-yl]-äthanon in CHCl$_3$ mit konz. H$_2$SO$_4$ und NaN$_3$ (*Palazzo, Tornetta*, Ann. Chimica **49** [1959] 842, 846).
Kristalle (nach Sublimation im Vakuum bzw. aus H$_2$O); F: 205° (*Fi., Ze.; Pa., To.*).

Amine $C_7H_{12}N_2$

1-Äthyl-2-[2-äthylamino-äthyl]-4-methyl-pyrrol, Äthyl-[2-(1-äthyl-4-methyl-pyrrol-2-yl)-äthyl]-amin $C_{11}H_{20}N_2$, Formel VII (R = C$_2$H$_5$, R' = H).
B. Beim Erwärmen von (±)-5,6-Epoxy-5-methyl-hex-1-en-3-in mit Äthylamin und wenig H$_2$O auf 100° (*Perweew et al.*, Ž. obšč. Chim. **27** [1957] 1526, 1529, 1533; engl. Ausg. S. 1602, 1604, 1607).
$Kp_{0,5}$: 103–104°. D_4^{20}: 0,9162. n_D^{20}: 1,4950.
Quecksilber-Verbindung. F: 75–77° [Zers.].

1-Äthyl-2-[2-diäthylamino-äthyl]-4-methyl-pyrrol, Diäthyl-[2-(1-äthyl-4-methyl-pyrrol-2-yl)-äthyl]-amin $C_{13}H_{24}N_2$, Formel VII (R = R' = C$_2$H$_5$).
B. Beim Erwärmen von (±)-5,6-Epoxy-5-methyl-hex-1-en-3-in mit Diäthylamin und wenig H$_2$O auf 100° (*Perweew et al.*, Ž. obšč. Chim. **27** [1957] 1526, 1529, 1534; engl. Ausg. S. 1602, 1604, 1608).
$Kp_{0,5}$: 95–99°. D_4^{20}: 0,9191. n_D^{20}: 1,4974.

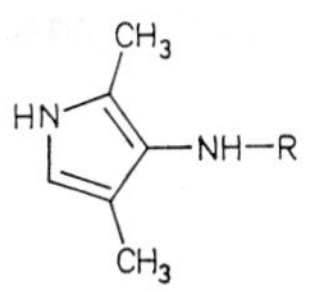

VI 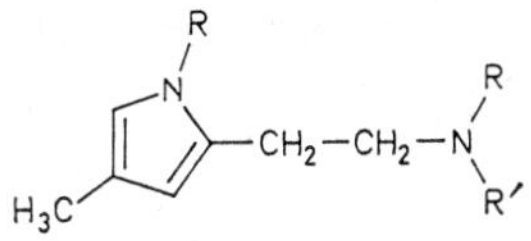   VII 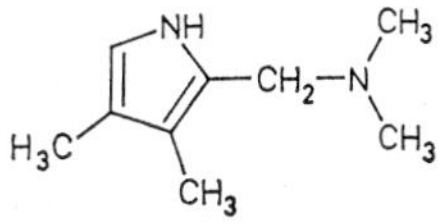   VIII

1-Benzyl-2-[2-benzylamino-äthyl]-4-methyl-pyrrol, Benzyl-[2-(1-benzyl-4-methyl-pyrrol-2-yl)-äthyl]-amin $C_{21}H_{24}N_2$, Formel VII (R = CH_2-C_6H_5, R′ = H).
B. Beim Erwärmen von (±)-5,6-Epoxy-5-methyl-hex-1-en-3-in mit Benzylamin auf 100° (*Perweew, Kusnezowa*, Ž. obšč. Chim. **28** [1958] 2360, 2363, 2369; engl. Ausg. S. 2397, 2399, 2405).
Kp$_{1,5}$: 135°. D$_4^{20}$: 1,0154. n$_D^{20}$: 1,5688.

2-[2-Acetylamino-äthyl]-4-methyl-pyrrol, N-[2-(4-Methyl-pyrrol-2-yl)-äthyl]-acetamid $C_9H_{14}N_2O$, Formel VII (R = H, R′ = CO-CH_3).
B. Beim Erwärmen von 5-[2-Acetylamino-äthyl]-3-methyl-pyrrol-2,4-dicarbonsäure-diäthylester mit methanol. KOH, Erwärmen des Reaktionsprodukts mit Acetanhydrid und Pyridin und Erhitzen des Reaktionsprodukts im Hochvakuum auf 170° (*Kutscher, Klamerth*, Z. physiol. Chem. **286** [1950] 190, 198).
Kristalle (nach Destillation im Hochvakuum bei 150—160°); F: 42—46°.

2-Dimethylaminomethyl-3,4-dimethyl-pyrrol, [3,4-Dimethyl-pyrrol-2-ylmethyl]-dimethyl-amin $C_9H_{16}N_2$, Formel VIII.
B. Beim Behandeln von 3,4-Dimethyl-pyrrol mit Formaldehyd, Dimethylamin-hydrochlorid und Kaliumacetat in wss. Methanol (*Eisner et al.*, Soc. **1956** 1655, 1659).
Kristalle; F: 46—47°. Kp$_{0,2}$: 55°.
Beim Erhitzen mit Äthylmagnesiumbromid in Xylol sind 2,3,7,8,12,13,17,18-Octamethyl-porphin und 2,3,7,8,12,13,17,18-Octamethyl-chlorin (2,3,7,8,12,13,17,18-Octamethyl-7,8-dihydro-porphin) erhalten worden.
Picrat $C_9H_{16}N_2 \cdot C_6H_3N_3O_7$. Hellgelbe Kristalle; F: 110—112°.

[1-Äthoxycarbonyl-3,5-dimethyl-pyrrol-2-ylmethyl]-trimethyl-ammonium, 3,5-Dimethyl-2-trimethylammoniomethyl-pyrrol-1-carbonsäure-äthylester $[C_{13}H_{23}N_2O_2]^+$, Formel IX.
Jodid $[C_{13}H_{23}N_2O_2]I$. B. Beim Erwärmen von 2,4-Dimethyl-pyrrol-1-carbonsäure-äthylester mit Dimethylamin-hydrochlorid und Formaldehyd auf 60° und Behandeln des Reaktionsprodukts mit CH_3I (*Treibs, Dietl*, A. **619** [1958] 80, 94). — Kristalle (aus A. + Ae.); F: 88°.

3-Dimethylaminomethyl-2,5-dimethyl-pyrrol, [2,5-Dimethyl-pyrrol-3-ylmethyl]-dimethyl-amin $C_9H_{16}N_2$, Formel X (R = H).
Diese Konstitution kommt wahrscheinlich auch der E III/IV 20 2130 als 1-Dimethylaminomethyl-2,5-dimethyl-pyrrol beschriebenen Verbindung zu (*Herz, Settine*, J. org. Chem. **24** [1959] 201).
B. Beim Behandeln von 2,5-Dimethyl-pyrrol mit Dimethylamin-hydrochlorid und wss. Formaldehyd (*Herz, Se.*, l. c. S. 203).
Kristalle (aus PAe.); F: 99—100° [unkorr.].
Picrat $C_9H_{16}N_2 \cdot C_6H_3N_3O_7$. Kristalle (aus A.); F: 117—118° [unkorr.].
Methojodid $[C_{10}H_{19}N_2]I$; [2,5-Dimethyl-pyrrol-3-ylmethyl]-trimethyl-ammonium-jodid. Kristalle (aus A.); F: 130° [unkorr.; Zers.].

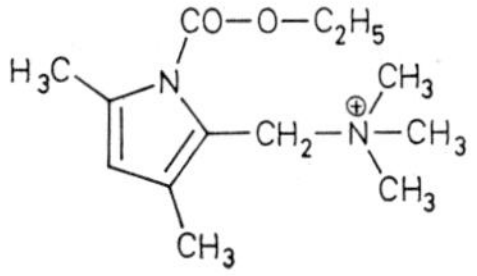

IX 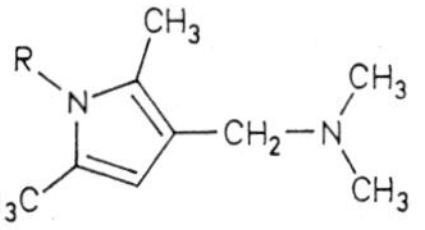   X 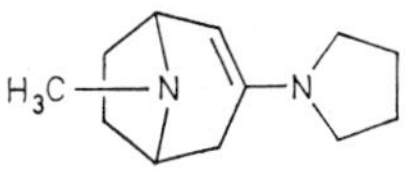   XI

3-Dimethylaminomethyl-1,2,5-trimethyl-pyrrol, Dimethyl-[1,2,5-trimethyl-pyrrol-3-ylmethyl]-amin $C_{10}H_{18}N_2$, Formel X (R = CH_3).

B. Beim Behandeln von 1,2,5-Trimethyl-pyrrol mit Dimethylamin und Formaldehyd in wss. Essigsäure (*Herz, Settine*, J. org. Chem. **24** [1959] 201, 202, 203; s. a. *Röhm & Haas Co.*, U.S.P. 2243630 [1939]).

Kp_1: $73-74°$; n_D^{25}: 1,4951 (*Herz, Se.*).

Picrat $C_{10}H_{18}N_2 \cdot C_6H_3N_3O_7$. Kristalle (aus A.); F: $137-138°$ [unkorr.; Zers.] (*Herz, Se.*).

Methojodid $[C_{11}H_{21}N_2]I$; Trimethyl-[1,2,5-trimethyl-pyrrol-3-ylmethyl]-ammonium-jodid. Kristalle (aus A.); F: 140° [unkorr.; Zers.] (*Herz, Se.*).

3-Dimethylaminomethyl-2,5-dimethyl-1-phenyl-pyrrol, [2,5-Dimethyl-1-phenyl-pyrrol-3-ylmethyl]-dimethyl-amin $C_{15}H_{20}N_2$, Formel X (R = C_6H_5).

B. Beim Behandeln von 2,5-Dimethyl-1-phenyl-pyrrol mit Dimethylamin und Formaldehyd in wss. Essigsäure (*Herz, Settine*, J. org. Chem. **24** [1959] 201, 203).

Kp_1: $130-131°$. n_D^{25}: 1,5500.

Picrat $C_{15}H_{20}N_2 \cdot C_6H_3N_3O_7$. Kristalle (aus A.); F: $137-138°$ [unkorr.].

Methojodid $[C_{16}H_{23}N_2]I$; [2,5-Dimethyl-1-phenyl-pyrrol-3-ylmethyl]-trimethyl-ammonium-jodid. Kristalle (aus A.); F: $211-212°$ [unkorr.; Zers.].

3-Pyrrolidino-trop-2-en $C_{12}H_{20}N_2$, Formel XI.

B. Beim Erwärmen von Tropan-3-on mit Pyrrolidin in Benzol unter Entfernen des entstehenden H_2O (*Tschesche, Snatzke*, B. **90** [1957] 579, 584).

$Kp_{0,01}$: $96-97°$. n_D^{25}: 1,5338. λ_{max} (Ae.): 238 nm (*Tsch., Sn.*, l. c. S. 582).

Amine $C_8H_{14}N_2$

2-[4-Amino-butyl]-pyrrol, 4-Pyrrol-2-yl-butylamin $C_8H_{14}N_2$, Formel XII.

Über diese Verbindung (Kp_5: 90°; *N*-[2,4-Dinitro-phenyl]-Derivat; F: $79-79,5°$) s. *Rapoport, Castagnoli*, Am. Soc. **84** [1962] 2178.

4-Pyrrol-2-yl-butylamin hat, zumindest als Hauptprodukt, auch in den nachstehend beschriebenen, von *Craig* (Am. Soc. **56** [1934] 1144) als 2,3,4,5,2',5'-Hexahydro-[2,2']bipyrrolyl angesehenen Präparaten vorgelegen (*Castro et al.*, J. org. Chem. **30** [1965] 344, 345).

B. Beim Behandeln von 4-Pyrrol-2-yl-butyronitril (S. 276) mit Zink-Pulver und wss.-äthanol. HCl (*Cr.*; *Ca. et al.*, l. c. S. 348).

Kp_{12}: $135-140°$ (*Cr.*); $Kp_{0,5-0,52}$: $98,5-101,5°$ (*Ca. et al.*).

Picrat. Kristalle (aus H_2O); F: 141° (*Cr.*).

Phenylthiocarbamoyl-Derivat $C_{15}H_{19}N_3S$; *N*-Phenyl-*N'*-[4-pyrrol-2-yl-butyl]-thioharnstoff. Kristalle (aus A.); F: $155,4-156°$ [unkorr.] (*Ca. et al.*), 151° (*Cr.*).

XII   XIII

(±)-2-[4-Dimethylamino-but-2-inyl]-1-methyl-pyrrolidin, (±)-Dimethyl-[4-(1-methyl-pyrrolidin-2-yl)-but-2-inyl]-amin $C_{11}H_{20}N_2$, Formel XIII (R = CH_3).

Diese Konstitution wird der nachstehend beschriebenen Verbindung zugeordnet (*Biel, DiPierro*, Am. Soc. **80** [1958] 4609, 4610).

B. Beim Erhitzen von Dimethyl-prop-2-inyl-amin mit $NaNH_2$ in Xylol und anschliessend mit (±)-3-Chlor-1-methyl-piperidin (*Biel, DiPi.*, l. c. S. 4611, 4613).

$Kp_{1,5}$: $70-73°$.

Dihydrochlorid $C_{11}H_{20}N_2 \cdot 2$ HCl. F: $201-203°$.

Bis-methobromid $[C_{13}H_{26}N_2]Br_2$; 1,1-Dimethyl-2-[4-trimethylammonio-but-2-inyl]-pyrrolidinium-dibromid. F: $207-209°$.

(±)-2-[4-Diäthylamino-but-2-inyl]-1-methyl-pyrrolidin, (±)-Diäthyl-[4-(1-methyl-pyrrolidin-2-yl)-but-2-inyl]-amin C₁₃H₂₄N₂, Formel XIII (R = C₂H₅).

Diese Konstitution wird der nachstehend beschriebenen Verbindung zugeordnet (*Biel, DiPierro*, Am. Soc. **80** [1958] 4609, 4610).

B. Beim Erhitzen von Diäthyl-prop-2-inyl-amin mit NaNH₂ in Xylol und anschliessend mit (±)-3-Chlor-1-methyl-piperidin (*Biel, DiPi.*, l. c. S. 4611, 4613).

Kp₀,₀₅: 86−88°.

Bis-methobromid [C₁₅H₃₀N₂]Br₂; 2-[4-(Diäthyl-methyl-ammonio)-but-2-inyl]-1,1-dimethyl-pyrrolidinium-dibromid. F: 214−216°.

Bis-prop-2-inylobromid [C₁₉H₃₀N₂]Br₂; 2-[4-(Diäthyl-prop-2-inyl-ammonio)-but-2-inyl]-1-methyl-1-prop-2-inyl-pyrrolidinium-dibromid. Hygroskopisch; F: 80−85°.

(±)-1-[1-Methyl-pyrrolidin-2-yl]-4-pyrrolidino-but-2-in, (±)-1′-Methyl-1,2′-but-2-indiyl-di-pyrrolidin C₁₃H₂₂N₂, Formel XIV.

Diese Konstitution wird der nachstehend beschriebenen Verbindung zugeordnet (*Biel, DiPierro*, Am. Soc. **80** [1958] 4609, 4610).

B. Beim Erhitzen von 1-Prop-2-inyl-pyrrolidin mit NaNH₂ in Xylol und anschliessend mit (±)-3-Chlor-1-methyl-piperidin (*Biel, DiPi.*, l. c. S. 4611, 4613).

Bis-methobromid [C₁₅H₂₈N₂]Br₂; 1-[1,1-Dimethyl-pyrrolidinium-2-yl]-4-[1-methyl-pyrrolidinium-1-yl]-but-2-in-dibromid. F: 229−230°.

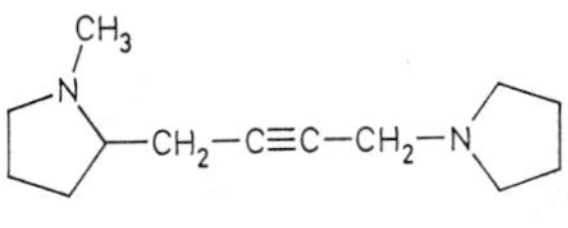

XIV 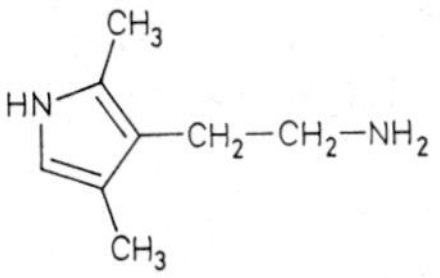   XV

3-[2-Amino-äthyl]-2,4-dimethyl-pyrrol, 2-[2,4-Dimethyl-pyrrol-3-yl]-äthylamin C₈H₁₄N₂, Formel XV.

B. Beim Erwärmen von 4-[2-Amino-äthyl]-3,5-dimethyl-pyrrol-2-carbonsäure-äthylester mit HI und Essigsäure (*Fischer et al.*, A. **481** [1930] 159, 166, 174).

Picrat C₈H₁₄N₂·C₆H₃N₃O₇. F: 185°.

Amine C₉H₁₆N₂

(±)-3-[4-Diäthylamino-but-2-inyl]-1-methyl-piperidin, (±)-Diäthyl-[4-(1-methyl-[3]piperidyl)-but-2-inyl]-amin C₁₄H₂₆N₂, Formel I.

B. Beim Erhitzen von Diäthyl-prop-2-inyl-amin mit NaNH₂ in Toluol und anschliessend mit (±)-3-Brommethyl-1-methyl-piperidin (*Biel, DiPierro*, Am. Soc. **80** [1958] 4609, 4611, 4613).

Kp₀,₃: 88−90°.

Bis-methobromid [C₁₆H₃₂N₂]Br₂; 3-[4-(Diäthyl-methyl-ammonio)-but-2-inyl]-1,1-dimethyl-piperidinium-dibromid. Hygroskopisch; F: 155−159°.

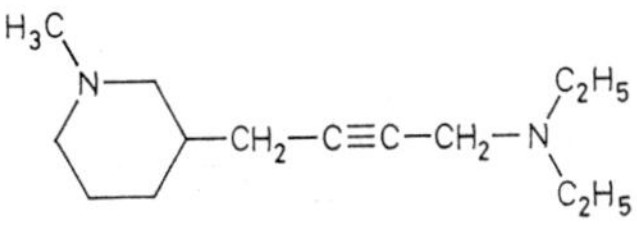

I 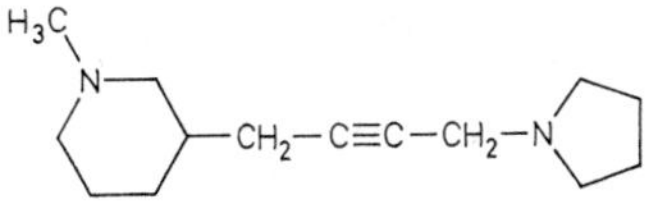   II

(±)-1-[1-Methyl-[3]piperidyl]-4-pyrrolidino-but-2-in, (±)-1-Methyl-3-[4-pyrrolidino-but-2-inyl]-piperidin C₁₄H₂₄N₂, Formel II.

B. Beim Erhitzen von 1-Prop-2-inyl-pyrrolidin mit NaNH₂ in Toluol und anschliessend mit (±)-3-Brommethyl-1-methyl-piperidin (*Biel, DiPierro*, Am. Soc. **80** [1958] 4609, 4611, 4613).

$Kp_{0,5}$: 95—98°.

Bis-methojodid $[C_{16}H_{30}N_2]I_2$; 1,1-Dimethyl-3-[4-(1-methyl-pyrrolidinium-1-yl)-but-2-inyl]-piperidinium-dijodid. Hygroskopisch; F: 100—102°.

3,4-Diäthyl-2-dimethylaminomethyl-pyrrol, [3,4-Diäthyl-pyrrol-2-ylmethyl]-dimethyl-amin $C_{11}H_{20}N_2$, Formel III.

B. Beim Behandeln von 3,4-Diäthyl-pyrrol mit Dimethylamin-hydrochlorid, Kalium=acetat und Formaldehyd in wss. Methanol (*Eisner et al.*, Soc. **1957** 733, 737).

Picrat $C_{11}H_{20}N_2 \cdot C_6H_3N_3O_7$. Kristalle (aus wss. Me.); F: 118° [Zers.].

3,4-Diäthyl-2-piperidinomethyl-pyrrol, 1-[3,4-Diäthyl-pyrrol-2-ylmethyl]-piperidin $C_{14}H_{24}N_2$, Formel IV.

B. Beim Behandeln von 3,4-Diäthyl-pyrrol mit Piperidin und wss. Formaldehyd in Methanol (*Eisner et al.*, Soc. **1957** 733, 737).

Kristalle (aus Acn. bei −80°); F: 80° (*Ei. et al.*). IR-Banden (CHCl$_3$; 3425−870 cm⁻¹): *Eisner, Erskine*, Soc. **1958** 971, 974. λ_{max} (A.): 208 nm und 270 nm (*Eisner, Gore*, Soc. **1958** 922, 923).

Picrat $C_{14}H_{24}N_2 \cdot C_6H_3N_3O_7$. Kristalle (aus Me.); F: 124° (*Ei. et al.*).

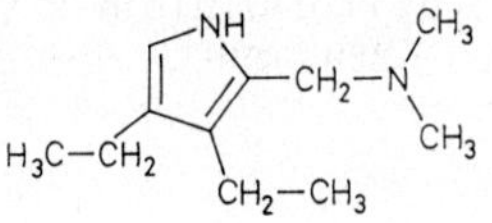

III 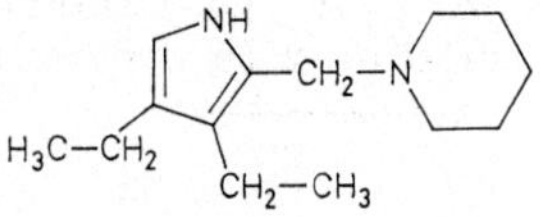   IV 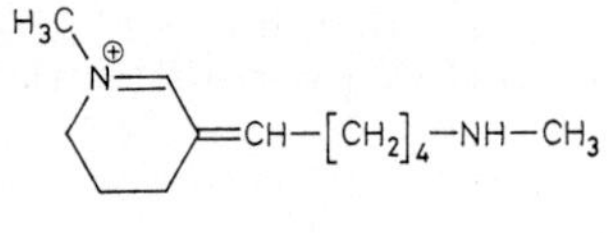   V

Amine $C_{10}H_{18}N_2$

*1-Methyl-5-[5-methylamino-pentyliden]-2,3,4,5-tetrahydro-pyridinium [C_{12}H_{23}N_2]⁺, Formel V.

Chlorid $[C_{12}H_{23}N_2]Cl$. *B.* Beim Behandeln von 1,1'-Dimethyl-1,2,3,4,5,6,1',4',5',6'-decahydro-[2,3']bipyridyl mit wss. HCl [pH 4,6] (*Schöpf et al.*, A. **616** [1958] 151, 173, 175). — UV-Spektrum (wss. HCl; 220−300 nm): *Sch. et al.*, l. c. S. 158. — Beim Behandeln einer Lösung in wss. HCl mit K_2CO_3 ist die Ausgangsverbindung zurückerhalten worden (*Sch. et al.*, l. c. S. 175).

Bis-tetrachloroaurat(III) $[C_{12}H_{23}N_2]AuCl_4 \cdot HAuCl_4$. Kristalle (aus wss. HCl); F: 128° bis 129° (*Sch. et al.*, l. c. S. 175).

Acetat $[C_{12}H_{23}N_2]C_2H_3O_2$. UV-Spektrum (wss. Eg.; 200−300 nm): *Sch. et al.*, l.c. S. 165.

1-Methyl-5-[5-methylamino-pent-1-en-ξ-yl]-1,2,3,4-tetrahydro-pyridin, Methyl-[5ξ-(1-methyl-1,4,5,6-tetrahydro-[3]pyridyl)-pent-4-enyl]-amin $C_{12}H_{22}N_2$, Formel VI.

In dem von *Lukeš, Kovář* (Collect. **19** [1954] 1215, 1220) unter dieser Konstitution beschriebenen, beim Behandeln von 1-Methyl-piperidin-2-on mit Natrium und Butan-1-ol erhaltenen Präparat hat 1,1'-Dimethyl-1,2,3,4,5,6,1',4',5',6'-decahydro-[2,3']bipyridyl vorgelegen (*Schöpf et al.*, A. **616** [1958] 151, 153, 157).

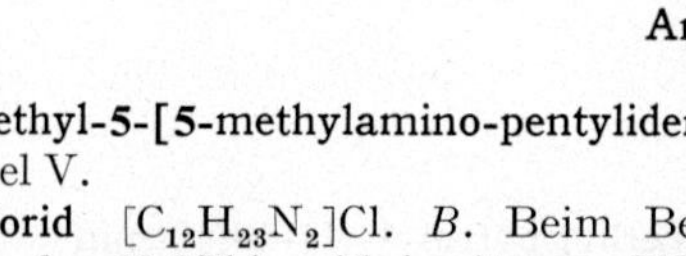

VI 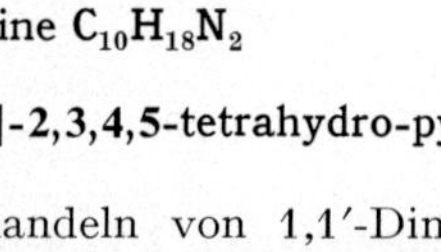   VII 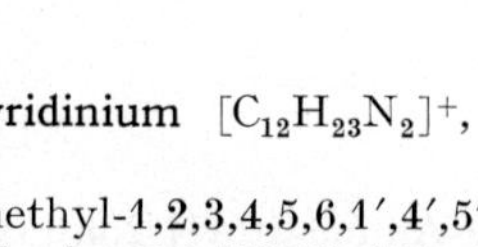   VIII

*Opt.-inakt. 7-Diäthylaminomethyl-6-vinyl-1-aza-bicyclo[3.2.1]octan, Diäthyl-[6-vinyl-1-aza-bicyclo[3.2.1]oct-7-ylmethyl]-amin** $C_{14}H_{26}N_2$, Formel VII.

B. Neben 8-Äthyl-1,5-methano-decahydro-pyrido[3,4-*b*]azepin (Dipicrat; F: 171°) beim Erhitzen von opt.-inakt. 7-Diäthylaminomethyl-6-[2-stearoyloxy-äthyl]-1-aza-bicyclo=[3.2.1]octan (Mono-methojodid; F: 83−87°) oder von opt.-inakt. 6-[2-Benzoyloxy-äthyl]-

7-diäthylaminomethyl-1-aza-bicyclo[3.2.1]octan ($Kp_{0,4}$: 189°; n_D^{18}: 1,5285) auf 300—350° bzw. 340° (*Furschtatowa et al.*, Ž. obšč. Chim. **29** [1959] 3263, 3265, 3266; engl. Ausg. S. 3227, 3228, 3229).

$Kp_{0,3}$: 83—84°. n_D^{17}: 1,492.

Dipicrat $C_{14}H_{26}N_2 \cdot 2\,C_6H_3N_3O_7$. Gelbe Kristalle; F: 82°.

*Opt.-inakt. 7-Piperidinomethyl-6-vinyl-1-aza-bicyclo[3.2.1]octan $C_{15}H_{26}N_2$, Formel VIII.

B. Beim Erwärmen von opt.-inakt. 2-[7-Piperidinomethyl-1-aza-bicyclo[3.2.1]oct-6-yl]-äthanol ($Kp_{0,3}$: 156—157°) mit Stearoylchlorid in Benzol und Erhitzen des Reaktionsprodukts auf 300° (*Furschtatowa et al.*, Ž. obšč. Chim. **29** [1959] 3263, 3266; engl. Ausg. S. 3227, 3229).

$Kp_{0,35}$: 121°.

(±)-*trans*-2-Diäthylaminomethyl-3-vinyl-chinuclidin, (±)-Diäthyl-[*trans*-3-vinyl-chinuclidin-2-ylmethyl]-amin $C_{14}H_{26}N_2$, Formel IX + Spiegelbild.

B. Als Nebenprodukt beim Erhitzen von (±)-*trans*-2-Diäthylaminomethyl-3-[2-stearo-yloxy-äthyl]-chinuclidin auf 330—360° (*Furschtatowa et al.*, Ž. obšč. Chim. **29** [1959] 477, 480; engl. Ausg. S. 477, 480).

$Kp_{0,3}$: 100°. $n_D^{16,3}$: 1,4995.

(±)-*trans*-2-Piperidinomethyl-3-vinyl-chinuclidin $C_{15}H_{26}N_2$, Formel X + Spiegelbild.

B. Beim Erhitzen von (±)-*trans*-2-Piperidinomethyl-3-[2-stearoyloxy-äthyl]-chinuclidin (*Furschtatowa et al.*, Ž. obšč. Chim. **29** [1959] 477, 484; engl. Ausg. S. 477, 483).

$Kp_{0,25}$: 123—125°.

IX   X   XI

Amine $C_{14}H_{26}N_2$

(±)-8*exo*-Acetylamino-1,2,4,4,5,8*endo*-hexamethyl-3-aza-bicyclo[3.3.1]non-2-en, (±)-*N*-[1,2,2,4,5,6*endo*-Hexamethyl-3-aza-bicyclo[3.3.1]non-3-en-6*exo*-yl]-acetamid $C_{16}H_{28}N_2O$, Formel XI + Spiegelbild.

Diese Konstitution und Konfiguration kommt der nachstehend beschriebenen, von *Lora-Tamayo et al.* (Bl. **1958** 1334) als *N*-[1-(2,3-Dimethyl-but-2-enyl)-2,4,5-trimethyl-1,2,3,6-tetrahydro-[2]pyridyl]-acetamid $C_{16}H_{28}N_2O$ angesehenen Verbindung zu (*Garcia-Blanco et al.*, Acta cryst. [B] **32** [1976] 1382).

B. Beim Erwärmen von 2,3-Dimethyl-buta-1,3-dien mit Acetonitril und H_2SO_4 [20% SO_3 enthaltend] und anschliessenden Behandeln mit H_2O (*Lora-Ta. et al.*).

Kristalle (aus Acetonitril oder nach Sublimation bei 0,1 Torr); F: 188—189° [unkorr.] (*Lora-Ta. et al.*). IR-Spektrum (Nujol; 3500—700 cm^{-1}): *Lora-Ta. et al.*

Beim Erhitzen (25h) mit wss. H_2SO_4 ist eine von *Lora-Tamayo et al.* als 1-[2,3-Dimethyl-but-2-enyl]-3,4,6-trimethyl-1,2-dihydro-pyridin (s. E III/IV **20** 2150) angesehene, wahrscheinlich als 1,2,4,4,5,8-Hexamethyl-3-aza-bicyclo[3.3.1]nona-2,7-dien zu formulierende Verbindung $C_{14}H_{23}N$ (Kp_{15}: 110—113°) erhalten worden. Bei der Hydrierung des Hydrochlorids an Platin in Äthanol ist *N*-[1,2,2,4*endo*,5,6*endo*-Hexamethyl-3-aza-bicyclo[3.3.1]non-6*exo*-yl]-acetamid (S. 3827) erhalten worden (*Lora-Ta. et al.*).

Hydrochlorid $C_{16}H_{28}N_2O \cdot HCl$. Kristalle (aus Me. + Ae.); F: 211—212° [unkorr.] (*Lora-Ta. et al.*).

Hydrobromid $C_{16}H_{28}N_2O \cdot HBr$. Atomabstände und Bindungswinkel (Röntgen-Diagramm): *Ga.-Bl. et al.* — Kristalle (aus Me.); F: 232—233° [unkorr.] (*Lora-Ta. et al.*). Monoklin; Kristallstruktur-Analyse (Röntgen-Diagramm): *Ga.-Bl. et al.* Dichte der Kristalle: 1,348 (*Ga.-Bl. et al.*).

Hydrojodid $C_{16}H_{28}N_2O \cdot HI$. Kristalle (aus A.); F: 235—236° [unkorr.] (*Lora-Ta. et al.*).

Methojodid $[C_{17}H_{31}N_2O]I$; 8*exo*-Acetylamino-1,2,3,4,4,5,8*endo*-heptamethyl-3-azonia-bicyclo[3.3.1]non-2-en-jodid. Kristalle (aus Me. + Ae.); F: 181—182° [unkorr.] (*Lora-Ta. et al.*).

Amine $C_{19}H_{36}N_2$

3-Äthyl-5-[11-diäthylamino-undecyl]-2,4-dimethyl-pyrrol, Diäthyl-[11-(4-äthyl-3,5-di=methyl-pyrrol-2-yl)-undecyl]-amin $C_{23}H_{44}N_2$, Formel XII.

B. Beim Erhitzen von 1-[4-Äthyl-3,5-dimethyl-pyrrol-2-yl]-11-diäthylamino-undecan-1-on mit $N_2H_4 \cdot H_2O$ und NaOH in Äthylenglykol bis auf 195° (*McConnel et al.*, Soc. **1953** 3332).

$Kp_{0,05}$: 164°.   [*Härter*]

XII   XIII

Monoamine $C_nH_{2n-4}N_2$

Amine $C_5H_6N_2$

[2]Pyridylamin $C_5H_6N_2$, Formel XIII, und Tautomeres (2-Imino-1,2-dihydro-pyridin, 1*H*-Pyridin-2-on-imin) (H 428; E I 629; E II 322).

Nach Ausweis des IR-Spektrums in CCl_4 (*Soda*, Bl. chem. Soc. Japan **30** [1957] 499) und in $CHCl_3$ (*Angyal, Werner*, Soc. **1952** 2911) sowie des UV-Spektrums in Äther und in wss. Dioxan (*Anderson, Seeger*, Am. Soc. **71** [1949] 340) liegt [2]Pyridylamin vor. Gleichgewicht der Tautomeren in H_2O: *Angyal, Angyal*, Soc. **1952** 1461.

Isolierung.

Isolierung aus Sapropelteer: *Fedotowa, Wanag*, Latvijas Akad. Vēstis **1959** Nr. 2, S. 75, 78, 82; C. A. **1960** 526.

Bildungsweisen.

Beim Erhitzen von Pyridin und NH_3 mit Raney-Nickel unter Wasserstoff auf 350°/400 at (*Am. Cyanamid Co.*, U.S.P. 2634256 [1950]; vgl. auch *Wibaut, van de Lande*, R. **50** [1931] 1056, 1058). Aus Pyridin und $NaNH_2$ (vgl. E I 629; E II 323) beim Erhitzen auf 110—130° (*Shreve et al.*, Ind. eng. Chem. **32** [1940] 173, 175), beim Erhitzen in Xylol auf 140—150° (*Sugii et al.*, J. pharm. Soc. Japan **50** [1930] 727, 728; C. A. **1930** 5325; *Feist*, Ar. **272** [1934] 100, 106) oder in Dimethylanilin auf 90—115° (*Schering A.G.*, D.R.P. 663891 [1936]; Frdl. **25** 357). Beim Erhitzen von Pyridin mit einem eutektischen Ge-misch von $NaNH_2$ und KNH_2 in Diäthylamin auf 120° (*Bergstrom et al.*, J. org. Chem. **11** [1946] 239, 242). Beim Erhitzen von Pyridin mit $NaNH_2$ in Gegenwart von $Fe(NO_3)_3$ in Dimethylanilin auf 150—160° oder in Paraffinöl auf 125° (*Shell Devel. Co.*, U.S.P. 2612430 [1947]). Beim Erhitzen von Pyridin mit Natrium und NH_3 in Vaselinöl auf 156° (*Cilag*, Schweiz. P. 239755 [1942]). Aus Pyridin beim Behandeln mit Fluoramin (*Krefft*, D.R.P. 594900 [1931]; Frdl. **20** 440) oder mit Chloramin (*Brooks, Rudner*, Am. Soc. **78** [1956] 2339). Beim Erhitzen von 2-Chlor-pyridin mit wss. NH_3 und $CuSO_4$ auf 200° (*Wibaut, Nicolai*, R. **58** [1939] 709, 714, 721). Beim Erhitzen von 2-Chlor-pyridin oder 2-Brom-pyr=idin mit konz. wss. NH_3 in Gegenwart von $CuSO_4$ oder Nickel-ammonium-sulfat auf 220—250° (*Schering-Kahlbaum A.G.*, D.R.P. 510432 [1927]; Frdl. **17** 2436). Aus 2-Brom-pyridin beim Erhitzen mit wss. NH_3 auf 200° (*den Hertog, Wibaut*, R. **51** [1932] 381, 387, **55** [1936] 122, 125) oder beim Behandeln mit $NaNH_2$ oder KNH_2 und flüssigem NH_3 in Äther (*Hauser, Weiss*, J. org. Chem. **14** [1949] 310, 312, 316). Aus 2-Amino-nicotin=säure (vgl. H 428) beim Erhitzen über den Schmelzpunkt (*Dornow, Karlson*, B. **73** [1940] 542, 544), beim Erhitzen mit Kalk (*Kruber*, B. **76** [1943] 128, 134) oder mit Kupfer (*McLean, Spring*, Soc. **1949** 2582, 2584).

Physikalische Eigenschaften.

Dipolmoment (ε; Bzl.) bei 25°: 2,06 D (*Rogers*, J. phys. Chem. **60** [1956] 125). Temperaturabhängigkeit des Dipolmoments bei 17—67°: *Goethals*, R. **54** [1935] 299, 304. Kraftkonstante der NH-Valenzschwingung ($CHCl_3$ sowie CCl_4): *Mason*, Soc. **1959** 3619, 3620.

Kristalle; E: 58° (*Shreve et al.*, Ind. eng. Chem. **32** [1940] 173, 175). $Kp_{36,5}$: 120—121° (*Hauser*, *Weiss*, J. org. Chem. **14** [1949] 310, 312). Dampfdruck bei 115—205° (Kurve): *Sh. et al.*, l. c. S. 176. Assoziation in Benzol: *Schigorin et al.*, Izv. Akad. S.S.S.R. Otd. chim. **1956** 120, 123; engl. Ausg. S. 113, 115. $D_4^{64,5}$: 1,0702; $D_4^{77,2}$: 1,0645; $n_{656,3}^{64,5}$: 1,56552; $n_{656,3}^{77,2}$: 1,56206; $n_{587,6}^{64,5}$: 1,57308; $n_{587,6}^{77,2}$: 1,56929; $n_{486,1}^{64,5}$: 1,59199; $n_{486,1}^{77,2}$: 1,58798 (*v. Auwer*, *Susemihl*, Z. physik. Chem. [A] **148** [1930] 125, 144). IR-Spektrum in KBr (5000—700 cm^{-1}): *Schurz et al.*, M. **90** [1959] 29, 34; in $CHCl_3$ (3500—3100 cm^{-1} bzw. 1650—1450 cm^{-1}): *Angyal*, *Werner*, Soc. **1952** 2911. IR-Banden in $CHCl_3$ (3470—990 cm^{-1}): *Katritzky*, *Hands*, Soc. **1958** 2202; *Katritzky*, *Jones*, Soc. **1959** 3674, 3676; in Nujol (1600—730 cm^{-1}): *Shindo*, Pharm. Bl. **5** [1957] 472, 475, 477, 479. NH-Valenzschwingungsbanden der Kristalle sowie von Lösungen in Benzol, in CCl_4 und in Dioxan: *Schi. et al.*; einer Lösung in CCl_4: *Goulden*, Soc. **1952** 2939. Intensität und Halbwertsbreite der symmetrischen und der antisymmetrischen NH-Valenzschwingungsbande (CCl_4): *Soda*, Bl. chem. Soc. Japan **30** [1957] 499. Halbwertsbreite der symmetrischen und der antisymmetrischen NH-Valenschwingungsbande ($CHCl_3$ sowie CCl_4): *Mason*, Soc. **1958** 3619, 3621. Raman-Banden (3070—200 cm^{-1}): *Donzelot*, *Zwilling*, Bl. [5] **7** [1940] 36.

UV-Spektrum (210—350 nm) in $CHCl_3$: *Cairns et al.*, Am. Soc. **74** [1952] 3989, 3991; in Dichloräthan, in Hexan und Hexan [0,07 % H_2O enthaltend]: *Blinsjukow*, Ž. obšč. Chim. **22** [1952] 1204, 1210; engl. Ausg. S. 1253, 1257; in Heptan: *Spiers*, *Wibaut*, R. **56** [1937] 573, 587; *Gol'dfarb et al.*, Izv. Akad. S.S.S.R. Otd. chim. **1953** 145, 146; engl. Ausg. S. 129, 130; in Isooctan: *R. A. Friedel*, *M. Orchin*, Ultraviolet Spectra of Aromatic Compounds [New York 1951] Nr. 111; in Äthanol: *Steck*, *Ewing*, Am. Soc. **70** [1948] 3397, 3398; *Gol'dfarb et al.*, Ž. obšč. Chim. **18** [1948] 124, 126; C. A. **1949** 4137; *Grammaticakis*, Bl. **1959** 480, 481; *Bl.*; in Äther und in wss. Dioxan: *Anderson*, *Seeger*, Am. Soc. **71** [1949] 340; in Äthylenglykol: *Bl.*; in H_2O, in wss. HCl und in wss. NaOH: *Bayzer*, M. **88** [1957] 72, 74; in H_2O, in wss. $HClO_4$ und in wss. H_2SO_4: *Bl.*; in wss. HCl und in wss. NaOH: *St.*, *Ew.*; in wss. HCl: *Ashley et al.*, Soc. **1947** 60, 62; *Go. et al.*, Izv. Akad. S.S.S.R. Otd. chim. **1953** 146; in wss. H_2SO_4: *Ash. et al.*; *Fedotowa*, *Wanag*, Latvijas Akad. Vēstis **1959** Nr. 2, S. 75, 76; C. A. **1960** 526; in äthanol. HCl: *Gr.*; *Bl.*; in wss. Lösungen vom pH 1,8, pH 6,8 und pH 11: *Maschka et al.*, M. **85** [1954] 168, 175. λ_{max}: 292 nm [CCl_4] (*Goulden*, Soc. **1952** 2939), 229,5 nm und 307,5 nm [wss. HCl] (*Bl.*). λ_{max} von Lösungen in Äthanol, in wss. H_2SO_4 [0,01 n], in konz. H_2SO_4 und in wss. NaOH [0,1 n]: *Okuda*, Pharm. Bl. **4** [1956] 257—260.

Scheinbarer Dissoziationsexponent pK_{a1}' der zweifach protonierten Verbindung (H_2SO_4; spektrophotometrisch ermittelt) bei Raumtemperatur: —7,6 (*Bender*, *Chow*, Am. Soc. **81** [1959] 3929, 3932). Scheinbare Dissoziationskonstante K_b' (H_2O; potentiometrisch ermittelt) bei 25°: $4,16 \cdot 10^{-8}$ (*Canić et al.*, Glasnik chem. Društva Beograd **21** [1956] 65, 68; C. A. **1960** 8815). Scheinbarer Dissoziationsexponent pK_{a2}' der einfach protonierten Verbindung (H_2O; potentiometrisch ermittelt) bei 5,4°: 7,18; bei 35°: 6,55 (*Elliott*, *Mason*, Soc. **1959** 2352, 2357); bei 20°: 6,86 (*Albert et al.*, Soc. **1948** 2240, 2242; s. a. *Fastier*, *McDowall*, Austral. J. exp. Biol. med. Sci. **36** [1958] 491, 495); bei 25°: 6,71; bei 35°: 6,55; bei 45°: 6,40 (*Jonassen*, *Rolland*, in *J. Bjerrum*, *G. Schwarzenbach*, *L. G. Sillén*, Stability Constants, Tl. 1 [London 1957] S. 29). Scheinbarer Dissoziationsexponent pK_{a2}' der einfach protonierten Verbindung (H_2O; spektrophotometrisch ermittelt) bei Raumtemperatur: 7,14 (*Be.*, *Chow*). Scheinbarer Dissoziationsexponent pK_{a2}' der einfach protonierten Verbindung (wss. 2-Methoxy-äthanol [80 %ig]; potentiometrisch ermittelt) bei 25°: 5,74 (*Simon*, *Heilbronner*, Helv. **40** [1957] 210, 219), 5,63 (*Simon*, Helv. **41** [1958] 1835, 1838, 1844; s. a. *Hardegger*, *Nikles*, Helv. **39** [1956] 505, 508).

Löslichkeit in H_2O bei 20°: 1 g/ml Lösung (*Albert et al.*, Soc. **1956** 4621, 4622); bei Raumtemperatur: 89g/100 g (*Shreve et al.*, Ind. eng. Chem. **32** [1940] 173, 175). Löslichkeit [g/100 ml] in Petroläther bei 25°: 0,28; in Benzol bei 25°: 19,1; in Toluol bei 25°: 16,1; in Diäthyläther bei 25°: 45,0; in wss. Äthanol [95 %ig] bei 27°: 170 (*Sh. et al.*). Verteilung zwischen H_2O und Isobutylalkohol: *Collander*, Acta chem. scand. **4** [1950] 1085, 1088. Erstarrungsdiagramm der binären Systeme mit Laurinsäure (Verbindungen 1:1 [E:

41,6°] und 1:4 [E: 33,9°]), mit Myristinsäure (Verbindungen 1:1 [E: 51,3°] und 1:4
[E: 47,2°]), mit Palmitinsäure (Verbindungen 1:1 [E: 58,8°] und 1:4 [E: 57,0°]), mit
Stearinsäure (Verbindungen 1:1 [E: 64,7°] und 1:4 [E: 65,0°]), mit Ölsäure (Verbindungen 1:1 [E: 9,8°] und 1:2 [E: 13,8°]), mit Elaidinsäure (Verbindungen 1:1[E: 40,2°] und
1:2 [E: 36,7°]), mit Octadeca-9c,11t,13t-triensäure (Verbindungen 1:1 [E: 27,9°] und
1:2 [E: 25,6°]) sowie mit Octadeca-9t,11t,13t-triensäure (Verbindungen 1:1 [E: 59,4°]
und 1:2 [E: 58,7°]): *Mod, Skau*, J. phys. Chem. **60** [1956] 963; s. a. *Mod et al.*, J. Am. Oil
Chemists Soc. **36** [1959] 616, 618. Assoziation mit Dioxan und mit Aceton: *Schigorin
et al.*, Izv. Akad. S.S.S.R. Otd. chim. **1956** 120, 123; engl. Ausg. S. 113, 115.

Chemisches Verhalten.
Zersetzung bei der Einwirkung von Ultraschall in wss. Lösung: *Prakash, Chaturvedi*,
Res. J. Hindi Sci. Acad. **2** [1959] 141; C. A. **1961** 74. Bildung von 2-Nitro-pyridin beim
Behandeln mit H_2O_2 in konz. H_2SO_4: *Kirpal, Böhm*, B. **64** [1931] 767, **65** [1943] 680.
Beim Leiten von [2]Pyridylamin im Gemisch mit Brom-Dampf und Stickstoff über
Bimsstein bei 500° sind 3-Brom-[2]pyridylamin, 5-Brom-[2]pyridylamin, 6-Brom-[2]=
pyridylamin, 3,5-Dibrom-[2]pyridylamin, 3,6-Dibrom-[2]pyridylamin, 5,6-Dibrom-
[2]pyridylamin und 3,5,6-Tribrom-[2]pyridylamin erhalten worden (*den Hertog, Bruin*,
R. **65** [1946] 385, 387, 389). Bildung von 5-Jod-[2]pyridylamin und 3,5-Dijod-[2]pyridyl=
amin beim Behandeln mit Jod und Quecksilber(II)-acetat: *Shepherd, Fellows*, Am. Soc. **70**
[1948] 157, 159. Beim Erwärmen mit Natrium in Äthanol ist Cadaverin (Pentandiyldi=
amin) erhalten worden (*Kirsanov, Ivastchenko*, Bl. [5] **3** [1936] 2279, 2284; Ž. obšč.
Chim. **7** [1937] 2092, 2095). Beim Hydrieren in Acetanhydrid und Essigsäure an Platin
sind 1-Acetyl-2-acetylamino-piperidin und 2-Imino-piperidin-acetat erhalten worden
(*Schöpf et al.*, A. **559** [1948] 1, 39; s. a. *Ki., Iv.*).

Beim Erwärmen mit Nitrobenzol und Natrium in Toluol unter Stickstoff ist 2-Phenyl=
azo-pyridin erhalten worden (*Faessinger, Brown*, Am. Soc. **73** [1951] 4606). Beim Erhitzen mit 2-Brommethyl-2-methyl-[1,3]dioxolan auf 200° ist 2-Imino-1-[2-methyl-
[1,3]dioxolan-2-ylmethyl]-1,2-dihydro-pyridin-hydrobromid erhalten worden; beim Erhitzen in Xylol mit NaNH₂ und anschliessend mit 2-Brommethyl-2-methyl-[1,3]di=
oxolan ist [2-Methyl-[1,3]dioxolan-2-ylmethyl]-[2]pyridyl-amin erhalten worden (*Adams
Dix*, Am. Soc. **80** [1958] 4618). Beim Erwärmen mit 2,4,6-Trinitro-anisol und Natrium=
acetat in Methanol ist Methyl-picryl-[2]pyridyl-amin erhalten worden (*Berg, Petrow*,
Soc. **1952** 784, 786). Beim Behandeln mit Oxiran in Methanol ist 2-[2-Imino-2H-[1]pyr=
idyl]-äthanol erhalten worden; beim Behandeln mit (±)-Epichlorhydrin in Äthanol ist
3,4-Dihydro-2H-pyrido[1,2-a]pyrimidin-3-ol erhalten worden (*Knunjanz*, Doklady Akad.
S.S.S.R. **1935** I 501, 504; B. **68** [1935] 397). Beim Behandeln mit (±)-Phenyloxiran in
wss. Methanol (*Klosa*, J. pr. [4] **8** [1959] 168) oder in Äthanol (*Gray et al.*, Am. Soc. **81**
[1959] 4351, 4354) ist 2-[2-Imino-2H-[1]pyridyl]-1-phenyl-äthanol, beim Behandeln mit
(±)-Phenyloxiran und NaNH₂ in flüssigem NH₃ ist 1-Phenyl-2-[2]pyridylamino-äthanol
erhalten worden (*Gray et al.*).

Beim Behandeln mit wss. Formaldehyd und nachfolgender Vakuumdestillation ist
1,3,5-Tri-[2]pyridyl-hexahydro-[1,3,5]triazin erhalten worden (*Kahn, Petrow*, Soc. **1945**
858, 860). Bildung von 2-Dimethylamino-pyridin, N,N'-Di-[2]pyridyl-methylendiamin,
N,N'-Dimethyl-N,N'-di-[2]pyridyl-methylendiamin, [6-Dimethylamino-[3]pyridyl]-
methanol und Bis-[6-dimethylamino-[3]pyridyl]-methan beim Erwärmen mit
Formaldehyd und Ameisensäure (vgl. E II 323): *Beresowškii*, Ž. obšč. Chim. **21** [1951]
1903, 1906; engl. Ausg. S. 2115, 2118; *Sokowrońska-Serafinowa*, Roczniki Chem. **29**
[1955] 361, 364; C. A. **1956** 7792. Beim Behandeln in Methanol mit 4t-Chlor-but-3-en-
2-on oder mit 4,4-Dimethoxy-butan-2-on und mit wss. HClO₄ ist 4-Methyl-pyrido=
[1,2-a]pyrimidinylium-perchlorat (Syst.-Nr. 3481) erhalten worden (*Nešmejanow, Rubin-
škaja*, Doklady Akad. S.S.S.R. **118** [1958] 297; Pr. Acad. Sci. U.S.S.R. Chem. Sect.
118—123 [1958] 43). Beim Erhitzen mit 2-Chlor-cyclohexanon ist 6,7,8,9-Tetrahydro-
benz[4,5]imidazo[1,2-a]pyridin erhalten worden (*Campbell, McCall*, Soc. **1951** 2411,
2415). Reaktion mit Phenacylbromid (vgl. E II 324) unter Bildung von 2-Phenyl-
imidazo[1,2-a]pyridin und 3-Phenyl-imidazo[1,2-a]pyridin s. *Kröhnke et al.*, B. **88** [1955]
1117, 1120. Beim Behandeln in Benzol mit 3-Chlor-pentan-2,4-dion ist 1-[2-Methyl-
imidazo[1,2-a]pyridin-3-yl]-äthanon erhalten worden (*Schilling et al.*, B. **88** [1955] 1093,
1095, 1100). Beim Erhitzen mit [1,4]Benzochinon in Essigsäure ist Benz[4,5]imidazo=
[1,2-a]pyridin-8-ol erhalten worden (*Schmid, Czerny*, M. **83** [1952] 31, 34). Beim Be-

handeln mit Tetrachlor-[1,4]benzochinon in Äthanol ist Dipyrido[1,2-a;1′,2′-a′]benzo=
[1,2-d;5,4-d′]diimidazol-6,13-dion (*Boyle*, Chem. and Ind. **1957** 1069). Beim Erwärmen
mit 2,3-Dichlor-[1,4]naphthochinon [0,25 Mol] in Äthanol oder Chlorbenzol ist 6-[2]Pyr=
idylimino-6H-naphth[1′,2′:4,5]imidazo[1,2-a]pyridin-5-on (Syst.-Nr. 3598), beim Erwärmen mit 2,3-Dichlor-[1,4]naphthochinon [0,5 Mol] oder 3,4-Dichlor-[1,2]naphtho=
chinon [0,5 Mol] in Äthanol ist Naphth[1′,2′:4,5]imidazo[1,2-a]pyridin-5,6-dion (Syst.-
Nr. 3598) erhalten worden (*Mosby*, *Boyle*, J. org. Chem. **24** [1959] 374, 375, 376, 378, 379).
Beim Erwärmen mit 1 Mol 2,3-Dichlor-[1,4]naphthochinon in Äthanol ist 2-Chlor-
3-[2]pyridylamino-[1,4]naphthochinon (S. 3877) erhalten worden (*Calandra*, *Adams*,
Am. Soc. **72** [1950] 4804; *Triutt et al.*, Am. Soc. **79** [1957] 5708; *Prescott*, J. med. Chem.
12 [1969] 181).

Beim Erhitzen mit Benzylformiat ist Benzyl-[2]pyridyl-amin (*Gol′dfarb*, *Šmurgonškiĭ*,
Ž. obšč. Chim. **12** [1942] 255, 262; C. A. **1943** 3094), bei der Destillation mit Thioameisen=
säure-S-benzylester im Vakuum ist N-[2]Pyridyl-formamid (*Gol′dfarb*, *Karaulowa*,
Izv. Akad. S.S.S.R. Otd. chim. **1959** 1102, 1104; engl. Ausg. S. 1063, 1064) erhalten
worden. Geschwindigkeitskonstante der Reaktion mit Essigsäure-[2-nitro-phenylester]
in wss. Lösung vom pH 3,1 und mit Oxalsäure-mono-[2-nitro-phenylester] in wss.
Lösungen vom pH 2,9−6, jeweils bei 45,5°: *Bender*, *Chow*, Am. Soc. **81** [1959] 3929,
3932. Beim Erhitzen mit Acetonitril und AlCl₃, zuletzt auf 200°, ist N-[2]Pyridyl-
acetamidin erhalten worden (*Bower*, *Ramage*, Soc. **1957** 4506, 4509). Beim Behandeln
mit Bromessigsäure-äthylester ist 3H-Imidazo[1,2-a]pyridin-2-on (*Van Dormael*, Bl.
Soc. chim. Belg. **58** [1949] 167, 178), beim Erwärmen mit 3-Brom-propionsäure in
CHCl₃ ist 3,4-Dihydro-pyrido[1,2-a]pyrimidin-2-on erhalten worden (*Adams*, *Pachter*,
Am. Soc. **74** [1952] 4906, 4909). Beim Erwärmen mit Acrylsäure unter Zusatz von
4-*tert*-Butyl-brenzcatechin ist 2-Amino-1-[2-carboxy-äthyl]-pyridinium-betain (E III/IV
21 3373) erhalten worden (*Adams*, *Pachter*, Am. Soc. **74** [1952] 5491, 5496; *Hurd*, *Hayao*,
Am. Soc. **77** [1955] 117, 119). Beim Erwärmen mit Äthylacrylat und 4-*tert*-Butyl-brenz=
catechin sind 3,4-Dihydro-pyrido[1,2-a]pyrimidin-2-on (*Ad.*, *Pa.*, l. c. S. 5497; *Lappin*,
J. org. Chem. **23** [1958] 1358) und N-[2]Pyridyl-β-alanin-äthylester (*La.*) erhalten worden. Bildung von Pyrido[1,2-a]pyrimidin-2-on-hydrobromid und von 2-Carboxy-2,3-di=
hydro-1H-imidazo[1,2-a]pyridinium-bromid beim Behandeln mit 2-Brom-acrylsäure
unter Zusatz von 4-*tert*-Butyl-brenzcatechin: *Ad.*, *Pa.*, l. c. S. 5496. Beim Erhitzen mit
2-Chlor-nicotinsäure (S. 506) auf 180−185° sind 2-Hydroxy-nicotinsäure, 2-Hydroxy-
nicotinsäure-[2]pyridylamid und 2-[2-Hydroxy-nicotinoylimino]-2H-[1,2′]bipyridyl-
3′-carbonsäure (Syst.-Nr. 3434) erhalten worden (*Carboni*, *Pardi*, Ann. Chimica **49** [1959]
1220, 1224).

Beim Erwärmen mit DL-Milchsäure-äthylester und Diäthylcarbonat in Natrium=
äthylat ist (±)-5-Methyl-3-[2]pyridyl-oxazolidin-2,4-dion neben einer geringeren Menge
[2]Pyridylcarbamidsäure-äthylester erhalten worden (*Shapiro et al.*, J. org. Chem. **24**
[1959] 1606). Beim Erwärmen mit (±)-3-Brom-2-hydroxy-propionsäure in CHCl₃ ist
3-Hydroxy-3,4-dihydro-pyrido[1,2-a]pyrimidin-2-on (Syst.-Nr. 3635) erhalten worden
(*Adams*, *Pachter*, Am. Soc. **74** [1952] 4906, 4909). Mit 3-Hydroxy-propionsäure-lacton
ist beim Behandeln in Aceton 2-Amino-1-[2-carboxy-äthyl]-pyridinium-betain (E III/IV
21 3373), beim Erwärmen in wss. HCl 3,4-Dihydro-pyrido[1,2-a]pyrimidin-2-on (Syst.-Nr.
3567) erhalten worden (*Hurd*, *Hayao*, Am. Soc. **77** [1955] 117, 119). Beim Erhitzen mit
Benzilsäure auf 185° ist 2-Benzhydrylamino-pyridin, beim Erhitzen mit Benzilsäure-
methylester und Natrium in Xylol ist N-[2]Pyridyl-benzilamid erhalten worden (*Gray*,
Heitmeier, Am. Soc. **81** [1959] 4347, 4350). Beim Erwärmen mit Brenztraubensäure und
Benzaldehyd in Äthanol ist 2-Oxo-4-phenyl-4-[2]pyridylamino-buttersäure erhalten
worden (*Allen et al.*, J. org. Chem. **16** [1951] 17, 19). Bildung von 2-Methyl-pyrido[1,2-a]=
pyrimidin-4-on (Syst.-Nr. 3568) beim Behandeln mit Acetessigsäure-äthylester: *Antaki*,
Petrow, Soc. **1951** 551, 554; s. a. *Adams*, *Pachter*, Am. Soc. **74** [1952] 5491, 5493.

Beim Behandeln mit 2-Chlor-äthansulfonylchlorid in Aceton oder Benzol ist N-[2]Pyr=
idyl-äthensulfonamid erhalten worden (*Košzowa et al.*, Ž. obšč. Chim. **24** [1954] 1397,
1401; engl. Ausg. S. 1379, 1382). Beim Erwärmen mit Toluol-4-sulfonylchlorid in Aceton
in Gegenwart von NaHCO₃ sind 1-[Toluol-4-sulfonyl]-2-[toluol-4-sulfonylimino]-1,2-di=
hydro-pyridin und N-[2]Pyridyl-toluol-4-sulfonamid erhalten worden (*Angyal et al.*,
Austral. J. scient. Res. [A] **5** [1952] 368, 370). Mit dem Natrium-Salz der 3,4-Dioxo-
3,4-dihydro-naphthalin-1-sulfonsäure ist beim Erwärmen in H₂O 1-[3,4-Dioxo-3,4-di=

hydro-[1]naphthyl]-2-[3,4-dioxo-3,4-dihydro-[1]naphthylimino]-1,2-dihydro-pyridin, beim Erwärmen in wss. NaOH 2-Hydroxy-4-[2]pyridylimino-4H-naphthalin-1-on erhalten worden (*Rubzow*, Ž. obšč. Chim. **16** [1946] 221, 226, 231, 232; C. A. **1947** 430). Bildung von 2-[4-Dimethylamino-phenylazo]-pyridin (Syst.-Nr. 3448) beim Behandeln einer Lösung in Toluol und Naphthalin mit Natrium und *N,N*-Dimethyl-4-nitroso-anilin oder beim Behandeln mit einer Suspension von *N,N*-Dimethyl-4-nitro-anilin in Toluol und Natrium: *Faessinger, Brown*, Am. Soc. **73** [1951] 4606. Beim Erwärmen mit 4,4'-Bis-dimethylamino-benzhydrol wurde entgegen den Angaben von *Plaček, Sucharda* (B. **61** [1928] 1811; E II 324) nur Leukokristallviolett (E III **13** 566) erhalten (*Kahn, Petrow*, Soc. **1945** 858, 860).

Salze und Additionsverbindungen.

Stabilitätskonstante der Komplexe (2:1 und 1:1) mit Silber(+) bei 25°, 35° und 45° (H_2O): *Jonassen, Rolland*, in *J. Bjerrum, G. Schwarzenbach, L.G. Sillén*, Stability Constants, Tl. 1 [London 1957] S. 29.

Verbindung mit Brom $C_5H_6N_2 \cdot Br_2$. Braune Kristalle; F: 195—197° (*Feist*, Ar. **272** [1934] 100, 106).

Hydrojodid. IR-Banden der Kristalle (3310—3120 cm^{-1}): *Schigorin et al.*, Izv. Akad. S.S.S.R. Otd. chim. **1956** 120, 121, 124; engl. Ausg. S. 113, 114, 116.

Tetrachlorojodat $C_5H_6N_2 \cdot HICl_4$. Gelbe Kristalle [Zers.] (*Spacu, Popea*, Anal. Acad. romȃne Ser. Mat. Fiz. Chim. **3** [1950] 396, 415; C. A. **1951** 8388; Rev. Chim. Acad. roum. **1** [1956] Nr. 1, S. 127, 132).

Sulfat. Absorptionsspektrum (wss. Dioxan; 260—400 nm): *Anderson, Seeger*, Am. Soc. **71** [1949] 340.

Verbindung mit Disulfamoylamin (μ-Imido-dischwefelsäure-diamid) $C_5H_6N_2 \cdot H_5N_3O_4S_2$. Kristalle; F: 130—132° (*Kiršanow, Solotow*, Ž. obšč. Chim. **20** [1950] 1790, 1801; engl. Ausg. S. 1851, 1856, 1863).

Verbindung mit Thallium(III)-chlorid und Chlorwasserstoff $3 C_5H_6N_2 \cdot TlCl_3 \cdot 3 HCl$. F: 121—125° [Zers.] (*Abbott*, Iowa Coll. J. **18** [1943] 3).

Verbindung mit dem Kupfer(II)-Salz des Glycins und Jodwasserstoff $2 C_5H_6N_2 \cdot Cu(C_2H_4NO_2)_2 \cdot HI$. Grünblaue Kristalle (*Chem. Werke Albert*, D.R.P. 689067 [1935]; D.R.P. Org. Chem. **3** 1213).

Tribromo-[2]pyridylamin-gold(III) $[AuBr_3(C_5H_6N_2)]$. Schwarze Kristalle (aus $CHCl_3$); F: 160° [Zers.] (*Gibson, Colles*, Soc. **1931** 2407, 2410, 2415).

Tetrakis-[2]pyridylamin-palladium(II)-Salze. Chlorid $[Pd(C_5H_6N_2)_4]Cl_2$. Niederschlag (*Rubinstein*, Doklady Akad. S.S.S.R. **30** [1941] 223; C. A. **1941** 7868). — Tetrachloroplatinat(II) $[Pd(C_5H_6N_2)_4]PtCl_4$. Gelb (*Ru.*).

Dichloro-bis-[2]pyridylamin-palladium(II) $[Pd(C_5H_6N_2)_2Cl_2]$. Gelbe Kristalle (*Rubinstein*, Doklady Akad. S.S.S.R. **30** [1941] 223; C. A. **1941** 7868).

trans-Ammin-hydroxylamin-bis-[2]pyridylamin-platin(II)-Salze. Chlorid $[Pt(C_5H_6N_2)_2(NH_3)(NH_3O)]Cl_2$. Kristalle (*Goremykin*, Izv. Akad. S.S.S.R. Otd. chim. **1944** 105, 111; C. A. **1945** 1603). — Bromid $[Pt(C_5H_6N_2)_2(NH_3)(NH_3O)]Br_2$. Kristalle (*Goremykin, Gladyschewškaja*, Ž. obšč. Chim. **13** [1943] 762, 774; C. A. **1945** 879). Elektrische Leitfähigkeit in H_2O bei 25°: *Go., Gl.*, Ž. obšč. Chim. **13** 775. — Jodid $[Pt(C_5H_6N_2)_2(NH_3)(NH_3O)]I_2$. Kristalle (*Goremykin, Gladyschewškaja*, Izv. Akad. S.S.S.R. Otd. chim. **1943** 401, 406; C. A. **1945** 1602). Elektrische Leitfähigkeit in H_2O bei 25°: *Go., Gl.*, Izv. Akad. S.S.S.R. Otd. chim. **1943** 407.

trans-Bis-hydroxylamin-bis-[2]pyridylamin-platin(II)-Salze. Chlorid $[Pt(C_5H_6N_2)_2(NH_3O)_2]Cl_2$. Kristalle (*Goremykin*, Izv. Akad. S.S.S.R. Otd. chim. **1947** 241, 244; C. A. **1948** 4481). — Bromid $[Pt(C_5H_6N_2)_2(NH_3O)_2]Br_2$. Kristalle [aus H_2O] (*Goremykin, Gladyschewškaja*, Ž. obšč. Chim. **13** [1943] 762, 771; C. A. **1945** 879). Elektrische Leitfähigkeit in H_2O bei 25°: *Go., Gl.* — Jodid $[Pt(C_5H_6N_2)_2(NH_3O)_2]I_2$. Kristalle (*Go.*, l. c. S. 245). Elektrische Leitfähigkeit in H_2O bei 25°: *Go.*, l. c. S. 246.

Bis-hydroxylamin-[2]pyridylamin-platin(II)-Salze. Konstitution: *Goremykin*, Izv. Akad. S.S.S.R. Otd. chim. **1947** 241, 242; C. A. **1948** 4481. — Tetrachloroplatinat(II) $[Pt(C_5H_6N_2)(NH_3O)_2]PtCl_4$. Rote Kristalle (*Go.*, l. c. S. 245). — Tetrachloropalladat(II) $[Pt(C_5H_6N_2)(NH_3O)_2]PdCl_4$. Schwarze Kristalle (*Go.*, l. c. S. 245).

cis-Dichloro-bis-[2]pyridylamin-platin(II) $[Pt(C_5H_6N_2)_2Cl_2]$. Gelb (*Rubinstein*, C. r. Doklady **20** [1938] 575, 576). Elektrische Leitfähigkeit in H_2O: *Ru.*

Chloro-nitro-bis-[2]pyridylamin-platin(II) $[Pt(C_5H_6N_2)_2Cl(NO_3)]$. Gelb (*Rubin-*

stein, C. r. Doklady **20** [1938] 575, 577). Elektrische Leitfähigkeit in H_2O: *Ru*.

Dinitro-bis-[2]pyridylamin-platin(II) $[Pt(C_5H_6N_2)_2(NO_2)_2]$. Hellgelb (*Rubinstein*, C. r. Doklady **20** [1938] 575, 578). Elektrische Leitfähigkeit in H_2O: *Ru*.

trans-Hydroxylamin-pyridin-bis-[2]pyridylamin-platin(II)-Salze. Chlorid $[Pt(C_5H_5N)(C_5H_6N_2)_2(NH_3O)]Cl_2$. Kristalle (*Goremykin*, Izv. Akad. S.S.S.R. Otd. chim. **1944** 105, 112; C. A. **1945** 1603). — Bromid $[Pt(C_5H_5N)(C_5H_6N_2)_2(NH_3O)]Br_2$. Kristalle (*Goremykin, Gladyschewskaja*, Ž. obšč. Chim. **13** [1943] 762, 777; C. A. **1945** 879). — Jodid $[Pt(C_5H_5N)(C_5H_6N_2)_2(NH_3O)]I_2$. Kristalle (*Goremykin, Gladyschewskaja*, Izv. Akad. S.S.S.R. Otd. chim. **1943** 401, 408; C. A. **1945** 1602).

Ammin-hydroxylamin-pyridin-[2]pyridylamin-platin(II)-Salze. Chlorid $[Pt(C_5H_5N)(C_5H_6N_2)(NH_3)(NH_3O)]Cl_2$. Kristalle (*Goremykin*, Izv. Akad. S.S.S.R. Otd. chim. **1947** 241, 243; C. A. **1948** 4481). Elektrische Leitfähigkeit in H_2O bei 25°: *Go.*, l. c. S. 244. — Tetrachloroplatinat(II) $[Pt(C_5H_5N)(C_5H_6N_2)(NH_3)(NH_3O)]PtCl_4$. Kristalle (*Go.*, l. c. S. 244).

Dichloro-pyridin-[2]pyridylamin-platin(II) $[Pt(C_5H_5N)(C_5H_6N_2)Cl_2]$. Gelb (*Rubinstein*, C. r. Doklady **24** [1939] 559).

cis-Dipyridin-bis-[2]pyridylamin-platin(II)-Salze. Chlorid $[Pt(C_5H_5N)_2(C_5H_6N_2)_2]Cl_2$. Niederschlag (*Rubinstein*, C. r. Doklady **24** [1939] 559). Elektrische Leitfähigkeit in H_2O(?): *Ru*. Oxidation und Chlorierung beim Behandeln mit Chlor: *Ru*. — Tetrachloroplatinat(II) $[Pt(C_5H_5N)_2(C_5H_6N_2)_2]PtCl_4$. Rot (*Ru.*).

Hexachloroplatinat(IV) $2 C_5H_6N_2 \cdot H_2PtCl_6$ (H 428). Orangefarbene Kristalle (aus H_2O); F: 231° [unkorr.] (*Baumgarten, Dammann*, B. **66** [1933] 1633, 1637).

Phenolat $C_5H_6N_2 \cdot C_6H_6O$. Kristalle; F: 21—22° (*Tronow, Bortowoi*, Ž. obšč. Chim. **24** [1954] 1750, 1753; engl. Ausg. S. 1721, 1723).

2-Chlor-phenolat $C_5H_6N_2 \cdot 2 C_6H_5ClO$. F: 42—43,5° (*Tronow, Bortowoi*, Ž. obšč. Chim. **24** [1954] 1750, 1753; engl. Ausg. S. 1721, 1723).

4-Nitro-phenolat $C_5H_6N_2 \cdot 2 C_6H_5NO_3$. Gelbe Kristalle; F: 89—90° (*Tronow, Bortowoi*, Ž. obšč. Chim. **24** [1954] 1750, 1753; engl. Ausg. S. 1721, 1723).

2,4-Dinitro-phenolat $C_5H_6N_2 \cdot C_6H_4N_2O_5$. Rote Kristalle (aus $CHCl_3$); F: 156—157° (*Tronow, Bortowoi*, Ž. obšč. Chim. **24** [1954] 1750, 1755; engl. Ausg. S. 1721, 1724).

2,5-Dinitro-phenolat $C_5H_6N_2 \cdot C_6H_4N_2O_5$. Rote Kristalle (aus Bzl.); F: 151—152° (*Tronow, Bortowoi*, Ž. obšč. Chim. **24** [1954] 1750, 1755; engl. Ausg. S. 1721, 1725).

2,6-Dinitro-phenolat $C_5H_6N_2 \cdot C_6H_4N_2O_5$. Orangefarbene Kristalle (aus $CHCl_3$ + Bzl.); F: 198—198,5° (*Tornow, Bortowoi*, Ž. obšč. Chim. **24** [1954] 1750, 1755; engl. Ausg. S. 1721, 1725).

Picrat $C_5H_6N_2 \cdot C_6H_3N_3O_7$ (H 428; E II 325). Kristalle (aus A.); F: 224—226° (*Newbold, Spring*, Soc. **1949** Spl. 133, 135), 222—223° (*Katritzky*, Soc. **1957** 191, 195).

Verbindung mit 2-Nitro-indan-1,3-dion $C_5H_6N_2 \cdot C_9H_5NO_4$. Kristalle (aus A.); F: 197° (*Wanag, Lode*, B. **70** [1937] 547, 559), 189° [korr.; Zers.] (*Christensen et al.*, Anal. Chem. **21** [1949] 1573).

Verbindung mit Nitroessigsäure-äthylester $C_5H_6N_2 \cdot C_4H_7NO_4$. F: 69—70° (*Kocór et al.*, Roczniki Chem. **31** [1957] 1037; C. A. **1958** 8128).

Decanoat $C_5H_6N_2 \cdot C_{10}H_{20}O_2$. E: 32,6° (*Mod et al.*, J. Am. Oil Chemists Soc. **36** [1959] 616, 618).

Über Verbindungen mit Laurinsäure, Myristinsäure, Palmitinsäure, Stearinsäure, Ölsäure, Elaidinsäure, Octadeca-9c,11t,13t-triensäure und Octadeca-9t,11t,13t-triensäure s. S. 3841, 3842 im Abschnitt physikalische Eigenschaften.

Hydrogenphthalat $C_5H_6N_2 \cdot C_8H_6O_4$. Kristalle (aus H_2O); F: 120° (*Feist, Schultz*, Ar. **272** [1934] 785, 789).

Thiocyanat $C_5H_6N_2 \cdot HCNS$. Konstitution: *Panouse*, C. r. **230** [1950] 846; *Potts, Burton*, J. org. Chem. **31** [1966] 251, 257. — Kristalle; F: 116—119° [aus Hexan] (*Fairfull, Peak*, Soc. **1955** 796, 797), 117° [aus Me. + Ae.] (*Kolmer et al.*, J. Pharmacol. exp. Therap. **61** [1937] 253, 256), 115—116° [aus A.] (*Nirenburg et al.*, Ž. obšč. Chim. **28** [1958] 198, 202; engl. Ausg. S. 198, 201).

Thiocyanatoacetat. Kristalle; F: 112° [korr.; Zers.] (*Weiss*, Am. Soc. **69** [1947] 2862).

Verbindung mit (±)-2-Lauroyloxy-propionsäure $C_5H_6N_2 \cdot C_{15}H_{28}O_4$. F: 82,8° bis 83,4° (*Wrigley et al.*, J. Am. Oil Chemists Soc. **36** [1959] 34).

Verbindung mit Hydroxyimino-malononitril $C_5H_6N_2 \cdot C_3HN_3O$. F: 106—107°

[korr.; Zers.] (*Taylor et al.*, Am. Soc. **81** [1959] 2442, 2443).

Verbindung mit 4*t*-[4-Methoxy-phenyl]-2-oxo-but-3-ensäure $C_5H_6N_2\cdot$ $C_{11}H_{10}O_4$. Kristalle (aus H_2O); F: 135—136° [Zers.] (*Allen et al.*, J. org. Chem. **16** [1951] 17, 20). UV-Spektrum (A.; 250—400 nm): *Al. et al.*

Benzolsulfonat $C_5H_6N_2\cdot C_6H_6O_3S$. Kristalle (aus Acn.); F: 101° (*Oxley, Short*, Soc. **1948** 1514, 1522).

Verbindung mit Bis-[4-chlor-benzolsulfonyl]-amin. Kristalle; F: 175—176° [aus H_2O] (*Runge, Pfeiffer*, B. **90** [1957] 1757, 1760), 171—172° [unkorr.; aus Acn. + Ae.] (*Runge et al.*, B. **88** [1955] 533, 539). In 100 g H_2O lösen sich bei 21° 0,16 g (*Ru. et al.*), bei 25° 0,21 g (*Ru., Pf.*).

Toluol-4-sulfonat $C_5H_6N_2\cdot C_7H_8O_3S$. F: 133° (*Oxley, Short*, Soc. **1947** 382, 387).

2-Oxo-bornan-10-sulfonat. a) (1*R*)-2-Oxo-bornan-10-sulfonat $C_5H_6N_2\cdot$ $C_{10}H_{16}O_4S$. Kristalle (aus E.); F: 154—155°; $[\alpha]_D^{35}$: −18,0° [H_2O; c = 1] (*Singh, Manhas*, Pr. Indian Acad. [A] **26** [1947] 61, 70). Optisches Drehungsvermögen $[\alpha]^{35}$ von Lösungen in $CHCl_3$, in Pyridin, in Methanol, in Äthanol und in H_2O für Licht der Wellenlängen von 436 nm bis 670 nm: *Si., Ma.*, l. c. S. 66. — b) (1*S*)-2-Oxo-bornan-10-sulfonat $C_5H_6N_2\cdot C_{10}H_{16}O_4S$. Kristalle (aus E.); F: 154—155°; $[\alpha]_D^{35}$: +18,5° [H_2O; = 1] (*Si., Ma.*). Optisches Drehungsvermögen $[\alpha]^{35}$ von Lösungen in $CHCl_3$, in Pyridin, in Methanol, in Äthanol und in H_2O für Licht der Wellenlängen von 436 nm bis 670 nm: *Si., Ma.*, l. c. S. 66. — c) (±)-2-Oxo-bornan-10-sulfonat $C_5H_6N_2\cdot C_{10}H_{16}O_4S$. Kristalle (aus E.); F: 153—154° (*Si., Ma.*).

Verbindung mit 4-Amino-benzoesäure. Kristalle; F: 154,5—156,5° (*Endo Prod. Inc.*, U.S.P. 2356996 [1941]).

Verbindung mit Trimethylgold $C_5H_6N_2\cdot C_3H_9Au$. Öl (*Gilman, Woods*, Am. Soc. **70** [1948] 550).

Verbindung mit 3-Benzyl-furan-2,4-dion. F: 96—98° (*Reichert, Schäfer*, Ar. **291** [1958] 100, 103).

Verbindung mit 2,6-Dinitro-pyridin-3-ol $C_5H_6N_2\cdot C_5H_3N_3O_5$. Kristalle (aus A.); F: 168° (*Czuba, Płażek*, R. **77** [1958] 92, 95).

Verbindung mit 3,5-Dinitro-pyridin-4-ol $C_5H_6N_2\cdot C_5H_3N_3O_5$. Kristalle (aus A.); F: 224° [korr.] (*Petrow, Saper*, Soc. **1946** 588, 590).

Verbindung mit 1-Hydroxy-3,5-dinitro-1*H*-pyridin-4-on. Orangefarbene Kristalle; F: 194—195° [Zers.] (*Hayashi*, J. pharm. Soc. Japan **70** [1950] 142; C. A. **1950** 5880).

Picrolonat $C_5H_6N_2\cdot C_{10}H_8N_4O_5$. Gelbe Kristalle (aus A.); F: 269—271° [Zers.] (*Katritzky*, Soc. **1957** 191, 195), 267° [Zers.] (*Rodewald, Płażek*, Roczniki Chem. **16** [1936] 444, 448).   [*Blazek*]

2-Amino-pyridin-1-oxid, 1-Oxy-[2]pyridylamin $C_5H_6N_2O$, Formel I (R = R' = H) auf S. 3848.

Konstitutiton: *Katritzky*, Soc. **1957** 191.

B. Beim Erwärmen von [2]Pyridylcarbamidsäure-äthylester in Essigsäure mit wss. H_2O_2, Erhitzen des Reaktionsprodukts mit konz. wss. HCl und Behandeln des Reaktionsprodukts mit äthanol. Natriumäthylat (*Ka.*, Soc. **1957** 194). Beim Erhitzen von N-[1-Oxy-[2]pyridyl]-acetamid mit wss. NaOH (*Adams, Miyano*, Am. Soc. **76** [1954] 2785). Beim Erwärmen von 1-Oxy-pyridin-2-carbonsäure-amid mit wss. KOBr (*Newbold, Spring*, Soc. **1949** Spl. 133).

Kristalle; F: 164—165° [korr.; nach Sublimation bei 120°/3 Torr] (*Ad., Mi.*), 164° bis 165° [aus A.] (*Brown*, Am. Soc. **79** [1957] 3565), 163—164° [aus A. + E.] (*Ka.*, Soc. **1957** 194), 161—163° [aus PAe. + $CHCl_3$ oder Py.] (*Ne., Sp.*). IR-Banden in $CHCl_3$ (3500—1250 cm^{-1} bzw. 1640—860 cm^{-1}): *Katritzky, Jones*, Soc. **1959** 3674, 3676; *Katritzky, Hands*, Soc. **1958** 2195, 2196; in Nujol (1200—730 cm^{-1}): *Shindo*, Chem. pharm. Bl. **6** [1958] 117, 119, 122, 124. UV-Spektrum in wss. HCl [0,1 n] sowie in wss. NaOH [0,1 n] (220—330 nm): *Ka.*, Soc. **1957** 193; in wss. NaOH [0,01 n] (200—330 nm): *Gardner, Katritzky*, Soc. **1957** 4375, 4378. λ_{max}: 227 nm, 251 nm und 321 nm [A.] (*Ka.*, Soc. **1957** 194), 226 nm und 319 nm [A.] (*Ne., Sp.*), 231 nm und 301 nm [wss. HCl] (*Ka.*, Soc. **1957** 194), 221 nm und 310 nm [wss. NaOH] (*Ka.*, Soc. **1957** 194). Scheinbarer Dissoziationsexponent pK_a' der protonierten Verbindung (H_2O; potentiometrisch ermittelt): 2,67 (*Ga., Ka.*, l. c. S. 4376).

Beim Behandeln mit H_2SO_4 und H_2SO_5 ist 2-Nitro-pyridin-1-oxid erhalten worden (*Br.*). Beim Behandeln mit Benzoylchlorid und Pyridin ist das Benzoat des *N*-[1-Oxy-[2]=pyridyl]-benzamids, beim Behandeln mit Benzoylchlorid und Acetonitril ist 1-Benz=oyloxy-2-imino-1,2-dihydro-pyridin erhalten worden (*Ka.*, Soc. **1957** 196). Beim Behandeln mit $COCl_2$ in $CHCl_3$ ist [1,2,4]Oxadiazolo[2,3-*a*]pyridin-2-on erhalten worden (*Boyer et al.*, Am. Soc. **79** [1957] 678, 680; *Hoegele*, Helv. **41** [1958] 548, 559).

Hydrochlorid $C_5H_6N_2O \cdot HCl$. Kristalle (aus Me. + Ae.); F: 153—156° (*Ne.*, *Sp.*).

Picrolonat $C_5H_6N_2O \cdot C_{10}H_8N_4O_5$. Gelbe Kristalle (aus A.); F: 221° [Zers.] (*Katritzky*, Soc. **1956** 2063, 2066).

2-Methylamino-pyridin, Methyl-[2]pyridyl-amin $C_6H_8N_2$, Formel II (R = H) (E I 629, E II 325).

B. Beim Erwärmen von Pyridin mit Methylamin, KNO_3 und KNH_2 auf 90° unter Druck (*Bergstrom et al.*, J. org. Chem. **11** [1946] 239, 245). Beim Erhitzen von 2-Brom-pyridin mit wss. Methylamin auf 150° (*Anderson*, *Seeger*, Am. Soc. **71** [1949] 340, 342). Bildung neben anderen Verbindungen beim Leiten eines Gemisches von Acetylen und NH_3 über einen wenig Cr_2O_3 enthaltenden $ZnO-Al_2O_3$-Katalysator bei ca. 400°: *Runge*, *Hummel*, Chem. Tech. **3** [1951] 163, 167.

Kp_{18}: 100—102°; Kp_4: 85—88° (*Be. et al.*). $D_4^{17,7}$: 1,0707; $n_{656,3}^{17,7}$: 1,56960; $n_{587,6}^{17,7}$:1,57693; $n_{486,1}^{17,7}$: 1,59635; $n_{434,0}^{17,7}$: 1,61552 (*v. Auwers*, *Susemihl*, Z. physik. Chem. [A] **148** [1930] 125, 144). IR-Banden ($CHCl_3$; 3440—1070 cm^{-1}): *Katritzky*, *Jones*, Soc. **1949** 3674, 3677. UV-Spektrum in Äther (260—300 nm): *An.*, *Se.*; in Heptan, in Dioxan sowie in wss. HCl [0,04 n] (220—350 nm): *Gol'dfarb et al.*, Izv. Akad. S.S.S.R. Otd. chim. **1953** 145, 147, 148; engl. Ausg. S. 129, 130, 131.

Picrat $C_6H_8N_2 \cdot C_6H_3N_3O_7$ (E I 629). Kristalle; F: 194—195° [korr.; aus H_2O oder A.] (*Shepherd et al.*, Am. Soc. **64** [1942] 2532, 2536), 194—195° (*Ficken*, *Kendall*, Soc. **1959** 3202, 3209), 193—194° [aus 4-Methyl-pentan-2-on] (*Be. et al.*).

2-Methylamino-pyridin-1-oxid, Methyl-[1-oxy-[2]pyridyl]-amin $C_6H_8N_2O$, Formel I (R = CH_3, R' = H).

B. Beim Erhitzen von 2-Chlor-pyridin-1-oxid mit wss. Methylamin auf 140° (*Katritzky*, Soc. **1957** 191, 194).

Dimorph. Kristalle (aus E.); F: 68—70° und F: 103—105° (*Ka.*). IR-Banden ($CHCl_3$; 3340—1070 cm^{-1} bzw. 1630—830 cm^{-1}): *Katritzky*, *Jones*, Soc. **1959** 3674, 3677; *Katritzky*, *Hands*, Soc. **1958** 2195, 2196. UV-Spektrum (wss. HCl [0,1 n] sowie wss. NaOH [0,1 n]; 220—360 nm): *Ka.* Scheinbarer Dissoziationsexponent pK_a' der protonierten Verbindung (H_2O; potentiometrisch ermittelt): 2,61 (*Gardner*, *Katritzky*, Soc. **1957** 4375, 4376).

Hydrochlorid $C_6H_8N_2O \cdot HCl$. Kristalle (aus A.); F: 203—204° (*Ka.*).

Picrat $C_6H_8N_2O \cdot C_6H_3N_3O_7$. Kristalle (aus A.); F: 155,5—157° (*Ka.*).

Picrolonat. Kristalle (aus A.); F: 201—203° (*Ka.*).

2-Dimethylamino-pyridin, Dimethyl-[2]pyridyl-amin $C_7H_{10}N_2$, Formel II (R = CH_3) (E I 629; E II 325).

B. Beim Erhitzen von 2-Chlor-pyridin oder 2-Brom-pyridin mit Dimethylamin (*I.G. Farbenind.*, D.R.P. 676331 [1935]; Frdl. **24** 130; *Anderson*, *Seeger*, Am. Soc. **71** [1949] 340, 342). Neben Bis-[6-dimethylamino-[3]pyridyl]-methan beim Erwärmen von 2-Amino-pyridin mit wss. H_2SO_4, Formaldehyd und Zink-Pulver (*Beresowskiĭ*, Ž. obšč. Chim. **20** [1950] 1187, 1188; engl. Ausg. S. 1231). Neben anderen Verbindungen beim Erhitzen von 2-Amino-pyridin mit Ameisensäure, wss. Formaldehyd und Natrium=formiat (*Titow*, *Baryschnikowa*, Ž. obšč. Chim. **23** [1953] 290, 293; engl. Ausg. S. 303, 305).

Kp_{740}: 196° (*An.*, *Se.*); Kp_{15}: 88° (*Be.*). $D_4^{17,7}$: 1,0192; $n_{656,3}^{17,7}$: 1,55545; $n_{587,6}^{17,7}$: 1,56277; $n_{486,1}^{17,7}$: 1,58190; $n_{434,0}^{17,7}$: 1,60080 (*v. Auwers*, *Susemihl*, Z. physik. Chem. [A] **148** [1930] 125, 144). IR-Banden ($CHCl_3$; 2820—950 cm^{-1}): *Katritzky*, *Jones*, Soc. **1959** 3674, 3677. UV-Spektrum in Äther (260—400 nm): *An.*, *Se.*, l. c. S. 340; in Äthanol (240—340 nm): *Gol'dfarb et al.*, Ž. obšč. Chim. **18** [1948] 124, 126; C. A. **1949** 4137.

Beim Erhitzen mit PCl_3 [Überschuss] und anschliessenden Behandeln des Reaktions=gemisches mit wss. NaOH ist das Natrium-Salz der [6-Dimethylamino-pyridin-3(?)-yl]-

phosphinsäure erhalten worden (*Plazek, Sasyk*, Roczniki Chem. **14** [1934] 1198; C. **1935** I 2177). Beim Erhitzen mit Benzaldehyd und $ZnCl_2$ auf 230—240° ist Bis-[6-dimethyl= amino-[3]pyridyl]-phenyl-methan erhalten worden (*Tschitschibabin, Knunjanz*, B. **64** [1931] 2839, 2841).

Tetrachloroaurat(III) $C_7H_{10}N_2 \cdot HAuCl_4$. F: 155—156° (*Ti., Ba.*).

Picrat $C_7H_{10}N_2 \cdot C_6H_3N_3O_7$ (E I 629). Kristalle; F: 182° [aus A.] (*An., Se.*).

Methojodid $[C_8H_{13}N_2]I$; Trimethyl-[2]pyridyl-ammonium-jodid (E II 326). UV-Spektrum (A. ?; 220—270 nm): *Go. et al.*

I   II   III   IV

2-Dimethylamino-pyridin-1-oxid, Dimethyl-[1-oxy-[2]pyridyl]-amin $C_7H_{10}N_2O$, Formel I (R = R' = CH₃).

B. Beim Erhitzen von 2-Chlor-pyridin-1-oxid mit Dimethylamin auf 140° (*Katritzky*, Soc. **1957** 191, 195).

$Kp_{0,25}$: 143—145° [Badtemperatur] (*Ka.*), 120—124° (*Pentimalli*, G. **94** [1964] 458, 465). n_D^{20}: 1,6117 (*Ka.*). IR-Banden (CHCl₃; 1620—830 cm⁻¹ bzw. 2820—950 cm⁻¹): *Katritzky, Hands*, Soc. **1958** 2195, 2196; *Katritzky, Jones*, Soc. **1959** 3674, 3677. UV-Spektrum (wss. HCl [0,1 n] sowie wss. NaOH [0,1 n]; 220—360 nm): *Ka.*, l. c. S. 193. Scheinbarer Dissoziationsexponent pK_a' der protonierten Verbindung (H_2O; potentiometrisch ermittelt): 2,27 (*Gardner, Katritzky*, Soc. **1957** 4375, 4376).

Picrat $C_7H_{10}N_2O \cdot C_6H_3N_3O_7$. Kristalle (aus A.); F: 142,5—144° (*Ka.*, l. c. S. 195).

Picrolonat $C_7H_{10}N_2O \cdot C_{10}H_8N_4O_5$. Kristalle (aus A.); F: 180—181° [Zers.] (*Ka.*, l. c. S. 195).

2-Äthylamino-pyridin, Äthyl-[2]pyridyl-amin $C_7H_{10}N_2$, Formel III (R = X = H) (E II 326).

B. Beim Erwärmen von N-Äthyl-N-[2]pyridyl-formamid mit wss. HCl (*Blicke, Tsao*, Am. Soc. **68** [1946] 905).

Kp_4: 79—82°.

Beim Behandeln mit ICl und Erwärmen des Reaktionsprodukts mit wss. NaOH ist 2-Äthylamino-5-jod-pyridin erhalten worden (*Schering-Kahlbaum A.G.*, D.R.P. 503920 [1927]; Frdl. **17** 2438).

Sulfat $C_7H_{10}N_2 \cdot H_2SO_4$. Kristalle (aus A. + Ae.); F: 111—113° (*Bl., Tsao*).

Tetrachloroaurat(III) $C_7H_{10}N_2 \cdot HAuCl_4$. F: 125—126° (*Bl., Tsao*).

Picrat $C_7H_{10}N_2 \cdot C_6H_3N_3O_7$. Kristalle (aus A.); F: 162—163° [korr.] (*den Hertog et al.*, R. **68** [1949] 275, 280).

[2-Chlor-äthyl]-[2]pyridyl-amin $C_7H_9ClN_2$, Formel III (R = H, X = Cl).

B. Beim Erwärmen von 2-[2]Pyridylamino-äthanol-hydrochlorid mit $SOCl_2$ in CHCl₃ (*Bremer*, A. **521** [1936] 286, 292).

Beim gelinden Erwärmen entsteht 2,3-Dihydro-imidazo[1,2-a]pyridin-hydrochlorid.

Hydrochlorid $C_7H_9ClN_2 \cdot HCl$. Kristalle; F: 146°.

2-Diäthylamino-pyridin, Diäthyl-[2]pyridyl-amin $C_9H_{14}N_2$, Formel III (R = C₂H₅, X = H) (E II 326).

B. Beim Erhitzen (35 h) von 2-Chlor-pyridin mit Diäthylamin in Äthanol auf 160° (*Bernstein et al.*, Am. Soc. **69** [1947] 1147, 1148; vgl. E II 326).

Hydrochlorid $C_9H_{14}N_2 \cdot HCl$. Kristalle (aus A. + Ae.); F: 124—127° [unkorr.].

2-Diäthylamino-pyridin-1-oxid, Diäthyl-[1-oxy-[2]pyridyl]-amin $C_9H_{14}N_2O$, Formel I (R = R' = C₂H₅).

B. Beim Erwärmen von 2-Chlor-pyridin-1-oxid mit Diäthylamin (*Itai, Sekijima*, Bl. nation. hyg. Labor. Tokyo **74** [1956] 121; C. A. **1957** 8740).

Kp_{6-8}: 110—120° [Badtemperatur].
Picrat $C_9H_{14}N_2O \cdot C_6H_3N_3O_7$. F: 111—112°.

2-Propylamino-pyridin, Propyl-[2]pyridyl-amin $C_8H_{12}N_2$, Formel IV (R = H).
B. Neben Dipropyl-[2]pyridyl-amin beim Behandeln der Natrium-Verbindung des [2]Pyridylamins in Äther mit Toluol-4-sulfonsäure-propylester (*Slotta, Franke,* B. **63** [1930] 678, 689).
Kp_{21}: 145—160°.
Picrat $C_8H_{12}N_2 \cdot C_6H_3N_3O_7$. Kristalle (aus A. oder Acn.); F: 163°.

2-Dipropylamino-pyridin, Dipropyl-[2]pyridyl-amin $C_{11}H_{18}N_2$, Formel IV (R = CH_2-CH_2-CH_3).
B. s. im vorangehenden Artikel.
Kp_{20}: 134°; Kp_{17}: 130—131° (*Slotta, Franke,* B. **63** [1930] 678, 689).
Picrat $C_{11}H_{18}N_2 \cdot C_6H_3N_3O_7$. Kristalle (aus Acn.); F: 138,5°.

2-Butylamino-pyridin, Butyl-[2]pyridyl-amin $C_9H_{14}N_2$, Formel V (R = H).
B. Beim Erhitzen von Pyridin mit Butylamin, $NaNH_2$, KNH_2 und KNO_3 auf 100° bis 120° (*Bergstrom et al.,* J. org. Chem. **11** [1946] 239, 244). Beim Erhitzen von Pyridin mit Butylamin und Natrium in Toluol (*Kovács, Vajda,* Acta chim. hung. **21** [1959] 445, 450). Beim Erhitzen (35 h) von 2-Chlor-pyridin mit Butylamin in Äthanol auf 160° (*Bernstein et al.,* Am. Soc. **69** [1947] 1147, 1148). Beim Erhitzen der Natrium-Verbin= dung des [2]Pyridylamins in Dioxan mit Butylbromid auf 110—120° (*Soc. Usines Chim. Rhône-Poulenc,* D.B.P. 880749 [1943]; D.R.B.P. Org. Chem. 1950—1951 **3** 226, 228). Neben wenig 2-Dibutylamino-pyridin beim Erwärmen der Natrium-Verbindung des [2]Pyridylamins in Äther mit Toluol-4-sulfonsäure-butylester (*Slotta, Franke,* B. **63** [1930] 678, 690). Beim Erwärmen (36 h) der Natrium-Verbindung des N-[2]Pyridyl-formamids in Toluol mit Butylbromid und Erhitzen des Reaktionsprodukts mit äthanol. KOH (*Blicke, Tsao,* Am. Soc. **68** [1946] 905).
Kristalle; F: 45° (*Sl., Fr.*), 42° (*Berg. et al.*), 40—42° (*Ko., Va.*), 40—41° (*Bern. et al.*). Kp_{43}: 47—49° (*Rhône-Poulenc*); Kp_{16}: 124—126° (*Sl., Fr.*); Kp_{15}: 124—125° (*Bern. et al.*); Kp_{14}: 125° (*Berg. et al.*); Kp_4: 106—107° (*Bl., Tsao*); $Kp_{0,4}$: 100—105° (*Ko., Va.*).
Picrat $C_9H_{14}N_2 \cdot C_6H_3N_3O_7$ (oder Dipicrat $C_9H_{14}N_2 \cdot 2\ C_6H_3N_3O_7$; vgl. *Ko., Va.*). Kri= stalle; F: 138° [aus A.] (*Sl., Fr.*), 135,5° (*Berg. et al.*), 134—135° (*Ko., Va.*), 133—134° (*Bl., Tsao*).

Äthyl-butyl-[2]pyridyl-amin $C_{11}H_{18}N_2$, Formel V (R = C_2H_5).
B. Aus der Natrium-Verbindung des Butyl-[2]pyridyl-amins und Äthylbromid (*Fürst, Feustel,* Chem. Tech. **10** [1958] 693, 694).
Kp_2: 125°; n_D^{20}: 1,5251 (*Fü., Fe.,* l. c. S. 698).

2-Dibutylamino-pyridin, Dibutyl-[2]pyridyl-amin $C_{13}H_{22}N_2$, Formel V (R = $[CH_2]_3$-CH_3).
B. In geringer Menge beim Behandeln von 2-Brom-pyridin mit Magnesium-bromid-di= butylamid in Äther (*Hauser, Weiss.* J. org. Chem. **14** [1949] 310, 313). In geringer Menge neben Butyl-[2]pyridyl-amin beim Erwärmen der Natrium-Verbindung des [2]Pyridyl= amins in Äther mit Toluol-4-sulfonsäure-butylester (*Slotta, Franke,* B. **63** [1930] 678, 690).
Kp_{20}: 163° (*Sl., Fr.*), 155° (*Ha., We.*).
Picrat $C_{13}H_{22}N_2 \cdot C_6H_3N_3O_7$. Kristalle (aus A.); F: 136—137° (*Sl., Fr.*).

2-Isobutylamino-pyridin, Isobutyl-[2]pyridyl-amin $C_9H_{14}N_2$, Formel VI.
B. Aus der Natrium-Verbindung des [2]Pyridylamins und Isobutylchlorid oder Iso= butylbromid (*Fürst, Feustel,* Chem. Tech. **10** [1958] 693).
Kp_2: 96°; n_D^{20}: 1,5328 (*Fü., Fe.,* l. c. S. 698).

2-Pentylamino-pyridin, Pentyl-[2]pyridyl-amin $C_{10}H_{16}N_2$, Formel VII (n = 4) (E II 326).
B. Beim Erhitzen der Natrium-Verbindung des [2]Pyridylamins in Pyridin mit Pentylbromid (*Spring, Young,* Soc. **1944** 248; vgl. E II 326).
Kristalle; F: 43°. Kp_{12}: 130—135°.
Picrat $C_{10}H_{16}N_2 \cdot C_6H_3N_3O_7$. Gelbe Kristalle (aus A.); F: 121°.

2-Hexylamino-pyridin, Hexyl-[2]pyridyl-amin $C_{11}H_{18}N_2$, Formel VII (n = 5).

B. Aus der Natrium-Verbindung des [2]Pyridylamins und Hexylchlorid oder Hexyl=
bromid (*Fürst, Feustel*, Chem. Tech. **10** [1958] 693). Beim Erwärmen der Natrium-
Verbindung des N-[2]Pyridyl-formamids mit Hexylbromid in Toluol und Erhitzen des
Reaktionsprodukts mit wss. HCl (*Blicke, Tsao*, Am. Soc. **68** [1946] 905).

F: 37° (*Fü., Fe.*, l. c. S. 698). Kp$_2$: 135—137° (*Bl., Tsao*), 111° (*Fü., Fe.*, l. c. S. 698).
Hydrochlorid $C_{11}H_{18}N_2 \cdot$HCl. F: 112—114° (*Bl., Tsao*).

V   VI   VII

2-Heptylamino-pyridin, Heptyl-[2]pyridyl-amin $C_{12}H_{20}N_2$, Formel VII (n = 6).

B. Beim Erhitzen von Pyridin mit Heptylamin, NaNH$_2$ und KNH$_2$ in Xylol (*Bergstrom et al.*, J. org. Chem. **11** [1946] 239, 244).

Kristalle (aus PAe.); F: 45,5—46°.

2-Decylamino-pyridin, Decyl-[2]pyridyl-amin $C_{15}H_{26}N_2$, Formel VIII (R = H).

B. Aus [2]Pyridylamin und Decylhalogenid (*Sharp*, Soc. **1939** 1855).

Kristalle (aus A.); F: 51—52°.

Picrat. Kristalle (aus A.); F: 78—79°.

VIII   IX

Äthyl-decyl-[2]pyridyl-amin $C_{17}H_{30}N_2$, Formel VIII (R = C_2H_5).

B. Aus der Natrium-Verbindung des Decyl-[2]pyridyl-amins und Äthylbromid (*Fürst,
Feustel*, Chem. Tech. **10** [1958] 693, 694, 698).

Kp$_2$: 132°. n$_D^{20}$: 1,5085.

2-Undecylamino-pyridin, [2]Pyridyl-undecyl-amin $C_{16}H_{28}N_2$, Formel VII (n = 10).

B. Aus [2]Pyridylamin und Undecylhalogenid (*Sharp*, Soc. **1939** 1855).

Kristalle (aus A.); F: 60—61°.

Picrat. Kristalle (aus A.); F: 93—94°.

2-Dodedylamino-pyridin, Dodecyl-[2]pyridyl-amin $C_{17}H_{30}N_2$, Formel VII (n = 11).

B. Beim Erhitzen von Pyridin mit Dodecylamin und Natrium in Toluol (*Kovács,
Vajda*, Acta chim. hung. **21** [1959] 445, 450). Aus [2]Pyridylamin und Dodecylhalogenid
(*Sharp*, Soc. **1939** 1855).

Kristalle (aus A.); F: 60° (*Sh.*), 57—59° (*Ko., Va.*).

Picrat. Kristalle (aus A.); F: 96—97° (*Sh.*).

2-Tridecylamino-pyridin, [2]Pyridyl-tridecyl-amin $C_{18}H_{32}N_2$, Formel VII (n = 12).

B. Aus [2]Pyridylamin und Tridecylhalogenid (*Sharp*, Soc. **1939** 1855).

Kristalle (aus A.); F: 65—66°.

Picrat. Kristalle (aus A.); F: 92—94°.

2-Tetradecylamino-pyridin, [2]Pyridyl-tetradecyl-amin $C_{19}H_{34}N_2$, Formel VII (n = 13).

B. Beim Erhitzen der Natrium-Verbindung des [2]Pyridylamins in Toluol mit Tetra=
decylchlorid (*Sharp*, Soc. **1939** 1855). Neben 2-Imino-1-tetradecyl-1,2-dihydro-pyridin
beim Erhitzen von [2]Pyridylamin mit Tetradecylchlorid in p-Cymol auf 170—180° (*Sh.*).

Kristalle (aus A.); F: 69°.

Picrat. Kristalle (aus A.); F: 83°.

[2,2-Dibutyl-hexyl]-[2]pyridyl-amin $C_{19}H_{34}N_2$, Formel IX.

B. Beim Erhitzen (ca. 3 d) von 2-Brom-pyridin mit 2,2-Dibutyl-hexylamin und Na_2CO_3 in Xylol oder *p*-Cymol (*Sperber, Papa*, Am. Soc. **71** [1949] 886).

Kp_2: 172—174°. n_D^{28}: 1,5045.

2-Hexadecylamino-pyridin, Hexadecyl-[2]pyridyl-amin $C_{21}H_{38}N_2$, Formel VII (n = 15) (E II 327; dort als 2-Cetylamino-pyridin bezeichnet).

B. Beim Erhitzen der Natrium-Verbindung des [2]Pyridylamins mit Hexadecyl=bromid in Pyridin (*Spring, Young*, Soc. **1944** 248; vgl. E II 327).

Kristalle; F: 67°. Kp_{12}: 210—220°.

Picrat $C_{21}H_{38}N_2 \cdot C_6H_3N_3O_7$. Gelbe Kristalle (aus A.); F: 84°.

2-Octadecylamino-pyridin, Octadecyl-[2]pyridyl-amin $C_{23}H_{42}N_2$, Formel VII (n = 17).

B. Aus [2]Pyridylamin und Octadecylchlorid (*Spring, Young*, Soc. **1944** 248).

F: 66—67°. $Kp_{0,01}$: 180—185°.

2-Cyclohexylamino-pyridin, Cyclohexyl-[2]pyridyl-amin $C_{11}H_{16}N_2$, Formel X.

B. Beim Erhitzen von Pyridin mit Cyclohexylamin, $NaNH_2$, KNH_2 und KNO_3 auf 100—120° (*Bergstrom et al.*, J. org. Chem. **11** [1946] 239, 243). Beim Erhitzen von Pyridin mit Cyclohexylamin und Natrium in Toluol (*Kovács, Vajda*, Acta chim. hung. **21** [1959] 445, 450; Chem. and Ind. **1959** 259). Beim Erhitzen von 2-Brom-pyridin mit Cyclo=hexylamin auf 180° (*Be. et al.*; *Campbell, McCall*, Soc. **1951** 2411, 2416). Beim Erhitzen von [2]Pyridylamin mit Cyclohexanon und Natriumformiat in Essigsäure (*Baltzly, Kauder*, J. org. Chem. **16** [1951] 173, 174, 176).

Kristalle; F: 125—126° [aus PAe.] (*Ca., McC.*), 124—125° (*Ko., Va.*), 123—124° [aus wss. A.] (*Be. et al.*).

Picrat $C_{11}H_{16}N_2 \cdot C_6H_3N_3O_7$. Gelbe Kristalle (aus A. + Eg.); F: 185—187° (*Ca., McC.*).

X   XI   XII

2-Cyclohexylamino-1-methyl-pyridinium $[C_{12}H_{19}N_2]^+$, Formel XI.

Jodid $[C_{12}H_{19}N_2]I$. *B.* Beim Erwärmen von 1-Methyl-2-phenoxy-pyridinium-jodid mit Cyclohexylamin in Methanol (*Jerchel, Jakob*, B. **91** [1958] 1266, 1273). — Kristalle (aus A.); F: 220—221°.

2-[2-Cyclohexyl-äthylamino]-pyridin, [2-Cyclohexyl-äthyl]-[2]pyridyl-amin $C_{13}H_{20}N_2$, Formel XII.

B. Beim 70-stdg. Erwärmen der Natrium-Verbindung des *N*-[2]Pyridyl-formamids mit 1-Chlor-2-cyclohexyl-äthan in Toluol und Erhitzen des Reaktionsprodukts mit wss. HCl (*Blicke, Tsao*, Am. Soc. **68** [1946] 905).

Kristalle (aus Ae.); F: 97—98°.

Hydrochlorid $C_{13}H_{20}N_2 \cdot HCl$. F: 124—126°.

(±)(Ξ)-3-[2]Pyridylamino-1-[(Ξ)-2,2,6*t*-trimethyl-cyclohex-*r*-yl]-butan, (±)-[(Ξ)-1-Methyl-3-((Ξ)-2,2,6*t*-trimethyl-cyclohex-*r*-yl)-propyl]-[2]pyridyl-amin $C_{18}H_{30}N_2$, Formel XIII + Spiegelbild.

B. Beim 45-stdg. Erhitzen der Lithium-Verbindung des [2]Pyridylamins mit (±)-(2Ξ)-2*r*-[(Ξ)-3-Brom-butyl]-1,1,3*t*-trimethyl-cyclohexan in Toluol (*Kralt et al.*, R. **77** [1958] 177, 186, 188, 192).

$Kp_{0,03}$: 132—134°.

[3,7-Dimethyl-octa-2*t*,6-dienyl]-[2]pyridyl-amin, Geranyl-[2]pyridyl-amin, 2-Geranyl=amino-pyridin $C_{15}H_{22}N_2$, Formel XIV.

B. Beim Erhitzen der Natrium-Verbindung des [2]Pyridylamins mit Geranylchlorid (E IV **1** 1058) in Xylol (*Spring, Young*, Soc. **1944** 248).

Kp_{12}: 185—190°.
Picrat $C_{15}H_{22}N_2 \cdot C_6H_3N_3O_7$. Gelbe Kristalle (aus A.); F: 125°.

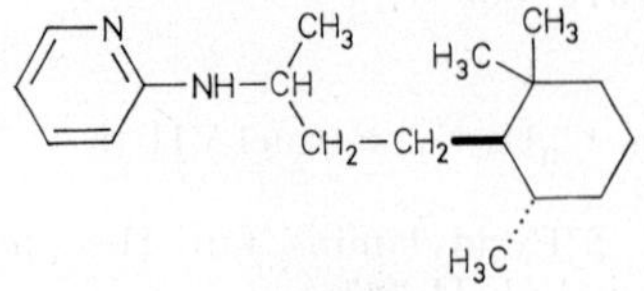

XIII 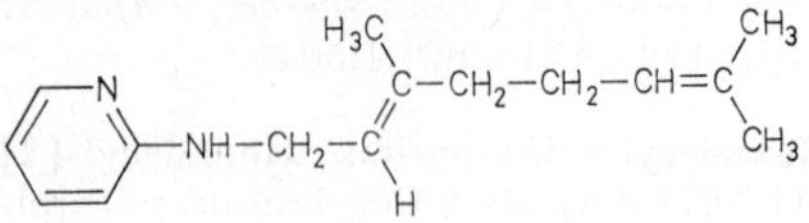   XIV

(±)-3-[2]Pyridylamino-1-[2,6,6-trimethyl-cyclohex-1-enyl]-butan, (±)-[1-Methyl-3-(2,6,6-trimethyl-cyclohex-1-enyl)-propyl]-[2]pyridyl-amin $C_{18}H_{28}N_2$, Formel I.
B. Beim 45-stdg. Erhitzen der Lithium-Verbindung des (±)-1-Methyl-3-[2,6,6-trimethyl-cyclohex-1-enyl]-propylamins mit 2-Brom-pyridin in Toluol (*Kralt et al.*, R. **77** [1958] 177, 183, 192).
$Kp_{0,5}$: 180°.

2-Anilino-pyridin, Phenyl-[2]pyridyl-amin $C_{11}H_{10}N_2$, Formel II (X = X' = X'' = H) (H 429; E I 629; E II 327).
B. Beim Erhitzen von 2-Brom-pyridin mit Anilin (*Wibaut, Tilman*, R. **52** [1933] 987, 988). Beim Erhitzen von 2-Anilino-nicotinsäure mit K_2CO_3 und Kupfer auf 280—300° (*Carboni*, G. **85** [1955] 1201, 1209).
Kristalle; F: 107,5—108,5° [aus A.] (*Danjuschewškiǐ, Gol'dfarb*, Doklady Akad. S.S.S.R. **72** [1950] 899, 900; C. A. **1950** 9446), 108° [aus PAe.] (*Ca.*). Kp_7: 205—206° (*Gibson et al.*, R. **49** [1930] 1006, 1034).
Beim Erhitzen mit Schwefel und Jod auf 160—180° ist 10H-Benzo[b]pyrido[2,3-e]-[1,4]thiazin erhalten worden (*Gennaro*, J. org. Chem. **24** [1959] 1156).
Picrat. F: 221,5—222° (*Da., Go.*), 219° (*Wi., Ti.*).

[4-Chlor-phenyl]-[2]pyridyl-amin $C_{11}H_9ClN_2$, Formel II (X = X'' = H, X' = Cl).
B. Beim Erhitzen von 2-Brom-pyridin mit 4-Chlor-anilin und wenig Kupfer-Pulver auf 140—150°/40 Torr (*Searle & Co.*, U.S.P. 2802008 [1953]).
Kristalle; F: ca. 116°. $Kp_{0,15}$: 130—135°.

[2-Nitro-phenyl]-[2]pyridyl-amin $C_{11}H_9N_3O_2$, Formel II (X = NO_2, X' = X'' = H).
B. Beim Erwärmen von 1-Chlor-2-nitro-benzol mit [2]Pyridylamin (*Ashton, Suschitzky*, Soc. **1957** 4559, 4561).
Kristalle; F: 68—69° (*Abramovitsch*, Chem. and Ind. **1957** 422), 66—67° [aus A.] (*Ash., Su.*).
Picrat $2 C_{11}H_9N_3O_2 \cdot C_6H_3N_3O_7$. F: 172° (*Ab.*).

[4-Nitro-phenyl]-[2]pyridyl-amin $C_{11}H_9N_3O_2$, Formel II (X = X'' = H, X' = NO_2).
B. Beim Erhitzen von 4-Nitro-anilin mit überschüssigem 2-Brom-pyridin (*Runti*, Ann. Chimica **46** [1956] 406, 416).
Kristalle (aus Bzl. + PAe.); F: 174—175°.

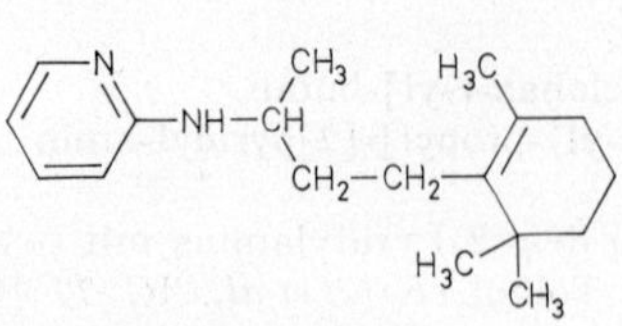

I 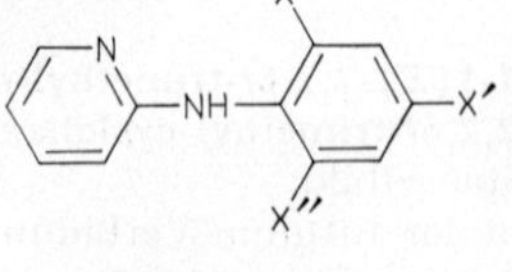   II 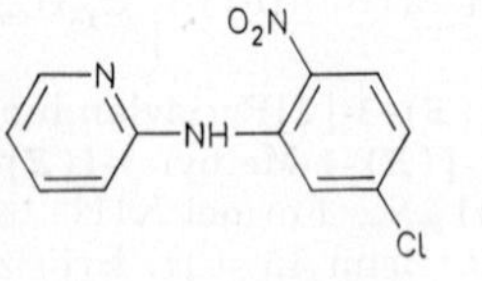   III

[4-Chlor-2-nitro-phenyl]-[2]pyridyl-amin $C_{11}H_8ClN_3O_2$, Formel II (X = NO_2, X' = Cl, X'' = H).
B. Beim Erwärmen von 1,4-Dichlor-2-nitro-benzol mit [2]Pyridylamin (*Ashton, Suschitzky*, Soc. **1957** 4559, 4561).
Kristalle (aus A.); F: 108°.

[5-Chlor-2-nitro-phenyl]-[2]pyridyl-amin $C_{11}H_8ClN_3O_2$, Formel III.
B. Beim Erwärmen von 4-Chlor-1,2-dinitro-benzol mit [2]Pyridylamin in Äthanol
(*Mangini*, G. **65** [1935] 1191, 1198).
Rote Kristalle (aus A.); F: 152,5—153,5°.

[2,4-Dinitro-phenyl]-[2]pyridyl-amin $C_{11}H_8N_4O_4$, Formel II (X = X′ = NO_2, X″ = H).
B. Beim Erhitzen von [2]Pyridylamin mit 1-Chlor-2,4-dinitro-benzol in Xylol (*Morgan*,
Stewart, Soc. **1938** 1292, 1297, **1939** 1057, 1060).
Goldgelbe Kristalle (aus Toluol); F: 156—157° (*Mo., St.*, Soc. **1938** 1297).
Beim Erhitzen mit Naphthalin oder Biphenyl auf 300—310° ist 8-Nitro-benz[4,5]=
imidazo[1,2-*a*]pyridin erhalten worden (*Mo., St.*, Soc. **1939** 1060).

[2,6-Dinitro-phenyl]-[2]pyridyl-amin $C_{11}H_8N_4O_4$, Formel II (X = X″ = NO_2, X′ = H).
B. Beim Erhitzen von 2-Chlor-1,3-dinitro-benzol mit [2]Pyridylamin und $CaCO_3$ in
2-Äthoxy-äthanol (*Saunders*, Soc. **1955** 3275, 3281).
Orangefarbene Kristalle (aus Me.); F: 117—119°.
Hydrochlorid $C_{11}H_8N_4O_4 \cdot HCl$. Kristalle; F: 220—225° [Zers.].

Picryl-[2]pyridyl-amin $C_{11}H_7N_5O_6$, Formel II (X = X′ = X″ = NO_2).
B. Beim Erwärmen von [2]Pyridylamin mit Picrylchlorid in Benzol (*Morgan, Stewart*,
Soc. **1938** 1292, 1298).
Kristalle (aus Bzl.); F: 135°.

Methyl-phenyl-[2]pyridyl-amin $C_{12}H_{12}N_2$, Formel IV (X = X′ = X″ = H).
B. Beim Behandeln von 2-Brom-pyridin mit Natrium-[*N*-methyl-anilid], flüssigem
NH_3 und Äther (*Hauser, Weiss*, J. org. Chem. **14** [1949] 310, 312, 317).
Kp_{10}: 147—148°.

Methyl-[2-nitro-phenyl]-[2]pyridyl-amin $C_{12}H_{11}N_3O_2$, Formel IV (X = NO_2,
X′ = X″ = H).
B. Beim Erhitzen von 2-Brom-pyridin mit *N*-Methyl-2-nitro-anilin, K_2CO_3 und wenig
CuCl auf 190—200° (*Abramovitch et al.*, Soc. **1954** 4263, 4264).
$Kp_{0,1}$: 126—130°.
Picrat. Gelbe Kristalle (aus Bzl.); F: 177—179° [Zers.].

[2,6-Dinitro-phenyl]-methyl-[2]pyridyl-amin $C_{12}H_{10}N_4O_4$, Formel IV (X = X″ = NO_2,
X′ = H).
Hydrojodid $C_{12}H_{10}N_4O_4 \cdot HI$. *B.* Aus [2,6-Dinitro-phenyl]-[2]pyridyl-amin und
CH_3I (*Saunders*, Soc. **1955** 3275, 3281). — Kristalle (aus H_2O); F: 207—208° [Zers.].

Methyl-picryl-[2]pyridyl-amin $C_{12}H_9N_5O_6$, Formel IV (X = X′ = X″ = NO_2).
B. Beim Erwärmen von Picryl-[2]pyridyl-amin mit CH_3I und äthanol. KOH (*Morgan*,
Stewart, Soc. **1938** 1292, 1298). Beim Erwärmen von [2]Pyridylamin oder von Picryl-
[2]pyridyl-amin mit 2,4,6-Trinitro-anisol, Natriumacetat und Methanol (*Berg, Petrow*,
Soc. **1952** 784, 786).
Rote Kristalle; F: 243° [aus A.] (*Mo., St.*), 242—243° [unkorr.; aus Eg.] (*Berg, Pe.*).

Äthyl-picryl-[2]pyridyl-amin $C_{13}H_{11}N_5O_6$, Formel V (R = C_2H_5, X = NO_2).
B. Beim Erwärmen von [2]Pyridylamin mit 2,4,6-Trinitro-phenetol und Natrium=
acetat in Methanol (*Berg, Petrow*, Soc. **1952** 784, 786).
Rote Kristalle (aus Eg.); F: 234—236° [unkorr.].

2-Diphenylamino-pyridin, Diphenyl-[2]pyridyl-amin $C_{17}H_{14}N_2$, Formel V (R = C_6H_5,
X = H) (E I 629).
B. Beim Erhitzen von 2-Brom-pyridin mit Natrium-diphenylamid in Dibutyläther
(*Hauser, Weiss*, J. org. Chem. **14** [1949] 310, 312, 317).
Kristalle (aus wss. A.); F: 105° (*Mann, Watson*, J. org. Chem. **13** [1948] 502, 516),
102—103,5° [unkorr.] (*Ha., Weiss*). UV-Spektrum (A.?; 220—340 nm): *Gol'dfarb et al.*,
Ž. obšč. Chim. **18** [1948] 124, 127; C. A. **1949** 4137.
Picrat $C_{17}H_{14}N_2 \cdot C_6H_3N_3O_7$. Gelbe Kristalle (aus A.); F: 174° (*Mann, Wa.*).

Methojodid [$C_{18}H_{17}N_2$]I; 2-Diphenylamino-1-methyl-pyridinium-jodid. Gelbe Kristalle (aus A.); F: 192° (*Mann, Wa.*).

    IV   V   VI

Phenyl-picryl-[2]pyridyl-amin $C_{17}H_{11}N_5O_6$, Formel V (R = C_6H_5, X = NO_2).

B. Beim Erwärmen von [2]Pyridylamin mit Phenyl-picryl-äther und Natriumacetat in Methanol (*Berg, Petrow*, Soc. **1952** 784, 786).

Rote Kristalle (aus Eg.); F: 229—231° [unkorr.].

[4-Methyl-2-nitro-phenyl]-[2]pyridyl-amin $C_{12}H_{11}N_3O_2$, Formel II (X = NO_2, X' = CH_3, X'' = H) auf S. 3852.

B. Beim Erwärmen von 4-Chlor-3-nitro-toluol mit [2]Pyridylamin (*Ashton, Suschitzky*, Soc. **1957** 4559, 4561).

Kristalle (aus A.); F: 97°.

2-Benzylamino-pyridin, Benzyl-[2]pyridyl-amin $C_{12}H_{12}N_2$, Formel VI (R = X = H) (E II 327).

B. Beim Erhitzen von [2]Pyridylamin mit Benzylalkohol und KOH unter Entfernen des entstehenden H_2O (*Sprinzak*, Am. Soc. **78** [1956] 3207; Org. Synth. Coll. Vol. IV [1963] 91; vgl. a. *Hirao, Hayashi*, J. pharm. Soc. Japan **74** [1954] 853; C. A. **1955** 10308). Beim Erhitzen von [2]Pyridylamin mit Benzaldehyd und Ameisensäure (*Tschitschibabin, Knunjanz*, B. **64** [1931] 2839, 2840; vgl. a. *Kaye, Kogon*, R. **71** [1952] 309, 314, 316).

Kristalle; F: 98° [aus A.] (*Sharp*, Soc. **1939** 1855), 97—98° [aus Isopropylalkohol] (*Kaye, Ko.*), 96—96,7° [aus Isopropylalkohol] (*Sp.*, Org. Synth. Coll. Vol. IV S. 91), 95—96° [aus Me.] (*Hi., Ha.*), 95—96° (*Huttrer et al.*, Am. Soc. **68** [1946] 1999, 2000). Kp_{12}: 181—182°; $Kp_{0,12}$: 133—134° (*Kaye, Ko.*); $Kp_{0,02}$: 137—144° (*Hu. et al.*). UV-Spektrum in wss. HCl [0,004 n] sowie in Dioxan (220—350 nm): *Gol'dfarb et al.*, Izv. Akad. S.S.S.R. Otd. chim. **1953** 145, 147, 148; engl. Ausg. S. 129, 130, 131; in Äthanol[?] (240—340 nm): *Gol'dfarb et al.*, Ž. obšč. Chim. **18** [1948] 124, 128; C. A. **1949** 4137. Beim Hydrieren an Palladium in Essigsäure ist Benzyl-[2]piperyliden-amin (E III/IV **21** 3172) erhalten worden (*Birkofer*, B. **75** [1942] 429, 438).

Picrat $C_{12}H_{12}N_2 \cdot C_6H_3N_3O_7$. Kristalle (aus A. + Acn.); F: 164,5° (*Řeřicha, Protiva*, Chem. Listy **43** [1949] 176, 178; C. A. **1951** 576).

[4-Fluor-benzyl]-[2]pyridyl-amin $C_{12}H_{11}FN_2$, Formel VI (R = H, X = F).

B. Beim Erhitzen von 4-Fluor-benzylamin mit 2-Fluor-pyridin (*Oláh et al.*, Acta chim. hung. **8** [1956] 157, 161).

Kristalle (aus Hexan); F: 95°.

[4-Chlor-benzyl]-[2]pyridyl-amin $C_{12}H_{11}ClN_2$, Formel VI (R = H, X = Cl).

B. Beim Erhitzen von [2]Pyridylamin mit 4-Chlor-benzaldehyd und Ameisensäure (*Vaughan et al.*, J. org. Chem. **14** [1949] 228, 230; vgl. a. *Kaye, Kogon*, R. **71** [1952] 309, 314, 316).

Kristalle; F: 103—104° [korr.; aus Bzl. + Cyclohexan] (*Kaye, Ko.*), 100—102° [korr.; aus wss. A.] (*Va. et al.*). $Kp_{0,08}$: 133—140°; $Kp_{0,02}$: 136—138° (*Kaye, Ko.*).

Äthyl-benzyl-[2]pyridyl-amin $C_{14}H_{16}N_2$, Formel VI (R = C_2H_5, X = H).

B. Aus der Natrium-Verbindung des 2-Benzylamino-pyridins und Äthylbromid (*Fürst, Feustel*, Chem. Tech. **10** [1958] 693, 694, 698).

Kp_2: 112°. n_D^{20}: 1,5947.

(±)-2-[1-Phenyl-äthylamino]-pyridin, (±)-[1-Phenyl-äthyl]-[2]pyridyl-amin $C_{13}H_{14}N_2$,
Formel VII (R = CH_3, R' = H).

B. Beim Behandeln von 2-Benzylidenamino-pyridin mit Methylmagnesiumjodid in
Äther (*Villani et al.*, Am. Soc. **73** [1951] 5916).

Kristalle (aus A.); F: 91—92°.

2-Phenäthylamino-pyridin, Phenäthyl-[2]pyridyl-amin $C_{13}H_{14}N_2$, Formel VIII (X = H).

B. Beim Erhitzen der Natrium-Verbindung des [2]Pyridylamins in Toluol mit Phen‑
äthylbromid (*Soc. Usines Chim. Rhône-Poulenc*, D.B.P. 880749 [1943]; D.R.B.P. Org.
Chem. 1950—1951 **3** 226, 227; U.S.P. 2502151 [1946]; *Gray et al.*, Am. Soc. **81** [1959]
4351, 4354). Beim Erhitzen der Natrium-Verbindung des *N*-[2]Pyridyl-formamids mit
Phenäthylbromid in Toluol und Erwärmen des Reaktionsprodukts mit wss. HCl (*Blicke*,
Tsao, Am. Soc. **68** [1946] 905).

E: ca. 51° (*Rhône-Poulenc*). Kp_4: 170—175° (*Rhône-Poulenc*); Kp_3: 158° (*Fürst*,
Feustel, Chem. Tech. **10** [1958] 693, 698); Kp_2: 145—148° (*Bl.*, *Tsao*); $Kp_{0,9}$: 128—130°
(*Gray et al.*). λ_{max} (A.): 243 nm und 305 nm (*Gray et al.*, l. c. S. 4352). Scheinbarer
Dissoziationsexponent pK_a' der protonierten Verbindung (wss. DMF [60%ig]; potentio‑
metrisch ermittelt): 6,10 (*Gray et al.*, l. c. S. 4352).

Hydrochlorid $C_{13}H_{14}N_2 \cdot HCl$. Kristalle (aus Isopropylalkohol + Ae.); F: 92—95°
(*Gray et al.*, l. c. S. 4354).

Hexachloroplatinat(IV) $C_{13}H_{14}N_2 \cdot H_2PtCl_6$. F: 175—176° (*Bl.*, *Tsao*).

VII   VIII   IX

(±)-[β-Chlor-phenäthyl]-[2]pyridyl-amin $C_{13}H_{13}ClN_2$, Formel VIII (X = Cl).

B. Als Hydrochlorid beim Behandeln von (±)-1-Phenyl-2-[2]pyridylamino-äthanol-
hydrochlorid mit $SOCl_2$ (*Reynaud et al.*, C. r. **247** [1958] 2159).

Picrat $C_{13}H_{13}ClN_2 \cdot C_6H_3N_3O_7$. Kristalle (aus A.); F: 166°.

2-[3-Phenyl-propylamino]-pyridin, [3-Phenyl-propyl]-[2]pyridyl-amin $C_{14}H_{16}N_2$,
Formel IX.

B. Beim Erhitzen von 2-Brom-pyridin mit 3-Phenyl-propylamin auf 170—180°
(*Kaye*, *Kogon*, Am. Soc. **73** [1951] 5891).

Kp_{19}: 204—207°.

Picrat $C_{14}H_{16}N_2 \cdot C_6H_3N_3O_7$. Kristalle (aus A.); F: 116—116,5°.

2-[4-Isopropyl-benzylamino]-pyridin, [4-Isopropyl-benzyl]-[2]pyridyl-amin $C_{15}H_{18}N_2$,
Formel VII (R = H, R' = $CH(CH_3)_2$).

B. Aus der Natrium-Verbindung des [2]Pyridylamins und 1-Chlormethyl-4-isopropyl-
benzol (*Soc. Usines Chim. Rhône-Poulenc*, D.B.P. 880749 [1943]; D.R.B.P. Org. Chem.
1950—1951 **3** 226, 227; U.S.P. 2502151 [1946]).

F: 104—105°.

2-[1]Naphthylamino-pyridin, [1]Naphthyl-[2]pyridyl-amin $C_{15}H_{12}N_2$, Formel X (X = H)
(H 429).

B. Beim Erhitzen von [1]Naphthol mit [2]Pyridylamin und wenig Jod (*Buu-Hoï*,
Soc. **1952** 4346, 4347).

Kristalle (aus Bzl. + Cyclohexan); F: 116°.

[2,4-Dinitro-[1]naphthyl]-[2]pyridyl-amin $C_{15}H_{10}N_4O_4$, Formel X (X = NO_2).

B. Beim Erhitzen von 1-Chlor-2,4-dinitro-naphthalin mit [2]Pyridylamin in Xylol
(*Morgan*, *Stewart*, Soc. **1939** 1057, 1064; *Mangini*, R.A.L. [6] **25** [1937] 387, 390, 391).

Gelbe Kristalle; F: 192° [aus Xylol] (*Mo.*, *St.*), 189—190° [aus A.] (*Ma.*).

2-[2]Naphthylamino-pyridin, [2]Naphthyl-[2]pyridyl-amin $C_{15}H_{12}N_2$, Formel XI (H 429).

B. Beim Erhitzen von [2]Naphthol mit [2]Pyridylamin und wenig Jod (*Buu-Hoi*, Soc. **1952** 4346, 4347).

Kristalle (aus Bzl. + Cyclohexan); F: 135°. Kp$_{15}$: ca. 245—250°.

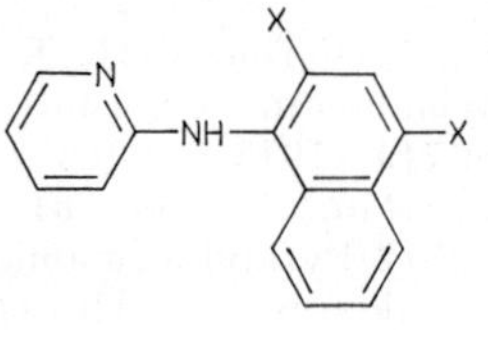

X 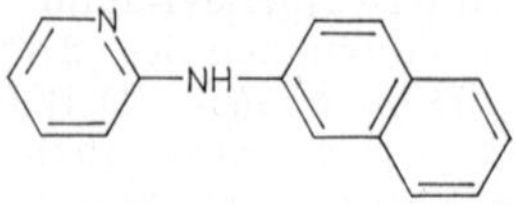   XI 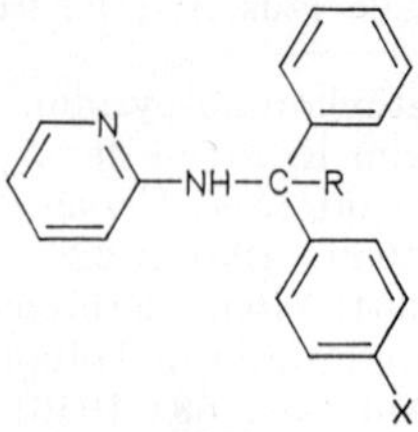   XII

2-Benzhydrylamino-pyridin, Benzhydryl-[2]pyridyl-amin $C_{18}H_{16}N_2$, Formel XII (R = X = H).

B. Aus [2]Pyridylamin und Benzhydrylbromid oder Benzhydrylchlorid (*Šokow*, *Ž. obšč. Chim.* **10** [1940] 1457, 1460; C. **1941** I 2246; *Hall, Burckhalter*, Am. Soc. **73** [1951] 473; *Kaye et al.*, Am. Soc. **74** [1952] 403, 404). Beim Erwärmen von 2-Benzylidenamino-pyridin mit Phenylmagnesiumbromid in Äther oder in Cumol (*Villani et al.*, Am. Soc. **73** [1951] 5916; *Kaye et al.*). Beim Erhitzen von Benzilsäure mit [2]Pyridylamin auf 155—185° (*Šo.*; *Gray, Heitmeier*, Am. Soc. **81** [1959] 4347, 4350). Beim Erhitzen von Diphenyl-[2]pyridylamino-essigsäure auf Schmelztemperatur (*Šo.*).

Kristalle; F: 104—105° [aus A.] (*Šo.*), 103—104° [aus Me.] (*Vi. et al.*), 101—102° [korr.; aus Me. oder Isopropylalkohol] (*Kaye et al.*; *Gr., He.*), 101—102° [aus Me.] *Gol'd-farb, Danjuschewskiĭ*, Doklady Akad. S.S.S.R. **87** [1952] 223; C. A. **1954** 679). Kp$_{0,04}$: 130—132° [unkorr.] (*Kaye et al.*).

Hydrochlorid $C_{18}H_{16}N_2 \cdot HCl$. Kristalle; F: 197—198° [Zers.; korr.; aus Me. + Ae.] (*Gr., He.*), 192—193° [aus A. + Ae. bzw. aus A.] (*Vi. et al.*; *Hall, Bu.*), 190—191° (*Šo.*).

Hydrobromid $C_{18}H_{16}N_2 \cdot HBr$. Kristalle (aus A.); F: 199—200° (*Go., Da.*), 195—196° (*Šo.*).

Picrat $C_{18}H_{16}N_2 \cdot C_6H_3N_3O_7$. Goldglänzende Kristalle; F: 183—184° [korr.; aus Acn. + A.] (*Kaye et al.*), 183—184° (*Šo.*).

(±)-[4-Chlor-benzhydryl]-[2]pyridyl-amin $C_{18}H_{15}ClN_2$, Formel XII (R = H, X = Cl).

B. Beim Erhitzen von 2-[4-Chlor-benzylidenamino]-pyridin mit Phenylmagnesium-bromid in Cumol (*Kaye et al.*, Am. Soc. **74** [1952] 403, 406).

Kristalle (aus Isopropylalkohol): F: 98,5—99°. Kp$_{0,02}$: 140—146° [unkorr.].

2-Dibenzhydrylamino-pyridin, Dibenzhydryl-[2]pyridyl-amin $C_{31}H_{26}N_2$, Formel XIII.

B. Beim Erhitzen von [2]Pyridylamin mit Benzhydrylbromid auf 200—220° (*Gol'dfarb, Danjuschewskiĭ*, Doklady Akad. S.S.S.R. **87** [1952] 223; C. A. **1954** 679).

Kristalle; F: 181—182°. λ_{max}: 298 nm.

Hydrobromid. F: 257—262° [aus A.].

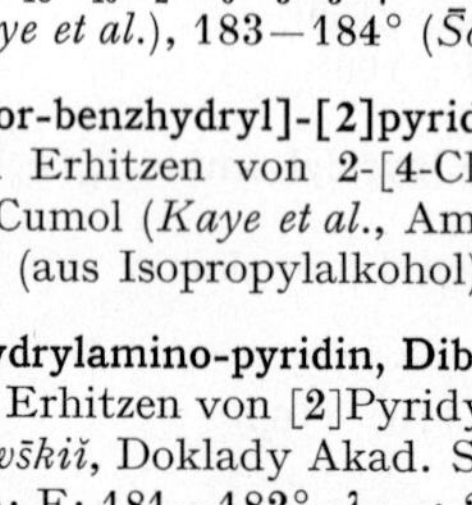

XIII 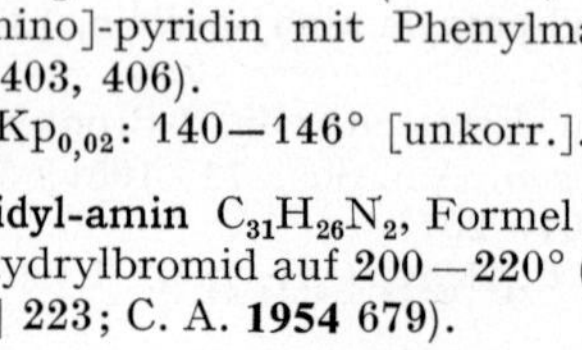   XIV

(±)-2-Bibenzyl-α-ylamino-pyridin, (±)-Bibenzyl-α-yl-[2]pyridyl-amin $C_{19}H_{18}N_2$, Formel XIV.

B. Beim Erhitzen von 2-Benzylidenamino-pyridin in Cumol mit Benzylmagnesiumchlorid (*Kaye, Parris*, Am. Soc. **74** [1952] 1566).

Kristalle (aus Hexan); F: 65—66°. $Kp_{0,08}$: 157—159° [unkorr.].

Picrat $C_{19}H_{18}N_2 \cdot C_6H_3N_3O_7$. Kristalle (aus Acn.); F: 185—186,5° [korr.].

2-Tritylamino-pyridin, [2]Pyridyl-trityl-amin $C_{24}H_{20}N_2$, Formel XII (R = C_6H_5, X = H).

B. Beim Erwärmen von Tritylchlorid mit [2]Pyridylamin in Benzol (*Dahlbom, Ekstrand*, Svensk kem. Tidskr. **56** [1944] 304, 313). Beim Erhitzen von [2]Pyridylamin mit Tri= phenylmethanol und wenig Toluol-4-sulfonsäure (*Adams, Campbell*, Am. Soc. **71** [1949] 3539).

Kristalle; F: 152—153° [korr.; aus A.] (*Ad., Ca.*), 150—151° [aus wss. A.] (*Da., Ek.*).

2-[2]Pyridylamino-äthanol $C_7H_{10}N_2O$, Formel I (R = H).

B. Beim Erhitzen von 2-Chlor-pyridin (*Bremer*, A. **521** [1936] 286, 292) oder von 2-Brom-pyridin (*Weiner, Kaye*, J. org. Chem. **14** [1949] 868, 870, 871) mit 2-Amino-äthanol. Beim Behandeln von N-[2]Pyridyl-glycin mit $LiAlH_4$ in THF (*Reynaud et al.*, Bl. **1957** 718, 720).

F: 65° (*Br.*). Kp_9: 166—168° (*We., Kaye*).

Hydrochlorid $C_7H_{10}N_2O \cdot HCl$. Kristalle (aus A.); F: 159° (*Re. et al.*), 158,5° (*Br.*).

Picrat $C_7H_{10}N_2O \cdot C_6H_3N_3O_7$. Kristalle (aus A.); F: 134° (*Re. et al.*).

2-[2-Benzhydryloxy-äthylamino]-pyridin, [2-Benzhydryloxy-äthyl]-[2]pyridyl-amin $C_{20}H_{20}N_2O$, Formel I (R = $CH(C_6H_5)_2$).

B. Beim Erhitzen der Lithium-Verbindung des [2]Pyridylamins mit Benzhydryl-[2-chlor-äthyl]-äther in Toluol (*Kaye*, Am. Soc. **73** [1951] 5468).

$Kp_{0,06}$: 152° [unkorr.].

Picrat $C_{20}H_{20}N_2O \cdot C_6H_3N_3O_7$. Kristalle (aus A.); F: 141,5—142,5° [korr.].

1-Benzoyloxy-2-[2]pyridylamino-äthan, Benzoesäure-[2-[2]pyridylamino-äthylester] $C_{14}H_{14}N_2O_2$, Formel II (X = X' = H).

B. Aus 2-[2]Pyridylamino-äthanol und Benzoylchlorid (*Weiner, Kaye*, J. org. Chem. **14** [1949] 868, 871).

Picrat $C_{14}H_{14}N_2O_2 \cdot C_6H_3N_3O_7$. Kristalle (aus A.); F: 171—173,5°.

1-[4-Nitro-benzoyloxy]-2-[2]pyridylamino-äthan, 4-Nitro-benzoesäure-[2-[2]pyridyl= amino-äthylester] $C_{14}H_{13}N_3O_4$, Formel II (X = H, X' = NO_2).

B. Aus 2-[2]Pyridylamino-äthanol (*Reynaud et al.*, Bl. **1957** 718, 721).

Hydrochlorid $C_{14}H_{13}N_3O_4 \cdot HCl$. Kristalle (aus A.); F: 190—192°.

I   II

1-Diphenylacetoxy-2-[2]pyridylamino-äthan, Diphenylessigsäure-[2-[2]pyridylamino-äthylester] $C_{21}H_{20}N_2O_2$, Formel I (R = $CO-CH(C_6H_5)_2$).

B. Beim Behandeln von 2-[2]Pyridylamino-äthanol mit Diphenylacetylchlorid (*Wei-ner, Kaye*, J. org. Chem. **14** [1949] 868, 871, 872).

Kristalle (aus Me.); F: 73—74°.

Picrat $C_{21}H_{20}N_2O_2 \cdot C_6H_3N_3O_7$. F: 131° [nach Sintern].

2-Benzyloxy-4-nitro-benzoesäure-[2-[2]pyridylamino-äthylester] $C_{21}H_{19}N_3O_5$, Formel II (X = $O-CH_2-C_6H_5$, X' = NO_2).

B. Beim Erwärmen von 2-[2]Pyridylamino-äthanol mit 2-Benzyloxy-4-nitro-benzoyl= chlorid in Benzol (*Hayano et al.*, Japan J. Pharm. Chem. **30** [1958] 248, 252; C. A. **1960** 512).

Hellgelbe Kristalle; F: 98—99°.

Hydrochlorid $C_{21}H_{19}N_3O_5 \cdot HCl$. Kristalle (aus A.); F: 175—177°.

**1-[4-Amino-benzoyloxy]-2-[2]pyridylamino-äthan, 4-Amino-benzoesäure-[2-[2]pyridyl=
amino-äthylester]** $C_{14}H_{15}N_3O_2$, Formel II (X = H, X' = NH$_2$).

B. Beim Behandeln von 2-[2]Pyridylamino-äthanol mit 4-Nitro-benzoylchlorid und
Hydrieren des Reaktionsprodukts an Palladium/Kohle in Äthanol (*Weiner, Kaye*, J. org.
Chem. **14** [1949] 868, 871, 872).

Hydrochlorid $C_{14}H_{15}N_3O_2 \cdot$ HCl. Kristalle (aus Acn. + A.); F: 162,5—165°.

4-Amino-2-hydroxy-benzoesäure-[2-[2]pyridylamino-äthylester] $C_{14}H_{15}N_3O_3$, Formel II
(X = OH, X' = NO$_2$).

B. Beim Hydrieren von 2-Benzyloxy-4-nitro-benzoesäure-[2-[2]pyridylamino-äthyl=
ester] an Palladium/Kohle in Äthanol (*Hayano et al.*, Japan J. Pharm. Chem. **30** [1958]
248, 252; C. A. **1960** 512).

Kristalle (aus Isopropylalkohol); F: 129—131° [Zers.].

2-[Methyl-[2]pyridyl-amino]-äthanol $C_8H_{12}N_2O$, Formel III (R = CH$_3$, R' = H).

B. Beim Erhitzen von 2-Brom-pyridin mit 2-Methylamino-äthanol (*Copp, Timmis*,
Soc. **1955** 2021, 2025).

Kp$_{0,9}$: 106—108°.

2-[Äthyl-[2]pyridyl-amino]-äthanol $C_9H_{14}N_2O$, Formel III (R = C$_2$H$_5$, R' = H).

B. Beim Erhitzen von 2-Brom-pyridin mit 2-Äthylamino-äthanol (*Weiner, Kaye*,
J. org. Chem. **14** [1949] 868, 870, 871).

Kp$_{15}$: 157—158°.

1-[Äthyl-[2]pyridyl-amino]-2-benzoyloxy-äthan $C_{16}H_{18}N_2O_2$, Formel III (R = C$_2$H$_5$,
R' = CO-C$_6$H$_5$).

B. Aus der vorangehenden Verbindung und Benzoylchlorid (*Weiner, Kaye*, J. org.
Chem. **14** [1949] 868, 871, 872).

Picrat $C_{16}H_{18}N_2O_2 \cdot C_6H_3N_3O_7$. Kristalle (aus Acn.); F: 146—147°.

1-[Äthyl-[2]pyridyl-amino]-2-diphenylacetoxy-äthan $C_{23}H_{24}N_2O_2$, Formel III (R = C$_2$H$_5$,
R' = CO-CH(C$_6$H$_5$)$_2$).

B. Aus 2-[Äthyl-[2]pyridyl-amino]-äthanol und Diphenylacetylchlorid (*Weiner, Kaye*,
J. org. Chem. **14** [1949] 868, 871, 872).

Kristalle (aus Me.); F: 83—84°.

1-[Äthyl-[2]pyridyl-amino]-2-[4-amino-benzoyloxy]-äthan $C_{16}H_{19}N_3O_2$, Formel III
(R = C$_2$H$_5$, R' = CO-C$_6$H$_4$-NH$_2$(*p*)).

B. Beim Behandeln von 2-[Äthyl-[2]pyridyl-amino]-äthanol mit 4-Nitro-benzoyl=
chlorid und Hydrieren des Reaktionsprodukts an Palladium/Kohle in Äthanol (*Weiner,
Kaye*, J. org. Chem. **14** [1949] 868, 871, 872).

Kristalle (aus Me.); F: 93—93,5°.

III   IV

1-[Butyl-[2]pyridyl-amino]-äthanol $C_{11}H_{18}N_2O$, Formel III (R = [CH$_2$]$_3$-CH$_3$, R' = H).

B. Beim Erhitzen von 2-Brom-pyridin mit 2-Butylamino-äthanol (*Weiner, Kaye*, J.
org. Chem. **14** [1949] 868, 870, 871).

Kp$_1$: 125—127°.

1-Benzoyloxy-2-[butyl-[2]pyridyl-amino]-äthan $C_{18}H_{22}N_2O_2$, Formel III
(R = [CH$_2$]$_3$-CH$_3$, R' = CO-C$_6$H$_5$).

B. Beim Behandeln der vorangehenden Verbindung mit Benzoylchlorid (*Weiner*,

Kaye, J. org. Chem. **14** [1949] 868, 871, 872).
Picrat $C_{18}H_{22}N_2O_2 \cdot C_6H_3N_3O_7$. Kristalle (aus Propan-1-ol); F: 120—121°.

1-[4-Amino-benzoyloxy]-2-[butyl-[2]pyridyl-amino]-äthan $C_{18}H_{23}N_3O_2$, Formel III
($R = [CH_2]_3\text{-}CH_3$, $R' = CO\text{-}C_6H_4\text{-}NH_2(p)$).
B. Beim Behandeln von 2-[Butyl-[2]pyridyl-amino]-äthanol mit 4-Nitro-benzoyl=
chlorid und Hydrieren des Reaktionsprodukts an Palladium/Kohle in Äthanol (*Weiner,
Kaye*, J. org. Chem. **14** [1949] 868, 871, 872).
Kristalle (aus Me.); F: 76—76,5°.

2-[Benzyl-[2]pyridyl-amino]-äthanol $C_{14}H_{16}N_2O$, Formel III ($R = CH_2\text{-}C_6H_5$, $R' = H$).
B. Beim Erhitzen von 2-Brom-pyridin mit 2-Benzylamino-äthanol (*Weiner, Kaye*, J.
org. Chem. **14** [1949] 868, 870, 871).
Kp_1: 154—159°.
Picrat $C_{14}H_{16}N_2O \cdot C_6H_3N_3O_7$. F: 132,5—134°.

1-Benzoyloxy-2-[benzyl-[2]pyridyl-amino]-äthan $C_{21}H_{20}N_2O_2$, Formel III
($R = CH_2\text{-}C_6H_5$, $R' = CO\text{-}C_6H_5$).
B. Beim Behandeln der vorangehenden Verbindung mit Benzoylchlorid (*Weiner, Kaye*,
J. org. Chem. **14** [1949] 868, 871, 872).
Picrat $C_{21}H_{20}N_2O_2 \cdot C_6H_3N_3O_7$. Kristalle (aus A.); F: 133—135°.

1-[Benzyl-[2]pyridyl-amino]-2-diphenylacetoxy-äthan $C_{28}H_{26}N_2O_2$, Formel III
($R = CH_2\text{-}C_6H_5$, $R' = CO\text{-}CH(C_6H_5)_2$).
B. Beim Behandeln von 2-[Benzyl-[2]pyridyl-amino]-äthanol mit Diphenylacetyl=
chlorid (*Weiner, Kaye*, J. org. Chem. **14** [1949] 868, 871, 872).
Kristalle (aus Me.); F: 93—94°.

Bis-[2-(benzyl-[2]pyridyl-amino)-äthyl]-äther $C_{28}H_{30}N_4O$, Formel IV.
B. In geringen Mengen beim Erwärmen der Natrium-Verbindung von Benzyl-[2]pyr=
idyl-amin mit Bis-[2-chlor-äthyl]-äther in Toluol (*Sutherland et al.*, J. org. Chem. **14**
[1949] 235, 236).
Kristalle (aus A.); F: 99—100°.

1-[4-Amino-benzoyloxy]-2-[benzyl-[2]pyridyl-amino]-äthan $C_{21}H_{21}N_3O_2$, Formel III
($R = CH_2\text{-}C_6H_5$, $R' = CO\text{-}C_6H_4\text{-}NH_2(p)$).
B. Beim Behandeln von 2-[Benzyl-[2]pyridyl-amino]-äthanol mit 4-Nitro-benzoyl=
chlorid und Hydrieren des Reaktionsprodukts an Palladium/Kohle in Äthanol (*Weiner,
Kaye*, J. org. Chem. **14** [1949] 868, 871, 872).
Kristalle (aus A.); F: 103—103,5°.

(±)-Bibenzyl-α-yl-[2-methylmercapto-äthyl]-[2]pyridyl-amin $C_{22}H_{24}N_2S$, Formel V.
B. Beim Erwärmen von (±)-Bibenzyl-α-yl-[2]pyridyl-amin mit [2-Chlor-äthyl]-methyl-
sulfid und $LiNH_2$ in Benzol (*Kaye, Parris*, Am. Soc. **74** [1952] 1566).
Kristalle (aus Hexan); F: 74—75°. $Kp_{0,09}$: 184—185° [unkorr.].

Bis-[2-hydroxy-äthyl]-[2]pyridyl-amin $C_9H_{14}N_2O_2$, Formel VI ($R = H$).
B. Beim Erhitzen (16 d) von 2-Brom-pyridin mit Bis-[2-hydroxy-äthyl]-amin auf 100°
(*Weiner, Kaye*, J. org. Chem. **14** [1949] 868, 870; *Copp, Timmis*, Soc. **1955** 2021, 2025).
Kp_1: 163° (*We., Kaye*); $Kp_{0,01}$: 158—165° (*Copp, Ti.*).

Bis-[2-benzoyloxy-äthyl]-[2]pyridyl-amin $C_{23}H_{22}N_2O_4$, Formel VI ($R = CO\text{-}C_6H_5$).
B. Beim Behandeln der vorangehenden Verbindung mit Benzoylchlorid (*Weiner, Kaye*,
J. org. Chem. **14** [1949] 868, 871, 872).
Picrat $C_{23}H_{22}N_2O_4 \cdot C_6H_3N_3O_7$. Kristalle (aus A.); F: 134—135°.

Bis-[2-diphenylacetoxy-äthyl]-[2]pyridyl-amin $C_{37}H_{34}N_2O_4$, Formel VI
($R = CO\text{-}CH(C_6H_5)_2$).
B. Beim Behandeln von Bis-[2-hydroxy-äthyl]-[2]pyridyl-amin mit Diphenylacetyl=

chlorid (*Weiner, Kaye*, J. org. Chem. **14** [1949] 868, 871, 872).

Picrat $C_{37}H_{34}N_2O_4 \cdot C_6H_3N_3O_7$. F: 116,5—117,5°.

V   VI   VII

(±)-1-[2]Pyridylamino-propan-2-ol $C_8H_{12}N_2O$, Formel VII (R = CH_3).

B. Aus *N*-[2]Pyridyl-DL-lactamid mit Hilfe von LiAlH$_4$ (*Gray, Heitmeier*, Am. Soc. **81** [1959] 4347, 4349, 4350).

Scheinbarer Dissoziationsexponent pK$_a'$ der protonierten Verbindung (wss. DMF [60%ig]; potentiometrisch ermittelt) bei 25°: 6,10 (*Gray et al.*, Am. Soc. **81** [1959] 4351, 4352).

Hydrochlorid $C_8H_{12}N_2O \cdot HCl$. Kristalle; F: 164—165° [korr.; Zers.] (*Gray, He.*).

3-[2]Pyridylamino-propan-1-ol $C_8H_{12}N_2O$, Formel VIII (R = H).

B. Beim Erhitzen der Natrium-Verbindung von [2]Pyridylamin mit 3-Chlor-propan-1-ol in Toluol (*Yanko et al.*, Am. Soc. **67** [1945] 664, 666). Beim Behandeln von *N*-[2]Pyridyl-β-alanin mit LiAlH$_4$ in THF (*Tupin et al.*, Bl. **1957** 721, 723).

Kp$_5$: 175—185° (*Ya. et al.*).

Hydrochlorid $C_8H_{12}N_2O \cdot HCl$. Kristalle; F: 132° [aus A. + Ae.] (*Tu. et al.*), 125° bis 128° [aus Me. + Ae.] (*Ya. et al.*).

1-[2-Diäthylamino-äthoxy]-3-[2]pyridylamino-propan, [3-(2-Diäthylamino-äthoxy)-propyl]-[2]pyridyl-amin $C_{14}H_{25}N_3O$, Formel VIII (R = $CH_2-CH_2-N(C_2H_5)_2$).

B. Beim Erhitzen von 2-Brom-pyridin mit 3-[2-Diäthylamino-äthoxy]-propylamin in Pyridin (*Whitmore et al.*, Am. Soc. **67** [1945] 393).

Kp$_1$: 140—142°. n$_D^{20}$: 1,5185.

Picrat. F: 111—112°.

2-Pyrrolidino-pyridin $C_9H_{12}N_2$, Formel IX (R = H).

B. Beim Leiten von [2]Pyridylamin mit THF über einen Al$_2$O$_3$-Katalysator bei 390° (*Jur'ew et al.*, Ž. obšč. Chim. **10** [1940] 1839, 1840; C. **1942** II 1458) oder einen Al$_2$O$_3$-ThO$_2$-Katalysator bei 320° (*Reppe et al.*, A. **596** [1955] 1, 146).

Kp$_{11}$: 120—121° (*Re. et al.*). Kp$_3$: 102°; D$_4^{20}$: 1,0641; n$_D^{20}$: 1,5797 (*Ju. et al.*).

Picrat. Kristalle (aus A.); F: 198° (*Ju. et al.*).

VIII   IX   X   XI

(±)-2-[2-Methyl-pyrrolidino]-pyridin $C_{10}H_{14}N_2$, Formel IX (R = CH_3).

B. Beim Leiten von [2]Pyridylamin mit (±)-2-Methyl-tetrahydro-furan über einen Al$_2$O$_3$-Katalysator bei 395° im Stickstoff-Strom (*Jur'ew et al.*, Ž. obšč. Chim. **10** [1940] 1839, 1841; C. **1942** II 1458).

Kp$_4$: 110°. D$_4^{20}$: 1,0313. n$_D^{20}$: 1,5656.

Picrat. Kristalle (aus A.); F: 131°.

3,4,5,6-Tetrahydro-2H-[1,2']bipyridyl, 2-Piperidino-pyridin, 1-[2]Pyridyl-piperidin $C_{10}H_{14}N_2$, Formel X.

B. Beim Erhitzen von Piperidin mit 2-Brom-pyridin in Pyridin auf 145° (*Wibaut, Tilman*, R. **52** [1933] 987, 989).

$Kp_{0,06}$: 85°. n_D^{21}: 1,5712.

Picrat $C_{10}H_{14}N_2 \cdot C_6H_3N_3O_7$. Gelbe Kristalle (aus A.); F: 137,5—138,5°.

Picrolonat $C_{10}H_{14}N_2 \cdot C_{10}H_8N_4O_5$. Gelbe Kristalle (aus Ae.); F: 168°.

3,4,5,6-Tetrahydro-2H-[1,2′]bipyridyl-1′-oxid, 2-Piperidino-pyridin-1-oxid $C_{10}H_{14}N_2O$, Formel XI.

B. Beim Erwärmen von 2-Chlor-pyridin-1-oxid mit Piperidin (*Itai, Seikijima*, Bl. nation. hyg. Labor. Tokyo **74** [1956] 121; C. A. **1957** 8740).

Kristalle (aus PAe. + Acn.); F: 119—120°.

Picrat $C_{10}H_{14}N_2O \cdot C_6H_3N_3O_7$. F: 128—129° [aus A.].

*Opt.-inakt. 2-[2]Pyridylamino-cyclohexanol $C_{11}H_{16}N_2O$, Formel XII.

B. Aus (±)-2-[2]Pyridylamino-cyclohexanon beim Erwärmen mit wss.-äthanol. NaOH oder mit einer Lösung von Aluminiumisopropylat in Isopropylalkohol (*Campbell, McCall*, Soc. **1951** 2411, 2415). Beim Erhitzen von 1,2-Epoxy-cyclohexan mit [2]Pyridylamin (*Mousseron, Granger*, Bl. [5] **1947** 850, 853).

Kristalle (aus A.); F: 159—160° (*Ca., McC.*). Kp_{15}: 220° (*Mo., Gr.*).

(±)-1-Cyclohexyl-2-[2]pyridylamino-äthanol $C_{13}H_{20}N_2O$, Formel VII (R = C_6H_{11}).

B. Beim Behandeln von (±)-Cyclohexyl-hydroxy-essigsäure-[2]pyridylamid mit $LiAlH_4$ in 1,2-Dimethoxy-äthan (*Gray, Heitmeier*, Am. Soc. **81** [1959] 4347, 4349, 4350).

Kristalle; F: 86—88°.

Hydrochlorid $C_{13}H_{20}N_2O \cdot HCl$. Kristalle; F: 141—143° [korr.; Zers.].

2-[2,5-Dimethyl-pyrrol-1-yl]-pyridin $C_{11}H_{12}N_2$, Formel XIII.

B. Beim Erwärmen von [2]Pyridylamin mit Hexan-2,5-dion und wenig wss. HCl (*Gilman et al.*, Am. Soc. **68** [1946] 326).

Kp_{15}: 146°. D_{27}^{29}: 1,058. n_D^{25}: 1,5710.

Picrat $C_{11}H_{12}N_2 \cdot C_6H_3N_3O_7$. Kristalle (aus A.); F: 114—115° (*Gi. et al.*, l. c. S. 327).

XII   XIII   XIV   XV

[1,2′]Bipyridylium(1+), 1-[2]Pyridyl-pyridinium $[C_{10}H_9N_2]^+$, Formel XIV (X = H).

Perchlorat $[C_{10}H_9N_2]ClO_4$. B. In geringer Menge neben [1,3′]Bipyridylium-diperchlorat beim Einleiten von SO_2 und Luft in eine wss. Lösung von Pyridin und Behandeln des Reaktionsprodukts (als Chlorid isoliert) mit wss. $HClO_4$ (*Baumgarten*, B. **69** [1936] 229, 231) oder beim Erhitzen von Pyridin mit H_2O, $K_2S_2O_8$ und Na_2SO_3 und Behandeln des Reaktionsprodukts mit wss. $HClO_4$ (*Baumgarten, Dammann*, B. **66** [1933] 1633, 1635, 1636; *Baumgarten*, B. **69** [1936] 1938, 1940; *Baumgarten, Erbe*, B. **70** [1937] 2235, 2247, 2249). — Kristalle; F: 214° (*Rodewald, Płażek*, Roczniki Chem. **16** [1936] 444, 445; C. **1937** I 3149), 211,5—212,5° (*Ba.*).

Bromid $[C_{10}H_9N_2]Br$. B. Beim 10-tägigen Erhitzen von Pyridin mit 2-Brom-pyridin auf 100—110° (*Wibaut, Holmes-Kamminga*, Bl. **1958** 424, 428). — Kristalle (aus A. + Ae.); F: 70,0—70,8° (*Wi., Ho.-Ka.*).

Jodid $[C_{10}H_9N_2]I$. B. Beim Erhitzen (8 d) von Pyridin mit 2-Jod-pyridin auf 100—110° (*Wi., Ho.-Ka.*). Beim Erhitzen von Pyridin mit 2-Jod-pyridin und HCl auf 240° (*Ro., Pł.*, Roczniki Chem. **16** 448). In geringer Menge neben anderen Verbindungen beim Erhitzen von Pyridin-hydrochlorid mit Jod oder ICl auf 280° (*Rodewald, Płażek*, B. **70** [1937] 1159, 1161, 1162; Roczniki Chem. **16** 447). — Hellgelbe Kristalle (aus wss. A.), F: 212,8—213,5° (*Wi., Ho.-Ka.*); braune(?) Kristalle (aus A.), F: 209° (*Ro., Pł.*, Roczniki Chem. **16** 447). — Zeitlicher Verlauf der Zersetzung in wss. Lösung bei Raumtemperatur sowie bei 100°: *Ro., Pł.* Roczniki Chem. **16** 449.

Hexachloroplatinat(IV) $[C_{10}H_9N_2]_2PtCl_6$. Orangefarbene Kristalle; F: 213—214° [unkorr.; Zers.] (*Ba., Da.*).

Picrat $[C_{10}H_9N_2]C_6H_2N_3O_7$. *B.* Beim Erhitzen (10 d) von Pyridin mit 2-Chlor-pyridin auf 100—110° und Behandeln des Reaktionsprodukts in H_2O mit Picrinsäure (*Wi., Ho.-Ka.*). — Gelbe Kristalle; F: 136,8—137,8° (*Wi., Ho.-Ka.*), 136° [aus A.] (*Ro., Pł., Roczniki Chem.* **16** 447).

3-Brom-[1,2′]bipyridylium(1+), 3-Brom-1-[2]pyridyl-pyridinium $[C_{10}H_8BrN_2]^+$, Formel XIV (X = Br).

Bromid $[C_{10}H_8BrN_2]Br$. *B.* Beim Erhitzen (6 d) von 2-Brom-pyridin mit 3-Brom-pyridin auf 100° (*Wibaut, Holmes-Kamminga, Bl.* **1958** 424, 427). — Kristalle (aus A. + Ae.); F: 253,5—254,6°.

Picrat $[C_{10}H_8BrN_2]C_6H_2N_3O_7$. Gelbe Kristalle; F: 132,2—132,9° (*Wi., Ho.-Ka.*).

2-o-Anisidino-pyridin, [2-Methoxy-phenyl]-[2]pyridyl-amin $C_{12}H_{12}N_2O$, Formel XV (X = H) (E I 629; vgl. H 429).

B. Beim Erhitzen von Pyridin-2-sulfonsäure mit *o*-Anisidin (*Mangini, Colonna, G.* **73** [1943] 313, 318).

Kristalle (aus PAe.); F: 92—93°.

Picrat $C_{12}H_{12}N_2O \cdot C_6H_3N_3O_7$. Grünlichgelbe Kristalle; F: 172—173°.

[5-Chlor-2-methoxy-phenyl]-[2]pyridyl-amin $C_{12}H_{11}ClN_2O$, Formel XV (X = Cl).

B. Beim Erhitzen von 2-Brom-pyridin mit 5-Chlor-2-methoxy-anilin und wenig Kupfer-Pulver auf 140—150°/40 Torr (*Searle & Co.,* U.S.P. 2802008 [1953]).

$Kp_{0,3}$: 150—153°.

2-m-Phenetidino-pyridin, [3-Äthoxy-phenyl]-[2]pyridyl-amin $C_{13}H_{14}N_2O$, Formel I.

B. Beim Erhitzen von 2-Brom-pyridin mit *m*-Phenetidin und wenig Kupfer-Pulver auf 140—150°/60 Torr (*Searle & Co.,* U.S.P. 2785173 [1953]).

$Kp_{0,7}$: 148—151°.

[3-Methylmercapto-phenyl]-[2]pyridyl-amin $C_{12}H_{12}N_2S$, Formel II.

B. Beim Erhitzen von 3-Methylmercapto-anilin mit 2-Chlor-pyridin oder 2-Brom-pyridin auf 250° (*Bourquin et al., Helv.* **42** [1959] 2541, 2542, 2545).

Kristalle (aus Bzl. + PAe.); F: 87—89°. $Kp_{0,01}$: 160—165°.

4-[2]Pyridylamino-phenol $C_{11}H_{10}N_2O$, Formel III (R = H).

B. Beim Erhitzen von 4-[2]Pyridyloxy-anilin-dihydrochlorid auf 250° (*Jerchel, Jacob, B.* **92** [1959] 724, 732).

Kristalle (aus wss. Me.); F: 186°.

I   II   III

2-p-Anisidino-pyridin, [4-Methoxy-phenyl]-[2]pyridyl-amin $C_{12}H_{12}N_2O$, Formel III (R = CH₃) (H 429).

B. Beim Erwärmen der Natrium-Verbindung von [2]Pyridylamin in Toluol mit 4-Chlor-anisol (*Whitmore et al., Am. Soc.* **67** [1945] 393). Beim Erhitzen von Pyridin-2-sulfonsäure mit *p*-Anisidin (*Mangini, Colonna, G.* **73** [1943] 313, 319). Aus 2-Brom-pyridin und *p*-Anisidin (*Urech et al., Helv.* **33** [1950] 1386, 1403).

Kristalle; F: 85—86° [aus wss. A.] (*Ma., Co.*), 84° (*Wh. et al.*). $Kp_{0,05}$: 135—142° (*Ur. et al.*).

Picrat $C_{12}H_{12}N_2O \cdot C_6H_3N_3O_7$. Gelbe Kristalle; F: 206° (*Ma., Co.*). F: 165—166° (*Wh. et al.*).

2-p-Phenetidino-pyridin, [4-Äthoxy-phenyl]-[2]pyridyl-amin $C_{13}H_{14}N_2O$, Formel III (R = C₂H₅) (H 429).

B. Beim Erhitzen von Pyridin-2-sulfonsäure mit *p*-Phenetidin (*Mangini, Colonna,*

G. **73** [1943] 313, 319). Beim Erhitzen von 2-Brom-pyridin mit *p*-Phenetidin und wenig Kupfer-Pulver auf 140—150° (*Searle & Co.*, U.S.P. 2785173 [1953]).

Kristalle; F: 92° [aus PAe.] (*Ma., Co.*), 92° (*Searle & Co.*).

Picrat $C_{13}H_{14}N_2O \cdot C_6H_3N_3O_7$. Grünlichgelbe Kristalle; F: 162—163° (*Ma., Co.*).

IV

1,5-Bis-[4-[2]pyridylamino-phenoxy]-pentan $C_{27}H_{28}N_4O_2$, Formel IV.

B. Beim Erhitzen von 1,5-Bis-[4-amino-phenoxy]-pentan mit 2-Brom-pyridin, K_2CO_3 und wenig Kupfer-Pulver auf 180° (*Ashley et al.*, Soc. **1958** 3298, 3310).

Kristalle (aus E. + PAe.); F: 150—152°.

[4-(4-Brom-benzolsulfonyl)-phenyl]-[2]pyridyl-amin $C_{17}H_{13}BrN_2O_2S$, Formel V (X = Br).

B. Beim Erhitzen von 2-Brom-pyridin mit 4-[4-Brom-benzolsulfonyl]-anilin auf 155—160° (*Amstutz et al.*, Am. Soc. **69** [1947] 1922, 1924; *Merrell Co.*, U.S.P. 2602790 [1947]).

Kristalle (aus wss. A.); F: 180—182°.

[4-(4-Jod-benzolsulfonyl)-phenyl]-[2]pyridyl-amin $C_{17}H_{13}IN_2O_2S$, Formel V (X = I).

B. Beim Erhitzen von 2-Brom-pyridin mit 4-[4-Jod-benzolsulfonyl]-anilin auf 155° bis 160° (*Amstutz et al.*, Am. Soc. **69** [1947] 1922, 1924; *Merrell Co.*, U.S.P. 2602790 [1947]).

Kristalle; F: 184—186°.

[4-(4-Nitro-benzolsulfonyl)-phenyl]-[2]pyridyl-amin $C_{17}H_{13}N_3O_4S$, Formel V (X = NO_2).

B. Beim Erhitzen von 2-Brom-pyridin mit 4-[4-Nitro-benzolsulfonyl]-anilin auf 155—160° (*Amstutz et al.*, Am. Soc. **69** [1947] 1922, 1924; *Merrell Co.*, U.S.P. 2602790 [1947]).

Kristalle (aus wss. A.); F: 188,5—190°.

V   VI

[2]Pyridyl-[4-sulfanilyl-phenyl]-amin, [4-Amino-phenyl]-[4-[2]pyridylamino-phenyl]-sulfon $C_{17}H_{15}N_3O_2S$, Formel V (X = NH_2).

B. Beim Erhitzen von [4-(4-Brom-benzolsulfonyl)-phenyl]-[2]pyridyl-amin oder von [4-(4-Jod-benzolsulfonyl)-phenyl]-[2]pyridyl-amin in wss. NH_3 mit wenig Kupfer-Pulver bis auf 220° (*Amstutz et al.*, Am. Soc. **69** [1947] 1922, 1924; *Merrell Co.*, U.S.P. 2602790 [1947]). Beim Behandeln von [4-(4-Nitro-benzolsulfonyl)-phenyl]-[2]pyridyl-amin in Äthanol mit Zink und wss. HCl (*Am. et al.*; *Merrell Co.*).

Kristalle (aus wss. A.); F: 209—211°.

Bis-[4-[2]pyridylamino-phenyl]-sulfon $C_{22}H_{18}N_4O_2S$, Formel VI.

B. Beim Erhitzen von Bis-[4-amino-phenyl]-sulfon mit 2-Chlor-pyridin auf 140° (*Gray*, Soc. **1939** 1202). Beim Erhitzen von Bis-[4-chlor-phenyl]-sulfon mit [2]Pyridyl-amin und CuSO_4 in H_2O auf 250—260° (*B. Fragner*, D.R.P. 735415 [1941]; D.R.P. Org. Chem. **6** 2130).

Kristalle (aus A.); F: 241°.

2-Methyl-5-[2]pyridylamino-phenol $C_{12}H_{12}N_2O$, Formel VII.

B. Beim Erwärmen von (±)-6-Acetoxy-6-methyl-cyclohexa-2,4-dienon mit [2]Pyridyl-amin (*Langer et al.*, M. **90** [1959] 623, 625, 630).

Picrat $C_{12}H_{12}N_2O \cdot C_6H_3N_3O_7$. Kristalle; F: 241—245° [Zers.].

2-[[2]Pyridylamino-methyl]-phenol, [2]Pyridyl-salicyl-amin $C_{12}H_{12}N_2O$, Formel VIII
(R = X = X′ = H).

B. Beim Hydrieren von Salicylaldehyd-[2]pyridylimin an Palladium in Äther (*Feist*,
Ar. **272** [1934] 100, 107). Durch elektrochemische Reduktion von *N*-[2]Pyridyl-salicyl=
amid in wss.-äthanol. H_2SO_4 an einer Blei-Kathode (*Feist et al.*, Ar. **273** [1935] 476).

Kristalle (aus wss. A. oder Ae.); F: 105° (*Fe.*; *Fe. et al.*).

Verbindung mit Quecksilber(II)-chlorid $C_{12}H_{12}N_2O \cdot 2\,HgCl_2$. Kristalle (aus
H_2O) mit 6 Mol H_2O; F: 134° (*Fe.*).

Picrat $C_{12}H_{12}N_2O \cdot C_6H_3N_3O_7$. Hellgelbe Kristalle (aus A.); F: 185—186° (*Fe.*; *Fe. et al.*).

[2-Methoxy-benzyl]-[2]pyridyl-amin $C_{13}H_{14}N_2O$, Formel VIII (R = CH_3, X = X′ = H).

B. Beim Erhitzen von 2-Methoxy-benzaldehyd mit [2]Pyridylamin und Ameisensäure
(*Sunagawa et al.*, Pharm. Bl. **3** [1955] 109, 113).

Kristalle (aus A.); F: 74°.

Beim Erwärmen mit wss. HCl sind Formaldehyd, [2]Pyridylamin und Bis-[2-methoxy-
phenyl]-methan erhalten worden.

VII   VIII   IX

4-Chlor-2-nitro-6-[[2]pyridylamino-methyl]-phenol $C_{12}H_{10}ClN_3O_3$, Formel VIII (R = H,
X = NO_2, X′ = Cl).

B. Aus 4-Chlor-2-chlormethyl-6-nitro-phenol und [2]Pyridylamin (*Farbenfabr. Bayer*,
D.B.P. 956547 [1953]; U.S.P. 2784138 [1954]).

F: 228°.

[4-Methoxy-benzyl]-[2]pyridyl-amin $C_{13}H_{14}N_2O$, Formel IX (R = CH_3).

B. Beim Erhitzen von [2]Pyridylamin mit 4-Methoxy-benzaldehyd und Ameisensäure
(*Tschitschibabin, Knunjanz*, B. **64** [1931] 2839, 2841). Beim Erhitzen von 4-Methoxy-
benzylalkohol mit [2]Pyridylamin und KOH in Toluol (*Hirao, Hayashi*, J. pharm. Soc.
Japan **74** [1954] 853; C. A. **1955** 10308). Beim Erhitzen von [4-Methoxy-benzyliden]-
[2]pyridyl-amin mit Ameisensäure [85—90%ig] (*Kaye, Kogon*, R. **71** [1952] 309, 314).

Kristalle; F: 128° [aus wss. A.] (*Tsch., Kn.*), 124—125° [korr.; aus Isopropylalkohol]
(*Kaye, Ko.*), 123—124° [aus Me.] (*Hi., Ha.*). $Kp_{0,1}$: 153°; $Kp_{0,06}$: 143—146° (*Kaye, Ko.*).

Beim Erhitzen mit wss. HCl sind [2]Pyridylamin, Bis-[4-methoxy-phenyl]-methan
und Formaldehyd erhalten worden (*Sunagawa et al.*, J. pharm. Soc. Japan **72** [1952]
1570, 1573; C. A. **1953** 9285).

Picrat $C_{13}H_{14}N_2O \cdot C_6H_3N_3O_7$. Kristalle (aus A. + Acn.); F: 158° [korr.] (*Řeřicha,
Protiva*, Chem. Listy **43** [1949] 176, 178; C. A. **1951** 576).

[4-Äthoxy-benzyl]-[2]pyridyl-amin $C_{14}H_{16}N_2O$, Formel IX (R = C_2H_5).

B. Beim Erhitzen von [2]Pyridylamin mit 4-Äthoxy-benzaldehyd und Ameisensäure
(*Soc. Usines Chim. Rhône-Poulenc*, D.B.P. 880749 [1943]; D.R.B.P. Org. Chem. 1950
bis 1951 **3** 226, 227).

F: 92°.

[4-Isopropoxy-benzyl]-[2]pyridyl-amin $C_{15}H_{18}N_2O$, Formel IX (R = $CH(CH_3)_2$).

B. Beim Erwärmen der Lithium-Verbindung von [2]Pyridylamin mit [4-Chlormethyl-
phenyl]-isopropyl-äther in Toluol (*Biel*, Am. Soc. **71** [1949] 1306, 1307, 1308).

Kristalle (aus PAe. + wenig Isopropylalkohol); F: 101—103°. $Kp_{0,15-0,20}$: 170—177°.

(±)-1-Phenyl-2-[2]pyridylamino-äthanol $C_{13}H_{14}N_2O$, Formel X (R = R′ = H).

B. Beim Behandeln der Natrium-Verbindung von [2]Pyridylamin in flüssigem NH_3
mit (±)-Phenyloxiran und 1,2-Dimethoxy-äthan (*Gray et al.*, Am. Soc. **81** [1959] 4351,
4354). Beim Behandeln von 1-Phenyl-2-[2]pyridylamino-äthanon mit $LiAlH_4$ in THF

(*Reynaud et al.*, C. r. **247** [1958] 2159). Beim Behandeln von *N*-[2]Pyridyl-DL-mandelamid mit LiAlH₄ in 1,2-Dimethoxy-äthan (*Gray, Heitmeier*, Am. Soc. **81** [1959] 4347, 4350).

Kristalle (aus wss. Me.); F: 83—85° (*Gray, He.*), 82—85° (*Gray et al.*). λ_{max} (A.): 243 nm und 303 nm (*Gray et al.*, l. c. S. 4352). Scheinbarer Dissoziationsexponent pK'_a der protonierten Verbindung (wss. DMF [60%ig]; potentiometrisch ermittelt) bei 25°: 5,85 (*Gray et al.*, l. c. S. 4352).

Beim Erhitzen mit Acetanhydrid ist 3-Phenyl-2,3-dihydro-imidazo[1,2-*a*]pyridin erhalten worden (*Gray et al.*).

Hydrochlorid $C_{13}H_{14}N_2O \cdot HCl$. Hygroskopische Kristalle (*Gray, He.*); F: 140—142° [korr.; Zers.; aus A. + Ae.] (*Gray, He.*), 141° [aus Butan-1-ol] (*Re. et al.*), 138—140° [korr.; Zers.] (*Gray et al.*).

(±)-1-Acetoxy-1-phenyl-2-[2]pyridylamino-äthan, (±)-Essigsäure-[1-phenyl-2-[2]pyridylamino-äthylester] $C_{15}H_{16}N_2O_2$, Formel X (R = H, R' = CO-CH₃).

B. Beim Erwärmen der vorangehenden Verbindung in Essigsäure mit Acetanhydrid und HCl (*Gray et al.*, Am. Soc. **81** [1959] 4351, 4354).

Scheinbarer Dissoziationsexponent pK'_a der protonierten Verbindung (wss. DMF [60%ig]; potentiometrisch ermittelt) bei 25°: ca. 5,85 (*Gray et al.*, l. c. S. 4352).

Hydrochlorid $C_{15}H_{16}N_2O_2 \cdot HCl$. Sehr hygroskopische gelbliche Kristalle (aus Isopropylalkohol + Ae.), die bei 55° sintern und bei etwa 80° zerfliessen.

(±)-1-Butylcarbamoyloxy-1-phenyl-2-[2]pyridylamino-äthan, (±)-Butylcarbamidsäure-[1-phenyl-2-[2]pyridylamino-äthylester] $C_{18}H_{23}N_3O_2$, Formel X (R = H, R' = CO-NH-[CH₂]₃-CH₃).

B. Beim Behandeln von (±)-1-Phenyl-2-[2]pyridylamino-äthanol mit Butylisocyanat in Benzol (*Gray et al.*, Am. Soc. **81** [1959] 4351, 4354).

Kristalle (aus Bzl. + PAe.); F: 95—98°.

(±)-2-[Methyl-[2]pyridyl-amino]-1-phenyl-äthanol $C_{14}H_{16}N_2O$, Formel X (R = CH₃, R' = H).

B. Beim Erwärmen von (±)-1-Phenyl-2-[2]pyridylamino-äthanol mit Formaldehyd in wss. Isopropylalkohol und Behandeln des Reaktionsprodukts mit LiAlH₄ in Äther (*Gray et al.*, Am. Soc. **81** [1959] 4351, 4354).

$Kp_{0,3}$: 147—157°.

Hydrochlorid $C_{14}H_{16}N_2O \cdot HCl$. Kristalle (aus Isopropylalkohol + Ae.); F: 175—177° [korr.; Zers.].

X   XI   XII

*Opt.-inakt. 2-[Bibenzyl-α-yl-[2]pyridyl-amino]-1-phenyl-äthanol $C_{27}H_{26}N_2O$, Formel X (R = CH(C₆H₅)-CH₂-C₆H₅, R' = H).

B. Beim Erwärmen von (±)-Bibenzyl-α-yl-[2]pyridyl-amin mit (±)-Phenyloxiran und LiNH₂ in Benzol (*Kaye, Parris*, Am. Soc. **74** [1952] 1566).

$Kp_{0,03}$: 200—202° [unkorr.].

2-Methyl-4-nitro-6-[[2]pyridylamino-methyl]-phenol $C_{13}H_{13}N_3O_3$, Formel VIII (R = H, X = CH₃, X' = NO₂).

B. Aus 2-Chlormethyl-6-methyl-4-nitro-phenol (vermutlich aus 2-Methyl-4-nitro-phenol, Formaldehyd und HCl erhalten) und [2]Pyridylamin (*Farbenfabr. Bayer*, D.B.P. 956547 [1953]; U.S.P. 2784138 [1954]).

F: 200°.

(1RS,2SR?)-1-Phenyl-2-[2]pyridylamino-propan-1-ol, $(\pm)$-*erythro*(?)-1-Phenyl-2-[2]pyridylamino-propan-1-ol $C_{14}H_{16}N_2O$, vermutlich Formel XI + Spiegelbild.

B. Beim Erhitzen von $(\pm)$-Norephedrin ((1RS,2SR)-2-Amino-1-phenyl-propan-1-ol) mit 2-Brom-pyridin, K_2CO_3 und wenig Kupfer-Pulver auf 160° (*Gray et al.*, Am. Soc. **81** [1959] 4351, 4354).

Hydrochlorid $C_{14}H_{16}N_2O \cdot HCl$. Kristalle (aus Isopropylalkohol + Ae.); F: 161° bis 162° [korr.; Zers.].

(±)-1-Phenyl-3-[2]pyridylamino-propan-1-ol $C_{14}H_{16}N_2O$, Formel XII.

B. Beim Erhitzen von $(\pm)$-3-Amino-1-phenyl-propan-1-ol mit 2-Chlor-pyridin und Na_2CO_3 auf 190° (*Gray et al.*, Am. Soc. **81** [1959] 4351, 4354).

Kristalle (aus Isopropylalkohol); F: 123—124° [korr.]. Scheinbarer Dissoziationsexponent pK'_a der protonierten Verbindung (wss. DMF [60%ig]; potentiometrisch ermittelt) bei 25°: 6,15 (*Gray et al.*, l. c. S. 4352).

Hydrochlorid $C_{14}H_{16}N_2O \cdot HCl$. Kristalle (aus A. + Ae.); F: 138—140° [korr.; Zers.].

1-Phenoxymethyl-4-[3-[2]pyridylamino-propyl]-benzol, [3-(4-Phenoxymethyl-phenyl)-propyl]-[2]pyridyl-amin $C_{21}H_{22}N_2O$, Formel XIII.

B. Beim Erhitzen von [4-(3-Chlor-propyl)-benzyl]-phenyl-äther mit [2]Pyridylamin in Xylol (*Oelschläger*, Arzneimittel-Forsch. **9** [1959] 313, 319).

Kristalle (aus Bzl. + PAe.); F: 110—111°. $Kp_{0,05}$: 238—244°.

Phosphat $C_{21}H_{22}N_2O \cdot H_3PO_4$. Kristalle (aus Me. + Isopropylalkohol); F: 154—155°.

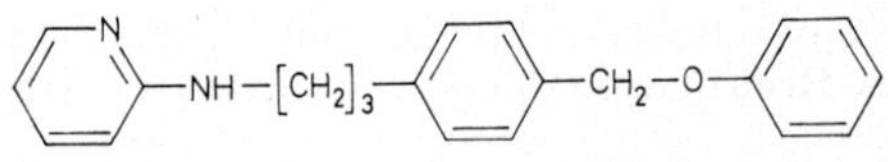

XIII 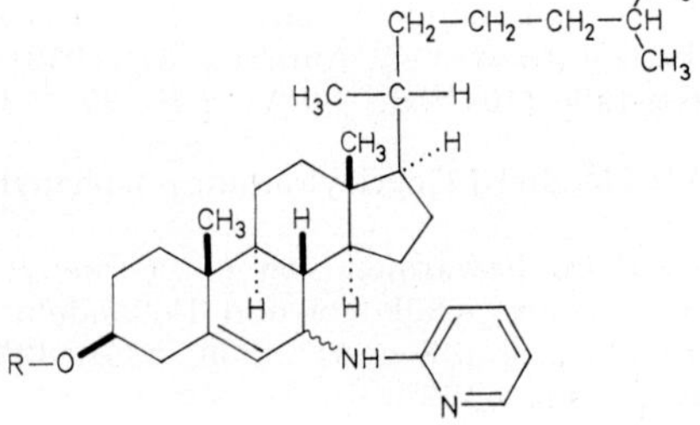   XIV

7ξ-[2]Pyridylamino-cholest-5-en-3β-ol $C_{32}H_{50}N_2O$, Formel XIV (R = H).

B. Beim Erwärmen der folgenden Verbindung mit äthanol. KOH (*Am. Cyanamid Co.*, U.S.P. 2577226 [1949]).

Kristalle (aus wss. Me.); F: 193—194° [nach Sintern bei 120—140°].

3β-Benzoyloxy-7ξ-[2]pyridylamino-cholest-5-en $C_{39}H_{54}N_2O_2$, Formel XIV (R = CO-C_6H_5).

B. Beim Erhitzen von 3β-Benzoyloxy-7α-brom-cholest-5-en (E III **9** 463) mit [2]Pyridylamin in Toluol (*Am. Cyanamid Co.*, U.S.P. 2577226 [1949]).

Kristalle (aus Acn. + Me.); F: 221—223,5° (*Am. Cyanamid Co.*).

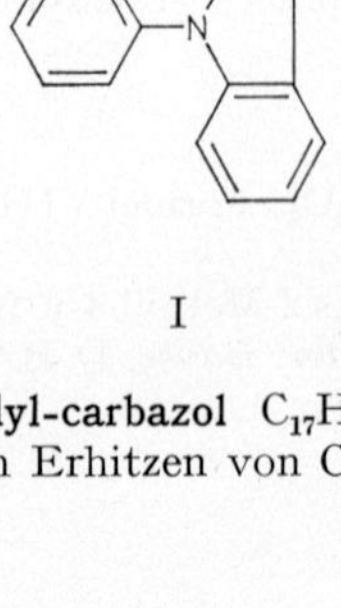

I 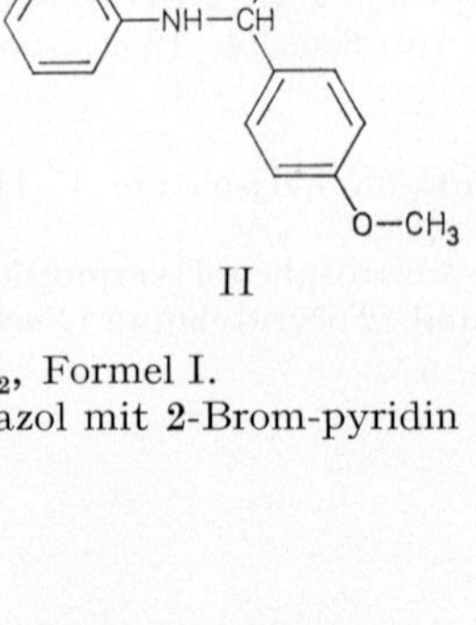   II 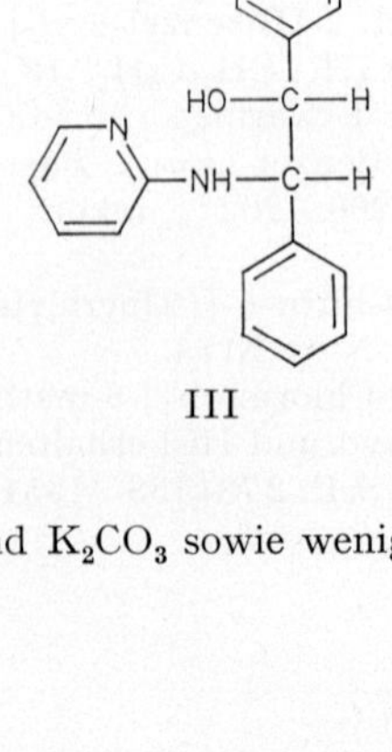   III

9-[2]Pyridyl-carbazol $C_{17}H_{12}N_2$, Formel I.

B. Beim Erhitzen von Carbazol mit 2-Brom-pyridin und K_2CO_3 sowie wenig Kupfer-

Pulver und Jod in Petroläther (*Gilman, Honeycutt*, J. org. Chem. **22** [1957] 226).
Kristalle (aus PAe.); F: 93—95°.

(±)-[4-Methoxy-benzhydryl]-[2]pyridyl-amin C₁₉H₁₈N₂O, Formel II.

B. Beim Erhitzen von [4-Methoxy-benzyliden]-[2]pyridyl-amin mit Phenylmagnesium=
bromid in Cumol auf ca. 140° (*Kaye et al.*, Am. Soc. **74** [1952] 403, 406).
Kristalle (aus Diisopropyläther); F: 103,5—104,5° [korr.].
Picrat. F: 150,5—151,5° [korr.].

1,2-Diphenyl-2-[2]pyridylamino-äthanol, α′-[2]Pyridylamino-bibenzyl-α-ol C₁₉H₁₈N₂O.

a) (±)-*erythro*-α′-[2]Pyridylamino-bibenzyl-α-ol C₁₉H₁₈N₂O, Formel III
+ Spiegelbild.
B. Aus (±)-α-[2]Pyridylamino-desoxybenzoin beim Erwärmen mit Aluminiumiso=
propylat in Isopropylalkohol oder beim Behandeln mit LiAlH₄ (*Kaye et al.*, Am. Soc. **75**
[1953] 746). Beim Erhitzen von (±)-*trans*-2,3-Diphenyl-oxiran mit [2]Pyridylamin und
LiNH₂ in Toluol (*Kaye et al.*).
Kristalle (aus Isopropylalkohol); F: 156,5—157,5° [korr.].

b) (±)-*threo*-α′-[2]Pyridylamino-bibenzyl-α-ol C₁₉H₁₈N₂O, Formel IV + Spiegelbild.
B. Beim Erhitzen von [2]Pyridylamin mit *cis*-2,3-Diphenyl-oxiran und LiNH₂ in
Toluol (*Kaye et al.*, Am. Soc. **75** [1953] 746).
Kristalle (aus Isopropylalkohol); F: 177,5—178,5° [korr.].

1,1-Diphenyl-2-[2]pyridylamino-äthanol C₁₉H₁₈N₂O, Formel V.

B. Beim Behandeln von Benzilsäure-[2]pyridylamid mit LiAlH₄ in Äther oder 1,2-Di=
methoxy-äthan (*Gray, Heitmeier*, Am. Soc. **81** [1959] 4347, 4349, 4350).
Kristalle; F: 167—169° [korr.]. Scheinbarer Dissoziationsexponent pK′ₐ der protonierten Verbindung (wss. DMF [60%ig]; potentiometrisch ermittelt) bei 25°: 5,50 (*Gray
et al.*, Am. Soc. **81** [1959] 4351, 4352).
Hydrochlorid C₁₉H₁₈N₂O·HCl. Kristalle; F: 200—202° [korr.; Zers.].

IV   V   VI

(±)-1-[2]Pyridylamino-3-*o*-tolyloxy-propan-2-ol C₁₅H₁₈N₂O₂, Formel VI.

B. Beim Behandeln von (±)-1,2-Epoxy-3-*o*-tolyloxy-propan mit [2]Pyridylamin in
Petroläther oder Äthanol (*Beasley et al.*, J. Pharm. Pharmacol. **10** [1958] 47, 50, 56).
F: 138°.

2-Methyl-2-[2]pyridylamino-propan-1,3-diol C₉H₁₄N₂O₂, Formel VII.

B. Beim Erhitzen (ca. 4 d) von 2-Brom-pyridin mit 2-Amino-2-methyl-propan-1,3-diol
(*Weiner, Kaye*, J. org. Chem. **14** [1949] 868, 870, 871).
Kp₁₁: 189—191°.

[2,3-Dimethoxy-benzyl]-[2]pyridyl-amin C₁₄H₁₆N₂O₂, Formel VIII (X = O-CH₃, X′ = H).

B. Beim Erhitzen von 2,3-Dimethoxy-benzaldehyd mit [2]Pyridylamin in Cumol unter
Abtrennung des entstehenden H₂O und anschliessend mit Ameisensäure [85—90%ig]
(*Kaye, Kogon*, R. **71** [1952] 309, 314).
Kristalle (aus Isopropylalkohol); F: 83—85°. Kp₀,₁: 156—157°.

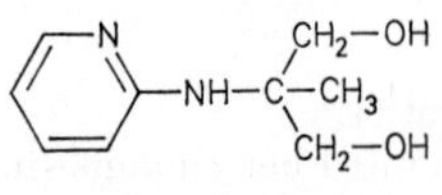

VII 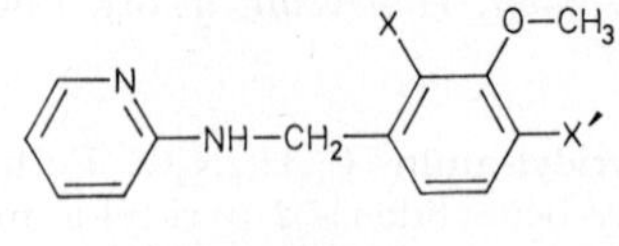   VIII 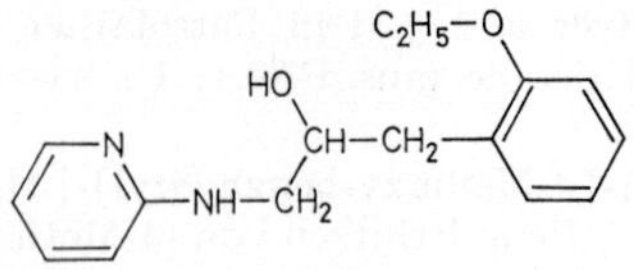   IX

2-Veratrylamino-pyridin, [2]Pyridyl-veratryl-amin $C_{14}H_{16}N_2O_2$, Formel VIII (X = H, X' = O-CH$_3$).

B. Beim Erhitzen von Veratrumaldehyd mit [2]Pyridylamin und Natriumformiat in Essigsäure (*Baltzly, Kauder,* J. org. Chem. **16** [1951] 173, 174, 176). Beim Erhitzen von Veratrumaldehyd mit [2]Pyridylamin in Cumol unter Abtrennung des entstehenden H$_2$O und anschliessend mit Ameisensäure [85—90%ig] (*Kaye, Kogon,* R. **71** [1952] 309, 314).

Kristalle; F: 104,5° [korr.; aus Isopropylalkohol] (*Kaye, Ko.*), 102—103° [aus PAe.] (*Ba., Ka.*). Kp$_{0,08}$: 173—176° (*Kaye, Ko.*).

(±)-1-[2-Äthoxy-phenyl]-3-[2]pyridylamino-propan-2-ol $C_{16}H_{20}N_2O_2$, Formel IX.

B. Beim Erwärmen von (±)-1-[2-Äthoxy-phenyl]-3-chlor-propan-2-ol mit [2]Pyridyl= amin in Isopropylalkohol (*Epstein,* Am. Soc. **81** [1959] 6207).

Kp$_{0,125}$: 175—180°.

Hydrochlorid $C_{16}H_{20}N_2O_2 \cdot$HCl. Kristalle; F: 83—85°.

*Opt.-inakt. 2,5-Dimethyl-4-phenyl-3,4,5,6-tetrahydro-2H-[1,2']bipyridyl-4-ol, 2,5-Dimethyl-4-phenyl-1-[2]pyridyl-piperidin-4-ol $C_{18}H_{22}N_2O$, Formel X.

B. Beim Behandeln von opt.-inakt. 2,5-Dimethyl-2,3,5,6-tetrahydro-[1,2']bipyridyl-4-on (F: 71°) mit Phenyllithium in Äther (*Nasarow et al.,* Izv. Akad. S.S.S.R. Otd. chim. **1953** 303, 309; engl. Ausg. S. 275, 281).

Kristalle (aus PAe. + Acn.); F: 112,5—114°.

Hydrochlorid $C_{18}H_{22}N_2O \cdot$HCl. Kristalle (aus A.); F: 226,5—227,5°.

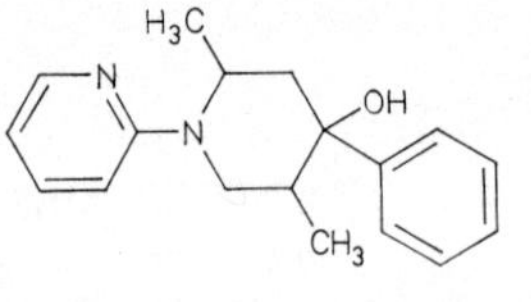

X 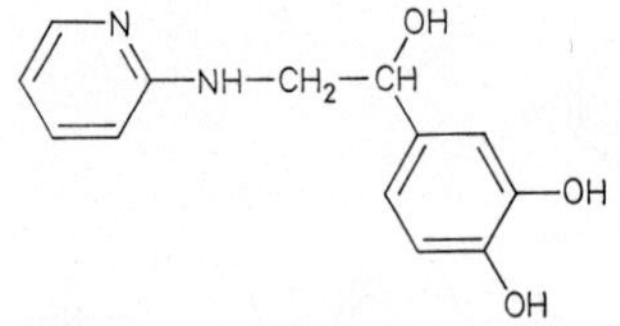   XI

(±)-1-[3,4-Dihydroxy-phenyl]-2-[2]pyridylamino-äthanol $C_{13}H_{14}N_2O_3$, Formel XI.

B. Beim Hydrieren von 1-[3,4-Dihydroxy-phenyl]-2-[2]pyridylamino-äthanon-hydro= chlorid an Palladium/Kohle in H$_2$O (*Feist,* Ar. **272** [1934] 100, 112).

Hydrochlorid $C_{13}H_{14}N_2O_3 \cdot$HCl. Kristalle (aus verd. wss. HCl); F: 300—301° (*Fe.*).

Picrat $C_{13}H_{14}N_2O_3 \cdot C_6H_3N_3O_7$. Gelbe Kristalle (aus wss. A.); F: 199° (*Feist, Ku-klinski,* Ar. **274** [1936] 425, 435).   [*Flock*]

[N-Acetyl-sulfanilyl]-[2]pyridylamino-methan, Essigsäure-[4-([2]pyridylamino-methan= sulfonyl)-anilid] $C_{14}H_{15}N_3O_3S$, Formel I.

B. Beim Erwärmen von [2]Pyridylamin und Essigsäure-[4-hydroxymethansulfonyl-anilid] in Äthanol (*Fel'dman, Gawrilowa,* Ž. obšč. Chim. **22** [1952] 286, 289; engl. Ausg. S. 347, 350).

Kristalle (aus A.); F: 158—159°.

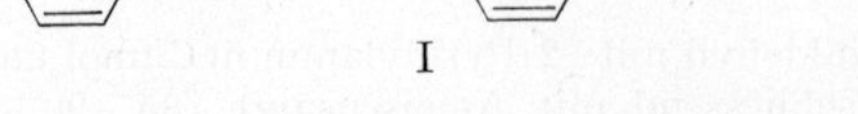

I 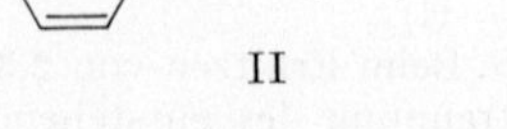   II

[2]Pyridylamino-methansulfonsäure $C_6H_8N_2O_3S$, Formel II.

B. Beim Erwärmen von [2]Pyridylamin mit Formaldehyd und NaHSO$_3$ in H$_2$O (*De-*

wing et al., Soc. **1942** 239, 244).

Natrium-Salz $NaC_6H_7N_2O_3S$. Kristalle (aus H_2O) mit 1,5 Mol H_2O; F: 282° [Zers.].

N-[[2]-Pyridylamino-methyl]-phthalimid $C_{14}H_{11}N_3O_2$, Formel III.
B. Beim Erwärmen von [2]Pyridylamin mit wss. Formaldehyd und Phthalimid in Äthanol (*Winstead, Heine*, Am. Soc. **77** [1955] 1913).
Kristalle (aus wss. A.); F: 184° [korr.].

N,N'-Di-[2]pyridyl-methylendiamin $C_{11}H_{12}N_4$, Formel IV (R = R' = H).
B. Aus [2]Pyridylamin beim Erwärmen mit Formaldehyd in wss.-äthanol. NaOH oder beim Erhitzen mit Paraformaldehyd auf 150° (*Titow, Baryschnikowa*, Ž. obšč. Chim. **23** [1953] 290, 283; engl. Ausg. S. 303, 305). Beim Behandeln von [2]Pyridylamin in H_2O mit wss. Formaldehyd (*Urbański, Skowrońska-Serafinowa*, Roczniki Chem. **29** [1955] 367, 370; C. A. **1956** 4966). Beim Erwärmen von 1,3,5-Tri-[2]pyridyl-hexahydro-[1,3,5]triazin mit Ameisensäure (*Kahn, Petrow*, Soc. **1945** 858, 860).
Kristalle; F: 132—133° [korr.; aus PAe.] (*Kahn, Pe.*), 130—131° [aus H_2O] (*Ur., Sk.-Se.*), 120° [aus Acn.] (*Ti., Ba.*).
Beim Erwärmen mit wss. Formaldehyd und wss. Ameisensäure ist *N,N'*-Dimethyl-*N,N'*-di-[2]pyridyl-methylendiamin und Bis-[6-dimethylamino-[3]pyridyl]-methan erhalten worden (*Skowrońska-Serafinowa*, Roczniki Chem. **29** [1955] 361, 364; C. A. **1956** 7792).
Bis-methojodid $[C_{13}H_{18}N_4]I_2$. Kristalle (aus Me.); F: 225—226° (*Ur., Sk.-Se.*, l. c. S. 371).

III IV V

N,N'-Dimethyl-*N,N'*-di-[2]pyridyl-methylendiamin $C_{13}H_{16}N_4$, Formel IV (R = CH_3, R' = H).
B. Neben anderen Verbindungen beim Erwärmen von [2]Pyridylamin (*Beresowškiĭ*, Ž. obšč. Chim. **21** [1951] 1903, 1906; engl. Ausg. S. 2115, 2118; *Skowrońska-Serafinowa*, Roczniki Chem. **29** [1955] 361, 364; C. A. **1956** 7792) oder von *N,N'*-Di-[2]pyridyl-methylendiamin (*Sk.-Se.*) mit wss. Formaldehyd und wss. Ameisensäure.
Kristalle; F: 139—140° [aus PAe.] (*Be.*), 134—136° [aus H_2O] (*Sk.-Se.*).

1,1-Bis-[2]pyridylamino-äthan, *N,N'*-Di-[2]pyridyl-äthylidendiamin $C_{12}H_{14}N_4$, Formel IV (R = H, R' = CH_3) (E II 328).
B. Beim Behandeln von [2]Pyridylamin in H_2O mit Acetaldehyd (*Salukaew*, Latvijas Akad. Vēstis **1951** Nr. 5, S. 747, 751; C. A. **1954** 10024).
Kristalle (aus Bzl.); F: 113—116°.

(±)-2,2,2-Trichlor-1-[2]pyridylamino-äthanol $C_7H_7Cl_3N_2O$, Formel V (E II 328).
B. Aus [2]Pyridylamin und Chloral beim Behandeln in $CHCl_3$ (*Feist*, Ar. **272** [1934] 100, 108) oder beim Erwärmen in Benzol (*Nelson et al.*, J. Am. pharm. Assoc. **36** [1947] 349, 351).
Kristalle; F: 110° [aus wss. A.] (*Ne. et al.*), 106° [aus A.] (*Fe.*).

1,1,1-Trichlor-2,2-bis-[2]pyridylamino-äthan, 2,2,2-Trichlor-*N,N'*-di-[2]pyridyl-äthylidendiamin $C_{12}H_{11}Cl_3N_4$, Formel IV (R = H, R' = CCl_3) (E I 630).
B. Beim Behandeln von [2]Pyridylamin in $CHCl_3$ mit Chloral (*Feist*, Ar. **272** [1934] 100, 108). Beim Erhitzen von (±)-2,2,2-Trichlor-1-[2]pyridylamino-äthanol auf 110° (*Fe.*) oder unter vermindertem Druck (*Nelson et al.*, J. Am. pharm. Assoc. **36** [1947] 349, 351).
Kristalle (aus A.); F: 172° (*Fe.*), 171° (*Ne. et al.*).
Picrat $C_{12}H_{11}Cl_3N_4 \cdot C_6H_3N_3O_7$. Gelbe Kristalle (aus H_2O); F: 185° [Zers.] (*Fe.*).

*Opt.-inakt. [2]Pyridyl-bis-[2,2,3-trichlor-1-hydroxy-butyl]-amin $C_{13}H_{16}Cl_6N_2O_2$,
Formel VI.
   B. Beim Erwärmen von [2]Pyridylamin mit $(\pm)$-2,2,3-Trichlor-butyraldehyd (*Feist,
Kuklinski*, Ar. **274** [1936] 425, 434).
   Kristalle (aus PAe.); F: 109°.

Phenyl-bis-[2]pyridylamino-methan, *C*-Phenyl-*N,N'*-di-[2]pyridyl-methandiyldiamin,
N,N'-Di-[2]pyridyl-benzylidendiamin $C_{17}H_{16}N_4$, Formel IV (R = H, R' = C_6H_5)
(E I 630; E II 328).
   B. Beim Erhitzen von [2]Pyridylamin mit 0,5 Mol Benzaldehyd (*Grammaticakis*,
Bl. **1959** 480, 491).
   Kristalle (aus Ae. + PAe.); F: 145° [bei schnellem Erhitzen] bzw. 108° [bei langsamem
Erhitzen]. UV-Spektrum (A.; 220−370 nm): *Gr.*, l. c. S. 486.

**[3-Nitro-phenyl]-bis-[2]pyridylamino-methan, *C*-[3-Nitro-phenyl]-*N,N'*-di-[2]pyridyl-
methandiyldiamin** $C_{17}H_{15}N_5O_2$, Formel IV (R = H, R' = C_6H_4-$NO_2(m)$).
   B. Beim Erhitzen von [2]Pyridylamin mit 3-Nitro-benzaldehyd [0,5 Mol] (*Gram-
maticakis*, Bl. **1959** 480, 491).
   Kristalle (aus A. + PAe.); F: 147° [bei schnellem Erhitzen] bzw. 105° [bei langsamem
Erhitzen]. UV-Spektrum (A.; 220−370 nm): *Gr.*, l. c. S. 486.

*2-Benzylidenamino-pyridin, Benzyliden-[2]pyridyl-amin, Benzaldehyd-[2]pyridylimin
$C_{12}H_{10}N_2$, Formel VII (X = X' = H) (E II 328).
   B. Beim Erhitzen von [2]Pyridylamin mit Benzaldehyd in Cumol (*Kaye, Kogon*,
R. **71** [1952] 309, 317).
   Kp_{22}: 174−185°.

*[4-Chlor-benzyliden]-[2]pyridyl-amin, 4-Chlor-benzaldehyd-[2]pyridylimin $C_{12}H_9ClN_2$,
Formel VII (X = H, X' = Cl).
   B. Beim Erhitzen von [2]Pyridylamin mit 4-Chlor-benzaldehyd in Cumol (*Kaye,
Kogon*, R. **71** [1952] 309, 316).
   $Kp_{0,5}$: 122,5−125°.

*[2-Nitro-benzyliden]-[2]pyridyl-amin, 2-Nitro-benzaldehyd-[2]pyridylimin $C_{12}H_9N_3O_2$,
Formel VII (X = NO_2, X' = H).
   B. Beim Erwärmen von [2]Pyridylamin und 2-Nitro-benzaldehyd in Äthanol (*Borsche,
Sell*, B. **83** [1950] 78, 87).
   F: 122°.

VI   VII   VIII

*[4-Nitro-benzyliden]-[2]pyridyl-amin, 4-Nitro-benzaldehyd-[2]pyridylimin $C_{12}H_9N_3O_2$,
Formel VII (X = H, X' = NO_2).
   B. Beim Erhitzen von [2]Pyridylamin mit 4-Nitro-benzaldehyd (*Grammaticakis*, Bl.
1959 480, 491).
   Hellgelbe Kristalle (aus Ae. + PAe.) mit 0,5 Mol H_2O; F: ca. 120° [vorgeheizter App.]
und (nach Wiedererstarren) F: 147°. UV-Spektrum (A.; 220−380 nm): *Gr.*, l. c. S. 486.

4-[2]Pyridylimino-butan-2-on $C_9H_{10}N_2O$ und Tautomeres.
   4-[2]Pyridylamino-but-3-en-2-on $C_9H_{10}N_2O$, Formel VIII (R = CH_3).
   Nach Ausweis des ^{1}H-NMR-Spektrums, des IR-Spektrums und des UV-Spektrums
liegt 4-[2]Pyridylamino-but-3-en-2-on vor (*Fischer, Schneider*, J. pr. **316** [1974] 469).
   B. Beim Erhitzen von [2]Pyridylamin und 4,4-Dimethoxy-butan-2-on unter Druck
auf 140° (*Nešmejanow et al.*, Doklady Akad. S.S.S.R. **113** [1957] 343, 344, 346; Pr. Acad.

Sci. U.S.S.R. Chem. Sect. **112–117** [1957] 213, 214, 216).
Kristalle; F: 121° [aus A. + PAe.] (*Ne.*), 115—115,5° [aus Acn.] (*Fi., Sch.*, l. c. S. 472).
¹H-NMR-Absorption und ¹H-¹H-Spin-Spin-Kopplungskonstanten (DMSO-d₆): *Fi., Sch.*,
l. c. S. 470. λ_{max}: 288 nm und 341 nm [CHCl₃] bzw. 226 nm, 283 nm und 335 nm [A.]
(*Fi., Sch.*, l. c. S. 471).

1-[2]Pyridylimino-pentan-3-on C₁₀H₁₂N₂O und Tautomeres.

1-[2]Pyridylamino-pent-1-en-3-on C₁₀H₁₂N₂O, Formel VIII (R = C₂H₅).

B. Beim Erhitzen von [2]Pyridylamin und 1,1-Dimethoxy-pentan-3-on unter Druck
auf 140° (*Nešmejanow et al.*, Doklady Akad. S.S.S.R. **113** [1957] 343, 344, 346; Pr. Acad.
Sci. U.S.S.R. Chem. Sect. **112–117** [1957] 213, 214, 216).
Kristalle (aus A. + PAe.); F: 96,5—97°.

1-[2]Pyridylimino-hexan-3-on C₁₁H₁₄N₂O und Tautomeres.

1-[2]Pyridylamino-hex-1-en-3-on C₁₁H₁₄N₂O, Formel VIII (R = CH₂-CH₂-CH₃).

B. Beim Erhitzen von [2]Pyridylamin und 1,1-Dimethoxy-hexan-3-on unter Druck
auf 140° (*Nešmejanow et al.*, Doklady Akad. S.S.S.R. **113** [1957] 343, 344, 346; Pr.
Acad. Sci. U.S.S.R. Chem. Sect. **112–117** [1957] 213, 214, 216).
Kristalle (aus A. + PAe.); F: 86—88°.

1-Phenyl-3-[2]pyridylimino-propan-1-on C₁₄H₁₂N₂O und Tautomeres.

1-Phenyl-3-[2]pyridylamino-propenon C₁₄H₁₂N₂O, Formel VIII (R = C₆H₅).

Nach Ausweis des ¹H-NMR-Spektrums, des IR-Spektrums und des UV-Spektrums
liegt 1-Phenyl-3-[2]pyridylamino-propenon vor (*Fischer, Schneider*, J. pr. **316** [1974] 469).
B. Beim Erhitzen von [2]Pyridylamin und 3,3-Dimethoxy-1-phenyl-propan-1-on
unter Druck auf 140° (*Nešmejanow et al.*, Doklady Akad. S.S.S.R. **113** [1957] 343, 344,
346; Pr. Acad. Sci. U.S.S.R. Chem. Sect. **112–117** [1957] 213, 214, 216).
Kristalle, F: 127—129° [aus A. + PAe.] (*Ne. et al.*); hellgelbe Kristalle, F: 127—128°
[aus A.] (*Fi., Sch.*, l. c. S. 472). ¹H-NMR-Absorption und ¹H-¹H-Spin-Spin-Kopplungs⸗
konstanten (DMSO-d₆): *Fi., Sch.*, l. c. S. 470. λ_{max}: 253 nm und 368 nm [CHCl₃] bzw.
249 nm, 289 nm und 364 nm [A.] (*Fi., Sch.*, l. c. S. 471).

[2,2-Dimethoxy-äthyl]-[2]pyridyl-amin, [2]Pyridylamino-acetaldehyd-dimethylacetal

C₉H₁₄N₂O₂, Formel IX (R = H, R' = CH₃).
B. Beim Erhitzen von [2]Pyridylamin und LiNH₂ in Toluol mit Chloracetaldehyd-
dimethylacetal (*Kaye*, Am. Soc. **73** [1951] 5467).
Kp₁₄: 146—147°.
Picrat C₉H₁₄N₂O₂·C₆H₃N₃O₇. Kristalle (aus Me.); F: 133—134° [korr.].

[2,2-Diäthoxy-äthyl]-[2]pyridyl-amin, [2]Pyridylamino-acetaldehyd-diäthylacetal

C₁₁H₁₈N₂O₂, Formel IX (R = H, R' = C₂H₅).
B. Aus [2]Pyridylamin und Bromacetaldehyd-diäthylacetal beim Erhitzen unter
Druck auf 120° (*Jones et al.*, Am. Soc. **71** [1949] 4000) oder beim Behandeln mit NaNH₂
in Xylol (*Reynaud et al.*, Bl. **1957** 718, 719).
Kp₁₂: 153° (*Re. et al.*). Kp₀,₆: 115—118°; D₂₅²⁵: 1,043; n_D²⁵: 1,5123 (*Jo. et al.*).
Beim Erwärmen mit Kaliumthiocyanat in wss.-äthanol. HCl ist 1-[2]Pyridyl-imidazol-
2-thiol erhalten worden (*Jo. et al.*).

*[2]Pyridylamino-acetaldehyd-oxim C₇H₉N₃O, Formel X (R = H, X = OH).

B. Beim Erwärmen von [2]Pyridylamino-acetaldehyd-diäthylacetal mit wss. HCl
und folgenden Behandeln mit NH₂OH·HCl (*Reynaud et al.*, Bl. **1957** 718, 719).
Kristalle (aus Butanon); F: 116°.

IX   X   XI

*[2]Pyridylamino-acetaldehyd-semicarbazon $C_8H_{11}N_5O$, Formel X (R = H,
X = NH-CO-NH₂).

B. Aus [2]Pyridylamino-acetaldehyd-diäthylacetal (*Reynaud et al.*, Bl. **1957** 718, 720).
Kristalle (aus A.); F: 148°.

*[2]Pyridylamino-acetaldehyd-thiosemicarbazon $C_8H_{11}N_5S$, Formel X (R = H,
X = NH-CS-NH₂).

B. Beim Erwärmen von [2]Pyridylamino-acetaldehyd-diäthylacetal mit wss. HCl und
folgenden Behandeln mit Thiosemicarbazid (*Reynaud et al.*, Bl. **1957** 718, 720).
Kristalle (aus A.); F: 172°.

**[2,2-Dimethoxy-äthyl]-phenyl-[2]pyridyl-amin, [Phenyl-[2]pyridyl-amino]-acetaldehyd-
dimethylacetal** $C_{15}H_{18}N_2O_2$, Formel IX (R = C_6H_5, R' = CH₃).

B. Beim Behandeln von Phenyl-[2]pyridyl-amin und Bromacetaldehyd-dimethylacetal
mit NaNH₂ in Benzol (*Bristow et al.*, Soc. **1954** 616, 627).
$Kp_{1,2}$: 140—145°.

*[Phenyl-[2]pyridyl-amino]-acetaldehyd-oxim $C_{13}H_{13}N_3O$, Formel X (R = C_6H_5,
X = OH).

B. Beim Erwärmen von [Phenyl-[2]pyridyl-amino]-acetaldehyd-dimethylacetal mit
wss. HCl und anschliessenden Behandeln mit NH₂OH·HCl (*Bristow et al.*, Soc. **1954**
616, 627).
Kristalle (aus A.); F: 93°.

[Benzyl-[2]pyridyl-amino]-acetaldehyd $C_{14}H_{14}N_2O$, Formel XI.

B. Beim Erhitzen von [Benzyl-[2]pyridyl-amino]-acetaldehyd-dimethylacetal mit
wss. HCl (*Bristow et al.*, Soc. **1954** 616, 622).
Picrat $C_{14}H_{14}N_2O·C_6H_3N_3O_7$. Kristalle (aus A.); F: 144°.

**Benzyl-[2,2-dimethoxy-äthyl]-[2]pyridyl-amin, [Benzyl-[2]pyridyl-amino]-acetaldehyd-
dimethylacetal** $C_{16}H_{20}N_2O_2$, Formel XII (R = H).

B. Beim Erhitzen von 2-Benzylamino-pyridin und LiNH₂ in Toluol mit Chloracet=
aldehyd-dimethylacetal (*Kaye*, Am. Soc. **73** [1951] 5467). Beim Erhitzen von 2-Brom-
pyridin und Benzylamino-acetaldehyd-dimethylacetal mit K₂CO₃ auf 200° (*Bristow et al.*,
Soc. **1954** 616, 622).
F: 50°; Kp_1: 155—160° (*Br. et al.*). $Kp_{0,03}$: 113,5° (*Kaye*).
Hydrochlorid $C_{16}H_{20}N_2O_2·HCl$. Kristalle (aus Acn. + Isopropylalkohol); F: 215,5°
bis 216,5° [korr.] (*Kaye*).
Picrat $C_{16}H_{20}N_2O_2·C_6H_3N_3O_7$. Kristalle (aus A.); F: 119° (*Br. et al.*).

*[Benzyl-[2]pyridyl-amino]-acetaldehyd-oxim $C_{14}H_{15}N_3O$, Formel XIII (R = H).

B. Beim Behandeln von [Benzyl-[2]pyridyl-amino]-acetaldehyd mit NH₂OH·HCl in
wss. HCl in Gegenwart von Natriumacetat (*Bristow et al.*, Soc. **1954** 616, 622).
Kristalle; F: 114°.
Hydrochlorid $C_{14}H_{15}N_3O·HCl$. Kristalle (aus A. + Ae.); F: 142°.
Picrat $C_{14}H_{15}N_3O·C_6H_3N_3O_7$. Kristalle (aus A.); F: 134°.

XII   XIII   XIV

**[2,2-Dimethoxy-äthyl]-[2]pyridyl-[2,4,6-trimethyl-benzyl]-amin, [[2]Pyridyl-
(2,4,6-trimethyl-benzyl)-amino]-acetaldehyd-dimethylacetal** $C_{19}H_{26}N_2O_2$, Formel XII
(R = CH₃).

B. Beim Erhitzen von 2-Brom-pyridin und [2,4,6-Trimethyl-benzylamino]-acet=

aldehyd-dimethylacetal mit K_2CO_3 (*Bristow et al.*, Soc. **1954** 616, 626).
Kp$_{0,8}$: 174 — 176°.

*[[2]Pyridyl-(2,4,6-trimethyl-benzyl)-amino]-acetaldehyd-oxim $C_{17}H_{21}N_3O$, Formel XIII
(R = CH_3).
B. Aus der vorangehenden Verbindung beim Erhitzen mit wss. HCl und anschliessen-
den Behandeln mit $NH_2OH \cdot HCl$ und Natriumacetat (*Bristow et al.*, Soc. **1954** 616, 627).
Kristalle (aus A.); F: 172°.
Hydrochlorid $C_{17}H_{21}N_3O \cdot HCl$. Kristalle (aus H_2O); F: 222 — 223°.

**[3,3-Dimethoxy-propyl]-[2]pyridyl-amin, 3-[2]Pyridylamino-propionaldehyd-
dimethylacetal** $C_{10}H_{16}N_2O_2$, Formel XIV.
B. Beim Behandeln von [2]Pyridylamin und 3-Brom-propionaldehyd-dimethylacetal
mit $NaNH_2$ in Xylol (*Tupin et al.*, Bl. **1957** 721, 722).
Kp$_4$: 155 — 157°.
Picrat $C_{10}H_{16}N_2O_2 \cdot C_6H_3N_3O_7$. F: 156° [unkorr.; aus A.].

*3-[2]Pyridylamino-propionaldehyd-oxim $C_8H_{11}N_3O$, Formel I (X = OH).
B. Beim Erwärmen von 3-[2]Pyridylamino-propionaldehyd-dimethylacetal mit wss.
HCl und folgenden Behandeln mit $NH_2OH \cdot HCl$ (*Tupin et al.*, Bl. **1957** 721, 722).
Kristalle (aus Bzl. + PAe.); F: 72°.
Picrat $C_8H_{11}N_3O \cdot C_6H_3N_3O_7$. Kristalle (aus A.) mit 0,5 Mol Äthanol; F: 140° und
F: 186°.

*3-[2]Pyridylamino-propionaldehyd-semicarbazon $C_9H_{13}N_5O$, Formel I
(X = NH-CO-NH$_2$).
B. Aus 3-[2]Pyridylamino-propionaldehyd-dimethylacetal (*Tupin et al.*, Bl. **1957** 721,
723).
Kristalle (aus E.); F: 130°.

*3-[2]Pyridylamino-propionaldehyd-thiosemicarbazon $C_9H_{13}N_5S$, Formel I
(X = NH-CS-NH$_2$).
B. Beim Erwärmen von 3-[2]Pyridylamino-propionaldehyd-dimethylacetal mit wss.
HCl und folgenden Behandeln mit Thiosemicarbazid (*Tupin et al.*, Bl. **1957** 721, 723).
Kristalle (aus Py. + A.); F: 198° [nicht rein erhalten].

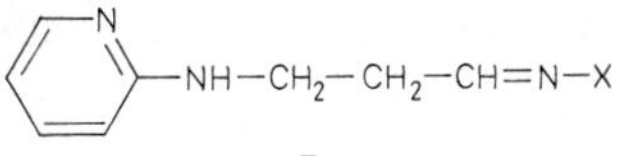

I 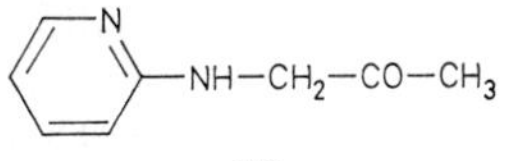   II

[2]Pyridylamino-aceton $C_8H_{10}N_2O$, Formel II.
B. Beim Erwärmen von [2-Methyl-[1,3]dioxolan-2-ylmethyl]-[2]pyridyl-amin mit wss.
HBr [24%ig] (*Adams, Dix*, Am. Soc. **80** [1958] 4618, 4620).
Kristalle (nach Sublimation); F: 59 — 60°.
Beim Erhitzen mit Acetanhydrid ist 3-Methyl-imidazo[1,2-a]pyridin erhalten worden.

(±)-2-Methyl-5-[2]pyridylamino-hexan-3-on(?) $C_{12}H_{18}N_2O$, vermutlich Formel III.
B. Beim Hydrieren von (±)-2-Methyl-5-[2]pyridylamino-hex-1-en-3-on [?] (S. 3874)
in Äthanol an Palladium (*Nasarow et al.*, Izv. Akad. S.S.S.R. Otd. chim. **1952** 1057,
1067; engl. Ausg. S. 923, 931).
Kp$_4$: 125 — 126°. D$_4^{20}$: 1,0243. n$_D^{20}$: 1,5280.
Picrat. F: 130 — 131° [aus A.].

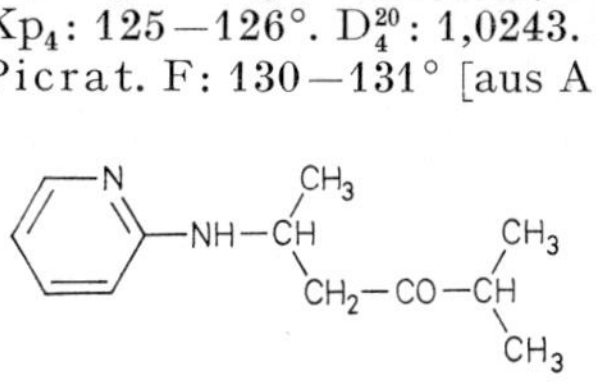

III 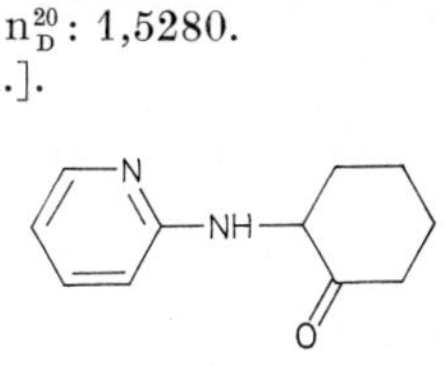   IV 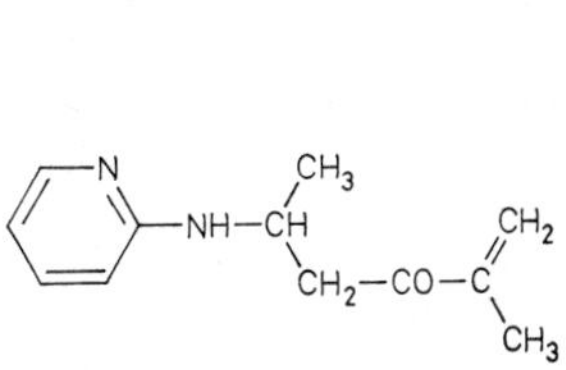   V

(±)-2-[2]Pyridylamino-cyclohexanon $C_{11}H_{14}N_2O$, Formel IV.

B. Beim Erwärmen von [2]Pyridylamin und (±)-2-Chlor-cyclohexanon mit Na_2CO_3 in Äthanol (*Campbell, McCall*, Soc. **1951** 2411, 2415). Neben 6,7,8,9-Tetrahydro-benz= [4,5]imidazo[1,2-*a*]pyridin (über diese Verbindung s. *Ca., McC.*, l. c. S. 2411) beim Erwärmen von [2]Pyridylamin und (±)-2-Chlor-cyclohexanon mit $NaNH_2$ in Toluol (*I.G. Farbenind.*, D.R.P. 547985 [1930]; Frdl. **18** 2782; *Winthrop Chem. Co.*, U.S.P. 2057978 [1931]).

Kristalle (aus A.); F: 147—149° (*Ca., McC.*), 147° (*I.G. Farbenind.; Winthrop Chem. Co.*). UV-Spektrum (220—330 nm): *Ca., McC.*

Beim Erhitzen mit Acetanhydrid oder beim Behandeln mit HBr in Essigsäure ist 6,7,8,9-Tetrahydro-benz[4,5]imidazo[1,2-*a*]pyridin erhalten worden (*Ca., McC.*).

2,4-Dinitro-phenylhydrazon-hydrogensulfat $C_{17}H_{18}N_6O_4 \cdot H_2SO_4$. Orangefarbene Kristalle (aus A. + Eg.); F: 164—165° [Zers.] (*Ca., McC.*).

(±)-2-Methyl-5-[2]pyridylamino-hex-1-en-3-on(?) $C_{12}H_{16}N_2O$, vermutlich Formel V.

B. Beim Erwärmen von [2]Pyridylamin mit 2-Methyl-hexa-1,4*t*-dien-3-on [E IV **1** 3551] (*Nasarow et al.*, Izv. Akad. S.S.S.R. Otd. chim. **1952** 1057, 1067; engl. Ausg. S. 923, 930).

$Kp_{2,5}$: 129—131°. D_4^{20}: 1,0554. n_D^{20}: 1,5575.

Picrat. F: ca. 230° [Zers.; aus A.].

*2-Salicylidenamino-pyridin, 2-[[2]Pyridylimino-methyl]-phenol, Salicylaldehyd-[2]pyridylimin $C_{12}H_{10}N_2O$, Formel VI (X = H) (H 429; E I 630).

Gelbe Kristalle (aus A.); F: 70° (*Grammaticakis*, Bl. **1959** 480, 491), 65° (*Feist*, Ar. **272** [1934] 100, 106). Absorptionsspektrum (A.; 220—420 nm): *Gr.*, l. c. S. 486.

Verbindung mit Brom $C_{12}H_{10}N_2O \cdot Br_2$. Orangefarbene Kristalle (aus A.); F: 170° (*Fe.*, l. c. S. 107).

Kupfer(II)-Salz $Cu(C_{12}H_9N_2O)_2$. Braunschwarze Kristalle (*Selenzow et al.*, Chimija chim. Technol. (NDVŠ) **1958** 465, 466; C. A. **1959** 791). Magnetische Susceptibilität bei 295 K: $+2,76 \cdot 10^{-6}$ $cm^3 \cdot g^{-1}$ (*Se. et al.*, l. c. S. 468).

Uranyl(VI)-Salz $UO_2(C_{12}H_9N_2O)_2$. Rote Kristalle (*Sawitsch et al.*, Ž. neorg. Chim. **1** [1956] 2736, 2737; engl. Ausg. **1** Nr. 12, S. 94, 95).

*5-Chlor-2-[[2]pyridylimino-methyl]-phenol, 5-Chlor-2-hydroxy-benzaldehyd-[2]pyridyl= imin $C_{12}H_9ClN_2O$, Formel VI (X = Cl.)

B. Beim Erwärmen von [2]Pyridylamin und 5-Chlor-2-hydroxy-benzaldehyd in Äthanol (*Sawitsch et al.*, Vestnik Moskovsk. Univ. **11** [1956] Nr. 1, S. 225, 229; C. A. **1959** 1334).

Orangegelbe Kristalle; F: 133,5—134,5° (*Sa. et al.*, Vestnik Moskovsk. Univ. **11** Nr. 1, S. 229).

Uranyl(VI)-Salz $UO_2(C_{12}H_8ClN_2O)_2$. Dunkelrot (*Sawitsch et al.*, Ž. neorg. Chim. **1** [1956] 2736, 2740; engl. Ausg. **1** Nr. 12, S. 94, 98).

VI   VII

*5-Brom-2-[[2]pyridylimino-methyl]-phenol, 5-Brom-2-hydroxy-benzaldehyd-[2]pyridylimin $C_{12}H_9BrN_2O$, Formel VI (X = Br).

B. Beim Erwärmen von [2]Pyridylamin und 5-Brom-2-hydroxy-benzaldehyd in Äthanol (*Sawitsch et al.*, Vestnik Moskovsk. Univ. **11** [1956] Nr. 1, S. 225, 229; C. A. **1959** 1334).

Orangefarbene Kristalle; F: 144,5—145,5° (*Sa. et al.*, Vestnik Moskovsk. Univ. **11** Nr. 1, S. 229).

Uranyl(VI)-Salz $UO_2(C_{12}H_8BrN_2O)_2$. Dunkelrot (*Sawitsch et al.*, Ž. neorg. Chim. **1** [1956] 2736, 2740; engl. Ausg. **1** Nr. 12, S. 94, 99).

[4-Methoxy-phenyl]-bis-[2]pyridylamino-methan, C-[4-Methoxy-phenyl]-N,N'-di-
[2]pyridyl-methandiyldiamin $C_{18}H_{18}N_4O$, Formel VII.
B. Beim Erhitzen von [2]Pyridylamin mit 4-Methoxy-benzaldehyd [0,5 Mol] (Grammaticakis, Bl. **1959** 480, 491).
Kristalle (aus Toluol + PAe.); F: 115° [bei schnellem Erhitzen] bzw. 80° [bei langsamem Erhitzen]. UV-Spektrum (A.; 210—380 nm): Gr., l. c. S. 486.

*4-[[2]Pyridylimino-methyl]-phenol, 4-Hydroxy-benzaldehyd-[2]pyridylimin
$C_{12}H_{10}N_2O$, Formel VIII (R = H).
B. Beim Erhitzen von [2]Pyridylamin und 4-Hydroxy-benzaldehyd (Grammaticakis,
Bl. **1959** 480, 492).
F: 240° [0,5 Mol H_2O enthaltend].

*[4-Methoxy-benzyliden]-[2]pyridyl-amin, 4-Methoxy-benzaldehyd-[2]pyridylimin
$C_{13}H_{12}N_2O$, Formel VIII (R = CH_3).
B. Beim Erhitzen von [2]Pyridylamin und 4-Methoxy-benzaldehyd in Cumol (Kaye,
Kogon, R. **71** [1952] 309, 316).
Kristalle (aus Me.); F: 55—57,5°. $Kp_{0,6}$: 147—148°.

VIII   IX

2-Phenacylamino-pyridin, 1-Phenyl-2-[2]pyridylamino-äthanon $C_{13}H_{12}N_2O$, Formel IX.
B. Beim Erwärmen von [2-Phenyl-[1,3]dioxolan-2-ylmethyl]-[2]pyridyl-amin mit wss.
HBr [24%ig] (Adams, Dix, Am. Soc. **80** [1958] 4618; s. a. Reynaud et al., C. r. **247**
[1958] 2159).
Kristalle; F: 117—118° [aus PAe.] (Re. et al.), 103—112° [nach Sublimation] (Ad.,
Dix).
Beim Erhitzen mit Acetanhydrid ist 3-Phenyl-imidazo[1,2-a]pyridin erhalten worden
(Ad., Dix; Re. et al.).
Hydrochlorid $C_{13}H_{12}N_2O \cdot HCl$. F: 184—185° [Zers.; aus A.] (Re. et al.).
Oxim $C_{13}H_{13}N_3O$. F: 154° [aus Propan-1-ol] (Re. et al.).
Semicarbazon $C_{14}H_{15}N_5O$. F: 197° [aus A.] (Re. et al.).

*4-Methyl-2-[[2]pyridylimino-methyl]-phenol, 2-Hydroxy-5-methyl-benzaldehyd-
[2]pyridylimin $C_{13}H_{12}N_2O$, Formel VI (X = CH_3).
B. Beim Erwärmen von [2]Pyridylamin und 2-Hydroxy-5-methyl-benzaldehyd in
Äthanol (Šawitsch et al., Vestnik Moskovsk. Univ. **11** [1956] Nr. 1, S. 225, 229; C. A.
1959 1334).
Orangegelbe Kristalle; F: 117,5° (Ša. et al., Vestnik Moskovsk. Univ. **11** Nr. 1, S. 229).
Uranyl(VI)-Salz $UO_2(C_{13}H_{11}N_2O)_2$. Rotes Pulver (Šawitsch et al., Ž. neorg. Chim. **1**
[1956] 2736, 2739; engl. Ausg. 1 Nr. 12, S. 94, 98).

*1-[[2]Pyridylimino-methyl]-[2]naphthol, 2-Hydroxy-[1]naphthaldehyd-[2]pyridylimin
$C_{16}H_{12}N_2O$, Formel X.
B. Beim Erwärmen von [2]Pyridylamin und 2-Hydroxy-[1]naphthaldehyd in Äthanol
(Šawitsch et al., Vestnik Moskovsk. Univ. **11** [1956] Nr. 1, S. 225, 229; C. A. **1959** 1334).
Orangegelbe Kristalle; F: 176° (Ša. et al., Vestnik. Moskovsk. Univ. **11** Nr. 1, S. 229).
Kupfer(II)-Salz $Cu(C_{16}H_{11}N_2O)_2$. Hellbraune Kristalle (Selenzow et al., Chimija
chim. Technol. (NDVŠ) **1958** 465, 466; C. A. **1959** 791). Magnetische Susceptibilität bei
296 K: +2,49·10^{-6} cm³·g⁻¹ (Se. et al., l. c. S. 468).
Uranyl(VI)-Salz $UO_2(C_{16}H_{11}N_2O)_2$. Rote Kristalle (Šawitsch et al., Ž. neorg. Chim.
1 [1956] 2736, 2739; engl. Ausg. 1 Nr. 12, S. 94, 98).

(±)-α-[2]Pyridylamino-desoxybenzoin $C_{19}H_{16}N_2O$, Formel XI.
B. Beim Erhitzen von (±)-Benzoin mit [2]Pyridylamin und konz. wss. HCl in Toluol
(Kaye et al., Am. Soc. **75** [1953] 746).
Kristalle (aus Isopropylalkohol); F: 106—108° [korr.].

Beim Behandeln mit Aluminiumisopropylat in Isopropylalkohol ist *erythro*-α'-[2]Pyr⸗ idylamino-bibenzyl-α-ol erhalten worden.

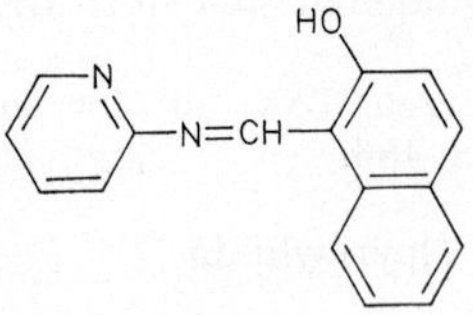

X 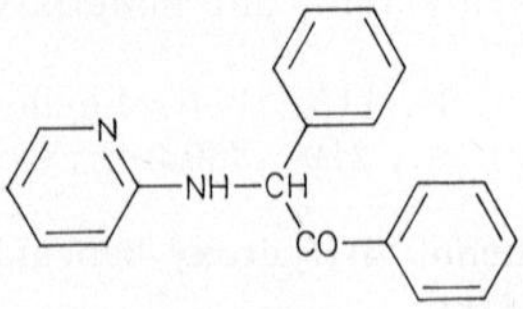   XI 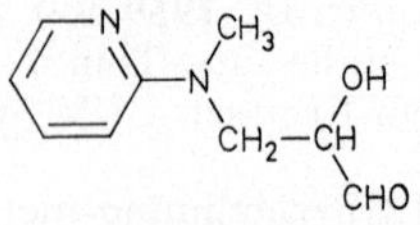   XII

(±)-2-Hydroxy-3-[methyl-[2]pyridyl-amino]-propionaldehyd $C_9H_{12}N_2O_2$, Formel XII.
B.   Aus   (±)-2-Hydroxy-3-[methyl-[2]pyridyl-amino]-propionaldehyd-diäthylacetal
(s. u.) beim Behandeln mit wss. HCl (*Wright et al.*, Am. Soc. **79** [1957] 1690, 1691, 1693).
Hydrochlorid $C_9H_{12}N_2O_2 \cdot HCl$. Kristalle (aus Isopropylalkohol + Acn.); F: 151,5°
bis 153,5° [korr.].

(±)-1,1-Diäthoxy-3-[methyl-[2]pyridyl-amino]-propan-2-ol, (±)-2-Hydroxy-3-[methyl-
[2]pyridyl-amino]-propionaldehyd-diäthylacetal $C_{13}H_{22}N_2O_3$, Formel I.
B. Beim Erhitzen von 2-Brom-pyridin und (±)-2-Hydroxy-3-methylamino-propion⸗
aldehyd-diäthylacetal bis auf 125° (*Wright et al.*, Am. Soc. **79** [1957] 1690, 1692).
$Kp_{2,1}$: 149—151°.

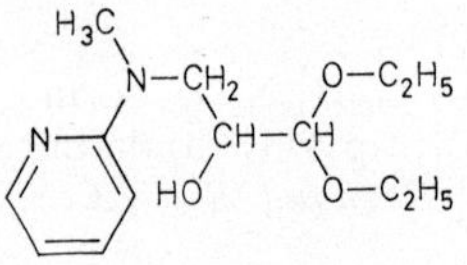

I 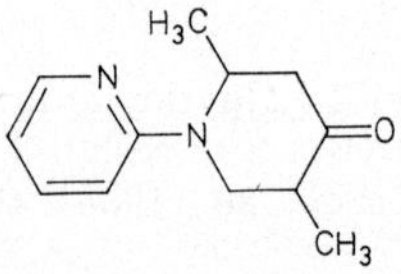   II 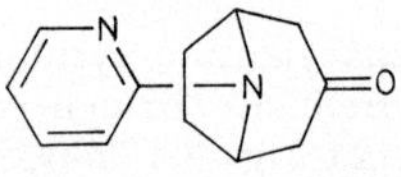   III

*Opt.-inakt. **2,5-Dimethyl-2,3,5,6-tetrahydro-[1,2']bipyridyl-4-on, 2,5-Dimethyl-**
1-[2]pyridyl-piperidin-4-on $C_{12}H_{16}N_2O$, Formel II.
B. Beim Erwärmen von 2-Methyl-hexa-1,5-dien-3-in mit wss. Methanol unter Zusatz
von H_2SO_4 und $HgSO_4$ und Erwärmen des Reaktionsprodukts mit [2]Pyridylamin in H_2O
(*Nasarow et al.*, Izv. Akad. S.S.S.R. Otd. chim. **1952** 1057, 1066; engl. Ausg. S. 923, 930).
Kristalle (aus PAe.); F: 70—71°. $Kp_{0,5}$: 112°.
Hydrochlorid $C_{12}H_{16}N_2O \cdot HCl$. F: 149—150° [aus A. + Ae.].

8-[2]Pyridyl-nortropan-3-on $C_{12}H_{14}N_2O$, Formel III.
B. Bei 3-tägigem Behandeln von Succinaldehyd mit [2]Pyridylamin und 3-Oxo-
glutarsäure in Natriumacetat enthaltender wss. Lösung [pH 4,5] (*Stoll et al.*, Helv. **37**
[1954] 649, 651, 652).
F: 71—72°.

*Opt.-inakt. **2-Methyl-1-[2]pyridyl-octahydro-chinolin-4-on** $C_{15}H_{20}N_2O$, Formel IV.
B. Beim Erhitzen von [2]Pyridylamin mit einem Gemisch aus 1-Cyclohex-1-enyl-
but-2t-en-1-on und 1-Cyclohex-1-enyl-but-2c-en-1-on (E III **7** 556) in H_2O (*Nasarow
et al.*, Izv. Akad. S.S.S.R. Otd. chim. **1952** 1057, 1068; engl. Ausg. S. 923, 932).
Picrat $C_{15}H_{20}N_2O \cdot C_6H_3N_3O_7$. Gelbe Kristalle (aus A. + Acn.); F: 145—146°.

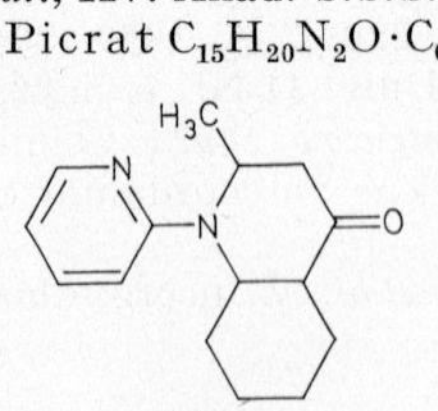

IV 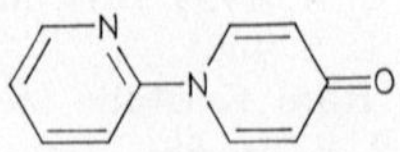   V 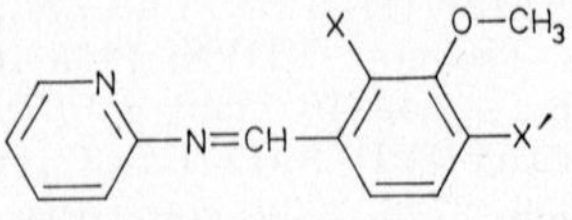   VI

[1,2']Bipyridyl-4-on, 1-[2]Pyridyl-1H-pyridin-4-on $C_{10}H_8N_2O$, Formel V.
B. Beim Erhitzen von 2-Brom-pyridin mit dem Natrium-Salz des Pyridin-4-ols und

Kupfer-Pulver auf 250—260° (*de Villiers, den Hertog,* R. **76** [1957] 647, 653).
   Kristalle (aus Bzl.); F: 164—165° [korr.]. λ_{max} (wss. A.): 290 nm.
   Verbindung mit Quecksilber(II)-chlorid $C_{10}H_8N_2O \cdot HgCl_2$. F: 183—184° [korr.; aus H_2O].
   Picrat $C_{10}H_8N_2O \cdot C_6H_3N_3O_7$. F: 185—186° [korr.; aus H_2O].

***[2,3-Dimethoxy-benzyliden]-[2]pyridyl-amin, 2,3-Dimethoxy-benzaldehyd-[2]pyridyl⸗
imin** $C_{14}H_{14}N_2O_2$, Formel VI (X = O-CH₃, X′ = H).
   B. Beim Erhitzen von [2]Pyridylamin und 2,3-Dimethoxy-benzaldehyd in Cumol
(*Kaye, Kogon,* R. **71** [1952] 309, 316).
   $Kp_{0,09}$: 130—139°.

***2-Veratrylidenamino-pyridin, [2]Pyridyl-veratryliden-amin, Veratrumaldehyd-
[2]pyridylimin** $C_{14}H_{14}N_2O_2$, Formel VI (X = H, X′ = O-CH₃).
   B. Beim Erhitzen von [2]Pyridylamin und Veratrumaldehyd in Cumol (*Kaye, Kogon,*
R. **71** [1952] 309, 316).
   $Kp_{0,2}$: 148—153°.

1-[4-Methoxy-phenyl]-3-[2]pyridylimino-propan-1-on $C_{15}H_{14}N_2O_2$ und Tautomeres.
   1-[4-Methoxy-phenyl]-3-[2]pyridylamino-propenon $C_{15}H_{14}N_2O_2$, Formel VII.
   B. Beim Erwärmen von [2]Pyridylamin mit 3-Acetoxy-1-[4-methoxy-phenyl]-propenon
in Methanol (*Hager, Hanker,* J. Am. pharm. Assoc. **44** [1955] 138, 141).
   Dihydrochlorid $C_{15}H_{14}N_2O_2 \cdot 2$ HCl. Kristalle (aus A. + Ae.); F: 135—139°.

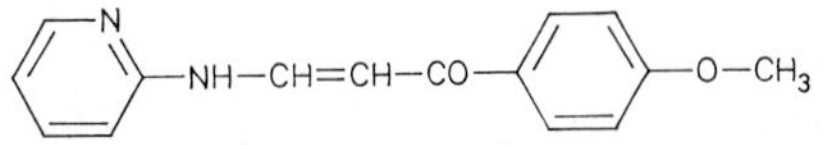

VII 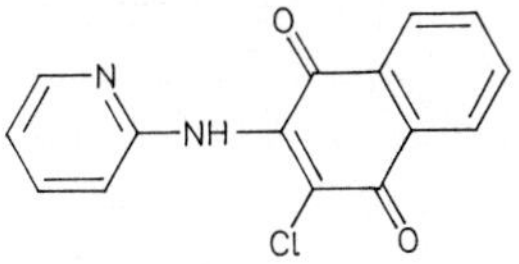   VIII

2-Chlor-3-[2]pyridylamino-[1,4]naphthochinon $C_{15}H_9ClN_2O_2$, Formel VIII, und Tauto-
meres.
   B. Beim Erwärmen von [2]Pyridylamin mit 2,3-Dichlor-[1,4]naphthochinon [1 Mol] in
Äthanol (*Calandra, Adams,* Am. Soc. **72** [1950] 4804; *Truitt et al.,* Am. Soc. **79** [1957]
5708; *Prescott,* J. med. Chem. **12** [1969] 181).
   F: 276—278° [Zers.; aus A.] (*Ca., Ad.; Tr. et al.*), 275 (*Pr.*).

**2-Hydroxy-4-[2]pyridylimino-4H-naphthalin-1-on, 2-Hydroxy-[1,4]naphthochinon-
4-[2]pyridylimin** $C_{15}H_{10}N_2O_2$, Formel IX, und Tautomere (z. B. 4-[2]Pyridylamino-
[1,2]naphthochinon).
   B. Beim Erwärmen von [2]Pyridylamin in H_2O mit dem Natrium-Salz (*Rubzow,* Ž.
obšč. Chim. **16** [1946] 221, 231; C. A. **1947** 430) oder dem Kalium-Salz (*Carrara, Bonacci,*
Chimica e Ind. **26** [1944] 75) der 3,4-Dioxo-3,4-dihydro-naphthalin-1-sulfonsäure.
   Rote Kristalle; F: 236,5—237° [aus Nitromethan] (*Mosby, Silva,* Soc. **1964** 3990,
3991), 225—228° [Zers.; aus Eg.] (*Ca., Bo.*), 217° (*Ru.*).

***2-Methyl-3-[[2]pyridylimino-methyl]-naphthalin-1,4-diol, 1,4-Dihydroxy-3-methyl-
[2]naphthaldehyd-[2]pyridylimin** $C_{17}H_{14}N_2O_2$, Formel X.
   B. Beim Erwärmen von [2]Pyridylamin und 1,4-Dihydroxy-3-methyl-[2]naphthaldehyd
in Äthanol (*Carrara, Bonacci,* G. **73** [1943] 276, 283, 284).
   Rote Kristalle; F: 214—216° [Zers.].

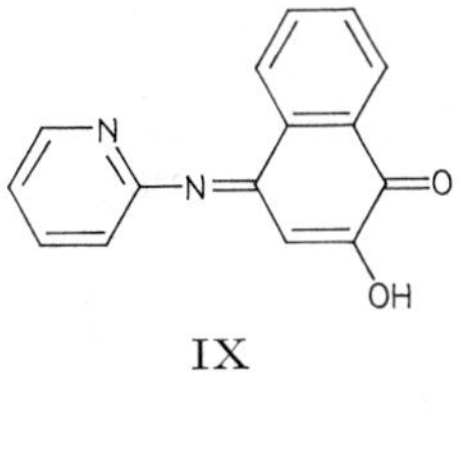

IX 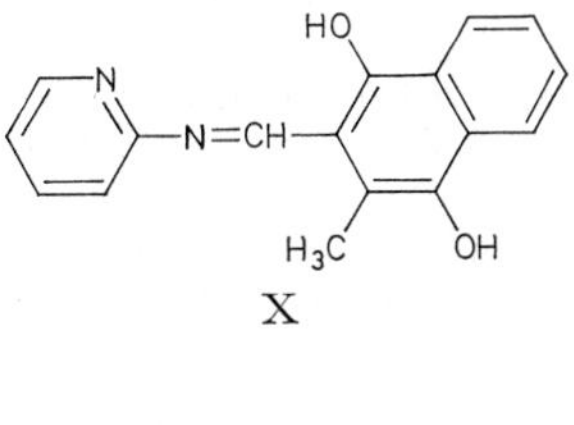   X 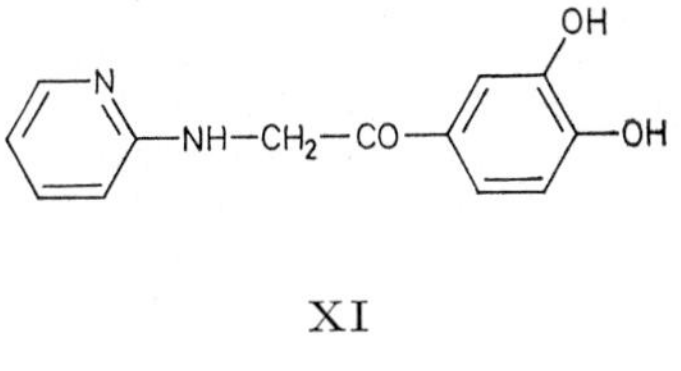   XI

1-[3,4-Dihydroxy-phenyl]-2-[2]pyridylamino-äthanon(?) $C_{13}H_{12}N_2O_3$, vermutlich Formel XI.

B. Beim Erwärmen von [2]Pyridylamin und 2-Chlor-1-[3,4-dihydroxy-phenyl]-äthanon in Äthanol (*Feist*, Ar. **272** [1934] 100, 111).

Hydrochlorid $C_{13}H_{12}N_2O_3 \cdot$ HCl. Kristalle (aus wss. HCl) mit 4 Mol H_2O; Zers. bei 300° [nach Dunkelfärbung ab 250°].

Sulfat. Wasserhaltige Kristalle, die oberhalb 160° sintern.

Verbindung mit Quecksilber(II)-chlorid $C_{13}H_{12}N_2O_3 \cdot HgCl_2$. Wasserhaltige Kristalle; F: 209° [nach Sintern ab 190°].

Picrat $C_{13}H_{12}N_2O_3 \cdot C_6H_3N_3O_7$. Gelbe Kristalle, die bei 231° [Zers.] sintern.

Diacetyl-Derivat $C_{17}H_{16}N_2O_5$. Hydrochlorid $C_{17}H_{16}N_2O_5 \cdot$ HCl. Kristalle mit 2 Mol H_2O; F: 199° [nach Sintern].

3-Hydroxy-2-[[2]pyridylamino-methyl]-[1,4]naphthochinon $C_{16}H_{12}N_2O_3$, Formel XII (R = H), und Tautomeres.

B. Beim Behandeln von 2-Hydroxy-[1,4]naphthochinon und [2]Pyridylamin in Äthanol mit wss. Formaldehyd (*Dalgliesh*, Am. Soc. **71** [1949] 1697, 1700).

Orangefarbene Kristalle; F: 180—182° [korr.; Zers.].

(±)-3-Hydroxy-2-[1-[2]pyridylamino-äthyl]-[1,4]naphthochinon $C_{17}H_{14}N_2O_3$, Formel XII (R = CH_3), und Tautomeres.

B. Beim Behandeln von 2-Hydroxy-[1,4]naphthochinon mit [2]Pyridylamin und Acet≠ aldehyd in Äthanol (*Dalgliesh*, Am. Soc. **71** [1949] 1697, 1700).

Rote Kristalle; F: 129—130° [korr.; Zers.].

XII   XIII

(±)-3-Hydroxy-2-[α-[2]pyridylamino-benzyl]-[1,4]naphthochinon $C_{22}H_{16}N_2O_3$, Formel XII (R = C_6H_5), und Tautomeres.

B. Beim Behandeln von 2-Hydroxy-[1,4]naphthochinon mit [2]Pyridylamin und Benzaldehyd in Äthanol (*Dalgliesh*, Am. Soc. **71** [1949] 1697, 1700).

Rot; F: 192—193° [korr.; Zers.].

2-[2]Pyridylamino-1-[2,3,4-trihydroxy-phenyl]-äthanon(?) $C_{13}H_{12}N_2O_4$, vermutlich Formel XIII.

B. Beim Erwärmen von [2]Pyridylamin und 2-Chlor-1-[2,3,4-trihydroxy-phenyl]-äthanon (*Feist*, Ar. **272** [1934] 100, 113).

Hydrochlorid $C_{13}H_{12}N_2O_4 \cdot$ HCl. Kristalle (aus A. + Dioxan) mit 1 Mol H_2O, die bei 265° [nach Dunkelfärbung] sintern.

Verbindung mit Quecksilber(II)-chlorid $C_{13}H_{12}N_2O_4 \cdot HgCl_2$. Kristalle mit 8 Mol H_2O; F: 231°.

Picrat $C_{13}H_{12}N_2O_4 \cdot C_6H_3N_3O_7$. Gelbe Kristalle, die bei 190° [nach Dunkelfärbung] sintern.   [*Blazek*]

2-Formylamino-pyridin, N-[2]Pyridyl-formamid $C_6H_6N_2O$, Formel I (R = H).

B. Beim Erwärmen von [2]Pyridylamin mit wasserfreier Ameisensäure (*Tschitschibabin, Knunjanz*, B. **64** [1931] 2839, 2841) in Benzol (*Mndshojan, Afrikjan*, Izv. Armjansk. Akad. **10** [1957] 143, 147, 152; C. A. **1958** 4641). Beim Behandeln von [2]Pyridylamin in Äther mit Ameisensäure-essigsäure-anhydrid (*Gol'dfarb, Šmorgonškiĭ*, Ž. obšč. Chim. **12** [1942] 255, 262; C. A. **1943** 3094).

Kristalle; F: 73—74° (*Mn., Af.*), 73° [aus Heptan] (*Gol'dfarb, Karaulowa*, Izv. Akad. S.S.S.R. Otd. chim. **1959** 1102, 1104; engl. Ausg. S. 1063), 72—73° [aus Bzl. + PAe.]

(*Schilling et al.*, B. **88** [1955] 1093, 1098), 71° (*Tsch., Kn.*). Kp_{15}: 161—162° (*Tsch., Kn.*); Kp_{12}: 156—158°; $Kp_{0,1}$: 121—122° (*Sch. et al.*); Kp_7: 140—141° (*Go., Šm.*).

Beim Erwärmen mit Bromaceton [Überschuss] in $CHCl_3$ ist N-[1-Acetonyl-1H-[2]pyr= idyliden]-formamid-hydrobromid erhalten worden (*Sch. et al.*).

Hydrobromid. Kristalle (aus Me. + Ae.); F: ca. 185° [unter Aufschäumen] (*Sch. et al.*).

Picrat. Kristalle; F: 215—215,5° (*Mn., Af.*), 214—215° [Zers.; aus H_2O] (*Sch. et al.*).

N,N′-Di-[2]pyridyl-formamidin $C_{11}H_{10}N_4$, Formel II.

B. Beim Erhitzen von [2]Pyridylamin mit Orthoameisensäure-triäthylester auf 180° (*Katayanagi*, J. pharm. Soc. Japan **68** [1948] 228, 229; C. A. **1954** 4545).

Kristalle (aus Acn. + A.); F: 210°.

Äthojodid $[C_{13}H_{15}N_4]I$; 1-Äthyl-2-[[2]pyridylamino-methylenamino]- pyridinium-jodid. Hygroskopische Kristalle (aus Acn. + Me.) mit 0,5 Mol H_2O; F: 187°.

I   II   III

1-Äthyl-2-[(1-äthyl-1H-[2]pyridylidenamino)-methylenamino]-pyridinium $[C_{15}H_{19}N_4]^+$ und Mesomere; **1,3-Bis-[1-äthyl-[2]pyridyl]-1,3-diaza-trimethinium** [1]), Formel III.

Jodid $[C_{15}H_{19}N_4]I$. *B.* Beim Erhitzen von 1-Äthyl-2-amino-pyridinium-jodid (E III/IV 21 3354) mit Orthoameisensäure-triäthylester in Pyridin (*Katayanagi*, J. pharm. Soc. Japan **68** [1948] 228, 230; C. A. **1954** 4545). — Gelbbraune Kristalle (aus Acn. + Me.); F: 178—179°. Absorptionsspektrum (A.; 380—550 nm): *Ka.*

N-Äthyl-N-[2]pyridyl-formamid $C_8H_{10}N_2O$, Formel I (R = C_2H_5).

B. Beim Erwärmen der Natrium-Verbindung von N-[2]Pyridyl-formamid mit Äthyl= bromid (*Blicke, Tsao*, Am. Soc. **68** [1946] 905).

Kp_3: 114—115°.

2-Acetylamino-pyridin, N-[2]Pyridyl-acetamid $C_7H_8N_2O$, Formel IV (X = X′ = X″ = H) (H 429; E I 630; E II 329).

Nach Ausweis des IR-Spektrums und des UV-Spektrums liegt im kristallinen Zustand und in Lösungen in Heptan, Dioxan, Äthanol sowie H_2O die Amino-Form vor (*Schein-ker*, Doklady Akad. S.S.S.R. **113** [1957] 1080; Pr. Acad. Sci. U.S.S.R. Chem. Sect. **112—117** [1957] 367).

B. Beim Erwärmen von [2]Pyridylamin in Benzol mit Acetylchlorid (*Mndshojan, Afri-kjan*, Izv. Armjansk. Akad. **10** [1957] 143, 147; C. A. **1958** 4641). Beim Erwärmen von [2]Pyridylamin in Nitrobenzol mit Acetylchlorid und $AlCl_3$ (*Ochiai*, J. pharm. Soc. Japan **60** [1940] 164, 171; dtsch. Ref. S. 55; C. A. **1940** 5449).

Kristalle (aus Bzl. + PAe.); F: 71° (*Grammaticakis*, Bl. **1959** 480, 491). Kp_{12-13}: 147° bis 148° (*Schilling et al.*, B. **88** [1955] 1093, 1099). Assoziation in Benzol: *Hunter, Reynolds*, Soc. **1950** 2857, 2859, 2861. IR-Spektrum der Kristalle (5—10 μ): *Sch.*, l. c. S. 1081. IR-Banden ($CHCl_3$; 3410—960 cm^{-1} bzw. 1600—1000 cm^{-1}): *Katritzky, Jones*, Soc. **1959** 2067, 2068; *Katritzky, Hands*, Soc. **1958** 2202. UV-Spektrum (A.; 210—300 nm): *Gr.*, l. c. S. 484; s. a. *Gol'dfarb et al.*, Ž. obšč. Chim. **18** [1948] 124, 127; C. A. **1949** 4137. λ_{max}: 213 nm, 232 nm, 252 nm und 273 nm [wss. Lösung vom pH 9,7] bzw. 212 nm, 229 nm, 246 nm und 291 nm [wss. H_2SO_4 (1 n)] (*Jones, Katritzky*, Soc. **1959** 1317, 1321). Scheinbarer Dissozi-ationsexponent pK_a' der protonierten Verbindung (H_2O; potentiometrisch ermittelt): 4,09 (*Jo., Ka.*, l. c. S. 1319).

Hydrochlorid. F: 213—214,5° (*Mn., Af.*, l. c. S. 152).

Hydrobromid. Kristalle (aus A.); F: 260° [unkorr.] (*Sch. et al.*).

Picrat. F: 158° (*Mn., Af.*).

---

[1]) Über diese Bezeichnungsweise s. *Reichardt, Mormann*, B. **105** [1972] 1815, 1832.

N-[2]Pyridyl-acetamidin $C_7H_9N_3$, Formel V (R = H) und Tautomeres.
B. Beim Behandeln von [2]Pyridylamin mit Acetonitril und $AlCl_3$, zuletzt bei 200°
(*Bower, Ramage*, Soc. **1957** 4506, 4509). Beim Behandeln von Acetimidsäure-äthylester
mit [2]Pyridylamin in Äther (*Dymek*, Ann. Univ. Lublin [AA] **9** [1954] 53, 56; C. A. **1957**
4977).
Kristalle; F: 67—68° [chromatographisch gereinigt] (*Bo., Ra.*), 60—62° [aus PAe.]
(*Dy.*). Kp_3: 126—127° (*Bo., Ra.*).
Beim Erwärmen mit Blei(IV)-acetat in Benzol ist 2-Methyl-[1,2,4]triazolo[1,5-*a*]pyr≠
idin erhalten worden (*Bo., Ra.*).
Charakterisierung durch Überführung in *N*-Phenyl-*N'*-[*N*-[2]pyridyl-acetimidoyl]-
thioharnstoff (F: 134°): *Bo., Ra.*
Picrat $C_7H_9N_3 \cdot C_6H_3N_3O_7$. Gelbe Kristalle; F: 220° [aus A.] (*Dy.*), 188—189° [aus
Me.] (*Bo., Ra.*).

N-Methyl-*N'*-[2]pyridyl-acetamidin $C_8H_{11}N_3$, Formel V (R = CH_3) und Tautomeres.
B. Beim Erhitzen von [2]Pyridylamin mit Aceton-[*O*-benzolsulfonyl-oxim] in Toluol
(*Oxley, Short*, Soc. **1948** 1514, 1521).
Kp_1: 112°.
Picrat $C_8H_{11}N_3 \cdot C_6H_3N_3O_7$. F: 201°.

N-[4-Äthoxy-phenyl]-*N'*-[2]pyridyl-acetamidin $C_{15}H_{17}N_3O$, Formel V
(R = C_6H_4-O-$C_2H_5(p)$) und Tautomeres.
B. Beim Erhitzen von *N*-[2]Pyridyl-acetamid mit *p*-Phenetidin und PCl_3 auf 150—160°
(*Chem. Fabr. v. Heyden*, D.R.P. 596730 [1931]; Frdl. **21** 520).
Kristalle (aus PAe.); F: 100—101°. $Kp_{0,045}$: 170—190°.

N,N-Dibenzoyl-*N'*-[2]pyridyl-acetamidin, *N*-[*N*-[2]Pyridyl-acetimidoyl]-dibenzamid
$C_{21}H_{17}N_3O_2$, Formel VI (R = R' = CO-C_6H_5).
B. Beim Behandeln von *N*-[2]Pyridyl-acetamidin mit Benzoylchlorid und wss. KOH
(*Dymek*, Ann. Univ. Lublin [AA] **9** [1954] 53, 57; C. A. **1957** 4977).
Kristalle (aus A.); F: 82°.

IV   V   VI

N-Phenyl-*N'*-[*N*-[2]pyridyl-acetimidoyl]-thioharnstoff $C_{14}H_{14}N_4S$, Formel VI
(R = CS-NH-C_6H_5, R' = H), und Tautomeres.
Zwei Präparate a) F: 134° [aus Bzl.] (*Bower, Ramage*, Soc. **1957** 4506, 4509) und b)
F: 169° [aus A.] (*Dymek*, Ann. Univ. Lublin [AA] **9** [1954] 53, 56; C. A. **1957** 4977) sind
beim Behandeln von *N*-[2]Pyridyl-acetamidin mit Phenylisothiocyanat erhalten worden.

N-[4-Nitro-phenyl]-*N'*-[*N*-[2]pyridyl-acetimidoyl]-thioharnstoff $C_{14}H_{13}N_5O_2S$, Formel VI
(R = CS-NH-C_6H_4-$NO_2(p)$, R' = H), und Tautomeres.
B. Beim Behandeln von *N*-[2]Pyridyl-acetamidin mit 4-Nitro-phenylisothiocyanat in
Äthanol (*Dymek*, Ann. Univ. Lublin [AA] **9** [1954] 53, 56; C. A. **1957** 4977).
Kristalle (aus A.); F: 196—198°.

Fluoressigsäure-[2]pyridylamid $C_7H_7FN_2O$, Formel IV (X = F, X' = X'' = H).
B. Beim Behandeln von [2]Pyridylamin in Pyridin mit Fluoracetylchlorid in $CHCl_3$
(*Bergmann et al.*, J. Sci. Food Agric. **8** [1957] 400).
F: 60—61°.

Trifluoressigsäure-[2]pyridylamid $C_7H_5F_3N_2O$, Formel IV (X = X' = X'' = F), und
Tautomeres.
Nach Ausweis des IR-Spektrums liegt im kristallinen Zustand Trifluoressigsäure-
[1*H*-[2]pyridylidenamid] vor (*Scheĭnker*, Doklady Akad. S.S.S.R. **113** [1957] 1080; Pr.

Acad. Sci. U.S.S.R. Chem. Sect. **112–117** [1957] 367).

B. Aus [2]Pyridylamin und Trifluoressigsäure-anhydrid (*Sch.*, l. c. S. 1083).

F: 98 – 101° (*Sch.*, l. c. S. 1083). IR-Spektrum der Kristalle (5 – 10 μ): *Sch.*, l. c. S. 1081.

Chloressigsäure-[2]pyridylamid $C_7H_7ClN_2O$, Formel IV (X = Cl, X′ = X″ = H) (E II 329).

B. Beim Behandeln von [2]Pyridylamin in Benzol mit Chloracetylchlorid (*Hach, Protiva*, Chem. Listy **47** [1953] 729, 734; Collect. **18** [1953] 684, 690; C. A. **1955** 204).

Kristalle (aus PAe.); F: 122 – 124°.

Dichloressigsäure-[2]pyridylamid $C_7H_6Cl_2N_2O$, Formel IV (X = X′ = Cl, X″ = H).

Nach Ausweis des IR-Spektrums und des UV-Spektrums liegt im kristallinen Zustand und in Lösungen in Heptan, Dioxan, Äthanol sowie H_2O die Amino-Form vor (*Scheïnker*, Doklady Akad. S.S.S.R. **113** [1957] 1080, 1083; Pr. Acad. Sci. U.S.S.R. Chem. Sect. **112–117** [1957] 367).

B. Aus [2]Pyridylamin und Dichloracetylchlorid in Pyridin oder Benzol (*Sch.*).

F: 69 – 70,5°.

Trichloressigsäure-[2]pyridylamid $C_7H_5Cl_3N_2O$, Formel IV (X = X′ = X″ = Cl), und Tautomeres.

Diese Verbindung liegt nach Ausweis des IR-Spektrums und des UV-Spektrums im kristallinen Zustand sowie in Lösungen in Heptan, in Dioxan und in Äthanol vor; Lösungen in H_2O enthalten 6,3% Trichloressigsäure-[1*H*-[2]pyridylidenamid] (*Scheïnker*, Doklady Akad. S.S.S.R. **113** [1957] 1080; Pr. Acad. Sci. U.S.S.R. Chem. Sect. **112–117** [1957] 367).

B. Aus [2]Pyridylamin und Trichloracetylchlorid in Pyridin oder Benzol (*Sch.*, l. c. S. 1083).

F: 84 – 85°. IR-Spektrum der Kristalle (5 – 10 μ): *Sch.*, l. c. S. 1081.

2-Thioacetylamino-pyridin, N-[2]Pyridyl-thioacetamid $C_7H_8N_2S$, Formel VII (R = H, X = S).

B. Beim Erhitzen von *N*-[2]Pyridyl-acetamid mit P_2S_5 (*Takahashi et al.*, J. pharm. Soc. Japan **64** [1944] Nr. 4, S. 235; C. A. **1951** 4717) in Xylol (*Knunjanz, Katrenko*, Ž. obšč. Chim. **10** [1940] 1167, 1168; C. **1941** I 2942).

Kristalle; F: 108° [aus H_2O] (*Kn., Ka.*), 104 – 105° [aus Ae.] (*Ta. et al.*).

Beim Behandeln mit $K_3[Fe(CN)_6]$ und wss. KOH ist 2-Methyl-thiazolo[4,5-*b*]pyridin erhalten worden (*Ta. et al.*).

Hexachloroplatinat(IV) $C_7H_8N_2S \cdot H_2PtCl_6$. Hellbraune Kristalle; Zers. bei 144,5° bis 155,5° (*Ta. et al.*).

Natrium-Salz. Kristalle (aus A. + Ae.); F: 100 – 106° (*Kn., Ka.*).

*N-[2]Pyridyl-thioacetimidsäure-methylester $C_8H_{10}N_2S$, Formel VIII.

B. Beim Behandeln des Natrium-Salzes des *N*-[2]Pyridyl-thioacetamids in Äthanol mit CH_3I (*Knunjanz, Katrenko*, Ž. obšč. Chim. **10** [1940] 1167, 1169; C. **1941** I 2942).

Kp_{28}: 123 – 129°.

Methojodid [$C_9H_{13}N_2S$]I; 1-Methyl-2-[1-methylmercapto-äthyliden⸗amino]-pyridinium-jodid. Kristalle (aus A.); F: 169 – 170°.

2-Acetylamino-pyridin-1-oxid, N-[1-Oxy-[2]pyridyl]-acetamid $C_7H_8N_2O_2$, Formel IX (R = H).

B. Beim Erwärmen von *N*-[2]Pyridyl-acetamid mit Peroxyessigsäure in Essigsäure (*Adams, Miyano*, Am. Soc. **76** [1954] 2785). Beim Behandeln von 2-Amino-pyridin-1-oxid mit Acetanhydrid in Acetonitril (*Katritzky*, Soc. **1957** 191, 196).

Kristalle; F: 140,5 – 141° [aus E.] (*Ka.*), 130 – 131° [korr.; aus Bzl. + PAe.] (*Ad., Mi.*). Bei 120°/3 Torr sublimierbar (*Ad., Mi.*). IR-Banden (CHCl$_3$; 3280 – 840 cm^{-1} bzw. 1620 – 820 cm^{-1}): *Katritzky, Jones*, Soc. **1959** 2067, 2068; *Katritzky, Hands*, Soc. **1958** 2195, 2196.

N-Methyl-N-[2]pyridyl-acetamid $C_8H_{10}N_2O$, Formel VII (R = CH$_3$, X = O).

B. Beim Erhitzen von Methyl-[2]pyridyl-amin mit Acetanhydrid und Essigsäure (*Jones*,

Katritzky, Soc. **1959** 1317, 1322).

$Kp_{0,2}$: $74-75°$; n_D^{17}: 1,540 (*Jo.*, *Ka.*). IR-Banden ($CHCl_3$; $2990-990$ cm⁻¹ bzw. 1660 cm⁻¹ bis 970 cm⁻¹): *Jo.*, *Ka.*; *Katritzky*, *Jones*, Soc. **1959** 2067, 2068. λ_{max}: 212 nm, 224 nm, 248 nm und 262 nm [wss. Lösung vom pH 9,7] bzw. 215 nm, 235 nm, 254 nm und 293 nm [wss. H_2SO_4 (5 n)] (*Jo.*, *Ka.*, l. c. S. 1321). Scheinbarer Dissoziationsexponent pK_a' der protonierten Verbindung (H_2O; spektrophotometrisch ermittelt): 2,01 (*Jo.*, *Ka.*, l. c. S. 1319).

Picrat $C_8H_{10}N_2O \cdot C_6H_3N_3O_7$. Kristalle (aus A.); F: $189,5-190,5°$ (*Jo.*, *Ka.*).

VII   VIII   IX   X

N-Methyl-N-[1-oxy-[2]pyridyl]-acetamid $C_8H_{10}N_2O_2$, Formel IX (R = CH_3).

B. Beim Erwärmen von 2-Methylamino-pyridin-1-oxid mit Acetanhydrid in Acetonitril (*Katritzky*, Soc. **1957** 191, 195).

Hygroskopische Kristalle (aus E.); F: $95-97°$ (*Ka.*). IR-Banden ($CHCl_3$; 1690 cm⁻¹ bis 925 cm⁻¹): *Katritzky*, *Jones*, Soc. **1959** 2067, 2068.

2-Diacetylamino-pyridin-1-oxid, N-[1-Oxy-[2]pyridyl]-diacetamid $C_9H_{10}N_2O_3$, Formel IX (R = $CO-CH_3$).

B. Beim Erhitzen von 2-Amino-pyridin-1-oxid mit Acetanhydrid (*Newbold*, *Spring*, Soc. **1949** Spl. 133, 135).

Kristalle (aus Bzl. + PAe.); F: $158-160°$. Bei 120°/3 Torr sublimierbar.

2-Propionylamino-pyridin, N-[2]Pyridyl-propionamid $C_8H_{10}N_2O$, Formel X.

B. Beim Erwärmen von [2]Pyridylamin mit Propionylchlorid in Benzol (*Mndshojan*, *Afrikjan*, Izv. Armjansk. Akad. **10** [1957] 143, 147; C. A. **1958** 4641).

Kristalle; F: $60-61°$ (*Mn.*, *Af.*, l. c. S. 152).

Hydrochlorid. F: 75°.

Picrat. F: 138°.

2-Butyrylamino-pyridin, N-[2]Pyridyl-butyramid $C_9H_{12}N_2O$, Formel XI (n = 2).

B. Beim Erwärmen von [2]Pyridylamin mit Butyrylchlorid in Benzol (*Mndshojan*, *Afrikjan*, Izv. Armjansk. Akad. **10** [1957] 143, 156; C. A. **1958** 4641).

Kristalle; F: $46-47°$ (*Mn.*, *Af.*, l. c. S. 152).

Hydrochlorid. F: 65°.

Picrat. F: $103-104°$.

2-Valerylamino-pyridin, N-[2]Pyridyl-valeramid $C_{10}H_{14}N_2O$, Formel XI (n = 3).

B. Beim Erwärmen von [2]Pyridylamin mit Valerylchlorid in Benzol (*Mndshojan*, *Afrikjan*, Izv. Armjansk. Akad. **10** [1957] 143, 156; C. A. **1958** 4641).

Kristalle; F: $37-38°$ (*Mn.*, *Af.*, l. c. S. 152).

Hydrochlorid. F: $58-59°$.

Picrat. F: $86-87°$.

2-Äthyl-buttersäure-[2]pyridylamid $C_{11}H_{16}N_2O$, Formel XII.

B. In geringer Ausbeute neben 3,3-Diäthyl-1-[2]pyridyl-azetidin-2,4-dion und Diäthyl-malonsäure-bis-[2]pyridylamid beim Behandeln von Diäthylmalonylchlorid mit [2]Pyridylamin in Pyridin (*Ebnöther et al.*, Helv. **42** [1959] 918, 937).

Kristalle (aus Ae. + PAe.); F: $81-82°$.

Picrat. Kristalle (aus Acn. + Ae.); F: $88-89°$.

2-Lauroylamino-pyridin, N-[2]Pyridyl-lauramid $C_{17}H_{28}N_2O$, Formel XI (n = 10).

B. Beim Erhitzen von [2]Pyridylamin mit Laurinsäure (*Takase*, J. chem. Soc. Japan Pure Chem. Sect. **74** [1953] 59, 61; C. A. **1954** 10570).

F: $46-47°$.

The structural formulas XI, XII, XIII are shown:

XI: pyridine ring with –NH–CO–[CH$_2$]$_n$–CH$_3$

XII: pyridine ring with –NH–CO–CH with CH$_2$–CH$_3$ groups

XIII: pyridine ring with –NH–CO–C=C(H)(CH$_3$)

2-Myristoylamino-pyridin, *N*-[2]Pyridyl-myristamid C$_{19}$H$_{32}$N$_2$O, Formel XI (n = 12).

B. Beim Erhitzen von [2]Pyridylamin mit Myristinsäure (*Takase*, J. chem. Soc. Japan Pure Chem. Sect **74** [1953] 59, 61; C. A. **1954** 10570).

F: 62°.

2-Palmitoylamino-pyridin, *N*-[2]Pyridyl-palmitamid C$_{21}$H$_{36}$N$_2$O, Formel XI (n = 14).

B. Beim Erhitzen von [2]Pyridylamin mit Palmitinsäure (*Takase*, J. chem. Soc. Japan Pure Chem. Sect **74** [1953] 59, 61; C. A. **1954** 10570). Beim Erhitzen von Palmitin⸗ säure mit Di-[2]pyridyl-carbodiimid unter CO$_2$ auf 180—200° (*Zetzsche et al.*, B. **71** [1938] 1516, 1519).

F: 70—71° (*Ta.*), 69° (*Ze. et al.*).

Picrat C$_{21}$H$_{36}$N$_2$O·C$_6$H$_3$N$_3$O$_7$. F: 108° (*Ze. et al.*).

2-Stearoylamino-pyridin, *N*-[2]Pyridyl-stearamid C$_{23}$H$_{40}$N$_2$O, Formel XI (n = 16).

B. Beim Erhitzen von [2]Pyridylamin mit Stearinsäure (*Takase*, J. chem. Soc. Japan Pure Chem. Sect. **74** [1953] 59, 61; C. A. **1954** 10570). Beim Erhitzen von Stearinsäure mit Di-[2]pyridyl-carbodiimid unter CO$_2$ auf 180—200° (*Zetzsche et al.*, B. **71** [1938] 1516, 1519).

Kristalle; F: 78° [aus ws. A.] (*Ze. et al.*), 76—77° (*Ta.*).

Picrat C$_{23}$H$_{40}$N$_2$O·C$_6$H$_3$N$_3$O$_7$. Gelbe Kristalle (aus wss. A.); F: 114° (*Ze. et al.*).

2-*trans*-Crotonoylamino-pyridin, *N*-[2]Pyridyl-*trans*-crotonamid C$_9$H$_{10}$N$_2$O, Formel XIII.

B. Beim Erhitzen von *trans*-Crotonsäure mit Di-[2]pyridyl-carbodiimid auf 200° (*Zetz⸗ sche et al.*, B. **71** [1938] 1516, 1518).

Kristalle (aus wss. A.); F: 79°.

Picrat C$_9$H$_{10}$N$_2$O·C$_6$H$_3$N$_3$O$_7$. F: 137°.

2-Undec-10-enoylamino-pyridin, *N*-[2]Pyridyl-undec-10-enamid C$_{16}$H$_{24}$N$_2$O, Formel XIV.

B. Beim Behandeln von Undec-10-enoylchlorid mit [2]Pyridylamin und Na$_2$CO$_3$ in Äther (*Shirley et al.*, J. org. Chem. **17** [1952] 193, 196).

F: 79°.

The structural formulas XIV and XV are shown:

XIV: pyridine ring with –NH–CO–[CH$_2$]$_8$–CH=CH$_2$

XV: pyridine ring with –NH–CO–[CH$_2$]$_6$–CH$_2$–C(H)=C(H)–CH$_2$–[CH$_2$]$_6$–CH$_3$

2-Oleoylamino-pyridin, *N*-[2]Pyridyl-oleamid C$_{23}$H$_{38}$N$_2$O, Formel XV.

B. Beim Erhitzen von Oleoylchlorid mit Di-[2]pyridyl-carbodiimid unter CO$_2$ auf 180—200° (*Zetzsche et al.*, B. **71** [1938] 1516, 1519).

F: 15—18°.

Picrat C$_{23}$H$_{38}$N$_2$O·C$_6$H$_3$N$_3$O$_7$. Gelbe Kristalle; F: 68°.

2-Linoloylamino-pyridin, *N*-[2]Pyridyl-linolamid C$_{23}$H$_{36}$N$_2$O, Formel I.

B. Beim Erhitzen von Linoloylchlorid mit Di-[2]pyridyl-carbodiimid unter CO$_2$ auf 180—200° (*Zetzsche et al.*, B. **71** [1938] 1516, 1519).

Picrat C$_{23}$H$_{36}$N$_2$O·C$_6$H$_3$N$_3$O$_7$. F: 57°.

2-Benzoylamino-pyridin, *N*-[2]Pyridyl-benzamid C$_{12}$H$_{10}$N$_2$O, Formel II (X = X′ = H) (E II 329).

B. Beim Erhitzen von [2]Pyridylamin in Toluol mit PCl$_3$ und anschliessend mit Benzoesäure (*Grimmel et al.*, Am. Soc. **68** [1946] 539, 541). Beim Erhitzen von Benzoe⸗

säure mit Di-[2]pyridyl-carbodiimid auf 200° (*Zetzsche et al.*, B. **71** [1938] 1516, 1518). Beim Erwärmen von *N*-[2]Pyridyl-dibenzamid mit H_2O (*Grammaticakis*, Bl. **1959** 480, 491) oder mit wss.-äthanol. Na_2CO_3 (*Huntress, Walter*, J. org. Chem. **13** [1948] 735). Beim Erhitzen von [2]Pyridylamin mit Benzoesäure auf 210–240° (*Protiva et al.*, Chem. Listy **44** [1950] 40; C. A. **1951** 8013).

Kristalle (aus Ae. + PAe.); F: 87° (*Gr.*). IR-Banden (CHCl$_3$) von 3430 cm^{-1} bis 1250 cm^{-1}: *Katritzky, Jones*, Soc. **1959** 2067, 2068; von 1610 cm^{-1} bis 990 cm^{-1}: *Katritzky, Hands*, Soc. **1958** 2202; von 1450 cm^{-1} bis 1020 cm^{-1}: *Katritzky Lagowski*, Soc. **1958** 4155, 4159. UV-Spektrum (A.; 220–320 nm): *Gr.*, l. c. S. 484. λ_{max}: 219 nm, 242 nm, 260 nm und 278 nm [wss. Lösung vom pH 9,7] bzw. 219 nm, 244 nm, 265 nm und 297 nm [wss. H_2SO_4 (1 n)] (*Jones, Katritzky*, Soc. **1959** 1317, 1321). Scheinbarer Dissoziationsexponent pK$_a'$ der protonierten Verbindung (H_2O; potentiometrisch ermittelt): 3,33 (*Jo., Ka.*, l. c. S. 1319).

Hydrochlorid $C_{12}H_{10}N_2O \cdot HCl$. Kristalle; F: 192–193° (*Mndshojan, Afrikjan*, Izv. Armjansk. Akad. **10** [1957] 143, 152; C. A. **1958** 4641), 190,5–192,5° [unkorr.; nach Sintern bei 185–190°; aus A. + Ae.] (*Hu., Wa.*), 187–190° [unkorr.; aus Me. + Ae.] (*Van Heyningen*, Am. Soc. **77** [1955] 6562, 6564).

Picrat $C_{12}H_{10}N_2O \cdot C_6H_3N_3O_7$. Kristalle; F: 199° (*Oxley, Short*, Soc. **1947** 382, 388), 196–198° [unkorr.; aus A.] (*Hu., Wa.*), 194° (*Mn., Af.*).

Benzoat $C_{12}H_{10}N_2O \cdot C_7H_6O_2$. Kristalle (aus wss. A.); F: 93,5–94,5° (*Hu., Wa.*).

Benzolsulfonat $C_{12}H_{10}N_2O \cdot C_6H_6O_3S$. F: 130° (*Ox., Sh.*).

I   II

N-[2]Pyridyl-benzimidoylchlorid $C_{12}H_9ClN_2$, Formel III.
Hydrochlorid $C_{12}H_9ClN_2 \cdot HCl$. *B.* Beim Behandeln von Phenyl-[2]pyridyl-keton-(*E*)-oxim mit SOCl$_2$ in CHCl$_3$ (*Huntress, Walter*, Am. Soc. **70** [1948] 3702, 3705). — Kristalle (aus CHCl$_3$ + Acn., CHCl$_3$ + PAe. oder Dioxan); F: 152–157° [Zers.].

N-[2]Pyridyl-benzamidin $C_{12}H_{11}N_3$, Formel IV (R = H) und Tautomeres.
B. Beim Erhitzen von [2]Pyridylamin mit Benzonitril und AlCl$_3$ auf 200° (*Oxley et al.*, Soc. **1947** 1110, 1115). Beim Erwärmen von [2]Pyridylamin mit Benzonitril und Natrium-Pulver in Benzol (*Cooper, Partridge*, Soc. **1953** 255, 258).
Kristalle (aus PAe.); F: 99–99,5° (*Ox. et al.*), 98,5–99,5° (*Co., Pa.*).
Picrat $C_{12}H_{11}N_3 \cdot C_6H_3N_3O_7$. Kristalle; F: 209° [aus Me.] (*Ox. et al.*), 206–207° (*Co., Pa.*).
Toluol-4-sulfonat $C_{12}H_{11}N_3 \cdot C_7H_8O_3S$. F: 171,5° (*Ox. et al.*).

N-Methyl-*N'*-[2]pyridyl-benzamidin $C_{13}H_{13}N_3$, Formel IV (R = CH$_3$) und Tautomeres.
B. Beim Erhitzen von Benzolsulfonyl-benzoyl-[2]pyridyl-amin mit Methylamin-benzolsulfonat auf 195° (*Oxley, Short*, Soc. **1947** 382, 388).
Kristalle (aus PAe.); F: 101°. Kp$_{2,5}$: 180–182°.
Picrat $C_{13}H_{13}N_3 \cdot C_6H_3N_3O_7$. Kristalle (aus Me.); F: 180°.

III   IV   V

N-Phenyl-*N'*-[2]pyridyl-benzamidin $C_{18}H_{15}N_3$, Formel IV (R = C_6H_5) und Tautomeres.
B. Neben anderen Verbindungen beim Erwärmen von [2]Pyridylamin mit Benzophenon-

[*O*-benzolsulfonyl-oxim] in Benzol (*Oxley, Short*, Soc. **1948** 1514, 1520, 1522).
Kristalle (aus Isopropylalkohol); F: 138°.
Picrat $C_{18}H_{15}N_3 \cdot C_6H_3N_3O_7$. Orangefarbene Kristalle (aus Me.); F: 208°.

N,N′-Di-[2]pyridyl-benzamidin $C_{17}H_{14}N_4$, Formel V.
B. Beim Erwärmen von Phenyl-[2]pyridyl-keton-(*E*)-oxim mit $SOCl_2$ in $CHCl_3$ (*Huntress, Walter*, Am. Soc. **70** [1948] 3702, 3705). Neben anderen Verbindungen beim Erhitzen von Benzolsulfonyl-benzoyl-[2]pyridyl-amin mit [2]Pyridylamin-benzolsulfonat und Benzolsulfonsäure auf 200° (*Oxley, Short*, Soc. **1947** 382, 388). Beim Behandeln von *N*-[2]Pyridyl-benzimidoylchlorid-hydrochlorid (S. 3884) mit [2]Pyridylamin oder *N*-[2]Pyridyl-benzamid in $CHCl_3$ (*Hu., Wa.*).
Kristalle; F: 175° [aus Bzl.] (*Ox., Sh.*), 173,5—174° [unkorr.; aus wss. A.] (*Hu., Wa.*).

**4-Nitro-benzolsulfonsäure-[α-[2]pyridylamino-benzylidenamid], N-[4-Nitro-benzol=
sulfonyl]-N′-[2]pyridyl-benzamidin** $C_{18}H_{14}N_4O_4S$, Formel IV (R = SO_2-C_6H_4-$NO_2(p)$)
und Tautomeres.
B. Beim Erwärmen von Benzoyl-[4-nitro-benzolsulfonyl]-amin mit PCl_5 und $POCl_3$ und
Behandeln des Reaktionsprodukts mit [2]Pyridylamin (*Northey et al.*, Am. Soc. **64** [1942]
2763).
Kristalle (aus H_2O oder A.); F: 180,7° [korr.; Zers.].

Sulfanilsäure-[α-[2]pyridylamino-benzylidenamid], N-[2]Pyridyl-N′-sulfanilyl-benzamidin
$C_{18}H_{16}N_4O_2S$, Formel IV (R = SO_2-C_6H_4-$NH_2(p)$) und Tautomeres.
B. Beim Erwärmen von *N*-[4-Nitro-benzolsulfonyl]-*N′*-[2]pyridyl-benzamidin mit
Eisen-Pulver und wss. HCl (*Northey et al.*, Am. Soc. **64** [1942] 2763).
Kristalle; F: 206,8—207,5° [korr.].

4-Fluor-benzoesäure-[2]pyridylamid $C_{12}H_9FN_2O$, Formel II (X = H, X′ = F).
B. Beim Erhitzen von [2]Pyridylamin in Pyridin mit 4-Fluor-benzoylchlorid und wss.
NaOH (*Sveinbjornsson, VanderWerf*, Am. Soc. **73** [1951] 869).
Kristalle (aus wss. A.); F: 123,6—124,3°.

4-Chlor-benzoesäure-[2]pyridylamid $C_{12}H_9ClN_2O$, Formel II (X = H, X′ = Cl).
B. Aus 4-Chlor-benzoylchlorid und [2]Pyridylamin (*Vaughan, Smith*, J. org. Chem. **23**
[1958] 1911).
F: 139°.

4-Nitro-benzoesäure-[2]pyridylamid $C_{12}H_9N_3O_3$, Formel II (X = H, X′ = NO_2).
B. Beim Erwärmen von [2]Pyridylamin mit 4-Nitro-benzoylchlorid in $CHCl_3$ und
Pyridin (*Kuhn et al.*, B. **75** [1942] 711, 716) oder in Pyridin (*Schmelkes, Rubin*, Am. Soc.
66 [1944] 1631).
Kristalle; F: 244° [aus Eg.] (*Kuhn et al.*), 242,5—243,5° [unkorr.; aus A.] (*Sch., Ru.*).

2-Chlor-4-nitro-benzoesäure-[2]pyridylamid $C_{12}H_8ClN_3O_3$, Formel II (X = Cl, X′ = NO_2).
B. Beim Behandeln von 2-Chlor-4-nitro-benzoylchlorid mit [2]Pyridylamin in Pyridin
(*Jensen, Ploug*, Acta chem. scand. **3** [1949] 13, 15) oder in Pyridin und $CHCl_3$ (*Clauder,
Toldy*, Magyar kém. Folyóirat **56** [1950] 61; C. A. **1953** 117).
Kristalle; F: 170° [aus Dioxan oder Oxalsäure-diäthylester] (*Cl., To.*), 166—168° [aus
Eg.] (*Je., Pl.*).

2-Brom-4-nitro-benzoesäure-[2]pyridylamid $C_{12}H_8BrN_3O_3$, Formel II (X = Br,
X′ = NO_2).
B. Beim Behandeln von 2-Brom-4-nitro-benzoylchlorid mit [2]Pyridylamin in Pyridin
(*Jensen, Ploug*, Acta chem. scand. **3** [1949] 13, 15).
Kristalle (aus A.); F: 154—155°.

2-Thiobenzoylamino-pyridin, N-[2]Pyridyl-thiobenzamid $C_{12}H_{10}N_2S$, Formel VI (R = H,
X = S).
B. Beim Behandeln von *N*-[2]Pyridyl-benzamid mit P_2S_5 und Pyridin (*Harris*, Austral.
J. Chem. **25** [1972] 993, 999; s. a. *Knunjanz, Katrenko*, Ž. obšč. Chim. **10** [1940] 1167,

1169; C. **1941** I 2942).
Gelbe Kristalle (aus PAe. + Bzl.); F: 151—153° [unkorr.] (*Ha.*).

2-Benzoylamino-pyridin-1-oxid, *N*-[1-Oxy-[2]pyridyl]-benzamid $C_{12}H_{10}N_2O_2$, Formel VII
(R = X = H).
B. Beim Erwärmen von *N*-[2]Pyridyl-benzamid in Essigsäure mit wss. H_2O_2 (*Katritzky*,
Soc. **1957** 191, 196). Bei mehrtägigem Behandeln von 1-Benzoyloxy-2-imino-1,2-di=
hydro-pyridin mit Äthanol (*Ka.*). Beim Behandeln des Benzoats (s. u.) mit K_2CO_3 in
$CHCl_3$ (*Ka.*).
Kristalle (aus A.); F: 122—124° (*Ka.*). IR-Banden (CHCl₃) von 3280 cm⁻¹ bis 1085 cm⁻¹:
Katritzky, Jones, Soc. **1959** 2067, 2068; von 1620 cm⁻¹ bis 810 cm⁻¹: *Katritzky, Hands*,
Soc. **1958** 2195, 2196; von 1450 cm⁻¹ bis 1020 cm⁻¹: *Katritzky, Lagowski*, Soc. **1958**
4155, 4159.
Benzoat $C_{12}H_{10}N_2O_2 \cdot C_7H_6O_2$. *B.* Beim Behandeln von 2-Amino-pyridin-1-oxid mit
Benzoylchlorid in Pyridin (*Ka.*). — Kristalle (aus Bzl. + PAe.); F: 94—95° (*Ka.*).

3,5-Dinitro-benzoesäure-[1-oxy-[2]pyridylamid] $C_{12}H_8N_4O_6$, Formel VII (R = H,
X = NO₂).
B. Beim Erwärmen von 2-Amino-pyridin-1-oxid mit 3,5-Dinitro-benzoylchlorid in
Acetonitril oder Pyridin (*Katritzky*, Soc. **1957** 191, 197).
Acetat $C_{12}H_8N_4O_6 \cdot C_2H_4O_2$. Kristalle (aus Eg.); F: 216—217°.

***N*-Methyl-*N*-[2]pyridyl-benzamid** $C_{13}H_{12}N_2O$, Formel VI (R = CH₃, X = O) (E II 330).
IR-Banden (CHCl₃) von 1650 cm⁻¹ bis 920 cm⁻¹: *Katritzky, Jones*, Soc. **1959** 2067,
2068; von 1600 cm⁻¹ bis 990 cm⁻¹: *Katritzky, Hands*, Soc. **1958** 2202; von 1480 cm⁻¹
bis 1020 cm⁻¹: *Katritzky, Lagowski*, Soc. **1958** 4155, 4159. λ_{max}: 253 nm und 269 nm
[wss. Lösung vom pH 9,7] bzw. 219 nm, 239 nm, 265 nm und 296 nm [wss. H_2SO_4(5n)]
(*Jones, Katritzky*, Soc. **1959** 1317, 1321). Scheinbarer Dissoziationsexponent pK_a' der
protonierten Verbindung (H_2O; spektrophotometrisch ermittelt): 1,44 (*Jo., Ka.*, l. c.
S. 1319).

VI   VII   VIII

***N*-Methyl-*N*-[1-oxy-[2]pyridyl]-benzamid** $C_{13}H_{12}N_2O_2$, Formel VII (R = CH₃, X = H).
IR-Banden (CHCl₃) von 1665 cm⁻¹ bis 920 cm⁻¹: *Katritzky, Jones*, Soc. **1959** 2067,
2068; von 1610 cm⁻¹ bis 830 cm⁻¹: *Katritzky, Hands*, Soc. **1958** 2195, 2196; von 1580 cm⁻¹
bis 1020 cm⁻¹: *Katritzky, Lagowski*, Soc. **1958** 4155, 4159.

***N*-Cyclohexyl-*N*-[2]pyridyl-benzamid** $C_{18}H_{20}N_2O$, Formel VI (R = C₆H₁₁, X = O).
B. Aus Cyclohexyl-[2]pyridyl-amin (*Campbell, McCall*, Soc. **1951** 2411, 2416).
Kristalle (aus A.); F: 129—130°.

2-Dibenzoylamino-pyridin, *N*-[2]Pyridyl-dibenzamid $C_{19}H_{14}N_2O_2$, Formel VI
(R = CO-C₆H₅, X = O) (H 429; E II 330).
Konstitutionsbestätigung: *Lyon, Reese*, J.C.S. Perkin I **1974** 2645.
Kristalle (aus A.); F: 169° (*Grammaticakis*, Bl. **1959** 480, 491). UV-Spektrum (A.;
215—330 nm): *Gr.*, l. c. S. 484.

Phenylessigsäure-[2]pyridylamid $C_{13}H_{12}N_2O$, Formel VIII (R = H).
B. Beim Erwärmen von [2]Pyridylamin mit Phenylacetylchlorid in Benzol (*Mndshojan,
Afrikjan*, Izv. Armjansk. Akad. **10** [1957] 143, 156; C. A. **1958** 4641).
Kristalle; F: 121° (*Mn., Af.*, l. c. S. 153).
Hydrochlorid. F: 173—174°.
Picrat. F: 198—199°.

N-[2]Pyridyl-*p*-toluamidin $C_{13}H_{13}N_3$, Formel IX (X = NH, X' = H) und Tautomeres.
  B. Beim Erhitzen von [2]Pyridylamin mit *p*-Tolunitril und $AlCl_3$ auf 200° (*Bower, Ramage*, Soc. **1957** 4506, 4509).
  Kristalle (aus PAe.); F: 127°.

4-Methyl-3-nitro-benzoesäure-[2]pyridylamid $C_{13}H_{11}N_3O_3$, Formel IX (X = O, X' = NO_2).
  B. Aus [2]Pyridylamin und 4-Methyl-3-nitro-benzoylchlorid (*Adams et al.*, Soc. **1956** 3739, 3742).
  Kristalle (aus A. oder Bzl.); F: 152—153°.

3-Phenyl-propionsäure-[2]pyridylamid $C_{14}H_{14}N_2O$, Formel X (R = H).
  B. Beim Erwärmen von [2]Pyridylamin mit 3-Phenyl-propionylchlorid in Benzol (*Mndshojan, Afrikjan*, Izv. Armjansk. Akad. **10** [1957] 143, 156; C. A. **1958** 4641).
  Kristalle; F: 87° (*Mn., Af.*, l. c. S. 153).
  Hydrochlorid. F: 167—168°.
  Picrat. F: 166°.

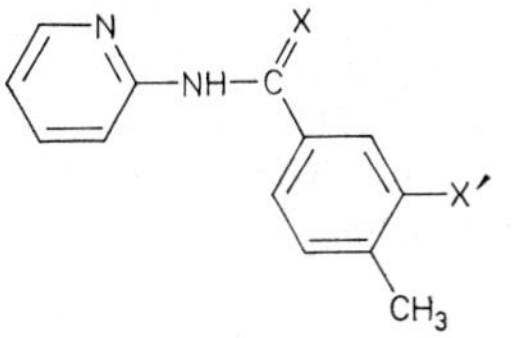

IX 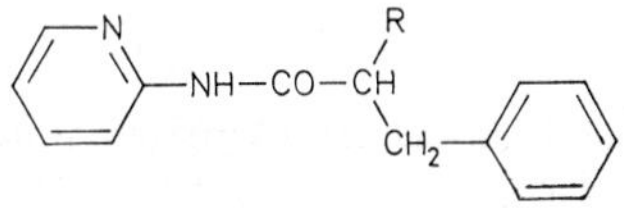   X

4-Phenyl-buttersäure-[2]pyridylamid $C_{15}H_{16}N_2O$, Formel XI.
  B. Beim Erwärmen von [2]Pyridylamin mit 4-Phenyl-butyrylchlorid in Benzol (*Mndshojan, Afrikjan*, Izv. Armjansk. Akad. **10** [1957] 143, 156; C. A. **1958** 4641).
  Kristalle; F: 69—70° (*Mn., Af.*, l. c. S. 153).
  Hydrochlorid. F: 152—153°.
  Picrat. F: 156°.

(±)-2-Methyl-3-phenyl-propionsäure-[2]pyridylamid $C_{15}H_{16}N_2O$, Formel X (R = CH_3).
  B. Beim Erwärmen von [2]Pyridylamin mit (±)-2-Methyl-3-phenyl-propionylchlorid in Benzol (*Mndshojan, Afrikjan*, Izv. Armjansk. Akad. **10** [1957] 143, 156; C. A. **1958** 4641).
  Kristalle; F: 91° (*Mn., Af.*, l. c. S. 153).
  Picrat. F: 138°.

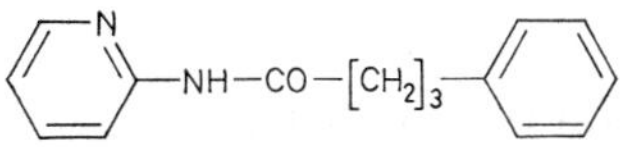

XI 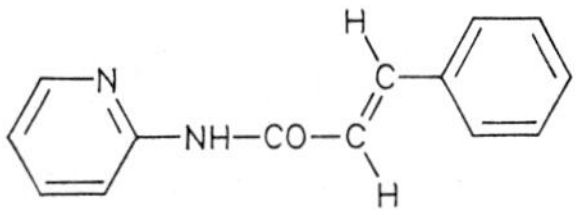   XII

***trans*-2-Cinnamoylamino-pyridin**, *N*-[2]Pyridyl-*trans*-cinnamamid $C_{14}H_{12}N_2O$, Formel XII.
  B. Beim Erwärmen von [2]Pyridylamin mit *trans*-Cinnamoylchlorid in Benzol (*Mndshojan, Afrikjan*, Izv. Armjansk. Akad. **10** [1957] 143, 156; C. A. **1958** 4641). Beim Erhitzen von *trans*-Zimtsäure mit Di-[2]pyridyl-carbodiimid auf 200° (*Zetzsche et al.*, B. **71** [1938] 1516, 1518).
  Kristalle; F: 140° (*Mn., Af.*, l. c. S. 153), 139° [aus wss. A.] (*Ze. et al.*).
  Hydrochlorid. F: 176—177° (*Mn., Af.*).
  Picrat. F: 205° (*Mn., Af.*), 199° (*Ze. et al.*).

Diphenylessigsäure-[2]pyridylamid $C_{19}H_{16}N_2O$, Formel VIII (R = C_6H_5).
  B. Beim Erwärmen von [2]Pyridylamin mit Diphenylacetylchlorid in Benzol (*Mndshojan, Afrikjan*, Izv. Armjansk. Akad. **10** [1957] 143, 156; C. A. **1958** 4641). Beim Erwärmen von 3,3-Diphenyl-1-[2]pyridyl-azetidin-2,4-dion mit wss.-äthanol. Na_2CO_3 oder

wss.-äthanol. Essigsäure (*Ebnöther et al.*, Helv. **42** [1959] 918, 937).
  Kristalle; F: 124° (*Mn.*, *Af.*, l. c. S. 154), 120° [aus Me.] (*Eb. et al.*).
  Hydrochlorid $C_{19}H_{16}N_2O \cdot HCl$. F: 214—215° (*Mn.*, *Af.*), 210—212° [aus Acn.] (*Eb. et al.*, l. c. S. 940).
  Picrat. F: 191—192° (*Mn.*, *Af.*).

(±)-2,3-Diphenyl-propionsäure-[2]pyridylamid $C_{20}H_{18}N_2O$, Formel X (R = C_6H_5).
  B. Beim Erwärmen von [2]Pyridylamin mit (±)-2,3-Diphenyl-propionylchlorid in Benzol (*Mndshojan*, *Afrikjan*, Izv. Armjansk. Akad. **10** [1957] 143, 156; C. A. **1958** 4641).
  Kristalle; F: 84° (*Mn.*, *Af.*, l. c. S. 153).
  Picrat. F: 161—162°.

2-Benzyl-3-phenyl-propionsäure-[2]pyridylamid $C_{21}H_{20}N_2O$, Formel X (R = CH_2-C_6H_5).
  B. Beim Erwärmen von [2]Pyridylamin mit 2-Benzyl-3-phenyl-propionylchlorid in Benzol (*Mndshojan*, *Afrikjan*, Izv. Armjansk. Akad. **10** [1957] 143, 156; C. A. **1958** 4641).
  Kristalle; F: 138° (*Mn.*, *Af.*, l. c. S. 154).
  Picrat. F: 299—300°.

2,3ξ-Diphenyl-acrylsäure-[2]pyridylamid $C_{20}H_{16}N_2O$, Formel XIII (X = H).
  B. Beim Erwärmen von [2]Pyridylamin mit 2,3-Diphenyl-acryloylchlorid (*Mndshojan*, *Afrikjan*, Izv. Armjansk. Akad. **10** [1957] 143, 156; C. A. **1958** 4641).
  Kristalle; F: 105—106° (*Mn.*, *Af.*, l. c. S. 154).
  Hydrochlorid. F: 178—179°.
  Picrat. F: 168°.

3ξ-[4-Nitro-phenyl]-2-phenyl-acrylsäure-[2]pyridylamid $C_{20}H_{15}N_3O_3$, Formel XIII (X = NO_2).
  B. Beim Erwärmen von [2]Pyridylamin mit 3-[4-Nitro-phenyl]-2-phenyl-acryloyl=chlorid in Benzol (*Mndshojan*, *Afrikjan*, Izv. Armjansk. Akad. **10** [1957] 143, 156; C. A. **1958** 4641).
  Kristalle; F: 180° (*Mn.*, *Af.*, l. c. S. 154).
  Hydrochlorid. F: 209—210°.
  Picrat. F: 177—178°.

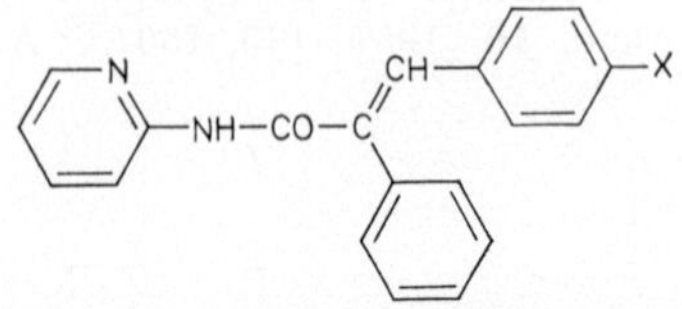

XIII 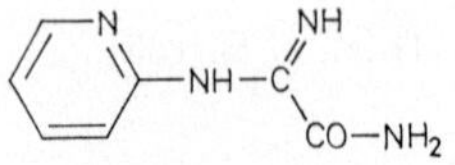   XIV 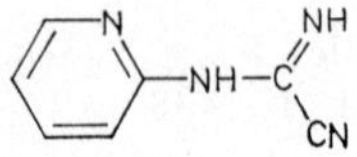   XV

Oxalomonoimidsäure-2-amid-1-[2]pyridylamid, Imino-[2]pyridylamino-essigsäure-amid, *C*-Carbamoyl-*N*-[2]pyridyl-formamidin $C_7H_8N_4O$, Formel XIV, und Tautomeres.
  B. Beim Behandeln von Oxalomonoimidsäure-nitril-[2]pyridylamid mit wss. HCl (*Woodburn*, *Pino*, J. org. Chem. **16** [1951] 1389, 1393).
  Kristalle (aus H_2O); F: 148—149° [unkorr.].

Oxalomonoimidsäure-nitril-[2]pyridylamid, Imino-[2]pyridylamino-acetonitril, *C*-Cyan-*N*-[2]pyridyl-formamidin $C_7H_6N_4$, Formel XV, und Tautomeres.
  B. Beim Behandeln von [2]Pyridylamin mit Dicyan und wss. Essigsäure (*Woodburn*, *Pino*, J. org. Chem. **16** [1951] 1389, 1391).
  Kristalle (aus Bzl. + PAe.); F: 125—125,5° [unkorr.].

Oxalodiimidsäure-bis-[2]pyridylamid, *N,N″*-Di-[2]pyridyl-oxalamidin $C_{12}H_{12}N_6$, Formel I, und Tautomere.
  B. Beim Behandeln von [2]Pyridylamin mit Dicyan in wss. Äthanol (*Woodburn*, *Pino*, J. org. Chem. **16** [1951] 1389, 1392). Beim Behandeln von [2]Pyridylamin mit

Oxalomonoimidsäure-nitril-[2]pyridylamid und wss. Essigsäure (*Wo.*, *Pino*).
Kristalle (aus Bzl. oder wss. A.); F: 215—216°.

N,N′-Bis-[1-oxy-[2]pyridyl]-oxalamid $C_{12}H_{10}N_4O_4$, Formel II.
B. Beim Erhitzen von 2-Amino-pyridin-1-oxid mit Oxalsäure-diäthylester (*Katritzky*,
Soc. **1957** 191, 196). Beim Erwärmen von N,N′-Di-[2]pyridyl-oxalamid mit H_2O_2 in
Essigsäure (*Ka.*).
Diacetat $C_{12}H_{10}N_4O_4 \cdot C_2H_4O_2$. Kristalle (aus Eg.); F: ca. 270° [Zers.; abhängig
von der Geschwindigkeit des Erhitzens].

I   II

N-[2]Pyridyl-malonamidsäure-äthylester $C_{10}H_{12}N_2O_3$, Formel III (n = 1).
B. Beim Erwärmen von [2]Pyridylamin mit Malonsäure-äthylester-chlorid in Benzol
(*Thiers*, *van Dormael*, Bl. Soc. chim. Belg. **61** [1952] 245, 250).
Hydrochlorid. Kristalle (aus $CHCl_3$); F: 129—131°.

N,N′-Di-[2]pyridyl-malonamid $C_{13}H_{12}N_4O_2$, Formel IV (n = 1).
B. Beim Erhitzen von [2]Pyridylamin mit Malonsäure-diäthylester (*Lappin et al.*,
J. org. Chem. **15** [1950] 377, 378).
F: 235° [Zers.].

III   IV

Cyanessigsäure-[2]pyridylamid $C_8H_7N_3O$, Formel V.
B. Beim Erhitzen von [2]Pyridylamin mit Cyanessigsäure-äthylester auf 180—200°
(*Kibler*, zit. bei *Allen et al.*, Am. Soc. **66** [1944] 1805, 1808).
Kristalle; F: 160—161° (*Ried*, *Schleimer*, Ang. Ch. **70** [1958] 164), 159—160° [aus
Me.] (*Ki.*).

N-[2]Pyridyl-succinamidsäure $C_9H_{10}N_2O_3$, Formel III (R = H, n = 2).
B. Beim Erwärmen von [2]Pyridylamin mit Bernsteinsäure-anhydrid in Benzol
(*Schmid*, *Mann*, M. **85** [1954] 864, 869).
Kristalle (aus H_2O); F: 184° (*Sch.*, *Mann*), 152° (*Mndshojan*, *Grigorjan*, Doklady
Akad. Armjansk. S.S.R. **22** [1956] 215, 217; C. A. **1957** 1939).

N-[2]Pyridyl-succinamidsäure-methylester $C_{10}H_{12}N_2O_3$, Formel III (R = CH_3, n = 2).
F: 82—83° (*Mndshojan*, *Grigorjan*, Doklady Akad. Armjansk. S.S.R. **22** [1956] 215,
217; C. A. **1957** 1939).

1-[2]Pyridyl-pyrrolidin-2,5-dion, N-[2]Pyridyl-succinimid $C_9H_8N_2O_2$, Formel VI
(R = R′ = H).
B. Beim Erhitzen von [2]Pyridylamin mit Bernsteinsäure in Cymol unter Abtrennen
des gebildeten H_2O (*Hoey*, *Lester*, Am. Soc. **73** [1951] 4473). Beim Erhitzen von N-[2]Pyr≈
idyl-succinamidsäure mit Acetanhydrid (*Schmid*, *Mann*, M. **85** [1954] 864, 869).
Kristalle; F: 137° [aus wss. A. oder Bzl. + PAe.] (*Hoey*, *Le.*), 136° [aus Xylol + PAe.]
(*Sch.*, *Mann*). Kp_{10}: 180° [Badtemperatur] (*Sch.*, *Mann*).

N,N′-Di-[2]pyridyl-succinamid $C_{14}H_{14}N_4O_2$, Formel IV (n = 2).
F: 193—195° (*Mndshojan*, *Grigorjan*, Doklady Akad. Armjansk. S.S.R. **22** [1956] 215,
217; C. A. **1957** 1939).

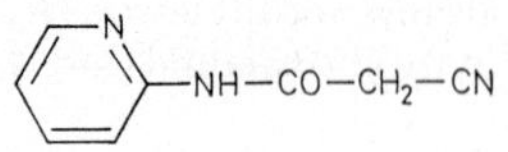

V 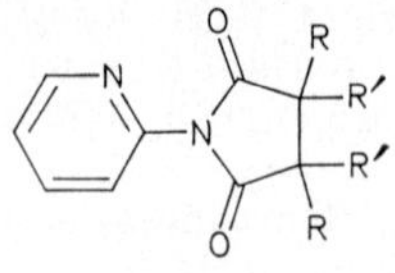   VI 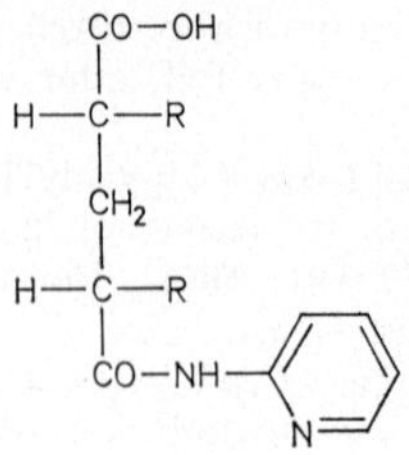   VII

N-[2]Pyridyl-glutaramidsäure $C_{10}H_{12}N_2O_3$, Formel III (R = H, n = 3).

B. Beim Behandeln von [2]Pyridylamin mit Glutarsäure-anhydrid in $CHCl_3$ (*Evans, Roberts*, Soc. **1957** 2104).

Kristalle (aus A. + PAe.); F: 194,5°.

N,N'-Di-[2]pyridyl-glutaramid $C_{15}H_{16}N_4O_2$, Formel IV (n = 3).

F: 165° (*Mndshojan, Grigorjan*, Doklady Akad. Armjansk. S.S.R. **22** [1956] 215, 217; C. A. **1957** 1939).

N-[2]Pyridyl-adipamidsäure-methylester $C_{12}H_{16}N_2O_3$, Formel III (R = CH_3, n = 4).

F: 61—62° (*Mndshojan, Grigorjan*, Doklady Akad. Armjansk. S.S.R. **22** [1956] 215, 217; C. A. **1957** 1939).

N-[2]Pyridyl-adipamidsäure-äthylester $C_{13}H_{18}N_2O_3$, Formel III (R = C_2H_5, n = 4).

F: 78—79° (*Mndshojan, Grigorjan*, Doklady Akad. Armjansk. S.S.R. **22** [1956] 215, 217; C. A. **1957** 1939).

N,N'-Di-[2]pyridyl-adipamid $C_{16}H_{18}N_4O_2$, Formel IV (n = 4).

F: 172° (*Mndshojan, Grigorjan*, Doklady Akad. Armjansk. S.S.R. **22** [1956] 215, 217; C. A. **1957** 1939).

(±)-*erythro*-2,4-Dimethyl-N-[2]pyridyl-glutaramidsäure $C_{12}H_{16}N_2O_3$, Formel VII (R = CH_3) + Spiegelbild.

B. Beim Behandeln von [2]Pyridylamin mit *meso*-2,4-Dimethyl-glutarsäure-anhydrid in $CHCl_3$ (*Evans, Roberts*, Soc. **1957** 2104).

Kristalle (aus wss. A.); F: 153°.

3,3-Diäthyl-1-[2]pyridyl-azetidin-2,4-dion $C_{12}H_{14}N_2O_2$, Formel VIII (R = C_2H_5).

B. In geringer Ausbeute neben geringen Mengen Diäthylmalonsäure-bis-[2]pyridylamid und 2-Äthyl-buttersäure-[2]pyridylamid beim Behandeln von Diäthylmalonylchlorid mit [2]Pyridylamin in Pyridin (*Ebnöther et al.*, Helv. **42** [1959] 918, 937).

$Kp_{0,25}$: 110°. n_D^{21}: 1,5290. λ_{max} (A.): 228,5 nm und 272 nm.

Hydrochlorid $C_{12}H_{14}N_2O_2 \cdot HCl$. F: 225—230° [Zers.; evakuierte Kapillare] (*Eb. et al.*, l. c. S. 938).

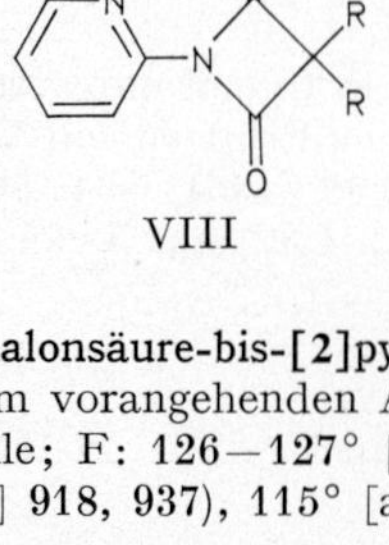

VIII 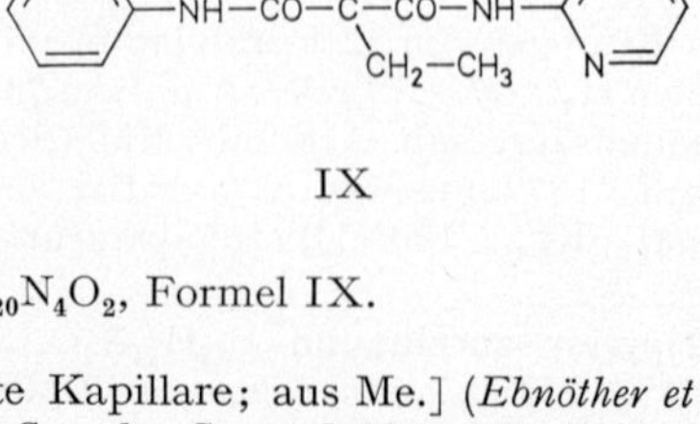   IX

Diäthylmalonsäure-bis-[2]pyridylamid $C_{17}H_{20}N_4O_2$, Formel IX.

B. s. im vorangehenden Artikel.

Kristalle; F: 126—127° [korr.; evakuierte Kapillare; aus Me.] (*Ebnöther et al.*, Helv. **42** [1959] 918, 937), 115° [aus A.] (*Crippa, Scevola*, G. **67** [1937] 327, 328).

***N,N′*-Di-[2]pyridyl-octandiamid,** *N,N′*-Di-[2]pyridyl-suberamid $C_{18}H_{22}N_4O_2$, Formel IV (n = 6) auf S. 3889.

F: 149—150° (*Mndshojan, Grigorjan*, Doklady Akad. Armjansk. S.S.R. **22** [1956] 215, 217; C. A. **1957** 1939).

3,3,4,4-Tetramethyl-1-[2]pyridyl-pyrrolidin-2,5-dion $C_{13}H_{16}N_2O_2$, Formel VI (R = R′ = CH₃).

B. Beim Erhitzen von Tetramethylbernsteinsäure-anhydrid mit [2]Pyridylamin auf 180—200° (*Ott, Hess*, Ar. **276** [1938] 181, 183). Beim Erhitzen des Kalium-Salzes des 3,3,4,4-Tetramethyl-pyrrolidin-2,5-dions mit 2-Chlor-pyridin auf 240° (*Ott, Hess*).

Kristalle (aus wss. Me.) mit 1 Mol H_2O; F: 85°. Kp_{15}: 197°.

***N,N′*-Di-[2]pyridyl-nonandiamid,** *N,N′*-Di-[2]pyridyl-azelainamid $C_{19}H_{24}N_4O_2$, Formel IV (n = 7) auf S. 3889.

F: 122—123° (*Mndshojan, Grigorjan*, Doklady Akad. Armjansk. S.S.R. **22** [1956] 215, 217; C. A. **1957** 1939).

(±)-*erythro*-2,4-Diäthyl-*N*-[2]pyridyl-glutaramidsäure $C_{14}H_{20}N_2O_3$, Formel VII (R = C_2H_5) + Spiegelbild.

B. Beim Behandeln von [2]Pyridylamin mit *meso*-2,4-Diäthyl-glutarsäure-anhydrid in $CHCl_3$ (*Evans, Roberts*, Soc. **1957** 2104).

Kristalle (aus wss. A.); F: 125,5°.

***N,N′*-Di-[2]pyridyl-decandiamid,** *N,N′*-Di-[2]pyridyl-sebacinamid $C_{20}H_{26}N_4O_2$, Formel IV (n = 8) auf S. 3889.

B. Beim Erhitzen von Decandisäure mit Di-[2]pyridyl-carbodiimid auf 200° (*Zetzsche et al.*, B. **71** [1938] 1512, 1518).

Kristalle; F: 139° [aus wss. A.] (*Ze. et al.*), 127° (*Mndshojan, Grigorjan*, Doklady Akad. Armjansk. S.S.R. **22** [1956] 215, 217; C. A. **1957** 1939).

Dipicrat $C_{20}H_{26}N_4O_2 \cdot 2\ C_6H_3N_3O_7$. Gelbe Kristalle (aus A.); F: 193° (*Ze. et al.*).

***Opt.-inakt. 3,4-Diäthyl-3,4-dimethyl-1-[2]pyridyl-pyrrolidin-2,5-dion** $C_{15}H_{20}N_2O_2$, Formel VI (R = C_2H_5, R′ = CH₃).

B. Beim Erhitzen von opt.-inakt. 2,3-Diäthyl-2,3-dimethyl-bernsteinsäure-anhydrid (E I **17** 232) mit [2]Pyridylamin (*Ott, Hess*, Ar. **276** [1938] 181, 183).

Kp_{10}: 207°.

3,3,4,4-Tetraäthyl-1-[2]pyridyl-pyrrolidin-2,5-dion $C_{17}H_{24}N_2O_2$, Formel VI (R = R′ = C_2H_5).

B. Beim Erhitzen von Tetraäthylbernsteinsäure-anhydrid mit [2]Pyridylamin auf 180—200° (*Ott, Hess*, Ar. **276** [1938] 181, 183).

F: 89°. $Kp_{0,1}$: 189°.

***Opt.-inakt. 2-Dodecyl-3-methyl-bernsteinsäure-mono-[2]pyridylamid, 2(oder 3)-Dodecyl-3(oder 2)-methyl-*N*-[2]pyridyl-succinamidsäure** $C_{22}H_{36}N_2O_3$, Formel X (R = CH₃, R′ = $[CH_2]_{11}$-CH₃ oder R = $[CH_2]_{11}$-CH₃, R′ = CH₃).

B. Beim Behandeln von opt.-inakt. 2-Dodecyl-3-methyl-bernsteinsäure-anhydrid (F: 39—40°) mit [2]Pyridylamin in $CHCl_3$ (*Barry, Twomey*, Pr. Irish Acad. **51** B [1945/48] 152, 160).

Kristalle (aus wss. A.); F: 122—127°.

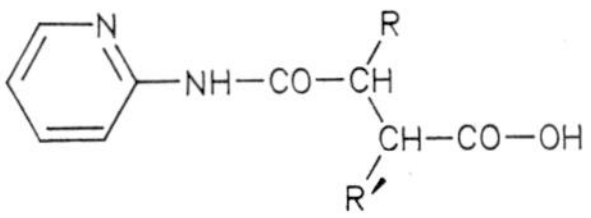

X

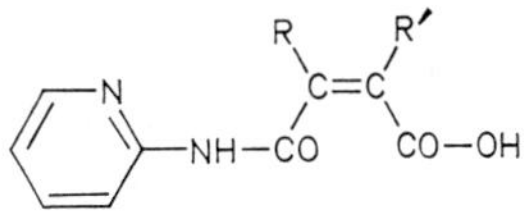

XI

***N*-[2]Pyridyl-maleinamidsäure** $C_9H_8N_2O_3$, Formel XI (R = R′ = H).

B. Beim Behandeln von [2]Pyridylamin mit Maleinsäure-anhydrid in Benzol (*Schmid*,

Mann, M. **85** [1954] 864, 868).
Kristalle.

Methylmaleinsäure-mono-[2]pyridylamid, 2(oder 3)-Methyl-N-[2]pyridyl-maleinamid-säure $C_{10}H_{10}N_2O_3$, Formel XI (R = H, R' = CH_3 oder R = CH_3, R' = H).
B. Beim Behandeln von [2]Pyridylamin mit Methylmaleinsäure-anhydrid in Benzol (*Schmid, Mann*, M. **85** [1954] 864, 868).
Kristalle (aus H_2O); Zers. bei ca. 264°.

3-Methyl-4-[2]pyridylcarbamoyl-*cis*-crotonsäure $C_{11}H_{12}N_2O_3$, Formel XII.
Eine Verbindung, der vermutlich diese Konstitution und Konfiguration zukommen, ist beim Erwärmen von 3-Methyl-*cis*-pentendisäure-anhydrid mit [2]Pyridylamin in Benzol erhalten worden (*Wiley, deSilva*, Am. Soc. **78** [1956] 4683, 4684, 4687).
F: 184°.

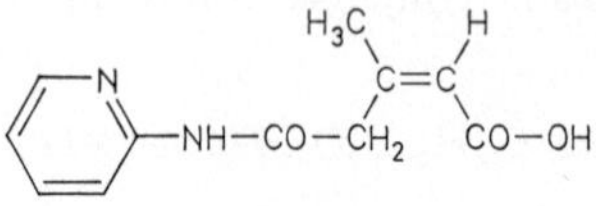

XII 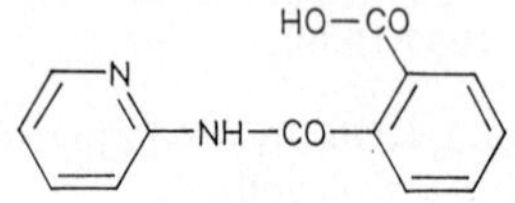　　　　　　　　　　　　　　XIII

N-[2]Pyridyl-phthalamidsäure $C_{13}H_{10}N_2O_3$, Formel XIII.
B. Beim Behandeln von [2]Pyridylamin mit Phthalsäure-anhydrid in Benzol (*Schmid, Mann*, M. **85** [1954] 864, 869). Beim Behandeln von N-[2]Pyridyl-phthalimid mit wss. NaOH (*Feist, Schultz*, Ar. **272** [1934] 785, 790).
Kristalle; F: 169° [aus wss. A.] (*Fe., Sch.*), 168° (*Sch., Mann*).
Natrium-Salz $NaC_{13}H_9N_2O_3$. Kristalle; F: > 300°.

N-[2]Pyridyl-phthalimid $C_{13}H_8N_2O_2$, Formel XIV (X = H).
B. Beim Erhitzen von [2]Pyridylamin mit Phthalsäure-anhydrid (*Koenigs, Greiner*, B. **64** [1931] 1049, 1055; *Feist, Schultz*, Ar. **272** [1934] 785, 789), mit Thiophthalsäure-anhydrid oder mit Phthalimid (*Fe., Sch.*, l. c. S. 790). Beim Behandeln von [2]Pyridyl-amin in Äther mit Phthalylchlorid (*Fe., Sch.*). Beim Erhitzen von N-[2]Pyridyl-phthal-amidsäure auf 175° (*Schmid, Mann*, M. **85** [1954] 864, 866, 869). Beim Erhitzen von 2-Chlor-pyridin mit Kaliumphthalimid auf 180° (*Sch., Mann*).
Kristalle; F: 230,5—233° (*Mosby, Boyle*, J. org. Chem. **24** [1959] 374, 379), 227° [aus Eg. + H_2O oder Eg.] (*Ko., Gr.*), 225° [aus A. bzw. Bzl.] (*Fe., Sch.; Sch., Mann*). Bei 180°/12 Torr sublimierbar (*Sch., Mann*).
Verbindung mit Brom $C_{13}H_8N_2O_2 \cdot Br_2$. Orangefarbene Kristalle; F: 162° (*Fe., Sch.*, l. c. S. 789).
Verbindung mit Jod $C_{13}H_8N_2O_2 \cdot I_3$. Grüne Kristalle; F: 128° (*Fe., Sch.*).

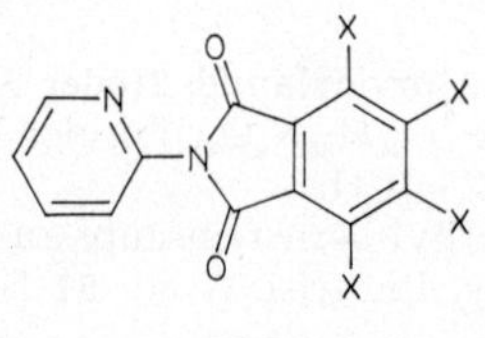

XIV 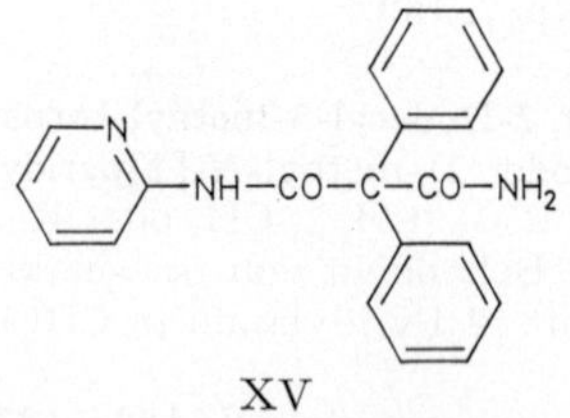　　　　　　　　　　　　　　XV

4,5,6,7-Tetrachlor-2-[2]pyridyl-isoindolin-1,3-dion $C_{13}H_4Cl_4N_2O_2$, Formel XIV (X = Cl).
B. Beim Erhitzen von [2]Pyridylamin mit Tetrachlorphthalsäure-anhydrid (*Diamond Alkali Co.*, U.S.P. 2838438 [1956]).
Kristalle (aus Eg.); F: 191—192°.

3,3-Diphenyl-1-[2]pyridyl-azetidin-2,4-dion $C_{20}H_{14}N_2O_2$, Formel VIII (R = C_6H_5) auf S. 3890.
B. Beim Behandeln von Diphenylmalonylchlorid in Pyridin mit [2]Pyridylamin (*Ebnöther et al.*, Helv. **42** [1959] 918, 937).

Kristalle (aus Me.); F: 113—114° [korr.; evakuierte Kapillare].

Picrat $C_{20}H_{14}N_2O_2 \cdot C_6H_3N_3O_7$. F: 117—118° [korr.; evakuierte Kapillare].

Diphenylmalonsäure-amid-[2]pyridylamid $C_{20}H_{17}N_3O_2$, Formel XV.

B. Beim Behandeln von 3,3-Diphenyl-1-[2]pyridyl-azetidin-2,4-dion mit methanol.
NH₃ (*Ebnöther et al.*, Helv. **42** [1959] 918, 940).

Kristalle (aus Me.); F: 194—195°.   [*Flock*]

[2]Pyridylcarbamidsäure-methylester $C_7H_8N_2O_2$, Formel I (R = CH₃).

B. Beim Behandeln von [2]Pyridylamin mit Chlorokohlensäure-methylester in Benzol
(*Shriner, Child*, Am. Soc. **74** [1952] 549) oder in Äther (*Snyder, Robinson*, Am. Soc. **74**
[1952] 5945, 5949).

Kristalle; F: 131—132° [aus E.] (*Sh., Ch.*), 130° [aus A.] (*Hunter, Reynolds*, Soc. **1950**
2857, 2864), 128,5—129,2° [unkorr.; aus wss. Me.] (*Sn., Ro.*). Assoziation in Benzol:
Hu., Re., l. c. S. 2859, 2861.

[2]Pyridylcarbamidsäure-äthylester $C_8H_{10}N_2O_2$, Formel I (R = C₂H₅) (H 429; E I 630;
E II 330).

B. Beim Behandeln von [2]Pyridylamin mit Chlorokohlensäure-äthylester in Pyridin
(*Katritzky*, Soc. **1956** 2063, 2064). Neben einer geringen Menge *N,N'*-Di-[2]pyridyl-harn-
stoff beim Erwärmen von [2]Pyridylharnstoff mit Orthoameisensäure-triäthylester oder
Orthoessigsäure-triäthylester (*Whitehead, Traverso*, Am. Soc. **77** [1955] 5872, 5875).

Kristalle; F: 105—106° (*Shapiro et al.*, J. org. Chem. **24** [1959] 1606), 105° [aus Ae.]
(*Wh., Tr.*). Kp₃: 115° (*Wh., Tr.*). Assoziation in Benzol: *Hunter, Reynolds*, Soc. **1950** 2857,
2859, 2861. IR-Banden (CHCl₃; 1600—990 cm⁻¹): *Katritzky, Hands*, Soc. **1958** 2202.

[2]Pyridylcarbamidsäure-[2-fluor-äthylester] $C_8H_9FN_2O_2$, Formel I (R = CH₂-CH₂-F).

B. Beim Behandeln von [2]Pyridylamin mit Chlorokohlensäure-[2-fluor-äthylester] in
wss. NaOH (*Oláh et al.*, Acta chim. hung. **7** [1956] 443, 447).

Kristalle (aus A.); F: 123,5°.

[2]Pyridylcarbamidsäure-propylester $C_9H_{12}N_2O_2$, Formel I (R = CH₂-CH₂-CH₃).

B. Beim Erwärmen von [2]Pyridylamin mit Chlorokohlensäure-propylester in Benzol
(*Shriner, Child*, Am. Soc. **74** [1952] 549).

F: 74—75° [aus Me.].

[2]Pyridylcarbamidsäure-isopropylester $C_9H_{12}N_2O_2$, Formel I (R = CH(CH₃)₂).

B. Beim Erwärmen von [2]Pyridylamin mit Chlorokohlensäure-isopropylester in Benzol
(*Shriner, Child*, Am. Soc. **74** [1952] 549).

F: 82—83° [aus Me.].

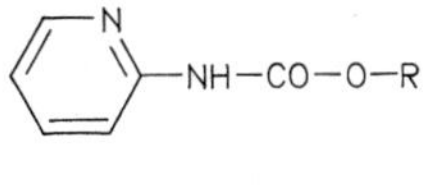

I 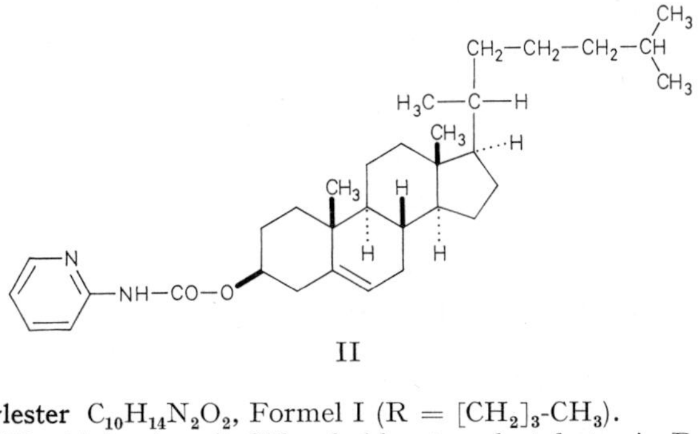   II

[2]Pyridylcarbamidsäure-butylester $C_{10}H_{14}N_2O_2$, Formel I (R = [CH₂]₃-CH₃).

B. Beim Erwärmen von [2]Pyridylamin mit Chlorokohlensäure-butylester in Benzol
(*Shriner, Child*, Am. Soc. **74** [1952] 549).

F: 62—63°.

[2]Pyridylcarbamidsäure-isobutylester $C_{10}H_{14}N_2O_2$, Formel I (R = CH₂-CH(CH₃)₂).

B. Beim Erwärmen von [2]Pyridylamin mit Chlorokohlensäure-isobutylester in Benzol

(*Shriner, Child*, Am. Soc. **74** [1952] 549).
F: 74—76° [aus CCl_4].

1-Chlor-4-[2]pyridylcarbamoyloxy-but-2-in, [2]Pyridylcarbamidsäure-[4-chlor-but-2-inylester] $C_{10}H_9ClN_2O_2$, Formel I (R = CH_2-C≡C-CH_2-Cl).
B. Beim Behandeln von [2]Pyridylamin mit Chlorokohlensäure-[4-chlor-but-2-inyl=ester] in Pyridin und Benzol (*Hopkins et al.*, J. org. Chem. **24** [1959] 2040).
Kristalle (aus Bzl.); F: 152—154°.

3β-[2]Pyridylcarbamoyloxy-cholest-5-en, [2]Pyridylcarbamidsäure-cholesterylester $C_{33}H_{50}N_2O_2$, Formel II.
B. Beim Behandeln von [2]Pyridylamin mit Chlorokohlensäure-cholesterylester in Äther (*Kutscherow, Kotscheschkow*, Ž. obšč. Chim. **16** [1946] 1137, 1139; C. A. **1947** 2703).
Kristalle (aus PAe.); F: 226—226,5° [Zers.].

4-Äthinyl-1-methyl-4-[2]pyridylcarbamoyloxy-piperidin, [2]Pyridylcarbamidsäure-[4-äthinyl-1-methyl-[4]piperidylester] $C_{14}H_{17}N_3O_2$, Formel III.
B. Aus 4-Äthinyl-1-methyl-piperidin-4-ol (*DEGUSSA*, U.S.P. 2838518 [1954]).
F: 84—85°. Kp_3: 200—205°.
Hydrochlorid. F: 220—230° [Zers.].

[2]Pyridylharnstoff $C_6H_7N_3O$, Formel IV (R = H).
Die früher (s. H **22** 429) unter dieser Konstitution beschriebene Verbindung ist als 1-[2]Pyridyl-biuret zu formulieren (*Gertschuk, Taĭz*, Ž. obšč. Chim. **20** [1950] 910, 911; engl. Ausg. S. 947, 948).
B. Neben der Verbindung mit Harnstoff (s. u.) beim Erhitzen von [2]Pyridylamin mit Harnstoff (*Ge., Taĭz*, l. c. S. 912).
Kristalle; F: 176—177° [aus A.] (*Kiršanow, Lewtschenko*, Ž. obšč. Chim. **27** [1957] 2585; 2589; engl. Ausg. S. 2642, 2645), 173° [aus H_2O] (*Ge., Taĭz*).
Hydrochlorid $C_6H_7N_3O \cdot HCl$. Kristalle; F: 208—209° (*Ge., Taĭz*, l. c. S. 914).
Verbindung mit Harnstoff $C_6H_7N_3O \cdot CH_4N_2O$. Kristalle (aus A.); F: 155—156,5° (*Ge., Taĭz*, l. c. S. 913).

N-Methyl-N'-[2]pyridyl-harnstoff $C_7H_9N_3O$, Formel IV (R = CH_3).
B. Beim Behandeln von [2]Pyridylamin mit Methylisocyanat in Benzol (*Boehmer*, R. **55** [1936] 379, 383). Beim Erwärmen von N-Methyl-N'-[2]pyridyl-thioharnstoff mit Blei(II)-acetat in wss.-äthanol. NaOH (*Feist*, Ar. **272** 100, 109).
Kristalle; F: 152° [aus H_2O] (*Bo.*), 148° (*Fe.*).

N-Propyl-N'-[2]pyridyl-harnstoff $C_9H_{13}N_3O$, Formel IV (R = CH_2-CH_2-CH_3).
B. Beim Behandeln von [2]Pyridylamin mit Propylisocyanat in Toluol (*Boehmer*, R. **55** [1936] 379, 385).
Kristalle (aus wss. A.); F: 103°.

III   IV

N-Isopropyl-N'-[2]pyridyl-harnstoff $C_9H_{13}N_3O$, Formel IV (R = $CH(CH_3)_2$).
B. Beim Behandeln von [2]Pyridylamin mit Isopropylisocyanat in Toluol (*Boehmer*, R. **55** [1936] 379, 386).
Kristalle (aus wss. A.); F: 104°.

N-Butyl-N'-[2]pyridyl-harnstoff $C_{10}H_{15}N_3O$, Formel IV (R = $[CH_2]_3$-CH_3).
B. Beim Behandeln von [2]Pyridylamin mit Butylisocyanat in Toluol (*Boehmer*, R. **55** [1936] 379, 386). Beim Erhitzen von [2]Pyridyl-thiocarbamidsäure-S-phenylester mit Butylamin in Dioxan (*Crosby, Niemann*, Am. Soc. **76** [1954] 4458, 4462).
Kristalle; F: 88° [aus wss. A.] (*Bo.*), 87—88° (*Cr., Ni.*).

***N*-Isobutyl-*N'*-[2]pyridyl-harnstoff** $C_{10}H_{15}N_3O$, Formel IV (R = CH_2-CH(CH$_3$)$_2$).

B. Beim Behandeln von [2]Pyridylamin mit Isobutylisocyanat in Toluol (*Boehmer*, R. **55** [1936] 379, 387). Beim Erwärmen von *N*-Isobutyl-*N'*-[2]pyridyl-thioharnstoff mit Blei(II)-acetat in wss.-äthanol. NaOH (*Feist*, Ar. **272** [1934] 100, 110).

Kristalle; F: 102° (*Fe.*), 95° [aus wss. A.] (*Bo.*).

***N*-[1,1-Dibutyl-pentyl]-*N'*-[2]pyridyl-harnstoff** $C_{19}H_{33}N_3O$, Formel IV (R = C([CH$_2$]$_3$-CH$_3$)$_3$).

B. Beim Erwärmen von [2]Pyridylamin mit 1,1-Dibutyl-pentylisocyanat in Benzol (*Sperber, Fricano*, Am. Soc. **71** [1949] 3352).

Kristalle (aus wss. A.); F: 138—138,5°.

***N*-Allyl-*N'*-[2]pyridyl-harnstoff** $C_9H_{11}N_3O$, Formel IV (R = CH_2-CH=CH$_2$).

B. Beim Erwärmen von *N*-Allyl-*N'*-[2]pyridyl-thioharnstoff mit Blei(II)-acetat in wss.-äthanol. NaOH (*Feist*, Ar. **272** [1934] 100, 109).

Kristalle (aus wss. A.); F: 102°.

***N*-Phenyl-*N'*-[2]pyridyl-harnstoff** $C_{12}H_{11}N_3O$, Formel V (X = X' = H) (H 430; E II 330).

B. Beim Behandeln von [2]Pyridylamin mit Phenyl-thiocarbamidsäure-*S*-phenylester und Triäthylamin in Dioxan (*Crosby, Niemann*, Am. Soc. **76** [1954] 4458, 4462). Beim Erhitzen von [2]Pyridylamin mit Phenylcarbamoyl-guanidin-nitrat (*Skowrońska-Sera⹀finowa, Urbański*, Roczniki Chem. **30** [1956] 1189, 1193; C. A. **1957** 8668). Beim Erwärmen von *N*-Phenyl-*N'*-[2]pyridyl-thioharnstoff mit Blei(II)-acetat in wss.-äthanol. NaOH (*Feist*, Ar. **272** [1934] 100, 108; vgl. E II 330).

Kristalle; F: 195° [aus Acn. oder E.] (*Grammaticakis*, Bl. **1959** 480, 491), 190° [aus A.] (*Sk.-Se., Ur.*), 188—190° (*Katritzky*, Soc. **1957** 191, 196), 187—188° [unkorr.; aus A.] (*Snyder, Robinson*, Am. Soc. **74** [1952] 5945, 5948). UV-Spektrum (A.; 220—320 nm): *Gr.*, l. c. S. 484.

***N*-[3-Nitro-phenyl]-*N'*-[2]pyridyl-harnstoff** $C_{12}H_{10}N_4O_3$, Formel V (X = NO$_2$, X' = H).

B. Beim Erhitzen von [2]Pyridylamin mit 3-Nitro-benzoylazid in Xylol (*Karrman*, Svensk. kem Tidskr. **60** [1948] 61).

Kristalle (aus Butan-1-ol); F: 233—234°.

V   VI

***N*-[4-Nitro-phenyl]-*N'*-[2]pyridyl-harnstoff** $C_{12}H_{10}N_4O_3$, Formel V (X = H, X' = NO$_2$).

B. Beim Erhitzen von [2]Pyridylamin mit [4-Nitro-phenylcarbamoyl]-guanidin-hydrochlorid (*Skowrońska-Serafinowa, Urbański*, Roczniki Chem. **30** [1956] 1189, 1193; C. A. **1957** 8668).

Kristalle (aus Butan-1-ol), die bei 242° sintern und bei 247° sublimieren.

Picrat. F: 197—199° [Zers.].

***N*-[2]Naphthyl-*N'*-[2]pyridyl-harnstoff** $C_{16}H_{13}N_3O$, Formel VI.

B. Beim Erhitzen von [2]Pyridylamin mit [2]Naphthylcarbamoyl-guanidin-hydro⹀chlorid (*Urbański et al.*, Roczniki Chem. **33** [1959] 1377, 1380; C. A. **1960** 13034).

Kristalle (aus Bzl.); F: 248° [nach Sintern bei 194—195°].

1-[2]Pyridyl-biuret $C_7H_8N_4O_2$, Formel IV (R = CO-NH$_2$).

Diese Konstitution kommt der früher (s. H **22** 429) als [2]Pyridylharnstoff beschrie⹀benen Verbindung zu (*Gertschuk, Taiz*, Ž. obšč. Chim. **20** [1950] 910, 911, 914; engl. Ausg. S. 947, 948, 950).

B. Beim Erwärmen von [2]Pyridylamin mit 1-Nitro-biuret in H$_2$O (*Detweiler, Amstutz,*

Am. Soc. **73** [1951] 5451).

Kristalle (aus H_2O); F: 196,2 – 197,2° [korr.] (*De., Am.*).

N-[2]Pyridyl-N′-[4-sulfamoyl-phenyl]-harnstoff, N-[2]Pyridylcarbamoyl-sulfanilsäure-amid $C_{12}H_{12}N_4O_3S$, Formel VII (R = H).

B. Beim aufeinanderfolgenden Behandeln von 4-Isocyanato-benzolsulfonylchlorid in Benzol mit [2]Pyridylamin und mit methanol. NH_3 (*Farbenfabr. Bayer*, D.B.P. 963058 [1953]).

Kristalle (aus Dioxan); F: 219 – 220°.

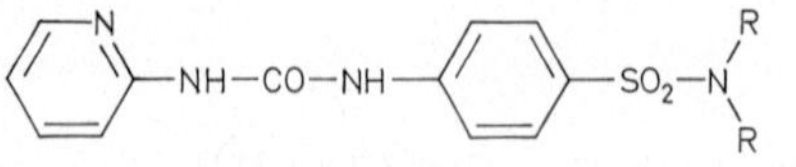

VII 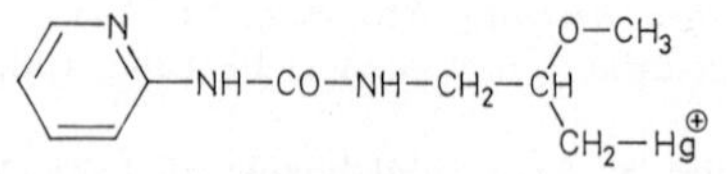   VIII

N-[4-Dimethylsulfamoyl-phenyl]-N′-[2]pyridyl-harnstoff $C_{14}H_{16}N_4O_3S$, Formel VII (R = CH_3).

B. Beim Erhitzen von [2]Pyridylamin mit 4-Isocyanato-benzolsulfonsäure-dimethyl-amid auf 120° (*I.G. Farbenind.*, D.R.P. 750740 [1936]; D.R.P. Org. Chem. **3** 937).

Kristalle; F: 116°.

(±)-2-Methoxy-3-[N′-[2]pyridyl-ureido]-propylquecksilber(1+) $[C_{10}H_{14}HgN_3O_2]^+$, Formel VIII.

Chlorid $[C_{10}H_{14}HgN_3O_2]Cl$; (±)-N-[3-Chloromercurio-2-methoxy-propyl]-N′-[2]pyridyl-harnstoff $C_{10}H_{14}ClHgN_3O_2$. *B.* Beim Erwärmen von N-Allyl-N′-[2]pyr-idyl-harnstoff mit Quecksilber(II)-acetat, Essigsäure und Methanol und Behandeln der Lösung des Reaktionsprodukts in Methanol mit wss. NaCl (*Lakeside Labor. Inc.*, U.S.P. 2863863 [1956]). – Kristalle (aus A. + H_2O); F: 166° [Zers.].

N,N′-Di-[2]pyridyl-harnstoff $C_{11}H_{10}N_4O$, Formel IX (H 430; E II 330).

B. Beim Erwärmen von N,N′-Di-[2]pyridyl-thioharnstoff mit Blei(II)-acetat in wss.-äthanol. NaOH (*Feist*, Ar. **272** [1934] 100, 111).

Kristalle; F: 174,5 – 176° [unkorr.] (*Snyder, Robinson*, Am. Soc. **74** [1952] 5945, 5948 Anm. 12).

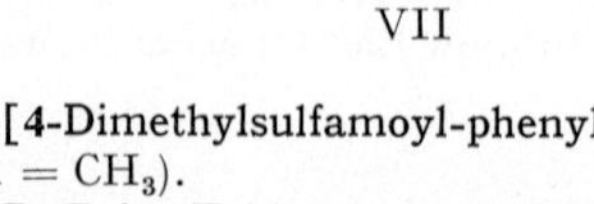

IX 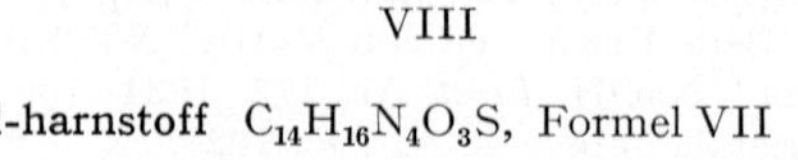   X

N-[2]Pyridyl-N′-[toluol-4-sulfonyl]-harnstoff $C_{13}H_{13}N_3O_3S$, Formel X.

B. Beim Erwärmen von [2]Pyridylamin mit Toluol-4-sulfonylisocyanat in Benzol (*C.F. Boehringer & Söhne*, D.B.P. 1011413 [1955]). Aus [2]Pyridylcarbamidsäure-äthylester und Toluol-4-sulfonamid (*Onisi*, J. pharm. Soc. Japan **79** [1959] 559, 564; C. A. **1959** 21662).

Kristalle; F: 149 – 151° [unkorr.; Zers.] (*Ruschig et al.*, Arzneimittel-Forsch. **8** [1958] 448, 450), 146 – 147° [aus E.] (*C.F. Boehringer & Söhne*), 145 – 145,5° (*On.*).

[2]Pyridylcarbamoyl-amidophosphorsäure $C_6H_8N_3O_4P$, Formel XI (R = H).

B. Beim Behandeln von [2]Pyridylamin mit Isocyanatophosphorylchlorid in Äther und weiteren Behandeln des Reaktionsprodukts mit H_2O (*Kiršanow, Lewtschenko*, Ž. obšč. Chim. **27** [1957] 2585, 2586, 2589; engl. Ausg. S. 2642, 2645).

F: 160 – 162° [Zers.].

[2]Pyridylcarbamoyl-amidophosphorsäure-dimethylester, N-Dimethoxyphosphoryl-N′-[2]pyridyl-harnstoff $C_8H_{12}N_3O_4P$, Formel XI (R = CH_3).

B. Beim Behandeln von [2]Pyridylamin mit Isocyanatophosphorsäure-dimethylester in Äther (*Kiršanow, Lewtschenko*, Ž. obšč. Chim. **27** [1957] 2585, 2587, 2589; engl. Ausg. S. 2642, 2643, 2646).

Kristalle (aus H_2O); F: 154 – 155°.

**[2]Pyridylcarbamoyl-amidophosphorsäure-diphenylester, N-Diphenoxyphosphoryl-N'-
[2]pyridyl-harnstoff** $C_{18}H_{16}N_3O_4P$, Formel XI (R = C_6H_5).

B. Beim Behandeln von [2]Pyridylamin mit Isocyanatophosphorsäure-diphenylester
in Äther (*Kiršanow, Lewtschenko*, Ž. obšč. Chim. **27** [1957] 2585, 2587, 2589; engl. Ausg.
S. 2642, 2644, 2646).

Kristalle (aus Me.); F: 111—113°.

N-Isopropyl-N'-[2]pyridyl-guanidin $C_9H_{14}N_4$, Formel XII (R = $CH(CH_3)_2$) und
Tautomere.

B. Beim Erwärmen von N-Isopropyl-N'-[2]pyridyl-thioharnstoff mit HgO und äthanol.
NH_3 (*Roy, Guha*, J. scient. ind. Res. India **9**B [1950] 262).

F: 82°.

(±)-N-sec-Butyl-N'-[2]pyridyl-guanidin $C_{10}H_{16}N_4$, Formel XII (R = $CH(CH_3)$-C_2H_5) und
Tautomere.

B. Beim Erwärmen von (±)-N-sec-Butyl-N'-[2]pyridyl-thioharnstoff mit HgO und
äthanol. NH_3 (*Roy, Guha*, J. scient. ind. Res. India **9**B [1950] 262).

F: 80—81°.

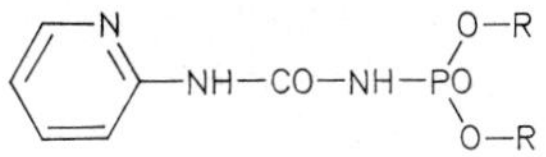

XI 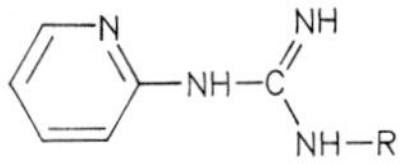   XII 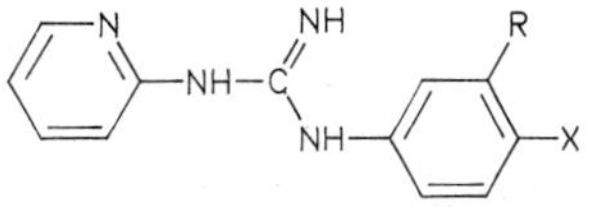   XIII

N-Allyl-N'-[2]pyridyl-guanidin $C_9H_{12}N_4$, Formel XII (R = CH_2-CH=CH_2) und
Tautomere.

B. Beim Erwärmen von N-Allyl-N'-[2]pyridyl-thioharnstoff mit HgO und äthanol.
NH_3 (*Roy, Guha*, J. scient. ind. Res. India **9**B [1950] 262).

F: 63—65°.

N-Phenyl-N'-[2]pyridyl-guanidin $C_{12}H_{12}N_4$, Formel XIII (R = X = H) und Tautomere.

B. Beim Erwärmen von N-Phenyl-N'-[2]pyridyl-thioharnstoff mit HgO und äthanol.
NH_3 (*Roy, Guha*, J. scient. ind. Res. India **9**B [1950] 262).

F: 108—109°.

N-[4-Chlor-phenyl]-N'-[2]pyridyl-guanidin $C_{12}H_{11}ClN_4$, Formel XIII (R = H, X = Cl)
und Tautomere.

B. Beim Erwärmen von N-[4-Chlor-phenyl]-N'-[2]pyridyl-thioharnstoff mit HgO und
äthanol. NH_3 (*Roy, Guha*, J. scient. ind. Res. India **9**B [1950] 262).

F: 175—176°.

N-[2]Pyridyl-N'-m-tolyl-guanidin $C_{13}H_{14}N_4$, Formel XIII (R = CH_3, X = H) und
Tautomere.

B. Beim Erwärmen von N-[2]Pyridyl-N'-m-tolyl-thioharnstoff mit HgO und äthanol.
NH_3 (*Roy, Guha*, J. scient. ind. Res. India **9**B [1950] 262).

F: 134—135°.

N-[2]Pyridyl-N'-p-tolyl-guanidin $C_{13}H_{14}N_4$, Formel XIII (R = H, X = CH_3) und
Tautomere.

B. Beim Erwärmen von N-[2]Pyridyl-N'-p-tolyl-thioharnstoff mit HgO und äthanol.
NH_3 (*Roy, Guha*, J. scient. ind. Res. India **9**B [1950] 262).

F: 148°.

1-[2]Pyridyl-biguanid $C_7H_{10}N_6$, Formel XII (R = $C(NH_2)$=NH) und Tautomere.

B. Aus [2]Pyridylamin-hydrochlorid und Cyanguanidin (*Roy, Guha*, J. scient. ind.
Res. India **9**B [1950] 262).

Dihydrochlorid $C_7H_{10}N_6 \cdot 2$ HCl. F: 272° [nach Sintern].

1-[4-Chlor-phenyl]-5-[2]pyridyl-biguanid $C_{13}H_{13}ClN_6$, Formel XIV (X = Cl), und Tautomere.

B. Aus [2]Pyridylamin-hydrochlorid und *N*-[4-Chlor-phenyl]-*N'*-cyan-guanidin (*Roy, Guha,* J. scient. ind. Res. India **9**B [1950] 262).

Dihydrochlorid $C_{13}H_{13}ClN_6 \cdot 2$ HCl. F: 212—215° [Zers.].

1-[4-Brom-phenyl]-5-[2]pyridyl-biguanid $C_{13}H_{13}BrN_6$, Formel XIV (X = Br), und Tautomere.

B. Aus [2]Pyridylamin-hydrochlorid und *N*-[4-Brom-phenyl]-*N'*-cyan-guanidin (*Roy, Guha,* J. scient. ind. Res. India **9**B [1950] 262).

Dihydrochlorid $C_{13}H_{13}BrN_6 \cdot 2$ HCl. F: 210—212° [Zers.].

N,N'-Di-[2]pyridyl-guanidin $C_{11}H_{11}N_5$, Formel XV (R = H) und Tautomeres.

B. Beim Erwärmen von N,N'-Di-[2]pyridyl-thioharnstoff mit äthanol. NH_3 und basischem Blei(II)-carbonat (*Toptschiew*, Ar. **272** [1934] 775, 778; Ž. obšč. Chim. **4** [1934] 400, 402).

Kristalle (aus A.); F: 177°.

Hydrochlorid. Kristalle; F: 197°.

Picrat. Gelbe Kristalle; F: 225—228°.

XIV   XV

N-Methyl-N',N''-di-[2]pyridyl-guanidin $C_{12}H_{13}N_5$, Formel XV (R = CH_3) und Tautomeres.

B. Beim Erwärmen von N,N'-Di-[2]pyridyl-thioharnstoff mit Methylamin und basischem Blei(II)-carbonat in Äthanol (*Toptschiew*, Ar. **272** [1934] 775, 779; Ž. obšč. Chim. **4** [1934] 400, 403).

Kristalle (aus wss. A.); F: 72—73°.

Hydrochlorid. Kristalle; F: 122°.

Picrat. Gelbe Kristalle; F: 197—199°.

N-Phenyl-N',N''-di-[2]pyridyl-guanidin $C_{17}H_{15}N_5$, Formel XV (R = C_6H_5) und Tautomeres.

B. Beim Erwärmen von N,N'-Di-[2]pyridyl-thioharnstoff mit basischem Blei(II)-carbonat und Anilin in Äthanol (*Toptschiew*, Ar. **272** [1934] 775, 779; Ž. obšč. Chim. **4** [1934] 400, 403; *Taniyama et al.*, J. pharm. Soc. Japan **77** [1957] 1248; C. A. **1958** 6323).

Kristalle (aus A.); F: 132° (*To.*; *Ta. et al.*).

Hydrochlorid. Kristalle; F: 141° (*To.*).

Picrat. Gelbe Kristalle; F: 218—221° (*To.*).

N-[2-Hydroxy-äthyl]-N',N''-di-[2]pyridyl-guanidin $C_{13}H_{15}N_5O$, Formel XV (R = CH_2-CH_2-OH) und Tautomeres.

B. Beim Erwärmen von N,N'-Di-[2]pyridyl-thioharnstoff mit basischem Blei(II)-carbonat und 2-Amino-äthanol in Äthanol (*Am. Cyanamid Co.*, U.S.P. 2367569 [1942]).

F: 99,5—100° [aus A. + H_2O].

Hydrochlorid $C_{13}H_{15}N_5O \cdot$ HCl. Kristalle (aus A.) mit 1 Mol H_2O; F: 157—159°.

Sulfat $C_{13}H_{15}N_5O \cdot H_2SO_4$. Kristalle (aus H_2O + A. + Ae.); F: 181—182°.

($\pm$)-N-[1-Hydroxymethyl-propyl]-N',N''-di-[2]pyridyl-guanidin $C_{15}H_{19}N_5O$, Formel XV (R = $CH(C_2H_5)$-CH_2-OH) und Tautomeres.

B. Beim Erwärmen von N,N'-Di-[2]pyridyl-thioharnstoff mit basischem Blei(II)-carbonat und ($\pm$)-2-Amino-butan-1-ol in Äthanol (*Am. Cyanamid Co.*, U.S.P. 2367569 [1942]).

N-[4-Hydroxy-phenyl]-*N'*,*N''*-di-[2]pyridyl-guanidin $C_{17}H_{15}N_5O$, Formel I (R = H)
und Tautomeres.
   B. Beim Erwärmen von *N,N'*-Di-[2]pyridyl-thioharnstoff mit basischem Blei(II)-
carbonat und 4-Amino-phenol in Äthanol (*Taniyama et al.*, J. pharm. Soc. Japan **77**
[1957] 1248; C. A. **1958** 6323).
   Kristalle (aus A.); F: 225°.

N-[4-Methoxy-phenyl]-*N'*,*N''*-di-[2]pyridyl-guanidin $C_{18}H_{17}N_5O$, Formel I (R = CH_3)
und Tautomeres.
   B. Beim Erwärmen von *N,N'*-Di-[2]pyridyl-thioharnstoff mit basischem Blei(II)-
carbonat und *p*-Anisidin in Äthanol (*Taniyama et al.*, J. pharm. Soc. Japan **77** [1957]
1248; C. A. **1958** 6323; s. a. *Takahashi, Taniyama*, J. pharm. Soc. Japan **66** [1946] 38;
C. A. **1951** 8533).
   Kristalle; F: 109° (*Ta., Ta.*), 108° [aus A.] (*Ta. et al.*).

N-[4-Äthoxy-phenyl]-*N'*,*N''*-di-[2]pyridyl-guanidin $C_{19}H_{19}N_5O$, Formel I (R = C_2H_5)
und Tautomeres.
   B. Beim Erwärmen von *N,N'*-Di-[2]pyridyl-thioharnstoff mit basischem Blei(II)-
carbonat und *p*-Phenetidin in Äthanol (*Taniyama et al.*, J. pharm. Soc. Japan **77** [1957]
1248; C. A. **1958** 6323; s. a. *Takahashi, Taniyama*, J. pharm. Soc. Japan **66** [1946] 38;
C. A. **1951** 8533).
   Kristalle (aus A.); F: 113° (*Ta. et al.*; *Ta., Ta.*).

N-[4-Propoxy-phenyl]-*N'*,*N''*-di-[2]pyridyl-guanidin $C_{20}H_{21}N_5O$, Formel I
(R = CH_2-CH_2-CH_3) und Tautomeres.
   B. Beim Erwärmen von *N,N'*-Di-[2]pyridyl-thioharnstoff mit basischem Blei(II)-
carbonat und 4-Propoxy-anilin in Äthanol (*Taniyama et al.*, J. pharm. Soc. Japan **77**
[1957] 1248; C. A. **1958** 6323).
   Kristalle (aus A.); F: 111°.

I   II

N-[4-Butoxy-phenyl]-*N'*,*N''*-di-[2]pyridyl-guanidin $C_{21}H_{23}N_5O$, Formel I
(R = $[CH_2]_3$-CH_3) und Tautomeres.
   B. Beim Erwärmen von *N,N'*-Di-[2]pyridyl-thioharnstoff mit basischem Blei(II)-
carbonat und 4-Butoxy-anilin in Äthanol (*Taniyama et al.*, J. pharm. Soc. Japan **77**
[1957] 1248; C. A. **1958** 6323).
   Kristalle (aus A.); F: 102°.

N-[4-Pentyloxy-phenyl]-*N'*,*N''*-di-[2]pyridyl-guanidin $C_{22}H_{25}N_5O$, Formel I
(R = $[CH_2]_4$-CH_3) und Tautomeres.
   B. Beim Erwärmen von *N,N'*-Di-[2]pyridyl-thioharnstoff mit basischem Blei(II)-
carbonat und 4-Pentyloxy-anilin in Äthanol (*Taniyama et al.*, J. pharm. Soc. Japan **77**
[1957] 1248; C. A. **1958** 6323).
   Kristalle (aus A.); F: 82°.

N-[4-Hexyloxy-phenyl]-*N'*,*N''*-di-[2]pyridyl-guanidin $C_{23}H_{27}N_5O$, Formel I
(R = $[CH_2]_5$-CH_3) und Tautomeres.
   B. Beim Erwärmen von *N,N'*-Di-[2]pyridyl-thioharnstoff mit basischem Blei(II)-
carbonat und 4-Hexyloxy-anilin in Äthanol (*Taniyama et al.*, J. pharm. Soc. Japan **77**
[1957] 1248; C. A. **1958** 6323).
   Kristalle (aus A.); F: 91°.

N-[4-Octyloxy-phenyl]-*N'*,*N''*-di-[2]pyridyl-guanidin $C_{25}H_{31}N_5O$, Formel I
(R = [CH$_2$]$_7$-CH$_3$) und Tautomeres.
B. Beim Erwärmen von *N*,*N'*-Di-[2]pyridyl-thioharnstoff mit basischem Blei(II)-carbonat und 4-Octyloxy-anilin in Äthanol (*Taniyama et al.*, J. pharm. Soc. Japan **77** [1957] 1248; C. A. **1958** 6323).
Kristalle (aus A.); F: 74°.

N-[4-Dodecyloxy-phenyl]-*N'*,*N''*-di-[2]pyridyl-guanidin $C_{29}H_{39}N_5O$, Formel I
(R = [CH$_2$]$_{11}$-CH$_3$) und Tautomeres.
B. Beim Erwärmen von *N*,*N'*-Di-[2]pyridyl-thioharnstoff mit basischem Blei(II)-carbonat und 4-Dodecyloxy-anilin in Äthanol (*Taniyama et al.*, J. pharm. Soc. Japan **77** [1957] 1248; C. A. **1958** 6323).
Kristalle (aus A.); F: 64—65°.

4-[*N'*,*N''*-Di-[2]pyridyl-guanidino]-benzoesäure-äthylester $C_{20}H_{19}N_5O_2$, Formel II
(R = C$_2$H$_5$, X = H) und Tautomeres.
B. Beim Erwärmen von *N*,*N'*-Di-[2]pyridyl-thioharnstoff mit Pb(OH)$_2$ und 4-Amino-benzoesäure-äthylester in Äthanol (*Chem. Fabr. v. Heyden*, D.R.P. 579145 [1932]; Frdl. **20** 746; s. a. *Takahashi, Taniyama*, J. pharm. Soc. Japan **66** [1946] 38; C. A. **1951** 8533).
Kristalle; F: 89—91° (*Ta., Ta.*), 82—84° [aus Ae. + PAe.] (*v. Heyden*).

4-[*N'*,*N''*-Di-[2]pyridyl-guanidino]-2-hydroxy-benzoesäure $C_{18}H_{15}N_5O_3$, Formel II
(R = H, X = OH) und Tautomeres.
B. Beim Erwärmen von *N*,*N'*-Di-[2]pyridyl-thioharnstoff mit basischem Blei(II)-carbonat und Natrium-[4-amino-2-hydroxy-benzoat] in wss. Äthanol (*Taniyama*, J. pharm. Soc. Japan **77** [1957] 1248; C. A. **1958** 6323).
Kristalle (aus A.); F: 200°.

N,*N'*-Di-[2]pyridyl-*N''*-[4-sulfamoyl-phenyl]-guanidin, *N*-[*N*,*N'*-Di-[2]pyridyl-carbamⁱimidoyl]-sulfanilsäure-amid $C_{17}H_{16}N_6O_2S$, Formel III (R = H) und Tautomeres.
B. Beim Behandeln der folgenden Verbindung mit wss. HCl (*Takahashi, Taniyama*, J. pharm. Soc. Japan **66** [1946] 38; C. A. **1951** 8533).
Kristalle; F: 161°.

N-[4-Acetylsulfamoyl-phenyl]-*N'*,*N''*-di-[2]pyridyl-guanidin $C_{19}H_{18}N_6O_3S$, Formel III
(R = CO-CH$_3$) und Tautomeres.
B. Aus *N*,*N'*-Di-[2]pyridyl-thioharnstoff und Acetyl-sulfanilyl-amin mit Hilfe von basischem Blei(II)-carbonat (*Takahashi, Taniyama*, J. pharm. Soc. Japan **66** [1946] 38; C. A. **1951** 8533).
Kristalle; F: 212°.

III   IV

N-[3-Diäthylamino-propyl]-*N'*,*N''*-di-[2]pyridyl-guanidin $C_{18}H_{26}N_6$, Formel IV (R = H, n = 1) und Tautomeres.
B. Beim Erwärmen von *N*,*N'*-Di-[2]pyridyl-thioharnstoff mit *N*,*N*-Diäthyl-propanⁱdiyldiamin und basischem Blei(II)-carbonat in Äthanol (*Braude, Toptschiew*, Ž. obšč. Chim. **21** [1951] 1909, 1912; engl. Ausg. S. 2121, 2123).
Dipicrat $C_{18}H_{26}N_6 \cdot 2 C_6H_3N_3O_7$. Kristalle (aus Me.); F: 187°.
Oxalat. F: 167—170°.

N-[4-Diäthylamino-butyl]-*N'*,*N''*-di-[2]pyridyl-guanidin $C_{19}H_{28}N_6$, Formel IV (R = H, n = 2) und Tautomeres.
B. Beim Erwärmen von *N*,*N'*-Di-[2]pyridyl-thioharnstoff mit *N*,*N*-Diäthyl-butanⁱ

diyldiamin und Blei(II)-carbonat in Äthanol (*Braude, Toptschiew,* Ž. obšč. Chim. **21** [1951] 1909, 1912; engl. Ausg. S. 2121, 2123).
Dipicrat $C_{19}H_{28}N_6 \cdot 2\,C_6H_3N_3O_7$. Kristalle (aus Me.); F: 170—171°.
Oxalat. F: 191—194°.

(±)-N-[4-Diäthylamino-1-methyl-butyl]-N',N''-di-[2]pyridyl-guanidin $C_{20}H_{30}N_6$,
Formel IV (R = CH₃, n = 2) und Tautomeres.
B. Beim Erwärmen von *N,N'*-Di-[2]pyridyl-thioharnstoff mit (±)-4-Amino-1-diäthyl-amino-pentan und basischem Blei(II)-carbonat in Äthanol (*Braude, Toptschiew,* Ž. obšč. Chim. **21** [1951] 1909, 1911; engl. Ausg. S. 2121, 2122).
Dipicrat $C_{20}H_{30}N_6 \cdot 2\,C_6H_3N_3O_7$. Kristalle (aus Me.); F: 179—180°.
Oxalat. F: 170—171°.

N-[2]Pyridyl-N'-sulfanilyl-guanidin $C_{12}H_{13}N_5O_2S$, Formel V und Tautomere.
B. Beim Erhitzen des Calcium-Salzes des *N*-Acetyl-sulfanilsäure-cyanamids mit [2]Pyridylamin-hydrochlorid auf 200° und Erhitzen des Reaktionsprodukts mit wss. HCl (*Winnek et al.,* Am. Soc. **64** [1942] 1682, 1685).
F: 239—241° [korr.; Zers.]. In 100 ml H_2O lösen sich bei 37° 2,6 mg.

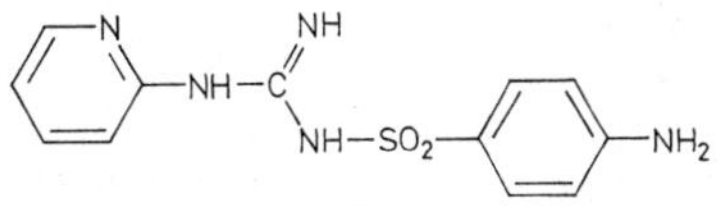

V 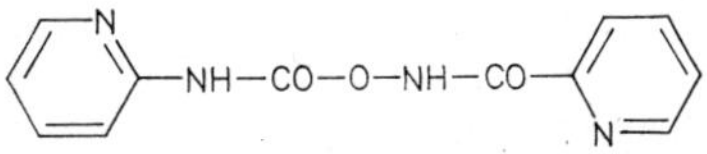   VI

N-[Pyridin-2-carbonyl]-O-[2]pyridylcarbamoyl-hydroxylamin, Pyridin-2-carbonsäure-[[2]pyridylcarbamoyloxy-amid] $C_{12}H_{10}N_4O_3$, Formel VI.
B. Beim Behandeln von Pyridin-2-carbonsäure-hydroxyamid mit Diisopropyl-fluoro-phosphat in wss. Lösung (pH 7,6) oder in Pyridin (*Hackley et al.,* Am. Soc. **77** [1955] 3651).
Zers. bei 159°.

4-[2]Pyridyl-semicarbazid $C_6H_8N_4O$, Formel VII.
B. Beim Erwärmen von [2]Pyridylamin mit Aceton-semicarbazon und Behandeln des Reaktionsprodukts mit wss. Essigsäure (*Saikachi, Yoshina,* J. pharm. Soc. Japan **72** [1952] 30; C. A. **1952** 11176).
Hydrochlorid $C_6H_8N_4O \cdot HCl$. Kristalle (aus A.); F: 203° [Zers.].

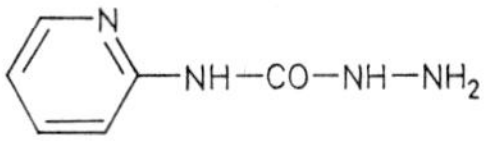

VII 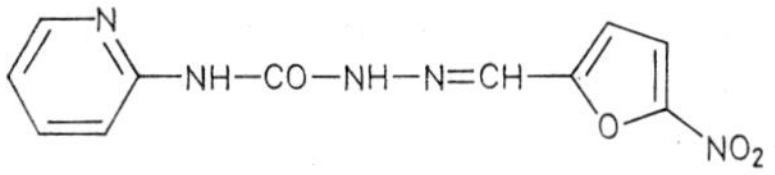   VIII

*5-Nitro-furfural-[4-[2]pyridyl-semicarbazon] $C_{11}H_9N_5O_4$, Formel VIII.
B. Beim Behandeln von 4-[2]Pyridyl-semicarbazid-hydrochlorid mit 5-Nitro-furfural und Natriumacetat in Äthanol (*Saikachi, Yoshina,* J. pharm. Soc. Japan **72** [1952] 30; C. A. **1952** 11176).
Hellgelbe Kristalle (aus A.); F: 239—240° [Zers.].

Isonicotinsäure-[(bis-[2]pyridylamino-methylen)-hydrazid] $C_{17}H_{15}N_7O$, Formel IX, und Tautomeres; *N*-Isonicotinoylamino-*N',N''*-di-[2]pyridyl-guanidin.
B. Beim Erwärmen von *N,N'*-Di-[2]pyridyl-thioharnstoff mit Isonicotinsäure-hydrazid und basischem Blei(II)-carbonat in Äthanol (*Taniyama et al.,* J. pharm. Soc. Japan **77** [1957] 1248; C. A. **1958** 6323).
Kristalle (aus A.); F: 184°.

N-Nitro-N'-[2]pyridyl-guanidin $C_6H_7N_5O_2$, Formel X und Tautomere.
B. Beim Behandeln von [2]Pyridylamin mit *N*-Methyl-*N'*-nitro-*N*-nitroso-guanidin in H_2O (*Henry,* Am. Soc. **72** [1950] 5343) oder mit *S*-Methyl-*N*-nitro-isothioharnstoff

(*Fischbein, Gallaghan*, Am. Soc. **76** [1954] 1877).

Kristalle (aus. A.); F: 229° [korr; Zers.] (*He.*), 228—229° [unkorr.] (*Fi., Ga.*). Scheinbarer Dissoziationsexponent pK_a' (H_2O; spektrophotometrisch ermittelt) bei 24°: 10,70 (*De Vries, Gantz*, Am. Soc. **76** [1954] 1008).

IX   X   XI

[2]Pyridyl-thiocarbamidsäure-*S*-phenylester $C_{12}H_{10}N_2OS$, Formel XI.

Beim Behandeln von [2]Pyridylamin mit Chlorothiokohlensäure-*S*-phenylester in Dioxan (*Crosby, Niemann*, Am. Soc. **76** [1954] 4458, 4461).

Kristalle (aus Toluol + PAe.); F: 151,2—152° [korr.].

[2]Pyridyl-thioharnstoff $C_6H_7N_3S$, Formel XII (R = H).

B. Aus *N*-Benzoyl-*N'*-[2]pyridyl-thioharnstoff (*Fairfull, Peak*, Soc. **1955** 796, 800).

Kristalle (aus A.); F: 147—148° [vorgeheiztes Bad].

***N*-Methyl-*N'*-[2]pyridyl-thioharnstoff** $C_7H_9N_3S$, Formel XII (R = CH_3).

B. Aus [2]Pyridylamin und Methylisothiocyanat (*Horner et al.*, Arzneimittel-Forsch. **2** [1952] 524, 528; *Feist*, Ar. **272** [1934] 100, 109).

Kristalle (aus A.); F: 146°.

***N*-Isopropyl-*N'*-[2]pyridyl-thioharnstoff** $C_9H_{13}N_3S$, Formel XII (R = $CH(CH_3)_2$).

B. Beim Erwärmen von [2]Pyridylamin mit Isopropylisothiocyanat in Äthanol (*Roy, Guha*, J. scient. ind. Res. India **9**B [1950] 262).

F: 129—130°.

***N*-Isobutyl-*N'*-[2]pyridyl-thioharnstoff** $C_{10}H_{15}N_3S$, Formel XII (R = CH_2-$CH(CH_3)_2$).

B. Beim Erhitzen von [2]Pyridylamin mit Isobutylisothiocyanat (*Feist*, Ar. **272** [1934] 100, 110).

Kristalle (aus wss. A.); F: 97°.

***N*-Allyl-*N'*-[2]pyridyl-thioharnstoff** $C_9H_{11}N_3S$, Formel XII (R = CH_2-CH=CH_2).

B. Beim Erwärmen von [2]Pyridylamin mit Allylisothiocyanat ohne Lösungsmittel (*Feist*, Ar. **272** [1934] 100, 108; *Silberg et al.*, Acad. Cluj Stud. Cerc. Chim. **3** [1952] 70, 71; C. A. **1956** 12043) oder in Äthanol (*Roy, Guha*, J. scient. ind. Res. India **9**B [1950] 262).

Kristalle; F: 106° [aus wss. A.] (*Si. et al.*), 100—101° (*Roy, Guha*), 96° [aus A.] (*Fe.*). Kp_{18}: 201—205° (*Fe.*).

Picrat $C_9H_{11}N_3S \cdot C_6H_3N_3O_7$. Gelbe Kristalle (aus H_2O); F: 144° (*Fe.*).

***N*-Phenyl-*N'*-[2]pyridyl-thioharnstoff** $C_{12}H_{11}N_3S$, Formel XIII (R = R' = X = H) (H 430; E II 330).

Kristalle; F: 178° [aus Me.] (*Grammaticakis*, Bl. **1959** 480, 491), 173° [aus Eg.] (*Silberg et al.*, Acad. Cluj Stud. Cerc. Chim. **3** [1952] 70, 72; C. A. **1956** 12043). UV-Spektrum (A.; 215—360 nm): *Gr.*, l. c. S. 484.

***N*-[4-Fluor-phenyl]-*N'*-[2]pyridyl-thioharnstoff** $C_{12}H_{10}FN_3S$, Formel XIII (R = R' = H, X = F).

B. Beim Erwärmen von [2]Pyridylamin mit 4-Fluor-phenylisothiocyanat in Äthanol (*Buu-Hoi et al.*, Soc. **1955** 1573, 1579).

Kristalle (aus A.); F: 178°.

***N*-[4-Chlor-phenyl]-*N'*-[2]pyridyl-thioharnstoff** $C_{12}H_{10}ClN_3S$, Formel XIII (R = R' = H, X = Cl).

B. Beim Erwärmen von [2]Pyridylamin mit 4-Chlor-phenylisothiocyanat in Äthanol

(*Roy, Guha,* J. scient. ind. Res. India **9**B [1950] 262; *Buu-Hoi et al.,* Soc. **1955** 1573, 1579).
Kristalle; F: 208° [aus A.] (*Buu-Hoi et al.*), 188° (*Roy, Guha*).

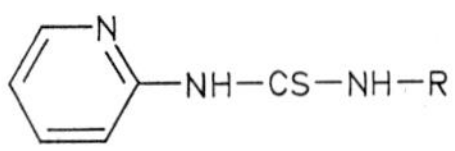

XII 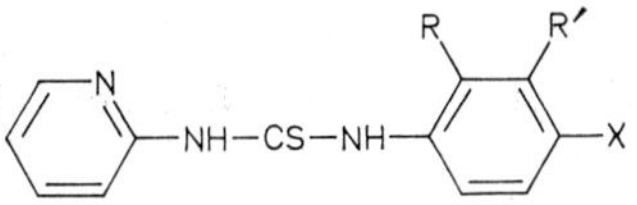   XIII 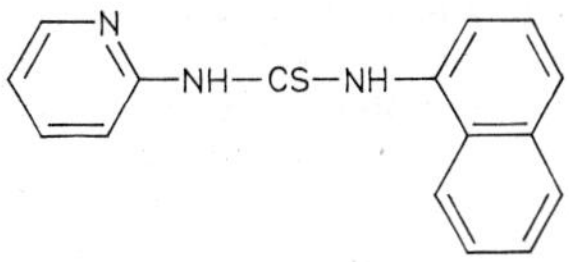   XIV

N-[4-Brom-phenyl]-N'-[2]pyridyl-thioharnstoff $C_{12}H_{10}BrN_3S$, Formel XIII
(R = R' = H, X = Br).
B. Beim Erwärmen von [2]Pyridylamin mit 4-Brom-phenylisothiocyanat in Äthanol
(*Buu-Hoi et al.,* Soc. **1955** 1573, 1579).
Kristalle (aus A.); F: 224°.

N-[2]Pyridyl-N'-m-tolyl-thioharnstoff $C_{13}H_{13}N_3S$, Formel XIII (R = X = H,
R' = CH_3).
B. Beim Erwärmen von [2]Pyridylamin mit *m*-Tolylisothiocyanat in Äthanol (*Roy,
Guha,* J. scient. ind. Res. India **9**B [1950] 262; *Buu-Hoi et al.,* Soc. **1955** 1573, 1579).
Kristalle; F: 174° [aus A.] (*Buu-Hoi et al.*), 168—170° (*Roy, Guha*).

N-[2]Pyridyl-N'-p-tolyl-thioharnstoff $C_{13}H_{13}N_3S$, Formel XIII (R = R' = H, X = CH_3).
B. Beim Erwärmen von [2]Pyridylamin mit *p*-Tolylisothiocyanat in Äthanol (*Roy,
Guha,* J. scient. ind. Res. India **9**B [1950] 262; *Buu-Hoi et al.,* Soc. **1955** 1573, 1579).
Beim Erwärmen von [2]Pyridylamin mit *p*-Tolylisocyanid und Schwefel in Äthanol
(*Lipp et al.,* M. **90** [1959] 41, 45).
Kristalle; F: 192° [aus A.] (*Buu-Hoi et al.*), 190—191° [unkorr.; aus H_2O + Dioxan]
(*Lipp et al.*), 182° (*Roy, Guha*).

N-[2,4-Dimethyl-phenyl]-N'-[2]pyridyl-thioharnstoff $C_{14}H_{15}N_3S$, Formel XIII
(R = X = CH_3, R' = H).
B. Beim Erwärmen von [2]Pyridylamin mit 2,4-Dimethyl-phenylisothiocyanat in
Äthanol (*Buu-Hoi et al.,* Soc. **1955** 1573, 1579).
Kristalle (aus A.); F: 193°.

N-[4-Butyl-phenyl]-N'-[2]pyridyl-thioharnstoff $C_{16}H_{19}N_3S$, Formel XIII (R = R' = H,
X = [CH_2]_3-CH_3).
B. Beim Erwärmen von [2]Pyridylamin mit 4-Butyl-phenylisothiocyanat in Äthanol
(*Buu-Hoi et al.,* Soc. **1955** 1573, 1579).
Kristalle (aus A.); F: 156°.

N-[1]Naphthyl-N'-[2]pyridyl-thioharnstoff $C_{16}H_{13}N_3S$, Formel XIV.
B. Beim Erwärmen von [2]Pyridylamin mit [1]Naphthylisothiocyanat ohne Lösungsmittel (*Silberg et al.,* Acad. Cluj Stud. Cerc. Chim. **3** [1952] 70, 72; C. A. **1956** 12043)
oder in Äthanol (*Buu-Hoi et al.,* Soc. **1955** 1573, 1579).
Kristalle; F: 236° [aus A.] (*Buu-Hoi et al.*), 197—198° [aus Eg.] (*Si et al.*).

N-[2]Naphthyl-N'-[2]pyridyl-thioharntoff $C_{16}H_{13}N_3S$, Formel I.
B. Beim Erwärmen von [2]Pyridylamin mit [2]Naphthylisothiocyanat in Äthanol
(*Buu-Hoi et al.,* Soc. **1955** 1573, 1579).
Kristalle (aus A.); F: 242°.

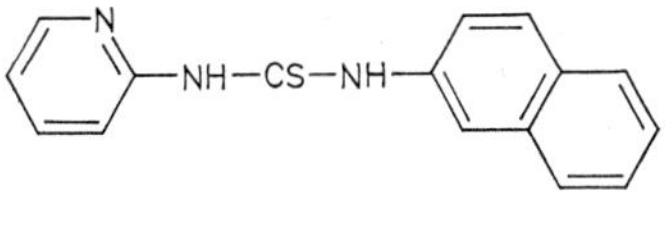

I 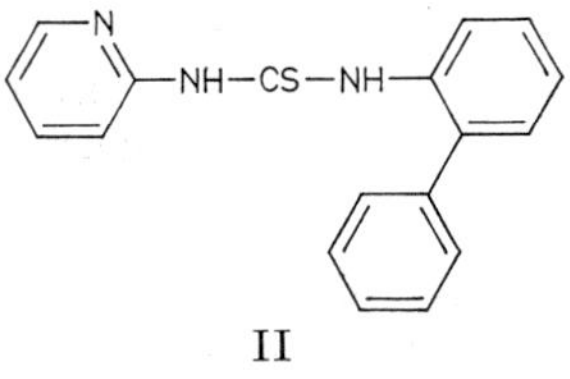   II 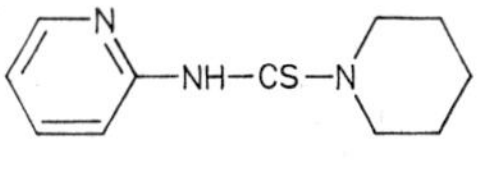   III

N-Biphenyl-2-yl-*N'*-[2]pyridyl-thioharnstoff $C_{18}H_{15}N_3S$, Formel II.
B. Beim Erwärmen von [2]Pyridylamin mit Biphenyl-2-ylisothiocyanat in Äthanol (*Buu-Hoi et al.*, Soc. **1955** 1573, 1579).
Kristalle (aus A.); F: 176°.

Piperidin-1-thiocarbonsäure-[2]pyridylamid $C_{11}H_{15}N_3S$, Formel III.
B. Beim Erwärmen von [2]Pyridyl-dithiocarbamidsäure-methylester mit Piperidin in Methanol (*Knott*, Soc. **1956** 1644, 1645).
Kristalle (aus Cyclohexan); F: 112—113°.

N-[4-Hydroxy-phenyl]-*N'*-[2]pyridyl-thioharnstoff $C_{12}H_{11}N_3OS$, Formel IV (R = H).
B. Beim Erwärmen von [2]Pyridylamin mit 4-Hydroxy-phenylisothiocyanat (*I.G. Farbenind.*, D.R.P. 553278 [1930]; Frdl. **19** 1412; *Winthrop Chem. Co.*, U.S.P. 2050557 [1931]).
Kristalle (aus wss. A.); F: 218°.

N-[4-Methoxy-phenyl]-*N'*-[2]pyridyl-thioharnstoff $C_{13}H_{13}N_3OS$, Formel IV (R = CH₃).
B. Beim Erwärmen von [2]Pyridylamin mit 4-Methoxy-phenylisothiocyanat in Äthanol (*Buu-Hoi et al.*, Soc. **1955** 1573, 1579).
Kristalle (aus A.); F: 208°.

N-[4-Äthoxy-phenyl]-*N'*-[2]pyridyl-thioharnstoff $C_{14}H_{15}N_3OS$, Formel IV (R = C₂H₅).
B. Beim Erwärmen von [2]Pyridylamin mit 4-Äthoxy-phenylisothiocyanat in Äthanol (*Buu-Hoi et al.*, Soc. **1955** 1573, 1579).
Kristalle (aus A.); F: 209°.

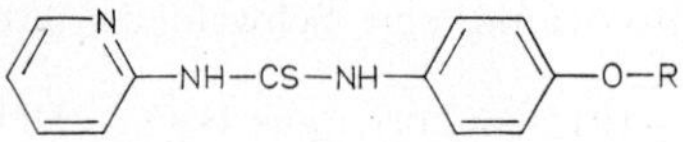

IV 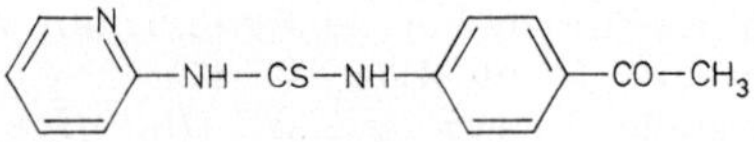   V

N-[4-Propoxy-phenyl]-*N'*-[2]pyridyl-thioharnstoff $C_{15}H_{17}N_3OS$, Formel IV (R = CH₂-CH₂-CH₃).
B. Beim Erwärmen von [2]Pyridylamin mit 4-Propoxy-phenylisothiocyanat in Äthanol (*Buu-Hoi et al.*, Soc. **1955** 1573, 1579).
Kristalle (aus A.); F: 171°.

N-[4-Butoxy-phenyl]-*N'*-[2]pyridyl-thioharnstoff $C_{16}H_{19}N_3OS$, Formel IV (R = [CH₂]₃-CH₃).
B. Beim Erwärmen von [2]Pyridylamin mit 4-Butoxy-phenylisothiocyanat in Äthanol (*Buu-Hoi et al.*, Soc. **1955** 1573, 1579).
Kristalle (aus A.); F: 149°.

N-[4-Isopentyloxy-phenyl]-*N'*-[2]pyridyl-thioharnstoff $C_{17}H_{21}N_3OS$, Formel IV (R = CH₂-CH₂-CH(CH₃)₂).
B. Beim Erwärmen von [2]Pyridylamin mit 4-Isopentyloxy-phenylisothiocyanat in Äthanol (*Buu-Hoi et al.*, Soc. **1955** 1573, 1579).
Kristalle (aus A.); F: 146°.

N-[4-Acetyl-phenyl]-*N'*-[2]pyridyl-thioharnstoff $C_{14}H_{13}N_3OS$, Formel V.
B. Beim Erwärmen von [2]Pyridylamin mit 1-[4-Isocyanato-phenyl]-äthanon in Dioxan (*Doub et al.*, Am. Soc. **80** [1958] 2205, 2206).
Kristalle (aus A.); F: 195—196° [unkorr.].

N-Benzoyl-*N'*-[2]pyridyl-thioharnstoff $C_{13}H_{11}N_3OS$, Formel VI (X = H).
B. Aus [2]Pyridylamin und Benzoylisothiocyanat (*Fairfull, Peak*, Soc. **1955** 796, 800).
Kristalle (aus A.); F: 143—144°.

N-[4-Chlor-benzoyl]-*N'*-[2]pyridyl-thioharnstoff $C_{13}H_{10}ClN_3OS$, Formel VI (X = Cl).
B. Beim Behandeln von [2]Pyridylamin mit 4-Chlor-benzoylisothiocyanat in Äther

(*Tišler*, Z. anal. Chem. **165** [1959] 272, 274).
Kristalle (aus wss. A.); F: 153°.

VI   VII

N-[4-Nitro-benzoyl]-N'-[2]pyridyl-thioharnstoff $C_{13}H_{10}N_4O_3S$, Formel VI (X = NO_2).
B. Aus [2]Pyridylamin und 4-Nitro-benzoylisothiocyanat (*Bednarz*, Diss. Pharm. **10**
[1958] 1, 2; C. A. **1958** 19993).
Gelbe Kristalle (aus A.); F: 226 — 227°.

N-Cyan-N'-[2]pyridyl-thioharnstoff $C_7H_6N_4S$, Formel VII (R = CN).
B. Beim Erwärmen von [2]Pyridyl-dithiocarbamidsäure-methylester mit Natrium≠
cyanamid in Methanol (*Fairfull, Peak*, Soc. **1955** 796, 800).
Gelbe Kristalle (aus A.); F: 202 — 203°.

1-[2]Pyridyl-dithiobiuret $C_7H_8N_4S_2$, Formel VII (R = $CS-NH_2$).
B. Beim Behandeln von [2]Pyridylisothiocyanat mit Natriumcyanamid in Methanol
und Behandeln der Lösung des Reaktionsprodukts in wss. NH_4Cl mit NH_3 und H_2S
(*Fairfull, Peak*, Soc. **1955** 796, 799).
Kristalle (aus A.); F: 189 — 190°.

2-Hydroxy-4-[N'-[2]pyridyl-thioureido]-benzoesäure $C_{13}H_{11}N_3O_3S$, Formel VIII (R = H).
B. Beim Erwärmen von [2]Pyridylamin mit 2-Hydroxy-4-isothiocyanato-benzoesäure
in Äther (*Schering A.G.*, D.B.P. 898896 [1950]; D.R.B.P. Org. Chem. 1950 — 1951 **3**
1008).
F: 159 — 160° [Zers.].

2-Hydroxy-4-[N'-[2]pyridyl-thioureido]-benzoesäure-methylester $C_{14}H_{13}N_3O_3S$,
Formel VII (R = CH_3).
B. Beim Erhitzen von [2]Pyridylamin mit 2-Hydroxy-4-isothiocyanato-benzoesäure-
methylester (*Aumüller et al.*, B. **85** [1952] 760, 771).
Kristalle (aus Dioxan); F: 212° [Zers.].

VIII   IX

N,N'-Di-[2]pyridyl-thioharnstoff $C_{11}H_{10}N_4S$, Formel IX (H 430; E II 330).
B. Beim Erwärmen von [2]Pyridylamin mit CS_2 unter Zusatz von Schwefel (*Top-
tschiew*, Ar. **272** [1934] 775, 778; Ž. obšč. Chim. **4** [1934] 400, 402; *Am. Cyanamid Co.*,
U.S.P. 2367569 [1942]).
Kristalle; F: 163° [aus wss. A.] (*To.*), 160 — 161° (*Am. Cyanamid*).

[2]Pyridylthiocarbamoyl-amidophosphorsäure-diäthylester, N-Diäthoxyphosphoryl-
N'-[2]pyridyl-thioharnstoff $C_{10}H_{16}N_3O_3PS$, Formel X (X = O).
B. Beim Behandeln von [2]Pyridylamin mit Isothiocyanatophosphorsäure-diäthylester
in Äther (*Lewtschenko, Scheinkman*, Ž. obšč. Chim. **29** [1959] 1249, 1253; engl. Ausg.
S. 1221, 1224).
Kristalle (aus A.); F: 133 — 134°.

[2]Pyridylthiocarbamoyl-amidothiophosphorsäure-O,O'-diäthylester, N-Diäthoxythiophos≠
phoryl-N'-[2]pyridyl-thioharnstoff $C_{10}H_{16}N_3O_2PS_2$, Formel X (X = S).
B. Beim Behandeln von [2]Pyridylamin mit Isothiocyanatothiophosphorsäure-O,O'-
diäthylester (*Farbenfabr. Bayer*, D.B.P 952712 [1955]).
Kristalle (aus PAe.); F: 108°.

4-[2]Pyridyl-thiosemicarbazid $C_6H_8N_4S$, Formel XI.

B. Beim Erwärmen des Kalium-Salzes der [2]Pyridyl-dithiocarbamidsäure (aus [2]Pyridylamin, CS_2 und wss. KOH hergestellt) mit $N_2H_4 \cdot H_2SO_4$ und wss. NaOH (*Farbenfabr. Bayer,* D.B.P. 832891 [1949]; D.R.B.P. Org. Chem. 1950—1951 **3** 1177; *Schenley Ind.,* U.S.P. 2657234 [1950]).

Kristalle (aus wss. A.); F: 194°.

[2]Pyridyl-dithiocarbamidsäure $C_6H_6N_2S_2$, Formel XII (R = H).

Ammonium-Salz $[NH_4]C_6H_5N_2S_2$. *B.* Beim Behandeln von [2]Pyridylamin mit konz. wss. NH_3 und CS_2 (*Fairfull, Peak,* Soc. **1955** 796, 798). — Gelbe Kristalle (aus wss. NH_3); F: 96—97° [Zers.] (*Fa., Peak*).

Kupfer(II)-Salz $Cu(C_6H_5N_2S_2)_2$. *B.* Beim Behandeln des [2]Pyridylamin-Salzes (aus [2]Pyridylamin beim aufeinanderfolgenden Erwärmen mit $NaNH_2$ und mit CS_2 hergestellt) mit wss. $CuSO_4$ (*Foye et al.,* J. Am. pharm. Assoc. **47** [1958] 556). — Grünschwarz; F: 115° [unkorr.; Zers.] (*Foye et al.*).

Triäthylamin-Salz $C_6H_{15}N \cdot C_6H_6N_2S_2$. *B.* Aus [2]Pyridylamin, Triäthylamin und CS_2 beim Erwärmen ohne Lösungsmittel (*Knott,* Soc. **1956** 1644, 1645) oder beim Aufbewahren in Äthanol (*Fa., Peak*). — Gelbe Kristalle; F: 88—89° [aus Triäthylamin enthaltendem H_2O] (*Fa., Peak*), 84—85° (*Kn.*).

X   XI   XII

[2]Pyridyl-dithiocarbamidsäure-methylester $C_7H_8N_2S_2$, Formel XII (R = CH_3).

B. Beim Behandeln des Triäthylamin-Salzes der [2]Pyridyl-dithiocarbamidsäure mit CH_3I in Äthanol (*Eastman Kodak Co.,* U.S.P. 2839403 [1955]; s. a. *Knott,* Soc. **1956** 1644, 1645).

Gelbe Kristalle; F: 91° [aus A.] (*Eastman Kodak Co.; Kn.*), 88—89° (*Fairful, Peak,* Soc. **1955** 796, 799).

[2]Pyridyl-dithiocarbamidsäure-äthylester $C_8H_{10}N_2S_2$, Formel XII (R = C_2H_5).

B. Beim Erwärmen des Triäthylamin-Salzes der [2]Pyridyl-dithiocarbamidsäure mit Äthylbromid in Äthanol (*Eastman Kodak Co.,* U.S.P. 2839403 [1955]; s. a. *Knott,* Soc. **1956** 1644, 1645).

Gelbe Kristalle (aus A. oder Isopropylalkohol); F: 64° (*Eastman Kodak Co.; Kn.*).

Kupfer(II)-Salz. Grünschwarz; F: 88—90° (*Foye et al.,* J. Am. pharm. Assoc. **47** [1958] 556).

[2]Pyridyl-dithiocarbamidsäure-[4-nitro-phenylester] $C_{12}H_9N_3O_2S_2$, Formel XII (R = $C_6H_4\text{-}NO_2(p)$).

B. Beim Erwärmen des [2]Pyridylamin-Salzes der [2]Pyridyl-dithiocarbamidsäure mit 1-Chlor-4-nitro-benzol in wss. Äthanol (*Foye et al.,* J. Am. pharm. Assoc. **47** [1958] 556).

Grün; F: 128—130° [unkorr.].

Kupfer(II)-Salz $Cu(C_{12}H_8N_3O_2S_2)_2$. Gelbgrün; F: 132—134° [unkorr.].

[2]Pyridylthiocarbamoylmercapto-essigsäure $C_8H_8N_2O_2S_2$, Formel XII (R = $CH_2\text{-}CO\text{-}OH$).

B. Aus dem Triäthylamin-Salz der [2]Pyridyl-dithiocarbamidsäure und Natriumchloracetat in H_2O (*Knott,* Soc. **1956** 1644, 1648).

Orangefarbene Kristalle (aus A.); F: 133° [unter Aufschäumen].

[2]Pyridylthiocarbamoylmercapto-essigsäure-äthylester $C_{10}H_{12}N_2O_2S_2$, Formel XII (R = $CH_2\text{-}CO\text{-}O\text{-}C_2H_5$).

B. Aus dem Triäthylamin-Salz der [2]Pyridyl-dithiocarbamidsäure (*Knott,* Soc. **1956** 1644, 1645).

Blassgelbe Kristalle (aus Me.); F: 88—89°.

[1-Oxy-[2]pyridyl]-carbamidsäure-äthylester $C_8H_{10}N_2O_3$, Formel XIII (X = O-C_2H_5).
B. Aus 2-Amino-pyridin-1-oxid und Chlorokohlensäure-äthylester in Acetonitril (*Katritzky*, Soc. **1957** 191, 196). Beim Erwärmen von [2]Pyridyl-carbamidsäure-äthylester in Essigsäure mit wss. H_2O_2 (*Katritzky*, Soc. **1956** 2063, 2064). Beim Erwärmen von [1,2,4]Oxadiazolo[2,3-*a*]pyridin-2-on mit Äthanol (*Hoegerle*, Helv. **41** [1958] 548, 559). Kristalle (aus Ae.); F: 89—91° (*Ho.*), 88,5—90° (*Ka.*, Soc. **1956** 2065). IR-Banden (CHCl$_3$; 1620—850 cm^{-1}): *Katritzky, Hands*, Soc. **1958** 2195. λ_{max}: 230 nm, 265 nm und 305 nm [Me.] bzw. 230 nm und 295 nm [methanol. H_2SO_4] (*Ka.*, Soc. **1956** 2065).
Picrolonat $C_8H_{10}N_2O_3 \cdot C_{10}H_8N_4O_5$. Bräunliche Kristalle (aus A.); F: 135° [Zers.] (*Ka.*, Soc. **1956** 2065).

[1-Oxy-[2]pyridyl]-carbamidsäure-propylester $C_9H_{12}N_2O_3$, Formel XIII (X = O-CH_2-CH_2-CH_3).
B. Beim Erwärmen von [1,2,4]Oxadiazolo[2,3-*a*]pyridin-2-on mit Propan-1-ol (*Hoegerle*, Helv. **41** [1958] 548, 560).
Kristalle (aus Ae.); F: 90,5—91°.

XIII   XIV   XV

[1-Oxy-[2]pyridyl]-carbamidsäure-butylester $C_{10}H_{14}N_2O_3$, Formel XIII (X = O-[CH_2]$_3$-CH_3).
B. Beim Erwärmen von [1,2,4]Oxadiazolo[2,3-*a*]pyridin-2-on mit Butan-1-ol (*Hoegerle*, Helv. **41** [1958] 548, 560).
Kristalle (aus Ae. + PAe.); F: 40—42°.

[1-Oxy-[2]pyridyl]-harnstoff $C_6H_7N_3O_2$, Formel XIII (X = NH$_2$).
B. Beim Erwärmen von [1,2,4]Oxadiazolo[2,3-*a*]pyridin-2-on mit konz. wss. NH$_3$ (*Hoegerle*, Helv. **41** [1958] 548, 560).
Kristalle (aus H_2O); F: 202—202,5° [korr.].

***N*-[1-Oxy-[2]pyridyl]-*N'*-phenyl-harnstoff** $C_{12}H_{11}N_3O_2$, Formel XIII (X = NH-C_6H_5).
B. Aus 1-Oxy-[2]pyridylamin und Phenylisocyanat in Acetonitril (*Katritzky*, Soc. **1957** 191, 196). Beim Erwärmen von *N*-Phenyl-*N'*-[2]pyridyl-harnstoff in Essigsäure mit wss. H_2O_2 (*Ka.*, l. c. S. 197).
Kristalle (aus A.); F: 212—220,5° [abhängig von der Geschwindigkeit des Erhitzens].

***N,N'*-Bis-[1-oxy-[2]pyridyl]-harnstoff** $C_{11}H_{10}N_4O_3$, Formel XIV.
B. Beim Erwärmen von *N,N'*-Di-[2]pyridyl-harnstoff in Essigsäure mit wss. H_2O_2 (*Katritzky*, Soc. **1956** 2063, 2065).
Kristalle (aus Eg.); F: 236—237° [Zers.].

***N'*-Äthyl-*N*-[4-chlor-phenyl]-*N*-[2]pyridyl-harnstoff** $C_{14}H_{14}ClN_3O$, Formel XV.
B. Beim Erwärmen von [4-Chlor-phenyl]-[2]pyridyl-amin mit Äthylisocyanat in Benzol (*Searle & Co.*, U.S.P. 2802008 [1953]).
Kristalle (aus E.); F: ca. 136°.

***N'*-Äthyl-*N*-[5-chlor-2-methoxy-phenyl]-*N*-[2]pyridyl-harnstoff** $C_{15}H_{16}ClN_3O_2$, Formel I.
B. Beim Erwärmen von [5-Chlor-2-methoxy-phenyl]-[2]pyridyl-amin mit Äthylisocyanat in Benzol (*Searle & Co.*, U.S.P. 2802008 [1953]).
Kristalle (aus Cyclohexan); F: 93—94°.

[4-Äthoxy-phenyl]-[2]pyridyl-carbamoylchlorid $C_{14}H_{13}ClN_2O_2$, Formel II (X = Cl).
B. Beim Behandeln von 2-*p*-Phenetidino-pyridin und Tributylamin in CHCl$_3$ mit COCl$_2$

in CHCl$_3$ (*Searle & Co.*, U.S.P. 2802008 [1953]).
Kristalle; F: 71—72°.

N-[4-Äthoxy-phenyl]-N-[2]pyridyl-harnstoff $C_{14}H_{15}N_3O_2$, Formel II (X = NH$_2$).
B. Beim Behandeln der vorangehenden Verbindung mit NH$_3$ in Benzol (*Searle & Co.*, U.S.P. 2802008 [1953]).
Kristalle (aus Isopropylalkohol); F: 155—156°.

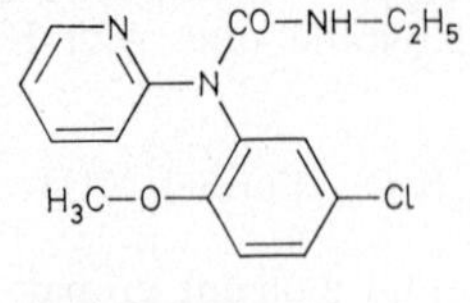

I 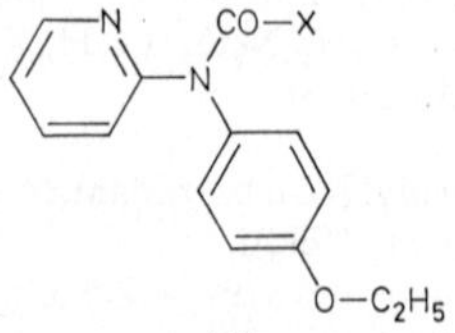   II

N-[4-Äthoxy-phenyl]-N′-äthyl-N-[2]pyridyl-harnstoff $C_{16}H_{19}N_3O_2$, Formel II
(X = NH-C$_2$H$_5$).
B. Beim Erwärmen von 2-*p*-Phenetidino-pyridin mit Äthylisocyanat in Benzol (*Searle & Co.*, U.S.P. 2802008 [1953]).
Kristalle (aus E.); F: ca. 130°.

5-[4-Äthoxy-phenyl]-5-[2]pyridyl-hydantoinsäure $C_{16}H_{17}N_3O_4$, Formel II
(X = NH-CH$_2$-CO-OH).
B. Beim Behandeln von [4-Äthoxy-phenyl]-[2]pyridyl-carbamoylchlorid in Aceton mit Glycin in wss. NaOH (*Searle & Co.*, U.S.P. 2802008 [1953]).
Kristalle (aus A.); F: ca. 161°.

N-[4-Äthoxy-phenyl]-N′-[2-diäthylamino-äthyl]-N-[2]pyridyl-harnstoff $C_{20}H_{28}N_4O_2$,
Formel II (X = NH-CH$_2$-CH$_2$-N(C$_2$H$_5$)$_2$).
B. Beim Erwärmen von [4-Äthoxy-phenyl]-[2]pyridyl-carbamoylchlorid mit *N,N*-Di$\neq$
äthyl-äthylendiamin in Benzol (*Searle & Co.*, U.S.P. 2802008 [1953]).
Hydrochlorid. Kristalle (aus Butanon); F: 155—156°.

1,2-Bis-[N′-(4-äthoxy-phenyl)-N′-[2]pyridyl-ureido]-äthan $C_{30}H_{32}N_6O_4$, Formel III.
B. Beim Erwärmen von [4-Äthoxy-phenyl]-[2]pyridyl-carbamoylchlorid mit Äthylen$\neq$
diamin in Benzol (*Searle & Co.*, U.S.P. 2802008 [1953]).
Kristalle (aus Me.); F: 139—140°.

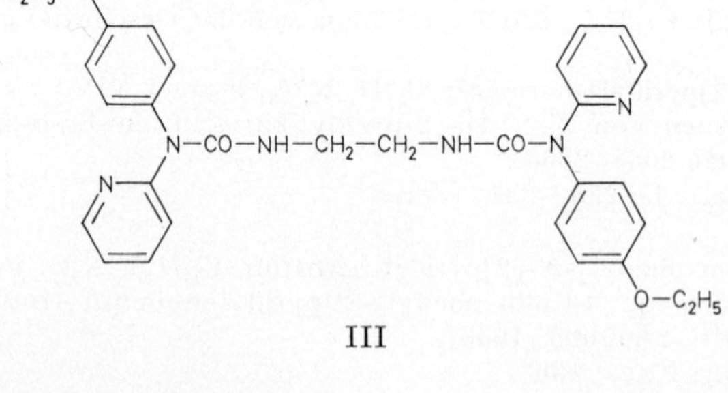

III

Di-[2]pyridyl-carbodiimid $C_{11}H_8N_4$, Formel IV.
B. Beim Erhitzen von *N,N*′-Di-[2]pyridyl-harnstoff mit PbO in Toluol (*Zetzsche et al.*,
B. **71** [1938] 1512, 1515).
Kristalle (aus wss. A.); F: 137°.
Picrat $C_{11}H_8N_4 \cdot C_6H_3N_3O_7$. Gelbe Kristalle (aus Benzol); Zers. bei 228°.

2-Isothiocyanato-pyridin, [2]Pyridylisothiocyanat $C_6H_4N_2S$, Formel V.
B. Beim Behandeln des Ammonium-Salzes der [2]Pyridyl-dithiocarbamidsäure mit

COCl$_2$ [1 Mol] in Toluol (*Fairfull, Peak*, Soc. **1955** 796, 798).

Rote Kristalle (aus Acn.); F: 110−111°.

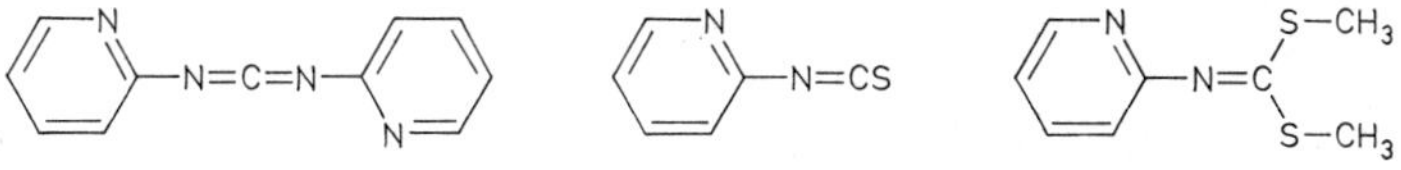

IV   V   VI

[2]Pyridyl-dithiocarbimidsäure-dimethylester C$_8$H$_{10}$N$_2$S$_2$, Formel VI.

B. Beim Behandeln von [2]Pyridyl-dithiocarbamidsäure-methylester mit Natrium=
äthylat in Äthanol und mit CH$_3$I (*Knott*, Soc. **1956** 1644, 1649).

Kp$_{15}$: 186°.   [*Möhle*]

N-[2]Pyridyl-glycin C$_7$H$_8$N$_2$O$_2$, Formel VII (X = OH).

B. Beim Erwärmen von *N*-[2]Pyridyl-glycin-nitril mit wss. HCl (*Knott*, Soc. **1956** 1360,
1363). Beim Erwärmen von *N*-Acetyl-*N*-[2]pyridyl-glycin-nitril mit wss. NaOH (*Reynaud et al.*, Bl. **1957** 718, 720).

Kristalle; F: 175° [nach Sintern bei 120° und 165°; aus H$_2$O] (*Kn.*), 167° [aus Eg. +
Acn.] (*Re. et al.*).

Hydrochlorid C$_7$H$_8$N$_2$O$_2$·HCl. Kristalle (aus H$_2$O); F: ca. 190° [nach Dunkelfärbung]
(*Kn.*).

N-[2]Pyridyl-glycin-methylester C$_8$H$_{10}$N$_2$O$_2$, Formel VII (X = O-CH$_3$).

B. Aus der vorangehenden Verbindung beim Behandeln mit Diazomethan in Äther und
Methanol (*Reynaud et al.*, Bl. **1957** 718, 720).

Kp$_7$: 144°.

Picrat C$_8$H$_{10}$N$_2$O$_2$·C$_6$H$_3$N$_3$O$_7$. F: 186° [aus Me.].

N-[2]Pyridyl-glycin-äthylester C$_9$H$_{12}$N$_2$O$_2$, Formel VII (X = O-C$_2$H$_5$).

B. Beim Erwärmen von *N*-[2]Pyridyl-glycin-nitril mit H$_2$SO$_4$ und Äthanol (*Knott*,
Soc. **1956** 1644, 1646).

E: 5°. Kp$_{13,5}$: 156−160°.

N-[2]Pyridyl-glycin-amid C$_7$H$_9$N$_3$O, Formel VII (X = NH$_2$).

B. Beim Behandeln von *N*-[2]Pyridyl-glycin-methylester mit konz. wss. NH$_3$ (*Reynaud
et al.*, Bl. **1957** 718, 720).

Kristalle (aus E.); F: 144°.

N-[2]Pyridyl-glycin-benzylamid C$_{14}$H$_{15}$N$_3$O, Formel VII (X = NH-CH$_2$-C$_6$H$_5$).

B. Beim Behandeln von *N*-[2]Pyridyl-glycin-methylester mit Benzylamin (*Reynaud
et al.*, Bl. **1957** 718, 720).

Kristalle (aus A.); F: 136°.

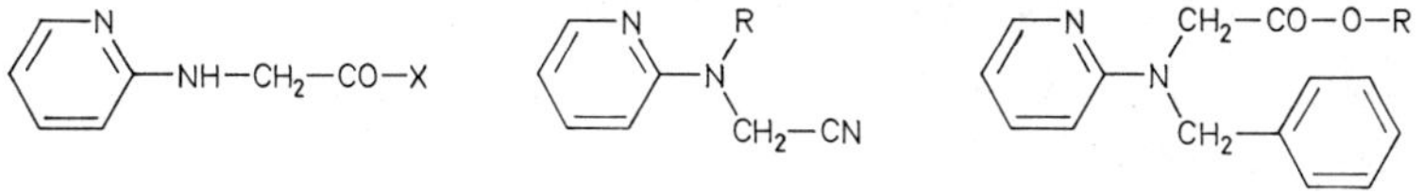

VII   VIII   IX

N-[2]Pyridyl-glycin-nitril C$_7$H$_7$N$_3$, Formel VIII (R = H).

B. Beim Erwärmen von [2]Pyridylamin mit Formaldehyd, wss. NaHSO$_3$ und NaCN
(*Bristow et al.*, Soc. **1954** 616, 619).

Kristalle (aus Acn. + Bzl.); F: 126°.

Beim Erwärmen mit Benzylchlorid in CHCl$_3$ sind *N*-Benzyl-*N*-[2]pyridyl-glycin-nitril,
3-Benzylamino-imidazo[1,2-*a*]pyridin und 3-Dibenzylamino-imidazo[1,2-*a*]pyridin erhalten worden.

Hydrochlorid C$_7$H$_7$N$_3$·HCl. Gelbe Kristalle (aus Isopropylalkohol); F: 152−153°.

Hydrogentartrat C$_7$H$_7$N$_3$·C$_4$H$_6$O$_6$. Wasserhaltige Kristalle (aus wss. Acn.); F: 125°
bis 126°; das wasserfreie Salz schmilzt bei 151°.

Picrat C$_7$H$_7$N$_3$·C$_6$H$_3$N$_3$O$_7$. Gelbe Kristalle (aus wss. Me.); F: 209°.

N-[2]Pyridyl-glycin-hydrazid $C_7H_{10}N_4O$, Formel VII (X = NH-NH$_2$).

B. Beim Behandeln von *N*-[2]Pyridyl-glycin-methylester mit $N_2H_4 \cdot H_2O$ (*Reynaud et al.*, Bl. **1957** 718, 720).

Kristalle (aus CHCl$_3$) mit 1 Mol H$_2$O; F: 73° und F: 89°.

N-Äthyl-*N*-[2]pyridyl-glycin-nitril $C_9H_{11}N_3$, Formel VIII (R = C$_2$H$_5$).

B. Beim Erwärmen von *N*-[2]Pyridyl-glycin-nitril mit Äthyljodid in CHCl$_3$ (*Bristow et al.*, Soc. **1954** 616, 627).

Hydrojodid $C_9H_{11}N_3 \cdot$ HI. Kristalle (aus A.); F: 182°.

N-Benzyl-*N*-[2]pyridyl-glycin $C_{14}H_{14}N_2O_2$, Formel IX (R = H).

B. Beim Erhitzen von *N*-Benzyl-*N*-[2]pyridyl-glycin-nitril mit wss. HCl (*Bristow et al.*, Soc. **1954** 616, 621; *Lawson, Miles*, Soc. **1959** 2865, 2868).

Beim Erhitzen des Natrium-Salzes mit Acetanhydrid ist 2-Acetyl-1-benzyl-3-hydroxy-imidazo[1,2-*a*]pyridinium-betain (Syst.-Nr. 3591) erhalten worden (*La., Mi.*).

Natrium-Salz $NaC_{14}H_{13}N_2O_2$. Kristalle (aus A. + Ae.); F: 300—301° (*La., Mi.*), 300° (*Br. et al.*).

Benzylamin-Salz $C_7H_9N \cdot C_{14}H_{14}N_2O_2$. Kristalle (aus H$_2$O); F: 165° (*Br. et al.*).

N-Benzyl-*N*-[2]pyridyl-glycin-äthylester $C_{16}H_{18}N_2O_2$, Formel IX (R = C$_2$H$_5$).

B. Beim Erwärmen von *N*-Benzyl-*N*-[2]pyridyl-glycin-nitril mit H$_2$SO$_4$ und Äthanol (*Bristow et al.*, Soc. **1954** 616, 622).

Kristalle (aus PAe.); F: 72°.

N-Benzyl-*N*-[2]pyridyl-glycin-amid $C_{14}H_{15}N_3O$, Formel X (X = O, X' = H).

B. Beim Behandeln von *N*-Benzyl-*N*-[2]pyridyl-glycin-nitril-hydrochlorid mit H$_2$O$_2$ und wss. NaOH (*Bristow et al.*, Soc. **1954** 616, 621). Beim Behandeln von 2-[Benzyl-[2]pyridyl-amino]-acetamidin-[toluol-4-sulfonat] mit wss. NaOH (*Br. et al.*, l. c. S. 623).

Kristalle (aus A.); F: 139,5°.

Picrat $C_{14}H_{15}N_3O \cdot C_6H_3N_3O_7$. Kristalle (aus A.); F: 155° [Zers.].

N-Benzyl-*N*-[2]pyridyl-glycin-nitril $C_{14}H_{13}N_3$, Formel VIII (R = CH$_2$-C$_6$H$_5$).

B. Neben anderen Verbindungen beim Erwärmen von *N*-[2]Pyridyl-glycin-nitril mit Benzylchlorid in CHCl$_3$ (*Bristow et al.*, Soc. **1954** 616, 620). Beim Behandeln von [Benzyl-[2]pyridyl-amino]-acetaldehyd-oxim (S. 3872) in CHCl$_3$ mit SOCl$_2$ (*Br. et al.*, l. c. S. 622).

Kristalle (aus A.); F: 83—84°.

Beim Erhitzen mit Acetanhydrid ist 3-Acetylamino-1-benzyl-imidazo[1,2-*a*]pyridinium-betain (Syst.-Nr. 3715) erhalten worden (*Br. et al.*, l. c. S. 624).

Hydrochlorid $C_{14}H_{13}N_3 \cdot$ HCl. Kristalle (aus Isopropylalkohol); F: 214°.

Picrat $C_{14}H_{13}N_3 \cdot C_6H_3N_3O_7$. Kristalle (aus A.); F: 149,5°.

Toluol-4-sulfonat $C_{14}H_{13}N_3 \cdot C_7H_8O_3S$. Kristalle (aus wss. A.); F: 204°.

N-[4-Chlor-benzyl]-*N*-[2]pyridyl-glycin-nitril $C_{14}H_{12}ClN_3$, Formel VIII (R = CH$_2$-C$_6$H$_4$-Cl(p)).

B. Beim Erwärmen von *N*-[2]Pyridyl-glycin-nitril mit 4-Chlor-benzylchlorid in CHCl$_3$ (*Bristow et al.*, Soc. **1954** 616, 623).

Kristalle (aus PAe.); F: 83—84°.

Hydrochlorid $C_{14}H_{12}ClN_3 \cdot$ HCl. Kristalle (aus A. + E.); F: 211—212°.

X   XI   XII

2-[Benzyl-[2]pyridyl-amino]-acetamidin $C_{14}H_{16}N_4$, Formel XI (R = X = H).

B. Beim Behandeln von *N*-Benzyl-*N*-[2]pyridyl-thioglycin-amid mit äthanol. NH$_3$ und Ammoniumchlorid-Quecksilber(II)-chlorid (*Bristow et al.*, Soc. **1954** 616, 623). Beim

Hydrieren von 2-[Benzyl-[2]pyridyl-amino]-acetamidoxim in wss.-methanol. NH$_4$Cl an Raney-Nickel (*Br. et al.*).
Kristalle; F: 124—125°.
Picrat C$_{14}$H$_{16}$N$_4$·C$_6$H$_3$N$_3$O$_7$. Kristalle (aus Acetonitril); F: 167°.
Toluol-4-sulfonat C$_{14}$H$_{16}$N$_4$·C$_7$H$_8$O$_3$S. Kristalle (aus Isopropylalkohol); F: 166°.

2-[Benzyl-[2]pyridyl-amino]-*N*,*N'*-diphenyl-acetamidin C$_{26}$H$_{24}$N$_4$, Formel XI (R = C$_6$H$_5$, X = H).
B. Beim Erwärmen von Benzyl-[2]pyridyl-amin mit NaNH$_2$ in Benzol und anschliessend mit 2-Chlor-*N*,*N'*-diphenyl-acetamidin (*Bristow et al.*, Soc. **1954** 616, 624).
Kristalle (aus A. + Acn.); F: 118—119°.
Sesquihydrochlorid C$_{26}$H$_{24}$N$_4$·1,5 HCl. Kristalle (aus A. + Ae.); F: 199°.
Monopicrat C$_{26}$H$_{24}$N$_4$·C$_6$H$_3$N$_3$O$_7$. Kristalle (aus 2-Äthoxy-äthanol); F: 192—192,5°.
Dipicrat C$_{26}$H$_{24}$N$_4$·2 C$_6$H$_3$N$_3$O$_7$. Kristalle (aus Acn.); F: 150°.

2-[(4-Chlor-benzyl)-[2]pyridyl-amino]-acetamidin C$_{14}$H$_{15}$ClN$_4$, Formel XI (R = H, X = Cl).
B. Beim Hydrieren von 2-[(4-Chlor-benzyl)-[2]pyridyl-amino]-acetamidoxim in wss.-methanol. NH$_4$Cl an Raney-Nickel (*Bristow et al.*, Soc. **1954** 616, 623).
Picrat C$_{14}$H$_{15}$ClN$_4$·C$_6$H$_3$N$_3$O$_7$. Kristalle (aus A.); F: 188°.
Toluol-4-sulfonat C$_{14}$H$_{15}$ClN$_4$·C$_7$H$_8$O$_3$S. Kristalle (aus A. + Isopropylalkohol); F: 168°.

2-[Benzyl-[2]pyridyl-amino]-acetamidoxim C$_{14}$H$_{16}$N$_4$O, Formel X (X = N-OH, X' = H), und Tautomeres.
B. Beim Erhitzen von *N*-Benzyl-*N*-[2]pyridyl-glycin-nitril mit NH$_2$OH·HCl und wss.-äthanol. NaOH auf 100° (*Bristow et al.*, Soc. **1954** 616, 623).
Kristalle (aus A.); F: 129—131°.

2-[(4-Chlor-benzyl)-[2]pyridyl-amino]-acetamidoxim C$_{14}$H$_{15}$ClN$_4$O, Formel X (X = N-OH, X' = Cl), und Tautomeres.
B. Beim Erhitzen von *N*-[4-Chlor-benzyl]-*N*-[2]pyridyl-glycin-nitril mit NH$_2$OH·HCl und wss.-äthanol. NaOH auf 100° (*Bristow et al.*, Soc. **1954** 616, 623).
Kristalle (aus A.); F: 166°.

***N*-Benzyl-*N*-[2]pyridyl-thioglycin-amid** C$_{14}$H$_{15}$N$_3$S, Formel X (X = S, X' = H).
B. Beim Behandeln von *N*-Benzyl-*N*-[2]pyridyl-glycin-nitril mit H$_2$S, Triäthylamin und Pyridin (*Bristow et al.*, Soc. **1954** 616, 622).
Kristalle (aus A.); F: 157°.

***N*-Acetyl-*N*-[2]pyridyl-glycin-nitril** C$_9$H$_9$N$_3$O, Formel VIII (R = CO-CH$_3$) auf S. 3909.
Diese Konstitution kommt vermutlich der nachstehend beschriebenen Verbindung zu (*Reynaud et al.*, Bl. **1957** 718, 719 Anm.).
B. Beim Erwärmen von [2]Pyridylamino-acetaldehyd-oxim (S. 3871) mit Acet= anhydrid (*Re. et al.*).
Kristalle (aus Butan-1-ol); F: 194°.

***N*-[2]Pyridyl-glykolamid** C$_7$H$_8$N$_2$O$_2$, Formel XII.
B. Beim Erwärmen von Glykolsäure-äthylester mit [2]Pyridylamin (*Shapiro et al.*, Am. Soc. **81** [1959] 6322, 6324).
Kristalle (aus E. + Bzl.); F: 133—134° [unkorr.].

Carbamimidoylmercapto-essigsäure-[2]pyridylamid, *S*-[[2]Pyridylcarbamoyl-methyl]-isothioharnstoff C$_8$H$_{10}$N$_4$OS, Formel XIII.
B. Beim Erwärmen von Chloressigsäure-[2]pyridylamid mit Thioharnstoff in Äthanol (*Eastman Kodak Co.*, U.S.P. 2461987 [1947]).
Hydrochlorid. Kristalle (aus H$_2$O); F: 225° [Zers.].

***N*-[2]Pyridyl-DL-lactamid** C$_8$H$_{10}$N$_2$O$_2$, Formel XIV.
B. Beim Erhitzen von [2]Pyridylamin mit DL-Milchsäure in Xylol (*Gray, Heitmeier,*

Am. Soc. **81** [1959] 4347, 4349).

Kp_1: 140—143° (*Gray, He.*).

Hydrochlorid $C_8H_{10}N_2O_2\cdot HCl$. F: 126—128° [korr.; Zers.] (*Gray, He.*). λ_{max} (A.): 235 nm und 275 nm (*Gray et al.*, Am. Soc. **81** [1959] 4351, 4352).

***N*-[2]Pyridyl-β-alanin** $C_8H_{10}N_2O_2$, Formel XV (X = OH).

B. Beim Erhitzen von *N*-[2]Pyridyl-β-alanin-methylester mit H_2O (*Lappin*, J. org. Chem. **23** [1958] 1358). Beim Erwärmen von *N*-[2]Pyridyl-β-alanin-nitril mit wss.-äthanol. NaOH (*Tupin et al.*, Bl. **1957** 721).

Kristalle (aus A.); F: 144—145° (*La.*), 139° (*Tu. et al.*).

XIII   XIV   XV

***N*-[2]Pyridyl-β-alanin-methylester** $C_9H_{12}N_2O_2$, Formel XV (X = O-CH₃).

B. Beim Erwärmen von *N*-[2]Pyridyl-β-alanin mit Methanol und H_2SO_4 (*Tupin et al.*, Bl. **1957** 721). Neben 3,4-Dihydro-pyrido[1,2-*a*]pyrimidin-2-on beim Erwärmen von [2]Pyridylamin mit Methylacrylat und wenig 2,5-Di-*tert*-butyl-hydrochinon (*Lappin*, J. org. Chem. **23** [1958] 1358).

Kristalle (aus Bzl. + Hexan); F: 50—51°; $Kp_{0,5}$: 122—125° (*La.*).

Picrat $C_9H_{12}N_2O_2\cdot C_6H_3N_3O_7$. F: 162° [aus H_2O] (*Tu. et al.*).

***N*-[2]Pyridyl-β-alanin-äthylester** $C_{10}H_{14}N_2O_2$, Formel XV (X = O-C₂H₅).

B. Neben 3,4-Dihydro-pyrido[1,2-*a*]pyrimidin-2-on beim Erwärmen von [2]Pyridylamin mit Äthylacrylat (*Lappin*, J. org. Chem. **23** [1958] 1358).

Kristalle (aus Bzl. + Hexan); F: 45—46°. $Kp_{0,2}$: 122—125°.

***N*-[2]Pyridyl-β-alanin-amid** $C_8H_{11}N_3O$, Formel XV (X = NH₂).

B. Beim Behandeln von *N*-[2]Pyridyl-β-alanin-methylester mit konz. wss. NH_3 (*Tupin et al.*, Bl. **1957** 721).

Kristalle (aus $CHCl_3$); F: 121°.

***N*-[2]Pyridyl-β-alanin-nitril** $C_8H_9N_3$, Formel I.

B. Beim Behandeln von 3-[2]Pyridylamino-propionaldehyd-oxim (S. 3873) mit Acet-anhydrid (*Tupin et al.*, Bl. **1957** 721).

Kp_4: 165—167°.

Hydrochlorid $C_8H_9N_3\cdot HCl$. F: 133° [aus A. + Ae.].

Picrat $C_8H_9N_3\cdot C_6H_3N_3O_7$. F: 189° [aus H_2O].

(±)-Cyclohexyl-hydroxy-essigsäure-[2]pyridylamid $C_{13}H_{18}N_2O_2$, Formel II.

B. Beim Erhitzen von [2]Pyridylamin mit (±)-Cyclohexyl-hydroxy-essigsäure in Xylol (*Gray, Heitmeier*, Am. Soc. **81** [1959] 4347, 4349).

F: 118—120° [korr.].

[1,2′]Bipyridyl-2-on, 1-[2]Pyridyl-1*H*-pyridin-2-on $C_{10}H_8N_2O$, Formel III (X = X′ = H).

B. Aus Pyridin-1-oxid und 2-Brom-pyridin beim Erhitzen in Toluol unter Zusatz von HBr in Essigsäure (*Ramirez, v. Ostwalden*, Am. Soc. **81** [1959] 156, 159) oder neben 3-Brom-[1,2′]bipyridyl-2-on beim Erhitzen ohne Lösungsmittel auf 100° (*Ra., v. Ost.*; *Takeda et al.*, J. pharm. Soc. Japan **72** [1952] 1427, 1430; C. A. **1953** 8071). Beim Er-hitzen von Pyridin-1-oxid mit Toluol-2-sulfonylchlorid in H_2O und Behandeln des Reak-tionsprodukts mit wss. Na_2CO_3 (*Ochiai et al.*, J. pharm. Soc. Japan **76** [1956] 1421; C. A. **1957** 6639). Beim Erhitzen (10—12 d) von 2-Fluor-pyridin auf 130—140° und Behandeln des Reaktionsprodukts mit H_2O (*de Villiers, den Hertog*, R. **75** [1956] 1303, 1307; *Wibaut, Holmes-Kamminga*, Bl. **1958** 424, 427). Beim Erhitzen des Natrium-Salzes des Pyridin-2-ols mit 2-Brom-pyridin und Kupfer-Pulver auf 200° bzw. 280° (*Ta. et al.*; *de Vi., d. He.*, R. **75** 1306). Als Hauptprodukt neben anderen Verbindungen beim Erhitzen von Pyridin-1-oxid mit Toluol-4-sulfonsäure-[2]pyridylester in Benzol bis auf 165° (*de Villiers*, *den Hertog*, R. **76** [1957] 647, 652).

Kristalle; F: 55—56° [aus PAe.] (*Ta. et al.*; *Och. et al.*), 54—56° [aus Hexan + PAe.] (*Ra., v. Ost.*). Kp$_1$: 127—128° (*Ta. et al.*). UV-Spektrum (220—350 nm) in Äthanol und in H$_2$O: *Ta. et al.*; in Dioxan, in Äthanol, in H$_2$O, in wss. HCl und in wss. H$_2$SO$_4$: *Hamamoto, Kubota*, J. pharm. Soc. Japan **73** [1953] 1162, 1164; C. A. **1954** 12748. λ_{max} (A.): 266 nm und 315 nm (*Ra., v. Ost.*).

Verbindung mit Quecksilber(II)-chlorid C$_{10}$H$_8$N$_2$O·HgCl$_2$. F: 172—173° [korr.; aus H$_2$O] (*de Vi., d. He.*, R. **75** 1307).

Picrat C$_{10}$H$_8$N$_2$O·C$_6$H$_3$N$_3$O$_7$. F: 117—118° [korr.; aus H$_2$O] (*de Vi., d. He.*, R. **75** 1307), 117—117,5° (*Ta. et al.*), 116,5—117,5° (*Och. et al.*).

Toluol-4-sulfonat C$_{10}$H$_8$N$_2$O·C$_7$H$_8$O$_3$S. Kristalle (aus Acn.); F: 126—127° (*Och. et al.*).

I   II   III

5-Chlor-[1,2′]bipyridyl-2-on C$_{10}$H$_7$ClN$_2$O, Formel III (X = H, X′ = Cl).

Konstitution: *den Hertog et al.*, R. **80** [1961] 325.

B. Neben anderen Verbindungen beim Erhitzen von Pyridin-1-oxid mit Toluol-4-sulfonylchlorid auf 180° (*de Villiers, den Hertog*, R. **75** [1956] 1303, 1305). Beim Erhitzen des Natrium-Salzes des 5-Chlor-pyridin-2-ols mit 2-Brom-pyridin und Kupfer-Pulver bis auf 260° (*de Vi., d. He.*). Als Hauptprodukt beim Behandeln von [1,2′]Bipyridyl-2-on mit Chlor in Essigsäure (*de Vi., d. He.*; s. a. *d. He. et al.*).

Kristalle (aus H$_2$O); F: 124—125° [korr.] (*de Vi., d. He.*).

Verbindung mit Quecksilber(II)-chlorid C$_{10}$H$_7$ClN$_2$O·HgCl$_2$. Kristalle (aus wss. A.); F: 192,5—193,5° [korr.] (*de Vi., d. He.*).

3-Brom-[1,2′]bipyridyl-2-on C$_{10}$H$_7$BrN$_2$O, Formel III (X = Br, X′ = H).

B. Beim Erhitzen des Natrium-Salzes des 3-Brom-pyridin-2-ols mit 2-Brom-pyridin und Kupfer-Pulver auf 200° (*Ramirez, v. Ostwalden*, Am. Soc. **81** [1959] 156, 160). Beim Behandeln von [1,2′]Bipyridyl-2-on mit Brom in Essigsäure (*Ra., v. Ost.*). Eine weitere Bildungsweise s. S. 3912 im Artikel [1,2′]Bipyridyl-2-on.

Kristalle (aus Me.); F: 128—129° (*Ra., v. Ost.*; s. a. *Takeda et al.*, J. pharm. Soc. Japan **72** [1952] 1427, 1430; C. A. **1953** 8071). λ_{max} (A.): 265 nm und 325 nm (*Ra., v. Ost.*).

5-Brom-[1,2′]bipyridyl-2-on C$_{10}$H$_7$BrN$_2$O, Formel III (X = H, X′ = Br).

B. Beim Erhitzen des Natrium-Salzes des 5-Brom-pyridin-2-ols mit 2-Brom-pyridin und Kupfer-Pulver auf 200° (*Ramirez, v. Ostwalden*, Am. Soc. **81** [1959] 156, 160).

Kristalle; F: 133—134°. λ_{max} (A.): 225—230 nm und 330 nm.

3,5-Dibrom-[1,2′]bipyridyl-2-on C$_{10}$H$_6$Br$_2$N$_2$O, Formel III (X = X′ = Br).

B. Aus [1,2′]Bipyridyl-2-on, aus 5-Brom-[1,2′]bipyridyl-2-on oder aus 3-Brom-[1,2′]-bipyridyl-2-on beim Behandeln mit Brom in Essigsäure (*Ramirez, v. Ostwalden*, Am. Soc. **81** [1959] 156, 159).

Kristalle (aus A.); F: 157—158°. IR-Banden (CHCl$_3$; 1660—1430 cm^{-1}): *Ra., v. Ost.* λ_{max} (A.): 223 nm und 340 nm.

N-[2]Pyridyl-anthranilsäure C$_{12}$H$_{10}$N$_2$O$_2$, Formel IV (E II 331).

B. Beim Erwärmen von Pyrido[2,1-*b*]chinazolin-11-on mit wss. KOH (*Carboni*, Atti Soc. toscana Sci. nat. **62** [1955] 261, 263; C. A. **1956** 16767).

Kristalle (aus E.); F: 150—155°.

N-[2]Pyridyl-salicylamid C$_{12}$H$_{10}$N$_2$O$_2$, Formel V (R = X = H).

B. Aus [2]Pyridylamin beim Behandeln mit 2-Acetoxy-benzoylchlorid und Pyridin

(*Jensen, Christiansen Linholt*, Acta chem. scand. **3** [1949] 205) oder neben 2-Acetoxy-benzoesäure-[2]pyridylamid beim Behandeln mit 2-Acetoxy-benzoylchlorid in Äther (*Feist, Schultz*, Ar. **272** [1934] 785, 791). Beim Erhitzen von [2]Pyridylamin mit Salicyl‑säure-phenylester in 1,2,4-Trichlor-benzol (*Allen, van Allan*, Org. Synth. Coll. Vol. III [1955] 765).

Kristalle (aus A.); F: 210° (*Je., Ch. Li.*), 206° (*Al., v. Al.*), 203° (*Fe., Sch.*).

Bei der elektrochemischen Reduktion in wss.-äthanol. H_2SO_4 an einer Blei-Kathode ist [[2]Pyridylamino-salicyl-amin erhalten worden (*Feist et al.*, Ar. **273** [1935] 476).

Picrat $C_{12}H_{10}N_2O_2 \cdot C_6H_3N_3O_7$. Gelbe Kristalle (aus A.); F: 179° (*Fe., Sch.*).

2-Acetoxy-benzoesäure-[2]pyridylamid $C_{14}H_{12}N_2O_3$, Formel V (R = CO-CH$_3$, X = H).
B. s. im vorangehenden Artikel.
Kristalle (aus wss. Py.); F: 140° (*Feist, Schultz*, Ar. **272** [1934] 785, 791).

3,5-Dichlor-2-hydroxy-benzoesäure-[2]pyridylamid $C_{12}H_8Cl_2N_2O_2$, Formel V (R = H, X = Cl).
B. Beim Erwärmen von [2]Pyridylamin mit 3,5-Dichlor-2-hydroxy-benzoylchlorid in Benzol (*Sandoz*, U.S.P. 2502528 [1946]). Beim Erhitzen von [2]Pyridylamin mit 3,5-Dichlor-2-hydroxy-benzoesäure-phenylester auf 150° (*Ioffe, Sal'manowitsch*, Ž. obšč. Chim. **29** [1959] 2682, 2684; engl. Ausg. S. 2648, 2650).
Kristalle (aus Eg.), F: 217° [korr.] (*Sandoz*); gelbliche, violett fluorescierende Kristalle (aus Eg.), F: 182° (*Io., Sa.*).

IV   V   VI

3,5-Dibrom-2-hydroxy-benzoesäure-[2]pyridylamid $C_{12}H_8Br_2N_2O_2$, Formel V (R = H, X = Br).
B. Beim Erwärmen von [2]Pyridylamin mit 3,5-Dibrom-2-hydroxy-benzoylchlorid in $CHCl_3$ (*Sandoz*, U.S.P. 2502528 [1946]).
Kristalle (aus A.); F: 205° [korr.].

2-Hydroxy-4-nitro-benzoesäure-[2]pyridylamid $C_{12}H_9N_3O_4$, Formel VI (R = X' = H, X = NO$_2$).
B. Beim Erhitzen von [2]Pyridylamin mit 2-Hydroxy-4-nitro-benzoylchlorid in Pyridin auf 120° (*Jensen, Christensen*, Acta chem. scand. **6** [1952] 166, 170). Beim Er-wärmen von [2]Pyridylamin mit 2-Acetoxy-4-nitro-benzoylchlorid auf 70° und Er-wärmen des Reaktionsprodukts mit wss. Na_2CO_3 oder beim Erwärmen von [2]Pyridyl‑amin in Pyridin mit 2-Acetoxy-4-nitro-benzoylchlorid und Behandeln des Reaktions-produkts mit wss. NaOH (*Ward, Blenkinsop & Co.*, U.S.P. 2554186 [1950]).
Gelbe Kristalle (aus wss. Py.), F: 268° (*Ward, Blenkinsop & Co.*); braungelbe Kri-stalle (aus Propan-1-ol), F: ca. 240° [Zers.] (*Je., Ch.*).

2-Benzyloxy-4-nitro-benzoesäure-[2]pyridylamid $C_{19}H_{15}N_3O_4$, Formel VI (R = CH$_2$-C$_6$H$_5$, X = NO$_2$, X' = H).
B. Beim Behandeln von [2]Pyridylamin in Pyridin mit 2-Benzyloxy-4-nitro-benzoyl‑chlorid (*Jensen, Ingvorsen*, Acta chem. scand. **6** [1952] 161, 164).
Gelbe Kristalle (aus Eg.); F: 144°.

2-Hydroxy-5-nitro-benzoesäure-[2]pyridylamid $C_{12}H_9N_3O_4$, Formel VI (R = X = H, X' = NO$_2$).
B. Beim Erhitzen von [2]Pyridylamin mit 2-Hydroxy-5-nitro-benzoesäure-phenylester auf 150—180° (*Ioffe, Sal'manowitsch*, Ž. obšč. Chim. **29** [1959] 2682, 2684; engl. Ausg. S. 2648, 2650).
Gelbgrüne Kristalle (aus Eg.); F: 260—265°.

4-Methoxy-benzoesäure-[2]pyridylamid $C_{13}H_{12}N_2O_2$, Formel VII (R = CH$_3$, X = O).

B. Beim Erhitzen von [2]Pyridylamin mit 4-Methoxy-benzoylchlorid auf 120°
(*Mndshojan, Afrikjan,* Izv. Armjansk. Akad. Ser. chim. **10** [1957] 143, 147, 153; C. A.
1958 4641).

Kristalle; F: 80°.

Hydrochlorid. F: 179—180°.

Picrat. F: 217—218°.

Bis-[4-[2]pyridylcarbamoyl-phenyl]-äther, 4,4′-Oxy-di-benzoesäure-bis-[2]pyridylamid
$C_{24}H_{18}N_4O_3$, Formel VIII (X = O).

B. Beim Erwärmen von Bis-[4-chlorcarbonyl-phenyl]-äther mit [2]Pyridylamin in
Benzol (*Partridge,* J. Pharm. Pharmacol. **4** [1952] 533, 537).

Kristalle (aus A.); F: 181—182°.

4-Methoxy-N-[2]pyridyl-benzamidin $C_{13}H_{13}N_3O$, Formel VII (R = CH$_3$, X = NH) und
Tautomeres.

B. Beim Erhitzen von [2]Pyridylamin mit 4-Methoxy-benzonitril und AlCl$_3$ auf 200°
(*Partridge,* Soc. **1949** 3043, 3045).

Kristalle (aus PAe.); F: 107—108°.

VII   VIII

4-Hexyloxy-N-[2]pyridyl-benzamidin $C_{18}H_{23}N_3O$, Formel VII (R = [CH$_2$]$_5$-CH$_3$,
X = NH) und Tautomeres.

B. Beim Behandeln von 4-Hexyloxy-benzonitril mit [2]Pyridylamin und äthanol. HCl
(*Partridge, Turner,* J. Pharm. Pharmacol. **5** [1953] 111, 113).

Kristalle (aus PAe.); F: 103°.

Picrat $C_{18}H_{23}N_3O \cdot C_6H_3N_3O_7$. Kristalle (aus A.); F: 167°.

4-[2-Äthoxy-äthoxy]-N-[2]pyridyl-benzamidin $C_{16}H_{19}N_3O_2$, Formel VII
(R = CH$_2$-CH$_2$-O-C$_2$H$_5$, X = NH) und Tautomeres.

B. Beim Erhitzen von [2]Pyridylamin mit 4-[2-Äthoxy-äthoxy]-benzonitril und
AlCl$_3$ auf 180° (*Cooper, Partridge,* Soc. **1950** 459, 464).

Kristalle (aus PAe.); F: 101—102°.

Picrat $C_{16}H_{19}N_3O_2 \cdot C_6H_3N_3O_7$. Gelbe Kristalle (aus wss. A.); F: 183—184°.

**Bis-[4-[2]pyridylcarbamimidoyl-phenyl]-äther, N,N″-Di-[2]pyridyl-4,4′-oxy-bis-
benzamidin** $C_{24}H_{20}N_6O$, Formel VIII (X = NH) und Tautomere.

B. Bei mehrtägigem Behandeln von Bis-[4-cyan-phenyl]-äther mit HCl in Äthanol
und Behandeln des Reaktionsprodukts mit [2]Pyridylamin (*Partridge,* J. Pharm.
Pharmacol. **4** [1952] 533, 536).

Kristalle (aus A.); F: 207—208° [Zers.].

Dihydrochlorid $C_{24}H_{20}N_6O \cdot 2$ HCl. Kristalle (aus Isopropylalkohol + wss. HCl)
mit 3 Mol H$_2$O; F: 196—198° [nach Sintern bei 180°].

Dipicrat $C_{24}H_{20}N_6O \cdot 2 C_6H_3N_3O_7$. Kristalle (aus wss. Eg.) mit 1 Mol H$_2$O; F: 213—214°
[nach Sintern bei 147—150°].

4-Methansulfonyl-N-[2]pyridyl-benzamidin $C_{13}H_{13}N_3O_2S$, Formel IX und Tautomeres.

B. Beim Erhitzen von [2]Pyridylamin mit 4-Methansulfonyl-benzonitril und AlCl$_3$
auf 180° (*Oxley et al.,* Soc. **1947** 1110, 1115, **1948** 303, 306).

Kristalle (aus Me.); F: 170,5°.

Picrat $C_{13}H_{13}N_3O_2S \cdot C_6H_3N_3O_7$. F: 208—208,5°.

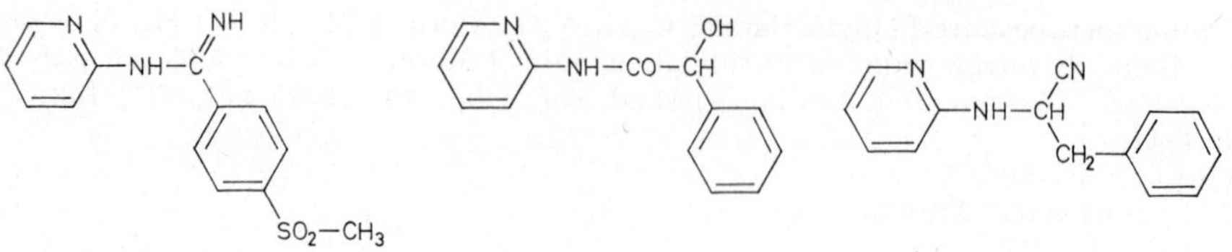

IX   X   XI

2-DL-Mandeloylamino-pyridin, N-[2]Pyridyl-DL-mandelamid $C_{13}H_{12}N_2O_2$, Formel X.

B. Beim Erhitzen von [2]Pyridylamin und DL-Mandelsäure in Xylol (*Gray, Heitmeier,* Am. Soc. **81** [1959] 4347, 4349).

Kristalle (aus wss. A.); F: 119,5—121° [korr.] (*Gray, He.*). λ_{max} (A.): 237 nm und 276 nm (*Gray et al.*, Am. Soc. **81** [1959] 4351, 4352). Scheinbarer Dissoziationsexponent pK_a' der protonierten Verbindung (wss. DMF [60%ig]; potentiometrisch ermittelt) bei 25°: 2,94 (*Gray et al.*).

Hydrochlorid $C_{13}H_{12}N_2O_2 \cdot HCl$. Kristalle (aus Me. + Ae.); F: 182—184° [korr.; Zers.] (*Gray, He.*).

N-[2]Pyridyl-DL-phenylalanin-nitril $C_{14}H_{13}N_3$, Formel XI.

B. Beim Erwärmen von [2]Pyridylamin mit dem Natrium-Salz der 1-Hydroxy-2-phenyl-äthansulfonsäure in H_2O und anschliessend mit NaCN (*Bristow et al.*, Soc. **1954** 616, 624).

Braune Kristalle (aus E.); F: 105,5°.

Beim Behandeln mit Acetanhydrid in Pyridin ist N-[2-Benzyl-imidazo[1,2-a]pyridin-3-yl]-acetamid erhalten worden.

Picrat $C_{14}H_{13}N_3 \cdot C_6H_3N_3O_7$. Kristalle (aus 2-Äthoxy-äthanol); F: 205°.

1-[2]Pyridyl-1H-chinolin-2-on $C_{14}H_{10}N_2O$, Formel XII.

B. Beim Erwärmen von Pyridin-1-oxid mit 2-Brom-chinolin (*Takeda et al.*, J. pharm. Soc. Japan **72** [1952] 1427, 1430; C. A. **1953** 8071). Beim Behandeln von Chinolin-2-ol mit Natriummethylat und Erhitzen des Reaktionsprodukts mit 2-Brom-pyridin und Kupfer-Pulver auf 200—220° (*Ta. et al.*).

Kristalle (aus Bzl.); F: 153—153,5° (*Ta. et al.*). UV-Spektrum (220—350 nm) in Dioxan und in H_2O: *Ta. et al.*; in Dioxan, in H_2O, in wss. HCl und in wss. H_2SO_4: *Hamamoto, Kubota,* J. pharm. Soc. Japan **73** [1953] 1162, 1164; C. A. **1954** 12748.

Picrat $C_{14}H_{10}N_2O \cdot C_6H_3N_3O_7$. Hellgelbe Kristalle; F: 185,5—186° (*Ta. et al.*).

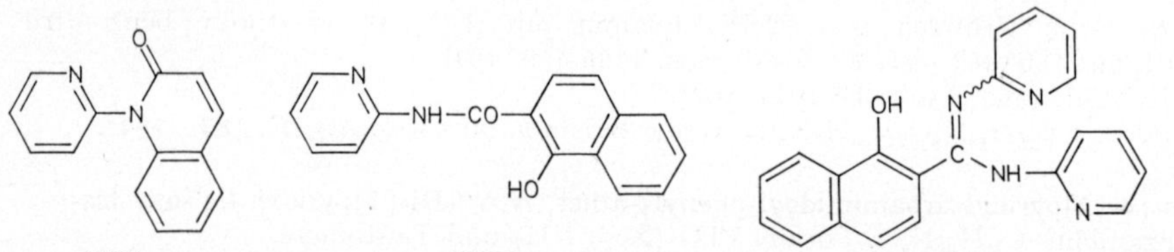

XII   XIII   XIV

1-Hydroxy-[2]naphthoesäure-[2]pyridylamid $C_{16}H_{12}N_2O_2$, Formel XIII.

B. Neben 1-Hydroxy-N,N'-di-[2]pyridyl-[2]naphthamidin beim Erwärmen von 1-Hydroxy-[2]naphthoesäure in Chlorbenzol mit $SiCl_4$ und folgenden Erhitzen mit [2]Pyridylamin auf 155—160° (*Kiršanow et al.*, Ukr. chim. Ž. **22** [1956] 498, 501; C. A. **1957** 4333).

Kristalle (aus A.); F: 135—138°.

Hydrochlorid. F: 238°.

1-Hydroxy-N,N'-di-[2]pyridyl-[2]naphthamidin $C_{21}H_{16}N_4O$, Formel XIV.

B. s. im vorangehenden Artikel.

Hellgelbe Kristalle (aus Bzl.); F: 218—219° (*Kiršanow, et al.*, Ukr. chim. Ž. **22** [1956] 498, 501; C. A. **1957** 4333).

Diphenyl-[2]pyridylamino-essigsäure $C_{19}H_{16}N_2O_2$, Formel I.
B. Beim Erhitzen von [2]Pyridylamin mit Benzil auf $200-225°$ (*Šokow*, Ž. obšč.
Chim. **10** [1940] 1457, 1459; C. **1941** I 2246).
Kristalle; F: ca. 156°.
Natrium-Salz $NaC_{19}H_{15}N_2O_2$. Kristalle; F: ca. 205°.

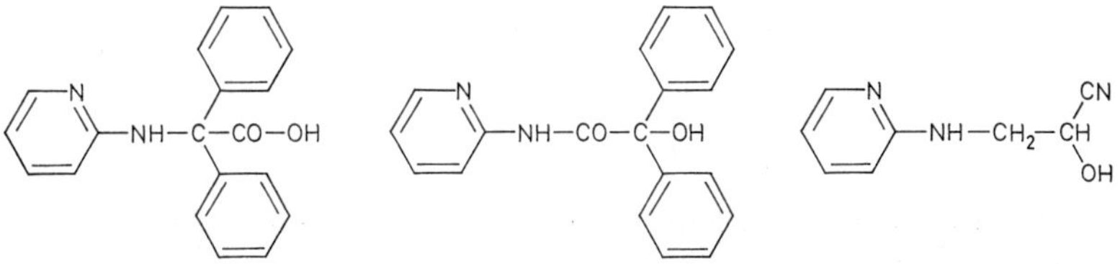

I   II   III

N-**[2]Pyridyl-benzilamid** $C_{19}H_{16}N_2O_2$, Formel II.
B. Beim Erhitzen von [2]Pyridylamin mit Benzilsäure-methylester und wenig
Natrium in Xylol (*Gray, Heitmeier*, Am. Soc. **81** [1959] 4347, 4350).
Kristalle (aus Isopropylalkohol); F: $215-216°$ [korr.].
Hydrochlorid $C_{19}H_{16}N_2O_2 \cdot HCl$. Kristalle (aus A.); F: 205° [korr.; Zers.].

(±)-2-Hydroxy-3-[2]pyridylamino-propionitril, *N*-[2]Pyridyl-DL-isoserin-nitril
$C_8H_9N_3O$, Formel III.
B. Beim Erwärmen von [2]Pyridylamino-acetaldehyd-diäthylacetal mit wss. HCl und
folgenden Behandeln mit KCN (*Reynaud et al.*, Bl. **1957** 718, 720).
Kristalle (aus Bzl.); F: 77°.

(±)-2-Hydroxy-4-[2]pyridylamino-butyronitril $C_9H_{11}N_3O$, Formel IV.
B. Beim Erwärmen von 3-[2]Pyridylamino-propionaldehyd-dimethylacetal mit wss.
HCl und folgenden Behandeln mit KCN (*Tupin et al.*, Bl. **1957** 721, 723).
Kristalle (aus Bzl.); F: 84°.

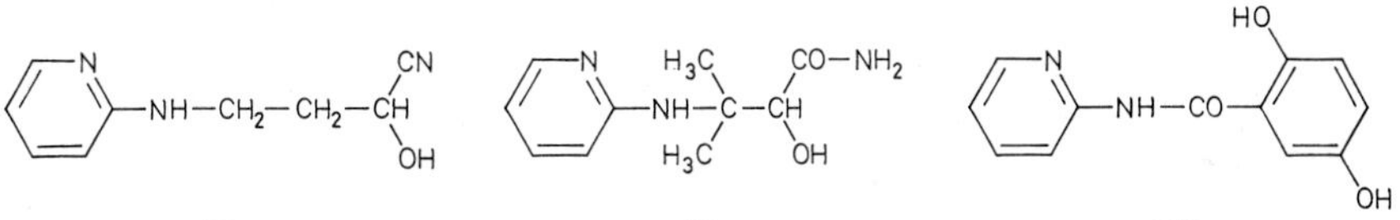

IV   V   VI

(±)-α-Hydroxy-β-[2]pyridylamino-isovaleriansäure-amid $C_{10}H_{15}N_3O_2$, Formel V.
Diese Konstitution kommt vermutlich der nachstehend beschriebenen, von *v. Schickh*
(B. **69** [1936] 967) unter Vorbehalt als β-Hydroxy-α-[2]pyridylamino-isovalerian=
säure-amid formulierten Verbindung zu (vgl. hierzu *Martynow*, Sbornik Statei obšč.
Chim. **1953** 378, 380; C. A. **1955** 997).
B. Beim Erhitzen von (±)-3,3-Dimethyl-oxirancarbonsäure-amid (E III/IV **18** 3834)
mit [2]Pyridylamin auf $120-130°$ (*v. Sch.*, l. c. S. 972).
Kristalle (aus A.); F: $182-183°$ (*v. Sch.*).

2,5-Dihydroxy-benzoesäure-[2]pyridylamid $C_{12}H_{10}N_2O_3$, Formel VI.
B. Beim Behandeln von 2,5-Diacetoxy-benzoesäure in Benzol mit PCl_5, Behandeln
des Reaktionsprodukts in Äther mit [2]Pyridylamin und folgenden Erwärmen mit wss.
NaOH (*Eastman Kodak Co.*, U.S.P. 2848335 [1954]).
F: $222-225°$.

(±)-[4-Dimethylamino-anilino]-hydroxy-essigsäure-[2]pyridylamid $C_{15}H_{18}N_4O_2$,
Formel VII.
Diese Konstitution kommt vermutlich der nachstehend beschriebenen Verbindung zu.
B. Neben 3-[4-Dimethylamino-phenylimino]-imidazo[1,2-*a*]pyridin-2-on beim Be=
handeln von 3-[2-Methoxy-phenyl]-3-oxo-propionsäure-[2]pyridylamid mit *N,N*-Dimeth=

yl-4-nitroso-anilin in Äthanol (*Allen et al.*, Am. Soc. **66** [1944] 1805, 1809). Neben anderen Verbindungen beim Erwärmen von 3-Mesityl-3-oxo-propionsäure-[2]pyridylamid mit *N,N*-Dimethyl-4-nitroso-anilin in Äthanol (*Al. et al.*).

Kristalle (aus Butan-1-ol); F: 216°.

VII   VIII

4-[(1-[2]Pyridylcarbamoyl-äthyliden)-hydrazino]-benzoesäure-äthylester $C_{17}H_{18}N_4O_3$, Formel VIII, und Tautomeres.

B. Beim Behandeln von (±)-3-Methyl-pyrido[1,2-*a*]pyrimidin-2,4-dion mit wss. KOH und diazotiertem 4-Amino-benzoesäure-äthylester (*Snyder, Robison*, Am. Soc. **74** [1952] 4910, 4916).

Dimorph; rotbraune Kristalle (aus Bzl. + Cyclohexan); F: 185° [bei schnellem Erhitzen] bzw. F: 204,5—205° [nach Sintern bei 185°; bei langsamem Erhitzen].

N-[2]Pyridyl-acetoacetamid $C_9H_{10}N_2O_2$, Formel IX, und Tautomeres (E I 630).

B. Beim Erhitzen von [2]Pyridylamin mit Acetessigsäure-äthylester auf 100° (*Chitrik*, Ž. obšč. Chim. **9** [1939] 1109, 1114; C. **1940** I 1195; *Antaki, Petrow*, Soc. **1951** 551, 554; s. a. *Crippa, Scevola*, G. **67** [1937] 327, 330). Beim Behandeln von [2]Pyridylamin in Äther mit 4-Methylen-oxetan-2-on [E III/IV **17** 4297] (*Allen et al.*, Am. Soc. **66** [1944] 1805, 1808).

Kristalle (aus A.); F: 113° (*Ch.*), 112—113° [unkorr.] (*An., Pe.*).

Beim Behandeln mit H_2SO_4 ist 2-Methyl-pyrido[1,2-*a*]pyrimidin-4-on erhalten worden (*An., Pe.*). Beim Erwärmen mit *N,N*-Dimethyl-4-nitroso-anilin in Äthanol ist 3-[4-Dimethylamino-phenylimino]-3*H*-imidazo[1,2-*a*]pyridin-2-on erhalten worden (*Al. et al.*).

Methojodid [$C_{10}H_{13}N_2O_2$]I; 2-Acetoacetylamino-1-methyl-pyridinium-jodid. Gelbe Kristalle (aus A.); F: 133—134° [Zers.] (*Ch.*, l. c. S. 1115).

IX   X

3-[2]Pyridylimino-buttersäure-[2]pyridylamid $C_{14}H_{14}N_4O$ und Tautomeres.

3-[2]Pyridylamino-crotonsäure-[2]pyridylamid $C_{14}H_{14}N_4O$, Formel X.

B. Beim Erhitzen von [2]Pyridylamin mit Acetessigsäure-äthylester auf 130° (*Chitrik*, Ž. obšč. Chim. **9** [1939] 1108, 1115; C. **1940** I 1195) oder beim Erhitzen von [2]Pyridylamin mit Acetessigsäure-[2]pyridylamid auf 140° (*Ch.*, l. c. S. 1116).

Kristalle (aus A.); F: 166° (*Ch.*).

Beim Behandeln mit H_2SO_4 oder beim Erhitzen unter vermindertem Druck ist 2-Methyl-pyrido[1,2-*a*]pyrimidin-4-on (über diese Verbindung s. *Antaki, Petrow*, Soc. **1951** 551) erhalten worden (*Ch.*).

*4-Thiosemicarbazonomethyl-benzoesäure-[2]pyridylamid $C_{14}H_{13}N_5OS$, Formel XI.

B. Beim Erwärmen von 4-Dibrommethyl-benzoylbromid mit [2]Pyridylamin in CH_2Cl_2, Erwärmen des Reaktionsprodukts mit $CaCO_3$ in wss. Äthanol und folgenden Erhitzen mit Thiosemicarbazid in wss. Essigsäure (*Farbenfabr. Bayer*, D.B.P. 870553 [1951]; D.R.B.P. Org. Chem. 1950—1951 **3** 1156).

Gelbe Kristalle; F: 240°.

3-[2-Chlor-phenyl]-3-oxo-propionsäure-[2]pyridylamid $C_{14}H_{11}ClN_2O_2$, Formel XII (X = Cl, R = R' = H), und Tautomeres.

B. Beim Erhitzen von [2]Pyridylamin mit 3-[2-Chlor-phenyl]-3-oxo-propionsäure-

äthylester (*Allen et al.*, Am. Soc. **66** [1944] 1805, 1808).
    F: 93°.

XI   XII

3-Oxo-3-*m*-tolyl-propionsäure-[2]pyridylamid $C_{15}H_{14}N_2O_2$, Formel XII (R = CH_3,
R′ = X = H), und Tautomeres.
    B. Beim Erhitzen von [2]Pyridylamin mit 3-Oxo-3-*m*-tolyl-propionsäure-äthylester
(*Allen et al.*, Am. Soc. **66** [1944] 1805, 1808).
    F: 87°.

3-Mesityl-3-oxo-propionsäure-[2]pyridylamid $C_{17}H_{18}N_2O_2$, Formel XII (R = H,
R′ = X = CH_3), und Tautomeres.
    B. Beim Erhitzen von [2]Pyridylamin mit 3-Mesityl-3-oxo-propionsäure-äthylester
(*Allen et al.*, Am. Soc. **66** [1944] 1805, 1808).
    F: 110°.

2-[[2]Pyridylimino-methyl]-acetessigsäure-[2]pyridylamid $C_{15}H_{14}N_4O_2$ und Tautomere.
    2-Acetyl-3-[2]pyridylamino-acrylsäure-[2]pyridylamid $C_{15}H_{14}N_4O_2$, Formel XIII.
    B. Aus [2]Pyridylamin und 2-Acetyl-3-äthoxy-acrylsäure-äthylester (*Antaki*, Am.
Soc. **80** [1958] 3066, 3067).
    Kristalle (aus Bzl. + PAe.); F: 182°.

XIII   XIV

*4-[4-Diäthylamino-phenylimino]-1-oxo-1,4-dihydro-[2]naphthoesäure-[2]pyridylamid
$C_{26}H_{24}N_4O_2$, Formel XIV.
    B. Beim Behandeln von 1-Hydroxy-[2]naphthoesäure-[2]pyridylamid in Äthanol mit
AgCl und anschliessend mit *N,N*-Diäthyl-*p*-phenylendiamin-sulfat in H_2O (*Kiršanow
et al.*, Ukr. chim. Ž. **22** [1956] 498, 502; C. A. **1957** 4333).
    Kristalle; F: 198—200°.

2-Phenylhydrazono-*N*-[2]pyridyl-malonamidsäure $C_{14}H_{12}N_4O_3$, Formel I (X = OH,
X′ = NH-C_6H_5), und Tautomeres.
    B. Neben anderen Verbindungen beim Erwärmen von Pyrido[1,2-*a*]pyrimidin-2,3,4-
trion-3-phenylhydrazon mit Natriummethylat in Methanol (*Snyder, Robison*, Am. Soc.
74 [1952] 5945, 5949).
    Gelbe Kristalle (aus Cyclohexan); F: 145—145,2° [unkorr.; Zers.].

2-Phenylhydrazono-*N*-[2]pyridyl-malonamidsäure-methylester $C_{15}H_{14}N_4O_3$, Formel I
(X = O-CH_3, X′ = NH-C_6H_5), und Tautomeres.
    B. Aus der vorangehenden Verbindung beim Behandeln mit Diazomethan (*Snyder,
Robison*, Am. Soc. **74** [1952] 5945, 5949). Beim Erwärmen von Pyrido[1,2-*a*]pyrimidin-
2,3,4-trion-3-phenylhydrazon mit Methanol und wenig KOH (*Snyder, Robison*, Am.
Soc. **74** [1952] 4910, 4912, 4915). Beim Behandeln von Malonsäure-chlorid-methylester in
Äther mit [2]Pyridylamin und Behandeln des Reaktionsprodukts mit Benzoldiazonium≈
chlorid (*Sn., Ro.*, l. c. S. 4915).
    Kristalle (aus Me.); F: 166—166,5° (*Sn., Ro.*, l. c. S. 4915). IR-Spektrum (CHCl₃;
2—14 μ): *Sn., Ro.*, l. c. S. 4910.

2-[4-Methoxycarbonyl-phenylhydrazono]-*N*-[2]pyridyl-malonamidsäure-methylester
$C_{17}H_{16}N_4O_5$, Formel II (R = R' = CH$_3$), und Tautomeres.

B. Beim Erwärmen von 4-[2,4-Dioxo-2*H*-pyrido[1,2-*a*]pyrimidin-3-ylidenhydrazino]-benzoesäure-methylester mit Methanol und wenig KOH (*Snyder, Robison,* Am. Soc. **74** [1952] 4910, 4915).

Kristalle (aus Me.); F: 189,5—190° [unkorr.].

I   II

2-[4-Äthoxycarbonyl-phenylhydrazono]-*N*-[2]pyridyl-malonamidsäure-methylester
$C_{18}H_{18}N_4O_5$, Formel II (R = CH$_3$, R' = C$_2$H$_5$), und Tautomeres.

B. Beim Erwärmen von 4-[2,4-Dioxo-2*H*-pyrido[1,2-*a*]pyrimidin-3-ylidenhydrazino]-benzoesäure-äthylester mit Methanol und wenig KOH (*Snyder, Robison,* Am. Soc. **74** [1952] 4910, 4916).

Gelbe Kristalle; F: 175,2—176° [unkorr.].

*2-Hydroxyimino-*N*-[2]pyridyl-malonamidsäure-äthylester $C_{10}H_{11}N_3O_4$, Formel I
(X = O-C$_2$H$_5$, X' = OH).

B. Beim Behandeln von Malonsäure-äthylester-chlorid in Äther mit [2]Pyridylamin und Behandeln des Reaktionsprodukts in Äther mit Propylnitrit und äthanol. Natrium=äthylat (*Snyder, Robison,* Am. Soc. **74** [1952] 4910, 4916).

Kristalle (aus Bzl. + Cyclohexan); F: 165,8—166° [unkorr.; Zers.].

2-[4-Äthoxycarbonyl-phenylhydrazono]-*N*-[2]pyridyl-malonamidsäure-äthylester
$C_{19}H_{20}N_4O_5$, Formel II (R = R' = C$_2$H$_5$), und Tautomeres.

B. Beim Erwärmen von 4-[2,4-Dioxo-2*H*-pyrido[1,2-*a*]pyrimidin-3-ylidenhydrazino]-benzoesäure-äthylester mit Äthanol und wenig KOH (*Snyder, Robison,* Am. Soc. **74** [1952] 4910, 4916). Beim Behandeln von 2-[4-Methoxycarbonyl-phenylhydrazono]-*N*-[2]=pyridyl-malonamidsäure-methylester mit äthanol. Natriumäthylat (*Sn., Ro.*).

Gelbliche Kristalle; F: 165—165,5° [unkorr.].

***N*-Butyl-2-phenylhydrazono-*N'*-[2]pyridyl-malonamid** $C_{18}H_{21}N_5O_2$, Formel I
(X = NH-[CH$_2$]$_3$-CH$_3$, X' = NH-C$_6$H$_5$), und Tautomeres.

B. Beim Erwärmen von Pyrido[1,2-*a*]pyrimidin-2,3,4-trion-3-phenylhydrazon mit Butylamin (*Snyder, Robison,* Am. Soc. **74** [1952] 4910, 4916).

Gelbe Kristalle (aus PAe.); F: 110,5—111,5° [unkorr.].

*Cyan-[4-dimethylamino-phenylimino]-essigsäure-[2]pyridylamid $C_{16}H_{15}N_5O$, Formel III.

B. Beim Erwärmen von Cyanessigsäure-[2]pyridylamid mit *N,N*-Dimethyl-4-nitroso-anilin in Äthanol (*Allen et al.,* Am. Soc. **66** [1955] 1805, 1808).

Orangerot; F: 204—205°.

III   IV

[[2]Pyridylimino-methyl]-malonsäure-diäthylester $C_{13}H_{16}N_2O_4$ und Tautomeres.

[[2]Pyridylamino-methylen]-malonsäure-diäthylester $C_{13}H_{16}N_2O_4$, Formel IV.

B. Beim Erhitzen von [2]Pyridylamin mit Äthoxymethylen-malonsäure-diäthylester auf 110° (*Lappin,* Am. Soc. **70** [1948] 3348).

Kristalle (aus A.); F: 65—66° (*La.*). UV-Spektrum (A.; 200—400 nm): *Adams, Pachter,* Am. Soc. **74** [1952] 5491, 5495, **75** [1953] 6357.

Beim Erhitzen mit Diphenyläther ist 4-Oxo-4H-pyrido[1,2-a]pyrimidin-3-carbonsäure-äthylester erhalten worden (*Ad.*, *Pa.*, Am. Soc. **74** 5492, 5497).

2-Cyan-3-[2]pyridylimino-propionsäure-äthylester $C_{11}H_{11}N_3O_2$ und Tautomeres.

 2-Cyan-3-[2]pyridylamino-acrylsäure-äthylester $C_{11}H_{11}N_3O_2$, Formel V (X = O-C_2H_5).
 B. Beim Erhitzen von [2]Pyridylamin mit 3t-Äthoxy-2-cyan-acrylsäure-äthylester (*Antaki*, Am. Soc. **80** [1958] 3066, 3067).
 F: 133° [aus Bzl. + PAe.].

[2-Cyan-3-[2]pyridylimino-propionyl]-carbamidsäure-äthylester $C_{12}H_{12}N_4O_3$ und Tautomeres.

 [2-Cyan-3-[2]pyridylamino-acryloyl]-carbamidsäure-äthylester $C_{12}H_{12}N_4O_3$, Formel V (X = NH-CO-O-C_2H_5).
 B. Beim Erwärmen von [3t-Äthoxy-2-cyan-acryloyl]-carbamidsäure-äthylester in Äthanol mit [2]Pyridylamin (*Atkinson et al.*, Soc. **1946** 4118, 4120).
 F: 256°.

[α-[2]Pyridylimino-benzyl]-malononitril $C_{15}H_{10}N_4$ und Tautomeres.

 [α-[2]Pyridylamino-benzyliden]-malononitril $C_{15}H_{10}N_4$, Formel VI (X = H).
 B. Beim Erwärmen von [2]Pyridylamin mit [α-Methoxy-benzyliden]-malononitril in Benzol (*Dornow*, *Schleese*, B. **91** [1958] 1830, 1833).
 Gelbe Kristalle (aus Me.); F: 209°.

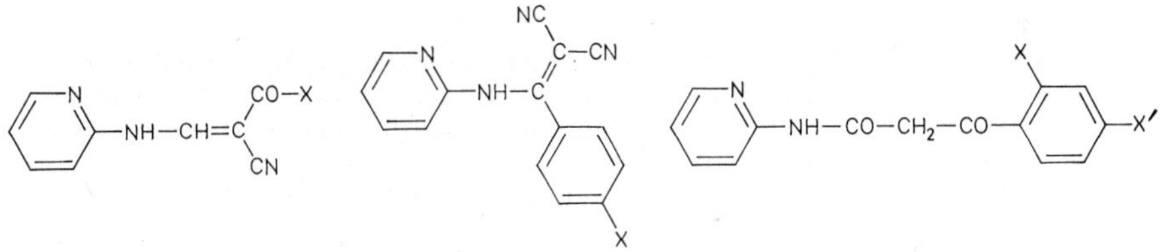

    V   VI   VII

[4-Chlor-α-[2]pyridylimino-benzyl]-malononitril $C_{15}H_9ClN_4$ und Tautomeres.

 [4-Chlor-α-[2]pyridylamino-benzyliden]-malononitril $C_{15}H_9ClN_4$, Formel VI (X = Cl).
 B. Beim Erwärmen von [2]Pyridylamin mit [4-Chlor-α-methoxy-benzyliden]-malononitril in Äthanol (*Dornow*, *Schleese*, B. **91** [1958] 1830, 1833).
 Gelbe Kristalle (aus Me.); F: 231°.

3-[2-Methoxy-phenyl]-3-oxo-propionsäure-[2]pyridylamid $C_{15}H_{14}N_2O_3$, Formel VII (X = O-CH_3, X' = H), und Tautomeres.
 B. Beim Erhitzen von [2]Pyridylamin mit 3-[2-Methoxy-phenyl]-3-oxo-propionsäure-äthylester (*Allen et al.*, Am. Soc. **66** [1944] 1805, 1808).
 F: 100°.
 Bildung von 3-[4-Dimethylamino-phenylimino]-imidazo[1,2-a]pyridin-2-on und [4-Dimethylamino-anilino]-hydroxy-essigsäure-[2]pyridylamid (S. 3917) beim Behandeln mit N,N-Dimethyl-4-nitroso-anilin: *Al. et al.*, l. c. S. 1805, 1809.

3-[4-Methoxy-phenyl]-3-oxo-propionsäure-[2]pyridylamid $C_{15}H_{14}N_2O_3$, Formel VII (X = H, X' = O-CH_3), und Tautomeres.
 B. Beim Erhitzen von [2]Pyridylamin mit 3-[4-Methoxy-phenyl]-3-oxo-propionsäure-äthylester (*Allen et al.*, Am. Soc. **66** [1944] 1805, 1808).
 F: 121°.
 Beim Erwärmen mit N,N-Dimethyl-4-nitroso-anilin in Äthanol ist 3-[4-Dimethyl-amino-phenylimino]-imidazo[1,2-a]pyridin-2-on erhalten worden.

(±)-2-Oxo-4-phenyl-4-[2]pyridylamino-buttersäure $C_{15}H_{14}N_2O_3$, Formel VIII (X = X' = H).
 Diese Konstitution kommt der von *Mazza*, *Migliardi* (Atti Accad. Torino [I] **75** [1939/

40] 438, 441) als 2-Phenyl-[1,8]naphthyridin-4-carbonsäure beschriebenen Verbindung zu (*Allen et al.*, J. org. Chem. **16** [1951] 17).

B. Beim Behandeln von [2]Pyridylamin mit Benzaldehyd und Brenztraubensäure in Äthanol (*Ma., Mi.*; s. a. *Al. et al.*).

Kristalle (aus A.); F: 148—160° [Zers.] (*Al. et al.*), 145° [Zers.] (*Ma., Mi.*).

(±)-2-Oxo-5-phenyl-4-[2]pyridylamino-valeriansäure $C_{16}H_{16}N_2O_3$, Formel IX.

Diese Konstitution kommt der von *Migliardi* (Atti Accad. Torino [I] **75** [1939/40] 548, 550) als 2-Benzyl-[1,8]naphthyridin-4-carbonsäure beschriebenen Verbindung zu (*Allen et al.*, J. org. Chem. **16** [1951] 17, 19).

B. Beim Behandeln von [2]Pyridylamin mit Phenylacetaldehyd und Brenztraubensäure in Äthanol (*Mi.*).

Gelbliche Kristalle; F: 145° [Zers.] (*Mi.*).

VIII   IX   X

(±)-2-Oxo-6*t*-phenyl-4-[2]pyridylamino-hex-5-ensäure $C_{17}H_{16}N_2O_3$, Formel X.

Diese Konstitution kommt der von *Migliardi* (Atti Accad. Torino [I] **75** [1939/40] 548, 551) als 2-Styryl-[1,8]naphthyridin-4-carbonsäure beschriebenen Verbindung zu (*Allen et al.*, J. org. Chem. **16** [1951] 17, 19).

B. Beim Behandeln von [2]Pyridylamin mit *trans*-Zimtaldehyd und Brenztraubensäure in Äthanol (*Mi.*; *Al. et al.*).

Rotbraune Kristalle; F: 186° [Zers.] (*Mi.*), 154—170° [Zers.] (*Al. et al.*).

(±)-4-[2-Hydroxy-phenyl]-2-oxo-4-[2]pyridylamino-buttersäure $C_{15}H_{14}N_2O_4$, Formel VIII (X = OH, X' = H).

Diese Konstitution kommt der von *Migliardi* (Atti Accad. Torino [I] **75** [1939/40] 548, 549) als 2-[2-Hydroxy-phenyl]-[1,8]naphthyridin-4-carbonsäure beschriebenen Verbindung zu (*Allen et al.*, J. org. Chem. **16** [1951] 17, 19).

B. Beim Behandeln von [2]Pyridylamin mit Salicyclaldehyd und Brenztraubensäure in Äthanol (*Mi.*; *Al. et al.*).

Gelbe Kristalle; F: 201—204° [Zers.] (*Al. et al.*), 201° [Zers.]. (*Mi.*).

(±)-4-[4-Methoxy-phenyl]-2-oxo-4-[2]pyridylamino-buttersäure $C_{16}H_{16}N_2O_4$, Formel VIII (X = H, X' = O-CH₃).

Diese Konstitution kommt der von *Migliardi* (Atti Accad. Torino [I] **75** [1939/40] 548, 550) als 2-[4-Methoxy-phenyl]-[1,8]naphthyridin-4-carbonsäure beschriebenen Verbindung zu (*Allen et al.*, J. org. Chem. **16** [1951] 17, 18).

B. Beim Behandeln von [2]Pyridylamin mit 4-Methoxy-benzaldehyd und Brenztrauben≠ säure in Äthanol (*Mi.*; *Al. et al.*). Aus der Verbindung von [2]Pyridylamin mit 4*t*-[4-Methoxy-phenyl]-2-oxo-but-3-ensäure beim Erwärmen mit Äthanol oder H_2O (*Al. et al.*). Gelbe Kristalle (aus H_2O oder A.); F: 150° [Zers.] (*Mi.*), 149—150° [Zers.] (*Al. et al.*). UV-Spektrum (A.; 250—400 nm): *Al. et al.*

4-Nitro-phenylhydrazon $C_{22}H_{21}N_5O_5$; (±)-4-[4-Methoxy-phenyl]-2-[4-nitro-phenylhydrazono]-4-[2]pyridylamino-buttersäure. F: 172—174° (*Al. et al.*).

N-[2]Pyridyl-sulfanilsäure-amid $C_{11}H_{11}N_3O_2S$, Formel XI.

B. Beim Erhitzen von Sulfanilylamid mit 2-Chlor-pyridin auf 140° (*Gray*, Soc. **1939** 1202) oder mit 2-Brom-pyridin auf 175° (*Phillips*, Soc. **1941** 9, 11).

Kristalle; F: 235° [aus A.] (*Gray*), 223—224° [aus wss. Acn.] (*Ph.*).

XI   XII

4-[2]Pyridylcarbamimidoyl-benzolsulfonsäure-amid, *N*-[2]Pyridyl-4-sulfamoyl-benz=
amid $C_{12}H_{12}N_4O_2S$, Formel XII (R = H), und Tautomeres.
B. Beim Behandeln von [2]Pyridylamin mit 4-Sulfamoyl-benzimidsäure-äthylester-
hydrochlorid (*Delaby et al.*, Bl. [5] **11** [1944] 227, 235).
F: 259°.

4-[2]Pyridylcarbamimidoyl-benzolsulfonsäure-methylamid, 4-Methylsulfamoyl-
N-[2]pyridyl-benzamidin $C_{13}H_{14}N_4O_2S$, Formel XII (R = CH$_3$), und Tautomeres.
B. Beim Behandeln von [2]Pyridylamin in Äther und Äthanol mit 4-Methylsulfamoyl-
benzimidsäure-äthylester-hydrochlorid [aus 4-Cyan-benzolsulfonsäure-methylamid her-
gestellt] (*Delaby et al.*, Bl. [5] **12** [1945] 152, 158).
Hydrochlorid $C_{13}H_{14}N_4O_2S \cdot HCl$. Kristalle; F: 180° [korr.].   [*Blazek*]

2-[2-Amino-äthylamino]-pyridin, *N*-[2]Pyridyl-äthylendiamin $C_7H_{11}N_3$, Formel I
(R = H).
B. Beim Erwärmen von [2]Pyridylamino-acetylaldehyd-oxim mit LiAlH$_4$ in THF
(*Reynaud et al.*, Bl. **1957** 718, 721).
Dihydrochlorid $C_7H_{11}N_3 \cdot 2$ HCl. F: 189° [aus A.].
Dipicrat $C_7H_{11}N_3 \cdot 2 C_6H_3N_3O_7$. F: 237° [aus H_2O].

N,N-Dimethyl-*N'*-[2]pyridyl-äthylendiamin $C_9H_{15}N_3$, Formel I (R = CH$_3$).
B. Beim Erhitzen von Pyridin mit *N,N*-Dimethyl-äthylendiamin und Natrium in
Toluol (*Kovács*, *Vajda*, Acta chim. hung. **21** [1959] 445, 449). Beim Erhitzen von 2-Fluor-
pyridin mit *N,N*-Dimethyl-äthylendiamin (*Oláh et al.*, Acta chim. hung. **8** [1956] 157,
160). Beim Erhitzen von 2-Brom-pyridin mit *N,N*-Dimethyl-äthylendiamin (*Huttrer
et al.*, Am. Soc. **68** [1946] 1999, 2001), auch unter Zusatz von Pyridin (*Abbott Labor.*,
U.S.P. 2556566 [1946]). Aus [2]Pyridylamin beim Erhitzen in Toluol mit LiNH$_2$ (*Kaye*,
Kogon, Am. Soc. **73** [1951] 5891), NaH (*Abbott Labor.*) oder NaNH$_2$ (*Whitmore et al.*, Am.
Soc. **67** [1945] 393; *Villani et al.*, Am. Soc. **72** [1950] 2724, 2725; *CIBA*, U.S.P. 2406594
[1943]; *Monsanto Chem. Co.*, U.S.P. 2581868 [1946], 2581869 [1947]; *Indiana Univ.
Found.*, D.B.P. 871897 [1950]; U.S.P. 2543544 [1948]; s. a. *Toldy et al.*, Acta chim.
hung. **15** [1958] 265, 267) und anschliessend mit [2-Chlor-äthyl]-dimethyl-amin. Beim
Erhitzen von [2]Pyridylamin mit LiNH$_2$ in Toluol und anschliessend mit [2-Brom-
äthyl]-dimethyl-amin (*Hu. et al.*, l. c. S. 2000).
Kp$_{25}$: 150–152° (*Oláh et al.*); Kp$_{13}$: 139–141° (*To. et al.*, l. c. S. 268); Kp$_5$: 124–126°
(*Indiana Univ. Found.*); Kp$_4$: 105° (*Wh. et al.*); Kp$_2$: 107–108° (*Abbott Labor.*); Kp$_{0,4}$:
96–102° (*Ko., Va.*); Kp$_{0,1}$: 100–106° (*Hu. et al.*). n_D^{20}: 1,5490 (*Ko., Va.*); n_D^{27}: 1,5420
(*Vi. et al.*).
Dihydrochlorid $C_9H_{15}N_3 \cdot 2$ HCl. Dimorph; Kristalle (aus E. + Me.); F: 229°
[korr.] und F: 224° [korr.] (*Hu. et al.*). F: 223–224° (*Wh. et al.*), 221–223° [unkorr.]
(*Ko., Va.*).
Dipicrat $C_9H_{15}N_3 \cdot 2 C_6H_3N_3O_7$. Kristalle; F: 201–202° [korr.; aus Butanon] (*Kaye
et al.*, Am. Soc. **74** [1952] 403, 407), 197–200° [unkorr.; aus Me.] (*To. et al.*, l. c. S. 269),
197–198° [unkorr.] (*Ko., Va.*).

I   II

N,N-Diäthyl-*N'*-[2]pyridyl-äthylendiamin $C_{11}H_{19}N_3$, Formel I (R = C_2H_5).

B. Beim Erhitzen von Pyridin mit *N,N*-Diäthyl-äthylendiamin und Natrium in Toluol (*Kovács, Vajda,* Acta chim. hung. **21** [1959] 445, 448). Beim Erhitzen von 2-Brom-pyridin mit *N,N*-Diäthyl-äthylendiamin (*Huttrer et al.,* Am. Soc. **68** [1946] 1999, 2000). Aus [2]Pyridylamin beim Erhitzen mit $LiNH_2$ (*Hu. et al.*) oder $NaNH_2$ (*Whitmore et al.,* Am. Soc. **67** [1945] 393) in Toluol und anschliessend mit Diäthyl-[2-chlor-äthyl]-amin oder beim Erhitzen mit Diäthylamino-äthanol und P_2O_5 auf 200° (*I. G. Farbenind.,* D.R.P. 602049 [1932]; Frdl. **21** 292).

Hellgelbes Öl; Kp_{17}: 157—160° (*I. G. Farbenind.*); Kp_4: 112—115° (*Wh. et al.*); $Kp_{0,6}$: 110—115° (*Ko., Va.*); $Kp_{0,05}$: 110—115° (*Hu. et al.*). n_D^{20}: 1,5368 (*Ko., Va.*), 1,5320 (*Wh. et al.*); n_D^{25}: 1,5303 (*Hu. et al.*).

Dihydrochlorid $C_{11}H_{19}N_3 \cdot 2$ HCl. Kristalle (aus wasserfreiem A.); F: 170—171° (*Wh. et al.*).

Dipicrat $C_{11}H_{19}N_3 \cdot 2 \, C_6H_3N_3O_7$. F: 184—185° [korr.] (*Hu. et al.*), 181—183° [unkorr.] (*Ko., Va.*).

N,N-Dicyclohexyl-*N'*-[2]pyridyl-äthylendiamin $C_{19}H_{31}N_3$, Formel I (R = C_6H_{11}).

B. Beim Erwärmen von [2]Pyridylamin mit $NaNH_2$ in Toluol und anschliessend mit [2-Chlor-äthyl]-dicyclohexyl-amin (*I. G. Farbenind.,* D.R.P. 591192 [1931]; Frdl. **20** 757).

Kp_2: 190—195°.

Dihydrobromid. F: 198°.

1-[2]Pyridylamino-2-pyrrolidino-äthan, [2]Pyridyl-[2-pyrrolidino-äthyl]-amin $C_{11}H_{17}N_3$, Formel II.

B. Beim Erhitzen von 2-Brom-pyridin mit 1-[2-Amino-äthyl]-pyrrolidin (*Lincoln et al.,* Am. Soc. **71** [1949] 2902, 2904). Beim Erhitzen von [2]Pyridylamin mit $NaNH_2$ in Xylol und anschliessend mit 1-[2-Chlor-äthyl]-pyrrolidin (*Li. et al.*).

Kp_7: 148°; $Kp_{0,2}$: 123—124°.

Hydrochlorid $C_{11}H_{17}N_3 \cdot$ HCl. F: 148—149° [unkorr.].

1-Piperidino-2-[2]pyridylamino-äthan, [2-Piperidino-äthyl]-[2]pyridyl-amin $C_{12}H_{19}N_3$, Formel III.

B. Beim Erhitzen von [2]Pyridylamin mit $LiNH_2$ in Toluol und anschliessend mit 1-[2-Chlor-äthyl]-piperidin (*Huttrer et al.,* Am. Soc. **68** [1946] 1999, 2000).

$Kp_{0,03}$: 135°.

Hydrochlorid $C_{12}H_{19}N_3 \cdot$ HCl. F: 164° [korr.].

III

IV

*Opt.-inakt. **9-[2-[2]Pyridylamino-äthyl]-dodecahydro-carbazol, [2-Dodecahydro-carbazol-9-yl-äthyl]-[2]pyridyl-amin** $C_{19}H_{29}N_3$, Formel IV.

B. Beim Erhitzen von [2]Pyridylamin mit $NaNH_2$ in Toluol und anschliessend mit opt.-inakt. 9-[2-Chlor-äthyl]-dodecahydro-carbazol (*I.G. Farbenind.,* Schweiz. P. 161737 [1932]; *Winthrop Chem. Co.,* U.S.P. 2016480 [1932]).

Kp_2: 200—205°.

Dihydrobromid. F: 209°.

N,N'-Di-[2]pyridyl-äthylendiamin $C_{12}H_{14}N_4$, Formel V.

B. Beim Erhitzen von [2]Pyridylamin mit $NaNH_2$ in Toluol und anschliessend mit 1,2-Dibrom-äthan (*Sharp,* Soc. **1938** 1191).

Kristalle (aus Bzl.); F: 134—135° [korr.].

Dihydrochlorid $C_{12}H_{14}N_4 \cdot 2$ HCl. Kristalle (aus A.); F: 239—241° [korr.].

N-Äthyl-*N'*,*N'*-dimethyl-*N*-[2]pyridyl-äthylendiamin $C_{11}H_{19}N_3$, Formel VI (R = C_2H_5, R' = CH_3).

B. Beim Erwärmen von Äthyl-[2]pyridyl-amin mit $LiNH_2$ in Benzol und anschliessend mit [2-Chlor-äthyl]-dimethyl-amin (*Huttrer et al.*, Am. Soc. **68** [1946] 1999, 2000). Beim Erhitzen von *N*,*N*-Dimethyl-*N'*-[2]pyridyl-äthylendiamin mit $NaNH_2$ in Toluol und Behandeln des Reaktionsgemisches mit Äthylbromid bei 50° (*Hu. et al.*).

$Kp_{0,04}$: 99—104°.

Hydrochlorid $C_{11}H_{19}N_3 \cdot HCl$. F: 112° [korr.].

1-[Äthyl-[2]pyridyl-amino]-2-piperidino-äthan, Äthyl-[2-piperidino-äthyl]-[2]pyridyl-amin $C_{14}H_{23}N_3$, Formel VII.

B. Beim Erhitzen von [2-Piperidino-äthyl]-[2]pyridyl-amin mit $NaNH_2$ in Toluol und Behandeln des Reaktionsgemisches mit Äthylbromid bei 50° (*Huttrer et al.*, Am. Soc. **68** [1946] 1999, 2000).

$Kp_{0,01}$: 122—126°.

Hydrochlorid $C_{14}H_{23}N_3 \cdot HCl$. F: 186—187° [korr.].

N,*N*-Diäthyl-*N'*-propyl-*N'*-[2]pyridyl-äthylendiamin $C_{14}H_{25}N_3$, Formel VI (R = CH_2-CH_2-CH_3, R' = C_2H_5).

B. Beim Erhitzen von *N*,*N*-Diäthyl-*N'*-[2]pyridyl-äthylendiamin mit $NaNH_2$ in Toluol und Behandeln des Reaktionsprodukts mit Propylbromid bei 50° (*Huttrer et al.*, Am. Soc. **68** [1946] 1999, 2000).

Kp_{13}: 151—155°.

Hydrochlorid $C_{14}H_{25}N_3 \cdot HCl$. Hygroskopisch.

N-Isopropyl-*N'*,*N'*-dimethyl-*N*-[2]pyridyl-äthylendiamin $C_{12}H_{21}N_3$, Formel VI (R = $CH(CH_3)_2$, R' = CH_3).

B. Beim Erhitzen von *N*,*N*-Dimethyl-*N'*-[2]pyridyl-äthylendiamin mit $NaNH_2$ in Toluol und anschliessend mit Isopropylbromid (*Huttrer et al.*, Am. Soc. **68** [1946] 1999, 2000; *CIBA*, U.S.P. 2406594 [1943]).

Kp_1: 120—124° (*Hu. et al.*).

Hydrochlorid $C_{12}H_{21}N_3 \cdot HCl$. F: 226° [korr.] (*Hu. et al.*).

N-Butyl-*N'*,*N'*-dimethyl-*N*-[2]pyridyl-äthylendiamin $C_{13}H_{23}N_3$, Formel VI (R = $[CH_2]_3$-CH_3, R' = CH_3).

B. Beim Erhitzen von Butyl-[2]pyridyl-amin mit $NaNH_2$ in Dioxan und anschliessend mit [2-Chlor-äthyl]-dimethyl-amin (*Soc. Usines Chim. Rhône-Poulenc*, D.B.P. 880749 [1943]; D.R.B.P. Org. Chem. 1950—1951 **3** 226).

Kp_2: 116—121°.

Hydrochlorid. F: 127°.

N-Hexyl-*N'*,*N'*-dimethyl-*N*-[2]pyridyl-äthylendiamin $C_{15}H_{27}N_3$, Formel VI (R = $[CH_2]_5$-CH_3, R' = CH_3).

B. Beim Erwärmen von *N*,*N*-Dimethyl-*N'*-[2]pyridyl-äthylendiamin mit NaH in Toluol und anschliessend mit Hexylbromid (*Vaughan et al.*, J. org. Chem. **14** [1949] 228, 233).

Kp_1: 136—146°. $n_D^{31,5}$: 1,5090.

Hydrochlorid $C_{15}H_{27}N_3 \cdot HCl$. Kristalle (aus Bzl.); F: 104—105° [korr.].

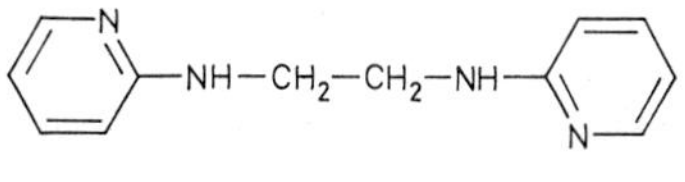

V 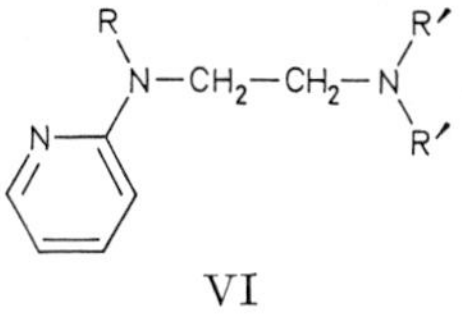   VI 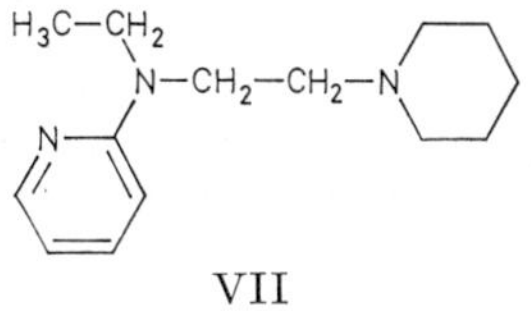   VII

N-[2,2-Dibutyl-hexyl]-*N'*,*N'*-dimethyl-*N*-[2]pyridyl-äthylendiamin $C_{23}H_{43}N_3$, Formel VI (R = CH_2-$C([CH_2]_3$-$CH_3)_3$, R' = CH_3).

B. Beim Erwärmen von [2,2-Dibutyl-hexyl]-[2]pyridyl-amin mit $NaNH_2$ in Toluol und anschliessend mit [2-Chlor-äthyl]-dimethyl-amin (*Sperber*, *Papa*, Am. Soc. **71** [1949] 886).

Gelbes Öl; Kp_2: 175—177°. n_D^{23}: 1,5002.

Dihydrochlorid $C_{23}H_{43}N_3 \cdot 2$ HCl. Kristalle (aus A. + Ae.); F: 184,5—185,5°.

N,N-Diäthyl-*N'*-[2,2-dibutyl-hexyl]-*N'*-[2]pyridyl-äthylendiamin $C_{25}H_{47}N_3$, Formel VI $(R = CH_2-C([CH_2]_3-CH_3)_3, R' = C_2H_5)$.

B. Beim Erwärmen von [2,2-Dibutyl-hexyl]-[2]pyridyl-amin mit $NaNH_2$ in Toluol und anschliessend mit Diäthyl-[2-chlor-äthyl]-amin (*Sperber*, *Papa*, Am. Soc. **71** [1949] 886).

Gelbes Öl; Kp_2: 190—195°. n_D^{21}: 1,5005.

Dihydrochlorid $C_{25}H_{47}N_3 \cdot 2$ HCl. Kristalle (aus A. + Ae.); F: 205—205,5°.

N-Cyclohexylmethyl-*N'*,*N'*-dimethyl-*N*-[2]pyridyl-äthylendiamin $C_{16}H_{27}N_3$, Formel VI $(R = CH_2-C_6H_{11}, R' = CH_3)$.

B. Aus *N,N*-Dimethyl-*N'*-[2]pyridyl-äthylendiamin und Brommethyl-cyclohexan (*Kyrides et al.*, Am. Soc. **72** [1950] 745, 746).

Kp_{13}: 160—165°.

Trihydrochlorid $C_{16}H_{27}N_3 \cdot 3$ HCl. F: 225—226° [korr.].

(±)-*N*-Cyclopent-2-enyl-*N'*,*N'*-dimethyl-*N*-[2]pyridyl-äthylendiamin $C_{14}H_{21}N_3$, Formel VIII auf S. 3928.

B. Beim Erwärmen von *N,N*-Dimethyl-*N'*-[2]pyridyl-äthylendiamin mit $LiNH_2$ in Benzol und anschliessend mit (±)-3-Chlor-cyclopenten (*Sumner Chem. Co.*, U.S.P. 2512293 [1949]).

Kp_{10}: 173—176°.

Hydrochlorid $C_{14}H_{21}N_3 \cdot$ HCl. Kristalle (aus E.); F: 163—165° [Zers.].

*N-Hexa-2,4-dienyl-*N'*,*N'*-dimethyl-*N*-[2]pyridyl-äthylendiamin $C_{15}H_{23}N_3$, Formel VI $(R = CH_2-CH=CH-CH=CH-CH_3, R' = CH_3)$.

B. Beim Erhitzen von *N,N*-Dimethyl-*N'*-[2]pyridyl-äthylendiamin mit $NaNH_2$ in Toluol und anschliessend mit 1-Chlor-hexa-2,4-dien [Kp_{12}: 45,5°] (*Mathieson Chem. Corp.*, U.S.P. 2626262 [1950]).

$Kp_{0,5}$: 131—135°.

Monohydrochlorid. Kristalle (aus Butanon); F: 137—138°.

Dihydrochlorid. Kristalle; F: 200—202°.

Maleat. Kristalle (aus Isopropylalkohol); F: 131—132°.

*N-[3-Chlor-hexa-2,4-dienyl]-*N'*,*N'*-dimethyl-*N*-[2]pyridyl-äthylendiamin $C_{15}H_{22}ClN_3$, Formel VI $(R = CH_2-CH=CCl-CH=CH-CH_3, R' = CH_3)$.

B. Beim Erhitzen von *N,N*-Dimethyl-*N'*-[2]pyridyl-äthylendiamin mit $NaNH_2$ in Toluol und anschliessend mit 1,3-Dichlor-hexa-2,4-dien [Kp_{17}: 80—82°] (*Mathieson Chem. Corp.*, U.S.P. 2626262 [1950]).

$Kp_{0,3}$: 145—150°. n_D^{25}: 1,5660.

Maleat. Kristalle (aus Isopropylalkohol); F: 134—135°.

N,N-Dimethyl-*N'*-phenyl-*N'*-[2]pyridyl-äthylendiamin $C_{15}H_{19}N_3$, Formel VI $(R = C_6H_5, R' = CH_3)$.

B. Beim Erhitzen von *N,N*-Dimethyl-*N'*-phenyl-äthylendiamin mit $NaNH_2$ in Toluol und anschliessend mit 2-Brom-pyridin (*Huttrer et al.*, Am. Soc. **68** [1946] 1999, 2000).

Kp_{14}: 185—187° (*Hu. et al.*).

Hydrochlorid $C_{15}H_{19}N_3 \cdot$ HCl. F: 217° [korr.] (*Hu. et al.*).

Styphnat. Kristalle (aus Acn.); F: 109—110° (*Vitolo, Ventura*, Boll. chim. farm. **92** [1953] 157, 161).

N,N-Diäthyl-*N'*-phenyl-*N'*-[2]pyridyl-äthylendiamin $C_{17}H_{23}N_3$, Formel VI $(R = C_6H_5, R' = C_2H_5)$.

B. Beim Erhitzen von *N,N*-Diäthyl-*N'*-phenyl-äthylendiamin mit $NaNH_2$ in Toluol und anschliessend mit 2-Brom-pyridin (*Huttrer et al.*, Am. Soc. **68** [1946] 1999, 2000).

$Kp_{0,08}$: 145—150°.
Hydrochlorid $C_{17}H_{23}N_3 \cdot HCl$. F: 136° [korr.].

N-Benzyl-N-[2]pyridyl-äthylendiamin $C_{14}H_{17}N_3$, Formel IX (R = X = H).

B. Beim Erwärmen von N-[2-(Benzyl-[2]pyridyl-amino)-äthyl]-phthalimid mit $N_2H_4 \cdot H_2O$ in Äthanol (*Gardner, Stevens*, Am. Soc. **71** [1949] 1868). Beim Behandeln von N-Benzyl-N-[2]pyridyl-glycin mit $LiAlH_4$ in Äther (*Bristow et al.*, Soc. **1954** 616, 625).

$Kp_{0,9}$: 152—155°; n_D^{18}: 1,6123 (*Br. et al.*).
Sulfat $C_{14}H_{17}N_3 \cdot H_2SO_4$. Kristalle (aus A. + H_2O); F: 156—158° (*Ga., St.*).

N-Benzyl-N',N'-dimethyl-N-[2]pyridyl-äthylendiamin, Tripelennamin, Pyribenz = amin $C_{16}H_{21}N_3$, Formel IX (R = CH_3, X = H).

B. Beim Erhitzen von 2-Brom-pyridin mit N'-Benzyl-N,N-dimethyl-äthylendiamin und Kupfer-Pulver (*Soc. Usines Chim. Rhône-Poulenc*, D.B.P. 880749 [1943]; D.R.B.P. Org. Chem. 1950—1951 **3** 226; U.S.P. 2502151 [1946]). Aus Benzyl-[2]pyridyl-amin beim Erwärmen mit $LiNH_2$ in Benzol und anschliessend mit [2-Chlor-äthyl]-dimethyl-amin (*Huttrer et al.*, Am. Soc. **68** [1946] 1999, 2000) oder beim Erhitzen mit $NaNH_2$ in Toluol und anschliessend mit [2-Chlor-äthyl]-dimethyl-amin (*Rhône-Poulenc*). Aus N,N-Dimethyl-N'-[2]pyridyl-äthylendiamin beim Erhitzen mit $NaNH_2$ in Xylol und anschliessend mit Benzylchlorid (*Rhône-Poulenc*) oder beim Erhitzen mit $NaNH_2$ in Toluol und anschliessend mit Benzylbromid (*Hu. et al.*, l. c. S. 2001).

$Kp_{1,7}$: 185—190° (*Rhône-Poulenc*); $Kp_{0,01}$: 138—142° (*Hu. et al.*, l. c. S. 2001). Scheinbare Dissoziationsexponenten pK'_{a1} und pK'_{a2} der protonierten Verbindung (H_2O; potentiometrisch ermittelt) bei 25°: 3,92 bzw. 8,96 (*Lordi, Christian*, J. Am. pharm. Assoc. **45** [1956] 300, 301). Löslichkeit in gepufferter Lösung vom pH 7,4 bei 37,5°: 0,015 mol·l^{-1} (*Lo., Ch.*).

Monohydrochlorid $C_{16}H_{21}N_3 \cdot HCl$. Kristalle; F: 194—196° (*Baggesgaard Rasmussen et al.*, Dansk Tidsskr. Farm. **32** [1958] 29, 34), 194—195° (*Balmer, Bürgin*, Pharm. Acta Helv. **27** [1952] 367, 376), 192—193° [aus E. + Me.] (*Hu. et al.*, l. c. S. 2001), 189—191° [aus Isopropylalkohol] (*Kahl et al.*, Acta Polon. pharm. **16** [1959] 103, 104; C. A. **1960** 2262). Brechungsindices der Kristalle: *Keenan*, J. Am. pharm. Assoc. **36** [1947] 281; *Eisenberg*, J. Assoc. agric. Chemists **37** [1954] 705, 707. UV-Spektrum (wss. Lösung vom pH 0,1, pH 2 und pH 4,1; 220—360 nm): *Kleckner, Osol*, J. Am. pharm. Assoc. **44** [1955] 762, 764. λ_{max}: 246 nm und 307 nm [A.] (*Kl., Osol*, l. c. S. 765), 245 nm und 307 nm [wss. A.] (*Bradford, Brackett*, Mikroch. Acta **1958** 353, 361).

Sesquihydrochlorid $2 C_{16}H_{21}N_3 \cdot 3 HCl$. Kristalle (aus Isopropylalkohol); F: 166° bis 168° (*Kahl et al.*).

Dihydrochlorid $C_{16}H_{21}N_3 \cdot 2 HCl$. Kristalle; F: 143—145° (*Kahl et al.*).

Reineckat $C_{16}H_{21}N_3 \cdot 2 H[Cr(CNS)_4(NH_3)_2]$. Niederschlag [aus wss. Lösung] (*Podescewski*, Farm. Polska **14** [1958] 315; C. A. **1959** 9570).

Dipicrat $C_{16}H_{21}N_3 \cdot 2 C_6H_3N_3O_7$. Kristalle; F: 190—191° (*Uyeo, Oishi*, J. pharm. Soc. Japan **72** [1952] 443, 446; C. A. **1952** 7708), 185—187° (*Ba., Bü.*), 184—185° [aus Acn.] (*Ba. Ra. et al.*). Brechungsindex der Schmelze bei 197—198°: *Ba., Bü.* Löslichkeit in H_2O bei Raumtemperatur: 0,25 mg·ml^{-1} (*Uyeo, Oi.*).

Distyphnat $C_{16}H_{21}N_3 \cdot 2 C_6H_3N_3O_8$. F: 177—179°; Löslichkeit in H_2O bei Raumtemperatur: 0,67 mg·ml^{-1} (*Uyeo, Oi.*).

Salz der L-Ascorbinsäure $C_{16}H_{21}N_3 \cdot C_6H_8O_6$. F: 50—51° (*Runti*, Farmaco Ed. scient. **10** [1955] 424, 427).

Verbindung mit Bis-[2,4-dioxo-chroman-3-yl]-methan $C_{16}H_{21}N_3 \cdot C_{19}H_{12}O_6$. Kristalle; F: 151° [unkorr.] (*Eckstein et al.*, Diss. Pharm. **8** [1956] 137, 139; C. A. **1957** 11654).

Picrolonat $C_{16}H_{21}N_3 \cdot 2 C_{10}H_8N_4O_5$. Kristalle; F: 184—185°; Löslichkeit in H_2O bei Raumtemperatur: 0,12 mg·ml^{-1} (*Uyeo, Oi.*).

N-[2-Fluor-benzyl]-N',N'-dimethyl-N-[2]pyridyl-äthylendiamin $C_{16}H_{20}FN_3$, Formel IX (R = CH_3, X = F).

B. Beim Erhitzen von N,N-Dimethyl-N'-[2]pyridyl-äthylendiamin mit NaH in Toluol und anschliessend mit 2-Fluor-benzylbromid (*Oláh et al.*, Acta chim. hung. **8** [1956] 157, 160).

Kp$_3$: 165—175°.
Hydrochlorid $C_{16}H_{20}FN_3 \cdot HCl$. F: 198—200°.

N-[3-Fluor-benzyl]-N',N'-dimethyl-N-[2]pyridyl-äthylendiamin $C_{16}H_{20}FN_3$, Formel X
(R = CH_3, X = F, X' = H).
B. Beim Erhitzen von N,N-Dimethyl-N'-[2]pyridyl-äthylendiamin mit NaH in Toluol
und anschliessend mit 3-Fluor-benzylbromid (*Oláh et al.*, Acta chim. hung. **8** [1956]
157, 160).
Kp$_1$: 148—155°.
Hydrochlorid $C_{16}H_{20}FN_3 \cdot HCl$. F: 145—147°.

VIII   IX   X

N-[4-Fluor-benzyl]-N',N'-dimethyl-N-[2]pyridyl-äthylendiamin $C_{16}H_{20}FN_3$, Formel X
(R = CH_3, X = H, X' = F).
B. Beim Erhitzen von N'-[4-Fluor-benzyl]-N,N-dimethyl-äthylendiamin mit 2-Fluor-
pyridin in Toluol (*Oláh et al.*, Acta chim. hung. **8** [1956] 157, 161). Beim Erhitzen von
[4-Fluor-benzyl]-[2]pyridyl-amin mit NaH in Toluol und anschliessend mit [2-Chlor-
äthyl]-dimethyl-amin (*Oláh et al.*). Beim Erhitzen von N,N-Dimethyl-N'-[2]pyridyl-
äthylendiamin mit NaH in Toluol und anschliessend mit 4-Fluor-benzylchlorid (*Am.
Cyanamid Co.*, U.S.P. 2569314 [1947]) oder 4-Fluor-benzylbromid (*Vaughan et al.*,
J. org. Chem. **14** [1949] 228, 230; *Oláh et al.*).
Kristalle (aus Hexan); F: 53—54° (*Oláh et al.*), 52—53° (*Va. et al.*).
Hydrochlorid $C_{16}H_{20}FN_3 \cdot HCl$. Kristalle; F: 169,5—170,5° [korr.; aus Toluol + A.]
(*Va. et al.*), 169,5—170° (*Oláh et al.*), 169—170° [aus Toluol + A.] (*Am. Cyanamid Co.*).
Brechungsindices der Kristalle: *Haley, Keenan*, J. Am. pharm. Assoc. **39** [1950] 526, 528.

N-[2-Chlor-benzyl]-N',N'-dimethyl-N-[2]pyridyl-äthylendiamin $C_{16}H_{20}ClN_3$, Formel IX
(R = CH_3, X = Cl).
B. Beim Erwärmen von N,N-Dimethyl-N'-[2]pyridyl-äthylendiamin mit KNH_2 in
Toluol und anschliessend mit 2-Chlor-benzylchlorid (*Vaughan et al.*, J. org. Chem. **14**
[1949] 228, 231).
Kp$_1$: 161—164°.
Hydrochlorid $C_{16}H_{20}ClN_3 \cdot HCl$. Kristalle (aus Isopropylalkohol); F: 203—204,5°
[korr.].

N-[4-Chlor-benzyl]-N',N'-dimethyl-N-[2]pyridyl-äthylendiamin, Chloropyramin,
Synopen $C_{16}H_{20}ClN_3$, Formel X (R = CH_3, X = H, X' = Cl).
B. Beim Erhitzen von 2-Brom-pyridin mit N'-[4-Chlor-benzyl]-N,N-dimethyl-äthylen=
diamin in Pyridin auf 160° (*Geigy A.G.*, D.B.P. 931828 [1948]; D.R.B.P. Org. Chem.
1950—1951 **3** 176) oder in Chinolin auf 145° (*Vaughan et al.*, J. org. Chem. **14** [1949]
228, 230). Beim Erhitzen von [4-Chlor-benzyl]-[2]pyridyl-amin mit NaH in Toluol
(*Merck & Co. Inc.*, U.S.P. 2607778 [1948]) oder mit $NaNH_2$ in Benzol (*Geigy A.G.*)
und anschliessend mit [2-Chlor-äthyl]-dimethyl-amin. Beim Erhitzen von N,N-Dimethyl-
N'-[2]pyridyl-äthylendiamin mit $LiNH_2$ (*Va. et al.*, l. c. S. 231; *Bristol Labor. Inc.*,
U.S.P. 2585239 [1949]) oder $NaNH_2$ (*Geigy A.G.*) in Toluol und anschliessend mit
4-Chlor-benzylchlorid. Beim Erwärmen von 4-Chlor-thiobenzoesäure-[(2-dimethylamino-
äthyl)-[2]pyridyl-amid] mit Raney-Nickel in Aceton (*Toldy et al.*, Acta chim. hung. **15**
[1958] 265, 268).
Kp$_{0,2}$: 154—155° (*Geigy A.G.*; *To. et al.*).
Hydrochlorid $C_{16}H_{20}ClN_3 \cdot HCl$. Kristalle; F: 174—175° [aus 4-Methyl-pentan-2-on]
(*Bristol Labor. Inc.*), 172—174° [unkorr.] (*To. et al.*; *Geigy A.G.*), 172—173,6° [korr.;

aus A. oder Amylalkohol] (*Va. et al.*, l. c. S. 230, 231), 170° [aus Acn.] (*Merck & Co. Inc.*).

Dipicrat $C_{16}H_{20}ClN_3 \cdot 2 \, C_6H_3N_3O_7$. Kristalle (aus Acn); F: 193—194° [korr.] (*Baggesgard Rasmussen et al.*, Dansk. Tidsskr. Farm. **32** [1958] 29, 34), 188—190° (*Geigy et al.*).

Styphnat. Hellgelbe Kristalle (aus Acn.); F: 141—142° (*Vitolo, Ventura*, Boll. chim. farm. **92** [1953] 157, 161).

N-[3-Brom-benzyl]-N′,N′-dimethyl-N-[2]pyridyl-äthylendiamin $C_{16}H_{20}BrN_3$, Formel X (R = CH₃, X = Br, X′ = H).

B. Beim Erhitzen von N,N-Dimethyl-N'-[2]pyridyl-äthylendiamin mit NaNH₂ in Toluol und Behandeln des Reaktionsgemisches mit 3-Brom-benzylbromid (*Vaughan et al.*, J. org. Chem. **14** [1949] 228, 231).

Kp_1: 176—178°.

Hydrochlorid $C_{16}H_{20}BrN_3 \cdot HCl$. Kristalle (aus E. + A.); F: 169—170° [korr.].

N-[4-Brom-benzyl]-N′,N′-dimethyl-N-[2]pyridyl-äthylendiamin $C_{16}H_{20}BrN_3$, Formel X (R = CH₃, X = H, X′ = Br).

B. Beim Erhitzen von N,N-Dimethyl-N'-[2]pyridyl-äthylendiamin mit KNH₂ in Toluol und anschliessend mit 4-Brom-benzylchlorid (*Vaughan et al.*, J. org. Chem. **14** [1949] 228, 231) oder mit NaNH₂ in Toluol und anschliessend mit 4-Brom-benzylbromid (*Geigy A.G.*, D.B.P. 931828 [1948]; D.R.B.P. Org. Chem. 1950—1951 **3** 176).

$Kp_{0,1}$: 162° (*Geigy A.G.*).

Hydrochlorid $C_{16}H_{20}BrN_3 \cdot HCl$. Kristalle; F: 187—188° (*Geigy A.G.*), 184—186° [korr.; aus E.] (*Va. et al.*).

N-[4-Jod-benzyl]-N′,N′-dimethyl-N-[2]pyridyl-äthylendiamin $C_{16}H_{20}IN_3$, Formel X (R = CH₃, X = H, X′ = I).

B. Beim Erhitzen von N,N-Dimethyl-N'-[2]pyridyl-äthylendiamin mit NaH in Toluol und anschliessend mit 4-Jod-benzylbromid (*Vaughan et al.*, J. org. Chem. **14** [1949] 228, 232).

Kp_1: 194—207°. n_D^{23}: 1,6144.

Hydrochlorid $C_{16}H_{20}IN_3 \cdot HCl$. Kristalle (aus Butanon oder aus E. + A.); F: 200° bis 202° [korr.].

N′-Benzyl-N,N-dimethyl-N′-[2]pyridyl-äthylendiamin-N-oxid $C_{16}H_{21}N_3O$, Formel XI.

B. Beim Behandeln einer Lösung von N-Benzyl-N',N'-dimethyl-N-[2]pyridyl-äthylendiamin in Äthanol mit wss. H₂O₂ (*Upjohn Co.*, U.S.P. 2785170 [1945]).

Hygroskopische Kristalle; F: 100—103° [geschlossene Kapillare].

Dihydrobromid $C_{16}H_{21}N_3O \cdot 2$ HBr. Kristalle (aus A.); F: 185—186° [Zers.].

Dipicrat $C_{16}H_{21}N_3O \cdot 2 \, C_6H_3N_3O_7$. F: 163,5—166° [aus A.].

N-Äthyl-N′-[3-brom-benzyl]-N-methyl-N′-[2]pyridyl-äthylendiamin $C_{17}H_{22}BrN_3$, Formel XII (R = C₂H₅, X = Br, X′ = H).

B. Beim Erhitzen von N-Äthyl-N-methyl-N'-[2]pyridyl-äthylendiamin mit NaNH₂ in Toluol und anschliessend mit 3-Brom-benzylbromid (*Veritas Drug Co.*, U.S.P. 2843595 [1955]).

Kp_1: 185°.

Hydrogenmaleat. F: 106°.

XI   XII

N-Äthyl-N′-[4-brom-benzyl]-N-methyl-N′-[2]pyridyl-äthylendiamin $C_{17}H_{22}BrN_3$, Formel XII (R = C₂H₅, X = H, X′ = Br).

B. Beim Erhitzen von N-Äthyl-N-methyl-N'-[2]pyridyl-äthylendiamin mit NaNH₂ in

Toluol und anschliessend mit 4-Brom-benzylbromid (*Veritas Drug Co.*, U.S.P. 2843595 [1955]).
Kp$_1$: 190°.
Perchlorat. F: 147°.
Hydrogenmaleat. F: 108°.

N,N-Diäthyl-*N'*-benzyl-*N'*-[2]pyridyl-äthylendiamin $C_{18}H_{25}N_3$, Formel IX (R = C$_2$H$_5$, X = H) auf S. 3928.
B. Beim Erwärmen von Benzyl-[2]pyridyl-amin mit LiNH$_2$ in Benzol und anschliessend mit Diäthyl-[2-chlor-äthyl]-amin (*Bristow et al.*, Soc. **1954** 616, 625). Beim Erhitzen von *N,N*-Diäthyl-*N'*-[2]pyridyl-äthylendiamin mit NaNH$_2$ in Toluol und Behandeln des Reaktionsgemisches mit Benzylbromid (*Huttrer et al.*, Am. Soc. **68** [1946] 1999, 2000). Beim Behandeln von *N,N*-Diacetyl-*N'*-benzyl-*N'*-[2]pyridyl-äthylendiamin mit LiAlH$_4$ in Äther (*Br. et al.*).
Kp$_{1,2}$: 163°; n$_D^{21}$: 1,5715 (*Br. et al.*).
Dihydrochlorid $C_{18}H_{25}N_3 \cdot 2$ HCl. F: 204—206° [korr.] (*Hu. et al.*).
Oxalat $C_{18}H_{25}N_3 \cdot C_2H_2O_4$. Kristalle (aus A.); F: 142° (*Br. et al.*).

N,N-Diäthyl-*N'*-[2-brom-benzyl]-*N'*-[2]pyridyl-äthylendiamin $C_{18}H_{24}BrN_3$, Formel IX (R = C$_2$H$_5$, X = Br) auf S. 3928.
B. Beim Erhitzen von [2-Brom-benzyl]-[2]pyridyl-amin (aus [2]Pyridylamin beim Erhitzen mit 2-Brom-benzaldehyd und Ameisensäure oder mit 2-Brom-benzylbromid und Na$_2$CO$_3$ oder NaNH$_2$ hergestellt) mit NaNH$_2$ in Toluol und anschliessend mit Diäthyl-[2-chlor-äthyl]-amin (*Veritas Drug Co.*, U.S.P. 2843595 [1955]).
Kp$_1$: 210°.
Hydrochlorid. F: 145°.

N,N-Diäthyl-*N'*-[3-brom-benzyl]-*N'*-[2]pyridyl-äthylendiamin $C_{18}H_{24}BrN_3$, Formel X (R = C$_2$H$_5$, X = Br, X' = H) auf S. 3928.
B. Beim Erhitzen von *N,N*-Diäthyl-*N'*-[2]pyridyl-äthylendiamin mit NaNH$_2$ in Toluol und anschliessend mit 3-Brom-benzylbromid (*Veritas Drug Co.*, U.S.P. 2843595 [1955]).
Kp$_1$: 210°.
Perchlorat. F: 88°.
Maleat. F: 110°.

N,N-Diäthyl-*N'*-[4-brom-benzyl]-*N'*-[2]pyridyl-äthylendiamin $C_{18}H_{24}BrN_3$, Formel X (R = C$_2$H$_5$, X = H, X' = Br) auf S. 3928.
B. Beim Erhitzen von *N,N*-Diäthyl-*N'*-[4-brom-benzyl]-äthylendiamin (aus 4-Brom-benzylamin und Diäthyl-[2-chlor-äthyl]-amin hergestellt) mit 2-Brom-pyridin in Pyridin auf 160° (*Veritas Drug Co.*, U.S.P. 2843595 [1955]).
Kp$_1$: 210°.
Perchlorat. F: 123°.
Maleat. F: 115°.
Citrat. F: 127°.

N-Benzyl-*N'*-isopropyl-*N'*-methyl-*N*-[2]pyridyl-äthylendiamin $C_{18}H_{25}N_3$, Formel XII (R = CH(CH$_3$)$_2$, X = X' = H).
B. Beim Erhitzen von Benzyl-[2]pyridyl-amin mit LiNH$_2$ in Toluol und anschliessend mit [2-Chlor-äthyl]-isopropyl-methyl-amin (*Biel*, Am. Soc. **71** [1949] 1306, 1307).
Kp$_{0,075}$: 155—156°.

N,N,N'-Tribenzyl-*N'*-[2]pyridyl-äthylendiamin $C_{28}H_{29}N_3$, Formel IX (R = CH$_2$-C$_6$H$_5$, X = H) auf S. 3928.
B. Beim Erwärmen von Benzyl-[2]pyridyl-amin mit Dibenzyl-[2-chlor-äthyl]-amin-hydrochlorid und LiNH$_2$ in Benzol (*Kaye, Horn*, Am. Soc. **74** [1952] 838).
Kp$_{0,05}$: 200—204°. n$_D^{25}$: 1,6082.

N,N-Dibenzyl-*N'*-[4-chlor-benzyl]-*N'*-[2]pyridyl-äthylendiamin $C_{28}H_{28}ClN_3$, Formel X (R = CH$_2$-C$_6$H$_5$, X = H, X' = Cl) auf S. 3928.
B. Beim Erwärmen von [4-Chlor-benzyl]-[2]pyridyl-amin mit Dibenzyl-[2-chlor-

äthyl]-amin-hydrochlorid und LiNH$_2$ in Benzol (*Kaye, Horn*, Am. Soc. **74** [1952] 838).
Kp$_{0,08}$: 212—213°. n$_D^{25}$: 1,6118.
Dipicrat C$_{28}$H$_{28}$ClN$_3$·2 C$_6$H$_3$N$_3$O$_7$. Kristalle (aus Me.); F: 149—150° [korr.].

[4-Chlor-benzyl]-[2]pyridyl-[2-pyrrolidino-äthyl]-amin C$_{18}$H$_{22}$ClN$_3$, Formel XIII.
B. Beim Erwärmen von [4-Chlor-benzyl]-[2]pyridyl-amin mit NaNH$_2$ in Benzol und
anschliessend mit 1-[2-Chlor-äthyl]-pyrrolidin (*CIBA*, D.B.P. 840396 [1950]; D.R.B.P.
Org. Chem. 1950—1951 **3** 170). Beim Erhitzen von [2]Pyridyl-[2-pyrrolidino-äthyl]-amin
mit NaNH$_2$ in Toluol und anschliessend mit 4-Chlor-benzylchlorid (*CIBA*).
Kp$_{0,09}$: 145—148°.
Hydrochlorid. F: 163—165°.

XIII   XIV

1-[Benzyl-[2]pyridyl-amino]-2-piperidino-äthan, Benzyl-[2-piperidino-äthyl]-
[2]pyridyl-amin C$_{19}$H$_{25}$N$_3$, Formel XIV.
B. Beim Erwärmen von Benzyl-[2]pyridyl-amin mit 1-[2-Chlor-äthyl]-piperidin und
NaNH$_2$ in Benzol (*Řeřicha, Protiva*, Chem. Listy **43** [1949] 176, 177; C. A. **1951** 576).
Beim Erhitzen von [2-Piperidino-äthyl]-[2]pyridyl-amin mit NaNH$_2$ in Toluol und Be-
handeln des Reaktionsgemisches mit Benzylbromid (*Huttrer et al.*, Am. Soc. **68** [1946]
1999, 2000).
Kp$_{0,7}$: 195—203° (*Ře., Pr.*); Kp$_{0,02}$: 170—180° (*Hu. et al.*).
Hydrochlorid C$_{19}$H$_{25}$N$_3$·HCl. F: 176° [korr.] (*Hu. et al.*).

N,N-Diacetyl-*N'*-benzyl-*N'*-[2]pyridyl-äthylendiamin, *N*-[2-(Benzyl-[2]pyridyl-amino)-
äthyl]-diacetamid C$_{18}$H$_{21}$N$_3$O$_2$, Formel XV (R = CO-CH$_3$).
B. Neben nicht rein erhaltenem *N*-[2-(Benzyl-[2]pyridyl-amino)-äthyl]-
acetamid C$_{16}$H$_{19}$N$_3$O (Formel XV [R = H]); Kp$_{1,5}$: 220° [Badtemperatur]) beim Erhitzen von *N*-Benzyl-*N*-[2]pyridyl-äthylendiamin mit Acetanhydrid (*Bristow et al.*,
Soc. **1954** 616, 625).
Kristalle (aus A.); F: 125°.

XV   XVI

N-[2-(Benzyl-[2]pyridyl-amino)-äthyl]-phthalimid   C$_{22}$H$_{19}$N$_3$O$_2$, Formel XVI.
B. Beim Erwärmen von Benzyl-[2]pyridyl-amin mit LiNH$_2$ oder Äthylmagnesium=
bromid in Äther und anschliessend mit *N*-[2-Brom-äthyl]-phthalimid in Benzol (*Gardner,
Stevens*, Am. Soc. **71** [1949] 1868).
Kristalle (aus A.); F: 121—122°.   [*Möhle*]

Äthoxycarbonylmethyl-[2-(benzyl-[2]pyridyl-amino)-äthyl]-dimethyl-ammonium,
{[2-(Benzyl-[2]pyridyl-amino)-äthyl]-dimethyl-ammonio}-essigsäure-äthylester
[C$_{20}$H$_{28}$N$_3$O$_2$]$^+$, Formel I.
Bromid [C$_{20}$H$_{28}$N$_3$O$_2$]Br. B. Beim Behandeln von *N*-Benzyl-*N'*,*N'*-dimethyl-*N*-[2]pyr=
idyl-äthylendiamin mit Bromessigsäure-äthylester in Aceton (*Nádor et al.*, Acta chim.
hung. **3** [1953] 497, 498). — Kristalle (aus Acn. + Ae.); F: 143—145° [Zers.].

(±)-N,N-Dimethyl-N'-[1-phenyl-äthyl]-N'-[2]pyridyl-äthylendiamin $C_{17}H_{23}N_3$, Formel II (R = R' = CH₃).

B. Beim Behandeln von Benzyliden-[2]pyridyl-amin (Kp₈: 165°) mit Methylmagnesium= jodid in Äther und Erhitzen des Reaktionsprodukts mit [2-Chlor-äthyl]-dimethyl-amin in Toluol (*Senda*, J. pharm. Soc. Japan **71** [1951] 601; C. A. **1952** 984). Beim Erhitzen der Natrium-Verbindung des (±)-[1-Phenyl-äthyl]-[2]pyridyl-amins mit [2-Chlor-äthyl]- dimethyl-amin-hydrochlorid in Toluol (*Villani et al.*, Am. Soc. **73** [1951] 5916).

Kp₁: 149—153°; n²⁵_D: 1,5730 (*Vi. et al.*). Kp₀,₄: 145—148° (*Se.*).

N,N-Dimethyl-N'-phenäthyl-N'-[2]pyridyl-äthylendiamin $C_{17}H_{23}N_3$, Formel III (R = H, R' = CH₃).

B. Beim Erhitzen der Natrium-Verbindung des Phenäthyl-[2]pyridyl-amins mit [2-Chlor-äthyl]-dimethyl-amin in Toluol (*Soc. Usines Chim. Rhône-Poulenc*, D.B.P. 880749 [1943]; D.R.B.P. Org. Chem. 1950—1951 **3** 226; U.S.P. 2502151 [1946]). Beim Erwärmen der Natrium-Verbindung des N,N-Dimethyl-N'-[2]pyridyl-äthylendiamins mit Phenäthylbromid in Toluol (*Huttrer et al.*, Am. Soc. **68** [1946] 1999, 2000).

Kp₄: 195—200° (*Rhône-Poulenc*); Kp₀,₀₂: 131—141° (*Hu. et al.*).

Hydrochlorid $C_{17}H_{23}N_3 \cdot HCl$. F: 162° [korr.] (*Hu. et al.*), ca. 143° (*Rhône-Poulenc*).

I   II   III

(±)-N,N-Dimethyl-N'-[1-phenyl-propyl]-N'-[2]pyridyl-äthylendiamin $C_{18}H_{25}N_3$, Formel II (R = C₂H₅, R' = CH₃).

B. Beim Behandeln von Benzyliden-[2]pyridyl-amin (Kp₈: 165°) mit Äthylmagnesium= bromid in Äther und Erhitzen des Reaktionsprodukts mit [2-Chlor-äthyl]-dimethyl-amin in Toluol (*Senda*, J. pharm. Soc. Japan **71** [1951] 601; C. A. **1952** 984).

Kp₀,₀₄: 150—151°.

Dihydrochlorid $C_{18}H_{25}N_3 \cdot 2$ HCl. Kristalle; F: 144—146°.

(±)-N,N-Diäthyl-N'-[1-phenyl-propyl]-N'-[2]pyridyl-äthylendiamin $C_{20}H_{29}N_3$, Formel II (R = R' = C₂H₅).

B. Beim Behandeln von Benzyliden-[2]pyridyl-amin (Kp₈: 165°) mit Äthylmagnesium= bromid in Äther und Erhitzen des Reaktionsprodukts mit Diäthyl-[2-chlor-äthyl]-amin in Toluol (*Senda*, J. pharm. Soc. Japan **71** [1951] 601; C. A. **1952** 984).

Kp₀,₀₇: 159—160°.

N-[4-Isopropyl-benzyl]-N',N'-dimethyl-N-[2]pyridyl-äthylendiamin $C_{19}H_{27}N_3$, Formel IV.

B. Beim Erhitzen der Natrium-Verbindung des [4-Isopropyl-benzyl]-[2]pyridyl-amins mit [2-Chlor-äthyl]-dimethyl-amin auf 140° (*Soc. Usines Chim. Rhône-Poulenc*, D.B.P. 880749 [1943]; D.R.B.P. Org. Chem. 1950—1951 **3** 226, 227; U.S.P. 2502151 [1946]).

Kp₁,₉: 190—195°.

N,N-Dimethyl-N'-[1]naphthylmethyl-N'-[2]pyridyl-äthylendiamin $C_{20}H_{23}N_3$, Formel V.

B. Beim Erhitzen der Natrium-Verbindung des N,N-Dimethyl-N'-[2]pyridyl-äthylen= diamins mit 1-Chlormethyl-naphthalin in Toluol (*Vaughan et al.*, J. org. Chem. **14** [1949] 228, 233).

Kristalle (aus Ae. + PAe.); F: 95°. Kp₁: 200°.

Hydrochlorid $C_{20}H_{23}N_3 \cdot HCl$. Kristalle (aus Isopropylalkohol); F: 224—226° [korr.].

(±)-N-Acenaphthen-1-yl-N',N'-dimethyl-N-[2]pyridyl-äthylendiamin $C_{21}H_{23}N_3$, Formel VI.

B. Beim Erwärmen der Natrium-Verbindung des N,N-Dimethyl-N'-[2]pyridyl-äthylen=

diamins mit (±)-1-Chlor-acenaphthen in Toluol (*Campbell et al.*, J. org. Chem. **16** [1951] 1712, 1715).

Kp$_1$: 182—192°.

Methojodid [C$_{22}$H$_{26}$N$_3$]I. Kristalle mit 1 Mol Äthanol (aus A. + Ae.); F: 154—155° [Zers.].

IV   V   VI

N-Benzhydryl-N',N'-dimethyl-N-[2]pyridyl-äthylendiamin C$_{22}$H$_{25}$N$_3$, Formel II (R = C$_6$H$_5$, R' = CH$_3$).

B. Beim Erhitzen der Natrium-Verbindung des Benzhydryl-[2]pyridyl-amins in Toluol mit [2-Chlor-äthyl]-dimethyl-amin-hydrochlorid (*Villani et al.*, Am. Soc. **73** [1951] 5916). Beim Erwärmen von Benzhydryl-[2]pyridyl-amin mit LiNH$_2$ und [2-Chlor-äthyl]-dimethyl-amin-hydrochlorid in Benzol (*Kaye et al.*, Am. Soc. **74** [1952] 403, 406).

Kp$_1$: 195—198°; n$_D^{22}$: 1,6141 (*Vi. et al.*). Kp$_{0,03}$: 144° [unkorr.] (*Kaye et al.*).

Dihydrochlorid C$_{22}$H$_{25}$N$_3$·2 HCl. Kristalle (aus Isopropylacetat); F: 160—161,5° [korr.] (*Kaye et al.*).

Oxalat C$_{22}$H$_{25}$N$_3$·C$_2$H$_2$O$_4$. Kristalle (aus Isopropylalkohol); F: 160,5—161° [korr.] (*Kaye et al.*).

(±)-N-[4-Chlor-benzhydryl]-N',N'-dimethyl-N-[2]pyridyl-äthylendiamin C$_{22}$H$_{24}$ClN$_3$, Formel II (R = C$_6$H$_4$-Cl(*p*), R' = CH$_3$).

B. Beim Erwärmen der Lithium-Verbindung des (±)-[4-Chlor-benzhydryl]-[2]pyridyl-amins mit [2-Chlor-äthyl]-dimethyl-amin-hydrochlorid in Benzol (*Kaye et al.*, Am. Soc. **74** [1952] 403, 406).

Kp$_{0,02}$: 155—160° [unkorr.].

Oxalat C$_{22}$H$_{24}$ClN$_3$·C$_2$H$_2$O$_4$. Kristalle (aus Isopropylalkohol) mit 4 Mol H$_2$O [nach Trocknen an der Luft], die nach Trocknen im Vakuum über konz. H$_2$SO$_4$ in das Dihydrat übergehen; die wasserfreie Verbindung (nach Trocknen bei 120°/0,1 Torr erhalten) schmilzt bei 164,5—165° [korr.].

(±)-N-Bibenzyl-α-yl-N',N'-dimethyl-N-[2]pyridyl-äthylendiamin C$_{23}$H$_{27}$N$_3$, Formel III (R = C$_6$H$_5$, R' = CH$_3$).

B. Beim Erwärmen von (±)-Bibenzyl-α-yl-[2]pyridyl-amin mit LiNH$_2$ und [2-Chlor-äthyl]-dimethyl-amin-hydrochlorid in Benzol (*Kaye, Parris*, Am. Soc. **74** [1952] 1566, 1567).

Kp$_{0,05}$: 161—163° [unkorr.].

Oxalat C$_{23}$H$_{27}$N$_3$·C$_2$H$_2$O$_4$. Kristalle (aus Isopropylalkohol); F: 168,5—169,5° [korr.].

(±)-N,N-Diäthyl-N'-bibenzyl-α-yl-N'-[2]pyridyl-äthylendiamin C$_{25}$H$_{31}$N$_3$, Formel III (R = C$_6$H$_5$, R' = C$_2$H$_5$).

B. Beim Erwärmen von (±)-Bibenzyl-α-yl-[2]pyridyl-amin mit LiNH$_2$ und Diäthyl-[2-chlor-äthyl]-amin-hydrochlorid in Benzol (*Kaye, Parris*, Am. Soc. **74** [1952] 1566, 1567).

Kp$_{0,03}$: 174—177° [unkorr.].

Oxalat C$_{25}$H$_{31}$N$_3$·C$_2$H$_2$O$_4$. Kristalle (aus Isopropylalkohol); F: 129—129,5° [korr.].

(±)-N,N-Dibenzyl-N'-bibenzyl-α-yl-N'-[2]pyridyl-äthylendiamin C$_{35}$H$_{35}$N$_3$, Formel III (R = C$_6$H$_5$, R' = CH$_2$-C$_6$H$_5$).

B. Beim Erwärmen von (±)-Bibenzyl-α-yl-[2]pyridyl-amin mit LiNH$_2$ und Dibenzyl-[2-chlor-äthyl]-amin in Benzol (*Kaye, Parris*, Am. Soc. **74** [1952] 1566, 1567).

Kristalle (aus Isopropylalkohol); F: 114—115° [korr.].

(±)-1-[Bibenzyl-α-yl-[2]pyridyl-amino]-2-pyrrolidino-äthan, (±)-Bibenzyl-α-yl-
[2]pyridyl-[2-pyrrolidino-äthyl]-amin $C_{25}H_{29}N_3$, Formel VII.

B. Beim Erwärmen von (±)-Bibenzyl-α-yl-[2]pyridyl-amin mit $LiNH_2$ und *N*-[2-Chlor-
äthyl]-pyrrolidin in Benzol (*Kaye, Parris*, Am. Soc. **74** [1952] 1566, 1567).

$Kp_{0,05}$: 181—183° [unkorr.].

Oxalat $C_{25}H_{29}N_3 \cdot C_2H_2O_4$. Kristalle (aus Isopropylalkohol); F: 183—184° [korr.;
Zers.].

N-[2-Äthoxy-äthyl]-*N'*,*N'*-dimethyl-*N*-[2]pyridyl-äthylendiamin $C_{13}H_{23}N_3O$, Formel VIII
(R = CH_3, R' = C_2H_5).

B. Beim Erhitzen der Natrium-Verbindung des *N*,*N*-Dimethyl-*N'*-[2]pyridyl-äthylen=
diamins in Toluol mit Äthyl-[2-chlor-äthyl]-äther (*Soc. Usines Chim. Rhône-Poulenc*,
U.S.P. 2489777 [1946]; D.B.P. 1001270 [1950]).

$Kp_{1,7}$: 160—165°.

VII   VIII   IX

2-[(2-Diäthylamino-äthyl)-[2]pyridyl-amino]-äthanol $C_{13}H_{23}N_3O$, Formel VIII
(R = C_2H_5, R' = H).

B. Beim Erhitzen von 2-Brom-pyridin mit 2-[2-Diäthylamino-äthylamino]-äthanol in
Cumol (*Weiner, Kaye*, J. org. Chem. **14** [1949] 868, 870, 871).

Kp_2: 154—158°.

2-[(2-Dibutylamino-äthyl)-[2]pyridyl-amino]-äthanol $C_{17}H_{31}N_3O$, Formel VIII
(R = $[CH_2]_3$-CH_3, R' = H).

B. Beim Erhitzen von 2-Brom-pyridin mit 2-[2-Dibutylamino-äthylamino]-äthanol in
Cumol (*Weiner, Kaye*, J. org. Chem. **14** [1949] 868, 870, 871).

Kp_2: 190—192°.

N-[4-Äthoxy-phenyl]-*N'*,*N'*-diäthyl-*N*-[2]pyridyl-äthylendiamin $C_{19}H_{27}N_3O$, Formel IX.

B. Beim Erhitzen von 2-*p*-Phenetidino-pyridin mit $NaNH_2$ und Diäthyl-[2-chlor-äthyl]-
amin in Toluol (*Searle & Co.*, U.S.P. 2785172, 2785173 [1953]).

Dihydrochlorid. Kristalle (aus Isopropylalkohol + E.); F: 158—159°.

Methobromid $[C_{20}H_{30}N_3O]Br$; {2-[(4-Äthoxy-phenyl)-[2]pyridyl-amino]-
äthyl}-diäthyl-methyl-ammonium-bromid. Kristalle (aus Isopropylalkohol +
E.); F: 159—160°.

N-[4-Methoxy-benzyl]-*N'*,*N'*-dimethyl-*N*-[2]pyridyl-äthylendiamin, Mepyramin,
Pyranisamin, Pyrilamin $C_{17}H_{23}N_3O$, Formel X (R = R' = CH_3).

B. Beim Erwärmen der Natrium-Verbindung oder der Lithium-Verbindung des [4-Meth=
oxy-benzyl]-[2]pyridyl-amins in Toluol oder Benzol mit [2-Chlor-äthyl]-dimethyl-amin
(*Soc. Usines Chim. Rhône-Poulenc*, D.B.P. 880749 [1943]; D.R.B.P. Org. Chem. 1950
bis 1951 **3** 226, 227; U.S.P. 2502151 [1946]; *Huttrer et al.*, Am. Soc. **68** [1946] 1999,
2000). Beim Erhitzen der Natrium-Verbindung des *N*,*N*-Dimethyl-*N'*-[2]pyridyl-
äthylendiamins in Xylol bzw. in Toluol mit 4-Chlormethyl-anisol bzw. mit 4-Brom=
methyl-anisol (*Rhône-Poulenc; Hu. et al.*).

Kp_2: 185—190° (*Rhône-Poulenc*); $Kp_{0,2}$: 188—192° (*Řeřicha, Protiva*, Chem. Listy **43**
[1949] 176; C. A. **1951** 576); $Kp_{0,06}$: 168—172° (*Hu. et al.*). IR-Banden (CCl_4; 3100 cm⁻¹
bis 2730 cm⁻¹): *Hill, Meakins*, Soc. **1958** 760, 763. Scheinbare Dissoziationsexponenten
pK'_{a1} und pK'_{a2} der protonierten Verbindung (H_2O; potentiometrisch ermittelt) bei 25°:
4,02 bzw. 8,92 (*Lordi, Christian*, J. Am. pharm. Assoc. **45** [1956] 300, 301).

Hydrochlorid $C_{17}H_{23}N_3O \cdot HCl$. Kristalle; F: 143—143,5° [korr.] (*Hu. et al.*), 142° (*Ře., Pr.*), 135° [vorgeheizter Block] (*Rhône-Poulenc*).

Hydrobromid. F: 114° (*Rhône-Poulenc*, D.B.P. 880749).

Chlorat. F: 103° (*Rhône-Poulenc*, D.B.P. 880749).

Hydrogenphosphat. F: 83° (*Rhône-Poulenc*, D.B.P. 880749).

Picrat $C_{17}H_{23}N_3O \cdot 2 C_6H_3N_3O_7$. F: 174—175° (*Balmer, Bürgin*, Pharm. Acta Helv. 27 [1952] 367, 376), 166—167,5° [korr.; aus Acn. + H_2O] (*Baggesgaard Rasmussen et al.*, Dansk Tidsskr. Farm. 32 [1958] 29, 34).

Styphnat. Gelbe Kristalle; F: 125—126° (*Vitolo, Ventura*, Boll. chim. farm. 92 [1953] 157, 160).

Maleat $C_{17}H_{23}N_3O \cdot C_4H_4O_4$; Neoantergan. F: 101,5—103° (*Anderson et al.*, J. Am. pharm. Assoc. 38 [1949] 373), 100—101° (*Haley, Keenan*, J. Am. pharm. Assoc. 38 [1949] 384, 385), 98—101° (*Auterhoff*, Ar. 285 [1952] 14, 15). UV-Spektrum in H_2O (230—325 nm): *Frediani*, Ann. Chimica 42 [1952] 129; in wss. Lösungen vom pH 0,1—4,1 (210—360 nm): *Kleckner, Osol*, J. Am. pharm. Assoc. 44 [1955] 762, 764; in gepufferten wss. Lösungen vom pH 4—11, in wss. Äthanol und in einem Äthanol-Petroläther-Gemisch (210—390 nm): *An. et al.*; in Äthanol (220—350 nm): *Biglino, Ferrato*, Atti Accad. Torino 87 [1952/53] 90, 91, 96. λ_{max} (A.): 247 nm und 310 nm (*Kl., Osol*, l. c. S. 765). Löslichkeit in wss. Lösung vom pH 7,4 bei 37,5°: 0,012 mol·l^{-1} (*Lo., Ch.*).

Naphthalin-1,5-disulfonat. F: 153° (*Rhône-Poulenc*, D.B.P. 880749).

Salz der 3,3'-Methandiyl-di-[2]naphthoesäure $C_{17}H_{23}N_3O \cdot C_{23}H_{16}O_4$. F: 120° [Zers.] (*Rhône-Poulenc*, D.B.P. 880749).

Methojodid [$C_{18}H_{26}N_3O$]I; {2-[(4-Methoxy-benzyl)-[2]pyridyl-amino]-äthyl}-trimethyl-ammonium-jodid. Kristalle (aus A.); F: 131° (*Jensen et al.*, Acta chem. scand. 2 [1948] 381).

Methomethylsulfat. F: 131° (*Schenley Ind.*, U.S.P. 2734846 [1952]).

N-[4-Äthoxy-benzyl]-*N'*,*N'*-dimethyl-*N*-[2]pyridyl-äthylendiamin $C_{18}H_{25}N_3O$, Formel X ($R = CH_3$, $R' = C_2H_5$).

B. Beim Erwärmen der Natrium-Verbindung des [4-Äthoxy-benzyl]-[2]pyridyl-amins in Toluol mit [2-Chlor-äthyl]-dimethyl-amin (*Soc. Usines Chim. Rhône-Poulenc*, D.B.P. 880749 [1943]; D.R.B.P. Org. Chem. 1950—1951 **3** 226, 227).

Kp_6: 210—215°.

Hydrochlorid $C_{18}H_{25}N_3O \cdot HCl$. F: 140°.

X

XI

N-[4-Isopropoxy-benzyl]-*N'*,*N'*-dimethyl-*N*-[2]pyridyl-äthylendiamin $C_{19}H_{27}N_3O$, Formel X ($R = CH_3$, $R' = CH(CH_3)_2$).

B. Beim Erhitzen der Lithium-Verbindung des [4-Isopropoxy-benzyl]-[2]pyridyl-amins mit [2-Chlor-äthyl]-dimethyl-amin in Toluol (*Biel*, Am. Soc. 71 [1949] 1306, 1307, 1309).

$Kp_{0,2}$: 194—195°.

Hydrochlorid $C_{19}H_{27}N_3O \cdot HCl$. F: 151—152°.

N,*N*-Dibenzyl-*N'*-[4-methoxy-benzyl]-*N'*-[2]pyridyl-äthylendiamin $C_{29}H_{31}N_3O$, Formel X ($R = CH_2-C_6H_5$, $R' = CH_3$).

B. Beim Erwärmen von [4-Methoxy-benzyl]-[2]pyridyl-amin in Benzol mit $LiNH_2$ und Dibenzyl-[2-chlor-äthyl]-amin-hydrochlorid (*Kaye, Horn*, Am. Soc. 74 [1952] 839).

$Kp_{0,1}$: 234—236° [unkorr.]. n_D^{25}: 1,6059.

Dipicrat $C_{29}H_{31}N_3O \cdot 2 C_6H_3N_3O_7$. Kristalle (aus Me.); F: 119,5—120° [korr.].

1-[(4-Methoxy-benzyl)-[2]pyridyl-amino]-2-pyrrolidino-äthan, [4-Methoxy-benzyl]-[2]pyridyl-[2-pyrrolidino-äthyl]-amin $C_{19}H_{25}N_3O$, Formel XI.

B. Beim Erwärmen der Natrium-Verbindung des [2]Pyridyl-[2-pyrrolidino-äthyl]-amins in Benzol mit 4-Chlormethyl-anisol (*Lincoln et al.*, Am. Soc. **71** [1949] 2902, 2903).

Kp$_{0,2}$: 193—198°.

Dihydrochlorid $C_{19}H_{25}N_3O \cdot 2$ HCl. F: 169,5—171,5° [unkorr.].

1-[(4-Methoxy-benzyl)-[2]pyridyl-amino]-2-piperidino-äthan, [4-Methoxy-benzyl]-[2-piperidino-äthyl]-[2]pyridyl-amin $C_{20}H_{27}N_3O$, Formel XII.

B. Beim Erwärmen von [4-Methoxy-benzyl]-[2]pyridyl-amin in Benzol mit NaNH$_2$ und 1-[2-Chlor-äthyl]-piperidin (*Řeřicha, Protiva*, Chem. Listy **43** [1949] 176; C. A. **1951** 576).

Kp$_{0,2}$: 204—207°.

Hydrochlorid $C_{20}H_{27}N_3O \cdot$ HCl. Kristalle (aus Acn.); F: 177—178°.

Picrat $C_{20}H_{27}N_3O \cdot C_6H_3N_3O_7$. Kristalle (aus A.); F: 122,5—123,5°.

XII

XIII

N'-[4-Methoxy-benzyl]-N,N-dimethyl-N'-[2]pyridyl-äthylendiamin-N-oxid(?) $C_{17}H_{23}N_3O_2$, vermutlich Formel XIII.

B. Beim Behandeln von N-[4-Methoxy-benzyl]-N',N'-dimethyl-N-[2]pyridyl-äthylen= diamin mit wss. H$_2$O$_2$ (*Lespagnol, Picavez-Burck*, Bl. Soc. Pharm. Lille **1955** 85).

Dihydrobromid $C_{17}H_{23}N_3O_2 \cdot 2$ HBr. Kristalle (aus A.); F: 138°.

(±)-N-[4-Methoxy-benzhydryl]-N',N'-dimethyl-N-[2]pyridyl-äthylendiamin $C_{23}H_{27}N_3O$, Formel XIV (R = C$_6$H$_5$, X = H).

B. Beim Erwärmen von (±)-[4-Methoxy-benzhydryl]-[2]pyridyl-amin mit LiNH$_2$ und [2-Chlor-äthyl]-dimethyl-amin-hydrochlorid in Benzol (*Kaye et al.*, Am. Soc. **74** [1952] 403, 406).

Kp$_{0,04}$: 158—165° [unkorr.].

Oxalat $C_{23}H_{27}N_3O \cdot C_2H_2O_4$. Kristalle (aus Isopropylalkohol); F: 141,5—142° [korr.].

N,N-Dimethyl-N'-[2]pyridyl-N'-veratryl-äthylendiamin $C_{18}H_{25}N_3O_2$, Formel XIV (R = H, X = O-CH$_3$).

B. Aus N,N-Dimethyl-N'-[2]pyridyl-äthylendiamin und Veratrylchlorid (*Kyrides et al.*, Am. Soc. **72** [1950] 745, 746).

Kp$_2$: 200—205°. n$_D^{25}$: 1,5777.

Hydrochlorid $C_{18}H_{25}N_3O_2 \cdot$ HCl. F: 179—180° [korr.].

N-Benzoyl-N',N'-dimethyl-N-[2]pyridyl-äthylendiamin, N-[2-Dimethylamino-äthyl]-N-[2]pyridyl-benzamid $C_{16}H_{19}N_3O$, Formel XV (X = O, X' = H).

B. Beim Erwärmen von N,N-Dimethyl-N'-[2]pyridyl-äthylendiamin mit Benzoyl= chlorid und Pyridin (*Villani et al.*, Am. Soc. **72** [1950] 2724, 2726). Beim Erwärmen der Natrium-Verbindung des N,N-Dimethyl-N'-[2]pyridyl-äthylendiamins mit Benzoyl= chlorid in Toluol (*Huttrer et al.*, Am. Soc. **68** [1946] 1999, 2000).

Kp$_1$: 155—158°; n$_D^{25}$: 1,5692 (*Vi. et al.*). Kp$_{0,01}$: 150—152° (*Hu. et al.*).

Hydrochlorid $C_{16}H_{19}N_3O \cdot$ HCl. F: 154° [korr.] (*Hu. et al.*).

XIV

XV

N-[4-Chlor-benzoyl]-*N'*,*N'*-dimethyl-*N*-[2]pyridyl-äthylendiamin, 4-Chlor-benzoesäure-
[(2-dimethylamino-äthyl)-[2]pyridyl-amid] $C_{16}H_{18}ClN_3O$, Formel XV (X = O, X' = Cl).

B. Beim Behandeln von *N*,*N*-Dimethyl-*N'*-[2]pyridyl-äthylendiamin in Pyridin mit
4-Chlor-benzoylchlorid (*Toldy et al.*, Acta chim. hung. **15** [1958] 265, 268).

Kristalle (aus Me.); F: 106—107° [unkorr.].

Hydrochlorid $C_{16}H_{18}ClN_3O \cdot HCl$. F: 214—216° [unkorr.].

N,*N*-Dimethyl-*N'*-[4-nitro-benzoyl]-*N'*-[2]pyridyl-äthylendiamin, 4-Nitro-benzoesäure-
[(2-dimethylamino-äthyl)-[2]pyridyl-amid] $C_{16}H_{18}N_4O_3$, Formel XV (X = O,
X' = NO_2).

B. Beim Behandeln von *N*,*N*-Dimethyl-*N'*-[2]pyridyl-äthylendiamin mit 4-Nitro-
benzoylchlorid in Pyridin (*Toldy et al.*, Acta chim. hung. **15** [1958] 265, 269).

Kristalle (aus A.); F: 124° [unkorr.].

Hydrochlorid $C_{16}H_{18}N_4O_3 \cdot HCl$. F: 199° [unkorr.].

N-[4-Chlor-thiobenzoyl]-*N'*,*N'*-dimethyl-*N*-[2]pyridyl-äthylendiamin, 4-Chlor-thiobenzoe≈
säure-[(2-dimethylamino-äthyl)-[2]pyridyl-amid] $C_{16}H_{18}ClN_3S$, Formel XV (X = S,
X' = Cl).

B. Beim Erhitzen von *N*-[4-Chlor-benzoyl]-*N'*,*N'*-dimethyl-*N*-[2]pyridyl-äthylen≈
diamin mit P_2S_5 in Pyridin (*Toldy et al.*, Acta chim. hung. **15** [1958] 265, 268).

Kristalle (aus PAe., Ae. oder A.); F: 85°.

Hydrochlorid $C_{16}H_{18}ClN_3S \cdot HCl$. F: 208—209° [unkorr.].

2'-[(2-Dimethylamino-äthyl)-[2]pyridyl-carbamoyl]-biphenyl-2-carbonsäure, *N*-[2-Di≈
methylamino-äthyl]-*N*-[2]pyridyl-diphenamidsäure $C_{23}H_{23}N_3O_3$, Formel I (R = H).

B. Beim Erwärmen von Diphensäure-anhydrid mit *N*,*N*-Dimethyl-*N'*-[2]pyridyl-
äthylendiamin in Benzol (*Demers*, *Jenkins*, J. Am. pharm. Assoc. **41** [1952] 61, 62, 63).

Dihydrochlorid $C_{23}H_{23}N_3O_3 \cdot 2$ HCl. Kristalle (aus A.); F: 213—214°.

2'-[(2-Dimethylamino-äthyl)-[2]pyridyl-carbamoyl]-biphenyl-2-carbonsäure-äthylester,
N-[2-Dimethylamino-äthyl]-*N*-[2]pyridyl-diphenamidsäure-äthylester $C_{25}H_{27}N_3O_3$,
Formel I (R = C_2H_5).

B. Beim Behandeln von Diphensäure-äthylester-chlorid mit *N*,*N*-Dimethyl-*N'*-[2]pyr≈
idyl-äthylendiamin in Benzol (*Demers*, *Jenkins*, J. Am. pharm. Assoc. **41** [1952] 61, 63, 64).

Dihydrochlorid $C_{25}H_{27}N_3O_3 \cdot 2$ HCl. Kristalle (aus E.); F: 119—121°.

I   II   III

Bis-[2-dimethylamino-äthyl]-[2]pyridyl-amin, 1,1,7,7-Tetramethyl-4-[2]pyridyl-
diäthylentriamin $C_{13}H_{24}N_4$, Formel II.

B. Beim Erwärmen der Natrium-Verbindung des *N*,*N*-Dimethyl-*N'*-[2]pyridyl-
äthylendiamins mit [2-Brom-äthyl]-dimethyl-amin (*Huttrer et al.*, Am. Soc. **68** [1946]
1999).

Trihydrochlorid $C_{13}H_{24}N_4 \cdot 3$ HCl. F: 224° [korr.].

[2]Pyridyl-bis-[2-pyrrolidino-äthyl]-amin $C_{17}H_{28}N_4$, Formel III.

B. Neben [2]Pyridyl-[2-pyrrolidino-äthyl]-amin (Hauptprodukt) beim Erhitzen der
Natrium-Verbindung des [2]Pyridylamins in Xylol mit 1-[2-Chlor-äthyl]-pyrrolidin
(*Lincoln et al.*, Am. Soc. **71** [1949] 2902, 2903).

$Kp_{0,45}$: 178—179°.

Citrat $C_{17}H_{28}N_4 \cdot C_6H_8O_7$. F: 150—151° [unkorr.].

(±)-2-Dimethylamino-1-[2]pyridylamino-propan, (±)-1,N^1,N^1-Trimethyl-N^2-[2]pyridyl-äthandiyldiamin $C_{10}H_{17}N_3$, Formel IV.
B. Beim Erhitzen der Natrium-Verbindung des [2]Pyridylamins in Toluol mit (±)-[β-Chlor-isopropyl]-dimethyl-amin (*Leonard, Solmssen*, Am. Soc. **70** [1948] 2064, 2066).
Kp$_5$: 128—131°. n$_D^{25}$: 1,4969.
Dipicrat $C_{10}H_{17}N_3 \cdot 2 C_6H_3N_3O_7$. F: 210°.

2-[3-Amino-propylamino]-pyridin, N-[2]Pyridyl-propandiyldiamin $C_8H_{13}N_3$, Formel V (R = R' = H).
B. Beim Erhitzen von 2-Brom-pyridin mit Propandiyldiamin und Pyridin (*Whitmore et al.*, Am. Soc. **67** [1945] 393). Beim Behandeln von 3-[2]Pyridylamino-propionaldehydoxim mit LiAlH$_4$ in THF (*Tupin et al.*, Bl. **1957** 721, 723).
Kp$_2$: 128°; n$_D^{20}$: 1,5750 (*Wh. et al.*).
Dihydrochlorid $C_8H_{13}N_3 \cdot 2$ HCl. Hygroskopische Kristalle (aus A.); F: 198° (*Tu. et al.*).
Tripicrat $C_8H_{13}N_3 \cdot 3 C_6H_3N_3O_7$. F: 204,5—205° (*Wh. et al.*).

N,N-Dimethyl-*N'*-[2]pyridyl-propandiyldiamin $C_{10}H_{17}N_3$, Formel V (R = H, R' = CH$_3$).
B. Beim Behandeln der Natrium-Verbindung des [2]Pyridylamins in Benzol mit [3-Chlor-propyl]-dimethyl-amin (*Kyrides et al.*, Am. Soc. **72** [1950] 745, 747).
Kp$_2$: 109—110°. n$_D^{25}$: 1,5390.

N,N-Diäthyl-*N'*-[2]pyridyl-propandiyldiamin $C_{12}H_{21}N_3$, Formel V (R = H, R' = C$_2$H$_5$).
B. Beim Erhitzen von 2-Brom-pyridin mit *N,N*-Diäthyl-propandiyldiamin in Pyridin (*Whitmore et al.*, Am. Soc. **67** [1945] 393) oder ohne Lösungsmittel (*Weiss, Hauser*, Am. Soc. **72** [1950] 1858; *Kaye, Kogon*, Am. Soc. **73** [1951] 5891).
Kp$_{14}$: 165°; Kp$_{0,2}$: 103—105° (*Kaye, Ko.*). Kp$_{3,5}$: 136—138° (*We., Ha.*). Kp$_{0,8}$: 105° bis 107°; n$_D^{20}$: 1,5309 (*Wh. et al.*).
Picrat. Kristalle; F: 165,5—166,5° (*Kaye, Ko.*), 165—166° [aus 2-Methoxy-äthanol + Diisopropyläther] (*We., Ha.*), 163,5—164° (*Wh. et al.*).

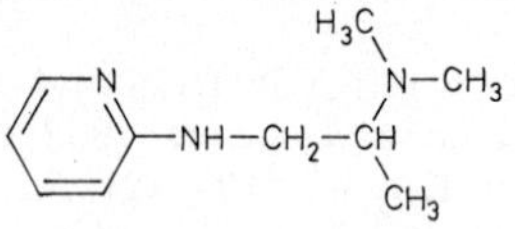

IV 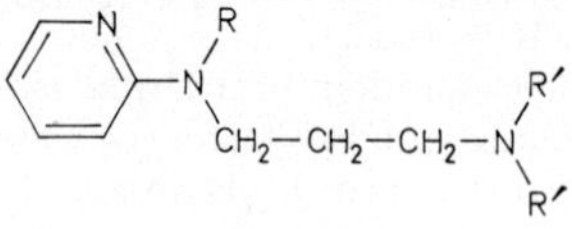   V

N,N-Dibutyl-*N'*-[2]pyridyl-propandiyldiamin $C_{16}H_{29}N_3$, Formel V (R = H, R' = [CH$_2$]$_3$-CH$_3$).
B. Beim Erhitzen von 2-Brom-pyridin mit *N,N*-Dibutyl-propandiyldiamin in Pyridin (*Whitmore et al.*, Am. Soc. **67** [1945] 393) oder ohne Lösungsmittel (*Kaye, Kogon*, Am. Soc. **73** [1951] 5891).
Kp$_{19}$: 198—207° (*Kaye, Ko.*). Kp$_2$: 144—150°; n$_D^{20}$: 1,5087 (*Wh. et al.*).
Dipicrat $C_{16}H_{29}N_3 \cdot 2 C_6H_3N_3O_7$. F: 150,5—152° (*Kaye, Ko.*), 149—150° (*Wh. et al.*).

1-Piperidino-3-[2]pyridylamino-propan, [3-Piperidino-propyl]-[2]pyridyl-amin $C_{13}H_{21}N_3$, Formel VI.
B. Beim Erhitzen von 2-Brom-pyridin mit 1-[3-Amino-propyl]-piperidin in Pyridin (*Whitmore et al.*, Am. Soc. **67** [1945] 393).
Kp$_{0,5}$: 135°. n$_D^{20}$: 1,5505.
Picrat. F: 168,5—169°.

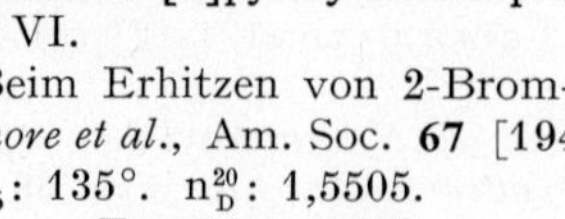

VI 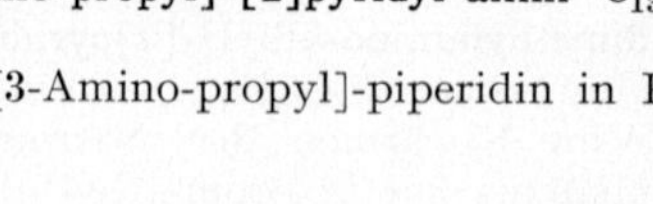   VII

N,N'-Di-[2]pyridyl-propandiyldiamin $C_{13}H_{16}N_4$, Formel VII.
B. Neben N-[2]Pyridyl-propandiyldiamin beim Erhitzen von 2-Brom-pyridin mit

Propandiyldiamin und Pyridin (*Whitmore et al.*, Am. Soc. **67** [1945] 393).
F: 113,5−114°. Kp$_1$: 220−225°.
Picrat. F: 218°.

N-Butyl-N',N'-dimethyl-N-[2]pyridyl-propandiyldiamin C$_{14}$H$_{25}$N$_3$, Formel V
(R = [CH$_2$]$_3$-CH$_3$, R' = CH$_3$).
B. Beim Erhitzen der Natrium-Verbindung des Butyl-[2]pyridyl-amins in Dioxan mit
[3-Chlor-propyl]-dimethyl-amin (*Soc. Usines Chim. Rhône-Poulenc*, D.B.P. 880749
[1943]; D.R.B.P. Org. Chem. 1950−1951 **3** 226, 228).
Kp$_2$: 137−140°.

N,N-Diäthyl-N'-phenyl-N'-[2]pyridyl-propandiyldiamin C$_{18}$H$_{25}$N$_3$, Formel V (R = C$_6$H$_5$,
R' = C$_2$H$_5$).
B. Beim Behandeln der Kalium-Verbindung des *N,N*-Diäthyl-*N'*-phenyl-propandiyl≈
diamins mit 2-Brom-pyridin in Äther (*Hauser, Weiss*, J. org. Chem. **14** [1949] 310, 319).
Kp$_5$: 185−195°.
Dihydrojodid C$_{18}$H$_{25}$N$_3$·2 HI. Kristalle (aus A. + Diisopropyläther); F: 187−188,5°
[korr.].

N-Benzyl-N',N'-dimethyl-N-[2]pyridyl-propandiyldiamin C$_{17}$H$_{23}$N$_3$, Formel V
(R = CH$_2$-C$_6$H$_5$, R' = CH$_3$).
B. Beim Erhitzen der Natrium-Verbindung des Benzyl-[2]pyridyl-amins mit [3-Chlor-
propyl]-dimethyl-amin in Toluol (*Soc. Usines Chim. Rhône-Poulenc*, D.B.P. 880749
[1943]; D.R.B.P. Org. Chem. 1950−1951 **3** 226, 227; U.S.P. 2502151 [1946]).
Kp$_3$: 200−205°.

(±)-N,N-Diäthyl-N'-bibenzyl-α-yl-N'-[2]pyridyl-propandiyldiamin C$_{26}$H$_{33}$N$_3$, Formel V
(R = CH(C$_6$H$_5$)-CH$_2$-C$_6$H$_5$, R' = C$_2$H$_5$).
B. Beim Erwärmen von (±)-Bibenzyl-α-yl-[2]pyridyl-amin mit LiNH$_2$ und Diäthyl-
[3-chlor-propyl]-amin-hydrochlorid in Benzol (*Kaye, Parris*, Am. Soc. **74** [1952] 1566).
Kp$_{0,07}$: 179−183° [unkorr.].

2-[(3-Diäthylamino-propyl)-[2]pyridyl-amino]-äthanol C$_{14}$H$_{25}$N$_3$O, Formel VIII
(R = C$_2$H$_5$, R' = H).
B. Beim Erhitzen von 2-Brom-pyridin mit 2-[3-Diäthylamino-propylamino]-äthanol
in Cumol (*Weiner, Kaye*, J. org. Chem. **14** [1949] 868, 870, 871).
Kp$_1$: 160−162°.

N,N-Diäthyl-N'-[2-benzoyloxy-äthyl]-N'-[2]pyridyl-propandiyldiamin C$_{21}$H$_{29}$N$_3$O$_2$,
Formel VIII (R = C$_2$H$_5$, R' = CO-C$_6$H$_5$).
B. Beim Behandeln der vorangehenden Verbindung mit Benzoylchlorid (*Weiner, Kaye*,
J. org. Chem. **14** [1949] 868, 871, 872).
Dipicrat C$_{21}$H$_{29}$N$_3$O$_2$·2 C$_6$H$_3$N$_3$O$_7$. Kristalle (aus Propan-1-ol); F: 136−137° [nach
Sintern bei 128°].

VIII   IX

2-[(3-Dibutylamino-propyl)-[2]pyridyl-amino]-äthanol C$_{18}$H$_{33}$N$_3$O, Formel VIII
(R = [CH$_2$]$_3$-CH$_3$, R' = H).
B. Beim Erhitzen von 2-Brom-pyridin mit 2-[3-Dibutylamino-propylamino]-äthanol
in Cumol (*Weiner, Kaye*, J. org. Chem. **14** [1949] 868, 870, 871).
Kp$_2$: 194−200°.

N-[4-Methoxy-benzyl]-*N'*,*N'*-dimethyl-*N*-[2]pyridyl-propandiyldiamin $C_{18}H_{25}N_3O$,
Formel IX.

B. Beim Erwärmen von [4-Methoxy-benzyl]-[2]pyridyl-amin mit $NaNH_2$ und [3-Chlor-propyl]-dimethyl-amin in Toluol (*Soc. Usines Chim. Rhône-Poulenc*, D.B.P. 880749 [1943]; D.R.B.P. Org. Chem. 1950—1951 **3** 226, 227; U.S.P. 2502151 [1946]).

$Kp_{2,5}$: 195—200°.

Bis-[3-piperidino-propyl]-[2]pyridyl-amin $C_{21}H_{36}N_4$, Formel X.

B. Beim Erhitzen von 2-Brom-pyridin mit Bis-[3-piperidino-propyl]-amin und Pyridin (*Whitmore et al.*, Am. Soc. **67** [1945] 393).

Kp_1: 186—192°. n_D^{20}: 1,5337.

Picrat. F: 167,5—168°.

X   XI   XII

(±)-1-Dimethylamino-2-[2]pyridylamino-propan(?), (±)-1,*N*²,*N*²-Trimethyl-*N*¹-[2]pyr-idyl-äthandiyldiamin(?) $C_{10}H_{17}N_3$, vermutlich Formel XI.

B. Beim Erwärmen von [2]Pyridylamin mit $LiNH_2$ und (±)-[2-Chlor-propyl]-dimeth-yl-amin-hydrochlorid in Benzol sowie beim Erwärmen von Benzhydryl-[2]pyridyl-amin mit $LiNH_2$ und (±)-[2-Chlor-propyl]-dimethyl-amin-hydrochlorid in Benzol (*Kaye et al.*, Am. Soc. **74** [1952] 403, 404 Anm. 12, 407).

Dipicrat. Kristalle (aus H_2O); F: 209—210° [korr.].

Oxalat $C_{10}H_{17}N_3 \cdot 2\,C_2H_2O_4$. Kristalle (aus A.); F: 170—171° [korr.].

1-Piperidino-4-[2]pyridylamino-butan, [4-Piperidino-butyl]-[2]pyridyl-amin $C_{14}H_{23}N_3$,
Formel XII.

B. Beim Erhitzen von 2-Brom-pyridin mit 1-[4-Amino-butyl]-piperidin und Pyridin (*Whitmore et al.*, Am. Soc. **67** [1945] 393).

Kp_2: 148—152°. n_D^{20}: 1,5351.

Dihydrochlorid $C_{14}H_{23}N_3 \cdot 2\,HCl$. F: 148—149°.

(±)-1-Piperidino-3-[2]pyridylamino-butan, (±)-[1-Methyl-3-piperidino-propyl]-[2]pyridyl-amin $C_{14}H_{23}N_3$, Formel I.

B. Beim Erhitzen von 2-Brom-pyridin mit (±)-3-Amino-1-piperidino-butan und Pyridin (*Whitmore et al.*, Am. Soc. **67** [1945] 393).

Kp_3: 138—142°.

Dihydrochlorid $C_{14}H_{23}N_3 \cdot 2\,HCl$. F: 145—146,5°.

N,*N'*-Di-[2]pyridyl-pentandiyldiamin $C_{15}H_{20}N_4$, Formel II (R = H, n = 5).

B. Beim Erhitzen der Natrium-Verbindung des [2]Pyridylamins mit 1,5-Dibrom-pentan in Toluol (*Sharp*, Soc. **1938** 1191). Beim Erwärmen der Natrium-Verbindung des *N*-[2]Pyridyl-formamids mit 1,5-Dibrom-pentan in Toluol und Erwärmen des Reaktionsprodukts mit äthanol. KOH (*Blicke, Tsao*, Am. Soc. **68** [1946] 905).

Kristalle (aus Me.); F: 150° [korr.] (*Sh.*), 147—148° (*Bl., Tsao*).

Dihydrochlorid $C_{15}H_{20}N_4 \cdot 2\,HCl$. Kristalle (aus Acn. + Me.); F: 164° [korr.] (*Sh.*).

N,*N'*-Diäthyl-*N*,*N'*-di-[2]pyridyl-pentandiyldiamin $C_{19}H_{28}N_4$, Formel II (R = C_2H_5,
n = 5).

B. Beim Erwärmen der Natrium-Verbindung des Äthyl-[2]pyridyl-amins in Toluol mit 1,5-Dibrom-pentan (*Blicke, Tsao*, Am. Soc. **68** [1946] 905).

$Kp_{0,02}$: 194—195°.

Dihydrochlorid $C_{19}H_{28}N_4 \cdot 2\,HCl$. Kristalle (aus A. + Ae.); F: 177—179°.

N,N′-Dibutyl-*N,N′*-di-[2]pyridyl-pentandiyldiamin $C_{23}H_{36}N_4$, Formel II (R = $[CH_2]_3$-CH_3, n = 5).

B. Beim Erwärmen der Natrium-Verbindung des Butyl-[2]pyridyl-amins in Toluol mit 1,5-Dibrom-pentan (*Blicke, Tsao*, Am. Soc. **68** [1946] 905).

$Kp_{0,02}$: 225—228°.

Disulfat $C_{23}H_{36}N_4 \cdot 2\, H_2SO_4$. Kristalle (aus A. + Ae.); F: 170—171°.

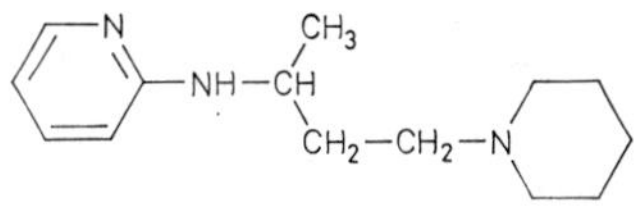

I 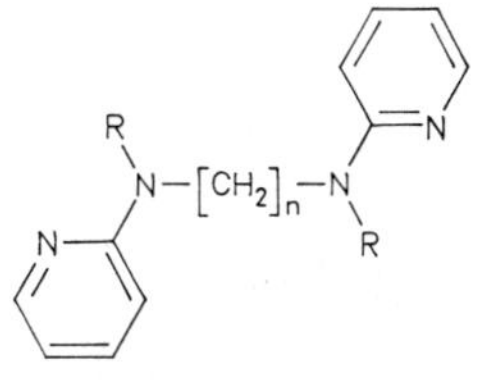   II

N,N′-Dihexyl-*N,N′*-di-[2]pyridyl-pentandiyldiamin $C_{27}H_{44}N_4$, Formel II (R = $[CH_2]_5$-CH_3, n = 5).

B. Beim Erwärmen der Natrium-Verbindung des Hexyl-[2]pyridyl-amins in Toluol mit 1,5-Dibrom-pentan (*Blicke, Tsao*, Am. Soc. **68** [1946] 905).

Dihydrochlorid $C_{27}H_{44}N_4 \cdot 2\, HCl$. F: 93—94°.

(±)-1-Diäthylamino-4-[2]pyridylamino-pentan, (±)-*N⁴,N⁴*-Diäthyl-1-methyl-*N¹*-[2]pyridyl-butandiyldiamin $C_{14}H_{25}N_3$, Formel III.

B. Beim Erhitzen von 2-Brom-pyridin mit (±)-4-Amino-1-diäthylamino-pentan auf 170—180° (*Kaye, Kogon*, Am. Soc. **73** [1951] 5891), auch unter Zusatz von K_2CO_3 und wenig Kupfer-Pulver (*Ashley, Grove*, Soc. **1945** 768).

Schwach hygroskopisch; Kp_{14}: 182° (*Ash., Gr.*). Kp_{11}: 165—172° (*Kaye, Ko.*).

Dipicrat $C_{14}H_{25}N_3 \cdot 2\, C_6H_3N_3O_7$. Gelbe Kristalle (aus Acn. + A.); F: 149° (*Ash., Gr.*).

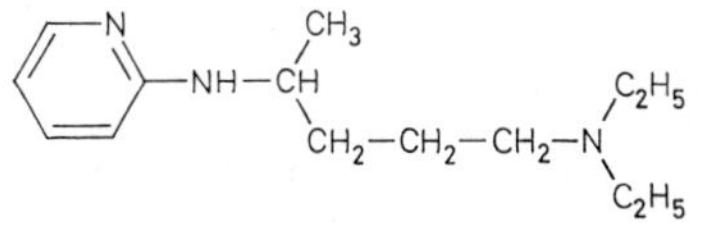

III 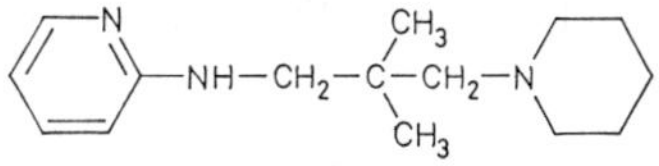   IV

2,2-Dimethyl-1-piperidino-3-[2]pyridylamino-propan, [2,2-Dimethyl-3-piperidino-propyl]-[2]pyridyl-amin $C_{15}H_{25}N_3$, Formel IV.

B. Beim Erhitzen von *N*-[2]Pyridyl-formamid mit Natrium und 2,2-Dimethyl-3-piper‌idino-propan-1-ol in Decalin (*I.G. Farbenind.*, D.R.P. 650491 [1934]; Frdl. **24** 190).

Kp_{14}: 186—188°.

2-[6-Amino-hexylamino]-pyridin, *N*-[2]Pyridyl-hexandiyldiamin $C_{11}H_{19}N_3$, Formel V.

B. Beim Erhitzen von 2-Brom-pyridin mit Hexandiyldiamin (*Whitmore et al.*, Am. Soc. **67** [1945] 393).

Kp_3: 162°; Kp_1: 147—148°.

Picrat. F: 165—166°.

N,N′-Di-[2]pyridyl-hexandiyldiamin $C_{16}H_{22}N_4$, Formel II (R = H, n = 6).

B. Beim Erhitzen der Natrium-Verbindung des [2]Pyridylamins mit 1,6-Dibrom-hexan in Toluol (*Sharp*, Soc. **1938** 1191). Neben der vorangehenden Verbindung beim Erhitzen von 2-Brom-pyridin mit Hexandiyldiamin und Pyridin (*Whitmore et al.*, Am. Soc. **67** [1945] 393).

Kristalle (aus Me.); F: 152—154° [korr.] (*Sh.*), 149—149,7° (*Wh. et al.*). Kp_3: 205° bis 220°; Kp_1: 185—198° (*Wh. et al.*).

Dihydrochlorid $C_{16}H_{22}N_4 \cdot 2\, HCl$. Kristalle; F: 216—218° [korr.; aus Me. + Acn.] (*Sh.*), 216° (*Wh. et al.*).

Picrat. F: 222° (*Wh. et al.*).

N,N'-Di-[2]pyridyl-heptandiyldiamin $C_{17}H_{24}N_4$, Formel II (R = H, n = 7).
B. Beim Erhitzen der Natrium-Verbindung des [2]Pyridylamins mit 1,7-Dibrom-heptan in Toluol (*Sharp*, Soc. **1938** 1191).
Kristalle (aus Bzl.); F: 104—105° [korr.].
Dihydrochlorid $C_{17}H_{24}N_4 \cdot 2$ HCl. Kristalle (aus Me. + Acn.); F: 203—205° [korr.].

N,N'-Di-[2]pyridyl-octandiyldiamin $C_{18}H_{26}N_4$, Formel II (R = H, n = 8).
B. Beim Erhitzen der Natrium-Verbindung des [2]Pyridylamins mit 1,8-Dibrom-octan in Toluol (*Sharp*, Soc. **1938** 1191).
Kristalle (aus A.); F: 110—112° [korr.].
Dihydrochlorid $C_{18}H_{26}N_4 \cdot 2$ HCl. Kristalle (aus Me. + Acn.); F: 197—198° [korr.].

N,N'-Di-[2]pyridyl-nonandiyldiamin $C_{19}H_{28}N_4$, Formel II (R = H, n = 9).
B. Beim Erhitzen der Natrium-Verbindung des [2]Pyridylamins mit 1,9-Dibrom-nonan in Toluol (*Sharp*, Soc. **1938** 1191).
Kristalle (aus Me.); F: 140—141° [korr.].
Dihydrochlorid $C_{19}H_{28}N_4 \cdot 2$ HCl. Hygroskopische Kristalle (aus Me. + Acn.); F: 136—139° [korr.].

N,N'-Di-[2]pyridyl-decandiyldiamin $C_{20}H_{30}N_4$, Formel II (R = H, n = 10).
B. Beim Erhitzen der Natrium-Verbindung des [2]Pyridylamins mit 1,10-Dibrom-decan in Toluol (*Sharp*, Soc. **1938** 1191).
Kristalle (aus Me.); F: 122—124° [korr.].
Dihydrochlorid $C_{20}H_{30}N_4 \cdot 2$ HCl. Kristalle (aus Me. + Acn.); F: 149—152° [korr.].

(±)-*trans*-1-Dimethylamino-2-[2]pyridylamino-cyclohexan, (±)-*N,N*-Dimethyl-*N'*-[2]pyridyl-*trans*-cyclohexan-1,2-diyldiamin $C_{13}H_{21}N_3$, Formel VI (R = H) + Spiegelbild.
B. Beim Erhitzen von (±)-*trans*-1-Amino-2-dimethylamino-cyclohexan (über die Konfiguration s. *Winternitz et al.*, Bl. **1956** 382, 383) mit 2-Brom-pyridin auf 155—165° (*Stoll, Morel*, Helv. **34** [1951] 1937, 1941).
$Kp_{0,01}$: 131—133° (*St., Mo.*).

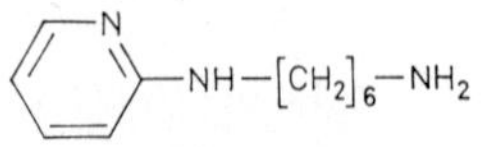

V 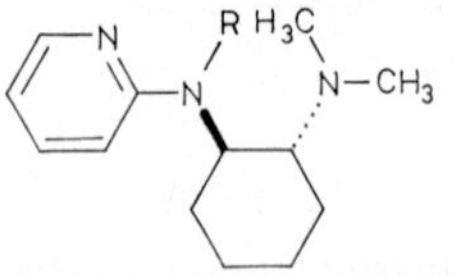   VI 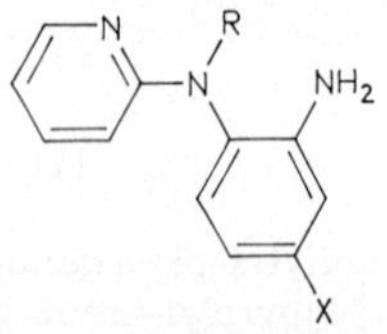   VII

(±)-*trans*-1-[Benzyl-[2]pyridyl-amino]-2-dimethylamino-cyclohexan, (±)-*N*-Benzyl-*N',N*-dimethyl-*N*-[2]pyridyl-*trans*-cyclohexan-1,2-diyldiamin $C_{20}H_{27}N_3$, Formel VI (R = CH_2-C_6H_5) + Spiegelbild.
B. Beim Erhitzen der vorangehenden Verbindung in Toluol mit $NaNH_2$ und Benzyl-chlorid (*Stoll, Morel*, Helv. **34** [1951] 1937, 1939, 1941).
Kristalle (aus Me.); F: 120—121° [korr.]. $Kp_{0,06}$: 153—160°.
Hydrochlorid. F: 229—230° [korr.; aus Acn.].

(±)-*trans*-1-[(4-Chlor-benzyl)-[2]pyridyl-amino]-2-dimethylamino-cyclohexan, (±)-*N*-[4-Chlor-benzyl]-*N',N*-dimethyl-*N*-[2]pyridyl-*trans*-cyclohexan-1,2-diyldiamin $C_{20}H_{26}ClN_3$, Formel VI (R = CH_2-C_6H_4-Cl(*p*)) + Spiegelbild.
B. Analog der vorangehenden Verbindung (*Stoll, Morel*, Helv. **34** [1951] 1937, 1939, 1941).
Kristalle (aus Me.); F: 139—140° [korr.]. $Kp_{0,05}$: 185—190°.
Hydrochlorid. F: 198—199° [korr.; aus Acn.].

4-Nitro-*N¹*-[2]pyridyl-*o*-phenylendiamin $C_{11}H_{10}N_4O_2$, Formel VII (R = H, X = NO_2).
B. Beim Erwärmen von [2,4-Dinitro-phenyl]-[2]pyridyl-amin in Propan-1-ol mit

Na_2S_2 (*Runti*, Ann. Chimica **46** [1956] 406, 415).
Kristalle (aus Bzl.); F: 146°.
Monoacetyl-Derivat $C_{13}H_{12}N_4O_3$. Kristalle (aus Bzl.); F: 218—219°.

2-[2-Amino-N-methyl-anilino]-pyridin, N-Methyl-N-[2]pyridyl-o-phenylendiamin
$C_{12}H_{13}N_3$, Formel VII (R = CH_3, X = H).
B. Beim Erhitzen von Methyl-[2-nitro-phenyl]-[2]pyridyl-amin mit $SnCl_2$ in konz.
wss. HCl (*Abramovitch et al.*, Soc. **1954** 4263, 4264).
Kristalle aus PAe.); F: 66—67°. $Kp_{0,02}$: 104—108°.
Beim Diazotieren in wss. H_2SO_4 und Erhitzen der Diazoniumsalz-Lösung sind 5-Meth‡
yl-5H-benz[4,5]imidazo[1,2-a]pyridinium-sulfat und geringe Mengen 9-Methyl-9H-
pyrido[2,3-b]indol erhalten worden.
Monoacetyl-Derivat $C_{14}H_{15}N_3O$. Kristalle (aus Bzl. + PAe.); F: 110—111°.

4,6-Dinitro-N,N'-di-[2]pyridyl-m-phenylendiamin $C_{16}H_{12}N_6O_4$, Formel VIII.
B. Beim Erhitzen von 1,5-Dichlor-2,4-dinitro-benzol mit [2]Pyridylamin in 2-Äthoxy-
äthanol (*Saunders*, Soc. **1955** 3275, 3287).
Kristalle (aus Chlorbenzol); F: 236—238°.

N,N-Diäthyl-N'-[2]pyridyl-p-phenylendiamin $C_{15}H_{19}N_3$, Formel IX (R = C_2H_5, X = H).
B. Beim Erhitzen von 2-Brom-pyridin mit N,N-Diäthyl-p-phenylendiamin und
Pyridin (*Whitmore et al.*, Am. Soc. **67** [1945] 393).
Kp_2: 185—200°.
Dihydrochlorid $C_{15}H_{19}N_3 \cdot 2$ HCl. F: 231° [Zers.].

VIII   IX   X

2-[2,4-Diamino-anilino]-pyridin, N^1-[2]Pyridyl-benzen-1,2,4-triyltriamin $C_{11}H_{12}N_4$,
Formel IX (R = H, X = NH_2).
B. Beim Hydrieren von [2,4-Dinitro-phenyl]-[2]pyridyl-amin an Platin oder Palla‡
dium/Kohle in Äthanol (*Morgan*, *Stewart*, Soc. **1938** 1292, 1298).
Kristalle; F: 150°.

4-Amino-2-[2]pyridylamino-phenol $C_{11}H_{11}N_3O$, Formel X.
B. Beim Erwärmen von 4-[2]Pyridyloxy-m-phenylendiamin in wss. HCl (*Jerchel*,
Jakob, B. **92** [1959] 724, 731).
Dihydrochlorid $C_{11}H_{11}N_3O \cdot 2$ HCl. F: 276—280° [Zers.].

*[4-Dimethylamino-benzyliden]-[2]pyridyl-amin, 4-Dimethylamino-benzaldehyd-
[2]pyridylimin $C_{14}H_{15}N_3$, Formel XI.
B. Beim Erhitzen von [2]Pyridylamin mit 4-Dimethylamino-benzaldehyd unter
Entfernen des entstehenden Wassers (*Tipson*, *Clapp*, J. org. Chem. **11** [1946] 292, 293).
Blassbraune Kristalle (aus A.); F: 122—124°.

N,N-Diäthyl-glycin-[2]pyridylamid $C_{11}H_{17}N_3O$, Formel XII (R = H, R' = C_2H_5).
B. Beim Erwärmen von Chloressigsäure-[2]pyridylamid mit Diäthylamin in Benzol
(*Hach*, *Protiva*, Chem. Listy **47** [1953] 729, 730; Collect. **18** [1953] 684, 686; C. A. **1955**
204).
$Kp_{2,5}$: 136°.
Dihydrochlorid $C_{11}H_{17}N_3O \cdot 2$ HCl. Kristalle (aus A. + Ae.); F: 191—192°.

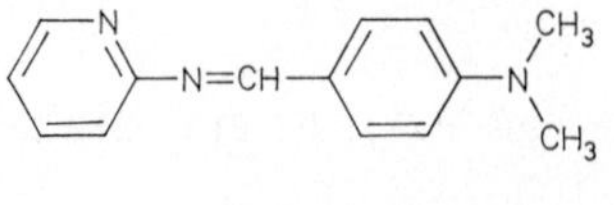

XI

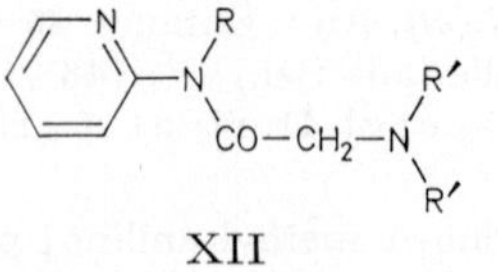

XII

N-[4-Sulfamoyl-phenyl]-glycin-[2]pyridylamid $C_{13}H_{14}N_4O_3S$, Formel XIII.

B. Beim Erhitzen von [2]Pyridylamin mit N-[4-Sulfamoyl-phenyl]-glycin-methylester auf 180° (*Rubzow, Klimko*, Ž. obšč. Chim. **16** [1946] 1865, 1869; C. A. **1947** 6218).
Kristalle (aus wss. A.); F: 200−201°.

N,N-Dimethyl-glycin-[benzyl-[2]pyridyl-amid] $C_{16}H_{19}N_3O$, Formel XII (R = CH_2-C_6H_5, R′ = CH_3).

B. Beim Behandeln von Benzyl-[2]pyridyl-amin in Äther mit Triäthylamin und Chloracetylchlorid und Behandeln der Reaktionslösung mit Dimethylamin (*Vaughan et al.*, J. org. Chem. **14** [1949] 228, 233).
Hydrochlorid $C_{16}H_{19}N_3O \cdot HCl$. Kristalle (aus Acn.); F: 181−184° [korr.].

N,N-Diäthyl-glycin-[benzyl-[2]pyridyl-amid] $C_{18}H_{23}N_3O$, Formel XII (R = CH_2-C_6H_5, R′ = C_2H_5).

B. Analog der vorangehenden Verbindung (*Vaughan et al.*, J. org. Chem. **14** [1949] 228, 233).
Hydrochlorid $C_{18}H_{23}N_3O \cdot HCl$. Kristalle (aus Acn.); F: 147−148,5° [korr.].
Picrat $C_{18}H_{23}N_3O \cdot C_6H_3N_3O_7$. Kristalle (aus Me.); F: 115−116° [korr.].

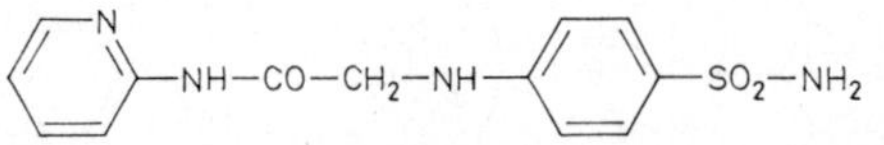

XIII

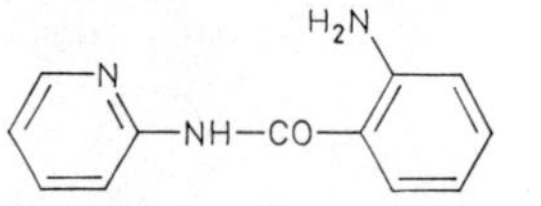

XIV

Anthranilsäure-[2]pyridylamid $C_{12}H_{11}N_3O$, Formel XIV.

B. Beim Erhitzen von Isatosäure-anhydrid (1H-Benz[d][1,3]oxazin-2,4-dion) mit [2]Pyridylamin (*Clark, Wagner*, J. org. Chem. **9** [1944] 55, 61, 63).
Kristalle (aus wss. A.); F: 132−133° [korr.].

4-Amino-benzoesäure-[2]pyridylamid $C_{12}H_{11}N_3O$, Formel I (R = X′ = H, X = O).

B. Bei der Hydrierung von 4-Nitro-benzoesäure-[2]pyridylamid an Platin in Essigsäure (*Kuhn et al.*, B. **75** [1942] 711, 716; *Schmelkes, Rubin*, Am. Soc. **66** [1944] 1631).
Kristalle; F: 168° [aus $CHCl_3$ + PAe. oder H_2O] (*Kuhn et al.*), 166−167° [unkorr.; aus A.] (*Sch., Ru.*).
Dihydrochlorid $C_{12}H_{11}N_3O \cdot 2 HCl$. Kristalle (*Kuhn et al.*).

4-Amino-2-chlor-benzoesäure-[2]pyridylamid $C_{12}H_{10}ClN_3O$, Formel I (R = H, X = O, X′ = Cl).

B. Beim Hydrieren von 2-Chlor-4-nitro-benzoesäure-[2]pyridylamid an Platin in Äthanol bzw. an Raney-Nickel in Dioxan (*Jensen, Ploug*, Acta chem. scand. **3** [1949] 13, 16; *Clauder, Toldy*, Magyar kém. Folyóirat **56** [1950] 61; C. A. **1953** 117).
Kristalle (aus A.); F: 171−172° (*Je., Pl.*), 152−154° (*Cl., To.*).

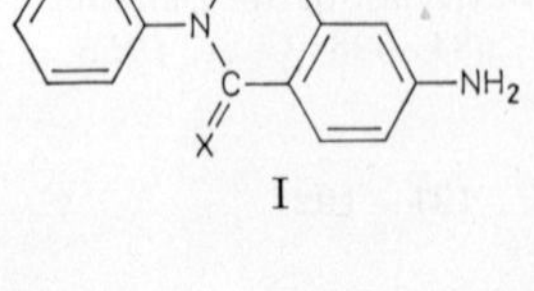

I

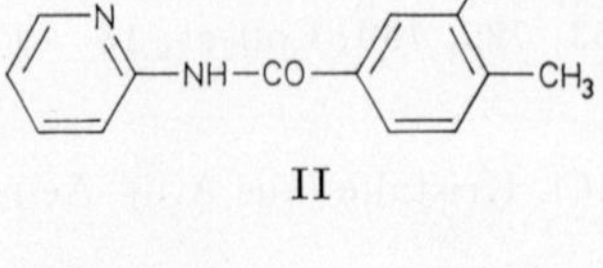

II

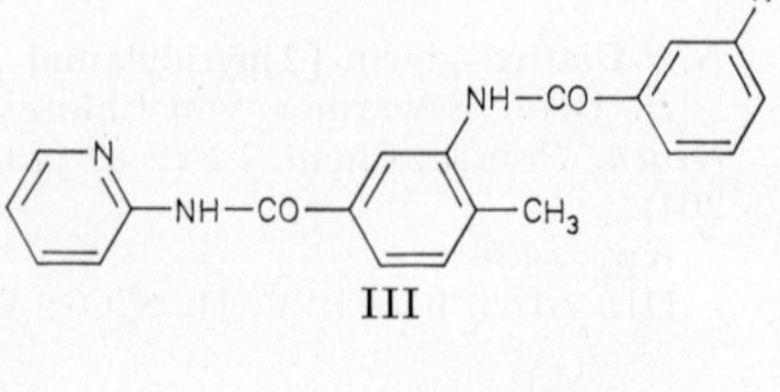

III

N-[4-Amino-benzoyl]-*N'*,*N'*-dimethyl-*N*-[2]pyridyl-äthylendiamin, 4-Amino-benzoesäure-
[(2-dimethylamino-äthyl)-[2]pyridyl-amid] $C_{16}H_{20}N_4O$, Formel I (R $=$ CH_2-CH_2-$N(CH_3)_2$,
X $=$ O, X$'=$ H).
   B. Beim Hydrieren von 4-Nitro-benzoesäure-[(2-dimethylamino-äthyl)-[2]pyridyl-
amid] in Äthanol an Raney-Nickel (*Toldy et al.*, Acta chim. hung. **15** [1958] 265, 269).
   Kristalle (aus H_2O); F: 94—95°.

N-[4-Amino-thiobenzoyl]-*N'*,*N'*-dimethyl-*N*-[2]pyridyl-äthylendiamin, 4-Amino-
thiobenzoesäure-[(2-dimethylamino-äthyl)-[2]pyridyl-amid] $C_{16}H_{20}N_4S$, Formel I
(R $=$ CH_2-CH_2-$N(CH_3)_2$, X $=$ S, X$'=$ H).
   B. Beim Erhitzen der vorangehenden Verbindung mit P_2S_5 in Pyridin (*Toldy et al.*,
Acta chim. hung. **15** [1958] 265, 269).
   Gelbe Kristalle (aus A.); F: 170—172° [unkorr.].

3-Amino-4-methyl-benzoesäure-[2]pyridylamid $C_{13}H_{13}N_3O$, Formel II.
   B. Beim Hydrieren von 4-Methyl-3-nitro-benzoesäure-[2]pyridylamid an Platin in
Essigsäure (*Adams et al.*, Soc. **1956** 3739, 3742).
   Kristalle (aus A.); F: 182,5—183°.

4-Methyl-3-[3-nitro-benzoylamino]-benzoesäure-[2]pyridylamid $C_{20}H_{16}N_4O_4$, Formel III
(X $=$ NO_2).
   B. Beim Behandeln der vorangehenden Verbindung mit 3-Nitro-benzoylchlorid und
Pyridin (*Adams et al.*, Soc. **1956** 3739, 3740, 3743).
   Kristalle (aus wss. Me. oder wss. Py.); F: 228,5°.

3-[3-Amino-benzoylamino]-4-methyl-benzoesäure-[2]pyridylamid $C_{20}H_{18}N_4O_2$,
Formel III (X $=$ NH_2).
   B. Beim Hydrieren der vorangehenden Verbindung an Platin in Äthanol (*Adams et al.*,
Soc. **1956** 3739, 3743).
   Kristalle (aus A.); F: 217°.

N,*N'*-Bis-[3-(2-methyl-5-[2]pyridylcarbamoyl-phenylcarbamoyl)-phenyl]-harnstoff
$C_{41}H_{34}N_8O_5$, Formel IV.
   B. Beim Behandeln der vorangehenden Verbindung in wss. Essigsäure mit $COCl_2$ und
Natriumacetat (*Adams et al.*, Soc. **1956** 3739, 3743).
   Kristalle (aus wss. Py.) mit 0,5 Mol H_2O; F: 266°.

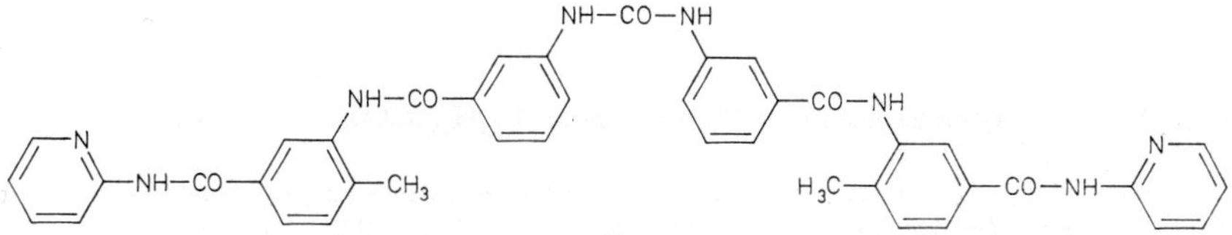

IV

4-Methyl-3-[3-nitro-benzolsulfonylamino]-benzoesäure-[2]pyridylamid $C_{19}H_{16}N_4O_5S$,
Formel V (X $=$ NO_2).
   B. Beim Behandeln von 3-Amino-4-methyl-benzoesäure-[2]pyridylamid mit 3-Nitro-
benzolsulfonylchlorid in Pyridin (*Adams et al.*, Soc. **1956** 3739, 3743).
   Blassgelbe Kristalle (aus wss. Py.); F: 192—193°.

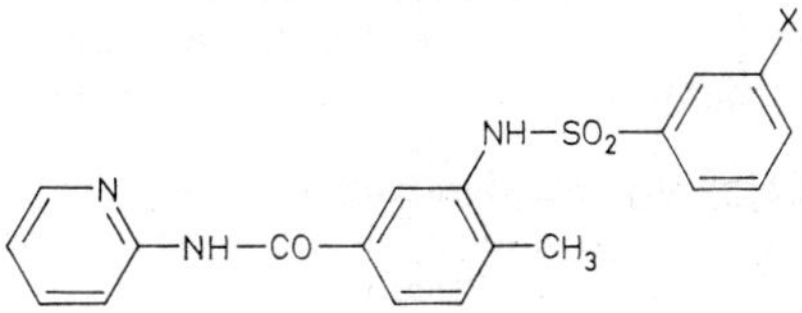

V

3-[3-Amino-benzolsulfonylamino]-4-methyl-benzoesäure-[2]pyridylamid $C_{19}H_{18}N_4O_3S$,
Formel V (X = NH$_2$).
  B. Beim Hydrieren der vorangehenden Verbindung an Platin in Äthanol (*Adams et al.*,
Soc. **1956** 3739, 3743).
  Kristalle (aus A.); F: 206—207°.

N,N′-**Bis-[3-(2-methyl-5-[2]pyridylcarbamoyl-phenylsulfamoyl)-phenyl]-harnstoff**
$C_{39}H_{34}N_8O_7S_2$, Formel VI.
  B. Beim Behandeln der vorangehenden Verbindung in wss. Essigsäure mit COCl$_2$ und
Natriumacetat (*Adams et al.*, Soc. **1956** 3739, 3743).
  Gelbliche Kristalle (aus A. + Ae.) mit 4 Mol H$_2$O; F: 220° [Zers.].

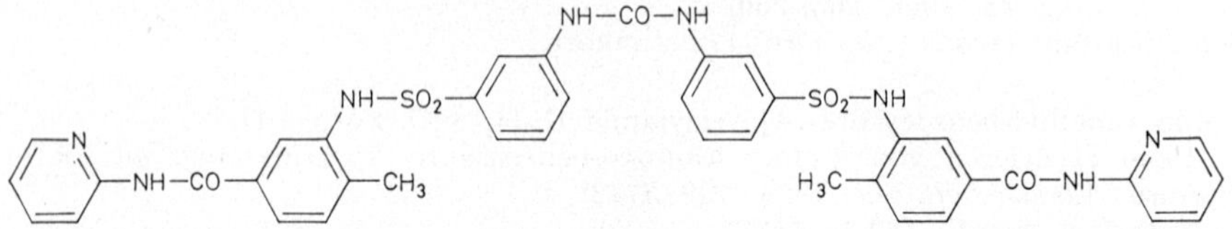

VI

4-Amino-2-hydroxy-benzoesäure-[2]pyridylamid $C_{12}H_{11}N_3O_2$, Formel VII (R = H).
  B. Beim Behandeln von [2]Pyridylamin in Benzol mit 4-Acetamino-2-acetoxy-benzoyl≠
chlorid, Erwärmen des Reaktionsgemisches mit wss. NaOH und Erhitzen des Reaktionsprodukts mit wss. H$_2$SO$_4$ [6 n] (*Jensen, Blok*, Acta chem. scand. **6** [1952] 176, 178). Aus
2-Hydroxy-4-nitro-benzoesäure-[2]pyridylamid beim Erwärmen mit Zinn und wss. HCl
in Essigsäure (*Jensen, Christensen*, Acta chem. scand. **6** [1952] 166, 170) sowie beim Hydrieren an Palladium/Kohle in Äthanol oder an Raney-Nickel in wss.-äthanol. NaOH (*Blenkinsop Co.*, U.S.P. 2554186 [1950]).
  Kristalle (aus wss. A.), F: 190° (*Je., Ch.*); gelbe Kristalle (aus A.), F: 170—171° (*Blenkinsop Co.*).

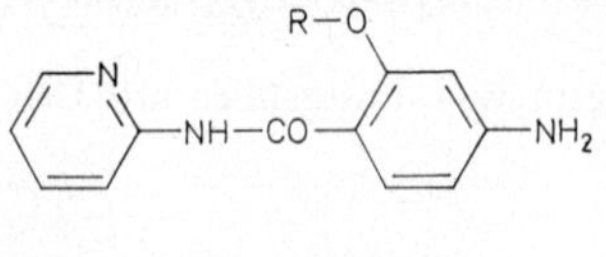

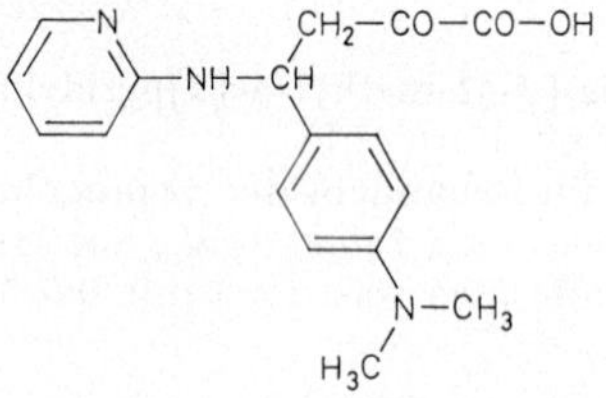

VII   VIII

4-Amino-2-benzyloxy-benzoesäure-[2]pyridylamid $C_{19}H_{17}N_3O_2$, Formel VII
(R = CH$_2$-C$_6$H$_5$).
  B. Beim Hydrieren von 2-Benzyloxy-4-nitro-benzoesäure-[2]pyridylamid in heissem
Äthanol an Platin (*Jensen, Ingvorsen*, Acta chem. scand. **6** [1952] 161, 164).
  Kristalle; F: 183°.

(±)-4-[4-Dimethylamino-phenyl]-2-oxo-4-[2]pyridylamino-buttersäure $C_{17}H_{19}N_3O_3$,
Formel VIII.
  Diese Konstitution kommt der von *Migliardi* (Atti Accad. Torino **75** [1939/40] 548,
550) als 2-[4-Dimethylamino-phenyl]-[1,8]naphthyridin-4-carbonsäure beschriebenen
Verbindung zu (*Allen et al.*, J. org. Chem. **16** [1951] 17).
  B. Beim Erwärmen von 4-Dimethylamino-benzaldehyd mit Brenztraubensäure und
[2]Pyridylamin in Äthanol (*Al. et al.*, l. c. S. 19, 20; vgl. auch *Mi.*).
  Gelbe Kristalle; F: 189° [Zers.] (*Al. et al.*), 182—183° [Zers.; aus A. + Bzl.] (*Mi.*).

N-**Methoxy-*N*-methyl-*N′*-[2]pyridyl-äthylendiamin** $C_9H_{15}N_3O$, Formel IX (R = H).
  B. Beim Erhitzen der Natrium-Verbindung des [2]Pyridylamins mit *N*-[2-Chlor-äthyl]-
N,O-dimethyl-hydroxylamin in Dioxan (*Major, Peterson*, J. org. Chem. **22** [1957] 579).
  Kp$_{0,004}$: 73—74°. n$_D^{25}$: 1,5323.

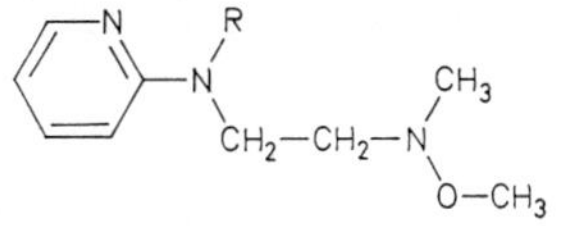

IX

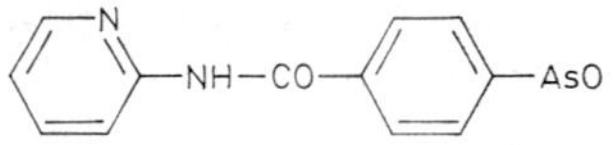

X

N-Methoxy-*N'*-[4-methoxy-benzyl]-*N*-methyl-*N'*-[2]pyridyl-äthylendiamin $C_{17}H_{23}N_3O_2$, Formel IX (R = CH_2-C_6H_4-O-$CH_3(p)$).

B. Beim Behandeln der Natrium-Verbindung der vorangehenden Verbindung in Dioxan mit 4-Brommethyl-anisol (*Major, Peterson,* J. org. Chem. **22** [1957] 579).

Kp_{20}: 150—152°. n_D^{25}: 1,5683. λ_{max}: 227 nm, 251 nm, 278 nm, 285 nm und 311 nm.

Tetrachloroaurat(III) $C_{17}H_{23}N_3O_2 \cdot HAuCl_4$. Kristalle (aus Butan-1-ol); F: 100° bis 101°.

Hexachloroplatinate(IV). a) 2 $C_{17}H_{23}N_3O_2 \cdot H_2PtCl_6$. Kristalle (aus A. + H_2O); F: 146—148° [Zers.]. — b) $C_{17}H_{23}N_3O_2 \cdot H_2PtCl_6$. Kristalle (aus wenig H_2O enthaltendem A.).

4-Arsenoso-benzoesäure-[2]pyridylamid $C_{12}H_9AsN_2O_2$, Formel X.

B. Beim Erwärmen von 4-Dichloroarsino-benzoylchlorid mit [2]Pyridylamin in Benzol und Behandeln des Reaktionsprodukts mit wenig H_2O enthaltendem Äthanol (*Marsh, Woodbury,* Am. Soc. **71** [1949] 3748; s. a. *Doak et al.,* Am. Soc. **62** [1940] 3012). Amorph; Zers. bei 220—300° (*Ma., Wo.*).

[3-[2]Pyridylamino-phenyl]-arsonsäure $C_{11}H_{11}AsN_2O_3$, Formel XI.

B. Beim Erwärmen von 2-Brom-pyridin mit [3-Amino-phenyl]-arsonsäure in wss. HCl (*Cragoe, Hamilton,* Am. Soc. **67** [1945] 536, 537).

Kristalle (aus wss. A.); F: 124,5—125,5° [vorgeheiztes Bad].

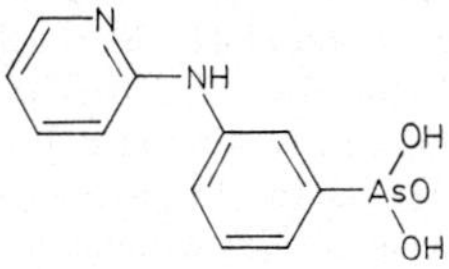

XI

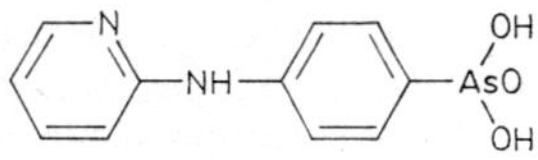

XII

[4-[2]Pyridylamino-phenyl]-arsonsäure $C_{11}H_{11}AsN_2O_3$, Formel XII.

B. Beim Erwärmen von 2-Brom-pyridin mit [4-Amino-phenyl]-arsonsäure in wss. HCl (*Cragoe, Hamilton,* Am. Soc. **67** [1945] 536, 537).

F: 220—221° [vorgeheiztes Bad].   [*Flock*]

2-Furfurylamino-pyridin, Furfuryl-[2]pyridyl-amin $C_{10}H_{10}N_2O$, Formel I (X = H).

B. Aus Furfuryliden-[2]pyridyl-amin beim Hydrieren an Raney-Nickel in Äthanol (*Lincoln et al.,* Am. Soc. **71** [1949] 2902, 2904) oder in Benzol (*Hayes et al.,* Am. Soc. **72** [1950] 1205, 1206).

$Kp_{1,5}$: 118—119° (*Ha. et al.*).

Hydrochlorid $C_{10}H_{10}N_2O \cdot HCl$. Kristalle (aus A. + E.); F: 165—166° (*Ha. et al.*), 164—165° [unkorr.] (*Li. et al.*).

Picrat $C_{10}H_{10}N_2O \cdot C_6H_3N_3O_7$. F: 164,8—165,8° (*Ha. et al.*).

[5-Chlor-furfuryl]-[2]pyridyl-amin $C_{10}H_9ClN_2O$, Formel I (X = Cl).

B. Beim Erwärmen von [2]Pyridylamin mit 5-Chlor-furfural in Benzol und Hydrieren des Reaktionsprodukts an Raney-Nickel in Benzol (*Hayes et al.,* Am. Soc. **72** [1950] 1205, 1206).

F: 61°. $Kp_{5,0}$: 159—161°.

[5-Brom-furfuryl]-[2]pyridyl-amin $C_{10}H_9BrN_2O$, Formel I (X = Br).

B. Beim Erwärmen von [2]Pyridylamin mit 5-Brom-furfural in Benzol und Hydrieren des Reaktionsprodukts an Raney-Nickel in Benzol (*Hayes et al.,* Am. Soc. **72** [1950] 1205, 1206, 1207).

Kristalle (aus PAe.); F: 72°. $Kp_{0,6}$: 134—137°.
Picrat. F: 158—159°.

I   II   III

2-[[2]Thienylmethyl-amino]-pyridin, [2]Pyridyl-[2]thienylmethyl-amin $C_{10}H_{10}N_2S$, Formel II (X = H).

B. Beim Erhitzen von [2]Pyridylamin und $NaNH_2$ in Toluol mit 2-Chlormethyl-thio=phen (*Abbott Labor.*, U.S.P. 2566556 [1946], 2713048 [1950]; *Kyrides et al.*, Am. Soc. **72** [1950] 745, 747). Beim Erwärmen von [2]Pyridylamin und Thiophen-2-carbaldehyd mit Ameisensäure (*Leonard, Solmssen*, Am. Soc. **70** [1948] 2064, 2066; *Abbott Labor.*, U.S.P. 2713048 [1950]). Beim Erwärmen von [2]Pyridyl-[2]thienylmethylen-amin mit wasser=freier Ameisensäure (*Abbott Labor.*, U.S.P. 2713048) oder mit wss. Ameisensäure [85—90%ig] in Cumol (*Kaye, Kogon*, R. **71** [1952] 309, 314) oder beim Erwärmen von N,N'-Di-[2]pyridyl-C-[2]thienyl-methandiyldiamin mit wasserfreier Ameisensäure (*Abbott Labor.*, U.S.P. 2713048). Beim Erwärmen von C-[2]Thienyl-methylamin und NaOH in Benzol mit 2-Brom-pyridin (*Abbott Lobor.*, U.S.P. 2556566 [1946]).

Kristalle; F: 80—83° [aus Cyclohexan] (*Abbott Labor.*, U.S.P. 2713048), 81—82° [aus wss. A.] (*Ky. et al.*), 78—80° [aus Toluol + PAe.] (*Le., So.*).

Hydrochlorid. F: 131—132,5° (*Abbott Labor.*, U.S.P. 2713048).

Hydrobromid. F: 108—109° (*Abbott Labor.*, U.S.P. 2713048).

[5-Chlor-[2]thienylmethyl]-[2]pyridyl-amin $C_{10}H_9ClN_2S$, Formel II (X = Cl).

B. Aus [2]Pyridylamin und 2-Chlor-5-chlormethyl-thiophen beim Erwärmen mit NaH in Toluol (*Clark et al.*, J. org. Chem. **14** [1949] 216, 223) oder beim Erwärmen mit $LiNH_2$ in Benzol (*Kaye, Kogon*, Am. Soc. **73** [1951] 5891). Beim Erwärmen von [2]Pyr=idylamin und 5-Chlor-thiophen-2-carbaldehyd mit wasserfreier Ameisensäure (*Abbott Labor.*, U.S.P. 2713048 [1950]).

Kristalle; F: 84—86,5° [korr.; aus Me.] (*Kaye, Ko.*), 84—86° [korr.; aus Butanon] (*Cl. et al.*), 83—86° [aus Cyclohexan] (*Abbott Labor.*).

Hydrochlorid $C_{10}H_9ClN_2S\cdot HCl$. Kristalle (aus Butanon); F: 125—127° [korr.] (*Cl. et al.*).

[5-Brom-[2]thienylmethyl]-[2]pyridyl-amin $C_{10}H_9BrN_2S$, Formel II (X = Br).

B. Aus [2]Pyridylamin und 2-Brom-5-chlormethyl-thiophen beim Erwärmen mit NaH in Toluol (*Clark et al.*, J. org. Chem. **14** [1949] 216, 223) oder beim Erwärmen mit $LiNH_2$ in Benzol (*Kaye, Kogon*, Am. Soc. **73** [1951] 5891). Beim Erwärmen von [2]Pyridylamin und 5-Brom-thiophen-2-carbaldehyd mit wasserfreier Ameisensäure (*Abbott Labor.*, U.S.P. 2713048 [1950]).

Kristalle; F: 83—85° [aus Cyclohexan] (*Abbott Labor.*), 81—83° [korr.; aus Heptan] (*Cl. et al.*), 80—81° [korr.; aus Me.] (*Kaye, Ko.*). $Kp_{2,5}$: 182—185° (*Abbott Labor.*); $Kp_{0,07}$: 136—140° (*Kaye, Ko.*).

Hydrochlorid $C_{10}H_9BrN_2S\cdot HCl$. Kristalle (aus Isopropylalkohol); F: 151—153,5° [korr.] (*Cl. et al.*).

[2,2-Dimethoxy-äthyl]-[2]pyridyl-[2]thienylmethyl-amin, [[2]Pyridyl-[2]thienylmethyl-amino]-acetaldehyd-dimethylacetal $C_{14}H_{18}N_2O_2S$, Formel III.

B. Beim Behandeln von [2]Pyridylamino-acetaldehyd-dimethylacetal und $NaNH_2$ in Toluol mit 2-Chlormethyl-thiophen (*Bristow et al.*, Soc. **1954** 616, 627).

Kp_1: 166—173°.

*[[2]Pyridyl-[2]thienylmethyl-amino]-acetaldehyd-oxim $C_{12}H_{13}N_3OS$, Formel IV.

B. Aus der vorangehenden Verbindung beim aufeinanderfolgenden Behandeln mit

wss. HCl und mit Hydroxylamin-hydrochlorid (*Bristow et al.*, Soc. **1954** 616, 627).
Kristalle (aus A.); F: 106°.

N-Furfuryl-N',N'-dimethyl-N-[2]pyridyl-äthylendiamin $C_{14}H_{19}N_3O$, Formel V (X = H).

B. Aus N,N-Dimethyl-N'-[2]pyridyl-äthylendiamin und Furfurylchlorid beim Erhitzen mit NaH in Toluol (*Vaughan, Anderson*, Am. Soc. **70** [1948] 2607), mit LiNH₂ in Benzol (*Kyrides, Zienty*, Am. Soc. **71** [1949] 1122) oder mit LiNH₂ in Toluol (*Biel*, Am. Soc. **71** [1949] 1306, 1307). Beim Erhitzen von N,N-Dimethyl-N'-[2]pyridyl-äthylen= diamin und NaNH₂ in Xylol mit Furfurylbromid (*Soc. Usines Chim. Rhône-Poulenc*, U.S.P. 2502151 [1946]; D.B.P. 880749 [1951]; D.R.B.P. Org. Chem. 1950—1951 3 226). Beim Erwärmen von Furfuryl-[2]pyridyl-amin und LiNH₂ in Benzol mit [2-Chlor-äthyl]-dimethyl-amin (*Hayes et al.*, Am. Soc. **72** [1950] 1205, 1207).

Kp$_{0,7}$: 136—137° (*Va., An.*); Kp$_{0,2}$: 117,5—118° (*Ky., Zi.*); Kp$_{0,02}$: 105—108° (*Biel*). n$_D^{30}$: 1,5486 (*Va., An.*), 1,5485 (*Biel*).

Monohydrochlorid $C_{14}H_{19}N_3O \cdot HCl$. Kristalle (aus E.); F: 118—119° (*Ha. et al.*, l. c. S. 1208 Anm. 22), 117—119° [korr.] (*Ky., Zi.*).

Dihydrochlorid $C_{14}H_{19}N_3O \cdot 2$ HCl. F: 163—164° (*Biel*).

Picrat $C_{14}H_{19}N_3O \cdot C_6H_3N_3O_7$. F: 126—126,5° [aus A.] (*Ha. et al.*).

Fumarat $C_{14}H_{19}N_3O \cdot 1,5$ $C_4H_4O_4$. F: 142° (*Ha. et al.*).

Dihydrogencitrat $C_{14}H_{19}N_3O \cdot C_6H_8O_7$. Kristalle (aus Butanon bzw. aus Me. + Ae.); F: 95—97° (*Va., An.*; *Ky., Zi.*).

IV   V   VI

1-[Furfuryl-[2]pyridyl-amino]-2-pyrrolidino-äthan, Furfuryl-[2]pyridyl-[2-pyrrolidino-äthyl]-amin $C_{16}H_{21}N_3O$, Formel VI.

B. Beim Erhitzen von 1-[2-Furfurylamino-äthyl]-pyrrolidin mit 2-Chlor-pyridin oder 2-Brom-pyridin und Na₂CO₃ (*Lincoln et al.*, Am. Soc. **71** [1949] 2902, 2903).

Kp$_{0,25}$: 149—153°.

Citrat. F: 133—138° [unkorr.].

Dipicrat $C_{16}H_{21}N_3O \cdot 2$ $C_6H_3N_3O_7$. F: 152—154° [unkorr.].

N-[5-Chlor-furfuryl]-N',N'-dimethyl-N-[2]pyridyl-äthylendiamin $C_{14}H_{18}ClN_3O$, Formel V (X = Cl).

B. Beim Erwärmen von N,N-Dimethyl-N'-[2]pyridyl-äthylendiamin und LiNH₂ in Benzol mit 2-Chlor-5-chlormethyl-furan [aus 5-Chlor-furfurylalkohol, SOCl₂ und Pyridin in Äther hergestellt] (*Hayes et al.*, Am. Soc. **72** [1950] 1205, 1208). Beim Erwärmen von [5-Chlor-furfuryl]-[2]pyridyl-amin und LiNH₂ in Benzol mit [2-Chlor-äthyl]-dimethyl-amin (*Ha. et al.*).

Kp₂: 149—152°.

Fumarat $C_{14}H_{18}ClN_3O \cdot 1,5$ $C_4H_4O_4$. F: 109°.

N-[5-Brom-furfuryl]-N',N'-dimethyl-N-[2]pyridyl-äthylendiamin $C_{14}H_{18}BrN_3O$, Formel V (X = Br).

B. Beim Erhitzen von N,N-Dimethyl-N'-[2]pyridyl-äthylendiamin mit NaH in Toluol und anschliessenden Behandeln mit 2-Brom-5-chlormethyl-furan [hergestellt aus 5-Brom-furfurylalkohol und SOCl₂] (*Vaughan, Anderson*, Am. Soc. **70** [1948] 2607). Beim Erwärmen von [5-Brom-furfuryl]-[2]pyridyl-amin und LiNH₂ in Benzol mit [2-Chlor-äthyl]-dimethyl-amin (*Hayes et al.*, Am. Soc. **72** [1950] 1205, 1206).

Kp$_{0,5}$: 156—158°; n$_D^{30}$: 1,5603 (*Va., An.*). Kp$_{0,4}$: 135—140° (*Ha. et al.*).

Hydrogenfumarat $C_{14}H_{18}BrN_3O \cdot C_4H_4O_4$. F: 136° (*Ha. et al.*).

Dihydrogencitrat $C_{14}H_{18}BrN_3O \cdot C_6H_8O_7$. Kristalle (aus Butanon); F: 105—107° [korr.] (*Va., An.*).

N,N-Dimethyl-N'-[2]pyridyl-N'-[2]thienylmethyl-äthylendiamin, Methapyrilen, Thenylpyramin $C_{14}H_{19}N_3S$, Formel VII (R = R' = CH₃).

B. Aus N,N-Dimethyl-N'-[2]pyridyl-äthylendiamin und 2-Chlormethyl-thiophen beim Erhitzen mit NaNH₂ in Toluol (*Monsanto Chem. Co.* U.S.P. 2581868 [1946]; *Leonard Solmssen*, Am. Soc. **70** [1948] 2064, 2066) oder mit NaH in Benzol (*Abbott Labor.*, U.S.P. 2556566 [1946]; D.B.P. 970796 [1949]; *Weston*, Am. Soc. **69** [1947] 980). Beim Erhitzen von [2]Pyridyl-[2]thienylmethyl-amin und NaNH₂ in Toluol mit [2-Chlor-äthyl]-dimethyl-amin (*Abbott Labor.*, D.B.P. 970796).

Kp₃: 173—175° (*We.*); Kp₂: 166—168° (*Le., So.*), 160—161° (*Abbott Labor.*). n_D^{25}: 1,5846 (*Abbott Labor.*), 1,5835 (*We.*). IR-Spektrum des Hydrochlorids (CHCl₃; 5—7 μ): *Parke et al.*, Anal. Chem. **23** [1951] 953, 955. UV-Spektrum in wss. HCl [0,1 n] (280 nm bis 340 nm): *Pa. et al.*; in wss. Lösungen vom pH 0,1, pH 2 und pH 4,1 (210—360 nm): *Kleckner, Osol*, J. Am. pharm. Assoc. **44** [1955] 762, 763; in wss. Lösungen vom pH 2,1 und pH 4,7 (220—340 nm): *Martin, Harrisson*, J. Am. pharm. Assoc. **39** [1950] 390; λ_{max}: 315 nm [wss. H₂SO₄ (0,1 n)] (*Banes*, J. Assoc. agric. Chemists **34** [1951] 703, 704), 238 nm und 304 nm [wss. Lösung vom pH 5,7] (*Kl., Osol*). λ_{max} des Hydrochlorids: 240 nm und 305 nm [A.] (*Kl., Osol*, l. c. S. 765), 243 nm und 309 nm [wss. A.] (*Bradford, Brackett*, Mikroch. Acta **1958** 353, 361), 314 nm [1% Eg. enthaltendes CHCl₃] (*Heuermann, Levine*, J. Am. pharm. Assoc. **47** [1958] 276, 278). Scheinbare Dissoziationsexponenten pK'_{a1} und pK'_{a2} der protonierten Verbindung (H₂O; potentiometrisch ermittelt) bei 25°: 3,66 bzw. 8,91 (*Lordi, Christian*, J. Am. pharm. Assoc. **45** [1956] 300, 301); bei Raumtemperatur: 3,59 bzw. 7,64 (*Tolstoouhov*, Trans. N.Y. Acad. Sci. [2] **14** [1952] 260, 264). Löslichkeit in wss. Lösung vom pH 7,4 bei 37,5°: 0,017 mol·l⁻¹ (*Lo., Ch.*).

Hydrochlorid $C_{14}H_{19}N_3S \cdot HCl$. Atomabstände und Bindungswinkel (Röntgen-Diagramm): *Clark, Palenik*, Am. Soc. **94** [1972] 4005. — Kristalle; F: 164,5—166,5° [aus Isopropylalkohol] (*Rose, Williams*, J. Am. pharm. Assoc. **48** [1959] 487), 162—163° [aus A. + Ae.] (*Le., So.*), 161—162° (*We.*). Monoklin; Raumgruppe $P2_1/c$ ($= C_{2h}^5$); aus dem Röntgen-Diagramm ermittelte Dimensionen der Elementarzelle: a = 10,936 Å; b = 10,417 Å; c = 28,256 Å; β = 106,21°; n = 8 (*Cl., Pa.*; s. a. *Rose, Wi.*). Dichte der Kristalle: 1,273 (*Rose, Wi.*), 1,236 (*Cl., Pa.*). Kristalloptik: *Eisenberg*, J. Assoc. agric. Chemists **37** [1954] 705, 706; *Rose, Wi.*.

Dipicrat. Kristalle; F: 172—173° [aus Nitropropan] (*Abbott Labor.*, D.B.P. 970796), 168—169° [aus wss. Acn.] (*Balmer, Bürgin*, Pharm. Acta Helv. **27** [1952] 367, 371 Tab. I und II), 161° [korr.; Zers.; aus wss. Acn.] (*Baggesgaard Rasmussen et al.*, Dansk Tidsskr. Farm. **32** [1958] 29, 35). Brechungsindex der Schmelze bei 161—164°: *Ba., Bü.*

2-[4-Hydroxy-benzoyl]-benzoat. F: 184—185° (*E. Lilly & Co.*, U.S.P. 2718486 [1954]).

Methojodid [$C_{15}H_{22}N_3S$]I. Kristalle (aus A.); F: 156—157° [Zers.] (*Abbott Labor.*, U.S.P. 2556566; *We.*).

VII   VIII   IX

N,N-Diäthyl-N'-[2]pyridyl-N'-[2]thienylmethyl-äthylendiamin $C_{16}H_{23}N_3S$, Formel VII (R = R' = C₂H₅).

B. Beim Erhitzen von [2]Pyridyl-[2]thienylmethyl-amin und NaNH₂ in Toluol mit Diäthyl-[2-chlor-äthyl]-amin (*Abbott Labor.*, U.S.P. 2556566 [1946]; D.B.P. 970796 [1949]).

Kp₄: 187—190°. n_D^{26}: 1,5695.

N-Benzyl-N-butyl-N'-[2]pyridyl-N'-[2]thienylmethyl-äthylendiamin $C_{23}H_{29}N_3S$, Formel VII (R = [CH₂]₃-CH₃, R' = CH₂-C₆H₅).

B. Beim Erhitzen von [2]Pyridyl-[2]thienylmethyl-amin und NaNH₂ in Toluol mit

Benzyl-butyl-[2-chlor-äthyl]-amin   (*Abbott Labor.*,   U.S.P. 2 556 566   [1946];   D.B.P. 970 796 [1949]).
Kp$_1$: 223—225°. n$_D^{26}$: 1,5820.
Monooxalat. F: 125—127° (*Abbott Labor.*, D.B.P. 970796).

1-[[2]Pyridyl-[2]thienylmethyl-amino]-2-pyrrolidino-äthan, [2]Pyridyl-[2-pyrrolidino-äthyl]-[2]thienylmethyl-amin C$_{16}$H$_{21}$N$_3$S, Formel VIII (X = H).
B. Beim Erhitzen von 1-Pyrrolidino-2-[[2]thienylmethyl-amino]-äthan mit 2-Chlor-pyridin oder mit 2-Brom-pyridin und Na$_2$CO$_3$ (*Lincoln et al.*, Am. Soc. **71** [1949] 2902, 2903).
Kp$_{0,5}$: 155—165°.
Dihydrogencitrat C$_{16}$H$_{21}$N$_3$S·C$_6$H$_8$O$_7$. F: 111—113° [unkorr.].

1-Piperidino-2-[[2]pyridyl-[2]thienylmethyl-amino]-äthan, [2-Piperidino-äthyl]-[2]pyridyl-[2]thienylmethyl-amin C$_{17}$H$_{23}$N$_3$S, Formel IX.
B. Beim Erhitzen von [2-Piperidino-äthyl]-[2]pyridyl-amin und NaNH$_2$ in Toluol mit 2-Chlormethyl-thiophen (*Leonard, Solmssen*, Am. Soc. **70** [1948] 2064, 2066). Beim Erhitzen von [2]Pyridyl-[2]thienylmethyl-amin und NaNH$_2$ in Toluol mit 1-[2-Chlor-äthyl]-piperidin (*Abbott Labor.*; U.S.P. 2 556 566 [1946]; D.B.P. 970 796 [1949]).
Kp$_1$: 189—194° (*Le., So.*). Kp$_4$: 208—210°; n$_D^{26}$: 1,5884 (*Abbott Labor.*).
Monohydrochlorid C$_{17}$H$_{23}$N$_3$S·HCl. F: 135—136° (*Le., So.*).
Trihydrochlorid. Kristalle (aus A. + Ae.); F: 115—117° (*Abbott Labor.*).

N-[5-Chlor-[2]thienylmethyl]-N',N'-dimethyl-N-[2]pyridyl-äthylendiamin C$_{14}$H$_{18}$ClN$_3$S, Formel X (X = H, X' = Cl).
B. Aus N,N-Dimethyl-N'-[2]pyridyl-äthylendiamin und 2-Chlor-5-chlormethyl-thio≈phen beim Erhitzen in Toluol mit NaNH$_2$ oder KNH$_2$ (*Am. Cyanamid Co.*, D.B.P. 830 646 [1949]; D.R.B.P. Org. Chem. 1950—1951 **3** 158; *Clapp et al.*, Am. Soc. **69** [1947] 1549) oder mit NaH (*Monsanto Chem. Co.*, U.S.P. 2 581 869 [1947]). Beim Erhitzen von N'-[5-Chlor-[2]thienylmethyl]-N,N-dimethyl-äthylendiamin und 2-Chlor-pyridin in 2,6-Dimethyl-pyridin (*Clark et al.*, J. org. Chem. **14** [1949] 216, 224).
Kp$_{1,8}$: 171—173° (*Kyrides et al.*, Am. Soc. **72** [1950] 745, 746); Kp$_1$: 155—156° (*Clapp et al.*); Kp$_{0,3}$: 148—153° (*Clark et al.*). n$_D^{25}$: 1,5863 (*Ky. et al.*), 1,585 (*Clark et al.*). UV-Spektrum des Citrats (220—360 nm) in wss. Lösungen vom pH 0,1, pH 2 und pH 4,1: *Kleckner, Osol*, J. Am. pharm. Assoc. **44** [1955] 762, 763. λ$_{max}$ des Citrats: 240 nm und 303 nm [wss. Lösung vom pH 5,7], 243 nm und 304 nm [A.] (*Kl., Osol*). Scheinbarer Dissoziationsexponent pK$_a'$ der protonierten Verbindung (H$_2$O; potentiometrisch er-mittelt) bei 25°: 8,42 (*Lordi, Christian*, J. Am. pharm. Assoc. **45** [1956] 300, 301). Löslich-keit in wss. Lösung vom pH 7,4 bei 37,5°: 0,0068 mol·l⁻¹ (*Lo., Ch.*).
Hydrochlorid C$_{14}$H$_{18}$ClN$_3$S·HCl. Kristalle; F: 110—111° [korr.] (*Ky. et al.*), 106° bis 108° (*Clapp et al.*), 105—107° [korr.; aus Bzl.] (*Clark et al.*). Brechungsindices der Kristalle: *Eisenberg*, J. Assoc. agric. Chemists **37** [1954] 705, 706.
Dihydrogenphosphat C$_{14}$H$_{18}$ClN$_3$S·H$_3$PO$_4$. Kristalle (aus A.); F: 105—106° [korr.] (*Clark et al.*, l. c. S. 226).
Dipicrat C$_{14}$H$_{18}$ClN$_3$S·2 C$_6$H$_3$N$_3$O$_7$. Kristalle; F: 156—158° [aus wss. Acn.] (*Balmer, Bürgin*, Pharm. Acta Helv. **27** [1952] 367, 371 Tab. I und II), 152—154° [korr.] (*Baggesgaard Rasmussen et al.*, Dansk Tidsskr. Farm. **32** [1958] 29, 35), 145—148° [korr.; aus Eg.] (*Clark et al.*). Brechungsindex der Schmelze bei 154—155°: *Ba., Bü.*
Dihydrogencitrat C$_{14}$H$_{18}$ClN$_3$S·C$_6$H$_8$O$_7$; Chloropyrilenium-citrat. Kristalle; F: 116—118° (*Baggesgaard Rasmussen et al.*, Dansk Tidsskr. Farm. **32** [1958] 29, 35), 115—118° [korr.; aus A.] (*Clark et al.*). Brechungsindices der Kristalle: *Ei.*
Methojodid [C$_{15}$H$_{21}$ClN$_3$S]I. Kristalle (aus Acn.); F: 159—160° [korr.] (*Clark et al.*).
Benzylochlorid [C$_{21}$H$_{25}$ClN$_3$S]Cl. Kristalle (aus Acn.); F: 94—96° (*Clark et al.*).

1-[(5-Chlor-[2]thienylmethyl)-[2]pyridyl-amino]-2-pyrrolidino-äthan, [5-Chlor-[2]thienylmethyl]-[2]pyridyl-[2-pyrrolidino-äthyl]-amin C$_{16}$H$_{20}$ClN$_3$S, Formel VIII (X = Cl).
B. Beim Erwärmen von [2]Pyridyl-[2-pyrrolidino-äthyl]-amin und NaNH$_2$ in Benzol mit 2-Chlor-5-chlormethyl-thiophen (*Lincoln et al.*, Am. Soc. **71** [1949] 2902, 2904).

$Kp_{0,1}$: 168—172°.

Dihydrogencitrat $C_{16}H_{20}ClN_3S \cdot C_6H_8O_7$. Kristalle (aus A. + E.); F: 117—118° [unkorr.].

X   XI   XII

N-[3-Brom-[2]thienylmethyl]-N′,N′-dimethyl-N-[2]pyridyl-äthylendiamin $C_{14}H_{18}BrN_3S$, Formel X (X = Br, X′ = H).

B. Beim Erhitzen von N,N-Dimethyl-N'-[2]pyridyl-äthylendiamin und $NaNH_2$ in Toluol mit 3-Brom-2-brommethyl-thiophen [aus 3-Brom-2-methyl-thiophen und N-Brom-succinimid hergestellt] (*Clark et al.*, J. org. Chem. **14** [1949] 216, 220).

n_D^{25}: 1,5988.

Hydrochlorid $C_{14}H_{18}BrN_3S \cdot HCl$. Kristalle (aus Bzl.); F: 184—185°.

N-[5-Brom-[2]thienylmethyl]-N′,N′-dimethyl-N-[2]pyridyl-äthylendiamin $C_{14}H_{18}BrN_3S$, Formel X (X = H, X′ = Br).

B. Aus N,N-Dimethyl-N'-[2]pyridyl-äthylendiamin und 2-Brom-5-chlormethyl-thio≠ phen beim Erhitzen in Toluol mit $NaNH_2$ oder KNH_2 (*Am. Cyanamid Co.*, D.B.P. 830646 [1949]; D.R.B.P. Org. Chem. 1950—1951 **3** 158; *Clapp et al.*, Am. Soc. **69** [1947] 1549) oder mit NaH (*Monsanto Chem. Co.*, U.S.P. 2581869 [1947]). Aus [5-Brom-[2]thienylmethyl]-[2]pyridyl-amin und [2-Chlor-äthyl]-dimethyl-amin beim Erwärmen mit $NaNH_2$ in Toluol (*Clark et al.*, J. org. Chem. **14** [1949] 216, 223) oder mit NaH in Benzol (*Abbott Labor.*, D.B.P. 970796 [1949]).

$Kp_{1,5}$: 182—183° (*Abbott Labor.*); Kp_1: 173—175° (*Clapp et al.*).

Beim Erhitzen mit Natriummethylat auf 150° ist N,N-Dimethyl-N'-[2]pyridyl-äthylendiamin erhalten worden; beim Behandeln mit Natrium und Propyljodid oder beim Behandeln mit Lithium sind N,N-Dimethyl-N'-[2]pyridyl-N'-[2]thienylmethyl-äthylendiamin und N,N-Dimethyl-N'-[2]pyridyl-äthylendiamin erhalten worden (*Clark et al.*, l. c. S. 225). Beim Behandeln mit Brom in $CHCl_3$ ist N-[5-Brom-[2]pyridyl]-N-[5-brom-[2]thienylmethyl]-N',N'-dimethyl-äthylendiamin erhalten worden (*Clark et al.*, l. c. S. 222).

Hydrochlorid $C_{14}H_{18}BrN_3S \cdot HCl$. Kristalle; F: 126—129° [korr.; aus E.] (*Clark et al.*), 125—127° (*Abbott Labor.*), 124—126° (*Clapp et al.*). Brechungsindices der Kristalle: *Eisenberg*, J. Assoc. agric. Chemists **37** [1954] 705, 706.

N-[3,5-Dibrom-[2]thienylmethyl]-N′,N′-dimethyl-N-[2]pyridyl-äthylendiamin $C_{14}H_{17}Br_2N_3S$, Formel X (X = X′ = Br).

B. Beim Erhitzen von N,N-Dimethyl-N'-[2]pyridyl-äthylendiamin und KNH_2 in Toluol mit 3,5-Dibrom-2-brommethyl-thiophen (*Clark et al.*, J. org. Chem. **14** [1949] 216, 218, 220).

$Kp_{0,001}$: 150—160°.

Hydrochlorid $C_{14}H_{17}Br_2N_3S \cdot HCl$. Kristalle (aus A.); F: 208—209° [korr.].

(±)-2-Dimethylamino-1-[[2]pyridyl-[2]thienylmethyl-amino]-propan, (±)-1,N¹,N¹-Tri≠ methyl-N²-[2]pyridyl-N²-[2]thienylmethyl-äthandiyldiamin $C_{15}H_{21}N_3S$, Formel XI.

B. Beim Erhitzen von (±)-2-Dimethylamino-1-[2]pyridylamino-propan und $NaNH_2$ in Toluol mit 2-Chlormethyl-thiophen (*Leonard*, *Solmssen*, Am. Soc. **70** [1948] 2064, 2066).

$Kp_{1,5}$: 162—169°. n_D^{25}: 1,5755.

Dipicrat $C_{15}H_{21}N_3S \cdot 2 C_6H_3N_3O_7$. Kristalle (aus Acn.); F: 136—138°.

Hydrogensuccinat $C_{15}H_{21}N_3S \cdot C_4H_6O_4$. Kristalle (aus Butanon); F: 101—102°.

N,N-Dimethyl-*N'*-[2]pyridyl-*N'*-[2]thienylmethyl-propandiyldiamin C₁₅H₂₁N₃S,
Formel XII (R = CH₃, n = 2).

B. Beim Erhitzen von *N,N*-Dimethyl-*N'*-[2]pyridyl-propandiyldiamin und NaNH₂
in Toluol mit 2-Chlormethyl-thiophen (*Kyrides et al.*, Am. Soc. **72** [1950] 745, 747).
Beim Erwärmen von [2]Pyridyl-[2]thienylmethyl-amin und NaNH₂ in Benzol mit
[3-Chlor-propyl]-dimethyl-amin (*Leonard, Solmssen*, Am. Soc. **70** [1948] 2064, 2066).

Kp₄: 171—174° (*Le., So.*); Kp₂: 170—172° (*Ky. et al.*).

Hydrochlorid C₁₅H₂₁N₃S·HCl. F: 125,5—126,5° (*Ky. et al.*), 122—124° (*Le., So.*).

N,N-Dibutyl-*N'*-[2]pyridyl-*N'*-[2]thienylmethyl-propandiyldiamin C₂₁H₃₃N₃S, Formel XII
(R = [CH₂]₃-CH₃, n = 2).

B. Beim Erhitzen von [2]Pyridyl-[2]thienylmethyl-amin und NaNH₂ in Toluol mit
Dibutyl-[3-chlor-propyl]-amin (*Abbott Labor.*, U.S.P. 2556566 [1946]; D.B.P. 970796
[1949]).

Kp₁: 195—196°.

Dipicrat. F: 106—108° (*Abbott Labor.*, D.B.P. 970796).

N,N-Diäthyl-*N'*-[2]pyridyl-*N'*-[2]thienylmethyl-undecandiyldiamin C₂₅H₄₁N₃S,
Formel XII (R = C₂H₅, n = 10).

B. Beim Erhitzen von [2]Pyridyl-[2]thienylmethyl-amin und NaNH₂ in Toluol mit
Diäthyl-[11-chlor-undecyl]-amin (*Abbott Labor.*, U.S.P. 2556566 [1946]; D.B.P. 970796
[1949]).

Kp₁: 230—235°.

N,N-Dimethyl-*N'*-[2]pyridyl-*N'*-[3]thienylmethyl-äthylendiamin, Thenyldiamin
C₁₄H₁₉N₃S, Formel XIII (X = X' = H).

B. Beim Behandeln von *N,N*-Dimethyl-*N'*-[2]pyridyl-äthylendiamin und NaNH₂ in
Toluol mit 3-Brommethyl-thiophen (*Campaigne, LeSuer*, Am. Soc. **71** [1949] 333).
Beim Behandeln von 5-Brom-thiophen-3-carbonsäure-[(2-dimethylamino-äthyl)-[2]pyr=
idyl-amid] mit LiAlH₄ in Äther (*Campaigne, Bourgeois*, Am. Soc. **76** [1954] 2445, 2447).

Kp₁: 169—172°; n₂₀D: 1,5915 (*Ca., LeS.*). UV-Spektrum des Hydrochlorids (220 nm
bis 340 nm) in wss. Lösungen vom pH 0,1, pH 2 und pH 4,1: *Kleckner, Osol*, J. Am.
pharm. Assoc. **44** [1955] 762, 764. λmax des Hydrochlorids: 242 nm und 306 nm [wss.
Lösung vom pH 5,7], 244 nm und 306 nm [A.] (*Kl., Osol*). Scheinbare Dissoziationsexponenten pK'ₐ₁ und pK'ₐ₂ der protonierten Verbindung (H₂O; potentiometrisch ermittelt) bei 25°: 3,94 bzw. 8,93 (*Lordi, Christian*, J. Am. pharm. Assoc. **45** [1956] 300,
301). Löslichkeit in wss. Lösung vom pH 7,4 bei 37,5°: 0,017 mol·l⁻¹ (*Lo., Ch.*).

Hydrochlorid C₁₄H₁₉N₃S·HCl. F: 169,5—170° (*Ca., LeS.*). Brechungsindices der
Kristalle: *Haley, Keenan*, J. Am. pharm. Assoc. **39** [1950] 526, 528; *Eisenberg*, J. Assoc.
agric. Chemists **37** [1954] 705, 707.

N-[2-Chlor-[3]thienylmethyl]-*N',N'*-dimethyl-*N*-[2]pyridyl-äthylendiamin C₁₄H₁₈ClN₃S,
Formel XIII (X = Cl, X' = H).

B. Beim Erhitzen von *N,N*-Dimethyl-*N'*-[2]pyridyl-äthylendiamin und NaNH₂ in
Toluol mit 3-Brommethyl-2-chlor-thiophen (*Campaigne, LeSuer*, Am. Soc. **71** [1949] 333).

Kp₁: 156—158°. n₂₀D: 1,5950.

XIII   XIV   XV

N-[2,5-Dichlor-[3]thienylmethyl]-*N',N'*-dimethyl-*N*-[2]pyridyl-äthylendiamin
C₁₄H₁₇Cl₂N₃S, Formel XIII (X = X' = Cl).

B. Beim Erwärmen von *N,N*-Dimethyl-*N'*-[2]pyridyl-äthylendiamin und NaNH₂ in

Toluol mit 2,5-Dichlor-3-chlormethyl-thiophen (*Clark et al.*, J. org. Chem. **14** [1949] 216, 218, 221) oder mit 3-Brommethyl-2,5-dichlor-thiophen (*Campaigne, LeSuer*, Am. Soc. **71** [1949] 333).

Kp$_1$: 179—181° (*Ca., LeS.*), 174—180° (*Cl. et al.*). n$_D^{20}$: 1,5968 (*Ca., LeS.*); n$_D^{25}$: 1,5866 (*Cl. et al.*).

Hydrochlorid $C_{14}H_{17}Cl_2N_3S \cdot HCl$. Kristalle (aus Bzl.); F: 168—170° [korr.] (*Cl. et al.*).

N-[2-Brom-[3]thienylmethyl]-N',N'-dimethyl-N-[2]pyridyl-äthylendiamin $C_{14}H_{18}BrN_3S$, Formel XIII (X = Br, X' = H).

B. Beim Erhitzen von *N,N*-Dimethyl-*N'*-[2]pyridyl-äthylendiamin und NaNH$_2$ in Toluol mit 2-Brom-3-brommethyl-thiophen (*Campaigne, LeSuer*, Am. Soc. **71** [1949] 333).

Kp$_1$: 177—179°. n$_D^{20}$: 1,6590.

(±)-1-[2]Furyl-1-[2]pyridylamino-äthan, (±)-[1-[2]Furyl-äthyl]-[2]pyridyl-amin $C_{11}H_{12}N_2O$, Formel XIV (R = X = H).

B. Beim Behandeln von Furfuryliden-[2]pyridyl-amin mit Methylmagnesiumjodid in Äther (*Hayes et al.*, Am. Soc. **72** [1950] 1205, 1207).

Kp$_{1,6}$: 110—112°.

Picrat $C_{11}H_{12}N_2O \cdot C_6H_3N_3O_7$. Kristalle; F: 158,5—159,5°.

(±)-1-[5-Brom-[2]furyl]-1-[2]pyridylamino-äthan, (±)-[1-(5-Brom-[2]furyl)-äthyl]-[2]pyridyl-amin $C_{11}H_{11}BrN_2O$, Formel XIV (R = H, X = Br).

B. Beim Erwärmen von [2]Pyridylamin mit 5-Brom-furfural in Benzol und Behandeln des Reaktionsprodukts mit Methylmagnesiumjodid in Äther (*Hayes et al.*, Am. Soc. **72** [1950] 1205, 1206).

F: 46—48°. Kp$_{1,6}$: 154—156°.

Picrat $C_{11}H_{11}BrN_2O \cdot C_6H_3N_3O_7$. F: 159,5—160°.

(±)-N-[1-[2]Furyl-äthyl]-N',N'-dimethyl-N-[2]pyridyl-äthylendiamin $C_{15}H_{21}N_3O$, Formel XIV (R = CH$_2$-CH$_2$-N(CH$_3$)$_2$, X = H).

B. Beim Erwärmen von (±)-[1-[2]Furyl-äthyl]-[2]pyridyl-amin und LiNH$_2$ in Benzol mit [2-Chlor-äthyl]-dimethyl-amin (*Hayes et al.*, Am. Soc. **72** [1950] 1205, 1206).

Kp$_{1,0}$: 121—126°.

Hydrogenfumarat $C_{15}H_{21}N_3O \cdot C_4H_4O_4$. F: 136°.

(±)-N,N-Dimethyl-N'-[2]pyridyl-N'-[1-[2]thienyl-äthyl]-äthylendiamin $C_{15}H_{21}N_3S$, Formel XV (R = CH$_3$, R' = H).

B. Beim Erwärmen von *N,N*-Dimethyl-*N'*-[2]pyridyl-äthylendiamin und NaNH$_2$ in Toluol mit (±)-2-[1-Brom-äthyl]-thiophen [aus (±)-1-[2]Thienyl-äthanol und HBr in Benzol hergestellt] (*Clark et al.*, J. org. Chem. **14** [1949] 216, 219, 220).

Kp$_1$: 150—151°.

Hydrochlorid $C_{15}H_{21}N_3S \cdot HCl$. Kristalle (aus Isopropylalkohol); F: 172—173° [korr.].

N,N-Dimethyl-N'-[3-methyl-[2]thienylmethyl]-N'-[2]pyridyl-äthylendiamin $C_{15}H_{21}N_3S$, Formel XV (R = H, R' = CH$_3$).

B. Beim Erhitzen von *N,N*-Dimethyl-*N'*-[2]pyridyl-äthylendiamin und NaNH$_2$ in Toluol mit 2-Chlormethyl-3-methyl-thiophen (*Abbott Labor.*, U.S.P. 2556566 [1946]; D.B.P. 970796 [1949]).

Kp$_1$: 170—175°.

Hydrochlorid $C_{15}H_{21}N_3S \cdot HCl$. F: 170—171° (*Abbott Labor.*, D.B.P. 970796).

[5-Methyl-furfuryl]-[2]pyridyl-amin $C_{11}H_{12}N_2O$, Formel I.

B. Beim Erwärmen von 5-Methyl-furan-2-carbonsäure-[2]pyridylamid in Benzol mit LiAlH$_4$ in Äther (*Mndshojan et al.*, Doklady Akad. Armjansk. S.S.R. **27** [1958] 305, 310; C. A. **1960** 481).

Kristalle; F: 67—68°. Kp$_1$: 132—133°.

(±)-N,N-Dimethyl-N′-[2]pyridyl-N′-[1-[2]thienyl-butyl]-äthylendiamin $C_{17}H_{25}N_3S$, Formel II (R = CH_2-CH_2-CH_3, R′ = H).

B. In geringer Menge beim Erwärmen von N,N-Dimethyl-N′-[2]pyridyl-äthylen= diamin und NaH in Toluol mit (±)-2-[1-Brom-butyl]-thiophen (*Clark et al.*, J. org. Chem. **14** [1949] 216, 219, 220).

$Kp_{0,5}$: 130—135°.

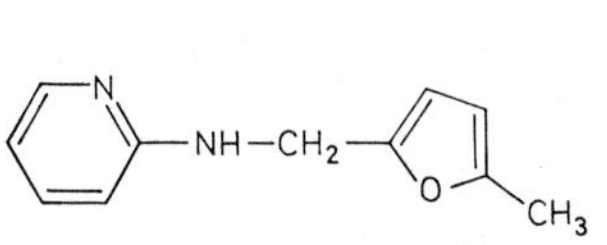

      I 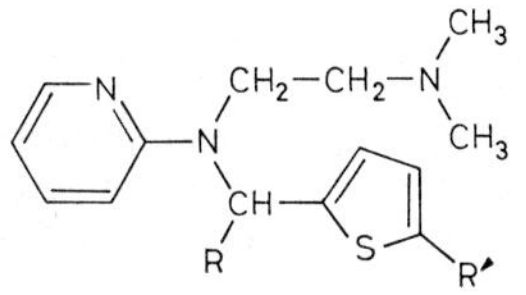   II 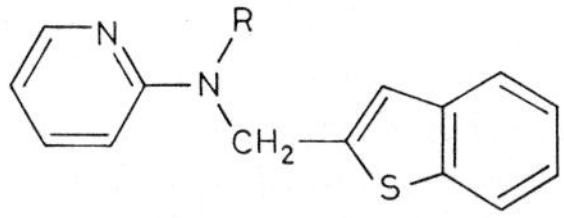   III

N-[5-tert-Butyl-[2]thienylmethyl]-N′,N′-dimethyl-N-[2]pyridyl-äthylendiamin $C_{18}H_{27}N_3S$, Formel II (R = H, R′ = C(CH$_3$)$_3$).

B. Beim Behandeln von N,N-Dimethyl-N′-[2]pyridyl-äthylendiamin und NaNH$_2$ in Toluol mit 2-tert-Butyl-5-chlormethyl-thiophen (*Clark et al.*, J. org. Chem. **14** [1949] 216, 218, 221).

$Kp_{3,5}$: 185—190°.

Hydrochlorid $C_{18}H_{27}N_3S \cdot HCl$. Kristalle (aus Toluol); F: 145—146° [korr.].

Benzo[b]thiophen-2-ylmethyl-[2]pyridyl-amin $C_{14}H_{12}N_2S$, Formel III (R = H).

B. Beim Behandeln von Benzo[b]thiophen-2-carbonsäure-[2]pyridylamid mit LiAlH$_4$ in THF (*Shirley, Cameron*, Am. Soc. **74** [1952] 664).

Kristalle (aus A.); F: 121,5—122°.

N-Benzo[b]thiophen-2-ylmethyl-N′,N′-dimethyl-N-[2]pyridyl-äthylendiamin $C_{18}H_{21}N_3S$, Formel III (R = CH_2-CH_2-N(CH$_3$)$_2$).

B. Beim Erhitzen von N,N-Dimethyl-N′-[2]pyridyl-äthylendiamin und NaNH$_2$ in Toluol mit 2-Chlormethyl-benzo[b]thiophen (*Blicke, Sheets*, Am. Soc. **71** [1949] 2856, 2858).

$Kp_{0,02}$: 175—180°.

Hydrochlorid $C_{18}H_{21}N_3S \cdot HCl$. Kristalle (aus Acn.); F: 149—150°.

Benzo[b]thiophen-3-ylmethyl-[2]pyridyl-amin $C_{14}H_{12}N_2S$, Formel IV (R = H).

B. Beim Erhitzen von [2]Pyridylamin und NaNH$_2$ in Toluol mit 3-Chlormethyl-benzo[b]thiophen (*Blicke, Sheets*, Am. Soc. **70** [1948] 3768).

Kristalle (aus wss. A.); F: 101—103°. Kp_1: 180—185°.

N-Benzo[b]thiophen-3-ylmethyl-N′,N′-dimethyl-N-[2]pyridyl-äthylendiamin $C_{18}H_{21}N_3S$, Formel IV (R = CH_2-CH_2-N(CH$_3$)$_2$).

B. Beim Erhitzen von N,N-Dimethyl-N′-[2]pyridyl-äthylendiamin und NaNH$_2$ (*Blicke, Sheets*, Am. Soc. **71** [1949] 2856, 2858) oder LiNH$_2$ (*Nation. Drug Co.*, U.S.P. 2530358 [1948]) in Toluol mit 3-Chlormethyl-benzo[b]thiophen. Beim Erhitzen von Benzo[b]thiophen-3-ylmethyl-[2]pyridyl-amin und NaNH$_2$ in Toluol mit [2-Chlor-äthyl]-dimethyl-amin (*Blicke, Sheets*, Am. Soc. **70** [1948] 3768).

Kristalle (aus PAe.); F: 80—81°; $Kp_{0,2}$: 210—212° (*Nation. Drug Co.*). $Kp_{0,01}$: 169° bis 170° (*Bl., Sh.*).

Hydrochlorid $C_{18}H_{21}N_3S \cdot HCl$. Kristalle (aus Acn.); F: 186—187° (*Bl., Sh.*).

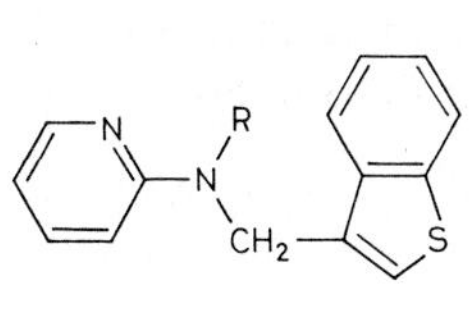

      IV 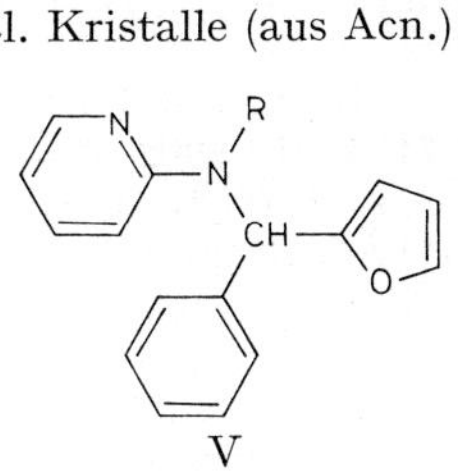   V 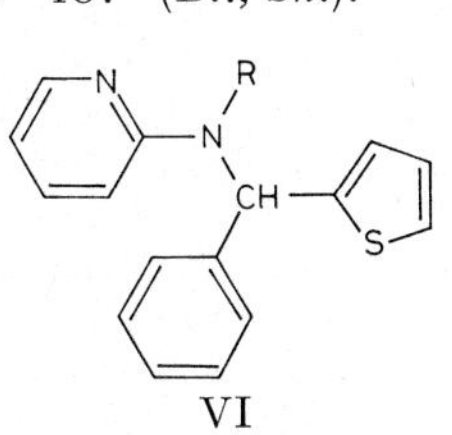   VI

(±)-[2]Furyl-phenyl-[2]pyridylamino-methan, (±)-[[2]Furyl-phenyl-methyl]-[2]pyridyl-amin $C_{16}H_{14}N_2O$, Formel V (R = H).

B. Beim Erhitzen von Furfuryliden-[2]pyridyl-amin mit Phenylmagnesiumbromid in Cumol auf 140° (*Kaye et al.*, Am. Soc. **74** [1952] 403, 405, 406).

$Kp_{0,05}$: 132—135°.

Picrat $C_{16}H_{14}N_2O \cdot C_6H_3N_3O_7$. Kristalle (aus A.); F: 126—127,5° [korr.].

(±)-Phenyl-[2]pyridylamino-[2]thienyl-methan, (±)-[Phenyl-[2]thienyl-methyl]-[2]pyridyl-amin $C_{16}H_{14}N_2S$, Formel VI (R = H).

B. Beim Erhitzen von [2]Pyridyl-[2]thienylmethylen-amin mit Phenylmagnesium=bromid in Cumol auf 140° (*Kaye et al.*, Am. Soc. **74** [1952] 403, 405, 406).

Kristalle (aus Isopropylalkohol); F: 97—98° [korr.]. $Kp_{0,13}$: 140—144°.

(±)-N-[[2]Furyl-phenyl-methyl]-N',N'-dimethyl-N-[2]pyridyl-äthylendiamin $C_{20}H_{23}N_3O$, Formel V (R = CH_2-CH_2-N(CH_3)$_2$).

B. Beim Erwärmen von (±)-[[2]Furyl-phenyl-methyl]-[2]pyridyl-amin und LiNH$_2$ in Benzol mit [2-Chlor-äthyl]-dimethyl-amin (*Kaye et al.*, Am. Soc. **74** [1952] 403, 406).

$Kp_{0,04}$: 137—144°.

Hydrogenoxalat $C_{20}H_{23}N_3O \cdot C_2H_2O_2$. Kristalle (aus A.); F: 140—141° [korr.].

(±)-N,N-Dimethyl-N'-[phenyl-[2]thienyl-methyl]-N'-[2]pyridyl-äthylendiamin $C_{20}H_{23}N_3S$, Formel VI (R = CH_2-CH_2-N(CH_3)$_2$).

B. Beim Erwärmen von (±)-[Phenyl-[2]thienyl-methyl]-[2]pyridyl-amin und LiNH$_2$ in Benzol mit [2-Chlor-äthyl]-dimethyl-amin (*Kaye et al.*, Am. Soc. **74** [1952] 403, 406).

Kristalle (aus Isopropylalkohol); F: 96—97°. $Kp_{0,05}$: 155—156°.

Oxalat. Kristalle (aus A. + Isopropylacetat); F: 135—136° [korr.].

[2]Furyl-bis-[2]pyridylamino-methan, C-[2]Furyl-N,N'-di-[2]pyridyl-methandiyldiamin $C_{15}H_{14}N_4O$, Formel VII.

B. Beim Erwärmen von [2]Pyridylamin mit Furfural [0,5 Mol] in Äthanol (*Hayes et al.*, Am. Soc. **72** [1950] 1205, 1207). Aus Furfuryliden-[2]pyridyl-amin beim Er-wärmen in Äthanol (*Ha. et al.*, l.c. S. 1207 Anm. 18) oder in Isopropylacetat (*Kaye, Kogon*, R. **71** [1952] 309, 316).

F: 115—117° bzw. F: 94—97° [abhängig von der Geschwindigkeit des Erhitzens] (*Ha. et al.*); Kristalle (aus Isopropylacetat), F: 82,5—85,4° (*Kaye, Ko.*).

VII   VIII   IX

Bis-[2]pyridylamino-[2]thienyl-methan, N,N'-Di-[2]pyridyl-C-[2]thienyl-methandiyl=diamin $C_{15}H_{14}N_4S$, Formel VIII.

B. Beim Erhitzen von [2]Pyridylamin mit Thiophen-2-carbaldehyd [0,5 Mol] in Toluol unter Zusatz von POCl$_3$ (*Abbott Labor.*, U.S.P. 2713048 [1950]).

Kristalle (aus Cyclohexan); F: 79—81°.

*2-Furfurylidenamino-pyridin, Furfuryliden-[2]pyridyl-amin, Furfural-[2]pyridylimin $C_{10}H_8N_2O$, Formel IX.

B. Beim Erwärmen von [2]Pyridylamin mit Furfural in Benzol (*Ridi*, G. **71** [1941] 462, 467; *Lincoln et al.*, Am. Soc. **71** [1949] 2902, 2904; *Hayes et al.*, Am. Soc. **72** [1950] 1205, 1207) oder in Cumol (*Kaye, Kogon*, R. **71** [1952] 309, 316).

Dimorph [?] (*Ha. et al.*, l.c. S. 1207 Anm. 18); Kristalle, F: 85° [aus Ae.] (*Ridi*), 87,5° (*Li. et al.*); Kristalle; F: 54,5—55,0° [aus PAe.] (*Ha. et al.*), 52—55° [aus Diiso=propyläther] (*Kaye, Ko.*).

Beim Erwärmen in Äthanol (*Ha. et al.*) oder in Isopropylacetat (*Kaye, Ko.*) ist C-[2]Furyl-N,N'-di-[2]pyridyl-methandiyldiamin erhalten worden. Beim Behandeln mit Methylmagnesiumjodid in Äther ist [1-[2]Furyl-äthyl]-[2]pyridyl-amin erhalten worden (*Ha. et al.*).

*[2]Pyridyl-[2]thienylmethylen-amin, Thiophen-2-carbaldehyd-[2]pyridylimin $C_{10}H_8N_2S$, Formel X.

B. Aus [2]Pyridylamin und Thiophen-2-carbaldehyd beim Erhitzen in Toluol unter Zusatz von POCl₃ (*Abbott Labor.*, U.S.P. 2713048 [1950]) oder beim Erhitzen in Cumol (*Kaye, Kogon*, R. **71** [1952] 309, 316).
Kristalle (aus Cyclohexan); F: 56—57° (*Abbott Labor.*). $Kp_{0,03}$: 110—112° (*Kaye, Ko.*).

2-Brom-10,10-dioxo-7-[2]pyridylamino-10λ^6-thioxanthen-9-on, 2-Brom-7-[2]pyridyl⸗amino-thioxanthen-9-on-10,10-dioxid $C_{18}H_{11}BrN_2O_3S$, Formel XI (X = Br).
B. Beim Erhitzen von 2-Amino-7-brom-10,10-dioxo-10λ^6-thioxanthen-9-on und 2-Brom-pyridin auf 155—160° (*Amstutz et al.*, Am. Soc. **70** [1948] 133, 137).
Orangefarbene Kristalle (aus Py.); F: 297—298°.

X   XI   XII

2-Jod-10,10-dioxo-7-[2]pyridylamino-10λ^6-thioxanthen-9-on, 2-Jod-7-[2]pyridylamino-thioxanthen-9-on-10,10-dioxid $C_{18}H_{11}IN_2O_3S$, Formel XI (X = I).
B. Beim Erhitzen von 2-Amino-7-jod-10,10-dioxo-10λ^6-thioxanthen-9-on und 2-Brom-pyridin auf 155—160° (*Amstutz et al.*, Am. Soc. **70** [1948] 133, 137).
Orangefarbene Kristalle (aus Py. + A.); F: 294—295°.

Furan-2-carbonsäure-[2]pyridylamid $C_{10}H_8N_2O_2$, Formel XII (R = H).
B. Beim Behandeln von Furan-2-carbonylchlorid mit [2]Pyridylamin und Benzol (*Mndshojan et al.*, Doklady Akad. Armjansk. S.S.R. **17** [1953] 119, 122).
Kristalle; F: 87—88°.

N-Allyl-N'-[2]pyridyl-furan-2-carbamidin $C_{13}H_{13}N_3O$, Formel XIII und Tautomeres.
B. Beim Behandeln von N-Allyl-furan-2-carbamid mit PCl₅ in Benzol und anschlies⸗send mit [2]Pyridylamin (*Takahashi et al.*, J. pharm. Soc. Japan **68** [1948] 42; C. A. **1950** 1954).
Kp_4: 130—135°.
Dipicrat $C_{13}H_{13}N_3O \cdot 2\ C_6H_3N_3O_7$. F: 215—217°.

Thiophen-2-carbonsäure-[2]pyridylamid $C_{10}H_8N_2OS$, Formel XIV (X = H).
B. Beim Erhitzen von [2]Pyridylamin und NaH in Toluol mit Thiophen-2-carbonyl⸗chlorid (*Kyrides et al.*, Am. Soc. **69** [1947] 2239).
Kp_2: 165—170°; erstarrt beim Abkühlen.
Hydrochlorid $C_{10}H_8N_2OS \cdot HCl$. Kristalle (aus Butanon + A.); F: 215—217° [korr.].

XIII   XIV   XV

5-Nitro-thiophen-2-carbonsäure-[2]pyridylamid $C_{10}H_7N_3O_3S$, Formel XIV (X = NO₂).
B. Aus 5-Nitro-thiophen-2-carbonylchlorid beim Behandeln mit [2]Pyridylamin in Benzol (*Bellenghi et al.*, G. **82** [1952] 773, 801, 802) oder beim Erwärmen mit [2]Pyridyl⸗amin in Benzol und Pyridin (*Foye, Hefferren*, J. Am. pharm. Assoc. **43** [1954] 602, 604).
Kristalle (aus A.); F: 201—202° (*Be. et al.*), 198—200° [korr.] (*Foye, He.*).

5-Brom-thiophen-3-carbonsäure-[(2-dimethylamino-äthyl)-[2]pyridyl-amid], N-[5-Brom-thiophen-3-carbonyl]-N',N'-dimethyl-N-[2]pyridyl-äthylendiamin $C_{14}H_{16}BrN_3OS$, Formel XV.

B. Beim Erwärmen von 5-Brom-thiophen-3-carbonsäure mit SOCl₂ und Behandeln des erhaltenen Säurechlorids mit *N,N*-Dimethyl-*N'*-[2]pyridyl-äthylendiamin in Pyridin (*Campaigne, Bourgeois*, Am. Soc. **76** [1954] 2445).

Kp₁: 193—197°.

Beim Behandeln mit LiAlH₄ in Äther ist *N,N*-Dimethyl-*N'*-[2]pyridyl-*N'*-[3]thienyl= methyl-äthylendiamin erhalten worden.

5-Methyl-furan-2-carbonsäure-[2]pyridylamid $C_{11}H_{10}N_2O_2$, Formel XII (R = CH₃).

B. Beim Behandeln von 5-Methyl-furan-2-carbonylchlorid mit [2]Pyridylamin in Benzol (*Mndshojan et al.*, Doklady Akad. Armjansk. S.S.R. **27** [1958] 305, 310; C. A. **1960** 481).

Kristalle (aus A.); F: 112—113°. Kp₁: 154—155°.

3-[2]Furyl-propionsäure-[2]pyridylamid $C_{12}H_{12}N_2O_2$, Formel I (R = H).

B. Beim Erwärmen von 3-[2]Furyl-propionsäure mit SOCl₂ in Benzol und Erwärmen des Reaktionsprodukts mit [2]Pyridylamin in Benzol (*Mndshojan, Afrikjan*, Izv. Armjansk. Akad. Ser. chim. **10** [1957] 143, 145, 155; C. A. **1958** 4641).

Kristalle; F: 54—55°.

P i c r a t. F: 139—140°.

3t-[2]Furyl-acrylsäure-[2]pyridylamid $C_{12}H_{10}N_2O_2$, Formel II (R = H).

B. Beim Erwärmen von 3t-[2]Furyl-acryloylchlorid (E III/IV **18** 4149) in Benzol mit [2]Pyridylamin (*Mndshojan, Afrikjan*, Izv. Armjansk. Akad. Ser. chim. **10** [1957] 143, 145, 155; C. A. **1958** 4641).

Kristalle; F: 154°.

H y d r o c h l o r i d. F: 173°.

P i c r a t. F: 189—190°.

I   II

Benzo[*b*]thiophen-2-carbonsäure-[2]pyridylamid $C_{14}H_{10}N_2OS$, Formel III.

B. Beim Behandeln von Benzo[*b*]thiophen-2-carbonylchlorid mit [2]Pyridylamin und Pyridin (*Shirley, Cameron*, Am. Soc. **74** [1952] 664; *Goettsch, Wiese*, J. Am. pharm. Assoc. **47** [1958] 319, 320).

Kristalle (aus A.); F: 133—133,5° (*Go., Wi.*), 132—132,5° (*Sh., Ca.*).

(±)-3-[2]Furyl-2-phenyl-propionsäure-[2]pyridylamid $C_{18}H_{16}N_2O_2$, Formel I (R = C₆H₅).

B. Beim Erwärmen von (±)-3-[2]Furyl-2-phenyl-propionsäure und SOCl₂ in Benzol und Erwärmen des Reaktionsprodukts mit [2]Pyridylamin in Benzol (*Mndshojan, Afrikjan*, Izv. Armjansk. Akad. Ser. chim. **10** [1957] 143, 145, 155; C. A. **1958** 4641).

Kristalle; F: 105°.

H y d r o c h l o r i d. F: 162—163°.

P i c r a t. F: 157°.

3t(?)-[2]Furyl-2-phenyl-acrylsäure-[2]pyridylamid $C_{18}H_{14}N_2O_2$, vermutlich Formel II (R = C₆H₅).

B. Beim Erwärmen von 3t(?)-[2]Furyl-2-phenyl-acryloylchlorid (E III/IV **18** 4324) in Benzol mit [2]Pyridylamin (*Mndshojan, Afrikjan*, Izv. Armjansk. Akad. Ser. chim. **10** [1957] 143, 145, 155; C. A. **1958** 4641).

Kristalle; F: 125°.

H y d r o c h l o r i d. F: 196—197°.

P i c r a t. F: 173°.

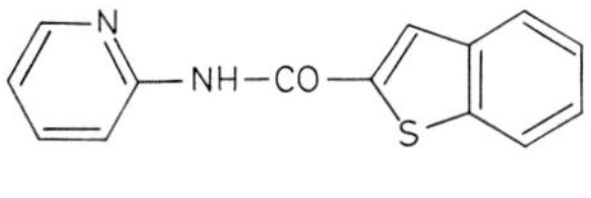

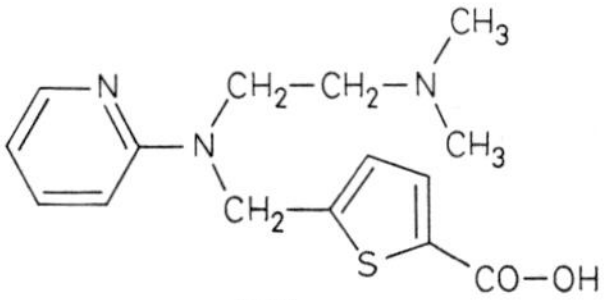

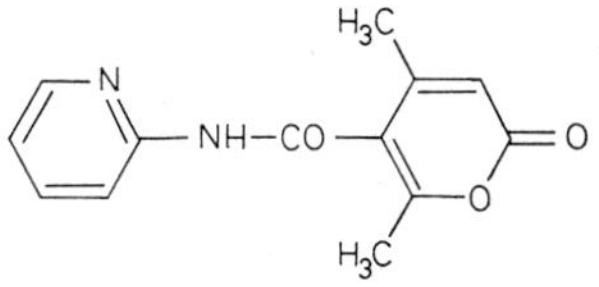

III   IV   V

5-{[(2-Dimethylamino-äthyl)-[2]pyridyl-amino]-methyl}-thiophen-2-carbonsäure
$C_{15}H_{19}N_3O_2S$, Formel IV.

B. Beim aufeinanderfolgenden Behandeln von N-[5-Brom-[2]thienylmethyl]-N',N'-di= methyl-N-[2]pyridyl-äthylendiamin mit Butyllithium in Äther und mit festem CO_2 bei $-35°$ (*Clark et al.*, J. org. Chem. **14** [1949] 216, 225).

Dipicrat $C_{15}H_{19}N_3O_2S \cdot 2\,C_6H_3N_3O_7$. Gelbe Kristalle (aus A.); F: 198—200° [korr.].

2,4-Dimethyl-6-oxo-6H-pyran-3-carbonsäure-[2]pyridylamid, Isodehydracetsäure-[2]pyridylamid $C_{13}H_{12}N_2O_3$, Formel V.

B. Beim Erwärmen von 2,4-Dimethyl-6-oxo-6H-pyran-3-carbonylchlorid in Benzol mit [2]Pyridylamin (*Wiley, de Silva*, J. org. Chem. **21** [1956] 841).

Kristalle (aus Me. + Ae.); F: 237°.

4-Oxo-4H-chromen-2-carbonsäure-[2]pyridylamid $C_{15}H_{10}N_2O_3$, Formel VI.

B. Aus 4-Oxo-4H-chromen-2-carbonsäure-äthylester und [2]Pyridylamin beim Aufbe= wahren in Äthanol, beim Erhitzen in Toluol oder beim Erhitzen ohne Lösungsmittel auf 110—120° (*Vejdělek et al.*, Chem. Listy **47** [1953] 575, 578; C. A. **1955** 306).

Kristalle (aus A.); F: 210—211°.

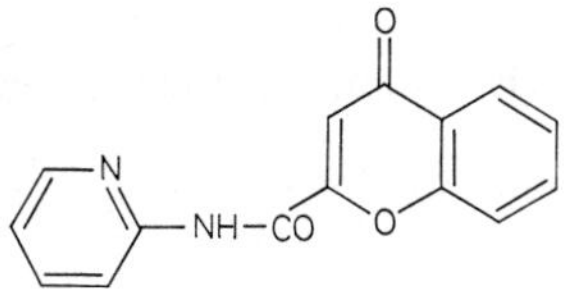

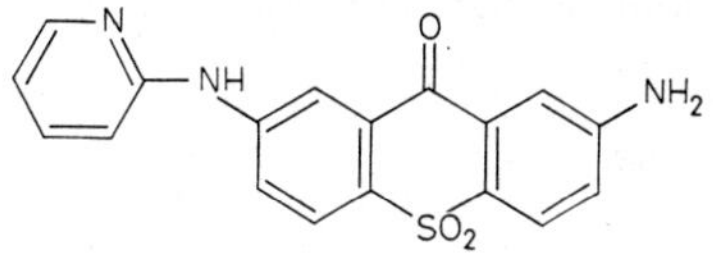

VI   VII

2-Amino-10,10-dioxo-7-[2]pyridylamino-10λ^6-thioxanthen-9-on, 2-Amino-7-[2]pyridyl= amino-thioxanthen-9-on-10,10-dioxid $C_{18}H_{13}N_3O_3S$, Formel VII.

B. Beim Erhitzen von 2-Brom-(oder 2-Jod)-7-[2]pyridylamino-thioxanthen-9-on-10,10-dioxid mit wss. NH_3 und wenig Kupfer-Pulver unter Druck auf 210—220° (*Amstutz et al.*, Am. Soc. **70** [1948] 133, 137).

Orangefarbene Kristalle (aus wss. A.); F: 280—282° [Zers.].

[2-Methyl-[1,3]dioxolan-2-ylmethyl]-[2]pyridyl-amin $C_{10}H_{14}N_2O_2$, Formel VIII ($R = CH_3$).

B. In geringer Menge beim Erhitzen von [2]Pyridylamin und $NaNH_2$ in Xylol mit 2-Brommethyl-2-methyl-[1,3]dioxolan (*Adams, Dix*, Am. Soc. **80** [1958] 4618).

Kristalle (aus PAe.); F: 66—67°.

2-Piperonylamino-pyridin, Piperonyl-[2]pyridyl-amin $C_{13}H_{12}N_2O_2$, Formel IX ($R = H$).

B. Aus [2]Pyridylamin und Piperonal beim Erhitzen mit Ameisensäure (*Tschitschi= babin, Knunjanz*, B. **64** [1931] 2839, 2841; *Kaye, Kogon*, R. **71** [1952] 309, 314; *Sunagawa et al.*, Pharm. Bl. **3** [1955] 109, 113) oder beim Erhitzen mit Ameisensäure in Cumol (*Kaye, Ko.*). Beim Behandeln von [2]Pyridylamin und Piperonal in Äthanol mit Natrium (*Mercier et al.*, Trav. Soc. Pharm. Montpellier **6** [1946/47] 131; C. A. **1948** 5562).

Kristalle; F: 99—100° [aus Ae.] (*Tsch., Kn.*), 97—98° [aus Isopropylalkohol] (*Kaye, Ko.*).

Beim Erwärmen mit wss. HCl ist 2,3;6,7-Bis-methylendioxy-9,10-dihydro-anthracen erhalten worden (*Su. et al.*).

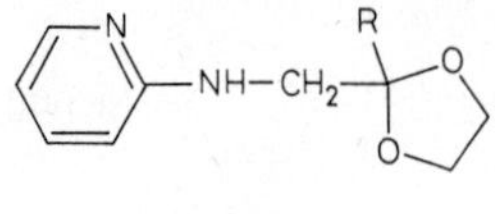

VIII 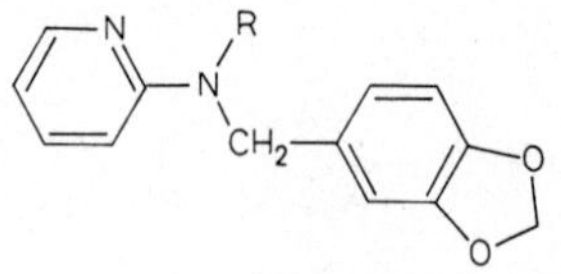   IX

N,N-Dimethyl-N'-piperonyl-N'-[2]pyridyl-äthylendiamin $C_{17}H_{21}N_3O_2$, Formel IX
($R = CH_2\text{-}CH_2\text{-}N(CH_3)_2$).

B. Beim Erhitzen von Piperonyl-[2]pyridyl-amin und $NaNH_2$ in Toluol mit [2-Chlor-äthyl]-dimethyl-amin (*Soc. Usines Chim. Rhône-Poulenc*, D.B.P. 880749 [1951]; D.R.B.P. Org. Chem. 1950—1951 **3** 226).

Kp_3: 190—195° (*Rhône-Poulenc*).

Hydrochlorid. F: 144—145° (*Rhône-Poulenc*).

Methochlorid [$C_{18}H_{24}N_3O_2$]Cl. Kristalle (aus Acn. + Me.); F: 119—121° (*Am. Home Prod. Corp.*, U.S.P. 2727898 [1953]).

Methojodid. Kristalle (aus H_2O); F: 160° (*Am. Home Prod. Corp.*).

Methomethylsulfat. Kristalle (aus Acn. + Me.); F: 148—149° (*Am. Home Prod. Corp.*).

[2-Phenyl-[1,3]dioxolan-2-ylmethyl]-[2]pyridyl-amin $C_{15}H_{16}N_2O_2$, Formel VIII
($R = C_6H_5$).

B. In geringer Menge beim Erhitzen von [2]Pyridylamin und $NaNH_2$ in Mesitylen (*Adams, Dix*, Am. Soc. **80** [1958] 4618) oder in Xylol (*Reynaud et al.*, C. r. **247** [1958] 2159) mit 2-Brommethyl-2-phenyl-[1,3]dioxolan.

Kristalle (aus Me. bzw. aus Bzl. + Ae.); F: 111—112° (*Ad., Dix; Re. et al.*). $Kp_{0,2}$: 174—178° (*Re. et al.*).

*2-Piperonylidenamino-pyridin, Piperonyliden-[2]pyridyl-amin, Piperonal-[2]pyridylimin $C_{13}H_{10}N_2O_2$, Formel X.

B. Beim Erhitzen von [2]Pyridylamin und Piperonal in Cumol (*Kaye, Kogon*, R. **71** [1952] 309, 316).

Kristalle (aus Heptan); F: 99,5—100°. $Kp_{0,5}$: 152—153°.

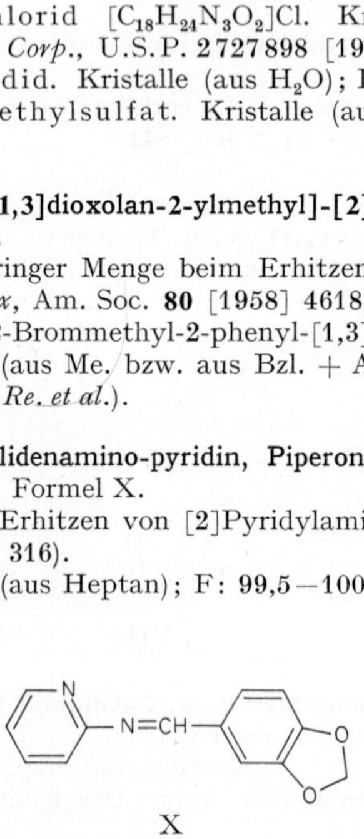

X 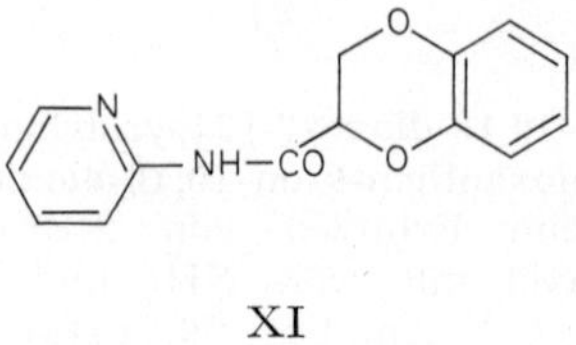   XI

($\pm$)-2,3-Dihydro-benzo[1,4]dioxin-2-carbonsäure-[2]pyridylamid $C_{14}H_{12}N_2O_3$, Formel XI.

B. Beim Erwärmen von [2]Pyridylamin in Benzol mit ($\pm$)-2,3-Dihydro-benzo[1,4]di-oxin-2-carbonylchlorid (*Koo et al.*, Am. Soc. **77** [1955] 5373).

Kristalle (aus wss. A.); F: 84—86°.   [*Blazek*]

($\pm$)-Benzyl-[1-methyl-[3]piperidyl]-[2]pyridyl-amin $C_{18}H_{23}N_3$, Formel I ($R = CH_3$).

B. Analog der folgenden Verbindung (*Reitsema, Hunter*, Am. Soc. **71** [1949] 1680, 1682).

$Kp_{0,1}$: 163—164° [nicht rein erhalten].

($\pm$)-[1-Äthyl-[3]piperidyl]-benzyl-[2]pyridyl-amin $C_{19}H_{25}N_3$, Formel I ($R = C_2H_5$).

B. Beim Erhitzen von ($\pm$)-[1-Äthyl-[3]piperidyl]-benzyl-amin mit 2-Brom-pyridin, K_2CO_3 und wenig Kupfer-Pulver auf 160—170° (*Reitsema, Hunter*, Am. Soc. **71** [1949] 1680, 1682).

$Kp_{0,2}$: 155—160°.

Dipicrat $C_{19}H_{25}N_3 \cdot 2\,C_6H_3N_3O_7$. F: 162—163° [Zers.].

I   II   III

Benzyl-[1-methyl-[4]piperidyl]-[2]pyridyl-amin $C_{18}H_{23}N_3$, Formel II (R = CH_3).

B. Beim Erhitzen von Benzyl-[1-methyl-[4]piperidyl]-amin mit 2-Brom-pyridin, K_2CO_3 und wenig Kupfer-Pulver auf 160—180° (*Reitsema, Hunter*, Am. Soc. **70** [1948] 4009).

$Kp_{0,4-0,5}$: 185—187°.

Trihydrochlorid. Kristalle (aus A.); F: 256—260° (*Upjohn Co.*, U.S.P. 2496957 [1948]).

[1-Äthyl-[4]piperidyl]-benzyl-[2]pyridyl-amin $C_{19}H_{25}N_3$, Formel II (R = C_2H_5).

B. Analog der vorangehenden Verbindung (*Reitsema, Hunter*, Am. Soc. **70** [1948] 4009).

$Kp_{0,3-0,6}$: 188—194°.

Dipicrat $C_{19}H_{25}N_3 \cdot 2\,C_6H_3N_3O_7$. F: 223—224,5° [Zers.] (*Re., Hu.*). Kristalle (aus A.); F: 217—218° (*Upjohn Co.*, U.S.P. 2496957 [1948]).

(±)-Chinuclidin-2-ylmethyl-[2]pyridyl-amin $C_{13}H_{19}N_3$, Formel III.

B. Beim Behandeln von (±)-Chinuclidin-2-carbonsäure-[2]pyridylamid mit $LiAlH_4$ in Äther (*Rubzow, Nikitškaja*, Ž. obšč. Chim. **24** [1954] 1659, 1663; engl. Ausg. S. 1641, 1643).

Kristalle; F: 64—66°. $Kp_{0,25}$: 160°.

Di-[2]pyridyl-amin, 2,2'-Imino-di-pyridin $C_{10}H_9N_3$, Formel IV (R = H) (E I 630; E II 331).

B. Beim Leiten von [2]Pyridylamin über Bauxit bei ca. 450° (*Calco Chem. Co.*, D.R.P. 702326 [1936]; D.R.P. Org. Chem. **6** 1706; U.S.P. 2098039 [1935]). Beim Erhitzen von [2]Pyridylamin mit [2]Pyridylamin-hydrochlorid auf 250—280° (*Morgan, Stewart*, Soc. **1938** 1292, 1297; vgl. E I 630; E II 331). Beim Erhitzen von 2-Brom-pyridin mit [2]Pyridylamin unter Zusatz von K_2CO_3 und wenig Kupfer-Pulver auf 180° (*Carboni, Pardi*, Ann. Chimica **49** [1959] 1228, 1235).

Kristalle; F: 95,5—96° [aus Hexan] (*Wibaut, La Bastide*, R. **52** [1933] 493, 497), 95° [aus H_2O] (*Ca., Pa.*); E: 94,5° (*Wi., La Ba.*). UV-Spektrum (Heptan; 43000 cm^{-1} bis 30000 cm^{-1}): *Spiers, Wibaut*, R. **56** [1937] 573, 580, 587. Elektrische Leitfähigkeit in wss. Äthanol [20%ig] bei 15°: *Wi., La Ba.* Erstarrungsdiagramm des Systems mit Palmitinsäure (Verbindung 1:1; E: 61,0°): *Mod et al.*, J. phys. Chem. **60** [1956] 1651, 1653.

Massenspektrum (Elektronenstoss): *McLafferty*, Anal. Chem. **28** [1956] 306, 312.

Verbindungen mit Kupfer(II)-chlorid. a) $2\,C_{10}H_9N_3 \cdot CuCl_2$. Hellgrüne Kristalle; Zers. ab 235° (*Kirschner*, Inorg. Synth. **5** [1957] 14). — b) $C_{10}H_9N_3 \cdot CuCl_2$. Olivgrüne Kristalle; Zers. ab 290° (*Ki.*).

Verbindung mit Gold(III)-bromid $C_{10}H_9N_3 \cdot 2\,AuBr_3$. Rotes Pulver (aus Acn. + Ae.); beim Erhitzen erfolgt Zersetzung (*Gibson, Colles*, Soc. **1931** 2407, 2415).

Verbindung mit Kobalt(II)-chlorid $C_{10}H_9N_3 \cdot CoCl_2$. Blaue Kristalle (aus Acn.); Zers. bei 400° (*Bailar, Kirschner*, Inorg. Synth. **5** [1957] 184).

Laurat $C_{10}H_9N_3 \cdot C_{12}H_{24}O_2$. Kristalle (aus Acn.); E: 52° (*Mod et al.*, J. Am. Oil Chemists Soc. **36** [1959] 616, 618).

Myristat $C_{10}H_9N_3 \cdot C_{14}H_{28}O_2$. Kristalle (aus Acn.); E: 54,6° (*Mod et al.*, J. Am. Oil Chemists Soc. **36** 618).

Palmitat $C_{10}H_9N_3 \cdot C_{16}H_{32}O_2$. Kristalle (aus Acn.); E: 61,0° (*Mod et al.*, J. phys. Chem. **60** 1653), 60,8° (*Mod et al.*, J. Am. Oil Chemists Soc. **36** 618). Erstarrungsdiagramm

von binären, ternären und quaternären Systemen mit Cyclohexylamin-palmitat, Cyclo=
hexylamin-stearat und Di-[2]pyridyl-amin-stearat: *Skau et al.*, Anal. chim. Acta **17** [1957]
107.

Stearat $C_{10}H_9N_3 \cdot C_{18}H_{36}O_2$. Kristalle (aus Acn.); E: 66,3° (*Mod et al.*, J. Am. Oil
Chemists Soc. **36** 618). Erstarrungsdiagramm von binären, ternären und quaternären
Systemen mit Cyclohexylamin-palmitat, Cyclohexylamin-stearat und Di-[2]pyridyl-
amin-palmitat: *Skau et al.*

Tetraphenylboranat. F: 179—183° (*Crane*, Anal. Chem. **28** [1956] 1794, 1795).

Phenyl-di-[2]pyridyl-amin $C_{16}H_{13}N_3$, Formel IV (R = C_6H_5).
B. Beim Erhitzen (11 h) von Phenyl-[2]pyridyl-amin mit 2-Brom-pyridin unter Zu=
satz von Kupfer-Pulver in Mesitylen (*Wibaut, Tilman*, R. **52** [1933] 987, 988).
Kristalle; F: 94° [aus wss. A.] (*Mann, Watson*, J. org. Chem. **13** [1948] 502, 520),
93° [aus PAe.] (*Wi., Ti.*).
Picrat $C_{16}H_{13}N_3 \cdot C_6H_3N_3O_7$. Kristalle (aus A.); F: 149—150° (*Mann, Wa.*).
Methojodid $[C_{17}H_{16}N_3]I$; 1-Methyl-2-[phenyl-[2]pyridyl-amino]-pyridin=
ium-jodid. Kristalle (aus A.); F: ca. 193° [Zers.] (*Mann, Wa.*).
Methopicrat $[C_{17}H_{16}N_3]C_6H_2N_3O_7$. Kristalle (aus A.); F: 131—132° (*Mann, Wa.*).
Bis-methojodid $[C_{18}H_{19}N_3]I_2$; 1,1′-Dimethyl-2,2′-phenylimino-bis-pyridin=
ium-dijodid. Kristalle (aus wss. A.); F: 193° [Zers.] (*Mann, Wa.*).

IV   V   VI

**[2,2-Dimethoxy-äthyl]-di-[2]pyridyl-amin, [Di-[2]pyridyl-amino]-acetaldehyd-dimethyl=
acetal** $C_{14}H_{17}N_3O_2$, Formel IV (R = CH_2-CH(O-CH$_3$)$_2$).
B. Aus [2]Pyridylamino-acetaldehyd-dimethylacetal und 2-Brom-pyridin oder aus
Di-[2]pyridyl-amin und Brom-acetaldehyd-dimethylacetal jeweils mit Hilfe von NaNH$_2$
(*Bristow et al.*, Soc. **1954** 616, 627).
Kp$_1$: 155—160°.

N,N-Di-[2]pyridyl-β-alanin-nitril $C_{13}H_{12}N_4$, Formel IV (R = CH_2-CH$_2$-CN).
B. Aus Di-[2]pyridyl-amin (*Mull et al.*, Am. Soc. **80** [1958] 3769, 3770).
Kristalle (aus A.); F: 93—97°.

3-[Di-[2]pyridyl-amino]-propionamidoxim $C_{13}H_{15}N_5O$, Formel IV
(R = CH_2-CH$_2$-C(NH$_2$)=N-OH).
B. Beim Erwärmen von N,N-Di-[2]pyridyl-β-alanin-nitril mit NH$_2$OH·HCl und
Natriumäthylat in Äthanol (*Mull et al.*, Am. Soc. **80** [1958] 3769, 3771).
Dihydrochlorid $C_{13}H_{15}N_5O \cdot 2$ HCl. Kristalle (aus A. + Ae.); F: 203—206° [unkorr.].

N,N-Dimethyl-N',N'-di-[2]pyridyl-äthylendiamin $C_{14}H_{18}N_4$, Formel IV
(R = CH_2-CH$_2$-N(CH$_3$)$_2$).
B. Beim Erhitzen von N,N-Dimethyl-N'-[2]pyridyl-äthylendiamin mit NaNH$_2$ in
Toluol und anschliessend mit 2-Brom-pyridin (*Huttrer et al.*, Am. Soc. **68** [1946] 1999).
Kp$_{0,01}$: 126—130°.
Dihydrochlorid $C_{14}H_{18}N_4 \cdot 2$ HCl. F: 180—181° [korr.].

N,N-Diäthyl-N',N'-di-[2]pyridyl-äthylendiamin $C_{16}H_{22}N_4$, Formel IV
(R = CH_2-CH$_2$-N(C$_2$H$_5$)$_2$).
B. Beim Erhitzen von N,N-Diäthyl-N'-[2]pyridyl-äthylendiamin mit NaNH$_2$ in Toluol
und anschliessend mit 2-Brom-pyridin (*Huttrer et al.*, Am. Soc. **68** [1946] 1999).

Kp$_{0,04}$: 136—140°.

Dihydrochlorid C$_{16}$H$_{22}$N$_4$·2 HCl. Kristalle (aus Butanon); F: 189—192° [korr.].

Tri-[2]pyridyl-amin, 2,2′,2″-Nitrilo-tri-pyridin C$_{15}$H$_{12}$N$_4$, Formel V (E II 332).

UV-Spektrum (A.?; 45500—30000 cm⁻¹): *Spiers, Wibaut,* R. **56** [1937] 573, 580, 587. Elektrische Leitfähigkeit in wss. Äthanol [20%ig] bei 15°: *Wibaut, La Bastide,* R. **52** [1933] 493, 497.

Dihydrochlorid C$_{15}$H$_{12}$N$_4$·2 HCl. Hygroskopische Kristalle [aus äthanol. HCl] (*Mann, Watson,* J. org. Chem. **13** [1948] 502, 524).

Picrat C$_{15}$H$_{12}$N$_4$·C$_6$H$_3$N$_3$O$_7$ (E II 332). Kristalle (aus A.); F: 150—151° (*Wi., La Ba.*), 147,5—148,5° (*Mann, Wa.*).

Methojodid [C$_{16}$H$_{15}$N$_4$]I; 2-[Di-[2]pyridyl-amino]-1-methyl-pyridinium-jodid. Gelbliche Kristalle (aus A.); F: 204—206° [Zers. ab 200°] (*Wi., La Ba.*), 198,5° [Zers.; nach Erweichen ab 190°] (*Mann, Wa.*).

Methopicrat [C$_{16}$H$_{15}$N$_4$]C$_6$H$_2$N$_3$O$_7$. Kristalle (aus A.); F: 130,5—131° (*Mann, Wa.*).

Bis-methojodid [C$_{17}$H$_{18}$N$_4$]I$_2$; 1,1′-Dimethyl-2,2′-[2]pyridylimino-bis-pyridinium-dijodid. Gelbe Kristalle (aus Me.); F: 202° [Zers.; nach Sintern bei 193°] (*Mann, Wa.*).

Bis-methopicrat [C$_{17}$H$_{18}$N$_4$](C$_6$H$_2$N$_3$O$_7$)$_2$. Kristalle (aus wss. A.) mit 2 Mol H$_2$O, die bei 149—162° unter Zersetzung schmelzen (*Mann, Wa.*).

*[1-Methyl-1*H*-pyridin-2-yliden]-[2]pyridyl-amin, 1-Methyl-1*H*-pyridin-2-on-[2]pyridyl= imin C$_{11}$H$_{11}$N$_3$, Formel VI.

B. Beim Erhitzen von 1-Methyl-1*H*-pyridin-2-on mit [2]Pyridylamin und PCl$_3$ (*Chem. Fabr. v. Heyden (München)*, D.R.P. 567751 [1931]; Frdl. **19** 1143).

Kp$_{12}$: 190—192°.

[2]Pyridyl-bis-[2]pyridylamino-methan, *C,N,N′*-Tri-[2]pyridyl-methandiyldiamin C$_{16}$H$_{15}$N$_5$, Formel VII.

B. Beim Erwärmen von [2]Pyridylamin mit Pyridin-2-carbaldehyd (*Profft et al.,* J. pr. [4] **2** [1955] 147, 163).

Gelbe Kristalle (aus CCl$_4$ + PAe.); F: 112—113,5°.

Picrat. Kristalle; F: 213—214° [Zers.].

VII   VIII

1-Äthyl-2-[2-[2]pyridylimino-äthyl]-pyridinium [C$_{14}$H$_{16}$N$_3$]⁺, Formel VIII, und Tauto-meres (1-Äthyl-2-[2-[2]pyridylamino-vinyl]-pyridinium).

Jodid [C$_{14}$H$_{16}$N$_3$]I. B. Beim Erhitzen von 1-Äthyl-2-methyl-pyridinium-jodid mit *N,N′*-Di-[2]pyridyl-formamidin auf 160—170° (*Katayanagi,* J. pharm. Soc. Japan **68** [1948] 228, 230; C. A. **1954** 4545). Beim Erhitzen von 2-Methyl-pyridin mit Toluol-4-sulfon= säure-äthylester und anschliessend mit Orthoameisensäure-triäthylester und [2]Pyr= idylamin in Pentan-1-ol und Behandeln des Reaktionsgemisches mit wss. KI (*Eastman Kodak Co.*, U.S.P. 2500127 [1946]). — Gelbgrüne Kristalle (aus Me.) mit 1 Mol H$_2$O; F: 184° (*Ka.*). Gelbe Kristalle (aus H$_2$O); F: 171° [nach Trocknen über KOH] (*Eastman Kodak Co.*).

[1-Methyl-1*H*-[2]chinolyliden]-[2]pyridyl-amin, 1-Methyl-1*H*-chinolin-2-on-[2]pyridyl= imin C$_{15}$H$_{13}$N$_3$, Formel IX (R = CH$_3$).

Hydrojodid C$_{15}$H$_{13}$N$_3$·HI; 1-Methyl-2-[2]pyridylamino-chinolinium-jodid [C$_{15}$H$_{14}$N$_3$]I. B. Aus 2-Jod-1-methyl-chinolinium-jodid und [2]Pyridylamin (*Fisher, Hamer,* Soc. **1937** 907, 909). — Kristalle (aus H$_2$O); F: 206° [nach Sintern ab 202°].

[1-Äthyl-1H-[2]chinolyliden]-[2]pyridyl-amin, 1-Äthyl-1H-chinolin-2-on-[2]pyridylimin
$C_{16}H_{15}N_3$, Formel IX (R = C_2H_5).

Hydrojodid $C_{16}H_{15}N_3 \cdot HI$; 1-Äthyl-2-[2]pyridylamino-chinolinium-jodid [$C_{16}H_{16}N_3$]I. *B.* Beim Erwärmen von 1-Äthyl-2-jod-chinolinium-jodid mit [2]Pyridylamin in Äthanol (*Fisher, Hamer*, Soc. **1937** 907, 909). — Kristalle (aus H_2O); F: 216°.

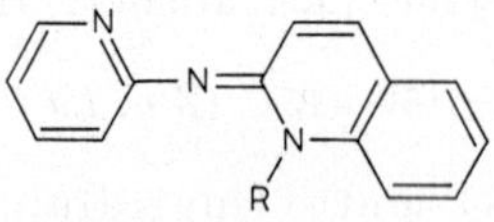

IX 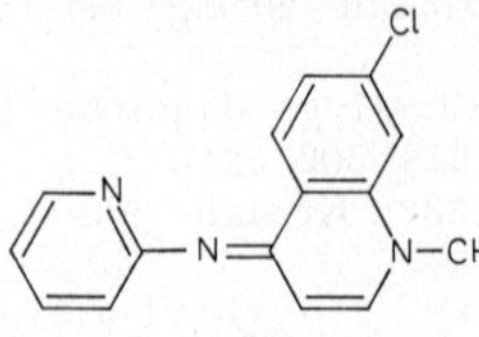   X 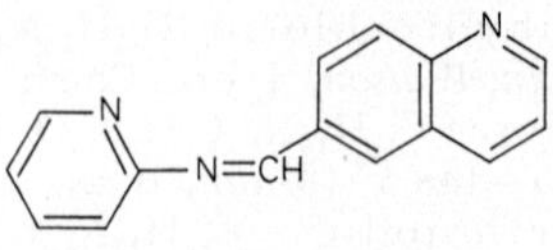   XI

[7-Chlor-1-methyl-1H-[4]chinolyliden]-[2]pyridyl-amin, 7-Chlor-1-methyl-1H-chinolin-4-on-[2]pyridylimin $C_{15}H_{12}ClN_3$, Formel X.

Hydrojodid $C_{15}H_{12}ClN_3 \cdot HI$; 7-Chlor-1-methyl-4-[2]pyridylamino-chinolinium-jodid [$C_{15}H_{13}ClN_3$]I. *B.* Beim Behandeln von 4,7-Dichlor-1-methyl-chinolinium-methylsulfat mit [2]Pyridylamin in Methanol und Erwärmen des Reaktionsgemisches mit NaI (*Schock*, Am. Soc. **79** [1957] 1670). — Kristalle (aus Me.); F: 268—269° [unkorr.].

*[6]Chinolylmethylen-[2]pyridyl-amin, Chinolin-6-carbaldehyd-[2]pyridylimin $C_{15}H_{11}N_3$, Formel XI.

B. Beim Erwärmen von Chinolin-6-carbaldehyd mit [2]Pyridylamin in Äthanol (*Lugowkin*, Ž. obšč. Chim. **23** [1953] 1669, 1701; engl. Ausg. S. 1785, 1789).

Kristalle (aus A.); F: 139—140°.
Bis-methojodid [$C_{17}H_{17}N_3$]I_2. Gelbe Kristalle (aus Eg.); F: 126—128°.
Bis-äthojodid [$C_{19}H_{21}N_3$]I_2. Gelbe Kristalle; F: 119—120°.

1-Äthyl-2-[2-(1-oxy-[4]chinolyl)-äthylidenamino]-pyridinium [$C_{18}H_{18}N_3O$]$^+$, Formel XII, und Tautomeres (1-Äthyl-2-[2-(1-oxy-[4]chinolyl)-vinylamino]-pyridinium).

Jodid [$C_{18}H_{18}N_3O$]I. *B.* Beim Erhitzen von 4-Methyl-chinolin-1-oxid mit 1-Äthyl-2-[[2]pyridylamino-methylenamino]-pyridinium-jodid auf 100° (*Katayanagi*, J. pharm. Soc. Japan **68** [1948] 228, 229; C. A. **1954** 4545). — Rote Kristalle (aus Acn.) mit 0,5 Mol H_2O; Zers. bei 169°.

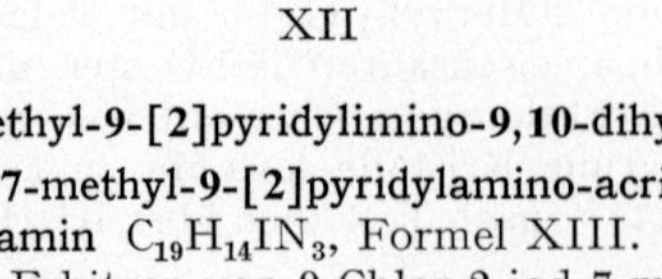

XII 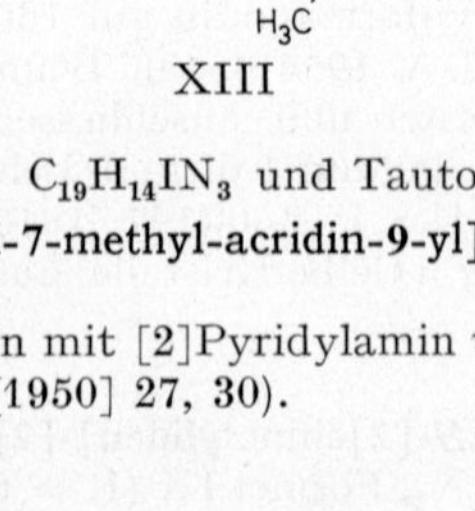   XIII

2-Jod-7-methyl-9-[2]pyridylimino-9,10-dihydro-acridin $C_{19}H_{14}IN_3$ und Tautomeres.

2-Jod-7-methyl-9-[2]pyridylamino-acridin, [2-Jod-7-methyl-acridin-9-yl]-[2]pyridyl-amin $C_{19}H_{14}IN_3$, Formel XIII.

B. Beim Erhitzen von 9-Chlor-2-jod-7-methyl-acridin mit [2]Pyridylamin und Phenol auf 100° (*Singh, Singh*, J. scient. ind. Res. India **9**B [1950] 27, 30).

F: 230—232°.
Hydrochlorid. F: 298°.

*3-[2]Pyridylimino-isoindolin-1-on $C_{13}H_9N_3O$, Formel I (X = O), und Tautomeres.

B. Beim Erwärmen von 3-Imino-isoindolin-1-on mit [2]Pyridylamin in Äthanol (*El-*

vidge, Linstead, Soc. **1952** 5000, 5004).

Kristalle (aus Me. $+$ H$_2$O); F: 128°. λ_{max} (A.): 251 nm, 257 nm und 330 nm.

*1,3-Bis-[2]pyridylimino-isoindolin, Isoindolin-1,3-dion-bis-[2]pyridylimin C$_{18}$H$_{13}$N$_5$, Formel II, und Tautomeres.

B. Beim Erhitzen von 1,3-Diimino-isoindolin (*Elvidge, Linstead,* Soc. **1952** 5000, 5006) oder von 3-Imino-isoindolin-1-thion (*Baguley, Elvidge,* Soc. **1957** 709, 716) mit [2]Pyr=idylamin in Butan-1-ol.

Gelbe Kristalle (aus A.); F: 182° (*El., Li.*). λ_{max} (A.): 231 nm, 274 nm, 330 nm, 345 nm, 364 nm und 383 nm (*El., Li.,* l. c. S. 5004).

Nickel(II)-Verbindungen. a) Acetat Ni(C$_{18}$H$_{12}$N$_5$) (C$_2$H$_3$O$_2$). Herstellung: *El., Li.,* l. c. S. 5007. Braungelbe Kristalle (aus Nitrobenzol); F: 373° [Zers.] (*El., Li.*). λ_{max} (DMF): 282 nm, 330 nm, 346 nm und 468 nm (*El., Li.,* l. c. S. 5004). —b) Ni(C$_{18}$H$_{12}$N$_5$)$_2$. Herstellung: *El., Li.,* l. c. S. 5007. Braune Kristalle (aus Nitrobenzol); F: 393° (*El., Li.*). λ_{max} (DMF): 280 nm, 304 nm, 325 nm, 435 nm und 457 nm (*El., Li.,* l. c. S. 5004).

Bis-methojodid [C$_{20}$H$_{19}$N$_5$]I$_2$; 1,3-Bis-[1-methyl-pyridinium-2-ylimino]-isoindolin-dijodid. Orangebraune Kristalle (aus Me. $+$ E.); F: 251° [Zers.] (*El., Li.,* l. c. S. 5007). λ_{max} (Me.): 251 nm, 257 nm, 280 nm, 328 nm und 337 nm (*El., Li.,* l. c. S. 5004).

I   II   III

3-[2]Pyridylimino-isoindolin-1-thion C$_{13}$H$_9$N$_3$S, Formel I (X $=$ S), und Tautomeres.

B. Beim Erwärmen von Isoindolin-1,3-dithion oder von 3-Imino-isoindolin-1-thion mit [2]Pyridylamin in Äthanol (*Baguley, Elvidge,* Soc. **1957** 709, 716).

Orangebraune Kristalle (aus A.); F: 178°.

1-Äthyl-2-[2-[2]pyridylimino-äthyl]-1*H*-chinolin-4-on-imin C$_{18}$H$_{18}$N$_4$, Formel III, und Tautomeres.

Hydrojodid C$_{18}$H$_{18}$N$_4$·HI; 1-Äthyl-4-amino-2-[2-[2]pyridylamino-vinyl]-chinolinium-jodid [C$_{18}$H$_{19}$N$_4$]I. *B.* Beim Erhitzen von 1-Äthyl-4-amino-2-methyl-chinolinium-jodid (E III/IV **21** 3765) mit *N,N'*-Di-[2]pyridyl-formamidin (*Katayanagi,* J. pharm. Soc. Japan **68** [1948] 228, 230; C. A. **1954** 4545). — Gelbe Kristalle (aus A.); mit 1 Mol H$_2$O; F: 253°.

2-Äthoxy-7-jod-9-[2]pyridylimino-9,10-dihydro-acridin C$_{20}$H$_{16}$IN$_3$O und Tautomeres.

2-Äthoxy-7-jod-9-[2]pyridylamino-acridin, [2-Äthoxy-7-jod-acridin-9-yl]-[2]pyridyl-amin C$_{20}$H$_{16}$IN$_3$O, Formel IV.

B. Beim Erhitzen von 2-Äthoxy-9-chlor-7-jod-acridin mit [2]Pyridylamin und Phenol (*Singh,* J. scient. ind. Res. India **9**B [1950] 226).

Gelbe Kristalle (aus A.); F: 176°.

(±)-Chinuclidin-2-carbonsäure-[2]pyridylamid C$_{13}$H$_{17}$N$_3$O, Formel V.

B. Beim Erwärmen von (±)-Chinuclidin-2-carbonsäure-hydrochlorid mit SOCl$_2$ und Erwärmen des Reaktionsprodukts mit [2]Pyridylamin in Pyridin (*Rubzow, Nikitškaja,* Ž. obšč. Chim. **24** [1954] 1659, 1661; engl. Ausg. S. 1641, 1642).

Kristalle (aus wss. A.); F: 109—110°. Kp$_{0,3}$: 149—150°.

Pyridin-2-carbonsäure-[2]pyridylamid C$_{11}$H$_9$N$_3$O, Formel VI (R $=$ H, X $=$ O).

B. Beim Behandeln von [2]Pyridylamin mit Pyridin-2-carbonylchlorid in Benzol (*Leete, Marion,* Canad. J. Chem. **30** [1952] 563, 570).

Kristalle (aus H$_2$O); F: 117—118° [korr.].

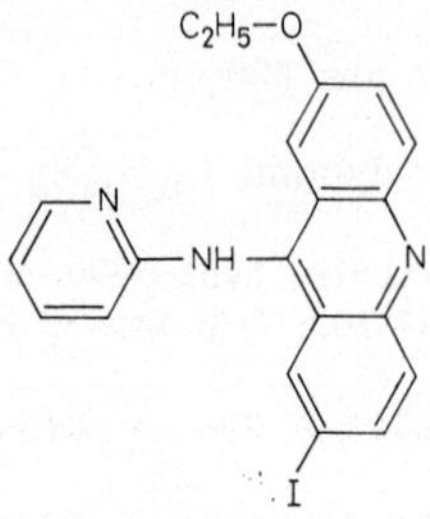

IV 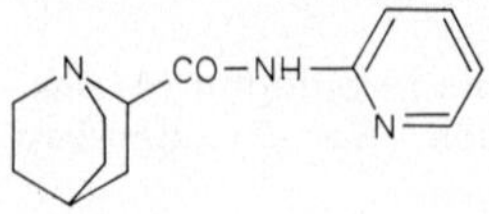   V 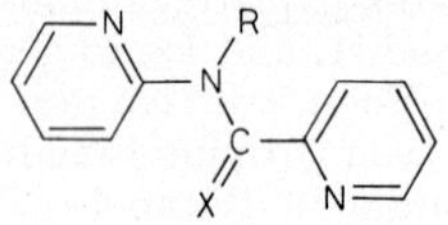   VI

Pyridin-2-thiocarbonsäure-[2]pyridylamid $C_{11}H_9N_3S$, Formel VI (R = H, X = S).

B. Beim Erhitzen von [2]Pyridylamin mit 2-Methyl-pyridin und Schwefel auf 160° bis 180° (*Lions, Martin,* Am. Soc. **80** [1958] 1591; vgl. *Saikachi, Hisano,* Chem. pharm. Bl. **7** [1959] 349, 354, 355).

Gelbe Kristalle; F: 81—82,5° [aus Me.] (*Sa., Hi.*), 82° [aus wss. A.] (*Emmert,* B. **91** [1958] 1388).

Pyridin-2-carbonsäure-[phenyl-[2]pyridyl-amid] $C_{17}H_{13}N_3O$, Formel VI (R = C_6H_5, X = O).

B. Aus Phenyl-[2]pyridylamin und Pyridin-2-carbonylchlorid-hydrochlorid unter Zusatz von Pyridin (*Villani et al.,* Am. Soc. **72** [1950] 2724).

Kristalle (aus Hexan); F: 107—108°.

Pyridin-2-carbonsäure-[(2-dimethylamino-äthyl)-[2]pyridyl-amid], N,N-Dimethyl-N'-[pyridin-2-carbonyl]-N'-[2]pyridyl-äthylendiamin $C_{15}H_{18}N_4O$, Formel VI (R = CH_2-CH_2-$N(CH_3)_2$, X = O).

B. Beim Erwärmen von N,N-Dimethyl-N'-[2]pyridyl-äthylendiamin mit Pyridin-2-carbonylchlorid unter Zusatz von N,N-Dimethyl-anilin in Benzol (*Villani et al.,* Am. Soc. **72** [1950] 2724).

Kp_1: 175—179°. n_D^{25}: 1,5672.

Nicotinsäure-[2]pyridylamid $C_{11}H_9N_3O$, Formel VII (R = X = H).

B. Beim Erwärmen von Nicotinoylchlorid mit [2]Pyridylamin in Pyridin (*Kushner et al.,* J. org. Chem. **13** [1948] 834; vgl. *Badgett et al.,* Am. Soc. **67** [1945] 1135; *Gryszkie-wicz-Trochimowski,* Roczniki Chem. **14** [1934] 335, 336; C. **1934** II 3255). Beim Erhitzen von [2]Pyridylamin mit Nicotinsäure auf ca. 235° oder mit Nicotinsäure-äthylester auf ca. 250° (*Ba. et al.*).

Kristalle; F: 141—143° [aus Acn.] (*Ku. et al.*), 138—139° [aus H_2O] (*Gr.-Tr.*), 136,4° bis 136,6° [korr.; aus PAe. + $CHCl_3$] (*Ba. et al.*). 100 ml H_2O lösen bei 25° 0,021 g (*Ba. et al.*).

Dipicrat $C_{11}H_9N_3O \cdot 2\,C_6H_3N_3O_7$. F: 225,3—225,7° [korr.] (*Ba. et al.*).

1,2-Bis-[3-[2]pyridylcarbamoyl-pyridinio]-äthan, 3,3'-Bis-[2]pyridylcarbamoyl-1,1'-äthandiyl-bis-pyridinium $[C_{24}H_{22}N_6O_2]^{2+}$, Formel VIII.

Diese Konstitution ist dem Kation des nachstehend beschriebenen Salzes zugeordnet worden.

Dibromid $[C_{24}H_{22}N_6O_2]Br_2$. *B.* Beim Erwärmen von Nicotinsäure-[2]pyridylamid mit 1,2-Dibrom-äthan in Äthanol (*Thomae G.m.b.H.,* D.B.P. 912217 [1951]). — Pulver; F: 260—265° [Zers.] (Rohprodukt).

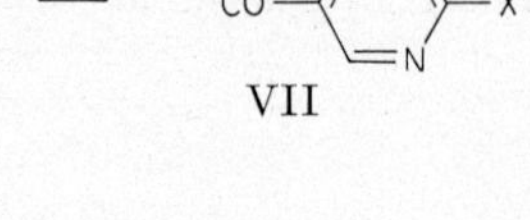

VII 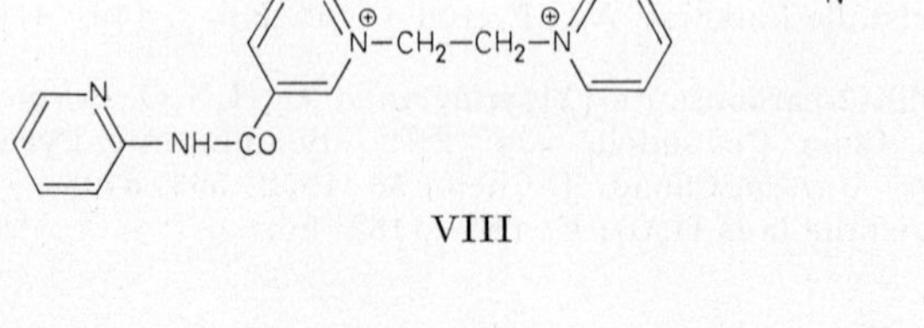   VIII

6-Fluor-nicotinsäure-[2]pyridylamid $C_{11}H_8FN_3O$, Formel VII (R = H, X = F).
B. Aus 6-Fluor-nicotinoylchlorid und [2]Pyridylamin in Pyridin (*Minor, Vanderwerf*, J. org. Chem. **17** [1952] 1425, 1426).
Kristalle (aus A.); F: 145,5—146,3° [korr.].

Nicotinsäure-[phenyl-[2]pyridyl-amid] $C_{17}H_{13}N_3O$, Formel VII (R = C_6H_5, X = H).
B. Aus Phenyl-[2]pyridyl-amin und Nicotinoylchlorid-hydrochlorid unter Zusatz von Pyridin (*Villani et al.*, Am. Soc. **72** [1950] 2724).
Kristalle (aus Bzl.); F: 177—178°.

4-Methyl-pyridin-2-thiocarbonsäure-[2]pyridylamid $C_{12}H_{11}N_3S$, Formel IX (R = CH_3, R' = H, X = S).
Eine Verbindung (grünlichgelbe Kristalle; F: 116—117°), für die diese Konstitution in Betracht gezogen wird, ist in geringer Menge bei längerem Erhitzen (30 h) von [2]Pyridylamin mit 2,4-Dimethyl-pyridin und Schwefel auf 140° erhalten worden (*Emmert*, B. **91** [1958] 1388).

6-Methyl-pyridin-2-carbonsäure-[2]pyridylamid $C_{12}H_{11}N_3O$, Formel IX (R = H, R' = CH_3, X = O).
B. Beim Erhitzen von 6-Methyl-pyridin-2-carbonsäure-äthylester mit [2]Pyridylamin auf 180° (*Nikitškaja et al.*, Ž. obšč. Chim. **28** [1958] 161, 166; engl. Ausg. S. 161, 165).
$Kp_{0,35}$: 153°.

6-Methyl-pyridin-2-thiocarbonsäure-[2]pyridylamid $C_{12}H_{11}N_3S$, Formel IX (R = H, R' = CH_3, X = S).
B. Beim längeren Erhitzen (30 h) von [2]Pyridylamin mit 2,6-Dimethyl-pyridin und Schwefel auf 140—150° (*Emmert*, B. **91** [1958] 1388).
Gelbe Kristalle (aus wss. A.); F: 89°.

IX   X   XI

*Opt.-inakt. [7-[2]Pyridylcarbamoyl-1-aza-bicyclo[3.2.1]oct-6-yl]-essigsäure-äthylester** $C_{17}H_{23}N_3O_3$, Formel X.
B. Beim Behandeln von opt.-inakt. [7-Äthoxycarbonyl-1-aza-bicyclo[3.2.1]oct-6-yl]-essigsäure-äthylester ($Kp_{0,35}$: 130—131°; n_D^{18}: 1,4774) mit H_2O, Erwärmen des Reaktionsprodukts mit $SOCl_2$ und Behandeln des Reaktionsprodukts mit [2]Pyridylamin in Benzol (*Furschtatowa et al.*, Ž. obšč. Chim. **28** [1958] 1170, 1172; engl. Ausg. S. 1228, 1229).
Braunes Öl; $Kp_{0,3}$: 185°.
Dipicrat $C_{17}H_{23}N_3O_3 \cdot 2\ C_6H_3N_3O_7$. Kristalle (aus A. + Acn.); F: 188—191°.

(±)-[*trans*-2-[2]Pyridylcarbamoyl-chinuclidin-3-yl]-essigsäure-äthylester $C_{17}H_{23}N_3O_3$, Formel XI.
B. Beim Erwärmen von (±)-*trans*-3-Äthoxycarbonylmethyl-chinuclidin-2-carbonsäure-hydrochlorid mit $SOCl_2$ und Behandeln des Reaktionsprodukts mit [2]Pyridylamin in Benzol (*Rubzow et al.*, Ž. obšč. Chim. **24** [1954] 2217, 2219; engl. Ausg. S. 2189, 2191).
Kristalle; F: 56—58°. $Kp_{0,3}$: 210—212°.

Pyridin-2,6-dicarbonsäure-bis-[2]pyridylamid $C_{17}H_{13}N_5O_2$, Formel XII.
B. Beim Erwärmen von Pyridin-2,6-dicarbonylchlorid mit [2]Pyridylamin in Benzol (*Nikitškaja et al.*, Ž. obšč. Chim. **28** [1958] 161, 164; engl. Ausg. S. 161, 164).
Kristalle; F: 225—226°.

2-Hydroxy-nicotinsäure-[2]pyridylamid $C_{11}H_9N_3O_2$, Formel XIII, und Tautomeres (2-Oxo-1,2-dihydro-pyridin-3-carbonsäure-[2]pyridylamid).
B. Aus 2-Hydroxy-nicotinsäure sowie neben anderen Verbindungen aus 2-Chlor-

nicotinsäure beim Erhitzen mit [2]Pyridylamin auf 180—185° und Behandeln des Reaktionsgemisches mit wss. Na_2CO_3 (*Carboni, Pardi,* Ann. Chimica **49** [1959] 1220, 1225, 1226).
Kristalle (aus A.); F: 280—284°.

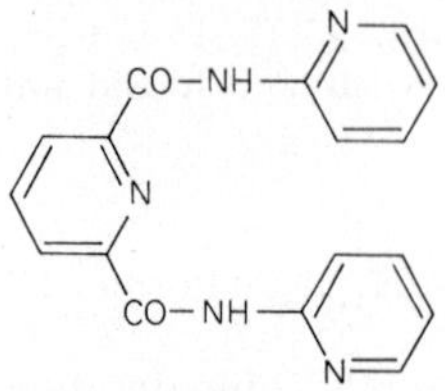

XII 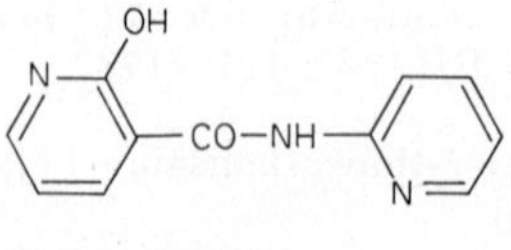   XIII

[5-Benzyloxy-indol-3-yl]-glyoxylsäure-[2]pyridylamid $C_{22}H_{17}N_3O_3$, Formel XIV.
B. Beim Erwärmen von [5-Benzyloxy-indol-3-yl]-glyoxyloylchlorid mit [2]Pyridyl=amin (*Lipp et al.,* B. **91** [1958] 242).
Gelbgrüne Kristalle (aus A.); F: 262—264° [Zers.].   [*Schomann*]

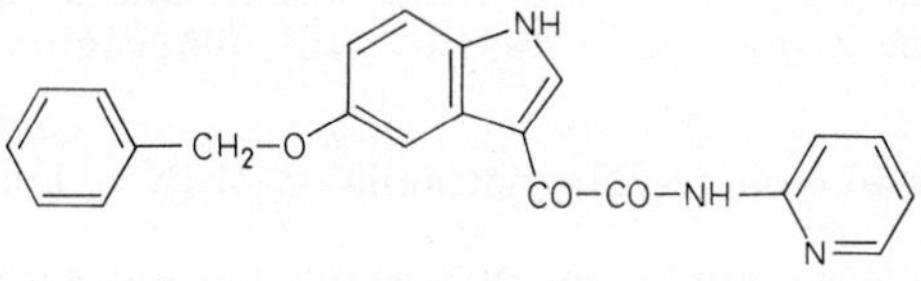

XIV

(±)-4-Nitro-benzolsulfinsäure-[2]pyridylamid $C_{11}H_9N_3O_3S$, Formel I (X = NO_2).
B. Beim Behandeln von [2]Pyridylamin mit (±)-4-Nitro-benzolsulfinylchlorid in Äther (*Schering A.G.,* D.R.P. 741477 [1937]; D.R.P. Org. Chem. **3** 959).
Kristalle (aus A.); F: 142°.

(±)-4-Äthoxycarbonylamino-benzolsulfinsäure-[2]pyridylamid, (±)-[4-[2]Pyridylamino=sulfinyl-phenyl]-carbamidsäure-äthylester $C_{14}H_{15}N_3O_3S$, Formel I (X = NH-CO-O-C_2H_5).
B. Beim Erwärmen von [2]Pyridylamin mit (±)-[4-Chlorsulfinyl-phenyl]-carbamid=säure-äthylester in Äther (*Schering A.G.,* D.R.P. 741477 [1937]; D.R.P. Org. Chem. **3** 959).
Kristalle (aus A.); F: 184° [Zers.].

***N*-[2]Pyridyl-methansulfonamid** $C_6H_8N_2O_2S$, Formel II (R = CH_3).
B. Beim Behandeln von [2]Pyridylamin mit Methansulfonylchlorid in Benzol (*Košzowa,* Ž. obšč. Chim. **22** [1952] 1430, 1431; engl. Ausg. S. 1473, 1474).
Kristalle (aus H_2O oder Acn.); F: 194° (*Ko.*). UV-Spektrum (A.; 220—300 nm): *Scheinker,* Doklady Akad. S.S.S.R. **113** [1957] 1080, 1082; Pr. Acad. Sci. U.S.S.R. Chem. Sect. **112–117** [1957] 367, 369.

***N*-[2]Pyridyl-äthansulfonamid** $C_7H_{10}N_2O_2S$, Formel II (R = C_2H_5).
B. Beim Behandeln von [2]Pyridylamin mit Äthansulfonylchlorid in Benzol (*Košzowa,* Ž. obšč. Chim. **22** [1952] 1430, 1431; engl. Ausg. S. 1473, 1474).
Kristalle (aus H_2O); F: 163°.

***N*-[2]Pyridyl-propan-2-sulfonamid** $C_8H_{12}N_2O_2S$, Formel II (R = $CH(CH_3)_2$).
B. Beim Erwärmen von [2]Pyridylamin mit Propan-2-sulfonylchlorid in Aceton (*Košzowa,* Ž. obšč. Chim. **22** [1952] 1430, 1431; engl. Ausg. S. 1473, 1474).
Kristalle (aus A.); F: 203°.

***N*-[2]Pyridyl-butan-1-sulfonamid** $C_9H_{14}N_2O_2S$, Formel II (R = $[CH_2]_3$-CH_3).
B. Beim Behandeln von [2]Pyridylamin mit Butan-1-sulfonylchlorid in Benzol (*Koš-zowa,* Ž. obšč. Chim. **22** [1952] 1430, 1431; engl. Ausg. S. 1473, 1474).
Kristalle (aus H_2O); F: 97°.

2-Methyl-propan-1-sulfonsäure-[2]pyridylamid $C_9H_{14}N_2O_2S$, Formel II
($R = CH_2\text{-}CH(CH_3)_2$).

B. Beim Behandeln von [2]Pyridylamin mit 2-Methyl-propan-1-sulfonylchlorid in Benzol (*Košzowa*, Ž. obšč. Chim. **22** [1952] 1430, 1432; engl. Ausg. S. 1473, 1475).
Kristalle (aus H_2O); F: 103°.

3-Methyl-butan-1-sulfonsäure-[2]pyridylamid $C_{10}H_{16}N_2O_2S$, Formel II
($R = CH_2\text{-}CH_2\text{-}CH(CH_3)_2$).

B. Beim Behandeln von [2]Pyridylamin mit 3-Methyl-butan-1-sulfonylchlorid in Benzol (*Košzowa*, Ž. obšč. Chim. **22** [1952] 1430, 1432; engl. Ausg. S. 1473, 1475).
Kristalle (aus H_2O); F: 108°.

N-[2]Pyridyl-äthensulfonamid $C_7H_8N_2O_2S$, Formel II ($R = CH=CH_2$).

B. Beim Behandeln von [2]Pyridylamin mit 2-Chlor-äthansulfonylchlorid in Benzol (*Košzowa et al.*, Ž. obšč. Chim. **24** [1954] 1397, 1401; engl. Ausg. S. 1379, 1382).
Kristalle (aus A.); F: 191°.

        I   II   III

N-[2]Pyridyl-benzolsulfonamid $C_{11}H_{10}N_2O_2S$, Formel III ($X = X' = X'' = H$), und
Tautomeres (E II 332).

Nach Ausweis des UV-Spektrums liegen in Heptan 99%, in Dioxan 95,5%, in Äthanol 45% und in H_2O 11% des Amino-Tautomeren vor (*Scheĭnker*, Doklady Akad. S.S.S.R. **113** [1957] 1080; Pr. Acad. Sci. U.S.S.R. Chem. Sect. **112–117** [1957] 367).

B. Beim Behandeln von [2]Pyridylamin mit Benzolsulfonylchlorid in Pyridin (*English et al.*, Am. Soc. **64** [1942] 2516; *Sch.*; s. a. *Puschkarewa*, *Kokoschko*, Ž. obšč. Chim. **24** [1954] 870, 875; engl. Ausg. S. 869, 873).

Dipolmoment (ε; Dioxan): 4,95 D (*Pu.*, *Ko.*).

Kristalle; F: 172° [aus Bzl.] (*Willi*, *Meier*, Helv. **39** [1956] 54), 171–172° [aus A.] (*Pu.*, *Ko.*), 171–172° [korr.] (*En. et al.*). UV-Spektrum (220–350 nm) in Heptan, in Dioxan, in Äthanol und in H_2O: *Sch.*; in wss. Lösungen vom pH 7 und pH 11 sowie in wss. HCl [2n]: *Vandenbelt*, *Doub*, Am. Soc. **66** [1944] 1633, 1635. Scheinbarer Dissoziationsexponent pK_a' (H_2O; potentiometrisch ermittelt) bei 20°: 8,20 (*Wi.*, *Me.*; s. a. *Bell*, *Roblin*, Am. Soc. **64** [1942] 2905, 2916).

4-Fluor-benzolsulfonsäure-[2]pyridylamid $C_{11}H_9FN_2O_2S$, Formel III ($X = X' = H$, $X'' = F$).

B. Beim Erwärmen von [2]Pyridylamin mit 4-Fluor-benzolsulfonylchlorid in Pyridin (*Nodzu et al.*, J. chem. Soc. Japan Pure Chem. Sect. **76** [1955] 775, 777; C. A. **1957** 17793; s. a. *Sveinbjornsson*, *VanderWerf*, Am. Soc. **73** [1951] 869).
Kristalle; F: 153° (*No. et al.*), 151,2–151,7° [aus Eg.] (*Sv.*, *Va.*).

4-Chlor-benzolsulfonsäure-[2]pyridylamid $C_{11}H_9ClN_2O_2S$, Formel III ($X = X' = H$, $X'' = Cl$).

B. Beim Erwärmen von [2]Pyridylamin mit 4-Chlor-benzolsulfonylchlorid in Benzol (*Kulka*, Canad. J. Chem. **32** [1954] 598, 604) oder in Pyridin (*Grigorowškiĭ et al.*, Ž. obšč. Chim. **27** [1957] 531, 536; engl. Ausg. S. 601, 604; *May & Baker Ltd.*, D.R.P. 737796 [1938]; D.R.P. Org. Chem. **3** 905; U.S.P. 2275354 [1938]).
Kristalle; F: 193–194° [aus Me.] (*Ku.*), 191–191,5° [aus A.] (*Gr. et al.*), 186° (*May & Baker Ltd.*).

2-Nitro-benzolsulfonsäure-[2]pyridylamid $C_{11}H_9N_3O_4S$, Formel III ($X = NO_2$, $X' = X'' = H$).

B. Beim Erwärmen von [2]Pyridylamin mit 2-Nitro-benzolsulfonylchlorid in Pyridin (*Pratesi*, *Raffa*, Farmaco **2** [1947] 1, 2).
Gelbliche Kristalle (aus Acn.); F: 118°.

3-Nitro-benzolsulfonsäure-[2]pyridylamid $C_{11}H_9N_3O_4S$, Formel III (X = X'' = H, X' = NO₂).

B. Beim Erwärmen von [2]Pyridylamin mit 3-Nitro-benzolsulfonylchlorid in Pyridin (*Zechanowitsch et al.*, Ž. obšč. Chim. **25** [1955] 1162, 1169; engl. Ausg. S. 1115, 1118) oder in Pyridin und Aceton (*English et al.*, Am. Soc. **68** [1946] 1039, 1045; s. a. *Clemo, Swan*, Soc. **1945** 603, 605).

Kristalle; F: 229—231° [korr.; aus Dioxan] (*En. et al.*), 228—229° [aus wss. A.] (*Ze. et al.*, l. c. S. 1166), 223—225° [aus A.] (*Cl., Swan*). Scheinbarer Dissoziations-exponent pK_a' (A.; potentiometrisch ermittelt): 8,35 (*Ze. et al.*, l. c. S. 1164).

4-Nitro-benzolsulfonsäure-[2]pyridylamid $C_{11}H_9N_3O_4S$, Formel III (X = X' = H, X'' = NO₂).

B. Beim Einleiten von Chlor in eine Lösung von [2]Pyridylamin, 4-Nitro-benzolsulfin= säure und Na₂CO₃ in H₂O (*Carter, Hey*, Soc. **1948** 147). Beim Behandeln von [2]Pyridyl= amin mit 4-Nitro-benzolsulfonylchlorid in Pyridin (*May & Baker Ltd.*, D.R.P. 737796 [1938]; D.R.P. Org. Chem. **3** 905; U.S.P. 2275354 [1938]) oder in Benzol (*Blanksma*, R. **65** [1946] 311, 313) oder in wss. Dioxan (*Am. Cyanamid Co.*, U.S.P. 2245292 [1939]). Beim Behandeln von 4-Nitro-benzolsulfens-[2]pyridylamid in Essigsäure mit wss. H₂O₂, mit wss. Na₂Cr₂O₇ oder mit HNO₃ (*Farbenfabr. Bayer*, D.B.P. 902010 [1940]; *Winthrop Chem. Co.*, U.S.P. 2443742 [1941]; s. a. *Schering Corp.*, U.S.P. 2476655 [1941]).

Kristalle; F: 185° (*May & Baker Ltd.*), 180° [aus wss. Eg.] (*Ca., Hey*), 172° (*Schering Corp.*).

4-Chlor-3-nitro-benzolsulfonsäure-[2]pyridylamid $C_{11}H_8ClN_3O_4S$, Formel III (X = H, X' = NO₂, X'' = Cl).

B. Beim Erwärmen von [2]Pyridylamin mit 4-Chlor-3-nitro-benzolsulfonylchlorid in Benzol (*Pappalardo*, Boll. scient. Fac. Chim. ind. Univ. Bologna **17** [1959] 23, 25).

Hellgelbe Kristalle (aus Bzl.); F: 224—225°.

4-Azido-benzolsulfonsäure-[2]pyridylamid $C_{11}H_9N_5O_2S$, Formel III (X = X' = H, X'' = N₃).

B. Beim Behandeln von Sulfanilsäure-[2]pyridylamid mit wss. H₂SO₄ und NaNO₂ und anschliessend mit Kaliumacetat und N₂H₄ (*Am. Cyanamid Co.*, U.S.P. 2254191 [1940]).

Kristalle (aus wss. 2-Äthoxy-äthanol); F: 186—187° [Zers.].

4-Nitro-toluol-2-sulfonsäure-[2]pyridylamid $C_{12}H_{11}N_3O_4S$, Formel IV (R = CH₃, R' = H, X = NO₂).

B. Beim Erwärmen von [2]Pyridylamin mit 4-Nitro-toluol-2-sulfonylchlorid in Pyridin (*Winthrop Chem. Co.*, U.S.P. 2299555 [1940]).

Kristalle (aus Äthylenglykol); F: 231—232°.

***N*-[2]Pyridyl-toluol-4-sulfonamid** $C_{12}H_{12}N_2O_2S$, Formel IV (R = X = H, R' = CH₃).

B. Beim Behandeln von [2]Pyridylamin mit Toluol-4-sulfonylchlorid in Pyridin (*Dahlbom, Ekstrand*, Svensk kem. Tidskr. **55** [1943] 122, 124) oder in 2-Methyl-pyridin (*Klamann, Bertsch*, B. **89** [1956] 2007, 2009).

Kristalle; F: 216—217° (*Da., Ek.*), 215—216° [korr.] (*Kl., Be.*). UV-Spektrum (A.; 220—370 nm): *Grammaticakis*, Bl. **1959** 480, 484.

IV   V

4-Brommethyl-benzolsulfonsäure-[2]pyridylamid $C_{12}H_{11}BrN_2O_2S$, Formel IV (R = X = H, R' = CH₂-Br).

B. Beim Erwärmen von [2]Pyridylamin mit 4-Brommethyl-benzolsulfonylchlorid in

Aceton (*Farbenfabr. Bayer*, D.B.P. 853444 [1940]; D.R.B.P. Org. Chem. 1950—1951 **6** 1872).
Kristalle (aus A.); F: 182°.

Phenylmethansulfonsäure-[2]pyridylamid $C_{12}H_{12}N_2O_2S$, Formel V (X = H).
B. Beim Behandeln von [2]Pyridylamin mit Phenylmethansulfonylchlorid in Benzol (*Košzowa*, Ž. obšč. Chim. **23** [1953] 949; engl. Ausg. S. 987).
Kristalle (aus H_2O); F: 143°.

[4-Nitro-phenyl]-methansulfonsäure-[2]pyridylamid $C_{12}H_{11}N_3O_4S$, Formel V (X = NO_2).
B. Beim Behandeln von [2]Pyridylamin mit [4-Nitro-phenyl]-methansulfonylchlorid in Benzol (*Rao*, J. Indian chem. Soc. **17** [1940] 227, 231).
Kristalle (aus Py.); F: 214—215°.

***trans*-2-Phenyl-äthensulfonsäure-[2]pyridylamid** $C_{13}H_{12}N_2O_2S$, Formel VI.
B. Beim Erwärmen von [2]Pyridylamin mit *trans*-2-Phenyl-äthensulfonylchlorid und Pyridin in Benzol (*Terent'ew, Dombrowškiǐ*, Ž. obšč. Chim. **20** [1950] 1875, 1878; engl. Ausg. S. 1941, 1944).
Kristalle; F: 185°.

***N*-[2]Pyridyl-naphthalin-1-sulfonamid** $C_{15}H_{12}N_2O_2S$, Formel VII.
B. Beim Behandeln von [2]Pyridylamin mit Naphthalin-1-sulfonylchlorid in Pyridin (*Boldyrew, Poštowškiǐ*, Ž. obšč. Chim. **20** [1950] 936, 940; engl. Ausg. S. 975, 979).
F: 214—215° (*Bo., Po.*, l. c. S. 939). Bildungsenthalpie und Verbrennungsenthalpie: *Bo., Po.*, l. c. S. 942.

4-Hydroxy-benzolsulfonsäure-[2]pyridylamid $C_{11}H_{10}N_2O_3S$, Formel VIII (R = X = H).
B. Beim Erwärmen von 4-Acetoxy-benzolsulfonsäure-[2]pyridylamid (*Hultquist et al.*, Am. Soc. **73** [1951] 2558, 2562) oder 4-Benzoyloxy-benzolsulfonsäure-[2]pyridylamid (*Matsukawa et al.*, J. pharm. Soc. Japan **70** [1950] 557, 559; C. A. **1951** 5651) mit wss. NaOH.
Kristalle; F: 226—227° [aus H_2O] (*Ma. et al.*), 224,5—226,5° [aus A.] (*Hu. et al.*).

4-[2-(4-[2]Pyridylsulfamoyl-phenoxy)-äthoxy]-benzolsulfonsäure $C_{19}H_{18}N_2O_7S_2$,
Formel VIII (R = CH_2-CH_2-O-C_6H_4-SO_2-OH(p), X = H).
B. Beim Behandeln von [2]Pyridylamin mit 1,2-Bis-[4-chlorsulfonyl-phenoxy]-äthan in Dioxan (*King*, Am. Soc. **66** [1944] 2076, 2079).
Kristalle (aus Propan-1,2-diol); F: 205° [unkorr.; Zers.].

VI   VII   VIII

4-Acetoxy-benzolsulfonsäure-[2]pyridylamid $C_{13}H_{12}N_2O_4S$, Formel VIII (R = CO-CH_3, X = H).
B. Beim Behandeln von [2]Pyridylamin mit 4-Acetoxy-benzolsulfonylchlorid in Pyridin (*Hultquist et al.*, Am. Soc. **73** [1951] 2558, 2562).
Kristalle (aus A.); F: 196—197°.

4-Benzoyloxy-benzolsulfonsäure-[2]pyridylamid $C_{18}H_{14}N_2O_4S$, Formel VIII (R = CO-C_6H_5, X = H).
B. Beim Behandeln von [2]Pyridylamin mit 4-Benzoyloxy-benzolsulfonylchlorid in Pyridin (*Matsukawa et al.*, J. pharm. Soc. Japan **70** [1950] 557, 559; C. A. **1951** 5651).
Kristalle (aus Acn.); F: 213—213,5°.

4-[Toluol-4-sulfonyloxy]-benzolsulfonsäure-[2]pyridylamid $C_{18}H_{16}N_2O_5S_2$, Formel VIII (R = SO_2-C_6H_4-CH_3(p), X = H).
B. Beim Erwärmen von [2]Pyridylamin mit 4-[Toluol-4-sulfonyloxy]-benzolsulfonyl=

chlorid in Pyridin (*Hultquist et al.*, Am. Soc. **73** [1951] 2558, 2562).
Kristalle (aus Eg.); F: 202,5—204,5°.

4-Hydroxy-3-nitro-benzolsulfonsäure-[2]pyridylamid $C_{11}H_9N_3O_5S$, Formel VIII (R = H,
X = NO_2).
B. Beim Erhitzen von 4-Amino-3-nitro-benzolsulfonsäure-[2]pyridylamid mit wss.
NaOH (*Kermack, Tebrich*, Soc. **1940** 202, 203).
Gelbliche Kristalle (aus A.); F: 234°.

**Bis-[4-[2]pyridylsulfamoyl-phenyl]-disulfid, 4,4′-Disulfandiyl-bis-benzolsulfonsäure-bis-
[2]pyridylamid** $C_{22}H_{18}N_4O_4S_4$, Formel IX.
B. Beim Erwärmen von [2]Pyridylamin mit Bis-[4-chlorsulfonyl-phenyl]-disulfid in
Benzol (*Pappalardo*, Farmaco **4** [1949] 663, 665). Beim Erwärmen einer aus Sulfanilsäure-
[2]pyridylamid bereiteten wss. Diazoniumchlorid-Lösung mit wss. Natriumpolysulfid
(*Pa.*).
Kristalle (aus Acn. + H_2O); F: 230—232° [Zers.].

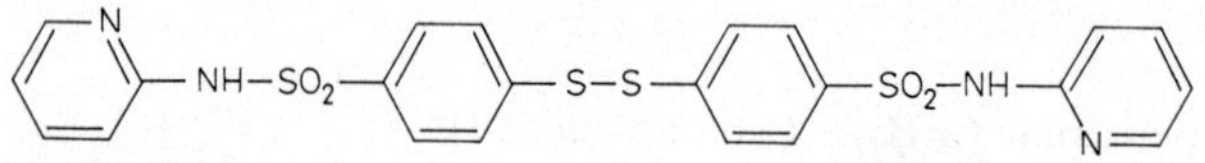

IX 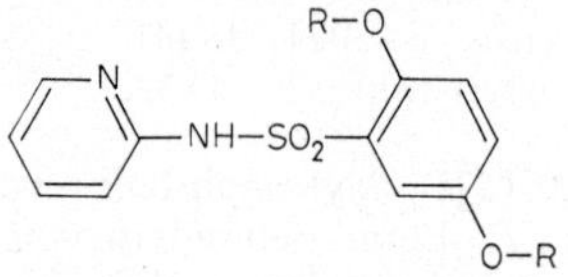   X

2,5-Dihydroxy-benzolsulfonsäure-[2]pyridylamid $C_{11}H_{10}N_2O_4S$, Formel X (R = H).
B. Beim Behandeln der folgenden Verbindung mit wss. NaOH (*Hultquist et al.*, Am.
Soc. **73** [1951] 2558, 2565).
Kristalle (aus H_2O); F: 203—205°.

2,5-Diacetoxy-benzolsulfonsäure-[2]pyridylamid $C_{15}H_{14}N_2O_6S$, Formel X (R = CO-CH_3).
B. Beim Behandeln von [2]Pyridylamin mit 2,5-Diacetoxy-benzolsulfonylchlorid in
Pyridin (*Hultquist et al.*, Am. Soc. **73** [1951] 2558, 2565).
Kristalle (aus Acn.); F: 238—239°.

3,4-Dihydroxy-benzolsulfonsäure-[2]pyridylamid $C_{11}H_{10}N_2O_4S$, Formel XI (R = H).
B. Beim Behandeln der folgenden Verbindung mit wss. NaOH (*Hultquist et al.*, Am.
Soc. **73** [1951] 2558, 2566).
Kristalle (aus H_2O); F: 225—226°.

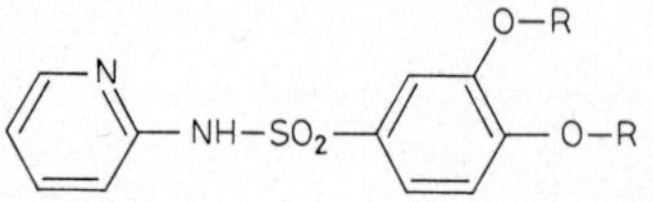

XI 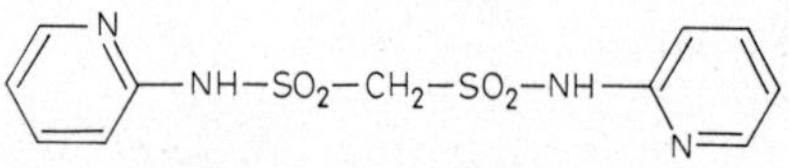   XII

3,4-Diacetoxy-benzolsulfonsäure-[2]pyridylamid $C_{15}H_{14}N_2O_6S$, Formel XI (R = CO-CH_3).
B. Beim Behandeln von [2]Pyridylamin mit 3,4-Diacetoxy-benzolsulfonylchlorid in
Pyridin (*Hultquist et al.*, Am. Soc. **73** [1951] 2558, 2565).
Kristalle; F: 166—167°.

***N,N′*-Di-[2]pyridyl-methandisulfonamid** $C_{11}H_{12}N_4O_4S_2$, Formel XII.
B. Beim Erwärmen von [2]Pyridylamin mit Methandisulfonylchlorid in Benzol unter
Zusatz von Kupfer-Pulver (*Elkas et al.*, J. Am. pharm. Assoc. **39** [1950] 85).
Kristalle (aus H_2O); F: 277° [korr.; Zers.].

2-Oxo-bornan-10-sulfonsäure-[2]pyridylamid $C_{15}H_{20}N_2O_3S$.
a) **(1*R*)-2-Oxo-bornan-10-sulfonsäure-[2]pyridylamid** $C_{15}H_{20}N_2O_3S$, Formel XIII.
B. Beim Erhitzen von [2]Pyridylamin mit (1*R*)-2-Oxo-bornan-10-sulfonylchlorid in
Pyridin (*Singh, Manhas*, Pr. Indian Acad. [A] **30** [1949] 87, 96).

Kristalle (aus A.); F: 209—210°. $[\alpha]_D^{35}$: —41,5° [CHCl$_3$; c = 0,5], —40,5° [Py.; c = 1], —48° [Acn.; c = 0,25], —34° [A.; c = 0,25], —34,5° [Me.; c = 0,25] (*Si., Ma.*, l. c. S. 100). ORD (CHCl$_3$, Py., Acn., A. und Me.; 670,8—435,8 nm) bei 35°: *Si., Ma.*

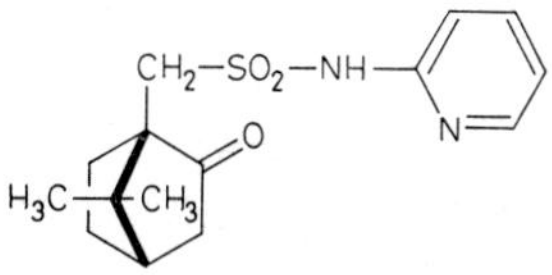

XIII 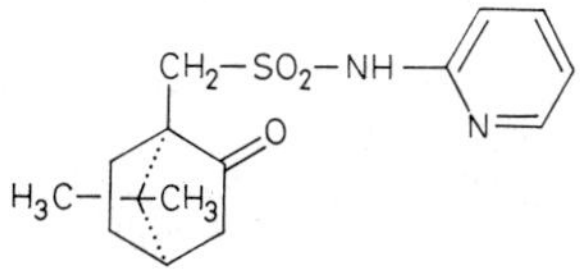   XIV

b) **(1S)-2-Oxo-bornan-10-sulfonsäure-[2]pyridylamid** C$_{15}$H$_{20}$N$_2$O$_3$S, Formel XIV.

B. Beim Erhitzen von [2]Pyridylamin mit (1S)-2-Oxo-bornan-10-sulfonylchlorid in Pyridin (*Singh, Manhas*, Pr. Indian Acad. [A] **30** [1949] 87, 96).

Kristalle (aus A.); F: 208—210°. $[\alpha]_D^{35}$: +41,5° [CHCl$_3$; c = 0,5], +40° [Py.; c = 1], +46° [Acn.; c = 0,25], +36° [A.; c = 0,25], +34° [Me.; c = 0,25] (*Si., Ma.*, l. c. S. 100). ORD (CHCl$_3$, Py., Acn., A. und Me.; 670,8—435,8 nm) bei 35°: *Si., Ma.*

c) **(±)-2-Oxo-bornan-10-sulfonsäure-[2]pyridylamid** C$_{15}$H$_{20}$N$_2$O$_3$S, Formel XIII + XIV.

B. Beim Erhitzen von [2]Pyridylamin mit (±)-2-Oxo-bornan-10-sulfonylchlorid in Pyridin (*Singh, Manhas*, Pr. Indian Acad. [A] **30** [1949] 87, 96).

Kristalle (aus A.); F: 216—218°.

4-Formyl-benzolsulfonsäure-[2]pyridylamid C$_{12}$H$_{10}$N$_2$O$_3$S, Formel I.

B. Beim Erwärmen der folgenden Verbindung mit wss.-äthanol. H$_2$SO$_4$ (*Sytschewa, Schtschukina*, Sbornik Statei obšč. Chim. **1953** 527, 529; C. A. **1955** 932).

Kristalle (aus A.); F: 176—178° [Zers.].

Thiosemicarbazon C$_{13}$H$_{13}$N$_5$O$_2$S$_2$; 4-Thiosemicarbazonomethyl-benzol= sulfonsäure-[2]pyridylamid. Kristalle (aus H$_2$O); F: 217°.

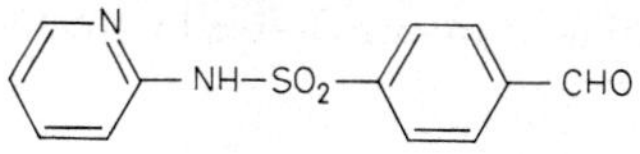

I 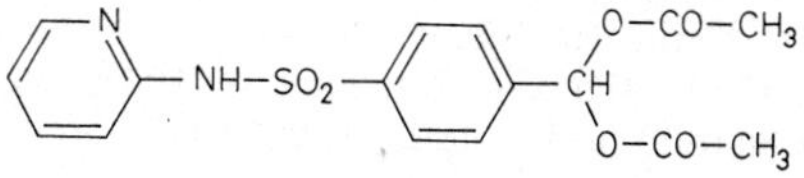   II

4-Diacetoxymethyl-benzolsulfonsäure-[2]pyridylamid C$_{16}$H$_{16}$N$_2$O$_6$S, Formel II.

B. Beim Behandeln von [2]Pyridylamin mit 4-Diacetoxymethyl-benzolsulfonylchlorid in wss. Aceton (*Sytschewa, Schtschukina*, Sbornik Statei obšč. Chim. **1953** 527, 528; C. A. **1955** 932).

Kristalle (aus A.); F: 181—183°.

4-[3-Hydroxy-1,4-dioxo-1,4-dihydro-[2]naphthyl]-benzolsulfonsäure-[2]pyridylamid C$_{21}$H$_{14}$N$_2$O$_5$S, Formel III (R = H), und Tautomeres (4-[1-Hydroxy-3,4-dioxo-3,4-dihydro-[2]naphthyl]-benzolsulfonsäure-[2]pyridylamid).

B. Beim Erwärmen einer aus Sulfanilsäure-[2]pyridylamid bereiteten wss. Diazonium= chlorid-Lösung mit 2-Hydroxy-[1,4]naphthochinon in Essigsäure (*Fieser et al.*, Am. Soc. **70** [1948] 3203).

F: 242—243°.

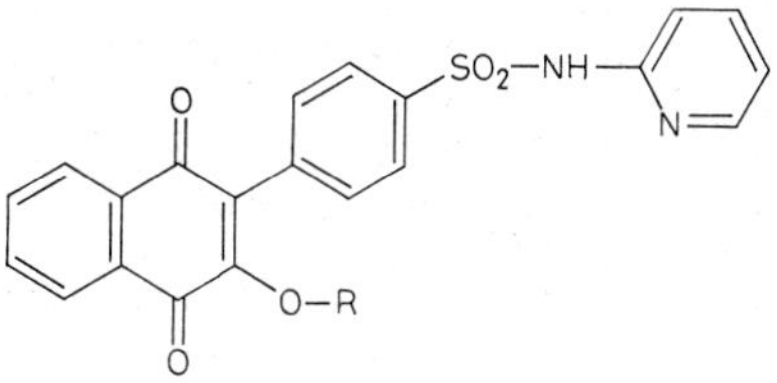

III 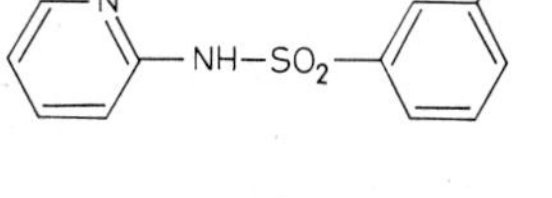   IV

4-[3-Acetoxy-1,4-dioxo-1,4-dihydro-[2]naphthyl]-benzolsulfonsäure-[2]pyridylamid
$C_{23}H_{16}N_2O_6S$, Formel III (R = CO-CH$_3$).
    B. Beim Erhitzen der vorangehenden Verbindung mit Acetanhydrid und Natriumacetat
(*Fieser et al.*, Am. Soc. **70** [1948] 3203).
    F: 216—217°.

3-Cyan-benzolsulfonsäure-[2]pyridylamid $C_{12}H_9N_3O_2S$, Formel IV.
    B. Beim Erhitzen von [2]Pyridylamin mit 3-Cyan-benzolsulfonylchlorid in Toluol
(*Delaby et al.*, Bl. [5] **12** [1945] 954, 962).
    Kristalle (aus wss. A.); F: 209°.

3-Carbamimidoyl-benzolsulfonsäure-[2]pyridylamid, 3-[2]Pyridylsulfamoyl-benzamidin
$C_{12}H_{12}N_4O_2S$, Formel V.
    B. Beim Behandeln von 3-Cyan-benzolsulfonsäure-[2]pyridylamid mit äthanol. HCl
und Behandeln des Reaktionsprodukts mit äthanol. NH$_3$ (*Delaby et al.*, Bl. [5] **12** [1945]
954, 963, 965).
    Hydrochlorid $C_{12}H_{12}N_4O_2S \cdot HCl$. Kristalle; F: 268°.

4-[2]Pyridylsulfamoyl-benzoesäure $C_{12}H_{10}N_2O_4S$, Formel VI (X = O, X' = OH).
    B. Aus *N*-[2]Pyridyl-toluol-4-sulfonamid mit Hilfe von KMnO$_4$ (*Isshiki et al.*, J.
pharm. Soc. Japan **70** [1950] 531; C. A. **1951** 7042).
    Kristalle (aus wss. A.); F: 269—270° [unkorr.].

V   VI

4-[2]Pyridylsulfamoyl-benzoesäure-äthylester $C_{14}H_{14}N_2O_4S$, Formel VI (X = O,
X' = O-C$_2$H$_5$).
    B. Beim Erhitzen von 4-[2]Pyridylsulfamoyl-benzimidsäure-äthylester-hydrochlorid
mit H$_2$O (*Amorosa*, Farmaco **6** [1951] 45, 49).
    Kristalle (aus A.); F: 192—194°.

4-[2]Pyridylsulfamoyl-benzoesäure-amid, 4-Carbamoyl-benzolsulfonsäure-[2]pyridylamid
$C_{12}H_{11}N_3O_3S$, Formel VI (X = O, X' = NH$_2$).
    B. Beim Erwärmen von 4-Cyan-benzolsulfonsäure-[2]pyridylamid mit H$_2$O$_2$ und wss.
NaOH oder von 4-[2]Pyridylsulfamoyl-benzamidin mit wss. Äthanol (*Amorosa*, Farmaco
6 [1951] 45, 49).
    Kristalle; F: 242° [korr.; aus H$_2$O] (*Isshiki et al.*, J. pharm. Soc. Japan **70** [1950]
531; C. A. **1951** 7042), 236—237° [aus A.] (*Am.*).

4-[2]Pyridylsulfamoyl-benzimidsäure-äthylester $C_{14}H_{15}N_3O_3S$, Formel VI (X = NH,
X' = O-C$_2$H$_5$).
    Hydrochlorid. *B.* Beim Behandeln von 4-Cyan-benzolsulfonsäure-[2]pyridylamid
mit äthanol. HCl (*Amorosa*, Farmaco **6** [1951] 45, 48; s. a. *Delaby et al.*, Bl. [5] **11** [1944]
234, 240). — F: 149—152° (*Isshiki et al.*, J. pharm. Soc. Japan **70** [1950] 531; C. A.
1951 7042), 140—144° (*Am.*).

4-Cyan-benzolsulfonsäure-[2]pyridylamid $C_{12}H_9N_3O_2S$, Formel VII.
    B. Beim Erwärmen von [2]Pyridylamin mit 4-Cyan-benzolsulfonylchlorid in Toluol
(*Delaby et al.*, Bl. [5] **11** [1944] 234, 240) oder in Pyridin (*Andrewes et al.*, Pr. roy. Soc. [B]
133 [1946] 20, 42). Beim Behandeln einer aus Sulfanilsäure-[2]pyridylamid bereiteten
wss. Diazoniumchlorid-Lösung mit KCN und CuSO$_4$ (*De. et al.*; *Amorosa*, Farmaco **6**
[1951] 45, 48; *Kominato*, Kumamoto med. J. **6** [1954] 139, 140).
    Kristalle; F: 197,5° [korr.; aus A.] (*Isshiki et al.*, J. pharm. Soc. Japan **70** [1950] 531;
C. A. **1951** 7042), 193—194° [aus H$_2$O bzw. aus A.] (*Am.*; *An. et al.*), 188° [aus wss. A.]
(*De. et al.*).

4-Carbamimidoyl-benzolsulfonsäure-[2]pyridylamid, 4-[2]Pyridylsulfamoyl-benzamidin
$C_{12}H_{12}N_4O_2S$, Formel VI (X = NH, X′ = NH$_2$).

B. Beim Behandeln von 4-[2]Pyridylsulfamoyl-benzimidsäure-äthylester-hydrochlorid
mit äthanol. NH$_3$ (*Amorosa*, Farmaco **6** [1951] 45, 49; s. a. *Delaby et al.*, Bl. [5] **11** [1944]
234, 240; *Andrewes et al.*, Pr. roy. Soc. [B] **133** [1946] 20, 42).

Kristalle; F: 210° [unkorr.] (*Isshiki et al.*, J. pharm. Soc. Japan **70** [1950] 531; C. A.
1951 7042); Zers. bei 210—222° [aus wss. A.] (*Am.*).

Hydrochlorid $C_{12}H_{12}N_4O_2S \cdot HCl$. Kristalle; F: 223,5° [korr.; aus A.] (*Is.*), 207°
[Zers.; aus H$_2$O] (*An. et al.*), 205—207° [Zers.] (*Am.*).

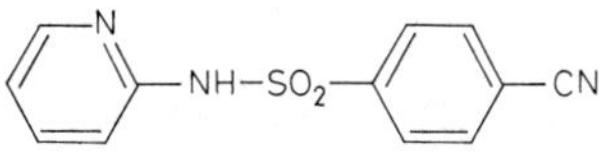

VII 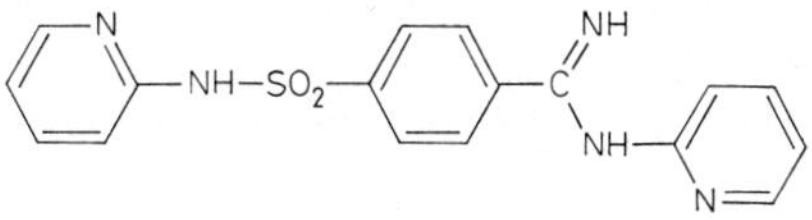   VIII 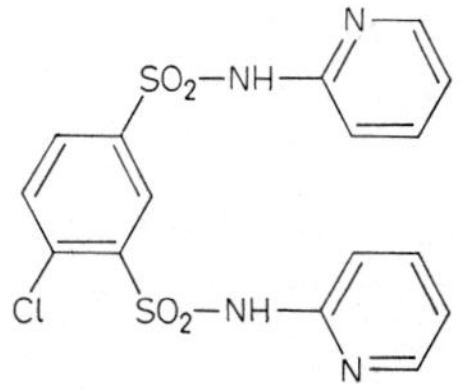   IX

4-[2]Pyridylcarbamimidoyl-benzolsulfonsäure-[2]pyridylamid $C_{17}H_{15}N_5O_2S$, Formel VIII
und Tautomeres; **N-[2]Pyridyl-4-[2]pyridylsulfamoyl-benzamidin**.

Hydrochlorid $C_{17}H_{15}N_5O_2S \cdot HCl$. *B*. Beim Behandeln von 4-[2]Pyridylsulfamoyl-
benzimidsäure-äthylester-hydrochlorid mit [2]Pyridylamin in Äther und Äthanol (*Delaby
et al.*, Bl. [5] **12** [1945] 152, 158). — Kristalle; F: 217° [korr.].

4-Chlor-benzol-1,3-disulfonsäure-bis-[2]pyridylamid $C_{16}H_{13}ClN_4O_4S_2$, Formel IX.

B. Beim Erwärmen von [2]Pyridylamin mit 4-Chlor-benzol-1,3-disulfonylchlorid in
Benzol (*Kulka*, Canad. J. Chem. **32** [1954] 598, 603).

F: 280° [Zers.].

N,N′-Di-[2]pyridyl-benzol-1,4-disulfonamid $C_{16}H_{14}N_4O_4S_2$, Formel X.

B. Beim Erwärmen von [2]Pyridylamin mit Benzol-1,4-disulfonylchlorid in Benzol
unter Zusatz von wenig Pyridin (*Raghavan et al.*, J. Indian Inst. Sci. [A] **34** [1952] 87,
89).

Kristalle (aus A., Acn. oder H$_2$O); F: 279—281°.

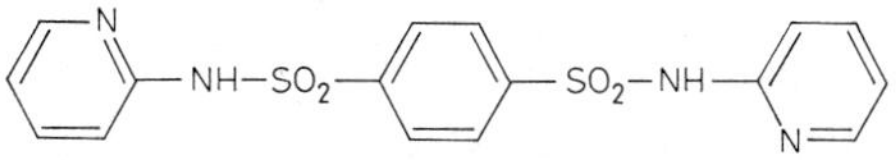

X 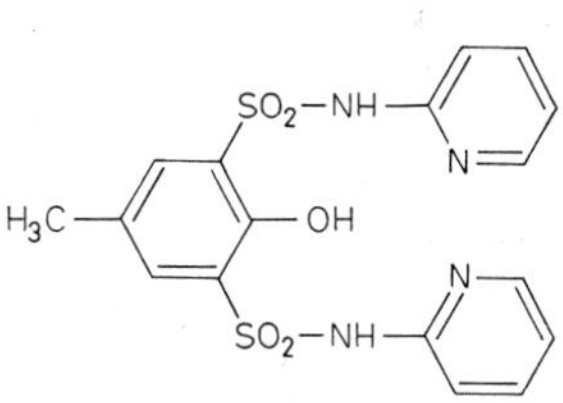   XI

4-Hydroxy-toluol-3,5-disulfonsäure-bis-[2]pyridylamid $C_{17}H_{16}N_4O_5S_2$, Formel XI.

B. Beim Behandeln von [2]Pyridylamin mit 4-Hydroxy-toluol-3,5-disulfonylchlorid
in Pyridin (*Hultquist et al.*, Am. Soc. **73** [1951] 2558, 2565).

Kristalle; F: 246—250°.

2-Amino-äthansulfonsäure-[2]pyridylamid, Taurin-[2]pyridylamid $C_7H_{11}N_3O_2S$,
Formel XII (R = H, n = 2).

B. Beim Erhitzen von *N*-[2-[2]Pyridylsulfamoyl-äthyl]-benzamid mit wss. NaOH
(*Winterbottom et al.*, Am. Soc. **69** [1947] 1393, 1397). Beim Erwärmen von 2-Phthalimido-
äthansulfonsäure-[2]pyridylamid in Äthanol mit wss. N$_2$H$_4 \cdot$H$_2$O (*Mead et al.*, J. biol.
Chem. **163** [1946] 465, 468; *Wi. et al.*, l. c. S. 1399).

Kristalle; F: 154—156° [korr.; aus wss. A.] (*Wi. et al.*, l. c. S. 1399), 140—141° [aus A.]
(*Mead et al.*).

Monohydrochlorid $C_7H_{11}N_3O_2S \cdot HCl$. Kristalle (aus A.); F: 170,5—171,5° [korr.]

(Wi. et al., l. c. S. 1399), ca. 165° *(Mead et al.).*
   Dihydrochlorid. Kristalle (aus A.); F: ca. 190° *(Mead et al.).*

N-[2-[2]Pyridylsulfamoyl-äthyl]-benzamid, 2-Benzoylamino-äthansulfonsäure-[2]pyridyl‍amid, N-Benzoyl-taurin-[2]pyridylamid $C_{11}H_{15}N_3O_3S$, Formel XII (R = CO-C$_6$H$_5$, n = 2).
   B. Beim Erwärmen von [2]Pyridylamin mit *N*-Benzoyl-taurylchlorid in Aceton *(Winterbottom et al.,* Am. Soc. **69** [1947] 1393, 1397).
   Kristalle (aus A. oder H$_2$O); F: 180,5—181,5° [korr.].

2-Phthalimido-äthansulfonsäure-[2]pyridylamid, N,N-Phthaloyl-taurin-[2]pyridylamid $C_{15}H_{13}N_3O_4S$, Formel XIII (n = 2).
   B. Beim Behandeln von [2]Pyridylamin mit 2-Phthalimido-äthansulfonylchlorid in Benzol *(Mead et al.,* J. biol. Chem. **163** [1946] 465, 467) oder in Pyridin *(Winterbottom et al.,* Am. Soc. **69** [1947] 1393, 1398).
   Kristalle; F: 215—217° [korr.; aus Eg. oder wss. Eg.] *(Wi. et al.),* 213—215° [aus Me.] *(Mead et al.).*

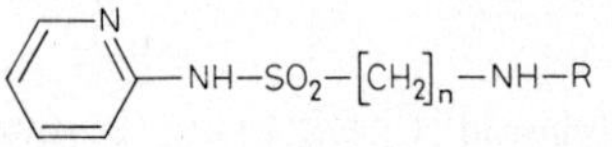

XII 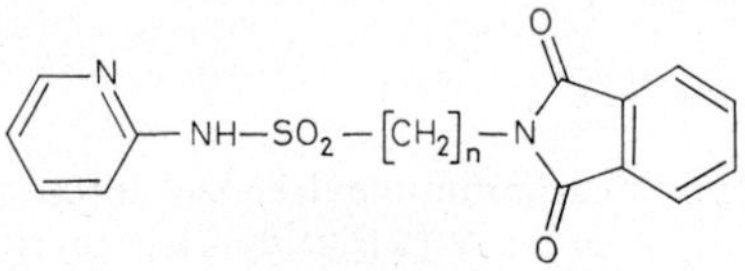   XIII

2,4-Dihydroxy-3,3-dimethyl-buttersäure-[2-[2]pyridylsulfamoyl-äthylamid] $C_{13}H_{21}N_3O_5S$.
   a) **(R)-2,4-Dihydroxy-3,3-dimethyl-buttersäure-[2-[2]pyridylsulfamoyl-äthylamid], N-[2-[2]Pyridylsulfamoyl-äthyl]-D-pantamid** $C_{13}H_{21}N_3O_5S$, Formel XIV.
   B. Beim Erhitzen von Taurin-[2]pyridylamid mit D-Pantolacton [E III/IV **18** 22] *(Winterbottom et al.,* Am. Soc. **69** [1947] 1393, 1394, 1400; s. a. *Mead et al.,* J. biol. Chem. **163** [1946] 465, 468).
   Kristalle (aus E. + A.); F: 124,1—125,6° [korr.]; $[\alpha]_D^{22-30}$: +39° [A.; c = 1—2] *(Wi. et al.).*
   Di-*O*-acetyl-Derivat $C_{17}H_{25}N_3O_7S$; (R)-2,4-Diacetoxy-3,3-dimethyl-butter‍säure-[2-[2]pyridylsulfamoyl-äthylamid], Di-*O*-acetyl-D-pantoinsäure-[2-[2]pyridylsulfamoyl-äthylamid]. Kristalle (aus H$_2$O); F: 133—134,5° [korr.]; $[\alpha]_D^{22-30}$: +15° [A.; c = 1—2] *(Wi. et al.).*

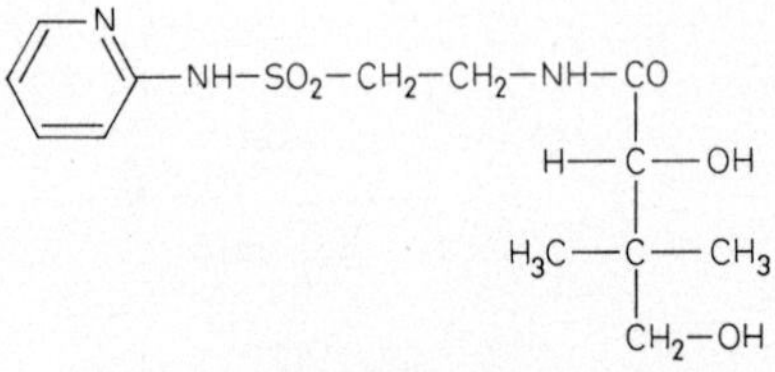

XIV 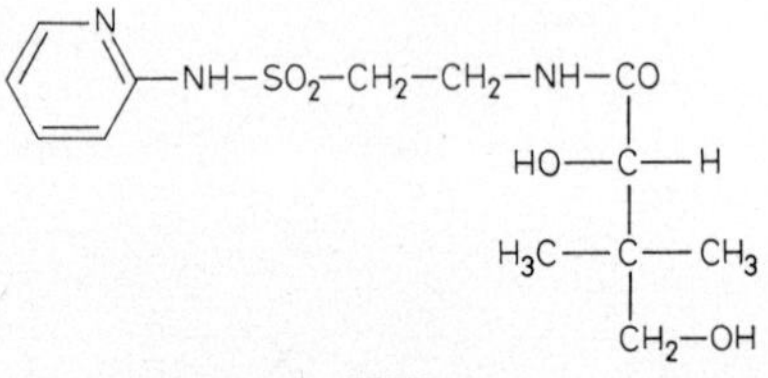   XV

   b) **(S)-2,4-Dihydroxy-3,3-dimethyl-buttersäure-[2-[2]pyridylsulfamoyl-äthylamid], N-[2-[2]Pyridylsulfamoyl-äthyl]-L-pantamid** $C_{13}H_{21}N_3O_5S$, Formel XV.
   B. Beim Erhitzen von Taurin-[2]pyridylamid mit L-Pantolacton [E III/IV **18** 22] *(Winterbottom et al.,* Am. Soc. **69** [1947] 1393, 1394, 1400).
   Kristalle (aus E. + A.); F: 124,1—126,1° [korr.]. $[\alpha]_D^{22-30}$: —38° [A.; c = 1—2].

   c) **(±)-2,4-Dihydroxy-3,3-dimethyl-buttersäure-[2-[2]pyridylsulfamoyl-äthylamid], N-[2-[2]Pyridylsulfamoyl-äthyl]-DL-pantamid** $C_{13}H_{21}N_3O_5S$, Formel XIV + XV.
   B. Beim Erhitzen von Taurin-[2]pyridylamid mit DL-Pantolacton [E III/IV **18** 23] *(Winterbottom et al.,* Am. Soc. **69** [1947] 1393, 1394, 1400).
   Kristalle (aus E. + A.); F: 141—142° [korr.].

3-Amino-propan-1-sulfonsäure-[2]pyridylamid $C_8H_{13}N_3O_2S$, Formel XII (R = H, n = 3).
   B. Beim Erwärmen von 3-Phthalimido-propan-1-sulfonsäure-[2]pyridylamid in

Äthanol mit wss. $N_2H_4 \cdot H_2O$ (*Griffin, Hey*, Soc. **1952** 3334, 3338).
Kristalle (aus wss. A.); F: 182,5—183,5°.

3-Phthalimido-propan-1-sulfonsäure-[2]pyridylamid $C_{16}H_{15}N_3O_4S$, Formel XIII (n = 3).
B. Beim Behandeln von [2]Pyridylamin mit 3-Phthalimido-propan-1-sulfonylchlorid in Benzol (*Griffin, Hey*, Soc. **1952** 3334, 3338).
Kristalle (aus Bzl. oder Eg.); F: 169,5—170,5°.

4-Amino-butan-1-sulfonsäure-[2]pyridylamid $C_9H_{15}N_3O_2S$, Formel XII (R = H, n = 4).
B. Beim Erwärmen von 4-Phthalimido-butan-1-sulfonsäure-[2]pyridylamid in Äthanol mit wss. $N_2H_4 \cdot H_2O$ (*Griffin, Hey*, Soc. **1952** 3334, 3338).
Hydrochlorid $C_9H_{15}N_3O_2S \cdot HCl$. Kristalle (aus A.); F: 136,5—137,5°.

4-Phthalimido-butan-1-sulfonsäure-[2]pyridylamid $C_{17}H_{17}N_3O_4S$, Formel XIII (n = 4).
B. Beim Behandeln von [2]Pyridylamin mit 4-Phthalimido-butan-1-sulfonylchlorid in Benzol (*Griffin, Hey*, Soc. **1952** 3334, 3338).
Kristalle (aus Eg.); F: 191,5—193,5°.

5-Amino-pentan-1-sulfonsäure-[2]pyridylamid $C_{10}H_{17}N_3O_2S$, Formel XII (R = H, n = 5).
B. Beim Erwärmen von 5-Phthalimido-pentan-1-sulfonsäure-[2]pyridylamid in Äthanol mit wss. $N_2H_4 \cdot H_2O$ (*Griffin, Hey*, Soc. **1952** 3334, 3339).
Hydrochlorid $C_{10}H_{17}N_3O_2S \cdot HCl$. Kristalle (aus A.); F: 127,5—129°.

5-Phthalimido-pentan-1-sulfonsäure-[2]pyridylamid $C_{18}H_{19}N_3O_4S$, Formel XIII (n = 5).
B. Beim Behandeln von [2]Pyridylamin mit 5-Phthalimido-pentan-1-sulfonylchlorid in Benzol (*Griffin, Hey*, Soc. **1952** 3334, 3339).
Kristalle (aus Me.); F: 144,5—145,5°.

2-Amino-benzolsulfonsäure-[2]pyridylamid $C_{11}H_{11}N_3O_2S$, Formel I (X = H).
B. Beim Erwärmen von 2-Nitro-benzolsulfonsäure-[2]pyridylamid mit Eisen und wss. HCl (*Pratesi, Raffa*, Farmaco **2** [1947] 1, 2).
Kristalle (aus Acn.); F: 212°.

2-Amino-3,5-dinitro-benzolsulfonsäure-[2]pyridylamid $C_{11}H_9N_5O_6S$, Formel I (X = NO_2).
F: 235—238° (*Eastman Kodak Co.*, U.S.P. 2358465 [1941]).

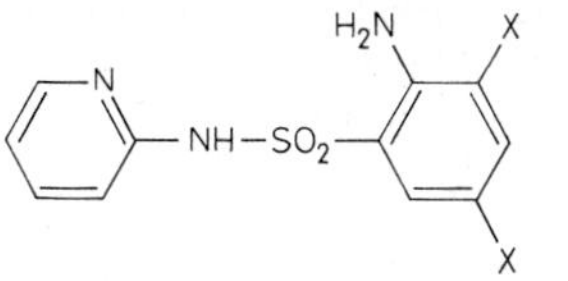

I 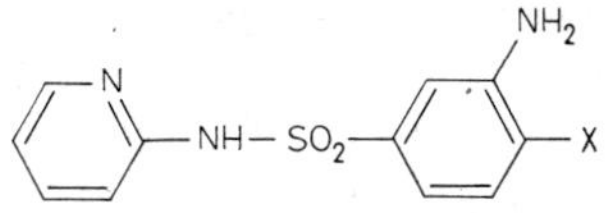   II

3-Amino-benzolsulfonsäure-[2]pyridylamid $C_{11}H_{11}N_3O_2S$, Formel II (X = H).
B. Beim Behandeln von 3-Nitro-benzolsulfonsäure-[2]pyridylamid mit wss. $[NH_4]_2S$ (*English et al.*, Am. Soc. **68** [1946] 1039, 1040, 1044).
F: 185—187° [korr.].

3-Amino-4-chlor-benzolsulfonsäure-[2]pyridylamid $C_{11}H_{10}ClN_3O_2S$, Formel II (X = Cl).
B. Beim Erwärmen von 4-Chlor-3-nitro-benzolsulfonsäure-[2]pyridylamid in Äthanol mit Zink-Pulver und konz. wss. HCl (*Pappalardo*, Boll. scient. Fac. Chim. ind. Univ. Bologna **17** [1959] 23, 25).
Kristalle (aus Bzl.); F: 163—164°.   [*Möhle*]

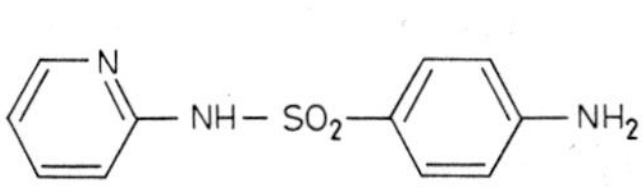

III 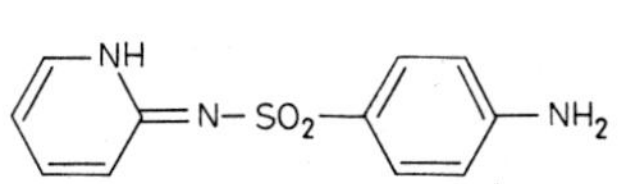   IV

2-Sulfanilylamino-pyridin, Sulfanilsäure-[2]pyridylamid $C_{11}H_{11}N_3O_2S$, Formel III, und Tautomeres; Sulfapyridin.

Nach Ausweis des IR-Spektrums liegt im kristallinen Zustand Sulfanilsäure-[1H-[2]pyridylidenamid] (Formel IV) vor (*Scheïnker, Kusnezowa, Ž.* fiz. Chim. **31** [1957] 2656, 2658; C. A. **1958** 8729; *Scheïnker,* Doklady Akad. S.S.S.R. **113** [1957] 1080; Pr. Acad. Sci. U.S.S.R. Chem. Sect. **112–117** [1957] 367); nach Ausweis der UV-Spektren liegt in Lösungen in Dioxan überwiegend Sulfanilsäure-[2]pyridylamid, in H_2O überwiegend Sulfanilsäure-[1H-[2]pyridylidenamid] (*Sch., Ku.; Sch.*), in Äthanol ca. 70–75 % Sulfanilsäure-[2]pyridylamid vor (*Angyal, Warburton,* Austral. J. scient. Res. [A] **4** [1951] 93, 102; *Sch., Ku.; Sch.*; s. a. *Shepherd et al.,* Am. Soc. **64** [1942] 2532, 2534).

B. Beim Erhitzen von 2-Brom-pyridin oder 2-Jod-pyridin mit Sulfanilamid, K_2CO_3 und wenig Kupfer-Pulver auf 180° bzw. 150° (*Phillips,* Soc. **1941** 9,10). Beim Erhitzen von 2-Brom-pyridin mit dem Natrium-Salz des Sulfanilamids in Xylol (*Cilag,* Schweiz. P. 212060 [1939]). Beim Erhitzen von [2]Pyridylamin mit Sulfanilylfluorid in N,N-Dimethyl-anilin auf 180° (*Ward, Blenkinsop & Co.,* U.S.P. 2284461 [1940]). Aus [2]Pyridyl-amin und N-Dichlorphosphoryl-sulfanilylchlorid (*Biener, Kane,* J. org. Chem. **21** [1956] 1198). Beim Erhitzen von [2]Pyridylamin mit N-Acetyl-sulfanilylchlorid bis auf 140° (*Takahashi, Yamamoto,* J. pharm. Soc. Japan **68** [1948] 87; C. A. **1953** 8677). Beim Erhitzen von N-Acetyl-sulfanilsäure-[2]pyridylamid mit wss. NaOH (*CIBA,* Schweiz. P. 210776 [1938]; *Cilag,* Schweiz. P. 212062 [1939]; *Crossley et al.,* Am. Soc. **62** [1940] 372; *Ph.; Golowtschinškaja,* Ž. prikl. Chim. **18** [1945] 647, 650; C. A. **1946** 6438; *I. G. Farbenind.,* CIOS Rep. XXIII 12 [1945] 19). Aus N-Acetyl-sulfanilsäure-[2]pyridylamid beim Erhitzen mit wss. $Ca(OH)_2$ (*Cilag,* Schweiz. P. 231607 [1942]), beim Erwärmen mit wss. HCl auf 60° (*Bobranškii, Éker,* Ž. prikl. Chim. **13** [1940] 1637, 1640; C. A. **1941** 3986) oder beim Erwärmen mit wss.-äthanol. HCl (*Winterbottom,* Am. Soc. **62** [1940] 160). Beim Behandeln der Natrium-Verbindung des [2]Pyridylamins mit N-Butyryl-sulfanilylchlorid in Petroläther und Erhitzen des Reaktionsprodukts mit wss. NaOH (*Cilag,* Schweiz. P. 214352 [1939]). Beim Erwärmen von [2]Pyridylamin mit 3-[N-Acetyl-sulfanilyl]-2-benzolsulfonylimino-2,3-dihydro-thiazol in Pyridin (*Chinoin,* D.R.P. 743007 [1940]; D.R.P. Org. Chem. **3** 964) oder mit 3-[N-Acetyl-sulfanilyl]-2-phenylmethansulfonylimino-2,3-dihydro-thiazol in Pyridin (*CIBA,* U.S.P. 2386852 [1942]) und Erhitzen des jeweils erhaltenen Reaktionsprodukts mit wss. NaOH. Beim Erhitzen von 4-Chlor-benzolsulfonsäure-[2]pyridylamid mit wss. NH_3 unter Zusatz von CuCl auf 150–175° (*May & Baker Ltd.,* U.S.P. 2275354 [1938]; D.R.P. 737796 [1938]; D.R.P. Org. Chem. **3** 905, 906) oder mit wss. NH_3 unter Zusatz von $CuCl_2$ und Kupfer-Pulver auf 150–160° (*Grigorowškiï, Dychanow,* Ž. prikl. Chim. **30** [1957] 1352, 1354; engl. Ausg. S. 1420, 1422). Aus 4-Nitro-benzolsulfonsäure-[2]pyridyl-amid beim Behandeln mit $FeSO_4$ in wss. NaOH (*May & Baker Ltd.*) oder beim Erwärmen mit Eisen-Spänen und Essigsäure (*Cilag,* Schweiz. P. 220046 [1940]). Aus 4-Phenylazo-benzolsulfonsäure-[2]pyridylamid bei der Hydrierung an Raney-Nickel in wss.-äthanol. NaOH bei 60–70°/3,5 at oder beim Erhitzen mit Zinn und wss. HCl (*Pearl,* J. org. Chem. **10** [1945] 205, 208, 209).

Dipolmoment (ε; Dioxan) bei 25°: 6,8 D bzw. 7,2 D (*Jensen, Friediger,* Dansk Tidsskr. Farm. **16** [1942] 280; *Puschkarewa, Kokoschko,* Ž. obšč. Chim. **24** [1954] 870, 875; engl. Ausg. S. 869, 873).

Kristalle; F: 192,8° [Block] bzw. 190,9–191,5° [korr.; nach Sintern bei 190,4°; Kapillare; aus A.] (*Crossley et al.,* Am. Soc. **62** [1940] 372), 192° (*Reimers,* Dansk Tidsskr. Farm. **15** [1941] 177, 181, 187; *L. u. A. Kofler,* Thermo-Mikro-Methoden, 3. Aufl. [Weinheim 1954] S. 546), 191,5–192° [geringe Zers.; aus H_2O oder Me.] (*Castle, Witt,* Am. Soc. **68** [1946] 64). Netzebenenabstände: *Lennox,* Anal. Chem. **29** [1957] 1433. Über weitere Modifikationen s. *Re.; Ca., Witt.* Kristalloptik der Modifikation vom F: 192°: *Ca., Witt;* s. a. *Prien, Frondel,* J. Urol. **46** [1941] 748, 756; *Keenan,* J. Assoc. agric. Chemists **27** [1944] 153, 157; von weiteren Modifikationen: *Ca., Witt.* Brechungsindices der Schmelze beim Schmelzpunkt sowie der unterkühlten Schmelze bei 120° und 160°: *Baird, Frediani,* J. Am. pharm. Assoc. **39** [1950] 273. IR-Spektrum der Kristalle (2–14 μ): *Scheïnker, Kusnezowa,* Ž. fiz. Chim. **31** [1957] 2656, 2657; C. A. **1958** 8729. Raman-Banden (wss. NaOH; 3070–800 cm^{-1}): *Tomisev,* Sber. Akad. Wien [II a] **162** [1953] 395. UV-Spektrum (220–350 nm) in Dioxan: *Sch., Ku.,* l. c. S. 2659; in Äthanol: *Iritani,* J. pharm. Soc. Japan **65** [1945] Ausg. B, S. 507, 509, 510; C. A. **1954** 330; *Angyal, Warburton,* Austral. J. scient. Res. [A] **4** [1951] 93, 102; *Sch., Ku.;* in H_2O: *Böhme, Wagner,* Ar. **280** [1942]

255, 257; *Chiminera, Wilcox*, J. Am. pharm. Assoc. **33** [1944] 85, 87, 89; *Haringa, Veldstra*, R. **66** [1947] 257, 262; *Sch., Ku.*; in wss. Lösung vom pH 7: *Scudi, Childress*, J. biol. Chem. **218** [1956] 587, 590; in wss.-äthanol. HCl: *An., Wa.*, l. c. S. 103; in wss. HCl [0,2 n]: *Scudi, Robinson*, J. Labor. clin. Med. **25** [1940] 404, 407; in wss. HCl [2 n] und in wss. Lösung vom pH 2,5, pH 7 und pH 11: *Vandenbelt, Doub*, Am. Soc. **66** [1944] 1633, 1635; in wss. HCl [2 n] und in wss. Lösungen vom pH 1,7, pH 6,6 und pH 11,1: *Maschka et al.*, M. **85** [1954] 168, 175; in wss. alkal. Lösung: *Ir.* UV-Spektrum (H_2O; 250—360 nm) des Natrium-Salzes: *Böhme, Wagner*, Fette Seifen **49** [1942] 785. Scheinbarer Dissoziationsexponent pK'_a (H_2O; potentiometrisch ermittelt) bei 20°: 8,62 (*Gorvin*, Soc. **1949** 3304, 3310), 8,48 (*Willi, Meier*, Helv. **39** [1956] 54); bei Raumtemperatur: 8,43 (*Bell, Roblin*, Am. Soc. **64** [1942] 2905, 2906). Scheinbare Dissoziationskonstanten K'_{b1} und K'_{b2} (H_2O [umgerechnet aus Eg.]; potentiometrisch ermittelt) bei Raumtemperatur: $3,8 \cdot 10^{-12}$ bzw. $0,1 \cdot 10^{-12}$ (*Bell, Ro.*; s. a. *Voorhies, Adams*, Anal. Chem. **30** [1958] 346, 359). Scheinbarer Dissoziationsexponent pK'_a (wss. A. [30%ig bzw. 40%ig bzw. 50%ig]; potentiometrisch ermittelt) bei 20°: 9,33 bzw. 9,55 bzw. 9,81 (*Go.*). Polarographie (wss. Lösungen vom pH 1—9): *Vo., Ad.*, l. c. S. 348.

Löslichkeit [g/100 ml] bei 20—22° in Petroläther: 0,008; in Äther: 0,022; in $CHCl_3$: 0,055 (*Carro Collazo, Doadrio*, Farmacoterap. actual **3** [1946] 39, 42). Löslichkeit [$g \cdot l^{-1}$] in Aceton bei 0° (6,443) bis 50° (39,135): *Hernandez Gutierrez*, An. Soc. españ. **41** [1945] 537, 549, 559. Löslichkeit in Isopropylalkohol bei 25°: 0,175 g/100 ml Lösung (*Burlage*, J. Am. pharm. Assoc. **37** [1948] 345). Löslichkeit in Äthanol bei 20—22°: 0,238 g/100 ml (*Ca. Co., Do.*; s. a. *Kaiser, Lang*, Ar. **285** [1952] 230, 238). Löslichkeit in Äthanol und in wss. Äthanol (19,2—76,4 %ig) bei 37° und 75°: *Šaposhnikowa, Poštowškiĭ, Ž.* prikl. Chim. **17** [1944] 427, 430, 433; C. A. **1945** 3626. Löslichkeit (g/100 ml) in H_2O bei 20° (0,0194) bis 99° (0,61): *Ša., Po.*, l. c. S. 428, 431; bei 20° (0,020): *Frisk*, Acta med. scand. Spl. **142** [1943] 20; bei 37° (0,0495 bzw. 0,053): *Roblin, Winnek*, Am. Soc. **62** [1940] 1999, 2000; *Langecker*, Ar. Pth. **205** [1948] 291, 294. Phasendiagramm (fest/flüssig) der binären Systeme mit 4-Nitro-phenol (Verbindung 1:1), *N,N'*-Dipropionyl-harnstoff, Hippursäure, Salicylsäure und 4-Methyl-thiazol-2-thiol (Verbindung 1:1): *Kuroyanagi*, J. pharm. Soc. Japan **60** [1940] 301, 303, 307; dtsch. Ref. S. 176; C. A. **1941** 7944; mit Sulfanilamid, 2-Phenyl-chinolin-4-carbonsäure, Veronal und Pyramidon (Verbindung 1:1): *Kuroyanagi, Kawia*, J. pharm. Soc. Japan **60** [1940] 481, 482, 486; engl. Ref. S. 183; C. A. **1941** 7945; mit Resorcin (Verbindung 1:1): *Kuroyanagi*, J. pharm. Soc. Japan **61** [1941] 443, 445, 447; dtsch. Ref. S. 143; C. A. **1950** 9368.

Beim Behandeln mit Diazomethan in Äther sind Sulfanilsäure-[methyl-[2]pyridyl-amid] (S. 4013) und geringere Mengen Sulfanilsäure-[1-methyl-1*H*-[2]pyridylidenamid] [E III/IV **21** 3353] (*Shepherd et al.*, Am. Soc. **64** [1942] 2532, 2535), beim Behandeln mit Dimethylsulfat und wss. NaOH ist Sulfanilsäure-[1-methyl-1*H*-[2]pyridylidenamid] erhalten worden (*Sh. et al.*; *Kelly, Short*, Soc. **1945** 242). Beim Behandeln mit Benzylchlorid [7 Mol] und wss. NaOH [1,2 Mol] ist *N*-Benzyl-sulfanilsäure-[2]pyridylamid (S. 3981), beim Erwärmen mit Benzylchlorid [1,5 Mol] und wss.-äthanol. NaOH [2,5 Mol] ist Sulfanilsäure-[1-benzyl-1*H*-[2]pyridylidenamid] (E III/IV **21** 3361) erhalten worden (*Ke., Sh.*).

Natrium-Salz $NaC_{11}H_{10}N_3O_2S$. Kristalle (aus A.); F: 316,5—317° [Zers.] (*Marschall et al.*, Sci. **88** [1938] 597). Kristalloptik (des Monohydrats?): *Prien, Frondel*, J. Urol. **46** [1941] 748, 756; *Keenan*, J. Assoc. agric. Chemists **27** [1944] 153, 157; *Eisenberg*, J. Assoc. agric. Chemists **37** [1954] 705, 708; *Tillson, Eisenberg*, J. Am. pharm. Assoc. **43** [1954] 760, 764.

Kupfer(II)-Salz $Cu(C_{11}H_{10}N_3O_2S)_2$. Braune Kristalle (aus Py. + H_2O); F: 201—202° (*Chaĭkina, Kogan, Ž.* obšč. Chim. **18** [1948] 231, 235; C. A. **1948** 7266). — **Verbindung mit 2(?) Mol Pyridin** $Cu(C_{11}H_{10}N_3O_2S)_2 \cdot 2(?)C_5H_5N$. Dunkelgrüne Kristalle (aus Py.); F: 175,5—177,5° [Zers.] (*Ch., Ko.*). — **Verbindung mit 3 Mol Pyridin** $Cu(C_{11}H_{10}N_3O_2S)_2 \cdot 3 C_5H_5N$. Blassgrün (*Lapière*, J. Pharm. Belg. [NS] **3** [1948] 17, 22).

Silber-Salz $AgC_{11}H_{10}N_3O_2S$. Herstellung: *Braun, Towle*, Am. Soc. **63** [1941] 3523; *Macarovici, Macarovici*, Bulet. Cluj **10** [1948] 116, 123; *Rosenzweig, Fuchs*, U.S.P. 2536095 [1947].

Basisches Calcium-Salz. Löslichkeit des wasserfreien Salzes und des Dihydrats in Aceton bei 0—50°: *Hernandez Gutierrez*, An. Soc. españ. **41** [1945] 537, 550, 559. — **Neutrales Calcium-Salz.** Kristalle (aus H_2O), die sich beim Erhitzen zersetzen ohne zu schmelzen (*Cilag*, Schweiz. P. 213815 [1939]).

Zink-Salz $Zn(C_{11}H_{10}N_3O_2S)_2$. F: 235—237° (*Schach*, Ukr. chim. Ž. **22** [1956] 336, 338; C. A. **1957** 4391).

Verbindung mit Äthylendiamin und Zinkhydroxid $2 C_{11}H_{11}N_3O_2S \cdot C_2H_8N_2 \cdot Zn(OH)_2$. Kristalle (mit 1 Mol H_2O?); F: 190° [korr.; Zers.] (*Erdos, Ramirez*, Ciencia **12** [1952] 180, 181). Dichte der Kristalle bei 18°: 1,673. Löslichkeit (g/100 ml) in H_2O bei 20°: 1,7; bei 80°: 2,1.

Kobalt(II)-Salz $Co(C_{11}H_{10}N_3O_2S)_2$. Löslichkeit in Äthanol und in Aceton: *Fialkow, Schach*, Ukr. chim. Ž. **17** [1951] 568, 572; C. A. **1954** 3838. — Verbindung mit Ammoniak $Co(C_{11}H_{10}N_3O_2S)_2 \cdot 2 NH_3$ (*Fi., Sch.*). — Verbindung mit Pyridin $Co(C_{11}H_{10}N_3O_2S)_2 \cdot 2 C_5H_5N$. Gelb; unterhalb 300° nicht schmelzend [Dunkelfärbung bei 240°] (*Fi., Sch.*, l. c. S. 573).

Verbindung mit Äthylendiamin und Kobalt(II)-hydroxid $2 C_{11}H_{11}N_3O_2S \cdot 2 C_2H_8N_2 \cdot Co(OH)_2$. F: 209°; Dichte der Kristalle 1,346 (*Erdos, Ortiz E.*, Bol. Soc. quim. Peru **17** [1951] 3, 6).

Nickel(II)-Salz $Ni(C_{11}H_{10}N_3O_2S)_2$. Bläulichgrün; Zers. bei 210° (*Schach*, Ukr. chim. Ž. **22** [1956] 336, 338; C. A. **1957** 4391).

Verbindung mit Äthylendiamin und Nickel(II)-hydroxid $2 C_{11}H_{11}N_3O_2S \cdot 2 C_2H_8N_2 \cdot Ni(OH)_2$. Rötlichviolette Kristalle; F: 225° [Zers.]; Dichte der Kristalle: 1,512 (*Erdos, Bermea*, Ciencia **12** [1952] 144, 146).

Dihydrochlorid $C_{11}H_{11}N_3O_2S \cdot 2 HCl$. Kristalle (*Lur'e, Schemjakin*, Ž. obšč. Chim. **14** [1944] 935, 938; C. A. **1945** 4597).

Verbindung mit Bis-[4-chlor-benzolsulfonyl]-amin. Kristalle (aus H_2O); F: 165—166° [unkorr.] (*Runge et al.*, Pharmazie **12** [1957] 8, 10).

Naphthalin-2-sulfonat $C_{11}H_{11}N_3O_2S \cdot C_{10}H_8O_3S$. Kristalle (aus A.) mit 1 Mol Äthanol, F: 70—75° [nach Trocknen unter 5 Torr bei Raumtemperatur]; nach Trocknen unter vermindertem Druck bei 100° wird das lösungsmittelfreie Präparat (hellgelbes Pulver, F: 152—153°) erhalten (*Munski et al.*, Pr. Indian Acad. [A] **27** [1948] 265, 270).

(1R)-2-Oxo-bornan-10-sulfonat $C_{11}H_{11}N_3O_2S \cdot C_{10}H_{16}O_4S$. Kristalle (aus A.); F: 158—159° (*Singh, Manhas*, Pr. Indian Acad. [A] **26** [1947] 61, 70). $[\alpha]_D^{35}$: —25,0° [Acn.; c = 0,5], —22,5° [A.; c = 1], —20,5° [Me.; c = 1] (*Si., Ma.*, l. c. S. 67). ORD (Acn., A. sowie Me.; 670,8—435,8 nm) bei 35°: *Si., Ma.*, l. c. S. 67. — (1S)-2-Oxo-bornan-10-sulfonat $C_{11}H_{11}N_3O_2S \cdot C_{10}H_{16}O_4S$. Kristalle (aus A.); F: 158—159° (*Si., Ma.*, l. c. S. 70). $[\alpha]_D^{35}$: +25,0° [Acn.; c = 0,5], +22,5° [A.; c = 1], + 20,0° [Me.; c = 1] (*Si., Ma.*, l. c. S. 67). ORD (Acn., A. sowie Me.; 670,8—435,8 nm) bei 35°: *Si., Ma.*, l. c. S. 67. — (±)-2-Oxo-bornan-10-sulfonat $C_{11}H_{11}N_3O_2S \cdot C_{10}H_{16}O_4S$. Kristalle (aus A.); F: 167° bis 168° (*Si., Ma.*, l. c. S. 70).

Sulfoacetat $2 C_{11}H_{11}N_3O_2S \cdot C_2H_4O_5S$. Kristalle (aus A.) mit 3 Mol H_2O; F: 162—163° (*Folkers et al.*, Am. Soc. **66** [1944] 1083, 1086).

Cholin-Salz $[C_5H_{14}NO]C_{11}H_{10}N_3O_2S$. Kristalle (aus Me.); F: 185—187,5° [korr.]; pH einer 5%ig. wss. Lösung :10,50 (*Merck & Co. Inc.*, U.S.P. 2603641 [1949]).

1-Hexadecyl-pyridinium-Salz $[C_{21}H_{38}N]C_{11}H_{10}N_3O_2S$. Gelbliche Kristalle mit 2 Mol H_2O; F: 109—110° (*Barry, Puetzer*, J. Am. pharm. Assoc. **34** [1945] 244).

Verbindung mit Acridin-9-ylamin $C_{13}H_{10}N_2 \cdot C_{11}H_{11}N_3O_2S$. Hellgelbe Kristalle mit 3 Mol H_2O; F: 131° (*Das-Gupta, Gupta*, J. Indian chem. Soc. **23** [1946] 241).

Diliturat (5-Nitro-barbiturat) $C_{11}H_{11}N_3O_2S \cdot C_4H_3N_3O_5$. Kristalle mit 1 Mol H_2O; F: 219—220° [Zers.] (*Castle et al.*, Am. Soc. **71** [1949] 228). Monoklin; Kristalloptik: *Ca. et al.*

N-Methyl-sulfanilsäure-[2]pyridylamid $C_{12}H_{13}N_3O_2S$, Formel V (R = CH_3, R' = H).

B. Beim Erhitzen von 4-Chlor-benzolsulfonsäure-[2]pyridylamid mit wss. Methylamin und wenig CuCl auf 150° (*May & Baker Ltd.*, U.S.P. 2275354 [1938]; D.R.P. 737796 [1938]; D.R.P. Org. Chem. **3** 905, 907).

Kristalle (aus A.); F: 154°.

N,N-Dimethyl-sulfanilsäure-[2]pyridylamid $C_{13}H_{15}N_3O_2S$, Formel V (R = R' = CH_3).

B. Beim Erhitzen von 4-Chlor-benzolsulfonsäure-[2]pyridylamid mit wss. Dimethylamin und wenig CuCl auf 170° (*May & Baker Ltd.*, U.S.P. 2275354 [1938]; D.R.P. 737796 [1938]; D.R.P. Org. Chem. **3** 905, 907).

Kristalle (aus A.); F: 218—220°.

N-[2,4-Dinitro-phenyl]-sulfanilsäure-[2]pyridylamid $C_{17}H_{13}N_5O_6S$, Formel V ($R = C_6H_3(NO_2)_2(o, p)$, $R' = H$).

B. Beim Behandeln von [2]Pyridylamin mit *N*-[2,4-Dinitro-phenyl]-sulfanilylchlorid in Pyridin (*May & Baker Ltd.*, U.S.P. 2275354 [1938]; D.R.P. 737796 [1938]; D.R.P. Org. Chem. **3** 905, 907). Beim Erwärmen von Sulfapyridin (S. 3978) mit 1-Chlor-2,4-di⹊ nitro-benzol und Natriumacetat in Äthanol (*Amorosa*, Ann. Chimica farm. **1950** (Mai) 54, 65). Beim Erwärmen von Sulfapyridin mit 1-Fluor-2,4-dinitro-benzol und NaHCO₃ in wss. Aceton (*Bräuniger, Spangenberg*, Pharmazie **12** [1957] 335, 345).

Orangefarbene Kristalle; F: 251° [korr.] (*Br., Sp.*), 241—242° [aus Acn.] (*Am.*), 230° bis 233° (*May & Baker Ltd.*).

N-Benzyl-sulfanilsäure-[2]pyridylamid $C_{18}H_{17}N_3O_2S$, Formel V ($R = CH_2$-C_6H_5, $R' = H$).

B. Beim Behandeln von Sulfapyridin (S. 3978) mit Benzylchlorid und wss. NaOH (*Kelly, Short*, Soc. **1945** 242). Beim Erhitzen von *N*-Benzyl-sulfanilsäure-amid mit 2-Brom-pyridin, K₂CO₃ und Kupfer-Pulver auf 200° (*Ke., Sh.*).

Kristalle (aus A.); F: 186° (*Ke., Sh.*).

Als *N*-Benzyl-sulfanilsäure-[2]pyridylamid ist von *May & Baker Ltd.* (U.S.P. 2275354 [1938]; D.R.P. 737796 [1938]; D.R.P. Org. Chem. **3** 905, 908) eine beim Behandeln von [2]Pyridylamin mit *N*-Acetyl-*N*-benzyl-sulfanilylchlorid und Pyridin und Erhitzen des als *N*-Acetyl-*N*-benzyl-sulfanilsäure-[2]pyridylamid $C_{20}H_{19}N_3O_3S$ angese⹊ henen Reaktionsprodukts (Kristalle [aus A.]; F: 177°) mit wss. NaOH erhaltene Verbin⹊ dung (Kristalle [aus A.]; F: 200°) formuliert worden.

N,N-Dibenzyl-sulfanilsäure-[2]pyridylamid $C_{25}H_{23}N_3O_2S$, Formel V ($R = R' = CH_2$-C_6H_5).

B. Aus [2]Pyridylamin und *N,N*-Dibenzyl-sulfanilylchlorid [aus *N,N*-Dibenzyl-anilin und ClSO₃H hergestellt] (*Desai, Mehta*, Indian J. Pharm. **13** [1951] 211).

Kristalle (aus A.); F: 112°.

N-Trityl-sulfanilsäure-[2]pyridylamid $C_{30}H_{25}N_3O_2S$, Formel V ($R = C(C_6H_5)_3$, $R' = H$).

B. Beim Erwärmen des Natrium-Salzes des Sulfapyridins (S. 3978) mit Tritylchlorid in Benzol (*Dahlbom, Ekstrand*, Svensk kem. Tidskr. **56** [1944] 304, 310).

F: 246—248°.

V   VI

4-Pyrrolidino-benzolsulfonsäure-[2]pyridylamid $C_{15}H_{17}N_3O_2S$, Formel VI.

B. Beim Erwärmen von [2]Pyridylamin mit 4-Pyrrolidino-benzolsulfonylchlorid, auch unter Zusatz von Na₂O (*Jur'ew, Arbatskiĭ*, Vestnik Moskovsk. Univ. **8** [1953] Nr. 2, S. 83, 85; C. A. **1955** 6163).

Kristalle (aus wss. A.); F: 232°.

N-[4-Methoxy-benzyl]-sulfanilsäure-[2]pyridylamid $C_{19}H_{19}N_3O_3S$, Formel V ($R = CH_2$-C_6H_4-O-$CH_3(p)$, $R' = H$).

B. Bei der Hydrierung von *N*-[4-Methoxy-benzyliden]-sulfanilsäure-[2]pyridylamid an Raney-Nickel in Dioxan (*Kolloff, Hunter*, Am. Soc. **62** [1940] 1647).

Kristalle (aus wss. Eg.); F: 216,5—217,5° [unkorr.].

[4-[2]Pyridylsulfamoyl-anilino]-methansulfinsäure $C_{12}H_{13}N_3O_4S_2$, Formel V ($R = CH_2$-SO-OH, $R' = H$).

B. Aus Sulfapyridin (S. 3978) und Natrium-hydroxymethansulfinat (*Merck & Co. Inc.*, U.S.P. 2295481 [1939]).

F: 206—210° [Zers.].

Mononatrium-Salz. F: 198—200° [Zers.]. Löslichkeit in H₂O bei 37°: 16%.

Dinatrium-Salz. F: 225—230° [Zers.].

[4-[2]Pyridylsulfamoyl-anilino]-methansulfonsäure $C_{12}H_{13}N_3O_5S_2$, Formel V
(R = CH$_2$-SO$_2$-OH, R' = H).

B. Beim Erwärmen von Sulfapyridin (S. 3978) mit Natrium-hydroxymethansulfonat in H$_2$O (*Wander A.G.*, Schweiz. P. 214045 [1939]; *Merck & Co. Inc.*, U.S.P. 2305260 [1939]).

F: 216—220° [Zers.] (*Merck & Co. Inc.*). Kristalle; F: 184—186° (*Wander A.G.*, Schweiz. P. 228551 [1942]).

Mononatrium-Salz. Kristalle; F: 208—210° [Zers.]; pH einer 10%ig. wss. Lösung: ca. 5,0; Löslichkeit in H$_2$O bei 37°: ca. 20% (*Merck & Co. Inc.*).

Dinatrium-Salz. F: 236—240° [Zers.]; pH einer 10%ig. wss. Lösung: ca. 11,0 (*Merck & Co. Inc.*).

Calcium-Salz. Kristalle (aus wss. Isopropylalkohol); pH einer 10%ig. wss. Lösung: 6,7 (*Wander A.G.*, Schweiz. P. 235945 [1942]).

Ephedrin-Salz. Kristalle; F: 134° [Zers.] (*Wander A.G.*, Schweiz. P. 235947 [1942]).

Verbindung mit Nicotinsäure-amid. Gelblichgrüne Kristalle (aus wss. A.); F: 173—175° [Zers.] (*Wander A.G.*, Schweiz. P. 235950 [1942]).

Chinin-Salz. Kristalle; F: 187—188° (*Wander A.G.*, Schweiz. P. 237329 [1943]).

Hexamethylentetramin-Salz. Kristalle; F: 170—171° (*Wander A.G.*, Schweiz. P. 228551).

[(4-[2]Pyridylsulfamoyl-anilino)-methylmercapto]-essigsäure $C_{14}H_{15}N_3O_4S_2$, Formel V
(R = CH$_2$-S-CH$_2$-CO-OH, R' = H).

B. Beim Erwärmen von Sulfapyridin (S. 3978) in Äthanol mit wss. Formaldehyd und Mercaptoessigsäure (*Druey*, Helv. **27** [1944] 1776, 1780; s. a. *E. Lilly & Co.*, U.S.P. 2303698 [1940]).

F: 165—166° (*Dr.*).

[α-(4-[2]Pyridylsulfamoyl-anilino)-isopropyl]-phosphinsäure $C_{14}H_{18}N_3O_4PS$, Formel V
(R = C(CH$_3$)$_2$-PHO-OH, R' = H).

B. Beim Erwärmen von Sulfapyridin (S. 3978) mit H$_3$PO$_2$ und Aceton (*Farbenfabr. Bayer*, D.B.P. 870701 [1942]).

Kristalle; F: 180° [Zers.].

***N*-Benzyliden-sulfanilsäure-[2]pyridylamid** $C_{18}H_{15}N_3O_2S$, Formel VII
(X = X' = X'' = H).

B. Aus Sulfapyridin (S. 3978) und Benzaldehyd beim Erhitzen auf 150° (*Kolloff, Hunter*, Am. Soc. **62** [1940] 158; *Doraswamy, Guha*, J. Indian chem. Soc. **23** [1946] 273) oder beim Erwärmen mit Äthanol (*Butler, Ingle*, J. Pharm. Pharmacol. **6** [1954] 806, 810; s. a. *Macarovici, Macarovici*, Rev. Chim. Acad. roum. **1** [1956] Nr. 2, S. 91, 92).

Kristalle; F: 248° [aus A.] (*Bu., In.*), 245—246° [unkorr.] (*Ko., Hu.*), 240° (*Do., Guha*), 203—204° (*Ma., Ma.*).

***N*-[3-Chlor-benzyliden]-sulfanilsäure-[2]pyridylamid** $C_{18}H_{14}ClN_3O_2S$, Formel VII
(X = X'' = H, X' = Cl).

B. Beim Erhitzen von Sulfapyridin (S. 3978) mit 3-Chlor-benzaldehyd auf 150—160° (*Doraswamy, Guha*, J. Indian chem. Soc. **23** [1946] 273).

F: 101°.

VII   VIII

***N*-[2-Nitro-benzyliden]-sulfanilsäure-[2]pyridylamid** $C_{18}H_{14}N_4O_4S$, Formel VII
(X = NO$_2$, X' = X'' = H).

B. Beim Erhitzen von Sulfapyridin (S. 3978) mit 2-Nitro-benzaldehyd (*Kolloff, Hunter*, Am. Soc. **62** [1940] 1647).

F: 193—194° [unkorr.].

***N*-[3-Nitro-benzyliden]-sulfanilsäure-[2]pyridylamid** $C_{18}H_{14}N_4O_4S$, Formel VII
(X = X″ = H, X′ = NO$_2$).
  B. Beim Erhitzen von Sulfapyridin (S. 3978) mit 3-Nitro-benzaldehyd auf 150—160°
(*Doraswamy, Guha,* J. Indian chem. Soc. **23** [1946] 273).
  F: 254°.

***N*-[4-Nitro-benzyliden]-sulfanilsäure-[2]pyridylamid** $C_{18}H_{14}N_4O_4S$, Formel VII
(X = X′ = H, X″ = NO$_2$).
  B. Beim Erhitzen von Sulfapyridin (S. 3978) mit 4-Nitro-benzaldehyd (*Kolloff, Hunter,*
Am. Soc. **62** [1940] 1647).
  F: 245—246,2° [unkorr.].

***N*-Phenäthyliden-sulfanilsäure-[2]pyridylamid** $C_{19}H_{17}N_3O_2S$, Formel VIII.
  B. Beim Erwärmen von Sulfapyridin (S. 3978) mit Phenylacetaldehyd in Äthanol
(*Doraswamy, Guha,* J. Indian chem. Soc. **23** [1946] 273).
  F: 100° [Zers.].

***N*-*trans*-Cinnamyliden-sulfanilsäure-[2]pyridylamid** $C_{20}H_{17}N_3O_2S$, Formel IX.
  B. Aus Sulfapyridin (S. 3978) und *trans*-Zimtaldehyd (*Scudi et al.,* Am. Soc. **61** [1939]
2554; *Kolloff, Hunter,* Am. Soc. **62** [1940] 1647).
  Kristalle; F: 215—217,5° [aus Xylol] (*Ko., Hu.*), 208—210° [Zers.] (*Sc. et al.*).
  H y d r o c h l o r i d $C_{20}H_{17}N_3O_2S \cdot HCl$. F: 178—180° [Zers.] (*Sc. et al.*).

IX

***N*-[4-Thiosemicarbazonomethyl-benzyliden]-sulfanilsäure-[2]pyridylamid**
$C_{20}H_{18}N_6O_2S_2$, Formel X.
  B. Beim Erwärmen von Sulfapyridin (S. 3978) mit Terephthalaldehyd-monothiosemi=
carbazon und wenig Essigsäure in Methanol (*Shenley Ind.,* U.S.P. 2664425 [1952]).
  F: 224° [Zers.].

X

***N*-Salicyliden-sulfanilsäure-[2]pyridylamid** $C_{18}H_{15}N_3O_3S$, Formel XI (X = X′ = H).
  B. Beim Erwärmen von Sulfapyridin (S. 3978) mit Salicylaldehyd in Äthanol (*Castle
et al.,* Am. Soc. **71** [1949] 228; *Butler, Ingle,* J. Pharm. Pharmacol. **6** [1954] 806, 807,
812; s. a. *Macarovici, Macarovici,* Rev. Chim. Acad. roum. **1** [1956] Nr. 2, S. 91, 92).
  Gelbe Kristalle; F: 245° [aus A.] (*Bu., In.*), 241—242° [nach Sintern bei 237°] (*Ca.
et al.*), 239—240° (*Ma., Ma.*). Monoklin; Kristalloptik: *Ca. et al.*

***N*-[5-Chlor-2-hydroxy-benzyliden]-sulfanilsäure-[2]pyridylamid** $C_{18}H_{14}ClN_3O_3S$,
Formel XI (X = H, X′ = Cl).
  B. Beim Erwärmen von Sulfapyridin (S. 3978) mit 5-Chlor-2-hydroxy-benzaldehyd in
Äthanol (*Tsukamoto, Yuhi,* J. pharm. Soc. Japan **78** [1958] 706; C. A. **1958** 18293).
  Rote Kristalle (aus Acn.); F: 234°.

***N*-[3,5-Dichlor-2-hydroxy-benzyliden]-sulfanilsäure-[2]pyridylamid** $C_{18}H_{13}Cl_2N_3O_3S$,
Formel XI (X = X′ = Cl).
  B. Beim Erwärmen von Sulfapyridin (S. 3978) mit 3,5-Dichlor-2-hydroxy-benzaldehyd
n Äthanol (*Tsukamoto, Yuhi,* J. pharm. Soc. Japan **78** [1958] 706; C. A. **1958** 18293).
  Orangefarbene Kristalle (aus Acn.); F: 267°.

***N**-[5-Brom-2-hydroxy-benzyliden]-sulfanilsäure-[2]pyridylamid $C_{18}H_{14}BrN_3O_3S$,
Formel XI (X = H, X′ = Br).
   B. Aus Sulfapyridin (S. 3978) und 5-Brom-2-hydroxy-benzaldehyd (*Macarovici,
Macarovici*, Rev. Chim. Acad. roum. **1** [1956] Nr. 2, S. 91, 92; *Tsukamoto, Yuhi*, J. pharm.
Soc. Japan **78** [1958] 706; C. A. **1958** 18293).
   Orangefarbene Kristalle; F: 234° [aus Acn.] (*Ts., Yuhi*), 231—232° (*Ma., Ma.*).

***N**-[3,5-Dibrom-2-hydroxy-benzyliden]-sulfanilsäure-[2]pyridylamid $C_{18}H_{13}Br_2N_3O_3S$,
Formel XI (X = X′ = Br).
   B. Beim Erwärmen von Sulfapyridin (S. 3978) mit 3,5-Dibrom-2-hydroxy-benzaldehyd
in Äthanol (*Tsukamoto, Yuhi*, J. pharm. Soc. Japan **78** [1958] 706; C. A. **1958** 18293).
   Rotbraune Kristalle (aus Acn.); F: 269°.

XI   XII

***N**-[3-Hydroxy-benzyliden]-sulfanilsäure-[2]pyridylamid $C_{18}H_{15}N_3O_3S$, Formel XII
(X = X″ = H, X′ = OH).
   B. Beim Erhitzen von Sulfapyridin (S. 3978) mit 3-Hydroxy-benzaldehyd (*Kolloff,
Hunter*, Am. Soc. **62** [1940] 1647).
   F: 242—243,5° [unkorr.].

***N**-[4-Methoxy-benzyliden]-sulfanilsäure-[2]pyridylamid $C_{19}H_{17}N_3O_3S$, Formel XII
(X = X′ = H, X″ = O-CH₃).
   B. Beim Erhitzen von Sulfapyridin (S. 3978) mit 4-Methoxy-benzaldehyd auf 140°
bis 150° (*Kolloff, Hunter*, Am. Soc. **62** [1940] 158).
   F: 212—212,5° [unkorr.].

N-[2-Hydroxy-3-oxo-propenyl]-sulfanilsäure-[2]pyridylamid $C_{14}H_{13}N_3O_4S$, Formel XIII,
und Tautomere; Triosereukton-mono-[4-[2]pyridylsulfamoyl-phenylimin].
   Bezüglich der Konstitution vgl. *Cocker et al.*, Soc. **1950** 2052, 2053.
   B. Aus Sulfapyridin (S. 3978) und Triosereukton [E IV **1** 4145] (*Bell et al.*, Biochem.
J. **45** [1949] 373, 375).
   Orangefarbenes Pulver mit 1 Mol H_2O; Zers. ab 194° (*Bell et al.*).

N-[3,6-Dioxo-cyclohexa-1,4-dienyl]-sulfanilsäure-[2]pyridylamid $C_{17}H_{13}N_3O_4S$,
Formel XIV (X = H).
   B. Neben 2,5-Bis-[4-[2]pyridylsulfamoyl-anilino]-[1,4]benzochinon beim Behandeln
von Sulfapyridin (S. 3978) mit [1,4]Benzochinon in Äthanol und NaCl enthaltendem
H_2O (*Joffe et al.*, Ž. obšč. Chim. **24** [1954] 702; engl. Ausg. S. 711).
   Braun (aus wss. Eg.).

XIII   XIV

***N**-[2-Hydroxy-3-methoxy-benzyliden]-sulfanilsäure-[2]pyridylamid $C_{19}H_{17}N_3O_4S$,
Formel XII (X = OH, X′ = O-CH₃, X″ = H).
   B. Beim Erwärmen von Sulfapyridin (S. 3978) mit 2-Hydroxy-3-methoxy-benzaldehyd
in Äthanol (*Castle et al.*, Am. Soc. **71** [1949] 228).
   Rote Kristalle; F: 204—205°. Monoklin; Kristalloptik: *Ca. et al.*

*N-[2-Hydroxy-4-methoxy-benzyliden]-sulfanilsäure-[2]pyridylamid $C_{19}H_{17}N_3O_4S$, Formel XII (X = OH, X' = H, X'' = O-CH$_3$).

B. Aus Sulfapyridin (S. 3978) und 2-Hydroxy-4-methoxy-benzaldehyd (*Macarovici, Macarovici*, Rev. Chim. Acad. roum. **1** [1956] Nr. 2, S. 91, 92).

Orangefarbene Kristalle; F: 193°.

*N-Vanillyliden-sulfanilsäure-[2]pyridylamid $C_{19}H_{17}N_3O_4S$, Formel XII (X = H, X' = O-CH$_3$, X'' = OH).

B. Beim Erhitzen von Sulfapyridin (S. 3978) mit Vanillin auf 150—160° (*Doraswamy, Guha*, J. Indian chem. Soc. **23** [1946] 273).

F: 146—147°.

*N-Veratryliden-sulfanilsäure-[2]pyridylamid $C_{20}H_{19}N_3O_4S$, Formel XII (X = H, X' = X'' = O-CH$_3$).

B. Beim Erhitzen von Sulfapyridin (S. 3978) mit Veratrumaldehyd auf 150—160° (*Doraswamy, Guha*, J. Indian chem. Soc. **23** [1946] 273).

F: 210°.

N-[3,4-Dioxo-3,4-dihydro-[1]naphthyl]-sulfanilsäure-[2]pyridylamid $C_{21}H_{15}N_3O_4S$, Formel I.

B. Aus Sulfapyridin (S. 3978) und dem Natrium-Salz der 3,4-Dioxo-3,4-dihydro-naphthalin-1-sulfonsäure (*Carrara, Bonacci*, Chimica e Ind. **26** [1944] 75; *Vonesch, Velasco*, Arch. Farm. Bioquim. Tucumán **1** [1944] 241, 244; *Rubzow*, Ž. obšč. Chim. **16** [1946] 221, 233; C. A. **1947** 430).

Dunkelrote Kristalle; F: 234—235° (*Ru.*), 231—232° [Zers.] (*Ca., Bo.*). Rote Kristalle (aus A.) mit 1 Mol Äthanol; F: 185° (*Vo., Ve.*).

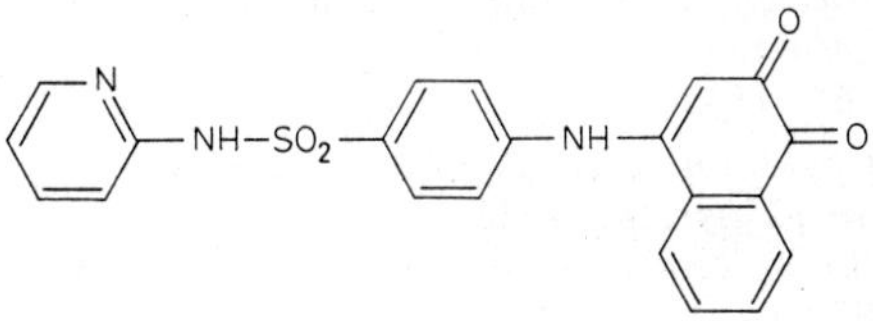

I 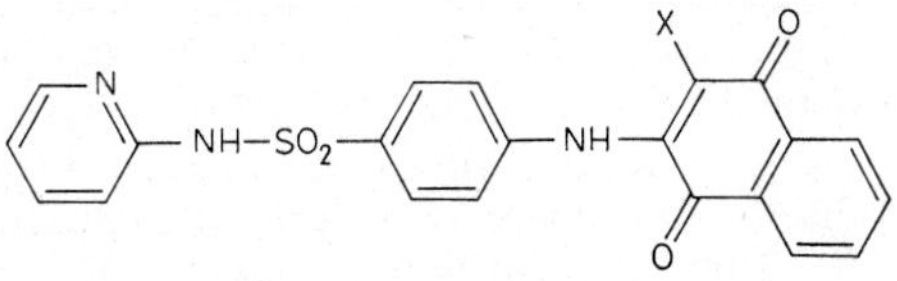   II

N-[1,4-Dioxo-1,4-dihydro-[2]naphthyl]-sulfanilsäure-[2]pyridylamid $C_{21}H_{15}N_3O_4S$, Formel II (X = H).

B. Beim Erwärmen von Sulfapyridin (S. 3978) mit [1,4]Naphthochinon in Äthanol und Essigsäure (*Buchta*, B. **77/79** [1944/46] 478, 481).

Rote Kristalle (aus A. + Py.); F: 278—279° [unkorr.].

N-[3-Chlor-1,4-dioxo-1,4-dihydro-[2]naphthyl]-sulfanilsäure-[2]pyridylamid $C_{21}H_{14}ClN_3O_4S$, Formel II (X = Cl).

B. Beim Erwärmen von Sulfapyridin (S. 3978) mit 2,3-Dichlor-[1,4]naphthochinon und N,N-Diäthyl-anilin in Äthanol (*Calandra, Adams*, Am. Soc. **72** [1950] 4804).

Rotorangefarbene Kristalle (aus wss. Dioxan); F: 262° [Zers.].

*N-[1,4-Dihydroxy-3-methyl-[2]naphthylmethylen]-sulfanilsäure-[2]pyridylamid $C_{23}H_{19}N_3O_4S$, Formel III.

B. Beim Erwärmen von Sulfapyridin (S. 3978) mit 1,4-Dihydroxy-3-methyl-[2]naphth≠ aldehyd in Äthanol (*Carrara, Bonacci*, G. **73** [1943] 276, 283, 284).

Rot; F: 241—245° [Zers.].

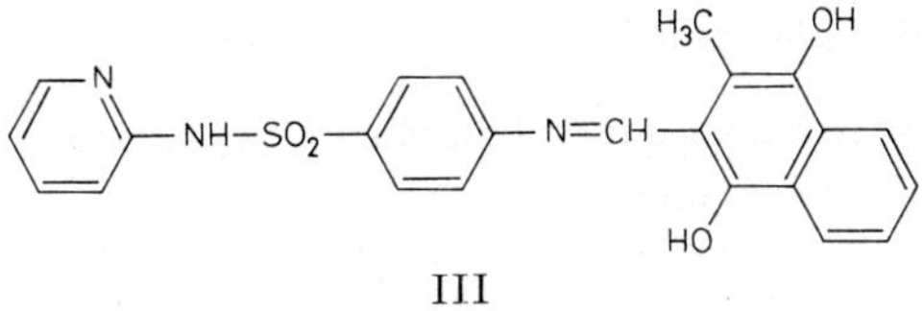

III

N-[4-Methoxy-3,6-dioxo-cyclohexa-1,4-dienyl]-sulfanilsäure-[2]pyridylamid
$C_{18}H_{15}N_3O_5S$, Formel XIV (X = O-CH$_3$) auf S. 3984.

B. Beim Erwärmen von Sulfapyridin (S. 3978) mit Methoxy-[1,4]benzochinon in Äthanol (*Joffe, Šuchina,* Ž. obšč. Chim. **24** [1954] 705, 708; engl. Ausg. S. 715, 717). Hellrote Kristalle (aus wss. Eg.); F: 273° [Zers.].

N-[2,3,4,5-Tetrahydroxy-pentyliden]-sulfanilsäure-[2]pyridylamid $C_{16}H_{19}N_3O_6S$.

a) *N*-D-Arabit-1-yliden-sulfanilsäure-[2]pyridylamid $C_{16}H_{19}N_3O_6S$, Formel IV, und cyclische Tautomere; *N*-D-Arabinosyl-sulfanilsäure-[2]pyridylamide.

B. Beim Erwärmen von Sulfapyridin (S. 3978) mit D-Arabinose und wenig NH$_4$Cl in Methanol (*E. Lilly & Co.,* U.S.P. 2 268 780 [1939]).

Beim Erhitzen erfolgt Zersetzung. $[\alpha]_D$: $+6°$ [H$_2$O].

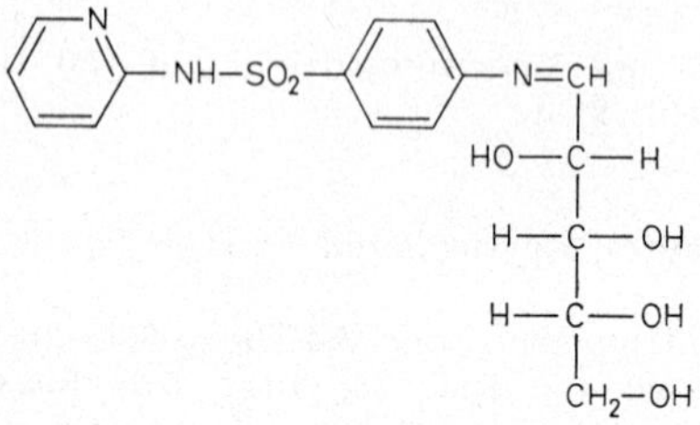

IV 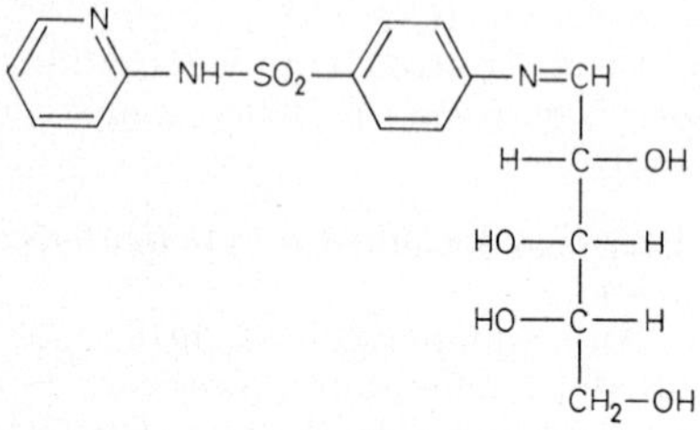   V

b) *N*-L-Arabit-1-yliden-sulfanilsäure-[2]pyridylamid $C_{16}H_{19}N_3O_6S$, Formel V, und cyclische Tautomere; *N*-L-Arabinosyl-sulfanilsäure-[2]pyridylamide.

B. Beim Erwärmen von Sulfapyridin (S. 3978) mit L-Arabinose und wenig NH$_4$Cl in Methanol (*E. Lilly & Co.,* U.S.P. 2 268 780 [1939]).

Beim Erhitzen erfolgt Zersetzung. $[\alpha]_D$: $-6°$ [H$_2$O].

c) *N*-D-Xylit-1-yliden-sulfanilsäure-[2]pyridylamid $C_{16}H_{19}N_3O_6S$, Formel VI, und cyclische Tautomere; *N*-D-Xylosyl-sulfanilsäure-[2]pyridylamide.

B. Beim Erwärmen von Sulfapyridin (S. 3978) mit D-Xylose und wenig NH$_4$Cl in Methanol (*E. Lilly & Co.,* U.S.P. 2 268 780 [1939]).

Beim Erhitzen erfolgt Zersetzung. $[\alpha]_D$: $-16°$ [H$_2$O].

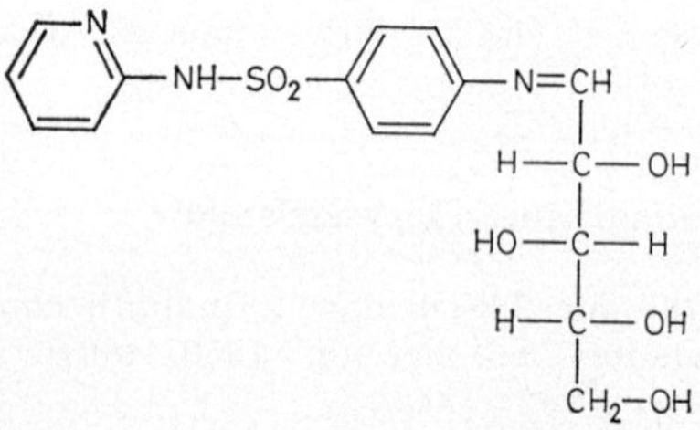

VI 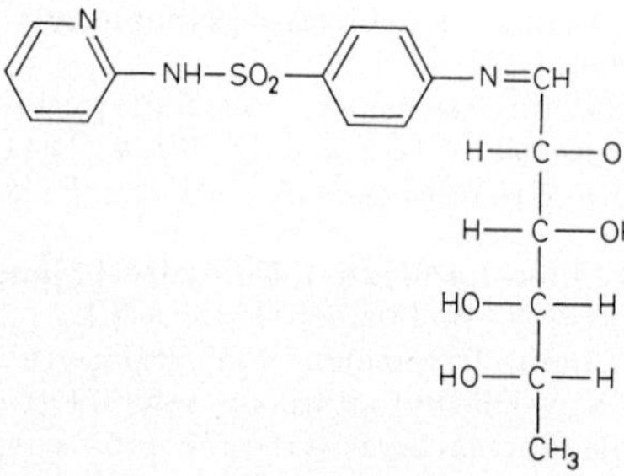   VII

N-[L-*manno*-2,3,4,5-Tetrahydroxy-hexyliden]-sulfanilsäure-[2]pyridylamid, *N*-[L-6-Des=oxy-mannit-1-yliden]-sulfanilsäure-[2]pyridylamid $C_{17}H_{21}N_3O_6S$, Formel VII, und cyclische Tautomere; *N*-L-Rhamnosyl-sulfanilsäure-[2]pyridylamide.

B. Beim Erwärmen von Sulfapyridin (S. 3978) mit L-Rhamnose und wenig NH$_4$Cl in Methanol (*E. Lilly & Co.,* U.S.P. 2 268 780 [1939]).

Beim Erhitzen erfolgt Zersetzung. $[\alpha]_D$: $+76°$ [H$_2$O].

N-[2,3,4,5,6-Pentahydroxy-hexyliden]-sulfanilsäure-[2]pyridylamid $C_{17}H_{21}N_3O_7S$.

a) *N*-D-Glucit-1-yliden-sulfanilsäure-[2]pyridylamid $C_{17}H_{21}N_3O_7S$, Formel VIII, und cyclische Tautomere; *N*-D-Glucosyl-sulfanilsäure-[2]pyridylamide.

B. Aus Sulfapyridin (S. 3978) und D-Glucose (*E. Lilly & Co.,* U.S.P. 2 268 780 [1939];

Cavallini, Saccarello, Chimica e Ind. **24** [1942] 425; *Panagopoulos, Kovatsis,* Chimika Chronika **22** [1957] 72, 75, 78; C. A. **1961** 13324).

F: 202—208° [Zers.]; $[\alpha]_D^{26}$: —46° [Me.] (*Pa., Ko.*). Kristalle (aus A.); F: 103—104° (*Ca., Sa.*). Zers. bei 100°; $[\alpha]_D$: —43° [H_2O] (*E. Lilly & Co.*).

VIII   IX

b) *N*-D-Galactit-1-yliden-sulfanilsäure-[2]pyridylamid $C_{17}H_{21}N_3O_7S$, Formel IX, und cyclische Tautomere; *N*-D-Galactosyl-sulfanilsäure-[2]pyridylamide.

B. Beim Erwärmen von Sulfapyridin (S. 3978) mit D-Galactose und wenig NH_4Cl in Äthanol (*Cavallini, Saccarello,* Chimica e Ind. **24** [1942] 425) oder in Methanol (*E. Lilly & Co.*, U.S.P. 2268780 [1939]).

Kristalle (aus Dioxan); F: 155° und F: 197° (*Ca., Sa.*). Beim Erhitzen erfolgt Zersetzung; $[\alpha]_D$: —67° (*E. Lilly & Co.*).

N-[O^1-α-D-Glucopyranosyl-D-glucit-1-yliden]-sulfanilsäure-[2]pyridylamid $C_{23}H_{31}N_3O_{12}S$, Formel X, und cyclische Tautomere; *N*-Maltosyl-sulfanilsäure-[2]pyridylamide.

B. Beim Erwärmen von Sulfapyridin (S. 3978) mit Maltose (E III/IV **17** 3057) und wenig NH_4Cl in Methanol (*E. Lilly & Co.*, U.S.P. 2268780 [1939]).

$[\alpha]_D$: +48° [H_2O].

N-Formyl-sulfanilsäure-[2]pyridylamid, Ameisensäure-[4-[2]pyridylsulfamoyl-anilid] $C_{12}H_{11}N_3O_3S$, Formel XI (R = H).

B. Beim Erwärmen von Sulfapyridin (S. 3978) mit Äthylformiat (*Doraswamy, Guha,* J. Indian chem. Soc. **23** [1946] 275).

F: 205°.

N-Acetyl-sulfanilsäure-[2]pyridylamid, Essigsäure-[4-[2]pyridylsulfamoyl-anilid] $C_{13}H_{13}N_3O_3S$, Formel XI (R = CH_3), und Tautomeres; N^4-Acetyl-sulfapyridin.

Nach Ausweis des UV-Spektrums liegen in äthanol. Lösung Gemische von *N*-Acetyl-sulfanilsäure-[2]pyridylamid und *N*-Acetyl-sulfanilsäure-[1H-[2]pyridyliden-amid] vor (*Shepherd et al.*, Am. Soc. **64** [1942] 2532, 2534).

B. Beim Behandeln von [2]Pyridylamin mit *N*-Acetyl-sulfanilylchlorid in Dioxan (*Crossley et al.*, Am. Soc. **62** [1940] 372), in Pyridin (*Phillips*, Soc. **1941** 9, 11; *Poljakowa, Kiršanow,* Ž. prikl. Chim. **13** [1940] 1215, 1216), in Pyridin enthaltendem Aceton (*Winterbottom*, Am. Soc. **62** [1940] 160), in Trimethylamin enthaltendem Aceton und Benzol (*Nordmark Werke*, D.R.P. 749794 [1939]; D.R.P. Org. Chem. **3** 902), in $NaHCO_3$ enthaltendem Aceton (*Tsuda et al.*, J. pharm. Soc. Japan **59** [1939] 213; dtsch. Ref. S. 155; C. A. **1939** 8201), in Na_2CO_3 und NaCl enthaltendem H_2O (*Golowtschinškaja*, Ž. prikl. Chim. **18** [1945] 647, 649; C. A. **1946** 6438), in $CaCO_3$ enthaltendem H_2O (*Cilag*, Schweiz.P. 231607 [1942]), in wss. KOH (*CIBA*, Schweiz.P. 210776 [1938]) oder in wss. NaOH (*I.G. Farbenind.*, CIOS Rep. XXIII—12 [1945] 19). Beim Erhitzen von 2-Brom-pyridin mit *N*-Acetyl-sulfanilsäure-amid, K_2CO_3 und Kupfer-Pulver auf 220° bzw. 200° (*Ph.*, l. c. S. 10; *CIBA*, Schweiz.P. 210776 [1938]) oder mit dem Natrium-Salz des *N*-Acetyl-sulfanilsäure-amids in Xylol (*Cilag*, Schweiz.P. 214351 [1939]). Aus Sulfapyridin (S. 3978) beim Behandeln mit Acetanhydrid (*Ratish et al.*, J. biol. Chem. **128** [1939] 279), beim Behandeln einer warmen wss. Lösung des Hydrochlorids mit Acetanhydrid und Natriumacetat (*Marshall et al.*, Sci. **88** [1938] 597), beim Erwärmen mit Acetanhydrid und Natriumacetat in Essigsäure (*Amorosa*, Ann. Chimica farm. **1940** (Mai) 54, 66) oder beim Erhitzen mit Acetylchlorid und Pyridin (*Doraswamy*, *Guha*, J. Indian chem. Soc. **23** [1946] 275).

Kristalle (aus wss. A.); F: 226,6—228,1° [nach Sintern bei 225,2°; Kapillare] bzw. 230,5° [vorgeheizter Block] bzw. 229,0° [Block] (*Crossley et al.*, Am. Soc. **62** [1940] 372). F: 228° (*L. u. A. Kofler*, Thermo-Mikro-Methoden, 3. Aufl. [Weinheim 1954] S. 580). Triklin; Kristalloptik: *Prien, Frondel*, J. Urol. **46** [1941] 748, 756. UV-Spektrum in Äthanol (240—340 nm): *Shepherd et al.*, Am. Soc. **64** [1942] 2532, 2533; in H_2O (220—360 nm): *Ciminera, Wilcox*, J. Am. pharm. Assoc. **33** [1944] 85, 87, 89. λ_{max}: 264 nm und 323 nm [A.] bzw. 246 nm [alkal. wss. Lösung] (*Iritani*, J. pharm. Soc. Japan **65** [1945] Ausg. B, S. 507, 514; C. A. **1954** 330). Scheinbare Dissoziationskonstante K'_b (H_2O [umgerechnet aus Eg.]; potentiometrisch ermittelt): $11,0 \cdot 10^{-13}$ (*Bell, Roblin*, Am. Soc. **64** [1942] 2905, 2916). Löslichkeit (g/100 ml) in H_2O bei 20° (0,0056) bis 99° (0,20): *Šaposhnikowa, Poštowškii*, Ž. prikl. Chim. **17** [1944] 427, 428, 431; C. A. **1945** 3626; bei 37° (0,021 bzw. 0,027): *Roblin et al.*, Am. Soc. **62** [1940] 2002, 2003; *Langecker*, Ar. Pth. **205** [1948] 291, 294, 296.

Calcium-Salz. Kristalle; Zers. > 250° (*Cilag*, Schweiz. P. 221515 [1939]).

N-Chloracetyl-sulfanilsäure-[2]pyridylamid, Chloressigsäure-[4-[2]pyridylsulfamoyl-anilid] $C_{13}H_{12}ClN_3O_3S$, Formel XI (R = CH_2Cl).
B. Beim Behandeln von Sulfapyridin (S. 3978) mit Chloracetylchlorid in wss. NaOH (*Finkelstein*, Am. Soc. **66** [1944] 407).
Kristalle (aus Dioxan); F: 192—193°.

N-Trichloracetyl-sulfanilsäure-[2]pyridylamid, Trichloressigsäure-[4-[2]pyridylsulfamoyl-anilid] $C_{13}H_{10}Cl_3N_3O_3S$, Formel XI (R = CCl_3).
B. Beim Behandeln von Sulfapyridin (S. 3978) mit Trichloressigsäure und $POCl_3$ (*Berti, Ziti*, Ar. **285** [1952] 372).
Kristalle (aus Py. + wss. Eg.); F: 252—253,5°.

X   XI

N-Propionyl-sulfanilsäure-[2]pyridylamid, Propionsäure-[4-[2]pyridylsulfamoyl-anilid] $C_{14}H_{15}N_3O_3S$, Formel XI (R = C_2H_5).
B. Beim Erhitzen von Sulfapyridin (S. 3978) mit Propionylchlorid und Pyridin (*Doraswamy, Guha*, J. Indian chem. Soc. **23** [1946] 275).
F: 217°.

N-Butyryl-sulfanilsäure-[2]pyridylamid, Buttersäure-[4-[2]pyridylsulfamoyl-anilid] $C_{15}H_{17}N_3O_3S$, Formel XI (R = $CH_2\text{-}C_2H_5$).
B. Beim Behandeln von Sulfapyridin (S. 3978) mit Butyrylchlorid und Pyridin (*Rajagopalan*, Pr. Indian Acad. [A] **18** [1943] 108; *Doraswamy, Guha*, J. Indian chem. Soc. **23** [1946] 275).
F: 206° [aus A.] (*Ra.*), 165° (*Do., Guha*).

N-Isovaleryl-sulfanilsäure-[2]pyridylamid, Isovaleriansäure-[4-[2]pyridylsulfamoyl-anilid] $C_{16}H_{19}N_3O_3S$, Formel XI (R = $CH_2\text{-}CH(CH_3)_2$).
B. Beim Erhitzen von Sulfapyridin (S. 3978) mit Isovalerylchlorid und Pyridin

(*Doraswamy, Guha*, J. Indian chem. Soc. **23** [1946] 275).
F: 191—192°.

N-Hexanoyl-sulfanilsäure-[2]pyridylamid, Hexansäure-[4-[2]pyridylsulfamoyl-anilid]
$C_{17}H_{21}N_3O_3S$, Formel XI (R = [CH$_2$]$_4$-CH$_3$).
    B. Beim Behandeln von Sulfapyridin (S. 3978) mit Hexanoylchlorid und Pyridin
(*Kolloff, Hunter*, Am. Soc. **62** [1940] 1646).
    Kristalle (aus wss. A.); F: 200—201°.

N-Heptanoyl-sulfanilsäure-[2]pyridylamid, Heptansäure-[4-[2]pyridylsulfamoyl-anilid]
$C_{18}H_{23}N_3O_3S$, Formel XI (R = [CH$_2$]$_5$-CH$_3$).
    B. Beim Behandeln von Sulfapyridin (S. 3978) mit Heptanoylchlorid und Pyridin
(*Rajagopalan*, Pr. Indian Acad. [A] **18** [1943] 108, 110).
    Kristalle (aus A.); F: 193°.

N-Octanoyl-sulfanilsäure-[2]pyridylamid, Octansäure-[4-[2]pyridylsulfamoyl-anilid]
$C_{19}H_{25}N_3O_3S$, Formel XI (R = [CH$_2$]$_6$-CH$_3$).
    B. Beim Behandeln von Sulfapyridin (S. 3978) mit Octanoylchlorid und Pyridin
(*Rajagopalan*, Pr. Indian Acad. [A] **18** [1943] 108, 110; *Doraswamy, Guha*, J. Indian
chem. Soc. **23** [1946] 275).
    Kristalle; F: 213—214° [aus Eg.] (*Ra.*), 210° (*Do., Guha*).

N-Nonanoyl-sulfanilsäure-[2]pyridylamid, Nonansäure-[4-[2]pyridylsulfamoyl-anilid]
$C_{20}H_{27}N_3O_3S$, Formel XI (R = [CH$_2$]$_7$-CH$_3$).
    B. Beim Erhitzen von Sulfapyridin (S. 3978) mit Nonanoylchlorid und Pyridin (*Dora-
swamy, Guha*, J. Indian chem. Soc. **23** [1946] 275).
    F: 186°.

N-Decanoyl-sulfanilsäure-[2]pyridylamid, Decansäure-[4-[2]pyridylsulfamoyl-anilid]
$C_{21}H_{29}N_3O_3S$, Formel XI (R = [CH$_2$]$_8$-CH$_3$).
    B. Beim Erwärmen von Sulfapyridin (S. 3978) mit Decanoylchlorid und Pyridin
(*Cavallini, Carissimi*, Chimica e Ind. **24** [1942] 201; *Doraswamy, Guha*, J. Indian chem.
Soc. **23** [1946] 275).
    Kristalle; F: 168° [korr.; aus wss. A.] (*Ca., Ca.*), 160° (*Do., Guha*).

**N-Undecanoyl-sulfanilsäure-[2]pyridylamid, Undecansäure-[4-[2]pyridylsulfamoyl-
anilid]** $C_{22}H_{31}N_3O_3S$, Formel XI (R = [CH$_2$]$_9$-CH$_3$).
    B. Beim Erwärmen von Sulfapyridin (S. 3978) mit Undecanoylchlorid und Pyridin
(*Cavallini, Carissimi*, Chimica e Ind. **24** [1942] 201).
    F: 154° [korr.].

N-Lauroyl-sulfanilsäure-[2]pyridylamid, Laurinsäure-[4-[2]pyridylsulfamoyl-anilid]
$C_{23}H_{33}N_3O_3S$, Formel XI (R = [CH$_2$]$_{10}$-CH$_3$).
    B. Beim Erwärmen von Sulfapyridin (S. 3978) mit Lauroylchlorid und Pyridin
(*Cavallini, Carissimi*, Chimica e Ind. **24** [1942] 201).
    F: 150—151° [korr.].

**N-Undec-10-enoyl-sulfanilsäure-[2]pyridylamid, Undec-10-ensäure-[4-[2]pyridyl-
sulfamoyl-anilid]** $C_{22}H_{29}N_3O_3S$, Formel XI (R = [CH$_2$]$_8$-CH=CH$_2$).
    B. Beim Erwärmen von Sulfapyridin (S. 3978) mit Undec-10-enoylchlorid und Pyridin
(*Cavallini, Carissimi*, Chimica e Ind. **24** [1942] 201).
    F: 160° [korr.].

N-Linoloyl-sulfanilsäure-[2]pyridylamid, Linolsäure-[4-[2]pyridylsulfamoyl-anilid]
$C_{29}H_{41}N_3O_3S$, Formel XII.
    B. Beim Erwärmen von Sulfapyridin (S. 3978) mit Linoloylchlorid und Pyridin
(*Cavallini, Carissimi*, Chimica e Ind. **24** [1942] 201).
    F: 98—100° [korr.].

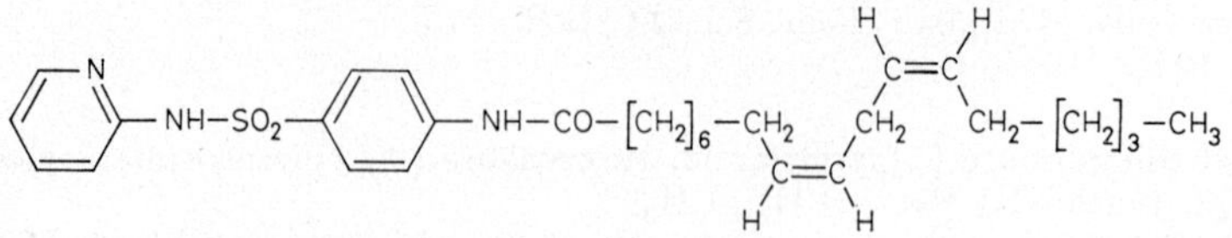

XII

**N-[13-((R)-Cyclopent-2-enyl)-tridecanoyl]-sulfanilsäure-[2]pyridylamid, 13-[(R)-Cyclo=
pent-2-enyl]-tridecansäure-[4-[2]pyridylsulfamoyl-anilid]** $C_{29}H_{41}N_3O_3S$, Formel XIII.

B. Beim Erwärmen von Sulfapyridin (S. 3978) mit 13-[(R)-Cyclopent-2-enyl]-tri=
decanoylchlorid und Pyridin (*Cavallini, Carissimi*, Chimica e Ind. **24** [1942] 201).

F: 134—136° [korr.].

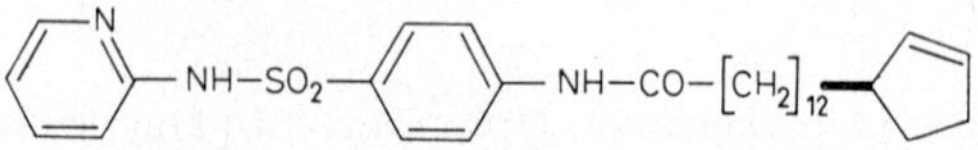

XIII

N-Benzoyl-sulfanilsäure-[2]pyridylamid, Benzoesäure-[4-[2]pyridylsulfamoyl-anilid]
$C_{18}H_{15}N_3O_3S$, Formel I (R = R' = H).

B. Beim Behandeln von Sulfapyridin (S. 3978) mit Benzoylchlorid in Pyridin (*Mangini*,
Boll. scient. Fac. Chim. ind. Univ. Bologna **1** [1940] 146) oder in wss. NaOH (*Doras=
wamy, Guha*, J. Indian chem. Soc. **23** [1946] 277).

Kristalle; F: 251—251,5° [aus Amylalkohol] (*Ma.*), 245—246° (*Do., Guha*).

**N-[4-Chlor-benzoyl]-sulfanilsäure-[2]pyridylamid, 4-Chlor-benzoesäure-[4-[2]pyridyl=
sulfamoyl-anilid]** $C_{18}H_{14}ClN_3O_3S$, Formel I (R = H, R' = Cl).

B. Beim Behandeln von Sulfapyridin (S. 3978) mit 4-Chlor-benzoylchlorid in wss.
NaOH (*Doraswamy, Guha*, J. Indian chem. Soc. **23** [1946] 277).

F: 238°.

**N-[4-Brom-benzoyl]-sulfanilsäure-[2]pyridylamid, 4-Brom-benzoesäure-[4-[2]pyridyl=
sulfamoyl-anilid]** $C_{18}H_{14}BrN_3O_3S$, Formel I (R = H, R' = Br).

B. Beim Behandeln von Sulfapyridin (S. 3978) mit 4-Brom-benzoylchlorid in wss.
NaOH (*Doraswamy, Guha*, J. Indian chem. Soc. **23** [1946] 277).

F: 215°.

**N-[4-Nitro-benzoyl]-sulfanilsäure-[2]pyridylamid, 4-Nitro-benzoesäure-[4-[2]pyridyl=
sulfamoyl-anilid]** $C_{18}H_{14}N_4O_5S$, Formel I (R = H, R' = NO$_2$).

B. Beim Behandeln von Sulfapyridin (S. 3978) mit 4-Nitro-benzoylchlorid und Pyridin
(*May & Baker Ltd.*, U.S.P. 2275354 [1938]; D.R.P. 737796 [1938]; D.R.P. Org. Chem.
3 905, 906; *Chu*, Am. Soc. **67** [1945] 2243).

Kristalle; F: 272° (*May & Baker Ltd.*), 272° [Zers.; aus Py.] (*Chu*).

N-o-Toluoyl-sulfanilsäure-[2]pyridylamid, o-Toluylsäure-[4-[2]pyridylsulfamoyl-anilid]
$C_{19}H_{17}N_3O_3S$, Formel I (R = CH$_3$, R' = H).

B. Beim Behandeln von Sulfapyridin (S. 3978) mit o-Toluoylchlorid und Pyridin
(*Deliwala, Rajagopalan*, Pr. Indian Acad. [A] **31** [1950] 117, 119).

F: 210—211°.

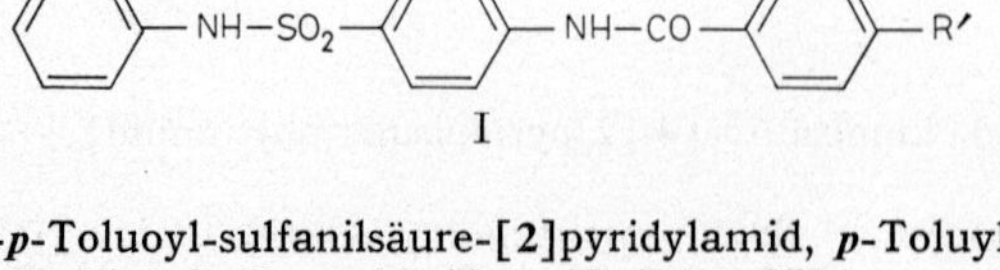

I 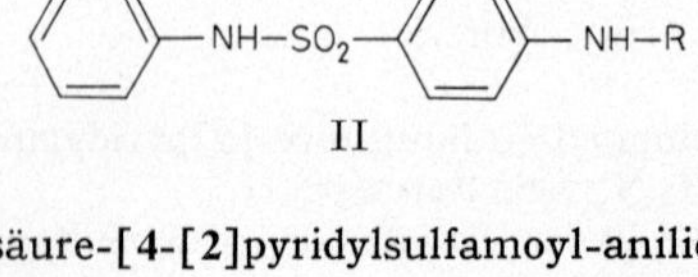   II

N-p-Toluoyl-sulfanilsäure-[2]pyridylamid, p-Toluylsäure-[4-[2]pyridylsulfamoyl-anilid]
$C_{19}H_{17}N_3O_3S$, Formel I (R = H, R' = CH$_3$).

B. Beim Behandeln von Sulfapyridin (S. 3978) mit p-Toluoylchlorid in wss. NaOH

(*Doraswamy*, *Guha*, J. Indian chem. Soc. **23** [1946] 277).
F: 197—198°.

N-Phenylacetyl-sulfanilsäure-[2]pyridylamid, Phenylessigsäure-[4-[2]pyridylsulfamoyl-anilid] $C_{19}H_{17}N_3O_3S$, Formel II (R = CO-CH$_2$-C$_6$H$_5$).
B. Beim Behandeln von Sulfapyridin (S. 3978) mit Phenylacetylchlorid in wss. NaOH (*Doraswamy*, *Guha*, J. Indian chem. Soc. **23** [1946] 277).
F: 189°.

N-*trans*-Cinnamoyl-sulfanilsäure-[2]pyridylamid, *trans*-Zimtsäure-[4-[2]pyridylsulf‐amoyl-anilid] $C_{20}H_{17}N_3O_3S$, Formel II (R = CO-CH≙CH-C$_6$H$_5$).
B. Beim Behandeln von Sulfapyridin (S. 3978) mit *trans*-Cinnamoylchlorid in wss. NaOH (*Doraswamy*, *Guha*, J. Indian chem. Soc. **23** [1946] 277).
F: 235°.

N-[4-[2]Pyridylsulfamoyl-phenyl]-succinamidsäure $C_{15}H_{15}N_3O_5S$, Formel II (R = CO-CH$_2$-CH$_2$-CO-OH).
B. Aus [2]Pyridylamin und *N*-[4-Chlorsulfonyl-phenyl]-succinamidsäure (*Rosicky*, D.R.P. 731912 [1939]; D.R.P. Org. Chem. **3** 955). Beim Behandeln von Sulfapyridin (S. 3978) mit Bernsteinsäure-anhydrid in Aceton (*Ro.*), in Dioxan (*Shapiro*, *Bergmann*, J. org. Chem. **6** [1941] 774, 778), in Äthanol (*Moore*, *Miller*, Am. Soc. **64** [1942] 1572) oder in wss. HCl (*Wander A.G.*, Schweiz. P. 242247 [1944]). Beim Erhitzen von 4-Suc‐cinimido-benzolsulfonsäure-[2]pyridylamid mit wss. KOH (*Picard et al.*, Soc. **1946** 751).
Kristalle (aus A.) mit 1 Mol Äthanol; F: 196—197° [unkorr.] (*Pi. et al.*).
Geschwindigkeit der Hydrolyse in wss. HCl [1 n] und in wss. NaOH [1 n] bei 38°: *Poth*, *Ross*, Pr. Soc. exp. Biol. Med. **57** [1944] 322.

4-Succinimido-benzolsulfonsäure-[2]pyridylamid, N,N-Succinyl-sulfanilsäure-[2]pyridyl‐amid $C_{15}H_{13}N_3O_4S$, Formel III.
B. Beim Erwärmen von 4-Succinimido-benzolsulfonylchlorid mit [2]Pyridylamin und Pyridin (*Picard et al.*, Soc. **1946** 751). Beim Erhitzen von Sulfapyridin (S. 3978) mit Bernsteinsäure-anhydrid auf 140° (*Shapiro*, *Bergmann*, J. org. Chem. **6** [1941] 774, 778).
Kristalle (aus wss. Eg.); F: 288—290° (*Sh.*, *Be.*), 288—289° [unkorr.] (*Pi. et al.*).
UV-Spektrum (220—340 nm) in wss. HCl [2 n] sowie in wss. Lösungen vom pH 1,8, pH 6,8 und pH 11: *Maschka et al.*, M. **85** [1954] 168, 175, 176.

N-[4-[2]Pyridylsulfamoyl-phenyl]-adipamidsäure $C_{17}H_{19}N_3O_5S$, Formel II (R = CO-[CH$_2$]$_4$-CO-OH).
B. In mässiger Ausbeute beim Erhitzen von Sulfapyridin (S. 3978) mit Adipinsäure auf 140—150° (*Moore*, *Miller*, Am. Soc. **64** [1942] 1572).
F: 184—185°.

*Opt.-inakt. 2(oder 3)-Dodecyl-3(oder 2)-methyl-N-[4-[2]pyridylsulfamoyl-phenyl]-succinamidsäure $C_{28}H_{41}N_3O_5S$, Formel II (R = CO-CH(CH$_3$)-CH([CH$_2$]$_{11}$-CH$_3$)-CO-OH oder CO-CH([CH$_2$]$_{11}$-CH$_3$)-CH(CH$_3$)-CO-OH).
B. Beim Erwärmen von Sulfapyridin (S. 3978) mit opt.-inakt. 2-Dodecyl-3-methyl-bernsteinsäure-anhydrid (F: 39—40°) in Aceton (*Barry*, *Twomey*, Pr. Irish Acad. **51**B [1947] 152, 161).
F: 101—103° [aus Ae. + PAe.].

III   IV

N-[4-[2]Pyridylsulfamoyl-phenyl]-maleinamidsäure $C_{15}H_{13}N_3O_5S$, Formel II (R = CO-CH≙CH-CO-OH).
B. Beim Erwärmen von Sulfapyridin (S. 3978) mit Maleinsäure-anhydrid in Dioxan

(*Shapiro, Bergmann*, J. org. Chem. **6** [1941] 774, 779) oder in Äthanol (*Moore, Miller*, Am. Soc. **64** [1942] 1572).

Braunes Pulver (aus Nitrobenzol), F: 208° (*Sh., Be.*); Kristalle (aus H_2O), F: 193—194° [unkorr.; Zers.] (*Mo., Mi.*).

4-[(1R?)-1,8,8-Trimethyl-2,4-dioxo-3-aza-bicyclo[3.2.1]oct-3-yl]-benzolsulfonsäure-[2]pyridylamid, N,N-[(1R?)-1,2,2-Trimethyl-cyclopentan-1r,3c-dicarbonyl]-sulfanilsäure-[2]pyridylamid, (1R?)-*cis*-Camphersäure-[4-[2]pyridylsulfamoyl-phenyl-imid] $C_{21}H_{23}N_3O_4S$, vermutlich Formel IV.

B. Beim Erhitzen von Sulfapyridin (S. 3978) mit (1R?)-*cis*-Camphersäure-anhydrid (E III/IV **17** 5957) in Essigsäure (*Lespagnol, Bertrand*, Bl. Soc. Pharm. Lille **1947** Nr. 2, S. 13).

Kristalle (aus wss. A.); F: 247—248°.

N-[4-[2]Pyridylsulfamoyl-phenyl]-phthalamidsäure $C_{19}H_{15}N_3O_5S$, Formel V.

B. Beim Behandeln von Sulfapyridin (S. 3978) mit Phthalsäure-anhydrid in Dioxan (*Shapiro, Bergmann*, J. org. Chem. **6** [1941] 774, 779) oder wss. HCl (*Wander A.G.*, Schweiz. P. 242247 [1944]). Beim Erhitzen von 4-Phthalimido-benzolsulfonsäure-[2]pyridylamid mit wss. KOH (*Picard et al.*, Soc. **1948** 821).

Kristalle (aus wss. A.); F: 273—274° [Zers. ab 240°; auf 240° vorgeheiztes Bad] (*Pi. et al.*).

Geschwindigkeit der Hydrolyse in wss. HCl [1 n] und in wss. NaOH [1 n] bei 38°: *Poth, Ross*, Pr. Soc. exp. Biol. Med. **57** [1944] 322.

V   VI

4-Phthalimido-benzolsulfonsäure-[2]pyridylamid, N,N-Phthaloyl-sulfanilsäure-[2]pyridyl-amid $C_{19}H_{13}N_3O_4S$, Formel VI.

B. Beim Erwärmen von *N,N*-Phthaloyl-sulfanilylchlorid mit [2]Pyridylamin und Pyridin (*Am. Cyanamid Co.*, U.S.P. 2414403 [1945]; *Picard et al.*, Soc. **1948** 821). Beim Erhitzen von Sulfapyridin (S. 3978) mit Phthalsäure-anhydrid auf 190° (*Shapiro, Bergmann*, J. org. Chem. **6** [1941] 774, 779).

Kristalle; F: 279—281° [unkorr.] (*Am. Cyanamid Co.*), 278—278,5° [unkorr.; aus wss. Dioxan] (*Pi. et al.*), 276° [aus Py.] (*Sh., Be.*).

[4-[2]Pyridylsulfamoyl-phenyl]-carbamidsäure-methylester, N-Methoxycarbonyl-sulfanilsäure-[2]pyridylamid $C_{13}H_{13}N_3O_4S$, Formel II (R = CO-O-CH$_3$) auf S. 3990.

B. Beim Erwärmen von [2]Pyridylamin mit [4-Chlorsulfonyl-phenyl]-carbamidsäure-methylester in Pyridin oder in Na_2CO_3 und NaCl enthaltendem H_2O (*Michalew, Školdinow*, Ž. prikl. Chim. **19** [1946] 1373, 1376; C. A. **1948** 2933).

Kristalle (aus A. oder Acn.); F: 219—220°.

[4-[2]Pyridylsulfamoyl-phenyl]-carbamidsäure-äthylester, N-Äthoxycarbonyl-sulfanil-säure-[2]pyridylamid $C_{14}H_{15}N_3O_4S$, Formel II (R = CO-O-C$_2$H$_5$) auf S. 3990.

Diese Konstitution kommt auch der von *Magidšon, Elina* (Ž. obšč. Chim. **16** [1946] 1933, 1936; C. A. **1947** 6219) als 2-Sulfanilylimino-2H-pyridin-1-carbonsäure formulierten Verbindung zu (*Raffa*, Farmaco Ed. scient. **8** [1953] 200).

B. Beim Erwärmen von [2]Pyridylamin mit [4-Chlorsulfonyl-phenyl]-carbamidsäure-äthylester in Pyridin oder in Na_2CO_3 und NaCl enthaltendem H_2O (*Michalew, Školdinow*, Ž. prikl. Chim. **19** [1946] 1373, 1377; C. A. **1948** 2933). Beim Behandeln von Sulfapyridin (S. 3978) mit Chlorokohlensäure-äthylester in Pyridin (*Raffa*, Farmaco **3** [1948] 29, 33) oder in wss. NaOH (*Ma., El.*; s. a. *Ra.*, Farmaco Ed. scient. **8** 200).

Kristalle; F: 213—214° (*Ma., El.*), 212° [aus Acn.] (*Ra.*, Farmaco **3** 33), 210° [aus A. oder Acn.] (*Mi., Šk.*).

Natrium-Salz NaC₁₄H₁₄N₃O₄S. Kristalle [aus verd. wss. NaOH] (*Ma., El.*; *Ra.*, Farmaco Ed. scient. **8** 200).

[4-[2]Pyridylsulfamoyl-phenyl]-carbamidsäure-cholesterylester $C_{39}H_{55}N_3O_4S$, Formel VII.
B. Beim Erwärmen von Sulfapyridin (S. 3978) mit Chlorokohlensäure-cholesterylester in Aceton und Äther (*Kutscherow, Kotscheschkow*, Ž. obšč. Chim. **16** [1946] 1137, 1140; C. A. **1947** 2703) oder in Aceton (*Lieb*, M. **77** [1947] 324, 328).
Kristalle (aus Bzl.); Zers. bei 254—255° (*Lieb*); F: 254—254,5° [Zers.] (*Ku., Ko.*).

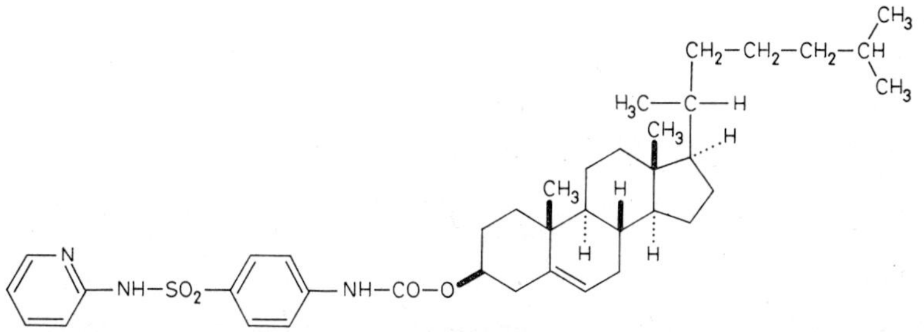

VII

[4-[2]Pyridylsulfamoyl-phenyl]-harnstoff $C_{12}H_{12}N_4O_3S$, Formel II (R = CO-NH₂) auf S. 3990.
B. Beim Behandeln von [2]Pyridylamin mit *N*-Carbamoyl-sulfanilylchlorid in Äther (*Klimko, Michalew*, Ž. prikl. Chim. **22** [1949] 524; C. A. **1950** 2469).
Kristalle (aus wss. A.); F: 206°.

N-Cyan-sulfanilsäure-[2]pyridylamid, [4-[2]Pyridylsulfamoyl-phenyl]-carbamonitril $C_{12}H_{10}N_4O_2S$, Formel II (R = CN) auf S. 3990.
B. Beim Erwärmen von Sulfapyridin (S. 3978) mit Kaliumthiocyanat und wss. HCl und Erwärmen des Reaktionsprodukts mit basischem Bleiacetat in wss. NaOH (*Srinivas et al.*, J. Indian Inst. Sci. [A] **35** [1953] 47, 53).
F: 152—153°.

1-[4-[2]Pyridylsulfamoyl-phenyl]-biguanid $C_{13}H_{15}N_7O_2S$, Formel VIII (R = H) und Tautomere.
B. Beim Erwärmen von Sulfapyridin (S. 3978) mit Cyanguanidin in wss. HCl (*Mingoja, Carvalho Ferreira*, Anais Fac. Farm. Odont. Univ. São Paulo **7** [1948/49] 43, 47).
F: 221—224° [Zers.].

1-Methyl-5-[4-[2]pyridylsulfamoyl-phenyl]-biguanid $C_{14}H_{17}N_7O_2S$, Formel VIII (R = CH₃) und Tautomere.
Sulfat 2 $C_{14}H_{17}N_7O_2S \cdot H_2SO_4$. *B.* Beim Erhitzen von *N*-Cyan-sulfanilsäure-[2]pyridyl=amid mit Methylguanidin-sulfat in Pyridin (*Srinivas et al.*, J. Indian Inst. Sci. [A] **35** [1953] 47, 53). — Gelbe Kristalle; F: 180°.

1-Isopropyl-5-[4-[2]pyridylsulfamoyl-phenyl]-biguanid $C_{16}H_{21}N_7O_2S$, Formel VIII (R = CH(CH₃)₂) und Tautomere.
Hydrochlorid $C_{16}H_{21}N_7O_2S \cdot HCl$. *B.* Beim Erhitzen von Sulfapyridin (S. 3978) mit *N*-Cyan-*N'*-isopropyl-guanidin, wenig wss. HCl und Pyridin (*Bami*, J. scient. ind. Res. India **14**C [1955] 198, 201). — Kristalle (aus wss. A.); F: 254°.
Sulfat 2 $C_{16}H_{21}N_7O_2S \cdot H_2SO_4$. *B.* Beim Erhitzen von *N*-Cyan-sulfanilsäure-[2]pyridyl=amid mit Isopropylguanidin-sulfat in Pyridin (*Srinivas et al.*, J. Indian Inst. Sci. [A] **35** [1953] 47, 53). — Kristalle; F: 230° [Zers.].

1-Butyl-5-[4-[2]pyridylsulfamoyl-phenyl]-biguanid $C_{17}H_{23}N_7O_2S$, Formel VIII (R = [CH₂]₃-CH₃) und Tautomere.
Sulfat 2 $C_{17}H_{23}N_7O_2S \cdot H_2SO_4$. *B.* Beim Erhitzen von *N*-Cyan-sulfanilsäure-[2]pyridyl=amid mit Butylguanidin-sulfat in Pyridin (*Srinivas et al.*, J. Indian Inst. Sci. [A] **35** [1953] 47, 53). — Kristalle; F: 210°.

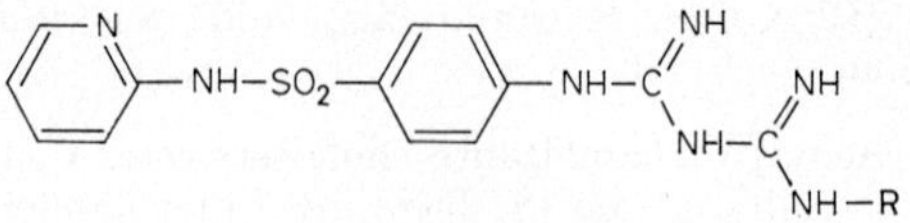

VIII

1-Phenyl-5-[4-[2]pyridylsulfamoyl-phenyl]-biguanid $C_{19}H_{19}N_7O_2S$, Formel VIII ($R = C_6H_5$) und Tautomere.

Hydrochlorid. *B.* Beim Erhitzen des Hydrochlorids des Sulfapyridins (S. 3978) mit *N*-Cyan-*N'*-phenyl-guanidin in wss. Dioxan (*Bami*, Indian J. Malariol. **4** [1950] 233). — Kristalle; F: 174° [Zers.].

1-[4-Chlor-phenyl]-5-[4-[2]pyridylsulfamoyl-phenyl]-biguanid $C_{19}H_{18}ClN_7O_2S$, Formel VIII ($R = C_6H_4$-Cl(p)) und Tautomere.

Hydrochlorid. *B.* Beim Erhitzen des Hydrochlorids des Sulfapyridins (S. 3978) mit *N*-[4-Chlor-phenyl]-*N'*-cyan-guanidin in wss. Dioxan (*Bami*, Indian J. Malariol. **4** [1950] 233). — Kristalle; F: 238°.

1-[4-Brom-phenyl]-5-[4-[2]pyridylsulfamoyl-phenyl]-biguanid $C_{19}H_{18}BrN_7O_2S$, Formel VIII ($R = C_6H_4$-Br(p)) und Tautomere.

Hydrochlorid. *B.* Beim Erhitzen des Hydrochlorids des Sulfapyridins (S. 3978) mit *N*-[4-Brom-phenyl]-*N'*-cyan-guanidin in wss. Dioxan (*Bami*, Indian J. Malariol. **4** [1950] 233). — Kristalle; F: 240° [Zers.].

1-[4-Jod-phenyl]-5-[4-[2]pyridylsulfamoyl-phenyl]-biguanid $C_{19}H_{18}IN_7O_2S$, Formel VIII ($R = C_6H_4$-I(p)) und Tautomere.

Hydrochlorid. *B.* Beim Erhitzen des Hydrochlorids des Sulfapyridins (S. 3978) mit *N*-Cyan-*N'*-[4-jod-phenyl]-guanidin in wss. Dioxan (*Bami*, Indian J. Malariol. **4** [1950] 233). — Kristalle; F: 204° [Zers.].

1-[4-[2]Pyridylsulfamoyl-phenyl]-5-*p*-tolyl-biguanid $C_{20}H_{21}N_7O_2S$, Formel VIII ($R = C_6H_4$-CH$_3$(p)), und Tautomere.

Hydrochlorid. *B.* Beim Erhitzen des Hydrochlorids des Sulfapyridins (S. 3978) mit *N*-Cyan-*N'*-*p*-tolyl-guanidin in wss. Dioxan (*Bami*, Indian J. Malariol. **4** [1950] 233). — Kristalle; F: 236°.

1-[4-Äthoxy-phenyl]-5-[4-[2]pyridylsulfamoyl-phenyl]-biguanid $C_{21}H_{23}N_7O_3S$, Formel VIII ($R = C_6H_4$-O-C$_2$H$_5$(p)) und Tautomere.

Hydrochlorid. *B.* Beim Erhitzen des Hydrochlorids des Sulfapyridins (S. 3978) mit *N*-[4-Äthoxy-phenyl]-*N'*-cyan-guanidin in wss. Dioxan (*Bami*, Indian J. Malariol. **4** [1950] 233). — Kristalle; F: 244°.

***N*-[4-[2]Pyridylsulfamoyl-phenyl]-*N'*-[4-sulfamoyl-phenyl]-guanidin** $C_{18}H_{18}N_6O_4S_2$, Formel IX ($R = H$) und Tautomeres.

Hydrochlorid. *B.* Beim Erhitzen von *N*-Cyan-sulfanilsäure-[2]pyridylamid mit Sulfanilsäure-amid-hydrochlorid in Pyridin (*Guha et al.*, J. scient. ind. Res. India **12**B [1953] 177). — F: 160—163° [unkorr.].

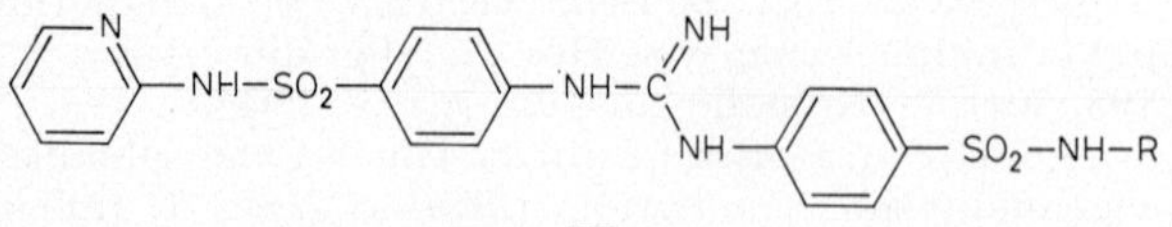

IX

***N*-[4-Carbamimidoylsulfamoyl-phenyl]-*N'*-[4-[2]pyridylsulfamoyl-phenyl]-guanidin** $C_{19}H_{20}N_8O_4S_2$, Formel IX ($R = C(NH_2)=NH$) und Tautomere.

Hydrochlorid. *B.* Beim Erhitzen von *N*-Cyan-sulfanilsäure-[2]pyridylamid mit Sulfanilylguanidin-hydrochlorid in Pyridin (*Guha et al.*, J. scient. ind. Res. India **12**B [1953] 177). — F: 140—142° [unkorr.; Zers.].

N,*N*′-Bis-[4-[2]pyridylsulfamoyl-phenyl]-guanidin C$_{23}$H$_{21}$N$_7$O$_4$S$_2$, Formel X und Tautomeres.

Hydrochlorid. *B.* Beim Erhitzen des Hydrochlorids des Sulfapyridins (S. 3978) mit
N-Cyan-sulfanilsäure-[2]pyridylamid in Pyridin (*Guha et al.*, J. scient. ind. Res. India
12B [1953] 177). — F: 254—256° [unkorr.; Zers.].

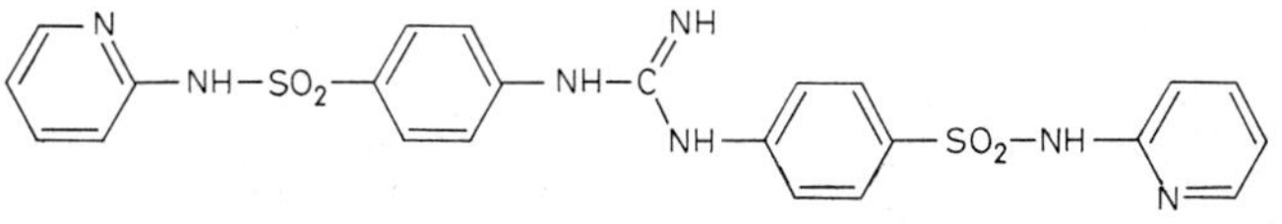

X

N-[4-[2]Pyridylsulfamoyl-phenyl]-*N*′-*p*-tolyl-thioharnstoff C$_{19}$H$_{18}$N$_4$O$_2$S$_2$, Formel XI
(R = CH$_3$).
B. Aus Sulfapyridin (S. 3978) und *p*-Tolylisothiocyanat (*Gheorghiu et al.*, Rev. Chim.
Acad. roum. **1** [1956] Nr. 1, S. 97, 121).
Kristalle; F: 196—197°.

N-[4-Äthoxy-phenyl]-*N*′-[4-[2]pyridylsulfamoyl-phenyl]-thioharnstoff C$_{20}$H$_{20}$N$_4$O$_3$S$_2$,
Formel XI (R = O-C$_2$H$_5$).
B. Aus Sulfapyridin (S. 3978) und 4-Äthoxy-phenylisothiocyanat (*Fujii et al.*, Ann. Rep.
Tanabe pharm. Res. **2** [1957] 9, 11; C. A. **1958** 1083).
Gelbliche Kristalle; F: 199—200°.

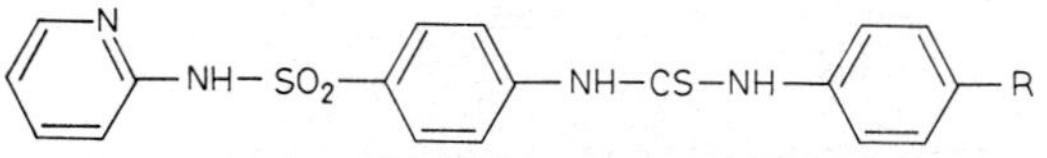

XI 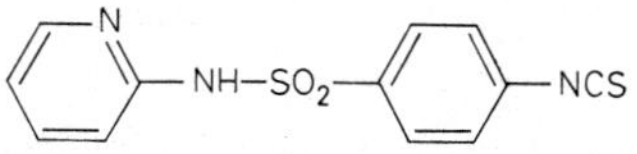　　　　　　　　　　　　　　　XII

4-[*N*′-(4-[2]Pyridylsulfamoyl-phenyl)-thioureido]-benzoesäure C$_{19}$H$_{16}$N$_4$O$_4$S$_2$, Formel XI
(R = CO-OH).
B. Beim Erwärmen von Sulfapyridin (S. 3978) mit 4-Isothiocyanato-benzoesäure in
Aceton (*McKee*, *Bost*, Am. Soc. **68** [1946] 2506).
Kristalle (aus Dioxan + H$_2$O); F: 175—179° [Zers.].

**4-Isothiocyanato-benzolsulfonsäure-[2]pyridylamid, 4-[2]Pyridylsulfamoyl-phenyl⸗
isothiocyanat** C$_{12}$H$_9$N$_3$O$_2$S$_2$, Formel XII.
B. Beim Behandeln von Sulfapyridin (S. 3978) mit CSCl$_2$ in wss. HCl (*McKee*, *Bost*, Am.
Soc. **68** [1946] 2506).
Kristalle (aus Acn. + Dioxan); F: 198—200° [Zers.].

**N-Mercaptoacetyl-sulfanilsäure-[2]pyridylamid, Mercaptoessigsäure-[4-[2]pyridyl⸗
sulfamoyl-anilid]** C$_{13}$H$_{13}$N$_3$O$_3$S$_2$, Formel I (R = H).
B. Beim Erhitzen von Sulfapyridin (S. 3978) mit Mercaptoessigsäure auf 110—120°
(*Misra*, *Sircar*, J. Indian chem. Soc. **32** [1955] 127, 128) oder auf 150° (*Squibb & Sons*,
U.S.P. 2418947 [1943]). Beim Erwärmen von Carbamoylmercapto-essigsäure-[4-[2]pyr⸗
idylsulfamoyl-anilid] mit wss. NH$_3$ (*Weiss*, Am. Soc. **69** [1947] 2684).
Kristalle; F: 198° [korr.; aus Me. + wenig wss. HCl] (*We.*), 195° [aus wss. A.] (*Mi.*,
Si.).
Gold(I)-Salz AuC$_{13}$H$_{12}$N$_3$O$_3$S$_2$. Zers. bei 231° [korr.; im auf 221° vorgeheizten Bad]
(*We.*).

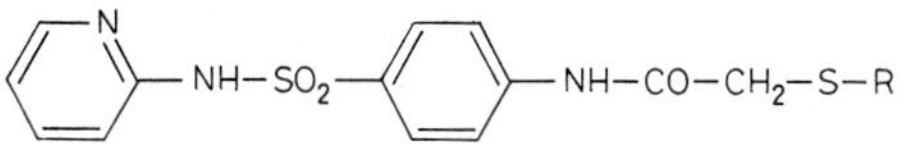

I

**N-[Carbamoylmercapto-acetyl]-sulfanilsäure-[2]pyridylamid, Carbamoylmercapto-
essigsäure-[4-[2]pyridylsulfamoyl-anilid]** C$_{14}$H$_{14}$N$_4$O$_4$S$_2$, Formel I (R = CO-NH$_2$).
B. Beim Behandeln von Sulfapyridin (S. 3978) mit Natrium-thiocyanatoacetat in

verd. wss. HCl (*Weiss*, Am. Soc. **69** [1947] 2682).
Kristalle; F: 190° [korr.].

Bis-[(4-[2]pyridylsulfamoyl-phenylcarbamoyl)-methyl]-disulfid, Disulfandiyldiessigsäure-bis-[4-[2]pyridylsulfamoyl-anilid] $C_{26}H_{24}N_6O_6S_4$, Formel II.
B. Beim Behandeln einer äthanol. Lösung von Mercaptoessigsäure-[4-[2]pyridylsulf‹
amoyl-anilid] mit wss. Jod (*Weiss*, Am. Soc. **69** [1947] 2684).
Kristalle (aus Me.); F: 226—228° [korr.; Zers.].

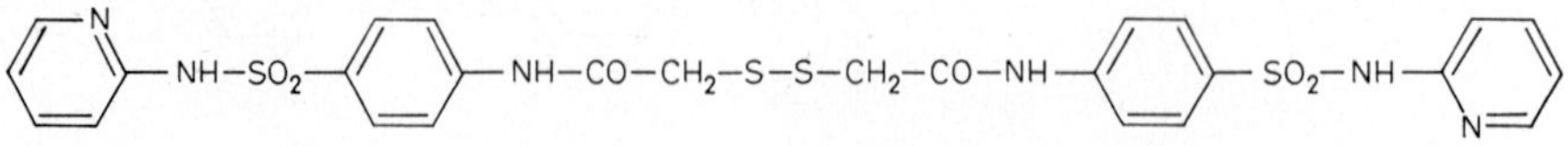

II

***N*-[2-Hydroxy-4-nitro-benzoyl]-sulfanilsäure-[2]pyridylamid, 2-Hydroxy-4-nitro-benzoesäure-[4-[2]pyridylsulfamoyl-anilid]** $C_{18}H_{14}N_4O_6S$, Formel III (X = OH, X' = NO_2).
B. Beim Erhitzen von Sulfapyridin (S. 3978) mit 2-Hydroxy-4-nitro-benzoylchlorid und Pyridin (*Jensen, Christensen*, Acta chem. scand. **6** [1952] 172).
Hellgelbe Kristalle (aus A.); F: 205° [Zers.].

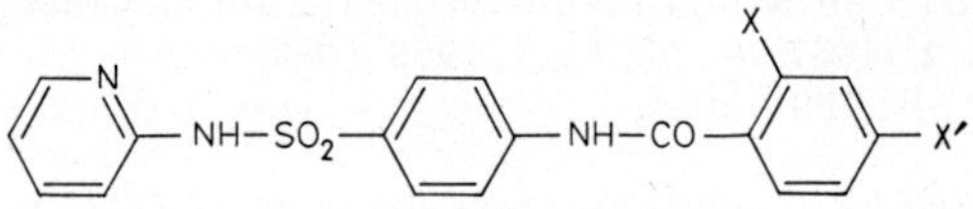

III

***N*-[4-Methoxy-benzoyl]-sulfanilsäure-[2]pyridylamid, 4-Methoxy-benzoesäure-[4-[2]pyridylsulfamoyl-anilid]** $C_{19}H_{17}N_3O_4S$, Formel III (X = H, X' = O-CH_3).
B. Beim Behandeln von Sulfapyridin (S. 3978) mit 4-Methoxy-benzoylchlorid in wss. NaOH (*Doraswamy, Guha*, J. Indian chem. Soc. **23** [1946] 277).
F: 165—166°.

(±)-2-[3-Methyl-1,4-dioxo-1,4-dihydro-[2]naphthylmercapto]-*N*-[4-[2]pyridylsulfamoyl-phenyl]-succinamidsäure $C_{26}H_{21}N_3O_7S_2$, Formel IV.
B. Beim Behandeln von Sulfapyridin (S. 3978) mit (±)-[3-Methyl-1,4-dioxo-1,4-dihydro-[2]naphthylmercapto]-bernsteinsäure-anhydrid in Aceton (*Fieser, Turner*, Am. Soc. **69** [1947] 2335, 2337, 2338).
Kristalle (aus wss. 2-Methoxy-äthanol); F: 205,5—206,4° [korr.; Zers.].

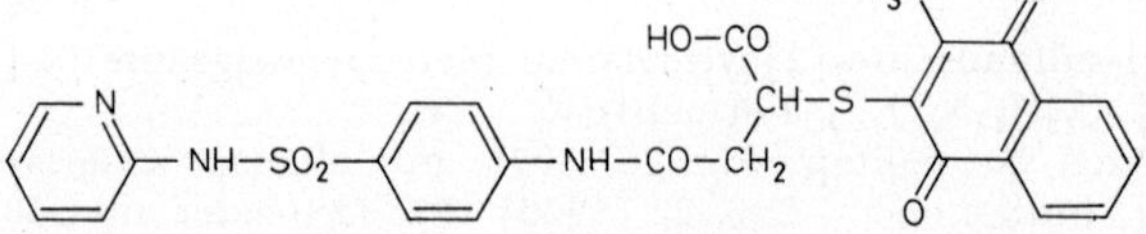

IV

9-[3-Methyl-1,4-dioxo-1,4-dihydro-[2]naphthyl]-nonansäure-[4-[2]pyridylsulfamoyl-anilid] $C_{31}H_{33}N_3O_5S$, Formel V.
B. Beim Behandeln von Sulfapyridin (S. 3978) mit 9-[3-Methyl-1,4-dioxo-1,4-dihydro-[2]naphthyl]-nonanoylchlorid in Aceton (*Fieser, Turner*, Am. Soc. **69** [1947] 2338).
Kristalle (aus wss. 2-Methoxy-äthanol); F: 175,5—175,9° [korr.].

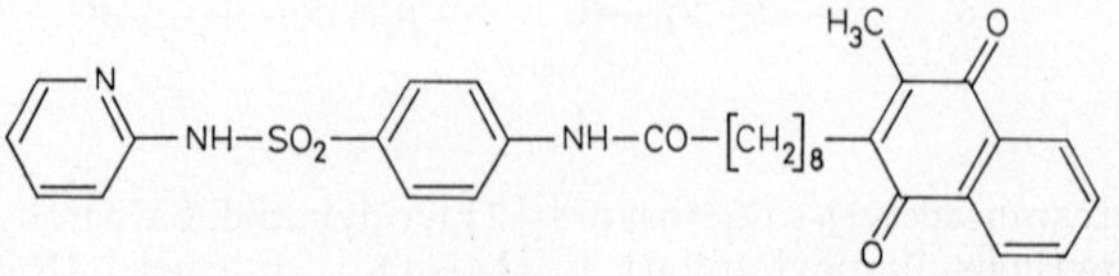

V

2,3-Dimethoxy-6-[(4-[2]pyridylsulfamoyl-phenylimino)-methyl]-benzoesäure
$C_{21}H_{19}N_3O_6S$, Formel VI, und cyclisches Tautomeres; Opiansäure-[4-[2]pyridyl=
sulfamoyl-phenylimin].

　　B. Beim Erwärmen von Sulfapyridin (S. 3978) mit Opiansäure (E III **10** 4511) in Äthanol
(*Lespagnol, Bertrand*, Bl. Soc. Pharm. Lille **1947** Nr. 2, S. 16).

　　F: 255° [Zers.].

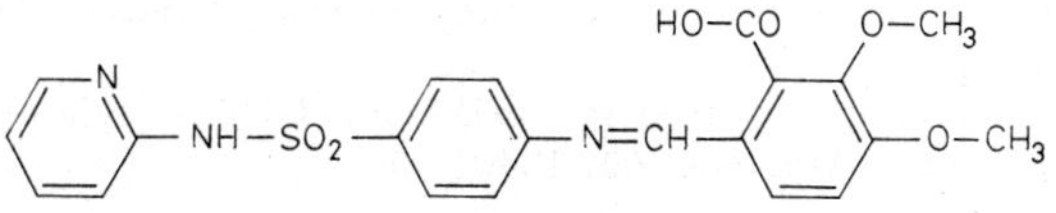

VI

2,3,4,5-Tetrahydroxy-L-*gulo*-6-[4-[2]pyridylsulfamoyl-phenylimino]-hexansäure
$C_{17}H_{19}N_3O_8S$ und cyclische Tautomere.

　　1ξ-[4-[2]Pyridylsulfamoyl-anilino]-1-desoxy-D-glucopyranuronsäure $C_{17}H_{19}N_3O_8S$,
Formel VII.

　　B. Beim Erwärmen von Sulfapyridin (S. 3978) in Aceton mit Natrium-D-glucuronat in
wss. Essigsäure (*Ogiya, Kataoka*, J. pharm. Soc. Japan **79** [1959] 949, 952; C. A. **1960**
2583).

　　Geschwindigkeit der Hydrolyse in gepufferten wss. Lösungen vom pH 4, pH 5 und pH 6
bei 20°: *Ogiya, Otake*, J. Tohoku Coll. Pharm. Nr. 6 [1959] 45, 46; C. A. **1961** 1730.

　　Natrium-Salz. Kristalle (aus H_2O + Me.); F: 203—205° [Zers.] (*Og., Ka.*; *Ogiya*, J.
pharm. Soc. Japan **79** [1959] 953, 956; C. A. **1960** 2584).

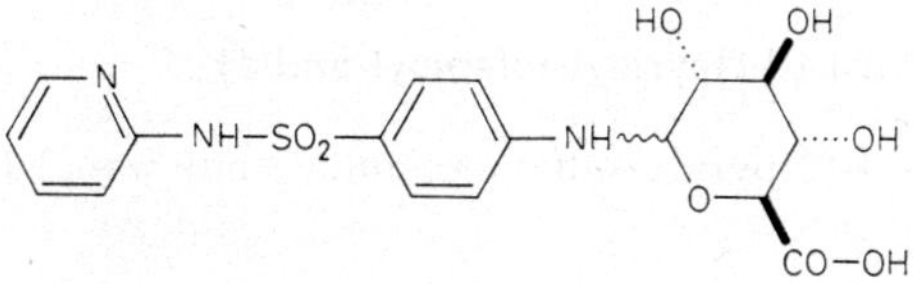

　　　　VII 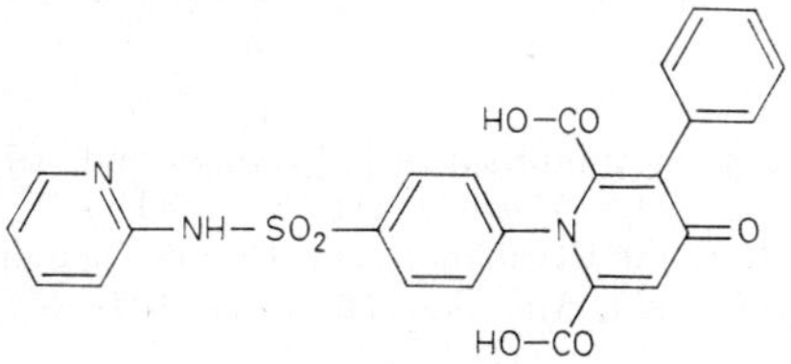　　　　　　　　　　　　　　　　VIII

4-Oxo-3-phenyl-1-[4-[2]pyridylsulfamoyl-phenyl]-1,4-dihydro-pyridin-2,6-dicarbonsäure
$C_{24}H_{17}N_3O_7S$, Formel VIII.

　　B. Beim Erwärmen von Sulfapyridin (S. 3978) mit 4-Oxo-3-phenyl-4*H*-pyran-2,6-di=
carbonsäure in Äthanol (*Neelakantan et al.*, J. Indian chem. Soc. **29** [1952] 61).

　　Hellbraune Kristalle (aus A.); F: 142°.

*N-[5-(N-Methyl-anilino)-pent-2,4-dienyliden]-sulfanilsäure-[2]pyridylamid
$C_{23}H_{22}N_4O_2S$, Formel IX.

　　Hydrochlorid $C_{23}H_{22}N_4O_2S \cdot HCl$. *B*. Beim Behandeln von Sulfapyridin (S. 3978) mit
5-[N-Methyl-anilino]-penta-2,4-dienal (H **12** 215) und wss. HCl (*Lur'e, Schemjakin*, Ž.
obšč. Chim. **17** [1947] 1356; C. A. **1948** 1906). — Orangefarben (aus Me. + Ae.).

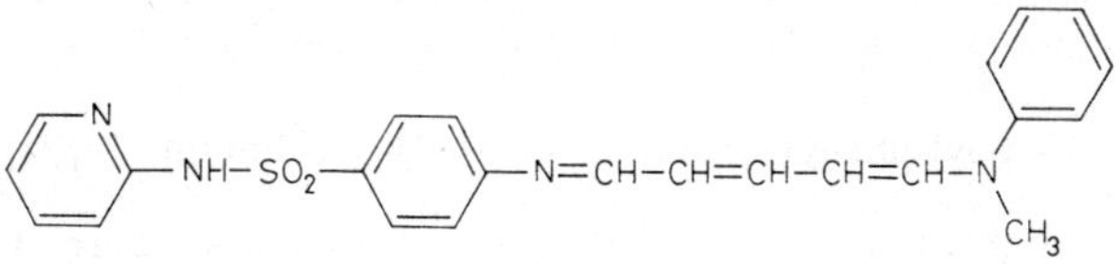

IX

*N-[2-Amino-benzyliden]-sulfanilsäure-[2]pyridylamid $C_{18}H_{16}N_4O_2S$, Formel X
(X = NH_2, X' = H).

　　B. Aus Sulfapyridin (S. 3978) und 2-Amino-benzaldehyd (*Macarovici, Macarovici*,
Rev. Chim. Acad. roum. **1** [1956] Nr. 2, S. 91, 92).

　　Gelbe Kristalle; F: 181—182°.

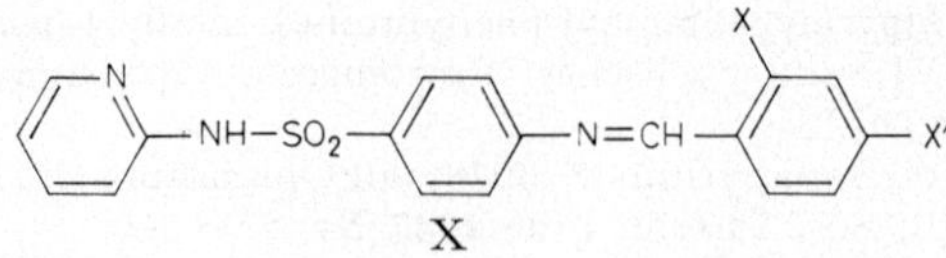

X

***N*-[4-Dimethylamino-benzyliden]-sulfanilsäure-[2]pyridylamid** $C_{20}H_{20}N_4O_2S$, Formel X (X = H, X′ = N(CH₃)₂).

B. Beim Erhitzen von Sulfapyridin (S. 3978) mit 4-Dimethylamino-benzaldehyd auf 140—150° (*Kolloff, Hunter*, Am. Soc. **62** [1940] 158).

F: 238,2—240° [unkorr.].

2,5-Bis-[4-[2]pyridylsulfamoyl-anilino]-[1,4]benzochinon $C_{28}H_{22}N_6O_6S_2$, Formel XI.

B. Aus Sulfapyridin (S. 3978) und [1,4]Benzochinon beim Erhitzen in wss. Äthanol (*Joffe et al.*, Ž. obšč. Chim. **24** [1954] 702; engl. Ausg. S. 711) oder in Essigsäure und Äthan= ol (*Roushdi et al.*, Pharmazie **32** [1977] 269) oder beim Behandeln mit wenig wss. HCl in Äthanol (*Billman et al.*, Am. Soc. **68** [1946] 2103).

F: >340° (*Ro. et al.*), >300° (*Jo. et al.*); Zers. bei 218—220° (*Bi. et al.*).

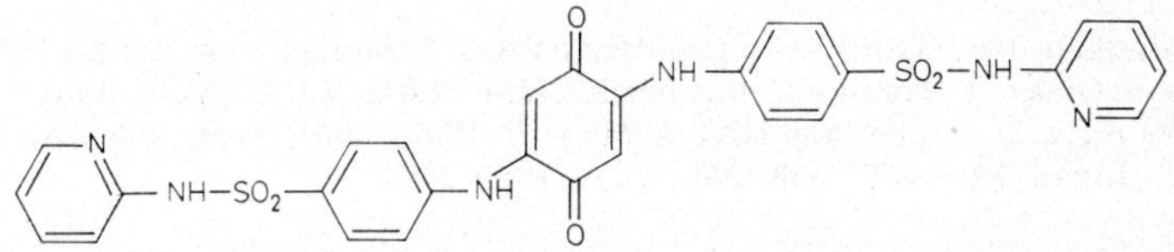

XI

***N*-Glycyl-sulfanilsäure-[2]pyridylamid, Glycin-[4-[2]pyridylsulfamoyl-anilid]** $C_{13}H_{14}N_4O_3S$, Formel XII (X = NH₂).

B. Beim Erwärmen von Chloressigsäure-[4-[2]pyridylsulfamoyl-anilid] mit wss. NH₃ (*Finkelstein*, Am. Soc. **66** [1944] 407).

Kristalle (aus H₂O); F: 220—221°.

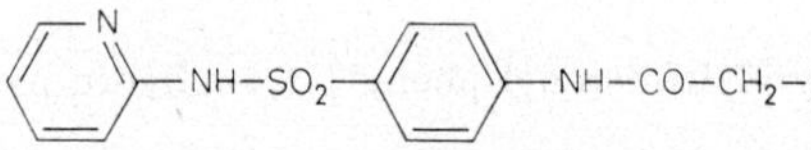

XII

Trimethyl-[(4-[2]pyridylsulfamoyl-phenylcarbamoyl)-methyl]-ammonium $[C_{16}H_{21}N_4O_3S]^+$, Formel XII (X = N(CH₃)₃]⁺).

Betain $C_{16}H_{20}N_4O_3S$. B. Beim Behandeln von Chloressigsäure-[4-[2]pyridylsulfamoyl-anilid] mit wss. Trimethylamin (*Goldberg et al.*, Festschrift E. Barell [Basel 1946] S. 341, 347, 350). — F: 240—241° [korr.] (*Go. et al.*).

Chlorid $[C_{16}H_{21}N_4O_3S]Cl$. F: 219—220° [korr.] (*Go. et al.*, l. c. S. 349, 350). — Hydro= chlorid. B. Beim Behandeln von Sulfapyridin (S. 3978) mit Chlorcarbonylmethyl-trimethyl-ammonium-chlorid in Benzol (*Du Pont de Nemours & Co.*, U.S.P. 2359864 [1942]). Kristalle (aus A.) mit 1 Mol Äthanol; F: 128—132° (*Du Pont*).

1-[(4-[2]Pyridylsulfamoyl-phenylcarbamoyl)-methyl]-pyridinium $[C_{18}H_{17}N_4O_3S]^+$, Formel XIII.

Chlorid $[C_{18}H_{17}N_4O_3S]Cl$. B. Beim Erwärmen von Chloressigsäure-[4-[2]pyridylsulfa= moyl-anilid] mit Pyridin in Äthanol (*Goldberg et al.*, Festschrift E. Barell [Basel 1946] S. 341, 348, 349). — Kristalle (aus wss. A.) mit 0,5 Mol H₂O; F: 165—169° [korr.].

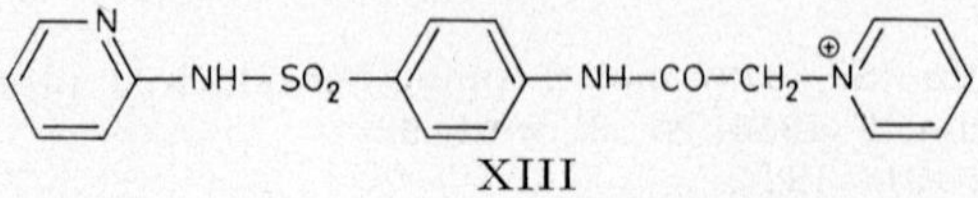

XIII

N-[4-Amino-benzoyl]-sulfanilsäure-[2]pyridylamid, 4-Amino-benzoesäure-[4-[2]pyridyl=
sulfamoyl-anilid] $C_{18}H_{16}N_4O_3S$, Formel I.

B. Beim Erwärmen von 4-Nitro-benzoesäure-[4-[2]pyridylsulfamoyl-anilid] mit Raney-
Nickel in Pyridin (*Chu*, Am. Soc. **67** [1945] 2243).

Kristalle (aus Acn.); F: 255—256°.

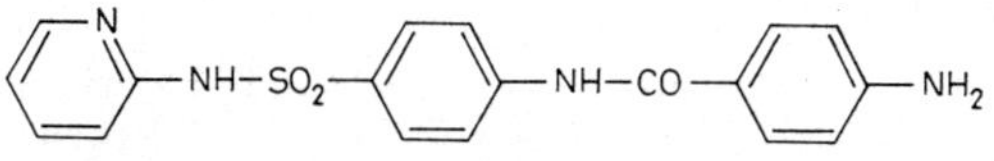

I 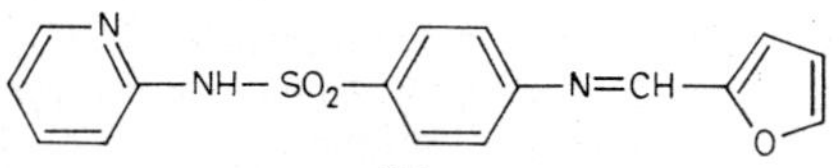   II

*N-Furfuryliden-sulfanilsäure-[2]pyridylamid $C_{16}H_{13}N_3O_3S$, Formel II.

B. Beim Erwärmen von Sulfapyridin (S. 3978) mit Furfural in Äthanol (*Doraswamy*,
Guha, J. Indian chem. Soc. **23** [1946] 273).

F: 214°.

N-[Furan-2-carbonyl]-sulfanilsäure-[2]pyridylamid, Furan-2-carbonsäure-[4-[2]pyridyl=
sulfamoyl-anilid] $C_{16}H_{13}N_3O_4S$, Formel III (X = O).

B. Beim Behandeln von Sulfapyridin (S. 3978) mit Furan-2-carbonylchlorid und Pyridin
(*Kolloff*, *Hunter*, Am. Soc. **62** [1940] 1646).

Kristalle (aus Dioxan); F: 242° [unkorr.].

N-[Thiophen-2-carbonyl]-sulfanilsäure-[2]pyridylamid, Thiophen-2-carbonsäure-
[4-[2]pyridylsulfamoyl-anilid] $C_{16}H_{13}N_3O_3S_2$, Formel III (X = S).

B. Beim Behandeln von Sulfapyridin (S. 3978) mit Thiophen-2-carbonylchlorid und
Pyridin (*Kolloff*, *Hunter*, Am. Soc. **62** [1940] 1646).

F: 257—258° [unkorr.].

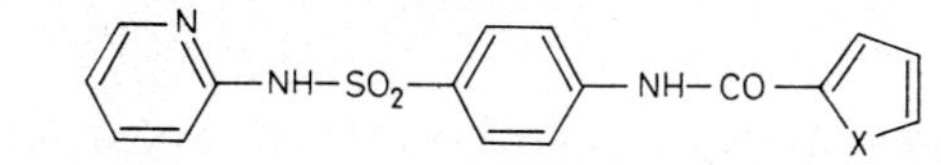

III 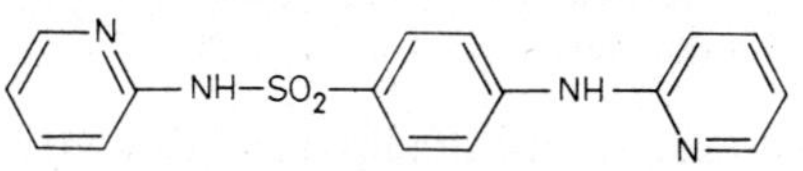   IV

N-[2]Pyridyl-sulfanilsäure-[2]pyridylamid $C_{16}H_{14}N_4O_2S$, Formel IV.

B. Beim Erhitzen von *N*-[2]Pyridyl-sulfanilsäure-amid mit 2-Brom-pyridin, K_2CO_3 und
Kupfer-Pulver (*Phillips*, Soc. **1941** 9, 14).

Kristalle; F: 204°.

N-[10*H*-Acridin-9-yliden]-sulfanilsäure-[2]pyridylamid $C_{24}H_{18}N_4O_2S$ und Tautomeres.

N-Acridin-9-yl-sulfanilsäure-[2]pyridylamid $C_{24}H_{18}N_4O_2S$, Formel V (X = X' = H).

B. Beim Erwärmen von Sulfapyridin (S. 3978) mit 9-Chlor-acridin in Phenol (*Ganapathi*,
Pr. Indian Acad. [A] **12** [1940] 274, 282).

Braunrote Kristalle (aus A.); F: 268—269° [Zers.].

N-[6-Chlor-2-methoxy-10*H*-acridin-9-yliden]-sulfanilsäure-[2]pyridylamid
$C_{25}H_{19}ClN_4O_3S$ und Tautomeres.

N-[6-Chlor-2-methoxy-acridin-9-yl]-sulfanilsäure-[2]pyridylamid $C_{25}H_{19}ClN_4O_3S$,
Formel V (X = O-CH₃, X' = Cl).

B. Beim Erhitzen von Sulfapyridin (S. 3978) mit 6,9-Dichlor-2-methoxy-acridin in
Pentan-1-ol (*Sargent*, *Small*, J. org. Chem. **11** [1946] 175).

Hydrochlorid $C_{25}H_{19}ClN_4O_3S \cdot HCl$. Gelbe Kristalle (aus A.); F: 302—303° [unkorr.;
Zers.].

N-Nicotinoyl-sulfanilsäure-[2]pyridylamid, Nicotinsäure-[4-[2]pyridylsulfamoyl-anilid]
$C_{17}H_{14}N_4O_3S$, Formel VI.

B. Beim Erwärmen von Sulfapyridin (S. 3978) mit Nicotinoylchlorid und Pyridin (*Kol-
loff*, *Hunter*, Am. Soc. **62** [1940] 1646; *Veldstra*, *Wiardi*, R. **61** [1942] 627, 634) oder mit
Nicotinoylchlorid-hydrochlorid und H_2O (*E. Lilly & Co.*, U.S.P. 2186773 [1939]). Beim
Behandeln von [2]Pyridylamin mit *N*-Nicotinoyl-sulfanilylchlorid (aus Nicotinsäure-

anilid und ClSO$_3$H hergestellt) in Pyridin oder Dioxan (*E. Lilly & Co.*, U.S.P. 2254877 [1940]).

Kristalle; F: 265—266° [unkorr.] (*Ko., Hu.*), 265° [unkorr.; Zers.]. (*Ve., Wi.*), 261° [korr.] (*E. Lilly & Co.*, U.S.P. 2186773).

Natrium-Salz. Zers. bei 275° [korr.] (*E. Lilly & Co.*, U.S.P. 2186773). — Mono $=$ hydrochlorid. F: 148° [korr.] (*E. Lilly & Co.*, U.S.P. 2186773). — Dihydrochlorid. F: 128° [korr.; nach Sintern bei 115°] (*E. Lilly & Co.*, U.S.P. 2186773).

Über ein beim Erwärmen von Sulfapyridin (S. 3978) mit Nicotinoylchlorid in Pyridin-Basen erhaltenes Präparat vom F: 185—186° (gelbliche Kristalle [aus A.]; Picrat, F: 149—150°; Methojodid, F: 228—229°) s. *Sadykow, Makšimow*, Ž. obšč. Chim. **16** [1946] 1719, 1724; C. A. **1947** 5864.

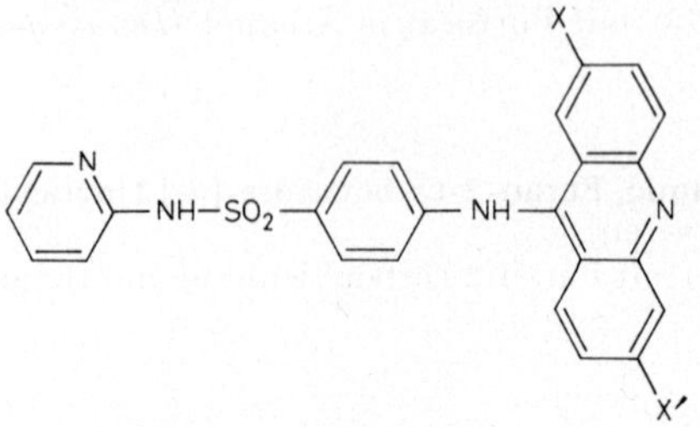

V

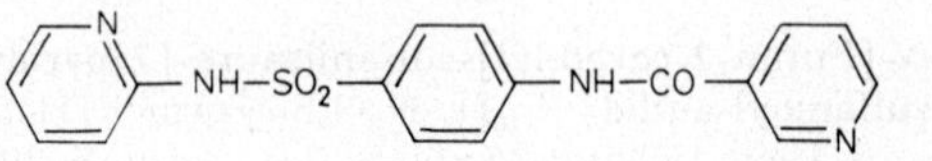

VI

(±)-N-Pyroglutamyl-sulfanilsäure-[2]pyridylamid, 5-Oxo-DL-prolin-[4-[2]pyridyl = sulfamoyl-anilid] $C_{16}H_{16}N_4O_4S$, Formel VII.

B. Beim Erwärmen von [2]Pyridylamin mit (±)-N-Pyroglutamyl-sulfanilylchlorid in Dioxan (*Dewing et al.*, Soc. **1942** 239, 243).

Kristalle (aus wss. A.); F: 273°.

N-Benzolsulfonyl-sulfanilsäure-[2]pyridylamid $C_{17}H_{15}N_3O_4S_2$, Formel VIII (R = X = H).

B. Beim Behandeln von Sulfapyridin (S. 3978) mit Benzolsulfonylchlorid und wss. NaOH (*Doraswamy, Guha*, J. Indian chem. Soc. **23** [1946] 281).

F: 230°.

N-[3-Nitro-benzolsulfonyl]-sulfanilsäure-[2]pyridylamid $C_{17}H_{14}N_4O_6S_2$, Formel VIII (R = H, X = NO$_2$).

B. Beim Behandeln von Sulfapyridin (S. 3978) mit 3-Nitro-benzolsulfonylchlorid und wss. NaOH (*Doraswamy, Guha*, J. Indian chem. Soc. **23** [1946] 281).

F: 185°.

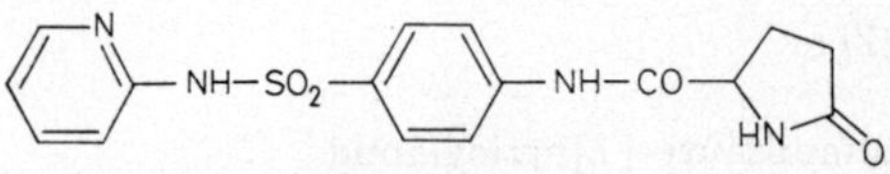

VII

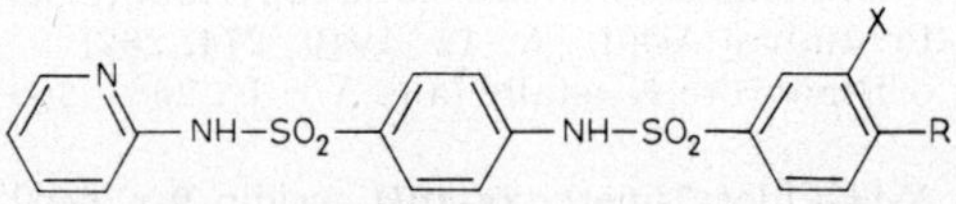

VIII

N-[Toluol-4-sulfonyl]-sulfanilsäure-[2]pyridylamid $C_{18}H_{17}N_3O_4S_2$, Formel VIII (R = CH$_3$, X = H).

B. Beim Behandeln von Sulfapyridin (S. 3978) mit Toluol-4-sulfonylchlorid und wss. NaOH (*Doraswamy, Guha*, J. Indian chem. Soc. **23** [1946] 281).

F: 160°.

N-Sulfanilyl-sulfanilsäure-[2]pyridylamid $C_{17}H_{16}N_4O_4S_2$, Formel VIII (R = NH$_2$, X = H).

B. Beim Erwärmen von N-[N-Acetyl-sulfanilyl]-sulfanilsäure-[2]pyridylamid mit wss. KOH (*Plashek, Richter*, Ž. obšč. Chim. **18** [1948] 1154, 1158; C. A. **1949** 1738) oder wss. HCl (*Ganapathi*, Pr. Indian Acad. [A] **11** [1940] 298, 307).

Kristalle; F: 236—238° [aus A.] (*Ga.*), 237° [aus wss. A.] (*Pl., Ri.*).

N-Sulfanilyl-sulfanilsäure-[2]pyridylamid hat wahrscheinlich auch in einem von *Ward, Blenkinsop & Co.* (U.S.P. 2284461 [1940]) neben Sulfapyridin (S. 3978) beim Erhitzen von [2]Pyridylamin mit Sulfanilylchlorid auf 180° erhaltenen Präparat (Kristalle [aus Dioxan]; F: 235—237°) vorgelegen.

N-[N-Acetyl-sulfanilyl]-sulfanilsäure-[2]pyridylamid, Essigsäure-[4-(4-[2]pyridyl⸗ sulfamoyl-phenylsulfamoyl)-anilid] $C_{19}H_{18}N_4O_5S_2$, Formel VIII (R = NH-CO-CH$_3$, X = H).

B. Beim Behandeln von Sulfapyridin (S. 3978) mit *N*-Acetyl-sulfanilylchlorid in Pyridin enthaltendem wss. Aceton (*Ganapathi*, Pr. Indian Acad. [A] **11** [1940] 298, 307), in wss. NaOH (*Doraswamy, Guha*, J. Indian chem. Soc. **23** [1946] 281) oder in Pyridin (*Plashek, Richter*, Ž. obšč. Chim. **18** [1948] 1154, 1158; C. A. **1949** 1738).

F: 145—146° (*Do., Guha*).

N-[6-Chlor-pyridin-3-sulfonyl]-sulfanilsäure-[2]pyridylamid $C_{16}H_{13}ClN_4O_4S_2$, Formel IX (X = Cl).

B. Beim Behandeln von Sulfapyridin (S. 3978) mit 6-Chlor-pyridin-3-sulfonylchlorid und Pyridin in Aceton (*Naegeli et al.*, Helv. **22** [1939] 912, 922).

Gelbliche Kristalle; F: 266°.

N-[6-Hydroxy-pyridin-3-sulfonyl]-sulfanilsäure-[2]pyridylamid $C_{16}H_{14}N_4O_5S_2$, Formel IX (X = OH), und Tautomeres (*N*-[6-Oxo-1,6-dihydro-pyridin-3-sulf⸗ onyl]-sulfanilsäure-[2]pyridylamid).

B. Beim Erhitzen von *N*-[6-Chlor-pyridin-3-sulfonyl]-sulfanilsäure-[2]pyridylamid mit wss. NaOH (*Naegeli et al.*, Helv. **22** [1939] 912, 922).

F: 301—302°.

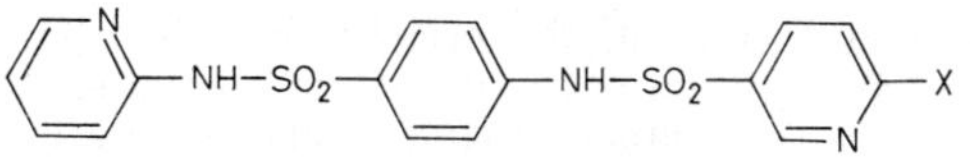

          IX 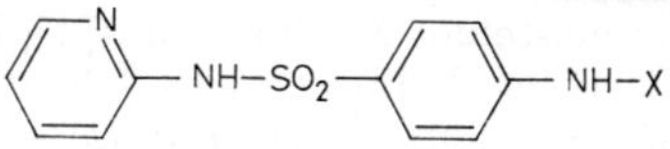   X

N-Dimethylsulfamoyl-sulfanilsäure-[2]pyridylamid $C_{13}H_{16}N_4O_4S_2$, Formel X (X = SO$_2$-N(CH$_3$)$_2$).

B. Beim Erwärmen von Sulfapyridin (S. 3978) mit Dimethylsulfamoylchlorid und Pyridin (*Am. Cyanamid Co.*, U.S.P. 2826594 [1955]).

Kristalle (aus wss. A.); F: 187—189°.

N-Diphenoxyphosphoryl-sulfanilsäure-[2]pyridylamid, [4-[2]Pyridylsulfamoyl-phenyl]-amidophosphorsäure-diphenylester $C_{23}H_{20}N_3O_5PS$, Formel X (X = PO(O-C$_6$H$_5$)$_2$).

B. Aus Sulfapyridin (S. 3978) und Chlorophosphorsäure-diphenylester (*Kutscherow*, Ž. obšč. Chim. **19** [1949] 126, 128; engl. Ausg. S. 115, 117).

Kristalle (aus Py. + Bzl.); F: 215—216°.

4-Amino-3-brom-benzolsulfonsäure-[2]pyridylamid $C_{11}H_{10}BrN_3O_2S$, Formel XI (X = Br, X′ = H).

B. Beim Behandeln von Sulfapyridin (S. 3978) mit KBrO$_3$ und KBr in verd. wss. HCl (*Wojahn*, Ar. **281** [1943] 193, 200).

Kristalle (aus wss. A.); F: 178°.

4-Amino-3,5-dibrom-benzolsulfonsäure-[2]pyridylamid $C_{11}H_9Br_2N_3O_2S$, Formel XI (X = X′ = Br).

B. Beim Behandeln von Sulfapyridin (S. 3978) mit KBrO$_3$ und KBr in wss. HCl (*Wojahn*, Ar. **281** [1943] 193, 200).

Kristalle (aus A.); F: 251°.

4-Amino-3-jod-benzolsulfonsäure-[2]pyridylamid $C_{11}H_{10}IN_3O_2S$, Formel XI (X = I, X′ = H).

B. Beim Behandeln von Sulfapyridin (S. 3978) mit ICl in wss. HCl (*Block, Ray*, J.

nation. Cancer Inst. **7** [1946] 61, 64).
Kristalle (aus Eg.).

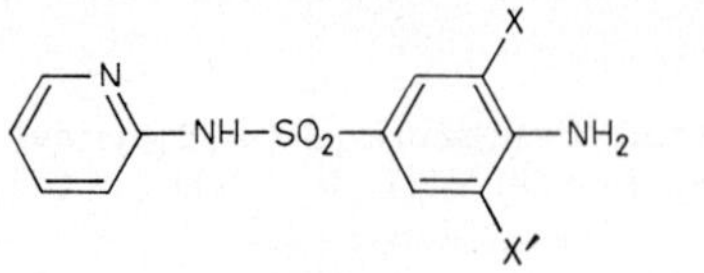

XI

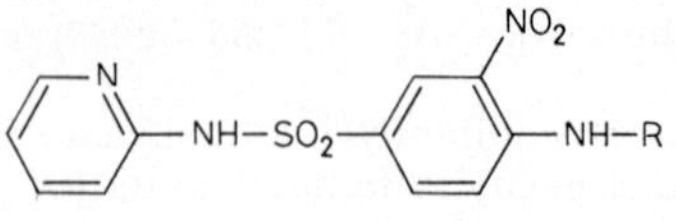

XII

4-Amino-3,5-dijod-benzolsulfonsäure-[2]pyridylamid $C_{11}H_9I_2N_3O_2S$, Formel XI
(X = X′ = I).
B. Beim Erwärmen von Sulfapyridin (S. 3978) mit ICl in wss. HCl (*Klemme, Beals,*
J. org. Chem. **8** [1943] 448, 454).
Kristalle; F: 269—272° [korr.; Zers.].

4-Amino-3-nitro-benzolsulfonsäure-[2]pyridylamid $C_{11}H_{10}N_4O_4S$, Formel XII (R = H).
B. Beim Erwärmen von 4-Acetylamino-3-nitro-benzolsulfonsäure-[2]pyridylamid mit
wss. HCl (*Kermack, Tebrich,* Soc. **1940** 202).
Gelbe Kristalle (aus Nitrobenzol); F: 232°.

4-Acetylamino-3-nitro-benzolsulfonsäure-[2]pyridylamid, Essigsäure-[2-nitro-
4-[2]pyridylsulfamoyl-anilid] $C_{13}H_{12}N_4O_5S$, Formel XII (R = CO-CH₃).
B. Beim Behandeln von [2]Pyridylamin mit 4-Acetylamino-3-nitro-benzolsulfonyl=
chlorid und Pyridin (*Kermack, Tebrich,* Soc. **1940** 202).
Gelbe Kristalle (aus Cyclohexanon); F: 270°.   [*Härter*]

4-Amino-toluol-2-sulfonsäure-[2]pyridylamid $C_{12}H_{13}N_3O_2S$, Formel I (R = R′ = H).
B. Beim Erhitzen von 4-Nitro-toluol-2-sulfonsäure-[2]pyridylamid mit Eisen und
wss. Essigsäure (*Winthrop Chem. Co.,* U.S.P. 2299555 [1940]). Beim Erhitzen von
4-Acetylamino-toluol-2-sulfonsäure-[2]pyridylamid oder [4-Methyl-3-[2]pyridylsulfamo=
yl-phenyl]-carbamidsäure-äthylester mit wss. NaOH (*Winthrop Chem. Co.*).
Kristalle (aus wss. Acn.); F: 209°.

***4-[4-Methoxy-benzylidenamino]-toluol-2-sulfonsäure-[2]pyridylamid** $C_{20}H_{19}N_3O_3S$,
Formel II.
B. Beim Erwärmen von 4-Amino-toluol-2-sulfonsäure-[2]pyridylamid mit 4-Methoxy-
benzaldehyd in Äthanol (*Winthrop Chem. Co.,* U.S.P. 2299555 [1940]).
Kristalle (aus wss. Me.); F: 225°.

4-Acetylamino-toluol-2-sulfonsäure-[2]pyridylamid, Essigsäure-[4-methyl-3-[2]pyridyl=
sulfamoyl-anilid] $C_{14}H_{15}N_3O_3S$, Formel I (R = CO-CH₃, R′ = H).
B. Beim Erwärmen von [2]Pyridylamin mit 4-Acetylamino-toluol-2-sulfonylchlorid
in Pyridin (*Winthrop Chem. Co.,* U.S.P. 2299555 [1940]).
Kristalle (aus wss. Acn.); F: 256°.

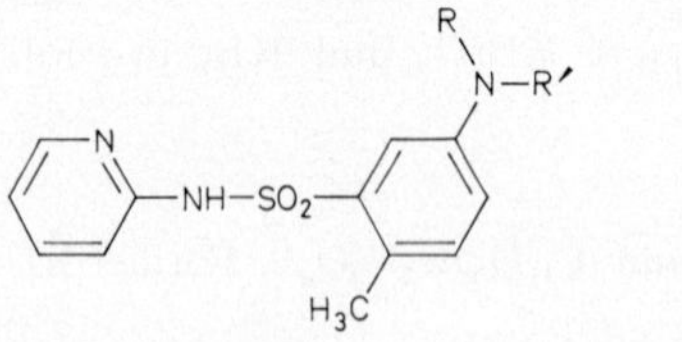

I

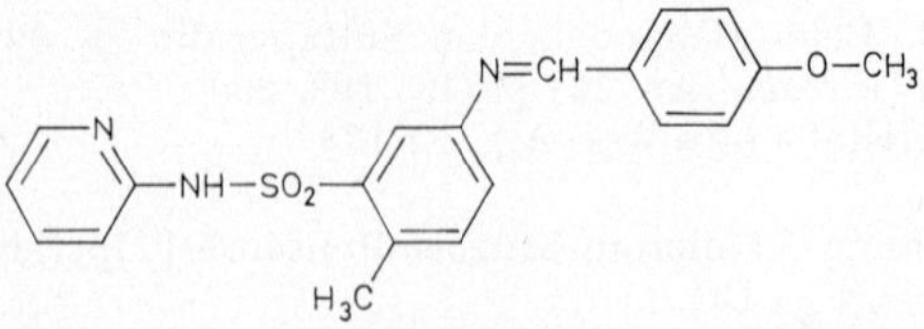

II

4-[Acetyl-(4-nitro-benzyl)-amino]-toluol-2-sulfonsäure-[2]pyridylamid, Essigsäure-
[4-methyl-N-(4-nitro-benzyl)-3-[2]pyridylsulfamoyl-anilid] $C_{21}H_{20}N_4O_5S$, Formel I
(R = CO-CH₃, R′ = CH₂-C₆H₄-NO₂(p)).
B. Beim Erwärmen von [2]Pyridylamin mit 4-[Acetyl-(4-nitro-benzyl)-amino]-toluol-
2-sulfonylchlorid in Aceton unter Zusatz von NaHCO₃ (*Winthrop Chem. Co.,* U.S.P.

2 299 555 [1940]).
Kristalle (aus Acn.); F: 266°.

4-Propionylamino-toluol-2-sulfonsäure-[2]pyridylamid, Propionsäure-[4-methyl-3-[2]pyridylsulfamoyl-anilid] $C_{15}H_{17}N_3O_3S$, Formel I (R = CO-C$_2$H$_5$, R' = H).
B. Beim Erwärmen von 4-Amino-toluol-2-sulfonsäure-[2]pyridylamid mit Propionyl=
chlorid in Aceton und Pyridin (*Winthrop Chem. Co.*, U.S.P. 2 299 555 [1940]).
Kristalle (aus wss. Acn.); F: 226°.

4-Äthoxycarbonylamino-toluol-2-sulfonsäure-[2]pyridylamid, [4-Methyl-3-[2]pyridyl=sulfamoyl-phenyl]-carbamidsäure-äthylester $C_{15}H_{17}N_3O_4S$, Formel I (R = CO-O-C$_2$H$_5$, R' = H).
B. Beim Erwärmen von [2]Pyridylamin mit [3-Chlorsulfamoyl-4-methyl-phenyl]-carbamidsäure-äthylester (aus *p*-Tolylcarbamidsäure-äthylester und Chloroschwefel=
säure hergestellt) in Pyridin (*Winthrop Chem. Co.*, U.S.P. 2 299 555 [1940]).
Kristalle (aus wss. Me.); F: 251°.

4-Aminomethyl-benzolsulfonsäure-[2]pyridylamid, α-Amino-toluol-4-sulfonsäure-[2]pyridylamid $C_{12}H_{13}N_3O_2S$, Formel III.
B. Beim Erwärmen von [2]Pyridylamin mit 4-[Acetylamino-methyl]-benzolsulfonyl=
chlorid und NaHCO$_3$ in Aceton und Erhitzen des Reaktionsprodukts mit NaOH (*I.G. Farbenind.*, D.R.P. 726 386 [1939]; D.R.P. Org. Chem. **3** 943; *Winthrop Chem. Co.*, U.S.P. 2 288 531 [1940]). Bei der Hydrierung von 4-Cyan-benzolsulfonsäure-[2]pyridyl=
amid an Palladium/Kohle (*Kominato*, Kumamoto Med. J. **6** [1954] 139, 140).
Natrium-Salz. Kristalle [aus wss. NaCl] (*I.G. Farbenind.*; *Winthrop Chem. Co.*).
Hydrochlorid $C_{12}H_{13}N_3O_2S \cdot HCl$. F: 264° (*Ko.*).

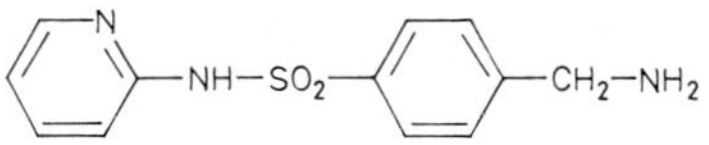

III 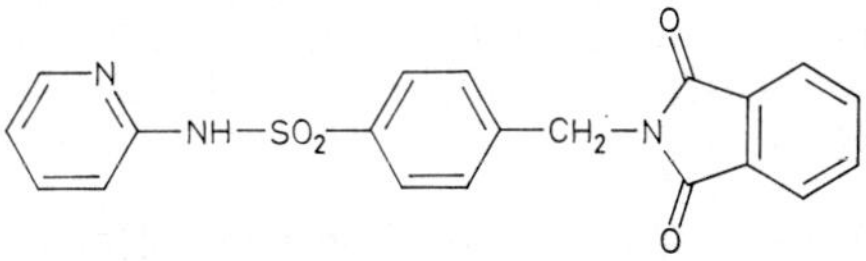   IV

4-Phthalimidomethyl-benzolsulfonsäure-[2]pyridylamid $C_{20}H_{15}N_3O_4S$, Formel IV.
B. Beim Erwärmen von [2]Pyridylamin mit 4-Phthalimidomethyl-benzolsulfonyl=
chlorid in Pyridin (*Kominato*, Kumamoto Med. J. **6** [1954] 139, 141).
Kristalle; F: 224—225°.

[4-Amino-phenyl]-methansulfonsäure-[2]pyridylamid $C_{12}H_{13}N_3O_2S$, Formel V.
B. Beim Behandeln von [4-Nitro-phenyl]-methansulfonsäure-[2]pyridylamid mit Zinn und wss. HCl (*Rao*, J. Indian chem. Soc. **17** [1940] 227, 231).
Kristalle (aus H$_2$O); F: 185—190° [nach Erweichen bei 120°].

5-Amino-2,4-dimethyl-benzolsulfonsäure-[2]pyridylamid $C_{13}H_{15}N_3O_2S$, Formel VI (R = CH$_3$, R' = NH$_2$).
B. Beim Erhitzen der folgenden Verbindung mit wss. HCl (*Šawizkiĭ, Rodionowškaja*, Ž. obšč. Chim. **10** [1940] 2091; C. A. **1941** 3988).
Hellgelbe Kristalle (aus wss. A.); F: 244—245°.

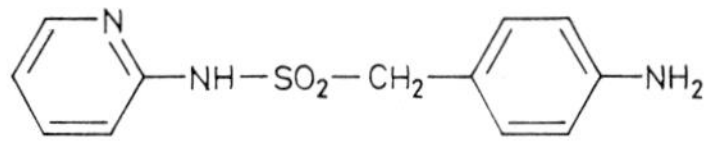

V 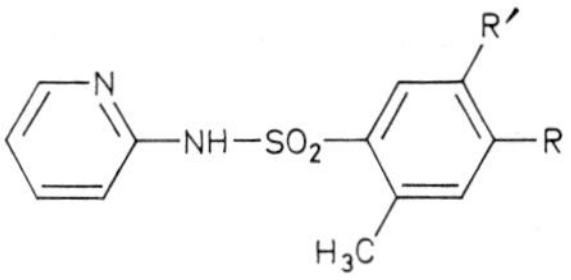   VI

5-Acetylamino-2,4-dimethyl-benzolsulfonsäure-[2]pyridylamid, Essigsäure-[2,4-dimethyl-5-[2]pyridylsulfamoyl-anilid] $C_{15}H_{17}N_3O_3S$, Formel VI (R = CH$_3$, R' = NH-CO-CH$_3$).
B. Beim Erwärmen von [2]Pyridylamin mit 5-Acetylamino-2,4-dimethyl-benzol=

sulfonylchlorid in Aceton (*Šawizkiǐ, Rodionowškaja*, Ž. obšč. Chim. **10** [1940] 2091, 2093;
C. A. **1941** 3988).

Kristalle (aus H_2O); F: 260,5—261°.

4-Amino-2,5-dimethyl-benzolsulfonsäure-[2]pyridylamid $C_{13}H_{15}N_3O_2S$, Formel VI
($R = NH_2$, $R' = CH_3$).

B. Beim Erhitzen der folgenden Verbindung mit wss. HCl (*Šawizkiǐ, Rodionowškaja*,
Ž. obšč. Chim. **10** [1940] 2091, 2094; C. A. **1941** 3988).

Kristalle (aus wss. A.); F: 217—218° [Zers.].

**4-Acetylamino-2,5-dimethyl-benzolsulfonsäure-[2]pyridylamid, Essigsäure-[2,5-dimethyl-
4-[2]pyridylsulfamoyl-anilid]** $C_{15}H_{17}N_3O_3S$, Formel VI ($R = NH\text{-}CO\text{-}CH_3$, $R' = CH_3$).

B. Beim Erwärmen von [2]Pyridylamin mit 4-Acetylamino-2,5-dimethyl-benzol=
sulfonylchlorid in Aceton (*Šawizkiǐ, Rodionowškaja*, Ž. obšč. Chim. **10** [1940] 2091,
2094; C. A. **1941** 3988).

Kristalle (aus H_2O); F: 243,5—244,5°.

4-Amino-naphthalin-1-sulfonsäure-[2]pyridylamid $C_{15}H_{13}N_3O_2S$, Formel VII ($R = H$).

B. Aus 4-Acetylamino-naphthalin-1-sulfonsäure-[2]pyridylamid und wss. NaOH
(*Boldyrew, Poštowškiǐ*, Ž. obšč. Chim. **20** [1950] 936, 938, 940; engl. Ausg. S. 975, 977,
979; s. a. *Hiyama*, J. pharm. Soc. Japan **72** [1952] 1370, 1373).

Kristalle; F: 231—233° (*Bo., Po.*), 219—221° [aus A.] (*Hi.*). Bildungsenthalpie und
Verbrennungsenthalpie: *Bo., Po.*, l. c. S. 942.

**4-Acetylamino-naphthalin-1-sulfonsäure-[2]pyridylamid, N-[4-[2]Pyridylsulfamoyl-
[1]naphthyl]-acetamid** $C_{17}H_{15}N_3O_3S$, Formel VII ($R = CO\text{-}CH_3$).

B. Beim Behandeln von [2]Pyridylamin mit 4-Acetylamino-naphthalin-1-sulfonyl=
chlorid in Pyridin (*Boldyrew, Poštowškiǐ*, Ž. obšč. Chim. **20** [1950] 936, 938, 940; engl.
Ausg. S. 975, 977, 979; *Hiyama*, J. pharm. Soc. Japan **72** [1952] 1370, 1373).

Kristalle; F: 275—276° (*Bo., Po.*), 269—270° [aus Eg.] (*Hi.*).

5-Amino-naphthalin-1-sulfonsäure-[2]pyridylamid $C_{15}H_{13}N_3O_2S$, [Formel VIII ($R = H$).

B. Aus 5-Acetylamino-naphthalin-1-sulfonsäure-[2]pyridylamid und wss. NaOH (*Boldyrew*, Sbornik Statei obšč. Chim. **1953** 616, 619, 622; C. A. **1955** 983).

F: 213—214°. Bildungsenthalpie und Verbrennungsenthalpie: *Bo.*, l. c. S. 624.

VII   VIII

**5-Acetylamino-naphthalin-1-sulfonsäure-[2]pyridylamid, N-[5-[2]Pyridylsulfamoyl-
[1]naphthyl]-acetamid** $C_{17}H_{15}N_3O_3S$, Formel VIII ($R = CO\text{-}CH_3$).

B. Aus [2]Pyridylamin und 5-Acetylamino-naphthalin-1-sulfonylchlorid (*Boldyrew*,
Sbornik Statei obšč. Chim. **1953** 616, 619, 622; C. A. **1955** 983).

F: 252—253°.

6-Amino-naphthalin-2-sulfonsäure-[2]pyridylamid $C_{15}H_{13}N_3O_2S$, Formel IX ($R = H$).

B. Aus 6-Acetylamino-naphthalin-2-sulfonsäure-[2]pyridylamid und wss. NaOH (*Boldyrew*, Sbornik Statei obšč. Chim. **1953** 616, 622; C. A. **1955** 983).

F: 233°.

**6-Acetylamino-naphthalin-2-sulfonsäure-[2]pyridylamid, N-[6-[2]Pyridylsulfamoyl-
[2]naphthyl]-acetamid** $C_{17}H_{15}N_3O_3S$, Formel IX ($R = CO\text{-}CH_3$).

B. Aus [2]Pyridylamin und 6-Acetylamino-naphthalin-2-sulfonylchlorid (*Boldyrew*,
Sbornik Statei obšč. Chim. **1953** 616, 619, 622; C. A. **1955** 983).

F: 244—245°.

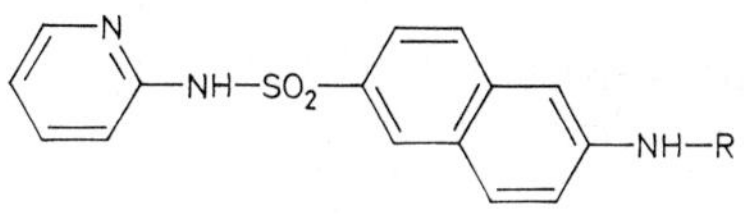

IX 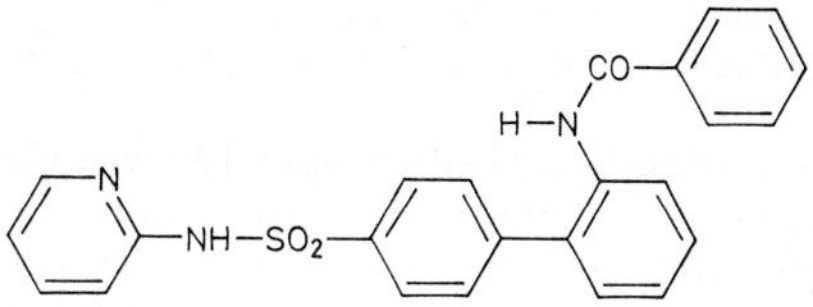   X

2′-Benzoylamino-biphenyl-4-sulfonsäure-[2]pyridylamid, *N*-[4′-[2]Pyridylsulfamoyl-biphenyl-2-yl]-benzamid C$_{24}$H$_{19}$N$_3$O$_3$S, Formel X.
B. Aus [2]Pyridylamin und 2′-Benzoylamino-biphenyl-4-sulfonylchlorid (*Mamalis*, *Petrow*, Soc. **1950** 703, 705).
Kristalle (aus 2-Äthoxy-äthanol); F: 223° [unkorr.].

4-Amino-3-hydroxy-benzolsulfonsäure-[2]pyridylamid C$_{11}$H$_{11}$N$_3$O$_3$S, Formel XI
(X = OH, X′ = NH$_2$).
B. Beim Erhitzen von 2-Oxo-2,3-dihydro-benzoxazol-6-sulfonsäure-[2]pyridylamid mit wss. NaOH (*Am. Cyanamid Co.*, U.S.P. 2333445 [1941]).
Kristalle (aus A.); F: ca. 257°.

4-Amino-3-thiocyanato-benzolsulfonsäure-[2]pyridylamid C$_{12}$H$_{10}$N$_4$O$_2$S$_2$, Formel XI
(X = SCN, X′ = NH$_2$).
B. Beim Behandeln von Sulfapyridin (S. 3978) mit Ammoniumthiocyanat und Brom in Essigsäure (*Bellavita*, Ric. scient. **13** [1942] 328).
Kristalle (aus A.); F: 180—181°.

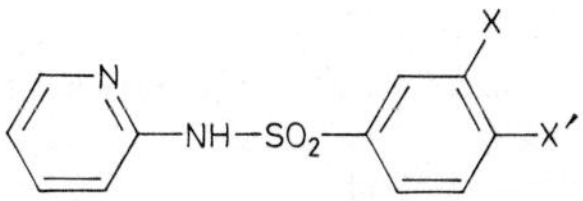

XI 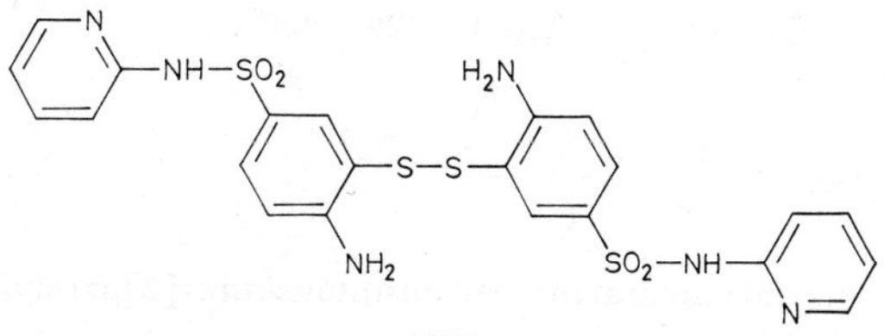   XII

Bis-[2-amino-5-[2]pyridylsulfamoyl-phenyl]-disulfid, 4,4′-Diamino-3,3′-disulfandiyl-bis-benzolsulfonsäure-bis-[2]pyridylamid C$_{22}$H$_{20}$N$_6$O$_4$S$_4$, Formel XII.
B. Neben 2-Amino-benzothiazol-6-sulfonsäure-[2]pyridylamid beim Erwärmen der vorangehenden Verbindung mit äthanol. KOH (*Bellavita*, Ric. scient. **13** [1942] 328).
Kristalle; Zers. bei 240—243°.

3-Amino-4-hydroxy-benzolsulfonsäure-[2]pyridylamid C$_{11}$H$_{11}$N$_3$O$_3$S, Formel XI
(X = NH$_2$, X′ = OH).
B. Beim Behandeln von 4-Hydroxy-3-nitro-benzolsulfonsäure-[2]pyridylamid mit Na$_2$S$_2$O$_4$ in wss. NaOH (*Kermack*, *Tebrich*, Soc. **1940** 202, 204).
Kristalle (aus Na$_2$S$_2$O$_4$ enthaltendem H$_2$O); F: 211°.

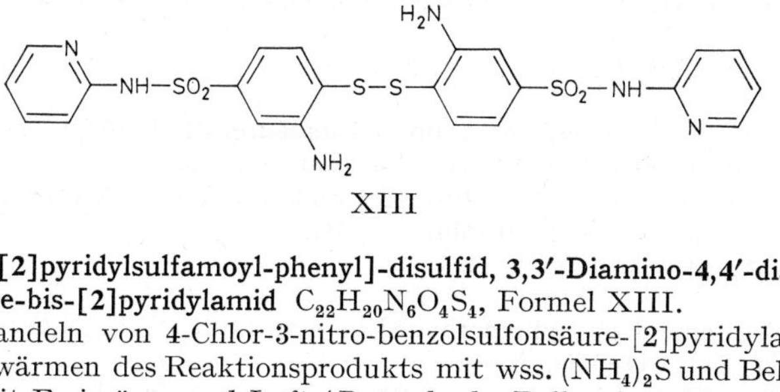

XIII

Bis-[2-amino-4-[2]pyridylsulfamoyl-phenyl]-disulfid, 3,3′-Diamino-4,4′-disulfandiyl-bis-benzolsulfonsäure-bis-[2]pyridylamid C$_{22}$H$_{20}$N$_6$O$_4$S$_4$, Formel XIII.
B. Beim Behandeln von 4-Chlor-3-nitro-benzolsulfonsäure-[2]pyridylamid mit KHS in Methanol, Erwärmen des Reaktionsprodukts mit wss. (NH$_4$)$_2$S und Behandeln der Reaktionslösung mit Essigsäure und Luft (*Pappalardo*, Boll. scient. Fac. Chim. ind. Univ.

Bologna **17** [1959] 23, 26).

Gelbe Kristalle (aus A.); F: 218,5—219°.

4-Hydrazino-benzolsulfonsäure-[2]pyridylamid $C_{11}H_{12}N_4O_2S$, Formel I (R = H).

B. Beim Behandeln einer aus Sulfapyridin (S. 3978) bereiteten wss. Diazoniumchlorid-Lösung mit Zink und Essigsäure (*Amorosa*, Ann. Chimica farm. **1940** (Mai) 54, 62) oder mit SnCl₂ in wss. HCl (*Amorosa*, Farmaco **3** [1948] 389, 391).

Gelbliche Kristalle (aus A.); F: 190° [Zers.].

4-[*N'*-Phenyl-hydrazino]-benzolsulfonsäure-[2]pyridylamid, Hydrazobenzol-4-sulfonsäure-[2]pyridylamid $C_{17}H_{16}N_4O_2S$, Formel I (R = C_6H_5).

B. Aus 4-Phenylazo-benzolsulfonsäure-[2]pyridylamid beim Erwärmen mit Eisen und wss.-äthanol. HCl oder beim Hydrieren an Raney-Nickel in siedendem Äthanol (*Pearl*, J. org. Chem. **10** [1945] 205, 209).

Kristalle (aus A.); F: 204—205° [unkorr.].

4-Methylenhydrazino-benzolsulfonsäure-[2]pyridylamid $C_{12}H_{12}N_4O_2S$, Formel II (R = CH₂).

B. Beim Behandeln von 4-Hydrazino-benzolsulfonsäure-[2]pyridylamid mit Formalde=hyd in wss. NaOH (*Amorosa*, Farmaco **3** [1948] 389, 391).

Orangerote Kristalle (aus A.); F: 202—203° [bei schnellem Erhitzen].

4-Isopropylidenhydrazino-benzolsulfonsäure-[2]pyridylamid $C_{14}H_{16}N_4O_2S$, Formel II (R = C(CH₃)₂).

B. Aus 4-Hydrazino-benzolsulfonsäure-[2]pyridylamid und Aceton in Essigsäure (*Amorosa*, Ann. Chimica farm. **1940** (Mai) 54, 63).

Kristalle (aus wss. A.); F: 229—230°.

*4-Benzylidenhydrazino-benzolsulfonsäure-[2]pyridylamid $C_{18}H_{16}N_4O_2S$, Formel II (R = CH-C₆H₅).

B. Beim Erwärmen von 4-Hydrazino-benzolsulfonsäure-[2]pyridylamid mit Benz=aldehyd in Äthanol (*Amorosa*, Ann. Chimica farm. **1940** (Mai) 54, 63).

Gelbliche Kristalle (aus A.); F: 243—244°.

4-Semicarbazido-benzolsulfonsäure-[2]pyridylamid, 1-[4-[2]Pyridylsulfamoyl-phenyl]-semicarbazid $C_{12}H_{13}N_5O_3S$, Formel I (R = CO-NH₂).

B. Beim Behandeln von 4-Hydrazino-benzolsulfonsäure-[2]pyridylamid mit Kalium=cyanat in wss. HCl (*Amorosa*, Farmaco **3** [1948] 389, 391).

Kristalle (aus H₂O); F: 241—243° [Zers. bei schnellem Erhitzen].

4-Thiosemicarbazido-benzolsulfonsäure-[2]pyridylamid, 1-[4-[2]Pyridylsulfamoyl-phenyl]-thiosemicarbazid $C_{12}H_{13}N_5O_2S_2$, Formel I (R = CS-NH₂).

B. Beim Erwärmen von 4-Hydrazino-benzolsulfonsäure-[2]pyridylamid mit Am=moniumthiocyanat in Äthanol (*Takeda et al.*, Yokohama med. Bl. **3** [1952] 160, 161; C. A. **1953** 9287).

Gelbliche Kristalle (aus Py. + A.); F: 230° [Zers.].

3-[4-[2]Pyridylsulfamoyl-phenylhydrazono]-buttersäure-äthylester $C_{17}H_{20}N_4O_4S$,

Formel II (R = C(CH₃)-CH₂-CO-O-C₂H₅), und Tautomeres.

B. Aus 4-Hydrazino-benzolsulfonsäure-[2]pyridylamid und Acetessigsäure-äthylester (*Amorosa*, Ann. Chimica farm. **1940** (Mai) 54, 64).

Kristalle (aus A.); F: 187° [Zers.].

*4-[4-[2]Pyridylsulfamoyl-phenylhydrazono]-valeriansäure $C_{16}H_{18}N_4O_4S$, Formel II (R = C(CH₃)-CH₂-CH₂-CO-OH).

B. Aus 4-Hydrazino-benzolsulfonsäure-[2]pyridylamid und Lävulinsäure (*Amorosa*,

Ann. Chimica farm. **1940** (Mai) 54, 64).
Kristalle (aus A.); F: 209—210° [Zers.].

N,N'-Bis-[4-[2]pyridylsulfamoyl-phenyl]-hydrazin, 4,4'-Hydrazo-bis-benzolsulfonsäure-bis-[2]pyridylamid $C_{22}H_{20}N_6O_4S_2$, Formel III.

B. Beim Behandeln von Azobenzol-4,4'-disulfonsäure-bis-[2]pyridylamid mit $Na_2S_2O_4$ in wss. KOH (*Wallace & Tiernan Prod.*, U.S.P. 2426313 [1941]).
F: 239—240° [Zers.].

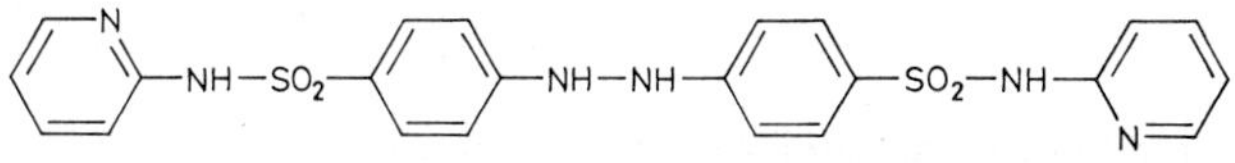

III

*4-[5-Nitro-furfurylidenhydrazino]-benzolsulfonsäure-[2]pyridylamid, 5-Nitro-furfural-[4-[2]pyridylsulfamoyl-phenylhydrazon] $C_{16}H_{13}N_5O_5S$, Formel IV.

B. Beim Erwärmen von 5-Nitro-furfural mit 4-Hydrazino-benzolsulfonsäure-[2]pyridyl=amid und Natriumacetat in wss. Essigsäure (*Amorosa, Davalli*, Farmaco Ed. scient. **11** [1946] 21, 25).
Kristalle (aus Nitrobenzol); F: 246—249° [Zers.].

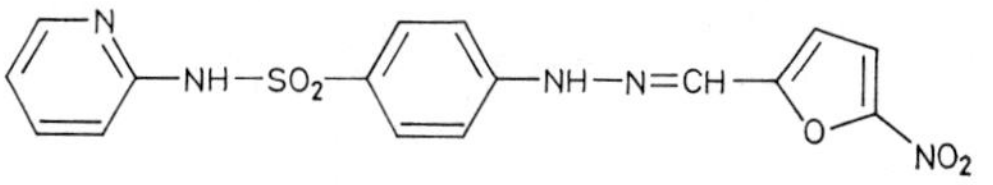

IV

*4-[2-Methyl-indol-3-ylidenhydrazino]-benzolsulfonsäure-[2]pyridylamid, 2-Methyl-indol-3-on-[4-[2]pyridylsulfamoyl-phenylhydrazon] $C_{20}H_{17}N_5O_2S$, Formel VI, und Tautomeres (4-[2-Methyl-indol-3-ylazo]-benzolsulfonsäure-[2]pyridylamid).

B. Beim Behandeln einer aus Sulfapyridin (S. 3978) bereiteten wss. Diazoniumchlorid-Lösung mit 2-Methyl-indol und Natriumacetat in Äthanol (*Willstaedt, Borggård*, Arch. Biochem. **14** [1947] 193).
Kristalle (aus wss. A.); F: 142° [Zers.].

*4-Phenylazo-benzolsulfonsäure-[2]pyridylamid, Azobenzol-4-sulfonsäure-[2]pyridylamid $C_{17}H_{14}N_4O_2S$, Formel VI (X = X' = X'' = H).

B. Beim Erwärmen von [2]Pyridylamin mit 4-Phenylazo-benzolsulfonylchlorid in Pyridin (*Pearl*, J. org. Chem. **10** [1945] 205, 208) oder in $CHCl_3$ (*Desai, Mehta*, Indian J. Pharm. **13** [1951] 211).
Gelbe Kristalle (aus A.); F: 250° (*De., Me.*); orangefarbene Kristalle (aus 2-Methoxy-äthanol); F: 239—240° [unkorr.] (*Pe.*).

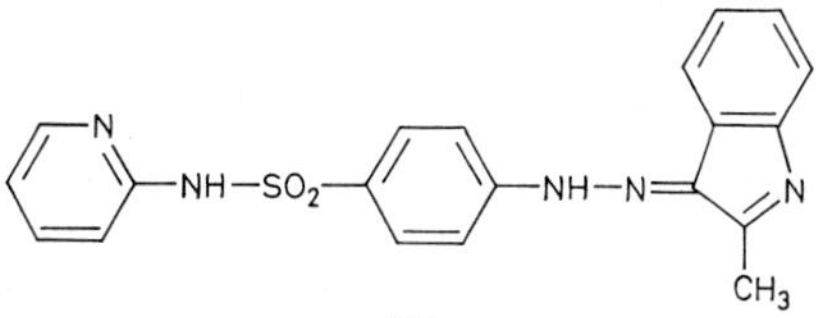

V 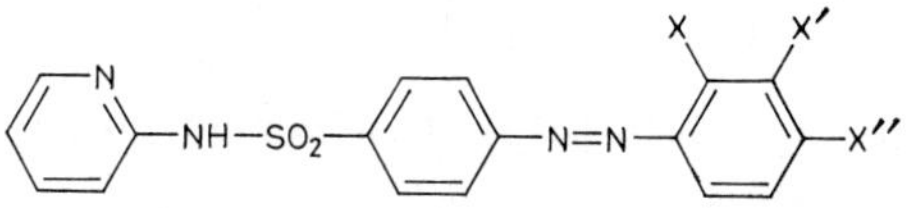   VI

*4-[3-Chlor-4-hydroxy-phenylazo]-benzolsulfonsäure-[2]pyridylamid $C_{17}H_{13}ClN_4O_3S$, Formel VI (X = H, X' = Cl, X'' = OH).

B. Beim Behandeln einer aus Sulfapyridin (S. 3978) bereiteten wss. Diazoniumchlorid-Lösung mit 2-Chlor-phenol in wss. NaOH (*Ingle et al.*, J. Univ. Bombay **17**, Tl. 5A [1949] 72, 75).
Gelbe Kristalle (aus A.); F: 210—212° [Zers.].

*4-[4-Hydroxy-3-jod-phenylazo]-benzolsulfonsäure-[2]pyridylamid $C_{17}H_{13}IN_4O_3S$, Formel VI (X = H, X' = I, X'' = OH).

B. Beim Behandeln einer aus Sulfapyridin (S. 3978) bereiteten wss. Diazoniumchlorid-

Lösung mit 2-Jod-phenol in wss. NaOH (*Ingle et al.*, J. Univ. Bombay **17**, Tl. 5A [1949] 72, 75).
Gelbe Kristalle (aus Acn.); F: 245°.

*4-[2-Hydroxy-[1]naphthylazo]-benzolsulfonsäure-[2]pyridylamid $C_{21}H_{16}N_4O_3S$, Formel VII (X = OH).
B. Beim Behandeln einer aus Sulfapyridin (S. 3978) bereiteten wss. Diazoniumchlorid-Lösung mit [2]Naphthol in wss. NaOH (*Amorosa*, Ann. Chimica farm. **1940** (Mai) 54, 61).
Rote Kristalle (aus Toluol oder Xylol); F: 240—242°.

*4-[4-Hydroxy-3-methyl-[1]naphthylazo]-benzolsulfonsäure-[2]pyridylamid $C_{22}H_{18}N_4O_3S$, Formel VIII (X = OH).
B. Aus Sulfapyridin (S. 3978) und 2-Methyl-[1]naphthol (*Ju-Hwa Chu*, Am. Soc. **67** [1945] 811).
Orangerote Kristalle (aus Acn.); F: 224° [Zers.].

*4-[4-Acetoxy-3-methyl-[1]naphthylazo]-benzolsulfonsäure-[2]pyridylamid $C_{24}H_{20}N_4O_4S$, Formel VIII (X = O-CO-CH_3).
B. Beim Erhitzen der vorangehenden Verbindung mit Acetanhydrid und Pyridin (*Ju-Hwa Chu*, Am. Soc. **67** [1945] 811).
Orangegelbe Kristalle (aus Acn.); F: 203,5°.

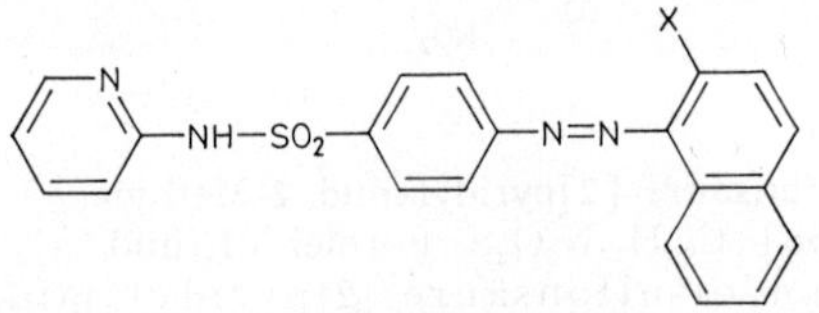

VII 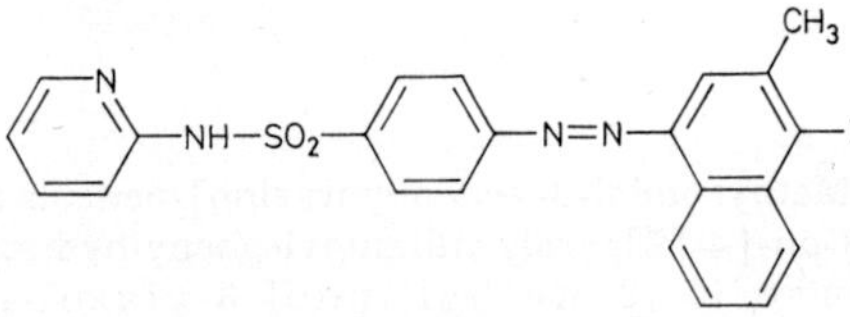　　　　　　　　　　　　　　　　VIII

*4-[2(?)-Äthoxy-4(?)-hydroxy-phenylazo]-benzolsulfonsäure-[2]pyridylamid $C_{19}H_{18}N_4O_4S$, vermutlich Formel VI (X = O-C_2H_5, X = H, X'' = OH).
B. Beim Behandeln einer aus Sulfapyridin (S. 3978) bereiteten wss. Diazoniumchlorid-Lösung mit 3-Äthoxy-phenol in wss. NaOH (*Ingle et al.*, J. Univ. Bombay **17**, Tl. 5A [1949] 72, 75).
Kristalle (aus Me.); F: 187°.

*4-[4-Acetoxy-1-hydroxy-3-methyl-[2]naphthylazo]-benzolsulfonsäure-[2]pyridylamid $C_{24}H_{20}N_4O_5S$, Formel IX.
B. Beim Behandeln einer aus Sulfapyridin (S. 3978) bereiteten wss. Diazoniumchlorid-Lösung mit 4-Acetoxy-3-methyl-[1]naphthol in Essigsäure (*Willstaedt*, Svensk kem. Tidskr. **56** [1944] 267, 272).
Kristalle (aus A.); F: 262°.

*2-Hydroxy-5-[4-[2]pyridylsulfamoyl-phenylazo]-benzoesäure, Salazosulfapyridin $C_{18}H_{14}N_4O_5S$, Formel X (R = R' = H).
B. Beim Behandeln einer aus Sulfapyridin (S. 3978) bereiteten wss. Diazoniumchlorid-Lösung mit Salicylsäure in wss. NaOH (*Korkuczański*, Przem. chem. **37** [1958] 162; C. A. **1958** 13727) oder in wss. KOH-K_2CO_3 (*A. B. Pharmacia*, D.B.P. 950555 [1941]; U.S.P. 2396145 [1942]).
Braun; F: 240—246° [Zers.] (*A. B. Pharmacia*), 230—232° [Zers.] (*Ko.*). Absorptions-spektrum (A.; 220—460 nm): *Ko.*

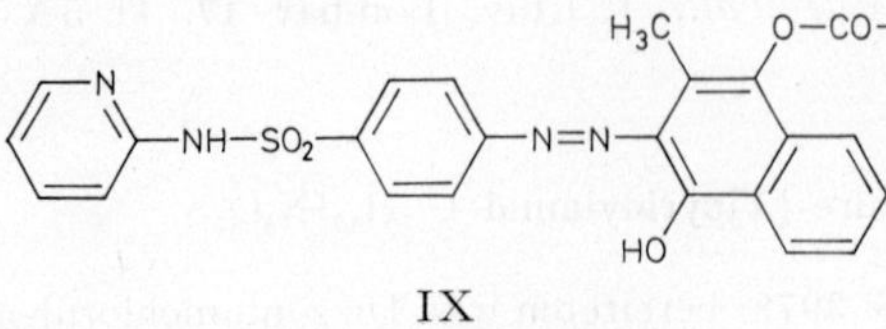

IX 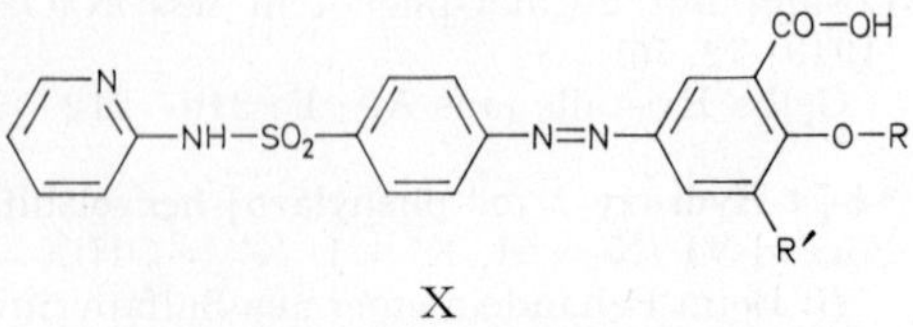　　　　　　　　　　　　　　　　X

*2-Acetoxy-5-[4-[2]pyridylsulfamoyl-phenylazo]-benzoesäure $C_{20}H_{16}N_4O_6S$, Formel X
(R = CO-CH$_3$, R' = H).

B. Aus der Diazonium-Verbindung des Sulfapyridins (S. 3978) und 2-Acetoxy-benzoe=
säure (*Monche*, An. Soc. españ. [B] **44** [1948] 606).

Gelbe stabile Modifikation und rote instabile Modifikation; F: 244—245° [Zers.] (*Mo.*,
l. c. S. 607).

Hydrochlorid. Gelbe Kristalle (aus H$_2$O); F: 160—162° (*Mo.*, l. c. S. 615).

*2-Hydroxy-3-methyl-5-[4-[2]pyridylsulfamoyl-phenylazo]-benzoesäure $C_{19}H_{16}N_4O_5S$,
Formel X (R = H, R' = CH$_3$).

B. Beim Behandeln einer aus Sulfapyridin (S. 3978) bereiteten wss. Diazoniumchlorid-
Lösung mit 2-Hydroxy-3-methyl-benzoesäure in wss. KOH-K$_2$CO$_3$ (*A. B. Pharmacia*,
U.S.P. 2396145 [1942]).

Orangegelb; F: 125°.

***Bis-[4-[2]pyridylsulfamoyl-phenyl]-diazen, Azobenzol-4,4'-disulfonsäure-bis-[2]pyridyl=
amid** $C_{22}H_{18}N_6O_4S_2$, Formel XI.

B. Beim Erwärmen von [2]Pyridylamin mit Azobenzol-4,4'-disulfonylchlorid in Benzol
(*Wallace & Tiernan Prod.*, U.S.P. 2426313 [1941]; s. a. *Huang-Minlon et al.*, J. Chin.
chem. Soc. **9** [1942] 57).

Orangefarbene Kristalle, F: 274—276° (*Hu.-Mi. et al.*); orangefarbene Kristalle (aus
H$_2$O mit 2 Mol H$_2$O, F: 237—238° [Zers.] (*Wallace & Tiernan Prod.*).

XI

*4-[2,4-Diamino-phenylazo]-benzolsulfonsäure-[2]pyridylamid $C_{17}H_{16}N_6O_2S$, Formel VI
(X = X'' = NH$_2$, X' = H) auf S. 4007.

B. Aus der aus Sulfapyridin (S. 3978) bereiteten Diazonium-Verbindung und *m*-Phen=
ylendiamin (*Goldyrew, Poštowškiǐ*, Ž. prikl. Chim. **11** [1938] 316, 324; C. **1939** I 4935;
Amorosa, Ann. Chimica farm. **1940** (Mai) 54, 60).

Rote Kristalle (aus Xylol); F: 213—214° (*Am.*).

*4-[2-Amino-[1]naphthylazo]-benzolsulfonsäure-[2]pyridylamid $C_{21}H_{17}N_5O_2S$,
Formel VII (X = NH$_2$).

B. Aus der aus Sulfapyridin (S. 3978) bereiteten Diazonium-Verbindung und
[2]Naphthylamin (*Amorosa*, Ann. Chimica farm. **1940** (Mai) 54, 60).

Dunkelrote Kristalle (aus A.); F: 236—238°.

*4-[4-Amino-3-methyl-[1]naphthylazo]-benzolsulfonsäure-[2]pyridylamid $C_{22}H_{19}N_5O_2S$,
Formel VIII (X = NH$_2$).

B. Aus der aus Sulfapyridin (S. 3978) bereiteten Diazonium-Verbindung und 2-Methyl-
[1]naphthylamin (*Willstaedt*, Svensk kem. Tidskr. **54** [1942] 223, 230; *Ju-Hwa Chu*, Am.
Soc. **67** [1945] 811).

Rote Kristalle; F: 239° [Zers.] (*Wi.*), 230° [Zers.; aus Acn.] (*Ju-Hwa Chu*).

***4-[4-Acetylamino-3-methyl-[1]naphthylazo]-benzolsulfonsäure-[2]pyridylamid,
N-[2-Methyl-4-(4-[2]pyridylsulfamoyl-phenylazo)-[1]naphthyl]-acetamid** $C_{24}H_{21}N_5O_3S$,
Formel VIII (X = NH-CO-CH$_3$).

B. Beim Erhitzen der vorangehenden Verbindung mit Acetanhydrid und wenig Pyridin
(*Ju-Hwa Chu*, Am. Soc. **67** [1945] 811).

Orangefarbene Kristalle (aus Acn.); F: 149—150°.

*4-[2-Amino-5-sulfanilyl-phenylazo]-benzolsulfonsäure-[2]pyridylamid $C_{23}H_{20}N_6O_4S_2$,
Formel XII.

B. Beim Behandeln der aus Sulfapyridin (S. 3978) bereiteten Diazonium-Verbindung
in Aceton mit Bis-[4-amino-phenyl]-sulfon in wss. HCl und Essigsäure (*Sah, Oneto*, R. **69**

[1950] 1435, 1437).

Orangefarbene Kristalle; F: 85—95° [Zers.].

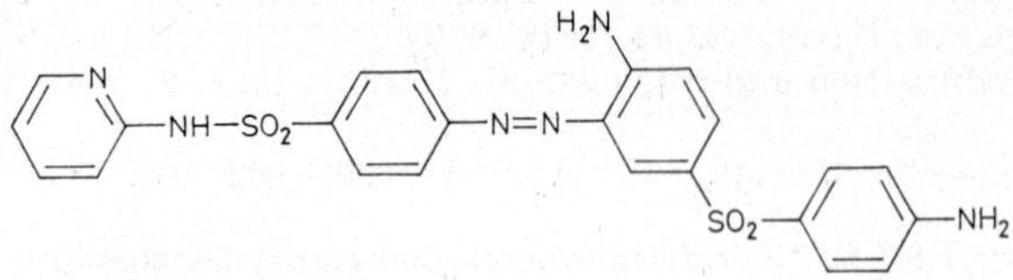

XII

*4-Amino-3-[4-[2]pyridylsulfamoyl-phenylazo]-benzoesäure $C_{18}H_{15}N_5O_4S$, Formel I (X = H).

B. Beim Behandeln einer aus Sulfapyridin (S. 3978) bereiteten wss. Diazoniumchlorid-Lösung mit 4-Amino-benzoesäure in wss. NaOH (*Musante, Fabbrini*, Sperimentale Sez. Chim. biol. **3** [1952] 33, 44).

Hellgelb; F: 138—140° [Zers.].

*4-Amino-2-hydroxy-5(?)-[4-[2]pyridylsulfamoyl-phenylazo]-benzoesäure $C_{18}H_{15}N_5O_5S$, vermutlich Formel I (X = OH).

B. Beim Behandeln einer aus Sulfapyridin (S. 3978) bereiteten wss. Diazoniumchlorid-Lösung mit 4-Amino-2-hydroxy-benzoesäure in wss. NaOH (*Musante, Fabbrini*, Sperimentale Sez. Chim. biol. **3** [1952] 33, 39).

Braun; Zers. bei ca. 190°.

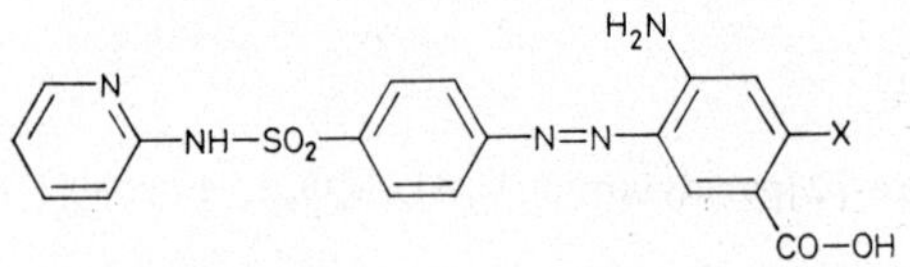

I 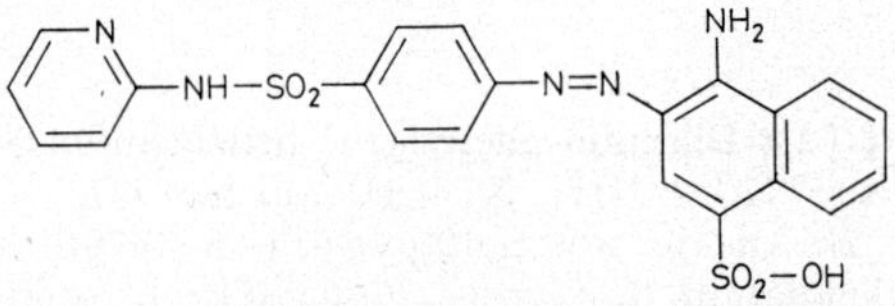   II

*4-Amino-3-[4-[2]pyridylsulfamoyl-phenylazo]-naphthalin-1-sulfonsäure $C_{21}H_{17}N_5O_5S_2$, Formel II.

B. Aus der aus Sulfapyridin (S. 3978) bereiteten Diazonium-Verbindung und 4-Amino-naphthalin-1-sulfonsäure (*Hiyama*, J. pharm. Soc. Japan **72** [1952] 1374, 1376).

Violette Kristalle (aus Äthylenglykol); F: 242—244°.

*6-Acetylamino-4-hydroxy-3-[4-[2]pyridylsulfamoyl-phenylazo]-naphthalin-2,7-disulfonsäure $C_{23}H_{19}N_5O_{10}S_3$, Formel III (X = H, X' = NH-CO-CH$_3$).

Natrium-Salz. *B.* Beim Behandeln einer aus Sulfapyridin (S. 3978) bereiteten wss. Diazoniumchlorid-Lösung mit 3-Acetylamino-5-hydroxy-naphthalin-2,7-disulfonsäure in wss. NaOH-Na$_2$CO$_3$ (*I. G. Farbenind.*, D.R.P. 745365 [1940]; D.R.P. Org. Chem. 3 921). — Rote Kristalle (aus wss. NaCl).

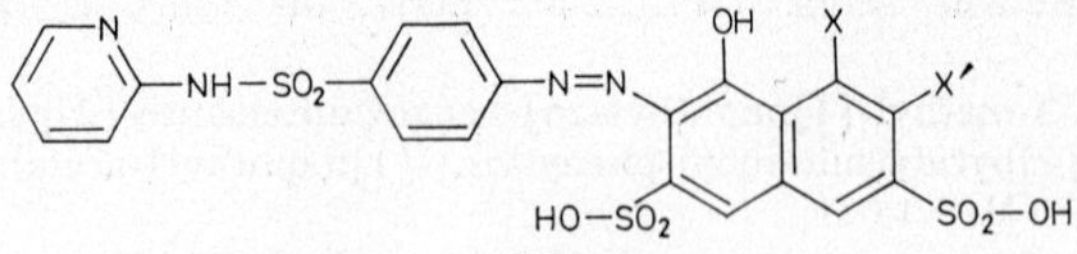

III

*5-Amino-4-hydroxy-3-[4-[2]pyridylsulfamoyl-phenylazo]-naphthalin-2,7-disulfonsäure $C_{21}H_{17}N_5O_9S_3$, Formel III (X = NH$_2$, X' = H).

B. Aus der aus Sulfapyridin (S. 3978) bereiteten Diazonium-Verbindung und 4-Amino-5-hydroxy-naphthalin-2,7-disulfonsäure (*Hiyama*, J. pharm. Soc. Japan **72** [1952] 1374, 1377).

Rotes Pulver (aus A.).

*Bis-[4-[2]pyridylsulfamoyl-phenyl]-diazen-*N*-oxid(?), Azoxybenzol-4,4'-disulfonsäure-bis-[2]pyridylamid(?) $C_{22}H_{18}N_6O_5S_2$, vermutlich Formel IV.

B. Beim Erwärmen von Sulfapyridin [S. 3978] (*Carrara, Monzini,* Chimica e Ind. **23** [1941] 391) oder von Azobenzol-4,4'-disulfonsäure-bis-[2]pyridylamid (*Wallace & Tiernan Prod.,* U.S.P. 2426313 [1941]) mit wss. H_2O_2 in Essigsäure.

Braune Kristalle; F: 280—285° [Zers.; aus Eg.] (*Ca., Mo.*); Zers. bei 247° (*Wallace & Tiernan Prod.*).

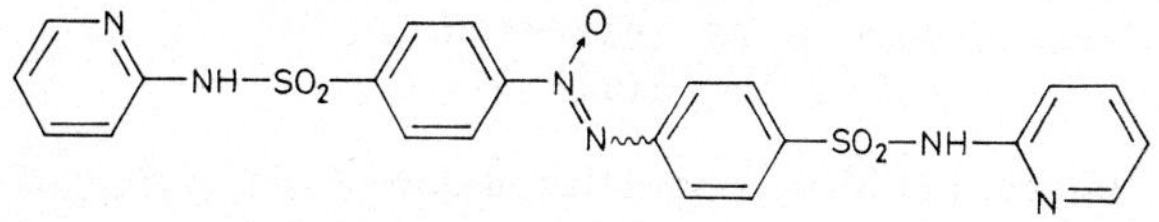

IV

*4-Amino-3-[4-(4-nitro-benzolsulfonyl)-phenylazo]-benzolsulfonsäure-[2]pyridylamid, 6-Amino-4'-[4-nitro-benzolsulfonyl]-azobenzol-3-sulfonsäure-[2]pyridylamid $C_{23}H_{18}N_6O_6S_2$, Formel V.

B. Aus Sulfapyridin (S. 3978) und der aus 4-[4-Nitro-benzolsulfonyl]-anilin bereiteten Diazonium-Verbindung (*Shedek, Gorinschteïn,* Ž. prikl. Chim. **25** [1952] 449; engl. Ausg. S. 497, 498).

Gelb; F: 163—165°.

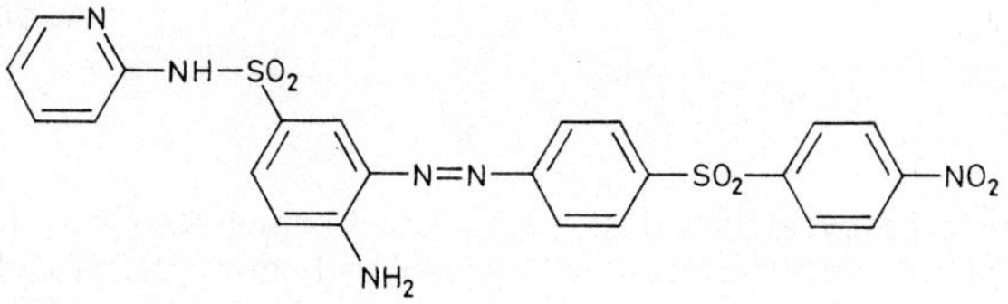

V

*Bis-[4-(2-amino-5-[2]pyridylsulfamoyl-phenylazo)-phenyl]-sulfon $C_{34}H_{28}N_{10}O_6S_3$, Formel VI.

B. Beim Behandeln einer aus Bis-[4-amino-phenyl]-sulfon bereiteten wss. Bis-diazoniumchlorid-Lösung mit Sulfapyridin (S. 3978) in wss. NaOH (*Sah, Oneto,* R. **69** [1950] 1435, 1438).

Gelb; Zers. bei 195—220°.

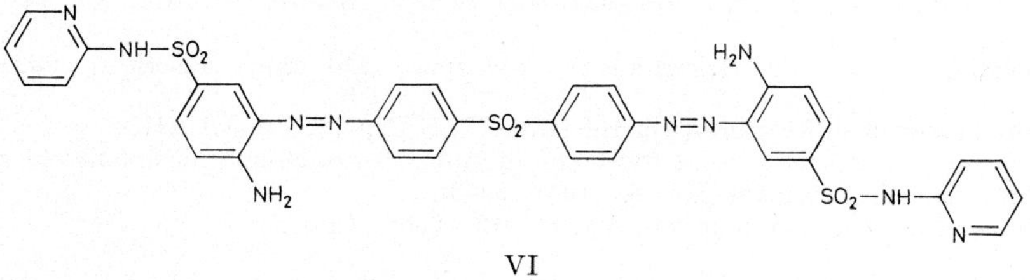

VI

[4-[2]Pyridylsulfamoyl-phenyl]-arsonsäure $C_{11}H_{11}AsN_2O_5S$, Formel VII.

B. Beim Behandeln von Sulfapyridin (S. 3978) in Äthanol mit H_2SO_4, $AsCl_3$ und wss. $NaNO_2$ und Erwärmen des Reaktionsgemisches mit CuBr (*Doak et al.,* Am. Soc. **62** [1940] 3012).

Kristalle.

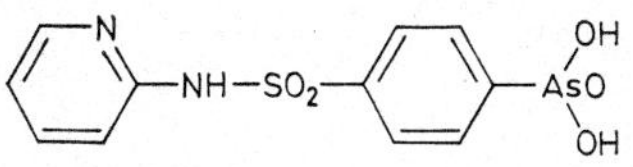

VII 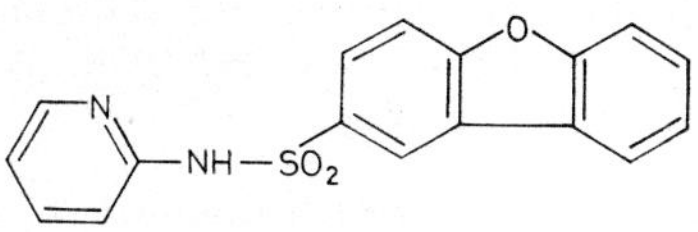   VIII

Dibenzofuran-2-sulfonsäure-[2]pyridylamid $C_{17}H_{12}N_2O_3S$, Formel VIII.

B. Beim Behandeln von [2]Pyridylamin mit Dibenzofuran-2-sulfonylchlorid in Pyridin (*Bieber*, J. Am. pharm. Assoc. **42** [1953] 665).
Kristalle (aus wss. A.); F: 242—243° [unkorr.].

5-Acetylamino-thiophen-2-sulfonsäure-[2]pyridylamid, *N*-[5-[2]Pyridylsulfamoyl-[2]thienyl]-acetamid $C_{11}H_{11}N_3O_3S_2$, Formel IX (R = CH_3).

B. Beim Behandeln von [2]Pyridylamin mit 5-Acetylamino-thiophen-2-sulfonyl≠chlorid in Äther (*Scheibler, Falk*, B. **87** [1954] 1186).
Kristalle (aus Acn. + A.); F: 243,5—245,5° [Zers.].

N-[5-[2]Pyridylsulfamoyl-[2]thienyl]-phthalamidsäure $C_{17}H_{13}N_3O_5S_2$, Formel IX (R = C_6H_4-CO-OH(*o*)).

B. Beim Behandeln von [2]Pyridylamid mit 5-Phthalimido-thiophen-2-sulfonylchlorid in Aceton (*Cymerman-Craig et al.*, Soc. **1956** 4114, 4116).
Kristalle (aus Bzl.); F: 231°.

Pyridin-2-sulfonsäure-[2]pyridylamid $C_{10}H_9N_3O_2S$, Formel X.

B. Aus Pyridin-2-sulfonylchlorid und [2]Pyridylamin in wenig H_2O (*Talik, Płażek*, Acta Polon. pharm. **12** [1955] 5,8; C. A. **1957** 17911).
Kristalle (aus H_2O); F: 165—166° [Zers.].

IX   X   XI

Pyridin-3-sulfonsäure-[2]pyridylamid $C_{10}H_9N_3O_2S$, Formel XI (X = H).

B. Beim Erwärmen von Pyridin-3-sulfonylchlorid mit [2]Pyridylamin in Pyridin (*McIlwain*, Nature **146** [1940] 653; *Zechanowitsch et al.*, Ž. obšč. Chim. **25** [1955] 1162, 1166; engl. Ausg. S. 1115, 1119).
Kristalle; F: 185° [aus A.] (*McI.*), 184° [aus wss. A.] (*Ze. et al.*, l. c. S. 1166). Schein≠barer Dissoziationsexponent pK'_a (wss. A. [96%ig]; potentiometrisch ermittelt): 8,45 (*Ze. et al.*, l. c. S. 1164).

6-Chlor-pyridin-3-sulfonsäure-[2]pyridylamid $C_{10}H_8ClN_3O_2S$, Formel XI (X = Cl).

B. Aus [2]Pyridylamin und 6-Chlor-pyridin-3-sulfonylchlorid ohne Lösungsmittel (*Tchitchibabine, Vialatout*, Bl. [5] **6** [1939] 736, 738) oder beim Erwärmen in Aceton (*Naegeli et al.*, Helv. **22** [1939] 912, 923) oder Benzol (*Adams et al.*, Am. Soc. **71** [1949] 387, 389).
Kristalle; F: 237—239° [korr.; aus A.] (*Ad. et al.*), 235—236° [aus H_2O] (*Na. et al.*).

5-Nitro-chinolin-8-sulfonsäure-[2]pyridylamid $C_{14}H_{10}N_4O_4S$, Formel XII.

B. Beim Behandeln von [2]Pyridylamin mit 5-Nitro-chinolin-8-sulfonylchlorid in Pyridin (*Urist, Jenkins*, Am. Soc. **63** [1941] 2943).
Grünlichgelbe Kristalle (aus wss. A.); F: 249—250° [Zers.].

6-Hydroxy-pyridin-3-sulfonsäure-[2]pyridylamid $C_{10}H_9N_3O_3S$, Formel XI (X = OH), und Tautomeres (6-Oxo-1,6-dihydro-pyridin-3-sulfonsäure-[2]pyridylamid).

B. Beim Erhitzen von 6-Chlor-pyridin-3-sulfonsäure-[2]pyridylamid mit wss. NaOH (*Naegeli et al.*, Helv. **25** [1942] 1485, 1495).
Kristalle (aus H_2O); F: 268—269°.

6-Äthoxy-pyridin-3-sulfonsäure-[2]pyridylamid $C_{12}H_{13}N_3O_3S$, Formel XI (X = O-C_2H_5).

B. Beim Erwärmen von 6-Chlor-pyridin-3-sulfonsäure-[2]pyridylamid mit Natrium≠äthylat in Äthanol (*Naegeli et al.*, Helv. **22** [1939] 912, 924).
Kristalle (aus wss. A.); F: 180°.

2-Phenyl-6-[2]pyridylsulfamoyl-chinolin-4-carbonsäure $C_{21}H_{15}N_3O_4S$, Formel XIII.

B. Beim Erwärmen von Sulfanilsäure-[2]pyridylamid mit Brenztraubensäure und

Benzaldehyd in Äthanol (*Ciusa*, G. **72** [1942] 567, 570).
Kristalle; F: 157°.

XII   XIII   XIV

N-[1-Oxy-pyridyl]-toluol-4-sulfonamid $C_{12}H_{12}N_2O_3S$, Formel XIV (R = CH$_3$).
B. Beim Behandeln einer Lösung von Toluol-4-sulfonsäure-[2]pyridylamid in Amei≈
sensäure mit wss. H$_2$O$_2$ (*Childress, Scudi*, J. org. Chem. **23** [1958] 67).
Kristalle; F: 145,5—146,5° [korr.].

Sulfanilsäure-[1-oxy-[2]pyridylamid] $C_{11}H_{11}N_3O_3S$, Formel XIV (R = NH$_2$).
B. Beim Behandeln von 1-Oxy-[2]pyridylamin mit N-Acetyl-sulfanilylchlorid in
Pyridin und Erhitzen des Reaktionsprodukts mit wss. NaOH (*Bobrański, Pomorski*,
Bl. Acad. polon. Ser. chim. **7** [1959] 203). Aus N-Acetyl-sulfanilsäure-[1-oxy-[2]pyridyl≈
amid] beim Erwärmen mit HCl (*Bo., Po.*) oder beim Erhitzen mit wss. NaOH
(*Childress, Scudi*, J. org. Chem. **23** [1958] 67).
Kristalle; F: 188,5—189,5° [korr.] (*Ch., Sc.*), 186° [aus H$_2$O] (*Bo., Po.*). Scheinbarer
Dissoziationsexponent pK$'_a$ (H$_2$O?): 5,2 (*Ch., Sc.*). In 100 ml H$_2$O lösen sich bei 37°
0,105 g (*Bo., Po.*); in 100 ml wss. Lösung vom pH 4 lösen sich bei 26° 0,12 g (*Ch., Sc.*).

**N-Acetyl-sulfanilsäure-[1-oxy-[2]pyridylamid], Essigsäure-[4-(1-oxy-[2]pyridylsulf≈
amoyl)-anilid]** $C_{13}H_{13}N_3O_4S$, Formel XIV (R = NH-CO-CH$_3$).
B. Beim Behandeln von 1-Oxy-[2]pyridylamin mit N-Acetyl-sulfanilylchlorid in
Pyridin und Erwärmen des Reaktionsprodukts mit Na$_2$CO$_3$ in wss. Aceton (*Bobrański,
Pomorski*, Bl. Acad. polon. Ser. chim. **7** [1959] 203). Neben N-[N-Acetyl-sulfanilyl]-
N-[2]pyridyl-hydroxylamin beim Behandeln einer Lösung von N-Acetyl-sulfanilsäure-
[2]pyridylamid in Ameisensäure mit wss. H$_2$O$_2$ (*Childress, Scudi*, J. org. Chem. **23**
[1958] 67).
Kristalle; F: 220—221° [korr.; aus wss. A.] (*Ch., Sc.*), 218° (*Bo., Po.*).

Sulfanilsäure-[methyl-[2]pyridyl-amid] $C_{12}H_{13}N_3O_2S$, Formel I (R = CH$_3$, X = NH$_2$).
In dem von *May & Baker Ltd.* (D.R.P. 737796 [1938]; D.R.P. Org. Chem. **3** 905;
U.S.P. 2275354 [1938]) unter dieser Konstitution beschriebenen Präparat (Kristalle
[aus A.]; F: 225°) hat vermutlich Sulfanilsäure-[1-methyl-1H-[2]pyridylidenamid]
(E III/IV **21** 3353) vorgelegen (*Shepherd et al.*, Am. Soc. **64** [1942] 2532; *Kelly, Short*,
Soc. **1945** 242).
B. Neben Sulfanilsäure-[1-methyl-1H-[2]pyridylidenamid] beim Behandeln von
Sulfapyridin (S. 3978) mit Diazomethan in Äther (*Sh. et al.*, l. c. S. 2535). Beim Behan≈
deln von N-Acetyl-sulfanilsäure-[2]pyridylamid mit Diazomethan in Äther unter Zu≈
satz von wenig Methanol und Erwärmen des Reaktionsprodukts mit äthanol. NaOH
(*Angyal, Warburton*, Austral. J. scient. Res. [A] **4** [1951] 93, 105).
Kristalle; F: 86,5—87° [aus Me.] (*Sh. et al.*, l. c. S. 2535), 83° [aus wss. Me.] (*An.,
Wa.*). UV-Spektrum (A. sowie wss.-äthanol. HCl; 220—310 nm): *An., Wa.*, l. c. S. 102,
103. In 100 ml H$_2$O lösen sich bei 37° 136 mg (*Sh. et al.*, l. c. S. 2535).

N,N-Dimethyl-sulfanilsäure-[methyl-[2]pyridyl-amid] $C_{14}H_{17}N_3O_2S$, Formel I (R = CH$_3$,
X = N(CH$_3$)$_2$).
Die Konstitution der nachstehend beschriebenen Verbindung ist nicht gesichert (vgl.
Shepherd et al., Am. Soc. **64** [1942] 2532; *Kelly, Short*, Soc. **1945** 242).
B. Beim Behandeln von N,N-Dimethyl-sulfanilsäure-[2]pyridylamid mit Dimethyl≈
sulfat und wss. NaOH (*May & Baker Ltd.*, D.R.P. 737796 [1938]; D.R.P. Org. Chem. **3**
905; U.S.P. 2275354 [1938]).
Kristalle (aus wss. Eg.); F: 155° (*May & Baker Ltd.*).

N-Acetyl-sulfanilsäure-[methyl-[2]pyridyl-amid], Essigsäure-[4-(methyl-[2]pyridyl-sulfamoyl)-anilid] $C_{14}H_{15}N_3O_3S$, Formel I (R = CH_3, X = NH-CO-CH_3).
In dem von *May & Baker Ltd.* (D.R.P. 737796 [1938]; D.R.P. Org. Chem. **3** 905; U.S.P. 2275354 [1938]) unter dieser Konstitution beschriebenen Präparat (Kristalle [aus wss. Eg.]; F: 231°) hat vermutlich *N*-Acetyl-sulfanilsäure-[1-methyl-1*H*-[2]pyrid-ylidenamid] (E III/IV **21** 3353) vorgelegen (*Shepherd et al.*, Am. Soc. **64** [1942] 2532).
B. Neben *N*-Acetyl-sulfanilsäure-[1-methyl-1*H*-[2]pyridylidenamid] beim Behandeln von *N*-Acetyl-sulfanilsäure-[2]pyridylamid mit Diazomethan in Äther (*Sh. et al.*, l. c. S. 2535).
Kristalle (aus Me.); F: 119,5—120° [korr.] (*Sh. et al.*, l. c. S. 2535). UV-Spektrum (A.; 240—300 nm): *Sh. et al.*, l. c. S. 2533.

Sulfanilsäure-[propyl-[2]pyridyl-amid] $C_{14}H_{17}N_3O_2S$, Formel I (R = CH_2-CH_2-CH_3, X = NH_2).
B. Beim Behandeln von Propyl-[2]pyridyl-amin mit *N*-Acetyl-sulfanilylchlorid in Pyridin und Erwärmen des Reaktionsprodukts mit wss.-äthanol. NaOH (*Spring, Young*, Soc. **1944** 248).
Kristalle (aus wss. Me.); F: 108°.

Sulfanilsäure-[pentyl-[2]pyridyl-amid] $C_{16}H_{21}N_3O_2S$, Formel I (R = CH_2-$[CH_2]_3$-CH_3, X = NH_2).
B. Beim Erwärmen von *N*-Acetyl-sulfanilsäure-[pentyl-[2]pyridyl-amid] mit wss.-äthanol. NaOH (*Spring, Young*, Soc. **1944** 248).
Kristalle (aus A.); F: 74—75°.

I   II

N-Acetyl-sulfanilsäure-[pentyl-[2]pyridyl-amid], Essigsäure-[4-(pentyl-[2]pyridyl-sulfamoyl)-anilid] $C_{18}H_{23}N_3O_3S$, Formel I (R = CH_2-$[CH_2]_3$-CH_3, X = NH-CO-CH_3).
B. Beim Behandeln von Pentyl-[2]pyridyl-amin mit *N*-Acetyl-sulfanilylchlorid in Pyridin (*Spring, Young*, Soc. **1944** 248).
Kristalle (aus wss. Eg.); F: 83°.

Sulfanilsäure-[hexadecyl-[2]pyridyl-amid] $C_{27}H_{43}N_3O_2S$, Formel I (R = CH_2-$[CH_2]_{14}$-CH_3, X = NH_2).
B. Beim Erwärmen von *N*-Acetyl-sulfanilsäure-[hexadecyl-[2]pyridyl-amid] mit wss.-äthanol. NaOH (*Spring, Young*, Soc. **1944** 248).
Kristalle (aus wss. A.); F: 77°.

N-Acetyl-sulfanilsäure-[hexadecyl-[2]pyridyl-amid], Essigsäure-[4-(hexadecyl-[2]pyridyl-sulfamoyl)-anilid] $C_{29}H_{45}N_3O_3S$, Formel I (R = CH_2-$[CH_2]_{14}$-CH_3, X = NH-CO-CH_3).
B. Beim Behandeln von Hexadecyl-[2]pyridyl-amin mit *N*-Acetyl-sulfanilylchlorid in Pyridin (*Spring, Young*, Soc. **1944** 248).
Kristalle (aus PAe.); F: 88°.

Sulfanilsäure-[octadecyl-[2]pyridyl-amid] $C_{29}H_{47}N_3O_2S$, Formel I (R = CH_2-$[CH_2]_{16}$-CH_3, X = NH_2).
B. Beim Behandeln von Octadecyl-[2]pyridyl-amin mit *N*-Acetyl-sulfanilylchlorid in Pyridin und Erwärmen des Reaktionsprodukts mit wss.-äthanol. NaOH (*Spring, Young*, Soc. **1944** 248).
Kristalle (aus wss. A.); F: 70—71°.

Sulfanilsäure-[(3,7-dimethyl-octa-2*t*,6-dienyl)-[2]pyridyl-amid], Sulfanilsäure-[geranyl-[2]pyridyl-amid] $C_{21}H_{27}N_3O_2S$, Formel I (R = CH_2-CH≙C(CH_3)-CH_2-CH_2-CH=C(CH_3)$_2$, X = NH_2).
B. Beim Behandeln von Geranyl-[2]pyridyl-amin mit *N*-Acetyl-sulfanilylchlorid in

Pyridin und Erwärmen des Reaktionsprodukts mit wss.-äthanol. KOH (*Spring, Young*, Soc. **1944** 248).
Kristalle (aus A.); F: 75—76°.

Sulfanilsäure-[benzyl-[2]pyridyl-amid] $C_{18}H_{17}N_3O_2S$, Formel I (R = CH_2-C_6H_5, X = NH_2).
B. Beim Erwärmen von *N*-Acetyl-sulfanilsäure-[benzyl-[2]pyridyl-amid] mit wss.-äthanol. NaOH (*Kelly, Short*, Soc. **1945** 242).
Kristalle (aus A.); F: 134—135°.

***N*-Acetyl-sulfanilsäure-[benzyl-[2]pyridyl-amid], Essigsäure-[4-(benzyl-[2]pyridyl-sulfamoyl)-anilid]** $C_{20}H_{19}N_3O_3S$, Formel I (R = CH_2-C_6H_5, X = NH-CO-CH_3).
B. Beim Erwärmen von Benzyl-[2]pyridyl-amin mit *N*-Acetyl-sulfanilylchlorid in Pyridin (*Kelly, Short*, Soc. **1945** 242).
Kristalle (aus Me.); F: 186—187°.

Acetyl-[*N*-acetyl-sulfanilyl]-[2]pyridyl-amin, *N*-Acetyl-sulfanilsäure-[acetyl-[2]pyridyl-amid], *N,N'*-Diacetyl-sulfapyridin $C_{15}H_{15}N_3O_4S$, Formel I (R = CO-CH_3, X = NH-CO-CH_3).
Konstitution: *Melegari et al.*, Farmaco Ed. scient. **31** [1976] 183, 185.
B. Aus Sulfapyridin (S. 3978) beim Erhitzen mit Acetanhydrid (*Ratish et al.*, J. biol. Chem. **128** [1939] 279) oder beim Behandeln mit Acetylchlorid und Pyridin (*Rajagopalan*, Pr. Indian Acad. [A] **18** [1943] 108, 110).
Kristalle; F: 218° [aus A.] (*Ra. et al.*), 194° [aus Acn.] (*Ra.*).

Butyryl-[*N*-butyryl-sulfanilyl]-[2]pyridyl-amin, *N*-Butyryl-sulfanilsäure-[butyryl-[2]pyridyl-amid], *N,N'*-Dibutyryl-sulfapyridin $C_{19}H_{23}N_3O_4S$, Formel I (R = CO-$[CH_2]_2$-CH_3, X = NH-CO-$[CH_2]_2$-CH_3).
B. Beim Behandeln von Sulfapyridin (S. 3978) mit Butyrylchlorid und Pyridin (*Rajagopalan*, Pr. Indian Acad. [A] **18** [1943] 108, 110).
Kristalle (aus Acn.); F: 163°.

Hexanoyl-[*N*-hexanoyl-sulfanilyl]-[2]pyridyl-amin, *N*-Hexanoyl-sulfanilsäure-[hexanoyl-[2]pyridyl-amid], *N,N'*-Dihexanoyl-sulfapyridin $C_{23}H_{31}N_3O_4S$, Formel I (R = CO-$[CH_2]_4$-CH_3, X = NH-CO-$[CH_2]_4$-CH_3).
B. Beim Behandeln von Sulfapyridin (S. 3978) mit Hexanoylchlorid und Pyridin (*Rajagopalan*, Pr. Indian Acad. [A] **18** [1943] 108, 110).
Kristalle (aus Acn.); F: 155—157°.

Octanoyl-[*N*-octanoyl-sulfanilyl]-[2]pyridyl-amin, *N*-Octanoyl-sulfanilsäure-[octanoyl-[2]pyridyl-amid], *N,N'*-Dioctanoyl-sulfapyridin $C_{27}H_{39}N_3O_4S$, Formel I (R = CO-$[CH_2]_6$-CH_3, X = NH-CO-$[CH_2]_6$-CH_3).
B. Beim Behandeln von Sulfapyridin (S. 3978) mit Octanoylchlorid und Pyridin (*Rajagopalan*, Pr. Indian Acad. [A] **18** [1943] 108, 110).
Kristalle (aus Acn.); F: 135°.

Cyclohexancarbonyl-[*N*-cyclohexancarbonyl-sulfanilyl]-[2]pyridyl-amin, *N*-Cyclohexancarbonyl-sulfanilsäure-[cyclohexancarbonyl-[2]pyridyl-amid], *N,N'*-Bis-cyclohexancarbonyl-sulfapyridin $C_{25}H_{31}N_3O_4S$, Formel II.
B. Beim Behandeln von Sulfapyridin (S. 3978) mit Cyclohexancarbonylchlorid und Pyridin (*Rajagopalan*, Pr. Indian Acad. [A] **18** [1943] 108, 110).
Kristalle (aus Acn.); F: 193—195°.

Benzolsulfonyl-benzoyl-[2]pyridyl-amin, *N*-Benzolsulfonyl-*N*-[2]pyridyl-benzamid $C_{18}H_{14}N_2O_3S$, Formel I (R = CO-C_6H_5, X = H).
B. Beim Erwärmen des Kalium-Salzes des Benzolsulfonsäure-[2]pyridylamids mit Benzoylchlorid in Benzol (*Oxley, Short*, Soc. **1947** 382, 387).
Kristalle (aus Bzl.); F: 175—176°.

Benzoyl-[N-benzoyl-sulfanilyl]-[2]pyridyl-amin, N-Benzoyl-sulfanilsäure-[benzoyl-[2]pyridyl-amid], N,N'-Dibenzoyl-sulfapyridin $C_{25}H_{19}N_3O_4S$, Formel III (X = H).

B. Beim Behandeln von Sulfapyridin (S. 3978) mit Benzoylchlorid und Pyridin (*Rajagopalan*, Pr. Indian Acad. [A] **18** [1943] 108, 110).

Kristalle (aus Acn.); F: 217°.

[4-Nitro-benzoyl]-[N-(4-nitro-benzoyl)-sulfanilyl]-[2]pyridyl-amin, N-[4-Nitro-benzoyl]-sulfanilsäure-[(4-nitro-benzoyl)-[2]pyridyl-amid] $C_{25}H_{17}N_5O_8S$, Formel III (X = NO₂).

Korrektur: Formel III (X = NO_2).

B. Beim Behandeln von Sulfapyridin (S. 3978) mit 4-Nitro-benzoylchlorid und Pyridin *Rajagopalan*, Pr. Indian Acad. [A] **19** [1944] 343, 345).

Kristalle (aus Acn.); F: 232—234° [Zers.].

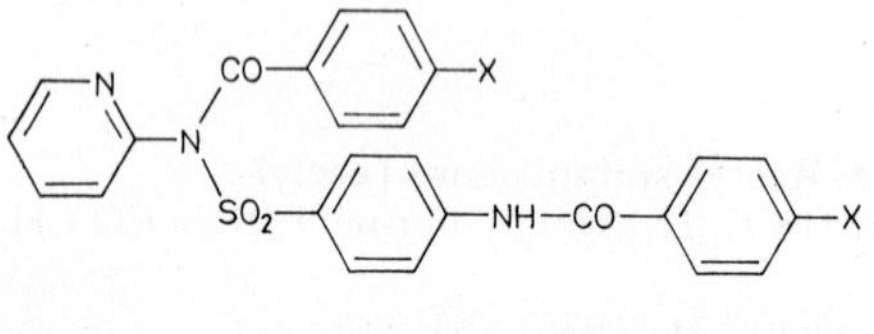

III 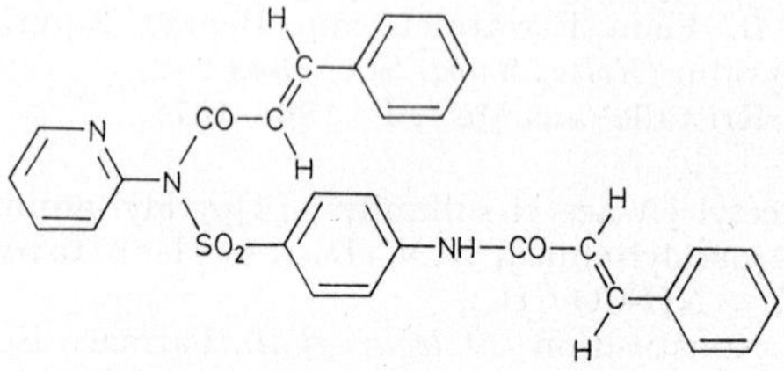   IV

trans-Cinnamoyl-[N-trans-cinnamoyl-sulfanilyl]-[2]pyridyl-amin, N-trans-Cinnamoyl-sulfanilsäure-[trans-cinnamoyl-[2]pyridyl-amid], N,N'-Di-trans-cinnamoyl-sulfapyridin $C_{29}H_{23}N_3O_4S$, Formel IV.

B. Beim Behandeln von Sulfapyridin (S. 3978) mit *trans*-Cinnamoylchlorid und Pyridin (*Rajagopalan*, Pr. Indian Acad. [A] **18** [1943] 108, 110).

Kristalle (aus Acn.); F: 196—198°.

[N-Äthoxycarbonyl-sulfanilyl]-[2]pyridyl-carbamidsäure-äthylester, N-Äthoxycarbonyl-sulfanilsäure-[äthoxycarbonyl-[2]pyridyl-amid], N,N'-Bis-äthoxycarbonyl-sulfapyridin $C_{17}H_{19}N_3O_6S$, Formel I (R = CO-O-C_2H_5, X = NH-CO-O-C_2H_5) auf S. 4014.

B. Neben [4-[2]Pyridylsulfamoyl-phenyl]-carbamidsäure-äthylester beim Erwärmen von Sulfapyridin (S. 3978) mit Chlorokohlensäure-äthylester und Pyridin (*Raffa*, Farmaco **3** [1948] 29, 34).

Kristalle (aus Me.); F: 150°.

Sulfanilsäure-[(2-cyan-äthyl)-[2]pyridyl-amid] $C_{14}H_{14}N_4O_2S$, Formel I (R = CH_2-CH_2-CN, X = NH_2) auf S. 4014.

B. Aus Sulfapyridin (S. 3978) und Acrylnitril mit Hilfe von Tri-*N*-methyl-anilinium-hydroxid (*Kretow*, *Romasanowitsch*, Ž. obšč. Chim. **28** [1958] 1059, 1061; engl. Ausg. S. 1029, 1030).

F: 165°.

Bis-[6-chlor-pyridin-3-sulfonyl]-[2]pyridyl-amin $C_{15}H_{10}Cl_2N_4O_4S_2$, Formel V.

Für die nachstehend beschriebene Verbindung ist auch die Formulierung als 1-[6-Chlor-pyridin-3-sulfonyl]-2-[6-chlor-pyridin-3-sulfonylimino]-1,2-dihydro-pyridin (Formel VI) in Betracht zu ziehen (s. dazu *Dorn, Hilgetag*, B. **97** [1964] 695).

B. Neben 6-Chlor-pyridin-3-sulfonsäure-[2]pyridylamid (Hauptprodukt) beim Erwärmen von [2]Pyridylamin mit 6-Chlor-pyridin-3-sulfonylchlorid in Aceton (*Naegeli et al.*, Helv. **22** [1939] 912, 923).

Kristalle (aus wss. Acn.); F: 197—199° [nach Sintern] (*Na. et al.*).

[2]Pyridyl-amidoschwefelsäure $C_5H_6N_2O_3S$, Formel VII (X = OH).

B. Beim Behandeln einer Lösung von [2]Pyridylamin in 1,2-Dichlor-äthan mit SO_3 (*Hurd, Kharasch*, Am. Soc. **68** [1946] 653, 656).

Zers. bei 216—218° [unkorr.].

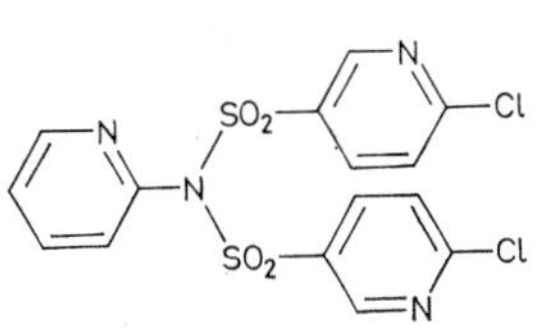

V 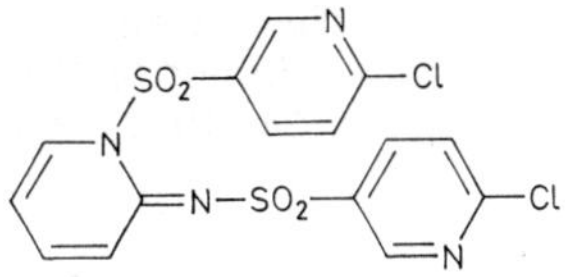   VI 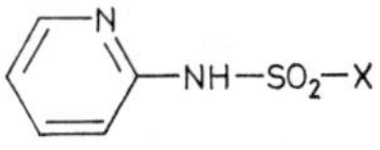   VII

***N,N*-Dimethyl-*N'*-[2]pyridyl-sulfamid** $C_7H_{11}N_3O_2S$, Formel VII (X = $N(CH_3)_2$).
B. Beim Behandeln von [2]Pyridylamin in Benzol oder Äther mit Dimethylsulfamoyl=
chlorid (*Wheeler, Degering*, Am. Soc. **66** [1944] 1242).
Kristalle (aus wss. A.); F: 130,7—131,2° [korr.].

Tri-*P*-phenyl-*N*-[2]pyridyl-phosphinimid, Triphenyl-[2]pyridylimino-phosphoran
$C_{23}H_{19}N_2P$, Formel VIII.
B. Beim Erwärmen von [2]Pyridylamin mit Dibrom-triphenyl-phosphoran und Tri=
äthylamin in Benzol (*Horner, Oediger*, A. **627** [1959] 142, 157).
Kristalle (aus A.); F: 142—143°.

[4-Nitro-phenyl]-phosphonsäure-methylester-[2]pyridylamid $C_{12}H_{12}N_3O_4P$, Formel IX
(R = CH_3, X = NO_2).
B. Beim Behandeln von [4-Nitro-phenyl]-phosphonsäure-monomethylester mit Di=
cyclohexylcarbodiimid in THF und Erwärmen der Reaktionslösung mit [2]Pyridyl=
amin (*Burger, Anderson*, Am. Soc. **79** [1957] 3575, 3577).
Kristalle (aus Butanon + Diisopropyläther); F: 113—115° [korr.]. Scheinbarer Dis=
soziationsexponent pK_a' (H_2O; potentiometrisch ermittelt): 10,2.

[4-Nitro-phenyl]-phosphonsäure-äthylester-[2]pyridylamid $C_{13}H_{14}N_3O_4P$, Formel IX
(R = C_2H_5, X = NO_2).
B. Beim Behandeln von [4-Nitro-phenyl]-phosphonsäure-monoäthylester mit Dicyclo=
hexylcarbodiimid in THF und Erwärmen der Reaktionslösung mit [2]Pyridylamin (*Bur=
ger, Anderson*, Am. Soc. **79** [1957] 3575, 3577).
Kristalle (aus Butanon + Diisopropyläther); F: 92—94°. Scheinbarer Dissoziationsexponent pK_a' (H_2O; potentiometrisch ermittelt): 10,4.

[4-Amino-phenyl]-phosphonsäure-methylester-[2]pyridylamid $C_{12}H_{14}N_3O_2P$, Formel IX
(R = CH_3, X = NH_2).
B. Bei der Hydrierung von [4-Nitro-phenyl]-phosphonsäure-methylester-[2]pyridyl=
amid an Raney-Nickel in Methanol (*Burger, Anderson*, Am. Soc. **79** [1957] 3575, 3578).
Kristalle (aus Butanon); F: 162—164° [korr.]. Scheinbarer Dissoziationsexponent pK_a'
(H_2O; potentiometrisch ermittelt): 10,4.

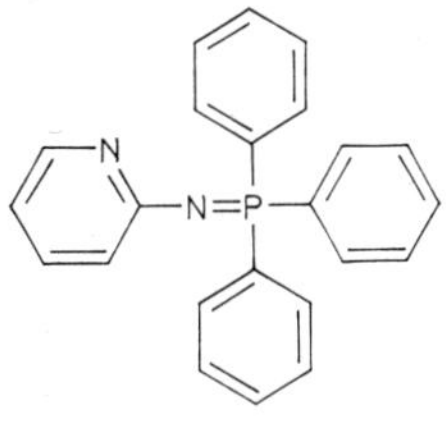

VIII 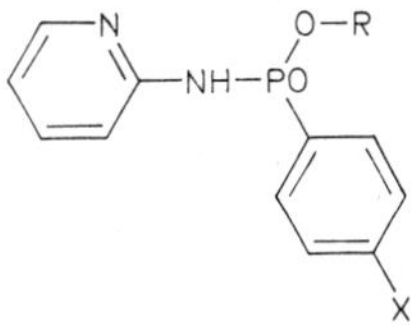   IX 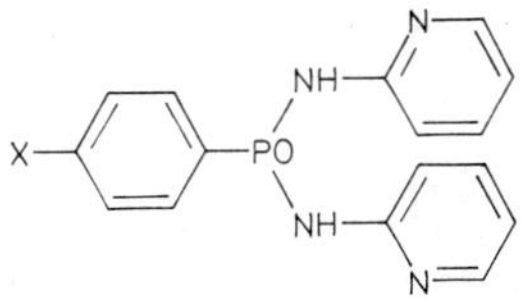   X

[4-Amino-phenyl]-phosphonsäure-äthylester-[2]pyridylamid $C_{13}H_{16}N_3O_2P$, Formel IX
(R = C_2H_5, X = NH_2).
B. Bei der Hydrierung von [4-Nitro-phenyl]-phosphonsäure-äthylester-[2]pyridyl=
amid an Raney-Nickel in Methanol (*Burger, Anderson*, Am. Soc. **79** [1957] 3575, 3578).
Kristalle (aus Butanon); F: 167—169° [korr.]. Scheinbarer Dissoziationsexponent pK_a'
(H_2O; potentiometrisch ermittelt): 10,5.

[4-Nitro-phenyl]-phosphonsäure-bis-[2]pyridylamid $C_{16}H_{14}N_5O_3P$, Formel X (X = NO$_2$).
B. Beim Behandeln von [2]Pyridylamin mit [4-Nitro-phenyl]-phosphonsäure-dichlorid in Dioxan (*Doak, Freedman*, Am. Soc. **76** [1954] 1621).
Kristalle (aus Me.); F: 200—202°.

[4-Amino-phenyl]-phosphonsäure-bis-[2]pyridylamid $C_{16}H_{16}N_5OP$, Formel X (X = NH$_2$).
B. Bei der Hydrierung von [4-Nitro-phenyl]-phosphonsäure-bis-[2]pyridylamid an Raney-Nickel in Methanol (*Doak, Freedman*, Am. Soc. **76** [1954] 1621).
Kristalle; F: 209—210°.

[2]Pyridyl-amidothiophosphorsäure-*O,O'*-bis-[3-dimethylamino-phenylester] $C_{21}H_{25}N_4O_2PS$, Formel XI.
B. Beim Behandeln von 3-Dimethylamino-phenol mit PSCl$_3$ und Triäthylamin in Benzol und Erwärmen des Reaktionsprodukts mit [2]Pyridylamin (*Fitch*, U.S.P. 2759961 [1952]).
Kristalle (aus E.); F: 130—131°.
Dihydrochlorid. Kristalle (aus Isopropylalkohol + Ae.); F: ca. 90° [nach Erweichen bei ca. 70°].
Bis-methojodid. Kristalle (aus Me. + Isopropylalkohol) mit 2 Mol H$_2$O; F: 158° bis 161° [Zers.].

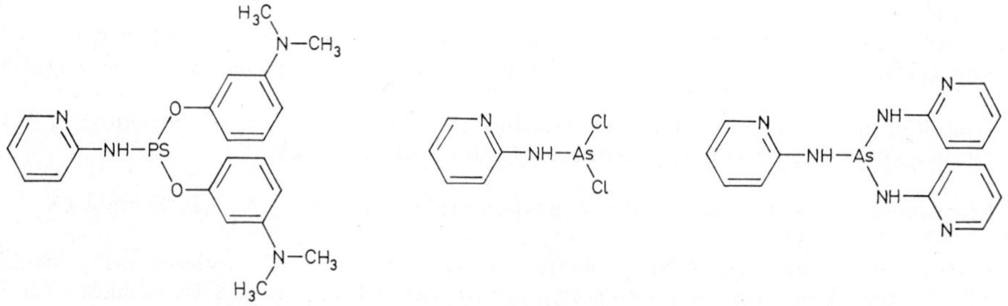

XI   XII   XIII

Dichlor-[2]pyridylamino-arsin, Arsenigsäure-dichlorid-[2]pyridylamid, [2]Pyridyl-amidoarsenigsäure-dichlorid $C_5H_5AsCl_2N_2$, Formel XII.
Hydrochlorid $C_5H_5AsCl_2N_2 \cdot HCl$. *B.* Beim Behandeln von [2]Pyridylamin in wss. HCl mit AsCl$_3$ (*Ishikawa*, J. chem. Soc. Japan **62** [1941] 1178, 1181; C. A. **1947** 5512). — Kristalle (aus Me. oder A.); F: 132—133°.

Tris-[2]pyridylamino-arsin, Arsenigsäure-tris-[2]pyridylamid $C_{15}H_{15}AsN_6$, Formel XIII.
Verbindung mit Kupfer(II)-chlorid und Chlorwasserstoff $C_{15}H_{15}AsN_6 \cdot CuCl_2 \cdot 3$ HCl. *B.* Neben anderen Verbindungen beim Erwärmen von [2]Pyridylamin mit NaNO$_2$ und wss. HCl unter Zusatz von AsCl$_3$ und CuCl$_2$ (*Ishikawa*, J. chem. Soc. Japan **62** [1941] 1178, 1180; C. A. **1947** 5512). — Orangerote Kristalle (aus [blauer] wss. Lösung); F: 155—156°.   [*Möhle*]

3-Chlor-[2]pyridylamin $C_5H_5ClN_2$, Formel I.
B. Beim Erhitzen (36h) von 2,3-Dichlor-pyridin mit wss. NH$_3$ [D: 0,9] auf 190° (*den Hertog et al.*, R. **69** [1950] 673, 690). Bei der Hydrierung von 4-Brom-3-chlor-[2]pyridyl=amin an Palladium/Kohle in äthanol. NaOH bei 20°/1,1 at (*d. He. et al.*, l. c. S. 695).
Kristalle (aus PAe.); F: 61,5—62° (*d. He. et al.*, l. c. S. 690).
Picrat. F: 238—238,5° [korr.; aus A.].

4-Chlor-[2]pyridylamin $C_5H_5ClN_2$, Formel II (R = R' = H).
B. Beim Erwärmen von 4-Chlor-pyridin-2-carbonylazid mit wss. Essigsäure (*Graf*, B. **64** [1931] 21, 23). Neben 2-Chlor-[4]pyridylamin beim Erhitzen von 2,4-Dichlor-pyridin mit wss. NH$_3$ [D: 0,9] auf 170—180° (*Kolder, den Hertog*, R. **72** [1953] 285, 291; s. a. *den Hertog et al.*, R. **69** [1950] 673, 691).
Kristalle; F: 130—131° (*Graf*), 129—130° [korr.; aus wss. A.] (*d. He. et al.*).

Hydrojodid $C_5H_5ClN_2 \cdot HI$. Kristalle (aus H_2O) vom F: $206-207°$, die sich an der Luft gelb färben (*Graf*).

Picrat. Gelbe Kristalle (aus H_2O); F: $243-244°$ (*Graf*).

2-Acetylamino-4-chlor-pyridin, *N*-[4-Chlor-[2]pyridyl]-acetamid $C_7H_7ClN_2O$, Formel II ($R = CO\text{-}CH_3$, $R' = H$).

B. Beim Erhitzen von 4-Chlor-[2]pyridylamin mit Acetanhydrid (*Graf*, B. **64** [1931] 21, 24).

Kristalle (aus H_2O); F: $115-116°$.

2-Benzoylamino-4-chlor-pyridin, *N*-[4-Chlor-[2]pyridyl]-benzamid $C_{12}H_9ClN_2O$, Formel II ($R = CO\text{-}C_6H_5$, $R' = H$).

B. Beim längeren Erwärmen von *N*-[4-Chlor-[2]pyridyl]-dibenzamid mit Äthanol (*Graf*, B. **64** [1931] 21, 24).

Kristalle (aus A.); F: $120-121°$.

4-Chlor-2-dibenzoylamino-pyridin, *N*-[4-Chlor-[2]pyridyl]-dibenzamid $C_{19}H_{13}ClN_2O_2$, Formel II ($R = R' = CO\text{-}C_6H_5$).

B. Beim Behandeln von 4-Chlor-[2]pyridylamin mit Benzoylchlorid (Überschuss) und KOH (*Graf*, B. **64** [1931] 21, 23).

Kristalle (aus A.); F: $165-166°$.

[4-Chlor-[2]pyridyl]-carbamidsäure-äthylester $C_8H_9ClN_2O_2$, Formel II ($R = CO\text{-}O\text{-}C_2H_5$, $R' = H$).

B. Beim Erwärmen von 4-Chlor-pyridin-2-carbonylazid mit Äthanol (*Graf*, B. **64** [1931] 21, 23).

Kristalle (aus A.); F: $161°$.

I   II   III   IV

5-Chlor-[2]pyridylamin $C_5H_5ClN_2$, Formel III ($R = R' = H$) (E II 332).

B. Aus 5-Chlor-2-nitro-pyridin beim Erwärmen mit äthanol. NaHS oder mit $SnCl_2$ und wss.-äthanol. HCl (*Byštritzkaja, Kiršanow*, Ž. obšč. Chim. **10** [1940] 1101, 1103; C. A. **1941** 4023) sowie beim Behandeln mit $FeSO_4$ und wss. NH_3 (*Czuba, Plažek*, R. **77** [1958] 92, 96). Aus [2]Pyridylamin durch Chlorierung (*English et al.*, Am. Soc. **68** [1946] 453, 458; vgl. E II 332).

^{35}Cl-Kernquadrupolresonanz-Absorption bei $-196°$: *Bray et al.*, J. chem. Physics **28** [1958] 99, 100. UV-Spektrum (Heptan; 45000−31000 cm^{-1}): *Spiers, Wibaut*, R. **56** [1937] 537, 589. λ_{max} (A.): 243 nm und 310 nm (*Bogomolow et al.*, Izv. Akad. S.S.S.R. Ser. fiz. **23** [1959] 1199; engl. Ausg. S. 1199, 1200). Scheinbarer Dissoziationsexponent pK_a' der protonierten Verbindung (H_2O; potentiometrisch ermittelt): 4,83 (*Fastier, McDowall*, Austral. J. exp. Biol. med. Sci. **36** [1958] 491, 498).

Beim Erwärmen mit HNO_3 [D: 1,42] (1 Mol) und H_2SO_4 ist 5-Chlor-3-nitro-[2]pyr= idylamin, mit HNO_3 [D: 1,42] (2 Mol) und H_2SO_4 ist 5-Chlor-3-nitro-pyridin-2-ol erhalten worden (*Shibasaki*, J. pharm. Soc. Japan **72** [1952] 431; C. A. **1953** 6404).

Dichloro-bis-[5-chlor-[2]pyridylamin]-palladium(II) $[Pd(C_5H_5ClN_2)_2Cl_2]$. Gelbe Kristalle (*Rubinschtein*, Doklady Akad. S.S.S.R. **30** [1941] 223, 226; C. A. **1941** 7868).

trans-Dichloro-bis-[5-chlor-[2]pyridylamin]-platin(II) $[Pt(C_5H_5ClN_2)_2Cl_2]$. Hellgrün; elektrische Leitfähigkeit von Lösungen in Äthanol: *Rubinschtein*, C. r. Doklady **26** [1940] 372, 373; C. A. **1940** 5774.

2-Benzylamino-5-chlor-pyridin, Benzyl-[5-chlor-[2]pyridyl]-amin $C_{12}H_{11}ClN_2$, Formel III ($R = CH_2\text{-}C_6H_5$, $R' = H$).

B. Beim Erhitzen (16 h) von 5-Chlor-[2]pyridylamin mit Benzaldehyd und Ameisen=

säure (*Vaughan et al.*, J. org. Chem. **14** [1949] 228, 232; s. a. *Biel*, Am. Soc. **71** [1949] 1306, 1307, 1308).

Kristalle; F: 119—119,5° [aus Isopropylalkohol] (*Biel*), 114—115,2° [korr.; nach Erweichen bei 94°; aus PAe.] (*Va. et al.*).

[5-Chlor-[2]pyridyl]-bis-[2-hydroxy-äthyl]-amin $C_9H_{13}ClN_2O_2$, Formel III
(R = R' = CH_2-CH_2-OH).

B. Beim Erhitzen (8 h) von 2-Brom-5-chlor-pyridin mit Bis-[2-hydroxy-äthyl]-amin auf 170° (*Brown et al.*, Soc. **1957** 1544, 1546).

F: 23—25°.

Hydrochlorid $C_9H_{13}ClN_2O_2 \cdot HCl$. Kristalle (aus Isopropylalkohol); F: 143°.

[5-Chlor-[2]pyridyl]-[4-methoxy-benzyl]-amin $C_{13}H_{13}ClN_2O$, Formel III
(R = CH_2-C_6H_4-O-$CH_3(p)$, R' = H).

B. Aus 5-Chlor-[2]pyridylamin und 4-Methoxy-benzaldehyd mit Hilfe von Ameisen‍säure (*Biel*, Am. Soc. **71** [1949] 1306, 1307, 1308).

Kristalle (aus Isopropylalkohol); F: 158—159°.

(±)-2-[5-Chlor-[2]pyridylamino]-1-phenyl-äthanol $C_{13}H_{13}ClN_2O$, Formel III
(R = CH_2-CH(OH)-C_6H_5, R' = H).

B. Beim Behandeln von N-[5-Chlor-[2]pyridyl]-DL-mandelamid mit LiAlH₄ in 1,2-Dimethoxy-äthan (*Gray, Heitmeier*, Am. Soc. **81** [1959] 4347, 4349, 4350).

F: 102—103° [korr.] (*Gray, He.*). Scheinbarer Dissoziationsexponent pK_a' der protonier‍ten Verbindung (wss. DMF [60%ig]; potentiometrisch ermittelt) bei 25°: 3,70 (*Gray et al.*, Am. Soc. **81** [1959] 4351, 4352).

Hydrochlorid $C_{13}H_{13}ClN_2O \cdot HCl$. F: 177—178° [korr.; Zers.] (*Gray, He.*).

*2-Benzylidenamino-5-chlor-pyridin, Benzyliden-[5-chlor-[2]pyridyl]-amin, Benzaldehyd-[5-chlor-[2]pyridylimin] $C_{12}H_9ClN_2$, Formel IV (R = H).

B. Beim Erwärmen von 5-Chlor-[2]pyridylamin mit Benzaldehyd (*Senda*, J. pharm. Soc. Japan **71** [1951] 601; C. A. **1952** 984).

Kp₆: 175—178°.

*5-Chlor-2-salicylidenamino-pyridin, Salicylaldehyd-[5-chlor-[2]pyridylimin] $C_{12}H_9ClN_2O$, Formel IV (R = OH).

B. Beim Erwärmen von 5-Chlor-[2]pyridylamin mit Salicylaldehyd in Äthanol (*Sa‍witsch et al.*, Vestnik Moskovsk. Univ. **11** [1956] Nr. 1, S. 225, 226; C. A. **1959** 1334).

Gelbe Kristalle (aus Butan-1-ol); F: 121° (*Sa. et al.*, Vestnik Moskovsk. Univ. **11** Nr. 1, S. 226).

Uranyl(VI)-Salz $UO_2(C_{12}H_8ClN_2O)_2$. Rot (*Sawitsch et al.*, Ž. neorg. Chim. **1** [1956] 2736, 2737; engl. Ausg. **1** Nr. 12 S. 94, 96).

N,N'-Bis-[5-chlor-[2]pyridyl]-formamidin $C_{11}H_8Cl_2N_4$, Formel V.

B. Aus 5-Chlor-[2]pyridylamin und Orthoameisensäure-triäthylester (*Takahashi et al.*, J. pharm. Soc. Japan **64** [1944] Nr. 11, S. 55; C. A. **1951** 8350).

F: 195—196°.

2-Acetylamino-5-chlor-pyridin, N-[5-Chlor-[2]pyridyl]-acetamid $C_7H_7ClN_2O$, Formel III
(R = CO-CH_3, R' = H) (E II 333).

λ_{max} (A.): 245 nm und 285 nm (*Bogomolow et al.*, Izv. Akad. S.S.S.R. Ser. fiz. **23** [1959] 1199; engl. Ausg. S. 1199, 1200).

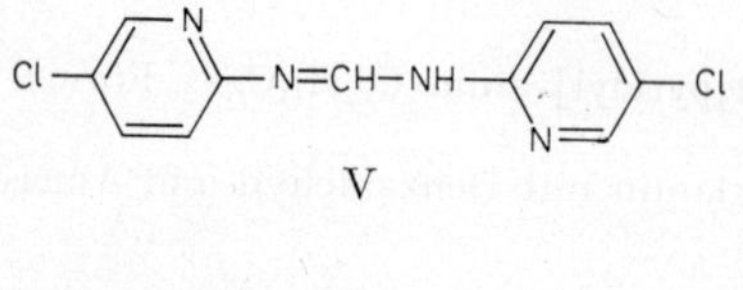

V

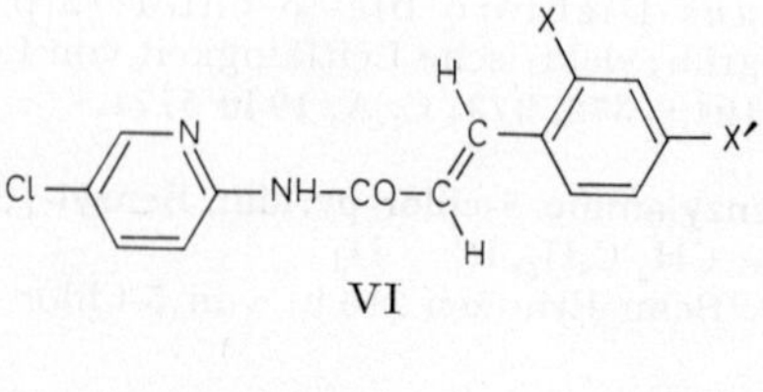

VI

5-Chlor-2-*trans*-cinnamoylamino-pyridin, *N*-[5-Chlor-[2]pyridyl]-*trans*-cinnamamid C$_{14}$H$_{11}$ClN$_2$O, Formel VI (X = X' = H).

B. Beim Erwärmen von 5-Chlor-[2]pyridylamin mit *trans*-Cinnamoylchlorid in Pyridin (*Schultz, Wiese*, J. Am. pharm. Assoc. **48** [1959] 750).

Kristalle (aus A.); F: 186—187°.

2-Chlor-*trans*-zimtsäure-[5-chlor-[2]pyridylamid] C$_{14}$H$_{10}$Cl$_2$N$_2$O, Formel VI (X = Cl, X' = H).

B. Beim Erwärmen von 5-Chlor-[2]pyridylamin mit 2-Chlor-*trans*-cinnamoylchlorid in Pyridin (*Schultz, Wiese*, J. Am. pharm. Assoc. **48** [1959] 750).

Kristalle (aus A.); F: 231—232°.

4-Nitro-*trans*-zimtsäure-[5-chlor-[2]pyridylamid] C$_{14}$H$_{10}$ClN$_3$O$_3$, Formel VI (X = H, X' = NO$_2$).

B. Beim Erwärmen von 4-Nitro-*trans*-zimtsäure mit SOCl$_2$ in Benzol und Erwärmen des Reaktionsprodukts mit 5-Chlor-[2]pyridylamin in Benzol (*Schultz, Wiese*, J. Am. pharm. Assoc. **48** [1959] 750).

Kristalle (aus Py.); F: 262—264°.

***N*-[5-Chlor-[2]pyridyl]-malonamidsäure** C$_8$H$_7$ClN$_2$O$_3$, Formel III (R = CO-CH$_2$-CO-OH, R' = H) auf S. 4019.

B. Beim Behandeln von *N*-[5-Chlor-[2]pyridyl]-malonamidsäure-äthylester mit H$_2$SO$_4$ (*Kutscherowa et al.*, Ž. obšč. Chim. **16** [1946] 1706, 1712; C. A. **1947** 6242).

Kristalle (aus A.); Zers. bei 155—155,5°.

***N*-[5-Chlor-[2]pyridyl]-malonamidsäure-äthylester** C$_{10}$H$_{11}$ClN$_2$O$_3$, Formel III (R = CO-CH$_2$-CO-O-C$_2$H$_5$, R' = H) auf S. 4019.

B. Neben kleineren Mengen *N*,*N*'-Bis-[5-chlor-[2]pyridyl]-malonamid beim Erhitzen von 5-Chlor-[2]pyridylamin mit Malonsäure-diäthylester auf 195° (*Kutscherowa et al.*, Ž. obšč. Chim. **16** [1946] 1706, 1709; C. A. **1947** 6242).

Kristalle (aus PAe.); F: 108—109°.

***N*,*N*'-Bis-[5-chlor-[2]pyridyl]-malonamid** C$_{13}$H$_{10}$Cl$_2$N$_4$O$_2$, Formel VII.

B. s. im vorangehenden Artikel.

Kristalle; F: 247—250° [korr.; aus A.] (*Ingalls, Popp*, J. heterocycl. Chem. **4** [1967] 523, 524), 236—237° [aus A. + Py.] (*Kutscherowa et al.*, Ž. obšč. Chim. **16** [1946] 1706, 1709; C. A. **1947** 6242).

***N*-[5-Chlor-[2]pyridyl]-*N*'-phenyl-harnstoff** C$_{12}$H$_{10}$ClN$_3$O, Formel VIII (X = X' = H).

B. Aus 5-Chlor-[2]pyridylamin und Phenylisocyanat (*Buu-Hoï et al.*, Soc. **1958** 2815, 2817).

Kristalle; F: 214°.

Cl—[Pyridyl]—NH—CO—CH$_2$—CO—NH—[Pyridyl]—Cl   Cl—[Pyridyl]—NH—CO—NH—[Phenyl]—X', X

VII   VIII

***N*-[5-Chlor-[2]pyridyl]-*N*'-[4-fluor-phenyl]-harnstoff** C$_{12}$H$_9$ClFN$_3$O, Formel VIII (X = H, X' = F).

B. Aus 5-Chlor-[2]pyridylamin und 4-Fluor-phenylisocyanat (*Buu-Hoï et al.*, Soc. **1958** 2815, 2817).

Kristalle; F: 216°.

***N*-[4-Chlor-phenyl]-*N*'-[5-chlor-[2]pyridyl]-harnstoff** C$_{12}$H$_9$Cl$_2$N$_3$O, Formel VIII (X = H, X' = Cl).

B. Aus 5-Chlor-[2]pyridylamin und 4-Chlor-phenylisocyanat (*Buu-Hoï et al.*, Soc. **1958** 2815, 2817).

Kristalle; F: 236°.

N-[5-Chlor-[2]pyridyl]-*N'*-[3,4-dichlor-phenyl]-harnstoff $C_{12}H_8Cl_3N_3O$, Formel VIII (X = X' = Cl).

B. Aus 5-Chlor-[2]pyridylamin und 3,4-Dichlor-phenylisocyanat (*Buu-Hoi et al.*, Soc. **1958** 2815, 2817).
Kristalle; F: 277°.

N-[5-Chlor-[2]pyridyl]-*N'*-[3,5-dichlor-phenyl]-harnstoff $C_{12}H_8Cl_3N_3O$, Formel IX.

B. Aus 5-Chlor-[2]pyridylamin und 3,5-Dichlor-phenylisocyanat (*Buu-Hoi et al.*, Soc. **1958** 2815, 2817).
Kristalle; F: 284°.

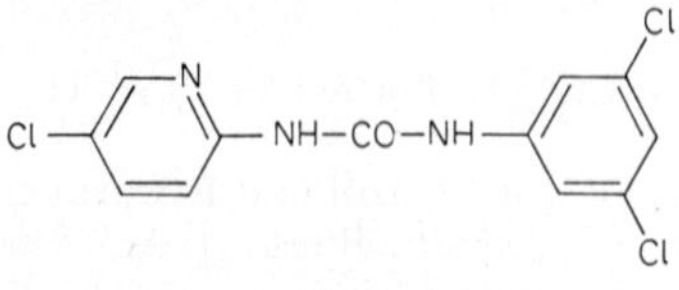

IX 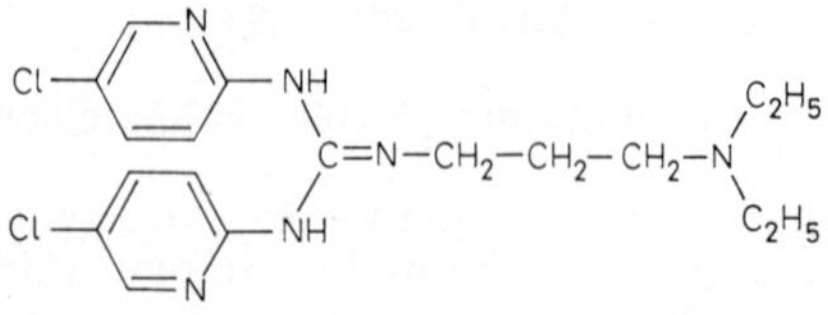   X

N,N'-Bis-[5-chlor-[2]pyridyl]-*N''*-[3-diäthylamino-propyl]-guanidin $C_{18}H_{24}Cl_2N_6$, Formel X und Tautomeres.

B. Beim Erhitzen von *N,N'*-Bis-[5-chlor-[2]pyridyl]-thioharnstoff mit *N,N*-Diäthyl-propandiyldiamin unter Zusatz von basischem $PbCO_3$ in Butan-1-ol auf 110° (*Braude, Toptschiew*, Ž. obšč. Chim. **21** [1951] 1909, 1914; engl. Ausg. S. 2121, 2125).
Dipicrat $C_{18}H_{24}Cl_2N_6 \cdot 2\,C_6H_3N_3O_7$. Kristalle (aus Butan-1-ol); F: 185—186°.

(±)-*N,N'*-Bis-[5-chlor-[2]pyridyl]-*N''*-[4-diäthylamino-1-methyl-butyl]-guanidin $C_{20}H_{28}Cl_2N_6$, Formel XI und Tautomeres.

B. Beim Erhitzen von *N,N'*-Bis-[5-chlor-[2]pyridyl]-thioharnstoff mit (±)-4-Amino-1-diäthylamino-pentan unter Zusatz von basischem $PbCO_3$ in Butan-1-ol auf 110° (*Braude, Toptschiew*, Ž. obšč. Chim. **21** [1951] 1909, 1913; engl. Ausg. S. 2121, 2124).
Dipicrat $C_{20}H_{28}Cl_2N_6 \cdot 2\,C_6H_3N_3O_7$. Kristalle (aus Butan-1-ol); F: 169—170°.

N-[5-Chlor-[2]pyridyl]-*N'*-phenyl-thioharnstoff $C_{12}H_{10}ClN_3S$, Formel XII (R = H).

B. Beim Erwärmen von 5-Chlor-[2]pyridylamin mit Phenylisothiocyanat in Äthanol (*Buu-Hoi et al.*, Soc. **1958** 2815, 2817, 2819).
Kristalle; F: 195°.

N-[5-Chlor-[2]pyridyl]-*N'*-[4-fluor-phenyl]-thioharnstoff $C_{12}H_9ClFN_3S$, Formel XII (R = F).

B. Beim Erwärmen von 5-Chlor-[2]pyridylamin mit 4-Fluor-phenylisothiocyanat in Äthanol (*Buu-Hoi et al.*, Soc. **1958** 2815, 2817, 2819).
Kristalle; F: 198°.

N-[4-Chlor-phenyl]-*N'*-[5-chlor-[2]pyridyl]-thioharnstoff $C_{12}H_9Cl_2N_3S$, Formel XII (R = Cl).

B. Beim Erwärmen von 5-Chlor-[2]pyridylamin mit 4-Chlor-phenylisothiocyanat in Äthanol (*Buu-Hoi et al.*, Soc. **1958** 2815, 2817, 2819).
Kristalle; F: 230°.

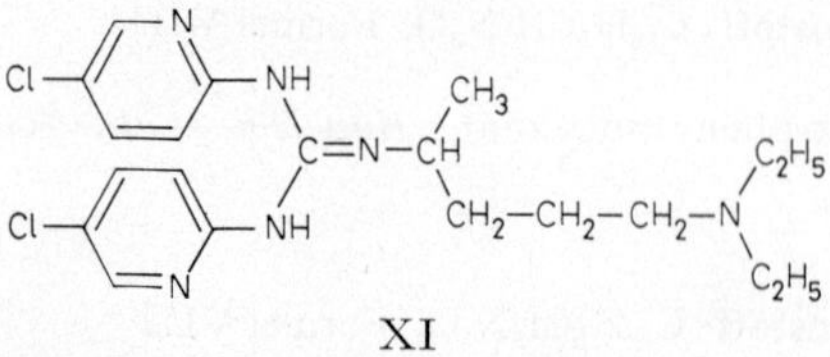

XI 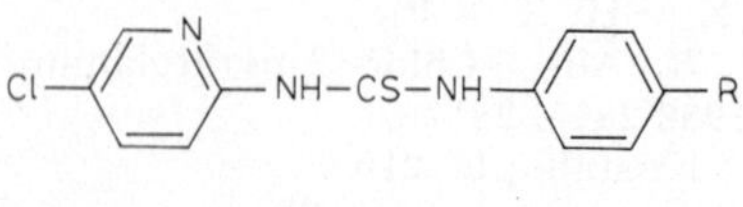   XII

N-[4-Brom-phenyl]-*N'*-[5-chlor-[2]pyridyl]-thioharnstoff $C_{12}H_9BrClN_3S$, Formel XII (R = Br).

B. Beim Erwärmen von 5-Chlor-[2]pyridylamin mit 4-Brom-phenylisothiocyanat in

Äthanol (*Buu-Hoi et al.*, Soc. **1958** 2815, 2817, 2819).
Kristalle; F: 238°.

N-[5-Chlor-[2]pyridyl]-N'-p-tolyl-thioharnstoff C$_{13}$H$_{12}$ClN$_3$S, Formel XII (R = CH$_3$).
B. Beim Erwärmen von 5-Chlor-[2]pyridylamin mit *p*-Tolylisothiocyanat in Äthanol (*Buu-Hoi et al.*, Soc. **1958** 2815, 2817, 2819).
Kristalle; F: 194°.

N-[4-Äthyl-phenyl]-N'-[5-chlor-[2]pyridyl]-thioharnstoff C$_{14}$H$_{14}$ClN$_3$S, Formel XII (R = C$_2$H$_5$).
B. Beim Erwärmen von 5-Chlor-[2]pyridylamin mit 4-Äthyl-phenylisothiocyanat in Äthanol (*Buu-Hoi et al.*, Soc. **1958** 2815, 2817, 2819).
Kristalle; F: 173°.

N-[5-Chlor-[2]pyridyl]-N'-[4-methoxy-phenyl]-thioharnstoff C$_{13}$H$_{12}$ClN$_3$OS, Formel XII (R = O-CH$_3$).
B. Beim Erwärmen von 5-Chlor-[2]pyridylamin mit 4-Methoxy-phenylisothiocyanat in Äthanol (*Buu-Hoi et al.*, Soc. **1958** 2815, 2817, 2819).
Kristalle; F: 226°.

N-[4-Äthoxy-phenyl]-N'-[5-chlor-[2]pyridyl]-thioharnstoff C$_{14}$H$_{14}$ClN$_3$OS, Formel XII (R = O-C$_2$H$_5$).
B. Beim Erwärmen von 5-Chlor-[2]pyridylamin mit 4-Äthoxy-phenylisothiocyanat in Äthanol (*Buu-Hoi et al.*, Soc. **1958** 2815, 2817, 2819).
Kristalle; F: 181°.

N-[5-Chlor-[2]pyridyl]-N'-[4-isopentyloxy-phenyl]-thioharnstoff C$_{17}$H$_{20}$ClN$_3$OS, Formel XII (R = O-CH$_2$-CH$_2$-CH-(CH$_3$)$_2$).
B. Beim Erwärmen von 5-Chlor-[2]pyridylamin mit 4-Isopentyloxy-phenylisothio=
cyanat in Äthanol (*Buu-Hoi et al.*, Soc. **1958** 2815, 2817, 2819).
Kristalle; F: 151°.

N,N'-Bis-[5-chlor-[2]pyridyl]-thioharnstoff C$_{11}$H$_8$Cl$_2$N$_4$S, Formel I.
B. Beim Erwärmen (50 h) von 5-Chlor-[2]pyridylamin mit CS$_2$, wenig Schwefel und Äthanol (*Braude, Toptschiew*, Ž. obšč. Chim. **21** [1951] 1909, 1913; engl. Ausg. S. 2121, 2124).
Kristalle (aus Isobutylalkohol); F: 214—216°.

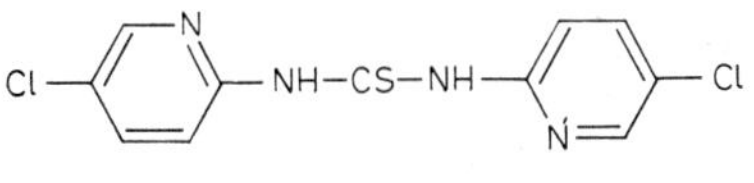

I 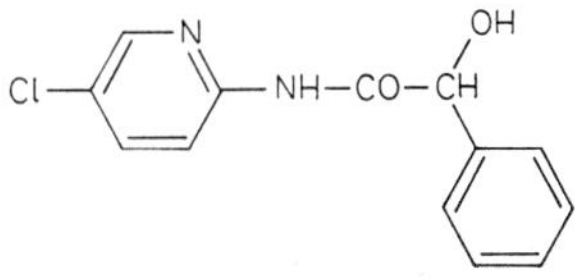   II

5-Chlor-2-DL-mandeloylamino-pyridin, N-[5-Chlor-[2]pyridyl]-DL-mandelamid C$_{13}$H$_{11}$ClN$_2$O$_2$, Formel II.
B. Beim Erhitzen von 5-Chlor-[2]pyridylamin mit DL-Mandelsäure in Xylol unter Abtrennen des entstehenden H$_2$O (*Gray, Heitmeier*, Am. Soc. **81** [1959] 4347, 4349).
F: 146—148° [korr.].
Hydrochlorid C$_{13}$H$_{11}$ClN$_2$O$_2$·HCl. F: 169° [korr.; Zers.].

3-[5-Chlor-[2]pyridylimino]-buttersäure-äthylester C$_{11}$H$_{13}$ClN$_2$O$_2$ und Tautomeres.

3-[5-Chlor-[2]pyridylamino]-crotonsäure-äthylester C$_{11}$H$_{13}$ClN$_2$O$_2$, Formel III.
Diese Konstitution ist auch der von *Kutscherow* (Ž. obšč. Chim. **21** [1951] 1145; engl. Ausg. S. 1249) als 3-[5-Chlor-2-imino-2*H*-[1]pyridyl]-crotonsäure-äthylester angesehenen Verbindung in Analogie zu 3-[5-Brom-[2]pyridylamino]-crotonsäure-äthylester (S. 4033) zuzuordnen.
B. Beim Erwärmen von 5-Chlor-[2]pyridylamin mit Acetessigsäure-äthylester in

wenig H_2SO_4 enthaltendem Äthanol (*Ku., Ž. obšč. Chim.* **21** 1148). Neben anderen Verbindungen beim Erhitzen von 5-Chlor-[2]pyridylamin mit Acetessigsäure-äthylester auf
160—170° (*Kutscherow, Ž. obšč. Chim.* **20** [1950] 1890, 1894; engl. Ausg. S. 1957, 1961).
Kristalle (aus Me.); F: 84—85° (*Ku., Ž. obšč. Chim.* **20** 1895).

III   IV

3-[5-Chlor-[2]pyridylimino]-buttersäure-[5-chlor-[2]pyridylamid] $C_{14}H_{12}Cl_2N_4O$ und
Tautomeres.

3-[5-Chlor-[2]pyridylamino]-crotonsäure-[5-chlor-[2]pyridylamid] $C_{14}H_{12}Cl_2N_4O$,
Formel IV.

B. Beim Erhitzen von *N*-[5-Chlor-[2]pyridyl]-acetoacetamid mit 5-Chlor-[2]pyridyl=
amin unter vermindertem Druck auf 155—160° (*Kutscherow, Ž. obšč. Chim.* **20** [1950]
1890, 1895; engl. Ausg. S. 1957, 1962). Neben anderen Verbindungen beim Erhitzen
von 5-Chlor-[2]pyridylamin mit Acetessigsäure-äthylester auf 160—170° (*Ku.,* l. c.
S. 1894).
Kristalle (aus $CHCl_3$); F: 245—246°.

2-Acetoacetylamino-5-chlor-pyridin, *N*-[5-Chlor-[2]pyridyl]-acetoacetamid $C_9H_9ClN_2O_2$,
Formel V und Tautomeres.

B. Als Hauptprodukt neben anderen Verbindungen beim Erhitzen von 5-Chlor-[2]pyr=
idylamin mit Acetessigsäure-äthylester auf 160—170° (*Kutscherow, Ž. obšč. Chim.* **20**
[1950] 1890, 1894; engl. Ausg. S. 1957, 1961).
Kristalle (aus Me.); F: 155—156°.

V   VI

[(5-Chlor-[2]pyridylimino)-methyl]-malonsäure-diäthylester $C_{13}H_{15}ClN_2O_4$ und
Tautomeres.

[(5-Chlor-[2]pyridylamino)-methylen]-malonsäure-diäthylester $C_{13}H_{15}ClN_2O_4$,
Formel VI.

B. Beim Erhitzen (30 min) von 5-Chlor-[2]pyridylamin mit Äthoxymethylen-malon=
säure-diäthylester auf 110° (*Lappin,* Am. Soc. **70** [1948] 3348).
Kristalle (aus A.); F: 115—116° [unkorr.].

N-Benzyl-N-[5-chlor-[2]pyridyl]-N′,N′-dimethyl-äthylendiamin $C_{16}H_{20}ClN_3$, Formel VII
(R = R′ = H).

B. Beim Erhitzen von Benzyl-[5-chlor-[2]pyridyl]-amin mit $LiNH_2$ in Toluol und
anschliessend mit [2-Chlor-äthyl]-dimethyl-amin (*Vaughan et al.,* J. org. Chem. **14** [1949]
228, 232; s. a. *Biel,* Am. Soc. **71** [1949] 1306, 1307, 1309).
$Kp_{0,02-0,05}$: 163—185° (*Va. et al.*); $Kp_{0,02}$: 145—146° (*Biel*).
Hydrochlorid $C_{16}H_{20}ClN_3 \cdot HCl$. Kristalle [aus Acn.] (*Va. et al.*); F: 179—180°
[korr.] (*Va. et al.;* s. a. *Biel*).

(±)-N-[5-Chlor-[2]pyridyl]-N′,N′-dimethyl-N-[1-phenyl-äthyl]-äthylendiamin
$C_{17}H_{22}ClN_3$, Formel VII (R = CH_3, R′ = H).

B. Beim Behandeln von Benzaldehyd-[5-chlor-[2]pyridylimin] mit Methylmagnesium=
jodid in Äther und Erhitzen des Reaktionsprodukts mit [2-Chlor-äthyl]-dimethyl-amin
in Toluol (*Senda,* J. pharm. Soc. Japan **71** [1951] 601; C. A. **1952** 984).
Kristalle (aus Ae.); F: 128°.

N-[5-Chlor-[2]pyridyl]-*N*-[4-methoxy-benzyl]-*N'*,*N'*-dimethyl-äthylendiamin
$C_{17}H_{22}ClN_3O$, Formel VII (R = H, R' = O-CH$_3$).

B. Beim Erhitzen von [5-Chlor-[2]pyridyl]-[4-methoxy-benzyl]-amin mit LiNH$_2$ in Toluol und anschliessend mit [2-Chlor-äthyl]-dimethyl-amin (*Biel*, Am. Soc. **71** [1949] 1306, 1307, 1309).

Kp$_{0,05}$: 180—185°.

Hydrochlorid $C_{17}H_{22}ClN_3O \cdot HCl$. F: 141—142°.

VII   VIII

4-[2-(5-Chlor-[2]pyridylamino)-vinyl]-1-methyl-pyridinium $[C_{13}H_{13}ClN_3]^+$,
Formel VIII (R = CH$_3$), und Tautomeres.

Jodid $[C_{13}H_{13}ClN_3]$I. *B.* Beim Erhitzen von *N*,*N'*-Bis-[5-chlor-[2]pyridyl]-formamidin mit 1,4-Dimethyl-pyridinium-jodid auf 150—155° (*Takahashi et al.*, J. pharm. Soc. Japan **74** [1954] 1212, 1214; C. A. **1955** 14737). — Gelbbraune Kristalle (aus Me.); Zers. bei 247°.

1-Äthyl-4-[2-(5-chlor-[2]pyridylamino)-vinyl]-pyridinium $[C_{14}H_{15}ClN_3]^+$,
Formel VIII (R = C$_2$H$_5$), und Tautomeres.

Jodid $[C_{14}H_{15}ClN_3]$I. *B.* Beim Erhitzen von *N*,*N'*-Bis-[5-chlor-[2]pyridyl]-formamidin mit 1-Äthyl-4-methyl-pyridinium-jodid auf 140—150° (*Takahashi et al.*, J. pharm. Soc. Japan **74** [1954] 1212, 1214; C. A. **1955** 14737). — Gelbbraune Kristalle (aus A.); Zers. bei 219°.

4-[2-(5-Chlor-[2]pyridylamino)-vinyl]-1-propyl-pyridinium $[C_{15}H_{17}ClN_3]^+$,
Formel VIII (R = CH$_2$-C$_2$H$_5$), und Tautomeres.

Jodid $[C_{15}H_{17}ClN_3]$I. *B.* Beim Erhitzen von *N*,*N'*-Bis-[5-chlor-[2]pyridyl]-formamidin mit 4-Methyl-1-propyl-pyridinium-jodid auf 140° (*Takahashi et al.*, J. pharm. Soc. Japan **74** [1954] 1212, 1214; C. A. **1955** 14737). — Orangegelbe Kristalle (aus A.); Zers. bei 182°.

4-[2-(5-Chlor-[2]pyridylamino)-1-methyl-vinyl]-1-methyl-pyridinium $[C_{14}H_{15}ClN_3]^+$,
Formel IX (R = CH$_3$), und Tautomeres.

Jodid $[C_{14}H_{15}ClN_3]$I. *B.* Beim Erhitzen von *N*,*N'*-Bis-[5-chlor-[2]pyridyl]-formamidin mit 4-Äthyl-1-methyl-pyridinium-jodid auf 150° (*Takahashi et al.*, J. pharm. Soc. Japan **74** [1954] 577, 579; C. A. **1954** 11412). — Hellgelbe Kristalle; Zers. bei 283°.

1-Äthyl-4-[2-(5-chlor-[2]pyridylamino)-1-methyl-vinyl]-pyridinium $[C_{15}H_{17}ClN_3]^+$,
Formel IX (R = C$_2$H$_5$), und Tautomeres.

Jodid $[C_{15}H_{17}ClN_3]$I. *B.* Beim Erhitzen von *N*,*N'*-Bis-[5-chlor-[2]pyridyl]-formamidin mit 1,4-Diäthyl-pyridinium-jodid auf 150° (*Takahashi et al.*, J. pharm. Soc. Japan **74** [1954] 577, 579; C. A. **1954** 11412). — Gelbe Kristalle (aus A.); Zers. bei 257°.

4-[2-(5-Chlor-[2]pyridylamino)-1-methyl-vinyl]-1-propyl-pyridinium $[C_{16}H_{19}ClN_3]^+$,
Formel IX (R = CH$_2$-C$_2$H$_5$), und Tautomeres.

Jodid $[C_{16}H_{19}ClN_3]$I. *B.* Beim Erhitzen von *N*,*N'*-Bis-[5-chlor-[2]pyridyl]-formamidin mit 4-Äthyl-1-propyl-pyridinium-jodid auf 150° (*Takahashi et al.*, J. pharm. Soc. Japan **74** [1954] 577, 579; C. A. **1954** 11412). — Gelbe Kristalle (aus A.); Zers. bei 234°.

4-[2-(5-Chlor-[2]pyridylamino)-1-methyl-vinyl]-1-isopentyl-pyridinium
$[C_{18}H_{23}ClN_3]^+$, Formel IX (R = CH$_2$-CH$_2$-CH(CH$_3$)$_2$), und Tautomeres.

Jodid $[C_{18}H_{23}ClN_3]$I. *B.* Beim Erhitzen von *N*,*N'*-Bis-[5-chlor-[2]pyridyl]-formamidin mit 4-Äthyl-1-isopentyl-pyridinium-jodid auf 150—160° (*Takahashi et al.*, J. pharm. Soc. Japan **74** [1954] 577, 579; C.A. **1954** 11412). — Gelbe Kristalle (aus A.); Zers. bei 244°.

4-[2-(5-Chlor-[2]pyridylamino)-1-methyl-vinyl]-1-heptyl-pyridinium $[C_{20}H_{27}ClN_3]^+$, Formel IX (R = CH₂-[CH₂]₅-CH₃), und Tautomeres.

Jodid $[C_{20}H_{27}ClN_3]$I. *B.* Beim Erhitzen von *N,N'*-Bis-[5-chlor-[2]pyridyl]-formamidin mit 4-Äthyl-1-heptyl-pyridinium-jodid auf 150° (*Takahashi et al.*, J. pharm. Soc. Japan **74** [1954] 577, 579; C. A. **1954** 11412). — Gelbe Kristalle (aus A.); Zers. bei 134—135°.

IX   X

1-Äthyl-2-[2-(5-chlor-[2]pyridylamino)-vinyl]-6-methyl-pyridinium $[C_{15}H_{17}ClN_3]^+$, Formel X (R = C₂H₅), und Tautomeres.

Jodid $[C_{15}H_{17}ClN_3]$I. *B.* Beim Erhitzen von *N,N'*-Bis-[5-chlor-[2]pyridyl]-formamidin mit 1-Äthyl-2,6-dimethyl-pyridinium-jodid auf 130° (*Takahashi et al.*, J. pharm. Soc. Japan **69** [1949] 233; C. A. **1950** 1979). — Gelbe Kristalle; Zers. bei 240°.

2-[2-(5-Chlor-[2]pyridylamino)-vinyl]-6-methyl-1-propyl-pyridinium $[C_{16}H_{19}ClN_3]^+$, Formel X (R = CH₂-C₂H₅), und Tautomeres.

Jodid $[C_{16}H_{19}ClN_3]$I. *B.* Beim Erhitzen von *N,N'*-Bis-[5-chlor-[2]pyridyl]-formamidin mit 2,6-Dimethyl-1-propyl-pyridinium-jodid auf 140° (*Takahashi, Satake*, J. pharm. Soc. Japan **73** [1953] 222, 223; C. A. **1954** 2043). — Gelbe Kristalle (aus A.); Zers. bei 221°.

1-Butyl-2-[2-(5-chlor-[2]pyridylamino)-vinyl]-6-methyl-pyridinium $[C_{17}H_{21}ClN_3]^+$, Formel X (R = CH₂-[CH₂]₂-CH₃), und Tautomeres.

Jodid $[C_{17}H_{21}ClN_3]$I. *B.* Beim Erhitzen von *N,N'*-Bis-[5-chlor-[2]pyridyl]-formamidin mit 1-Butyl-2,6-dimethyl-pyridinium-jodid auf 140° (*Takahashi, Satake*, J. pharm. Soc. Japan **73** [1953] 222, 223; C. A. **1954** 2043). — Gelbe Kristalle (aus A.); Zers. bei 204°.

2-[2-(5-Chlor-[2]pyridylamino)-vinyl]-1-isopentyl-6-methyl-pyridinium $[C_{18}H_{23}ClN_3]^+$, Formel X (R = CH₂-CH₂-CH(CH₃)₂, und Tautomeres.

Jodid $[C_{18}H_{23}ClN_3]$I. *B.* Beim Erhitzen von *N,N'*-Bis-[5-chlor-[2]pyridyl]-formamidin mit 1-Isopentyl-2,6-dimethyl-pyridinium-jodid auf 140° (*Takahashi, Satake*, J. pharm. Soc. Japan **73** [1953] 222, 223; C. A. **1954** 2043). — Gelbe Kristalle (aus A.); Zers. bei 245°.

2-[2-(5-Chlor-[2]pyridylamino)-vinyl]-1-heptyl-6-methyl-pyridinium $[C_{20}H_{27}ClN_3]^+$, Formel X (R = CH₂-[CH₂]₅-CH₃), und Tautomeres.

Jodid $[C_{20}H_{27}ClN_3]$I. *B.* Beim Erhitzen von *N,N'*-Bis-[5-chlor-[2]pyridyl]-formamidin mit 1-Heptyl-2,6-dimethyl-pyridinium-jodid auf 130° (*Takahashi, Satake*, J. pharm. Soc. Japan **73** [1953] 222, 223; C. A. **1954** 2043). — Gelbe Kristalle (aus A.); F: 194°.

2-[2-(5-Chlor-[2]pyridylamino)-vinyl]-1,4,6-trimethyl-pyridinium $[C_{15}H_{17}ClN_3]^+$, Formel XI, und Tautomeres.

Jodid $[C_{15}H_{17}ClN_3]$I. *B.* Beim Erhitzen von *N,N'*-Bis-[5-chlor-[2]pyridyl]-formamidin mit 1,2,4,6-Tetramethyl-pyridinium-jodid auf ca. 175° (*Takahashi et al.*, J. pharm. Soc. Japan **69** [1949] 144; C. A. **1950** 1978). — Gelbe Kristalle (aus Me.); Zers. bei 195°.

XI   XII

2-[2-(5-Chlor-[2]pyridylamino)-vinyl]-6-methoxy-1-methyl-chinolinium $[C_{18}H_{17}ClN_3O]^+$, Formel XII (R = CH$_3$), und Tautomeres.

Jodid $[C_{18}H_{17}ClN_3O]I$. *B.* Beim Erhitzen von *N,N'*-Bis-[5-chlor-[2]pyridyl]-formamidin mit 6-Methoxy-1,2-dimethyl-chinolinium-jodid (*Takahashi, Satake*, J. pharm. Soc. Japan **71** [1951] 426, 428; C. A. **1952** 4532). — Orangegelbe Kristalle; F: 266°.

6-Äthoxy-2-[2-(5-chlor-[2]pyridylamino)-vinyl]-1-methyl-chinolinium $[C_{19}H_{19}ClN_3O]^+$, Formel XII (R = C$_2$H$_5$), und Tautomeres.

Jodid $[C_{19}H_{19}ClN_3O]I$. *B.* Beim Erhitzen von *N,N'*-Bis-[5-chlor-[2]pyridyl]-formamidin mit 6-Äthoxy-1,2-dimethyl-chinolinium-jodid (*Takahashi, Satake*, J. pharm. Soc. Japan **71** [1951] 426; C. A. **1952** 4532). — Gelbgrüne Kristalle; F: 259°.

2-Benzolsulfonylamino-5-chlor-pyridin, *N*-[5-Chlor-[2]pyridyl]-benzolsulfonamid $C_{11}H_9ClN_2O_2S$, Formel XIII (X = X' = H).

B. Beim Erwärmen von 5-Chlor-[2]pyridylamin mit Benzolsulfonylchlorid und Pyridin (*English et al.*, Am. Soc. **68** [1946] 1039, 1040, 1045).

Kristalle (aus A.); F: 164,5—166° [korr.].

3-Nitro-benzolsulfonsäure-[5-chlor-[2]pyridylamid] $C_{11}H_8ClN_3O_4S$, Formel XIII (X = NO$_2$, X' = H).

B. Beim Behandeln von 5-Chlor-[2]pyridylamin mit 3-Nitro-benzolsulfonylchlorid und Pyridin bei 35° (*English et al.*, Am. Soc. **68** [1946] 1039, 1044, 1045).

F: 195—197° [korr.].

4-Hydroxy-benzolsulfonsäure-[5-chlor-[2]pyridylamid] $C_{11}H_9ClN_2O_3S$, Formel XIII (X = H, X' = OH).

B. Beim Erwärmen von 5-Chlor-[2]pyridylamin mit 4-[Toluol-4-sulfonyloxy]-benzol=sulfonylchlorid und Pyridin und Erhitzen des Reaktionsprodukts mit wss. NaOH (*Hult-quist et al.*, Am. Soc. **73** [1951] 2558, 2560, 2562).

Kristalle; F: 197,5—199°.

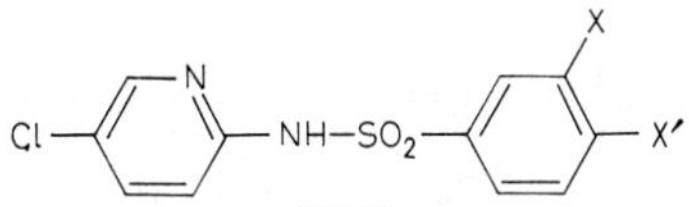

XIII 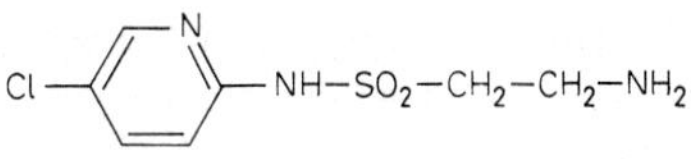   XIV

5-Chlor-2-taurylamino-pyridin, 2-Amino-äthansulfonsäure-[5-chlor-[2]pyridylamid], Taurin-[5-chlor-[2]pyridylamid] $C_7H_{10}ClN_3O_2S$, Formel XIV.

B. Beim Erwärmen von 2-Phthalimido-äthansulfonsäure-[5-chlor-[2]pyridylamid] mit N$_2$H$_4\cdot$H$_2$O in Äthanol und Erwärmen des Reaktionsprodukts mit wss. HCl (*Winterbottom et al.*, Am. Soc. **69** [1947] 1393, 1399).

Kristalle (aus H$_2$O); F: 198,5—201,5° [korr.].

Hydrochlorid $C_7H_{10}ClN_3O_2S\cdot HCl$. Kristalle (aus A.); F: 156—158° [korr.].

2-Phthalimido-äthansulfonsäure-[5-chlor-[2]pyridylamid] $C_{15}H_{12}ClN_3O_4S$, Formel I.

B. Beim Behandeln von 5-Chlor-[2]pyridylamin mit 2-Phthalimido-äthansulfonyl=chlorid und Pyridin (*Winterbottom et al.*, Am. Soc. **69** [1947] 1393, 1397, 1398).

Kristalle (aus Eg. oder wss. Eg.); F: 198,5—199° [korr.].

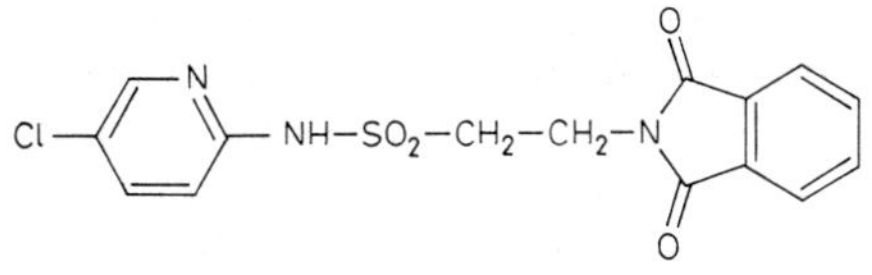

I 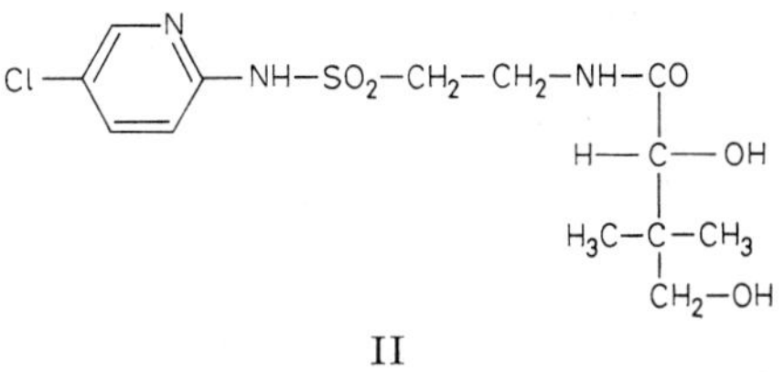   II

2-D-Pantoylamino-äthansulfonsäure-[5-chlor-[2]pyridylamid], N-[2-(5-Chlor-[2]pyridyl=sulfamoyl)-äthyl]-D-pantamid $C_{13}H_{20}ClN_3O_5S$, Formel II.

B. Beim Erwärmen von Taurin-[5-chlor-[2]pyridylamid] mit äthanol. Kaliumäthylat und anschliessend mit D-Pantolacton [E III/IV **18** 22] (*Winterbottom et al.*, Am. Soc. **69** [1947] 1393, 1394, 1400).

Kristalle (aus H_2O); F: 156—157° [korr.]. $[\alpha]_D^{22-30}$: +35° [A.; c = 1—2].

3-Amino-benzolsulfonsäure-[5-chlor-[2]pyridylamid] $C_{11}H_{10}ClN_3O_2S$, Formel XIII (X = NH_2, X' = H).

B. Beim Einleiten von H_2S in eine Lösung von 3-Nitro-benzolsulfonsäure-[5-chlor-[2]pyridylamid] in wss. NH_3 unterhalb 50° (*English et al.*, Am. Soc. **68** [1946] 1039, 1040, 1044).

F: 187—189° [korr.].

5-Chlor-2-sulfanilylamino-pyridin, Sulfanilsäure-[5-chlor-[2]pyridylamid] $C_{11}H_{10}ClN_3O_2S$, Formel XIII (X = H, X' = NH_2).

F: 204—205° [korr.] (*English et al.*, Am. Soc. **68** [1946] 453, 454).

6-Chlor-[2]pyridylamin $C_5H_5ClN_2$, Formel III.

B. Neben kleineren Mengen N,N'-Bis-[6-chlor-[2]pyridyl]-harnstoff beim Erwärmen von 6-Chlor-pyridin-2-carbonylazid mit wss. Essigsäure (*Cava, Bhattacharyya*, J. org. Chem. **23** [1958] 1287). Beim Erhitzen (40 h) von 2,6-Dichlor-pyridin mit wss. NH_3 [20%ig] auf 180—190° (*Wibaut, Nicolai*, R. **58** [1939] 709, 721).

Kristalle; F: 75° [aus A.] (*Wi., Ni.*), 73—74° [aus PAe.] (*Colonna et al.*, G. **85** [1955] 1508, 1514), 65—67° [nach Sublimation bei 75—90°/2 Torr] (*Cava, Bh.*).

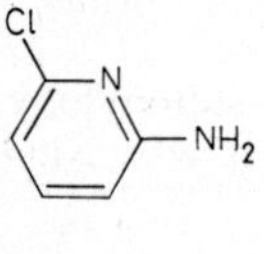

III 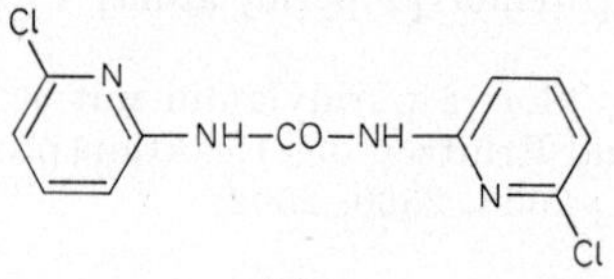   IV 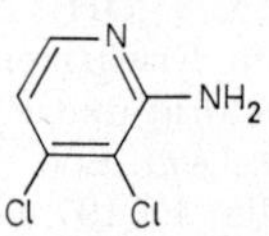   V

N,N'-Bis-[6-chlor-[2]pyridyl]-harnstoff $C_{11}H_8Cl_2N_4O$, Formel IV.

B. s. im vorangehenden Artikel.

Kristalle (aus Bzl. + A.); F: 250—251° [unkorr.] (*Cava, Bhattacharyya*, J. org. Chem. **23** [1958] 1287).

3,4-Dichlor-[2]pyridylamin $C_5H_4Cl_2N_2$, Formel V.

B. Neben 2,3-Dichlor-[4]pyridylamin beim Erhitzen von 2,3,4-Trichlor-pyridin mit wss. NH_3 [D: 0,9] auf 160° (*den Hertog et al.*, R. **69** [1950] 673, 695).

Kristalle (aus PAe.); F: 93—95°.

Picrat $C_5H_4Cl_2N_2 \cdot C_6H_3N_3O_7$. F: 234,5—237° [korr.; aus A.].

***3,5-Dichlor-2-salicylidenamino-pyridin, Salicylaldehyd-[3,5-dichlor-[2]pyridylimin]** $C_{12}H_8Cl_2N_2O$, Formel VI.

B. Beim Erwärmen von 3,5-Dichlor-[2]pyridylamin mit Salicylaldehyd in Äthanol (*Šawitsch et al.*, Vestnik Moskovsk. Univ. **11** [1956] Nr. 1, S. 225, 226; C. A. **1959** 1334).

Gelbe Kristalle (aus Butan-1-ol); F: 128,5—129,5°.

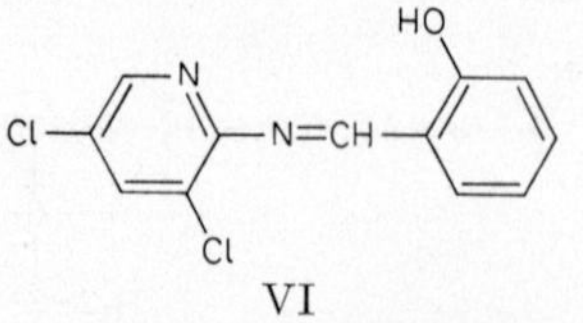

VI 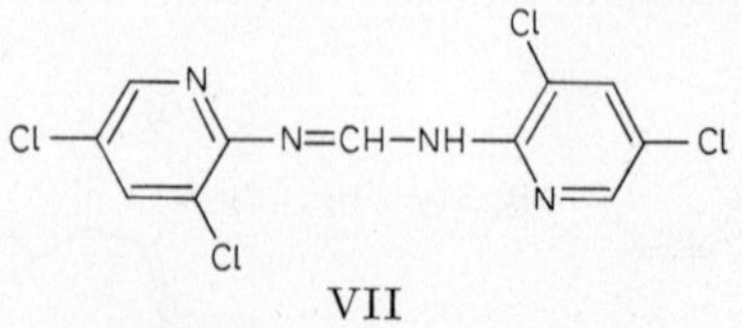   VII

N,N'-Bis-[3,5-dichlor-[2]pyridyl]-formamidin $C_{11}H_6Cl_4N_4$, Formel VII.

B. Beim Erhitzen von 3,5-Dichlor-[2]pyridylamin mit Orthoameisensäure-triäthylester

auf ca. 120° (*Takahashi*, *Satake*, J. pharm. Soc. Japan **74** [1954] 135; C. A. **1955** 1718).
Kristalle (aus Bzl.); F: 208°.

4-[2-(3,5-Dichlor-[2]pyridylamino)-vinyl]-1-methyl-pyridinium $[C_{13}H_{12}Cl_2N_3]^+$,
Formel VIII (R = CH₃), und Tautomeres.
    Jodid $[C_{13}H_{12}Cl_2N_3]$I. *B.* Beim Erhitzen von *N,N′*-Bis-[3,5-dichlor-[2]pyridyl]-form=
amidin mit 1,4-Dimethyl-pyridinium-jodid unter Zusatz von wenig Anilin auf 155—160°
(*Takahashi et al.*, J. pharm. Soc. Japan **74** [1954] 1212, 1214; C. A. **1955** 14737). —
Gelbe Kristalle (aus Me.); Zers. bei 236,5°.

1-Äthyl-4-[2-(3,5-dichlor-[2]pyridylamino)-vinyl]-pyridinium $[C_{14}H_{14}Cl_2N_3]^+$,
Formel VIII (R = C₂H₅), und Tautomeres.
    Bromid $[C_{14}H_{14}Cl_2N_3]$Br. *B.* Beim Erhitzen von *N,N′*-Bis-[3,5-dichlor-[2]pyridyl]-
formamidin mit 1-Äthyl-4-methyl-pyridinium-bromid auf 150—160° (*Takahashi*, *Sato*,
J. pharm. Soc. Japan **78** [1958] 467, 471; C. A. **1958** 17257). — Gelbe Kristalle (aus A.);
F: 185—186° [Zers.].

4-[2-(3,5-Dichlor-[2]pyridylamino)-1-methyl-vinyl]-1-methyl-pyridinium
$[C_{14}H_{14}Cl_2N_3]^+$, Formel IX (R = CH₃), und Tautomeres.
    Jodid $[C_{14}H_{14}Cl_2N_3]$I. *B.* Beim Erhitzen von *N,N′*-Bis-[3,5-dichlor-[2]pyridyl]-form=
amidin mit 4-Äthyl-1-methyl-pyridinium-jodid auf 180—190° (*Takahashi et al.*, J. pharm.
Soc. Japan **74** [1954] 580, 581; C. A. **1954** 11413). — Orangegelbe Kristalle (aus A.);
Zers. bei 276°.

VIII   IX

1-Äthyl-4-[2-(3,5-dichlor-[2]pyridylamino)-1-methyl-vinyl]-pyridinium
$[C_{15}H_{16}Cl_2N_3]^+$, Formel IX (R = C₂H₅), und Tautomeres.
    Jodid $[C_{15}H_{16}Cl_2N_3]$I. *B.* Beim Erhitzen von *N,N′*-Bis-[3,5-dichlor-[2]pyridyl]-formami=
din mit 1,4-Diäthyl-pyridinium-jodid auf ca. 175° (*Takahashi et al.*, J. pharm. Soc. Japan
74 [1954] 580, 581; C. A. **1954** 11413). — Orangegelbe Kristalle (aus A.); Zers. bei 246°.

4-[2-(3,5-Dichlor-[2]pyridylamino)-1-methyl-vinyl]-1-propyl-pyridinium
$[C_{16}H_{18}Cl_2N_3]^+$, Formel IX (R = CH₂-C₂H₅), und Tautomeres.
    Jodid $[C_{16}H_{18}Cl_2N_3]$I. *B.* Beim Erhitzen von *N,N′*-Bis-[3,5-dichlor-[2]pyridyl]-form=
amidin mit 4-Äthyl-1-propyl-pyridinium-jodid auf ca. 160° (*Takahashi et al.*, J. pharm.
Soc. Japan **74** [1954] 580, 581; C. A. **1954** 11413). — Gelbe Kristalle (aus A.); Zers. bei
200°.

4-[2-(3,5-Dichlor-[2]pyridylamino)-1-methyl-vinyl]-1-isopentyl-pyridinium
$[C_{18}H_{22}Cl_2N_3]^+$, Formel IX (R = CH₂-CH₂-CH(CH₃)₂), und Tautomeres.
    Jodid $[C_{18}H_{22}Cl_2N_3]$I. *B.* Beim Erhitzen von *N,N′*-Bis-[3,5-dichlor-[2]pyridyl]-form=
amidin mit 4-Äthyl-1-isopentyl-pyridinium-jodid auf ca. 155° (*Takahashi et al.*, J. pharm.
Soc. Japan **74** [1954] 580, 581; C. A. **1954** 11413). — Orangegelbe Kristalle (aus A.);
Zers. bei 224°.

4-[2-(3,5-Dichlor-[2]pyridylamino)-1-methyl-vinyl]-1-heptyl-pyridinium
$[C_{20}H_{26}Cl_2N_3]^+$, Formel IX (R = CH₂-[CH₂]₅-CH₃), und Tautomeres.
    Jodid $[C_{20}H_{26}Cl_2N_3]$I. *B.* Beim Erhitzen von *N,N′*-Bis-[3,5-dichlor-[2]pyridyl]-form=
amidin mit 4-Äthyl-1-heptyl-pyridinium-jodid auf ca. 160° (*Takahashi et al.*, J. pharm.
Soc. Japan **74** [1954] 580, 581; C. A. **1954** 11413). — Gelbe Kristalle (aus A.); F: 184°.

2-[2-(3,5-Dichlor-[2]pyridylamino)-vinyl]-1-hexyl-6-methyl-pyridinium
$[C_{19}H_{24}Cl_2N_3]^+$, Formel X (R $= CH_2$-$[CH_2]_4$-CH_3), und Tautomeres.

Jodid $[C_{19}H_{24}Cl_2N_3]$I. *B.* Beim Erhitzen von N,N'-Bis-[3,5-dichlor-[2]pyridyl]-form=
amidin mit 1-Hexyl-2,6-dimethyl-pyridinium-jodid auf ca. 140° (*Takahashi, Satake,* J.
pharm. Soc. Japan **74** [1954] 135; C. A. **1955** 1718). — Gelbe Kristalle; F: 174°.

2-[2-(3,5-Dichlor-[2]pyridylamino)-vinyl]-1-heptyl-6-methyl-pyridinium
$[C_{20}H_{26}Cl_2N_3]^+$, Formel X (R $= CH_2$-$[CH_2]_5$-CH_3), und Tautomeres.

Jodid $[C_{20}H_{26}Cl_2N_3]$I. *B.* Beim Erhitzen von N,N'-Bis-[3,5-dichlor-[2]pyridyl]-formami=
din mit 1-Heptyl-2,6-dimethyl-pyridinium-jodid auf ca. 140° (*Takahashi, Satake,* J. pharm.
Soc. Japan **74** [1954] 135; C. A. **1955** 1718). — Gelbe Kristalle; Zers. bei 188°.

X   XI

4,6-Dichlor-[2]pyridylamin $C_5H_4Cl_2N_2$ Formel XI (R $= H$).

B. Beim Erwärmen von 4,6-Dichlor-pyridin-2-carbonylazid mit wss. Essigsäure (*Graf,*
J. pr. [2] **133** [1932] 36, 42). Neben 2,6-Dichlor-[4]pyridylamin beim Erhitzen von
2,4,6-Trichlor-pyridin mit wss. NH_3 [D: 0,9] auf 160° (*den Hertog et al.,* R. **69** [1950]
673, 696).

Kristalle; F: 112,5° [korr.; aus PAe.] (*d. He. et al.*), 108° [nach Wasserdampfdestilla-
tion] (*Graf*). Unter vermindertem Druck sublimierbar (*Graf*).

2-Acetylamino-4,6-dichlor-pyridin, N-[4,6-Dichlor-[2]pyridyl]-acetamid $C_7H_6Cl_2N_2O$,
Formel XI (R $= CO$-CH_3).

B. Beim Erhitzen von 4,6-Dichlor-[2]pyridylamin mit Acetanhydrid (*Graf,* J. pr. [2]
133 [1932] 36, 43).

Kristalle (aus A.); F: 218—219°.

[4,6-Dichlor-[2]pyridyl]-carbamidsäure-äthylester $C_8H_8Cl_2N_2O_2$, Formel XI
(R $= CO$-O-C_2H_5).

B. Beim Erwärmen von 4,6-Dichlor-pyridin-2-carbonylazid mit Äthanol (*Graf,* J. pr.
[2] **133** [1932] 36, 42).

Kristalle (aus wss. A.); F: 75°.

3-Brom-[2]pyridylamin $C_5H_5BrN_2$, Formel I.

B. Beim Erhitzen von 2,3-Dibrom-pyridin mit wss. NH_3 [D: 0,9] auf 170° (*den Hertog,*
R. **64** [1945] 85, 96).

Kristalle (aus PAe.); F: 64,5—65,5°.

Beim Behandeln einer Lösung in wss. H_2SO_4 mit Brom in Essigsäure ist 3,5-Dibrom-
[2]pyridylamin erhalten worden.

Picrat. F: 231,5—232,5° [aus A.].

3'-Brom-[1,2']bipyridyl-2-on, 1-[3-Brom-[2]pyridyl]-1H-pyridin-2-on
$C_{10}H_7BrN_2O$, Formel II.

B. Beim Erwärmen von 3-Brom-pyridin-1-oxid mit Toluol-4-sulfonsäure-[2]pyridyl=
ester in Benzol und Erhitzen des Reaktionsgemisches bis auf 165° (*de Villiers, den Hertog,*
R. **76** [1957] 647, 655).

Kristalle (aus H_2O); F: 173—175° [korr.]. λ_{max} (wss. A. [50%ig]): 220 nm, 270 nm und
304 nm (*de Vi., d. He.,* l. c. S. 656).

4-Brom-[2]pyridylamin $C_5H_5BrN_2$, Formel III.

B. Neben 2-Brom-[4]pyridylamin beim Erhitzen in 2,4-Dibrom-pyridin mit wss. NH_3
[D: 0,9] auf 160° (*den Hertog,* R. **64** [1945] 85, 96).

Kristalle (aus H_2O); F: 143—144,5° (*d. He.,* R. **64** 96).

Beim Behandeln einer Lösung in Essigsäure mit Brom bei 0° ist 4,5-Dibrom-[2]pyridyl‍amin, mit Brom [Überschuss] bei Raumtemperatur ist 3,4,5-Tribrom-[2]pyridylamin erhalten worden (*den Hertog*, R. **65** [1946] 129, 136, 138).

Picrat. F: 262—263° [aus A.] (*d. He.*, R. **64** 96).

5-Brom-[2]pyridylamin $C_5H_5BrN_2$, Formel IV (R = H) (H 431; E I 631).

B. Beim Erhitzen von [2]Pyridylamin mit Essigsäure und Acetanhydrid, Erwärmen des Reaktionsgemisches mit Brom auf 55° und Erwärmen des Reaktionsprodukts mit wss.-äthanol. HCl (*Caldwell et al.*, Am. Soc. **66** [1944] 1479, 1482). Neben 3,5-Dibrom-[2]pyridylamin beim Behandeln von [2]Pyridylamin mit Brom in Äthanol unterhalb 20° (*Case*, Am. Soc. **68** [1946] 2574) oder in verd. wss. H_2SO_4 (*Bradlow, Vanderwerf*, J. org. Chem. **16** [1951] 73, 81; vgl. E I 631). Aus 5-Brom-2-nitro-pyridin beim Erwärmen mit Natrium und Äthanthiol in Benzol (*Shibasaki*, J. pharm. Soc. Japan **72** [1952] 381, 383; C. A. **1953** 6403) oder mit $SnCl_2$ und wss.-äthanol. HCl (*Byštrizkaja, Kiršanow*, Ž. obšč. Chim. **10** [1940] 1101, 1104; C. A. **1941** 4023).

Kristalle (aus Bzl.); F: 137—138° (*Case*), 137° [unkorr.] (*Ca. et al.*). IR-Banden ($CHCl_3$; 2,9—12,3 μ): *Hurd, Hayao*, Am. Soc. **77** [1955] 117, 118. UV-Spektrum (Heptan; 4400—3100 cm⁻¹): *Spiers, Wibaut*, R. **56** [1937] 573, 589. λ_{max} (A.): 245 nm und 312 nm (*Bogomolow et al.*, Izv. Akad. S.S.S.R. Ser. Fiz. **23** [1959] 1199; engl. Ausg. S. 1199, 1200; *Hurd, Ha.*). Schmelzpunkte von Gemischen mit 6-Nitro-[3]pyridylamin: *den Hertog, Jouwersma*, R. **72** [1953] 125, 133.

Beim Behandeln mit wss. H_2SO_4 [51%ig] und HNO_3 [D: 1,5] (1,3 Mol) ist [5-Brom-[2]pyridyl]-nitro-amin, beim Behandeln mit konz. H_2SO_4 und wss. HNO_3 [D: 1,4] (1,3 Mol) ist 5-Brom-3-nitro-[2]pyridylamin, beim Erwärmen mit konz. H_2SO_4 und wss. HNO_3 [D: 1,4] (3,2 Mol) ist 5-Brom-3-nitro-pyridin-2-ol erhalten worden (*Koshiro*, J. pharm. Soc. Japan **79** [1959] 1129; C. A. **1960** 3418; vgl. E I 631). Reaktion mit äthanol. Natriummethylat und Kupfer-Pulver: *den Hertog et al.*, R. **68** [1949] 275, 280. Beim Erwärmen mit 3-Hydroxy-propionsäure-lacton in Aceton ist *N*-[5-Brom-[2]pyr‍idyl]-β-alanin, beim Erhitzen mit 3-Brom-propionsäure auf 100° ist 7-Brom-2,3-dihydropyrido[1,2-*a*]pyrimidin-4-on-hydrobromid erhalten worden (*Hurd, Hayao*, Am. Soc. **77** [1955] 117, 120).

Bis-[5-brom-[2]pyridylamin]-dichloro-palladium(II) $[Pd(C_5H_5BrN_2)_2Cl_2]$. Gelbe Kristalle (*Rubinschtein*, Doklady Akad. S.S.S.R. **30** [1941] 223, 226; C. A. **1941** 7868).

trans-Bis-[5-brom-[2]pyridylamin]-dichloro-platin(II) $[Pt(C_5H_5BrN_2)_2Cl_2]$. Hellgrün; elektrische Leitfähigkeit von Lösungen in Äthanol: *Rubinschtein*, C. r. Doklady **26** [1940] 372; C. A. **1940** 5774.

2-Äthylamino-5-brom-pyridin, Äthyl-[5-brom-[2]pyridyl]-amin $C_7H_9BrN_2$, Formel IV (R = C_2H_5).

B. In geringer Menge neben anderen Verbindungen beim Erhitzen [48 h] von 5-Brom-[2]pyridylamin mit äthanol. Natriummethylat unter Zusatz von Kupfer-Pulver auf 190° (*den Hertog et al.*, R. **68** [1949] 275, 280, 281).

Kristalle (aus wss. A.); F: 70,5—71°.

[5-Brom-[2]pyridyl]-bis-[2-hydroxy-äthyl]-amin $C_9H_{13}BrN_2O_2$, Formel V.

B. Beim Erhitzen von 2,5-Dibrom-pyridin mit Bis-[2-hydroxy-äthyl]-amin auf 170° (*Brown et al.*, Soc. **1957** 1544, 1547).

Hydrochlorid $C_9H_{13}BrN_2O_2 \cdot HCl$. F: 145—146°.

(±)-2-[5-Brom-[2]pyridylamino]-1-phenyl-äthanol $C_{13}H_{13}BrN_2O$, Formel IV (R = CH_2-CH(OH)-C_6H_5).

B. Beim Behandeln von *N*-[5-Brom-[2]pyridyl]-DL-mandelamid mit LiAlH₄ in 1,2-Di‍

methoxy-äthan (*Gray, Heitmeier*, Am. Soc. **81** [1959] 4347, 4349, 4350).

F: 110—111° [korr.].

Hydrochlorid $C_{13}H_{13}BrN_2O \cdot HCl$. F: 185—187° [korr.; Zers.].

V

VI

*5-Brom-2-salicylidenamino-pyridin, Salicylaldehyd-[5-brom-[2]pyridylimin]
$C_{12}H_9BrN_2O$, Formel VI.

B. Beim Erwärmen von 5-Brom-[2]pyridylamin mit Salicylaldehyd in Äthanol
(*Šawitsch et al.*, Vestnik Moskovsk. Univ **11** [1956] Nr. 1, S. 225, 226; C. A. **1959** 1334).

Gelbe Kristalle (aus Butan-1-ol); F: 131—132° (*Ša. et al.*, Vestnik Moskovsk. Univ.
11 Nr. 1, S. 226).

Uranyl(VI)-Salz $UO_2 (C_{12}H_8BrN_2O)_2$. Rot (*Sawitsch et al.*, Ž. neorg. Chim. **1** [1956]
2736, 2738; engl. Ausg. **1** Nr. 12, S. 94, 96).

N,N'-Bis-[5-brom-[2]pyridyl]-formamidin $C_{11}H_8Br_2N_4$, Formel VII.

B. Aus 5-Brom-[2]pyridylamin und Orthoameisensäure-triäthylester (*Takahashi et al.*,
J. pharm. Soc. Japan **64** [1944] Nr. 11, S. 55; C. A. **1951** 8530).

F: 184—186°.

N-[5-Brom-[2]pyridyl]-malonamidsäure $C_8H_7BrN_2O_3$, Formel IV
(R = CO-CH$_2$-CO-OH).

B. Beim Behandeln von N-[5-Brom-[2]pyridyl]-malonamidsäure-äthylester mit konz.
H_2SO_4 (*Kutscherowa et al.*, Ž. obšč. Chim. **16** [1946] 1706, 1712; C. A. **1947** 6242).
Kristalle (aus Me. + Acn.); Zers. bei 152—153°.

N-[5-Brom-[2]pyridyl]-malonamidsäure-äthylester $C_{10}H_{11}BrN_2O_3$, Formel IV
(R = CO-CH$_2$-CO-O-C$_2$H$_5$).

B. Neben kleineren Mengen N,N'-Bis-[5-brom-[2]pyridyl]-malonamid beim Erhitzen
von 5-Brom-[2]pyridylamin mit Malonsäure-diäthylester auf 195° (*Kutscherowa et al.*,
Ž. obšč. Chim. **16** [1946] 1706, 1710; C. A. **1947** 6242).
Kristalle (aus wss. Acn.); F: 106—107°.

VII

VIII

N-[5-Brom-[2]pyridyl]-N'-[5-chlor-[2]pyridyl]-malonamid $C_{13}H_{10}BrClN_4O_2$, Formel VIII
(X = Cl).

B. Beim Erhitzen von N-[5-Chlor-[2]pyridyl]-malonamidsäure-äthylester mit 5-Brom-
[2]pyridylamin sowie von N-[5-Brom-[2]pyridyl]-malonamidsäure-äthylester mit
5-Chlor-[2]pyridylamin auf 190—200° (*Kutscherowa et al.*, Ž. obšč. Chim. **16** [1946]
1706, 1711; C. A. **1947** 6242).
Kristalle (aus A. + Py.); F: 235—236°.

N,N'-Bis-[5-brom-[2]pyridyl]-malonamid $C_{13}H_{10}Br_2N_4O_2$, Formel VIII (X = Br).

B. Beim Erhitzen von N-[5-Brom-[2]pyridyl]-malonamidsäure-äthylester mit 5-Brom-
[2]pyridylamin auf 190—200° (*Kutscherowa et al.*, Ž. obšč. Chim. **16** [1946] 1706, 1711;
C. A. **1947** 6242). Neben N-[5-Brom-[2]pyridyl]-malonamidsäure-äthylester beim Erhitzen
von 5-Brom-[2]pyridylamin mit Malonsäure-diäthylester auf 195° (*Ku. et al.*, l. c. S. 1710).
Kristalle; F: 245—246° [korr.; nach Chromatographie] (*Ingalls, Popp*, J. heterocycl.
Chem. **4** [1967] 523, 524), 238—239° [aus Acn. + Py.] (*Ku. et al.*).

N-[5-Brom-[2]pyridyl]-*β*-alanin $C_8H_9BrN_2O_2$, Formel IV (R = CH_2-CH_2-CO-OH) auf S. 4031.

B. Beim Erwärmen von 5-Brom-[2]pyridylamin mit 3-Hydroxy-propionsäure-lacton in Aceton (*Hurd, Hayoa*, Am. Soc. **77** [1955] 117, 120).

Kristalle (aus wss. Me.); F: 221° [Zers.]. IR-Banden (KBr; 3,1—15,5 μ): *Hurd, Ha.*, l. c. S. 118. λ_{max} (A.): 252 nm und 318 nm.

5-Brom-2-DL-mandeloylamino-pyridin, *N*-[5-Brom-[2]pyridyl]-DL-mandelamid $C_{13}H_{11}BrN_2O_2$, Formel IV (R = CO-CH(OH)-C_6H_5) auf S. 4031.

B. Beim Erhitzen von 5-Brom-[2]pyridylamin mit DL-Mandelsäure in Xylol unter Abtrennen des entstehenden H_2O (*Gray, Heitmeier*, Am. Soc. **81** [1959] 4347, 4349).

F: 155—156° [korr.].

Hydrochlorid $C_{13}H_{11}BrN_2O_2 \cdot HCl$. F: 175° [korr.; Zers.].

3-Hydroxy-[2]naphthoesäure-[5-brom-[2]pyridylamid] $C_{16}H_{11}BrN_2O_2$, Formel IX.

B. Beim Erhitzen von 5-Brom-[2]pyridylamin mit 3-Hydroxy-[2]naphthoylchlorid in Toluol (*Mangini et al.*, Pubbl. Ist. Chim. ind. Univ. Bologna **1943** Nr. 9, S. 1, 21).

Kristalle (aus Dioxan); F: 278°.

IX   X

3-[5-Brom-[2]pyridylimino]-buttersäure-äthylester $C_{11}H_{13}BrN_2O_2$ und Tautomeres.

3-[5-Brom-[2]pyridylamino]-crotonsäure-äthylester $C_{11}H_{13}BrN_2O_2$, Formel X.

Diese Konstitution kommt der nachstehend beschriebenen, von *Kutscherow* (Ž. obšč. Chim. **21** [1951] 1145; engl. Ausg. S. 1249) als 3-[5-Brom-2-imino-2*H*-[1]pyridyl]-crotonsäure-äthylester angesehenen Verbindung zu (*Adams, Pachter*, Am. Soc. **74** [1952] 5491, 5494).

B. Beim Erwärmen von 5-Brom-[2]pyridylamin mit Acetessigsäure-äthylester in wenig konz. H_2SO_4 enthaltendem Äthanol (*Ku.*, l. c. S. 1148).

Kristalle (aus A.); F: 89—90° (*Ku.*). UV-Spektrum (A.; 200—400 nm): *Adams, Pachter*, Am. Soc. **74** 5495, **75** [1953] 6357.

Die beim Behandeln mit konz. H_2SO_4 oder beim Erhitzen mit H_2O erhaltene, von *Kutscherow* (l. c.) als 7-Brom-4-methyl-pyrido[1,2-*a*]pyrimidin-2-on angesehene Verbindung (F: 169—171°) ist als 7-Brom-2-methyl-pyrido[1,2-*a*]pyrimidin-4-on zu formulieren (*Ad., Pa.*).

3-[5-Brom-[2]pyridylimino]-buttersäure-[5-chlor-[2]pyridylamid] $C_{14}H_{12}BrClN_4O$ und Tautomeres.

3-[5-Brom-[2]pyridylamino]-crotonsäure-[5-chlor-[2]pyridylamid] $C_{14}H_{12}BrClN_4O$, Formel XI (X = Cl).

B. Aus *N*-[5-Chlor-[2]pyridyl]-acetoacetamid und 5-Brom-[2]pyridylamin beim Erwärmen mit konz. H_2SO_4 in Äthanol (*Kutscherow*, Ž. obšč. Chim. **21** [1951] 1145, 1149; engl. Ausg. S. 1249, 1253).

F: 241—242°.

XI   XII

2-Acetoacetylamino-5-brom-pyridin, *N*-[5-Brom-[2]pyridyl]-acetoacetamid $C_9H_9BrN_2O_2$. Formel XII, und Tautomeres.

B. Als Hauptprodukt neben 3-[5-Brom-[2]pyridylamino]-crotonsäure-[5-brom-[2]pyridylamid] (S. 4034) und 3-[5-Brom-[2]pyridylamino]-crotonsäure-äthylester (s. o.) beim Erhitzen von 5-Brom-[2]pyridylamin mit Acetessigsäure-äthylester auf 160—170° (*Kutscherow*, Ž. obšč. Chim. **20** [1950] 1890, 1893; engl. Ausg. S. 1957, 1960).

Kristalle (aus Me.); F: 164—165° (*Ku.*).

Beim Erwärmen mit konz. H_2SO_4 sind 7-Brom-2-methyl-pyrido[1,2-*a*]pyrimidin-4-on (von *Kutscherow* irrtümlich als 7-Brom-4-methyl-pyrido[1,2-*a*]pyrimidin-2-on angesehen; s. dazu *Adams, Pachter*, Am. Soc. **74** [1952] 5491, 5494) und kleinere Mengen 5-Brom-[2]pyridylamin erhalten worden (*Ku.*, l. c. S. 1897).

3-[5-Chlor-[2]pyridylimino]-buttersäure-[5-brom-[2]pyridylamid] $C_{14}H_{12}BrClN_4O$ und Tautomeres.

3-[5-Chlor-[2]pyridylamino]-crotonsäure-[5-brom-[2]pyridylamid] $C_{14}H_{12}BrClN_4O$, Formel XIII.

B. Aus *N*-[5-Brom-[2]pyridyl]-acetoacetamid und 5-Chlor-[2]pyridylamin beim Erwärmen mit konz. H_2SO_4 in Äthanol (*Kutscherow*, Ž. obšč. Chim. **21** [1951] 1145, 1149; engl. Ausg. S. 1249, 1253).

Kristalle (aus $CHCl_3$); F: 243—244°.

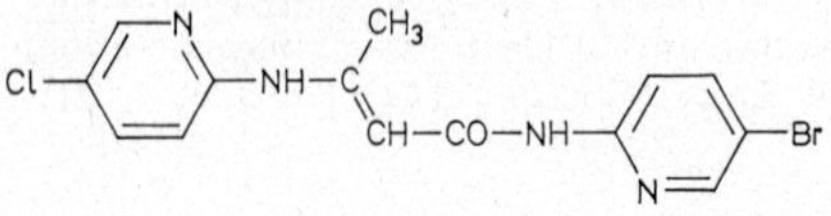

          XIII 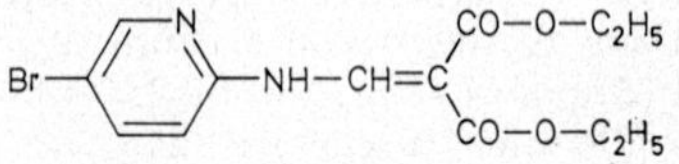   XIV

3-[5-Brom-[2]pyridylimino]-buttersäure-[5-brom-[2]pyridylamid] $C_{14}H_{12}Br_2N_4O$ und Tautomeres.

3-[5-Brom-[2]pyridylamino]-crotonsäure-[5-brom-[2]pyridylamid] $C_{14}H_{12}Br_2N_4O$, Formel XI (X = Br).

B. Aus *N*-[5-Brom-[2]pyridyl]-acetoacetamid und 5-Brom-[2]pyridylamin beim Erhitzen unter vermindertem Druck auf 155—160° (*Kutscherow*, Ž. obšč. Chim. **20** [1950] 1890, 1895; engl. Ausg. S. 1957, 1962) sowie beim Erwärmen mit konz. H_2SO_4 in Äthanol (*Kutscherow*, Ž. obšč. Chim. **21** [1951] 1145, 1149; engl. Ausg. S. 1249, 1252). Eine weitere Bildungsweise s. S. 4033 im Artikel *N*-[5-Brom-[2]pyridyl]-acetoacetamid.

Kristalle (aus $CHCl_3$); F: 240—241°.

[(5-Brom-[2]pyridylimino)-methyl]-malonsäure-diäthylester $C_{13}H_{15}BrN_2O_4$ und Tautomeres.

[(5-Brom-[2]pyridylamino)-methylen]-malonsäure-diäthylester $C_{13}H_{15}BrN_2O_4$, Formel XIV.

B. Beim Erhitzen von 5-Brom-[2]pyridylamin mit Äthoxymethylen-malonsäure-diäthylester auf 110° (*Lappin*, Am. Soc. **70** [1948] 3348).

Kristalle (aus A.); F: 117—118° [unkorr.].

N'-[5-Brom-[2]pyridyl]-N,N-dimethyl-äthylendiamin $C_9H_{14}BrN_3$, Formel I.

B. Beim Behandeln von 5-Brom-[2]pyridylamin mit KNH_2 in flüssigem NH_3 und Erhitzen des Reaktionsprodukts mit [2-Chlor-äthyl]-dimethyl-amin in Toluol (*Clark et al.*, J. org. Chem. **14** [1949] 216, 222). Beim Behandeln von N,N-Dimethyl-N'-[2]pyridyl-äthylendiamin in H_2O oder $CHCl_3$ mit Brom (*Cl. et al.*).

$Kp_{0,1}$: 102—106°. n_D^{30}: 1,5745.

Dihydrochlorid $C_9H_{14}BrN_3 \cdot 2\,HCl$. Kristalle (aus A.); F: 226—228° [korr.; Zers.].

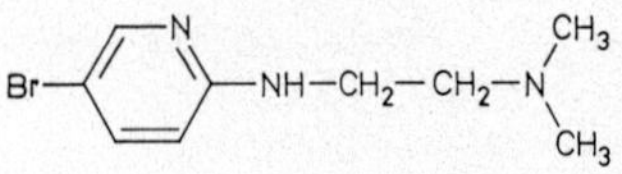

          I 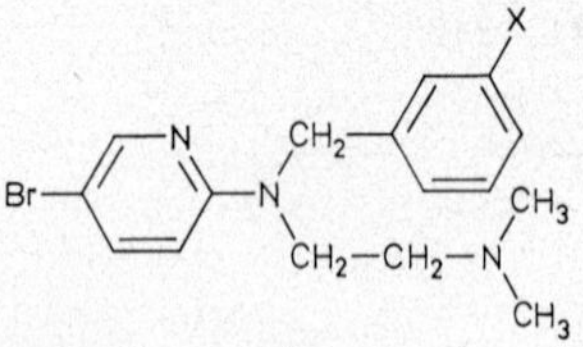   II

N-Benzyl-N-[5-brom-[2]pyridyl]-N',N'-dimethyl-äthylendiamin $C_{16}H_{20}BrN_3$, Formel II (X = H).

B. Beim Behandeln von *N*-Benzyl-N',N'-dimethyl-*N*-[2]pyridyl-äthylendiamin-hydrochlorid mit Brom in verd. wss. HCl (*Vaughan et al.*, J. org. Chem. **14** [1949] 228, 232). Aus N'-[5-Brom-[2]pyridyl]-N,N-dimethyl-äthylendiamin und Benzylchlorid

(*Va. et al.*).

Hydrochlorid $C_{16}H_{20}BrN_3 \cdot HCl$. Kristalle; F: 180—182°.

N-[3-Brom-benzyl]-N-[5-brom-[2]pyridyl]-N',N'-dimethyl-äthylendiamin $C_{16}H_{19}Br_2N_3$, Formel II (X = Br).

B. Beim Behandeln von N-[3-Brom-benzyl]-N',N'-dimethyl-N-[2]pyridyl-äthylen≠diamin mit Brom in verd. wss. HCl (*Vaughan et al.*, J. org. Chem. **14** [1949] 228, 232).

Hydrochlorid $C_{16}H_{19}Br_2N_3 \cdot HCl$. Kristalle (aus E. + Butanon); F: 146,5—147,5° [korr.].

*3-Hydroxy-4-phenylazo-[2]naphthoesäure-[5-brom-[2]pyridylamid] $C_{22}H_{15}BrN_4O_2$, Formel III.

B. Beim Behandeln von 3-Hydroxy-[2]naphthoesäure-[5-brom-[2]pyridylamid] in wss.-äthanol. NaOH mit wss. Benzoldiazoniumchlorid-Lösung (*Mangini et al.*, Pubbl. Ist. Chim. ind. Univ. Bologna **1943** Nr. 9, S. 1, 25, 26).

Kristalle (aus Dioxan); F: 218°. Absorptionsspektrum (Nitrobenzol; 445—620 nm): *Ma. et al.*, l. c. S. 10.

N-[5-Brom-[2]pyridyl]-N',N'-dimethyl-N-[2]thienylmethyl-äthylendiamin $C_{14}H_{18}BrN_3S$, Formel IV (R = H).

B. In geringer Menge aus N'-[5-Brom-[2]pyridyl]-N,N-dimethyl-äthylendiamin und 2-Chlormethyl-thiophen mit Hilfe von KNH_2 in Toluol (*Clark et al.*, J. org. Chem. **14** [1949] 216, 218).

$Kp_{0,6}$: 175—185°.

Hydrochlorid $C_{14}H_{18}BrN_3S \cdot HCl$. Kristalle (aus Butanon); F: 140—141° [korr.].

III   IV

N-[5-Brom-[2]pyridyl]-N-[5-chlor-[2]thienylmethyl]-N',N'-dimethyl-äthylendiamin $C_{14}H_{17}BrClN_3S$, Formel IV (R = Cl).

B. Beim Behandeln von N-[5-Chlor-[2]thienylmethyl]-N',N'-dimethyl-N-[2]pyridyl-äthylendiamin-hydrochlorid mit Brom in $CHCl_3$ (*Clark et al.*, J. org. Chem. **14** [1949] 216, 222). Aus N'-[5-Brom-[2]pyridyl]-N,N-dimethyl-äthylendiamin und 2-Chlor-5-chlormethyl-thiophen mit Hilfe von $NaNH_2$ (*Cl. et al.*, l. c. S. 218).

Hydrochlorid $C_{14}H_{17}BrClN_3S \cdot HCl$. Kristalle (aus E. oder Butanon); F: 136—137° [korr.].

N-[5-Brom-[2]pyridyl]-N-[5-brom-[2]thienylmethyl]-N',N'-dimethyl-äthylendiamin $C_{14}H_{17}Br_2N_3S$, Formel IV (R = Br).

B. Beim Behandeln von N-[5-Brom-[2]thienylmethyl]-N',N'-dimethyl-N-[2]pyridyl-äthylendiamin-hydrochlorid mit Brom in $CHCl_3$ (*Clark et al.*, J. org. Chem. **14** [1949] 216, 222). Aus N'-[5-Brom-[2]pyridyl]-N,N-dimethyl-äthylendiamin und 2-Brom-5-brommethyl-thiophen mit Hilfe von NaH (*Cl. et al.*, l. c. S. 219).

$Kp_{0,0001}$: 175—190°.

Hydrochlorid $C_{14}H_{17}Br_2N_3S \cdot HCl$. Kristalle (aus Butanon); F: 164—164,5° [korr.].

N-[5-Brom-[2]pyridyl]-N-[5-*tert*-butyl-[2]thienylmethyl]-N',N'-dimethyl-äthylendiamin $C_{18}H_{26}BrN_3S$, Formel IV (R = $C(CH_3)_3$).

B. In geringer Menge aus N'-[5-Brom-[2]pyridyl]-N,N-dimethyl-äthylendiamin, 2-*tert*-Butyl-5-chlormethyl-thiophen (E III/IV **17** 318) und NaH (*Clark et al.*, J. org. Chem. **14** [1949] 216, 219).

Hydrochlorid $C_{18}H_{26}BrN_3S \cdot HCl$. Kristalle (aus Butanon); F: 175—176° [korr.].

1-Äthyl-2-[2-(5-brom-[2]pyridylamino)-vinyl]-pyridinium $[C_{14}H_{15}BrN_3]^+$, Formel V, und Tautomeres.

Jodid $[C_{14}H_{15}BrN_3]I$. B. Beim Erhitzen von N,N'-Bis-[5-brom-[2]pyridyl]-formamidin mit 1-Äthyl-2-methyl-pyridinium-jodid auf ca. 115° (*Takahashi et al.*, J. pharm. Soc. Japan **69** [1949] 233; C. A. **1950** 1979). — Gelbe Kristalle; Zers. bei 155°.

4-[2-(5-Brom-[2]pyridylamino)-vinyl]-1-methyl-pyridinium $[C_{13}H_{13}BrN_3]^+$, Formel VI (R = CH₃), und Tautomeres.

Jodid $[C_{13}H_{13}BrN_3]$I. *B.* Beim Erhitzen von N,N'-Bis-[5-brom-[2]pyridyl]-formamidin mit 1,4-Dimethyl-pyridinium-jodid auf 150° (*Takahashi et al.*, J. pharm. Soc. Japan **74** [1954] 1212, 1214; C. A. **1955** 14737). — Gelbbraune Kristalle (aus Me.); Zers. bei 248°.

V   VI

1-Äthyl-4-[2-(5-brom-[2]pyridylamino)-vinyl]-pyridinium $[C_{14}H_{15}BrN_3]^+$, Formel VI (R = C₂H₅), und Tautomeres.

Bromid $[C_{14}H_{15}BrN_3]$Br. *B.* Beim Erhitzen von N,N'-Bis-[5-brom-[2]pyridyl]-form‑amidin mit 1-Äthyl-4-methyl-pyridinium-bromid auf 150—160° (*Takahashi, Sato*, J. pharm. Soc. Japan **78** [1958] 467, 471; C. A. **1958** 17257). — Orangefarbene Kristalle (aus A.); F: 186° [Zers.] (*Ta., Sato*).

Jodid $[C_{14}H_{15}BrN_3]$I. *B.* Beim Erhitzen von 1-Äthyl-4-methyl-pyridinium-jodid mit N,N'-Bis-[5-brom-[2]pyridyl]-formamidin auf 140—150° (*Takahashi et al.*, J. pharm. Soc. Japan **74** [1954] 1212, 1214; C. A. **1955** 14737). — Gelbe Kristalle (aus A.); Zers. bei 215° (*Ta. et al.*).

4-[2-(5-Brom-[2]pyridylamino)-vinyl]-1-propyl-pyridinium $[C_{15}H_{17}BrN_3]^+$, Formel VI (R = CH₂-CH₂-CH₃), und Tautomeres.

Jodid $[C_{15}H_{17}BrN_3]$I. *B.* Beim Erhitzen von N,N'-Bis-[5-brom-[2]pyridyl]-formamidin mit 4-Methyl-1-propyl-pyridinium-jodid auf 135—145° (*Takahashi et al.*, J. pharm. Soc. Japan **74** [1954] 1212, 1214; C. A. **1955** 14737). — Gelbbraune Kristalle (aus A.); Zers. bei 200,5°.

4-[2-(5-Brom-[2]pyridylamino)-1-methyl-vinyl]-1-methyl-pyridinium $[C_{14}H_{15}BrN_3]^+$, Formel VII (R = CH₃), und Tautomeres.

Jodid $[C_{14}H_{15}BrN_3]$I. *B.* Beim Erhitzen von N,N'-Bis-[5-brom-[2]pyridyl]-formamidin mit 4-Äthyl-1-methyl-pyridinium-jodid auf 140—145° (*Takahashi et al.*, J. pharm. Soc. Japan **74** [1954] 577, 579; C. A. **1954** 11412). — Gelbbraune Kristalle (aus A.); Zers. bei 275—276,5°.

1-Äthyl-4-[2-(5-brom-[2]pyridylamino)-1-methyl-vinyl]-pyridinium $[C_{15}H_{17}BrN_3]^+$, Formel VII (R = C₂H₅), und Tautomeres.

Jodid $[C_{15}H_{17}BrN_3]$I. *B.* Beim Erhitzen von N,N'-Bis-[5-brom-[2]pyridyl]-formamidin mit 1,4-Diäthyl-pyridinium-jodid auf 145° (*Takahashi et al.*, J. pharm. Soc. Japan **74** [1954] 577, 579, C. A. **1954** 11412). — Orangegelbe Kristalle (aus A.); Zers. bei 250°.

4-[2-(5-Brom-[2]pyridylamino)-1-methyl-vinyl]-1-propyl-pyridinium $[C_{16}H_{19}BrN_3]^+$, Formel VII (R = CH₂-CH₂-CH₃), und Tautomeres.

Jodid $[C_{16}H_{19}BrN_3]$I. *B.* Beim Erhitzen von N,N'-Bis-[5-brom-[2]pyridyl]-formamidin mit 4-Äthyl-1-propyl-pyridinium-jodid auf 140° (*Takahashi et al.*, J. pharm. Soc. Japan **74** [1954] 577, 579; C. A. **1954** 11412). — Gelbe Kristalle (aus A.); Zers. bei 227°.

4-[2-(5-Brom-[2]pyridylamino)-1-methyl-vinyl]-1-isopentyl-pyridinium $[C_{18}H_{23}BrN_3]^+$, Formel VII (R = CH₂-CH₂-CH(CH₃)₂), und Tautomeres.

Jodid $[C_{18}H_{23}BrN_3]$I. *B.* Beim Erhitzen von N,N'-Bis-[5-brom-[2]pyridyl]-formamidin mit 4-Äthyl-1-isopentyl-pyridinium-jodid auf 135—140° (*Takahashi et al.*, J. pharm. Soc. Japan **74** [1954] 577, 579; C. A. **1954** 11412). — Orangegelbe Kristalle (aus A.); Zers. bei 238,5—239°.

4-[2-(5-Brom-[2]pyridylamino)-1-methyl-vinyl]-1-methyl-vinyl]-1-heptyl-pyridinium [C$_{20}$H$_{27}$BrN$_3$]$^+$,
Formel VII (R = CH$_2$-[CH$_2$]$_5$-CH$_3$), und Tautomeres.

Jodid [C$_{20}$H$_{27}$BrN$_3$]I. *B.* Beim Erhitzen von *N,N'*-Bis-[5-brom-[2]pyridyl]-formamidin mit 4-Äthyl-1-heptyl-pyridinium-jodid auf 140° (*Takahashi et al.*, J. pharm. Soc. Japan **74** [1954] 577, 579; C. A. **1954** 11412). — Gelbe Kristalle (aus A.); F: 145—146°.

VII   VIII

1-Äthyl-2-[2-(5-brom-[2]pyridylamino)-vinyl]-6-methyl-pyridinium [C$_{15}$H$_{17}$BrN$_3$]$^+$,
Formel VIII (R = C$_2$H$_5$), und Tautomeres.

Jodid [C$_{15}$H$_{17}$BrN$_3$]I. *B.* Beim Erhitzen von *N,N'*-Bis-[5-brom-[2]pyridyl]-formamidin mit 1-Äthyl-2,6-dimethyl-pyridinium-jodid (*Takahashi et al.*, J. pharm. Soc. Japan **69** [1949] 233; C. A. **1950** 1979; J. pharm. Soc. Japan **74** [1954] 577, 578; C. A. **1954** 11412). — Gelbe Kristalle (aus Me.); Zers. bei 237°.

2-[2-(5-Brom-[2]pyridylamino)-vinyl]-6-methyl-1-propyl-pyridinium [C$_{16}$H$_{19}$BrN$_3$]$^+$,
Formel VIII (R = CH$_2$-CH$_2$-CH$_3$), und Tautomeres.

Jodid [C$_{16}$H$_{19}$BrN$_3$]I. *B.* Beim Erhitzen von *N,N'*-Bis-[5-brom-[2]pyridyl]-formamidin mit 2,6-Dimethyl-1-propyl-pyridinium-jodid auf ca. 140° (*Takahashi, Satake*, J. pharm. Soc. Japan **73** [1953] 222, 223; C. A. **1954** 2043). — Gelbe Kristalle (aus A.); Zers. bei 218°.

2-[2-(5-Brom-[2]pyridylamino)-vinyl]-1-butyl-6-methyl-pyridinium [C$_{17}$H$_{21}$BrN$_3$]$^+$,
Formel VIII (R = CH$_2$-[CH$_2$]$_2$-CH$_3$), und Tautomeres.

Jodid [C$_{17}$H$_{21}$BrN$_3$]I. *B.* Beim Erhitzen von *N,N'*-Bis-[5-brom-[2]pyridyl]-formamidin mit 1-Butyl-2,6-dimethyl-pyridinium-jodid auf ca. 140° (*Takahashi, Satake*, J. pharm. Soc. Japan **73** [1953] 222, 224; C. A. **1954** 2043). — Gelbe Kristalle (aus A.); Zers. bei 240°.

2-[2-(5-Brom-[2]pyridylamino)-vinyl]-1-isopentyl-6-methyl-pyridinium
[C$_{18}$H$_{23}$BrN$_3$]$^+$, Formel VIII (R = CH$_2$-CH$_2$-CH(CH$_3$)$_2$), und Tautomeres.

Jodid [C$_{18}$H$_{23}$BrN$_3$]I. *B.* Beim Erhitzen von *N,N'*-Bis-[5-brom-[2]pyridyl]-formamidin mit 1-Isopentyl-2,6-dimethyl-pyridinium-jodid auf ca. 140° (*Takahashi, Satake*, J. pharm. Soc. Japan **73** [1953] 222, 224; C. A. **1954** 2043). — Gelbe Kristalle (aus A.); Zers. bei 248°.

2-[2-(5-Brom-[2]pyridylamino)-vinyl]-1-heptyl-6-methyl-pyridinium [C$_{20}$H$_{27}$BrN$_3$]$^+$,
Formel VIII (R = CH$_2$-[CH$_2$]$_5$-CH$_3$), und Tautomeres.

Jodid [C$_{20}$H$_{27}$BrN$_3$]I. *B.* Beim Erhitzen von *N,N'*-Bis-[5-brom-[2]pyridyl]-formamidin mit 1-Heptyl-2,6-dimethyl-pyridinium-jodid auf ca. 140° (*Takahashi, Satake*, J. pharm. Soc. Japan **73** [1953] 222, 224; C. A. **1954** 2043). — Gelbe Kristalle (aus A.); Zers. bei 238°.

2-[2-(5-Brom-[2]pyridylamino)-vinyl]-6-methyl-1-octyl-pyridinium [C$_{21}$H$_{29}$BrN$_3$]$^+$,
Formel VIII (R = CH$_2$-[CH$_2$]$_6$-CH$_3$), und Tautomeres.

Jodid [C$_{21}$H$_{29}$BrN$_3$]I. *B.* Beim Erhitzen von *N,N'*-Bis-[5-brom-[2]pyridyl]-formamidin mit 2,6-Dimethyl-1-octyl-pyridinium-jodid auf ca. 140° (*Takahashi, Satake*, J. pharm. Soc. Japan **73** [1953] 222, 224; C. A. **1954** 2043). — Gelbe Kristalle (aus A.); Zers. bei 196°.

2-[2-(5-Brom-[2]pyridylamino)-vinyl]-1,4,6-trimethyl-pyridinium [C$_{15}$H$_{17}$BrN$_3$]$^+$,
Formel IX, und Tautomeres.

Jodid [C$_{15}$H$_{17}$BrN$_3$]I. *B.* Beim Erhitzen von *N,N'*-Bis-[5-brom-[2]pyridyl]-formamidin mit 1,2,4,6-Tetramethyl-pyridinium-jodid auf ca. 170° (*Takahashi et al.*, J. pharm. Soc. Japan **69** [1949] 144; C. A. **1950** 1978). — Gelbe Kristalle (aus Me.); Zers. bei 197°.

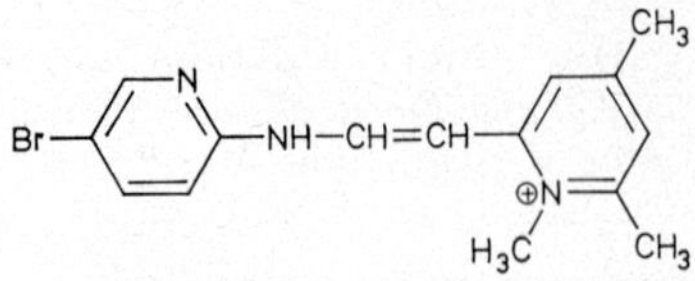

IX

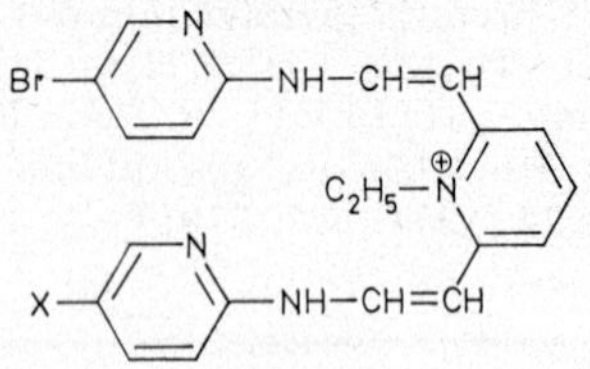

X

1-Äthyl-2-[2-(5-brom-[2]pyridylamino)-vinyl]-6-[2-(5-chlor-[2]pyridylamino)-vinyl]-pyridinium $[C_{21}H_{20}BrClN_5]^+$, Formel X (X = Cl), und Tautomeres.

Jodid $[C_{21}H_{20}BrClN_5]$I. *B.* Beim Erhitzen von 1-Äthyl-2-[2-(5-brom-[2]pyridylamino)-vinyl]-6-methyl-pyridinium-jodid mit *N,N′*-Bis-[5-chlor-[2]pyridyl]-formamidin auf ca. 190° (*Takahashi et al.*, J. pharm. Soc. Japan **74** [1954] 577, 578; C. A. **1954** 11412). — Gelbbraune Kristalle (aus Me.); Zers. bei 281,5°.

1-Äthyl-2,6-bis-[2-(5-brom-[2]pyridylamino)-vinyl]-pyridinium $[C_{21}H_{20}Br_2N_5]^+$, Formel X (X = Br), und Tautomeres.

Jodid $[C_{21}H_{20}Br_2N_5]$I. *B.* Beim Erhitzen von 1-Äthyl-2-[2-(5-brom-[2]pyridylamino)-vinyl]-6-methyl-pyridinium-jodid mit *N,N′*-Bis-[5-brom-[2]pyridyl]-formamidin auf ca. 190° (*Takahashi et al.*, J. pharm. Soc. Japan **74** [1954] 577, 578; C. A. **1954** 11412). In geringer Menge neben 1-Äthyl-2-[2-(5-brom-[2]pyridylamino)-vinyl]-6-methyl-pyridinium-jodid beim Erhitzen von *N,N′*-Bis-[5-brom-[2]pyridyl]-formamidin mit 1-Äthyl-2,6-di=methyl-pyridinium-jodid auf ca. 160° (*Ta. et al.*). — Orangegelbe Kristalle (aus Me.); Zers. bei 277°.

2-[2-(5-Brom-[2]pyridylamino)-vinyl]-6-methoxy-1-methyl-chinolinium $[C_{18}H_{17}BrN_3O]^+$, Formel XI (X = O-CH$_3$), und Tautomeres.

Jodid $[C_{18}H_{17}BrN_3O]$I. *B.* Beim Erhitzen von *N,N′*-Bis-[5-brom-[2]pyridyl]-formamidin mit 6-Methoxy-1,2-dimethyl-chinolinium-jodid (*Takahashi, Satake*, J. pharm. Soc. Japan **71** [1951] 426, 428; C. A. **1952** 4532). — Gelbbraune Kristalle; F: 230°.

6-Äthoxy-2-[2-(5-brom-[2]pyridylamino)-vinyl]-1-methyl-chinolinium $[C_{19}H_{19}BrN_3O]^+$, Formel XI (X = O-C$_2$H$_5$), und Tautomeres.

Jodid $[C_{19}H_{19}BrN_3O]$I. *B.* Beim Erhitzen von *N,N′*-Bis-[5-brom-[2]pyridyl]-formamidin mit 6-Äthoxy-1,2-dimethyl-chinolinium-jodid (*Takahashi, Satake*, J. pharm. Soc. Japan **71** [1951] 426, 429; C. A. **1952** 4532). — Braune Kristalle; F: 239°.

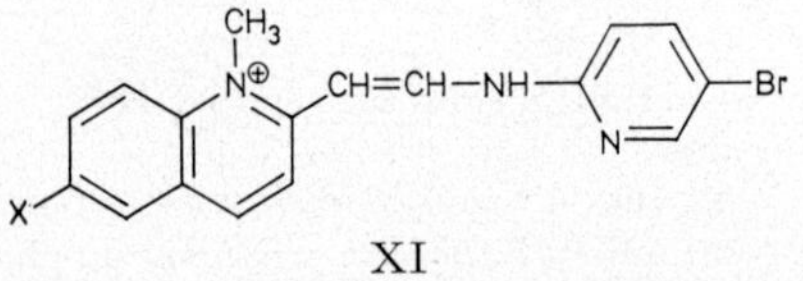

XI

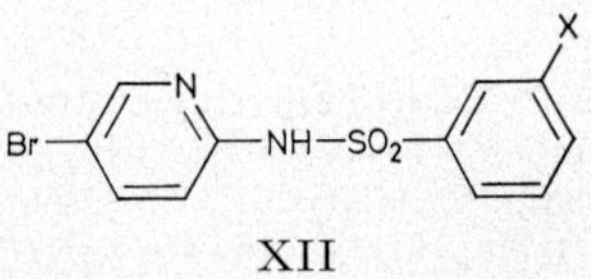

XII

2-[2-(5-Brom-[2]pyridylamino)-vinyl]-1-methyl-6-methylmercapto-chinolinium $[C_{18}H_{17}BrN_3S]^+$, Formel XI (X = S-CH$_3$), und Tautomeres.

Jodid $[C_{18}H_{17}BrN_3S]$I. *B.* Beim Erhitzen von *N,N′*-Bis-[5-brom-[2]pyridyl]-formamidin mit 1,2-Dimethyl-6-methylmercapto-chinolinium-jodid bis auf 140—150° (*Takahashi et al.*, J. pharm. Soc. Japan **66** [1946] Ausg. B, S. 3; C. A. **1951** 8531). — Gelbbraune Kristalle (aus Me.); Zers. bei 210°.

3-Nitro-benzolsulfonsäure-[5-brom-[2]pyridylamid] $C_{11}H_8BrN_3O_4S$, Formel XII (X = NO$_2$).

B. Beim Behandeln von 5-Brom-[2]pyridylamin mit 3-Nitro-benzolsulfonylchlorid in Pyridin (*English et al.*, Am. Soc. **68** [1946] 1039, 1044, 1045).

F: 200—202° [korr.].

5-Brom-2-taurylamino-pyridin, 2-Amino-äthansulfonsäure-[5-brom-[2]pyridylamid],
Taurin-[5-brom-[2]pyridylamid] $C_7H_{10}BrN_3O_2S$, Formel I.
B. Beim Erwärmen von 2-Phthalimido-äthansulfonsäure-[5-brom-[2]pyridylamid] mit
$N_2H_4 \cdot H_2O$ in Äthanol und Erwärmen des Reaktionsprodukts mit wss. HCl (*Winter-bottom et al.*, Am. Soc. **69** [1947] 1393, 1399).
Kristalle (aus H_2O); F: 202—203° [korr.; Zers.].
Hydrochlorid $C_7H_{10}BrN_3O_2S \cdot HCl$. Kristalle (aus A.); F: 166—168° [korr.].

I   II

2-Phthalimido-äthansulfonsäure-[5-brom-[2]pyridylamid] $C_{15}H_{12}BrN_3O_4S$, Formel II.
B. Beim Behandeln von 5-Brom-[2]pyridylamin mit 2-Phthalimido-äthansulfonyl=
chlorid in Pyridin (*Winterbottom et al.*, Am. Soc. **69** [1947] 1393, 1397, 1398).
Kristalle (aus Eg. oder wss. Eg.); F: 205—206° [korr.].

2-D-Pantoylamino-äthansulfonsäure-[5-brom-[2]pyridylamid], *N*-[2-(5-Brom-[2]pyridyl=
sulfamoyl)-äthyl]-D-pantamid $C_{13}H_{20}BrN_3O_5S$, Formel III.
B. Beim Erwärmen von Taurin-[5-brom-[2]pyridylamid] mit äthanol. Kaliumäthylat
und mit D-Pantolacton [E III/IV **18** 22] (*Winterbottom et al.*, Am. Soc. **69** [1947] 1393,
1394, 1400).
Kristalle (aus H_2O); F: 159—160° [korr.]. $[\alpha]_D^{22-30}$: +30° [A.; c = 1—2].

3-Amino-benzolsulfonsäure-[5-brom-[2]pyridylamid] $C_{11}H_{10}BrN_3O_2S$, Formel XII
(X = NH_2).
B. Beim Einleiten von H_2S in eine Lösung von 3-Nitro-benzolsulfonsäure-[5-brom-
[2]pyridylamid] in wss. NH_3 (*English et al.*, Am. Soc. **68** [1946] 1039, 1040, 1044).
F: 196—198° [korr.].

III   IV

5-Brom-2-sulfanilylamino-pyridin, Sulfanilsäure-[5-brom-[2]pyridylamid]
$C_{11}H_{10}BrN_3O_2S$, Formel IV (X = NH_2).
B. Beim Erwärmen von *N*-Acetyl-sulfanilsäure-[5-brom-[2]pyridylamid] mit konz. HCl
(*Takahashi et al.*, J. pharm. Soc. Japan **66** [1946] Ausg. B, S. 1; C. A. **1952** 111). Beim
Erhitzen von 5-Brom-[2]pyridylamin mit *N*-Acetyl-sulfanilylchlorid in Pyridin und Erwär-
men des Reaktionsprodukts mit äthanol. KOH (*Roblin, Winnek*, Am. Soc. **62** [1940]
1999, 2000, 2001).
F: 199—200° [korr.] (*Ro., Wi.*). Scheinbare Dissoziationskonstanten K_a' und K_b' (potentiometrisch ermittelt): $7{,}1 \cdot 10^{-8}$ [H_2O (umgerechnet aus wss. A.)] bzw. $0{,}8 \cdot 10^{-12}$ [H_2O
(umgerechnet aus Eg.)] (*Bell, Roblin*, Am. Soc. **64** [1942] 2905, 2906). In 100 ml H_2O lösen
sich bei 37° 3,8 mg (*Ro., Wi.*).
Dihydrochlorid $C_{11}H_{10}BrN_3O_2S \cdot 2$ HCl. F: 185° (*Ta. et al.*).

**N-Acetyl-sulfanilsäure-[5-brom-[2]pyridylamid], Essigsäure-[4-(5-brom-[2]pyridyl=
sulfamoyl)-anilid]** $C_{13}H_{12}BrN_3O_3S$, Formel IV (X = NH-CO-CH$_3$).
B. Beim Erhitzen von 5-Brom-[2]pyridylamin mit *N*-Acetyl-sulfanilylchlorid auf 135°
(*Takahashi et al.*, J. pharm. Soc. Japan **66** [1946] Ausg. B. S. 1; C. A. **1952** 111).
Kristalle (aus Me.); F: 238°.

6-Brom-[2]pyridylamin $C_5H_5BrN_2$, Formel V (R = H).

Diese Verbindung hat in den früher (s. E II **2** 567 sowie *Bowden, Green*, Soc. **1952** 1164, 1166; *Kurtz*, A. **631** [1960] 21, 47) als 3-Brom-glutaronitril beschriebenen Präparaten vorgelegen (*Johnson et al.*, J. org. Chem. **27** [1962] 2473, 2474; *Little et al.*, Am. Soc. **80** [1958] 2832).

B. Neben kleineren Mengen Pyridin-2,6-diyldiamin beim Erhitzen von 2,6-Dibrompyridin mit wss. NH_3 auf 180° (*den Hertog, Wibaut*, R. **51** [1932] 381, 387, **55** [1936] 122, 125). Bei der Hydrierung von 4,6-Dibrom-[2]pyridylamin an Palladium/Kohle in methanol. NaOH (*den Hertog*, R. **65** [1946] 129, 137).

Kristalle (aus PAe.); F: 89—89,5° (*d. He., Wi.*, R. **51** 387), 86—88,5° (*d. He.*).

Beim Behandeln mit Brom in Essigsäure bei 0° sind 5,6-Dibrom-[2]pyridylamin und kleinere Mengen 3,5,6-Tribrom-[2]pyridylamin erhalten worden (*d. He.*).

Picrat. Kristalle (aus A.); F: 174—175° (*d. He., Wi.*, R. **55** 126).

2-Brom-6-diäthylamino-pyridin, Diäthyl-[6-brom-[2]pyridyl]-amin $C_9H_{13}BrN_2$, Formel V (R = C_2H_5).

B. Beim Erhitzen von 2,6-Dibrom-pyridin mit Diäthylamin in Äthanol auf 170—180° (*Bernstein et al.*, Am. Soc. **69** [1947] 1151, 1155).

Kp_4: 97—99°.

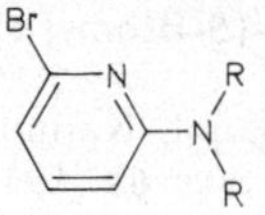

V 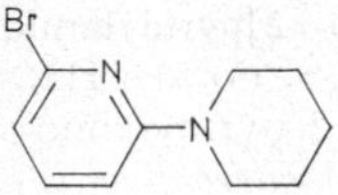   VI 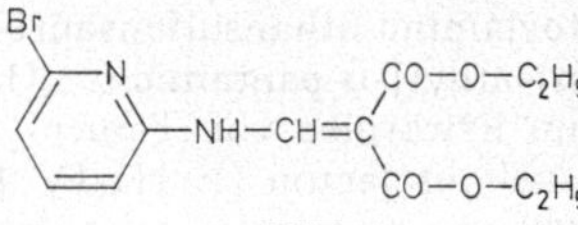   VII

6′-Brom-3,4,5,6-tetrahydro-2H-[1,2′]bipyridyl, 2-Brom-6-piperidino-pyridin $C_{10}H_{13}BrN_2$, Formel VI.

B. Beim Erhitzen von 2,6-Dibrom-pyridin in Pyridin mit Piperidin auf 160° (*den Hertog, Wibaut*, R. **55** [1936] 122, 128).

$Kp_{0,1}$: 120—125°.

[(6-Brom-[2]pyridylimino)-methyl]-malonsäure-diäthylester $C_{13}H_{15}BrN_2O_4$ und Tautomeres.

[(6-Brom-[2]pyridylamino)-methylen]-malonsäure-diäthylester $C_{13}H_{15}BrN_2O_4$, Formel VII.

B. Beim Erhitzen von 6-Brom-[2]pyridylamin mit Äthoxymethylen-malonsäure-diäthylester auf 110° (*Lappin*, Am. Soc. **70** [1948] 3348).

Kristalle (aus A.); F: 114—115° [unkorr.].

4-Brom-3-chlor-[2]pyridylamin $C_5H_4BrClN_2$, Formel VIII (X = Cl).

Konstitutionszuordnung: *den Hertog et al.*, R. **69** [1950] 673, 681.

B. Neben 2-Brom-3-chlor-[4]pyridylamin beim Erhitzen von 2,4-Dibrom-3-chlorpyridin mit wss. NH_3 auf 160° (*den Hertog*, R. **64** [1945] 85, 98).

Kristalle (aus PAe.); F: 112,5—113,5° (*d. He.*).

Bei der Hydrierung an Palladium/Kohle in äthanol. NaOH ist 3-Chlor-[2]pyridylamin erhalten worden (*d. He. et al.*).

3,4-Dibrom-[2]pyridylamin $C_5H_4Br_2N_2$, Formel VIII (X = Br).

B. Neben 2,3-Dibrom-[4]pyridylamin beim Erhitzen von 2,3,4-Tribrom-pyridin mit wss. NH_3 auf 150—160° (*den Hertog*, R. **64** [1945] 85, 99).

Kristalle (aus wss. A.); F: 128—129°.

VIII   IX   X

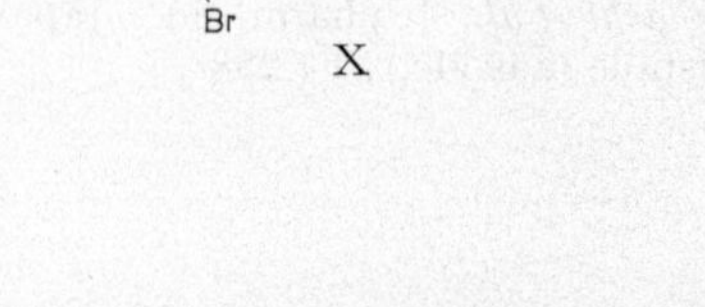

3,5-Dibrom-[2]pyridylamin $C_5H_4Br_2N_2$, Formel IX (R = H) (H 431; E I 631; E II 333).

B. Beim Behandeln von 3-Brom-[2]pyridylamin in wss. H_2SO_4 mit Brom in Essigsäure (*den Hertog*, R. **64** [1945] 85, 96).

Kristalle (aus PAe.); F: 103—104° (*d. He.*).

Beim Behandeln mit konz. H_2SO_4 und mit H_2SO_5 ist 3,5-Dibrom-2-nitro-pyridin erhalten worden (*den Hertog et al.*, R. **68** [1949] 275, 282).

3,5-Dibrom-2-dimethylamino-pyridin, [3,5-Dibrom-[2]pyridyl]-dimethyl-amin $C_7H_8Br_2N_2$, Formel IX (R = CH₃) (E II 334).

Picrat (E II 334). Die Kristalle sind piezoelektrisch (*Kopzik et al.*, Vestnik Moskovsk. Univ. **13** [1958] Nr. 6, S. 91, 94; C. A. **1959** 15673).

N,N'-**Bis-[3,5-dibrom-[2]pyridyl]-formamidin** $C_{11}H_6Br_4N_4$, Formel X.

B. Aus 3,5-Dibrom-[2]pyridylamin und Orthoameisensäure-triäthylester (*Takahashi et al.*, J. pharm. Soc. Japan **64** [1944] Nr. 11, S. 55; C. A. **1951** 8530).

F: 226°.

3-[3,5-Dibrom-[2]pyridylimino]-buttersäure-äthylester $C_{11}H_{12}Br_2N_2O_2$ und Tautomeres.

3-[3,5-Dibrom-[2]pyridylamino]-crotonsäure-äthylester $C_{11}H_{12}Br_2N_2O_2$, Formel XI.

B. Beim Erwärmen von 3,5-Dibrom-[2]pyridylamin mit Acetessigsäure-äthylester (*Adams, Pachter*, Am. Soc. **74** [1952] 5491, 5497).

Kristalle (aus PAe.); F: 110—111° [korr.] (*Ad., Pa.*, Am. Soc. **74** 5497). UV-Spektrum (A.; 200—400 nm): *Adams, Pachter*, Am. Soc. **74** 5495, **75** [1953] 6357.

Diese Verbindung hat vermutlich auch in einem von *Allen et al.* (Am. Soc. **66** [1944] 1805, 1808) erhaltenen, als 7,9-Dibrom-4-methyl-pyrido[1,2-*a*]pyrimidin-2-on ange-sehenen Präparat (Kristalle mit 1 Mol Äthanol) vorgelegen (*Ad., Pa.*, Am. Soc. **74** 5494).

XI　　　　　　　　　　　　　　　　　　XII

1-Äthyl-2-[2-(3,5-dibrom-[2]pyridylamino)-vinyl]-pyridinium $[C_{14}H_{14}Br_2N_3]^+$, Formel XII, und Tautomeres.

Jodid $[C_{14}H_{14}Br_2N_3]I$. *B.* Beim Erhitzen von N,N'-Bis-[3,5-dibrom-[2]pyridyl]-form-amidin mit 1-Äthyl-2-methyl-pyridinium-jodid auf ca. 110° (*Takahashi et al.*, J. pharm. Soc. Japan **69** [1949] 233; C. A. **1950** 1979). — Gelbe Kristalle; Zers. bei 180°.

4-[2-(3,5-Dibrom-[2]pyridylamino)-vinyl]-1-methyl-pyridinium $[C_{13}H_{12}Br_2N_3]^+$, Formel XIII (R = CH₃), und Tautomeres.

Jodid $[C_{13}H_{12}Br_2N_3]I$. *B.* Beim Erhitzen von N,N'-Bis-[3,5-dibrom-[2]pyridyl]-form-amidin mit 1,4-Dimethyl-pyridinium-jodid auf 190° (*Takahashi et al.*, J. pharm. Soc. Japan **74** [1954] 1212, 1214; C. A. **1955** 14737). — Gelbbraune Kristalle (aus Me.); Zers. bei 264°.

1-Äthyl-4-[2-(3,5-dibrom-[2]pyridylamino)-vinyl]-pyridinium $[C_{14}H_{14}Br_2N_3]^+$, Formel XIII (R = C₂H₅), und Tautomeres.

Bromid $[C_{14}H_{14}Br_2N_3]Br$. *B.* Beim Erhitzen von N,N'-Bis-[3,5-dibrom-[2]pyridyl]-formamidin mit 1-Äthyl-4-methyl-pyridinium-bromid auf 150—160° (*Takahashi, Sato*, J. pharm. Soc. Japan **78** [1958] 467, 471; C. A. **1958** 17257). — Gelbe Kristalle (aus A.); F: 219—220° [Zers.].

4-[2-(3,5-Dibrom-[2]pyridylamino)-1-methyl-vinyl]-1-methyl-pyridinium $[C_{14}H_{14}Br_2N_3]^+$, Formel XIV (R = CH₃), und Tautomeres.

Jodid $[C_{14}H_{14}Br_2N_3]I$. *B.* Beim Erhitzen von N,N'-Bis-[3,5-dibrom-[2]pyridyl]-form-amidin mit 4-Äthyl-1-methyl-pyridinium-jodid auf ca. 200° (*Takahashi et al.*, J. pharm. Soc. Japan **74** [1954] 580, 581; C. A. **1954** 11413). — Hellgelbe Kristalle (aus A.); Zers. bei 272,5—273°.

XIII   XIV

1-Äthyl-4-[2-(3,5-dibrom-[2]pyridylamino)-1-methyl-vinyl]-pyridinium

$[C_{15}H_{16}Br_2N_3]^+$, Formel XIV (R = C_2H_5), und Tautomeres.

Jodid $[C_{15}H_{16}Br_2N_3]I$. *B.* Beim Erhitzen von *N,N'*-Bis-[3,5-dibrom-[2]pyridyl]-form=
amidin mit 1,4-Diäthyl-pyridinium-jodid auf ca. 180° (*Takahashi et al.*, J. pharm. Soc.
Japan **74** [1954] 580, 582; C. A. **1954** 11413). — Gelbe Kristalle (aus A.); Zers. bei
253,5°.

4-[2-(3,5-Dibrom-[2]pyridylamino)-1-methyl-vinyl]-1-propyl-pyridinium

$[C_{16}H_{18}Br_2N_3]^+$, Formel XIV (R = CH_2-CH_2-CH_3), und Tautomeres.

Jodid $[C_{16}H_{18}Br_2N_3]I$. *B.* Beim Erhitzen von *N,N'*-Bis-[3,5-dibrom-[2]pyridyl]-form=
amidin mit 4-Äthyl-1-propyl-pyridinium-jodid unter Zusatz von Anilin auf ca. 200°
(*Takahashi et al.*, J. pharm. Soc. Japan **74** [1954] 580, 582; C. A. **1954** 11413). — Gelbe
Kristalle (aus A.); Zers. bei 230—231°.

4-[2-(3,5-Dibrom-[2]pyridylamino)-1-methyl-vinyl]-1-isopentyl-pyridinium

$[C_{18}H_{22}Br_2N_3]^+$, Formel XIV (R = CH_2-CH_2-$CH(CH_3)_2$), und Tautomeres.

Jodid $[C_{18}H_{22}Br_2N_3]I$. *B.* Beim Erhitzen von *N,N'*-Bis-[3,5-dibrom-[2]pyridyl]-
formamidin mit 4-Äthyl-1-isopentyl-pyridinium-jodid unter Zusatz von Anilin auf ca.
200° (*Takahashi et al.*, J. pharm. Soc. Japan **74** [1954] 580, 582; C. A. **1954** 11413). —
Gelbe Kristalle (aus A.); Zers. bei 213—213,5°.

4-[2-(3,5-Dibrom-[2]pyridylamino)-1-methyl-vinyl]-1-heptyl-pyridinium

$[C_{20}H_{26}Br_2N_3]^+$, Formel XIV (R = $[CH_2]_6$-CH_3).

Jodid $[C_{20}H_{26}Br_2N_3]I$. *B.* Beim Erhitzen von *N,N'*-Bis-[3,5-dibrom-[2]pyridyl]-form=
amidin mit 4-Äthyl-1-heptyl-pyridinium-jodid unter Zusatz von Anilin auf ca. 190° (*Takahashi et al.*, J. pharm. Soc. Japan **74** [1954] 580, 582; C. A. **1954** 11413). — Gelbe
Kristalle (aus A.); Zers. bei 192—192,5°.

2-[2-(3,5-Dibrom-[2]pyridylamino)-vinyl]-1,4-dimethyl-pyridinium $[C_{14}H_{14}Br_2N_3]^+$,

Formel I, und Tautomeres.

Jodid $[C_{14}H_{14}Br_2N_3]I$. *B.* Beim Erhitzen von *N,N'*-Bis-[3,5-dibrom-[2]pyridyl]-form=
amidin mit 1,2,4-Trimethyl-pyridinium-jodid auf ca. 140° (*Takahashi, Satake*, J. pharm.
Soc. Japan **74** [1954] 135; C. A. **1955** 1718). — Gelbe Kristalle; Zers. bei 237°.

2-[2-(3,5-Dibrom-[2]pyridylamino)-vinyl]-1,6-dimethyl-pyridinium $[C_{14}H_{14}Br_2N_3]^+$,

Formel II (R = CH_3), und Tautomeres.

Jodid $[C_{14}H_{14}Br_2N_3]I$. *B.* Beim Erhitzen von *N,N'*-Bis-[3,5-dibrom-[2]pyridyl]-form=
amidin mit 1,2,6-Trimethyl-pyridinium-jodid auf ca. 180° (*Takahashi, Satake*, J. pharm.
Soc. Japan **73** [1953] 222, 224; C. A. **1954** 2043). — Gelbe Kristalle (aus Me.); Zers. bei
211°.

1-Äthyl-2-[2-(3,5-dibrom-[2]pyridylamino)-vinyl]-6-methyl-pyridinium

$[C_{15}H_{16}Br_2N_3]^+$, Formel II (R = C_2H_5), und Tautomeres.

Jodid $[C_{15}H_{16}Br_2N_3]I$. *B.* Beim Erhitzen von *N,N'*-Bis-[3,5-dibrom-[2]pyridyl]-form=
amidin mit 1-Äthyl-2,6-dimethyl-pyridinium-jodid auf ca. 140° (*Takahashi et al.*, J.
pharm. Soc. Japan **69** [1949] 233; C. A. **1950** 1979). — Gelbe Kristalle; Zers. bei 242°.

2-[2-(3,5-Dibrom-[2]pyridylamino)-vinyl]-6-methyl-1-propyl-pyridinium

$[C_{16}H_{18}Br_2N_3]^+$, Formel II (R = CH_2-CH_2-CH_3), und Tautomeres.

Jodid $[C_{16}H_{18}Br_2N_3]I$. *B.* Beim Erhitzen von *N,N'*-Bis-[3,5-dibrom-[2]pyridyl]-form=
amidin mit 2,6-Dimethyl-1-propyl-pyridinium-jodid auf ca. 140° (*Takahashi, Satake*,

J. pharm. Soc. Japan **73** [1953] 222, 225; C. A. **1954** 2043). — Gelbe Kristalle (aus A.);
Zers. bei 230°.

I   II

2-[2-(3,5-Dibrom-[2]pyridylamino)-vinyl]-1-isopentyl-6-methyl-pyridinium
$[C_{18}H_{22}Br_2N_3]^+$, Formel II (R = CH_2-CH_2-CH(CH_3)$_2$), und Tautomeres.
Jodid $[C_{18}H_{22}Br_2N_3]$I. *B.* Beim Erhitzen von *N,N′*-Bis-[3,5-dibrom-[2]pyridyl]-form=
amidin mit 1-Isopentyl-2,6-dimethyl-pyridinium-jodid auf ca. 140° (*Takahashi, Satake*,
J. pharm. Soc. Japan **73** [1953] 222, 225; C. A. **1954** 2043). — Gelbe Kristalle (aus A.);
F: 179—181°.

1-Allyl-2-[2-(3,5-dibrom-[2]pyridylamino)-vinyl]-6-methyl-pyridinium
$[C_{16}H_{16}Br_2N_3]^+$, Formel II (R = CH_2-CH=CH_2), und Tautomeres.
Bromid $[C_{16}H_{16}Br_2N_3]$Br. *B.* Beim Erhitzen von *N,N′*-Bis-[3,5-dibrom-[2]pyridyl]-
formamidin mit 1-Allyl-2,6-dimethyl-pyridinium-bromid auf ca. 140° (*Takahashi,
Satake*, J. pharm. Soc. Japan **73** [1953] 222, 225; C. A. **1954** 2043). — Gelbe Kristalle
(aus A.); Zers. bei 232°.

2-[2-(3,5-Dibrom-[2]pyridylamino)-vinyl]-1,4,6-trimethyl-pyridinium
$[C_{15}H_{16}Br_2N_3]^+$, Formel III, und Tautomeres.
Jodid $[C_{15}H_{16}Br_2N_3]$I. *B.* Beim Erhitzen von *N,N′*-Bis-[3,5-dibrom-[2]pyridyl]-form=
amidin mit 1,2,4,6-Tetramethyl-pyridinium-jodid auf ca. 140° (*Takahashi, Satake*, J.
pharm. Soc. Japan **74** [1954] 135; C. A. **1955** 1718). — Gelbe Kristalle (aus Me.); Zers.
bei 202°.

III   IV

N-Acetyl-sulfanilsäure-[3,5-dibrom-[2]pyridylamid], Essigsäure-[4-(3,5-dibrom-[2]pyridylsulfamoyl)-anilid] $C_{13}H_{11}Br_2N_3O_3S$, Formel IV.
B. Aus 3,5-Dibrom-[2]pyridylamin und *N*-Acetyl-sulfanilylchlorid (*Takahashi, Tani-
yama*, J. pharm. Soc. Japan **64** [1944] Nr. 10, S. 49; C. A. **1952** 110).
F: 282—284°.

6-Chlor-pyridin-3-sulfonsäure-[3,5-dibrom-[2]pyridylamid] $C_{10}H_6Br_2ClN_3O_2S$, Formel V.
B. Aus 3,5-Dibrom-[2]pyridylamin und 6-Chlor-pyridin-3-sulfonylchlorid (*Takahashi
et al.*, J. pharm. Soc. Japan **64** [1944] Nr. 8, S. 23; C. A. **1952** 110).
F: 175°.

3,6-Dibrom-[2]pyridylamin $C_5H_4Br_2N_2$, Formel VI (X = Br, X′ = H).
B. Neben 5,6-Dibrom-[2]pyridylamin beim Erhitzen von 2,3,6-Tribrom-pyridin mit
wss. NH_3 auf 150—160° (*den Hertog*, R. **65** [1946] 129, 136).
Kristalle (aus wss. A.); F: 105—106° [korr.].

4,5-Dibrom-[2]pyridylamin $C_5H_4Br_2N_2$, Formel VII (X = H).
B. Beim Behandeln von 4-Brom-[2]pyridylamin mit Brom in Essigsäure (*den Hertog*,
R. **65** [1946] 129, 136).
Kristalle (aus PAe.); F: 145—145,5° [korr.].

V   VI   VII

4,6-Dibrom-[2]pyridylamin $C_5H_4Br_2N_2$, Formel VI (X = H, X' = Br).
B. Neben anderen Verbindungen beim Erhitzen von 2,4,6-Tribrom-pyridin mit NH_3 in Butan-1-ol auf 160° (*den Hertog, Jouwersma*, R. **72** [1953] 44, 48; vgl. *den Hertog*, R. **65** [1946] 129, 136).
Kristalle (aus PAe.); F: 135—136° [korr.] (*d. He.*).
Bei der Hydrierung an Palladium/Kohle in methanol. NaOH ist 6-Brom-[2]pyridyl=amin erhalten worden (*d. He.*, l. c. S. 137).

5,6-Dibrom-[2]pyridylamin $C_5H_4Br_2N_2$, Formel VIII (X = X' = H).
B. Neben kleinen Mengen 3,5,6-Tribrom-[2]pyridylamin beim Behandeln von 6-Brom-[2]pyridylamin mit Brom in Essigsäure (*den Hertog*, R. **65** [1946] 129, 137). Neben 3,6-Di=brom-[2]pyridylamin beim Erhitzen von 2,3,6-Tribrom-pyridin mit wss. NH_3 auf 150° bis 160° (*d. He.*, l. c. S. 136).
Kristalle (aus Bzl.); F: 154—155° [korr.].
Bei der Hydrierung an Palladium/Kohle in methanol. NaOH ist 5-Brom-[2]pyridyl=amin erhalten worden.

3,4,5-Tribrom-[2]pyridylamin $C_5H_3Br_3N_2$, Formel VII (X = Br).
B. Beim Behandeln von 4-Brom-[2]pyridylamin mit Brom in Essigsäure (*den Hertog*, R. **65** [1946] 129, 138).
Kristalle (aus PAe.); F: 178—179° [korr.].

3,4,6-Tribrom-[2]pyridylamin $C_5H_3Br_3N_2$, Formel VI (X = X' = Br).
B. Neben 2,3,6-Tribrom-[4]pyridylamin beim Erhitzen von 2,3,4,6-Tetrabrom-pyridin mit wss. NH_3 auf 160° (*den Hertog*, R. **65** [1946] 129, 138).
Kristalle (aus wss. A.); F: 160,5—161,5° [korr.].

3,5,6-Tribrom-[2]pyridylamin $C_5H_3Br_3N_2$, Formel VIII (X = Br, X' = H).
B. Neben grösseren Mengen 5,6-Dibrom-[2]pyridylamin beim Behandeln von 6-Brom-[2]pyridylamin mit Brom in Essigsäure (*den Hertog*, R. **65** [1946] 129, 137).
Kristalle (aus wss. A.); F: 178—179° [korr.].

4,5,6-Tribrom-[2]pyridylamin $C_5H_3Br_3N_2$, Formel VIII (X = H, X' = Br).
B. Beim Behandeln von 4,6-Dibrom-[2]pyridylamin mit Brom in Essigsäure (*den Hertog*, R. **65** [1946] 129, 138).
Kristalle (aus PAe.); F: 172—173° [korr.].

3,4,5,6-Tetrabrom-[2]pyridylamin $C_5H_2Br_4N_2$, Formel VIII (X = X' = Br).
B. Beim Behandeln von 4,6-Dibrom-[2]pyridylamin mit Brom in Essigsäure (*den Her-tog*, R. **65** [1946] 129, 138).
Kristalle (aus A. + Bzl.); F: 214—215° [korr.].

4-Jod-[2]pyridylamin $C_5H_5IN_2$, Formel IX (R = R' = H).
B. Beim Erwärmen von 4-Jod-pyridin-2-carbonylazid mit wss. Essigsäure (*Graf*, B. **64** [1931] 21, 25).
Kristalle (aus H_2O); F: 163—164°.
Picrat. Kristalle (aus H_2O); F: 253—254°.

2-Acetylamino-4-jod-pyridin, *N*-[4-Jod-[2]pyridyl]-acetamid $C_7H_7IN_2O$, Formel IX (R = CO-CH_3, R' = H).
B. Beim Erhitzen von 4-Jod-[2]pyridylamin mit Acetanhydrid (*Graf*, B. **64** [1931] 21, 26).
Kristalle (aus H_2O); F: 150°.

2-Benzoylamino-4-jod-pyridin, *N*-[4-Jod-[2]pyridyl]-benzamid $C_{12}H_9IN_2O$, Formel IX
(R = CO-C₆H₅, R' = H).

B. Beim Erwärmen von *N*-[4-Jod-[2]pyridyl]-dibenzamid mit Äthanol (*Graf*, B. **64**
[1931] 21, 26).

Kristalle (aus wss. A.); F: 167—168°.

2-Dibenzoylamino-4-jod-pyridin, *N*-[4-Jod-[2]pyridyl]-dibenzamid $C_{19}H_{13}IN_2O_2$,
Formel IX (R = R' = CO-C₆H₅).

B. Aus 4-Jod-[2]pyridylamin und Benzoylchlorid mit Hilfe von Alkali (*Graf*, B. **64**
[1931] 21, 26).

Kristalle (aus A.); F: 176—177°.

[4-Jod-[2]pyridyl]-carbamidsäure-äthylester $C_8H_9IN_2O_2$, Formel IX (R = CO-O-C₂H₅,
R' = H).

B. Beim Erwärmen von 4-Jod-pyridin-2-carbonylazid mit wasserfreiem Äthanol (*Graf*,
B. **64** [1931] 21, 25).

Kristalle (aus A.); F: 167°.

VIII   IX   X

5-Jod-[2]pyridylamin $C_5H_5IN_2$, Formel X (R = R' = H) (E II 334).

B. Aus [2]Pyridylamin beim Behandeln mit Jod und wss. KOH (*Caldwell et al.*, Am.
Soc. **66** [1944] 1479, 1481), beim aufeinanderfolgenden Behandeln mit wss. Quecksilber(II)-
acetat, mit Jod in Dioxan und mit wss. KI (*Sheperd, Fellows*, Am. Soc. **70** [1948] 157,
159) sowie beim Erwärmen mit Jod und K₂CO₃ und Behandeln des Reaktionsprodukts
mit wss. KOH (*DEGUSSA*, D.R.P. 513293 [1925]; Frdl. **17** 2439; U.S.P. 1753170
[1926]; vgl. *Sugii et al.*, J. pharm. Soc. Japan **50** [1930] 727, 729; C. A. **1930** 5326). Aus
[2]Pyridylamin bei der Elektrolyse in einer Lösung von KI und NaHCO₃ in wss. Meth=
anol bei 0—5° (*DEGUSSA*, D.R.P. 526803 [1926]; Frdl. **18** 2781) sowie beim Erhitzen
mit Jod auf 510° (*Wibaut, den Hertog*, D.R.P. 574655 [1932]; Frdl. **19** 1134, 1137).

F: 130° (*L. u. A. Kofler*, Thermo-Mikro-Methoden, 3. Aufl. [Weinheim 1954] S. 471).
Kristalle (aus Bzl.); F: 129—130° [unkorr.] (*Ca. et al.*). UV-Spektrum (Heptan; 46000 cm⁻¹
bis 31000 cm⁻¹): *Spiers, Wibaut*, R. **56** [1937] 573, 589.

Thiocyanat $C_5H_5IN_2 \cdot CHNS$. Konstitution (in Analogie zu [2]Pyridylamin-thio=
cyanat): *Panouse*, C. r. **230** [1950] 846; *Potts, Burton*, J. org. Chem. **31** [1966] 251, 257. —
Hellgelbe Kristalle; F: 166—168° (*Kolmer et al.*, J. Pharmacol. exp. Therap. **61** [1937]
253, 257).

Dichloro-bis-[5-jod-[2]pyridylamin]-palladium(II) $[Pd(C_5H_5IN_2)_2Cl_2]$. Gelbe
Kristalle (*Rubinschtein*, Doklady Akad. S.S.S.R. **30** [1941] 223, 225; C. A. **1941** 7868).

trans-Dichloro-bis-[5-jod-[2]pyridylamin]-platin(II) $[Pt(C_5H_5IN_2)_2Cl_2]$.
Grün (*Rubinschtein*, Izv. Akad. S.S.S.R. Otd. chim. **1944** 216, 217; C. A. **1945** 1604).
Elektrische Leitfähigkeit in Äthanol: *Rubinschtein*, C. r. Doklady **26** [1940] 372, 373.

5-Dichlorjodanyl-[2]pyridylamin $C_5H_5Cl_2IN_2$, Formel XI (R = H).

B. Beim Leiten von Chlor in eine Lösung von 5-Jod-[2]pyridylamin in CHCl₃ unter
Kühlung (*Magidson, Lossik*, B. **67** [1934] 1329; Ž. obšč. Chim. **5** [1935] 788).

Gelbe Kristalle; F: 133° [Zers.].

2-Äthylamino-5-jod-pyridin, Äthyl-[5-jod-[2]pyridyl]-amin $C_7H_9IN_2$, Formel X
(R = C₂H₅, R' = H).

B. Beim Erhitzen der Verbindung von Äthyl-[2]pyridyl-amin-hydrochlorid mit ICl (s.
E II **22** 326) in wss. NaOH [20%ig] (*Schering-Kahlbaum A.G.*, D.R.P. 503920 [1927];
Frdl. **17** 2438; U.S.P. 1793683 [1928]).

Kristalle (aus H₂O); F: 86°.

2-Diäthylamino-5-jod-pyridin, Diäthyl-[5-jod-[2]pyridyl]-amin $C_9H_{13}IN_2$, Formel X
$(R = R' = C_2H_5)$ (E II 335).

B. Beim Erhitzen von 2-Chlor-5-jod-pyridin mit Diäthylamin in Äthanol auf 160°
(*Bernstein et al.*, Am. Soc. **69** [1947] 1147, 1148, 1149).

Kp$_3$: 110—112°.

Hydrochlorid $C_9H_{13}IN_2 \cdot$HCl. Kristalle (aus A. + Ae.); F: 166—168° [unkorr.].

Bis-[2-hydroxy-äthyl]-[5-jod-[2]pyridyl]-amin $C_9H_{13}IN_2O_2$, Formel X
$(R = R' = CH_2\text{-}CH_2\text{-}OH)$.

B. Beim Erhitzen von Bis-[2-hydroxy-äthyl]-[2]pyridyl-amin mit Quecksilber(II)-
acetat in H_2O, Erwärmen des Reaktionsgemisches mit Jod in Dioxan und Behandeln der
Reaktionslösung mit KI (*Brown et al.*, Soc. **1957** 1544, 1547).

Kristalle (aus Bzl.); F: 72—73°.

Hydrochlorid $C_9H_{13}IN_2O_2 \cdot$HCl. Kristalle (aus A. + Isopropylalkohol); F: 116—117°.

XI   XII   XIII

[5-Jod-[2]pyridyl]-[4-methoxy-benzyl]-amin $C_{13}H_{13}IN_2O$, Formel X
$(R = CH_2\text{-}C_6H_4\text{-}O\text{-}CH_3(p), R' = H)$.

B. Beim Erhitzen von 5-Jod-[2]pyridylamin mit 4-Methoxy-benzaldehyd und Ameisen=
säure auf 140° (*Bernstein et al.*, Am. Soc. **69** [1947] 1147, 1149).

Kristalle (aus Bzl.); F: 192,5—193,5° [unkorr.].

*5-Jod-2-salicylidenamino-pyridin, Salicylaldehyd-[5-jod-[2]pyridylimin] $C_{12}H_9IN_2O$,
Formel XII.

B. Beim Erwärmen von 5-Jod-[2]pyridylamin mit Salicylaldehyd in Äthanol (*Šawitsch
et al.*, Vestnik Moskovsk. Univ. **11** [1956] Nr. 1, S. 225, 226; C. A. **1959** 1334).

Gelbe Kristalle (aus Butan-1-ol); F: 146°.

Uranyl(VI)-Salz $UO_2(C_{12}H_8IN_2O)_2$. Kristalle (*Šawitsch et al.*, Ž. neorg. Chim. **1** [1956]
2736, 2738; engl. Ausg. **1** Nr. 12, S. 94, 96).

N,N'-Bis-[5-jod-[2]pyridyl]-formamidin $C_{11}H_8I_2N_4$, Formel XIII (R = H).

B. Aus 5-Jod-[2]pyridylamin und Orthoameisensäure-triäthylester (*Takahashi et al.*,
J. pharm. Soc. Japan **64** [1944] Nr. 11, S. 55; C. A. **1951** 8530).

F: 209°.

2-Acetylamino-5-jod-pyridin, N-[5-Jod-[2]pyridyl]-acetamid $C_7H_7IN_2O$, Formel X
$(R = CO\text{-}CH_3, R' = H)$.

B. Beim Erhitzen von 5-Jod-[2]pyridylamin mit Acetanhydrid (*Takahashi et al.*, J.
pharm. Soc. Japan **64** [1944] Nr. 4, S. 235; C. A. **1951** 4717; vgl. *Bernstein et al.*, Am. Soc.
69 [1947] 1147, 1148).

Kristalle; F: 153—154° [unkorr.; aus wss. A.] (*Be. et al.*), 153° [aus Bzl.] (*Ta. et al.*).

2-Acetylamino-5-jodosyl-pyridin, N-[5-Jodosyl-[2]pyridyl]-acetamid $C_7H_7IN_2O_2$,
Formel I.

B. Beim Behandeln von N-[5-Dichlorjodanyl-[2]pyridyl]-acetamid mit wss. Na_2CO_3
(*Magidson, Lossik*, B. **67** [1934] 1329; Ž. obšč. Chim. **5** [1935] 788).

F: 155°.

2-Acetylamino-5-dichlorjodanyl-pyridin, N-[5-Dichlorjodanyl-[2]pyridyl]-acetamid
$C_7H_7Cl_2IN_2O$, Formel XI (R = CO-CH$_3$).

B. Beim Leiten von Chlor in eine Lösung von [5-Jod-[2]pyridyl]-acetamid in CHCl$_3$
(*Magidson, Lossik*, B. **67** [1934] 1329; Ž. obšč. Chim. **5** [1935] 788).

Gelbe Kristalle; Zers. bei 220°.

2-Acetylamino-5-jodyl-pyridin, *N*-[5-Jodyl-[2]pyridyl]-acetamid $C_7H_7IN_2O_3$, Formel II.
B. Beim Leiten von Chlor in eine Suspension von *N*-[5-Jod-[2]pyridyl]-acetamid in H_2O, Behandeln des Reaktionsgemisches mit verd. wss. NaOH und erneutem Einleiten von Chlor (*Bernstein et al.*, Am. Soc. **69** [1947] 1147, 1148, 1149).
Rot; bei 110° erfolgt explosionsartige Zersetzung.

***N,N'*-Bis-[5-jod-[2]pyridyl]-acetamidin** $C_{12}H_{10}I_2N_4$, Formel XIII (R = CH_3).
B. Neben *N*-[5-Jod-[2]pyridyl]-thioacetamid beim Erhitzen von *N*-[5-Jod-[2]pyridyl]-acetamid mit P_2S_5 in Toluol (*Takahashi et al.*, J. pharm. Soc. Japan **65** [1945] Ausg. B, S. 86; C. A. **1952** 110).
Hellgelbe Kristalle (aus Acn.); F: 126°.

5-Jod-2-thioacetylamino-pyridin, *N*-[5-Jod-[2]pyridyl]-thioacetamid $C_7H_7IN_2S$, Formel III (R = CS-CH_3).
B. Neben geringeren Mengen *N,N'*-Bis-[5-jod-[2]pyridyl]-acetamidin beim Erhitzen von *N*-[5-Jod-[2]pyridyl]-acetamid mit P_2S_5 in Toluol (*Takahashi et al.*, J. pharm. Soc. Japan **65** [1945] Ausg. B, S. 86; C. A. **1952** 110).
Hellgelbe Kristalle (aus A. oder Bzl.); F: 151°.

2-Dibenzoylamino-5-jod-pyridin, *N*-[5-Jod-[2]pyridyl]-dibenzamid $C_{19}H_{13}IN_2O_2$, Formel X (R = R' = CO-C_6H_5) auf S. 4045.
B. Beim Behandeln von 5-Jod-[2]pyridylamin mit Benzoylchlorid und wss. NaOH in $CHCl_3$ (*Hardegger, Nikles*, Helv. **39** [1956] 505, 512).
Kristalle (aus E. + PAe.); F: 184—187° [korr.].

***N*-[5-Jod-[2]pyridyl]-malonamidsäure** $C_8H_7IN_2O_3$, Formel III (R = CO-CH_2-CO-OH).
B. Beim Behandeln von *N*-[5-Jod-[2]pyridyl]-malonamidsäure-äthylester mit konz. H_2SO_4 (*Kutscherowa et al.*, Ž. obšč. Chim. **16** [1946] 1706, 1712; C. A. **1947** 6255).
Kristalle (aus Acn.); Zers. bei 144—145°.

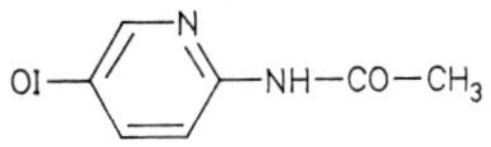

I

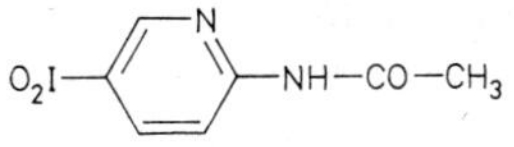

II

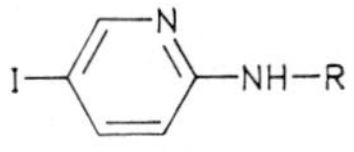

III

***N*-[5-Jod-[2]pyridyl]-malonamidsäure-äthylester** $C_{10}H_{11}IN_2O_3$, Formel III (R = CO-CH_2-CO-O-C_2H_5).
B. Neben kleineren Mengen *N,N'*-Bis-[5-jod-[2]pyridyl]-malonamid beim Erhitzen von 5-Jod-[2]pyridylamin mit Malonsäure-diäthylester auf 195° (*Kutscherowa et al.*, Ž. obšč. Chim. **16** [1946] 1706, 1710; C. A. **1947** 6242).
Kristalle (aus wss. Acn.); F: 117—118°.

***N*-[5-Brom-[2]pyridyl]-*N'*-[5-jod-[2]pyridyl]-malonamid** $C_{13}H_{10}BrIN_4O_2$, Formel IV (X = Br).
B. Beim Erhitzen von *N*-[5-Jod-[2]pyridyl]-malonamidsäure-äthylester mit 5-Brom-[2]pyridylamin auf 190—200° (*Kutscherowa et al.*, Ž. obšč. Chim. **16** [1946] 1706, 1711; C. A. **1947** 6242).
Kristalle (aus A. + Py.); F: 238—239°.

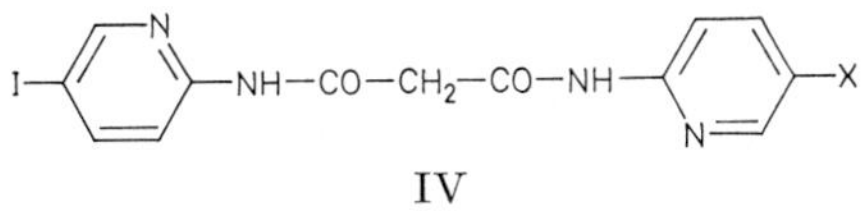

IV

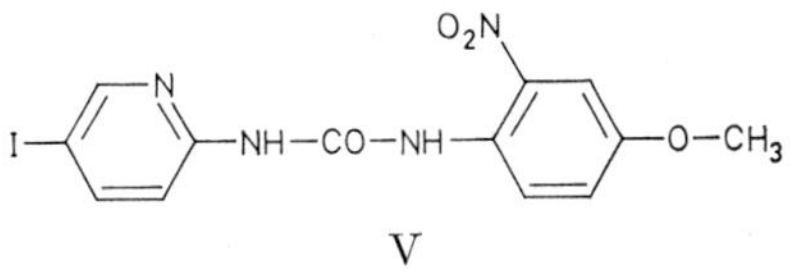

V

***N,N'*-Bis-[5-jod-[2]pyridyl]-malonamid** $C_{13}H_{10}I_2N_4O_2$, Formel IV (X = I).
B. Beim Erhitzen von *N*-[5-Jod-[2]pyridyl]-malonamidsäure-äthylester mit 5-Jod-[2]pyridylamin auf 180—200° (*Kutscherowa et al.*, Ž. obšč. Chim. **16** [1946] 1706, 1711; C. A. **1947** 6242). Neben *N*-[5-Jod-[2]pyridyl]-malonamidsäure-äthylester beim Erhitzen

von 5-Jod-[2]pyridylamin mit Malonsäure-diäthylester auf 195° (*Ku. et al.*, l. c. S. 1710; vgl. *Lappin et al.*, J. org. Chem. **15** [1950] 377, 378, 379).

Kristalle; F: 244—245° [aus A. + Py.] (*Ku. et al.*), 230° [Zers.; aus Ae. + Heptan] (*La. et al.*).

[5-Jod-[2]pyridyl]-carbamidsäure-äthylester $C_8H_9IN_2O_2$, Formel III (R = CO-O-C$_2$H$_5$).

B. Beim Behandeln von 5-Jod-[2]pyridylamin und Pyridin in Benzol mit Chlorokohlen= säure-äthylester in Äther (*Bernstein et al.*, Am. Soc. **69** [1947] 1147, 1149).

Kristalle (aus A.); F: 192—194° [unkorr.].

N-[5-Jod-[2]pyridyl]-N'-[4-methoxy-2-nitro-phenyl]-harnstoff $C_{13}H_{11}IN_4O_4$, Formel V.

B. Beim Erwärmen von 5-Jod-[2]pyridylamin mit 4-Methoxy-2-nitro-phenylisocyanat in Benzol (*Bernstein et al.*, Am. Soc. **69** [1947] 1147, 1149).

Kristalle (aus Eg.); F: 231—233° [unkorr.].

N,N'-Bis-[5-jod-[2]pyridyl]-harnstoff $C_{11}H_8I_2N_4O$, Formel VI.

B. Beim Behandeln einer Lösung von 5-Jod-[2]pyridylamin in Äther mit COCl$_2$ in Toluol (*Bernstein et al.*, Am. Soc. **69** [1947] 1147, 1148, 1149).

Unterhalb 300° nicht schmelzend.

4-[5-Jod-[2]pyridyl]-semicarbazid(?) $C_6H_7IN_4O$, vermutlich Formel III (R = CO-NH-NH$_2$).

B. Beim Erhitzen von 5-Jod-[2]pyridylamin mit Aceton-semicarbazon (*Saikachi, Yoshina*, J. pharm. Soc. Japan **72** [1952] 30; C. A. **1952** 11176).

Hydrochlorid $C_6H_7IN_4O\cdot HCl$. Kristalle (aus A.); F: 174—177° [Zers.].

*4-[5-Jod-[2]pyridyl]-1-[5-nitro-furfuryliden]-semicarbazid(?), 5-Nitro-furfural-[4-(5-jod-[2]pyridyl)-semicarbazon](?) $C_{11}H_8IN_5O_4$, vermutlich Formel VII.

B. Beim Behandeln von 4-[5-Jod-[2]pyridyl]-semicarbazid-hydrochlorid mit 5-Nitro-furfural unter Zusatz von NaHCO$_3$ in wss. Äthanol (*Saikachi, Yoshina*, J. pharm. Soc. Japan **72** [1952] 30; C. A. **1952** 11176).

Gelbe Kristalle (aus E.); F: 229° [Zers.].

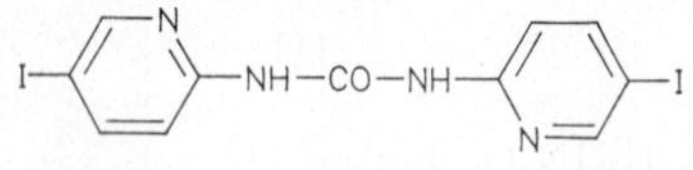

VI 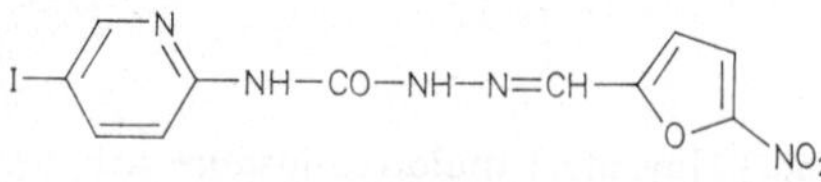   VII

3-[5-Jod-[2]pyridylimino]-buttersäure-äthylester $C_{11}H_{13}IN_2O_2$ und Tautomeres.

3-[5-Jod-[2]pyridylamino]-crotonsäure-äthylester $C_{11}H_{13}IN_2O_2$, Formel VIII.

Diese Konstitution ist der nachstehend beschriebenen, von *Kutscherow* (Ž. obšč. Chim. **21** [1951] 1145; engl. Ausg. S. 1249) als 3-[2-Imino-5-jod-2*H*-[1]pyridyl]-crotonsäure-äthylester angesehenen Verbindung in Analogie zur entsprechenden Brom-Verbindung (s. S. 4033) zuzuordnen.

B. Beim Erwärmen von 5-Jod-[2]pyridylamin mit Acetessigsäure-äthylester in wenig konz. H$_2$SO$_4$ enthaltendem Äthanol (*Ku.*, l. c. S. 1147).

Kristalle (aus A.); F: 83—84°.

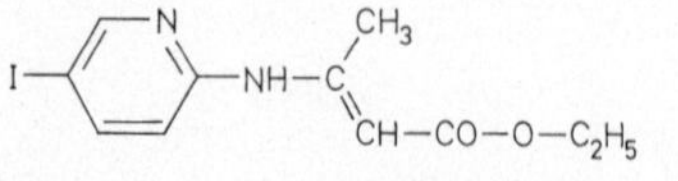

VIII 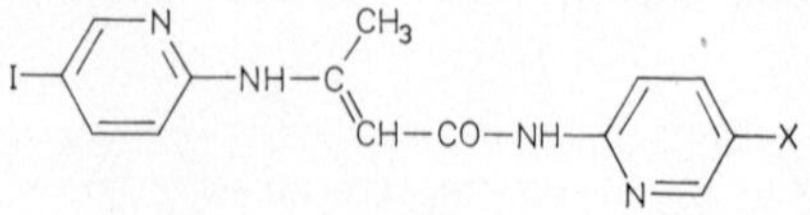   IX

3-[5-Jod-[2]pyridylimino]-buttersäure-[5-chlor-[2]pyridylamid] $C_{14}H_{12}ClIN_4O$ und Tautomeres.

3-[5-Jod-[2]pyridylamino]-crotonsäure-[5-chlor-[2]pyridylamid] $C_{14}H_{12}ClIN_4O$, Formel IX (X = Cl).

B. Aus N-[5-Chlor-[2]pyridyl]-acetoacetamid und 5-Jod-[2]pyridylamin beim Erwärmen mit konz. H_2SO_4 in Äthanol (*Kutscherow*, Ž. obšč. Chim. **21** [1951] 1145, 1148; engl. Ausg. S. 1249, 1253).

F: 231—232°.

2-Acetoacetylamino-5-jod-pyridin, *N*-[5-Jod-[2]pyridyl]-acetoacetamid $C_9H_9IN_2O_2$,
Formel III (R = CO-CH_2-CO-CH_3) auf S. 4047, und Tautomeres.

B. Als Hauptprodukt beim Erhitzen von 5-Jod-[2]pyridylamin mit Acetessigsäure-äthylester auf 160—170° (*Kutscherow*, Ž. obšč. Chim. **20** [1950] 1890, 1892; engl. Ausg. S. 1957, 1959).

Kristalle (aus Me.); F: 172—173°.

3-[5-Jod-[2]pyridylimino]-buttersäure-[5-jod-[2]pyridylamid] $C_{14}H_{12}I_2N_4O$ und Tautomeres.

3-[5-Jod-[2]pyridylamino]-crotonsäure-[5-jod-[2]pyridylamid] $C_{14}H_{12}I_2N_4O$,
Formel IX (X = I).

B. Beim Erhitzen von *N*-[5-Jod-[2]pyridyl]-acetoacetamid mit 5-Jod-[2]pyridylamin bei 150—160°/20—30 Torr (*Kutscherow*, Ž. obšč. Chim. **20** [1950] 1890, 1895; engl. Ausg. S. 1957, 1962). Neben anderen Verbindungen beim Erhitzen von 5-Jod-[2]pyridylamin mit Acetessigsäure-äthylester auf 160—170° (*Ku.*, l. c. S. 1892).

Kristalle (aus Bzl.); F: 227—229°.

***N*,*N*-Diäthyl-*N'*-[5-jod-[2]pyridyl]-äthylendiamin** $C_{11}H_{18}IN_3$, Formel X.

B. Beim Erhitzen von 2-Chlor-5-jod-pyridin mit *N*,*N*-Diäthyl-äthylendiamin in Äthanol auf 160° (*Bernstein et al.*, Am. Soc. **69** [1947] 1147, 1149).

$Kp_{1,5}$: 158—162°. λ_{max} (stark basische Lösung): 253 nm und 320 nm.

Hydrochlorid $C_{11}H_{18}IN_3$·HCl. Kristalle (aus A. + Ae.); F: 154—156° [unkorr.].

4-[2-(5-Jod-[2]pyridylamino)-vinyl]-1-methyl-pyridinium $[C_{13}H_{13}IN_3]^+$, Formel XI (R = CH_3), und Tautomeres.

Jodid $[C_{13}H_{13}IN_3]$I. *B.* Beim Erhitzen von *N*,*N'*-Bis-[5-jod-[2]pyridyl]-formamidin mit 1,4-Dimethyl-pyridinium-jodid auf 150° (*Takahashi et al.*, J. pharm. Soc. Japan **74** [1954] 1212, 1214; C. A. **1955** 14737). — Gelbgrüne Kristalle (aus Me.); Zers. bei 267° bis 267,5°.

1-Äthyl-4-[2-(5-jod-[2]pyridylamino)-vinyl]-pyridinium $[C_{14}H_{15}IN_3]^+$, Formel XI (R = C_2H_5), und Tautomeres.

Jodid $[C_{14}H_{15}IN_3]$I. *B.* Beim Erhitzen von *N*,*N'*-Bis-[5-jod-[2]pyridyl]-formamidin mit 1-Äthyl-4-methyl-pyridinium-jodid auf 145—150° (*Takahashi et al.*, J. pharm. Soc. Japan **74** [1954] 1212, 1214; C. A. **1955** 14737). — Gelbe Kristalle (aus A.); Zers. bei 249°.

4-[2-(5-Jod-[2]pyridylamino)-vinyl]-1-propyl-pyridinium $[C_{15}H_{17}IN_3]^+$, Formel XI (R = CH_2-CH_2-CH_3), und Tautomeres.

Jodid $[C_{15}H_{17}IN_3]$I. *B.* Beim Erhitzen von *N*,*N'*-Bis-[5-jod-[2]pyridyl]-formamidin mit 4-Methyl-1-propyl-pyridinium-jodid auf 135—140° (*Takahashi et al.*, J. pharm. Soc. Japan **74** [1954] 1212, 1214; C. A. **1955** 14737). — Gelbbraune Kristalle (aus A.); Zers. bei 222°.

X   XI   XII

1-Isopentyl-4-[2-(5-jod-[2]pyridylamino)-vinyl]-pyridinium $[C_{17}H_{21}IN_3]^+$,
Formel XI (R = CH_2-CH_2-$CH(CH_3)_2$), und Tautomeres.

Jodid $[C_{17}H_{21}IN_3]$I. *B.* Beim Erhitzen von *N*,*N'*-Bis-[5-jod-[2]pyridyl]-formamidin mit 1-Isopentyl-4-methyl-pyridinium-jodid auf 130° (*Takahashi et al.*, J. pharm. Soc.

Japan **74** [1954] 1212, 1214; C. A. **1955** 14737). — Orangegelbe Kristalle (aus A.); Zers. bei 215°.

4-[2-(5-Jod-[2]pyridylamino)-1-methyl-vinyl]-1-methyl-pyridinium $[C_{14}H_{15}IN_3]^+$, Formel XII (R = CH$_3$), und Tautomeres.

Jodid $[C_{14}H_{15}IN_3]$I. *B.* Beim Erhitzen von *N,N'*-Bis-[5-jod-[2]pyridyl]-formamidin mit 4-Äthyl-1-methyl-pyridinium-jodid auf ca. 140° (*Takahashi et al.*, J. pharm. Soc. Japan **74** [1954] 577, 579; C. A. **1954** 11412). — Gelbbraune Kristalle (aus A.); Zers. bei 272°.

1-Äthyl-4-[2-(5-jod-[2]pyridylamino)-1-methyl-vinyl]-pyridinium $[C_{15}H_{17}IN_3]^+$, Formel XII (R = C$_2$H$_5$), und Tautomeres.

Jodid $[C_{15}H_{17}IN_3]$I. *B.* Beim Erhitzen von *N,N'*-Bis-[5-jod-[2]pyridyl]-formamidin mit 1,4-Diäthyl-pyridinium-jodid auf ca. 140° (*Takahashi et al.*, J. pharm. Soc. Japan **74** [1954] 577, 579; C. A. **1954** 11412). — Orangegelbe Kristalle (aus A.); Zers. bei 253,4° bis 254°.

1-Isopentyl-4-[2-(5-jod-[2]pyridylamino)-1-methyl-vinyl]-pyridinium $[C_{18}H_{23}IN_3]^+$, Formel XII (R = CH$_2$-CH$_2$-CH(CH$_3$)$_2$), und Tautomeres.

Jodid $[C_{18}H_{23}IN_3]$I. *B.* Beim Erhitzen von *N,N'*-Bis-[5-jod-[2]pyridyl]-formamidin mit 4-Äthyl-1-isopentyl-pyridinium-jodid auf 135—140° (*Takahashi et al.*, J. pharm. Soc. Japan **74** [1954] 577, 580; C. A. **1954** 11412). — Orangegelbe Kristalle (aus A.); Zers. bei 217,5—218°.

1-Heptyl-4-[2-(5-jod-[2]pyridylamino)-1-methyl-vinyl]-pyridinium $[C_{20}H_{27}IN_3]^+$, Formel XII (R = CH$_2$-[CH$_2$]$_5$-CH$_3$), und Tautomeres.

Jodid $[C_{20}H_{27}IN_3]$I. *B.* Beim Erhitzen von *N,N'*-Bis-[5-jod-[2]pyridyl]-formamidin mit 4-Äthyl-1-heptyl-pyridinium-jodid auf 130—140° (*Takahashi et al.*, J. pharm. Soc. Japan **74** [1954] 577, 580; C. A. **1954** 11412). — Orangegelbe Kristalle (aus A.); F: 160° bis 161°.

1-Äthyl-2-[2-(5-jod-[2]pyridylamino)-vinyl]-6-methyl-pyridinium $[C_{15}H_{17}IN_3]^+$, Formel XIII (R = C$_2$H$_5$), und Tautomeres.

Jodid $[C_{15}H_{17}IN_3]$I. *B.* Beim Erhitzen von *N,N'*-Bis-[5-jod-[2]pyridyl]-formamidin mit 1-Äthyl-2,6-dimethyl-pyridinium-jodid auf ca. 140° (*Takahashi, Satake*, J. pharm. Soc. Japan **73** [1953] 222, 224; C. A. **1954** 2043). — Gelbe Kristalle (aus A.); Zers. bei 248°.

2-[2-(5-Jod-[2]pyridylamino)-vinyl]-6-methyl-1-propyl-pyridinium $[C_{16}H_{19}IN_3]^+$, Formel XIII (R = CH$_2$-CH$_2$-CH$_3$), und Tautomeres.

Jodid $[C_{16}H_{19}IN_3]$I. *B.* Beim Erhitzen von *N,N'*-Bis-[5-jod-[2]pyridyl]-formamidin mit 2,6-Dimethyl-1-propyl-pyridinium-jodid auf ca. 140° (*Takahashi, Satake*, J. pharm. Soc. Japan **73** [1953] 222, 224; C. A. **1954** 2043). — Gelbe Kristalle (aus A.); Zers. bei 252°.

1-Butyl-2-[2-(5-jod-[2]pyridylamino)-vinyl]-6-methyl-pyridinium $[C_{17}H_{21}IN_3]^+$, Formel XIII (R = CH$_2$-[CH$_2$]$_2$-CH$_3$), und Tautomeres.

Bromid $[C_{17}H_{21}IN_3]$Br. *B.* Beim Erhitzen von *N,N'*-Bis-[5-jod-[2]pyridyl]-formamidin mit 1-Butyl-2,6-dimethyl-pyridinium-bromid auf ca. 140° (*Takahashi, Satake*, J. pharm. Soc. Japan **73** [1953] 222, 224; C. A. **1954** 2043). — Gelbe Kristalle (aus A.); Zers. bei 246°.

Jodid $[C_{17}H_{21}IN_3]$I. *B.* Beim Erhitzen von *N,N'*-Bis-[5-jod-[2]pyridyl]-formamidin mit 1-Butyl-2,6-dimethyl-pyridinium-jodid auf ca. 140° (*Ta., Sa.*). — Gelbe Kristalle (aus A.); Zers. bei 198°.

XIII   XIV

1-Isopentyl-2-[2-(5-jod-[2]pyridylamino)-vinyl]-6-methyl-pyridinium $[C_{18}H_{23}IN_3]^+$,
Formel XIII (R = CH_2-CH_2-$CH(CH_3)_2$), und Tautomeres.
    Bromid $[C_{18}H_{23}IN_3]$Br. *B.* Beim Erhitzen von *N,N'*-Bis-[5-jod-[2]pyridyl]-formamidin
mit 1-Isopentyl-2,6-dimethyl-pyridinium-bromid auf ca. 140° (*Takahashi, Satake,* J.
pharm. Soc. Japan **73** [1953] 222, 224; C. A. **1954** 2043). — Gelbe Kristalle (aus A.); F:
182°.
    Jodid $[C_{18}H_{23}IN_3]$I. *B.* Beim Erhitzen von *N,N'*-Bis-[5-jod-[2]pyridyl]-formamidin mit
1-Isopentyl-2,6-dimethyl-pyridinium-jodid auf 140° (*Ta., Sa.*). — Gelbe Kristalle (aus
A.); Zers. bei 225°.

1-Heptyl-2-[2-(5-jod-[2]pyridylamino)-vinyl]-6-methyl-pyridinium $[C_{20}H_{27}IN_3]^+$,
Formel XIII (R = CH_2-$[CH_2]_5$-CH_3), und Tautomeres.
    Jodid $[C_{20}H_{27}IN_3]$I. *B.* Beim Erhitzen von *N,N'*-Bis-[5-jod-[2]pyridyl]-formamidin mit
1-Heptyl-2,6-dimethyl-pyridinium-jodid auf 140° (*Takahashi, Satake,* J. pharm. Soc.
Japan **73** [1953] 222, 224; C. A. **1954** 2043). — Gelbe Kristalle (aus A.); Zers. bei 214°.

1-Allyl-2-[2-(5-jod-[2]pyridylamino)-vinyl]-6-methyl-pyridinium $[C_{16}H_{17}IN_3]^+$,
Formel XIII (R = CH_2-CH=CH_2), und Tautomeres.
    Bromid $[C_{16}H_{17}IN_3]$Br. *B.* Beim Erhitzen von *N,N'*-Bis-[5-jod-[2]pyridyl]-formamidin
mit 1-Allyl-2,6-dimethyl-pyridinium-bromid auf 140° (*Takahashi, Satake,* J. pharm. Soc.
Japan **73** [1953] 222, 224; C. A. **1954** 2043). — Gelbbraune Kristalle (aus A.); Zers. bei
219°.

1-Äthyl-2-[2-(5-jod-[2]pyridylamino)-propenyl]-chinolinium $[C_{19}H_{19}IN_3]^+$,
Formel XIV, und Tautomeres.
    Jodid $[C_{19}H_{19}IN_3]$I. *B.* Beim Erhitzen von *N,N'*-Bis-[5-jod-[2]pyridyl]-acetamidin
mit 1-Äthyl-2-methyl-chinolinium-jodid auf 130° (*Takahashi et al.,* J. pharm. Soc. Japan
66 [1946] Ausg. B, S. 70; C. A. **1951** 8533). — Violette Kristalle (aus Me.); Zers. bei 213°
bis 214° (*Takahashi et al.,* J. pharm. Soc. Japan **66** [1946] Ausg. A, S. 30; C. A. **1951**
8533).

**1-Äthyl-2-[2-(5-brom-[2]pyridylamino)-vinyl]-6-[2-(5-jod-[2]pyridylamino)-
vinyl]-pyridinium** $[C_{21}H_{20}BrIN_5]^+$, Formel I, und Tautomere.
    Jodid $[C_{21}H_{20}BrIN_5]$I. *B.* Beim Erhitzen von 1-Äthyl-2-[2-(5-brom-[2]pyridylamino)-
vinyl]-6-methyl-pyridinium-jodid (S. 4037) mit *N,N'*-Bis-[5-jod-[2]pyridyl]-formamidin
auf ca. 190° (*Takahashi et al.,* J. pharm. Soc. Japan **74** [1954] 577, 578; C. A. **1954**
11412). — Gelbbraune Kristalle (aus Me.); Zers. bei 259,5°.

I   II

2-Äthansulfonylamino-5-jod-pyridin, *N*-[5-Jod-[2]pyridyl]-äthansulfonamid
$C_7H_9IN_2O_2S$, Formel II.
    B. Beim Erhitzen von 5-Jod-[2]pyridylamin in Pyridin mit Äthansulfonylchlorid
(*Bernstein et al.,* Am. Soc. **69** [1947] 1147, 1150).
    Kristalle (aus A.); F: 175—177° [unkorr.].

4-Nitro-benzolsulfonsäure-[5-jod-[2]pyridylamid] $C_{11}H_8IN_3O_4S$, Formel III (X = NO_2).
    B. Beim Erhitzen einer Lösung von 4-Nitro-benzolsulfonsäure-[2]pyridylamid in
Essigsäure mit Jod und Quecksilber(II)-acetat und Behandeln des Reaktionsgemisches
mit wss. KI (*Shepherd, Fellows,* Am. Soc. **70** [1948] 157, 158). Beim Erwärmen von 5-Jod-
[2]pyridylamin mit 4-Nitro-benzolsulfonylchlorid in Pyridin (*Sh., Fe.*).
    Kristalle (aus Eg.); F: 220° [korr.].

5-Jod-2-sulfanilylamino-pyridin, Sulfanilsäure-[5-jod-[2]pyridylamid] $C_{11}H_{10}IN_3O_2S$, Formel III (X = NH$_2$).

B. Aus *N*-Acetyl-sulfanilsäure-[5-jod-[2]pyridylamid] beim Erwärmen mit wss. HCl in Äthanol (*Bernstein et al.*, Am. Soc. **69** [1947] 1158, 1160; vgl. *Takahashi et al.*, J. pharm. Soc. Japan **66** [1946] Ausg. B, S. 1; C. A. **1952** 111) sowie beim Erhitzen mit wss. NaOH [2 n] (*May & Baker Ltd.*, D.R.P. 737796 [1938]; D.R.P. Org. Chem. **3** 905, 909; U.S.P. 2335221 [1940]). Beim Erwärmen von 5-Jod-[2]pyridylamin mit *N*-Acetyl-sulfanilylchlorid und Pyridin und Erwärmen des Reaktionsprodukts mit äthanol. KOH (*Roblin, Winnek*, Am. Soc. **62** [1940] 1999, 2000, 2001).

Kristalle (aus A.); F: 219—221° [unkorr.] (*Be. et al.*). In 100 ml H$_2$O lösen sich bei 37° 1,3 mg (*Ro., Wi.*).

Dihydrochlorid $C_{11}H_{10}IN_3O_2S\cdot2$ HCl. F: 255—256° (*Ta. et al.*).

N-Acetyl-sulfanilsäure-[5-jod-[2]pyridylamid], Essigsäure-[4-(5-jod-[2]pyridylsulfamo=yl)-anilid] $C_{13}H_{12}IN_3O_3S$, Formel III (X = NH-CO-CH$_3$).

B. Beim Erwärmen von 5-Jod-[2]pyridylamin mit *N*-Acetyl-sulfanilylchlorid und Pyridin (*Shepherd, Fellows*, Am. Soc. **70** [1948] 157, 158, 159; *Bernstein et al.*, Am. Soc. **69** [1947] 1158, 1159; vgl. *May & Baker Ltd.*, D.R.P. 737797 [1938]; D.R.P. Org. Chem. **3** 905, 909; U.S.P. 2355221 [1940]). Beim Erhitzen einer Lösung von *N*-Acetyl-sulf=anilsäure-[2]pyridylamid in Essigsäure mit Jod und Quecksilber(II)-acetat und Behandeln des Reaktionsgemisches mit wss. KI (*Sh., Fe.*).

Kristalle; F: 247° [korr.; aus Eg.] (*Sh., Fe.*), 234° [aus wss. Eg.] (*May & Baker Ltd.*), 228—230° [unkorr.; aus A.] (*Be. et al.*).

III   IV   V

4-Chlor-6-jod-[2]pyridylamin(?) $C_5H_4ClIN_2$, vermutlich Formel IV.

B. Beim Erhitzen von 4,6-Dichlor-[2]pyridylamin sowie von [4,6-Dichlor-[2]pyridyl]-carbamidsäure-äthylester mit wss. HI (*Graf*, J. pr. [2] **133** [1932] 36, 43).

Kristalle (aus H$_2$O); F: 137°.

3,5-Dijod-[2]pyridylamin $C_5H_4I_2N_2$, Formel V (R = H).

B. Beim Behandeln von 2-Chlor-3,5-dijod-pyridin mit NaI und NH$_3$ in Äthanol bei 0° und Erhitzen des Reaktionsgemisches auf 160° (*Caldwell et al.*, Am. Soc. **66** [1944] 1479, 1481). Beim Behandeln von [2]Pyridylamin mit Quecksilber(II)-acetat [1 Mol] in H$_2$O und Erwärmen des Reaktionsgemisches mit Jod [2 Mol] in Dioxan (*Shepherd, Fellows*, Am. Soc. **70** [1948] 157, 158).

Kristalle; F: 147—148° [korr.; aus 1,2-Dichlor-äthan] (*Sh., Fe.*), 135—137° [unkorr.; aus wss. A.] (*Ca. et al.*).

3,5-Dijod-2-sulfanilylamino-pyridin, Sulfanilsäure-[3,5-dijod-[2]pyridylamid] $C_{11}H_9I_2N_3O_2S$, Formel V (R = SO$_2$-C$_6$H$_4$-NH$_2$(p)).

B. Beim Erwärmen von *N*-Acetyl-sulfanilsäure-[3,5-dijod-[2]pyridylamid] mit wss.-äthanol. KOH (*Caldwell et al.*, Am. Soc. **66** [1944] 1479, 1483, 1484).

Kristalle (aus wss. Eg. [80%ig]); F: 217° [unkorr.; Zers.]. Löslichkeit in H$_2$O bei 25°: 3,5 g·l^{-1}.

N-Acetyl-sulfanilsäure-[3,5-dijod-[2]pyridylamid], Essigsäure-[4-(3,5-dijod-[2]pyridylsulfamoyl)-anilid] $C_{13}H_{11}I_2N_3O_3S$, Formel V (R = SO$_2$-C$_6$H$_4$-NH-CO-CH$_3$(p)).

B. Beim Erwärmen von 3,5-Dijod-[2]pyridylamin mit *N*-Acetyl-sulfanilylchlorid in Pyridin (*Caldwell et al.*, Am. Soc. **66** [1944] 1479, 1483, 1495).

Kristalle (aus wss. A.); F: 242° [unkorr.; Zers.].   [*Schomann*]

3-Nitro-[2]pyridylamin $C_5H_5N_3O_2$, Formel VI (R = R' = H) (E I 631; E II 335).

B. Neben 5-Nitro-[2]pyridylamin [Hauptprodukt] beim Behandeln von [2]Pyridyl=
amin mit H_2SO_4 und HNO_3 [D: 1,52] bei 40—50° (*Korte*, B. **85** [1952] 1012, 1019;
s. a. *Pino, Zehrung*, Am. Soc. **77** [1955] 3154; vgl. E I 631; E II 335).

Gelbe Kristalle; F: 163—164° (*Pino, Ze.*), 162° (*Ko.*). IR-Banden (Mineralöl; 3420 cm⁻¹
bis 1550 cm⁻¹): *Bogomolow et al.*, Izv. Akad. S.S.S.R. Ser. fiz. **23** [1959] 1199; engl. Ausg.
S. 1199. λ_{max} (A.): 375 nm (*Bo. et al.*).

Beim Erwärmen einer Lösung in Äthanol mit NH_2OH und methanol. KOH ist 3-Nitro-
pyridin-2,6-diyldiamin erhalten worden (*Boyer, Schoen*, Am. Soc. **78** [1956] 423, 425).

2-Anilino-3-nitro-pyridin, [3-Nitro-[2]pyridyl]-phenyl-amin $C_{11}H_9N_3O_2$, Formel VI
(R = C_6H_5, R' = H).

B. Beim Erwärmen von 2-Chlor-3-nitro-pyridin mit Anilin in Äthanol (*Bishop et al.*,
Soc. **1952** 437, 440).

Orangerote Kristalle; F: 75°.

Methyl-[3-nitro-[2]pyridyl]-phenyl-amin $C_{12}H_{11}N_3O_2$, Formel VI (R = CH_3,
R' = C_6H_5).

B. Beim Erhitzen von 2-Chlor-3-nitro-pyridin mit *N*-Methyl-anilin auf 160—170°
(*Abramovitch et al.*, Soc. **1954** 4263, 4265).

Orangerote Kristalle; F: 73—74°. $Kp_{0,07}$: 108°.

3-Nitro-2-*o*-toluidino-pyridin, [3-Nitro-[2]pyridyl]-*o*-tolyl-amin $C_{12}H_{11}N_3O_2$, Formel VI
(R = C_6H_4-CH_3(*o*), R' = H).

B. Beim Erhitzen von 2-Chlor-3-nitro-pyridin mit *o*-Toluidin auf 150° (*Gruber*, Canad.
J. Chem. **31** [1953] 1181, 1187).

Kristalle (aus wss. Me.); F: 124—126° [korr.].

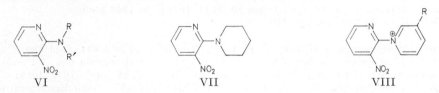

VI   VII   VIII

3-Nitro-2-*m*-toluidino-pyridin, [3-Nitro-[2]pyridyl]-*m*-tolyl-amin $C_{12}H_{11}N_3O_2$, Formel VI
(R = C_6H_4-CH_3(*m*), R' = H).

B. Beim Erwärmen von 2-Chlor-3-nitro-pyridin in Äthanol mit *m*-Toluidin (*Cavell,
Chapman*, Soc. **1953** 3392).

Rote Kristalle; F: 95°.

3-Nitro-2-*p*-toluidino-pyridin, [3-Nitro-[2]pyridyl]-*p*-tolyl-amin $C_{12}H_{11}N_3O_2$, Formel VI
(R = C_6H_4-CH_3(*p*), R' = H).

B. Beim Erwärmen von 2-Chlor-3-nitro-pyridin mit *p*-Toluidin in Äthanol (*Bishop
et al.*, Soc. **1952** 437, 440).

Rote Kristalle; F: 73°.

3'-Nitro-3,4,5,6-tetrahydro-2*H*-[1,2']bipyridyl, 3-Nitro-2-piperidino-pyridin $C_{10}H_{13}N_3O_2$,
Formel VII.

B. Beim Erwärmen von 2-Chlor-3-nitro-pyridin in Äthanol mit Piperidin (*Chapman,
Rees*, Soc. **1954** 1190, 1192).

Kristalle; F: 52°.

3'-Nitro-[1,2']bipyridylium(1+), 1-[3-Nitro-[2]pyridyl]-pyridinium $[C_{10}H_8N_3O_2]^+$,
Formel VIII (R = H).

Chlorid $[C_{10}H_8N_3O_2]Cl$. *B.* Beim Erwärmen von 2-Chlor-3-nitro-pyridin mit Pyridin
in Äthanol (*Bishop et al.*, Soc. **1952** 437, 440).

Picrat $[C_{10}H_8N_3O_2]C_6H_2N_3O_7$. Gelbe Kristalle (aus Me.); F: 103° [unkorr.].

3-Methyl-3′-nitro-[1,2′]bipyridylium(1+), 3-Methyl-1-[3-nitro-[2]pyridyl]-pyridinium $[C_{11}H_{10}N_3O_2]^+$, Formel VIII (R = CH$_3$).

Chlorid $[C_{11}H_{10}N_3O_2]Cl$. *B.* Beim Behandeln von 2-Chlor-3-nitro-pyridin in Äther mit 3-Methyl-pyridin (*Cavell, Chapman,* Soc. **1953** 3392, 3393).

Styphnat $[C_{11}H_{10}N_3O_2]C_6H_2N_3O_8$. F: 136°.

Bis-[2-(3-nitro-[2]pyridylamino)-phenyl]-disulfid $C_{22}H_{16}N_6O_4S_2$, Formel IX.

B. In geringer Menge neben 10-Acetyl-10*H*-benzo[*b*]pyrido[2,3-*e*][1,4]thiazin beim Erwärmen von Essigsäure-[2-(3-nitro-[2]pyridylmercapto)-anilid] mit wss.-äthanol. KOH und Aceton (*Yale, Sowinski,* Am. Soc. **80** [1958] 1651, 1652).

Kristalle (aus Acetonitril); F: 195—197°.

IX　　　　　　　　　　　　　　　　　　X

***N,N′*-Bis-[3-nitro-[2]pyridyl]-methylendiamin** $C_{11}H_{10}N_6O_4$, Formel X.

B. Beim Erwärmen von 3-Nitro-[2]pyridylamin mit wss. Formaldehyd (*Byštrizkaja, Kiršanow,* Ž. obšč. Chim. **10** [1940] 1101, 1106; C. A. **1941** 4023).

Gelbliche Kristalle.

***N,N′*-Bis-[3-nitro-[2]pyridyl]-formamidin** $C_{11}H_8N_6O_4$, Formel XI.

B. Beim Erhitzen von 3-Nitro-[2]pyridylamin mit Orthoameisensäure-triäthylester (*Takahashi et al.,* J. pharm. Soc. Japan **69** [1949] 104; C. A. **1950** 3450).

Gelbe Kristalle (aus Me.); F: 150°.

5-Nitro-[2]pyridylamin $C_5H_5N_3O_2$, Formel XII (R = R′ = H) (E I 631; E II 336).

B. Als Hauptprodukt neben 3-Nitro-[2]pyridylamin beim Behandeln von [2]Pyridyl= amin mit H$_2$SO$_4$ und HNO$_3$ [D: 1,52] bei 40—50° (*Korte,* B. **85** [1952] 1012, 1019; s. a. *Pino, Zehrung,* Am. Soc. **77** [1955] 3154; vgl. E I 631; E II 336). Beim Erwärmen des Kalium-Salzes der 5-Nitro-pyridin-2-sulfonsäure mit wss. NH$_3$ (*Mangini, Colonna,* G. **73** [1943] 313, 321). Beim Erhitzen von 2-Amino-5-nitro-nicotinsäure auf 300—305°/2 Torr (*Bojarska-Dahlig,* Roczniki Chem. **30** [1956] 493, 497; C. A. **1957** 14726).

Gelbe Kristalle; F: 188° (*Ko.; Pino, Ze.*). IR-Banden (Mineralöl; 3450—1500 cm^{-1}): *Bogomolow et al.,* Izv. Akad. S.S.S.R. Ser. fiz. **23** [1959] 1199; engl. Ausg. S. 1199. λ_{max} (A.): 345 nm (*Bo. et al.*). Polarographie (wss.-äthanol. KCl vom pH 8): *Tate,* Japan. J. Pharm. Chem. **20** [1948] 38; C. A. **1951** 3257. Löslichkeit in H$_2$O bei 13°: 1,6 g·l^{-1} (*By-štrizkaja, Kiršanow,* Ž. obšč. Chim. **10** [1940] 1827, 1836; C. A. **1941** 4380).

Beim Erwärmen mit SnCl$_2$ und konz. wss. HCl ist x-Chlor-pyridin-2,5-diyldiamin $C_5H_6ClN_3$ (hellrote Kristalle [aus E.]; F: 147°) erhalten worden (*Takahashi et al.,* J. pharm. Soc. Japan **62** [1942] 488; dtsch. Ref. S. 151; C. A. **1951** 4716). Ammonolyse in NH$_3$ bei 150° [Austausch der Amino-Gruppe]: *Brodsky,* J. Chim. phys. **55** [1958] 40, 49.

2-Methylamino-5-nitro-pyridin, Methyl-[5-nitro-[2]pyridyl]-amin $C_6H_7N_3O_2$, Formel XII (R = CH$_3$, R′ = H) (E II 336).

B. Beim Erwärmen des Kalium-Salzes der 5-Nitro-pyridin-2-sulfonsäure mit wss. Methylamin (*Mangini, Colonna,* G. **73** [1943] 313, 321).

F: 181°.

2-Dimethylamino-5-nitro-pyridin, Dimethyl-[5-nitro-[2]pyridyl]-amin $C_7H_9N_3O_2$, Formel XII (R = R′ = CH$_3$) (E II 337).

B. Beim Erwärmen des Kalium-Salzes der 5-Nitro-pyridin-2-sulfonsäure mit wss. Dimethylamin (*Mangini, Colonna,* G. **73** [1943] 313, 321).

Orangegelbe Kristalle (aus Bzl.); F: 154—155°.

(±)-[2-Brom-propyl]-[5-nitro-[2]pyridyl]-amin $C_8H_{10}BrN_3O_2$, Formel XII
(R = CH_2-CH(Br)-CH_3, R' = H).

B. Beim Erhitzen von Allyl-[5-nitro-[2]pyridyl]-amin mit konz. wss. HBr auf 100°
(*Bremer*, A. **521** [1936] 286, 295).

Gelbliche Kristalle (aus Bzl. + PAe.).

2-Butylamino-5-nitro-pyridin, Butyl-[5-nitro-[2]pyridyl]-amin $C_9H_{13}N_3O_2$, Formel XII
(R = CH_2-[CH_2]$_2$-CH_3, R' = H).

B. Beim Erwärmen von 2-Chlor-5-nitro-pyridin mit Butylamin in Äthanol (*Yamamoto*,
J. pharm. Soc. Japan **72** [1952] 1017; C. A. **1952** 10285).

Kristalle (aus Me.); F: 95°.

XI   XII   XIII

2-Allylamino-5-nitro-pyridin, Allyl-[5-nitro-[2]pyridyl]-amin $C_8H_9N_3O_2$, Formel XII
(R = CH_2-CH=CH_2, R' = H).

B. Beim Erhitzen von 2-Chlor-5-nitro-pyridin mit Allylamin in Äthanol auf 110°
(*Bremer*, A. **521** [1936] 286, 295).

Gelbliche Kristalle; F: 97°.

2-Anilino-5-nitro-pyridin, [5-Nitro-[2]pyridyl]-phenyl-amin $C_{11}H_9N_3O_2$, Formel XIII
(R = C_6H_5).

B. Beim Erhitzen von 2-Chlor-5-nitro-pyridin mit Anilin auf 150—160° (*Bremer*, A.
518 [1935] 274, 287).

Gelbe Kristalle, F: 135—136° (*Mangini*, Ric. scient. **8** I [1937] 427, 429); hellbraune
Kristalle (aus wss. A. bzw. aus A.), F: 134° (*Br.*; *Carboni*, *Segnini*, G. **85** [1955] 1210,
1215).

[4-Brom-phenyl]-[5-nitro-[2]pyridyl]-amin $C_{11}H_8BrN_3O_2$, Formel XIII
(R = C_6H_4-Br(*p*)).

B. Beim Erwärmen von 2-Chlor-5-nitro-pyridin mit 4-Brom-anilin in äthanol. Na=
triumacetat (*Mangini*, *Frenguelli*, G. **69** [1939] 97, 101).

Dimorph; gelbe Kristalle (aus Bzl.), F: 154—155°; rote Kristalle (aus PAe. oder Bzl.
+ PAe.); die rote Modifikation wandelt sich beim Reiben in die gelbe Modifikation um.

5-Nitro-2-*o*-toluidino-pyridin, [5-Nitro-[2]pyridyl]-*o*-tolyl-amin $C_{12}H_{11}N_3O_2$, Formel XIII
(R = C_6H_4-CH_3(*o*)).

B. Beim Erwärmen von 2-Fluor-5-nitro-pyridin oder 2-Chlor-5-nitro-pyridin mit
o-Toluidin (*Gruber*, Canad. J. Chem. **31** [1953] 1020, 1023).

Kristalle (aus wss. A.); F: 137—139° [korr.].

5-Nitro-2-*m*-toluidino-pyridin, [5-Nitro-[2]pyridyl]-*m*-tolyl-amin $C_{12}H_{11}N_3O_2$,
Formel XIII (R = C_6H_4-CH_3(*m*)).

B. Beim Erwärmen von 2-Chlor-5-nitro-pyridin in Äthanol mit *m*-Toluidin (*Cavell*,
Chapman, Soc. **1953** 3392).

Orangegelbe Kristalle; F: 128,5°.

5-Nitro-2-*p*-toluidino-pyridin, [5-Nitro-[2]pyridyl]-*p*-tolyl-amin $C_{12}H_{11}N_3O_2$, Formel XIII
(R = C_6H_4-CH_3(*p*)).

B. Beim Erwärmen von 2-Chlor-5-nitro-pyridin mit *p*-Toluidin in äthanol. Natrium=
acetat (*Mangini*, *Frenguelli*, G. **69** [1939] 97, 99). Beim Erwärmen des Kalium-Salzes
der 5-Nitro-pyridin-2-sulfonsäure mit *p*-Tolylamin und *p*-Tolylamin-hydrochlorid in
wss. Äthanol (*Mangini*, *Colonna*, G. **73** [1943] 313, 322).

Orangegelbe Kristalle (aus A.); F: 137—138°.

2-Benzylamino-5-nitro-pyridin, Benzyl-[5-nitro-[2]pyridyl]-amin $C_{12}H_{11}N_3O_2$, Formel XIII (R = CH_2-C_6H_5).

B. Beim Erwärmen des Kalium-Salzes der 5-Nitro-pyridin-2-sulfonsäure mit Benzyl=amin in wss. Äthanol (*Mangini, Colonna,* G. **73** [1943] 313, 321).

Gelbe Kristalle (aus Bzl. + PAe.); F: 131°.

2-Biphenyl-4-ylamino-5-nitro-pyridin, Biphenyl-4-yl-[5-nitro-[2]pyridyl]-amin $C_{17}H_{13}N_3O_2$, Formel I.

B. Beim Erwärmen von 2-Chlor-5-nitro-pyridin mit Biphenyl-4-ylamin in äthanol. Natriumacetat (*Mangini, Frenguelli,* G. **69** [1939] 97, 100).

Orangegelbe Kristalle (aus A.); F: 199—200°.

2-[5-Nitro-[2]pyridylamino]-äthanol $C_7H_9N_3O_3$, Formel II (R = H).

B. Beim Erwärmen von 2-Chlor-5-nitro-pyridin mit 2-Amino-äthanol in Äthanol (*Bremer,* A. **521** [1936] 286, 291).

Gelbliche Kristalle (aus H_2O); F: 131—132°.

Hydrochlorid. Kristalle; F: 182°.

2-[Methyl-(5-nitro-[2]pyridyl)-amino]-äthanol $C_8H_{11}N_3O_3$, Formel II (R = CH_3).

B. Beim Erwärmen von 2-Chlor-5-nitro-pyridin mit 2-Methylamino-äthanol in äthanol. Natriumacetat (*Copp, Timmis,* Soc. **1955** 2021, 2025).

Gelbe Kristalle (aus Me.); F: 86,5—87,5°.

2-[Äthyl-(5-nitro-[2]pyridyl)-amino]-äthanol $C_9H_{13}N_3O_3$, Formel II (R = C_2H_5).

B. Beim Erwärmen von 2-Chlor-5-nitro-pyridin mit 2-Äthylamino-äthanol in Äthanol (*Bremer,* A. **521** [1936] 286, 294).

Gelbe Kristalle; F: 59—60° (*Br.*).

Hydrochlorid $C_9H_{13}N_3O_3$·HCl. Kristalle (aus A.); F: 147—148° (*Brown et al.,* Soc. **1957** 1544, 1546).

2-[(5-Nitro-[2]pyridyl)-propyl-amino]-äthanol $C_{10}H_{15}N_3O_3$, Formel II (R = CH_2-CH_2-CH_3).

B. Beim Erwärmen von 2-Chlor-5-nitro-pyridin mit 2-Propylamino-äthanol in äthanol. Natriumacetat (*Brown et al.,* Soc. **1957** 1544, 1546).

Hydrochlorid $C_{10}H_{15}N_3O_3$·HCl. Kristalle (aus A.); F: 153—154°.

I   II   III

Bis-[2-hydroxy-äthyl]-[5-nitro-[2]pyridyl]-amin $C_9H_{13}N_3O_4$, Formel III (R = OH).

B. Beim Erwärmen von 2-Chlor-5-nitro-pyridin mit Bis-[2-hydroxy-äthyl]-amin in äthanol. Natriumacetat (*Burroughs Wellcome & Co.,* U.S.P. 2657212 [1951]; *Copp, Timmis,* Soc. **1955** 2021, 2025).

Goldgelbe Kristalle; F: 104—105° [aus wss. A.] (*Burroughs Wellcome & Co.*), 103,5° bis 105° [aus H_2O oder A.] (*Copp, Ti.*).

Bis-[2-acetoxy-äthyl]-[5-nitro-[2]pyridyl]-amin $C_{13}H_{17}N_3O_6$, Formel III (R = O-CO-CH_3).

B. Beim Erwärmen der vorangehenden Verbindung mit Acetanhydrid (*Burroughs Wellcome & Co.,* U.S.P. 2657212 [1951]).

Gelbe Kristalle (aus A.); F: 93°.

(±)-[2-Hydroxy-äthyl]-[2-hydroxy-propyl]-[5-nitro-[2]pyridyl]-amin, (±)-1-[(2-Hydr=oxy-äthyl)-(5-nitro-[2]pyridyl)-amino]-propan-2-ol $C_{10}H_{15}N_3O_4$, Formel II (R = CH_2-CH(OH)-CH_3).

B. Beim Erhitzen von 2-Brom-5-nitro-pyridin mit (±)-1-[2-Hydroxy-äthylamino]-propan-2-ol auf 130° (*Brown et al.,* Soc. **1957** 1544, 1546).

Hydrochlorid $C_{10}H_{15}N_3O_4$·HCl. Kristalle (aus A. + E.); F: 131°.

[2-Hydroxy-äthyl]-[3-hydroxy-propyl]-[5-nitro-[2]pyridyl]-amin, 3-[(2-Hydroxy-äthyl)-(5-nitro-[2]pyridyl)-amino]-propan-1-ol $C_{10}H_{15}N_3O_4$, Formel II
(R = CH$_2$-CH$_2$-CH$_2$-OH).

B. Beim Erhitzen von 2-Brom-5-nitro-pyridin mit 3-[2-Hydroxy-äthylamino]-propan-1-ol auf 130° (*Brown et al.*, Soc. **1957** 1544, 1549).

Kristalle; F: 68−69°.

Hydrochlorid $C_{10}H_{15}N_3O_4 \cdot HCl$. Kristalle (aus A. + E.); F: 123−124°.

Bis-[3-hydroxy-propyl]-[5-nitro-[2]pyridyl]-amin $C_{11}H_{17}N_3O_4$, Formel III
(R = CH$_2$-OH).

B. Beim Erhitzen von 2-Brom-5-nitro-pyridin mit Bis-[3-hydroxy-propyl]-amin auf 130° (*Brown et al.*, Soc. **1957** 1544, 1549).

F: 43−45°.

5′-Nitro-3,4,5,6-tetrahydro-2H-[1,2′]bipyridyl, 5-Nitro-2-piperidino-pyridin $C_{10}H_{13}N_3O_2$, Formel IV.

B. Beim Erwärmen von 2-Chlor-5-nitro-pyridin mit Piperidin in Äthanol (*Mangini, Frenguelli*, G. **69** [1939] 97, 101; *Chapman, Rees*, Soc. **1954** 1190, 1192, 1193). Beim Erhitzen von 2-Methoxy-5-nitro-pyridin (oder der entsprechenden 2-Äthoxy- oder 2-Phen⁼oxy-Verbindung) mit Piperidin (*Colonna, Dal Monte Casoni*, Boll. scient. Fac. Chim. ind. Univ. Bologna **5** [1944/47] 35). Beim Behandeln des Kalium-Salzes der 5-Nitro-pyridin-2-sulfonsäure mit Piperidin in H$_2$O (*Mangini, Colonna*, G. **73** [1943] 313, 321).

Gelbe Kristalle (aus A.); F: 87° (*Yoneda*, J. pharm. Soc. Japan **77** [1957] 944; C. A. **1958** 2855), 84° (*Ch., Rees*), 83,5−84° (*Ma., Fr.*), 83−84° (*Ma., Co.*), 82−83° (*Co., Dal Mo. Ca.*).

5′-Nitro-[1,2′]bipyridylium(1+), 1-[5-Nitro-[2]pyridyl]-pyridinium $[C_{10}H_8N_3O_2]^+$, Formel V (R = H).

Chlorid $[C_{10}H_8N_3O_2]Cl$. *B.* Beim Erwärmen von 2-Chlor-5-nitro-pyridin mit Pyridin in Äthanol (*Bishop et al.*, Soc. **1952** 437, 440).

Picrat $[C_{10}H_8N_3O_2]C_6H_2N_3O_7$. Gelbe Kristalle (aus Me.); F: 181,5° [unkorr.].

3-Methyl-5′-nitro-[1,2′]bipyridylium(1+), 3-Methyl-1-[5-nitro-[2]pyridyl]-pyridinium $[C_{11}H_{10}N_3O_2]^+$, Formel V (R = CH$_3$).

Chlorid $[C_{11}H_{10}N_3O_2]Cl$. *B.* Beim Behandeln von 2-Chlor-5-nitro-pyridin in Äther mit 3-Methyl-pyridin (*Cavell, Chapman*, Soc. **1953** 3392, 3393).

Picrat $[C_{11}H_{10}N_3O_2]C_6H_2N_3O_7$. F: 143,5°.

IV   V   VI

4-[5-Nitro-[2]pyridylamino]-phenol $C_{11}H_9N_3O_3$, Formel VI (R = X = H).

B. Beim Erwärmen von 2-Chlor-5-nitro-pyridin mit 4-Amino-phenol in Äthanol (*Mangini, Frenguelli*, G. **69** [1939] 97, 100).

Orangefarbene Kristalle (aus A.); F: 211−212°.

Kalium-Salz. Braunviolette Kristalle.

2-p-Anisidino-5-nitro-pyridin, [4-Methoxy-phenyl]-[5-nitro-[2]pyridyl]-amin $C_{12}H_{11}N_3O_3$, Formel VI (R = CH$_3$, X = H).

B. Beim Erwärmen von 2-Chlor-5-nitro-pyridin mit *p*-Anisidin in Äthanol (*Mangini, Frenguelli*, G. **69** [1939] 97, 100).

Gelbe Kristalle (aus A.); F: 160−161°.

5-Nitro-2-p-phenetidino-pyridin, [4-Äthoxy-phenyl]-[5-nitro-[2]pyridyl]-amin $C_{13}H_{13}N_3O_3$, Formel VI (R = C$_2$H$_5$, X = H).

B. Beim Erwärmen von 2-Chlor-5-nitro-pyridin mit *p*-Phenetidin in Äthanol (*Mangini*,

Frenguelli, G. **69** [1939] 97, 101). Beim Erwärmen des Kalium-Salzes der 5-Nitro-pyridin-2-sulfonsäure mit *p*-Phenetidin und *p*-Phenetidin-hydrochlorid in wss. Äthanol (*Mangini, Colonna*, G. **73** [1943] 313, 322).
Gelbe Kristalle (aus A.); F: 140—141°.

[4-Methoxy-2-nitro-phenyl]-[5-nitro-[2]pyridyl]-amin $C_{12}H_{10}N_4O_5$, Formel VI (R = CH$_3$, X = NO$_2$).
B. Beim Erhitzen von 2-Chlor-5-nitro-pyridin mit 4-Methoxy-2-nitro-anilin auf 160° (*Bernstein et al.*, Am. Soc. **69** [1947] 1147, 1150).
Kristalle (aus 2-Äthoxy-äthanol); F: 196—197° [unkorr.].

N,N'-Bis-[5-nitro-[2]pyridyl]-methylendiamin $C_{11}H_{10}N_6O_4$, Formel VII (E II 337).
B. Beim Erwärmen von 5-Nitro-[2]pyridylamin mit wss. Formaldehyd (*Byštrizkaja, Kiršanow*, Ž. obšč. Chim. **10** [1940] 1101, 1105; C. A. **1941** 4023).
F: 265° [Zers.].

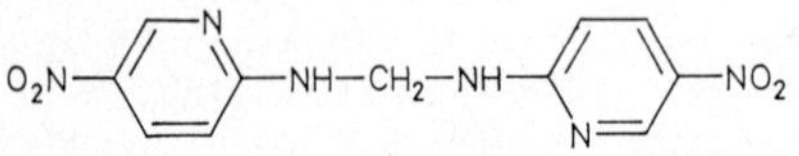

VII

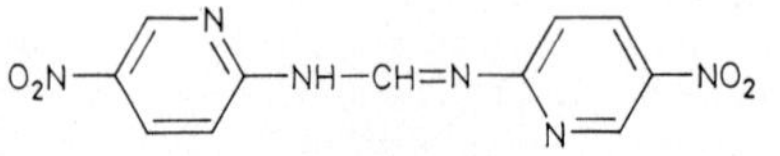

VIII

N,N'-Bis-[5-nitro-[2]pyridyl]-formamidin $C_{11}H_8N_6O_4$, Formel VIII.
B. Beim Erhitzen von 5-Nitro-[2]pyridylamin mit Orthoameisensäure-triäthylester (*Takahashi et al.*, J. pharm. Soc. Japan **69** [1949] 104; C. A. **1950** 3450).
Gelbe Kristalle (aus Me.); F: 213°.

2-Acetylamino-5-nitro-pyridin, *N*-[5-Nitro-[2]pyridyl]-acetamid $C_7H_7N_3O_3$, Formel IX (R = CO-CH$_3$) (E II 337).
IR-Banden (Mineralöl): 3240—1550 cm^{-1} (*Bogomolow et al.*, Izv. Akad. S.S.S.R. Ser. fiz. **23** [1959] 1199; engl. Ausg. S. 1199). λ_{max} (A.): 222 nm und 315 nm.

5-Nitro-2-thioacetylamino-pyridin, *N*-[5-Nitro-[2]pyridyl]-thioacetamid $C_7H_7N_3O_2S$, Formel IX (R = CS-CH$_3$).
B. Aus 2-Chlor-5-nitro-pyridin und Thioacetamid (*Takahashi, Taniyama*, J. pharm. Soc. Japan **64** [1944] Nr. 10, S. 49; C. A. **1952** 110).
F: 113—114°.

2-Benzoylamino-5-nitro-pyridin, *N*-[5-Nitro-[2]pyridyl]-benzamid $C_{12}H_9N_3O_3$, Formel IX (R = CO-C$_6$H$_5$).
B. Beim Erwärmen von 5-Nitro-[2]pyridylamin mit Benzoylchlorid in Pyridin (*Moore, Marascia*, Am. Soc. **81** [1959] 6049, 6053).
Braune Kristalle (aus A.); F: 167°.

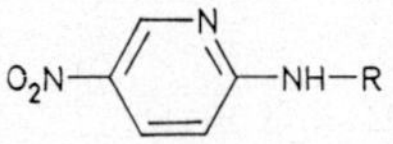

IX

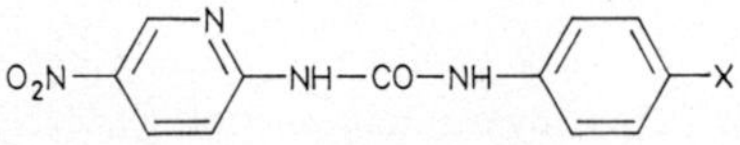

X

[5-Nitro-[2]pyridyl]-carbamidsäure-äthylester $C_8H_9N_3O_4$, Formel IX (R = CO-O-C$_2$H$_5$).
B. Beim Erwärmen von [2]Pyridylcarbamidsäure-äthylester mit HNO$_3$ [D: 1,49] und H$_2$SO$_4$ (*Curry, Mason*, Am. Soc. **73** [1951] 5043, 5045).
Kristalle (aus Bzl. + E.); F: 209—210° [Zers.].

N-[5-Nitro-[2]pyridyl]-*N'*-phenyl-harnstoff $C_{12}H_{10}N_4O_3$, Formel X (X = H).
B. Aus 5-Nitro-[2]pyridylamin und Phenylisocyanat in Benzol, Xylol oder Dioxan (*Buu-Hoï et al.*, Soc. **1958** 2815, 2817).
F: 238°.

N-[4-Fluor-phenyl]-*N'*-[5-nitro-[2]pyridyl]-harnstoff $C_{12}H_9FN_4O_3$, Formel X (X = F).
B. Aus 5-Nitro-[2]pyridylamin und 4-Fluor-phenylisocyanat in Benzol, Xylol oder

Dioxan (*Buu-Hoi et al.*, Soc. **1958** 2815, 2817).
F: 283°.

N-[4-Chlor-phenyl]-*N'*-[5-nitro-[2]pyridyl]-harnstoff $C_{12}H_9ClN_4O_3$, Formel X (X = Cl).
B. Aus 5-Nitro-[2]pyridylamin und 4-Chlor-phenylisocyanat in Benzol, Xylol oder
Dioxan (*Buu-Hoi et al.*, Soc. **1958** 2815, 2817).
F: 285°.

N-[3,4-Dichlor-phenyl]-*N'*-[5-nitro-[2]pyridyl]-harnstoff $C_{12}H_8Cl_2N_4O_3$, Formel XI
(X = Cl, X' = H).
B. Aus 5-Nitro-[2]pyridylamin und 3,4-Dichlor-phenylisocyanat in Benzol, Xylol oder
Dioxan (*Buu-Hoi et al.*, Soc. **1958** 2815, 2817).
F: 291°.

N-[3,5-Dichlor-phenyl]-*N'*-[5-nitro-[2]pyridyl]-harnstoff $C_{12}H_8Cl_2N_4O_3$, Formel XI
(X = H, X' = Cl).
B. Aus 5-Nitro-[2]pyridylamin und 3,5-Dichlor-phenylisocyanat in Benzol, Xylol oder
Dioxan (*Buu-Hoi et al.*, Soc. **1958** 2815, 2817).
F: 268°.

N-[5-Nitro-[2]pyridyl]-glycin $C_7H_7N_3O_4$, Formel XII (R = H, X = OH).
B. Beim Erhitzen von *N*-[5-Nitro-[2]pyridyl]-glycin-äthylester mit wss. HCl (*Brown
et al.*, Soc. **1957** 1544, 1547).
Kristalle (aus H_2O) mit 1 Mol H_2O; F: 205° [Zers.].
Kupfer(II)-Salz $Cu(C_7H_6N_3O_4)_2$. Grüne Kristalle; Zers. bei 193—196°.

N-[5-Nitro-[2]pyridyl]-glycin-äthylester $C_9H_{11}N_3O_4$, Formel XII (R = H, X = O-C_2H_5).
B. Beim Behandeln von Glycin-äthylester in H_2O mit 2-Fluor-5-nitro-pyridin in
Äthanol (*Gruber*, Canad. J. Chem. **31** [1953] 1020, 1023). Beim Erwärmen von Glycin-
äthylester-hydrochlorid mit 2-Chlor-5-nitro-pyridin und Natriumacetat in Äthanol
(*Brown et al.*, Soc. **1957** 1544, 1547).
Kristalle (aus wss. A.), F: 142—143° [korr.] (*Gr.*); gelbe Kristalle (aus A.), F: 138—139°
(*Br. et al.*).

N-[5-Nitro-[2]pyridyl]-glycin-amid $C_7H_8N_4O_3$, Formel XII˙(R = H, X = NH_2).
B. Beim Erwärmen der vorangehenden Verbindung mit methanol. NH_3 (*Brown et al.*,
Soc. **1957** 1544, 1547).
Kristalle (aus H_2O); F: 213°.

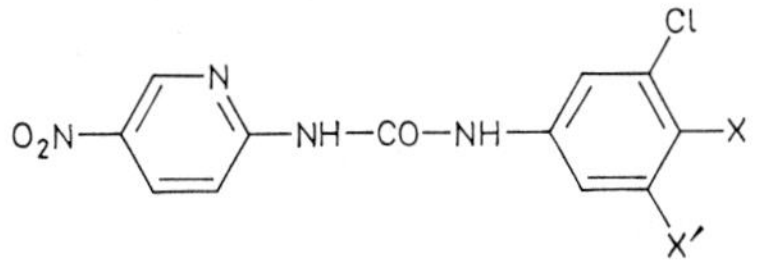

XI 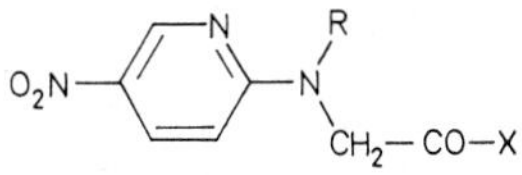   XII

N-[5-Nitro-[2]pyridyl]-glycin-hydrazid $C_7H_9N_5O_3$, Formel XII (R = H, X = NH-NH_2).
B. Beim Erwärmen von *N*-[5-Nitro-[2]pyridyl]-glycin-äthylester mit äthanol. N_2H_4·
H_2O (*Brown et al.*, Soc. **1957** 1544, 1548).
Kristalle (aus H_2O); F: 212°.

N-Methyl-N-[5-nitro-[2]pyridyl]-glycin, *N*-[5-Nitro-[2]pyridyl]-sarkosin
$C_8H_9N_3O_4$, Formel XII (R = CH_3, X = OH).
B. Beim Erwärmen von *N*-Methyl-*N*-[5-nitro-[2]pyridyl]-glycin-äthylester mit meth≠
anol. KOH (*Brown et al.*, Soc. **1957** 1544, 1547).
Kristalle (aus wss. A.); F: 146° [Zers.].
Kupfer(II)-Salz $Cu(C_8H_8N_3O_4)_2$. Grüne Kristalle (aus H_2O); F: 194—195°.

N-Methyl-N-[5-nitro-[2]pyridyl]-glycin-äthylester, *N*-[5-Nitro-[2]pyridyl]-
sarkosin-äthylester $C_{10}H_{13}N_3O_4$, Formel XII (R = CH_3, X = O-C_2H_5).
B. Beim Erwärmen von *N*-Methyl-glycin-äthylester-hydrochlorid mit 2-Chlor-5-nitro-

pyridin und Natriumacetat in Äthanol (*Brown et al.*, Soc. **1957** 1544, 1547).
Kristalle (aus A.); F: 78—79°.

N-Methyl-N-[5-nitro-[2]pyridyl]-glycin-amid, N-[5-Nitro-[2]pyridyl]-sarkosin-amid $C_8H_{10}N_4O_3$, Formel XII (R = CH_3, X = NH_2).
B. Beim Erwärmen der vorangehenden Verbindung mit methanol. NH_3 (*Brown et al.*, Soc. **1957** 1544, 1547).
Kristalle (aus Me.); F: 158°.

N-Methyl-N-[5-nitro-[2]pyridyl]-glycin-hydrazid, N-[5-Nitro-[2]pyridyl]-sarkosin-hydrazid $C_8H_{11}N_5O_3$, Formel XII (R = CH_3, X = NH-NH_2).
B. Beim Erwärmen von N-Methyl-N-[5-nitro-[2]pyridyl]-glycin-äthylester mit äthanol. $N_2H_4 \cdot H_2O$ (*Brown et al.*, Soc. **1957** 1544, 1548).
Kristalle (aus A.); F: 175°.

N-[5-Nitro[2]pyridyl]-DL-alanin $C_8H_9N_3O_4$, Formel XIII (R = H, X = OH).
B. Beim Erhitzen von N-[5-Nitro-[2]pyridyl]-DL-alanin-äthylester mit wss. HCl (*Brown et al.*, Soc. **1957** 1544, 1547).
Kristalle (aus Me.); F: 175°.

N-[5-Nitro-[2]pyridyl]-DL-alanin-äthylester $C_{10}H_{13}N_3O_4$, Formel XIII (R = H, X = O-C_2H_5).
B. Beim Erwärmen von DL-Alanin-äthylester-hydrochlorid mit 2-Chlor-5-nitro-pyridin und Natriumacetat in Äthanol (*Brown et al.*, Soc. **1957** 1544, 1547).
F: 115—116°.

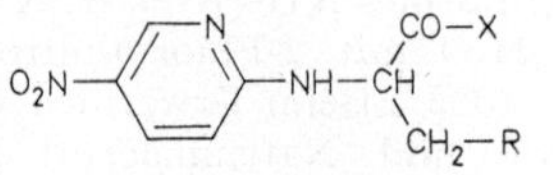

XIII 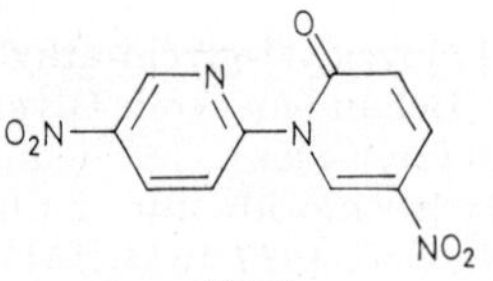   XIV

N-[5-Nitro-[2]pyridyl]-DL-alanin-hydrazid $C_8H_{11}N_5O_3$, Formel XIII (R = H, X = NH-NH_2).
B. Beim Erwärmen der vorangehenden Verbindung mit äthanol. $N_2H_4 \cdot H_2O$ (*Brown et al.*, Soc. **1957** 1544, 1548).
Kristalle (aus Me.); F: 200°.

5,5'-Dinitro-[1,2']bipyridyl-2-on, 5-Nitro-1-[5-nitro-[2]pyridyl]-1H-pyridin-2-on $C_{10}H_6N_4O_5$, Formel XIV.
B. Beim Erwärmen des Kalium-Salzes des 5-Nitro-pyridin-2-ols mit 2-Chlor-5-nitro-pyridin in Äthanol (*Takahashi et al.*, J. pharm. Soc. Japan **62** [1942] 488; dtsch. Ref. S. 150).
Kristalle (aus Bzl.); F: 167°.

N-[5-Nitro-[2]pyridyl]-anthranilsäure $C_{12}H_9N_3O_4$, Formel I.
B. Beim Erhitzen von Anthranilsäure mit 2-Chlor-5-nitro-pyridin, K_2CO_3 und wenig CuO in Isoamylalkohol (*Carboni, Segnini*, G. **85** [1955] 1210, 1213). Beim Erhitzen von 2-Chlor-benzoesäure mit 5-Nitro-[2]pyridylamin, K_2CO_3 und wenig CuO in Nitrobenzol (*Ca., Se.*).
Gelbe Kristalle (aus A.); F: 197° [Zers.].

N-[5-Nitro-[2]pyridyl]-DL-phenylalanin $C_{14}H_{13}N_3O_4$, Formel XIII (R = C_6H_5, X = OH).
B. Beim Behandeln des Natrium-Salzes des DL-Phenylalanins in H_2O mit 2-Fluor-5-nitro-pyridin in Äthanol (*Gruber*, Canad. J. Chem. **31** [1953] 1020, 1024).
Bräunlichgelbe Kristalle (aus Me.); F: 183—185° [korr.].

3-Hydroxy-[2]naphthoesäure-[5-nitro-[2]pyridylamid] $C_{16}H_{11}N_3O_4$, Formel II (X = H).
B. Beim Erhitzen von 5-Nitro-[2]pyridylamin in Xylol mit 3-Hydroxy-[2]naphthoyl=

chlorid (*Mangini, Andrisano*, Pubbl. Ist. Chim. ind. Univ. Bologna **1943** Nr. 9, S. 3, 21).
Kristalle (aus Py.); F: >300°.

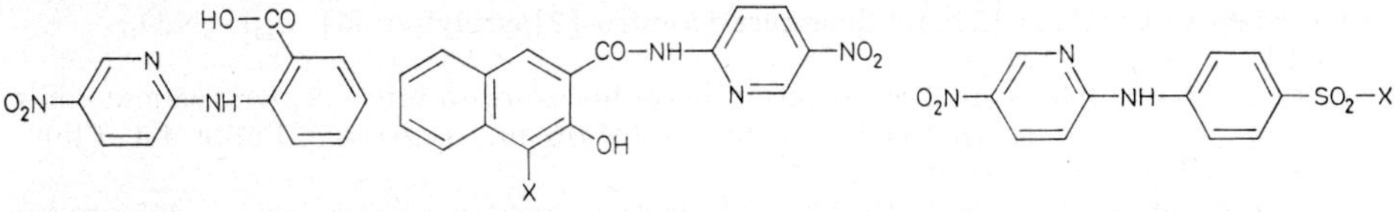

I   II   III

N-[5-Nitro-[2]pyridyl]-sulfanilsäure $C_{11}H_9N_3O_5S$, Formel III (X = OH).
Natrium-Salz $NaC_{11}H_8N_3O_5S$. *B.* Beim Erwärmen des Natrium-Salzes der Sulfanil‡
säure mit 2-Chlor-5-nitro-pyridin in wss. NaOH (*Phillips*, Soc. **1941** 9, 13). — Kristalle
(aus H_2O).

N-[5-Nitro-[2]pyridyl]-sulfanilsäure-amid $C_{11}H_{10}N_4O_4S$, Formel III (X = NH_2).
B. Beim Erhitzen von 2-Chlor-5-nitro-pyridin mit Sulfanilamid auf 170° (*Phillips*,
Soc. **1941** 9, 13). Beim Erwärmen des Natrium-Salzes der *N*-[5-Nitro-[2]pyridyl]-sulfanil‡
säure mit PCl_5 und $POCl_3$ und Behandeln des Reaktionsprodukts mit wss. NH_3 (*Ph.*).
Gelbe Kristalle (aus wss. Eg.); F: 209—210°.

N-[5-Nitro-[2]pyridyl]-äthylendiamin $C_7H_{10}N_4O_2$, Formel IV (R = H).
B. Beim Erwärmen von 2-Chlor-5-nitro-pyridin mit Äthylendiamin in Äthanol (*Bremer*,
A. **521** [1936] 286, 294).
Gelbe Kristalle (aus E.); F: 123°.

N,N-Diäthyl-*N'*-[5-nitro-[2]pyridyl]-äthylendiamin $C_{11}H_{18}N_4O_2$, Formel IV (R = C_2H_5).
B. Beim Behandeln von 2-Chlor-5-nitro-pyridin mit *N,N*-Diäthyl-äthylendiamin
(*Bremer*, A. **521** [1936] 286, 294).
Unter vermindertem Druck destillierbares Öl.

N-[5-Nitro-[2]pyridyl]-*m*-phenylendiamin $C_{11}H_{10}N_4O_2$, Formel V (X = NH_2, X' = H).
B. Beim Erwärmen von 2-Chlor-5-nitro-pyridin mit *m*-Phenylendiamin und Natrium‡
acetat in Äthanol (*Parke, Davis & Co.*, U.S.P. 2435392 [1943]).
Gelb; F: 178°.

IV   V

N-[5-Nitro-[2]pyridyl]-*p*-phenylendiamin $C_{11}H_{10}N_4O_2$, Formel V (X = H, X' = NH_2).
B. Beim Erhitzen von Essigsäure-[4-(5-nitro-[2]pyridylamino)-anilid] mit wss. HCl
(*Petrow, Rewald*, Soc. **1945** 591).
Rötliche Kristalle (aus A. + Bzl.); F: 176—177° [korr.].

N,N-Dimethyl-*N'*-[5-nitro-[2]pyridyl]-*p*-phenylendiamin $C_{13}H_{14}N_4O_2$, Formel V (X = H,
X' = $N(CH_3)_2$).
B. Beim Erhitzen von 2-Chlor-5-nitro-pyridin mit *N,N*-Dimethyl-*p*-phenylendiamin in
Äthanol (*Mangini, Frenguelli*, G. **69** [1939] 97, 101). Beim Erwärmen des Kalium-Salzes
der 5-Nitro-pyridin-2-sulfonsäure mit *N,N*-Dimethyl-*p*-phenylendiamin und *N,N*-Di‡
methyl-*p*-phenylendiamin-hydrochlorid in wss. Äthanol (*Mangini, Colonna*, G. **73** [1943]
313, 322).
Rote Kristalle (aus A.); F: 186—187°.

N-Acetyl-*N'*-[5-nitro-[2]pyridyl]-*p*-phenylendiamin, Essigsäure-[4-(5-nitro-
[2]pyridylamino)-anilid] $C_{13}H_{12}N_4O_3$, Formel V (X = H, X' = NH-CO-CH_3).
B. Beim Erhitzen von 2-Chlor-5-nitro-pyridin mit Essigsäure-[4-amino-anilid] und

Kaliumacetat in Essigsäure (*Petrow, Rewald*, Soc. **1945** 591).

Rote Kristalle (aus wss. Eg.); F: 239—240° [korr.].

*3-Hydroxy-4-phenylazo-[2]naphthoesäure-[5-nitro-[2]pyridyl-amid] $C_{22}H_{15}N_5O_4$, Formel II (X = N=N-C₆H₅).

B. Beim Behandeln von 3-Hydroxy-[2]naphthoesäure-[5-nitro-[2]pyridylamid] mit wss. NaOH und wss. Benzoldiazoniumchlorid (*Mangini, Andrisano*, Pubbl. Ist. Chim. ind. Univ. Bologna **1943** Nr. 9, S. 3, 25).

Rote Kristalle (aus Dioxan); F: 226°. Absorptionsspektrum (Nitrobenzol; 445 nm bis 600 nm): *Ma., An.,* l. c. S. 10.

*4,4′-Bis-[2-hydroxy-3-(5-nitro-[2]pyridylcarbamoyl)-[1]naphthylazo]-biphenyl, 3,3′-Dihydroxy-4,4′-[biphenyl-4,4′-diyl-bis-azo]-di-[2]naphthoesäure-bis-[5-nitro-[2]pyridylamid] $C_{44}H_{28}N_{10}O_8$, Formel VI.

B. Beim Behandeln von 3-Hydroxy-[2]naphthoesäure-[5-nitro-[2]pyridylamid] mit wss. NaOH und wss. Biphenyl-4,4′-bis-diazonium-dichlorid (*Mangini, Andrisano*, Pubbl. Ist. Chim. ind. Univ. Bologna **1943** Nr. 9, S. 3, 25).

Violette Kristalle (aus Nitrobenzol); F: 287—288°. Absorptionsspektrum (Nitrobenzol; 460—700 nm): *Ma., An.,* l. c. S. 11.

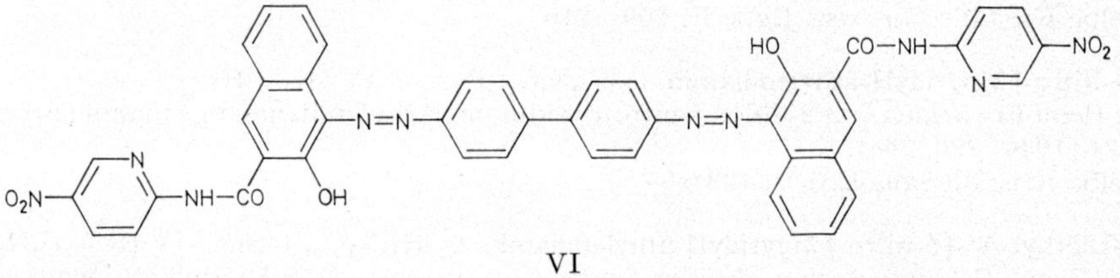

VI

[2-(5-Nitro-[2]pyridylamino)-phenyl]-arsonsäure $C_{11}H_{10}AsN_3O_5$, Formel VII (X = AsO(OH)₂, X′ = H).

B. Beim Erwärmen von 2-Chlor-5-nitro-pyridin mit [2-Amino-phenyl]-arsonsäure und wss. HCl (*Cragoe, Hamilton*, Am. Soc. **67** [1945] 536, 537).

F: 236—237° [vorgeheiztes Bad].

[3-(5-Nitro-[2]pyridylamino)-phenyl]-arsonsäure $C_{11}H_{10}AsN_3O_5$, Formel VII (X = H, X′ = AsO(OH)₂).

B. Beim Erwärmen von 2-Chlor-5-nitro-pyridin mit [3-Amino-phenyl]-arsonsäure und wss. HCl (*Cragoe, Hamilton*, Am. Soc. **67** [1945] 536, 537; *Parke, Davis & Co.*, U.S.P. 2435392 [1943]). Beim Behandeln eines aus N-[5-Nitro-[2]pyridyl]-*m*-phenylendiamin bereiteten Diazoniumsalzes mit wss. NaAsO₃ (*Parke, Davis & Co.*).

F: >250° (*Cr., Ha.*).

[4-(5-Nitro-[2]pyridylamino)-phenyl]-arsonsäure $C_{11}H_{10}AsN_3O_5$, Formel V (X = H, X′ = AsO(OH)₂).

B. Beim Erwärmen von 2-Chlor-5-nitro-pyridin mit [4-Amino-phenyl]-arsonsäure und wss. HCl (*Cragoe, Hamilton*, Am. Soc. **67** [1945] 536, 537; *Parke, Davis & Co.*, U.S.P. 2435392 [1943]). Beim Behandeln eines aus N-[5-Nitro-[2]pyridyl]-*p*-phenylendiamin bereiteten Diazoniumsalzes mit wss. NaAsO₃ (*Parke, Davis & Co.*).

Gelbe Kristalle (aus wss. Eg.); F: >250°.

[4-Hydroxy-3-(5-nitro-[2]pyridylamino)-phenyl]-arsonsäure $C_{11}H_{10}AsN_3O_6$, Formel VII (X = OH, X′ = AsO(OH)₂).

B. Beim Erwärmen von 2-Chlor-5-nitro-pyridin mit [3-Amino-4-hydroxy-phenyl]-arsonsäure und wss. HCl (*Cragoe, Hamilton*, Am. Soc. **67** [1945] 536, 537).

F: >250°.

[2-Hydroxy-4-(5-nitro-[2]pyridylamino)-phenyl]-arsonsäure $C_{11}H_{10}AsN_3O_6$, Formel V (X = OH, X′ = AsO(OH)₂).

B. Beim Erwärmen von 2-Chlor-5-nitro-pyridin mit [4-Amino-2-hydroxy-phenyl]-

arsonsäure und wss. HCl (*Cragoe, Hamilton*, Am. Soc. **67** [1945] 536, 537).
F: 176—178° [vorgeheiztes Bad].

[5-Nitro-[2]pyridyl]-[2]pyridyl-amin, 5-Nitro-2,2'-imino-di-pyridin $C_{10}H_8N_4O_2$,
Formel VIII (E II 337).
B. Beim Behandeln von Di-[2]pyridyl-amin mit HNO_3 [D: 1,5] und H_2SO_4 (*Morgan, Stewart*, Soc. **1938** 1292, 1297; vgl. E II 337).
Kristalle (aus A.); F: 198°.

VII   VIII   IX

1-Methyl-4-[2-(5-nitro-[2]pyridylamino)-vinyl]-pyridinium $[C_{13}H_{13}N_4O_2]^+$,
Formel IX (R = CH_3, R' = H), und Tautomeres.
Jodid $[C_{13}H_{13}N_4O_2]I$. B. Beim Erhitzen von 1,4-Dimethyl-pyridinium-jodid mit
N,N'-Bis-[5-nitro-[2]pyridyl]-formamidin und wenig Anilin bis auf 165° (*Takahashi et al.*, J. pharm. Soc. Japan **74** [1954] 1212, 1214; C. A. **1955** 14737). — Gelbe Kristalle
(aus Me.); Zers. bei 271°.

1-Methyl-4-[1-methyl-2-(5-nitro-[2]pyridylamino)-vinyl]-pyridinium
$[C_{14}H_{15}N_4O_2]^+$, Formel IX (R = R' = CH_3), und Tautomeres.
Jodid $[C_{14}H_{15}N_4O_2]I$. B. Beim Erhitzen von N,N'-Bis-[5-nitro-[2]pyridyl]-formamidin
mit 4-Äthyl-1-methyl-pyridinium-jodid auf ca. 180° (*Takahashi et al.*, J. pharm. Soc.
Japan **74** [1954] 580, 582; C. A. **1954** 11412). — Gelbe Kristalle (aus Me.); Zers. bei
276°.

1-Äthyl-4-[1-methyl-2-(5-nitro-[2]pyridylamino)-vinyl]-pyridinium $[C_{15}H_{17}N_4O_2]^+$,
Formel IX (R = C_2H_5, R' = CH_3), und Tautomeres.
Jodid $[C_{15}H_{17}N_4O_2]I$. B. Beim Erhitzen von N,N'-Bis-[5-nitro-[2]pyridyl]-formamidin
mit 1,4-Diäthyl-pyridinium-jodid und wenig Anilin auf ca. 200° (*Takahashi et al.*, J.
pharm. Soc. Japan **74** [1954] 580, 582; C. A. **1954** 11412). — Orangegelbe Kristalle
(aus Me.); Zers. bei 290°.

4-[1-Methyl-2-(5-nitro-[2]pyridylamino)-vinyl]-1-propyl-pyridinium $[C_{16}H_{19}N_4O_2]^+$,
Formel IX (R = CH_2-CH_2-CH_3, R' = CH_3), und Tautomeres.
Jodid $[C_{16}H_{19}N_4O_2]I$. B. Beim Erhitzen von N,N'-Bis-[5-nitro-[2]pyridyl]-formamidin
mit 4-Äthyl-1-propyl-pyridinium-jodid und wenig Anilin auf 170—175° (*Takahashi
et al.*, J. pharm. Soc. Japan **74** [1954] 580, 582; C. A. **1954** 11412). — Orangegelbe Kristalle (aus A.); Zers. bei 281°.

1-Isopentyl-4-[1-methyl-2-(5-nitro-[2]pyridylamino)-vinyl]-pyridinium
$[C_{18}H_{23}N_4O_2]^+$, Formel IX (R = CH_2-CH_2-$CH(CH_3)_2$, R' = CH_3), und Tautomeres.
Jodid $[C_{18}H_{23}N_4O_2]I$. B. Beim Erhitzen von N,N'-Bis-[5-nitro-[2]pyridyl]-formamidin
mit 4-Äthyl-1-isopentyl-pyridinium-jodid auf ca. 180° (*Takahashi et al.*, J. pharm. Soc.
Japan **74** [1954] 580, 582; C. A. **1954** 11412). — Orangegelbe Kristalle (aus A.); Zers.
bei 271°.

1-Heptyl-4-[1-methyl-2-(5-nitro-[2]pyridylamino)-vinyl]-pyridinium $[C_{20}H_{27}N_4O_2]^+$,
Formel IX (R = $[CH_2]_6$-CH_3, R' = CH_3), und Tautomeres.
Jodid $[C_{20}H_{27}N_4O_2]I$. B. Beim Erhitzen von N,N'-Bis-[5-nitro-[2]pyridyl]-formamidin
mit 4-Äthyl-1-heptyl-pyridinium-jodid und wenig Anilin auf 160—170° (*Takahashi et al.*,
J. pharm. Soc. Japan **74** [1954] 580, 582; C. A. **1954** 11412). — Orangegelbe Kristalle
(aus A.); F: 167°.

Pyridin-2-carbonsäure-[5-nitro-[2]pyridylamid] $C_{11}H_8N_4O_3$, Formel X.
B. Beim Erhitzen von 5-Nitro-[2]pyridylamin mit Pyridin-2-carbonsäure-äthylester

auf 180° (*Takahashi et al.*, J. pharm. Soc. Japan **67** [1947] 221; C. A. **1952** 112).
Gelbliche Kristalle (aus E.); F: 222—223°.

2-Dichloramino-5-nitro-pyridin, Dichlor-[5-nitro-[2]pyridyl]-amin $C_5H_3Cl_2N_3O_2$, Formel XI.

B. Beim Behandeln von 5-Nitro-[2]pyridylamin in wenig Natriumacetat enthaltender wss. Essigsäure oder in wss. HCl mit NaOCl (*Byštrizkaja, Kiršanow*, Ž. obšč. Chim. **10** [1940] 1827, 1832; C. A. **1941** 4380).

Gelblichgrüne Kristalle, die sich beim Stehenlassen langsam, bei 72° stürmisch zersetzen.

Beim Erwärmen mit Äthanol oder beim Behandeln mit verd. wss. HCl ist 3-Chlor-5-nitro-[2]pyridylamin, beim Behandeln mit konz. wss. HCl ist 5-Nitro-[2]pyridylamin erhalten worden (*By., Ki.*, l. c. S. 1832, 1833).

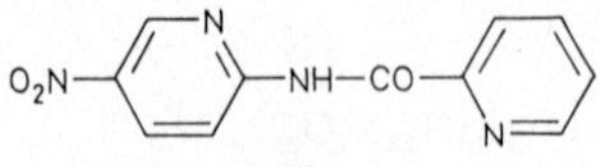

X 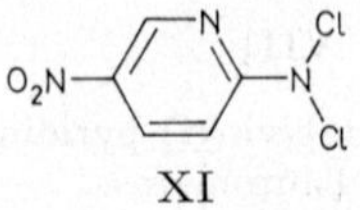   XI 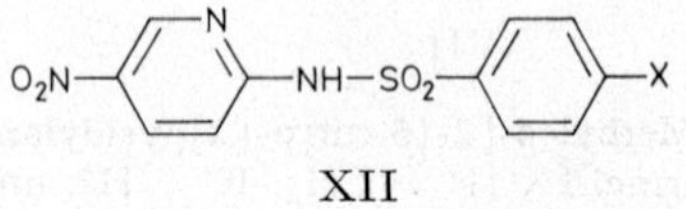   XII

4-Hydroxy-benzolsulfonsäure-[5-nitro-[2]pyridylamid] $C_{11}H_9N_3O_5S$, Formel XII (X = OH).

B. Beim Erhitzen von 4-[5-Nitro-[2]pyridyloxy]-benzolsulfonsäure-amid mit K_2CO_3 auf 170—180° (*Ohta*, J. pharm. Soc. Japan **71** [1951] 315, 318; C. A. **1952** 6653). Beim Erhitzen von 4-[5-Nitro-[2]pyridyloxy]-benzolsulfonsäure-[5-nitro-[2]pyridylamid] mit wss. NaOH (*Ohta*).

Kristalle (aus H_2O oder wss. Acn.); F: 228°.

4-[5-Nitro-[2]pyridyloxy]-benzolsulfonsäure-[5-nitro-[2]pyridylamid] $C_{16}H_{11}N_5O_7S$, Formel XIII.

B. Beim Erhitzen von 4-Hydroxy-benzolsulfonsäure-amid mit 2-Chlor-5-nitro-pyridin und K_2CO_3 auf 160—180° (*Ohta*, J. pharm. Soc. Japan **71** [1951] 315, 318; C. A. **1952** 6653).

Kristalle (aus wss. Dioxan); F: 245°.

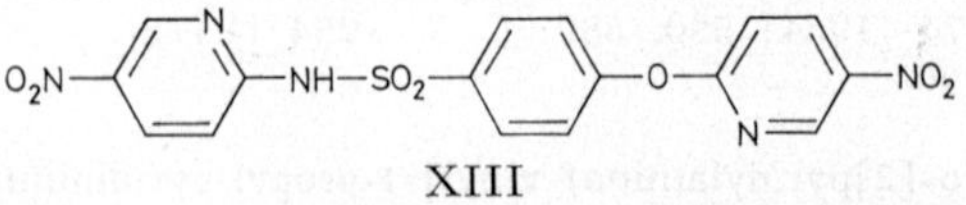

XIII

5-Nitro-2-sulfanilylamino-pyridin, Sulfanilsäure-[5-nitro-[2]pyridylamid] $C_{11}H_{10}N_4O_4S$, Formel XII (X = NH_2).

B. Beim Erhitzen von N-Acetyl-sulfanilsäure-[5-nitro-[2]pyridylamid] mit wss. NaOH (*Roblin, Winnek*, Am. Soc. **62** [1940] 1999, 2001; *Phillips*, Soc. **1941** 9, 14). Beim Erhitzen von 2-Chlor-5-nitro-pyridin mit Sulfanilamid, K_2CO_3 und wenig Kupfer-Pulver auf 140° (*May & Baker Ltd.*, U.S.P. 2293811 [1940]; *Ph.*).

Kristalle (aus wss. Eg.); F: 220—221° [korr.] (*Ro., Wi.*), 218—220° (*May & Baker Ltd.; Ph.*). In 100 ml H_2O lösen sich bei 37° 3,7 mg (*Ro., Wi.*).

N-Acetyl-sulfanilsäure-[5-nitro-[2]pyridylamid], Essigsäure-[4-(5-nitro-[2]pyridylsulfamoyl)-anilid] $C_{13}H_{12}N_4O_5S$, Formel XII (X = NH-CO-CH$_3$).

B. Beim Erwärmen von 5-Nitro-[2]pyridylamin mit N-Acetyl-sulfanilylchlorid in Pyridin (*Roblin, Winnek*, Am. Soc. **62** [1940] 1999, 2001; *Phillips*, Soc. **1941** 9, 14). Beim Erhitzen von 2-Chlor-5-nitro-pyridin mit N-Acetyl-sulfanilsäure-amid, K_2CO_3 und wenig Kupfer-Pulver auf 180° (*May & Baker Ltd.*, U.S.P. 2275354 [1938]; *Ph.*, l. c. S. 13).

Kristalle; F: 279° (*Ph.*).

4-Acetylamino-toluol-2-sulfonsäure-[5-nitro-[2]pyridylamid], Essigsäure-[4-methyl-3-(5-nitro-[2]pyridylsulfamoyl)-anilid] $C_{14}H_{14}N_4O_5S$, Formel I.

B. Beim Erhitzen von 2-Chlor-5-nitro-pyridin mit 4-Acetylamino-toluol-2-sulfonsäure-

amid, K_2CO_3 und wenig Kupfer-Pulver in Nitrobenzol (*Winthrop Chem. Co.*, U.S.P. 2299555 [1940]).
Kristalle (aus Acn.); F: 234°.

[5-Nitro-[2]pyridyl]-amidoschwefelsäure $C_5H_5N_3O_5S$, Formel II (X = SO_2-OH).
B. Beim Erwärmen von 5-Nitro-[2]pyridylamin mit SO_3 und Triäthylamin in 1,2-Di=
chlor-äthan (*Am. Cyanamid Co.*, U.S.P. 2574155 [1950]).
Natrium-Salz $NaC_5H_4N_3O_5S$. Kristalle. In 100 ml H_2O lösen sich bei 25° ca. 6,5 g.

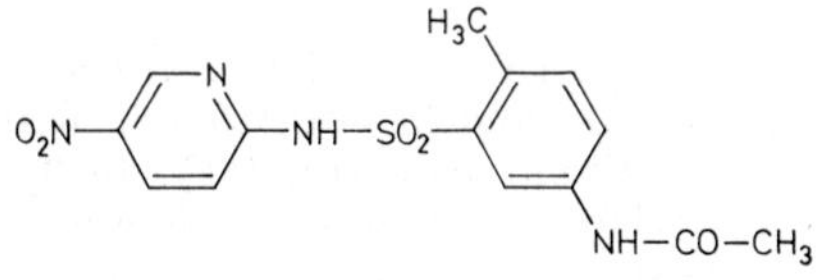

I 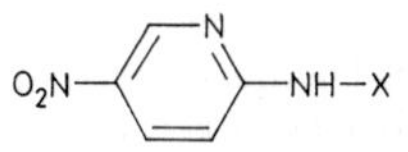   II

[5-Nitro-[2]pyridyl]-amidophosphorsäure-diphenylester $C_{17}H_{14}N_3O_5P$, Formel II
(X = PO(O-C_6H_5)$_2$).
B. Beim Erhitzen der folgenden Verbindung mit Äthanol und Behandeln der Reaktions-
lösung mit wenig konz. wss. HCl (*Shmurowa, Kiršanow*, Ž. obšč. Chim. **29** [1959] 1687,
1691, 1693; engl. Ausg. S. 1664, 1667, 1669).
Kristalle (aus A.); F: 188—190°.

**[5-Nitro-[2]pyridylimino]-triphenoxy-phosphoran, [5-Nitro-[2]pyridyl]-imidophosphor=
säure-triphenylester** $C_{23}H_{18}N_3O_5P$, Formel III.
B. Beim Erhitzen von 5-Nitro-[2]pyridylamin mit Pentaphenoxy-phosphoran auf
140—150° (*Shmurowa, Kiršanow*, Ž. obšč. Chim. **29** [1959] 1687, 1689, 1692; engl. Ausg.
S. 1664, 1666, 1668).
Kristalle; F: 58—60°.

5-Chlor-3-nitro-[2]pyridylamin $C_5H_4ClN_3O_2$, Formel IV (R = H) (E II 338).
Beim Erhitzen mit $SnCl_2$ und konz. HCl ist 5,6-Dichlor-pyridin-2,3-diyldiamin erhalten worden (*Israel, Day*, J. org. Chem. **24** [1959] 1455, 1456).

5-Chlor-2-methylamino-3-nitro-pyridin, [5-Chlor-3-nitro-[2]pyridyl]-methyl-amin
$C_6H_6ClN_3O_2$, Formel IV (R = CH_3).
B. Beim Erwärmen von 2-Brom-5-chlor-3-nitro-pyridin mit Methylamin in wss.
Äthanol (*Takahashi et al.*, Chem. pharm. Bl. **7** [1959] 602).
Gelbliche Kristalle (aus A.); F: 148—150°.

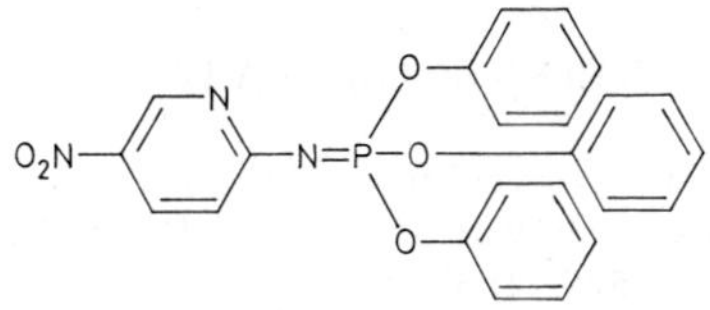

III 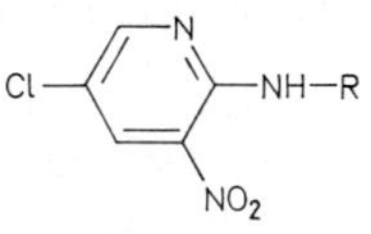   IV 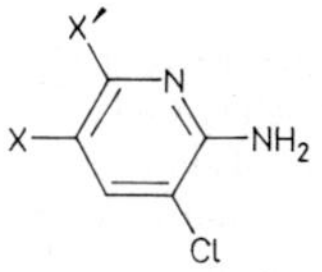   V

2-Äthylamino-5-chlor-3-nitro-pyridin, Äthyl-[5-chlor-3-nitro-[2]pyridyl]-amin
$C_7H_8ClN_3O_2$, Formel IV (R = C_2H_5).
B. Beim Erwärmen von 2-Brom-5-chlor-3-nitro-pyridin mit Äthylamin in wss. Äthanol
(*Takahashi et al.*, Chem. pharm. Bl. **7** [1959] 602).
Gelbe Kristalle (aus A.); F: 86—87°.

2-Benzylamino-5-chlor-3-nitro-pyridin, Benzyl-[5-chlor-3-nitro-[2]pyridyl]-amin
$C_{12}H_{10}ClN_3O_2$, Formel IV (R = CH_2-C_6H_5).
B. Beim Erwärmen von 2-Brom-5-chlor-3-nitro-pyridin mit Benzylamin in Benzol

(*Takahashi et al.*, Chem. pharm. Bl. **7** [1959] 602).
Gelbe Kristalle (aus Me.); F: 104—105°.

N'-[5-Chlor-3-nitro-[2]pyridyl]-N,N-dimethyl-äthylendiamin $C_9H_{13}ClN_4O_2$, Formel IV
(R = CH$_2$-CH$_2$-N(CH$_3$)$_2$).
Hydrobromid $C_9H_{13}ClN_4O_2 \cdot$ HBr. *B.* Beim Erwärmen von 2-Brom-5-chlor-3-nitro-
pyridin mit *N,N*-Dimethyl-äthylendiamin in Äthanol (*Takahashi et al.*, Chem. pharm.
Bl. **7** [1959] 602). — Gelbe Kristalle (aus A.); F: 188—189°.

3-Chlor-5-nitro-[2]pyridylamin $C_5H_4ClN_3O_2$, Formel V (X = NO$_2$, X' = H).
B. Aus 2-Dichloramino-5-nitro-pyridin beim Behandeln mit Äthanol in Benzol oder
mit wss. HCl (*Byštrizkaja, Kiršanow*, Ž. obšč. Chim. **10** [1940] 1827, 1833; C. A. **1941**
4380). Beim Behandeln von 5-Nitro-[2]pyridylamin in wss. HCl mit wss. NaOCl oder
mit Chlor (*By., Ki.*; s. a. *Berrie et al.*, Soc. **1951** 2590, 2593).
Gelbliche Kristalle; F: 211—213° [aus A.] (*Be. et al.*), 205—206° [aus Bzl.] (*By.,
Ki.*). IR-Banden (Mineralöl; 3350—1500 cm^{-1}): *Bogomolow et al.*, Izv. Akad. S.S.S.R.
Ser. fiz. **23** [1959] 1199; engl. Ausg. S. 1199. λ_{max} (A.): 342 nm (*Bo. et al.*).

3-Chlor-6-nitro-[2]pyridylamin $C_5H_4ClN_3O_2$, Formel V (X = H, X' = NO$_2$).
B. Beim Erhitzen von 3-Chlor-2,6-dinitro-pyridin mit wss. NH$_3$ (*Czuba, Plażek*, R. **77**
[1958] 92, 95).
Gelbe Kristalle (aus H$_2$O); F: 154—156°.

5-Brom-3-nitro-[2]pyridylamin $C_5H_4BrN_3O_2$, Formel VI (E I 631).
B. Beim Behandeln von 5-Brom-[2]pyridylamin mit H$_2$SO$_4$ und HNO$_3$ [D: 1,41]
(*Koshiro*, J. pharm. Soc. Japan **79** [1959] 1129, 1130; C. A. **1960** 3418; vgl. auch *Petrow,
Saper*, Soc. **1948** 1389, 1391). Beim Erwärmen von 5-Brom-3-nitro-pyridin-2-carbon⸗
säure-amid mit KOBr (*Berrie et al.*, Soc. **1952** 2042, 2046).
Gelbe Kristalle; F: 211—212° [korr.; aus A.] (*Pe., Sa.*), 210° [aus Me. oder A.] (*Ko.*,
l. c. S. 1132), 205° [aus E.] (*Be. et al.*).

3-Brom-5-nitro-[2]pyridylamin $C_5H_4BrN_3O_2$, Formel VII (R = H).
B. Beim Behandeln von 5-Nitro-[2]pyridylamin mit wss. NaOBr und verd. wss.
Essigsäure (*Byštrizkaja, Kiršanow*, Ž. obšč. Chim. **10** [1940] 1827, 1837; C. A. **1941**
4380).
Gelbliche Kristalle; F: 222° [aus Eg.] (*Collins*, Soc. **1963** 1337), 216—218° (*Brown,
Burke*, Am. Soc. **77** [1955] 6053, 6054 Anm. 9), 214—215° [aus A.] (*By., Ki.*). IR-Banden
(Mineralöl; 3350—1500 cm^{-1}): *Bogomolow et al.*, Izv. Akad. S.S.S.R. Ser. fiz. **23** [1959]
1199; engl. Ausg. 1199. λ_{max} (A.): 345 nm (*Bo. et al.*).

2-[3-Brom-5-nitro-[2]pyridylamino]-äthanol $C_7H_8BrN_3O_3$, Formel VII
(R = CH$_2$-CH$_2$-OH).
B. Beim Behandeln von 3-Brom-2-chlor-5-nitro-pyridin in Äthanol mit 2-Amino-
äthanol (*Bremer*, A. **521** [1936] 286, 291). Beim Erwärmen von 3-Brom-2-methoxy-
5-nitro-pyridin mit 2-Amino-äthanol (*Bremer*, A. **529** [1937] 290, 298).
Gelbe Kristalle (aus wss. A.); F: 136°.

VI   VII   VIII

2-[3,5-Dinitro-[2]pyridylamino]-phenol $C_{11}H_8N_4O_5$, Formel VIII (R = R' = H).
B. Beim Behandeln von 2-Chlor-3,5-dinitro-pyridin mit 2-Amino-phenol und äthanol.

Natriumäthylat (*Takahashi*, *Yoneda*, Chem. pharm. Bl. **6** [1958] 46, 48).
Rote Kristalle (aus A.); F: 230—232° [unkorr.; Zers.].

2-[2-Acetoxy-anilino]-3,5-dinitro-pyridin, [2-Acetoxy-phenyl]-[3,5-dinitro-[2]pyridyl]-amin $C_{13}H_{10}N_4O_6$, Formel VIII (R = CO-CH$_3$, R' = H).

B. Beim Erwärmen von 2-Chlor-3,5-dinitro-pyridin mit dem Kalium-Salz des Essig= säure-[2-hydroxy-anilids] in Methanol (*Takahashi*, *Yoneda*, Chem. pharm. Bl. **6** [1958] 46, 48). Beim Erwärmen von 2-[3,5-Dinitro-[2]pyridylamino]-phenol mit Acetanhydrid und Pyridin (*Ta.*, *Yo.*).
Gelbe Kristalle (aus A.); F: 146—147° [unkorr.].

2-[Benzyl-(3,5-dinitro-[2]pyridyl)-amino]-phenol $C_{18}H_{14}N_4O_5$, Formel VIII (R = H, R' = CH$_2$-C$_6$H$_5$).

B. Beim Erwärmen von 2-Chlor-3,5-dinitro-pyridin mit dem Kalium-Salz des 2-Benzyl= amino-phenols in Äthanol (*Takahashi*, *Yoneda*, Chem. pharm. Bl. **6** [1958] 378, 380).
Gelbe Kristalle (aus E.); Zers. bei 170° [unkorr.].   [*Flock*]

---

[3]Pyridylamin $C_5H_6N_2$, Formel I (H 431; E I 632; E II 339).
Isolierung aus Leberextrakten: *Subbarow et al.*, Am. Soc. **60** [1938] 1510.

B. Beim Erhitzen von 3-Brom-pyridin mit wss. NH$_3$ und CuSO$_4$ unter Druck auf 140° (*Maier-Bode*, B. **69** [1936] 1534, 1536; *Zwart*, *Wibaut*, R. **74** [1955] 1062, 1065; s. a. den *Hertog*, *Wibaut*, R. **55** [1936] 122, 126). Aus 4-Chlor-3-nitro-pyridin beim Hydrieren an einem Nickel-Katalysator in Methanol (*Chem. Fabr. v. Heyden*, D.R.P. 622345 [1933]; Frdl. **21** 530) oder beim Behandeln mit Eisen-Pulver in Essigsäure (*Chem. Fabr. v. Heyden*, D.R.P. 653200 [1937]; Frdl. **24** 371). Aus 2-Chlor-5-nitro-pyridin beim Hydrieren an Palladium/CaCO$_3$ in Methanol oder an Nickel in methanol. NaOH (*Binz*, *v. Schickh*, B. **68** [1935] 315, 320, 322), beim Hydrieren an Palladium in Äthanol (*Binz*, *v. Sch.*; *v. Heyden*, D.R.P. 622345), bei der elektrochemischen Reduktion in wss. H$_2$SO$_4$ unter Verwendung einer Kupfer-Kathode bei 75° (*Binz*, *v. Sch.*), beim Erhitzen in wss. H$_2$SO$_4$ mit Zink-Pulver (*Binz*, *v. Sch.*; *v. Heyden*, D.R.P. 653200) oder beim Erhitzen mit Aluminium-Amalgam (*v. Heyden*, D.R.P. 653200). Aus 2-Brom-5-nitro-pyridin beim Erhitzen mit Zinn und wss. HCl (*v. Heyden*, D.R.P. 653200). Aus 2-Chlor-[3]pyridylamin, aus 6-Chlor-[3]pyridyl= amin oder aus 6-Brom-[3]pyridylamin s. *Binz*, *v. Sch.*; *Chem. Fabr. v. Heyden*, D.R.P. 626717 [1933]; Frdl. **21** 531. Beim Erhitzen von [3]Pyridylcarbamidsäure-benzylester mit wss. HCl (*Sugasawa et al.*, J. pharm. Soc. Japan **72** [1952] 192; C. A. **1953** 6418).

Dipolmoment (ε; Bzl.) bei 17—67°: 3,19 D (*Goethals*, R. **54** [1935] 299, 304, 305). Kraft= konstante der NH-Valenzschwingung (CHCl$_3$ sowie CCl$_4$): *Mason*, Soc. **1958** 3619, 3620.
Kristalle (aus Bzl.); F: 64—65° (*Maier-Bode*, B. **69** [1936] 1534, 1536), 64° (*Binz*, *v. Schickh*, B. **68** [1935] 315, 320; den *Hertog*, *Wibaut*, R. **55** [1936] 122, 126). IR-Spektrum (CHCl$_3$; 3500—3100 cm^{-1} und 1650—1450 cm^{-1}): *Angyal*, *Werner*, Soc. **1952** 2911, 2912, 2914. IR-Banden in Nujol (1600—700 cm^{-1}): *Shindo*, Pharm. Bl. **5** [1957] 472, 475, 477, 479; in CHCl$_3$ (3460—1250 cm^{-1} bzw. 1500—1010 cm^{-1}): *Katritzky*, *Jones*, Soc. **1959** 3674, 3676; *Katritzky et al.*, Soc. **1958** 3165. Halbwertsbreite der symmetrischen und antisymmetrischen NH-Valenzschwingungsbande (CHCl$_3$ sowie CCl$_4$): *Mason*, Soc. **1958** 3619, 3621. UV-Spektrum in Äthanol, in wss. HCl und in wss. NaOH (220—360 nm): *Steck*, *Ewing*, Am. Soc. **70** [1948] 3397, 3399; in Äthanol und in äthanol. HCl (210 nm bis 375 nm): *Grammaticakis*, Bl. **1959** 480, 481; in Äther und in wss. Dioxan (255—400 nm): *Anderson*, *Seeger*, Am. Soc. **71** [1949] 340; in wss. Lösungen vom pH −4,2, pH 3,5 und pH 8 (210—360 nm): *Albert*, Soc. **1960** 1020, 1022. λ_{max}: 294 nm [CCl$_4$] (*Goulden*, Soc. **1952** 2939), 294 nm [Heptan] (*Spiers*, *Wibaut*, R. **56** [1937] 573, 582). λ_{max} in Äthanol, in wss. H$_2$SO$_4$ [0,01 n], in wss. H$_2$SO$_4$ [50%ig], in konz. H$_2$SO$_4$ und in wss. NaOH [0,1 n]: *Okuda*, Pharm. Bl. **4** [1956] 257. Scheinbarer Dissoziationsexponent pK'_{a1} der zweifach proto= nierten Verbindung (H$_2$O; spektrophotometrisch ermittelt) bei 20°: −1,5 (*Al.*, l. c. S. 1021); bei 23—25°: −1,3 (*Jaffé*, *Doak*, Am. Soc. **77** [1955] 4441, 4442). Scheinbare Dis= soziationskonstante K$'_b$ (H$_2$O; potentiometrisch ermittelt) bei 25°: 7,30·10^{-9} (*Canić et al.*, Glasnik chem. Društva Beograd **21** [1956] 65, 68; C. A. **1960** 8815). Scheinbarer Dis= soziationsexponent pK'_{a2} der einfach protonierten Verbindung (H$_2$O; potentiometrisch ermittelt) bei 5,4°: 6,41; bei 35°: 5,95 (*Elliot*, *Mason*, Soc. **1959** 2352, 2357); bei 20°:

6,07 (Al.; s. a. Albert et al., Soc. **1948** 2240, 2242; Fastier, McDowall, Austral. J. exp. Biol. med. Sci. **36** [1958] 491, 495); bei 23—25°: 6,09 (Ja., Doak); bei 25°: 6,03; bei 35°: 5,91; bei 45°: 5,78 (Jonassen, Rolland in J. Bjerrum, G. Schwarzenbach, L. G. Sillén, Stability Constants, Tl. 1 [London 1957] S. 29). Erstarrungsdiagramm des binären Systems mit Palmitinsäure (Verbindung 1:1 [E: 51,8°]): Mod et al., J. Am. Oil Chemists Soc. **36** [1959] 102.

Bildung von 3-Nitro-pyridin bzw. [3,3']Azoxypyridin beim Behandeln in konz. H_2SO_4 mit wss. H_2O_2 und H_2SO_4 [SO_3 enthaltend]: v. Schickh et al., B. **69** [1936] 2593, 2604; Wiley, Hartman, Am. Soc. **73** [1951] 494; Kimura, Takano, J. pharm. Soc. Japan **79** [1959] 549; C. A. **1959** 18030. Beim Erwärmen in wss. HCl mit wss. H_2O_2 auf 80° sind 2-Chlor-[3]pyridylamin und 2,6-Dichlor-[3]pyridylamin, bei 110° ist zusätzlich 2,4,5,6-Tetrachlor-[3]pyridylamin erhalten worden (v. Sch. et al., l. c. S. 2597); beim Erwärmen in wss. HBr mit wss. H_2O_2 (v. Sch. et al.) oder beim Behandeln in Methanol mit Brom (Płażek, Marcinków, Roczniki Chem. **14** [1934] 326, 329; C. **1935** I 70) ist 2,6-Dibrom-[3]pyridylamin erhalten worden; beim Erwärmen in wss. HI mit wss. H_2O_2 ist [3,3']Azopyridin erhalten worden (v. Sch. et al.). Beim Erhitzen mit $ClSO_3H$ auf 135—140° ist 3-Amino-pyridin-2-sulfonsäure erhalten worden (Pł., Ma.; Płażek, Roczniki Chem. **17** [1937] 97; C. **1937** II 73). Beim Behandeln mit wss. Formaldehyd ist N,N'-Di-[3]pyridyl-methylendiamin (S. 4072) erhalten worden (Marzona, Carpignano, Ann. Chimica **55** [1965] 1007, 1012). Beim Behandeln in wss. HCl mit der Natrium-Verbindung des 5-Hydroxy-penta-2,4-dienals in Methanol ist 1-[3]Pyridylamino-5-[3]pyridylimino-penta-1,3-dien (S. 4072) erhalten worden (Baumgarten, B. **69** [1936] 1938, 1941). Überführung in 4-Chlor-[1,5]naphthyridin: Adams et al., Am. Soc. **68** [1946] 1317. Stabilitätskonstante der Komplexe (2:1 und 1:1) mit Silber(+) bei 25°, 35° und 45° (H_2O): Jonassen, Rolland in J. Bjerrum, G. Schwarzenbach, L. G. Sillén, Stability Constants, Tl. 1 [London 1957] S. 29.

Verbindung mit Jod $C_5H_6N_2 \cdot I_4$. Schwarze Kristalle (aus wss. A.); F: 98° (Rodewald, Płażek, Roczniki Chem. **16** [1936] 130, 131; C. **1936** II 1166).

Verbindung mit Jodmonochlorid $C_5H_6N_2 \cdot ClI \cdot HCl$. Kristalle (aus wss. HCl); F: 149° (v. Schickh et al., B. **69** [1936] 2593, 2605).

Tetrachloroaurat(III) $C_5H_6N_2 \cdot HAuCl_4$ (H 432). Rotbraune Kristalle (aus wss. HCl); F: 237—238° [Zers.] (Strong et al., Am. Soc. **60** [1938] 2564), 218° (Subbarow et al., Am. Soc. **60** [1938] 1510).

Verbindung mit Nickel(II)-thiocyanat $4 C_5H_6N_2 \cdot Ni(CNS)_2$. Blau; F: 231° (Schaeffer et al., Am. Soc. **79** [1957] 5870, 5875). — Über die Clathrat-Bildung mit p-Xylol s. Sch. et al., l. c. S. 5872.

Picrat. Kristalle; F: 200—201° (St. et al.), 188—190° (Su. et al.).

Palmitat $C_5H_6N_2 \cdot C_{16}H_{32}O_2$. E: 51,8° (Mod et al., J. Am. Oil Chemists Soc. **36** [1959] 102), 51,4° (Mod et al., J. Am. Oil Chemists Soc. **36** [1959] 616, 618).

Thiocyanat $C_5H_6N_2 \cdot CHNS$. Kristalle (aus Isopropylalkohol); F: 138—140° (Fairfull, Peak, Soc. **1955** 796, 798).

Flavianat (8-Hydroxy-5,7-dinitro-naphthalin-2-sulfonat). Kristalle; F: 241° [Zers.; nach Verkohlung ab 212°] (Su. et al.).

Methojodid s. S. 4069.

I   II   III

3-Amino-pyridin-1-oxid, 1-Oxy-[3]pyridylamin $C_5H_6N_2O$, Formel II.

B. Beim Erhitzen von 3-Brom-pyridin-1-oxid mit wss. NH_3 und $CuSO_4$ auf 130—140° (Murray, Hauser, J. org. Chem. **19** [1954] 2008, 2012). Aus N-[1-Oxy-[3]pyridyl]-acetamid beim Erwärmen mit wss. HCl (Leonard, Wajngurt, J. org. Chem. **21** [1956] 1077, 1080) oder mit wss. NaOH (Jaffé, Doak, Am. Soc. **77** [1955] 4441, 4444).

Kristalle (aus $CHCl_3$ + A. + H_2O); F: 124—125° [unkorr.] (Mu., Ha.). IR-Banden (Nujol; 1600—650 cm^{-1}): Shindo, Chem. pharm. Bl. **6** [1958] 117, 122, 124, 125. λ_{max}: 234 nm und 314 nm [H_2O] bzw. 222 nm und 261 nm [wss. H_2SO_4 (50%ig)] (Jaffé, Am.

Soc. **77** [1955] 4451). Scheinbare Dissoziationsexponenten pK'_{a1} und pK'_{a2} der protonierten Verbindung (H$_2$O; spektrophotometrisch ermittelt) bei 23—25°: —2,1 bzw. +1,47 (*Ja.*, *Doak*, l. c. S. 4442). Scheinbarer Dissoziationsexponent pK'_{a2} der protonierten Verbindung (H$_2$O; potentiometrisch ermittelt) bei Raumtemperatur: 1,8 (*Mu.*, *Ha.*). Über Gleichgewichte der Protonierung und Dissoziation in H$_2$O s. *Jaffé*, Am. Soc. **77** [1955] 4445, 4447.

Überführung in 4-Chlor-[1,7]naphthyridin: *Mu.*, *Ha.*

Hydrochlorid C$_5$H$_6$N$_2$O·HCl. Kristalle (aus A.); F: 149—150° (*Le.*, *Wa.*).

3-Amino-1-methyl-pyridinium [C$_6$H$_9$N$_2$]$^+$, Formel III.

Jodid. *B.* Beim Erwärmen von [3]Pyridylamin in Methanol mit CH$_3$I (*Anderson et al.*, J. biol. Chem. **234** [1959] 1219; s. a. *Turizyna, Wompe*, Doklady Akad. S.S.S.R. **74** [1950] 509, 510; C. A. **1951** 3846) oder beim Behandeln von 3-Acetylamino-1-methyl-pyridinium-jodid mit wss. HCl (*Tu.*, *Wo.*). — Kristalle [aus Me.] (*An. et al.*); F: 123° (*Tu.*, *Wo.*). λ_{max} (H$_2$O, wss. HCl [0,1 n] sowie wss. NaOH [0,1 n]): 322 nm (*An. et al.*, l. c. S. 1221).

3-Methylamino-pyridin, Methyl-[3]pyridyl-amin C$_6$H$_8$N$_2$, Formel IV (R = H, R' = CH$_3$).

B. Aus 3-Brom-pyridin beim Erhitzen mit wss. Methylamin und CuSO$_4$ (*Płazek et al.*, Roczniki Chem. **15** [1935] 365, 369; C. **1936** I 1219; *Clark-Lewis, Thompson*, Soc. **1957** 442, 443). Aus 3-Chlor-pyridin (*Crail et al.*, Am. Soc. **74** [1952] 1313). Beim Erwärmen von N-[3]Pyridyl-toluol-4-sulfonamid und K$_2$CO$_3$ in Aceton mit Dimethylsulfat und Erhitzen des Reaktionsprodukts mit wss. H$_2$SO$_4$ (*Cl.-Le.*, *Th.*).

Kp$_{12}$: 118—120° (*Pl. et al.*); Kp$_7$: 110° (*Cl.-Le.*, *Th.*). IR-Banden (CHCl$_3$; 3430 cm^{-1} bis 1060 cm^{-1} bzw. 1600—1000 cm^{-1}): *Katritzky, Jones*, Soc. **1959** 3674, 3677; *Katritzky et al.*, Soc. **1958** 3165.

Beim Behandeln mit Brom in Essigsäure ist [2,6-Dibrom-[3]pyridyl]-methyl-amin erhalten worden (*Pl. et al.*). Beim Behandeln mit NaNO$_2$ und wss. HCl ist Methyl-nitroso-[3]pyridyl-amin, beim Behandeln mit HNO$_3$ [D: 1,52] in konz. H$_2$SO$_4$ ist Methyl-nitro-[3]pyridyl-amin erhalten worden (*Pl. et al.*). Beim Erhitzen in Cymol mit NaNH$_2$ auf 205—210° ist 2-Amino-3-methylamino-pyridin erhalten worden (*Pl. et al.*).

Picrat Kristalle (aus H$_2$O); F: 178° (*Pl. et al.*; *Cl.-Le.*, *Th.*).

IV   V   VI

3-Dimethylamino-pyridin, Dimethyl-[3]pyridyl-amin C$_7$H$_{10}$N$_2$, Formel IV (R = R' = CH$_3$).

B. Beim Erhitzen von [3]Pyridylamin in Methanol in Gegenwart von Al$_2$O$_3$/Bimsstein auf 380—420° (*Płazek, Marcinków*, Roczniki Chem. **14** [1934] 326, 333; C. **1935** I 70). Beim Erwärmen von [3]Pyridylamin in wss. H$_2$SO$_4$ mit wss. Formaldehyd und Zink-Pulver (*Binz, v. Schickh*, B. **68** [1935] 315, 324). Beim Behandeln von [3]Pyridylamin mit Formaldehyd und Ameisensäure (*Okuda*, Pharm. Bl. **4** [1956] 257, 261).

Kp$_{12}$: 105—106° (*Pl., Ma.*); Kp$_6$: 95° (*Ok.*). IR-Banden (CHCl$_3$; 2810—950 cm^{-1}): *Katritzky, Jones*, Soc. **1959** 3674, 3677. λ_{max} in Äthanol, in wss. H$_2$SO$_4$ [0,01 n], in wss. H$_2$SO$_4$ [50%ig], in konz. H$_2$SO$_4$ und in wss. NaOH [0,1 n]: *Ok.*

Beim Behandeln in Methanol mit Brom ist [2(?)-Brom-[3]pyridyl]-dimethyl-amin (S. 4093) und [2,6-Dibrom-[3]pyridyl]-dimethyl-amin erhalten worden (*Płazek et al.*, Roczniki Chem. **15** [1935] 365, 374; C. **1936** I 1219). Beim Behandeln in Acetanhydrid mit HNO$_3$ [D: 1,52] ist ein Dimethyl-[x,x,x-trinitro-[3]pyridyl]-amin C$_7$H$_7$N$_5$O$_6$ (Kristalle [aus wss. A.]; F: 125—127°) erhalten worden (*Pl. et al.*, l. c. S. 374).

Dihydrochlorid C$_7$H$_{10}$N$_2$·2 HCl. F: 143° (*Binz, v. Sch.*).

Picrat C$_7$H$_{10}$N$_2$·C$_6$H$_3$N$_3$O$_7$. Kristalle (aus Me.); F: 179—181° (*Ok.*), 178—180° (*Pl.*, *Ma.*).

Picrolonat. F: 225—226° (*Pl., Ma.*).
Methojodid. Kristalle; F: 161—162° (*Pl., Ma.*).

3-Äthylamino-pyridin, Äthyl-[3]pyridyl-amin $C_7H_{10}N_2$, Formel IV (R = H, R' = C_2H_5).
B. Beim Erhitzen von 3-Brom-pyridin und Äthylamin mit $CuSO_4$ auf 120° (*Chem. Fabr. v. Heyden*, D.R.P. 586879 [1932]; Frdl. **20** 741).
Kp: 246—247°.

3-Anilino-pyridin, Phenyl-[3]pyridyl-amin $C_{11}H_{10}N_2$, Formel IV (R = H, R' = C_6H_5).
B. Beim Erhitzen von [3]Pyridylamin und Jodbenzol mit K_2CO_3 und Kupfer auf 200° (*Späth, Eiter*, B. **73** [1940] 719, 722).
Kristalle; F: 142° [aus Ae. + PAe.] (*Sp., Ei.*), 140—141° [aus wss. A.] (*Lukeš, Jizba*, Chem. Listy **52** [1958] 1131, 1135; C. A. **1958** 17259).
Picrat $C_{11}H_{10}N_2 \cdot C_6H_3N_3O_7$. F: 154—155° [aus H_2O] (*Lu., Ji.*).

3-Amino-1-[2,4-dinitro-phenyl]-pyridinium $[C_{11}H_9N_4O_4]^+$, Formel V (R = H).
Chlorid $[C_{11}H_9N_4O_4]$Cl. *B.* Beim Behandeln von [3]Pyridylamin in Aceton mit 1-Chlor-2,4-dinitro-benzol oder beim Behandeln von 3-Acetylamino-1-[2,4-dinitro-phenyl]-pyridinium-chlorid mit wss. HCl (*Turizyna, Wompe*, Doklady Akad. S.S.S.R. **74** [1950] 509; C. A. **1951** 3846). — Gelbe Kristalle (aus A.); F: 226°.

Methyl-phenyl-[3]pyridyl-amin $C_{12}H_{12}N_2$, Formel IV (R = CH_3, R' = C_6H_5).
B. Beim Erhitzen von 3-Brom-pyridin und N-Methyl-anilin mit $CuSO_4$ auf 140° (*Chem. Fabr. v. Heyden*, D.R.P. 586879 [1932]; Frdl. **20** 741).
Kp_{25}: 245—250°.

3-Dimethylamino-1-[2,4-dinitro-phenyl]-pyridinium $[C_{13}H_{13}N_4O_4]^+$, Formel V (R = CH_3).
Chlorid $[C_{13}H_{13}N_4O_4]$Cl. *B.* Beim Behandeln von Dimethyl-[3]pyridyl-amin mit 1-Chlor-2,4-dinitro-benzol in Aceton (*Wompe, Turizyna*, Ž. obšč. Chim. **27** [1957] 3282, 3287; engl. Ausg. 3318, 3322). — Gelbe Kristalle (aus A. + Acn.); F: 183—184,5°.

3-o-Toluidino-pyridin, [3]Pyridyl-o-tolyl-amin $C_{12}H_{12}N_2$, Formel VI (R = CH_3, R' = X = H).
B. Beim Erhitzen von [3]Pyridylamin und 2-Jod-toluol mit K_2CO_3 und Kupfer auf 180° (*Eiter, Nezval*, M. **81** [1950] 404, 413).
Kristalle (aus Bzl. + Ae. + PAe.); F: 83°.

3-m-Toluidino-pyridin, [3]Pyridyl-m-tolyl-amin $C_{12}H_{12}N_2$, Formel VI (R = X = H, R' = CH_3).
B. Beim Erhitzen von [3]Pyridylamin und 3-Jod-toluol mit K_2CO_3 und Kupfer auf 180° (*Eiter, Nezval*, M. **81** [1950] 404, 413).
Kristalle (aus Ae. + PAe.); F: 110°.

3-Benzylamino-pyridin, Benzyl-[3]pyridyl-amin $C_{12}H_{12}N_2$, Formel IV (R = H, R' = CH_2-C_6H_5).
B. Beim Erhitzen von [3]Pyridylamin mit Benzaldehyd und Ameisensäure (*Soc. Usines Chim. Rhône-Poulenc*, D.B.P. 880749 [1951]; D.R.B.P. Org. Chem. 1950—1951 **3** 226).
Kp_2: 180—182°.

3-Pyrrolidino-pyridin $C_9H_{12}N_2$, Formel VII (R = H).
B. Beim Leiten von [3]Pyridylamin, THF und Äther über Al_2O_3 bei 400° (*Jur'ew et al.*, Ž. obšč. Chim. **10** [1940] 1839, 1840; C. **1942** II 1458).
Kp_7: 134—135°. D_4^{24}: 1,0706. n_D^{24}: 1,5852.
Picrat. Kristalle (aus A.); F: 195,5—196°.

(±)-3-[2-Methyl-pyrrolidino]-pyridin $C_{10}H_{14}N_2$, Formel VII (R = CH_3).
B. Beim Leiten von (±)-2-Methyl-tetrahydro-furan und [3]Pyridylamin im Stickstoff-Strom über Al_2O_3 bei 400° (*Jur'ew et al.*, Ž. obšč. Chim. **10** [1940] 1839, 1841; C. **1942** II 1458).

Kp$_4$: 118—119°. D$_4^{20}$: 1,0426. n$_D^{20}$: 1,5718.
Picrat. Kristalle (aus A.); F: 128—128,5°.

VII   VIII   IX

3-Pyrrol-1-yl-pyridin C$_9$H$_8$N$_2$, Formel VIII (H 432).
B. Neben *N,N'*-Di-[3]pyridyl-harnstoff beim Erhitzen von [3]Pyridylamin mit Galac=
tarsäure auf 300° (*Gitsels, Wibaut,* R. **60** [1941] 176, 181).
Kp$_{12}$: 130—135° (*Gi., Wi.*).
Beim Erhitzen über Bimsstein auf 700° (*Späth, Kainrath,* B. **71** [1938] 1276, 1279)
oder beim Erhitzen mit Stickstoff über Al$_2$O$_3$ auf 710—720° (*Wibaut, Gitsels,* R. **57**
[1938] 755, 758) sind 3-Pyrrol-2-yl-pyridin und 3-Pyrrol-3-yl-pyridin erhalten worden.

[1,3']Bipyridylium(1+), 1-[3]Pyridyl-pyridinium [C$_{10}$H$_9$N$_2$]$^+$, Formel IX.
Monoperchlorat [C$_{10}$H$_9$N$_2$]ClO$_4$. *B.* Aus dem Diperchlorat (s. u.) beim Erwärmen mit
Äthanol oder mit wss. NaHCO$_3$ (*Baumgarten,* B. **69** [1936] 1938, 1942; s. a. *Baumgarten,*
Erbe, B. **70** [1937] 2235, 2249). — Kristalle (aus A.); F: 170—172° (*Ba.*).
Diperchlorat [C$_{10}$H$_9$N$_2$]ClO$_4$·HClO$_4$. *B.* Beim Erhitzen von 1-[3]Pyridylamino-5-[3]=
pyridylimino-penta-1,3-dien-trihydrochlorid (S. 4072) mit wss. HCl und Behandeln
des erhaltenen Chlorids mit wss. HClO$_4$ (*Baumgarten,* B. **69** [1936] 1938, 1941). In
geringerer Menge neben [1,2']Bipyridylium-perchlorat aus Pyridin beim Behandeln
in H$_2$O mit SO$_2$ und Luft (*Baumgarten,* B. **69** [1936] 229, 231) oder beim Erhitzen in
H$_2$O mit K$_2$S$_2$O$_8$ und Na$_2$SO$_3$ (*Ba.,* l. c. S. 1940; *Baumgarten, Erbe,* B. **70** [1937] 2235,
2249) und Behandeln des Reaktionsprodukts mit wss. HClO$_4$. — Kristalle; F: 277,5°
bis 280° (*Ba.,* l. c. S. 1941).
Hexachloroplatinat(IV). Gelbe Kristalle; Zers. >300° (*Ba.,* l. c. S. 1942).

3-*p*-Phenetidino-pyridin, [4-Äthoxy-phenyl]-[3]pyridyl-amin C$_{13}$H$_{14}$N$_2$O, Formel VI
(R = R' = H, X = O-C$_2$H$_5$) auf S. 4069.
B. Beim Erhitzen von 3-Brom-pyridin mit *p*-Phenetidin und NaNH$_2$ in Toluol (*Searle*
& Co., U.S.P. 2802008 [1953]).
Kristalle (aus Bzl. + Cyclohexan); F: 110°.

7β-[3]Pyridylamino-cholest-5-en-3β-ol C$_{32}$H$_{50}$N$_2$O, Formel X (R = H).
B. Beim Erwärmen von 3β-Benzoyloxy-7β-[3]pyridylamino-cholest-5-en (s. u.) mit
äthanol. K$_2$CO$_3$ (*Sax, Bernstein,* J. org. Chem. **16** [1951] 1069, 1077).
Kristalle (aus Acn. + PAe.); F: 196,5—198° [unkorr.]. [α]$_D^{30}$: +135,8°; [α]$_{546,1}^{30}$: +169,9°
[jeweils in CHCl$_3$; c = 1]. λ$_{max}$ (1 % CHCl$_3$ enthaltendes A.): 260 nm und 321—324nm.

X   XI

3β-Benzoyloxy-7β-[3]pyridylamino-cholest-5-en C$_{39}$H$_{54}$N$_2$O$_2$, Formel X (R = CO-C$_6$H$_5$).
B. Beim Behandeln von 3β-Benzoyloxy-7α-brom-cholest-5-en mit [3]Pyridylamin in
Äthylacetat (*Sax, Bernstein,* J. org. Chem. **16** [1951] 1069, 1077).

Kristalle (aus Bzl. + Acn.); F: 225—226,5° [unkorr.]. $[\alpha]_D^{27}$: +139,8° [CHCl$_3$; c = 0,3]. λ_{max} (1 % CHCl$_3$ enthaltendes A.): 229—230 nm, 259 nm und 320—323 nm.

N,N′-Di-[3]pyridyl-methylendiamin $C_{11}H_{12}N_4$, Formel XI.
Diese Konstitution kommt wahrscheinlich der nachstehend beschriebenen, ursprünglich von *Binz, v. Schickh* (B. **68** [1935] 315, 318, 324) als Methylen-[3]pyridyl-amin formulierten Verbindung zu (*Marzona, Carpignano,* Ann. Chimica **55** [1965] 1007, 1012; s. a. *Sauleau,* Bl. **1973** 2823, 2825, 2827).
B. Beim Behandeln von [3]Pyridylamin mit wss. Formaldehyd (*Binz, v. Sch.; Ma., Ca.*).
Kristalle; F: 189—190° [aus Bzl. + A.] (*Sa.*), 180° [aus Xylol] (*Binz, v. Sch.*), 172° bis 174° [aus Me.] (*Ma., Ca.*).

__[3-Nitro-benzyliden]-[3]pyridyl-amin, 3-Nitro-benzaldehyd-[3]pyridylimin__ $C_{12}H_9N_3O_2$,
Formel XII (X = NO$_2$, X′ = H).
B. Beim Erhitzen von [3]Pyridylamin und 3-Nitro-benzaldehyd auf 100—130° (*Grammaticakis,* Bl. **1959** 480, 491).
Kristalle (aus E.); F: 114°. UV-Spektrum (A.; 210—380 nm): *Gr.,* l. c. S. 483.

__[4-Nitro-benzyliden]-[3]pyridyl-amin, 4-Nitro-benzaldehyd-[3]pyridylimin__ $C_{12}H_9N_3O_2$,
Formel XII (X = H, X′ = NO$_2$).
B. Beim Erhitzen von [3]Pyridylamin und 4-Nitro-benzaldehyd auf 100—130° (*Grammaticakis,* Bl. **1959** 480, 491).
Hellgelbe Kristalle (aus E.); F: 157°. UV-Spektrum (A.; 210—380 nm): *Gr.,* l. c. S. 483.

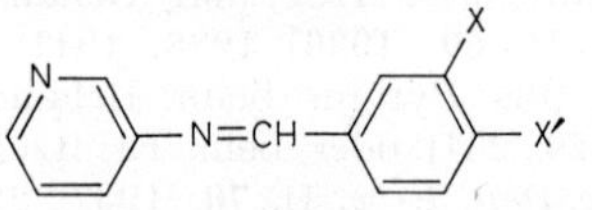

XII 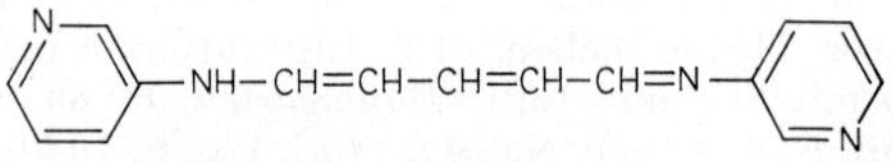   XIII

1,5-Bis-[3]pyridylimino-pent-2-en, Pentendial-bis-[3]pyridylimin $C_{15}H_{14}N_4$ und Tautomeres.
1-[3]Pyridylamino-5-[3]pyridylimino-penta-1,3-dien $C_{15}H_{14}N_4$, Formel XIII.
B. Beim Behandeln von [3]Pyridylamin in wss. HCl mit der Natrium-Verbindung des 5-Hydroxy-penta-2,4-dienals in Methanol (*Baumgarten,* B. **69** [1936] 1938, 1941).
Beim Erhitzen des Trihydrochlorids mit wss. HCl und Behandeln des Reaktionsprodukts mit wss. HClO$_4$ ist [1,3′]Bipyridylium-diperchlorat (S. 4071) erhalten worden.
Trihydrochlorid $C_{15}H_{14}N_4 \cdot 3$ HCl. Rotviolette Kristalle mit 0,5 Mol H$_2$O; F: 175° bis 176°.
Dihydrochlorid-perchlorat $C_{15}H_{14}N_4 \cdot 2$ HCl·HClO$_4$. Rote Kristalle mit 0,5 Mol H$_2$O; F: 158°.

*__*3-Salicylidenamino-pyridin, 2-[[3]Pyridylimino-methyl]-phenol, Salicylaldehyd-[3]pyridylimin__ $C_{12}H_{10}N_2O$, Formel XIV.
B. Beim Erhitzen von [3]Pyridylamin und Salicylaldehyd auf 100—130° (*Grammaticakis,* Bl. **1959** 480, 490).
Gelbe Kristalle (aus Ae. + Cyclohexan); F: 69°. UV-Spektrum (A.; 210—380 nm): *Gr.,* l. c. S. 483.

*__*3-[[3]Pyridylimino-methyl]-phenol, 3-Hydroxy-benzaldehyd-[3]pyridylimin__ $C_{12}H_{10}N_2O$,
Formel XII (X = OH, X′ = H).
B. Beim Erhitzen von [3]Pyridylamin und 3-Hydroxy-benzaldehyd auf 100—130° (*Grammatikacis,* Bl. **1959** 480, 490).
Kristalle (aus Bzl.); F: 136°. UV-Spektrum (A.; 210—380 nm): *Gr.,* l. c. S. 483.

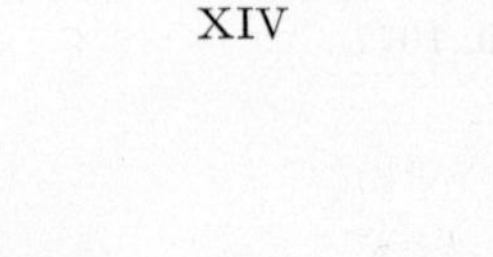

XIV   XV

*4-[[3]Pyridylimino-methyl]-phenol, 4-Hydroxy-benzaldehyd-[3]pyridylimin $C_{12}H_{10}N_2O$, Formel XII (X = H, X' = OH).

B. Beim Erhitzen von [3]Pyridylamin und 4-Hydroxy-benzaldehyd auf $100-130°$ (*Grammaticakis*, Bl. **1959** 480, 491).

Kristalle (aus E.); F: 186°. UV-Spektrum (A.; $210-380$ nm): *Gr.*, l. c. S. 483.

3-Amino-1-[4-fluor-phenacyl]-pyridinium $[C_{13}H_{12}FN_2O]^+$, Formel XV (R = H).

Bromid $[C_{13}H_{12}FN_2O]Br$. *B.* Beim Behandeln von [3]Pyridylamin mit 2-Brom-1-[4-fluor-phenyl]-äthanon in Aceton oder Äthanol (*Bahner et al.*, Am. Soc. **74** [1952] 3960). — F: $200-202°$.

3-Formylamino-pyridin, N-[3]Pyridyl-formamid $C_6H_6N_2O$, Formel I (R = CHO).

B. Beim Erhitzen von [3]Pyridylamin mit wasserfreier Ameisensäure (*Płażek et al.*, Roczniki Chem. **15** [1935] 365, 375; C. **1936** I 1219) oder mit Äthylformiat auf $130-140°$ (*Hromatka, Eiles*, M. **78** [1948] 129, 138).

Kristalle; F: 96° [aus Bzl.] (*Pł. et al.*), 94° [aus Ae.] (*Hr., Ei.*).

Verbindung mit Brom $C_6H_6N_2O \cdot Br_2$. Orangegelb; F: 92° (*Pł. et al.*).

Nitrat. F: 158° (*Pł. et al.*).

Picrat. F: 198° (*Pł. et al.*).

3-Acetylamino-pyridin, N-[3]Pyridyl-acetamid $C_7H_8N_2O$, Formel I (R = CO-CH$_3$) (H 432).

B. Beim Erhitzen von [3]Pyridylamin mit Acetanhydrid (*Farley, Eliel*, Am. Soc. **78** [1956] 3477, 3481).

Kristalle (aus CHCl$_3$ + PAe.); F: $132-136°$ [unkorr.] (*Fa., El.*). IR-Banden (CHCl$_3$; $3425-990$ cm^{-1} bzw. $1600-1020$ cm^{-1}): *Katritzky, Jones*, Soc. **1959** 2067, 2068; *Katritzky et al.*, Soc. **1958** 3165. UV-Spektrum (A.; $210-310$ nm): *Grammaticakis*, Bl. **1959** 480, 482. λ_{max}: 212 nm, 247 nm und 287 nm [wss. H$_2$SO$_4$ (1 n)]; 236 nm und 271 nm [wss. Lösung vom pH 9,7] (*Jones, Katritzky*, Soc. **1959** 1317, 1321). Scheinbarer Dissoziationsexponent pK'_a der protonierten Verbindung (H$_2$O; potentiometrisch ermittelt) bei $23-25°$: 4,43 (*Jaffé, Doak*, Am. Soc. **77** [1955] 4441, 4442); bei Raumtemperatur: 4,46 (*Jo., Ka.*).

Beim Erwärmen des Nitrats mit konz. H$_2$SO$_4$ auf 50° ist Pyridin-3-ol erhalten worden worden (*Płażek et al.*, Roczniki Chem. **15** [1935] 365, 375; C. **1936** I 1219). Überführung in 3-Phenyl-pyridin: *Fa., El.*

Verbindung mit Brom $C_7H_8N_2O \cdot Br_2$. Gelbe Kristalle (aus Me.); F: 118° (*Pł. et al.*). — Beim Behandeln mit wss. H$_2$SO$_4$ ist 2,4,6-Tribrom-[3]pyridylamin erhalten worden (*Pł. et al.*).

Verbindung mit Jodmonochlorid $C_7H_8N_2O \cdot ClI$. Kristalle (aus A.); F: 163° (*Rodewald, Płażek*, Roczniki Chem. **16** [1936] 130, 134; C. **1936** II 1166).

Nitrat $C_7H_8N_2O \cdot HNO_3$. Kristalle (aus A.); F: 165° (*Pł. et al.*).

        I   II   III

3-Acetylamino-pyridin-1-oxid, N-[1-Oxy-[3]pyridyl]-acetamid $C_7H_8N_2O_2$, Formel II.

B. Beim Behandeln von N-[3]Pyridyl-acetamid mit Peroxyessigsäure [40%ig] bei 45° (*Leonard, Wajngurt*, J. org. Chem. **21** [1956] 1077, 1080).

Kristalle (aus A.); F: $208-210°$ (*Le., Wa.*). IR-Banden von 3410 cm^{-1} bis 970 cm^{-1} (CHCl$_3$): *Katritzky, Jones*, Soc. **1959** 2067, 2068; von 900 cm^{-1} bis 650 cm^{-1} (Nujol): *Shindo*, Chem. pharm. Bl. **6** [1958] 117, 122. λ_{max} (H$_2$O): 240 nm und 295 nm (*Jaffé*, Am. Soc. **77** [1955] 4451).

3-Acetylamino-1-methyl-pyridinium $[C_8H_{11}N_2O]^+$, Formel III (R = CH$_3$, R' = CO-CH$_3$).

Jodid $[C_8H_{11}N_2O]I$. *B.* Beim Erwärmen von N-[3]Pyridyl-acetamid mit CH$_3$I in Äthanol (*Renshaw, Shand*, Am. Soc. **54** [1932] 1474; *Tomita*, J. pharm. Soc. Japan **71** [1951]

220, 223; C. A. **1952** 506). — Kristalle; F: 220—221° [aus Acn.] (*Re., Sh.*), 213—215° [aus A. + Ae.] (*To.*), 213—214° (*Turizyna, Wompe,* Doklady Akad. S.S.S.R. **74** [1950] 509, 510; C. A. **1951** 3846). λ_{max}: 290 nm [H_2O sowie wss. HCl (0,1 n)], 275 nm [wss. NaOH (0,1 n)] (*Anderson et al.,* J. biol. Chem. **234** [1959] 1219, 1221).

Toluol-4-sulfonat [$C_8H_{11}N_2O$]$C_7H_7O_3$S. *B.* Beim Erhitzen von *N*-[3]Pyridyl-acetamid mit Toluol-4-sulfonsäure-methylester (*Jones, Katritzky,* Soc. **1959** 1317, 1323). — Kristalle (aus A. + E.); F: 149—150° (*Jo., Ka.*). λ_{max}: 218 nm, 249 nm und 290 nm [wss. H_2SO_4 (1 n)], 273 nm [wss. NaOH (1 n)] (*Jo., Ka.,* l. c. S. 1321). Über das Protonierungsgleichgewicht in H_2O s. *Jo., Ka.,* l. c. S. 1319.

3-Acetylamino-1-äthyl-pyridinium [$C_9H_{13}N_2O$]$^+$, Formel III (R = C_2H_5, R' = CO-CH$_3$).

Jodid [$C_9H_{13}N_2O$]I. *B.* Beim Erwärmen von *N*-[3]Pyridyl-acetamid mit Äthyljodid in Äthanol (*Tomita,* J. pharm. Soc. Japan **71** [1951] 220, 223; C. A. **1952** 506). — Kristalle (aus A. + Ae.); F: 183—185°.

3-Acetylamino-1-phenyl-pyridinium [$C_{13}H_{13}N_2O$]$^+$, Formel III (R = C_6H_5, R' = CO-CH$_3$).

Picrat [$C_{13}H_{13}N_2O$]$C_6H_2N_3O_7$. *B.* Neben anderen Verbindungen beim Erwärmen von 3-Acetylamino-1-[2,4-dinitro-phenyl]-pyridinium-chlorid mit Anilin in Äthanol und Behandeln des Reaktionsprodukts mit Picrinsäure (*Wompe, Turizyna,* Ž. obšč. Chim. **28** [1958] 2864, 2870; engl. Ausg. S. 2891, 2895). — Hellgelbe Kristalle (aus A.); F: 148—149°.

3-Acetylamino-1-[2,4-dinitro-phenyl]-pyridinium [$C_{13}H_{11}N_4O_5$]$^+$, Formel III (R = $C_6H_3(NO_2)_2(o,p)$, R' = CO-CH$_3$).

Chlorid [$C_{13}H_{11}N_4O_5$]Cl. *B.* Beim Erwärmen von *N*-[3]Pyridyl-acetamid mit 1-Chlor-2,4-dinitro-benzol in Aceton (*Wompe, Turizyna,* Ž. obšč. Chim. **27** [1957] 3282, 3286; engl. Ausg. S. 3318, 3322). — Kristalle (aus A.) mit 0,5 Mol Äthanol; F: 183° (*Wo., Tu.,* Ž. obšč. Chim. **27** 3287). — Beim Behandeln mit Anilin in Äthanol bei 10—15° ist 2-Acetylamino-5-anilino-penta-2,4-dienal-phenylimin-hydrochlorid erhalten worden; beim Erwärmen mit Anilin in Äthanol sind 2,4-Dinitro-anilin, [2,4-Dinitro-phenyl]-phenyl-amin und 3-Acetylamino-1-phenyl-pyridinium-chlorid (als Picrat isoliert) erhalten worden (*Wompe, Turizyna,* Ž. obšč. Chim. **28** [1958] 2864, 2870; engl. Ausg. S. 2891, 2895).

3-Acetylamino-1-[2,6-dichlor-benzyl]-pyridinium [$C_{14}H_{13}Cl_2N_2O$]$^+$, Formel IV.

Bromid [$C_{14}H_{13}Cl_2N_2O$]Br. *B.* Beim Erwärmen von *N*-[3]Pyridyl-acetamid und 2,6-Dichlor-benzylbromid in Aceton (*Kröhnke et al.,* A. **600** [1956] 176, 187). — Kristalle (aus A.); F: 231°.

3-Acetylamino-1-[4-fluor-phenacyl]-pyridinium [$C_{15}H_{14}FN_2O_2$]$^+$, Formel XV (R = CO-CH$_3$) auf S. 4072.

Bromid [$C_{15}H_{14}FN_2O_2$]Br. *B.* Beim Behandeln von *N*-[3]Pyridyl-acetamid mit 2-Brom-1-[4-fluor-phenyl]-äthanon in Aceton oder Äthanol (*Bahner et al.,* Am. Soc. **74** [1952] 3960). — F: 177—179°.

N-Methyl-N-[3]pyridyl-acetamid $C_8H_{10}N_2O$, Formel V (R = CH$_3$, R' = CO-CH$_3$).

B. Beim Erwärmen von Methyl-[3]pyridyl-amin mit Acetanhydrid (*Płażek et al.,* Roczniki Chem. **15** [1935] 365, 369; C. **1936** I 1219; *Jones, Katritzky,* Soc. **1959** 1317, 1323).

Kristalle (aus PAe.); F: 64° (*Pł. et al.*), 62—64° (*Jo., Ka.*). Kp$_{11}$: 145° (*Pł. et al.*). IR-Banden (CHCl$_3$; 1660—970 cm^{-1} bzw. 1590—1020 cm^{-1}): *Katritzky, Jones,* Soc. **1959** 2067, 2068; *Katritzky et al.,* Soc. **1958** 3165. λ_{max}: 223 nm, 250 nm und 280 nm [wss. H_2SO_4 (1 n)]; 260,5 nm [wss. Lösung pH 9,7] (*Jo., Ka.,* l. c. S. 1321). Scheinbarer Dissoziations-exponent pK_a' (H_2O; potentiometrisch ermittelt): 3,52 (*Jo., Ka.,* l. c. S. 1319).

Nitrat $C_8H_{10}N_2O \cdot HNO_3$. Kristalle (aus Me. + Ae.); F: 96° (*Pł. et al.*).

Picrat. F: 150° (*Pł. et al.*).

3-Diacetylamino-pyridin, N-[3]Pyridyl-diacetamid $C_9H_{10}N_2O_2$, Formel V (R = R' = CO-CH$_3$).

B. Beim Erhitzen (25 h) von [3]Pyridylamin mit Acetanhydrid und Natriumacetat (*v.*

Schickh et al., B. **69** [1936] 2593, 2599).
Kristalle (aus PAe.); F: 88°.

IV   V   VI

3-Isobutyrylamino-pyridin, N-[3]Pyridyl-isobutyramid C$_9$H$_{12}$N$_2$O, Formel I
(R = CO-CH(CH$_3$)$_2$) auf S. 4073.
    B. Beim Behandeln von [3]Pyridylamin mit Isobuttersäure-anhydrid (*Rappoport et al.*,
Am. Soc. **74** [1952] 6293).
    Kristalle (aus Bzl. + Methylcyclohexan); F: 78—79°.

3-Benzoylamino-pyridin, N-[3]Pyridyl-benzamid C$_{12}$H$_{10}$N$_2$O, Formel I (R = CO-C$_6$H$_5$)
auf S. 4073.
    B. Beim Erwärmen von [3]Pyridylamin-hydrochlorid und Benzoylchlorid in Benzol
(*Räth*, A. **486** [1931] 95, 99). Beim Behandeln von [3]Pyridylamin mit Benzoylchlorid und
Pyridin (*Jones, Katritzky*, Soc. **1959** 1317, 1323).
    Kristalle; F: 119° [aus Bzl.] (*Räth*), 110—112° [aus H$_2$O] (*Jo., Ka.*). IR-Banden (CHCl$_3$;
3420—830 cm^{-1} bzw. 1610—1020 cm^{-1} bzw. 1600—1020 cm^{-1}): *Katritzky, Jones*,
Soc. **1959** 2067, 2068; *Katritzky, Lagowski*, Soc. **1958** 4155, 4159; *Katritzky et al.*, Soc.
1958 3165. UV-Spektrum (A.; 210—310 nm): *Grammaticakis*, Bl. **1959** 480, 482. λ_{max}:
226 nm und 259 nm [wss. H$_2$SO$_4$ (1 n)], 258 nm [wss. Lösung vom pH 9,7] (*Jo., Ka.*, l. c.
S. 1321). Scheinbarer Dissoziationsexponent pK$_a'$ der protonierten Verbindung (H$_2$O;
spektrophotometrisch ermittelt): 3,80 (*Jo., Ka.*, l. c. S. 1319).
    Hydrochlorid C$_{12}$H$_{10}$N$_2$O·HCl. Kristalle; Zers. bei 206° (*Räth*).

3-Benzoylamino-1-methyl-pyridinium [C$_{13}$H$_{13}$N$_2$O]$^+$, Formel III (R = CH$_3$,
R' = CO-C$_6$H$_5$) auf S. 4073.
    Toluol-4-sulfonat [C$_{13}$H$_{13}$N$_2$O]C$_7$H$_7$O$_3$S. *B.* Beim Erhitzen von *N*-[3]Pyridyl-benz=
amid mit Toluol-4-sulfonsäure-methylester (*Jones, Katritzky*, Soc. **1959** 1317, 1323). —
Kristalle (aus A.); F: 178—179°. λ_{max}: 227 nm und 261 nm [wss. H$_2$SO$_4$ (1 n)], 222 nm
und 292 nm [wss. NaOH (1 n)] (*Jo., Ka.*, l. c. S. 1321). Über das Protonierungsgleichgewicht in H$_2$O s. *Jo., Ka.*, l. c. S. 1319.

N-Methyl-N-[3]pyridyl-benzamid C$_{13}$H$_{12}$N$_2$O, Formel V (R = CH$_3$, R' = CO-C$_6$H$_5$).
    B. Beim Behandeln von Methyl-[3]pyridyl-amin mit Benzoylchlorid und Pyridin
(*Jones, Katritzky*, Soc. **1959** 1317, 1323).
    Kristalle (aus PAe.); F: 92—93° (*Jo., Ka.*). IR-Banden (CHCl$_3$; 1650—910 cm^{-1} bzw.
1620—1020 cm^{-1} bzw. 1580—1020 cm^{-1}): *Katritzky, Jones*, Soc. **1959** 2067, 2068; *Katritzky, Lagowski*, Soc. **1958** 4155, 4159; *Katritzky et al.*, Soc. **1958** 3165. λ_{max}: 223 nm und
258 nm [wss. H$_2$SO$_4$ (1 n)], 262 nm [wss. Lösung vom pH 9,7] (*Jo., Ka.*, l. c. S. 1321).
Scheinbarer Dissoziationsexponent pK$_a'$ der protonierten Verbindung (H$_2$O; spektrophotometrisch ermittelt): 3,66 (*Jo., Ka.*, l. c. S. 1319).

2,2-Diäthyl-N-[3]pyridyl-malonamidsäure C$_{12}$H$_{16}$N$_2$O$_3$, Formel VI (X = OH).
    B. Beim Behandeln (7 d) von 3,3-Diäthyl-1-[3]pyridyl-azetidin-2,4-dion in Methanol
mit wss. Weinsäure oder beim Erwärmen von 3,3-Diäthyl-1-[3]pyridyl-azetidin-
2,4-dion-hydrochlorid in H$_2$O (*Ebnöther et al.*, Helv. **42** [1959] 918, 922, 940).
    Kristalle (aus Me. + Acn.); F: 176—178° [korr.; Zers.; evakuierte Kapillare].
    Hydrochlorid C$_{12}$H$_{16}$N$_2$O$_3$·HCl. Kristalle (aus Me. + Acn.); F: 145—147° [korr.;
Zers.; evakuierte Kapillare]. λ_{max} (H$_2$O): 245 nm und 286 nm.

2,2-Diäthyl-N-[3]pyridyl-malonamid C$_{12}$H$_{17}$N$_3$O$_2$, Formel VI (X = NH$_2$).
    B. Beim Behandeln von 3,3-Diäthyl-1-[3]pyridyl-azetidin-2,4-dion mit methanol.

NH_3 *(Ebnöther et al.*, Helv. **42** [1959] 918, 922, 941).
Kristalle; F: 136—137° [korr.; evakuierte Kapillare].

3,3-Diäthyl-1-[3]pyridyl-azetidin-2,4-dion $C_{12}H_{14}N_2O_2$, Formel VII (R = C_2H_5).
B. Beim Behandeln von Diäthylmalonylchlorid mit [3]Pyridylamin und Pyridin
(Ebnöther et al., Helv. **42** [1959] 918, 939, 940).
$Kp_{0,1}$: 117—118°. n_D^{20}: 1,5272. λ_{max} (A.): 233 nm und 274 nm.
Hydrochlorid $C_{12}H_{14}N_2O_2 \cdot HCl$. F: 178—180° [korr.; Zers.; evakuierte Kapillare].
λ_{max} (H_2O): 232 nm und 272 nm.
Picrat $C_{12}H_{14}N_2O_2 \cdot C_6H_3N_3O_7$. F: 153—156° [korr.; Zers.; evakuierte Kapillare].
Oxalat 2 $C_{12}H_{14}N_2O_2 \cdot C_2H_2O_4$. F: 93—95° [korr.; evakuierte Kapillare].
Methobromid $[C_{13}H_{17}N_2O_2]Br$; 3-[3,3-Diäthyl-2,4-dioxo-azetidin-1-yl]-
1-methyl-pyridinium-bromid. F: 157—158° [korr.; Zers.; evakuierte Kapillare].
Methojodid $[C_{13}H_{17}N_2O_2]I$. Gelbe Kristalle (aus Acn. + Ae.); F: 119—120° [korr.;
evakuierte Kapillare].

3,3-Diphenyl-1-[3]pyridyl-azetidin-2,4-dion $C_{20}H_{14}N_2O_2$, Formel VII (R = C_6H_5).
B. Beim Behandeln von Diphenylmalonylchlorid mit [3]Pyridylamin und Pyridin
(Ebnöther et al., Helv. **42** [1959] 918, 937, 939).
F: 129—130° [korr.; evakuierte Kapillare].
Methojodid $[C_{21}H_{17}N_2O_2]I$; 3-[2,4-Dioxo-3,3-diphenyl-azetidin-1-yl]-1-
methyl-pyridinium-jodid. F: 164—165° [korr.; evakuierte Kapillare].

[3]Pyridylcarbamidsäure-methylester $C_7H_8N_2O_2$, Formel VIII (R = CH_3).
B. Beim Behandeln von Nicotinamid mit Brom und Natriummethylat *(Shriner, Child*,
Am. Soc. **74** [1952] 549).
F: 120—122° [aus wss. Me.].

[3]Pyridylcarbamidsäure-äthylester $C_8H_{10}N_2O_2$, Formel VIII (R = C_2H_5) (H 432).
B. Beim Behandeln von Nicotinamid mit Brom und Natriumäthylat *(Shriner, Child*,
Am. Soc. **74** [1952] 549). Neben 4-[3]Pyridyl-allophansäure-methylester beim Behandeln
von Nicotinamid in Äthanol mit der Natrium-Verbindung des Chlorcarbamidsäure-
methylesters *(Chabrier de la Saulnière*, A. ch. [11] **17** [1942] 353, 363). Beim Erwärmen
von Nicotinoylazid in Benzol mit Äthanol *(Clark-Lewis, Thompson*, Soc. **1957** 442, 444).
Kristalle; F: 91—92° [aus H_2O] *(Sh., Ch.*), 86—88° [aus Bzl. + Hexan] *(Cl.-Le.,
Th.*).

[3]Pyridylcarbamidsäure-[2-fluor-äthylester] $C_8H_9FN_2O_2$, Formel VIII
(R = CH_2-CH_2-F).
B. Beim Behandeln von [3]Pyridylamin in wss. NaOH mit Chlorokohlensäure-[2-fluor-
äthylester] *(Oláh et al.*, Acta chim. hung. **7** [1956] 443, 447).
Gelbe Kristalle (aus A.); F: 106°.

[3]Pyridylcarbamidsäure-propylester $C_9H_{12}N_2O_2$, Formel VIII (R = CH_2-CH_2-CH_3).
B. Beim Behandeln von Nicotinamid mit Brom und Natriumpropylat *(Shriner, Child*,
Am. Soc. **74** [1952] 549).
F: 82—83° [aus wss. Me.].

[3]Pyridylcarbamidsäure-isopropylester $C_9H_{12}N_2O_2$, Formel VIII (R = $CH(CH_3)_2$).
B. Beim Behandeln von [3]Pyridylamin in Äther und wss. Na_2CO_3 mit Chlorokohlen-
säure-isopropylester *(Shriner, Child*, Am. Soc. **74** [1952] 549).
Kristalle (aus PAe.); F: 137—139°.

[3]Pyridylcarbamidsäure-butylester $C_{10}H_{14}N_2O_2$, Formel VIII (R = CH_2-$[CH_2]_2$-CH_3).
B. Beim Behandeln von Nicotinamid mit Brom und Natriumbutylat *(Shriner, Child*,
Am. Soc. **74** [1952] 549).
F: 71—72° [aus H_2O].

[3]Pyridylcarbamidsäure-isobutylester $C_{10}H_{14}N_2O_2$, Formel VIII (R = CH_2-$CH(CH_3)_2$).
B. Beim Behandeln von Nicotinamid mit Brom und Natriumisobutylat *(Shriner, Child*,

Am. Soc. **74** [1952] 549).
Kristalle (aus PAe.); F: 103−105°.

[3]Pyridylcarbamidsäure-benzylester $C_{13}H_{12}N_2O_2$, Formel VIII (R = CH$_2$-C$_6$H$_5$).
B. Beim Erwärmen von Nicotinoylazid in Benzol mit Benzylalkohol (*Sugasawa et al.*, J. pharm. Soc. Japan **72** [1952] 192; C. A. **1953** 6418).
Kristalle (aus Me.); F: 164−165°.

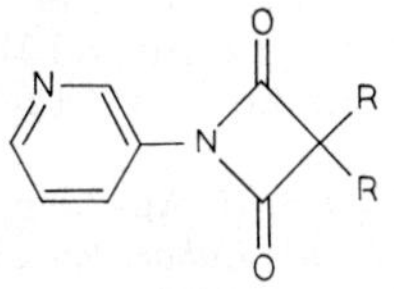

VII 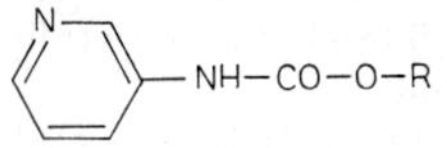   VIII 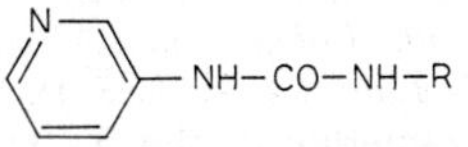   IX

[3]Pyridylharnstoff $C_6H_7N_3O$, Formel IX (R = H).
B. Beim Erhitzen von [3]Pyridylamin mit Harnstoff auf 160° (*Gertschuk, Taĭz, Ž. obšč. Chim.* **20** [1950] 910, 915; engl. Ausg. S. 947, 951).
Kristalle (aus A.); F: 178−179°.
Hydrochlorid $C_6H_7N_3O \cdot HCl$. Kristalle (aus A.); F: 174−175° [im auf 160° vorgeheizten App.]; bei weiterem Erhitzen erfolgt Wiedererstarren.

N-Phenyl-*N'*-[3]pyridyl-harnstoff $C_{12}H_{11}N_3O$, Formel IX (R = C$_6$H$_5$).
B. Aus [3]Pyridylamin und Phenylisocyanat (*Grammaticakis*, Bl. **1959** 480, 490).
Kristalle (aus Acn. oder E.); F: 170°. UV-Spektrum (A.; 210−310 nm): *Gr.*, l. c. S. 482.

4-[3]Pyridyl-allophansäure-methylester $C_8H_9N_3O_3$, Formel IX (R = CO-O-CH$_3$).
B. Neben [3]Pyridylcarbamidsäure-äthylester beim Behandeln von Nicotinamid in Äthanol mit der Natrium-Verbindung des Chlorcarbamidsäure-methylesters (*Chabrier de la Saulnière*, A. ch. [11] **17** [1942] 353, 363, 369).
Kristalle; F: 218°.

4-[3]Pyridyl-allophansäure-äthylester $C_9H_{11}N_3O_3$, Formel IX (R = CO-O-C$_2$H$_5$).
B. Aus Nicotinamid und der Natrium-Verbindung des Chlorcarbamidsäure-äthylesters in Benzol (*Chabrier de la Saulnière*, A. ch. [11] **17** [1942] 353, 369).
Kristalle; F: 200°.

(±)-2-Hydroxy-3-[*N'*-[3]pyridyl-ureido]-propylquecksilber(1+) $[C_9H_{12}HgN_3O_2]^+$, Formel X (R = H).
Chlorid $[C_9H_{12}HgN_3O_2]Cl$; (±)-*N*-[3-Chloromercurio-2-hydroxy-propyl]-*N'*-[3]pyridyl-harnstoff $C_9H_{12}ClHgN_3O_2$. *B.* Beim Erwärmen von *N*-Allyl-*N'*-[3]pyridyl-harnstoff (aus [3]Pyridylamin und Allylisocyanat beim Erwärmen in Benzol, in Äther oder in Cyclohexan erhalten) mit Quecksilber(II)-acetat in wss. Essigsäure und Behandeln der Reaktionslösung mit NaCl (*Lakeside Labor. Inc.*, U.S.P. 2863863 [1956]). − Acetat $C_9H_{12}ClHgN_3O_2 \cdot C_2H_4O_2$. Kristalle (aus Isopropylalkohol); F: 147° [Zers.].
Bromid $[C_9H_{12}HgN_3O_2]Br$; (±)-*N*-[3-Bromomercurio-2-hydroxy-propyl]-*N'*-[3]pyridyl-harnstoff $C_9H_{12}BrHgN_3O_2$. *B.* Aus dem Chlorid-acetat (s. o.) beim Behandeln in H$_2$O mit NaBr (*Lakeside Labor. Inc.*). − F: 103° [Zers.].

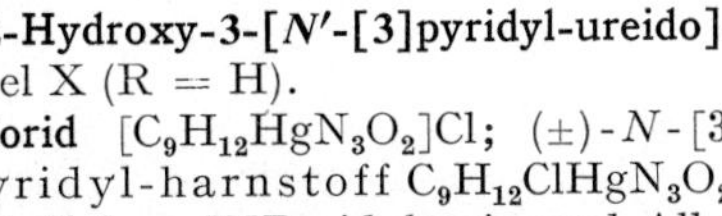

X 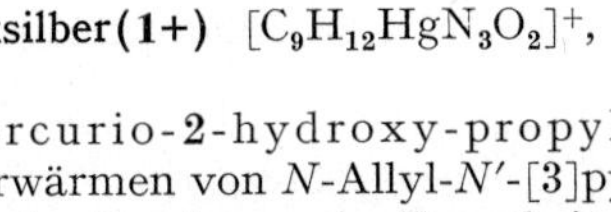   XI

(±)-2-Methoxy-3-[*N'*-[3]pyridyl-ureido]-propylquecksilber(1+) $[C_{10}H_{14}HgN_3O_2]^+$, Formel X (R = CH$_3$).
Chlorid $[C_{10}H_{14}HgN_3O_2]Cl$; (±)-*N*-[3-Chloromercurio-2-methoxy-propyl]-*N'*-[3]pyridyl-harnstoff $C_{10}H_{14}ClHgN_3O_2$. *B.* Aus dem Acetat (S. 4078) beim Behandeln

in H_2O mit NaCl (*Lakeside Labor. Inc.*, U.S.P. 2863863 [1956]). — Kristalle (aus Acn.); F: 181—182° (*Lakeside Labor Inc.*, U.S.P. 2863863).

1-Thio-D-glucitat $[C_{10}H_{14}HgN_3O_2]C_6H_{13}O_5S = C_{16}H_{27}HgN_3O_7S$. *B.* Aus dem Acetat (s. u.) beim Behandeln in Methanol mit 1-Thio-D-glucit (*Lakeside Labor. Inc.*, U.S.P. 2848454 [1956]). — Kristalle; F: 122° [Zers.] (*Lakeside Labor. Inc.*, U.S.P. 2848454).

Acetat $[C_{10}H_{14}HgN_3O_2]C_2H_3O_2$; ($\pm$)-$N$-[3-Acetatomercurio-2-methoxy-propyl]-N'-[3]pyridyl-harnstoff $C_{12}H_{17}HgN_3O_4$. *B.* Beim Erwärmen von N-Allyl-N'-[3]pyridyl-harnstoff (aus [3]Pyridylamin und Allylisocyanat beim Erwärmen in Benzol, in Äther oder in Cyclohexan erhalten) mit Quecksilber(II)-acetat, Essigsäure und Methanol (*Lakeside Labor. Inc.*, U.S.P. 2863863). — Kristalle (aus Butanon); F: 126—128° (*Lakeside Labor. Inc.*, U.S.P. 2863863).

Carboxymethanthiolat $[C_{10}H_{14}HgN_3O_2]C_2H_3O_2S = C_{12}H_{17}HgN_3O_4S$. *B.* Aus dem Acetat (s. o.) beim Behandeln in Methanol mit Mercaptoessigsäure (*Lakeside Labor. Inc.*, U.S.P. 2848454). — F: 125—126° [Zers.] (*Lakeside Labor. Inc.*, U.S.P. 2848454).

1-Carboxy-äthanthiolat $[C_{10}H_{14}HgN_3O_2]C_3H_5O_2S = C_{13}H_{19}HgN_3O_4S$. *B.* Aus dem Acetat (s. o.) beim Behandeln in Methanol mit ($\pm$)-2-Mercapto-propionsäure (*Lakeside Labor. Inc.*, U.S.P. 2848454). — Kristalle; F: 121° [Zers.] (*Lakeside Labor. Inc.*, U.S.P. 2848454).

1,2-Dicarboxy-äthanthiolat $[C_{10}H_{14}HgN_3O_2]C_4H_5O_4S = C_{14}H_{19}HgN_3O_6S$. *B.* Aus dem Acetat (s. o.) beim Behandeln in Methanol mit ($\pm$)-Mercaptobernsteinsäure (*Lakeside Labor. Inc.*, U.S.P. 2848454). — Kristalle (aus Acn.); F: 80° [Zers.] (*Lakeside Labor. Inc.*, U.S.P. 2848454).

N,N'-Di-[3]pyridyl-harnstoff $C_{11}H_{10}N_4O$, Formel XI (H 432).
Kristalle (aus wss. A.); F: 224° (*Gitsels, Wibaut*, R. **60** [1941] 176, 182).
Dipicrat. F: 259—260°.

N-[3]Pyridyl-N'-[toluol-4-sulfonyl]-harnstoff $C_{13}H_{13}N_3O_3S$, Formel IX ($R = SO_2\text{-}C_6H_4\text{-}CH_3(p)$).
B. Aus [3]Pyridylisothiocyanat und Toluol-4-sulfonamid in Xylol und Behandeln des Reaktionsprodukts in wss. NaOH mit wss. H_2O_2 (*Onisi*, J. pharm. Soc. Japan **79** [1959] 559, 564; C. A. **1959** 21661).
F: 171—172°.

[3]Pyridylcarbamoyl-amidophosphorsäure-dimethylester $C_8H_{12}N_3O_4P$, Formel XII.
B. Beim Behandeln von [3]Pyridylamin mit Isocyanatophosphorsäure-dimethylester in Äther (*Kiršanow, Lewtschenko*, Ž. obšč. Chim. **27** [1957] 2585, 2587, 2589; engl. Ausg. S. 2642, 2643, 2646).
Kristalle (aus 1,2-Dichlor-äthan); F: 160—161°.

XII   XIII

N-Nicotinoyl-O-[3]pyridylcarbamoyl-hydroxylamin $C_{12}H_{10}N_4O_3$, Formel XIII.
B. Beim Behandeln von Nicotinohydroxamsäure mit Diisopropyl-fluorophosphat in H_2O oder Pyridin (*Hackley et al.*, Am. Soc. **77** [1955] 3651).
Zers. bei 118°.
Beim Erhitzen auf 120—130° ist N,N'-Di-[3]pyridyl-harnstoff erhalten worden.

4-[3]Pyridyl-semicarbazid $C_6H_8N_4O$, Formel IX ($R = NH_2$).
B. Beim Erhitzen von [3]Pyridylamin mit Aceton-semicarbazon und Behandeln des Reaktionsprodukts mit wss. HCl (*Saikachi, Yoshina*, J. pharm. Soc. Japan **72** [1952] 30; C. A. **1952** 11176).
Dihydrochlorid $C_6H_8N_4O \cdot 2$ HCl. Kristalle; F: 233—234° [Zers.].

*5-Nitro-furfural-[4-[3]pyridyl-semicarbazon] $C_{11}H_9N_5O_4$, Formel I.
B. Aus 4-[3]Pyridyl-semicarbazid-dihydrochlorid und 5-Nitro-furfural in Äthanol

(*Saikachi, Yoshina*, J. pharm. Soc. Japan **73** [1952] 30; C. A. **1952** 11176).
Hydrochlorid $C_{11}H_9N_5O_4 \cdot HCl$. Gelbe Kristalle (aus A.); F: 210° [Zers.].

N-Phenyl-N'-[3]pyridyl-thioharnstoff $C_{12}H_{11}N_3S$, Formel II (R = X' = H) (H 432).
Kristalle (aus Me.); F: 166° (*Grammaticakis*, Bl. **1959** 480, 490). UV-Spektrum (A.;
210—350 nm): *Gr.*, l. c. S. 482.

N-[4-Fluor-phenyl]-N'-[3]pyridyl-thioharnstoff $C_{12}H_{10}FN_3S$, Formel II (R = H, X = F).
B. Beim Erwärmen von [3]Pyridylamin in Äthanol mit 4-Fluor-phenylisothiocyanat
(*Buu-Hoi et al.*, Soc. **1958** 2815, 2817).
Kristalle; F: 190°.

N-[4-Chlor-phenyl]-N'-[3]pyridyl-thioharnstoff $C_{12}H_{10}ClN_3S$, Formel II (R = H,
X = Cl).
B. Analog der vorangehenden Verbindung aus 4-Chlor-phenylisothiocyanat (*Buu-Hoi
et al.*, Soc. **1958** 2815, 2817).
Kristalle; F: 198°.

N-[4-Brom-phenyl]-N'-[3]pyridyl-thioharnstoff $C_{12}H_{10}BrN_3S$, Formel II (R = H,
X = Br).
B. Analog den vorangehenden Verbindungen aus 4-Brom-phenylisothiocyanat (*Buu-
Hoi et al.*, Soc. **1958** 2815, 2817).
Kristalle; F: 220°.

I   II

N-[3]Pyridyl-N'-p-tolyl-thioharnstoff $C_{13}H_{13}N_3S$, Formel II (R = H, X = CH_3).
B. Analog den vorangehenden Verbindungen aus *p*-Tolylisothiocyanat (*Buu-Hoi et al.*,
Soc. **1958** 2815, 2817).
Kristalle; F: 175°.

N-[2,4-Dimethyl-phenyl]-N'-[3]pyridyl-thioharnstoff $C_{14}H_{15}N_3S$, Formel II
(R = X = CH_3).
B. Analog den vorangehenden Verbindungen aus 2,4-Dimethyl-phenylisothiocyanat
(*Buu-Hoi et al.*, Soc. **1958** 2815, 2817).
Kristalle; F: 172°.

N-[4-Methoxy-phenyl]-N'-[3]pyridyl-thioharnstoff $C_{13}H_{13}N_3OS$, Formel II (R = H,
X = O-CH_3).
B. Analog den vorangehenden Verbindungen aus 4-Methoxy-phenylisothiocyanat
(*Buu-Hoi et al.*, Soc. **1958** 2815, 2817).
Kristalle; F: 201°.

N-[4-Äthoxy-phenyl]-N'-[3]pyridyl-thioharnstoff $C_{14}H_{15}N_3OS$, Formel II (R = H,
X = O-C_2H_5).
B. Analog den vorangehenden Verbindungen aus 4-Äthoxy-phenylisothiocyanat (*Buu-
Hoi et al.*, Soc. **1958** 2815, 2817).
Kristalle; F: 178°.

N-[4-Isopentyloxy-phenyl]-N'-[3]pyridyl-thioharnstoff $C_{17}H_{21}N_3OS$, Formel II (R = H,
X = O-CH_2-CH_2-CH(CH_3)_2).
B. Analog den vorangehenden Verbindungen aus 4-Isopentyloxy-phenylisothiocyanat
(*Buu-Hoi et al.*, Soc. **1958** 2815, 2817).
Kristalle; F: 136°.

1-[3]Pyridyl-dithiobiuret $C_7H_8N_4S_2$, Formel III.

B. Aus [3]Pyridylisothiocyanat, Natrium-cyanamid und H_2S (*Fairfull, Peak,* Soc. **1955** 796, 799). Beim Erwärmen von [3]Pyridyl-dithiocarbamidsäure-methylester mit Natrium-cyanamid in Methanol und Behandeln des Reaktionsprodukts in wss. NH_3 und wss. NH_4Cl mit H_2S (*Fa., Peak*).

Kristalle (aus A.); F: 164—165°.

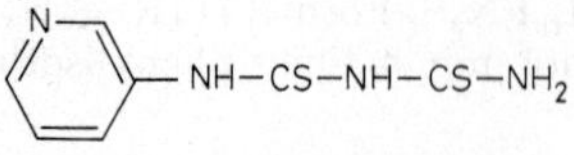

III

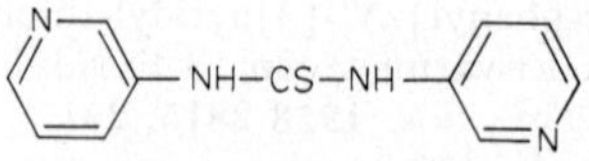

IV

N,N'-Di-[3]pyridyl-thioharnstoff $C_{11}H_{10}N_4S$, Formel IV.

B. Aus [3]Pyridylamin beim Erwärmen mit CS_2 und KOH in Äthanol (*Räth,* A. **486** [1931] 95, 105) oder beim Behandeln mit [3]Pyridylisothiocyanat (*Fairfull, Peak,* Soc. **1955** 796, 798). Neben [3]Pyridylisothiocyanat beim Behandeln von Ammonium-[N-[3]= pyridyl-dithiocarbamat] in Toluol mit $COCl_2$ (*Fa., Peak*).

Kristalle; F: 178—179° [aus A.] (*Fa., Peak*), 176° [aus H_2O] (*Räth*).

Dihydrochlorid $C_{11}H_{10}N_4S \cdot 2$ HCl. Kristalle; F: 204—206° [unter Dunkelfärbung] (*Räth*).

[3]Pyridyl-dithiocarbamidsäure $C_6H_6N_2S_2$, Formel V (R = H).

Ammonium-Salz $NH_4[C_6H_5N_2S_2]$. *B.* Beim Behandeln von [3]Pyridylamin mit wss. NH_3 und CS_2 (*Fairfull, Peak,* Soc. **1955** 796, 798). — F: 108° [auf 100° vorgeheiztes Bad].

Triäthylamin-Salz $C_6H_{15}N \cdot C_6H_6N_2S_2$. *B.* Aus [3]Pyridylamin, Triäthylamin und CS_2 (*Fa., Peak*; *Eastman Kodak Co.,* U.S.P. 2839403 [1955]; *Knott,* Soc. **1956** 1644, 1646). — Gelbe Kristalle (aus A. + Ae.); F: 87° [Zers.] (*Eastman Kodak Co.*; *Knott*), 85—86° [auf 75° vorgeheiztes Bad] (*Fa., Peak*).

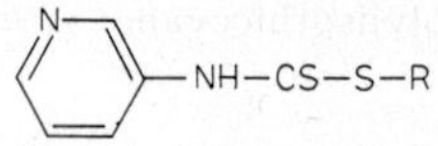

V

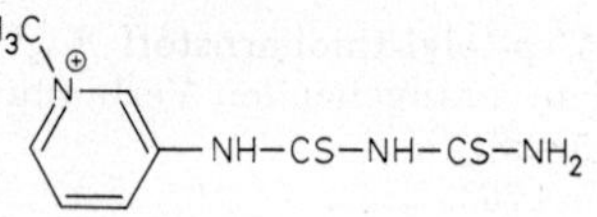

VI

[3]Pyridyl-dithiocarbamidsäure-methylester $C_7H_8N_2S_2$, Formel V (R = CH_3).

B. Aus dem Triäthylamin-Salz der [3]Pyridyl-dithiocarbamidsäure beim Behandeln in Äthanol mit CH_3I (*Eastman Kodak Co.,* U.S.P. 2839403 [1955]).

Kristalle (aus Bzl.); F: 135—136° (*Eastman Kodak Co.*; *Knott,* Soc. **1956** 1644, 1646), 133—135° (*Fairfull, Peak,* Soc. **1955** 796, 799).

1-Methyl-3-[*N'*-thiocarbamoyl-thioureido]-pyridinium $[C_8H_{11}N_4S_2]^+$, Formel VI.

Betain $C_8H_{10}N_4S_2$. *B.* Aus dem Chlorid in wss. Lösung vom pH 7 (*Fairfull, Peak,* Soc. **1955** 796, 802). — Kristalle; F: 193—194°.

Chlorid $[C_8H_{11}N_4S_2]Cl$. *B.* Aus dem Methojodid des *N*-[Amino-methylmercapto-methylen]-*S*-methyl-*N'*-[3]pyridyl-isothioharnstoffs beim Behandeln mit äthanol. NaHS (*Fa., Peak*). — Kristalle (aus wss. HCl) mit 1 Mol H_2O; F: 181—182°.

N-[4-Äthoxy-phenyl]-*N'*-äthyl-*N*-[3]pyridyl-harnstoff $C_{16}H_{19}N_3O_2$, Formel VII.

B. Beim Erwärmen von [4-Äthoxy-phenyl]-[3]pyridyl-amin und Äthylisocyanat in Benzol (*Searle & Co.,* U.S.P. 2802008 [1953]).

Kristalle (aus A.); F: ca. 210°.

3-Isothiocyanato-pyridin, [3]Pyridylisothiocyanat $C_6H_4N_2S$, Formel VIII.

B. Neben *N,N'*-Di-[3]pyridyl-thioharnstoff beim Behandeln von Ammonium-[N-[3]= pyridyl-dithiocarbamat] in Toluol mit $COCl_2$ (*Fairfull, Peak,* Soc. **1955** 796, 798).

Kp: 231—233°.

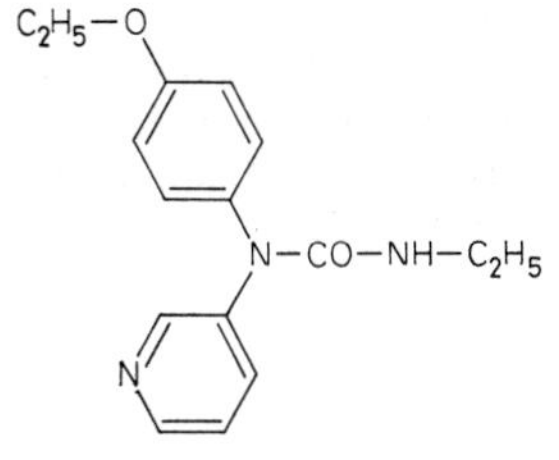

VII 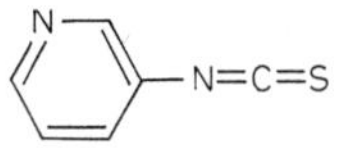   VIII 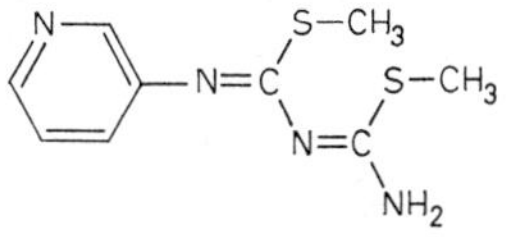   IX

N-[Amino-methylmercapto-methylen]-S-methyl-N'-[3]pyridyl-isothioharnstoff
$C_9H_{12}N_4S_2$, Formel IX, und Tautomere.
B. Beim Behandeln von 1-[3]Pyridyl-dithiobiuret in wss. NaOH mit CH_3I (*Fairfull, Peak*, Soc. **1955** 796, 802).
F: 126—127° [vorgeheiztes Bad].
Methojodid [$C_{10}H_{15}N_4S_2$]I; 3-[(Amino-methylmercapto-methylenamino)-methylmercapto-methylenamino]-1-methyl-pyridinium-jodid. F: 192° bis 193°.

N-[3]Pyridyl-glycin $C_7H_8N_2O_2$, Formel X (R = H).
B. Beim Hydrieren von [3]Pyridylamin und Glyoxylsäure-äthylester in wss. HCl an Palladium/Kohle (*Tien, Hunsberger*, Am. Soc. **77** [1955] 6604, 6606). Neben [3]Pyridyl= amin beim Hydrieren von Bis-[3]pyridylamino-essigsäure-äthylester in wss. HCl an Palladium/Kohle (*Tien, Hu.*).
Hydrochlorid $C_7H_8N_2O_2 \cdot HCl$. Kristalle; F: 223—225° [unkorr.].

N-[3]Pyridyl-glycin-methylester $C_8H_{10}N_2O_2$, Formel X (R = CH_3).
B. Beim Behandeln von N-[3]Pyridyl-glycin-hydrochlorid in Methanol mit HCl (*Tien, Hunsberger*, Am. Soc. **77** [1955] 6604, 6606).
Kristalle (aus Me.); F: 147—148° [unkorr.].

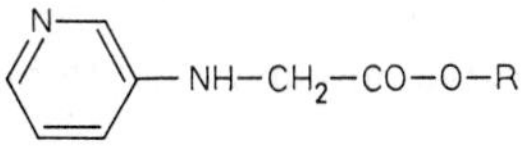

X 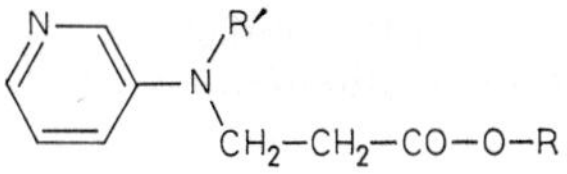   XI 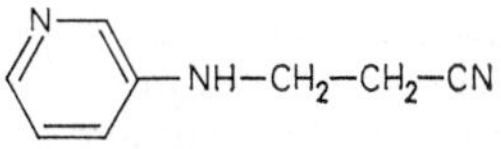   XII

N-[3]Pyridyl-β-alanin $C_8H_{10}N_2O_2$, Formel XI (R = R' = H).
B. Beim Erwärmen von N-[3]Pyridyl-β-alanin-methylester mit wss. HCl (*Purenaš et al.*, Lietuvos Akad. Darbai [B] **1959** Nr. 4, S. 121, 123; C. A. **1960** 22639).
Hydrochlorid $C_8H_{10}N_2O_2 \cdot HCl$. Gelbe Kristalle (aus A. + Ae.); F: 166—167°.

N-[3]Pyridyl-β-alanin-methylester $C_9H_{12}N_2O_2$, Formel XI (R = CH_3, R' = H).
B. Beim Erhitzen von [3]Pyridylamin und Methylacrylat mit Essigsäure und wenig Acetanhydrid auf 140° und anschliessend mit Kupfer auf 180° (*Purenaš et al.*, Lietuvos Akad. Darbai [B] **1959** Nr. 4, S. 121, 122; C. A. **1960** 22639).
Kristalle (aus Bzl. + PAe.); F: 75—75,5°.
Hydrochlorid $C_9H_{12}N_2O_2 \cdot HCl$. Kristalle (aus A. + Ae.); F: 163—164°.

N-[3]Pyridyl-β-alanin-nitril $C_8H_9N_3$, Formel XII.
B. Beim Erhitzen von [3]Pyridylamin und Acrylnitril in Essigsäure (*Purenaš et al.*, Lietuvos Akad. Darbai [B] **1959** Nr. 4, S. 121, 122; C. A. **1960** 22639).
Kristalle (aus CCl_4); F: 57,5—58°.

N-Formyl-N-[3]pyridyl-β-alanin-äthylester $C_{11}H_{14}N_2O_3$, Formel XI (R = C_2H_5, R' = CHO).
B. Beim Erhitzen von N-[3]Pyridyl-formamid und Äthylacrylat in Gegenwart von Hydrochinon auf 130° (*Hromatka, Eiles*, M. **78** [1948] 129, 138).
Picrolonat $C_{11}H_{14}N_2O_3 \cdot C_{10}H_8N_4O_5$. Kristalle (aus A.); F: 129—131°.

***N*-[3]Pyridyl-anthranilsäure** $C_{12}H_{10}N_2O_2$, Formel I (X = H).

B. Beim Erhitzen von [3]Pyridylamin mit dem Kalium-Salz der 2-Brom-benzoesäure und wenig Kupfer-Pulver in Amylalkohol auf 130° (*Kermack, Weatherhead*, Soc. **1942** 726). Beim Erhitzen von 3-Brom-pyridin mit Anthranilsäure, K_2CO_3 und Kupfer-Pulver in Nitrobenzol (*Petrow*, Soc. **1945** 927).

Kristalle (aus A.); F: 238° (*Ke., We.*), 237—238° (*Pe.*).

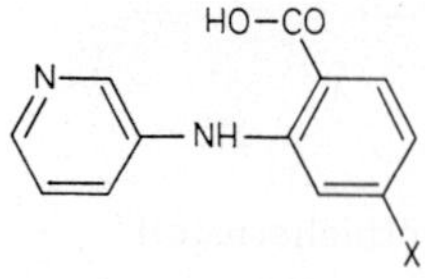

I 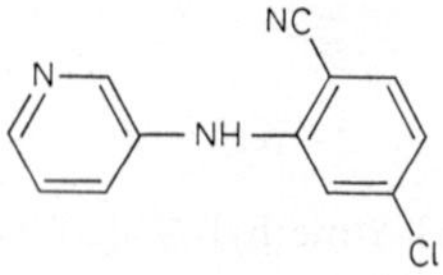 II 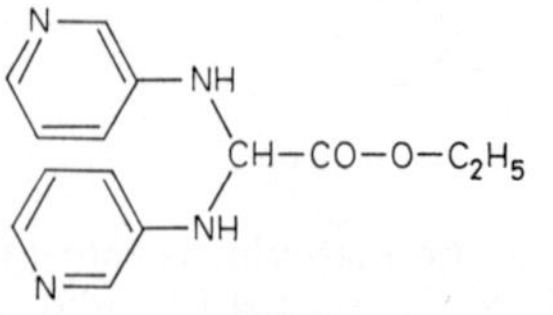 III

4-Chlor-2-[3]pyridylamino-benzoesäure $C_{12}H_9ClN_2O_2$, Formel I (X = Cl).

B. Beim Erhitzen von [3]Pyridylamin und 2,4-Dichlor-benzoesäure, mit K_2CO_3 und wenig Kupfer-Pulver in Hexan-1-ol (*Price, Roberts*, J. org. Chem. **11** [1946] 463, 465).

Kristalle (aus Eg.); F: 263—265° [Zers.].

Hydrochlorid $C_{12}H_9ClN_2O_2 \cdot HCl$. Kristalle (aus A.); Zers. bei 262—263°.

Methylester $C_{13}H_{11}ClN_2O_2$. Kristalle (aus PAe.); F: 91—92°.

Amid $C_{12}H_{10}ClN_3O$. Kristalle (aus wss. A.); F: 235—236° [nach Sintern bei 220°] (*Pr., Ro.*, l. c. S. 467).

4-Chlor-2-[3]pyridylamino-benzonitril $C_{12}H_8ClN_3$, Formel II.

B. Beim Erhitzen von 4-Chlor-2-[3]pyridylamino-benzoesäure-amid mit $POCl_3$ (*Price, Roberts*, J. org. Chem. **11** [1946] 463, 467).

Kristalle (aus wss. A.); F: 132—133°.

Bis-[3]pyridylamino-essigsäure-äthylester $C_{14}H_{16}N_4O_2$, Formel III.

B. Beim Behandeln von [3]Pyridylamin in H_2O mit 0,5 Mol Glyoxylsäure-äthylester (*Tien, Hunsberger*, Am. Soc. **77** [1955] 6604, 6606).

Kristalle (aus wss. A.); F: 130—131° [unkorr.].

Beim Hydrieren in wss. HCl an Palladium/Kohle ist [3]Pyridylamin und *N*-[3]Pyridyl-glycin erhalten worden.

3-[3]Pyridylimino-buttersäure-äthylester $C_{11}H_{14}N_2O_2$ und Tautomeres.

3-[3]Pyridylamino-crotonsäure-äthylester $C_{11}H_{14}N_2O_2$, Formel IV.

B. Beim Erhitzen von [3]Pyridylamin und Acetessigsäure-äthylester mit $CaSO_4$ in Äthanol und wenig Essigsäure (*Hauser, Reynolds*, J. org. Chem. **15** [1950] 1224, 1225, 1229).

Kp_2: 158—160°.

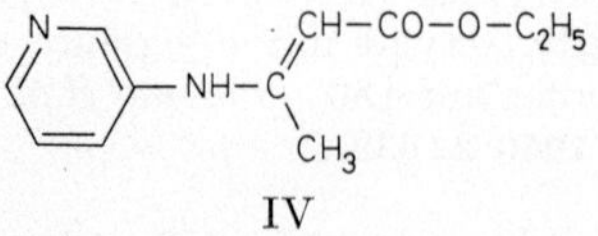

IV 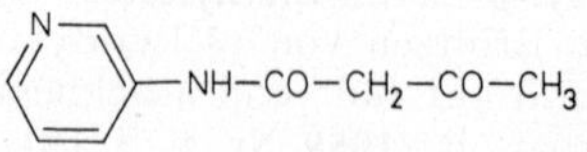 V

***N*-[3]Pyridyl-acetoacetamid** $C_9H_{10}N_2O_2$, Formel V und Tautomeres (E I 632).

B. Beim Erhitzen von [3]Pyridylamin mit Acetessigsäure-äthylester (*Hauser, Reynolds*, J. org. Chem. **15** [1950] 1224, 1225, 1230).

Kristalle (aus Bzl. + PAe.); F: 144° (*Allen et al.*, Am. Soc. **66** [1944] 1805, 1808), 137—138° [korr.] (*Ha., Re.*).

[[3]Pyridylimino-methyl]-malonsäure-diäthylester $C_{13}H_{16}N_2O_4$ und Tautomeres.

[[3]Pyridylamino-methylen]-malonsäure-diäthylester $C_{13}H_{16}N_2O_4$, Formel VI.

B. Beim Erhitzen von [3]Pyridylamin und Äthoxymethylen-malonsäure-diäthylester (*Price, Roberts*, Am. Soc. **68** [1946] 1204, 1208; s. a. *Adams et al.*, Am. Soc. **68** [1946]

1317, 1318).

Kristalle; F: 63—65° [unkorr.] (*Pr., Ro.*).

Überführung in 4-Hydroxy-[1,5]naphthyridin-3-carbonsäure-äthylester beim Erhitzen in Diphenyläther und Biphenyl: *Pr., Ro.; Ad. et al.*

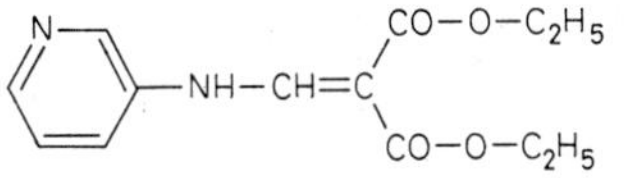

VI

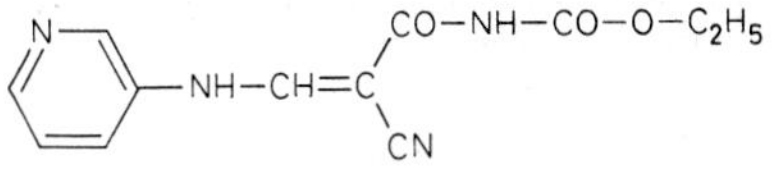

VII

[2-Cyan-3-[3]pyridylimino-propionyl]-carbamidsäure-äthylester $C_{12}H_{12}N_4O_3$ und Tautomeres.

[2-Cyan-3-[3]pyridylamino-acryloyl]-carbamidsäure-äthylester $C_{12}H_{12}N_4O_3$, Formel VII.

B. Beim Erwärmen von [3t-Äthoxy-2-cyan-acryloyl]-carbamidsäure-äthylester (E IV **3** 1193) in Äthanol mit [3]Pyridylamin (*Atkinson et al.*, Soc. **1956** 4118, 4120).

F: 160° [Zers.]; oberhalb des Schmelzpunkts erfolgt Wiedererstarren.

[(1-Oxy-[3]pyridylimino)-methyl]-malonsäure-diäthylester $C_{13}H_{16}N_2O_5$ und Tautomeres.

[(1-Oxy-[3]pyridylamino)-methylen]-malonsäure-diäthylester $C_{13}H_{16}N_2O_5$, Formel VIII.

B. Beim Erwärmen von 3-Amino-pyridin-1-oxid mit Äthoxymethylen-malonsäure-diäthylester (*Murray, Hauser*, J. org. Chem. **19** [1954] 2008, 2012).

Kristalle (aus A.); F: 177—178° [unkorr.].

Überführung in 4-Hydroxy-7-oxy-[1,7]naphthyridin-3-carbonsäure-äthylester beim Erhitzen in Diphenyläther und Biphenyl: *Mu., Ha.*

N,N,N'-**Trimethyl-*N'*-[3]pyridyl-äthylendiamin** $C_{10}H_{17}N_3$, Formel IX (R = R' = CH$_3$).

B. Beim Erhitzen von Methyl-[3]pyridyl-amin und NaNH$_2$ in Xylol mit [2-Chlor-äthyl]-dimethyl-amin (*Grail et al.*, Am. Soc. **74** [1952] 1313, 1315).

Kp$_{10}$: 145—147°.

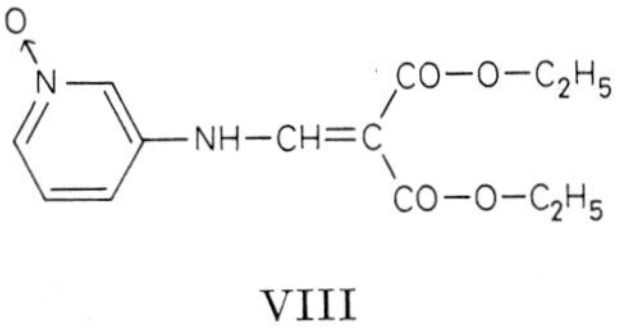

VIII

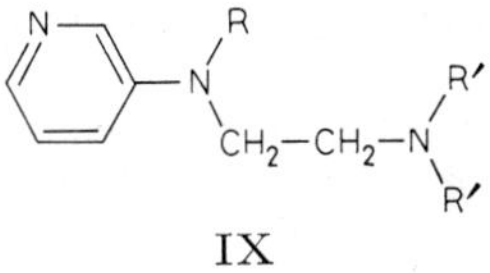

IX

N,N-**Dimethyl-*N'*-phenyl-*N'*-[3]pyridyl-äthylendiamin** $C_{15}H_{19}N_3$, Formel IX (R = C$_6$H$_5$, R' = CH$_3$).

B. Beim Erhitzen von *N,N*-Dimethyl-*N'*-phenyl-äthylendiamin mit NaNH$_2$ und 3-Brom-pyridin in Toluol (*Huttrer et al.*, Am. Soc. **68** [1946] 1999, 2001).

Kp$_{0,08}$: 161—165°.

Dihydrochlorid $C_{15}H_{19}N_3 \cdot 2$ HCl. Kristalle (aus Me. + Butanon); F: 202—204° [korr.].

N-**Benzyl-*N',N'*-dimethyl-*N*-[3]pyridyl-äthylendiamin** $C_{16}H_{21}N_3$, Formel IX (R = CH$_2$-C$_6$H$_5$, R' = CH$_3$).

B. Beim Erwärmen von Benzyl-[3]pyridyl-amin und NaNH$_2$ in Toluol mit [2-Chlor-äthyl]-dimethyl-amin (*Soc. Usines Chim. Rhône-Poulenc*, D.B.P. 880749 [1951]; D.R.B.P. Org. Chem. 1950—1951 **3** 226).

Kp$_6$: 176—178°.

Hydrochlorid. F: 187—188°.

N,N-**Diäthyl-*N'*-benzyl-*N'*-[3]pyridyl-äthylendiamin** $C_{18}H_{25}N_3$, Formel IX (R = CH$_2$-C$_6$H$_5$, R' = C$_2$H$_5$).

B. Beim Erhitzen von *N,N*-Diäthyl-*N'*-benzyl-äthylendiamin mit NaNH$_2$ und 3-Brom-

pyridin in Toluol (*Huttrer et al.*, Am. Soc. **68** [1946] 1999, 2000).
$Kp_{0,03}$: $112-113°$.

(±)-3-[4-Diäthylamino-1-methyl-butylamino]-pyridin, (±)-N^4,N^4-Diäthyl-1-methyl-N^1-[3]pyridyl-butandiyldiamin $C_{14}H_{25}N_3$, Formel X.
B. Beim Erhitzen von [3]Pyridylamin, Diäthyl-[4,4-diäthoxy-pentyl]-amin und NH_4Cl auf $140-220°$ und Hydrieren des Reaktionsprodukts in Äthylacetat an Platin/Kohle (*Ashley, Grove*, Soc. **1945** 768).
$Kp_{0,5}$: $175-178°$.

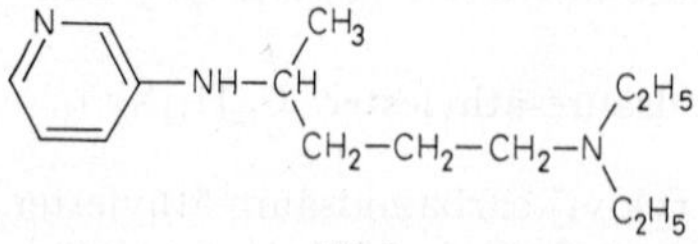

X

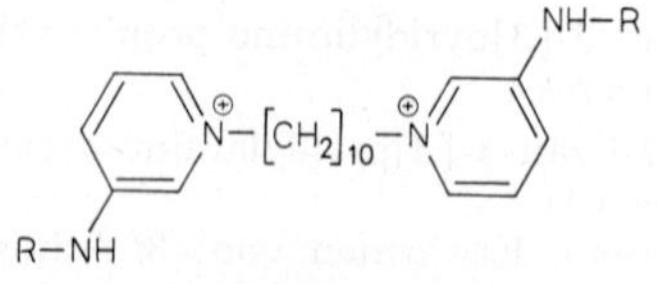

XI

1,10-Bis-[3-amino-pyridinio]-decan, 3,3'-Diamino-1,1'-decandiyl-bis-pyridinium $[C_{20}H_{32}N_4]^{2+}$, Formel XI (R = H).
Dijodid $[C_{20}H_{32}N_4]I_2$. *B.* Beim Erwärmen von 1,10-Bis-[3-acetylamino-pyridinio]-decan-dijodid mit wss. HCl und Erwärmen des Reaktionsprodukts in wss. NH_3 mit KI (*Austin et al.*, J. Pharm. Pharmacol. **11** [1959] 80, 87). — Kristalle (aus A.); F: $177-178°$.

1,10-Bis-[3-acetylamino-pyridinio]-decan, 3,3'-Bis-acetylamino-1,1'-decandiyl-bis-pyridinium $[C_{24}H_{36}N_4O_2]^{2+}$, Formel XI (R = CO-CH₃).
Dijodid $[C_{24}H_{36}N_4O_2]I_2$. *B.* Beim Erwärmen von *N*-[3]Pyridyl-acetamid mit 1,10-Di*jod-decan in Benzol (*Austin et al.*, J. Pharm. Pharmacol. **11** [1959] 80, 87). — Kristalle (aus A.) mit 2 Mol H_2O, die bei $95-97°$ sintern.

N-[3]Pyridyl-*o*-phenylendiamin $C_{11}H_{11}N_3$, Formel XII (R = R' = H).
B. Beim Erhitzen von 3-Brom-pyridin mit *o*-Phenylendiamin in wss. $CuSO_4$ auf $155°$ (*Späth, Eiter*, B. **73** [1940] 719 721).
Kristalle (aus Me. + Ae. + PAe.); F: $125,5-126°$.

N,N-Dimethyl-*N'*-[3]pyridyl-*p*-phenylendiamin $C_{13}H_{15}N_3$, Formel XIII.
B. Beim Erhitzen von 3-Brom-pyridin und *N,N*-Dimethyl-*p*-phenylendiamin mit $CuSO_4$ in wss. NaOH (*Chem. Fabr. v. Heyden*, D.R.P. 586879 [1932]; Frdl. **20** 741).
Kp_{14}: $200-220°$.

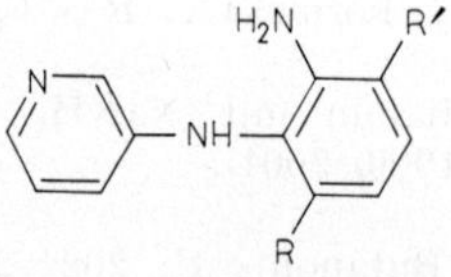

XII

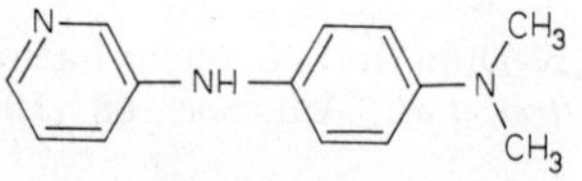

XIII

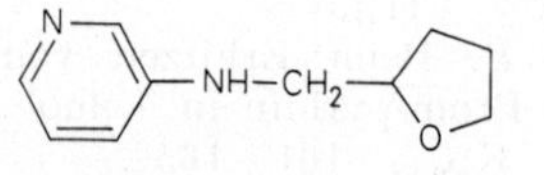

XIV

3-Amino-2-[3]pyridylamino-toluol, 3-Methyl-N^2-[3]pyridyl-*o*-phenylendiamin $C_{12}H_{13}N_3$, Formel XII (R = CH₃, R' = H).
B. s. im folgenden Artikel.
Kristalle (aus A. + Ae.); F: $179-180°$ (*Eiter, Nezval*, M. **81** [1950] 404, 406, 411).

2-Amino-3-[3]pyridylamino-toluol, 3-Methyl-N^1-[3]pyridyl-*o*-phenylendiamin $C_{12}H_{13}N_3$, Formel XII (R = H, R' = CH₃).
B. Als Hauptprodukt neben 3-Methyl-N^2-[3]pyridyl-*o*-phenylendiamin beim Erhitzen von 3-Brom-pyridin mit 3-Methyl-*o*-phenylendiamin und $CuSO_4$ in H_2O auf $155°$ (*Eiter, Nezval*, M. **81** [1950] 404, 406, 411).
Kristalle (aus A. + Ae. + PAe.); F: $138-139°$.

(±)-3-Tetrahydrofurfurylamino-pyridin, (±)-[3]Pyridyl-tetrahydrofurfuryl-amin $C_{10}H_{14}N_2O$, Formel XIV.

B. Beim Erhitzen von (±)-Tetrahydrofurfurylchlorid mit [3]Pyridylamin auf 110° (*Paul, Tchelitcheff*, C. r. **221** [1945] 560). Beim Hydrieren von Furfural im Gemisch mit [3]Pyridylamin an Raney-Nickel bei 100°/100 at (*Paul, Tch.*).

Kp_6: 160—161°. D_4^{23}: 1,172. n_D^{23}: 1,5950.

Picrat. F: 161°.

*[5-Nitro-furfuryliden]-[3]pyridyl-amin, 5-Nitro-furfural-[3]pyridylimin $C_{10}H_7N_3O_3$, Formel I.

B. Beim Behandeln von [3]Pyridylamin-hydrochlorid mit 5-Nitro-furfural und Natriumacetat in Äthanol (*Takahashi et al.*, J. pharm. Soc. Japan **69** [1949] 284; C. A. **1950** 5372).

Zers. bei 118—120°.

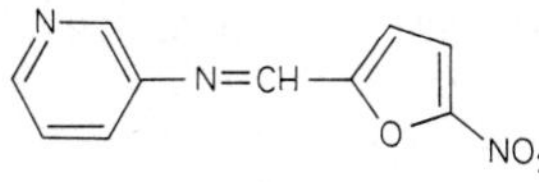

I 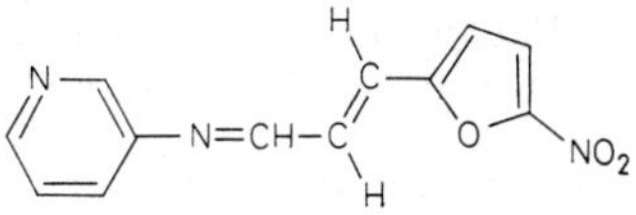   II

*1*t*(?)-[5-Nitro-[2]furyl]-3-[3]pyridylimino-propen, [3*t*(?)-(5-Nitro-[2]furyl)-allyliden]-[3]pyridyl-amin, 3*t*(?)-[5-Nitro-[2]furyl]-acrylaldehyd-[3]pyridylimin $C_{12}H_9N_3O_3$, vermutlich Formel II.

B. Beim Erwärmen von 3*t*(?)-[5-Nitro-[2]furyl]-acrylaldehyd (E III/IV **17** 4700) und [3]Pyridylamin in Äthanol (*Saikachi, Hoshida*, J. pharm. Soc. Japan **71** [1951] 982; C. A. **1952** 8082).

Orangegelbe Kristalle (aus A.); F: 168°.

Furan-2-carbonsäure-[3]pyridylamid $C_{10}H_8N_2O_2$, Formel III.

B. Beim Behandeln von Furan-2-carbonylchlorid mit [3]Pyridylamin und Benzol (*Mndshojan et al.*, Doklady Akad. Armjansk. S.S.R. **17** [1953] 119, 122).

Kristalle; F: 143—144°.

N-Äthyl-N'-[3]pyridyl-furan-2-carbamidin $C_{12}H_{13}N_3O$, Formel IV und Tautomeres.

B. Beim Behandeln von N-Äthyl-furan-2-carbamid in Benzol mit PCl_5 und Behandeln des Reaktionsgemisches mit [3]Pyridylamin (*Takahashi et al.*, J. pharm. Soc. Japan **68** [1948] 42; C. A. **1950** 1954).

Kp_8: 126—128°.

Dipicrat $C_{12}H_{13}N_3O \cdot 2 C_6H_3N_3O_7$. F: 187—189°.

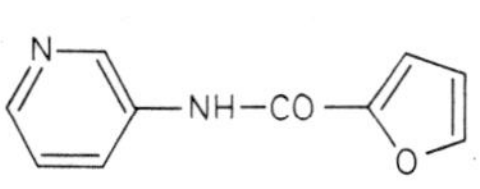

III 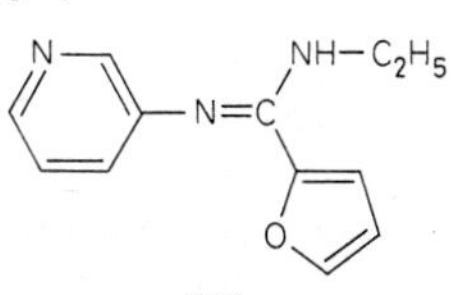   IV 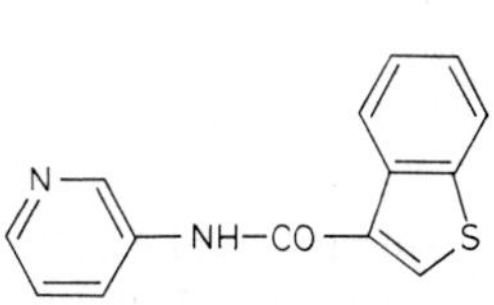   V

Benzo[*b*]thiophen-3-carbonsäure-[3]pyridylamid $C_{14}H_{10}N_2OS$, Formel V.

B. Beim Behandeln von Benzo[*b*]thiophen-3-carbonylchlorid in Äther mit [3]Pyridylamin (*Searle & Co.*, U.S.P. 2876235 [1956]).

Kristalle (aus wss. Isopropylalkohol); F: 139—140°.

Hydrochlorid. Kristalle; F: 249—252° [nach Sintern].

Methojodid [$C_{15}H_{13}N_2OS$]I; 3-[Benzo[*b*]thiophen-3-carbonylamino]-1-methyl-pyridinium-jodid. Kristalle (aus wss. Me.); F: 253—255°.

(±)-9-[*trans*(?)-3-Heptanoyl-oxiranyl]-nonansäure-[3]pyridylamid, (±)-*threo*(?)-10,11-Epoxy-12-oxo-octadecansäure-[3]pyridylamid $C_{23}H_{36}N_2O_3$, vermutlich Formel VI + Spiegelbild.

B. Beim Behandeln von (±)-*threo*(?)-10,11-Epoxy-12-oxo-octadecansäure (E III/IV

18 5325) mit Chlorokohlensäure-isobutylester und Triäthylamin in Toluol und Erhitzen des Reaktionsgemisches mit [3]Pyridylamin (*Schipper, Nichols*, Am. Soc. **80** [1958] 5714, 5715).

Kristalle (aus Ae.); F: 78—79°.

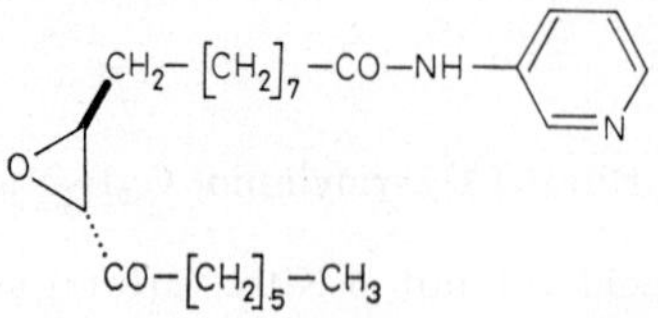

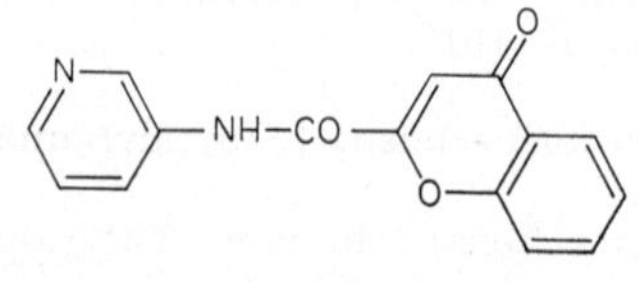

VI

VII

4-Oxo-4H-chromen-2-carbonsäure-[3]pyridylamid $C_{15}H_{10}N_2O_3$, Formel VII.

B. Beim Behandeln (10 d) von 4-Oxo-4H-chromen-2-carbonsäure-äthylester mit [3]Pyridylamin in Äthanol (*Vejdělek et al.*, Chem. Listy **47** [1953] 575, 579; C. A. **1955** 306).

Kristalle (aus wss. A.); F: 202°.

[2]Pyridyl-[3]pyridyl-amin, 2,3'-Imino-di-pyridin $C_{10}H_9N_3$, Formel VIII (R = H).

B. Beim Erhitzen von 3-Brom-pyridin und [2]Pyridylamin mit $CuSO_4$ in H_2O auf 200° (*Zwart, Wibaut*, R. **74** [1955] 1081, 1083).

Kristalle (aus wss. A.); F: 143,8—144,8°.

N,N-Dimethyl-N'-[2]pyridyl-N'-[3]pyridyl-äthylendiamin $C_{14}H_{18}N_4$, Formel VIII (R = CH_2-CH_2-N(CH_3)$_2$).

B. Beim Erhitzen von N,N-Dimethyl-N'-[2]pyridyl-äthylendiamin und $NaNH_2$ in Toluol mit 3-Brom-pyridin (*Huttrer et al.*, Am. Soc. **68** [1946] 1999, 2000; *CIBA*, U.S.P. 2406594 [1943]).

$Kp_{0,03}$: 138—143°.

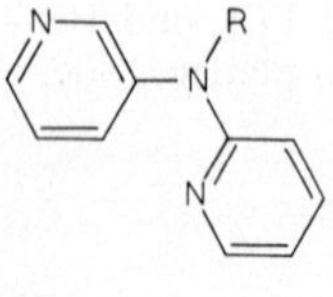

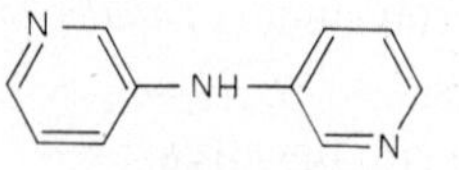

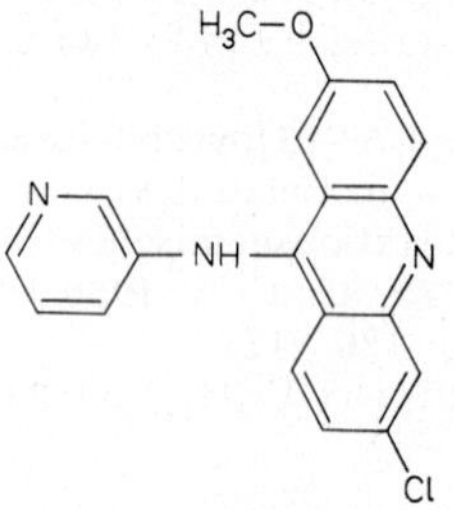

VIII

IX

X

Di-[3]pyridyl-amin, 3,3'-Imino-di-pyridin $C_{10}H_9N_3$, Formel IX.

B. Beim Erhitzen von [3]Pyridylamin und [3]Pyridylamin-dihydrochlorid auf 250° (*Zwart, Wibaut*, R. **74** [1955] 1081, 1083).

Kristalle (aus wss. A.); F: 128,6—129,6°.

6-Chlor-2-methoxy-9-[3]pyridylimino-9,10-dihydro-acridin $C_{19}H_{14}ClN_3O$ und Tautomeres.

6-Chlor-2-methoxy-9-[3]pyridylamino-acridin, [6-Chlor-2-methoxy-acridin-9-yl]-[3]pyridyl-amin $C_{19}H_{14}ClN_3O$, Formel X.

B. Beim Erwärmen von 6,9-Dichlor-2-methoxy-acridin in Phenol mit [3]Pyridylamin (*Burckhalter et al.*, Am. Soc. **65** [1943] 2012, 2014).

Kristalle (aus A.) mit 1 Mol H_2O; F: 202—203° [Zers.].

3-[3]Pyridylimino-isoindolin-1-on $C_{13}H_9N_3O$, Formel XI (X = O), und Tautomeres.

B. Beim Erwärmen von [3]Pyridylamin mit 3-Imino-isoindolin-1-on in Äthanol (*Clark et al.*, Soc. **1953** 3593, 3597).

Hellgelbe Kristalle (aus A.); F: 222°. λ_{max} (A.): 228 nm, 242 nm, 251 nm, 256 nm, 280 nm, 290 nm, 302 nm und 324 nm.

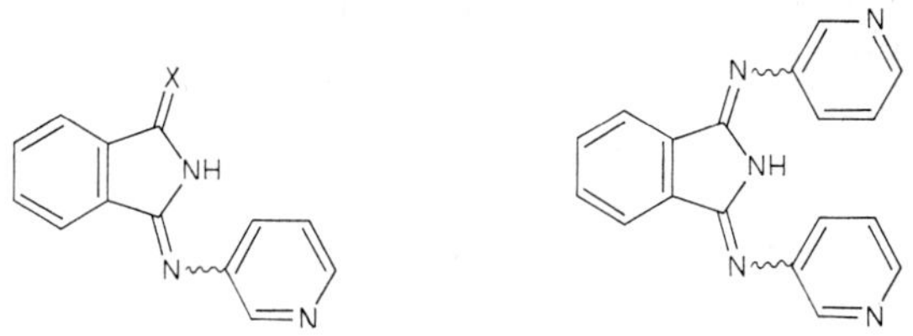

XI   XII

1-Imino-3-[3]pyridylimino-isoindolin, Isoindolin-1,3-dion-imin-[3]pyridylimin $C_{13}H_{10}N_4$, Formel XI (X = NH), und Tautomere (z. B. [3-Imino-3*H*-isoindol-1-yl]-[3]pyridyl-amin).

B. Beim Erwärmen von 1,3-Diimino-isoindolin mit [3]Pyridylamin in Äthanol (*Clark et al.*, Soc. **1953** 3593, 3600).

Hellgelbe Kristalle (aus A.); F: 207°. λ_{max} (A.): 268 nm, 280 nm und 345 nm.

1,3-Bis-[3]pyridylimino-isoindolin, Isoindolin-1,3-dion-bis-[3]pyridylimin $C_{18}H_{13}N_5$, Formel XII, und Tautomeres.

B. Beim Erhitzen von 1-Imino-3-[3]pyridylimino-isoindolin und [3]Pyridylamin in Butan-1-ol (*Clark et al.*, Soc. **1953** 3593, 3600).

Lösungsmittelhaltige, gelbe Kristalle (aus wss. A.), F: 122—123° [Zers.]; nach dem Trocknen bei 100°/0,01 Torr wird die lösungsmittelfreie, hellgelbe Verbindung erhalten, F: 186°. λ_{max} (A.): 235 nm, 257 nm, 266 nm, 280 nm, 290 nm, 304 nm, 315 nm und 353 nm.

Nicotinsäure-[3]pyridylamid $C_{11}H_9N_3O$, Formel XIII.

B. Beim Erhitzen von [3]Pyridylamin in Pyridin mit Nicotinoylchlorid (*Kushner et al.*, J. org. Chem. **13** [1948] 834).

Kristalle (aus A.); F: 191° [unkorr.] (*Vejdělek et al.*, Chem. Listy **46** [1952] 423, 426; C. A. **1953** 8068), 188° (*Ku. et al.*).

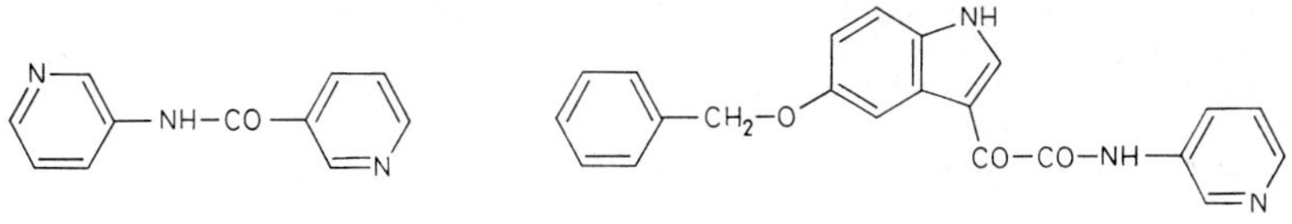

XIII   XIV

[5-Benzyloxy-indol-3-yl]-glyoxylsäure-[3]pyridylamid $C_{22}H_{17}N_3O_3$, Formel XIV.

B. Beim Erwärmen von [5-Benzyloxy-indol-3-yl]-glyoxyloylchlorid mit [3]Pyridyl-amin (*Lipp et al.*, B. **91** [1958] 242).

Hellgelbe Kristalle; F: 272—274° [Zers.].   [*Blazek*]

3-Nitro-benzolsulfonsäure-[3]pyridylamid $C_{11}H_9N_3O_4S$, Formel I (R = H, X = NO_2).

B. Beim Erwärmen von [3]Pyridylamin mit 3-Nitro-benzolsulfonylchlorid in Aceton und Pyridin (*English et al.*, Am. Soc. **68** [1946] 1039, 1045).

Hydrochlorid $C_{11}H_9N_3O_4S \cdot HCl$. F: 248—249° [korr.].

***N*-[3]Pyridyl-toluol-4-sulfonamid** $C_{12}H_{12}N_2O_2S$, Formel I (R = CH_3, X = H).

In der von *Curtius* (J. pr. [2] **125** [1930] 303, 336) unter dieser Konstitution beschrie-benen Verbindung vom F: 210° hat 1-[Toluol-4-sulfonylamino]-pyridinium-betain (E III/IV **20** 2490) vorgelegen (*Datta*, J. Indian chem. Soc. **24** [1947] 109, 112).

B. Beim Erwärmen von [3]Pyridylamin mit Toluol-4-sulfonylchlorid in Benzol (*Gram-maticakis*, Bl. **1959** 480, 490) oder in Pyridin (*Reitsema, Hunter*, Am. Soc. **71** [1949] 1680; *Clark-Lewis, Thompson*, Soc. **1957** 442, 444).

Kristalle; F: 191—192° [aus A.] (*Cl.-Le., Th.*), 190,5—191,5° [aus Xylol] (*Re., Hu.*), 190° [aus A.] (*Gr.*, l. c. S. 490). UV-Spektrum (A.; 220—300 nm): *Gr.*, l. c. S. 482.

3-Amino-benzolsulfonsäure-[3]pyridylamid $C_{11}H_{11}N_3O_2S$, Formel I (R = H, X = NH$_2$).
 B. Beim Behandeln von 3-Nitro-benzolsulfonsäure-[3]pyridylamid mit wss. [NH$_4$]$_2$S (*English et al.*, Am. Soc. **68** [1946] 1039, 1040).
 F: 198—199° [korr.].

I   II

3-Sulfanilylamino-pyridin, Sulfanilsäure-[3]pyridylamid $C_{11}H_{11}N_3O_2S$, Formel I (R = NH$_2$, X = H).
 B. Beim Erhitzen von 3-Brom-pyridin mit Sulfanilamid, K$_2$CO$_3$, KI und Kupfer-Pulver (*Płażek, Richter*, Roczniki Chem. **21** [1947] 55, 57; C. A. **1948** 1907). Beim Erwärmen von N-Acetyl-sulfanilsäure-[3]pyridylamid mit wss. HCl (*Plashek, Richter*, Ž. obšč. Chim. **18** [1948] 1154, 1155; C. A. **1949** 1738), mit wss.-äthanol. HCl (*Winterbottom*, Am. Soc. **62** [1940] 160) oder mit wss. NaOH (*Kolloff, Hunter*, Am. Soc. **63** [1941] 490).
 Kristalle; F: 262° [aus wss. Py.] (*Pl., Ri.*, Ž. obšč. Chim. **18** 1155), 258—259° [korr.; Zers.] (*Roblin, Winnek*, Am. Soc. **62** [1940] 1999, 2000), 256—257° [unkorr.] (*Ko., Hu.*). Scheinbare Dissoziationskonstanten K'_a, K'_{b1} und K'_{b2} (H$_2$O [aus Eg. umgerechnet]; potentiometrisch ermittelt): $1{,}3 \cdot 10^{-8}$ bzw. $1 \cdot 10^{-11}$ bzw. $4 \cdot 10^{-13}$ (*Bell, Roblin*, Am. Soc. **64** [1942] 2905, 2906). 100 ml H$_2$O lösen bei 37° 3,3 mg (*Ro., Wi.*).

N-Acetyl-sulfanilsäure-[3]pyridylamid, Essigsäure-[4-[3]pyridylsulfamoyl-anilid] $C_{13}H_{13}N_3O_3S$, Formel I (R = NH-CO-CH$_3$, X = H).
 B. Beim Behandeln von [3]Pyridylamin mit N-Acetyl-sulfanilylchlorid in Aceton und Pyridin (*Winterbottom*, Am. Soc. **62** [1940] 160; *Kolloff, Hunter*, Am. Soc. **63** [1941] 490) oder in Pyridin unter Erwärmen (*Plashek, Richter*, Ž. obšč. Chim. **18** [1948] 1154, 1155; C. A. **1949** 1738).
 Kristalle; F: 282° [aus wss. Py.] (*Pl., Ri.*), 280° [unkorr.] (*Ko., Hu.*).

N-Hexanoyl-sulfanilsäure-[3]pyridylamid, Hexansäure-[4-[3]pyridylsulfamoyl-anilid] $C_{17}H_{21}N_3O_3S$, Formel I (R = NH-CO-[CH$_2$]$_4$-CH$_3$, X = H).
 B. Beim Behandeln von [3]Pyridylamin mit N-Hexanoyl-sulfanilylchlorid in Aceton und Pyridin (*Kolloff, Hunter*, Am. Soc. **63** [1941] 490).
 Kristalle (aus wss. A.); F: 174—175° [unkorr.].

N-[4-[3]Pyridylsulfamoyl-phenyl]-N'-p-tolyl-thioharnstoff $C_{19}H_{18}N_4O_2S_2$, Formel II.
 B. Beim Behandeln von Sulfanilsäure-[3]pyridylamid mit p-Tolylisothiocyanat in Äthanol (*Gheorghiu et al.*, Acad. romîne Stud. Cerc. Chim. **4** [1956] 47, 51; C. A. **1956** 17163).
 Kristalle (aus A.); F: 196—197°.

N-Sulfanilyl-sulfanilsäure-[3]pyridylamid $C_{17}H_{16}N_4O_4S_2$, Formel III (R = H).
 B. Beim Erwärmen von N-[N-Acetyl-sulfanilyl]-sulfanilsäure-[3]pyridylamid mit wss. HCl (*Plashek, Richter*, Ž. obšč. Chim. **18** [1948] 1154, 1157; C. A. **1949** 1738).
 Kristalle (aus wss. A. + Py.); F: 268°.

N-[N-Acetyl-sulfanilyl]-sulfanilsäure-[3]pyridylamid, Essigsäure-[4-(4-[3]pyridyl= sulfamoyl-phenylsulfamoyl)-anilid] $C_{19}H_{18}N_4O_5S_2$, Formel III (R = CO-CH$_3$).
 B. Beim Erwärmen von Sulfanilsäure-[3]pyridylamid mit N-Acetyl-sulfanilylchlorid in Pyridin (*Plashek, Richter*, Ž. obšč. Chim. **18** [1948] 1154, 1157; C. A. **1949** 1738).
 Kristalle (aus wss. A. + Py.); F: 231°.

III   IV

Pyridin-3-sulfonsäure-[3]pyridylamid $C_{10}H_9N_3O_2S$, Formel IV.

B. Beim Behandeln von [3]Pyridylamin mit Pyridin-3-sulfonylchlorid-hydrochlorid in Äther (*Reinhart*, J. Franklin Inst. **236** [1943] 316, 319).

Kristalle (aus H_2O); F: 182° [unkorr.].

Phosphorsäure-tris-[3]pyridylamid(?) $C_{15}H_{15}N_6OP$, vermutlich Formel V.

B. Beim Erhitzen von [3]Pyridylamin mit PCl_3 und Pyridin (*Zwart, Wibaut*, R. **74** [1955] 1081, 1084).

Kristalle (aus wss. A.) mit 1 Mol H_2O; F: 243,8—244,8°.

2-Chlor-[3]pyridylamin $C_5H_5ClN_2$, Formel VI (R = R' = H).

B. Aus 2-Chlor-3-nitro-pyridin beim Erwärmen mit Eisen und Essigsäure (*v. Schickh et al.*, B. **69** [1936] 2593, 2597; *Berrie et al.*, Soc. **1952** 2042, 2044) oder beim Behandeln mit $SnCl_2$ und wss. HCl (*Adams et al.*, Soc. **1949** 3181, 3183). Als Hauptprodukt neben 2,6-Dichlor-[3]pyridylamin beim Erwärmen von [3]Pyridylamin mit konz. wss. HCl und wss. H_2O_2 (*v. Sch. et al.*). Beim Erhitzen von 2-Brom-[3]pyridylamin mit konz. wss. HCl (*Be. et al.*). Beim Erwärmen von Nicotinamid mit wss. NaOCl (*Ahmed, Hey*, Soc. **1954** 4516, 4519).

Kristalle; F: 80,5° (*Ad. et al.*), 80° [aus PAe.] (*v. Sch. et al.*), 79—80° [aus wss. Acn.] (*Be. et al.*), 79—80° [aus Bzl.] (*Ah., Hey*). Kp$_{15}$: 134—135° (*v. Sch. et al.*); Kp$_{12}$: 124° (*Ah., Hey*).

Picrat $C_5H_5ClN_2 \cdot C_6H_3N_3O_7$. Gelbe Kristalle (aus Bzl.); F: 169—171° (*Ah., Hey*).

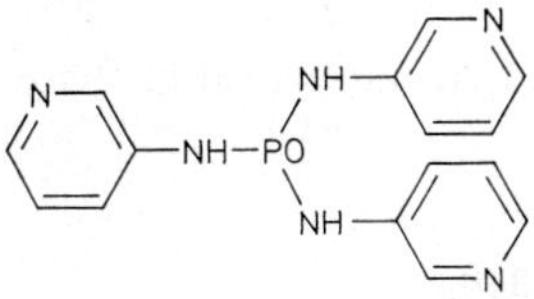

V 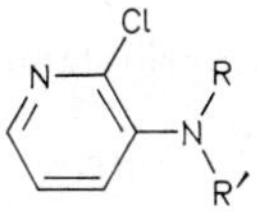　　　　　　　　　　VI 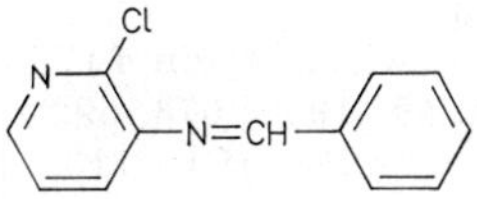　　　　　　　　　　VII

2-Chlor-3-methylamino-pyridin, [2-Chlor-[3]pyridyl]-methyl-amin $C_6H_7ClN_2$, Formel VI (R = CH_3, R' = H).

B. Beim Erwärmen von *N*-[2-Chlor-[3]pyridyl]-*N*-methyl-toluol-4-sulfonamid mit wss. H_2SO_4 (*Clark-Lewis, Thompson*, Soc. **1957** 442, 444).

Kp$_{10}$: 144°. n$_D^{25}$: 1,5945.

Picrat. Kristalle (aus H_2O); F: 123°.

***3-Benzylidenamino-2-chlor-pyridin, Benzyliden-[2-chlor-[3]pyridyl]-amin, Benzaldehyd-[2-chlor-[3]pyridylimin]** $C_{12}H_9ClN_2$, Formel VII.

B. Beim Erwärmen von 2-Chlor-[3]pyridylamin mit Benzaldehyd und Natriumacetat (*v. Schickh et al.*, B. **69** [1936] 2593, 2599).

Kp$_{0,6}$: 162°.

3-Acetylamino-2-chlor-pyridin, *N*-[2-Chlor-[3]pyridyl]-acetamid $C_7H_7ClN_2O$, Formel VI (R = CO-CH$_3$, R' = H).

B. Beim Behandeln von 2-Chlor-[3]pyridylamin mit Acetanhydrid (*v. Schickh et al.*, B. **69** [1936] 2593, 2598).

Kristalle (aus PAe.); F: 90—91°.

N-[2-Chlor-[3]pyridyl]-*N*-methyl-acetamid $C_8H_9ClN_2O$, Formel VI (R = CO-CH$_3$, R' = CH$_3$).

B. Beim Erhitzen von [2-Chlor-[3]pyridyl]-methyl-amin mit Acetanhydrid (*Clark-Lewis, Thompson*, Soc. **1957** 442, 444).

Kristalle (aus Hexan); F: 85—86°.

2-Chlor-3-diacetylamino-pyridin, *N*-[2-Chlor-[3]pyridyl]-diacetamid $C_9H_9ClN_2O_2$, Formel VI (R = R' = CO-CH$_3$).

B. Beim Erhitzen von 2-Chlor-[3]pyridylamin mit Acetanhydrid und Natriumacetat

(v. *Schickh et al.*, B. **69** [1936] 2593, 2598).
Kristalle (aus PAe.); F: 67—68°.

N-[2-Chlor-[3]pyridyl]-toluol-4-sulfonamid $C_{12}H_{11}ClN_2O_2S$, Formel VI
(R = SO_2-C_6H_4-$CH_3(p)$, R' = H).
B. Beim Erwärmen von 2-Chlor-[3]pyridylamin mit Toluol-4-sulfonylchlorid in Pyridin
(*Clark-Lewis, Thompson*, Soc. **1957** 442, 444).
Kristalle (aus Bzl. + Hexan); F: 144—145°.

N-[2-Chlor-[3]pyridyl]-N-methyl-toluol-4-sulfonamid $C_{13}H_{13}ClN_2O_2S$, Formel VI
(R = SO_2-C_6H_4-$CH_3(p)$, R' = CH_3).
B. Beim Erwärmen von N-[2-Chlor-[3]pyridyl]-toluol-4-sulfonamid mit Dimethyl=
sulfat und K_2CO_3 in Aceton (*Clark-Lewis, Thompson*, Soc. **1957** 442, 444).
Kristalle (aus Bzl. + Hexan); F: 119°.

4-Chlor-[3]pyridylamin $C_5H_5ClN_2$ Formel VIII (R = H).
B. Beim Erwärmen von 4-Chlor-3-nitro-pyridin-hydrochlorid mit Eisen-Pulver und
Essigsäure (*den Hertog et al.*, R. **69** [1950] 673, 692).
Kristalle (aus PAe.); F: 59,5—60,5°.
Picrat $C_5H_5ClN_2 \cdot C_6H_3N_3O_7$. Kristalle (aus Toluol + A.); F: 181—181,5° [korr.].

3-Acetylamino-4-chlor-pyridin, N-[4-Chlor-[3]pyridyl]-acetamid $C_7H_7ClN_2O$, Formel VIII
(R = CO-CH_3).
B. Beim Erwärmen von 4-Chlor-[3]pyridylamin mit Acetanhydrid in Benzol (*den Her-
tog et al.*, R. **69** [1950] 673, 692).
Kristalle (aus PAe.); F: 113—113,5° [korr.].

5-Chlor-[3]pyridylamin $C_5H_5ClN_2$, Formel IX (E II 340).
B. Beim Erhitzen von 3,5-Dichlor-pyridin mit $CuSO_4$ und NH_3 in Methanol auf 200°
(*Rodewald, Płażek*, Roczniki Chem. **18** [1938] 39, 42; C. **1939** I 1366). Beim Erwärmen von
3-Chlor-5-nitro-pyridin mit $SnCl_2$ und wss. HCl (*Płażek et al.*, Roczniki Chem. **18** [1938]
210, 215; C. **1939** II 2779).
Kristalle (aus Bzl. + PAe.); F: 82° (*Pł. et al.*).
Picrat. F: 209° (*Pł. et al.*).

VIII   IX   X

6-Chlor-[3]pyridylamin $C_5H_5ClN_2$, Formel X (R = H) (H 432; E I 632; E II 340).
B. Beim Erwärmen von 2-Chlor-5-nitro-pyridin mit Eisen-Pulver in H_2O (*Cragoe,
Hamilton*, Am. Soc. **67** [1945] 536, 537) oder in wss. HCl (*Ishikawa*, J. chem. Soc. Japan
63 [1942] 804, 807; C. A. **1947** 3463).
Kristalle F: 83—83,5° [aus H_2O] (*Cr., Ha.*), 79—81° (*Ish.*).
Beim Erwärmen mit konz. wss. HCl und wss. H_2O_2 ist 2,6-Dichlor-[3]pyridylamin er-
halten worden (v. *Schickh et al.*, B. **69** [1936] 2593, 2598). Bildung von [1,5]Naphthyridin-
2-ol beim Erhitzen mit Glycerin, H_2SO_4 und H_3AsO_4: *Schering Kahlbaum A. G.*, D.R.P.
507637 [1926]; Frdl. **17** 2445. Beim Erwärmen mit Brenztraubensäure und Benzaldehyd in
Äthanol ist 1-[6-Chlor-[3]pyridyl]-3-[6-chlor-[3]pyridylimino]-5-phenyl-
pyrrolidin-2-on $C_{20}H_{14}Cl_2N_4O$ erhalten worden (*Petrow*, Soc. **1945** 927; *Weiss, Hauser*,
Am. Soc. **68** [1946] 722).

N,N'-Bis-[6-chlor-[3]pyridyl]-formamidin $C_{11}H_8Cl_2N_4$, Formel XI.
B. Beim Erhitzen von 6-Chlor-[3]pyridylamin mit Orthoameisensäure-triäthylester
(*Takahashi et al.*, J. pharm. Soc. Japan **65** [1945] Ausg. B, S. 87; C. A. **1951** 8531).
Hellviolette Kristalle (aus Bzl.); F: 193,5—194,5°.

XI   XII

5-Acetylamino-2-chlor-pyridin, *N*-[6-Chlor-[3]pyridyl]-acetamid $C_7H_7ClN_2O$, Formel X
(R = CO-CH$_3$).
   B. Aus 6-Chlor-[3]pyridylamin (*Adams et al.*, Soc. **1949** 3181, 3183).
   Kristalle (aus H$_2$O); F: 151—152°.

4-Chlor-2-[6-chlor-[3]pyridylamino]-benzoesäure $C_{12}H_8Cl_2N_2O_2$, Formel XII.
   B. Beim Erhitzen von 6-Chlor-[3]pyridylamin mit 2,4-Dichlor-benzoesäure, K$_2$CO$_3$ und
Kupfer-Pulver in Isoamylalkohol (*Takahashi, Hayase*, J. pharm. Soc. Japan **65** [1945]
Ausg. B, S. 469; C. A. **1951** 8530).
   Hellgelbe Kristalle (aus A.); F: 148°.
   Beim Erhitzen mit konz. H$_2$SO$_4$ ist 2,7-Dichlor-5H-pyrido[3,2-b]chinolin-10-on erhal-
ten worden.

[6-Chlor-[3]pyridyl]-[5-nitro-[2]pyridyl]-amin, 6'-Chlor-5-nitro-2,3'-imino-di-pyridin
$C_{10}H_7ClN_4O_2$, Formel XIII (X = H, X' = NO$_2$).
   B. Beim Erhitzen von 6-Chlor-[3]pyridylamin mit 2-Chlor-5-nitro-pyridin (*Maki*, J.
pharm. Soc. Japan **77** [1957] 485, 489). Beim Erwärmen von *N*-[6-Chlor-2-(5-nitro-
pyridin-2-sulfonyl)-[3]pyridyl]-acetamid mit wss. HCl (*Takahashi, Maki*, Chem. pharm.
Bl. **6** [1958] 369, 373) oder mit wss.-methanol. KOH (*Maki*).
   Kristalle (aus E.); F: 265—266° [Zers.] (*Maki*).

**[5-Chlor-3-nitro-[2]pyridyl]-[6-chlor-[3]pyridyl]-amin, 5,6'-Dichlor-3-nitro-2,3'-imino-
di-pyridin** $C_{10}H_6Cl_2N_4O_2$, Formel XIII (X = NO$_2$, X' = Cl).
   B. Beim Erhitzen von 6-Chlor-[3]pyridylamin mit 2-Brom-5-chlor-3-nitro-pyridin
(*Takahashi, Maki*, Chem. pharm. Bl. **6** [1958] 369, 373). Beim Erwärmen von *N*-[6-Chlor-
2-(5-chlor-3-nitro-pyridin-2-sulfonyl)-[3]pyridyl]-acetamid mit wss. HCl (*Ta., Maki*).
   Orangefarbene Kristalle (aus A.); F: 156—157° [unkorr.].

4-[2-(6-Chlor-[3]pyridylamino)-vinyl]-1-methyl-pyridinium $[C_{13}H_{13}ClN_3]^+$,
Formel XIV (R = H, R' = CH$_3$), und Tautomeres.
   Jodid [C$_{13}$H$_{13}$ClN$_3$]I. *B.* Beim Erhitzen von *N,N'*-Bis-[6-chlor-[3]pyridyl]-formamidin
mit 1,4-Dimethyl-pyridinium-jodid (*Takahashi et al.*, J. pharm. Soc. Japan **74** [1954]
1212, 1214; C. A. **1955** 14737). — Gelbe Kristalle (aus Me.); Zers. bei 289°.

1-Äthyl-4-[2-(6-chlor-[3]pyridylamino)-vinyl]-pyridinium $[C_{14}H_{15}ClN_3]^+$,
Formel XIV (R = H, R' = C$_2$H$_5$), und Tautomeres.
   Jodid [C$_{14}$H$_{15}$ClN$_3$]I. *B.* Beim Erhitzen von *N,N'*-Bis-[6-chlor-[3]pyridyl]-formamidin
mit 1-Äthyl-4-methyl-pyridinium-jodid (*Takahashi et al.*, J. pharm. Soc. Japan **74** [1954]
1212, 1214; C. A. **1955** 14737). — Gelbe Kristalle (aus A.); Zers. bei 252,5°.

4-[2-(6-Chlor-[3]pyridylamino)-vinyl]-1-propyl-pyridinium $[C_{15}H_{17}ClN_3]^+$,
Formel XIV (R = H, R' = CH$_2$-CH$_2$-CH$_3$), und Tautomeres.
   Jodid [C$_{15}$H$_{17}$ClN$_3$]I. *B.* Beim Erhitzen von *N,N'*-Bis-[6-chlor-[3]pyridyl]-formamidin
mit 4-Methyl-1-propyl-pyridinium-jodid (*Takahashi et al.*, J. pharm. Soc. Japan **74** [1954]
1212, 1214; C. A. **1955** 14737). — Gelbe Kristalle (aus A.); Zers. bei 249°.

4-[2-(6-Chlor-[3]pyridylamino)-vinyl]-1-isopentyl-pyridinium $[C_{17}H_{21}ClN_3]^+$,
Formel XIV (R = H, R' = CH$_2$-CH$_2$-CH(CH$_3$)$_2$), und Tautomeres.
   Jodid [C$_{17}$H$_{21}$ClN$_3$]I. *B.* Beim Erhitzen von *N,N'*-Bis-[6-chlor-[3]pyridyl]-form‑
amidin mit 1-Isopentyl-4-methyl-pyridinium-jodid (*Takahashi et al.*, J. pharm. Soc.
Japan **74** [1954] 1212, 1214; C. A. **1955** 14737). — Gelbe Kristalle (aus A.); Zers. bei
219,5°.

XIII   XIV

4-[2-(6-Chlor-[3]pyridylamino)-1-methyl-vinyl]-1-methyl-pyridinium $[C_{14}H_{15}ClN_3]^+$, Formel XIV (R = R′ = CH_3), und Tautomeres.

Jodid $[C_{14}H_{15}ClN_3]$I. *B.* Beim Erhitzen von *N,N′*-Bis-[6-chlor-[3]pyridyl]-formamidin mit 4-Äthyl-1-methyl-pyridinium-jodid (*Takahashi et al.*, J. pharm. Soc. Japan **74** [1954] 580, 582; C. A. **1954** 11 413). — Orangegelbe Kristalle (aus A.); Zers. bei 290°.

1-Äthyl-4-[2-(6-chlor-[3]pyridylamino)-1-methyl-vinyl]-pyridinium $[C_{15}H_{17}ClN_3]^+$, Formel XIV (R = CH_3, R′ = C_2H_5), und Tautomeres.

Jodid $[C_{15}H_{17}ClN_3]$I. *B.* Beim Erhitzen von *N,N′*-Bis-[6-chlor-[3]pyridyl]-formamidin mit 1,4-Diäthyl-pyridinium-jodid (*Takahashi et al.*, J. pharm. Soc. Japan **74** [1954] 580, 582; C. A. **1954** 11 413). — Gelbe Kristalle (aus A.); Zers. bei 260−261°.

4-[2-(6-Chlor-[3]pyridylamino)-1-methyl-vinyl]-1-propyl-pyridinium $[C_{16}H_{19}ClN_3]^+$, Formel XIV (R = CH_3, R′ = CH_2-CH_2-CH_3), und Tautomeres.

Jodid $[C_{16}H_{19}ClN_3]$I. *B.* Beim Erhitzen von *N,N′*-Bis-[6-chlor-[3]pyridyl]-formamidin mit 4-Äthyl-1-propyl-pyridinium-jodid (*Takahashi et al.*, J. pharm. Soc. Japan **74** [1954] 580, 582; C. A. **1954** 11 413). — Gelbe Kristalle (aus A.); Zers. bei 231°.

4-[2-(6-Chlor-[3]pyridylamino)-1-methyl-vinyl]-1-isopentyl-pyridinium $[C_{18}H_{23}ClN_3]^+$, Formel XIV (R = CH_3, R′ = CH_2-CH_2-$CH(CH_3)_2$), und Tautomeres.

Jodid $[C_{18}H_{23}ClN_3]$I. *B.* Beim Erhitzen von *N,N′*-Bis-[6-chlor-[3]pyridyl]-formamidin mit 4-Äthyl-1-isopentyl-pyridinium-jodid (*Takahashi et al.*, J. pharm. Soc. Japan **74** [1954] 580, 582; C. A. **1954** 11 413). — Gelbe Kristalle (aus A.); Zers. bei 221°.

4-[2-(6-Chlor-[3]pyridylamino)-1-methyl-vinyl]-1-heptyl-pyridinium $[C_{20}H_{27}ClN_3]^+$, Formel XIV (R = CH_3, R′ = $[CH_2]_6$-CH_3), und Tautomeres.

Jodid $[C_{20}H_{27}ClN_3]$I. *B.* Beim Erhitzen von *N,N′*-Bis-[6-chlor-[3]pyridyl]-formamidin mit 4-Äthyl-1-heptyl-pyridinium-jodid (*Takahashi et al.*, J. pharm. Soc. Japan **74** [1954] 580, 583; C. A. **1954** 11 413). — Gelbe Kristalle (aus A.); F: 167°.

2-Chlor-5-sulfanilylamino-pyridin, Sulfanilsäure-[6-chlor-[3]pyridylamid] $C_{11}H_{10}ClN_3O_2S$, Formel I (R = H).

B. Beim Erwärmen von 6-Chlor-[3]pyridylamin mit 4-Nitro-benzolsulfonylchlorid in Pyridin und Erwärmen des erhaltenen 4-Nitro-benzolsulfonsäure-[6-chlor-[3]pyr=idylamids] $C_{11}H_8ClN_3O_4S$ (Kristalle [aus wss. A.]) in Äthanol mit Eisen-Pulver und wss. HCl (*Am. Cyanamid Co.*, U.S.P. 2 295 867 [1940]; s. a. *Roblin, Winnek*, Am. Soc. **62** [1940] 1999, 2000). Beim Erhitzen von *N*-Acetyl-sulfanilsäure-[6-chlor-[3]pyridyl=amid] mit wss. HCl (*Takahashi, Senda*, J. pharm. Soc. Japan **66** [1946] Ausg. B, S. 64; C. A. **1952** 111).

Kristalle (aus wss. A.); F: 186−187° [korr.] (*Am. Cyanamid Co.*; *Ro., Wi.*). In 100 ml H_2O lösen sich bei 37° 18 mg (*Ro., Wi.*).

Hydrochlorid. Kristalle (aus wss. HCl); F: 182° (*Ta., Se.*).

N-Acetyl-sulfanilsäure-[6-chlor-[3]pyridylamid], Essigsäure-[4-(6-chlor-[3]pyridyl=sulfamoyl)-anilid] $C_{13}H_{12}ClN_3O_3S$, Formel I (R = CO-CH_3).

B. Beim Erhitzen von 6-Chlor-[3]pyridylamin mit *N*-Acetyl-sulfanilylchlorid (*Takahashi, Senda*, J. pharm. Soc. Japan **66** [1946] Ausg. B, S. 64; C. A. **1952** 111).

Kristalle (aus Me.); F: 235−236°.

2,4-Dichlor-[3]pyridylamin $C_5H_4Cl_2N_2$, Formel II (R = H).

B. Beim Erwärmen von 2,4-Dichlor-3-nitro-pyridin mit Eisen-Pulver und Essigsäure

(*den Hertog et al.*, R. **69** [1950] 673, 697).
Kristalle (aus PAe.); F: 69—69,5°.
Beim Erwärmen der mit HCl gesättigten Lösung in Essigsäure mit wss. H_2O_2 ist 2,4,6-Trichlor-[3]pyridylamin erhalten worden.

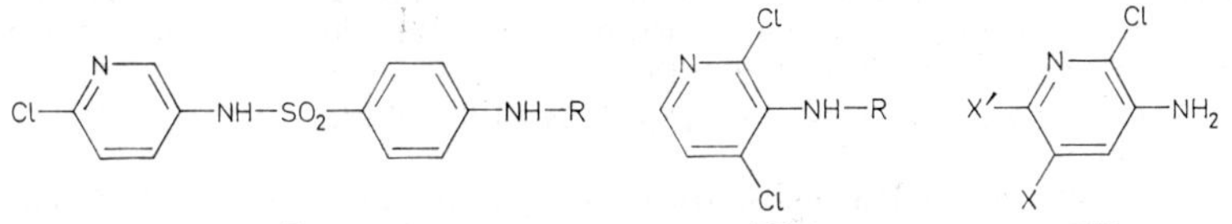

I II III

3-Acetylamino-2,4-dichlor-pyridin, *N*-[2,4-Dichlor-[3]pyridyl]-acetamid $C_7H_6Cl_2N_2O$, Formel II (R = CO-CH_3).
B. Beim Behandeln von 2,4-Dichlor-[3]pyridylamin mit Acetanhydrid und wenig konz. H_2SO_4 (*den Hertog et al.*, R. **69** [1950] 673, 698).
Kristalle (aus PAe. + Toluol); F: 161—162° [korr.].

2,5-Dichlor-[3]pyridylamin $C_5H_4Cl_2N_2$, Formel III (X = Cl, X' = H).
B. Beim Erwärmen von 2,5-Dichlor-3-nitro-pyridin mit Eisen-Spänen und Essigsäure (*Berrie et al.*, Soc. **1952** 2042, 2045). Beim Erhitzen von 2-Brom-5-chlor-[3]pyridylamin mit wss. HCl (*Be. et al.*).
Kristalle (aus Acn.); F: 129°.

2,6-Dichlor-[3]pyridylamin $C_5H_4Cl_2N_2$, Formel III (X = H, X' = Cl).
B. Beim Erhitzen von [3]Pyridylamin-hydrochlorid mit ICl auf 200° und Erwärmen des Reaktionsprodukts mit H_2O (*Rodewald, Płażek*, Roczniki Chem. **16** [1936] 130, 134; C. **1936** II 1166). Neben anderen Verbindungen beim Erwärmen von [3]Pyridylamin mit konz. wss. HCl und wss. H_2O_2 (*v. Schickh et al.*, B. **69** [1936] 2593, 2597).
Kristalle (aus H_2O); F: 119° (*v. Sch. et al.*), 118° (*Ro., Pł.*).

4,6-Dichlor-[3]pyridylamin $C_5H_4Cl_2N_2$, Formel IV (X = X' = H).
B. Beim Behandeln von 4,6-Dichlor-nicotinonitril mit Brom in wss. KOH (*den Hertog et al.*, R. **69** [1950] 673, 689).
Kristalle (aus PAe.); F: 80—81°.

2,4,6-Trichlor-[3]pyridylamin $C_5H_3Cl_3N_2$, Formel IV (X = Cl, X' = H).
B. Beim Erwärmen einer mit HCl gesättigten Lösung von 2,4-Dichlor-[3]pyridylamin in Essigsäure mit wss. H_2O_2 (*den Hertog et al.*, R. **69** [1950] 673, 698).
Kristalle (aus PAe.); F: 77,5—78°.

2,4,5,6-Tetrachlor-[3]pyridylamin $C_5H_2Cl_4N_2$, Formel IV (X = X' = Cl).
B. Neben anderen Verbindungen beim Erhitzen von [3]Pyridylamin mit konz. wss. HCl und wss. H_2O_2 (*v. Schickh et al.*, B. **69** [1936] 2593, 2597).
Kristalle (aus wss. Me.); F: 143°.

2-Brom-[3]pyridylamin $C_5H_5BrN_2$, Formel V (R = X = H).
B. Beim Erhitzen von 2-Brom-3-nitro-pyridin mit Eisen-Spänen und Essigsäure auf 100° (*Berrie et al.*, Soc. **1952** 2042, 2044).
Kristalle (aus wss. Me.); F: 79°.

2(?)-Brom-3-dimethylamino-pyridin, [2(?)-Brom-[3]pyridyl]-dimethyl-amin $C_7H_9BrN_2$, vermutlich Formel V (R = CH_3, X = H).
B. Neben [2,6-Dibrom-[3]pyridyl]-dimethyl-amin beim Behandeln von Dimethyl-[3]pyridyl-amin mit Brom in Methanol (*Płażek et al.*, Roczniki Chem. **15** [1935] 365, 374; C. **1936** I 1219).
F: 64—66°.
Picrat. F: 192—194°.

5-Brom-[3]pyridylamin $C_5H_5BrN_2$, Formel VI (R = R′ = H).

B. Beim Erhitzen von 3,5-Dibrom-pyridin mit $CuSO_4$ und NH_3 in Methanol auf 140° (*Zwart, Wibaut*, R. **74** [1955] 1062, 1066; *Marcinków, Płażek*, Roczniki Chem. **16** [1936] 136, 137; C. **1936** II 1167). Beim Erwärmen von 3-Brom-5-nitro-pyridin mit $SnCl_2$ und wss. HCl (*Płażek et al.*, Roczniki Chem. **18** [1938] 210, 215; C. **1939** II 2780). Beim Behandeln des Natrium-Salzes der [5-Brom-[3]pyridyl]-carbamidsäure mit wss. HCl (*Graf*, J. pr. [2] **138** [1933] 244, 252). Beim Erwärmen von 5-Brom-nicotinsäure-amid mit wss. KOBr (*Ukai*, J. pharm. Soc. Japan **51** [1931] 542, 575; dtsch. Ref. S. 73, 76; C. A. **1931** 5427).

Kristalle; F: 66—67° [nach Destillation] (*Graf*), 65° [aus PAe.] (*den Hertog, Wibaut*, R. **55** [1936] 122, 126). Kp_{12}: 153° (*Zw., Wi.*), 149—150° (*Graf*).

Zeitlicher Verlauf der Hydrolyse (Bildung von 5-Amino-pyridin-3-ol) in H_2O bei der Bestrahlung mit UV-Licht: *Freytag*, B. **69** [1936] 32, 37.

Tetrachloroaurat(III). Orangerote Kristalle (aus wss. HCl); F: 185—187° (*Graf*).

Picrat. Gelbe Kristalle; F: 214° (*Pl. et al.*), 212—213° (*Graf*).

5-Brom-3-methylamino-pyridin, [5-Brom-[3]pyridyl]-methyl-amin $C_6H_7BrN_2$, Formel VI (R = CH_3, R′ = H).

B. Beim Erhitzen von 3,5-Dibrom-pyridin mit wss. Methylamin auf 200° (*Marcinków, Płażek*, Roczniki Chem. **16** [1936] 136, 138; C. **1936** II 1167).

F: 87—89° [nach Destillation]. Kp_{15}: 152—155°.

Picrat. F: 182—184°.

IV　　　　　V　　　　　VI　　　　　VII

5-Brom-3-dimethylamino-pyridin, [5-Brom-[3]pyridyl]-dimethyl-amin $C_7H_9BrN_2$, Formel VI (R = R′ = CH_3).

B. Beim Erhitzen von 3,5-Dibrom-pyridin mit wss. Dimethylamin auf 200° (*Marcinków, Płażek*, Roczniki Chem. **16** [1936] 136, 139; C. **1936** II 1167).

Kristalle (aus PAe.); F: 57—58°.

Picrat. F: 175—177°.

3-Acetylamino-5-brom-pyridin, N-[5-Brom-[3]pyridyl]-acetamid $C_7H_7BrN_2O$, Formel VI (R = $CO-CH_3$, R′ = H).

B. Aus 5-Brom-[3]pyridylamin und Acetanhydrid (*Graf*, J. pr. [2] **138** [1933] 244, 252; *Zwart, Wibaut*, R. **74** [1955] 1062, 1067).

Kristalle; F: 127—128° (*Graf*), 123,5—124,5° [aus Bzl.] (*Zw., Wi.*). Kristalle (aus wss. A.) mit 2 Mol H_2O; F: 76—78° [bei raschem Erhitzen] (*Graf*).

[5-Brom-[3]pyridyl]-carbamidsäure $C_6H_5BrN_2O_2$, Formel VI (R = CO-OH, R′ = H).

Natrium-Salz $NaC_6H_4BrN_2O_2$. *B.* Beim Erhitzen von [5-Brom-[3]pyridyl]-carb= amidsäure-äthylester mit wss. NaOH (*Graf*, J. pr. [2] **138** [1933] 244, 251).

[5-Brom-[3]pyridyl]-carbamidsäure-methylester $C_7H_7BrN_2O_2$, Formel VI (R = CO-O-CH_3, R′ = H).

B. Beim Erwärmen von 5-Brom-nicotinoylazid mit Methanol (*Graf*, J. pr. [2] **138** [1933] 244, 251).

Kristalle (aus Me.); F: 169—170° [Zers.].

[5-Brom-[3]pyridyl]-carbamidsäure-äthylester $C_8H_9BrN_2O_2$, Formel VI (R = CO-O-C_2H_5, R′ = H).

B. Beim Erwärmen von 5-Brom-nicotinoylazid mit Äthanol (*Graf*, J. pr. [2] **138** [1933] 244, 251).

Kristalle (aus wss. A.); F: 150—151°.

[5-Brom-1-oxy-[3]pyridyl]-thioharnstoff $C_6H_6BrN_3OS$, Formel VII, und Tautomeres.
Hydrobromid $C_6H_6BrN_3OS \cdot HBr$. *B.* Beim Erwärmen von 3,5-Dibrom-pyridin-1-oxid mit Thioharnstoff in Äthanol (*Gardner et al.*, J. org. Chem. **22** [1957] 984). — Kristalle (aus A.); F: 162—163° [korr.].

6-Brom-[3]pyridylamin $C_5H_5BrN_2$, Formel VIII (R = H).
B. Aus 2-Brom-5-nitro-pyridin beim Behandeln mit Eisen-Pulver und wss. Essigsäure (*Binz, v. Schickh*, B. **68** [1935] 315, 321) oder beim Erwärmen mit $SnCl_2$ und wss. HCl (*Yamamoto*, J. pharm. Soc. Japan **71** [1951] 662, 665; C. A. **1952** 8109), auch unter Zusatz von Äthanol (*Schmidt-Thomé, Goebel*, Z. physiol. Chem. **288** [1951] 237, 241).
Kristalle; F: 77° [aus H_2O] (*Binz, v. Sch.*), 76° [aus H_2O] (*Sch.-Th., Go.*), 75,5° [aus Me.] (*Ya.*).

2-Brom-5-sulfanilylamino-pyridin, Sulfanilsäure-[6-brom-[3]pyridylamid]
$C_{11}H_{10}BrN_3O_2S$, Formel VIII (R = $SO_2\text{-}C_6H_4\text{-}NH_2(p)$).
B. Beim Erwärmen von 6-Brom-[3]pyridylamin mit 4-Nitro-benzolsulfonylchlorid in Pyridin und Erwärmen des erhaltenen 4-Nitro-benzolsulfonsäure-[6-brom-[3]pyridylamids] $C_{11}H_8BrN_3O_4S$ (Kristalle [aus wss. A.]) in Äthanol mit Eisen-Pulver und wss. HCl (*Am. Cyanamid Co.*, U.S.P. 2295867 [1940]; *Roblin, Winnek*, Am. Soc. **62** [1940] 1999, 2000).
Kristalle (aus wss. A.); F: 196—197° [korr.] (*Am. Cyanamid Co.*; *Ro., Wi.*). Scheinbare Dissoziationskonstanten K'_a und K'_b (H_2O [aus Eg. umgerechnet]; potentiometrisch ermittelt): $7,6 \cdot 10^{-8}$ bzw. $1,0 \cdot 10^{-12}$ (*Bell, Roblin*, Am. Soc. **64** [1942] 2905, 2906, 2915). In 100 ml H_2O lösen sich bei 37° 12,2 mg (*Ro., Wi.*).

2-Brom-5-chlor-[3]pyridylamin $C_5H_4BrClN_2$, Formel V (R = H, X = Cl).
B. Beim Erwärmen von 2-Brom-5-chlor-3-nitro-pyridin mit Eisen-Spänen und Essigsäure (*Berrie et al.*, Soc. **1952** 2042, 2045).
Kristalle (aus wss. Acn.); F: 142°. λ_{max} (A.): 252 nm und 314 nm.

5-Brom-2-chlor-[3]pyridylamin $C_5H_4BrClN_2$, Formel IX (X = H).
B. Beim Erwärmen von 5-Brom-2-chlor-3-nitro-pyridin mit Eisen-Spänen und Essigsäure (*Berrie et al.*, Soc. **1952** 2042, 2045). Beim Erhitzen von 2,5-Dibrom-3-nitro-pyridin mit Zinn und wss. HCl (*Be. et al.*). Beim Erhitzen von 2,5-Dibrom-[3]pyridylamin mit wss. HCl (*Be. et al.*).
Kristalle (aus H_2O oder wss. Acn.); F: 131°. λ_{max} (A.): 251 nm und 314 nm.

5-Brom-2,4-dichlor-[3]pyridylamin $C_5H_3BrCl_2N_2$, Formel IX (X = Cl).
B. Beim Erwärmen von 5-Brom-2,4-dichlor-3-nitro-pyridin mit Eisen-Pulver und Essigsäure (*Kolder, den Hertog*, R. **72** [1953] 853, 857).
Kristalle (aus PAe.); F: 85,5—86°.

VIII　　　　　　　IX　　　　　　　X　　　　　　　XI

2,5-Dibrom-[3]pyridylamin $C_5H_4Br_2N_2$, Formel V (R = H, X = Br).
B. Beim Erhitzen von 2,5-Dibrom-3-nitro-pyridin mit Eisen-Spänen und Essigsäure auf 100° (*Berrie et al.*, Soc. **1952** 2042, 2045).
Kristalle (aus wss. Acn.); F: 153°.
Beim Erhitzen mit konz. wss. HCl ist 5-Brom-2-chlor-[3]pyridylamin erhalten worden.

2,6-Dibrom-[3]pyridylamin $C_5H_4Br_2N_2$, Formel X (R = R' = X = H).
Diese Konstitution hat auch in der früher (s. H **22** 432) als 2,6(oder 4,6)-Dibrom-[3]pyridylamin beschriebenen Verbindung vorgelegen (s. dazu *v. Schickh et al.*, B. **69** [1936] 2593, 2597).

B. Aus [3]Pyridylamin beim Behandeln mit Brom in Methanol (*Płażek, Marcinków*, Roczniki Chem. **14** [1934] 326, 330; C. **1935** I 70) oder beim Erwärmen mit wss. HBr und wss. H_2O_2 (*v. Sch. et al.*, l. c. S. 2605).

Kristalle; F: 145° [aus Bzl.] (*v. Sch. et al.*, l. c. S. 2605), 142° [aus PAe. + Bzl.] (*Pł., Ma.*). Bei 120—135°/1,5 Torr sublimierbar (*v. Sch. et al.*, l. c. S. 2605).

2,6-Dibrom-3-methylamino-pyridin, [2,6-Dibrom-[3]pyridyl]-methyl-amin $C_6H_6Br_2N_2$, Formel X (R = CH_3, R' = X = H).

B. Beim Behandeln von Methyl-[3]pyridyl-amin mit Brom in Essigsäure (*Płażek et al.*, Roczniki Chem. **15** [1935] 365, 370; C. **1936** I 1219).

Kristalle (aus wss. A.); F: 69°.

2,6-Dibrom-3-dimethylamino-pyridin, [2,6-Dibrom-[3]pyridyl]-dimethyl-amin $C_7H_8Br_2N_2$, Formel X (R = R' = CH_3, X = H).

B. Neben [2(?)-Brom-[3]pyridyl]-dimethyl-amin (S. 4093) beim Behandeln von Dimethyl-[3]pyridyl-amin mit Brom in Methanol (*Płażek et al.*, Roczniki Chem. **15** [1935] 365, 374; C. **1936** I 1219).

$Kp_{0,5}$: 113—115°.

2,4,6-Tribrom-[3]pyridylamin $C_5H_3Br_3N_2$, Formel X (R = R' = H, X = Br).

B. Beim Behandeln von *N*-[3]Pyridyl-acetamid mit Brom in Methanol und Behandeln der erhaltenen Additionsverbindung $C_7H_8N_2O \cdot Br_2$ (Kristalle [aus Me.]; F: 118°) mit wss. H_2SO_4 (*Płażek et al.*, Roczniki Chem. **15** [1935] 365, 375; C. **1936** I 1219). Beim Behandeln von 2,6-Dibrom-[3]pyridylamin mit Brom in Essigsäure (*Płażek, Marcinków*, Roczniki Chem. **14** [1934] 326, 330; C. **1935** I 70).

Kristalle (aus H_2O bzw. aus PAe.); F: 115° (*Pł., Ma.*; *Pł. et al.*).

5-Jod-[3]pyridylamin $C_5H_5IN_2$, Formel XI.

B. Beim Erhitzen von 3,5-Dijod-pyridin mit NH_3 in Methanol und $CuSO_4$ auf 140° bis 150° (*Płażek et al.*, Roczniki Chem. **18** [1938] 210, 215; C. **1939** II 2780). Beim Erwärmen von 3-Jod-5-nitro-pyridin mit $SnCl_2$ und wss. HCl (*Pł. et al.*).

Kristalle (aus Bzl. + PAe.); F: 70°.

Picrat. F: 252°.

6-Jod-[3]pyridylamin $C_5H_5IN_2$, Formel XII (R = X = H).

B. Beim Behandeln von 2-Jod-5-nitro-pyridin mit Zinn und wss. HCl (*Caldwell et al.*, Am. Soc. **66** [1944] 1479, 1482).

Kristalle (aus A.); F: 132° [unkorr.].

2-Jod-5-sulfanilylamino-pyridin, Sulfanilsäure-[6-jod-[3]pyridylamid] $C_{11}H_{10}IN_3O_2S$, Formel XII (R = SO_2-C_6H_4-$NH_2(p)$, X = H).

B. Beim Erhitzen von *N*-Acetyl-sulfanilsäure-[6-jod-[3]pyridylamid] mit wss. NaOH (*Caldwell et al.*, Am. Soc. **66** [1944] 1479, 1483).

Kristalle (aus wss. Eg.); F: 205° [unkorr.; Zers.]. In 1 l H_2O lösen sich bei 25° 5,8 g.

N-Acetyl-sulfanilsäure-[6-jod-[3]pyridylamid], Essigsäure-[4-(6-jod-[3]pyridylsulfamoyl)-anilid] $C_{13}H_{12}IN_3O_3S$, Formel XII (R = SO_2-C_6H_4-NH-CO-$CH_3(p)$, X = H).

B. Beim Erhitzen von 6-Jod-[3]pyridylamin mit *N*-Acetyl-sulfanilylchlorid und Pyridin (*Caldwell et al.*, Am. Soc. **66** [1944] 1479, 1483).

Kristalle (aus wss. A.); F: 217° [unkorr.; Zers.].

2,6-Dijod-[3]pyridylamin $C_5H_4I_2N_2$, Formel XII (R = H, X = I).

B. Beim Behandeln von [3]Pyridylamin mit ICl und wss. HCl (*Rodewald, Płażek*, Roczniki Chem. **16** [1936] 130, 132; C. **1936** II 1166).

Kristalle (aus wss. A.); F: 153°.

3-Acetylamino-2,6-dijod-pyridin, N-[2,6-Dijod-[3]pyridyl]-acetamid $C_7H_6I_2N_2O$, Formel XII (R = CO-CH_3, X = I).

B. Beim Erwärmen von 2,6-Dijod-[3]pyridylamin mit Acetanhydrid (*Rodewald*,

Płażek, Roczniki Chem. **16** [1936] 130, 134; C. **1936** II 1166).
Kristalle (aus A.); F: 199—201°.

2-Nitro-[3]pyridylamin $C_5H_5N_3O_2$, Formel XIII (R = R' = H).
Diese Verbindung hat vielleicht auch in einem von *Zwart, Wibaut* (R. **74** [1955] 1062, 1067) beim Behandeln von [3]Pyridylamin-mononitrat mit flüssigem HF bei —20° erhaltenen Präparat (Kristalle [aus H_2O]; F: 196—197°) vorgelegen.
B. Neben einer kleinen Menge 3-Äthoxy-[2]pyridylamin beim Erhitzen von 3-Äthoxy-2-nitro-pyridin mit wss. NH_3 auf 140—150° (*den Hertog, Jouwersma*, R. **72** [1953] 125, 134). Beim Behandeln von [2-Nitro-[3]pyridyl]-carbamidsäure-äthylester mit wss. NaOH (*Clark-Lewis, Thompson*, Soc. **1957** 442, 446; *Curry, Mason*, Am. Soc. **73** [1951] 5043, 5045).
Gelbe Kristalle; F: 203—204° [korr.; aus A.] (*d. He., Jo.*), 195—196° [aus wss. A.] (*Cl.-Le., Th.; Cu., Ma.*).

XII   XIII   XIV   XV

3-Methylamino-2-nitro-pyridin, Methyl-[2-nitro-[3]pyridyl]-amin $C_6H_7N_3O_2$, Formel XIII (R = CH₃, R' = H).
B. Neben Methyl-[6-nitro-[3]pyridyl]-amin beim Behandeln von Methyl-nitro-[3]pyridyl-amin mit konz. H_2SO_4 bei 0° (*Płażek et al.*, Roczniki Chem. **15** [1935] 365, 372; C. **1936** I 1220). Beim Erwärmen von Methyl-[2-nitro-[3]pyridyl]-carbamidsäure-äthylester mit wss.-äthanol. KOH (*Clark-Lewis, Thompson*, Soc. **1957** 442, 446).
Orangefarbene Kristalle; F: 110° [aus PAe. + Bzl.] (*Pł. et al.*), 109—110° [aus wss. A.] (*Cl.-Le., Th.*).

[2-Nitro-[3]pyridyl]-carbamidsäure-äthylester $C_8H_9N_3O_4$, Formel XIII (R = CO-O-C_2H_5, R' = H).
B. Beim Erwärmen von [3]Pyridylcarbamidsäure-äthylester mit HNO_3 [D: 1,5] und konz. H_2SO_4 (*Curry, Mason*, Am. Soc. **73** [1951] 5043, 5045; *Clark-Lewis, Thompson*, Soc. **1957** 442, 445).
Blassgelbe Kristalle (aus wss. A.); F: 83—84° (*Cu., Ma.*), 82—83° (*Cl.-Le., Th.*).

Methyl-[2-nitro-[3]pyridyl]-carbamidsäure-äthylester $C_9H_{11}N_3O_4$, Formel XIII (R = CO-O-C_2H_5, R' = CH₃).
B. Beim Erwärmen von [2-Nitro-[3]pyridyl]-carbamidsäure-äthylester mit Dimethylsulfat und K_2CO_3 in Aceton (*Clark-Lewis, Thompson*, Soc. **1957** 442, 445).
Gelbes Öl; $Kp_{0,05}$: 146°. n_D^{20}: 1,5238.

6-Nitro-[3]pyridylamin $C_5H_5N_3O_2$, Formel XIV (R = H).
B. Neben 5-Brom-[2]pyridylamin beim Erhitzen von 5-Brom-2-nitro-pyridin mit wss. NH_3 auf 150° (*den Hertog, Jouwersma*, R. **72** [1953] 125, 132).
Gelbe Kristalle (aus Bzl.); F: 234—235° [korr.; Zers.] (*d. He., Jo.*, l. c. S. 133). Schmelzpunkte von Gemischen mit 5-Brom-[2]pyridylamin: *d. He., Jo.*, l. c. S. 133.

5-Methylamino-2-nitro-pyridin, Methyl-[6-nitro-[3]pyridyl]-amin $C_6H_7N_3O_2$, Formel XIV (R = CH₃).
B. Neben Methyl-[2-nitro-[3]pyridyl]-amin beim Behandeln von Methyl-nitro-[3]pyridyl-amin mit konz. H_2SO_4 bei 0° (*Płażek et al.*, Roczniki Chem. **15** [1935] 365, 372; C. **1936** I 1220).
Gelbe Kristalle (aus H_2O oder Bzl.); F: 188°.

2-Brom-6-nitro-[3]pyridylamin $C_5H_4BrN_3O_2$, Formel XV.
B. Neben einer kleinen Menge 3-Äthoxy-6-nitro-[2]pyridylamin beim Erhitzen von

3-Äthoxy-2-brom-6-nitro-pyridin mit wss. NH_3 auf 150° (*den Hertog, Jouwersma*, R. **72** [1953] 125, 129).

Hellgrüne Kristalle (aus H_2O) sowie gelbe Kristalle (aus Bzl.); F: 213—213,5°.

[*Möhle*]

---

[4]Pyridylamin $C_5H_6N_2$, Formel I auf S. 4100, und **4-Imino-1,4-dihydro-pyridin**, **1*H*-Pyridin-4-on-imin** $C_5H_6N_2$, Formel II auf S. 4100 (H 433; E I 632; E II 340).

Im Gleichgewicht der Tautomeren liegt überwiegend [4]Pyridylamin vor (*A. R. Katritzky, I. M. Lagowski*, Heterocyclic Chemistry [London 1960] S. 93; *Katritzky, Lagowski*, Adv. heterocycl. Chem. **1** [1963] 339, 404). Gleichgewicht der Tautomeren in H_2O: *Angyal, Angyal*, Soc. **1952** 1461, 1465.

B. Beim Einleiten von NH_3 in eine Lösung von 4-Chlor-pyridin-hydrochlorid in Phenol bei 170° (*Hauser, Reynolds*, J. org. Chem. **15** [1950] 1224, 1229). Beim Erhitzen von 4-Brom-pyridin mit wss. NH_3 auf 200° (*Wibaut et al.*, R. **54** [1935] 807, 808, 812). Beim Hydrieren von 4-Nitro-pyridin-1-oxid in wss. HCl an Palladium/Kohle (*Ochiai et al.*, J. pharm. Soc. Japan **63** [1943] 79, 83; C. A. **1951** 5151). Aus 4-Nitro-pyridin-1-oxid oder aus 4-Amino-pyridin-1-oxid beim Hydrieren an Palladium/Kohle in Äthanol (*Katritzky, Monro*, Soc. **1958** 1263, 1264, 1266; s. dagegen *Hand, Paudler*, J. heterocycl. Chem. **12** [1975] 1063) oder an Raney-Nickel in Methanol (*Hayashi et al.*, Chem. pharm. Bl. **7** [1959] 141, 145). Beim Erhitzen von 4-Nitro-pyridin-1-oxid mit Eisen-Pulver und Essigsäure auf 100° (*den Hertog, Overhoff*, R. **69** [1950] 468, 472) oder mit $N_2H_4 \cdot H_2O$ und Kupfer-Pulver in Diäthylenglykol auf 180—200° (*Kubota et al.*, J. pharm. Soc. Japan **78** [1958] 248; C. A. **1958** 11834). Beim Erhitzen von 4-Phenoxy-pyridin mit NH_4Cl auf 300—310° (*Wompe et al.*, Doklady Akad. S.S.S.R. **114** [1957] 1235, 1237; Pr. Acad. Sci. U.S.S.R. Chem. Sect. **112—117** [1957] 641, 643; Tetrahedron **2** [1958] 361). Beim Erhitzen von [1,4′]Bipyridylium-chlorid-hydrochlorid mit konz. wss. NH_3 auf 150° (*Koenigs, Greiner*, B. **64** [1931] 1049, 1054; s. a. *Koenigs, Greiner*, D.R.P. 536891 [1929]; Frdl. **18** 2766; *Ha., Re.*; *Wibaut et al.*, R. **73** [1954] 140). Beim Einleiten von NH_3 in eine Lösung von [1,4′]Bipyridylium-chlorid-hydrochlorid in Phenol bei 180—190° (*Albert*, Soc. **1951** 1376). Beim Behandeln von [1,4′]Bipyridylium-bromid-hydrobromid mit KOH und CaO (*Koenigs, Greiner*, D.R.P. 565320 [1931]; Frdl. **19** 1118).

Dipolmoment (ε; Bzl.) bei 25°: 3,97 D (*Rogers*, J. phys. Chem. **60** [1956] 125); bei 67°: 3,79 D (*Goethals*, R. **54** [1935] 299, 304). Dipolmoment (ε; Dioxan) bei 25°: 4,36 D (*Leis, Curran*, Am. Soc. **67** [1945] 79). Kraftkonstante der NH-Valenzschwingung ($CHCl_3$ sowie CCl_4): *Mason*, Soc. **1958** 3619, 3620.

Kristalle; F: 159° [korr.; nach Sublimation] (*Wibaut et al.*, R. **73** [1954] 140), 158° [aus Bzl.] (*Albert*, Soc. **1951** 1376). IR-Spektrum ($CHCl_3$; 3500—3100 cm^{-1} sowie 1650 cm^{-1} bis 1450 cm^{-1}): *Angyal, Werner*, Soc. **1952** 2911, 2912, 2914. IR-Banden der festen Verbindung (3440—820 cm^{-1}): *Costa et al.*, Z. physik. Chem. [N. F.] **7** [1956] 123, 125. IR-Banden in $CHCl_3$ (3480—830 cm^{-1} bzw. 1610—815 cm^{-1}): *Katritzky, Jones*, Soc. **1959** 3674, 3676; *Katritzky, Gardner*, Soc. **1958** 2198; in Nujol (1600—800 cm^{-1}): *Shindo*, Pharm. Bl. **5** [1957] 472, 476, 477, 479. Halbwertsbreite der symmetrischen und der antisymmetrischen NH-Valenzschwingungsbande ($CHCl_3$ sowie CCl_4): *Mason*, Soc. **1958** 3619, 3621. UV-Spektrum (210—350 nm) in 1,2-Dichlor-äthan und in Hexan: *Blisnjukow*, Ž. obšč. Chim. **22** [1952] 1204, 1205; engl. Ausg. S. 1253; in Äthanol: *Spiers, Wibaut*, R. **56** [1937] 573, 587; *Steck, Ewing*, Am. Soc. **70** [1948] 3397, 3398; *Bl.*; *Grammaticakis*, Bl. **1959** 480, 481; in Äthylenglykol: *Bl.*; in wss. Dioxan: *Anderson, Seeger*, Am. Soc. **71** [1949] 340; in H_2O, in wss. $HClO_4$ [72 %ig] und in H_2SO_4: *Bl.*; in wss. H_2SO_4 [50—78 %ig] und in H_2SO_4: *Hirayama, Kubota*, J. pharm. Soc. Japan **73** [1953] 140, 142, 143; C. A. **1953** 4196; in wss. HCl und in wss. H_2SO_4: *Ashley et al.*, Soc. **1947** 60, 62; in wss. HCl [0,01 n] und in wss. NaOH [0,01 n]: *St., Ew.*; in wss. NaOH [0,1 n]: *Gardner, Katritzky*, Soc. **1957** 4375, 4378; in äthanol. HCl: *Bl.*; *Gr.* λ_{max} von Lösungen in Äthanol, in wss. H_2SO_4 [0,01 n und 50 %ig], in H_2SO_4 und in wss. NaOH [0,1 n]: *Okuda*, Pharm. Bl. **4** [1956] 257—260.

Scheinbarer Dissoziationsexponent pK'_{a1} der zweifach protonierten Verbindung (H_2SO_4; spektrophotometrisch ermittelt) bei 25°: −6,55 (*Hirayama, Kubota*, J. pharm.

Soc. Japan **73** [1953] 140, 143; C. A. **1953** 4196). Scheinbarer Dissoziationsexponent pK'$_{a2}$ der einfach protonierten Verbindung (H$_2$O; potentiometrisch ermittelt) bei 5,4°: 9,74 und bei 35°: 8,93 (*Elliot, Mason,* Soc. **1959** 2352, 2357); bei 20°: 9,17 (*Albert et al.,* Soc. **1948** 2240, 2242; s. a. *Fastier, McDowall,* Austral. J. exp. Biol. med. Sci. **36** [1958] 491, 495); bei 25°: 9,18, bei 35°: 8,93 und bei 45°: 8,67 (*Jonassen, Rolland,* in *J. Bjerrum, G. Schwarzenbach, L.G. Sillén,* Stability Constants, Tl. 1 [London 1957] S. 29). Scheinbarer Dissoziationsexponent pK'$_b$ (H$_2$O; konduktometrisch ermittelt) bei 20°: 4,93 (*Hansson,* Svensk kem. Tidskr. **67** [1955] 256, 257, 262). Scheinbare Dissoziationskonstante K'$_b$ (H$_2$O; potentiometrisch ermittelt) bei 25°: 1,3·10⁻⁵ (*Van Hall, Stone,* Anal. Chem. **27** [1955] 1580). Scheinbarer Dissoziationsexponent pK'$_{a2}$ der einfach protonierten Verbindung (wss. 2-Methoxy-äthanol [80%ig]; potentiometrisch ermittelt) bei 25°: 8,17 (*Simon, Heilbronner,* Helv. **40** [1957] 210, 219; s. a. *Hardegger, Nikles,* Helv. **39** [1956] 505, 508).

Löslichkeit in H$_2$O bei 20°: ca. 1 g/12 g; in CHCl$_3$ bei 20°: ca. 1 g/40 g, bei Siedetemperatur: ca. 1 g/20 g (*Albert,* Soc. **1951** 1376). Verteilung zwischen H$_2$O und CHCl$_3$: *Al.* Erstarrungsdiagramm des binären Systems mit Palmitinsäure (Verbindung 1:2 [dimorph; E: 73,2° und E: 70,5°] und Verbindung 1:4 [E: 66,5°]): *Mod et al.,* J. Am. Oil Chemists Soc. **36** [1959] 102.

Beim Behandeln mit H$_2$SO$_4$ und H$_2$SO$_5$ ist 4-Nitro-pyridin erhalten worden (*Kirpal, Böhm,* B. **65** [1932] 680). Beim Erwärmen mit konz. wss. HCl und wss. H$_2$O$_2$ ist 3,5-Dichlor-[4]pyridylamin erhalten worden (*den Hertog et al.,* R. **69** [1950] 673, 679, 692). Bildung von 4-Fluor-pyridin und [1,4']Bipyridyl-4-on beim Behandeln einer Lösung in wss. HF mit NaNO$_2$: *Wibaut, Holmes-Kamminga,* Bl. **1958** 424, 427; vgl. a. *Roe, Hawkins,* Am. Soc. **69** [1947] 2443. Geschwindigkeitskonstante der Reaktion mit (±)-1,2-Epoxypropan in H$_2$O bei 20°: *Hansson,* Svensk kem. Tidskr. **67** [1955] 246, 255; der Reaktion mit Oxalsäure-mono-[2-nitro-phenylester] in wss. Lösung vom pH 3—6 bei 45,5°: *Bender, Chow,* Am. Soc. **81** [1959] 3929, 3932. Zur Reaktion mit CS$_2$ in Äthanol (vgl. H 433) s. *Foye, Kay,* J. pharm. Sci. **57** [1968] 345, 346, 347.

Stabilitätskonstante der Komplexe (2:1 und 1:1) mit Silber(+) bei 25°, 35° und 45° (H$_2$O): *Jonassen, Rolland,* in *J. Bjerrum, G. Schwarzenbach, L.G. Sillén,* Stability Constants, Tl. 1 [London 1957] S. 29.

Sulfat (E II 340). Absorptionsspektrum (wss. Dioxan; 260—400 nm): *Anderson, Seeger,* Am. Soc. **71** [1949] 340.

Verbindung mit Nickel(II)-thiocyanat 4 C$_5$H$_6$N$_2$·Ni(CNS)$_2$. Graublau; F: 252° (*Schaeffer et al.,* Am. Soc. **79** [1957] 5870, 5875).

Picrat (E II 340). F: 215—216° (*Hayashi et al.,* Chem. pharm. Bl. **7** [1959] 141, 145).

Verbindung mit 1-Hydroxy-3,5-dinitro-1H-pyridin-4-on. Gelbe Kristalle; F: 225—226° [Zers.] (*Hayashi,* J. pharm. Soc. Japan **70** [1950] 142; C. A. **1950** 5880).

1-Oxy-pyridin-4-sulfonat C$_5$H$_6$N$_2$·C$_5$H$_5$NO$_4$S. F: 187° [aus A.] (*Angulo, Municio,* An. Soc. españ. [B] **55** [1959] 527, 532).

4-Amino-pyridin-1-oxid, 1-Oxy-[4]pyridylamin C$_5$H$_6$N$_2$O, Formel III (R = R' = H), und Tautomere (4-Imino-4H-pyridin-1-ol).

Im Gleichgewicht der Tautomeren liegt überwiegend 4-Amino-pyridin-1-oxid vor (*Gardner, Katritzky,* Soc. **1957** 4375, 4382; s. a. *Hirayama, Kubota,* J. pharm. Soc. Japan **73** [1953] 140; C. A. **1953** 4196; *Jaffé,* Am. Soc. **77** [1955] 4445, 4446).

B. Aus 4-Nitro-pyridin-1-oxid beim Hydrieren an Palladium/Kohle in wss.-äthanol. NaOH (*Ochiai, Katada,* J. pharm. Soc. Japan **63** [1943] 186, 189; C. A. **1951** 5151) oder in H$_2$O (*Tomita,* J. pharm. Soc. Japan **71** [1951] 1053, 1058; *Kato et al.,* Pharm. Bl. **4** [1956] 178, 181) oder beim Hydrieren an Palladium/SrSO$_4$ in Äthanol (*Gardner, Katritzky,* Soc. **1957** 4375, 4383). Als Hauptprodukt neben [4,4']Azopyridin-1,1'-dioxid aus 4-Nitropyridin-1-oxid beim Erhitzen in wss.-äthanol. NH$_3$ mit H$_2$S auf 100° (*Och., Ka.*) oder beim Erwärmen mit wss. N$_2$H$_4$·H$_2$O und Kupfer-Pulver in Äthanol (*Kubota, Akita,* J. pharm. Soc. Japan **78** [1958] 248; C. A. **1958** 11834).

Kristalle; F: 235—236° [aus A. + E.] (*Gardner, Katritzky,* Soc. **1957** 4375, 4383), 229° [aus A. + Acn.] (*Kato et al.,* Pharm. Bl. **4** [1956] 178, 181). IR-Banden der festen Verbindung (3380—770 cm⁻¹): *Costa et al.,* Z. physik. Chem. [N. F.] **7** [1956] 123, 125. IR-Banden (Nujol; 1700—700 cm⁻¹): *Shindo,* Chem. pharm. Bl. **6** [1958] 117, 119, 122, 124, 125. NO-Valenzschwingungsbande: 1199 cm⁻¹ [CCl$_4$ + Me. (10:1)] bzw. 1198 cm⁻¹

[H_2O] (*Shindo*, Chem. pharm. Bl. **7** [1959] 791, 794). UV-Spektrum in Äthanol (220 nm bis 350 nm): *Kato et al.*; in wss. H_2SO_4 [50%ig], in H_2SO_4, in wss. HCl [0,1 – 1 n] sowie in wss. Lösungen vom pH 3,8 – 8 (250 – 290 nm): *Hirayama*, *Kubota*, J. pharm. Soc. Japan **73** [1953] 140, 142; C. A. **1953** 4196; in wss. NaOH [0,1 n] (240 – 320 nm): *Ga.*, *Ka.*, l. c. S. 4378. λ_{max}: 276 nm [H_2O] bzw. 268 nm [wss. H_2SO_4] (*Jaffé*, Am. Soc. **77** [1955] 4451), 270 nm [wss. HCl (0,1 n)] bzw. 276 nm [wss. NaOH (0,1 n)] (*Ga.*, *Ka.*). Scheinbarer Dissoziationsexponent pK'_{a1} der zweifach protonierten Verbindung (H_2SO_4; spektrophotometrisch ermittelt) bei 25°: $-6,27$ (*Hi.*, *Ku.*). Scheinbarer Dissoziationsexponent pK'_{a2} der einfach protonierten Verbindung (H_2O) bei 23 – 25°: 3,65 [potentiometrisch ermittelt] (*Jaffé*, Am. Soc. **76** [1954] 3527, 3528; *Jaffé*, *Doak*, Am. Soc. **77** [1955] 4441, 4442); bei 25°: 3,54 [spektrophotometrisch(?) ermittelt] (*Hi.*, *Ku.*, l. c. S. 141); bei Raumtemperatur: 3,69 [potentiometrisch ermittelt] (*Ga.*, *Ka.*, l. c. S. 4376).

Zeitlicher Verlauf der Hydrierung an Raney-Nickel in Methanol (Bildung von [4]Pyridylamin): *Hayashi et al.*, Chem. pharm. Bl. **7** [1959] 141, 144. Überführung in [4]Pyridylamin beim Behandeln mit PCl_3, mit PBr_3 oder mit Triphenylphosphit: *Hamana*, J. pharm. Soc. Japan **71** [1951] 263, 265, **75** [1955] 130, 132, 135, 137, 139, 143; C. A. **1956** 1817, 1818. Beim Erhitzen mit Glycerin, As_2O_5 und H_2SO_4 auf 145° ist [1,6]Naphthyridin-6-oxid erhalten worden (*Kato et al.*, Pharm. Bl. **4** [1956] 178, 181). Beim Behandeln des Hydrochlorids mit Benzoylchlorid und wss. KOH und Behandeln des Reaktionsprodukts (F: 210 – 220°) mit Äthanol ist *N*-[1-Oxy-[4]pyridyl]-benzamid, beim Erhitzen mit Benzoylchlorid auf 150 – 160° ist *N*-[2-Chlor-[4]pyridyl]-benzamid erhalten worden (*Ochiai*, *Teshigawara*, J. pharm. Soc. Japan **65** [1945] Ausg. B, S. 435, 440; C. A. **1951** 8527). Beim Erhitzen mit Toluol-4-sulfonsäure-methylester auf 100° ist 1-Methoxy-1*H*-pyridin-4-on-imin-[toluol-4-sulfonat] erhalten worden (*Gardner*, *Katritzky*, Soc. **1957** 4375, 4383).

Hydrochlorid $C_5H_6N_2O \cdot HCl$. Kristalle; F: 182° (*Hirayama*, *Kubota*, J. pharm. Soc. Japan **73** [1953] 140, 144; C. A. **1953** 4196), 180 – 181° [aus Me. + Acn.] (*Ochiai*, *Katada*, J. pharm. Soc. Japan **63** [1943] 186, 189; C. A. **1951** 5151).

Picrat $C_5H_6N_2O \cdot C_6H_3N_3O_7$. Kristalle (aus A.); F: 203 – 204° (*Gardner*, *Katritzky*, Soc. **1957** 4375, 4383), 201,5 – 202° (*Kato et al.*, Pharm. Bl. **4** [1956] 178, 181), 199 – 200° [Zers.] (*Och.*, *Ka.*).

Picrolonat $C_5H_6N_2O \cdot C_{10}H_8N_4O_5$. Kristalle (aus A.); F: 241 – 244° [Zers.] (*Ga.*, *Ka.*).

I   II   III   IV   V

4-Methylamino-pyridin, Methyl-[4]pyridyl-amin $C_6H_8N_2$, Formel IV (R = CH_3, R' = H) (E II 340).

B. Beim Erhitzen von [1,4']Bipyridylium-chlorid-hydrochlorid mit Methylamin auf 150° (*Koenigs*, *Greiner*, D.R.P. 536891 [1929]; Frdl. **18** 2766). Beim Hydrieren von Methyl-[1-oxy-[4]pyridyl]-amin an Palladium/Kohle in Äthanol (*Jones*, *Katritzky*, Soc. **1959** 1317, 1323).

Kristalle (aus Bzl.); F: 119 – 120° (*Jo.*, *Ka.*), 116 – 118° (*Ko.*, *Gr.*). IR-Banden (CHCl₃; 3460 – 1060 cm⁻¹): *Katritzky*, *Jones*, Soc. **1959** 3674, 3677.

4-Methylamino-pyridin-1-oxid, Methyl-[1-oxy-[4]pyridyl]-amin $C_6H_8N_2O$, Formel III (R = CH_3, R' = H).

B. Beim Erhitzen von 4-Chlor-pyridin-1-oxid mit wss. Methylamin auf 140° (*Gardner*, *Katritzky*, Soc. **1957** 4375, 4384).

Kristalle (aus Butanon); F: 192 – 194° (*Ga.*, *Ka.*). IR-Banden in Nujol (3500 cm⁻¹ bis 2600 cm⁻¹): *Ga.*, *Ka.*, l. c. S. 4382; in CHCl₃ (3450 – 1065 cm⁻¹): *Katritzky*, *Jones*, Soc. **1959** 3674, 3677; s. a. *Ga.*, *Ka.*; in CHCl₃ (1650 – 825 cm⁻¹): *Katritzky*, *Gardner*, Soc. **1958** 2192, 2194. UV-Spektrum (wss. NaOH [0,1 n]; 240 – 320 nm): *Ga.*, *Ka.*, l. c. S. 4387. λ_{max}: 279 nm [wss. HCl (0,1 n)] bzw. 285 nm [wss. NaOH (0,1 n)] (*Ga.*, *Ka.*). Scheinbarer Dissoziationsexponent pK'_a der protonierten Verbindung (H_2O; potentiometrisch ermittelt): 3,85 (*Ga., Ka.*, l. c. S. 4376).

Picrat $C_6H_8N_2O \cdot C_6H_3N_3O_7$. Kristalle (aus A.); F: 193—194° (*Ga., Ka.*).

Picrolonat $C_6H_8N_2O \cdot C_{10}H_8N_4O_5$. Kristalle (aus A.); F: 211—212° [Zers.] (*Ga., Ka.*).

4-Dimethylamino-pyridin, Dimethyl-[4]pyridyl-amin $C_7H_{10}N_2$, Formel IV (R = R′ = CH_3) (E II 341).

B. Beim Erhitzen von Dimethyl-[1-oxy-[4]pyridyl]-amin mit Eisen-Pulver und Essigsäure (*Katritzky et al.*, Soc. **1957** 1769, 1771). Aus 4-Phenoxy-pyridin beim Erhitzen mit Dimethylamin-hydrobromid auf 190—200° (*Wompe et al.*, Doklady Akad. S.S.S.R. **114** [1957] 1235, 1237; Pr. Acad. Sci. U.S.S.R. Chem. Sect. **112–117** [1957] 641, 643; Tetrahedron **2** [1958] 361) oder mit Dimethylamin-hydrochlorid auf 180° (*Jerchel, Jakob*, B. **91** [1958] 1266, 1273). Aus [1,4′]Bipyridylium-chlorid-hydrochlorid beim Erhitzen mit konz. wss. Dimethylamin (*Anderson, Seeger*, Am. Soc. **71** [1949] 340) oder beim Erhitzen mit Phenol und Dimethylamin auf 180—190° (*Jerchel et al.*, B. **89** [1956] 2921, 2933).

Dipolmoment (ε; Bzl.) bei 25°: 4,31 D (*Katritzky et al.*, Soc. **1957** 1769, 1770).

Kristalle; F: 114° [aus Bzl.] (*An., Se.*), 112—113° [aus E.] (*Ka. et al.*), 112° (*Je., Ja.*). IR-Banden ($CHCl_3$; 2840—950 cm^{-1} bzw. 1610—805 cm^{-1}): *Katritzky, Jones*, Soc. **1959** 3674, 3677; *Katritzky, Gardner*, Soc. **1958** 2198, 2199, 2200. UV-Spektrum (wss. Dioxan; 240—320 nm): *An., Se.*

Picrat. F: 208° (*Je., Ja.*), 204° (*An., Se.*).

Methojodid [$C_8H_{13}N_2$]I; 4-Dimethylamino-1-methyl-pyridinium-jodid. Kristalle (aus A. + E.); F: 140° (*Je. et al.*). UV-Spektrum (230—320 nm): *Je. et al.*, l. c. S. 2926.

Äthobromid [$C_9H_{15}N_2$]Br; 1-Äthyl-4-dimethylamino-pyridinium-bromid. Kristalle (aus A. + E.); F: 176° (*Je. et al.*). UV-Spektrum (230—320 nm): *Je. et al.*, l. c. S. 2926.

Dodecylobromid [$C_{19}H_{35}N_2$]Br; 4-Dimethylamino-1-dodecyl-pyridinium-bromid. Kristalle (aus A. + Ae.); F: 72° (*Je. et al.*).

4-Dimethylamino-pyridin-1-oxid, Dimethyl-[1-oxy-[4]pyridyl]-amin $C_7H_{10}N_2O$, Formel III (R = R′ = CH_3).

B. Beim Erhitzen von 4-Chlor-pyridin-1-oxid mit wss. Dimethylamin auf 140° (*Katritzky*, Soc. **1956** 2404, 2406; *Katritzky et al.*, Soc. **1957** 1769).

Dipolmoment (ε; Bzl.) bei 25°: ca. 6,76 D (*Ka. et al.*).

Dimorph (*Ka. et al.*); Kristalle (aus A. + E.), F: 223—225° sowie (gelegentlich) F: 97° und (nach Wiedererstarren) F: ca. 223° (*Ka. et al.*); F: 97—99° und (nach Wiedererstarren) F: 214—216° (*Gardner, Katritzky*, Soc. **1957** 4375, 4384). IR-Banden ($CHCl_3$; 1650—810 cm^{-1} bzw. 1450—950 cm^{-1}): *Katritzky, Gardner*, Soc. **1958** 2192, 2194; *Katritzky, Jones*, Soc. **1959** 3674, 3677. UV-Spektrum (wss. NaOH [0,1 n]; 240—320 nm): *Ga., Ka.*, l. c. S. 4378. λ_{max}: 288 nm [wss. HCl (0,1 n)] bzw. 289 nm [wss. NaOH (0,1 n)] (*Ga., Ka.*). Scheinbarer Dissoziationsexponent pK$_a'$ der protonierten Verbindung (H_2O; potentiometrisch ermittelt): 3,88 (*Ga., Ka.*, l. c. S. 4376).

Beim Erhitzen mit Toluol-4-sulfonsäure-methylester ist 4-Dimethylamino-1-methoxy-pyridinium-[toluol-4-sulfonat] erhalten worden (*Ga., Ka.*).

Picrat $C_7H_{10}N_2O \cdot C_6H_3N_3O_7$. Gelbe Kristalle (aus A.); F: 182—184° [Zers.] (*Ka.*).

Picrolonat $C_7H_{10}N_2O \cdot C_{10}H_8N_4O_5$. Braune Kristalle (aus A.); Zers. bei 213—218° (*Ka.*).

4-Diäthylamino-pyridin, Diäthyl-[4]pyridyl-amin $C_9H_{14}N_2$, Formel IV (R = R′ = C_2H_5).

B. Beim Erhitzen von 4-Chlor-pyridin-1-oxid mit Diäthylamin und Kupfer-Pulver auf 130° (*Ochiai et al.*, Pr. Japan Acad. **20** [1954] 141, 144). Beim Erhitzen von 4-Phenoxy-pyridin mit Diäthylamin-hydrochlorid auf 180—190° (*Jerchel, Jakob*, B. **91** [1958] 1266, 1273).

F: 81—82° [aus wss. Me.] (*Je., Ja.*). λ_{max} in Äthanol, in wss. H_2SO_4 [0,01 n sowie 50 %ig], in H_2SO_4 und in wss. NaOH [0,1 n]: *Okuda*, Pharm. Bl. **4** [1956] 257, 258, 259, 260.

Picrat $C_9H_{14}N_2 \cdot C_6H_3N_3O_7$. Kristalle; F: 169—170° (*Och. et al.*), 168° (*Je., Ja.*).

Bis-[2-chlor-äthyl]-[4]pyridyl-amin $C_9H_{12}Cl_2N_2$, Formel IV (R = R' = CH$_2$-CH$_2$-Cl) auf S. 4100.

B. Beim Behandeln von Bis-[2-hydroxy-äthyl]-[4]pyridyl-amin mit SOCl$_2$ in CHCl$_3$ (*Copp, Timmis*, Soc. **1955** 2021, 2024).

Kristalle (aus Bzl. + PAe.); F: 131—132,5°.

Hydrochlorid $C_9H_{12}Cl_2N_2 \cdot HCl$. Kristalle (aus Isopropylalkohol); F: 172—173°.

Methojodid $[C_{10}H_{15}Cl_2N_2]I$; 4-[Bis-(2-chlor-äthyl)-amino]-1-methyl-pyr=idinium-jodid. Kristalle (aus A.); F: 204° [Zers.].

4-Diäthylamino-pyridin-1-oxid, Diäthyl-[1-oxy-[4]pyridyl]-amin $C_9H_{14}N_2O$, Formel III (R = R' = C$_2$H$_5$) auf S. 4100.

B. Beim Erhitzen von 4-Chlor-pyridin-1-oxid mit Diäthylamin in H$_2$O auf 135° (*Ochiai et al.*, Pr. Japan Acad. **20** [1954] 141, 144).

Hydrochlorid $C_9H_{14}N_2O \cdot HCl$. Kristalle (aus Acn.) mit 1 Mol H$_2$O; F: 184—186°.

4-Butylamino-pyridin, Butyl-[4]pyridyl-amin $C_9H_{14}N_2$, Formel IV (R = [CH$_2$]$_3$-CH$_3$, R' = H) auf S. 4100.

B. Beim Erhitzen von 4-Phenoxy-pyridin mit Butylamin-hydrochlorid auf 180° (*Jerchel, Jakob*, B. **91** [1958] 1266, 1272). Beim Erhitzen von [1,4']Bipyridylium-chlorid-hydrochlorid mit Butylamin-hydrochlorid auf 170° (*Je., Ja.*).

Kristalle (aus PAe.); F: 65°.

4-Cyclohexylamino-pyridin, Cyclohexyl-[4]pyridyl-amin $C_{11}H_{16}N_2$, Formel IV (R = C$_6$H$_{11}$, R' = H) auf S. 4100.

B. Beim Erhitzen von 4-Chlor-pyridin mit Cyclohexylamin und K$_2$CO$_3$ (*Ashton, Suschitzky*, Soc. **1957** 4559, 4562). Aus 4-Phenoxy-pyridin beim Erhitzen mit Cyclohexyl=amin-hydrobromid auf 200—210° (*Wompe et al.*, Doklady Akad. S.S.S.R. **114** [1957] 1235, 1237; Pr. Acad. Sci. U.S.S.R. Chem. Sect. **112—117** [1957] 641; Tetrahedron **2** [1958] 361) oder mit Cyclohexylamin-hydrochlorid auf 180° (*Jerchel, Jakob*, B. **91** [1958] 1266, 1272).

Kristalle; F: 147—148° [aus Ae. bzw. Me. + H$_2$O] (*Wo. et al.*; *Je., Ja.*), 140° [nach Sublimation bei 2 Torr] (*Ash., Su.*).

4-Anilino-pyridin, Phenyl-[4]pyridyl-amin $C_{11}H_{10}N_2$, Formel V (R = R' = H) auf S. 4100.

B. Aus 4-Chlor-pyridin (*Kermack, Weatherhead*, Soc. **1942** 726; *Petrow*, Soc. **1945** 927) oder aus 4-Chlor-pyridin-1-oxid (*Katritzky*, Soc. **1956** 2404, 2406) beim Erhitzen mit Anilin. Beim Erhitzen von 4-Phenoxy-pyridin oder von 4-Phenylmercapto-pyridin mit Anilin-hydrochlorid auf 180° bzw. 190—200° (*Jerchel, Jakob*, B. **91** [1958] 1266, 1272, 1273). Aus [1,4']Bipyridylium-chlorid-hydrochlorid beim Erhitzen mit Anilin-hydro=chlorid auf 180° (*Je., Ja.*, l. c. S. 1271) oder in geringer Menge neben Pentendial-bis=phenylimin beim Erwärmen mit Anilin in Äthanol (*Koenigs, Greiner*, B. **64** [1931] 1049, 1053). Aus [1,4']Bipyridyl-4-on beim Erwärmen mit Anilin-hydrochlorid in Äthanol (*Hamana*, J. pharm. Soc. Japan **75** [1955] 123, 125; C. A. **1956** 1817).

Kristalle; F: 175° [aus H$_2$O] (*Ko., Gr.*), 173,5—175° [aus wss. A.] (*Ka.*). IR-Banden (CHCl$_3$; 1610—885 cm^{-1} bzw. 1600—800 cm^{-1}): *Katritzky, Lagowski*, Soc. **1958** 4155, 4158, 4159; *Katritzky, Gardner*, Soc. **1958** 2198, 2199, 2200.

Hydrochlorid $C_{11}H_{10}N_2 \cdot HCl$. Kristalle (aus A. + PAe.); F: 227—228° (*Pe.*).

Picrat $C_{11}H_{10}N_2 \cdot C_6H_3N_3O_7$. Gelbe Kristalle (aus E.); F: 190° (*Ha.*).

Methyl-phenyl-[4]pyridyl-amin $C_{12}H_{12}N_2$, Formel IV (R = C$_6$H$_5$, R' = CH$_3$) auf S. 4100.

B. Beim Erhitzen von 4-Phenoxy-pyridin mit *N*-Methyl-anilin-hydrochlorid auf 180° (*Jerchel, Jakob*, B. **91** [1958] 1266, 1272).

Kristalle (aus Bzl.); F: 164—166°.

4-*o*-Toluidino-pyridin, [4]Pyridyl-*o*-tolyl-amin $C_{12}H_{12}N_2$, Formel V (R = CH$_3$, R' = H) auf S. 4100.

B. Beim Erhitzen von [1,4']Bipyridylium-chlorid-hydrochlorid mit *o*-Toluidin-hydro=chlorid auf 180° (*Jerchel, Jacob*, B. **91** [1958] 1266, 1271).

Kristalle (aus wss. Me.); F: 163°.

4-*p*-Toluidino-pyridin, [4]Pyridyl-*p*-tolyl-amin $C_{12}H_{12}N_2$, Formel V (R = H, R' = CH$_3$) auf S. 4100.

B. Beim Erhitzen von [1,4']Bipyridylium-chlorid-hydrochlorid mit *p*-Toluidin-hydro≠ chlorid auf 180° (*Jerchel, Jakob*, B. **91** [1958] 1266, 1271).

Kristalle (aus wss. Me.); F: 198°.

4-Benzylamino-pyridin, Benzyl-[4]pyridyl-amin $C_{12}H_{12}N_2$, Formel VI (X = H).

B. Beim Erhitzen von 4-Chlor-pyridin mit Benzylamin auf 150—160° (*Kato, Ohta*, J. pharm. Soc. Japan **71** [1951] 217, 219). Beim Erhitzen von 4-Phenoxy-pyridin mit Benzyl≠ amin-hydrochlorid auf 200° (*Jerchel, Jakob*, B. **91** [1958] 1266, 1272). Aus [4]Pyridyl≠ amin beim Erhitzen mit Benzaldehyd in Cumol, zuletzt unter Zusatz von Ameisensäure (*Okuda, Robison*, J. org. Chem. **24** [1959] 1008, 1011).

Kristalle (aus Ae. + PAe.); F: 110,5—111° [korr.] (*Ok., Ro.*), 108—109,5° (*Kato, Ohta*).

Picrat. Kristalle; F: 140—142° (*Kato, Ohta*), 138,5—139,5° [korr.; aus Me.] (*Ok., Ro.*).

[4-Chlor-benzyl]-[4]pyridyl-amin $C_{12}H_{11}ClN_2$, Formel VI (X = Cl).

B. Beim Erhitzen von 4-Chlor-pyridin mit 4-Chlor-benzylamin auf 160° (*Kato, Hagi-wara*, J. pharm. Soc. Japan **73** [1953] 145, 147; C. A. **1953** 11192).

Kristalle (aus Bzl.); F: 137,5—138,5°.

VI   VII   VIII

4-Phenäthylamino-pyridin, Phenäthyl-[4]pyridyl-amin $C_{13}H_{14}N_2$, Formel VII.

B. Beim Erhitzen von 4-Chlor-pyridin mit Phenäthylamin und K$_2$CO$_3$ (*Ashton, Su-schitzky*, Soc. **1957** 4559, 4562).

F: 108—109°.

4-[2]Naphthylamino-pyridin, [2]Naphthyl-[4]pyridyl-amin $C_{15}H_{12}N_2$, Formel VIII.

B. Beim Erhitzen von [1,4]Bipyridylium-chlorid-hydrochlorid mit [2]Naphthylamin-hydrochlorid auf 180° (*Jerchel, Jakob*, B. **91** [1958] 1266, 1271).

Kristalle (aus DMF + H$_2$O); F: 220°.

Bis-[2-hydroxy-äthyl]-[4]pyridyl-amin $C_9H_{14}N_2O_2$, Formel IX (R = H).

B. Beim Erhitzen von 4-Chlor-pyridin und Bis-[2-hydroxy-äthyl]-amin auf 180° (*Copp, Timmis*, Soc. **1955** 2021, 2023).

Kristalle (aus Acn.); F: 108,5—110°.

Bis-[2-methansulfonyloxy-äthyl]-[4]pyridyl-amin $C_{11}H_{18}N_2O_6S_2$, Formel IX (R = SO$_2$-CH$_3$).

B. Beim Behandeln von Bis-[2-hydroxy-äthyl]-[4]pyridyl-amin in Pyridin mit Methan≠ sulfonylchlorid (*Copp, Timmis*, Soc. **1955** 2021, 2023, 2024).

Hydrochlorid $C_{11}H_{18}N_2O_6S_2 \cdot$ HCl. Kristalle (aus A.); F: 120—121°.

Methojodid [$C_{12}H_{21}N_2O_6S_2$]I; 4-[Bis-(2-methansulfonyloxy-äthyl)-amino]-1-methyl-pyridinium-jodid. Kristalle (aus A. + E.) mit 1 Mol H$_2$O; F: 74°.

IX   X

Bis-[2-benzolsulfonyloxy-äthyl]-[4]pyridyl-amin $C_{21}H_{22}N_2O_6S_2$, Formel X (R = H).

B. Beim Behandeln von Bis-[2-hydroxy-äthyl]-[4]pyridyl-amin in Pyridin mit Benzol≠ sulfonylchlorid (*Copp, Timmis*, Soc. **1955** 2021, 2023, 2024).

Kristalle (aus wss. Acn.); F: 115—116°. Wenig beständig.

Benzolsulfonat $C_{21}H_{22}N_2O_6S_2 \cdot C_6H_6O_3S$. Kristalle (aus Me. + Ae.); F: 133—134°.

Methojodid $[C_{22}H_{25}N_2O_6S_2]I$; 4-[Bis-(2-benzolsulfonyloxy-äthyl)-amino]-1-methyl-pyridinium-jodid. Kristalle (aus A.); F: 117—118°.

[4]Pyridyl-bis-[2-(toluol-4-sulfonyloxy)-äthyl]-amin $C_{23}H_{26}N_2O_6S_2$, Formel X (R = CH$_3$).

B. Beim Behandeln von Bis-[2-hydroxy-äthyl]-[4]pyridyl-amin in Pyridin mit Toluol-4-sulfonylchlorid (*Copp, Timmis*, Soc. **1955** 2021, 2023, 2024).

Kristalle (aus Me.); F: 82—86°. Wenig beständig.

Toluol-4-sulfonat $C_{23}H_{26}N_2O_6S_2 \cdot C_7H_8O_3S$. Kristalle (aus A.) mit 1 Mol H$_2$O; F: 152°. Wenig beständig.

Methojodid $[C_{24}H_{29}N_2O_6S_2]I$; 4-{Bis-[2-(toluol-4-sulfonyloxy)-äthyl]-amino}-1-methyl-pyridinium-jodid. Kristalle (aus Me.); F: 95—96°. Wenig beständig.

Bis-[2-(naphthalin-2-sulfonyloxy)-äthyl]-[4]pyridyl-amin $C_{29}H_{26}N_2O_6S_2$, Formel XI.

B. Beim Behandeln von Bis-[2-hydroxy-äthyl]-[4]pyridyl-amin in Pyridin mit Naphthalin-2-sulfonylchlorid (*Copp, Timmis*, Soc. **1955** 2021, 2023, 2024).

Kristalle (aus wss. Acn.); F: 155—158° [nach Sintern ab 130°].

Naphthalin-2-sulfonat $C_{29}H_{26}N_2O_6S_2 \cdot C_{10}H_8O_3S$. Kristalle (aus Nitromethan); F: 203°.

Bis-[2-(4-methoxy-benzolsulfonyloxy)-äthyl]-[4]pyridyl-amin $C_{23}H_{26}N_2O_8S_2$, Formel X (R = O-CH$_3$).

B. Beim Behandeln von Bis-[2-hydroxy-äthyl]-[4]pyridyl-amin in Pyridin mit 4-Methoxy-benzolsulfonylchlorid (*Copp, Timmis*, Soc. **1955** 2021, 2023, 2024).

Kristalle (aus Me.); F: 95—96°.

4-Methoxy-benzolsulfonat $C_{23}H_{26}N_2O_8S_2 \cdot C_7H_8O_4S$. Kristalle (aus Me.); F: 96° bis 98°.

[4]Pyridyl-bis-[2-sulfanilyloxy-äthyl]-amin $C_{21}H_{24}N_4O_6S_2$, Formel X (R = NH$_2$).

B. Beim Behandeln einer Lösung von Bis-[2-(N-acetyl-sulfanilyloxy)-äthyl]-[4]pyridyl-amin in Methanol mit HCl (*Copp, Timmis*, Soc. **1955** 2021, 2023, 2024).

Kristalle (aus A.); Zers. >260° [nach Sintern bei 170°].

Trihydrochlorid $C_{21}H_{24}N_4O_6S_2 \cdot 3$ HCl. Kristalle (aus Me. + wenig HCl); Zers. >220° [nach Sintern bei 166°].

XI   XII   XIII

Bis-[2-(N-acetyl-sulfanilyloxy)-äthyl]-[4]pyridyl-amin $C_{25}H_{28}N_4O_8S_2$, Formel X (R = NH-CO-CH$_3$).

B. Beim Behandeln von Bis-[2-hydroxy-äthyl]-[4]pyridyl-amin in Pyridin mit *N*-Acetyl-sulfanilylchlorid (*Copp, Timmis*, Soc. **1955** 2021, 2023, 2024).

Kristalle (aus A.); F: 200—201°.

Hydrochlorid $C_{25}H_{28}N_4O_8S_2 \cdot$ HCl. Kristalle (aus A.); F: 150—152°.

Methojodid $[C_{26}H_{31}N_1O_8S_2]I$; 4-{Bis-[2-(N-acetyl-sulfanilyloxy)-äthyl]-amino}-1-methyl-pyridinium-jodid. Kristalle (aus H$_2$O); F: 168—169°.

3,4,5,6-Tetrahydro-2*H*-[1,4′]bipyridyl, 4-Piperidino-pyridin, 1-[4]Pyridyl-piperidin $C_{10}H_{14}N_2$, Formel XII.

B. Beim Erhitzen von 4-Nitro-pyridin mit Piperidin auf 130—140° (*Katada*, J. pharm. Soc. Japan **67** [1947] 56; C. A. **1951** 9537). Beim Erhitzen von 4-Phenoxy-pyridin mit Piperidin-hydrochlorid auf 220° (*Jerchel, Jakob*, B. **91** [1958] 1266, 1272). Beim Erhitzen von 4-Piperidino-pyridin-2-carbonsäure (*Graf*, J. pr. [2] **138** [1933] 239, 242).

Kristalle; F: 81—82° [aus PAe.] (*Je.*, *Ja.*), 80° (*Graf*).

Tetrachloroaurat(III) $C_{10}H_{14}N_2 \cdot HAuCl_4$. Orangefarbene Kristalle; F: 161—163° (*Graf*). — „Gold-Salz". Kristalle; F: 113° (*Ka.*).

Picrat. Gelbe Kristalle; F: 142° (*Graf*; *Ka.*).

Methojodid $[C_{11}H_{17}N_2]I$; 1-Methyl-4-piperidino-pyridinium-jodid. Kristalle (aus Me.); F: 159° (*Graf*).

4-Pyrrol-1-yl-pyridin $C_9H_8N_2$, Formel XIII.

B. Beim Erhitzen von [4]Pyridylamin mit Galactarsäure auf 150—300° (*Overhoff*, R. **59** [1940] 741, 742).

Kristalle (aus PAe.); F: 80°.

Beim Erhitzen über Al_2O_3 auf 720° sind 4-Pyrrol-2-yl-pyridin und 4-Pyrrol-3-yl-pyridin erhalten worden.

Picrat $C_9H_8N_2 \cdot C_6H_3N_3O_7$. Kristalle (aus A.); F: 224°.

[1,4']Bipyridylium(1+), 1-[4]Pyridyl-pyridinium $[C_{10}H_9N_2]^+$, Formel I.

Chlorid $[C_{10}H_9N_2]Cl$. *B.* Aus Pyridin beim Behandeln mit $SOCl_2$ (*Koenigs, Greiner*, B. **64** [1931] 1049, 1052; D.R.P. 536891 [1929]; Frdl. **18** 2766; *Bowden, Green*, Soc. **1954** 1795, 1796; *Thomas, Jerchel*, Ang. Ch. **70** [1958] 719, 736), mit S_2Cl_2 oder mit PCl_5 und H_2SO_3 in Benzol (*Koenigs, Greiner*, D.R.P. 566693 [1931]; Frdl. **19** 1119). Beim Behandeln von Pyridin in $CHCl_3$ oder in $POCl_3$ mit Chlor (*Chem. Fabr. v. Heyden*, D.R.P. 613402 [1932]; Frdl. **22** 325). Kristalle (aus A. + $CHCl_3$ + Ae.); F: 125—127° (*Jerchel et al.*, B. **89** [1956] 2921, 2927). — Hydrochlorid $[C_{10}H_9N_2]Cl \cdot HCl$. Dimorph (*Ko.*, *Gr.*, B. **64** 1052; D.R.P. 536891); Kristalle, F: 173—175° [nach Sublimation bei 140°/0,5 Torr] (*Taylor et al.*, J. org. Chem. **20** [1955] 264, 269), 172—174° [aus wss. HCl] (*Ko.*, *Gr.*, B. **64** 1052; D.R.P. 536891), 171—173° [aus wss. HCl + A.] (*Albert*, Soc. **1951** 1376) bzw. Kristalle (aus Me.), F: 158—160° (*Bo.*, *Gr.*), 151—152° (*Ko.*, *Gr.*, B. **64** 1052; D.R.P. 536891), 151° (*Th.*, *Je.*); die niedrigerschmelzende instabile Modifikation geht bei längerem Aufbewahren oder beim Umkristallisieren aus wss. HCl in die höherschmelzende stabile Modifikation über (*Ko.*, *Gr.*, B. **64** 1052; D.R.P. 536891). Überführung in 4-Chlor-pyridin beim Behandeln in Pyridin mit HCl bei 250°: *Chem. Fabr. v. Heyden*, D.R.P. 596729 [1932]; Frdl. **21** 526; oder beim Erhitzen mit PCl_5 auf 150°: *Je. et al.*, l. c. S. 2928. Überführung in Pyridin-4-ol mit Hilfe von H_2O: *Ko.*, *Gr.*, B. **64** 1055; *Bo.*, *Gr.* Beim Erhitzen mit Methanol auf 150° ist 4-Methoxy-pyridin erhalten worden (*Renshaw*, *Conn*, Am. Soc. **59** [1937] 297, 299). Beim Erhitzen mit H_2S in Pyridin ist Pyridin-4-thiol, beim Behandeln mit H_2Se in Pyridin ist Di-[4]pyridyl-selenid und Di-[4]pyridyl-diselenid erhalten worden (*Je. et al.*). Überführung in [4]Pyridylamin mit Hilfe von NH_3: *Ko.*, *Gr.*, B. **64** 1054; s. a. *Al.* Beim Erhitzen mit 2-Amino-phenol ist 4-[2-Amino-phenoxy]-pyridin (*Je. et al.*, l. c. S. 2932), beim Erhitzen mit 2-Amino-phenol-hydrochlorid ist 2-[4]Pyridylamino-phenol erhalten worden (*Jerchel*, *Jakob*, B. **92** [1959] 724, 728). — Verbindung mit Quecksilberchlorid. Kristalle; F: 218—219° (*Ko.*, *Gr.*, B. **64** 1053).

Diperchlorat $[C_{10}H_9N_2]ClO_4 \cdot HClO_4$. Kristalle (aus wss. Me.); Zers. > 300° (*Jerchel et al.*, B. **89** [1956] 2921, 2928).

Bromid $[C_{10}H_9N_2]Br$. *B.* Beim Behandeln von Pyridin mit $SOBr_2$ (*Koenigs, Greiner*, D.R.P. 565320 [1931]; Frdl. **19** 1118) oder mit Brom (*Jerchel et al.*, B. **89** [1956] 2921, 2923, 2928; *Chem. Fabr. v. Heyden*, D.R.P. 598879, 600499 [1932]; Frdl. **21** 523, 525). Beim Behandeln von Pyridin in Gegenwart von wenig $AlCl_3$ in 1,1,2,2-Tetrachlor-äthan mit Brom (*Baker, Briggs*, J. Soc. chem. Ind. **62** [1943] 189). Gelbbraune Kristalle (aus A. + E.); F: 183—185° (*Je. et al.*). Wasserhaltige Kristalle (aus A.); F: 117—119° [Zers.] (*v. Heyden*, D.R.P. 598879). — Hydrobromid $[C_{10}H_9N_2]Br \cdot HBr$. Hellbraune Kristalle (aus Me.); F: 218—220° (*Je. et al.*), 198—200° [unkorr.] (*Taylor et al.*, J. org. Chem. **20** [1955] 264, 269). — Picrat. F: 224—226° [unkorr.] (*Ta. et al.*).

Jodid $[C_{10}H_9N_2]I$. Gelbe Kristalle (aus A. + E.); F: 201—203° [Zers.] (*Jerchel et al.*, B. **89** [1956] 2921, 2923, 2928).

Hexachloroplatinat(IV) $[C_{10}H_9N_2]HPtCl_6$. Kristalle; F: 272—274° (*Koenigs, Greiner*, B. **64** [1941] 1049, 1053).

Dipicrat $[C_{10}H_9N_2]C_6H_2N_3O_7 \cdot C_6H_3N_3O_7$. Gelbe Kristalle (aus Me.); F: 180—181° (*Koenigs, Greiner*, B. **64** [1941] 1049, 1053).

2-[4]Pyridylamino-phenol $C_{11}H_{10}N_2O$, Formel II.

B. Beim Behandeln von 4-[2-Nitro-phenoxy]-pyridin mit Zink-Pulver in wss. HCl (*Jerchel, Jakob*, B. **92** [1959] 724, 730). Beim Erwärmen von 4-[2-Amino-phenoxy]-pyridin mit wss.-methanol. HCl (*Je., Ja.,* l. c. S. 728). Beim Erhitzen von [1,4']Bi=pyridylium-chlorid-hydrochlorid mit 2-Amino-phenol-hydrochlorid auf 190° (*Je., Ja.*).

F: 220—224°.

Methojodid. F: 222—226° (E III/IV **21** 3394).

I   II   III   IV

3-[4]Pyridylamino-phenol $C_{11}H_{10}N_2O$, Formel III (R = H).

B. Beim Erhitzen von 4-[3-Amino-phenoxy]-pyridin-dihydrochlorid auf 250° (*Jerchel, Jakob,* B. **92** [1959] 724, 728). Aus [1,4']Bipyridylium-chlorid-hydrochlorid beim Erhitzen mit 3-Amino-phenol-hydrochlorid auf 190° (*Je., Ja.*).

F: 202—205° [aus wss. A.].

4-*m*-Anisidino-pyridin, [3-Methoxy-phenyl]-[4]pyridyl-amin $C_{12}H_{12}N_2O$, Formel III (R = CH$_3$).

B. Neben grösseren Mengen der vorangehenden Verbindung beim Erhitzen von [1,4']Bi=pyridylium-chlorid-hydrochlorid mit *m*-Anisidin-hydrochlorid auf 180° (*Jerchel, Jakob,* B. **92** [1959] 724, 728).

Kristalle (aus wss. Me.); F: 153—155°.

4-[4]Pyridylamino-phenol $C_{11}H_{10}N_2O$, Formel IV (R = X = H).

B. Beim Erhitzen von 4-[4-Amino-phenoxy]-pyridin-dihydrochlorid mit Phenol auf 250° (*Jerchel, Jakob,* B. **92** [1959] 724, 728). Aus [1,4']Bipyridylium-chlorid-hydrochlorid beim Erhitzen mit 4-Amino-phenol-hydrochlorid auf 190° (*Je., Ja.*).

F: 235° [aus DMSO + H$_2$O].

4-*p*-Anisidino-pyridin, [4-Methoxy-phenyl]-[4]pyridyl-amin $C_{12}H_{12}N_2O$, Formel IV (R = CH$_3$, X = H).

B. Beim Erhitzen von 4-Chlor-pyridin mit *p*-Anisidin auf 180° (*Koenigs et al.,* B. **69** [1936] 2690, 2695). Neben grösseren Mengen der vorangehenden Verbindung beim Erhitzen von [1,4']Bipyridylium-chlorid-hydrochlorid mit *p*-Anisidin-hydrochlorid auf 180° (*Jerchel, Jakob,* B. **92** [1959] 724, 729).

Kristalle; F: 172° [aus wss. HCl mit NH$_3$] (*Ko. et al.*), 167° [aus wss. Me.] (*Je., Ja.*).

Picrat. Gelbe Kristalle; F: 179° (*Ko. et al.*).

[4-Methoxy-2-nitro-phenyl]-[4]pyridyl-amin $C_{12}H_{11}N_3O_3$, Formel IV (R = CH$_3$, X = NO$_2$).

B. Beim Erwärmen von [4-Methoxy-phenyl]-[4]pyridyl-amin in H$_2$O mit wss. HNO$_3$ und NaNO$_2$ (*Koenigs et al.,* B. **69** [1936] 2690, 2695).

Hellgelbe Kristalle; F: 186°.

(±)-1-Phenyl-2-[4]pyridylamino-äthanol $C_{13}H_{14}N_2O$, Formel V.

B. Beim Erwärmen von [4]Pyridylamin und (±)-Acetoxy-phenyl-acetylchlorid mit Na$_2$CO$_3$ in Benzol und Behandeln des Reaktionsprodukts in THF mit LiAlH$_4$ in Äther (*Gray, Heitmeier,* Am. Soc. **81** [1959] 4347, 4350).

Scheinbarer Dissoziationsexponent pK$_a'$ der protonierten Verbindung (wss. DMF [60%ig]; potentiometrisch ermittelt) bei 25°: 8,49 (*Gray et al.,* Am. Soc. **81** [1959] 4351, 4352).

Hydrochlorid $C_{13}H_{14}N_2O \cdot HCl$. Kristalle (aus A. + Ae.); F: 132—133° [korr.; Zers.] (*Gray, He.*).

Phenyl-bis-[4]pyridylamino-methan, *C*-Phenyl-*N*,*N*′-di-[4]pyridyl-methandiyldiamin,
N,*N*′-Di-[4]pyridyl-benzylidendiamin C$_{17}$H$_{16}$N$_4$, Formel VI.

B. Beim Behandeln von [4]Pyridylamin mit Benzaldehyd (*Grammaticakis*, Bl. **1959**
480, 492).

Kristalle (aus A.); F: 225° [bei schnellem Erhitzen] bzw. F: 175° [bei langsamem
Erhitzen]. UV-Spektrum (A.; 210—310 nm): *Gr.*, l. c. S. 488.

V VI VII

[1,4′]Bipyridyl-4-on, 1-[4]Pyridyl-1*H*-pyridin-4-on C$_{10}$H$_8$N$_2$O, Formel VII
(X = O).

Konstitution: *Arndt*, B. **65** [1932] 92.

B. Aus 4-Chlor-pyridin über 4-Chlor-[1,4′]bipyridylium-chlorid (*Wibaut, Broekman,*
R. **58** [1939] 885, 890, 78 [1959] 593, 599). Aus 4-Fluor-pyridin (*Roe, Hawkins,* Am.
Soc. **69** [1947] 2443; *Wibaut, Holmes-Kamminga,* Bl. **1958** 424, 427), aus 4-Brom-pyridin
(*Wi., Br.,* R. **58** 893), aus 4-Jod-pyridin (*Wi., Ho.-Ka.*) oder aus 4-Nitro-pyridin (*den
Hertog et al.,* R. **70** [1951] 105, 110; s. a. *Hamana, Yoshimura,* J. pharm. Soc. Japan **72**
[1952] 1051, 1053; C. A. **1953** 3309). Aus 4-Nitro-pyridin beim Behandeln mit POCl$_3$,
mit SOCl$_2$, mit SO$_2$Cl$_2$ oder mit Acetylchlorid und Behandeln des jeweiligen Reaktionsprodukts mit H$_2$O (*Ha., Yo.;* s. a. *Hamana,* J. pharm. Soc. Japan **75** [1955] 123; C. A.
1956 1817). Beim Erhitzen von Pyridin-4-ol mit Acetanhydrid (*Arndt, Kalischek,* B. **63**
[1930] 587, 592; *Renshaw, Conn,* Am. Soc. **59** [1937] 297, 300). Beim Erwärmen von
4-[Toluol-4-sulfonyloxy]-pyridin mit H$_2$O (*Ar., Ka.*). Beim Erwärmen von Natrium-[pyr=
idin-4-sulfonat] mit PCl$_5$ und Behandeln des Reaktionsprodukts mit H$_2$O (*King, Ware,*
Soc. **1939** 873, 877).

F: 177—178° [nach Trocknen bei 105°] (*Ar., Ka.*), 168° (*Re., Conn*). Kristalle (aus
Acn. oder Bzl.) mit 1 Mol H$_2$O; F: 171—172° (*Ha., Yo.*). λ_{max} (H$_2$O): 284 nm (*Wi.,
Br.,* R. **78** 600).

Dihydrochlorid C$_{10}$H$_8$N$_2$O·2 HCl. Kristalle (aus A.); F: 238° [Zers.] (*Re., Conn*).

Tetrachloroaurat(III) C$_{10}$H$_8$N$_2$O·HAuCl$_4$. Gelbe Kristalle mit 2 Mol H$_2$O; F: ca.
226° (*King, Ware*), 218—219° [korr.] (*Re., Conn*).

Hexachloroplatinat(IV) 2 C$_{10}$H$_8$N$_2$O·H$_2$PtCl$_6$·2 H$_2$O. Hellbraunes Pulver; F:
> 300° (*Re., Conn*).

Dipicrat C$_{10}$H$_8$N$_2$O·2 C$_6$H$_3$N$_3$O$_7$. Gelbe Kristalle; F: 198° [aus H$_2$O] (*Ar., Ka.*);
Zers. bei 192—194° [aus Me.] (*Ha., Yo.*). Kristalle (aus H$_2$O) mit 1 Mol H$_2$O; F: 202°
(*King, Ware*), 197,7—198,2° (*Wi., Br.,* R. **78** 600). λ_{max} (H$_2$O): 284 nm (*Wi., Br.,* R. **78** 600).

Oxalat C$_{10}$H$_8$N$_2$O·C$_2$H$_2$O$_4$. Kristalle (aus H$_2$O); Zers. bei 234,5—235° (*Wi., Ho.-Ka.*).
Kristalle (aus H$_2$O) mit 0,25 Mol H$_2$O; F: 230—231° [Zers.] (*Ha., Yo.*).

Bis-[toluol-4-sulfonat] C$_{10}$H$_8$N$_2$O·2 C$_7$H$_8$O$_3$S. Kristalle (aus A.); F: 224° [Zers.]
(*Ar., Ka.*).

Methojodid [C$_{11}$H$_{11}$N$_2$O]I; 1′-Methyl-4-oxo-4*H*-[1,4′]bipyridylium-jodid.
Gelbbraune Kristalle (aus A.); F: 238—238,5° [korr.] (*Re., Conn*).

Äthojodid [C$_{12}$H$_{13}$N$_2$O]I; 1′-Äthyl-4-oxo-4*H*-[1,4′]bipyridylium-jodid. Hellbraune Kristalle (aus A.) mit 1 Mol H$_2$O; F: 134—135° [korr.] (*Re., Conn*).

4-Imino-4*H*-[1,4′]bipyridyl, **[1,4′]Bipyridyl-4-on-imin,** 1-[4]Pyridyl-1*H*-pyridin-
4-on-imin C$_{10}$H$_9$N$_3$, Formel VII (X = NH).

B. Beim Erwärmen von Natrium-[pyridin-4-sulfonat] mit PCl$_5$ und Behandeln des
Reaktionsprodukts mit wss. NH$_3$ (*King, Ware,* Soc. **1939** 873, 876).

Wasserhaltige Kristalle, F: 70°; die nach Sublimation oder Destillation erhaltene
wasserfreie Verbindung schmilzt bei 160°.

Hydrochlorid C$_{10}$H$_9$N$_3$·HCl. Kristalle (aus H$_2$O) mit 3,5 Mol H$_2$O, F: 100°; die
nach Trocknen bei 100° erhaltene wasserfreie Verbindung schmilzt bei 280°.

Mononitrat $C_{10}H_9N_3 \cdot HNO_3$. Kristalle; F: 255° [Zers.].
Dinitrat $C_{10}H_9N_3 \cdot 2 HNO_3$. Kristalle (aus H_2O); F: 226° [Zers.].
Bis-tetrachloroaurat(III) $C_{10}H_9N_3 \cdot 2 HAuCl_4$. Kristalle; F: 280°.
Dipicrat $C_{10}H_9N_3 \cdot 2 C_6H_3N_3O_7$. Kristalle (aus H_2O) mit 1 Mol H_2O, F: 216°; die nach Trocknen bei 100° erhaltene wasserfreie Verbindung schmilzt bei 227° [Zers.].

[1,4′]Bipyridyl-4-thion, 1-[4]Pyridyl-1H-pyridin-4-thion $C_{10}H_8N_2S$, Formel VII (X = S).
B. Beim Erhitzen von [1,4′]Bipyridyl-4-on in Toluol mit P_2S_5 (*Arndt*, B. **65** [1932] 92).
Dunkelgelbe Kristalle mit violettem Oberflächenglanz (aus Me.); F: 200°.
Diperchlorat $C_{10}H_8N_2S \cdot 2 HClO_4$. Kristalle; F: 189—190° [Zers.].

4-Formylamino-pyridin, *N*-[4]Pyridyl-formamid $C_6H_6N_2O$, Formel VIII.
B. Beim Behandeln von [4]Pyridylamin in THF mit Ameisensäure und Acetanhydrid (*Okuda, Robison*, J. org. Chem. **24** [1959] 1008, 1010).
Kristalle (aus Acn.); F: 162—163° [korr.].

4-Acetylamino-pyridin, *N*-[4]Pyridyl-acetamid $C_7H_8N_2O$, Formel IX (R = H) (H 433).
B. Aus [4]Pyridylamin (*Grammaticakis*, Bl. **1959** 480, 492; *Jones, Katritzky*, Soc. **1959** 1317, 1322).
Kristalle; F: 150° [aus Bzl.] (*Gr.*), 148° [aus CHCl$_3$] (*Jo., Ka.*). Wasserhaltige Kristalle; F: 121—123° [aus H_2O] (*Jo., Ka.*), 118° (*Gr.*). IR-Banden (CHCl$_3$; 3440—1270 cm^{-1} bzw. 1590—990 cm^{-1}): *Katritzky, Jones*, Soc. **1959** 2067, 2068; *Katritzky, Gardner*, Soc. **1958** 2198, 2199, 2200. UV-Spektrum (A.; 210—280 nm): *Gr.* λ_{max}: 206 nm und 266 nm [wss. H_2SO_4(1n)] bzw. 244 nm [wss. Lösung vom pH 9,7] (*Jo., Ka.*). Scheinbarer Dissoziationsexponent pK'_a der protonierten Verbindung (H_2O; potentiometrisch ermittelt): 5,87 (*Jo., Ka.*).

VIII   IX   X

4-Acetylamino-pyridin-1-oxid, *N*-[1-Oxy-[4]pyridyl]-acetamid $C_7H_8N_2O_2$, Formel X (R = H).
B. Aus 4-Amino-pyridin-1-oxid mit Acetanhydrid (*Tomita*, J. pharm. Soc. Japan **71** [1951] 1053, 1058).
Kristalle; F: 263° [Zers.; aus A. + Acn.] (*To.*), 260—261° [aus Acn.] (*Ochiai, Katada*, J. pharm. Soc. Japan **63** [1943] 186, 189; C. A. **1951** 5151). IR-Banden (Nujol; 1700 cm^{-1} bis 900 cm^{-1}): *Katritzky, Jones*, Soc. **1959** 2067, 2068.

***N*-Methyl-*N*-[4]pyridyl-acetamid** $C_8H_{10}N_2O$, Formel IX (R = CH$_3$).
B. Beim Erwärmen von Methyl-[4]pyridyl-amin mit Acetanhydrid und Essigsäure (*Jones, Katritzky*, Soc. **1959** 1317, 1323).
Kristalle (aus PAe.); F: 56—57° (*Jo., Ka.*). IR-Banden (CHCl$_3$; 2980—830 cm^{-1} bzw. 1670—920 cm^{-1}): *Jo., Ka.*; *Katritzky, Jones*, Soc. **1959** 2067, 2068. λ_{max}: 214 nm und 281 nm [wss. H_2SO_4 (1 n)] bzw. 253 nm [wss. Lösung vom pH 9,7] (*Jo., Ka.*, l. c. S. 1321). Scheinbarer Dissoziationsexponent pK'_a der protonierten Verbindung (H_2O; potentiometrisch ermittelt): 4,62 (*Jo., Ka.*, l. c. S. 1319).

***N*-Methyl-*N*-[1-oxy-[4]pyridyl]-acetamid** $C_8H_{10}N_2O_2$, Formel X (R = CH$_3$).
IR-Banden (CHCl$_3$; 1670—920 cm^{-1} bzw. 1630—830 cm^{-1}): *Katritzky, Jones*, Soc. **1959** 2067, 2068; *Katritzky, Gardner*, Soc. **1958** 2192, 2194.

***N*-Phenyl-*N*-[4]pyridyl-acetamid** $C_{13}H_{12}N_2O$, Formel IX (R = C$_6$H$_5$).
B. Aus Phenyl-[4]pyridyl-amin (*Petrow*, Soc. **1945** 927).
Kristalle (aus A. + PAe.); F: 112—113°.

4-Benzoylamino-pyridin, *N*-[4]Pyridyl-benzamid $C_{12}H_{10}N_2O$, Formel XI (R = H) (E II 341).
B. Beim Behandeln von [4]Pyridylamin mit Benzoylchlorid und Pyridin (*Jones,*

Katritzky, Soc. **1959** 1317, 1323).

Kristalle; F: 211° [aus Bzl. + PAe.] (*Grammaticakis*, Bl. **1959** 480, 492), 203—204° [aus H₂O] (*Jo., Ka.*). IR-Banden (CHCl₃; 3430—1090 cm⁻¹ bzw. 1600—990 cm⁻¹): *Katritzky, Jones*, Soc. **1959** 2067, 2068; *Katritzky, Gardner*, Soc. **1958** 2198, 2199, 2200; s. a. *Katritzky, Lagowski*, Soc. **1958** 4155, 4159. UV-Spektrum (A.; 210—310 nm): *Gr.*, l. c. S. 487. λ_{max}: 279 nm [wss. H₂SO₄ (1n)] bzw. 263 nm [wss. Lösung vom pH 9,7] (*Jo., Ka.*, l. c. S. 1321). Scheinbarer Dissoziationsexponent pK'_a der protonierten Verbindung (H₂O; potentiometrisch ermittelt): 5,32 (*Jo., Ka.*, l. c. S. 1319).

XI   XII   XIII

4-Benzoylamino-pyridin-1-oxid, N-[1-Oxy-[4]pyridyl]-benzamid C₁₂H₁₀N₂O₂, Formel XII (R = H).

B. Beim Behandeln von 4-Amino-pyridin-1-oxid-hydrochlorid mit Benzoylchlorid in wss. KOH und Behandeln des Reaktionsprodukts mit Äthanol (*Ochiai, Teshigawara*, J. pharm. Soc. Japan **65** [1945] Ausg. B., S. 435, 440; C. A. **1951** 8527).

Hydrochlorid C₁₂H₁₀N₂O₂·HCl. Kristalle (aus A.); F: 253—254°.

Picrat. F: 200°.

N-Methyl-N-[4]pyridyl-benzamid C₁₃H₁₂N₂O, Formel XI (R = CH₃).

B. Beim Behandeln von Methyl-4-pyridyl-amin mit Benzoylchlorid und Pyridin (*Jones, Katritzky*, Soc. **1959** 1317, 1323).

Kristalle (aus Ae.); F: 85—86° (*Jo., Ka.*). IR-Banden (CHCl₃; 2950—825 cm⁻¹ bzw. 1660—920 cm⁻¹): *Jo., Ka.; Katritzky, Jones*, Soc. **1959** 2067, 2068. λ_{max}: 218 nm und 291 nm [wss. H₂SO₄ (1n)] bzw. 260 nm [wss. Lösung vom pH 9,7] (*Jo., Ka.*, l. c. S. 1321). Scheinbarer Dissoziationsexponent pK'_a der protonierten Verbindung (H₂O; potentiometrisch ermittelt): 4,68 (*Jo., Ka.*, l. c. S. 1319).

Hydrochlorid C₁₃H₁₂N₂O·HCl. Kristalle (aus A. + E.); F: 189—190° (*Jo., Ka.*).

N-Methyl-N-[1-oxy-[4]pyridyl]-benzamid C₁₃H₁₂N₂O₂, Formel XII (R = CH₃).

IR-Banden (CHCl₃; 3340—1000 cm⁻¹ bzw. 1630—840 cm⁻¹ bzw. 1610—1030 cm⁻¹): *Katritzky, Jones*, Soc. **1959** 2067, 2068; *Katritzky, Gardner*, Soc. **1958** 2192, 2194; *Katritzky, Lagowski*, Soc. **1958** 4155, 4159.

N-Phenyl-N-[4]pyridyl-benzamid C₁₈H₁₄N₂O, Formel XI (R = C₆H₅).

B. Aus Phenyl-[4]pyridyl-amin (*Petrow*, Soc. **1945** 927).

Kristalle (aus Bzl. + PAe.); F: 166—167°.

4-[1]Naphthoylamino-pyridin, N-[4]Pyridyl-[1]naphthamid C₁₆H₁₂N₂O, Formel XIII.

B. Beim Behandeln von [1]Naphthyl-[4]pyridyl-keton-(Z)-oxim mit PCl₃ und anschliessend mit wss. KOH (*Ghigi*, B. **75** [1942] 1316).

Picrat C₁₆H₁₂N₂O·C₆H₃N₃O₇. Gelbe Kristalle (aus A.); F: 206°.

Cyanessigsäure-[4]pyridylamid C₈H₇N₃O, Formel I.

B. Aus 1-Cyanacetyl-3,5-dimethyl-1H-pyrazol und [4]Pyridylamin (*Ried, Schleimer*, Ang. Ch. **70** [1958] 164).

F: 225—226°.

3,3-Diäthyl-1-[4]pyridyl-azetidin-2,4-dion C₁₂H₁₄N₂O₂, Formel II (R = C₂H₅).

B. Aus Diäthylmalonylchlorid und [4]Pyridylamin (*Ebnöther et al.*, Helv. **42** [1959] 918, 939).

Kristalle; F: 35—38° [evakuierte Kapillare]. Kp₀,₁: 87—88°.

Hydrochlorid C₁₂H₁₄N₂O₂·HCl. F: 220—222° [korr.; Zers.; evakuierte Kapillare].

Picrat C₁₂H₁₄N₂O₂·C₆H₃N₃O₇. F: 205—207° [korr.; Zers.; evakuierte Kapillare].

Methojodid $[C_{13}H_{17}N_2O_2]I$; 4-[3,3-Diäthyl-2,4-dioxo-azetidin-1-yl]-1-meth‐yl-pyridinium-jodid. F: 182—183° [korr.; evakuierte Kapillare].

I   II   III

N-[4]Pyridyl-phthalimid $C_{13}H_8N_2O_2$, Formel III.
B. Beim Erwärmen von [4]Pyridylamin mit Phthalsäure-anhydrid (*Koenigs, Greiner*, B. **64** [1931] 1049, 1055).
Kristalle (aus $CHCl_3$ + Ae.); F: 232—233°.

3,3-Diphenyl-1-[4]pyridyl-azetidin-2,4-dion $C_{20}H_{14}N_2O_2$, Formel II (R = C_6H_5).
B. Aus Diphenylmalonylchlorid und [4]Pyridylamin (*Ebnöther et al.*, Helv. **42** [1959] 918, 939).
F: 164—165° [korr.; evakuierte Kapillare].
Hydrochlorid $C_{20}H_{14}N_2O_2 \cdot HCl$. F: 235—240° [korr.; Zers.; evakuierte Kapillare].
Picrat $C_{20}H_{14}N_2O_2 \cdot C_6H_3N_3O_7$. F: 220—225° [korr.; Zers.; evakuierte Kapillare].
Methojodid $[C_{21}H_{17}N_2O_2]I$; 4-[2,4-Dioxo-3,3-diphenyl-azetidin-1-yl]-1-methyl-pyridinium-jodid. F: 230—233° [korr.; evakuierte Kapillare].

[4]Pyridylcarbamidsäure-[2-fluor-äthylester] $C_8H_9FN_2O_2$, Formel IV
(X = $O\text{-}CH_2\text{-}CH_2\text{-}F$).
B. Beim Behandeln von [4]Pyridylamin in wss. NaOH mit Chlorokohlensäure-[2-fluor-äthylester] (*Oláh et al.*, Acta chim. hung. **7** [1956] 443, 447).
Kristalle; F: 139°.

N-Phenyl-*N'*-[4]pyridyl-harnstoff $C_{12}H_{11}N_3O$, Formel IV (X = $NH\text{-}C_6H_5$).
B. Beim Behandeln von [4]Pyridylamin in Äther mit Phenylisocyanat (*Grammaticakis*, Bl. **1959** 480, 492).
Kristalle (aus Acn. + PAe.); F: 176°. UV-Spektrum (A.; 210—300 nm): *Gr*., l.c. S. 487.

IV   V

(±)-2-Methoxy-3-[*N'*-[4]pyridyl-ureido]-propylquecksilber(1+) $[C_{10}H_{14}HgN_3O_2]^+$, Formel V.
Chlorid $[C_{10}H_{14}HgN_3O_2]Cl$; (±)-*N*-[3-Chloromercurio-2-methoxy-propyl]-*N'*-[4]pyridyl-harnstoff $C_{10}H_{14}ClHgN_3O_2$. *B*. Beim Erwärmen von *N*-Allyl-*N'*-[4]‐pyridyl-harnstoff (aus [4]Pyridylamin und Allylisocyanat beim Erwärmen in Benzol, in Äther oder in Cyclohexan erhalten) mit Quecksilber(II)-acetat, Essigsäure und Methanol und Behandeln des Reaktionsprodukts in Methanol mit wss. NaCl (*Lakeside Labor. Inc.*, U.S.P. 2863863 [1956]). — F: 138° [Zers.].

N,N'-Di-[4]pyridyl-harnstoff $C_{11}H_{10}N_4O$, Formel VI (H 433).
B. Beim Erhitzen von [4]Pyridylamin mit Diphenylcarbonat (*I. G. Farbenind.*, D.R.P. 583207 [1931]; Frdl. **20** 710).
Kristalle; F: 208°.

N-[4]Pyridyl-*N'*-[toluol-4-sulfonyl]-harnstoff $C_{13}H_{13}N_3O_3S$, Formel IV
(X = $NH\text{-}SO_2\text{-}C_6H_4\text{-}CH_3(p)$).
B. Aus [4]Pyridylisothiocyanat und Toluol-4-sulfonamid in Xylol und Behandeln des Reaktionsprodukts in wss. NaOH mit wss. H_2O_2 (*Onisi*, J. pharm. Soc. Japan **79** [1959] 559, 564; C. A. **1959** 21 661).

F: 141—143° (*On.*).

Ein von *Ruschig et al.* (Arzneimittel-Forsch. **8** [1958] 448, 450) beschriebenes Präparat schmilzt bei 198—199°.

VI   VII

[4]**Pyridyl-dithiocarbamidsäure** $C_6H_6N_2S_2$, Formel VII (R = H).
Triäthylamin-Salz. *B.* Beim Behandeln von [4]Pyridylamin in Pyridin mit CS_2 und Triäthylamin (*Knott*, Soc. **1956** 1644, 1646; *Eastman Kodak Co.*, U.S.P. 2839403 [1955]). — Orangefarbene Kristalle (aus Me. + Ae.); F: 141° (*Kn.*; *Eastman Kodak Co.*).

[4]**Pyridyl-dithiocarbamidsäure-methylester** $C_7H_8N_2S_2$, Formel VII (R = CH_3).
B. Aus dem Triäthylamin-Salz der vorangehenden Verbindung beim Behandeln mit CH_3I in Methanol (*Eastman Kodak Co.*, U.S.P. 2839403 [1955]; *Knott*, Soc. **1956** 1644, 1646).
Hellgelbe Kristalle (aus A.); F: 142—144°.

[4]**Pyridylthiocarbamoylmercapto-essigsäure** $C_8H_8N_2O_2S_2$, Formel VII (R = CH_2-CO-OH).
B. Aus dem Triäthylamin-Salz der [4]Pyridyl-dithiocarbamidsäure und Natrium-chloracetat in wss. Äthanol (*Eastman Kodak Co.*, U.S.P. 2839404 [1955]; *Knott*, Soc. **1956** 1644, 1648).
Orangerote Kristalle (aus wss. Eg.); F: 152—153°.

[1-**Oxy-[4]pyridyl]-thioharnstoff** $C_6H_7N_3OS$, Formel VIII.
B. Beim Erwärmen von 4-Amino-pyridin-1-oxid-hydrochlorid mit Ammoniumthio≈cyanat in Äthanol (*Gardner et al.*, J. org. Chem. **22** [1957] 984).
Kristalle (aus Acn.); F: 126—127° [korr.].

VIII   IX   X

[1,4']**Bipyridyl-2-on**, 1-[4]Pyridyl-1*H*-pyridin-2-on $C_{10}H_8N_2O$, Formel IX.
B. Neben [1,2']Bipyridyl-2-on (Hauptprodukt) und [2]Pyridyl-[3]pyridyl-äther beim Erhitzen von Pyridin-1-oxid und Toluol-4-sulfonsäure-[2]pyridylester in Benzol, zuletzt auf 165° (*de Villiers, den Hertog*, R. **76** [1957] 647, 652).
Kristalle (aus Bzl.); 158—160° [korr.].
Verbindung mit Quecksilber(II)-chlorid $C_{10}H_8N_2O \cdot HgCl_2$. F: 240—244° [korr.; aus wss. A.].
Picrat $C_{10}H_8N_2O \cdot C_6H_3N_3O_7$. F: 175—176° [korr.; aus wss. A.].

N-[4]**Pyridyl-anthranilsäure** $C_{12}H_{10}N_2O_2$, Formel X.
B. Beim Erhitzen von 4-Chlor-pyridin mit Anthranilsäure in Essigsäure (*Kermack, Weatherhead*, Soc. **1942** 726; *Petrow*, Soc. **1945** 927).
Kristalle (aus wss. A.); F: 283—284° (*Pe.*).
Beim Erhitzen mit $AlCl_3$ und NaCl auf 240° ist 5*H*-Benzo[*b*][1,6]naphthyridin-10-on erhalten worden (*Ferrier, Campbell*, Chem. and Ind. **1958** 1089).
Hydrochlorid $C_{12}H_{10}N_2O_2 \cdot HCl$. F: 282—283° (*Pe.*), 260—270° (*Fe., Ca.*), 185° (*Ke., We.*).

4-[4]**Pyridylamino-benzoesäure** $C_{12}H_{10}N_2O_2$, Formel XI.
B. Beim Erhitzen von 4-Chlor-pyridin mit 4-Amino-benzoesäure in Essigsäure (*Fuller et al.*, Soc. **1948** 241).
Kristalle; F: 318—320° [Zers.].
Hydrochlorid $C_{12}H_{10}N_2O_2 \cdot HCl$. Kristalle mit 1 Mol H_2O; F: 264°.

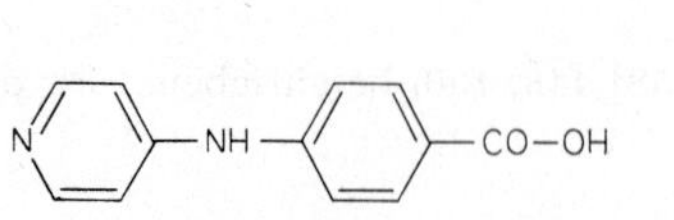

XI

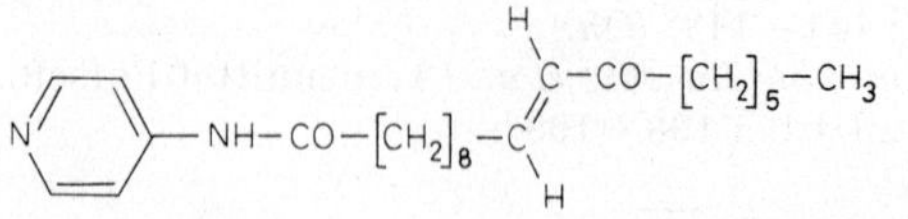

XII

12-Oxo-octadec-10t-ensäure-[4]pyridylamid $C_{23}H_{36}N_2O_2$, Formel XII.

B. Beim Behandeln von 12-Oxo-octadec-10t-ensäure mit Chlorokohlensäure-isobutyl=
ester und Triäthylamin in Toluol und Erhitzen des Reaktionsgemisches mit [4]Pyridyl=
amin (*Schipper, Nichols*, Am. Soc. **80** [1958] 5714, 5715).

Kristalle (aus Ae.); F: 67—68°.

2-Phenylhydrazono-N-[4]pyridyl-malonamidsäure-äthylester $C_{16}H_{16}N_4O_3$, Formel XIII,
und Tautomeres.

B. Beim Behandeln von Malonsäure-äthylester-chlorid in Äther mit [4]Pyridylamin
und Behandeln des Reaktionsprodukts mit Benzoldiazoniumchlorid (*Snyder, Robison*, Am.
Soc. **74** [1952] 5945, 5948).

Kristalle (aus Cyclohexan); F: 144,5—145° [unkorr.].

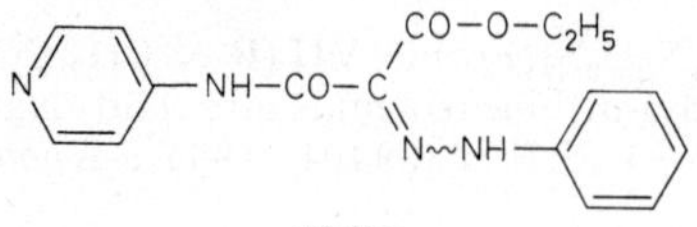

XIII

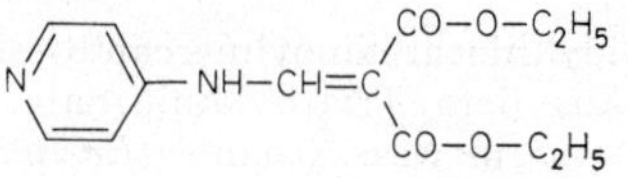

XIV

[[4]Pyridylimino-methyl]-malonsäure-diäthylester $C_{13}H_{16}N_2O_4$ und Tautomeres.

[[4]Pyridylamino-methylen]-malonsäure-diäthylester $C_{13}H_{16}N_2O_4$, Formel XIV.

B. Beim Erhitzen von [4]Pyridylamin mit Äthoxymethylen-malonsäure-diäthylester
auf 110° (*Hauser, Reynolds*, J. org. Chem. **15** [1950] 1224, 1230).

Kristalle (aus PAe.); F: 74—75°.

N,N-Diäthyl-N'-[4]pyridyl-äthylendiamin $C_{11}H_{19}N_3$, Formel I (R = H, R' = C_2H_5).

B. Beim Erhitzen von 4-Chlor-pyridin und N,N-Diäthyl-äthylendiamin auf 160°
(*Kalthod, Linnell*, Quart. J. Pharm. Pharmacol. **20** [1947] 546, 548).

$Kp_{0,4}$: 130°.

Hexachloroplatinat(IV) $C_{11}H_{19}N_3 \cdot H_2PtCl_6$. Hellgelbe Kristalle; F: 229°.

Dipicrat $C_{11}H_{19}N_3 \cdot 2 C_6H_3N_3O_7$. F: 175°.

Oxalat $C_{11}H_{19}N_3 \cdot 2 C_2H_2O_4$. F: 132°.

1-Piperidino-2-[4]pyridylamino-äthan, [2-Piperidino-äthyl]-[4]pyridyl-amin $C_{12}H_{19}N_3$,
Formel II (R = H).

B. Beim Erhitzen von 4-Chlor-pyridin mit 2-Piperidino-äthylamin auf 160° (*Kalthod,
Linnell*, Quart. J. Pharm. Pharmacol. **21** [1948] 63, 65).

$Kp_{0,05}$: 150°.

Hexachloroplatinat(IV) $C_{12}H_{19}N_3 \cdot H_2PtCl_6$. Hellgelbe Kristalle; F: 240°.

Dipicrat $C_{12}H_{19}N_3 \cdot 2 C_6H_3N_3O_7$. F: 178°.

N-[2-Chlor-phenyl]-N',N'-dimethyl-N-[4]pyridyl-äthylendiamin $C_{15}H_{18}ClN_3$, Formel III
(X = Cl, X' = H).

B. Beim Erhitzen von N'-[2-Chlor-phenyl]-N,N-dimethyl-äthylendiamin und $NaNH_2$ in
Toluol mit 4-Chlor-pyridin (*Kato, Hagiwara*, J. pharm. Soc. Japan **73** [1953] 145, 148;
C. A. **1953** 11192).

Kp_2: 170—180°.

Oxalat $C_{15}H_{18}ClN_3 \cdot 1,5 C_2H_2O_4$. Kristalle (aus wss. Acn.); F: 172—174°.

N-[4-Chlor-phenyl]-N',N'-dimethyl-N-[4]pyridyl-äthylendiamin $C_{15}H_{18}ClN_3$, Formel III
(X = H, X' = Cl).

B. Beim Erhitzen von N'-[4-Chlor-phenyl]-N,N-dimethyl-äthylendiamin und $NaNH_2$
in Toluol mit 4-Chlor-pyridin (*Kato, Hagiwara*, J. pharm. Soc. Japan **73** [1953] 145,

148; C. A. **1953** 11 192).

Kp$_2$: 182°.

Picrat. Gelbe Kristalle; F: 221−224°.

N-Benzyl-N',N'-dimethyl-N-[4]pyridyl-äthylendiamin C$_{16}$H$_{21}$N$_3$, Formel I
(R = CH$_2$-C$_6$H$_5$, R' = CH$_3$).

B. Beim Erhitzen von Benzyl-[4]pyridyl-amin und NaNH$_2$ mit [2-Chlor-äthyl]-di≠
methyl-amin-hydrochlorid (*Kato, Ohta*, J. pharm. Soc. Japan **71** [1951] 217, 220).

Kp$_3$: 190−192°.

Picrat. Kristalle; F: 172°.

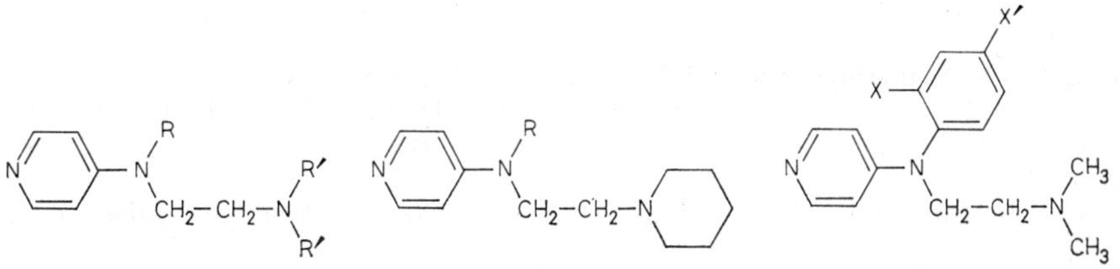

I   II   III

N-[4-Chlor-benzyl]-N',N'-dimethyl-N-[4]pyridyl-äthylendiamin C$_{16}$H$_{20}$ClN$_3$, Formel I
(R = CH$_2$-C$_6$H$_4$-Cl(*p*), R' = CH$_3$).

B. Beim Erhitzen von 4-[4-Chlor-benzyl]-[4]pyridyl-amin und NaNH$_2$ in Toluol mit
[2-Chlor-äthyl]-dimethyl-amin (*Kato, Hagiwara*, J. pharm. Soc. Japan **73** [1953] 145,
148; C. A. **1953** 11 192).

Kp$_{0,3}$: 184−190°.

N,N-Diäthyl-N'-benzyl-N'-[4]pyridyl-äthylendiamin C$_{18}$H$_{25}$N$_3$, Formel I (R = CH$_2$-C$_6$H$_5$,
R' = C$_2$H$_5$).

B. Beim Erhitzen von Benzyl-[4]pyridyl-amin und NaNH$_2$ in Toluol mit Diäthyl-
[2-chlor-äthyl]-amin (*Kato*, J. pharm. Soc. Japan **71** [1951] 1381, 1384; C. A. **1952** 7100).

Kp$_6$: 200−204°.

Dipicrat C$_{18}$H$_{25}$N$_3$·2 C$_6$H$_3$N$_3$O$_7$. Gelbe Kristalle (aus Acn.); F: 216°.

**1-[Benzyl-[4]pyridyl-amino]-2-piperidino-äthan, Benzyl-[2-piperidino-äthyl]-
[4]pyridyl-amin** C$_{19}$H$_{25}$N$_3$, Formel II (R = CH$_2$-C$_6$H$_5$).

B. Beim Erhitzen von Benzyl-[4]pyridyl-amin und NaNH$_2$ in Toluol mit 1-[2-Chlor-
äthyl]-piperidin-hydrochlorid (*Kato*, J. pharm. Soc. Japan **71** [1951] 1381, 1383; C. A.
1952 7100).

Kp$_3$: 165−167°.

4-[4-Chlor-benzyl]-[2-piperidino-äthyl]-[4]pyridyl-amin C$_{19}$H$_{24}$ClN$_3$, Formel II
(R = CH$_2$-C$_6$H$_4$-Cl(*p*)).

B. Beim Erwärmen von 4-[4-Chlor-benzyl]-[4]pyridyl-amin und NaNH$_2$ in Toluol
mit 1-[2-Chlor-äthyl]-piperidin (*Kato, Hagiwara*, J. pharm. Soc. Japan **73** [1953] 145,
148; C. A. **1953** 11 192).

Kp$_{0,6}$: 202−204°.

N-[2-Methoxy-phenyl]-N',N'-dimethyl-N-[4]pyridyl-äthylendiamin C$_{16}$H$_{21}$N$_3$O,
Formel III (X = O-CH$_3$, X' = H).

B. Beim Erhitzen von N'-[2-Methoxy-phenyl]-N,N-dimethyl-äthylendiamin und
NaNH$_2$ in Toluol mit 4-Chlor-pyridin (*Kato, Hagiwara*, J. pharm. Soc. Japan **73** [1953]
145, 148°; C. A. **1953** 11 192).

Kp$_2$: 170−175°.

Oxalat C$_{16}$H$_{21}$N$_3$O·1,5 C$_2$H$_2$O$_4$. Kristalle (aus wss. Acn.) mit 1 Mol H$_2$O; F: 190−191°
[Zers.].

N-[4-Methoxy-phenyl]-N',N'-dimethyl-N-[4]pyridyl-äthylendiamin C$_{16}$H$_{21}$N$_3$O,
Formel III (X = H, X' = O-CH$_3$).

B. Beim Erhitzen von N'-[4-Methoxy-phenyl]-N,N-dimethyl-äthylendiamin und

NaNH$_2$ in Toluol mit 4-Chlor-pyridin (*Kato, Hagiwara*, J. pharm. Soc. Japan **73** [1953] 145, 148; C. A. **1953** 11192).

Kp$_1$: 192°.

Dihydrochlorid $C_{16}H_{21}N_3O \cdot 2$ HCl. Kristalle (aus A. + Acn.); F: 241—243°.

(±)-2-Diäthylamino-1-[4]pyridylamino-propan, (±)-N^1,N^1-Diäthyl-1-methyl-N^2-[4]pyr⸗ idyl-äthandiyldiamin $C_{12}H_{21}N_3$, Formel IV.

B. Beim Erhitzen von (±)-1-Amino-2-diäthylamino-propan auf 160° (*Kalthod, Linnell*, Quart. J. Pharm. Pharmacol. **21** [1948] 63, 64).

Kp$_{0,25}$: 125°.

Hexachloroplatinat(IV) $C_{12}H_{21}N_3 \cdot H_2PtCl_6$. Hellgelbe Kristalle; F: 272° [Zers.].

N,N-Diäthyl-N'-[4]pyridyl-propandiyldiamin $C_{12}H_{21}N_3$, Formel V (n = 3).

B. Beim Erhitzen von 4-Chlor-pyridin und N,N-Diäthyl-propandiyldiamin auf 160° (*Kalthod, Linnell*, Quart. J. Pharm. Pharmacol. **20** [1947] 546, 549).

Kp$_{0,4}$: 135°.

Hexachloroplatinat(IV) $C_{12}H_{21}N_3 \cdot H_2PtCl_6$. Orangefarbene Kristalle; F: 207° [Zers.].

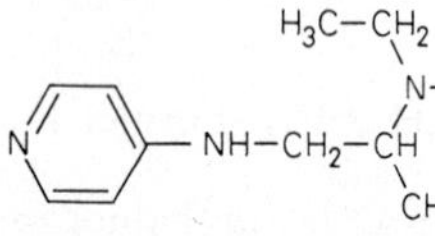

IV 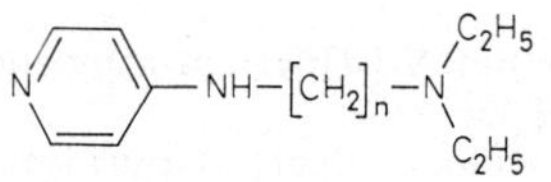   V 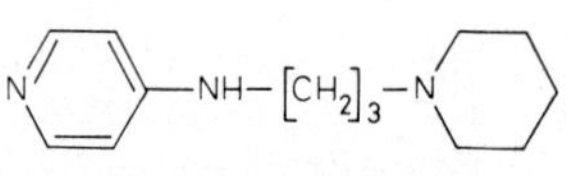   VI

1-Piperidino-3-[4]pyridylamino-propan, [3-Piperidino-propyl]-[4]pyridyl-amin $C_{13}H_{21}N_3$, Formel VI.

B. Beim Erhitzen von 4-Chlor-pyridin mit 3-Piperidino-propylamin auf 160° (*Kalthod, Linnell*, Quart. J. Pharm. Pharmacol. **21** [1948] 63, 65).

Kp$_{0,05}$: 155°.

Hexachloroplatinat(IV) $C_{13}H_{21}N_3 \cdot H_2PtCl_6$. Orangefarbene Kristalle; F: 215° [Zers.].

Dipicrat $C_{13}H_{21}N_3 \cdot 2 C_6H_3N_3O_7$. F: 156°.

N,N-Diäthyl-N'-[4]pyridyl-butandiyldiamin $C_{13}H_{23}N_3$, Formel V (n = 4).

B. Beim Erhitzen von 4-Chlor-pyridin und N,N-Diäthyl-butandiyldiamin auf 160° (*Kalthod, Linnell*, Quart. J. Pharm. Pharmacol. **20** [1947] 546, 550).

Kp$_{0,1}$: 145°.

Hexachloroplatinat(IV) $C_{13}H_{23}N_3 \cdot H_2PtCl_6$. Orangefarbene Kristalle; F: 202° [Zers.].

(±)-1-Diäthylamino-3-[4]pyridylamino-butan, (±)-N^3,N^3-Diäthyl-1-methyl-N^1-[4]pyridyl-propandiyldiamin $C_{13}H_{23}N_3$, Formel VII.

B. Beim Erhitzen von 4-Chlor-pyridin-hydrochlorid mit (±)-3-Amino-1-diäthylamino-butan (*Rubzow, Klimko*, Ž. obšč. Chim. **16** [1946] 1860, 1863; C. A. **1947** 6245; *Kalthod, Linnell*, Quart. J. Pharm. Pharmacol. **21** [1948] 63, 65).

Kp$_4$: 168—170° (*Ru., Kl.*); Kp$_{0,4}$: 135° (*Ka., Li.*).

Hexachloroplatinat(IV) $C_{13}H_{23}N_3 \cdot H_2PtCl_6$. Braune Kristalle; F: 216° [Zers.] (*Ka., Li.*).

Dipicrolonat $C_{13}H_{23}N_3 \cdot 2 C_{10}H_8N_4O_5$. Kristalle (aus Eg.); F: 218° [Zers.] (*Ru., Kl.*).

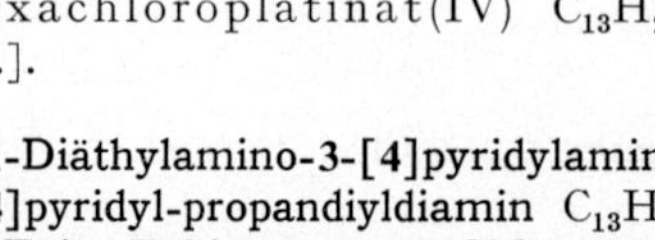

VII 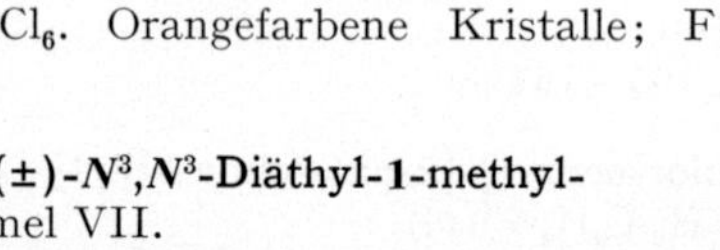   VIII

N,N-Diäthyl-N'-[4]pyridyl-pentandiyldiamin $C_{14}H_{25}N_3$, Formel V (n = 5).

B. Beim Erhitzen von 4-Chlor-pyridin und N,N-Diäthyl-pentandiyldiamin auf 160°

(Kalthod, Linnell, Quart. J. Pharm. Pharmacol. **20** [1947] 546, 550).

$Kp_{0,4}$: 160°.

Hexachloroplatinat(IV) $C_{14}H_{25}N_3 \cdot H_2PtCl_6$. Hellbraune Kristalle; F: 194° [Zers.].

(±)-1-Diäthylamino-4-[4]pyridylamino-pentan, (±)-N^4,N^4-Diäthyl-1-methyl-N^1-[4]pyridyl-butandiyldiamin $C_{14}H_{25}N_3$, Formel VIII.

B. Beim Erhitzen von 4-Chlor-pyridin-hydrochlorid mit (±)-4-Amino-1-diäthylamino-pentan *(Rubzow, Klimko,* Ž. obšč. Chim. **16** [1946] 1860, 1862; C. A. **1947** 6245; *Kalthod, Linnell,* Quart. J. Pharm. Pharmacol. **21** [1948] 63, 65).

Kp_2: 173—175° (*Ru., Kl.*); $Kp_{0,4}$: 145° (*Ka., Li.*).

Hexachloroplatinat(IV) $2\,C_{14}H_{25}N_3 \cdot H_2PtCl_6$. Dunkelbraune Kristalle; F: 205° [Zers.] (*Ka., Li.*).

Dipicrat $C_{14}H_{25}N_3 \cdot 2\,C_6H_3N_3O_7$. Gelbe Kristalle; F: 150—151° (*Ru., Kl.*).

N,N-Diäthyl-N'-[4]pyridyl-hexandiyldiamin $C_{15}H_{27}N_3$, Formel V (n = 6).

B. Beim Erhitzen von 4-Chlor-pyridin und N,N-Diäthyl-hexandiyldiamin auf 160° *(Kalthod, Linnell,* Quart. J. Pharm. Pharmacol. **20** [1947] 546, 550).

$Kp_{0,05}$: 160°.

Hexachloroplatinat(IV) $C_{15}H_{27}N_3 \cdot H_2PtCl_6$. Orangefarbene Kristalle; F: 173° [Zers.].

N,N'-Di-[4]pyridyl-hexandiyldiamin $C_{16}H_{22}N_4$, Formel IX.

B. Beim Erhitzen von 4-Phenoxy-pyridin und Hexandiyldiamin-dihydrochlorid auf 180° bis 200° (*Jerchel, Jakob,* B. **91** [1958] 1266, 1273).

F: 167,5—169° [aus wss. Me.].

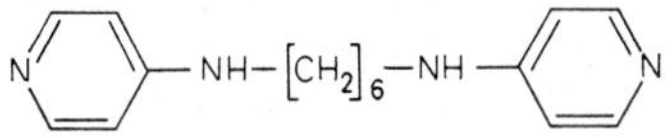

IX 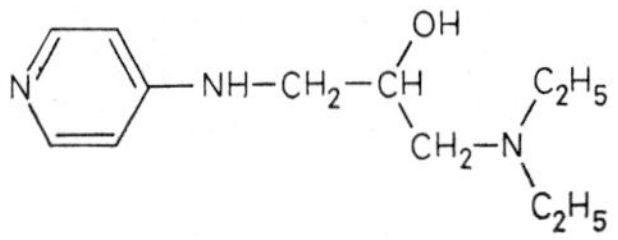   X

(±)-1-Diäthylamino-3-[4]pyridylamino-propan-2-ol $C_{12}H_{21}N_3O$, Formel X.

B. Beim Erhitzen von 4-Chlor-pyridin-hydrochlorid mit (±)-1-Amino-3-diäthylamino-propan-2-ol (*Rubzow, Klimko,* Ž. obšč. Chim. **16** [1946] 1860, 1862; C. A. **1947** 6245).

Kp_3: 205—208°.

Dipicrat $C_{12}H_{21}N_3O \cdot 2\,C_6H_3N_3O_7$. Gelbe Kristalle; F: 161°.

4-Methoxy-N^1-[4]pyridyl-o-phenylendiamin $C_{12}H_{13}N_3O$, Formel XI.

B. Beim Erwärmen von [4-Methoxy-2-nitro-phenyl]-[4]pyridyl-amin in H_2O mit Na_2S (*Koenigs et al.,* B. **69** [1936] 2690, 2695).

Kristalle (aus H_2O); F: 138°.

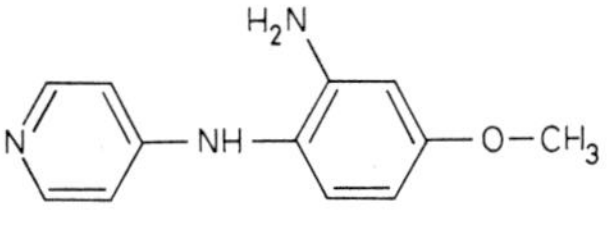

XI 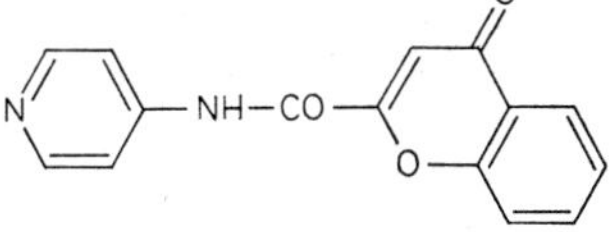   XII

4-Oxo-4H-chromen-2-carbonsäure-[4]pyridylamid $C_{15}H_{10}N_2O_3$, Formel XII.

B. Beim Behandeln (10 d) von 4-Oxo-4H-chromen-2-carbonsäure-äthylester mit [4]Pyridylamin in Äthanol (*Vejdělek et al.,* Chem. Listy **47** [1953] 575, 578; C. A. **1955** 306).

F: 250—251° [aus A.].

[2]Pyridyl-[4]pyridyl-amin, 2,4'-Imino-dipyridin $C_{10}H_9N_3$, Formel XIII.

B. Beim Erhitzen von [2]Pyridylamin und Pyridin-4-ol mit P_2O_5 auf 200° (*Zwart,*

Wibaut, R. **74** [1955] 1081, 1084). Beim Erhitzen von [2]Pyridylamin und 4-Phenoxy-pyridin-hydrochlorid auf 180° (*Jerchel, Jacob*, B. **91** [1958] 1266, 1272).
Kristalle; F: 183—184° [aus wss. A.] (*Zw., Wi.*), 180° [aus wss. Me.] (*Je., Ja.*).

[3]Pyridyl-[4]pyridyl-amin, 3,4′-Imino-di-pyridin $C_{10}H_9N_3$, Formel XIV.
B. Beim Erhitzen von [3]Pyridylamin und Pyridin-4-ol mit P_2O_5 auf 200° (*Zwart, Wibaut*, R. **74** [1955] 1081, 1084). Beim Erhitzen von [3]Pyridylamin-hydrochlorid und [1,4′]Bipyridylium-chlorid-hydrochlorid auf 180° (*Jerchel, Jakob*, B. **91** [1958] 1266, 1271).
Kristalle; F: 154—155° [aus wss. A.] (*Zw., Wi.*), 151° [aus H_2O] (*Je., Ja.*).

XIII　　　　　　　　　XIV　　　　　　　　　XV

Di-[4]pyridyl-amin, 4,4′-Imino-dipyridin $C_{10}H_9N_3$, Formel XV.
Das früher (E II **22** 341) unter dieser Konstitution beschriebene Präparat (F: 138°) war mit [4]Pyridylamin verunreinigt (*Koenigs, Jung*, J. pr. [2] **137** [1933] 141, 142).
B. Als Hauptprodukt neben Phosphorigsäure-tris-[4]pyridylamid beim Erhitzen von [4]Pyridylamin mit PCl$_3$ und Pyridin auf 180° (*Ko., Jung*, l. c. S. 145).
Kristalle (aus H_2O); F: 273—275° (*Ko., Jung*). UV-Spektrum (Heptan; 43000 cm^{-1} bis 32000 cm^{-1}): *Spiers, Wibaut*, R. **56** [1937] 573, 580, 587.
Beim Behandeln mit Brom und Natriumacetat in Essigsäure ist Bis-[3,5-dibrom-[4]pyridyl]-amin erhalten worden; beim Erhitzen des Nitrats mit konz. H_2SO_4 ist [3-Nitro-[4]pyridyl]-[4]pyridyl-amin, beim Erhitzen mit rauchender HNO$_3$ [D: 1,52] und rauchender H_2SO_4 ist Bis-[3-nitro-[4]pyridyl]-amin erhalten worden (*Ko., Jung*).
D i h y d r o c h l o r i d $C_{10}H_9N_3 \cdot 2$ HCl. Kristalle; unterhalb 300° nicht schmelzend (*Ko., Jung*).
N i t r a t. Kristalle; F: 226° [Zers.] (*Ko., Jung*).
P i c r a t. Gelbe Kristalle (aus A.); F: 235° [Zers.] (*Ko., Jung*).

1-Äthyl-2-[2-[4]pyridylamino-vinyl]-pyridinium $[C_{14}H_{16}N_3]^+$, Formel I, und Tautomeres.
Jodid. *B.* Beim Erwärmen von 2-Methyl-pyridin mit Toluol-4-sulfonsäure-äthylester, anschliessenden Erhitzen mit Orthoameisensäure-triäthylester, [4]Pyridylamin und Pentan-1-ol und anschliessenden Behandeln mit wss. KI (*Eastman Kodak Co.*, U.S.P. 2500127 [1946]). — Rote Kristalle (aus H_2O); F: 220°.

Nicotinsäure-[4]pyridylamid $C_{11}H_9N_3O$, Formel II.
B. Beim Erhitzen von [4]Pyridylamin in Pyridin mit Nicotinoylchlorid (*Vejdělek et al.*, Chem. Listy **46** [1952] 423, 426; C. A. **1953** 8068).
Kristalle (aus A.); F: 187° [unkorr.].

I　　　　　　　　　　II　　　　　　　　　　III

Isonicotinsäure-[4]pyridylamid $C_{11}H_9N_3O$, Formel III.
B. Beim Behandeln von [4]Pyridylamin in Pyridin mit Isonicotinoylchlorid-hydrochlorid (*Gardner et al.*, J. org. Chem. **19** [1954] 753, 754).
Kristalle (aus H_2O); F: 193—194°.

[5-Benzyloxy-indol-3-yl]-glyoxylsäure-[4]pyridylamid $C_{22}H_{17}N_3O_3$, Formel IV.
B. Beim Erhitzen von [5-Benzyloxy-indol-3-yl]-glyoxyloylchlorid mit [4]Pyridylamin (*Lipp et al.*, B. **91** [1958] 242).
Dunkelgelbe Kristalle (aus A.); F: 245—246° [Zers.].

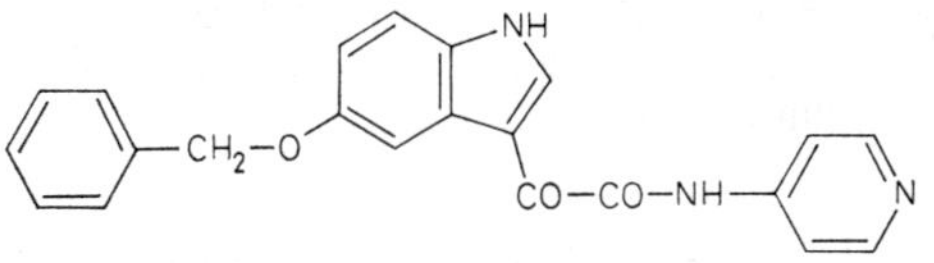

IV 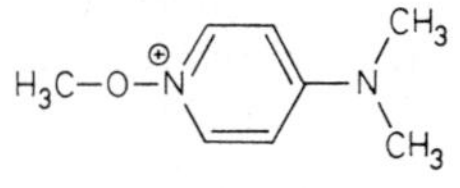 V

4-Dimethylamino-1-methoxy-pyridinium $[C_8H_{13}N_2O]^+$, Formel V.
Perchlorat $[C_8H_{13}N_2O]ClO_4$. Kristalle (aus A.); F: 138—139° (*Gardner, Katritzky*, Soc. **1957** 4375, 4384). λ_{max}: 290 nm [wss. HCl(0,1 n)] bzw. 291 nm [wss. NaOH(0,1 n)]. Über das Protonierungsgleichgewicht in H_2O s. *Ga., Ka.*, l. c. S. 4376.
Toluol-4-sulfonat $[C_8H_{13}N_2O]C_7H_7O_3S$. *B*. Beim Erhitzen von 4-Dimethylamino-pyridin-1-oxid mit Toluol-4-sulfonsäure-methylester (*Ga., Ka.*). — Kristalle (aus A. + E.); F: 109—112°.

4-Nitro-toluol-2-sulfonsäure-[4]pyridylamid $C_{12}H_{11}N_3O_4S$, Formel VI (X = NO_2).
B. Beim Erwärmen von 4-Nitro-toluol-2-sulfonylchlorid und [4]Pyridylamin in Pyridin (*Winthrop Chem. Co.*, U.S.P. 2299555 [1940]).
F: 257—258° [aus Acn.].

N-**[4]Pyridyl-toluol-4-sulfonamid** $C_{12}H_{12}N_2O_2S$, Formel VII (R = CH_3).
B. Beim Erwärmen von [4]Pyridylamin und Toluol-4-sulfonylchlorid in Benzol (*Grammaticakis*, Bl. **1959** 480, 492).
Kristalle (aus A.); F: 305° [Sublimation ab 280°]. UV-Spektrum (A.; 230—330 nm): *Gr.*, l. c. S. 487.

4-Sulfanilylamino-pyridin, Sulfanilsäure-[4]pyridylamid $C_{11}H_{11}N_3O_2S$, Formel VII (R = NH_2).
B. Beim Erwärmen von *N*-Acetyl-sulfanilsäure-[4]pyridylamid mit wss. NaOH (*May & Baker Ltd.*, U.S.P. 2275354 [1938]; D.R.P. 737796 [1938]; D.R.P. Org. Chem. **3** 905; *Kolloff, Hunter*, Am. Soc. **63** [1941] 490) oder mit wss. HCl (*Ochiai et al.*, J. pharm. Soc. Japan **65** [1945] Ausg. B, S. 431, 432; C. A. **1951** 8527).
Kristalle (aus wss. A.); F: 240° (*May & Baker Ltd.*), 235—236° (*Ko., Hu.*).
Hydrochlorid $C_{11}H_{11}N_3O_2S \cdot HCl$. Kristalle (aus Me.); F: 178—180° [Zers.] (*Och. et al.*).

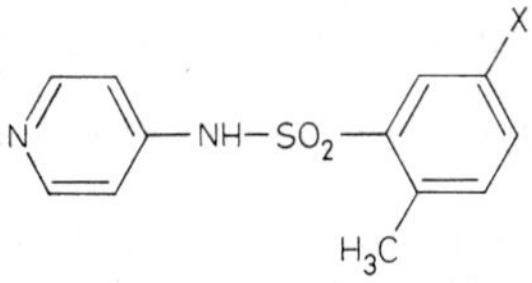

VI 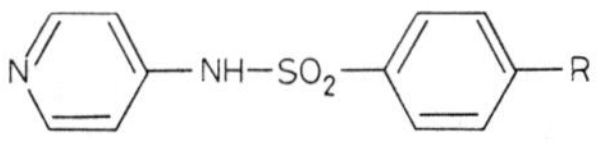 VII

N-**Acetyl-sulfanilsäure-[4]pyridylamid, Essigsäure-[4-[4]pyridylsulfamoyl-anilid]** $C_{13}H_{13}N_3O_3S$, Formel VII (R = $NH-CO-CH_3$).
B. Aus [4]Pyridylamin und *N*-Acetyl-sulfanilylchlorid in wss. Na_2CO_3 (*May & Baker Ltd.*, U.S.P. 2275354 [1938]; D.R.P. 737796 [1938]; D.R.P. Org. Chem. **3** 905), in Dioxan (*Kolloff, Hunter*, Am. Soc. **63** [1941] 490), in Aceton (*Ochiai et al.*, J. pharm. Soc. Japan **65** [1945] Ausg. B, S. 431, 432; C. A. **1951** 8527) oder beim Erhitzen ohne Lösungsmittel auf 130—140° (*Takahashi et al.*, J. pharm. Soc. Japan **66** [1946] Ausg. B, S. 1; C. A. **1952** 111).
Kristalle (aus A.); F: 256—257° (*Ko., Hu.*), 252° (*May & Baker Ltd.*), 249° (*Ta. et al.*).

N-**Hexanoyl-sulfanilsäure-[4]pyridylamid, Hexansäure-[4-[4]pyridylsulfamoyl-anilid]** $C_{17}H_{21}N_3O_3S$, Formel VII (R = $NH-CO-[CH_2]_5-CH_3$).
B. Beim Behandeln von [4]Pyridylamin mit *N*-Hexanoyl-sulfanilylchlorid in Dioxan (*Kolloff, Hunter*, Am. Soc. **63** [1941] 490).
F: 222—223° [aus A.].

4-Amino-toluol-2-sulfonsäure-[4]pyridylamid $C_{12}H_{13}N_3O_2S$, Formel VI (X = NH_2).
B. Beim Erhitzen von 4-Nitro-toluol-2-sulfonsäure-[4]pyridylamid mit Eisen in wss.
Essigsäure (*Winthrop Chem. Co.*, U.S.P. 2299555 [1940]).
F: 237—238° [aus wss. Acn.].

N-**Acetyl-sulfanilsäure-[1-oxy-[4]pyridylamid], Essigsäure-[4-(1-oxy-[4]pyridylsulf=
amoyl)-anilid]** $C_{13}H_{13}N_3O_4S$, Formel VIII.
B. Beim Erwärmen von 4-Amino-pyridin-1-oxid-hydrochlorid mit *N*-Acetyl-sulfanilyl=
chlorid in Pyridin (*Ochiai et al.*, J. pharm. Soc. Japan **65** [1945] Ausg. B, S. 431, 432;
C. A. **1951** 8527).
Kristalle (aus Me.); F: 264—265°.

O←N—NH—SO₂—⟨⟩—NH—CO—CH₃

VIII   IX

Tris-[4]pyridylamino-phosphin, Phosphorigsäure-tris-[4]pyridylamid $C_{15}H_{15}N_6P$,
Formel IX.
B. In geringerer Menge neben Di-[4]pyridyl-amin beim Erhitzen von [4]Pyridyl=
amin mit PCl_3 und Pyridin auf 180° (*Koenigs, Jung*, J. pr. [2] **137** [1933] 141, 142, 146).
Kristalle; F: 305—308°.   [*Blazek*]

2-Chlor-[4]pyridylamin $C_5H_5ClN_2$, Formel X (R = X = H).
B. Neben 4-Chlor-[2]pyridylamin beim Erhitzen von 2,4-Dichlor-pyridin mit wss.
NH_3 auf 180° (*den Hertog et al.*, R. **69** [1950] 673, 691; *Kolder, den Hertog*, R. **72** [1953]
285, 291). Beim Erwärmen einer Lösung von 2-Chlor-4-nitro-pyridin-1-oxid in Essig=
säure mit Eisen-Pulver und anschliessend mit Zink-Pulver unter Zusatz von wenig
wss. $HgCl_2$ (*Talik, Płazek*, Roczniki Chem. **29** [1955] 1019, 1021; C. A. **1956** 12045).
Beim Erwärmen von 2-Chlor-isonicotinoylazid mit wss. Essigsäure (*Bäumler et al.*,
Helv. **34** [1951] 496, 500).
Kristalle; F: 91—92° [aus H_2O] (*Ta., Pł.*, Roczniki Chem. **29** 1021), 91—91,5° [aus
Bzl. + PAe.] (*d. He. et al.*). Bei 80°/0,1 Torr sublimierbar (*Bä. et al.*).
Beim Behandeln mit H_2SO_4 und HNO_3 [D: 1,52] ist [2-Chlor-[4]pyridyl]-nitro-amin
erhalten worden (*Talik, Płazek*, Roczniki Chem. **30** [1956] 1139, 1144; C. A. **1957** 12089).

4-Benzoylamino-2-chlor-pyridin, *N*-[2-Chlor-[4]pyridyl]-benzamid $C_{12}H_9ClN_2O$,
Formel X (R = CO-C_6H_5, X = H).
B. Beim Erhitzen von 4-Amino-pyridin-1-oxid mit Benzoylchlorid auf 160° (*Ochiai,
Teshigawara*, J. pharm. Soc. Japan **65** [1945] Ausg. B, S. 435, 436, 440; C. A. **1951**
8527).
Kristalle (aus Me.); F: 209—210°.

3-Chlor-[4]pyridylamin $C_5H_5ClN_2$, Formel XI (X = H).
B. Beim Erhitzen von 3,4-Dichlor-pyridin mit wss. NH_3 auf 190° (*den Hertog et al.*,
R. **69** [1950] 673, 693).
Kristalle (aus PAe. + Bzl.); F: 60,5—61,5°.
Picrat. Gelbliche Kristalle (aus A. + Bzl.); F: 227—229° [korr.; Zers.].

2,3-Dichlor-[4]pyridylamin $C_5H_4Cl_2N_2$, Formel X (R = H, X = Cl).
B. Neben 3,4-Dichlor-[2]pyridylamin beim Erhitzen von 2,3,4-Trichlor-pyridin mit
NH_3 auf 160° (*den Hertog et al.*, R. **69** [1950] 673, 696).
Kristalle (aus PAe.); F: 153,5—154,5° [korr.].
Picrat. F: 198,5—199,5° [korr.; aus A.].

2,5-Dichlor-[4]pyridylamin $C_5H_4Cl_2N_2$, Formel XI (X = Cl).
B. Beim Erhitzen von 2,4,5-Trichlor-pyridin mit wss. NH_3 auf 160° (*den Hertog et al.*,

R. **69** [1950] 673, 690; *Kolder, den Hertog*, R. **72** [1953] 285, 293).
Kristalle (aus PAe.); F: 125,5—126° [korr.] (*Ko., d. He.*).
Picrat. F: 164—165° [korr.] (*Ko., d. He.*).

X   XI   XII   XIII

2,6-Dichlor-[4]pyridylamin $C_5H_4Cl_2N_2$, Formel XII (X = H) (E I 632).
B. Neben 4,6-Dichlor-[2]pyridylamin beim Erhitzen von 2,4,6-Trichlor-pyridin mit
wss. NH_3 auf 160° (*den Hertog et al.*, R. **69** [1950] 673, 697).
Kristalle (aus Bzl.); F: 172,5—173,5° [korr.].

3,5-Dichlor-[4]pyridylamin $C_5H_4Cl_2N_2$, Formel XIII (X = H) (E I 632).
Diese Verbindung hat vermutlich auch als Hauptbestandteil in dem früher (s. E II
20 152) als 3,4-Dichlor-pyridin beschriebenen Präparat vorgelegen (*den Hertog et al.*, R.
69 [1950] 673, 678).
B. Beim Erwärmen von [4]Pyridylamin oder 3-Chlor-[4]pyridylamin mit konz. wss.
HCl und wss. H_2O_2 (*d. He. et al.*, l. c. S. 692, 693).
Kristalle (aus wss. A.); F: 159,5—160,5° [korr.].
Verbindung mit Quecksilber(II)-chlorid. F: 243—247° [korr.; Zers.].

2,3,5-Trichlor-[4]pyridylamin $C_5H_3Cl_3N_2$, Formel XIII (X = Cl) (H 433).
B. Beim Behandeln von 2,3-Dichlor-[4]pyridylamin oder 2,5-Dichlor-[4]pyridylamin
mit konz. wss. HCl und wss. H_2O_2 (*den Hertog et al.*, R. **69** [1950] 673, 690, 696).
Kristalle (aus H_2O); F: 150—152° [korr.].

2,3,6-Trichlor-[4]pyridylamin $C_5H_3Cl_3N_2$, Formel XII (X = Cl) (H 433).
B. Beim Behandeln von 2,6-Dichlor-[4]pyridylamin mit HCl enthaltender Essigsäure
und wss. H_2O_2 (*den Hertog et al.*, R. **69** [1950] 673, 698).
Kristalle (aus H_2O); F: 160—160,5° [korr.].

2-Brom-[4]pyridylamin $C_5H_5BrN_2$, Formel I (X = H).
B. Neben 4-Brom-[2]pyridylamin beim Erhitzen von 2,4-Dibrom-pyridin mit wss.
NH_3 auf 160° (*den Hertog*, R. **64** [1945] 85, 96). Aus 2-Brom-4-nitro-pyridin-1-oxid
beim Erhitzen mit Eisen-Pulver und Essigsäure (*den Hertog et al.*, R. **70** [1951] 591,
598) oder beim Erwärmen mit $FeSO_4$ und konz. wss. NH_3 (*Talik*, Roczniki Chem. **31**
[1957] 569, 572; C. A. **1958** 5407).
Kristalle (aus PAe. + Bzl.); F: 97,5—98,5° (*d. He.*).
Picrat. F: 129—130° [aus wss. A.] (*d. He.*).

3-Brom-[4]pyridylamin $C_5H_5BrN_2$, Formel II (R = X = H).
B. Beim Erhitzen von 3,4-Dibrom-pyridin mit wss. NH_3 auf 160° (*den Hertog*, R. **64**
[1945] 85, 94). Beim Erhitzen von 3-Brom-4-nitro-pyridin-1-oxid mit Eisen-Pulver und
Essigsäure (*den Hertog, Overhoff*, R. **69** [1950] 468, 473; s. a. *Okuda, Robison*, J. org. Chem.
24 [1959] 1008, 1010). Beim Behandeln von 4-Amino-[3]pyridylquecksilber-chlorid mit
Brom in wasserhaltiger Essigsäure (*Profft, Otto*, J. pr. [4] **8** [1959] 156, 162).
Kristalle; F: 69,5—70,5° [aus Ae. + PAe.] (*d. He.*), 69—70° [aus Bzl. + PAe.] (*Pr.,
Otto*).
Picrat $C_5H_5BrN_2 \cdot C_6H_3N_3O_7$. Kristalle (aus A.); F: 235—236° (*d. He.*).

4-Benzylamino-3-brom-pyridin, Benzyl-[3-brom-[4]pyridyl]-amin $C_{12}H_{11}BrN_2$, Formel II
(R = CH_2-C_6H_5, X = H).
B. Beim Erhitzen von 3-Brom-[4]pyridylamin mit Benzylalkohol und KOH in Xylol
(*Okuda, Robison*, J. org. Chem. **24** [1959] 1008, 1010).
Picrat $C_{12}H_{11}BrN_2 \cdot C_6H_3N_3O_7$. Kristalle (aus A.); F: 163—165° [korr.].

3,3'-Dibrom-[1,4']bipyridyl-4-on $C_{10}H_6Br_2N_2O$, Formel III (X = H).
B. Aus 3,4-Dibrom-pyridin beim Erhitzen auf 140° und anschliessenden Erwärmen mit wss. Äthanol (*den Hertog*, R. **64** [1945] 85, 95).
Kristalle (aus A.); F: 243—244°.

4-Acetylamino-3-brom-pyridin, *N*-[3-Brom-[4]pyridyl]-acetamid $C_7H_7BrN_2O$, Formel II (R = CO-CH$_3$, X = H).
B. Beim Erhitzen von 3-Brom-[4]pyridylamin mit Acetanhydrid (*Okuda, Robison*, J. org. Chem. **24** [1959] 1008, 1010).
Kristalle (aus Ae. + PAe.), F: 86—87°; nach Trocknen bei 70° bzw. nach 1-monatigem Aufbewahren schmilzt die Verbindung bei 102,5—103,5° bzw. bei 101—102,5°.

2-Brom-3-chlor-[4]pyridylamin $C_5H_4BrClN_2$, Formel I (X = Cl).
Konstitutionszuordnung: *den Hertog et al.*, R. **69** [1950] 673, 681.
B. Neben 4-Brom-3-chlor-[2]pyridylamin beim Erhitzen von 2,4-Dibrom-3-chlor-pyridin mit wss. NH$_3$ auf 160° (*den Hertog*, R. **64** [1945] 85, 98).
Kristalle (aus wss. A.); F: 168,5—169,5° (*d. He.*).

5-Brom-2-chlor-[4]pyridylamin $C_5H_4BrClN_2$, Formel IV (X = Cl, X' = H).
B. Beim Erhitzen von 5-Brom-2,4-dichlor-pyridin mit wss. NH$_3$ auf 160° (*den Hertog, Schogt*, R. **70** [1951] 353, 359).
Kristalle (aus PAe.); F: 147,5—148° [korr.].

5-Brom-2,3-dichlor-[4]pyridylamin $C_5H_3BrCl_2N_2$, Formel IV (X = X' = Cl).
B. Beim Erhitzen von 5-Brom-2,3,4-trichlor-pyridin mit wss. NH$_3$ auf 160° (*den Hertog, Schogt*, R. **70** [1951] 353, 358). Beim Behandeln von 5-Brom-2-chlor-[4]pyridylamin mit konz. wss. HCl und wss. H$_2$O$_2$ (*d. He., Sch.*, l. c. S. 359).
Kristalle (aus PAe.); F: 148—148,5° [korr.].

2,3-Dibrom-[4]pyridylamin $C_5H_4Br_2N_2$, Formel I (X = Br).
B. Neben 3,4-Dibrom-[2]pyridylamin beim Erhitzen von 2,3,4-Tribrom-pyridin mit wss. NH$_3$ auf 160° (*den Hertog*, R. **64** [1945] 85, 99). Neben 2,3,5-Tribrom-[4]pyridyl=amin beim Behandeln von 2-Brom-[4]pyridylamin mit Brom in Essigsäure (*d. He.*, l. c. S. 97).
Kristalle (aus A. + PAe.); F: 173—173,5° (*d. He.*, l. c. S. 99).

I   II   III   IV   V

2,5-Dibrom-[4]pyridylamin $C_5H_4Br_2N_2$, Formel IV (X = Br, X' = H).
B. Beim Erhitzen von 2,4,5-Tribrom-pyridin mit wss. NH$_3$ auf 160° (*den Hertog*, R. **64** [1945] 85, 100).
Kristalle (aus wss. A.); F: 147—148°.

2,6-Dibrom-[4]pyridylamin $C_5H_4Br_2N_2$, Formel V (X = X' = H).
B. Neben 4,6-Dibrom-[2]pyridylamin und wenig 6-Brom-pyridin-2,4-diyldiamin beim Erhitzen von 2,4,6-Tribrom-pyridin mit wss. NH$_3$ auf 160° (*den Hertog, Jouwersma*, R. **72** [1953] 44, 47; s. a. *den Hertog*, R. **65** [1946] 129, 137). Beim Erhitzen von 2,6-Di=brom-4-nitro-pyridin-1-oxid mit Eisen-Pulver und Essigsäure (*van Ammers, den Hertog*, R. **77** [1958] 340, 345). Beim Erwärmen von 2,6-Dibrom-isonicotinsäure-amid mit Brom und wss. KOH (*d. He.*, l. c. S. 139).
Kristalle (aus Toluol + PAe.); F: 212—214° [korr.] (*v. Am., d. He.*).

3,5-Dibrom-[4]pyridylamin $C_5H_4Br_2N_2$, Formel II (R = H, X = Br) (H 434).
B. Beim Erhitzen von 3,4,5-Tribrom-pyridin (*den Hertog, Wibaut*, R. **51** [1932] 940,

943) oder 3,5-Dibrom-pyridin-4-sulfonsäure (*Dohrn, Diedrich*, A. **494** [1932] 284, 301) mit wss. NH₃. Beim Erhitzen von 3,5-Dibrom-4-nitro-pyridin-1-oxid mit Eisen-Pulver und Essigsäure (*den Hertog et al.*, R. **72** [1953] 296, 299). Beim Behandeln von 3-Brom-[4]pyridylamin mit wss. H₂SO₄ und Brom in Essigsäure (*den Hertog*, R. **64** [1945] 85, 95). Beim Behandeln von 3,5-Bis-chloromercurio-[4]pyridylamin mit Brom in wasserhaltiger Essigsäure (*Profft, Otto*, J. pr. [4] **8** [1959] 156, 163).

Kristalle (aus A.); F: 169—170° (*Do., Di.*), 168—169° (*d. He., Wi.*, l. c. S. 948).

4-Anilino-3,5-dibrom-pyridin, [3,5-Dibrom-[4]pyridyl]-phenyl-amin C₁₁H₈Br₂N₂, Formel II (R = C₆H₅, X = Br).

B. Beim Erhitzen von 3,5-Dibrom-pyridin-4-sulfonsäure mit Anilin auf 190° (*Dohrn, Diedrich*, A. **494** [1932] 284, 301).

Kristalle (aus Me.); F: 167°.

3,5,3′,5′-Tetrabrom-[1,4′]bipyridyl-4-on C₁₀H₄Br₄N₂O, Formel III (X = Br).

B. Beim Erhitzen von 3,5-Dibrom-pyridin-4-sulfonsäure mit H₂O (*Dohrn, Diedrich*, A. **494** [1932] 284, 301).

Kristalle (aus H₂O); F: >300°.

N-[3,5-Dibrom-[4]pyridyl]-anthranilsäure C₁₂H₈Br₂N₂O₂, Formel VI (R = H).

B. Beim Behandeln von N-[3,5-Dibrom-[4]pyridyl]-anthranilsäure-äthylester mit äthanol. KOH (*Dohrn, Diedrich*, A. **494** [1932] 284, 301).

Kristalle (aus wss. A.); F: 252°.

N-[3,5-Dibrom-[4]pyridyl]-anthranilsäure-äthylester C₁₄H₁₂Br₂N₂O₂, Formel VI (R = C₂H₅).

B. Beim Erhitzen von 3,5-Dibrom-pyridin-4-sulfonsäure mit Anthranilsäure-äthylester auf 270° (*Dohrn, Diedrich*, A. **494** [1932] 284, 301).

Kristalle (aus A.); F: 105—106°.

Bis-[3,5-dibrom-[4]pyridyl]-amin, 3,5,3′,5′-Tetrabrom-4,4′-imino-di-pyridin C₁₀H₅Br₄N₃, Formel VII.

B. Beim Erhitzen von Di-[4]pyridyl-amin mit Essigsäure, Natriumacetat und Brom (*Koenigs, Jung*, J. pr. [2] **137** [1933] 141, 147).

Gelbe Kristalle (aus wss. A.); F: 222°.

2,5-Dibrom-3-chlor-[4]pyridylamin C₅H₃Br₂ClN₂, Formel IV (X = Br, X′ = Cl).

B. Beim Erhitzen von 2,4,5-Tribrom-3-chlor-pyridin mit wss. NH₃ auf 160° (*den Hertog, Schogt*, R. **70** [1951] 353, 359). Beim Behandeln von 2,5-Dibrom-[4]pyridylamin mit konz. wss. HCl und wss. H₂O₂ (*d. He., Sch.*, l. c. S. 360).

Kristalle (aus PAe.); F: 156,5—157,5° [korr.].

2,3,5-Tribrom-[4]pyridylamin C₅H₃Br₃N₂, Formel IV (X = X′ = Br).

B. Beim Erhitzen von 2,3,4,5-Tetrabrom-pyridin mit wss. NH₃ auf 160° (*den Hertog*, R. **64** [1945] 85, 101). Neben 2,3-Dibrom-[4]pyridylamin beim Behandeln von 2-Brom-[4]pyridylamin mit Brom in Essigsäure (*d. He.*, l. c. S. 97).

Kristalle (aus wss. A.); F: 148—148,5°.

2,3,6-Tribrom-[4]pyridylamin C₅H₃Br₃N₂, Formel V (X = Br, X′ = H).

B. Neben 3,4,6-Tribrom-[2]pyridylamin beim Erhitzen von 2,3,4,6-Tetrabrom-pyridin mit wss. NH₃ auf 160° (*den Hertog*, R. **65** [1946] 129, 138). Beim Behandeln von 2,6-Dibrom-[4]pyridylamin mit Brom in Essigsäure bei 0° (*d. He.*, l. c. S. 139).

Kristalle (aus PAe.); F: 191,5—192,5° [korr.].

2,3,5,6-Tetrabrom-[4]pyridylamin C₅H₂Br₄N₂, Formel V (X = X′ = Br).

B. Beim Behandeln von 2,6-Dibrom-[4]pyridylamin mit Brom in Essigsäure (*den Hertog*, R. **65** [1946] 129, 139).

Kristalle (aus A. + Bzl.); F: 249—250° [korr.].

VI　　　　　　VII　　　　　VIII　　　　　IX

2-Jod-[4]pyridylamin $C_5H_5IN_2$, Formel VIII.

B. Beim Erwärmen von 2-Jod-4-nitro-pyridin-1-oxid mit $FeSO_4$ und wss. NH_3 (*Talik*, Roczniki Chem. **31** [1957] 569, 575; C. A. **1958** 5407).
Kristalle (aus wss. A.); F: 98—99°.

3-Jod-[4]pyridylamin $C_5H_5IN_2$, Formel IX (R = X = H).

B. Neben 3,5-Dijod-[4]pyridylamin beim Behandeln von [4]Pyridylamin mit ICl in wss. HCl (*I. G. Farbenind.*, D.R.P. 579224 [1930]; Frdl. **20** 765; *Winthrop Chem, Co.*, U.S.P. 2064945 [1931]). Beim Behandeln von 4-Amino-[3]pyridylquecksilber-chlorid mit Jod und KI in wss. Essigsäure (*Profft, Otto*, J. pr. [4] **8** [1959] 156, 163).
Kristalle; F: 100° (*I. G. Farbenind.*; *Winthrop Chem. Co.*), 76—77° [aus H_2O] (*Pr., Otto*).
Methojodid [$C_6H_8IN_2$]I; 4-Amino-3-jod-1-methyl-pyridinium-jodid (↔ 3-Jod-1-methyl-1*H*-pyridin-4-on-imin-hydrojodid $C_6H_7IN_2 \cdot HI$). Kristalle (aus DMF + Ae.); F: 254,5—255° (*Pr., Otto*, l. c. S. 164).

4-Benzolsulfonylamino-3-jod-pyridin, *N*-[3-Jod-[4]pyridyl]-benzolsulfonamid $C_{11}H_9IN_2O_2S$, Formel IX (R = SO_2-C_6H_4, X = H).

B. Beim Erhitzen von 3-Jod-[4]pyridylamin mit Benzolsulfonylchlorid und wss. KOH (*Profft, Otto*, J. pr. [4] **8** [1959] 156, 164).
Kristalle (aus Dioxan); F: 218—220°.

3,5-Dijod-[4]pyridylamin $C_5H_4I_2N_2$, Formel IX (R = H, X = I).

B. Neben 3-Jod-[4]pyridylamin beim Behandeln von [4]Pyridylamin mit ICl in wss. HCl (*I. G. Farbenind.*, D.R.P. 579224 [1930]; Frdl. **20** 765; *Winthrop Chem. Co.*, U.S.P. 2064945 [1931]). Beim Behandeln von 3,5-Bis-chloromercurio-[4]pyridylamin mit Jod und KI in wss. Essigsäure (*Profft, Otto*, J. pr. [4] **8** [1959] 156, 164).
Kristalle (aus A.); F: 135—136° (*Pr., Otto*, l. c. S. 165), 134° (*I. G. Farbenind.*; *Winthrop Chem. Co.*).
Picrat $C_5H_4I_2N_2 \cdot C_6H_3N_3O_7$. Gelbe Kristalle (aus A.); F: 250—252° (*Pr., Otto*, l. c. S. 165).

3,5,3′,5′-Tetrajod-[1,4′]bipyridyl-4-on $C_{10}H_4I_4N_2O$, Formel X.

B. Beim Erhitzen von 3,5-Dijod-pyridin-4-sulfonsäure mit H_2O (*Dohrn, Diedrich*, A. **494** [1932] 284, 302).
Kristalle (aus Py.); Zers. >300°.

3-Nitro-[4]pyridylamin $C_5H_5N_3O_2$, Formel XI (R = H) (E II 341).

B. Beim Erwärmen von 4-Chlor-3-nitro-pyridin-hydrochlorid mit Kaliumthiocyanat, Kaliumacetat und Essigsäure (*Takahashi, Ueda*, Pharm. Bl. **2** [1954] 34, 36).
Gelbe Kristalle (aus E.); F: 200° (*Ta., Ueda*).
Die früher (s. E II 341) beim Erwärmen mit konz. wss. HCl und $SnCl_2$ erhaltene und als 6-Chlor-pyridin-3,4-diyldiamin angesehene Verbindung ist als 2-Chlor-pyridin-3,4-diyl-diamin zu formulieren (*Mizuno et al.*, Chem. pharm. Bl. **12** [1946] 866, 868).

4-Methylamino-3-nitro-pyridin, Methyl-[3-nitro-[4]pyridyl]-amin $C_6H_7N_3O_2$, Formel XI (R = CH_3).

B. Beim Erhitzen von 4-Chlor-3-nitro-pyridin-hydrochlorid in Äthanol mit wss. Methyl-amin auf 100° (*Bremer*, A. **518** [1935] 274, 281).
Gelbe Kristalle (aus wss. A.); F: 162—163°.

4-Äthylamino-3-nitro-pyridin, Äthyl-[3-nitro-[4]pyridyl]-amin $C_7H_9N_3O_2$, Formel XI ($R = C_2H_5$).

B. Beim Erwärmen von 4-Chlor-3-nitro-pyridin-hydrochlorid mit Äthylamin in Äthanol (*Bremer*, A. **518** [1935] 274, 282).

Gelbliche Kristalle (aus Ae.); F: 74°.

[2-Chlor-äthyl]-[3-nitro-[4]pyridyl]-amin $C_7H_8ClN_3O_2$, Formel XI ($R = CH_2\text{-}CH_2\text{-}Cl$).

B. Beim Erwärmen von 2-[3-Nitro-[4]pyridylamino]-äthanol mit $SOCl_2$ (*Bremer*, A. **521** [1936] 286, 289).

Gelbliche Kristalle (aus wss. A.); F: 104°.

3-Nitro-4-propylamino-pyridin, [3-Nitro-[4]pyridyl]-propyl-amin $C_8H_{11}N_3O_2$, Formel XI ($R = CH_2\text{-}CH_2\text{-}CH_3$).

B. Beim Erwärmen von 4-Methoxy-3-nitro-pyridin mit Propylamin in Äthanol (*Weidenhagen*, *Train*, B. **75** [1942] 1936, 1947).

Gelbliche Kristalle (aus H_2O); F: 70°.

Hydrochlorid. Gelbliche Kristalle; F: 124°.

4-Butylamino-3-nitro-pyridin, Butyl-[3-nitro-[4]pyridyl]-amin $C_9H_{13}N_3O_2$, Formel XI ($R = [CH_2]_3\text{-}CH_3$).

B. Beim Erwärmen von 4-Chlor-3-nitro-pyridin-hydrochlorid mit Butylamin in Äthanol (*Bremer*, A. **518** [1935] 274, 283).

Gelbe Kristalle; F: 47—48°.

X   XI   XII   XIII

4-Cyclohexylamino-3-nitro-pyridin, Cyclohexyl-[3-nitro-[4]pyridyl]-amin $C_{11}H_{15}N_3O_2$, Formel XI ($R = C_6H_{11}$).

B. Beim Erwärmen von 4-Chlor-3-nitro-pyridin mit Cyclohexylamin in Benzol (*Ashton*, *Suschitzky*, Soc. **1957** 4559, 4561).

Kristalle (aus A.); F: 102—103°.

4-Anilino-3-nitro-pyridin, [3-Nitro-[4]pyridyl]-phenyl-amin $C_{11}H_9N_3O_2$, Formel XII ($X = X' = H$).

B. Beim Erhitzen von 4-Chlor-3-nitro-pyridin mit Anilin auf 130° (*Bremer*, A. **514** [1934] 279, 285).

Gelbe Kristalle; F: 118°.

[2-Nitro-phenyl]-[3-nitro-[4]pyridyl]-amin $C_{11}H_8N_4O_4$, Formel XII ($X = NO_2$, $X' = H$).

B. Beim Erhitzen von 4-Chlor-3-nitro-pyridin-hydrochlorid mit 2-Nitro-anilin in Essigsäure (*Petrow et al.*, Soc. **1949** 2540).

Gelbe Kristalle (aus A.); F: 171,5—173,5° [korr.].

Beim Erwärmen mit wss. Na_2S ist eine Verbindung $C_{11}H_{10}N_4O_2$ (rote Kristalle [aus wss. Me.]; F: 154—155° [korr.]) erhalten worden, in der N-[3-Nitro-[4]pyridyl]-o-phenylendiamin (Formel XII [$X = NH_2$, $X' = H$]) oder 3-Amino-4-[2-nitro-anilino]-pyridin (Formel XIII) vorgelegen hat.

3-Nitro-4-o-toluidino-pyridin, [3-Nitro-[4]pyridyl]-o-tolyl-amin $C_{12}H_{11}N_3O_2$, Formel XII ($X = CH_3$, $X' = H$).

B. Beim Erwärmen von 4-Methoxy-3-nitro-pyridin mit o-Toluidin (*Gruber*, Canad. J. Chem. **31** [1953] 1181, 1187).

Kristalle (aus wss. Me.); F: 85—87°.

3-Nitro-4-*p*-toluidino-pyridin, [3-Nitro-[4]pyridyl]-*p*-tolyl-amin $C_{12}H_{11}N_3O_2$, Formel XII
(X = H, X' = CH$_3$).

B. Beim Erwärmen von 4-Chlor-3-nitro-pyridin mit *p*-Toluidin in Äthanol (*Bishop et al.*, Soc. **1952** 437, 440).

Gelbliche Kristalle; F: 123° [unkorr.].

[4-Methyl-2-nitro-phenyl]-[3-nitro-[4]pyridyl]-amin $C_{12}H_{10}N_4O_4$, Formel XII (X = NO$_2$, X' = CH$_3$).

B. Beim Erhitzen von 4-Chlor-3-nitro-pyridin-hydrochlorid mit 4-Methyl-2-nitro-anilin in Essigsäure (*Petrow et al.*, Soc. **1949** 2540).

Orangefarbene Kristalle (aus Bzl.); F: 195—196° [korr.].

4-Benzylamino-3-nitro-pyridin, Benzyl-[3-nitro-[4]pyridyl]-amin $C_{12}H_{11}N_3O_2$, Formel XI
(R = CH$_2$-C$_6$H$_5$).

B. Aus 4-Chlor-3-nitro-pyridin und Benzylamin beim Erhitzen auf 130° (*Bremer*, A. **518** [1935] 274, 284) oder beim Erwärmen in Benzol (*Ashton, Suschitzky*, Soc. **1957** 4559, 4561).

Gelbliche Kristalle; F: 103° [aus wss. Me.] (*Br.*), 100—101° [aus A.] (*Ash., Su.*).

3-Nitro-4-phenäthylamino-pyridin, [3-Nitro-[4]pyridyl]-phenäthyl-amin $C_{13}H_{13}N_3O_2$,
Formel XI (R = CH$_2$-CH$_2$-C$_6$H$_5$).

B. Beim Erwärmen von 4-Chlor-3-nitro-pyridin mit Phenäthylamin in Benzol (*Ashton, Suschitzky*, Soc. **1957** 4559, 4561).

Kristalle (aus A.); F: 83°.

[2-Nitro-[1]naphthyl]-[3-nitro-[4]pyridyl]-amin $C_{15}H_{10}N_4O_4$, Formel I.

B. Beim Erhitzen von 4-Chlor-3-nitro-pyridin-hydrochlorid mit 2-Nitro-[1]naphthyl= amin in Essigsäure (*Petrow et al.*, Soc. **1949** 2540).

Orangefarbene Kristalle (aus Bzl.); F: 202—204° [korr.].

2-[3-Nitro-[4]pyridylamino]-äthanol $C_7H_9N_3O_3$, Formel II.

B. Beim Erwärmen von 4-Chlor-3-nitro-pyridin-hydrochlorid mit 2-Amino-äthanol (*Bremer*, A. **518** [1935] 274, 285).

Gelbe Kristalle (aus H$_2$O); F: 144°.

Hydrochlorid $C_7H_9N_3O_3 \cdot$HCl. Gelbe Kristalle (aus A.); F: 205—206°.

I   II   III

3'-Nitro-[1,4']bipyridylium(1+), 1-[3-Nitro-[4]pyridyl]-pyridinium $[C_{10}H_8N_3O_2]^+$,
Formel III (R = R' = H).

Chlorid $[C_{10}H_8N_3O_2]$Cl. *B.* Aus 4-Chlor-3-nitro-pyridin und Pyridin (*Koenigs, Jung*, J. pr. [2] **137** [1933] 157, 158; *Bishop et al.*, Soc. **1952** 437, 440). — Kristalle; F: 175° [aus A.] (*Ko., Jung*), 160—161° [unkorr.; Zers.] (*Bi. et al.*). — Beim Behandeln mit wss. NH$_3$ ist 5-[3-Nitro-[4]pyridylamino]-penta-2,4-dienal (S. 4125) erhalten worden (*Ko., Jung*).

Tetrachloroaurat(III). Gelbe Kristalle (aus wss. HCl); F: 171—172° (*Ko., Jung*).

Picrat $[C_{10}H_8N_3O_2]C_6H_2N_3O_7$. F: 185° (*Cavell, Chapman*, Soc. **1953** 3392).

3-Methyl-3'-nitro-[1,4']bipyridylium(1+), 3-Methyl-1-[3-nitro-[4]pyridyl]-pyridinium
$[C_{11}H_{10}N_3O_2]^+$, Formel III (R = CH$_3$, R' = H).

Chlorid $[C_{11}H_{10}N_3O_2]$Cl. *B.* Aus 3-Methyl-pyridin und 4-Chlor-3-nitro-pyridin (*Cavell, Chapman*, Soc. **1953** 3392). — F: 197,5°.

Picrat $[C_{11}H_{10}N_3O_2]C_6H_2N_3O_7$. F: 230°.

4-Methyl-3'-nitro[1,4']bipyridylium(1+), 4-Methyl-1-[3-nitro-[4]pyridyl]-pyridinium
$[C_{11}H_{10}N_3O_2]^+$, Formel III (R = H, R' = CH$_3$).
  Picrat $[C_{11}H_{10}N_3O_2]C_6H_2N_3O_7$. *B.* Aus 4-Methyl-pyridin,4-Chlor-3-nitro-pyridin und Picrinsäure (*Cavell, Chapman*, Soc. **1953** 3392). — F: 200° [Zers.].

2-[3-Nitro-[4]pyridylamino]-phenol $C_{11}H_9N_3O_3$, Formel IV (R = R' = H).
  B. Aus 4-Chlor-3-nitro-pyridin und Natrium-[2-amino-phenolat] (*Jerchel, Jakob*, B. **92** [1959] 724, 731).
  Kristalle (aus DMF + H$_2$O); F: 220—223°.

IV   V

3-Nitro-4-*o*-phenetidino-pyridin, [2-Äthoxy-phenyl]-[3-nitro-[4]pyridyl]-amin
$C_{13}H_{13}N_3O_3$, Formel IV (R = H, R' = C$_2$H$_5$).
  B. Beim Erwärmen von 4-Chlor-3-nitro-pyridin mit *o*-Phenetidin in Benzol (*Ashton, Suschitzky*, Soc. **1957** 4559, 4561).
  Kristalle (aus A.); F: 100°.

2-[Methyl-(3-nitro-[4]pyridyl)-amino]-phenol $C_{12}H_{11}N_3O_3$, Formel IV (R = CH$_3$, R' = H).
  B. Beim Erwärmen von *N*-Methyl-2-[3-nitro-[4]pyridyloxy]-anilin mit methanol. KOH (*Takahashi, Yoneda*, Chem. pharm. Bl. **6** [1958] 46, 49).
  Gelbe Kristalle; F: 183° [unkorr.; Zers.].

[4-Methoxy-2-nitro-phenyl]-[3-nitro-[4]pyridyl]-amin $C_{12}H_{10}N_4O_5$, Formel V.
  B. Beim Erhitzen von 4-Chlor-3-nitro-pyridin-hydrochlorid mit 4-Methoxy-2-nitro-anilin in Essigsäure (*Petrow et al.*, Soc. **1949** 2540).
  Orangefarbene Kristalle (aus Bzl. + PAe.); F: 162—163° [korr.].

*5-[3-Nitro-[4]pyridylamino]-penta-2,4-dienal $C_{10}H_9N_3O_3$, Formel VI.
  B. Beim Behandeln von 1-[3-Nitro-[4]pyridyl]-pyridinium-chlorid mit wss. NH$_3$ (*Koenigs, Jung*, J. pr. [2] **137** [1933] 157, 159).
  Hellrote Kristalle (aus A.); F: 161°.
  Hydrochlorid. Rote Kristalle; F: 171° (*Ko., Jung*, l. c. S. 160).
  Phenylhydrazon $C_{16}H_{15}N_5O_2$. Blauschwarze Kristalle (aus A.); F: 147°.

4-Acetylamino-3-nitro-pyridin, *N*-[3-Nitro-[4]pyridyl]-acetamid $C_7H_7N_3O_3$, Formel VII.
  B. Beim Erhitzen von 3-Nitro-[4]pyridylamin mit Acetanhydrid (*Takahashi, Ueda*, Pharm. Bl. **2** [1954] 34, 36).
  Kristalle (aus Me.); F: 115°.

[3-Nitro-[4]pyridyl]-carbamidsäure-methylester $C_7H_7N_3O_4$, Formel VIII (R = CH$_3$, X = O).
  B. Beim Behandeln von [3-Nitro-[4]pyridyl]-thiocarbamidsäure-*O*-methylester mit H$_2$O$_2$ in wss. KOH (*Takahashi, Ueda*, Pharm. Bl. **4** [1956] 133).
  Kristalle (aus Me.); F: 140—142° [unkorr.].

[3-Nitro-[4]pyridyl]-carbamidsäure-äthylester $C_8H_9N_3O_4$, Formel VIII (R = C$_2$H$_5$, X = O).
  B. Aus 3-Nitro-[4]pyridylamin und Chlorokohlensäure-äthylester mit Hilfe von wss. Na$_2$CO$_3$ (*Takahashi, Ueda*, Pharm. Bl. **4** [1956] 133). Aus [3-Nitro-[4]pyridyl]-thio-carbamidsäure-*O*-äthylester beim Behandeln mit H$_2$O$_2$ in wss. KOH (*Ta., Ueda*).
  Kristalle (aus PAe.); F: 62°. IR-Spektrum (Nujol; 3—14 μ): *Ta., Ueda*.

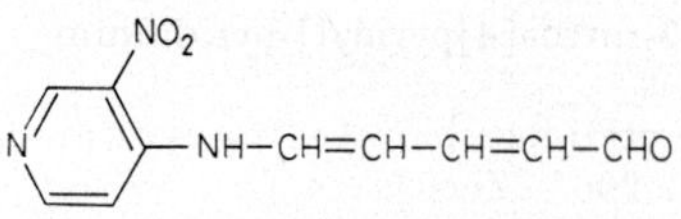

NO₂ structures VI, 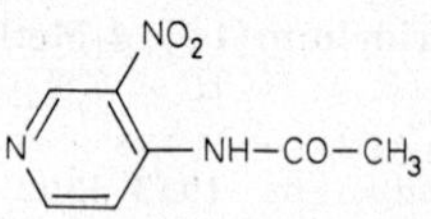 VII, 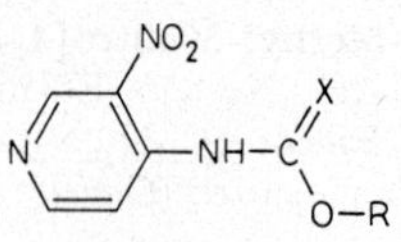 VIII

Structure VI: NH–CH=CH–CH=CH–CHO

Structure VII: NH–CO–CH₃

Structure VIII: NH–C(=X)–O–R

[3-Nitro-[4]pyridyl]-thiocarbamidsäure-O-methylester $C_7H_7N_3O_3S$, Formel VIII (R = CH₃, X = S).

B. Neben anderen Verbindungen beim Erwärmen von 3-Nitro-[4]pyridylthiocyanat mit Methanol (*Takahashi, Ueda*, Pharm. Bl. **2** [1954] 78, 83).

Gelbliche Kristalle (aus Ae. + PAe.); F: 97—98°.

[3-Nitro-[4]pyridyl]-thiocarbamidsäure-O-äthylester $C_8H_9N_3O_3S$, Formel VIII (R = C₂H₅, X = S).

B. Neben anderen Verbindungen beim Erwärmen von 3-Nitro-[4]pyridylthiocyanat mit Äthanol (*Takahashi, Ueda*, Pharm. Bl. **2** [1954] 78, 83, **4** [1956] 133).

Gelbe Kristalle (aus PAe. + Ae.); F: 74° (*Ta., Ueda*, Pharm. Bl. **4** 135; s. a. *Ta., Ueda,* Pharm. Bl. **2** 83). IR-Spektrum (Nujol; 3—4 μ): *Ta., Ueda*, Pharm. Bl. **4** 133.

[3-Nitro-[4]pyridyl]-thiocarbamidsäure-O-propylester $C_9H_{11}N_3O_3S$, Formel VIII (R = CH₂-CH₂-CH₃, X = S).

B. Aus 3-Nitro-[4]pyridylthiocyanat und Propan-1-ol (*Takahashi, Ueda*, Pharm. Bl. **2** [1954] 78, 84).

Hydrochlorid $C_9H_{11}N_3O_3S \cdot HCl$. Gelbliche Kristalle (aus A. + Ae.); Zers. bei 152°.

[3-Nitro-[4]pyridyl]-thiocarbamidsäure-O-isopropylester $C_9H_{11}N_3O_3S$, Formel VIII (R = CH(CH₃)₂, X = S).

B. Aus 3-Nitro-[4]pyridylthiocyanat und Isopropylalkohol (*Takahashi, Ueda*, Pharm. Bl. **2** [1954] 78, 84).

Hydrochlorid $C_9H_{11}N_3O_3S \cdot HCl$. Gelbliche Kristalle (aus Ae. + A.); F: 176° [Zers.].

[3-Nitro-[4]pyridyl]-thiocarbamidsäure-O-butylester $C_{10}H_{13}N_3O_3S$, Formel VIII (R = [CH₂]₃-CH₃, X = S).

B. Aus 3-Nitro-[4]pyridylthiocyanat und Butan-1-ol (*Takahashi, Ueda*, Pharm. Bl. **2** [1954] 78, 84).

Hydrochlorid $C_{10}H_{13}N_3O_3S \cdot HCl$. Gelbe Kristalle; F: 148° [Zers.].

N-[3-Nitro-[4]pyridyl]-äthylendiamin $C_7H_{10}N_4O_2$, Formel IX (R = R′ = H).

B. Aus 4-Chlor-3-nitro-pyridin-hydrochlorid und Äthylendiamin-hydrat (*Bremer*, A. **518** [1935] 274, 286).

Orangegelbe Kristalle, die an der Luft zerfliessen.

Dihydrochlorid $C_7H_{10}N_4O_2 \cdot 2\,HCl$. Gelbliche Kristalle (aus wss. A.), die sich bei 265° braun färben.

N,N-Diäthyl-N′-[3-nitro-[4]pyridyl]-äthylendiamin $C_{11}H_{18}N_4O_2$, Formel IX (R = R′ = C₂H₅).

B. Beim Erwärmen von 4-Chlor-3-nitro-pyridin-hydrochlorid mit *N,N*-Diäthyl-äthylendiamin (*Bremer*, A. **518** [1935] 274, 284).

Orangegelbes Öl; Kp₁: 166°.

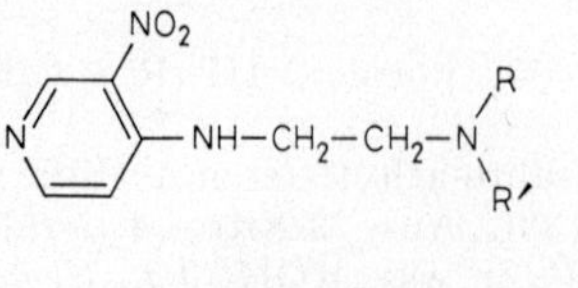

Structure IX: NH–CH₂–CH₂–N(R)(R′)

Structure X: NH–CH₂–CH₂–NH

IX 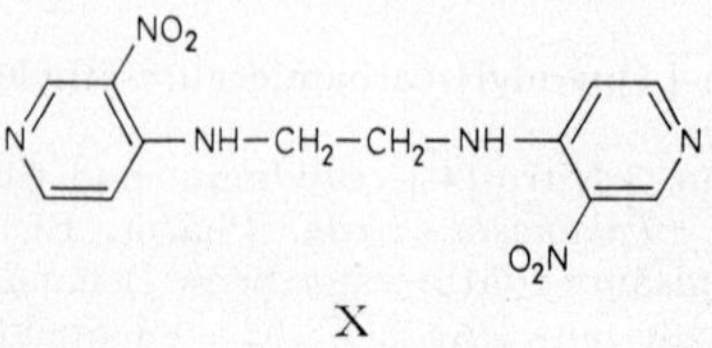   X

N-Acetyl-*N'*-[3-nitro-[4]pyridyl]-äthylendiamin, *N*-[2-(3-Nitro-[4]pyridylamino)-äthyl]-acetamid $C_9H_{12}N_4O_3$, Formel IX (R = CO-CH$_3$, R' = H).
  B. Aus *N*-[3-Nitro-[4]pyridyl]-äthylendiamin und Acetanhydrid (*Bremer*, A. **518** [1935] 274, 287).
  Gelbe Kristalle (aus H$_2$O); F: 176°.

N,N'-Bis-[3-nitro-[4]pyridyl]-äthylendiamin $C_{12}H_{12}N_6O_4$, Formel X.
  B. Aus 4-Chlor-3-nitro-pyridin-hydrochlorid und Äthylendiamin-hydrat (*Bremer*, A. **518** [1935] 274, 288).
  Gelbe Kristalle, die unterhalb 270° nicht schmelzen.
  Dihydrochlorid $C_{12}H_{12}N_6O_4 \cdot 2$ HCl. Gelbliche Kristalle.

N-[3-Nitro-[4]pyridyl]-*p*-phenylendiamin $C_{11}H_{10}N_4O_2$, Formel XI (R = H).
  B. Beim Erwärmen von 4-Chlor-3-nitro-pyridin mit *p*-Phenylendiamin und Kaliumacetat in Äthanol (*Bremer*, A. **514** [1934] 279, 288).
  Rote Kristalle (aus wss. A.); F: 163°.

XI   XII

N-Acetyl-*N'*-[3-nitro-[4]pyridyl]-*p*-phenylendiamin, Essigsäure-[4-(3-nitro-[4]pyridylamino)-anilid] $C_{13}H_{12}N_4O_3$, Formel XI (R = CO-CH$_3$).
  B. Aus *N*-[3-Nitro-[4]pyridyl]-*p*-phenylendiamin und Acetanhydrid (*Bremer*, A. **514** [1934] 279, 288).
  Gelbe Kristalle (aus wss. A.); F: 235—236°.

[3-Nitro-[4]pyridyl]-[2]pyridyl-amin, 3'-Nitro-2,4'-imino-di-pyridin $C_{10}H_8N_4O_2$, Formel XII.
  B. Beim Erhitzen von [2]Pyridylamin mit 4-Chlor-3-nitro-pyridin auf 150° (*Bremer*, A. **514** [1934] 279, 290).
  Gelbe Kristalle (aus H$_2$O); F: 131—132°.

[3-Nitro-[4]pyridyl]-[4]pyridyl-amin, 3-Nitro-4,4'-imino-di-pyridin $C_{10}H_8N_4O_2$, Formel I (X = X' = H).
  B. Beim Erhitzen von Di-[4]pyridyl-amin-nitrat mit H$_2$SO$_4$ auf 120° (*Koenigs, Jung*, J. pr. [2] **137** [1933] 141, 148).
  Gelbe Kristalle (aus H$_2$O) mit 1 Mol H$_2$O, F: 96°; die wasserfreie Verbindung schmilzt bei 122—123°.
  Nitrat. Kristalle (aus wss. HNO$_3$); F: 210° [Zers.].

Bis-[3-nitro-[4]pyridyl]-amin, 3,3'-Dinitro-4,4'-imino-di-pyridin $C_{10}H_7N_5O_4$, Formel I (X = H, X' = NO$_2$).
  B. Beim Eintragen von Di-[4]pyridyl-amin-nitrat in ein Gemisch von HNO$_3$ [D: 1,52] und H$_2$SO$_4$ [SO$_3$ enthaltend] bei 100° (*Koenigs, Jung*, J. pr. [2] **137** [1933] 141, 149).
  Gelbe Kristalle (aus A.); F: 195—196°.
  Natrium-Salz NaC$_{10}$H$_6$N$_5$O$_4$. Rote Kristalle (aus Acn. + PAe.).
  Nitrat. Gelbliche Kristalle; F: 187—188° [Zers.].
  Picrat. Gelbe Kristalle (aus A.); F: 202°.

2-Chlor-3-nitro-[4]pyridylamin $C_5H_4ClN_3O_2$, Formel II (X = Cl, X' = H).
  B. Neben 2-Chlor-5-nitro-[4]pyridylamin beim Erwärmen von [2-Chlor-[4]pyridyl]-nitro-amin mit H$_2$SO$_4$ (*Talik, Płażek*, Roczniki Chem. **30** [1956] 1139, 1144; C. A. **1957** 12089).
  Gelbliche Kristalle (aus wss. A.); F: 205—207° [Zers.].

2-Chlor-5-nitro-[4]pyridylamin $C_5H_4ClN_3O_2$, Formel II (X = H, X' = Cl).
B. s. im vorangehenden Artikel.

Gelbliche Kristalle; F: 190—191° [aus E.] (*Rousseau, Ribons*, J. heterocycl. Chem. **2** [1965] 196, 199), 155—156° [aus wss. A.] (*Talik, Płażek*, Roczniki Chem. **30** [1956] 1139, 1144; C. A. **1957** 12089).

Beim Erwärmen mit $SnCl_2$ und wss. HCl sind 6-Chlor-pyridin-3,4-diyldiamin und 2,6(?)-Dichlor-pyridin-3,4-diyldiamin (F: 181—183°) erhalten worden (*Ta., Pł.,* l. c. S. 1147).

I   II   III

3-Brom-5-nitro-[4]pyridylamin $C_5H_4BrN_3O_2$, Formel III (R = H, X = Br) (E II 341).
B. Aus 3-Brom-4-chlor-5-nitro-pyridin beim Behandeln mit KSCN und Essigsäure oder beim Erwärmen mit wss. NH_3 auf 100° (*Takahashi, Yamashita*, Pharm. Bl. **4** [1956] 20, 22). Beim Erhitzen von 3-Nitro-[4]pyridylamin mit Brom und Kaliumacetat in Essigsäure (*Bremer*, A. **518** [1935] 274, 279; vgl. E II 341).

Gelbe Kristalle; F: 181° [aus wss. Eg.] (*Br.*), 179—180° [aus Bzl.] (*Ta., Ya.*).

2-[3-Brom-5-nitro-[4]pyridylamino]-äthanol $C_7H_8BrN_3O_3$, Formel III (R = CH_2-CH_2-OH, X = Br).
B. Beim Erwärmen von 3-Brom-4-chlor-5-nitro-pyridin mit 2-Amino-äthanol (*Bremer*, A. **529** [1937] 290, 297).

Gelbe Kristalle (aus H_2O); F: 120—121°.

2-[3-Brom-5-nitro-[4]pyridylamino]-phenol $C_{11}H_8BrN_3O_3$, Formel IV (X = Br).
B. Beim Erwärmen von 3-Brom-4-chlor-5-nitro-pyridin mit 2-Amino-phenol und äthanol. KOH (*Takahashi, Yoneda*, Chem. pharm. Bl. **6** [1958] 46, 48).

Rote Kristalle (aus Me.); F: 191° [unkorr.; Zers.].

Beim Erhitzen mit Piperidin ist 4-Nitro-5*H*-benzo[*b*]pyrido[4,3-*e*][1,4]oxazin erhalten worden.

[3-Brom-5-nitro-[4]pyridyl]-[3,5-dibrom-[4]pyridyl]-amin, 3,5,3'-Tribrom-5'-nitro-4,4'-imino-di-pyridin $C_{10}H_5Br_3N_4O_2$, Formel I (X = X' = Br).
B. Beim Erhitzen von [3-Nitro-[4]pyridyl]-[4]pyridyl-amin mit Brom und Natriumacetat in Essigsäure (*Koenigs, Jung*, J. pr. [2] **137** [1933] 141, 148).

Hellbraune Kristalle (aus A. + H_2O); F: 181°.

Bis-[3-brom-5-nitro-[4]pyridyl]-amin, 3,3'-Dibrom-5,5'-dinitro-4,4'-imino-di-pyridin $C_{10}H_5Br_2N_5O_4$, Formel I (X = Br, X' = NO_2).
B. Beim Erhitzen von Bis-[3-nitro-[4]pyridyl]-amin mit Brom und Natriumacetat in Essigsäure (*Koenigs, Jung*, J. pr. [2] **137** [1933] 141, 151).

Braune Kristalle (aus A. + H_2O); F: 222—223°.

3,5-Dinitro-[4]pyridylamin $C_5H_4N_4O_4$, Formel III (R = H, X = NO_2) (E II 341).
Zur Bildung aus [4]Pyridylamin (E II 341) vgl. *Graboyes, Day*, Am. Soc. **79** [1957] 6421, 6425.

Gelbe Kristalle (aus H_2O); F: 168—169° [unkorr.].

2-[3,5-Dinitro-[4]pyridylamino]-phenol $C_{11}H_8N_4O_5$, Formel IV (X = NO_2).
B. Beim Erwärmen von 4-Chlor-3,5-dinitro-pyridin mit Natriumacetat und 2-Amino-phenol in Äthanol (*Petrow, Rewald*, Soc. **1945** 313).

Orangefarbene Kristalle (aus A.); F: 195° [korr.; Zers.].

N-[3,5-Dinitro-[4]pyridyl]-*o*-phenylendiamin $C_{11}H_9N_5O_4$, Formel V (R = H).
B. Beim Erwärmen von 4-Chlor-3,5-dinitro-pyridin mit *o*-Phenylendiamin und Na=

triumacetat in Benzol (*Petrow, Saper*, Soc. **1946** 588, 590).

Rote Kristalle (aus wss. Py.); F: 222° [korr.; Zers.].

IV　　　　　　　　**V**　　　　　　　　**VI**

N-[3,5-Dinitro-[4]pyridyl]-*N'*-phenyl-*o*-phenylendiamin C$_{17}$H$_{13}$N$_5$O$_4$, Formel V
(R = C$_6$H$_5$).

B. Beim Erwärmen von 4-Chlor-3,5-dinitro-pyridin mit *N*-Phenyl-*o*-phenylendiamin und Natriumacetat in Benzol (*Petrow, Saper*, Soc. **1946** 588, 590).

Rote Kristalle (aus A.); F: 180—182° [korr.; Zers.].

Beim Erwärmen mit äthanol. KOH oder mit Chinolin ist 4-Nitro-10-phenyl-5,10-dihydro-pyrido[3,4-*b*]chinoxalin erhalten worden.

[3,5-Dinitro-[4]pyridyl]-[2]pyridyl-amin, 3',5'-Dinitro-2,4'-imino-di-pyridin C$_{10}$H$_7$N$_5$O$_4$, Formel VI, und Tautomeres (1*H*-Pyridin-2-on-[3,5-dinitro-[4]pyridylimin]).

B. Beim Erhitzen von 4-Chlor-3,5-dinitro-pyridin mit [2]Pyridylamin und Natriumacetat in Benzol (*Petrow, Saper*, Soc. **1946** 588, 589).

Gelbe Kristalle (aus A.); F: 184—185° [korr.].

Beim Erhitzen mit Chinolin ist 4-Nitro-dipyrido[1,2-*a*; 4',3'-*d*]imidazol erhalten worden.

[*Möhle*]

Amine C$_6$H$_8$N$_2$

2-Diisopropylamino-3*H*-azepin, [3*H*-Azepin-2-yl]-diisopropyl-amin C$_{12}$H$_{20}$N$_2$, Formel VII
(R = R' = CH(CH$_3$)$_2$).

Bezüglich der Position der Doppelbindungen vgl. *Huisgen*, zit. bei *Paquette*, Am. Soc.
86 [1964] 4096 Anm. 3; *Vogel et al.*, A. **682** [1965] 1, 11; *Doering, Odum*, Tetrahedron **22** [1966] 81, 85, 88.

B. Beim Bestrahlen eines Gemisches von Phenylazid und Diisopropylamin mit UV-Licht (*Appl, Huisgen*, B. **92** [1959] 2961, 2966).

Kp$_{0,001}$: 80—90° (*Appl, Hu.*). λ_{max} (A.?): 213 nm und 297 nm (*Appl, Hu.*).

Picrat. Gelbe Kristalle (aus A. + Acn.); F: 140—142° (*Appl, Hu.*).

2-[*N*-Methyl-anilino]-3*H*-azepin, [3*H*-Azepin-2-yl]-methyl-phenyl-amin C$_{13}$H$_{14}$N$_2$,
Formel VII (R = C$_6$H$_5$, R' = CH$_3$).

Über die Position der Doppelbindungen s. die Angaben im vorangehenden Artikel.

B. Beim Erhitzen von Phenylazid mit *N*-Methyl-anilin auf 150° (*Huisgen et al.*, B. **91** [1958] 1, 11).

Blassgelbes Öl; Kp$_{0,001}$: 95—97°.

Picrat C$_{13}$H$_{14}$N$_2$·C$_6$H$_3$N$_3$O$_7$. Gelbe Kristalle (aus A.); F: 158—159°.

N-[3*H*-Azepin-2-yl]-*N*-phenyl-benzolsulfonamid C$_{18}$H$_{16}$N$_2$O$_2$S, Formel VII
(R = SO$_2$-C$_6$H$_5$, R' = C$_6$H$_5$).

Über die Position der Doppelbindungen s. die Angaben im Artikel [3*H*-Azepin-2-yl]-diisopropyl-amin (s. o.).

B. Beim Erwärmen von [3*H*-Azepin-2-yl]-phenyl-amin (E III/IV **21** 3427) mit Benzolsulfonylchlorid in Pyridin auf 40° (*Huisgen et al.*, B. **91** [1958] 1, 9).

Kristalle (aus Bzl. + PAe.); F: 158—159°.

2-Methyl-[3]pyridylamin C$_6$H$_8$N$_2$, Formel VIII (R = R' = H).

B. Aus 6-Chlor-2-methyl-3-nitro-pyridin bei der Hydrierung an Palladium/CaCO$_3$ in Methanol (*Schmelkes, Joiner*, Am. Soc. **61** [1939] 2562), bei der Hydrierung an Palladium/Kohle in Methanol (*Clemo, Holt*, Soc. **1953** 1313) oder beim Erhitzen mit Zink-Pulver und wss. H$_2$SO$_4$ (*Baumgarten et al.*, Am. Soc. **76** [1954] 596, 598). Beim Erwärmen von 2-Meth=

yl-nicotinsäure-amid mit NaOCl in wss. KOH (*Dornow*, B. **73** [1940] 78).

Kristalle; F: 115—116° [nach Sublimation im Vakuum bei ca. 60°] (*Do.*), 114—116° (*Parker, Shive*, Am. Soc. **69** [1947] 63, 67).

Picrat $C_6H_8N_2 \cdot C_6H_3N_3O_7$. Kristalle; F: 236° [Zers.] (*Pa., Sh.*), 234° [Zers.; aus A.] (*Do.*).

3-Formylamino-2-methyl-pyridin, N-[2-Methyl-[3]pyridyl]-formamid $C_7H_8N_2O$, Formel VIII (R = CHO, R' = H).

B. Beim Behandeln von 2-Methyl-[3]pyridylamin in Äther mit Ameisensäure und Acetanhydrid (*Clemo, Swan*, Soc. **1948** 198).

Kp_2: 145°.

Beim Erhitzen mit Kaliumäthylat auf 350° ist 1H-Pyrrolo[3,2-b]pyridin erhalten worden.

Picrat $C_7H_8N_2O \cdot C_6H_3N_3O_7$. Hellgelbe Kristalle (aus Acn. + A.) mit 0,5 Mol Äthanol; F: 187—188°.

3-Diacetylamino-2-methyl-pyridin, N-[2-Methyl-[3]pyridyl]-diacetamid $C_{10}H_{12}N_2O_2$, Formel VIII (R = R' = CO-CH₃).

B. Beim Erhitzen von 2-Methyl-[3]pyridylamin mit Acetanhydrid (*Clemo, Swan*, Soc. **1948** 198).

Kp_2: 125—127°.

Picrat $C_{10}H_{12}N_2O_2 \cdot C_6H_3N_3O_7$. Hellgelbe Kristalle (aus A.); F: 155—156° [nach Sintern bei 146°].

3-Benzoylamino-2-methyl-pyridin, N-[2-Methyl-[3]pyridyl]-benzamid $C_{13}H_{12}N_2O$, Formel VIII (R = CO-C₆H₅, R' = H).

B. Aus 2-Methyl-[3]pyridylamin nach Schotten-Baumann (*Dornow*, B. **73** [1940] 78).

Kristalle (aus A. + H₂O); F: 114—115°.

6-Chlor-2-methyl-[3]pyridylamin $C_6H_7ClN_2$, Formel IX (X = H).

B. Beim Erwärmen von 6-Chlor-3-nitro-2-methyl-pyridin mit SnCl₂ und konz. wss. HCl (*Parker, Shive*, Am. Soc. **69** [1947] 63, 66).

Kristalle (aus Bzl.); F: 93—94°.

5-Brom-6-chlor-2-methyl-[3]pyridylamin $C_6H_6BrClN_2$, Formel IX (X = Br).

B. Beim Erwärmen von 3-Brom-2-chlor-6-methyl-5-nitro-pyridin mit SnCl₂ und konz. wss. HCl (*Parker, Shive*, Am. Soc. **69** [1947] 63, 66).

Kristalle (aus Bzl. + PAe.); F: 162,5—164°.

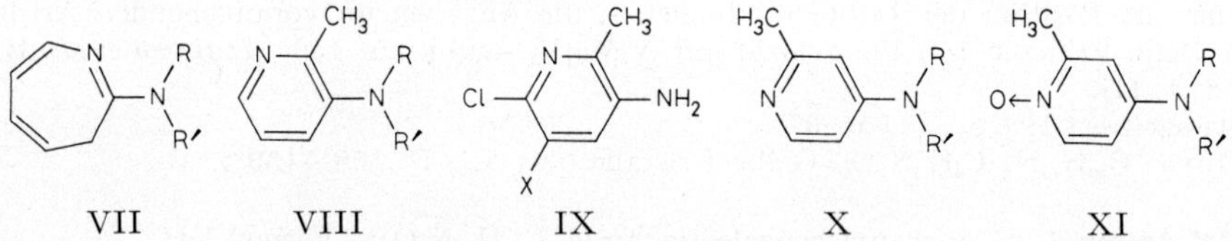

VII   VIII   IX   X   XI

2-Methyl-[4]pyridylamin $C_6H_8N_2$, Formel X (R = R' = H).

B. Beim Erwärmen von 2-Methyl-4-nitro-pyridin-1-oxid mit Eisen-Pulver und Essig= säure (*den Hertog et al.*, R. **70** [1951] 591, 599), auch unter Zusatz von wss. HgCl₂ (*Bo- jarska-Dahlig, Gruda*, Roczniki Chem. **31** [1957] 1147, 1151; C. A. **1958** 10072). Beim Erwärmen von 2-Methyl-4-nitro-pyridin-1-oxid mit Zink-Pulver und wss. NaOH (*Ochiai, Suzuki*, J. pharm. Soc. Japan **67** [1947] 158; C. A. **1951** 9541). Beim Erhitzen von 2-Methyl-4-nitro-pyridin-1-oxid mit wss. N₂H₄·H₂O und Kupfer-Pulver in Diäthylen= glykol auf 180—200° (*Kubota, Akita*, J. pharm. Soc. Japan **78** [1958] 248; C. A. **1958** 11834). Bei der Hydrierung von 2-Methyl-1-oxy-[4]pyridylamin-hydrochlorid an Pal= ladium/Kohle in Essigsäure und Acetanhydrid (*Och., Su.*). Beim Behandeln von 2-Methyl- isonicotinsäure-amid mit wss. KOH und Brom (*Bo.-Da., Gr.*, l. c. S. 1152).

Kristalle; F: 95,5—96° [aus PAe.] (*d. He. et al.*), 95—96° [aus Xylol oder PAe.]

(*Bo.-Da., Gr.*), 95° [aus Bzl. + Me.] (*Och., Su.*). λ_{max} (A.): 211 nm und 246 nm (*Okuda*, Pharm. Bl. **4** [1956] 257, 258).

Picrat $C_6H_8N_2 \cdot C_6H_3N_3O_7$. Gelbe Kristalle; F: 192,5—193,5° [unkorr.; aus A.] (*Bo.-Da., Gr.*), 193° [aus wss. A.] (*Ku., Ak.*), 193° (*Och., Su.*).

Acetat. F: 194° (*Och., Su.*).

4-Amino-2-methyl-pyridin-1-oxid, 2-Methyl-1-oxy-[4]pyridylamin $C_6H_8N_2O$, Formel XI (R = R' = H).

B. Bei der Hydrierung von 2-Methyl-4-nitro-pyridin-1-oxid an Palladium/Kohle in H_2O (*Kato et al.*, Pharm. Bl. **4** [1956] 178, 181) oder in wss. HCl (*Ochiai, Suzuki*, J. pharm. Soc. Japan **67** [1947] 158; C. A. **1951** 9541). Beim Erwärmen von 2-Methyl-4-nitro-pyridin-1-oxid mit wss. NH_3 und äthanol. H_2S (*Och., Su.*).

Hygroskopische Kristalle (aus A. + Acn.); F: 122—128° (*Kato et al.*). Scheinbarer Dissoziationsexponent pK_a' der protonierten Verbindung (H_2O; spektrophotometrisch ermittelt): 4,10 (*Furukawa*, J. pharm. Soc. Japan **79** [1959] 492, 495; C. A. **1959** 18 029).

Beim Erhitzen mit Glycerin, As_2O_5 und konz. H_2SO_4 auf 155° ist 5-Methyl-[1,6]naphth=yridin-6-oxid erhalten worden (*Kato et al.*; *Ikekawa*, Chem. pharm. Bl. **6** [1958] 263, 265). Beim Erwärmen mit Acetanhydrid in $CHCl_3$ ist *N*-[2-Methyl-1-oxy-[4]pyridyl]-acetamid, beim Erhitzen mit Acetanhydrid auf 120—130° ist 2-Acetoxymethyl-4-acetyl=amino-pyridin erhalten worden (*Fu.*, l. c. S. 499).

Hydrochlorid $C_6H_8N_2O \cdot HCl$. Kristalle; F: 192° (*Kato et al.*), 189—191° [aus Me. + E.] (*Och., Su.*).

Picrat $C_6H_8N_2O \cdot C_6H_3N_3O_7$. Kristalle; F: 180—182° [aus wss. A.] (*Kubota, Akita*, J. pharm. Soc. Japan **78** [1958] 248; C. A. **1958** 11 834), 180° [aus A.] (*Och., Su.*).

4-Dimethylamino-2-methyl-pyridin-1-oxid, Dimethyl-[2-methyl-1-oxy-[4]pyridyl]-amin $C_8H_{12}N_2O$, Formel XI (R = R' = CH_3).

Scheinbarer Dissoziationsexponent pK_a' der protonierten Verbindung (H_2O; spektro-photometrisch ermittelt): 4,37 (*Furukawa*, J. pharm. Soc. Japan **79** [1959] 492, 495; C. A. **1959** 18 029).

4-Benzylamino-2-methyl-pyridin, Benzyl-[2-methyl-[4]pyridyl]-amin $C_{13}H_{14}N_2$, Formel X (R = CH_2-C_6H_5, R' = H).

B. Beim Erhitzen von 4-Chlor-2-methyl-pyridin mit Benzylamin auf 150—160° (*Kato, Ohta*, J. pharm. Soc. Japan **71** [1951] 217, 219; C. A. **1952** 4541).

Kristalle; F: 73—75° [nach Destillation bei 185—208°/9 Torr].

4-Acetylamino-2-methyl-pyridin-1-oxid, *N*-[2-Methyl-1-oxy-[4]pyridyl]-acetamid $C_8H_{10}N_2O_2$, Formel XI (R = CO-CH_3, R' = H).

B. Beim Erwärmen von 2-Methyl-1-oxy-[4]pyridylamin mit Acetanhydrid in $CHCl_3$ (*Furukawa*, J. pharm. Soc. Japan **79** [1959] 492, 499; C. A. **1959** 18 029).

Kristalle (aus Acn.) mit 1 Mol H_2O; F: 200—201°. λ_{max}: 295 nm [Dioxan] bzw. 268 nm [Dioxan + A. (1:1)].

N,N-Dimethyl-*N'*-[2-methyl-[4]pyridyl]-*N'*-phenyl-äthylendiamin $C_{16}H_{21}N_3$, Formel X (R = CH_2-CH_2-N(CH_3)$_2$, R' = C_6H_5).

B. Beim Erhitzen von 4-Chlor-2-methyl-pyridin mit *N,N*-Dimethyl-*N'*-phenyl-äthylen=diamin und $NaNH_2$ in Toluol (*Kato*, J. pharm. Soc. Japan **71** [1951] 1381, 1385; C. A. **1952** 7100).

Kp_3: 140—145°.

Dipicrat $C_{16}H_{21}N_3 \cdot 2 C_6H_3N_3O_7$. Kristalle; F: 192°.

N-Benzyl-*N',N'*-dimethyl-*N*-[2-methyl-[4]pyridyl]-äthylendiamin $C_{17}H_{23}N_3$, Formel X (R = CH_2-CH_2-N(CH_3)$_2$, R' = CH_2-C_6H_5).

B. Beim Erwärmen von Benzyl-[2-methyl-[4]pyridyl]-amin mit $NaNH_2$ und an-schliessenden Erhitzen mit [2-Chlor-äthyl]-dimethyl-amin-hydrochlorid bis auf 160° (*Kato, Ohta*, J. pharm. Soc. Japan **71** [1951] 217, 219; C. A. **1952** 4541). Beim Erhitzen von Benzyl-[2-methyl-[4]pyridyl]-amin mit $NaNH_2$, [2-Chlor-äthyl]-dimethyl-amin-hydrochlorid und NaI in Xylol (*Kato, Ohta*).

Kp_{10}: 194—196°.

N,N-Diäthyl-N'-benzyl-N'-[2-methyl-[4]pyridyl]-äthylendiamin $C_{19}H_{27}N_3$, Formel X
(R = CH_2-CH_2-$N(C_2H_5)_2$, R' = CH_2-C_6H_5) auf S. 4130.

B. Beim Erhitzen von 4-Chlor-2-methyl-pyridin mit *N,N*-Diäthyl-*N'*-benzyl-äthylen≠diamin, NaI und wenig Kupfer-Pulver in Toluol auf 170° (*Kato*, J. pharm. Soc. Japan **71** [1951] 1381, 1383; C. A. **1952** 7100). Beim Erhitzen von Benzyl-[2-methyl-[4]pyridyl]-amin mit Diäthyl-[2-chlor-äthyl]-amin-hydrochlorid, NaNH₂ und NaI in Toluol (*Kato*).

Kp₅: 165—170°.

Dipicrat $C_{19}H_{27}N_3 \cdot 2\,C_6H_3N_3O_7$. Kristalle (aus E.); F: 185—186,5°.

Benzyl-[2-methyl-[4]pyridyl]-[2-piperidino-äthyl]-amin $C_{20}H_{27}N_3$, Formel XII.

B. Beim Erhitzen von Benzyl-[2-methyl-[4]pyridyl]-amin mit 1-[2-Chlor-äthyl]-piperidin-hydrochlorid, NaNH₂ und NaI in Toluol (*Kato*, J. pharm. Soc. Japan **71** [1951] 1381, 1383; C. A. **1952** 7100).

Kp₄: 230—240° [Badtemperatur].

N,N-Diäthyl-N'-[4-methoxy-benzyl]-N'-[2-methyl-[4]pyridyl]-äthylendiamin
$C_{20}H_{29}N_3O$, Formel X (R = CH_2-CH_2-$N(C_2H_5)_2$, R' = CH_2-C_6H_4-O-CH₃(*p*)) auf S. 4130.

B. Beim Erhitzen von 4-Chlor-2-methyl-pyridin mit *N,N*-Diäthyl-*N'*-[4-methoxy-benzyl]-äthylendiamin und wenig Kupfer-Pulver in Toluol (*Kato, Hagiwara*, J. pharm. Soc. Japan **73** [1953] 145, 148; C. A. **1953** 11192).

Kp₄: 250—253° [Badtemperatur].

XII   XIII   XIV

N,N-Diäthyl-N'-furfuryl-N'-[2-methyl-[4]pyridyl]-äthylendiamin $C_{17}H_{25}N_3O$,
Formel XIII.

B. Beim Erhitzen von 4-Chlor-2-methyl-pyridin mit *N,N*-Diäthyl-*N'*-furfuryl-äthylen≠diamin und wenig Kupfer-Pulver in Äthanol (*Kato*, J. pharm. Soc. Japan **71** [1951] 1381, 1384; C. A. **1952** 7100).

Kp₆: 182°.

Dipicrat $C_{17}H_{25}N_3O \cdot 2\,C_6H_3N_3O_7$. Kristalle (aus E.); F: 156—158°.

Furfuryl-[2-methyl-[4]pyridyl]-[2-piperidino-äthyl]-amin $C_{18}H_{25}N_3O$, Formel XIV.

B. Beim Erhitzen von 4-Chlor-2-methyl-pyridin mit Furfuryl-[2-piperidino-äthyl]-amin und wenig Kupfer-Pulver in Toluol (*Kato, Hagiwara*, J. pharm. Soc. Japan **73** [1953] 145, 147; C. A. **1953** 11192).

Kp₁: 200° [Badtemperatur].

6-Methyl-[3]pyridylamin $C_6H_8N_2$, Formel I (R = X = H).

B. Beim Erhitzen von 5-Jod-2-methyl-pyridin mit wss. NH₃ und CuSO₄ auf 130—135° (*Płażek, Rodewald*, Roczniki Chem. **21** [1947] 150; C. A. **1948** 5456). Beim Erwärmen von 2-Methyl-5-nitro-pyridin mit SnCl₂ und konz. wss. HCl (*Płażek*, B. **72** [1939] 577, 581). Aus 2-Chlor-6-methyl-3-nitro-pyridin beim Hydrieren an Platin und Palladium/BaCO₃ in Äthylacetat und wenig Äthanol (*Parker, Shive*, Am. Soc. **69** [1947] 63, 65) oder beim Erhitzen mit Zink-Pulver und wss. H₂SO₄ (*Baumgarten et al.*, Am. Soc. **76** [1954] 596, 598). Beim Erwärmen von [6-Methyl-[3]pyridyl]-carbamidsäure-äthylester mit wss. KOH (*Graf*, J. pr. [2] **133** [1932] 19, 28). Beim Erhitzen von *N,N'*-Bis-[6-methyl-[3]pyridyl]-harnstoff mit konz. wss. HCl auf 130° (*Graf*). Beim Erwärmen von 6-Methyl-nicotinsäure-amid mit NaOCl in wss. KOH (*Graf*, l. c. S. 29).

Kristalle; F: 97—98° [aus Bzl.] (*Pl., Ro.*), 95—96° [aus Bzl. + PAe.] (*McLean, Spring*, Soc. **1949** 2582, 2584). Bei 80°/2 Torr sublimierbar (*McL., Sp.*; s. a. *Graf*).

Dihydrochlorid $C_6H_8N_2 \cdot 2\,HCl$. Kristalle (aus A. + Ae.); F: 215—218° [Zers.] (*Graf*).

Picrat $C_6H_8N_2 \cdot C_6H_3N_3O_7$. Kristalle; F: 206—207° [Zers.; aus A.] (*McL., Sp.*), 203° (*Pl., Ro.*).

5-Acetylamino-2-methyl-pyridin, N-[6-Methyl-[3]pyridyl]-acetamid $C_8H_{10}N_2O$, Formel I (R = CO-CH$_3$, X = H).

B. Beim Erhitzen von 6-Methyl-[3]pyridylamin mit Acetanhydrid (*Graf*, J. pr. [2] **133** [1932] 19, 29; s. a. *Płażek, B.* **72** [1939] 577, 581).

Kristalle; F: 126° (*Pl.*), 122—123° [aus CHCl$_3$ + PAe.] (*Graf*).

I   II

5-Benzoylamino-2-methyl-pyridin, N-[6-Methyl-[3]pyridyl]-benzamid $C_{13}H_{12}N_2O$, Formel I (R = CO-C$_6$H$_5$, X = H).

B. Beim Behandeln von 6-Methyl-[3]pyridylamin mit Benzoylchlorid und wss. KOH (*Graf*, J. pr. [2] **133** [1932] 19, 30).

Kristalle (aus A. + H$_2$O); F: 110—111°.

[6-Methyl-[3]pyridyl]-carbamidsäure-äthylester $C_9H_{12}N_2O_2$, Formel I (R = CO-O-C$_2$H$_5$, X = H).

B. Beim Erwärmen von 6-Methyl-nicotinoylazid mit Äthanol (*Graf*, J. pr. [2] **133** [1932] 19, 27).

Kristalle (aus A. oder H$_2$O); F: 132—133°.

N,N'-Bis-[6-methyl-[3]pyridyl]-harnstoff $C_{13}H_{14}N_4O$, Formel II.

B. Beim Erhitzen von 6-Methyl-nicotinoylazid mit H$_2$O (*Graf*, J. pr. [2] **133** [1932] 19, 27).

Kristalle; F: 285—288° [Zers.].

6-Methyl-nicotinsäure-[6-methyl-[3]pyridylamid] $C_{13}H_{13}N_3O$, Formel III.

B. Beim Erwärmen von 6-Methyl-nicotinoylazid mit 6-Methyl-[3]pyridylamin in Äther (*Graf*, J. pr. [2] **133** [1932] 19, 27).

Kristalle (aus A.); F: 275—277° [Zers.].

2-Chlor-6-methyl-[3]pyridylamin $C_6H_7ClN_2$, Formel I (R = H, X = Cl).

B. Beim Erwärmen von 2-Chlor-6-methyl-3-nitro-pyridin mit SnCl$_2$ und konz. wss. HCl (*Parker, Shive*, Am. Soc. **69** [1947] 63, 65).

Kristalle (aus Bzl.); F: 82—83°.

6-Methyl-[2]pyridylamin $C_6H_8N_2$, Formel IV (R = R' = H) (E I 633; E II 342).

B. Beim Erhitzen von 2-Methyl-pyridin mit NaNH$_2$ (vgl. E I 633; E II 342) in Xylol (*Feist et al.*, Ar. **274** [1936] 418, 422; *Clemo et al.*, Soc. **1954** 2693, 2698; *Fürst, Feustel*, Chem. Tech. **10** [1958] 693, 698), in flüssigem NH$_3$ und Xylol unter Zusatz von wenig Fe(NO$_3$)$_3$ (*Parker, Shive*, Am. Soc. **69** [1947] 63, 65) oder in N,N-Dimethyl-anilin (*Schering A.G.*, D.R.P. 663891 [1936]; Frdl. **25** 357).

Dipolmoment (ε; Bzl.): 1,77 D (*Murty*, Indian J. Physics **32** [1958] 516, 519), 1,65 D (*Barassin, Lumbroso*, Bl. **1961** 492, 495).

E: 44,2° (*Mod et al.*, J. phys. Chem. **60** [1956] 1651, 1652). Kp$_{760}$: 208—209°; Kp$_{20}$: 112° (*Fe. et al.*); Kp$_{20}$: 124—125° (*Pa., Sh.*); Kp$_{10}$: 110° (*Fü., Fe.*). Scheinbarer Dissoziationsexponent pK$_a'$ der protonierten Verbindung (H$_2$O; potentiometrisch ermittelt): 7,41 (*Fastier, McDowall*, Austral. J. exp. Biol. med. Sci. **36** [1958] 491, 495). Erstarrungsdiagramm des Systems mit Palmitinsäure (Verbindung 1:1 [E: 65,3°]): *Mod et al.*

Beim Behandeln mit wss. HBr und wss. NaNO$_2$ sind 2-Brom-6-methyl-pyridin und geringere Mengen 3,5-Dibrom-6-methyl-pyridin-2-ol erhalten worden (*Willink, Wibaut*, R. **53** [1934] 417, 418). Beim Erhitzen mit Malonsäure-diäthylester in Diphenyläther sind N-[6-Methyl-[2]pyridyl]-malonamidsäure-äthylester, N,N'-Bis-[6-methyl-[2]pyrid=

yl]-malonamid und 7-Methyl-[1,8]naphthyridin-2,4-diol (Syst.-Nr. 3635) erhalten worden (*Lappin et al.*, J. org. Chem. **15** [1950] 377).

Acetat $C_6H_8N_2 \cdot C_2H_4O_2$. Kristalle (nach Sublimation im Vakuum); F: 82—83° (*Adams, Miyano*, Am. Soc. **76** [1954] 2785).

Palmitat $C_6H_8N_2 \cdot C_{16}H_{32}O_2$. E: 65,3° (*Mod et al.*, J. phys. Chem. **60** [1956] 1651, 1652; J. Am. Oil Chemists Soc. **36** [1959] 616, 618). Über eine metastabile Modifikation s. *Mod et al.*, J. phys. Chem. **60** 1652, 1653.

Hydrogenphthalat $C_6H_8N_2 \cdot C_8H_6O_4$. Kristalle (aus H_2O); F: 168° (*Feist, Schultz*, Ar. **272** [1934] 785, 791).

2-Amino-6-methyl-pyridin-1-oxid, 6-Methyl-1-oxy-[2]pyridylamin $C_6H_8N_2O$, Formel V.

B. Beim Erhitzen von *N*-[6-Methyl-1-oxy-[2]pyridyl]-acetamid mit wss. NaOH (*Adams, Miyano*, Am. Soc. **76** [1954] 2785; *Brown*, Am. Soc. **79** [1957] 3565). Beim Erhitzen von [6-Methyl-1-oxy-[2]pyridyl]-carbamidsäure-äthylester mit konz. wss. HCl (*Katritzky*, Soc. **1957** 4385). Beim Erhitzen von 5-Methyl-[1,2,4]oxadiazolo[2,3-*a*]pyridin-2-on mit wss. HCl (*Katritzky*, Soc. **1956** 2063, 2066).

Kristalle; F: 153—154,5° [aus A. + E.] (*Ka.*, Soc. **1956** 2066), 153—154° [korr.; aus $CHCl_3$ + PAe.] (*Ad., Mi.*), 153—154° [aus A.] (*Br.*).

Hydrochlorid $C_6H_8N_2O \cdot HCl$. Kristalle (aus A.); F: 212—214° (*Ka.*, Soc. **1957** 4386).

Picrolonat $C_6H_8N_2O \cdot C_{10}H_8N_4O_5$. Kristalle (aus A.); F: 221—223° [Zers.] (*Ka.*, Soc. **1956** 2066).

         III   IV   V

2-Methyl-6-methylamino-pyridin, Methyl-[6-methyl-[2]pyridyl]-amin $C_7H_{10}N_2$, Formel IV (R = CH_3, R' = H) (E I 633).

B. Neben Dimethyl-[6-methyl-[2]pyridyl]-amin beim Erwärmen von 6-Methyl-[2]pyridylamin mit $NaNH_2$ in Äther und anschliessend mit Dimethylsulfat (*Feist et al.*, Ar. **274** [1936] 418, 422).

Kp: 209—210°.

Picrat $C_7H_{10}N_2 \cdot C_6H_3N_3O_7$. Gelbe Kristalle (aus wss. A.); F: 192°.

2-Dimethylamino-6-methyl-pyridin, Dimethyl-[6-methyl-[2]pyridyl]-amin $C_8H_{12}N_2$, Formel IV (R = R' = CH_3) (E I 633; E II 342).

B. s. im vorangehenden Artikel.

Kp: 198—200° (*Feist et al.*, Ar. **274** [1936] 418, 423).

Picrat $C_8H_{12}N_2 \cdot C_6H_3N_3O_7$ (E I 633). Gelbe Kristalle (aus wss. A.); F: 163°.

2-Butylamino-6-methyl-pyridin, Butyl-[6-methyl-[2]pyridyl]-amin $C_{10}H_{16}N_2$, Formel IV (R = $[CH_2]_3$-CH_3, R' = H).

B. Beim Erhitzen von 6-Methyl-[2]pyridylamin mit $NaNH_2$ in Toluol und anschliessend mit Butylhalogenid (*Fürst, Feustel*, Chem. Tech. **10** [1958] 693, 698).

Kp_2: 82°. n_D^{20}: 1,5329.

2-[Äthyl-butyl-amino]-6-methyl-pyridin, Äthyl-butyl-[6-methyl-[2]pyridyl]-amin $C_{12}H_{20}N_2$, Formel IV (R = $[CH_2]_3$-CH_3, R' = C_2H_5).

B. Beim Erhitzen von Butyl-[6-methyl-[2]pyridyl]-amin mit $NaNH_2$ in Toluol und anschliessend mit Äthylhalogenid (*Fürst, Feustel*, Chem. Tech. **10** [1958] 693, 698).

Kp_1: 85°. n_D^{20}: 1,5195.

2-[Butyl-propyl-amino]-6-methyl-pyridin, Butyl-[6-methyl-[2]pyridyl]-propyl-amin $C_{13}H_{22}N_2$, Formel IV (R = $[CH_2]_3$-CH_3, R' = CH_2-CH_2-CH_3).

B. Analog der vorangehenden Verbindung (*Fürst, Feustel*, Chem. Tech. **10** [1958] 693, 698).

Kp_1: 90°. n_D^{20}: 1,5153.

2-Isopentylamino-6-methyl-pyridin, Isopentyl-[6-methyl-[2]pyridyl]-amin $C_{11}H_{18}N_2$,
Formel IV (R = CH_2-CH_2-$CH(CH_3)_2$, R' = H).
B. Beim Erhitzen von 6-Methyl-[2]pyridylamin mit $NaNH_2$ in Toluol und anschliessend mit Isopentylhalogenid (*Fürst, Feustel*, Chem. Tech. **10** [1958] 693, 698).
Kp_2: 91°. n_D^{20}: 1,5170.

2-Hexylamino-6-methyl-pyridin, Hexyl-[6-methyl-[2]pyridyl]-amin $C_{12}H_{20}N_2$,
Formel IV (R = $[CH_2]_5$-CH_3, R' = H).
B. Analog der vorangehenden Verbindung (*Fürst, Feustel*, Chem. Tech. **10** [1958] 693,
698).
Kp_2: 108°. n_D^{20}: 1,5205.

2-[Butyl-hexyl-amino]-6-methyl-pyridin, Butyl-hexyl-[6-methyl-[2]pyridyl]-amin
$C_{16}H_{28}N_2$, Formel IV (R = $[CH_2]_5$-CH_3, R' = $[CH_2]_3$-CH_3).
B. Beim Erhitzen von Butyl (oder Hexyl)-[6-methyl-[2]pyridyl]-amin mit $NaNH_2$ und
anschliessend mit Hexyl (bzw. Butyl)-halogenid (*Fürst, Feustel*, Chem. Tech. **10** [1958]
693, 698).
Kp_1: 112°. n_D^{20}: 1,5063.

2-Methyl-6-octadecylamino-pyridin, [6-Methyl-[2]pyridyl]-octadecyl-amin $C_{24}H_{44}N_2$,
Formel IV (R = $[CH_2]_{17}$-CH_3, R' = H).
B. Beim Behandeln von 6-Methyl-[2]pyridylamin mit Octadecylchlorid und $NaNH_2$
(*Spring, Young*, Soc. **1944** 248).
F: 46°. $Kp_{0,25}$: 205°.
Picrat $C_{24}H_{44}N_2 \cdot C_6H_3N_3O_7$. Gelbe Kristalle; F: 101°.

2-Anilino-6-methyl-pyridin, [6-Methyl-[2]pyridyl]-phenyl-amin $C_{12}H_{12}N_2$, Formel VI
(X = X' = H).
B. Beim Erhitzen von 2-Brom-6-methyl-pyridin mit Anilin und wenig Kupfer-Pulver
auf 140—150°/40 Torr (*Searle & Co.*, U.S.P. 2784195 [1953]).
Kp_8: 180—182°.

Methyl-[6-methyl-[2]pyridyl]-phenyl-amin $C_{13}H_{14}N_2$, Formel IV (R = C_6H_5, R' = CH_3).
B. Beim Erhitzen von 2-Brom-6-methyl-pyridin mit *N*-Methyl-anilin und wenig Kupfer-
Pulver auf 140—160°/40 Torr (*Searle & Co.*, U.S.P. 2785172 [1953]).
$Kp_{0,15-0,2}$: 95—100°.

2-Benzylamino-6-methyl-pyridin, Benzyl-[6-methyl-[2]pyridyl]-amin $C_{13}H_{14}N_2$,
Formel VII (X = X' = H).
B. Beim Erwärmen von 6-Methyl-[2]pyridylamin mit $NaNH_2$ oder $LiNH_2$ in Toluol
und anschliessend mit Benzylhalogenid-hydrohalogenid (*Huttrer et al.*, Am. Soc. **68** [1946]
1999, 2000). Neben geringeren Mengen *N*-Benzyl-*N*-[6-methyl-[2]pyridyl]-formamid
beim Erhitzen von 6-Methyl-[2]pyridylamin mit Benzaldehyd und Ameisensäure (*Feist
et al.*, Ar. **274** [1936] 418, 425). Beim Erhitzen von 6-Methyl-[2]pyridylamin mit $NaNH_2$
in Toluol und anschliessend mit Benzylalkohol (*Gézcy*, Magyar kém. Folyóirat **62** [1956]
162, 164; C. A. **1958** 10075).
Kristalle; F: 87° (*Ge.*), 66° [aus A.] (*Fe. et al.*), 66° (*Hu. et al.*).

2-[4-Chlor-benzylamino]-6-methyl-pyridin, [4-Chlor-benzyl]-[6-methyl-[2]pyridyl]-
amin $C_{13}H_{13}ClN_2$, Formel VII (X = H, X' = Cl).
B. Beim Erhitzen von 6-Methyl-[2]pyridylamin mit $NaNH_2$ in Toluol und anschliessend
mit 4-Chlor-benzylalkohol (*Gézcy*, Magyar kém. Folyóirat **62** [1956] 162, 164; C. A. **1958**
10075).
F: 98°.

2-[2,5-Dimethyl-pyrrol-1-yl]-6-methyl-pyridin $C_{12}H_{14}N_2$, Formel VIII.
B. Beim Erhitzen von 6-Methyl-[2]pyridylamin mit Hexan-2,5-dion und wenig Essigsäure (*Buu-Hoï*, Soc. **1949** 2882, 2885).
Kp_{760}: 268—272°; Kp_{13}: 148—150°.
Picrat. Gelbe Kristalle (aus Me.); F: 156—158° [Zers.].

VI   VII   VIII

2-Methyl-6-*m*-phenetidino-pyridin, [3-Äthoxy-phenyl]-[6-methyl-[2]pyridyl]-amin
$C_{14}H_{16}N_2O$, Formel VI (X = O-C_2H_5, X' = H).
B. Beim Erhitzen von 2-Brom-6-methyl-pyridin mit *m*-Phenetidin und wenig Kupfer-
Pulver auf 140—150°/40 Torr (*Searle & Co.*, U.S.P. 2785172, 2785173 [1953]).
$Kp_{0,3}$: 145—147°.
Monohydrochlorid. F: 114—115°.

2-Methyl-6-*p*-phenetidino-pyridin, [4-Äthoxy-phenyl]-[6-methyl-[2]pyridyl]-amin
$C_{14}H_{16}N_2O$, Formel VI (X = H, X' = O-C_2H_5).
B. Beim Erhitzen von 2-Brom-6-methyl-pyridin mit *p*-Phenetidin und wenig Kupfer-
Pulver auf 140—150°/40 Torr (*Searle & Co.*, U.S.P. 2785172, 2785173 [1953]).
Kristalle (aus Cyclohexan); F: 91—92°.

2-Methyl-6-salicylamino-pyridin, 2-[(6-Methyl-[2]pyridylamino)-methyl]-phenol
$C_{13}H_{14}N_2O$, Formel VII (X = OH, X' = H).
B. Bei der Hydrierung von Salicylaldehyd-[6-methyl-[2]pyridylimin] an Palladium
in Äther (*Feist, Kuklinski*, Ar. 274 [1936] 425, 430).
Kristalle (aus wss. A.); F: 97°.

**2-[2-Methoxy-benzylamino]-6-methyl-pyridin, [2-Methoxy-benzyl]-[6-methyl-
[2]pyridyl]-amin** $C_{14}H_{16}N_2O$, Formel VII (X = O-CH_3, X' = H).
B. Beim Erhitzen von 6-Methyl-[2]pyridylamin mit 2-Methoxy-benzaldehyd und
Ameisensäure (*Feist, Kuklinski*, Ar. 274 [1936] 425, 432). Bei der Hydrierung von [2-Meth=
oxy-benzyliden]-[6-methyl-[2]pyridyl]-amin an Palladium in Äther (*Fe., Ku.*, l. c. S. 431).
Kristalle (aus wss. A.); F: 69°.

**2-[4-Methoxy-benzylamino]-6-methyl-pyridin, [4-Methoxy-benzyl]-[6-methyl-
[2]pyridyl]-amin** $C_{14}H_{16}N_2O$, Formel VII (X = H, X' = O-CH_3).
B. Beim Erhitzen von 6-Methyl-[2]pyridylamin mit $NaNH_2$ in Toluol und anschliessend
mit 4-Methoxy-benzylalkohol (*Géczy*, Magyar kém. Folyóirat 62 [1956] 162, 164; C. A.
1958 10075).
F: 125—126°.

***[6-Methyl-[2]pyridyl]-[2-nitro-benzyliden]-amin, 2-Nitro-benzaldehyd-[6-methyl-
[2]pyridylimin]** $C_{13}H_{11}N_3O_2$, Formel IX (X = NO_2, X' = X'' = H).
B. Beim Erwärmen von 6-Methyl-[2]pyridylamin mit 2-Nitro-benzaldehyd in Pyridin
(*Feist, Kuklinski*, Ar. 274 [1936] 425, 432).
Gelbe Kristalle (aus Toluol); F: 114,5°.

***[6-Methyl-[2]pyridyl]-[4-nitro-benzyliden]-amin, 4-Nitro-benzaldehyd-[6-methyl-
[2]pyridylimin]** $C_{13}H_{11}N_3O_2$, Formel IX (X = X'' = H, X' = NO_2).
B. Beim Erwärmen von 6-Methyl-[2]pyridylamin mit 4-Nitro-benzaldehyd in Pyridin
(*Feist, Kuklinski*, Ar. 274 [1936] 425, 432).
Blassgelbe Kristalle (aus Toluol); F: 161°.

4-[6-Methyl-[2]pyridylimino]-pentan-2-on $C_{11}H_{14}N_2O$ und Tautomeres.
    4-[6-Methyl-[2]pyridylamino]-pent-3-en-2-on $C_{11}H_{14}N_2O$, Formel X.
B. Beim Erwärmen von 6-Methyl-[2]pyridylamin mit Pentan-2,4-dion (*Hauser, Weiss*,
J. org. Chem. 14 [1949] 453, 458).
Kristalle (aus PAe.); F: 74,5—75,5°.
Beim Behandeln mit Picrinsäure in Äthanol ist 6-Methyl-[2]pyridylamin-picrat er-
halten worden.

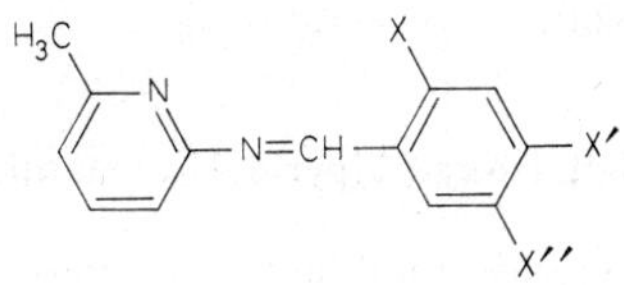

IX 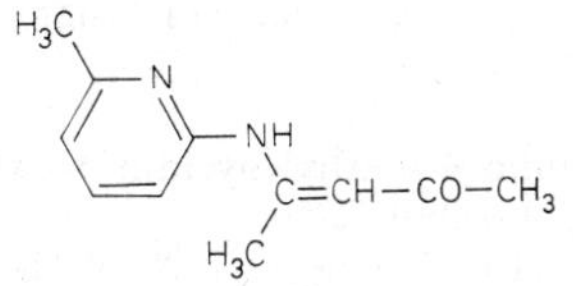   X

*2-Methyl-6-salicylidenamino-pyridin, 2-[(6-Methyl-[2]pyridylimino)-methyl]-phenol, Salicylaldehyd-[6-methyl-[2]pyridylimin] $C_{13}H_{12}N_2O$, Formel IX (X = OH, X' = X'' = H).

B. Beim Behandeln von 6-Methyl-[2]pyridylamin mit Salicylaldehyd (*Feist, Kuklinski,* Ar. **274** [1936] 425, 430).

Gelbe Kristalle (aus wss. A.); F: 68°.

*[2-Methoxy-benzyliden]-[6-methyl-[2]pyridyl]-amin, 2-Methoxy-benzaldehyd-[6-methyl-[2]pyridylimin] $C_{14}H_{14}N_2O$, Formel IX (X = O-CH₃, X' = X'' = H).

B. Beim Erwärmen von 6-Methyl-[2]pyridylamin mit 2-Methoxy-benzaldehyd in Pyridin (*Feist, Kuklinski,* Ar. **274** [1936] 425, 431).

Gelbliche Kristalle (aus A.); F: 84°.

*[4,5-Dimethoxy-2-nitro-benzyliden]-[6-methyl-[2]pyridyl]-amin, 4,5-Dimethoxy-2-nitro-benzaldehyd-[6-methyl-[2]pyridylimin] $C_{15}H_{15}N_3O_4$, Formel IX (X = NO₂, X' = X'' = O-CH₃).

B. Beim Erhitzen von 6-Methyl-[2]pyridylamin mit 4,5-Dimethoxy-2-nitro-benzaldehyd (*Feist, Kuklinski,* Ar. **274** [1936] 425, 432).

Gelbe Kristalle (aus A. + Toluol); F: 139°.

Bis-[3-chlor-1,4-dioxo-1,4-dihydro-[2]naphthyl]-[6-methyl-[2]pyridyl]-amin, 3,3'-Dichlor-2,2'-[6-methyl-[2]pyridylimino]-bis-[1,4]naphthochinon $C_{26}H_{14}Cl_2N_2O_4$, Formel XI.

B. Beim Erwärmen von 6-Methyl-[2]pyridylamin mit 2,3-Dichlor-[1,4]naphthochinon in Äthanol (*Calandra, Adams,* Am. Soc. **72** [1950] 4804).

Gelbe Kristalle (aus wss. A.); F: 120° [Zers.].

2-Formylamino-6-methyl-pyridin, N-[6-Methyl-[2]pyridyl]-formamid $C_7H_8N_2O$, Formel XII (R = H).

F: 41° (*Otaya,* J. pharm. Soc. Japan **71** [1951] 842; C. A. **1952** 3035).

2-[Benzyl-formyl-amino]-6-methyl-pyridin, N-Benzyl-N-[6-methyl-[2]pyridyl]-formamid $C_{14}H_{14}N_2O$, Formel XII (R = CH₂-C₆H₅).

B. Neben grösseren Mengen Benzyl-[6-methyl-[2]pyridyl]-amin beim Erhitzen von 6-Methyl-[2]pyridylamin mit Benzaldehyd und Ameisensäure (*Feist et al.,* Ar. **274** [1936] 418, 425).

Kristalle (aus wss. A.); F: 76°.

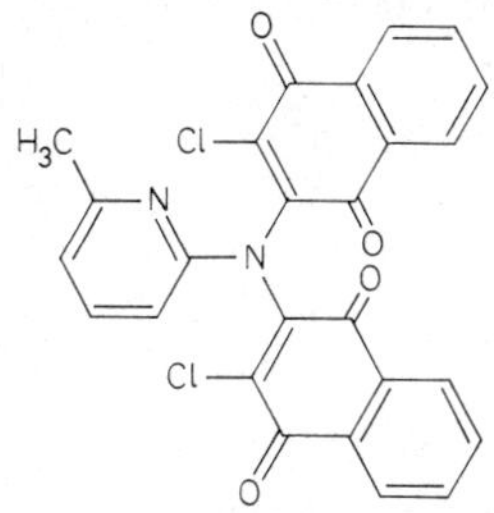

XI 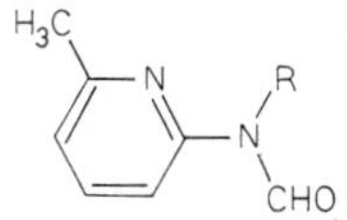   XII 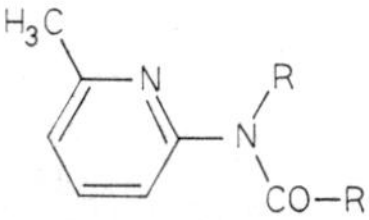   XIII 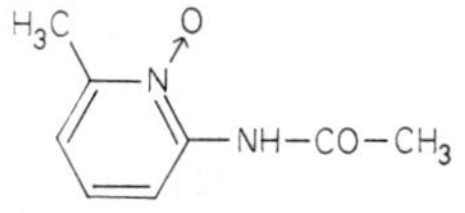   XIV

2-Acetylamino-6-methyl-pyridin, N-[6-Methyl-[2]pyridyl]-acetamid $C_8H_{10}N_2O$, Formel XIII (R = H, R' = CH₃) (E I 633; E II 342).

B. Aus 6-Methyl-[2]pyridylamin und Essigsäure oder Acetanhydrid (*Gertler, Yerington,*

U.S. Dep. Agric. ARS 33—14 [1955] 4; vgl. E I 633).
F: 90—91°.

2-Acetylamino-6-methyl-pyridin-1-oxid, N-[6-Methyl-1-oxy-[2]pyridyl]-acetamid
$C_8H_{10}N_2O_2$, Formel XIV.
B. Beim Erwärmen von N-[6-Methyl-[2]pyridyl]-acetamid mit Peroxyessigsäure in
Essigsäure (*Adams, Miyano*, Am. Soc. **76** [1954] 2785).
Kristalle (aus Bzl. + PAe. oder nach Sublimation bei 120°/3 Torr); F: 123—124°
[korr.].

N-Methyl-N-[6-methyl-[2]pyridyl]-acetamid $C_9H_{12}N_2O$, Formel XIII (R = R' = CH_3).
B. Beim Erhitzen von Methyl-[6-methyl-[2]pyridyl]-amin mit Acetanhydrid (*Feist
et al.*, Ar. **274** [1936] 418, 423).
Kp_{760}: 264°; Kp_{14}: 148°.

N,N''-Bis-[6-methyl-[2]pyridyl]-oxalamidin $C_{14}H_{16}N_6$, Formel I und Tautomere.
B. Beim Behandeln von 6-Methyl-[2]pyridylamin mit Oxalonitril in wss. Äthanol
(*Woodburn, Pino*, J. org. Chem. **16** [1951] 1389, 1393).
Kristalle (aus wss. A.); F: 189—190° [unkorr.].

N-[6-Methyl-[2]pyridyl]-malonamidsäure-äthylester $C_{11}H_{14}N_2O_3$, Formel XIII (R = H,
R' = CH_2-CO-O-C_2H_5).
B. Als Hauptprodukt beim Erhitzen von 6-Methyl-[2]pyridylamin mit Malonsäure-
diäthylester auf 200° (*Ingalls, Popp*, J. heterocycl. Chem. **4** [1967] 523; s. a. *Lappin
et al.*, J. org. Chem. **15** [1950] 377).
Kristalle; F: 88—90° [aus A.] (*In., Popp*), 72—73° (*La. et al.*).

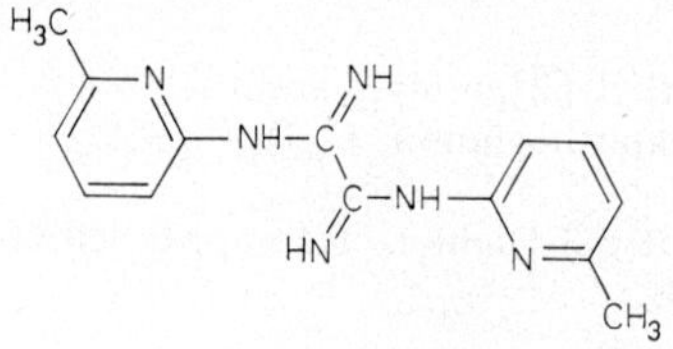

I 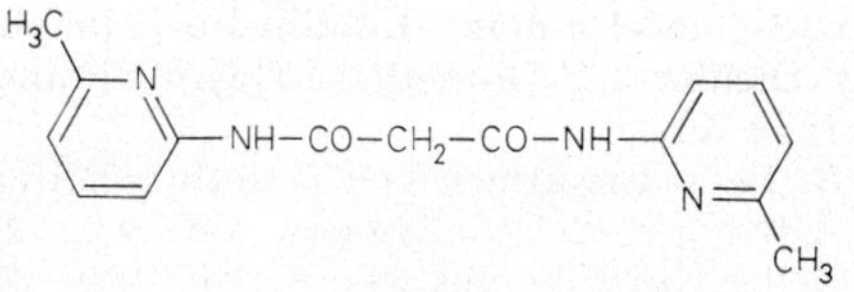   II

N,N'-Bis-[6-methyl-[2]pyridyl]-malonamid $C_{15}H_{16}N_4O_2$, Formel II.
B. Neben N-[6-Methyl-[2]pyridyl]-malonamidsäure-äthylester beim Erhitzen von
6-Methyl-[2]pyridylamin mit Malonsäure-diäthylester bis auf 210—220° (*Lappin et al.*,
J. org. Chem. **15** [1950] 377).
Kristalle (aus Ae. + Heptan); F: 145—146°.

1-[6-Methyl-[2]pyridyl]-pyrrolidin-2,5-dion, N-[6-Methyl-[2]pyridyl]-succinimid
$C_{10}H_{10}N_2O_2$, Formel III.
B. Beim Erhitzen von 6-Methyl-[2]pyridylamin mit Bernsteinsäure in *p*-Cymol unter
Abdestillieren des gebildeten H_2O (*Hoey, Lester*, Am. Soc. **73** [1951] 4473).
F: 143°.

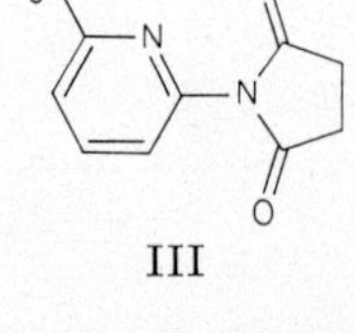

III 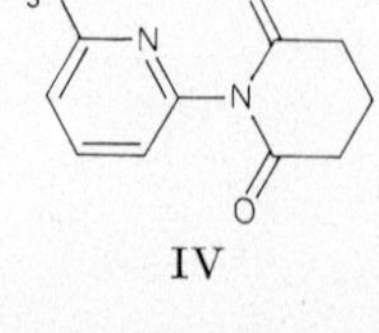   IV 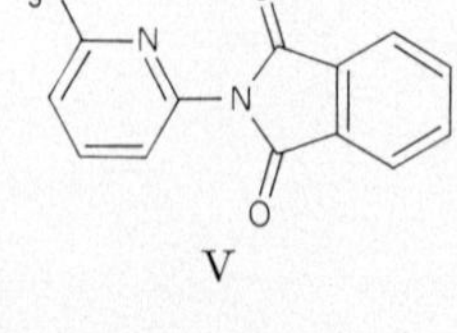   V

1-[6-Methyl-[2]pyridyl]-piperidin-2,6-dion, N-[6-Methyl-[2]pyridyl]-glutarimid
$C_{11}H_{12}N_2O_2$, Formel IV.
B. Beim Erhitzen von 6-Methyl-[2]pyridylamin mit Glutarsäure in *p*-Cymol unter
Abdestillieren des gebildeten H_2O (*Hoey, Lester*, Am. Soc. **73** [1951] 4473).
F: 192°.

N-[6-Methyl-[2]pyridyl]-phthalimid C$_{14}$H$_{10}$N$_2$O$_2$, Formel V.

B. Beim Erhitzen von 6-Methyl-[2]pyridylamin mit Phthalsäure-anhydrid und ZnCl$_2$ (*Feist, Schultz*, Ar. **272** [1934] 785, 790).

Kristalle (aus A.); F: 192,5°.

[6-Methyl-[2]pyridyl]-carbamidsäure-äthylester C$_9$H$_{12}$N$_2$O$_2$, Formel VI (X = O).

B. Beim Erwärmen von 6-Methyl-[2]pyridylamin mit NaNH$_2$ in Äther und anschliessend mit Diäthylcarbonat (*Clemo et al.*, Soc. **1954** 2693, 2698). Beim Behandeln von 6-Methyl-[2]pyridylamin mit Chlorokohlensäure-äthylester in Pyridin (*Katritzky*, Soc. **1956** 2063, 2065).

Kristalle; F: 56—58° [aus A.] (*Ka.*), 55—56° [aus wss. A.] (*Cl. et al.*).

Picrat C$_9$H$_{12}$N$_2$O$_2$·C$_6$H$_3$N$_3$O$_7$. Gelbe Kristalle (aus A.); F: 131° (*Cl. et al.*).

N-Allyl-N′-[6-methyl-[2]pyridyl]-harnstoff C$_{10}$H$_{13}$N$_3$O, Formel VII (X = O, R = CH$_2$-CH=CH$_2$).

B. Beim Erwärmen von *N*-Allyl-*N*′-[6-methyl-[2]pyridyl]-thioharnstoff mit Blei(II)-acetat in wss.-äthanol. NaOH (*Feist, Kuklinski*, Ar. **274** [1936] 425, 433).

Kristalle (aus H$_2$O); F: 139°.

N-[6-Methyl-[2]pyridyl]-N′-phenyl-harnstoff C$_{13}$H$_{13}$N$_3$O, Formel VII (X = O, R = C$_6$H$_5$).

B. Beim Erhitzen von [6-Methyl-[2]pyridyl]-carbamidsäure-äthylester mit Anilin (*Clemo et al.*, Soc. **1954** 2693, 2699). Beim Erwärmen von *N*-[6-Methyl-[2]pyridyl]-*N*′-phenyl-thioharnstoff mit Blei(II)-acetat in wss.-äthanol. NaOH (*Feist, Kuklinski*, Ar. **274** [1936] 425, 434).

Kristalle; F: 186—187° [aus Bzl.] (*Cl. et al.*), 186° [aus H$_2$O] (*Fe., Ku.*).

N,N′-Bis-[6-methyl-[2]pyridyl]-harnstoff C$_{13}$H$_{14}$N$_4$O, Formel VIII (X = O).

B. Beim Erhitzen von [6-Methyl-[2]pyridyl]-carbamidsäure-äthylester mit 6-Methyl-[2]pyridylamin (*Clemo et al.*, Soc. **1954** 2693, 2698).

Kristalle; F: 194° [unkorr.; aus Bzl. + PAe.] (*Antaki, Petrow*, Soc. **1951** 551, 554), 189° bis 190° [aus Bzl.] (*Cl. et al.*).

Picrat C$_{13}$H$_{14}$N$_4$O·C$_6$H$_3$N$_3$O$_7$. Gelbe Kristalle (aus Acn. + A.); F: 190° [unkorr.; Zers.] (*An., Pe.*).

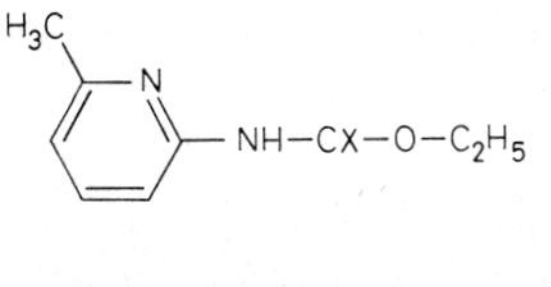

VI 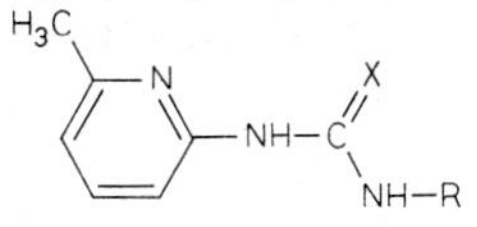   VII 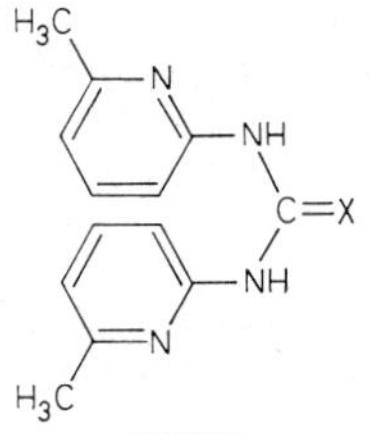   VIII

N-[6-Methyl-[2]pyridyl]-N′-[toluol-4-sulfonyl]-harnstoff C$_{14}$H$_{15}$N$_3$O$_3$S, Formel VII (X = O, R = SO$_2$-C$_6$H$_4$-CH$_3$(*p*)).

B. Beim Erwärmen von 6-Methyl-[2]pyridylamin mit Toluol-4-sulfonylisocyanat in Benzol (*C. F. Boehringer & Söhne*, D.B.P. 1011413 [1955]).

F: 190° [unkorr.; Zers.] (*C. F. Boehringer & Söhne; Ruschig et al.*, Arzneimittel-Forsch. **8** [1958] 448, 450).

4-[6-Methyl-[2]pyridyl]-1-phenyl-semicarbazid C$_{13}$H$_{14}$N$_4$O, Formel VII (X = O, R = NH-C$_6$H$_5$).

B. Beim Erhitzen von [6-Methyl-[2]pyridyl]-carbamidsäure-äthylester mit Phenyl= hydrazin (*Clemo et al.*, Soc. **1954** 2693, 2699). Beim Erhitzen von *N*,*N*′-Bis-[6-methyl-[2]pyridyl]-harnstoff mit Phenylhydrazin in Pyridin (*Cl. et al.*).

Kristalle (aus wss. A.) mit 1 Mol H$_2$O; F: 162—163° [nach Sintern bei 100°].

N-[6-Methyl-[2]pyridyl]-*N'*-nitro-guanidin $C_7H_9N_5O_2$, Formel VII (X = NH, R = NO$_2$) und Tautomere.
   B. Aus 6-Methyl-[2]pyridylamin und *N*-Methyl-*N'*-nitro-*N*-nitroso-guanidin (*Henry*, Am. Soc. **72** [1950] 5343).
   Kristalle (aus wss. A.); F: 204—205° [korr.].

[6-Methyl-[2]pyridyl]-thiocarbamidsäure-*O*-äthylester $C_9H_{12}N_2OS$, Formel VI (X = S).
   B. In sehr geringer Menge neben *N*,*N'*-Bis-[6-methyl-[2]pyridyl]-thioharnstoff beim Erwärmen von 6-Methyl-[2]pyridylamin mit CS$_2$ und Schwefel in Äthanol (*Feist, Kuklinsky*, Ar. **274** [1936] 425, 433).
   Schwach gelbliche Kristalle (aus wss. A.); F: 113°.

N-Allyl-*N'*-[6-methyl-[2]pyridyl]-thioharnstoff $C_{10}H_{13}N_3S$, Formel VII (X = S, R = CH$_2$-CH=CH$_2$).
   B. Beim Erhitzen von 6-Methyl-[2]pyridylamin mit Allylisothiocyanat (*Feist, Kuklinski*, Ar. **274** [1936] 425, 433).
   Kristalle (aus A.); F: 170°.

N-[6-Methyl-[2]pyridyl]-*N'*-phenyl-thioharnstoff $C_{13}H_{13}N_3S$, Formel VII (X = S, R = C$_6$H$_5$).
   B. Beim Erhitzen von 6-Methyl-[2]pyridylamin mit Phenylisothiocyanat (*Feist, Kuklinski*, Ar. **274** [1936] 425, 433).
   Kristalle (aus A.); F: 196°.

N-[6-Methyl-[2]pyridyl]-*N'*-[1]naphthyl-thioharnstoff $C_{17}H_{15}N_3S$, Formel IX.
   B. Beim Erwärmen von 6-Methyl-[2]pyridylamin mit [1]Naphthylisothiocyanat in Äthanol (*Buu-Hoï et al.*, Soc. **1955** 1573, 1579).
   F: 212°.

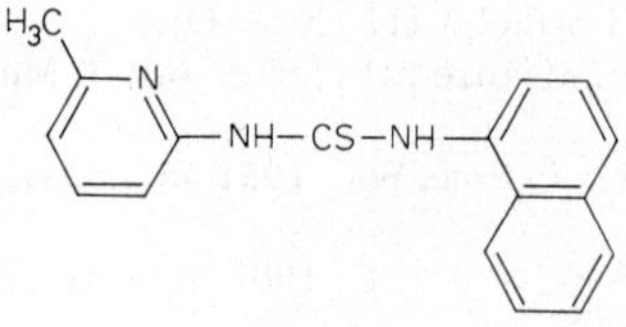

IX 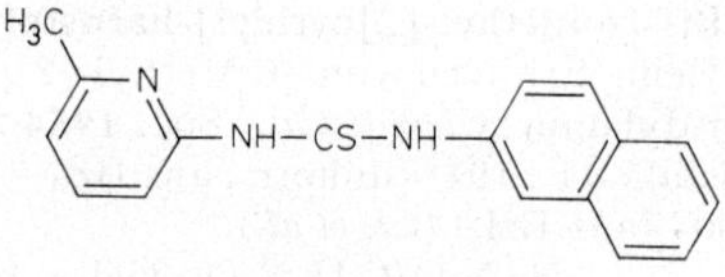   X

N-[6-Methyl-[2]pyridyl]-*N'*-[2]naphthyl-thioharnstoff $C_{17}H_{15}N_3S$, Formel X.
   B. Beim Erwärmen von 6-Methyl-[2]pyridylamin mit [2]Naphthylisothiocyanat in Äthanol (*Buu-Hoï et al.*, Soc. **1955** 1573, 1579).
   F: 252°.

N,*N'*-Bis-[6-methyl-[2]pyridyl]-thioharnstoff $C_{13}H_{14}N_4S$, Formel VIII (X = S).
   B. Neben sehr geringen Mengen [6-Methyl-[2]pyridyl]-thiocarbamidsäure-*O*-äthylester beim Erwärmen von 6-Methyl-[2]pyridylamin mit CS$_2$ und Schwefel in Äthanol (*Feist, Kuklinski*, Ar. **274** [1936] 425, 433).
   Kristalle (aus A.); F: 209° (*Fe., Ku.*; *Feist*, Ar. **274** [1936] 547).
   Die Konstitution eines von *Toptschiew* (C. r. Doklady **10** [1936] 77) ebenfalls als *N*,*N'*-Bis-[6-methyl-[2]pyridyl]-thioharnstoff formulierten, beim Erwärmen von 6-Methyl-[2]pyridylamin mit CS$_2$ erhaltenen Präparats (Kristalle [aus A.], F: 158°; Hydrochlorid; Kristalle, F: 206°) ist ungewiss (*Fe.*).

[6-Methyl-[2]pyridyl]-dithiocarbamidsäure $C_7H_8N_2S_2$, Formel XI (R = H).
   Triäthylamin-Salz $C_6H_{15}N \cdot C_7H_8N_2S_2$. *B*. Beim Behandeln von 6-Methyl-[2]pyridylamin mit CS$_2$ und Triäthylamin (*Knott*, Soc. **1956** 1644, 1646). — Gelbe Kristalle (aus Me. + Ae.); F: 76°.

[6-Methyl-[2]pyridyl]-dithiocarbamidsäure-methylester $C_8H_{10}N_2S_2$, Formel XI (R = CH$_3$).
   B. Beim Behandeln von Triäthylamin-[(6-methyl-[2]pyridyl)-dithiocarbamat] mit

CH_3I in Äthanol (*Eastman Kodak Co.*, U.S.P. 2839403 [1955]; s. a. *Knott*, Soc. **1956** 1644, 1646).
Gelbliche Kristalle (aus Me.); F: 89—90°.

[6-Methyl-[2]pyridylthiocarbamoylmercapto]-essigsäure $C_9H_{10}N_2O_2S_2$, Formel XI
(R = CH_2-CO-OH).
B. Beim Behandeln von Triäthylamin-[(6-methyl-[2]pyridyl)-dithiocarbamat] mit
Natrium-chloracetat in H_2O (*Knott*, Soc. **1956** 1644, 1648).
Bräunliche Kristalle (aus A.); F: 125° [Zers.].

XI   XII   XIII

[6-Methyl-1-oxy-[2]pyridyl]-carbamidsäure-äthylester $C_9H_{12}N_2O_3$, Formel XII.
B. Beim Erwärmen von [6-Methyl-[2]pyridyl]-carbamidsäure-äthylester mit wss.
H_2O_2 in Essigsäure (*Katritzky*, Soc. **1956** 2063, 2065).
Kristalle (aus Ae.); F: 65—66,5°.
Acetat $C_9H_{12}N_2O_3 \cdot C_2H_4O_2$. Kristalle (aus Ae.); F: 68—70°.

N-**[6-Methyl-[2]pyridyl]-glycin-äthylester** $C_{10}H_{14}N_2O_2$, Formel XIII (R = CO-O-C_2H_5).
B. Beim Erwärmen von 6-Methyl-[2]pyridylamin mit Natrium-hydroxymethansulfonat
in H_2O und anschliessend mit NaCN und Erwärmen des Reaktionsprodukts mit äthanol.
H_2SO_4 (*Eastman Kodak Co.*, U.S.P. 2839403 [1955]; s. a. *Knott*, Soc. **1956** 1644, 1645).
Kp_{12}: 158—162°.

N-**[6-Methyl-[2]pyridyl]-β-alanin** $C_9H_{12}N_2O_2$, Formel XIII (R = CH_2-CO-OH).
B. Beim Erwärmen von *N*-[6-Methyl-[2]pyridyl]-β-alanin-methylester mit H_2O
(*Lappin*, J. org. Chem. **23** [1958] 1358).
Kristalle (aus A.); F: 155—156°.

N-**[6-Methyl-[2]pyridyl]-β-alanin-methylester** $C_{10}H_{14}N_2O_2$, Formel XIII
(R = CH_2-CO-O-CH_3).
B. Beim Erwärmen von 6-Methyl-[2]pyridylamin mit Methylacrylat und wenig
2,5-Di-*tert*-butyl-hydrochinon (*Lappin*, J. org. Chem. **23** [1958] 1358).
$Kp_{0,5}$: 128—132°.

6'-Methyl-[1,2']bipyridyl-2-on, 1-[6'-Methyl-[2]pyridyl]-1*H*-pyridin-2-on
$C_{11}H_{10}N_2O$, Formel XIV.
B. Beim Erhitzen des Natrium-Salzes des 1*H*-Pyridin-2-ons (E III/IV **21** 344) mit
2-Brom-6-methyl-pyridin und Kupfer-Pulver auf 200° (*Ramirez, v. Ostwalden*, Am. Soc.
81 [1959] 156, 160). In mässiger Ausbeute beim Erhitzen von 2-Methyl-pyridin-1-oxid
mit 2-Brom-pyridin auf 100° (*Ra., v. Ost.*).
Kristalle (aus Hexan); F: 53—54°. λ_{max} (A.): 270 nm und 315 nm.
Picrat. Gelbe Kristalle; F: 148,5—149,5°.

XIV   XV

2-Acetoacetylamino-6-methyl-pyridin, *N*-**[6-Methyl-[2]pyridyl]-acetoacetamid**
$C_{10}H_{12}N_2O_2$, Formel XV und Tautomeres.
B. Aus 6-Methyl-[2]pyridylamin (*Allen, Van Allan*, J. org. Chem. **13** [1948] 599, 600).
F: 98°.

2-[(6-Methyl-[2]pyridylimino)-methyl]-acetessigsäure-[6-methyl-[2]pyridylamid] $C_{17}H_{18}N_4O_2$ und Tautomere.

2-Acetyl-3-[6-methyl-[2]pyridylamino]-acrylsäure-[6-methyl-[2]pyridylamid] $C_{17}H_{18}N_4O_2$, Formel I.

B. Aus 6-Methyl-[2]pyridylamin und 2-Acetyl-3-äthoxy-acrylsäure-äthylester (*Antaki*, Am. Soc. **80** [1958] 3066, 3067).

Kristalle (aus Bzl. + PAe.); F: 185°.

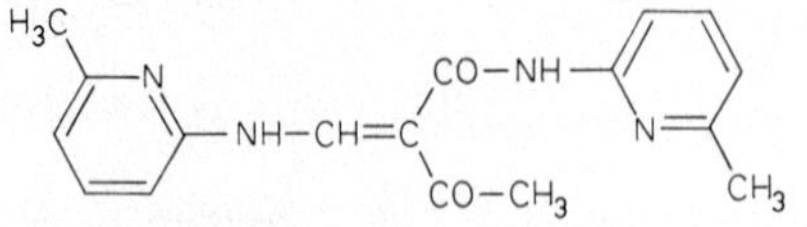

I 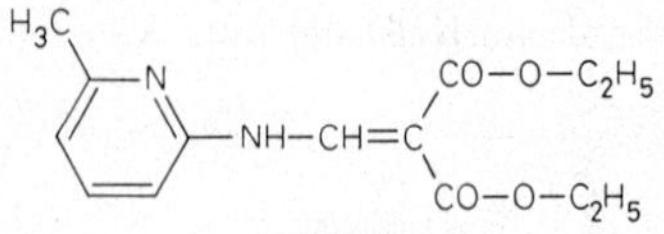   II

[(6-Methyl-[2]pyridylimino)-methyl]-malonsäure-diäthylester $C_{14}H_{18}N_2O_4$ und Tautomeres.

[(6-Methyl-[2]pyridylamino)-methylen]-malonsäure-diäthylester $C_{14}H_{18}N_2O_4$, Formel II.

B. Beim Erhitzen von 6-Methyl-[2]pyridylamin mit Äthoxymethylen-malonsäure-diäthylester auf 110° (*Lappin*, Am. Soc. **70** [1948] 3348).

Kristalle (aus A.); F: 113—114° [unkorr.].

2-Cyan-3-[6-methyl-[2]pyridylimino]-propionsäure-äthylester $C_{12}H_{13}N_3O_2$ und Tautomeres.

2-Cyan-3-[6-methyl-[2]pyridylamino]-acrylsäure-äthylester $C_{12}H_{13}N_3O_2$, Formel III.

B. Aus 6-Methyl-[2]pyridylamin und 3-Äthoxy-2-cyan-acrylsäure-äthylester (*Antaki*, Am. Soc. **80** [1958] 3066, 3067).

Kristalle (aus Bzl. + PAe.); F: 154°.

N,N-**Dimethyl-***N′*-**[6-methyl-[2]pyridyl]-äthylendiamin** $C_{10}H_{17}N_3$, Formel IV (R = H).

B. Beim Erwärmen von 6-Methyl-[2]pyridylamin mit $NaNH_2$ oder $LiNH_2$ in Toluol und anschliessend mit [2-Brom-äthyl]-dimethyl-amin-hydrobromid (*Huttrer et al.*, Am. Soc. **68** [1946] 1999, 2000).

Kp_{15}: 134—140°.

Dihydrochlorid $C_{10}H_{17}N_3 \cdot 2\,HCl$. F: 228—229° [korr.].

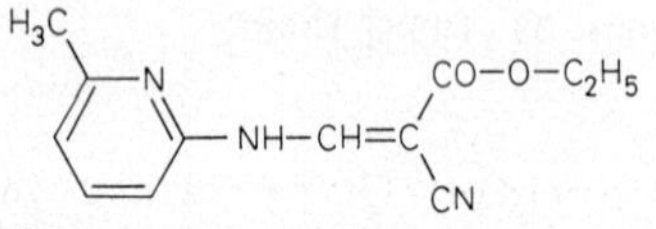

III 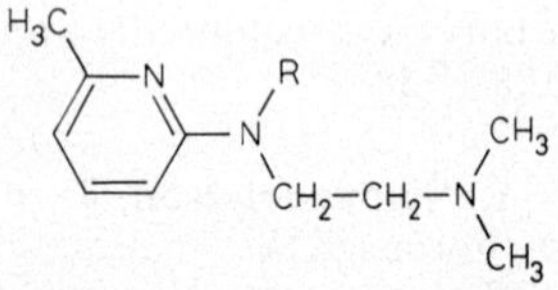   IV

1-[6-Methyl-[2]pyridylamino]-2-piperidino-äthan, [6-Methyl-[2]pyridyl]-[2-piperidino-äthyl]-amin $C_{13}H_{21}N_3$, Formel V.

B. Beim Erwärmen von 6-Methyl-[2]pyridylamin mit $NaNH_2$ oder $LiNH_2$ in Toluol und anschliessend mit 1-[2-Halogen-äthyl]-piperidin-hydrohalogenid (*Huttrer et al.*, Am. Soc. **68** [1946] 1999, 2000).

$Kp_{0,01}$: 110—112°.

Hydrochlorid $C_{13}H_{21}N_3 \cdot HCl$. F: 154—156° [korr.].

N,N-**Diäthyl-***N′*-**[6-methyl-[2]pyridyl]-***N′*-**phenyl-äthylendiamin** $C_{18}H_{25}N_3$, Formel VI (X = X′ = H).

B. Beim Erhitzen von [6-Methyl-[2]pyridyl]-phenyl-amin mit $NaNH_2$ in Toluol und anschliessend mit Diäthyl-[2-chlor-äthyl]-amin (*Searle & Co.*, U.S.P. 2784195 [1953]).

Dihydrochlorid. Kristalle (aus Isopropylalkohol + E.); F: 192°.

Methobromid $[C_{19}H_{28}N_3]Br$; Diäthyl-methyl-{2-[(6-methyl-[2]pyridyl)-phenyl-amino]-äthyl}-ammonium-bromid. Kristalle; F: 130—131°.

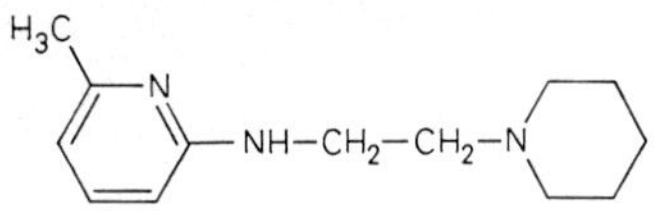

V 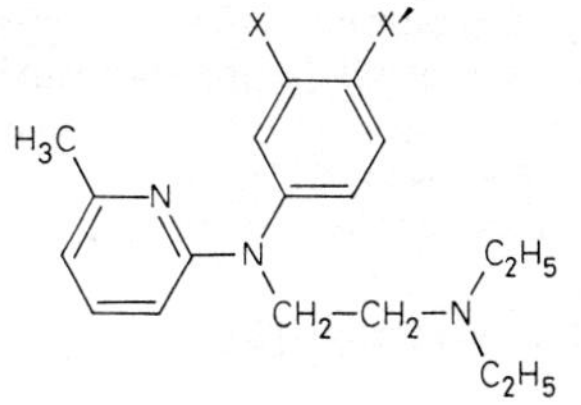   VI

N-Benzyl-N′,N′-dimethyl-N-[6-methyl-[2]pyridyl]-äthylendiamin $C_{17}H_{23}N_3$, Formel IV ($R = CH_2\text{-}C_6H_5$).

B. Beim Erhitzen von N,N-Dimethyl-$N′$-[6-methyl-[2]pyridyl]-äthylendiamin mit $NaNH_2$ in Toluol und anschliessenden Erwärmen mit Benzylbromid oder Benzylchlorid (*Huttrer et al.*, Am. Soc. **68** [1946] 1999, 2000).

$Kp_{0,02}$: 150—160°.

Hydrochlorid $C_{17}H_{23}N_3 \cdot HCl$. F: 169—170° [korr.].

N-[3-Äthoxy-phenyl]-N′,N′-diäthyl-N-[6-methyl-[2]pyridyl]-äthylendiamin $C_{20}H_{29}N_3O$, Formel VI (X = O-C_2H_5, X′ = H).

B. Beim Erhitzen von [3-Äthoxy-phenyl]-[6-methyl-[2]pyridyl]-amin mit $NaNH_2$ in Toluol und anschliessend mit Diäthyl-[2-chlor-äthyl]-amin (*Searle & Co.*, U.S.P. 2785173 [1953]).

Dihydrochlorid. Kristalle (aus Isopropylalkohol + E.); F: 169—170°.

Methobromid $[C_{21}H_{32}N_3O]Br$; {2-[(3-Äthoxy-phenyl)-(6-methyl-[2]pyrid-yl)-amino]-äthyl}-diäthyl-methyl-ammonium-bromid. Kristalle (aus Butanon); F: 139°.

N-[4-Äthoxy-phenyl]-N′,N′-diäthyl-N-[6-methyl-[2]pyridyl]-äthylendiamin $C_{20}H_{29}N_3O$, Formel VI (X = H, X′ = O-C_2H_5).

B. Beim Erhitzen von [4-Äthoxy-phenyl]-[6-methyl-[2]pyridyl]-amin mit $NaNH_2$ in Toluol und anschliessend mit Diäthyl-[2-chlor-äthyl]-amin (*Searle & Co.*, U.S.P. 2785173 [1953].

Dihydrochlorid. Kristalle (aus Isopropylalkohol + E.); F: 154°.

Methobromid $[C_{21}H_{32}N_3O]Br$; {2-[(4-Äthoxy-phenyl)-(6-methyl-[2]pyrid-yl)-amino]-äthyl}-diäthyl-methyl-ammonium-bromid. Kristalle (aus Butan-on); F: 136—137°.

(±)-2-[4-Diäthylamino-1-methyl-butylamino]-6-methyl-pyridin, (±)-N^4,N^4-Diäthyl-1-methyl-N^1-[6-methyl-[2]pyridyl]-butandiyldiamin $C_{15}H_{27}N_3$, Formel VII.

B. Beim Erhitzen von N-[6-Methyl-[2]pyridyl]-formamid mit 5-Diäthylamino-pentan-2-on in Äthylenglykol auf 180° und Erwärmen des Reaktionsprodukts mit äthanol. KOH (*Otaya*, J. pharm. Soc. Japan **71** [1951] 842; C. A. **1952** 3053).

$Kp_{0,8}$: 160—170°.

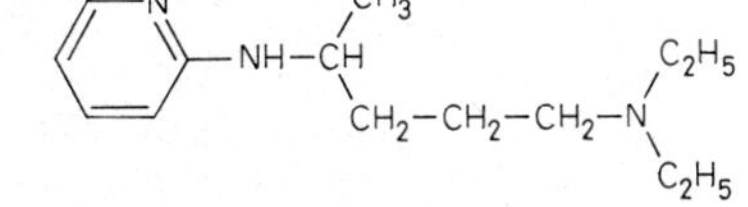

VII 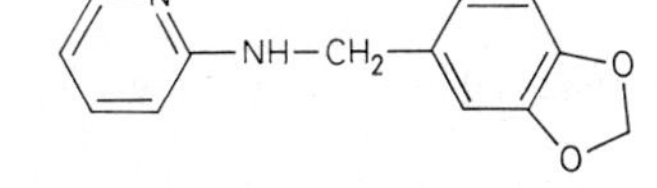   VIII

2-Methyl-6-piperonylamino-pyridin, [6-Methyl-[2]pyridyl]-piperonyl-amin $C_{14}H_{14}N_2O_2$, Formel VIII.

B. Beim Erhitzen von 6-Methyl-[2]pyridylamin mit Piperonal und Ameisensäure (*Feist, Kuklinski*, Ar. **274** [1936] 425, 432). Bei der Hydrierung von [6-Methyl-[2]pyridyl]-piperonyliden-amin (S. 4144) an Palladium in Äther (*Fe., Ku.*, l. c. S. 431).

Kristalle (aus wss. A.); F: 80°.

*2-Methyl-6-piperonylidenamino-pyridin, [6-Methyl-[2]pyridyl]-piperonyliden-amin, Piperonal-[6-methyl-[2]pyridylimin] $C_{14}H_{12}N_2O_2$, Formel IX.

B. Beim Erwärmen von 6-Methyl-[2]pyridylamin mit Piperonal (*Feist, Kuklinski,* Ar. **274** [1936] 425, 431).

Kristalle (aus PAe.); F: 118°.

3-Methyl-1-[6-methyl-[2]pyridyl]-4-[6-methyl-[2]pyridylimino]-pyrrolidin-2,5-dion $C_{17}H_{16}N_4O_2$ und Tautomeres.

3-Methyl-1-[6-methyl-[2]pyridyl]-4-[6-methyl-[2]pyridylamino]-pyrrol-2,5-dion $C_{17}H_{16}N_4O_2$, Formel X.

B. Beim Erwärmen von 6-Methyl-[2]pyridylamin mit Methyloxalessigsäure-diäthyl≠ ester und CaSO$_4$ in wenig Essigsäure enthaltendem Äthanol und Erhitzen des Reaktionsprodukts in Xylol (*Hauser, Weiss,* J. org. Chem. **14** [1949] 453, 458).

Gelbe Kristalle (aus wss. A.); F: 198,5—200° [unkorr.].

IX   X   XI

4-Chlor-benzolsulfonsäure-[6-methyl-[2]pyridylamid] $C_{12}H_{11}ClN_2O_2S$, Formel XI (R = H, X = Cl).

B. Beim Erwärmen von 6-Methyl-[2]pyridylamin mit 4-Chlor-benzolsulfonylchlorid in Pyridin (*Hultquist et al.,* Am. Soc. **73** [1951] 2558, 2560).

Kristalle (aus wss. Eg.); F: 101,5—103°.

4-Hydroxy-benzolsulfonsäure-[6-methyl-[2]pyridylamid] $C_{12}H_{12}N_2O_3S$, Formel XI (R = H, X = OH).

B. Beim Erwärmen von 6-Methyl-[2]pyridylamin mit 4-[Toluol-4-sulfonyloxy]-benzol≠ sulfonylchlorid in Pyridin und Erwärmen des Reaktionsprodukts mit wss. NaOH (*Hultquist et al.,* Am. Soc. **73** [1951] 2558, 2560).

Kristalle; F: 190,5—192°.

2-Methyl-6-sulfanilylamino-pyridin, Sulfanilsäure-[6-methyl-[2]pyridylamid] $C_{12}H_{13}N_3O_2S$, Formel XI (R = H, X = NH$_2$).

B. Beim Erwärmen von *N*-Acetyl-sulfanilsäure-[6-methyl-[2]pyridylamid] mit wss. NaOH (*May & Baker Ltd.,* U.S.P. 2275354 [1938]; D.R.P. 737796 [1938]; D.R.P. Org. Chem. **3** 905, 907; *Cilag,* Schweiz. P. 213150 [1939]), mit wss.-äthanol. NaOH (*Bernstein et al.,* Am. Soc. **69** [1947] 1158) oder mit wss. HCl (*Tsuda et al.,* J. pharm. Soc. Japan **59** [1939] 213; dtsch. Ref. S. 155; C. A. **1939** 8201).

Kristalle; F: 222° [aus Acn. + Me.] (*Ts. et al.*), 218—220° [aus A.] (*Cilag,* Schweiz. P. 213150), 219° [aus wss. Eg.] (*May & Baker Ltd.*). Löslichkeit in H$_2$O, in Äthanol und in Aceton: *Šokolowa, Maschkowškiǐ,* Farmakol. Toksikol. **3** [1940] Nr. 6, S. 87; C. A. **1942** 3005. Phasendiagramme (fest/flüssig) der binären Systeme mit 4-Nitrophenol und Pyramidon: *Kuroyanagi, Kawai,* J. pharm. Soc. Japan **60** [1940] 481, 483, 484, 487; engl. Ref. S. 184; C. A. **1941** 7945; mit 4-Methyl-thiazol-2-thiol: *Kuroyanagi,* J. pharm. Soc. Japan **61** [1941] 443, 444, 446; dtsch. Ref. S. 143; C. A. **1950** 9368.

Natrium-Salz. Zers. bei 330—332°; Löslichkeit in Äthanol bei 28°: *Šo., Ma.*

Calcium-Salz. Kristalle (aus H$_2$O); Zers. >250° (*Cilag,* Schweiz. P. 221516 [1939]).

Hydrochlorid. F: 220° (*Šo., Ma.*).

N-Acetyl-sulfanilsäure-[6-methyl-[2]pyridylamid], Essigsäure-[4-(6-methyl-[2]pyridyl≠ sulfamoyl)-anilid] $C_{14}H_{15}N_3O_3S$, Formel XI (R = H, X = NH-CO-CH$_3$).

B. Aus 6-Methyl-[2]pyridylamin und *N*-Acetyl-sulfanilylchlorid beim Erwärmen mit

NaHCO$_3$ in Aceton (*Tsuda et al.*, J. pharm. Soc. Japan **59** [1939] 213; dtsch. Ref. S. 155; C. A. **1939** 8201), beim Behandeln mit Na$_2$CO$_3$ und wenig H$_2$O (*Cilag*, Schweiz. P. 213151 [1939]) oder beim Erwärmen mit Pyridin (*May & Baker Ltd.*, U.S.P. 2275354 [1938]; D.R.P. 737796 [1938]; D.R.P. Org. Chem. **3** 905, 907; *Bernstein et al.*, Am. Soc. **69** [1947] 1158).

Kristalle; F: 215—217° [aus A.] (*Cilag*, Schweiz. P. 213151), 215° [aus wss. Eg.] (*May & Baker Ltd.*), 214—215° [unkorr.; aus A.] (*Be. et al.*).

Calcium-Salz. Kristalle; Zers. >250° (*Cilag*, Schweiz. P. 221517 [1939]).

2-Methyl-6-sulfanilylamino-pyridin-1-oxid, Sulfanilsäure-[6-methyl-1-oxy-[2]pyridylamid] C$_{12}$H$_{13}$N$_3$O$_3$S, Formel XII (R = H).

B. Beim Erhitzen von N-Acetyl-sulfanilsäure-[6-methyl-1-oxy-[2]pyridylamid] mit wss. NaOH (*Childress, Scudi*, J. org. Chem. **23** [1958] 67).

F: 208—209,5° [korr.]. Scheinbarer Dissoziationsexponent pK$_a'$ (H$_2$O?): 5,9. Löslichkeit in wss. Lösung vom pH 4,9 bei 26°: 0,05 g/100 ml.

N-Acetyl-sulfanilsäure-[6-methyl-1-oxy-[2]pyridylamid], Essigsäure-[4-(6-methyl-1-oxy-[2]pyridylsulfamoyl)-anilid] C$_{14}$H$_{15}$N$_3$O$_4$S, Formel XII (R = CO-CH$_3$).

B. Neben N-Acetyl-sulfanilsäure-[hydroxy-(6-methyl-[2]pyridyl)-amid] beim Behandeln von N-Acetyl-sulfanilsäure-[6-methyl-[2]pyridylamid] mit Peroxyessigsäure in Essigsäure (*Childress, Scudi*, J. org. Chem. **23** [1958] 67).

F: 251—252° [korr.].

2-Methyl-6-[octadecyl-sulfanilyl-amino]-pyridin, Sulfanilsäure-[(6-methyl-[2]pyridyl)-octadecyl-amid] C$_{30}$H$_{49}$N$_3$O$_2$S, Formel XI (R = [CH$_2$]$_{17}$-CH$_3$, X = NH$_2$).

B. Beim Erwärmen von N-Acetyl-sulfanilsäure-[(6-methyl-[2]pyridyl)-octadecyl-amid] mit wss.-äthanol. NaOH (*Spring, Young*, Soc. **1944** 248).

Kristalle (aus wss. A.); F: 77—78°.

N-Acetyl-sulfanilsäure-[(6-methyl-[2]pyridyl)-octadecyl-amid] C$_{32}$H$_{51}$N$_3$O$_3$S, Formel XI (R = [CH$_2$]$_{17}$-CH$_3$, X = NH-CO-CH$_3$).

B. Beim Behandeln von [6-Methyl-[2]pyridyl]-octadecyl-amin mit N-Acetyl-sulfanilylchlorid in Pyridin (*Spring, Young*, Soc. **1944** 248).

Kristalle (aus PAe.); F: 84°.

5-Brom-6-methyl-[2]pyridylamin C$_6$H$_7$BrN$_2$, Formel XIII (R = X = H, X' = Br).

B. Beim Behandeln von 6-Methyl-[2]pyridylamin mit Brom in wss. H$_2$SO$_4$ (*Adams, Schrecker*, Am. Soc. **71** [1949] 1186, 1194).

Kristalle (aus PAe.); F: 83—84°. Im Vakuum sublimierbar.

3,5-Dibrom-6-methyl-[2]pyridylamin C$_6$H$_6$Br$_2$N$_2$, Formel XIII (R = H, X = X' = Br).

B. Beim Erwärmen von 6-Methyl-[2]pyridylamin mit Brom in wss. H$_2$SO$_4$ (*Adams, Schrecker*, Am. Soc. **71** [1949] 1186, 1194).

Kristalle (aus A.); F: 144° [korr.].

XII   XIII   XIV

6-Methyl-5-nitro-[2]pyridylamin C$_6$H$_7$N$_3$O$_2$, Formel XIII (R = X = H, X' = NO$_2$) (E I 633).

B. Neben geringeren Mengen 6-Methyl-3-nitro-[2]pyridylamin beim Behandeln von 6-Methyl-[2]pyridylamin mit konz. H$_2$SO$_4$ und konz. HNO$_3$ (*Parker, Shive*, Am. Soc. **69** [1947] 63, 65; *Pino, Zehrung*, Am. Soc. **77** [1955] 3154; s. a. *Takahashi et al.*, J. pharm. Soc. Japan **72** [1952] 434; C. A. **1953** 6404).

Gelbe Kristalle, F: 190° [aus H$_2$O] (*Besly, Goldberg*, Soc. **1954** 2448, 2451), 187° (*Pino*,

Ze.); gelbe Kristalle (aus H_2O); F: 148° und (nach Wiedererstarren) F: 188° (*Ta. et al.*).
Beim Behandeln mit Brom in Essigsäure sind ein Bromid $C_6H_7N_3O_2 \cdot Br_2$ (fast farb-
lose Kristalle; Zers. bei 230°) und 3-Brom-6-methyl-5-nitro-[2]pyridylamin erhalten
worden (*Pa., Sh.*, l. c. S. 64, 66).

Bis-[2-hydroxy-äthyl]-[6-methyl-5-nitro-[2]pyridyl]-amin $C_{10}H_{15}N_3O_4$, Formel XIII
($R = CH_2\text{-}CH_2\text{-}OH$, $X = H$, $X' = NO_2$).
B. Aus 6-Chlor-2-methyl-3-nitro-pyridin und Bis-[2-hydroxy-äthyl]-amin (*Brown et al.*,
Soc. **1957** 1544, 1546).
Kristalle (aus A.); F: 108—109°.

6-Methyl-3-nitro-[2]pyridylamin $C_6H_7N_3O_2$, Formel XIV ($R = R' = H$) (E I 633).
B. s. im Artikel 6-Methyl-5-nitro-[2]pyridylamin (S. 4145).
Kristalle; F: 156—158° (*Besly, Goldberg*, Soc. **1954** 2448, 2452), 154° [aus H_2O]
(*Takahashi et al.*, J. pharm. Soc. Japan **72** [1952] 434; C. A. **1953** 6404), 141° (*Pino,
Zehrung*, Am. Soc. **77** [1955] 3154).

Methyl-[6-methyl-3-nitro-[2]pyridyl]-phenyl-amin $C_{13}H_{13}N_3O_2$, Formel XIV
($R = C_6H_5$, $R' = CH_3$).
B. Beim Erhitzen von 2-Chlor-6-methyl-3-nitro-pyridin mit *N*-Methyl-anilin, K_2CO_3
und wenig Kupfer-Pulver auf 160—170° (*Abramovitch et al.*, Soc. **1954** 4263, 4265).
Rotes Öl; $Kp_{0,4}$: 140—142°.

3-Chlor-6-methyl-5-nitro-[2]pyridylamin $C_6H_6ClN_3O_2$, Formel XIII ($R = H$, $X = Cl$,
$X' = NO_2$).
B. Beim Behandeln von 6-Methyl-5-nitro-[2]pyridylamin mit Chlor in Essigsäure (*Par-
ker, Shive*, Am. Soc. **69** [1947] 63, 66).
Hellgelbe Kristalle (aus Acn.); F: 215,4—216°.

3-Brom-6-methyl-5-nitro-[2]pyridylamin $C_6H_6BrN_3O_2$, Formel XIII ($R = H$, $X = Br$,
$X' = NO_2$).
B. Beim Behandeln von 6-Methyl-5-nitro-[2]pyridylamin mit Brom in Essigsäure
(*Parker, Shive*, Am. Soc. **69** [1947] 63, 66).
Gelbe Kristalle; F: 211,6—212,4°.

5-Brom-6-methyl-3-nitro-[2]pyridylamin $C_6H_6BrN_3O_2$, Formel XIII ($R = H$, $X = NO_2$,
$X' = Br$).
B. Beim Erwärmen von 5-Brom-6-methyl-[2]pyridylamin mit konz. H_2SO_4 und konz.
HNO_3 (*Graboyes, Day*, Am. Soc. **79** [1957] 6421, 6423).
Gelbe Kristalle (aus Butan-1-ol); F: 210—211°.   [*Härter*]

2-Aminomethyl-pyridin, *C*-[2]Pyridyl-methylamin $C_6H_8N_2$, Formel I ($R = R' = H$).
B. Beim Behandeln einer Lösung von Pyridin-2-carbaldehyd-(*E*)-oxim in Äthanol mit
Zink-Pulver und Essigsäure (*Craig, Hixon*, Am. Soc. **53** [1931] 4367, 4368). Aus Pyridin-
2-carbonitril beim Hydrieren in Äthanol und wss. NH_3 an Raney-Nickel (*Kolloff, Hunter*,
Am. Soc. **63** [1941] 490) oder in äthanol. HCl an Palladium/Kohle (*Winterfeld, Gierenz*,
B. **92** [1959] 240, 241) sowie beim Behandeln mit $LiAlH_4$ in Äther (*Bullock et al.*, Am.
Soc. **78** [1956] 3693, 3695; *Boyer et al.*, Am. Soc. **79** [1957] 678). Beim Erwärmen von
Pyridin-2-carbonitril mit Chrom(II)-acetat in wss.-äthanol. KOH bzw. wss. KOH (*Graf*,
J. pr. [2] **140** [1934] 39, 43, [2] **146** [1936] 88, 90).
Dipolmoment bei 25°: 2,25 D [ε; Bzl.], 2,30 D [ε; Dioxan] (*Barassin, Lumbroso*, Bl.
1959 1947, 1951).
Kp: 202° [geringe Zers.] (*Bullock et al.*, Am. Soc. **78** [1956] 3693, 3695); Kp_{17}: 91,5°
(*Barassin, Lumbroso*, Bl. **1959** 1947, 1950); Kp_{15}: 91° (*Craig, Hixon*, Am. Soc. **53** [1931]
4367, 4368); Kp_{14}: 86—87° (*Winterfeld, Gierenz*, B. **92** [1959] 240, 241); Kp_{12}: 82° (*Graf*,
J. pr. [2] **146** [1936] 88, 90), 81° (*Boyer et al.*, Am. Soc. **79** [1957] 678), 78—80° (*Graf*, J.
pr. [2] **140** [1934] 39, 44); Kp_{10}: 85° (*Bu. et al.*, l. c. S. 3964). D_4^{20}: 1,0583; n_D^{20}: 1,5465 (*Ba.,
Lu.*). D^{20}: 1,105; n_D^{20}: 1,5378 (*Bu. et al.*). Scheinbare Dissoziationskonstante K_b' (H_2O;
potentiometrisch ermittelt): $1 \cdot 10^{-6}$ (*Cr., Hi.*, l. c. S. 4370). Wahrer Dissoziationsexponent

pK_{a1} der zweifach protonierten Verbindung (H_2O; potentiometrisch ermittelt) bei 30°: 3,1; bei 40°: 2,8 (*Goldberg, Fernelius*, J. phys. Chem. **63** [1959] 1246). Wahrer Dissoziationsexponent pK_{a2} der einfach protonierten Verbindung (H_2O; potentiometrisch ermittelt) bei 10°: 9,09; bei 20°: 8,78; bei 30°: 8,51; bei 40°: 8,34 (*Go., Fe.*).

Bei längerem Aufbewahren unter Luftzutritt sowie beim Behandeln mit $SOCl_2$ in Äther oder mit Nitrosobenzol in Äthanol bildet sich Pyridin-2-carbaldehyd (*Graf*, J. pr. [2] **146** [1936] 88, 91). Beim Erwärmen mit Chrom(II)-acetat in wss. KOH entsteht 2-Methylpyridin und NH_3 (*Graf*, l. c. S. 90). Beim Erhitzen mit Acetanhydrid ist 1-[3-Methylimidazo[1,5-*a*]pyridin-1-yl]-äthanon erhalten worden (*Bower, Ramage*, Soc. **1955** 2834, 2836).

Stabilitätskonstante der Komplexe mit Kupfer(2+), Zink(2+), Cadmium(2+), Cobalt-(2+) und Nickel(2+) bei 10—40° sowie mit Eisen(2+) bei 30°: *Goldberg, Fernelius*, J. phys. Chem. **63** [1959] 1246.

Monohydrochlorid $C_6H_8N_2 \cdot HCl$. Kristalle; F: 128—129° [aus A. + Ae.] (*Winterfeld, Gierenz*, B. **92** [1959] 240, 241), 121—124° [unkorr.] (*Shapiro et al.*, Am. Soc. **81** [1959] 3728, 3733).

Dihydrochlorid $C_6H_8N_2 \cdot 2$ HCl. Kristalle; F: 225—231° [unkorr.; aus wss. A.] (*Bullock et al.*, Am. Soc. **78** [1956] 3693, 3695), 209—212° [Zers.] (*Graf*, J. pr. [2] **140** [1934] 39, 44; *Wi., Gi.*), 183—186° (*Goldberg, Fernelius*, J. phys. Chem. **63** [1959] 1246, 1248).

Dihydrobromid $C_6H_8N_2 \cdot 2$ HBr. Kristalle; F: 234° (*Graf*, J. pr. [2] **146** [1936] 88, 92).

Sulfat 2 $C_6H_8N_2 \cdot H_2SO_4$. F: 190° [Zers.] (*Viscontini, Raschig*, Helv. **42** [1959] 570, 575).

Tetrachloroaurat(III) $C_6H_8N_2 \cdot HAuCl_4 \cdot HCl$. Kristalle (aus sehr verd. wss. HCl); F: 204° [Zers.] (*Craig, Hixon*, Am. Soc. **53** [1931] 4367, 4369).

Verbindung mit Gold(III)-chlorid $C_6H_8N_2 \cdot 2$ $AuCl_3$. Gelbe Kristalle; F: 186° (*Graf*, J. pr. [2] **146** 92).

[Bis-(2-aminomethyl-pyridin)-eisen(II)]-octacarbonyldiferrat(2−) $[Fe(C_6H_8N_2)_2][Fe_2(CO)_8]$. *B*. Beim Erwärmen von 2-Aminomethyl-pyridin mit Pentacarbonyleisen in Benzol unter UV-Bestrahlung (*Hieber, Kahlen*, B. **91** [1958] 2234, 2237). — Rotbraune, luftempfindliche Kristalle (*Hi., Ka.*). Elektrische Leitfähigkeit in Aceton und in DMF: *Hi., Ka.*

Hexachloroplatinat(IV) $C_6H_8N_2 \cdot H_2PtCl_6 \cdot 3$ H_2O. Gelbe Kristalle; F: 245° [Zers.; offene Kapillare] bzw. 220° [nach Sintern ab 130°; geschlossene Kapillare] (*Graf*, J. pr. [2] **146** 92).

Picrat $C_6H_8N_2 \cdot C_6H_3N_3O_7$. Goldgelbe Kristalle (aus A.); F: 162° [Zers.] (*Graf*, J. pr. [2] **146** 92), 159—160° [korr.] (*Boyer et al.*, Am. Soc. **79** [1957] 678).

Oxalat. Kristalle; F: 167° [aus A.] (*Cr., Hi.*, l. c. S. 4369), 166—167° [korr.] (*Bo. et al.*).

I   II   III

2-Methylaminomethyl-pyridin, Methyl-[2]pyridylmethyl-amin $C_7H_{10}N_2$, Formel I (R = CH_3, R' = H).

B. Beim Behandeln von 2-Chlormethyl-pyridin-hydrochlorid mit Methylamin in H_2O (*Hoffmann-La Roche*, U.S.P. 2 798 075 [1956]).

Kp_{10}: 79° (*Goldberg, Fernelius*, J. phys. Chem. **63** [1959] 1246), 78—80° (*Hoffmann-La Roche*). Wahrer Dissoziationsexponent pK_{a1} der zweifach protonierten Verbindung (H_2O; potentiometrisch ermittelt) bei 30°: 2,92; bei 40°: 2,91; wahrer Dissoziationsexponent pK_{a2} der einfach protonierten Verbindung (H_2O; potentiometrisch ermittelt) bei 10°: 9,30; bei 20°: 9,10; bei 30°: 8,82; bei 40°: 8,62 (*Go., Fe.*). Stabilitätskonstanten der Komplexe mit Kupfer(2+), Zink(2+), Cadmium(2+), Cobalt(2+) und Nickel(2+) bei 10° bis 40° sowie mit Eisen(2+) bei 30°: *Go., Fe.*

Dihydrochlorid $C_7H_{10}N_2 \cdot 2$ HCl. F: 184—185° (*Hoffmann-La Roche*).

2-Dimethylaminomethyl-pyridin, Dimethyl-[2]pyridylmethyl-amin $C_8H_{12}N_2$, Formel I (R = R' = CH_3).

B. Bei der Hydrierung von 4-Chlor-2-dimethylaminomethyl-pyridin an Palladium/ Kohle in wss.-äthanol. NaOH (*Morikawa*, J. pharm. Soc. Japan **75** [1955] 593, 595; C. A. **1956** 5656).

Kp_{760}: 195°.

Dihydrochlorid $C_8H_{12}N_2 \cdot 2$ HCl $\cdot 0,5$ H_2O. Hygroskopische Kristalle (aus Me.); F: 194—195°.

Methojodid $[C_9H_{15}N_2]I$. Kristalle (aus Me.); F: 164—165°.

2-Butylaminomethyl-pyridin, Butyl-[2]pyridylmethyl-amin $C_{10}H_{16}N_2$, Formel I (R = $[CH_2]_3$-CH_3, R' = H).

B. Beim Hydrieren von Butyl-[2]pyridylmethylen-amin in Äthylacetat an Raney-Nickel (*Profft*, Chem. Tech. **6** [1954] 484, 485).

Kp_8: 112—114°. n_D^{23}: 1,5000.

Dihydrochlorid $C_{10}H_{16}N_2 \cdot 2$ HCl. F: 177°.

2-Anilinomethyl-pyridin, N-[2]Pyridylmethyl-anilin $C_{12}H_{12}N_2$, Formel I (R = C_6H_5, R' = H).

B. Beim Erwärmen von 2-Chlormethyl-pyridin mit Anilin [Überschuss] und K_2CO_3 in Benzol (*Carelli et al.*, Ann. Chimica **48** [1958] 1342, 1346). Beim Hydrieren von Pyridin-2-carbaldehyd-phenylimin an Raney-Nickel (*Schenley Ind.*, U.S.P. 2786059 [1954]).

Kristalle (aus wss. A.); F: 54—55° (*Ca. et al.*). Kp_8: 168—172° (*Hörlein*, B. **87** [1954] 463, 468; *Schenley Ind.*); $Kp_{0,04}$: 105—110° (*Ca. et al.*).

Dihydrochlorid $C_{12}H_{12}N_2 \cdot 2$ HCl. Kristalle (aus A.); F: 190—192° (*Ca. et al.*).

Dipicrat $C_{12}H_{12}N_2 \cdot 2$ $C_6H_3N_3O_7$. Kristalle (aus H_2O); F: 151—152° (*Ca. et al.*).

2-[[2]Pyridylmethyl-amino]-äthanol $C_8H_{12}N_2O$, Formel I (R = CH_2-CH_2-OH, R' = H).

B. Beim Hydrieren von 2-[2]Pyridylmethylenamino-äthanol an Palladium/Kohle in Äthanol (*Elslager et al.*, Am. Soc. **78** [1956] 3453, 3454; *Parke, Davis & Co.*, U.S.P. 2731470 [1954]).

$Kp_{0,8-1,5}$: 129—140° (*El. et al.*; *Parke, Davis & Co.*). n_D^{25}: 1,5387 (*El. et al.*).

Dihydrochlorid $C_8H_{12}N_2O \cdot 2$ HCl. Kristalle (aus A.); F: 130—131° [unkorr.] (*El. et al.*).

Piperidino-[2]pyridyl-methan, 2-Piperidinomethyl-pyridin, 1-[2]Pyridylmethyl-piperidin $C_{11}H_{16}N_2$, Formel II.

B. Beim Erhitzen in Pyridin-2-carbaldehyd mit Piperidin und Ameisensäure (*Profft et al.*, J. pr. [4] **2** [1955] 147, 163). Beim Behandeln von 1-[Pyridin-2-carbonyl]-piperidin mit $LiAlH_4$ in Äther (*Sommers et al.*, Am. Soc. **75** [1953] 57, 58; *Abbott Labor.*, U.S.P. 2684965 [1950]).

Kp_{10}: 122—124°; n_D^{25}: 1,5170 (*So. et al.*; *Abbott Labor.*). $Kp_{0,6}$: 81—85° (*Pr. et al.*).

Dihydrochlorid $C_{11}H_{16}N_2 \cdot 2$ HCl. Kristalle; F: 200—215° (*So. et al.*; *Abbott Labor.*).

×3-[2]Pyridylmethylimino-butan-2-on-oxim, Butandion-oxim-[2]pyridylmethylimin $C_{10}H_{13}N_3O$, Formel III.

B. Beim Erwärmen von 2-Aminomethyl-pyridin mit Butandion-monooxim (F: 76°) in Äthanol (*Lions, Martin*, Am. Soc. **79** [1957] 2733, 2736).

Kristalle (aus A.); F: 157°.

Verbindung mit Eisen(II)-jodid 2 $C_{10}H_{13}N_3O \cdot FeI_2 \cdot 2$ H_2O. Diamagnetische rote Kristalle (aus A. + Ae.), die unterhalb 300° nicht schmelzen.

Verbindung mit Kobalt(III)-jodid 2 $C_{10}H_{13}N_3O \cdot CoI_3$. Diamagnetische Kristalle.

1-[2]Pyridylmethyl-pyridinium $[C_{11}H_{11}N_2]^+$, Formel IV.

Chlorid-hydrochlorid $[C_{11}H_{11}N_2]Cl \cdot HCl$. *B.* Beim Erwärmen von 2-Chlormethyl-pyridin-hydrochlorid mit Pyridin (*Kröhnke, Gross*, B. **92** [1959] 22, 34; s. a. *Brown, Humphreys*, Soc. **1959** 2040). — Kristalle mit 1 Mol H_2O (aus A.); F: 197—198° (*Kr., Gr.*). — Beim Behandeln mit N,N-Dimethyl-4-nitroso-anilin und NaCN in wss. Äthanol ist [4-Di= methylamino-phenylimino]-[2]pyridyl-acetonitril erhalten worden (*Kr., Gr.*).

Dipicrat $[C_{11}H_{11}N_2][C_6H_2N_3O_7]\cdot C_6H_3N_3O_7$. Gelbe Kristalle (aus A.), F: 172° (*Glover, Morris*, Soc. **1964** 3366, 3369); orangefarbene Kristalle (aus wss. Me.), F: 158° (*Br., Hu.*).

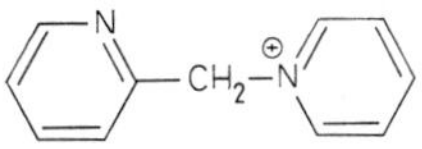

IV 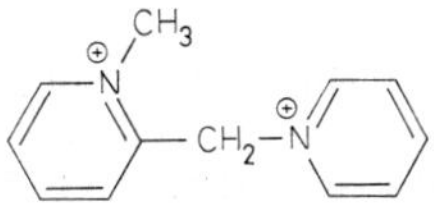   V 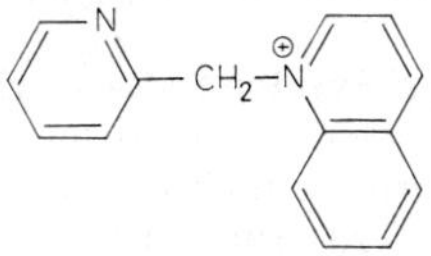   VI

[1-Methyl-pyridinium-2-yl]-pyridinio-methan, 1'-Methyl-1,2'-methandiyl-bis-pyridinium $[C_{12}H_{14}N_2]^{2+}$, Formel V.

Dijodid $[C_{12}H_{14}N_2]I_2$. *B.* Beim Erwärmen von 1,2-Dimethyl-pyridinium-jodid mit Jod in Pyridin (*Berson, Cohen*, Am. Soc. **78** [1956] 416). — Hellgelbe Kristalle (aus wss. Me. + Isopropylalkohol); F: 188—189° [korr.; Zers.]. — Beim Behandeln mit wss. NaOH entsteht 1-Methyl-1H-pyridin-2-on.

1-[2]Pyridylmethyl-chinolinium $[C_{15}H_{13}N_2]^+$, Formel VI.

Bromid $[C_{15}H_{13}N_2]Br$. *B.* Beim Erwärmen von 2-Brommethyl-pyridin mit Chinolin in Benzol (*Brown, Humphreys*, Soc. **1959** 2040).

Dipicrat $[C_{15}H_{13}N_2][C_6H_2N_3O_7]\cdot C_6H_3N_3O_7$. Orangefarbene Kristalle (aus A.); F: 173°.

2-[2]Pyridylmethyl-isochinolinium $[C_{15}H_{13}N_2]^+$, Formel VII.

Bromid $[C_{15}H_{13}N_2]Br$. *B.* Beim Erwärmen von 2-Brommethyl-pyridin mit Isochinolin in Benzol (*Brown, Humphreys*, Soc. **1959** 2040).

Dipicrat $[C_{15}H_{13}N_2][C_6H_2N_3O_7]\cdot C_6H_3N_3O_7$. Gelbe Kristalle (aus Me. + Acn.); F: 188°.

2-[Formylamino-methyl]-pyridin, N-[2]Pyridylmethyl-formamid $C_7H_8N_2O$, Formel VIII (R = H).

B. Beim Erhitzen von 2-Aminomethyl-pyridin in Ameisensäure (*Bower, Ramage*, Soc. **1955** 2834, 2835).

Kp_4: 160—161°.

Picrat $C_7H_8N_2O\cdot C_6H_3N_3O_7$. Kristalle (aus Bzl.); F: 158°.

2-[Acetylamino-methyl]-pyridin, N-[2]Pyridylmethyl-acetamid $C_8H_{10}N_2O$, Formel VIII (R = CH₃).

B. Beim Erhitzen von 2-Aminomethyl-pyridin mit Acetanhydrid in Essigsäure (*Bower, Ramage*, Soc. **1955** 2834, 2835).

Kristalle (aus Bzl. + PAe.); F: 59—66°. Kp_5: 160—163°.

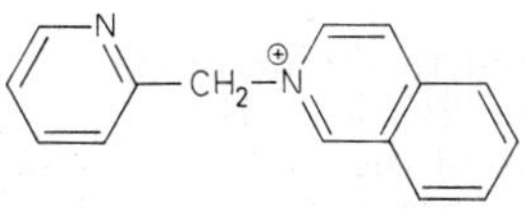

VII 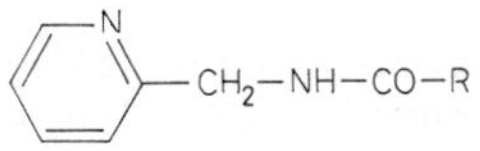   VIII 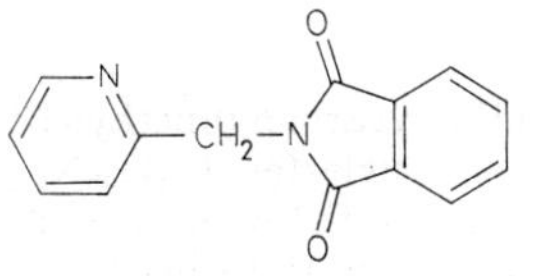   IX

2-[Benzoylamino-methyl]-pyridin, N-[2]Pyridylmethyl-benzamid $C_{13}H_{12}N_2O$, Formel VIII (R = C₆H₅).

B. Aus 2-Aminomethyl-pyridin und Benzoylchlorid in Benzol (*Graf*, J. pr. [2] **146** [1936] 88, 93).

Kristalle; F: 53°. Kp_{15}: 235°.

4-Nitro-benzoesäure-[[2]pyridylmethyl-amid] $C_{13}H_{11}N_3O_3$, Formel VIII (R = C₆H₄-NO₂(p)).

B. Aus 2-Aminomethyl-pyridin und 4-Nitro-benzoylchlorid (*Boyer, Wolfard*, J. org. Chem. **23** [1958] 1053).

Kristalle; F: 135—137° [aus wss. A.] (*Bo., Wo.*), 135—137° (*Kolloff, Hunter*, Am. Soc. **63** [1941] 490), 136° [aus A.] (*Graf*, J. pr. [2] **146** [1936] 88, 93).

N-[2]Pyridylmethyl-phthalimid $C_{14}H_{10}N_2O_2$, Formel IX.

B. Beim Erhitzen von 2-Chlormethyl-pyridin mit Kaliumphthalimid in DMF (*Lions, Martin*, Am. Soc. **79** [1957] 2733, 2736).

Kristalle (aus A.); F: 125°.

O-[[2]Pyridylmethyl-carbamoyl]-DL-serin $C_{10}H_{13}N_3O_4$, Formel X (R = R' = H).

B. Bei der Hydrierung von *N*-Benzyloxycarbonyl-*O*-[[2]pyridylmethyl-carbamoyl]-DL-serin-benzylester in Dioxan und wss. Äthanol an Palladium (*McCord et al.*, J. org. Chem. **23** [1958] 1963).

Kristalle (aus wss. A.); F: 193—194° [unkorr.].

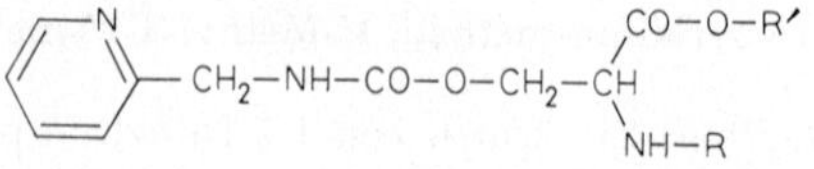

X

N-Benzyloxycarbonyl-*O*-[[2]pyridylmethyl-carbamoyl]-DL-serin-benzylester $C_{25}H_{25}N_3O_6$, Formel X (R = CO-O-CH$_2$-C$_6$H$_5$, R' = CH$_2$-C$_6$H$_5$).

B. Beim Behandeln von *N*-Benzyloxycarbonyl-DL-serin-benzylester mit COCl$_2$ [Überschuss] in Toluol und Behandeln des Reaktionsprodukts in Dioxan mit 2-Aminomethyl-pyridin und Na$_2$CO$_3$ in wss. Äthanol (*McCord et al.*, J. org. Chem. **23** [1958] 1963).

Kristalle (aus Bzl. + PAe.); F: 75—78°.

1-[2]Pyridylmethyl-biguanid $C_8H_{12}N_6$, Formel XI und Tautomere.

Hydrochlorid $C_8H_{12}N_6 \cdot HCl$. B. Beim Erhitzen von 2-Aminomethyl-pyridin-hydro=chlorid mit Cyanguanidin (*Shapiro et al.*, Am. Soc. **81** [1959] 3728, 3733). — Kristalle (aus Isopropylalkohol + Hexan); F: 177—178° [unkorr.].

Dipicrat $C_8H_{12}N_6 \cdot 2\,C_6H_3N_3O_7$. Kristalle; F: 210—214° [unkorr.; Zers.] (*Sh. et al.*, l. c. S. 3735).

N-[2]Pyridylmethyl-glycin-äthylester $C_{10}H_{14}N_2O_2$, Formel XII (R = R' = H).

B. Beim Erwärmen von 2-Aminomethyl-pyridin mit Chloressigsäure-äthylester [1 Mol], K$_2$CO$_3$ und wenig H$_2$O in Benzol (*Winterfeld, Gierenz*, B. **92** [1959] 240, 242).

Hygroskopisches Öl; Kp$_{0,1}$: 105°.

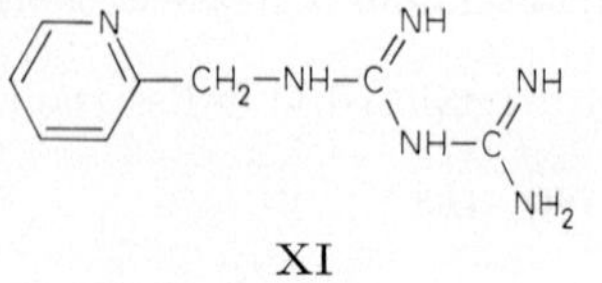

XI 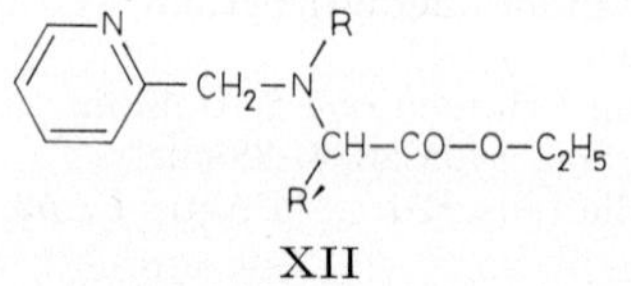   XII

Bis-äthoxycarbonylmethyl-[2]pyridylmethyl-amin, [2]Pyridylmethylimino-di-essig=säure-diäthylester $C_{14}H_{20}N_2O_4$, Formel XII (R = CH$_2$-CO-O-C$_2$H$_5$, R' = H).

B. Beim Erhitzen von 2-Aminomethyl-pyridin mit überschüssigem Chloressigsäure-äthylester in Pyridin (*Winterfeld, Gierenz*, B. **92** [1959] 240, 241).

Kp$_{0,2}$: 134°.

1,2-Bis-[([2]pyridylmethyl-carbamoyl)-methylmercapto]-äthan, 3,6-Dithia-octandisäure-bis-[[2]pyridylmethyl-amid] $C_{18}H_{22}N_4O_2S_2$, Formel XIII.

Kristalle (aus A.); F: 155° (*Lions, Martin*, Am. Soc. **80** [1958] 3858, 3865).

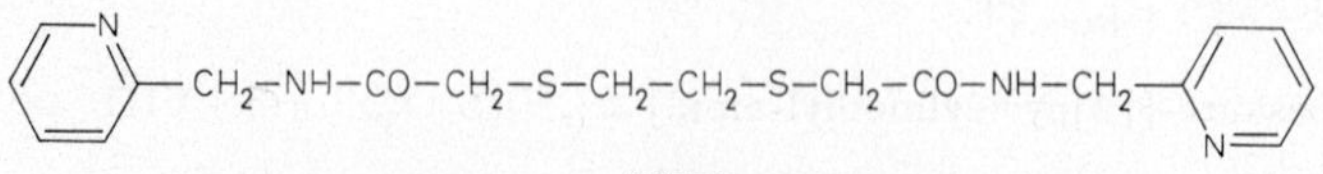

XIII

N-[2]Pyridylmethyl-DL-alanin-äthylester $C_{11}H_{16}N_2O_2$, Formel XII (R = H, R' = CH$_3$).

B. Beim Erwärmen von 2-Aminomethyl-pyridin mit (±)-2-Brom-propionsäure-äthyl=

ester, K_2CO_3 und wenig H_2O in Benzol (*Winterfeld, Gierenz*, B. **92** [1959] 240, 244). $Kp_{0,3}$: 114°. $Kp_{0,05}$: 99—104°.

N-Butyl-N-[2]pyridylmethyl-β-alanin-nitril $C_{13}H_{19}N_3$, Formel I.
B. Beim Behandeln von Butyl-[2]pyridylmethyl-amin mit Acrylonitril (*Profft*, Chem. Tech. **6** [1954] 484, 485).
Kp_{10}: 182—183°. n_D^{23}: 1,5040.
Dihydrochlorid $C_{13}H_{19}N_3 \cdot 2$ HCl. Kristalle; F: 177°.

(±)-3-Hydroxy-2-phenyl-propionsäure-[[2]pyridylmethyl-amid], (±)-Tropasäure-[[2]pyridylmethyl-amid] $C_{15}H_{16}N_2O_2$, Formel II (R = H).
B. Beim Behandeln von 2-Aminomethyl-pyridin mit (±)-3-Acetoxy-2-phenyl-propionylchlorid in Pyridin und $CHCl_3$ und Erwärmen des Reaktionsprodukts in wss. HCl (*Hoffmann-La Roche*, U.S.P. 2798075 [1956]).
Kristalle (aus Äthylacetat + PAe.); F: 115—116°.
Benzylochlorid [$C_{22}H_{23}N_2O_2$]Cl; (±)-1-Benzyl-2-[tropoylamino-methyl]-pyridinium-chlorid. Kristalle (aus A. + Ae.); F: 197—198°.

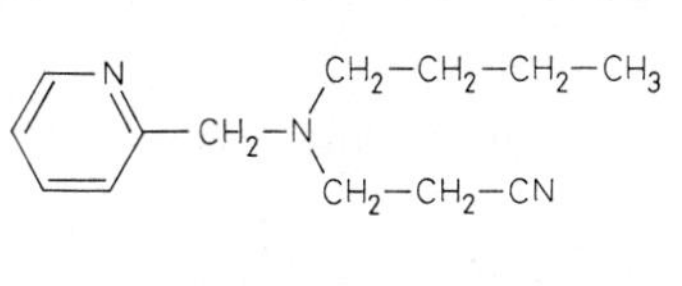

I 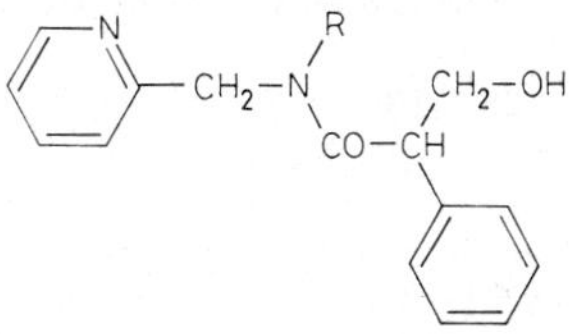   II

(±)-3-Hydroxy-2-phenyl-propionsäure-[methyl-[2]pyridylmethyl-amid], (±)-Tropasäure-[methyl-[2]pyridylmethyl-amid] $C_{16}H_{18}N_2O_2$, Formel II (R = CH_3).
B. Beim Behandeln von Methyl-[2]pyridylmethyl-amin mit (±)-3-Acetoxy-2-phenyl-propionylchlorid in Pyridin und $CHCl_3$ und Erwärmen des Reaktionsprodukts mit wss. HCl (*Hoffmann-La Roche*, U.S.P. 2798075 [1956]).
Hydrochlorid. Kristalle (aus A. + Ae.) mit 1 Mol H_2O; F: 82—84°.
Methojodid [$C_{17}H_{21}N_2O_2$]I; (±)-1-Methyl-2-[(methyl-tropoyl-amino)-methyl]-pyridinium-jodid. Kristalle (aus A. + Ae.); F: 133—134°.

(±)-2-[(Äthyl-tropoyl-amino)-methyl]-1-methyl-pyridinium [$C_{18}H_{23}N_2O_2$]⁺, Formel III (R = C_2H_5).
Jodid [$C_{18}H_{23}N_2O_2$]I. *B.* Aus (±)-Tropasäure-[äthyl-[2]pyridylmethyl-amid] und CH_3I (*Hoffmann-La Roche*, U.S.P. 2798075 [1956]). — Kristalle (aus A. + Ae.); F: 110—111°.

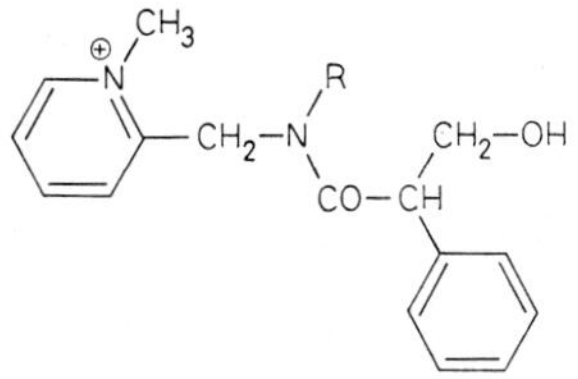

III 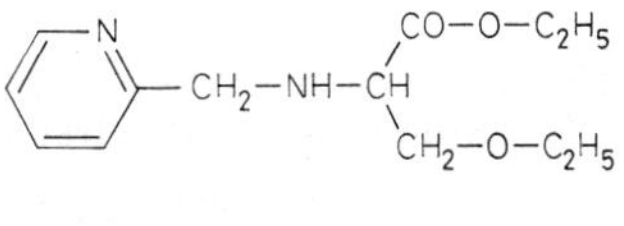   IV

(±)-2-[(Butyl-tropoyl-amino)-methyl]-1-methyl-pyridinium [$C_{20}H_{27}N_2O_2$]⁺, Formel III (R = [CH_2]₃-CH_3).
Jodid [$C_{20}H_{27}N_2O_2$]I. *B.* Aus (±)-Tropasäure-[butyl-[2]pyridylmethyl-amid] und CH_3I (*Hoffmann-La Roche*, U.S.P. 2798075 [1956]). — F: 125—126°.

O-Äthyl-N-[2]pyridylmethyl-DL-serin-äthylester $C_{13}H_{20}N_2O_3$, Formel IV.
B. Beim Erwärmen von 2-Aminomethyl-pyridin mit (±)-3-Äthoxy-2-brom-propionsäure-äthylester, K_2CO_3 und wenig H_2O in Benzol (*Winterfeld, Gierenz*, B. **92** [1959] 240, 243).
$Kp_{0,1}$: 132°.

2,5-Bis-[2]pyridylmethylimino-cyclohexan-1,4-dicarbonsäure-diäthylester $C_{24}H_{28}N_4O_4$,
Formel V, und Tautomere (z. B. 2,5-Bis-[[2]pyridylmethyl-amino]-cyclohexa-1,4-dien-1,4-dicarbonsäure-diäthylester).
   B. Beim Erwärmen von 2-Aminomethyl-pyridin in Äthanol mit 2,5-Dioxo-cyclohexan-1,4-dicarbonsäure-diäthylester (*Uhlig*, B. **91** [1958] 393, 397).
   F: 153°.

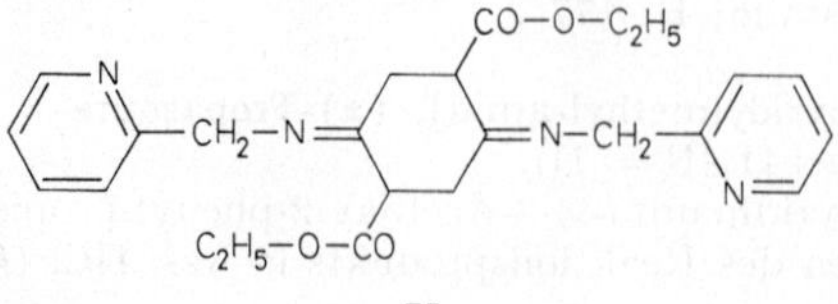

V 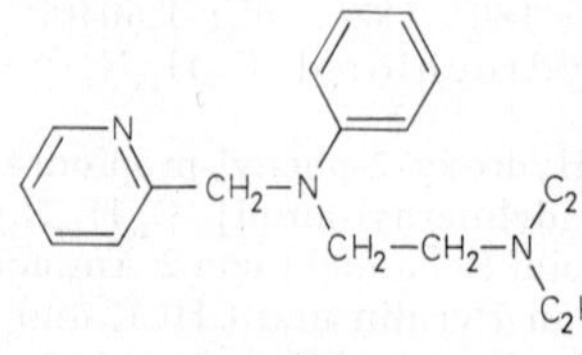   VI

***N,N*-Diäthyl-*N'*-phenyl-*N'*-[2]pyridylmethyl-äthylendiamin** $C_{18}H_{25}N_3$, Formel VI.
   B. Beim Erwärmen von *N*-[2]Pyridylmethyl-anilin mit $NaNH_2$ in Benzol und anschliessend mit Diäthyl-[2-chlor-äthyl]-amin (*Carelli et al.*, Ann. Chimica **48** [1958] 1342, 1347).
   Kp$_{0,04}$: 128—130°.
   Dipicrat $C_{18}H_{25}N_3 \cdot 2 C_6H_3N_3O_7$. Kristalle (aus H_2O); F: 164—166°.

***N*-Butyl-*N*-[2]pyridylmethyl-propandiyldiamin** $C_{13}H_{23}N_3$, Formel VII (R = H).
   B. Beim Hydrieren von *N*-Butyl-*N*-[2]pyridylmethyl-β-alanin-nitril (*Profft*, Chem. Tech. **6** [1954] 484, 487).
   Kp$_1$: 137—140°. n_D^{23}: 1,5045.

***N*-[3-(Butyl-[2]pyridylmethyl-amino)-propyl]-β-alanin-nitril, *N*-Butyl-*N'*-[2-cyanäthyl]-*N*-[2]pyridylmethyl-propandiyldiamin** $C_{16}H_{26}N_4$, Formel VII (R = CH_2-CH_2-CN).
   B. Aus der vorangehenden Verbindung und Acrylnitril (*Profft*, Chem. Tech. **6** [1954] 484, 487).
   Kp$_2$: 205—211° [Zers.]. n_D^{21}: 1,5080.

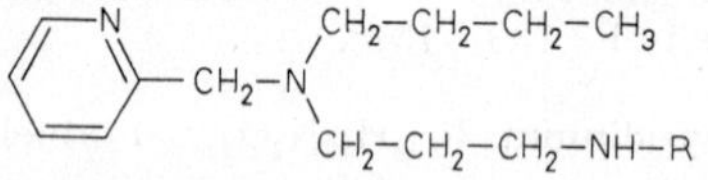

VII 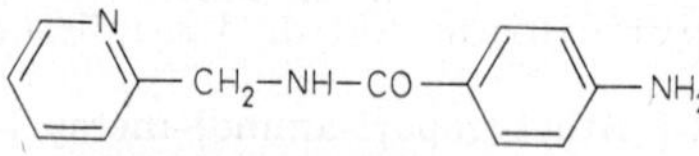   VIII

4-Amino-benzoesäure-[[2]pyridylmethyl-amid] $C_{13}H_{13}N_3O$, Formel VIII.
   B. Beim Behandeln von 4-Nitro-benzoesäure-[[2]pyridylmethyl-amid] in Äthanol mit Zinn und HCl (*Graf*, J. pr. [2] **146** [1936] 88, 93).
   Kristalle (aus wss. A.); F: 94°.

2,5-Bis-[[2]pyridylmethyl-amino]-terephthalsäure $C_{20}H_{18}N_4O_4$, Formel IX (R = H).
   B. Beim Erwärmen des Diäthylesters (s. u.) mit äthanol. KOH (*Uhlig*, B. **91** [1958] 393, 399).
   Rote Kristalle (aus H_2O) mit 2 Mol H_2O, die bei mehrstündigem Erhitzen auf 105° das Kristallwasser verlieren; die wasserfreie Säure ist gelb.

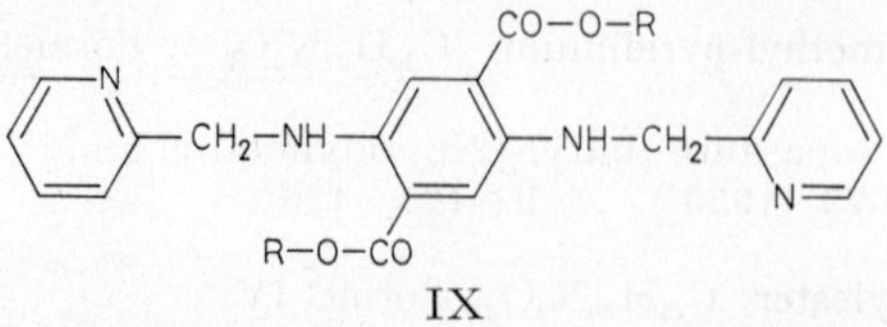

IX 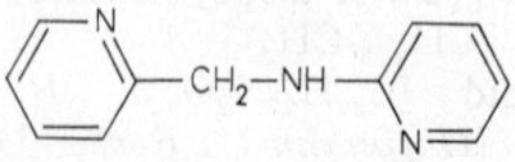   X

2,5-Bis-[[2]pyridylmethyl-amino]-terephthalsäure-diäthylester $C_{24}H_{26}N_4O_4$, Formel IX (R = C_2H_5).
   B. Beim Erwärmen von 2,5-Bis-[2]pyridylmethylimino-cyclohexan-1,4-dicarbonsäure-

diäthylester mit Jod in Äthanol (*Uhlig*, B. **91** [1958] 393, 397).
Kristalle (aus A.); F: 131—132°.

[2]Pyridyl-[2]pyridylmethyl-amin $C_{11}H_{11}N_3$, Formel X.
B. Beim Behandeln von Pyridin-2-thiocarbonsäure-[2]pyridylamid (aus Pyridin-2-dithiocarbonsäure und [2]Pyridylamin erhalten) in Benzol mit wss. KOH und Aluminium (*König et al.*, B. **87** [1954] 825, 833; *Schenley Ind.*, U.S.P. 2797224 [1955]).
Picrat. F: 232°.

*[2]Pyridylmethyl-[2]pyridylmethylen-amin, Pyridin-2-carbaldehyd-[2]pyridylmethylimin
$C_{12}H_{11}N_3$, Formel XI (R = H).
B. Beim Behandeln von 2-Aminomethyl-pyridin mit Pyridin-2-carbaldehyd (*Lions*, *Martin*, Am. Soc. **79** [1957] 2733, 2736).
Verbindung mit Eisen(II)-perchlorat $2 C_{12}H_{11}N_3 \cdot Fe(ClO_4)_2 \cdot H_2O$. Diamagnetische dunkelrote Kristalle (aus H_2O); Zers. bei 193°.
Verbindung mit Kobalt(II)-perchlorat $2 C_{12}H_{11}N_2 \cdot Co(ClO_4)_2 \cdot H_2O$. Dunkelblauer Niederschlag, der an der Luft schnell verharzt; paramagnetisch; magnetisches Moment: *Li.*, *Ma.*

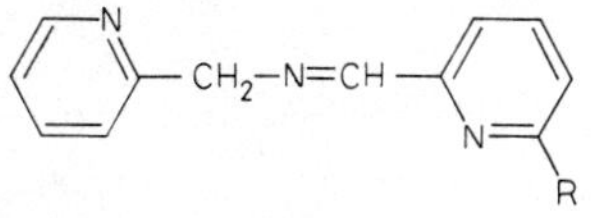

XI 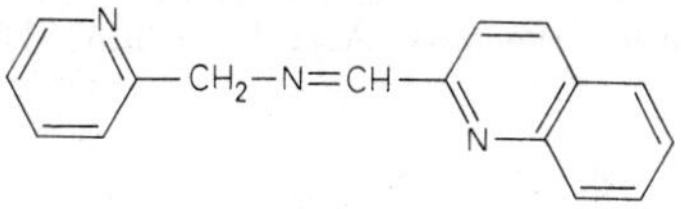   XII

*[6-Methyl-[2]pyridylmethylen]-[2]pyridylmethyl-amin, 6-Methyl-pyridin-2-carbaldehyd-[2]pyridylmethylimin $C_{13}H_{13}N_3$, Formel XI (R = CH_3).
B. Beim Erwärmen von 6-Methyl-pyridin-2-carbaldehyd mit 2-Aminomethyl-pyridin in Äthanol (*Goodwin*, *Lions*, Am. Soc. **81** [1959] 6415, 6420).
Verbindung mit Eisen(II)-perchlorat $2 C_{13}H_{13}N_3 \cdot Fe(ClO_4)_2 \cdot H_2O$. Violette Kristalle.
Verbindung mit Kupfer(II)-perchlorat $2 C_{13}H_{13}N_3 \cdot Cu(ClO_4)_2$. Braune Kristalle.

*[2]Chinolylmethylen-[2]pyridylmethyl-amin, Chinolin-2-carbaldehyd-[2]pyridylmethyl=imin $C_{16}H_{13}N_3$, Formel XII.
B. Beim Erwärmen von Chinolin-2-carbaldehyd mit 2-Aminomethyl-pyridin (*Goodwin*, *Lions*, Am. Soc. **81** [1959] 6415, 6420).
Verbindung mit Eisen(II)-jodid $2 C_{16}H_{13}N_3 \cdot FeI_2$. Braune Kristalle.
Verbindung mit Kupfer(II)-chlorid $2 C_{16}H_{13}N_3 \cdot CuCl_2$. Braune Kristalle.

*[8]Chinolylmethylen-[2]pyridylmethyl-amin, Chinolin-8-carbaldehyd-[2]pyridylmethyl=imin $C_{16}H_{13}N_3$, Formel XIII.
B. Beim Erwärmen von Chinolin-8-carbaldehyd mit 2-Aminomethyl-pyridin in Äthanol (*Lions*, *Martin*, Am. Soc. **79** [1957] 2733, 2737).
Verbindung mit Eisen(II)-jodid $2 C_{16}H_{13}N_3 \cdot FeI_2 \cdot 3 H_2O$. Diamagnetisch.

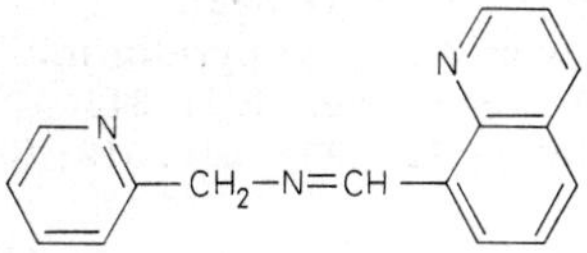

XIII 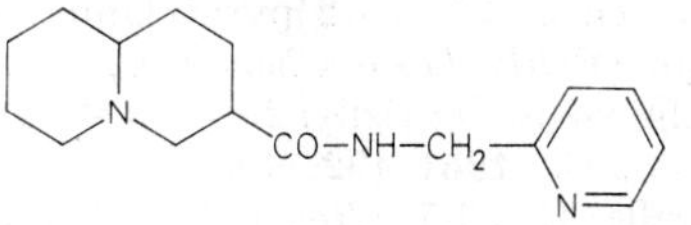   XIV

*Opt.-inakt. Octahydro-chinolizin-3-carbonsäure-[[2]pyridylmethyl-amid] $C_{16}H_{23}N_3O$,
Formel XIV.
B. Beim Erhitzen von (±)-(9ar)-Octahydro-chinolizin-3t-carbonsäure-äthylester (S. 216) mit 2-Aminomethyl-pyridin in Methanol auf 150° (*Winterfeld*, *Schulz*, Ar. **291** [1958] 610, 620).
Kristalle (aus PAe.); F: 120,5—122°.

2-[Sulfanilylamino-methyl]-pyridin, Sulfanilsäure-[[2]pyridylmethyl-amid]
$C_{12}H_{13}N_3O_2S$, Formel I (R = H).

B. Aus *N*-Acetyl-sulfanilsäure-[[2]pyridylmethyl-amid] beim Behandeln mit äthanol. HCl (*Kolloff, Hunter*, Am. Soc. **63** [1941] 490) oder beim Erwärmen mit wss. NaOH (*Veldstra, Wiardi*, R. **61** [1942] 627, 633).

Kristalle (aus H_2O); F: 130,8−131° (*Ko., Hu.*), 130° [unkorr.] (*Ve., Wi.*). UV-Spektrum (H_2O; 220−330 nm): *Havinga, Veldstra*, R. **66** [1947] 257, 262.

_N_-Acetyl-sulfanilsäure-[[2]pyridylmethyl-amid], Essigsäure-[4-([2]pyridylmethyl-sulfamoyl)-anilid] $C_{14}H_{15}N_3O_3S$, Formel I (R = CO-CH$_3$).

B. Aus 2-Aminomethyl-pyridin und *N*-Acetyl-sulfanilylchlorid in Aceton und Pyridin (*Kolloff, Hunter*, Am. Soc. **63** [1941] 490) oder in Pyridin bei 100° (*Veldstra, Wiardi*, R. **61** [1942] 627, 633).

Kristalle; F: 124−125° [aus wss. A.] (*Ko., Hu.*), 121° [unkorr.] (*Ve., Wi.*).

_N_-Hexanoyl-sulfanilsäure-[[2]pyridylmethyl-amid], Hexansäure-[4-([2]pyridylmethyl-sulfamoyl)-anilid] $C_{18}H_{23}N_3O_3S$, Formel I (R = CO-[CH$_2$]$_4$-CH$_3$).

B. Beim Behandeln von *N*-Hexanoyl-sulfanilylchlorid mit 2-Aminomethyl-pyridin in Aceton und Pyridin (*Kolloff, Hunter*, Am. Soc. **63** [1941] 490).

Kristalle (aus wss. A.); F: 129,5−130,5°.

I   II   III

4-Chlor-2-dimethylaminomethyl-pyridin, [4-Chlor-[2]pyridylmethyl]-dimethyl-amin $C_8H_{11}ClN_2$, Formel II.

B. Beim Behandeln von 2-Brommethyl-4-chlor-pyridin mit Dimethylamin in Äther (*Morikawa*, J. pharm. Soc. Japan **75** [1955] 593, 595; C. A. **1956** 5656).

Kp$_{6,5}$: 78−80°.

Dihydrobromid $C_8H_{11}ClN_2 \cdot 2$ HBr. Hygroskopische Kristalle (aus Me.); F: 218° [Zers.].

Methojodid [$C_9H_{14}ClN_2$]I; [4-Chlor-[2]pyridylmethyl]-trimethyl-ammonium-jodid. Kristalle (aus Me.); F: 166−167°.

---

*2-[1-Methyl-1*H*-[2]pyridylidenmethylimino]-indan-1,3-dion $C_{16}H_{12}N_2O_2$, Formel III.

B. In geringer Menge beim Erwärmen von Indan-1,2,3-trion-2-oxim mit 1,2-Dimethyl-pyridinium-jodid in Äthanol oder Piperidin unter Zusatz von wenig Pyridin (*Zenno*, J. Soc. Phot. Sci. Technol. Japan **19** [1956] 84, 85, 90; C. A. **1957** 8757).

Braune Kristalle (aus wss. A.); F: 223°.

3-Methyl-[2]pyridylamin $C_6H_8N_2$, Formel IV (R = R' = H) (E II 342).

B. Neben 5-Methyl-[2]pyridylamin beim Erhitzen von 3-Methyl-pyridin mit NaNH$_2$ in Xylol (*Reilly Tar & Chem. Corp.*, U.S.P. 2456379 [1946]; vgl. E II 342).

Dipolmoment (ε; Bzl.): 2,17 D (*Murty*, Indian J. Physics **32** [1958] 516, 518; *Barassin, Lumbroso*, Bl. **1961** 492, 495).

Kristalle; E: 33,5° (*Reilly Tar*), 33,17° [aus Bzl.] (*Mod et al.*, J. phys. Chem. **60** [1956] 1651, 1652). Kp: 221,5° (*Reilly Tar*); Kp$_5$: 86−88° (*Nakashima*, J. pharm. Soc. Japan **78** [1958] 661, 663; C. A. **1958** 18399). UV-Spektrum (H_2O, wss. HCl [0,05 n] sowie wss. NaOH [0,05 n]; 210−330 nm): *Bayzer*, M. **88** [1957] 72, 75. Scheinbarer Dissoziationsexponent pK$_a'$ der protonierten Verbindung (H_2O; potentiometrisch ermittelt): 7,24 (*Fastier, McDowall*, Austral. J. exp. Biol. med. Sci. **36** [1958] 491, 495). Erstarrungsdiagramm des Systems mit Palmitinsäure (Verbindung 1:1 [E: 56,7°] und Verbindung 1:2 [E: 62,2°]): *Mod et al.*, l. c. S. 1652, 1653. Azeotrope mit 1-Methyl-naphthalin bei 20−400 Torr sowie mit 2-Methyl-naphthalin bei 16−400 Torr: *Feldman, Orchin*, Ind.

eng. Chem. **44** [1952] 2909, 2911; U.S.P. 2 581 398 [1950].

Beim Behandeln mit wss. H_2O_2 und H_2SO_4 [30 % SO_3 enthaltend] ist 3-Methyl-2-nitro-pyridin erhalten worden (*Wiley, Hartman*, Am. Soc. **73** [1951] 494). Beim Behandeln mit Chloracetylchlorid in Benzol ist eine vermutlich als 8-Methyl-2-oxo-2,3-dihydro-1*H*-imidazo[1,2-*a*]pyridinium-chlorid (Syst.-Nr. 3567) zu formulierende Verbindung (F: 265°) erhalten worden (*Hach, Protiva*, Chem. Listy **47** [1953] 729, 732, 734; Collect. **18** [1953] 684, 688, 691; C. A. **1955** 204).

Hydrobromid. Hygroskopisch; F: 153—155° (*Krishnan*, Pr. Indian Acad. [A] **49** [1959] 31, 35).

Picrat $C_6H_8N_2 \cdot C_6H_3N_3O_7$ (E II 342). Gelbe Kristalle; F: 230° [aus Acn.] (*Clemo, Swan*, Soc. **1945** 603, 607), 229° [aus A.] (*Kr.*).

Verbindung mit 3,5-Dinitro-pyridin-4-ol $C_6H_8N_2 \cdot C_5H_3N_3O_5$. Gelbe Kristalle (aus A. oder Py.); F: 261° [korr.; Zers.] (*Petrow, Saper*, Soc. **1946** 588, 590).

Formiat $C_6H_8N_2 \cdot CH_2O_2$. Kristalle (aus Bzl.); F: 110° (*Clemo, Swan*, Soc. **1945** 603, 606).

IV   V   VI   VII

2-Amino-3-methyl-pyridin-1-oxid, 3-Methyl-1-oxy-[2]pyridylamin $C_6H_8N_2O$, Formel V.

B. Beim Behandeln von *N*-[3-Methyl-[2]pyridyl]-acetamid mit Peroxyessigsäure in Essigsäure und Erhitzen des Reaktionsprodukts mit wss. NaOH (*Brown*, Am. Soc. **79** [1957] 3565).

Kristalle (aus A.); F: 128—129°.

Beim Behandeln mit wss. H_2O_2 und H_2SO_4 [30 % SO_3 enthaltend] ist 3-Methyl-2-nitro-pyridin-1-oxid erhalten worden.

3-Methyl-2-methylamino-pyridin, Methyl-[3-methyl-[2]pyridyl]-amin $C_7H_{10}N_2$, Formel IV (R = CH_3, R′ = H).

B. Beim Behandeln der Natrium-Verbindung des 3-Methyl-[2]pyridylamins in Äther mit CH_3I (*Robison, Robison*, Am. Soc. **77** [1955] 6554, 6558).

Hygroskopisch; F: ca. 21°. Kp_{21}: 113°.

[3-Methyl-[2]pyridyl]-picryl-amin $C_{12}H_9N_5O_6$, Formel VI.

B. Beim Erwärmen von 3-Methyl-[2]pyridylamin mit Picrylchlorid in Benzol (*Morgan, Stewart*, Soc. **1938** 1292, 1301).

Gelbe Kristalle (aus Bzl. + PAe.); F: 142—143°; die Schmelze erstarrt bei weiterem Erhitzen wieder bei 180°.

2-[2,5-Dimethyl-pyrrol-1-yl]-3-methyl-pyridin $C_{12}H_{14}N_2$, Formel VII.

B. Beim Erhitzen von 3-Methyl-[2]pyridylamin mit Hexan-2,5-dion und wenig Essigsäure (*Buu-Hoï*, Soc. **1949** 2882, 2885).

Kristalle (aus PAe. + Ae.); F: 58°. Kp_{13}: 140—142°.

Picrat. Gelbe Kristalle (aus Me.); F: 127° [Zers.].

N,N′-Bis-[3-methyl-[2]pyridyl]-methylendiamin $C_{13}H_{16}N_4$, Formel VIII.

B. Beim Behandeln von 3-Methyl-[2]pyridylamin mit wss. Formaldehyd (*Skowrońska-Serafinowa*, Roczniki Chem. **29** [1955] 932; C. A. **1956** 6464).

Kristalle (aus A.); F: 94—96°.

Benzyl-[2,2-dimethoxy-äthyl]-[3-methyl-[2]pyridyl]-amin, [Benzyl-(3-methyl-[2]pyridyl)-amino]-acetaldehyd-dimethylacetal $C_{17}H_{22}N_2O_2$, Formel IX.

B. Beim Erhitzen von Benzylamino-acetaldehyd-dimethylacetal mit 2-Brom-3-methyl-pyridin und K_2CO_3 (*Bristow et al.*, Soc. **1954** 616, 626).

$Kp_{0,25}$: 140—144°. n_D^{22}: 1,5583.

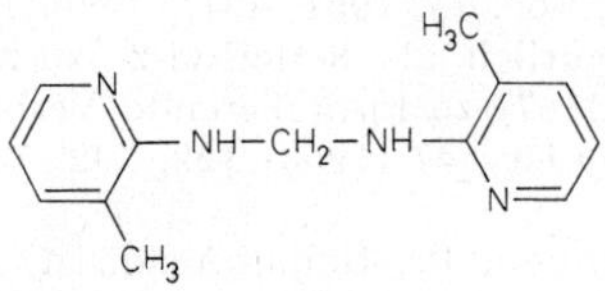

VIII 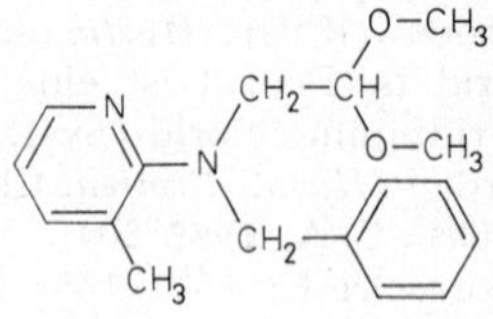   IX 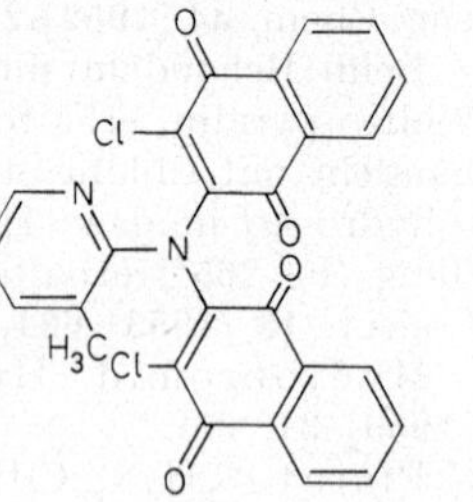   X

Bis-[3-chlor-1,4-dioxo-1,4-dihydro-[2]naphthyl]-[3-methyl-[2]pyridyl]-amin, 3,3′-Di=chlor-2,2′-[3-methyl-[2]pyridylimino]-bis-[1,4]naphthochinon $C_{26}H_{14}Cl_2N_2O_4$, Formel X.

B. Beim Erwärmen von 3-Methyl-[2]pyridylamin mit 2,3-Dichlor-[1,4]naphthochinon in Äthanol (*Calandra, Adams,* Am. Soc. **72** [1950] 4804; *Research Corp.,* U.S.P. 2647123 [1951]).

Gelbes Pulver (aus A.); F: 176—178° [Zers.].

2-Formylamino-3-methyl-pyridin, *N*-[3-Methyl-[2]pyridyl]-formamid $C_7H_8N_2O$, Formel XI (R = R′ = H).

B. Beim Behandeln von 3-Methyl-[2]pyridylamin in Äther mit Ameisensäure-essig=säure-anhydrid (*Clemo, Swan,* Soc. **1954** 603, 606).

Kristalle (aus Bzl.); F: 138—139°.

Picrat $C_7H_8N_2O \cdot C_6H_3N_3O_7$. Gelbe Kristalle (aus Acn. + A.); F: 167—168°.

_N_-Methyl-_N_-[3-methyl-[2]pyridyl]-formamid $C_8H_{10}N_2O$, Formel XI (R = CH₃, R′ = H).

B. Beim Behandeln von Methyl-[3-methyl-[2]pyridyl]-amin in Äther mit Ameisen=säure-essigsäure-anhydrid (*Robison,* Am. Soc. **77** [1955] 6554, 6558).

Kp₁₉: 155°.

2-Acetylamino-3-methyl-pyridin, *N*-[3-Methyl-[2]pyridyl]-acetamid $C_8H_{10}N_2O$, Formel XI (R = H, R′ = CH₃) (E II 342).

B. Beim Erwärmen von 3-Methyl-[2]pyridylamin mit Acetanhydrid in Benzol (*Bernstein et al.,* Am. Soc. **69** [1947] 1147, 1148).

Dimorphe Kristalle (aus Hexan); F: 69—70° und F: 92—93°; die niedrigerschmelzende Modifikation geht bei kurzem Erwärmen auf Temperaturen unterhalb ihres Schmelzpunkts in die höherschmelzende Modifikation über (*Be. et al.*). F: 92,5—93,5° (*Gertler, Yerington,* U.S. Dep. Agric. ARS 33—14 [1955] 4).

Picrat $C_8H_{10}N_2O \cdot C_6H_3N_3O_7$. Gelbe Kristalle (aus A.); F: 157—159° (*Clemo, Swan,* Soc. **1945** 603, 606).

3-Methyl-2-propionylamino-pyridin, *N*-[3-Methyl-[2]pyridyl]-propionamid $C_9H_{12}N_2O$, Formel XI (R = H, R′ = C₂H₅).

B. Beim Erhitzen von 3-Methyl-[2]pyridylamin mit Propionsäure-anhydrid (*Clemo, Swan,* Soc. **1945** 603, 607).

Kp₁₂: 158—160°.

Picrat $C_9H_{12}N_2O \cdot C_6H_3N_3O_7$. Gelbe Kristalle (aus A.); F: 157°.

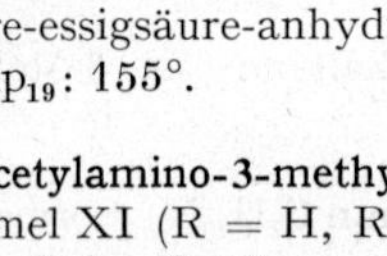

XI 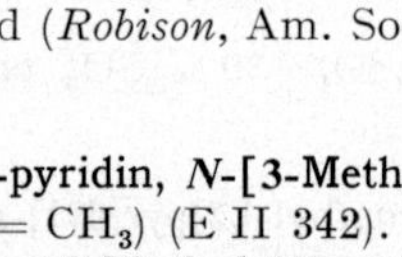   XII 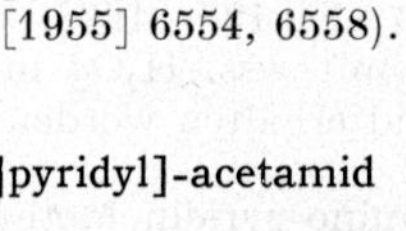   XIII 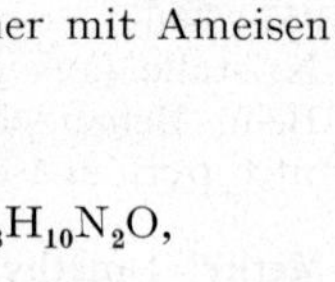   XIV

_N_-Methyl-_N_-[3-methyl-[2]pyridyl]-benzamid $C_{14}H_{14}N_2O$, Formel XI (R = CH₃, R′ = C₆H₅).

B. Beim Behandeln von Methyl-[3-methyl-[2]pyridyl]-amin mit Benzoylchlorid in

Pyridin (*Robison, Robison*, Am. Soc. **77** [1955] 6554, 6558).
Kristalle (aus Hexan); F: 92,0—93,5°.

Imino-[3-methyl-[2]pyridylamino]-essigsäure-amid, Oxalomonoimidsäure-2-amid-
1-[3-methyl-[2]pyridylamid] $C_8H_{10}N_4O$, Formel XII, und Tautomeres.
   B. Beim Behandeln von Imino-[3-methyl-[2]pyridylamino]-acetonitril mit wss. HCl
(*Woodburn, Pino*, J. org. Chem. **16** [1951] 1389, 1393).
   Kristalle (aus H_2O); F: 127—127,5° [unkorr.].

Imino-[3-methyl-[2]pyridylamino]-acetonitril, Oxalomonoimidsäure-[3-methyl-[2]pyr⁼
idylamid]-nitril $C_8H_8N_4$, Formel XIII, und Tautomeres.
   B. Beim Behandeln von 3-Methyl-[2]pyridylamin mit Dicyan und wss. Essigsäure
(*Woodburn, Pino*, J. org. Chem. **16** [1951] 1389, 1392).
   Kristalle (aus PAe.); F: 95,5—96° [Zers.].

1-[3-Methyl-[2]pyridyl]-pyrrolidin-2,5-dion, *N*-[3-Methyl-[2]pyridyl]-succinimid
$C_{10}H_{10}N_2O_2$, Formel XIV.
   B. Beim Erhitzen von 3-Methyl-[2]pyridylamin mit Bernsteinsäure in *p*-Cymol unter
Abtrennen des entstehenden H_2O (*Hoey, Lester*, Am. Soc. **73** [1951] 4473).
   Kristalle (aus wss. A. oder Bzl. + PAe.); F: 118°.

3′-Methyl-[1,2′]bipyridyl-2-on, 1-[3-Methyl-[2]pyridyl]-1*H*-pyridin-2-on
$C_{11}H_{10}N_2O$, Formel I.
   B. Beim Erhitzen der Natrium-Verbindung des Pyridin-2-ols mit 2-Brom-3-methyl-
pyridin und Kupfer-Pulver auf 200° (*Ramirez, v. Ostwalden*, Am. Soc. **81** [1959] 156, 160).
   Kristalle; F: 107—108°. λ_{max} (A.): 263 nm und 306 nm.

2-Acetoacetylamino-3-methyl-pyridin, *N*-[3-Methyl-[2]pyridyl]-acetoacetamid
$C_{10}H_{12}N_2O_2$, Formel II und Tautomeres.
   B. Beim Behandeln von 3-Methyl-[2]pyridylamin mit Diketen in Äther (*Allen et al.*,
Am. Soc. **66** [1944] 1805, 1808).
   Kristalle (aus A.); F: 132°.

         I   II   III

2-[(3-Methyl-[2]pyridylimino)-methyl]-acetessigsäure-äthylester $C_{13}H_{16}N_2O_3$ und
Tautomere.
   2-Acetyl-3-[3-methyl-[2]pyridylamino]-acrylsäure-äthylester $C_{13}H_{16}N_2O_3$,
Formel III (R = CO-CH₃).
   B. Beim Erhitzen von 3-Methyl-[2]pyridylamin mit 2-Acetyl-3-äthoxy-acrylsäure-
äthylester auf ca. 100° (*Antaki*, Am. Soc. **80** [1958] 3066, 3067).
   Kristalle (aus Bzl. + PAe.); F: 84°.

2-Cyan-3-[3-methyl-[2]pyridylimino]-propionsäure-äthylester $C_{12}H_{13}N_3O_2$ und
Tautomeres.
   2-Cyan-3-[3-methyl-[2]pyridylamino]-acrylsäure-äthylester $C_{12}H_{13}N_3O_2$, Formel III
(R = CN).
   B. Beim Erhitzen von 3-Methyl-[2]pyridylamin mit 3-Äthoxy-2-cyan-acrylsäure-
äthylester auf ca. 100° (*Antaki*, Am. Soc. **80** [1958] 3066, 3067).
   Kristalle (aus Bzl. + PAe.); F: 133°.

***N,N*-Dimethyl-*N′*-[3-methyl-[2]pyridyl]-äthylendiamin** $C_{10}H_{17}N_3$, Formel IV (R = H).
   B. Beim Erhitzen der Natrium-Verbindung oder der Lithium-Verbindung des 3-Methyl-
[2]pyridylamins mit [2-Brom-äthyl]-dimethyl-amin in Toluol (*Huttrer et al.*, Am. Soc.

68 [1946] 1999, 2000).

$Kp_{0,05}$: 88—91°.

Hydrochlorid $C_{10}H_{17}N_3 \cdot HCl$. F: 231° [korr.].

1-[3-Methyl-[2]pyridylamino]-2-piperidino-äthan, [3-Methyl-[2]pyridyl]-[2-piperidino-äthyl]-amin $C_{13}H_{21}N_3$, Formel V.

B. Beim Erhitzen der Natrium-Verbindung oder der Lithium-Verbindung des 3-Methyl-[2]pyridylamins mit 1-[2-Chlor-äthyl]-piperidin oder 1-[2-Brom-äthyl]-piperidin in Toluol (*Huttrer et al.*, Am. Soc. **68** [1946] 1999, 2000).

$Kp_{0,02}$: 112—120°.

Hydrochlorid $C_{12}H_{21}N_3 \cdot HCl$. F: 234° [korr.].

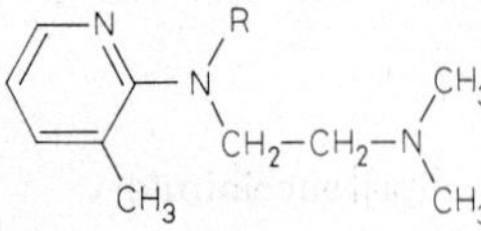

IV 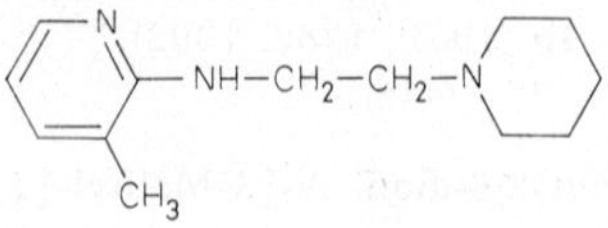   V 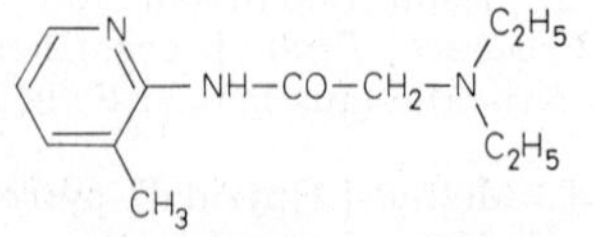   VI

N-Benzyl-*N'*,*N'*-dimethyl-*N*-[3-methyl-[2]pyridyl]-äthylendiamin $C_{17}H_{23}N_3$, Formel IV (R = CH_2-C_6H_5).

B. Beim Erwärmen der Natrium-Verbindung des *N*,*N*-Dimethyl-*N'*-[3-methyl-[2]pyridyl]-äthylendiamins mit Benzylbromid in Toluol (*Huttrer et al.*, Am. Soc. **68** [1946] 1999, 2000).

Kp_{14}: 185—188°.

Dihydrochlorid $C_{17}H_{23}N_3 \cdot 2$ HCl. F: 241° [korr.].

N,*N*-Diäthyl-glycin-[3-methyl-[2]pyridylamid] $C_{12}H_{19}N_3O$, Formel VI.

B. Beim Behandeln von 3-Methyl-[2]pyridylamin mit Chloracetylchlorid in Benzol und Erwärmen des Reaktionsprodukts (F: 265°) mit Diäthylamin in Benzol (*Hach*, *Protiva*, Chem. Listy **47** [1953] 729, 730, 734; Collect. **18** [1953] 684, 686, 691; C. A. **1955** 204).

$Kp_{2,5}$: 145—150°.

5-Nitro-thiophen-2-carbonsäure-[3-methyl-[2]pyridylamid] $C_{11}H_9N_3O_3S$, Formel VII.

F: 222—224° (*Tirouflet*, *Chane*, C. r. **245** [1957] 80).

2-Benzolsulfonylamino-3-methyl-pyridin, *N*-[3-Methyl-[2]pyridyl]-benzolsulfonamid $C_{12}H_{12}N_2O_2S$, Formel VIII (X = H).

B. Beim Erwärmen von 3-Methyl-[2]pyridylamin mit Benzolsulfonylchlorid und Pyridin (*Adams*, *Werbel*, Am. Soc. **80** [1958] 5799, 5801).

Kristalle (aus A.); F: 152—154° [korr.].

4-Chlor-benzolsulfonsäure-[3-methyl-[2]pyridylamid] $C_{12}H_{11}ClN_2O_2S$, Formel VIII (X = Cl).

B. Beim Erwärmen von 3-Methyl-[2]pyridylamin mit 4-Chlor-benzolsulfonylchlorid und Pyridin (*Hultquist et al.*, Am. Soc. **73** [1951] 2558, 2560).

Kristalle (aus A.); F: 142,5—144,5°.

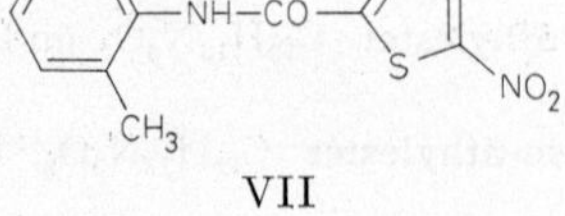

VII 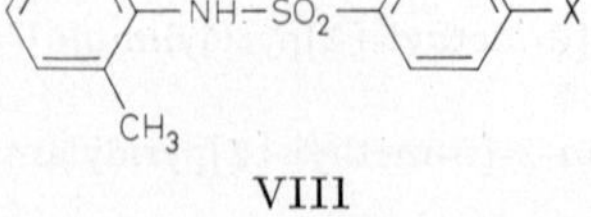   VIII

4-Hydroxy-benzolsulfonsäure-[3-methyl-[2]pyridylamid] $C_{12}H_{12}N_2O_3S$, Formel VIII (X = OH).

B. Beim Erwärmen von 3-Methyl-[2]pyridylamin mit 4-[Toluol-4-sulfonyloxy]-benzolsulfonylchlorid und Pyridin und Erhitzen des Reaktionsprodukts mit wss. NaOH (*Hultquist et al.*, Am. Soc. **73** [1951] 2558, 2560).

Kristalle (aus A.); F: 216—217°.

3-Methyl-2-sulfanilylamino-pyridin, Sulfanilsäure-[3-methyl-[2]pyridylamid]
$C_{12}H_{13}N_3O_2S$, Formel VIII (X = NH_2).
B. Beim Erhitzen von *N*-Acetyl-sulfanilsäure-[3-methyl-[2]pyridylamid] mit wenig Äthanol enthaltender wss. NaOH (*Bernstein et al.*, Am. Soc. **69** [1947] 1158).
Kristalle (aus wss. A.); F: 212—214° [unkorr.].

N-Acetyl-sulfanilsäure-[3-methyl-[2]pyridylamid], Essigsäure-[4-(3-methyl-[2]pyridyl=sulfamoyl)-anilid] $C_{14}H_{15}N_3O_3S$, Formel VIII (X = NH-CO-CH$_3$).
B. Beim Behandeln von 3-Methyl-[2]pyridylamin mit *N*-Acetyl-sulfanilylchlorid und Pyridin (*Bernstein et al.*, Am. Soc. **69** [1947] 1158).
Kristalle (aus A.); F: 232—234° [unkorr.].

3-Methyl-2-sulfanilylamino-pyridin-1-oxid, Sulfanilsäure-[3-methyl-1-oxy-[2]pyridyl=amid] $C_{12}H_{13}N_3O_3S$, Formel IX (R = H).
B. Beim Erhitzen der folgenden Verbindung mit wss. NaOH (*Childress, Scudi*, J. org. Chem. **23** [1958] 67).
Kristalle; F: 196—198° [korr.].

N-Acetyl-sulfanilsäure-[3-methyl-1-oxy-[2]pyridylamid], Essigsäure-[4-(3-methyl-1-oxy-[2]pyridylsulfamoyl)-anilid] $C_{14}H_{15}N_3O_4S$, Formel IX (R = CO-CH$_3$).
B. Beim Erwärmen von *N*-Acetyl-sulfanilsäure-[3-methyl-[2]pyridylamid] mit Peroxyessigsäure in Essigsäure (*Childress, Scudi*, J. org. Chem. **23** [1958] 67).
Kristalle; F: 234—236° [korr.].

3-Methyl-5-nitro-[2]pyridylamin $C_6H_7N_3O_2$, Formel X (R = R' = H) (E II 342).
B. Beim Behandeln von 3-Methyl-[2]pyridylamin mit H_2SO_4 und HNO_3 (*Pino, Zehrung*, Am. Soc. **77** [1955] 3154; vgl. auch *Hawkins, Roe*, J. org. Chem. **14** [1949] 328, 329).
F: 255° (*Pino, Ze.*).

Bis-[2-hydroxy-äthyl]-[3-methyl-5-nitro-[2]pyridyl]-amin $C_{10}H_{15}N_3O_4$, Formel X (R = R' = CH$_2$-CH$_2$-OH).
B. Beim Erhitzen von 2-Chlor-3-methyl-5-nitro-pyridin mit Bis-[2-hydroxy-äthyl]-amin (*Brown et al.*, Soc. **1957** 1544, 1546).
Hydrochlorid $C_{10}H_{15}N_3O_4 \cdot HCl$. Kristalle (aus A.); F: 157°.

2-Benzolsulfonylamino-3-methyl-5-nitro-pyridin, N-[3-Methyl-5-nitro-[2]pyridyl]-benzolsulfonamid $C_{12}H_{11}N_3O_4S$, Formel X (R = SO$_2$-C$_6$H$_5$, R' = H).
B. Beim Erhitzen von 3-Methyl-5-nitro-[2]pyridylamin mit Benzolsulfonylchlorid und Pyridin (*Robison et al.*, Am. Soc. **81** [1959] 743, 745).
Kristalle (aus A.); F: 162—163° [korr.]. Bei 160°/0,2 Torr sublimierbar.

IX   X   XI

3-Methyl-[4]pyridylamin $C_6H_8N_2$, Formel XI (R = H).
B. Beim Hydrieren von 3-Methyl-4-nitro-pyridin an Palladium in Äthanol (*Herz, Tsai*, Am. Soc. **76** [1954] 4184; *Okuda, Robison*, J. org. Chem. **24** [1959] 1008, 1010). Aus 3-Methyl-4-nitro-pyridin-1-oxid beim Hydrieren an Palladium in Essigsäure und wenig Acetanhydrid (*Herz, Tsai*) oder in Essigsäure und wenig Acetanhydrid an Pal=ladium/Kohle und danach an Platin (*Kato, Hamaguchi*, Pharm. Bl. **4** [1956] 174, 177) sowie beim Erwärmen mit Eisen-Pulver in Essigsäure (*Taylor, Crovetti*, J. org. Chem. **19** [1954] 1633, 1639; *Itai, Ogura*, J. pharm. Soc. Japan **75** [1955] 292; C. A. **1956** 1808). Beim Erhitzen von *N*-[3-Methyl-[4]pyridyl]-acetamid mit wss. HCl (*Itai, Og.*). In ge=ringer Menge beim Behandeln von 3-Methyl-pyridin mit $SOCl_2$ und Erhitzen des Re-

aktionsprodukts mit konz. wss. NH_3 auf 180—190° (*Clemo, Swan*, Soc. **1948** 198). Beim Erhitzen von 4-Amino-5-methyl-nicotinsäure auf 310° (*Bodendorf, Niemeitz*, Ar. **290** [1957] 494, 508).

Kristalle; F: 108—109° [korr.; aus PAe.] (*Ta., Cr.*), 108—109° [aus Bzl. + PAe.] (*Cl., Swan*), 107,4—108,6° [aus Bzl. + PAe.] (*Herz, Tsai*), 107—108° [aus PAe. + E. oder PAe. + Bzl.] (*Bo., Ni.*), 107° [unkorr.; aus Bzl. + A.] (*Itai, Og.*).

Hydrochlorid $C_6H_8N_2 \cdot HCl$. F: 165° (*Itai, Og.*).

Picrat $C_6H_8N_2 \cdot C_6H_3N_3O_7$. Gelbe Kristalle; F: 224—225° [korr.] (*Ta., Cr.*), 224—225° [aus Me.] (*Cl., Swan*), 219—220° (*Herz, Tsai*).

4-Amino-3-methyl-pyridin-1-oxid, 3-Methyl-1-oxy-[4]pyridylamin $C_6H_8N_2O$, Formel XII (R = H).

B. Beim Hydrieren von 3-Methyl-4-nitro-pyridin-1-oxid an Palladium/Kohle in H_2O (*Kato, Hamaguchi*, Pharm. Bl. **4** [1956] 174, 176) oder in wss. HCl (*Itai, Ogura*, J. pharm. Soc. Japan **75** [1955] 292, 294; C. A. **1956** 1808).

Kristalle mit 1 Mol H_2O; F: 136—138° [aus A. + Acn.] (*Kato, Ha.*), 127,5° [unkorr.; aus Acn.] (*Itai, Og.*).

Hydrochlorid $C_6H_8N_2O \cdot HCl$. Kristalle (aus A.); F: 222—225° [unkorr.] (*Itai, Og.*).

4-Anilino-3-methyl-pyridin, [3-Methyl-[4]pyridyl]-phenyl-amin $C_{12}H_{12}N_2$, Formel XI (R = C_6H_5).

B. Beim Erhitzen von 3-Methyl-1-[3-methyl-[4]pyridyl]-pyridinium-chlorid-hydro= chlorid mit Anilin-hydrochlorid auf 180—190° (*Jerchel, Jakob*, B. **91** [1958] 1266, 1271).

Kristalle (aus wss. Me.); F: 151—153°.

3,3′-Dimethyl-[1,4′]bipyridylium(1+), 3-Methyl-1-[3-methyl-[4]pyridyl]-pyridinium $[C_{12}H_{13}N_2]^+$, Formel XIII.

Chlorid-hydrochlorid $[C_{12}H_{13}N_2]Cl \cdot HCl$. *B.* Beim Behandeln von 3-Methyl-pyridin mit $SOCl_2$ (*Jerchel et al.*, B. **89** [1956] 2921, 2928). — Kristalle (aus wss.-äthanol. HCl + E.); F: 175°.

XII   XIII   XIV

4-Formylamino-3-methyl-pyridin, N-[3-Methyl-[4]pyridyl]-formamid $C_7H_8N_2O$, Formel XI (R = CHO).

B. Beim Behandeln von 3-Methyl-[4]pyridylamin mit Ameisensäure-essigsäure-an= hydrid (*Clemo, Swan*, Soc. **1948** 198), auch unter Zusatz von THF (*Okuda, Robison*, J. org. Chem. **24** [1959] 1008, 1010).

Kristalle (aus Bzl.); F: 142—143° (*Ok., Ro.*). Bei 140°/0,2 Torr sublimierbar (*Ok., Ro.*).

Beim Erhitzen mit Natriumanilid und Natriumformiat auf 300° ist 1H-Pyrrolo= [3,2-c]pyridin erhalten worden (*Ok., Ro.*).

Picrat $C_7H_8N_2O \cdot C_6H_3N_3O_7$. Gelbe Kristalle (aus A.) mit 0,5 Mol Äthanol; F: 199° bis 200° (*Cl., Swan; Ok., Ro.*).

4-Acetylamino-3-methyl-pyridin, N-[3-Methyl-[4]pyridyl]-acetamid $C_8H_{10}N_2O$, Formel XI (R = CO-CH₃).

B. Beim Erhitzen von 3-Methyl-[4]pyridylamin mit Acetanhydrid (*Clemo, Swan*, Soc. **1948** 198). Beim Hydrieren von 3-Methyl-4-nitro-pyridin-1-oxid im Gemisch mit Acetanhydrid und Essigsäure an Palladium/Kohle (*Itai, Ogura*, J. pharm. Soc. Japan **75** [1955] 292, 294; C. A. **1956** 1808).

Kristalle (aus Bzl.); F: 152—154° (*Cl., Swan*). Kristalle (aus Bzl. + A.) mit 1 Mol H_2O; F: 135° [unkorr.] (*Itai, Og.*).

Beim Erhitzen mit Natriumäthylat auf 350° ist 2-Methyl-1H-pyrrolo[3,2-c]pyridin er= halten worden (*Cl., Swan*).

4-Benzoylamino-3-methyl-pyridin, N-[3-Methyl-[4]pyridyl]-benzamid $C_{13}H_{12}N_2O$,
Formel XI (R = CO-C_6H_5) auf S. 4159.

B. Beim Behandeln von 3-Methyl-[4]pyridylamin mit Benzoylchlorid und wss. NaOH
(*Clemo, Swan,* Soc. **1948** 198).

Kristalle (aus Bzl. + PAe.); F: 122—123°.

[3-Methyl-1-oxy-[4]pyridyl]-thioharnstoff $C_7H_9N_3OS$, Formel XII (R = CS-NH$_2$).

B. Aus 4-Chlor-3-methyl-pyridin-1-oxid und Thioharnstoff (*Katritzky,* Soc. **1956** 2404,
2407).

Hydrochlorid $C_7H_9N_3OS \cdot HCl$. Kristalle (aus A.); F: 130—131,5°.

3-Nitro-benzolsulfonsäure-[3-methyl-[4]pyridylamid] $C_{12}H_{11}N_3O_4S$, Formel XIV.

B. Beim Erwärmen von 3-Methyl-[4]pyridylamin mit 3-Nitro-benzolsulfonylchlorid und
Pyridin in Aceton (*Clemo, Swan,* Soc. **1948** 198).

Kristalle (aus Me.) mit 1 Mol Methanol; F: 198—199°.

5-Methyl-[3]pyridylamin $C_6H_8N_2$, Formel I.

B. Beim Hydrieren von 2-Chlor-3-methyl-5-nitro-pyridin an Palladium/Kohle in
Natriumacetat enthaltender Essigsäure (*Hawkins, Roe,* J. org. Chem. **14** [1949] 328,
331; *E. Lilly & Co.,* U.S.P. 2516830 [1949]).

Kristalle; F: 57—59°. Kp$_{21}$: 153°.

5-Methyl-[2]pyridylamin $C_6H_8N_2$, Formel II (R = R' = H).

B. Neben 3-Methyl-[2]pyridylamin beim Erhitzen von 3-Methyl-pyridin mit NaNH$_2$ in
Xylol (*Reilly Tar & Chem. Corp.,* U.S.P. 2456379 [1946]).

Dipolmoment (ε; Bzl.): 2,35 D (*Murty,* Indian J. Physics **32** [1958] 516, 518), 2,02 D
(*Barassin, Lumbroso,* Bl. **1961** 492, 495).

E: 76°; Kp: 226,9° (*Reilly Tar*). Scheinbarer Dissoziationsexponent pK$_a'$ der proto=
nierten Verbindung (H$_2$O; potentiometrisch ermittelt): 7,22 (*Fastier, McDowall,* Austral.
J. exp. Biol. med. Sci. **36** [1958] 491, 495). Erstarrungsdiagramm des Systems mit Palmitin=
säure (Verbindung 1:1 [E: 61,2°]): *Mod et al.,* J. phys. Chem. **60** [1956] 1651, 1652.

Beim Behandeln mit wss. H$_2$O$_2$ und H$_2$SO$_4$ [30% SO$_3$ enthaltend] ist 5-Methyl-2-nitro-
pyridin erhalten worden (*Wiley, Hartman,* Am. Soc. **73** [1951] 494).

Hydrobromid $C_6H_8N_2 \cdot HBr$. Kristalle (aus Me. + Ae.); F: 175—176° (*Krishnan,*
Pr. Indian Acad. [A] **49** [1959] 31, 35).

Picrat $C_6H_8N_2 \cdot C_6H_3N_3O_7$. Gelbe Kristalle (aus Isopropylalkohol); F: 249—250° (*Kr.*).

Palmitat $C_6H_8N_2 \cdot C_{16}H_{32}O_2$. E: 61,2° (*Mod et al.,* J. phys. Chem. **60** 1653), 61,1° (*Mod
et al.,* J. Am. Oil Chemists Soc. **36** [1959] 616, 618).

2-Amino-5-methyl-pyridin-1-oxid, 5-Methyl-1-oxy-[2]pyridylamin $C_6H_8N_2O$, Formel III.

B. Beim Behandeln von N-[5-Methyl-[2]pyridyl]-acetamid mit Peroxyessigsäure in
Essigsäure und Erwärmen des Reaktionsprodukts mit wss. NaOH (*Brown,* Am. Soc. **79**
[1957] 3565). Beim Erwärmen von [5-Methyl-1-oxy-[2]pyridyl]-carbamidsäure-äthyl=
ester mit konz. wss. HCl (*Katritzky,* Soc. **1957** 4385).

Kristalle (aus A.); F: 150—151° (*Br.*).

Beim Behandeln mit wss. H$_2$O$_2$ und H$_2$SO$_4$ [30% SO$_3$ enthaltend] ist 5-Methyl-2-nitro-
pyridin-1-oxid erhalten worden (*Br.*).

Hydrochlorid $C_6H_8N_2O \cdot HCl$. Kristalle (aus A.); F: 195—198° (*Ka.*).

2-Butylamino-5-methyl-pyridin, Butyl-[5-methyl-[2]pyridyl]-amin $C_{10}H_{16}N_2$, Formel II
(R = [CH$_2$]$_3$-CH$_3$, R' = H).

B. Aus der Natrium-Verbindung des 5-Methyl-[2]pyridylamins und 1-Chlor-butan oder
1-Brom-butan (*Fürst, Feustel,* Chem. Tech. **10** [1958] 693, 698).

Kp$_2$: 74°. n$_D^{20}$: 1,5351.

2-[Äthyl-butyl-amino]-5-methyl-pyridin, Äthyl-butyl-[5-methyl-[2]pyridyl]-amin
$C_{12}H_{20}N_2$, Formel II (R = [CH$_2$]$_3$-CH$_3$, R' = C_2H_5).

B. Aus der Natrium-Verbindung des Butyl-[5-methyl-[2]pyridyl]-amins und Äthyl=

chlorid oder Äthylbromid (*Fürst, Feustel*, Chem. Tech. **10** [1958] 693, 698).
    Kp_1: 72°. n_D^{20}: 1,5129.

I   II   III

2-Hexylamino-5-methyl-pyridin, Hexyl-[5-methyl-[2]pyridyl]-amin $C_{12}H_{20}N_2$, Formel II
($R = [CH_2]_5$-CH_3, $R' = H$).
    B. Aus der Natrium-Verbindung des 5-Methyl-[2]pyridylamins und Hexylchlorid oder
Hexylbromid (*Fürst, Feustel*, Chem. Tech. **10** [1958] 693, 698).
    Kp_2: 98°. n_D^{20}: 1,5250.

2-Benzylamino-5-methyl-pyridin, Benzyl-[5-methyl-[2]pyridyl]-amin $C_{13}H_{14}N_2$, Formel II
($R = CH_2$-C_6H_5, $R' = H$).
    B. Aus der Natrium-Verbindung des 5-Methyl-[2]pyridylamins und Benzylchlorid
(*Fürst, Feustel*, Chem. Tech. **10** [1958] 693, 698).
    F: 76°. Kp_2: 122°.

(±)-2-[5-Methyl-[2]pyridylamino]-1-phenyl-äthanol $C_{14}H_{16}N_2O$, Formel II
($R = CH_2$-$CH(OH)$-C_6H_5, $R' = H$).
    B. Beim Behandeln von *N*-[5-Methyl-[2]pyridyl]-DL-mandelamid mit $LiAlH_4$ in Äther
und THF (*Gray, Heitmeier*, Am. Soc. **81** [1959] 4347, 4349, 4350).
    Kristalle; F: 97—99° (*Gray, He.*). Scheinbarer Dissoziationsexponent pK_a' der proto=
nierten Verbindung (wss. DMF [60 %ig]; potentiometrisch ermittelt) bei 25°: 6,30 (*Gray
et al.*, Am. Soc. **81** [1959] 4351, 4352).
    Hydrochlorid $C_{14}H_{16}N_2O \cdot HCl$. Kristalle; F: 115—117° [korr.; Zers.] (*Gray, He.*).

3-Chlor-2-[5-methyl-[2]pyridylamino]-[1,4]naphthochinon $C_{16}H_{11}ClN_2O_2$, Formel IV.
    B. Beim Erwärmen von 5-Methyl-[2]pyridylamin mit 2,3-Dichlor-[1,4]naphtho=
chinon in Äthanol (*Calandra, Adams*, Am. Soc. **72** [1950] 4804; *Research Corp.*, U.S.P.
2 647 123 [1951]).
    Orangefarbene Kristalle (aus A.); F: 261°.

2-Acetylamino-5-methyl-pyridin, *N*-[5-Methyl-[2]pyridyl]-acetamid $C_8H_{10}N_2O$, Formel II
($R = CO$-CH_3, $R' = H$).
    B. Aus 5-Methyl-[2]pyridylamin beim Erwärmen mit Acetanhydrid in Benzol (*Bern-
stein et al.*, Am. Soc. **69** [1947] 1147, 1148) oder beim Erhitzen mit Essigsäure und Acetan=
hydrid (*Ferrari*, Boll. chim. farm. **96** [1957] 542, 543).
    Kristalle; F: 109° [aus A.] (*Fe.*), 103—104° [unkorr.; aus Bzl. + Hexan] (*Be. et al.*).

IV   V

**Imino-[5-methyl-[2]pyridylamino]-acetamid, Oxalomonoimidsäure-2-amid-1-[5-methyl-
[2]pyridylamid]** $C_8H_{10}N_4O$, Formel V, und Tautomeres.
    B. Beim Behandeln von Imino-[5-methyl-[2]pyridylamino]-acetonitril mit wss. HCl
(*Woodburn, Pino*, J. org. Chem. **16** [1951] 1389, 1393).
    Kristalle (aus H_2O); F: 196—197° [unkorr.].

**Imino-[5-methyl-[2]pyridylamino]-acetonitril, Oxalomonoimidsäure-[5-methyl-
[2]pyridylamid]-nitril** $C_8H_8N_4$, Formel VI, und Tautomeres.
    B. Beim Behandeln von 5-Methyl-[2]pyridylamin mit Dicyan und wss. Essigsäure

(*Woodburn*, *Pino*, J. org. Chem. **16** [1951] 1389, 1392).
Kristalle (aus Bzl. + PAe.); F: 143—144° [unkorr.; Zers.].

H$_3$C—[Pyridyl]—NH—C(=NH)—CN
VI

H$_3$C—[Pyridyl]—NH—CO—CH$_2$—CO—O—C$_2$H$_5$
VII

N-[5-Methyl-[2]pyridyl]-malonamidsäure-äthylester C$_{11}$H$_{14}$N$_2$O$_3$, Formel VII.
B. Neben anderen Verbindungen beim Erhitzen von 5-Methyl-[2]pyridylamin mit
Malonsäure-diäthylester auf 210—220°/20 Torr (*Lappin et al.*, J. org. Chem. **15** [1950] 377,
378).
Kristalle (aus Ae. + Heptan); F: 69—70°.

N,N′-Bis-[5-methyl-[2]pyridyl]-malonamid C$_{15}$H$_{16}$N$_4$O$_2$, Formel VIII.
B. Neben anderen Verbindungen beim Erhitzen von 5-Methyl-[2]pyridylamin mit
Malonsäure-diäthylester auf 210—220°/20 Torr (*Lappin et al.*, J. org. Chem. **15** [1950] 377,
378).
Kristalle; F: 200° [Zers.].

H$_3$C—[Pyridyl]—NH—CO—CH$_2$—CO—NH—[Pyridyl]—CH$_3$
VIII

H$_3$C—[Pyridyl]—N(succinimid)
IX

1-[5-Methyl-[2]pyridyl]-pyrrolidin-2,5-dion, N-[5-Methyl-[2]pyridyl]-succinimid
C$_{10}$H$_{10}$N$_2$O$_2$, Formel IX.
B. Beim Erhitzen von 5-Methyl-[2]pyridylamin mit Bernsteinsäure in *p*-Cymol unter
Abtrennen des entstehenden H$_2$O (*Hoey*, *Lester*, Am. Soc. **73** [1951] 4473).
Kristalle (aus wss. A. oder Bzl. + PAe.); F: 168°.

[5-Methyl-[2]pyridyl]-carbamidsäure-äthylester C$_9$H$_{12}$N$_2$O$_2$, Formel X.
B. Aus 5-Methyl-[2]pyridylamin und Chlorokohlensäure-äthylester in Pyridin (*Ka-*
tritzky, Soc. **1957** 4385).
Kristalle (aus A.); F: 144,5—145,5°.

H$_3$C—[Pyridyl]—NH—CO—O—C$_2$H$_5$
X

H$_3$C—[Pyridyl]—NH—C(=NH)—NH—NO$_2$
XI

N-[5-Methyl-[2]pyridyl]-N′-nitro-guanidin C$_7$H$_9$N$_5$O$_2$, Formel XI und Tautomere.
B. Aus 5-Methyl-[2]pyridylamin und N-Methyl-N′-nitro-N″-nitroso-guanidin (*Henry*,
Am. Soc. **72** [1950] 5343).
Kristalle (aus wss. A.); F: 219° [korr.].

N-[4-Fluor-phenyl]-N′-[5-methyl-[2]pyridyl]-thioharnstoff C$_{13}$H$_{12}$FN$_3$S, Formel XII
(R = H, X = F).
B. Beim Erwärmen von 5-Methyl-[2]pyridylamin mit 4-Fluor-phenylisothiocyanat in
Äthanol (*Buu-Hoï et al.*, Soc. **1958** 2815, 2817, 2820).
Kristalle (aus A., Bzl. oder Toluol); F: 202°.

N-[4-Chlor-phenyl]-N′-[5-methyl-[2]pyridyl]-thioharnstoff C$_{13}$H$_{12}$ClN$_3$S, Formel XII
(R = H, X = Cl).
B. Beim Erwärmen von 5-Methyl-[2]pyridylamin mit 4-Chlor-phenylisothiocyanat in
Äthanol (*Buu-Hoï et al.*, Soc. **1958** 2815, 2817, 2820).
Kristalle (aus A., Bzl. oder Toluol); F: 212°.

N-[4-Brom-phenyl]-*N'*-[5-methyl-[2]pyridyl]-thioharnstoff $C_{13}H_{12}BrN_3S$, Formel XII
(R = H, X = Br).
  B. Beim Erwärmen von 5-Methyl-[2]pyridylamin mit 4-Brom-phenylisothiocyanat in
Äthanol (*Buu-Hoi et al.*, Soc. **1958** 2815, 2817, 2820).
  Kristalle (aus A., Bzl. oder Toluol); F: 219°.

N-[5-Methyl-[2]pyridyl]-*N'*-*p*-tolyl-thioharnstoff $C_{14}H_{15}N_3S$, Formel XII (R = H,
X = CH_3).
  B. Beim Erwärmen von 5-Methyl-[2]pyridylamin mit *p*-Tolylisothiocyanat in Äthanol
(*Buu-Hoi et al.*, Soc. **1958** 2815, 2817, 2820).
  Kristalle (aus A., Bzl. oder Toluol); F: 182°.

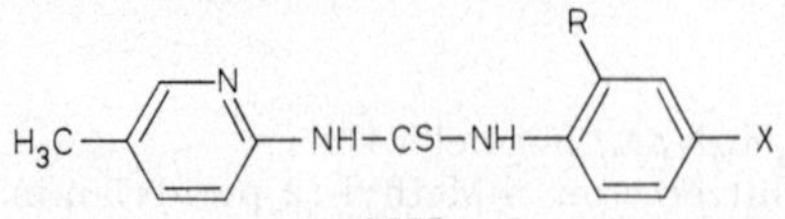

XII 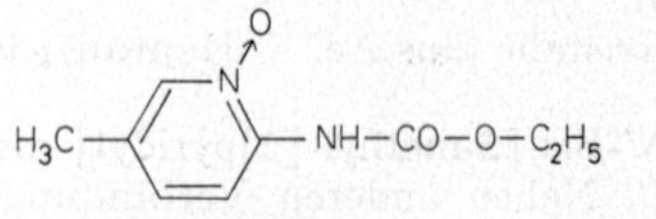   XIII

N-[2,4-Dimethyl-phenyl]-*N'*-[5-methyl-[2]pyridyl]-thioharnstoff $C_{15}H_{17}N_3S$, Formel XII
(R = X = CH_3).
  B. Beim Erwärmen von 5-Methyl-[2]pyridylamin mit 2,4-Dimethyl-phenylisothio=
cyanat in Äthanol (*Buu-Hoi et al.*, Soc. **1958** 2815, 2817, 2820).
  Kristalle (aus A., Bzl. oder Toluol); F: 200°.

N-[4-Methoxy-phenyl]-*N'*-[5-methyl-[2]pyridyl]-thioharnstoff $C_{14}H_{15}N_3OS$, Formel XII
(R = H, X = O-CH_3).
  B. Beim Erwärmen von 5-Methyl-[2]pyridylamin mit 4-Methoxy-phenylisothiocyanat
in Äthanol (*Buu-Hoi et al.*, Soc. **1958** 2815, 2817, 2820).
  Kristalle (aus A., Bzl. oder Toluol); F: 214°.

N-[4-Äthoxy-phenyl]-*N'*-[5-methyl-[2]pyridyl]-thioharnstoff $C_{15}H_{17}N_3OS$, Formel XII
(R = H, X = O-C_2H_5).
  B. Beim Erwärmen von 5-Methyl-[2]pyridylamin mit 4-Äthoxy-phenylisothiocyanat
in Äthanol (*Buu-Hoi et al.*, Soc. **1958** 2815, 2817, 2820).
  Kristalle (aus A., Bzl. oder Toluol); F: 190°.

N-[4-Isopentyloxy-phenyl]-*N'*-[5-methyl-[2]pyridyl]-thioharnstoff $C_{18}H_{23}N_3OS$,
Formel XII (R = H, X = O-CH_2-CH_2-CH(CH_3)$_2$).
  B. Beim Erwärmen von 5-Methyl-[2]pyridylamin mit 4-Isopentyloxy-phenylisothio=
cyanat in Äthanol (*Buu-Hoi et al.*, Soc. **1958** 2815, 2817, 2820).
  Kristalle (aus A., Bzl. oder Toluol); F: 132°.

[5-Methyl-1-oxy-[2]pyridyl]-carbamidsäure-äthylester $C_9H_{12}N_2O_3$, Formel XIII.
  B. Beim Erwärmen von [5-Methyl-[2]pyridyl]-carbamidsäure-äthylester in Essig=
säure mit wss. H_2O_2 (*Katritzky*, Soc. **1957** 4385).
  Kristalle (aus E.); F: 90—93°.

N,*N'*-Bis-[5-methyl-1-oxy-[2]pyridyl]-harnstoff $C_{13}H_{14}N_4O_3$, Formel XIV.
  B. In geringer Menge neben der vorangehenden Verbindung beim Erwärmen von
[5-Methyl-[2]pyridyl]-carbamidsäure-äthylester in Essigsäure mit wss. H_2O_2 (*Katritzky*,
Soc. **1957** 4385).
  Kristalle (aus Eg.); F: 248—250° [Zers.].

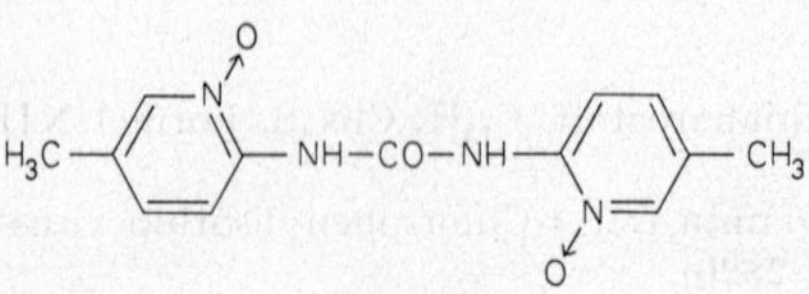

XIV 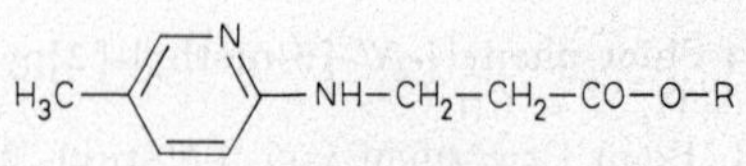   XV

N-[5-Methyl-[2]pyridyl]-*β*-alanin C₉H₁₂N₂O₂, Formel XV (R = H).

N-[5-Methyl-[2]pyridyl]-*β*-alanin $C_9H_{12}N_2O_2$, Formel XV (R = H).
B. Beim Erwärmen der folgenden Verbindung mit H_2O (*Lappin*, J. org. Chem. **23** [1958] 1358).
Kristalle (aus A.); F: 198—200°.

N-[5-Methyl-[2]pyridyl]-*β*-alanin-methylester $C_{10}H_{14}N_2O_2$, Formel XV (R = CH₃).
B. Beim Erwärmen von 5-Methyl-[2]pyridylamin mit Acrylsäure-methylester und we-
nig 2,5-Di-*tert*-butyl-hydrochinon (*Lappin*, J. org. Chem. **23** [1958] 1358).
Kristalle (aus Bzl. + Hexan); F: 34—35°. $Kp_{0,5}$: 130—135°.

2-DL-Mandeloylamino-5-methyl-pyridin, *N*-[5-Methyl-[2]pyridyl]-DL-mandelamid
$C_{14}H_{14}N_2O_2$, Formel I.
B. Beim Erhitzen von DL-Mandelsäure mit 5-Methyl-[2]pyridylamin in Xylol unter
Abtrennen des entstehenden H_2O (*Gray, Heitmeier*, Am. Soc. **81** [1959] 4347, 4349).
Kristalle; F: 141—142° [korr.].
Hydrochlorid $C_{14}H_{14}N_2O_2 \cdot HCl$. Kristalle; F: 203° [korr.; Zers.].

I   II

5′-Methyl-[1,2′]bipyridyl-2-on, 1-[5-Methyl-[2]pyridyl]-1*H*-pyridin-2-on
$C_{11}H_{10}N_2O$, Formel II (X = H).
B. Beim Erhitzen der Natrium-Verbindung des Pyridin-2-ols mit 2-Brom-5-methyl-
pyridin und Kupfer-Pulver auf 200° (*Ramirez, v. Ostwalden*, Am. Soc. **81** [1959] 156, 159,
160). Beim Erhitzen von 3-Methyl-pyridin-1-oxid mit 2-Brom-pyridin und HBr in Essig≠
säure und Toluol (*Ra., v. Ost.*, l. c. S. 159).
Kristalle (aus Hexan); F: 94—95° (*Ra., v. Ost.*, l. c. S. 160). IR-Banden (CHCl₃;
1660—1470 cm⁻¹): *Ra., v. Ost.*, l. c. S. 159. λ_{max} (A.): 221 nm, 272 nm und 316 nm.

3-Brom-5′-methyl-[1,2′]bipyridyl-2-on $C_{11}H_9BrN_2O$, Formel II (X = Br).
B. Neben anderen Verbindungen beim Erhitzen von 3-Methyl-pyridin-1-oxid mit
2-Brom-pyridin auf 100° (*Ramirez, v. Ostwalden*, Am. Soc. **81** [1959] 156, 159).
Kristalle (aus Bzl. + Hexan); F: 151—152°. IR-Banden (CHCl₃; 1650—1470 cm⁻¹):
Ra., v. Ost. λ_{max} (A): 271 nm und 325 nm.

3-[5-Methyl-[2]pyridylimino]-propionsäure $C_9H_{10}N_2O_2$ und Tautomeres.
3-[5-Methyl-[2]pyridylamino]-acrylsäure $C_9H_{10}N_2O_2$, Formel III.
B. Beim Erwärmen von [(5-Methyl-[2]pyridylamino)-methylen]-malonsäure-diäthyl≠
ester (S. 4166) oder von 7-Methyl-4-oxo-4*H*-pyrido[1,2-*a*]pyrimidin-3-carbonsäure-äthyl≠
ester mit wss. NaOH [1%ig] (*Lappin*, Am. Soc. **71** [1949] 3258).
Kristalle (aus Py.); F: 258° [Zers.].

III   IV

2-Acetoacetylamino-5-methyl-pyridin, *N*-[5-Methyl-[2]pyridyl]-acetoacetamid
$C_{10}H_{12}N_2O_2$, Formel IV und Tautomeres.
B. Beim Behandeln von 5-Methyl-[2]pyridylamin mit Diketen in Äther (*Allen, VanAllan*,
J. org. Chem. **13** [1948] 599, 600).
Kristalle (aus A.); F: 135°.

[(5-Methyl-[2]pyridylimino)-methyl]-malonsäure-diäthylester $C_{14}H_{18}N_2O_4$ und Tautomeres.

[(5-Methyl-[2]pyridylamino)-methylen]-malonsäure-diäthylester $C_{14}H_{18}N_2O_4$, Formel V.

B. Beim Erhitzen von 5-Methyl-[2]pyridylamin mit Äthoxymethylen-malonsäure-diäthylester (*Lappin*, Am. Soc. **70** [1948] 3348).

Kristalle (aus A.); F: 112—113° [unkorr.].

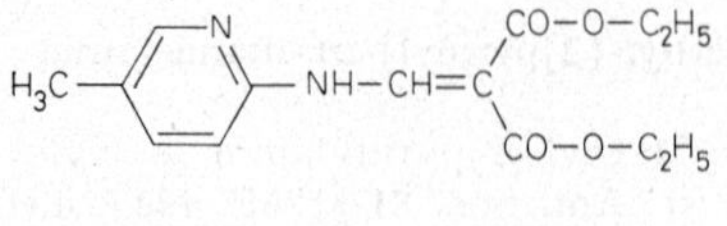

V 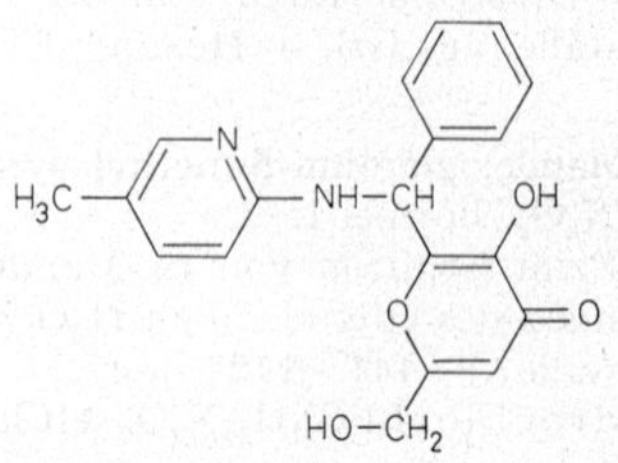   VI

(±)-3-Hydroxy-6-hydroxymethyl-2-[α-(5-methyl-[2]pyridylamino)-benzyl]-pyran-4-on $C_{19}H_{18}N_2O_4$, Formel VI und Tautomeres.

B. Beim Behandeln [7d] von 5-Methyl-[2]pyridylamin mit Benzaldehyd und Koji= säure [E III/IV **18** 1145] in Äthanol (*Phillips, Barrall*, J. org. Chem. **21** [1956] 692).

Kristalle (aus A.); F: 168°. λ_{max} (A.): 242 nm und 280 nm.

2-Benzolsulfonylamino-5-methyl-pyridin, N-[5-Methyl-[2]pyridyl]-benzolsulfonamid $C_{12}H_{12}N_2O_2S$, Formel VII (X = H).

B. Beim Erwärmen von 5-Methyl-[2]pyridylamin mit Benzolsulfonylchlorid und Pyridin (*Adams, Werbel*, Am. Soc. **80** [1958] 5799, 5801).

Kristalle (aus A.); F: 170,5—172° [korr.].

4-Chlor-benzolsulfonsäure-[5-methyl-[2]pyridylamid] $C_{12}H_{11}ClN_2O_2S$, Formel VII (X = Cl).

B. Beim Erwärmen von 5-Methyl-[2]pyridylamin mit 4-Chlor-benzolsulfonylchlorid und Pyridin (*Hultquist et al.*, Am. Soc. **73** [1951] 2558, 2560).

Kristalle (aus Eg.); F: 210,5—212,5°.

4-Hydroxy-benzolsulfonsäure-[5-methyl-[2]pyridylamid] $C_{12}H_{12}N_2O_3S$, Formel VII (X = OH).

B. Beim Erwärmen von 5-Methyl-[2]pyridylamin mit 4-[Toluol-4-sulfonyloxy]-benzol= sulfonylchlorid und Pyridin und Erhitzen des Reaktionsprodukts mit wss. NaOH (*Hult-quist et al.*, Am. Soc. **73** [1951] 2558, 2560).

Kristalle (aus A.); F: 208—210°.

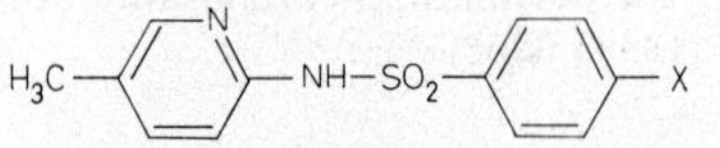

VII 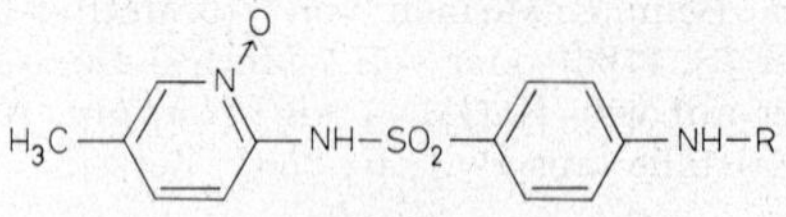   VIII

5-Methyl-2-sulfanilylamino-pyridin, Sulfanilsäure-[5-methyl-[2]pyridylamid] $C_{12}H_{13}N_3O_2S$, Formel VII (X = NH$_2$).

B. Beim Erhitzen von N-Acetyl-sulfanilsäure-[5-methyl-[2]pyridylamid] mit wss.-äthanol. NaOH (*Bernstein et al.*, Am. Soc. **69** [1947] 1158).

Kristalle (aus A.); F: 188—189° [unkorr.].

N-Acetyl-sulfanilsäure-[5-methyl-[2]pyridylamid], Essigsäure-[4-(5-methyl-[2]pyridyl= sulfamoyl)-anilid] $C_{14}H_{15}N_3O_3S$, Formel VII (X = NH-CO-CH$_3$).

B. Beim Behandeln von 5-Methyl-[2]pyridylamin mit N-Acetyl-sulfanilylchlorid und

Pyridin (*Bernstein et al.*, Am. Soc. **69** [1947] 1158).
Kristalle (aus wss. A.); F: 230−232° [unkorr.].

5-Methyl-2-sulfanilylamino-pyridin-1-oxid, Sulfanilsäure-[5-methyl-1-oxy-[2]pyridyl⹀amid] $C_{12}H_{13}N_3O_3S$, Formel VIII (R = H).
B. Beim Erhitzen der folgenden Verbindung mit wss. NaOH (*Childress, Scudi*, J. org. Chem. **23** [1958] 67).
Kristalle; F: 209,5−211° [korr.].

N-Acetyl-sulfanilsäure-[5-methyl-1-oxy-[2]pyridylamid], Essigsäure-[4-(5-methyl-1-oxy-[2]pyridylsulfamoyl)-anilid] $C_{14}H_{15}N_3O_4S$, Formel VIII (R = CO-CH$_3$).
B. Beim Behandeln von *N*-Acetyl-sulfanilsäure-[5-methyl-[2]pyridylamid] mit Per⹀oxyessigsäure in Essigsäure (*Childress, Scudi*, J. org. Chem. **23** [1958] 67).
Kristalle; F: 248−250° [korr.].

[4-Nitro-phenyl]-phosphonsäure-äthylester-[5-methyl-[2]pyridylamid] $C_{14}H_{16}N_3O_4P$, Formel IX.
B. Beim Behandeln von [4-Nitro-phenyl]-phosphonsäure-monoäthylester mit Di⹀cyclohexylcarbodiimid in THF und anschliessenden Erwärmen mit 5-Methyl-[2]pyridyl⹀amin (*Burger, Anderson*, Am. Soc. **79** [1957] 3575, 3577).
Kristalle (aus A. + Diisopropyläther); F: 142−144° [korr.].
Picrat $C_{14}H_{16}N_3O_4P \cdot C_6H_3N_3O_7$. F: 179−180° [korr.].

IX   X

5-Methyl-3-nitro-[2]pyridylamin $C_6H_7N_3O_2$, Formel X.
B. Beim Behandeln von 5-Methyl-[2]pyridylamin mit H$_2$SO$_4$ und konz. HNO$_3$ (*Pino, Zehrung*, Am. Soc. **77** [1955] 3154; vgl. auch *Lappin, Slezak*, Am. Soc. **72** [1950] 2806; *Childress, McKee*, Am. Soc. **73** [1951] 3504).
Gelbe Kristalle; F: 192−194° (*Ch., McKee*), 190−191° [aus H$_2$O] (*La., Sl.*), 190° (*Pino, Ze.*).

3-Aminomethyl-pyridin, *C*-[3]Pyridyl-methylamin $C_6H_8N_2$, Formel XI (R = R' = H).
B. Beim Behandeln von Pyridin-3-carbaldehyd-(*E*)-oxim in Äthanol mit Zink und Essigsäure (*Craig, Hixon*, Am. Soc. **53** [1931] 4367, 4369). Aus Nicotinonitril beim Hydrieren an Raney-Nickel in methanol. NH$_3$, äthanol. NH$_3$ oder wss.-äthanol. NH$_3$ (*Kolloff, Hunter*, Am. Soc. **63** [1941] 490; *Huber*, Am. Soc. **66** [1944] 876, 877; *Bullock et al.*, Am. Soc. **78** [1956] 3693, 3695; *Vejdělek, Protiva*, Chem. Listy **45** [1951] 451; C. A. **1953** 8068), in Äthanol oder Dioxan (*Adkins et al.*, Am. Soc. **66** [1944] 1293) sowie in flüssigem NH$_3$ (*Hoffmann-La Roche*, Schweiz. P. 244837 [1945]). Bei der Hydrierung von Nicotinonitril an Palladium/Kohle in wss. HCl (*Hoffmann-La Roche*, U.S.P. 2615896 [1950]). Beim Erwärmen von Nicotinonitril mit Chrom(II)-acetat in wss. KOH oder wss.-äthanol. KOH (*Graf*, J. pr. [2] **146** [1936] 88, 94; *Erlenmeyer, Epprecht*, Helv. **20** [1937] 690).
Dipolmoment (ε; Bzl.) bei 25°: 2,52 (*Barassin, Lumbroso*, Bl. **1959** 1947, 1951).
Kp$_{18}$: 114° (*Bu. et al.*), 112−113° (*Adkins et al.*, Am. Soc. **66** [1944] 1293), 112° (*Cr., Hi.*); Kp$_{14}$: 104−107° (*Ad. et al.*), 104° (*Ba., Lu.*, l. c. S. 1950), 102−103° (*Graf*, J. pr. [2] **146** [1936] 88, 94); Kp$_{12}$: 98−99° (*Huber*, Am. Soc. **66** [1944] 876, 877); Kp$_4$: 75−78° (*Kotschetkow, Dudykina*, Ž. obšč. Chim. **27** [1957] 1399, 1401; engl. Ausg. S. 1481). D$_4^{20}$: 1,0712 (*Ba., Lu.*); D$_{25}^{25}$: 1,062 (*Ad. et al.*). n$_D^{19}$: 1,5510 (*Ko., Du.*); n$_D^{20}$: 1,5528 (*Ba., Lu.*), 1,5505 (*Bu. et al.*); n$_D^{25}$: 1,5485 (*Ad. et al.*). Scheinbare Dissoziations-konstante K$_b'$ (H$_2$O; potentiometrisch ermittelt): $1,1 \cdot 10^{-6}$ (*Cr., Hi.*, l. c. S. 4370).

Monohydrochlorid $C_6H_8N_2 \cdot HCl$. Kristalle (aus A.); F: 165—167° (*Ko., Du.*).

Dihydrochlorid $C_6H_8N_2 \cdot 2\,HCl$. Kristalle; F: 224° (*Er., Ep.*; *Fromherz, Spiegelberg*, Helv. physiol. Acta **6** [1948] 4249), 222° (*Ad. et al.*), 221—223° [aus A.] (*Ko., Du.*), 219—220° (*Graf*).

Bis-tetrachloroaurat(III) $C_6H_8N_2 \cdot 2\,HAuCl_4$. Gelbe Kristalle mit 1 Mol H_2O; F: 201—202° [Zers.] (*Graf*).

Hexachloroplatinat(IV) $C_6H_8N_2 \cdot H_2PtCl_6$. Orangefarbene Kristalle, die sich unter Dunkelfärbung ab 280° zersetzen und unterhalb 300° nicht schmelzen (*Graf*; s. a. *Cr., Hi.*, l. c. S. 4369).

Picrat. Kristalle; F: 211° [aus A.] (*Cr., Hi.*), 210—211° [Zers.] (*Ad. et al.*), 193° (*Er., Ep.*).

3-Methylaminomethyl-pyridin, Methyl-[3]pyridylmethyl-amin $C_7H_{10}N_2$, Formel XI (R = CH_3, R' = H).

B. Beim Hydrieren von Nicotinonitril und Methylamin an Raney-Nickel in Methanol bei 100°/100 at (*Hoffmann-La Roche*, U.S.P. 2798077 [1955]).

Kp_{12}: 93—95° (*Hoffmann-La Roche*, D.B.P. 834102 [1950]; D.R.B.P. Org. Chem. 1950—1951 **3** 93); Kp_{11}: 99° (*Hoffmann-La Roche*, U.S.P. 2798077).

3-Dimethylaminomethyl-pyridin, Dimethyl-[3]pyridylmethyl-amin $C_8H_{12}N_2$, Formel XI (R = R' = CH_3).

Hydrochlorid. Kristalle; F: 178—179° (*Fromherz, Spiegelberg*, Helv. physiol. Acta **6** [1948] 42, 50).

XI   XII   XIII

3-Äthylaminomethyl-pyridin, Äthyl-[3]pyridylmethyl-amin $C_8H_{12}N_2$, Formel XI (R = C_2H_5, R' = H).

B. In geringer Menge neben Pyridin-3-carbaldehyd beim Erhitzen von Nicotinsäure-äthylamid mit PCl_5 in $CHCl_3$ und Behandeln des Reaktionsprodukts mit $SnCl_2$ und HCl in Äther (*Work*, Soc. **1942** 429, 432).

Kp_9: 97—100° (*Hoffmann-La Roche*, D.B.P. 834102 [1950]; D.R.B.P. Org. Chem. 1950—1951 **3** 93).

Hydrochlorid. Kristalle; F: 159—160° (*Fromherz, Spiegelberg*, Helv. physiol. Acta **6** [1948] 42, 50).

Dipicrat $C_8H_{12}N_2 \cdot 2\,C_6H_3N_3O_7$. Kristalle; F: 207° (*Work*).

3-Diäthylaminomethyl-pyridin, Diäthyl-[3]pyridylmethyl-amin $C_{10}H_{16}N_2$, Formel XI (R = R' = C_2H_5).

B. Aus Nicotinsäure-diäthylamid beim Behandeln mit $LiAlH_4$ in Äther (*Uffer, Schlittler*, Helv. **31** [1948] 1397, 1399; *Mićović, Mihailović*, J. org. Chem. **18** [1953] 1190, 1196) oder mit Diisobutyl-aluminiumhydrid in Äther (*Sacharkin, Chorlina*, Izv. Akad. S.S.S.R. Otd. chim. **1959** 2146, 2148, 2149; engl. Ausg. S. 2046). Beim Behandeln von Thio=nicotinsäure-diäthylamid mit Raney-Nickel in wss. Äthanol (*Kornfeld*, J. org. Chem. **16** [1951] 131, 133).

Kp_{14}: 108—109° (*Mi., Mi.*); Kp_{12}: 99—100° (*Uf., Sch.*).

Dihydrochlorid $C_{10}H_{16}N_2 \cdot 2\,HCl$. Kristalle; F: 184—185° [aus A. + Ae.] (*Ko.; Mi., Mi.*), 184,5° (*Sa., Ch.*).

Dipicrat $C_{10}H_{16}N_2 \cdot 2\,C_6H_3N_3O_7$. F: 169—170° [unkorr.] (*Uf., Sch.*).

3-Allylaminomethyl-pyridin, Allyl-[3]pyridylmethyl-amin $C_9H_{12}N_2$, Formel XI (R = CH_2-CH=CH_2, R' = H).

B. Beim Behandeln von 3-Chlormethyl-pyridin-hydrochlorid in H_2O mit Allylamin (*Hoffmann-La Roche*, U.S.P. 2677689 [1953]).

Kp_{13}: 120°.

(±)-Methyl-[3]pyridylmethyl-[2,3,3-trimethyl-[2exo]norbornyl]-amin $C_{17}H_{26}N_2$, Formel XII + Spiegelbild.

B. Beim Behandeln von (±)-Nicotinsäure-[methyl-(2,3,3-trimethyl-[2exo]norbornyl)-amid] (S. 398) mit LiAlH$_4$ in Äther (*Vejdělek, Protiva*, Collect. **24** [1959] 2614, 2621).
Kp$_{1-2}$: 156—158°.

3-Anilinomethyl-pyridin, N-[3]Pyridylmethyl-anilin $C_{12}H_{12}N_2$, Formel XI (R = C_6H_5, R' = H).
B. Beim Erwärmen von 3-Chlormethyl-pyridin mit Anilin [Überschuss] und K$_2$CO$_3$ in Benzol (*Carelli et al.*, Ann. Chimica **48** [1958] 1342, 1346).
Kristalle (aus wss. A.); F: 92—93°. Kp$_{0,06}$: 130—135°.
Dihydrochlorid $C_{12}H_{12}N_2 \cdot 2$ HCl. Kristalle (aus A.); F: 194—195°.
Dipicrat $C_{12}H_{12}N_2 \cdot 2\,C_6H_3N_3O_7$. Kristalle (aus H$_2$O); F: 137—139°.

3-Benzylaminomethyl-pyridin, Benzyl-[3]pyridylmethyl-amin $C_{13}H_{14}N_2$, Formel XI (R = CH_2-C_6H_5, R' = H).
Hydrochlorid. Kristalle; F: 246—247° (*Fromherz, Spiegelberg*, Helv. physiol. Acta **6** [1948] 42, 50).

2-[[3]Pyridylmethyl-amino]-äthanol $C_8H_{12}N_2O$, Formel XI (R = CH_2-CH_2-OH, R' = H).
B. Beim Hydrieren von 2-[3]Pyridylmethylenamino-äthanol an Palladium/Kohle in Äthanol (*Elslager et al.*, Am. Soc. **78** [1956] 3453, 3454; *Parke, Davis & Co.*, U.S.P. 2731470 [1954]).
Kp$_{1,5}$: 143—150°. n$_D^{25}$: 1,5432.
Dihydrochlorid $C_8H_{12}N_2O \cdot 2$ HCl. Kristalle (aus A.); F: 153—155° [unkorr.].

[3]Pyridyl-pyrrolidino-methan, 3-Pyrrolidinomethyl-pyridin $C_{10}H_{14}N_2$, Formel XIII.
B. Beim Behandeln von 1-Nicotinoyl-pyrrolidin mit LiAlH$_4$ in Äther (*Sam et al.*, Am. Soc. **81** [1959] 710, 713).
Kp$_{0,2}$: 75—77°. n$_D^{25,5}$: 1,5202.

Dichloressigsäure-[(2-hydroxy-äthyl)-[3]pyridylmethyl-amid], 2-[Dichloracetyl-[3]pyridylmethyl-amino]-äthanol $C_{10}H_{12}Cl_2N_2O_2$, Formel XI (R = CO-CHCl$_2$, R' = CH_2-CH_2-OH).
B. Beim Behandeln von 2-[[3]Pyridylmethyl-amino]-äthanol mit Dichloressigsäuremethylester in 1,2-Dichlor-äthan (*Elslager et al.*, Am. Soc. **78** [1956] 3453, 3454; *Parke, Davis & Co.*, U.S.P. 2731470 [1954]).
Kristalle (aus A. + PAe.); F: 107—109°.

4-Nitro-benzoesäure-[[3]pyridylmethyl-amid] $C_{13}H_{11}N_3O_3$, Formel XI (R = CO-C_6H_4-NO$_2$(p), R' = H).
Kristalle; F: 190—191° (*Kolloff, Hunter*, Am. Soc. **63** [1941] 490), 188—189° [aus A.] (*Graf*, J. pr. [2] **146** [1936] 88, 95), 188—189° (*Adkins et al.*, Am. Soc. **66** [1944] 1293).

Diphenylessigsäure-[[3]pyridylmethyl-amid] $C_{20}H_{18}N_2O$, Formel I (X = H).
Kristalle; F: 138—139° (*Fromherz, Spiegelberg*, Helv. physiol. Acta **6** [1948] 42, 52).

[3]Pyridylmethyl-guanidin $C_7H_{10}N_4$, Formel II (R = H) und Tautomeres.
Sulfat. Kristalle; F: 199—202° (*Fromherz, Spiegelberg*, Helv. physiol. Acta **6** [1948] 42, 51).

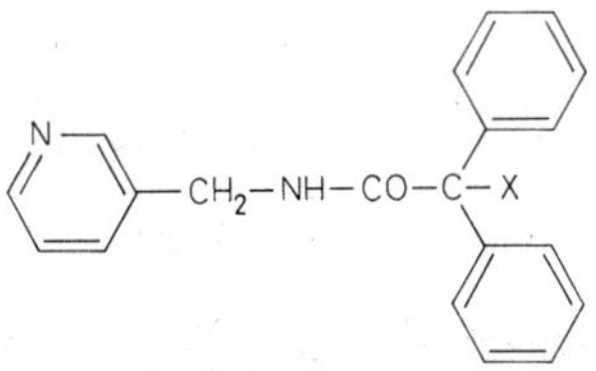

I 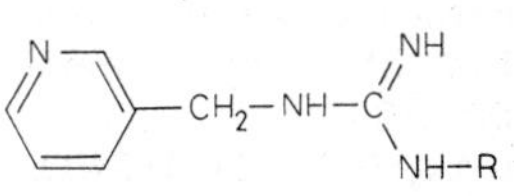   II

1-[3]Pyridylmethyl-biguanid $C_8H_{12}N_6$, Formel II (R = C(NH$_2$)=NH) und Tautomere.

B. Beim Erhitzen von 3-Aminomethyl-pyridin-hydrochlorid mit Cyanguanidin (*Shapiro et al.*, Am. Soc. **81** [1959] 3728, 3735).

Hydrochlorid $C_8H_{12}N_6 \cdot$ HCl. Kristalle (aus A. + Acetonitril); F: 168—171° [unkorr.].

Dipicrat $C_8H_{12}N_6 \cdot 2\,C_6H_3N_3O_7$. Kristalle (aus A. + Hexan); F: 177—180° [unkorr.].

(±)-3-Hydroxy-2-phenyl-propionsäure-[[3]pyridylmethyl-amid], (±)-Tropasäure-[[3]pyridylmethyl-amid] $C_{15}H_{16}N_2O_2$, Formel III (R = H).

Kristalle; F: 112—113° (*Fromherz, Spiegelberg*, Helv. physiol. Acta **6** [1948] 42, 52).

(±)-3-Hydroxy-2-phenyl-propionsäure-[methyl-[3]pyridylmethyl-amid], (±)-Tropasäure-[methyl-[3]pyridylmethyl-amid] $C_{16}H_{18}N_2O_2$, Formel III (R = CH$_3$).

B. Beim Behandeln von Methyl-[3]pyridylmethyl-amin mit (±)-Tropoylchlorid und Pyridin in CHCl$_3$ (*Hoffmann-La Roche*, D.B.P. 834102 [1950]; D.R.B.P. Org. Chem. 1950—1951 **3** 93; U.S.P. 2647904 [1951]).

Kristalle (aus E.); F: 92—93° (*Hoffmann-La Roche*, D.B.P. 834102; U.S.P. 2647904).

Methobromid $[C_{17}H_{21}N_2O_2]$Br; (±)-1-Methyl-3-[(methyl-tropoyl-amino)-methyl]-pyridinium-bromid. F: 131—132° (*Hoffmann-La Roche*, U.S.P. 2798075 [1956]).

Methojodid $[C_{17}H_{21}N_2O_2]$I. Hygroskopische Kristalle (aus A. + Ae.); F: 98—100° (*Hoffmann-La Roche*, U.S.P. 2798075).

Äthojodid $[C_{18}H_{23}N_2O_2]$I; (±)-1-Äthyl-3-[(methyl-tropoyl-amino)-methyl]-pyridinium-jodid. F: 140—141° (*Hoffmann-La Roche*, U.S.P. 2798075).

III   IV

(±)-3-Hydroxy-2-phenyl-propionsäure-[äthyl-[3]pyridylmethyl-amid], (±)-Tropasäure-[äthyl-[3]pyridylmethyl-amid] $C_{17}H_{20}N_2O_2$, Formel III (R = C$_2$H$_5$).

B. Beim Behandeln von Äthyl-[3]pyridylmethyl-amin mit (±)-3-Acetoxy-2-phenyl-propionylchlorid und Pyridin in CHCl$_3$ und Erwärmen des Reaktionsprodukts mit wss. HCl (*Hoffmann-La Roche*, D.B.P. 834102 [1950]; D.R.B.P. Org. Chem. 1950—1951 **3** 93; U.S.P. 2647904 [1951]).

Hydrochlorid. F: 156—157°.

(±)-3-Hydroxy-2-phenyl-propionsäure-[allyl-[3]pyridylmethyl-amid], (±)-Tropasäure-[allyl-[3]pyridylmethyl-amid] $C_{18}H_{20}N_2O_2$, Formel III (R = CH$_2$-CH=CH$_2$).

B. Beim Behandeln von Allyl-[3]pyridylmethyl-amin mit (±)-3-Acetoxy-2-phenyl-propionylchlorid und Pyridin in CHCl$_3$ und Erwärmen des Reaktionsprodukts mit wss. HCl (*Hoffmann-La Roche*, D.B.P. 961347 [1952]; U.S.P. 2677689 [1953]).

Hydrochlorid. F: 136—137°.

3-[Benziloylamino-methyl]-pyridin, N-[3]Pyridylmethyl-benzilamid $C_{20}H_{18}N_2O_2$, Formel I (X = OH).

Kristalle; F: 145—146° (*Fromherz, Spiegelberg*, Helv. physiol. Acta **6** [1948] 42, 52).

N,N-Diäthyl-N'-phenyl-N'-[3]pyridylmethyl-äthylendiamin $C_{18}H_{25}N_3$, Formel IV.

B. Beim Erwärmen der Natrium-Verbindung des N-[3]Pyridylmethyl-anilins in Benzol mit Diäthyl-[2-chlor-äthyl]-amin (*Carelli et al.*, Ann. Chimica **48** [1958] 1342, 1347).

Kp$_{0,03}$: 129—130°.

Dipicrat $C_{18}H_{25}N_3 \cdot 2\,C_6H_3N_3O_7$. Kristalle (aus H$_2$O); F: 137—138°.

4-Oxo-4H-chromen-2-carbonsäure-[[3]pyridylmethyl-amid] $C_{16}H_{12}N_2O_3$, Formel V.

B. Beim Erhitzen von 4-Oxo-4H-chromen-2-carbonsäure-äthylester mit 3-Amino≈

methyl-pyridin in Toluol (*Vejdělek et al.*, Chem. Listy **47** [1953] 575, 578; C. A. **1955** 306).
Gelbe Kristalle (aus A.); F: 220°.

Bis-[3]pyridylmethyl-amin $C_{12}H_{13}N_3$, Formel VI (R = H).
B. Neben 3-Aminomethyl-pyridin beim Hydrieren von Nicotinonitril an Raney-Nickel
in Dioxan oder Äthanol bei 130°/200 at (*Adkins et al.*, Am. Soc. **66** [1944] 1293) oder
in äthanol. NH_3 bei 70—80°/105 at (*Vejdělek, Protiva*, Chem. Listy **45** [1951] 451; C. A.
1953 8068).
Kp_{10-12}: 217—219°; Kp_{4-5}: 191—193°; Kp_{2-3}: 184—187° (*Ve., Pr.*); Kp_2: 170—171°
(*Ad. et al.*); $Kp_{0,55}$: 168° (*Fromherz, Spiegelberg*, Helv. physiol. Acta **6** [1948] 42, 50).
D_{25}^{25}: 1,128; n_D^{25}: 1,5696 (*Ad. et al.*).
Hexachloroplatinat(IV) $C_{12}H_{13}N_3 \cdot H_2PtCl_6$. Kristalle; F: >300° (*Ad. et al.*).
Tripicrat $C_{12}H_{13}N_3 \cdot 3 C_6H_3N_3O_7$. Kristalle; F: 218—220° (*Ad. et al.*), 206—208°
[unkorr.; aus A.] (*Ve., Pr.*).

V   VI   VII

Methyl-bis-[3]pyridylmethyl-amin $C_{13}H_{15}N_3$, Formel VI (R = CH_3).
Hydrochlorid. Kristalle; F: 193—194° (*Fromherz, Spiegelberg*, Helv. physiol. Acta
6 [1948] 42, 50).

N,N-Bis-[3]pyridylmethyl-glycin-äthylester $C_{16}H_{19}N_3O_2$, Formel VI
(R = CH_2-CO-O-C_2H_5).
B. Beim Erwärmen der Natrium-Verbindung des Bis-[3]pyridylmethyl-amins in Benzol
mit Bromessigsäure-äthylester (*Vejdělek*, Chem. Listy **50** [1956] 674; C. A. **1956** 8639).
Beim Behandeln von N,N-Bis-[3]pyridylmethyl-glycin-nitril in Äthanol, Äther und
$CHCl_3$ mit HCl und Erwärmen des Reaktionsprodukts mit H_2O (*Ve.*).
$Kp_{0,1}$: 168—170°.
Dipicrat $C_{16}H_{19}N_3O_2 \cdot 2 C_6H_3N_3O_7$. Kristalle (aus Acn.); F: 202—204°.

N,N-Bis-[3]pyridylmethyl-glycin-nitril $C_{14}H_{14}N_4$, Formel VI (R = CH_2-CN).
B. Aus Bis-[3]pyridylmethyl-amin, wss. Formaldehyd und wss. KCN (*Vejdělek*, Chem.
Listy **50** [1956] 674; C. A. **1956** 8639).
Kp_1: 210—215°.

Tris-[3]pyridylmethyl-amin $C_{18}H_{18}N_4$, Formel VII.
Tetrahydrochlorid $C_{18}H_{18}N_4 \cdot 4$ HCl. Gelbe Kristalle; F: 247—248° (*Fromherz,
Spiegelberg*, Helv. physiol. Acta **6** [1948] 42, 50).

3-[Nicotinoylamino-methyl]-pyridin, Nicotinsäure-[[3]pyridylmethyl-amid] $C_{12}H_{11}N_3O$,
Formel VIII (X = O).
B. Aus 3-Aminomethyl-pyridin beim Behandeln mit Nicotinoylchlorid in Äther sowie
beim Erhitzen des Dihydrochlorids mit Nicotinoylchlorid auf 170—180° (*Hoffmann-La
Roche*, U.S.P. 2493645 [1948]).
Kristalle; F: 108° [aus $CHCl_3$ + PAe.] (*Hoffmann-La Roche*), 107—108,5° (*Fromherz,
Spiegelberg*, Helv. physiol. Acta **6** [1948] 42, 52).

Nicotinimidsäure-[[3]pyridylmethyl-amid] $C_{12}H_{12}N_4$, Formel VIII (X = NH) und Tau-
tomeres; N-[3]Pyridylmethyl-nicotinamidin.
Hydrochlorid. Kristalle; F: 199—202° (*Fromherz, Spiegelberg*, Helv. physiol.
Acta **6** [1948] 42, 51).

3-[Sulfanilylamino-methyl]-pyridin, Sulfanilsäure-[[3]pyridylmethyl-amid] $C_{12}H_{13}N_3O_2S$, Formel IX (R = H).

B. Beim Behandeln des folgenden *N*-Acetyl-Derivats mit äthanol. HCl (*Kolloff, Hunter,* Am. Soc. **63** [1941] 490).

Kristalle (aus H_2O); F: 133—133,5°.

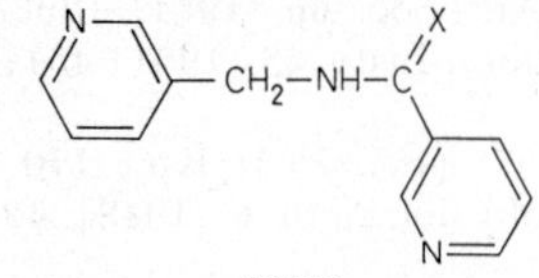

VIII 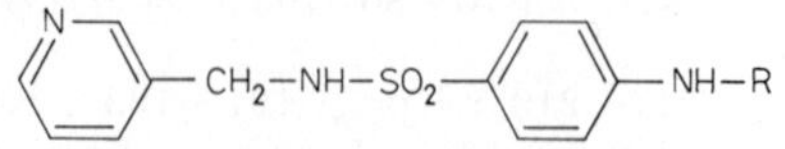   IX

N-Acetyl-sulfanilsäure-[[3]pyridylmethyl-amid], Essigsäure-[4-([3]pyridylmethyl-sulf=amoyl)-anilid] $C_{14}H_{15}N_3O_3S$, Formel IX (R = CO-CH$_3$).

B. Beim Behandeln von 3-Aminomethyl-pyridin mit *N*-Acetyl-sulfanilylchlorid in Aceton und Pyridin (*Kolloff, Hunter,* Am. Soc. **63** [1941] 490).

Kristalle (aus wss. A.); F: 181—181,5°.

N-Hexanoyl-sulfanilsäure-[[3]pyridylmethyl-amid], Hexansäure-[4-([3]pyridylmethyl-sulfamoyl)-anilid] $C_{18}H_{23}N_3O_3S$, Formel IX (R = CO-[CH$_2$]$_4$-CH$_3$).

B. Beim Behandeln von 3-Aminomethyl-pyridin mit *N*-Hexanoyl-sulfanilylchlorid in Aceton und Pyridin (*Kolloff, Hunter,* Am. Soc. **63** [1941] 490).

Kristalle (aus wss. A.); F: 97,5—99,5°.

N-[5-Chlor-[3]pyridylmethyl]-pentandiyldiamin $C_{11}H_{18}ClN_3$, Formel X.

B. Beim Hydrieren eines Gemisches von Pentandiyldiamin und 5-Chlor-pyridin-3-carbaldehyd in Methanol an einem Nickel-Bimsstein-Katalysator bei 70—120° (*Graf,* U.S.P. 2317757 [1941]).

Kp$_3$: 165—168°.

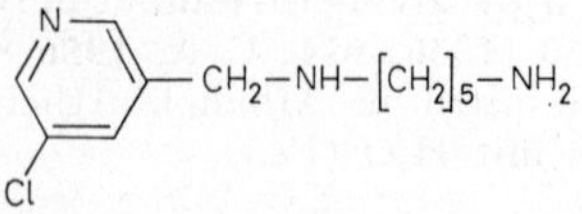

X 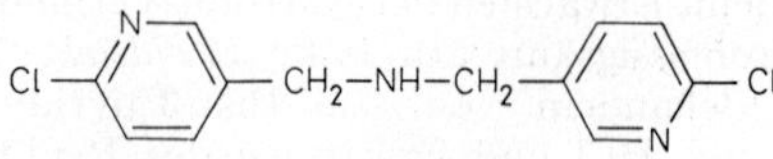   XI

Bis-[6-chlor-[[3]pyridylmethyl]-amin(?) $C_{12}H_{11}Cl_2N_3$, vermutlich Formel XI.

B. Beim Hydrieren von 6-Chlor-nicotinonitril in Tetralin an einem Nickel-Kupfer-Katalysator bei 145° (*Räth,* A. **489** [1931] 107, 117).

Kristalle (aus H_2O); F: 104°.

4-Methyl-[2]pyridylamin $C_6H_8N_2$, Formel I (R = R' = H) (E II 342).

B. Beim Erhitzen von 4-Methyl-pyridin mit NaNH$_2$ in Decalin auf 140—150° (*Kakimoto, Nishie,* Japan. J. Tuberc. **2** [1954] 334, 336; vgl. E II 342).

Dipolmoment (ε; Bzl.): 2,27 D [bei 25°] (*Barassin, Lumbroso,* Bl. **1961** 492, 495), 2,94 D [bei 30°] (*Murty,* J. scient. ind. Res. India **15**B [1956] 260), 2,65 D (*Murty,* Indian J. Physics **32** [1958] 516, 518).

Kristalle (aus wss. Me.); F: 102° (*Ka., Ni.*). Scheinbarer Dissoziationsexponent pK$'_a$ der protonierten Verbindung (H_2O; potentiometrisch ermittelt): 7,48 (*Fastier, McDowall,* Austral. J. exp. Biol. med. Sci. **36** [1958] 491, 495). Erstarrungsdiagramm des Systems mit Palmitinsäure (Verbindung 1:1; E: 79,8°): *Mod et al.,* J. phys. Chem. **60** [1956] 1651.

Beim Behandeln mit konz. H_2SO_4 und einem Gemisch von wss. H_2O_2 [30%ig] und H_2SO_4 [30% enthaltend SO_3] ist 4-Methyl-2-nitro-pyridin erhalten worden (*Wiley, Hartman,* Am. Soc. **73** [1951] 494).

Hydrobromid. Hygroskopisch; F: 162—163° (*Krishnan,* Pr. Indian Acad. [A] **49** [1959] 33, 35).

Picrat. Gelbe Kristalle (aus Eg.); F: 227° (*Kr.*).

Palmitat $C_6H_8N_2 \cdot C_{16}H_{32}O_2$. E: 79,8° (*Mod et al.*, J. phys. Chem. **60** 1653), 79,3° (*Mod et al.*, J. Am. Oil Chemists Soc. **36** [1959] 616, 618).

Oleat $C_6H_8N_2 \cdot C_{18}H_{34}O_2$. E: 35—36° (*Mod et al.*, J. Am. Oil Chemists Soc. **36** 618).

2-Amino-4-methyl-pyridin-1-oxid, 4-Methyl-1-oxy-[2]pyridylamin $C_6H_8N_2O$, Formel II.

B. Beim Behandeln von *N*-[4-Methyl-[2]pyridyl]-acetamid mit Peroxyessigsäure in Essigsäure und Erhitzen des Reaktionsprodukts mit wss. NaOH (*Brown*, Am. Soc. **79** [1957] 3565).

Kristalle (aus A.); F: 130—132°.

Beim Behandeln mit konz. H_2SO_4 und einem Gemisch von wss. H_2O_2 und H_2SO_4 [30% SO_3 enthaltend] ist 4-Methyl-2-nitro-pyridin-1-oxid erhalten worden.

I   II   III

2-Butylamino-4-methyl-pyridin, Butyl-[4-methyl-[2]pyridyl]-amin $C_{10}H_{16}N_2$, Formel I ($R = [CH_2]_3$-CH_3, $R' = H$).

B. Aus der Natrium-Verbindung des 4-Methyl-[2]pyridylamins und Butylchlorid oder Butylbromid (*Fürst, Feustel*, Chem. Tech. **10** [1958] 693, 698).

F: 41°. Kp_2: 82°.

2-[Äthyl-butyl-amino]-4-methyl-pyridin, Äthyl-butyl-[4-methyl-[2]pyridyl]-amin $C_{12}H_{20}N_2$, Formel I ($R = [CH_2]_3$-CH_3, $R' = C_2H_5$).

B. Aus der Natrium-Verbindung des Butyl-[4-methyl-[2]pyridyl]-amins und Äthyl⸗ chlorid oder Äthylbromid (*Fürst, Feustel*, Chem. Tech. **10** [1958] 693, 698).

Kp_1: 82°. n_D^{20}: 1,5197.

2-Isobutylamino-4-methyl-pyridin, Isobutyl-[4-methyl-[2]pyridyl]-amin $C_{10}H_{16}N_2$, Formel I ($R = CH_2$-$CH(CH_3)_2$, $R' = H$).

B. Aus der Natrium-Verbindung des 4-Methyl-[2]pyridylamins und Isobutylchlorid oder Isobutylbromid (*Fürst, Feustel*, Chem. Tech. **10** [1958] 693, 698).

Kp_2: 75°. n_D^{20}: 1,5348.

2-Anilino-4-methyl-pyridin, [4-Methyl-[2]pyridyl]-phenyl-amin $C_{12}H_{12}N_2$, Formel I ($R = C_6H_5$, $R' = H$).

B. Beim Erhitzen von 2-Brom-4-methyl-pyridin mit Anilin und wenig Kupfer-Pulver auf 140—150° [Badtemperatur]/40 Torr (*Searle & Co.*, U.S.P. 2784195 [1953]).

Kristalle (aus Cyclohexan); F: 119°.

2-Benzylamino-4-methyl-pyridin, Benzyl-[4-methyl-[2]pyridyl]-amin $C_{13}H_{14}N_2$, Formel III ($X = X' = H$).

B. Beim Erhitzen von 4-Methyl-[2]pyridylamin mit Benzylalkohol und wenig KOH (*Sprinzak*, Am. Soc. **78** [1956] 3207).

F: 97—98° [aus wss. A.] (*Sp.*), 76° (*Fürst, Feustel*, Chem. Tech. **10** [1958] 693, 698).

2-[2,5-Dimethyl-pyrrol-1-yl]-4-methyl-pyridin $C_{12}H_{14}N_2$, Formel IV.

B. Beim Erhitzen von 4-Methyl-[2]pyridylamin mit Hexan-2,5-dion und wenig Essig⸗ säure (*Buu-Hoï*, Soc. **1949** 2882, 2885).

Kristalle (aus Me. oder PAe.); F: 75°. Kp_{14}: 154—156°.

Picrat. Gelbe Kristalle (aus wss. Me.); F: 108—109° [Zers.].

4-Methyl-2-*p*-phenetidino-pyridin, [4-Äthoxy-phenyl]-[4-methyl-[2]pyridyl]-amin $C_{14}H_{16}N_2O$, Formel I ($R = C_6H_4$-O-$C_2H_5(p)$, $R' = H$).

B. Beim Erhitzen von 2-Brom-4-methyl-pyridin mit *p*-Phenetidin und wenig Kupfer-Pulver auf 140—150° [Badtemperatur]/40 Torr (*Searle & Co.*, U.S.P. 2785172, 2785173

[1953]).
Kristalle (aus Me.); F: 101—102°.

4-Chlor-2-[(4-methyl-[2]pyridylamino)-methyl]-phenol $C_{13}H_{13}ClN_2O$, Formel III
(X = OH, X' = Cl).
B. Beim Hydrieren von 5-Chlor-2-hydroxy-benzaldehyd-[4-methyl-[2]pyridylimin] in
Essigsäure an Platin (*Reisner, Borick,* J. Am. pharm. Assoc. **44** [1955] 148).
Hydrochlorid $C_{13}H_{13}ClN_2O \cdot HCl$. Kristalle (aus A.); F: 221—223° [unkorr.].

(±)-2-[4-Methyl-[2]pyridylamino]-1-phenyl-äthanol $C_{14}H_{16}N_2O$, Formel I
(R = CH_2-CH(OH)-C_6H_5, R' = H).
B. Beim Behandeln von *N*-[4-Methyl-[2]pyridyl]-DL-mandelamid mit $LiAlH_4$ in
Äther und THF (*Gray, Heitmeier,* Am. Soc. **81** [1959] 4347, 4350).
Kristalle (aus Isopropylalkohol); F: 90—91° (*Gray, He.*). Scheinbarer Dissoziations-
exponent pK'_a der protonierten Verbindung (wss. DMF [60%ig]; potentiometrisch er-
mittelt) bei 25°: 6,50 (*Gray et al.,* Am. Soc. **81** [1959] 4351, 4352).
Hydrochlorid $C_{14}H_{16}N_2O \cdot HCl$. Kristalle (aus A. + Ae.); F: 135—136,5° [korr.;
Zers.] (*Gray, He.*).

IV   V   VI

***4-Chlor-2-[(4-methyl-[2]pyridylimino)-methyl]-phenol, 5-Chlor-2-hydroxy-benzaldehyd-
[4-methyl-[2]pyridylimin]** $C_{13}H_{11}ClN_2O$, Formel V.
B. Beim Erwärmen von 5-Chlor-2-hydroxy-benzaldehyd mit 4-Methyl-[2]pyridylamin
in Äthanol (*Reisner, Borick,* J. Am. pharm. Assoc. **44** [1955] 148).
Kristalle (aus A.); F: 155—156° [unkorr.].

4-Methyl-2-phenacylamino-pyridin, 2-[4-Methyl-[2]pyridylamino]-1-phenyl-äthanon
$C_{14}H_{14}N_2O$, Formel I (R = CH_2-CO-C_6H_5, R' = H).
B. Beim Erwärmen von 2-Brom-1-phenyl-äthanon mit 4-Methyl-[2]pyridylamin und
Na_2CO_3 in Äthanol (*Mattu,* Chimica **36** [1960] 247, 248; s. a. *Mattu,* Chimica e Ind.
40 [1958] 39).
Kristalle (aus A.); F: 168° (*Ma.,* Chimica **36** 248). UV-Spektrum (A.; 220—350 nm):
Ma., Chimica **36** 250.

2-Chlor-3-[4-methyl-[2]pyridylamino]-[1,4]naphthochinon $C_{16}H_{11}ClN_2O_2$, Formel VI.
B. Beim Erwärmen von 4-Methyl-[2]pyridylamin und 2,3-Dichlor-[1,4]naphthochinon
in Äthanol (*Calandra, Adams,* Am. Soc. **72** [1950] 4804; *Research Corp.,* U.S.P. 2647123
[1951]).
Gelbe Kristalle (aus A.); F: 255° [Zers.].

2-Acetylamino-4-methyl-pyridin, *N*-[4-Methyl-[2]pyridyl]-acetamid $C_8H_{10}N_2O$, Formel I
(R = CO-CH_3, R' = H) (E II 343).
B. Beim Erhitzen von 4-Methyl-[2]pyridylamin mit Essigsäure und Acetanhydrid
(*Kakimoto, Nishie,* Japan. J. Tuberc. **2** [1954] 334, 336; vgl. E II 343).
F: 104°.

**Imino-[4-methyl-[2]pyridylamino]-essigsäure-amid, Oxalomonoimidsäure-2-amid-
1-[4-methyl-[2]pyridylamid]** $C_8H_{10}N_4O$, Formel VII, und Tautomeres.
B. Beim Behandeln von Imino-[4-methyl-[2]pyridylamino]-acetonitril mit sehr verd.
wss. HCl (*Woodburn, Pino,* J. org. Chem. **16** [1951] 1389, 1393).
F: ca. 149—151° [nicht rein erhalten].

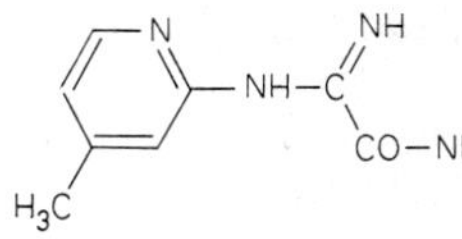

VII

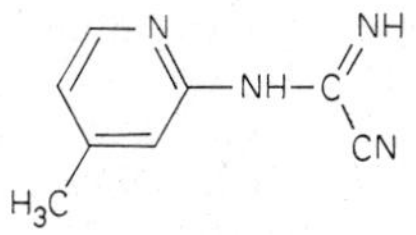

VIII

Imino-[4-methyl-[2]pyridylamino]-acetonitril, Oxalomonoimidsäure-[4-methyl-[2]pyr=idylamid]-nitril $C_8H_8N_4$, Formel VIII, und Tautomeres.
B. Beim Behandeln von 4-Methyl-[2]pyridylamin mit Dicyan in sehr verd. wss. Essigsäure (*Woodburn, Pino*, J. org. Chem. **16** [1951] 1389, 1392).
Kristalle (aus PAe.); F: 116,5—117° [unkorr.; Zers.].

N,N'-Bis-[4-methyl-[2]pyridyl]-malonamid $C_{15}H_{16}N_4O_2$, Formel IX.
B. Neben anderen Verbindungen beim Erhitzen von 4-Methyl-[2]pyridylamin mit Malonsäure-diäthylester auf 210—220°/20 Torr (*Lappin et al.*, J. org. Chem. **15** [1950] 377, 378).
Kristalle; F: 167—168°.

1-[4-Methyl-[2]pyridyl]-pyrrolidin-2,5-dion, N-[4-Methyl-[2]pyridyl]-succinimid $C_{10}H_{10}N_2O_2$, Formel X.
B. Beim Erhitzen von 4-Methyl-[2]pyridylamin mit Bernsteinsäure in p-Cymol (*Hoey, Lester*, Am. Soc. **73** [1951] 4473).
Kristalle (aus wss. A. oder Bzl. + PAe.); F: 117°.

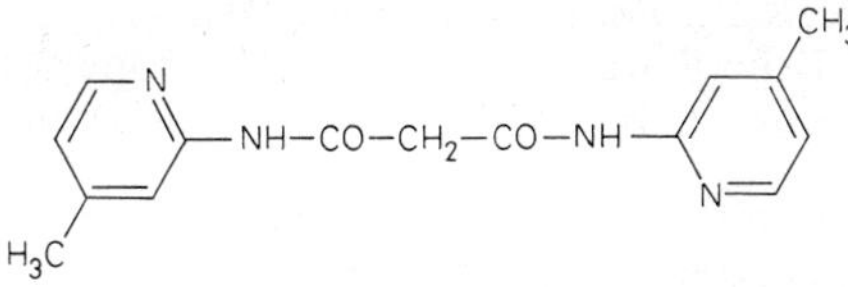

IX 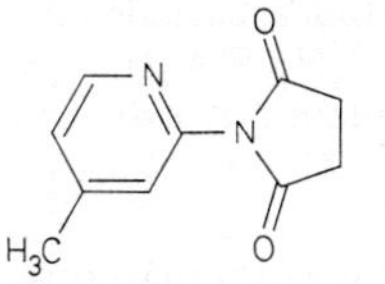   X 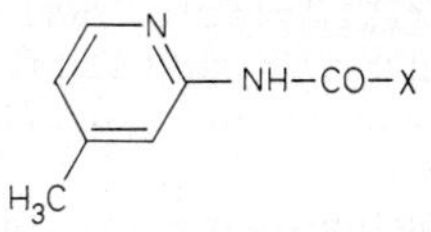   XI

[4-Methyl-[2]pyridyl]-carbamidsäure-äthylester $C_9H_{12}N_2O_2$, Formel XI (X = $O-C_2H_5$).
B. Beim Behandeln von 4-Methyl-[2]pyridylamin in Pyridin mit Chlorokohlensäure-äthylester (*Katritzky*, Soc. **1956** 2063, 2065). Neben anderen Verbindungen aus 4-Methyl-[2]pyridylamin und Diäthylcarbonat in äthanol. Natriumäthylat (*Shapiro et al.*, J. org. Chem. **24** [1959] 1606).
Kristalle; F: 130—131° [unkorr.; aus Hexan] (*Sh. et al.*), 124—126,5° [aus A.] (*Ka.*).

($\pm$)-2-[4-Methyl-[2]pyridylcarbamoyloxy]-propionsäure $C_{10}H_{12}N_2O_4$, Formel XI (X = $O-CH(CH_3)-CO-OH$).
B. Beim Behandeln von ($\pm$)-5-Methyl-3-[4-methyl-[2]pyridyl]-oxazolidin-2,4-dion mit wss. NaOH (*Shapiro et al.*, J. org. Chem. **24** [1959] 1606).
Kristalle (aus A.); F: 144—148° [unkorr.].

N,N'-Bis-[4-methyl-[2]pyridyl]-harnstoff $C_{13}H_{14}N_4O$, Formel XII.
B. Beim Erhitzen von [4-Methyl-[2]pyridyl]-carbamidsäure-äthylester mit 4-Methyl-[2]pyridylamin (*Katritzky*, Soc. **1956** 2063, 2065). Neben anderen Verbindungen aus 4-Methyl-[2]pyridylamin und Diäthylcarbonat in äthanol. Natriumäthylat (*Shapiro et al.*, J. org. Chem. **24** [1959] 1606).
Kristalle; F: 228,5° [unkorr.; aus E.] (*Sh. et al.*), 222—224° [aus A.] (*Ka.*).

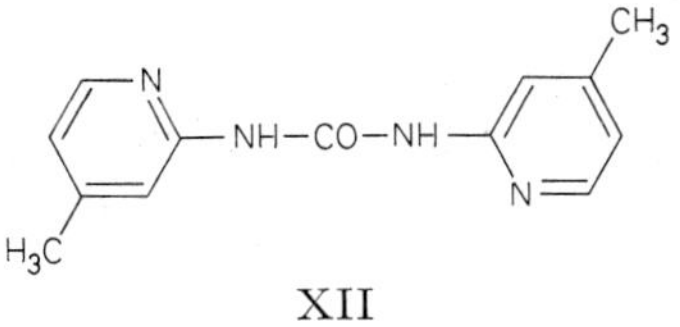

XII 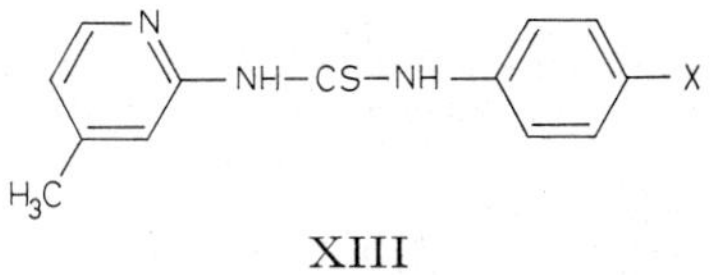   XIII

N-[4-Methyl-[2]pyridyl]-*N'*-[toluol-4-sulfonyl]-harnstoff $C_{14}H_{15}N_3O_3S$, Formel XI
(X = NH-SO$_2$-C$_6$H$_4$-CH$_3(p)$).

B. Beim Erwärmen von 4-Methyl-[2]pyridylamin mit Toluol-4-sulfonylisocyanat in Benzol (*C. F. Boehringer & Söhne*, D.B.P. 1 011 413 [1955]).
Kristalle (aus E.); F: 169—171°.

N-[4-Fluor-phenyl]-*N'*-[4-methyl-[2]pyridyl]-thioharnstoff $C_{13}H_{12}FN_3S$, Formel XIII
(X = F).

B. Beim Erwärmen von 4-Methyl-[2]pyridylamin mit 4-Fluor-phenylisothiocyanat in Äthanol (*Buu-Hoi et al.*, Soc. **1958** 2815, 2817, 2820).
Kristalle (aus A., Bzl. oder Toluol); F: 182°.

N-[4-Chlor-phenyl]-*N'*-[4-methyl-[2]pyridyl]-thioharnstoff $C_{13}H_{12}ClN_3S$, Formel XIII
(X = Cl).

B. Beim Erwärmen von 4-Methyl-[2]pyridylamin mit 4-Chlor-phenylisothiocyanat in Äthanol (*Buu-Hoi et al.*, Soc. **1958** 2815, 2817, 2820).
Kristalle (aus A., Bzl. oder Toluol); F: 216°.

N-[4-Brom-phenyl]-*N'*-[4-methyl-[2]pyridyl]-thioharnstoff $C_{13}H_{12}BrN_3S$, Formel XIII
(X = Br).

B. Beim Erwärmen von 4-Methyl-[2]pyridylamin mit 4-Brom-phenylisothiocyanat in Äthanol (*Buu-Hoi et al.*, Soc. **1958** 2815, 2817, 2820).
Kristalle (aus Bzl. oder Toluol); F: 222°.

[4-Methyl-[2]pyridyl]-dithiocarbamidsäure $C_7H_8N_2S_2$, Formel XIV (R = H).

Triäthylamin-Salz $C_6H_{15}N \cdot C_7H_8N_2S_2$. *B.* Beim Erwärmen von 4-Methyl-[2]pyridyl= amin mit CS$_2$ und Triäthylamin (*Eastman Kodak Co.*, U.S.P. 2 839 403 [1945]). — Orange-farbene Kristalle (aus Me. + Ae.); F: 75—76°.

[4-Methyl-[2]pyridyl]-dithiocarbamidsäure-methylester $C_8H_{10}N_2S_2$, Formel XIV
(R = CH$_3$).

B. Beim Behandeln der vorangehenden Verbindung mit CH$_3$I in Methanol (*Knott*, Soc. **1956** 1644, 1646; *Eastman Kodak Co.*, U.S.P. 2 839 403 [1955]).
Gelbliche Kristalle (aus Me.); F: 101—102°.

XIV   XV

[4-Methyl-1-oxy-[2]pyridyl]-carbamidsäure-äthylester $C_9H_{12}N_2O_3$, Formel XV.

B. Als Hauptprodukt neben der folgenden Verbindung beim Erwärmen von [4-Methyl-[2]pyridyl]-carbamidsäure-äthylester in Essigsäure mit wss. H$_2$O$_2$ (*Katritzky*, Soc. **1956** 2063, 2065).
Kristalle (aus Ae.); F: 80—81°.

N,N'-Bis-[4-methyl-1-oxy-[2]pyridyl]-harnstoff $C_{13}H_{14}N_4O_3$, Formel I.

B. Beim Erwärmen von *N,N'*-Bis-[4-methyl-[2]pyridyl]-harnstoff in Essigsäure mit wss. H$_2$O$_2$ (*Katritzky*, Soc. **1956** 2063, 2065).
Kristalle (aus Eg.); F: 235—236° [Zers.].

N-[4-Methyl-[2]pyridyl]-glycin-nitril $C_8H_9N_3$, Formel II (R = H).

B. Beim Erwärmen von 4-Methyl-[2]pyridylamin mit Natrium-hydroxymethansulf= onat in wss. Äthanol und Erwärmen der Reaktionslösung mit NaCN (*Lawson, Miles*, Soc. **1959** 2865, 2869).
Kristalle (aus E.); F: 116—117°.

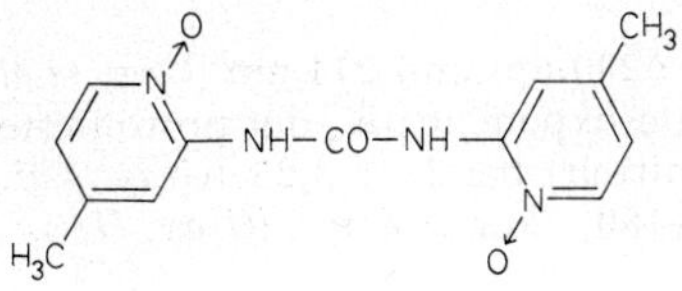

I 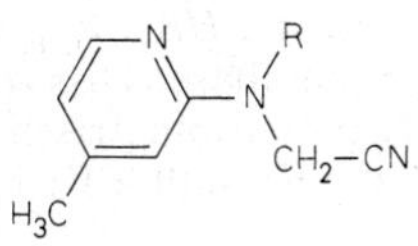   II 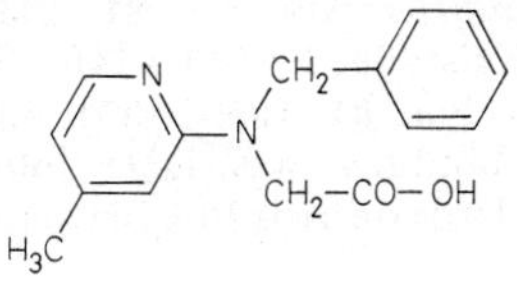   III

N-Äthyl-N-[4-methyl-[2]pyridyl]-glycin-nitril $C_{10}H_{13}N_3$, Formel II (R = C_2H_5).
Hydrojodid $C_{10}H_{13}N_3 \cdot HI$. *B.* Beim Erwärmen von N-[4-Methyl-[2]pyridyl]-glycin-nitril mit Äthyljodid in Benzol (*Lawson, Miles*, Soc. **1959** 2865, 2869). — Hellgelbe Kristalle (aus A.); F: 185°.

N-Benzyl-N-[4-methyl-[2]pyridyl]-glycin $C_{15}H_{16}N_2O_2$, Formel III.
B. Beim Erwärmen von N-Benzyl-N-[4-methyl-[2]pyridyl]-glycin-nitril mit wss. HCl (*Lawson, Miles*, Soc. **1959** 2865, 2869).
Natrium-Salz $NaC_{15}H_{15}N_2O_2$. F: 270—280°.

N-Benzyl-N-[4-methyl-[2]pyridyl]-glycin-nitril $C_{15}H_{15}N_3$, Formel II (R = CH_2-C_6H_5).
Hydrochlorid $C_{15}H_{15}N_3 \cdot HCl$. *B.* Beim Erwärmen von N-[4-Methyl-[2]pyridyl]-glycin-nitril mit Benzylchlorid in Benzol (*Lawson, Miles*, Soc. **1959** 2865, 2869).
Kristalle (aus A.); F: 265° [Zers.].

N-[4-Methyl-[2]pyridyl]-β-alanin $C_9H_{12}N_2O_2$, Formel IV (R = H).
B. Beim Erwärmen der folgenden Verbindung mit H_2O (*Lappin*, J. org. Chem. **23** [1958] 1358).
Kristalle (aus A.); F: 134—136°.

N-[4-Methyl-[2]pyridyl]-β-alanin-methylester $C_{10}H_{14}N_2O_2$, Formel IV (R = CH_3).
B. Beim Erwärmen von 4-Methyl-[2]pyridylamin mit Methylacrylat und wenig 2,5-Di-*tert*-butyl-hydrochinon (*Lappin*, J. org. Chem. **23** [1958] 1358).
Kristalle (aus Bzl. + Hexan); F: 43—44°. $Kp_{0,5}$: 140—145°.

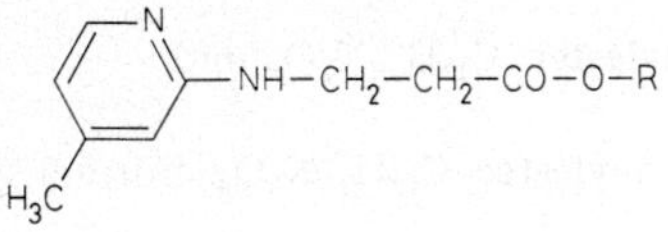

IV 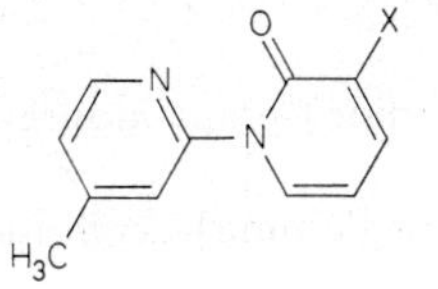   V 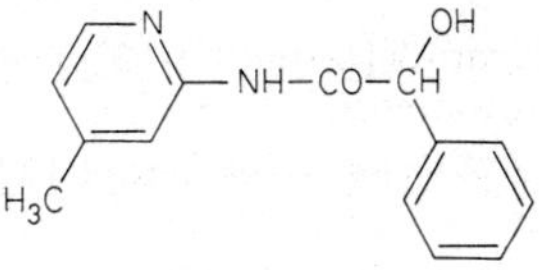   VI

4'-Methyl-[1,2']bipyridyl-2-on, 1-[4-Methyl-[2]pyridyl]-1H-pyridin-2-on $C_{11}H_{10}N_2O$, Formel V (X = H).
B. Beim Erhitzen der Natrium-Verbindung des 1H-Pyridin-2-ons (E III/IV **21** 344) mit 2-Brom-4-methyl-pyridin und Kupfer-Pulver auf 200° (*Ramirez, v. Ostwalden*, Am. Soc. **81** [1959] 156, 160). Neben anderen Verbindungen beim Erhitzen von 4-Methylpyridin-1-oxid mit 2-Brom-pyridin auf 100° (*Ra., v. Ost.*).
Kristalle (aus Hexan); F: 113,5—114,5°. IR-Banden (CHCl$_3$; 1660—1440 cm^{-1}): *Ra., v. Ost.* λ_{max} (A.): 264 nm und 314 nm.
Picrat $C_{11}H_{10}N_2O \cdot C_6H_3N_3O_7$. Gelbe Kristalle (aus CHCl$_3$); F: 125—126°.

3-Brom-4'-methyl-[1,2']bipyridyl-2-on $C_{11}H_9BrN_2O$, Formel V (X = Br).
B. Beim Erhitzen der vorangehenden Verbindung mit 4-Methyl-pyridin-1-oxid-hydrobromid auf 200° (*Ramirez, v. Ostwalden*, Am. Soc. **81** [1959] 156, 160).
Kristalle (aus Hexan + Bzl.); F: 118,5—119,6° und (nach Wiedererstarren) F: 127° bis 128°. λ_{max} (A.): 324 nm.

2-DL-Mandeloylamino-4-methyl-pyridin, N-[4-Methyl-[2]pyridyl]-DL-mandelamid $C_{14}H_{14}N_2O_2$, Formel VI.
B. Beim Erhitzen von DL-Mandelsäure mit 4-Methyl-[2]pyridylamin in Xylol (*Gray*,

Heitmeier, Am. Soc. **81** [1959] 4347, 4349).

Kristalle; F: 143—146° [korr.] (*Gray, He.*). λ_{max} (A.): 239 nm und 274 nm (*Gray et al.*, Am. Soc. **81** [1959] 4351, 4352). Scheinbarer Dissoziationsexponent pK'_a der protonierten Verbindung (wss. DMF [60%ig]; potentiometrisch ermittelt) bei 25°: 3,25 (*Gray et al.*).

Hydrochlorid $C_{14}H_{14}N_2O_2 \cdot HCl$. Kristalle; F: 188—189° [korr.; Zers.] (*Gray, He.*).

3-[4-Methyl-[2]pyridylimino]-propionsäure $C_9H_{10}N_2O_2$ und Tautomeres.

3-[4-Methyl-[2]pyridylamino]-acrylsäure $C_9H_{10}N_2O_2$, Formel VII (R = R' = H).

B. Beim Erwärmen von [(4-Methyl-[2]pyridylamino)-methylen]-malonsäure-diäthylester oder von 8-Methyl-4-oxo-4H-pyrido[1,2-a]pyrimidin-3-carbonsäure-äthylester mit wss. NaOH (*Lappin*, Am. Soc. **71** [1949] 3258).

Kristalle (aus Py.); F: 238° [Zers.].

2-Acetoacetylamino-4-methyl-pyridin, N-[4-Methyl-[2]pyridyl]-acetoacetamid $C_{10}H_{12}N_2O_2$, Formel VIII und Tautomeres.

B. Beim Behandeln von 4-Methyl-[2]pyridylamin mit Diketen (E III/IV **17** 4297) in Äther (*Allen, VanAllan*, J. org. Chem. **13** [1948] 599, 600).

Kristalle (aus A.); F: 118—119°.

VII   VIII

[(4-Methyl-[2]pyridylimino)-methyl]-malonsäure-diäthylester $C_{14}H_{18}N_2O_4$ und Tautomeres.

[(4-Methyl-[2]pyridylamino)-methylen]-malonsäure-diäthylester $C_{14}H_{18}N_2O_4$, Formel VII (R = CO-O-C_2H_5, R' = C_2H_5).

B. Beim Erhitzen von 4-Methyl-[2]pyridylamin mit Äthoxymethylen-malonsäure-diäthylester (*Lappin*, Am. Soc. **70** [1948] 3348).

Kristalle (aus A.); F: 72—73°.

2-Cyan-3-[4-methyl-[2]pyridylimino]-propionsäure-äthylester $C_{12}H_{13}N_3O_2$ und Tautomeres.

2-Cyan-3-[4-methyl-[2]pyridylamino]-acrylsäure-äthylester $C_{12}H_{13}N_3O_2$, Formel VII (R = CN, R' = C_2H_5).

B. Beim Erhitzen von 4-Methyl-[2]pyridylamin mit 3-Äthoxy-2-cyan-acrylsäure-äthylester auf 100° (*Antaki*, Am. Soc. **80** [1958] 3066, 3069).

Kristalle (aus A.); F: 134°.

Beim Erhitzen auf 150° ist 2-Cyan-3t(?)-[2-imino-4-methyl-2H-[1]pyridyl]-acrylsäure-äthylester (E III/IV **21** 3435) erhalten worden; beim Erwärmen in Äthanol entsteht 4-Imino-8-methyl-4H-pyrido[1,2-a]pyrimidin-3-carbonsäure-äthylester.

N,N-Dimethyl-N'-[4-methyl-[2]pyridyl]-äthylendiamin $C_{10}H_{17}N_3$, Formel IX (R = H, R' = CH₃).

B. Beim Erhitzen der Natrium-Verbindung des 4-Methyl-[2]pyridylamins in Toluol mit [2-Brom-äthyl]-dimethyl-amin (*Huttrer et al.*, Am. Soc. **68** [1946] 1999, 2000) oder mit [2-Chlor-äthyl]-dimethyl-amin (*Abbott Labor.*, U.S.P. 2556566 [1946]).

Kp_2: 119—120° (*Abbott Labor.*).

Dihydrochlorid $C_{10}H_{17}N_3 \cdot 2$ HCl. F: 220—222° [korr.] (*Hu. et al.*).

N,N-Diäthyl-N'-[4-methyl-[2]pyridyl]-N'-phenyl-äthylendiamin $C_{18}H_{25}N_3$, Formel IX (R = C_6H_5, R' = C_2H_5).

B. Beim Erhitzen der Natrium-Verbindung des [4-Methyl-[2]pyridyl]-phenyl-amins mit Diäthyl-[2-chlor-äthyl]-amin in Toluol (*Searle & Co.*, U.S.P. 2784195 [1953]).

Dihydrochlorid $C_{18}H_{25}N_3 \cdot 2$ HCl. Kristalle (aus Isopropylalkohol + E.); F: 195° bis 196°.

Methobromid [C$_{19}$H$_{28}$N$_3$]Br; Diäthyl-methyl-{2-[(4-methyl-[2]pyridyl)-phenyl-amino]-äthyl}-ammonium-bromid. Kristalle (aus Isopropylalkohol + E.); F: 164°.

N-Benzyl-*N'*,*N'*-dimethyl-*N*-[4-methyl-[2]pyridyl]-äthylendiamin C$_{17}$H$_{23}$N$_3$, Formel IX (R = CH$_2$-C$_6$H$_5$, R' = CH$_3$).

B. Beim Erwärmen der Natrium-Verbindung des *N*,*N*-Dimethyl-*N'*-[4-methyl-[2]pyr=idyl]-äthylendiamins in Toluol mit Benzylbromid (*Huttrer et al.*, Am. Soc. **68** [1946] 1999, 2000).

Kp$_{0,18}$: 156 — 161°.

Hydrochlorid C$_{17}$H$_{23}$N$_3$·HCl. F: 176° [korr.].

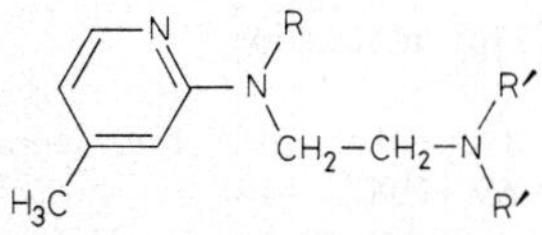

IX 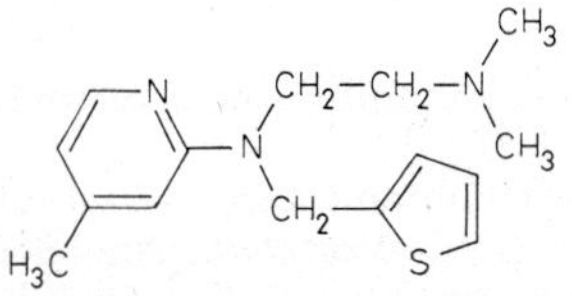   X 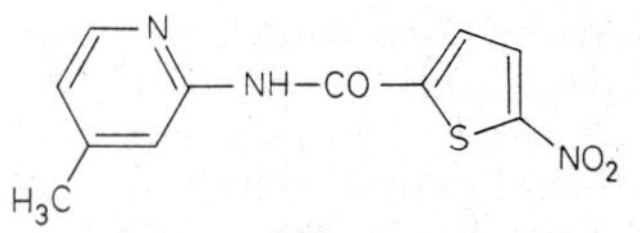   XI

N-[4-Äthoxy-phenyl]-*N'*,*N'*-diäthyl-*N*-[4-methyl-[2]pyridyl]-äthylendiamin C$_{20}$H$_{29}$N$_3$O, Formel IX (R = C$_6$H$_4$-O-C$_2$H$_5$(*p*), R' = C$_2$H$_5$).

B. Beim Behandeln der Natrium-Verbindung des [4-Äthoxy-phenyl]-[4-methyl-[2]pyr=idyl]-amins mit Diäthyl-[2-chlor-äthyl]-amin in Toluol (*Searle & Co.*, U.S.P. 2785172, 2785173 [1953]).

Dihydrochlorid C$_{20}$H$_{29}$N$_3$O·2 HCl. Kristalle (aus Butanon); F: 201 — 203° (*Searle & Co.*, U.S.P. 2785172, 2785173).

Methobromid [C$_{21}$H$_{32}$N$_3$O]Br; {2-[(4-Äthoxy-phenyl)-(4-methyl-[2]pyrid=yl)-amino]-äthyl}-diäthyl-methyl-bromid. Kristalle (aus Butanon); F: 137° (*Searle & Co.*, U.S.P. 2785173).

N,*N*-Dimethyl-*N'*-[4-methyl-[2]pyridyl]-*N'*-[2]thienylmethyl-äthylendiamin C$_{15}$H$_{21}$N$_3$S, Formel X.

B. Beim Erwärmen der Natrium-Verbindung des *N*,*N*-Dimethyl-*N'*-[4-methyl-[2]pyridyl]-äthylendiamins mit 2-Chlormethyl-thiophen in Benzol (*Abbott Labor.*, U.S.P. 2556566 [1946]; D.B.P. 970796 [1949]).

Kp$_3$: 123 — 124°; n$_D^{28}$: 1,5346 (*Abbott Labor.*, U.S.P. 2556566). Kp$_{0,4}$: 150 — 152° (*Abbott Labor.*, D.B.P. 970796).

Hydrochlorid C$_{15}$H$_{21}$N$_3$S·HCl. F: 141 — 142° (*Abbott Labor.*, D.B.P. 970796).

5-Nitro-thiophen-2-carbonsäure-[4-methyl-[2]pyridylamid] C$_{11}$H$_9$N$_3$O$_3$S, Formel XI.

F: 208° (*Tirouflet*, *Chane*, C. r. **245** [1957] 80).

N,*N*-Dimethyl-*N'*-[4-methyl-[2]pyridyl]-*N'*-[3]pyridyl-äthylendiamin C$_{15}$H$_{20}$N$_4$, Formel XII.

B. Beim Erhitzen der Natrium-Verbindung des *N*,*N*-Dimethyl-*N'*-[4-methyl-[2]pyr=idyl]-äthylendiamins in Toluol mit 3-Brom-pyridin (*Huttrer et al.*, Am. Soc. **68** [1946] 1999, 2000).

Kp$_{0,04}$: 98 — 100°.

Hydrochlorid C$_{15}$H$_{20}$N$_4$·HCl. F: 137° [korr.].

4-Chlor-benzolsulfonsäure-[4-methyl-[2]pyridylamid] C$_{12}$H$_{11}$ClN$_2$O$_2$S, Formel XIII (X = Cl).

B. Beim Erwärmen von 4-Methyl-[2]pyridylamin mit 4-Chlor-benzolsulfonylchlorid in Pyridin (*Hultquist et al.*, Am. Soc. **73** [1951] 2558, 2560).

Kristalle (aus Eg.); F: 242,5 — 244,5°.

4-Hydroxy-benzolsulfonsäure-[4-methyl-[2]pyridylamid] C$_{12}$H$_{12}$N$_2$O$_3$S, Formel XIII (X = OH).

B. Beim Erwärmen von 4-Methyl-[2]pyridylamin mit 4-[Toluol-4-sulfonyloxy]-benzol=

sulfonylchlorid in Pyridin und Erhitzen des Reaktionsprodukts mit wss. NaOH (*Hult-quist et al.*, Am. Soc. **73** [1951] 2558, 2560).

Kristalle (aus A.); F: 254,5—256°.

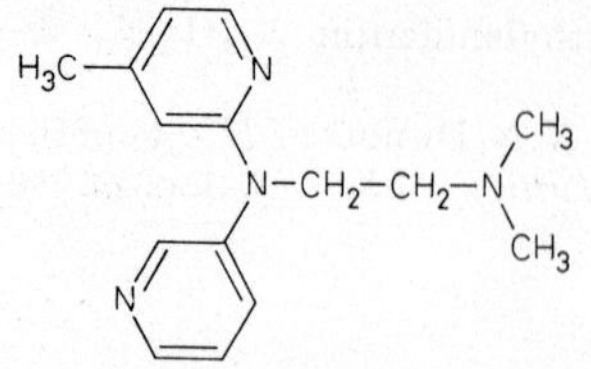

XII 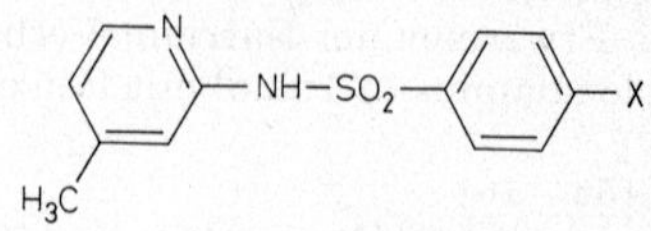   XIII

4-Methyl-2-sulfanilylamino-pyridin, Sulfanilsäure-[4-methyl-[2]pyridylamid]
$C_{12}H_{13}N_3O_2S$, Formel XIII (X = NH_2).

B. Beim Erhitzen von *N*-Acetyl-sulfanilsäure-[4-methyl-[2]pyridylamid] mit wenig Äthanol enthaltender wss. NaOH (*Bernstein et al.*, Am. Soc. **69** [1947] 1158).

Kristalle; F: 233,5—234,5° [unkorr.; aus A.] (*Be. et al.*), 225—226° (*Aluf et al.*, Farmakol. Toksikol. **8** [1945] Nr. 1, S. 25; C. A. **1946** 5882).

***N*-Acetyl-sulfanilsäure-[4-methyl-[2]pyridylamid], Essigsäure-[4-(4-methyl-[2]pyridyl= sulfamoyl)-anilid]** $C_{14}H_{15}N_3O_3S$, Formel XIII (X = NH-CO-CH_3).

B. Beim Behandeln von 4-Methyl-[2]pyridylamin mit *N*-Acetyl-sulfanilylchlorid in Pyridin (*Bernstein et al.*, Am. Soc. **69** [1947] 1158).

Kristalle (aus wss. A.); F: 268—270° [unkorr.].

4-Methyl-2-sulfanilylamino-pyridin-1-oxid, Sulfanilsäure-[4-methyl-1-oxy-[2]pyridyl= amid] $C_{12}H_{13}N_3O_3S$, Formel I (R = H).

B. Beim Erhitzen von *N*-Acetyl-sulfanilsäure-[4-methyl-1-oxy-[2]pyridylamid] mit wss. NaOH (*Childress, Scudi*, J. org. Chem. **23** [1958] 67).

Kristalle; F: 201,5—203° [korr.].

***N*-Acetyl-sulfanilsäure-[4-methyl-1-oxy-[2]pyridylamid], Essigsäure-[4-(4-methyl-1-oxy-[2]pyridylsulfamoyl)-anilid]** $C_{14}H_{15}N_3O_4S$, Formel I (R = CO-CH_3).

B. Beim Erwärmen von *N*-Acetyl-sulfanilsäure-[4-methyl-[2]pyridylamid] mit Peroxy= essigsäure in Essigsäure (*Childress, Scudi*, J. org. Chem. **23** [1958] 67).

Kristalle; F: 218—220° [korr.].

5-Brom-4-methyl-[2]pyridylamin $C_6H_7BrN_2$, Formel II.

B. Beim Behandeln von 4-Methyl-[2]pyridylamin in Äthanol mit Brom (*Graboyes, Day*, Am. Soc. **79** [1957] 6421, 6424).

Kristalle (aus Cyclohexan); F: 147—147,5°.

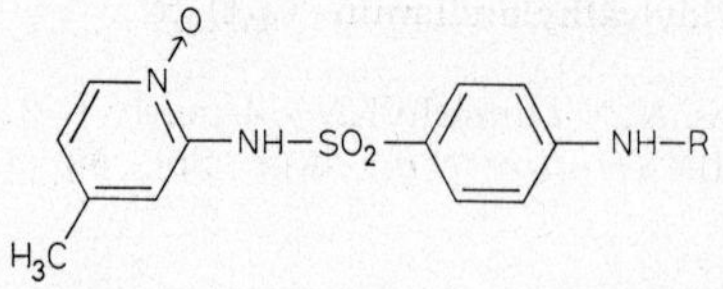

I 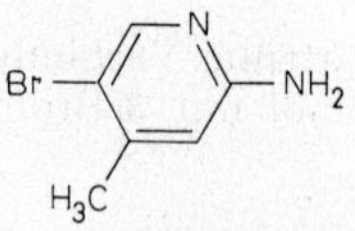   II 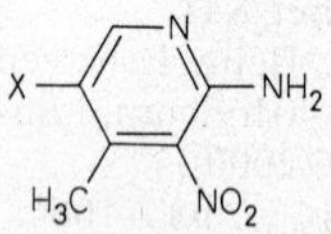   III

4-Methyl-3-nitro-[2]pyridylamin $C_6H_7N_3O_2$, Formel III (X = H).

B. Neben 4-Methyl-5-nitro-[2]pyridylamin (Hauptprodukt) beim Behandeln von 4-Methyl-[2]pyridylamin mit konz. H_2SO_4 und konz. HNO_3 (*Pino, Zehrung*, Am. Soc. **77** [1955] 3154; vgl. auch *Besly, Goldberg*, Soc. **1954** 2448, 2451).

F: 140° (*Be., Go.*), 134—136° (*Pino, Ze.*). Bei 120° sublimierbar (*Pino, Ze.*). Mit Wasserdampf flüchtig (*Be., Go.*).

4-Methyl-5-nitro-[2]pyridylamin $C_6H_7N_3O_2$, Formel IV (R = H).

B. s. im vorangehenden Artikel.

F: 220—222° (*Besly*, *Goldberg*, Soc. **1954** 2448, 2451), 220° (*Pino*, *Zehrung*, Am. Soc. **77** [1955] 3154).

Bis-[2-hydroxy-äthyl]-[4-methyl-5-nitro-[2]pyridyl]-amin $C_{10}H_{15}N_3O_4$, Formel IV (R = CH$_2$-CH$_2$-OH).

B. Beim Erhitzen von 2-Chlor-4-methyl-5-nitro-pyridin mit Bis-[2-hydroxy-äthyl]-amin (*Brown et al.*, Soc. **1957** 1544, 1546).

Hydrochlorid $C_{10}H_{15}N_3O_4 \cdot$HCl. Kristalle (aus A. + E.); F: 138—139°.

4′-Methyl-5′-nitro-3,4,5,6-tetrahydro-2H-[1,2′]bipyridyl, 4-Methyl-5-nitro-2-piperidino-pyridin $C_{11}H_{15}N_3O_2$, Formel V.

B. Beim Behandeln von 2-Chlor-4-methyl-5-nitro-pyridin in Äthanol mit Piperidin (*Chapman*, *Rees*, Soc. **1954** 1190, 1192, 1193).

Kristalle; F: 91°.

5-Brom-4-methyl-3-nitro-[2]pyridylamin $C_6H_6BrN_3O_2$, Formel III (X = Br).

B. Beim Behandeln von 5-Brom-4-methyl-[2]pyridylamin mit konz. H$_2$SO$_4$ und konz. HNO$_3$ (*Graboyes*, *Day*, Am. Soc. **79** [1957] 6421, 6424).

Kristalle (aus wss. A.); F: 168—169°.

4-Methyl-[3]pyridylamin $C_6H_8N_2$, Formel VI (R = H).

B. Beim Erwärmen von 4-Methyl-3-nitro-pyridin-hydrochlorid mit SnCl$_2$ in konz. wss. HCl (*Bojarska-Dahlig*, Roczniki Chem. **30** [1956] 475, 479; C. A. **1957** 14722). Bei der Hydrierung von 2-Chlor-4-methyl-3-nitro-pyridin oder von 2-Chlor-4-methyl-5-nitro-pyridin in Essigsäure nach Zugabe von wenig Natriumacetat an Palladium/Kohle (*Roe*, *Seligman*, J. org. Chem. **20** [1955] 1729, 1731). Beim Erhitzen von [4-Methyl-[3]pyridyl]-carbamidsäure-benzylester mit wss. HCl (*Sugasawa et al.*, J. pharm. Soc. Japan **72** [1952] 192).

Kristalle; F: 105—106° (*Bo.-Da.*), 104—105° [aus Bzl. + PAe.] (*Su. et al.*), 104—105° (*Roe*, *Se.*).

Dihydrochlorid $C_6H_8N_2 \cdot 2$ HCl. Hygroskopische Kristalle; F: 188—189° [Zers.] (*Su. et al.*).

Picrat. Gelbe Kristalle (aus A.); F: 177—178° (*Su. et al.*; *Roe*, *Se.*).

[4-Methyl-[3]pyridyl]-carbamidsäure-benzylester $C_{14}H_{14}N_2O_2$, Formel VI (R = CO-O-CH$_2$-C$_6$H$_5$).

B. Beim Behandeln von 4-Methyl-nicotinsäure-hydrazid mit wss. HNO$_3$ und Erwärmen des Reaktionsprodukts in Benzol mit Benzylalkohol (*Sugasawa et al.*, J. pharm. Soc. Japan **72** [1952] 192).

Kristalle (aus Me.); F: 122—123°.

IV   V   VI   VII

4-Aminomethyl-pyridin, *C*-[4]Pyridyl-methylamin $C_6H_8N_2$, Formel VII (R = R′ = H).

B. Aus Isonicotinonitril beim Hydrieren in wss.-äthanol. NH$_3$ an Raney-Nickel (*Kolloff*, *Hunter*, Am. Soc. **63** [1941] 490), beim Hydrieren in methanol. NH$_3$ an Raney-Nickel (*Prijs et al.*, Helv. **31** [1948] 571, 574), beim Behandeln mit LiAlH$_4$ in Äther (*Bullock et al.*, Am. Soc. **78** [1956] 3693, 3694) sowie beim Erwärmen mit Chrom(II)-acetat in wss. KOH (*Graf*, J. pr. [2] **146** [1936] 88, 97).

Dipolmoment (ε; Bzl.) bei 25°: 2,84 D (*Barassin*, *Lumbroso*, Bl. **1959** 1947, 1951).

Kp$_{14}$: 105° (*Ba.*, *Lu.*, l. c. S. 1950); Kp$_{12}$: 120—125° (*Pr. et al.*); Kp$_{11}$: 103° (*Graf*); Kp$_{5,2}$: 94° (*Bu. et al.*); Kp$_5$: 115,5—117°; Kp$_{3-4}$: 110—112° (*Ko.*, *Hu.*). D$_4^{20}$: 1,0688 (*Ba.*, *Lu.*). n$_D^{20}$: 1,5500 (*Bu. et al.*), 1,538 (*Ba.*, *Lu.*).

Beim Behandeln mit SOCl$_2$ in Äther oder mit Nitrosobenzol in Äthanol ist Pyridin-

4-carbaldehyd erhalten worden (*Graf*).

Monohydrobromid $C_6H_8N_2 \cdot HBr$. Kristalle; F: 240° [Zers.] (*Graf*).

Dihydrobromid $C_6H_8N_2 \cdot 2$ HBr. Kristalle; F: 253° [Zers.] (*Graf*).

Bis-tetrachloroaurat(III) $C_6H_8N_2 \cdot 2$ HAuCl$_4$. Hellgelbe Kristalle; F: 190° [Zers.] (*Graf*).

Hexachloroplatinat(IV) $C_6H_8N_2 \cdot H_2PtCl_6$. Braungelbe Kristalle; unterhalb 300° nicht schmelzend [Dunkelfärbung ab 260°] (*Graf*).

Picrat $C_6H_8N_2 \cdot C_6H_3N_3O_7$. Gelbe Kristalle (aus A.); F: 179—180° [Zers.] (*Pr. et al.*).

4-Methylaminomethyl-pyridin, Methyl-[4]pyridylmethyl-amin $C_7H_{10}N_2$, Formel VII (R = CH_3, R' = H).

B. Beim Behandeln von 4-Chlormethyl-pyridin-hydrochlorid mit Methylamin in wss. NaOH (*Testa*, Farmaco Ed. scient. **12** [1957] 836, 844).

Kp_{15}: 84°.

4-Anilinomethyl-pyridin, *N*-[4]Pyridylmethyl-anilin $C_{12}H_{12}N_2$, Formel VII (R = C_6H_5, R' = H).

B. Beim Erwärmen von 4-Chlormethyl-pyridin mit Anilin und K_2CO_3 in Benzol (*Carelli et al.*, Ann. Chimica **48** [1958] 1342, 1346). Beim Erwärmen von Thioisonicotin= säure-anilid mit einer Nickel-Aluminium-Legierung in wss. KOH (*König et al.*, B. **87** [1954] 825, 833; *Schenley Ind.*, U.S.P. 2797224 [1955]).

Kristalle; F: 104° [aus wss. A.] (*Ca. et al.*), 102° [aus H_2O] (*Kö. et al.*; *Schenley Ind.*). $Kp_{0,04}$: 125—130° (*Ca. et al.*).

Dihydrochlorid $C_{12}H_{12}N_2 \cdot 2$ HCl. Kristalle (aus A.); F: 197—199° (*Ca. et al.*).

Picrat $C_{12}H_{12}N_2 \cdot C_6H_3N_3O_7$. Kristalle (aus H_2O); F: 147—148° (*Ca. et al.*).

2-[[4]Pyridylmethyl-amino]-äthanol $C_8H_{12}N_2O$, Formel VII (R = $CH_2\text{-}CH_2\text{-}OH$, R' = H).

B. Beim Hydrieren von 2-[4]Pyridylmethylenamino-äthanol an Palladium/Kohle in Äthanol (*Elslager et al.*, Am. Soc. **78** [1956] 3453, 3454; *Parke, Davis & Co.*, U.S.P. 2731470 [1954]).

$Kp_{1,0}$: 138—140°; n_D^{25}: 1,5421 (*El. et al.*). $Kp_{0,7}$: 148—153°; n_D^{25}: 1,5399 (*Parke, Davis & Co.*).

Dihydrochlorid $C_8H_{12}N_2O \cdot 2$ HCl. Kristalle (aus A.); F: 196—198° [unkorr.] (*El. et al.*).

1-Dichloracetoxy-2-[[4]pyridylmethyl-amino]-äthan $C_{10}H_{12}Cl_2N_2O_2$, Formel VII (R = $CH_2\text{-}CH_2\text{-}O\text{-}CO\text{-}CHCl_2$, R' = H).

B. Beim Erwärmen von Dichloressigsäure-[(2-hydroxy-äthyl)-[4]pyridylmethyl-amid] in mit HCl gesättigtem Isopropylalkohol (*Elslager et al.*, Am. Soc. **78** [1956] 3453, 3456).

Dihydrochlorid $C_{10}H_{12}Cl_2N_2O_2 \cdot 2$ HCl. Hygroskopische Kristalle (aus A.); F: 162° bis 166° [unkorr.].

4-*p*-Anisidinomethyl-pyridin, *N*-[4]Pyridylmethyl-*p*-anisidin $C_{13}H_{14}N_2O$, Formel VII (R = $C_6H_4\text{-}O\text{-}CH_3(p)$, R' = H).

B. Beim Behandeln von Thioisonicotinsäure-*p*-anisidid in Benzol mit wss. KOH und Aluminium (*König et al.*, B. **87** [1954] 825, 833; *Schenley Ind.*, U.S.P. 2797224 [1955]).

Kristalle (aus Me. bzw. aus A.); F: 98°.

[1-Methyl-pyridinium-4-yl]-pyridinio-methan, 1'-Methyl-1,4'-methandiyl-bis-pyridinium $[C_{12}H_{14}N_2]^{2+}$, Formel VIII.

Dijodid $[C_{12}H_{14}N_2]I_2$. *B.* Beim Erhitzen von 1,4-Dimethyl-pyridinium-jodid mit Jod und Pyridin (*Kröhnke et al.*, B. **90** [1957] 2792, 2799). — Kristalle (aus A. + E.); F: 202° [Zers.].

Dichloressigsäure-[(2-hydroxy-äthyl)-[4]pyridylmethyl-amid], 2-[Dichloracetyl-[4]pyridylmethyl-amino]-äthanol $C_{10}H_{12}Cl_2N_2O_2$, Formel VII (R = $CO\text{-}CHCl_2$, R' = $CH_2\text{-}CH_2\text{-}OH$).

B. Aus 2-[[4]Pyridylmethyl-amino]-äthanol beim Behandeln mit Dichloressigsäure-methylester in 1,2-Dichlor-äthan (*Elslager et al.*, Am. Soc. **78** [1956] 3453, 3454; *Parke*,

Davis & Co., U.S.P. 2731470 [1954]), beim Behandeln mit Dichloracetylchlorid in Aceton und Pyridin oder beim Erwärmen mit Dichloressigsäure-anhydrid in DMF sowie beim Erhitzen mit Chloralhydrat, NaCN und $CaCO_3$ in H_2O (*Parke, Davis & Co.*).

Kristalle (aus A.); F: 130—132° [unkorr.] (*El. et al.*; *Parke, Davis & Co.*).

Hydrochlorid $C_{10}H_{12}Cl_2N_2O_2 \cdot HCl \cdot H_2O$. Hygroskopische Kristalle; F: 143—144° [unkorr.] (*El. et al.*; *Parke, Davis & Co.*).

N-[4]Pyridylmethyl-benzamid $C_{13}H_{12}N_2O$, Formel VII (R = $CO\text{-}C_6H_5$, R' = H) auf S. 4181.

B. Beim Behandeln von 4-Aminomethyl-pyridin mit Benzoylchlorid in Benzol (*Graf*, J. pr. [2] **146** [1936] 88, 98).

Kristalle (aus $CHCl_3$); F: 108°. Kp_{12}: 240°.

[4]Pyridylmethyl-harnstoff $C_7H_9N_3O$, Formel VII (R = $CO\text{-}NH_2$, R' = H) auf S. 4181.

B. Bei mehrtägigem Behandeln von 4-Aminomethyl-pyridin mit Kaliumcyanat in wss. Lösung (*Prijs et al.*, Helv. **31** [1948] 571, 575).

Kristalle (aus H_2O); F: 190—192°.

(±)-3-Hydroxy-2-phenyl-propionsäure-[[4]pyridylmethyl-amid], (±)-Tropasäure-[[4]pyridylmethyl-amid] $C_{15}H_{16}N_2O_2$, Formel IX (R = H).

B. Beim Behandeln von 4-Aminomethyl-pyridin mit (±)-3-Acetoxy-2-phenyl-propionylchlorid und Pyridin in $CHCl_3$ und Erwärmen des Reaktionsprodukts mit wss. HCl (*Hoffmann-La Roche*, D.B.P. 952808 [1954]; U.S.P. 2776294 [1955]). Beim Behandeln von 4-Aminomethyl-pyridin mit (±)-Tropoylchlorid und Pyridin in $CHCl_3$ (*Hoffmann-La Roche*, U.S.P. 2776294).

Kristalle (aus A. + PAe.); F: 143—144° (*Hoffmann-La Roche*, D.B.P. 952808; U.S.P. 2776294).

Methojodid $[C_{16}H_{19}N_2O_2]I$; (±)-1-Methyl-4-[tropoylamino-methyl]-pyridinium-jodid. F: 108—109° (*Hoffmann-La Roche*, U.S.P. 2798075 [1956]).

(±)-3-Hydroxy-2-phenyl-propionsäure-[methyl-[4]pyridylmethyl-amid], (±)-Tropasäure-[methyl-[4]pyridylmethyl-amid] $C_{16}H_{18}N_2O_2$, Formel IX (R = CH_3).

B. Beim Behandeln von Methyl-[4]pyridylmethyl-amin mit (±)-3-Acetoxy-2-phenyl-propionylchlorid und Pyridin in $CHCl_3$ und Erwärmen des Reaktionsprodukts mit wss. HCl (*Hoffmann-La Roche*, D.B.P. 960634 [1953]).

Kristalle (aus E. + PAe.); F: 101—102°.

VIII   IX

(±)-3-Hydroxy-2-phenyl-propionsäure-[äthyl-[4]pyridylmethyl-amid], (±)-Tropasäure-[äthyl-[4]pyridylmethyl-amid] $C_{17}H_{20}N_2O_2$, Formel IX (R = C_2H_5).

B. Beim Behandeln von Äthyl-[4]pyridylmethyl-amin mit (±)-Tropoylchlorid und Triäthylamin in $CHCl_3$ (*Hoffmann-La Roche*, D.B.P. 960 634 [1953]). Beim Behandeln von Äthyl-[4]pyridylmethyl-amin mit (±)-3-Acetoxy-2-phenyl-propionylchlorid und Pyridin in $CHCl_3$ und Erwärmen des Reaktionsprodukts mit wss. HCl (*Hoffmann-La Roche*, D.B.P. 960634).

Kristalle (aus E. + PAe.); F: 96—97° (*Hoffmann-La Roche*, D.B.P. 960634).

Hydrochlorid. F: 123—125° (*Hoffmann-La Roche*, D.B.P. 960634).

Hydrobromid. F: 147—149° (*Hoffmann-La Roche*, D.B.P. 960634).

Methobromid $[C_{18}H_{23}N_2O_2]Br$; (±)-4-[(Äthyl-tropoyl-amino)-methyl]-1-methyl-pyridinium-bromid. Kristalle (aus A. + Ae.); F: 170—171° (*Hoffmann-La Roche*, U.S.P. 2798075 [1956]).

Methojodid $[C_{18}H_{23}N_2O_2]I$. Kristalle (aus A. + Ae.); F: 186—187° (*Hoffmann-La Roche*, U.S.P. 2798075).

Methomethylsulfat $[C_{18}H_{23}N_2O_2]$ CH_3O_4S. Kristalle (aus A. + Ae.); F: 155° bis 156° (*Hoffmann-La Roche*, U.S.P. 2798075).

(±)-3-Hydroxy-2-phenyl-propionsäure-[propyl-[4]pyridylmethyl-amid], (±)-Tropasäure-[propyl-[4]pyridylmethyl-amid] $C_{18}H_{22}N_2O_2$, Formel IX (R = CH_2-CH_2-CH_3).
B. Beim Behandeln von Propyl-[4]pyridylmethyl-amin in $CHCl_3$ mit (±)-3-Acetoxy-2-phenyl-propionylchlorid und Pyridin und Erwärmen des Reaktionsprodukts mit wss. HCl (*Hoffmann-La Roche*, D.B.P. 965239 [1954]).
Kristalle (aus E. + PAe.); F: 97—98°.

(±)-3-Hydroxy-2-phenyl-propionsäure-[isopropyl-[4]pyridylmethyl-amid], (±)-Tropasäure-[isopropyl-[4]pyridylmethyl-amid] $C_{18}H_{22}N_2O_2$, Formel IX (R = $CH(CH_3)_2$).
B. Beim Behandeln von Isopropyl-[4]pyridylmethyl-amin in $CHCl_3$ mit (±)-3-Acetoxy-2-phenyl-propionylchlorid und Pyridin und Erwärmen des Reaktionsprodukts mit wss. HCl (*Hoffmann-La Roche*, D.B.P. 965239 [1954]).
Kristalle (aus E.); F: 110—111° (*Hoffmann-La Roche*, D.B.P. 965239).
Methojodid $[C_{19}H_{25}N_2O_2]I$; (±)-4-[(Isopropyl-tropoyl-amino)-methyl]-1-methyl-pyridinium-jodid. F: 158—159° (*Hoffmann-La Roche*, U.S.P. 2798075 [1956]).

(±)-3-Hydroxy-2-phenyl-propionsäure-[butyl-[4]pyridylmethyl-amid], (±)-Tropasäure-[butyl-[4]pyridylmethyl-amid] $C_{19}H_{24}N_2O_2$, Formel IX (R = $[CH_2]_3$-CH_3).
B. Beim Behandeln von Butyl-[4]pyridylmethyl-amin in $CHCl_3$ mit (±)-3-Acetoxy-2-phenyl-propionylchlorid und Pyridin und Erwärmen des Reaktionsprodukts mit wss. HCl (*Hoffmann-La Roche*, D.B.P. 965239 [1954]).
Hydrochlorid. F: 127—129°.

(±)-3-Hydroxy-2-phenyl-propionsäure-[allyl-[4]pyridylmethyl-amid], (±)-Tropasäure-[allyl-[4]pyridylmethyl-amid] $C_{18}H_{20}N_2O_2$, Formel IX (R = CH_2-$CH=CH_2$).
B. Beim Behandeln von Allyl-[4]pyridylmethyl-amin in $CHCl_3$ mit (±)-3-Acetoxy-2-phenyl-propionylchlorid und Pyridin und Erwärmen des Reaktionsprodukts mit wss. HCl (*Hoffmann-La Roche*, D.B.P. 960634 [1953]).
Hydrochlorid. F: 64—66°.

N,N-Diäthyl-N'-phenyl-N'-[4]pyridylmethyl-äthylendiamin $C_{18}H_{25}N_3$, Formel X.
B. Beim Erwärmen der Natrium-Verbindung des N-[4]Pyridylmethyl-anilins in Benzol mit Diäthyl-[2-chlor-äthyl]-amin (*Carelli et al.*, Ann. Chimica **48** [1958] 1342, 1348).
$Kp_{0,04}$: 135—140°.
Tripicrat $C_{18}H_{25}N_3 \cdot 3 C_6H_3N_3O_7$. Kristalle (aus H_2O); F: 292—293°.

Methyl-bis-[4]pyridylmethyl-amin $C_{13}H_{15}N_3$, Formel XI.
B. Beim Behandeln von 4-Chlormethyl-pyridin-hydrochlorid mit Methylamin-hydrochlorid und wss. NaOH (*Testa*, Farmaco Ed. scient. **12** [1957] 836, 844).
Kp_{15}: 184°.

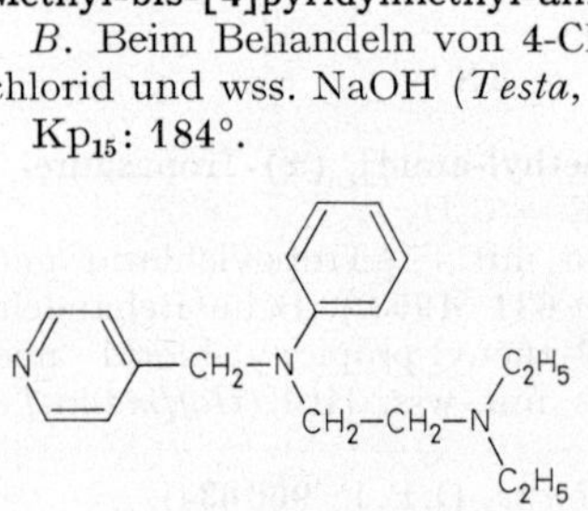

X 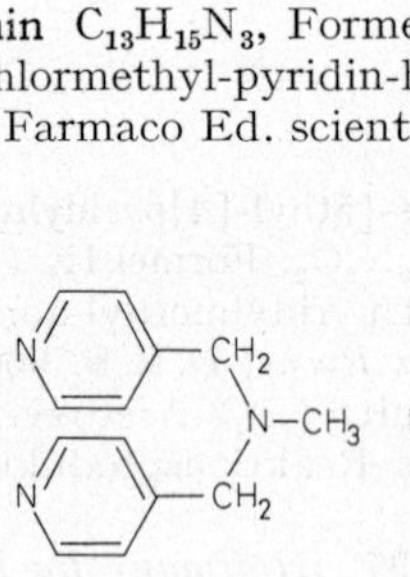   XI 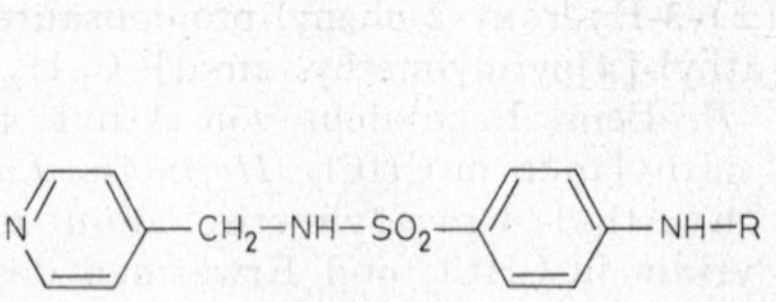   XII

4-[Sulfanilylamino-methyl]-pyridin, Sulfanilsäure-[[4]pyridylmethyl-amid] $C_{12}H_{13}N_3O_2S$, Formel XII (R = H).
B. Beim Behandeln der folgenden Verbindung mit äthanol. HCl (*Kolloff*, *Hunter*, Am. Soc. **63** [1941] 490).
Kristalle (aus H_2O); F: 183—183,5°.

N-Acetyl-sulfanilsäure-[[4]pyridylmethyl-amid], Essigsäure-[4-([4]pyridylmethyl-sulfamoyl)-anilid] $C_{14}H_{15}N_3O_3S$, Formel XII (R = CO-CH₃).
B. Beim Behandeln von 4-Aminomethyl-pyridin mit *N*-Acetyl-sulfanilylchlorid und Pyridin in Aceton (*Kolloff, Hunter*, Am. Soc. **63** [1941] 490).
Kristalle (aus H₂O); F: 196—200°.

N-Hexanoyl-sulfanilsäure-[[4]pyridylmethyl-amid], Hexansäure-[4-([4]pyridylmethyl-sulfamoyl)-anilid] $C_{18}H_{23}N_3O_3S$, Formel XII (R = CO-[CH₂]₄-CH₃).
B. Beim Behandeln von 4-Aminomethyl-pyridin mit *N*-Hexanoyl-sulfanilylchlorid und Pyridin in Aceton (*Kolloff, Hunter*, Am. Soc. **63** [1941] 490).
Kristalle (aus wss. A.); F: 131°.

4-Aminomethyl-2,6-dichlor-pyridin, *C*-[2,6-Dichlor-[4]pyridyl]-methylamin $C_6H_6Cl_2N_2$, Formel XIII (R = H).
B. Aus 2,6-Dichlor-isonicotinonitril beim Erwärmen mit Chrom(II)-acetat in wss.-äthanol. KOH unter Durchleiten von Wasserstoff (*Graf*, J. pr. [2] **140** [1934] 39, 44) oder beim Behandeln mit SnCl₂ und HCl in Äther (*Wibaut, Overhoff*, R. **52** [1933] 55, 56).
Kristalle; F: 73° [aus H₂O] (*Graf*), 70° [aus PAe.] (*Wi., Ov.*).
Hydrochlorid $C_6H_6Cl_2N_2 \cdot HCl$. Kristalle (aus H₂O); F: 275—277° [Zers.; im auf 270° vorgeheizten Bad] (*Graf*).

4-[Acetylamino-methyl]-2,6-dichlor-pyridin, *N*-[2,6-Dichlor-[4]pyridylmethyl]-acetamid $C_8H_8Cl_2N_2O$, Formel XIII (R = CO-CH₃).
B. Beim Erwärmen der vorangehenden Verbindung mit Acetanhydrid in Benzol (*Wibaut, Overhoff*, R. **52** [1933] 55, 57).
Kristalle (aus Bzl. oder PAe.); F: 102°.

4-[Benzoylamino-methyl]-2,6-dichlor-pyridin, *N*-[2,6-Dichlor-[4]pyridylmethyl]-benz-amid $C_{13}H_{10}Cl_2N_2O$, Formel XIII (R = CO-C₆H₅).
Kristalle (aus Ae.); F: 61—63° (*Graf*, J. pr.[2] **140** [1934] 39, 45).

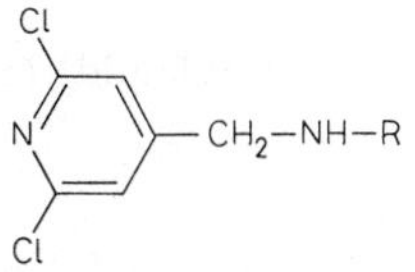

XIII 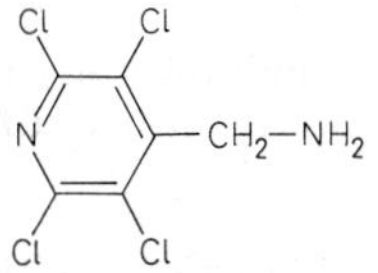   XIV 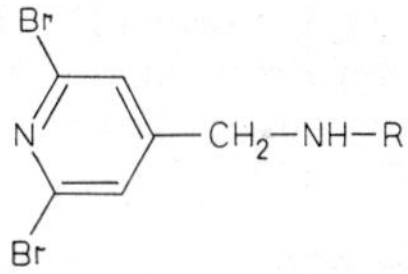   XV

4-Aminomethyl-2,3,5,6-tetrachlor-pyridin, *C*-[Tetrachlor-[4]pyridyl]-methylamin $C_6H_4Cl_4N_2$, Formel XIV.
B. Beim Behandeln von Tetrachlorisonicotinonitril mit Chrom(II)-acetat in wss.-äthanol. KOH (*Graf*, J. pr. [2] **146** [1936] 88, 102).
F: 62—63° [nach Sublimation im Vakuum].
Hydrochlorid $C_6H_4Cl_4N_2 \cdot HCl$. Kristalle; Zers. bei 265° [nach Dunkelfärbung; bei raschem Erhitzen].

4-Aminomethyl-2,6-dibrom-pyridin, *C*-[2,6-Dibrom-[4]pyridyl]-methylamin $C_6H_6Br_2N_2$, Formel XV (R = H).
B. Beim Behandeln von 2.6-Dibrom-isonicotinonitril mit SnCl₂ und HCl in Äther (*Wibaut, Overhoff*, R. **52** [1933] 55, 57).
Kristalle (aus PAe.); F: 92—93°.

4-[Acetylamino-methyl]-2,6-dibrom-pyridin, *N*-[2,6-Dibrom-[4]pyridylmethyl]-acetamid $C_8H_8Br_2N_2O$, Formel XV (R = CO-CH₃).
B. Beim Erwärmen der vorangehenden Verbindung mit Acetanhydrid in Benzol (*Wibaut, Overhoff*, R. **52** [1933] 55, 58).
Kristalle (aus Bzl. oder PAe.); F: 116—118°.   [*Flock*]

Amine $C_7H_{10}N_2$

2-Äthyl-[4]pyridylamin $C_7H_{10}N_2$, Formel I.

B. Beim Erhitzen von 2-Äthyl-4-nitro-pyridin-1-oxid mit Eisen, konz. wss. HCl und Essigsäure (*Kutscherowa et al.*, Ž. obšč. Chim. **29** [1959] 915, 917; engl. Ausg. S. 898).

Kp$_{4-5}$: 128—130°.

Hydrochlorid $C_7H_{10}N_2 \cdot HCl$. Kristalle (aus Butan-1-ol); F: 54—56°.

6-Äthyl-[3]pyridylamin $C_7H_{10}N_2$, Formel II.

B. Aus 2-Äthyl-5-nitro-pyridin [aus Methyl-[5-nitro-[2]pyridyl]-malonsäure-diäthyl= ester erhalten] (*Gruber*, Canad. J. Chem. **31** [1953] 1181, 1182).

Picrat $C_7H_{10}N_2 \cdot C_6H_3N_3O_7$. F: 189—191° [korr.].

I   II   III

6-Äthyl-[2]pyridylamin $C_7H_{10}N_2$, Formel III (X = H).

B. Beim Erhitzen von 2-Äthyl-pyridin mit $NaNH_2$ in *p*-Cymol auf 150° (*Childress*, *Scudi*, J. org. Chem. **23** [1958] 67).

Kp: 217—219°.

Picrat $C_7H_{10}N_2 \cdot C_6H_3N_3O_7$. Kristalle (aus A.); F: 198—200°.

N-Acetyl-sulfanilsäure-[6-äthyl-[2]pyridylamid], Essigsäure-[4-(6-äthyl-[2]pyridyl= sulfamoyl)-anilid] $C_{15}H_{17}N_3O_3S$, Formel III (X = SO_2-C_6H_4-NH-CO-CH$_3$(*p*)).

B. Aus 6-Äthyl-[2]pyridylamin und *N*-Acetyl-sulfanilylchlorid (*Childress*, *Scudi*, J. org. Chem. **23** [1958] 67).

F: 155—157°.

2-Äthyl-6-sulfanilylamino-pyridin-1-oxid, Sulfanilsäure-[6-äthyl-1-oxy-[2]pyridylamid] $C_{13}H_{15}N_3O_3S$, Formel IV (R = H).

B. Beim Erhitzen von *N*-Acetyl-sulfanilsäure-[6-äthyl-1-oxy-[2]pyridylamid] mit wss. NaOH (*Childress*, *Scudi*, J. org. Chem. **23** [1958] 67).

F: 153—155° [korr.].

N-Acetyl-sulfanilsäure-[6-äthyl-1-oxy-[2]pyridylamid], Essigsäure-[4-(6-äthyl-1-oxy-[2]pyridylsulfamoyl)-anilid] $C_{15}H_{17}N_3O_4S$, Formel IV (R = CO-CH$_3$).

B. Neben *N*-Acetyl-sulfanilsäure-[(6-äthyl-[2]pyridyl)-hydroxy-amid] beim Behandeln von *N*-Acetyl-sulfanilsäure-[6-äthyl-[2]pyridylamid] mit Peroxyessigsäure in Essigsäure (*Childress*, *Scudi*, J. org. Chem. **23** [1958] 67).

F: 233—234° [korr.].

(±)-2-[1-Amino-äthyl]-pyridin, (±)-1-[2]Pyridyl-äthylamin $C_7H_{10}N_2$, Formel V (R = H).

B. Aus 1-[2]Pyridyl-äthanon-oxim beim Hydrieren an Raney-Nickel in wss.-äthanol. NH_3 (*Kolloff*, *Hunter*, Am. Soc. **63** [1941] 490) oder beim Behandeln mit Zink-Pulver und Essigsäure in Äthanol (*Bower*, *Ramage*, Soc. **1955** 2834, 2836).

Kp$_{760}$: 197—201° (*Bo.*, *Ra.*); Kp: 194—196° (*Ko.*, *Hu.*).

(±)-1-Formylamino-1-[2]pyridyl-äthan, (±)-N-[1-[2]Pyridyl-äthyl]-formamid $C_8H_{10}N_2O$, Formel V (R = CHO).

B. Beim Erhitzen von (±)-1-[2]Pyridyl-äthylamin mit Ameisensäure (*Bower*, *Ramage*, Soc. **1955** 2834, 2836).

Blassgelbe Flüssigkeit; Kp$_4$: 156°.

(±)-1-Acetylamino-1-[2]pyridyl-äthan, (±)-N-[1-[2]Pyridyl-äthyl]-acetamid $C_9H_{12}N_2O$, Formel V (R = CO-CH$_3$).

B. Beim Erwärmen von (±)-1-[2]Pyridyl-äthylamin mit Acetanhydrid in Essigsäure

(*Bower*, *Ramage*, Soc. **1955** 2834, 2836).
Kristalle (aus Cyclohexan); F: 107°.

(±)-1-Propionylamino-1-[2]pyridyl-äthan, (±)-N-[1-[2]Pyridyl-äthyl]-propionamid
$C_{10}H_{14}N_2O$, Formel V (R = CO-C_2H_5).
B. Beim Erwärmen von (±)-1-[2]Pyridyl-äthylamin mit Propionsäure-anhydrid
(*Bower*, *Ramage*, Soc. **1955** 2834, 2836).
Picrat $C_{10}H_{14}N_2O \cdot C_6H_3N_3O_7$. Kristalle (aus Bzl.); F: 128°.

IV   V   VI

(±)-1-Benzoylamino-1-[2]pyridyl-äthan, (±)-N-[1-[2]Pyridyl-äthyl]-benzamid
$C_{14}H_{14}N_2O$, Formel V (R = CO-C_6H_5).
B. Aus (±)-1-[2]Pyridyl-äthylamin und Benzoylchlorid (*Bower*, *Ramage*, Soc. **1955**
2834, 2836).
Kristalle (aus PAe.); F: 93°.

(±)-1-[2]Pyridyl-1-sulfanilylamino-äthan, (±)-Sulfanilsäure-[1-[2]pyridyl-äthylamid]
$C_{13}H_{15}N_3O_2S$, Formel VI (R = H).
B. Beim Erwärmen von (±)-N-Acetyl-sulfanilsäure-[1-[2]pyridyl-äthylamid] mit wss.-
äthanol. HCl (*Kolloff*, *Hunter*, Am. Soc. **63** [1941] 490).
Kristalle (aus H_2O); F: 135−136° [unkorr.].

**(±)-N-Acetyl-sulfanilsäure-[1-[2]pyridyl-äthylamid], (±)-Essigsäure-[4-(1-[2]pyridyl-
äthylsulfamoyl)-anilid]** $C_{15}H_{17}N_3O_3S$, Formel VI (R = CO-CH_3).
B. Beim Behandeln von (±)-1-[2]Pyridyl-äthylamin mit N-Acetyl-sulfanilylchlorid
und Pyridin in Aceton (*Kolloff*, *Hunter*, Am. Soc. **63** [1941] 490).
Kristalle (aus H_2O); F: 142−142,5° [unkorr.].

**(±)-N-Hexanoyl-sulfanilsäure-[1-[2]pyridyl-äthylamid], (±)-Hexansäure-[4-(1-[2]pyr⸗
idyl-äthylsulfamoyl)-anilid]** $C_{19}H_{25}N_3O_3S$, Formel VI (R = CO-[CH_2]$_4$-CH_3).
B. Beim Behandeln von (±)-1-[2]Pyridyl-äthylamin mit N-Hexanoyl-sulfanilylchlorid
und Pyridin in Aceton (*Kolloff*, *Hunter*, Am. Soc. **63** [1941] 490).
Kristalle (aus wss. A.); F: 143,5−144° [unkorr.].

2-[2-Amino-äthyl]-pyridin, 2-[2]Pyridyl-äthylamin $C_7H_{10}N_2$, Formel VII (R = R′ = H)
auf S. 4189 (H 434).
B. Beim Erwärmen von 2-Vinyl-pyridin mit wss.-methanol. NH_4Cl (*Magnus*, *Levine*,
Am. Soc. **78** [1956] 4127, 4129). Beim Erwärmen von 2-[2-Chlor-äthyl]-pyridin mit
äthanol. NH_3 auf 100° (*Vitali*, *Craveri*, Chimica **34** [1958] 146). Beim Hydrieren von
2-Amino-1-[2]pyridyl-äthanon oder 2-Amino-1-[2]pyridyl-äthanol an Platin in wss. HCl
(*Burrus*, *Powell*, Am. Soc. **67** [1945] 1468, 1472). Aus [2-[2]Pyridyl-äthyl]-carbamid⸗
säure-methylester mit Hilfe von wss. HCl (*Walter et al.*, Am. Soc. **63** [1941] 2771).
Kp_{12}: 97−100°; Kp_9: 90−93° (*Ma.*, *Le.*); Kp_4: 76−78° (*Westland*, *McEwen*, Am. Soc.
74 [1952] 6141). Wahre Dissoziationsexponenten pK_{a1} und pK_{a2} der protonierten Verbindung (H_2O; potentiometrisch ermittelt) bei 10° (3,94 bzw. 10,03) bis 40° (3,61 bzw.
9,17): *Goldberg*, *Fernelius*, J. phys. Chem. **63** [1959] 1246.
Stabilitätskonstante des Komplexes (1:1) mit Kupfer(2+) und der Komplexe (2:1
und 1:1) mit Nickel(2+) in H_2O bei 10−40°: *Go.*, *Fe.*
Monohydrochlorid. Hygroskopische Kristalle (aus A. + Ae.); F: 113−116° (*Vi.*,
Cr.).
Dihydrochlorid $C_7H_{10}N_2 \cdot 2$ HCl. Kristalle; F: 189° (*Kirchner et al.*, J. org. Chem.
14 [1949] 388, 391), 182−188° [unkorr.; aus A.] (*Shapiro et al.*, Am. Soc. **79** [1957]
2811, 2814), 185−186° [aus A.] (*Wa. et al.*).

Monopicrat $C_7H_{10}N_2 \cdot C_6H_3N_3O_7$. Gelbe Kristalle (aus A.); F: 159° (*Vi., Cr.*).
Dipicrat $C_7H_{10}N_2 \cdot 2\,C_6H_3N_3O_7$ (H 434). Gelbe Kristalle (aus A.); F: 227—228°
[unkorr.] (*Sh. et al.*), 223—224° (*Ma., Le.*), 220° [Zers.] (*Vi., Cr.*).

2-[2-Amino-äthyl]-1-methyl-pyridinium $[C_8H_{13}N_2]^+$, Formel VIII.
Chlorid-hydrochlorid $[C_8H_{13}N_2]Cl \cdot HCl$. *B.* Beim Behandeln von 2-[2-Methoxy-
carbonylamino-äthyl]-1-methyl-pyridinium-jodid mit AgCl in H_2O und Erhitzen der
Reaktionslösung mit wss. HCl (*Walter et al.*, Am. Soc. **63** [1941] 2771). — Kristalle (aus
A.); F: 191—193°.

2-[2-Methylamino-äthyl]-pyridin, Methyl-[2-[2]pyridyl-äthyl]-amin, Betahistin
$C_8H_{12}N_2$, Formel VII (R = CH_3, R' = H) (H 434).
B. Beim Erwärmen von 2-Vinyl-pyridin mit Methylamin-hydrochlorid in Methanol
(*Reich, Levine*, Am. Soc. **77** [1955] 5434).
Kp_{25}: 117—118° (*Re., Le.*).
Dihydrochlorid $C_8H_{12}N_2 \cdot 2\,HCl$. Kristalle (aus A.); F: 148—149° (*Walter et al.*,
Am. Soc. **63** [1941] 2771).
Dipicrat $C_8H_{12}N_2 \cdot 2\,C_6H_3N_3O_7$ (H 434). Kristalle (aus A.); F: 193,8—195,2° (*Re., Le.*).

2-[2-Dimethylamino-äthyl]-pyridin, Dimethyl-[2-[2]pyridyl-äthyl]-amin $C_9H_{14}N_2$,
Formel VII (R = R' = CH_3).
B. Aus 2-Vinyl-pyridin und Dimethylamin-hydrochlorid beim Erwärmen in Methanol
(*Reich, Levine*, Am. Soc. **77** [1955] 4913) oder beim Erhitzen in H_2O (*Blicke, Hughes*,
J. org. Chem. **26** [1961] 3257, 3258). Beim Erhitzen von 2-Vinyl-pyridin mit Dimethylamin und wenig Hydrochinon auf 140—150° (*Cohen, Minsk*, Am. Soc. **79** [1957] 1759,
1760). Beim Erwärmen von 2-[2-Chlor-äthyl]-pyridin mit Dimethylamin in Äthanol und
Benzol (*Vitali, Craveri*, Chimica **34** [1958] 146). Beim Behandeln von 2-[2-Brom-äthyl]-
pyridin mit Dimethylamin in Äther (*Morikawa*, J. pharm. Soc. Japan **75** [1955] 593,
595; C. A. **1956** 5656).
Kp_{20}: 104—105° (*Co., Mi.*); Kp_{17}: 101—103° (*Re., Le.*); Kp_{13}: 108—109° (*Vi., Cr.*);
$Kp_{7,5}$: 86—87° (*Mo.*); $Kp_{0,1}$: 51—53° (*Bl., Hu.*).
Dihydrochlorid $C_9H_{14}N_2 \cdot 2\,HCl$. Kristalle (aus A.), F: 195—197° (*Bl., Hu.*);
hygroskopische Kristalle (aus A.), F: 178° (*Mo.*).
Monopicrat $C_9H_{14}N_2 \cdot C_6H_3N_3O_7$. Gelbe Kristalle; F: 92—94° [aus A.] (*Mo.*),
84,5—85° [aus Bzl. + Ae.] (*Co., Mi.*).
Dipicrat $C_9H_{14}N_2 \cdot 2\,C_6H_3N_3O_7$. Gelbe Kristalle; F: 184—185° [aus Dioxan] (*Co.,
Mi.*), 180—182° [aus H_2O] (*Mo.*), 180—181° [aus A.] (*Vi., Cr.*).
Methojodid $[C_{10}H_{17}N_2]I$; Trimethyl-[2-[2]pyridyl-äthyl]-ammonium. Kri-
stalle (aus A.); F: ca. 240° [Zers.] (*Mo.*).

2-[2-Äthylamino-äthyl]-pyridin, Äthyl-[2-[2]pyridyl-äthyl]-amin $C_9H_{14}N_2$, Formel VII
(R = C_2H_5, R' = H).
B. Beim Erwärmen von 2-Vinyl-pyridin mit Äthylamin-hydrochlorid in Methanol
(*Reich, Levine*, Am. Soc. **77** [1955] 5434).
Kp_{12}: 109—110°.
Dipicrat $C_9H_{14}N_2 \cdot 2\,C_6H_3N_3O_7$. Kristalle (aus A.); F: 148,4—149,8°.

2-[2-Diäthylamino-äthyl]-pyridin, Diäthyl-[2-[2]pyridyl-äthyl]-amin $C_{11}H_{18}N_2$,
Formel VII (R = R' = C_2H_5) (H 434).
B. Aus 2-Vinyl-pyridin und Diäthylamin beim Erwärmen mit Essigsäure in Methanol
(*Reich, Levine*, Am. Soc. **77** [1955] 4913) oder beim Erwärmen mit wenig Essigsäure
(*Profft*, Chem. Tech. **7** [1955] 511, 514, 516). Beim Erwärmen von 2-[2-Chlor-äthyl]-
pyridin mit Diäthylamin in Äthanol und Benzol (*Vitali, Craveri*, Chimica **34** [1958] 146).
Aus 2-Methyl-pyridin, Formaldehyd und Diäthylamin-hydrochlorid (*Tseou Heou-Feo*,
Bl. [5] **2** [1935] 103, 106; *Re., Le.*).
Kp_{15}: 118° (*Tseou Heou-Feo*); Kp_{12}: 116—117° (*Vi., Cr.*), 102—106° (*Pr.*); Kp_2:
82—83° (*Re., Le.*); Kp_2: 79—80° (*Doering, Weil*, Am. Soc. **69** [1947] 2461, 2465). n_D^{20}:
1,9463 (*Pr.*).
Dihydrochlorid $C_{11}H_{18}N_2 \cdot 2\,HCl$ (vgl. H 434). Kristalle; F: 171—172° (*Walter
et al.*, Am. Soc. **63** [1941] 2771).

Bis-tetrachloroaurat(III) $C_{11}H_{18}N_2 \cdot 2$ HAuCl$_4$ (H 434). F: 190° (*Tseou Heou-Feo*).
Bis-tribromocadmat $C_{11}H_{18}N_2 \cdot 2$ HCdBr$_3$. F: 164° (*Tseou Heou-Feo*).
Hexachloroplatinat(IV) $C_{11}H_{18}N_2 \cdot H_2PtCl_6$ (H 434). Kristalle (aus A.); Zers. bei
215–222° [korr.; nach Dunkelfärbung ab 205°] (*Do., Weil*).
Monopicrat $C_{11}H_{18}N_2 \cdot C_6H_3N_3O_7$ (H 434). Gelbe Kristalle (aus A.); F: 97–98°
(*Do., Weil*).
Dipicrat $C_{11}H_{18}N_2 \cdot 2 C_6H_3N_3O_7$ (H 434). Gelbe Kristalle; F: 163–165° (*Re., Le.*),
164–164,5° [korr.; aus wss. Acn.] (*Do., Weil*).

VII   VIII   IX

2-[2-Propylamino-äthyl]-pyridin, Propyl-[2-[2]pyridyl-äthyl]-amin $C_{10}H_{16}N_2$, Formel VII ($R = CH_2\text{-}CH_2\text{-}CH_3$, $R' = H$).

B. Beim Erwärmen von 2-Vinyl-pyridin mit Propylamin und Essigsäure in Methanol
(*Reich, Levine*, Am. Soc. **77** [1955] 5434).
Kp$_1$: 78–80°.
Dipicrat $C_{10}H_{16}N_2 \cdot 2 C_6H_3N_3O_7$. Kristalle (aus A.); F: 158–159°.

2-[2-Dipropylamino-äthyl]-pyridin, Dipropyl-[2-[2]pyridyl-äthyl]-amin $C_{13}H_{22}N_2$, Formel VII ($R = R' = CH_2\text{-}CH_2\text{-}CH_3$).

B. Aus 2-Vinyl-pyridin und Dipropylamin beim Erwärmen mit Essigsäure in Methanol
(*Reich, Levine*, Am. Soc. **77** [1955] 4913) oder beim Erhitzen mit wenig Essigsäure auf
110° (*Profft*, Chem. Tech. **7** [1955] 511, 514, 516). Beim Erwärmen von 2-[2-Chlor-
äthyl]-pyridin mit Dipropylamin in Äthanol und Benzol (*Vitali, Craveri*, Chimica **34**
[1958] 146).
Kp$_{16}$: 140–141° (*Re., Le.*). Kp$_{12}$: 137–138° (*Vi., Cr.*). Kp$_{12}$: 124–126°; n$_D^{20}$: 1,4903
(*Pr.*).
Monopicrat $C_{13}H_{22}N_2 \cdot C_6H_3N_3O_7$. F: 151–153° (*Re., Le.*).
Dipicrat $C_{13}H_{22}N_2 \cdot 2 C_6H_3N_3O_7$. Gelbe Kristalle (aus A.); F: 155–156° (*Vi., Cr.*).

2-[2-Butylamino-äthyl]-pyridin, Butyl-[2-[2]pyridyl-äthyl]-amin $C_{11}H_{18}N_2$, Formel VII ($R = [CH_2]_3\text{-}CH_3$, $R' = H$).

B. Aus 2-Vinyl-pyridin und Butylamin beim Erwärmen mit Essigsäure (*Profft*, Chem.
Tech. **7** [1955] 511, 514, 515) oder mit Essigsäure und Methanol (*Reich, Levine*, Am. Soc.
77 [1955] 5434).
Kp$_{12}$: 132–133° (*Re., Le.*). Kp$_{12}$: 100–101°; n$_D^{20}$: 1,5018 (*Pr.*).
Dipicrat $C_{11}H_{18}N_2 \cdot 2 C_6H_3N_3O_7$. Kristalle (aus A.); F: 144,6–146,2° (*Re., Le.*).

2-[2-Dibutylamino-äthyl]-pyridin, Dibutyl-[2-[2]pyridyl-äthyl]-amin $C_{15}H_{26}N_2$, Formel VII ($R = R' = [CH_2]_3\text{-}CH_3$).

B. Aus 2-Vinyl-pyridin und Dibutylamin beim Erwärmen mit Essigsäure in Methanol
(*Reich, Levine*, Am. Soc. **77** [1955] 4913) oder beim Erhitzen mit wenig Essigsäure auf
120° (*Profft*, Chem. Tech. **7** [1955] 511, 514, 516). Beim Behandeln von [2]Pyridylessig-
säure-dibutylamid mit LiAlH$_4$ in Äther (*Re., Le.*).
Kp$_{12}$: 149–152°; n$_D^{20}$: 1,4888 (*Pr.*). Kp$_{3,4}$: 138°; Kp$_{1,8}$: 120–121° (*Re., Le.*).
Monopicrat $C_{15}H_{26}N_2 \cdot C_6H_3N_3O_7$. F: 134–135° (*Re., Le.*).

2-[2-Isobutylamino-äthyl]-pyridin, Isobutyl-[2-[2]pyridyl-äthyl]-amin $C_{11}H_{18}N_2$, Formel VII ($R = CH_2\text{-}CH(CH_3)_2$, $R' = H$).

B. Beim Erwärmen von 2-Vinyl-pyridin mit Isobutylamin und Essigsäure in Methanol
(*Reich, Levine*, Am. Soc. **77** [1955] 5434).
Kp$_{1,5}$: 85–87°.
Dipicrat $C_{11}H_{18}N_2 \cdot 2 C_6H_3N_3O_7$. Kristalle (aus A.); F: 158,6–159,4°.

2-[2-Diisobutylamino-äthyl]-pyridin, Diisobutyl-[2-[2]pyridyl-äthyl]-amin $C_{15}H_{26}N_2$,
Formel VII (R = R′ = CH_2-CH(CH_3)$_2$).
B. Beim Erwärmen von 2-Vinyl-pyridin mit Diisobutylamin und Essigsäure in Methanol
(*Reich, Levine*, Am. Soc. **77** [1955] 4913).
Kp_{12}: 144−145°.
Monopicrat $C_{15}H_{26}N_2 \cdot C_6H_3N_3O_7$. F: 154−155°.

2-[2-Dipentylamino-äthyl]-pyridin, Dipentyl-[2-[2]pyridyl-äthyl]-amin $C_{17}H_{30}N_2$,
Formel VII (R = R′ = [CH_2]$_4$-CH_3).
B. Beim Erwärmen von 2-[2-Chlor-äthyl]-pyridin mit Dipentylamin in Äthanol und
Benzol (*Vitali, Craveri*, Chimica **34** [1958] 146).
Kp_{12}: 171−172°.
Dipicrat $C_{17}H_{30}N_2 \cdot 2 C_6H_3N_3O_7$. Gelbe Kristalle (aus A.); F: 122−123°.

2-[2-Isohexylamino-äthyl]-pyridin, Isohexyl-[2-[2]pyridyl-äthyl]-amin $C_{13}H_{22}N_2$,
Formel VII (R = [CH_2]$_3$-CH(CH_3)$_2$, R′ = H).
B. Neben geringeren Mengen Isohexyl-bis-[2-[2]pyridyl-äthyl]-amin beim Erhitzen von
2-Vinyl-pyridin mit Isohexylamin und wenig Essigsäure (*Profft*, Chem. Tech. **7** [1955]
511, 514, 515).
Kp_{12}: 140−142°. n_D^{20}: 1,4950.

2-[2-Diisohexylamino-äthyl]-pyridin, Diisohexyl-[2-[2]pyridyl-äthyl]-amin $C_{19}H_{34}N_2$,
Formel VII (R = R′ = [CH_2]$_3$-CH(CH_3)$_2$).
B. Beim Erhitzen von 2-Vinyl-pyridin mit Diisohexylamin und wenig Essigsäure auf
130° (*Profft*, Chem. Tech. **7** [1955] 511, 514, 516).
Kp_{12}: 185−187°. n_D^{20}: 1,4810.

2-[2-Cyclohexylamino-äthyl]-pyridin, Cyclohexyl-[2-[2]pyridyl-äthyl]-amin $C_{13}H_{20}N_2$,
Formel VII (R = C_6H_{11}, R′ = H).
B. Beim Erwärmen von 2-Vinyl-pyridin mit Cyclohexylamin und wenig Essigsäure in
Methanol (*Reich, Levine*, Am. Soc. **77** [1955] 5434).
$Kp_{1,5}$: 134−135°.
Picrat $C_{13}H_{20}N_2 \cdot C_6H_3N_3O_7$. Kristalle (aus A.); F: 138−139,8°.

2-[2-Anilino-äthyl]-pyridin, N-[2-[2]Pyridyl-äthyl]-anilin $C_{13}H_{14}N_2$, Formel VII
(R = C_6H_5, R′ = H).
B. Aus Anilin und 2-Vinyl-pyridin beim Erhitzen mit wenig Essigsäure und Kupfer(II)-
acetat (*Wingfoot Corp.*, U.S.P. 2615892 [1946]; *Reich, Levine*, Am. Soc. **77** [1955] 5434),
beim Erhitzen mit wenig Essigsäure (*Profft*, Chem. Tech. **7** [1955] 511, 514, 515) oder
beim Erwärmen mit Essigsäure in Methanol (*Re., Le.*).
Kristalle; F: 41−42,2° (*Pr.*), 40,6−41,5° [aus PAe.] (*Re., Le.*). Kp_{12}: 191−194° (*Pr.*);
$Kp_{2,5}$: 167−168° (*Re., Le.*); Kp_2: 175° (*Wingfoot Corp.*). n_D^{20}: 1,6034 [flüssiges Präparat]
(*Pr.*).
Picrat $C_{13}H_{14}N_2 \cdot C_6H_3N_3O_7$. Kristalle (aus A.); F: 169,5−170,5° (*Re., Le.*).

N-Methyl-N-[2-[2]pyridyl-äthyl]-anilin $C_{14}H_{16}N_2$, Formel VII (R = C_6H_5, R′ = CH_3).
B. Beim Erwärmen von 2-Vinyl-pyridin mit N-Methyl-anilin und Essigsäure in Meth=
anol (*Reich, Levine*, Am. Soc. **77** [1955] 4913). Beim Behandeln von N-[2-[2]Pyridyl-
äthyl]-anilin mit Phenyllithium in Äthanol und anschliessend mit CH_3I (*Reich, Levine*,
Am. Soc. **77** [1955] 5434).
$Kp_{3,5}$: 148−151° (*Re., Le.*, l. c. S. 5436); $Kp_{1,1}$: 141−142,5° (*Re., Le.*, l. c. S. 4915).
Picrat $C_{14}H_{16}N_2 \cdot C_6H_3N_3O_7$. F: 167−167,9° [aus A.] (*Re., Le.*, l. c. S. 4915).

2-[2-o-Toluidino-äthyl]-pyridin, N-[2-[2]Pyridyl-äthyl]-o-toluidin $C_{14}H_{16}N_2$, Formel IX
(R = CH_3, R′ = R″ = H).
B. Beim Erhitzen von 2-Vinyl-pyridin mit o-Toluidin und wenig Essigsäure auf 130°
(*Profft*, Chem. Tech. **7** [1955] 511, 514, 515).
$Kp_{0,15}$: 155°. n_D^{20}: 1,5922.

2-[2-*m*-Toluidino-äthyl]-pyridin, *N*-[2-[2]Pyridyl-äthyl]-*m*-toluidin $C_{14}H_{16}N_2$, Formel IX
(R = R″ = H, R′ = CH₃) auf S. 4189.
B. Beim Erhitzen von 2-Vinyl-pyridin mit *m*-Toluidin und wenig Essigsäure auf 135°
(*Profft*, Chem. Tech. **7** [1955] 511, 514, 515).
$Kp_{0,01}$: 144°. n_D^{20}: 1,5946.

2-[2-*p*-Toluidino-äthyl]-pyridin, *N*-[2-[2]Pyridyl-äthyl]-*p*-toluidin $C_{14}H_{16}N_2$, Formel IX
(R = R′ = H, R″ = CH₃) auf S. 4189.
B. Beim Erhitzen von 2-Vinyl-pyridin mit *p*-Toluidin und wenig Essigsäure auf 120°
(*Profft*, Chem. Tech. **7** [1955] 511, 514, 515).
Kristalle; F: 35—36°. $Kp_{1,6}$: 172—174°. n_D^{20}: 1,5935 [flüssiges Präparat].

2-[2-Benzylamino-äthyl]-pyridin, Benzyl-[2-[2]pyridyl-äthyl]-amin $C_{14}H_{16}N_2$, Formel VII
(R = CH₂-C₆H₅, R′ = H) auf S. 4189.
B. Beim Erwärmen von 2-Vinyl-pyridin mit Benzylamin und Essigsäure in Methanol
(*Reich, Levine*, Am. Soc. **77** [1955] 5434).
$Kp_{1,7}$: 140—141°.
Picrat $C_{14}H_{16}N_2 \cdot C_6H_3N_3O_7$. Kristalle (aus A.); F: 163—164,2°.

Benzyl-[2-chlor-äthyl]-[2-[2]pyridyl-äthyl]-amin $C_{16}H_{19}ClN_2$, Formel VII
(R = CH₂-C₆H₅, R′ = CH₂-CH₂-Cl) auf S. 4189.
B. Beim Behandeln von 2-[Benzyl-(2-[2]pyridyl-äthyl)-amino]-äthanol mit $SOCl_2$ in
$CHCl_3$ (*Givaudan Corp.*, U.S.P. 2533243 [1949]).
Dihydrochlorid $C_{16}H_{19}ClN_2 \cdot 2$ HCl. Kristalle (aus A. + Ae.); F: 171—172°.

Methyl-phenäthyl-[2-[2]pyridyl-äthyl]-amin $C_{16}H_{20}N_2$, Formel VII (R = CH₂-CH₂-C₆H₅,
R′ = CH₃) auf S. 4189.
B. Beim Erhitzen von 2-Vinyl-pyridin mit Methyl-phenäthyl-amin (*Univ. Michigan*,
U.S.P. 2792403 [1955]).
Kp_{15}: 197—200°.
Dihydrochlorid $C_{16}H_{20}N_2 \cdot 2$ HCl. Kristalle (aus A. + Ae.); F: 157—158°.

2-[2-[1]Naphthylamino-äthyl]-pyridin, [1]Naphthyl-[2-[2]pyridyl-äthyl]-amin
$C_{17}H_{16}N_2$, Formel X.
B. Beim Erhitzen von 2-Vinyl-pyridin mit [1]Naphthylamin und wenig Essigsäure auf
140° (*Profft*, Chem. Tech. **7** [1955] 511, 514, 515).
Kristalle; F: 88—89°. $Kp_{0,2}$: 212°.

X   XI

2-[Benzyl-(2-[2]pyridyl-äthyl)-amino]-äthanol $C_{16}H_{20}N_2O$, Formel XI (R = CH₂-C₆H₅).
B. Beim Erhitzen von 2-[2-Chlor-äthyl]-pyridin-hydrochlorid mit 2-Benzylamino-
äthanol bis auf 110° (*Givaudan Corp.*, U.S.P. 2533243 [1949]).
Gelbliches Öl; Kp_5: 198—202°. n_D^{20}: 1,5600.

Bis-[2-hydroxy-äthyl]-[2-[2]pyridyl-äthyl]-amin $C_{11}H_{18}N_2O_2$, Formel XI
(R = CH₂-CH₂-OH).
B. Beim Erwärmen von 2-Vinyl-pyridin mit Bis-[2-hydroxy-äthyl]-amin und Essig≠
säure in Methanol (*Chough*, Seoul Univ. J. [C] **8** [1959] 335, 353; C. A. **1960** 13129).
$Kp_{4,25}$: 111°. n_D^{27}: 1,5408.

1-[2]Pyridyl-2-pyrrolidino-äthan, 2-[2-Pyrrolidino-äthyl]-pyridin $C_{11}H_{16}N_2$, Formel XII.
B. Aus 2-Vinyl-pyridin und Pyrrolidin beim Erwärmen mit Essigsäure in Methanol
(*Reich, Levine*, Am. Soc. **77** [1955] 4913) oder beim Erhitzen mit wenig Essigsäure auf
150° (*Profft*, Chem. Tech. **7** [1955] 511, 514, 516).

Kp$_{12}$: 127° (*Pr.*); Kp$_{2,75}$: 104° (*Chough*, Seoul Univ. J. [C] **8** [1959] 335, 348; C. A. **1960** 13129); Kp$_{2,2}$: 96—97° (*Re., Le.*). n$_D^{20}$: 1,5237 (*Pr.*).

Picrat. F: 157—158° (*Re., Le.*).

1-Piperidino-2-[2]pyridyl-äthan, 2-[2-Piperidino-äthyl]-pyridin, 1-[2-[2]Pyridyl-äthyl]-piperidin $C_{12}H_{18}N_2$, Formel XIII (R = H).

B. Aus 2-Vinyl-pyridin und Piperidin beim Erhitzen ohne Lösungsmittel (*Wingfoot Corp.*, U.S.P. 2615892 [1946]; *Doering, Weil*, Am. Soc. **69** [1947] 2461, 2465), beim Erwärmen mit wenig Essigsäure (*Profft*, Chem. Tech. **7** [1955] 511, 514, 516) oder beim Erwärmen mit Essigsäure in Methanol (*Reich, Levine*, Am. Soc. **77** [1955] 4913).

Kp$_{12}$: 131—132° (*Pr.*); Kp$_{4,25}$: 120° (*Chough*, Seoul Univ. J. [C] **8** [1959] 335, 348; C. A. **1960** 13129); Kp$_{3,7}$: 116—118° (*Re., Le.*); Kp$_3$: 115° (*Wingfoot Corp.*); Kp$_1$: 108° (*Do., Weil*). n$_D^{20}$: 1,5260 (*Pr.*).

Hydrochlorid $C_{12}H_{18}N_2 \cdot$ HCl. Hygroskopische Kristalle (aus H_2O); F: 173° [korr.] (*Do., Weil*).

Hydrobromid $C_{12}H_{18}N_2 \cdot$ HBr. Kristalle (aus Bzl. + A.); F: 173—175° [korr.] (*Boekelheide, Feely*, Am. Soc. **80** [1958] 2217, 2220).

Monopicrat $C_{12}H_{18}N_2 \cdot C_6H_3N_3O_7$. Kristalle (aus Acn.); F: 126—127° [korr.] (*Do., Weil*).

Dipicrat $C_{12}H_{18}N_2 \cdot 2\ C_6H_3N_3O_7$. Kristalle; F: 160—161,5° [korr.] (*Bo., Fe.*), 159° bis 160° [korr.; aus Acn.] (*Do., Weil*), 158,6—159,5° (*Re., Le.*).

XII   XIII   XIV

(±)-1-[2-Methyl-piperidino]-[2]pyridyl-äthan, (±)-2-[2-(2-Methyl-piperidino)-äthyl]-pyridin $C_{13}H_{20}N_2$, Formel XIII (R = CH$_3$) (H 434).

B. Beim Erhitzen von 2-Vinyl-pyridin mit (±)-2-Methyl-piperidin und wenig Essigsäure auf 148° (*Profft*, Chem. Tech. **7** [1955] 511, 514, 516).

Kp$_{12}$: 140—141°. n$_D^{20}$: 1,5214.

(±)-1-[2-Propyl-piperidino]-2-[2]pyridyl-äthan, (±)-2-[2-(2-Propyl-piperidino)-äthyl]-pyridin $C_{15}H_{24}N_2$, Formel XIII (R = CH$_2$-CH$_2$-CH$_3$).

B. Beim Erhitzen von 2-Vinyl-pyridin mit (±)-2-Propyl-piperidin und wenig Essigsäure auf 140° (*Profft, Schneider*, Ar. **289** [1956] 99, 103).

Kp$_{12}$: 172—173°. n$_D^{20}$: 1,5129.

Hydrochlorid. Kristalle; F: 156—157°.

(±)-1-[2-(1-Äthyl-propyl)-piperidino]-2-[2]pyridyl-äthan, (±)-2-[2-[1-Äthyl-propyl]-[2-[2]pyridyl-äthyl]-piperidin $C_{17}H_{28}N_2$, Formel XIII (R = CH(C$_2$H$_5$)$_2$).

B. Beim Erhitzen von 2-Vinyl-pyridin mit (±)-2-[1-Äthyl-propyl]-piperidin und wenig Essigsäure auf 140° (*Profft, Schneider*, Ar. **289** [1956] 99, 103).

Kp$_{12}$: 189—190°. n$_D^{20}$: 1,5121.

1-[2]Pyridyl-2-pyrrol-1-yl-äthan, 2-[2-Pyrrol-1-yl-äthyl]-pyridin $C_{11}H_{12}N_2$, Formel XIV (R = H).

B. Beim Erhitzen von 2-Vinyl-pyridin mit Pyrrol und wenig Natrium (*Reich, Levine*, Am. Soc. **77** [1955] 4913).

Kp$_{10}$: 148—150°.

Picrat $C_{11}H_{12}N_2 \cdot C_6H_3N_3O_7$. Kristalle (aus A.); F: 129,5—130,4°.

1-[2,5-Dimethyl-pyrrol-1-yl]-2-[2]pyridyl-äthan, 2-[2-(2,5-Dimethyl-pyrrol-1-yl)-äthyl]-pyridin $C_{13}H_{16}N_2$, Formel XIV (R = CH$_3$).

B. Beim Erhitzen von 2-Vinyl-pyridin mit 2,5-Dimethyl-pyrrol und wenig Natrium (*Reich, Levine*, Am. Soc. **77** [1955] 4913).

Kp$_1$: 124—125°.
Picrat C$_{13}$H$_{16}$N$_2$·C$_6$H$_3$N$_3$O$_7$. F: 163,5—165°.

1-[2-[2]Pyridyl-äthyl]-pyridinium [C$_{12}$H$_{13}$N$_2$]$^+$, Formel I (R = H).
Chlorid. *B.* Beim Behandeln von 2-Vinyl-pyridin mit Pyridin-hydrochlorid in Pyridin (*Cislak, Sutherland*, U.S.P. 2512789 [1946]). — Kristalle; F: 73°.
Hydrogensulfat. *B.* Beim Behandeln von 2-Vinyl-pyridin mit Pyridin-hydrogensulfat in Pyridin (*Ci., Su.*). Beim Erhitzen von 2-[2]Pyridyl-äthanol mit Pyridin-hydrogensulfat in Pyridin (*Ci., Su.*). — Kristalle (aus A.); F: 169°.
Thiocyanat. *B.* Beim Behandeln von 2-Vinyl-pyridin mit Pyridin-thiocyanat in Pyridin (*Ci., Su.*). — Kristalle (aus Acn.); F: 115°.

2-[2-*o*-Anisidino-äthyl]-pyridin, *N*-[2-[2]Pyridyl-äthyl]-*o*-anisidin C$_{14}$H$_{16}$N$_2$O, Formel II (R = CH$_3$, X = H).
B. Beim Erhitzen von 2-Vinyl-pyridin mit *o*-Anisidin und wenig Essigsäure auf 145° (*Profft*, Chem. Tech. **7** [1955] 511, 514, 515).
Kp$_{1,9}$: 168—172°. n$_D^{20}$: 1,5920.

I   II

1-[2-Propoxy-anilino]-2-[2]pyridyl-äthan, 2-Propoxy-*N*-[2-[2]pyridyl-äthyl]-anilin C$_{16}$H$_{20}$N$_2$O, Formel II (R = CH$_2$-CH$_2$-CH$_3$, X = H).
B. Beim Erhitzen von 2-Vinyl-pyridin mit 2-Propoxy-anilin und wenig Essigsäure auf 130° (*Profft*, Chem. Tech. **7** [1955] 511, 514, 515).
Kp$_{0,6}$: 173—175°. n$_D^{20}$: 1,5730.

1-[5-Nitro-2-propoxy-anilino]-2-[2]pyridyl-äthan, 5-Nitro-2-propoxy-*N*-[2-[2]pyridyl-äthyl]-anilin C$_{16}$H$_{19}$N$_3$O$_3$, Formel II (R = CH$_2$-CH$_2$-CH$_3$, X = NO$_2$).
B. Beim Erhitzen von 2-Vinyl-pyridin mit 5-Nitro-2-propoxy-anilin und wenig Essig= säure auf 140° (*Profft*, J. pr. [4] **4** [1959] 19, 24).
Gelbes Pulver (aus A.); F: 105°.

2-[2-*p*-Anisidino-äthyl]-pyridin, *N*-[2-[2]Pyridyl-äthyl]-*p*-anisidin C$_{14}$H$_{16}$N$_2$O, Formel III (R = CH$_3$).
B. Neben geringen Mengen *N,N*-Bis-[2-[2]pyridyl-äthyl]-*p*-anisidin beim Erhitzen von 2-Vinyl-pyridin mit *p*-Anisidin und wenig Essigsäure auf 140° (*Profft*, Chem. Tech. **7** [1955] 511, 514, 515).
Kp$_{0,8}$: 185—191°. n$_D^{20}$: 1,5819.

1-[4-Propoxy-anilino]-2-[2]pyridyl-äthan, 4-Propoxy-*N*-[2-[2]pyridyl-äthyl]-anilin C$_{16}$H$_{20}$N$_2$O, Formel III (R = CH$_2$-CH$_2$-CH$_3$).
B. Beim Erhitzen von 2-Vinyl-pyridin mit 4-Propoxy-anilin und wenig Essigsäure auf 140° (*Profft*, Chem. Tech. **7** [1955] 511, 514, 515).
Kp$_{0,8}$: 202—210°. n$_D^{20}$: 1,5716.

III   IV

4-[4-Nitro-phenylmercapto]-*N*-[2-[2]pyridyl-äthyl]-anilin C$_{19}$H$_{17}$N$_3$O$_2$S, Formel IV.
B. Beim Erhitzen von 2-Methyl-pyridin mit 4-[4-Nitro-phenylmercapto]-anilin und Paraformaldehyd in Xylol auf 120° (*Ganapathi, Venkataraman*, Pr. Indian Acad. [A] **21** [1945] 34, 38).
Kristalle (aus Py. + Acn.); F: 197—198°.

4-[3-Hydroxy-propyl]-1-[2-[2]pyridyl-äthyl]-pyridinium $[C_{15}H_{19}N_2O]^+$, Formel I
(R = [CH$_2$]$_3$-OH).

Hydrogensulfat. *B.* Beim Behandeln von 3-[4]Pyridyl-propan-1-ol mit H_2SO_4 in Meth=
anol und anschliessend mit 2-Vinyl-pyridin (*Cislak, Sutherland*, U.S.P. 2512789 [1946]). —
Kristalle (aus Acn. + Me.); F: 117°.

(±)-[1-(4-Propoxy-phenyl)-äthyl]-[2-[2]pyridyl-äthyl]-amin $C_{18}H_{24}N_2O$, Formel V.
B. Beim Erhitzen von 2-Vinyl-pyridin mit (±)-1-[4-Propoxy-phenyl]-äthylamin und
wenig Essigsäure auf 130—140° (*Profft*, Chem. Tech. **7** [1955] 511, 514, 515).
Kp$_{0,3}$: 164—166°. n$_D^{20}$: 1,5457.

V   VI

**1-[3,4-Dihydro-2*H*-[1]chinolyl]-2-[2]pyridyl-äthan, 1-[2-[2]Pyridyl-äthyl]-1,2,3,4-tetra=
hydro-chinolin** $C_{16}H_{18}N_2$, Formel VI.
B. Beim Erhitzen von 2-Vinyl-pyridin mit 1,2,3,4-Tetrahydro-chinolin und wenig
Essigsäure auf 160° (*Profft*, Chem. Tech. **7** [1955] 511, 514, 516).
Kp$_{12}$: 212°. n$_D^{20}$: 1,6059.

[2-[2]Pyridyl-äthylamino]-[1,4]benzochinon $C_{13}H_{12}N_2O_2$, Formel VII, und Tautomeres.
B. Beim Behandeln einer Lösung von 2-[2]Pyridyl-äthylamin und [1,4]Benzochinon in
Dioxan mit Sauerstoff (*Cavallito et al.*, Am. Soc. **72** [1950] 2661, 2663).
Kristalle (aus wss. A.); F: 195—196° [korr.]. Scheinbarer Dissoziationsexponent pK$_a'$
der protonierten Verbindung (H_2O; potentiometrisch ermittelt): 3,5 (*Ca. et al.*, l. c. S.
2665).

1-Acetylamino-2-[2]pyridyl-äthan, *N*-[2-[2]Pyridyl-äthyl]-acetamid $C_9H_{12}N_2O$,
Formel VIII (R = CH$_3$) (H 434).
B. Beim Erhitzen von 2-Vinyl-pyridin mit Acetamid und wenig Natrium (*Magnus,
Levine*, Am. Soc. **78** [1956] 4127, 4129).
Kp$_1$: 138—140°.
Picrat $C_9H_{12}N_2O \cdot C_6H_3N_3O_7$. F: 164,8—165,8°.

VII   VIII   IX

1-Propionylamino-2-[2]pyridyl-äthan, *N*-[2-[2]Pyridyl-äthyl]-propionamid $C_{10}H_{14}N_2O$,
Formel VIII (R = C$_2$H$_5$).
B. Beim Erhitzen von 2-Vinyl-pyridin mit Propionamid und wenig Natrium (*Magnus,
Levine*, Am. Soc. **78** [1956] 4127, 4129).
Kp$_5$: 165—170°.
Picrat $C_{10}H_{14}N_2O \cdot C_6H_3N_3O_7$. F: 133—134°.

1-[2-[2]Pyridyl-äthyl]-pyrrolidin-2,5-dion, *N*-[2-[2]Pyridyl-äthyl]-succinimid
$C_{11}H_{12}N_2O_2$, Formel IX.
B. Aus 2-Vinyl-pyridin und Succinimid (*Shapiro et al.*, Am. Soc. **79** [1957] 2811, 2813).
Kristalle (aus E. + Hexan); F: 109—111° [unkorr.].
Methojodid $[C_{12}H_{15}N_2O_2]$I; 1-Methyl-2-[2-succinimido-äthyl]-pyridinium-
jodid. Kristalle (aus Acetonitril); F: 212—218° [unkorr.].

N-[2-[2]Pyridyl-äthyl]-phthalimid C₁₅H₁₂N₂O₂, Formel X.

B. Beim Erhitzen von 2-Vinyl-pyridin mit Phthalimid und wenig Essigsäure auf 150° (*Profft*, Chem. Tech. **7** [1955] 511, 516) oder mit Phthalimid und wenig Benzyl-trimethyl-ammonium-hydroxid bis auf 188° (*Kirchner et al.*, J. org. Chem. **14** [1949] 388, 391).

F: 95—97° (*Ki. et al.*), 91,5° (*Pr.*).

Hydrochlorid C₁₅H₁₂N₂O₂·HCl. F: 214—215° (*Ki. et al.*).

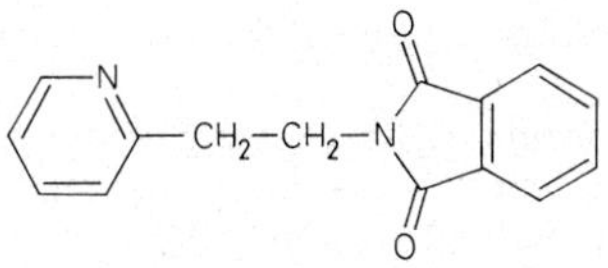

X 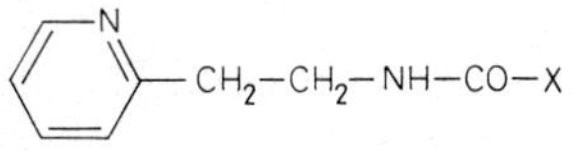   XI

[2-[2]Pyridyl-äthyl]-carbamidsäure-methylester C₉H₁₂N₂O₂, Formel XI (X = O-CH₃).

B. Beim Behandeln von 3-[2]Pyridyl-propionsäure-amid mit methanol. Natriummeth=ylat und Brom (*Walter et al.*, Am. Soc. **63** [1941] 2771).

Kristalle (aus Ae. + PAe.); F: 53—54°.

Methojodid [C₁₀H₁₅N₂O₂]I; 2-[2-Methoxycarbonylamino-äthyl]-1-methyl-pyridinium-jodid. Gelbe Kristalle (aus Butan-1-ol); F: 110—111°.

[2-[2]Pyridyl-äthyl]-harnstoff C₈H₁₁N₃O, Formel XI (X = NH₂).

B. Beim Erwärmen von 2-[2]Pyridyl-äthylamin mit Nitroharnstoff in Methanol (*Kirchner et al.*, J. org. Chem. **14** [1949] 388, 391).

Kristalle; F: 143°.

(±)-β-[Methyl-(2-[2]pyridyl-äthyl)-amino]-isobuttersäure-methylester C₁₃H₂₀N₂O₂, Formel XII.

B. Beim Erwärmen von 2-Vinyl-pyridin mit (±)-β-Methylamino-isobuttersäure-methyl=ester (*Van Heyningen*, Am. Soc. **80** [1958] 156).

Kp₀,₄: 108—109°. n²⁵_D: 1,4934.

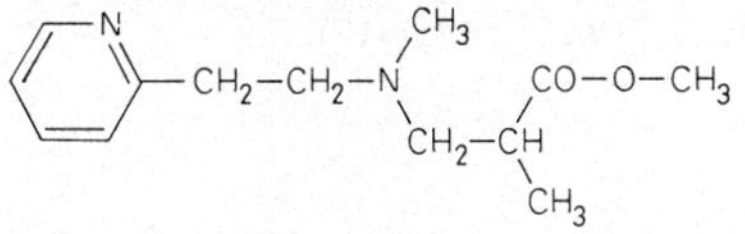

XII 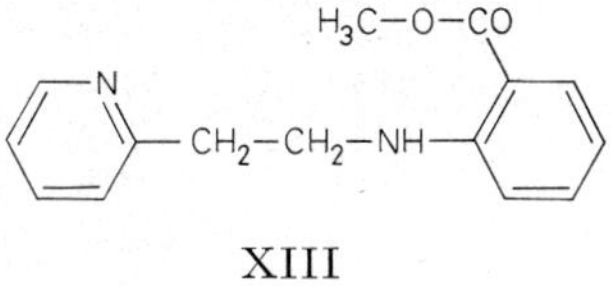   XIII

N-[2-[2]Pyridyl-äthyl]-anthranilsäure-methylester C₁₅H₁₆N₂O₂, Formel XIII.

B. Beim Erhitzen von 2-Vinyl-pyridin mit Anthranilsäure-methylester und wenig Essigsäure auf 140° (*Profft*, Chem. Tech. **7** [1955] 511, 514, 515).

Kp₁: 192—193°. n²⁰_D: 1,5993.

1-[2]Pyridyl-2-salicyloylamino-äthan, *N*-[2-[2]Pyridyl-äthyl]-salicylamid C₁₄H₁₄N₂O₂, Formel XIV (R = H).

B. Beim Behandeln von 3-[2-[2]Pyridyl-äthyl]-benz[e][1,3]oxazin-2,4-dion mit wss. NaOH (*Shapiro et al.*, Am. Soc. **79** [1957] 2811, 2813).

Kristalle (aus E. + Hexan); F: 114—115° [unkorr.].

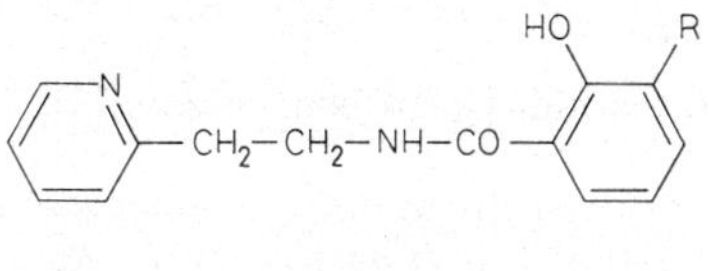

XIV 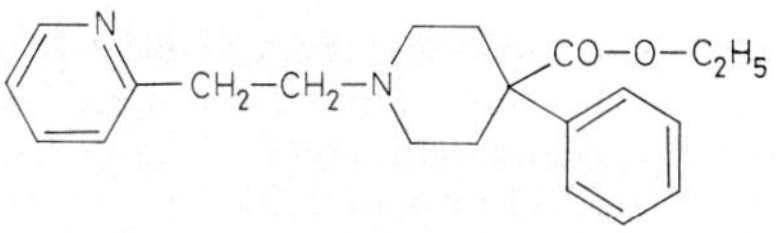   XV

2-Hydroxy-biphenyl-3-carbonsäure-[2-[2]pyridyl-äthylamid] C₂₀H₁₈N₂O₂, Formel XIV (R = C₆H₅).

B. Beim Behandeln von 8-Phenyl-3-[2-[2]pyridyl-äthyl]-benz[e][1,3]oxazin-2,4-dion

mit wss. NaOH (*Shapiro et al.*, Am. Soc. **79** [1957] 2811, 2813).
Kristalle (aus E. + Hexan); F: 140° [unkorr.].

4-Phenyl-1-[2-[2]pyridyl-äthyl]-piperidin-4-carbonsäure-äthylester $C_{21}H_{26}N_2O_2$,
Formel XV.
B. Beim Erhitzen von 2-Vinyl-pyridin mit 4-Phenyl-piperidin-4-carbonsäure-äthylester
in Butan-1-ol (*Elpern et al.*, Am. Soc. **79** [1957] 1951).
Dihydrochlorid $C_{21}H_{26}N_2O_2 \cdot 2$ HCl. Kristalle (aus A.); F: 172—173° [korr.].

3,4,5-Trimethoxy-benzoesäure-[2-[2]pyridyl-äthylamid] $C_{17}H_{20}N_2O_4$, Formel I.
B. Beim Behandeln von 2-[2]Pyridyl-äthylamin mit 3,4,5-Trimethoxy-benzoylchlorid
und Triäthylamin in CHCl$_3$ (*Bristol Labor. Inc.*, U.S.P. 2870156 [1958]).
Kristalle (aus Bzl.); F: 123—125°.
Hydrochlorid. F: 189—191°.

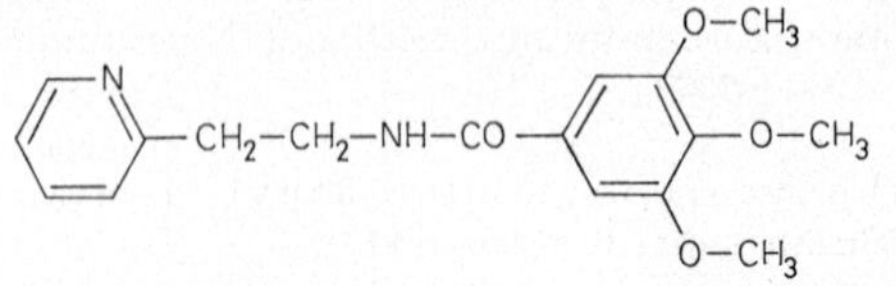

I

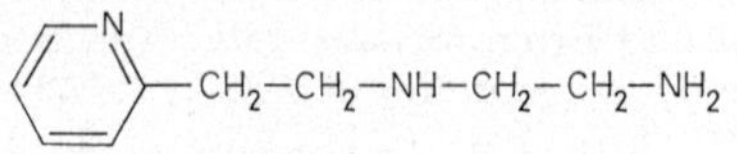

II

N-[2-[2]Pyridyl-äthyl]-äthylendiamin $C_9H_{15}N_3$, Formel II.
B. Beim Erwärmen von 2-Vinyl-pyridin mit Äthylendiamin (*Am. Home Prod. Corp.*,
U.S.P. 2739981 [1952], 2876236 [1956]).
$Kp_{0,3}$: 104—107°.

***Opt.-inakt. 1-{2-[2-(2-Methyl-piperidino)-äthyl]-piperidino}-3-[2-[2]pyridyl-äthyl=
amino]-propan, 2-Methyl-1'-[3-(2-[2]pyridyl-äthylamino)-propyl]-1,2'-äthandiyl-di-
piperidin** $C_{23}H_{40}N_4$, Formel III.
B. Aus 2-Vinyl-pyridin und opt.-inakt. 3-{2-[2-(2-Methyl-piperidino)-äthyl]-piper=
idino}-propylamin [S. 3777] (*Profft*, Chem. Tech. **7** [1955] 511, 517).
$Kp_{0,7}$: 216—217°. n_D^{20}; 1,5244.

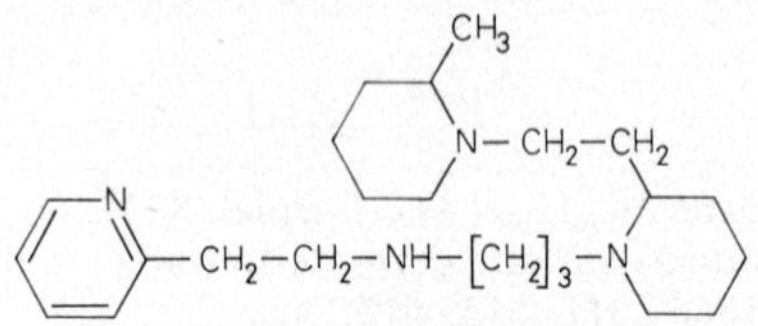

III

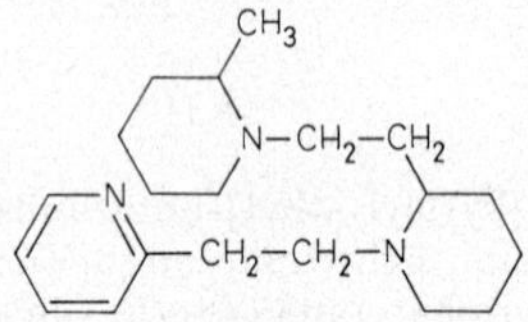

IV

***Opt.-inakt. 2-[2-(2-Methyl-piperidino)-äthyl]-1-[2-[2]pyridyl-äthyl]-piperidin,
2-Methyl-1'-[2-[2]pyridyl-äthyl]-1,2'-äthandiyl-di-piperidin** $C_{20}H_{33}N_3$, Formel IV.
B. Beim Erhitzen von 2-Vinyl-pyridin mit opt.-inakt. 2-Methyl-1,2'-äthandiyl-di-
piperidin (S. 3772) und wenig Essigsäure auf 150° (*Profft*, Chem. Tech. **7** [1955] 511,
514, 516).
$Kp_{0,6}$: 179—182°. n_D^{20}: 1,5271.

2-[3-Diäthylamino-propylamino]-5-[2-[2]pyridyl-äthylamino]-[1,4]benzochinon
$C_{20}H_{28}N_4O_2$, Formel V, und Tautomere.
B. Beim Behandeln einer Lösung von [2-[2]Pyridyl-äthylamino]-[1,4]benzochinon
und N,N-Diäthyl-propandiyldiamin in Dioxan mit Sauerstoff (*Cavallito et al.*, Am. Soc.
72 [1950] 2661, 2664).
F: 169—172° [korr.].
Bis-methobromid [$C_{22}H_{34}N_4O_2$]Br$_2$; 2-[3-(Diäthyl-methyl-ammonio)-prop=
ylamino]-5-[2-(1-methyl-pyridinium-2-yl)-äthylamino]-[1,4]benzochinon-
dibromid. Rote Kristalle; F: 242° [korr.].

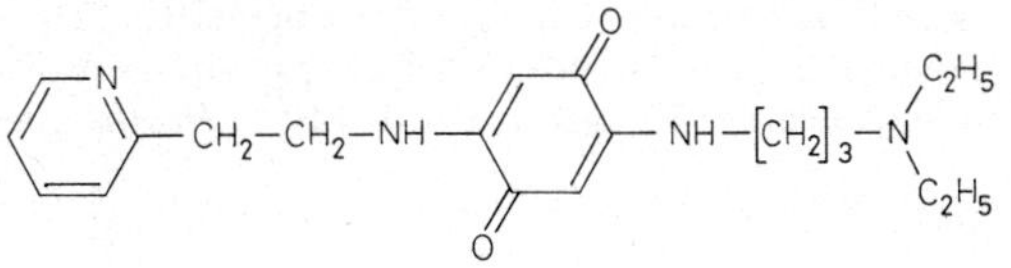

V

2,5-Bis-[2-[2]pyridyl-äthylamino]-terephthalsäure-diäthylester $C_{26}H_{30}N_4O_4$, Formel VI.

B. Beim Erwärmen von 2-[2]Pyridyl-äthylamin mit 2,5-Dioxo-cyclohexan-1,4-di≠
carbonsäure-diäthylester in Äthanol und Erwärmen des Reaktionsprodukts mit Jod in
Äthanol (*Uhlig*, B. **91** [1958] 393, 397).

Hellrote Kristalle (aus A.); F: 152°.

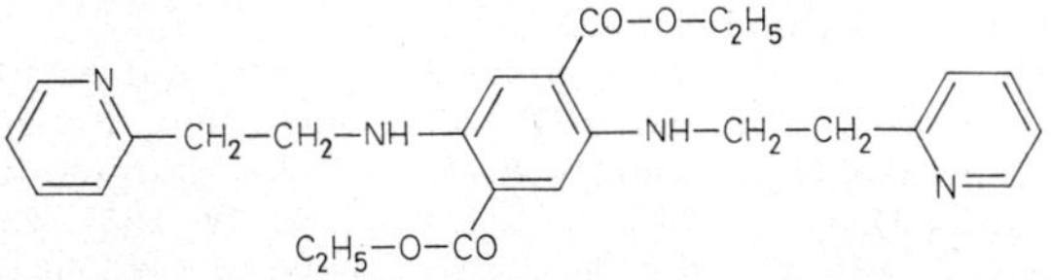

VI

2-[2-Furfurylamino-äthyl]-pyridin, Furfuryl-[2-[2]pyridyl-äthyl]-amin $C_{12}H_{14}N_2O$,
Formel VII.

B. Beim Erwärmen von 2-Vinyl-pyridin mit Furfurylamin und Essigsäure in Methanol
(*Reich, Levine*, Am. Soc. **77** [1955] 5434).

Kp_1: 120—121°.

Picrat $C_{12}H_{14}N_2O \cdot C_6H_3N_3O_7$. Kristalle (aus A.); F: 163—164,5°.

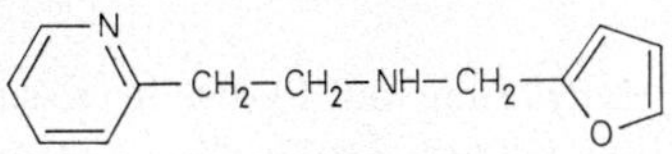

VII 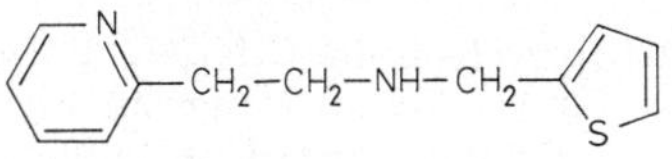   VIII

[2-[2]Pyridyl-äthyl]-[2]thienylmethyl-amin $C_{12}H_{14}N_2S$, Formel VIII.

B. Beim Erwärmen von 2-Vinyl-pyridin mit *C*-[2]Thienyl-methylamin und Essigsäure
in Methanol (*Reich, Levine*, Am. Soc. **77** [1955] 5434).

$Kp_{1,7}$: 144—146°.

Picrat $C_{12}H_{14}N_2S \cdot C_6H_3N_3O_7$. Kristalle (aus A.); F: 168,6—169,6°.

Isopropyl-bis-[2-[2]pyridyl-äthyl]-amin $C_{17}H_{23}N_3$, Formel IX (R = $CH(CH_3)_2$).

B. Beim Erwärmen von 2-Vinyl-pyridin mit Isopropylamin und wenig Essigsäure
(*Profft*, Chem. Tech. **7** [1955] 511, 514, 515).

Kp_{12}: 210—212°. n_D^{20}: 1,5365.

Isohexyl-bis-[2-[2]pyridyl-äthyl]-amin $C_{20}H_{29}N_3$, Formel IX (R = $[CH_2]_3$-$CH(CH_3)_2$).

B. Neben grösseren Mengen Isohexyl-[2-[2]pyridyl-äthyl]-amin beim Erhitzen von
2-Vinyl-pyridin mit Isohexylamin und wenig Essigsäure (*Profft*, Chem. Tech. **7** [1955]
511, 514, 515).

$Kp_{0,1}$: 162°. n_D^{20}: 1,5290.

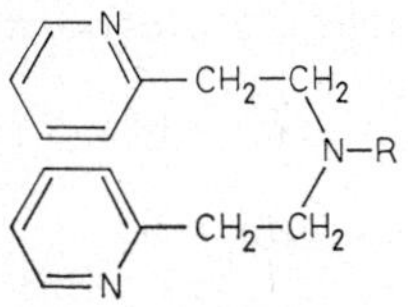

IX 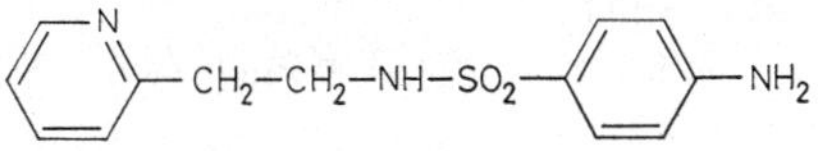   X

Benzyl-bis-[2-[2]pyridyl-äthyl]-amin $C_{21}H_{23}N_3$, Formel IX (R = CH_2-C_6H_5).

B. Beim Erhitzen von 2-Vinyl-pyridin mit Benzylamin und wenig Essigsäure auf
120—130° (*Profft*, Chem. Tech. **7** [1955] 511, 514, 515).

$Kp_{0,5}$: 201—204°. n_D^{20}: 1,5749.

N,N-Bis-[2-[2]pyridyl-äthyl]-p-anisidin $C_{21}H_{23}N_3O$, Formel IX $(R = C_6H_4\text{-}O\text{-}CH_3(p))$.

B. Neben grösseren Mengen 2-[2-*p*-Anisidino-äthyl]-pyridin beim Erhitzen von 2-Vinyl-pyridin mit *p*-Anisidin und wenig Essigsäure auf 140° (*Profft*, Chem. Tech. **7** [1955] 511, 514, 515).

$Kp_{0,5}$: 226°. n_D^{20}: 1,5957.

1-[2]Pyridyl-2-sulfanilylamino-äthan, Sulfanilsäure-[2-[2]pyridyl-äthylamid] $C_{13}H_{15}N_3O_2S$, Formel X.

B. Beim Erhitzen von 2-Methyl-pyridin mit Sulfanilamid und Paraformaldehyd in Vaselinöl auf 125—130° (*Monti, Felici*, G. **70** [1940] 375, 377).

F: 248—250° [Zers.; nach Sintern ab 235°].

3-Äthyl-[2]pyridylamin $C_7H_{10}N_2$, Formel XI.

B. Als Hauptprodukt beim Erhitzen von 3-Äthyl-pyridin mit $NaNH_2$ in *p*-Cymol auf 150—155° (*Robison, Robison*, Am. Soc. **77** [1955] 457, 460). Neben 2,3-Dihydro-1*H*-pyrrolo[2,3-*b*]pyridin bei der Hydrierung von 1*H*-Pyrrolo[2,3-*b*]pyridin an Raney-Nickel in Decalin bei 270° unter Druck (*Robison et al.*, Am. Soc. **79** [1957] 2573, 2576).

Kristalle (aus PAe.); F: 43—45° (*Ro., Ro.*). UV-Spektrum (Cyclohexan; 220—320 nm): *Ro. et al.*

Picrat $C_7H_{10}N_2 \cdot C_6H_3N_3O_7$. Gelbe Kristalle (aus A.); F: 210—211° [korr.; Zers.] (*Ro. et al.*).

Formyl-Derivat $C_8H_{10}N_2O$; *N*-[3-Äthyl-[2]pyridyl]-formamid. Kristalle (aus Cyclohexan); F: 113—114,5° [korr.] (*Ro., Ro.*).

Dibenzoyl-Derivat $C_{21}H_{18}N_2O_2$; *N*-[3-Äthyl-[2]pyridyl]-dibenzamid. Kristalle (aus Bzl. + Cyclohexan); F: 165,5—166,5° [korr.] (*Ro. et al.*).

3-Äthyl-[4]pyridylamin $C_7H_{10}N_2$, Formel XII.

B. Aus 3-Äthyl-4-nitro-pyridin-1-oxid bei der Hydrierung an Platin in Essigsäure oder beim Erhitzen mit Zink-Pulver und wss. HCl (*Ferrier, Campbell*, Pr. roy. Soc. Edinburgh [A] **65** [1957/61] 231, 235).

Kristalle (aus PAe.); F: 42—43°. UV-Spektrum (A.; 220—300 mm): *Fe., Ca.,* l. c. S. 232.

Picrat $C_7H_{10}N_2 \cdot C_6H_3N_3O_7$. F: 202—203°.

XI   XII   XIII   XIV

(±)-3-[1-Amino-äthyl]-pyridin, (±)-1-[3]Pyridyl-äthylamin $C_7H_{10}N_2$, Formel XIII $(R = H)$ (E II 343).

B. Beim Hydrieren von 1-[3]Pyridyl-äthanon-oxim (E III/IV **21** 3549) an Raney-Nickel in wss.-äthanol. NH_3 (*Kolloff, Hunter*, Am. Soc. **63** [1941] 490; s. a. *Adkins et al.*, Am. Soc. **66** [1944] 1293).

Kp: 216—219° (*Ko., Hu.*). Kp_{740}: 223°; Kp_{22}: 112—113°; D_{25}^{25}: 1,014; n_D^{25}: 1,5285 (*Ad. et al.*).

Hexachloroplatinat(IV) $C_7H_{10}N_2 \cdot H_2PtCl_6$. F: 280° [Zers.] (*Ad. et al.*).

Dipicrat $C_7H_{10}N_2 \cdot 2 C_6H_3N_3O_7$. F: 204—205° (*Ad. et al.*).

Phenylthiocarbamoyl-Derivat $C_{14}H_{15}N_3S$; *N*-Phenyl-*N'*-[1-[3]pyridyl-äthyl]-thioharnstoff. F: 139—140° (*Ad. et al.*).

(±)-3-[1-Dimethylamino-äthyl]-pyridin, (±)-Dimethyl-[1-[3]pyridyl-äthyl]-amin $C_9H_{14}N_2$, Formel XIII $(R = CH_3)$.

B. Beim Erhitzen von (±)-3-[1-Chlor-äthyl]-pyridin-hydrochlorid mit Trimethylamin in Methanol auf 125° und Behandeln des Reaktionsprodukts mit wss. NaOH (*Doering, Weil*, Am. Soc. **69** [1947] 2461, 2466; *Doering, Rhoads*, Am. Soc. **75** [1953] 4738).

Kp$_{25}$: 60° (*Do., Weil*).

Hydrochlorid C$_9$H$_{14}$N$_2$·HCl. Hygroskopische Kristalle (aus A.); F: 220—221° [korr.] (*Do., Weil*).

Monopicrat C$_9$H$_{14}$N$_2$·C$_6$H$_3$N$_3$O$_7$. Kristalle (aus H$_2$O); F: 147—148° [korr.] (*Do., Weil*).

Dipicrat C$_9$H$_{14}$N$_2$·2 C$_6$H$_3$N$_3$O$_7$. Kristalle (aus H$_2$O); F: 223—224° [korr.] (*Do., Weil*).

(±)-3-[1-Diäthylamino-äthyl]-pyridin, (±)-Diäthyl-[1-[3]pyridyl-äthyl]-amin C$_{11}$H$_{18}$N$_2$, Formel XIII (R = C$_2$H$_5$).

B. Beim Erhitzen von (±)-3-[1-Chlor-äthyl]-pyridin-hydrochlorid mit Diäthylamin auf 190° (*Jachontow, Rubzow*, Ž. obšč. Chim. **26** [1956] 2040; engl. Ausg. S. 2271).

Kp$_9$: 106—107°. n$_D^{20}$: 1,5017.

Dihydrochlorid C$_{11}$H$_{18}$N$_2$·2 HCl. Kristalle; F: 209—210°.

*Opt.-inakt. Bis-[1-[3]pyridyl-äthyl]-amin C$_{14}$H$_{17}$N$_3$, Formel XIV.

B. Als Nebenprodukt beim Hydrieren von 1-[3]Pyridyl-äthanon-oxim (E III/IV **21** 3549) an Raney-Nickel in Dioxan oder Äthanol bei 100°/200 at (*Adkins et al.*, Am. Soc. **66** [1944] 1293).

Kp$_1$: 152—153°.

Hexachloroplatinat(IV) C$_{14}$H$_{17}$N$_3$·1,5 H$_2$PtCl$_6$. F: 161—163° und F: 292°.

Picrat C$_{14}$H$_{17}$N$_3$·C$_6$H$_3$N$_3$O$_7$. F: 205° [Zers.].

(±)-1-[3]Pyridyl-1-sulfanilylamino-äthan, (±)-Sulfanilsäure-[1-[3]pyridyl-äthylamid] C$_{13}$H$_{15}$N$_3$O$_2$S, Formel I (R = H).

B. Beim Erwärmen von (±)-*N*-Acetyl-sulfanilsäure-[1-[3]pyridyl-äthylamid] mit wss.-äthanol. HCl (*Kolloff, Hunter*, Am. Soc. **63** [1941] 490).

Kristalle (aus wss. A.); F: 164,5—165,5° [unkorr.].

(±)-*N*-Acetyl-sulfanilsäure-[1-[3]pyridyl-äthylamid], (±)-Essigsäure-[4-(1-[3]pyridyl-äthylsulfamoyl)-anilid] C$_{15}$H$_{17}$N$_3$O$_3$S, Formel I (R = CO-CH$_3$).

B. Beim Behandeln von (±)-1-[3]Pyridyl-äthylamin mit *N*-Acetyl-sulfanilylchlorid und Pyridin in Aceton (*Kolloff, Hunter*, Am. Soc. **63** [1941] 490).

Kristalle (aus wss. A.); F: 249° [unkorr.].

(±)-*N*-Hexanoyl-sulfanilsäure-[1-[3]pyridyl-äthylamid], (±)-Hexansäure-[4-(1-[3]pyridyl-äthylsulfamoyl)-anilid] C$_{19}$H$_{25}$N$_3$O$_3$S, Formel I (R = CO-[CH$_2$]$_4$-CH$_3$).

B. Beim Behandeln von (±)-1-[3]Pyridyl-äthylamin mit *N*-Hexanoyl-sulfanilylchlorid und Pyridin in Aceton (*Kolloff, Hunter*, Am. Soc. **63** [1941] 490).

Kristalle (aus wss. A.); F: 168,5° [unkorr.].

3-[2-Amino-äthyl]-pyridin, 2-[3]Pyridyl-äthylamin C$_7$H$_{10}$N$_2$, Formel II (R = H).

B. Beim Behandeln von 3-[2-Nitro-vinyl]-pyridin-hydrochlorid (E III/IV **20** 2887) oder [3]Pyridylacetaldehyd-oxim (E III/IV **21** 3553) mit verkupfertem Zink-Pulver und wss. HCl unterhalb von 0° (*Merz, Stolte*, Ar. **292** [1959] 496, 505, 506). Bei der Hydrierung von [3]Pyridylglyoxal-2-(*E*)-oxim, 2-Amino-1-[3]pyridyl-äthanon oder 2-Amino-1-[3]pyr=idyl-äthanol an Platin in wss. HCl (*Burrus, Powell*, Am. Soc. **67** [1945] 1468, 1471, 1472; s. dagegen *Zymalkowski, Koppe*, Ar. **294** [1961] 453, 456). Bei der Hydrierung von [3]Pyr=idyl-acetonitril an Raney-Nickel in wss.-äthanol. NH$_3$ (*Robison, Robison*, Am. Soc. **77** [1955] 6554, 6557). Beim Erwärmen von 3-[3]Pyridyl-propionsäure-amid mit KBrO und wss. KOH (*Dornow, Schacht*, B. **80** [1947] 505, 508). Beim Erhitzen von 2-Amino-3-[3]=pyridyl-propionsäure mit Diphenylamin auf 245—250° (*Niemann, Hays*, Am. Soc. **64** [1942] 2288).

Kp$_{15}$: 117° (*Fromherz, Spiegelberg*, Helv. physiol. Acta **6** [1948] 42, 49); Kp$_{14}$: 115° bis 115,4° (*Do., Sch.*); Kp$_2$: 83—84° (*Merz, St.*).

Monohydrochlorid C$_7$H$_{10}$N$_2$·HCl. F: 147° [Zers.] (*Merz, St.*).

Dihydrochlorid C$_7$H$_{10}$N$_2$·2 HCl. Kristalle; F: 206—207° (*Merz, St.*), 204—205°

[aus A. + Acn.] (*Do., Sch.*).

Dipicrat $C_7H_{10}N_2 \cdot 2\,C_6H_3N_3O_7$. Gelbe Kristalle (aus H_2O); F: 213,5—214° [korr.] (*Ro., Ro.*), 211—212° (*Do., Sch.*).

I   II

1-Acetylamino-2-[3]pyridyl-äthan, *N*-[2-[3]Pyridyl-äthyl]-acetamid $C_9H_{12}N_2O$, Formel II (R = CO-CH$_3$).

B. Beim Behandeln von 2-[3]Pyridyl-äthylamin mit Acetanhydrid (*Merz, Stolte*, Ar. **292** [1959] 496, 506).

Dihydrochlorid $C_9H_{12}N_2O \cdot 2\,HCl$. Hygroskopische Kristalle; F: 146—148° [Zers.].

1-Benzoylamino-2-[3]pyridyl-äthan, *N*-[2-[3]Pyridyl-äthyl]-benzamid $C_{14}H_{14}N_2O$, Formel II (R = CO-C$_6$H$_5$).

B. Beim Behandeln von 2-[3]Pyridyl-äthylamin mit Benzoylchlorid und wss. NaOH (*Merz, Stolte*, Ar. **292** [1959] 496, 506).

Kristalle (aus Ae.); F: 81—83°.

4-Chlor-benzoesäure-[2-[3]pyridyl-äthylamid] $C_{14}H_{13}ClN_2O$, Formel II (R = CO-C$_6$H$_4$-Cl(p)).

B. Beim Behandeln von 2-[3]Pyridyl-äthylamin-dihydrochlorid mit 4-Chlor-benzoyl= chlorid und wss. NaOH (*Burrus, Powell*, Am. Soc. **67** [1945] 1468, 1472).

Kristalle (aus wss. A.) mit 1 Mol H_2O; F: 173—175° [Zers.].

1-Benzoylamino-2-[1-oxy-[3]pyridyl]-äthan, *N*-[2-(1-Oxy-[3]pyridyl)-äthyl]-benzamid $C_{14}H_{14}N_2O_2$, Formel III.

B. Beim Erwärmen von *N*-[2-[3]Pyridyl-äthyl]-benzamid mit wss. H_2O_2 in Essigsäure (*Merz, Stolte*, Ar. **292** [1959] 496, 506).

Kristalle (aus E.); F: 113—114°.

***N*-Phenyl-*N'*-[2-[3]pyridyl-äthyl]-harnstoff** $C_{14}H_{15}N_3O$, Formel II (R = CO-NH-C$_6$H$_5$).

B. Beim Behandeln von 2-[3]Pyridyl-äthylamin mit Phenylisocyanat in Benzol (*Robison, Robison*, Am. Soc. **77** [1955] 6554, 6557).

Kristalle (aus Bzl.); F: 114,5—115,5° [korr.].

Methojodid [$C_{15}H_{18}N_3O$]I; 1-Methyl-3-[2-(*N'*-phenyl-ureido)-äthyl]-pyr= idinium-jodid. Hygroskopische Kristalle (aus A.); F: 71,5—74,5° [geschlossene Kapillare].

4-Äthyl-[2]pyridylamin $C_7H_{10}N_2$, Formel IV (X = X′ = H) (E II 344).

B. Beim Erhitzen von 4-Äthyl-pyridin mit NaNH$_2$ (vgl. E II 344) in *N,N*-Dimethyl-anilin auf 110—120° (*Halvarson*, Ark. Kemi **7** [1954] 225), in *N,N*-Dimethyl-anilin auf 130—140° (*Case, Kasper*, Am. Soc. **78** [1956] 5842), in Xylol auf Siedetemperatur (*Földi*, Acta chim. hung. **19** [1959] 205, 211), in Mineralöl auf 145° (*Hansch et al.*, J. org. Chem. **23** [1958] 1924) oder in Decalin auf 150—160° (*Nakashima*, J. pharm. Soc. Japan **77** [1957] 698; C. A. **1957** 16462).

Kristalle; F: 70—71° [aus PAe.] (*Case, Ka.*), 69—70° [aus Ae. + PAe.] (*Fö.*). Kp$_{13}$: 125—128° (*Ha.*); Kp$_4$: 100—103° (*Na.*).

Picrat $C_7H_{10}N_2 \cdot C_6H_3N_3O_7$. F: 230—231° (*Na.*).

4-Äthyl-3,5-dibrom-[2]pyridylamin $C_7H_8Br_2N_2$, Formel IV (X = X′ = Br).

B. Beim Erwärmen von 4-Äthyl-[2]pyridylamin mit Brom in wss. H_2SO_4 (*Halvarson*, Ark. Kemi **7** [1954] 225).

Kristalle (aus PAe.); F: 113,5—114° [unkorr.].

III   IV   V

4-Äthyl-3-nitro-[2]pyridylamin $C_7H_9N_3O_2$, Formel IV (X = NO_2, X' = H).

B. Neben geringeren Mengen 4-Äthyl-5-nitro-[2]pyridylamin beim Behandeln von 4-Äthyl-[2]pyridylamin mit H_2SO_4 und konz. HNO_3 (*Hansch et al.*, J. org. Chem. **23** [1958] 1924).

Kristalle (nach Sublimation); F: 110,5—111,5°. Mit Wasserdampf flüchtig.

4-Äthyl-5-nitro-[2]pyridylamin $C_7H_9N_3O_2$, Formel IV (X = H, X' = NO_2).

B. s. im vorangehenden Artikel.

Kristalle (aus Me.); F: 180—182° [Zers.]; mit Wasserdampf nicht flüchtig (*Hansch et al.*, J. org. Chem. **23** [1958] 1924).

4-Äthyl-[3]pyridylamin $C_7H_{10}N_2$, Formel V.

B. Beim Hydrieren von 4-Äthyl-2-chlor-5-nitro-pyridin an Palladium/$CaCO_3$ in Methanol (*Hansch et al.*, J. org. Chem. **23** [1958] 1924).

Kristalle (nach Sublimation); F: 82—83°.

Mono-benzolsulfonyl-Derivat $C_{13}H_{14}N_2O_2S$; *N*-[4-Äthyl-[3]pyridyl]-benz = olsulfonamid. Kristalle (aus Bzl.); F: 153,5—155°.

Bis-benzolsulfonyl-Derivat $C_{19}H_{18}N_2O_4S_2$; [4-Äthyl-[3]pyridyl]-bis-benz = olsulfonyl-amin. Kristalle (aus wss. A.); F: 148—149,5°.

(±)-4-[1-Amino-äthyl]-pyridin, (±)-1-[4]Pyridyl-äthylamin $C_7H_{10}N_2$, Formel VI.

B. Beim Hydrieren von 4-[1,1-Dinitro-äthyl]-pyridin an Nickel in Äthanol (*Rubzow et al.*, Ž. obšč. Chim. **25** [1955] 2453, 2455; engl. Ausg. S. 2341). Beim Hydrieren von 1-[4]Pyridyl-äthanon-oxim (E III/IV **21** 3554) an Palladium in wss.-äthanol. HCl (*Ru. et al.*, l. c. S. 2456) oder an Raney-Nickel in wss.-äthanol. NH_3 (*Kolloff, Hunter*, Am. Soc. **63** [1941] 490).

Kp: 221—223° (*Ko., Hu.*); $Kp_{0,5}$: 78—80°; $Kp_{0,4}$: 75° (*Ru. et al.*).

Dihydrochlorid $C_7H_{10}N_2 \cdot 2$ HCl. Kristalle; F: 235—237° (*Ru. et al.*).

Picrat. F: 159—160° (*Ko., Hu.*).

(±)-1-[4]Pyridyl-1-sulfanilylamino-äthan, (±)-Sulfanilsäure-[1-[4]pyridyl-äthylamid] $C_{13}H_{15}N_3O_2S$, Formel VII (R = H).

B. Beim Erwärmen von *N*-Acetyl-sulfanilsäure-[1-[4]pyridyl-äthylamid] mit wss.-äthanol. HCl (*Kolloff, Hunter*, Am. Soc. **63** [1941] 490).

Kristalle (aus wss. A.); F: 194—195° [unkorr.].

(±)-*N*-Acetyl-sulfanilsäure-[1-[4]pyridyl-äthylamid], (±)-Essigsäure-[4-(1-[4]pyridyl-äthylsulfamoyl)-anilid] $C_{15}H_{17}N_3O_3S$, Formel VII (R = CO-CH_3).

B. Beim Behandeln von (±)-1-[4]Pyridyl-äthylamin mit *N*-Acetyl-sulfanilylchlorid und Pyridin in Aceton (*Kolloff, Hunter*, Am. Soc. **63** [1941] 490).

Kristalle (aus H_2O); F: 205° [unkorr.].

(±)-*N*-Hexanoyl-sulfanilsäure-[1-[4]pyridyl-äthylamid], (±)-Hexansäure-[4-(1-[4]pyridyl-äthylsulfamoyl)-anilid] $C_{19}H_{25}N_3O_3S$, Formel VII (R = CO-[CH_2]$_4$-CH_3).

B. Beim Behandeln von (±)-1-[4]Pyridyl-äthylamin mit *N*-Hexanoyl-sulfanilylchlorid und Pyridin in Aceton (*Kolloff, Hunter*, Am. Soc. **63** [1941] 490).

Kristalle (aus H_2O); F: 159—160° [unkorr.].

4-[2-Amino-äthyl]-pyridin, 2-[4]Pyridyl-äthylamin $C_7H_{10}N_2$, Formel VIII (R = R' = H).

B. Beim Erwärmen von 4-Vinyl-pyridin mit Ammoniumacetat oder NH_4Cl in wss.

Methanol (*Magnus, Levine*, Am. Soc. **78** [1956] 4127, 4128, 4129). Bei der Hydrierung von
2-Amino-1-[4]pyridyl-äthanon oder 2-Amino-1-[4]pyridyl-äthanol an Platin in wss. HCl
(*Burrus, Powell*, Am. Soc. **67** [1945] 1468, 1472). Aus [2-[4]Pyridyl-äthyl]-carbamidsäure-
methylester mit Hilfe von wss. HCl (*Walter et al.*, Am. Soc. **63** [1941] 2771; *Katritzky*,
Soc. **1955** 2581, 2584).

Kp_{17}: 117—120° (*Ma., Le.*); Kp_{13}: 112° (*Ka.*); Kp_{12}: 112—113° (*Ma., Le.*); $Kp_{0,1}$:
47° (*Merz, Stolte*, Ar. **292** [1959] 496, 507).

Dihydrochlorid $C_7H_{10}N_2 \cdot 2$ HCl. Kristalle; F: 226—229° [vorgeheiztes Bad; aus Eg.]
(*Ka.*), 220—223° [aus A.] (*Merz, St.*), 222° (*Wa. et al.*).

Monopicrat $C_7H_{10}N_2 \cdot C_6H_3N_3O_7$. Gelbe Kristalle; F: 153—155° (*Ka.*).

Dipicrat $C_7H_{10}N_2 \cdot 2\,C_6H_3N_3O_7$. Gelbe Kristalle; F: 190—192° (*Ka.*), 186—187° [aus
A.] (*Ma., Le.*).

4-[2-Amino-äthyl]-1-methyl-pyridinium $[C_8H_{13}N_2]^+$, Formel IX auf S. 4204.

Chlorid-hydrochlorid $[C_8H_{13}N_2]Cl \cdot HCl$. *B.* Beim Behandeln von 4-[2-Methoxycarb-
onylamino-äthyl]-1-methyl-pyridinium-jodid mit AgCl in H_2O und anschliessenden Erhitzen mit wss. HCl (*Walter et al.*, Am. Soc. **63** [1941] 2771). — F: 186—187°.

4-[2-Methylamino-äthyl]-pyridin, Methyl-[2-[4]pyridyl-äthyl]-amin $C_8H_{12}N_2$,
Formel VIII (R = CH_3, R' = H).

B. Beim Erwärmen von 4-Vinyl-pyridin mit wss. Methylamin (*Phillips*, Am. Soc. **78**
[1956] 4441).

Kp_{16}: 120°.

Dihydrochlorid $C_8H_{12}N_2 \cdot 2$ HCl. Kristalle; F: 215—218°.

4-[2-Dimethylamino-äthyl]-pyridin, Dimethyl-[2-[4]pyridyl-äthyl]-amin $C_9H_{14}N_2$,
Formel VIII (R = R' = CH_3).

B. Aus 4-Vinyl-pyridin beim Behandeln mit wss. Dimethylamin (*Phillips*, Am. Soc.
78 [1956] 4441; *Matuszko, Taurins*, Canad. J. Chem. **32** [1954] 538, 542), beim Erwärmen
mit Dimethylamin-hydrochlorid in Methanol (*Magnus, Levine*, Am. Soc. **78** [1956] 4127,
4129) oder beim Erhitzen mit Dimethylamin und wenig Hydrochinon auf 140—150°
(*Cohen, Minsk*, Am. Soc. **79** [1957] 1759, 1761).

Kp_{37}: 131—132° (*Ma., Le.*, l. c. S. 4128); Kp_{14}: 108—109,5° (*Co., Mi.*); Kp_9: 100° bis
102° (*Ph.*); $Kp_{0,5}$: 63—64° (*Ma., Ta.*). n_D^{24}: 1,5023 (*Ma., Ta.*).

Dihydrochlorid $C_9H_{14}N_2 \cdot 2$ HCl. Kristalle; F: 223—224° (*Ph.*).

Monopicrat $C_9H_{14}N_2 \cdot C_6H_3N_3O_7$. Kristalle (aus A.); F: 105,5—106° (*Co., Mi.*).

Dipicrat $C_9H_{14}N_2 \cdot 2\,C_6H_3N_3O_7$. Kristalle; F: 159,5—160,5° (*Ma., Le.*), 159—160° [aus
Acn. bzw. aus Dioxan] (*Ma., Ta.; Co., Mi.*).

VI   VII   VIII

4-[2-Äthylamino-äthyl]-pyridin, Äthyl-[2-[4]pyridyl-äthyl]-amin $C_9H_{14}N_2$, Formel VIII
(R = C_2H_5, R' = H).

B. Beim Erwärmen von 4-Vinyl-pyridin mit wss. Äthylamin (*Phillips*, Am. Soc. **78**
[1956] 4441).

Kp_{16}: 127—128°.

Dihydrochlorid $C_9H_{14}N_2 \cdot 2$ HCl. Kristalle; F: 154—155°.

4-[2-Diäthylamino-äthyl]-pyridin, Diäthyl-[2-[4]pyridyl-äthyl]-amin $C_{11}H_{18}N_2$,
Formel VIII (R = R' = C_2H_5).

B. Aus 4-Vinyl-pyridin beim Erwärmen mit Diäthylamin und wenig Essigsäure in
Methanol (*Magnus, Levine*, Am. Soc. **78** [1956] 4127, 4128) oder beim Erhitzen mit wss.
Diäthylamin (*Matuszko, Taurins*, Canad. J. Chem. **32** [1954] 538, 542; *Phillips*, Am. Soc.
78 [1956] 4441).

Kp_{16}: 134—135° (*Ph.*); Kp_5: 105—107° (*Ma., Le.*); $Kp_{0,5}$: 80—81° (*Ma., Ta.*). n_D^{24}:

1,4913 (*Ma., Ta.*).

Dihydrochlorid $C_{11}H_{18}N_2 \cdot 2$ HCl. Kristalle; F: 234—235° (*Ph.*).

Monopicrat $C_{11}H_{18}N_2 \cdot C_6H_3N_3O_7$. Gelbe Kristalle (aus H_2O); F: 109—110° (*Ma., Ta.*).

Dipicrat $C_{11}H_{18}N_2 \cdot 2 C_6H_3N_3O_7$. Gelbe Kristalle; F: 146—147° [aus H_2O] (*Ma., Ta.*), 142,5—143° (*Ma., Le.*).

4-[2-Diisopropylamino-äthyl]-pyridin, Diisopropyl-[2-[4]pyridyl-äthyl]-amin $C_{13}H_{22}N_2$, Formel VIII (R = R' = $CH(CH_3)_2$).

B. Beim Erwärmen von 4-Methyl-pyridin mit Diisopropylamin-hydrochlorid und wss. Formaldehyd (*Matuszko, Taurins*, Canad. J. Chem. **32** [1954] 538, 543).

$Kp_{0,5}$: 116°.

4-[2-Butylamino-äthyl]-pyridin, Butyl-[2-[4]pyridyl-äthyl]-amin $C_{11}H_{18}N_2$, Formel VIII (R = $[CH_2]_3$-CH_3, R' = H).

B. In geringer Menge beim Erhitzen von 4-Vinyl-pyridin mit Butylamin auf 100° (*Phillips*, Am. Soc. **78** [1956] 4441).

Kp_{11}: ca. 140°.

4-[2-Dibutylamino-äthyl]-pyridin, Dibutyl-[2-[4]pyridyl-äthyl]-amin $C_{15}H_{26}N_2$, Formel VIII (R = R' = $[CH_2]_3$-CH_3).

B. In mässiger Ausbeute beim Erwärmen von 4-Methyl-pyridin mit Dibutylamin-hydrochlorid und wss. Formaldehyd (*Matuszko, Taurins*, Canad. J. Chem. **32** [1954] 538, 543). Beim Erhitzen von 4-Vinyl-pyridin mit Dibutylamin und wenig Essigsäure auf 125° (*Profft*, J. pr. [4] **4** [1956] 19, 26).

Kp_{19}: 171—175°; n_D^{20}: 1,4893 (*Pr.*). $Kp_{0,5}$: 111—113° (*Ma., Ta.*).

4-[2-Cyclohexylamino-äthyl]-pyridin, Cyclohexyl-[2-[4]pyridyl-äthyl]-amin $C_{13}H_{20}N_2$, Formel VIII (R = C_6H_{11}, R' = H).

B. Beim Erwärmen von 4-Vinyl-pyridin mit Cyclohexylamin und Essigsäure in Methanol (*Magnus, Levine*, Am. Soc. **78** [1956] 4127, 4128).

Kp_3: 145—147° (*Ma., Le.*).

Dihydrochlorid $C_{13}H_{20}N_2 \cdot 2$ HCl. Kristalle; F: 213—215° (*Phillips*, Am. Soc. **78** [1956] 4441).

Picrat $C_{13}H_{20}N_2 \cdot C_6H_3N_3O_7$. F: 182,5—183,5° (*Ma., Le.*).

4-[2-Anilino-äthyl]-pyridin, *N*-[2-[4]Pyridyl-äthyl]-anilin $C_{13}H_{14}N_2$, Formel VIII (R = C_6H_5, R' = H).

B. Beim Erwärmen von 4-Vinyl-pyridin mit Anilin und Essigsäure in Methanol (*Magnus, Levine*, Am. Soc. **78** [1956] 4127, 4128). Beim Erhitzen von 4-Vinyl-pyridin mit Anilin und wenig Essigsäure auf 130° (*Profft*, J. pr. [4] **4** [1956] 19, 20).

Kristalle (aus PAe.); F: 67—68° (*Ma., Le.*). Kp_3: 165—166° (*Ma., Le.*).

Dipicrat $C_{13}H_{14}N_2 \cdot 2 C_6H_3N_3O_7$. F: 143,5—144° (*Ma., Le.*).

***N*-Methyl-*N*-[2-[4]pyridyl-äthyl]-anilin** $C_{14}H_{16}N_2$, Formel VIII (R = C_6H_5, R' = CH_3).

B. Beim Erwärmen von 4-Vinyl-pyridin mit *N*-Methyl-anilin auf 100° (*Phillips*, Am. Soc. **78** [1956] 4441).

Kp_{1-2}: 158—160°.

***N*-Äthyl-*N*-[2-[4]pyridyl-äthyl]-anilin** $C_{15}H_{18}N_2$, Formel VIII (R = C_6H_5, R' = C_2H_5).

B. Beim Erwärmen von 4-Vinyl-pyridin mit *N*-Äthyl-anilin und wenig Essigsäure in Methanol (*Magnus, Levine*, Am. Soc. **78** [1956] 4127, 4128).

$Kp_{3,5}$: 175—176°.

Picrat $C_{15}H_{18}N_2 \cdot C_6H_3N_3O_7$. F: 136—137°.

4-[2-*o*-Toluidino-äthyl]-pyridin, *N*-[2-[4]Pyridyl-äthyl]-*o*-toluidin $C_{14}H_{16}N_2$, Formel X (R = CH_3, R' = R'' = H).

B. Beim Erhitzen von 4-Vinyl-pyridin mit *o*-Toluidin und wenig Essigsäure auf 130° (*Profft*, J. pr. [4] **4** [1956] 19, 20).

Kristalle (aus Ae.); F: 66—67°.

H₃C—N⊕ ... —CH₂—CH₂—NH₂ (Formel IX) / ... —CH₂—CH₂—NH— ... —R'' (Formel X)

                    IX   X

4-[2-*m*-Toluidino-äthyl]-pyridin, *N*-[2-[4]Pyridyl-äthyl]-*m*-toluidin $C_{14}H_{16}N_2$, Formel X
(R = R'' = H, R' = CH₃).
   B. Beim Erhitzen von 4-Vinyl-pyridin mit *m*-Toluidin und wenig Essigsäure auf 130°
(*Profft*, J. pr. [4] **4** [1956] 19, 20).
   Kp$_{0,45}$: 162—163°. n$_D^{20}$: 1,5928.

4-[2-*p*-Toluidino-äthyl]-pyridin, *N*-[2-[4]Pyridyl-äthyl]-*p*-toluidin $C_{14}H_{16}N_2$, Formel X
(R = R' = H, R'' = CH₃).
   B. Als Hauptprodukt beim Erhitzen von 4-Vinyl-pyridin mit *p*-Toluidin und wenig
Essigsäure auf 130° (*Profft*, J. pr. [4] **4** [1956] 19, 20).
   Kp$_{0,5}$: 180—185°. n$_D^{20}$: 1,5969.

Benzyl-methyl-[2-[4]pyridyl-äthyl]-amin $C_{15}H_{18}N_2$, Formel VIII (R = CH₂-C₆H₅,
R' = CH₃) auf S. 4202.
   B. Beim Erwärmen von 4-Vinyl-pyridin mit Benzyl-methyl-amin auf 100° (*Phillips*,
Am. Soc. **78** [1956] 4441).
   Kp$_{3-4}$: 158—160°.

Äthyl-benzyl-[2-[4]pyridyl-äthyl]-amin $C_{16}H_{20}N_2$, Formel VIII (R = CH₂-C₆H₅,
R' = C₂H₅) auf S. 4202.
   B. Beim Erwärmen von 4-Vinyl-pyridin mit Äthyl-benzyl-amin und wenig Essigsäure
auf 100° (*Phillips*, Am. Soc. **78** [1956] 4441).
   Kp$_7$: 180—181°.

Benzyl-butyl-[2-[4]pyridyl-äthyl]-amin $C_{18}H_{24}N_2$, Formel VIII (R = CH₂-C₆H₅,
R' = [CH₂]₃-CH₃) auf S. 4202.
   B. Beim Erwärmen von 4-Vinyl-pyridin mit Benzyl-butyl-amin auf 100° (*Phillips*,
Am. Soc. **78** [1956] 4441).
   Kp$_2$: 167—168°.

***N*-Benzyl-*N*-[2-[4]pyridyl-äthyl]-anilin** $C_{20}H_{20}N_2$, Formel VIII (R = CH₂-C₆H₅,
R' = C₆H₅) auf S. 4202.
   B. Beim Erhitzen von 4-Vinyl-pyridin mit *N*-Benzyl-anilin und wenig Essigsäure auf
140° (*Profft*, J. pr. [4] **4** [1956] 19, 26).
   Kp$_{0,3}$: 203—205°. n$_D^{20}$: 1,6180.

2-[2-[4]Pyridyl-äthylamino]-äthanol $C_9H_{14}N_2O$, Formel XI (R = H).
   B. Beim Behandeln (6 Monate) von 4-Vinyl-pyridin mit 2-Amino-äthanol (*Phillips*, Am.
Soc. **78** [1956] 4441).
   Kp$_{15}$: 188—193°.
   Dihydrochlorid $C_9H_{14}N_2O \cdot 2$ HCl. Kristalle; F: 148—150° und (nach Wiederer-
starren) F: 238—240°.

Bis-[2-hydroxy-äthyl]-[2-[4]pyridyl-äthyl]-amin $C_{11}H_{18}N_2O_2$, Formel XI
(R = CH₂-CH₂-OH).
   B. Beim Erwärmen von 4-Vinyl-pyridin mit Bis-[2-hydroxy-äthyl]-amin und Essig-
säure in Methanol (*Chough*, Seoul Univ. J. [C] **8** [1959] 335, 354; C. A. **1960** 13129).
   Kp$_1$: 115°. n$_D^{27}$: 1,4892.

N ... —CH₂—CH₂—N(R)(CH₂-CH₂-OH)   /   N ... —CH₂—CH₂—N⟨pyrrolidin⟩   /   N ... —CH₂—CH₂—N⟨piperidin⟩

            XI   XII   XIII

1-[4]Pyridyl-2-pyrrolidino-äthan, 4-[2-Pyrrolidino-äthyl]-pyridin $C_{11}H_{16}N_2$, Formel XII.

B. Aus 4-Vinyl-pyridin und Pyrrolidin beim Erwärmen ohne Zusatz (*Matuszko, Taurins*, Canad. J. Chem. **32** [1954] 538, 543; *Phillips*, Am. Soc. **78** [1956] 4441), beim Erwärmen mit wenig H_2O oder wenig Essigsäure (*Ph.*) oder beim Erwärmen mit Essigsäure in Methanol (*Magnus, Levine*, Am. Soc. **78** [1956] 4127, 4128; *Chough*, Seoul Univ. J. [C] **8** [1959] 335, 348; C. A. **1960** 13129).

Kp$_{16}$: 151—152° (*Ph.*); Kp$_2$: 105—107° (*Ma., Le.*); Kp$_1$: 100° (*Ch.*); Kp$_{0,5}$: 93° (*Ma., Ta.*).

Dihydrochlorid $C_{11}H_{16}N_2 \cdot 2$ HCl. Kristalle; F: 216—217° (*Ph.*).

Dipicrat $C_{11}H_{16}N_2 \cdot 2\,C_6H_3N_3O_7$. F: 169—170° (*Ma., Le.*).

1-Piperidino-2-[4]pyridyl-äthan, 4-[2-Piperidino-äthyl]-pyridin, 1-[2-[4]Pyridyl-äthyl]-piperidin $C_{12}H_{18}N_2$, Formel XIII.

B. Aus 4-Vinyl-pyridin und Piperidin beim Erhitzen ohne Zusatz auf 100° bzw. 105° (*Phillips*, Am. Soc. **78** [1956] 4441; *Matuszko, Taurins*, Canad. J. Chem. **32** [1954] 538, 544), beim Erhitzen mit wenig Essigsäure auf 120° (*Profft*, J. pr. [4] **4** [1956] 19, 26) oder beim Erwärmen mit Essigsäure in Methanol (*Magnus, Levine*, Am. Soc. **78** [1956] 4127, 4128; *Chough*, Seoul Univ. J. [C] **8** [1959] 335, 349; C. A. **1960** 13129).

Kp$_{16}$: 156—160° (*Pr.*); Kp$_{15}$: 157—158° (*Ph.*); Kp$_3$: 121—122° (*Ma., Le.*); Kp$_1$: 101° (*Ch.*); Kp$_{0,5}$: 101° (*Ma., Ta.*). n_D^{20}: 1,5261 (*Pr.*); n_D^{24}: 1,5236 (*Ma., Ta.*).

Dihydrochlorid $C_{12}H_{18}N_2 \cdot 2$ HCl. Kristalle; F: 225—226° (*Ph.*).

Monopicrat $C_{12}H_{18}N_2 \cdot C_6H_3N_3O_7$. F: 152,5—153,5° (*Ma., Le.*), 144—145° (*Ch.*).

Dipicrat. F: 164—165° (*Ch.*).

1-[4]Pyridyl-2-pyrrol-1-yl-äthan, 4-[2-Pyrrol-1-yl-äthyl]-pyridin $C_{11}H_{12}N_2$, Formel XIV.

B. Beim Erhitzen von 4-Vinyl-pyridin mit Pyrrol und wenig Natrium (*Magnus, Levine*, Am. Soc. **78** [1956] 4127, 4128).

Kristalle (aus PAe.); F: 90—91°. Kp$_5$: 146—148°.

Picrat $C_{11}H_{12}N_2 \cdot C_6H_6N_3O_7$. F: 136,5—137,5°.

XIV   XV

4-[2-o-Anisidino-äthyl]-pyridin, N-[2-[4]Pyridyl-äthyl]-o-anisidin $C_{14}H_{16}N_2O$, Formel XV (R = CH$_3$).

B. Beim Erhitzen von 4-Vinyl-pyridin mit o-Anisidin und wenig Essigsäure auf 130° (*Profft*, J. pr. [4] **4** [1956] 19, 20).

Kp$_{0,3}$: 176—177°. n_D^{20}: 1,5951.

2-Propoxy-N-[2-[4]pyridyl-äthyl]-anilin $C_{16}H_{20}N_2O$, Formel XV (R = CH$_2$-CH$_2$-CH$_3$).

B. Beim Erhitzen von 4-Vinyl-pyridin mit 2-Propoxy-anilin und wenig Essigsäure auf 140° (*Profft*, J. pr. [4] **4** [1956] 19, 20).

Kp$_{0,6}$: 179—185°. n_D^{20}: 1,5753.

(±)-[1-(4-Propoxy-phenyl)-äthyl]-[2-[4]pyridyl-äthyl]-amin $C_{18}H_{24}N_2O$, Formel I.

B. Beim Erhitzen von 4-Vinyl-pyridin mit (±)-1-[4-Propoxy-phenyl]-äthylamin und wenig Essigsäure auf 140° (*Profft*, J. pr. [4] **4** [1956] 19, 22).

Kp$_1$: 184—190°. n_D^{20}: 1,5420.

I   II

(±)-2-[Methyl-(2-[4]pyridyl-äthyl)-amino]-1-phenyl-äthanol $C_{16}H_{20}N_2O$, Formel II.

B. Beim Erhitzen von Methyl-[2-[4]pyridyl-äthyl]-amin mit (±)-Phenyloxiran auf 125—135° (*Shapiro et al.*, Am. Soc. **80** [1958] 6060, 6061).

$Kp_{0,03}$: 168—169°.

1-[3,4-Dihydro-2*H*-[1]chinolyl]-2-[4]pyridyl-äthan, 1-[2-[4]Pyridyl-äthyl]-1,2,3,4-tetra=
hydro-chinolin $C_{16}H_{18}N_2$, Formel III.

B. Beim Erhitzen von 4-Vinyl-pyridin mit 1,2,3,4-Tetrahydro-chinolin und wenig Essigsäure auf 130° (*Profft*, J. pr. [4] **4** [1956] 19, 26).

$Kp_{0,2}$: 171—173°. n_D^{20}: 1,6004.

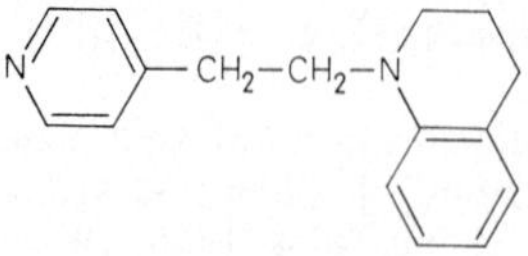

III 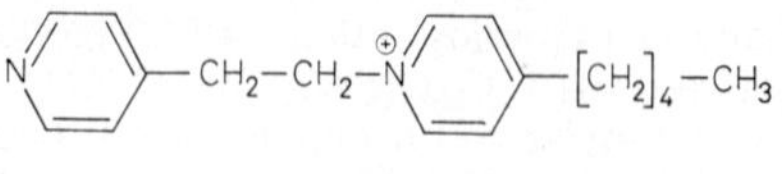   IV

4-Pentyl-1-[2-[4]pyridyl-äthyl]-pyridinium $[C_{17}H_{23}N_2]^+$, Formel IV.

Chlorid. *B*. Beim Behandeln von 4-Vinyl-pyridin mit 4-Pentyl-pyridin-hydrochlorid und 4-Pentyl-pyridin (*Cislak, Sutherland*, U.S.P. 2512789 [1946]). — F: 242°.

1-Indol-1-yl-2-[4]pyridyl-äthan, 1-[2-[4]Pyridyl-äthyl]-indol $C_{15}H_{14}N_2$, Formel V.

B. Beim Erhitzen von 4-Vinyl-pyridin mit Indol, wenig $CuSO_4$ und wenig Natrium=
äthylat in Äthanol auf 140—150° (*Gray, Archer*, Am. Soc. **79** [1957] 3554, 3555, 3558).

Kristalle; F: 41—45° [nach Destillation bei 160—164°/0,1 Torr].

Hydrochlorid $C_{15}H_{14}N_2 \cdot HCl$. F: 206—208° [korr.].

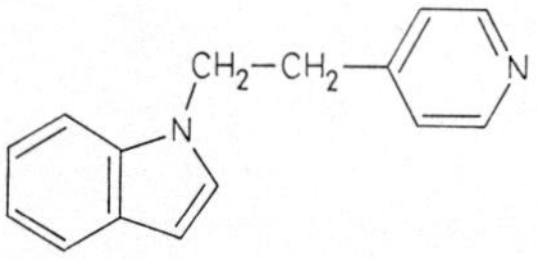

V 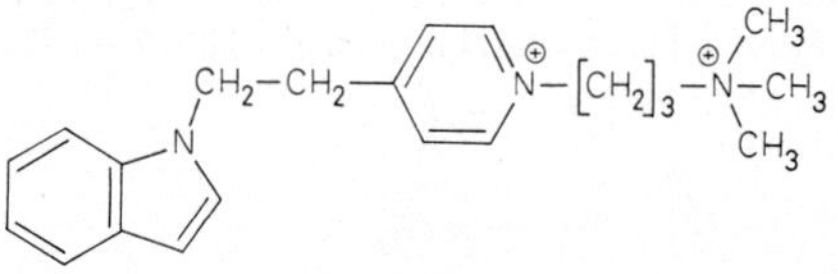   VI

1-[4-(2-Indol-1-yl-äthyl)-pyridinio]-3-trimethylammonio-propan, 4-[2-Indol-1-yl-äthyl]-
1-[3-trimethylammonio-propyl]-pyridinium $[C_{21}H_{29}N_3]^{2+}$, Formel VI.

Dibromid $[C_{21}H_{29}N_3]Br$. *B*. Beim Erhitzen von 1-[2-[4]Pyridyl-äthyl]-indol mit [3-Brom-propyl]-trimethyl-ammonium-bromid in Acetonitril (*Gray et al.*, Am. Soc. **79** [1957] 3805, 3806). — F: 223—225° [korr.].

1-Acetylamino-2-[4]pyridyl-äthan, *N*-[2-[4]Pyridyl-äthyl]-acetamid $C_9H_{12}N_2O$,
Formel VII (R = CH_3).

B. Neben geringeren Mengen 1,4-Di-[4]pyridyl-butan beim Erhitzen von 4-Vinyl-pyridin mit Acetamid und wenig Natrium (*Magnus, Levine*, Am. Soc. **78** [1956] 4127, 4129).

Kp_5: 185—187°.

Picrat $C_9H_{12}N_2O \cdot C_6H_3N_3O_7$. F: 186,5—187,5°.

1-Propionylamino-2-[4]pyridyl-äthan, *N*-[2-[4]Pyridyl-äthyl]-propionamid $C_{10}H_{14}N_2O$,
Formel VII (R = C_2H_5).

B. Beim Erhitzen von 4-Vinyl-pyridin mit Propionamid und wenig Natrium (*Magnus, Levine*, Am. Soc. **78** [1956] 4127, 4129).

$Kp_{1,5}$: 162—164°.

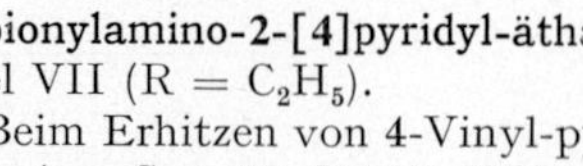

VII 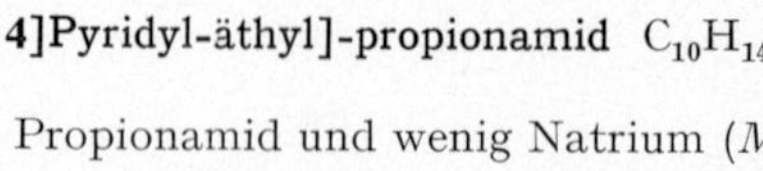   VIII

1-Benzoylamino-2-[4]pyridyl-äthan, *N*-[2-[4]Pyridyl-äthyl]-benzamid $C_{14}H_{14}N_2O$,
Formel VII (R = C_6H_5).

B. Aus 2-[4]Pyridyl-äthylamin und Benzoylchlorid (*Katritzky*, Soc. **1955** 2581, 2584;
Merz, Stolte, Ar. **292** [1959] 496, 507).

Kristalle (aus Bzl.); F: 115—116° (*Ka.*). Kp₁: 169—171° (*Merz, St.*). IR-Banden
(CHCl₃; 1610—995 cm⁻¹): *Katritzky, Gardner*, Soc. **1958** 2198, 2199, 2200.

1-Benzoylamino-2-[1-oxy-[4]pyridyl]-äthan, *N*-[2-(1-Oxy-[4]pyridyl)-äthyl]-benzamid
$C_{14}H_{14}N_2O_2$, Formel VIII.

B. Beim Erwärmen von *N*-[2-[4]Pyridyl-äthyl]-benzamid mit wss. H_2O_2 in Essigsäure
(*Merz, Stolte*, Ar. **292** [1959] 496, 507).

Hydrochlorid $C_{14}H_{14}N_2O_2 \cdot HCl$. Kristalle (aus Me. + Isopropylalkohol); F: 177—178°
[nach Braunfärbung ab 172°].

Phenylessigsäure-[2-[4]pyridyl-äthylamid] $C_{15}H_{16}N_2O$, Formel VII (R = CH_2-C_6H_5).

B. Beim Behandeln von 2-[4]Pyridyl-äthylamin-dihydrochlorid mit PCl_3 in Pyridin
und anschliessenden Erwärmen mit Phenylessigsäure (*Katritzky*, Soc. **1955** 2581, 2584).

Kristalle (aus E.); F: 83—86° (*Ka.*). IR-Banden (CHCl₃; 1610—990 cm⁻¹): *Katritzky,
Gardner*, Soc. **1958** 2198, 2199, 2200; s. a. *Katritzky, Lagowski*, Soc. **1958** 4155, 4158.

1-[2-[4]Pyridyl-äthyl]-pyrrolidin-2,5-dion, *N*-[2-[4]Pyridyl-äthyl]-succinimid
$C_{11}H_{12}N_2O_2$, Formel IX.

B. Aus 4-Vinyl-pyridin und Succinimid (*Shapiro et al.*, Am. Soc. **79** [1957] 2811, 2813).

Kristalle (aus E.); F: 124—126° [unkorr.].

IX   X

_N_-[2-[4]Pyridyl-äthyl]-phthalimid $C_{15}H_{12}N_2O_2$, Formel X.

B. Aus 4-Vinyl-pyridin und Phthalimid beim Erhitzen mit wenig Piperidin auf 190°
bis 200° (*Gray et al.*, Am. Soc. **79** [1957] 3805, 3807) oder mit wenig Essigsäure auf 130°
(*Profft*, J. pr. [4] **4** [1956] 19, 26).

Kristalle (aus wss. Isopropylalkohol); F: 157—158° (*Gray et al.*).

Hydrochlorid $C_{15}H_{12}N_2O_2 \cdot HCl$. F: 220° [Zers.] (*Gray et al.*).

Methobromid $[C_{16}H_{15}N_2O_2]Br$; 1-Methyl-4-[2-phthalimido-äthyl]-pyridin=
ium-bromid. Kristalle (aus A. + Ae.); F: 204,5—205,5° [Zers.] (*Gray et al.*).

**1-[4-(2-Phthalimido-äthyl)-pyridinio]-3-trimethylammonio-propan, 4-[2-Phthalimido-
äthyl]-1-[3-trimethylammonio-propyl]-pyridinium** $[C_{21}H_{27}N_3O_2]^{2+}$, Formel XI.

Dibromid $[C_{21}H_{27}N_3O_2]Br_2$. *B.* Beim Erhitzen von *N*-[2-[4]Pyridyl-äthyl]-phthalimid
mit [3-Brom-propyl]-trimethyl-ammonium-bromid in Acetonitril (*Gray et al.*, Am. Soc.
79 [1957] 3805, 3806). — F: 204° [korr.].

XI   XII

[2-[4]Pyridyl-äthyl]-carbamidsäure-methylester $C_9H_{12}N_2O_2$, Formel XII (X = O-CH₃).

B. Beim Behandeln von 3-[4]Pyridyl-propionsäure-amid mit methanol. Natrium=
methylat und Brom (*Walter et al.*, Am. Soc. **63** [1941] 2771; s. a. *Katritzky*, Soc. **1955**
2581, 2584).

Hydrochlorid $C_9H_{12}N_2O_2 \cdot HCl$. Kristalle (aus Me. + Ae.); F: 132—133° (*Wa. et al.*).

Methojodid $[C_{10}H_{15}N_2O_2]I$; 4-[2-Methoxycarbonylamino-äthyl]-1-methyl-pyridinium-jodid. F: 121—122° (*Wa. et al.*).

(±)-2-[2-[4]Pyridyl-äthylcarbamoyloxy]-propionsäure $C_{11}H_{14}N_2O_4$, Formel XII (X = O-CH(CH$_3$)-CO-OH).

B. Neben geringeren Mengen *N*-[2-[4]Pyridyl-äthyl]-lactamid beim Behandeln von (±)-5-Methyl-3-[2-[4]pyridyl-äthyl]-[1,3]oxazolidin-2,4-dion mit wss. NaOH (*Shapiro et al.*, Am. Soc. **81** [1959] 386, 389).
Kristalle (aus A.); F: 157—158°.

[2-[4]Pyridyl-äthyl]-harnstoff $C_8H_{11}N_3O$, Formel XII (X = NH$_2$).
B. Beim Erhitzen von *N*-[2-[4]Pyridyl-äthyl]-*N'*-[3-[4]pyridyl-propionyl]-harnstoff mit konz. wss. HCl (*Katritzky*, Soc. **1955** 2581, 2583).
Kristalle (aus wss. Acn.); F: 204—205,5°.
Picrat $C_8H_{11}N_3O \cdot C_6H_3N_3O_7$. Gelbe Kristalle (aus A. + Bzl.); F: 199—200°.

N-[2-[4]Pyridyl-äthyl]-N'-[3-[4]pyridyl-propionyl]-harnstoff $C_{16}H_{18}N_4O_2$, Formel XIII.
B. Beim Behandeln von 3-[4]Pyridyl-propionsäure-amid mit methanol. Natriummeth=
ylat und Brom (*Katritzky*, Soc. **1955** 2581, 2583).
Kristalle (aus wss. A.); F: 144—146°.
Dipicrat $C_{16}H_{18}N_4O_2 \cdot 2\,C_6H_3N_3O_7$. Kristalle (aus A. + Bzl.); F: 216—217°.

XIII

1-[2-[4]Pyridyl-äthyl]-biguanid $C_9H_{14}N_6$, Formel XIV und Tautomere.
B. Beim Erhitzen von 2-[4]Pyridyl-äthylamin mit Cyanguanidin und CuSO$_4$ in H$_2$O (*Shapiro et al.*, Am. Soc. **81** [1959] 3728, 3735).
Sulfat $2\,C_9H_{14}N_6 \cdot H_2SO_4$. Kristalle (aus Me. + Acetonitril) mit 1 Mol H$_2$O; F: 221° bis 222° [unkorr.].
Dipicrat $C_9H_{14}N_6 \cdot 2\,C_6H_3N_3O_7$. Kristalle (aus H$_2$O); F: 199—200° [unkorr.].

XIV   XV

Methyl-[2-[4]pyridyl-äthyl]-dithiocarbamidsäure-benzylester $C_{16}H_{18}N_2S_2$, Formel XV.
B. Beim Behandeln von Methyl-[2-[4]pyridyl-äthyl]-amin mit wss. NaOH und CS$_2$ und anschliessend mit Methanol und Benzylchlorid (*Kennad, Burness*, J. org. Chem. **24** [1959] 464, 466, 469).
Kristalle (aus Me.); F: 87,5—89°. λ_{max} (Me.): 252 nm und 279 nm.
Methoperchlorat $[C_{17}H_{21}N_2S_2]ClO_4$; 4-{2-[((Benzylmercaptothiocarbonyl-methyl)-amino]-äthyl}-1-methyl-pyridinium-perchlorat. Kristalle (aus Acn.); F: 120—121,5° [unkorr.].

1-DL-Lactoylamino-2-[4]pyridyl-äthan, *N*-[2-[4]Pyridyl-äthyl]-DL-lactamid $C_{10}H_{14}N_2O_2$, Formel I.
B. Beim Behandeln (1 Woche) von 2-[4]Pyridyl-äthylamin mit Äthyl-DL-lactat (*Shapiro et al.*, Am. Soc. **81** [1959] 386, 389).
Kristalle (aus E.); F: 136—137°.

N-[2-[4]Pyridyl-äthyl]-anthranilsäure-methylester $C_{15}H_{16}N_2O_2$, Formel II.
B. Beim Erhitzen von 4-Vinyl-pyridin mit Anthranilsäure-methylester und wenig Essigsäure auf 130° (*Profft*, J. pr. [4] **4** [1956] 19, 22).
Kp$_{0,6}$: 166°. n$_D^{20}$: 1,5947.

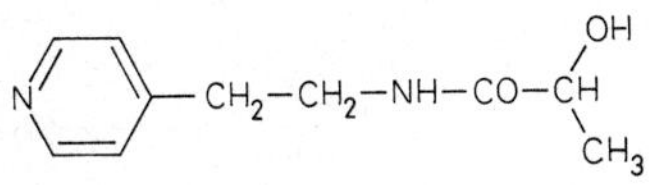

I

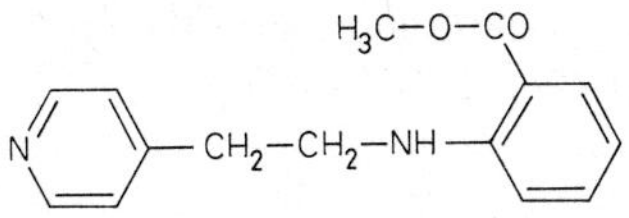

II

1-[4]Pyridyl-2-salicyloylamino-äthan, *N*-[2-[4]Pyridyl-äthyl]-salicylamid $C_{14}H_{14}N_2O_2$,
Formel III (R = H).

B. Beim Behandeln von 3-[2-[4]Pyridyl-äthyl]-benz[*e*][1,3]oxazin-2,4-dion mit wss.
NaOH (*Shapiro et al.*, Am. Soc. **79** [1957] 2811, 2813).
Kristalle (aus E. + Hexan); F: 105—106° [unkorr.].

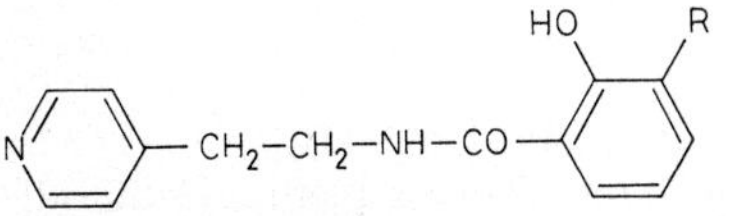

III

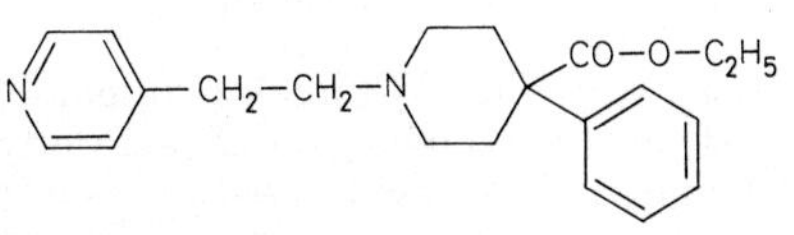

IV

2-Hydroxy-biphenyl-3-carbonsäure-[2-[4]pyridyl-äthylamid] $C_{20}H_{18}N_2O_2$, Formel III
(R = C_6H_5).

B. Beim Behandeln von 8-Phenyl-3-[2-[4]pyridyl-äthyl]-benz[*e*][1,3]oxazin-2,4-dion
mit wss. NaOH (*Shapiro et al.*, Am. Soc. **79** [1957] 2811).
Kristalle (aus E. + Hexan); F: 180—182° [unkorr.].

4-Phenyl-1-[2-[4]pyridyl-äthyl]-piperidin-4-carbonsäure-äthylester $C_{21}H_{26}N_2O_2$,
Formel IV.

B. Beim Erhitzen von 4-Vinyl-pyridin mit 4-Phenyl-piperidin-4-carbonsäure-äthyl≠
ester in Butan-1-ol (*Elpern et al.*, Am. Soc. **79** [1957] 1951).
F: 64—66°.
Dihydrochlorid $C_{21}H_{26}N_2O_2 \cdot 2$ HCl. Kristalle (aus A.); F: 205—209° [korr.].

3,4,5-Trimethoxy-benzoesäure-[2-[4]pyridyl-äthylamid] $C_{17}H_{20}N_2O_4$, Formel V.

B. Beim Behandeln von 2-[4]Pyridyl-äthylamin mit 3,4,5-Trimethoxy-benzoylchlorid
und Triäthylamin in $CHCl_3$ (*Bristol Labor. Inc.*, U.S.P. 2870156 [1958]).
Kristalle (aus Bzl.); F: 111—112°.
Hydrochlorid. F: 151—152°.

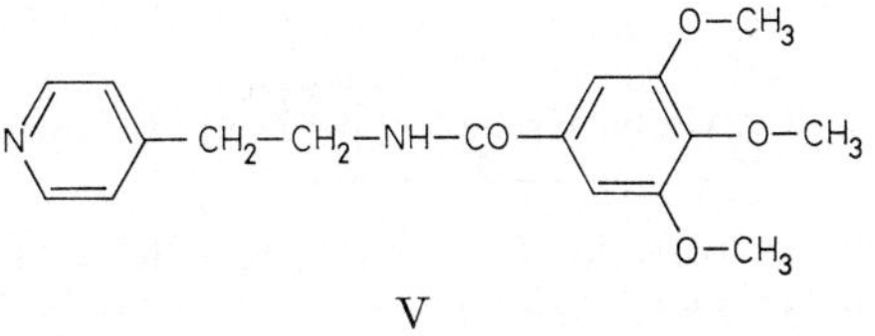

V

***N,N'*-Bis-[2-[4]pyridyl-äthyl]-hexandiyldiamin** $C_{20}H_{30}N_4$, Formel VI und/oder ***N,N*-Bis-
[2-[4]pyridyl-äthyl]-hexandiyldiamin** $C_{20}H_{30}N_4$, Formel VII (R = [CH_2]$_5$-CH_3).

B. In mässiger Ausbeute beim Erhitzen von 4-Vinyl-pyridin mit Hexandiyldiamin
und wenig Essigsäure auf 120° (*Profft*, J. pr. [4] **4** [1956] 19, 24).
$Kp_{0,25}$: 159—162°. n_D^{20}: 1,5138.

Butyl-bis-[2-[4]pyridyl-äthyl]-amin $C_{18}H_{25}N_3$, Formel VII (R = [CH_2]$_3$-CH_3).

B. Beim Erhitzen von 4-Vinyl-pyridin mit Butylamin und wenig Essigsäure auf 135°
(*Profft*, J. pr. [4] **4** [1956] 19, 20).
$Kp_{0,2}$: 162—167°. n_D^{20}: 1,5390.

Benzyl-bis-[2-[4]pyridyl-äthyl]-amin $C_{21}H_{23}N_3$, Formel VII (R = CH_2-C_6H_5).

B. In mässiger Ausbeute beim Erhitzen von 4-Vinyl-pyridin mit Benzylamin und

wenig Essigsäure auf 130° (*Profft*, J. pr. [4] **4** [1956] 19, 22).
$Kp_{0,4}$: 235°. n_D^{20}: 1,5795.

VI   VII

6-[Bis-(2-[4]pyridyl-äthyl)-amino]-hexannitril $C_{20}H_{26}N_4$, Formel VII (R = $[CH_2]_5$-CN).
B. In mässiger Ausbeute beim Erhitzen von 4-Vinyl-pyridin mit 6-Amino-hexannitril und wenig Essigsäure auf 140° (*Profft*, J. pr. [4] **4** [1956] 19, 22).
$Kp_{0,4}$: 246—256°. n_D^{20}: 1,5359.

N-[2-[4]Pyridyl-äthyl]-toluol-4-sulfonamid $C_{14}H_{16}N_2O_2S$, Formel VIII.
B. Beim Behandeln von 2-[4]Pyridyl-äthylamin mit Toluol-4-sulfonylchlorid und Triäthylamin in Benzol (*Katritzky*, Soc. **1955** 2581, 2584).
Kristalle (aus Bzl.); F: 137—138° (*Ka.*). IR-Banden ($CHCl_3$; 1610—810 cm⁻¹): *Katritzky, Gardner*, Soc. **1958** 2198, 2199, 2200.

VIII

2,4-Dimethyl-[3]pyridylamin $C_7H_{10}N_2$, Formel IX.
B. Beim Hydrieren von 2,4-Dimethyl-3-nitro-pyridin an Palladium/Kohle in wss. HCl (*Furukawa*, J. pharm. Soc. Japan **76** [1956] 900; C. A. **1957** 2770).
Kristalle (aus Bzl.); F: 51—53°.
Beim Behandeln mit $NaNO_2$ und wss. H_2SO_4 und anschliessenden Erwärmen sind 2,4-Dimethyl-pyridin-3-ol und 7-Methyl-$3H$-pyrazolo[3,4-c]pyridin erhalten worden.
Picrat $C_7H_{10}N_2 \cdot C_6H_3N_3O_7$. Gelbe Kristalle (aus Me.); F: 231—233°.

4,6-Dimethyl-[3]pyridylamin $C_7H_{10}N_2$, Formel X.
B. Beim Hydrieren von 2,4-Dimethyl-5-nitro-pyridin an Palladium/Kohle in wss. HCl (*Furukawa*, J. pharm. Soc. Japan **76** [1956] 900; C. A. **1957** 2770).
Kristalle (aus Bzl. + PAe.); F: 66—68°.
Beim Behandeln mit $NaNO_2$ und wss. H_2SO_4 und anschliessenden Erwärmen sind 4,6-Dimethyl-pyridin-3-ol und 5-Methyl-$3H$-pyrazolo[3,4-c]pyridin erhalten worden.
Picrat $C_7H_{10}N_2 \cdot C_6H_3N_3O_7$. Gelbe Kristalle (aus Me.); F: 180—182°.

4,6-Dimethyl-[2]pyridylamin $C_7H_{10}N_2$, Formel XI (R = R' = H).
B. Beim Erhitzen von 2,4-Dimethyl-pyridin mit $NaNH_2$ in Xylol (*Lecocq*, Bl. **1950** 188, 190). Beim Behandeln von 4,6-Dimethyl-pyridin-2-carbonsäure-amid mit NaOCl in wss. KOH (*Takahashi, Saikachi*, J. pharm. Soc. Japan **62** [1942] 40; dtsch. Ref. S. 18; C. A. **1951** 620).
Dipolmoment (ε; Bzl.): 2,20 D (*Murty*, Indian J. Physics **32** [1958] 516, 519).
Kristalle; F: 69—70,5° [aus Bzl.] (*Ta., Sa.*), 69—70° [aus Hexan] (*Mariella, Belcher*, Am. Soc. **74** [1952] 1916, 1918); E: 68,36° [aus Bzl.] (*Mod et al.*, J. phys. Chem. **60** [1956] 1651, 1652). Scheinbarer Dissoziationsexponent pK_a' der protonierten Verbindung (H_2O; potentiometrisch ermittelt): 7,84 (*Fastier, McDowall*, Austral. J. exp. Biol. med. Sci. **36** [1958] 491, 495). Erstarrungsdiagramm des Systems mit Palmitinsäure (Verbindung 1:1; E: 73,3°): *Mod et al.*, J. phys. Chem. **60** 1653.
Hexachloroplatinat(IV) 2 $C_7H_{10}N_2 \cdot H_2PtCl_6$. Braune Kristalle; Zers. bei 239—241° (*Ta., Sa.*).
Dipicrat $C_7H_{10}N_2 \cdot 2 C_6H_3N_3O_7$. F: 205—207° [Zers.] (*Ma., Be.*).
Palmitat $C_7H_{10}N_2 \cdot C_{16}H_{32}O_2$. E: 73,3° (*Mod et al.*, J. phys. Chem. **60** 1653), 72,7°

(*Mod et al.*, J. Am. Oil Chemists Soc. **36** [1959] 616). Über eine metastabile Modifikation s. *Mod et al.*, J. phys. Chem. **60** 1653.

Oleat $C_7H_{10}N_2 \cdot C_{18}H_{34}O_2$. E: 51,4° (*Mod et al.*, J. Am. Oil Chemists Soc. **36** 618).

IX   X   XI   XII

2-Amino-4,6-dimethyl-pyridin-1-oxid, 4,6-Dimethyl-1-oxy-[2]pyridylamin $C_7H_{10}N_2O$, Formel XII (R = H).

B. Beim Erwärmen von *N*-[4,6-Dimethyl-[2]pyridyl]-acetamid mit Peroxyessigsäure in Essigsäure und Erhitzen des Reaktionsprodukts mit wss. NaOH (*Brown*, Am. Soc. **79** [1957] 3565). Beim Erhitzen von [4,6-Dimethyl-1-oxy-[2]pyridyl]-carbamidsäure-äthylester mit konz. wss. HCl (*Katritzky*, Soc. **1957** 4385).

Kristalle (aus A.); F: 149—150° (*Br.*).

Hydrochlorid $C_7H_{10}N_2O \cdot HCl$. Kristalle (aus A.); F: 230—231° [Zers.] (*Ka.*).

(±)-2-[4,6-Dimethyl-[2]pyridylamino]-1-phenyl-äthanol $C_{15}H_{18}N_2O$, Formel XI (R = CH_2-CH(OH)-C_6H_5, R' = H).

B. Aus *N*-[4,6-Dimethyl-[2]pyridyl]-DL-mandelamid mit Hilfe von LiAlH₄ (*Gray, Heitmeier*, Am. Soc. **81** [1959] 4347, 4349).

F: 77—78°.

Hydrochlorid $C_{15}H_{18}N_2O \cdot HCl$. F: 131—133° [korr.; Zers.].

2-[4,6-Dimethyl-[2]pyridylamino]-1-phenyl-äthanon $C_{15}H_{16}N_2O$, Formel XI (R = CH_2-CO-C_6H_5, R' = H).

B. Beim Erwärmen von 4,6-Dimethyl-[2]pyridylamin mit Phenacylbromid und Na_2CO_3 in Äthanol (*Mattu*, Chimica **36** [1960] 247, 248; s. a. *Mattu*, Chimica e Ind. **40** [1958] 39).

Kristalle (aus Toluol); F: 198°. UV-Spektrum (A.; 220—350 nm): *Ma.*, Chimica **36** 250.

2-Acetylamino-4,6-dimethyl-pyridin, *N*-[4,6-Dimethyl-[2]pyridyl]-acetamid $C_9H_{12}N_2O$, Formel XI (R = CO-CH_3, R' = H).

B. Beim Erhitzen von 4,6-Dimethyl-[2]pyridylamin mit Acetanhydrid und wenig Natriumacetat (*Mariella, Belcher*, Am. Soc. **74** [1952] 1916).

Kristalle (aus H_2O + wenig A.); F: 157—158°.

Picrat $C_9H_{12}N_2O \cdot C_6H_3N_3O_7$. F: 171—172°.

[4,6-Dimethyl-[2]pyridyl]-carbamidsäure-äthylester $C_{10}H_{14}N_2O_2$, Formel XI (R = CO-O-C_2H_5, R' = H).

B. Beim Behandeln von 4,6-Dimethyl-[2]pyridylamin mit Chlorokohlensäure-äthyl= ester in Pyridin (*Katritzky*, Soc. **1957** 4385).

Kristalle (aus wss. A.); F: 62—64°.

[4,6-Dimethyl-1-oxy-[2]pyridyl]-carbamidsäure-äthylester $C_{10}H_{14}N_2O_3$, Formel XII (R = CO-O-C_2H_5).

B. Beim Erwärmen von [4,6-Dimethyl-[2]pyridyl]-carbamidsäure-äthylester mit wss. H_2O_2 in Essigsäure (*Katritzky*, Soc. **1957** 4385).

Kristalle (aus E.); F: 111—112°.

N-[4,6-Dimethyl-[2]pyridyl]-glycin-nitril $C_9H_{11}N_3$, Formel XI (R = CH_2-CN, R' = H).

B. Beim Erwärmen von 4,6-Dimethyl-[2]pyridylamin mit Natrium-hydroxymethan= sulfonat in wss. Äthanol und anschliessend mit NaCN (*Lawson, Miles*, Soc. **1959** 2865, 2869).

Kristalle (aus $CHCl_3$ + PAe.); F: 92°.

N-Benzyl-*N*-[4,6-dimethyl-[2]pyridyl]-glycin-nitril $C_{16}H_{17}N_3$, Formel XI (R = CH_2-CN, R' = CH_2-C_6H_5).

Hydrochlorid $C_{16}H_{17}N_3 \cdot$HCl. *B.* Beim Erwärmen von *N*-[4,6-Dimethyl-[2]pyridyl]-glycin-nitril mit Benzylchlorid in Benzol (*Lawson, Miles*, Soc. **1959** 2865, 2869). — Kristalle (aus A. + Ae.); F: 238—240°.

2-DL-Mandeloylamino-4,6-dimethyl-pyridin, *N*-[4,6-Dimethyl-[2]pyridyl]-DL-mandel⹀ amid $C_{15}H_{16}N_2O_2$, Formel XI (R = CO-CH(OH)-C_6H_5, R' = H).
B. Beim Erhitzen von 4,6-Dimethyl-[2]pyridylamin mit DL-Mandelsäure in Xylol unter Abdestillieren des entstehenden H_2O (*Gray, Heitmeier*, Am. Soc. **81** [1959] 4347, 4349).
F: 167—169° [korr.].
Hydrochlorid $C_{15}H_{16}N_2O_2 \cdot$HCl. F: 195—196° [korr.; Zers.].

2,4-Dimethyl-6-sulfanilylamino-pyridin, Sulfanilsäure-[4,6-dimethyl-[2]pyridylamid] $C_{13}H_{15}N_3O_2S$, Formel XIII (R = H).
B. Beim Erwärmen von 4,6-Dimethyl-[2]pyridylamin mit *N*-Acetyl-sulfanilylchlorid in Pyridin und Erhitzen des Reaktionsprodukts mit wss. NaOH (*Lecocq*, Bl. **1950** 188, 190).
Kristalle (aus wss. A.); F: 233—235°.

N-Acetyl-sulfanilsäure-[4,6-dimethyl-[2]pyridylamid], Essigsäure-[4-(4,6-dimethyl-[2]pyridylsulfamoyl)-anilid] $C_{15}H_{17}N_3O_3S$, Formel XIII (R = CO-CH_3).
B. Beim Behandeln von 4,6-Dimethyl-[2]pyridylamin mit *N*-Acetyl-sulfanilylchlorid in Pyridin (*Childress, Scudi*, J. org. Chem. **23** [1958] 67; s. a. *Lecocq*, Bl. **1950** 188, 190). Aus Sulfanilsäure-[4,6-dimethyl-[2]pyridylamid] und Acetanhydrid (*Le.*).
Kristalle (aus wss. A.); F: 240° (*Le.*), 225—228° (*Ch., Sc.*).

2,4-Dimethyl-6-sulfanilylamino-pyridin-1-oxid, Sulfanilsäure-[4,6-dimethyl-1-oxy-[2]pyridylamid] $C_{13}H_{15}N_3O_3S$, Formel XIV (R = H).
B. Beim Erhitzen von *N*-Acetyl-sulfanilsäure-[4,6-dimethyl-1-oxy-[2]pyridylamid] mit wss. NaOH (*Childress, Scudi*, J. org. Chem. **23** [1958] 67).
F: 221,5—222,5° [korr.].

N-Acetyl-sulfanilsäure-[4,6-dimethyl-1-oxy-[2]pyridylamid], Essigsäure-[4-(4,6-di⹀ methyl-1-oxy-[2]pyridylsulfamoyl)-anilid] $C_{15}H_{17}N_3O_4S$, Formel XIV (R = CO-CH_3).
B. Neben *N*-Acetyl-sulfanilsäure-[(4,6-dimethyl-[2]pyridyl)-hydroxy-amid] beim Behandeln von *N*-Acetyl-sulfanilsäure-[4,6-dimethyl-[2]pyridylamid] mit Peroxyessigsäure in Essigsäure (*Childress, Scudi*, J. org. Chem. **23** [1958] 67).
F: 234—236° [korr.].

XIII   XIV   XV

5-Brom-4,6-dimethyl-[2]pyridylamin $C_7H_9BrN_2$, Formel XV (R = X = H, X' = Br).
B. Beim Erhitzen von *N*-[5-Brom-4,6-dimethyl-[2]pyridyl]-acetamid mit wss. NaOH (*Mariella, Belcher*, Am. Soc. **74** [1952] 1916).
Kristalle; F: 145—146°.
Picrat $C_7H_9BrN_2 \cdot C_6H_3N_3O_7$. F: 226—228°.

6-Acetylamino-3-brom-2,4-dimethyl-pyridin, *N*-[5-Brom-4,6-dimethyl-[2]pyridyl]-acetamid $C_9H_{11}BrN_2O$, Formel XV (R = CO-CH_3, X = H, X' = Br).
B. Beim Erwärmen von *N*-[4,6-Dimethyl-[2]pyridyl]-acetamid mit *N*-Brom-succin⹀ imid und wenig Dibenzoylperoxid in CCl_4 unter Bestrahlen mit UV-Licht (*Mariella, Belcher*, Am. Soc. **74** [1952] 1916).

Kristalle (aus wss. A.); F: 216—217°.
Picrat $C_9H_{11}BrN_2O \cdot C_6H_3N_3O_7$. F: 166—167°.

3,5-Dibrom-4,6-dimethyl-[2]pyridylamin $C_7H_8Br_2N_2$, Formel XV (R = H, X = X′ = Br).

B. Aus 4,6-Dimethyl-[2]pyridylamin beim Erwärmen mit *N*-Brom-succinimid und wenig Dibenzoylperoxid in CCl_4 unter Bestrahlen mit UV-Licht oder beim Behandeln mit Brom in Essigsäure und wenig H_2O (*Mariella, Belcher*, Am. Soc. **74** [1952] 1916). Kristalle (aus wss. A.); F: 136—136,5°.
Hydrobromid. Blassgelbe Kristalle (aus A.); F: 225—226°.
Dipicrat $C_7H_8Br_2N_2 \cdot 2 C_6H_3N_3O_7$. F: 200—201° [Zers.].

5-Brom-4,6-dimethyl-3-nitro-[2]pyridylamin $C_7H_8BrN_3O_2$, Formel XV (R = H, X = NO_2, X′ = Br).

B. Beim Behandeln von 5-Brom-4,6-dimethyl-[2]pyridylamin mit konz. H_2SO_4 und konz. wss. HNO_3 (*Graboyes, Day*, Am. Soc. **79** [1957] 6421, 6424).
Kristalle (aus A.); F: 169—170° [unkorr.].

4-Aminomethyl-2-methyl-pyridin, *C*-[2-Methyl-[4]pyridyl]-methylamin $C_7H_{10}N_2$, Formel I.

B. Beim Hydrieren von 2-Methyl-isonicotinonitril an Palladium/Kohle in wss.-äthanol. HCl (*Ochiai, Suzuki*, Pharm. Bl. **2** [1954] 147).
Dihydrochlorid $C_7H_{10}N_2 \cdot 2$ HCl. Kristalle (aus Me.); Zers. bei 274°.
Dipicrat $C_7H_{10}N_2 \cdot 2 C_6H_3N_3O_7$. Kristalle (aus Me.); F: 195—196°.
Benzoat. Kristalle (aus Bzl.); F: 81—83°.

Bis-[2-methyl-[4]pyridylmethyl]-amin $C_{14}H_{17}N_3$, Formel II.

B. Beim Hydrieren von 2-Methyl-isonicotinonitril an Palladium/Kohle in äthanol. HCl (*Ochiai, Suzuki*, Pharm. Bl. **2** [1954] 147).
Trihydrochlorid $C_{14}H_{17}N_3 \cdot 3$ HCl. Kristalle; Zers. bei 218—220°.

I   II   III

3-Chlormethyl-6-methyl-[2]pyridylamin $C_7H_9ClN_2$, Formel III.

Hydrochlorid $C_7H_9ClN_2 \cdot$ HCl. *B.* Beim Erwärmen von [2-Amino-6-methyl-[3]pyridyl]-methanol mit $SOCl_2$ in Äther (*Dornow, Hargesheimer*, B. **86** [1953] 461, 464). — F: 162° [aus A. + Ae.].

5-Aminomethyl-2-methyl-pyridin, *C*-[6-Methyl-[3]pyridyl]-methylamin $C_7H_{10}N_2$, Formel IV.

B. Beim Erhitzen von 6-Methyl-nicotinonitril mit Chrom(II)-acetat und wss. KOH (*Graf*, J. pr. [2] **146** [1936] 88, 95). Beim Hydrieren von 2-Chlor-6-methyl-nicotino-nitril an Palladium/Kohle in äthanol. HCl (*Perez-Medina et al.*, Am. Soc. **69** [1947] 2574, 2576).
Hygroskopische Kristalle; E: 63°; Kp_{14}: 118—120° (*Graf*).
Dihydrochlorid $C_7H_{10}N_2 \cdot 2$ HCl. Kristalle; F: 279—280° [aus wss.-äthanol. HCl] (*Pe.-Me. et al.*), 247° [Zers.; bei schnellem Erhitzen; aus H_2O] (*Graf*).
Tetrachloroaurat(III) $C_7H_{10}N_2 \cdot 2$ HAuCl$_4$. Gelbe Kristalle mit 1 Mol H_2O; F: 199° [geschlossene Kapillare] (*Graf*).
Hexachloroplatinat(IV) $C_7H_{10}N_2 \cdot H_2PtCl_6$. Orangefarbene Kristalle; Zers. bei 240° [nach Dunkelfärbung ab 220°] (*Graf*).
Benzoyl-Derivat $C_{14}H_{14}N_2O$; *N*-[6-Methyl-[3]pyridylmethyl]-benzamid.

Kristalle (aus A.); F: 121—122° (*Graf*).

4-Nitro-benzoyl-Derivat $C_{14}H_{13}N_3O_3$; 4-Nitro-benzoesäure-[(6-methyl-[3]pyridylmethyl)-amid]. Kristalle (aus A.); F: 171° (*Graf*).

2,6-Dimethyl-[3]pyridylamin $C_7H_{10}N_2$, Formel V (R = H) (E II 344).

B. Aus 2,6-Dimethyl-3-nitro-pyridin beim Erwärmen mit $SnCl_2$ und wss. HCl (*Płazek*, B. **72** [1939] 577, 580), bei der Hydrierung an Raney-Nickel in Äthanol bei 70°/100 at (*Clayton, Kenyon*, Soc. **1950** 2952, 2954; s. a. *Protiva et al.*, Chem. Listy **46** [1952] 551, 552; C. A. **1954** 2710) oder bei der elektrochemischen Reduktion in wss.-äthanol. H_2SO_4 an einer Kupfer-Kathode (*Ochiai et al.*, J. pharm. Soc. Japan **61** [1941] 230, 232; dtsch. Ref. Nr. 6, S. 91, 93; C. A. **1951** 2941).

Kristalle; F: 124° (*Pl.*), 123° [korr.] (*Pr. et al.*). Wasserhaltige (?) Kristalle (aus Bzl.); F: 75—76° (*Och. et al.*). Kp_{738}: 230° (*Pl.*).

Picrat. Gelbe Kristalle; F: 181° (*Pl.*).

3-Formylamino-2,6-dimethyl-pyridin, *N*-[2,6-Dimethyl-[3]pyridyl]-formamid $C_8H_{10}N_2O$, Formel V (R = CHO).

B. Beim Erhitzen von 2,6-Dimethyl-[3]pyridylamin mit Ameisensäure (*Clayton, Kenyon*, Soc. **1950** 2952, 2954).

Kristalle (aus E.); F: 97—98°. Kp_{760}: 300°.

Picrat $C_8H_{10}N_2O \cdot C_6H_3N_3O_7$. Gelbe Kristalle (aus A.); F: 193° [unkorr.].

IV   V   VI

3-Acetylamino-2,6-dimethyl-pyridin, *N*-[2,6-Dimethyl-[3]pyridyl]-acetamid $C_9H_{12}N_2O$, Formel V (R = CO-CH$_3$).

B. Aus 2,6-Dimethyl-[3]pyridylamin beim Erwärmen mit Acetylchlorid und K_2CO_3 in Äther (*Clayton, Kenyon*, Soc. **1950** 2952, 2954) oder beim Erwärmen mit Acetanhydrid (*Ochiai et al.*, J. pharm. Soc. Japan **61** [1941] 230, 232; dtsch. Ref. Nr. 6, S. 91, 94; C. A. **1951** 2941).

Kristalle mit 1 Mol H_2O, F: 79—80° (*Cl., Ke.*); Kristalle (aus E.), F: 81,5—83° (*Och. et al.*); die nach Erhitzen des Hydrats auf 90°/12 Torr erhaltene wasserfreie Verbindung schmilzt bei 118—119° (*Cl., Ke.*).

Monopicrat $C_9H_{12}N_2O \cdot C_6H_3N_3O_7$. Gelbe Kristalle (aus A.); F: 194° [unkorr.] (*Cl., Ke.*).

Dipicrat. Kristalle; F: 118° (*Och. et al.*).

3-Benzoylamino-2,6-dimethyl-pyridin, *N*-[2,6-Dimethyl-[3]pyridyl]-benzamid $C_{14}H_{14}N_2O$, Formel V (R = CO-C$_6$H$_5$).

B. Beim Behandeln von 2,6-Dimethyl-[3]pyridylamin mit Benzoylchlorid in Pyridin (*Clayton, Kenyon*, Soc. **1950** 2952, 2955; *Protiva et al.*, Chem. Listy **46** [1952] 551, 552; C. A. **1954** 2710).

Kristalle; F: 171° [korr.] (*Pr. et al.*), 169—170° [unkorr.; aus wss. A.] (*Cl., Ke.*).

Picrat $C_{14}H_{14}N_2O \cdot C_6H_3N_3O_7$. Gelbe Kristalle (aus A.); F: 225° [unkorr.] (*Cl., Ke.*).

3-Phenyl-propionsäure-[2,6-dimethyl-[3]pyridylamid] $C_{16}H_{18}N_2O$, Formel V (R = CO-CH$_2$-CH$_2$-C$_6$H$_5$).

B. Beim Behandeln von 2,6-Dimethyl-[3]pyridylamin mit 3-Phenyl-propionylchlorid in Pyridin (*Clayton, Kenyon*, Soc. **1950** 2952, 2957).

Kristalle (aus Bzl. + PAe.); F: 134° [unkorr.].

Picrat $C_{16}H_{18}N_2O \cdot C_6H_3N_3O_7$. Gelbe Kristalle (aus A.); F: 159—160° [unkorr.].

3-*trans*-Cinnamoylamino-2,6-dimethyl-pyridin, *N*-[2,6-Dimethyl-[3]pyridyl]-*trans*-cinnamamid $C_{16}H_{16}N_2O$, Formel V (R = CO-CH$\doteq$CH-C$_6$H$_5$).

B. Beim Behandeln von 2,6-Dimethyl-[3]pyridylamin mit *trans*-Cinnamoylchlorid in

Pyridin (*Clayton, Kenyon*, Soc. **1950** 2952, 2957).
Kristalle (aus wss. A.); F: 189—190° [unkorr.].
Picrat $C_{16}H_{16}N_2O \cdot C_6H_3N_3O_7$. Gelbe Kristalle (aus Eg.); F: 244° [unkorr.].

3-Acetoacetylamino-2,6-dimethyl-pyridin, *N*-[2,6-Dimethyl-[3]pyridyl]-acetoacetamid $C_{11}H_{14}N_2O_2$, Formel V (R = CO-CH$_2$-CO-CH$_3$) und Tautomeres.
B. Beim Behandeln von 2,6-Dimethyl-[3]pyridylamin mit Acetessigsäure-äthylester, zuletzt bei 200° (*Ochiai et al.*, J. pharm. Soc. Japan **61** [1941] 230, 233; dtsch. Ref. Nr. 6, S. 91, 95; C. A. **1951** 2941).
Kristalle (aus Acn.); F: 272°.
Hydrochlorid. Hellbraune Kristalle (aus Me. + Acn.); Zers. bei 268°.
Picrat $C_{11}H_{14}N_2O_2 \cdot C_6H_3N_3O_7$. Gelbe Kristalle (aus H$_2$O); Zers. bei 262°.

2,6-Dimethyl-3-sulfanilylamino-pyridin, Sulfanilsäure-[2,6-dimethyl-[3]pyridylamid] $C_{13}H_{15}N_3O_2S$, Formel VI (R = H).
B. Aus *N*-Acetyl-sulfanilsäure-[2,6-dimethyl-[3]pyridylamid] beim Erwärmen mit äthanol. HCl (*Ochiai et al.*, J. pharm. Soc. Japan **61** [1941] 230, 233; dtsch. Ref. Nr. 6, S. 91, 95; C. A. **1951** 2941) oder mit wss. NaOH (*Płażek, Richter*, Roczniki Chem. **21** [1947] 55, 57; C. A. **1948** 1907).
Kristalle; F: 211° [aus A.] (*Pł., Ri.*), 207° [aus E.] (*Och. et al.*).

N-Acetyl-sulfanilsäure-[2,6-dimethyl-[3]pyridylamid], Essigsäure-[4-(2,6-dimethyl-[3]pyridylsulfamoyl)-anilid] $C_{15}H_{17}N_3O_3S$, Formel VI (R = CO-CH$_3$).
B. Aus 2,6-Dimethyl-[3]pyridylamin und *N*-Acetyl-sulfanilylchlorid beim Behandeln mit Pyridin (*Płażek, Richter*, Roczniki Chem. **21** [1947] 55, 57; C. A. **1948** 1907) oder beim Erwärmen mit Pyridin in Aceton (*Ochiai et al.*, J. pharm. Soc. Japan **61** [1941] 230, 233; dtsch. Ref. Nr. 6, S. 91, 94; C. A. **1951** 2941).
Kristalle (aus E.); F: 160—161° (*Och. et al.*). Wasserhaltige Kristalle [aus H$_2$O] (*Pł., Ri.*).

2,6-Dimethyl-[4]pyridylamin $C_7H_{10}N_2$, Formel VII (R = H) (H 435; E I 633).
B. Beim Erhitzen von 2,6-Dimethyl-pyridin mit NaNH$_2$ und *N,N*-Dimethyl-anilin auf 130—150° (*Schering A.G.*, D.R.P. 663891 [1936]; Frdl. **25** 357; vgl. E I 633). Beim Leiten von NH$_3$ in ein auf 205—210° erhitztes Gemisch von 4-Chlor-2,6-dimethyl-pyridin und *p*-Kresol (*Royer*, Soc. **1949** 1803, 1806). Aus 2,6-Dimethyl-4-nitro-pyridin-1-oxid bei der Hydrierung an Palladium/Kohle und Platin in Acetanhydrid (*Ochiai, Katoh*, J. pharm. Soc. Japan **71** [1951] 156, 160; C. A. **1951** 9542) oder in Acetanhydrid enthaltender Essigsäure (*Kato, Hamaguchi*, Pharm. Bl. **4** [1956] 174, 176), beim Erwärmen mit Eisen-Pulver in wss. Essigsäure (*Ochiai, Fujimoto*, Pharm. Bl. **2** [1954] 131, 134) sowie beim Erwärmen mit Eisen-Pulver und wenig HgCl$_2$ in wss. Essigsäure (*Kuczyński*, Acta Polon. pharm. **12** [1955] 105, 108; C. A. **1956** 3427).
Kristalle; F: 192° [unkorr.; aus Bzl.] (*Ro.*), 192° [aus PAe.] (*Kato, Ha.*). λ_{max} (A.): 247 nm (*Okuda*, Pharm. Bl. **4** [1956] 257, 258).
Beim Behandeln mit NaNO$_2$ in wss. H$_2$SO$_4$ und anschliessenden Erwärmen mit Kalium=thiocyanat und Kupfer(I)-thiocyanat ist eine als 2,6-Dimethyl-[4]pyridylthiocyanat formulierte Verbindung $C_8H_8N_2S$ (Kristalle [aus PAe.], F: 63°; Picrat $C_8H_8N_2S \cdot C_6H_3N_3O_7$, F: 182°) erhalten worden (*Talik, Płażek*, Roczniki Chem. **33** [1959] 387, 392; C. A. **1959** 18954).

VII	VIII	IX	X

4-Amino-2,6-dimethyl-pyridin-1-oxid, 2,6-Dimethyl-1-oxy-[4]pyridylamin $C_7H_{10}N_2O$, Formel VIII.
B. Durch Hydrierung von 2,6-Dimethyl-4-nitro-pyridin-1-oxid an Palladium/Kohle

in H_2O (*Kato, Hamaguchi*, Pharm. Bl. **4** [1956] 174, 176).
Kristalle (aus A. + Acn.); F: 264—266° [Zers.] (*Kato, Ha.*). UV-Spektrum (A.; 220—350 nm): *Kato et al.*, Pharm. Bl. **4** [1956] 178, 180.
Picrat $C_7H_{10}N_2O \cdot C_6H_3N_3O_7$. Gelbe Kristalle (aus Me.); F: 214° [Zers.] (*Kato, Ha.*).

4-Dimethylamino-1,2,6-trimethyl-pyridinium $[C_{10}H_{17}N_2]^+$, Formel IX (R = CH_3).
Perchlorat $[C_{10}H_{17}N_2]ClO_4$. Kristalle (aus H_2O); F: 270—271° (*King, Ozog*, J. org. Chem. **20** [1955] 448, 452).
Jodid $[C_{10}H_{17}N_2]I$. *B.* Beim Erwärmen von 4-Methoxy-1,2,6-trimethyl-pyridinium-jodid mit Dimethylamin in wss. Äthanol (*King, Ozog*). — Kristalle (aus A.); F: 308° bis 309°.

4-Dimethylamino-2,6-dimethyl-1-phenyl-pyridinium $[C_{15}H_{19}N_2]^+$, Formel IX (R = C_6H_5).
Perchlorat $[C_{15}H_{19}N_2]ClO_4$. *B.* Beim Erwärmen von 2,6-Dimethyl-4-methylmercapto-1-phenyl-pyridinium-perchlorat mit Dimethylamin in wss. Äthanol (*King, Ozog*, J. org. Chem. **20** [1955] 448, 451). — Kristalle (aus H_2O); F: 171—172° [Zers.].

4-Benzylamino-2,6-dimethyl-pyridin, Benzyl-[2,6-dimethyl-[4]pyridyl]-amin $C_{14}H_{16}N_2$, Formel VII (R = CH_2-C_6H_5).
B. Beim Erhitzen von 4-Chlor-2,6-dimethyl-pyridin mit Benzylamin auf 150—160° (*Kato, Ohta*, J. pharm. Soc. Japan **71** [1951] 217, 219).
Kristalle (aus Me.); F: 112°.
Picrat $C_{14}H_{16}N_2 \cdot C_6H_3N_3O_7$. Kristalle; F: 169°.

[4-Chlor-benzyl]-[2,6-dimethyl-[4]pyridyl]-amin $C_{14}H_{15}ClN_2$, Formel VII (R = CH_2-C_6H_4-Cl(p)).
B. Beim Erhitzen von 4-Chlor-2,6-dimethyl-pyridin mit 4-Chlor-benzylamin auf 160° (*Kato, Hagiwara*, J. pharm. Soc. Japan **73** [1953] 145, 147; C. A. **1953** 11192).
Kristalle (aus E.); F: 179—181,5°. $Kp_{0,3}$: 183—187°.

2′,6′-Dimethyl-3,4,5,6-tetrahydro-2H-[1,4′]bipyridyl, 2,6-Dimethyl-4-piperidino-pyridin $C_{12}H_{18}N_2$, Formel X.
B. Beim Erwärmen von 2,6-Dimethyl-4-piperidino-pyrylium-perchlorat mit $[NH_4]_2CO_3$ und wss.-methanol. NH_3 (*Anker, Cook*, Soc. **1946** 117, 120). Beim Erhitzen von 4-Chlor-2,6-dimethyl-pyridin mit Piperidin auf 150° (*An., Cook*).
Kristalle (aus PAe.); F: 83°.
Monopicrat $C_{12}H_{18}N_2 \cdot C_6H_3N_3O_7$. Kristalle (aus A.); F: 149—150°.
Dipicrat. Kristalle (aus Bzl.); F: 151°.

1′,2′,6′-Trimethyl-3,4,5,6-tetrahydro-2H-[1,4′]bipyridylium(1+), 1,2,6-Trimethyl-4-piperidino-pyridinium $[C_{13}H_{21}N_2]^+$, Formel XI (R = CH_3).
Perchlorat $[C_{13}H_{21}N_2]ClO_4$. *B.* Beim Behandeln von 2,6-Dimethyl-4-piperidino-pyrylium-perchlorat mit äthanol. Methylamin (*Anker, Cook*, Soc. **1946** 117, 120). — Kristalle (aus A.); F: 178—179°.

1′-Benzyl-2′,6′-dimethyl-3,4,5,6-tetrahydro-2H-[1,4′]bipyridylium(1+), 1-Benzyl-2,6-dimethyl-4-piperidino-pyridinium $[C_{19}H_{25}N_2]^+$, Formel XI (R = CH_2-C_6H_5).
Jodid $[C_{19}H_{25}N_2]I$. *B.* Beim Erwärmen von 2,6-Dimethyl-4-piperidino-pyrylium-jodid mit Benzylamin in Äthanol (*King, Ozog*, J. org. Chem. **20** [1955] 448, 452). — Kristalle (aus Me.); F: 203—204° [Zers.].

4-p-Anisidino-2,6-dimethyl-pyridin, [2,6-Dimethyl-[4]pyridyl]-[4-methoxy-phenyl]-amin $C_{14}H_{16}N_2O$, Formel VII (R = C_6H_4-O-CH_3(p)).
B. Neben 8-Methoxy-1,3-dimethyl-5H-benzo[b][1,6]naphthyridin-10-on beim Erhitzen von 4-p-Anisidino-2,6-dimethyl-nicotinsäure mit $POCl_3$ (*Bachman, Barker*, J. org. Chem. **14** [1949] 97, 100).
Hydrochlorid $C_{14}H_{16}N_2O \cdot HCl$. Kristalle (aus A. + Ae.); F: 229—230°.

[(2,6-Dimethyl-[4]pyridylimino)-methyl]-malonsäure-diäthylester $C_{15}H_{20}N_2O_4$ und Tautomeres.

[(2,6-Dimethyl-[4]pyridylamino)-methylen]-malonsäure-diäthylester $C_{15}H_{20}N_2O_4$, Formel VII (R = CH=C(CO-O-C$_2$H$_5$)$_2$) auf S. 4215.

B. Beim Erhitzen von 2,6-Dimethyl-[4]pyridylamin mit Äthoxymethylen-malonsäure-diäthylester (*Okuda*, Pharm. Bl. **5** [1957] 460).

Kristalle (aus PAe.); F: 86—88°.

N'-[2,6-Dimethyl-[4]pyridyl]-N,N-dimethyl-äthylendiamin $C_{11}H_{19}N_3$, Formel XII (R = H, R' = CH$_3$).

B. Beim Erhitzen von 4-Chlor-2,6-dimethyl-pyridin mit N,N-Dimethyl-äthylendiamin auf 150—160° (*Kato, Ohta*, J. pharm. Soc. Japan **71** [1951] 217, 219).

Kp$_5$: 175—185°.

N-[2,6-Dimethyl-[4]pyridyl]-N',N'-dimethyl-N-phenyl-äthylendiamin $C_{17}H_{23}N_3$, Formel XII (R = C$_6$H$_5$, R' = CH$_3$).

B. Beim Erwärmen von N,N-Dimethyl-N'-phenyl-äthylendiamin mit NaNH$_2$ in Toluol und anschliessenden Erhitzen mit 4-Chlor-2,6-dimethyl-pyridin (*Kato, Hagiwara*, J. pharm. Soc. Japan **73** [1953] 145, 148; C. A. **1953** 11192).

Kp$_{1,5}$: 149—150°.

Dipicrat $C_{17}H_{23}N \cdot 2\,C_6H_3N_3O_7$. Gelbe Kristalle (aus Acn.); F: 216—218°.

N-Benzyl-N-[2,6-dimethyl-[4]pyridyl]-N',N'-dimethyl-äthylendiamin $C_{18}H_{25}N_3$, Formel XII (R = CH$_2$-C$_6$H$_5$, R' = CH$_3$).

B. Beim Erwärmen von Benzyl-[2,6-dimethyl-[4]pyridyl]-amin mit NaNH$_2$ und anschliessenden Erhitzen mit [2-Chlor-äthyl]-dimethyl-amin-hydrochlorid bis auf 160° (*Kato, Ohta*, J. pharm. Soc. Japan **71** [1951] 217, 219). Beim Erhitzen von Benzyl-[2,6-dimethyl-[4]pyridyl]-amin mit NaNH$_2$, [2-Chlor-äthyl]-dimethyl-amin-hydrochlorid und NaI in Toluol (*Kato, Ohta*).

Kp$_4$: 175—178°.

Dipicrat $C_{18}H_{25}N_3 \cdot 2\,C_6H_3N_3O_7$. Kristalle; F: 182°.

XI   XII   XIII

N-[4-Chlor-benzyl]-N-[2,6-dimethyl-[4]pyridyl]-N',N'-dimethyl-äthylendiamin $C_{18}H_{24}ClN_3$, Formel XII (R = CH$_2$-C$_6$H$_4$-Cl(p), R' = CH$_3$).

B. Beim Erwärmen von [4-Chlor-benzyl]-[2,6-dimethyl-[4]pyridyl]-amin mit NaNH$_2$ in Toluol und anschliessenden Erhitzen mit [2-Chlor-äthyl]-dimethyl-amin (*Kato, Hagiwara*, J. pharm. Soc. Japan **73** [1953] 145, 148; C. A. **1953** 11192).

Kp$_{0,35-0,42}$: 180—185°.

N,N-Diäthyl-N'-benzyl-N'-[2,6-dimethyl-[4]pyridyl]-äthylendiamin $C_{20}H_{29}N_3$, Formel XII (R = CH$_2$-C$_6$H$_5$, R' = C$_2$H$_5$).

B. Beim Erwärmen von Benzyl-[2,6-dimethyl-[4]pyridyl]-amin mit NaNH$_2$ und anschliessenden Erhitzen mit Diäthyl-[2-chlor-äthyl]-amin-hydrochlorid (*Kato*, J. pharm. Soc. Japan **71** [1951] 1381, 1383; C. A. **1952** 7100).

Kp$_7$: 175—195°.

Benzyl-[2,6-dimethyl-[4]pyridyl]-[2-piperidino-äthyl]-amin $C_{21}H_{29}N_3$, Formel XIII (X = H).

B. Aus Benzyl-[2,6-dimethyl-[4]pyridyl]-amin beim Erwärmen mit NaNH$_2$ und anschliessenden Erhitzen mit 1-[2-Chlor-äthyl]-piperidin-hydrochlorid oder beim Erhitzen mit NaNH$_2$ und 1-[2-Chlor-äthyl]-piperidin in Toluol (*Kato*, J. pharm. Soc. Japan **71** [1951] 1381, 1383; C. A. **1952** 7100).

Kristalle (aus Acn.) mit 2 Mol H_2O; F: 75—83°. Kp_6: 188—195°.
Hydrobromid. Kristalle (aus Me. + Acn.); Zers. bei 191—192°.

[4-Chlor-benzyl]-[2,6-dimethyl-[4]pyridyl]-[2-piperidino-äthyl]-amin $C_{21}H_{28}ClN_3$,
Formel XIII (X = Cl).
B. Beim Erhitzen von 4-Chlor-2,6-dimethyl-pyridin mit [4-Chlor-benzyl]-[2-piper=
idino-äthyl]-amin auf 150° (*Kato, Hagiwara*, J. pharm. Soc. Japan **73** [1953] 145, 148;
C. A. **1953** 11192).
$Kp_{0,4}$: 195—200°.

N-[2,6-Dimethyl-[4]pyridyl]-N-[2-methoxy-phenyl]-N',N'-dimethyl-äthylendiamin
$C_{18}H_{25}N_3O$, Formel XII (R = C_6H_4-O-CH_3(*o*), R' = CH_3).
B. Beim Erwärmen von N'-[2-Methoxy-phenyl]-N,N-dimethyl-äthylendiamin mit
$NaNH_2$ in Toluol und anschliessenden Erhitzen mit 4-Chlor-2,6-dimethyl-pyridin (*Kato,
Hagiwara*, J. pharm. Soc. Japan **73** [1953] 145, 149; C. A. **1953** 11192).
Kp_2: 163—164°.
Dipicrat $C_{18}H_{25}N_3O \cdot 2 C_6H_3N_3O_7$. Gelbe Kristalle (aus Acn. + Ae.); F: 195—197,5°.

N-[2,6-Dimethyl-[4]pyridyl]-N-[4-methoxy-phenyl]-N',N'-dimethyl-äthylendiamin
$C_{18}H_{25}N_3O$, Formel XII (R = C_6H_4-O-CH_3(*p*), R' = CH_3).
B. Beim Erwärmen von N'-[4-Methoxy-phenyl]-N,N-dimethyl-äthylendiamin mit
$NaNH_2$ in Toluol und anschliessenden Erhitzen mit 4-Chlor-2,6-dimethyl-pyridin (*Kato,
Hagiwara*, J. pharm. Soc. Japan **73** [1953] 145, 148; C. A. **1953** 11192).
Kp_2: 165—166°.
Dipicrat $C_{18}H_{25}N_3O \cdot 2 C_6H_3N_3O_7$. Gelbe Kristalle (aus Acn.); F: 177,5—180°.

N-[2,6-Dimethyl-[4]pyridyl]-N-[4-methoxy-benzyl]-N',N'-dimethyl-äthylendiamin
$C_{19}H_{27}N_3O$, Formel XII (R = CH_2-C_6H_4-O-CH_3(*p*), R' = CH_3).
B. Beim Erhitzen von 4-Chlor-2,6-dimethyl-pyridin mit N'-[4-Methoxy-benzyl]-
N,N-dimethyl-äthylendiamin und wenig Kupfer-Pulver in Toluol auf 160° (*Kato*, J. pharm.
Soc. Japan **71** [1951] 1381, 1384; C. A. **1952** 7100).
Kp_4: 230—240° [Badtemperatur].
Dipicrat $C_{19}H_{27}N_3O \cdot 2 C_6H_3N_3O_7$. Gelbe Kristalle (aus Acn.); F: 198—200°.

N,N-Diäthyl-N'-[2,6-dimethyl-[4]pyridyl]-N'-[4-methoxy-benzyl]-äthylendiamin
$C_{21}H_{31}N_3O$, Formel XII (R = CH_2-C_6H_4-O-CH_3(*p*), R' = C_2H_5).
B. Beim Erhitzen von 4-Chlor-2,6-dimethyl-pyridin mit N,N-Diäthyl-N'-[4-methoxy-
benzyl]-äthylendiamin und wenig Kupfer-Pulver in Toluol auf 130—140° (*Kato, Hagiwara*, J. pharm. Soc. Japan **73** [1953] 145, 147; C. A. **1953** 11192).
Kp_3: 229—231° [Badtemperatur].

[2,6-Dimethyl-[4]pyridyl]-[4-methoxy-benzyl]-[2-piperidino-äthyl]-amin $C_{22}H_{31}N_3O$,
Formel XIII (X = O-CH_3).
B. Beim Erhitzen von 4-Chlor-2,6-dimethyl-pyridin mit [4-Methoxy-benzyl]-[2-piper=
idino-äthyl]-amin und wenig Kupfer-Pulver in Toluol auf 130—140° (*Kato, Hagiwara*,
J. pharm. Soc. Japan **73** [1953] 145, 147; C. A. **1953** 11192).
$Kp_{0,05}$: 174°.
Dipicrat $C_{22}H_{31}N_3O \cdot 2 C_6H_3N_3O_7$. Gelbe Kristalle; F: 223—225°.

**($\pm$)-4-[4-Diäthylamino-1-methyl-butylamino]-2,6-dimethyl-pyridin, ($\pm$)-N^4,N^4-Diäthyl-
N^1-[2,6-dimethyl-[4]pyridyl]-1-methyl-butandiyldiamin** $C_{16}H_{29}N_3$, Formel XIV.
B. Beim Erhitzen von 4-Chlor-2,6-dimethyl-nicotinsäure-äthylester mit ($\pm$)-4-Amino-
1-diäthylamino-pentan, wenig NaI und wenig Kupfer-Pulver auf 205° (*Bachman, Barker*,
J. org. Chem. **14** [1949] 97, 101).
$Kp_{0,5-1}$: 130—135°.
Hexachloroplatinat. Rote Kristalle (aus wss. A.); F: 229—230°.

N-[2,6-Dimethyl-[4]pyridyl]-N-furfuryl-N',N'-dimethyl-äthylendiamin $C_{16}H_{23}N_3O$,
Formel XV (R = CH_3).
B. Beim Erhitzen von 4-Chlor-2,6-dimethyl-pyridin mit N'-Furfuryl-N,N-dimethyl-

äthylendiamin in Toluol auf 150—160° (*Kato, Hagiwara*, J. pharm. Soc. Japan **73** [1953]
145, 147; C. A. **1953** 11192).
Kp$_1$: 200° [Badtemperatur].
Dipicrat C$_{16}$H$_{23}$N$_3$O·2 C$_6$H$_3$N$_3$O$_7$. Gelbe Kristalle; F: 172—175°.

XIV   XV

***N,N*-Diäthyl-*N'*-[2,6-dimethyl-[4]pyridyl]-*N'*-furfuryl-äthylendiamin** C$_{18}$H$_{27}$N$_3$O,
Formel XV (R = C$_2$H$_5$).
B. Beim Erhitzen von 4-Chlor-2,6-dimethyl-pyridin mit *N,N*-Diäthyl-*N'*-furfuryl-
äthylendiamin und wenig Kupfer-Pulver in Toluol auf 130—150° (*Kato, Hagiwara*, J.
pharm. Soc. Japan **73** [1953] 145, 147; C. A. **1953** 11192).
Kp$_4$: 228—232° (*Kato, Ha.*, l. c. S. 146) bzw. 170—180° (*Kato, Ha.*, l. c. S. 147).
Dipicrat C$_{18}$H$_{27}$N$_3$O·2 C$_6$H$_3$N$_3$O$_7$. F: 142—144°.

[2,6-Dimethyl-[4]pyridyl]-furfuryl-[2-piperidino-äthyl]-amin C$_{19}$H$_{27}$N$_3$O, Formel I.
B. Beim Erhitzen von 4-Chlor-2,6-dimethyl-pyridin mit Furfuryl-[2-piperidino-äthyl]-
amin und wenig Kupfer-Pulver in Toluol auf 130—140° (*Kato, Hagiwara*, J. pharm. Soc.
Japan **73** [1953] 145, 147; C. A. **1953** 11192).
Kp$_1$: 185—190°.

3-Jod-2,6-dimethyl-[4]pyridylamin C$_7$H$_9$IN$_2$, Formel II (X = I, X' = H).
Hydrochlorid C$_7$H$_9$IN$_2$·HCl. *B.* Beim Erwärmen von 2,6-Dimethyl-[4]pyridylamin
mit ICl in wss. HCl (*Ochiai, Fujimoto*, Pharm. Bl. **2** [1954] 131, 136). — Kristalle; Zers.
bei 262°.

3,5-Dijod-2,6-dimethyl-[4]pyridylamin C$_7$H$_8$I$_2$N$_2$, Formel II (X = X' = I).
B. Beim Erhitzen von 2,6-Dimethyl-[4]pyridylamin mit ICl in Essigsäure (*Ochiai, Fuji-
moto*, Pharm. Bl. **2** [1954] 131, 136).
Kristalle (aus Py.); F: 154—155°.
Hydrochlorid C$_7$H$_8$I$_2$N$_2$·HCl. Kristalle; Zers. bei 258—259°.

I   II   III

2-Aminomethyl-6-methyl-pyridin, *C*-[6-Methyl-[2]pyridyl]-methylamin C$_7$H$_{10}$N$_2$,
Formel III (R = H).
B. Beim Behandeln von 6-Methyl-pyridin-2-carbaldehyd-oxim mit Zink-Pulver,
Essigsäure und Äthanol (*Goodwin, Lions*, Am. Soc. **81** [1959] 6415, 6420).
Kp$_4$: 78°.
[5-Brom-2-hydroxy-benzyliden]-Derivat C$_{14}$H$_{13}$BrN$_2$O; 5-Brom-2-hydroxy-
benzaldehyd-[6-methyl-[2]pyridylmethylimin]. F: 77°.

Benzyl-[6-methyl-[2]pyridylmethyl]-amin C$_{14}$H$_{16}$N$_2$, Formel III (R = CH$_2$-C$_6$H$_5$).
B. Beim Behandeln von 6-Methyl-pyridin-2-carbonsäure-benzylamid mit LiAlH$_4$ in
Äther (*Nikitškaja et al.*, Ž. obšč. Chim. **28** [1958] 161, 165; engl. Ausg. S. 161, 164).
Kp$_{0,1}$: 119°.

*[6-Methyl-[2]pyridylmethyl]-[2]pyridylmethylen-amin, Pyridin-2-carbaldehyd-
[6-methyl-[2]pyridylmethylimin] $C_{13}H_{13}N_3$, Formel IV (R = H).
B. Beim Erwärmen von 2-Aminomethyl-6-methyl-pyridin mit Pyridin-2-carbaldehyd
in Äthanol (*Goodwin, Lions,* Am. Soc. **81** [1959] 6415, 6420, 6421).
Verbindung mit Kupfer(II)-chlorid-perchlorat $[Cu(C_{13}H_{13}N_3)Cl]ClO_4$. Braun.
Verbindung mit Eisen(II)-perchlorat $[Fe(C_{13}H_{13}N_3)_2](ClO_4)_2$. Violette Kristalle
(aus H_2O + wenig A. + wenig $NaClO_4$) mit 3 Mol H_2O. Diamagnetisch (*Go., Li.,* l. c. S.
6416).

IV   V

*[6-Methyl-[2]pyridylmethyl]-[6-methyl-[2]pyridylmethylen]-amin, 6-Methyl-pyridin-
2-carbaldehyd-[6-methyl-[2]pyridylmethylimin] $C_{14}H_{15}N_3$, Formel IV (R = CH_3).
B. Beim Erwärmen von 2-Aminomethyl-6-methyl-pyridin mit 6-Methyl-pyridin-
2-carbaldehyd in Äthanol (*Goodwin, Lions,* Am. Soc. **81** [1959] 6415, 6417, 6420, 6421).
Verbindung mit Kupfer(II)-chlorid $[Cu(C_{14}H_{15}N_3)Cl]Cl$. Braun.

*[2]Chinolylmethylen-[6-methyl-[2]pyridylmethyl]-amin, Chinolin-2-carbaldehyd-
[6-methyl-[2]pyridylmethylimin] $C_{17}H_{15}N_3$, Formel V.
B. Beim Erwärmen von 2-Aminomethyl-6-methyl-pyridin mit Chinolin-2-carbaldehyd
in Äthanol (*Goodwin, Lions,* Am. Soc. **81** [1959] 6415, 6417, 6420, 6421).
Verbindung mit Kupfer(II)-chlorid $[Cu(C_{17}H_{15}N_3)Cl]Cl$. Braun.   [*Härter*]

Amine $C_8H_{12}N_2$

6-Propyl-[3]pyridylamin $C_8H_{12}N_2$, Formel VI (R = H).
B. Beim Erwärmen von 5-Nitro-2-propyl-pyridin mit $SnCl_2$ und konz. HCl (*Gruber,
Schlögl,* M. **80** [1949] 499, 503). Beim Erwärmen von [6-Propyl-[3]pyridyl]-carbamidsäure-
äthylester mit wss.-äthanol. KOH (*Šorm, Sicher,* Collect. **14** [1949] 331, 341). Beim Er-
wärmen von 6-Propyl-nicotinsäure-amid mit wss. KOH und wss. NaOCl (*Gruber, Schlögl,*
M. **81** [1950] 83, 88).
Kp_{11}: 134—136° (*Šorm, Si.*); $Kp_{0,005}$: 50—60° [Luftbadtemperatur] (*Gr., Sch.*).
Picrat $C_8H_{12}N_2 \cdot C_6H_3N_3O_7$. Kristalle (aus Me.); F: 163—165° [evakuierte Kapillare]
(*Gr., Sch.*), 161° (*Šorm, Si.*).

VI   VII

[6-Propyl-[3]pyridyl]-carbamidsäure-äthylester $C_{11}H_{16}N_2O_2$, Formel VI (R = $CO-O-C_2H_5$).
B. Beim Behandeln von 6-Propyl-nicotinsäure-hydrazid mit verd. wss. HCl und wss.
$NaNO_2$ bei −8° und Erwärmen des erhaltenen Azids mit Äthanol (*Šorm, Sicher,* Collect.
14 [1949] 331, 341).
Kristalle (aus PAe.); F: 70°.

Butyl-propyl-[6-propyl-[2]pyridyl]-amin $C_{15}H_{26}N_2$, Formel VII.
B. Aus Butyl-[6-methyl-[2]pyridyl]-propyl-amin und einem Äthylhalogenid mit Hilfe
von $NaNH_2$ (*Fürst, Feustel,* Chem. Tech. **10** [1958] 693, 698, 699).
Kp_1: 90°. n_D^{20}: 1,5142.

(±)-2-[1-Amino-propyl]-pyridin, (±)-1-[2]Pyridyl-propylamin $C_8H_{12}N_2$, Formel VIII (R = H).

B. Aus 1-[2]Pyridyl-propan-1-on-oxim mit Hilfe von Zink und Essigsäure (*Bower, Ramage*, Soc. **1955** 2834, 2837).

Kp_{13}: 110°.

(±)-1-Formylamino-1-[2]pyridyl-propan, (±)-*N*-[1-[2]Pyridyl-propyl]-formamid $C_9H_{12}N_2O$, Formel VIII (R = CHO).

B. Aus (±)-1-[2]Pyridyl-propylamin (*Bower, Ramage*, Soc. **1955** 2834, 2837).

Kp_2: 146°.

(±)-1-Acetylamino-1-[2]pyridyl-propan, (±)-*N*-[1-[2]Pyridyl-propyl]-acetamid $C_{10}H_{14}N_2O$, Formel VIII (R = CO-CH₃).

B. Aus (±)-1-[2]Pyridyl-propylamin (*Bower, Ramage*, Soc. **1955** 2834, 2837).

Kristalle; F: 83°.

VIII   IX   X

2-[2-Amino-propyl]-pyridin, 1-Methyl-2-[2]pyridyl-äthylamin $C_8H_{12}N_2$, Formel IX (R = H).

a) **(+)-1-Methyl-2-[2]pyridyl-äthylamin** $C_8H_{12}N_2$.

B. Beim Erwärmen von (−)-Toluol-4-sulfonsäure-[1-methyl-2-[2]pyridyl-äthylester] mit wasserfreiem flüssigen NH_3 auf 45−50° (*Chapman, Williams*, Soc. **1953** 2797).

$Kp_{0,5}$: 75°; $[\alpha]_D^{15}$: +20,7° [Me.; c = 1] (konfigurative Einheitlichkeit ungewiss).

b) **(−)-1-Methyl-2-[2]pyridyl-äthylamin** $C_8H_{12}N_2$.

B. Beim Erwärmen von (+)-Toluol-4-sulfonsäure-[1-methyl-2-[2]pyridyl-äthylester] mit wasserfreiem flüssigen NH_3 auf 45−50° (*Chapman, Williams*, Soc. **1953** 2797).

$Kp_{0,02}$: 49°; n_D^{16}: 1,5212; $[\alpha]_D^{15}$: −22,22° [Me.; c = 0,9], −8,3° [wss. HCl (0,1 n); c = 0,6] (konfigurative Einheitlichkeit ungewiss).

c) **(±)-1-Methyl-2-[2]pyridyl-äthylamin** $C_8H_{12}N_2$ (H 436).

B. Beim Erhitzen von [2]Pyridylaceton mit Ameisensäure und Formamid auf 160−180° und Erwärmen des Reaktionsprodukts mit konz. HCl (*Burger, Ullyot*, J. org. Chem. **12** [1947] 342, 345).

Kp_{12}: 96,5−97° (*Bu., Ul.*).

N-[Toluol-4-sulfonyl]-Derivat $C_{15}H_{18}N_2O_2S$; (±)-*N*-[1-Methyl-2-[2]pyridyl-äthyl]-toluol-4-sulfonamid. F: 133,5−134,5° (*Chapman, Williams*, Soc. **1953** 2797).

(±)-2-[2-Methylamino-propyl]-pyridin, (±)-Methyl-[1-methyl-2-[2]pyridyl-äthyl]-amin $C_9H_{14}N_2$, Formel IX (R = CH₃).

B. Aus (±)-2-[2-Brom-propyl]-pyridin und äthanol. Methylamin bei 100° (*Walter et al.*, Am. Soc. **63** [1941] 2771).

Kp_2: 72°. Hygroskopisch.

Dihydrochlorid $C_9H_{14}N_2 \cdot 2$ HCl. Kristalle; F: 158−158,5°.

(±)-[1-Methyl-2-[2]pyridyl-äthyl]-carbamidsäure-benzylester $C_{16}H_{18}N_2O_2$, Formel IX (R = CO-O-CH₂-C₆H₅).

B. Beim Behandeln von (±)-1-Methyl-2-[2]pyridyl-äthylamin mit Chlorokohlensäure-benzylester in Aceton unter Zusatz von verd. wss. NaOH unterhalb 5° (*Chapman, Williams*, Soc. **1953** 2797).

$Kp_{0,1}$: 110°.

Picrat $C_{16}H_{18}N_2O_2 \cdot C_6H_3N_3O_7$. F: 136−137° [bei schnellem Erhitzen].

N-[(1*R*)-Menthyl]-*N'*-[(*Ξ*)-1-methyl-2-[2]pyridyl-äthyl]-harnstoff $C_{19}H_{31}N_3O$, Formel X.

B. Beim Behandeln von (±)-1-Methyl-2-[2]pyridyl-äthylamin mit (1*R*)-Menthyliso= cyanat in Äther (*Chapman, Williams*, Soc. **1953** 2797).

Kristalle (aus Ae. + Acn.); F: 123—126,5°. $[\alpha]_D^{20}$: −60,9° [A.; c = 1].

2-[3-Dimethylamino-propyl]-pyridin, Dimethyl-[3-[2]pyridyl-propyl]-amin $C_{10}H_{16}N_2$, Formel XI (R = CH₃).

B. Aus 2-Methyl-pyridin und [2-Chlor-äthyl]-dimethyl-amin beim Behandeln mit KNH_2 in flüssigem NH_3 (*Sperber et al.*, Am. Soc. **73** [1951] 5752, 5758) sowie bei längerem Erwärmen mit $NaNH_2$ in Benzol (*Sp. et al.*; vgl. *Morikawa*, J. pharm. Soc. Japan **75** [1955] 593, 596; C. A. **1956** 5656).

Kp_{10}: 105—107°; n_D^{28}: 1,4968 (*Sp. et al.*). Kp_7: 94—94,5° (*Mo.*).

Dihydrochlorid $C_{10}H_{16}N_2 \cdot 2$ HCl. Hygroskopische Kristalle (aus Me. + Acn.) mit 1 Mol H_2O; F: 184—185° (*Mo.*).

Methojodid $[C_{11}H_{19}N_2]I$; Trimethyl-[3-[2]pyridyl-propyl]-ammonium. Kri= stalle (aus Me.); F: 157—158° (*Mo.*).

2-[3-Diäthylamino-propyl]-pyridin, Diäthyl-[3-[2]pyridyl-propyl]-amin $C_{12}H_{20}N_2$, Formel XI (R = C₂H₅).

B. Beim Erhitzen von 2-Methyl-pyridin mit Diäthyl-[2-chlor-äthyl]-amin und $NaNH_2$ (*Tchitchibabine*, Bl. [5] **5** [1938] 436, 438).

Kp_{24}: 142°. D_4^0: 0,9381; D_4^{22}: 0,9212.

Hexachloroplatinat(IV) $C_{12}H_{20}N_2 \cdot H_2PtCl_6$. Orangefarbene Kristalle (aus H_2O); F: 206—208° [Zers.].

Dipicrat $C_{12}H_{20}N_2 \cdot 2 \ C_6H_3N_3O_7$. Kristalle (aus E. oder Acn.); F: 151°.

XI   XII   XIII

Methyl-bis-[3-[2]pyridyl-propyl]-amin $C_{17}H_{23}N_3$, Formel XII.

B. Beim Erhitzen von 2-Chlormethyl-pyridin und Bis-[2-chlor-äthyl]-methyl-amin mit Natrium in Xylol (*Carelli et al.*, Ann. Chimica **49** [1959] 1761, 1765). Beim Behandeln von [2]Pyridyl-methyllithium in Äther (aus Phenyllithium und 2-Methyl-pyridin her= gestellt) mit Bis-[2-chlor-äthyl]-methyl-amin in Benzol (*Ca. et al.*, l. c. S. 1766).

Kristalle (aus Acn.); F: 60—61°. $Kp_{0,15}$: 142—145°.

Trihydrochlorid $C_{17}H_{23}N_3 \cdot 3$ HCl. Kristalle (aus Acn.); F: 258—260°.

Tris-hydrogentartrat $C_{17}H_{23}N_3 \cdot 3 \ C_4H_6O_6$. Kristalle (aus wss. A.); F: 178—179°.

Tris-methojodid $[C_{20}H_{32}N_3]I_3$; Dimethyl-bis-[3-(1-methyl-pyridinium-2-yl)-propyl]-ammonium-trijodid. Kristalle (aus A.); F: 221—222°.

(±)-3-[2-Amino-propyl]-pyridin, (±)-1-Methyl-2-[3]pyridyl-äthylamin $C_8H_{12}N_2$, Formel XIII.

B. Beim Erhitzen von [3]Pyridylaceton mit Ammoniumformiat auf 160—170° und Erhitzen des Reaktionsgemisches mit verd. wss. HCl (*Burger, Walter*, Am. Soc. **72** [1950] 1988). Beim Erwärmen von [3]Pyridylaceton-oxim mit $LiAlH_4$ [2 Mol] in Äther (*Burger et al.*, J. org. Chem. **22** [1957] 143). Neben [3]Pyridylaceton-oxim beim Er= wärmen von 3-[2-Nitro-ξ-propenyl]-pyridin mit $LiAlH_4$ [4 Mol] in Äther (*Bu. et al.*).

Kp_1: 83—88°; $Kp_{0,5}$: 74—77° (*Bu., Wa.*); $Kp_{0,2}$: 70—73° (*Bu. et al.*).

Dihydrobromid $C_8H_{12}N_2 \cdot 2$ HBr. Hygroskopische Kristalle (aus wasserfreiem A.); F: 192—193° [korr.] (*Bu. et al.*).

Dipicrat $C_8H_{12}N_2 \cdot 2 \ C_6H_3N_3O_7$. Kristalle (aus A. + wenig Acn.); F: 186—187,5° (*Bu., Wa.*).

N-[3-Nitro-benzolsulfonyl]-Derivat $C_{14}H_{15}N_3O_4S$; 3-Nitro-benzolsulfon= säure-[1-methyl-2-[3]pyridyl-äthylamid]. Gelbe Kristalle (aus wss. A.); F: 167° bis 168,5° [korr.] (*Bu., Wa.*).

3-[3-Dimethylamino-propyl]-pyridin, Dimethyl-[3-[3]pyridyl-propyl]-amin $C_{10}H_{16}N_2$,
Formel I (R = CH$_3$).

B. Beim aufeinanderfolgenden Behandeln von 3-Methyl-pyridin mit KNH$_2$ [3 Mol]
in flüssigem NH$_3$ und mit [2-Chlor-äthyl]-dimethyl-amin-hydrochlorid (*Miller, Levine,*
J. org. Chem. **22** [1957] 168).

Kp$_4$: 101—103° [unkorr.].

Dipicrat $C_{10}H_{16}N_2 \cdot 2 C_6H_3N_3O_7$. F: 161,6—162,2° [unkorr.].

3-[3-Diäthylamino-propyl]-pyridin, Diäthyl-[3-[3]pyridyl-propyl]-amin $C_{12}H_{20}N_2$,
Formel I (R = C$_2$H$_5$).

B. Beim aufeinanderfolgenden Behandeln von 3-Methyl-pyridin mit KNH$_2$ [3 Mol]
in flüssigem NH$_3$ und mit Diäthyl-[2-chlor-äthyl]-amin-hydrochlorid (*Miller, Levine,*
J. org. Chem. **22** [1957] 168) oder mit NaNH$_2$ in flüssigem NH$_3$ und mit Diäthyl-[2-chlor-
äthyl]-amin (*Wibaut, Hoogzand,* Chem. Weekbl. **52** [1956] 357).

Kp$_3$: 111—112° [unkorr.] (*Mi., Le.*); Kp$_{0,12}$: 76—78° (*Wi., Ho.*).

Dipicrat $C_{12}H_{20}N_2 \cdot 2 C_6H_3N_3O_7$. F: 143,2—143,9° (*Wi., Ho.*), 141,6—142° [unkorr.]
(*Mi., Le.*).

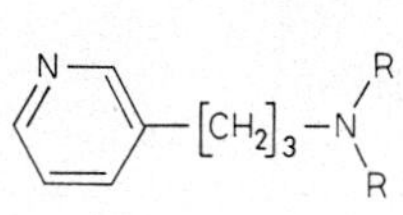

I 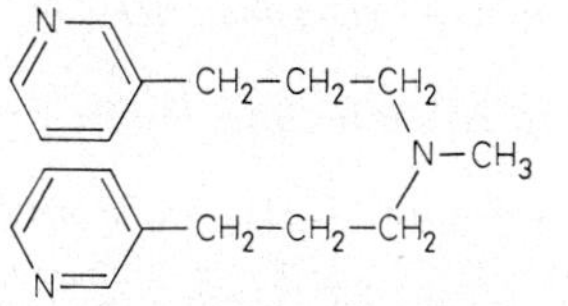   II 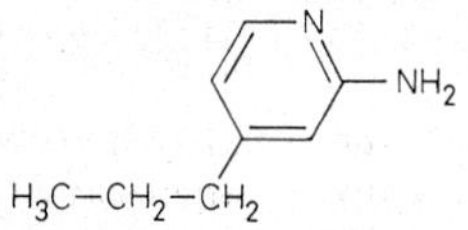   III

Methyl-bis-[3-[3]pyridyl-propyl]-amin $C_{17}H_{23}N_3$, Formel II.

B. Beim Erhitzen von 3-Chlormethyl-pyridin und Bis-[2-chlor-äthyl]-methyl-amin
mit Natrium in Xylol (*Carelli et al.,* Ann. Chimica **49** [1959] 1761, 1766).

Kp$_{0,8}$: 170—175°.

Tripicrat $C_{17}H_{23}N_3 \cdot 3 C_6H_3N_3O_7$. Kristalle (aus A.); F: 161—163°.

Tris-methojodid $[C_{20}H_{32}N_3]I_3$; Dimethyl-bis-[3-(1-methyl-pyridinium-
3-yl)-propyl]-ammonium-trijodid. Kristalle (aus A.); F: 207—210°.

4-Propyl-[2]pyridylamin $C_8H_{12}N_2$, Formel III.

B. Beim Erhitzen von 4-Propyl-pyridin mit NaNH$_2$ in Xylol auf ca. 140° (*Solomon,*
Soc. **1946** 934).

F: 37—47°. Kp$_{29}$: 151—156°; Kp$_{20}$: 145—150°.

Picrat $C_8H_{12}N_2 \cdot C_6H_3N_3O_7$. F: 199—201° [aus Acn.].

Acetyl-Derivat $C_{10}H_{14}N_2O$; *N*-[4-Propyl-[2]pyridyl]-acetamid. Kristalle
(aus PAe.); F: 74—75°. Kp$_{37}$: ca. 200°.

4-Phenyl-1-[3-[4]pyridyl-propyl]-piperidin-4-carbonsäure-äthylester $C_{22}H_{28}N_2O_2$,
Formel IV.

B. Beim Erhitzen von 4-Phenyl-piperidin-4-carbonsäure-äthylester-hydrochlorid mit
4-[3-Brom-propyl]-pyridin und Na$_2$CO$_3$ in Butan-1-ol (*Elpern et al.,* Am. Soc. **79** [1957]
1951, 1953, 1954).

Dihydrochlorid $C_{22}H_{28}N_2O_2 \cdot 2$ HCl. F: 95—96°.

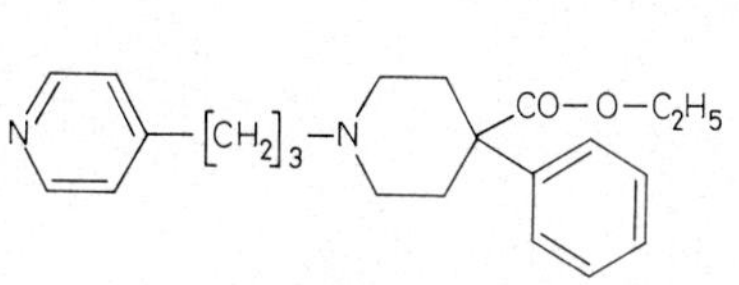

IV 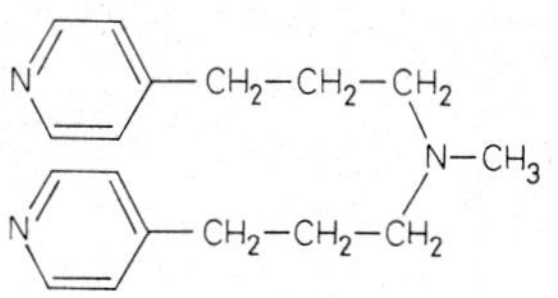   V 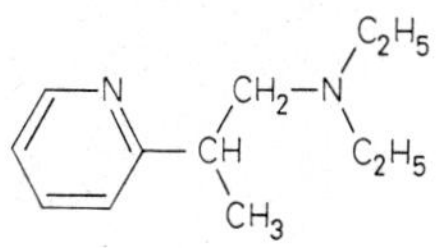   VI

Methyl-bis-[3-[4]pyridyl-propyl]-amin $C_{17}H_{23}N_3$, Formel V.

B. Beim Erhitzen von 4-Chlormethyl-pyridin und Bis-[2-chlor-äthyl]-methyl-amin mit Natrium in Xylol (*Carelli et al.*, Ann. Chimica **49** [1959] 1761, 1766).

Kristalle (aus Acn.); F: 66—67°. $Kp_{0,15}$: 145—148°.

Tripicrat $C_{17}H_{23}N_3 \cdot 3\,C_6H_3N_3O_7$. Kristalle (aus A.); F: 247—249°.

Tris-methojodid $[C_{20}H_{32}N_3]I_3$; Dimethyl-bis-[3-(1-methyl-pyridinium-4-yl)-propyl]-ammonium-trijodid. Kristalle (aus A.); F: 285—287°.

(±)-2-[β-Diäthylamino-isopropyl]-pyridin, (±)-Diäthyl-[2-[2]pyridyl-propyl]-amin $C_{12}H_{20}N_2$, Formel VI.

B. Beim Erwärmen von 2-Äthyl-pyridin mit wss. Formaldehyd, Diäthylamin-hydrochlorid und wss. HCl (*Tseou Heou-Feo*, Bl. [5] **2** [1935] 103, 107).

Kp_{18}: 129°.

Bis-tetrachloroaurat(III) $C_{12}H_{20}N_2 \cdot 2\,HAuCl_4$. F: 183°.

3-[2-Amino-äthyl]-2-methyl-pyridin, 2-[2-Methyl-[3]pyridyl]-äthylamin $C_8H_{12}N_2$, Formel VII.

B. Neben Bis-[2-(2-methyl-[3]pyridyl)-äthyl]-amin bei der Hydrierung von [2-Methyl-[3]pyridyl]-acetonitril an Platin in H_2O (*Dornow, Schacht*, B. **82** [1949] 117, 119).

Kp_{20}: 130—132°.

Dipicrat $C_8H_{12}N_2 \cdot 2\,C_6H_3N_3O_7$. Kristalle (aus H_2O); F: 217—218°.

Bis-[2-(2-methyl-[3]pyridyl)-äthyl]-amin $C_{16}H_{21}N_3$, Formel VIII.

B. s. im vorangehenden Artikel.

Kp_{12}: 206—208° (*Dornow, Schacht*, B. **82** [1949] 117, 119).

Dipicrat $C_{16}H_{21}N_3 \cdot 2\,C_6H_3N_3O_7$. Kristalle (aus H_2O); F: 216—217°.

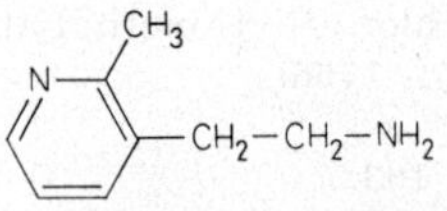

VII 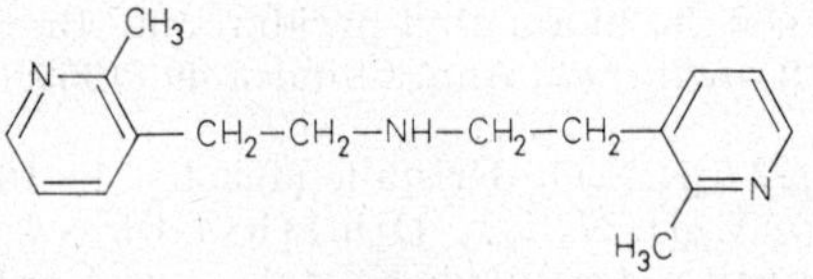   VIII 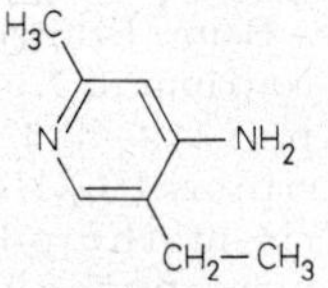   IX

5-Äthyl-2-methyl-[4]pyridylamin $C_8H_{12}N_2$, Formel IX.

B. Beim Erhitzen von 5-Äthyl-2-methyl-4-nitro-pyridin-1-oxid mit Essigsäure und Eisen (*Berson, Cohen*, J. org. Chem. **20** [1955] 1461, 1465).

Kristalle (aus wss. Me.); F: 88,3—89,5° [nach Trocknen unter vermindertem Druck]. λ_{max}: 247,5 nm und 267 nm [A.], 246 nm und 267 nm [äthanol. NaOH] (*Be., Co.*, l. c. S. 1463).

Hydrochlorid $C_8H_{12}N_2 \cdot HCl$. Kristalle (aus A.); F: 258° [unkorr.; Zers.] (Rohprodukt).

5-Äthyl-4-amino-2-methyl-pyridin-1-oxid, 5-Äthyl-2-methyl-1-oxy-[4]pyridylamin $C_8H_{12}N_2O$, Formel X.

B. Bei der Hydrierung von 5-Äthyl-2-methyl-4-nitro-pyridin-1-oxid an Palladium/Kohle in Äthanol (*Berson, Cohen*, J. org. Chem. **20** [1955] 1461, 1466; *Libermann et al.*, Bl. **1958** 694, 698).

Kristalle (aus *tert*-Butylalkohol); F: 209,5—212° bzw. F: 200—203° [zwei Präparate] (*Be., Co.*); F: 205° [aus *tert*-Butylalkohol + PAe.] (*Li. et al.*).

Picrat. F: 177,5—181,5° [unkorr.] (*Be., Co.*).

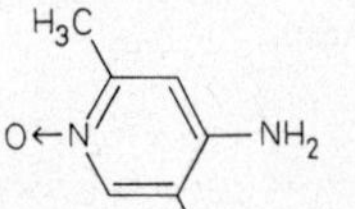

X 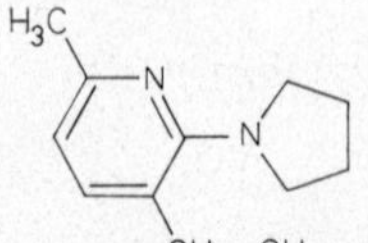   XI 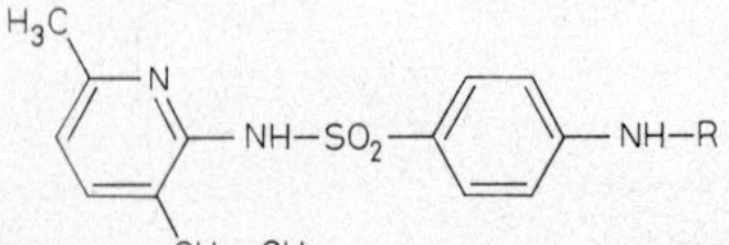   XII

3-Äthyl-6-methyl-2-pyrrolidino-pyridin $C_{12}H_{18}N_2$, Formel XI.

B. Beim Leiten eines Gemisches von 3-Äthyl-6-methyl-[2]pyridylamin mit THF über Aluminiumoxid-Thoriumoxid bei 230° (*Reppe et al.*, A. **596** [1955] 1, 147).

Kp_{10}: 120—130°.

3-Äthyl-6-methyl-2-sulfanilylamino-pyridin, Sulfanilsäure-[3-äthyl-6-methyl-[2]pyridyl-amid] $C_{14}H_{17}N_3O_2S$, Formel XII (R = H).

B. Beim Erwärmen von N-Acetyl-sulfanilsäure-[3-äthyl-6-methyl-[2]pyridylamid] mit konz. HCl in Äthanol (*Buu-Hoï et al.*, Bl. **1958** 1437, 1440).

Hellgelbe Kristalle (aus wss. A.); F: 290°.

N-Acetyl-sulfanilsäure-[3-äthyl-6-methyl-[2]pyridylamid], Essigsäure-[4-(3-äthyl-6-methyl-[2]pyridylsulfamoyl)-anilid] $C_{16}H_{19}N_3O_3S$, Formel XII (R = CO-CH_3).

B. Beim Erwärmen von 3-Äthyl-6-methyl-[2]pyridylamin mit N-Acetyl-sulfanilyl-chlorid und Pyridin (*Buu-Hoï et al.*, Bl. **1958** 1437, 1440).

Kristalle (aus A.); F: 186°.

5'-Äthyl-1'-[3,4-dimethoxy-phenäthyl]-1,2'-methandiyl-bis-pyridinium $[C_{23}H_{28}N_2O_2]^{2+}$, Formel XIII.

Dijodid $[C_{23}H_{28}N_2O_2]I_2$. B. Beim Erhitzen von 5-Äthyl-1-[3,4-dimethoxy-phenäthyl]-2-methyl-pyridinium-bromid mit Jod und Pyridin (*Berson, Walia*, J. org. Chem. **24** [1959] 756, 759). — Hellgelbe Kristalle (aus wss. A.); F: 210—210,5° [korr.; nach Dunkel-färbung bei 205°].

XIII   XIV

5-[2-Anilino-äthyl]-2-methyl-pyridin(?), N-[2-(6-Methyl-[3]pyridyl)-äthyl]-anilin(?) $C_{14}H_{16}N_2$, vermutlich Formel XIV (R = H).

B. Beim Erwärmen von 2-Methyl-5-vinyl-pyridin mit Anilin [2 Mol] und Natrium [0,2 Mol] auf 95—100° (*Magnus, Levine*, Am. Soc. **78** [1956] 4127, 4128, 4129).

Kp_6: 192—194°.

Phenylthiocarbamoyl-Derivat $C_{21}H_{21}N_3S$; N-[2-(6-Methyl-[3]pyridyl)-äthyl]-N,N'-diphenyl-thioharnstoff(?). F: 134—135°.

1-[N-Methyl-anilino]-2-[6-methyl-[3]pyridyl]-äthan(?), N-Methyl-N-[2-(6-methyl-[3]pyridyl)-äthyl]-anilin(?) $C_{15}H_{18}N_2$, vermutlich Formel XIV (R = CH_3).

B. Beim Erwärmen von 2-Methyl-5-vinyl-pyridin mit N-Methyl-anilin [2 Mol] und Natrium [0,2 Mol] auf 95—100° (*Magnus, Levine*, Am. Soc. **78** [1956] 4127, 4128).

$Kp_{1,5}$: 160—162°.

Dipicrat $C_{15}H_{18}N_2 \cdot 2\,C_6H_3N_3O_7$. F: 157—158°.

6-Äthyl-3-methyl-[2]pyridylamin $C_8H_{12}N_2$, Formel I oder **2-Äthyl-3-methyl-[4]pyridyl-amin** $C_8H_{12}N_2$, Formel II.

B. Neben 2,4-Diäthyl-pyrimidin beim Erhitzen von Acetylen, Propionitril und wenig Kalium auf 180°/14—20 at (*Cairns et al.*, Am. Soc. **74** [1952] 3989).

Kristalle; F: 55—60°. Kp_{15}: 116°. n_D^{25}: 1,5531. UV-Spektrum (CHCl_3; 240—320 nm): *Ca. et al.*

Picrat $C_8H_{12}N_2 \cdot C_6H_3N_3O_7$. Kristalle (aus A.); F: 196,5°.

Acetyl-Derivat. Kristalle; F: 93—96°; Kp_{15}: 167—170°.

2-[2-Amino-äthyl]-6-methyl-pyridin, 2-[6-Methyl-[2]pyridyl]-äthylamin $C_8H_{12}N_2$,
Formel III (R = R' = H).

B. Beim Erhitzen von 2-[6-Methyl-[2]pyridyl]-äthanol mit wss. HBr und wenig
rotem Phosphor auf 150° und Erwärmen des Reaktionsprodukts mit äthanol. NH_3
(*Takahashi et al.*, J. pharm. Soc. Japan **64** [1944] Nr. 4, S. 237; C. A. **1951** 1997).

Kp_3: 102—104°.

Verbindung mit Gold(III)-chlorid und Chlorwasserstoff $C_8H_{12}N_2 \cdot 2\,AuCl_3 \cdot$
HCl. Gelbe Kristalle; F: 160—161° [Zers.].

**2-[2-Diäthylamino-äthyl]-6-methyl-pyridin, Diäthyl-[2-(6-methyl-[2]pyridyl)-äthyl]-
amin** $C_{12}H_{20}N_2$, Formel III (R = R' = C_2H_5).

B. Aus 2-Methyl-6-vinyl-pyridin und Diäthylamin beim Erhitzen mit wenig Essigsäure (*Profft*, J. pr. [4] **4** [1956] 19, 32).

Kp_{12}: 124—125°. n_D^{20}: 1,4983.

2-Methyl-6-[2-propylamino-äthyl]-pyridin, [2-(6-Methyl-[2]pyridyl)-äthyl]-propyl-amin
$C_{11}H_{18}N_2$, Formel III (R = CH_2-CH_2-CH_3, R' = H).

B. Neben kleineren Mengen Bis-[2-(6-methyl-[2]pyridyl)-äthyl]-propyl-amin beim
Erhitzen von 2-Methyl-6-vinyl-pyridin und Propylamin mit wenig Essigsäure (*Profft*,
J. pr. [4] **4** [1956] 19, 28).

Kp_{14}: 125—126°. n_D^{20}: 1,5080.

I   II   III

**2-[2-Dipropylamino-äthyl]-6-methyl-pyridin, [2-(6-Methyl-[2]pyridyl)-äthyl]-dipropyl-
amin** $C_{14}H_{24}N_2$, Formel III (R = R' = CH_2-CH_2-CH_3).

B. Aus 2-Methyl-6-vinyl-pyridin und Dipropylamin beim Erhitzen mit wenig Essigsäure (*Profft*, J. pr. [4] **4** [1956] 19, 32).

Kp_{12}: 145—148°. n_D^{20}: 1,4912.

2-[2-Butylamino-äthyl]-6-methyl-pyridin, Butyl-[2-(6-methyl-[2]pyridyl)-äthyl]-amin
$C_{12}H_{20}N_2$ (R = $[CH_2]_3$-CH_3, R' = H).

B. Aus 2-Methyl-6-vinyl-pyridin und Butylamin beim Erhitzen mit wenig Essigsäure
(*Profft*, J. pr. [4] **4** [1956] 19, 28).

$Kp_{0,6}$: 88—92°. n_D^{20}: 1,5024.

**2-[2-Dibutylamino-äthyl]-6-methyl-pyridin, Dibutyl-[2-(6-methyl-[2]pyridyl)-äthyl]-
amin** $C_{16}H_{28}N_2$, Formel III (R = R' = $[CH_2]_3$-CH_3).

B. Aus 2-Methyl-6-vinyl-pyridin und Dibutylamin beim Erhitzen mit wenig Essigsäure
(*Profft*, J. pr. [4] **4** [1956] 19, 32).

$Kp_{1,2}$: 122—126°. n_D^{20}: 1,4882.

**2-[2-Isohexylamino-äthyl]-6-methyl-pyridin, Isohexyl-[2-(6-methyl-[2]pyridyl)-äthyl]-
amin** $C_{14}H_{24}N_2$, Formel III (R = $[CH_2]_3$-$CH(CH_3)_2$, R' = H).

B. Neben Isohexyl-bis-[2-(6-methyl-[2]pyridyl)-äthyl]-amin beim Erhitzen von
2-Methyl-6-vinyl-pyridin und Isohexylamin mit wenig Essigsäure auf 140° (*Profft*, J.
pr. [4] **4** [1956] 19, 28).

$Kp_{1,2}$: 148—152°. n_D^{20}: 1,4945.

**2-[2-Diisohexylamino-äthyl]-6-methyl-pyridin, Diisohexyl-[2-(6-methyl-[2]pyridyl)-
äthyl]-amin** $C_{20}H_{36}N_2$, Formel III (R = R' = $[CH_2]_3$-$CH(CH_3)_2$).

B. Aus 2-Methyl-6-vinyl-pyridin und Diisohexylamin beim Erhitzen mit wenig Essigsäure (*Profft*, J. pr. [4] **4** [1956] 19, 32).

$Kp_{1,1}$: 148—154°. n_D^{20}: 1,4850.

2-[2-Anilino-äthyl]-6-methyl-pyridin, *N*-[2-(6-Methyl-[2]pyridyl)-äthyl]-anilin
$C_{14}H_{16}N_2$, Formel IV (R = R' = R'' = H).
B. Aus 2-Methyl-6-vinyl-pyridin und Anilin beim Erhitzen mit wenig Essigsäure auf
130° (*Profft*, J. pr. [4] **4** [1956] 19, 28).
Kristalle; F: 59°. $Kp_{0,9}$: 154°. n_D^{20}: 1,5914.

2-Methyl-6-[2-*o*-toluidino-äthyl]-pyridin, *N*-[2-(6-Methyl-[2]pyridyl)-äthyl]-*o*-toluidin
$C_{15}H_{18}N_2$, Formel IV (R = CH_3, R' = R'' = H).
B. Aus 2-Methyl-6-vinyl-pyridin und *o*-Toluidin beim Erhitzen mit wenig Essigsäure
auf 130° (*Profft*, J. pr. [4] **4** [1956] 19, 28).
$Kp_{0,7}$: 160—163°. n_D^{20}: 1,5827.

2-Methyl-6-[2-*m*-toluidino-äthyl]-pyridin, *N*-[2-(6-Methyl-[2]pyridyl)-äthyl]-*m*-toluidin
$C_{15}H_{18}N_2$, Formel IV (R = R'' = H, R' = CH_3).
B. Aus 2-Methyl-6-vinyl-pyridin und *m*-Toluidin beim Erhitzen mit wenig Essigsäure
auf 130° (*Profft*, J. pr. [4] **4** [1956] 19, 28).
$Kp_{0,8}$: 152—154°. n_D^{20}: 1,5830.

IV   V

2-Methyl-6-[2-*p*-toluidino-äthyl]-pyridin, *N*-[2-(6-Methyl-[2]pyridyl)-äthyl]-*p*-toluidin
$C_{15}H_{18}N_2$, Formel IV (R = R' = H, R'' = CH_3).
B. Aus 2-Methyl-6-vinyl-pyridin und *p*-Toluidin beim Erhitzen mit wenig Essigsäure
auf 130° (*Profft*, J. pr. [4] **4** [1956] 19, 28).
$Kp_{0,5}$: 176°. n_D^{20}: 1,5860.

2-[2-Benzylamino-äthyl]-6-methyl-pyridin, Benzyl-[2-(6-methyl-[2]pyridyl)-äthyl]-
amin $C_{15}H_{18}N_2$, Formel III (R = CH_2-C_6H_5, R' = H).
B. Neben kleineren Mengen Benzyl-bis-[2-(6-methyl-[2]pyridyl)-äthyl]-amin beim Erhitzen von 2-Methyl-6-vinyl-pyridin und Benzylamin mit wenig Essigsäure auf 140°
(*Profft*, J. pr. [4] **4** [1956] 19, 30).
$Kp_{0,6}$: 136—146°. n_D^{20}: 1,5583.

1-[*N*-Benzyl-anilino]-2-[6-methyl-[2]pyridyl]-äthan, *N*-Benzyl-*N*-[2-(6-methyl-
[2]pyridyl)-äthyl]-anilin $C_{21}H_{22}N_2$, Formel III (R = CH_2-C_6H_5, R' = C_6H_5).
B. Aus 2-Methyl-6-vinyl-pyridin und *N*-Benzyl-anilin beim Erhitzen mit wenig
Essigsäure auf 140° (*Profft*, J. pr. [4] **4** [1956] 19, 32).
$Kp_{0,6}$: 202—204°. n_D^{20}: 1,6115.

2-Methyl-6-[2-[1]naphthylamino-äthyl]-pyridin, [2-(6-Methyl-[2]pyridyl)-äthyl]-
[1]naphthyl-amin $C_{18}H_{18}N_2$, Formel V.
B. Aus 2-Methyl-6-vinyl-pyridin und [1]Naphthylamin beim Erhitzen mit wenig
Essigsäure auf 140° (*Profft*, J. pr. [4] **4** [1956] 19, 30).
$Kp_{0,8}$: 211—218°. n_D^{20}: 1,6497.

1-[6-Methyl-[2]pyridyl]-2-pyrrolidino-äthan, 2-Methyl-6-[2-pyrrolidino-äthyl]-pyridin
$C_{12}H_{18}N_2$, Formel VI.
B.Aus 2-Methyl-6-vinyl-pyridin und Pyrrolidin beim Erhitzen mit wenig Essigsäure
auf 120° (*Profft*, J. pr. [4] **4** [1956] 19, 32).
Kp_{12}: 140—141°; n_D^{20}: 1,5250 [nicht rein erhalten].

1-[6-Methyl-[2]pyridyl]-2-piperidino-äthan, 2-Methyl-6-[2-piperidino-äthyl]-pyridin
$C_{13}H_{20}N_2$, Formel VII (R = H).
B. Aus 2-Methyl-6-vinyl-pyridin und Piperidin beim Erhitzen mit wenig Essigsäure

auf 120° (*Profft*, J. pr. [4] **4** [1956] 19, 32).

Kp$_{12}$: 151 — 152°. n$_D^{20}$: 1,5212.

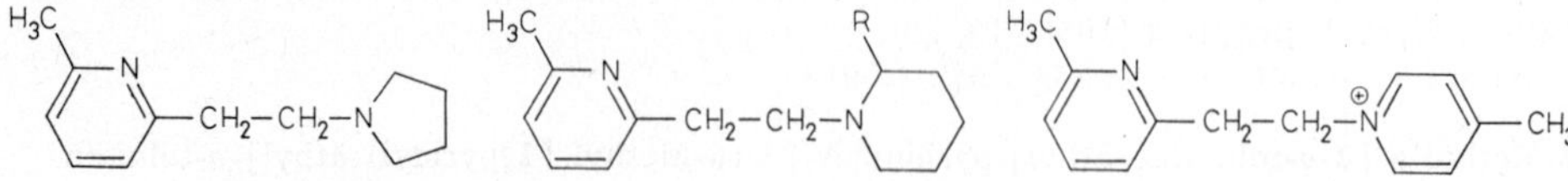

VI   VII   VIII

(±)-1-[2-Methyl-piperidino]-2-[6-methyl-[2]pyridyl]-äthan, (±)-2-Methyl-6-[2-(2-methyl-piperidino)-äthyl]-pyridin $C_{14}H_{22}N_2$, Formel VII (R = CH$_3$).

B. Aus 2-Methyl-6-vinyl-pyridin und (±)-2-Methyl-piperidin beim Erhitzen mit wenig Essigsäure auf 130° (*Profft*, J. pr. [4] **4** [1956] 19, 32).

Kp$_{12}$: 160 — 161°. n$_D^{20}$: 1,5191.

4-Methyl-1-[2-(6-methyl-[2]pyridyl)-äthyl]-pyridinium $[C_{14}H_{17}N_2]^+$, Formel VIII.

Chlorid $[C_{14}H_{17}N_2]$Cl. *B.* Beim Behandeln eines Gemisches aus 4-Methyl-pyridin und 4-Methyl-pyridin-hydrochlorid mit 2-Methyl-6-vinyl-pyridin (*Cislak, Sutherland*, U.S.P. 2512789 [1946]). — Kristalle (aus Butan-1-ol); F: ca. 210°.

2-[2-o-Anisidino-äthyl]-6-methyl-pyridin, N-[2-(6-Methyl-[2]pyridyl)-äthyl]-o-anisidin $C_{15}H_{18}N_2O$, Formel IX (R = CH$_3$, X = H).

B. Aus 2-Methyl-6-vinyl-pyridin und o-Anisidin beim Erhitzen mit wenig Essigsäure auf 130° (*Profft*, J. pr. [4] **4** [1956] 19, 28).

Kp$_{0,2}$: 164°. n$_D^{20}$: 1,5852.

1-[6-Methyl-[2]pyridyl]-2-[2-propoxy-anilino]-äthan, N-[2-(6-Methyl-[2]pyridyl)-äthyl]-2-propoxy-anilin $C_{17}H_{22}N_2O$, Formel IX (R = CH$_2$-CH$_2$-CH$_3$, X = H).

B. Aus 2-Methyl-6-vinyl-pyridin und 2-Propoxy-anilin beim Erhitzen mit wenig Essigsäure auf 140° (*Profft*, J. pr. [4] **4** [1956] 19, 28).

Kp$_{0,4}$: 174 — 176°. n$_D^{20}$: 1,5679.

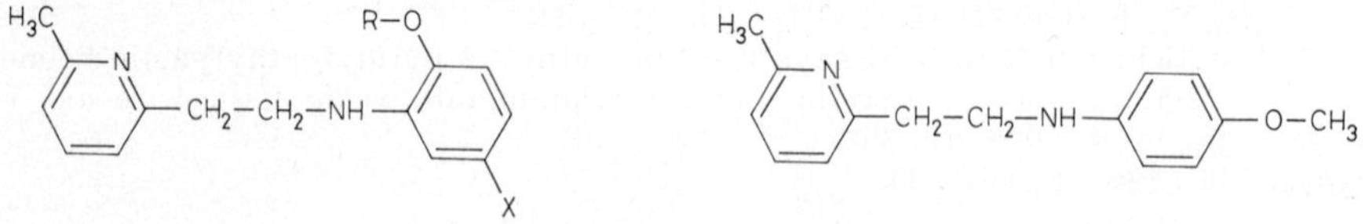

IX   X

1-[6-Methyl-[2]pyridyl]-2-[5-nitro-2-propoxy-anilino]-äthan, N-[2-(6-Methyl-[2]pyridyl)-äthyl]-5-nitro-2-propoxy-anilin $C_{17}H_{21}N_3O_3$, Formel IX (R = CH$_2$-CH$_2$-CH$_3$, X = NO$_2$).

B. Aus 2-Methyl-6-vinyl-pyridin und 5-Nitro-2-propoxy-anilin beim Erhitzen mit wenig Essigsäure auf 140° (*Profft*, J. pr. [4] **4** [1956] 19, 30).

Gelbe Kristalle (aus A. + Ae.); F: 113°. Kp$_{1,7}$: 207°.

2-[2-p-Anisidino-äthyl]-6-methyl-pyridin, N-[2-(6-Methyl-[2]pyridyl)-äthyl]-p-anisidin $C_{15}H_{18}N_2O$, Formel X.

B. Aus 2-Methyl-6-vinyl-pyridin und p-Anisidin beim Erhitzen mit wenig Essigsäure auf 130° (*Profft*, J. pr. [4] **4** [1956] 19, 28).

Kp$_{0,15}$: 168 — 170°. n$_D^{20}$: 1,5791.

(±)-[2-(6-Methyl-[2]pyridyl)-äthyl]-[1-(4-propoxy-phenyl)-äthyl]-amin $C_{19}H_{26}N_2O$, Formel XI.

B. Aus 2-Methyl-6-vinyl-pyridin und (±)-1-[4-Propoxy-phenyl]-äthylamin beim Erhitzen mit wenig Essigsäure auf 140° (*Profft*, J. pr. [4] **4** [1956] 19, 30).

Kp$_{0,6}$: 176 — 181°. n$_D^{20}$: 1,5426.

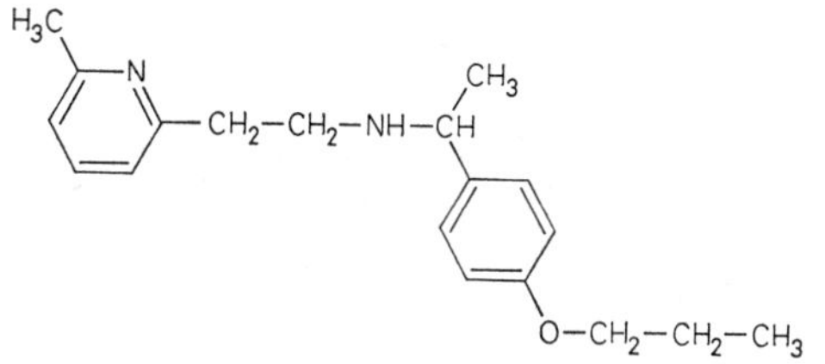

XI 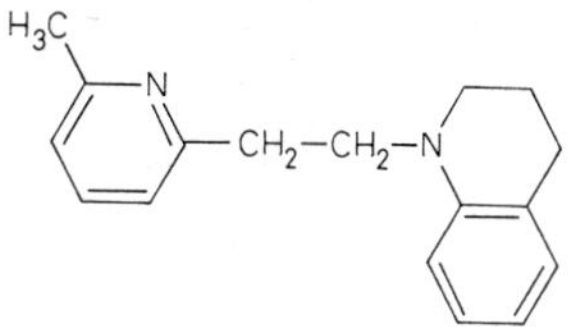   XII

1-[3,4-Dihydro-2H-[1]chinolyl]-2-[6-methyl-[2]pyridyl]-äthan, 1-[2-(6-Methyl-[2]pyridyl)-äthyl]-1,2,3,4-tetrahydro-chinolin $C_{17}H_{20}N_2$, Formel XII.

B. Aus 2-Methyl-6-vinyl-pyridin und 1,2,3,4-Tetrahydro-chinolin beim Erhitzen mit wenig Essigsäure auf 130° (*Profft,* J. pr. [4] **4** [1956] 19, 32).

$Kp_{0,15}$: 152°. n_D^{20}: 1,5939.

6-[2-(6-Methyl-[2]pyridyl)-äthylamino]-hexannitril $C_{14}H_{21}N_3$, Formel XIII.

B. Neben kleineren Mengen 6-{Bis-[2-(6-methyl-[2]pyridyl)-äthyl]-amino}-hexan≈nitril beim Erhitzen von 2-Methyl-6-vinyl-pyridin und 6-Amino-hexannitril mit wenig Essigsäure auf 140° (*Profft,* J. pr. [4] **4** [1956] 19, 30).

$Kp_{0,8}$: 169—170°. n_D^{20}: 1,5120.

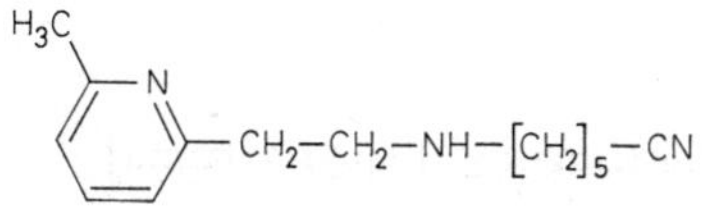

XIII 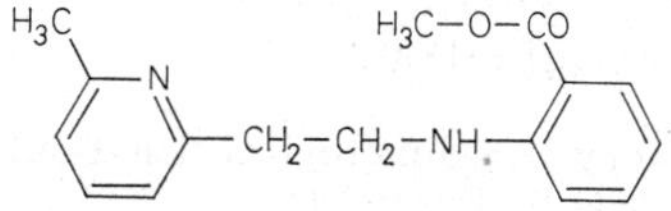   XIV

N-[2-(6-Methyl-[2]pyridyl)-äthyl]-anthranilsäure-methylester $C_{16}H_{18}N_2O_2$, Formel XIV.

B. Aus 2-Methyl-6-vinyl-pyridin und Anthranilsäure-methylester beim Erhitzen mit wenig Essigsäure auf 130° (*Profft,* J. pr. [4] **4** [1956] 19, 30).

$Kp_{0,2}$: 179—182°. n_D^{20}: 1,5949.

Bis-[2-(6-methyl-[2]pyridyl)-äthyl]-propyl-amin $C_{19}H_{27}N_3$, Formel I (R = CH_2-CH_2-CH_3).

B. Neben [2-(6-Methyl-[2]pyridyl)-äthyl]-propyl-amin beim Erhitzen von 2-Methyl-6-vinyl-pyridin und Propylamin mit wenig Essigsäure (*Profft,* J. pr. [4] **4** [1956] 19, 28).

$Kp_{0,6}$: 161°. n_D^{20}: 1,5359.

Isohexyl-bis-[2-(6-methyl-[2]pyridyl)-äthyl]-amin $C_{22}H_{33}N_3$, Formel I (R = $[CH_2]_3$-$CH(CH_3)_2$).

B. Neben kleineren Mengen Isohexyl-[2-(6-methyl-[2]pyridyl)-äthyl]-amin beim Erhitzen von 2-Methyl-6-vinyl-pyridin und Isohexylamin mit wenig Essigsäure auf 140° (*Profft,* J. pr. [4] **4** [1956] 19, 28).

$Kp_{0,4}$: 178—183°. n_D^{20}: 1,5240.

Benzyl-bis-[2-(6-methyl-[2]pyridyl)-äthyl]-amin $C_{23}H_{27}N_3$, Formel I (R = CH_2-C_6H_5).

B. Neben Benzyl-[2-(6-methyl-[2]pyridyl)-äthyl]-amin beim Erhitzen von 2-Methyl-6-vinyl-pyridin und Benzylamin mit wenig Essigsäure auf 140° (*Profft,* J. pr. [4] **4** [1956] 19, 30).

$Kp_{0,6}$: 204—208°. n_D^{20}: 1,5680.

6-{Bis-[2-(6-methyl-[2]pyridyl)-äthyl]-amino}-hexannitril $C_{22}H_{30}N_4$, Formel I (R = $[CH_2]_5$-CN).

B. Neben 6-[2-(6-Methyl-[2]pyridyl)-äthylamino]-hexannitril beim Erhitzen von 2-Methyl-6-vinyl-pyridin und 6-Amino-hexannitril mit wenig Essigsäure auf 140° (*Profft,* J. pr. [4] **4** [1956] 19, 30).

Kp_1: 232°. n_D^{20}: 1,5225.

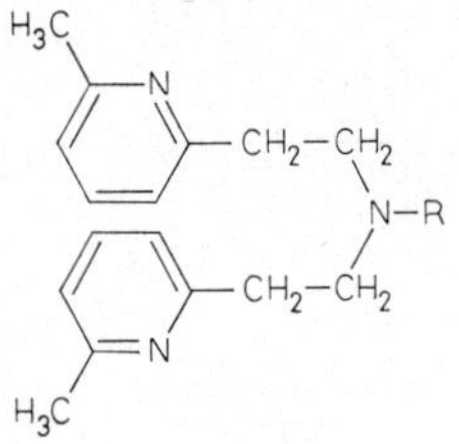

I 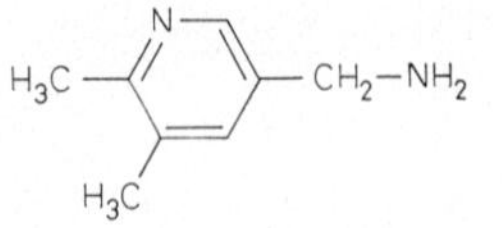   II 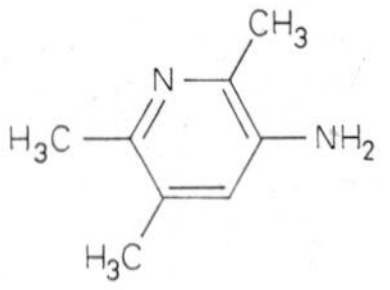   III

5-Aminomethyl-2,3-dimethyl-pyridin, *C*-[5,6-Dimethyl-[3]pyridyl]-methylamin $C_8H_{12}N_2$, Formel II.

B. Bei der Hydrierung von 2-Chlor-5,6-dimethyl-nicotinonitril an Palladium/Kohle in wss.-äthanol. HCl bei ca. 3,5 at (*Mariella, Leech*, Am. Soc. **71** [1949] 331).

Dihydrochlorid $C_8H_{12}N_2 \cdot 2$ HCl. Kristalle (aus A. + Ae.); F: 216—218° [nach Trocknen bei 100°/1 Torr].

2,5,6-Trimethyl-[3]pyridylamin $C_8H_{12}N_2$, Formel III.

B. Aus 2,3,6-Trimethyl-5-nitro-pyridin (*Profft, Melichar*, J. pr. [4] **2** [1955] 87, 94). F: 144°.

Hydrobromid. F: 244°.

Picrat. F: 189°.

5-Isopropyl-3,8-dimethyl-azulen-1-sulfonsäure-[2,5,6-trimethyl-[3]pyridylamid] $C_{23}H_{28}N_2O_2S$, Formel IV.

B. Beim Behandeln von 5-Isopropyl-3,8-dimethyl-azulen-1-sulfonylchlorid mit 2,5,6-Trimethyl-[3]pyridylamin in Äther (*Treibs, Schroth*, A. **586** [1954] 202, 211).

Blaue Kristalle (aus Acn. + H_2O); F: 165°. Absorptionsspektrum (A.; 230—700 nm): *Tr., Sch.*, l. c. S. 207.

3-Chlormethyl-4,6-dimethyl-[2]pyridylamin $C_8H_{11}ClN_2$, Formel V.

B. Beim Erwärmen von [2-Amino-4,6-dimethyl-[3]pyridyl]-methanol mit $SOCl_2$ in $CHCl_3$ (*Dornow, Hargesheimer*, B. **86** [1953] 461, 465).

Hydrochlorid $C_8H_{11}ClN_2 \cdot$ HCl. F: 196° [aus A.].

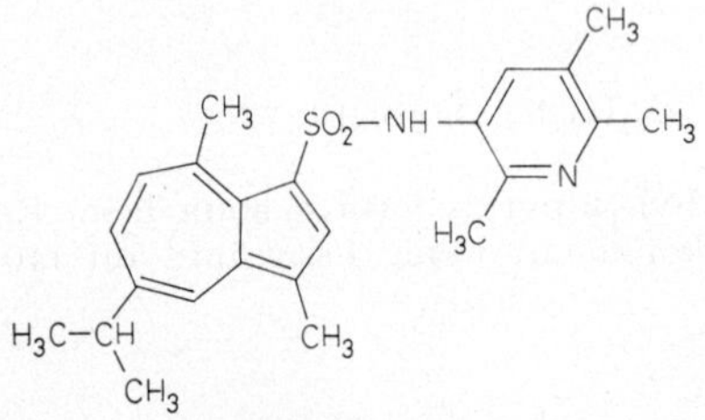

IV 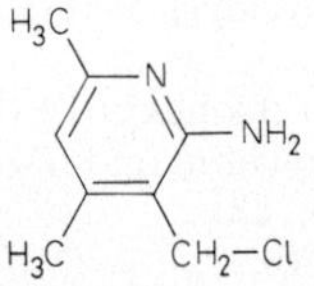   V 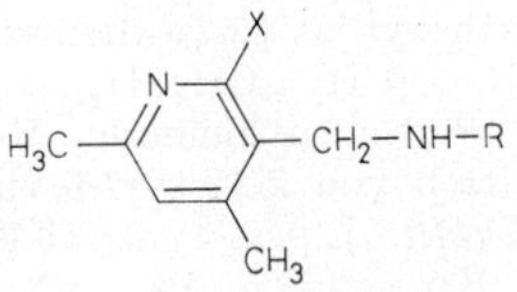   VI

5-Aminomethyl-2,4-dimethyl-pyridin, *C*-[4,6-Dimethyl-[3]pyridyl]-methylamin $C_8H_{12}N_2$, Formel VI (R = X = H).

B. Bei der Hydrierung von 2-Chlor-4,6-dimethyl-nicotinonitril an Palladium/Kohle in wss.-äthanol. HCl unter ca. 1,4 at (*Mariella, Leech*, Am. Soc. **71** [1949] 331) sowie in Essigsäure unter Zusatz von Natriumacetat (*Yamamoto, Nishikawa*, J. pharm. Soc. Japan **79** [1959] 297, 301; C. A. **1959** 15070). Bei der Hydrierung von 2-Chlor-4-methoxy-methyl-6-methyl-nicotinonitril an Palladium/Kohle in wss.-äthanol. HCl unter ca. 3 at (*Mariella, Belcher*, Am. Soc. **74** [1952] 4049).

Dihydrochlorid $C_8H_{12}N_2 \cdot 2$ HCl. Kristalle (aus konz. HCl + A.); F: 218—220° (*Ma., Be.*), 204—206° (*Ma., Le.*).

Hexachloroplatinat(IV) $C_8H_{12}N_2 \cdot H_2PtCl_6$. F: 250—253° [Zers.] (*Ma., Be.*).

Dipicrat $C_8H_{12}N_2 \cdot 2 C_6H_3N_3O_7$. Kristalle; F: 211° [Zers.] *(Ya., Ni.)*. F: 193—195° *(Ma., Be.)*.

3-[Acetylamino-methyl]-2-chlor-4,6-dimethyl-pyridin, *N*-[2-Chlor-4,6-dimethyl-[3]pyridylmethyl]-acetamid $C_{10}H_{13}ClN_2O$, Formel VI (R = CO-CH$_3$, X = Cl).

B. Beim Erwärmen von 2-Chlor-4,6-dimethyl-nicotinonitril mit LiAlH$_4$ in Äther und Behandeln des Reaktionsgemisches mit Acetanhydrid *(Sculley, Hamilton*, Am. Soc. **75** [1953] 3400).

Kristalle (aus wss. A.); F: 136,5—138° [unkorr.].

2,4,6-Trimethyl-[3]pyridylamin $C_8H_{12}N_2$, Formel VII.

B. Aus 2,4,6-Trimethyl-3-nitro-pyridin beim Erwärmen mit konz. HCl und SnCl$_2$ *(Płażek*, B. **72** [1939] 577, 579), mit $N_2H_4 \cdot H_2O$ und Raney-Nickel in Methanol *(Adams, Dunbar*, Am. Soc. **80** [1958] 3649) oder mit wss. HCl und Eisen-Pulver *(Profft, Melichar*, J. pr. [4] **2** [1955] 87, 93, 94) sowie bei der Hydrierung an Raney-Nickel in Äthylacetat *(Pr., Me.)*.

Kristalle; F: 67—68° [aus Ae.] *(Pr., Me.)*, 66° *(Pł.)*. Kp$_{744}$: 244° *(Pł.)*.

Picrat. Kristalle (aus A.); F: 201° *(Płażek et al.*, Roczniki Chem. **26** [1952] 106, 109; C. A. **1953** 7497).

3-Benzolsulfonylamino-2,4,6-trimethyl-pyridin, *N*-[2,4,6-Trimethyl-[3]pyridyl]-benzolsulfonamid $C_{14}H_{16}N_2O_2S$, Formel VIII (R = X = H).

B. Beim Erwärmen von 2,4,6-Trimethyl-[3]pyridylamin mit Benzolsulfonylchlorid und Pyridin *(Adams, Werbel*, Am. Soc. **80** [1958] 5799, 5800, 5801). Beim Erwärmen von Bis-benzolsulfonyl-[2,4,6-trimethyl-[3]pyridyl]-amin mit äthanol. Natriumäthylat *(Adams, Dunbar*, Am. Soc. **80** [1958] 3649).

Kristalle; F: 125,5—126,5° [korr.; aus Bzl. + PAe.] *(Ad., Du.)*, 124,5° [Zers.; aus A.] *(Ad., We.)*.

2,4,6-Trimethyl-3-sulfanilylamino-pyridin, Sulfanilsäure-[2,4,6-trimethyl-[3]pyridylamid] $C_{14}H_{17}N_3O_2S$, Formel VIII (R = H, X = NH$_2$).

B. Beim Erwärmen von *N*-Acetyl-sulfanilsäure-[2,4,6-trimethyl-[3]pyridylamid] mit verd. wss. HCl *(Płażek, Richter*, Roczniki Chem. **21** [1947] 55, 57; C. A. **1948** 1907).

Kristalle (aus A.); F: 184°.

***N*-Acetyl-sulfanilsäure-[2,4,6-trimethyl-[3]pyridylamid], Essigsäure-[4-(2,4,6-trimethyl-[3]pyridylsulfamoyl)-anilid]** $C_{16}H_{19}N_3O_3S$, Formel VIII (R = H, X = NH-CO-CH$_3$).

B. Beim Behandeln von 2,4,6-Trimethyl-[3]pyridylamin mit *N*-Acetyl-sulfanilylchlorid und Pyridin *(Płażek, Richter*, Roczniki Chem. **21** [1947] 55, 57; C. A. **1948** 1907).

Kristalle (aus A.); F: 247°.

VII   VIII   IX

3-Benzolsulfonylamino-2,4,6-trimethyl-pyridin-1-oxid, *N*-[2,4,6-Trimethyl-1-oxy-[3]pyridyl]-benzolsulfonamid $C_{14}H_{16}N_2O_3S$, Formel IX (R = H).

B. Beim Erwärmen von *N*-[2,4,6-Trimethyl-[3]pyridyl]-benzolsulfonamid mit H_2O_2 [30%ig] in Essigsäure auf 80—90° *(Adams, Dunbar*, Am. Soc. **80** [1958] 3649).

Kristalle (aus wss. A.); F: 236° [korr.; Zers.].

***N*-Benzolsulfonyl-*N*-[2,4,6-trimethyl-[3]pyridyl]-glycin** $C_{16}H_{18}N_2O_4S$, Formel VIII (R = CH$_2$-CO-OH, X = H).

B. Beim Erwärmen von *N*-Benzolsulfonyl-*N*-[2,4,6-trimethyl-[3]pyridyl]-glycin-methylester mit verd. wss. HCl *(Adams, Dunbar*, Am. Soc. **80** [1958] 3649).

Kristalle (aus Acn.); F: 211—212° [korr.; Zers.].

N-Benzolsulfonyl-*N*-[2,4,6-trimethyl-[3]pyridyl]-glycin-methylester $C_{17}H_{20}N_2O_4S$,
Formel VIII (R = CH_2-CO-O-CH_3, X = H).
  B. Beim Erwärmen von *N*-[2,4,6-Trimethyl-[3]pyridyl]-benzolsulfonamid mit Brom⸗
essigsäure-methylester und Natriummethylat in Methanol (*Adams, Dunbar*, Am. Soc.
80 [1958] 3649).
  Dimorph. Kristalle (aus Ae.), F: 111—112° [korr.] und Kristalle (aus wss. Me.,
Bzl. + Cyclohexan oder $CHCl_3$ + Cyclohexan), F: 103—103,5° [korr.].

N-Benzolsulfonyl-*N*-[2,4,6-trimethyl-1-oxy-[3]pyridyl]-glycin $C_{16}H_{18}N_2O_5S$, Formel IX
(R = CH_2-CO-OH).
  B. Beim Erwärmen von *N*-Benzolsulfonyl-*N*-[2,4,6-trimethyl-[3]pyridyl]-glycin mit
H_2O_2 [30%ig] in Essigsäure auf 80—90° (*Adams, Dunbar*, Am. Soc. **80** [1958] 3649).
  Kristalle (aus Bzl. + Me.); F: 242—243° [korr.; Zers.].

Bis-benzolsulfonyl-[2,4,6-trimethyl-[3]pyridyl]-amin $C_{20}H_{20}N_2O_4S_2$, Formel VIII
(R = SO_2-C_6H_5, X = H).
  B. Beim Erwärmen von 2,4,6-Trimethyl-[3]pyridylamin mit Benzolsulfonylchlorid
und Triäthylamin (*Adams, Dunbar*, Am. Soc. **80** [1958] 3649).
  Kristalle (aus A.); F: 168° [korr.].

Bis-benzolsulfonyl-[2,4,6-trimethyl-1-oxy-[3]pyridyl]-amin $C_{20}H_{20}N_2O_5S_2$, Formel IX
(R = SO_2-C_6H_5).
  B. Beim Erwärmen von Bis-benzolsulfonyl-[2,4,6-trimethyl-[3]pyridyl]-amin mit H_2O_2
[30%ig] in Essigsäure auf 80—90° (*Adams, Dunbar*, Am. Soc. **80** [1958] 3649).
  Kristalle (aus A.); F: 194° [korr.; Zers.].

Amine $C_9H_{14}N_2$

6-Butyl-[3]pyridylamin $C_9H_{14}N_2$, Formel X.
  B. Bei der Hydrierung von 2-Butyl-5-nitro-pyridin an Platin in Methanol (*Gruber*,
Canad. J. Chem. **31** [1953] 1181, 1186).
  $Kp_{0,005}$: 90—100° [Luftbadtemperatur].
  Picrat $C_9H_{14}N_2 \cdot C_6H_3N_3O_7$. Kristalle (aus Me.); F: 142—143° [korr.].

X   XI

2-Butyl-6-[butyl-propyl-amino]-pyridin, Butyl-[6-butyl-[2]pyridyl]-propyl-amin
$C_{16}H_{28}N_2$, Formel XI.
  B. Aus Butyl-[6-methyl-[2]pyridyl]-propyl-amin und einem Propylhalogenid mit Hilfe
von $NaNH_2$ (*Fürst, Feustel*, Chem. Tech. **10** [1958] 693, 698, 699).
  Kp_1: 104°. n_D^{20}: 1,5138.

2-[4-Dimethylamino-butyl]-pyridin, Dimethyl-[4-[2]pyridyl-butyl]-amin $C_{11}H_{18}N_2$,
Formel XII.
  B. Beim Erwärmen von 4-[2]Pyridyl buttersäure-dimethylamid mit $LiAlH_4$ in Äther
(*Morikawa*, J. pharm. Soc. Japan **75** [1955] 593, 596; C. A. **1956** 5656). Beim Erhitzen
von 4-[2]Pyridyl-butan-1-ol mit wss. HBr [D: 1,67] unter Druck und Erwärmen des
Reaktionsprodukts mit Dimethylamin in Äther (*Mo.*).
  Kp_7: 100—103°; $Kp_{4,5}$: 94—97°.
  Dipicrat $C_{11}H_{18}N_2 \cdot 2\,C_6H_3N_3O_7$. Kristalle (aus Acn.); F: 136—136,5°.
  Methojodid $[C_{12}H_{21}N_2]I$; Trimethyl-[4-[2]pyridyl-butyl]-ammonium-jodid.
Kristalle (aus A.); F: 192—193° [Zers.].

3-Butyl-[2]pyridylamin $C_9H_{14}N_2$, Formel XIII (R = H).

B. Neben kleineren Mengen 5-Butyl-[2]pyridylamin beim Erhitzen von 3-Butyl-pyridin mit NaNH$_2$ in *p*-Cymol auf 150—170° (*Hardegger, Nikles*, Helv. **39** [1956] 505, 510). Bei der Hydrierung von 3-Buta-1,3-dienyl-[2]pyridylamin (S. 4298) an Platin (*Shukowa et al.*, Izv. Akad. S.S.S.R. Otd. chim. **1952** 743, 749; engl. Ausg. S. 673, 678).

Kristalle; F: 47—49° [nach Destillation im Hochvakuum bei 90°] (*Ha., Ni.*, l. c. S. 511). 46—47° [aus Heptan] (*Sh. et al.*). Kp$_{14,8}$: 149° (*Ha., Ni.*). UV-Spektrum (A.; 220 nm bis 320 nm): *Sh. et al.*, l. c. S. 747. Scheinbarer Dissoziationsexponent pK$_a'$ der proto-nierten Verbindung (wss. 2-Methoxy-äthanol [80%ig]): 5,74 (*Ha., Ni.*).

Picrat $C_9H_{14}N_2 \cdot C_6H_3N_3O_7$. Kristalle (aus E.); F: 179—181° [korr.] (*Ha., Ni.*).

XII   XIII   XIV

3-Butyl-2-diacetylamino-pyridin, *N*-[3-Butyl-[2]pyridyl]-diacetamid $C_{13}H_{18}N_2O_2$, Formel XIII (R = CO-CH$_3$).

B. Beim Erhitzen von 3-Butyl-[2]pyridylamin mit Acetanhydrid (*Hardegger, Nikles*, Helv. **39** [1956] 505, 511).

Im Hochvakuum bei 147—151° destillierbar.

5-Butyl-[2]pyridylamin $C_9H_{14}N_2$, Formel XIV.

B. Beim Behandeln von 5-Butyl-pyridin-2-carbonsäure-amid mit wss. NaBrO (*Har-degger, Nikles*, Helv. **39** [1956] 223, 227). Neben 3-Butyl-[2]pyridylamin beim Erhitzen von 3-Butyl-pyridin mit NaNH$_2$ in *p*-Cymol auf 150—170° (*Hardegger, Nikles*, Helv. **39** [1956] 505, 510).

Kristalle [aus PAe.] (*Ha., Ni.*, l. c. S. 227); F: 35—36° bzw. 34—36° [jeweils nach Destillation im Hochvakuum bei 90°] (*Ha., Ni.*, l. c. S. 227, 511). Kp$_{14,8}$: 154° (*Ha., Ni.*, l. c. S. 511). Scheinbarer Dissoziationsexponent pK$_a'$ der protonierten Verbindung (wss. 2-Methoxy-äthanol [80%ig]): 5,86 (*Ha., Ni.*, l. c. S. 511).

Picrat $C_9H_{14}N_2 \cdot C_6H_3N_3O_7$. Kristalle (aus A. bzw. aus E.); F: 211—214° [korr.] (*Ha., Ni.*, l. c. S. 227, 510).

3-[4-Amino-butyl]-pyridin, 4-[3]Pyridyl-butylamin $C_9H_{14}N_2$, Formel I (R = R' = H).

B. Beim Erwärmen von Myosmin (3-[4,5-Dihydro-3*H*-pyrrol-2-yl]-pyridin) mit N$_2$H$_4 \cdot$H$_2$O in Äthanol und Erhitzen des Reaktionsgemisches mit Natriumäthylat bis auf 190° unter Abdestillieren des Äthanols (*Haines et al.*, Am. Soc. **67** [1945] 1258, 1260).

Kp$_{1,5}$: 104,5—105,5°; n$_D^{25}$: 1,5200 (*Ha. et al.*). Flüchtigkeit mit Wasserdampf: *Werle, Meyer*, Bio. Z. **321** [1950] 221, 227, 228.

Picrat. Kristalle (aus H$_2$O); F: 180,5—181,5° [korr.] (*Ha. et al.*).

Benzolsulfonyl-Derivat $C_{15}H_{18}N_2O_2S$; *N*-[4-[3]Pyridyl-butyl]-benzol-sulfonamid. F: 112,5—113,5° [korr.] (*Ha. et al.*).

3-[4-Methylamino-butyl]-pyridin, Methyl-[4-[3]pyridyl-butyl]-amin, Dihydrometa-nicotin $C_{10}H_{16}N_2$, Formel I (R = CH$_3$, R' = H) (H 437; E I 633; E II 345).

B. Bei der Hydrierung von Nicotin an Palladium/Kohle in H$_2$O bei 54° (*Hromatka*, B. **75** [1942] 522, 524). Bei der Hydrierung von Metanicotin (S. 4248) an Platin in wss.-äthanol. HCl (*Johnson et al.*, Soc. **1958** 3230; *Harlan, Hixon*, Am. Soc. **52** [1930] 3385, 3388; vgl. E II 345).

Kp$_{20}$: 147° (*Hr.*); Kp$_{14}$: 139—144° (*Jo. et al.*). IR-Spektrum (unverd. sowie CCl$_4$; 2—15 μ): *Eddy, Eisner*, Anal. Chem. **26** [1954] 1428.

Dipicrat $C_{10}H_{16}N_2 \cdot 2 C_6H_3N_3O_7$. Kristalle (aus H$_2$O); F: 167,8—168,4° [korr.] (*Wi-baut, Gitsels*, R. **52** [1933] 303), 167° (*Hr.*).

Oxalat. Kristalle (aus A.); F: 151° [Zers.; evakuierte Kapillare] (*Hr.*).

1-Dimethylamino-4-[3]pyridyl-butan, Dimethyl-[4-[3]pyridyl-butyl]-amin $C_{11}H_{18}N_2$, Formel I ($R = R' = CH_3$).

B. Beim Erwärmen von Dihydrometanicotin (S. 4233) mit CH_3I in Äthanol unter Zusatz von äthanol. KOH (*Johnson et al.*, Soc. **1958** 3230). Beim Behandeln von Methyl-bis-[4-[3]pyridyl-butyl]-amin mit CH_3I in Aceton und anschliessend mit Ag_2O und Erhitzen des Reaktionsprodukts auf $155-160°$ (*Jo. et al.*).

Farbloses Öl, das sich unter Lufteinwirkung schnell dunkel färbt; Kp_{16}: $130-132°$ [Badtemperatur]; Kp_1: $93-94°$. n_D: 1,5030.

Dipicrolonat $C_{11}H_{18}N_2 \cdot C_{10}H_8N_4O_5$. Gelbe Kristalle (aus wss. Me.); F: $208-210°$.

3-[4-Dimethylamino-butyl]-1-methyl-pyridinium $[C_{12}H_{21}N_2]^+$, Formel II.

Bromid-hydrobromid $[C_{12}H_{21}N_2]Br \cdot HBr$. *B.* Beim Erhitzen von Nicotin mit CH_3Br in Methanol auf $100°$ und Hydrieren des Reaktionsprodukts an Palladium/Kohle in H_2O, Methanol oder Essigsäure (*Hromatka*, B. **75** [1942] 522, 529). — Kristalle (aus A. + Ae.); F: $118-120°$.

I   II   III

N-Methyl-*N*-[4-[3]pyridyl-butyl]-formamid $C_{11}H_{16}N_2O$, Formel I ($R = CHO$, $R' = CH_3$).
B. Beim Erhitzen von Dihydrometanicotin (S. 4233) mit Methylformiat auf $113°$ (*Hromatka*, B. **75** [1942] 522, 525).
Kp_{35}: $240-246°$.

N-Methyl-*N*-[4-[3]pyridyl-butyl]-acetamid $C_{12}H_{18}N_2O$, Formel I ($R = CO\text{-}CH_3$, $R' = CH_3$).
B. Beim Erhitzen von Dihydrometanicotin (S. 4233) mit Acetanhydrid auf $120°$ (*Hromatka*, B. **75** [1942] 522, 525).
Kp_{15}: $213°$; Kp_1: $164°$.

N-Methyl-*N*-[4-[3]pyridyl-butyl]-isovaleramid $C_{15}H_{24}N_2O$, Formel I ($R = CO\text{-}CH_2\text{-}CH(CH_3)_2$, $R' = CH_3$).
B. Beim Erhitzen von Dihydrometanicotin (S. 4233) mit Isovalerylchlorid und Pyridin (*Hromatka*, B. **75** [1942] 522, 525).
Kp_1: $175°$.

N-Methyl-*N*-[4-[3]pyridyl-butyl]-benzamid $C_{17}H_{20}N_2O$, Formel I ($R = CO\text{-}C_6H_5$, $R' = CH_3$).
B. Beim Erhitzen von Dihydrometanicotin (S. 4233) mit Benzoylchlorid und Pyridin auf $120°$ (*Hromatka*, B. **75** [1942] 522, 525).
Kp_1: $215°$.
Hydrochlorid. Kristalle (aus A. + Ae.); F: $144°$.
Hydrogenoxalat $C_{17}H_{20}N_2O \cdot C_2H_2O_4$. Kristalle (aus A. + Ae.); F: $88°$.

N,N-Diäthyl-*N'*-methyl-*N'*-[4-[3]pyridyl-butyl]-harnstoff $C_{15}H_{25}N_3O$, Formel I ($R = CO\text{-}N(C_2H_5)_2$, $R' = CH_3$).
B. Beim Erhitzen von Dihydrometanicotin (S. 4233) mit Diäthylcarbamoylchlorid und Pyridin auf $120°$ (*Hromatka*, B. **75** [1942] 522, 526).
Kp_1: $174-177°$.

Methyl-bis-[4-[3]pyridyl-butyl]-amin $C_{19}H_{27}N_3$, Formel III.
B. Neben kleineren Mengen Nicotyrin (3-[1-Methyl-pyrrol-2-yl]-pyridin) beim Erhitzen von Nicotin mit Palladium/Asbest auf $230-280°$ (*Johnson et al.*, Soc. **1958** 3230).
$Kp_{0,3}$: $198-200°$. n_D^{20}: 1,5411. λ_{max} (A.): 257 nm, 263 nm und 269 nm. Scheinbare

Dissoziationsexponenten pK'_{a1} und pK'_{a2} der protonierten Verbindung (wss. A. [20%ig]; potentiometrisch ermittelt): 5,7 bzw. 9,15.

1-[Methyl-nicotinoyl-amino]-4-[3]pyridyl-butan, Nicotinsäure-[methyl-(4-[3]pyridyl-butyl)-amid] $C_{16}H_{19}N_3O$, Formel IV.

B. Beim Behandeln von Dihydrometanicotin (S. 4233) mit HCl in Äther und Erhitzen des erhaltenen Hydrochlorids mit Nicotinoylchlorid-hydrochlorid auf $160-170°$ (*Hromatka*, B. **75** [1942] 522, 526).

$Kp_{0,5}$: 230° [Luftbadtemperatur].

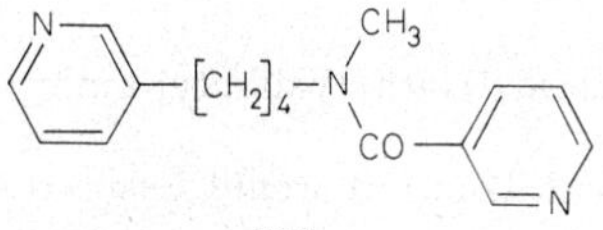

IV 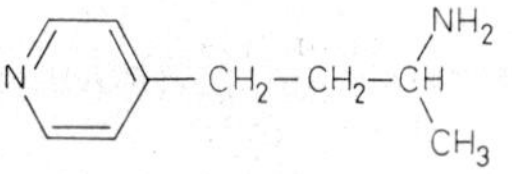   V 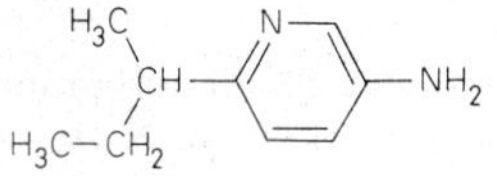   VI

(±)-4-[3-Amino-butyl]-pyridin, (±)-1-Methyl-3-[4]pyridyl-propylamin $C_9H_{14}N_2$, Formel V.

B. Bei der Hydrierung von (±)-4-[3-Nitro-butyl]-pyridin an Raney-Nickel in äthanol. NH_3 (*Profft*, B. **90** [1957] 1734).

Kp_{12}: $118-119,5°$. n_D^{20}: 1,5168.

(±)-6-*sec*-Butyl-[3]pyridylamin $C_9H_{14}N_2$, Formel VI.

B. Aus (±)-2-*sec*-Butyl-5-nitro-pyridin (*Gruber*, Canad. J. Chem. **31** [1953] 1181, 1182).

Picrat $C_9H_{14}N_2 \cdot C_6H_3N_3O_7$. F: $151-153°$ [korr.].

(±)-4-*sec*-Butyl-[2]pyridylamin $C_9H_{14}N_2$, Formel VII.

B. Beim Erhitzen von (±)-4-*sec*-Butyl-pyridin mit $NaNH_2$ in Decalin (*Nakashima*, J. pharm. Soc. Japan **77** [1957] 698; C. A. **1957** 16462).

F: $51-53°$. Kp_5: $120-122°$.

Picrat $C_9H_{14}N_2 \cdot C_6H_3N_3O_7$. F: $218-219°$.

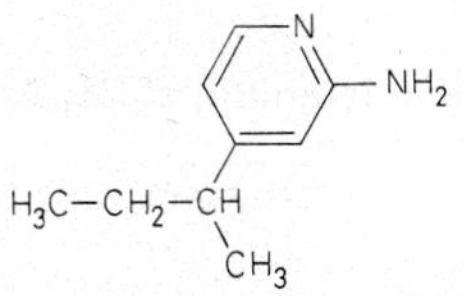

VII 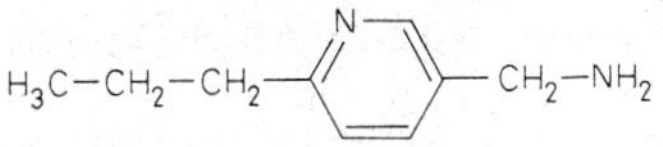   VIII 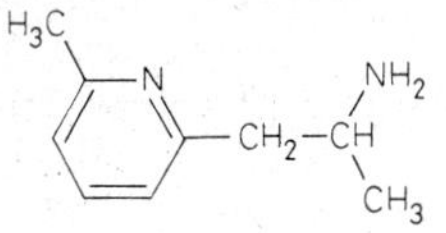   IX

5-Aminomethyl-2-propyl-pyridin, *C*-[6-Propyl-[3]pyridyl]-methylamin $C_9H_{14}N_2$, Formel VIII.

B. Bei der Hydrierung von 2-Chlor-6-propyl-nicotinonitril an Palladium/$CaCO_3$ in Äthanol (*Gruber*, *Schlögl*, M. **81** [1950] 83, 87).

$Kp_{0,05}$: $50-60°$.

Dipicrat $C_9H_{14}N_2 \cdot 2 C_6H_3N_3O_7$. F: $193-195°$ [Zers.; aus A.].

(±)-2-[2-Amino-propyl]-6-methyl-pyridin, (±)-1-Methyl-2-[6-methyl-[2]pyridyl]-äthylamin $C_9H_{14}N_2$, Formel IX.

B. Beim Erhitzen von [6-Methyl-[2]pyridyl]-aceton mit Ameisensäure und Formamid und Erwärmen des Reaktionsprodukts mit konz. wss. HCl (*Burger*, *Ullyot*, J. org. Chem. **12** [1947] 342, 345).

Kp_{14-15}: $112-113°$; Kp_5: $95°$; $Kp_{1-1,5}$: $78-82°$; $Kp_{0,5}$: $72°$.

Dihydrochlorid $C_9H_{14}N_2 \cdot 2$ HCl. Kristalle (aus Me.); F: $213,5-215°$ [korr.].

5-Äthyl-2-[2-dipropylamino-äthyl]-pyridin, [2-(5-Äthyl-[2]pyridyl)-äthyl]-dipropyl-amin $C_{15}H_{26}N_2$, Formel X (R = R' = CH_2-CH_2-CH_3).

B. Aus 5-Äthyl-2-vinyl-pyridin und Dipropylamin beim Erhitzen mit wenig Essigsäure auf 140° (*Profft*, Ch. Z. **81** [1957] 427).

Kp_{14}: 166—166,5°. n_D^{20}: 1,4905.

5-Äthyl-2-[2-butylamino-äthyl]-pyridin, [2-(5-Äthyl-[2]pyridyl)-äthyl]-butyl-amin $C_{13}H_{22}N_2$, Formel X (R = $[CH_2]_3$-CH_3, R' = H).

B. Aus 5-Äthyl-2-vinyl-pyridin und Butylamin beim Erhitzen mit wenig Essigsäure (*Profft*, Ch. Z. **81** [1957] 427).

Kp_{14}: 163°. n_D^{20}: 1,5032.

5-Äthyl-2-[2-dibutylamino-äthyl]-pyridin, [2-(5-Äthyl-[2]pyridyl)-äthyl]-dibutyl-amin $C_{17}H_{30}N_2$, Formel X (R = R' = $[CH_2]_3$-CH_3).

B. Aus 5-Äthyl-2-vinyl-pyridin und Dibutylamin beim Erhitzen mit wenig Essigsäure auf 140° (*Profft*, Ch. Z. **81** [1957] 427).

Kp_{12}: 177—180°. n_D^{20}: 1,4908.

5-Äthyl-2-[2-isohexylamino-äthyl]-pyridin, [2-(5-Äthyl-[2]pyridyl)-äthyl]-isohexyl-amin $C_{15}H_{26}N_2$, Formel X (R = $[CH_2]_3$-$CH(CH_3)_2$, R' = H).

B. Aus 5-Äthyl-2-vinyl-pyridin und Isohexylamin beim Erhitzen mit wenig Essigsäure (*Profft*, Ch. Z. **81** [1957] 427).

Kp_{12}: 182°. n_D^{20}: 1,4940.

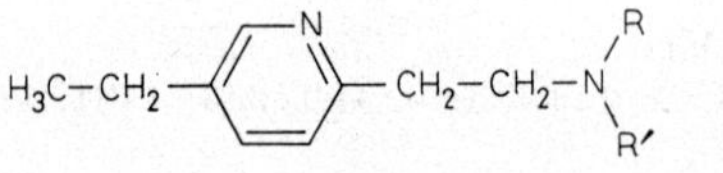

X 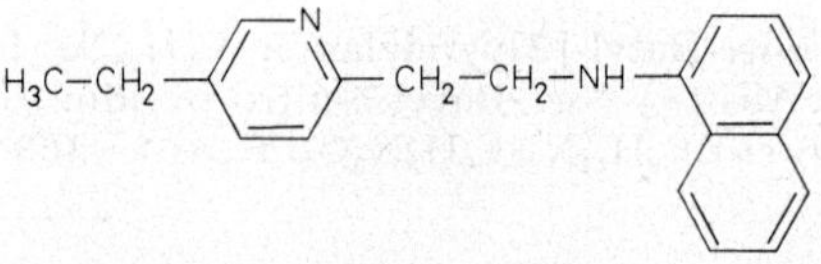   XI

5-Äthyl-2-[2-diisohexylamino-äthyl]-pyridin, [2-(5-Äthyl-[2]pyridyl)-äthyl]-diisohexyl-amin $C_{21}H_{38}N_2$, Formel X (R = R' = $[CH_2]_3$-$CH(CH_3)_2$).

B. Aus 5-Äthyl-2-vinyl-pyridin und Diisohexylamin beim Erhitzen mit wenig Essigsäure auf 140° (*Profft*, Ch. Z. **81** [1957] 427).

$Kp_{0,3}$: 147,5°. n_D^{20}: 1,4870.

5-Äthyl-2-[2-anilino-äthyl]-pyridin, *N*-[2-(5-Äthyl-[2]pyridyl)-äthyl]-anilin $C_{15}H_{18}N_2$, Formel X (R = C_6H_5, R' = H).

B. Aus 5-Äthyl-2-vinyl-pyridin und Anilin beim Erhitzen mit wenig Essigsäure auf 140° (*Profft*, Ch. Z. **81** [1957] 427).

Kristalle; F: 47—48°. $Kp_{0,6}$: 167—169°. n_D^{20}: 1,5870.

5-Äthyl-2-[2-benzylamino-äthyl]-pyridin, [2-(5-Äthyl-[2]pyridyl)-äthyl]-benzyl-amin $C_{16}H_{20}N_2$, Formel X (R = CH_2-C_6H_5, R' = H).

B. Neben kleineren Mengen Bis-[2-(5-äthyl-[2]pyridyl)-äthyl]-benzyl-amin beim Erhitzen von 5-Äthyl-2-vinyl-pyridin mit Benzylamin und wenig Essigsäure auf 150° (*Profft*, Ch. Z. **81** [1957] 427).

Kp_{12}: 205—208°. n_D^{20}: 1,5576.

1-[5-Äthyl-[2]pyridyl]-2-[*N*-benzyl-anilino]-äthan, *N*-[2-(5-Äthyl-[2]pyridyl)-äthyl]-*N*-benzyl-anilin $C_{22}H_{24}N_2$, Formel X (R = CH_2-C_6H_5, R' = C_6H_5).

B. Aus 5-Äthyl-2-vinyl-pyridin und *N*-Benzyl-anilin beim Erhitzen mit wenig Essig≠ säure auf 150° (*Profft*, Ch. Z. **81** [1957] 427).

Kp_1: 218—222°. n_D^{20}: 1,6047.

5-Äthyl-2-[2-[1]naphthylamino-äthyl]-pyridin, [2-(5-Äthyl-[2]pyridyl)-äthyl]-[1]naphthyl-amin $C_{19}H_{20}N_2$, Formel XI.

B. Aus 5-Äthyl-2-vinyl-pyridin und [1]Naphthylamin beim Erhitzen mit wenig Essig≠

säure auf 150° (*Profft*, Ch. Z. **81** [1957] 427).

   $Kp_{0,4}$: 204—207°. n_D^{20}: 1,6400.

1-[5-Äthyl-[2]pyridyl]-2-pyrrolidino-äthan, 5-Äthyl-2-[2-pyrrolidino-äthyl]-pyridin
$C_{13}H_{20}N_2$, Formel XII.

   B. Aus 5-Äthyl-2-vinyl-pyridin und Pyrrolidin beim Erhitzen mit wenig Essigsäure (*Profft*, Ch. Z. **81** [1957] 427).

   Kp_{12}: 158—159°. n_D^{20}: 1,5199.

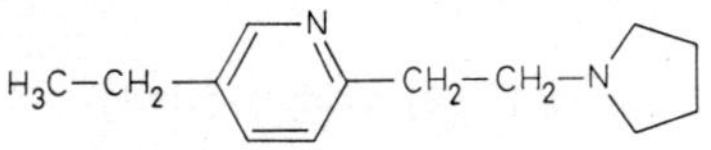

XII 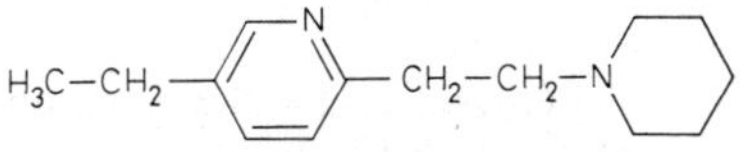   XIII

1-[5-Äthyl-[2]pyridyl]-2-piperidino-äthan, 5-Äthyl-2-[2-piperidino-äthyl]-pyridin
$C_{14}H_{22}N_2$, Formel XIII.

   B. Aus 5-Äthyl-2-vinyl-pyridin und Piperidin beim Erhitzen mit wenig Essigsäure (*Profft*, Ch. Z. **81** [1957] 427).

   Kp_{14}: 174°. n_D^{20}: 1,5180.

5-Äthyl-2-[2-o-anisidino-äthyl]-pyridin, N-[2-(5-Äthyl-[2]pyridyl)-äthyl]-o-anisidin
$C_{16}H_{20}N_2O$, Formel XIV.

   B. Aus 5-Äthyl-2-vinyl-pyridin und o-Anisidin beim Erhitzen mit wenig Essigsäure auf 150° (*Profft*, Ch. Z. **81** [1957] 427).

   $Kp_{0,6}$: 187—190°. n_D^{20}: 1,5780.

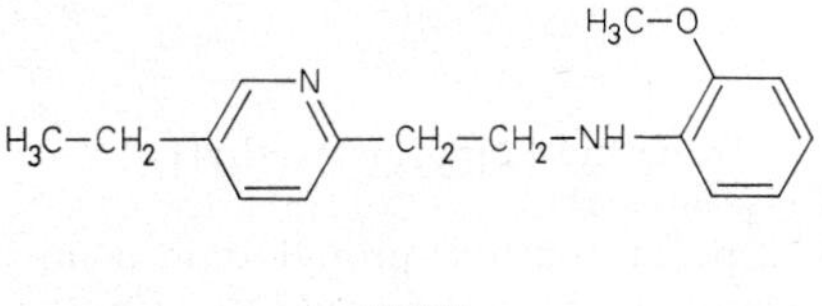

XIV 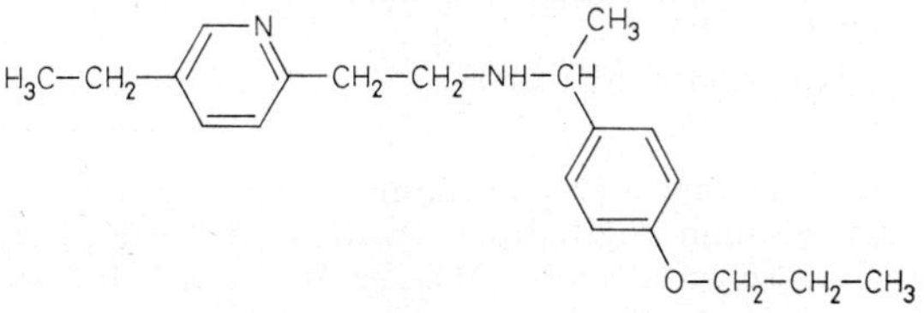   XV

(±)-[2-(5-Äthyl-[2]pyridyl)-äthyl]-[1-(4-propoxy-phenyl)-äthyl]-amin $C_{20}H_{28}N_2O$, Formel XV.

   B. Aus 5-Äthyl-2-vinyl-pyridin und (±)-1-[4-Propoxy-phenyl]-äthylamin beim Erhitzen mit wenig Essigsäure auf 140° (*Profft*, Ch. Z. **81** [1957] 427).

   $Kp_{0,4}$: 184—186°. n_D^{20}: 1,5402.

2-[2-(5-Äthyl-[2]pyridyl)-äthyl]-isochinolinium $[C_{18}H_{19}N_2]^+$, Formel I.

   Chlorid $[C_{18}H_{19}N_2]Cl$. *B.* Beim Erhitzen von Isochinolin mit Isochinolin-hydrochlorid und 5-Äthyl-2-vinyl-pyridin bis auf 140° (*Cislak, Sutherland*, U.S.P. 2512789 [1949]). — Kristalle (aus Butan-1-ol); F: ca. 150°.

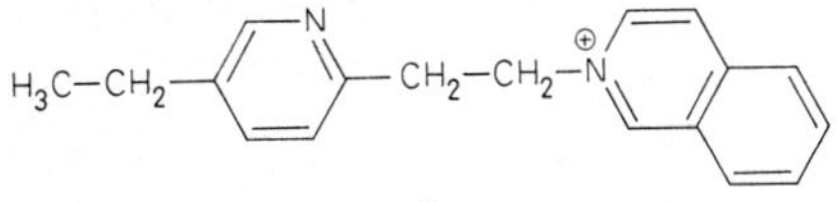

I 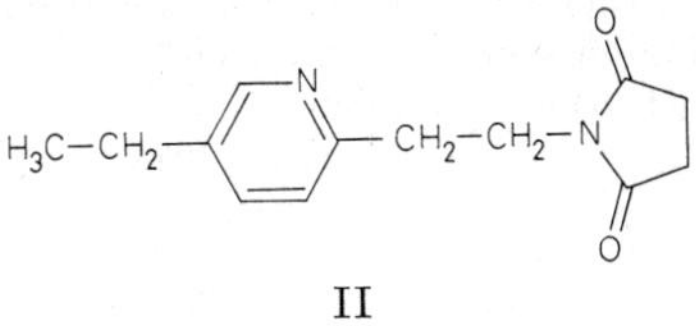   II

1-[2-(5-Äthyl-[2]pyridyl)-äthyl]-pyrrolidin-2,5-dion, N-[2-(5-Äthyl-[2]pyridyl)-äthyl]-succinimid $C_{13}H_{16}N_2O_2$, Formel II.

   B. Aus 5-Äthyl-2-vinyl-pyridin und Succinimid (*Shapiro et al.*, Am. Soc. **79** [1957] 2811).

   Kristalle (aus E. + Hexan); F: 101—102° [unkorr.].

N-[2-(5-Äthyl-[2]pyridyl)-äthyl]-phthalimid $C_{17}H_{16}N_2O_2$, Formel III.

   B. Aus 5-Äthyl-2-vinyl-pyridin und Phthalimid beim Erhitzen mit wenig Essigsäure auf 140° (*Profft*, Ch. Z. **81** [1957] 427).

F: 93—95°.

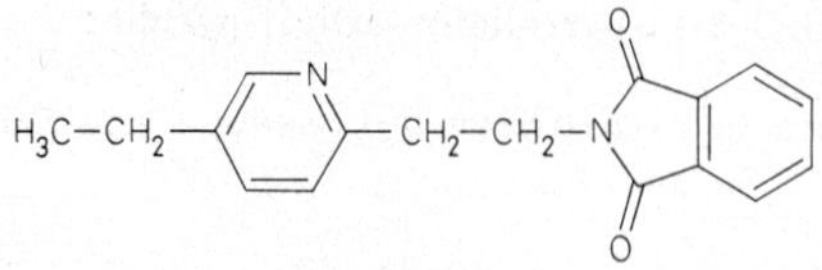

III 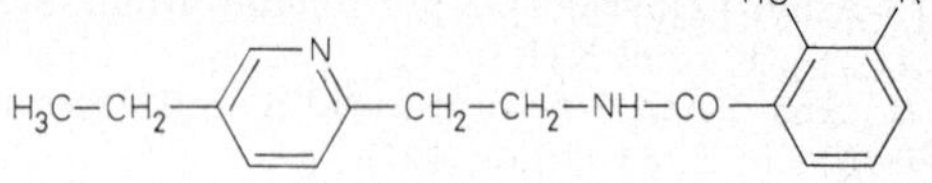   IV

1-[5-Äthyl-[2]pyridyl]-2-salicyloylamino-äthan, *N*-[2-(5-Äthyl-[2]pyridyl)-äthyl]-salicylamid $C_{16}H_{18}N_2O_2$, Formel IV (R = H).

B. Beim Behandeln von 3-[2-(5-Äthyl-[2]pyridyl)-äthyl]-benz[*e*][1,3]oxazin-2,4-dion mit wss. NaOH (*Shapiro et al.*, Am. Soc. **79** [1957] 2811).

Kristalle (aus E. + Hexan); F: 107—108° [unkorr.].

2-Hydroxy-biphenyl-3-carbonsäure-[2-(5-äthyl-[2]pyridyl)-äthylamid] $C_{22}H_{22}N_2O_2$, Formel IV (R = C_6H_5).

B. Beim Behandeln von 3-[2-(5-Äthyl-[2]pyridyl)-äthyl]-8-phenyl-benz[*e*][1,3]oxazin-2,4-dion mit wss. NaOH (*Shapiro et al.*, Am. Soc. **79** [1957] 2811).

Kristalle (aus E. + Hexan); F: 113—114° [unkorr.].

Bis-[2-(5-äthyl-[2]pyridyl)-äthyl]-benzyl-amin $C_{25}H_{31}N_3$, Formel V.

B. Neben [2-(5-Äthyl-[2]pyridyl)-äthyl]-benzyl-amin beim Erhitzen von 5-Äthyl-2-vinyl-pyridin mit Benzylamin und wenig Essigsäure auf 150° (*Profft*, Ch. Z. **81** [1957] 427).

$Kp_{0,6}$: 231°. n_D^{20}: 1,5631.

2,4-Dimethyl-6-[2-propylamino-äthyl]-pyridin, [2-(4,6-Dimethyl-[2]pyridyl)-äthyl]-propyl-amin $C_{12}H_{20}N_2$, Formel VI (R = CH_2-CH_2-CH_3, R' = H).

B. Neben kleineren Mengen Bis-[2-(4,6-dimethyl-[2]pyridyl)-äthyl]-propyl-amin beim Erhitzen von 2,4-Dimethyl-6-vinyl-pyridin mit Propylamin und wenig Essigsäure (*Profft*, B. **91** [1958] 957, 958).

Kp_{12}: 144°. n_D^{20}: 1,5049.

2-[2-Dipropylamino-äthyl]-4,6-dimethyl-pyridin, [2-(4,6-Dimethyl-[2]pyridyl)-äthyl]-dipropyl-amin $C_{15}H_{26}N_2$, Formel VI (R = R' = CH_2-CH_2-CH_3).

B. Aus 2,4-Dimethyl-6-vinyl-pyridin und Dipropylamin beim Erhitzen mit wenig Essigsäure auf 140° (*Profft*, B. **91** [1958] 957, 958).

Kp_{12}: 156—158°. n_D^{20}: 1,4922.

2-[2-Butylamino-äthyl]-4,6-dimethyl-pyridin, Butyl-[2-(4,6-dimethyl-[2]pyridyl)-äthyl]-amin $C_{13}H_{22}N_2$, Formel VI (R = $[CH_2]_3$-CH_3, R' = H).

B. Neben kleineren Mengen Butyl-bis-[2-(4,6-dimethyl-[2]pyridyl)-äthyl]-amin beim Erhitzen von 2,4-Dimethyl-6-vinyl-pyridin mit Butylamin und wenig Essigsäure (*Profft*, B. **91** [1958] 957, 958).

Kp_{12}: 158—160°. n_D^{20}: 1,5014.

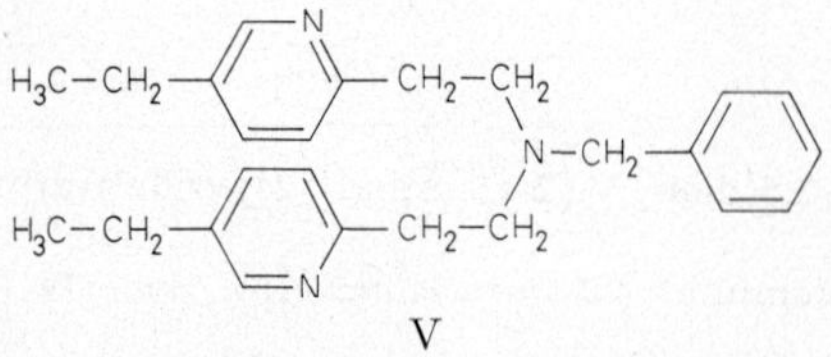

V 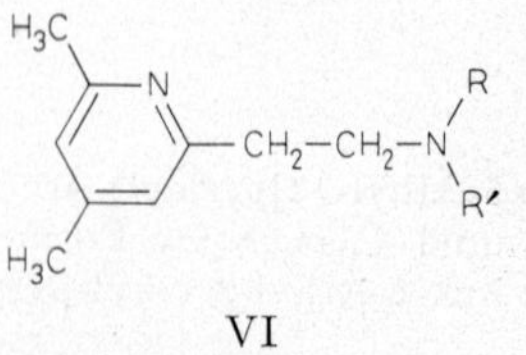   VI

2-[2-Dibutylamino-äthyl]-4,6-dimethyl-pyridin, Dibutyl-[2-(4,6-dimethyl-[2]pyridyl)-äthyl]-amin $C_{17}H_{30}N_2$, Formel VI (R = R' = $[CH_2]_3$-CH_3).

B. Aus 2,4-Dimethyl-6-vinyl-pyridin und Dibutylamin beim Erhitzen mit wenig Essig=

säure auf 140° (*Profft*, B. **91** [1958] 957, 958).
Kp$_{14}$: 172−175°. n$_D^{20}$: 1,4890.

2-[2-Isohexylamino-äthyl]-4,6-dimethyl-pyridin, [2-(4,6-Dimethyl-[2]pyridyl)-äthyl]-isohexyl-amin C$_{15}$H$_{26}$N$_2$, Formel VI (R = [CH$_2$]$_3$-CH(CH$_3$)$_2$, R′ = H).
B. Aus 2,4-Dimethyl-6-vinyl-pyridin und Isohexylamin beim Erhitzen mit wenig Essigsäure (*Profft*, B. **91** [1958] 957, 958).
Kp$_{12}$: 172−174°. n$_D^{20}$: 1,4943.

2-[2-Anilino-äthyl]-4,6-dimethyl-pyridin, N-[2-(4,6-Dimethyl-[2]pyridyl)-äthyl]-anilin C$_{15}$H$_{18}$N$_2$, Formel VI (R = C$_6$H$_5$, R′ = H).
B. Aus 2,4-Dimethyl-6-vinyl-pyridin und Anilin beim Erhitzen mit wenig Essigsäure auf 140° (*Profft*, B. **91** [1958] 957, 958).
Kp$_{0,4}$: 141−146,5°. n$_D^{20}$: 1,5866.

2-[2-Benzylamino-äthyl]-4,6-dimethyl-pyridin, Benzyl-[2-(4,6-dimethyl-[2]pyridyl)-äthyl]-amin C$_{16}$H$_{20}$N$_2$, Formel VI (R = CH$_2$-C$_6$H$_5$, R′ = H).
B. Neben kleineren Mengen Benzyl-bis-[2-(4,6-dimethyl-[2]pyridyl)-äthyl]-amin beim Erhitzen von 2,4-Dimethyl-6-vinyl-pyridin mit Benzylamin und wenig Essigsäure auf 140° (*Profft*, B. **91** [1958] 957, 958).
Kp$_{0,4}$: 149−153°. n$_D^{20}$: 1,5570.

1-[N-Benzyl-anilino]-2-[4,6-dimethyl-[2]pyridyl]-äthan, N-Benzyl-N-[2-(4,6-dimethyl-[2]pyridyl)-äthyl]-anilin C$_{22}$H$_{24}$N$_2$, Formel VI (R = CH$_2$-C$_6$H$_5$, R′ = C$_6$H$_5$).
B. Aus 2,4-Dimethyl-6-vinyl-pyridin und N-Benzyl-anilin beim Erhitzen mit wenig Essigsäure auf 140° (*Profft*, B. **91** [1958] 957, 958).
Kp$_{0,8}$: 198°. n$_D^{20}$: 1,6034.

2,4-Dimethyl-6-[2-[1]naphthylamino-äthyl]-pyridin, [2-(4,6-Dimethyl-[2]pyridyl)-äthyl]-[1]naphthyl-amin C$_{19}$H$_{20}$N$_2$, Formel VII.
B. Aus 2,4-Dimethyl-6-vinyl-pyridin und [1]Naphthylamin beim Erhitzen mit wenig Essigsäure auf 140° (*Profft*, B. **91** [1958] 957, 958).
Kp$_{0,4}$: 190−194°. n$_D^{20}$: 1,6389.

VII　　　　　　　　　　　　　　　　　　　VIII

1-[4,6-Dimethyl-[2]pyridyl]-2-piperidino-äthan, 2,4-Dimethyl-6-[2-piperidino-äthyl]-pyridin C$_{14}$H$_{22}$N$_2$, Formel VIII.
B. Aus 2,4-Dimethyl-6-vinyl-pyridin und Piperidin beim Erhitzen mit wenig Essigsäure auf 140° (*Profft*, B. **91** [1958] 957, 958).
Kp$_{15}$: 165−167°. n$_D^{20}$: 1,5208.

2-[2-o-Anisidino-äthyl]-4,6-dimethyl-pyridin, N-[2-(4,6-Dimethyl-[2]pyridyl)-äthyl]-o-anisidin C$_{16}$H$_{20}$N$_2$O, Formel IX.
B. Aus 2,4-Dimethyl-6-vinyl-pyridin und o-Anisidin beim Erhitzen mit wenig Essigsäure auf 140° (*Profft*, B. **91** [1958] 957, 958).
Kp$_{0,3}$: 155−156°. n$_D^{20}$: 1,5790.

Bis-[2-(4,6-dimethyl-[2]pyridyl)-äthyl]-propyl-amin C$_{21}$H$_{31}$N$_3$, Formel X
(R = CH$_2$-CH$_2$-CH$_3$).
B. Neben [2-(4,6-Dimethyl-[2]pyridyl)-äthyl]-propyl-amin beim Erhitzen von 2,4-Dimethyl-6-vinyl-pyridin mit Propylamin und wenig Essigsäure (*Profft*, B. **91** [1958] 957, 958).
Kp$_{0,4}$: 172°. n$_D^{20}$: 1,5307.

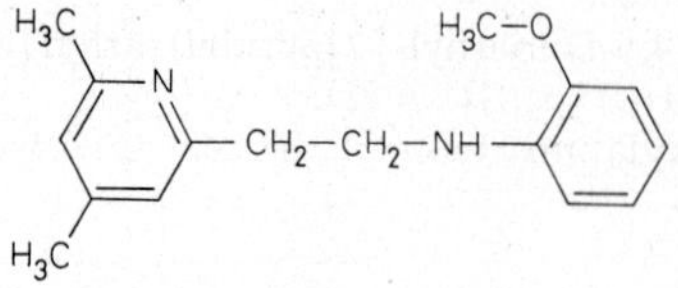

IX 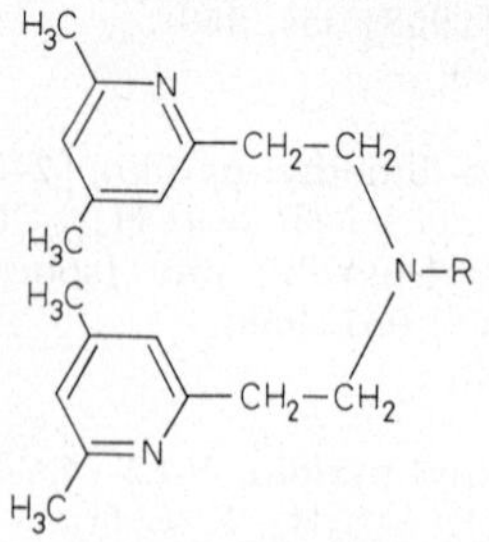   X 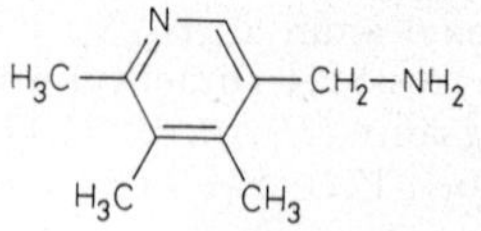   XI

Butyl-bis-[2-(4,6-dimethyl-[2]pyridyl)-äthyl]-amin $C_{22}H_{33}N_3$, Formel X
(R = [CH$_2$]$_3$-CH$_3$).

B. Neben Butyl-[2-(4,6-dimethyl-[2]pyridyl)-äthyl]-amin beim Erhitzen von 2,4-Di=
methyl-6-vinyl-pyridin mit Butylamin und wenig Essigsäure (*Profft*, B. **91** [1958] 957,
958).

Kp$_{1,2}$: 191,5—193°. n$_D^{20}$: 1,5261.

Benzyl-bis-[2-(4,6-dimethyl-[2]pyridyl)-äthyl]-amin $C_{25}H_{31}N_3$, Formel X
(R = CH$_2$-C$_6$H$_5$).

B. Neben Benzyl-[2-(4,6-dimethyl-[2]pyridyl)-äthyl]-amin beim Erhitzen von 2,4-Di=
methyl-6-vinyl-pyridin mit Benzylamin und wenig Essigsäure auf 140° (*Profft*, B. **91**
[1958] 957, 958).

Kp$_{0,5}$: 212—214°. n$_D^{20}$: 1,5624.

5-Aminomethyl-2,3,4-trimethyl-pyridin, *C*-[4,5,6-Trimethyl-[3]pyridyl]-methylamin
$C_9H_{14}N_2$, Formel XI.

B. Bei der Hydrierung von 2-Chlor-4,5,6-trimethyl-nicotinonitril an Palladium/CaCO$_3$
in Methanol (*Tsuda et al.*, Pharm. Bl. **1** [1953] 122, 125).

Dihydrochlorid $C_9H_{14}N_2 \cdot 2$ HCl. Kristalle (aus A.); F: 265°.

Amine $C_{10}H_{16}N_2$

6-Pentyl-[3]pyridylamin $C_{10}H_{16}N_2$, Formel XII.

B. Aus 5-Nitro-2-pentyl-pyridin (*Gruber*, Canad. J. Chem. **31** [1953] 1181, 1182).

Picrat $C_{10}H_{16}N_2 \cdot C_6H_3N_3O_7$. F: 150—152° [korr.].

(±)-2-[3-Amino-pentyl]-pyridin, (±)-1-Äthyl-3-[2]pyridyl-propylamin $C_{10}H_{16}N_2$,
Formel XIII.

B. Bei der Hydrierung von (±)-2-[3-Nitro-pentyl]-pyridin an Raney-Nickel in äthanol.
NH$_3$ (*Profft*, B. **90** [1957] 1734).

Kp$_{15}$: 137—139°. n$_D^{20}$: 1,5179.

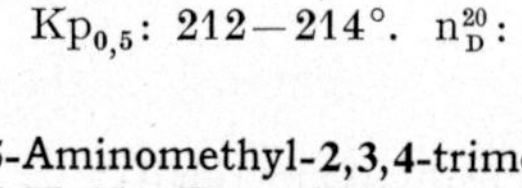

XII 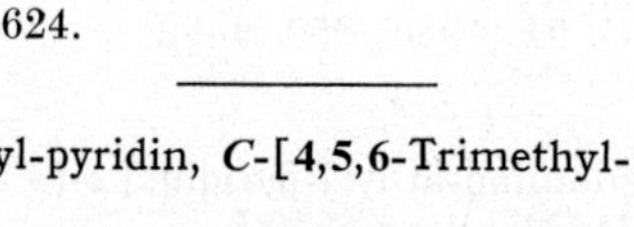   XIII 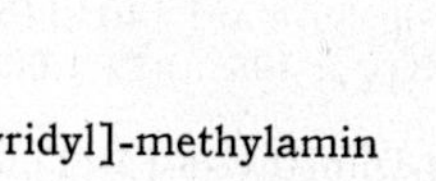   XIV

2-[5-Dimethylamino-pentyl]-pyridin, Dimethyl-[5-[2]pyridyl-pentyl]-amin $C_{12}H_{20}N_2$,
Formel XIV.

B. Beim Erhitzen von 2-[5-Phenoxy-pentyl]-pyridin mit konz. wss. HBr und Erwärmen des Reaktionsprodukts mit Dimethylamin in Äther unter Zusatz von wenig KI (*Morikawa*, J. pharm. Soc. Japan **75** [1955] 593, 597; C. A. **1956** 5656).

Kp$_{4,5}$: 108—110°.

Dipicrat $C_{12}H_{20}N_2 \cdot 2$ C$_6$H$_3$N$_3$O$_7$. Kristalle (aus A.); F: 169—170°.

Methojodid [$C_{13}H_{23}N_2$]I; Trimethyl-[5-[2]pyridyl-pentyl]-ammonium-jo=

did. Kristalle (aus Acn.); F: 173,5—174°.

Bis-methojodid [C₁₄H₂₆N₂]I₂; 1-Methyl-2-[5-trimethylammonio-pentyl]-pyridinium-dijodid. Kristalle (aus Acn.) mit 0,5 Mol H₂O; F: 174—175°.

2-[3-Amino-3-methyl-butyl]-pyridin, 1,1-Dimethyl-3-[2]pyridyl-propylamin C₁₀H₁₆N₂, Formel I (R = R′ = H).

B. Bei der Hydrierung von 2-[3-Methyl-3-nitro-butyl]-pyridin an Raney-Nickel in äthanol. NH₃ unter 3 at (*Profft*, B. **90** [1957] 1734).

Kp₁₂: 118—119,5°. n²⁰_D: 1,5078.

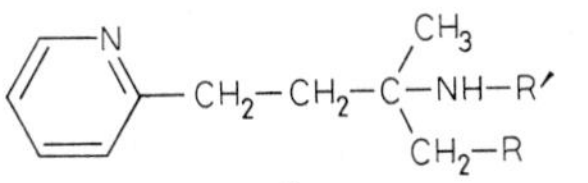

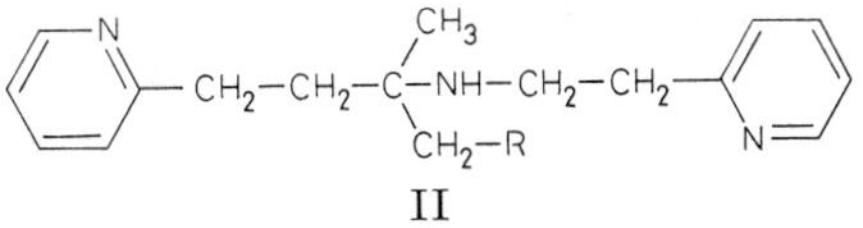

N-[1,1-Dimethyl-3-[2]pyridyl-propyl]-β-alanin-nitril C₁₃H₁₉N₃, Formel I (R = H, R′ = CH₂-CH₂-CN).

B. Aus 1,1-Dimethyl-3-[2]pyridyl-propylamin und Acrylonitril beim Erhitzen mit wenig Essigsäure (*Profft*, B. **90** [1957] 1734).

Kp₁,₂: 154—157°. n²⁰_D: 1,5120.

[1,1-Dimethyl-3-[2]pyridyl-propyl]-[2-[2]pyridyl-äthyl]-amin C₁₇H₂₃N₃, Formel II (R = H).

B. Aus 1,1-Dimethyl-3-[2]pyridyl-propylamin und 2-Vinyl-pyridin beim Erhitzen mit wenig Essigsäure auf 140° (*Profft*, B. **90** [1957] 1734).

Kp₀,₆: 177—185°. n²⁰_D: 1,5449.

(±)-5-[3-Amino-butyl]-2-methyl-pyridin, (±)-1-Methyl-3-[6-methyl-[3]pyridyl]-propyl‌amin C₁₀H₁₆N₂, Formel III.

B. In kleiner Menge neben anderen Verbindungen beim Erhitzen von Paraldehyd (E III/IV **19** 4715) mit wss. NH₃ und Ammoniumacetat bis auf 220° (*Mahan et al.*, J. chem. eng. Data **2** [1957] 76, 77).

Kp₁₀: 134°. n²⁰_D: 1,5145. IR-Spektrum (2—14 µ): *Ma. et al.*, l. c. S. 78.

Oxalat. F: 211—213° [aus Me.].

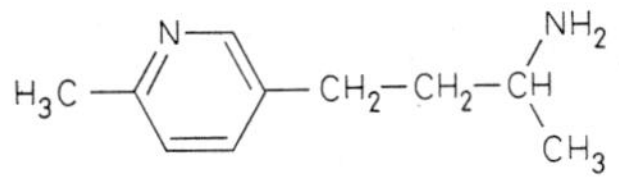

(±)-5-Äthyl-2-[2-amino-propyl]-pyridin, (±)-2-[5-Äthyl-[2]pyridyl]-1-methyl-äthylamin C₁₀H₁₆N₂, Formel IV.

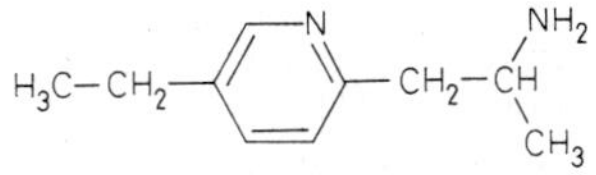

B. Beim Erhitzen von [5-Äthyl-[2]pyridyl]-aceton mit Ameisensäure und Formamid und Erwärmen des Reaktionsprodukts mit konz. wss. HCl (*Burger, Ullyot*, J. org. Chem. **12** [1947] 342, 346).

Kp₁,₅: 100°.

Picrat C₁₀H₁₆N₂·C₆H₃N₃O₇. Kristalle (aus Acn. oder A.); F: 222—224° [korr.; Zers.].

Amine C₁₁H₁₈N₂

(±)-2-[3-Amino-3-methyl-pentyl]-pyridin, (±)-1-Äthyl-1-methyl-3-[2]pyridyl-propyl‌amin C₁₁H₁₈N₂, Formel I (R = CH₃, R′ = H).

B. Bei der Hydrierung von (±)-2-[3-Methyl-3-nitro-pentyl]-pyridin an Raney-Nickel in äthanol. NH₃ (*Profft*, B. **90** [1957] 1734).

Kp₁₂: 139—141°. n²⁰_D: 1,5108.

(±)-[1-Äthyl-1-methyl-3-[2]pyridyl-propyl]-[2-[2]pyridyl-äthyl]-amin $C_{18}H_{25}N_3$, Formel II (R = CH$_3$).

B. Aus (±)-1-Äthyl-1-methyl-3-[2]pyridyl-propyl-amin und 2-Vinyl-pyridin beim Erhitzen mit wenig Essigsäure auf 140° (*Profft*, B. **90** [1957] 1734).

Kp$_{0,15}$: 184—198°. n$_D^{20}$: 1,5428.

(±)-4-[3-Amino-3-methyl-pentyl]-pyridin, (±)-1-Äthyl-1-methyl-3-[4]pyridyl-propyl-amin $C_{11}H_{18}N_2$, Formel V.

B. Bei der Hydrierung von (±)-4-[3-Methyl-3-nitro-pentyl]-pyridin an Raney-Nickel in äthanol. NH$_3$ (*Profft*, B. **90** [1957] 1734).

Kp$_{12}$: 141—143°. n$_D^{20}$: 1,5130.

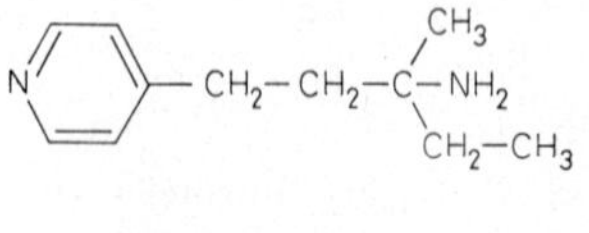

V

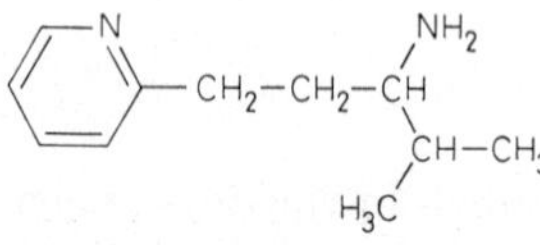

VI

(±)-2-[3-Amino-4-methyl-pentyl]-pyridin, (±)-1-Isopropyl-3-[2]pyridyl-propylamin $C_{11}H_{18}N_2$, Formel VI.

B. Bei der Hydrierung von (±)-2-[4-Methyl-3-nitro-pentyl]-pyridin an Raney-Nickel in äthanol. NH$_3$ (*Profft*, B. **90** [1957] 1734).

Kp$_{10}$: 141,5—142°. n$_D^{20}$: 1,5133.

(±)-[1-Isopropyl-3-[2]pyridyl-propyl]-[2-[2]pyridyl-äthyl]-amin $C_{18}H_{25}N_3$, Formel VII.

B. Aus (±)-1-Isopropyl-3-[2]pyridyl-propylamin und 2-Vinyl-pyridin beim Erhitzen mit wenig Essigsäure auf 140° (*Profft*, B. **90** [1957] 1734).

Kp$_{0,5}$: 183—184°. n$_D^{20}$: 1,5421.

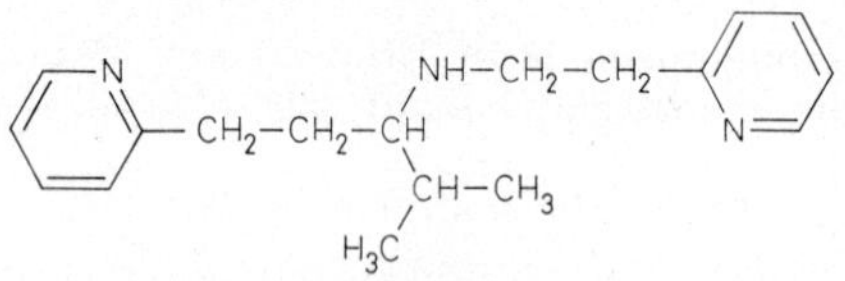

VII

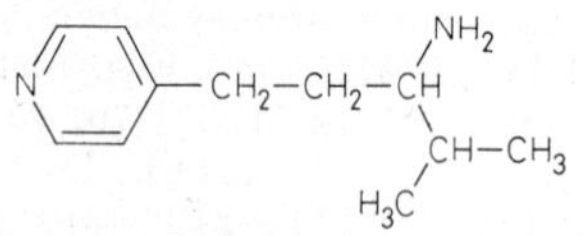

VIII

(±)-4-[3-Amino-4-methyl-pentyl]-pyridin, (±)-1-Isopropyl-3-[4]pyridyl-propylamin $C_{11}H_{18}N_2$, Formel VIII.

B. Bei der Hydrierung von (±)-4-[4-Methyl-3-nitro-pentyl]-pyridin an Raney-Nickel in äthanol. NH$_3$ (*Profft*, B. **90** [1957] 1734).

Kp$_{12}$: 148,5—151°.

(±)-2-[1-Anilino-1,3-dimethyl-butyl]-pyridin, (±)-N-[1,3-Dimethyl-1-[2]pyridyl-butyl]-anilin $C_{17}H_{22}N_2$, Formel IX.

B. In kleiner Menge beim Erwärmen von 4-Methyl-pentan-2-on-phenylimin mit amalgamiertem Aluminium und Pyridin (*Bachman, Karickhoff*, J. org. Chem. **24** [1959] 1696).

Kp$_{0,08}$: 145°.

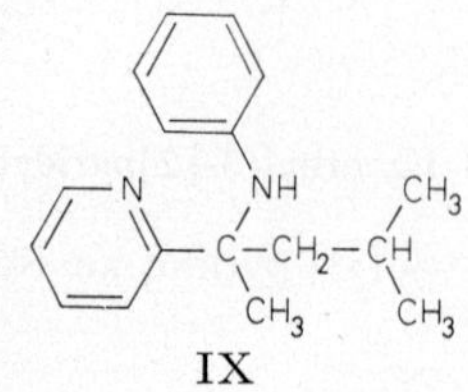

IX

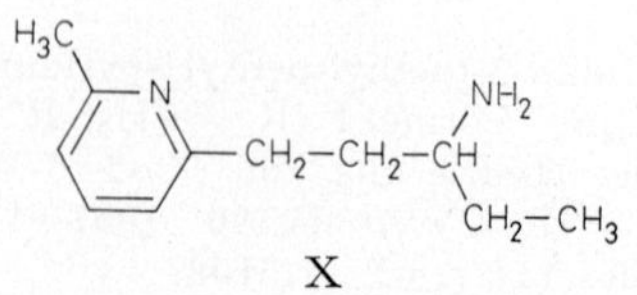

X

(±)-2-[3-Amino-pentyl]-6-methyl-pyridin, (±)-1-Äthyl-3-[6-methyl-[2]pyridyl]-propyl⸗
amin $C_{11}H_{18}N_2$, Formel X.

B. Bei der Hydrierung von (±)-2-Methyl-6-[3-nitro-pentyl]-pyridin an Raney-Nickel
in äthanol. NH_3 (*Profft*, B. **90** [1957] 1734).

Kp_{20}: 130—132,5°. n_D^{20}: 1,5095.

**2-[3-Amino-3-methyl-butyl]-6-methyl-pyridin, 1,1-Dimethyl-3-[6-methyl-[2]pyridyl]-
propylamin** $C_{11}H_{18}N_2$, Formel XI (R = H).

B. Bei der Hydrierung von 2-Methyl-6-[3-methyl-3-nitro-butyl]-pyridin an Raney-
Nickel in äthanol. NH_3 unter 6 at (*Profft*, B. **90** [1957] 1734).

Kp_{12}: 130—134°. n_D^{20}: 1,5099.

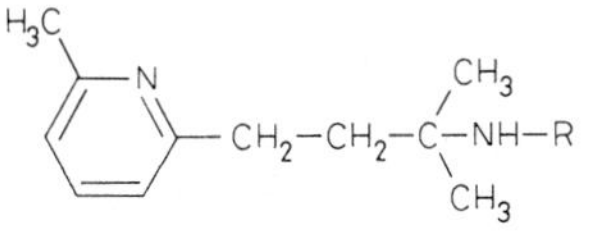

XI 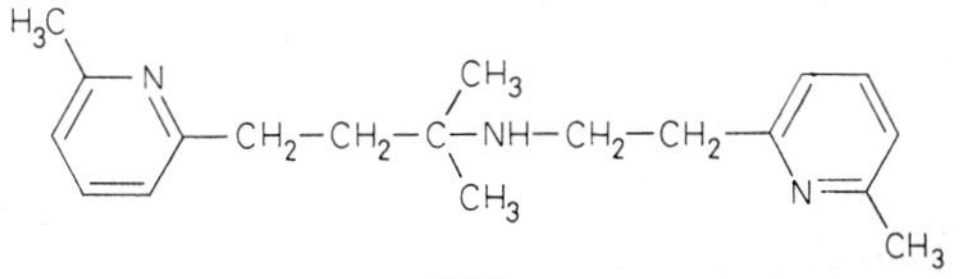　　　　　　　　　　　　　　　　　　　XII

N-[1,1-Dimethyl-3-(6-methyl-[2]pyridyl)-propyl]-β-alanin-nitril $C_{14}H_{21}N_3$, Formel XI
(R = CH_2-CH_2-CN).

B. Aus 1,1-Dimethyl-3-[6-methyl-[2]pyridyl]-propylamin und Acrylnitril beim Erhitzen mit wenig Essigsäure (*Profft*, B. **90** [1957] 1734).

$Kp_{0,6}$: 147—150°. n_D^{20}: 1,5120.

[1,1-Dimethyl-3-(6-methyl-[2]pyridyl)-propyl]-[2-(6-methyl-[2]pyridyl)-äthyl]-amin
$C_{19}H_{27}N_3$, Formel XII.

B. Aus 1,1-Dimethyl-3-[6-methyl-[2]pyridyl]-propylamin und 2-Methyl-6-vinyl-pyridin
beim Erhitzen mit wenig Essigsäure auf 140° (*Profft*, B. **90** [1957] 1734).

$Kp_{1,5}$: 180—182°. n_D^{20}: 1,5364.

Amine $C_{12}H_{20}N_2$

*Opt.-inakt. 2-Amino-3-[2]pyridyl-heptan, 1-Methyl-2-[2]pyridyl-hexylamin $C_{12}H_{20}N_2$,
Formel XIII.

B. In geringer Menge beim Erhitzen von (±)-3-[2]Pyridyl-heptan-2-on mit Ameisen⸗
säure und Formamid und Erwärmen des Reaktionsprodukts mit konz. wss. HCl (*Burger, Ullyot*, J. org. Chem. **12** [1947] 342, 346).

Kp_{4-5}: 152—154°; $Kp_{2,5}$: 129—130° [nicht rein erhalten].

(±)-1-Dimethylamino-3-[2]pyridyl-heptan, (±)-Dimethyl-[3-[2]pyridyl-heptyl]-amin
$C_{14}H_{24}N_2$, Formel XIV (n = 2).

B. Aus 2-Pentyl-pyridin und [2-Chlor-äthyl]-dimethyl-amin mit Hilfe von KNH_2 in
flüssigem NH_3 (*Sperber et al.*, Am. Soc. **73** [1951] 5752, 5757).

Kp_1: 91—95°.

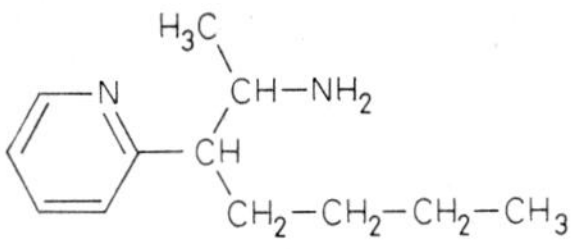

XIII 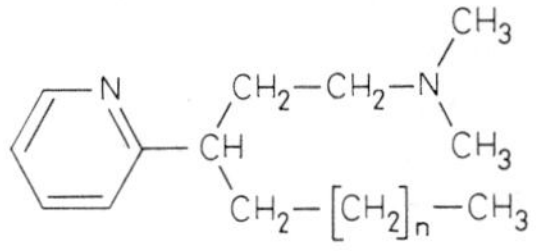　　　　　　　　　XIV 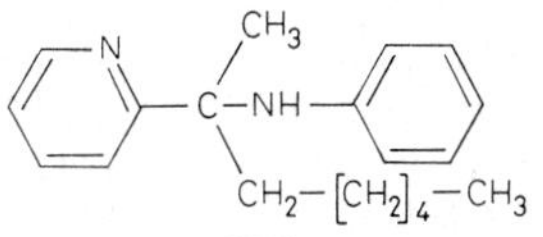　　　　　　　　　XV

Amine $C_{13}H_{22}N_2$

(±)-2-[1-Anilino-1-methyl-heptyl]-pyridin, (±)-*N*-[1-Methyl-1-[2]pyridyl-heptyl]-anilin
$C_{19}H_{26}N_2$, Formel XV.

B. In kleiner Menge beim Erwärmen von Octan-2-on-phenylimin mit amalgamiertem

Magnesium und Pyridin (*Bachman, Karickhoff*, J. org. Chem. **24** [1959] 1696).
Kp$_{0,03}$: 141°.

(±)-1-Dimethylamino-3-[2]pyridyl-octan, (±)-Dimethyl-[3-[2]pyridyl-octyl]-amin
C$_{15}$H$_{26}$N$_2$, Formel XIV (n = 3).
B. Beim Erwärmen von 2-Hexyl-pyridin mit Butyllithium in Äther unter Stickstoff und anschliessend mit [2-Chlor-äthyl]-dimethyl-amin und Behandeln des Reaktionsgemisches mit H$_2$O (*Schering Corp.*, D.B.P. 831696 [1950]; D.R.B.P. Org. Chem. 1950−1951 **3** 242; U.S.P. 2604473 [1950], 2656358 [1950]; *Schering A.G.*, U.S.P. 2676964 [1950]).
Kp$_{1,5}$: 104−105° (*Schering Corp.*; *Schering A.G.*). n$_D^{20}$: 1,4840 (*Schering Corp.*, D.B.P. 831696).
                                                                                    [*Schomann*]

Monoamine C$_n$H$_{2n-6}$N$_2$

Amine C$_7$H$_8$N$_2$

*****1-Methyl-2-[2-(*N*-methyl-anilino)-vinyl]-pyridinium** [C$_{15}$H$_{17}$N$_2$]$^+$, Formel I
(R = R′ = CH$_3$).
Jodid [C$_{15}$H$_{17}$N$_2$]I. *B.* Beim Erhitzen von 2-Methyl-pyridin und Toluol-4-sulfonsäure-methylester mit Orthoameisensäure-triäthylester und *N*-Methyl-anilin in Pentan-1-ol und Behandeln des Reaktionsgemisches mit wss. KI (*Eastman Kodak Co.*, U.S.P. 2500127 [1946]). — Gelbe Kristalle (aus H$_2$O); F: 249°.

*****1-Methyl-2-[2-piperidino-vinyl]-pyridinium** [C$_{13}$H$_{19}$N$_2$]$^+$, Formel II.
Perchlorat [C$_{13}$H$_{19}$N$_2$]ClO$_4$. *B.* Beim Erhitzen von 2-Methyl-pyridin mit Toluol-4-sulfonsäure-methylester, Orthoameisensäure-triäthylester und Piperidin und Behandeln des Reaktionsgemisches mit wss. HClO$_4$ (*Eastman Kodak Co.*, U.S.P. 2500127 [1946]). — Dunkelrote Kristalle (aus A.); F: 160°.

I   II

*****2-[2-(*N*-Acetyl-anilino)-vinyl]-1-methyl-pyridinium** [C$_{16}$H$_{17}$N$_2$O]$^+$, Formel I (R = CH$_3$, R′ = CO-CH$_3$).
Perchlorat [C$_{16}$H$_{17}$N$_2$O]ClO$_4$. Orangefarbene Kristalle (aus H$_2$O); F: 198−200° [unkorr.] (*Knott*, Soc. **1946** 120).
Jodid [C$_{16}$H$_{17}$N$_2$O]I. *B.* Aus 2-[2-Anilino-vinyl]-1-methyl-pyridinium-jodid (E III/IV **21** 3546) und Acetanhydrid (*Kn.*, l. c. S. 122), auch unter Zusatz von Orthoameisen=säure-triäthylester (*Ogata*, J. chem. Soc. Japan **55** [1934] 394, 419; C. A. **1934** 5816; Pr. Acad. Tokyo **8** [1932] 119, 121). — Wasserhaltige blassgelbe Kristalle (aus wss. KI); F: 204° [nach Trocknen] (*Kn.*). Orangefarbene Kristalle (aus H$_2$O); F: 177° (*Og.*, J. chem. Soc. Japan **55** 419; Pr. Acad. Tokyo **8** 121). — Beim Erwärmen mit 1,2-Dimethyl-pyridinium-jodid und Kaliumacetat in Butan-1-ol ist 1,3-Bis-[1-methyl-[2]pyridyl]-trimethinium-jodid (F: 246°) erhalten worden (*Og.*, J. chem. Soc. Japan **55** 419; s. a. *Ogata*, Pr. Acad. Tokyo **13** [1937] 325).
2,4-Dihydroxy-benzoat [C$_{16}$H$_{17}$N$_2$O]C$_7$H$_5$O$_4$. Kristalle (aus A.); F: 208−209° [Zers.; nach Sintern ab 205°] (*Ogata, Noguchi*, Ann. Rep. Hoshi Coll. Pharm. **4** [1954] 5; C. A. **1956** 13924).

*****2-[2-(*N*-Acetyl-anilino)-vinyl]-1-äthyl-pyridinium** [C$_{17}$H$_{19}$N$_2$O]$^+$, Formel I (R = C$_2$H$_5$, R′ = CO-CH$_3$).
Jodid [C$_{17}$H$_{19}$N$_2$O]I. *B.* Aus 1-Äthyl-2-[2-anilino-vinyl]-pyridinium-jodid (E III/IV **21** 3548) und Acetanhydrid unter Zusatz von Orthoameisensäure-triäthylester (*Deïtsch-*

meïster et al., Ž. obšč. Chim. **22** [1952] 166, 169; engl. Ausg. S. 209, 212). — Hellgelbe Kristalle (aus Butan-1-ol); F: 136—137° [Zers.].

*2-{2-[N-(N-Acetyl-sulfanilyl)-anilino]-vinyl}-1-methyl-pyridinium $[C_{22}H_{22}N_3O_3S]^+$, Formel I (R = CH$_3$, R' = SO$_2$-C$_6$H$_4$-NH-CO-CH$_3$(p)).

Jodid $[C_{22}H_{22}N_3O_3S]I$. *B*. Aus 2-[2-Anilino-vinyl]-1-methyl-pyridinium-jodid (E III/ IV **21** 3546) und N-Acetyl-sulfanilylchlorid (*Takahashi, Satake*, J. pharm. Soc. Japan **72** [1952] 1188, 1191; C. A. **1953** 7500). — Gelbbraune Kristalle (aus Me.); Zers. bei 215°.

---

*4-[2-(N-Acetyl-anilino)-vinyl]-1-methyl-pyridinium $[C_{16}H_{17}N_2O]^+$, Formel III (R = CO-CH$_3$).

Jodid $[C_{16}H_{17}N_2O]I$. *B*. Aus 4-[2-Anilino-vinyl]-1-methyl-pyridinium-jodid (E III/IV **21** 3557) und Acetanhydrid unter Zusatz von Orthoameisensäure-triäthylester (*Ogata*, Bl. Inst. phys. chem. Res. Tokyo **16** [1937] 583, 587). — Kristalle (aus A.); F: 183°.

*1-Methyl-4-{2-[N-(toluol-4-sulfonyl)-anilino]-vinyl}-pyridinium $[C_{21}H_{21}N_2O_2S]^+$, Formel III (R = SO$_2$-C$_6$H$_4$-CH$_3$(p)).

Chlorid $[C_{21}H_{21}N_2O_2S]Cl$. *B*. Aus [1-Methyl-1H-[4]pyridyliden]-acetaldehyd-phenyl= imin und Toluol-4-sulfonylchlorid in Aceton (*Hünig, Rosenthal*, A. **592** [1955] 161, 178). — Kristalle; F: 140—155° [Rohprodukt].

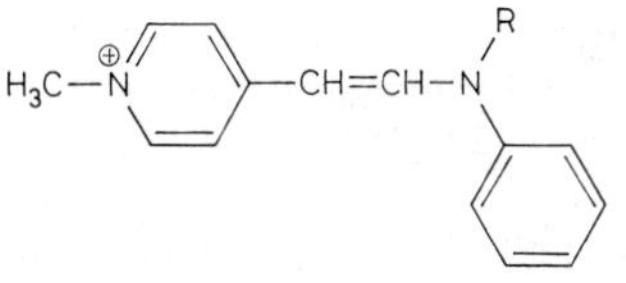

III 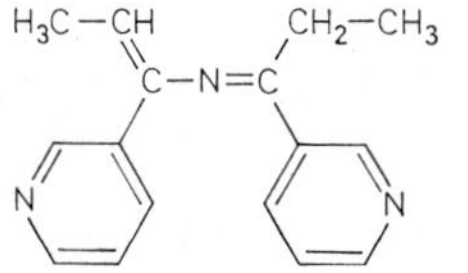   IV 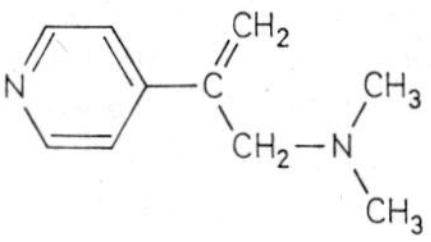   V

Amine C$_8$H$_{10}$N$_2$

*[1-[3]Pyridyl-propenyl]-[1-[3]pyridyl-propyliden]-amin, 1-[3]Pyridyl-propan-1-on- [1-[3]pyridyl-propenylimin] $C_{16}H_{17}N_3$, Formel IV.

B. Neben 1-[3]Pyridyl-propan-1-on-imin beim Erwärmen von Nicotinonitril mit Äthylmagnesiumbromid in Äther, Behandeln des Reaktionsgemisches mit Oxalsäure in Äther und anschliessend mit NH$_3$ bei 0° bis —20° (*Mignonac, Bourbon*, C. r. **242** [1956] 1624).

Kp$_2$: 156°.

3-Dimethylamino-2-[4]pyridyl-propen, Dimethyl-[2-[4]pyridyl-allyl]-amin $C_{10}H_{14}N_2$, Formel V.

B. Aus 4-Methyl-pyridin, Dimethylamin-hydrochlorid und wss. Formaldehyd (*Ma-tuszko, Taurins*, Canad. J. Chem. **32** [1954] 538, 541).

Kp$_{0,5}$: 65—66°. n$_D^{24}$: 1,5170.

Monopicrat $C_{10}H_{14}N_2 \cdot C_6H_3N_3O_7$. Gelbe Kristalle (aus H$_2$O); F: 124—125°.

Dipicrat $C_{10}H_{14}N_2 \cdot 2 C_6H_3N_3O_7$. Orangegelbe Kristalle (aus A.); F: 147—148°.

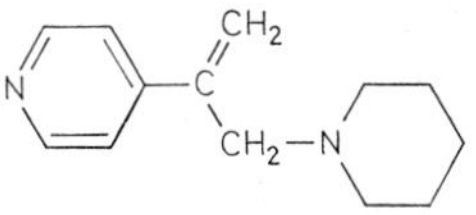

VI 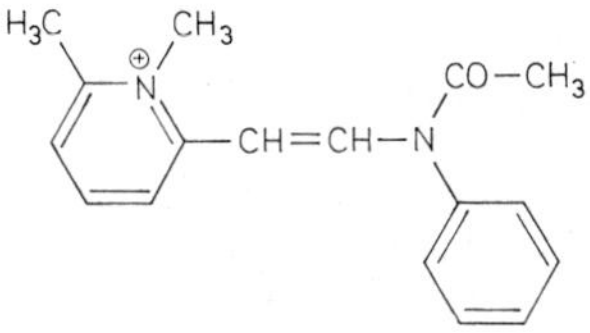   VII 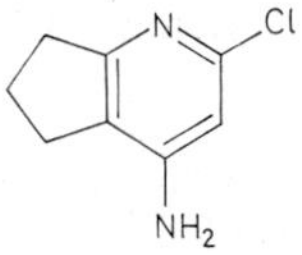   VIII

3-Piperidino-2-[4]pyridyl-propen, 4-[1-Piperidinomethyl-vinyl]-pyridin, 1-[2-[4]Pyridyl-allyl]-piperidin $C_{13}H_{18}N_2$, Formel VI.

B. Aus 4-Methyl-pyridin, Piperidin-hydrochlorid und wss. Formaldehyd (*Matuszko*,

Taurins, Canad. J. Chem. **32** [1954] 538, 544).
$Kp_{0,5}$: 105—106°. n_D^{24}: 1,5298.

---

*2-[2-(N-Acetyl-anilino)-vinyl]-1,6-dimethyl-pyridinium $[C_{17}H_{19}N_2O]^+$, Formel VII.
Perchlorat $[C_{17}H_{19}N_2O]ClO_4$. Kristalle (aus A.); F: 210° (*Knott*, Soc. **1946** 120).

2-Chlor-6,7-dihydro-5H-[1]pyrindin-4-ylamin $C_8H_9ClN_2$, Formel VIII.
B. Beim Behandeln von 4-Amino-6,7-dihydro-5H-[1]pyrindin-2-ol mit HCl und PCl_5, zuletzt bei 105° (*Schroeder*, *Rigby*, Am. Soc. **71** [1949] 2205, 2208).
Kristalle (aus Bzl.); F: 167°.

Indolin-5-ylamin $C_8H_{10}N_2$, Formel IX (R = R' = X = H).
B. Beim Erwärmen von 5-Nitro-indolin mit $N_2H_4 \cdot H_2O$ und Raney-Nickel in Methanol (*Terent'ew et al.*, Ž. obšč. Chim. **29** [1959] 2541, 2549; engl. Ausg. S. 2504, 2510).
Kristalle (aus Heptan); F: 67—68,5° (*Te. et al.*).
Ein ebenfalls unter dieser Konstitution beschriebenes Präparat (Kristalle [aus A.]; F: 134—136°) ist beim Erhitzen von 1-Benzoyl-indolin-5-ylamin mit wss. HCl erhalten worden (*Kinoshita et al.*, J. chem. Soc. Japan Pure Chem. Sect. **78** [1957] 1372; C. A. **1960** 491).

1-Methyl-indolin-5-ylamin $C_9H_{12}N_2$, Formel IX (R = CH_3, R' = X = H).
B. Beim Erhitzen von 4-[1-Methyl-indolin-5-ylazo]-benzolsulfonsäure mit $SnCl_2$ und konz. wss. HCl (*Terent'ew*, *Preobrashenškaja*, Ž. obšč. Chim. **29** [1959] 317, 321; engl. Ausg. S. 322, 325).
Kristalle (nach Destillation); F: 94—96° [Zers.; geschlossene Kapillare]. Kp_3: 123,5°.

1-Acetyl-5-acetylamino-indolin, N-[1-Acetyl-indolin-5-yl]-acetamid $C_{12}H_{14}N_2O_2$,
Formel IX (R = R' = CO-CH_3, X = H).
B. Beim Erwärmen von 1-Indolin-5-yl-äthanon-oxim mit HCl in Acetanhydrid und wss. Essigsäure (*Terent'ew et al.*, Ž. obšč. Chim. **29** [1959] 2875, 2880; engl. Ausg. S. 2835, 2839). Aus Indolin-5-ylamin und Acetanhydrid (*Terent'ew et al.*, Ž. obšč. Chim. **29** [1959] 2541, 2549; engl. Ausg. S. 2504, 2510).
Kristalle (aus H_2O); F: 212—212,5° (*Te. et al.*, l. c. S. 2880).

1-Benzoyl-indolin-5-ylamin $C_{15}H_{14}N_2O$, Formel IX (R = CO-C_6H_5. R' = X = H).
B. Bei der Hydrierung von 1-Benzoyl-5-nitro-indolin an Platin in Äthanol unter 70 at (*Kinoshita et al.*, J. chem. Soc. Japan Pure Chem. Sect. **78** [1957] 1372; C. A. **1960** 491).
Kristalle (aus A.); F: 201—203°.

IX   X   XI

5-Benzoylamino-1-methyl-indolin, N-[1-Methyl-indolin-5-yl]-benzamid $C_{16}H_{16}N_2O$,
Formel IX (R = CH_3, R' = CO-C_6H_5, X = H).
B. Aus 1-Methyl-indolin-5-ylamin und Benzoylchlorid (*Terent'ew*, *Preobrashenškaja*, Ž. obšč. Chim. **29** [1959] 317, 321; engl. Ausg. S. 322, 326).
Kristalle (aus A.); F: 176—176,5° [nach Dunkelfärbung oberhalb 150°].

N-[1-Methyl-indolin-5-yl]-phthalimid $C_{17}H_{14}N_2O_2$, Formel X.
B. Aus 1-Methyl-indolin-5-ylamin und Phthalsäure-anhydrid (*Terent'ew*, *Preobrashenškaja*, Ž. obšč. Chim. **29** [1959] 317, 321; engl. Ausg. S. 322, 326).
Gelbe Kristalle (aus A.); F: 172—173°.

1-[2-Methansulfonylamino-äthyl]-indolin-5-ylamin, N-[2-(5-Amino-indolin-1-yl)-äthyl]-methansulfonamid $C_{11}H_{17}N_3O_2S$, Formel IX (R = CH_2-CH_2-NH-SO_2-CH_3, R' = X = H).
B. Bei der Hydrierung von N-{2-[5-(2,5-Dichlor-phenylazo)-indolin-1-yl]-äthyl}-methansulfonamid an Raney-Nickel in Äthanol bei 80°/3 at (*Bent et al.*, Am. Soc. **73** [1951] 3100, 3115).
Polarographisches Halbstufenpotential (wss. Lösung vom pH 11): *Bent et al.*, l.c. S. 3101.
Sulfat 2 $C_{11}H_{17}N_3O_2S\cdot H_2SO_4$. Kristalle (aus A.); F: 235°.

1-Acetyl-7-brom-indolin-5-ylamin $C_{10}H_{11}BrN_2O$, Formel XI.
B. Bei der Hydrierung von 1-Acetyl-7-brom-5-nitro-indolin an Platin in Äthanol (*Gall et al.*, J. org. Chem. **20** [1955] 1538, 1542).
Kristalle (aus Me.); F: 188—190° [korr.].

5-Acetylamino-1-benzoyl-6(?)-nitro-indolin, N-[1-Benzoyl-6(?)-nitro-indolin-5-yl]-acetamid $C_{17}H_{15}N_3O_4$, vermutlich Formel IX (R = CO-C_6H_5, R' = CO-CH_3, X = NO_2).
B. Aus 1-Benzoyl-indolin-5-ylamin beim aufeinanderfolgenden Behandeln mit Acet=anhydrid und mit wss. HNO_3 [70%ig] unter Zusatz von H_2SO_4 (*Kinoshita et al.*, J. chem. Soc. Japan Pure Chem. Sect. **78** [1957] 1372; C. A. **1960** 491).
Gelbe Kristalle; F: 196—198°.

Indolin-6-ylamin $C_8H_{10}N_2$, Formel XII (R = R' = H).
B. Beim Erwärmen von 6-Nitro-indolin mit $N_2H_4\cdot H_2O$ und Raney-Nickel in Methanol (*Terent'ew et al.*, Ž. obšč. Chim. **29** [1959] 2541, 2548; engl. Ausg. S. 2504, 2510).
Kristalle; F: 67—68°. Kp_1: 138°.

1-Methyl-indolin-6-ylamin $C_9H_{12}N_2$, Formel XII (R = CH_3, R' = H).
B. Beim Erwärmen von 1-Methyl-6-nitro-indolin mit $SnCl_2$ und konz. wss. HCl (*Terent'ew*, *Preobrashenškaja*, Doklady Akad. S.S.S.R. **118** [1958] 302, 304; Pr. Acad. Sci. U.S.S.R. Chem. Sect. **118—123** [1958] 49, 51).
F: 42—43°. Kp_6: 143—144°.
An der Luft tritt Dunkelfärbung ein.

1-Acetyl-indolin-6-ylamin $C_{10}H_{12}N_2O$, Formel XII (R = CO-CH_3, R' = H).
B. Beim Erwärmen von 1-Acetyl-6-nitro-indolin mit $SnCl_2$ und konz. wss. HCl (*Terent'ew et al.*, Ž. obšč. Chim. **29** [1959] 2541, 2548; engl. Ausg. S. 2504, 2510).
Kristalle (aus A.); F: 179—179,5°.

1-Acetyl-6-acetylamino-indolin, N-[1-Acetyl-indolin-6-yl]-acetamid $C_{12}H_{14}N_2O_2$, Formel XII (R = R' = CO-CH_3).
B. Aus Indolin-6-ylamin oder 1-Acetyl-indolin-6-ylamin und Acetanhydrid (*Terent'ew et al.*, Ž. obšč. Chim. **29** [1959] 2541, 2548; engl. Ausg. S. 2504, 2510).
Kristalle (aus wss. Eg.); F: 269—271°.

XII   XIII   XIV

1-Benzoyl-indolin-6-ylamin $C_{15}H_{14}N_2O$, Formel XII (R = CO-C_6H_5, R' = H).
B. Bei der Hydrierung von 1-Benzoyl-6-nitro-indolin an Platin in Äthanol unter 70 at (*Kinoshita et al.*, J. chem. Soc. Japan Pure Chem. Sect. **78** [1957] 1372; C. A. **1960** 491).
Kristalle; F: 179—181°.

6-Benzoylamino-1-methyl-indolin, N-[1-Methyl-indolin-6-yl]-benzamid $C_{16}H_{16}N_2O$, Formel XII (R = CH$_3$, R' = CO-C$_6$H$_5$).

B. Aus 1-Methyl-indolin-6-ylamin und Benzoylchlorid (*Terent'ew, Preobrashenškaja*, Doklady Akad. S.S.S.R. **118** [1958] 302, 304; Pr. Acad. Sci. U.S.S.R. Chem. Sect. **118—123** [1958] 49, 51).

Kristalle (aus A.); F: 149,3—149,6°.

Hydrochlorid $C_{16}H_{16}N_2O \cdot HCl$. Kristalle (aus A.); F: 255,5—256,5°.

1-Benzoyl-6-diacetylamino-indolin, N-[1-Benzoyl-indolin-6-yl]-diacetamid $C_{19}H_{18}N_2O_3$, Formel XIII (X = H).

B. Aus 1-Benzoyl-indolin-6-ylamin und Acetanhydrid (*Kinoshita et al.*, J. chem. Soc. Japan Pure Chem. Sect. **78** [1957] 1372; C. A. **1960** 491).

Kristalle; F: 196—197°.

N-[1-Methyl-indolin-6-yl]-phthalimid $C_{17}H_{14}N_2O_2$, Formel XIV.

B. Aus 1-Methyl-indolin-6-ylamin und Phthalsäure-anhydrid (*Terent'ew, Preobrashenškaja*, Doklady Akad. S.S.S.R. **118** [1958] 302, 305; Pr. Acad. Sci. U.S.S.R. Chem. Sect. **118—123** [1958] 49, 51).

Kristalle (aus A.); F: 160—162°.

1-Benzoyl-6-diacetylamino-4(?)-nitro-indolin, N-[1-Benzoyl-4(?)-nitro-indolin-6-yl]-diacetamid $C_{19}H_{17}N_3O_5$, vermutlich Formel XIII (X = NO$_2$).

B. Beim Behandeln von 1-Benzoyl-6-diacetylamino-indolin mit wss. HNO$_3$ [70%ig] und H$_2$SO$_4$ (*Kinoshita et al.*, J. chem. Soc. Japan Pure Chem. Sect. **78** [1957] 1372; C. A. **1960** 491).

Kristalle; F: 238—239°.

1-Acetyl-indolin-7-ylamin $C_{10}H_{12}N_2O$, Formel I.

B. Bei der Hydrierung von 1-Acetyl-5-brom-7-nitro-indolin an Palladium/Kohle in Äthanol (*Gall et al.*, J. org. Chem. **20** [1955] 1538, 1541).

Kristalle (aus H$_2$O); F: 159—160° [korr.].

Amine $C_9H_{12}N_2$

*5-Buten-1-yl-[2]pyridylamin(?) $C_9H_{12}N_2$, vermutlich Formel II.

B. Aus 1-[6-Amino-[3]pyridyl]-butan-1-ol-picrat [F: 170°] (*Hardegger, Nikles*, Helv. **39** [1956] 505, 509).

F: 101—102° [korr.].

I   II   III

*4-Methylamino-1-[3]pyridyl-but-1-en, Methyl-[4-[3]pyridyl-but-3-enyl]-amin, Metanicotin $C_{10}H_{14}N_2$, Formel III (R = H) (H 438; E I 634; E II 345).

B. Neben Nicotin beim Erhitzen von 4-Methylamino-1-[3]pyridyl-butan-1-ol mit P$_2$O$_5$ in Xylol (*Rayburn et al.*, Am. Soc. **72** [1950] 1721). Zur Bildung beim Erhitzen von N-Methyl-N-[4-[3]pyridyl-but-3-enyl]-benzamid (S. 4249) mit wss. HCl (H 438) s. *Späth, Bobenberger*, B. **77/79** [1944/46] 362, 366; *Swain et al.*, Am. Soc. **71** [1949] 1341, 1345.

Kp$_{17}$: 154—156° (*Belcher et al.*, Soc. **1958** 3230); Kp$_{15}$: 148—150° (*Wada*, Arch. Biochem. **72** [1957] 145, 146); Kp$_{3,7}$: 141° (*Sw. et al.*); Kp$_{1,5}$: 110° (*Sp., Bo.*). n$_D^{25}$: 1,5540 (*Sw. et al.*). IR-Spektrum (unverd., CCl$_4$ sowie Acn.; 2—15 μ): *Eddy, Eisner*, Anal. Chem. **26** [1954] 1428, 1429. UV-Spektrum der Base (A.; 210—310 nm) und des Dihydro= chlorids (A.; 210—340 nm): *Sw. et al.*, l. c. S. 1343. λ_{max} der Base: 245 nm und 281 nm [2,2-Dimethyl-butan] bzw. 246 nm und 282 nm [A.]; des Dihydrochlorids: 223 nm, 253 nm und 292 nm [A.] (*Sw. et al.*, l. c. S. 1342). Scheinbare Dissoziationskonstante K_b' (H_2O; potentiometrisch ermittelt): $9 \cdot 10^{-5}$ (*Craig, Hixon*, Am. Soc. **53** [1931] 4367, 4370). Verteilung zwischen *tert*-Pentylalkohol und wss. Lösungen vom pH 6, pH 7 und pH 8 bei 24°: *Badgett et al.*, Am. Soc. **74** [1952] 4096. Flüchtigkeit mit Wasser= dampf: *Werle, Meyer*, Bio. Z. **321** [1950] 221, 227, 228.

Dipicrat $C_{10}H_{14}N_2 \cdot 2\,C_6H_3N_3O_7$ (H 438). Kristalle; F: 170—171° (*Sw. et al.*). Was= serhaltige Kristalle; F: 112° und (nach Wiedererstarren) F: 164° (*Sp., Bo.*).

Cholesterylsulfat $C_{10}H_{14}N_2 \cdot C_{27}H_{46}O_4S$. *B.* Aus Nicotin, $ClSO_3H$ und Cholesterin (*Kariyone et al.*, J. pharm. Soc. Japan **73** [1953] 1129; C. A. **1954** 12041). — F: 192° [aus $CHCl_3$ + PAe.]; $[\alpha]_D^{26}$: +64° [$CHCl_3$] (*Ka. et al.*).

Olean-12-en-3β-ylsulfat $C_{10}H_{14}N_2 \cdot C_{30}H_{50}O_4S$. *B.* Aus Nicotin, $ClSO_3H$ und Olean-12-en-3β-ol (*Ka.*). — F: 203° [aus $CHCl_3$ + PAe.]; $[\alpha]_D^{26}$: +49° [$CHCl_3$] (*Ka. et al.*).

*4-Dimethylamino-1-[3]pyridyl-but-1-en, Dimethyl-[4-[3]pyridyl-but-3-enyl]-amin, *N*-Methyl-metanicotin $C_{11}H_{16}N_2$, Formel III (R = CH_3).

B. Beim Behandeln von Metanicotin (S. 4248) mit wss. Formaldehyd und Ameisen= säure (*Späth, Bobenberger*, B. **77/79** [1944/46] 362, 366).

$Kp_{2,3}$: 97—100°.

Dipicrat $C_{11}H_{16}N_2 \cdot 2\,C_6H_3N_3O_7$. F: 158—159° [evakuierte Kapillare].

Methojodid-hydrojodid $[C_{12}H_{19}N_2]I \cdot HI$; 3-[4-Dimethylamino-but-1-enyl]-1-methyl-pyridinium-jodid-hydrojodid. Kristalle (aus Me.); F: 171—172°.

N-Methyl-*N*-[4-[3]pyridyl-but-3-enyl]-benzamid, *N*-Benzoyl-metanicotin $C_{17}H_{18}N_2O$, Formel III (R = $CO-C_6H_5$) (H 438; E I 634; E II 345).

B. Aus Nicotin und Benzoylchlorid bei 135° (*Späth, Bobenberger*, B. **77/79** [1944/46] 362, 365; vgl. H 438).

Kristalle (aus Bzl. + PAe.); F: 82°.

5,6,7,8-Tetrahydro-[4]chinolylamin $C_9H_{12}N_2$, Formel IV.

B. Bei der Hydrierung von 4-Nitro-chinolin-1-oxid an Nickel (aus Nickelformiat) in Methanol und Natriumacetat enthaltender Essigsäure bei 120°/100 at (*Ishii*, J. pharm. Soc. Japan **72** [1952] 1317, 1320; C. A. **1953** 12386).

Kristalle (aus Bzl.); F: 133° (*Ish.*, l. c. S. 1321).

Hydrochlorid. Kristalle (aus H_2O); F: 285°.

Picrat $C_9H_{12}N_2 \cdot C_6H_3N_3O_7$. Kristalle (aus Me.); F: 224°.

Acetyl-Derivat $C_{11}H_{14}N_2O$; *N*-[5,6,7,8-Tetrahydro-[4]chinolyl]-acetamid. Kristalle (aus H_2O); F: 159—160°.

(±)-1,2,3,4-Tetrahydro-[3]chinolylamin $C_9H_{12}N_2$, Formel V (R = R' = R'' = H).

B. Neben Bis-[1,2,3,4-tetrahydro-[3]chinolyl]-amin (S. 4251) bei der Hydrierung von [3]Chinolylamin an Raney-Nickel in Tetralin bei 55°/90 at (*Chiavarelli, Marini-Bettòlo*, G. **82** [1952] 86, 95).

F: 57°. UV-Spektrum (220—330 nm): *Ch., Ma.-Be.*, l. c. S. 88.

An der Luft und am Licht unbeständig.

Hydrochlorid. F: 250° [nach Sintern bei 240°; aus A. + Ae.].

Picrat. Kristalle (aus A.); Zers. bei 205—206°.

(±)-3-Dimethylamino-1,2,3,4-tetrahydro-chinolin, (±)-Dimethyl-[1,2,3,4-tetrahydro-[3]chinolyl]-amin $C_{11}H_{16}N_2$, Formel V (R = H, R' = R'' = CH_3).

B. Bei der Hydrierung von [3]Chinolyl-dimethyl-amin an Platin/Kohle in Äthanol bei 140°/150 at (*Geigy A. G.*, D.B.P. 823595 [1950]; D.R.B.P. Org. Chem. 1950—1951 3 191; U.S.P. 2554737 [1950]).

$Kp_{0,1}$: 102—105°.

(±)-3-Äthylamino-1,2,3,4-tetrahydro-chinolin, (±)-Äthyl-[1,2,3,4-tetrahydro-[3]chinolyl]-amin $C_{11}H_{16}N_2$, Formel V (R = R'' = H, R' = C_2H_5).

B. Beim Erwärmen von (+)-1,2,3,4-Tetrahydro-[3]chinolylamin mit Diäthylsulfat und K_2CO_3 in Aceton (*Chiavarelli, Marini-Bettòlo*, G. **82** [1952] 86, 96).

$Kp_{0,1}$: 110—113°.

Picrat. Kristalle (aus A.); F: 198°.

(±)-1-Äthyl-3-diäthylamino-1,2,3,4-tetrahydro-chinolin, (±)-Diäthyl-[1-äthyl-1,2,3,4-tetrahydro-[3]chinolyl]-amin $C_{15}H_{24}N_2$, Formel V (R = R′ = R″ = C_2H_5).

B. Beim Erwärmen von (±)-1,2,3,4-Tetrahydro-[3]chinolylamin mit Diäthylsulfat und K_2CO_3 in Aceton (*Chiavarelli, Marini-Bettòlo*, G. **82** [1952] 86, 97).

$Kp_{0,4}$: 116°.

Picrat. F: 103—104°.

(±)-1-Benzyl-3-dimethylamino-1,2,3,4-tetrahydro-chinolin, (±)-[1-Benzyl-1,2,3,4-tetrahydro-[3]chinolyl]-dimethyl-amin $C_{18}H_{22}N_2$, Formel VI (R = CH_3, X = X′ = H).

B. Beim Erwärmen von (±)-Dimethyl-[1,2,3,4-tetrahydro-[3]chinolyl]-amin mit Benzylchlorid und $NaNH_2$ in Benzol (*Geigy A.G.*, D.B.P. 823595 [1950]; D.R.B.P. Org. Chem. 1950—1951 **3** 191; U.S.P. 2554737 [1950]).

$Kp_{0,05}$: 143—145°.

Hydrochlorid. F: 165—166°.

IV   V   VI   VII

(±)-1-[4-Chlor-benzyl]-3-dimethylamino-1,2,3,4-tetrahydro-chinolin, (±)-[1-(4-Chlor-benzyl)-1,2,3,4-tetrahydro-[3]chinolyl]-dimethyl-amin $C_{18}H_{21}ClN_2$, Formel VI (R = CH_3, X = H, X′ = Cl).

B. Aus (±)-Dimethyl-[1,2,3,4-tetrahydro-[3]chinolyl]-amin und 4-Chlor-benzylchlorid (*Geigy A.G.*, D.B.P. 823595 [1950]; D.R.B.P. Org. Chem. 1950—1951 **3** 191; U.S.P. 2554737 [1950]).

$Kp_{0,05}$: 160—161°.

Hydrochlorid. F: 231—233,5°.

(±)-1-Benzyl-3-diäthylamino-1,2,3,4-tetrahydro-chinolin, (±)-Diäthyl-[1-benzyl-1,2,3,4-tetrahydro-[3]chinolyl]-amin $C_{20}H_{26}N_2$, Formel VI (R = C_2H_5, X = X′ = H).

B. Analog (±)-[1-Benzyl-1,2,3,4-tetrahydro-[3]chinolyl]-dimethyl-amin (*Geigy A.G.*, D.B.P. 823595 [1950]; D.R.B.P. Org. Chem. 1950—1951 **3** 191).

$Kp_{0,1}$: 158—160°.

(±)-1-Benzyl-3-dibutylamino-1,2,3,4-tetrahydro-chinolin, (±)-[1-Benzyl-1,2,3,4-tetrahydro-[3]chinolyl]-dibutyl-amin $C_{24}H_{34}N_2$, Formel VI (R = $[CH_2]_3$-CH_3, X = X′ = H).

B. Analog (±)-[1-Benzyl-1,2,3,4-tetrahydro-[3]chinolyl]-dimethyl-amin (*Geigy A.G.*, D.B.P. 823595 [1950]; D.R.B.P. Org. Chem. 1950—1951 **3** 191).

$Kp_{0,1}$: 174—176°.

(±)-1-Benzyl-3-piperidino-1,2,3,4-tetrahydro-chinolin $C_{21}H_{26}N_2$, Formel VII.

B. Analog (±)-[1-Benzyl-1,2,3,4-tetrahydro-[3]chinolyl]-dimethyl-amin (*Geigy A.G.*, D.B.P. 823595 [1950]; D.R.B.P. Org. Chem. 1950—1951 **3** 191; U.S.P. 2554737 [1950]).

Dihydrochlorid. F: 188—190°.

(±)-3-Dimethylamino-1-[4-methoxy-benzyl]-1,2,3,4-tetrahydro-chinolin, (±)-[1-(4-Methoxy-benzyl)-1,2,3,4-tetrahydro-[3]chinolyl]-dimethyl-amin $C_{19}H_{24}N_2O$, Formel VI (R = CH_3, X = H, X′ = O-CH_3).

B. Aus (±)-Dimethyl-[1,2,3,4-tetrahydro-[3]chinolyl]-amin und 4-Chlormethyl-anisol (*Geigy A.G.*, D.B.P. 823595 [1950]; D.R.B.P. Org. Chem. 1950—1951 **3** 191; U.S.P. 2554737 [1950]).

$Kp_{0,2}$: 185—187°.

Hydrochlorid . F: 217—218°.

(±)-3-Dimethylamino-1-veratryl-1,2,3,4-tetrahydro-chinolin, (±)-Dimethyl-[1-veratryl-1,2,3,4-tetrahydro-[3]chinolyl]-amin $C_{20}H_{26}N_2O_2$, Formel VI (R = CH_3, X = X' = O·CH_3).

B. Aus (±)-Dimethyl-[1,2,3,4-tetrahydro-[3]chinolyl]-amin und Veratrylchlorid (*Geigy A. G.*, D.B.P. 823595 [1950]; D.R.B.P. Org. Chem. 1950—1951 **3** 191; U.S.P. 2554737 [1950]).

$Kp_{0,2}$: 205—207°.

Hydrochlorid. F: 216—217°.

(±)-1-Benzoyl-3-benzoylamino-1,2,3,4-tetrahydro-chinolin, (±)-*N*-[1-Benzoyl-1,2,3,4-tetrahydro-[3]chinolyl]-benzamid $C_{23}H_{20}N_2O_2$, Formel V (R = R' = CO-C_6H_5, R'' = H).

B. Aus (±)-1,2,3,4-Tetrahydro-[3]chinolylamin und Benzoylchlorid (*Chiavarelli, Marini-Bettòlo*, G. **82** [1952] 86, 95).

Kristalle (aus A.); F: 201°.

(±)-3-Dimethylamino-1-[2]thienylmethyl-1,2,3,4-tetrahydro-chinolin, (±)-Dimethyl-[1-[2]thienylmethyl-1,2,3,4-tetrahydro-[3]chinolyl]-amin $C_{16}H_{20}N_2S$, Formel VIII.

B. Aus (±)-Dimethyl-[1,2,3,4-tetrahydro-[3]chinolyl]-amin und 2-Chlormethyl-thio=phen (*Geigy A. G.*, D.B.P. 823595 [1950]; D.R.B.P. Org. Chem. 1950—1951 **3** 191; U.S.P. 2554737 [1950]).

$Kp_{0,3}$: 152°.

Hydrochlorid. F: 178—179°.

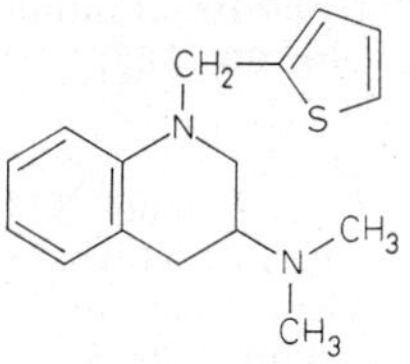

VIII 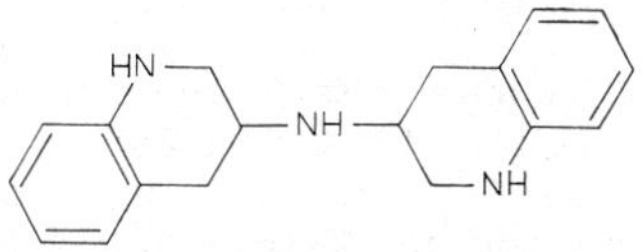   IX

*Opt.-inakt. Bis-[1,2,3,4-tetrahydro-[3]chinolyl]-amin, 1,2,3,4,1',2',3',4'-Octahydro-3,3'-imino-di-chinolin $C_{18}H_{21}N_3$, Formel IX.

B. Neben 1,2,3,4-Tetrahydro-[3]chinolylamin bei der Hydrierung von [3]Chinolyl=amin an Raney-Nickel in Tetralin bei 55°/90 at (*Chiavarelli, Marini-Bettòlo*, G. **82** [1952] 86, 95, 96).

$Kp_{0,4}$: 234°.

Hydrochlorid. F: 254°.

Picrat. Kristalle (aus A.); F: 190—192°.

(±)-1-Acetyl-4-[acetyl-phenäthyl-amino]-1,2,3,4-tetrahydro-chinolin, (±)-*N*-[1-Acetyl-1,2,3,4-tetrahydro-[4]chinolyl]-*N*-phenäthyl-acetamid $C_{21}H_{24}N_2O_2$, Formel X.

B. Beim Erwärmen von 2,3-Dihydro-1*H*-chinolin-4-on mit Phenäthylamin und $ZnCl_2$ in Benzol und Erhitzen des nach Abtrennung von [4]Chinolyl-phenäthyl-amin verbleiben-den Reaktionsprodukts mit Acetanhydrid (*Johnson, Buell*, Am. Soc. **74** [1952] 4517, 4519).

$Kp_{0,05-0,08}$: 150—165°.

1,2,3,4-Tetrahydro-[6]chinolylamin $C_9H_{12}N_2$, Formel XI (R = R' = H) (H 439; E II 345).

B. Bei der Hydrierung von 6-Nitro-1,2,3,4-tetrahydro-chinolin an Platin in Äthanol oder von 6-Nitro-chinolin an Raney-Nickel in Essigsäure bei 70°/85 at (*Kulka, Manske*, Canad. J. Chem. **30** [1952] 720, 723). Beim Erhitzen von 1-[1,2,3,4-Tetrahydro-[6]chin=olyl]-äthanon-oxim mit konz. H_2SO_4 (*de Diesbach et al.*, Helv. **35** [1952] 2322, 2325). Beim Erhitzen von [6]Chinolylamin mit Amylalkohol und Natrium (*Gertschuk*, Ž. obšč. Chim. **20** [1950] 917, 921; engl. Ausg. S. 955, 959).

Kristalle; F: 95—97° (*Ge.*), 95,5—96° [aus Ae.] (*de Di. et al.*). Kp_1: 130—135° (*Ge.*).

1-Äthyl-1,2,3,4-tetrahydro-[6]chinolylamin $C_{11}H_{16}N_2$, Formel XI (R = C_2H_5, R' = H).

B. Bei der Hydrierung von 1-Äthyl-6-[2,5-dichlor-phenylazo]-1,2,3,4-tetrahydro-chinolin an Raney-Nickel in Äthanol bei 80°/3 at (*Bent et al.*, Am. Soc. **73** [1951] 3100, 3115).

Polarographisches Halbstufenpotential (wss. Lösung vom pH 11): *Julian, Ruby*, Am. Soc. **72** [1950] 4719, 4721, 4723; *Bent et al.*, l. c. S. 3101.

Sulfat $2 C_{11}H_{16}N_2 \cdot H_2SO_4$. Kristalle (aus A.); F: 262° (*Be. et al.*).

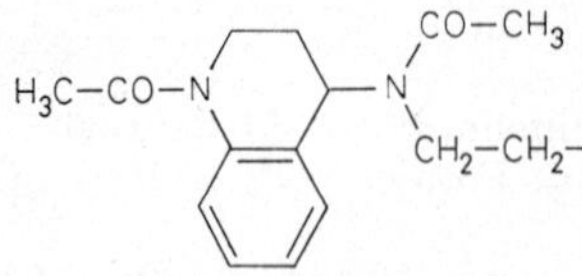

X 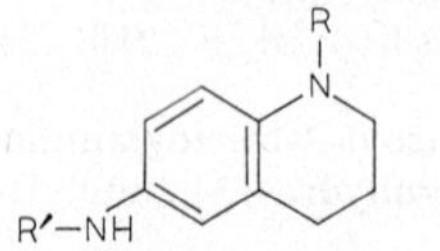   XI

[1-Methyl-1,2,3,4-tetrahydro-[6]chinolylamino]-methansulfonsäure(?) $C_{11}H_{16}N_2O_3S$, vermutlich Formel XI (R = CH_3, R' = CH_2-SO_2-OH).

B. Beim Erwärmen von 1-Methyl-1,2,3,4-tetrahydro-[6]chinolylamin-oxalat mit wss. Formaldehyd, $NaHCO_3$ und $NaHSO_3$ (*Gevaert Photo-Prod. N. V.*, D.B.P. 926713 [1952]; U.S.P. 2695234 [1952]).

Kristalle (aus wss. A.); F: 149—150°.

1-Benzoyl-1,2,3,4-tetrahydro-[6]chinolylamin $C_{16}H_{16}N_2O$, Formel XI (R = CO-C_6H_5, R' = H).

B. Bei der Hydrierung von 1-Benzoyl-6-nitro-1,2,3,4-tetrahydro-chinolin an Platin in Äthylacetat und Methanol (*Kulka, Manske*, Canad. J. Chem. **30** [1952] 720, 723).

Orangefarbene Kristalle (aus Me.); F: 174—175° [korr.].

***N,N'*-Bis-[1,2,3,4-tetrahydro-[6]chinolyl]-harnstoff** $C_{19}H_{22}N_4O$, Formel XII.

B. Beim Erhitzen von 1,2,3,4-Tetrahydro-[6]chinolylamin mit Harnstoff (*Gertschuk*, Ž. obšč. Chim. **20** [1950] 917, 921; engl. Ausg. S. 955, 959). Beim Erwärmen von *N,N'*-Di-[6]chinolyl-harnstoff mit Natrium und Äthanol (*Ge.*, l. c. S. 922).

Kristalle (aus Py.); F: 239—240,5°.

Dihydrochlorid $C_{19}H_{22}N_4O \cdot 2$ HCl. F: 254°.

1-[2-Methansulfonylamino-äthyl]-1,2,3,4-tetrahydro-[6]chinolylamin, *N*-[2-(6-Amino-3,4-dihydro-2*H*-[1]chinolyl)-äthyl]-methansulfonamid $C_{12}H_{19}N_3O_2S$, Formel XI (R = CH_2-CH_2-NH-SO_2-CH_3, R' = H).

B. Bei der Hydrierung von *N*-{2-[6-(2,5-Dichlor-phenylazo)-3,4-dihydro-2*H*-[1]=chinolyl]-äthyl}-methansulfonamid an Raney-Nickel in Äthanol bei 80°/3 at (*Bent et al.*, Am. Soc. **73** [1951] 3100, 3115).

Kristalle (aus A.); F: 116—117°.

Sulfat $2 C_{12}H_{19}N_3O_2S \cdot H_2SO_4$. Kristalle (aus A.); F: 179—182°.

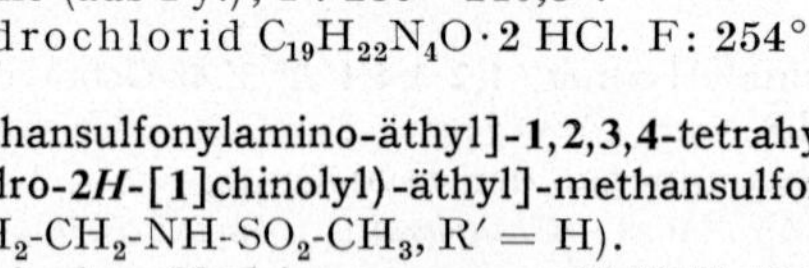

XII 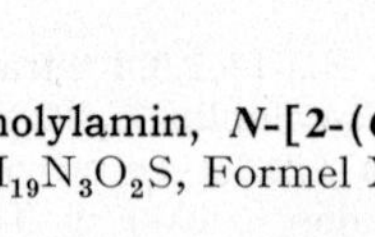   XIII

1,2,3,4-Tetrahydro-[7]chinolylamin $C_9H_{12}N_2$, Formel XIII (R = H) (E I 634).

B. Bei der Hydrierung von 7-Nitro-1,2,3,4-tetrahydro-chinolin an Platin in Äthanol oder von 7-Nitro-chinolin an Raney-Nickel in Essigsäure bei 70°/85 at (*Kulka, Manske*, Canad. J. Chem. **30** [1952] 720, 722).

Kristalle (aus Bzl. + PAe.); F: 60—61°.

1-Acetyl-1,2,3,4-tetrahydro-[7]chinolylamin $C_{11}H_{14}N_2O$, Formel XIII (R = CO-CH_3).

B. Bei der Hydrierung von 1-Acetyl-7-nitro-1,2,3,4-tetrahydro-chinolin an Platin in

Äthylacetat und Methanol (*Kulka, Manske,* Canad. J. Chem. **30** [1952] 720, 722).
Kristalle (aus Bzl.); F: 77—78°.

1-Benzoyl-1,2,3,4-tetrahydro-[7]chinolylamin $C_{16}H_{16}N_2O$, Formel XIII (R == $CO-C_6H_5$).
B. Bei der Hydrierung von 1-Benzoyl-7-nitro-1,2,3,4-tetrahydro-chinolin an Platin in
Äthylacetat und Methanol (*Kulka, Manske,* Canad. J. Chem. **30** [1952] 720, 722).
Hellgelbe Kristalle (aus Me.); F: 140—141° [korr.].

1-[Toluol-4-sulfonyl]-1,2,3,4-tetrahydro-[7]chinolylamin $C_{16}H_{18}N_2O_2S$, Formel XIII
(R = $SO_2-C_6H_4-CH_3(p)$).
B. Bei der Hydrierung von 7-Nitro-1-[toluol-4-sulfonyl]-1,2,3,4-tetrahydro-chinolin
an Platin in Äthylacetat und Methanol (*Kulka, Manske,* Canad. J. Chem. **30** [1952] 720,
722).
Kristalle (aus Me.); F: 109—110° [korr.].

1,2,3,4-Tetrahydro-[8]chinolylamin $C_9H_{12}N_2$, Formel I (R = H).
B. Beim Erwärmen von [8]Chinolylamin mit Natrium und Äthanol (*Hazlewood et al.,*
J. Pr. Soc. N. S. Wales **71** [1937/38] 462, 466).
Kp_2: 145°.
Beim Erhitzen mit Ameisensäure ist 5,6-Dihydro-4*H*-imidazo[4,5,1-*ij*]chinolin, beim
Behandeln mit Brenztraubensäure ist 2-Methyl-6,7-dihydro-5*H*-pyrido[1,2,3-*de*]chinox=
alin-3-on erhalten worden (*Ha. et al.,* l. c. S. 466, 469).
Picrat $C_9H_{12}N_2 \cdot C_6H_3N_3O_7$. Bräunlichgelbe Kristalle (aus A.); F: 178°.

***2,3-Bis-[1,2,3,4-tetrahydro-[8]chinolylimino]-butan(?), Butandion-bis-[1,2,3,4-tetra=
hydro-[8]chinolylimin](?)** $C_{22}H_{26}N_4$, vermutlich Formel II.
B. Beim Behandeln von 1,2,3,4-Tetrahydro-[8]chinolylamin mit Butandion und Äthanol
(*Hazlewood et al.,* J. Pr. Soc. N. S. Wales **71** [1937/38] 462, 470).
Gelbe Kristalle (aus Bzl. + PAe.); F: 123°.

3-[1,2,3,4-Tetrahydro-[8]chinolylimino]-buttersäure-äthylester $C_{15}H_{20}N_2O_2$ und
Tautomeres.

3-[1,2,3,4-Tetrahydro-[8]chinolylamino]-crotonsäure-äthylester $C_{15}H_{20}N_2O_2$,
Formel I (R = $C(CH_3)=CH-CO-O-C_2H_5$).
B. Aus 1,2,3,4-Tetrahydro-[8]chinolylamin und Acetessigsäure-äthylester in wss.
HCl (*Hazlewood et al.,* J. Pr. Soc. N.S. Wales **71** [1937/38] 462, 469).
Kristalle (aus PAe.); F: 56—57°.
Beim Erhitzen ist 2-Methyl-5,6-dihydro-4*H*-imidazo[4,5,1-*ij*]chinolin erhalten worden.

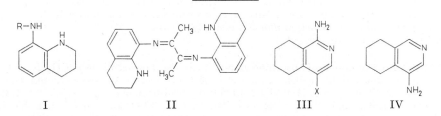

I   II   III   IV

5,6,7,8-Tetrahydro-[1]isochinolylamin $C_9H_{12}N_2$, Formel III (X = H).
B. Beim Erhitzen von 5,6,7,8-Tetrahydro-isochinolin mit $NaNH_2$ und *N,N*-Dimethyl-
anilin (*Grewe et al.,* A. **564** [1949] 161, 179). Als Hauptprodukt neben Decahydro-[1]iso=
chinolylamin-acetat (F: 186°) bei der Hydrierung von [1]Isochinolylamin an Platin in
Essigsäure und wenig konz. H_2SO_4 (*Ochiai, Kawazoe,* Pharm. Bl. **5** [1957] 606, 609).
Kristalle; F: 82° [aus PAe.] (*Och., Ka.*), 81° [aus PAe.] (*Gr. et al.*).
Hydrochlorid. Kristalle (aus A. + Ae. bzw. aus Acn.); F: 228° (*Gr. et al.; Och., Ka.*).
Hydrobromid. Kristalle (aus A. + Ae.); F: 182° (*Gr. et al.*).
Picrat $C_9H_{12}N_2 \cdot C_6H_3N_3O_7$. Hellgelbe Kristalle; F: 269° [aus Eg.] (*Gr. et al.*), 268° [aus
Acn.] (*Och., Ka.*).

4-Brom-5,6,7,8-tetrahydro-[1]isochinolylamin $C_9H_{11}BrN_2$, Formel III (X = Br).

B. Neben 4-Brom-5,6,7,8-tetrahydro-isochinolin-1-ol beim Behandeln von 5,6,7,8-Tetrahydro-[1]isochinolylamin mit wss. HBr, Brom, NaNO₂ und wss. NaOH (*Grewe et al.*, A. **564** [1949] 161, 181).

Kristalle (aus A.); F: 140°. Kp$_{0,9}$: 152°.

Picrat $C_9H_{11}BrN_2 \cdot C_6H_3N_3O_7$. Hellgelbe Kristalle (aus Eg.); F: 272°.

5,6,7,8-Tetrahydro-[4]isochinolylamin $C_9H_{12}N_2$, Formel IV.

B. Bei der Hydrierung von [4]Isochinolylamin an Platin in Essigsäure in Gegenwart von wenig konz. H₂SO₄ (*Ochiai, Ikehara*, Pharm. Bl. **2** [1954] 72, 76).

Kristalle (aus Ae. + PAe.); F: 126°.

1,2,3,4-Tetrahydro-[5]isochinolylamin $C_9H_{12}N_2$, Formel V (R = R′ = H).

B. Neben [5]Isochinolylamin (Hauptprodukt) bei der Hydrierung von 5-Nitro-isochinolin-2-oxid an Palladium/Kohle in wss.-äthanol. HCl (*Ochiai, Ikehara*, J. pharm. Soc. Japan **73** [1953] 666, 668; C. A. **1954** 7014).

Kristalle (aus Bzl.); F: 150—151°.

Hydrochlorid. Kristalle (aus Me. + E.); F: 308—309°.

Picrat. Gelbe Kristalle (aus A.); Zers. bei 205—206°.

2-Methyl-1,2,3,4-tetrahydro-[5]isochinolylamin $C_{10}H_{14}N_2$, Formel V (R = CH₃, R′ = H).

Diese Konstitution kommt der von *Ochiai, Nakagome* (Chem. pharm. Bl. **6** [1958] 497, 500) als 2-Methyl-1,2,3,4-tetrahydro-[6]isochinolylamin angesehenen Verbindung zu (*Durand-Henchoz, Moreau*, Bl. **1966** 3413, 3414).

B. Bei der Hydrierung von 5-Amino-2-methyl-isochinolinium-jodid an Raney-Nickel in Methanol unter Zusatz von Diäthylamin bei 150°/80 at (*Bew, Clemo*, Soc. **1955** 1775, 1777). Über eine weitere Bildungsweise s. u. im Artikel 2-Methyl-1,2,3,4-tetrahydro-[7]isochinolylamin.

Kristalle (aus Bzl. + PAe.); F: 76—77° (*Och., Na.*). Kp$_{0,1}$: 139—142° (*Bew, Cl.*).

Dipicrat $C_{10}H_{14}N_2 \cdot 2\,C_6H_3N_3O_7$. F: 177—179° [aus A.] (*Bew, Cl.*).

2-Acetyl-5-acetylamino-1,2,3,4-tetrahydro-isochinolin, N-[2-Acetyl-1,2,3,4-tetrahydro-[5]isochinolyl]-acetamid $C_{13}H_{16}N_2O_2$, Formel V (R = R′ = CO-CH₃).

B. Beim Erwärmen von 1,2,3,4-Tetrahydro-[5]isochinolylamin mit Acetanhydrid und Natriumacetat (*Ochiai, Ikehara*, J. pharm. Soc. Japan **73** [1953] 666, 668; C. A. **1954** 7014).

Kristalle (aus Bzl.); F: 155—156°.

1,2,3,4-Tetrahydro-[7]isochinolylamin $C_9H_{12}N_2$, Formel VI (R = R′ = H).

B. Bei der Hydrierung von 7-Nitro-1,2,3,4-tetrahydro-isochinolin-hydrochlorid an Platin in Äthanol (*McCoubrey, Mathieson*, Soc. **1951** 2851).

Kristalle (aus Bzl.); F: 120—121°.

2-Methyl-1,2,3,4-tetrahydro-[7]isochinolylamin $C_{10}H_{14}N_2$, Formel VI (R = CH₃, R′ = H).

B. Als Hauptprodukt neben 2-Methyl-1,2,3,4-tetrahydro-[5]isochinolylamin (s. o.) bei der Behandlung von 2-Methyl-1,2,3,4-tetrahydro-isochinolin mit HNO₃ [D: 1,35] und konz. H₂SO₄ und Hydrierung des Reaktionsprodukts an Palladium/Kohle in Äthanol (*Ochiai, Nakagome*, Chem. pharm. Bl. **6** [1958] 497, 500). Bei der Hydrierung von 2-Methyl-7-nitro-1,2,3,4-tetrahydro-isochinolin an Raney-Nickel in Äthanol (*Lusinchi et al.*, C. r. **248** [1959] 426).

Kristalle; F: 95° (*Lu. et al.*), 90—92° [aus PAe.] (*Och., Na.*). Kp$_{20}$: 178—180° (*Lu. et al.*).

2-[4-Chlor-phenyl]-1,2,3,4-tetrahydro-[7]isochinolylamin $C_{15}H_{15}ClN_2$, Formel VII (R = X = H, X′ = Cl).

B. Aus 2-[4-Chlor-phenyl]-7-nitro-1,2,3,4-tetrahydro-isochinolin mit Hilfe von Zinn und wss.-äthanol. HCl (*Beeby, Mann*, Soc. **1949** 1799, 1803).

Kristalle; F: 107—108°.

2-*p*-Tolyl-1,2,3,4-tetrahydro-[7]isochinolylamin $C_{16}H_{18}N_2$, Formel VII (R = X = H, X′ = CH$_3$).

B. Bei der Hydrierung von 7-Nitro-2-*p*-tolyl-1,2,3,4-tetrahydro-isochinolin an Platin in Äthanol (*Beeby, Mann*, Soc. **1949** 1799, 1802).

Kristalle (aus PAe.); F: 87,5—88°.

2-Benzyl-1,2,3,4-tetrahydro-[7]isochinolylamin $C_{16}H_{18}N_2$, Formel VI (R = CH$_2$-C$_6$H$_5$, R′ = H).

B. Bei der Hydrierung von 2-Benzyl-7-nitro-1,2,3,4-tetrahydro-isochinolin an Raney-Nickel in Äthanol (*McCoubrey, Mathieson*, Soc. **1951** 2851). Beim Erwärmen von 2-Benz= oyl-1,2,3,4-tetrahydro-[7]isochinolylamin mit LiAlH$_4$ in Äther (*McC., Ma.*).

Kristalle (aus PAe.); F: 88°.

2-[3,4-Dimethoxy-phenyl]-1,2,3,4-tetrahydro-[7]isochinolylamin $C_{17}H_{20}N_2O_2$, Formel VII (R = H, X = X′ = O-CH$_3$).

B. Bei der Hydrierung von 2-[3,4-Dimethoxy-phenyl]-7-nitro-1,2,3,4-tetrahydro-iso= chinolin an Platin in Äthanol (*Beeby, Mann*, Soc. **1949** 1799, 1802).

Kristalle (aus A.); F: 144—144,5°.

V   VI   VII

2-Acetyl-1,2,3,4-tetrahydro-[7]isochinolylamin $C_{11}H_{14}N_2O$, Formel VI (R = CO-CH$_3$, R′ = H).

B. Bei der Hydrierung von 2-Acetyl-7-nitro-1,2,3,4-tetrahydro-isochinolin an Palla= dium/Kohle in Äthanol (*Ochiai, Nakagome*, Chem. Pharm. Bl. **6** [1958] 497, 500).

Gelbliche Kristalle (aus Bzl.); F: 109—111°.

7-Acetylamino-2-[4-chlor-phenyl]-1,2,3,4-tetrahydro-isochinolin, *N*-[2-(4-Chlor-phenyl)-1,2,3,4-tetrahydro-[7]isochinolyl]-acetamid $C_{17}H_{17}ClN_2O$, Formel VII (R = CO-CH$_3$, X = H, X′ = Cl).

B. Aus 2-[4-Chlor-phenyl]-1,2,3,4-tetrahydro-[7]isochinolylamin (*Beeby, Mann*, Soc. **1949** 1799, 1803).

Kristalle (aus A.); F: 171—172°.

7-Acetylamino-2-*p*-tolyl-1,2,3,4-tetrahydro-isochinolin, *N*-[2-*p*-Tolyl-1,2,3,4-tetrahydro-[7]isochinolyl]-acetamid $C_{18}H_{20}N_2O$, Formel VII (R = CO-CH$_3$, X = H, X′ = CH$_3$).

B. Aus 2-*p*-Tolyl-1,2,3,4-tetrahydro-[7]isochinolylamin (*Beeby, Mann*, Soc. **1949** 1799, 1802).

Kristalle (aus A.); F: 186—188°.

7-Acetylamino-2-[3,4-dimethoxy-phenyl]-1,2,3,4-tetrahydro-isochinolin, *N*-[2-(3,4-Di= methoxy-phenyl)-1,2,3,4-tetrahydro-[7]isochinolyl]-acetamid $C_{19}H_{22}N_2O_3$, Formel VII (R = CO-CH$_3$, X = X′ = O-CH$_3$).

B. Aus 2-[3,4-Dimethoxy-phenyl]-1,2,3,4-tetrahydro-[7]isochinolylamin (*Beeby, Mann*, Soc. **1949** 1799, 1802).

Kristalle (aus A.); F: 153—154°.

2-Benzoyl-1,2,3,4-tetrahydro-[7]isochinolylamin $C_{16}H_{16}N_2O$, Formel VI (R = CO-C$_6$H$_5$, R′ = H).

B. Bei der Hydrierung von 2-Benzoyl-7-nitro-1,2,3,4-tetrahydro-isochinolin an Raney-Nickel in Äthanol (*McCoubrey, Mathieson*, Soc. **1951** 2851).

Kristalle (aus PAe.); F: 129°.

7-Benzoylamino-2-methyl-1,2,3,4-tetrahydro-isochinolin, *N*-**[2-Methyl-1,2,3,4-tetrahydro-[7]isochinolyl]-benzamid** $C_{17}H_{18}N_2O$, Formel VI (R = CH_3, R' = $CO-C_6H_5$).
B. Aus 2-Methyl-1,2,3,4-tetrahydro-[7]isochinolylamin (*Lusinchi et al.*, C. r. **248** [1959] 426).
F: 158°.

7-Benzoylamino-2-*p*-tolyl-1,2,3,4-tetrahydro-isochinolin, *N*-**[2-*p*-Tolyl-1,2,3,4-tetrahydro-[7]isochinolyl]-benzamid** $C_{23}H_{22}N_2O$, Formel VII (R = $CO-C_6H_5$, X = H, X' = CH_3).
B. Aus 2-*p*-Tolyl-1,2,3,4-tetrahydro-[7]isochinolylamin (*Beeby, Mann*, Soc. **1949** 1799, 1802).
Kristalle (aus A.); F: 156—158°.

2-[2-Diäthylamino-äthyl]-1,2,3,4-tetrahydro-[7]isochinolylamin $C_{15}H_{25}N_3$, Formel VI (R = $CH_2-CH_2-N(C_2H_5)_2$, R' = H).
Dihydrochlorid $C_{15}H_{25}N_3 \cdot 2$ HCl. *B.* Bei der Hydrierung von 2-[2-Diäthylamino-äthyl]-7-nitro-1,2,3,4-tetrahydro-isochinolin-dihydrochlorid an Platin in Äthanol (*Beeby, Mann*, Soc. **1949** 1799, 1803). — Kristalle (aus A.); F: 221—223° [Zers.].

7-Acetylamino-2-[2-diäthylamino-äthyl]-1,2,3,4-tetrahydro-isochinolin, *N*-**[2-(2-Diäthyl-amino-äthyl)-1,2,3,4-tetrahydro-[7]isochinolyl]-acetamid** $C_{17}H_{27}N_3O$, Formel VI (R = $CH_2-CH_2-N(C_2H_5)_2$, R' = $CO-CH_3$).
Dihydrochlorid $C_{17}H_{27}N_3O \cdot 2$ HCl. *B.* Aus 2-[2-Diäthylamino-äthyl]-1,2,3,4-tetra-hydro-[7]isochinolylamin-dihydrochlorid (*Beeby, Mann*, Soc. **1949** 1799, 1803). — Kri-stalle (aus A.); F: 243—244° [Zers.].

2-[4-Acetylamino-phenyl]-1,2,3,4-tetrahydro-[7]isochinolylamin, Essigsäure-[4-(7-amino-3,4-dihydro-1*H*-[2]isochinolyl)-anilid] $C_{17}H_{19}N_3O$, Formel VII (R = X = H, X' = $NH-CO-CH_3$).
B. Bei der Hydrierung von Essigsäure-[4-(7-nitro-3,4-dihydro-1*H*-[2]isochinolyl)-anilid] an Platin in Äthanol (*Beeby, Mann*, Soc. **1949** 1799, 1803).
Kristalle (aus A.); F: 159—160°.

7-Benzolsulfonylamino-2-*p*-tolyl-1,2,3,4-tetrahydro-isochinolin, *N*-**[2-*p*-Tolyl-1,2,3,4-tetrahydro-[7]isochinolyl]-benzolsulfonamid** $C_{22}H_{22}N_2O_2S$, Formel VII (R = $SO_2-C_6H_5$, X = H, X' = CH_3).
B. Aus 2-*p*-Tolyl-1,2,3,4-tetrahydro-[7]isochinolylamin (*Beeby, Mann*, Soc. **1949** 1799, 1802).
Kristalle (aus A.); F: 160—165°.

(±)-3-Benzylamino-1,2,3,4-tetrahydro-chinolizinylium $[C_{16}H_{19}N_2]^+$, Formel VIII.
Chlorid. *B.* Beim Erwärmen von (±)-2-Benzylamino-4-[2]pyridyl-butan-1-ol mit $SOCl_2$ in $CHCl_3$ (*Noike*, J. pharm. Soc. Japan **79** [1959] 1514, 1518).
Bis-tetrachloroaurat(III) $[C_{16}H_{19}N_2]AuCl_4 \cdot HAuCl_4$. Gelbe Kristalle; F: 202° [Zers.].

VIII   IX   X

(±)-2-Methyl-indolin-5-ylamin $C_9H_{12}N_2$, Formel IX (H 440).
B. Beim Erwärmen von (±)-2-Methyl-5-nitro-indolin in Methanol mit $N_2H_4 \cdot H_2O$ und Raney-Nickel (*Terent'ew et al.*, Ž. obšč. Chim. **29** [1959] 2541, 2549; engl. Ausg. S. 2504, 2509).
F: 92° [aus Heptan].

(±)-2-Methyl-indolin-6-ylamin $C_9H_{12}N_2$, Formel X.
B. Beim Erwärmen von (±)-2-Methyl-6-nitro-indolin in Methanol mit $N_2H_4 \cdot H_2O$ und

Raney-Nickel (*Terent'ew et al.*, Ž. obšč. Chim. **29** [1959] 2541, 2548; engl. Ausg. S. 2504, 2510).
Kristalle (aus Heptan oder Ae.); F: 61—62°.   [*Möhle*]

Amine $C_{10}H_{14}N_2$

4-Anilino-2-methyl-1,2,3,4-tetrahydro-chinolin, [2-Methyl-1,2,3,4-tetrahydro-[4]chinolyl]-phenyl-amin $C_{16}H_{18}N_2$.

a) **(±)-[2c-Methyl-1,2,3,4-tetrahydro-[4r]chinolyl]-phenyl-amin** $C_{16}H_{18}N_2$, Formel XI (R = R' = H) + Spiegelbild.

Diese Konstitution kommt der früher (s. H **12** 552 und E II **12** 289) als (±)-1*t*,3-Di‌anilino-but-1-en beschriebenen „Eckstein-Base" (F: 126°) zu (*Salukaew*, Latvijas Akad. Vēstis **1951** Nr. 1, S. 131; C. A. **1954** 10024). Konfiguration und Konformation: *Funabashi et al.*, Bl. chem. Soc. Japan **42** [1969] 2885; s. a. *Forrest et al.*, Canad. J. Chem. **47** [1969] 2121.

B. Aus Anilin und Acetaldehyd in wss. Äthanol (*Sa.*, Latvijas Akad. Vēstis **1951** Nr. 1, S. 134; vgl. H **12** 552; E II **12** 289). Beim Behandeln von Anilin mit Acetylen in Gegenwart von $HgCl_2$, $HgSO_4$, Hg_2SO_4 oder $HgNO_3$ (*Koslow, Šerko*, Ž. obšč. Chim. **7** [1937] 832, 833; *Koslow, Rodman*, Ž. obšč. Chim. **7** [1937] 836; C. **1938** II 2575).

Kristalle (aus A.); F: 126° (*Sa.*, Latvijas Akad. Vēstis **1951** Nr. 1, S. 134; *Ko., Ro.*). ^{1}H-NMR-Spektrum und ^{1}H-^{1}H-Spin-Spin-Kopplungskonstanten ($CDCl_3$): *Fu. et al.*, l. c. S. 2889, 2891. UV-Spektrum (A.; 220—320 nm): *Salukaew*, Doklady Akad. S.S.S.R. **110** [1956] 791, 792; Pr. Acad. Sci. U.S.S.R. Chem. Sect. **106–111** [1956] 607, 608.

b) **(±)-[2t-Methyl-1,2,3,4-tetrahydro-[4r]chinolyl]-phenyl-amin** $C_{16}H_{18}N_2$, Formel XII (R = H) + Spiegelbild.

Diese Konstitution kommt der früher (s. H **12** 552) als (±)-1*c*,3-Dianilino-but-1-en beschriebenen „Eibner-Base" (F: 85,5°) zu (*Salukaew*, Latvijas Akad. Vēstis **1951** Nr. 5, S. 747; C. A. **1954** 10024). Über die Konfiguration und Konformation s. die unter a) zitierte Literatur.

B. Neben dem unter a) beschriebenen Stereoisomeren aus Anilin und Acetaldehyd (*Sa.*, l. c. S. 752; vgl. H **12** 552).

Kristalle (aus A.); F: 85—86° (*Sa.*). ^{1}H-NMR-Spektrum und ^{1}H-^{1}H-Spin-Spin-Kopp‌lungskonstanten ($CDCl_3$): *Funabashi et al.*, Bl. chem. Soc. Japan **42** [1969] 2885, 2889, 2891.

XI   XII   XIII

(±)-1,2r-Dimethyl-4c(?)-[N-methyl-anilino]-1,2,3,4-tetrahydro-chinolin, (±)-[1,2c(?)-Dimethyl-1,2,3,4-tetrahydro-[4r]chinolyl]-methyl-phenyl-amin $C_{18}H_{22}N_2$, vermutlich Formel XI (R = R' = CH_3) + Spiegelbild.

B. Beim Behandeln von Acetaldehyd in wss. Äthanol mit N-Methyl-anilin (*Salukaew*, Doklady Akad. S.S.S.R. **110** [1956] 791, 793; Pr. Acad. Sci. U.S.S.R. Chem. Sect. **106–111** [1956] 607, 608).

Kristalle (aus A.); F: 83°. UV-Spektrum (A.; 220—320 nm): *Sa.*

(±)-1-Acetyl-4c-[N-acetyl-anilino]-2r-methyl-1,2,3,4-tetrahydro-chinolin, (±)-N-[1-Acetyl-2c-methyl-1,2,3,4-tetrahydro-[4r]chinolyl]-N-phenyl-acetamid $C_{20}H_{22}N_2O_2$, Formel XI (R = R' = CO-CH_3) + Spiegelbild.

Diese Konstitution kommt dem früher (s. H **12** 553) als (±)-1*t*,3-Bis-[N-acetyl-anilino]-but-1-en beschriebenen „Diacetyl-Derivat der Eckstein-Base" (F: 188°) zu.

B. Aus (±)-[2c-Methyl-1,2,3,4-tetrahydro-[4r]chinolyl]-phenyl-amin (s. o.) beim Be‌handeln mit Acetanhydrid (*Salukaew*, Latvijas Akad. Vēstis **1951** Nr. 1, S. 131, 136,

1956 Nr. 4, S. 113, 115; C. A. **1954** 10024, **1957** 5076; vgl. H **12** 553).
Kristalle (aus A.); F: 187—188°.

4-Anilino-1-benzoyl-2-methyl-1,2,3,4-tetrahydro-chinolin, [1-Benzoyl-2-methyl-1,2,3,4-tetrahydro-[4]chinolyl]-phenyl-amin $C_{23}H_{22}N_2O$.

a) **(±)-4c-Anilino-1-benzoyl-2r-methyl-1,2,3,4-tetrahydro-chinolin** $C_{23}H_{22}N_2O$, Formel XI (R = CO-C_6H_5, R' = H) + Spiegelbild.
Diese Konstitution kommt dem früher (s. H **12** 553) beschriebenen „Benzoyl-Derivat der Eckstein-Base" (F: 218°) zu (*Salukaew*, Latvijas Akad. Vēstis **1951** Nr. 3, S. 469; C. A. **1954** 10024; *Funabashi et al.*, Bl. chem. Soc. Japan **42** [1969] 2885, 2893).
Kristalle (aus A.); F: 217—218° (*Sa.*), 216—217° (*Fu. et al.*). ¹H-NMR-Absorption und ¹H-¹H-Spin-Spin-Kopplungskonstanten (CDCl₃): *Fu. et al.*, l. c. S. 2891.

b) **(±)-4t-Anilino-1-benzoyl-2r-methyl-1,2,3,4-tetrahydro-chinolin** $C_{23}H_{22}N_2O$, Formel XII (R = CO-C_6H_5) + Spiegelbild.
Diese Konstitution kommt dem früher (s. H **12** 552) beschriebenen „Benzoyl-Derivat der Eibner-Base" (F: 156°) zu (*Funabashi et al.*, Bl. chem. Soc. Japan **42** [1969] 2885, 2893).
F: 156—157°. ¹H-NMR-Absorption und ¹H-¹H-Spin-Spin-Kopplungskonstanten (CDCl₃): *Fu. et al.*, l. c. S. 2891.

(±)-1-Benzoyl-4c-[4-brom-anilino]-2r-methyl-1,2,3,4-tetrahydro-chinolin, (±)-[1-Benzoyl-2c-methyl-1,2,3,4-tetrahydro-[4r]chinolyl]-[4-brom-phenyl]-amin $C_{23}H_{21}BrN_2O$, Formel XIII (X = H, X' = Br) + Spiegelbild.
B. Beim Behandeln von (±)-4c-Anilino-1-benzoyl-2r-methyl-1,2,3,4-tetrahydro-chinolin (s. o.) in CHCl₃ mit Brom (*Salukaew*, Latvijas Akad. Vēstis **1951** Nr. 3, S. 469, 471; C. A. **1954** 10024).
Kristalle (aus A.); F: 211—212°.
Hydrobromid. Kristalle; F: 160—162°.

(±)-1-Benzoyl-4c-[2,4-dibrom-anilino]-2r-methyl-1,2,3,4-tetrahydro-chinolin, (±)-[1-Benzoyl-2c-methyl-1,2,3,4-tetrahydro-[4r]chinolyl]-[2,4-dibrom-phenyl]-amin $C_{23}H_{20}Br_2N_2O$, Formel XIII (X = X' = Br) + Spiegelbild.
B. Beim Behandeln von (±)-4c-Anilino-1-benzoyl-2r-methyl-1,2,3,4-tetrahydro-chinolin (s. o.) in CHCl₃ mit überschüssigem Brom (*Salukaew*, Latvijas Akad. Vēstis **1951** Nr. 3, S. 469, 472; C. A. **1954** 10024).
Kristalle (aus Eg.); F: 239°.

(±)-1-Acetyl-4c-[N-acetyl-anilino]-6-brom-2r-methyl-1,2,3,4-tetrahydro-chinolin, (±)-N-[1-Acetyl-6-brom-2c-methyl-1,2,3,4-tetrahydro-[4r]chinolyl]-N-phenyl-acetamid $C_{20}H_{21}BrN_2O_2$, Formel I (R = CO-CH₃) + Spiegelbild.
B. Beim Behandeln von (±)-1-Acetyl-4c-[N-acetyl-anilino]-2r-methyl-1,2,3,4-tetrahydro-chinolin mit Brom in CHCl₃ (*Salukaew*, Latvijas Akad. Vēstis **1951** Nr. 1, S. 131, 136; C. A. **1954** 10024) oder in Essigsäure (*Salukaew*, Latvijas Akad. Vēstis **1956** Nr. 4, S. 113, 116; C. A. **1957** 5076).
Kristalle (aus A.); F: 156° (*Sa.*, Latvijas Akad. Vēstis **1956** Nr. 4, S. 116), 153° (*Sa.*, Latvijas Akad. Vēstis **1951** Nr. 1, S. 136).

I   II   III

*Opt.-inakt. 2-Methyl-6-nitro-4-[4-nitro-anilino]-1,2,3,4-tetrahydro-chinolin, [2-Methyl-6-nitro-1,2,3,4-tetrahydro-[4]chinolyl]-[4-nitro-phenyl]-amin $C_{16}H_{16}N_4O_4$, Formel II.
Bezüglich der Konstitution der nachstehend beschriebenen Präparate vgl. die An-

gaben im Artikel (±)-[2c-Methyl-1,2,3,4-tetrahydro-[4r]chinolyl]-phenyl-amin (S. 4257).

a) Präparat vom F: 231°.

B. Neben dem unter b) beschriebenen Präparat beim Behandeln von 4-Nitro-anilin mit Acetylen in Äthanol in Gegenwart von $HgCl_2$ (*Koslow, Fedošeew, Ž.* obšč. Chim. **7** [1937] 54; C. **1937** II 2528).
Orangefarbene Kristalle; F: 231°.

b) Präparat vom F: 195°.

B. s. unter a).
Orangefarbene Kristalle; F: 195°.

(±)-2-Aminomethyl-1,2,3,4-tetrahydro-chinolin, (±)-*C*-[1,2,3,4-Tetrahydro-[2]chinolyl]-methylamin $C_{10}H_{14}N_2$, Formel III (R = R' = H).

B. Beim Erwärmen von (±)-*N*-[1,2,3,4-Tetrahydro-[2]chinolylmethyl]-benzamid mit wss.-äthanol. HCl (*Rupe et al.*, Helv. **20** [1937] 209, 212) oder mit konz. wss. HCl (*Gassmann, Rupe*, Helv. **22** [1939] 1241, 1253).

Kp_{11}: 168° (*Rupe et al.*).

Beim Behandeln mit Oxalsäure-dimethylester ist *N,N'*-Bis-[1,2,3,4-tetrahydro-[2]-chinolylmethyl]-oxalamid (S. 4263) und 4,4a,5,6-Tetrahydro-3*H*-pyrazino[1,2-*a*]chinolin-1,2-dion erhalten worden (*Rupe, Thommen*, Helv. **30** [1947] 920, 925). Beim Behandeln einer Lösung in Äther mit $COCl_2$ ist 3,3a,4,5-Tetrahydro-2*H*-imidazo[1,5-*a*]chinolin-1-on erhalten worden (*v. Bidder, Rupe*, Helv. **22** [1939] 1268, 1273).

Monohydrochlorid $C_{10}H_{14}N_2 \cdot HCl$. Kristalle (aus A.); F: 257° (*v. Bi., Rupe*, l. c. S. 1269).

Dihydrochlorid $C_{10}H_{14}N_2 \cdot 2\,HCl$. Kristalle (aus H_2O oder A.); F: 265° [Zers.] (*v. Bi., Rupe*).

Hydrobromid $C_{10}H_{14}N_2 \cdot HBr$. Kristalle; Zers. bei 235—236° (*v. Bi., Rupe*).

Picrat $C_{10}H_{14}N_2 \cdot C_6H_3N_3O_7$. Dunkelrote Kristalle (aus A.); F: 183° (*Rupe et al.*).

Formiat $C_{10}H_{14}N_2 \cdot CH_2O_2$. Kristalle (aus E.); F: 117,5—118,5° (*v. Bi., Rupe*).

Hydrogenoxalat $C_{10}H_{14}N_2 \cdot 2\,C_2H_2O_4$. Kristalle (aus A.); F: 159° (*Rupe et al.*).

Tartrat. Kristalle; F: 152° (*Rupe et al.*).

Citrat. Kristalle; F: 184° (*Rupe et al.*).

Diacetyl-Derivat $C_{14}H_{18}N_2O_2$. Kristalle (aus H_2O) mit 2 Mol H_2O; F: 48,5—49,5° (*v. Bi., Rupe*, l. c. S. 1270).

(±)-2-Aminomethyl-1-methyl-1,2,3,4-tetrahydro-chinolin, (±)-*C*-[1-Methyl-1,2,3,4-tetrahydro-[2]chinolyl]-methylamin $C_{11}H_{16}N_2$, Formel IV (R = R' = H).

B. Neben (±)-Dimethyl-[1-methyl-1,2,3,4-tetrahydro-[2]chinolylmethyl]-amin und dessen Methojodid beim Erwärmen von (±)-2-Aminomethyl-1,2,3,4-tetrahydro-chinolin in methanol. KOH mit CH_3I (*Rupe et al.*, Helv. **20** [1937] 209, 210, 216). Aus (±)-*N*-[1-Methyl-1,2,3,4-tetrahydro-[2]chinolylmethyl]-benzamid beim Erwärmen mit wss.-methanol. HCl (*Rupe et al.*) oder mit konz. wss. HCl (*Gassmann, Rupe*, Helv. **22** [1939] 1241, 1258).

Kp_{11}: 153—155° (*Rupe et al.*).

Hydrochlorid. Kristalle; F: 242° (*Ga., Rupe*, l. c. S. 1259).

Picrat $C_{11}H_{16}N_2 \cdot C_6H_3N_3O_7$. Schwarzrote Kristalle; F: 171° (*Rupe et al.*).

Carbonat. Kristalle (aus A.); F: 123—124° (*v. Bidder, Rupe*, Helv. **22** [1939] 1268, 1276).

Citrat. Kristalle (aus A.); F: 164° (*Rupe et al.*).

(±)-1-Methyl-2-methylaminomethyl-1,2,3,4-tetrahydro-chinolin, (±)-Methyl-[1-methyl-1,2,3,4-tetrahydro-[2]chinolylmethyl]-amin $C_{12}H_{18}N_2$, Formel IV (R = CH_3, R' = H).

B. Beim Erhitzen von (±)-*N*-[1-Methyl-1,2,3,4-tetrahydro-[2]chinolylmethyl]-benzamid in Xylol mit Natrium, folgenden Behandeln mit CH_3I und Erhitzen mit konz. wss. HCl (*Leonard et al.*, Am. Soc. **73** [1951] 3325, 3329).

Kp_8: 134°. n_D^{20}: 1,5680.

Hydrobromid $C_{12}H_{18}N_2 \cdot HBr$. Kristalle (aus A.); F: 232—233° [korr.].

Picrat $C_{12}H_{18}N_2 \cdot C_6H_3N_3O_7$. Rote Kristalle (aus A.); F: 153—154° [korr.].

(±)-2-Dimethylaminomethyl-1,2,3,4-tetrahydro-chinolin, (±)-Dimethyl-[1,2,3,4-tetra=hydro-[2]chinolylmethyl]-amin $C_{12}H_{18}N_2$, Formel III (R = R′ = CH₃) auf S. 4258.

B. Als Hauptprodukt neben (±)-Dimethyl-[1-methyl-1,2,3,4-tetrahydro-[2]chinolyl=methyl]-amin beim Behandeln von (±)-2-Aminomethyl-1,2,3,4-tetrahydro-chinolin in methanol. KOH mit CH₃I (*Leonard et al.*, Am. Soc. **73** [1951] 3325, 3328). Beim Behandeln von 4-Anilino-3-chlor-2-dimethylaminomethyl-chinolin mit Natrium und Äthanol (*v. Braun, Heymons*, B. **63** [1930] 3191, 3199; *Riedel-de Haën*, D.R.P. 537187 [1929]; Frdl. **18** 2760).

Kp₁₅: 148—152° (*v. Br., He.*). Kp₀,₂: 93—95,2°; n_D^{20}: 1,5632 (*Le. et al.*).

Hydrobromid $C_{12}H_{18}N_2 \cdot$ HBr. Kristalle (aus A.); F: 187—189° [korr.] (*Le. et al.*).

Picrat $C_{12}H_{18}N_2 \cdot C_6H_3N_3O_7$. Orangefarbene Kristalle (aus A.); F: 111—112° [korr.] (*Le. et al.*).

(±)-2-Dimethylaminomethyl-1-methyl-1,2,3,4-tetrahydro-chinolin, (±)-Dimethyl-[1-methyl-1,2,3,4-tetrahydro-[2]chinolylmethyl]-amin $C_{13}H_{20}N_2$, Formel IV (R = R′ = CH₃).

B. Neben anderen Verbindungen beim Erwärmen von (±)-2-Aminomethyl-1,2,3,4-tetrahydro-chinolin in methanol. KOH mit CH₃I (*Rupe et al.*, Helv. **20** [1937] 209, 210, 216; *Leonard et al.*, Am. Soc. **73** [1951] 3325, 3328). Beim Behandeln von (±)-2-Amino=methyl-1-methyl-1,2,3,4-tetrahydro-chinolin mit CH₃I und methanol. KOH (*Rupe et al.*) oder methanol. NaHCO₃ (*Le. et al.*).

Kp₁₁: 144° (*Rupe et al.*). Kp₀,₅: 109—110°; n_D^{20}: 1,5775 (*Le. et al.*).

Hydrojodid $C_{13}H_{20}N_2 \cdot$ HI. Kristalle (aus wss. A.); F: 198,5—200° [korr.] (*Le. et al.*).

Picrat $C_{13}H_{20}N_2 \cdot C_6H_3N_3O_7$. Orangerote Kristalle (aus A.), F: 164—165° [korr.] (*Le. et al.*); rote Kristalle, F: 122° (*Rupe et al.*).

Methojodid $[C_{14}H_{23}N_2]I$. Kristalle; F: 204° [aus H₂O] (*Rupe et al.*), 191—192° [korr.; aus A.] (*Le. et al.*).

IV   V

(±)-2-[(1,2,3,4-Tetrahydro-[2]chinolylmethyl)-amino]-äthanol $C_{12}H_{18}N_2O$, Formel III (R = CH₂-CH₂-OH, R′ = H) auf S. 4258.

B. Aus (±)-2-Aminomethyl-1,2,3,4-tetrahydro-chinolin beim Behandeln mit 2-Chlor-äthanol (*Rupe, Thommen*, Helv. **30** [1947] 920, 922, 928) oder in geringer Menge neben (±)-Bis-[2-hydroxy-äthyl]-[1,2,3,4-tetrahydro-[2]chinolylmethyl]-amin beim Behandeln mit Äthylenoxid (*v. Bidder, Rupe*, Helv. **22** [1939] 1268, 1274).

Kristalle (aus E.); F: 105,5—106,5° (*v. Bi., Rupe*), 104—105° [unkorr.] (*Rupe, Th.*).

Beim Erhitzen mit konz. wss. HCl auf 150° ist 2,3,4,4a,5,6-Hexahydro-1*H*-pyrazino=[1,2-*a*]chinolin erhalten worden (*Rupe, Th.*).

Picrat $C_{12}H_{18}N_2O \cdot C_6H_3N_3O_7$. Dimorph; gelbe Kristalle (aus Eg.), F: 144—145°; rote Kristalle (aus A.); F: 131—132° (*Rupe, Th.*).

(±)-Bis-[2-hydroxy-äthyl]-[1,2,3,4-tetrahydro-[2]chinolylmethyl]-amin $C_{14}H_{22}N_2O_2$, Formel III (R = R′ = CH₂-CH₂-OH) auf S. 4258.

Konstitution: *Leonard et al.*, Am. Soc. **73** [1951] 3325, 3327.

B. Als Hauptprodukt neben der vorangehenden Verbindung beim Behandeln von (±)-2-Aminomethyl-1,2,3,4-tetrahydro-chinolin mit Äthylenoxid (*v. Bidder, Rupe*, Helv. **22** [1939] 1268, 1273).

Kristalle (aus E.); F: 92—93,5° (*v. Bi., Rupe*).

Monobenzoyl-Derivat $C_{21}H_{26}N_2O_3$. Kristalle (aus Bzl. + PAe.); F: 115—116° (*v. Bi., Rupe*).

(±)-Bis-[2-hydroxy-äthyl]-[1-methyl-1,2,3,4-tetrahydro-[2]chinolylmethyl]-amin $C_{15}H_{24}N_2O_2$, Formel IV (R = R′ = CH₂-CH₂-OH).

B. Beim Erhitzen von (±)-2-Aminomethyl-1-methyl-1,2,3,4-tetrahydro-chinolin mit

Äthylenoxid auf 110° (*v. Bidder, Rupe,* Helv. **22** [1939] 1268, 1276).
   $Kp_{0,005}$: 177—179°.

(±)-Piperidino-[1,2,3,4-tetrahydro-[2]chinolyl]-methan, (±)-2-Piperidinomethyl-1,2,3,4-tetrahydro-chinolin $C_{15}H_{22}N_2$, Formel V.
   B. Beim Behandeln von 4 Anilino-3-chlor-2-piperidinomethyl-chinolin mit Natrium und Äthanol (*Riedel-de Haën,* D.R.P. 537187 [1929]; Frdl. **18** 2760).
   $Kp_{0,1}$: 140°.
   Picrat. F: 137—138°.

*Opt.-inakt. 2-Methyl-1-[(1,2,3,4-tetrahydro-[2]chinolylmethyl)-amino]-pentan-2-ol $C_{16}H_{26}N_2O$, Formel VI.
   B. Beim Erhitzen von (±)-2-Aminomethyl-1,2,3,4-tetrahydro-chinolin und (±)-1,2-Epoxy-2-methyl-pentan auf 120—130° (*v. Bidder, Rupe,* Helv. **22** [1939] 1268, 1278).
   Hydrochlorid $C_{16}H_{26}N_2O \cdot HCl$. Kristalle (aus A.); F: 171—173° [Zers.].

VI

(±)-2-Veratrylaminomethyl-1,2,3,4-tetrahydro-chinolin, (±)-[1,2,3,4-Tetrahydro-[2]chinolylmethyl]-veratryl-amin $C_{19}H_{24}N_2O_2$, Formel VII (R = H).
   B. Beim Erwärmen von (±)-2-Aminomethyl-1,2,3,4-tetrahydro-chinolin mit Veratrumaldehyd und Hydrieren des Reaktionsprodukts in Methanol an Nickel (*Gassmann, Rupe,* Helv. **22** [1939] 1241, 1256).
   Kristalle (aus wss. A.); F: 75°.
   Hydrochlorid $C_{19}H_{24}N_2O_2 \cdot HCl$. Kristalle (aus A.); F: 191—192°.
   Sulfat $2 C_{19}H_{24}N_2O_2 \cdot H_2SO_4$. Kristalle (aus A.); F: 161,5°.

VII   VIII

(±)-1-Methyl-2-veratrylaminomethyl-1,2,3,4-tetrahydro-chinolin, (±)-[1-Methyl-1,2,3,4-tetrahydro-[2]chinolylmethyl]-veratryl-amin $C_{20}H_{26}N_2O_2$, Formel VII (R = CH$_3$).
   B. Beim Erwärmen von (±)-2-Aminomethyl-1-methyl-1,2,3,4-tetrahydro-chinolin mit Veratrumaldehyd und Hydrieren des Reaktionsprodukts in Methanol an Nickel (*Gassmann, Rupe,* Helv. **22** [1939] 1241, 1261).
   Perchlorat $C_{20}H_{26}N_2O_2 \cdot HClO_4$. Kristalle (aus A.); F: 193° [Zers.].

*(±)-Benzyliden-[1,2,3,4-tetrahydro-[2]chinolylmethyl]-amin, (±)-Benzaldehyd-[1,2,3,4-tetrahydro-[2]chinolylmethylimin] $C_{17}H_{18}N_2$, Formel VIII.
   B. Beim Behandeln von (±)-2-Aminomethyl-1,2,3,4-tetrahydro-chinolin mit Benzaldehyd (*Rupe et al.,* Helv. **20** [1937] 209, 214).
   Kristalle [aus A.] (*Rupe et al.*); F: 75—76° (*v. Bidder, Rupe,* Helv. **22** [1939] 1268, 1270).

(±)-2-[Formylamino-methyl]-1,2,3,4-tetrahydro-chinolin, (±)-N-[1,2,3,4-Tetrahydro-[2]chinolylmethyl]-formamid $C_{11}H_{14}N_2O$, Formel IX (R = R' = H).
   B. Beim Erwärmen von (±)-2-Aminomethyl-1,2,3,4-tetrahydro-chinolin mit Ameisensäure (*v. Bidder, Rupe,* Helv. **22** [1939] 1268, 1271).
   Kp_{10}: 178—190° (nicht rein erhalten).
   Perchlorat $C_{11}H_{14}N_2O \cdot HClO_4$. Kristalle (aus wss. $HClO_4$), die sich rasch blau färben

(±)-2-[Benzoylamino-methyl]-1,2,3,4-tetrahydro-chinolin, (±)-N-[1,2,3,4-Tetrahydro-[2]chinolylmethyl]-benzamid $C_{17}H_{18}N_2O$, Formel IX (R = C_6H_5, R′ = H).

B. Aus (±)-1-Benzoyl-1,2-dihydro-chinolin-2-carbonitril beim Hydrieren an Nickel in Äthylacetat bei 90°/100 at (*Rupe et al.*, Helv. **20** [1937] 209, 211; *Gassmann, Rupe*, Helv. **22** [1939] 1241, 1251) oder neben Bis-[1-benzoyl-1,2,3,4-tetrahydro-[2]chinolylmethyl]-amin [?] (S. 4264) beim Hydrieren an Palladium in Äthylacetat bei 90°/115 at (*Rupe et al.*, l. c. S. 217).

Kristalle (aus A.); F: 140° (*Rupe et al.*).

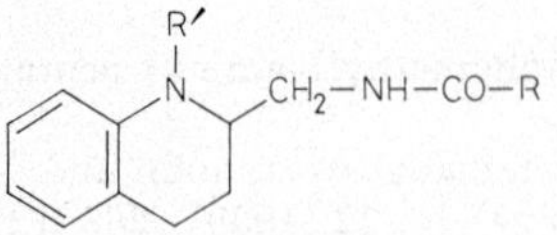

IX 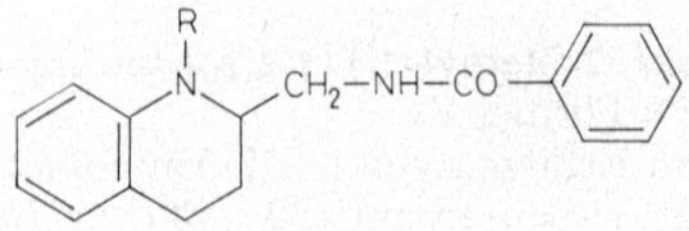   X

(±)-2-[Benzoylamino-methyl]-1-methyl-tetrahydro-chinolin, (±)-N-[1-Methyl-1,2,3,4-tetrahydro-[2]chinolylmethyl]-benzamid $C_{18}H_{20}N_2O$, Formel IX (R = C_6H_5, R′ = CH_3).

B. Aus (±)-N-[1,2,3,4-Tetrahydro-[2]chinolylmethyl]-benzamid und CH_3I beim Erwärmen in Methanol (*Rupe et al.*, Helv. **20** [1937] 209, 215) oder in methanol. $NaHCO_3$ (*Leonard et al.*, Am. Soc. **73** [1951] 3325, 3328).

Kristalle (aus A.); F: 136° (*Gassmann, Rupe*, Helv. **22** [1939] 1241, 1258), 135—136° [korr.] (*Le. et al.*). IR-Spektrum (Nujol; 3—15 μ): *Le. et al.*

Methojodid [$C_{19}H_{23}N_2O$]I; (±)-2-[Benzoylamino-methyl]-1,1-dimethyl-1,2,3,4-tetrahydro-chinolinium-jodid. Olivgrüne Kristalle (aus A.); F: 166° (*Rupe et al.*).

(±)-2-[Benzoylamino-methyl]-1-[2-hydroxy-äthyl]-1,2,3,4-tetrahydro-chinolin, (±)-N-[1-(2-Hydroxy-äthyl)-1,2,3,4-tetrahydro-[2]chinolylmethyl]-benzamid $C_{19}H_{22}N_2O_2$, Formel X (R = CH_2-CH_2-OH).

B. Beim Erhitzen von (±)-N-[1,2,3,4-Tetrahydro-[2]chinolylmethyl]-benzamid mit Äthylenoxid auf 110—120° (*v. Bidder, Rupe*, Helv. **22** [1939] 1268, 1275).

Kristalle (aus E.); F: 113—114,5°.

(±)-1-Benzoyl-2-{[bis-(2-benzoyloxy-äthyl)-amino]-methyl}-1,2,3,4-tetrahydro-chinolin, (±)-Bis-[2-benzoyloxy-äthyl]-[1-benzoyl-1,2,3,4-tetrahydro-[2]chinolylmethyl]-amin $C_{35}H_{34}N_2O_5$, Formel XI (R = R′ = CH_2-CH_2-O-CO-C_6H_5).

B. Beim Behandeln von (±)-Bis-[2-hydroxy-äthyl]-[1,2,3,4-tetrahydro-[2]chinolyl=methyl]-amin (S. 4260) mit Benzoylchlorid und Pyridin (*v. Bidder, Rupe*, Helv. **22** [1939] 1268, 1275).

Kristalle (aus A.); F: 95—96°.

Hydrochlorid $C_{35}H_{34}N_2O_5 \cdot$ HCl. Kristalle (aus A.); F: 100,5—103,5°.

Phosphat $C_{35}H_{34}N_2O_5 \cdot 2\ H_3PO_4$. Kristalle (aus A.); F: 151—152° [Zers.].

(±)-2-[Benzoylamino-methyl]-1-phenacyl-1,2,3,4-tetrahydro-chinolin, (±)-N-[1-Phen=acyl-1,2,3,4-tetrahydro-[2]chinolylmethyl]-benzamid $C_{25}H_{24}N_2O_2$, Formel X (R = CH_2-CO-C_6H_5).

B. Beim Erhitzen von (±)-N-[1,2,3,4-Tetrahydro-[2]chinolylmethyl]-benzamid in Toluol mit Phenacylbromid und Pyridin (*v. Bidder, Rupe*, Helv. **22** [1939] 1268, 1277).

Grüngelbe Kristalle (aus Me.); F: 163°.

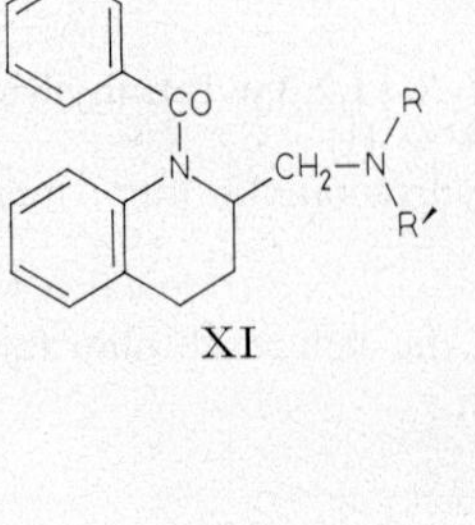

XI 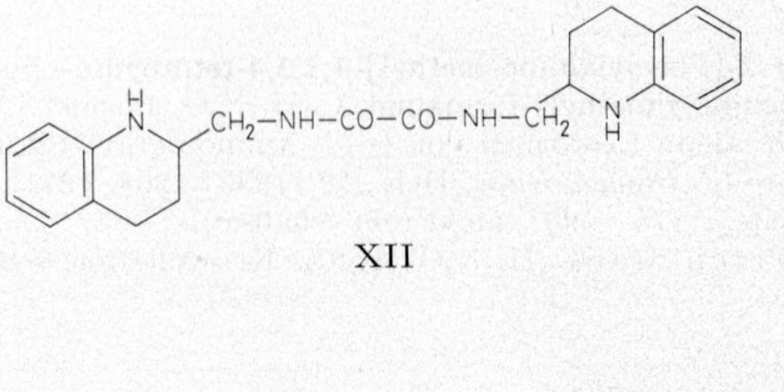   XII

(±)-1-Benzoyl-2-[benzoylamino-methyl]-1,2,3,4-tetrahydro-chinolin,
(±)-*N*-[1-Benzoyl-1,2,3,4-tetrahydro-[2]chinolylmethyl]-benzamid $C_{24}H_{22}N_2O_2$,
Formel XI (R = CO-C_6H_5, R′ = H).

B. Aus (±)-2-Aminomethyl-1,2,3,4-tetrahydro-chinolin oder aus (±)-*N*-[1,2,3,4-Tetrahydro-[2]chinolylmethyl]-benzamid beim Behandeln mit Benzoylchlorid und Pyridin (*Rupe et al.*, Helv. **20** [1937] 209, 213).
Kristalle (aus A.); F: 164°.

*Opt.-inakt. *N*,*N*′-Bis-[1,2,3,4-tetrahydro-[2]chinolylmethyl]-oxalamid $C_{22}H_{26}N_4O_2$,
Formel XII.

B. Neben 4,4a,5,6-Tetrahydro-3*H*-pyrazino[1,2-*a*]chinolin-1,2-dion beim Behandeln von (±)-2-Aminomethyl-1,2,3,4-tetrahydro-chinolin mit Oxalsäure-dimethylester oder Oxalsäure-diäthylester (*Rupe, Thommen*, Helv. **30** [1947] 920, 925, 926).
Kristalle (aus Dioxan + A.); F: 211—212,5° [unkorr.].

(±)-[1,2,3,4-Tetrahydro-[2]chinolylmethyl]-carbamidsäure-äthylester $C_{13}H_{18}N_2O_2$,
Formel XIII (R = CO-O-C_2H_5).

B. Beim Behandeln von (±)-2-Aminomethyl-1,2,3,4-tetrahydro-chinolin mit Chloro-kohlensäure-äthylester in CHCl$_3$ (*v. Bidder, Rupe*, Helv. **22** [1939] 1268, 1272).
Kp_{10}: 120—125°.
Hydrochlorid $C_{13}H_{18}N_2O_2$·HCl. Kristalle (aus E. + A.); F: 135,5°.
Perchlorat. F: 124°.

XIII   XIV

N-Phenyl-*N*′-[1,2,3,4-tetrahydro-[2]chinolylmethyl]-thioharnstoff $C_{17}H_{19}N_3S$,
Formel XIV.

B. Beim Behandeln von (±)-2-Aminomethyl-1,2,3,4-tetrahydro-chinolin mit Phenyl-isothiocyanat (*Rupe et al.*, Helv. **20** [1937] 209, 214).
Kristalle (aus A.); F: 130°.

N-[1,2,3,4-Tetrahydro-[2]chinolylmethyl]-glycin-äthylester $C_{14}H_{20}N_2O_2$, Formel XIII
(R = CH_2-CO-O-C_2H_5).

B. Beim Behandeln von (±)-2-Aminomethyl-1,2,3,4-tetrahydro-chinolin in Benzol mit Chloressigsäure-äthylester (*v. Bidder, Rupe*, Helv. **22** [1939] 1268, 1271).
Oxalat 2 $C_{14}H_{20}N_2O_2$·$C_2H_2O_4$. Kristalle (aus wss. A. + Oxalsäure); F: 169—170° [Zers.].

(±)-1-Methyl-2-[veratroylamino-methyl]-1,2,3,4-tetrahydro-chinolin, (±)-*N*-[1-Methyl-1,2,3,4-tetrahydro-[2]chinolylmethyl]-veratramid $C_{20}H_{24}N_2O_3$, Formel I (R = CH_3).

B. Beim Behandeln von (±)-2-Aminomethyl-1-methyl-1,2,3,4-tetrahydro-chinolin mit Veratroylchlorid und Pyridin in Benzol (*Gassmann, Rupe*, Helv. **22** [1939] 1241, 1260).
Kristalle (aus A.); F: 161—162°.
Hydrochlorid $C_{20}H_{24}N_2O_3$·HCl. Kristalle (aus äthanol. HCl); F: 179—180°.

I   II

(±)-1-Veratroyl-2-[veratroylamino-methyl]-1,2,3,4-tetrahydro-chinolin,
(±)-*N*-[1-Veratroyl-1,2,3,4-tetrahydro-[2]chinolylmethyl]-veratramid $C_{28}H_{30}N_2O_6$,
Formel I (R = CO-C_6H_3(O-CH_3)$_2$(*m*, *p*)).

B. Beim Behandeln von (±)-2-Aminomethyl-1,2,3,4-tetrahydro-chinolin mit Vera-

troylchlorid in Benzol (*Gassmann, Rupe*, Helv. **22** [1939] 1241, 1255).
Kristalle (aus A.); F: 168°.

3-[1,2,3,4-Tetrahydro-[2]chinolylmethylimino]-buttersäure-äthylester $C_{16}H_{22}N_2O_2$ und
Tautomeres.

(±)-3-[(1,2,3,4-Tetrahydro-[2]chinolylmethyl)-amino]-crotonsäure-äthylester
$C_{16}H_{22}N_2O_2$, Formel II.
B. Beim Behandeln von (±)-2-Aminomethyl-1,2,3,4-tetrahydro-chinolin mit Acetessig=
säure-äthylester (*Rupe, Thommen*, Helv. **30** [1947] 920, 924, 931).
Kristalle (aus Me.); F: 95 — 96°.

*Opt.-inakt. 2-[Benzoylamino-methyl]-1-oxiranylmethyl-1,2,3,4-tetrahydro-chinolin,
***N*-[1-Oxiranylmethyl-1,2,3,4-tetrahydro-[2]chinolylmethyl]-benzamid** $C_{20}H_{22}N_2O_2$,
Formel III.
B. Beim Erwärmen von (±)-*N*-[1,2,3,4-Tetrahydro-[2]chinolylmethyl]-benzamid mit
(±)-Epichlorhydrin [E III/IV **17** 20] (*v. Bidder, Rupe*, Helv. **22** [1939] 1268, 1277).
Kristalle (aus wss. Me.); F: 118 — 119°.

(±)-2-Piperonylaminomethyl-1,2,3,4-tetrahydro-chinolin, (±)-Piperonyl-[1,2,3,4-tetra=
hydro-[2]chinolylmethyl]-amin $C_{18}H_{20}N_2O_2$, Formel IV (R = H).
B. Beim Erwärmen von (±)-2-Aminomethyl-1,2,3,4-tetrahydro-chinolin mit Piper=
onal und Hydrieren des Reaktionsprodukts in Methanol an Nickel bei 65°/80 at (*Gass-
mann, Rupe*, Helv. **22** [1939] 1241, 1257).
Hydrochlorid $C_{18}H_{20}N_2O_2 \cdot HCl$. Kristalle (aus A.); F: 213 — 214°.
Sulfat $2\,C_{18}H_{20}N_2O_2 \cdot H_2SO_4$. Kristalle (aus A.); F: 177 — 178°.
Phosphat $C_{18}H_{20}N_2O_2 \cdot H_3PO_4$. Kristalle (aus wss. A.); F: 204 — 205°.

III   IV

(±)-1-Methyl-2-piperonylaminomethyl-1,2,3,4-tetrahydro-chinolin, (±)-[1-Methyl-
1,2,3,4-tetrahydro-[2]chinolylmethyl]-piperonyl-amin $C_{19}H_{22}N_2O_2$, Formel IV (R = CH₃).
B. Beim Erwärmen von (±)-2-Aminomethyl-1-methyl-1,2,3,4-tetrahydro-chinolin mit
Piperonal und Hydrieren des Reaktionsprodukts in Methanol an Nickel bei 65°/90 at
(*Gassmann, Rupe*, Helv. **22** [1939] 1241, 1261).
Hydrochlorid $C_{19}H_{22}N_2O_2 \cdot HCl$. Kristalle (aus A.); F: 207 — 208°.

*Opt.-inakt. Bis-[1-benzoyl-1,2,3,4-tetrahydro-[2]chinolylmethyl]-amin(?) $C_{34}H_{33}N_3O_2$,
vermutlich Formel V (R = CO-C₆H₅).
B. Neben *N*-[1,2,3,4-Tetrahydro-[2]chinolylmethyl]-benzamid beim Hydrieren von
(±)-1-Benzoyl-1,2-dihydro-chinolin-2-carbonitril an Palladium in Äthylacetat bei 90°/
115 at (*Rupe et al.*, Helv. **20** [1937] 209, 217, 218).
Kristalle (aus A.); F: 210°.

V   VI

(±)-1-Methyl-2-[nicotinoylamino-methyl]-1,2,3,4-tetrahydro-chinolin, (±)-Nicotinsäure-
[(1-methyl-1,2,3,4-tetrahydro-[2]chinolylmethyl)-amid] $C_{17}H_{19}N_3O$, Formel VI.
B. Beim Behandeln von (±)-2-Aminomethyl-1-methyl-1,2,3,4-tetrahydro-chinolin mit

Nicotinoylchlorid und Pyridin in Äther (*Gassmann, Rupe*, Helv. **22** [1939] 1241, 1258).
  Gelbgrüne Kristalle (aus A.); F: 159—160°.
  Monohydrochlorid $C_{17}H_{19}N_3O \cdot HCl$. Gelbe Kristalle (aus A.); F: 223°.
  Dihydrochlorid $C_{17}H_{19}N_3O \cdot 2$ HCl. Kristalle (aus äthanol. HCl).

**(±)-1-Nicotinoyl-2-[nicotinoylamino-methyl]-1,2,3,4-tetrahydro-chinolin, (±)-Nicotin=
säure-[(1-nicotinoyl-1,2,3,4-tetrahydro-[2]chinolylmethyl)-amid]** $C_{22}H_{20}N_4O_2$,
Formel VII.
  B. Beim Behandeln von (±)-2-Aminomethyl-1,2,3,4-tetrahydro-chinolin mit Nicotin=
oylchlorid und Pyridin in Äther oder in Benzol (*Gassmann, Rupe*, Helv. **22** [1939] 1241,
1254).
  Kristalle (aus Amylalkohol); F: 175—176°.

**(±)-1-Amino-2-[benzoylamino-methyl]-1,2,3,4-tetrahydro-chinolin, (±)-N-[1-Amino-
1,2,3,4-tetrahydro-[2]chinolylmethyl]-benzamid** $C_{17}H_{19}N_3O$, Formel VIII (X = NH$_2$).
  B. Beim Behandeln von (±)-N-[1-Nitroso-1,2,3,4-tetrahydro-[2]chinolylmethyl]-
benzamid in Äthanol mit Zink und wss. Essigsäure (*Gassmann, Rupe*, Helv. **22** [1939]
1241, 1251).
  Rosafarbene Kristalle (aus A.); F: 156°.
  Picrat $C_{17}H_{19}N_3O \cdot C_6H_3N_3O_7$. Gelbe Kristalle (aus A.); F: 165° [Zers.].

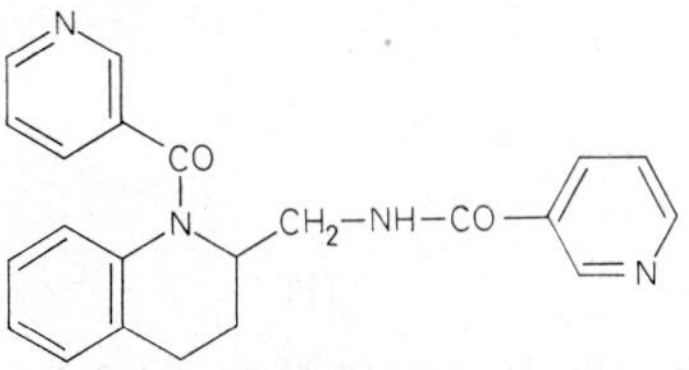

VII 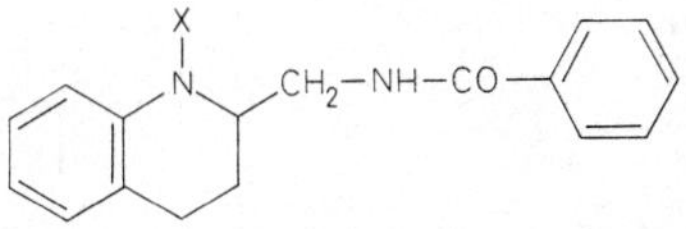   VIII

**(±)-2-[Benzoylamino-methyl]-1-benzylidenamino-1,2,3,4-tetrahydro-chinolin,
(±)-N-[1-Benzylidenamino-1,2,3,4-tetrahydro-[2]chinolylmethyl]-benzamid* $C_{24}H_{23}N_3O$,
Formel VIII (X = N=CH-C$_6$H$_5$).
  B. Beim Erwärmen von (±)-N-[1-Amino-1,2,3,4-tetrahydro-[2]chinolylmethyl]-benz=
amid in Äthanol mit Benzaldehyd (*Gassmann, Rupe*, Helv. **22** [1939] 1241, 1253).
  Kristalle (aus A.); F: 158—159°.

**(±)-2-[Benzoylamino-methyl]-1-[1-phenyl-äthylidenamino]-1,2,3,4-tetrahydro-chinolin,
(±)-N-[1-(1-Phenyl-äthylidenamino)-1,2,3,4-tetrahydro-[2]chinolylmethyl]-benzamid*
$C_{25}H_{25}N_3O$, Formel VIII (X = N=C(CH$_3$)-C$_6$H$_5$).
  B. Beim Erwärmen von (±)-N-[1-Amino-1,2,3,4-tetrahydro-[2]chinolylmethyl]-benz=
amid in Äthanol mit Acetophenon (*Gassmann, Rupe*, Helv. **22** [1939] 1241, 1253).
  Gelbe Kristalle (aus A.); F: 161—162°.

**(±)-2-[Benzoylamino-methyl]-1-piperonylidenamino-1,2,3,4-tetrahydro-chinolin,
(±)-N-[1-Piperonylidenamino-1,2,3,4-tetrahydro-[2]chinolylmethyl]-benzamid*
$C_{25}H_{23}N_3O_3$, Formel IX.
  B. Beim Erwärmen von (±)-N-[1-Amino-1,2,3,4-tetrahydro-[2]chinolylmethyl]-benz=
amid in Äthanol mit Piperonal (*Gassmann, Rupe*, Helv. **22** [1939] 1241, 1253).
  Gelbe Kristalle (aus A.); F: 184—185°.

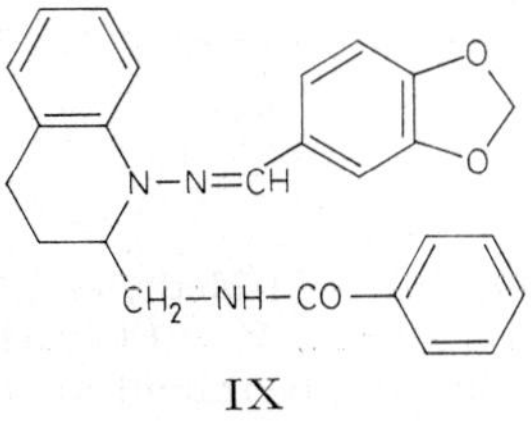

IX 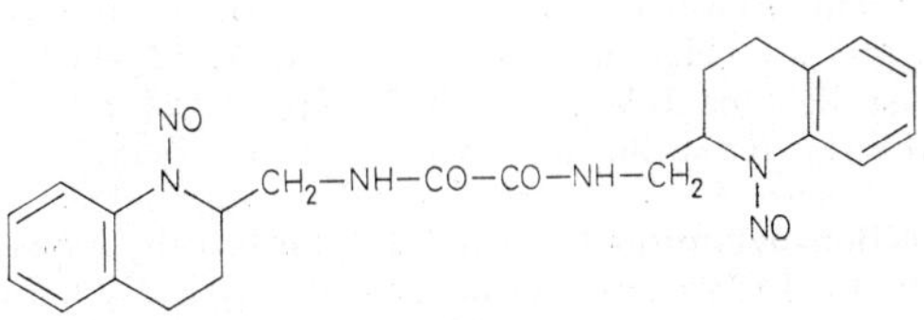   X

(±)-2-[Benzoylamino-methyl]-1-nitroso-1,2,3,4-tetrahydro-chinolin, (±)-N-[1-Nitroso-1,2,3,4-tetrahydro-[2]chinolylmethyl]-benzamid $C_{17}H_{17}N_3O_2$, Formel VIII (X = NO).

B. Beim Behandeln von (±)-*N*-[1,2,3,4-Tetrahydro-[2]chinolylmethyl]-benzamid in Essigsäure mit konz. HCl und wss. NaNO₂ (*Rupe et al.*, Helv. **20** [1937] 209, 212; *Gassmann, Rupe*, Helv. **22** [1939] 1241, 1251).

Hellgelbe Kristalle (aus A.); F: 156° (*Rupe et al.*).

*Opt.-inakt. N,N′-Bis-[1-nitroso-1,2,3,4-tetrahydro-[2]chinolylmethyl]-oxalamid $C_{22}H_{24}N_6O_4$, Formel X.

B. Beim Behandeln von opt.-inakt. *N,N′*-Bis-[1,2,3,4-tetrahydro-[2]chinolylmethyl]-oxalamid (S. 4263) in Essigsäure mit konz. HCl und NaNO₂ (*Rupe, Thommen*, Helv. **30** [1947] 920, 928).

Kristalle (aus Py.); F: 193,5—194,5° [unkorr.].

(±)-4-Methyl-1,2,3,4-tetrahydro-[6]chinolylamin $C_{10}H_{14}N_2$, Formel I.

B. Beim Erwärmen von 2-Chlor-4-methyl-6-nitro-chinolin mit Zinn und konz. HCl in Äthanol (*Balaban*, Soc. **1932** 2624).

Dipicrat $C_{10}H_{14}N_2 \cdot 2\,C_6H_3N_3O_7$. Braune Kristalle; F: 173° [Zers.].

I   II   III

(±)-4-Aminomethyl-1-methyl-1,2,3,4-tetrahydro-chinolin, (±)-C-[1-Methyl-1,2,3,4-tetrahydro-[4]chinolyl]-methylamin $C_{11}H_{16}N_2$, Formel II.

B. Beim Hydrieren von 1-Methyl-4-nitromethylen-1,4-dihydro-chinolin-hydrobromid (E III/IV **20** 3487) in Äthanol an Raney-Nickel (*Leonard et al.*, Am. Soc. **73** [1951] 3325, 3328). Beim Hydrieren von 4-Cyan-1-methyl-chinolinium-jodid in wss. Äthanol an Platin (*Le. et al.*).

$Kp_{0,4}$: 110°. n_D^{20}: 1,5850.

N-Benzoyl-Derivat $C_{18}H_{20}N_2O$; (±)-*N*-[1-Methyl-1,2,3,4-tetrahydro-[4]chinolylmethyl]-benzamid. Kristalle (aus E.); F: 143—144° [korr.]. IR-Spektrum (Nujol; 3—15 μ): *Le. et al.*

1-[2-Methansulfonylamino-äthyl]-7-methyl-1,2,3,4-tetrahydro-[6]chinolylamin, N-[2-(6-Amino-7-methyl-3,4-dihydro-2H-[1]chinolyl)-äthyl]-methansulfonamid $C_{13}H_{21}N_3O_2S$, Formel III.

B. Beim Hydrieren von *N*-{[2-(2,5-Dichlor-phenylazo)-7-methyl-3,4-dihydro-2*H*-[1]chinolyl]-äthyl}-methansulfonylamid in Äthanol an Raney-Nickel (*Eastman Kodak Co.*, U.S.P. 2566259 [1948]; *Bent et al.*, Am. Soc. **73** [1951] 3100, 3115).

Kristalle; F: 150—152° (*Bent et al.*).

Sulfat $2\,C_{13}H_{21}N_3O_2S \cdot H_2SO_4$. Kristalle (aus A.) mit 1 Mol H_2O; F: 205—212° (*Bent et al.*).

(±)-1,2-Dimethyl-1,2,3,4-tetrahydro-[6]isochinolylamin $C_{11}H_{16}N_2$, Formel IV (R = CH₃, R′ = H).

B. Beim Erwärmen von (±)-*N*-[1,2-Dimethyl-1,2,3,4-tetrahydro-[6]isochinolyl]-benzamid mit wss. H_2SO_4 (*Fries, Bestian*, A. **533** [1938] 72, 89).

Kristalle (aus PAe.); F: 70°. $Kp_{0,9}$: 124°.

Picrat. Kristalle (aus A.); F: 185° [Zers.].

(±)-6-Benzoylamino-1-methyl-1,2,3,4-tetrahydro-isochinolin, (±)-N-[1-Methyl-1,2,3,4-tetrahydro-[6]isochinolyl]-benzamid $C_{17}H_{18}N_2O$, Formel IV (R = H, R′ = CO-C₆H₅).

B. Beim Hydrieren von *N*-[1-Methyl-3,4-dihydro-[6]isochinolyl]-benzamid an Platin oder an Nickel (*Fries*, *Bestian*, A. **533** [1938] 72, 88).

Hydrochlorid $C_{17}H_{18}N_2O \cdot HCl$. Kristalle (aus Eg.); F: 314° [Zers.].

(±)-6-Benzoylamino-1,2-dimethyl-1,2,3,4-tetrahydro-isochinolin, (±)-*N*-[1,2-Dimethyl-1,2,3,4-tetrahydro-[6]isochinolyl]-benzamid $C_{18}H_{20}N_2O$, Formel IV (R = CH_3, R′ = CO-C_6H_5).

B. Beim Erhitzen von (±)-*N*-[1-Methyl-1,2,3,4-tetrahydro-[6]isochinolyl]-benzamid mit Formaldehyd und Ameisensäure (*Fries*, *Bestian*, A. **533** [1938] 72, 89).

Kristalle (aus Acn.); F: 115°.

Hydrochlorid $C_{18}H_{20}N_2O \cdot HCl$. Kristalle (aus wss. HCl); F: 225° [Zers.].

Methojodid $[C_{19}H_{23}N_2O]I$; (±)-6-Benzoylamino-1,2,2-trimethyl-1,2,3,4-tetrahydro-isochinolinium-jodid. Kristalle (aus A.); F: 209°. — Beim Erwärmen mit methanol. KOH, Behandeln des Reaktionsprodukts mit Acetanhydrid und mit CH_3I in Aceton und Erwärmen des Reaktionsprodukts mit methanol. KOH ist 3,4-Divinyl-anilin erhalten worden.

(±)-2-Benzoyl-6-benzoylamino-1-methyl-1,2,3,4-tetrahydro-isochinolin, (±)-*N*-[2-Benzoyl-1-methyl-1,2,3,4-tetrahydro-[6]isochinolyl]-benzamid $C_{24}H_{22}N_2O_2$, Formel IV (R = R′ = CO-C_6H_5).

B. Beim Behandeln von (±)-*N*-[1-Methyl-1,2,3,4-tetrahydro-[6]isochinolyl]-benzamid mit Benzoylchlorid in wss. NaOH (*Fries*, *Bestian*, A. **533** [1938] 72, 89).

F: 220° [aus A.].

| IV | V | VI |

(±)-1-Aminomethyl-1,2,3,4-tetrahydro-isochinolin, (±)-*C*-[1,2,3,4-Tetrahydro-[1]isochinolyl]-methylamin $C_{10}H_{14}N_2$, Formel V (R = R′ = H).

B. Beim Behandeln von (±)-*N*-[1,2,3,4-Tetrahydro-[1]isochinolylmethyl]-benzamid (*Rupe*, *Frey*, Helv. **22** [1939] 673, 677) oder von (±)-*N*-[2-Acetyl-1,2,3,4-tetrahydro-[1]isochinolylmethyl]-benzamid (*Leonard*, *Leubner*, Am. Soc. **71** [1949] 3405, 3407) mit wss. HCl.

Kp_{15}: 154—159° (*Le.*, *Le.*); Kp_{12}: 153° (*Rupe*, *Frey*). n_D^{20}: 1,5779 (*Le.*, *Le.*).

Beim Behandeln mit $COCl_2$ in Äther ist 1,5,6,10b-Tetrahydro-2*H*-imidazo[5,1-*a*]isochinolin-3-on erhalten worden (*Rupe*, *Frey*).

Hydrochlorid $C_{10}H_{14}N_2 \cdot HCl$. Kristalle (aus A.); F: 179—184° [korr.] (*Le.*, *Le.*). Kristalle (aus wss. A.) mit 2 Mol H_2O; Zers. bei 281° (*Rupe*, *Frey*).

Perchlorat $C_{10}H_{14}N_2 \cdot HClO_4$. Kristalle (aus A.); F: 117° (*Rupe*, *Frey*).

Picrat $C_{10}H_{14}N_2 \cdot C_6H_3N_3O_7$. Gelbe Kristalle (aus A.); F: 186° (*Rupe*, *Frey*).

Oxalat. Kristalle (aus wss. A.); Zers. bei 198° (*Rupe*, *Frey*).

Tartrat. Kristalle (aus A.); F: 125° (*Rupe*, *Frey*).

Citrat $C_{10}H_{14}N_2 \cdot C_6H_8O_7$. Kristalle (aus wss. A.) mit 2 Mol H_2O; F: 166° (*Rupe*, *Frey*).

(±)-1-Aminomethyl-2-methyl-1,2,3,4-tetrahydro-isochinolin, (±)-*C*-[2-Methyl-1,2,3,4-tetrahydro-[1]isochinolyl]-methylamin $C_{11}H_{16}N_2$, Formel VI (R = R′ = H).

B. Neben Dimethyl-[2-methyl-1,2,3,4-tetrahydro-[1]isochinolylmethyl]-amin und dessen Methojodid beim Behandeln von (±)-1-Aminomethyl-1,2,3,4-tetrahydro-isochinolin mit CH_3I in methanol. KOH (*Rupe*, *Frey*, Helv. **22** [1939] 673, 682). Beim Erwärmen von (±)-*N*-[2-Methyl-1,2,3,4-tetrahydro-[1]isochinolylmethyl]-benzamid mit wss. HCl (*Rupe*, *Frey*).

Kp_{12}: 143,5°.

Hydrochlorid. Kristalle (aus A.); F: 256°.

Picrat $C_{11}H_{16}N_2 \cdot C_6H_3N_3O_7$. Gelbe Kristalle (aus H_2O); F: 192°.

(±)-1-Dimethylaminomethyl-2-methyl-1,2,3,4-tetrahydro-isochinolin, (±)-Dimethyl-[2-methyl-1,2,3,4-tetrahydro-[1]isochinolylmethyl]-amin $C_{13}H_{20}N_2$, Formel VI (R = R′ = CH₃).

B. Aus (±)-1-Aminomethyl-1,2,3,4-tetrahydro-isochinolin beim Behandeln mit CH₃I in methanol. KOH (*Rupe, Frey*, Helv. **22** [1939] 673, 682) oder beim Behandeln mit Formaldehyd und Ameisensäure (*Leonard, Leubner*, Am. Soc. **71** [1949] 3405, 3407).

Kp₁₆: 143—146°; n_D^{20}: 1,5331 (*Le., Le.*); Kp₁₂: 135° (*Rupe, Frey*).

Dihydrobromid $C_{13}H_{20}N_2 \cdot 2$ HBr. F: 216—220° [korr.]; Kristalle (aus wss. A.) mit 1 Mol H₂O, F: 152—153° [nach Sintern bei 138°] (*Le., Le.*).

Monopicrat $C_{13}H_{20}N_2 \cdot C_6H_3N_3O_7$. Gelbbraune Kristalle (aus wss. A.); F: 202° (*Rupe, Frey*).

Dipicrat $C_{13}H_{20}N_2 \cdot 2 C_6H_3N_3O_7$. Gelbe Kristalle (aus A. + Acn.); F: 171—174° [nach Sintern bei 158°] (*Le., Le.*).

Methojodid $[C_{14}H_{23}N_2]I$. Kristalle; F: 199° [aus H₂O] (*Rupe, Frey*), 196—197° [korr.; aus A.] (*Le., Le.*).

(±)-1-Veratrylaminomethyl-1,2,3,4-tetrahydro-isochinolin, (±)-[1,2,3,4-Tetrahydro-[1]isochinolylmethyl]-veratryl-amin $C_{19}H_{24}N_2O_2$, Formel VII.

B. Beim Erwärmen von (±)-1-Aminomethyl-1,2,3,4-tetrahydro-isochinolin mit Vera=trumaldehyd und Hydrieren des Reaktionsprodukts in Methanol an Nickel (*Gassmann, Rupe*, Helv. **22** [1939] 1241, 1250).

Dihydrochlorid $C_{19}H_{24}N_2O_2 \cdot 2$ HCl. Kristalle (aus A.); F: 221° [Zers.].

Bis-hydrogenoxalat $C_{19}H_{24}N_2O_2 \cdot 2 C_2H_2O_4$. Kristalle (aus H₂O); F: 197° [Zers.].

(±)-1-[Benzoylamino-methyl]-1,2,3,4-tetrahydro-isochinolin, (±)-N-[1,2,3,4-Tetrahydro-[1]isochinolylmethyl]-benzamid $C_{17}H_{18}N_2O$, Formel V (R = CO-C₆H₅, R′ = H).

B. Aus (±)-2-Benzoyl-1,2-dihydro-isochinolin-1-carbonitril beim Hydrieren an Nickel in Äthylacetat bei 90—110°/140—160 at (*Rupe, Frey*, Helv. **22** [1939] 673, 675) oder an Nickel in Äthanol bei 100°/150 at (*Leonard, Leubner*, Am. Soc. **71** [1949] 3405, 3407).

Kristalle (aus A.); F: 125° (*Rupe, Frey*).

(±)-1-[Benzoylamino-methyl]-2-methyl-1,2,3,4-tetrahydro-isochinolin, (±)-N-[2-Methyl-1,2,3,4-tetrahydro-[1]isochinolylmethyl]-benzamid $C_{18}H_{20}N_2O$, Formel VI (R = CO-C₆H₅, R′ = H).

B. Beim Erwärmen von (±)-N-[1,2,3,4-Tetrahydro-[1]isochinolylmethyl]-benzamid in Methanol mit CH₃I (*Rupe, Frey*, Helv. **22** [1939] 673, 681).

Kristalle (aus PAe. + Bzl.); F: 122°.

Methojodid $[C_{19}H_{23}N_2O]I$; (±)-1-[Benzoylamino-methyl]-2,2-dimethyl-1,2,3,4-tetrahydro-isochinolinium-jodid. Kristalle (aus A.); F: 152°.

(±)-2-Acetyl-1-[benzoylamino-methyl]-1,2,3,4-tetrahydro-isochinolin, (±)-N-[2-Acetyl-1,2,3,4-tetrahydro-[1]isochinolylmethyl]-benzamid $C_{19}H_{20}N_2O_2$, Formel VIII (R = CO-CH₃, R′ = CO-C₆H₅).

B. Beim Behandeln von (±)-N-[1,2,3,4-Tetrahydro-[1]isochinolylmethyl]-benzamid mit Acetanhydrid und Natriumacetat (*Rupe, Frey*, Helv. **22** [1939] 673, 676; s. a. *Leonard, Leubner*, Am. Soc. **71** [1949] 3405, 3407).

Kristalle (aus A.); F: 201° (*Rupe, Frey*), 196—197,5° [korr.] (*Le., Le.*).

(±)-2-Benzoyl-1-[benzoylamino-methyl]-1,2,3,4-tetrahydro-isochinolin, (±)-N-[2-Benz=oyl-1,2,3,4-tetrahydro-[1]isochinolylmethyl]-benzamid $C_{24}H_{22}N_2O_2$, Formel VIII (R = R′ = CO-C₆H₅).

B. Aus (±)-1-Aminomethyl-1,2,3,4-tetrahydro-isochinolin oder aus (±)-N-[1,2,3,4-Tetrahydro-[1]isochinolylmethyl]-benzamid beim Behandeln mit Benzoylchlorid und Pyridin (*Rupe, Frey*, Helv. **22** [1939] 673, 676, 678).

Hellgelbe Kristalle (aus A.); F: 144°.

(±)-[1,2,3,4-Tetrahydro-[1]isochinolylmethyl]-carbamidsäure-äthylester $C_{13}H_{18}N_2O_2$, Formel VIII (R = H, R′ = CO-O-C₂H₅).

B. Neben 1,5,6,10b-Tetrahydro-2H-imidazo[5,1-a]isochinolin-3-on beim Behandeln von (±)-1-Aminomethyl-1,2,3,4-tetrahydro-isochinolin in Äther mit 0,5 Mol Chloro=

kohlensäure-äthylester (*Rupe*, *Frey*, Helv. **22** [1939] 673, 679).
Kp$_{12}$: 166°.

VII   VIII   IX

(±)-[1,2,3,4-Tetrahydro-[1]isochinolylmethyl]-harnstoff C$_{11}$H$_{15}$N$_3$O, Formel VIII
(R = H, R' = CO-NH$_2$).
  B. Beim Erwärmen von (±)-1-Aminomethyl-1,2,3,4-tetrahydro-isochinolin in wss. HCl
mit überschüssiger Kaliumcyanat-Lösung (*Rupe*, *Frey*, Helv. **22** [1939] 673, 678).
Kristalle (aus A.); F: 173°.

**(±)-1-[Äthoxycarbonylamino-methyl]-3,4-dihydro-1H-isochinolin-2-carbonsäure-
äthylester** C$_{16}$H$_{22}$N$_2$O$_4$, Formel VIII (R = R' = CO-O-C$_2$H$_5$).
  B. Beim Behandeln von (±)-1-Aminomethyl-1,2,3,4-tetrahydro-isochinolin mit Chloro=
kohlensäure-äthylester und Pyridin (*Rupe*, *Frey*, Helv. **22** [1939] 673, 679).
Kristalle; F: 103° [aus A.] (*Rupe*, *Frey*), 95—97° [korr.; aus Bzl. + Hexan] (*Katz*,
Popp, J. heterocycl. Chem. **4** [1967] 635). Kp$_{12}$: 180° (*Rupe*, *Frey*).

**(±)-1-[(N'-Phenyl-thioureido)-methyl]-3,4-dihydro-1H-isochinolin-2-thiocarbonsäure-
anilid** C$_{24}$H$_{24}$N$_4$S$_2$, Formel VIII (R = R' = CS-NH-C$_6$H$_5$).
  B. Beim Behandeln von (±)-1-Aminomethyl-1,2,3,4-tetrahydro-isochinolin in Äthanol
mit Phenylisothiocyanat (*Rupe*, *Frey*, Helv. **22** [1939] 673, 678).
Kristalle (aus A.); F: 188°.

**(±)-1-Piperonylaminomethyl-1,2,3,4-tetrahydro-isochinolin, (±)-Piperonyl-[1,2,3,4-
tetrahydro-[1]isochinolylmethyl]-amin** C$_{18}$H$_{20}$N$_2$O$_2$, Formel IX.
  B. Beim Erwärmen von (±)-1-Aminomethyl-1,2,3,4-tetrahydro-isochinolin mit Piper=
onal und Hydrieren des Reaktionsprodukts in Methanol an Nickel bei 65°/95 at (*Gassmann*, *Rupe*, Helv. **22** [1939] 1241, 1249).
  Dihydrochlorid C$_{18}$H$_{20}$N$_2$O$_2$·2 HCl. Kristalle (aus H$_2$O); F: 248—249°.

**(±)-2-Amino-1-[benzoylamino-methyl]-1,2,3,4-tetrahydro-isochinolin, (±)-N-[2-Amino-
1,2,3,4-tetrahydro-[1]isochinolylmethyl]-benzamid** C$_{17}$H$_{19}$N$_3$O, Formel VIII (R = NH$_2$,
R' = CO-C$_6$H$_5$).
  B. Beim Behandeln von (±)-N-[2-Nitroso-1,2,3,4-tetrahydro-[1]isochinolylmethyl]-
benzamid in Äthanol mit Zink-Pulver und wss. Essigsäure (*Rupe*, *Frey*, Helv. **22** [1939]
673, 676).
Kristalle (aus A.); F: 141°.

**(±)-1-[Benzoylamino-methyl]-2-nitroso-1,2,3,4-tetrahydro-isochinolin, (±)-N-[2-Nitroso-
1,2,3,4-tetrahydro-[1]isochinolylmethyl]-benzamid** C$_{17}$H$_{17}$N$_3$O$_2$, Formel VIII (R = NO,
R' = CO-C$_6$H$_5$).
  B. Beim Behandeln von (±)-N-[1,2,3,4-Tetrahydro-[1]isochinolylmethyl]-benzamid in
Essigsäure mit NaNO$_2$ und konz. wss. HCl (*Rupe*, *Frey*, Helv. **22** [1939] 673, 675).
Kristalle (aus Bzl.); F: 127°.

(±)-3-Aminomethyl-1,2,3,4-tetrahydro-chinolizinylium [C$_{10}$H$_{15}$N$_2$]$^+$, Formel X (R = H).
  Bromid-hydrobromid [C$_{10}$H$_{17}$N$_2$]Br·HBr. *B.* Beim Erhitzen von (±)-2-Aminomethyl-
4-[2]pyridyl-butan-1-ol mit wss. HBr und konz. H$_2$SO$_4$ (*van Tamelen*, *Baran*, Am. Soc.
80 [1958] 4659, 4667). — Kristalle; F: 257—258° [korr.] (*v. Ta.*, *Ba.*). λ_{max} (A.): 268 nm
(*v. Ta.*, *Ba.*).
  Dipicrolonat. *B.* Aus (±)-2-Aminomethyl-4-[2]pyridyl-butan-1-ol (*Ohki*, *Yamakawa*,
Pharm. Bl. **1** [1953] 260, 265). — Gelbe Kristalle (aus A.); F: 128° [Zers.] (*Ohki*, *Ya.*).

(±)-3-Benzylaminomethyl-1,2,3,4-tetrahydro-chinolizinylium $[C_{17}H_{21}N_2]^+$, Formel X
(R = CH_2-C_6H_5).

Bromid-hydrobromid $[C_{17}H_{21}N_2]Br \cdot HBr$. *B.* Beim Behandeln von (±)-2-Benzylamino=
methyl-4-[2]pyridyl-buttersäure-äthylester in Äther mit $LiAlH_4$ und Erhitzen des Reaktionsprodukts mit wss. HBr und konz. H_2SO_4 (*van Tamelen, Baran*, Am. Soc. **80** [1958]
4659, 4667). — Kristalle (aus A.); F: 229—230° [korr.]. λ_{max} (A.): 267 nm.

(±)-3-[2-Amino-äthyl]-indolin, (±)-2-Indolin-3-yl-äthylamin, (±)-2,3-Dihydro-
tryptamin $C_{10}H_{14}N_2$, Formel XI (R = H).

B. Neben Tryptamin beim Hydrieren von Indol-3-yl-acetonitril an Raney-Nickel in
methanol. NH_3 bei 100°/90 at (*Thesing, Schülde*, B. **85** [1952] 324, 327).

Dipicrat. F: 175—176°.

X   XI   XII

**(±)-1-Methyl-3-[2-methylamino-äthyl]-indolin, (±)-Methyl-[2-(1-methyl-indolin-3-yl)-
äthyl]-amin** $C_{12}H_{18}N_2$, Formel XI (R = CH_3).

B. Beim Erwärmen von Methyl-[2-(1-methyl-indol-3-yl)-äthyl]-amin mit Zink und
wss. HCl (*Hodson, Smith*, Soc. **1957** 1877, 1880).

UV-Spektrum (A. [225—330 nm] sowie äthanol. HCl [230—270 nm]): *Ho., Sm.*
Dipicrat $C_{12}H_{18}N_2 \cdot 2 C_6H_3N_3O_7$. Gelbe Kristalle (aus Acn.); F: 164—166°.

(±)-1-[3,4-Dihydro-1H-[2]isochinolyl]-2-[1-methyl-indolin-3-yl]-äthan,
(±)-2-[2-(1-Methyl-indolin-3-yl)-äthyl]-1,2,3,4-tetrahydro-isochinolin $C_{20}H_{24}N_2$,
Formel XII.

B. Beim Erwärmen von 2-[2-(1-Methyl-indol-3-yl)-äthyl]-1,2,3,4-tetrahydro-iso=
chinolin mit Zink-Amalgam, wss. Essigsäure und konz. HCl (*Julian et al.*, Am. Soc. **70**
[1948] 174, 179).

Monopicrat $C_{20}H_{24}N_2 \cdot C_6H_3N_3O_7$. Dunkelrot; F: 155°.
Dipicrat $C_{20}H_{24}N_2 \cdot 2 C_6H_3N_3O_7$. Gelb; F: 176°.

(±)-1-Acetyl-3,3-dimethyl-indolin-2-ylamin $C_{12}H_{16}N_2O$, Formel XIII (R = CO-CH_3,
R' = H) (E II 346).

B. Beim Behandeln von sog. trimerem 3,3-Dimethyl-3H-indol (vgl. E III/IV **20** 3233)
mit Acetylchlorid und Behandeln des Reaktionsprodukts mit methanol. NH_3 (*Leuchs
et al.*, B. **65** [1932] 1586, 1589).

Kristalle (aus Ae.); F: 78—80°.

(±)-1-Benzoyl-3,3-dimethyl-indolin-2-ylamin $C_{17}H_{18}N_2O$, Formel XIII (R = CO-C_6H_5,
R' = H) (E II 346).

B. Beim Behandeln von sog. trimerem 3,3-Dimethyl-3H-indol (vgl. E III/IV **20** 3233)
mit Benzoylchlorid und Behandeln des Reaktionsprodukts mit methanol. NH_3 (*Leuchs
et al.*, B. **65** [1932] 1586, 1588).

F: 116°.
Picrat $C_{17}H_{18}N_2O \cdot C_6H_3N_3O_7$. F: 191—194° [aus Me.].

**(±)-2-Anilino-1-benzoyl-3,3-dimethyl-indolin, (±)-[1-Benzoyl-3,3-dimethyl-indolin-
2-yl]-phenyl-amin** $C_{23}H_{22}N_2O$, Formel XIII (R = CO-C_6H_5, R' = C_6H_5).

B. Beim Behandeln von sog. trimerem 3,3-Dimethyl-3H-indol (vgl. E III/IV **20** 3233)
mit Benzoylchlorid und Behandeln des Reaktionsprodukts in Benzol mit Anilin (*Leuchs*,

Schlötzer, B. **67** [1934] 1572, 1573).
Kristalle (aus A. oder PAe.); F: 164°.

XIII   **XIV**

(±)-1-[1-Benzoyl-3,3-dimethyl-indolin-2-yl]-pyridinium $[C_{22}H_{21}N_2O]^+$, Formel XIV
(X = H).
Perchlorat $[C_{22}H_{21}N_2O]ClO_4$. *B.* Beim aufeinanderfolgenden Behandeln von sog.
trimerem 3,3-Dimethyl-3*H*-indol (vgl. E III/IV **20** 3233) mit Benzoylchlorid und mit
Pyridin in Benzol und Behandeln des Reaktionsprodukts mit wss. $HClO_4$ (*Leuchs*,
Schlötzer, B. **67** [1934] 1572, 1574). — Kristalle; Zers. ab 120°.

(±)-1-[3,3-Dimethyl-1-(4-nitro-benzoyl)-indolin-2-yl]-pyridinium $[C_{22}H_{20}N_3O_3]^+$,
Formel XIV (X = NO_2).
Chlorid $[C_{22}H_{20}N_3O_3]Cl$. *B.* Beim Behandeln von (±)-2-Chlor-3,3-dimethyl-1-[4-nitro-
benzoyl]-indolin (E III/IV **20** 3034) mit Pyridin (*Leuchs*, *Schlötzer*, B. **67** [1934] 1572,
1575). — Kristalle; F: 126—128°.

Amine $C_{11}H_{16}N_2$

1-Methyl-4-phenyl-[4]piperidylamin $C_{12}H_{18}N_2$, Formel I (R = R' = H).
B. Beim Behandeln von 1-Methyl-4-phenyl-piperidin-4-carbonsäure-amid mit Brom und
wss. NaOH (*Winthrop-Stearns Inc.*, U.S.P. 2634275 [1951]) oder mit Brom und wss. KOH
(*Chiavarelli*, *Marini-Bettòlo*, Rend. Ist. super. Sanità **18** [1955] 1014, 1019).
$Kp_{0,3}$: 97° (*Winthrop-Stearns Inc.*).
Dihydrochlorid $C_{12}H_{18}N_2 \cdot 2$ HCl. Kristalle (aus A.); F: 198—200° (*Whintrop-
Stearns Inc.*).
Dipicrat $C_{12}H_{18}N_2 \cdot 2 C_6H_3N_3O_7$. Kristalle (aus A.); F: 213° (*Ch.*, *Ma.-Be.*).
Dipicrolonat $C_{12}H_{18}N_2 \cdot 2 C_{10}H_8N_4O_5$. Kristalle (aus A.); Zers. bei 201—202° (*Ch.*,
Ma.-Be.).

**4-Dimethylamino-1-methyl-4-phenyl-piperidin, Dimethyl-[1-methyl-4-phenyl-
[4]piperidyl]-amin** $C_{14}H_{22}N_2$, Formel I (R = R' = CH_3).
B. Beim Erwärmen von 1-Methyl-4-phenyl-[4]piperidylamin mit wss. Formaldehyd und
Ameisensäure (*Chiavarelli*, *Marini-Bettòlo*, Rend. Ist. super. Sanità **18** [1955] 1014, 1020).
$Kp_{0,2}$: 110—113°.
Dipicrat $C_{14}H_{22}N_2 \cdot 2 C_6H_3N_3O_7$. Kristalle (aus H_2O); F: 214°.

**4-Benzylamino-1-methyl-4-phenyl-piperidin, Benzyl-[1-methyl-4-phenyl-[4]piperidyl]-
amin** $C_{19}H_{24}N_2$, Formel I (R = CH_2-C_6H_5, R' = H).
B. Beim Behandeln von *N*-[1-Methyl-4-phenyl-[4]piperidyl]-benzamid mit $LiAlH_4$ in
Äther (*Chiavarelli*, *Marini-Bettòlo*, Rend. Ist. super. Sanità **18** [1955] 1014, 1021).
F: 101—102°.
Methojodid $[C_{20}H_{27}N_2]I$. Kristalle (aus A.); F: 216—217°.

**4-Acetylamino-1-methyl-4-phenyl-piperidin, *N*-[1-Methyl-4-phenyl-[4]piperidyl]-acet‐
amid** $C_{14}H_{20}N_2O$, Formel I (R = CO-CH_3, R' = H).
B. Beim Erwärmen von 1-Methyl-4-phenyl-[4]piperidylamin mit Acetylchlorid in
Benzol (*Winthrop-Stearns Inc.*, U.S.P. 2634275 [1951]).
Hydrochlorid $C_{14}H_{20}N_2O \cdot HCl$. Kristalle (aus Isopropylalkohol); F: 153—155°.

**4-Benzoylamino-1-methyl-4-phenyl-piperidin, *N*-[1-Methyl-4-phenyl-[4]piperidyl]-
benzamid** $C_{19}H_{22}N_2O$, Formel I (R = CO-C_6H_5, R' = H).
B. Beim Behandeln von 1-Methyl-4-phenyl-[4]piperidylamin in Äther mit Benzoyl‐

chlorid und wss. NaOH (*Chiavarelli, Marini-Bettòlo*, Rend. Ist. super. Sanità **18** [1955] 1014, 1021).
Kristalle (aus Bzl.); F: 164—165°.

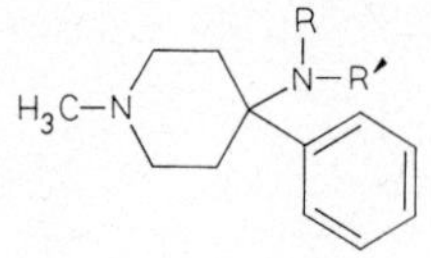

| I | II | III |

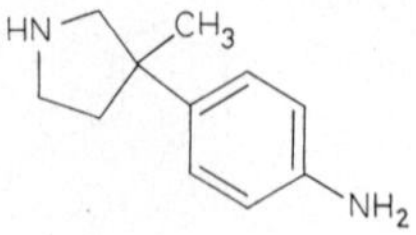

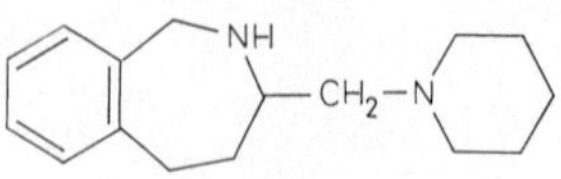

N-[1-Methyl-4-phenyl-[4]piperidyl]-β-alanin-diäthylamid $C_{19}H_{31}N_3O$, Formel I
(R = CH$_2$-CH$_2$-CO-N(C$_2$H$_5$)$_2$, R' = H).
B. Beim Erwärmen von 1-Methyl-4-phenyl-[4]piperidylamin mit 3-Chlor-propionsäure-diäthylamid (*Chiavarelli, Marini-Bettòlo*, Rend. Ist. super. Sanità **18** [1955] 1014, 1017, 1021).
Kp$_{0,02}$: 159°. n$_D^{20}$: 1,5306.
Picrat. F: 187°.

(±)-3-[4-Amino-phenyl]-3-methyl-pyrrolidin, (±)-4-[3-Methyl-pyrrolidin-3-yl]-anilin
$C_{11}H_{16}N_2$, Formel II.
B. Beim Behandeln von (±)-3-[4-Amino-phenyl]-3-methyl-pyrrolidin-2,5-dion mit LiAlH$_4$ in Äther (*Woods et al.*, J. org. Chem. **19** [1954] 1290, 1295).
Hydrochlorid $C_{11}H_{16}N_2 \cdot HCl$. Kristalle (aus A.); F: 214°.

(±)-Piperidino-[2,3,4,5-tetrahydro-1H-benz[c]azepin-3-yl]-methan,
(±)-3-Piperidinomethyl-2,3,4,5-tetrahydro-1H-benz[c]azepin $C_{16}H_{24}N_2$, Formel III.
B. Beim Behandeln von (±)-3-Piperidinomethyl-2,3,4,5-tetrahydro-benz[c]azepin-1-on in THF mit LiAlH$_4$ (*Schmid et al.*, Helv. **39** [1956] 607, 617).
Kristalle (aus Pentan); F: 63—65°.

(±)-1-Piperidino-2-[1,2,3,4-tetrahydro-[2]chinolyl]-äthan, (±)-2-[2-Piperidino-äthyl]-1,2,3,4-tetrahydro-chinolin $C_{16}H_{24}N_2$, Formel IV.
B. Beim Hydrieren von 2-[2-Piperidino-äthyl]-chinolin in Essigsäure an Platin (*Abbott Labor.*, U.S.P. 2684965 [1950]; *Sommers et al.*, Am. Soc. **75** [1953] 57, 58).
Kp$_{0,5}$: 143—145°; n$_D^{25}$: 1,5647 (*So. et al.*).
Hydrochlorid $C_{16}H_{24}N_2 \cdot HCl$. Kristalle (aus Propan-1-ol); F: 243° (*Abbott Labor.*; *So. et al.*).
N-Benzoyl-Derivat $C_{23}H_{28}N_2O$; (±)-1-Benzoyl-2-[2-piperidino-äthyl]-1,2,3,4-tetrahydro-chinolin. Kristalle (aus Hexan); F: 102—103° (*Abbott Labor.*; *So. et al.*). — Hydrochlorid $C_{23}H_{28}N_2O \cdot HCl$. Kristalle (aus A. + Ae.); F: 236° (*Abbott Labor.*; *So. et al.*).

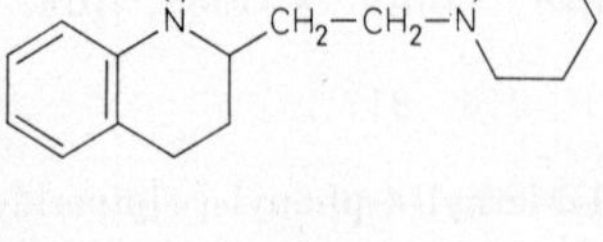

| IV | V |

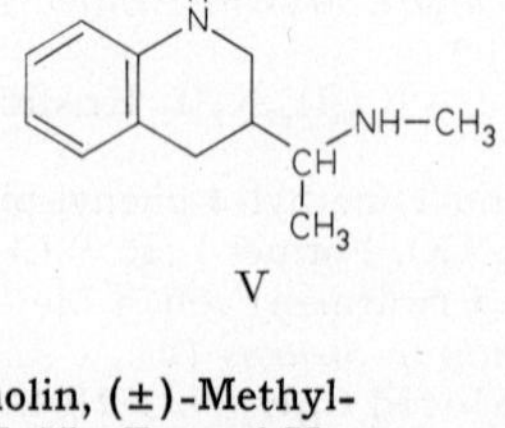

(±)-3-[1-Methylamino-äthyl]-1,2,3,4-tetrahydro-chinolin, (±)-Methyl-[1-(1,2,3,4-tetrahydro-[3]chinolyl)-äthyl]-amin $C_{12}H_{18}N_2$, Formel V.
Zur Konstitution s. *Eiter, Mrazek*, M. **83** [1952] 1491.
B. Beim Behandeln von (±)-1-[1,2,3,4-Tetrahydro-[3]chinolyl]-äthylamin (E II **22** 346) mit Äthylformiat und Behandeln des Reaktionsprodukts in THF mit LiAlH$_4$ (*Eiter*,

Mrazek, M. **83** [1952] 915, 925).

$Kp_{0,1}$: 110—120° [Luftbadtemperatur] (*Ei., Ma.*, l. c. S. 925).

(±)-4-[2-Amino-äthyl]-1,2,3,4-tetrahydro-chinolin, (±)-2-[1,2,3,4-Tetrahydro-[4]chinolyl]-äthylamin $C_{11}H_{16}N_2$, Formel VI (R = H).

B. Beim Behandeln von [4]Chinolylacetonitril mit Natrium und Äthanol (*Eiter, Mrazek*, M. **83** [1952] 915, 918, 924).

$Kp_{0,1}$: 140°—160° [Luftbadtemperatur].

Beim Behandeln mit Äthylformiat und Behandeln des Reaktionsprodukts in THF mit LiAlH₄ sind Methyl-[2-(1,2,3,4-tetrahydro-[4]chinolyl)-äthyl]-amin und eine vermutlich als 1-Methyl-2,3,3a,4,5,6-hexahydro-1*H*-benzo[*ij*][2,7]naphthyridin [Syst.-Nr. 3477] zu formulierende Verbindung vom F: 148° erhalten worden.

VI   VII

(±)-4-[2-Methylamino-äthyl]-1,2,3,4-tetrahydro-chinolin, (±)-Methyl-[2-(1,2,3,4-tetrahydro-[4]chinolyl)-äthyl]-amin $C_{12}H_{18}N_2$, Formel VI (R = CH₃).

B. s. im vorangehenden Artikel.

$Kp_{0,1}$: 110° [Luftbadtemperatur] (*Eiter, Mrazek*, M. **83** [1952] 915, 924).

Beim Erwärmen mit Silberacetat und wss. Essigsäure ist [2-[4]Chinolyl-äthyl]-methyl-amin erhalten worden.

(±)-2*r*,6-Dimethyl-4*c*-*p*-toluidino-1,2,3,4-tetrahydro-chinolin, (±)-[2*c*,6-Dimethyl-1,2,3,4-tetrahydro-[4*r*]chinolyl]-*p*-tolyl-amin $C_{18}H_{22}N_2$, Formel VII + Spiegelbild.

Diese Konstitution und Konfiguration kommen der früher (s. H **12** 978 und E I **12** 432) als 3-*p*-Toluidino-butyraldehyd-*p*-tolylimin bzw. als 1,3-Di-*p*-toluidino-but-1-en (dimeres *N*-Äthyliden-*p*-toluidin vom F: 116°) beschriebenen Verbindung zu (*Funabashi et al.*, Bl. chem. Soc. Japan **42** [1969] 2885, 2888).

F: 113—114° (*Fu. et al.*, l. c. S. 2893). ¹H-NMR-Absorption und ¹H-¹H-Spin-Spin-Kopplungskonstanten (CDCl₃): *Fu. et al.*, l. c. S. 2891.

---

*Opt.-inakt. 2,8-Dimethyl-4-*o*-toluidino-1,2,3,4-tetrahydro-chinolin, [2,8-Dimethyl-1,2,3,4-tetrahydro-[4]chinolyl]-*o*-tolyl-amin $C_{18}H_{22}N_2$, Formel VIII.

Diese Konstitution kommt vermutlich in Analogie zur vorangehenden Verbindung und zu [2-Methyl-1,2,3,4-tetrahydro-[4]chinolyl]-phenyl-amin (S. 4257) zwei früher (s. H **12** 828) als *cis*-1,3-Di-*o*-toluidino-but-1-en (dimeres *N*-Äthyliden-*o*-toluidin vom F: 90—92°; Benzoyl-Derivat, F: 179°) und als *trans*-1,3-Di-*o*-toluidino-but-1-en (dimeres *N*-Äthyliden-*o*-toluidin vom F: 116°; Diacetyl-Derivat, F: 155°; Dibenzoyl-Derivat, F: 230°) beschriebenen Stereoisomeren zu .

(±)-3-[2-Amino-äthyl]-1,3-dimethyl-indolin, (±)-2-[1,3-Dimethyl-indolin-3-yl]-äthyl-amin $C_{12}H_{18}N_2$, Formel IX (R = R′ = H).

B. Beim Hydrieren von opt.-inakt. 3a,8-Dimethyl-1,2,3,3a,8,8a-hexahydro-pyrrolo-[2,3-*b*]indol (*dl*-Desoxynoreserolin; Picrat, F: 158—159°) an Platin in Essigsäure (*Julian, Pikl*, Am. Soc. **57** [1935] 539, 541, 543).

Monopicrat $C_{12}H_{18}N_2 \cdot C_6H_3N_3O_7$. Rote Kristalle (aus Bzl.); F: 136°.

Dipicrat $C_{12}H_{18}N_2 \cdot 2\,C_6H_3N_3O_7$. Gelbe Kristalle (aus A.); F: 179° [Zers.].

(±)-1,3-Dimethyl-3-[2-methylamino-äthyl]-indolin, (±)-[2-(1,3-Dimethyl-indolin-3-yl)-äthyl]-methyl-amin $C_{13}H_{20}N_2$, Formel IX (R = CH₃, R′ = H).

B. Beim Hydrieren von opt.-inakt. 1,3a,8-Trimethyl-1,2,3,3a,8,8a-hexahydro-pyrrolo-

[2,3-*b*]indol (*dl*-Desoxyeserolin; Picrat, F: 179—180°) an Platin in Essigsäure (*Julian, Pikl*, Am. Soc. **57** [1935] 539, 541, 543).

Monopicrat. F: 129°.

Dipicrat $C_{13}H_{20}N_2 \cdot 2\,C_6H_3N_3O_7$. F: 153°.

VIII   IX   X

(±)-3-[2-Dimethylamino-äthyl]-1,3-dimethyl-indolin, (±)-[2-(1,3-Dimethyl-indolin-3-yl)-äthyl]-dimethyl-amin $C_{14}H_{22}N_2$, Formel IX (R = R' = CH$_3$).

B. Beim Behandeln von (±)-3-[2-Dimethylamino-äthyl]-1,3-dimethyl-indolin-2-on in Äther mit LiAlH$_4$ (*Palazzo, Rosnati*, G. **82** [1952] 584, 594).

Kp$_1$: 127°.

Picrat. F: 152°.

Picrolonat. F: 153—154°.

Amine $C_{12}H_{18}N_2$

(±)-1-Methyl-4-phenyl-hexahydro-azepin-4-ylamin $C_{13}H_{20}N_2$, Formel X.

B. Beim Behandeln von (±)-1-Methyl-4-phenyl-hexahydro-azepin-4-carbonsäure-amid mit NaOBr in H$_2$O (*Am. Home Prod. Corp.*, U.S.P. 2775589 [1955]).

Kp$_{0,3}$: 112—114°. n_D^{27}: 1,5495. D_4^{27}: 1,02.

Picrat $C_{13}H_{20}N_2 \cdot C_6H_3N_3O_7$. F: 168—169° [aus Ae.].

(±)-2-[4-Amino-benzyl]-1-methyl-piperidin, (±)-4-[1-Methyl-[2]piperidylmethyl]-anilin $C_{13}H_{20}N_2$, Formel XI.

B. Beim Behandeln von (±)-2-Benzyl-1-methyl-piperidin mit H$_2$SO$_4$ und konz. HNO$_3$ und Hydrieren des Reaktionsprodukts an Platin (*Lee et al.*, J. org. Chem. **12** [1947] 885, 893).

Kp$_4$: 145°.

4-Aminomethyl-4-phenyl-piperidin, C-[4-Phenyl-[4]piperidyl]-methylamin $C_{12}H_{18}N_2$, Formel XII (R = R' = H).

B. Beim Hydrieren von 4-Phenyl-piperidin-4-carbonitril in methanol. NH$_3$ an Raney-Nickel (*Kwartler, Lucas*, Am. Soc. **69** [1947] 2582, 2584). Beim Hydrieren von 4-Amino=methyl-1-benzyl-4-phenyl-piperidin in Äthanol und Essigsäure an Palladium (*Kw., Lu.*).

Kp$_4$: 154°.

Dihydrochlorid. F: 252—254°.

4-Aminomethyl-1-methyl-4-phenyl-piperidin, C-[1-Methyl-4-phenyl-[4]piperidyl]-methylamin $C_{13}H_{20}N_2$, Formel XII (R = CH$_3$, R' = H).

B. Aus 1-Methyl-4-phenyl-piperidin-4-carbonitril beim Hydrieren in methanol. NH$_3$ an Raney-Nickel unter Druck (*Kwartler, Lucas*, Am. Soc. **69** [1947] 2582, 2584; s. a. *Chiava-relli, Marini-Bettòlo*, G. **86** [1956] 515, 521), beim Behandeln mit LiAlH$_4$ in Äther (*Blicke, Tsao*, Am. Soc. **75** [1953] 5417; *Ch., Ma.-Be.*) oder beim Behandeln mit Natrium und Äthanol bei 0° (*Provinciali*, Boll. chim. farm. **85** [1946] 228, 229; vgl. hierzu *Bl., Tsao*).

Kp$_{12,5}$: 170—172° (*Kw., Lu.*); Kp$_1$: 109—112° (*Bl., Tsao*).

Monohydrochlorid $C_{13}H_{20}N_2 \cdot$ HCl. Kristalle (aus A. + Ae.); F: 190—192° (*Pr.*).

Dihydrochlorid $C_{13}H_{20}N_2 \cdot 2$ HCl. Kristalle; F: 297—298° [aus A.] (*Ch., Ma.-Be.*), 291—292° [Zers.; aus Me.] (*Bl., Tsao*), 287—288° (*Kw., Lu.*).

1-Methyl-4-methylaminomethyl-4-phenyl-piperidin, Methyl-[1-methyl-4-phenyl-[4]piperidylmethyl]-amin $C_{14}H_{22}N_2$, Formel XII (R = R' = CH$_3$).

B. Beim Behandeln von *N*-[1-Methyl-4-phenyl-[4]piperidylmethyl]-formamid mit LiAlH$_4$ in Äther (*Blicke, Tsao*, Am. Soc. **75** [1953] 5417).

Kp$_{1,5}$: 117—119°.

Dihydrochlorid $C_{14}H_{22}N_2 \cdot 2$ HCl. Kristalle (aus A.); F: 256—257° [Zers.].

1-Äthyl-4-aminomethyl-4-phenyl-piperidin, C-[1-Äthyl-4-phenyl-[4]piperidyl]-methylamin $C_{14}H_{22}N_2$, Formel XII (R = C$_2$H$_5$, R' = H).

B. Beim Behandeln von 1-Äthyl-4-phenyl-piperidin-4-carbonitril in Äther mit LiAlH$_4$ bei 10° (*Chiavarelli et al.*, G. **87** [1957] 427, 437).

Kp$_{0,2}$: 109—111°.

Dihydrochlorid $C_{14}H_{22}N_2 \cdot 2$ HCl. Kristalle (aus A.); F: 256°.

       XI   XII   XIII

4-Aminomethyl-1-benzyl-4-phenyl-piperidin, C-[1-Benzyl-4-phenyl-[4]piperidyl]-methylamin $C_{19}H_{24}N_2$, Formel XII (R = CH$_2$-C$_6$H$_5$, R' = H).

B. Beim Hydrieren von 1-Benzyl-4-phenyl-piperidin-4-carbonitril in methanol. NH$_3$ an Raney-Nickel (*Huber*, Am. Soc. **66** [1944] 876, 878; *Kwartler, Lucas*, Am. Soc. **69** [1947] 2582, 2585).

F: 71—72° (*Hu.*). Kp$_1$: 224—226° (*Hu.*); Kp$_{0,5}$: 201—202° (*Kw., Lu.*).

Dihydrochlorid $C_{19}H_{24}N_2 \cdot 2$ HCl. Kristalle (aus Acn. + A.); F: 229—231° (*Kw., Lu.*), 202—204° [Zers.] (*Hu.*).

Dipicrat. F: 229—230° (*Hu.*).

(±)-[1-Methyl-2-phenyl-äthyl]-[1-methyl-4-phenyl-[4]piperidylmethyl]-amin $C_{22}H_{30}N_2$, Formel XII (R = CH$_3$, R' = CH(CH$_3$)-CH$_2$-C$_6$H$_5$).

B. Beim Erhitzen von 4-Aminomethyl-1-methyl-4-phenyl-piperidin mit (±)-2-Chlor-1-phenyl-propan auf 110° (*Chiavarelli et al.*, G. **87** [1957] 427, 432).

Kp$_{0,4}$: 175—180°.

[2-Benzyl-3-phenyl-propyl]-[1-methyl-4-phenyl-[4]piperidylmethyl]-amin $C_{29}H_{36}N_2$, Formel XII (R = CH$_3$, R' = CH$_2$-CH(CH$_2$-C$_6$H$_5$)$_2$).

B. Beim Behandeln von 2-Benzyl-3-phenyl-propionsäure-[(1-methyl-4-phenyl-[4]piperidylmethyl)-amid] in Benzol mit LiAlH$_4$ in Äther (*Chiavarelli et al.*, G. **87** [1957] 427, 433).

Kp$_{0,5}$: 210—215°.

Dihydrochlorid $C_{29}H_{36}N_2 \cdot 2$ HCl. F: 55—58° [nach Sintern bei 48°].

*Benzyliden-[1-methyl-4-phenyl-[4]piperidylmethyl]-amin, Benzaldehyd-[1-methyl-4-phenyl-[4]piperidylmethylimin] $C_{20}H_{24}N_2$, Formel XIII (R = C$_6$H$_5$).

B. Beim Behandeln von 4-Aminomethyl-1-methyl-4-phenyl-piperidin mit Benzaldehyd (*Chiavarelli et al.*, G. **87** [1957] 427, 432).

Kp$_{0,15}$: 155—160°.

*[1-Methyl-4-phenyl-[4]piperidylmethyl]-phenäthyliden-amin, Phenylacetaldehyd-[1-methyl-4-phenyl-[4]piperidylmethylimin] $C_{21}H_{26}N_2$, Formel XIII (R = CH$_2$-C$_6$H$_5$).

B. Beim Erwärmen von 4-Aminomethyl-1-methyl-4-phenyl-piperidin mit Phenylacetaldehyd (*Chiavarelli et al.*, G. **87** [1957] 427, 432).

Kp$_{0,1}$: 234°.

4-[Formylamino-methyl]-1-methyl-4-phenyl-piperidin, N-[1-Methyl-4-phenyl-[4]piperidylmethyl]-formamid $C_{14}H_{20}N_2O$, Formel XIV (R = CH$_3$, R' = H) auf S. 4277.

B. Beim Behandeln von 4-Aminomethyl-1-methyl-4-phenyl-piperidin mit Chloral

(*Blicke, Tsao,* Am. Soc. **75** [1953] 5417).
Kristalle (aus Bzl.); F: 108,5—110°.
Dihydrochlorid $C_{14}H_{20}N_2O \cdot 2$ HCl. Kristalle (aus A.); F: 276—277° [Zers.].

4-[Acetylamino-methyl]-1-benzyl-4-phenyl-piperidin, *N*-[1-Benzyl-4-phenyl-[4]piperidylmethyl]-acetamid $C_{21}H_{26}N_2O$, Formel XIV (R = CH_2-C_6H_5, R' = CH_3).
B. Beim Behandeln von 4-Aminomethyl-1-benzyl-4-phenyl-piperidin in Benzol mit Acetylchlorid (*Sterling Drug Inc.*, U.S.P. 2538107 [1946]).
Hydrochlorid. Kristalle (aus A.); F: 271—273°.

2-Benzyl-3-phenyl-propionsäure-[(1-methyl-4-phenyl-[4]piperidylmethyl)-amid]
$C_{29}H_{34}N_2O$, Formel XIV (R = CH_3, R' = $CH(CH_2$-$C_6H_5)_2$).
B. Beim Erwärmen von 4-Aminomethyl-1-methyl-4-phenyl-piperidin mit 2-Benzyl-3-phenyl-propionylchlorid und K_2CO_3 in Aceton (*Chiavarelli et al.*, G. **87** [1957] 427, 432).
Kristalle (aus Ae.); F: 142—143°.

***N,N'*-Bis-[1-methyl-4-phenyl-[4]piperidylmethyl]-succinamid** $C_{30}H_{42}N_4O_2$, Formel XV (n = 2).
B. Beim Behandeln von 4-Aminomethyl-1-methyl-4-phenyl-piperidin mit Succinyl=chlorid in $CHCl_3$ (*Chiavarelli et al.*, Rend. Ist. super. Sanità **18** [1955] 1023, 1026, 1030).
Kristalle (aus Ae.); F: 170°.
Bis-methojodid $[C_{32}H_{48}N_4O_2]I_2$; *N,N'*-Bis-[1,1-dimethyl-4-phenyl-piper=idinium-4-ylmethyl]-succinamid. Kristalle (aus wss. Acn.); F: 298° [Zers.].

***N,N'*-Bis-[1-methyl-4-phenyl-[4]piperidylmethyl]-adipamid** $C_{32}H_{46}N_4O_2$, Formel XV (n = 4).
B. Beim Behandeln von 4-Aminomethyl-1-methyl-4-phenyl-piperidin mit Adipoyl=chlorid in $CHCl_3$ (*Chiavarelli et al.*, Rend. Ist. super. Sanità **18** [1955] 1023, 1026, 1030).
Kristalle (aus A.); F: 215—217°.
Bis-methojodid $[C_{34}H_{52}N_4O_2]I_2$; *N,N'*-Bis-[1,1-dimethyl-4-phenyl-piper=idinium-4-ylmethyl]-adipamid. Kristalle (aus Me.); F: 254° [Zers.].

***N,N'*-Bis-[1-methyl-4-phenyl-[4]piperidylmethyl]-nonandiamid** $C_{35}H_{52}N_4O_2$, Formel XV (n = 7).
B. Beim Behandeln von 4-Aminomethyl-1-methyl-4-phenyl-piperidin mit Nonandioyl=chlorid in $CHCl_3$ (*Chiavarelli et al.*, Rend. Ist. super. Sanità **18** [1955] 1023, 1026, 1030).
Kristalle (aus Ae.); F: 132°.
Bis-methojodid $[C_{37}H_{58}N_4O_2]I_2$; *N,N'*-Bis-[1,1-dimethyl-4-phenyl-piper=idinium-4-ylmethyl]-nonandiamid. Kristalle (aus Me.); F: 186—187°.

***N,N'*-Bis-[1-methyl-4-phenyl-[4]piperidylmethyl]-decandiamid** $C_{36}H_{54}N_4O_2$, Formel XV (n = 8).
B. Beim Behandeln von 4-Aminomethyl-1-methyl-4-phenyl-piperidin mit Decandioyl=chlorid in $CHCl_3$ (*Chiavarelli et al.*, Rend. Ist. super. Sanità **18** [1955] 1023, 1026, 1030).
Kristalle (aus Ae. + E.); F: 146°.
Bis-methojodid $[C_{38}H_{60}N_4O_2]I_2$; *N,N'*-Bis-[1,1-dimethyl-4-phenyl-piper=idinium-4-ylmethyl]-decandiamid. Kristalle (aus Me.); F: 217° [Zers.].

[4-Phenyl-[4]piperidylmethyl]-harnstoff $C_{13}H_{19}N_3O$, Formel XIV (R = H, R' = NH_2).
B. Beim Hydrieren von [1-Benzyl-4-phenyl-[4]piperidylmethyl]-harnstoff an Palladium/Kohle in Essigsäure und wss. Äthanol (*Kwartler, Lucas*, Am. Soc. **69** [1947] 2582, 2584).
Kristalle (aus H_2O); F: 186—187°.

[1-Methyl-4-phenyl-[4]piperidylmethyl]-carbamidsäure-äthylester $C_{16}H_{24}N_2O_2$,
Formel XIV (R = CH_3, R' = O-C_2H_5).
B. Beim Erwärmen von 4-Aminomethyl-1-methyl-4-phenyl-piperidin mit K_2CO_3 in Dioxan und Chlorokohlensäure-äthylester in Äther (*Kwartler, Lucas*, Am. Soc. **69** [1947] 2582, 2585).
Kristalle; F: 86—88°.

XIV   XV

[1-Methyl-4-phenyl-[4]piperidylmethyl]-harnstoff $C_{14}H_{21}N_3O$, Formel XIV (R = CH_3, R' = NH_2).
B. Beim Erwärmen von 4-Aminomethyl-1-methyl-4-phenyl-piperidin mit Nitroharn=stoff in H_2O (*Sterling Drug Inc.*, U.S.P. 2538107 [1946]; *Kwartler, Lucas*, Am. Soc. **69** [1947] 2582, 2585).
Kristalle (aus Py.); F: 200—210°.

[1-Benzyl-4-phenyl-[4]piperidylmethyl]-carbamidsäure-methylester $C_{21}H_{26}N_2O_2$, Formel XIV (R = CH_2-C_6H_5, R' = O-CH_3).
B. Beim Erwärmen von 4-Aminomethyl-1-benzyl-4-phenyl-piperidin mit Chloro=kohlensäure-methylester in Benzol (*Sterling Drug Inc.*, U.S.P. 2538107 [1946]; s. a. *Kwartler, Lucas*, Am. Soc. **69** [1947] 2582, 2585).
Hydrochlorid $C_{21}H_{26}N_2O_2 \cdot HCl$. Kristalle (aus Isopropylalkohol); F: 211° [Zers.].

[1-Benzyl-4-phenyl-[4]piperidylmethyl]-carbamidsäure-äthylester $C_{22}H_{28}N_2O_2$, Formel XIV (R = CH_2-C_6H_5, R' = O-C_2H_5).
B. Beim Behandeln von 4-Aminomethyl-1-benzyl-4-phenyl-piperidin in Pyridin mit Chlorokohlensäure-äthylester in Äther (*Kwartler, Lucas*, Am. Soc. **69** [1947] 2582, 2585).
Hydrochlorid $C_{22}H_{28}N_2O_2 \cdot HCl$. Kristalle (aus A. + Ae.); F: 232—233° [Zers.].

[1-Benzyl-4-phenyl-[4]piperidylmethyl]-carbamidsäure-propylester $C_{23}H_{30}N_2O_2$, Formel XIV (R = CH_2-C_6H_5, R' = O-CH_2-CH_2-CH_3).
B. Beim Erwärmen von 4-Aminomethyl-1-benzyl-4-phenyl-piperidin mit Chlorokohlen=säure-propylester in Benzol (*Sterling Drug Inc.*, U.S.P. 2538107 [1946]; s. a. *Kwartler, Lucas*, Am. Soc. **69** [1947] 2582, 2585).
Hydrochlorid $C_{23}H_{30}N_2O_2 \cdot HCl$. Kristalle (aus Isopropylalkohol); F: 221—223° [Zers.].

[1-Benzyl-4-phenyl-[4]piperidylmethyl]-carbamidsäure-butylester $C_{24}H_{32}N_2O_2$, Formel XIV (R = CH_2-C_6H_5, R' = O-$[CH_2]_3$-CH_3).
B. Beim Erwärmen von 4-Aminomethyl-1-benzyl-4-phenyl-piperidin mit Chloro=kohlensäure-butylester in Benzol (*Sterling Drug Inc.*, U.S.P. 2538107 [1946]; s. a. *Kwartler, Lucas*, Am. Soc. **69** [1947] 2582, 2585).
Hydrochlorid $C_{24}H_{32}N_2O_2 \cdot HCl$. F: 208—209°.

[1-Benzyl-4-phenyl-[4]piperidylmethyl]-carbamidsäure-isobutylester $C_{24}H_{32}N_2O_2$, Formel XIV (R = CH_2-C_6H_5, R' = O-CH_2-$CH(CH_3)_2$).
B. Beim Erwärmen von 4-Aminomethyl-1-benzyl-4-phenyl-piperidin mit Chlorokohlen=säure-isobutylester in Benzol (*Sterling Drug Inc.*, U.S.P. 2538107 [1946]; s. a. *Kwartler, Lucas*, Am. Soc. **69** [1947] 2582, 2585).
Hydrochlorid $C_{24}H_{32}N_2O_2 \cdot HCl$. F: 227°.

[1-Benzyl-4-phenyl-[4]piperidylmethyl]-carbamidsäure-pentylester $C_{25}H_{34}N_2O_2$, Formel XIV (R = CH_2-C_6H_5, R' = O-$[CH_2]_4$-CH_3).
B. Beim Erwärmen von 4-Aminomethyl-1-benzyl-4-phenyl-piperidin mit Chlorokohlen=säure-pentylester in Benzol (*Sterling Drug Inc.*, U.S.P. 2538107 [1946]).
Hydrochlorid. F: 205—206°.

[1-Benzyl-4-phenyl-[4]piperidylmethyl]-carbamidsäure-hexylester $C_{26}H_{36}N_2O_2$, Formel XIV (R = CH_2-C_6H_5, R' = O-$[CH_2]_5$-CH_3).
B. Beim Erwärmen von 4-Aminomethyl-1-benzyl-4-phenyl-piperidin mit Chlorokohlen=

säure-hexylester in Benzol (*Sterling Drug Inc.*, U.S.P. 2538107 [1946]; s. a. *Kwartler, Lucas*, Am. Soc. **69** [1947] 2582, 2585).

Hydrochlorid $C_{26}H_{36}N_2O_2 \cdot HCl$. F: 193—194°.

[1-Benzyl-4-phenyl-[4]piperidylmethyl]-harnstoff $C_{20}H_{25}N_3O$, Formel XIV
(R = CH_2-C_6H_5, R' = NH_2).

B. Beim Erwärmen von 4-Aminomethyl-1-benzyl-4-phenyl-piperidin mit Nitroharn= stoff in H_2O (*Kwartler, Lucas*, Am. Soc. **69** [1947] 2582, 2584).

Kristalle (aus wss. Acn.); F: 172—174°.

[1-Benzyl-4-phenyl-[4]piperidylmethyl]-guanidin $C_{20}H_{26}N_4$, Formel I (R = CH_2-C_6H_5) und Tautomeres.

B. Beim Behandeln von 4-Aminomethyl-1-benzyl-4-phenyl-piperidin mit *S*-Methyl-isothiouronium-sulfat (*Sterling Drug Inc.*, U.S.P. 2538107 [1946]; *Kwartler, Lucas*, Am. Soc. **69** [1947] 2582, 2584).

Sulfat 2 $C_{20}H_{26}N_4 \cdot H_2SO_4$. Kristalle (aus H_2O); F: 122—125°; nach Trocknen bei 100° liegt der Schmelzpunkt bei 150°.

[1-Carbamoyl-4-phenyl-[4]piperidylmethyl]-harnstoff $C_{14}H_{20}N_4O_2$, Formel XIV
(R = CO-NH_2, R' = NH_2).

B. Beim Erwärmen von 4-Aminomethyl-4-phenyl-piperidin oder von [4-Phenyl-[4]piperidylmethyl]-harnstoff mit Nitroharnstoff in H_2O (*Kwartler, Lucas*, Am. Soc. **69** [1947] 2582, 2584).

Kristalle (aus Py.); F: 205—206° [Zers.].

[1-Carbamimidoyl-4-phenyl-[4]piperidylmethyl]-guanidin $C_{14}H_{22}N_6$, Formel I
(R = C(NH_2)=NH) und Tautomeres.

B. Beim Behandeln von 4-Aminomethyl-4-phenyl-piperidin mit *S*-Methyl-isothio= uronium-sulfat in H_2O (*Kwartler, Lucas*, Am. Soc. **69** [1947] 2582, 2585).

Sulfat $C_{14}H_{22}N_6 \cdot H_2SO_4$. Kristalle (aus H_2O); F: 363—365° [Zers.].

I   II

N-**[1-Methyl-4-phenyl-[4]piperidylmethyl]-glycin-dimethylamid** $C_{17}H_{27}N_3O$, Formel II
(R = CH_3).

B. Beim Behandeln von 4-Aminomethyl-1-methyl-4-phenyl-piperidin mit Chlor= essigsäure-dimethylamid (*Chiavarelli, Marini-Bettòlo*, Rend. Ist. super. Sanità **18** [1955] 1014, 1017, 1018).

F: 71°. $Kp_{0,1}$: 175°.

Picrat. F: 205°.

N-**[1-Methyl-4-phenyl-[4]piperidylmethyl]-glycin-diäthylamid** $C_{19}H_{31}N_3O$, Formel II
(R = C_2H_5).

B. Beim Behandeln von 4-Aminomethyl-1-methyl-4-phenyl-piperidin mit Chloressig= säure-diäthylamid (*Chiavarelli, Marini-Bettòlo*, Rend. Ist. super. Sanità **18** [1955] 1014, 1017, 1018).

$Kp_{0,1}$: 180°.

N-**[1-Methyl-4-phenyl-[4]piperidylmethyl]-β-alanin-methylamid** $C_{17}H_{27}N_3O$, Formel III
(R = CH_3, R' = H).

B. Beim Behandeln von 4-Aminomethyl-1-methyl-4-phenyl-piperidin mit 3-Chlor-propionsäure-methylamid (*Chiavarelli, Marini-Bettòlo*, Rend. Ist. super. Sanità **18** [1955] 1014, 1017, 1018).

$Kp_{0,1}$: 185°. n_D^{20}: 1,5364.

Picrat. F: 209°.

N-[1-Methyl-4-phenyl-[4]piperidylmethyl]-*β*-alanin-dimethylamid $C_{18}H_{29}N_3O$,
Formel III (R = R' = CH$_3$).

B. Beim Behandeln von 4-Aminomethyl-1-methyl-4-phenyl-piperidin mit 3-Chlor-
propionsäure-dimethylamid (*Chiavarelli, Marini-Bettòlo*, Rend. Ist. super. Sanità **18**
[1955] 1014, 1017, 1018).

F: 77°. Kp$_{0,1}$: 168°.
Picrat. F: 217°.

III   IV

N-[1-Methyl-4-phenyl-[4]piperidylmethyl]-*β*-alanin-äthylamid $C_{18}H_{29}N_3O$, Formel III
(R = C$_2$H$_5$, R' = H).

B. Beim Behandeln von 4-Aminomethyl-1-methyl-4-phenyl-piperidin mit 3-Chlor-
propionsäure-äthylamid (*Chiavarelli, Marini-Bettòlo*, Rend. Ist. super. Sanità **18** [1955]
1014, 1017, 1018).

Kp$_{0,15}$: 182°. n$_D^{20}$: 1,5289.
Picrat. F: 228°.

N-[1-Methyl-4-phenyl-[4]piperidylmethyl]-*β*-alanin-diäthylamid $C_{20}H_{33}N_3O$, Formel III
(R = R' = C$_2$H$_5$).

B. Beim Behandeln von 4-Aminomethyl-1-methyl-4-phenyl-piperidin mit 3-Chlor-
propionsäure-diäthylamid (*Chiavarelli, Marini-Bettòlo*, Rend. Ist. super. Sanità **18** [1955]
1014, 1017, 1018).

Kp$_{0,1}$: 172°. n$_D^{20}$: 1,5270.
Picrat. F: 188°.

**1-[*N*-(1-Methyl-4-phenyl-[4]piperidylmethyl)-*β*-alanyl]-piperidin, *N*-[1-Methyl-
4-phenyl-[4]piperidylmethyl]-*β*-alanin-piperidid** $C_{21}H_{33}N_3O$, Formel IV.

B. Beim Behandeln von 4-Aminomethyl-1-methyl-4-phenyl-piperidin mit 1-[3-Chlor-
propionyl]-piperidin (*Chiavarelli, Marini-Bettòlo*, Rend. Ist. super. Sanità **18** [1955] 1014,
1017, 1018).

Kp$_{0,1}$: 188°. n$_D^{20}$: 1,5432.
Picrat. F: 229°.

N,N'-Bis-[1-methyl-4-phenyl-[4]piperidylmethyl]-butandiyldiamin $C_{30}H_{46}N_4$, Formel V
(n = 4).

B. Beim Erwärmen von *N,N'*-Bis-[1-methyl-4-phenyl-[4]piperidylmethyl]-succinamid
mit LiAlH$_4$ in Äther und Benzol (*Chiavarelli et al.*, Rend. Ist. super. Sanità **18** [1955]
1023, 1026, 1031).

Kristalle (aus PAe.); F: 94—96°. Kp$_{0,3}$: 243°.

N,N'-Bis-[1-methyl-4-phenyl-[4]piperidylmethyl]-hexandiyldiamin $C_{32}H_{50}N_4$, Formel V
(n = 6).

B. Beim Erwärmen von *N,N'*-Bis-[1-methyl-4-phenyl-[4]piperidylmethyl]-adipamid
mit LiAlH$_4$ in Äther und Benzol (*Chiavarelli et al.*, Rend. Ist. super. Sanità **18** [1955]
1023, 1027, 1031).

Kristalle (aus PAe.); F: 88—93°. Kp$_{0,15}$: 262—267°.
Bis-methojodid [$C_{34}H_{56}N_4$]I$_2$; *N,N'*-Bis-[1,1-dimethyl-4-phenyl-piperidin=
ium-4-ylmethyl]-hexandiamin-dijodid. Kristalle; F: 180°.

**1,6-Bis-[(1,1-dimethyl-4-phenyl-piperidinium-4-ylmethyl)-dimethyl-ammonio]-hexan,
N,N'-Bis-[1,1-dimethyl-4-phenyl-piperidinium-4-ylmethyl]-N,N,N',N'-tetramethyl-
N,N'-hexandiyl-di-ammonium** [$C_{38}H_{66}N_4$]$^{4+}$, Formel VI (n = 6).

Tetrajodid [$C_{38}H_{66}N_4$]I$_4$. B. Beim Behandeln von *N,N'*-Bis-[1-methyl-4-phenyl-
[4]piperidylmethyl]-hexandiyldiamin mit methanol. KOH und CH$_3$I (*Chiavarelli et al.*,

Rend. Ist. super. Sanità **18** [1955]1023, 1027, 1031). — Kristalle (aus wss. A.); F: 127° bis 128°.

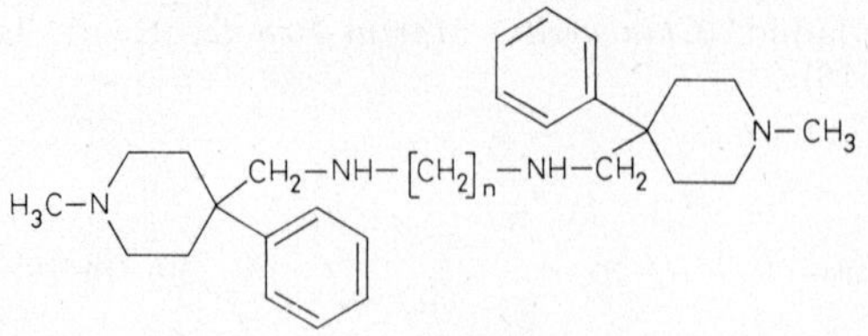

V

N,N'-Bis-[1-methyl-4-phenyl-[4]piperidylmethyl]-nonandiyldiamin $C_{35}H_{56}N_4$, Formel V (n = 9).

B. Beim Erwärmen von *N,N'*-Bis-[1-methyl-4-phenyl-[4]piperidylmethyl]-nonandi≈ amid mit LiAlH₄ in Äther und Benzol (*Chiavarelli et al.*, Rend. Ist. super. Sanità **18** [1955] 1023, 1027, 1031).

Bis-methojodid $[C_{37}H_{62}N_4]I_2$; *N,N'*-Bis-[1,1-dimethyl-4-phenyl-piper≈ idinium-4-ylmethyl]-nonandiyldiamin-dijodid. Kristalle; F: 194°.

1,9-Bis-[(1,1-dimethyl-4-phenyl-piperidinium-4-ylmethyl)-dimethyl-ammonio]-nonan,
N,N'-Bis-[1,1-dimethyl-4-phenyl-piperidinium-4-ylmethyl]-*N,N,N',N'*-tetramethyl-
N,N'-nonandiyl-di-ammonium $[C_{41}H_{72}N_4]^{4+}$, Formel VI (n = 9).

Tetrajodid $[C_{41}H_{72}N_4]I_4$. *B.* Beim Behandeln von *N,N'*-Bis-[1-methyl-4-phenyl-[4]≈ piperidylmethyl]-nonandiyldiamin mit methanol. KOH und CH₃I (*Chiavarelli et al.*, Rend. Ist. super. Sanità **18** [1955] 1023, 1027, 1031). — Kristalle (aus wss. A.); F: 211° [Zers.].

N,N'-Bis-[1-methyl-4-phenyl-[4]piperidylmethyl]-decandiyldiamin $C_{36}H_{58}N_4$, Formel V (n = 10).

B. Beim Erwärmen von *N,N'*-Bis-[1-methyl-4-phenyl-[4]piperidylmethyl]-decandi≈ amid mit LiAlH₄ in Äther und Benzol (*Chiavarelli et al.*, Rend. Ist. super. Sanità **18** [1955] 1023, 1027, 1031).

Kristalle (aus PAe.); F: 69—71°.

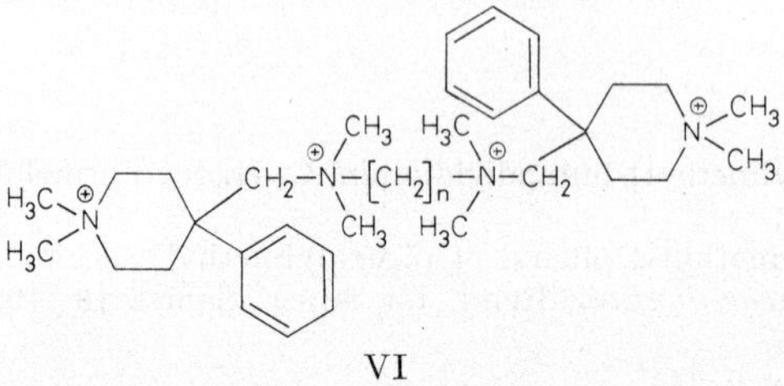

VI 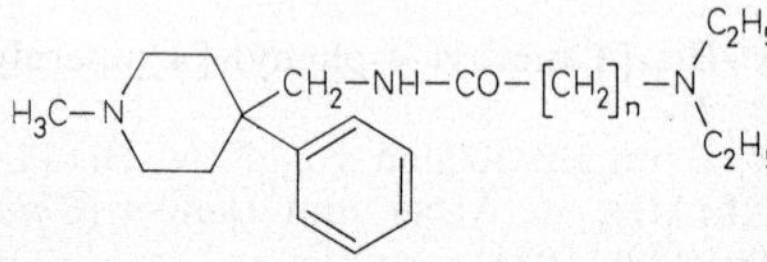   VII

1,10-Bis-[(1,1-dimethyl-4-phenyl-piperidinium-4-ylmethyl)-dimethyl-ammonio]-decan,
N,N'-Bis-[1,1-dimethyl-4-phenyl-piperidinium-4-ylmethyl]-*N,N,N',N'*-tetramethyl-
N,N'-decandiyl-di-ammonium $[C_{42}H_{74}N_4]^{4+}$, Formel VI (n = 10).

Tetrajodid $[C_{42}H_{74}N_4]I_4$. *B.* Beim Behandeln von *N,N'*-Bis-[1-methyl-4-phenyl-[4]piperidylmethyl]-decandiyldiamin mit methanol. KOH und CH₃I (*Chiavarelli et al.*, Rend. Ist. super. Sanità **18** [1955] 1023, 1027, 1031). — Kristalle (aus wss. A.); F: 244° [Zers.].

N,N-Diäthyl-glycin-[(1-methyl-4-phenyl-[4]piperidylmethyl)-amid] $C_{19}H_{31}N_3O$, Formel VII (n = 1).

B. Beim Behandeln von 4-Aminomethyl-1-methyl-4-phenyl-piperidin mit wss. NaOH und Chloracetylchlorid und Behandeln des Reaktionsprodukts in CHCl₃ mit Diäthylamin (*Chiavarelli, Marini-Bettòlo*, Rend. Ist. super. Sanità **18** [1955] 1014, 1017, 1018).

$Kp_{0,15}$: 180°.

N,N-Diäthyl-*β*-alanin-[(1-methyl-4-phenyl-[4]piperidylmethyl)-amid] $C_{20}H_{33}N_3O$,
Formel VII (n = 2).

B. Beim Behandeln von 4-Aminomethyl-1-methyl-4 phenyl-piperidin mit wss. NaOH
und 3-Chlor-propionylchlorid und Behandeln des Reaktionsprodukts in CHCl₃ mit Diäthyl=
amin (*Chiavarelli, Marini-Bettòlo,* Rend. Ist. super. Sanità **18** [1955] 1014, 1017, 1018).
Kp₂: 165°. n_D^{20}: 1,5250.

Bis-[1-methyl-4-phenyl-[4]piperidylmethyl]-amin $C_{26}H_{37}N_3$, Formel VIII.

B. Beim Hydrieren von 1-Methyl-4-phenyl-piperidin-4-carbonitril in Äthanol an Palla=
dium/Kohle (*Bergel et al.,* Soc. **1944** 261, 265; *Chiavarelli, Marini-Bettòlo,* G. **86** [1956]
515, 523). Beim Behandeln von 1-Methyl-4-phenyl-piperidin-4-carbonsäure-[(1-methyl-
4-phenyl-[4]piperidylmethyl)-amid] mit LiAlH₄ in Äther und Benzol (*Ch., Ma.-Be.,*
l. c. S. 524).

Kristalle (aus PAe.); F: 90—93° (*Be. et al.*), 90° (*Ch., Ma.-Be.*). IR-Spektrum (CCl₄;
4000—700 cm⁻¹): *Ch., Ma.-Be.,* l. c. S. 520.

Bis-methojodid [$C_{28}H_{43}N_3$]I₂; Bis-[1,1-dimethyl-4-phenyl-piperidinium-
4-ylmethyl]-amin-dijodid. Kristalle (aus A.); F: 249° (*Ch., Ma.-Be.*).

*[1-Methyl-4-phenyl-[4]piperidylmethyl]-[1-methyl-4-phenyl-[4]piperidylmethylen]-
amin, 1-Methyl-4-phenyl-piperidin-4-carbaldehyd-[1-methyl-4-phenyl-
[4]piperidylmethylimin] $C_{26}H_{35}N_3$, Formel IX (R = CH₃, R′ = H).

B. In geringer Menge neben 4-Aminomethyl-1-methyl-4-phenyl-piperidin aus 1-Meth=
yl-4-phenyl-piperidin-4-carbonitril beim Hydrieren an Raney-Nickel bei 100°/90 at oder
beim Behandeln mit LiAlH₄ in Äther (*Chiavarelli, Marini-Bettòlo,* G. **86** [1956] 515, 521).

Kp₀,₃: 203°. IR-Spektrum (CCl₄; 4000—700 cm⁻¹): *Ch., Ma.-Be.,* l. c. S. 519.

VIII   IX

*[1-Äthyl-4-phenyl-[4]piperidylmethyl]-[1-äthyl-4-phenyl-[4]piperidylmethylen]-amin,
1-Äthyl-4-phenyl-piperidin-4-carbaldehyd-[1-äthyl-4-phenyl-[4]piperidylmethylimin]
$C_{28}H_{39}N_3$, Formel IX (R = C_2H_5, R′ = H).

B. Beim Behandeln von 1-Äthyl-4-phenyl-piperidin 4-carbonitril in Äther mit LiAlH₄
bei —15° (*Chiavarelli et al.,* G. **87** [1957] 427, 436).

Kp₀,₁: 202—215°.

*[1-(1-Methyl-4-phenyl-[4]piperidyl)-äthyliden]-[1-methyl-4-phenyl-[4]piperidyl=
methyl]-amin, 1-[1-Methyl-4-phenyl-[4]pyridyl]-äthanon-[1-methyl-4-phenyl-
[4]piperidylmethylimin] $C_{27}H_{37}N_3$, Formel IX (R = R′ = CH₃).

B. Beim Erhitzen von 1-[1-Methyl-4-phenyl-[4]piperidyl]-äthanon mit 4-Amino=
methyl-1-methyl-4-phenyl-piperidin und ZnCl₂ (*Chiaveralli et al.,* G. **87** [1957] 427, 433).

Kristalle; F: 91° [nach Sintern bei 80°].

6-Chlor-2-methoxy-9-[1-methyl-4-phenyl-[4]piperidylmethylimino]-9,10-dihydro-
acridin $C_{27}H_{28}ClN_3O$ und Tautomeres.

6-Chlor-2-methoxy-9-[(1-methyl-4-phenyl-[4]piperidylmethyl)-amino]-acridin,
[6-Chlor-2-methoxy-acridin-9-yl]-[1-methyl-4-phenyl-[4]piperidylmethyl]-amin
$C_{27}H_{28}ClN_3O$, Formel X (R = CH₃).

B. Beim Erwärmen von 6,9-Dichlor-2-methoxy-acridin mit 4-Aminomethyl-1-methyl-
4-phenyl-piperidin und Phenol (*Kwartler, Lucas,* Am. Soc. **68** [1946] 2395).

Dihydrochlorid $C_{27}H_{28}ClN_3O \cdot 2$ HCl $\cdot 2$ H₂O. Sintert ab **215°**.

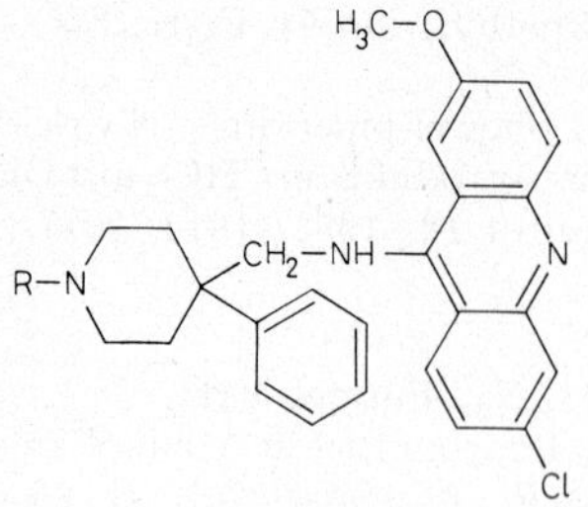

X 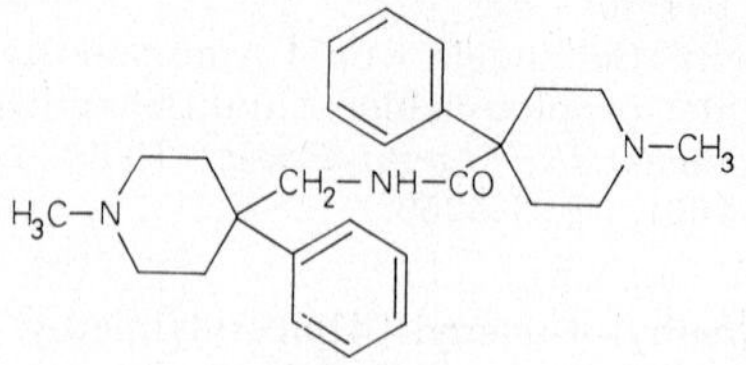   XI

9-[1-Benzyl-4-phenyl-[4]piperidylmethylimino]-6-chlor-2-methoxy-9,10-dihydro-acridin $C_{33}H_{32}ClN_3O$ und Tautomeres.

9-[(1-Benzyl-4-phenyl-[4]piperidylmethyl)-amino]-6-chlor-2-methoxy-acridin, [1-Benzyl-4-phenyl-[4]piperidylmethyl]-[6-chlor-2-methoxy-acridin-9-yl]-amin $C_{33}H_{32}ClN_3O$, Formel X (R = CH_2-C_6H_5).

B. Beim Erwärmen von 6,9-Dichlor-2-methoxy-acridin mit 4-Aminomethyl-1-benzyl-4-phenyl-piperidin und Phenol (*Kwartler, Lucas*, Am. Soc. **68** [1946] 2395).

Dihydrochlorid $C_{33}H_{32}ClN_3O \cdot 2 HCl \cdot H_2O$. F: 260—262°.

1-Methyl-4-phenyl-piperidin-4-carbonsäure-[(1-methyl-4-phenyl-[4]piperidylmethyl)-amid] $C_{26}H_{35}N_3O$, Formel XI.

B. Beim Behandeln von 4-Aminomethyl-1-methyl-4-phenyl-piperidin mit 1-Methyl-4-phenyl-piperidin-4-carbonsäure und $POCl_3$ (*Chiavarelli, Marini-Bettòlo*, G .**86** [1956] 515, 519, 524).

$Kp_{0,05}$: 212°.

(±)-2r-Äthyl-4c-anilino-3t-methyl-1,2,3,4-tetrahydro-chinolin, (±)-[2c-Äthyl-3t-methyl-1,2,3,4-tetrahydro-[4r]chinolyl]-phenyl-amin $C_{18}H_{22}N_2$, Formel XII + Spiegelbild.

Diese Konstitution und Konfiguration kommen der früher (s. H **12** 554) als 3-Anilino-2-methyl-valeraldehyd-phenylimin (dimeres Propylidenanilin vom F: 103—104°) beschriebenen Verbindung zu (*Funabashi et al.*, Bl. chem. Soc. Japan **42** [1969] 2885, 2890).

Kristalle (aus A.); F: 104—105° (*Fu. et al.*, l. c. S. 2894). ¹H-NMR-Spektrum und ¹H-¹H-Spin-Spin-Kopplungskonstanten (CDCl₃): *Fu. et al.*, l. c. S. 2890, 2891.

(±)-2,2,4-Trimethyl-1,2,3,4-tetrahydro-[6]chinolylamin $C_{12}H_{18}N_2$, Formel XIII (R = R′ = H).

B. Beim Behandeln von (±)-2,2,4-Trimethyl-1,2,3,4-tetrahydro-chinolin mit wss. H_2SO_4 und $NaNO_2$, Behandeln des Reaktionsprodukts mit methanol. HCl und Hydrieren des Reaktionsprodukts an Palladium (*Monsanto Chem. Co.*, U.S.P. 2794020 [1953]).

F: ca. 52°. Kp_{3-4}: 138—140°.

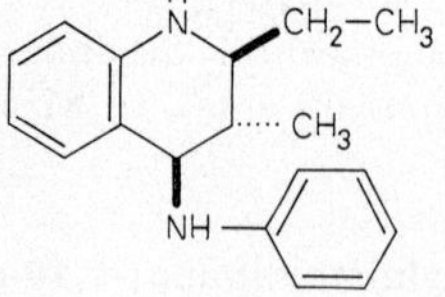

XII 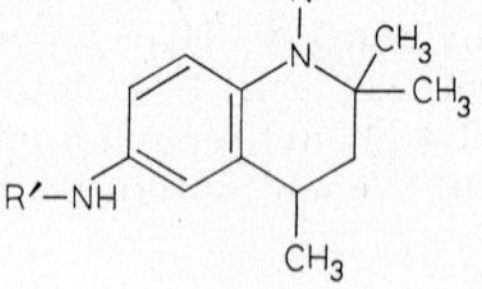   XIII

(±)-1,2,2,4-Tetramethyl-1,2,3,4-tetrahydro-[6]chinolylamin $C_{13}H_{20}N_2$, Formel XIII (R = CH_3, R′ = H).

B. Beim Erwärmen von (±)-2,2,4-Trimethyl-1,2,3,4-tetrahydro-chinolin mit CH_3I und wss. Na_2CO_3, Behandeln des Reaktionsprodukts mit wss. HCl und $NaNO_2$ und Hydrieren des Reaktionsprodukts an Platin oder Palladium (*Monsanto Chem. Co.*, U.S.P. 2794020

[1953]).

Kp$_{2-3}$: 156—162°. n$_D^{25}$: 1,5802.

(±)-1,2,2,4-Tetramethyl-6-methylamino-1,2,3,4-tetrahydro-chinolin, (±)-Methyl-[1,2,2,4-tetramethyl-1,2,3,4-tetrahydro-[6]chinolyl]-amin C$_{14}$H$_{22}$N$_2$, Formel XIII (R = R' = CH$_3$).

B. Beim Erwärmen von (±)-1,2,2,4-Tetramethyl-1,2,3,4-tetrahydro-[6]chinolylamin mit CH$_3$I und wss. Na$_2$CO$_3$ (*Monsanto Chem. Co.*, U.S.P. 2794020 [1953]).

Kp$_2$: 151—156°. n$_D^{25}$: 1,5689.

---

*Opt.-inakt. 2,3,8-Trimethyl-1,2,3,4-tetrahydro-[5]chinolylamin C$_{12}$H$_{18}$N$_2$, Formel I (R = H).

B. Beim Hydrieren von 2,3,8-Trimethyl-5-nitro-chinolin in Äthanol an Platin (*Modlin, Burger*, Am. Soc. **63** [1941] 1115, 1117). Aus 2,3,8-Trimethyl-[5]chinolylamin beim Hydrieren in Äthanol an Platin oder an Raney-Nickel (*Mo., Bu.*).

Dihydrochlorid C$_{12}$H$_{18}$N$_2$·2 HCl. Kristalle (aus A.); Zers. >300°.

---

*Opt.-inakt. 1-Acetyl-5-acetylamino-2,3,8-trimethyl-1,2,3,4-tetrahydro-chinolin, N-[1-Acetyl-2,3,8-trimethyl-1,2,3,4-tetrahydro-[5]chinolyl]-acetamid C$_{16}$H$_{22}$N$_2$O$_2$, Formel I (R = CO-CH$_3$).

B. Aus der vorangehenden Verbindung beim Behandeln mit Acetanhydrid und Pyridin (*Modlin, Burger*, Am. Soc. **63** [1941] 1115, 1117).

Kristalle (aus Bzl.); F: 152°.

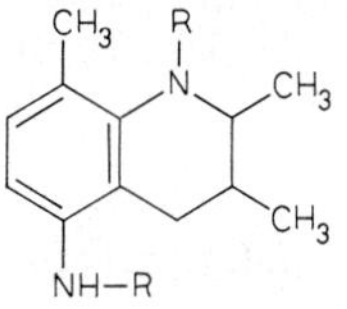

I 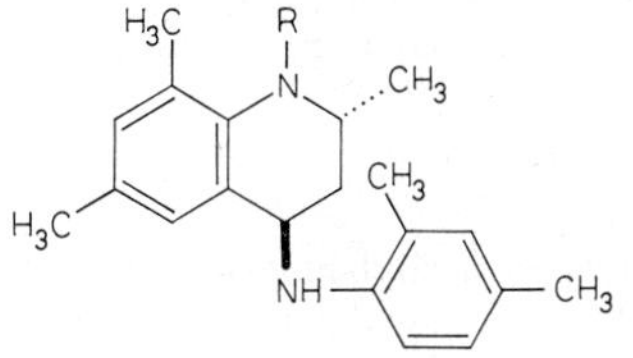   II 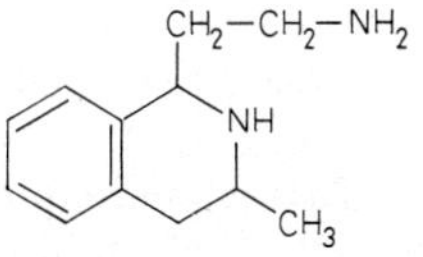   III

(±)-4*t*-[2,4-Dimethyl-anilino]-2*r*,6,8-trimethyl-1,2,3,4-tetrahydro-chinolin, (±)-[2,4-Dimethyl-phenyl]-[2*t*,6,8-trimethyl-1,2,3,4-tetrahydro-[4*r*]chinolyl]-amin C$_{20}$H$_{26}$N$_2$, Formel II (R = H) + Spiegelbild.

Diese Konstitution und Konfiguration kommen der früher (s. H **12** 1123 und E I **12** 486) als 1,3-Bis-[2,4-dimethyl-anilino]-but-1-en (dimeres *N*-Äthyliden-*asymm.-m*-xylidin vom F: 147°) beschriebenen Verbindung zu (*Funabashi et al.*, Bl. Chem. Soc. Japan **42** [1969] 2885, 2888).

F: 141—143° (*Fu. et al.*, l. c. S. 2893).

Das E I **12** 486 beschriebene Acetyl-Derivat C$_{22}$H$_{28}$N$_2$O (F: 144—145°) ist als (±)-1-Acetyl-4*t*-[2,4-dimethyl-anilino]-2*r*,6,8-trimethyl-1,2,3,4-tetrahydro-chinolin (Formel II [R = CO-CH$_3$]; F: 142—143°; ¹H-NMR-Absorption und ¹H-¹H-Spin-Spin-Kopplungskonstanten (CDCl$_3$): *Fu. et al.*, l. c. S. 2891) zu formulieren (*Fu. et al.*). Entsprechendes gilt vermutlich auch für das E I **12** 486 beschriebene Benzoyl-Derivat C$_{27}$H$_{30}$N$_2$O (F: 192—193°), das demnach als (±)-1-Benzoyl-4*t*-[2,4-dimethyl-anilino]-2*r*,6,8-trimethyl-1,2,3,4-tetrahydro-chinolin (Formel II [R = CO-C$_6$H$_5$]) zu formulieren ist.

---

*Opt.-inakt. 1-[2-Amino-äthyl]-3-methyl-1,2,3,4-tetrahydro-isochinolin, 2-[3-Methyl-1,2,3,4-tetrahydro-[1]isochinolyl]-äthylamin C$_{12}$H$_{18}$N$_2$, Formel III.

B. Beim Erwärmen von (±)-[3-Methyl-3,4-dihydro-[1]isochinolyl]-acetonitril mit Natrium und Äthanol (*Ghosh et al.*, J. Indian chem. Soc. **36** [1959] 699, 703).

Dihydrochlorid C$_{12}$H$_{18}$N$_2$·2 HCl. Braune Kristalle; F: 249—250°.

(±)-3-[3-Dimethylamino-propyl]-1,3-dimethyl-indolin, (±)-[3-(1,3-Dimethyl-indolin-3-yl)-propyl]-dimethyl-amin $C_{15}H_{24}N_2$, Formel IV.

B. Beim Behandeln von (±)-3-[1,3-Dimethyl-2-oxo-indolin-3-yl]-propionsäure-di=
methylamid in Äther mit LiAlH$_4$ (*Palazzo, Rosnati*, G. **82** [1952] 584, 593).

Kp$_1$: 117°.

Amine $C_{13}H_{20}N_2$

(±)-4-Aminomethyl-1-methyl-4-phenyl-hexahydro-azepin, (±)-*C*-[1-Methyl-4-phenyl-
hexahydro-azepin-4-yl]-methylamin $C_{14}H_{22}N_2$, Formel V.

B. Beim Behandeln von (±)-1-Methyl-4-phenyl-hexahydro-azepin-4-carbonitril mit
LiAlH$_4$ in Äther (*Diamond et al.*, J. org. Chem. **22** [1957] 389, 405).

Kp$_{0,3}$: 120—122°. n$_D^{21}$: 1,5496.

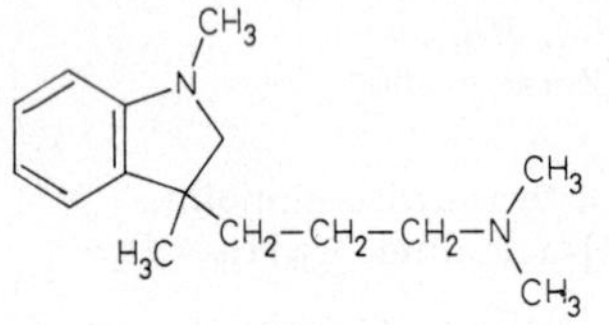

IV 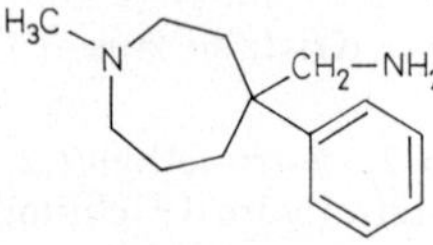   V 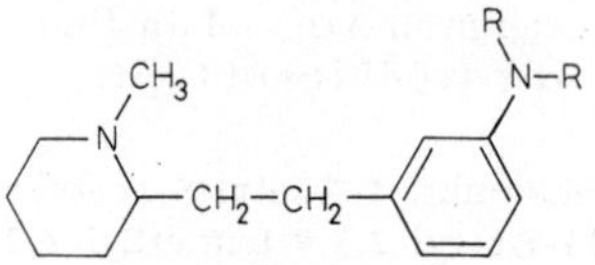   VI

(±)-2-[3-Amino-phenäthyl]-1-methyl-piperidin, (±)-3-[2-(1-Methyl-[2]piperidyl)-
äthyl]-anilin $C_{14}H_{22}N_2$, Formel VI (R = H).

B. Beim Hydrieren von 1-Methyl-2-[3-nitro-*trans*(?)-styryl]-pyridinium-jodid (E III/
IV **20** 3879) in Äthanol an Platin bei 50°/14 at (*Hoffmann-La Roche*, U.S.P. 2686784
[1950]).

Kp: ca. 138—144° [reduzierter Druck; vgl. u.].

(±)-2-[3-Diäthylamino-phenäthyl]-1-methyl-piperidin, (±)-*N,N*-Diäthyl-3-[2-(1-methyl-
[2]piperidyl)-äthyl]-anilin $C_{18}H_{30}N_2$, Formel VI (R = C$_2$H$_5$).

B. Aus der vorangehenden Verbindung beim Erhitzen mit Triäthylphosphat, zuletzt
unter Zusatz von wss. NaOH (*Hoffmann-La Roche*, U.S.P. 2686784 [1950]).

Kp$_3$: ca. 174—180°.

(±)-2-[4-Dimethylamino-phenäthyl]-1-methyl-piperidin, (±)-*N,N*-Dimethyl-
4-[2-(1-methyl-[2]piperidyl)-äthyl]-anilin $C_{16}H_{26}N_2$, Formel VII (R = R' = CH$_3$,
X = H).

B. Aus 2-[4-Dimethylamino-*trans*(?)-styryl]-1-methyl-pyridinium-jodid (F: 273—274°)
beim Hydrieren an Platin in Methanol (*Phillips*, Am. Soc. **72** [1950] 1850) oder an Platin
in Äthanol bei 50—60°/7 at (*Hoffmann-La Roche*, U.S.P. 2686784 [1950]).

Kp$_1$: ca. 157—158° (*Hoffmann-La Roche*).

Dihydrochlorid. Kristalle (aus A. + Ae.); F: 176—178° [Zers.] (*Hoffmann-La Roche*).
Hydrojodid $C_{16}H_{26}N_2 \cdot$ HI. Kristalle; F: 187—188° [aus Me. + E.] (*Ph.*), 182—183°
[aus A.] (*Hoffmann-La Roche*).

(±)-2-[4-Dimethylamino-phenäthyl]-1,1-dimethyl-piperidinium $[C_{17}H_{29}N_2]^+$,
Formel VIII (R = CH$_3$, X = H).

Bromid. *B.* Aus der vorangehenden Verbindung beim Behandeln mit CH$_3$Br in Aceton
(*Hoffmann-La Roche*, U.S.P. 2686784 [1950]). — Kristalle; F: 234—236°.

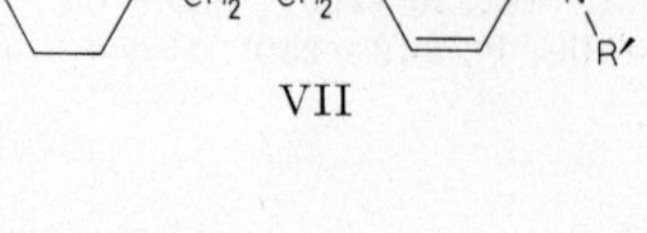

VII 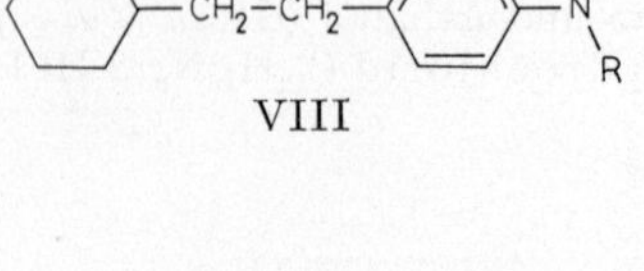   VIII

(±)-1,1-Dimethyl-2-[4-trimethylammonio-phenäthyl]-piperidinium,
(±)-4-[2-(1,1-Dimethyl-piperidinium-2-yl)-äthyl]-tri-*N*-methyl-anilinium $[C_{18}H_{32}N_2]^{2+}$,
Formel IX (R = R′ = CH₃).
   Dijodid $[C_{18}H_{32}N_2]I_2$. *B.* Beim Erwärmen von (±)-*N*,*N*-Dimethyl-4 [2-(1-methyl-[2]piperidyl)-äthyl]-anilin in Methanol mit CH₃I (*Phillips, Castillo,* Am. Soc. **73** [1951] 3949). — Kristalle (aus A. + Ae. + E.); F: 200—201°.

(±)-1-Äthyl-2-[4-dimethylamino-phenäthyl]-piperidin, (±)-4-[2-(1-Äthyl-[2]piperidyl)-äthyl]-*N*,*N*-dimethyl-anilin $C_{17}H_{28}N_2$, Formel VII (R = C₂H₅, R′ = CH₃, X = H).
   Hydrojodid $C_{17}H_{28}N_2 \cdot HI$. *B.* Beim Hydrieren von 1-Äthyl-2-[4-dimethylamino-*trans*(?)-styryl]-pyridinium-jodid (F: 258—259°) an Platin in Methanol (*Phillips,* Am. Soc. **74** [1952] 3683). — Kristalle (aus Me. + Ae.); F: 145—146°.

*Opt.-inakt. 1-Äthyl-2-[4-dimethylamino-phenäthyl]-1-methyl-piperidinium $[C_{18}H_{31}N_2]^{+}$,
Formel X (R = CH₃).
   Jodid $[C_{18}H_{31}N_2]I$. *B.* Beim Erwärmen von (±)-*N*,*N*-Dimethyl-4-[2-(1-methyl-[2]piperidyl)-äthyl]-anilin mit Äthyljodid (*Hoffmann-La Roche,* U.S.P. 2686784 [1950]). — Kristalle (aus A.); F: 202—204° [Zers.].

       IX   X

*Opt.-inakt. 1-Äthyl-1-methyl-2-[4-trimethylammonio-phenäthyl]-piperidinium,
4-[2-(1-Äthyl-1-methyl-piperidinium-2-yl)-äthyl]-tri-*N*-methyl-anilinium $[C_{19}H_{34}N_2]^{2+}$,
Formel XI (R = R′ = CH₃).
   Dijodid $[C_{19}H_{34}N_2]I_2$. *B.* Beim Erwärmen von (±)-4-[2-(1-Äthyl-[2]piperidyl)-äthyl]-*N*,*N*-dimethyl-anilin in Methanol mit CH₃I (*Phillips,* Am. Soc. **74** [1952] 3683). — Kristalle (aus Me. + E.); F: 155—160° [Zers.].

(±)-2-[4-Diäthylamino-phenäthyl]-1-methyl-piperidin, (±)-*N*,*N*-Diäthyl-4-[2-(1-methyl-[2]piperidyl)-äthyl]-anilin $C_{18}H_{30}N_2$, Formel VII (R = CH₃, R′ = C₂H₅, X = H).
   B. Beim Hydrieren von 2-[4-Diäthylamino-*trans*(?)-styryl]-1-methyl-pyridinium-jodid (F: 246—247°) an Platin in Methanol (*Phillips,* Am. Soc. **72** [1950] 1850) oder an Platin in Äthanol bei 50°/10 at (*Hoffmann-La Roche,* U.S.P. 2686784 [1950]).
   Kp₂: ca. 175° (*Hoffmann-La Roche*).
   Dihydrochlorid. Kristalle (aus Butan-1-ol + Ae.); F: 197—199° (*Hoffmann-La Roche*).
   Hydrojodid $C_{18}H_{30}N_2 \cdot HI$. Kristalle (aus A. + Ae.); F: 134—135° (*Ph.*).

*Opt.-inakt. 1-Äthyl-2-[4-(äthyl-dimethyl-ammonio)-phenäthyl]-1-methyl-piperidinium,
N-Äthyl-4-[2-(1-äthyl-1-methyl-piperidinium-2-yl)-äthyl]-*N*,*N*-dimethyl-anilinium
$[C_{20}H_{36}N_2]^{2+}$, Formel XI (R = CH₃, R′ = C₂H₅).
   Dijodid $[C_{20}H_{36}N_2]I$. *B.* Beim Erwärmen von (±)-*N*,*N*-Dimethyl-4-[2-(1-methyl-[2]piperidyl)-äthyl]-anilin in Methanol mit Äthyljodid (*Phillips,* Am. Soc. **74** [1952] 3683). — Kristalle (aus Me. + E.); F: 205—206° [unkorr.].

(±)-2-[4-Diäthylamino-phenäthyl]-1,1-dimethyl-piperidinium $[C_{19}H_{33}N_2]^{+}$, Formel VIII (R = C₂H₅, X = H).
   Bromid. *B.* Beim Behandeln von (±)-*N*,*N*-Diäthyl-4-[2-(1-methyl-[2]piperidyl)-äthyl]-anilin mit CH₃Br in Aceton (*Hoffmann-La Roche,* U.S.P. 2686784 [1950]). — F: 224° bis 226°.

(±)-2-[4-(Diäthyl-methyl-ammonio)-phenäthyl]-1,1-dimethyl-piperidinium, (±)-*N*,*N*-Diäthyl-4-[2-(1,1-dimethyl-piperidinium-2-yl)-äthyl]-*N*-methyl-anilinium $[C_{20}H_{36}N_2]^{2+}$,
Formel IX (R = R′ = C₂H₅).
   Dijodid $[C_{20}H_{36}N_2]I_2$. *B.* Beim Erwärmen von (±)-*N*,*N*-Diäthyl-4-[2-(1-methyl-[2]piperidyl)-äthyl]-anilin in Methanol mit CH₃I (*Phillips,* Am. Soc. **74** [1952] 3683). — Kristalle (aus Me. + E.); F: 191—192° [unkorr.].

(±)-1-Äthyl-2-[4-diäthylamino-phenäthyl]-piperidin, (±)-N,N-Diäthyl-4-[2-(1-äthyl-[2]piperidyl)-äthyl]-anilin $C_{19}H_{32}N_2$, Formel VII (R = R′ = C_2H_5, X = H) auf S. 4284.

B. Beim Hydrieren von 1-Äthyl-2-[4-diäthylamino-*trans*(?)-styryl]-pyridinium-jodid (F: 195—196°) in Äthanol an Platin bei 50°/7 at (*Hoffmann-La Roche*, U.S.P. 2686784 [1950]).

Kp_4: ca. 184—186°.

(±)-1,1-Diäthyl-2-[4-diäthylamino-phenäthyl]-piperidinium $[C_{21}H_{37}N_2]^+$, Formel X (R = C_2H_5).

Jodid. *B.* Aus der vorangehenden Verbindung beim Erwärmen mit Äthyljodid in Butanon (*Hoffmann-La Roche*, U.S.P. 2686784 [1950]). — Kristalle (aus A.); F: 194° bis 197°.

*Opt.-inakt. 1-Äthyl-1-methyl-2-[4-triäthylammonio-phenäthyl]-piperidinium, Tri-N-äthyl-4-[2-(1-äthyl-1-methyl-piperidinium-2-yl)-äthyl]-anilinium $[C_{22}H_{40}N_2]^{2+}$, Formel XI (R = R′ = C_2H_5).

Dijodid. *B.* Beim Erhitzen von (±)-N,N-Diäthyl-4-[2-(1-methyl-[2]piperidyl)-äthyl]-anilin mit Äthyljodid in Äthanol auf 125° (*Hoffmann-La Roche*, U.S.P. 2686784 [1950]; *Phillips*, Am. Soc. **74** [1952] 3683). — Kristalle; F: 202—206° (*Hoffmann-La Roche*).

XI

XII

*Opt.-inakt. 2-[4-(Dimethyl-propyl-ammonio)-phenäthyl]-1-methyl-1-propyl-piperidinium, N,N-Dimethyl-4-[2-(1-methyl-1-propyl-piperidinium-2-yl)-äthyl]-N-propyl-anilinium $[C_{22}H_{40}N_2]^{2+}$, Formel XII (R = CH_2-CH_2-CH_3).

Dijodid $[C_{22}H_{40}N_2]I_2$. *B.* Beim Erwärmen von (±)-N,N-Dimethyl-4-[2-(1-methyl-[2]piperidyl)-äthyl]-anilin in Methanol mit Propyljodid (*Phillips*, Am. Soc. **74** [1952] 3683). — F: 145—150°.

*Opt.-inakt. 1-Butyl-2-[4-(butyl-dimethyl-ammonio)-phenäthyl]-1-methyl-piperidinium, N-Butyl-4-[2-(1-butyl-1-methyl-piperidinium-2-yl)-äthyl]-N,N-dimethyl-anilinium $[C_{24}H_{44}N_2]^{2+}$, Formel XII (R = $[CH_2]_3$-CH_3).

Dijodid $[C_{24}H_{44}N_2]I_2$. *B.* Beim Erwärmen von (±)-N,N-Dimethyl-4-[2-(1-methyl-[2]piperidyl)-äthyl]-anilin in Methanol mit Butyljodid (*Phillips*, Am. Soc. **74** [1952] 3683). — F: 115—120°.

(±)-2-[4-Diäthylamino-phenäthyl]-1-hexyl-piperidin, (±)-N,N-Diäthyl-4-[2-(1-hexyl-[2]piperidyl)-äthyl]-anilin $C_{23}H_{40}N_2$, Formel VII (R = $[CH_2]_5$-CH_3, R′ = C_2H_5, X = H) auf S. 4284.

B. Beim Hydrieren von 2-[4-Diäthylamino-*trans*(?)-styryl]-1-hexyl-pyridinium-bromid (F: 216—217°) in Äthanol an Platin bei 50°/14 at (*Hoffmann-La Roche*, U.S.P. 2686784 [1950]).

Kp_1: ca. 199—201°

(±)-1-Äthyl-2-[4-dihexylamino-phenäthyl]-piperidin, (±)-4-[2-(1-Äthyl-[2]piperidyl)-äthyl]-N,N-dihexyl-anilin $C_{27}H_{48}N_2$, Formel VII (R = C_2H_5, R′ = $[CH_2]_5$-CH_3, X = H) auf S. 4284.

B. Beim Hydrieren von 1-Äthyl-2-[4-dihexylamino-*trans*(?)-styryl]-pyridinium-jodid (F: 216—217°) in Äthanol an Platin bei 50°/14 at (*Hoffmann-La Roche*, U.S.P. 2686784 [1950]).

Kp_8: ca. 240—241°.

(±)-2-[4-Dihexylamino-phenäthyl]-1-hexyl-piperidin, (±)-N,N-Dihexyl-4-[2-(1-hexyl-[2]piperidyl)-äthyl]-anilin $C_{31}H_{56}N_2$, Formel VII (R = R′ = $[CH_2]_5$-CH_3, X = H) auf S. 4284.

B. Beim Hydrieren von 2-[4-Dihexylamino-*trans*(?)-styryl]-1-hexyl-pyridinium-bromid (F: 224—227°) in Äthanol an Platin bei 50°/14 at (*Hoffmann-La Roche*, U.S.P. 2686784

[1950]).

Kp$_1$: ca. 252—256°.

*Opt.-inakt. 1-Benzyl-2-[4-dimethylamino-phenäthyl]-1-methyl-piperidinium [C$_{23}$H$_{33}$N$_2$]$^+$, Formel XIII.

Chlorid. *B.* Beim Erhitzen von (±)-*N,N*-Dimethyl-4-[2-(1-methyl-[2]piperidyl)-äthyl]-anilin mit Benzylchlorid in Xylol (*Hoffmann-La Roche*, U.S.P. 2 686 784 [1950]). Kristalle (aus A.); F: 211—212°.

(±)-*N,N*-Diäthyl-*N'*-methyl-*N'*-{4-[2-(1-methyl-[2]piperidyl)-äthyl]-phenyl}-äthylendiamin C$_{21}$H$_{37}$N$_3$, Formel XIV (R = CH$_3$).

B. Beim Hydrieren von 2-{4-[(2-Diäthylamino-äthyl)-methyl-amino]-*trans*(?)-styryl}-1-methyl-pyridinium-jodid (F: 164—165°) in Äthanol an Platin bei 50°/14 at (*Hoffmann-La Roche*, U.S.P. 2 626 948 [1950]).

Kp$_{0,5}$: ca. 193°.

XIII   XIV

(±)-*N,N*-Diäthyl-*N'*-{4-[2-(1-äthyl-[2]piperidyl)-äthyl]-phenyl}-*N'*-methyl-äthylendiamin C$_{22}$H$_{39}$N$_3$, Formel XIV (R = C$_2$H$_5$).

B. Beim Erwärmen von 1-Äthyl-2-methyl-pyridinium-jodid mit 4-[(2-Diäthylamino-äthyl)-methyl-amino]-benzaldehyd und Piperidin in Äthanol und Hydrieren des Reaktionsprodukts in Äthanol an Platin bei 50°/14 at (*Hoffmann-La Roche*, U.S.P. 2 626 948 [1950]).

Kp$_1$: ca. 193—205°.

(±)-*N,N*-Diäthyl-*N'*-{4-[2-(1-hexyl-[2]piperidyl)-äthyl]-phenyl}-*N'*-methyl-äthylendiamin C$_{26}$H$_{47}$N$_3$, Formel XIV (R = [CH$_2$]$_5$-CH$_3$).

B. Beim Hydrieren von 2-{4-[(2-Diäthylamino-äthyl)-methyl-amino]-*trans*(?)-styryl}-1-hexyl-pyridinium-bromid (F: 194—197°) in Äthanol an Platin bei 50°/14 at (*Hoffmann-La Roche*, U.S.P. 2 626 948 [1950]).

Kp$_1$: ca. 225°.

(±)-2-[3-Brom-4-dimethylamino-phenäthyl]-1-methyl-piperidin, (±)-2-Brom-*N,N*-dimethyl-4-[2-(1-methyl-[2]piperidyl)-äthyl]-anilin C$_{16}$H$_{25}$BrN$_2$, Formel VII (R = R' = CH$_3$, X = Br) auf S. 4284.

Hydrojodid C$_{16}$H$_{25}$BrN$_2$·HI. *B.* Beim Hydrieren von 2-[3-Brom-4-dimethylamino-*trans*(?)-styryl]-1-methyl-pyridinium-jodid (F: 232—233°) in Methanol an Platin (*Phillips*, Am. Soc. **72** [1950] 1850). — Kristalle (aus Acn. + Ae.); F: 104—105°.

(±)-2-[3-Brom-4-dimethylamino-phenäthyl]-1,1-dimethyl-piperidinium [C$_{17}$H$_{28}$BrN$_2$]$^+$, Formel VIII (R = CH$_3$, X = Br) auf S. 4284.

Jodid [C$_{17}$H$_{28}$BrN$_2$]I. *B.* Aus der vorangehenden Verbindung beim Erwärmen in Methanol mit CH$_3$I (*Phillips, Castillo*, Am. Soc. **73** [1951] 3949). — Kristalle (aus A. + Ae. + E.); F: 157—158°.

4-[4-Dimethylamino-phenäthyl]-1-methyl-piperidin, *N,N*-Dimethyl-4-[2-(1-methyl-[4]piperidyl)-äthyl]-anilin C$_{16}$H$_{26}$N$_2$, Formel I (R = R' = CH$_3$).

B. Aus 4-[4-Dimethylamino-*trans*(?)-styryl]-1-methyl-pyridinium-jodid (F: 258—259°) beim Hydrieren an Platin in Methanol (*Phillips*, Am. Soc. **72** [1950] 1850) oder in Äthanol (*Hoffmann-La Roche*, U.S.P. 2 686 784 [1950]).

Kp$_1$: ca. 150—156° (*Hoffmann-La Roche*).

Dihydrochlorid C$_{16}$H$_{26}$N$_2$·2 HCl. Kristalle (aus Me.); F: 212—213° [unkorr.] (*Phillips, Baltzly*, Am. Soc. **73** [1952] 5231).

Hydrojodid C$_{16}$H$_{26}$N$_2$·HI. Kristalle (aus A. + E. + Ae.): F: 107—108° (*Ph.*).

4-[4-Dimethylamino-phenäthyl]-1,1-dimethyl-piperidinium $[C_{17}H_{29}N_2]^+$, Formel II
(R = CH₃).

Bromid. *B.* Aus der vorangehenden Verbindung beim Behandeln mit CH_3Br in Aceton
(*Hoffmann-La Roche*, U.S.P. 2686784 [1950]). — F: 245—251°.

I   II

1,1-Dimethyl-4-[4-trimethylammonio-phenäthyl]-piperidinium, 4-[2-(1,1-Dimethyl-piperidinium-4-yl)-äthyl]-tri-*N*-methyl-anilinium $[C_{18}H_{32}N_2]^{2+}$, Formel III
(R = R' = CH₃).

Dijodid $[C_{18}H_{32}N_2]I_2$. *B.* Beim Erwärmen von N,N-Dimethyl-4-[2-(1-methyl-[4]piper=
idyl)-äthyl]-anilin in Methanol mit CH_3I (*Phillips, Castillo*, Am. Soc. **73** [1951] 3949). —
Kristalle (aus A. + E. + Ae.); F: 183—185°.

1-Äthyl-4-[4-dimethylamino-phenäthyl]-piperidin, 4-[2-(1-Äthyl-[4]piperidyl)-äthyl]-*N*,*N*-dimethyl-anilin $C_{17}H_{28}N_2$, Formel I (R = C₂H₅, R' = CH₃).
B. Beim Hydrieren von 1-Äthyl-4-[4-dimethylamino-*trans*(?)-styryl]-pyridinium-jodid
(F: 255—260°) in Methanol an Platin (*Phillips*, Am. Soc. **74** [1952] 3683).
Hydrojodid $C_{17}H_{28}N_2 \cdot HI$. Kristalle (aus Me. + Ae.); F: 127—128°.

*1-Äthyl-1-methyl-4-[4-trimethylammonio-phenäthyl]-piperidinium, 4-[2-(1-Äthyl-1-methyl-piperidinium-4-yl)-äthyl]-tri-*N*-methyl-anilinium $[C_{19}H_{34}N_2]^{2+}$, Formel IV
(R = R' = CH₃).

Dijodid $[C_{19}H_{34}N_2]I_2$. *B.* Beim Erwärmen von 4-[2-(1-Äthyl-[4]piperidyl)-äthyl]-
N,N-dimethyl-anilin in Methanol mit CH_3I (*Phillips*, Am. Soc. **74** [1952] 3683). —
Kristalle (aus Me. + E. oder Me. + Ae.); F: 191—192° [unkorr.].

4-[4-(Äthyl-dimethyl-ammonio)-phenäthyl]-1,1-dimethyl-piperidinium, *N*-Äthyl-4-[2-(1,1-dimethyl-piperidinium-4-yl)-äthyl]-*N*,*N*-dimethyl-anilinium $[C_{19}H_{34}N_2]^{2+}$,
Formel III (R = CH₃, R' = C₂H₅).

Dijodid $[C_{19}H_{34}N_2]I_2$. *B.* Beim Erwärmen von N,N-Dimethyl-4-[2-(1-methyl-[4]piper=
idyl)-äthyl]-anilin mit Äthyljodid, Behandeln des Reaktionsprodukts mit wss. K_2CO_3
und anschliessenden Erwärmen mit CH_3I in Methanol (*Phillips*, Am. Soc. **74** [1952]
3683). — Kristalle (aus Me. + E.); F: 185—186° [unkorr.].

III   IV

*1-Äthyl-4-[4-(äthyl-dimethyl-ammonio)-phenäthyl]-1-methyl-piperidinium, *N*-Äthyl-4-[2-(1-äthyl-1-methyl-piperidinium-4-yl)-äthyl]-*N*,*N*-dimethyl-anilinium $[C_{20}H_{36}N_2]^{2+}$,
Formel IV (R = CH₃, R' = C₂H₅).

Dijodid $[C_{20}H_{36}N_2]I_2$. *B.* Beim Erwärmen von N,N-Dimethyl-4-[2-(1-methyl-[4]piper=
idyl)-äthyl]-anilin in Methanol mit Äthyljodid (*Phillips*, Am. Soc. **74** [1952] 3683). —
Kristalle (aus Me. + E. oder Me. + Ae.); F: 191—193° [unkorr.].

4-[4-Diäthylamino-phenäthyl]-1-methyl-piperidin, *N*,*N*-Diäthyl-4-[2-(1-methyl-[4]piperidyl)-äthyl]-anilin $C_{18}H_{30}N_2$, Formel I (R = CH₃, R' = C₂H₅).
B. Aus 4-[4-Diäthylamino-*trans*(?)-styryl]-1-methyl-pyridinium-jodid (F: 221—222°)
beim Hydrieren an Platin in Methanol bei 50°/14 at (*Phillips*, Am. Soc. **72** [1950] 1850)
oder in Äthanol (*Hoffmann-La Roche*, U.S.P. 2686784 [1950]).
Kp₁: ca. 165—170° (*Hoffmann-La Roche*).
Dihydrochlorid. F: 207—208° (*Ph.*).

4-[4-Diäthylamino-phenäthyl]-1,1-dimethyl-piperidinium $[C_{19}H_{33}N_2]^+$, Formel II
(R = C_2H_5).

Bromid. *B.* Aus der vorangehenden Verbindung beim Behandeln mit CH_3Br in Aceton
(*Hoffmann-La Roche*, U.S.P. 2686784 [1950]). — F: 232—235°.

4-[4-(Diäthyl-methyl-ammonio)-phenäthyl]-1,1-dimethyl-piperidinium, *N,N*-Diäthyl-
4-[2-(1,1-dimethyl-piperidinium-4-yl)-äthyl]-*N*-methyl-anilinium $[C_{20}H_{36}N_2]^{2+}$,
Formel III (R = C_2H_5, R' = CH_3).

Dijodid $[C_{20}H_{36}N_2]I_2$. *B.* Beim Erwärmen von *N,N*-Diäthyl-4-[2-(1-methyl-[4]piper=
idyl)-äthyl]-anilin in Methanol mit CH_3I (*Phillips*, Am. Soc. **74** [1952] 3683). — Kristalle
(aus Me. + E. oder Me. + Ae.); F: 187—188° [unkorr.].

1,1-Diäthyl-4-[4-(äthyl-dimethyl-ammonio)-phenäthyl]-piperidinium, *N*-Äthyl-
4-[2-(1,1-diäthyl-piperidinium-4-yl)-äthyl]-*N,N*-dimethyl-anilinium $[C_{21}H_{38}N_2]^{2+}$,
Formel V.

Dijodid $[C_{21}H_{38}N_2]I_2$. *B.* Beim Erwärmen von 4-[2-(1-Äthyl-[4]piperidyl)-äthyl]-
N,N-dimethyl-anilin in Methanol mit Äthyljodid (*Phillips*, Am. Soc. **74** [1952] 3683). —
Kristalle (aus Me. + E. oder Me. + Ae.); F: 185—187° [unkorr.].

1-Äthyl-4-[4-diäthylamino-phenäthyl]-piperidin, *N,N*-Diäthyl-4-[2-(1-äthyl-[4]piper=
idyl)-äthyl]-anilin $C_{19}H_{32}N_2$, Formel I (R = R' = C_2H_5).

B. Beim Hydrieren von 1-Äthyl-4-[4-diäthylamino-*trans*(?)-styryl]-pyridinium-jodid
(F: 200—205°) in Äthanol an Platin bei 50°/14 at (*Hoffmann-La Roche*, U.S.P. 2686784
[1950]).

Kp_1: ca. 163—165°.

*****1-Äthyl-4-[4-(diäthyl-methyl-ammonio)-phenäthyl]-1-methyl-piperidinium,**
***N,N*-Diäthyl-4-[2-(1-äthyl-1-methyl-piperidinium-4-yl)-äthyl]-*N*-methyl-anilinium**
$[C_{21}H_{38}N_2]^{2+}$, Formel IV (R = C_2H_5, R' = CH_3).

Dibromid. *B.* Beim Behandeln von *N,N*-Diäthyl-4-[2-(1-äthyl-[4]piperidyl)-äthyl]-
anilin mit CH_3Br in Aceton (*Hoffmann-La Roche*, U.S.P. 2686784 [1950]). — Kristalle
(aus Isopropylalkohol); F: 204—205°.

*****1-Äthyl-1-methyl-4-[4-triäthylammonio-phenäthyl]-piperidinium, Tri-*N*-äthyl-**
4-[2-(1-äthyl-1-methyl-piperidinium-4-yl)-äthyl]-anilinium $[C_{22}H_{40}N_2]^{2+}$, Formel IV
(R = R' = C_2H_5).

Dijodid $[C_{22}H_{40}N_2]I_2$. *B.* Beim Erwärmen von *N,N*-Diäthyl-4-[2-(1-methyl-[4]piper=
idyl)-äthyl]-anilin in Methanol mit Äthyljodid (*Phillips*, Am. Soc. **74** [1952] 3683). —
Kristalle (aus Me. + E. oder Me. + Ae.); F: 202—205° [unkorr.; Zers.].

V   VI

*****4-[4-(Dimethyl-propyl-ammonio)-phenäthyl]-1-methyl-1-propyl-piperidinium,**
***N,N*-Dimethyl-4-[2-(1-methyl-1-propyl-piperidinium-4-yl)-äthyl]-*N*-propyl-anilinium**
$[C_{22}H_{40}N_2]^{2+}$, Formel VI (R = CH_2-CH_2-CH_3).

Dijodid $[C_{22}H_{40}N_2]I_2$. *B.* Beim Erwärmen von *N,N*-Dimethyl-4-[2-(1-methyl-[4]piper=
idyl)-äthyl]-anilin in Methanol mit Propyljodid (*Phillips*, Am. Soc. **74** [1952] 3683). —
Kristalle (aus Me. + E. oder Me. + Ae.); F: 166—167° [unkorr.].

*****1-Butyl-4-[4-(butyl-dimethyl-ammonio)-phenäthyl]-1-methyl-piperidinium, *N*-Butyl-**
4-[2-(1-butyl-1-methyl-piperidinium-4-yl)-äthyl]-*N,N*-dimethyl-anilinium $[C_{24}H_{44}N_2]^{2+}$,
Formel VI (R = $[CH_2]_3$-CH_3).

Dijodid $[C_{24}H_{44}N_2]I_2$. *B.* Beim Erwärmen von *N,N*-Dimethyl-4-[2-(1-methyl-[4]piper=
idyl)-äthyl]-anilin in Methanol mit Butyljodid (*Phillips*, Am. Soc. **74** [1952] 3683). —
Kristalle (aus Me. + E. oder Me. + Ae.); F: 164—166° [unkorr.].

4-[4-Diäthylamino-phenäthyl]-1-hexyl-piperidin, N,N-Diäthyl-4-[2-(1-hexyl-[4]piper=idyl)-äthyl]-anilin $C_{23}H_{40}N_2$, Formel I (R = [CH$_2$]$_5$-CH$_3$, R' = C$_2$H$_5$) auf S. 4288.

B. Beim Hydrieren von 4-[4-Diäthylamino-*trans*(?)-styryl]-1-hexyl-pyridinium-bromid (F: 203—207°) in Äthanol an Platin bei 50°/14 at (*Hoffmann-La Roche*, U.S.P. 2 686 784 [1950]).

Kp$_3$: ca. 221—223°.

1-Äthyl-4-[4-dihexylamino-phenäthyl]-piperidin, 4-[2-(1-Äthyl-[4]piperidyl)-äthyl]-N,N-dihexyl-anilin $C_{27}H_{48}N_2$, Formel I (R = C$_2$H$_5$, R' = [CH$_2$]$_5$-CH$_3$) auf S. 4288.

B. Beim Hydrieren von 1-Äthyl-4-[4-dihexylamino-*trans*(?)-styryl]-pyridinium-jodid (F: 150—154°) in Äthanol an Platin bei 50°/14 at (*Hoffmann-La Roche*, U.S.P. 2 686 784 [1950]).

Kp$_{0,5}$: 227—231°.

N,N-Diäthyl-N'-methyl-N'-{4-[2-(1-methyl-[4]piperidyl)-äthyl]-phenyl}-äthylendiamin $C_{21}H_{37}N_3$, Formel VII (R = CH$_3$).

B. Beim Hydrieren von 4-{4-[(2-Diäthylamino-äthyl)-methyl-amino]-*trans*(?)-styryl}-1-methyl-pyridinium-jodid (F: 165—172°) in Äthanol an Platin bei 50°/14 at (*Hoffmann-La Roche*, U.S.P. 2 626 948 [1950]).

Kp$_{0,5}$: ca. 192—198°.

N,N-Diäthyl-N'-{4-[2-(1-äthyl-[4]piperidyl)-äthyl]-phenyl}-N'-methyl-äthylendiamin $C_{22}H_{39}N_3$, Formel VII (R = C$_2$H$_5$).

B. Beim Erwärmen von 1-Äthyl-4-methyl-pyridinium-jodid mit 4-[(2-Diäthylamino-äthyl)-methyl-amino]-benzaldehyd und Piperidin in Äthanol und Hydrieren des Reaktionsprodukts in Äthanol an Platin bei 42°/17 at (*Hoffmann-La Roche*, U.S.P. 2 626 948 [1950]).

Kp$_{0,5}$: ca. 200—204°.

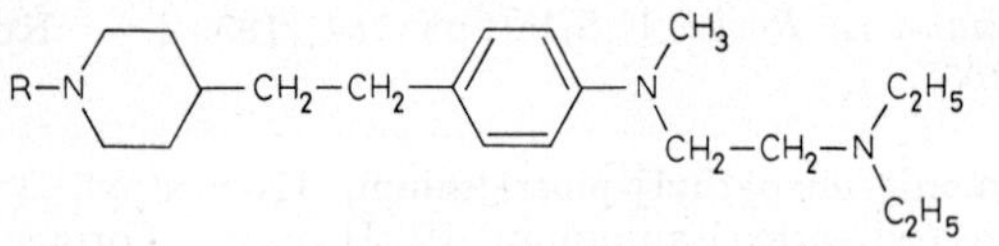

VII 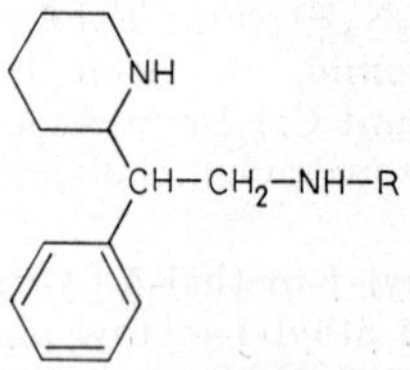   VIII

N,N-Diäthyl-N'-{4-[2-(1-hexyl-[4]piperidyl)-äthyl]-phenyl}-N'-methyl-äthylendiamin $C_{26}H_{47}N_3$, Formel VII (R = [CH$_2$]$_5$-CH$_3$).

B. Beim Erhitzen von 4-Methyl-pyridin mit Hexylbromid auf 135—140°, Erwärmen des Reaktionsprodukts mit 4-[(2-Diäthylamino-äthyl)-methyl-amino]-benzaldehyd und Piper=idin in Äthanol und Hydrieren des Reaktionsprodukts in Äthanol an Platin bei 50°/14 at (*Hoffmann-La Roche*, U.S.P. 2 626 948 [1950]).

Kp$_{0,1}$: ca. 219°.

---

*Opt.-inakt. 2-[2-Amino-1-phenyl-äthyl]-piperidin, 2-Phenyl-2-[2]piperidyl-äthylamin $C_{13}H_{20}N_2$, Formel VIII (R = H).

B. Aus (±)-2-Phenyl-2-[2]pyridyl-äthylamin beim Erwärmen mit Natrium und Äthanol (*Panizzon*, Helv. **29** [1946] 324, 327) oder aus (±)-2-Phenyl-2-[2]pyridyl-äthylamin-acetat beim Hydrieren in Essigsäure an Platin (*Pa.*, l. c. S. 326; *CIBA*, U.S.P. 2 508 332 [1946]).

F: 82°; Kp$_{0,15}$: 130—132° (*Pa.*).

Dihydrochlorid $C_{13}H_{20}N_2 \cdot 2$ HCl. Kristalle (aus E.); F: ca. 314—320° (*Pa.*).

Acetat. F: 99° (*Pa.*; *CIBA*).

*Opt.-inakt. 2-Methylamino-1-phenyl-1-[2]piperidyl-äthan, Methyl-[2-phenyl-2-[2]piper=idyl-äthyl]-amin $C_{14}H_{22}N_2$, Formel VIII (R = CH$_3$).

B. Beim Behandeln von (±)-2-Phenyl-2-[2]pyridyl-äthylamin mit Formaldehyd und

Hydrieren des Reaktionsprodukts (*CIBA*, U.S.P. 2508332 [1946]).
$Kp_{0,1}$: 147—152°.

*Opt.-inakt. Bis-[2-phenyl-2-[2]piperidyl-äthyl]-amin $C_{26}H_{37}N_3$, Formel IX.
B. Beim Hydrieren von Bis-[2-phenyl-2-[2]pyridyl-äthyl]-amin (*CIBA*, U.S.P. 2508332 [1946]).
F: 82°.

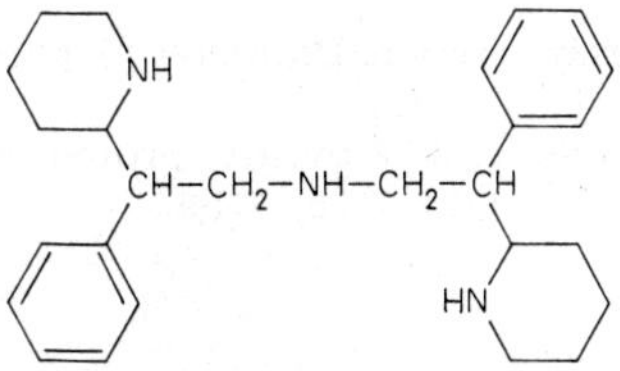

IX 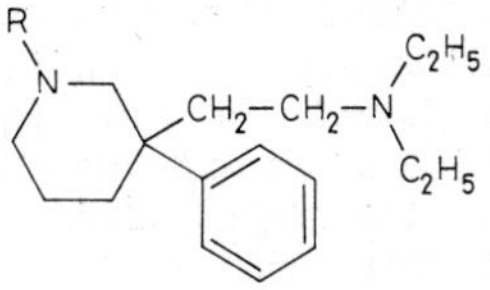   X

(±)-3-[2-Diäthylamino-äthyl]-3-phenyl-piperidin, (±)-Diäthyl-[2-(3-phenyl-[3]piper‍idyl)-äthyl]-amin $C_{17}H_{28}N_2$, Formel X (R = H).
B. Aus (±)-5-[2-Diäthylamino-äthyl]-5-phenyl-piperidin-2-on oder aus (±)-3-[2-Di‍äthylamino-äthyl]-3-phenyl-piperidin-2,6-dion beim Behandeln mit LiAlH₄ in Äther (*Tagmann et al.*, Helv. **35** [1952] 1235, 1244, 1245).
$Kp_{0,3}$: 130—136°.
Dipicrat $C_{17}H_{28}N_2 \cdot 2\ C_6H_3N_3O_7$. Kristalle (aus Acn. + E.); F: 184—188° [unkorr.].

(±)-3-[2-Diäthylamino-äthyl]-1-methyl-3-phenyl-piperidin, (±)-Diäthyl-[2-(1-methyl-3-phenyl-[3]piperidyl)-äthyl]-amin $C_{18}H_{30}N_2$, Formel X (R = CH₃).
B. Beim vorangehenden Verbindung beim Erwärmen mit Ameisensäure und wss. Formaldehyd (*Tagmann et al.*, Helv. **35** [1952] 1235, 1244).
$Kp_{0,18}$: 113—118°.
Dihydrochlorid $C_{18}H_{30}N_2 \cdot 2$ HCl. Kristalle (aus Me. + E.); F: 218—222° [unkorr.].

(±)-4t-Anilino-1,2r,5t-trimethyl-4c-phenyl-piperidin, (±)-Phenyl-[1,2t,5c-trimethyl-4-phenyl-[4r]piperidyl]-amin $C_{20}H_{26}N_2$, Formel XI + Spiegelbild.
Diese Konfiguration kommt vermutlich der nachstehend beschriebenen Verbindung zu.
B. Beim Behandeln von 1,2,5-Trimethyl-piperidin-4-on-phenylimin (Kp_2: 112—114°) mit Phenyllithium in Äther (*Nasarow et al.*, Chimija chim. Technol. (IVUZ) **2** [1959] 726, 728; C. A. **1960** 8812).
Beim Erwärmen mit wss. HCl ist (±)-1,2t,5c-Trimethyl-4-phenyl-piperidin-4r-ol (E III/IV **21** 698) erhalten worden.
Dihydrochlorid $C_{20}H_{26}N_2 \cdot 2$ HCl. F: 239° [aus A.].
Acetyl-Derivat $C_{22}H_{28}N_2O$; (±)-Essigsäure-[N-(1,2t,5c-trimethyl-4-phenyl-[4r]piperidyl)-anilid]. Kristalle (aus Acn.); F: 151—153°.
Propionyl-Derivat $C_{23}H_{30}N_2O$; (±)-Propionsäure-[N-(1,2t,5c-trimethyl-4-phenyl-[4r]piperidyl)-anilid]. F: 122—124° [aus Xylol].

Amine $C_{14}H_{22}N_2$

(±)-1-Cyclohexyl-3-dimethylamino-1-[2]pyridyl-propan, (±)-[3-Cyclohexyl-3-[2]pyridyl-propyl]-dimethyl-amin $C_{16}H_{26}N_2$, Formel XII.
B. Beim Behandeln von 2-Cyclohexylmethyl-pyridin mit KNH₂ in flüssigem NH₃ und mit [2-Chlor-äthyl]-dimethyl-amin in Äther (*Sperber et al.*, Am. Soc. **73** [1951] 5752, 5757). Beim Behandeln von Dimethyl-[3-[2]pyridyl-propyl]-amin in Äther mit Butyl‍lithium und anschliessend mit Cyclohexylbromid in Äther (*Schering Corp.*, U.S.P. 2604473, 2656358, 2676964 [1950]).
Kp_4: 147—149° (*Sp. et al.*); Kp_2: 145—150° (*Schering Corp.*).

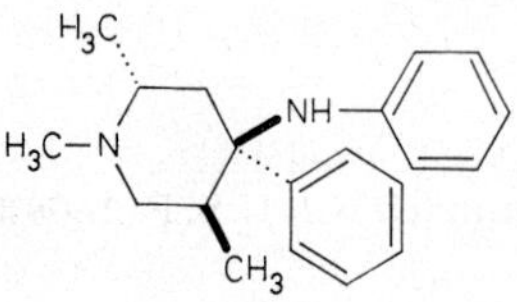

XI 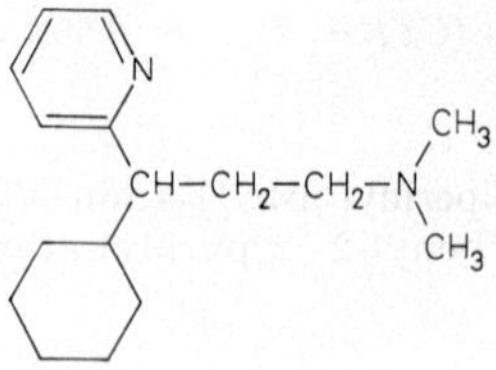   XII 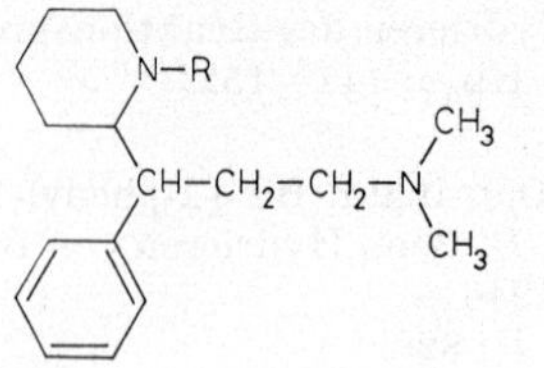   XIII

*Opt.-inakt. 3-Dimethylamino-1-phenyl-1-[2]piperidyl-propan, Dimethyl-[3-phenyl-3-[2]piperidyl-propyl]-amin $C_{16}H_{26}N_2$, Formel XIII (R = H).

B. Beim Behandeln von (±)-Dimethyl-[3-phenyl-3-[2]pyridyl-propyl]-amin mit Natrium und Äthanol (*Sperber et al.*, Am. Soc. **73** [1951] 5752, 5759).

$Kp_{0,1}$: 117−120°. n_D^{20}: 1,5249.

Picrat. F: 204−205° [korr.].

*Opt.-inakt. 3-Dimethylamino-1-[1-methyl-[2]piperidyl]-1-phenyl-propan, Dimethyl-[3-(1-methyl-[2]piperidyl)-3-phenyl-propyl]-amin $C_{17}H_{28}N_2$, Formel XIII (R = CH_3).

B. Beim Hydrieren von (±)-Dimethyl-[3-phenyl-3-[2]pyridyl-propyl]-amin im Gemisch mit Methanol an Raney-Nickel bei 170°/70 at (*Sperber et al.*, Am. Soc. **73** [1951] 5752, 5759). Aus der vorangehenden Verbindung beim Erwärmen mit wss. Formaldehyd und Ameisensäure (*Sp. et al.*).

Kp_1: 127−134°. n_D^{27}: 1,5231.

Picrat. F: 204−205° [korr.].

(±)-3-[3-Dimethylamino-propyl]-1-methyl-3-phenyl-piperidin, (±)-Dimethyl-[3-(1-methyl-3-phenyl-[3]piperidyl)-propyl]-amin $C_{17}H_{28}N_2$, Formel I.

B. Beim Erwärmen von (±)-3-[3-Dimethylamino-propyl]-1-methyl-3-phenyl-piperidin-2-on mit $LiAlH_4$ in Äther (*Blicke, Tsao*, Am. Soc. **75** [1953] 4334).

$Kp_{0,5}$: 122−124°.

Methojodid $[C_{18}H_{31}N_2]I$. Kristalle (aus Butanon); F: 172−173°.

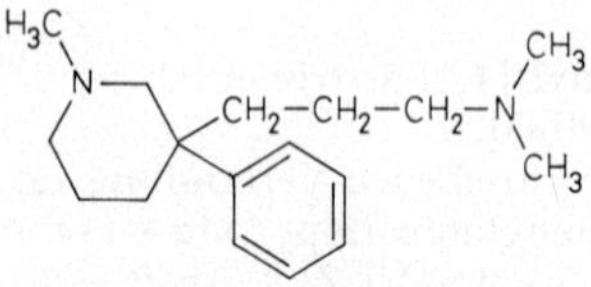

I 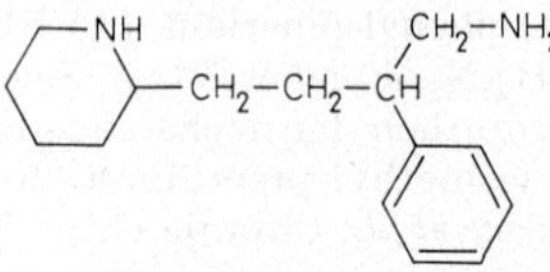   II 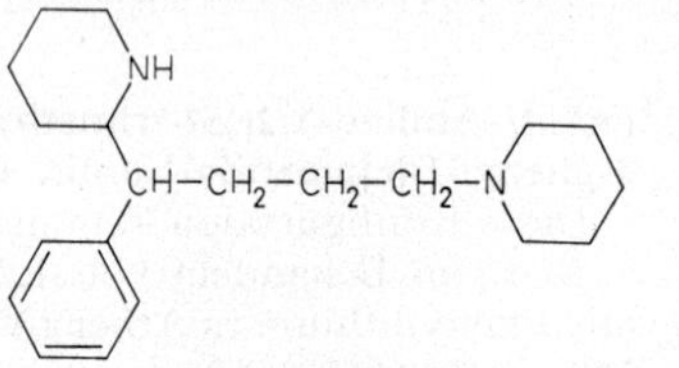   III

Amine $C_{15}H_{24}N_2$

*Opt.-inakt. 2-[4-Amino-3-phenyl-butyl]-piperidin, 2-Phenyl-4-[2]piperidyl-butylamin $C_{15}H_{24}N_2$, Formel II.

B. Beim Hydrieren von (±)-2-Phenyl-4-[2]pyridyl-butyronitril in Äthanol an Raney-Nickel bei 175°/100 at (*Boekelheide et al.*, Am. Soc. **75** [1953] 3243, 3247). Beim Hydrieren von (±)-2-Phenyl-4-[2]pyridyl-butylamin an Platin in wss.-äthanol. HCl (*Bo. et al.*).

Kp_1: 141−143°. n_D^{20}: 1,5373.

Bis-phenylthiocarbamoyl-Derivat $C_{29}H_{34}N_4S_2$. Kristalle (aus Bzl. + Hexan); F: 80−81°.

---

*Opt.-inakt. 1-Phenyl-4-piperidino-1-[2]piperidyl-butan, 1,2′-[4-Phenyl-butandiyl]-di-piperidin $C_{20}H_{32}N_2$, Formel III.

B. Beim Hydrieren von (±)-1-Phenyl-4-piperidino-1-[2]pyridyl-butan in Essigsäure an Platin bei 40° oder in Äthanol an einem Nickel-Katalysator oder an Palladium/Kohle bei 100°/100 at (*Sury, Hoffmann*, Helv. **37** [1954] 2133, 2141, 2142).

$Kp_{0,05}$: 167−170°.   [*Blazek*]

Amine $C_{21}H_{36}N_2$

3β-Methylamino-5α-conan [1]**), [5α-Conan-3β-yl]-methyl-amin,** Dihydroisoconessimin
$C_{23}H_{40}N_2$, Formel IV (R = X = H).

B. Bei der Hydrierung von Isoconessimin (S. 4381) an Platin in Essigsäure (*Haworth et al.*, Soc. **1953** 1102, 1107). Beim Erhitzen von [5α-Conan-3β-yl]-methyl-carbamonitril mit konz. wss. HCl (*Černý, Šorm,* Collect. **24** [1959] 4015, 4017).

Kristalle; F: 97—98,5° [aus Acn.] (*Če., Šorm*), 97—98° [aus wss. Dioxan] (*Ha. et al.*).

N-Acetyl-Derivat $C_{25}H_{42}N_2O$; *N*-[5α-Conan-3β-yl]-*N*-methyl-acetamid. Kristalle (aus PAe.); F: 175—176° (*Ha. et al.*).

IV   V

9-Dimethylamino-2,3,11a-trimethyl-octadecahydro-naphth[2′,1′:4,5]indeno[1,7a-*c*]pyrrol
$C_{24}H_{42}N_2$.

a) **3β-Dimethylamino-5α-conan, [5α-Conan-3β-yl]-dimethyl-amin,**
Dihydroconessin $C_{24}H_{42}N_2$, Formel IV (R = CH$_3$, X = H).

B. Beim Behandeln von 3β-Dimethylamino-20α_F-methylamino-5α-pregnan mit *N*-Chlorsuccinimid in Äther, Bestrahlen des erhaltenen Chloramins mit UV-Licht in wss. H_2SO_4 [90%ig] und Erwärmen des Reaktionsprodukts mit äthanol. KOH (*Corey, Hertler,* Am. Soc. **81** [1959] 5209, 5212). Bei der Hydrierung von Conessin (S. 4382) an Palladium/BaSO$_4$ in Essigsäure enthaltendem H_2O (*Osada,* J. pharm. Soc. Japan **1927** 680, 686; dtsch. Ref. S. 98; C. **1927** II 2463), an Palladium/Kohle in wss. Äthanol (*Späth, Hromatka,* B. **63** [1930] 126, 129), an Palladium/Kohle in Essigsäure (*Haworth et al.,* Soc. **1949** 3127, 3130) oder an Platin in Methanol (*Bertho,* A. **558** [1947] 62, 69). Beim Erhitzen von 3β-Dimethylamino-5α-conan-12-on mit N_2H_4 und NaOH in Diäthylenglykol bis auf 220° (*van Hove,* Tetrahedron **7** [1959] 104, 113).

Kristalle; F: 109° [unkorr.] (*Favre, Marinier,* Canad. J. Chem. **36** [1958] 429, 431), 107—107,8° [korr.; evakuierte Kapillare; aus Acn.] (*v. Hove*), 107° [aus Acn.] (*Lábler et al.,* Collect. **20** [1955] 1484, 1488), 106° [aus Acn.] (*Bertho, Götz,* A. **619** [1958] 96, 115). Kristalle mit 0,5 Mol H_2O; F: 69—70° (*Os.*). Optisches Drehungsvermögen des wasserfreien Präparats: $[\alpha]_D^{20}$: +51,8° [CHCl$_3$; c = 3] (*Lá. et al.*); $[\alpha]_D^{22}$: +50,4° [CHCl$_3$; c = 3] (*Fa., Ma.*); $[\alpha]_D$: +44,2° [CHCl$_3$] (*Be., Götz,* l. c. S. 99); $[\alpha]_D^{19}$: +38,5° [A.; c = 2] (*Be.*); $[\alpha]_D$: +57,4° [A.] (*Be., Götz*). IR-Spektrum (CHCl$_3$; 1500—650 cm^{-1}): *Lá. et al.,* l. c. S. 1485.

Beim Erwärmen mit Quecksilber(II)-acetat in wss. Essigsäure ist 3β-Dimethylamino-5α-con-20-en (S. 4388) erhalten worden (*Fa., Ma.; Kasal et al.,* Collect. **27** [1962] 2898).

Dihydrochlorid. Kristalle (aus A. + Acn.); F: 312° (*Os.*).

Dihydrojodid. $[\alpha]_D$: +36° [Me.; c = 0,9] (*Favre et al.,* Soc. **1953** 1115, 1122).

Tetrachloroaurat(III). Gelbe Kristalle; F: 211—212° (*Os.*).

Verbindung mit Quecksilber(II)-chlorid. Kristalle (aus H_2O + wenig A.); F: 276° (*Os.*).

b) **3β-Dimethylamino-5α,20βH-conan, [5α,20βH-Conan-3β-yl]-dimethyl-amin,**
Dihydroheteroconessin $C_{24}H_{42}N_2$, Formel V.

B. Beim Hydrieren von Heteroconessin (S. 4384) an Palladium/Kohle in Essigsäure (*Haworth et al.,* Soc. **1949** 3127, 3130). Beim Erhitzen von 5,6-Dihydro-conessimethin (3β,18-Bis-dimethylamino-5α-pregn-20-en) mit KOH, KI und wss. Äthylenglykol oder

---

[1]) Stellungsbezeichnung bei von Conan abgeleiteten Namen s. E III/IV **20** 3085.

mit wss. Äthanol auf 150° (*Favre et al.*, Soc. **1953** 1115, 1128).

Kristalle; F: 105° [unkorr.] (*Favre, Marinier*, Canad. J. Chem. **36** [1958] 429, 432), 104—105° [aus Acn.] (*Fa. et al.*, l. c. S. 1127, 1128). $[\alpha]_D^{22}$: +17° [CHCl$_3$; c = 2] (*Fa., Ma.*); $[\alpha]_D$: +15° [CHCl$_3$; c = 2] (*Fa. et al.*, l. c. S. 1122).

3β-Dimethylamino-22-methyl-5α-conanium [C$_{25}$H$_{45}$N$_2$]$^+$, Formel VI.

Jodid [C$_{25}$H$_{45}$N$_2$]I; Dihydroconessin-mono-methojodid. Kristalle (aus Me. + Acn.); F: 302—304°; $[\alpha]_D^{20}$: +31° [Me.; c = 3] (*Lábler et al.*, Collect. **20** [1955] 1484, 1488).

Dipicrat [C$_{25}$H$_{45}$N$_2$]C$_6$H$_2$N$_3$O$_7$·C$_6$H$_3$N$_3$O$_7$. *B.* Beim Erwärmen von Dihydrotetramethyl= holarrhimin (3β,20α$_F$-Bis-dimethylamino-5α-pregnan-18-ol) mit SOCl$_2$, Behandeln des gebildeten Salzes mit Ag$_2$O in H$_2$O und Behandeln der erhaltenen wss. Lösung mit Picrin= säure (*Lá. et al.*, l. c. S. 1487). — Gelbe Kristalle (aus wss. A.); F: 248—249°.

Diacetat. Beim Erhitzen auf 200°/15 Torr und Erwärmen des Reaktionsprodukts mit wss. Formaldehyd und Ameisensäure sind Dihydroconessin (S. 4293) und 5,6-Dihydro= conessimethin (3β,18-Bis-dimethylamino-5α-pregn-20-en) erhalten worden (*Lá. et al.*).

Toluol-4-sulfonat [C$_{25}$H$_{45}$N$_2$]C$_7$H$_7$O$_3$S. *B.* Beim Behandeln von Dihydrotetramethyl= holarrhimin mit Toluol-4-sulfonylchlorid und Pyridin (*Lá. et al.*). — Kristalle (aus Me. + Acn.) mit 1 Mol H$_2$O; F: 218—221°. $[\alpha]_D^{20}$: +23° [Me.; c = 3].

VI   VII

2,2,3,11a-Tetramethyl-9-trimethylammonio-octadecahydro-naphth[2′,1′:4,5]indeno= [1,7a-c]pyrrolium [C$_{26}$H$_{48}$N$_2$]$^{2+}$.

a) **22-Methyl-3β-trimethylammonio-5α-conanium** [C$_{26}$H$_{48}$N$_2$]$^{2+}$, Formel VII.

Dihydroxid; Dihydroconessin-bis-methohydroxid. Beim Erhitzen in Äthyl= elnglykol sind Dihydroheteroconessin (S. 4293) und geringe Mengen Dihydroconessin (S. 4293), beim Erhitzen in wss. Äthylenglykol auf 140° ist neben diesen beiden Ver= bindungen nach Zusatz von KI ein Mono-methojodid [C$_{25}$H$_{45}$N$_2$]I (Kristalle [aus H$_2$O]; F: 325°) erhalten worden (*Haworth et al.*, Soc. **1949** 3127, 3130); beim Erhitzen ohne Lö= sungsmittel auf 190°/0,04 Torr sind 5,6-Dihydro-conessimethin (3β,18-Bis-dimethyl= amino-5α-pregn-20-en) und geringe Mengen 18-Dimethylamino-5α-pregn-2(oder 3),= 20-dien (F: 76°; $[\alpha]_D$: +64° [CHCl$_3$]) erhalten worden (*Favre et al.*, Soc. **1953** 1115, 1126; s. a. *Ha. et al.*).

Diperchlorat [C$_{26}$H$_{48}$N$_2$](ClO$_4$)$_2$. Kristalle (aus H$_2$O), die sich ab 310° verfärben und bei 345° noch nicht geschmolzen sind; $[\alpha]_D$: +29,8° [Me.; c = 0,4] (*Bertho*, A. **555** [1944] 214, 240).

Dijodid [C$_{26}$H$_{48}$N$_2$]I$_2$; Dihydroconessin-bis-methojodid. *B.* Beim Erwärmen von Dihydroconessin (S. 4293) mit CH$_3$I in Aceton (*Be.*) oder Methanol (*Ha. et al.*). Beim Erwärmen von Dihydroconessin-mono-methojodid (s. o.) mit CH$_3$I in Methanol (*Lábler et al.*, Collect. **20** [1955] 1484, 1488). — Kristalle; F: 337° [Zers.; aus Me.] (*Ha. et al.*), 319—320° [aus A. + Acn.] (*Lá. et al.*), 303—304° [Zers.; aus Me.] (*Be.*, l. c. S. 239), 302—304° [Zers.] (*Fa. et al.*). $[\alpha]_D^{20}$: +25° [Me.; c = 3] (*Lá. et al.*); $[\alpha]_D$: +26° [Me.; c = 2] (*Fa. et al.*); $[\alpha]_D^{21}$: +23,5° [H$_2$O] (*Be.*). IR-Spektrum (Nujol; 1350—650 cm^{-1}): *Lá. et al.*, l. c. S. 1485.

b) **22-Methyl-3β-trimethylammonio-5α,20βH-conanium** [C$_{26}$H$_{48}$N$_2$]$^{2+}$, Formel VIII.

Dijodid [C$_{26}$H$_{48}$N$_2$]I$_2$; Dihydroheteroconessin-bis-methojodid. *B.* Aus Di= hydroheteroconessin [S. 4293] (*Favre et al.*, Soc. **1953** 1115, 1127). — Kristalle (aus Me.); F: 320—322° [Zers.]. $[\alpha]_D$: +31° [Me.; c = 2].

[5α-Conan-3β-yl]-methyl-carbamonitril, *N*-Cyan-dihydroisoconessimin C$_{24}$H$_{39}$N$_3$, Formel IV (R = CN, X = H) auf S. 4293.

B. Beim Behandeln von Dihydroconessin (S. 4293) mit Bromcyan in Äther (*Černý, Šorm,* Collect. **24** [1959] 4015, 4017).

Kristalle (aus A.); F: 160−162°. [α]$_D$: +60° [CHCl$_3$; c = 2].

3β-[Chlor-methyl-amino]-5α-conan, Chlor-[5α-conan-3β-yl]-methyl-amin, *N*-Chlor-dihydroisoconessimin C$_{23}$H$_{39}$ClN$_2$, Formel IV (R = Cl, X = H) auf S. 4293.

B. Beim Behandeln von Dihydroisoconessimin (S. 4293) mit *N*-Chlor-succinimid in CH$_2$Cl$_2$ (*Černý, Šorm,* Collect. **24** [1959] 4015, 4017).

Kristalle (aus PAe.).

5-Chlor-3β-dimethylamino-5α-conan, [5-Chlor-5α-conan-3β-yl]-dimethyl-amin, Chlordihydroconessin C$_{24}$H$_{41}$ClN$_2$, Formel IV (R = CH$_3$, X = Cl) auf S. 4293.

Position des Chlor-Atoms und Konfiguration am C-Atom 5: *Favre et al.,* Soc. **1953** 1115, 1123.

B. Beim Behandeln von Conessin (S. 4382) mit HCl in Methanol (*Haworth et al.,* Soc. **1951** 1736, 1740).

Kristalle (aus Acn.); F: 175° [Zers.] (*Ha. et al.*). [α]$_D$: +25° [CHCl$_3$; c = 9] (*Fa. et al.,* l. c. S. 1122).

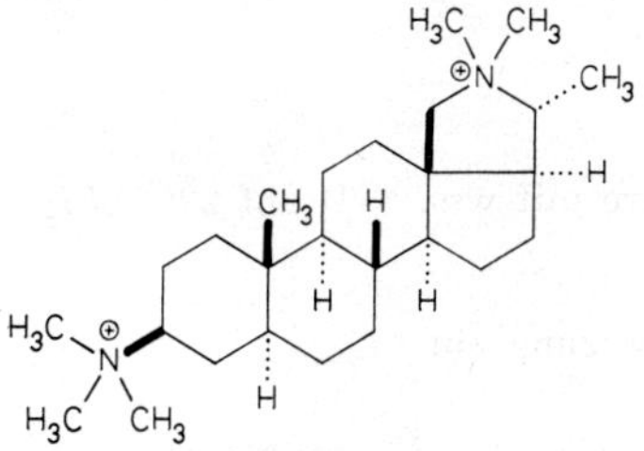

VIII 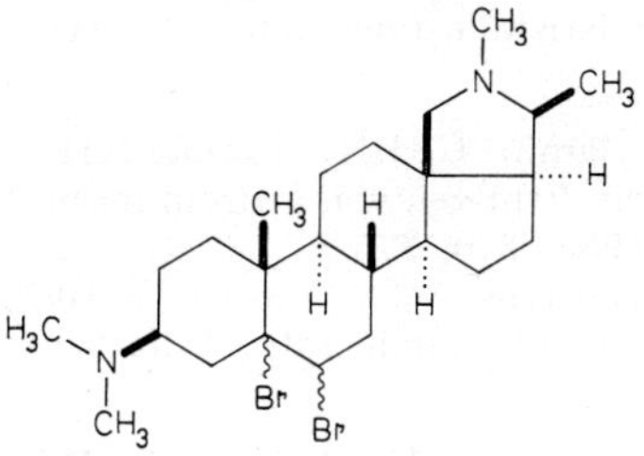   IX

5,6ξ-Dibrom-3β-dimethylamino-5ξ-conan, [5,6ξ-Dibrom-5ξ-conan-3β-yl]-dimethyl-amin C$_{24}$H$_{40}$Br$_2$N$_2$, Formel IX (in der Literatur als Dibromconessin bezeichnet).

B. Beim Behandeln einer äther. Lösung von Conessin (S. 4382) mit Brom in CHCl$_3$ (*Bertho,* A. **557** [1947] 220, 226, 236). Beim Behandeln von Conessin-dihydrobromid (S. 4384) mit Brom in Essigsäure (*Siddiqui, Vasisht,* J. scient. ind. Res. India **4** [1946] 440, 442).

Kristalle (aus PAe.); F: 285° [Zers.]; [α]$_D^{32}$: −42° [CHCl$_3$; c = 1] (*Si., Va.*).

Dihydrochlorid. Kristalle (aus A. oder H$_2$O); F: 227−234° (*Si., Va.*).

Dihydrobromid C$_{24}$H$_{40}$Br$_2$N$_2$·2 HBr. Kristalle (aus A. oder H$_2$O); Zers. bei 247° bis 250° (*Si., Va.*). Kristalle (aus A. + Ae.) mit 1 Mol H$_2$O; F: 155° [Zers. bei 246°] (*Be.*).

Picrat. Gelbe Kristalle; F: 160−162° [nach Sintern ab 130°] (*Si., Va.*).

[*Härter*]

Monoamine C$_n$H$_{2n-8}$N$_2$

Amine C$_8$H$_8$N$_2$

3,3-Diäthyl-1-indol-2-yl-azetidin-2,4-dion C$_{15}$H$_{16}$N$_2$O$_2$, Formel X (R = C$_2$H$_5$).

B. Neben 3,3-Diäthyl-1*H*-pyrimido[1,2-*a*]indol-2,4-dion und Diäthylmalonsäure-bis-indolin-2-ylidenamid (E III/IV **21** 3613) beim Behandeln einer wss. Lösung von 3*H*-Indol-2-ylamin-hydrochlorid (E III/IV **21** 3612) mit wss. NaOH und Diäthylmalonylchlorid in CHCl$_3$ unter Stickstoff bei 0° (*Ebnöther et al.,* Helv. **42** [1959] 918, 934, 935).

Kristalle (aus Ae. + PAe.); F: 79−80° [evakuierte Kapillare; nach Destillation bei 125−130°/0,01 Torr].

1-Indol-2-yl-3,3-diphenyl-azetidin-2,4-dion C$_{23}$H$_{16}$N$_2$O$_2$, Formel X (R = C$_6$H$_5$).

B. Neben anderen Verbindungen aus Diphenylmalonylchlorid und 3*H*-Indol-2-ylamin

(E III/IV **21** 3612) in Pyridin bei 0° (*Ebnöther et al.*, Helv. **42** [1959] 918, 933, 934). Kristalle (aus Acn. + Me.); F: 162—163° [korr.; evakuierte Kapillare].

X   XI   XII

3-Sulfanilylamino-indol, Sulfanilsäure-indol-3-ylamid $C_{14}H_{13}N_3O_2S$, Formel XI (R = H).
B. Beim Erhitzen von *N*-Acetyl-sulfanilsäure-indol-3-ylamid mit wss. NaOH (*Elliott*, *Robinson*, Soc. **1944** 632).
Kristalle (aus A.); F: 219—220° [Zers.].

***N*-Acetyl-sulfanilsäure-indol-3-ylamid, Essigsäure-[4-indol-3-ylsulfamoyl-anilid]** $C_{16}H_{15}N_3O_3S$, Formel XI (R = CO-CH_3).
B. Beim Behandeln von Indol-3-ylamin mit *N*-Acetyl-sulfanilylchlorid und Pyridin unter Stickstoff (*Elliott*, *Robinson*, Soc. **1944** 632).
Gelbe Kristalle (aus Acn.); F: 248—250° [Zers.].

Indol-4-ylamin $C_8H_8N_2$, Formel XII.
B. Beim Erhitzen von 4-Brom-indol-2-carbonsäure mit wss. NH_3 auf 220° (*Plieninger*, B. **88** [1955] 370, 375).
Kristalle (aus Ae. + PAe.); F: 108°.
Beim Aufbewahren unter Luftzutritt tritt Zersetzung ein.

Indol-5-ylamin $C_8H_8N_2$, Formel XIII (R = R' = H).
B. Aus 5-Nitro-indol beim Erwärmen mit $N_2H_4 \cdot H_2O$ unter Zusatz von Raney-Nickel in Äthanol (*Terent'ew et al.*, Ž. obšč. Chim. **29** [1959] 2541, 2547; engl. Ausg. S. 2504, 2509) oder beim Hydrieren an Platin in Äthanol (*Cavallini*, *Ravenna*, Farmaco Ed. scient. **13** [1958] 105, 109).
Kristalle; F: 132—133° [aus Bzl.] (*Ca.*, *Ra.*), 129—130° [Zers.; geschlossene Kapillare; auf 80° vorgeheizter App.; aus Heptan] (*Te. et al.*), 127—129° [aus PAe.] (*Harley-Mason*, *Jackson*, Soc. **1954** 1158). Bei 60—80°/0,0001 Torr sublimierbar (*Ha.-Ma.*, *Ja.*). Bei ca. 190°/6 Torr destillierbar (*Te. et al.*). λ_{max} (A.): 272 nm und 306 nm (*Ha.-Ma.*, *Ja.*).
Beim Erwärmen und unter Lichteinwirkung tritt schnell Zersetzung ein (*Te. et al.*).

1-Methyl-indol-5-ylamin $C_9H_{10}N_2$, Formel XIII (R = CH_3, R' = H).
B. Beim Erwärmen von *N*-[1-Methyl-indol-5-yl]-phthalimid mit $N_2H_4 \cdot H_2O$ in Äthanol (*Terent'ew*, *Preobrashenškaja*, Ž. obšč. Chim. **29** [1959] 317, 322; engl. Ausg. S. 322, 326).
Kristalle; F: 100—101,5° [geschlossene Kapillare]. Kp_2: 143—144°.
Beim Aufbewahren tritt Zersetzung ein.

5-Benzoylamino-indol, *N*-Indol-5-yl-benzamid $C_{15}H_{12}N_2O$, Formel XIII (R = H, R' = CO-C_6H_5).
B. Beim Behandeln von Indol-5-ylamin mit Benzoylchlorid und wss. Alkali in Benzol (*Terent'ew et al.*, Ž. obšč. Chim. **29** [1959] 2541, 2547; engl. Ausg. S. 2504, 2509).
Kristalle (aus Bzl.); F: 166—167°.

5-Benzoylamino-1-methyl-indol, *N*-[1-Methyl-indol-5-yl]-benzamid $C_{16}H_{14}N_2O$, Formel XIII (R = CH_3, R' = CO-C_6H_5).
B. Aus 1-Methyl-indol-5-ylamin und Benzoylchlorid mit Hilfe von wss. Alkali (*Terent'ew*, *Preobrashenškaja*, Ž. obšč. Chim. **29** [1959] 317, 322; engl. Ausg. S. 322, 326).
Kristalle (aus Toluol); F: 191—192° [geschlossene Kapillare].

N-[1-Methyl-indol-5-yl]-phthalimid C$_{17}$H$_{12}$N$_2$O$_2$, Formel XIV.

B. Beim Erhitzen von *N*-[1-Methyl-indolin-5-yl]-phthalimid mit Tetrachlor-[1,4]benzo=
chinon in Xylol (*Terent'ew, Preobrashenškaja*, Ž. obšč. Chim. **29** [1959] 317, 321; engl.
Ausg. S. 322, 326).

Kristalle (aus PAe.); F: 211—212°.

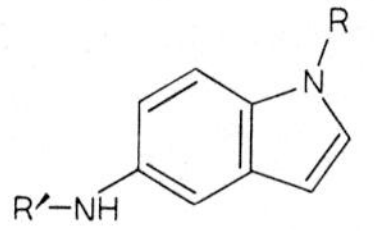

XIII 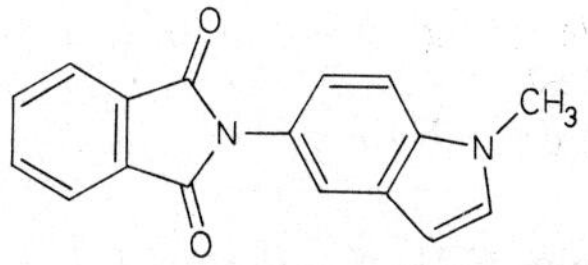　　　　　　　　　　XIV 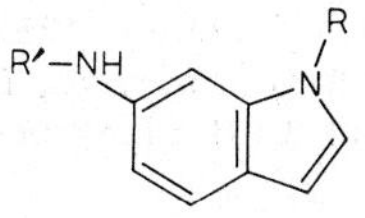　　　　　　　　　　XV

Indol-6-ylamin C$_8$H$_8$N$_2$, Formel XV (R = R′ = H).

B. Beim Behandeln von 6-Nitro-indol mit wss. N$_2$H$_4$·H$_2$O unter Zusatz von Raney-
Nickel in Methanol (*Brown, Nelson*, Am. Soc. **76** [1954] 5149). Beim Erhitzen von
6-Brom-indol-2-carbonsäure mit wss. NH$_3$ auf 220° (*Plieninger*, B. **88** [1955] 370, 376).

Kristalle [aus Bzl. + PAe.] (*Br., Ne.*); F: 68—70° (*Pl.*), 66—67° [aus wss. Me.]
(*Br., Ne.*).

Hydrochlorid C$_8$H$_8$N$_2$·HCl. F: 241—242° [korr.] (*Br., Ne.*).

1-Methyl-indol-6-ylamin C$_9$H$_{10}$N$_2$, Formel XV (R = CH$_3$, R′ = H).

B. Beim Behandeln von 1-Methyl-6-nitro-indol mit N$_2$H$_4$·H$_2$O in Methanol (*Terent'ew,
Preobrashenškaja*, Doklady Akad. S.S.S.R. **118** [1958] 302, 304; Pr. Acad. Sci. U.S.S.R.
Chem. Sect. **118–123** [1958] 49, 50).

Kp$_3$: 156°.

Beim Aufbewahren tritt Zersetzung ein.

Hydrochlorid C$_9$H$_{10}$N$_2$·HCl. Zers. > 100°.

6-Acetylamino-indol, *N*-Indol-6-yl-acetamid C$_{10}$H$_{10}$N$_2$O, Formel XV (R = H,
R′ = CO-CH$_3$).

B. Beim Behandeln von Indol-6-ylamin mit Acetanhydrid in Benzol (*Brown, Nelson*,
Am. Soc. **76** [1954] 5149) bzw. in Pyridin (*Plieninger*, B. **88** [1955] 370, 376).

Kristalle (aus wss. A.); F: 170—171° [korr.] (*Br., Ne.*).

6-Benzoylamino-1-methyl-indol, *N*-[1-Methyl-indol-6-yl]-benzamid C$_{16}$H$_{14}$N$_2$O,
Formel XV (R = CH$_3$, R′ = CO-C$_6$H$_5$).

B. Aus 1-Methyl-indol-6-ylamin und Benzoylchlorid mit Hilfe von wss. Alkali (*Terent'ew, Preobrashenškaja*, Doklady Akad. S.S.S.R. **118** [1958] 302, 304; Pr. Acad. Sci.
U.S.S.R. Chem. Sect. **118–123** [1958] 49, 51).

Kristalle (aus Xylol); F: 159,5—160,5°.

Picrat C$_{16}$H$_{14}$N$_2$O·C$_6$H$_3$N$_3$O$_7$. F: 151—152° [aus Bzl.].

N-[1-Methyl-indol-6-yl]-phthalimid C$_{17}$H$_{12}$N$_2$O$_2$, Formel I.

B. Beim Erhitzen von *N*-[1-Methyl-indolin-6-yl]-phthalimid mit Zimtsäure und wenig
Palladium in Xylol unter CO$_2$ (*Terent'ew, Preobrashenškaja*, Doklady Akad. S.S.S.R.
118 [1958] 302, 305; Pr. Acad. Sci. U.S.S.R. Chem. Sect. **118–123** [1958] 49, 51).

F: 189—190° [aus Bzl. und A.].

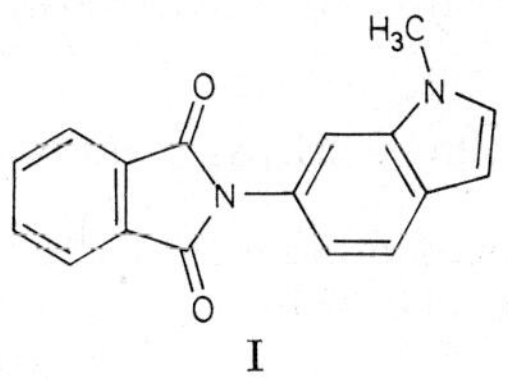

I 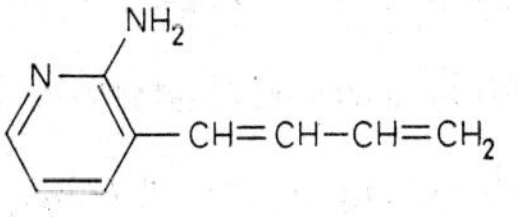　　　　　　　　　　　　　　II

Amine $C_9H_{10}N_2$

*3-Buta-1,3-dienyl-[2]pyridylamin $C_9H_{10}N_2$, Formel II.

B. Beim Behandeln von [4-(2-Amino-[3]pyridyl)-but-3-enyl]-trimethyl-ammonium-jodid (Picrat; F: 213°) mit wss. KOH (*Gol'dfarb, Karaulowa,* Ž. obšč. Chim. **18** [1948] 117, 122; C. A. **1948** 5020).

Kristalle (*Go., Ka.*); F: 74° [nach Wasserdampfdestillation] (*Shukowa et al.,* Izv. Akad. S.S.S.R. Otd. chim. **1952** 743, 749; engl. Ausg. S. 673, 678). UV-Spektrum (A.; 220 nm bis 360 nm): *Sh. et al.,* l. c. S. 747.

An der Luft nicht beständig (*Go., Ka.*).

---

*5-Buta-1,3-dienyl-[2]pyridylamin $C_9H_{10}N_2$, Formel III.

B. Aus [4-(6-Amino-[3]pyridyl)-but-3-enyl]-trimethyl-ammonium-jodid (F: 210°) beim Erhitzen mit wss. KOH oder beim Behandeln mit Ag_2O (*Gol'dfarb, Kondakowa,* Doklady Akad. S.S.S.R. **55** [1947] 619; C. r. Doklady **55** [1947] 613).

Kristalle (aus Ae.); F: 125—126°. Mit Wasserdampf flüchtig.

An der Luft und in der Wärme nicht beständig.

III   IV   V

(±)-1-[2,6-Dichlor-benzyl]-4-piperidino-1,4-dihydro-chinolin $C_{21}H_{22}Cl_2N_2$, Formel IV, oder **(±)-1-[2,6-Dichlor-benzyl]-2-piperidino-1,2-dihydro-chinolin** $C_{21}H_{22}Cl_2N_2$, Formel V.

B. Beim Erwärmen von 1-[2,6-Dichlor-benzyl]-chinolinium-bromid mit Piperidin und H_2O (*Kröhnke, Vogt,* A. **600** [1956] 211, 224, 225).

Kristalle; F: 108—109° [Rohprodukt].

(±)-2-[2-Chlor-benzyl]-1-piperidino-1,2-dihydro-isochinolin $C_{21}H_{23}ClN_2$, Formel VI (X = H).

B. Beim Erwärmen von 2-[2-Chlor-benzyl]-isochinolinium-bromid mit Piperidin und H_2O (*Kröhnke, Vogt,* A. **600** [1956] 211, 224).

Kristalle (aus A.); F: 91—93°.

(±)-2-[2,6-Dichlor-benzyl]-1-piperidino-1,2-dihydro-isochinolin $C_{21}H_{22}Cl_2N_2$, Formel VI (X = Cl).

B. Beim Erwärmen von 2-[2,6-Dichlor-benzyl]-isochinolinium-bromid mit Piperidin und H_2O (*Kröhnke, Vogt,* A. **600** [1956] 211, 224, 227).

Kristalle (aus Py. + H_2O) mit 0,25 Mol H_2O; F: 112—114° (*Kr., Vogt*).

Beim Erwärmen mit Aceton bzw. mit Desoxybenzoin und Äthanol ist [2-(2,6-Dichlor-benzyl)-1,2-dihydro-[1]isochinolyl]-aceton bzw. 2-[2-(2,6-Dichlor-benzyl)-1,2-dihydro-[1]isochinolyl]-1,2-diphenyl-äthanon (F: 125—126°) erhalten worden (*Ahlbrecht, Kröhnke,* A. **717** [1968] 96; *Kr., Vogt,* l. c. S. 225, 227).

(±)-1-Piperidino-2-*trans*(?)-styryl-1,2-dihydro-isochinolin $C_{22}H_{24}N_2$, vermutlich Formel VII.

B. Beim Erwärmen von 2-*trans*(?)-Styryl-isochinolinium-bromid (E III/IV **20** 3422) mit Piperidin und H_2O (*Kröhnke, Vogt,* A. **600** [1956] 211, 225).

Kristalle (aus A.); F: 90—92° [rote Schmelze].

Beim Behandeln mit wss. HClO₄ ist 2-*trans*(?)-Styryl-isochinolinium-perchlorat erhalten worden.

VI   VII

3-Dimethylamino-2-methyl-indol, Dimethyl-[2-methyl-indol-3-yl]-amin $C_{11}H_{14}N_2$, Formel VIII (R = R′ = CH₃).

B. Beim Behandeln einer Lösung von 2-Methyl-indol-3-ylamin-hydrochlorid in Methanol mit Dimethylsulfat und wss. NaOH (*Erdtman*, B. **69** [1936] 2482, 2484).

Picrat $C_{11}H_{14}N_2 \cdot C_6H_3N_3O_7$. Kristalle (aus A.); Zers. bei 186—187° [bei schnellem Erhitzen].

Methobromid [$C_{12}H_{17}N_2$]Br. Kristalle [aus Acetonitril + Ae.]; F: 242—243° [Zers.].

Methojodid [$C_{12}H_{17}N_2$]I. Kristalle [aus A. + Ae.]; F: 202—205°.

Methopicrat [$C_{12}H_{17}N_2$]$C_6H_2N_3O_7$. Kristalle [aus A. oder wss. A.]; F: 204—205°.

3-Benzoylamino-2-methyl-indol, *N*-[2-Methyl-indol-3-yl]-benzamid $C_{16}H_{14}N_2O$, Formel VIII (R = CO-C₆H₅, R′ = H).

B. Beim Behandeln von 2-Methyl-indol-3-ylamin-hydrochlorid mit Benzoylchlorid und Pyridin (*Erdtman*, B. **69** [1936] 2482, 2485).

Kristalle (aus Eg.); F: 233—234°.

2-Methyl-indol-5-ylamin $C_9H_{10}N_2$, Formel IX (R = R′ = H).

B. Beim Behandeln von 2-Methyl-5-nitro-indol mit N₂H₄·H₂O unter Zusatz von Raney-Nickel in Äthanol (*Terent'ew et al.*, Ž. obšč. Chim. **29** [1959] 2541, 2548; engl. Ausg. S. 2504, 2509). Beim Erhitzen von 3-[2,5-Bis-(dimethylsulfamoyl-amino)-phenyl]-pentan-2,4-dion (*Adams, Samuels*, Am. Soc. **77** [1955] 5375, 5377, 5381) oder von 3-[2,5-Bis-benzoylamino-phenyl]-pentan-2,4-dion (*Adams et al.*, Am. Soc. **80** [1958] 3291) mit wss. HCl.

Kristalle; F: 157—159° [korr.; aus Bzl.] (*Ad., Sa.*), 156—156,5° [aus Heptan] (*Te. et al.*). Bei 160°/10—15 Torr sublimierbar (*Ad., Sa.*; *Ad. et al.*). λ_{max} (A.): 214—215 nm und 272—273 nm (*Ad., Sa.*, l. c. S. 5379).

Die Identität des H 442 als *Bz*-Amino-2-methyl-indol bezeichneten Präparats (F: 137°) ist ungewiss (*Noland et al.*, J. org. Chem. **28** [1963] 2262, 2263, 2265).

5-Acetylamino-2-methyl-indol, *N*-[2-Methyl-indol-5-yl]-acetamid $C_{11}H_{12}N_2O$, Formel IX (R = H, R′ = CO-CH₃).

B. Beim Erwärmen von 2-Methyl-indol-5-ylamin mit Acetanhydrid in Benzol (*Adams, Samuels*, Am. Soc. **77** [1955] 5375, 5381).

Kristalle (aus A. + Bzl.); F: 159—160,5° [korr.] (*Ad., Sa.*). λ_{max} (A.): 238—239 nm (*Ad., Sa.*, l. c. S. 5379).

Die Identität des H 442 als *Bz*-Acetamino-2-methyl-indol bezeichneten Präparats (F: 188°) ist ungewiss (*Noland et al.*, J. org. Chem. **28** [1963] 2262, 2263, 2265); entsprechendes gilt für das *Bz*-[ω-Phenyl-ureido]-2-methyl-indol $C_{16}H_{15}N_3O$ (H 442) und das *Bz*-[ω-Phenyl-thioureido]-2-methyl-indol $C_{16}H_{15}N_3S$ (H 442).

5-Benzoylamino-2-methyl-indol, *N*-[2-Methyl-indol-5-yl]-benzamid $C_{16}H_{14}N_2O$, Formel IX (R = H, R′ = CO-C₆H₅).

B. Aus 2-Methyl-indol-5-ylamin und Benzoylchlorid mit Hilfe von wss. Alkali (*Terent'ew et al.*, Ž. obšč. Chim. **29** [1959] 2541, 2548; engl. Ausg. S. 2504, 2509).

F: 192—192,5° [aus Bzl.].

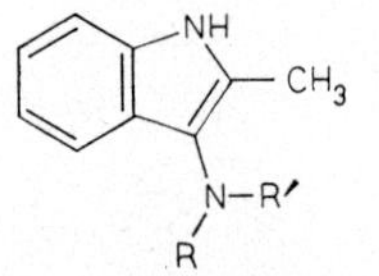

VIII 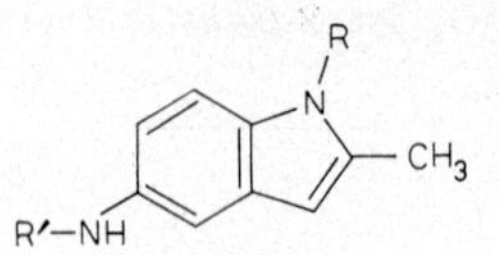   IX 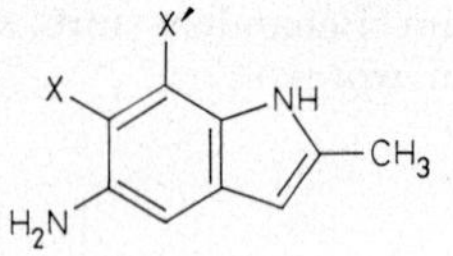   X

5-[Dimethylsulfamoyl-amino]-2-methyl-indol, *N,N*-Dimethyl-*N′*-[2-methyl-indol-5-yl]-sulfamid $C_{11}H_{15}N_3O_2S$, Formel IX (R = H, R′ = SO$_2$-N(CH$_3$)$_2$).

B. Neben 2-Methyl-indol-5-ylamin beim Erhitzen von *N′*-[3-Acetyl-2-methyl-indol-5-yl]-*N,N*-dimethyl-sulfamid mit wss. HCl (*Adams, Samuels*, Am. Soc. **77** [1955] 5375, 5382).

Kristalle (aus Bzl. + Cyclohexan); F: 176—178,5° [korr.].

1-Dimethylsulfamoyl-5-[dimethylsulfamoyl-amino]-2-methyl-indol $C_{13}H_{20}N_4O_4S_2$, Formel IX (R = R′ = SO$_2$-N(CH$_3$)$_2$).

B. Beim Erhitzen von 3-[2,5-Bis-(dimethylsulfamoyl-amino)-phenyl]-pentan-2,4-dion mit wss. NaOH (*Adams, Samuels*, Am. Soc. **77** [1955] 5375, 5382).

Kristalle (aus E. + Cyclohexan); F: 95,5—97,5°. λ_{max} (A.): 232—233 nm (*Ad., Sa.*, l. c. S. 5379).

6(?)-Chlor-2-methyl-indol-5-ylamin $C_9H_9ClN_2$, vermutlich Formel X (X = Cl, X′ = H).

B. Beim Erhitzen von 3-[4(?)-Chlor-2,5-bis-(dimethylsulfamoyl-amino)-phenyl]-pentan-2,4-dion mit wss. HCl (*Adams, Samuels*, Am. Soc. **77** [1955] 5375, 5377).

Kristalle (aus Bzl.); F: 196—197° [korr.]. λ_{max} (A.): 212—213 nm und 284—285 nm (*Ad., Sa.*, l. c. S. 5379).

6,7-Dichlor-2-methyl-indol-5-ylamin $C_9H_8Cl_2N_2$, Formel X (X = X′ = Cl).

B. Beim Erhitzen von 3-[3,4-Dichlor-2,5-bis-(dimethylsulfamoyl-amino)-phenyl]-pentan-2,4-dion mit wss. HCl (*Adams, Samuels*, Am. Soc. **77** [1955] 5375, 5377).

Kristalle (nach Sublimation); F: 195,5—197,5° [korr.]. λ_{max} (A.): 226—227 nm und 285—286 nm (*Ad., Sa.*, l. c. S. 5379).

2-Methyl-indol-6-ylamin $C_9H_{10}N_2$, Formel XI (R = H) (H 441).

B. Beim Erwärmen von 2-Methyl-6-nitro-indol mit N$_2$H$_4$·H$_2$O unter Zusatz von Raney-Nickel in Äthanol (*Terent'ew et al.*, Ž. obšč. Chim. **29** [1959] 2541, 2448; engl. Ausg. S. 2504, 2509).

Kristalle (aus CCl$_4$); F: 84—85°. Kp$_4$: 170—177°. Färbt sich an der Luft schnell dunkel.

6-Benzoylamino-2-methyl-indol, *N*-[2-Methyl-indol-6-yl]-benzamid $C_{16}H_{14}N_2O$, Formel XI (R = CO-C$_6$H$_5$) (H 442).

F: 210° [aus wss. A.] (*Terent'ew et al.*, Ž. obšč. Chim. **29** [1959] 2541, 2548; engl. Ausg. S. 2504, 2510).

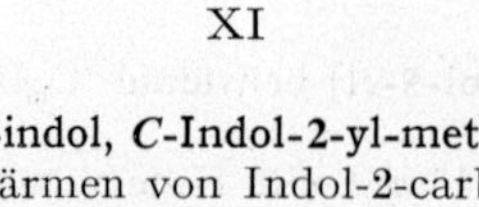

XI 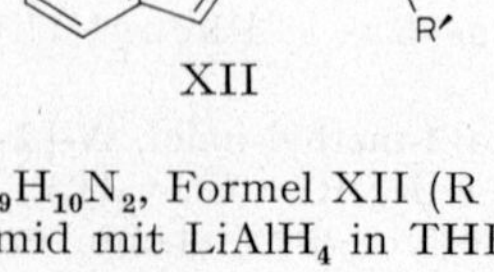   XII

2-Aminomethyl-indol, *C*-Indol-2-yl-methylamin $C_9H_{10}N_2$, Formel XII (R = R′ = H).

B. Beim Erwärmen von Indol-2-carbonsäure-amid mit LiAlH$_4$ in THF (*Nógrádi*, M. **88** [1957] 1087, 1092).

Kristalle (aus Me. + H$_2$O); F: 69—71°.

Picrat. Rote Kristalle (aus Me.); Zers. bei 220° [unscharf; nach Gelbfärbung bei 165° und Braunfärbung bei 180°].

2-Dimethylaminomethyl-indol, Indol-2-ylmethyl-dimethyl-amin, Isogramin $C_{11}H_{14}N_2$, Formel XII (R = H, R' = CH_3).

B. Beim Behandeln von Indol-2-carbonsäure-dimethylamid mit LiAlH$_4$ in THF (*Schindler*, Helv. **40** [1957] 2156, 2158; vgl. *Kornfeld*, J. org. Chem. **16** [1951] 806, 808). Beim Behandeln von N,N-Dimethyl-glycin-o-toluidid mit NaNH$_2$ in flüssigem NH$_3$ und Erhitzen des Reaktionsprodukts unter Stickstoff bis auf 310° (*Ko.*, l. c. S. 807; vgl. *Snyder, Cook*, Am. Soc. **78** [1956] 969, 970).

Kristalle (aus PAe.); F: 60—61° (*Sch.*). Kp$_{20}$: 180—183° (*v. Euler, Erdtman*, A. **520** [1935] 1, 6); Kp$_6$: 143—145° (*Ko.*); Kp$_{0,3}$: 118—120° (*Sch.*).

Hydrochlorid $C_{11}H_{14}N_2 \cdot$ HCl. Kristalle (aus A. + Acn.); F: 189—190° (*v. Eu., Er.*).

Picrat $C_{11}H_{14}N_2 \cdot C_6H_3N_3O_7$. Kristalle (aus A.); F: 184—185° (*v. Eu., Er.*), 182—184° [unkorr.] (*Ko.*).

Methojodid [$C_{12}H_{17}N_2$]I; Indol-2-ylmethyl-trimethyl-ammonium-jodid. Kristalle; F: 161—162° [korr.; aus A.] (*Sch.*), 154—155° [aus A. + Ae.] (*Sn., Cook*).

2-Dimethylaminomethyl-1-methyl-indol, Dimethyl-[1-methyl-indol-2-ylmethyl]-amin $C_{12}H_{16}N_2$, Formel XII (R = R' = CH_3).

B. Beim Erwärmen von 1-Methyl-indol-2-carbonsäure-dimethylamid mit LiAlH$_4$ in Äther (*Snyder, Cook*, Am. Soc. **78** [1956] 969, 971).

Kp$_{1,1}$: 105° (*Sn., Cook*).

Methojodid [$C_{13}H_{19}N_2$]I; Trimethyl-[1-methyl-indol-2-ylmethyl]-ammonium-jodid. Kristalle; Zers. ab 212° [aus A.] (*Sn., Cook*, l. c. S. 972). F: 207° [unkorr.; aus Me. + Ae.] (*Lown, Weir*, Canad. J. Chem. **56** [1978] 249, 255).

Indol-2-yl-piperidino-methan, 2-Piperidinomethyl-indol $C_{14}H_{18}N_2$, Formel XIII (R = H).

B. Beim Erhitzen von Indol-2-ylmethyl-trimethyl-ammonium-jodid mit Piperidin (*Snyder, Cook*, Am. Soc. **78** [1956] 969, 972).

Kristalle (aus A. + H$_2$O) mit 0,5 Mol H$_2$O; F: 80—83°.

1-Methyl-2-piperidinomethyl-indol $C_{15}H_{20}N_2$, Formel XIII (R = CH_3).

B. Beim Erhitzen von Trimethyl-[1-methyl-indol-2-ylmethyl]-ammonium-jodid mit Piperidin (*Snyder, Cook*, Am. Soc. **78** [1956] 969, 972).

Kristalle (aus A. + H$_2$O); F: 82—83°.

XIII   XIV

5-[(Indol-2-ylmethyl-amino)-methyl]-2-methoxy-phenol $C_{17}H_{18}N_2O_2$, Formel XIV.

B. Beim Hydrieren von 2-Aminomethyl-indol und 3-Hydroxy-4-methoxy-benzaldehyd an Palladium/Kohle in Äthanol (*Nógrádi*, M. **88** [1957] 1087, 1093).

Kristalle (aus A.); F: 181—183° [Zers.].

4-[(Indol-2-ylmethyl-amino)-methyl]-1-methoxy-2-[3,4,5-trimethoxy-benzoyloxy]-benzol $C_{27}H_{28}N_2O_6$, Formel I.

B. Beim Hydrieren von 2-Aminomethyl-indol und 3,4,5-Trimethoxy-benzoesäure-[5-formyl-2-methoxy-phenylester] an Palladium/Kohle in Dioxan (*Nógrádi*, M. **88** [1957] 1087, 1092).

Kristalle (aus Me.); F: 167—169°.

3,3-Diäthyl-1-[3-methyl-indol-2-yl]-azetidin-2,4-dion $C_{16}H_{18}N_2O_2$, Formel II.

B. Neben 3,3-Diäthyl-10-methyl-1H-pyrimido[1,2-a]indol-2,4-dion beim Erwärmen einer Lösung von 3-Methyl-indol-2-on-[4-nitro-phenylhydrazon] in Essigsäure und Methanol mit Zink-Pulver und wss. HCl und Behandeln des Reaktionsprodukts mit Diäthyl-

malonylchlorid in Pyridin (*Ebnöther et al.*, Helv. **42** [1959] 918, 936).
Kristalle (aus Cyclohexan); F: 131—133° [korr.; evakuierte Kapillare].

I   II

3-Aminomethyl-indol, C-Indol-3-ylmethylamin $C_9H_{10}N_2$, Formel III (R = R' = H)
(E II 346).
B. Bei der Hydrierung von Indol-3-carbaldehyd-[(Z)-O-acetyl-oxim] an Platin in Essig=
säure unter Zusatz von wenig wss. $FeCl_3$ oder äthanol. $FeCl_3$ (*Putochin, Dawydowa, Ž.*
obšč. Chim. **2** [1932] 290, 293, 294; C. A. **1933** 722).
Sulfat $2 C_9H_{10}N_2 \cdot H_2SO_4$.

3-Dimethylaminomethyl-indol, Indol-3-ylmethyl-dimethyl-amin, Gramin $C_{11}H_{14}N_2$,
Formel IV (R = H).
Konstitution: *Wieland, Hsing,* A. **526** [1936] 188.
Identität von **Donaxin** (*Orechoff, Norkina,* B. **68** [1935] 436) mit Gramin: *v. Euler,*
Erdtman, A. **520** [1935] 1, 4; *Erdtman,* B. **69** [1936] 2482.
Isolierung aus Früchten von Acer rubrum: *Pachter,* J. Am. pharm. Assoc. **48** [1959]
670; aus Blättern von Acer saccharinum: *Pachter et al.,* J. org. Chem. **24** [1959] 1285;
aus Blättern von Arundo donax: *Orechoff, Norkina,* B. **68** [1935] 436; Ž. obšč. Chim. **7**
[1937] 673; C. **1937** II 234; *Madinaveitia,* Soc. **1937** 1927; aus jungen Blättern verschiede-
ner Sorten von Hordeum vulgare: *v. Euler, Hellström,* Z. physiol. Chem. **217** [1933] 23,
24; *v. Euler et al.,* B. **69** [1936] 743, 746.
B. Beim Behandeln von Indol mit wss. Formaldehyd, wss. Dimethylamin und Essig=
säure (*Kuhn, Stein,* B. **70** [1937] 567; *Snyder et al.,* Am. Soc. **66** [1944] 200, 202). Beim
Behandeln einer Lösung von Indolylmagnesiumjodid in Äther mit N,N-Dimethyl-glycin-
nitril und Behandeln des Reaktionsgemisches mit wss. HCl (*Wieland, Hsing,* A. **526**
[1936] 188, 192).
Kristalle (aus Acn.); F: 138—139° (*Orechoff, Norkina,* B. **68** [1935] 436), 134—135°
(*v. Euler et al.,* B. **69** [1936] 743, 744), 134° [unkorr.] (*Wieland, Hsing,* A. **526** [1936]
188, 192). Bei 59°/0,001 Torr sublimierbar (*Janot, Chaigneau,* C. r. **225** [1947] 1371).
IR-Banden (CCl_4; 3090—2720 cm^{-1}): *Hill, Meakins,* Soc. **1958** 760, 763; s. a. *Marion*
et al., Am. Soc. **73** [1951] 305, 306. UV-Spektrum (A.; 225—300 nm): *Geissman, Armen,*
Am. Soc. **74** [1952] 3916, 3917. λ_{max} (A.): 280 nm und 289 nm (*van Tamelen, Knapp,*
Am. Soc. **77** [1955] 1860, 1861). Scheinbarer Dissoziationsexponent pK_a' der protonierten
Verbindung (wss. Me. [50%ig]): 9,2 (*Kebrle et al.,* Helv. **42** [1959] 907, 914).
Beim Erhitzen mit $NaHSO_3$ in wss. Methanol oder mit Na_2SO_3 in H_2O entsteht das
Natrium-Salz der Indol-3-yl-methansulfonsäure (*Wieland et al.,* A. **561** [1949] 47, 51;
Erdtman, Petterson, Acta chem. scand. **3** [1949] 904). Bildung von Tetramethyl-ammonium-
jodid, 3-Methoxymethyl-indol und Trimethylamin beim Behandeln mit CH_3I und meth=
anol. KOH: *Madinaveitia,* Soc. **1937** 1927; beim Behandeln mit CH_3I und methanol.
Natriummethylat: *Geissman, Armen,* Am. Soc. **74** [1952] 3916, 3918. Beim Behandeln
mit CH_3I [Überschuss] ist Indol-3-ylmethyl-trimethyl-ammonium-jodid als Hauptprodukt, mit CH_3I [1 Mol] in Äthanol sind überwiegend Tetramethylammoniumjodid und
Bis-indol-3-ylmethyl-dimethyl-ammonium-jodid erhalten worden (*Ge., Ar.; Schöpf,*
Thesing, Ang. Ch. **63** [1951] 377). Beim Behandeln mit 1,6-Dibrom-hexan in Acetonitril
ist Bis-indol-3-ylmethyl-dimethyl-ammonium-bromid erhalten worden (*Gray,* Am. Soc.
75 [1953] 1252). Bildung von 3-[2-Nitro-butyl]-indol beim Erhitzen mit 1-Nitro-propan
und NaOH; von 1,3-Di-indol-3-yl-2-nitro-propan beim Erhitzen mit Nitromethan in
2-Äthoxy-äthanol: *Snyder, Katz,* Am. Soc. **69** [1947] 3140. Beim Erwärmen mit NaCN
und wss. Äthanol sind Indol-3-yl-essigsäure-amid und Indol-3-yl-essigsäure erhalten
worden (*Snyder, Pilgrim,* Am. Soc. **70** [1948] 3770). Bildung von Indol-3-yl-acetonitril

beim Erhitzen mit HCN in Benzol auf 150°: *I. G. Farbenind.*, D.R.P. 722 809 [1939];
D.R.P. Org. Chem. **6** 2405; beim Behandeln mit KCN und CH_3I in wss. Methanol: *Henbest et al.*, Soc. **1953** 3796, 3801. Beim Erhitzen mit Acetanhydrid und Natriumacetat
entsteht 3-Acetoxymethyl-1-acetyl-indol (*Ge.*, *Ar.*, l. c. S. 3919). Beim Erwärmen mit
Nitroessigsäure-äthylester in Xylol ist 3-Indol-3-yl-2-nitro-propionsäure-äthylester, unter
Zusatz von NaOH ist 3-Indol-3-yl-2-indol-3-ylmethyl-2-nitro-propionsäure-äthylester erhalten worden (*Lyttle*, *Weisblat*, Am. Soc. **69** [1947] 2118). Beim Erhitzen mit Malon‚
säure-diäthylester unter Zusatz von wenig Natrium (*Snyder et al.*, Am. Soc. **66** [1944]
201, 202) oder mit NaOH in Toluol (*Hurd*, *Bauer*, J. org. Chem. **18** [1953] 1440, 1447)
entsteht Indol-3-ylmethyl-malonsäure-diäthylester. Überführung in Tryptophan: *Snyder*,
Smith, Am. Soc. **66** [1944] 350; *Ly.*, *We.*; *Weisblat*, *Lyttle*, Am. Soc. **71** [1949] 3079;
Holland, *Nayler*, Soc. **1953** 280. Bildung von 4-Indol-3-ylmethyl-*N*-methyl-anilin beim
Erhitzen mit *N*-Methyl-anilin und wenig Na_2CO_3 unter Stickstoff auf 150°: *Thesing*,
Mayer, B. **87** [1954] 1084, 1091. Beim Erhitzen mit Hexamethylentetramin und wss.
Propionsäure entsteht Indol-3-carbaldehyd (*Snyder et al.*, Am. Soc. **74** [1952] 5110, 5111).
Bildung von Di-indol-3-yl-methan beim Erhitzen mit Indol in Toluol: *v. Dobeneck et al.*,
Z. physiol. Chem. **304** [1956] 26, 30.

Hydrochlorid $C_{11}H_{14}N_2 \cdot HCl$. Kristalle (aus A. + Ae.); F: 190,5—191,0° [korr.; Zers.]
(*Powell*, *Chen*, Pr. Soc. exp. Biol. Med. **58** [1945] 1).

Perchlorat. Kristalle (aus H_2O); F: 150—151° (*Orechoff*, *Norkina*, B. **68** [1935] 436),
148—150° [unkorr.] (*Wieland*, *Hsing*, A. **526** [1936] 188, 193).

Hexachloroplatinat(IV). Rote Kristalle (aus verd. wss. HCl); F: 180—181° [Zers.]
(*Or.*, *No.*), 182° [Zers.] (*Wi.*, *Hs.*).

Verbindung mit 1,3,5-Trinitro-benzol $C_{11}H_{14}N_2 \cdot C_6H_3N_3O_6$. Orangefarbene Kristalle (aus A.); F: 117° (*Rebstock et al.*, J. org. Chem. **21** [1956] 1515).

Picrat. Kristalle; F: 144—145° [aus A.] (*Or.*, *No.*), 142—144° [aus A.] (*v. Euler*, *Erdtman*, A. **520** [1935] 1, 2), 140—142° [unkorr.; aus verd. wss. H_2SO_4] (*Wi.*, *Hs.*).

III   IV   V

3-[(Dimethyl-oxy-amino)-methyl]-indol, Indol-3-ylmethyl-dimethyl-aminoxid,
Graminoxid $C_{11}H_{14}N_2O$, Formel V.

B. Beim Behandeln von Gramin (S. 4302) in Äthanol mit wss. H_2O_2 [30%ig] (*Henry*,
Leete, Am. Soc. **79** [1957] 5254).

Kristalle (aus A. + wss. H_2O_2) mit 1 Mol H_2O_2; F: 135—136° [korr.; Zers.; bei
schnellem Erhitzen] bzw. 121—122° [korr.; Zers.; bei langsamem Erhitzen]. λ_{max} (A.):
272 nm, 280 nm und 288 nm.

Überführung in *O*-Indol-3-ylmethyl-*N*,*N*-dimethyl-hydroxylamin beim Erhitzen: *He.*,
Le. Beim Erwärmen mit Nitromethan und Natriumäthylat in Äthanol entsteht 3-[2-Nitroäthyl]-indol.

3-Dimethylaminomethyl-1-methyl-indol, Dimethyl-[1-methyl-indol-3-ylmethyl]-amin
$C_{12}H_{16}N_2$, Formel IV (R = CH_3).

B. Beim Behandeln von 1-Methyl-indol mit wss. Formaldehyd, wss. Dimethylamin
und Essigsäure (*Snyder*, *Eliel*, Am. Soc. **70** [1948] 1703).

$Kp_{0,5}$: 113—116°; n_D^{23}: 1,5734 (*Gray*, Am. Soc. **75** [1953] 1252). $Kp_{0,2}$: 94—96°; n_D^{20}:
1,5743 (*Sn.*, *El.*, l. c. S. 1703). IR-Banden (CCl_4; 3060—2720 cm⁻¹): *Hill*, *Meakins*, Soc.
1958 760, 763. Scheinbarer Dissoziationsexponent pK_a' der protonierten Verbindung (wss.
Me. [50%ig]): 9,3 (*Kebrle et al.*, Helv. **42** [1959] 907, 914).

Reaktion mit 1,6-Dibrom-hexan: *Gray*.

Hydrochlorid $C_{12}H_{16}N_2 \cdot HCl$. Kristalle (aus Ae. oder A.); F: 198—199° [korr.; Zers.]
(*Snyder*, *Eliel*, Am. Soc. **70** [1948] 4233).

Picrat $C_{12}H_{16}N_2 \cdot C_6H_3N_3O_7$. Kristalle (aus A.); F: 145—146° [korr.] (*Sn., El.*, l. c. S. 1703).

Methojodid $[C_{13}H_{19}N_2]I$; Trimethyl-[1-methyl-indol-3-ylmethyl]-ammon-ium-jodid. Kristalle; Zers. bei 195° [korr.; aus A.] (*Sn., El.*, l. c. S. 1703); F: 177—178° [unkorr.; Zers.; aus Me. + Ae.] (*Lown, Weir*, Canad. J. Chem. **56** [1978] 249, 255). ^{1}H-NMR-Absorption (DMSO-d_6): *Lown, Weir.* — Beim Erhitzen mit NaCN in H_2O sind [1-Methyl-indol-3-yl]-acetonitril und geringe Mengen 1,3-Dimethyl-indol-2-carbonitril erhalten worden (*Snyder, Eliel*, Am. Soc. **70** [1948] 1704, 1857).

Indol-3-ylmethyl-trimethyl-ammonium $[C_{12}H_{17}N_2]^+$, Formel VI (R = CH_3).

Jodid $[C_{12}H_{17}N_2]I$; Gramin-methojodid. *B.* Beim Behandeln von Gramin (S. 4302) in Äther mit CH_3I (*Lown, Weir*, Canad. J. Chem. **56** [1978] 249, 255; vgl. *Geissman, Armen*, Am. Soc. **74** [1952] 3916, 3918; *Potts, Robinson*, Soc. **1955** 2675, 2679; *Dúbrav-ková et al.*, Chem. Zvesti **11** [1957] 57; C. A. **1957** 12884). — Kristalle; F: 168—170° [unkorr.; aus Me. + Ae.] (*Lown, Weir*), 168—169° [aus Me. + Bzl.] (*Ge., Ar.*), 167° [un-korr.; bei schnellem Erhitzen] (*Du. et al.*), 165—166° [Zers.; aus Me. + Ae.] (*Schöpf, Thesing*, Ang. Ch. **63** [1951] 377). ^{1}H-NMR-Absorption sowie ^{1}H-^{1}H-Spin-Spin-Kopplungs-konstante (DMSO-d_6): *Lown, Weir.* UV-Spektrum (A.; 225—300 nm): *Ge., Ar.*, l. c. S. 3917. λ_{max} (Me.): 270 nm und 280 nm (*Po., Ro.*). — Beim Behandeln mit wss. NaOH sind [1-Indol-3-ylmethyl-indol-3-ylmethyl]-trimethyl-ammonium-jodid, Indol-3-yl-meth-anol und geringe Mengen einer Verbindung $C_{18}H_{16}N_2O$ (Kristalle [aus Bzl.]; F: 133° bis 134°; vermutlich Bis-indol-3-ylmethyl-äther) erhalten worden (*Thesing*, B. **87** [1954] 692, 697). Überführung in Indol-3-yl-essigsäure: *Ge., Ar.* Beim Behandeln mit methanol. Natriummethylat entsteht 3-Methoxymethyl-indol (*Ge., Ar.*). Reaktion mit Indol und wss. NaOH unter Bildung von Di-indol-3-yl-methan: *Thesing et al.*, B. **88** [1955] 1295, 1305.

Methylsulfat $[C_{12}H_{17}N_2]CH_3O_4S$. *B.* Aus Gramin (S. 4302) und Dimethylsulfat in THF und Essigsäure (*Sch., Th.*), in Aceton und Essigsäure (*Nógrádi*, M. **88** [1957] 768, 774) bzw. in Äthanol, Äther und Essigsäure (*Du. et al.*). Kristalle (aus A.); F: 154° (*Sch., Th.*; *Nó.*), 148—149° (*Du. et al.*). Überführung in Indol-3-carbaldehyd: *Thesing*, B. **87** [1954] 507, 511. — Verbindung mit 1,3,5-Trinitro-benzol $[C_{12}H_{17}N_2 \cdot C_6H_3N_3O_6]CH_3O_4S$. Gelbe Kristalle (aus A.); F: 133° (*Rebstock et al.*, J. org. Chem. **21** [1956] 1515).

Picrat $[C_{12}H_{17}N_2]C_6H_2N_3O_7$. Kristalle (aus Acn. oder H_2O); F: 146—147° (*Sch., Th.*).

Toluol-4-sulfonat $[C_{12}H_{17}N_2]C_7H_7O_3S$. F: 156° (*Sch., Th.*).

3-Diäthylaminomethyl-indol, Diäthyl-indol-3-ylmethyl-amin $C_{13}H_{18}N_2$, Formel III (R = R' = C_2H_5).

B. Beim Behandeln von Indol mit wss. Formaldehyd, Diäthylamin und wss. Essig-säure (*Hellmann*, Z. physiol. Chem. **284** [1949] 163, 166; vgl. *Kühn, Stein*, B. **70** [1937] 567; *A. Th. Böhme Chem. Fabr.*, D.R.P. 673949 [1937]; Frdl. **25** 927).

Kristalle; F: 105—106° [aus Acn.] (*Böhme*), 105° [aus Bzl.] (*He.*).

Picrat $C_{13}H_{18}N_2 \cdot C_6H_3N_3O_7$. Kristalle (aus Me.); F: 124° (*Kühn, St.*).

3-*tert*-Butylaminomethyl-indol, *tert*-Butyl-indol-3-ylmethyl-amin $C_{13}H_{18}N_2$, Formel III (R = $C(CH_3)_3$, R' = H).

B. Beim Erwärmen von Indol mit *tert*-Butyl-methylen-amin in Äthanol (*Snyder, Matteson*, Am. Soc. **79** [1957] 2217, 2219).

Kristalle (aus Me.); F: 115,5—119° [korr.].

3-Diallylaminomethyl-indol, Diallyl-indol-3-ylmethyl-amin $C_{15}H_{18}N_2$, Formel III (R = R' = CH_2-CH=CH_2).

B. Beim Behandeln von Indol mit wss. Formaldehyd, Diallylamin und Essigsäure (*Brehm, Lindwall*, J. org. Chem. **15** [1950] 685).

Kristalle; F: 77,5—78°.

3-Anilinomethyl-indol, *N*-Indol-3-ylmethyl-anilin $C_{15}H_{14}N_2$, Formel VII (X = X' = H).

B. Aus Indol-3-carbaldehyd-phenylimin sowie aus *N*-Indol-3-ylmethyl-*N*-phenyl-hydroxylamin beim Erwärmen mit LiAlH$_4$ in Äther (*Thesing*, B. **87** [1954] 507, 512). Beim Erhitzen von Gramin (S. 4302) mit Anilin unter Stickstoff (*Qureshi et al.*, Pakistan

J. scient. ind. Res. **1** [1958] 101, 104).
Kristalle (aus Cyclohexan); F: 95—96° (*Th.*).

VI   **VII**   **VIII**

3-[2-Chlor-anilinomethyl]-indol, 2-Chlor-*N*-indol-3-ylmethyl-anilin $C_{15}H_{13}ClN_2$,
Formel VII (X = Cl, X′ = H).
B. Beim Erhitzen von Gramin (S. 4302) mit 2-Chlor-anilin unter Stickstoff (*Qureshi et al.*, Pakistan J. scient. ind. Res. **1** [1958] 101, 105).
Kristalle (aus Bzl. + PAe.); F: 70—72°.

3-[4-Chlor-anilinomethyl]-indol, 4-Chlor-*N*-indol-3-ylmethyl-anilin $C_{15}H_{13}ClN_2$,
Formel VII (X = H, X′ = Cl).
B. Analog der vorangehenden Verbindung (*Qureshi et al.*, Pakistan J. scient. ind. Res. **1** [1958] 101, 105).
F: 98—100° [aus Bzl. + PAe.].

3-[*N*-Methyl-anilinomethyl]-indol, *N*-Indol-3-ylmethyl-*N*-methyl-anilin $C_{16}H_{16}N_2$,
Formel III (R = C_6H_5, R′ = CH_3) auf S. 4303.
B. Beim Behandeln einer Lösung von Indol-3-ylmethyl-trimethyl-ammonium-methyl≠sulfat und *N*-Methyl-anilin in wss. Essigsäure mit wss. NaOH (*Thesing, Mayer*, B. **87** [1954] 1084, 1090). Beim Behandeln einer Lösung von Indol und *N*-Methyl-anilin in Methanol mit wss. Formaldehyd (*Th., Ma.*).
Kristalle (aus Cyclohexan); F: 90—91°.
Verbindung mit 1,3,5-Trinitro-benzol. Rote Kristalle (aus Cyclohexan + Bzl.); F: 121—122° [Zers.].
Die Identität eines von *Brehm, Lindwall* (J. org. Chem. **15** [1950] 685) unter dieser Konstitution beschriebenen Präparats (F: 126—127°) ist ungewiss.

1-Benzyl-3-dimethylaminomethyl-indol, [1-Benzyl-indol-3-ylmethyl]-dimethyl-amin $C_{18}H_{20}N_2$, Formel IV (R = CH_2-C_6H_5) auf S. 4303.
B. Neben Bis-[1-benzyl-indol-3-yl]-methan beim Behandeln von 1-Benzyl-indol mit wss. Formaldehyd, wss. Dimethylamin und Essigsäure (*Cornforth et al.*, Biochem. J. **48** [1951] 591, 595).
Kristalle (aus PAe.); F: 52—54°.
Picrat $C_{18}H_{20}N_2 \cdot C_6H_3N_3O_7$. Kristalle (aus A.); F: 122° [unkorr.].

Benzyl-indol-3-ylmethyl-methyl-amin $C_{17}H_{18}N_2$, Formel III (R = CH_2-C_6H_5, R′ = CH_3) auf S. 4303.
B. Beim Behandeln von Indol mit wss. Formaldehyd, Benzyl-methyl-amin und Essig≠säure (*Brehm, Lindwall*, J. org. Chem. **15** [1950] 685).
Kristalle; F: 114°.

Benzyl-indol-3-ylmethyl-dimethyl-ammonium $[C_{18}H_{21}N_2]^+$, Formel VI (R = CH_2-C_6H_5).
Bromid $[C_{18}H_{21}N_2]$Br. *B.* Aus Dimethyl-benzyl-amin und einem Indol-3-ylmethyl-trimethyl-ammonium-Salz [S. 4304] (*Schöpf, Thesing*, Ang. Ch. **63** [1951] 377). — F: 170—171°.
Picrat $[C_{18}H_{21}N_2]C_6H_2N_3O_7$. F: 145—146°.

3-[[1]Naphthylamino-methyl]-indol, Indol-3-ylmethyl-[1]naphthyl-amin $C_{19}H_{16}N_2$,
Formel VIII.
B. Beim Erhitzen von Gramin (S. 4302) mit [1]Naphthylamin unter Stickstoff (*Qureshi et al.*, Pakistan J. scient. ind. Res. **1** [1958] 101, 104).
Kristalle (aus Bzl.); F: 148—150°.

3-[[2]Naphthylamino-methyl]-indol, Indol-3-ylmethyl-[2]naphthyl-amin $C_{19}H_{16}N_2$, Formel IX.

B. Analog der vorangehenden Verbindung (*Qureshi et al.*, Pakistan J. scient. ind. Res. **1** [1958] 101, 105).

Kristalle (aus Bzl.); F: 185—187°.

Bis-[2-hydroxy-äthyl]-indol-3-ylmethyl-amin $C_{13}H_{18}N_2O_2$, Formel X.

B. Beim Behandeln von Indol mit wss. Formaldehyd, Bis-[2-hydroxy-äthyl]-amin und Essigsäure (*v. Dobeneck et al.*, Z. physiol. Chem. **304** [1956] 26, 30).

Picrat $C_{13}H_{18}N_2O_2 \cdot C_6H_3N_3O_7$. Kristalle (aus Ae.); F: 87°.

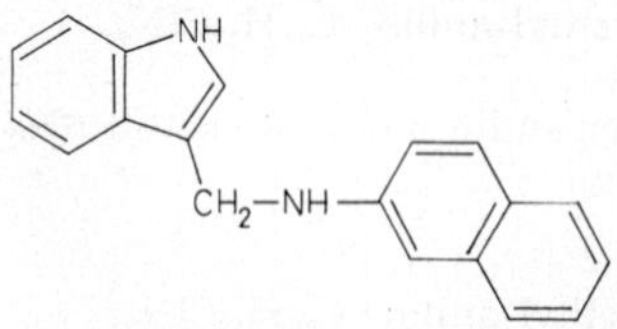

IX 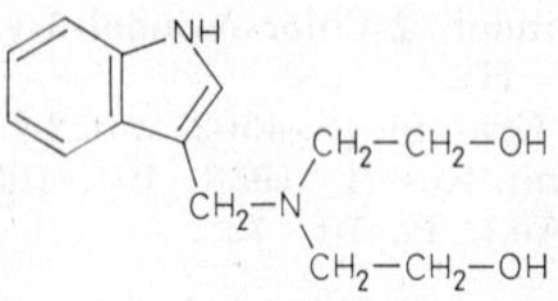   X 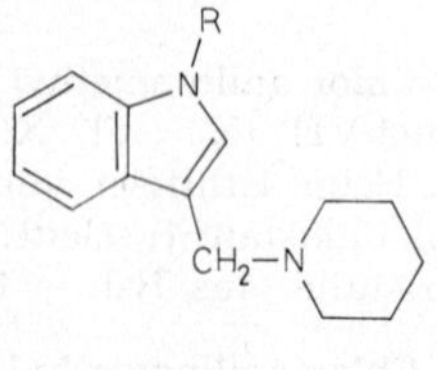   XI

Indol-3-yl-piperidino-methan, 3-Piperidinomethyl-indol $C_{14}H_{18}N_2$, Formel XI (R = H).

B. Beim Behandeln von Indol mit wss. Formaldehyd, Piperidin und Essigsäure (*A. Th. Böhme Chem. Fabr.*, D.R.P. 673949 [1937]; Frdl. **25** 927; vgl. *Kühn, Stein*, B. **70** [1937] 567; *Craig, Tarbell*, Am. Soc. **71** [1949] 462, 463; *Snyder et al.*, Am. Soc. **75** [1953] 4672, 4674). Beim Erhitzen von Gramin (S. 4302) mit Piperidin (*Howe et al.*, Am. Soc. **67** [1945] 38).

Kristalle; F: 161° [aus Acn. oder wss. Me.] (*Böhme*; *Kühn, St.*), 159—159,5° [unkorr.; aus wss. A.] (*Cr., Ta.*), 157—158,5° [korr.; aus wss. Me.] (*Sn. et al.*).

1-Methyl-3-piperidinomethyl-indol $C_{15}H_{20}N_2$, Formel XI (R = CH₃).

B. Beim Behandeln von 1-Methyl-indol mit wss. Formaldehyd, Piperidin und Essig= säure (*Snyder, Eliel*, Am. Soc. **70** [1948] 4233).

$Kp_{0,06}$: 120—155° [Badtemperatur]; n_D^{20}: 1,5820 (*Sn., El.*). $Kp_{0,06}$: 130—140° (*Hellmann, Lingens*, B. **87** [1954] 940, 945).

Picrat $C_{15}H_{20}N_2 \cdot C_6H_3N_3O_7$. Kristalle (aus A.); F: 174,5—176° [korr.; Zers.] (*Sn.,El.*).

Methojodid $[C_{16}H_{23}N_2]I$; 1-Methyl-1-[1-methyl-indol-3-ylmethyl]-piper= idinium-jodid. Kristalle (aus A.); F: 148—149° [korr.; Zers.] (*Sn., El.*).

1-Indol-3-ylmethyl-1-methyl-piperidinium $[C_{15}H_{21}N_2]^+$, Formel XII.

Jodid $[C_{15}H_{21}N_2]I$. *B.* Aus 1-Methyl-piperidin und einem Indol-3-ylmethyl-trimethyl-ammonium-Salz (*Schöpf, Thesing*, Ang. Ch. **63** [1951] 377). — F: 160—161° (*Sch., Th.*), 150—152° (*Nógrádi*, M. **88** [1951] 768, 774).

Picrat $[C_{15}H_{21}N_2]C_6H_2N_3O_7$. F: 149—150° (*Sch., Th.*).

(±)-3-[2-Methyl-piperidinomethyl]-indol $C_{15}H_{20}N_2$, Formel XIII (R = CH₃, R' = R'' = H).

B. Beim Behandeln von Indol mit wss. Formaldehyd, (±)-2-Methyl-piperidin und Essigsäure (*Akkerman et al.*, R. **70** [1951] 899, 909).

Kristalle (aus Acn.); F: 171—173° [unkorr.; Zers.] (*Ak. et al.*).

Hydrochlorid $C_{15}H_{20}N_2 \cdot HCl$. Kristalle (aus Dioxan + Me.); F: 186—187° [un-korr.] (*Arnold, Hejno*, Collect. **20** [1955] 567, 568).

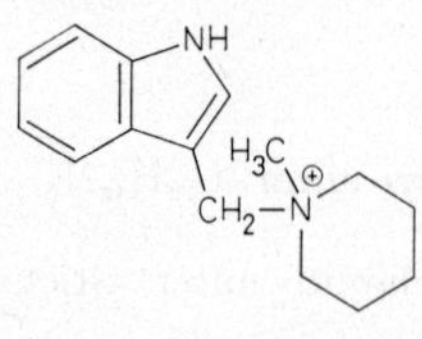

XII 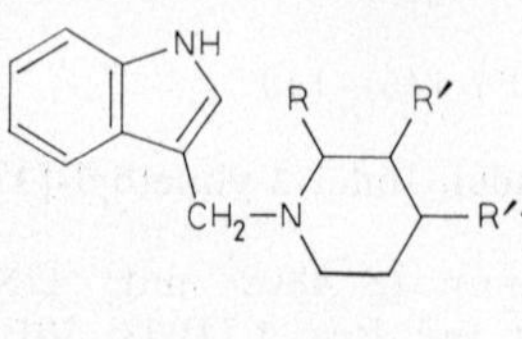   XIII 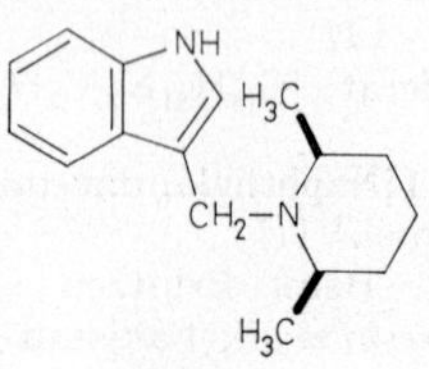   XIV

(±)-3-[3-Methyl-piperidinomethyl]-indol $C_{15}H_{20}N_2$, Formel XIII (R = R'' = H, R' = CH_3).
B. Analog der vorangehenden Verbindung (*Akkerman, Veldstra*, R. **73** [1954] 629, 639, 640).
Kristalle (aus Acn. + Ae.); F: 150° [unkorr.].

3-[4-Methyl-piperidinomethyl]-indol $C_{15}H_{20}N_2$, Formel XIII (R = R' = H, R'' = CH_3).
B. Analog den vorangehenden Verbindungen (*Akkerman, Veldstra*, R. **73** [1954] 629, 639, 640).
Kristalle (aus Acn. + Bzl.); F: 110° [unkorr.].

(±)-3-[2-Äthyl-piperidinomethyl]-indol $C_{16}H_{22}N_2$, Formel XIII (R = C_2H_5, R' = R'' = H).
B. Analog den vorangehenden Verbindungen (*Akkerman, Veldstra*, R. **73** [1954] 629, 639, 640).
Kristalle (aus Acn. + A.); F: 161° [unkorr.].

3-[4-Äthyl-piperidinomethyl]-indol $C_{16}H_{22}N_2$, Formel XIII (R = R' = H, R'' = C_2H_5).
B. Analog den vorangehenden Verbindungen (*Akkerman et al.*, R. **70** [1951] 899, 910).
Kristalle (aus Acn.); F: 121—122° [unkorr.].

3-[cis-2,6-Dimethyl-piperidinomethyl]-indol $C_{16}H_{22}N_2$, Formel XIV.
B. Analog den vorangehenden Verbindungen (*Akkerman et al.*, R. **70** [1951] 899, 909).
Kristalle (aus Bzl.); F: 113—114° [unkorr.].

*Opt.-inakt. 3-[2,4-Dimethyl-piperidinomethyl]-indol $C_{16}H_{22}N_2$, Formel XIII (R = R'' = CH_3, R' = H).
B. Analog den vorangehenden Verbindungen (*Akkerman et al.*, R. **70** [1951] 899, 909).
Kristalle (aus PAe.); F: 104—106° [unkorr.].

(±)-3-[2-Propyl-piperidinomethyl]-indol $C_{17}H_{24}N_2$, Formel XIII (R = CH_2-CH_2-CH_3, R' = R'' = H).
B. Analog den vorangehenden Verbindungen (*Akkerman, Veldstra*, R. **73** [1954] 629, 639, 640).
Kristalle (aus PAe.); F: 99°.

*Opt.-inakt. 3-[5-Äthyl-2-methyl-piperidinomethyl]-indol $C_{17}H_{24}N_2$, Formel I (R = H, R' = C_2H_5).
B. Analog den vorangehenden Verbindungen (*Akkerman et al.*, R. **70** [1951] 899, 910).
Kristalle (aus PAe.); F: 103—104° [unkorr.].

*Opt.-inakt. 3-[2,4,6-Trimethyl-piperidinomethyl]-indol $C_{17}H_{24}N_2$, Formel I (R = CH_3, R' = H).
B. Analog den vorangehenden Verbindungen (*Akkerman et al.*, R. **70** [1951] 899, 910).
Kristalle (aus PAe.); F: 111—112° [unkorr.].

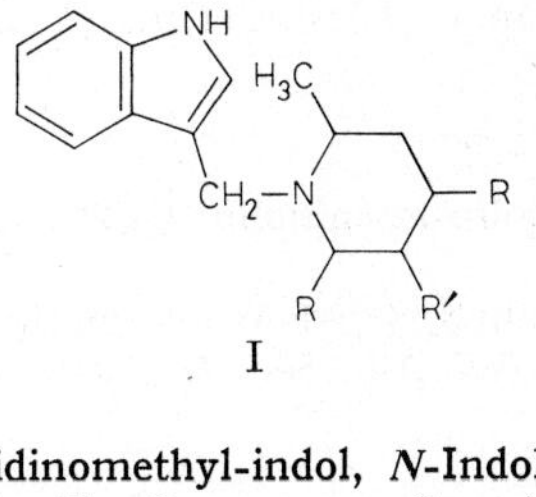

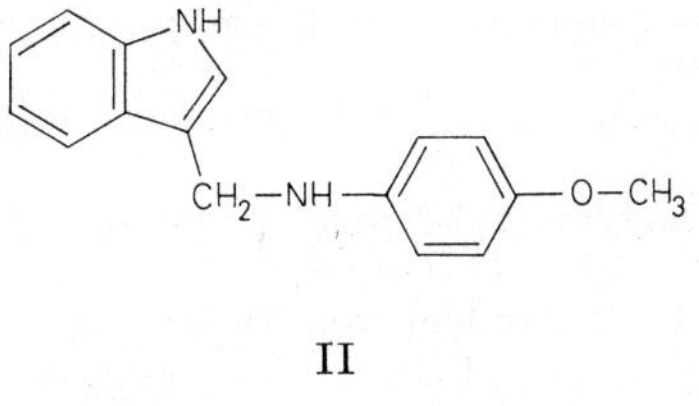

3-*p*-Anisidinomethyl-indol, *N*-Indol-3-ylmethyl-*p*-anisidin $C_{16}H_{16}N_2O$, Formel II.
B. Beim Erwärmen von Gramin (S. 4302) mit *p*-Anisidin (*Qureshi et al.*, Pakistan J. scient. ind. Res. **1** [1958] 101, 106).
Kristalle (aus A.); F: 188—190°.

Indolin-1-yl-indol-3-yl-methan, 2,3-Dihydro-1,3'-methandiyl-di-indol $C_{17}H_{16}N_2$, Formel III.

B. Beim Behandeln von Indol-3-ylmethyl-trimethyl-ammonium-methylsulfat mit Indolin in wss. Essigsäure (*Thesing et al.*, B. **88** [1955] 1295, 1303).

Kristalle (aus A.); F: 87°.

Beim Behandeln mit wss. Essigsäure ist Indolin-5-yl-indol-3-yl-methan erhalten worden.

[3,4-Dihydro-2*H*-[1]chinolyl]-indol-3-yl-methan, 1-Indol-3-ylmethyl-1,2,3,4-tetrahydro-chinolin $C_{18}H_{18}N_2$, Formel IV.

B. Beim Erwärmen von Diäthyl-indol-3-ylmethyl-amin mit 1,2,3,4-Tetrahydro-chin= olin (*Akkerman, Veldstra*, R. **73** [1954] 629, 639, 640).

Kristalle (aus Bzl. + PAe.); F: 115° [unkorr.].

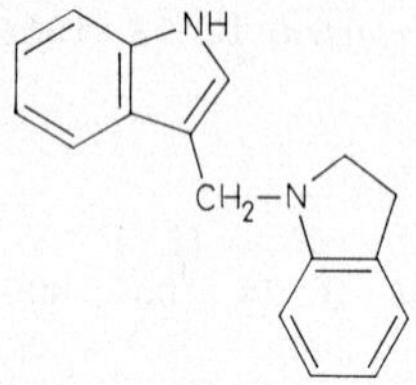

III 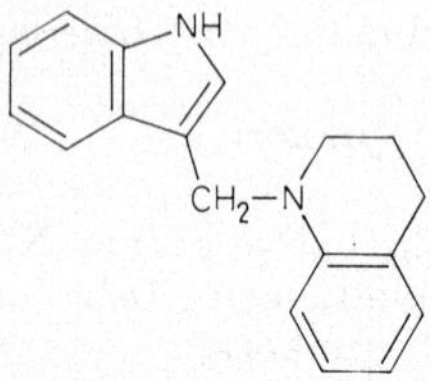   IV 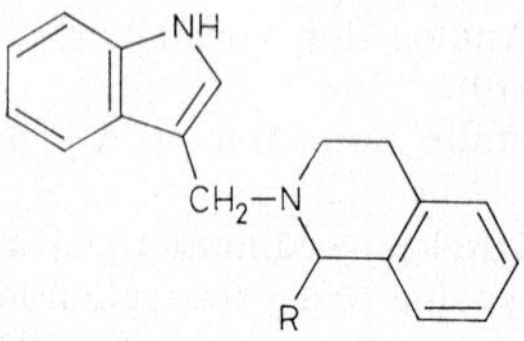   V

[3,4-Dihydro-1*H*-[2]isochinolyl]-indol-3-yl-methan, 2-Indol-3-ylmethyl-1,2,3,4-tetra= hydro-isochinolin $C_{18}H_{18}N_2$, Formel V (R = H).

B. Beim Behandeln von Indol mit wss. Formaldehyd, 1,2,3,4-Tetrahydro-isochinolin und wss. Essigsäure (*Craig, Tarbell*, Am. Soc. **71** [1949] 462, 464). Analog der voran-gehenden Verbindung (*Akkerman, Veldstra*, R. **73** [1954] 629, 639, 640).

Kristalle; F: 141° [unkorr.; aus Bzl.] (*Ak., Ve.*), 139—140° [unkorr.; aus wss. A.] (*Cr., Ta.*).

Hydrochlorid $C_{18}H_{18}N_2 \cdot HCl$. Kristalle (aus A. + Ae.); F: 179—180° [unkorr.] (*Cr., Ta.*).

Methojodid $[C_{19}H_{21}N_2]I$; 2-Indol-3-ylmethyl-2-methyl-1,2,3,4-tetrahydro-isochinolinium-jodid. Pulver (aus Me. + Ae.) mit 0,25 Mol H_2O; F: 110—112° [unkorr.; Zers.] (*Cr., Ta.*).

Indol-1-yl-indol-3-yl-methan, 1,3'-Methandiyl-di-indol $C_{17}H_{14}N_2$, Formel VI (R = H).

B. Beim Erhitzen von 1-Indol-3-ylmethyl-indol-3-carbonsäure auf 220° (*Thesing et al.*, B. **88** [1955] 1295, 1302).

Kristalle (aus Me.); F: 87°. $Kp_{0,01}$: 190—200°. UV-Spektrum (Me.; 230—310 nm): *Th. et al.*, l. c. S. 1296.

Beim Erhitzen (30 min) auf 210—215° sind Di-indol-3-yl-methan und wenig Indol erhalten worden.

Indol-3-yl-[3-methyl-indol-1-yl]-methan, 3-Methyl-1,3'-methandiyl-di-indol $C_{18}H_{16}N_2$, Formel VI (R = CH₃).

B. Bei der Hydrierung von [1-Indol-3-ylmethyl-indol-3-ylmethyl]-trimethyl-am= monium-methylsulfat an Palladium/$BaSO_4$ in Methanol (*Thesing et al.*, B. **88** [1955] 1295, 1303).

Kristalle (aus Bzl.); F: 139—140° [unkorr.].

(±)-1-Äthoxymethyl-2-indol-3-ylmethyl-1,2,3,4-tetrahydro-isochinolin $C_{21}H_{24}N_2O$, Formel V (R = CH₂-O-C₂H₅).

B. Beim Behandeln von Indol mit wss. Formaldehyd, (±)-1-Äthoxymethyl-1,2,3,4-tetrahydro-isochinolin und wss. Essigsäure (*Craig, Tarbell*, Am. Soc. **71** [1949] 462, 465).

Kristalle (aus wss. A.); F: 102—103° [unkorr.].

3-Hydroxymethyl-1,3-methandiyl-di-indol, [1-Indol-3-ylmethyl-indol-3-yl]-methanol $C_{18}H_{16}N_2O$, Formel VI (R = CH₂-OH).

B. Beim Erwärmen von 1-Indol-3-ylmethyl-indol-3-carbaldehyd mit $NaBH_4$ in Äthanol

(*Thesing et al.*, B. **88** [1955] 1295, 1302).
Kristalle (aus Bzl.); F: 111°.

VI   **VII**   **VIII**

(±)-2-Indol-3-ylmethyl-6,7-dimethoxy-1-methyl-1,2,3,4-tetrahydro-isochinolin
$C_{21}H_{24}N_2O_2$, Formel VII (R = CH$_3$).
B. Beim Behandeln von Indol mit (±)-Salsolidin (E III/IV **21** 2123), wss. Form=
aldehyd und wss. Essigsäure (*Osbond*, Soc. **1951** 3464, 3473).
Kristalle (aus Isopropylalkohol); F: 139—141° bzw. 135—137° [abhängig von der
Geschwindigkeit des Erhitzens].

(±)-1-Äthyl-2-indol-3-ylmethyl-6,7-dimethoxy-1,2,3,4-tetrahydro-isochinolin $C_{22}H_{26}N_2O_2$,
Formel VII (R = C$_2$H$_5$).
B. Analog der vorangehenden Verbindung (*Osbond*, Soc. **1953** 1648).
Kristalle (aus Isopropylalkohol); F: 132—133°.
Methojodid [$C_{23}H_{29}N_2O_2$]I; 1-Äthyl-2-indol-2-ylmethyl-6,7-dimethoxy-
2-methyl-1,2,3,4-tetrahydro-isochinolinium-jodid. Kristalle (aus Me.) mit
1,75 Mol H$_2$O; F: 110°. Beim Trocknen im Vakuum bei 100° erfolgt Abgabe des Kri-
stallwassers.

1,3-Bis-dimethylaminomethyl-indol $C_{14}H_{21}N_3$, Formel VIII (R = R′ = CH$_3$).
B. Beim Erwärmen von Gramin (S. 4302) mit wss. Formaldehyd und wss. Dimethyl=
amin in Äthanol (*Thesing, Binger*, B. **90** [1957] 1419, 1423).
Dipicrat $C_{14}H_{21}N_3 \cdot 2 C_6H_3N_3O_7$. Kristalle (aus Eg.); F: 159° [unkorr.].
Bis-methojodid [$C_{16}H_{27}N_3$]I$_2$; 1,3-Bis-trimethylammoniomethyl-indol-di=
jodid. Hygroskopische Kristalle (aus Me.); Zers. ab 200°.

**1-[Benzoylamino-methyl]-3-dimethylaminomethyl-indol, *N*-[3-Dimethylaminomethyl-
indol-1-ylmethyl]-benzamid** $C_{19}H_{21}N_3O$, Formel VIII (R = CO-C$_6$H$_5$, R′ = H).
B. Beim Behandeln von *N*-Indol-1-ylmethyl-benzamid mit wss. Formaldehyd, wss.
Dimethylamin und Essigsäure in Methanol (*Hellmann, Haas*, B. **90** [1957] 53, 56).
Kristalle (aus Bzl. + PAe.); F: 107°.
Methojodid [$C_{20}H_{24}N_3O$]I; [1-(Benzoylamino-methyl)-indol-3-ylmethyl]-
trimethyl-ammonium-jodid. F: 190—192° [Zers.].

1-Indol-3-ylmethyl-indol-3-carbaldehyd $C_{18}H_{14}N_2O$, Formel VI (R = CHO).
B. Beim Behandeln von Indol-3-carbaldehyd in wss. NaOH mit wss. Indol-3-ylmethyl-
trimethyl-ammonium-methylsulfat (*Thesing et al.*, B. **88** [1955] 1295, 1301).
Kristalle (aus A.); F: 205° [unkorr.].

3-[Benzoylamino-methyl]-indol, *N*-Indol-3-ylmethyl-benzamid $C_{16}H_{14}N_2O$, Formel IX
(R = H).
B. Beim Erhitzen von 3-Diäthylaminomethyl-indol mit Benzamid und NaOH in Xylol
unter Stickstoff (*Hellmann, Haas*, B. **90** [1957] 53, 56).
Kristalle (aus Xylol); F: 157°.

1,3-Bis-[benzoylamino-methyl]-indol $C_{24}H_{21}N_3O_2$, Formel IX (R = CH$_2$-NH-CO-C$_6$H$_5$).
B. Beim Erhitzen von *N*-Indol-3-ylmethyl-benzamid mit *N*-Dimethylaminomethyl-
benzamid und NaOH in Toluol unter Stickstoff (*Hellmann, Haas*, B. **90** [1957] 53, 56).
Kristalle (aus Me.); F: 190°.

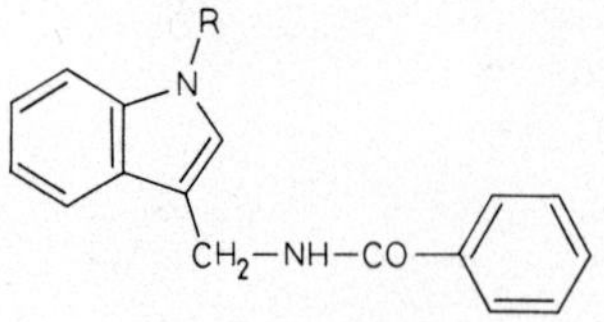

IX 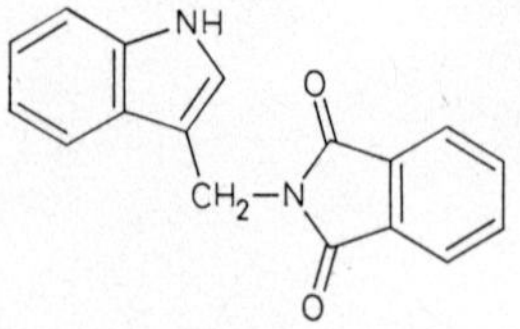   X 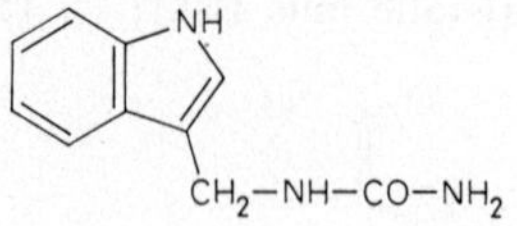   XI

N-Indol-3-ylmethyl-phthalimid $C_{17}H_{12}N_2O_2$, Formel X.

B. Beim Erhitzen von Gramin (S. 4302) mit Phthalimid und wenig NaOH unter vermindertem Druck auf 180° (*Atkinson*, Soc. **1954** 1330; vgl. *Farbenfabr. Bayer*, D.B.P. 933339 [1954]). Beim Erhitzen von Indol mit *N*-Dimethylaminomethyl-phthalimid und wenig NaOH unter vermindertem Druck auf 180° (*At.*).

Kristalle (aus A.); F: 182—183° (*At.*).

Indol-3-ylmethyl-harnstoff $C_{10}H_{11}N_3O$, Formel XI.

B. Beim Erhitzen von 3-Diäthylaminomethyl-indol mit Harnstoff und NaOH (*Qureshi et al.*, Pakistan J. scient. ind. Res. **1** [1958] 101, 103).

Kristalle (aus H_2O); F: 144—145°.

Indol-3-ylmethyl-bis-methoxycarbonylmethyl-amin, Indol-3-ylmethylimino-di-essigsäure-dimethylester $C_{15}H_{18}N_2O_4$, Formel XII.

B. Beim Behandeln von Indol mit wss. Formaldehyd, Iminodiessigsäure-dimethylester und Essigsäure (*v. Dobeneck et al.*, Z. physiol. Chem. **304** [1956] 26, 30).

Picrat. Kristalle (aus Me.); F: 141°.

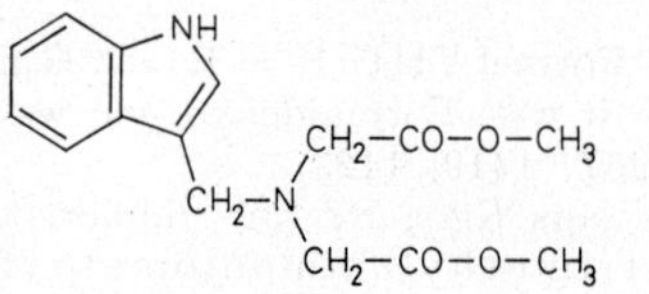

XII 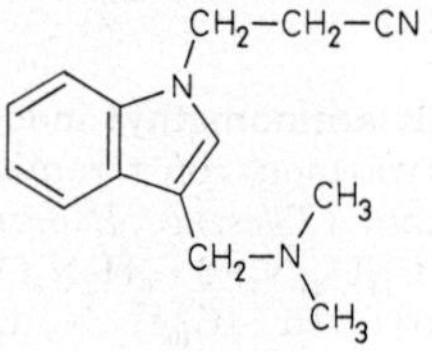   XIII

3-[3-Dimethylaminomethyl-indol-1-yl]-propionitril $C_{14}H_{17}N_3$, Formel XIII.

B. Aus Gramin (S. 4302), Acrylonitril und Benzyl-trimethyl-ammonium-hydroxid in Dioxan (*Bell, Lindwall*, J. org. Chem. **13** [1948] 547, 552). Aus 3-Indol-1-yl-propionitril, wss. Formaldehyd und wss. Dimethylamin in Essigsäure (*Bell, Li.*).

Picrat $C_{14}H_{17}N_3 \cdot C_6H_3N_3O_7$. F: 140—142°.

Bis-[2-äthoxycarbonyl-äthyl]-indol-3-ylmethyl-amin, 3,3'-Indol-3-ylmethylimino-di-propionsäure-diäthylester $C_{19}H_{26}N_2O_4$, Formel XIV.

B. Aus Indol, wss. Formaldehyd und 3,3'-Imino-di-propionsäure-diäthylester in Essigsäure (*Wheeler et al.*, J. Am. pharm. Assoc. **40** [1951] 589).

Kristalle (aus Ae.); F: 82°.

Hydrochlorid. F: 122°.

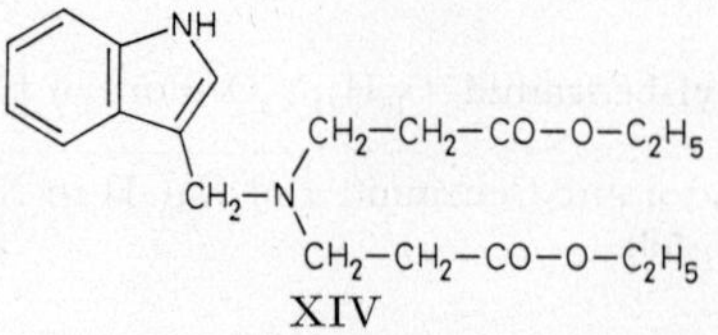

XIV 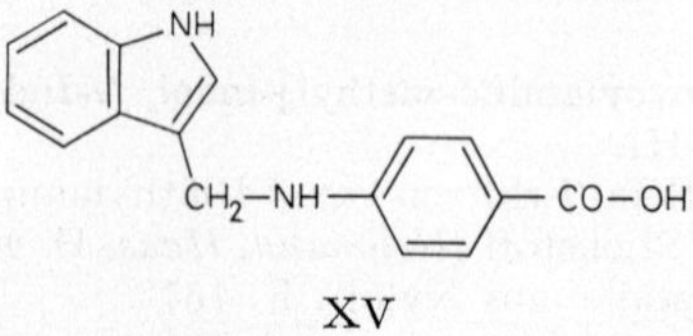   XV

4-[Indol-3-ylmethyl-amino]-benzoesäure $C_{16}H_{14}N_2O_2$, Formel XV.

B. Aus Indol, wss. Formaldehyd und 4-Amino-benzoesäure in Methanol (*Licari et al.*, Am. Soc. **77** [1955] 5386).

F: 168—169° [unkorr.].

(±)-1-Indol-3-ylmethyl-piperidin-2-carbonsäure-äthylester C₁₇H₂₂N₂O₂, Formel I
(X = O-C₂H₅).
  B. Aus Indol, wss. Formaldehyd und (±)-Piperidin-2-carbonsäure-äthylester-hydro=
chlorid in Methanol (*Swain, Naegele*, Am. Soc. **79** [1957] 5250).
  Hydrochlorid C₁₇H₂₂N₂O₂·HCl. F: 150—151° [unkorr.].

(±)-1-Indol-3-ylmethyl-piperidin-2-carbonsäure-diäthylamid C₁₉H₂₇N₃O, Formel I
(X = N(C₂H₅)₂).
  B. Analog der vorangehenden Verbindung (*Swain, Naegele*, Am. Soc. **79** [1957] 5250).
  Hydrochlorid C₁₉H₂₇N₃O·HCl. Kristalle (aus Me. + Ae.); F: 169—171° [unkorr.;
abhängig von der Geschwindigkeit des Erhitzens].

(±)-1-Indol-3-ylmethyl-piperidin-3-carbonsäure C₁₅H₁₈N₂O₂, Formel II (X = OH).
  B. Analog den vorangehenden Verbindungen (*Swain, Naegele*, Am. Soc. **79** [1957]
5250).
  F: 165—166° [unkorr.; Zers.].

(±)-1-Indol-3-ylmethyl-piperidin-3-carbonsäure-methylester C₁₆H₂₀N₂O₂, Formel II
(X = O-CH₃).
  B. Analog den vorangehenden Verbindungen (*Swain, Naegele*, Am. Soc. **79** [1957] 5250).
  Hydrochlorid C₁₆H₂₀N₂O₂·HCl. Kristalle; F: 169—170° [unkorr.].

(±)-1-Indol-3-ylmethyl-piperidin-3-carbonsäure-äthylester C₁₇H₂₂N₂O₂, Formel II
(X = O-C₂H₅).
  B. Aus Indol, wss. Formaldehyd und (±)-Piperidin-3-carbonsäure-äthylester in Essig=
säure (*Wheeler et al.*, J. Am. pharm. Assoc. **40** [1951] 589; *Akkerman et al.*, R. **70** [1951]
899, 910).
  Kristalle; F: 87—89° [nach Erweichen] (*Wh. et al.*), 83—84° [aus Bzl.; nach Trocknen
bei 78°/1 Torr] (*Ak. et al.*).

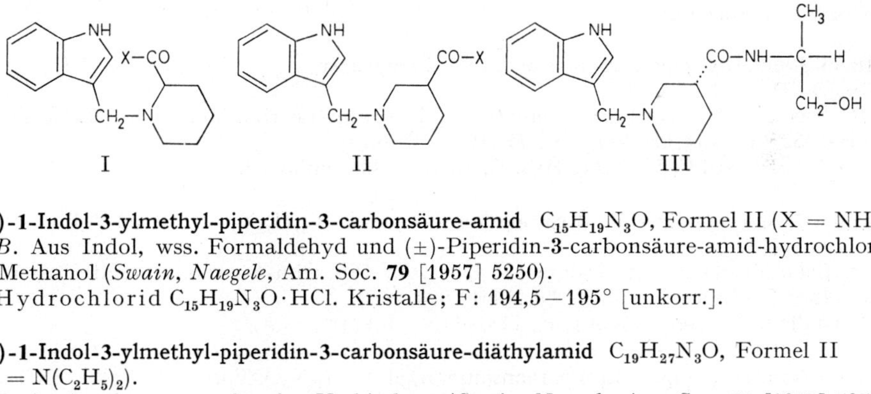

I   II   III

(±)-1-Indol-3-ylmethyl-piperidin-3-carbonsäure-amid C₁₅H₁₉N₃O, Formel II (X = NH₂).
  B. Aus Indol, wss. Formaldehyd und (±)-Piperidin-3-carbonsäure-amid-hydrochlorid
in Methanol (*Swain, Naegele*, Am. Soc. **79** [1957] 5250).
  Hydrochlorid C₁₅H₁₉N₃O·HCl. Kristalle; F: 194,5—195° [unkorr.].

(±)-1-Indol-3-ylmethyl-piperidin-3-carbonsäure-diäthylamid C₁₉H₂₇N₃O, Formel II
(X = N(C₂H₅)₂).
  B. Analog der vorangehenden Verbindung (*Swain, Naegele*, Am. Soc. **79** [1957] 5250).
  Hydrochlorid C₁₉H₂₇N₃O·HCl. Kristalle; F: 188—189° [unkorr.].

(±)-1-Indol-3-ylmethyl-piperidin-3-carbonsäure-diisopropylamid C₂₁H₃₁N₃O, Formel II
(X = N[CH(CH₃)₂]₂).
  B. Analog den vorangehenden Verbindungen (*Swain, Naegele*, Am. Soc. **79** [1957] 5250).
  Hydrochlorid C₂₁H₃₁N₃O·HCl. F: 177—179° [unkorr.].

(±)-1-Indol-3-ylmethyl-piperidin-3-carbonsäure-[2-hydroxy-äthylamid] C₁₇H₂₃N₃O₂,
Formel II (X = NH-CH₂-CH₂-OH).
  B. Beim Erhitzen von 3-Diäthylaminomethyl-indol mit (±)-Piperidin-3-carbonsäure-
[2-hydroxy-äthylamid] (*Akkerman et al.*, R. **70** [1951] 899, 911).
  Kristalle (aus Acn.) mit 1 Mol Aceton.

1-Indol-3-ylmethyl-piperidin-3-carbonsäure-[β-hydroxy-isopropylamid] $C_{18}H_{25}N_3O_2$.

a) **(R)-1-Indol-3-ylmethyl-piperidin-3-carbonsäure-[(R)-β-hydroxy-isopropylamid]** $C_{18}H_{25}N_3O_2$, Formel III.

B. Beim Erhitzen von Diäthyl-indol-3-ylmethyl-amin mit (R)-Piperidin-3-carbonsäure-[(R)-β-hydroxy-isopropylamid] (*Akkerman et al.*, R. **70** [1951] 899, 911).

$[\alpha]_D^{24}$: $-4,1°$ [wss. HCl (1 n); c = 4].

b) **(S)-1-Indol-3-ylmethyl-piperidin-3-carbonsäure-[(S)-β-hydroxy-isopropylamid]** $C_{18}H_{25}N_3O_2$, Formel IV.

B. Analog a) (*Akkerman et al.*, R. **70** [1951] 899, 911).

$[\alpha]_D^{24,5}$: $+3,6°$ [wss. HCl (1 n); c = 4].

c) **(R)-1-Indol-3-ylmethyl-piperidin-3-carbonsäure-[(S)-β-hydroxy-isopropylamid]** $C_{18}H_{25}N_3O_2$, Formel V.

B. Analog a) (*Akkerman et al.*, R. **70** [1951] 899, 912).

Kristalle (aus Acn.); F: 161−162° [unkorr.]. $[\alpha]_D^{21}$: $-11,0°$ [wss. HCl (1 n); c = 3].

d) **(S)-1-Indol-3-ylmethyl-piperidin-3-carbonsäure-[(R)-β-hydroxy-isopropylamid]** $C_{18}H_{25}N_3O_2$, Formel VI.

B. Analog a) (*Akkerman et al.*, R. **70** [1951] 899, 911).

Kristalle (aus Acn.); F: 161−162° [unkorr.]. $[\alpha]_D^{21}$: $+11,7°$ [wss. HCl (1 n); c = 4].

IV   V

1-Indol-3-ylmethyl-piperidin-4-carbonsäure $C_{15}H_{18}N_2O_2$, Formel VII (X = OH).

B. Aus Indol, wss. Formaldehyd und Piperidin-4-carbonsäure in Methanol (*Swain, Naegele*, Am. Soc. **79** [1957] 5250).

F: 228° [unkorr.; Zers.].

1-Indol-3-ylmethyl-piperidin-4-carbonsäure-methylester $C_{16}H_{20}N_2O_2$, Formel VII (X = O-CH$_3$).

B. Aus Indol, wss. Formaldehyd und Piperidin-4-carbonsäure-methylester-hydrochlorid (*Swain, Naegele*, Am. Soc. **79** [1957] 5250).

Hydrochlorid $C_{16}H_{20}N_2O_2 \cdot$HCl. F: 188,5−189° [unkorr.].

1-Indol-3-ylmethyl-piperidin-4-carbonsäure-äthylester $C_{17}H_{22}N_2O_2$, Formel VII (X = O-C$_2$H$_5$).

B. Beim Erhitzen von Gramin (S. 4302) mit Piperidin-4-carbonsäure-äthylester auf 130−140° (*Akkerman et al.*, R. **70** [1951] 899, 912).

Kristalle (aus PAe. + Acn.); F: 113−115° [unkorr.].

1-Indol-3-ylmethyl-piperidin-4-carbonsäure-amid $C_{15}H_{19}N_3O$, Formel VII (X = NH$_2$).

B. Aus Indol, wss. Formaldehyd und Piperidin-4-carbonsäure-amid-hydrochlorid in Methanol (*Swain, Naegele*, Am. Soc. **79** [1957] 5250).

Hydrochlorid $C_{15}H_{19}N_3O \cdot$HCl. Kristalle; F: 196−197° [unkorr.].

1-Indol-3-ylmethyl-piperidin-4-carbonsäure-dimethylamid $C_{17}H_{23}N_3O$, Formel VII (X = N(CH$_3$)$_2$).

B. Analog der vorangehenden Verbindung (*Swain, Naegele*, Am. Soc. **79** [1957] 5250).

Hydrochlorid $C_{17}H_{23}N_3O \cdot$HCl. Kristalle; F: 166−167° [unkorr.].

1-Indol-3-ylmethyl-piperidin-4-carbonsäure-äthylamid $C_{17}H_{23}N_3O$, Formel VII (X = NH-C$_2$H$_5$).

B. Analog den vorangehenden Verbindungen (*Swain, Naegele*, Am. Soc. **79** [1957] 5250).

Hydrochlorid $C_{17}H_{23}N_3O \cdot$HCl. Kristalle; F: 188−189° [unkorr.].

VI   VII

1-Indol-3-ylmethyl-piperidin-4-carbonsäure-diäthylamid $C_{19}H_{27}N_3O$, Formel VII
(X = $N(C_2H_5)_2$).
B. Analog den vorangehenden Verbindungen (*Swain, Naegele*, Am. Soc. **79** [1957]
5250).
Hydrochlorid $C_{19}H_{27}N_3O \cdot HCl$. Kristalle; F: 170—172° [unkorr.].
Picrat. F: 171—172° [unkorr.].

1-Indol-3-ylmethyl-piperidin-4-carbonsäure-diisopropylamid $C_{21}H_{31}N_3O$, Formel VII
(X = $N[CH(CH_3)_2]_2$).
B. Analog den vorangehenden Verbindungen (*Swain, Naegele*, Am. Soc. **79** [1957] 5250).
Hydrochlorid $C_{21}H_{31}N_3O \cdot HCl$. Kristalle; F: 217—218° [unkorr.; Zers.].
Picrat. F: 187—188° [unkorr.].

1-Indol-3-ylmethyl-piperidin-4-carbonsäure-benzylamid $C_{22}H_{25}N_3O$, Formel VII
(X = NH-CH$_2$-C$_6$H$_5$).
B. Analog den vorangehenden Verbindungen (*Swain, Naegele*, Am. Soc. **79** [1957]
5250).
Hydrochlorid $C_{22}H_{25}N_3O \cdot HCl$. Kristalle; F: 192—193° [unkorr.].

1-Indol-3-ylmethyl-piperidin-4-carbonsäure-[äthyl-benzyl-amid] $C_{24}H_{29}N_3O$,
Formel VII (X = $N(C_2H_5)$-CH$_2$-C$_6$H$_5$).
B. Analog den vorangehenden Verbindungen (*Swain, Naegele*, Am. Soc. **79** [1957]
5250).
Hydrochlorid $C_{24}H_{29}N_3O \cdot HCl$. Kristalle; F: 195—196° [unkorr.].

1-Indol-3-ylmethyl-piperidin-4-carbonsäure-[(*S*)-β-hydroxy-isopropylamid] $C_{18}H_{25}N_3O_2$,
Formel VIII.
B. Beim Erhitzen von 3-Diäthylaminomethyl-indol mit Piperidin-4-carbonsäure-
[(*S*)-β-hydroxy-isopropylamid] (*Akkerman et al.*, R. **70** [1951] 899, 912).
Kristalle (aus Acn.); F: 166—167° [unkorr.]. $[\alpha]_D^{21}$: —5,5° [A.; c = 3].

(±)-*N*-[1-Indol-3-ylmethyl-piperidin-4-carbonyl]-DL-alanin-äthylester $C_{20}H_{27}N_3O_3$,
Formel VII (X = NH-CH(CH$_3$)-CO-O-C$_2$H$_5$).
B. Aus Indol, wss. Formaldehyd und *N*-[Piperidin-4-carbonyl]-DL-alanin-äthylester-
hydrochlorid in Methanol (*Swain, Naegele*, Am. Soc. **79** [1957] 5250).
Hydrochlorid $C_{20}H_{27}N_3O_3 \cdot HCl$. Kristalle; F: 176—177° [unkorr.].

VIII   IX

1-Indol-3-ylmethyl-1,2,5,6-tetrahydro-pyridin-3-carbonsäure-methylester $C_{16}H_{18}N_2O_2$,
Formel IX (R = CH$_3$).
B. Beim Behandeln von Indol mit wss. Formaldehyd, 1,2,5,6-Tetrahydro-pyridin-
3-carbonsäure-methylester und Essigsäure (*Wheeler et al.*, J. Am. pharm. Assoc. **40** [1951]
589).
Kristalle (aus Ae. + PAe.); F: 158°.

1-Indol-3-ylmethyl-1,2,5,6-tetrahydro-pyridin-3-carbonsäure-äthylester $C_{17}H_{20}N_2O_2$, Formel IX (R = C_2H_5).

B. Analog der vorangehenden Verbindung (*Wheeler et al.*, J. Am. pharm. Assoc. **40** [1951] 589).

Kristalle (aus Bzl.); F: 98—98,5°.

1-Indol-3-ylmethyl-indol-3-carbonsäure $C_{18}H_{14}N_2O_2$, Formel X.

B. Beim Behandeln von 1-Indol-3-ylmethyl-indol-3-carbaldehyd mit $KMnO_4$ in Pyridin (*Thesing et al.*, B. **88** [1955] 1295, 1301).

Kristalle (aus E. + PAe.); F: 216—218° [Zers.].

Methylester $C_{19}H_{16}N_2O_2$. Kristalle (aus Me.); F: 154° [unkorr.] (*Th. et al.*, l. c. S. 1302).

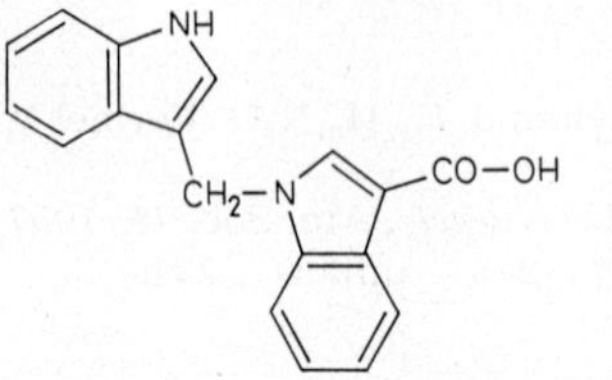

X

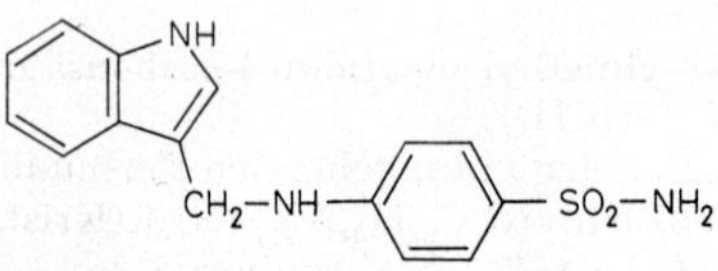

XI

N-Indol-3-ylmethyl-sulfanilsäure-amid $C_{15}H_{15}N_3O_2S$, Formel XI.

B. Aus Indol, wss. Formaldehyd und Sulfanilamid in Methanol (*Licari et al.*, Am. Soc. **77** [1955] 5386).

F: 180—183° [unkorr.].

N,N'-Bis-indol-3-ylmethyl-p-phenylendiamin $C_{24}H_{22}N_4$, Formel XII.

B. Beim Erhitzen von Gramin (S. 4302) mit *p*-Phenylendiamin unter Stickstoff (*Qureshi et al.*, Pakistan J. scient. ind. Res. **1** [1958] 101, 105).

Kristalle (aus E.); F: 183—185°.

Di(?)-acetyl-Derivat $C_{28}H_{26}N_4O_2$(?). Kristalle (aus Eg. + E.); F: 250—252°.

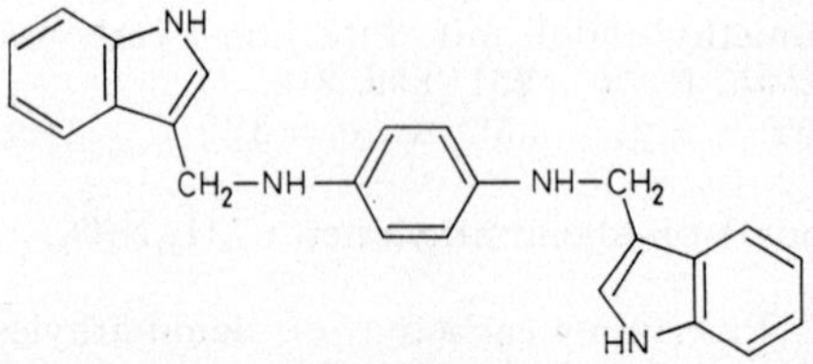

XII

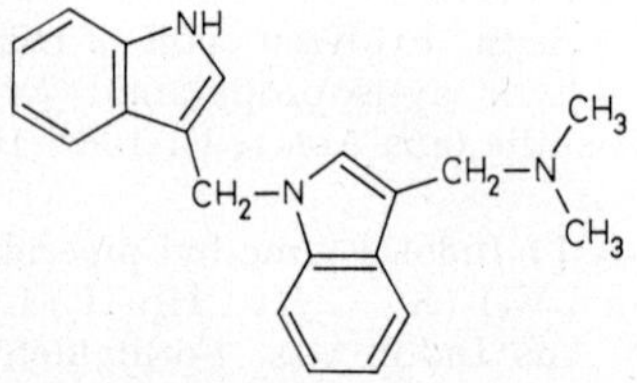

XIII

3-Dimethylaminomethyl-1-indol-3-ylmethyl-indol, [1-Indol-3-ylmethyl-indol-3-ylmethyl]-dimethyl-amin $C_{20}H_{21}N_3$, Formel XIII.

B. Beim Behandeln von Indol-1-yl-indol-3-yl-methan mit wss. Formaldehyd, wss. Dimethylamin und Essigsäure (*Thesing et al.*, B. **88** [1955] 1295, 1302). Beim Erwärmen von [1-Indol-3-ylmethyl-indol-3-ylmethyl]-trimethyl-ammonium-jodid mit Dimethyl-amin in wss. Äthanol (*Thesing*, B. **87** [1954] 692, 698).

Kristalle (aus Bzl. + Cyclohexan); F: 142,5° [unkorr.] (*Th.*). UV-Spektrum (Me.; 230—310 nm): *Th.*, l. c. S. 695.

Picrat $C_{20}H_{21}N_3 \cdot C_6H_3N_3O_7$. Kristalle (aus Me.); F: 161° [unkorr.] (*Th.*).

[1-Indol-3-ylmethyl-indol-3-ylmethyl]-trimethyl-ammonium $[C_{21}H_{24}N_3]^+$, Formel XIV.

Jodid $[C_{21}H_{24}N_3]I$. B. Als Hauptprodukt beim Behandeln von wss. Indol-3-ylmethyl-trimethyl-ammonium-jodid mit wss. NaOH (*Thesing*, B. **87** [1954] 692, 697). — Kristalle (aus Me.); F: 193—195° [unkorr.; Zers.].

Methylsulfat $[C_{21}H_{24}N_3]CH_3O_4S$. *B*. Neben wenig Indol-3-yl-methanol beim Behandeln von wss. Indol-3-ylmethyl-trimethyl-ammonium-methylsulfat mit wss. NaOH (*Th.*). — Kristalle (aus Me.); F: 168° [unkorr.].

Picrat $[C_{21}H_{24}N_3]C_6H_2N_3O_7$. Kristalle (aus Me.); F: 169—170° [unkorr.].

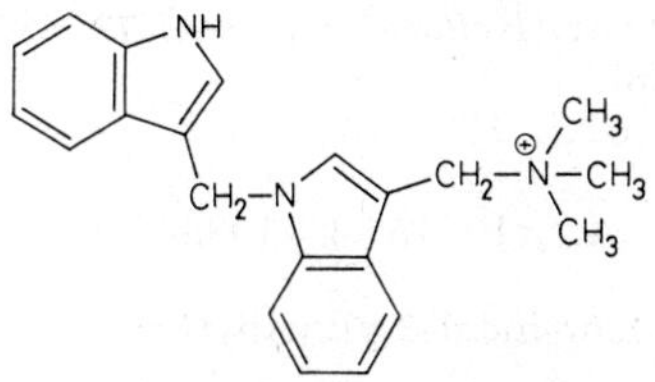

XIV 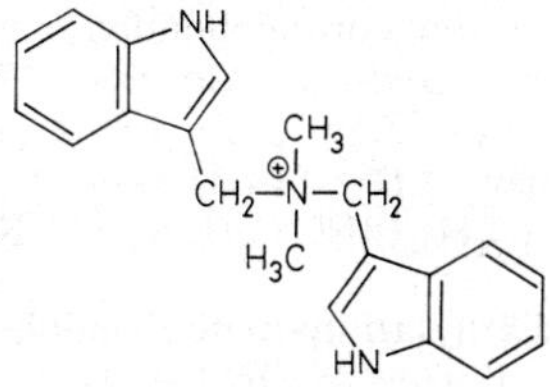   XV

Bis-indol-3-ylmethyl-dimethyl-ammonium $[C_{20}H_{22}N_3]^+$, Formel XV.

Bromid $[C_{20}H_{22}N_3]$Br. *B*. Aus Gramin (S. 4302) und 1,6-Dibrom-hexan in Acetonitril (*Gray*, Am. Soc. **75** [1953] 1252). — Kristalle (aus Me.); F: 177—178,5° [korr.] (*Gray*).

Jodid $[C_{20}H_{22}N_3]$I. *B*. Aus Gramin (S. 4302) und Indol-3-ylmethyl-trimethyl-ammonium-jodid in wss. Äthanol (*Schöpf, Thesing*, Ang. Ch. **63** [1951] 377). Neben Tetramethyl-ammonium-jodid beim Behandeln von Gramin mit CH_3I in Äthanol (*Geissman, Armen*, Am. Soc. **74** [1952] 3916, 3918). — Kristalle; F: 174—175° [aus wss. A.] (*Sch., Th.*), 171—171,5° [aus A.] (*Ge., Ar.*). ^{1}H-NMR-Absorption (CDCl$_3$): *Lown, Weir*, Canad. J. Chem. **56** [1978] 249, 255. UV-Spektrum (A.; 225—300 nm): *Ge., Ar.*, l. c. S. 3917.

Picrat $[C_{20}H_{22}N_3]C_6H_2N_3O_7$. F: 165—166° (*Sch., Th.*).

3-[Benzolsulfonylamino-methyl]-indol, *N*-Indol-3-ylmethyl-benzolsulfonamid
$C_{15}H_{14}N_2O_2S$, Formel I.

B. Neben Benzolsulfonamid beim Erhitzen von Indol mit *N*-Piperidinomethyl-benzolsulfonamid und NaOH in Xylol (*Hellmann, Teichmann*, B. **91** [1958] 2432, 2436). Beim Erhitzen von Gramin (S. 4302) mit Benzolsulfonamid in H_2O (*Licari, Dougherty*, Am. Soc. **76** [1954] 4039).

Kristalle; F: 163° [aus A. und Bzl.] (*He., Te.*), 160—163° [aus Bzl.] (*Li., Do.*).

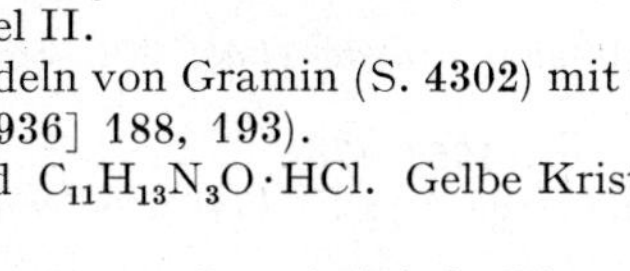

I 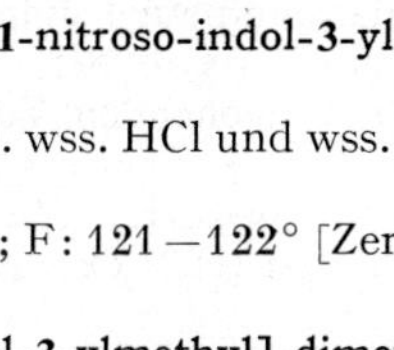   II

3-Dimethylaminomethyl-1-nitroso-indol, Dimethyl-[1-nitroso-indol-3-ylmethyl]-amin
$C_{11}H_{13}N_3O$, Formel II.

B. Beim Behandeln von Gramin (S. 4302) mit verd. wss. HCl und wss. NaNO$_2$ (*Wieland, Hsing*, A. **526** [1936] 188, 193).

Hydrochlorid $C_{11}H_{13}N_3O \cdot$HCl. Gelbe Kristalle; F: 121—122° [Zers.] (Rohprodukt).

3-Dimethylaminomethyl-5-fluor-indol, [5-Fluor-indol-3-ylmethyl]-dimethyl-amin
$C_{11}H_{13}FN_2$, Formel III (X = F).

B. Beim Behandeln von 5-Fluor-indol mit wss. Formaldehyd, wss. Dimethylamin und Essigsäure (*Bergmann, Pelchowicz*, Soc. **1959** 1913; *Quadbeck, Röhm*, Z. physiol. Chem. **297** [1954] 229, 233).

Kristalle (aus Acn.); F: 139—141° (*Be., Pe.*). F: 145—146° (*Qu., Röhm*).

3-Dimethylaminomethyl-6-fluor-indol, [6-Fluor-indol-3-ylmethyl]-dimethyl-amin
$C_{11}H_{13}FN_2$, Formel IV (R = CH_3, X = F).

B. Analog der vorangehenden Verbindung (*Bergmann, Pelchowicz*, Soc. **1959** 1913;

Roussel-Uclaf, U.S.P. 3042685 [1958]).

Kristalle; F: 136,5° [aus Toluol] (*Roussel-Uclaf*), 131—132,5° [aus Acn.] (*Be., Pe.*).

4-Chlor-3-dimethylaminomethyl-indol, [4-Chlor-indol-3-ylmethyl]-dimethyl-amin
$C_{11}H_{13}ClN_2$, Formel V (R = CH_3).

B. Analog den vorangehenden Verbindungen (*Fox, Bullock*, Am. Soc. **73** [1951] 2756, 2758; *Hansch, Godfrey*, Am. Soc. **73** [1951] 3518).

Kristalle (aus Acn.); F: 147,6—148,4° (*Ha., Go.*), 150—151° [korr.; bei schnellem Erhitzen] bzw. 147—148,5° [korr.] (*Fox, Bu.*).

Picrat $C_{11}H_{13}ClN_2 \cdot C_6H_3N_3O_7$. Kristalle (aus A.); F: 157,4—158,6° (*Ha., Go.*).

4-Chlor-3-diäthylaminomethyl-indol, Diäthyl-[4-chlor-indol-3-ylmethyl]-amin
$C_{13}H_{17}ClN_2$, Formel V (R = C_2H_5).

B. Analog den vorangehenden Verbindungen (*Hardegger, Corrodi*, Helv. **38** [1955] 468, 471; s. a. *Rydon, Tweddle*, Soc. **1955** 3499, 3502).

Kristalle; F: 130° [aus Acn.] (*Ry., Tw.*), 125—126° [korr.; aus Me.] (*Ha., Co.*).

5-Chlor-3-dimethylaminomethyl-indol, [5-Chlor-indol-3-ylmethyl]-dimethyl-amin
$C_{11}H_{13}ClN_2$, Formel III (X = Cl).

B. Analog den vorangehenden Verbindungen (*Rydon, Tweddle*, Soc. **1955** 3499, 3503).

Kristalle (aus E.); F: 150°.

III   IV   V   VI

6-Chlor-3-dimethylaminomethyl-indol, [6-Chlor-indol-3-ylmethyl]-dimethyl-amin
$C_{11}H_{13}ClN_2$, Formel IV (R = CH_3, X = Cl).

B. Analog den vorangehenden Verbindungen (*Rydon, Tweddle*, Soc. **1955** 3499, 3503).

Kristalle (aus wss. A.); F: 132°.

6-Chlor-3-diäthylaminomethyl-indol, Diäthyl-[6-chlor-indol-3-ylmethyl]-amin
$C_{13}H_{17}ClN_2$, Formel IV (R = C_2H_5, X = Cl).

B. Analog den vorangehenden Verbindungen (*Rydon, Tweddle*, Soc. **1955** 3499, 3503).

Kristalle (aus PAe.); F: 96°.

4-Brom-3-piperidinomethyl-indol $C_{14}H_{17}BrN_2$, Formel VI (X = Br).

B. Analog den vorangehenden Verbindungen (*Plieninger et al.*, B. **88** [1955] 370, 374).

Kristalle (aus A.); F: 190°.

5-Brom-3-dimethylaminomethyl-indol, [5-Brom-indol-3-ylmethyl]-dimethyl-amin
$C_{11}H_{13}BrN_2$, Formel III (X = Br).

B. Analog den vorangehenden Verbindungen (*Snyder et al.*, Am. Soc. **70** [1948] 222, 225).

Kristalle; F: 162° [unkorr.] (*Harvey*, Soc. **1959** 473).

Picrat $C_{11}H_{13}BrN_2 \cdot C_6H_3N_3O_7$. Kristalle (aus A.); F: 174° (*Sn. et al.*).

4-Jod-3-piperidinomethyl-indol $C_{14}H_{17}IN_2$, Formel VI (X = I).

B. Analog den vorangehenden Verbindungen (*Hardegger, Corrodi*, Helv. **39** [1956] 514, 517).

Kristalle (aus Me.); F: 178° [korr.; Zers.].

Picrat $C_{14}H_{17}IN_2 \cdot C_6H_3N_3O_7$. Kristalle (aus Me.); F: 157—158° [korr.].

3-Dimethylaminomethyl-5-jod-indol, [5-Jod-indol-3-ylmethyl]-dimethyl-amin $C_{11}H_{13}IN_2$,
Formel III (X = I).

B. Analog den vorangehenden Verbindungen (*Harvey*, Soc. **1958** 3760).

Kristalle (aus wss. Me.); F: 159° [unkorr.].

3-Dimethylaminomethyl-5-nitro-indol, Dimethyl-[5-nitro-indol-3-ylmethyl]-amin
$C_{11}H_{13}N_3O_2$, Formel III (X = NO_2).
B. Analog den vorangehenden Verbindungen (*Cavallini, Ravenna*, Farmaco Ed. scient. **13** [1958] 105, 109).
F: 169—170°.
Methojodid [$C_{12}H_{16}N_3O_2$]I; Trimethyl-[5-nitro-indol-3-ylmethyl]-ammonium-jodid. F: 210—211°.

3-Dimethylaminomethyl-6-nitro-indol, Dimethyl-[6-nitro-indol-3-ylmethyl]-amin
$C_{11}H_{13}N_3O_2$, Formel IV (R = CH_3, X = NO_2).
B. Analog den vorangehenden Verbindungen (*Brown, Garrison*, Am. Soc. **77** [1955] 3839).
F: 178—180° [korr.; aus wss. HCl + verd. wss. NH_3].
Hydrochlorid $C_{11}H_{13}N_3O_2 \cdot$ HCl. F: 229—230° [korr.; Zers.].
Picrat $C_{11}H_{13}N_3O_2 \cdot C_6H_3N_3O_7$. F: 198—200° [korr.; aus A.].
Methojodid [$C_{12}H_{16}N_3O_2$]I; Trimethyl-[6-nitro-indol-3-ylmethyl]-ammonium-jodid. F: 203—205° [korr.; Zers.]. — Zersetzt sich innerhalb einiger Tage.

1-Methyl-2-[(2-methyl-indolizin-3-ylimino)-methyl]-pyridinium [$C_{16}H_{16}N_3$]⁺,
Formel VII und Mesomere.
Jodid [$C_{16}H_{16}N_3$]I. B. Beim Erwärmen von 2-Methyl-3-nitroso-indolizin mit 1,2-Dimethyl-pyridinium-jodid in wss.-äthanol. NaOH (*Holliman, Schickerling*, Soc. **1951** 914, 917). — Schwarze Kristalle (aus H_2O); F: 262—263° [unkorr.; Zers.]. λ_{max} (H_2O): 544 nm (*Ho., Sch.*, l. c. S. 916).

VII   VIII   IX

1,3,3-Trimethyl-2-[(2-methyl-indolizin-3-ylimino)-methyl]-3H-indolium [$C_{21}H_{22}N_3$]⁺,
Formel VIII und Mesomere.
Jodid [$C_{21}H_{22}N_3$]I. B. Beim Erwärmen von 2-Methyl-3-nitroso-indolizin mit 1,2,3,3-Tetramethyl-3H-indolium-jodid in wss.-äthanol. NaOH (*Holliman, Schickerling*, Soc. **1951** 914, 918). — Rote Kristalle (aus A.); F: 186—189° [unkorr.; Zers.]. λ_{max} (A.): 560 nm (*Ho., Sch.*, l. c. S. 916).

1-Methyl-2-[(2-methyl-indolizin-3-ylimino)-methyl]-chinolinium [$C_{20}H_{18}N_3$]⁺, Formel IX
und Mesomere.
Jodid [$C_{20}H_{18}N_3$]I. B. Beim Erwärmen von 2-Methyl-3-nitroso-indolizin mit 1,2-Dimethyl-chinolinium-jodid in wss.-methanol. NaOH (*Holliman, Schickerling*, Soc. **1951** 914, 918). — Grüne Kristalle (aus H_2O); F: 252—253° [unkorr.; Zers.]. λ_{max} (H_2O): 596 nm (*Ho., Sch.*, l. c. S. 916).

[*Schomann*]

Amine $C_{10}H_{12}N_2$

1-Dimethylamino-5-[4]pyridyl-pent-2-in, Dimethyl-[5-[4]pyridyl-pent-2-inyl]-amin
$C_{12}H_{16}N_2$, Formel X.
B. Aus 4-But-3-inyl-pyridin, [1,3,5]Trioxan und Dimethylamin (*Miocque*, C. r. **247** [1958] 1470).
Kp₁₁: 162°.

1-Methyl-3,4-dihydro-[6]isochinolylamin $C_{10}H_{12}N_2$, Formel XI (R = H).
B. Beim Erwärmen von N-[1-Methyl-3,4-dihydro-[6]isochinolyl]-benzamid mit methanol. KOH (*Fries, Bestian*, A. **533** [1938] 72, 88).

Kristalle (aus PAe.); F: 131°.
Dihydrochlorid. Kristalle (aus A.); F: 297° [Zers.].
Picrat. Gelbe Kristalle (aus A.); F: 216° [Zers.].

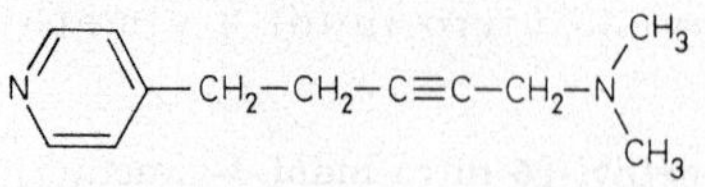

X 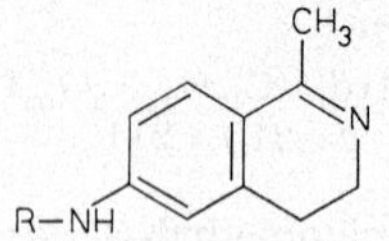   XI

**6-Benzoylamino-1-methyl-3,4-dihydro-isochinolin, *N*-[1-Methyl-3,4-dihydro-[6]isochin-
olyl]-benzamid** $C_{17}H_{16}N_2O$, Formel XI (R = CO-C_6H_5).
B. Beim Erhitzen von Benzoesäure-[3-(2-acetylamino-äthyl)-anilid] mit P_2O_5 in Chlor-
benzol (*Fries, Bestian*, A. **533** [1938] 72, 87).
Kristalle (aus Bzl.); F: 179°.
Hydrochlorid $C_{17}H_{16}N_2O \cdot HCl$. Kristalle (aus A.); F: 309° [Zers.].
Nitrat. Kristalle (aus H_2O); F: 202° [Zers.].
Phosphat $C_{17}H_{16}N_2O \cdot H_3PO_4$. Kristalle (aus H_2O); F: 239°.

2-[2-Amino-äthyl]-indol, 2-Indol-2-yl-äthylamin, Isotryptamin $C_{10}H_{12}N_2$, Formel XII.
B. Bei der Hydrierung von Indol-2-yl-acetonitril an Raney-Nickel in äthanol. NH_3
bei 90°/120 at (*Schindler*, Helv. **40** [1957] 2156, 2159).
Kristalle (aus Ae.); F: 100—101° [korr.].
Hydrochlorid $C_{10}H_{12}N_2 \cdot HCl$. F: 220° [korr.; Zers.].

3-Äthyl-indol-5-ylamin $C_{10}H_{12}N_2$, Formel XIII.
B. Beim Erwärmen von 3-Äthyl-5-nitro-indol mit $Na_2S_2O_4$ in wss.-äthanol. NaOH
(*Shaw, Woolley*, Am. Soc. **75** [1953] 1877, 1879).
F: 116—118° [unkorr.; nach Destillation].

**(±)-3-[1-Dimethylamino-äthyl]-1-methyl-indol, (±)-Dimethyl-[1-(1-methyl-indol-3-yl)-
äthyl]-amin** $C_{13}H_{18}N_2$, Formel XIV (R = R' = CH_3).
B. Beim Behandeln von 1-Methyl-indol, Dimethylamin-hydrochlorid und K_2CO_3 in
Essigsäure und Propionsäure mit Acetaldehyd in Benzol (*Albright, Snyder*, Am. Soc. **81**
[1959] 2239, 2243).
$Kp_{1,2-1,3}$: 114—116°.
Partielle Trennung in die Antipoden: *Al., Sn.*

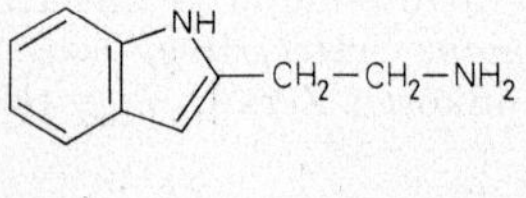

XII 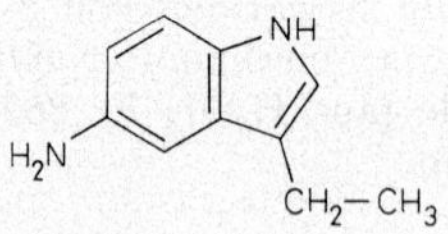   XIII 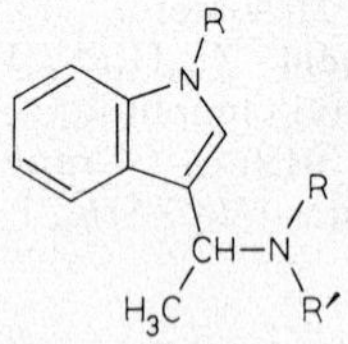   XIV

(±)-3-[1-Isopropylamino-äthyl]-indol, (±)-[1-Indol-3-yl-äthyl]-isopropyl-amin $C_{13}H_{18}N_2$,
Formel XIV (R = H, R' = $CH(CH_3)_2$).
B. Aus Indol und Acetaldehyd-isopropylimin (*Snyder, Matteson*, Am. Soc. **79** [1957]
2217, 2219).
Kristalle (aus Acn. + Toluol); F: 113,5—117° [korr.] (*Sn., Ma.*).
Kinetik der Reaktion mit Diäthylmalonat (Bildung von [1-Indol-3-yl-äthyl]-malonsäure-
diäthylester) in Xylol in Gegenwart von Natriummethylat bei 94°: *Albright, Snyder*, Am.
Soc. **81** [1959] 2239, 2244. Partielle Trennung in die Antipoden: *Al., Sn.*

(±)-3-[1-*tert*-Butylamino-äthyl]-indol, (±)-*tert*-Butyl-[1-indol-3-yl-äthyl]-amin
$C_{14}H_{20}N_2$, Formel XIV (R = H, R' = $C(CH_3)_3$).

B. Aus Indol und Acetaldehyd-*tert*-butylimin (*Snyder, Matteson*, Am. Soc. **79** [1957] 2217, 2219).

Kristalle (aus Methylcyclohexan); F: 69,5—72°.

(±)-1-Indol-3-yl-1-piperidino-äthan, (±)-3-[1-Piperidino-äthyl]-indol $C_{15}H_{20}N_2$, Formel I.

B. Aus Indol, Acetaldehyd und Piperidin (*Albright, Snyder*, Am. Soc. **81** [1959] 2239, 2241).

Kristalle (aus Methylcyclohexan); F: 99,5—101° [korr.].

Hydrochlorid $C_{15}H_{20}N_2 \cdot HCl$. Kristalle (aus A.); F: 165—170° [korr.; Zers.].

3-[2-Amino-äthyl]-indol, 2-Indol-3-yl-äthylamin, Tryptamin $C_{10}H_{12}N_2$, Formel II (R = H) (E II 346).

In der früher (s. E I **22** 636) unter dieser Konstitution beschriebenen Verbindung (F: 145—146°) hat wahrscheinlich [2-Indol-3-yl-äthyl]-isopropyliden-amin vorgelegen (*Jackson, Smith*, Soc. **1965** 3498).

Isolierung aus Acacia floribunda und Acacia pruinosa: *White*, New Zealand J. Sci. Technol. [B] **25** [1944] 137, 158; aus Acacia podalyriifolia: *White*, New Zealand J. Sci. Technol. [B] **33** [1951] 54, 60.

B. Aus 4-Amino-butyraldehyd-diäthylacetal und Phenylhydrazin (*Schöpf, Steuer*, A. **558** [1947] 124, 131; vgl. E II 346). Aus 3-[2-Brom-äthyl]-indol und konz. wss. NH_3 (*Hoshino, Shimodaira*, A. **520** [1935] 19, 26). Bei der Hydrierung von 3-[2-Nitro-äthyl]-indol an Platin in Äthanol (*Noland, Hartman*, Am. Soc. **76** [1954] 3227) oder an Raney-Nickel in Äthanol bei 100°/105 at Anfangsdruck (*Lyttle, Weisblat*, Am. Soc. **77** [1955] 5747). Beim Erwärmen von 3-[2-Nitro-vinyl]-indol mit $LiAlH_4$ in Äther (*Young*, Soc. **1958** 3493, 3496) oder in THF und Äther (*Onda et al.*, J. pharm. Soc. Japan **76** [1956] 472; C. A. **1956** 13930). Aus Indol-3-yl-essigsäure-amid (*Groves, Swan*, Soc. **1952** 650, 659), (±)-Hydroxy-indol-3-yl-essigsäure-amid oder Indol-3-yl-glyoxylsäure-amid (*Brutcher, Vanderwerff*, J. org. Chem. **23** [1958] 146) mit Hilfe von $LiAlH_4$. Aus Indol-3-yl-acetonitril bei der Hydrierung an Raney-Nickel in NH_3 enthaltendem Methanol (*Thesing, Schülde*, B. **85** [1952] 324, 326) oder beim Erwärmen mit $N_2H_4 \cdot H_2O$ und Raney-Nickel in Äthanol (*Terent'ew et al.*, Chim. Nauka Promyšl. **4** [1959] 281; C. A. **1959** 21879) oder mit $LiAlH_4$ in Äther (*Norris, Blicke*, J. Am. pharm. Assoc. **41** [1952] 637; *Nógrádi*, M. **88** [1957] 768, 774; *Nenitzescu, Răileanu*, B. **91** [1958] 1141, 1144).

Kristalle; F: 118° [aus PAe.] (*Jackson, Smith*, Soc. **1965** 3498), 114° [aus Ae.] (*Ja., Sm.*). UV-Spektrum (230—390 nm): *Claudatus et al.*, Arch. Biochem. **72** [1957] 316, 319; s. a. *Hoshino, Tamura*, A. **500** [1933] 42, 45. λ_{max} (A.) der Base: 222 nm, 276 nm, 282 nm und 291 nm; des Hydrochlorids: 221 nm, 275 nm, 281 nm und 290 nm (*Noland, Hartman*, Am. Soc. **76** [1954] 3227). Fluorescenzmaximum des Hydrochlorids (H_2O): 355 nm (*Sprince et al.*, Sci. **125** [1957] 442; s. a. *Bertrand*, Bl. [5] **12** [1945] 1029). Intensität der Fluorescenz von wss. Lösungen vom pH 1—7 sowie Quantenausbeute der Fluorescenz von wss. Lösungen vom pH 7—12: *White*, Biochem. J. **71** [1959] 217, 219. Scheinbarer Dissoziationsexponent pK'_a (H_2O; potentiometrisch ermittelt): 10,2 (*Vane*, Brit. J. Pharmacol. Chemotherapy **14** [1959] 87, 91).

Beim Erhitzen mit Ameisensäure und weiterem Erhitzen des Reaktionsprodukts mit $POCl_3$ ist 3,4-Dihydro-β-carbolin erhalten worden (*Onda, Sasamoto*, Pharm. Bl. **5** [1957] 305, 309). Beim Behandeln mit Glyoxylsäure-äthylester ist 1,2,3,4-Tetrahydro-β-carbolin (*Janot et al.*, Bl. **1952** 230, 235), beim Behandeln mit Brenztraubensäure in wss. Lösung ist 1-Methyl-1,2,3,4-tetrahydro-β-carbolin-1-carbonsäure (*Hahn et al.*, A. **520** [1935] 107, 116) erhalten worden. Bildung von 1,3-Bis-[1,2,3,4-tetrahydro-β-carbolin-3-yl]-propan und 1,2,6,7,12,12b-Hexahydro-indolo[2,3-*a*]chinolizin-4-carbonsäure beim Erwärmen mit 2,6-Dioxo-heptandisäure: *Hahn, Hansel*, B. **71** [1938] 2163, 2173. Beim Erwärmen mit Isocumarin und wss.-methanol. HCl ist *rac*-Yohimba-15,17,19-trien-21-on erhalten worden (*Kobayashi*, Sci. Rep. Tohoku Univ. **31** [1942] 73, 80).

Hydrochlorid $C_{10}H_{12}N_2 \cdot HCl$ (E II 347). Kristalle; F: 250—252° [unkorr.; aus A. + Ae.] (*Brutcher, Vanderwerff*, J. org. Chem. **23** [1958] 146), 249—250° [Zers.; aus

Me. + E.] (*Young*, Soc. **1958** 3493, 3496). IR-Banden (KBr; 3—8 μ): *Nakanishi et al.*, Bl. chem. Soc. Japan **30** [1957] 403, 405.

Picrat $C_{10}H_{12}N_2 \cdot C_6H_3N_3O_7$ (E II 347). Kristalle; F: 245—246° [Zers.; aus wss. Acn.] (*Abramovitch, Shapiro*, Soc. **1956** 4589, 4591), 244° [Zers.] (*White*, New Zealand J. Sci. Technol. [B] **25** [1944] 137, 158).

Cycohexylacetat $C_{10}H_{12}N_2 \cdot C_8H_{14}O_2$. Kristalle (aus A.); F: 181—182° (*Protiva et al.*, Collect. **24** [1959] 83, 86).

Phenylacetat $C_{10}H_{12}N_2 \cdot C_8H_8O_2$. Kristalle; F: 178—179° (*Protiva et al.*, Collect. **24** [1959] 74, 75), 178° [unter H_2O-Abspaltung; aus Bzl. + Ae.] (*Hahn, Ludewig*, B. **67** [1934] 2031, 2034).

o-Tolylacetat. F: 170° (*Julian et al.*, Am. Soc. **70** [1948] 180, 182).

Diphenylacetat $C_{10}H_{12}N_2 \cdot C_{14}H_{12}O_2$. F: 193,5—194,5° (*Pr. et al.*, l. c. S. 75).

Hydrogenoxalat $C_{10}H_{12}N_2 \cdot C_2H_2O_4$. F: 147° [aus Oxalsäure enthaltendem A. + Ae.] (*Nenitzescu, Răileanu*, B. **91** [1958] 1141, 1144).

Malonat $2 C_{10}H_{12}N_2 \cdot C_3H_4O_4$. Kristalle (aus E.); F: 162° [Zers.] (*Hahn, Gudjons*, B. **71** [1938] 2175, 2177).

Succinat $2 C_{10}H_{12}N_2 \cdot C_4H_6O_4$. F: 201° [aus Me. + E.] (*Hahn, Gu.*, l. c. S. 2177).

Adipat $2 C_{10}H_{12}N_2 \cdot C_6H_{10}O_4$. Kristalle (aus E.); F: 203° [Zers.] (*Hahn, Gu.*, l. c. S. 2178).

3-[3,4-Dimethoxy-phenyl]-propionat $C_{10}H_{12}N_2 \cdot C_{11}H_{14}O_4$. Kristalle (aus Me.); F: 161—163° (*Kanaoka*, Chem. pharm. Bl. **7** [1959] 597, 600).

Tetraphenylboranat. F: 180° (*Gayer*, Bio. Z. **328** [1956] 39, 40).

Picrolonat $C_{10}H_{12}N_2 \cdot C_{10}H_8N_4O_5 \cdot H_2O$. Dunkelgelbe Kristalle (aus H_2O); F: 229° bis 230° [Zers.] (*Klein, Wilkinson*, Analyst **57** [1932] 27).

I   II   III

3-[2-Amino-äthyl]-1-methyl-indol, 2-[1-Methyl-indol-3-yl]-äthylamin, 1-Methyl-tryptamin $C_{11}H_{14}N_2$, Formel II (R = CH_3).

B. Beim Erhitzen von *N*-Methyl-*N*-phenyl-hydrazin mit 4-Amino-butyraldehyd-diäthylacetal und $ZnCl_2$ (*Späth, Lederer*, B. **63** [1930] 2102, 2106). Neben 1,3-Dimethyl-indol beim Erwärmen von [1-Methyl-indol-3-yl]-acetonitril mit Natrium und Äthanol (*Snyder, Eliel*, Am. Soc. **70** [1948] 1703). Aus Tryptamin (S. 4319) und CH_3I mit Hilfe von $NaNH_2$ in flüssigem NH_3 (*Potts, Saxton*, Soc. **1954** 2641). Beim Erwärmen von (±)-3-[2-Amino-äthyl]-1-methyl-indolin-2-on mit Natrium und Äthanol (*Sugasawa, Murayama*, Chem. pharm. Bl. **6** [1958] 194, 198). Beim Erhitzen von 1-Methyl-DL-tryptophan in Fluoren (*Leete*, J. org. Chem. **23** [1958] 631). Beim Erhitzen von 3-[2-Amino-äthyl]-1-methyl-indol-2-carbonsäure mit wss. HCl (*Abramovitch*, Soc. **1956** 4593, 4597).

Kp_1: 154° (*Manske*, Canad. J. Res. **5** [1931] 592, 597); $Kp_{0,2}$: 112—113° (*Po., Sa.*); $Kp_{0,1}$: 108—110° (*Sn., El.*). n_D^{21}: 1,6050 (*Po., Sa.*).

Hydrochlorid $C_{11}H_{14}N_2 \cdot HCl$. Kristalle; F: 205—206° [korr.; Zers.; aus A. + Ae.] (*Le.*), 199—201° [korr.] (*Sn., El.*), 198° [korr.; aus Me. + Acn.] (*Ma.*).

Monopicrat $C_{11}H_{14}N_2 \cdot C_6H_3N_3O_7$. Gelbe Kristalle (aus A.); F: 183—184° [korr.] (*Le.*), 180—181° (*Sp., Le.*).

Dipicrat $C_{11}H_{14}N_2 \cdot 2 C_6H_3N_3O_7$. Rote Kristalle (aus A.); F: 167—168° (*Su., Mu.*).

3-[2-Methylamino-äthyl]-indol, [2-Indol-3-yl-äthyl]-methyl-amin, Dipterin $C_{11}H_{14}N_2$, Formel III (R = R' = H).

Isolierung aus Arthrophytum leptocladum: *Juraschewškiǐ*, Ž. obšč. Chim. **11** [1941] 157, 159; C. A. **1941** 5503; *Platonowa et al.*, Ž. obšč. Chim. **28** [1958] 3128, 3130; engl. Ausg. S. 3159; aus Girgensohnia diptera: *Juraschewškiǐ, Stepanow*, Ž. obšč. Chim. **9** [1939] 2203, 2205; C. **1940** II 206; s. a. *Juraschewškiǐ*, Ž. obšč. Chim. **10** [1940] 1781; C. A. **1941** 4016.

B. Aus 3-[2-Brom-äthyl]-indol und Methylamin (*Hoshino, Shimodaira,* A. **520** [1935]
19, 26). Aus (±)-Hydroxy-indol-3-yl-essigsäure-methylamid mit Hilfe von LiAlH₄
(*Upjohn Co.,* U.S.P. 2780162 [1954]). Aus Tryptamin (S. 4319) und CH₃I (*Manske,*
Canad. J. Res. **5** [1931] 592, 594). Aus *N*-[2-Indol-3-yl-äthyl]-formamid mit Hilfe von
LiAlH₄ (*Norris, Blicke,* J. Am. pharm. Assoc. **41** [1952] 637, 639). Beim Erhitzen von
N-[2-Indol-3-yl-äthyl]-*N*-methyl-toluol-4-sulfonamid mit Anilin-hydrochlorid, Anilin
und wenig Äthanol (*Hoshino, Kobayashi,* A. **520** [1935] 11, 14). Beim Erhitzen von *N*ᵅ-Meth-
yl-L-tryptophan bei 320°/12 Torr (*Hoshino,* A. **520** [1935] 31, 33; Pr. Acad. Tokyo **11**
[1935] 227).

Kristalle; F: 90° [aus CHCl₃ + PAe.] (*Ma.*), 89—90° (*Ho., Sh.*), 88—90° [aus Ae.]
(*Pl. et al.*).

Hydrochlorid C₁₁H₁₄N₂·HCl. Kristalle; F: 181,5—182,5° [aus A. + Butanon + Ae.]
(*Barlow, Khan,* Brit. J. Pharmacol. Chemotherapy **14** [1959] 99, 101), 180° [korr.; aus
A. + Acn. oder A. + Ae.] (*Ma.*).

Hydrobromid. Kristalle (aus A. + Ae.); F: 156—158° (*No., Bl.*).

Hexachloroplatinat(IV). Rotbraune Kristalle (aus wss. A.); Zers. bei 167—169°
(*Ju., St.,* l. c. S. 2206).

Picrat C₁₁H₁₄N₂·C₆H₃N₃O₇. Orangefarbene Kristalle; F: 193—195° [aus Me.] (*Fish
et al.,* Am. Soc. **78** [1956] 3668, 3670), 193—194° [aus A.] (*Ba., Khan*), 191° [korr.; aus
Bzl. + Ae.] (*Ma.*).

Benzoat C₁₁H₁₄N₂·C₇H₆O₂. Kristalle (aus Ae.); F: 144—145° (*Ho., Ko.*).

Picrolonat. Kristalle (aus Acn. + A.); Zers. bei 242—243° (*Ju., St.,* l. c. S. 2206).

1-Methyl-3-[2-methylamino-äthyl]-indol, Methyl-[2-(1-methyl-indol-3-yl)-äthyl]-amin
C₁₂H₁₆N₂, Formel III (R = CH₃, R' = H).

B. Beim Erhitzen von 2,9-Dimethyl-2,3,4,9-tetrahydro-β-carbolin-1-on mit wss. HCl
(*Abramovitch,* Soc. **1956** 4593, 4602).

Kp₁₈: 190°.

Picrat C₁₂H₁₆N₂·C₆H₃N₃O₇. Rote Kristalle (aus A.); F: 168—169°.

3-[2-Dimethylamino-äthyl]-indol, [2-Indol-3-yl-äthyl]-dimethyl-amin C₁₂H₁₆N₂,
Formel III (R = H, R' = CH₃).

Isolierung aus den Blättern von Lespedeza bicolor var. japonica: *Goto et al.,* J. pharm.
Soc. Japan **78** [1958] 464, 466; C. A. **1958** 14082; aus den Wurzeln von Mimosa hostilis:
Pachter et al., J. org. Chem. **24** [1959] 1285; aus den Blättern von Prestonia amazonicum:
Hochstein, Paradies, Am. Soc. **79** [1957] 5735.

B. Aus 3-[2-Brom-äthyl]-indol und Dimethylamin (*Hoshino, Shimodaira,* A. **520**
[1935] 19, 25; *Vitali, Mossini,* Boll. scient. Fac. Chim. ind. Univ. Bologna **17** [1959]
84, 86). Aus Indol-3-yl-essigsäure-dimethylamid (*Fish et al.,* Am. Soc. **78** [1956] 3668,
3671) oder Indol-3-yl-glyoxylsäure-dimethylamid (*Kondo et al.,* Ann. Rep. ITSUU
Labor. Nr. **10** [1959] 1, 8; engl. Ausg. S. 33, 42) mit Hilfe von LiAlH₄. Beim Erhitzen
von [2-Indol-3-yl-äthyl]-trimethyl-ammonium-chlorid (*Manske,* Canad. J. Res. **5** [1931]
592, 596).

Dimorph; Kristalle (aus Hexan); F: 73—74° und F: 47—49° (*Fish et al.,* Am. Soc.
78 3671). F: 49—50° [aus Ae. + PAe.] (*Ho., Sh.*), 48—49° [aus Hexan + Ae.] (*Pa. et al.*).
λ_max (A.): 274 nm, 283 nm und 291 nm (*Fish et al.,* Am. Soc. **77** [1955] 5892, 5893).
Fluorescenzmaximum (A.): 350 nm (*Fish et al.,* Am. Soc. **77** 5893).

Hydrochlorid. Kristalle (aus A. + Ae.); F: 166—167,5° (*Vi., Mo.*).

Picrat C₁₂H₁₆N₂·C₆H₃N₃O₇. Gelbe Kristalle; F: 171—172° [aus Bzl.] (*Pa. et al.*),
170—171° [aus Me.] (*Ho., Sh.*).

Oxalat C₁₂H₁₆N₂·C₂H₂O₄. Kristalle (aus Me.); F: 151—152° (*Ko. et al.*).

Fumarat C₁₂H₁₆N₂·C₄H₄O₄. Kristalle (aus A. + Butanon + Ae.); F: 152—152,5°
(*Barlow, Khan,* Brit. J. Pharmacol. Chemotherapy **14** [1958] 99, 100).

3-[2-(Dimethyl-oxy-amino)-äthyl]-indol, [2-Indol-3-yl-äthyl]-dimethyl-aminoxid
C₁₂H₁₆N₂O, Formel IV.

B. Aus [2-Indol-3-yl-äthyl]-dimethyl-amin und H₂O₂ (*Fish et al.,* Am. Soc. **77** [1955]
5892, 5895).

Kristalle (aus A. + Ae.) mit 1 Mol H₂O; F: 123—128°. λ_max (A.): 274 nm, 282 nm und 290 nm (*Fish et al.*, l. c. S. 5893). Fluorescenzmaximum (A.): 349 nm.

Picrat $C_{12}H_{16}N_2O \cdot C_6H_3N_3O_7$. Kristalle (aus A.); F: 178—183°.

3-[2-Dimethylamino-äthyl]-1-methyl-indol, Dimethyl-[2-(1-methyl-indol-3-yl)-äthyl]-amin, Tri-*N*-methyl-tryptamin $C_{13}H_{18}N_2$, Formel III (R = R' = CH_3) auf S. 4320.

B. Aus Methyl-[2-(1-methyl-indol-3-yl)-äthyl]-amin (*Hodson*, *Smith*, Chem. and Ind. **1956** 740).

Picrat $C_{13}H_{18}N_2 \cdot C_6H_3N_3O_7$. Orangefarbene Kristalle (aus Me.); F: 175—177° und (nach Wiedererstarren) F: 181°.

[2-Indol-3-yl-äthyl]-trimethyl-ammonium $[C_{13}H_{19}N_2]^+$, Formel V (R = H).

Chlorid $[C_{13}H_{19}N_2]Cl$. Kristalle (aus Me. + Acn.); F: 193° [korr.] (*Manske*, Canad. J. Res. **5** [1931] 592, 595).

Jodid $[C_{13}H_{19}N_2]I$. B. Aus Tryptamin [S. 4319] (*Ma.*; *Goto et al.*, J. pharm. Soc. Japan **78** [1958] 464, 467; C. A. **1958** 14082), [2-Indol-3-yl-äthyl]-methyl-amin (*Juraschewškiǐ*, Ž. obšč. Chim. **10** [1940] 1781; C. A. **1941** 4016) oder [2-Indol-3-yl-äthyl]-dimethyl-amin (*Pachter et al.*, J. org. Chem. **24** [1959] 1285) und CH_3I. — Kristalle; F: 215—216° [aus A.] (*Pa. et al.*), 210—211° [aus Me.] (*Hoshino*, *Shimodaira*, A. **520** [1935] 19, 26), 208—209° [aus Me.] (*Ju.*), 197° [aus Acn.] (*Goto et al.*), 197° [korr.; aus A.] (*Ma.*).

IV   V   VI

1-Äthyl-3-[2-amino-äthyl]-indol, 2-[1-Äthyl-indol-3-yl]-äthylamin, 1-Äthyl-tryptamin $C_{12}H_{16}N_2$, Formel VI.

B. Beim Erhitzen von 4-Amino-butyraldehyd-diäthylacetal mit *N*-Äthyl-*N*-phenyl-hydrazin und $ZnCl_2$ (*Leonard*, *Elderfield*, J. org. Chem. **7** [1942] 556, 568; *Eiter*, *Svierak*, M. **83** [1952] 1453, 1473). Beim Erhitzen von 1-Äthyl-DL-tryptophan in Fluoren (*Leete*, J. org. Chem. **23** [1958] 631).

Kp_2: 170—171°; n_D^{26}: 1,5821 (*Le.*, *El.*). IR-Spektrum (3—15 µ): *Ei.*, *Sv.*, l. c. S. 1463. Hydrochlorid $C_{12}H_{16}N_2 \cdot HCl$. Kristalle (aus A. + Ae.); F: 193,5—194° [korr.] (*Le.*).

Picrat $C_{12}H_{16}N_2 \cdot C_6H_3N_3O_7$. Orangefarbene Kristalle; F: 182,5—183° [korr.; aus A.] (*Le.*), 180—181° [korr.; aus Bzl. + Me.] (*Ei.*, *Sv.*, l. c. S. 1473), 178,5—180,5° [korr.; aus A.] (*Le.*, *El.*).

3-[2-Äthylamino-äthyl]-indol, Äthyl-[2-indol-3-yl-äthyl]-amin $C_{12}H_{16}N_2$, Formel VII (R = C_2H_5, R' = H).

B. Aus *N*-[2-Indol-3-yl-äthyl]-acetamid mit Hilfe von $LiAlH_4$ (*Eiter*, *Svierak*, M. **83** [1952] 1453, 1473).

Kristalle (aus Ae. + PAe.); F: 87—88° (*Ei.*, *Sv.*).

Hydrochlorid $C_{12}H_{16}N_2 \cdot HCl$. Kristalle (aus A. + Butanon + Ae.); F: 183—184° (*Barlow*, *Khan*, Brit. J. Pharmacol. Chemotherapy **14** [1959] 99, 101).

Picrat $C_{12}H_{16}N_2 \cdot C_6H_3N_3O_7$. Orangefarbene Kristalle; F: 187—189° [aus A.] (*Ba.*, *Khan*), 186—187° [korr.; aus Me.] (*Ei.*, *Sv.*).

3-[2-Diäthylamino-äthyl]-indol, Diäthyl-[2-indol-3-yl-äthyl]-amin $C_{14}H_{20}N_2$, Formel VII (R = R' = C_2H_5).

B. Aus 3-[2-Brom-äthyl]-indol und Diäthylamin (*Vitali*, *Mossini*, Boll. scient. Fac. Chim. ind. Univ. Bologna **17** [1959] 84, 86). Aus 2-Diäthylamino-1-indol-3-yl-äthanon (*Upjohn Co.*, U.S.P. 2814625 [1954]) oder Indol-3-yl-glyoxylsäure-diäthylamid (*Nógrádi*, M. **88** [1957] 768, 775) mit Hilfe von $LiAlH_4$.

Kristalle (aus PAe.); F: 85—88° (*Nó.*).

Hydrochlorid $C_{14}H_{20}N_2 \cdot HCl$. Kristalle; F: 172—173° [aus A. + Butanon + Ae.]

(*Barlow, Khan*, Brit. J. Pharmacol. Chemotherapy **14** [1959] 99, 100), 168—169° [aus
A. + E. bzw. aus A. + Ae.] (*Nó.; Vi., Mo.*, l. c. S. 86), 166—167,5° [aus Me. + E.]
(*Upjohn Co.*). UV-Spektrum (A.; 210—310 nm): *Vi., Mo.*, l. c. S. 85.
Picrat $C_{14}H_{20}N_2 \cdot C_6H_3N_3O_7$. Kristalle (aus A.); F: 170,5° (*Ba., Khan*).

3-[2-Propylamino-äthyl]-indol, [2-Indol-3-yl-äthyl]-propyl-amin $C_{13}H_{18}N_2$, Formel VII (R = CH₂-CH₂-CH₃, R′ = H).

B. Beim Behandeln von Indol-3-yl-glyoxylsäure-propylamid (aus Indol-3-yl-glyoxyl=
oylchlorid und Propylamin) mit LiAlH₄ in THF (*Barlow, Khan*, Brit. J. Pharmacol.
Chemotherapy **14** [1959] 99, 101).

Hydrochlorid $C_{13}H_{18}N_2 \cdot HCl$. Kristalle (aus A. + Butanon + Ae.); F: 184—185,5°.

3-[2-Dipropylamino-äthyl]-indol, [2-Indol-3-yl-äthyl]-dipropyl-amin $C_{16}H_{24}N_2$, Formel VII (R = R′ = CH₂-CH₂-CH₃).

B. Aus 3-[2-Brom-äthyl]-indol und Dipropylamin (*Vitali, Mossini*, Boll. scient. Fac.
Chim. ind. Univ. Bologna **17** [1959] 84, 86). Beim Behandeln von Indol-3-yl-glyoxyl=
säure-dipropylamid (aus Indol-3-yl-glyoxyloylchlorid und Dipropylamin) mit LiAlH₄ in
THF (*Barlow, Khan*, Brit. J. Pharmacol. Chemotherapy **14** [1959] 99, 100).

Scheinbarer Dissoziationsexponent pK_a' (H₂O; potentiometrisch ermittelt): 8,6 (*Vane*,
Brit. J. Pharmacol. Chemotherapy **14** [1959] 87, 91).

Hydrochlorid $C_{16}H_{24}N_2 \cdot HCl$. Kristalle; F: 176—178° [aus A. + Butanon + Ae.]
(*Ba., Khan*), 174,5—176° [aus A. + Ae.] (*Vi., Mo.*). λ_{max} (A.): 221 nm, 281 nm und
289 nm (*Vi., Mo.*).

3-[2-Isopropylamino-äthyl]-indol, [2-Indol-3-yl-äthyl]-isopropyl-amin $C_{13}H_{18}N_2$, Formel VII (R = CH(CH₃)₂, R′ = H).

B. Aus 3-[2-Brom-äthyl]-indol und Isopropylamin (*Gaddum et al.*, Quart. J. exp.
Physiol. **40** [1955] 49, 54).

Kristalle (aus Cyclohexan); F: 99°.

3-[2-Diisopropylamino-äthyl]-indol, [2-Indol-3-yl-äthyl]-diisopropyl-amin $C_{16}H_{24}N_2$, Formel VII (R = R′ = CH(CH₃)₂).

B. Beim Behandeln von Indol-3-yl-glyoxylsäure-diisopropylamid (aus Indol-3-yl-
glyoxyloylchlorid und Diisopropylamin) mit LiAlH₄ in THF (*Barlow, Khan*, Brit. J.
Pharmacol. Chemotherapy **14** [1959] 99, 100).

Hydrochlorid $C_{16}H_{24}N_2 \cdot HCl$. Kristalle (aus A. + Butanon); F: 195,5—196,5°.

3-[2-Dibutylamino-äthyl]-indol, Dibutyl-[2-indol-3-yl-äthyl]-amin $C_{18}H_{28}N_2$, Formel VII (R = R′ = [CH₂]₃-CH₃).

B. Aus 3-[2-Brom-äthyl]-indol und Dibutylamin (*Vitali, Mossini*, Boll. scient. Fac.
Chim. ind. Univ. Bologna **17** [1959] 84, 86). Beim Behandeln von Indol-3-yl-glyoxyl=
säure-dibutylamid (aus Indol-3-yl-glyoxyloylchlorid und Dibutylamin hergestellt) mit
LiAlH₄ in THF (*Barlow, Khan*, Brit. J. Pharmacol. Chemotherapy **14** [1959] 99, 100).

Hydrochlorid $C_{18}H_{28}N_2 \cdot HCl$. Kristalle; F: 184—185° [aus A.] (*Ba., Khan*),
182—183° [aus A. + Ae.] (*Vi., Mo.*).

VII VIII IX

3-[2-Diallylamino-äthyl]-indol, Diallyl-[2-indol-3-yl-äthyl]-amin $C_{16}H_{20}N_2$, Formel VII (R = R′ = CH₂-CH=CH₂).

B. Aus 3-[2-Brom-äthyl]-indol und Diallylamin (*Vitali, Mossini*, Boll. scient. Fac.
Chim. ind. Univ. Bologna **17** [1959] 84, 86).

Hydrochlorid $C_{16}H_{20}N_2 \cdot HCl$. Kristalle (aus A. + Ae.); F: 144—145°.

3-[2-Amino-äthyl]-1-phenyl-indol, 2-[1-Phenyl-indol-3-yl]-äthylamin, 1-Phenyl-tryptamin $C_{16}H_{16}N_2$, Formel VIII (R = H).
B. Aus *N,N*-Diphenyl-hydrazin und 4-Amino-butyraldehyd-diäthylacetal (*Hoffmann-La Roche*, U.S.P. 2 642 438 [1949]).
Hydrochlorid. Kristalle (aus A.); F: 237—239°.

3-[2-Methylamino-äthyl]-1-phenyl-indol, Methyl-[2-(1-phenyl-indol-3-yl)-äthyl]-amin $C_{17}H_{18}N_2$, Formel VIII (R = CH$_3$).
B. Aus 2-[1-Phenyl-indol-3-yl]-äthylamin (*Hoffmann-La Roche*, U.S.P. 2 642 438 [1949]).
Hydrochlorid. Kristalle (aus A. + Ae.); F: 158—160°.

Trimethyl-[2-(1-phenyl-indol-3-yl)-äthyl]-ammonium $[C_{19}H_{23}N_2]^+$, Formel V (R = C$_6$H$_5$) auf S. 4322.
Jodid $[C_{19}H_{23}N_2]$I. *B.* Aus 2-[1-Phenyl-indol-3-yl]-äthylamin und CH$_3$I (*Hoffmann-La Roche*, U.S.P. 2 642 438 [1949]). — Kristalle (aus A. + Ae.); F: 190—191°.

3-[2-Anilino-äthyl]-indol, *N*-[2-Indol-3-yl-äthyl]-anilin $C_{16}H_{16}N_2$, Formel VII (R = C$_6$H$_5$, R' = H).
B. Aus Indol-3-yl-essigsäure-anilid mit Hilfe von LiAlH$_4$ (*Katritzky*, Soc. **1955** 2581, 2586).
Kristalle (aus wss. A.); F: 98—100°.
Acetyl-Derivat $C_{18}H_{18}N_2$O. Kristalle (aus wss. A.); F: 120—121,5°.

3-[2-Amino-äthyl]-1-benzyl-indol, 2-[1-Benzyl-indol-3-yl]-äthylamin, 1-Benzyl-tryptamin $C_{17}H_{18}N_2$, Formel IX (R = H).
B. Beim Erwärmen von 4-Amino-butyraldehyd-diäthylacetal und *N*-Benzyl-*N*-phenyl-hydrazin mit wss. HCl (*Hoffmann-La Roche*, U.S.P. 2 642 438 [1949]) oder mit ZnCl$_2$ (*Hörlein*, B. **87** [1954] 463, 466).
F: 59—60° (*Hoffmann-La Roche*). Kp$_{0,2}$: 194—202° (*Hö.*).
Hydrochlorid. Kristalle (aus A. + Ae.); F: 179—180° (*Hoffmann-La Roche*).
Maleat $C_{17}H_{18}N_2 \cdot C_4H_4O_4$. F: 161—162° [unkorr.; Zers.] (*Hö.*).

1-Benzyl-3-[2-methylamino-äthyl]-indol, [2-(1-Benzyl-indol-3-yl)-äthyl]-methyl-amin $C_{18}H_{20}N_2$, Formel IX (R = CH$_3$).
Hydrochlorid. *B.* Beim Erhitzen von *N*-[2-(1-Benzyl-indol-3-yl)-äthyl]-*N*-methyl-toluol-4-sulfonamid mit Anilin und Anilin-hydrochlorid unter CO$_2$ (*Hoffmann-La Roche*, U.S.P. 2 642 438 [1949]). — Kristalle (aus A.); F: 213—214°.

[2-(1-Benzyl-indol-3-yl)-äthyl]-trimethyl-ammonium $[C_{20}H_{25}N_2]^+$, Formel V (R = CH$_2$-C$_6$H$_5$) auf S. 4322.
Jodid $[C_{20}H_{25}N_2]$I. *B.* Aus 2-[1-Benzyl-indol-3-yl]-äthylamin und CH$_3$I (*Hoffmann-La Roche*, U.S.P. 2 642 438 [1949]). — Kristalle (aus A.); F: 208—209°.

3-[2-Benzylamino-äthyl]-indol, Benzyl-[2-indol-3-yl-äthyl]-amin $C_{17}H_{18}N_2$, Formel VII (R = CH$_2$-C$_6$H$_5$, R' = H).
B. Aus (±)-Hydroxy-indol-3-yl-essigsäure-benzylamid oder Indol-3-yl-glyoxylsäure-benzylamid mit Hilfe von LiAlH$_4$ (*Upjohn Co.*, U.S.P. 2 870 162 [1954]).
Hydrochlorid. Kristalle (aus Isopropylalkohol); F: 232,5—233,5°.

1-[Äthyl-benzyl-amino]-2-indol-3-yl-äthan, Äthyl-benzyl-[2-indol-3-yl-äthyl]-amin $C_{19}H_{22}N_2$, Formel VII (R = CH$_2$-C$_6$H$_5$, R' = C$_2$H$_5$).
B. Aus Indol-3-yl-glyoxylsäure-[äthyl-benzyl-amid] (aus Indol-3-yl-glyoxyloylchlorid und Äthyl-benzyl-amin hergestellt) mit Hilfe von LiAlH$_4$ (*Upjohn Co.*, U.S.P. 2 870 162 [1954]).
Hydrochlorid. Kristalle (aus A.); F: 224—225°.

(±)-[2-Äthyl-hexyl]-benzyl-[2-indol-3-yl-äthyl]-amin $C_{25}H_{34}N_2$, Formel VII (R = CH$_2$-C$_6$H$_5$, R' = CH$_2$-CH(C$_2$H$_5$)-[CH$_2$]$_3$-CH$_3$).
B. Beim Behandeln von Indol-3-yl-glyoxyloylchlorid mit (±)-[2-Äthyl-hexyl]-benzyl-

amin in Benzol und Erwärmen des Reaktionsprodukts mit LiAlH$_4$ in THF (*Upjohn Co.*, U.S.P. 2 870 162 [1954]).
Hydrochlorid C$_{25}$H$_{34}$N$_2$·HCl. F: 173—174°.

3-[2-Dibenzylamino-äthyl]-indol, Dibenzyl-[2-indol-3-yl-äthyl]-amin C$_{24}$H$_{24}$N$_2$,
Formel VII (R = R' = CH$_2$-C$_6$H$_5$) auf S. 4323.
B. Aus Indol-3-yl-glyoxylsäure-dibenzylamid mit Hilfe von LiAlH$_4$ (*Upjohn Co.*,
U.S.P. 2 870 162 [1954]; *Nógrádi*, M. **88** [1957] 768, 775).
Hydrochlorid C$_{24}$H$_{24}$N$_2$·HCl. F: 214—215° (*Nó.*), 207,5—208° (*Upjohn Co.*).

3-[2-Phenäthylamino-äthyl]-indol, [2-Indol-3-yl-äthyl]-phenäthyl-amin C$_{18}$H$_{20}$N$_2$,
Formel VII (R = CH$_2$-CH$_2$-C$_6$H$_5$, R' = H) auf S. 4323.
B. Aus Phenylessigsäure-[2-indol-3-yl-äthylamid] mit Hilfe von LiAlH$_4$ (*Protiva et al.*,
Collect. **24** [1959] 3978, 3985).
Hydrochlorid C$_{18}$H$_{20}$N$_2$·HCl. F: 210—213° [korr.; aus H$_2$O + A.] (*Pr. et al.*,
l. c. S. 3980).

2-[(2-Indol-3-yl-äthyl)-methyl-amino]-äthanol C$_{13}$H$_{18}$N$_2$O, Formel X (n = 1).
B. Aus [2-Indol-3-yl-äthyl]-methyl-amin und Äthylenoxid (*Protiva et al.*, Collect. **24**
[1959] 3978, 3981, 3983).
Picrat C$_{13}$H$_{18}$N$_2$O·C$_6$H$_3$N$_3$O$_7$. Orangefarbene Kristalle (aus wss. A.); F: 140° [korr.].
O-[3,4,5-Trimethoxy-benzoyl]-Derivat C$_{23}$H$_{28}$N$_2$O$_5$; 1-[(2-Indol-3-yl-äthyl)-
methyl-amino]-2-[3,4,5-trimethoxy-benzoyloxy]-äthan.   Hydrochlorid
C$_{23}$H$_{28}$N$_2$O$_5$·HCl. F: 76—78° [aus Acn. + Ae.].

(±)-1-[(2-Indol-3-yl-äthyl)-methyl-amino]-propan-2-ol C$_{14}$H$_{20}$N$_2$O, Formel XI.
B. Aus [2-Indol-3-yl-äthyl]-methyl-amin und (±)-1,2-Epoxy-propan (*Protiva et al.*,
Collect. **24** [1959] 3978, 3982, 3983).
Kristalle (aus Ae. + PAe.); F: 90—91°.
Picrat C$_{14}$H$_{20}$N$_2$O·C$_6$H$_3$N$_3$O$_7$. Orangerote Kristalle (aus A.); F: 175—176° [korr.].
O-[3,4,5-Trimethoxy-benzoyl]-Derivat C$_{24}$H$_{30}$N$_2$O$_5$; (±)-1-[(2-Indol-3-yl-
äthyl)-methyl-amino]-2-[3,4,5-trimethoxy-benzoyloxy]-propan.   Hydro=
chlorid C$_{24}$H$_{30}$N$_2$O$_5$·HCl. F: 75—78° [aus Acn. + Ae.].

X   XI

3-[(2-Indol-3-yl-äthyl)-methyl-amino]-propan-1-ol C$_{14}$H$_{20}$N$_2$O, Formel X (n = 2).
B. Beim Behandeln von [2-Indol-3-yl-äthyl]-methyl-amin mit Malonsäure-äthylester-
chlorid und Pyridin in Benzol und Erwärmen des Reaktionsprodukts mit LiAlH$_4$ in
THF und Äther (*Protiva et al.*, Collect. **24** [1959] 3978, 3983).
Kp$_1$: 208—209°.
Picrat C$_{14}$H$_{20}$N$_2$O·C$_6$H$_3$N$_3$O$_7$. Orangefarbene Kristalle (aus wss. A.); F: 98—100°.
O-[3,4,5-Trimethoxy-benzoyl]-Derivat C$_{24}$H$_{30}$N$_2$O$_5$; 1-[(2-Indol-3-yl-äth=
yl)-methyl-amino]-3-[3,4,5-trimethoxy-benzoyloxy]-propan. Hydrochlorid
C$_{24}$H$_{30}$N$_2$O$_5$·HCl. F: 75—76° [aus Acn. + Ae.].

4-[(2-Indol-3-yl-äthyl)-methyl-amino]-butan-1-ol C$_{15}$H$_{22}$N$_2$O, Formel X (n = 3).
B. Beim Behandeln von [2-Indol-3-yl-äthyl]-methyl-amin mit Bernsteinsäure-äthyl=
ester-chlorid und Pyridin in Benzol und Erwärmen des Reaktionsprodukts mit LiAlH$_4$
in THF und Äther (*Protiva et al.*, Collect. **24** [1959] 3978, 3983).
Kp$_{0,2}$: 206—208°.
Picrat C$_{15}$H$_{22}$N$_2$O·C$_6$H$_3$N$_3$O$_7$. F: 111° [korr.; aus A.].
O-[3,4,5-Trimethoxy-benzoyl]-Derivat C$_{25}$H$_{32}$N$_2$O$_5$; 1-[(2-Indol-3-yl-äthyl)-

methyl-amino]-4-[3,4,5-trimethoxy-benzoyloxy]-butan.   Hydrochlorid $C_{25}H_{32}N_2O_5 \cdot HCl$. F: 125—126° [korr.; aus Acn. + Ae.].

1-Indol-3-yl-2-pyrrolidino-äthan, 3-[2-Pyrrolidino-äthyl]-indol $C_{14}H_{18}N_2$, Formel XII.

B. Aus 3-[2-Brom-äthyl]-indol und Pyrrolidin (*Vitali, Mossini,* Boll. scient. Fac. Chim. ind. Univ. Bologna **17** [1959] 84, 86). Aus 1-Indol-3-ylglyoxyloyl-pyrrolidin (aus Indol-3-yl-glyoxyloylchlorid und Pyrrolidin hergestellt) mit Hilfe von LiAlH₄ (*Barlow, Khan,* Brit. J. Pharmacol. Chemotherapy **14** [1959] 99, 100). Aus 1-[2-Indol-3-yl-äthyl]-pyrrolidin-2-on mit Hilfe von LiAlH₄ (*Stork, Hill,* Am. Soc. **79** [1957] 495, 499).

F: 109—110° [nach Sublimation im Vakuum] (*St., Hill*).

Hydrochlorid $C_{14}H_{18}N_2 \cdot HCl$. Kristalle; F: 183—184° [aus A. + Ae.] (*Vi., Mo.*), 182—183° [aus A. + Butanon + Ae.] (*Ba., Khan*).

Picrat $C_{14}H_{18}N_2 \cdot C_6H_3N_3O_7$. Kristalle (aus A.); F: 173—174° (*Ba., Khan*).

1-Indol-3-yl-2-piperidino-äthan, 3-[2-Piperidino-äthyl]-indol $C_{15}H_{20}N_2$, Formel XIII.

B. Aus 3-[2-Brom-äthyl]-indol und Piperidin (*Akkerman et al.,* R. **70** [1951] 899, 912; *Vitali, Mossini,* Boll. scient. Fac. Chim. ind. Univ. Bologna **17** [1959] 84, 86). Beim Behandeln von Indol-3-yl-acetylchlorid mit Piperidin in Äthylacetat und Behandeln des Reaktionsprodukts mit LiAlH₄ in Äther (*Elderfield et al.,* J. org. Chem. **22** [1957] 1376, 1378; *Protiva et al.,* Collect. **24** [1959] 3978, 3984). Aus 1-Indol-3-ylglyoxyloyl-piperidin mit Hilfe von LiAlH₄ (*Nógrádi,* M. **88** [1957] 768, 776). Bei der Hydrierung von 3-[2-(3,6-Dihydro-2H-[1]pyridyl)-äthyl]-indol an Platin in Methanol (*El. et al.*).

Kristalle; F: 161—162° [korr.; aus Ae.] (*Pr. et al.*), 151—152° [aus Hexan + Ae.] (*El. et al.*), 150—151° [aus Bzl.] (*Ak. et al.*). λ_{max} (A.): 283 nm und 291 nm (*El. et al.*).

Hydrochlorid $C_{15}H_{20}N_2 \cdot HCl$. Kristalle; F: 228—229° [korr.; aus A.] (*Pr. et al.,* l. c. S. 3980), 225—227° [aus A. + Butanon + Ae.] (*Barlow, Khan,* Brit. J. Pharmacol. Chemotherapy **14** [1959] 99, 100), 222—223° [aus A. + Ae.] (*Vi., Mo.*).

Picrat $C_{15}H_{20}N_2 \cdot C_6H_3N_3O_7$. Kristalle (aus A.); F: 174—174,5° (*Ba., Khan*), 166° bis 167° (*Nó.*).

Toluol-4-sulfonat $C_{15}H_{20}N_2 \cdot C_7H_8O_3S$. Kristalle (aus A. + Ae.); F: 181—182° [korr.] (*El. et al.*).

Methojodid $[C_{16}H_{23}N_2]I$; 1-[2-Indol-3-yl-äthyl]-1-methyl-piperidinium-jodid. Kristalle (aus A.); F: 204° (*Pr. et al.,* l. c. S. 3984).

XII   XIII   XIV

6-[(2-Indol-3-yl-äthyl)-methyl-amino]-hexan-1-ol $C_{17}H_{26}N_2O$, Formel X (n = 5).

B. Aus N-[2-Indol-3-yl-äthyl]-N-methyl-adipamidsäure-äthylester mit Hilfe von LiAlH₄ (*Protiva et al.,* Collect. **24** [1959] 3978, 3983).

Kristalle (aus Ae. + PAe.); F: 68°. Kp₁: 232—234°.

Hydrochlorid $C_{17}H_{26}N_2O \cdot HCl$. F: 117° [korr.; aus Acn.].

O-[3,4,5-Trimethoxy-benzoyl]-Derivat $C_{27}H_{36}N_2O_5$; 1-[(2-Indol-3-yl-äthyl)-methyl-amino]-6-[3,4,5-trimethoxy-benzoyloxy]-hexan.   Hydrochlorid $C_{27}H_{36}N_2O_5 \cdot HCl$. F: 115—116° [korr.; aus Acn. + Ae.].

1-[3,6-Dihydro-2H-[1]pyridyl]-2-indol-3-yl-äthan, 3-[2-(3,6-Dihydro-2H-[1]pyridyl)-äthyl]-indol $C_{15}H_{18}N_2$, Formel XIV.

Konstitution: *Wenkert et al.,* Am. Soc. **84** [1962] 3732.

B. Aus 1-[2-Indol-3-yl-äthyl]-pyridinium-bromid mit Hilfe von NaBH₄ oder LiAlH₄ (*Elderfield et al.,* J. org. Chem. **22** [1957] 1376, 1378).

Kristalle; F: 152—153° [korr.; aus Hexan] (*El. et al.*), 152—153° [aus Hexan] (*Potts, Liljengren,* J. org. Chem. **28** [1963] 3066, 3068), 151—152° [aus PAe. oder wss. Me.] (*We. et al.,* l. c. S. 3734). Kristalle (aus A. + PAe.); F: 119—123° [unkorr.] (*Fry, Beisler,* J. org. Chem. **35** [1970] 2809). λ_{max} (A.): 283 nm und 291 nm (*El. et al.*).

1-Indol-3-yl-2-octahydro[2]isochinolyl-äthan, 2-[2-Indol-3-yl-äthyl]-decahydro-isochinolin C$_{19}$H$_{26}$N$_2$.

a) **(4aS)-2-[2-Indol-3-yl-äthyl]-(4ar,8at)-decahydro-isochinolin, 2,3-Seco-yohimban** [1]), Chanodihydrodesoxyyohimbol C$_{19}$H$_{26}$N$_2$, Formel I.

B. Bei der Hydrierung von Chanodesoxyyohimbol (s. u.) an Platin in Essigsäure (*Witkop*, Am. Soc. **71** [1949] 2559, 2564).

Kristalle (aus Me.); F: 130° [korr.]. [α]$_D$: −2,5° [Lösungsmittel nicht angegeben].

Picrat C$_{19}$H$_{26}$N$_2$·C$_6$H$_3$N$_3$O$_7$. Rote Kristalle (aus Acn.); F: 190° [korr.].

b) **(±)-2-[2-Indol-3-yl-äthyl]-(4ar,8at)-decahydro-isochinolin, rac-2,3-Seco-yohimban** [1]) C$_{19}$H$_{26}$N$_2$, Formel I + Spiegelbild.

B. Aus (±)-*trans*-Decahydroisochinolin und 3-[2-Brom-äthyl]-indol (*van Tamelen et al.*, Am. Soc. **78** [1956] 4628, 4632). Aus *rac*-2,3-Seco-yohimban-3-on (S. 4340) mit Hilfe von LiAlH$_4$ (*v. Ta.*).

Kristalle (aus Me.); F: 151° [korr.].

Hydrobromid C$_{19}$H$_{26}$N$_2$·HBr. Kristalle (aus A. + Acn.); F: 240−242° [korr.].

I   II   III

(±)-2ξ-[2-Indol-3-yl-äthyl]-2ξ-methyl-(4ar,8ac)-decahydro-isochinolinium [C$_{20}$H$_{29}$N$_2$]$^+$, Formel III + Spiegelbild.

Jodid [C$_{20}$H$_{29}$N$_2$]I; *rac*-(4Ξ)-4-Methyl-2,3-seco-15β-yohimbanium-jodid. *B.* Aus *rac*-2,3-Seco-15β-yohimban-3-on [S. 4340] (*Stork, Hill*, Am. Soc. **79** [1957] 495, 499). — Kristalle (aus Me.); F: 234−236°.

1-[(8aR)-3,4,6,7,8,8a-Hexahydro-1H-[2]isochinolyl]-2-indol-3-yl-äthan, (8aR)-2-[2-Indol-3-yl-äthyl]-1,2,3,4,6,7,8,8a-octahydro-isochinolin C$_{19}$H$_{24}$N$_2$, Formel IV.

In der von *Witkop* (Am. Soc. **71** [1949] 2559, 2564) unter dieser Konstitution und Konfiguration beschriebenen und als Chanoisodesoxyyohimbol bezeichneten Verbindung hat wahrscheinlich Yohimban (Syst.-Nr. 3486) vorgelegen (*Witkop, Goodwin*, Am. Soc. **75** [1953] 3371, 3373).

1-[(4aR)-(4ar,8at)-3,4,4a,7,8,8a-Hexahydro-1H-[2]isochinolyl]-2-indol-3-yl-äthan, (4aR)-2-[2-Indol-3-yl-äthyl]-(4ar,8at)-1,2,3,4,4a,7,8,8a-octahydro-isochinolin, 2,3-Seco-yohimb-16-en [1]), Chanodesoxyyohimbol C$_{19}$H$_{24}$N$_2$, Formel V.

B. Neben anderen Verbindungen beim Erhitzen von Yohimboasäure (17α-Hydroxy-yohimban-16α-carbonsäure) mit Tl$_2$CO$_3$ auf 280°/0,01 Torr (*Witkop*, Am. Soc. **71** [1949] 2559, 2563; s. a. *Witkop*, A. **554** [1943] 83, 100).

Kristalle (aus Ae.); F: 151° [korr.] (*Wi.*, Am. Soc. **71** 2564). [α]$_D^{20}$: −24,8° [Py.; c = 1] (*Wi.*, A. **554** 101).

Hydrochlorid C$_{19}$H$_{24}$N$_2$·HCl. Kristalle (aus Me. + Ae.); F: 228° (*Wi.*, A. **554** 101).

Picrat C$_{19}$H$_{24}$N$_2$·C$_6$H$_3$N$_3$O$_7$. Rote Kristalle (aus Acn.); F: 224° [korr.] (*Wi.*, Am. Soc. **71** 2564; s. a. *Wi.*, A. **554** 101).

Methojodid [C$_{20}$H$_{27}$N$_2$]I; 4-Methyl-2,3-seco-yohimb-16-enium-jodid. Kristalle (aus Me. + Ae.); F: 198° (*Wi.*, A. **554** 101).

---

[1]) Für die Verbindung (4aR)-(4ar,13bt,14at)-1,2,3,4,4a,5,7,8,13,13b,14,14a-Dodeca-hydro-indolo[2′,3′:3,4]pyrido[1,2-b]isochinolin (Formel II) wird der Name **Yohimban** verwendet. Bei von Yohimban abgeleiteten Namen gilt in Übereinstimmung mit E II **23** 232, 233 die in Formel II angegebene Stellungsbezeichnung.

IV   V   VI

1-[2-Indol-3-yl-äthyl]-pyridinium $[C_{15}H_{15}N_2]^+$, Formel VI (R = R' = H).

Bromid $[C_{15}H_{15}N_2]$Br. *B.* Aus 3-[2-Brom-äthyl]-indol und Pyridin (*Elderfield et al.*, J. org. Chem. **22** [1957] 1376, 1378). — Kristalle (aus A. + Ae.); F: 235—237° [korr.; Zers.] (*El. et al.*). λ_{max}: 261—262 nm, 281 nm und 290 nm (*El. et al.*).

Jodid $[C_{15}H_{15}N_2]$I. *B.* Aus (±)-1-[1-Benzoyl-2-indol-3-yl-äthyl]-pyridinium-jodid mit Hilfe von wss.-methanol. NaOH und KI (*Thesing et al.*, B. **89** [1956] 2896, 2901). — Kristalle (aus H_2O); F: 213,5—214,5° [unkorr.] (*Th. et al.*).

Picrat $[C_{15}H_{15}N_2]C_6H_2N_3O_7$. Gelbe Kristalle (aus H_2O); F: 184—185° [unkorr.] (*Th. et al.*).

1-[2-Indol-3-yl-äthyl]-4-methyl-pyridinium $[C_{16}H_{17}N_2]^+$, Formel VI (R = H, R' = CH_3).

Jodid $[C_{16}H_{17}N_2]$I. *B.* Aus Indol-3-ylmethyl-trimethyl-ammonium-methylsulfat und 4-Methyl-1-phenacyl-pyridinium-bromid mit Hilfe von methanol. KOH und KI (*Thesing et al.*, B. **89** [1956] 2896, 2902). — Kristalle (aus H_2O); F: 218—219° [unkorr.].

Picrat $[C_{16}H_{17}N_2]C_6H_2N_3O_7$. Kristalle (aus H_2O); F: 165,5—166,5° [unkorr.].

3-Äthyl-1-[2-indol-3-yl-äthyl]-pyridinium $[C_{17}H_{19}N_2]^+$, Formel VI (R = C_2H_5, R' = H).

Jodid $[C_{17}H_{19}N_2]$I. *B.* Aus 3-Äthyl-pyridin, Phenacylbromid und Indol-3-ylmethyl-trimethyl-ammonium-methylsulfat über mehrere Stufen (*Thesing, Festag*, Experientia **15** [1959] 127). — F: 164°.

1-[3,4-Dihydro-1*H*-[2]isochinolyl]-2-indol-3-yl-äthan, 2-[2-Indol-3-yl-äthyl]-1,2,3,4-tetrahydro-isochinolin $C_{19}H_{20}N_2$, Formel VII (R = R' = H).

B. Aus 2-Indol-3-ylacetyl-1,2,3,4-tetrahydro-isochinolin [aus Indol-3-yl-acetylchlorid und 1,2,3,4-Tetrahydro-isochinolin hergestellt] (*Shaw, Woolley*, J. biol. Chem. **203** [1953] 979, 984) oder aus 2-Indol-3-ylglyoxyloyl-1,2,3,4-tetrahydro-isochinolin (*Huffman*, Am. Soc. **80** [1958] 5193) mit Hilfe von $LiAlH_4$. Aus 2-[2-Indol-3-yl-äthyl]-isochinolinium-bromid (*Elderfield, Fisher*, J. org. Chem. **23** [1958] 949, 951) oder 2-[2-Indol-3-yl-äthyl]-isochinolinium-jodid (*Hu.*) mit Hilfe von $NaBH_4$. Aus 2-[2-Indol-3-yl-äthyl]-4*H*-iso= chinolin-1,3-dion mit Hilfe von $LiAlH_4$ (*Potts, Robinson*, Soc. **1955** 2675, 2681).

Kristalle; F: 124—125° [korr.; aus Acn.] (*El., Fi.*), 121—122° [aus Cyclohexan] (*Hu.*).

Picrat $C_{19}H_{20}N_2 \cdot C_6H_3N_3O_7$. Orangefarbene Kristalle (aus wss. Acn.); F: 171° (*Po., Ro.*), 170—171° (*Hu.*), 169° [korr.; Zers.] (*El., Fi.*).

1-[3,4-Dihydro-1*H*-[2]isochinolyl]-2-[1-methyl-indol-3-yl]-äthan, 2-[2-(1-Methyl-indol-3-yl)-äthyl]-1,2,3,4-tetrahydro-isochinolin $C_{20}H_{22}N_2$, Formel VII (R = CH_3, R' = H).

B. Beim Erhitzen von (±)-2-[2-(1-Methyl-indolin-3-yl)-äthyl]-1,2,3,4-tetrahydro-iso= chinolin mit Palladium (*Julian et al.*, Am. Soc. **70** [1948] 174, 179). Aus (±)-3-[2-(3,4-Di= hydro-1*H*-[2]isochinolyl)-äthyl]-1-methyl-indolin-2-on oder (±)-2-[3,4-Dihydro-1*H*-[2]isochinolyl]-1-[1-methyl-indolin-3-yl]-äthanon mit Hilfe von Natrium und Äthanol (*Ju. et al.*, l. c. S. 178, 179).

Kristalle (aus PAe.); F: 82°. $Kp_{0,008}$: 180—182°.

Picrat $C_{20}H_{22}N_2 \cdot C_6H_3N_3O_7$. Gelbe Kristalle (aus Bzl.); F: 161°.

2-[2-Indol-3-yl-äthyl]-5,6,7,8-tetrahydro-isochinolinium $[C_{19}H_{21}N_2]^+$, Formel VIII.

Bromid $[C_{19}H_{21}N_2]$Br. *B.* Aus Indol-3-ylmethyl-trimethyl-ammonium-methylsulfat, 2-Phenacyl-5,6,7,8-tetrahydro-isochinolinium-bromid und KBr (*Thesing et al.*, B. **89** [1956] 2896, 2903). — Kristalle (aus Me.); F: 218—219° [unkorr.; Zers.].

Jodid $[C_{19}H_{21}N_2]$I. *B.* Analog dem Bromid (*Th. et al.*). — Kristalle (aus Me.); F: 222° bis 223° [unkorr.; Zers.].

VII VIII

1-Indol-3-yl-2-[4-phenäthyl-piperidino]-äthan, 3-[2-(4-Phenäthyl-piperidino)-äthyl]-indol $C_{23}H_{28}N_2$, Formel IX.

B. Beim Behandeln von Indol-3-yl-acetylchlorid mit 4-Phenäthyl-piperidin und 4-Äthyl-morpholin in Äthylacetat und Behandeln des Reaktionsprodukts mit LiAlH$_4$ in THF und Äther (*Elderfield et al.*, J. org. Chem. **22** [1957] 1376, 1379). Bei der Hydrierung von 3-[2-(4-*trans*-Styryl-3,6-dihydro-2*H*-[1]pyridyl)-äthyl]-indol an Palladium/Kohle in Essigsäure (*El. et al.*).

Kristalle (aus Bzl. + PAe. oder aus Ae. + PAe.); F: 119° [unkorr.].

Hydrobromid $C_{23}H_{28}N_2 \cdot$ HBr. Kristalle (aus A.); F: 219—221° [unkorr.; Zers.].

IX X

2-[2-Indol-3-yl-äthyl]-isochinolinium $[C_{19}H_{17}N_2]^+$, Formel X (R = H).

Chlorid $[C_{19}H_{17}N_2]$Cl. *B.* Beim Erwärmen von Tryptamin (S. 4319) mit [2-Formyl-phenyl]-acetaldehyd in Essigsäure und Behandeln des Reaktionsprodukts mit wss. HCl (*Potts, Robinson*, Soc. **1955** 2675, 2679). — Gelbe Kristalle (aus wss. Acn.); F: 128° (*Po., Ro.*). — Beim Erwärmen mit KBH$_4$ in wss. Methanol oder beim Behandeln mit LiAlH$_4$ in Äther ist *rac*-Yohimba-15,17,19-trien erhalten worden (*Po., Ro.*, l. c. S. 2681).

Perchlorat $[C_{19}H_{17}N_2]$ClO$_4$. *B.* Analog dem Chlorid (*Po., Ro.*). — Gelbe Kristalle (aus Me.); F: 223° (*Po., Ro.*).

Bromid $[C_{19}H_{17}N_2]$Br. *B.* Aus 3-[2-Brom-äthyl]-indol und Isochinolin (*Huffman*, Am. Soc. **80** [1958] 5193; s. a. *Po., Ro.*, l. c. S. 2680). — Gelbe Kristalle (aus Me.); F: 211° bis 212° (*Hu.*).

Jodid $[C_{19}H_{17}N_2]$I. *B.* Aus Indol-3-ylmethyl-trimethyl-ammonium-methylsulfat, 2-Phenacyl-isochinolinium-bromid und KI (*Thesing et al.*, B. **89** [1956] 2896, 2903). Analog dem Chlorid (*Po., Ro.*). — Gelbe Kristalle (aus Me.); F: 245° (*Po., Ro.*), 240° bis 242° [unkorr.; Zers.] (*Th. et al.*). λ_{max} (Me.): 225 nm, 280 nm und 340 nm (*Po., Ro.*).

Picrat $[C_{19}H_{17}N_2]C_6H_2N_3O_7$. *B.* Analog dem Chlorid (*Po., Ro.*). — Bronzefarbene Kristalle (aus Me.); F: 208° (*Po., Ro.*).

2-[2-(1-Methyl-indol-3-yl)-äthyl]-isochinolinium $[C_{20}H_{19}N_2]^+$, Formel X (R = CH$_3$).

Chlorid $[C_{20}H_{19}N_2]$Cl. *B.* Aus 2-[1-Methyl-indol-3-yl]-äthylamin und [2-Formyl-phenyl]-acetaldehyd (*Potts, Robinson*, Soc. **1955** 2675, 2680). — Gelbe, hygroskopische Kristalle (aus Me.) mit 2,5 Mol Methanol; F: 192°.

Perchlorat $[C_{20}H_{19}N_2]$ClO$_4$. Gelbe Kristalle (aus Me.); F: 191°.

Jodid $[C_{20}H_{19}N_2]$I. Gelbe Kristalle (aus Me.); F: 229°.

Picrat $[C_{20}H_{19}N_2]C_6H_2N_3O_7$. Hellgelbe Kristalle (aus Me.); F: 234°.

1-Indol-3-yl-2-[4-*trans*-styryl-3,6-dihydro-2*H*-[1]pyridyl]-äthan, 3-[2-(4-*trans*-Styryl-3,6-dihydro-2*H*-[1]pyridyl)-äthyl]-indol $C_{23}H_{24}N_2$, Formel XI.

B. Aus 1-[2-Indol-3-yl-äthyl]-4-*trans*-styryl-pyridinium-bromid mit Hilfe von NaBH$_4$ in Äthanol (*Elderfield et al.*, J. org. Chem. **22** [1957] 1376, 1379).

Kristalle (aus Acn.); F: 193° [korr.]. IR-Banden (Nujol; 1590—680 cm^{-1}): *El. et al.*

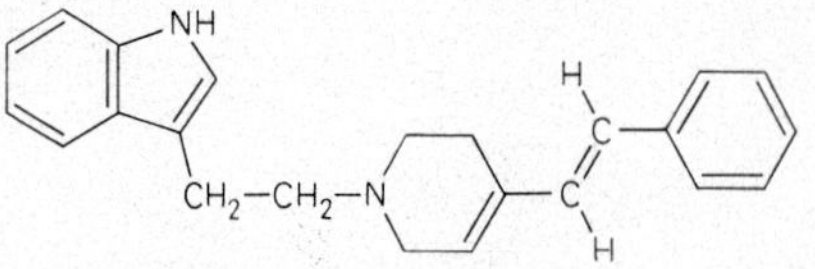

XI 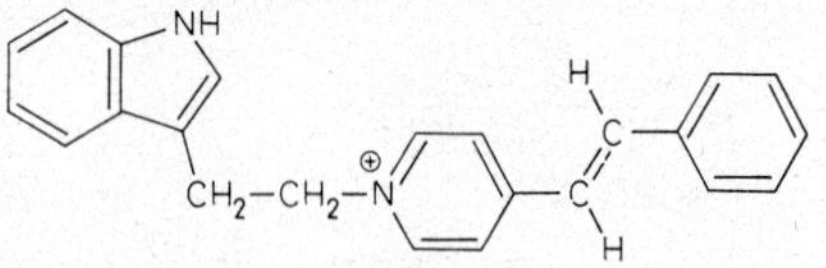   XII

1-[2-Indol-3-yl-äthyl]-4-*trans*-styryl-pyridinium $[C_{23}H_{21}N_2]^+$, Formel XII.

Bromid $[C_{23}H_{21}N_2]$Br. *B*. Aus 3-[2-Brom-äthyl]-indol und 4-*trans*-Styryl-pyridin (*Elderfield et al.*, J. org. Chem. **22** [1957] 1376, 1379). — Kristalle (aus A.); F: 231° [korr.; Zers.]. IR-Banden (Nujol; 3800 — 765 cm⁻¹): *El. et al.*

3*endo*-Hydroxy-8ξ-[2-indol-3-yl-äthyl]-8ξ-methyl-nortropanium $[C_{18}H_{25}N_2O]^+$, Formel XIII.

Bromid $[C_{18}H_{25}N_2O]$Br. *B*. Aus 3-[2-Brom-äthyl]-indol und Tropan-3*endo*-ol (*Nógrádi*, M. **88** [1957] 768, 777). — Kristalle (aus A.); F: 262 — 263°.

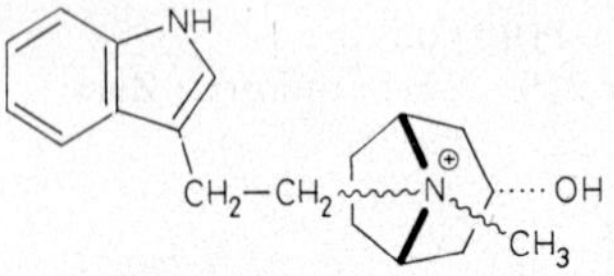

XIII 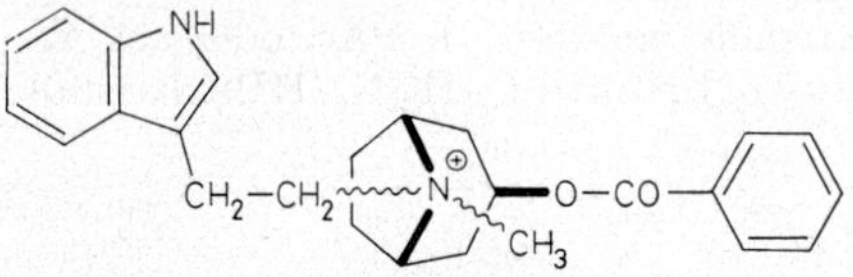   XIV

3*exo*-Benzoyloxy-8ξ-[2-indol-3-yl-äthyl]-8ξ-methyl-nortropanium $[C_{25}H_{29}N_2O_2]^+$, Formel XIV.

Bromid $[C_{25}H_{29}N_2O_2]$Br. *B*. Aus 3-[2-Brom-äthyl]-indol und 3*exo*-Benzoyloxy-tropan (*Nógrádi*, M. **88** [1957] 768, 777). — Kristalle (aus A.); F: 246 — 248°.

4-[2-Hydroxy-äthyl]-1-[2-indol-3-yl-äthyl]-pyridinium $[C_{17}H_{19}N_2O]^+$, Formel VI (R = H, R' = CH₂-CH₂-OH) auf S. 4328.

Picrat $[C_{17}H_{19}N_2O]C_6H_2N_3O_7$. *B*. Aus Indol-3-ylmethyl-trimethyl-ammonium-methylsulfat bei der aufeinanderfolgenden Umsetzung mit 4-[2-Hydroxy-äthyl]-1-phenacyl-pyridinium-bromid und Picrinsäure (*Thesing et al.*, B. **89** [1956] 2896, 2903). — Kristalle (aus A.); F: 143 — 144° [unkorr.].

5-Hydroxymethyl-2-[2-indol-3-yl-äthyl]-1,2,3,4-tetrahydro-isochinolin, [2-(2-Indol-3-yl-äthyl)-1,2,3,4-tetrahydro-[5]isochinolyl]-methanol $C_{20}H_{22}N_2O$, Formel VII (R = H, R' = CH₂-OH).

B. Aus 2-[2-Indol-3-yl-äthyl]-1,2,3,4-tetrahydro-isochinolin-5-carbonsäure-methylester mit Hilfe von LiAlH₄ (*Elderfield, Fischer*, J. org. Chem. **23** [1958] 949, 952). Aus 2-[2-Indol-3-yl-äthyl]-5-methoxycarbonyl-isochinolinium-bromid mit Hilfe von NaBH₄ und Äthanol (*El., Fi.*).

Kristalle (aus Acn.); F: 173 — 174° [korr.].

O-Acetyl-Derivat $C_{22}H_{24}N_2O_2$; 5-Acetoxymethyl-2-[2-indol-3-yl-äthyl]-1,2,3,4-tetrahydro-isochinolin. Hydrobromid $C_{22}H_{24}N_2O_2 \cdot$HBr. Kristalle (aus Me.); F: 214 — 216° [korr.].

2-[2-Indol-3-yl-äthyl]-4-methoxy-isochinolinium $[C_{20}H_{19}N_2O]^+$, Formel I (X = O-CH₃, X' = H).

Perchlorat $[C_{20}H_{19}N_2O]ClO_4$. F: 170 — 173° [aus Me.] (*E. Merck*, U.S.P. 2891955 [1957]).

Bromid $[C_{20}H_{19}N_2O]$Br. *B*. Aus Indol-3-ylmethyl-trimethyl-ammonium-methylsulfat bei der aufeinanderfolgenden Umsetzung mit 4-Methoxy-2-phenacyl-isochinolinium-chlorid und KBr (*E. Merck*). — Kristalle; F: 200 — 203°.

Jodid $[C_{20}H_{19}N_2O]$I. *B*. Aus Indol-3-ylmethyl-trimethyl-ammonium-jodid und 4-Methoxy-2-phenacyl-isochinolinium-bromid (*E. Merck*). — F: 227 — 228° [aus Me.].

2-[2-Indol-3-yl-äthyl]-6-methoxy-1,2,3,4-tetrahydro-isochinolin-7-ol $C_{20}H_{22}N_2O_2$, Formel II (R = H).

B. Aus 6-Methoxy-1,2,3,4-tetrahydro-isochinolin-7-ol und 3-[2-Brom-äthyl]-indol

(*Onda et al.*, J. pharm. Soc. Japan **76** [1956] 409, 411, 412; C. A. **1956** 13930).

Gelbe Kristalle (aus E.); F: 176—179°.

O-Benzoyl-Derivat $C_{27}H_{26}N_2O_3$; 7-Benzoyloxy-2-[2-indol-3-yl-äthyl]-6-methoxy-1,2,3,4-tetrahydro-isochinolin. Hydrochlorid $C_{27}H_{26}N_2O_3 \cdot HCl$. Kristalle mit 1,25 Mol H_2O; F: 205—215°.

O-[3,4,5-Trimethoxy-benzoyl]-Derivat $C_{30}H_{32}N_2O_6$; 2-[2-Indol-3-yl-äthyl]-6-methoxy-7-[3,4,5-trimethoxy-benzoyloxy]-1,2,3,4-tetrahydro-isochin=olin. Hydrochlorid $C_{30}H_{32}N_2O_6 \cdot HCl$. Gelbe Kristalle (aus wss. Me.) mit 1,5 Mol H_2O; F: 185—188° [nach Sintern ab 163°].

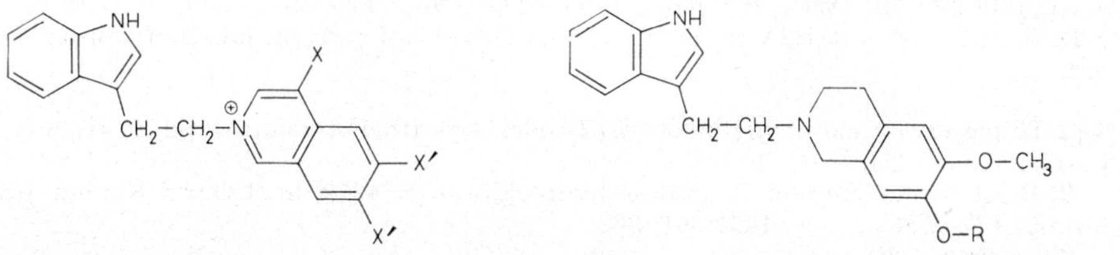

I   II

1-[6,7-Dimethoxy-3,4-dihydro-1H-[2]isochinolyl]-2-indol-3-yl-äthan, 2-[2-Indol-3-yl-äthyl]-6,7-dimethoxy-1,2,3,4-tetrahydro-isochinolin $C_{21}H_{24}N_2O_2$, Formel II (R = CH_3).

B. Aus 6,7-Dimethoxy-1,2,3,4-tetrahydro-isochinolin und 3-[2-Brom-äthyl]-indol (*Onda et al.*, J. pharm. Soc. Japan **76** [1956] 409, 410; C. A. **1956** 13930).

Hydrochlorid $C_{21}H_{24}N_2O_2 \cdot HCl \cdot 0,5 H_2O$. F: 162—164° [Zers.].

2-[2-Indol-3-yl-äthyl]-6,7-dimethoxy-isochinolinium $[C_{21}H_{21}N_2O_2]^+$, Formel I (X = H, X' = O-CH_3).

Bromid $[C_{21}H_{21}N_2O_2]Br$. B. Aus 6,7-Dimethoxy-isochinolin und 3-[2-Brom-äthyl]-indol (*Potts, Robinson*, Soc. **1955** 2675, 2680). — Bräunliche Kristalle (aus Me. + Ae.) mit 0,5 Mol Methanol; F: 219° [Zers.] (*Po., Ro.*).

Jodid $[C_{21}H_{21}N_2O_2]I$. B. Aus Indol-3-ylmethyl-trimethyl-ammonium-methylsulfat beim aufeinanderfolgenden Behandeln mit 6,7-Dimethoxy-2-phenacyl-isochinolinium-bromid und KI (*E. Merck*, U.S.P. 2891955 [1957]). — Kristalle (aus H_2O); F: 247—248° [Zers.] (*E. Merck*), 246—247° [Zers.] (*Po., Ro.*).

Picrat $[C_{21}H_{21}N_2O_2]C_6H_2N_3O_7 \cdot C_6H_3N_3O_7$. Braune Kristalle (aus Me.); F: 180° (*Po., Ro.*).

3-[2-Isopropylidenamino-äthyl]-indol, [2-Indol-3-yl-äthyl]-isopropyliden-amin, Aceton-[2-indol-3-yl-äthylimin] $C_{13}H_{16}N_2$, Formel III (R = H).

Diese Konstitution kommt wahrscheinlich der früher (s. E I **22** 636) als 2-Indol-3-yl-äthylamin beschriebenen Verbindung zu (*Jackson, Smith*, Soc. **1965** 3498).

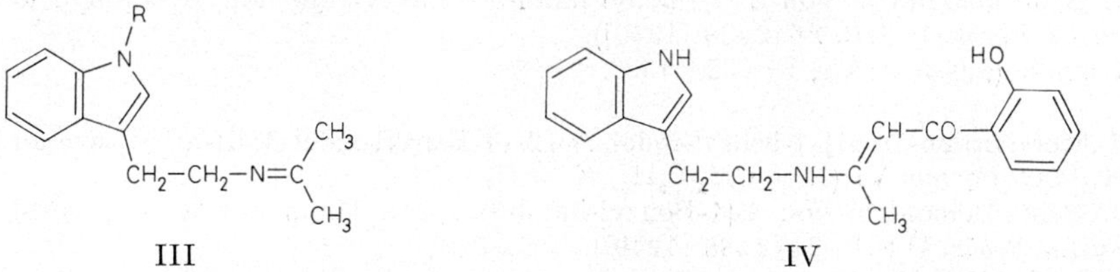

III   IV

3-[2-Isopropylidenamino-äthyl]-1-methyl-indol, Isopropyliden-[2-(1-methyl-indol-3-yl)-äthyl]-amin $C_{14}H_{18}N_2$, Formel III (R = CH_3).

Picrat $C_{14}H_{18}N_2 \cdot C_6H_3N_3O_7$. B. Aus 2-[1-Methyl-indol-3-yl]-äthylamin und Aceton (*Potts, Saxton*, Soc. **1954** 2641). — Orangegelbe Kristalle (aus Acn.); F: 177—179°.

1-[2-Hydroxy-phenyl]-3-[2-indol-3-yl-äthylimino]-butan-1-on $C_{20}H_{20}N_2O_2$ und Tautomere.

    1-[2-Hydroxy-phenyl]-3-[2-indol-3-yl-äthylamino]-but-2-en-1-on $C_{20}H_{20}N_2O_2$, Formel IV.

B. Aus Tryptamin (S. 4319) und 1-[2-Hydroxy-phenyl]-butan-1,3-dion· (*Baker et al.*,

Soc. **1952** 3215).
Kristalle (aus A.); F: 167° [unkorr.].

[Möhle]

3-[2-Formylamino-äthyl]-indol, N-[2-Indol-3-yl-äthyl]-formamid $C_{11}H_{12}N_2O$, Formel V
(X = O).
B. Beim Erhitzen von Tryptamin (S. 4319) mit Äthylformiat auf 100° (*Schöpf, Steuer,*
A. **558** [1947] 124, 132) oder mit Formamid auf 130° (*Norris, Blicke,* J. Am. pharm.
Assoc. **41** [1952] 637, 638).
Kristalle; F: 76° (*Sch., St.*). Kp$_{0,02}$: 195−205° (*No., Bl.*).
Beim Erhitzen mit P_2O_5 in Toluol ist 3,4-Dihydro-β-carbolin erhalten worden (*Sch.,
St.*).

3-[2-Thioformylamino-äthyl]-indol, N-[2-Indol-3-yl-äthyl]-thioformamid $C_{11}H_{12}N_2S$,
Formel V (X = S).
B. Beim Behandeln von Tryptamin-hydrochlorid (S. 4319) in H_2O mit Kalium-dithio⸗
formiat (*Todd et al.,* Soc. **1937** 361, 363).
Kristalle (aus $CHCl_3$ + PAe.); F: 82°.

3-[2-Acetylamino-äthyl]-indol, N-[2-Indol-3-yl-äthyl]-acetamid $C_{12}H_{14}N_2O$, Formel VI
(R = X = H).
B. Beim Behandeln von Tryptamin (S. 4319) mit Acetanhydrid (*Späth, Lederer,* B.
63 [1930] 120, 123; *Huang, Niemann,* Am. Soc. **74** [1952] 101, 105).
Kristalle; F: 77° [aus Ae. + PAe.] (*Sp., Le.*), 75−76° [aus H_2O] (*Hu., Ni.*).

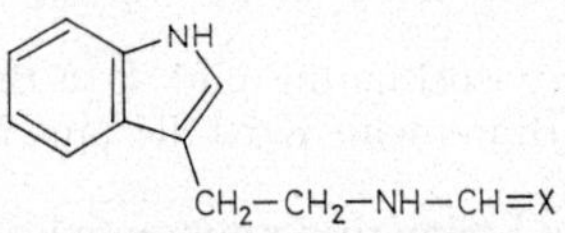

$$\text{V} \qquad\qquad \text{VI}$$

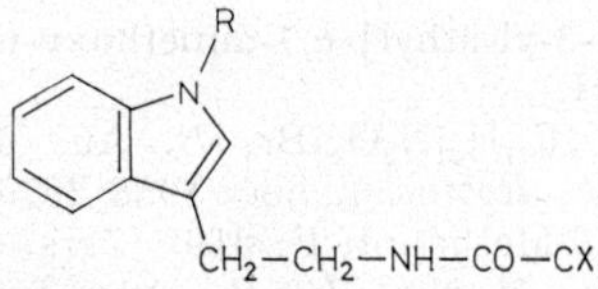

Trifluoressigsäure-[2-indol-3-yl-äthylamid] $C_{12}H_{11}F_3N_2O$, Formel VI (R = H, X = F).
B. Beim Behandeln von Tryptamin (S. 4319) mit Trifluoressigsäure-anhydrid in wenig
Aceton enthaltendem Äthylacetat (*Huang, Niemann,* Am. Soc. **74** [1952] 101, 105).
Kristalle (aus wss. Me.); F: 99−100° [korr.].

3-[2-Acetylamino-äthyl]-1-phenyl-indol, N-[2-(1-Phenyl-indol-3-yl)-äthyl]-acetamid
$C_{18}H_{18}N_2O$, Formel VI (R = C_6H_5, X = H).
B. Beim Behandeln von 2-[1-Phenyl-indol-3-yl]-äthylamin mit Acetanhydrid (*Hoff⸗
mann-La Roche,* U.S.P. 2 642 438 [1949]).
Kristalle (aus wss. A.); F: 132−133°.

3-[2-Acetylamino-äthyl]-1-benzyl-indol, N-[2-(1-Benzyl-indol-3-yl)-äthyl]-acetamid
$C_{19}H_{20}N_2O$, Formel VI (R = CH_2-C_6H_5, X = H).
B. Beim Behandeln von 2-[1-Benzyl-indol-3-yl]-äthylamin mit Acetanhydrid (*Hoff⸗
mann-La Roche,* U.S.P. 2 642 438 [1949]).
Kristalle; F: 102−103°.

1-Benzyl-3-[2-propionylamino-äthyl]-indol, N-[2-(1-Benzyl-indol-3-yl)-äthyl]-
propionamid $C_{20}H_{22}N_2O$, Formel VII.
B. Beim Erhitzen von 2-[1-Benzyl-indol-3-yl]-äthylamin mit Propionsäure (*Hoffmann-
La Roche,* U.S.P. 2 642 438 [1949]).
Kristalle (aus A. + PAe.); F: 101−102°.

3-[2-Valerylamino-äthyl]-indol, N-[2-Indol-3-yl-äthyl]-valeramid $C_{15}H_{20}N_2O$,
Formel VIII (n = 3).
B. Beim Erhitzen von Tryptamin (S. 4319) mit Valeriansäure auf 200−220° (*Hahn,*

Gudjons, B. **71** [1938] 2175, 2181).
Kristalle (aus Bzl.); F: 88°.

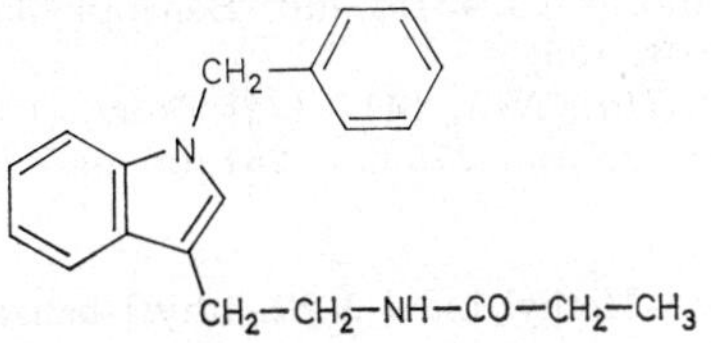

VII 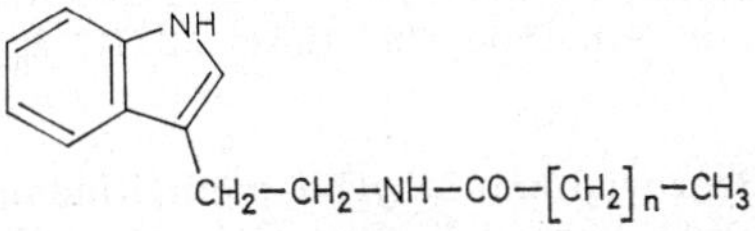   VIII

3-[2-Octanoylamino-äthyl]-indol, *N*-[2-Indol-3-yl-äthyl]-octanamid $C_{18}H_{26}N_2O$,
Formel VIII (n = 6).
B. Beim Behandeln von Tryptamin (S. 4319) in Benzol mit Octanoylchlorid (*Searle* &
Co., U.S.P. 2852520 [1957]).
Kristalle; F: 13—16°.

3-[2-Palmitoylamino-äthyl]-indol, *N*-[2-Indol-3-yl-äthyl]-palmitamid $C_{26}H_{42}N_2O$,
Formel VIII (n = 14).
B. Beim Erhitzen von Tryptamin (S. 4319) mit Palmitinsäure auf 200° (*Hahn, Gudjons*,
B. **71** [1938] 2175, 2181).
Kristalle (aus Me.); F: 110°.

3-[2-Stearoylamino-äthyl]-indol, *N*-[2-Indol-3-yl-äthyl]-stearamid $C_{28}H_{46}N_2O$,
Formel VIII (n = 16).
B. Beim Erhitzen von Tryptamin (S. 4319) mit Stearinsäure auf 160° (*Hahn, Gudjons*,
B. **71** [1938] 2175, 2182).
Kristalle (aus Me.); F: 103°.

Cyclohexylessigsäure-[2-indol-3-yl-äthylamid] $C_{18}H_{24}N_2O$, Formel IX (R = R' = H).
B. Beim Erwärmen von Tryptamin (S. 4319) mit Cyclohexylacetylchlorid und Alkali-
carbonat (*Kao, Robinson*, Soc. **1955** 2865, 2869; *Kao*, Scientia sinica **4** [1955] 527, 532;
Acta chim. sinica **21** [1955] 159, 163) oder wss. NaOH (*Protiva et al.*, Collect. **24** [1959]
83, 86) in Äther bzw. in Benzol.
Kristalle; F: 82—83° [aus wss. Me.] (*Kao, Ro.*; *Kao*), 79—81° [aus Bzl.] (*Pr. et al.*).

***Opt.-inakt. [2-Methyl-cyclohexyl]-essigsäure-[2-indol-3-yl-äthylamid]** $C_{19}H_{26}N_2O$,
Formel IX (R = CH₃, R' = H).
B. Aus Tryptamin (S. 4319) beim Behandeln mit opt.-inakt. [2-Methyl-cyclohexyl]-
acetylchlorid (Kp₃₅: 105—106°) oder beim Erhitzen mit opt.-inakt. [2-Methyl-cyclohexyl]-
essigsäure (*Kao, Robinson*, Soc. **1955** 2865, 2870; *Kao*, Scientia sinica **4** [1955] 527,
534; Acta chim. sinica **21** [1955] 159, 165).
Kristalle (aus Bzl.); F: 110—111°.

***[4-Methyl-cyclohexyl]-essigsäure-[2-indol-3-yl-äthylamid]** $C_{19}H_{26}N_2O$, Formel IX
(R = H, R' = CH₃).
B. Beim Erhitzen von Tryptamin (S. 4319) mit [4-Methyl-cyclohexyl]-essigsäure auf
180—190° (*Kao, Robinson*, Soc. **1955** 2865, 2870; *Kao*, Scientia sinica **4** [1955] 527,
533; Acta chim. sinica **21** [1955] 159, 164).
Kristalle (aus Bzl.); F: 68—75° [nach Erweichen bei 60°; klare Schmelze bei 80°].

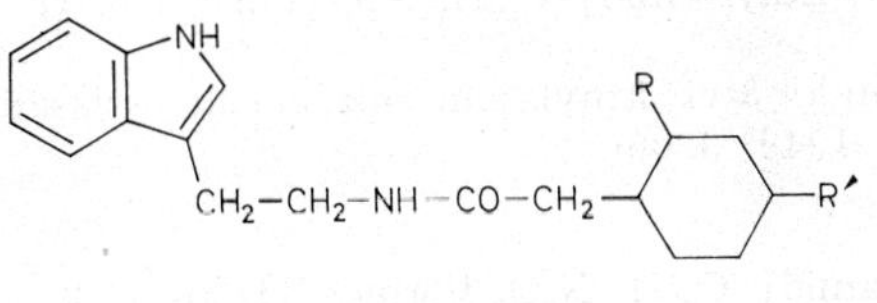

IX 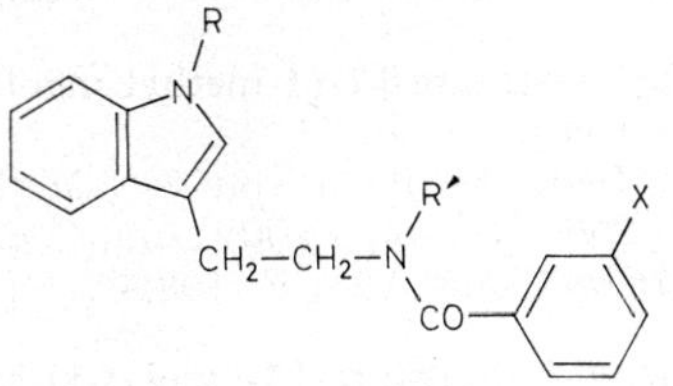   X

3-[2-Benzoylamino-äthyl]-indol, N-[2-Indol-3-yl-äthyl]-benzamid $C_{17}H_{16}N_2O$, Formel X (R = R' = X = H) (E I 637; E II 347).

B. Beim Erwärmen von Tryptamin-hydrochlorid (S. 4319) mit Benzoylchlorid in Pyridin (*Huang, Niemann*, Am. Soc. **74** [1952] 101, 105).

Kristalle; F: 141—142° [korr.; aus wss. Me.] (*Hu., Ni.*), 141—142° [korr.] (*Noland, Hartman*, Am. Soc. **76** [1954] 3227). λ_{max} (A.): 223 nm, 275 nm, 281 nm und 291 nm (*No., Ha.*).

3-[2-Benzoylamino-äthyl]-1-methyl-indol, N-[2-(1-Methyl-indol-3-yl)-äthyl]-benzamid $C_{18}H_{18}N_2O$, Formel X (R = CH_3, R' = X = H).

B. Beim Erwärmen von 2-[1-Methyl-indol-3-yl]-äthylamin mit Benzoylchlorid und K_2CO_3 in $CHCl_3$ (*Manske*, Canad. J. Res. **4** [1931] 275, 281).

Kristalle (aus A. + Ae.); F: 117° [korr.].

1-[Benzoyl-methyl-amino]-2-indol-3-yl-äthan, N-[2-Indol-3-yl-äthyl]-N-methyl-benzamid $C_{18}H_{18}N_2O$, Formel X (R = X = H, R' = CH_3).

B. Beim Behandeln von Tryptamin (S. 4319) mit überschüssigem CH_3I in $CHCl_3$, und Erwärmen der von [2-Indol-3-yl-äthyl]-trimethyl-ammonium-jodid befreiten Reaktionslösung mit Benzoylchlorid und K_2CO_3 (*Manske*, Canad. J. Res. **4** [1931] 275, 280).

Kristalle (aus Acn.); F: 202° [korr.].

3-Chlor-benzoesäure-[(2-indol-3-yl-äthyl)-methyl-amid] $C_{18}H_{17}ClN_2O$, Formel X (R = H, R' = CH_3, X = Cl).

B. Aus Calycanthin (Syst.-Nr. 4027) und 3-Chlor-benzoylchlorid (*Manske*, Canad. J. Res. **4** [1931] 275, 280).

Kristalle (aus Me.); F: 153° [korr.].

3-Nitro-benzoesäure-[(2-indol-3-yl-äthyl)-methyl-amid] $C_{18}H_{17}N_3O_3$, Formel X (R = H, R' = CH_3, X = NO_2).

B. Aus Calycanthin (Syst.-Nr. 4027) und 3-Nitro-benzoylchlorid (*Manske*, Canad. J. Res. **4** [1931] 275, 280).

Gelbe Kristalle (aus Acn.); F: 134° [korr.].

Phenylessigsäure-[2-indol-3-yl-äthylamid] $C_{18}H_{18}N_2O$, Formel XI (R = R' = H) (E II 348).

B. Beim Erhitzen von Phenylessigsäure mit Tryptamin (S. 4319) oder von Tryptamin-phenylacetat auf 180—190° (*Hahn, Ludewig*, B. **67** [1934] 2031, 2034; *Protiva et al.*, Collect. **24** [1959] 74, 76, 79).

Kristalle; F: 145—146° [aus Me.] (*Pr. et al.*), 144° [aus Xylol] (*Hahn, Lu.*), 142° bis 143,5° [aus Bzl.] (*Katritzky*, Soc. **1955** 2586, 2591).

3-Phenyl-propionsäure-[2-indol-3-yl-äthylamid] $C_{19}H_{20}N_2O$, Formel XII (n = 2).

B. Beim Erhitzen von Tryptamin (S. 4319) mit 3-Phenyl-propionsäure auf 180° (*Protiva et al.*, Collect. **24** [1959] 74, 76, 79).

Kristalle (aus wss. Me.); F: 72—73°.

o-Tolylessigsäure-[2-indol-3-yl-äthylamid] $C_{19}H_{20}N_2O$, Formel XIII (R = H).

B. Beim Erhitzen von Tryptamin (S. 4319) mit o-Tolylessigsäure auf 180—190° (*Clemo, Swan*, Soc. **1946** 617, 620; *Julian et al.*, Am. Soc. **70** [1948] 180, 182).

Kristalle; F: 99° [aus Me. + wenig H_2O] (*Cl., Swan*), 97° [aus Ae. + PAe.] (*Ju. et al.*).

o-Tolylessigsäure-[2-(1-methyl-indol-3-yl)-äthyl-amid] $C_{20}H_{22}N_2O$, Formel XIII (R = CH_3).

B. Beim Erhitzen von 2-[1-Methyl-indol-3-yl]-äthylamin mit o-Tolylessigsäure auf 180—200° (*Julian, Printy*, Am. Soc. **71** [1949] 3206).

Kristalle (aus Ae.); F: 103,5°.

4-Phenyl-buttersäure-[2-indol-3-yl-äthylamid] $C_{20}H_{22}N_2O$, Formel XII (n = 3).

B. Beim Erhitzen von Tryptamin (S. 4319) mit 4-Phenyl-buttersäure auf 180° (*Protiva*

et al., Collect. **24** [1959] 74, 76, 79).
Kristalle (aus Bzl. oder Me.); F: 112—113°.

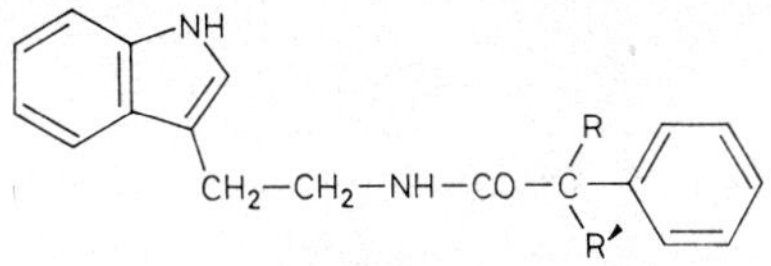

XI 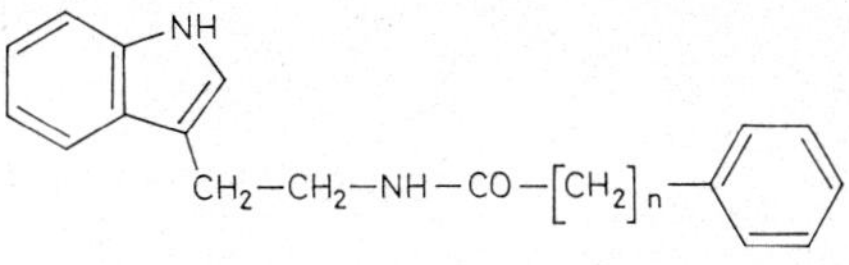   XII

2-Methyl-2-phenyl-propionsäure-[2-indol-3-yl-äthylamid] $C_{20}H_{22}N_2O$, Formel XI
(R = R' = CH$_3$).
B. Beim Behandeln von Tryptamin (S. 4319) in Benzol mit 2-Methyl-2-phenyl-propionylchlorid und wss. NaOH (*Protiva et al.*, Collect. **24** [1959] 74, 76, 79).
Kristalle (aus Bzl.); F: 137—138°.

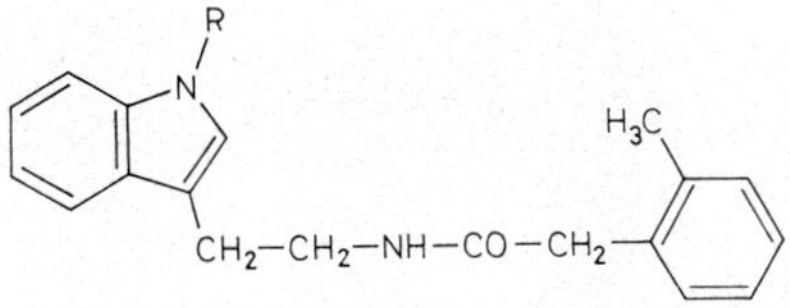

XIII 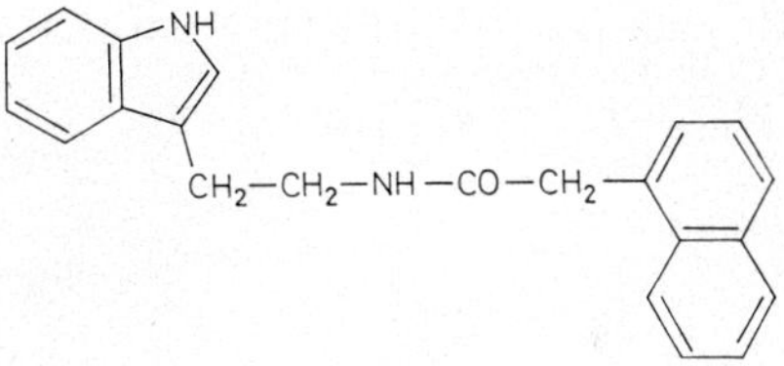   XIV

[1]Naphthylessigsäure-[2-indol-3-yl-äthylamid] $C_{22}H_{20}N_2O$, Formel XIV.
B. Beim Erhitzen von Tryptamin (S. 4319) mit [1]Naphthylessigsäure auf 180°
(*Protiva et al.*, Collect. **24** [1959] 74, 76, 79).
Kristalle (aus Me.); F: 157—158°.

Diphenylessigsäure-[2-indol-3-yl-äthylamid] $C_{24}H_{22}N_2O$, Formel XI (R = C$_6$H$_5$,
R' = H).
B. Beim Behandeln von Tryptamin (S. 4319) in Benzol mit Diphenylacetylchlorid
und wss. NaOH (*Protiva et al.*, Collect. **24** [1959] 74, 76, 79).
Kristalle (aus Me.); F: 145°.

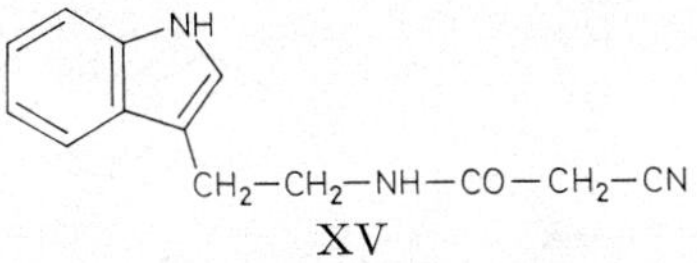

XV

Cyanessigsäure-[2-indol-3-yl-äthylamid] $C_{13}H_{13}N_3O$, Formel XV.
B. Beim Erwärmen von Tryptamin (S. 4319) mit Cyanessigsäure-äthylester (*Swan*,
Soc. **1950** 1539, 1541).
Kristalle (aus wss. Me.); F: 92—93°.

N,N'-Bis-[2-indol-3-yl-äthyl]-succinamid $C_{24}H_{26}N_4O_2$, Formel I (n = 2).
B. Beim Erhitzen von Ditryptamin-succinat (S. 4320) auf 210° (*Hahn, Gudjons*,
B. **71** [1938] 2175, 2177).
Kristalle (aus Me.); F: 199°.

N,N'-Bis-[2-indol-3-yl-äthyl]-adipamid $C_{26}H_{30}N_4O_2$, Formel I (n = 4).
B. Beim Erhitzen von Ditryptamin-adipat (S. 4320) auf 210° (*Hahn, Gudjons*, B.
71 [1938] 2175, 2178).
Kristalle (aus Me.); F: 193—194°.

N-[2-Indol-3-yl-äthyl]-N-methyl-adipamidsäure-äthylester $C_{19}H_{26}N_2O_3$, Formel II.
B. Beim Behandeln von [2-Indol-3-yl-äthyl]-methyl-amin mit Adipinsäure-äthylester-

chlorid und Pyridin in Benzol (*Protiva et al.*, Collect. **24** [1959] 3978, 3982).
$Kp_{0,2}$: 248—250°.

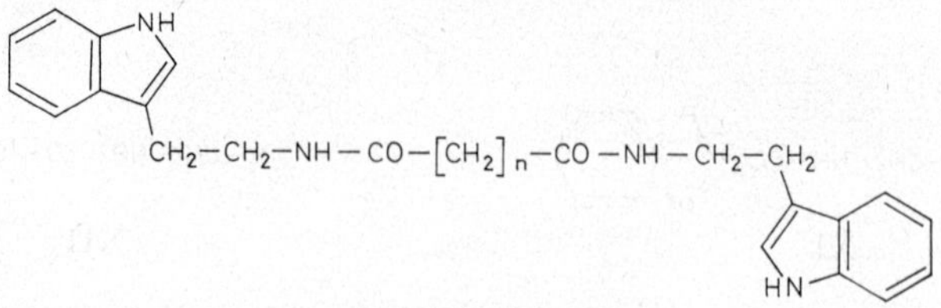

I

N,N′-Bis-[2-indol-3-yl-äthyl]-heptandiamid, *N,N′-Bis-[2-indol-3-yl-äthyl]-pimelamid* $C_{27}H_{32}N_4O_2$, Formel I (n = 5).
B. Beim Erhitzen von Tryptamin (S. 4319) mit Heptandisäure oder von Ditryptamin-heptandioat auf 200° (*Hahn, Gudjons*, B. **71** [1938] 2175, 2178).
Kristalle (aus Me.); F: 170—170,5°.

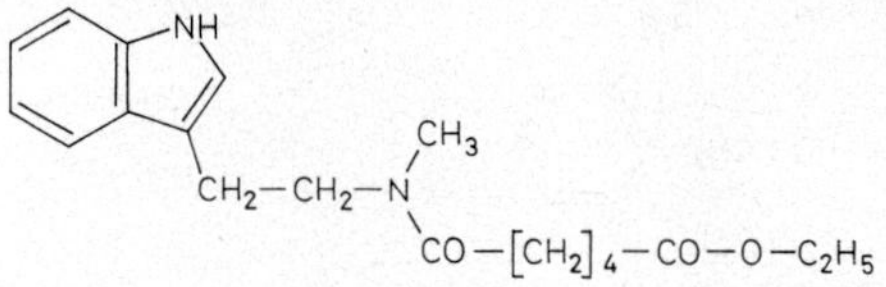

II

N,N′-Bis-[2-indol-3-yl-äthyl]-octandiamid, *N,N′-Bis-[2-indol-3-yl-äthyl]-suberamid* $C_{28}H_{34}N_4O_2$, Formel I (n = 6).
B. Beim Erhitzen von Octandisäure mit Tryptamin (S. 4319) auf 190° (*Hahn, Gudjons*, B. **71** [1938] 2175, 2179).
Kristalle (aus Me.); F: 176° [nach Sintern].

N,N′-Bis-[2-indol-3-yl-äthyl]-decandiamid, *N,N′-Bis-[2-indol-3-yl-äthyl]-sebacinamid* $C_{30}H_{38}N_4O_2$, Formel I (n = 8).
B. Beim Erhitzen von Decandisäure mit Tryptamin (S. 4319) auf 180—200° (*Hahn, Gudjons*, B. **71** [1938] 2175, 2180).
Kristalle (aus Me.); F: 165—166°.

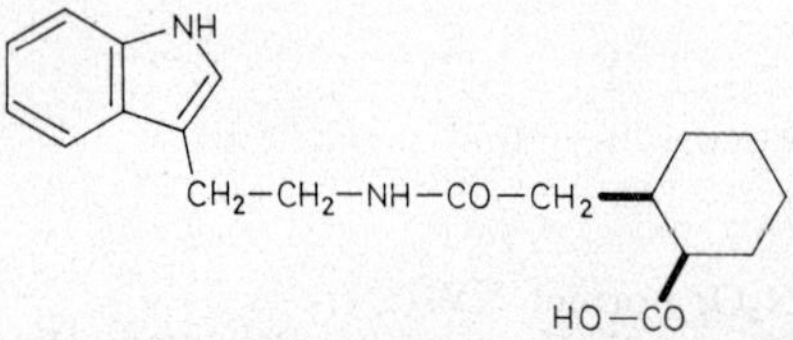

III 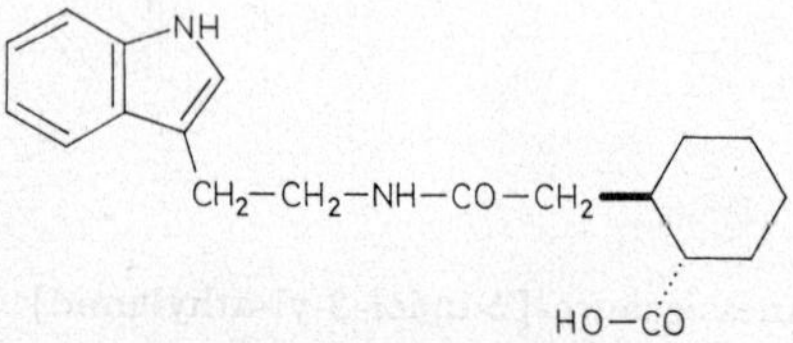   **IV**

2-[(2-Indol-3-yl-äthylcarbamoyl)-methyl]-cyclohexancarbonsäure $C_{19}H_{24}N_2O_3$.
a) **(±)-cis-2-[(2-Indol-3-yl-äthylcarbamoyl)-methyl]-cyclohexancarbonsäure** $C_{19}H_{24}N_2O_3$, Formel III + Spiegelbild.
B. Beim Erwärmen von Tryptamin (S. 4319) mit (±)-*cis*-Hexahydro-isochroman-1,3-dion in Benzol (*Schlittler, Allemann*, Helv. **31** [1948] 128, 132).
Kristalle (aus Me.); F: 175,5°.
b) **(±)-trans-2-[(2-Indol-3-yl-äthylcarbamoyl)-methyl]-cyclohexancarbonsäure** $C_{19}H_{24}N_2O_3$, Formel IV + Spiegelbild.
B. Beim Erwärmen von Tryptamin (S. 4319) mit (±)-*trans*-Hexahydro-isochroman-1,3-dion in Benzol (*Schlittler, Allemann*, Helv. **31** [1948] 128, 133; *Jost*, Helv. **32** [1949] 1297, 1303).
Kristalle (aus Me.); F: 176—178° [korr.] (*Jost*), 157° (*Sch., Al.*).
Beim Behandeln mit Diazomethan in Methanol und Äther und Erhitzen des Reaktions-

produkts mit POCl$_3$ sind drei Verbindungen C$_{19}$H$_{20}$N$_2$O (Lactam-A, Kristalle [aus Me.], F: 260—261° [korr.; Zers.], vermutlich als opt.-inakt. 2,3,4,4a,7,8,13,14a-Octa= hydro-1H-indolo[2′,3′:3,4]pyrido[1,2-b]isochinolin-5-on [Syst.-Nr. 3572] zu formulieren; Lactam-B, Kristalle [aus wss. Me.], F: 214—216° [korr.; Zers.]; Lactam-C, grün- lichgelbe Kristalle [aus Me.], F: 304—306° [korr.; Zers.]) erhalten worden (*Jost*, l. c. S. 1304, 1305).

(±)-2-[2-Indol-3-yl-äthyl]-(4a*r*,8a*t*)-hexahydro-isochinolin-1,3-dion, *rac*-2,3-Seco- yohimban-3,21-dion [1]) C$_{19}$H$_{22}$N$_2$O$_2$, Formel V + Spiegelbild.

B. Beim Erwärmen der voranstehenden Verbindung in Methanol (*Jost*, Helv. **32** [1949] 1297, 1303).
Kristalle (aus Me.); F: 242—243° [korr.].

2-[2-Indol-3-yl-äthyl]-5,6,7,8-tetrahydro-4H-isochinolin-1,3-dion C$_{19}$H$_{20}$N$_2$O$_2$, Formel VI.

B. Beim Erwärmen von Tryptamin (S. 4319) mit 5,6,7,8-Tetrahydro-4H-isochromen- 1,3-dion in Benzol (*Swan*, Soc. **1950** 1539, 1541).
Kristalle (aus CHCl$_3$, Me. oder Acn.); F: 230—231°.

V　　　　　　　　**VI**　　　　　　　　**VII**

N-[2-Indol-3-yl-äthyl]-phthalimid C$_{18}$H$_{14}$N$_2$O$_2$, Formel VII (R = H) (E II 348).

B. Beim Erhitzen von Tryptamin (S. 4319) mit Phthalsäure-anhydrid auf 180—190° (*Prasad, Swan*, Soc. **1958** 2045, 2048; vgl. E II 348).
Kristalle (aus Bzl. oder A.); F: 164°.

N-[2-(1-Methyl-indol-3-yl)-äthyl]-phthalimid C$_{19}$H$_{16}$N$_2$O$_2$, Formel VII (R = CH$_3$).

B. Beim Erhitzen von 2-[1-Methyl-indol-3-yl]-äthylamin mit Phthalsäure auf 230° (*Manske*, Canad. J. Res. **5** [1931] 592, 597) oder mit Phthalsäure-anhydrid und Essig= säure (*Leete*, J. org. Chem. **23** [1958] 631).
Gelbliche Kristalle (aus Eg.), F: 178—179° [korr.] (*Le.*); Kristalle (aus Acn.), F: 177,5° [korr.] (*Ma.*).

N-[2-(1-Äthyl-indol-3-yl)-äthyl]-phthalimid C$_{20}$H$_{18}$N$_2$O$_2$, Formel VII (R = C$_2$H$_5$).

B. Beim Erhitzen von 2-[1-Äthyl-indol-3-yl]-äthylamin mit Phthalsäure auf 230° (*Leonard, Elderfield*, J. org. Chem. **7** [1942] 556, 568) oder mit Phthalsäure-anhydrid in Essigsäure (*Leete*, J. org. Chem. **23** [1958] 631).
Gelbliche Kristalle (aus A.), F: 150—151° [korr.] (*Le.*); Kristalle (aus A.), F: 149° bis 150° [korr.] (*Le., El.*).

[2-(2-Indol-3-yl-äthylcarbamoyl)-phenyl]-essigsäure C$_{19}$H$_{18}$N$_2$O$_3$, Formel VIII (R = H).

B. Beim Erwärmen von 2-[2-Indol-3-yl-äthyl]-4H-isochinolin-1,3-dion mit wss. NaOH (*Edwards, Marion*, Am. Soc. **71** [1949] 1694).
Kristalle (aus Me. + Ae.); F: 156° [korr.; Zers.; auf 145° vorgeheiztes Bad].

2-[(2-Indol-3-yl-äthylcarbamoyl)-methyl]-benzoesäure C$_{19}$H$_{18}$N$_2$O$_3$, Formel IX (R = H).

B. Beim Erwärmen von Tryptamin (S. 4319) mit Isochroman-1,3-dion in Benzol (*Schlittler, Allemann*, Helv. **31** [1948] 128, 131; *Edwards, Marion*, Am. Soc. **71** [1949] 1694) oder in CHCl$_3$ (*Clemo, Swan*, Soc. **1949** 487, 491).

---

[1]) Stellungsbezeichnung bei von Yohimban abgeleiteten Namen s. S. 4327.

Kristalle; F: 146° [korr.; aus Bzl.] (*Ed.*, *Ma.*), 144° (*Cl.*, *Swan*), 143° [aus CHCl$_3$] (*Sch.*, *Al.*).

Methylester $C_{20}H_{20}N_2O_3$. Kristalle; F: 115—115,5° [korr.; aus Bzl.] (*Jost*, Helv. **32** [1949] 1297, 1302), 106° [aus Bzl. + PAe.] (*Cl.*, *Swan*).

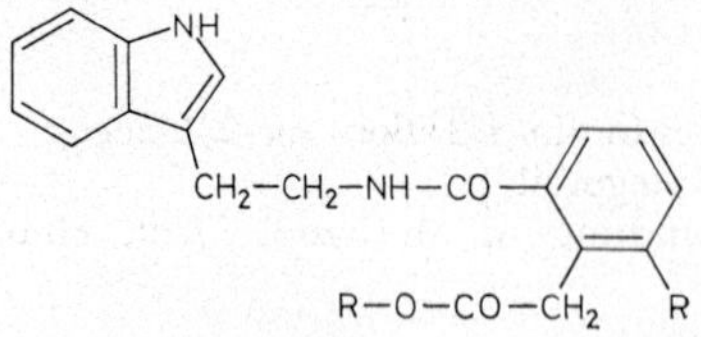

VIII

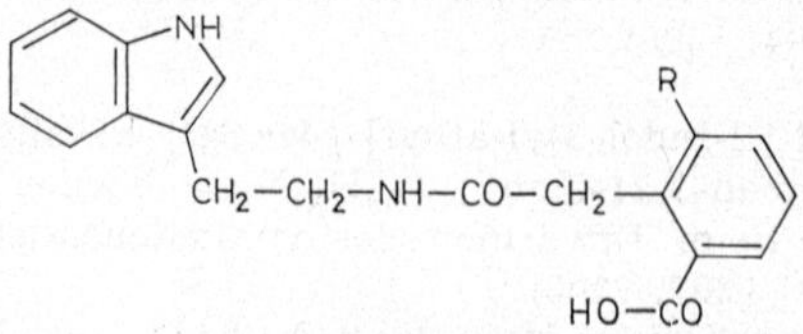

IX

2-[2-Indol-3-yl-äthyl]-4H-isochinolin-1,3-dion $C_{19}H_{16}N_2O_2$, Formel X (R = H).

B. Beim Erhitzen von Tryptamin (S. 4319) mit Isochroman-1,3-dion in Benzol und Erhitzen des Reaktionsprodukts unter vermindertem Druck (*Scholz et al.*, Helv. **18** [1935] 923, 932). Beim Erhitzen von Tryptamin mit Homophthalsäure auf 180° (*Clemo, Swan*, Soc. **1946** 617, 621; *Edwards, Marion*, Am. Soc. **71** [1949] 1694). Beim Erhitzen des Tryptamin-Salzes der [2-Methoxycarbonyl-phenyl]-essigsäure auf 185° (*Cl.*, *Swan*).

Kristalle; F: 214° [korr.; aus CHCl$_3$] (*Ed.*, *Ma.*), 210° [aus wss. Acn.] (*Sch. et al.*), 205° [nach Sintern bei 198°; aus A.] (*Cl.*, *Swan*).

[2-(2-Indol-3-yl-äthylcarbamoyl)-6-methyl-phenyl]-essigsäure-methylester $C_{21}H_{22}N_2O_3$, Formel VIII (R = CH$_3$).

B. Beim Erwärmen von Tryptamin (S. 4319) mit 5-Methyl-isochroman-1,3-dion in CHCl$_3$ und Behandeln des Reaktionsprodukts in Methanol mit äther. Diazomethan (*Clemo, Swan*, Soc. **1949** 487, 491).

Kristalle (aus Bzl. + PAe.); F: 139—140°.

2-[(2-Indol-3-yl-äthylcarbamoyl)-methyl]-3-methyl-benzoesäure $C_{20}H_{20}N_2O_3$, Formel IX (R = CH$_3$).

B. Beim Erwärmen von Tryptamin (S. 4319) mit 5-Methyl-isochroman-1,3-dion in Benzol (*Schlittler, Speitel*, Helv. **31** [1948] 1199, 1204).

Gelbliche Kristalle (aus Me.); F: 167—169°.

2-[2-Indol-3-yl-äthyl]-5-methyl-4H-isochinolin-1,3-dion $C_{20}H_{18}N_2O_2$, Formel X (R = CH$_3$).

B. Beim Behandeln der vorangehenden Verbindung in Methanol mit äther. Diazomethan und anschliessend mit wss. HCl (*Schlittler, Speitel*, Helv. **31** [1948] 1199, 1204).

Kristalle (aus Me.); F: 219—221°.

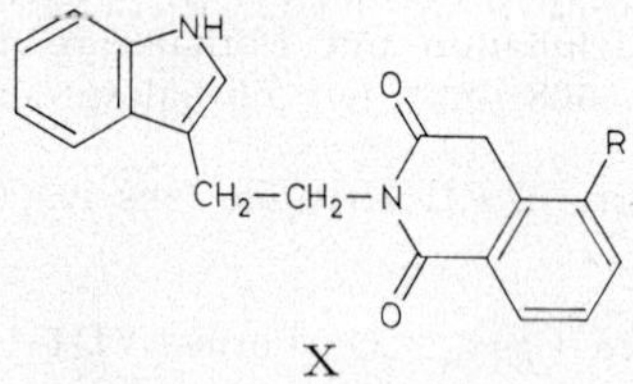

X

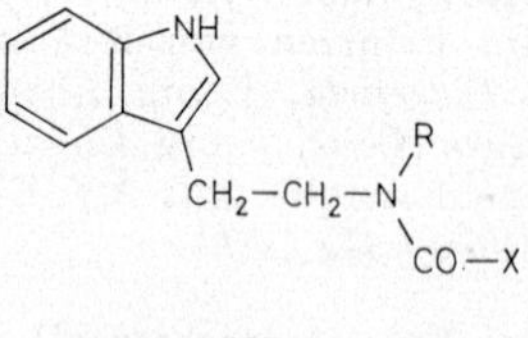

XI

[2-Indol-3-yl-äthyl]-carbamidsäure-methylester $C_{12}H_{14}N_2O_2$, Formel XI (R = H, X = O-CH$_3$).

B. Beim Erwärmen von 3-Indol-3-yl-propionylazid in Methanol (*Manske*, Canad. J. Res. **4** [1931] 591, 594).

Kristalle (aus Ae. + PAe.); F: 82°.

[2-Indol-3-yl-äthyl]-carbamidsäure-benzylester $C_{18}H_{18}N_2O_2$, Formel XI (R = H, X = O-CH$_2$-C$_6$H$_5$).

B. Beim Behandeln von Tryptamin (S. 4319) mit Chlorokohlensäure-benzylester und

wss. NaOH (*Freter et al.*, Am. Soc. **80** [1958] 983, 985).
Kristalle (aus wss. Me.); F: 92°.

[2-Indol-3-yl-äthylthiocarbamoyl]-amidophosphorsäure-diäthylester,
N-Diäthoxyphosphoryl-N'-[2-indol-3-yl-äthyl]-thioharnstoff $C_{15}H_{22}N_3O_3PS$, Formel XII.
B. Beim Erwärmen von Tryptamin (S. 4319) in Aceton mit Isothiocyanatophosphor≈
säure-diäthylester (*Kulka*, Canad. J. Chem. **37** [1959] 525, 528).
Kristalle (aus Acn.); F: 134—136°.

N-[2-Indol-3-yl-äthyl]-N-methyl-N'-phenyl-harnstoff $C_{18}H_{19}N_3O$, Formel XI (R = CH$_3$,
X = NH-C$_6$H$_5$).
B. Beim Erwärmen von [2-Indol-3-yl-äthyl]-methyl-amin in CHCl$_3$ mit Phenyliso≈
cyanat (*Manske*, Canad. J. Res. **5** [1931] 592, 595).
Kristalle (aus Me. + Ae.); F: 153° [korr.].

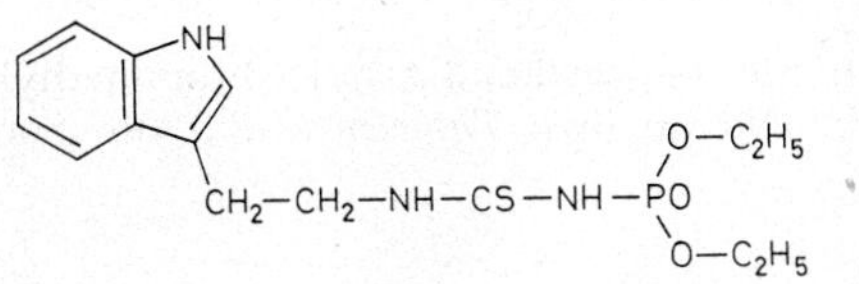

XII 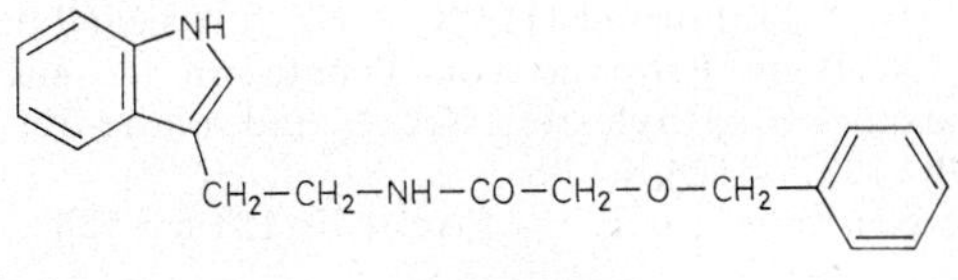   XIII

Benzyloxyessigsäure-[2-indol-3-yl-äthylamid] $C_{19}H_{20}N_2O_2$, Formel XIII.
B. Beim Erhitzen von Tryptamin (S. 4319) mit Benzyloxyessigsäure in Decalin (*Du-bravkova et al.*, Chem. Zvesti **13** [1959] 16, 19).
Kristalle (aus A.); F: 120—121° [unkorr.].

N-[2-Indol-3-yl-äthyl]-β-alanin-nitril $C_{13}H_{15}N_3$, Formel XIV.
B. Beim Erwärmen von Tryptamin (S. 4319) mit Acrylnitril (*Prasad, Swan*, Soc. **1958**
2045, 2049).
Hydrochlorid $C_{13}H_{15}N_3 \cdot$HCl. Kristalle (aus A. + Acn. + Ae.); F: 185°.

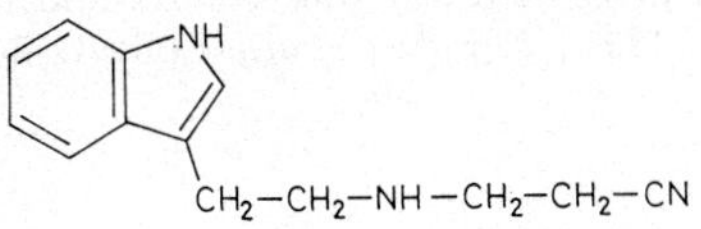

XIV 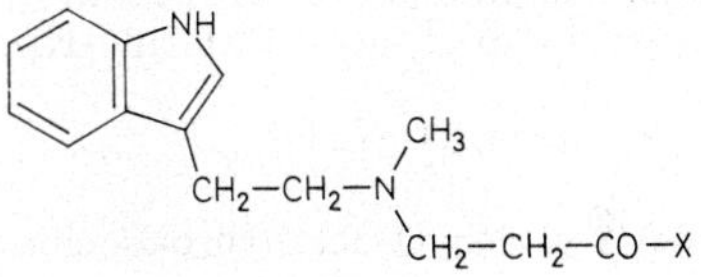   XV

N-[2-Indol-3-yl-äthyl]-N-methyl-β-alanin-methylester $C_{15}H_{20}N_2O_2$, Formel XV
(X = O-CH$_3$).
B. Beim Erwärmen von [2-Indol-3-yl-äthyl]-methyl-amin mit Acrylsäure-methylester
in Benzol (*Norris, Blicke*, J. Am. pharm. Assoc. **41** [1952] 637, 639).
Hydrobromid $C_{15}H_{20}N_2O_2 \cdot$HBr. Kristalle (aus A. + Ae.); F: 110—112°.

N-[2-Indol-3-yl-äthyl]-N-methyl-β-alanin-diäthylamid $C_{18}H_{27}N_3O$, Formel XV
(X = N(C$_2$H$_5$)$_2$).
B. Beim Erwärmen von [2-Indol-3-yl-äthyl]-methyl-amin mit *N,N*-Diäthyl-acryl≈
amid und wenig Benzyl-trimethyl-ammonium-hydroxid in Benzol (*Norris, Blicke*, J. Am.
pharm. Assoc. **41** [1952] 637, 639).
Hydrogenoxalat $C_{18}H_{27}N_2O \cdot C_2H_2O_4$. Kristalle (aus A. + Ae.); F: 133—136°.

1-[2-Indol-3-yl-äthyl]-pyrrolidin-2-on $C_{14}H_{16}N_2O$, Formel I.
B. Beim Erhitzen [3 d] von Tryptamin (S. 4319) mit 4-Brom-buttersäure-äthylester in
2-Methoxy-äthanol (*Stork, Hill*, Am. Soc. **79** [1957] 495, 499).
Kristalle (aus Bzl. oder Me.); F: 136—137°.

(±)-5-Äthyl-1-[2-indol-3-yl-äthyl]-piperidin-2-on $C_{17}H_{22}N_2O$, Formel II.
B. Beim Erwärmen [3 d] von Tryptamin (S. 4319) mit (±)-4-Brommethyl-hexansäure-

äthylester, K_2CO_3 und wenig KI in Äthanol (*Lehir et al.*, Bl. **1958** 551, 555).

Kristalle (aus Hexan + A.); F: 158,5° [korr.]. Bei 160—170°/0,05 Torr sublimierbar. IR-Spektrum (Nujol; 5000—625 cm⁻¹): *Le. et al.*, l. c. S. 554. λ_{max} (A.): 224 nm, 282 nm und 290 nm.

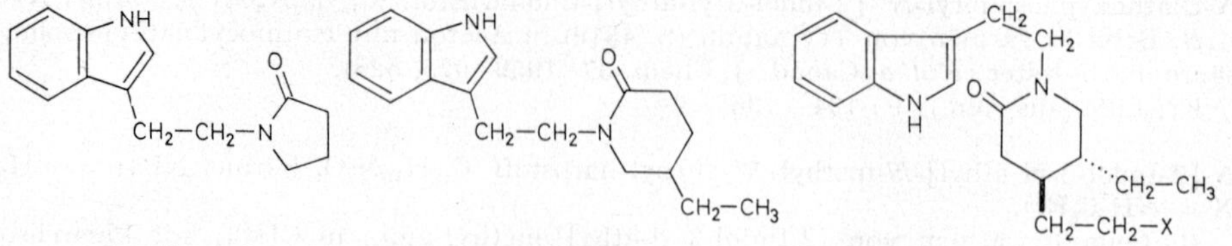

I   II   III

(±)-4r,5t-Diäthyl-1-[2-indol-3-yl-äthyl]-piperidin-2-on, *rac*-2,3-Seco-corynan-3-on [1])
$C_{19}H_{26}N_2O$, Formel III (X = H) + Spiegelbild.

B. Beim Erhitzen von Tryptamin (S. 4319) mit (±)-*erythro*-3-Äthyl-4-brommethyl-hexansäure-äthylester, K_2CO_3 und wenig KI in Dioxan (*van Tamelen et al.*, Am. Soc. **79** [1957] 6426, 6429).

Kristalle (aus E. + PAe.); F: 124,5—125°.

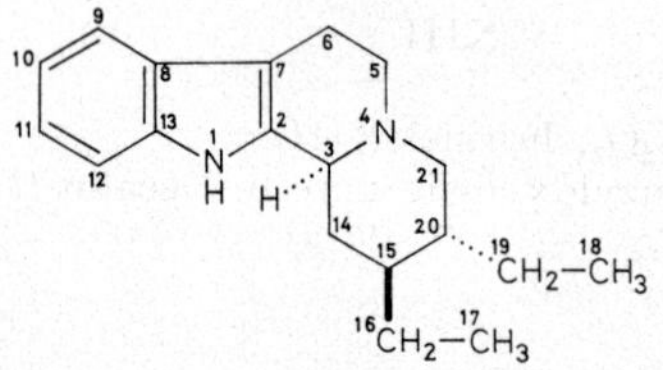

IV 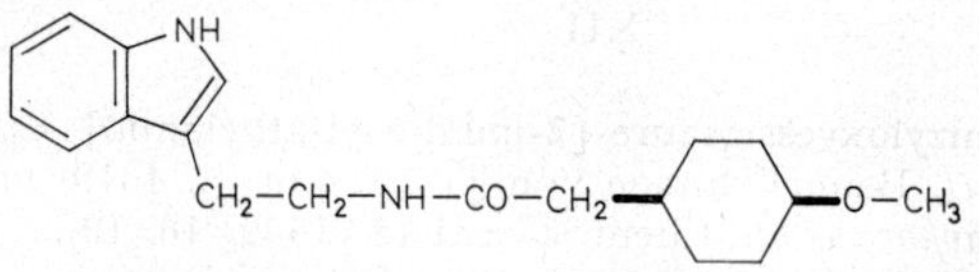   V

[*cis*(?)-4-Methoxy-cyclohexyl]-essigsäure-[2-indol-3-yl-äthylamid] $C_{19}H_{26}N_2O_2$, vermutlich Formel V.

B. Beim Behandeln von Tryptamin (S. 4319) in Benzol mit wss. NaOH und [*cis*(?)-4-Methoxy-cyclohexyl]-acetylchlorid [Kp₁₀: 108—111°] (*Protiva et al.*, Collect. **24** [1959] 83, 88).

F: 102° [aus Bzl.].

2-[2-Indol-3-yl-äthyl]-octahydro-isochinolin-3-on $C_{19}H_{24}N_2O$.

a) (±)-2-[2-Indol-3-yl-äthyl]-(4ar,8ac)-octahydro-isochinolin-3-on, *rac*-2,3-Seco-15β-yohimban-3-on [2]) $C_{19}H_{24}N_2O$, Formel VI + Spiegelbild.

B. Beim Erhitzen von Tryptamin (S. 4319) mit (±)-[*cis*-2-Brommethyl-cyclohexyl]-essigsäure-äthylester und wenig NaI in DMF (*Stork, Hill*, Am. Soc. **79** [1957] 495, 499).

Kristalle (aus Me.); F: 171—172°.

b) (±)-2-[2-Indol-3-yl-äthyl]-(4ar,8at)-octahydro-isochinolin-3-on, *rac*-2,3-Seco-yohimban-3-on [2]) $C_{19}H_{24}N_2O$, Formel VII + Spiegelbild.

B. Beim Erwärmen [3 d] von Tryptamin (S. 4319) mit (±)-[*trans*-2-Brommethyl-cyclohexyl]-essigsäure-äthylester, K_2CO_3 und wenig KI in Äthanol (*van Tamelen et al.*, Am. Soc. **78** [1956] 4628, 4631).

Kristalle (aus A.); F: 244—245° [korr.; nach Umwandlung der Kristallform bei ca. 210—220°].

[4-Methoxy-phenyl]-essigsäure-[2-indol-3-yl-äthylamid] $C_{19}H_{20}N_2O_2$, Formel VIII (R = H, X = O-CH₃).

B. Beim Erhitzen von Tryptamin (S. 4319) mit [4-Methoxy-phenyl]-essigsäure auf

---

[1]) Für die Verbindung (12bS)-2t,3c-Diäthyl-(12br)-1,2,3,4,6,7,12,12b-octahydro-indolo[2,3-a]chinolizin (17,18-Seco-yohimban) (Formel IV) wird die Bezeichnung **Corynan** verwendet. Bei von Corynan abgeleiteten Namen gilt die in Formel IV angegebene Bezifferung.

[2]) Stellungsbezeichnung bei von Yohimban abgeleiteten Namen s. S. 4327.

180° (*Protiva et al.*, Collect. **24** [1959] 74, 76, 79).
  Kristalle (aus Me.); F: 155—156°.

      VI   **VII**   **VIII**

N-[2-Indol-3-yl-äthyl]-D-phenylalanin C$_{19}$H$_{20}$N$_2$O$_2$, Formel IX.
  B. Beim Erwärmen von Tryptamin (S. 4319) mit wss. NaOH und (*S*)-2-Chlor-3-phenyl-propionsäure-acetat (*Kanao*, J. pharm. Soc. Japan **66** [1946] Ausg. B, S. 21; C. A. **1951** 7957).
  Kristalle; F: 251° [Zers.]. [α]$_D^{22}$: —8,03° [wss. NaOH (0,2 n); c = 0,6].

[2-Hydroxymethyl-phenyl]-essigsäure-[2-indol-3-yl-äthylamid] C$_{19}$H$_{20}$N$_2$O$_2$, Formel VIII (R = CH$_2$-OH, X = H).
  B. Aus Tryptamin (S. 4319) und Isochroman-3-on beim Erhitzen auf 180—190° oder beim Erwärmen in Benzol (*Swan*, Soc. **1949** 1720, 1722). Beim Behandeln von 2-[(2-Indol-3-yl-äthylcarbamoyl)-methyl]-benzoesäure-methylester mit LiAlH$_4$ in Benzol (*Swan*).
  Kristalle (aus Me.); F: 163—164°.

            IX   **X**

1-[2-Indol-3-yl-äthyl]-piperidin-4-carbonsäure-äthylester C$_{18}$H$_{24}$N$_2$O$_2$, Formel X.
  B. Beim Hydrieren von 4-Äthoxycarbonyl-1-[2-indol-3-yl-äthyl]-pyridinium-bromid oder von 1-[2-Indol-3-yl-äthyl]-1,2,3,6-tetrahydro-pyridin-4-carbonsäure-äthylester an Platin in Äthanol (*Elderfield et al.*, J. org. Chem. **22** [1957] 1376, 1379).
  Hydrobromid C$_{18}$H$_{24}$N$_2$O$_2$·HBr. Kristalle (aus Acn. + Ae.); F: 155—157° [korr.].
  Picrat C$_{18}$H$_{24}$N$_2$O$_2$·C$_6$H$_3$N$_3$O$_7$. Kristalle (aus A.); F: 185—187° [korr.].

(±)-5*t*-Äthyl-4*r*-[2-hydroxy-äthyl]-1-[2-indol-3-yl-äthyl]-piperidin-2-on,
rac-17-Hydroxy-2,3-seco-corynan-3-on [1]) C$_{19}$H$_{26}$N$_2$O$_2$, Formel III (X = OH)
+ Spiegelbild.
  B. Beim Behandeln von *rac*-3-Oxo-2,3-seco-corynan-17-säure (S. 4343) mit LiBH$_4$ (*van Tamelen, Hester*, Am. Soc. **81** [1959] 3805).
  F: 145—146°.

1-[2-Indol-3-yl-äthyl]-1,2,3,6-tetrahydro-pyridin-4-carbonsäure-äthylester C$_{18}$H$_{22}$N$_2$O$_2$, Formel XI.
  B. Beim Behandeln von 4-Äthoxycarbonyl-1-[2-indol-3-yl-äthyl]-pyridinium-bromid mit NaBH$_4$ in Äthanol (*Elderfield et al.*, J. org. Chem. **22** [1957] 1376, 1379).
  Picrat C$_{18}$H$_{22}$N$_2$O$_2$·C$_6$H$_3$N$_3$O$_7$. Kristalle (aus A.); F: 168—171° [korr.].

3-Carboxy-1-[2-indol-3-yl-äthyl]-pyridinium [C$_{16}$H$_{15}$N$_2$O$_2$]$^+$, Formel XII (R = H,
X = OH).
  Bromid [C$_{16}$H$_{15}$N$_2$O$_2$]Br. *B*. Beim Erwärmen von 3-[2-Brom-äthyl]-indol in Äthanol mit Nicotinsäure (*Elderfield et al.*, J. org. Chem. **22** [1957] 1376, 1380). — Gelbe Kristalle (aus A.); F: 269—270° [korr.; Zers.]. λ$_{max}$ (A.): 270 nm und 289 nm.

---

[1]) Stellungsbezeichnung bei von Corynan abgeleiteten Namen s. S. 4340.

1-[2-Indol-3-yl-äthyl]-3-methoxycarbonyl-pyridinium $[C_{17}H_{17}N_2O_2]^+$, Formel XII
(R = H, X = O-CH$_3$).

Bromid $[C_{17}H_{17}N_2O_2]$Br. *B.* Beim Behandeln von 3-[2-Brom-äthyl]-indol in Methanol und
Äther mit Nicotinsäure-methylester (*Elderfield et al.*, J. org. Chem. **22** [1957] 1376, 1380).
— Gelbe Kristalle (aus Me.); Zers. bei 218—220° [unkorr.; nach Dunkelfärbung].

XI　　　　　　　　　　　XII

3-Carbamoyl-1-[2-indol-3-yl-äthyl]-pyridinium $[C_{16}H_{16}N_3O]^+$, Formel XII (R = H,
X = NH$_2$).

Chlorid $[C_{16}H_{16}N_3O]$Cl. *B.* Beim Behandeln von Tryptamin (S. 4319) in Methanol mit
3-Carbamoyl-1-[2,4-dinitro-phenyl]-pyridinium-chlorid (*Lettré et al.*, A. **579** [1953] 123,
131). — Gelbliche Kristalle (aus Me.); F: 236°.

1-[2-Indol-3-yl-äthyl]-4-methoxycarbonyl-pyridinium $[C_{17}H_{17}N_2O_2]^+$, Formel XIII
(R = CH$_3$).

Bromid $[C_{17}H_{17}N_2O_2]$Br. *B.* Beim Behandeln von 3-[2-Brom-äthyl]-indol in Äther mit
Isonicotinsäure-methylester (*Elderfield et al.*, J. org. Chem. **22** [1957] 1376, 1379). —
Orangefarbene Kristalle (aus Me. + Ae.); Zers. bei 300—301° [unkorr.; nach Dunkelfär-
bung bei 290°].

4-Äthoxycarbonyl-1-[2-indol-3-yl-äthyl]-pyridinium $[C_{18}H_{19}N_2O_2]^+$, Formel XIII
(R = C$_2$H$_5$).

Bromid $[C_{18}H_{19}N_2O_2]$Br. *B.* Beim Erwärmen von 3-[2-Brom-äthyl]-indol in Methanol
mit Isonicotinsäure-äthylester (*Elderfield et al.*, J. org. Chem. **22** [1957] 1376, 1379). —
Orangefarbene Kristalle (aus A.); F: 202—203° [unkorr.; Zers.].

5-Carboxy-1-[2-indol-3-yl-äthyl]-2-methyl-pyridinium $[C_{17}H_{17}N_2O_2]^+$, Formel XII
(R = CH$_3$, X = OH).

Bromid $[C_{17}H_{17}N_2O_2]$Br. *B.* Beim Erwärmen von 3-[2-Brom-äthyl]-indol in Äthanol mit
6-Methyl-nicotinsäure (*Elderfield et al.*, J. org. Chem. **22** [1957] 1376, 1380). — Gelbliche
Kristalle (aus A.); Zers. bei 274—275° [korr.; nach Dunkelfärbung bei ca. 263°]. λ_{max} (A.):
272 nm.

XIII　　　　　　　　　　XIV

[3,4-Dimethoxy-phenyl]-essigsäure-[2-indol-3-yl-äthylamid] $C_{20}H_{22}N_2O_3$, Formel XIV
(n = 1).

B. Beim Erwärmen von Tryptamin (S. 4319) mit [3,4-Dimethoxy-phenyl]-essigsäure in
Benzol und Erhitzen des Reaktionsprodukts auf 180—190° (*Onda, Kawanishi*, J. pharm.
Soc. Japan **76** [1956] 966; C. A. **1957** 2824).
Kristalle; F: 64—65°.

3-[3,4-Dimethoxy-phenyl]-propionsäure-[2-indol-3-yl-äthylamid] $C_{21}H_{24}N_2O_3$,
Formel XIV (n = 2).

B. Beim Erwärmen von Tryptamin (S. 4319) mit 3-[3,4-Dimethoxy-phenyl]-propion-
säure in Benzol und Erhitzen des Reaktionsprodukts auf 180° (*Kanaoka*, Chem. pharm.
Bl. **7** [1959] 597, 600).
Kristalle (aus wss. A.) mit 0,5 Mol H$_2$O; F: 84—86°.

2-[2-Indol-3-yl-äthyl]-1,2,3,4-tetrahydro-isochinolin-5-carbonsäure-methylester
$C_{21}H_{22}N_2O_2$, Formel I (R = CO-O-CH_3).

B. Aus 2-[2-Indol-3-yl-äthyl]-5-methoxycarbonyl-isochinolinium-bromid beim Behandeln der Lösung in Methanol mit $NaBH_4$ oder beim Hydrieren an Platin in Äthanol (*Elderfield, Fischer*, J. org. Chem. **23** [1958] 949, 952).

Hellgelbe Kristalle (aus Acn.); F: 130—131° [korr.].

Hydrobromid $C_{21}H_{22}N_2O_2 \cdot HBr$. Kristalle (aus A.); F: 204—206° [korr.].

Picrat $C_{21}H_{22}N_2O_2 \cdot C_6H_3N_3O_7$. Kristalle (aus Acn. + A.); F: 194° oder F: 186° [korr.; vom Mischungsverhältnis der Lösungsmittel abhängig].

2-[2-Indol-3-yl-äthyl]-1,2,3,4-tetrahydro-isochinolin-5-carbonitril $C_{20}H_{19}N_3$, Formel I
(R = CN).

B. Beim Behandeln von 5-Cyan-2-[2-indol-3-yl-äthyl]-isochinolinium-bromid mit $NaBH_4$ in Äthanol (*Elderfield, Fischer*, J. org. Chem. **23** [1958] 949, 951).

Kristalle (aus Acn. + Ae.); F: 185—187° [korr.].

Hydrobromid $C_{20}H_{19}N_3 \cdot HBr$. Kristalle (aus Me.); F: 222—255° [Zers.].

Picrat $C_{20}H_{19}N_3 \cdot C_6H_3N_3O_7$. Kristalle (aus A.); F: 184—187° [korr.].

I   II

2-[2-Indol-3-yl-äthyl]-5-methoxycarbonyl-isochinolinium $[C_{21}H_{19}N_2O_2]^+$, Formel II
(R = CO-O-CH_3).

Bromid $[C_{21}H_{19}N_2O_2]Br$. *B*. Beim Erwärmen von 3-[2-Brom-äthyl]-indol mit Isochinolin-5-carbonsäure-methylester in Methanol (*Elderfield, Fischer*, J. org. Chem. **23** [1958] 949, 951). — Kristalle (aus Me.); F: 248° [korr.].

5-Cyan-2-[2-indol-3-yl-äthyl]-isochinolinium $[C_{20}H_{16}N_3]^+$, Formel II (R = CN).

Bromid $[C_{20}H_{16}N_3]Br$. *B*. Beim Erwärmen von 3-[2-Brom-äthyl]-indol mit Isochinolin-5-carbonitril in Methanol (*Elderfield, Fischer*, J. org. Chem. **23** [1958] 949, 951). — Kristalle (aus wss. A.); F: 257° [korr.].

III   IV

[5-Äthyl-1-(2-indol-3-yl-äthyl)-2-oxo-[4]piperidyl]-essigsäure $C_{19}H_{24}N_2O_3$.

a) **(±)-[5c-Äthyl-1-(2-indol-3-yl-äthyl)-2-oxo-[4r]piperidyl]-essigsäure**, *rac*-3-Oxo-2,3-seco-20αH-corynan-17-säure [1]) $C_{19}H_{24}N_2O_3$, Formel III + Spiegelbild.

B. Neben dem folgenden Stereoisomeren beim Hydrieren eines Gemisches von Tryptamin (S. 4319) und (±)-3-[1-Cyan-propyl]-glutarsäure-diäthylester an Nickel (*van Tamelen, Hester*, Am. Soc. **81** [1959] 3805).

F: 221—223°.

b) **(±)-[5t-Äthyl-1-(2-indol-3-yl-äthyl)-2-oxo-[4r]piperidyl]-essigsäure**, *rac*-3-Oxo-2,3-seco-corynan-17-säure [1]) $C_{19}H_{24}N_2O_3$, Formel IV + Spiegelbild.

B. s. beim vorangehenden Stereoisomeren.

F: 203—205° (*van Tamelen, Hester*, Am. Soc. **81** [1959] 3805).

---

[1]) Stellungsbezeichnung bei von Corynan abgeleiteten Namen s. S. 4340.

[(2-Indol-3-yl-äthylimino)-methyl]-malonsäure-diäthylester $C_{18}H_{22}N_2O_4$ und Tautomeres.

[(2-Indol-3-yl-äthylamino)-methylen]-malonsäure-diäthylester $C_{18}H_{22}N_2O_4$, Formel V.

B. Beim Erwärmen von Tryptamin (S. 4319) mit Äthoxymethylen-malonsäure-diäthylester (*Groves, Swan*, Soc. **1952** 650, 655).

Kristalle (aus PAe.); F: 93,5—94,5°.

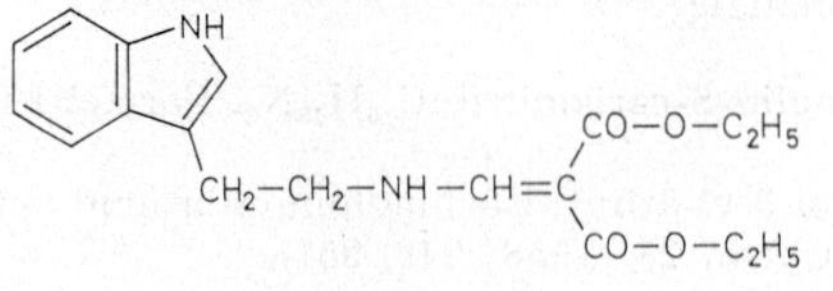

V 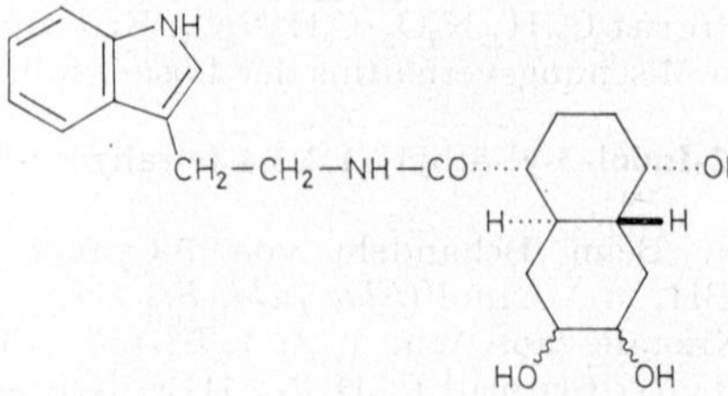   VI

(±)-4t,6ξ,7ξ-Trihydroxy-(4ar,8at)-decahydro-[1t]naphthoesäure-[2-indol-3-yl-äthyl-amid] $C_{21}H_{28}N_2O_4$, Formel VI + Spiegelbild.

B. Beim Hydrieren von (±)-6ξ,7ξ-Dihydroxy-4-oxo-(4ar,8at)-decahydro-[1t]naphthoe-säure-[2-indol-3-yl-äthylamid] (S. 4345) an Platin (*van Tamelen et al.*, Am. Soc. **80** [1958] 5006).

F: 227—228°.

2-[(2-Indol-3-yl-äthylcarbamoyl)-methyl]-4-methoxy-benzoesäure $C_{20}H_{20}N_2O_4$, Formel VII (X = H).

B. Beim Erwärmen von 6-Methoxy-isochroman-1,3-dion mit Tryptamin (S. 4319) in CHCl$_3$ (*Swan*, Soc. **1950** 1534, 1538).

Kristalle (aus Me.); F: 170—171°.

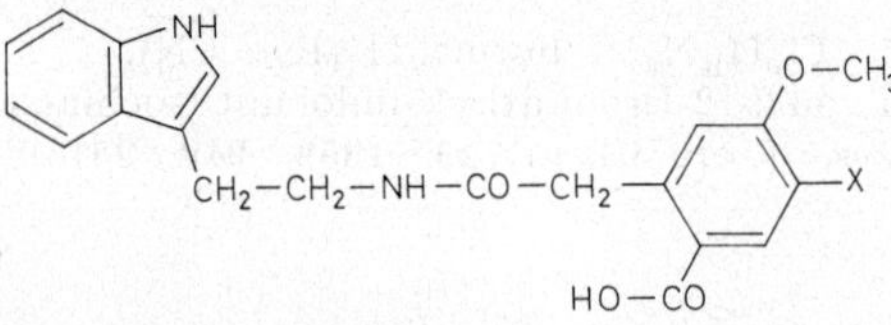

VII 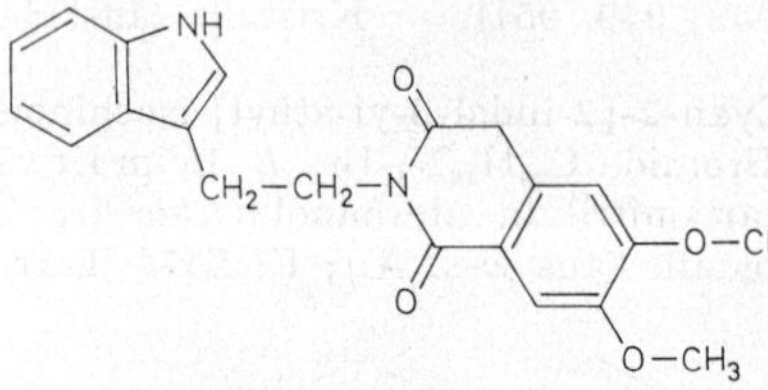   VIII

2-[(2-Indol-3-yl-äthylcarbamoyl)-methyl]-4,5-dimethoxy-benzoesäure $C_{21}H_{22}N_2O_5$, Formel VII (X = O-CH$_3$).

B. Beim Erwärmen von Tryptamin (S. 4319) mit 6,7-Dimethoxy-isochroman-1,3-dion in Benzol (*Potts, Robinson*, Soc. **1955** 2675, 2682). Beim Erhitzen von 2-[2-Indol-3-yl-äthyl]-6,7-dimethoxy-4H-isochinolin-1,3-dion mit wss. NaOH (*Po., Ro.*).

Kristalle (aus Me.); F: 185,5°. λ_{max} (Me.): 225 nm und 265 nm.

Methylester $C_{22}H_{24}N_2O_5$. Gelbliche Kristalle (aus wss. Me.); F: 170°.

2-[2-Indol-3-yl-äthyl]-6,7-dimethoxy-4H-isochinolin-1,3-dion $C_{21}H_{20}N_2O_4$, Formel VIII.

B. Beim Erhitzen von Tryptamin (S. 4319) mit 6,7-Dimethoxy-isochroman-1,3-dion auf 180° (*Potts, Robinson*, Soc. **1955** 2675, 2682).

Gelbliche Kristalle (aus Me.); F: 199°. Bei 180—200° [Badtemperatur]/0,01 Torr sub-limierbar.

2-[2-Indol-3-yl-äthyl]-6,7-dimethoxy-3-oxo-1,2,3,4-tetrahydro-isochinolin-5-carbonsäure-methylester $C_{23}H_{24}N_2O_5$, Formel IX.

B. Beim Behandeln von Tryptamin (S. 4319) mit [6-Chlormethyl-3,4-dimethoxy-2-methoxycarbonyl-phenyl]-essigsäure-methylester in THF (*Weisenborn, Applegate*, Am. Soc. **78** [1956] 2021).

Hellgelbe Kristalle (aus Me.); F: 170—171° (*Olin Mathieson Chem. Corp.*, U.S.P. 2 796 420 [1956]).

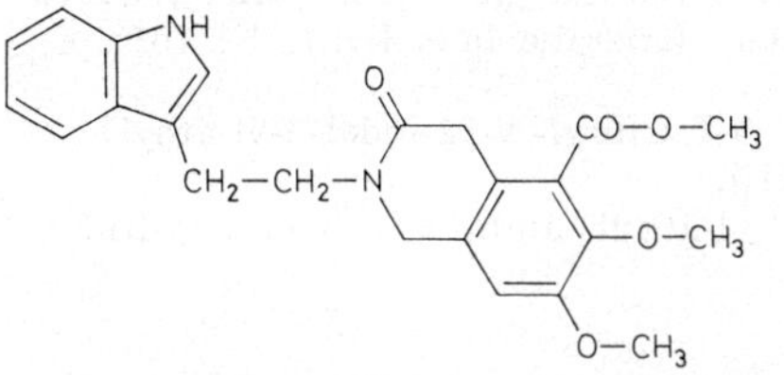

IX 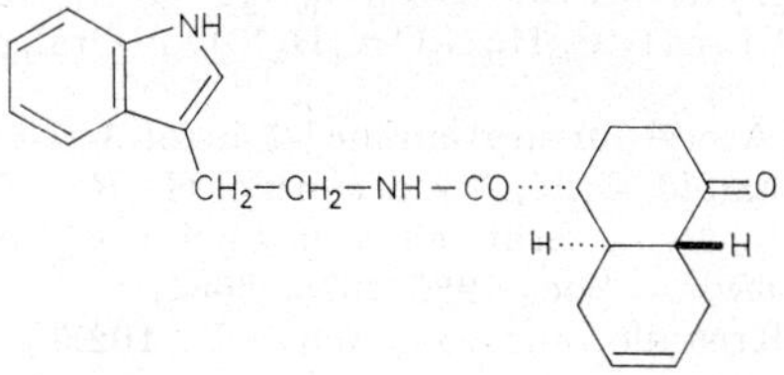   X

(±)-4-Oxo-(4a*r*,8a*t*)-1,2,3,4,4a,5,8,8a-octahydro-[1*t*]naphthoesäure-[2-indol-3-yl-äthyl≈ amid] $C_{21}H_{24}N_2O_2$, Formel X + Spiegelbild.

B. Beim Behandeln von Tryptamin (S. 4319) mit (±)-4-Oxo-(4a*r*,8a*t*)-1,2,3,4,4a,5,8,8a-octahydro-[1*t*]naphthoylchlorid (*van Tamelen et al.*, Am. Soc. **80** [1958] 5006).

F: 161—162°.

3-Chlor-2-[2-indol-3-yl-äthyl]-2*H*-isochinolin-1-on(?) $C_{19}H_{15}ClN_2O$, vermutlich Formel XI.

B. Beim Erhitzen von 2-[2-Indol-3-yl-äthyl]-4*H*-isochinolin-1,3-dion mit POCl₃ in Toluol (*Clemo, Swan*, Soc. **1946** 617, 621).

Dunkelrote Kristalle (aus Eg.); F: 265°.

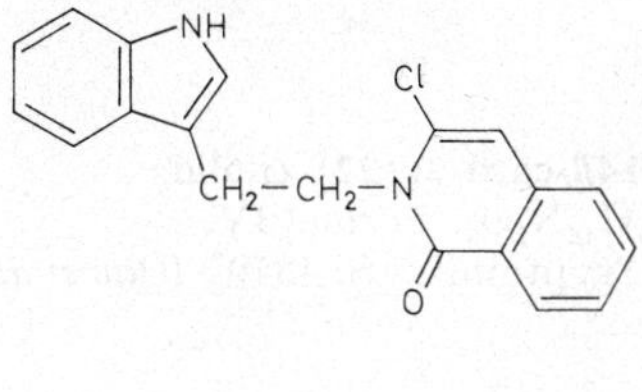

XI 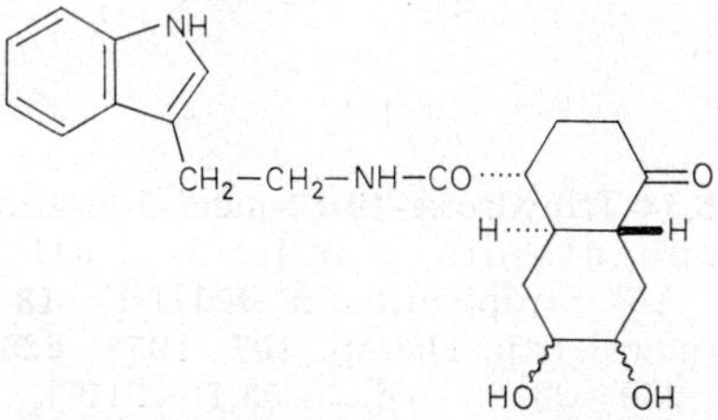   XII

(±)-6ξ,7ξ-Dihydroxy-4-oxo-(4a*r*,8a*t*)-decahydro-[1*t*]naphthoesäure-[2-indol-3-yl-äthyl≈ amid] $C_{21}H_{26}N_2O_4$, Formel XII + Spiegelbild.

B. Aus (±)-4-Oxo-(4a*r*,8a*t*)-1,2,3,4,4a,5,8,8a-octahydro-[1*t*]naphthoesäure-[2-indol-3-yl-äthylamid] mit Hilfe von OsO₄ (*van Tamelen et al.*, Am. Soc. **80** [1958] 5006).

F: 213—214°.

3-[2-Anthraniloylamino-äthyl]-indol, Anthranilsäure-[2-indol-3-yl-äthylamid] $C_{17}H_{17}N_3O$, Formel I (E II 348).

B. Beim Erhitzen von Tryptamin (S. 4319) mit Isatosäure-anhydrid [1*H*-Benz[*d*]≈ [1,3]oxazin-2,4-dion] (*Asahina, Ohta*, J. pharm. Soc. Japan **49** [1929] 1025, 1028; dtsch. Ref. S. 157; C. A. **1930** 1386).

Kristalle (aus A.); F: 158°.

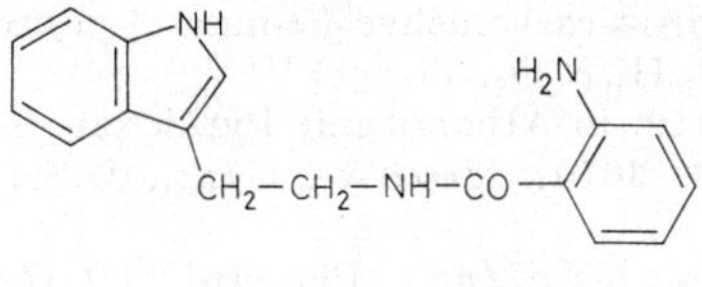

I 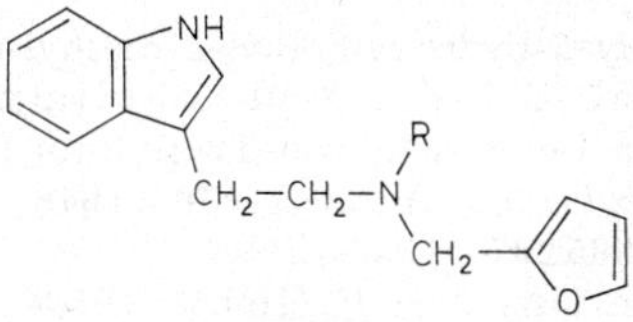   II

3-[2-Furfurylamino-äthyl]-indol, Furfuryl-[2-indol-3-yl-äthyl]-amin $C_{15}H_{16}N_2O$, Formel II (R = H).

B. Beim Hydrieren von Furfuryliden-[2-indol-3-yl-äthyl]-amin (S. 4346) an Platin in

Methanol (*Potts, Robinson,* Soc. **1955** 2675, 2684).
 Kristalle (aus PAe.); F: 56—57°. $Kp_{0,06}$: 168°.
 Hydrochlorid $C_{15}H_{16}N_2O \cdot HCl$. Gelbliche Kristalle (aus Acn. + Ae.); F: 168°.
 Picrat $C_{15}H_{16}N_2O \cdot C_6H_3N_3O_7$. Orangefarbene Kristalle (aus Bzl.); F: 161°.

1-[Acetyl-furfuryl-amino]-2-indol-3-yl-äthan, N-Furfuryl-N-[2-indol-3-yl-äthyl]-acetamid $C_{17}H_{18}N_2O_2$, Formel II (R = CO-CH$_3$).
 B. Beim Erhitzen von Furfuryl-[2-indol-3-yl-äthyl]-amin mit Acetanhydrid (*Potts, Robinson,* Soc. **1955** 2675, 2684).
 Kristalle (aus wss. Acn.); F: 102,5°.

*Furfuryliden-[2-indol-3-yl-äthyl]-amin, Furfural-[2-indol-3-yl-äthylimin] $C_{15}H_{14}N_2O$, Formel III.
 B. Beim Behandeln von Tryptamin (S. 4319) mit Furfural (*Potts, Robinson,* Soc. **1955** 2675, 2684).
 Bräunlichgelbe Kristalle (aus wss. A.); F: 135°.

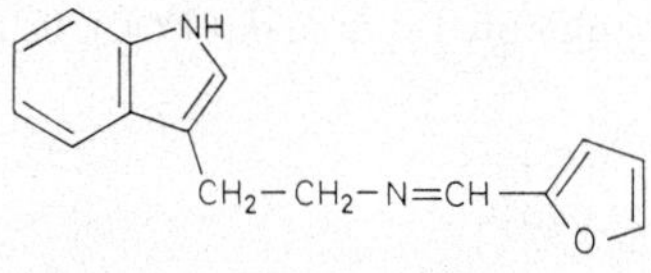

III 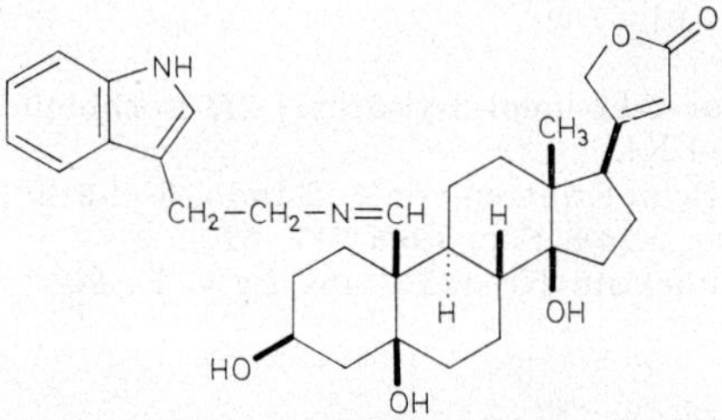   IV

*3β,5,14-Trihydroxy-19-[2-indol-3-yl-äthylimino]-5β,14β-card-20(22)-enolid, Strophanthidin-[2-indol-3-yl-äthylimin] $C_{33}H_{42}N_2O_5$, Formel IV.
 B. Aus Strophanthidin (E III/IV **18** 3127) und Tryptamin [S. 4319] (*Otto et al.,* J. Pharmacol. exp. Therap. **107** [1953] 225).
 F: 230—231°. $[\alpha]_D^{27}$: +53,1° [CHCl$_3$].

Benzo[1,3]dioxol-5-yl-essigsäure-[2-indol-3-yl-äthylamid] $C_{19}H_{18}N_2O_3$, Formel V.
 B. Beim Erwärmen von Tryptamin (S. 4319) mit Benzo[1,3]dioxol-5-yl-essigsäure in Benzol und Erhitzen des Reaktionsprodukts auf 180—190° (*Onda, Kawanishi,* J. pharm. Soc. Japan **76** [1956] 966; C. A. **1957** 2824).
 Kristalle (aus Bzl.); F: 118—119°.

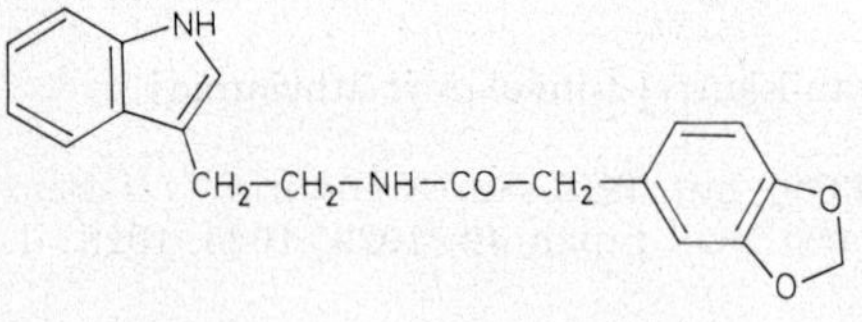

V 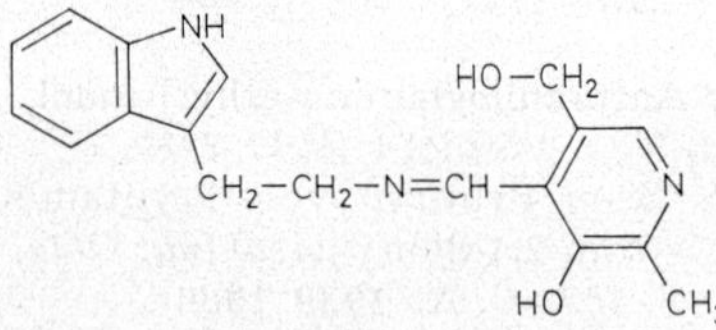   VI

*3-Hydroxy-5-hydroxymethyl-2-methyl-pyridin-4-carbaldehyd-[2-indol-3-yl-äthylimin], Pyridoxal-[2-indol-3-yl-äthylimin] $C_{18}H_{19}N_3O_2$, Formel VI.
 B. Beim Behandeln von Tryptamin (S. 4319) in Äthanol mit Pyridoxal [E III/IV **21** 6417] (*Heyl et al.,* Am. Soc. **70** [1948] 3669, 3670; *Merck & Co. Inc.,* U.S.P. 2540946 [1947], 2695297 [1950]).
 Kristalle (aus A.); F: 160,5—161,0° (*Merck & Co. Inc.*), 160—161° (*Heyl et al.*).

1-[Toluol-4-sulfonyl]-piperidin-3-carbonsäure-[2-indol-3-yl-äthylamid] $C_{23}H_{27}N_3O_3S$, Formel VII.
 B. Beim Erwärmen von 1-[Toluol-4-sulfonyl]-piperidin-3-carbonsäure mit SOCl$_2$ in CHCl$_3$ und Erwärmen des Reaktionsprodukts in CHCl$_3$ mit Tryptamin (S. 4319) und

Pyridin (*Marion et al.*, Canad. J. Res. [B] **24** [1946] 224, 228).
Kristalle (aus Ae.); F: 174—175° [korr.].

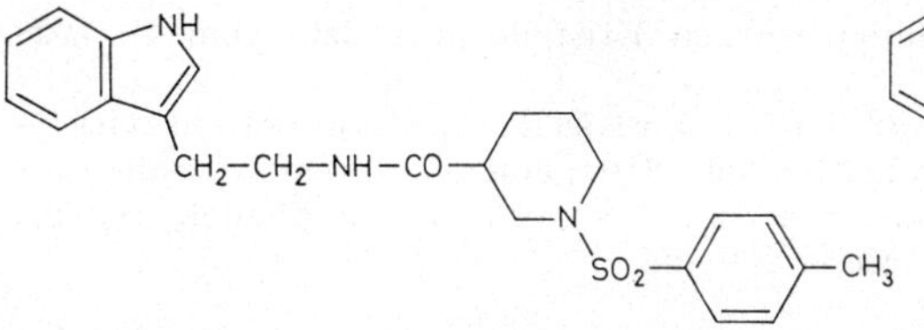

VII 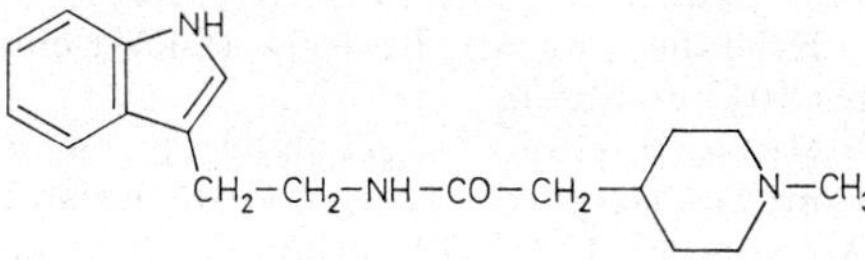   VIII

[1-Methyl-[4]piperidyl]-essigsäure-[2-indol-3-yl-äthylamid] $C_{18}H_{25}N_3O$, Formel VIII.
B. Beim Hydrieren von [1-Methyl-1*H*-[4]pyridyliden]-essigsäure-[2-indol-3-yl-äthyl=
amid] an Palladium/SrCO$_3$ in Äthanol (*Katritzky*, Soc. **1955** 2586, 2593).
Kristalle (aus A.); F: 181—182°. λ_{max} (Me.): 280 nm.

[1-Methyl-1,2,3,6-tetrahydro-[4]pyridyl]-essigsäure-[2-indol-3-yl-äthylamid] $C_{18}H_{23}N_3O$,
Formel IX.
B. Beim Behandeln von [1-Methyl-1*H*-[4]pyridyliden]-essigsäure-[2-indol-3-yl-äthyl=
amid] in wss. Na$_2$CO$_3$-Natriumacetat mit KBH$_4$ (*Katritzky*, Soc. **1955** 2586, 2593).
Kristalle (aus A.); F: 216—217°. λ_{max} (Me.): 280 nm.

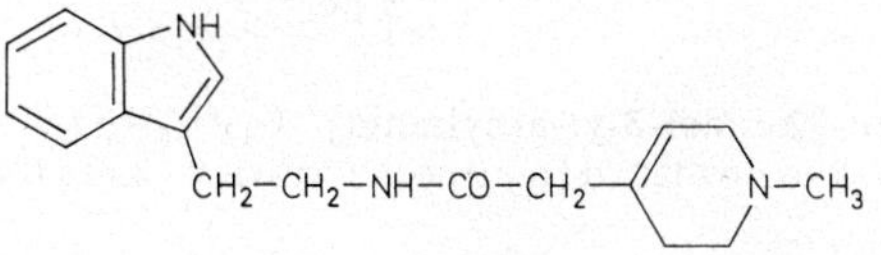

IX 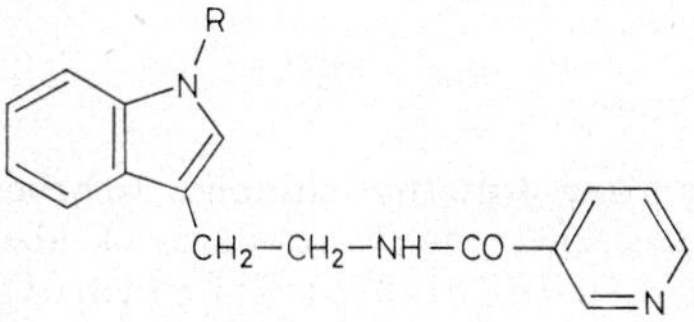   X

3-[2-Nicotinoylamino-äthyl]-indol, Nicotinsäure-[2-indol-3-yl-äthylamid] $C_{16}H_{15}N_3O$,
Formel X (R = H).
B. Beim Erwärmen von Nicotinoylchlorid mit Tryptamin (S. 4319) und Pyridin in
CHCl$_3$ (*Marion et al.*, Canad. J. Res. [B] **24** [1946] 224, 227).
Kristalle (aus Ae. + wenig A.); F: 151—152° [korr.].
Hydrochlorid $C_{16}H_{15}N_3O \cdot HCl$. Gelbe Kristalle; F: 141—142° [korr.; Zers.].

**1-Benzyl-3-[2-nicotinoylamino-äthyl]-indol, Nicotinsäure-[2-(1-benzyl-indol-3-yl)-
äthylamid]** $C_{23}H_{21}N_3O$, Formel X (R = CH$_2$-C$_6$H$_5$).
B. Beim Erhitzen von 2-[1-Benzyl-indol-3-yl]-äthylamin mit Nicotinsäure in Xylol
auf 185° (*Hoffmann-La Roche*, U.S.P. 2642438 [1949]).
Kristalle (aus Bzl.); F: 147—148°.

3-[2-Isonicotinoylamino-äthyl]-indol, Isonicotinsäure-[2-indol-3-yl-äthylamid]
$C_{16}H_{15}N_3O$, Formel XI.
B. Beim Erhitzen von Tryptamin (S. 4319) mit Isonicotinsäure-äthylester auf 140°
(*Katritzky*, *Monro*, Soc. **1958** 150, 153).
Kristalle (aus A. + Bzl.); F: 165,5—167°.
Metho-[toluol-4-sulfonat] [$C_{17}H_{18}N_3O$]$C_7H_7O_3S$; 4-[2-Indol-3-yl-äthylcarb=
amoyl]-1-methyl-pyridinium-[toluol-4-sulfonat]. Kristalle (aus A. + E.); F:
174—175,5°.

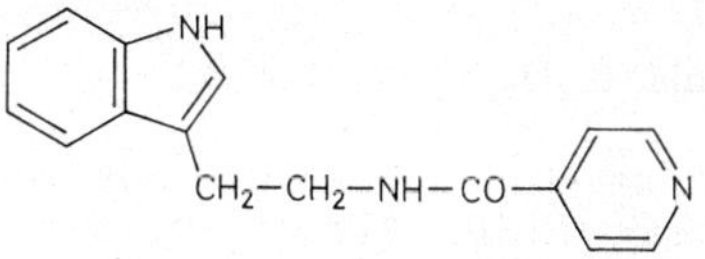

XI 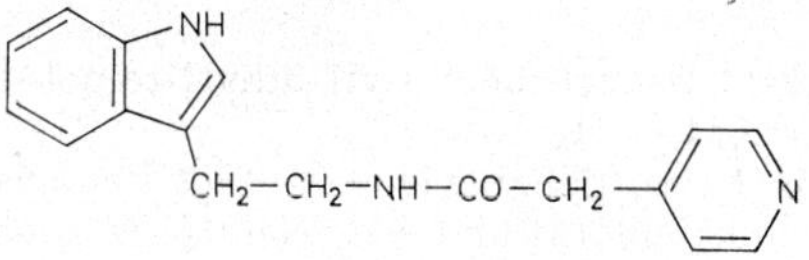   XII

[4]Pyridylessigsäure-[2-indol-3-yl-äthylamid] $C_{17}H_{17}N_3O$, Formel XII.

B. Beim Erhitzen von Tryptamin (S. 4319) mit [4]Pyridylessigsäure-methylester auf 140° (*Katritzky*, Soc. **1955** 2586, 2591).

Kristalle (aus A.), F: 160—160,5°; einmal wurden Kristalle (aus Bzl.) vom F: 102° bis 104° erhalten.

Methojodid [$C_{18}H_{20}N_3O$]I; 4-[(2-Indol-3-yl-äthylcarbamoyl)-methyl]-1-methyl-pyridinium-jodid. Kristalle, F: 209—210°; einmal wurden Kristalle (aus A.) vom F: 178—179° erhalten (*Ka.*, l. c. S. 2592). UV-Spektrum (methanol. H_2SO_4; 220—300 nm): *Ka.*, l. c. S. 2588. λ_{max} (Me.): 260 nm.

[1-Methyl-1H-[4]pyridyliden]-essigsäure-[2-indol-3-yl-äthylamid] $C_{18}H_{19}N_3O$, Formel XIII.

B. Beim Behandeln von 4-[(2-Indol-3-yl-äthylcarbamoyl)-methyl]-1-methyl-pyridinium-jodid (s. o.) mit wss.-methanol. NaOH (*Katritzky*, Soc. **1955** 2586, 2592).

Hellbraune Kristalle (aus Anisol); F: 191—196° [Zers.]. UV-Spektrum (methanol. KOH; 220—400 nm [λ_{max}: 280 nm und 360 nm]): *Ka.*, l. c. S. 2588.

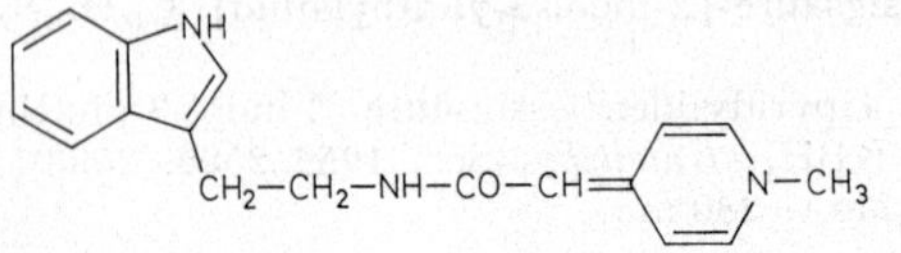

XIII 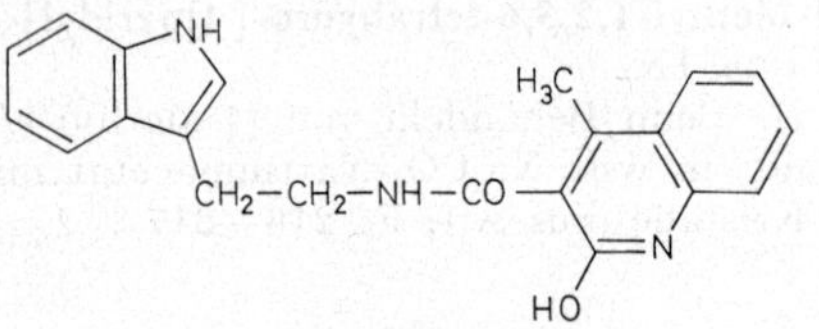   XIV

2-Hydroxy-4-methyl-chinolin-3-carbonsäure-[2-indol-3-yl-äthylamid] $C_{21}H_{19}N_3O_2$, Formel XIV, und Tautomeres (4-Methyl-2-oxo-1,2-dihydro-chinolin-3-carbon-säure-[2-indol-3-yl-äthylamid]).

B. Beim Erhitzen von Tryptamin (S. 4319) mit Malonsäure-diäthylester auf 150—195° und Erhitzen des Reaktionsprodukts mit 1-[2-Amino-phenyl]-äthanon auf 190—200° (*Marion et al.*, Canad. J. Res. [B] **24** [1946] 224, 230).

Kristalle (aus Butan-1-ol); F: 285—287° [korr.].

N-[2-Indol-3-yl-äthyl]-toluol-4-sulfonamid $C_{17}H_{18}N_2O_2S$, Formel I (R = R' = H).

B. Beim Behandeln von Tryptamin (S. 4319) in Benzol mit Toluol-4-sulfonylchlorid und wss. KOH (*Hoshino, Kobayashi*, A. **520** [1935] 11, 13). Beim Erwärmen von 4-Amino-butyraldehyd-diäthylacetal mit Toluol-4-sulfonylchlorid und wss. NaOH und Erhitzen des Reaktionsprodukts mit Phenylhydrazin und $ZnCl_2$ in Äthanol bis auf 180° (*Ho.*, *Ko.*).

Kristalle (aus A. + Bzl.); F: 113—114°.

3-[2-Sulfanilylamino-äthyl]-indol, Sulfanilsäure-[2-indol-3-yl-äthylamid] $C_{16}H_{17}N_3O_2S$, Formel II (R = H).

B. Beim Erwärmen der folgenden Verbindung mit wss. HCl (*Elliott, Robinson*, Soc. **1944** 632).

Kristalle (aus wss. A.); F: 143—144°.

N-Acetyl-sulfanilsäure-[2-indol-3-yl-äthylamid], Essigsäure-[4-(2-indol-3-yl-äthyl-sulfamoyl)-anilid] $C_{18}H_{19}N_3O_3S$, Formel II (R = CO-CH$_3$).

B. Beim Behandeln von Tryptamin (S. 4319) mit N-Acetyl-sulfanilylchlorid und Pyridin (*Elliott, Robinson*, Soc. **1944** 632).

Kristalle (aus E.); F: 134°.

N-[2-(1-Benzyl-indol-3-yl)-äthyl]-toluol-4-sulfonamid $C_{24}H_{24}N_2O_2S$, Formel I (R = CH$_2$-C$_6$H$_5$, R' = H).

B. Beim Behandeln von 2-[1-Benzyl-indol-3-yl]-äthylamin in Benzol mit Toluol-4-sulfonylchlorid und wss. NaOH (*Hoffmann-La Roche*, U.S.P. 2642438 [1949]).

Kristalle (aus A. + PAe.); F: 91—92°.

I   II

N-[2-Indol-3-yl-äthyl]-N-methyl-toluol-4-sulfonamid $C_{18}H_{20}N_2O_2S$, Formel I (R = H, R' = CH₃).

B. Beim Behandeln von N-[2-Indol-3-yl-äthyl]-toluol-4-sulfonamid mit CH₃I und wss.-äthanol. NaOH (*Hoshino, Kobayashi*, A. **520** [1935] 11, 14). Beim Erwärmen von 4-Amino-butyraldehyd-diäthylacetal mit Toluol-4-sulfonylchlorid und wss. NaOH, Behandeln des Reaktionsprodukts mit CH₃I und wss.-äthanol. NaOH und Erhitzen des Reaktions= produkts mit Phenylhydrazin und ZnCl₂ in Äthanol bis auf 180° (*Ho., Ko.*).

Kristalle (aus A.); F: 116—117°.

N-[2-(1-Benzyl-indol-3-yl)-äthyl]-N-methyl-toluol-4-sulfonamid $C_{25}H_{26}N_2O_2S$, Formel I (R = CH₂-C₆H₅, R' = CH₃).

B. Beim Behandeln von N-[2-(1-Benzyl-indol-3-yl)-äthyl]-toluol-4-sulfonamid mit CH₃I und äthanol. NaOH (*Hoffmann-La Roche*, U.S.P. 2642438 [1949]).

Kristalle (aus wss. Me.); F: 108—109°.

Benzoyl-[2-(1-benzoyl-indol-3-yl)-äthyl]-[toluol-4-sulfonyl]-amin, N-[2-(1-Benzoyl-indol-3-yl)-äthyl]-N-[toluol-4-sulfonyl]-benzamid $C_{31}H_{26}N_2O_4S$, Formel I (R = R' = CO-C₆H₅).

B. Aus N-[2-Indol-3-yl-äthyl]-toluol-4-sulfonamid und Benzoylchlorid in Pyridin (*Hoshino, Kobayashi*, A. **520** [1935] 11, 14).

Kristalle (aus Ae.); F: 176—177°.

3-[2-Amino-äthyl]-5-fluor-indol, 2-[5-Fluor-indol-3-yl]-äthylamin, 5-Fluor-trypt= amin $C_{10}H_{11}FN_2$, Formel III (R = X' = H, X = F).

B. Beim Erhitzen von [4-Fluor-phenyl]-hydrazin mit 4-Amino-butyraldehyd-diäthyl= acetal und ZnCl₂ auf 180° (*Quadbeck, Röhm*, Z. physiol. Chem. **297** [1954] 229, 234). Beim Erwärmen von 3-[2-Amino-äthyl]-5-fluor-indol-2-carbonsäure mit wss. HCl (*Pelchowicz, Bergmann*, Soc. **1959** 847).

Hydrochlorid $C_{10}H_{11}FN_2 \cdot HCl$. Kristalle; F: 282° [aus A. + Ae.] (*Pe., Be.*), 280—281° [Zers.; aus H₂O] (*Qu., Röhm*).

3-[2-Amino-äthyl]-6-fluor-indol, 2-[6-Fluor-indol-3-yl]-äthylamin, 6-Fluor-trypt= amin $C_{10}H_{11}FN_2$, Formel III (R = X = H, X' = F).

B. Beim Behandeln von [6-Fluor-indol-3-ylmethyl]-dimethyl-amin in THF mit Di= methylsulfat und wenig Essigsäure, Erwärmen des Reaktionsprodukts mit wss. KCN und Hydrieren des erhaltenen [6-Fluor-indol-3-yl]-acetonitrils $C_{10}H_7FN_2$ (F: 51—52° [nach Sublimation bei 110°/0,1 Torr]) an Raney-Nickel in methanol. NH₃ (*Roussel-Uclaf*, U.S.P. 3042685 [1958]).

Kristalle; F: 80° (*Roussel-Uclaf*; *Velluz*, Ann. pharm. franç. **17** [1959] 15, 20).

Picrat $C_{10}H_{11}FN_2 \cdot C_6H_3N_3O_7$. Orangefarbene Kristalle (aus Me.); F: 264° (*Roussel-Uclaf*).

3-[2-Amino-äthyl]-5-chlor-indol, 2-[5-Chlor-indol-3-yl]-äthylamin, 5-Chlor-trypt= amin $C_{10}H_{11}ClN_2$, Formel III (R = X' = H, X = Cl).

B. Beim Erhitzen von [4-Chlor-phenyl]-hydrazin mit 4-Amino-butyraldehyd-diäthyl= acetal und ZnCl₂ auf 180° (*Quadbeck, Röhm*, Z. physiol. Chem. **297** [1954] 229, 235). Beim Behandeln von 5-Chlor-indol mit äther. Methylmagnesiumbromid und Erhitzen des Re= aktionsprodukts mit Aziridin in Xylol (*Labor. franç. de Chimiothérapie*, U.S.P. 2920080 [1958]). Beim Behandeln von 5-Chlor-3-[2-nitro-vinyl]-indol (F: 186—187°) mit LiAlH₄ in Äther (*Young*, Soc. **1958** 3493, 3494). Beim Erhitzen von 3-[2-Amino-äthyl]-5-chlor-indol-2-carbonsäure mit konz. wss. HCl und Essigsäure (*Abramovitch*, Soc. **1956** 4595, 4600).

Hydrochlorid $C_{10}H_{11}ClN_2 \cdot HCl$. Kristalle; F: 300° [Zers.] (*Velluz et al.*, Bl. **1958** 673, 675), 297° (*Labor. franç.*), 296—297° [aus H_2O bzw. aus A. + Ae.] (*Qu., Röhm; Ab.*), 286—289° [Zers.] (*Yo.*).

Picrat $C_{10}H_{11}ClN_2 \cdot C_6H_3N_3O_7$. Orangerote Kristalle (aus A.); F: 253° [Zers.] (*Ab.*).

III   IV   V

3-[2-Amino-äthyl]-5-chlor-1-methyl-indol, 2-[5-Chlor-1-methyl-indol-3-yl]-äthylamin, 5-Chlor-1-methyl-tryptamin $C_{11}H_{13}ClN_2$, Formel III (R = CH_3, X = Cl, X' = H).

B. Beim Erhitzen von 3-[2-Amino-äthyl]-5-chlor-1-methyl-indol-2-carbonsäure mit konz. wss. HCl und Essigsäure (*Abramovitch*, Soc. **1956** 4595, 4600).

F: 87—89°.

Picrat $C_{11}H_{13}ClN_2 \cdot C_6H_3N_3O_7$. Kristalle (aus wss. A. [90%ig]); F: 203—204°.

3-[2-Amino-äthyl]-6-chlor-indol, 2-[6-Chlor-indol-3-yl]-äthylamin, 6-Chlor-trypt=amin $C_{10}H_{11}ClN_2$, Formel III (R = X = H, X' = Cl).

B. Beim Behandeln von 6-Chlor-indol mit äther. Methylmagnesiumbromid und Erhitzen des Reaktionsprodukts mit Aziridin in Xylol (*Labor. franç. de Chimiothérapie*, U.S.P. 2920080 [1958]). Beim Behandeln von 6-Chlor-3-dimethylaminomethyl-indol in THF mit Dimethylsulfat und wenig Essigsäure, Erwärmen des Reaktionsprodukts mit wss. KCN und Hydrieren des erhaltenen [6-Chlor-indol-3-yl]-acetonitrils $C_{10}H_7ClN_2$ (Kristalle [aus wss. A.]; F: 103°) an Raney-Nickel in methanol. NH_3 (*Labor. franç. de Chimiothérapie*, D.B.P. 1118203 [1958]).

F: 113° (*Labor. franç.*; *Velluz et al.*, Bl. **1958** 673, 675).

3-[2-Amino-äthyl]-7-chlor-indol, 2-[7-Chlor-indol-3-yl]-äthylamin, 7-Chlor-trypt=amin $C_{10}H_{11}ClN_2$, Formel IV (X = X' = H).

B. Beim Behandeln von 7-Chlor-indol mit äther. Methylmagnesiumbromid und Erhitzen des Reaktionsprodukts mit Aziridin in Xylol (*Labor. franç. de Chimiothérapie*, U.S.P. 2920080 [1958]). Beim Erwärmen von 8-Chlor-2,3,4,9-tetrahydro-β-carbolin-1-on mit äthanol. KOH und Erhitzen der erhaltenen 3-[2-Amino-äthyl]-7-chlor-indol-2-carbonsäure $C_{11}H_{11}ClN_2O_2$ (F: >270° [Zers.]) mit Essigsäure und wss. HCl (*Labor. franç. de Chimiothérapie*, Brit. P. 888413 [1958]; F. P. 1180512 [1958]).

F: 96° (*Labor. franç.*; *Velluz et al.*, Bl. **1958** 673, 675).

3-[2-Amino-äthyl]-4,7-dichlor-indol, 2-[4,7-Dichlor-indol-3-yl]-äthylamin, 4,7-Dichlor-tryptamin $C_{10}H_{10}Cl_2N_2$, Formel IV (X = Cl, X' = H).

B. Beim Erwärmen von 5,8-Dichlor-2,3,4,9-tetrahydro-β-carbolin-1-on mit äthanol. KOH und Erhitzen der erhaltenen 3-[2-Amino-äthyl]-4,7-dichlor-indol-2-carb=onsäure $C_{11}H_{10}Cl_2N_2O_2$ (F: 327°) mit Essigsäure und wss. HCl (*Labor. franc. de Chimio-thérapie*, F. P. 1188326 [1958]; Brit. P. 888413 [1958]).

F: 124° (*Labor. franc.*; *Velluz*, Ann. pharm. franç. **17** [1959] 15, 20).

3-[2-Amino-äthyl]-6,7-dichlor-indol, 2-[6,7-Dichlor-indol-3-yl]-äthylamin, 6,7-Dichlor-tryptamin $C_{10}H_{10}Cl_2N_2$, Formel IV (X = H, X' = Cl).

B. Beim Erwärmen von 7,8-Dichlor-2,3,4,9-tetrahydro-β-carbolin-1-on mit äthanol. KOH und Erhitzen der erhaltenen 3-[2-Amino-äthyl]-6,7-dichlor-indol-2-carb=onsäure $C_{11}H_{10}Cl_2N_2O_2$ (F: 300—310° [Zers.]) mit Essigsäure und wss. HCl (*Labor. franç. de Chimiothérapie*, F. P. 1189456 [1958]; Brit. P. 888413 [1958]).

F: 101° (*Labor. franç.*; *Velluz*, Ann. pharm. franç. **17** [1959] 15, 20).

3-[2-Amino-äthyl]-5-brom-indol, 2-[5-Brom-indol-3-yl]-äthylamin, 5-Brom-trypt=
amin $C_{10}H_{11}BrN_2$, Formel III (R = X' = H, X = Br).

B. Beim Erhitzen von [4-Brom-phenyl]-hydrazin mit 4-Amino-butyraldehyd-diäthyl=
acetal und $ZnCl_2$ auf 180° (*Quadbeck, Röhm*, Z. physiol. Chem. **297** [1954] 229, 235).

Hydrochlorid $C_{10}H_{11}BrN_2 \cdot HCl$. Kristalle (aus H_2O); F: 290° [Zers.].

3-[2-Amino-äthyl]-5-nitro-indol, 2-[5-Nitro-indol-3-yl]-äthylamin, 5-Nitro-trypt=
amin $C_{10}H_{11}N_3O_2$, Formel V (R = R' = H).

B. Beim Behandeln von 3-[2-Chlor-äthyl]-5-nitro-indol in Äthanol mit konz. wss. NH_3
(*Shaw, Woolley*, Am. Soc. **75** [1953] 1877, 1880).

Kristalle (aus wss. A.); F: 136—139° [unkorr.].

3-[2-Amino-äthyl]-1-methyl-5-nitro-indol, 2-[1-Methyl-5-nitro-indol-3-yl]-äthylamin,
1-Methyl-5-nitro-tryptamin $C_{11}H_{13}N_3O_2$, Formel V (R = CH_3, R' = H).

B. Beim Erhitzen von 3-[2-Amino-äthyl]-1-methyl-5-nitro-indol-2-carbonsäure mit
konz. wss. HCl und Essigsäure (*Abramovitch*, Soc. **1956** 4595, 4598).

Picrat $C_{11}H_{13}N_3O_2 \cdot C_6H_3N_3O_7$. Rote Kristalle (aus wss. A. [90%ig]); F: 232—233°.

3-[2-Dimethylamino-äthyl]-5-nitro-indol, Dimethyl-[2-(5-nitro-indol-3-yl)-äthyl]-amin
$C_{12}H_{15}N_3O_2$, Formel V (R = H, R' = CH_3).

B. Beim Behandeln [4 d] von 3-[2-Chlor-äthyl]-5-nitro-indol in Äthanol mit wss.
Dimethylamin (*Shaw, Woolley*, Am. Soc. **75** [1953] 1877, 1880).

Hydrochlorid $C_{12}H_{15}N_3O_2 \cdot HCl$. Kristalle (aus A.); F: 268—270° [unkorr.].

1-[5-Nitro-indol-3-yl]-2-piperidino-äthan, 5-Nitro-3-[2-piperidino-äthyl]-indol
$C_{15}H_{19}N_3O_2$, Formel VI.

B. Beim Erwärmen von 3-[2-Chlor-äthyl]-5-nitro-indol in Äthanol mit Piperidin (*Shaw,
Woolley*, Am. Soc. **75** [1953] 1877, 1880).

Hydrochlorid $C_{15}H_{19}N_3O_2 \cdot HCl$. Kristalle (aus A.); F: 272—273° [unkorr.].

VI   VII

***Opt.-inakt. 1-[5-Nitro-indol-3-yl]-2-octahydro[1]chinolyl-äthan, 1-[2-(5-Nitro-indol-
3-yl)-äthyl]-decahydro-chinolin** $C_{19}H_{25}N_3O_2$, Formel VII.

B. Beim Behandeln [17 d] von 3-[2-Chlor-äthyl]-5-nitro-indol in Äthanol mit opt.-
inakt. Decahydrochinolin [Stereoisomeren-Gemisch] (*Shaw, Woolley*, Am. Soc. **75** [1953]
1877, 1880).

Hydrochlorid $C_{19}H_{25}N_3O_2 \cdot HCl$. Kristalle (aus A.); F: 254—256° [unkorr.].

**1-[3,4-Dihydro-1H-[2]isochinolyl]-2-[5-nitro-indol-3-yl]-äthan, 2-[2-(5-Nitro-indol-
3-yl)-äthyl]-1,2,3,4-tetrahydro-isochinolin** $C_{19}H_{19}N_3O_2$, Formel VIII.

B. Beim Erwärmen von 3-[2-Chlor-äthyl]-5-nitro-indol mit 1,2,3,4-Tetrahydro-iso=
chinolin in Äthanol (*Shaw, Woolley*, J. biol. Chem. **203** [1953] 979, 983).

Hydrochlorid $C_{19}H_{19}N_3O_2 \cdot HCl$. Kristalle (aus A.); F: 247—248°.

**1-Benzoyl-4-benzoylamino-6-vinyl-indolin(?), N-[1-Benzoyl-6-vinyl-indolin-4-yl]-
benzamid(?)** $C_{24}H_{20}N_2O_2$, vermutlich Formel IX.

B. Beim Behandeln von 2,5-Bis-[2-brom-äthyl]-1,3-dinitro-benzol mit $SnCl_2$ und
HCl in Essigsäure und Behandeln des Reaktionsprodukts mit Benzoylchlorid und
wss. NaOH (*Ruggli, Theilheimer*, Helv. **24** [1941] 899, 910).

Kristalle (aus Bzl.); F: 293—294°.

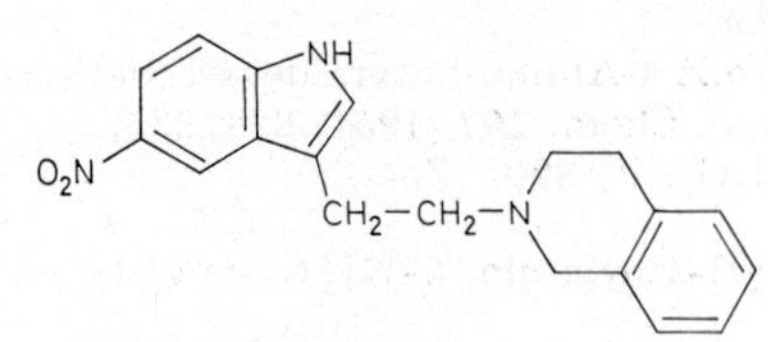

VIII 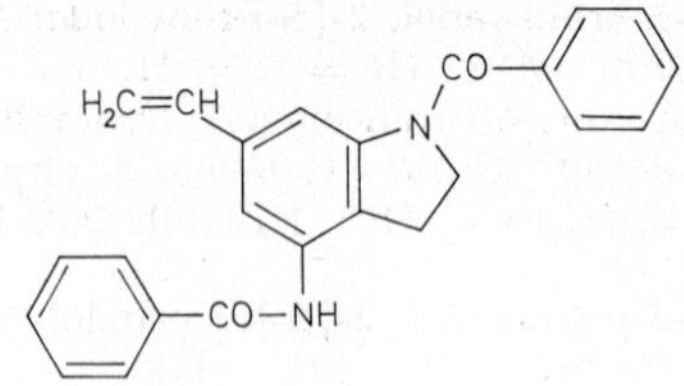   IX 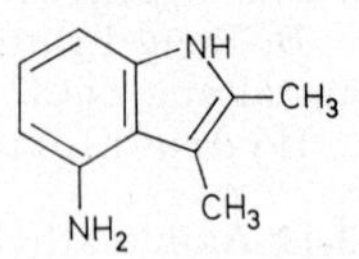   X

2,3-Dimethyl-indol-4-ylamin $C_{10}H_{12}N_2$, Formel X.

B. Beim Erwärmen von 7-Chlor-2,3-dimethyl-4-nitro-indol mit Zinn in wss.-äthanol. HCl (*Plant, Whitaker*, Soc. **1940** 283, 285). Beim Erwärmen von 2,3-Dimethyl-4-nitro-indol mit $Na_2S_2O_4$ in wss.-äthanol. NaOH (*Shaw, Woolley*, Am. Soc. **75** [1953] 1877, 1880).

Kristalle; F: 163° [aus $CHCl_3$] (*Pl., Wh.*), 156—160° [unkorr.] (*Shaw, Wo.*). λ_{max} (A.): 230 nm und 277—279 nm (*Shaw, Wo.*).

2,3-Dimethyl-indol-5-ylamin $C_{10}H_{12}N_2$, Formel XI (R = R' = H).

B. Aus 2,3-Dimethyl-5-nitro-indol beim Erwärmen mit $Na_2S_2O_4$ in wss.-äthanol. NaOH (*Bauer, Strauss*, B. **65** [1932] 308, 313; *Shaw, Woolley*, Am. Soc. **75** [1953] 1877, 1880) oder mit $N_2H_4 \cdot H_2O$ und Raney-Nickel in Methanol (*Vejdělek*, Collect. **22** [1957] 1852, 1854).

Kristalle; F: 178° [aus wss. A. oder PAe.] (*Ba., St.*), 177—178° [korr.; aus wss. Me.] (*Ve.*), 173—174° [unkorr.; aus A. oder wss. A.] (*Shaw, Wo.*).

1,2,3-Trimethyl-indol-5-ylamin $C_{11}H_{14}N_2$, Formel XI (R = CH_3, R' = H).

B. Beim Erwärmen von 1,2,3-Trimethyl-5-nitro-indol mit $Na_2S_2O_4$ in wss.-äthanol. NaOH (*Shaw, Woolley*, Am. Soc. **75** [1953] 1877, 1880).

Picrat $C_{11}H_{14}N_2 \cdot C_6H_3N_3O_7$. Kristalle (aus wss. A.); F: 203—205° [unkorr.].

5-Acetylamino-2,3-dimethyl-indol, *N*-[2,3-Dimethyl-indol-5-yl]-acetamid $C_{12}H_{14}N_2O$, Formel XI (R = H, R' = CO-CH_3).

B. Beim Behandeln von 2,3-Dimethyl-indol-5-ylamin mit Acetanhydrid (*Bauer, Strauss*, B. **65** [1932] 308, 314).

Kristalle (aus A.); F: 173° [Zers.].

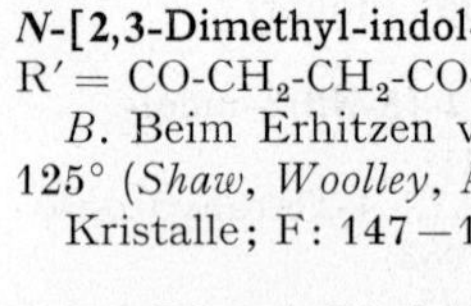

XI 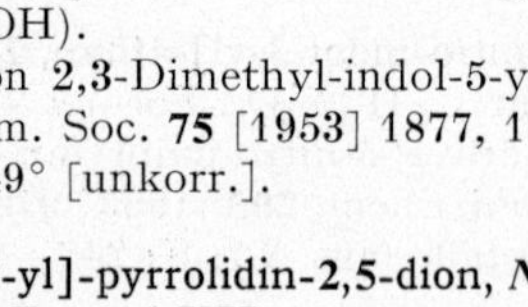   XII 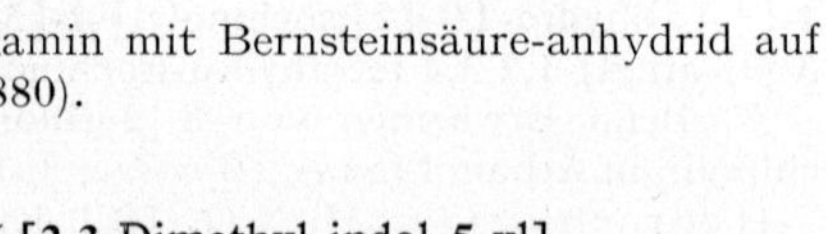   XIII

***N*-[2,3-Dimethyl-indol-5-yl]-succinamidsäure** $C_{14}H_{16}N_2O_3$, Formel XI (R = H, R' = CO-CH_2-CH_2-CO-OH).

B. Beim Erhitzen von 2,3-Dimethyl-indol-5-ylamin mit Bernsteinsäure-anhydrid auf 125° (*Shaw, Woolley*, Am. Soc. **75** [1953] 1877, 1880).

Kristalle; F: 147—149° [unkorr.].

2-[2,3-Dimethyl-indol-5-yl]-pyrrolidin-2,5-dion, *N*-[2,3-Dimethyl-indol-5-yl]-succinimid $C_{14}H_{14}N_2O_2$, Formel XII.

B. Bei längerem Erhitzen von 2,3-Dimethyl-indol-5-ylamin mit Bernsteinsäure-anhydrid auf 125° (*Shaw, Woolley*, Am. Soc. **75** [1953] 1877, 1881).

Kristalle (aus A.); F: 198—199° [unkorr.].

2,3-Dimethyl-5-sulfanilylamino-indol, Sulfanilsäure-[2,3-dimethyl-indol-5-ylamid] $C_{16}H_{17}N_3O_2S$, Formel XIII (R = H).

B. Beim Erhitzen der folgenden Verbindung mit wss. NaOH (*Elliott, Robinson*, Soc.

1944 632).
Kristalle (aus A.); F: 243—244°.

N-Acetyl-sulfanilsäure-[2,3-dimethyl-indol-5-ylamid], Essigsäure-[4-(2,3-dimethyl-indol-5-ylsulfamoyl)-anilid] $C_{18}H_{19}N_3O_3S$, Formel XIII (R = CO-CH$_3$).
B. Beim Behandeln von 2,3-Dimethyl-indol-5-ylamin mit *N*-Acetyl-sulfanilylchlorid und Pyridin (*Elliott, Robinson*, Soc. **1944** 632).
Kristalle (aus Acn.); F: 266—267° [Zers.].

2,3-Dimethyl-indol-6-ylamin $C_{10}H_{12}N_2$, Formel I (R = H).
B. Beim Behandeln von 2,3-Dimethyl-6-nitro-indol mit SnCl$_2$ und wss. HCl in Essig-säure (*Brown et al.*, Am. Soc. **74** [1952] 3934) oder mit Na$_2$S$_2$O$_4$ und wss.-äthanol. NaOH (*Shaw, Woolley*, Am. Soc. **75** [1953] 1877, 1880).
Kristalle; F: 119—120° [korr.; aus Bzl.] (*Br. et al.*), 117—118° [unkorr.] (*Shaw, Wo.*).
λ_{max} (A.): 235 nm, 273—275 nm und 307 nm (*Shaw, Wo.*).

6-Acetylamino-2,3-dimethyl-indol, *N*-[2,3-Dimethyl-indol-6-yl]-acetamid $C_{12}H_{14}N_2O$, Formel I (R = CO-CH$_3$).
B. Beim Behandeln von 2,3-Dimethyl-indol-6-ylamin mit Acetanhydrid in Benzol (*Brown et al.*, Am. Soc. **74** [1952] 3934).
Kristalle (aus wss. A.); F: 211—212° [korr.].

2,3-Dimethyl-indol-7-ylamin $C_{10}H_{12}N_2$, Formel II (R = R' = H).
B. Aus 2,3-Dimethyl-7-nitro-indol beim Hydrieren an Raney-Nickel in Äthylacetat und Äthanol (*Blackhall, Thompson*, Soc. **1954** 3916, 3917) oder an Palladium/Kohle in Meth-anol (*Gaddum et al.*, Quart. J. exp. Physiol. **40** [1955] 49, 56), beim Erhitzen mit Na$_2$S$_2$O$_4$ in wss.-äthanol. NaOH (*Bl., Th.*) sowie beim Erwärmen mit N$_2$H$_4$·H$_2$O und Raney-Nickel in Methanol (*Vejdělek*, Collect. **22** [1957] 1852, 1864; *Kinsley, Plant*, Soc. **1958** 1, 6).
Kristalle; F: 131—132° [korr.; aus Bzl. + PAe.] (*Ve.*), 127—129° [nach Sublimation bei 120°/0,04 Torr] (*Ki., Pl.*), 126° [Zers.; aus H$_2$O] (*Bl., Th.*).

1,2,3-Trimethyl-indol-7-ylamin $C_{11}H_{14}N_2$, Formel II (R = CH$_3$, R' = H).
B. Beim Erwärmen von 1,2,3-Trimethyl-7-nitro-indol mit Raney-Nickel und wss. N$_2$H$_4$·H$_2$O in Methanol (*Kinsley, Plant*, Soc. **1958** 1, 7).
Kristalle (nach Sublimation bei 110°/0,04 Torr); F: 146° [nach Sintern].

I   II   III

7-Acetylamino-2,3-dimethyl-indol, *N*-[2,3-Dimethyl-indol-7-yl]-acetamid $C_{12}H_{14}N_2O$, Formel II (R = H, R' = CO-CH$_3$).
B. Beim Behandeln von 2,3-Dimethyl-indol-7-ylamin mit Acetanhydrid (*Kinsley, Plant*, Soc. **1958** 1, 6).
Kristalle (aus A.); F: 167°.

7-Acetylamino-1,2,3-trimethyl-indol, *N*-[1,2,3-Trimethyl-indol-7-yl]-acetamid $C_{13}H_{16}N_2O$, Formel II (R = CH$_3$, R' = CO-CH$_3$).
B. Beim Behandeln von 1,2,3-Trimethyl-indol-7-ylamin mit Acetanhydrid (*Kinsley, Plant*, Soc. **1958** 1, 7).
Kristalle (aus Me.); F: 189°.

2-Dimethylaminomethyl-3-methyl-indol, Dimethyl-[3-methyl-indol-2-ylmethyl]-amin
$C_{12}H_{16}N_2$, Formel III (R = H).

B. Beim Behandeln von 3-Methyl-indol-2-carbonsäure-dimethylamid mit LiAlH$_4$ in Äther (*Swaminathan, Sulochana*, J. org. Chem. **23** [1958] 90).

Kristalle (aus Ae.); F: 65,5–66°. Kp$_2$: 148°.

Picrat $C_{12}H_{16}N_2 \cdot C_6H_3N_3O_7$. Kristalle (aus A.); F: 210°.

Methojodid $[C_{13}H_{19}N_2]I$; Trimethyl-[3-methyl-indol-2-ylmethyl]-ammoni﹦um-jodid. Kristalle (aus A.); Zers. > 180°.

2-Dimethylaminomethyl-1,3-dimethyl-indol, [1,3-Dimethyl-indol-2-ylmethyl]-dimethyl-amin $C_{13}H_{18}N_2$, Formel III (R = CH$_3$).

B. Beim Erwärmen von 1,3-Dimethyl-indol mit Formaldehyd und Dimethylamin in wss. Essigsäure (*Thesing, Binger*, B. **90** [1957] 1419, 1423).

Kp$_{0,005}$: 102–103° [unter Zers.].

Picrat $C_{13}H_{18}N_2 \cdot C_6H_3N_3O_7$. Gelbe Kristalle (aus H$_2$O); F: 163° [unkorr.].

Methomethylsulfat $[C_{14}H_{21}N_2]CH_3O_4S$; [1,3-Dimethyl-indol-2-ylmethyl]-trimethyl-ammonium-methylsulfat. Kristalle (aus A. + THF); F: 158° [unkorr.].

3-Aminomethyl-2-methyl-indol, C-[2-Methyl-indol-3-yl]-methylamin $C_{10}H_{12}N_2$, Formel IV (R = X = H) (vgl. E II 349).

B. Beim Hydrieren von 2-Methyl-indol-3-carbaldehyd-[O-acetyl-oxim] an Platin in Essigsäure und Äthanol nach Zusatz von wenig FeCl$_3$ (*Putochin, Dawydowa*, Ž. obšč. Chim. **2** [1932] 290, 293; C. A. **1933** 722).

Unbeständig.

Sulfat $2 C_{10}H_{12}N_2 \cdot H_2SO_4$. Kristalle.

3-Dimethylaminomethyl-2-methyl-indol, Dimethyl-[2-methyl-indol-3-ylmethyl]-amin $C_{12}H_{16}N_2$, Formel IV (R = CH$_3$, X = H).

B. Beim Behandeln von 2-Methyl-indol mit Dimethylamin und Formaldehyd in wss. Essigsäure (*Supniewski, Serafin-Gajewska*, Acta Polon. pharm. **2** [1938] 125; C. A. **1940** 6410; C. **1939** I 131; *Rydon*, Soc. **1948** 705, 708; *Pretka, Lindwall*, J. org. Chem. **19** [1954] 1080, 1084).

Kristalle; F: 120–121° [aus wss. A.] (*Su., Se.-Ga.*), 117–121° (*Pr., Li.*), 116–117° [aus wss. A.] (*Ry.*).

3-Diäthylaminomethyl-2-methyl-indol, Diäthyl-[2-methyl-indol-3-ylmethyl]-amin $C_{14}H_{20}N_2$, Formel IV (R = C$_2$H$_5$, X = H).

B. Beim Behandeln von 2-Methyl-indol mit Diäthylamin und Formaldehyd in wss. Essigsäure (*Dahlbom, Misiorny*, Acta chem. scand. **9** [1955] 1074, 1076).

Kristalle (aus wss. Me.); F: 89–90°.

[2-Methyl-indol-3-yl]-pyrrolidino-methan, 2-Methyl-3-pyrrolidinomethyl-indol $C_{14}H_{18}N_2$, Formel V.

B. Beim Behandeln von 2-Methyl-indol mit Pyrrolidin und Formaldehyd in wss. Essigsäure (*Dahlbom, Misiorny*, Acta chem. scand. **9** [1955] 1074, 1076).

Kristalle (aus A.); F: 139–140°.

[2-Methyl-indol-3-yl]-piperidino-methan, 2-Methyl-3-piperidinomethyl-indol $C_{15}H_{20}N_2$, Formel VI (R = X = H).

B. Beim Behandeln von 2-Methyl-indol mit Piperidin und wss. Formaldehyd in Essig﹦säure (*Brehm, Lindwall*, J. org. Chem. **15** [1950] 685).

Kristalle; F: 156–157°.

IV   V   VI

1-[2-Methyl-indol-3-ylmethyl]-piperidin-4-carbonsäure-diäthylamid $C_{20}H_{29}N_3O$,
Formel VI (R = CO-N(C_2H_5)$_2$, X = H).

B. Beim Behandeln von Piperidin-4-carbonsäure-diäthylamid-hydrochlorid mit
2-Methyl-indol und wss. Formaldehyd in Methanol (*Swain, Naegele*, Am. Soc. **79** [1957]
5250, 5251).

Hydrochlorid $C_{20}H_{29}N_3O \cdot HCl$. Kristalle; F: 246—247° [unkorr.; Zers.].

**3-Dimethylaminomethyl-5-fluor-2-methyl-indol, [5-Fluor-2-methyl-indol-3-ylmethyl]-
dimethyl-amin** $C_{12}H_{15}FN_2$, Formel IV (R = CH$_3$, X = F).

B. Beim Behandeln von 5-Fluor-2-methyl-indol mit wss. Formaldehyd und Dimethylamin in wss. Essigsäure (*Quadbeck, Röhm*, Z. physiol. Chem. **297** [1954] 229, 234).

F: 146—147°.

**5-Chlor-3-dimethylaminomethyl-2-methyl-indol, [5-Chlor-2-methyl-indol-3-ylmethyl]-
dimethyl-amin** $C_{12}H_{15}ClN_2$, Formel IV (R = CH$_3$, X = Cl).

B. Beim Behandeln von 5-Chlor-2-methyl-indol mit wss. Formaldehyd und Dimethylamin in wss. Essigsäure (*Quadbeck, Röhm*, Z. physiol. Chem. **297** [1954] 229, 234; *Colò
et al.*, Farmaco Ed. scient. **9** [1954] 611, 614).

Kristalle; F: 157—159° [aus Me.] (*Colò et al.*), 156—157° (*Qu., Röhm*).

Hydrochlorid $C_{12}H_{15}ClN_2 \cdot HCl$. Kristalle (aus A.); F: 177—179° (*Colò et al.*).

**5-Chlor-3-diäthylaminomethyl-2-methyl-indol, Diäthyl-[5-chlor-2-methyl-indol-3-yl-
methyl]-amin** $C_{14}H_{19}ClN_2$, Formel IV (R = C$_2$H$_5$, X = Cl).

B. Beim Behandeln von 5-Chlor-2-methyl-indol mit Diäthylamin und wss. Formaldehyd
in Essigsäure (*Colò et al.*, Farmaco Ed. scient. **9** [1954] 611, 614; *Dahlbom, Misiorny*,
Acta chem. scand. **9** [1955] 1074, 1076).

Kristalle; F: 105—106° [aus wss. Me.] (*Da., Mi.*), 104—105° [aus Me.] (*Colò et al.*).

Hydrochlorid $C_{14}H_{19}ClN_2 \cdot HCl$. Kristalle; F: 162—164° (*Colò et al.*).

5-Chlor-2-methyl-3-piperidinomethyl-indol $C_{15}H_{19}ClN_2$, Formel VI (R = H, X = Cl).

B. Beim Behandeln von 5-Chlor-2-methyl-indol mit Piperidin und wss. Formaldehyd
in Essigsäure (*Colò et al.*, Farmaco Ed. scient. **9** [1954] 611, 614; *Dahlbom, Misiorny*,
Acta chem. scand. **9** [1955] 1074, 1076).

Kristalle; F: 165—166° [aus A.] (*Da., Mi.*), 161—163° [aus Me.] (*Colò et al.*).

**5-Brom-3-dimethylaminomethyl-2-methyl-indol, [5-Brom-2-methyl-indol-3-ylmethyl]-
dimethyl-amin** $C_{12}H_{15}BrN_2$, Formel IV (R = CH$_3$, X = Br).

B. Beim Behandeln von 5-Brom-2-methyl-indol mit wss. Formaldehyd und Dimethylamin in wss. Essigsäure (*Quadbeck, Röhm*, Z. physiol. Chem. **297** [1954] 229, 234; *Colò
et al.*, Farmaco Ed. scient. **9** [1954] 611, 615; *Terent'ew et al.*, Ž. obšč. Chim. **29** [1959]
2541, 2550; engl. Ausg. S. 2504, 2511).

Kristalle; F: 173° (*Qu., Röhm*), 145—147° [aus Acn.] (*Te. et al.*), 143—145° (*Colò
et al.*).

**3-Dimethylaminomethyl-2-methyl-6-nitro-indol, Dimethyl-[2-methyl-6-nitro-indol-3-yl-
methyl]-amin** $C_{12}H_{15}N_3O_2$, Formel VII.

Konstitution: *Berti, Da Settimo*, G. **90** [1960] 525, 527; *Noland, Rush*, J. org. Chem.
28 [1963] 2921.

B. Beim Behandeln von 3-Dimethylaminomethyl-2-methyl-indol in Essigsäure mit
wss. HNO$_3$ (*Colò et al.*, Farmaco Ed. scient. **9** [1954] 611, 615; *Be., Da Se.*).

Orangegelbe Kristalle; F: 161—163° [aus Bzl.] (*Be., Da Se.*, l. c. S. 535), 158—160°
[aus Toluol] (*Colò et al.*).

Nitrat $C_{12}H_{15}N_3O_2 \cdot HNO_3$. Dimorph; orangegelbe Kristalle; F: 180—181° [Zers.;
aus A.] und F: 158—160° [aus A. + Ae.] (*Be., Da Se.*, l. c. S. 535).

2-Dimethylaminomethyl-6-methyl-indol, Dimethyl-[6-methyl-indol-2-ylmethyl]-amin
$C_{12}H_{16}N_2$, Formel VIII.

B. Beim Behandeln von 6-Methyl-indol-2-carbonsäure-dimethylamid mit LiAlH$_4$ in
Äther (*Snyder, Cook*, Am. Soc. **78** [1956] 969, 971).

$Kp_{0,8}$: 116—117°.

Methojodid [$C_{13}H_{19}N_2$]I; Trimethyl-[6-methyl-indol-2-ylmethyl]-am=monium-jodid. Kristalle (aus A.); Zers. bei 115—125°.

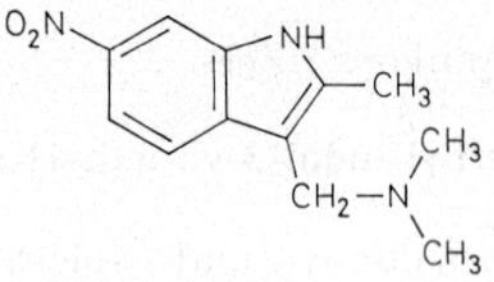

VII 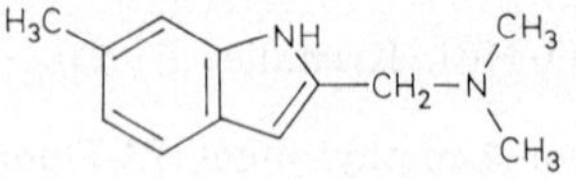   VIII 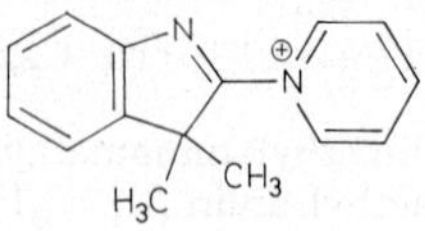   IX

1-[3,3-Dimethyl-3H-indol-2-yl]-pyridinium [$C_{15}H_{15}N_2$]$^+$, Formel IX.

Chlorid [$C_{15}H_{15}N_2$]Cl. *B.* Beim Behandeln von 2-Chlor-3,3-dimethyl-3H-indol mit Pyridin (*Ficken, Kendall,* Soc. **1959** 3988, 3990).

Perchlorat [$C_{15}H_{15}N_2$]ClO$_4$. Gelbe Kristalle (aus H$_2$O); F: 199—201°.

3-Dimethylaminomethyl-4-methyl-indol, Dimethyl-[4-methyl-indol-3-ylmethyl]-amin
$C_{12}H_{16}N_2$, Formel X (R = CH$_3$, R′ = H).

B. Beim Behandeln von 4-Methyl-indol mit wss. Dimethylamin und wss. Formaldehyd in Essigsäure (*Rydon,* Soc. **1948** 705, 708).

Kristalle (aus wss. A.); F: 128—129°.

3-Dimethylaminomethyl-5-methyl-indol, Dimethyl-[5-methyl-indol-3-ylmethyl]-amin
$C_{12}H_{16}N_2$, Formel XI (R = CH$_3$).

B. Beim Behandeln von 5-Methyl-indol mit wss. Dimethylamin und wss. Formaldehyd in Essigsäure (*Rydon,* Soc. **1948** 705, 708; *Quadbeck, Röhm,* Z. physiol. Chem. **297** [1954] 229, 234).

Kristalle; F: 138—139° [aus Acn.] (*Qu., Röhm*), 133° [aus wss. Me.] (*Ry.*).

3-Diäthylaminomethyl-5-methyl-indol, Diäthyl-[5-methyl-indol-3-ylmethyl]-amin
$C_{14}H_{20}N_2$, Formel XI (R = C$_2$H$_5$).

B. Beim Behandeln von 5-Methyl-indol mit Diäthylamin und wss. Formaldehyd in Essigsäure (*Jackman, Archer,* Am. Soc. **68** [1946] 2105).

Kristalle (aus wss. A.); F: 89—92°.

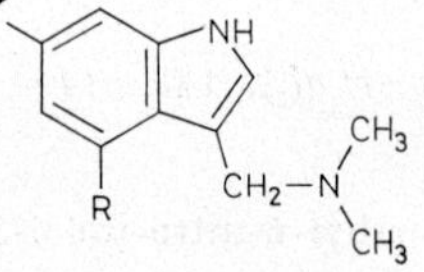

X 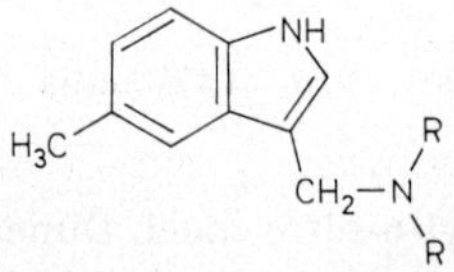   XI 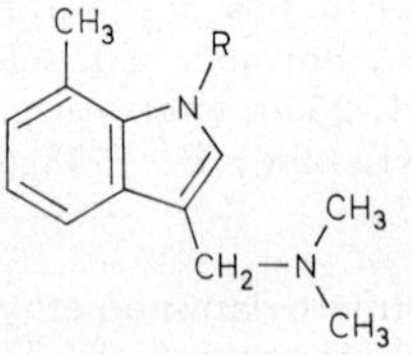   XII

3-Dimethylaminomethyl-6-methyl-indol, Dimethyl-[6-methyl-indol-3-ylmethyl]-amin
$C_{12}H_{16}N_2$, Formel X (R = H, R′ = CH$_3$).

B. Beim Behandeln von 6-Methyl-indol mit wss. Dimethylamin und wss. Formaldehyd in Essigsäure (*Rydon,* Soc. **1948** 705, 708; *Snyder, Pilgrim,* Am. Soc. **70** [1948] 3787).

Kristalle; F: 124—125° [aus Ae.] (*Sn., Pi.*), 117° [aus wss. A.] (*Ry.*).

3-Dimethylaminomethyl-7-methyl-indol, Dimethyl-[7-methyl-indol-3-ylmethyl]-amin
$C_{12}H_{16}N_2$, Formel XII (R = H).

B. Beim Behandeln von 7-Methyl-indol mit wss. Dimethylamin und wss. Formaldehyd in Essigsäure (*Rydon,* Soc. **1948** 705, 708).

Kristalle (aus wss. Me.); F: 114°.

3-Dimethylaminomethyl-1,7-dimethyl-indol, [1,7-Dimethyl-indol-3-ylmethyl]-dimethyl-amin $C_{13}H_{18}N_2$, Formel XII (R = CH_3).

B. Beim Behandeln von 1,7-Dimethyl-indol mit wss. Dimethylamin und wss. Formal=
dehyd in Essigsäure (*Cook et al.*, Soc. **1954** 568).

Picrat $C_{13}H_{18}N_2 \cdot C_6H_3N_3O_7$. Orangefarbene Kristalle (aus A.); F: 142°.

[*Flock*]

Amine $C_{11}H_{14}N_2$

(±)-5-Dimethylaminomethyl-1-[2]pyridyl-cyclopenten, (±)-Dimethyl-[2-[2]pyridyl-cyclopent-2-enylmethyl]-amin $C_{13}H_{18}N_2$, Formel I.

B. Neben 1-[2,3-Dihydro-1*H*-cyclopent[*a*]indolizin-4-yl]-äthanon beim Erwärmen
von (±)-2*c*-Dimethylaminomethyl-1-[2]pyridyl-cyclopentan-*r*-ol mit konz. H_2SO_4 und
Erhitzen des Reaktionsprodukts mit Acetanhydrid, Essigsäure und Natriumacetat
(*Barrett, Chambers*, Soc. **1958** 338, 345).

$Kp_{0,5}$: 98—108°.

I   II   III

(±)-1,4-Diäthyl-5-diäthylamino-1,4-dihydro-chinolin, (±)-Diäthyl-[1,4-diäthyl-1,4-dihydro-[5]chinolyl]-amin $C_{17}H_{26}N_2$, Formel II.

B. Beim aufeinanderfolgenden Behandeln von 5-Nitro-chinolin mit Natrium und
flüssigem NH_3 und mit Äthylbromid (*Knowles, Watt*, Am. Soc. **65** [1943] 410).

Kristalle (aus wss. A.); F: >160° [Zers.].

(±)-1,4-Diäthyl-8-diäthylamino-1,4-dihydro-chinolin, (±)-Diäthyl-[1,4-diäthyl-1,4-dihydro-[8]chinolyl]-amin $C_{17}H_{26}N_2$, Formel III.

B. Beim aufeinanderfolgenden Behandeln von 8-Nitro-chinolin mit Natrium und
flüssigem NH_3 und mit Äthylbromid (*Knowles, Watt*, Am. Soc. **65** [1943] 410).

F: >155° [Zers.].

(±)-3-[2-Amino-propyl]-indol, (±)-2-Indol-3-yl-1-methyl-äthylamin $C_{11}H_{14}N_2$,
Formel IV (R = R' = H).

B. Bei der Hydrierung einer zuvor mit Raney-Nickel erwärmten Lösung von (±)-3-
[2-Nitro-propyl]-indol an Platin in Äthanol (*Snyder, Katz*, Am. Soc. **69** [1947] 3140).
Aus 3-[2-Nitro-propenyl]-indol (E III/IV **20** 3543) mit Hilfe von LiAlH$_4$ (*Young*, Soc. **1958**
3493, 3494; *Ash, Wragg*, Soc. **1958** 3887, 3892). Aus (±)-3-[2-Hydroxyimino-propyl]-indol=
in-2-on mit Hilfe von Natrium und Propan-1-ol (*Pietra, Tacconi*, Farmaco Ed. scient. **13**
[1958] 893, 900).

F: 100° [aus PAe.] (*Pi., Ta.*, l. c. S. 901), 97—98° [nach Destillation] (*Ash, Wr.*),
80—81° (*Sn., Katz*).

Hydrochlorid $C_{11}H_{14}N_2 \cdot HCl$. F: 215—217° (*Yo.*).

Picrat $C_{11}H_{14}N_2 \cdot C_6H_3N_3O_7$. Orangerote Kristalle (aus A.); F: 222—223° (*Pi., Ta.*).

(±)-2-[Benzyl-methyl-amino]-1-indol-3-yl-propan, (±)-Benzyl-[2-indol-3-yl-1-methyl-äthyl]-methyl-amin $C_{19}H_{22}N_2$, Formel IV (R = CH_2-C_6H_5, R' = CH_3).

B. Aus (±)-2-[Benzyl-methyl-amino]-1-indol-3-yl-propan-1-on mit Hilfe von LiAlH$_4$
(*Upjohn Co.*, U.S.P. 2814625 [1954]).

Hydrochlorid $C_{19}H_{22}N_2 \cdot HCl$. Kristalle (aus Isopropylalkohol); F: 230—232°.

3-[3-Amino-propyl]-indol, 3-Indol-3-yl-propylamin $C_{11}H_{14}N_2$, Formel V (R = R' = H)
(E II 349).

B. Beim Erwärmen von *N*-[3-Indol-3-yl-propyl]-phthalimid mit N_2H_4 in wss. Äthanol

(*Jackson, Manske*, Am. Soc. **52** [1930] 5029, 5033).
Hydrochlorid $C_{11}H_{14}N_2 \cdot HCl$. F: 170° [korr.].

IV   V   VI

3-[3-Amino-propyl]-1-methyl-indol, 3-[1-Methyl-indol-3-yl]-propylamin $C_{12}H_{16}N_2$,
Formel V (R = CH_3, R' = H).
B. Beim Erwärmen von 3-[1-Methyl-indol-3-yl]-propionitril mit Natrium in Äthanol
(*Eiter, Svierak*, M. **83** [1952] 1453, 1475). Aus Folicanthin (Syst.-Nr. 4027) beim Be-
handeln mit wss. HCl oder beim Erhitzen mit Zink-Pulver auf 400° im Wasserstoff-
Strom (*Ei., Sv.*, l. c. S. 1470, 1471).
$Kp_{0,1}$: 100–120° [Luftbadtemperatur]. IR-Spektrum (2–15 μ): *Ei., Sv.*, l. c. S. 1463.
UV-Spektrum (240–310 nm): *Ei., Sv.*, l. c. S. 1456.
Picrat $C_{12}H_{16}N_2 \cdot C_6H_3N_3O_7$. Orangerote Kristalle (aus H_2O); F: 176° [korr.].

3-[3-Methylamino-propyl]-indol, [3-Indol-3-yl-propyl]-methyl-amin $C_{12}H_{16}N_2$,
Formel V (R = H, R' = CH_3).
B. Aus *N*-[3-Indol-3-yl-propyl]-formamid mit Hilfe von $LiAlH_4$ (*Eiter, Svierak*,
M. **83** [1952] 1453, 1474).
Kristalle (aus Ae. + PAe.); F: 87°.

**1-Methyl-3-[3-methylamino-propyl]-indol, Methyl-[3-(1-methyl-indol-3-yl)-propyl]-
amin** $C_{13}H_{18}N_2$, Formel V (R = R' = CH_3).
B. Beim Erhitzen von 3-[1-Methyl-indol-3-yl]-propylamin mit Methylformiat und
Behandeln des Reaktionsprodukts mit $LiAlH_4$ in Äther (*Eiter, Svierak*, M. **83** [1952]
1453, 1470).
$Kp_{0,1}$: 90–100°.
Picrat $C_{13}H_{18}N_2 \cdot C_6H_3N_3O_7$. Orangegelbe Kristalle (aus A.); F: 175–176° [korr.].

3-[3-Formylamino-propyl]-indol, *N*-[3-Indol-3-yl-propyl]-formamid $C_{12}H_{14}N_2O$,
Formel V (R = H, R' = CHO).
B. Aus 3-Indol-3-yl-propylamin und Methylformiat (*Eiter, Svierak*, M. **83** [1952]
1453, 1474).
$Kp_{0,1}$: 170–190° [Luftbadtemperatur].

N-[3-Indol-3-yl-propyl]-phthalimid $C_{19}H_{16}N_2O_2$, Formel VI.
B. Beim Erhitzen von *N,N'*-Bis-[3-indol-3-yl-propyl]-harnstoff mit Phthalsäure-
anhydrid (*Jackson, Manske*, Am. Soc. **52** [1930] 5029, 5033).
Kristalle (aus A.); F: 132° [korr.] (*Ja., Ma.*; s. a. *Freak, Robinson*, Soc. **1938** 2013).

VII   VIII

N,N'-Bis-[3-indol-3-yl-propyl]-harnstoff $C_{23}H_{26}N_4O$, Formel VII.
B. Beim Behandeln von 4-Indol-3-yl-buttersäure-hydrazid mit $NaNO_2$ in wss. Essig=
säure und Erwärmen des Reaktionsprodukts mit H_2O (*Jackson, Manske*, Am. Soc.

52 [1930] 5029, 5033).
Blassgelbe Kristalle (aus E. + Ae.); F: 124° [korr.].

(±)-3-[β-Amino-isopropyl]-indol, (±)-2-Indol-3-yl-propylamin $C_{11}H_{14}N_2$, Formel VIII.

B. Bei der Hydrierung von (±)-3-[β-Nitro-isopropyl]-indol an Raney-Nickel in Äthanol (*Noland, Lange*, Am. Soc. **81** [1959] 1203, 1209). Beim Erwärmen von (±)-2-Indol-3-yl-propionitril mit Natrium in Äthanol (*Eiter, Svierak*, M. **83** [1952] 1453, 1472).

$Kp_{0,1}$: 90—110° [Luftbadtemperatur] (*Ei., Sv.*).

Picrat $C_{11}H_{14}N_2 \cdot C_6H_3N_3O_7$. Orangegelbe Kristalle (aus Me.); F: 224—226° (*No., La.*), 224° [korr.] (*Ei., Sv.*).

3-Äthyl-2-methyl-indol-4-ylamin $C_{11}H_{14}N_2$, Formel IX.

B. Aus 3-Äthyl-2-methyl-4-nitro-indol bei der Hydrierung an Palladium/Kohle in Methanol (*Gaddum et al.*, Quart. J. exp. Physiol. **40** [1955] 49, 56) oder beim Behandeln mit N_2H_4 und Raney-Nickel in Methanol (*Vejdělek*, Collect. **22** [1957] 1852, 1854).

Kristalle; F: 127—128° [korr.; aus wss. Me.] (*Ve.*), 116—118° (*Ga. et al.*).

3-Äthyl-2-methyl-indol-5-ylamin $C_{11}H_{14}N_2$, Formel X (R = R' = R'' = H).

B. Beim Behandeln von [1,4]Benzochinon-bis-dimethylsulfamoylimin mit 3-Äthyl-pentan-2,4-dion und Natriummethylat in Dioxan und Erhitzen des Reaktionsprodukts mit wss. HCl (*Adams, Samuels*, Am. Soc. **77** [1955] 5375, 5382). Aus 3-Äthyl-2-methyl-5-nitro-indol bei der Hydrierung an Palladium/Kohle in Äthanol (*Shaw*, Am. Soc. **76** [1954] 1384, 1386), beim Behandeln mit N_2H_4 und Raney-Nickel in Methanol (*Vejdělek*, Collect. **22** [1957] 1852, 1854) oder beim Erwärmen mit $Na_2S_2O_4$ in wss.-äthanol. NaOH (*Shaw, Woolley*, Am. Soc. **75** [1953] 1877, 1879). Beim Erhitzen von N'-[3-Äthyl-2-methyl-indol-5-yl]-N,N-dimethyl-sulfamid mit wss. HCl (*Ad., Sa.*).

Kristalle; F: 150° [korr.; aus wss. Me.] (*Ve.*), 148—149° [unkorr.; nach Destillation] (*Shaw, Wo.*), 146—148° [korr.; nach Sublimation bei 150°/8 Torr] (*Ad., Sa.*, l. c. S. 5382). λ_{max} (A.): 231—232 nm und 284—286 nm (*Shaw, Wo.*), 240—241 nm und 276—277 nm (*Ad., Sa.*, l. c. S. 5379).

IX   X   XI

3-Äthyl-1,2-dimethyl-indol-5-ylamin $C_{12}H_{16}N_2$, Formel X (R = CH_3, R' = R'' = H).

B. Bei der Hydrierung von 3-Äthyl-1,2-dimethyl-5-nitro-indol an Palladium/Kohle in Äthanol (*Shaw*, Am. Soc. **76** [1954] 1384, 1386).

Kristalle; F: 63—64° [nach Destillation].

3-Äthyl-2-methyl-5-methylamino-indol, [3-Äthyl-2-methyl-indol-5-yl]-methyl-amin $C_{12}H_{16}N_2$, Formel X (R = R'' = H, R' = CH_3).

B. Aus N-[3-Äthyl-2-methyl-indol-5-yl]-formamid mit Hilfe von $LiAlH_4$ (*Shaw*, Am. Soc. **76** [1954] 1384, 1386).

Kristalle (aus E. + Hexan); F: 147—149° [unkorr.].

3-Äthyl-5-dimethylamino-2-methyl-indol, [3-Äthyl-2-methyl-indol-5-yl]-dimethyl-amin $C_{13}H_{18}N_2$, Formel X (R = H, R' = R'' = CH_3).

B. Aus [3-Äthyl-2-methyl-indol-5-yl]-trimethyl-ammonium-chlorid mit Hilfe von Natrium und Propan-1-ol (*Shaw*, Am. Soc. **76** [1954] 1384, 1386).

Kristalle (aus A. + H_2O); F: 100—102° [unkorr.].

3-Äthyl-5-dimethylamino-1,2-dimethyl-indol, [3-Äthyl-1,2-dimethyl-indol-5-yl]-dimethyl-amin $C_{14}H_{20}N_2$, Formel X (R = R' = R'' = CH_3).

B. Aus [3-Äthyl-1,2-dimethyl-indol-5-yl]-trimethyl ammonium-chlorid (aus dem Picrat) mit Hilfe von Natrium und Propan-1-ol (*Shaw*, Am. Soc. **76** [1954] 1384, 1386). Kristalle (aus A. + H_2O); F: 84—85°.

[3-Äthyl-2-methyl-indol-5-yl]-trimethyl-ammonium $[C_{14}H_{21}N_2]^+$, Formel XI (R = H).
Chlorid $[C_{14}H_{21}N_2]Cl$. Kristalle (aus A. + Ae.); F: 179—181° [unkorr.] (*Shaw*, Am. Soc. **76** [1954] 1384, 1386).
Picrat $[C_{14}H_{21}N_2]C_6H_2N_3O_7$. *B.* Beim aufeinanderfolgenden Behandeln von 3-Äthyl-2-methyl-indol-5-ylamin mit wss. NaHCO$_3$ und Dimethylsulfat, mit wss. HCl und mit Picrinsäure in Äthanol (*Shaw*). — Kristalle (aus A.); F: 185—187° [unkorr.].

[3-Äthyl-1,2-dimethyl-indol-5-yl]-trimethyl-ammonium $[C_{15}H_{23}N_2]^+$, Formel XI (R = CH_3).
Picrat $[C_{15}H_{23}N_2]C_6H_2N_3O_7$. *B.* Beim aufeinanderfolgenden Behandeln von 3-Äthyl-1,2-dimethyl-indol-5-ylamin mit wss. NaHCO$_3$ und Dimethylsulfat, mit wss. HCl und mit Picrinsäure in Äthanol (*Shaw*, Am. Soc. **76** [1954] 1384, 1386). — Kristalle (aus A.); F: 207—209° [unkorr.].

3-Äthyl-2-methyl-5-pyrrolidino-indol $C_{15}H_{20}N_2$, Formel XII.
B. Aus *N*-[3-Äthyl-2-methyl-indol-5-yl]-succinimid mit Hilfe von LiAlH$_4$ (*Shaw*, Am. Soc. **76** [1954] 1384, 1386).
Kristalle (aus wss. A.); F: 92—94°.

3-Äthyl-5-formylamino-2-methyl-indol, *N*-[3-Äthyl-2-methyl-indol-5-yl]-formamid $C_{12}H_{14}N_2O$, Formel X (R = R'' = H, R' = CHO).
B. Beim Erwärmen von 3-Äthyl-2-methyl-indol-5-ylamin mit Ameisensäure und Acet=anhydrid (*Shaw*, Am. Soc. **76** [1954] 1384, 1386).
Kristalle (aus E. + Hexan); F: 155—157° [unkorr.].

XII   XIII

1-[3-Äthyl-2-methyl-indol-5-yl]-pyrrolidin-2,5-dion, *N*-[3-Äthyl-2-methyl-indol-5-yl]-succinimid $C_{15}H_{16}N_2O_2$, Formel XIII.
B. Beim Erhitzen von 3-Äthyl-2-methyl-indol-5-ylamin mit Bernsteinsäure-anhydrid (*Shaw*, Am. Soc. **76** [1954] 1384, 1386).
Kristalle (aus E.); F: 175—177° [unkorr.].

3-Äthyl-5-[dimethylsulfamoyl-amino]-2-methyl-indol, *N'*-[3-Äthyl-2-methyl-indol-5-yl]-*N,N*-dimethyl-sulfamid $C_{13}H_{19}N_3O_2S$, Formel X (R = R'' = H, R' = SO_2-N(CH$_3$)$_2$).
B. Aus *N'*-[3-Acetyl-2-methyl-indol-5-yl]-*N,N*-dimethyl-sulfamid mit Hilfe von LiAlH$_4$ (*Adams, Samuels*, Am. Soc. **77** [1955] 5375, 5382).
Kristalle (aus Bzl. + Cyclohexan); F: 152—153° [korr.]. IR-Banden (Nujol; 3410 cm^{-1} bis 1150 cm^{-1}): *Ad., Sa.*

3-Äthyl-7-chlor-2-methyl-indol-5-ylamin $C_{11}H_{13}ClN_2$, Formel XIV (R = X' = H, X = Cl).
B. Aus 3-Äthyl-7-chlor-2-methyl-5-nitro-indol mit Hilfe von Na$_2$S$_2$O$_4$ (*Shaw*, Am. Soc. **76** [1954] 1384, 1386).
F: 206—208° [unkorr.].

3-Äthyl-7-chlor-5-dimethylamino-2-methyl-indol, [3-Äthyl-7-chlor-2-methyl-indol-5-yl]-dimethyl-amin $C_{13}H_{17}ClN_2$, Formel XIV (R = CH_3, X = Cl, X' = H).
B. Aus [3-Äthyl-7-chlor-2-methyl-indol-5-yl]-trimethyl-ammonium-chlorid (aus dem Picrat) beim Erwärmen mit Natrium und Propan-1-ol (*Shaw*, Am. Soc. **76** [1954] 1384, 1386).
Picrat $C_{13}H_{17}ClN_2 \cdot C_6H_3N_3O_7$. F: 202—203° [unkorr.].

XIV   XV

[3-Äthyl-7-chlor-2-methyl-indol-5-yl]-trimethyl-ammonium $[C_{14}H_{20}ClN_2]^+$, Formel XV.

Picrat $[C_{14}H_{20}ClN_2]C_6H_2N_3O_7$. *B.* Beim aufeinanderfolgenden Behandeln von 3-Äthyl-7-chlor-2-methyl-indol-5-ylamin mit wss. $NaHCO_3$ und Dimethylsulfat, mit wss. HCl und mit Picrinsäure in Äthanol (*Shaw*, Am. Soc. **76** [1954] 1384, 1386). — Kristalle (aus A.); F: 230—231° [unkorr.].

3-[2-Chlor-äthyl]-5-dimethylamino-2-methyl-indol, [3-(2-Chlor-äthyl)-2-methyl-indol-5-yl]-dimethyl-amin $C_{13}H_{17}ClN_2$, Formel XIV (R = CH_3, X = H, X' = Cl).

B. Beim Erwärmen von 2-[5-Dimethylamino-2-methyl-indol-3-yl]-äthanol mit $SOCl_2$ in $CHCl_3$ (*Shaw*, Am. Soc. **76** [1954] 1384, 1387).

Picrat $C_{13}H_{17}ClN_2 \cdot C_6H_3N_3O_7$. Kristalle (aus wss. Acn.); F: 188—189° [unkorr.; bei langsamem Erhitzen].

3-Äthyl-2-methyl-indol-6-ylamin $C_{11}H_{14}N_2$, Formel I.

B. Aus 3-Äthyl-2-methyl-6-nitro-indol bei der Hydrierung an Palladium/Kohle in Methanol (*Gaddum et al.*, Quart. J. exp. Physiol. **40** [1955] 49, 56) oder beim Behandeln mit N_2H_4 und Raney-Nickel in Methanol (*Vejdělek*, Collect. **22** [1957] 1852, 1854).

Kristalle; F: 96—97° [aus PAe.] (*Ga. et al.*), 84—85° [aus wss. Me.] (*Ve.*). Bei 110° bis 120°/0,1 Torr sublimierbar (*Ve.*).

3-Äthyl-2-methyl-indol-7-ylamin $C_{11}H_{14}N_2$, Formel II.

B. Aus 3-Äthyl-2-methyl-7-nitro-indol beim Erwärmen mit $Na_2S_2O_4$ und wss.-äthanol. NaOH (*Shaw, Woolley*, Am. Soc. **75** [1953] 1877, 1879) oder beim Behandeln mit N_2H_4 und Raney-Nickel (*Vejdělek*, Collect. **22** [1957] 1852, 1854).

Kristalle; F: 116—117° [korr.; aus wss. Me.] (*Ve.*), 110—112° [unkorr.; nach Destillation] (*Shaw, Wo.*). λ_{max} (A.): 228 nm und 275—277 nm (*Shaw, Wo.*).

3-[2-Amino-äthyl]-2-methyl-indol, 2-[2-Methyl-indol-3-yl]-äthylamin $C_{11}H_{14}N_2$, Formel III (R = R' = H).

B. Aus 3-[2-Brom-äthyl]-2-methyl-indol und wss.-methanol. NH_3 (*Hoshino, Shimodaira*, A. **520** [1935] 19, 24). Beim Erwärmen von [2-Methyl-indol-3-yl]-acetonitril mit Natrium und Äthanol (*Hoshino, Tamura*, A. **500** [1933] 42, 47). Bei der Hydrierung von Dibenzyl-[2-(2-methyl-indol-3-yl)-äthyl]-amin an Palladium in Essigsäure (*I.G. Farbenind.*, D.R.P. 550762 [1930]; Frdl. **19** 1422). Bei der Hydrierung von 2-Methyl-3-[2-nitro-äthyl]-indol an Raney-Nickel in Äthanol (*Noland, Lange*, Am. Soc. **81** [1959] 1203, 1207).

Kristalle; F: 107—108° [aus Bzl.] (*Ho., Ta.*, l. c. S. 48), 87° (*Kanaoka et al.*, Chem. pharm. Bl. **8** [1960] 294, 300). Kp_6: 196—200° (*I.G. Farbenind.*). UV-Spektrum (230 nm bis 300 nm): *Ho., Ta.*, l. c. S. 45.

Hydrochlorid. F: 194—195° (*Ho., Ta.*).

Picrat $C_{11}H_{14}N_2 \cdot C_6H_3N_3O_7$. Rote Kristalle, F: 219—220° [aus A.] (*Ho., Sh.*), 218° bis 219° [aus Ae.] (*Ka. et al.*; s. a. *No., La.*, l. c. 1207); orangefarbene Kristalle (aus A.), F: 217° (*Ka. et al.*). λ_{max} (A.): 223 nm, 279 nm, 283 nm, 290 nm und 358 nm (*No., La.*, l. c. S. 1208).

Acetat. F: 158—159° (*Ho., Ta.*).

2-Methyl-3-[2-methylamino-äthyl]-indol, Methyl-[2-(2-methyl-indol-3-yl)-äthyl]-amin $C_{12}H_{16}N_2$, Formel III (R = CH_3, R' = H).

B. Aus 3-[2-Brom-äthyl]-2-methyl-indol und Methylamin in wss. Methanol (*Hoshino*,

Shimodaira, A. **520** [1935] 19, 24). Bei der Hydrierung von Benzyl-methyl-[2-(2-methyl-indol-3-yl)-äthyl]-amin an Palladium in Essigsäure (*I.G. Farbenind.*, D.R.P. 550762 [1930]; Frdl. **19** 1422).

Kristalle (aus Ae.); F: 82—83° (*Ho., Sh.*).

Hydrochlorid. F: 154° (*I.G. Farbenind.*).

Picrat $C_{12}H_{16}N_2 \cdot C_6H_3N_3O_7$. Rote Kristalle (aus Bzl. + Acn.), F: 193—194°; Kristalle (aus Me.) mit 1 Mol Methanol (*Ho., Sh.*).

I   II   III

3-[2-Dimethylamino-äthyl]-2-methyl-indol, Dimethyl-[2-(2-methyl-indol-3-yl)-äthyl]-amin $C_{13}H_{18}N_2$, Formel III (R = R' = CH$_3$).

B. Aus 3-[2-Brom-äthyl]-2-methyl-indol und Dimethylamin in wss. Methanol (*Hoshino, Shimodaira*, A. **520** [1935] 19, 23; *Grandberg et al.*, Ž. obšč. Chim. **27** [1957] 3342, 3345; engl. Ausg. S. 3378).

Kristalle; F: 97—98° [aus Ae.] (*Ho., Sh.*), 93—95° [aus A.] (*Gr. et al.*).

Hydrochlorid $C_{13}H_{18}N_2 \cdot HCl$. Kristalle (aus A. + Butanon); F: 211—212° (*Barlow et al.*, Brit. J. Pharmacol. Chemotherapy **14** [1959] 99, 101).

Picrat $C_{13}H_{18}N_2 \cdot C_6H_3N_3O_7$. Rote Kristalle; F: 176,5° [aus A.] (*Ba. et al.*), 176° [aus A.] (*Gr. et al.*), 174—175° [aus Me.] (*Ho., Sh.*).

Methojodid [$C_{14}H_{21}N_2$]I; Trimethyl-[2-(2-methyl-indol-3-yl)-äthyl]-ammonium-jodid. Kristalle (aus Me.); F: 238—239° (*Ho., Sh.*).

3-[2-Diäthylamino-äthyl]-2-methyl-indol, Diäthyl-[2-(2-methyl-indol-3-yl)-äthyl]-amin $C_{15}H_{22}N_2$, Formel III (R = R' = C$_2$H$_5$).

B. Aus 5-Diäthylamino-pentan-2-on-phenylhydrazon (aus 5-Diäthylamino-pentan-2-on und Phenylhydrazin) beim Erwärmen mit äthanol. HCl (*I.G. Farbenind.*, D.R.P. 548818 [1930]; Frdl. **18** 2991) oder beim Erhitzen mit ZnCl$_2$ (*Bendz et al.*, Soc. **1950** 1130, 1135). Beim aufeinanderfolgenden Behandeln von 2-Methyl-indol mit Äthylmagnesiumjodid in Äther und mit Diäthyl-[2-chlor-äthyl]-amin (*I.G. Farbenind.*, D.R.P. 501607 [1928]; Frdl. **17** 2521).

Kristalle (*I.G. Farbenind.*, D.R.P. 501607; *Be. et al.*). Kp$_3$: 172—173° (*Be. et al.*); Kp$_2$: 171° (*I.G. Farbenind.*, D.R.P. 501607).

Beim Behandeln mit wss. H$_2$O$_2$ [10%ig] ist 3-[2-(Diäthyl-oxy-amino)-äthyl]-2-methyl-indolin-2,3-diol (F: 129°), beim Behandeln mit wss. H$_2$O$_2$ [15%ig, anschliessend 30%ig] ist Essigsäure-[2-(2,3-epoxy-propionyl)-anilid] erhalten worden (*Kao*, Acta chim. sinica **23** [1957] 287, 289; Scientia sinica **7** [1958] 329, 331).

Hydrochlorid $C_{15}H_{22}N_2 \cdot HCl$. Kristalle; F: 217—218° [aus A. + Butanon + Ae.] (*Barlow et al.*, Brit. J. Pharmacol. Chemotherapy **14** [1959] 99, 101), 213° [aus A.] (*I.G. Farbenind.*, D.R.P. 548818).

Picrat $C_{15}H_{22}N_2 \cdot C_6H_3N_3O_7$. Kristalle (aus A.); F: 174—175° (*Ba. et al.*).

3-[2-Diäthylamino-äthyl]-1,2-dimethyl-indol, Diäthyl-[2-(1,2-dimethyl-indol-3-yl)-äthyl]-amin $C_{16}H_{24}N_2$, Formel IV (R = C$_2$H$_5$).

B. Beim Erwärmen von 5-Diäthylamino-pentan-2-on mit *N*-Methyl-*N*-phenyl-hydrazin und Erwärmen des Reaktionsprodukts mit äthanol. HCl (*I.G. Farbenind.*, D.R.P. 548818 [1930]; Frdl. **18** 2991).

Kp$_6$: 183—185°.

Hydrochlorid. Kristalle; F: 175—176°.

3-[2-Dipropylamino-äthyl]-2-methyl-indol, [2-(2-Methyl-indol-3-yl)-äthyl]-dipropyl-amin $C_{17}H_{26}N_2$, Formel III (R = R' = CH$_2$-CH$_2$-CH$_3$).

B. Aus 2-Methyl-indol und Oxalylchlorid über mehrere Stufen (*Barlow et al.*, Brit.

J. Pharmacol. Chemotherapy **14** [1959] 99, 101).
Hydrochlorid $C_{17}H_{26}N_2$·HCl. Kristalle (aus A. + Butanon); F: 227—228°.

3-[2-Benzylamino-äthyl]-2-methyl-indol, Benzyl-[2-(2-methyl-indol-3-yl)-äthyl]-amin
$C_{18}H_{20}N_2$, Formel III (R = CH_2-C_6H_5, R' = H).
B. Bei der Hydrierung von Dibenzyl-[2-(2-methyl-indol-3-yl)-äthyl]-amin-hydro=
chlorid an Palladium in Essigsäure (*I.G. Farbenind.*, D.R.P. 550762 [1930]; Frdl. **19**
1422).
Hydrochlorid. Kristalle (aus H_2O); F: 200°.
Acetat. F: 168—169°.

1-[Benzyl-methyl-amino]-2-[2-methyl-indol-3-yl]-äthan, Benzyl-methyl-[2-(2-methyl-indol-3-yl)-äthyl]-amin $C_{19}H_{22}N_2$, Formel III (R = CH_2-C_6H_5, R' = CH_3).
B. Beim Erwärmen von 5-[Benzyl-methyl-amino]-pentan-2-on mit Phenylhydrazin
und Erwärmen des Reaktionsprodukts mit äthanol. HCl (*I.G. Farbenind.*, D.R.P.
550762 [1930]; Frdl. **19** 1422).
Kristalle (aus A. oder E.); F: 103—104°.
Phosphat. Kristalle (aus H_2O); Zers. bei 210°.

3-[2-Dibenzylamino-äthyl]-2-methyl-indol, Dibenzyl-[2-(2-methyl-indol-3-yl)-äthyl]-amin $C_{25}H_{26}N_2$, Formel III (R = R' = CH_2-C_6H_5).
B. Beim Erwärmen von 5-Dibenzylamino-pentan-2-on mit Phenylhydrazin und
Erwärmen des Reaktionsprodukts mit äthanol. HCl (*I.G. Farbenind.*, D.R.P. 550762
[1930]; Frdl. **19** 1422).
Kp_6: 295°.
Hydrochlorid. F: 223°.

3-[2-Dibenzylamino-äthyl]-1,2-dimethyl-indol, Dibenzyl-[2-(1,2-dimethyl-indol-3-yl)-äthyl]-amin $C_{26}H_{28}N_2$, Formel IV (R = R' = CH_2-C_6H_5).
B. Beim Erwärmen von 5-Dibenzylamino-pentan-2-on mit N-Methyl-N-phenyl-hydr=
azin und Erwärmen des Reaktionsprodukts mit äthanol. HCl (*I.G. Farbenind.*, D.R.P.
548818 [1930]; Frdl. **18** 2991).
Kristalle (aus A.); F: 98—99°.
Hydrochlorid. Kristalle (aus A.); F: 212—213°.

IV   V   VI

1-[2-Methyl-indol-3-yl]-2-piperidino-äthan, 2-Methyl-3-[2-piperidino-äthyl]-indol
$C_{16}H_{22}N_2$, Formel V (R = X = H).
B. Beim Erwärmen von 5-Piperidino-pentan-2-on mit Phenylhydrazin und Erwärmen
des Reaktionsprodukts mit äthanol. HCl (*Farbw. Hoechst*, D.B.P. 878802 [1943]).
Kristalle (aus Cyclohexan); F: 100—101°. Kp_3: 195—200°.
Hydrochlorid. F: 232°.

1-[1,2-Dimethyl-indol-3-yl]-2-piperidino-äthan, 1,2-Dimethyl-3-[2-piperidino-äthyl]-indol $C_{17}H_{24}N_2$, Formel V (R = CH_3, X = H).
B. Beim Erwärmen von 5-Piperidino-pentan-2-on mit N-Methyl-N-phenyl-hydrazin
und Erhitzen des Reaktionsprodukts mit $ZnCl_2$ (*Farbw. Hoechst*, D.B.P. 878802 [1943]).
Kp_8: 215—218°.
Hydrochlorid. F: > 270°.

1-Hexahydroazepin-1-yl-2-[2-methyl-indol-3-yl]-äthan, 3-[2-Hexahydroazepin-1-yl-äthyl]-2-methyl-indol $C_{17}H_{24}N_2$, Formel VI.
B. Aus 1-[(2-Methyl-indol-3-yl)-glyoxyloyl]-hexahydro-azepin mit Hilfe von $LiAlH_4$

(*Upjohn Co.*, U.S.P. 2870162 [1954]).

Hydrochlorid $C_{17}H_{24}N_2 \cdot HCl$. Kristalle (aus Isopropylalkohol); F: 252—254°.

*Benzyliden-[2-(2-methyl-indol-3-yl)-äthyl]-amin, Benzaldehyd-[2-(2-methyl-indol-3-yl)-äthylimin] $C_{18}H_{18}N_2$, Formel VII.

B. Aus 2-[2-Methyl-indol-3-yl]-äthylamin und Benzaldehyd (*Hoshino, Tamura*, A. **500** [1933] 42, 48).

Kristalle (aus A.); F: 94—95°.

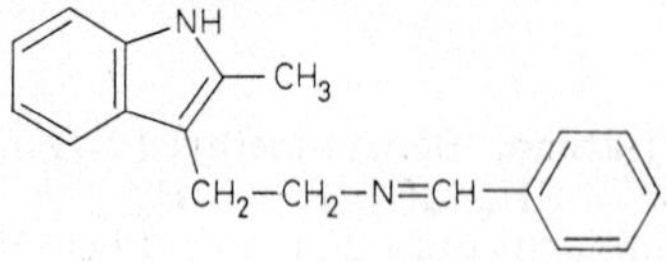

VII

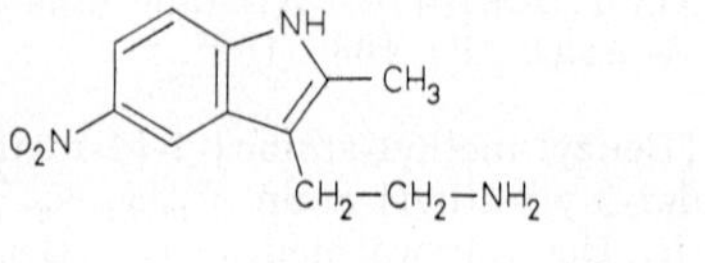

VIII

1-[Acetyl-benzyl-amino]-2-[2-methyl-indol-3-yl]-äthan, N-Benzyl-N-[2-(2-methyl-indol-3-yl)-äthyl]-acetamid $C_{20}H_{22}N_2O$, Formel III (R = CO-CH₃, R' = CH₂-C₆H₅) auf S. 4362.

B. Aus Benzyl-[2-(2-methyl-indol-3-yl)-äthyl]-amin und Acetanhydrid (*I. G. Farbenind.*, D.R.P. 550762 [1930]; Frdl. **19** 1422).

F: 154°.

3-[2-Amino-äthyl]-2-methyl-5-nitro-indol, 2-[2-Methyl-5-nitro-indol-3-yl]-äthylamin $C_{11}H_{13}N_3O_2$, Formel VIII.

B. Aus 3-[2-Chlor-äthyl]-2-methyl-5-nitro-indol und äthanol. NH₃ (*Shaw, Woolley*, Am. Soc. **75** [1953] 1877, 1878).

Hydrochlorid $C_{11}H_{13}N_3O_2 \cdot HCl$. Kristalle (aus wss. HCl); F: 265—266° [unkorr.].

1-[2-Methyl-5-nitro-indol-3-yl]-2-piperidino-äthan, 2-Methyl-5-nitro-3-[2-piperidino-äthyl]-indol $C_{16}H_{21}N_3O_2$, Formel V (R = H, X = NO₂).

B. Aus 3-[2-Chlor-äthyl]-2-methyl-5-nitro-indol und Piperidin (*Shaw, Woolley*, Am. Soc. **75** [1953] 1877, 1878).

Hydrochlorid $C_{16}H_{21}N_3O_2 \cdot HCl$. Kristalle (aus A.); F: 275—277° [unkorr.].

3-[2-Amino-äthyl]-4-methyl-indol, 2-[4-Methyl-indol-3-yl]-äthylamin $C_{11}H_{14}N_2$, Formel IX.

B. Aus [4-Methyl-indol-3-yl]-acetonitril mit Hilfe von LiAlH₄ (*Gaddum et al.*, Quart. J. exp. Physiol. **40** [1955] 49, 53).

Kristalle (aus Bzl. + Cyclohexan); F: 118—119°.

Picrat. Rote Kristalle (aus A.); F: 260° [Zers.].

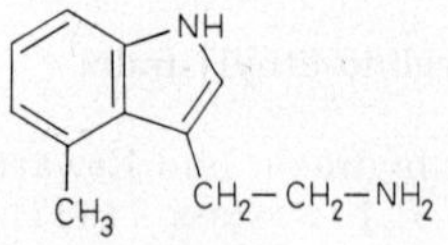

IX

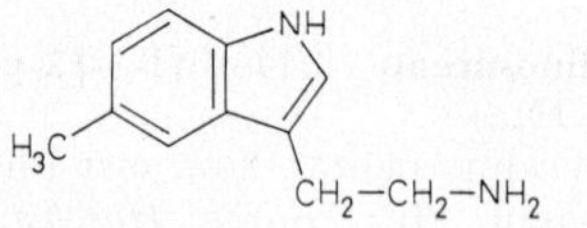

X

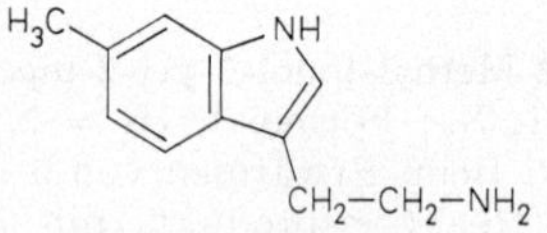

XI

3-[2-Amino-äthyl]-5-methyl-indol, 2-[5-Methyl-indol-3-yl]-äthylamin $C_{11}H_{14}N_2$, Formel X.

B. Beim Erhitzen von p-Tolylhydrazin mit 4-Amino-butyraldehyd-diäthylacetal und ZnCl₂ (*Quadbeck, Röhm*, Z. physiol. Chem. **297** [1954] 229, 235). Aus 5-Methyl-3-[2-nitro-vinyl]-indol [E III/IV **20** 3543] (*Young*, Soc. **1958** 3493, 3494) oder [5-Methyl-indol-3-yl]-acetonitril (*Gaddum et al.*, Quart. J. exp. Physiol. **40** [1955] 49, 54) mit Hilfe von LiAlH₄.

F: 93—95° (*Ga. et al.*).

Hydrochlorid $C_{11}H_{14}N_2 \cdot HCl$. Kristalle; F: 289—291° [Zers.] (*Yo.*), 276—278° [aus H₂O] (*Qu., Röhm*).

Picrat $C_{11}H_{14}N_2 \cdot C_6H_3N_3O_7$. Rote Kristalle (aus A.); F: 243° [Zers.] (*Ga. et al.*).

3-[2-Amino-äthyl]-6-methyl-indol, 2-[6-Methyl-indol-3-yl]-äthylamin $C_{11}H_{14}N_2$, Formel XI.

B. Aus [6-Methyl-indol-3-yl]-acetonitril mit Hilfe von LiAlH$_4$ (*Gaddum et al.*, Quart. J. exp. Physiol. **40** [1955] 49, 54).

Kristalle (aus Bzl. + Cyclohexan); F: 141°.

Picrat $C_{11}H_{14}N_2 \cdot C_6H_3N_3O_7$. Rote Kristalle (aus A.); F: 235° [Zers.].

3-[2-Amino-äthyl]-7-methyl-indol, 2-[7-Methyl-indol-3-yl]-äthylamin $C_{11}H_{14}N_2$, Formel XII (R = R' = H).

B. Beim Erhitzen von *o*-Tolylhydrazin mit 4-Amino-butyraldehyd-diäthylacetal und ZnCl$_2$ (*Eiter, Nezval*, M. **81** [1950] 404, 409). Aus [7-Methyl-indol-3-yl]-acetonitril mit Hilfe von LiAlH$_4$ (*Gaddum et al.*, Quart. J. exp. Physiol. **40** [1955] 49, 54). Aus 3-[2-Amino-äthyl]-7-methyl-indol-2-carbonsäure mit Hilfe von wss. HCl (*Abramovitch*, Soc. **1956** 4593, 4600).

Kristalle; F: 132—133° [aus A. + Ae. + PAe.] (*Ei., Ne.*), 130° (*Velluz*, Ann. pharm. franç. **17** [1959] 15, 20), 120—122° (*Ga. et al.*). UV-Spektrum (230—300 nm): *Eiter, Svierak*, M. **83** [1952] 1453, 1456.

Picrat $C_{11}H_{14}N_2 \cdot C_6H_3N_3O_7$. Orangerote Kristalle (aus A.); F: 247° [Zers.] (*Ei., Ne.*), 236° [Zers.] (*Ga. et al.*), 231° [Zers.] (*Ab.*).

7-Methyl-3-[2-methylamino-äthyl]-indol, Methyl-[2-(7-methyl-indol-3-yl)-äthyl]-amin $C_{12}H_{16}N_2$, Formel XII (R = CH$_3$, R' = H).

B. Beim Erwärmen von *N*-[2-(7-Methyl-indol-3-yl)-äthyl]-formamid und *N*-[2-(1-Formyl-7-methyl-indol-3-yl)-äthyl]-formamid mit LiAlH$_4$ in THF (*Eiter, Svierak*, M. **83** [1952] 1453, 1474).

Kristalle; F: 17° [nach Destillation]. Kp$_{0,1}$: 90—110° [Luftbadtemperatur].

Picrat $C_{12}H_{16}N_2 \cdot C_6H_3N_3O_7$. Orangerot; F: 194—195° [korr.].

XII   XIII   XIV

3-[2-Formylamino-äthyl]-7-methyl-indol, *N*-[2-(7-Methyl-indol-3-yl)-äthyl]-formamid $C_{12}H_{14}N_2O$, Formel XII (R = CHO, R' = H).

B. Neben der folgenden Verbindung beim Erhitzen von 2-[7-Methyl-indol-3-yl]-äthyl=amin mit Ameisensäure (*Eiter, Nezval*, M. **81** [1950] 404, 410).

Kristalle (aus A. + Ae. + PAe.); F: 152—153° [Zers.].

1-Formyl-3-[2-formylamino-äthyl]-7-methyl-indol, *N*-[2-(1-Formyl-7-methyl-indol-3-yl)-äthyl]-formamid $C_{13}H_{14}N_2O_2$, Formel XII (R = R' = CHO).

B. s. im vorangehenden Artikel.

Kristalle (aus A. + Ae. + PAe.); F: 114° [Zers.] (*Eiter, Nezval*, M. **81** [1950] 404, 410).

4-Amino-1,2,3,3-tetramethyl-3*H*-indolium [$C_{12}H_{17}N_2$]$^+$, Formel XIII.

Perchlorat [$C_{12}H_{17}N_2$]ClO$_4$. *B.* Aus 1,2,3,3-Tetramethyl-4-nitro-3*H*-indolium-jodid bei der Reduktion mit Zinn und wss. HCl und anschliessenden Überführung in das Per=chlorat (*Šytsch*, Ukr. chim. Ž. **19** [1953] 643, 647; C. A. **1955** 12429). — Kristalle (aus A.); F: 212°.

4(?)-Dimethylamino-2,3,3-trimethyl-3*H*-indol, Dimethyl-[2,3,3-trimethyl-3*H*-indol-4(?)-yl]-amin $C_{13}H_{18}N_2$, vermutlich Formel XIV.

B. Aus *N,N*-Dimethyl-*m*-phenylendiamin und 3-Brom-3-methyl-butan-2-on (*Takahashi, Goto*, J. pharm. Soc. Japan **64** [1944] Nr. 11, S. 58; C. A. **1951** 8530).

$Kp_{0,5}$: 130—132°.

Hexachloroplatinat(IV) $2 C_{13}H_{18}N_2 \cdot H_2PtCl_6$. Zers. bei 167—170°.

5-Amino-1,2,3,3-tetramethyl-3H-indolium $[C_{12}H_{17}N_2]^+$, Formel I.

Jodid $[C_{12}H_{17}N_2]$I. B. Aus 2,3-Dimethyl-indol-5-ylamin und CH_3I (*Nagaraja, Sunthankar*, J. scient. ind. Res. India **17**B [1958] 457). — Kristalle (aus Me.); F: 190—191°.

5-Dimethylamino-2,3,3-trimethyl-3H-indol, Dimethyl-[2,3,3-trimethyl-3H-indol-5-yl]-amin $C_{13}H_{18}N_2$, Formel II.

B. Aus N,N-Dimethyl-p-phenylendiamin und 3-Brom-3-methyl-butan-2-on (*Šytsch*, Ukr. chim. Ž. **19** [1953] 657, 659; C. A. **1955** 12430).

Kp_8: 150—153°.

Mono-methojodid $[C_{14}H_{21}N_2]$I. Grünliche Kristalle (aus Dioxan + A.); F: 225°.

Bis-methojodid $[C_{15}H_{24}N_2]I_2$. Kristalle (aus A.); F: 222°.

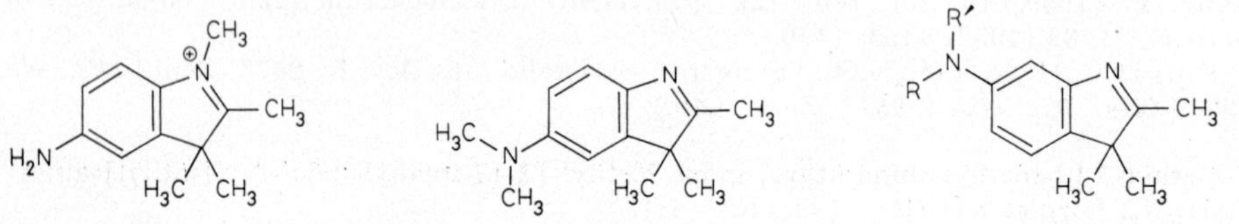

I   II   III

6-Dimethylamino-2,3,3-trimethyl-3H-indol, Dimethyl-[2,3,3-trimethyl-3H-indol-6-yl]-amin $C_{13}H_{18}N_2$, Formel III (R = R' = CH_3).

B. Aus N,N-Dimethyl-m-phenylendiamin und 3-Brom-3-methyl-butan-2-on in Pyridin bei 120° (*Šytsch*, Ukr. chim. Ž. **19** [1953] 652, 654; C. A. **1955** 12430).

Kp_6: 155—165°.

Bis-methojodid $[C_{15}H_{24}N_2]I_2$. F: 205°.

6-Acetylamino-2,3,3-trimethyl-3H-indol, N-[2,3,3-Trimethyl-3H-indol-6-yl]-acetamid $C_{13}H_{16}N_2O$, Formel III (R = CO-CH_3, R' = H).

B. Aus N-Acetyl-m-phenylendiamin und 3-Brom-3-methyl-butan-2-on in Pyridin bei 155° (*Šytsch*, Ukr. chim. Ž. **19** [1953] 652, 654; C. A. **1955** 12530).

$Kp_{0,5}$: 184—198°.

1,3,3-Trimethyl-2-methylen-indolin-x-ylamin $C_{12}H_{16}N_2$, Formel IV.

B. Beim Erwärmen von 1,3,3-Trimethyl-2-methylen-x-nitro-indolin $C_{12}H_{14}N_2O_2$ (Kristalle; F: 100° [aus 1,3,3-Trimethyl-2-methylen-indolin erhalten]) mit Eisen-Pulver und wss. Essigsäure (*ICI*, U.S.P. 2016836 [1932]).

F: ca. 100°.

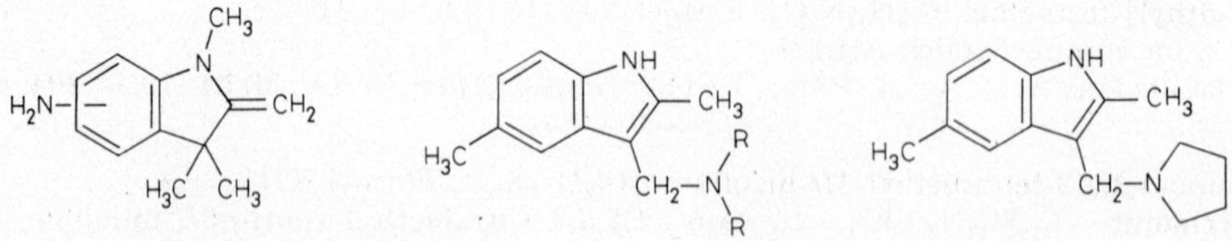

IV   V   VI

3-Dimethylaminomethyl-2,5-dimethyl-indol, [2,5-Dimethyl-indol-3-ylmethyl]-dimethyl-amin $C_{13}H_{18}N_2$, Formel V (R = CH_3).

B. Aus 2,5-Dimethyl-indol, Formaldehyd und Dimethylamin (*Quadbeck, Röhm*, Z. physiol. Chem. **297** [1954] 229, 234; *Dahlbom, Misiorny*, Acta chem. scand. **9** [1955] 1074, 1076).

Kristalle; F: 160—162° [aus A.] (*Da., Mi.*), 159—160° (*Qu., Röhm*).

3-Diäthylaminomethyl-2,5-dimethyl-indol, Diäthyl-[2,5-dimethyl-indol-3-ylmethyl]-amin $C_{15}H_{22}N_2$, Formel V $(R = C_2H_5)$.

B. Aus 2,5-Dimethyl-indol, Formaldehyd und Diäthylamin (*Dahlbom, Misiorny*, Acta chem. scand. **9** [1955] 1074, 1076).

Kristalle (aus A.); F: 107—108°.

[2,5-Dimethyl-indol-3-yl]-pyrrolidino-methan, 2,5-Dimethyl-3-pyrrolidinomethyl-indol $C_{15}H_{20}N_2$, Formel VI.

B. Aus 2,5-Dimethyl-indol, Formaldehyd und Pyrrolidin (*Dahlbom, Misiorny*, Acta chem. scand. **9** [1955] 1074, 1076).

Kristalle (aus A.); F: 167—168°.

[2,5-Dimethyl-indol-3-yl]-piperidino-methan, 2,5-Dimethyl-3-piperidinomethyl-indol $C_{16}H_{22}N_2$, Formel VII.   •

B. Aus 2,5-Dimethyl-indol, Formaldehyd und Piperidin (*Dahlbom, Misiorny*, Acta chem. scand. **9** [1955] 1074, 1076).

Kristalle (aus A.); F: 173—174°.

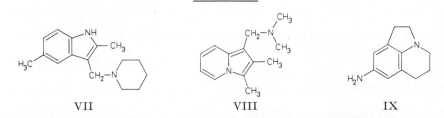

VII   VIII   IX

1-Dimethylaminomethyl-2,3-dimethyl-indolizin, [2,3-Dimethyl-indolizin-1-ylmethyl]-dimethyl-amin $C_{13}H_{18}N_2$, Formel VIII.

B. Neben Bis-[2,3-dimethyl-indolizin-1-yl]-methan beim Behandeln von 2,3-Dimethyl-indolizin mit Formaldehyd und Dimethylamin in wss. Essigsäure (*Rossiter, Saxton*, Soc. **1953** 3654, 3658).

Hellgelbes Öl, $Kp_{0,05}$: 85—92°, das sich an der Luft und am Licht dunkelbraun färbt.

Picrat $C_{13}H_{18}N_2 \cdot C_6H_3N_3O_7$. Rote Kristalle (aus A.); F: 137—139° [Zers.; nach Sintern bei 133°].

1,2,5,6-Tetrahydro-4H-pyrrolo[3,2,1-ij]chinolin-8-ylamin $C_{11}H_{14}N_2$, Formel IX.

B. Aus Lilolidin (E III/IV **20** 3260) bei der Umsetzung mit einer aus Sulfanilsäure be-reiteten Diazoniumchlorid-Lösung und anschliessenden Reduktion mit wss. $SnCl_2$ (*Du Pont de Nemours & Co.*, U.S.P. 2707681 [1951]).

Sulfat $2 C_{11}H_{14}N_2 \cdot H_2SO_4$. Kristalle (aus wss. A.); F: 244—245°.

Amine $C_{12}H_{16}N_2$

1-Dimethylamino-7-[2]pyridyl-hept-2-in, Dimethyl-[7-[2]pyridyl-hept-2-inyl]-amin $C_{14}H_{20}N_2$, Formel X.

B. Aus 2-Hex-5-inyl-pyridin, [1,3,5]Trioxan und Dimethylamin mit Hilfe von Kupfer=(II)-acetat (*Gautier et al.*, Bl. **1958** 415, 417).

Kp_{17}: 177°.

Dipicrat $C_{14}H_{20}N_2 \cdot 2 C_6H_3N_3O_7$. Kristalle (aus Acn. + H_2O); F: 157—158°.

X   XI   XII

1-Dimethylaminomethyl-2-[2]pyridyl-cyclohexen, Dimethyl-[2-[2]pyridyl-cyclohex-1-enylmethyl]-amin $C_{14}H_{20}N_2$, Formel XI.

B. Neben Dimethyl-[2-[2]pyridyl-cyclohex-2-enylmethyl]-amin (Hauptprodukt) beim Behandeln von 2-Dimethylaminomethyl-cyclohexanon mit [2]Pyridyllithium in Äther und Erwärmen des erhaltenen 2-Dimethylaminomethyl-1-[2]pyridyl-cyclo-hexanols $C_{14}H_{22}N_2O$ (Kp$_{2,5}$: 140—144°) mit konz. H_2SO_4 (*Barrett, Chambers*, Soc. **1958** 338, 345).

Kp$_{0,1}$: 108—114°. λ_{max} (A.): 242 nm und 280 nm.

Beim Erhitzen mit Acetanhydrid, Essigsäure und Natriumacetat ist 1-[7,8,9,10-Tetrahydro-pyrido[2,1-*a*]isoindol-6-yl]-äthanon erhalten worden.

(±)-6-Dimethylaminomethyl-1-[2]pyridyl-cyclohexen, (±)-Dimethyl-[2-[2]pyridyl-cyclohex-2-enylmethyl]-amin $C_{14}H_{20}N_2$, Formel XII.

B. s. im vorangehenden Artikel.

Kristalle (aus PAe.); F: 43—45° (*Barrett, Chambers*, Soc. **1958** 338, 346). λ_{max} (A.): 243 nm und 280 nm.

Oxalat $C_{14}H_{20}N_2 \cdot C_2H_2O_4$. F: 190—191° [aus A.].

6-Diäthylamino-2,2,4-trimethyl-1,2-dihydro-chinolin, Diäthyl-[2,2,4-trimethyl-1,2-di-hydro-[6]chinolyl]-amin $C_{16}H_{24}N_2$, Formel XIII (R = R' = C_2H_5).

B. Aus *N,N*-Diäthyl-*p*-phenylendiamin und Aceton mit Hilfe von Toluol-4-sulfonsäure (*Monsanto Chem. Co.*, U.S.P. 2713047 [1953]).

Kp$_1$: 115—120°. n$_D^{25}$: 1,5718.

2,2,4-Trimethyl-6-*p*-toluidino-1,2-dihydro-chinolin, *p*-Tolyl-[2,2,4-trimethyl-1,2-dihydro-[6]chinolyl]-amin $C_{19}H_{22}N_2$, Formel XIII (R = C_6H_4-$CH_3(p)$, R' = H).

B. Aus *N-p*-Tolyl-*p*-phenylendiamin und Aceton mit Hilfe von wss. HI (*U. S. Rubber Co.*, U.S.P. 2381771 [1943]).

Kp$_3$: 200°.

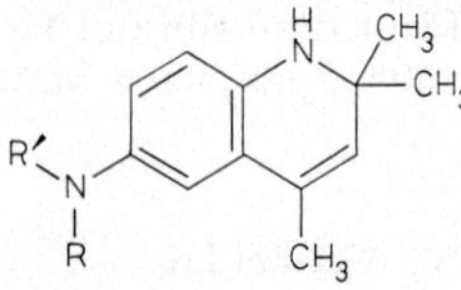

XIII 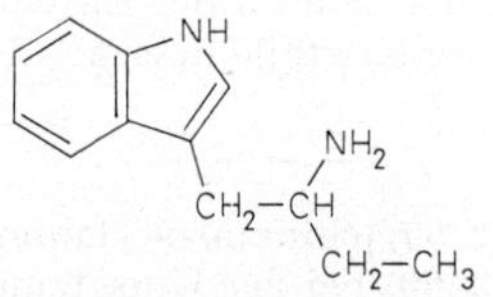   XIV 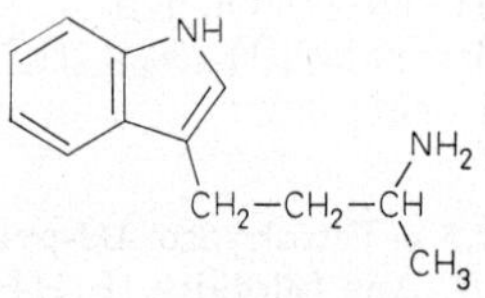   XV

(±)-3-[2-Amino-butyl]-indol, (±)-1-Äthyl-2-indol-3-yl-äthylamin $C_{12}H_{16}N_2$, Formel XIV.

B. Aus (±)-3-[2-Nitro-butyl]-indol beim Erwärmen mit Raney-Nickel in Äthanol und anschliessenden Hydrieren an Platin (*Snyder, Katz*, Am. Soc. **69** [1947] 3140). Beim Erwärmen von 3-[2-Nitro-but-1-enyl]-indol (E III/IV **20** 3565) mit LiAlH$_4$ in Äther (*Young*, Soc. **1958** 3493, 3494).

Kristalle (aus Bzl.); F: 101—102° (*Sn., Katz*).

Hydrochlorid $C_{12}H_{16}N_2 \cdot$ HCl. F: 218—219° (*Yo.*).

Picrat $C_{12}H_{16}N_2 \cdot C_6H_3N_3O_7$. Rote Kristalle; F: 223—224° (*Boekelheide, Ainsworth*, Am. Soc. **72** [1950] 2132).

Acetat $C_{12}H_{16}N_2 \cdot C_2H_4O_2$. F: 151° (*Sn., Katz*).

Benzoyl-Derivat $C_{19}H_{20}N_2O$; (±)-*N*-[1-Äthyl-2-indol-3-yl-äthyl]-benz-amid. F: 101° (*Sn., Katz*).

(±)-3-[3-Amino-butyl]-indol, (±)-3-Indol-3-yl-1-methyl-propylamin $C_{12}H_{16}N_2$, Formel XV.

B. Aus 4-Indol-3-yl-butan-2-on-oxim mit Hilfe von LiAlH$_4$ (*Szmuszkowicz*, Am. Soc. **79** [1957] 2819).

Verbindung mit Kreatininsulfat $C_{12}H_{16}N_2 \cdot C_4H_7N_3O \cdot H_2SO_4$. Kristalle (aus H_2O + Acn.) mit 1,5 Mol H_2O; F: 153—156° [unkorr.; bei 160° klare Schmelze].

3-[Amino-*tert*-butyl]-indol, 2-Indol-3-yl-2-methyl-propylamin $C_{12}H_{16}N_2$, Formel I.
B. Aus 2-Indol-3-yl-2-methyl-propionsäure-amid mit Hilfe von LiAlH$_4$ (*Jönsson*, Svensk kem. Tidskr. **67** [1955] 188, 189).
Kristalle (aus H_2O); F: 103—105° [unkorr.].
Oxalat $C_{12}H_{16}N_2 \cdot C_2H_2O_4$. Kristalle (aus A. + Ae.); F: 202° [unkorr.; Zers.].

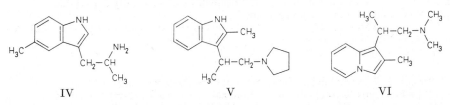

       I   II   III

3-[β-Amino-isobutyl]-indol, 2-Indol-3-yl-1,1-dimethyl-äthylamin $C_{12}H_{16}N_2$, Formel II.
B. Aus 3-[β-Nitro-isobutyl]-indol beim Erwärmen mit Raney-Nickel in Äthanol und anschliessenden Hydrieren an Platin (*Snyder, Katz*, Am. Soc. **69** [1947] 3140).
Kristalle (aus Bzl.); F: 130—131°.
Acetat $C_{12}H_{16}N_2 \cdot C_2H_4O_2$. F: 204°.
Benzoyl-Derivat $C_{19}H_{20}N_2O$; *N*-[2-Indol-3-yl-1,1-dimethyl-äthyl]-benz= amid. F: 148°.

3-[3-Amino-propyl]-2-methyl-indol, 3-[2-Methyl-indol-3-yl]-propylamin $C_{12}H_{16}N_2$, Formel III.
B. Aus 3-[2-Methyl-indol-3-yl]-propionsäure-amid mit Hilfe von LiAlH$_4$ (*Mndshojan et al.*, Izv. Armjansk. Akad. Ser. chim. **12** [1959] 139, 142; C. A. **1961** 5459).
Kristalle; F: 55—57° [nach Destillation bei 191—195°/3 Torr].
Hydrochlorid $C_{12}H_{16}N_2 \cdot HCl$. F: 232—233° [aus Ae.].
Picrat $C_{12}H_{16}N_2 \cdot C_6H_3N_3O_7$. F: 184° [aus A.].

(±)-3-[2-Amino-propyl]-5-methyl-indol, (±)-1-Methyl-2-[5-methyl-indol-3-yl]-äthylamin $C_{12}H_{16}N_2$, Formel IV.
B. Aus 5-Methyl-3-[2-nitro-propenyl]-indol (E III/IV **20** 3565) mit Hilfe von LiAlH$_4$ (*Young*, Soc. **1958** 3493, 3494).
Hydrochlorid $C_{12}H_{16}N_2 \cdot HCl$. F: 256—257°.

       IV   V   VI

±)-2-[2-Methyl-indol-3-yl]-1-pyrrolidino-propan, (±)-2-Methyl-3-[β-pyrrolidino-isopropyl]-indol $C_{16}H_{22}N_2$, Formel V.
B. Aus (±)-4-Methyl-5-pyrrolidino-pentan-2-on und Phenylhydrazin mit Hilfe von $ZnCl_2$ (*Farbw. Hoechst*, D.B.P. 878802 [1943]).
Kp_7: 210—220°.
Hydrochlorid. F: 183—185°.

(±)-1-[β-Dimethylamino-isopropyl]-2-methyl-indolizin, (±)-Dimethyl-[2-(2-methyl-indolizin-1-yl)-propyl]-amin $C_{14}H_{20}N_2$, Formel VI.
B. Beim Erhitzen von (±)-1-[1-(β-Dimethylamino-isopropyl)-2-methyl-indolizin-

3-yl]-äthanon mit wss. HCl (*Barrett, Chambers*, Soc. **1958** 338, 345).

Gelbes Öl. λ_{max} (A.): 243 nm, 280 nm, 290 nm, 301 nm und 350 nm.

Oxalat $C_{14}H_{20}N_2 \cdot C_2H_2O_4$. F: 138—140° [aus A. + Ae.].

Methojodid $[C_{15}H_{23}N_2]I$; (±)-Trimethyl-[2-(2-methyl-indolizin-1-yl)-prop=
yl]-ammonium-jodid. F: 177° [aus A. + Ae.].

(±)-(4b*r*,8a*c*)-4b,5,6,7,8,8a-Hexahydro-carbazol-2-ylamin $C_{12}H_{16}N_2$, Formel VII
(R = R' = X = H) + Spiegelbild.

Diese Konstitution und Konfiguration kommt der früher (s. E II **22** 349) als 4b,5,6,=
7,8,8a-Hexahydro-carbazol-4-ylamin   („5-Amino-1.2.3.4.10.11-hexahydro-carb=
azol") beschriebenen Verbindung zu (*Plant*, Soc. **1936** 899, 900); die Identität der früher
(E II **22** 350) als 4b,5,6,7,8,8a-Hexahydro-carbazol-2-ylamin („7-Amino-1.2.3.4.10.11-
hexahydro-carbazol") beschriebenen Verbindung ist ungewiss.

(±)-9-Methyl-(4b*r*,8a*c*)-4b,5,6,7,8,8a-hexahydro-carbazol-2-ylamin $C_{13}H_{18}N_2$,
Formel VII (R = CH₃, R' = X = H) + Spiegelbild.

B. Aus (±)-9-Methyl-7-nitro-(4a*r*,9a*c*)-1,2,3,4,4a,9a-hexahydro-carbazol bei der elektro-
chemischen Reduktion an Blei-Kathoden in wss. H_2SO_4 (*Plant*, Soc. **1936** 899, 901).
Aus 9-Methyl-7-nitro-1,2,3,4-tetrahydro-carbazol mit Hilfe von Zinn und wss.-äthanol.
HCl (*Pl.*).

Kristalle (aus A.); F: 87—89°.

(±)-9-Äthyl-(4b*r*,8a*c*)-4b,5,6,7,8,8a-hexahydro-carbazol-2-ylamin $C_{14}H_{20}N_2$, Formel VII
(R = C₂H₅, R' = X = H) + Spiegelbild.

Diese Konstitution und Konfiguration kommt der früher (s. E II **22** 349) als 9-Äthyl-
(4b*r*,8a*c*)-4b,5,6,7,8,8a-hexahydro-carbazol-4-ylamin beschriebenen Verbindung zu
(*Plant*, Soc. **1936** 899, 900).

(±)-9-Acetyl-7-acetylamino-(4a*r*,9a*c*)-1,2,3,4,4a,9a-hexahydro-carbazol,
(±)-*N*-[9-Acetyl-(4b*r*,8a*c*)-4b,5,6,7,8,8a-hexahydro-carbazol-2-yl]-acetamid $C_{16}H_{20}N_2O_2$,
Formel VII (R = R' = CO-CH₃, X = H) + Spiegelbild.

Diese Konstitution und Konfiguration kommt der früher (s. E II **22** 350) als
N-[9-Acetyl-(4b*r*,8a*c*)-4b,5,6,7,8,8a-hexahydro-carbazol-4-yl]-acetamid   beschriebenen
Verbindung zu (*Plant*, Soc. **1936** 899, 900); die Identität der früher (E II **22** 350) als
N-[9-Acetyl-4b,5,6,7,8,8a-hexahydro-carbazol-2-yl]-acetamid beschriebenen Verbindung
(F: 233°) ist ungewiss.

(±)-7-Diacetylamino-9-methyl-(4a*r*,9a*c*)-1,2,3,4,4a,9a-hexahydro-carbazol,
(±)-*N*-[9-Methyl-(4b*r*,8a*c*)-4b,5,6,7,8,8a-hexahydro-carbazol-2-yl]-diacetamid
$C_{17}H_{22}N_2O_2$, Formel VIII + Spiegelbild.

B. Aus (±)-9-Methyl-(4b*r*,8a*c*)-4b,5,6,7,8,8a-hexahydro-carbazol-2-ylamin und Acet=
anhydrid (*Plant*, Soc. **1936** 899, 901).

Kristalle (aus Me.); F: 106°.

(±)-9-Benzoyl-7-benzoylamino-(4a*r*,9a*c*)-1,2,3,4,4a,9a-hexahydro-carbazol,
(±)-*N*-[9-Benzoyl-(4b*r*,8a*c*)-4b,5,6,7,8,8a-hexahydro-carbazol-2-yl]-benzamid
$C_{26}H_{24}N_2O_2$, Formel VII (R = R' = CO-C₆H₅, X = H) + Spiegelbild.

B. Aus (±)-(4b*r*,8a*c*)-4b,5,6,7,8,8a-Hexahydro-carbazol-2-ylamin (s. o.) und Benzoyl=
chlorid mit Hilfe von KOH (*Plant*, Soc. **1936** 899, 901).

Kristalle (aus Eg.); F: 199°.

(±)-9-Benzoyl-7-benzoylamino-6-chlor-(4a*r*,9a*c*)-1,2,3,4,4a,9a-hexahydro-carbazol,
(±)-*N*-[9-Benzoyl-3-chlor-(4b*r*,8a*c*)-4b,5,6,7,8,8a-hexahydro-carbazol-2-yl]-benzamid
$C_{26}H_{23}ClN_2O_2$, Formel VII (R = R' = CO-C₆H₅, X = Cl) + Spiegelbild.

B. Aus der vorangehenden Verbindung und Chlor (*Plant*, Soc. **1936** 899, 901).

Kristalle (aus Bzl.); F: 182°.

VII   VIII   IX

(±)-(4br,8ac)-4b,5,6,7,8,8a-Hexahydro-carbazol-3-ylamin $C_{12}H_{16}N_2$, Formel IX
(R = R′ = H) + Spiegelbild (E II 350).

B. Aus (±)-9-Acetyl-(4br,8ac)-4b,5,6,7,8,8a-hexahydro-carbazol-3-ylamin mit Hilfe von konz. wss. HCl (*Kuroki, Konishi*, J. Soc. org. synth. Chem. Japan **12** [1954] 29, 33; C. A. **1957** 723).
Kristalle; F: 231—232° [Zers.].

(±)-9-Methyl-(4br,8ac)-4b,5,6,7,8,8a-hexahydro-carbazol-3-ylamin $C_{13}H_{18}N_2$,
Formel IX (R = CH$_3$, R′ = H) + Spiegelbild.
B. Aus 9-Methyl-6-nitro-1,2,3,4-tetrahydro-carbazol mit Hilfe von Zinn und wss.-äthanol. HCl (*Clifton, Plant*, Soc. **1951** 461, 464).
Kp$_{16}$: 213—215°.

(±)-6-[2,4-Dinitro-anilino]-9-methyl-(4ar,9ac)-1,2,3,4,4a,9a-hexahydro-carbazol,
(±)-[2,4-Dinitro-phenyl]-[9-methyl-(4br,8ac)-4b,5,6,7,8,8a-hexahydro-carbazol-3-yl]-
amin $C_{19}H_{20}N_4O_4$, Formel IX (R = CH$_3$, R′ = C$_6$H$_3$(NO$_2$)$_2$(o,p)) + Spiegelbild.
B. Aus (±)-9-Methyl-(4br,8ac)-4b,5,6,7,8,8a-hexahydro-carbazol-3-ylamin-hydro=
chlorid und 1-Chlor-2,4-dinitro-benzol mit Hilfe von wss.-äthanol. Na$_2$CO$_3$ (*Clifton, Plant*, Soc. **1951** 461, 464).
Rote Kristalle (aus A.); F: 155—156°.

(±)-9-Acetyl-(4br,8ac)-4b,5,6,7,8,8a-hexahydro-carbazol-3-ylamin $C_{14}H_{18}N_2O$,
Formel IX (R = CO-CH$_3$, R′ = H) + Spiegelbild.
B. Aus (±)-9-Acetyl-6-nitro-(4ar,9ac)-1,2,3,4,4a,9a-hexahydro-carbazol mit Hilfe von Eisen-Pulver und wss. Essigsäure (*Kuroki, Konishi*, J. Soc. org. synth. Chem. Japan **12** [1954] 29, 33; C. A. **1957** 723).
Kristalle; F: 163—165°.

(±)-9-Benzoyl-(4br,8ac)-4b,5,6,7,8,8a-hexahydro-carbazol-3-ylamin $C_{19}H_{20}N_2O$,
Formel IX (R = CO-C$_6$H$_5$, R′ = H) + Spiegelbild.
B. Aus (±)-9-Benzoyl-6-nitro-(4ar,9ac)-1,2,3,4,4a,9a-hexahydro-carbazol mit Hilfe von Eisen-Pulver und wss. Essigsäure (*Kuroki, Konishi*, J. Soc. org. synth. Chem. Japan **12** [1954] 29, 34; C. A. **1957** 723).
Kristalle (aus A.); F: 184°.

(±)-6-Benzoylamino-9-methyl-(4ar,9ac)-1,2,3,4,4a,9a-hexahydro-carbazol,
(±)-N-[9-Methyl-(4br,8ac)-4b,5,6,7,8,8a-hexahydro-carbazol-3-yl]-benzamid
$C_{20}H_{22}N_2O$, Formel IX (R = CH$_3$, R′ = CO-C$_6$H$_5$) + Spiegelbild.
B. Aus (±)-9-Methyl-(4br,8ac)-4b,5,6,7,8,8a-hexahydro-carbazol-3-ylamin und Benz=
oylchlorid mit Hilfe von Alkali (*Clifton, Plant*, Soc. **1951** 461, 464).
Kristalle (aus A.); F: 230—231°.

(±)-9-Acetyl-5-acetylamino-(4ar,9ac)-1,2,3,4,4a,9a-hexahydro-carbazol,
(±)-N-[9-Acetyl-(4br,8ac)-4b,5,6,7,8,8a-hexahydro-carbazol-4-yl]-acetamid
$C_{16}H_{20}N_2O_2$, Formel X (R = CO-CH$_3$) + Spiegelbild.
Die Zuordnung der Konfiguration ist aufgrund der Bildungsweise in Analogie zu (±)-9-Methyl-(4br,8ac)-4b,5,6,7,8,8a-hexahydro-carbazol-2-ylamin (S. 4370) erfolgt; die früher (E II **22** 350) unter dieser Konstitution beschriebene Verbindung (F: 163°) ist als N-[9-Methyl-(4br,8ac)-4b,5,6,7,8,8a-hexahydro-carbazol-2-yl]-acetamid (S. 4370) zu formulieren (*Plant*, Soc. **1936** 899, 900).
B. Beim Erwärmen von 8-Chlor-5-nitro-1,2,3,4-tetrahydro-carbazol mit Zinn und

wss.-äthanol. HCl und Behandeln des nach Abtrennung von 5,6,7,8-Tetrahydro-carbazol-4-ylamin verbleibenden (4br,8ac)-4b,5,6,7,8,8a-Hexahydro-carbazol-4-ylamins mit Acetyl= chlorid und KOH in Aceton (*Pl.*). Aus 5,6,7,8-Tetrahydro-carbazol-4-ylamin mit Hilfe von Zinn und wss.-äthanol. HCl (*Pl.*).

Kristalle (aus A.); F: 264°.

(±)-9-Benzoyl-5-benzoylamino-(4ar,9ac)-1,2,3,4,4a,9a-hexahydro-carbazol,
(±)-N-[9-Benzoyl-(4br,8ac)-4b,5,6,7,8,8a-hexahydro-carbazol-4-yl]-benzamid
$C_{26}H_{24}N_2O_2$, Formel X (R = CO-C$_6$H$_5$) + Spiegelbild.

B. Aus (4br,8ac)-4b,5,6,7,8,8a-Hexahydro-carbazol-4-ylamin (s. im vorangehenden Artikel) beim Behandeln mit Benzoylchlorid und KOH in Aceton (*Plant*, Soc. **1936** 899, 900).

Kristalle (aus A.); F: 245°.

X   XI

2,3,6,7-Tetrahydro-1H,5H-pyrido[3,2,1-ij]chinolin-9-ylamin $C_{12}H_{16}N_2$, Formel XI
(R = H).

B. Bei der Hydrierung von 9-[2,5-Dichlor-phenylazo]-2,3,6,7-tetrahydro-1H,5H-pyrido[3,2,1-ij]chinolin an Raney-Nickel in Äthanol bei 70—80°/3 at (*Bent et al.*, Am. Soc. **73** [1951] 3100, 3115) oder von 4-[2,3,6,7-tetrahydro-1H,5H-pyrido[3,2,1-ij]= chinolin-9-ylazo]-benzolsulfonsäure an einem Nickel-Katalysator in wss. NH$_3$ bei 60° bis 75°/105—140 at (*Du Pont de Nemours & Co.*, U.S.P. 2707681 [1951]).

Polarographisches Halbstufenpotential (wss. Lösung vom pH 11): *Bent et al.*, l. c. S. 3115.

Hydrochlorid $C_{12}H_{16}N_2 \cdot$ HCl. Kristalle (aus Dioxan + Ae.); F: 252° [geschlossene Kapillare] (*Du Pont*).

Sulfat $2\ C_{12}H_{16}N_2 \cdot H_2SO_4$. Kristalle (aus A.); F: 242° [Zers.] (*Bent et al.*, l. c. S. 3115).

N-[2,3,6,7-Tetrahydro-1H,5H-pyrido[3,2,1-ij]chinolin-9-yl]-N'-o-tolyl-harnstoff
$C_{20}H_{23}N_3O$, Formel XI (R = CO-NH-C$_6$H$_4$-CH$_3$(o)).

B. Neben anderen Verbindungen beim Behandeln von [2,3,6,7-Tetrahydro-1H,5H-pyrido[3,2,1-ij]chinolin-9-yl]-o-tolyl-keton mit konz. H$_2$SO$_4$ und NaN$_3$ in Benzol (*Smith, Yu*, J. org. Chem. **17** [1952] 1281, 1289).

Kristalle (aus wss. Acn.); F: 215—216° [unkorr.].

Amine $C_{13}H_{18}N_2$

1-Dimethylamino-8-[2]pyridyl-oct-2-in, Dimethyl-[8-[2]pyridyl-oct-2-inyl]-amin
$C_{15}H_{22}N_2$, Formel I.

B. Aus 2-Hept-6-inyl-pyridin, [1,3,5]Trioxan und Dimethylamin mit Hilfe von Kupfer(II)-acetat (*Gautier et al.*, Bl. **1958** 415, 417).

Kp$_{14}$: 187°.

Dipicrat $C_{15}H_{22}N_2 \cdot 2\ C_6H_3N_3O_7$. F: 134° [aus A.].

I   II

1-Dimethylamino-8-[4]pyridyl-oct-2-in, Dimethyl-[8-[4]pyridyl-oct-2-inyl]-amin
$C_{15}H_{22}N_2$, Formel II.

B. Aus 4-Hept-6-inyl-pyridin, [1,3,5]Trioxan und Dimethylamin (*Miocque*, C. r. **247**

[1958] 1470).

$Kp_{1,5}$: 166°.

(±)-3-[2-Amino-3-methyl-butyl]-indol, (±)-1-Indol-3-ylmethyl-2-methyl-propylamin $C_{13}H_{18}N_2$, Formel III.

B. Aus (±)-3-[2-Hydroxyimino-3-methyl-butyl]-indolin-2-on mit Hilfe von Natrium und Propan-1-ol (*Pietra, Tacconi,* Farmaco Ed. scient. **13** [1958] 893, 907).

Kristalle (aus PAe.); F: 113°.

Picrat $C_{13}H_{18}N_2 \cdot C_6H_3N_3O_7$. Orangefarbene Kristalle (aus wss. A.); F: 191−192°.

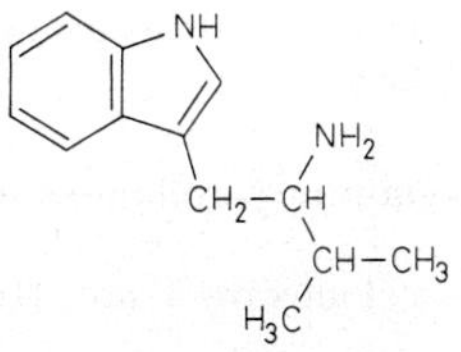

III 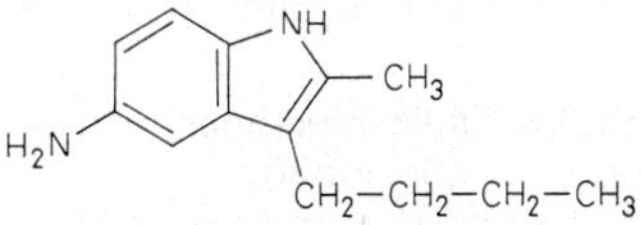   IV 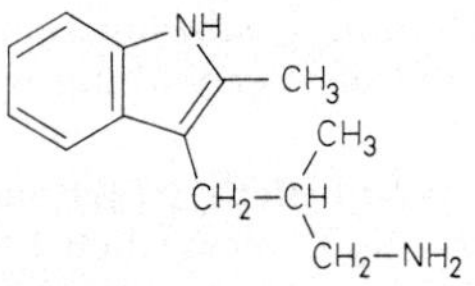   V

3-Butyl-2-methyl-indol-5-ylamin $C_{13}H_{18}N_2$, Formel IV.

B. Beim Erwärmen von 3-Butyl-2-methyl-5-nitro-indol mit $Na_2S_2O_4$ in wss.-äthanol. NaOH (*Shaw, Woolley,* Am. Soc. **75** [1953] 1877, 1879).

F: 96−98° [nach Destillation].

(±)-3-[γ-Amino-isobutyl]-2-methyl-indol, (±)-2-Methyl-3-[2-methyl-indol-3-yl]-propylamin $C_{13}H_{18}N_2$, Formel V.

B. Aus (±)-2-Methyl-3-[2-methyl-indol-3-yl]-propionsäure-amid mit Hilfe von $LiAlH_4$ (*Mndshojan et al.,* Izv. Armjansk. Akad. Ser. chim. **12** [1959] 139, 142; C. A. **1961** 5459).

Kristalle; F: 74−76°. Kp_5: 207−209°.

Hydrochlorid $C_{13}H_{18}N_2 \cdot HCl$. Kristalle (aus Ae.); F: 236°.

Picrat $C_{13}H_{18}N_2 \cdot C_6H_3N_3O_7$. Kristalle (aus A.); F: 182°.

(±)-3-[4-Dimethylamino-phenyl]-chinuclidin, (±)-4-Chinuclidin-3-yl-N,N-dimethyl-anilin $C_{15}H_{22}N_2$, Formel VI.

B. Bei der Hydrierung von 4-[1-Aza-bicyclo[2.2.2]oct-2-en-3-yl]-N,N-dimethyl-anilin-perchlorat an Platin in Essigsäure (*Grob et al.,* Helv. **40** [1957] 2170, 2182).

Kristalle (aus Pentan); F: 65−67° (*Grob et al.,* Helv. **40** 2183). Scheinbarer Dissoziationsexponent $pK_a'(NH^+)$ (H_2O) bei 25°: 10,29 (*Grob et al.,* Chem. and Ind. **1957** 598).

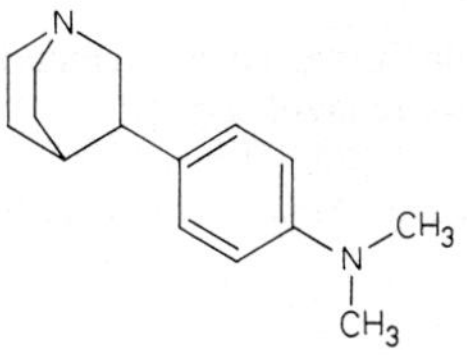

VI 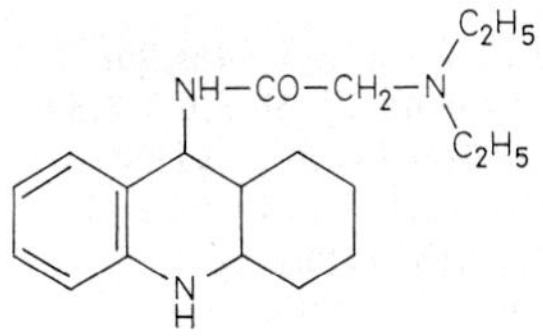   VII 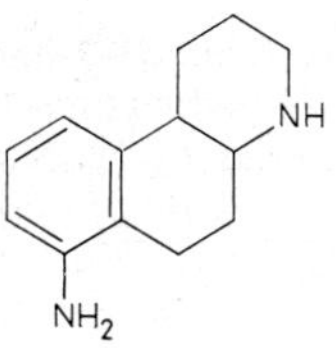   VIII

*Opt.-inakt. N,N-Diäthyl-glycin-[1,2,3,4,4a,9,9a,10-octahydro-acridin-9-ylamid] $C_{19}H_{29}N_3O$, Formel VII.

B. Aus N,N-Diäthyl-glycin-[1,2,3,4-tetrahydro-acridin-9-ylamid] mit Hilfe von Natrium-Amalgam, $NaHCO_3$ und Äthanol (*Ettel, Neumann,* Collect. **23** [1958] 1319, 1321).

Kristalle; F: 50° [nach Destillation].

---

*Opt.-inakt. 1,2,3,4,4a,5,6,10b-Octahydro-benzo[f]chinolin-7-ylamin $C_{13}H_{18}N_2$,
Formel VIII.

B. Aus Benzo[f]chinolin-7-ylamin mit Hilfe von Natrium und Amylalkohol (*Barltrop, Taylor,* Soc. **1954** 3403, 3406).

Hydrochlorid. Kristalle (aus A. + Ae.); F: ca. 220° [Zers.].

(±)-1-Methyl-(4b*r*,8a*c*?)-4b,5,6,7,8,8a-hexahydro-carbazol-2-ylamin $C_{13}H_{18}N_2$,
vermutlich Formel IX (R = H) + Spiegelbild.

B. Bei der Hydrierung von (±)-8-Methyl-7-nitro-(4a*r*,9a*c*?)-1,2,3,4,4a,9a-hexahydro-carbazol (E III/IV **20** 3299) an Platin in Methanol (*Swindells, Tomlinson,* Soc. **1956** 1135, 1138).

Braune, lösungsmittelhaltige Kristalle (aus PAe.), F: 125—135° [Zers.]; die lösungsmittelfreie Verbindung wird flüssig erhalten und erstarrt bei 0° glasartig.

---

*(±)-2-[1-Methyl-(4b*r*,8a*c*?)-4b,5,6,7,8,8a-hexahydro-carbazol-2-ylamino]-cyclohexanon
$C_{19}H_{26}N_2O$, vermutlich Formel X + Spiegelbild.

B. Aus der vorangehenden Verbindung und (±)-2-Hydroxy-cyclohexanon mit Hilfe von wss. HCl (*Swindells, Tomlinson,* Soc. **1956** 1135, 1138).

Acetat $C_{19}H_{26}N_2O \cdot C_2H_4O_2$. Kristalle (aus wasserhaltiger Eg.); F: 290—300° [Zers.]. — Beim Erhitzen mit Palladium/Kohle ist 6-Methyl-indolo[2,3-*b*]carbazol erhalten worden.

(±)-9-Acetyl-7-acetylamino-8-methyl-(4a*r*,9a*c*?)-1,2,3,4,4a,9a-hexahydro-carbazol,
(±)-*N*-[9-Acetyl-1-methyl-(4b*r*,8a*c*?)-4b,5,6,7,8,8a-hexahydro-carbazol-2-yl]-acetamid
$C_{17}H_{22}N_2O_2$, vermutlich Formel IX (R = CO-CH₃) + Spiegelbild.

B. Aus (±)-1-Methyl-(4b*r*,8a*c*?)-4b,5,6,7,8,8a-hexahydro-carbazol-2-ylamin (s. o.) und Acetanhydrid (*Swindells, Tomlinson,* Soc. **1956** 1135, 1138).

Kristalle; F: 203—204°.

IX   X   XI

(±)-3-Methyl-(4b*r*,8a*c*?)-4b,5,6,7,8,8a-hexahydro-carbazol-2-ylamin $C_{13}H_{18}N_2$,
vermutlich Formel XI (R = H) + Spiegelbild.

B. Aus 6-Methyl-7-nitro-1,2,3,4-tetrahydro-carbazol mit Hilfe von Zinn und wss.-äthanol. HCl (*Moggridge, Plant,* Soc. **1937** 1125, 1129).

Kristalle (aus A.); F: 109°.

(±)-9-Benzoyl-7-benzoylamino-6-methyl-(4a*r*,9a*c*?)-1,2,3,4,4a,9a-hexahydro-carbazol,
(±)-*N*-[9-Benzoyl-3-methyl-(4b*r*,8a*c*?)-4b,5,6,7,8,8a-hexahydro-carbazol-2-yl]-
benzamid $C_{27}H_{26}N_2O_2$, vermutlich Formel XI (R = CO-C₆H₅) + Spiegelbild.

B. Aus der vorangehenden Verbindung und Benzoylchlorid mit Hilfe von wss. KOH (*Moggridge, Plant,* Soc. **1937** 1125, 1129).

Kristalle (aus Cyclohexanon); F: 229°.

(±)-9-Benzoyl-5-benzoylamino-6-methyl-(4a*r*,9a*c*?)-1,2,3,4,4a,9a-hexahydro-carbazol,
(±)-*N*-[9-Benzoyl-3-methyl-(4b*r*,8a*c*?)-4b,5,6,7,8,8a-hexahydro-carbazol-4-yl]-benzamid
$C_{27}H_{26}N_2O_2$, vermutlich Formel XII + Spiegelbild.

B. Beim Erwärmen von 8-Brom-6-methyl-5-nitro-1,2,3,4-tetrahydro-carbazol mit Zinn und wss.-äthanol. HCl und Behandeln des Reaktionsprodukts mit Benzoylchlorid und wss. KOH in Aceton (*Moggridge, Plant,* Soc. **1937** 1125, 1129).

Kristalle (aus A.); F: 223°.

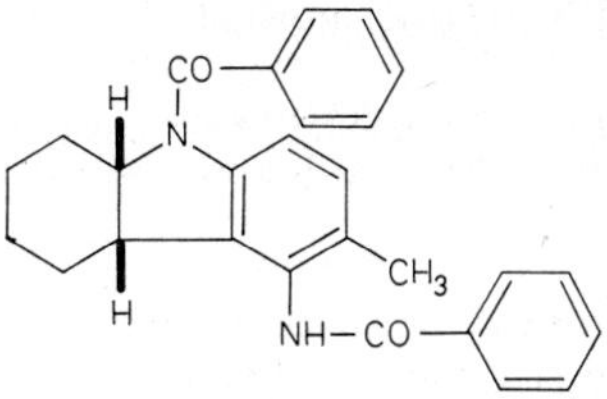

XII 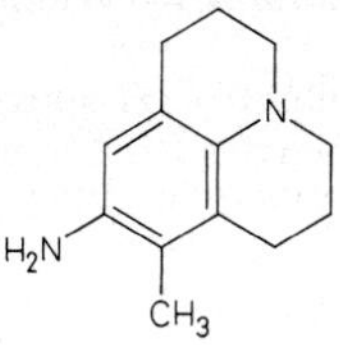   XIII 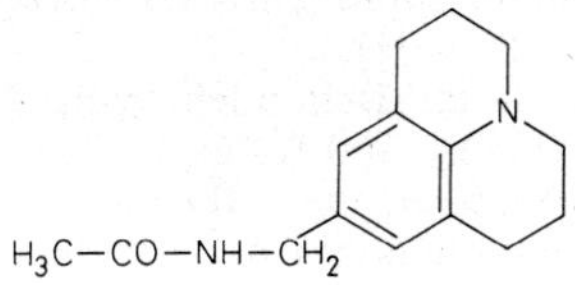   XIV

8-Methyl-2,3,6,7-tetrahydro-1H,5H-pyrido[3,2,1-ij]chinolin-9-ylamin $C_{13}H_{18}N_2$, Formel XIII.

B. Beim Behandeln von 4-[8-Methyl-2,3,6,7-tetrahydro-1H,5H-pyrido[3,2,1-ij]chin‑ olin-9-ylazo]-benzolsulfonsäure (rote Kristalle; aus 8-Methyl-2,3,6,7-tetrahydro-1H,5H- pyrido[3,2,1-ij]chinolin und einer aus Sulfanilsäure bereiteten Diazoniumchlorid-Lösung hergestellt) mit wss. SnCl$_2$ (*Du Pont de Nemours & Co.*, U.S.P. 2707681 [1951]).

Dihydrochlorid $C_{13}H_{18}N_2 \cdot 2$ HCl. Kristalle (aus Me.); F: 242—246°.

9-[Acetylamino-methyl]-2,3,6,7-tetrahydro-1H,5H-pyrido[3,2,1-ij]chinolin, ***N*-[2,3,6,7-Tetrahydro-1H,5H-pyrido[3,2,1-ij]chinolin-9-ylmethyl]-acetamid** $C_{15}H_{20}N_2O$, Formel XIV.

B. Aus 2,3,6,7-Tetrahydro-1H,5H-pyrido[3,2,1-ij]chinolin-9-carbonitril beim Erwärmen mit LiAlH$_4$ in Äther und Behandeln des Reaktionsprodukts mit Acetanhydrid und wss. NaOH (*Smith, Yu*, J. org. Chem. **17** [1952] 1281, 1288).

Kristalle (aus Ae.); F: 142,5° [unkorr.].

Amine $C_{14}H_{20}N_2$

(±)-3-[2-Amino-3,3-dimethyl-butyl]-indol, (±)-1-Indol-3-ylmethyl-2,2-dimethyl- **propylamin** $C_{14}H_{20}N_2$, Formel I.

B. Aus (±)-3-[2-Hydroxyimino-3,3-dimethyl-butyl]-indolin-2-on mit Hilfe von Natrium und Propan-1-ol (*Pietra, Tacconi*, Farmaco Ed. scient. **13** [1958] 893, 909).

Kristalle (aus PAe.); F: 177°.

Picrat $C_{14}H_{20}N_2 \cdot C_6H_3N_3O_7$. Orangefarbene Kristalle (aus wss. A.); F: 218—219°.

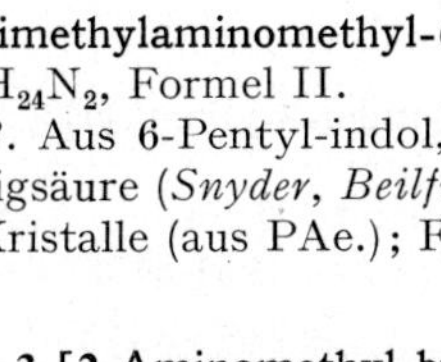

I 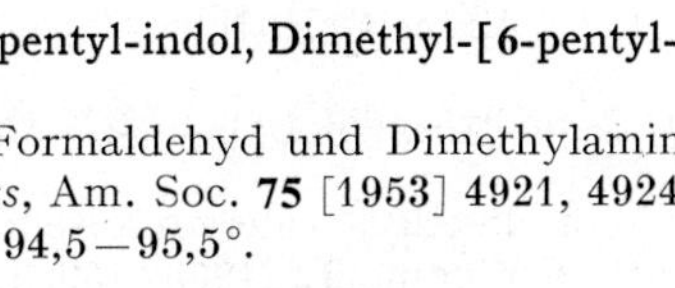   II 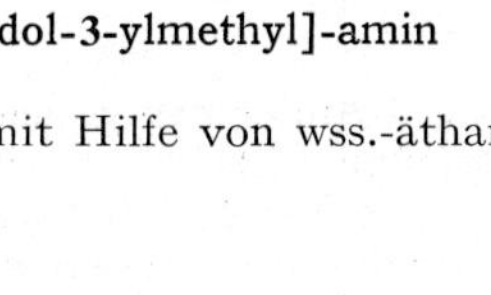   III

3-Dimethylaminomethyl-6-pentyl-indol, Dimethyl-[6-pentyl-indol-3-ylmethyl]-amin $C_{16}H_{24}N_2$, Formel II.

B. Aus 6-Pentyl-indol, Formaldehyd und Dimethylamin mit Hilfe von wss.-äthanol. Essigsäure (*Snyder, Beilfuss*, Am. Soc. **75** [1953] 4921, 4924).

Kristalle (aus PAe.); F: 94,5—95,5°.

(±)-3-[2-Aminomethyl-butyl]-2-methyl-indol, (±)-2-[2-Methyl-indol-3-ylmethyl]- **butylamin** $C_{14}H_{20}N_2$, Formel III.

B. Aus (±)-2-[2-Methyl-indol-3-ylmethyl]-buttersäure-amid mit Hilfe von LiAlH$_4$ (*Mndshojan et al.*, Izv. Armjansk. Akad. Ser. chim. **12** [1959] 139, 142; C. A. **1961** 5459).

Kristalle; F: 92—93°. Kp$_5$: 209—211°.

Picrat $C_{14}H_{20}N_2 \cdot C_6H_3N_3O_7$. Kristalle (aus A.); F: 190°.

x-Amino-2,3-dihydro-1H-spiro[chinolin-4,1'-cyclohexan] $C_{14}H_{20}N_2$, Formel IV
(R = R' = H).
B. Beim Behandeln von 2,3-Dihydro-1H-spiro[chinolin-4,1'-cyclohexan] mit konz.
H_2SO_4, CCl_4 und KNO_3 und Erwärmen des Reaktionsprodukts mit $SnCl_2$ und wss.-äthanol.
HCl (*Schwartzman, Woods*, U.S.P. 2665276 [1952]).
Kristalle (aus PAe.); F: 95—97°.
Diacetyl-Derivat $C_{18}H_{24}N_2O_2$; 1-Acetyl-x-acetylamino-2,3-dihydro-1H-
spiro[chinolin-4,1'-cyclohexan]. Kristalle (aus Acn.); F: 185,5—186,5°.

**x-Acetylamino-1-methyl-2,3-dihydro-1H-spiro[chinolin-4,1'-cyclohexan], N-[1-Methyl-
2,3-dihydro-1H-spiro[chinolin-4,1'-cyclohexan]-x-yl]-acetamid** $C_{17}H_{24}N_2O$, Formel IV
(R = CH_3, R' = CO-CH_3).
Hydrochlorid $C_{17}H_{24}N_2O \cdot HCl$. *B.* Bei der Hydrierung des Nitro-Derivats des 1-Methyl-
2,3-dihydro-1H-spiro[chinolin-4,1'-cyclohexans] (E III/IV **20** 3308) an Platin in Äthanol
und Behandlung des Reaktionsprodukts mit Acetylchlorid (*Schwartzman, Woods*, U.S.P.
2665276 [1952]). — Kristalle (aus A. + Ae.); F: 255—260° [Zers.].

IV   V   VI

**9-[2-Amino-äthyl]-2,3,6,7-tetrahydro-1H,5H-pyrido[3,2,1-ij]chinolin,
2-[2,3,6,7-Tetrahydro-1H,5H-pyrido[3,2,1-ij]chinolin-9-yl]-äthylamin** $C_{14}H_{20}N_2$,
Formel V.
B. Aus 9-[2-Nitro-vinyl]-2,3,6,7-tetrahydro-1H,5H-pyrido[3,2,1-ij]chinolin (E III/IV
20 3608) mit Hilfe von $LiAlH_4$ (*Benington et al.*, J. org. Chem. **21** [1956] 1470).
Dihydrochlorid $C_{14}H_{20}N_2 \cdot 2$ HCl. Kristalle (aus Me. + Ae. + E.); F: 246—248°
[unkorr.].
Dipicrat $C_{14}H_{20}N_2 \cdot 2 C_6H_3N_3O_7$. Gelbe Kristalle (aus A.); F: 166—167° [unkorr.;
Zers.].

8,10-Dimethyl-2,3,6,7-tetrahydro-1H,5H-pyrido[3,2,1-ij]chinolin-9-ylamin $C_{14}H_{20}N_2$,
Formel VI.
B. Beim Behandeln von 4-[8,10-Dimethyl-2,3,6,7-tetrahydro-1H,5H-pyrido[3,2,1-ij]=
chinolin-9-ylazo]-benzolsulfonsäure (rote Kristalle; aus 8,10-Dimethyl-2,3,6,7-tetrahydro-
1H,5H-pyrido[3,2,1-ij]chinolin und einer aus Sulfanilsäure bereiteten Diazoniumchlorid-
Lösung hergestellt) mit wss. $SnCl_2$ (*Du Pont de Nemours & Co.*, U.S.P. 2707681 [1951]).
F: 105°.
Hydrochorid $C_{14}H_{20}N_2 \cdot HCl$. Kristalle (aus H_2O).

Amine $C_{15}H_{22}N_2$

**(±)-3-[2-Aminomethyl-pentyl]-2-methyl-indol, (±)-2-[2-Methyl-indol-3-ylmethyl]-
pentylamin** $C_{15}H_{22}N_2$, Formel VII.
B. Aus (±)-2-[2-Methyl-indol-3-ylmethyl]-valeriansäure-amid mit Hilfe von $LiAlH_4$
(*Mndshojan et al.*, Izv. Armjansk. Ser. chim. **12** [1959] 139, 142; C. A. **1961** 5459).
Kp_3: 203—205°.
Picrat $C_{15}H_{22}N_2 \cdot C_6H_3N_3O_7$. Kristalle (aus A.); F: 153°.

**(±)-3c(?)-[4-Acetylamino-phenyl]-(9ar)-octahydro-chinolizin, (±)-Essigsäure-
[4-((9ar)-octahydro-chinolizin-3c(?)-yl)-anilid]** $C_{17}H_{24}N_2O$, vermutlich Formel VIII
+ Spiegelbild.
B. Bei der Hydrierung von (±)-3c(?)-[4-Nitro-phenyl]-(9ar)-octahydro-chinolizin

(E III/IV **20** 3317) an Platin in äthanol. HCl und anschliessenden Acetylierung (*Ohki*, *Yamakawa*, Pharm. Bl. **1** [1953] 114, 118).

Picrat $C_{17}H_{24}N_2O \cdot C_6H_3N_3O_7$. Orangegelbe Kristalle; F: 220—222°.

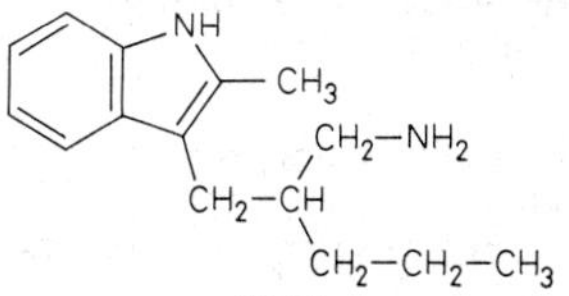

VII 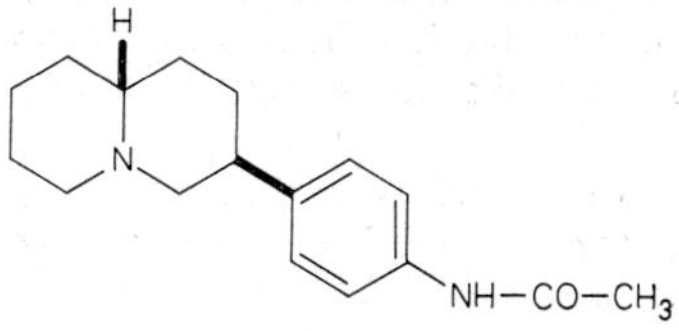   VIII

Amine $C_{16}H_{24}N_2$

(±)-3-[2-Aminomethyl-hexyl]-2-methyl-indol, (±)-2-[2-Methyl-indol-3-ylmethyl]-hexylamin $C_{16}H_{24}N_2$, Formel IX.

B. Aus (±)-2-[2-Methyl-indol-3-ylmethyl]-hexansäure-amid mit Hilfe von LiAlH₄ (*Mndshojan et al.*, Izv. Armjansk. Akad. Ser. chim. **12** [1959] 139, 142; C. A. **1961** 5459). Kristalle; F: 81—83°.

Hydrochlorid $C_{16}H_{24}N_2 \cdot HCl$. Kristalle (aus Ae.); F: 152—153°.

Picrat $C_{16}H_{24}N_2 \cdot C_6H_3N_3O_7$. Kristalle (aus A.); F: 161°.

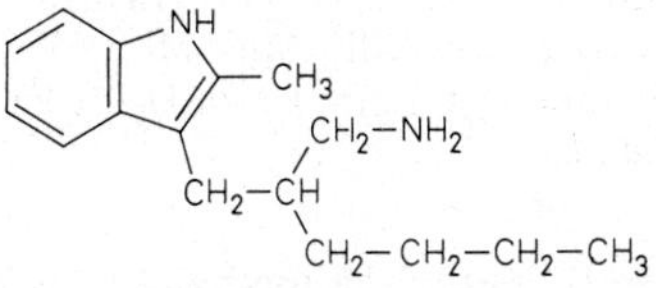

IX 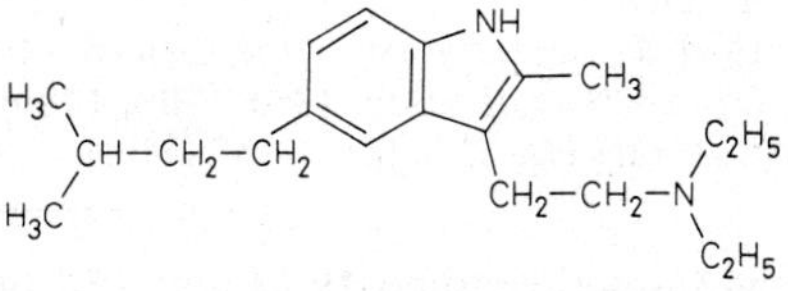   X

3-[2-Diäthylamino-äthyl]-5-isopentyl-2-methyl-indol, Diäthyl-[2-(5-isopentyl-2-methyl-indol-3-yl)-äthyl]-amin $C_{20}H_{32}N_2$, Formel X.

B. Beim Behandeln einer aus 4-Isopentyl-anilin bereiteten Diazoniumchlorid-Lösung mit SnCl₂ und wss. HCl und aufeinanderfolgenden Erwärmen des Reaktionsprodukts mit 5-Diäthylamino-pentan-2-on und mit äthanol. HCl (*I. G. Farbenind.*, D.R.P. 548818 [1930]; Frdl. **18** 2991).

Kp₃: ca. 200°.

Hydrochlorid $C_{20}H_{32}N_2 \cdot HCl$. Kristalle; F: 149—150°.

Amine $C_{18}H_{28}N_2$

1-Dimethylamino-13-[2]pyridyl-tridec-2-in, Dimethyl-[13-[2]pyridyl-tridec-2-inyl]-amin $C_{20}H_{32}N_2$, Formel XI.

B. Aus 2-Dodec-11-inyl-pyridin, [1,3,5]Trioxan und Dimethylamin mit Hilfe von Kupfer(II)-acetat (*Gautier et al.*, Bl. **1958** 415, 417).

Kp₀,₇: 182°.

Dipicrat $C_{20}H_{32}N_2 \cdot 2\,C_6H_3N_3O_7$. F: 70° [aus Acn. + A.].

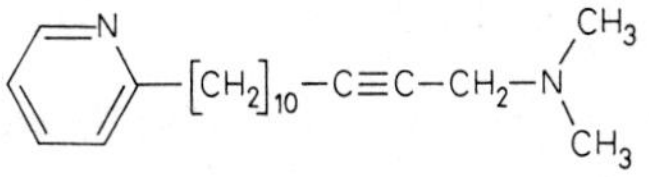

XI 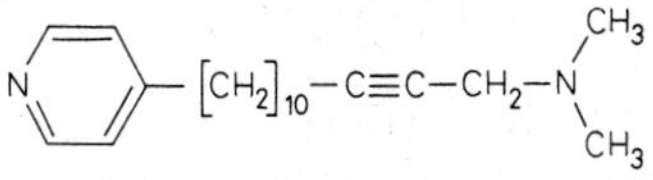   XII

1-Dimethylamino-13-[4]pyridyl-tridec-2-in, Dimethyl-[13-[4]pyridyl-tridec-2-inyl]-amin $C_{20}H_{32}N_2$, Formel XII.

B. Aus 4-Dodec-11-inyl-pyridin, [1,3,5]Trioxan und Dimethylamin (*Miocque*, C. r. **247** [1958] 1470).

Kp₁,₆: 213—214°.   [*Möhle*]

Amine $C_{21}H_{34}N_2$

(2S,5R)-2-Dimethylamino-10βH,14ξ-1,5-cyclo-1,10-seco-con-8-en [1]), **[(2S,5R)-10βH,14ξ-1,5-Cyclo-1,10-seco-con-8-en-2-yl]-dimethyl-amin, Neoconessin** $C_{24}H_{40}N_2$, Formel I.
Konstitution und Konfiguration: *Janot et al.*, Bl. **1967** 4567, 4569; bezüglich der Konfiguration am C-Atom 14 vgl. *Frappier, Jarreau*, Bl. **1972** 625; *Thierry et al.*, Bl. **1972** 4753.

B. Beim Behandeln von Conessin (S. 4382) mit Essigsäure und H_2SO_4 bei 0° (*Siddiqui, Vasisht*, J. scient. ind. Res. India **3** [1944/45] 559, 560).

Kristalle (aus Acn.); F: 128—129° (*Si., Va.*). $[α]_D$: +76° [$CHCl_3$; c = 5] (*Favre et al.*, Soc. **1953** 1115, 1122); $[α]_D^{37}$: +96,8° [A.; c = 1] (*Si., Va.*).

Beim Behandeln mit H_2SO_4 bei 0° ist Isoconessin (s. u.) erhalten worden (*Si., Va.*).

Dihydrochlorid $C_{24}H_{40}N_2 \cdot 2$ HCl. Kristalle (aus A. + Acn. + Ae.); F: 362° [Zers.; nach Dunkelfärbung und Sintern ab 330°] (*Si., Va.*).

Dihydrobromid $C_{24}H_{40}N_2 \cdot 2$ HBr. Kristalle; F: 368° [Zers.] (*Si., Va.*).

Dihydrojodid $C_{24}H_{40}N_2 \cdot 2$ HI. Kristalle (aus H_2O oder wss. Eg.); F: 349—350° [Zers.] (*Si., Va.*). $[α]_D$: +1° [Me.; c = 0,6] (*Fa. et al.*); $[α]_D^{18}$: +75° [H_2O; c = 0,2] (*Si., Va.*).

Hexachloroplatinat(IV) $C_{24}H_{40}N_2 \cdot H_2PtCl_6$. Kristalle; F: 247° [Zers.] (*Si., Va.*).

Picrat. Gelbe Kristalle (aus wss. A.); Zers. bei 245° [nach Dunkelfärbung ab 235°] (*Si., Va.*).

Mono-methojodid $[C_{25}H_{43}N_2]I$. Kristalle (aus H_2O); F: 296—298° [Zers.] (*Bertho, A.* **573** [1951] 210, 217).

Bis-methojodid $[C_{26}H_{46}N_2]I_2$; (2S,5R)-22-Methyl-2-trimethylammonio-10βH,14ξ-1,5-cyclo-1,10-seco-con-8-enium-dijodid. Kristalle (aus Me.); F: 350° [Zers.] (*Haworth et al.*, Soc. **1951** 1736, 1740). Kristalle (aus H_2O) mit 1 Mol H_2O; F: 324° bis 325° [Zers.] (*Be.*). $[α]_D$: +15° [Me.; c = 2] (*Fa. et al.*).

5-Methyl-3β-methylamino-19,23-dinor-5β,14β-con-8-en [1]), **Methyl-[5-methyl-19,23-dinor-5β,14β-con-8-en-3β-yl]-amin, Isoconimin** $C_{22}H_{36}N_2$, Formel II (R = R' = H).
B. Beim Behandeln von Conimin (S. 4380) mit H_2SO_4 (*Siddiqui*, Pr. Indian Acad. [A] **2** [1935] 426, 435). Beim Erwärmen von *N,N'*-Dicyan-isoconimin (S. 4380) mit äthanol. KOH (*Siddiqui et al.*, Pr. Indian Acad. [A] **4** [1936] 283, 288).

Gelblicher Sirup; $[α]_D^{35}$: +89° [A.; c = 1] (*Si., l. c. S.* 436).

Dihydrochlorid $C_{22}H_{36}N_2 \cdot 2$ HCl. Kristalle; F: 336—337° [Zers.] (*Si. et al.*), 335—336° [Zers.; aus A. + Acn.] (*Si.*). $[α]_D^{35}$: +69,5° [A.; c = 1] (*Si. et al.*).

Dihydrojodid $C_{22}H_{36}N_2 \cdot 2$ HI. Kristalle (aus H_2O); F: 332° [Zers.] (*Si.*).

Hexachloroplatinat(IV) $C_{22}H_{36}N_2 \cdot H_2PtCl_6$. Orangefarbene Kristalle; F: 285—286° [Zers.; nach Dunkelfärbung bei 280°] (*Si.*).

Picrat. Gelbe Kristalle (aus A.); F: 135° [nach Sintern bei 120°] (*Si.*).

5-Methyl-3β-methylamino-19-nor-5β,14β-con-8-en, Methyl-[5-methyl-19-nor-5β,14β-con-8-en-3β-yl]-amin, Isonorisoconessin $C_{23}H_{38}N_2$, Formel II (R = CH_3, R' = H).
B. Beim Behandeln von Isoconessimin (S. 4381) mit H_2SO_4 (*Siddiqui*, Pr. Indian Acad. [A] **2** [1935] 426, 433). Beim Erwärmen von Cyanisonorisoconessin (S. 4379) mit äthanol. KOH (*Siddiqui et al.*, Pr. Indian Acad. [A] **5** [1936] 283, 287).

$[α]_D^{35}$: +101° [A.; c = 1] (*Si., l. c. S.* 434).

Dihydrochlorid $C_{23}H_{38}N_2 \cdot 2$ HCl. Kristalle (aus A. + Acn.); F: 335° [Zers.]; $[α]_D^{35}$: +72,8° [H_2O; c = 1] (*Si.*).

Dihydrojodid $C_{23}H_{38}N_2 \cdot 2$ HI. Kristalle (aus H_2O); F: 292—293° (*Si. et al.*), 289° [Zers.] (*Si.*).

Hexachloroplatinat(IV) $C_{23}H_{38}N_2 \cdot H_2PtCl_6$. Orangefarbene Kristalle; F: 290—292° [Zers.; nach Dunkelfärbung bei 284°] (*Si.*).

Picrat. Kristalle (aus Me.); F: 166° [nach Sintern ab 143°] (*Si.*).

3β-Dimethylamino-5-methyl-19-nor-5β,14β-con-8-en, Dimethyl-[5-methyl-19-nor-5β,14β-con-8-en-3β-yl]-amin, Isoconessin $C_{24}H_{40}N_2$, Formel II (R = R' = CH_3).
Konstitution und Konfiguration an den C-Atomen 5 und 10: *Janot et al.*, Bl. **1967** 4323;

---

[1]) Stellungsbezeichnung bei von Conan abgeleiteten Namen s. E III/IV **20** 3084.

Konfiguration am C-Atom 14: *Thierry et al.*, Bl. **1972** 4753.

B. Beim Behandeln von Conessin [S. 4382] (*Siddiqui*, Pr. Indian Acad. [A] **2** [1935] 426, 430) oder von Neoconessin [S. 4378] (*Siddiqui, Vasisht*, J. scient. ind. Res. India **3** [1944/45] 559, 561) mit H_2SO_4 bei 0°. Beim Erwärmen von Isonorisoconessin (S. 4378) oder von Isoconimin (S. 4378) mit Ameisensäure und Formaldehyd (*Si.*, l. c. S. 435, 437).

Gelblicher Sirup; Kp_3: 239—241°; $[\alpha]_D^{35}$: +97° [A.; c = 1] (*Si.*, l. c. S. 431).

Beim Behandeln mit Bromcyan in Äther ist Cyanisonorisoconessin (s. u.) erhalten worden (*Siddiqui et al.*, Pr. Indian Acad. [A] **4** [1936] 283, 285).

Dihydrochlorid $C_{24}H_{40}N_2 \cdot 2$ HCl. Kristalle (aus A.) mit 2 Mol H_2O; F: 318° [Zers.; nach Sintern bei 313°]; $[\alpha]_D^{36}$: +72° [H_2O; c = 1] (*Si.*, l. c. S. 431).

Dihydrobromid $C_{24}H_{40}N_2 \cdot 2$ HBr. Kristalle (aus A.); F: 318—322° [Zers.; nach Dunkelfärbung bei 315°] (*Si.*, l. c. S. 432, 433).

Dihydrojodid $C_{24}H_{40}N_2 \cdot 2$ HI. Kristalle; F: 325—326° [Zers.; aus H_2O oder A.] (*Si.*, l. c. S. 431), 324° [aus H_2O] (*Si., Va.*, l. c. S. 562). $[\alpha]_D^{32}$: +75° [H_2O; c = 1] (*Si., Va.*).

Bis-tetrachloroaurat(III) $C_{24}H_{40}N_2 \cdot 2$ HAuCl$_4$. Gelbe Kristalle; F: 293—295° [Zers.] (*Si.*, l. c. S. 431).

Hexachloroplatinat(IV) $C_{24}H_{40}N_2 \cdot H_2PtCl_6$. Kristalle (aus H_2O); F: 271—273° [nach Dunkelfärbung ab 250°] (*Si.*, l. c. S. 431).

Picrat. Kristalle (aus A.); F: 240—242° [Zers.; nach Dunkelfärbung bei 237°] (*Si.*, l. c. S. 432).

I II

5,22-Dimethyl-3β-trimethylammonio-19-nor-5β,14β-con-8-enium $[C_{26}H_{46}N_2]^{2+}$, Formel III.

Dihydroxid. Hygroskopische Kristalle (*Siddiqui et al.*, Pr. Indian Acad. [A] **4** [1936] 283, 288). — Beim Erhitzen auf 200° ist Isoconessin (S. 4378) erhalten worden (*Si. et al.*).

Dichlorid; **Isoconessin-bis-methochlorid.** Hygroskopisches Pulver; F: 297—298° (*Si. et al.*).

Diperchlorat $[C_{26}H_{46}N_2](ClO_4)_2$. Kristalle (aus H_2O) mit 1 Mol H_2O, die sich beim Erhitzen verfärben, aber bis 360° nicht schmelzen (*Bertho*, A. **573** [1951] 210, 217).

Dibromid $[C_{26}H_{46}N_2]Br_2$. Kristalle (aus Me. + Ae.); F: 316° (*Si. et al.*, l. c. S. 285, 287).

Dijodid $[C_{26}H_{46}N_2]I_2$. *B.* Beim Behandeln von Isoconessin (S. 4378) mit CH_3I in Aceton (*Siddiqui*, Pr. Indian Acad. [A] **2** [1935] 426, 432; *Si. et al.*). — F: 330—334° (*Si. et al.*); Kristalle (aus H_2O) mit 1 Mol H_2O, F: 320° [Zers.] (*Be.*); Kristalle (aus A.), F: 316° bis 318° [Zers.] (*Si.*).

Hexachloroplatinat(IV) $[C_{26}H_{46}N_2]PtCl_6$. Bräunliche Kristalle; F: 259° (*Si. et al.*).

Dipicrat. Gelbe Kristalle; F: 220° (*Si. et al.*).

22-Acetyl-3β-[acetyl-methyl-amino]-5-methyl-19,23-dinor-5β,14β-con-8-en,

N,N'-Diacetyl-isoconimin $C_{26}H_{40}N_2O_2$, Formel II (R = R' = CO-CH$_3$).

B. Beim Erwärmen von Isoconimin (S. 4378) mit Acetanhydrid und Natriumacetat (*Siddiqui*, Pr. Indian Acad. [A] **2** [1935] 426, 437).

Kristalle (aus E.); F: 190—191° [nach Sintern bei 185°].

Reaktion mit Brom in CHCl$_3$: *Si.*, l. c. S. 429, 437.

3β-[Cyan-methyl-amino]-5-methyl-19-nor-5β,14β-con-8-en, Methyl-[5-methyl-19-nor-5β,14β-con-8-en-3β-yl]-carbamonitril, Cyanisonorisoconessin $C_{24}H_{37}N_3$, Formel II (R = CH$_3$, R' = CN).

B. Beim Behandeln von Isoconessin (S. 4378) mit Bromcyan in Äther (*Siddiqui et al.*,

Pr. Indian Acad. [A] **4** [1936] 283, 285).

Kristalle (aus A.); F: 116—117° (*Si. et al.*, l. c. S. 286).

Hydrochlorid. Kristalle (aus A. + Acn. + Ae.); F: 259—260°.

Hydrobromid. Kristalle; F: 269—270° (*Si. et al.*, l. c. S. 286, 287).

Tetrachloroaurat(III). Gelbliches Pulver; F: 190° [Zers.].

Hexachloroplatinat(IV) $2 C_{24}H_{37}N_3 \cdot H_2PtCl_6$. Gelbliches, semikristallines Pulver; F: 210—215° [Zers.].

Picrat. Gelbe Kristalle; F: 173—175° [nach Sintern bei 169°].

22-Cyan-3β-[cyan-methyl-amino]-5-methyl-19,23-dinor-5β,14β-con-8-en, 3β-[Cyan-methyl-amino]-5-methyl-19-nor-5β,14β-con-8-en-23-nitril, N,N'-Dicyan-isoconimin $C_{24}H_{34}N_4$, Formel II (R = R' = CN).

B. Beim Behandeln von Cyanisonorisoconessin (S. 4379) mit Bromcyan in Äthylacetat (*Siddiqui et al.*, Pr. Indian Acad. [A] **4** [1936] 283, 286, 287).

Kristalle (aus Ae.); F: 132—133°.

III   IV

3β-Dimethylamino-5α-con-20(22)-enium [1]) $[C_{24}H_{41}N_2]^+$, Formel IV.

Diperchlorat $[C_{24}H_{41}N_2]ClO_4 \cdot HClO_4$. *B.* Aus 3β-Dimethylamino-5α-con-20-en [S. 4388] (*Favre, Marinier*, Canad. J. Chem. **36** [1958] 429, 431). — Kristalle (aus A.); F: 338° [unkorr.]. $[\alpha]_D^{24}$: +29,7° [wss. THF (80%ig); c = 1]. — Bei der Hydrierung an Platin in wss. Dioxan ist Dihydroconessin (S. 4293) erhalten worden.

Con-5-en-3β-ylamin [1]), **Conamin** $C_{22}H_{36}N_2$, Formel V (R = H).

In dem von *Siddiqui* (Pr. Indian Acad. [A] **3** [1936] 249, 252) als Conamin beschriebenen Präparat vom F: 130° hat N-Isopropyliden-conamin (S. 4386) vorgelegen; das von *Tschesche, Roy* (B. **89** [1956] 1288, 1295) beschriebene Präparat (F: 97,5—101,5°; $[\alpha]_D^{18}$: —21° [CHCl₃]) ist nicht rein gewesen (*Jarreau et al.*, Bl. **1963** 1861).

Isolierung aus der Rinde von Holarrhena antidysenteria (Kurchi-Rinde): *Si.*; *Tsch., Roy*.

Kristalle (aus PAe. + wenig E.); F: 96—98°; $[\alpha]_D$: +16° [A.; c = 0,8] (*Ja. et al.*).

3β-Methylamino-23-nor-con-5-en, Methyl-[23-nor-con-5-en-3β-yl]-amin, Conimin $C_{22}H_{36}N_2$, Formel VI (R = R' = H).

Isolierung aus Samen und Rinde bzw. aus Rinde von Holarrhena antidysenteria: *Siddiqui*, J. Indian chem. Soc. **11** [1934] 283, 286; *Tschesche, Petersen*, B. **87** [1954] 1719.

B. Beim Hydrieren von Conessidin (Methyl-[23-nor-cona-5,18(22)-dien-3β-yl]-amin) an Platin in Methanol (*Tschesche, Roy*, B. **89** [1956] 1288, 1293). Beim Erwärmen von N,N'-Dicyan-conimin (S. 4387) mit äthanol. KOH (*Siddiqui, Siddiqui*, J. Indian chem. Soc. **11** [1934] 787, 794) oder mit wss.-äthanol. KOH (*Buzzetti et al.*, Helv. **42** [1959] 388).

Kristalle; F: 133—135,5° [aus Acn.] (*Tsch., Roy*), 134° [aus E.] (*Si., Si.*), 131—132° [unkorr.; evakuierte Kapillare] (*Bu. et al.*). Kristalle (aus E. + wenig H_2O) mit 2 Mol H_2O; F: 130° (*Si.*, J. Indian chem. Soc. **11** 289). $[\alpha]_D$: —29° [CHCl₃; c = 1] (*Bu. et al.*); $[\alpha]_D^{18}$: —27° [A.] (*Tsch., Roy*); $[\alpha]_D^{26}$: —30° [A.; c = 1] (*Si., Si.*) [jeweils wasserfreies Präparat]. UV-Spektrum (200—400 nm) der Base in Äthanol, des Dihydrochlorids in H_2O und des Dihydrojodids in H_2O: *Hamdani et al.*, Pakistan J. scient. ind. Res. **1**

---

[1]) Stellungsbezeichnung bei von Conan abgeleiteten Namen s. E III/IV **20** 3084.

[1958] 132, 133.

Beim Behandeln mit H_2SO_4 ist Isoconimin (S. 4378) erhalten worden (*Siddiqui*, Pr. Indian Acad. [A] **2** [1935] 426, 435).

Dihydrochlorid. Kristalle (aus Me. + Acn.); F: 318—320° [Zers.] (*Si.*, J. Indian chem. Soc. **11** 289).

Dihydrojodid. Kristalle (aus H_2O); F: 293° (*Si.*, J. Indian chem. Soc. **11** 289).

Hexachloroplatinat(IV) $C_{22}H_{36}N_2 \cdot H_2PtCl_6$. Hellorangefarbenes Pulver; F: 296° bis 298° [Zers.] (*Si.*, J. Indian chem. Soc. **11** 289).

Dipicrat. Gelbe Kristalle (aus H_2O); F: 140—141° [nach Sintern bei 134°] (*Si.*, J. Indian chem. Soc. **11** 289).

3β-Methylamino-con-5-en, Con-5-en-3β-yl-methyl-amin, Isoconessimin $C_{23}H_{38}N_2$, Formel V (R = CH_3).

Isolierung aus Samen und Rinde von Holarrhena antidysenteria: *Siddiqui*, J. Indian chem. Soc. **11** [1934] 283, 286; aus der Rinde von Holarrhena febrifuga: *Siddiqui et al.*, J. scient. ind. Res. India **3** [1944/45] 555, 557.

B. Beim Erwärmen von N-Cyan-isoconessimin (S. 4387) mit äthanol. KOH (*Siddiqui*, *Siddiqui*, J. Indian chem. Soc. **11** [1934] 787, 792; s. a. *Haworth et al.*, Soc. **1953** 1102, 1107).

Kristalle; F: 95—96° [aus wss. Dioxan] (*Haw. et al.*), 92° [aus Acn.] (*Si.*, J. Indian chem. Soc. **11** 287). Kristalle (aus wasserhaltigem E.) mit 2 Mol H_2O; F: 88—92° (*Si.*, J. Indian chem. Soc. **11** 288). $[\alpha]_D^{28}$: +30,0° [A.; c = 1] [wasserfreies Präparat] (*Si.*, J. Indian chem. Soc. **11** 287).

Beim Behandeln mit H_2SO_4 ist Isonorisoconessin (S. 4378) erhalten worden (*Siddiqui*, Pr. Indian Acad. [A] **2** [1935] 426, 433).

Dihydrochlorid $C_{23}H_{38}N_2 \cdot 2\,HCl$. Kristalle (aus A. + Acn.); F: 335° (*Si.*, J. Indian chem. Soc. **11** 288). $[\alpha]_D^{35}$: +7,5° [H_2O; c = 1] (*Si.*, Pr. Indian Acad. [A] **2** 434). UV-Spektrum (H_2O; 210—400 nm): *Hamdani et al.*, Pakistan J. scient. ind. Res. **1** [1958] 132, 133.

Hydrobromid. Kristalle; F: 344° [Zers.] (*Si.*, J. Indian chem. Soc. **11** 288).

Dihydrojodid. Kristalle; F: 316° (*Si.*, J. Indian chem. Soc. **11** 288). UV-Spektrum (H_2O; 210—400 nm): *Ham. et al.*

Hexachloroplatinat(IV) $C_{23}H_{38}N_2 \cdot H_2PtCl_6$. Orangefarbene Kristalle; F: 285° [Zers.; nach Dunkelfärbung bei 270°] (*Si.*, J. Indian chem. Soc. **11** 288).

Picrat. Gelbe Kristalle (aus wss. A. bzw. aus Me.); F: 198—200° [Zers.] (*Si.*, J. Indian chem. Soc. **11** 288; Pr. Indian Acad. [A] **2** 435).

V   VI

3β-Dimethylamino-23-nor-con-5-en, Dimethyl-[23-nor-con-5-en-3β-yl]-amin, Conessimin $C_{23}H_{38}N_2$, Formel VI (R = H, R' = CH_3).

Konstitution: *Siddiqui*, *Siddiqui*, J. Indian chem. Soc. **11** [1934] 787, 788; *Bhattacharyya et al.*, Chem. and Ind. **1962** 1377.

Isolierung aus der Rinde von Holarrhena africana: *Paris*, Bl. Sci. pharmacol. **45** [1938] 453, 455, **49** [1942] 33, 38; von Holarrhena antidysenteria: *Siddiqui*, *Pillay*, J. Indian chem. Soc. **9** [1932] 553, 555; *Tschesche*, *Petersen*, B. **87** [1954] 1719, 1723.

Kristalle (aus PAe., E. oder Acn.), F: 100°; Kristalle (aus wasserhaltigem E.) mit 2 Mol H_2O, F: 91°; $Kp_{1,8}$: 230°; $[\alpha]_D^{35}$: —22,3° [$CHCl_3$; c = 3] [wasserfreies Präparat] (*Si.*, *Pi.*, l. c. S. 558, 559).

Dihydrochlorid $C_{23}H_{38}N_2 \cdot 2$ HCl. F: $342-344°$; $[\alpha]_D^{36}$: $-15,1°$ [H_2O; c = 4] (*Si.*, *Pi.*, l. c. S. 560).

Dihydrojodid $C_{23}H_{38}N_2 \cdot 2$ HI. Kristalle (aus H_2O); F: $318-319°$ [Zers.] (*Si.*, *Pi.*, l. c. S. 560).

Bis-tetrachloroaurat(III) $C_{23}H_{38}N_2 \cdot 2$ $HAuCl_4$. Gelbliches Pulver; F: 140° [nach Rotfärbung bei 130°]; Zers. bei 165° (*Si.*, *Pi.*, l. c. S. 560).

Hexachloroplatinat(IV) $C_{23}H_{38}N_2 \cdot H_2PtCl_6$. Gelbliches Pulver; F: 301° [Zers.] (*Si.*, *Pi.*, l. c. S. 560).

Picrat. Gelbe Kristalle (aus H_2O); F: $172-174°$ (*Si.*, *Pi.*, l. c. S. 560).

9-Dimethylamino-2,3,11a-trimethyl-Δ^7-hexadecahydro-naphth[2′,1′:4,5]indeno[1,7a-c]-pyrrol $C_{24}H_{40}N_2$.

Zusammenfassende Darstellungen über die nachstehend unter a) und b) beschriebenen Stereoisomeren Conessin und Heteroconessin: *H.G. Boit*, Ergebnisse der Alkaloid-Chemie bis 1960 [Berlin 1961] S. 837; *Jeger, Prelog*, in *R.H.F. Manske*, The Alkaloids, Bd. 7 [New York 1960] S. 319, 321; *Černý, Šorm*, in *R.H.F. Manske*, The Alkaloids, Bd. 9 [New York 1967] S. 305, 330; *R. Goutarel*, Les Alcaloides Stéroidiques des Apocynacées [Paris 1964] S. 118.

Konstitution und Konfiguration von Conessin und Heteroconessin: *Haworth et al.*, Soc. **1953** 1102, 1110, **1956** 3749; *Favre et al.*, Soc. **1953** 1115; *Haworth, Michael*, Soc. **1957** 4973; *McNiven*, Chem. and Ind. **1957** 1296; *Černý et al.*, Collect. **22** [1957] 76; *Favre, Marinier*, Canad. J. Chem. **36** [1958] 429; *Barton, Morgan*, Soc. **1962** 622, 624; *Marshall, Johnson*, Am. Soc. **84** [1962] 1485; *Johnson et al.*, Tetrahedron Spl. Nr. 8 [1966] 541, 574, 580; *Stork et al.*, Am. Soc. **84** [1962] 2018.

a) **3β-Dimethylamino-con-5-en, Con-5-en-3β-yl-dimethyl-amin, Conessin** $C_{24}H_{40}N_2$, Formel VI (R = R′ = CH_3) (in der älteren Literatur auch als **Wrightin** bezeichnet). Conessin fraglicher Einheitlichkeit hat auch in den von *Tschesche, Roy* (B. **89** [1956] 1288, 1291, 1293, 1294) als **Trimethylconkurchin (Dimethylconessidin)** $C_{24}H_{38}N_2$ formulierten, aus Kurchi-Rinde isolierten bzw. aus Conkurchin (23-Nor-cona-5,18(22)-dien-3β-ylamin) oder Conessidin (Methyl-[23-nor-cona-5,18(22)-dien-3β-yl]-amin) beim Erhitzen mit wss. Formaldehyd und Ameisensäure erhaltenen Präparaten vorgelegen (*Khuong-Huu et al.*, Collect. **30** [1965] 1016—1019).

Isolierung aus der Rinde von Holarrhena africana: *Giemsa, Halberkann*, Ar. **256** [1918] 201; *Paris*, Bl. Sci. pharmacol. **45** [1938] 453, 454, **49** [1942] 33, 37; von Holarrhena antidysenteria (Kurchi-Rinde): *Siddiqui, Pillay*, J. Indian chem. Soc. **9** [1932] 553, 555; *Bertho*, Ar. **277** [1939] 237, 245; A. **558** [1947] 62, 63; *Tschesche, Petersen*, B. **87** [1954] 1719, 1723; *Lábler, Černý*, Collect. **24** [1959] 370, 372, 376; aus Samen von Holarrhena antidysenteria: *Warnecke*, B. **19** [1886] 60; Ar. **226** [1888] 248, 252; *Kanga et al.*, Soc. **1926** 2123, 2124; *Haworth et al.*, Soc. **1949** 831, 835; aus der Rinde von Holarrhena febrifuga: *Siddiqui et al.*, J. scient. ind. Res. India **3** [1944/45] 555, 557; von Holarrhena congolensis: *Pyman*, Soc. **115** [1919] 163; *Hans, Martin*, J. Pharm. Belg. [NS] **9** [1954] 391, 393.

B. Beim Erwärmen von Conimin (S. 4380), Isoconessimin (S. 4381) oder Conessimin (S. 4381) mit wss. Formaldehyd und Ameisensäure (*Siddiqui*, J. Indian chem. Soc. **11** [1934] 283, 288, 290). Als Hauptprodukt beim Erwärmen von Conkurchin (23-Nor-cona-5,18(22)-dien-3β-ylamin) oder Conessidin (Methyl-[23-nor-cona-5,18(22)-dien-3β-yl]-amin) mit wss. Formaldehyd und Ameisensäure (*Khuong-Huu et al.*, Collect. **30** [1965] 1016, 1017, 1020, 1021; s. a. *Janot et al.*, Bl. **1964** 1555, 1563; *Tschesche, Roy*, B. **89** [1956] 1288, 1293, 1294). Beim Behandeln von 3β-Dimethylamino-con-5-en-12-on mit Äthan-1,2-dithiol und HCl in $CHCl_3$ und Erwärmen des Reaktionsprodukts mit Raney-Nickel in Äthanol (*Uffer*, Helv. **39** [1956] 1834, 1841).

Kristalle (aus Acn.); F: 129° (*Hans, Martin*, J. Pharm. Belg. [NS] **9** [1954] 391, 397), 126° [korr.] (*Siddiqui, Pillay*, J. Indian chem. Soc. **9** [1932] 553, 557, 562), 126° (*Bertho*, A. **558** [1947] 62, 63), $125-126°$ (*Haworth et al.*, Soc. **1949** 831, 835), 125° [korr.] (*Pyman*, Soc. **115** [1919] 163, 164), $124-125°$ (*Lábler, Černý*, Collect. **24** [1959] 370, 376). Bei 95°/0,01 Torr sublimierbar (*Janot, Chaigneau*, C. r. **225** [1947] 1371). $Kp_{0,1}$: 220° [Badtemperatur] (*Haw. et al.*, Soc. **1949** 835). $[\alpha]_D$: $-2,0°$ [$CHCl_3$] (*Bertho, Götz*, A. **619** [1958] 96, 99), $-1,9°$ [$CHCl_3$; c = 7] (*Py.*); $[\alpha]_D^{20}$: $+26°$ [A.; c = 3] (*Lá., Če.*); $[\alpha]_D^{23}$: $+25,2°$ [A.; c = 2] (*Hans, Ma.*); $[\alpha]_D$: $+23,1°$ [A.] (*Be., Götz*). IR-Spektrum

(CH$_2$Cl$_2$; 4000—800 cm^{-1}): *Uffer*, Helv. **39** [1956] 1834, 1836. UV-Spektrum in Äthanol (200—220 nm bzw. 210—400 nm): *Haworth et al.*, Soc. **1953** 1102, 1106; *Hamdani et al.*, Pakistan J. scient. ind. Res. **1** [1958] 132; in Äthanol + Mineralsäure (200—215 nm): *Haw. et al.*, Soc. **1953** 1106.

Beim Behandeln mit H$_2$SO$_4$ bei 0° ist Isoconessin [S. 4378] (*Siddiqui*, Pr. Indian Acad. [A] **2** [1935] 426, 430), beim Behandeln mit Essigsäure und H$_2$SO$_4$ bei 0° ist Neoconessin [S. 4378] (*Siddiqui, Vasisht*, J. scient. ind. Res. India **3** [1944/45] 559, 560) erhalten worden.

Beim Behandeln mit H$_2$O$_2$ in Äther ist eine Verbindung von Conessin mit H$_2$O$_2$ (S. 4384), beim Erwärmen mit H$_2$O$_2$ und wss. H$_2$SO$_4$ ist Dihydroxydihydroconessin [3β-Dimethylamino-5α-conan-5,6β-diol] (*Bertho*, A. **557** [1947] 220, 231, 232), beim Behandeln mit wss. H$_2$O$_2$ und Essigsäure sind Dihydroxydihydroconessin, Conessinepoxid (3β-Dimethylamino-5,6α-epoxy-5α-conan; über die Konfiguration dieser beiden Verbindungen s. *Janot et al.*, Bl. **1967** 4315) und eine Verbindung C$_{48}$H$_{80}$N$_4$O$_5$ [Kristalle (aus Acn.); F: 100,5° (Zers.); [α]$_D^{22}$: −9,2° (CHCl$_3$); beim Erhitzen mit H$_2$O auf 135° bis 140° in Dihydroxydihydroconessin überführbar] (*Bertho*, A. **569** [1950] 1, 13, 246) erhalten worden. Beim Erhitzen mit SeO$_2$ in H$_2$O ist α-Hydroxy-conessin [3β-Dimethylamino-con-5-en-4β-ol] (*Be.*, A. **557** 233; s. dazu *Haworth, Michael*, Soc. **1957** 4973, 4974, 4978; *Bertho, Götz*, A. **619** [1958] 96, 107, 110; *Goutarel et al.*, Bl. **1963** 2401), beim Erhitzen mit SeO$_2$ in Dioxan sind eine Verbindung C$_{24}$H$_{40}$N$_2$O$_2$ [Picrat C$_{24}$H$_{40}$N$_2$O$_2$· C$_6$H$_3$N$_3$O$_7$; gelbe Kristalle (aus Acn.); F: 110°] und eine Verbindung C$_{24}$H$_{38}$N$_2$O$_2$ [Kristalle (aus Bzl. + PAe.); F: 240°] (*Ha., Mi.*, l. c. S. 4979) erhalten worden. Beim Behandeln mit KMnO$_4$ (6 Atomen Sauerstoff entsprechend) in Aceton ist Desmethyl-dehydro-oxyconessin C$_{23}$H$_{36}$N$_2$O [Kristalle (aus Acn.); F: 177,5°; [α]$_D^{16}$: +31,4° (A.; c = 1); Dihydrochlorid C$_{23}$H$_{36}$N$_2$O·2 HCl·0,5 H$_2$O: Kristalle (aus A.), F: 284°; Hydrojodid C$_{23}$H$_{36}$N$_2$O·HI·H$_2$O: gelbe Kristalle (aus H$_2$O), F: 182°; Sulfat C$_{23}$H$_{36}$N$_2$O·H$_2$SO$_4$: Kristalle (aus A.), F: 293° (Zers.); Methojodid [C$_{24}$H$_{39}$N$_2$O]I·H$_2$O: Kristalle (aus H$_2$O), F: 267° (Zers.)], beim Behandeln mit KMnO$_4$ (15 Atomen Sauerstoff entsprechend) in Aceton ist Desmethyl-dehydro-trioxyconessin C$_{23}$H$_{36}$N$_2$O$_3$ [Kristalle (aus wss. A.); F: 211—212°] (*Be.*, A. **557** 229—231), beim Behandeln mit KMnO$_4$ in wss. Essigsäure ist Trioxyconessin C$_{24}$H$_{42}$N$_2$O$_3$ [Kristalle (aus Me.); F: 269°; [α]$_D^{18}$: +26,2° (A.; c = 1); Dihydrochlorid C$_{24}$H$_{42}$N$_2$O$_3$·2 HCl: Kristalle (aus A. + Acn. + Ae.), F: 341° (Zers.); Hexachloroplatinat(IV) C$_{24}$H$_{42}$N$_2$O$_3$·H$_2$PtCl$_6$: orangefarbene Kristalle, Zers. bei 273°; Picrat: gelbe Kristalle (aus H$_2$O), F: 163°; Methobromid [C$_{25}$H$_{45}$N$_2$O$_3$]Br: Kristalle, Zers. bei 340°] (*Siddiqui, Sharma*, J. scient. ind. Res. India **4** [1946] 435, 436) erhalten worden. Beim Erwärmen mit CrO$_3$ (3,5 Atomen Sauerstoff entsprechend) und wenig H$_2$SO$_4$ in Essigsäure sind Tetradehydro-monooxyconessin C$_{24}$H$_{36}$N$_2$O [Kristalle (aus Acn.); F: 159—160°; [α]$_D^{16}$: +51,1° (A.; c = 1); Dihydrochlorid C$_{24}$H$_{36}$N$_2$O·2 HCl: Kristalle (aus A. + Acn. + Ae.), F: 277°; Hydrobromid: Kristalle (aus A. + Acn. + Ae.), F: 282°; Hydrojodid: Kristalle (aus H$_2$O), F: 277—280° (Zers.); Hexachloroplatinat(IV) C$_{24}$H$_{36}$N$_2$O·H$_2$PtCl$_6$: orangefarbene Kristalle, F: 234° (Zers.); Picrat: gelbe Kristalle, F: 225°] und Dehydrodioxyconessin C$_{24}$H$_{40}$N$_2$O$_2$ [Kristalle (aus A. oder Me.); F: 288°; [α]$_D^{17}$: −26,0° (A.; c = 0,5); Dihydrochlorid C$_{24}$H$_{40}$N$_2$O$_2$·2 HCl: Kristalle (aus A. + Acn. + Ae.), Zers. bei 336°; Hexachloroplatinat(IV): orangefarbene Kristalle, F: 307° (Zers.); Picrat: gelbe Kristalle (aus H$_2$O), F: 245° (Zers.)] (*Si., Sh.*, l. c. S. 438), beim Behandeln mit CrO$_3$ (7,5 Atomen Sauerstoff entsprechend) in Acetanhydrid ist eine Verbindung C$_{24}$H$_{36}$N$_2$O$_2$ [„Desmethyl-dehydro-conessin-*N*-carbonsäure": Kristalle (aus Acn.), F: 218—219° (Zers.); Hydrojodid C$_{24}$H$_{36}$N$_2$O$_2$·HI: gelbliche Kristalle (aus H$_2$O), F: 300° (Zers.); Methojodid [C$_{25}$H$_{39}$N$_2$O$_2$]I·H$_2$O: Kristalle (aus H$_2$O), F: 252—254° (Zers.)] (*Be.*, A. **557** 227) erhalten worden.

Beim Behandeln von Conessin mit Brom in Essigsäure und anschliessend mit wss. NH$_3$ ist ein Bromconessin C$_{24}$H$_{39}$BrN$_2$(?) (Kristalle [aus wss. A.]; F: 188° [unkorr.]) erhalten worden (*Ulrici*, Ar. **256** [1918] 57, 76); beim Behandeln mit Brom in CHCl$_3$ und Äther ist „Dibromconessin" (S. 4295), beim Behandeln mit Brom [10 Mol] in Essigsäure und Erhitzen des Reaktionsprodukts mit Pyridin und wss. Na$_2$SO$_3$ ist Desmethyl-dehydro-oxyconessin (s. o.) erhalten worden (*Bertho*, A. **557** [1947] 220, 236). Beim Behandeln des Dihydrobromids (S. 4384) mit Brom [1 Mol] in Essigsäure ist „Dibromconessin"-dihydrobromid, beim Behandeln des Dihydrobromids mit Brom [2 Mol] in H$_2$O bzw. in Essigsäure ist ein Tribromconessin-dihydrobromid $C_{24}H_{39}Br_3N_2 \cdot 2$ HBr (gelbe Kristalle; Zers. bei 124°) bzw. ein Tetrabromconessin-dihydrobromid $C_{24}H_{40}Br_4N_2 \cdot 2$ HBr (gelbliche Kristalle; Zers. bei 240°) erhalten worden (*Siddiqui, Vasisht,* J. scient. ind. Res. India **4** [1946] 440, 442, 444). Beim Behandeln einer Lösung in konz. wss. HNO_3 mit grösseren bzw. geringeren Mengen HNO_3 (N_2O_4 enthaltend) sind Nitroconessin (S. 4388) bzw. Isonitroconessin $C_{24}H_{39}N_3O_2$ (Kristalle [aus A.]; F: 259—260°; $[\alpha]_D^{30}$: —45,5° [CHCl₃; c = 1]; Dihydrochlorid $C_{24}H_{39}N_3O_2 \cdot 2$ HCl·H_2O: Kristalle [aus A. + Acn. + Ae.], F: 239—240° [Zers.]; Hydrojodid: Kristalle [aus H_2O], F: 295° [Zers.]; Hexachloroplatinat(IV) $C_{24}H_{39}N_3O_2 \cdot H_2PtCl_6$: orangefarbene Kristalle, F: 237° [Zers.]; Bis-methobromid [$C_{26}H_{45}N_3O_2$]Br₂: Kristalle [aus A.], F: 301° [Zers.]; Dibrom-Derivat des Bis-methobromids [$C_{26}H_{45}Br_2N_3O_2$]Br₂: gelbliches Pulver, F: 108—112°) erhalten worden (*Siddiqui, Sharma,* Pr. Indian Acad. [A] **6** [1937] 199, 201, 205); beim Erwärmen mit HNO_3 [D: 1,48] ist Dihydroapoconessinnitrosat $C_{23}H_{37}N_3O_4$ (Kristalle [aus Me.]; F: 183°; Hydrochlorid $C_{23}H_{37}N_3O_4 \cdot$ HCl: Kristalle [aus A. + Acn. + Ae.], F: 241° [Zers.]; Hydrojodid $C_{23}H_{37}N_3O_4 \cdot$ HI: Kristalle [aus H_2O], F: 259° [Zers.]; Nitrat: Kristalle [aus H_2O], F: 242° [Zers.]; Hexachloroplatinat(IV) $2\,C_{23}H_{37}N_3O_4 \cdot H_2PtCl_6$: orangefarben, F: 259° [Zers.]; Picrat: gelbe Kristalle, F: 159°; Methobromid [$C_{24}H_{40}N_3O_4$]Br: Kristalle [aus A. + Acn. + Ae.], F: 261° [Zers.]) erhalten worden (*Sharma, Siddiqui,* J. scient. ind. Res. India **9B** [1950] 84).

Beim Erhitzen mit wss. Formaldehyd, Ameisensäure und wss. HCl ist eine Verbindung $C_{25}H_{42}N_2O$ (Kristalle [aus Acn.]; F: 171—173°; $[\alpha]_D$: +65° [CHCl₃; c = 5]) erhalten worden (*Haworth et al.,* Soc. **1951** 1736, 1740; *Favre et al.,* Soc. **1953** 1115, 1122).

Dihydrochlorid $C_{24}H_{40}N_2 \cdot 2$ HCl. Kristalle (aus Me. + Acn.) mit 1 Mol H_2O; Zers. ab 235°; $[\alpha]_D^{20}$: +9,3° [H_2O; c = 2] [wasserfreies Präparat] (*Giemsa, Halberkann,* Ar. **256** [1918] 201, 209). Pulver; F: 338—340° [Zers.; nach Braunfärbung bei 335°] (*Siddiqui, Pillay,* J. Indian chem. Soc. **9** [1932] 553, 562); $[\alpha]_D^{35}$: +15,2° [H_2O; c = 1] (*Siddiqui,* Pr. Indian Acad. [A] **2** [1935] 426, 431). UV-Spektrum (H_2O; 210—400 nm): *Hamdani et al.,* Pakistan J. scient. ind. Res. **1** [1958] 132, 133.

Monohydrobromid $C_{24}H_{40}N_2 \cdot$ HBr. Kristalle (aus E.); F: 310—311° [Zers.] (*Siddiqui, Siddiqui,* J. Indian chem. Soc. **11** [1934] 787, 792).

Dihydrobromid $C_{24}H_{40}N_2 \cdot 2$ HBr. Kristalle; F:340° (*Siddiqui, Vasisht,* J. scient. ind. Res. India **4** [1946] 440, 442). $[\alpha]_D$: +7,4° [H_2O; c = 4] (*Pyman,* Soc. **115** [1919] 163, 165). UV-Spektrum (H_2O; 210—350 nm): *Hamdani et al.,* Pakistan J. scient. ind. Res. **1** [1958] 132, 133.

Dihydrojodid $C_{24}H_{40}N_2 \cdot 2$ HI. Kristalle; F: 308° [Zers.] (*Siddiqui, Pillay,* J. Indian chem. Soc. **9** [1932] 553, 562). UV-Spektrum (H_2O; 210—400 nm): *Hamdani et al.,* Pakistan J. scient. ind. Res. **1** [1958] 132, 133.

Verbindung mit Wasserstoffperoxid $C_{24}H_{40}N_2 \cdot 1,5\,H_2O_2$. Wenig beständige Kristalle; F: 98,5—99° (*Bertho,* A. **557** [1947] 220, 231).

Diphosphat $C_{24}H_{40}N_2 \cdot 2\,H_3PO_4$. Kristalle (aus wss. A.) mit 3 Mol H_2O; F: 230° [nach Sintern > 100°] (*Bertho,* A. **558** [1947] 62, 64).

Hexachloroplatinat(IV) $C_{24}H_{40}N_2 \cdot H_2PtCl_6$. Orangerote Kristalle (*Warnecke,* Ar. **226** [1888] 248, 256; *Ulrici,* Ar. **256** [1918] 57, 64; *Giemsa, Halberkann,* Ar. **256** [1918] 201, 210).

Dipicrat $C_{24}H_{40}N_2 \cdot 2\,C_6H_3N_3O_7$. Gelbe Kristalle (aus A.) mit 2 Mol H_2O (*Polstorff,* B. **19** [1886] 1682). Kristalle; F: 222—224° [Zers.; aus H_2O] (*Siddiqui, Pillay,* J. Indian chem. Soc. **9** [1932] 553, 563), 220° (*Paris,* Bl. Sci. pharmacol. **49** [1942] 33, 37). $[\alpha]_D$: +19,2° [A.] (*Pa.*).

Oxalat $C_{24}H_{40}N_2 \cdot C_2H_2O_4$. Kristalle (*Warnecke,* Ar. **226** [1888] 248, 258). Kristalle (aus H_2O); F: 372° [Zers.] (*Siddiqui, Pillay,* J. Indian chem. Soc. **9** [1932] 553, 563).

Bis-hydrogenoxalat $C_{24}H_{40}N_2 \cdot 2\,C_2H_2O_4$. Kristalle; F: 280° [korr.; Zers.] (*Pyman,* Soc. **115** [1919] 163, 165), 260—262° (*Haworth et al.,* Soc. **1949** 831, 835).

b) **3β-Dimethylamino-20βH-con-5-en, [20βH-Con-5-en-3β-yl]-dimethyl-amin, Heteroconessin** $C_{24}H_{40}N_2$, Formel VII.

B. Beim Erhitzen von Conessin-bis-methojodid (S. 4385) mit KOH und wss. Äthylenglykol auf 160° (*Favre et al.,* Soc. **1953** 1115, 1126; s. a. *Haworth et al.,* Soc. **1949** 3127, 3129). Beim Erhitzen von Conessimethin (3β,18-Bis-dimethylamino-pregna-5,20-dien) mit KOH, KI und wss. Äthylenglykol auf 150° (*Fa. et al.,* l. c. S. 1128).

Kristalle (aus Acn.); F: 131—132° (*Fa. et al.*, l. c. S. 1128), 130—131° (*Ha. et al.*). $[\alpha]_D$: —25° [CHCl$_3$; c = 1] (*Fa. et al.*, l. c. S. 1122).

VII   VIII

2,2,3,11a-Tetramethyl-9-trimethylammonio-Δ^7-hexadecahydro-naphth[2′,1′:4,5]indeno=
[1,7a-c]pyrrolium [C$_{26}$H$_{46}$N$_2$]$^{2+}$.

a) **22-Methyl-3β-trimethylammonio-con-5-enium** [C$_{26}$H$_{46}$N$_2$]$^{2+}$, Formel VIII.

Dihydroxid. Beim Erhitzen sind Apoconessin (18-Dimethylamino-pregna-3,5,20-trien) und Trimethylamin sowie geringe Mengen Conessin (S. 4382), Methanol und andere Verbindungen erhalten worden (*Giemsa, Halberkann*, Ar. **256** [1918] 201, 212; *Kanga et al.*, Soc. **1926** 2123, 2125; *Späth, Hromatka*, B. **63** [1930] 126, 130; *Siddiqui et al.*, Pr. Indian Acad. [A] **4** [1936] 283, 289; *Haworth et al.*, Soc. **1949** 3127, 3129).

Dichlorid; Conessin-bis-methochlorid. Kristalle (aus A. + Acn. + E.); F: 284° [Zers.]; $[\alpha]_D^{37}$: +15° [Lösungsmittel nicht angegeben] (*Siddiqui et al.*, Pr. Indian Acad. [A] **4** [1936] 283, 289).

Diperchlorat [C$_{26}$H$_{46}$N$_2$](ClO$_4$)$_2$. Kristalle (aus H$_2$O), die unterhalb 345° nicht schmelzen; $[\alpha]_D^{23}$: +2,9° [Me.; c = 0,3] (*Bertho*, A. **555** [1944] 214, 240).

Dibromid [C$_{26}$H$_{46}$N$_2$]Br$_2$. *B.* Neben anderen Verbindungen beim Behandeln von Conessin (S. 4382) mit Bromcyan in Äther (*Siddiqui*, J. Indian chem. Soc. **11** [1934] 787, 789, 791). — Kristalle (aus A. + E.); F: 321—322° [Zers.].

Dijodid [C$_{26}$H$_{46}$N$_2$]I$_2$. *B.* Aus Conessin (S. 4382) und CH$_3$I (*Polstorff, Schirmer*, B. **19** [1886] 78, 82; *Giemsa, Halberkann*, Ar. **256** [1918] 201, 211; *Siddiqui et al.*, Pr. Indian Acad. [A] **4** [1936] 283, 289). — Kristalle (aus H$_2$O) mit 3 Mol H$_2$O (*Po., Sch.; Gi., Ha.; Haworth et al.*, Soc. **1949** 3127, 3129); F: 330° [Zers.] (*Haw. et al.*, Soc. **1949** 3129), 315° bis 316° [Zers.; evakuierte Kapillare] (*Späth, Hromatka*, B. **63** [1930] 126, 130), 303—304° [Zers.] (*Bertho*, A. **555** [1944] 214, 239), 300—301° (*Si. et al.*). $[\alpha]_D$: +6° [Me.; c = 2] (*Favre et al.*, Soc. **1953** 1115, 1122); $[\alpha]_D^{23}$: +11,5° [H$_2$O] (*Be.*). — Beim Erhitzen mit KOH und wss. Äthylenglykol auf 160° sind Heteroconessin (S. 4384) und andere Verbindungen, beim Erhitzen mit KOH und Äthylenglykol auf 180° sind Conessimethin (3β,18-Bis-dimethylamino-pregna-5,20-dien), Apoconessin (18-Dimethylamino-pregna-3,5,20-trien) und 22-Methyl-20ξH-cona-3,5-dienium-jodid [C$_{23}$H$_{36}$N]I (Kristalle [aus H$_2$O]; F: 325° [Zers.]; über die Konstitution s. *Haworth et al.*, Soc. **1951** 1736, 1737; *Jewers, McKenna*, Soc. **1960** 1575) erhalten worden (*Haw. et al.*, Soc. **1949** 3129; *Fa. et al.*, l. c. S. 1126, 1127).

Bis-methylsulfat [C$_{26}$H$_{46}$N$_2$](CH$_3$O$_4$S)$_2$. *B.* Aus Conessin (S. 4382) und Dimethylsulfat (*Giemsa, Halberkann*, Ar. **256** [1918] 201, 212; *Kanga et al.*, Soc. **1926** 2123, 2126). — Kristalle [aus A. + E. oder CHCl$_3$ + Bzl.] (*Gi., Ha.*); Kristalle (aus Me. + Acn.), F: 240—242° [nach Sintern bei 225°] (*Ka. et al.*). — Beim Erwärmen mit wss. KOH ist eine Base C$_{26}$H$_{44}$N$_2$ (hygroskopische Kristalle; Dipicrat C$_{26}$H$_{44}$N$_2$·2 C$_6$H$_3$N$_3$O$_7$: gelbe Kristalle [aus wss. Acn.], F: 258—259° [Zers.]) erhalten worden (*Ka. et al.*).

Hexachloroplatinat(IV) [C$_{26}$H$_{46}$N$_2$]PtCl$_6$. Orangefarbene Kristalle; F: 247° [Zers.] (*Siddiqui et al.*, Pr. Indian Acad. [A] **4** [1936] 283, 289).

Dipicrat. Kristalle; F: 260° [Zers.] (*Siddiqui et al.*, Pr. Indian Acad. [A] **4** [1936] 283, 289).

b) **22-Methyl-3β-trimethylammonio-20βH-con-5-enium** [C$_{26}$H$_{46}$N$_2$]$^{2+}$, Formel IX.

Dijodid [C$_{26}$H$_{46}$N$_2$]I$_2$; Heteroconessin-bis-methojodid. *B.* Aus Heteroconessin [S. 4384] (*Favre et al.*, Soc. **1953** 1115, 1126). — Kristalle (aus H$_2$O); F: 312° [Zers.]. $[\alpha]_D$: +13° [Me.; c = 1].

IX   X

3β-Isopropylidenamino-con-5-en, Con-5-en-3β-yl-isopropyliden-amin, N-Isoprop$=$
yliden-conamin $C_{25}H_{40}N_2$, Formel X.

Diese Verbindung hat auch in dem von *Siddiqui* (Pr. Indian Acad. [A] **3** [1936] 249,
252) als Conamin (S. 4380) beschriebenen Präparat vorgelegen (*Jarreau et al.*, Bl. **1963**
1861).

B. Beim Erwärmen von Conamin mit Aceton (*Ja. et al.*; s. a. *Si.*).

Kristalle; F: 130° [aus PAe. + Acn. + E.] (*Si.*), 128° [aus Acn.] (*Ja. et al.*). $[\alpha]_D^{28}$:
$-19°$ [A.; c = 1] (*Si.*); $[\alpha]_D$: $-6,5°$ [CHCl$_3$; c = 1] (*Ja. et al.*).

**22-Acetyl-3β-dimethylamino-23-nor-con-5-en, [22-Acetyl-23-nor-con-5-en-3β-yl]-
dimethyl-amin,** N-Acetyl-conessimin $C_{25}H_{40}N_2O$, Formel VI (R = CO-CH$_3$,
R$'$ = CH$_3$) auf S. 4381.

B. Beim Behandeln von Conessimin (S. 4381) mit Acetylchlorid in Äther (*Siddiqui*, J.
Indian chem. Soc. **11** [1934] 283, 290).

Hydrochlorid $C_{25}H_{40}N_2O \cdot HCl$. F: 278—280°. — Verbindung mit Platin(IV)-
chlorid 2 $C_{25}H_{40}N_2O \cdot 2$ HCl $\cdot$ 3 PtCl$_4$. Bräunliches Pulver; F: 254—256° [Zers.; nach
Sintern und Dunkelfärbung bei 230°].

3β-[Acetyl-methyl-amino]-con-5-en, N-Con-5-en-3β-yl-N-methyl-acetamid, N-Acetyl-
isoconessimin $C_{25}H_{40}N_2O$, Formel VI (R = CH$_3$, R$'$ = CO-CH$_3$) auf S. 4381.

B. Beim Behandeln von Isoconessimin (S. 4381) mit Acetylchlorid in Äther oder beim
Erwärmen von Isoconessimin-dihydrochlorid mit wss. Natriumacetat und Acetanhydrid
(*Siddiqui, Siddiqui*, J. Indian chem. Soc. **11** [1934] 787, 793).

Kristalle (aus PAe.); F: 161° (*Haworth et al.*, Soc. **1953** 1102, 1107), 127—128° (*Si.*,
Si.) [nach *Haworth et al.* möglicherweise lösungsmittelhaltig].

Hydrochlorid $C_{25}H_{40}N_2O \cdot HCl$. Kristalle; F: 325—326° [Zers.] (*Si., Si.*). — Verbindung mit Platin(IV)-chlorid 2 $C_{25}H_{40}N_2O \cdot 2$ HCl $\cdot$ 3 PtCl$_4$. Bräunliches Pulver;
F: 265—266° [Zers.; nach Sintern bei 246°] (*Si., Si.*).

3β-[Acetyl-methyl-amino]-22-methyl-con-5-enium $[C_{26}H_{43}N_2O]^+$, Formel XI auf
S. 4388.

Jodid $[C_{26}H_{43}N_2O]I$; N-Acetyl-isoconessimin-methojodid. *B.* Aus N-Acetyl-
isoconessimin [s. o.] (*Haworth et al.*, Soc. **1953** 1102, 1107). — Kristalle (aus wss. Me.);
F: 290° [Zers.]. — Beim Behandeln mit Ag$_2$O in H$_2$O und Erhitzen der erhaltenen Base
auf 200°/0,05 Torr ist N-[18-Dimethylamino-pregna-5,20-dien-3β-yl]-N-methyl-acetamid
erhalten worden, das beim Erhitzen mit Essigsäure und Behandeln des Reaktionsprodukts mit KI und wss. NH$_3$ in 3β-[Acetyl-methyl-amino]-22-methyl-20ξH-
con-5-enium-jodid $[C_{26}H_{43}N_2O]I$ (Kristalle [aus wss. Me.]; F: 298—300° [Zers.]) über-
geführt worden ist.

22-Acetyl-3β-[acetyl-methyl-amino]-23-nor-con-5-en, N-[22-Acetyl-23-nor-con-5-en-
3β-yl]-N-methyl-acetamid, N,N'-Diacetyl-conimin $C_{26}H_{40}N_2O_2$, Formel VI
(R = R$'$ = CO-CH$_3$) auf S. 4381.

B. Beim Erwärmen von Conimin (S. 4380) mit Acetanhydrid und Natriumacetat
(*Siddiqui, Siddiqui*, J. Indian chem. Soc. **11** [1934] 787, 795).

F: 139—140°.

22-Benzoyl-3β-dimethylamino-23-nor-con-5-en, [22-Benzoyl-23-nor-con-5-en-3β-yl]-dimethyl-amin, N-Benzoyl-conessimin $C_{30}H_{42}N_2O$, Formel VI (R = CO-C_6H_5, R' = CH_3) auf S. 4381.

B. Beim Behandeln von Conessimin (S. 4381) mit Benzoylchlorid in Äther (*Siddiqui*, J. Indian chem. Soc. **11** [1934] 283, 290).

Kristalle (aus Acn.); F: 121° [nach Sintern ab 110°].

Hydrochlorid. Kristalle; F: 348° [Zers.; nach Sintern ab 233°].

3β-[Benzoyl-methyl-amino]-con-5-en, N-Con-5-en-3β-yl-N-methyl-benzamid, N-Benzoyl-isoconessimin $C_{30}H_{42}N_2O$, Formel VI (R = CH_3, R' = CO-C_6H_5) auf S. 4381.

B. Beim Erhitzen von Isoconessimin (S. 4381) mit Benzoesäure-anhydrid bis auf 140° (*Siddiqui, Siddiqui*, J. Indian chem. Soc. **11** [1934] 787, 792).

Kristalle (aus Acn.); F: 159—160°.

Hydrochlorid. Kristalle; F: 325—326° [Zers.]. — Verbindung mit Platin(IV)-chlorid 2 $C_{30}H_{42}N_2O \cdot 2$ HCl $\cdot 3$ PtCl$_4$. Bräunliches Pulver; F: 264—265° [Zers.].

22-Benzoyl-3β-[benzoyl-methyl-amino]-23-nor-con-5-en, N-[22-Benzoyl-23-nor-con-5-en-3β-yl]-N-methyl-benzamid, N,N'-Dibenzoyl-conimin $C_{36}H_{44}N_2O_2$, Formel VI (R = R' = CO-C_6H_5) auf S. 4381.

B. Beim Behandeln von Conimin (S. 4380) mit Benzoylchlorid und Pyridin in Äther (*Siddiqui, Siddiqui*, J. Indian chem. Soc. **11** [1934] 787, 794).

Kristalle (aus CHCl$_3$ + Acn.); F: 250°.

3β-[Cyan-methyl-amino]-con-5-en, Con-5-en-3β-yl-methyl-carbamonitril, N-Cyan-isoconessimin $C_{24}H_{37}N_3$, Formel VI (R = CH_3, R' = CN) auf S. 4381.

B. Beim Behandeln von Conessin (S. 4382) mit Bromcyan in Äther (*Siddiqui, Siddiqui*, J. Indian chem. Soc. **11** [1934] 787, 789).

Kristalle (aus Ae. + E.); F: 182—183° (*Si., Si.*, l. c. S. 791).

Hydrochlorid $C_{24}H_{37}N_3 \cdot$HCl. Kristalle (aus A. + Ae. + PAe.) mit 1,5 Mol HCl, die beim Erwärmen unter vermindertem Druck auf 100° 1,5 Mol HCl abgeben; F: 289° bis 290° [Zers.] (*Si., Si.*, l. c. S. 791; *Siddiqui et al.*, Pr. Indian Acad. [A] **4** [1936] 283, 286).

Hydrobromid $C_{24}H_{37}N_3 \cdot$HBr. Kristalle; F: 255° (*Si., Si.*, l. c. S. 790; *Si. et al.*, l. c. S. 287).

Hexachloroplatinat(IV) 2 $C_{24}H_{37}N_3 \cdot$H$_2$PtCl$_6$. Gelbe Kristalle (aus Me.); F: 210° bis 211° [Zers.] (*Si., Si.*, l. c. S. 791).

Picrat. Gelbe Kristalle; F: 139—140° (*Si., Si.*, l. c. S. 791).

22-Cyan-3β-[cyan-methyl-amino]-23-nor-con-5en, 3β-[Cyan-methyl-amino]-con-5-en-23-nitril, N,N'-Dicyan-conimin $C_{24}H_{34}N_4$, Formel VI (R = R' = CN) auf S. 4381.

B. Aus Conessin [S. 4382] (*Buzzetti et al.*, Helv. **42** [1959] 388; s. a. *Siddiqui, Siddiqui*, J. Indian chem. Soc. **11** [1934] 787, 789) oder N-Cyan-isoconessimin [s. o.] (*Si., Si.*, l. c. S. 790) und Bromcyan.

Kristalle; F: 170—171° [unkorr.; evakuierte Kapillare] (*Bu. et al.*), 159—160° [aus Ae., E. oder Acn.] (*Si., Si.*, l. c. S. 791). $[\alpha]_D$: +65° [CHCl$_3$; c = 1] (*Bu. et al.*).

22-Chlor-3β-[chlor-methyl-amino]-23-nor-con-5-en, Chlor-[22-chlor-23-nor-con-5-en-3β-yl]-methyl-amin, N,N'-Dichlor-conimin $C_{22}H_{34}Cl_2N_2$, Formel VI (R = R' = Cl) auf S. 4381.

B. Beim Behandeln von Conimin (S. 4380) mit N-Chlor-succinimid in Äther (*Buzzetti et al.*, Helv. **42** [1959] 388).

Kristalle (aus Bzl. + Me.); Zers. ab ca. 115° [evakuierte Kapillare]. $[\alpha]_D$: +29° [CHCl$_3$; c = 0,7].

3β-Dimethylamino-22-nitroso-23-nor-con-5-en, Dimethyl-[22-nitroso-23-nor-con-5-en-3β-yl]-amin, N-Nitroso-conessimin $C_{23}H_{37}N_3O$, Formel VI (R = NO, R' = CH_3) auf S. 4381.

B. Beim Behandeln von Conessimin (S. 4381) mit NaNO$_2$ und wss. Essigsäure (*Siddiqui, Pillay*, J. Indian chem. Soc. **9** [1932] 553, 560).

Bräunliche Kristalle; F: 240—241° [Zers.].

XI   XII

3β-Dimethylamino-6-nitro-con-5-en, Dimethyl-[6-nitro-con-5-en-3β-yl]-amin,
Nitroconessin $C_{24}H_{39}N_3O_2$, Formel XII (über Isonitroconessin s. S. 4384 im Artikel
Conessin).

B. Beim Behandeln einer Lösung von Conessin (S. 4382) in konz. wss. HNO_3 mit HNO_3
[N_2O_4 enthaltend] (*Siddiqui, Sharma,* Pr. Indian Acad. [A] **6** [1937] 199, 201).

Kristalle (aus Acn.); F: 173°; $[\alpha]_D^{36,5}$: $+11,0°$ [A.; c = 1] (*Si., Sh.,* Pr. Indian Acad. [A]
6 201).

Bei der Hydrierung an Platin in Methanol sowie beim Behandeln mit Natrium-Amalgam
und Essigsäure in Äthanol ist 3β-Dimethylamino-5α-conan-6-on-oxim [„Conessinoxim"]
(*Siddiqui, Sharma,* Pr. Indian Acad. [A] **10** [1939] 417, 419, 420), beim Behandeln mit
Zink-Pulver und konz. wss. HCl sind 3β-Dimethylamino-5α-conan-6-on („Oxyconessin")
und geringe Mengen „Isodioxyconessin" $C_{24}H_{42}N_2O_2$ [Kristalle (aus A.); F: 279–280°;
$[\alpha]_D^{34}$: $-11,0°$ ($CHCl_3$; c = 0,3); Dihydrochlorid $C_{24}H_{42}N_2O_2 \cdot 2$ HCl: Kristalle, F:
$>360°$; Hexachloroplatinat(IV) $C_{24}H_{42}N_2O_2 \cdot H_2PtCl_6$: orangefarbene Kristalle, F:
288° (Zers.)] (*Si., Sh.,* Pr. Indian Acad. [A] **6** 203) erhalten worden.

Dihydrochlorid $C_{24}H_{39}N_3O_2 \cdot 2$ HCl. Kristalle (aus H_2O); F: 253° [Zers.] (*Si., Sh.,*
Pr. Indian Acad. [A] **6** 202).

Hydrobromid. Kristalle; F: 258° [Zers.; nach Dunkelfärbung bei 246°] (*Si., Sh.,* Pr.
Indian Acad. [A] **6** 202).

Hydrojodid. Kristalle (aus H_2O); F: 252° [Zers.] (*Si., Sh.,* Pr. Indian Acad. [A] **6**
202).

Hexachloroplatinat(IV) $C_{24}H_{39}N_3O_2 \cdot H_2PtCl_6$. Orangefarbene Kristalle; F: 267°
[Zers.; nach Dunkelfärbung ab 260°] (*Si., Sh.,* Pr. Indian Acad. [A] **6** 202).

Picrat. Gelbe Kristalle; F: 216° (*Si., Sh.,* Pr. Indian Acad. [A] **6** 202).

Bis-methobromid $[C_{26}H_{45}N_3O_2]Br_2$. 22-Methyl-6-nitro-3β-trimethylammo=
nio-con-5-enium-dibromid. Hygroskopische Kristalle; F: 237° [Zers.; nach Dunkelfärbung ab 215°] (*Si., Sh.,* Pr. Indian Acad. [A] **6** 202). — Dibrom-Derivat
$[C_{26}H_{45}Br_2N_3O_2]Br_2$. Gelb; F: 260° [nach Dunkelfärbung bei 192° und Zers. ab 235°]
(*Si., Sh.,* Pr. Indian Acad. [A] **6** 203).

Bis-methojodid $[C_{26}H_{45}N_3O_2]I_2$. Kristalle (aus A. + Acn. + Ae.); F: 238° [Zers.]
(*Si., Sh.,* Pr. Indian Acad. [A] **6** 202).

3β-Dimethylamino-5α-con-20-en [1]), **[5α-Con-20-en-3β-yl]-dimethyl-amin** $C_{24}H_{40}N_2$,
Formel XIII.

Konstitution: *Kasal et al.,* Collect. **27** [1962] 2898.

B. Aus Dihydroconessin (S. 4293) oder Dihydroheteroconessin (S. 4293) beim Erwärmen
mit Quecksilber(II)-acetat und wss. Essigsäure (*Favre, Marinier,* Canad. J. Chem. **36**
[1958] 429, 431).

Unbeständige, sich an der Luft gelb färbende Substanz; F: 100–125° (*Fa., Ma.*).

Diperchlorat s. 3β-Dimethylamino-5α-con-20(22)-enium-diperchlorat (S. 4380).

3β-Dimethylamino-13α,17aα-D-homo-C-nor-con-5-en [1]), **[13α,17aα-D-Homo-C-nor-
con-5-en-3β-yl]-dimethyl-amin,** 3β-Dimethylamino-12α,13α-12,14-cyclo-13,14-
secco-con-5-en $C_{24}H_{40}N_2$, Formel XIV.

Konstitution und Konfiguration: *Van de Woude, van Hove,* Bl. Soc. chim. Belg. **82**

---

[1]) Stellungsbezeichnung bei von Conan abgeleiteten Namen s. E III/IV **20** 3084.

[1973] 31.

B. Beim Behandeln von Holarrhenin (3β-Dimethylamino-con-5-en-12β-ol) mit Toluol-4-sulfonylchlorid und Pyridin und Erwärmen des Reaktionsprodukts mit LiAlH₄ in Äther (*Uffer*, Helv. **39** [1956] 1834, 1841).

Kristalle (aus Acn.); F: 87−88°; Kp$_{0,01}$: 110°; $[α]_D^{21}$: −19° [CHCl₃]; $[α]_D^{22}$: 0° [A.] (*Uf.*).

[*Härter*]

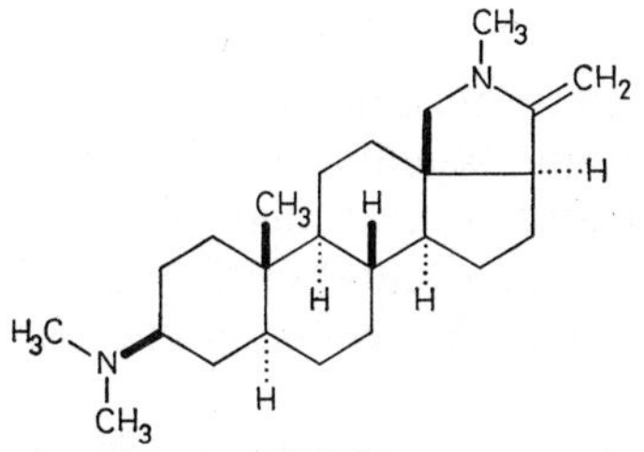

XIII 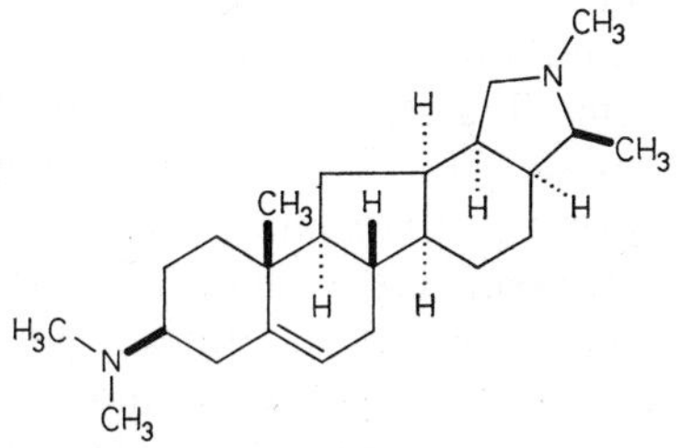   XIV

Sachregister

Das folgende Register enthält die Namen der in diesem Band abgehandelten Verbindungen im allgemeinen mit Ausnahme der Namen von Salzen, deren Kationen aus Metall-Ionen, Metallkomplex-Ionen oder protonierten Basen bestehen, und von Additionsverbindungen.

Die im Register aufgeführten Namen („Registernamen") unterscheiden sich von den im Text verwendeten Namen im allgemeinen dadurch, dass Substitutionspräfixe und Hydrierungsgradpräfixe hinter den Stammnamen gesetzt („invertiert") sind, und dass alle zur Konfigurationskennzeichnung dienenden genormten Präfixe und Symbole (s. „Stereochemische Bezeichnungsweisen") weggelassen sind.

Der Registername enthält demnach die folgenden Bestandteile in der angegebenen Reihenfolge:

1. den Register-Stammnamen (in Fettdruck); dieser setzt sich, sofern nicht ein Radikofunktionalname (s. u.) vorliegt, zusammen aus
   a) dem Stammvervielfachungsaffix (z. B. Bi in [1,2′]Binaphthyl),
   b) stammabwandelnden Präfixen [1]),
   c) dem Namensstamm (z. B. Hex in Hexan; Pyrr in Pyrrol),
   d) Endungen (z. B. an, en, in zur Kennzeichnung des Sättigungszustandes von Kohlenstoff-Gerüsten; ol, in, olidin zur Kennzeichnung von Ringgrösse und Sättigungszustand bei Heterocyclen; ium, id zur Kennzeichnung der Ladung eines Ions),
   e) dem Funktionssuffix zur Kennzeichnung der Hauptfunktion (z. B. -säure, -carbonsäure, -on, -ol),
   f) Additionssuffixen (z. B. oxid in Äthylenoxid).

2. Substitutionspräfixe*), d.h. Präfixe, die den Ersatz von Wasserstoff-Atomen durch andere Atome oder Gruppen („Substituenten") kennzeichnen (z. B. Äthyl-chlor in 2-Äthyl-1-chlor-naphthalin; Epoxy in 1,4-Epoxy-p-menthan).

3. Hydrierungsgradpräfixe (z. B. Hydro in 1,2,3,4-Tetrahydro-naphthalin; Dehydro in 4,4′-Didehydro-β,β′-carotin-3,3′-dion).

4. Funktionsabwandlungssuffixe (z. B. -oxim in Aceton-oxim; -methylester in Bernsteinsäure-dimethylester; -anhydrid in Benzoesäure-anhydrid).

---

[1]) Zu den stammabwandelnden Präfixen gehören:

Austauschpräfixe*) (z. B. Oxa in 3,9-Dioxa-undecan; Thio in Thioessigsäure),

Gerüstabwandlungspräfixe (z. B. Cyclo in 2,5-Cyclo-benzocycloheptan; Bicyclo in Bicyclo[2.2.2]octan; Spiro in Spiro[4.5]decan; Seco in 5,6-Seco-cholestan-5-on; Iso in Isopentan),

Brückenpräfixe*) (nur in Namen verwendet, deren Stamm ein Ringgerüst ohne Seitenkette bezeichnet; z. B. Methano in 1,4-Methano-naphthalin; Epoxido in 4,7-Epoxido-inden [zum Stammnamen gehörig im Gegensatz zu dem bedeutungsgleichen Substitutionspräfix Epoxy]),

Anellierungspräfixe (z. B. Benzo in Benzocycloheptan; Cyclopenta in Cyclopenta[a]phen= anthren),

Erweiterungspräfixe (z. B. Homo in D-Homo-androst-5-en),

Subtraktionspräfixe (z. B. Nor in A-Nor-cholestan; Desoxy in 2-Desoxy-hexose).

Beispiele:

Dibrom-chlor-methan wird registriert als **Methan**, Dibrom-chlor-;

meso-1,6-Diphenyl-hex-3-in-2,5-diol wird registriert als **Hex-3-in-2,5-diol**, 1,6-Diphenyl-;

4a,8a-Dimethyl-octahydro-naphthalin-2-on-semicarbazon wird registriert als **Naphthalin-2-on**, 4a,8a-Dimethyl-octahydro-, semicarbazon;

5,6-Dihydroxy-hexahydro-4,7-ätheno-isobenzofuran-1,3-dion wird registriert als **4,7-Ätheno-isobenzofuran-1,3-dion**, 5,6-Dihydroxy-hexahydro-.

Besondere Regelungen gelten für Radikofunktionalnamen, d.h. Namen, die aus einer oder mehreren Radikalbezeichnungen und der Bezeichnung einer Funktionsklasse (z. B. Äther) oder eines Ions (z. B. Chlorid) zusammengesetzt sind:

a) Bei Radikofunktionalnamen von Verbindungen deren (einzige) durch einen Funktionsklassen-Namen oder Ionen-Namen bezeichnete Funktionsgruppe mit nur einem (einwertigen) Radikal unmittelbar verknüpft ist, umfasst der Register-Stammname die Bezeichnung des Radikals und die Funktionsklassenbezeichnung (oder Ionenbezeichnung) in unveränderter Reihenfolge; ausgenommen von dieser Regelung sind jedoch Radikofunktionalnamen, die auf die Bezeichnung eines substituierbaren (d. h. Wasserstoff-Atome enthaltenden) Anions enden (s. unter c)). Präfixe, die eine Veränderung des Radikals ausdrücken, werden hinter den Stammnamen gesetzt[2]).

Beispiele:

Äthylbromid, Phenyllithium und Butylamin werden unverändert registriert;

4'-Brom-3-chlor-benzhydrylchlorid wird registriert als **Benzhydrylchlorid**, 4'-Brom-3-chlor-;

1-Methyl-butylamin wird registriert als **Butylamin**, 1-Methyl-.

b) Bei Radikofunktionalnamen von Verbindungen mit einem mehrwertigen Radikal, das unmittelbar mit den durch Funktionsklassen-Namen oder Ionen-Namen bezeichneten Funktionsgruppen verknüpft ist, umfasst der Register-Stammname die Bezeichnung dieses Radikals und die (gegebenenfalls mit einem Vervielfachungsaffix versehene) Funktionsklassenbezeichnung (oder Ionenbezeichnung), nicht aber weitere im Namen enthaltene Radikalbezeichnungen, auch wenn sie sich auf unmittelbar mit einer der Funktionsgruppen verknüpfte Radikale beziehen.

Beispiele:

Äthylendiamin und Äthylenchlorid werden unverändert registriert;

6-Methyl-1,2,3,4-tetrahydro-naphthalin-1,4-diyldiamin wird registriert als **Naphthalin-1,4-diyldiamin**, 6-Methyl-1,2,3,4-tetrahydro-;

N,*N*-Diäthyl-äthylendiamin wird registriert als **Äthylendiamin**, *N*,*N*-Diäthyl-.

c) Bei Radikofunktionalnamen, deren (einzige) Funktionsgruppe mit mehreren Radikalen unmittelbar verknüpft ist oder deren als Anion bezeichnete Funktionsgruppe Wasserstoff-Atome enthält, besteht der Register-Stammname nur aus der Funktionsklassenbezeichnung (oder Ionenbezeichnung); die Radikalbezeichnungen werden dahinter angeordnet.

Beispiele:

Benzyl-methyl-amin wird registriert als **Amin**, Benzyl-methyl-;

Äthyl-trimethyl-ammonium wird registriert als **Ammonium**, Äthyl-trimethyl-;

---

[2]) Namen mit Präfixen, die eine Veränderung des als Anion bezeichneten Molekülteils ausdrücken sollen (z. B. Methyl-chloracetat), werden im Handbuch nicht mehr verwendet.

Diphenyläther wird registriert als **Äther,** Diphenyl-;
[2-Äthyl-[1]naphthyl]-phenyl-keton-oxim wird registriert als **Keton,** [2-Äthyl-[1]naphthyl]-phenyl-, oxim.

Nach der sog. Konjunktiv-Nomenklatur gebildete Namen (z. B. Cyclo=hexanmethanol, 2,3-Naphthalindiessigsäure) werden im Handbuch nicht mehr verwendet.

Massgebend für die Anordnung von Verbindungsnamen sind in erster Linie die nicht kursiv gesetzten Buchstaben des Register-Stammnamens; in zweiter Linie werden die durch Kursivbuchstaben und/oder Ziffern repräsentierten Differenzierungsmarken des Register-Stammnamens berücksichtigt; erst danach entscheiden die nachgestellten Präfixe und zuletzt die Funktionsabwandlungssuffixe.

Beispiele:

o-**Phenylendiamin,** 3-Brom- erscheint unter dem Buchstaben P nach *m*-**Phenylendiamin,** 2,4,6-Trinitro-;
Cyclopenta [*b*]naphthalin, 1-Brom-1*H*- erscheint nach **Cyclopenta[*a*]naphthalin,** 3-Methyl-1*H*-;
Aceton, 1,3-Dibrom-, hydrazon erscheint nach **Aceton,** Chlor-, oxim.

Von griechischen Zahlwörtern abgeleitete Namen oder Namensteile sind einheitlich mit c (nicht mit k) geschrieben.

Die Buchstaben i und j werden unterschieden. Die Umlaute ä, ö und ü gelten hinsichtlich ihrer alphabetischen Einordnung als ae, oe bzw. ue.

---

*) Verzeichnis der in systematischen Namen verwendeten Substitutionspräfixe, Austauschpräfixe und Brückenpräfixe s. Gesamtregister, Sachregister für die Bände17 + 18, S. V—XXXII.

Subject Index

The following index contains the names of compounds dealt with in this volume, with the exception of salts whose cations are formed by metal ions, complex metal ions or protonated bases; addition compounds are likewise omitted.

The names used in the index (Index Names) are different from the systematic nomenclature used in the text only insofar as Substitution and Degree-of-Unsaturation Prefices are placed after the name (inverted), and all configurational prefices and symbols (see "Stereochemical Conventions") are omitted.

The Index Names are comprised of the following components in the order given:

1. the Index-Stem-Name (boldface type); this (insofar as a Radicofunctional name is not involved) is in turn made up of:
   a) the Parent-Multiplier (e. g. bi in [1,2']Binaphthyl),
   b) Parent-Modifying Prefices [1],
   c) the Parent-Stem (e. g. Hex in Hexan, Pyrr in Pyrrol),
   d) endings (e. g. an, en, defining the degree of unsaturation in the hydro‡ carbon entity; ol, in, olidin, referring to the ring size and degree of unsaturation of heterocycles; ium, id, indicating the charge of ions),
   e) the Functional-Suffix, indicating the main chemical function (e.g. -säure, -carbonsäure, -on, -ol),
   f) the Additive-Suffix (e.g. oxid in Äthylenoxid).

2. Substitutive Prefices*, i.e., prefices which denote the substitution of Hydrogen atoms with other atoms or groups (substituents) (e.g. äthyl and chlor in 2-Äthyl-1-chlor-naphthalin; epoxy in 1,4-Epoxy-p-menthan).

3. Hydrogenation-Prefices (e.g. hydro in 1,2,3,4-Tetrahydro-naphthalin; dehydro in 4,4'-Didehydro-β,β'-carotin-3,3'-dion).

4. Function-Modifying-Suffices (e.g. oxim in Aceton-oxim; methylester in Bernsteinsäure-dimethylester; anhydrid in Benzoesäure-anhydrid).

---

[1] Parent-Modifying Prefices include the following:

Replacement Prefices* (e. g. oxa in 3,9-Dioxa-undecan; thio in Thioessigsäure),

Skeleton Prefices (e. g. cyclo in 2,5-Cyclo-benzocyclohepten; bicyclo in Bicyclo[2.2.2]octan; spiro in Spiro[4.5]decan; seco in 5,6-Seco-cholestan-5-on; iso in Isopentan),

Bridge Prefices* (only used for names of which the Parent is a ring system without a side chain), e. g. methano in 1,4-Methano-naphthalin; epoxido in 4,7-Epoxido-inden (used here as part of the Stem-name in preference to the Substitutive Prefix epoxy),

Fusion Prefices (e. g. benzo in Benzocyclohepten, cyclopenta in Cyclopenta[a]phen‡ anthren),

Incremental Prefices (e. g. homo in D-Homo-androst-5-en),

Subtractive Prefices (e. g. nor in A-Nor-cholestan; desoxy in 2-Desoxy-hexose).

Examples:
  Dibrom-chlor-methan is indexed under **Methan,** Dibrom-chlor-;
  meso-1,6-Diphenyl-hex-3-in-2,5-diol is indexed under **Hex-3-in-2,5-diol,** 1,6-Diphenyl-;
  4a,8a-Dimethyl-octahydro-naphthalin-2-on-semicarbazon is indexed under **Naphthalin-2-on,** 4a,8a-Dimethyl-octahydro-, semicarbazon;
  5,6-Dihydroxy-hexahydro-4,7-ätheno-isobenzofuran-1,3-dion is indexed under
  4,7-Ätheno-isobenzofuran-1,3-dion, 5,6-Dihydroxy-hexahydro-.

Special rules are used for Radicofunctional Names (i.e. names comprised of one or more Radical Names and the name of either a class of compounds (e.g. Äther) or an ion (e.g. chlorid)):

a) For Radicofunctional names of compounds whose single functional group is described by a class name or ion, and is immediately connected to a single univalent radical, the Index-Stem-Name comprises the radical name followed by the functional name (or ion) in unaltered order; the only exception to this rule is found when the Radicofunctional Name would end with a Hydrogen-containing (i.e. substitutable) anion, (see under c), below). Prefices which modify the radical part of the name are placed after the Stem-Name[2].

Examples:
  Äthylbromid, Phenyllithium and Butylamin are indexed unchanged.
  4'-Brom-3-chlor-benzhydrylchlorid is indexed under **Benzhydrylchlorid,** 4'-Brom-3-chlor-;
  1-Methyl-butylamin is indexed under **Butylamin,** 1-Methyl-.

b) For Radicofunctional names of compounds with a multivalent radical attached directly to a functional group described by a class name (or ion), the Index-Stem-Name is comprised of the name of the radical and the functional group (modified by a multiplier when applicable), but not those of other radicals contained in the molecule, even when they are attached to the functional group in question.

Examples:
  Äthylendiamin and Äthylenchlorid are indexed unchanged;
  6-Methyl-1,2,3,4-tetrahydro-naphthalin-1,4-diyldiamin is indexed under **Naphthalin-1,4-diyldiamin,** 6-Methyl-1,2,3,4-tetrahydro-;
  N,N-Diäthyl-äthylendiamin is indexed under **Äthylendiamin,** *N,N*-Diäthyl-.

c) In the case of Radicofunctional names whose single functional group is directly bound to several different radicals, or whose functional group is an anion containing exchangeable Hydrogen atoms, the Index-Stem-Name is comprised of the functional class name (or ion) alone; the names of the radicals are listed after the Stem-Name.

Examples:
  Benzyl-methyl-amin is indexed under **Amin,** Benzyl-methyl-;
  Äthyl-trimethyl-ammonium is indexed under **Ammonium,** Äthyl-trimethyl-;
  Diphenyläther is indexed under **Äther,** Diphenyl-;
  [2-Äthyl-[1]naphthyl]-phenyl-keton-oxim is indexed under **Keton,** [2-Äthyl-[1]naphthyl]-phenyl-, oxim.

---

[2] Names using prefices which imply an alteration of the anionic component (e. g. Methyl-chloracetat) are no longer used in the Handbook.

Conjunctive names (e.g. Cyclohexanmethanol; 2,3-Naphthalindiessigsäure) are no longer in use in the Handbook.

The alphabetical listings follow the non-italic letters of the Stem-Name; the italic letters and/or modifying numbers of the Stem-Name then take precedence over prefices. Function-Modifying Suffices have the lowest priority.

Examples:

o-**Phenylendiamin,** 3-Brom- appears under the letter P, after *m*-**Phenylendiamin,** 2,4,6-Trinitro-;

Cyclopenta [*b***]naphthalin,** 1-Brom-1*H*- appears after **Cyclopenta [***a***]naphthalin,** 3-Methyl-1*H*-;

Aceton, 1,3-Dibrom-, hydrazon appears after **Aceton,** Chlor-, oxim.

Names or parts of names derived from Greek numerals are written throughout with c (not k). The letters i an j are treated separately and the modified vowels ä, ö, and ü are treated as ae, oe and ue respectively for the purposes of alphabetical ordering.

---

* For a list of the Substitutive, Replacement and Bridge Prefices, see: **Gesamtregister, Subject Index** for Volumes 17 and 18, pages V−XXXII.

A

Acetaldehyd
—, [Benzyl-(3-methyl-[2]pyridyl)-amino]-,
  — dimethylacetal 4155
—, [Benzyl-[2]pyridyl-amino]- 3872
  — dimethylacetal 3872
  — oxim 3872
—, [Di-[2]pyridyl-amino]-,
  — dimethylacetal 3962
—, Phenyl-,
  — [1-methyl-4-phenyl-
    [4]piperidylmethylimin] 4275
—, [Phenyl-[2]pyridyl-amino]-,
  — dimethylacetal 3872
  — oxim 3872
—, [2]Pyridylamino-,
  — diäthylacetal 3871
  — dimethylacetal 3871
  — oxim 3871
  — semicarbazon 3872
  — thiosemicarbazon 3872
—, [[2]Pyridyl-[2]thienylmethyl-amino]-,
  — dimethylacetal 3948
  — oxim 3948
—, [[2]Pyridyl-(2,4,6-trimethyl-benzyl)-
    amino]-,
  — dimethylacetal 3872
  — oxim 3873
Acetamid
—, N-[1-Acetyl-6-brom-2-methyl-
    1,2,3,4-tetrahydro-[4]chinolyl]-N-phenyl-
    4258
—, N-[9-Acetyl-4b,5,6,7,8,8a-hexahydro-
    carbazol-2-yl]- 4370
—, N-[9-Acetyl-4b,5,6,7,8,8a-hexahydro-
    carbazol-4-yl]- 4371
—, N-[1-Acetyl-indolin-5-yl]- 4246
—, N-[1-Acetyl-indolin-6-yl]- 4247
—, N-[9-Acetyl-1-methyl-4b,5,6,7,8,8a-
    hexahydro-carbazol-2-yl]- 4374
—, N-[1-Acetyl-2-methyl-
    1,2,3,4-tetrahydro-[4]chinolyl]-N-phenyl-
    4257
—, N-[22-Acetyl-23-nor-con-5-en-3-yl]-
    N-methyl- 4386
—, N-[1-Acetyl-[2]piperidyl]- 3743
—, N-[1-Acetyl-[4]piperidyl]- 3756
—, N-[4-(1-Acetyl-[3]piperidyl)-butyl]-
    N-methyl- 3789
—, N-[1-Acetyl-[2]piperidylmethyl]-
    3766
—, N-[1-Acetyl-pyrrol-3-yl]- 3828
—, N-[1-Acetyl-1,2,3,4-tetrahydro-
    [4]chinolyl]-N-phenäthyl- 4251
—, N-[2-Acetyl-1,2,3,4-tetrahydro-
    [5]isochinolyl]- 4254

—, N-[1-Acetyl-2,3,8-trimethyl-
    1,2,3,4-tetrahydro-[5]chinolyl]- 4283
—, N-[2-(N-Äthyl-anilino)-äthyl]-N-
    [9-methyl-9-aza-bicyclo[3.3.1]non-3-yl]-
    3819
—, N-[1-Äthyl-2,5-dimethyl-[4]piperidyl]-
    3780
—, N-[1-Äthyl-[3]piperidyl]- 3746
—, N-Äthyl-N-[2-pyrrol-2-yl-äthyl]- 3834
—, N-[1-Benzoyl-6-nitro-indolin-5-yl]-
    4247
—, N-[1-Benzoyl-[2]piperidylmethyl]-
    3766
—, N-[2-(1-Benzyl-indol-3-yl)-äthyl]-
    4332
—, N-Benzyl-N-[2-(2-methyl-indol-3-yl)-
    äthyl]- 4364
—, N-[1-Benzyl-4-phenyl-
    [4]piperidylmethyl]- 4276
—, N-[2-(Benzyl-[2]pyridyl-amino)-äthyl]-
    3931
—, N-[5-Brom-4,6-dimethyl-[2]pyridyl]-
    4212
—, N-[3-Brom-[4]pyridyl]- 4120
—, N-[5-Brom-[3]pyridyl]- 4094
—, N-[2-Chlor-4,6-dimethyl-
    [3]pyridylmethyl]- 4231
—, N-[2-(4-Chlor-phenyl)-
    1,2,3,4-tetrahydro-[7]isochinolyl]- 4255
—, N-[2-Chlor-[3]pyridyl]- 4089
—, N-[4-Chlor-[2]pyridyl]- 4019
—, N-[4-Chlor-[3]pyridyl]- 4090
—, N-[5-Chlor-[2]pyridyl]- 4020
—, N-[6-Chlor-[3]pyridyl]- 4091
—, N-[2-Chlor-[3]pyridyl]-N-methyl-
    4089
—, N-Conan-3-yl-N-methyl- 4293
—, N-Con-5-en-3-yl-N-methyl- 4386
—, N-[2-Diäthylamino-äthyl]-N-
    [8-phenyl-nortropan-3-yl]- 3811
—, N-[2-(2-Diäthylamino-äthyl)-
    1,2,3,4-tetrahydro-[7]isochinolyl]- 4256
—, N-[2-Diäthylamino-äthyl]-N-tropan-
    3-yl- 3811
—, N-[2,6-Dibrom-[4]pyridylmethyl]-
    4185
—, N-[5-Dichlorjodanyl-[2]pyridyl]- 4046
—, N-[2,4-Dichlor-[3]pyridyl]- 4093
—, N-[4,6-Dichlor-[2]pyridyl]- 4030
—, N-[2,6-Dichlor-[4]pyridylmethyl]-
    4185
—, N-[2,6-Dijod-[3]pyridyl]- 4096
—, N-[2-(3,4-Dimethoxy-phenyl)-
    1,2,3,4-tetrahydro-[7]isochinolyl]- 4255
—, N-[1-(2,3-Dimethyl-but-2-enyl)-
    2,4,5-trimethyl-1,2,3,6-tetrahydro-
    [2]pyridyl]- 3839
—, N-[1-(2,3-Dimethyl-butyl)-
    2,4,5-trimethyl-[2]piperidyl]- 3827

Acetessigsäure

−, 2-[(3-Methyl-[2]pyridylimino)-methyl]-,
  − äthylester 4157
−, 2-[(6-Methyl-[2]pyridylimino)-methyl]-,
  − [6-methyl-[2]pyridylamid] 4142
−, 2-[[2]Pyridylimino-methyl]-,
  − [2]pyridylamid 3919

Acetoacetamid

−, *N*-[5-Brom-[2]pyridyl]- 4033
−, *N*-[5-Chlor-[2]pyridyl]- 4024
−, *N*-[2,6-Dimethyl-[3]pyridyl]- 4215
−, *N*-[5-Jod-[2]pyridyl]- 4049
−, *N*-[3-Methyl-[2]pyridyl]- 4157
−, *N*-[4-Methyl-[2]pyridyl]- 4178
−, *N*-[5-Methyl-[2]pyridyl]- 4165
−, *N*-[6-Methyl-[2]pyridyl]- 4141
−, *N*-[2]Pyridyl- 3918
−, *N*-[3]Pyridyl- 4082

Aceton

  − [2-indol-3-yl-äthylimin] 4331
−, [2]Pyridylamino- 3873

Acetonitril

−, [6-Chlor-indol-3-yl]- 4350
−, [6-Fluor-indol-3-yl]- 4349
−, Imino-[3-methyl-[2]pyridylamino]-
  4157
−, Imino-[4-methyl-[2]pyridylamino]-
  4175
−, Imino-[5-methyl-[2]pyridylamino]-
  4162
−, Imino-[2]pyridylamino- 3888

Acridin

−, 2-Äthoxy-7-jod-9-[2]pyridylamino- 3965
−, 2-Äthoxy-7-jod-9-[2]pyridylimino-9,10-
  dihydro- 3965
−, 9-[1-Äthyl-[3]piperidylimino]-6-chlor-
  2-methoxy-9,10-dihydro- 3749
−, Amino- s. Acridinylamin
−, [(1-Benzyl-4-phenyl-
  [4]piperidylmethyl)-amino]-6-chlor-
  2-methoxy- 4282
−, 9-[1-Benzyl-4-phenyl-
  [4]piperidylmethylimino]-6-chlor-
  2-methoxy-9,10-dihydro- 4282
−, 9-Chinuclidin-2-ylmethylimino-
  6-chlor-2-methoxy-9,10-dihydro- 3821
−, 9-Chinuclidin-2-ylmethylimino-
  9,10-dihydro- 3821
−, 6-Chlor-9-[1-isobutyl-
  [4]piperidylimino]-2-methoxy-9,10-dihydro-
  3761
−, 6-Chlor-2-methoxy-9-[(1-methyl-4-phenyl-
  [4]piperidylmethyl)-amino]- 4281
−, 6-Chlor-2-methoxy-9-[1-methyl-
  4-phenyl-[4]piperidylmethylimino]-
  9,10-dihydro- 4281
−, 6-Chlor-2-methoxy-9-
  [3]pyridylamino- 4086

−, 6-Chlor-2-methoxy-9-[3]pyridylimino-
  9,10-dihydro- 4086
−, 6-Chlor-9-[octahydro-chinolizin-
  1-ylmethylimino]-2-methoxy-
  9,10-dihydro- 3825
−, 2-Jod-7-methyl-9-[2]pyridylamino- 3964
−, 2-Jod-7-methyl-9-[2]pyridylimino-
  9,10-dihydro- 3964

Acrylaldehyd

−, 3-[5-Nitro-[2]furyl]-,
  − [3]pyridylimin 4085

Acrylsäure

−, 2-Acetyl-3-[3-methyl-[2]pyridylamino]-,
  − äthylester 4157
−, 2-Acetyl-3-[6-methyl-[2]pyridylamino]-,
  − [6-methyl-[2]pyridylamid] 4142
−, 2-Acetyl-3-[2]pyridylamino-,
  − [2]pyridylamid 3919
−, 2-Cyan-3-[3-methyl-[2]pyridylamino]-,
  − äthylester 4157
−, 2-Cyan-3-[4-methyl-[2]pyridylamino]-,
  − äthylester 4178
−, 2-Cyan-3-[6-methyl-[2]pyridylamino]-,
  − äthylester 4142
−, 2-Cyan-3-[2]pyridylamino-,
  − äthylester 3921
−, 2,3-Diphenyl-,
  − [2]pyridylamid 3888
−, 3-[2]Furyl-,
  − [2]pyridylamid 3958
−, 3-[2]Furyl-2-phenyl-,
  − [2]pyridylamid 3958
−, 3-[4-Methyl-[2]pyridylamino]- 4178
−, 3-[5-Methyl-[2]pyridylamino]- 4165
−, 3-[4-Nitro-phenyl]-2-phenyl-,
  − [2]pyridylamid 3888

Adipamid

−, *N*,*N'*-Bis-[1,1-dimethyl-4-phenyl-
  piperidinium-4-ylmethyl]- 4276
−, *N*,*N'*-Bis-[2-indol-3-yl-äthyl]- 4335
−, *N*,*N'*-Bis-[1-methyl-4-phenyl-
  [4]piperidylmethyl]- 4276
−, *N*,*N'*-Di-[2]pyridyl- 3890

Adipamidsäure

−, *N*-[2-Indol-3-yl-äthyl]-*N*-methyl-,
  − äthylester 4335
−, *N*-[2]Pyridyl-,
  − äthylester 3890
  − methylester 3890
−, *N*-[4-[2]Pyridylsulfamoyl-phenyl]- 3991

Äthan

−, 1-Acetoxy-1-phenyl-2-
  [2]pyridylamino- 3865
−, 1-Acetylamino-1-[2]pyridyl- 4186
−, 1-Acetylamino-2-[2]pyridyl- 4194
−, 1-Acetylamino-2-[3]pyridyl- 4200
−, 1-Acetylamino-2-[4]pyridyl- 4206
−, 1-Acetylamino-2-pyrrol-2-yl- 3833

Äthan (Fortsetzung)

−, 1-[Diäthyl-methyl-ammonio]-2-
[(8,8-dimethyl-nortropanium-3-yl)-methyl-
amino]- 3808
−, 1-[Diäthyl-methyl-ammonio]-2-
[(8,8-dimethyl-nortropanium-3-yl)-propyl-
amino]- 3810
−, 1-[Diäthyl-methyl-ammonio]-2-[8-
(2-methoxy-benzyl)-8-methyl-
nortropanium-3-ylamino]- 3806
−, 1-[Diäthyl-methyl-ammonio]-2-[8-
(4-methoxy-benzyl)-8-methyl-
nortropanium-3-ylamino]- 3806
−, 1-Dichloracetoxy-2-[[4]pyridylmethyl-
amino]- 4182
−, 1-[3,4-Dihydro-2H-[1]chinolyl]-2-
[6-methyl-[2]pyridyl]- 4229
−, 1-[3,4-Dihydro-2H-[1]chinolyl]-2-
[2]pyridyl- 4194
−, 1-[3,4-Dihydro-2H-[1]chinolyl]-2-
[4]pyridyl- 4206
−, 1-[3,4-Dihydro-1H-[2]isochinolyl]-
2-indol-3-yl- 4328
−, 1-[3,4-Dihydro-1H-[2]isochinolyl]-2-
[1-methyl-indolin-3-yl]- 4270
−, 1-[3,4-Dihydro-1H-[2]isochinolyl]-2-
[1-methyl-indol-3-yl]- 4328
−, 1-[3,4-Dihydro-1H-[2]isochinolyl]-2-
[5-nitro-indol-3-yl]- 4351
−, 1-[3,6-Dihydro-2H-[1]pyridyl]-2-indol-
3-yl- 4326
−, 1-[6,7-Dimethoxy-3,4-dihydro-1H-
[2]isochinolyl]-2-indol-3-yl- 4331
−, 1-[1,2-Dimethyl-indol-3-yl]-
2-piperidino- 4363
−, 1-[8,8-Dimethyl-nortropanium-
3-ylamino]-2-[1-methyl-piperidinium-1-yl]-
3804
−, 1-[8,8-Dimethyl-nortropanium-
3-ylamino]-2-[1-methyl-pyrrolidinium-
1-yl]- 3804
−, 1-[(8,8-Dimethyl-nortropanium-3-yl)-
dimethyl-ammonio]-2-[dimethyl-p-tolyl-
ammonio]- 3809
−, 1-[(8,8-Dimethyl-nortropanium-3-yl)-
methyl-amino]-2-[dimethyl-phenyl-
ammonio]- 3808
−, 1-[(8,8-Dimethyl-nortropanium-3-yl)-
methyl-amino]-2-[(4-methoxy-phenyl)-
dimethyl-ammonio]- 3809
−, 1-[(8,8-Dimethyl-nortropanium-3-yl)-
methyl-amino]-2-[1-methyl-piperidinium-
1-yl]- 3808
−, 1-[(8,8-Dimethyl-nortropanium-3-yl)-
methyl-amino]-2-[1-methyl-pyrrolidinium-
1-yl]- 3808
−, 1-[(8,8-Dimethyl-nortropanium-3-yl)-
methyl-amino]-2-trimethylammonio-
3807

−, 1-[1,1-Dimethyl-piperidinium-4-yl]-
2-trimethylammonio- 3778
−, 1-[Dimethyl-propyl-ammonio]-2-
[1-methyl-1-propyl-piperidinium-4-yl]-
3778
−, 1-[4,6-Dimethyl-[2]pyridyl]-
2-piperidino- 4239
−, 1-[2,5-Dimethyl-pyrrol-1-yl]-2-
[2]pyridyl- 4192
−, 1-Diphenylacetoxy-2-[2]pyridylamino-
3857
−, 1-Formylamino-1-[2]pyridyl- 4186
−, 1-Formylamino-2-pyrrol-2-yl- 3833
−, 1-[Furfuryl-[2]pyridyl-amino]-
2-pyrrolidino- 3949
−, 1-[2]Furyl-1-[2]pyridylamino- 3954
−, 1-Hexahydroazepin-1-yl-2-[2-methyl-
indol-3-yl]- 4363
−, 1-[3,4,4a,7,8,8a-Hexahydro-1H-
[2]isochinolyl]-2-indol-3-yl- 4327
−, 1-[3,4,6,7,8,8a-Hexahydro-1H-
[2]isochinolyl]-2-indol-3-yl- 4327
−, 1-[(2-Indol-3-yl-äthyl)-methyl-amino]-
2-[3,4,5-trimethoxy-benzoyloxy]- 4325
−, 1-Indol-3-yl-2-octahydro[2]≠
isochinolyl- 4327
−, 1-Indol-3-yl-2-[4-phenäthyl-
piperidino]- 4329
−, 1-Indol-3-yl-1-piperidino- 4319
−, 1-Indol-3-yl-2-piperidino- 4326
−, 1-Indol-1-yl-2-[4]pyridyl- 4206
−, 1-Indol-3-yl-2-pyrrolidino- 4326
−, 1-Indol-3-yl-2-[4-styryl-3,6-dihydro-
2H-[1]pyridyl]- 4329
−, 1-[1-Isopropyl-[2]piperidyl]-
2-piperidino- 3771
−, 1-Lactoylamino-2-[4]pyridyl- 4208
−, 1-[1-(4-Methoxy-benzyl)-[2]piperidyl]-
2-piperidino- 3774
−, 1-[(4-Methoxy-benzyl)-[2]pyridyl-
amino]-2-piperidino- 3936
−, 1-[(4-Methoxy-benzyl)-[2]pyridyl-
amino]-2-pyrrolidino- 3936
−, 2-Methylamino-1-phenyl-1-
[2]piperidyl- 4290
−, 1-[N-Methyl-anilino]-2-[6-methyl-
[3]pyridyl]- 4225
−, 1-[2-Methyl-indol-3-yl]-2-piperidino-
4363
−, 1-[2-Methyl-5-nitro-indol-3-yl]-
2-piperidino- 4364
−, 1-[2-Methyl-piperidino]-2-[6-methyl-
[2]pyridyl]- 4228
−, 1-[2-Methyl-piperidino]-2-[2]piperidyl-
3772
−, 1-[2-Methyl-piperidino]-2-[2]pyridyl-
4192
−, 1-[1-Methyl-[2]piperidyl]-2-piperidino-
3771

Äthan (Fortsetzung)

−, 1-[1-Methyl-[4]piperidyl]-2-piperidino- 3779

−, 1-[1-Methyl-[4]piperidyl]- 2-pyrrolidino- 3779

−, 1-[3-Methyl-[2]pyridylamino]- 2-piperidino- 4158

−, 1-[6-Methyl-[2]pyridylamino]- 2-piperidino- 4142

−, 1-[6-Methyl-[2]pyridyl]-2-[5-nitro- 2-propoxy-anilino]- 4228

−, 1-[6-Methyl-[2]pyridyl]-2-piperidino- 4227

−, 1-[6-Methyl-[2]pyridyl]-2-[2-propoxy- anilino]- 4228

−, 1-[6-Methyl-[2]pyridyl]-2-pyrrolidino- 4227

−, 1-[4-Nitro-benzoyloxy]-2- [2]pyridylamino- 3857

−, 1-[5-Nitro-indol-3-yl]-2-octahydro[1]⤸ chinolyl- 4351

−, 1-[5-Nitro-indol-3-yl]-2-piperidino- 4351

−, 1-[5-Nitro-2-propoxy-anilino]-2- [2]pyridyl- 4193

−, 1-Piperidino-2-[2]piperidyl- 3771

−, 1-Piperidino-2-[4]piperidyl- 3779

−, 1-Piperidino-2-[2]pyridyl- 4192

−, 1-Piperidino-2-[4]pyridyl- 4205

−, 1-Piperidino-2-[2]pyridylamino- 3924

−, 1-Piperidino-2-[4]pyridylamino- 4112

−, 1-Piperidino-2-[[2]pyridyl- [2]thienylmethyl-amino]- 3951

−, 1-Piperidino-1-pyrrol-2-yl- 3832

−, 1-Piperidino-2-[1,2,3,4-tetrahydro- [2]chinolyl]- 4272

−, 1-[2]Piperidyl-2-[2-propyl-piperidino]- 3772

−, 1-[2]Piperidyl-2-pyrrolidino- 3771

−, 1-[4]Piperidyl-2-pyrrolidino- 3779

−, 1-Propionylamino-1-[2]pyridyl- 4187

−, 1-Propionylamino-2-[2]pyridyl- 4194

−, 1-Propionylamino-2-[4]pyridyl- 4206

−, 1-[2-Propoxy-anilino]-2-[2]pyridyl- 4193

−, 1-[4-Propoxy-anilino]-2-[2]pyridyl- 4193

−, 1-[2-Propyl-piperidino]-2-[2]pyridyl- 4192

−, 1-[2]Pyridylamino-2-pyrrolidino- 3924

−, 1-[5-[2]Pyridyl]-2-piperidino- 4237

−, 1-[2]Pyridyl-2-pyrrolidino- 4191

−, 1-[4]Pyridyl-2-pyrrolidino- 4205

−, 1-[2]Pyridyl-2-pyrrol-1-yl- 4192

−, 1-[4]Pyridyl-2-pyrrol-1-yl- 4205

−, 1-[2]Pyridyl-2-salicyloylamino- 4195

−, 1-[4]Pyridyl-2-salicyloylamino- 4209

−, 1-[2]Pyridyl-1-sulfanilylamino- 4187

−, 1-[2]Pyridyl-2-sulfanilylamino- 4198

−, 1-[3]Pyridyl-1-sulfanilylamino- 4199

−, 1-[4]Pyridyl-1-sulfanilylamino- 4201

−, 1-[[2]Pyridyl-[2]thienylmethyl-amino]- 2-pyrrolidino- 3951

−, 1,1,1-Trichlor-2,2-bis- [2]pyridylamino- 3869

Äthandiyldiamin

s. a. Äthylendiamin

−, N^1,N^1-Diäthyl-1-methyl-N^2- [2]pyridyl- 4114

−, 1,N^1,N^1-Trimethyl-N^2-[2]pyridyl- 3938

−, 1,N^2,N^2-Trimethyl-N^1-[2]pyridyl- 3940

−, 1,N^1,N^1-Trimethyl-N^2-[2]pyridyl-N^2- [2]thienylmethyl- 3952

Äthanol

−, 2-[Äthyl-(5-nitro-[2]pyridyl)-amino]- 4056

−, 2-[1-Äthyl-[4]piperidylamino]- 3754

−, 2-[Äthyl-[2]pyridyl-amino]- 3858

−, 2-[Benzyl-(2-[2]pyridyl-äthyl)-amino]- 4191

−, 2-[Benzyl-[2]pyridyl-amino]- 3859

−, 2-[Bibenzyl-α-yl-[2]pyridyl-amino]- 1-phenyl- 3865

−, 2-[3-Brom-5-nitro-[2]pyridylamino]- 4066

−, 2-[3-Brom-5-nitro-[4]pyridylamino]- 4128

−, 2-[5-Brom-[2]pyridylamino]-1-phenyl- 4031

−, 1-[Butyl-[2]pyridyl-amino]- 3858

−, 2-[5-Chlor-[2]pyridylamino]-1-phenyl- 4020

−, 1-Cyclohexyl-2-[2]pyridylamino- 3861

−, 2-[(2-Diäthylamino-äthyl)-[2]pyridyl- amino]- 3934

−, 2-[(3-Diäthylamino-propyl)- [2]pyridyl-amino]- 3939

−, 2-[(2-Dibutylamino-äthyl)-[2]pyridyl- amino]- 3934

−, 2-[(3-Dibutylamino-propyl)- [2]pyridyl-amino]- 3939

−, 2-[Dichloracetyl-[3]pyridylmethyl- amino]- 4169

−, 2-[Dichloracetyl-[4]pyridylmethyl- amino]- 4182

−, 1-[3,4-Dihydroxy-phenyl]-2- [2]pyridylamino- 3868

−, 2-[4,6-Dimethyl-[2]pyridylamino]- 1-phenyl- 4211

−, 1,1-Diphenyl-2-[2]pyridylamino- 3867

−, 1,2-Diphenyl-2-[2]pyridylamino- 3867

−, 2-[Hexahydropyrrolizin-1-ylmethyl- amino]- 3817

−, 2-[(2-Indol-3-yl-äthyl)-methyl-amino]- 4325

Äthanol (Fortsetzung)

—, 2-[Methyl-(5-nitro-[2]pyridyl)-amino]- 4056

—, 2-[Methyl-(2-[4]pyridyl-äthyl)-amino]- 1-phenyl- 4206

—, 2-[Methyl-[2]pyridyl-amino]- 3858

—, 2-[Methyl-[2]pyridyl-amino]-1-phenyl- 3865

—, 2-[4-Methyl-[2]pyridylamino]- 1-phenyl- 4174

—, 2-[5-Methyl-[2]pyridylamino]- 1-phenyl- 4162

—, 2-[3-Nitro-[4]pyridylamino]- 4124

—, 2-[5-Nitro-[2]pyridylamino]- 4056

—, 2-[(5-Nitro-[2]pyridyl)-propyl-amino]- 4056

—, 1-Phenyl-2-[2]pyridylamino- 3864

—, 1-Phenyl-2-[4]pyridylamino- 4106

—, 2-[2-(2-Piperidino-äthyl)-piperidino]- 3772

—, 2-Pseudoheliotridylamino- 3817

—, 2-[2-[4]Pyridyl-äthylamino]- 4204

—, 2-[2]Pyridylamino- 3857

—, 2-[[2]Pyridylmethyl-amino]- 4148

—, 2-[[3]Pyridylmethyl-amino]- 4169

—, 2-[[4]Pyridylmethyl-amino]- 4182

—, 2-[(1,2,3,4-Tetrahydro- [2]chinolylmethyl)-amino]- 4260

—, 2,2,2-Trichlor-1-[2]pyridylamino- 3869

Äthanon

—, 1-[3,4-Dihydroxy-phenyl]-2- [2]pyridylamino- 3878

—, 2-[4,6-Dimethyl-[2]pyridylamino]- 1-phenyl- 4211

—, 1-[1-Methyl-4-phenyl-[4]pyridyl]-,
— [1-methyl-4-phenyl- [4]piperidylmethylimin] 4281

—, 2-[4-Methyl-[2]pyridylamino]- 1-phenyl- 4174

—, 1-Phenyl-2-[2]pyridylamino- 3875
— oxim 3875
— semicarbazon 3875

—, 2-[2]Pyridylamino-1-[2,3,4-trihydroxy- phenyl]- 3878

Äthansulfonamid

—, N-[5-Jod-[2]pyridyl]- 4051

—, N-[2]Pyridyl- 3968

Äthansulfonsäure

—, 2-Amino-,
— [5-brom-[2]pyridylamid] 4039
— [5-chlor-[2]pyridylamid] 4027
— [2]pyridylamid 3975

—, 2-Benzoylamino-,
— [2]pyridylamid 3976

—, 2-Pantoylamino-,
— [5-brom-[2]pyridylamid] 4039
— [5-chlor-[2]pyridylamid] 4028

—, 2-Phthalimido-,
— [5-brom-[2]pyridylamid] 4039
— [5-chlor-[2]pyridylamid] 4027
— [2]pyridylamid 3976

Äthensulfonamid

—, N-[2]Pyridyl- 3969

Äthensulfonsäure

—, 2-Phenyl-,
— [2]pyridylamid 3971

Äther

—, Bis-[2-(benzyl-[2]pyridyl-amino)-äthyl]- 3859

—, Bis-indol-3-ylmethyl- 4304

—, Bis-[4-[2]pyridylcarbamimidoyl- phenyl]- 3915

—, Bis-[4-[2]pyridylcarbamoyl-phenyl]- 3915

Äthylamin

—, 1-Äthyl-2-indol-3-yl- 4368

—, 2-[1-Äthyl-indol-3-yl]- 4322

—, 2-[5-Äthyl-[2]pyridyl]-1-methyl- 4241

—, 2-[1-Äthyl-pyrrolidin-2-yl]- 3769

—, 2-[1-Benzyl-indol-3-yl]- 4324

—, 2-[5-Brom-indol-3-yl]- 4351

—, 2-[5-Chlor-indol-3-yl]- 4349

—, 2-[6-Chlor-indol-3-yl]- 4350

—, 2-[7-Chlor-indol-3-yl]- 4350

—, 2-[5-Chlor-1-methyl-indol-3-yl]- 4350

—, 2-[4,7-Dichlor-indol-3-yl]- 4350

—, 2-[6,7-Dichlor-indol-3-yl]- 4350

—, 2-[1,3-Dimethyl-indolin-3-yl]- 4273

—, 2-[2,4-Dimethyl-pyrrol-3-yl]- 3837

—, 2-[5-Fluor-indol-3-yl]- 4349

—, 2-[6-Fluor-indol-3-yl]- 4349

—, 2-Indolin-3-yl- 4270

—, 2-Indol-2-yl- 4318

—, 2-Indol-3-yl- 4319

—, 2-Indol-3-yl-1,1-dimethyl- 4369

—, 2-Indol-3-yl-1-methyl- 4357

—, 2-[1-Methyl-indol-3-yl]- 4320

—, 2-[2-Methyl-indol-3-yl]- 4361

—, 2-[4-Methyl-indol-3-yl]- 4364

—, 2-[5-Methyl-indol-3-yl]- 4364

—, 2-[6-Methyl-indol-3-yl]- 4365

—, 2-[7-Methyl-indol-3-yl]- 4365

—, 1-Methyl-2-[5-methyl-indol-3-yl]- 4369

—, 1-Methyl-2-[6-methyl-[2]pyridyl]- 4235

—, 2-[1-Methyl-5-nitro-indol-3-yl]- 4351

—, 2-[2-Methyl-5-nitro-indol-3-yl]- 4364

—, 1-Methyl-2-[2]pyridyl- 4221

—, 1-Methyl-2-[3]pyridyl- 4222

—, 2-[2-Methyl-[3]pyridyl]- 4224

—, 2-[6-Methyl-[2]pyridyl]- 4226

—, 2-[1-Methyl-pyrrol-2-yl]- 3832

—, 2-[3-Methyl-1,2,3,4-tetrahydro- [1]isochinolyl]- 4283

—, 2-[5-Nitro-indol-3-yl]- 4351

Äthylendiamin (Fortsetzung)

−, N-[5-Brom-[2]pyridyl]-N-[5-brom-[2]thienylmethyl]-N',N'-dimethyl- 4035

−, N-[5-Brom-[2]pyridyl]-N-[5-tert-butyl-[2]thienylmethyl]-N',N'-dimethyl- 4035

−, N-[5-Brom-[2]pyridyl]-N-[5-chlor-[2]thienylmethyl]-N',N'-dimethyl- 4035

−, N'-[5-Brom-[2]pyridyl]-N,N-dimethyl-4034

−, N-[5-Brom-[2]pyridyl]-N',N'-dimethyl-N-[2]thienylmethyl- 4035

−, N-[2-Brom-[3]thienylmethyl]-N',N'-dimethyl-N-[2]pyridyl- 3954

−, N-[3-Brom-[2]thienylmethyl]-N',N'-dimethyl-N-[2]pyridyl- 3952

−, N-[5-Brom-[2]thienylmethyl]-N',N'-dimethyl-N-[2]pyridyl- 3952

−, N-[5-Brom-thiophen-3-carbonyl]-N',N'-dimethyl-N-[2]pyridyl- 3958

−, N-Butyl-N',N'-dimethyl-N-[2]pyridyl-3925

−, N-[5-tert-Butyl-[2]thienylmethyl]-N',N'-dimethyl-N-[2]pyridyl- 3955

−, N-[4-Chlor-benzhydryl]-N',N'-dimethyl-N-[2]pyridyl- 3933

−, N-[4-Chlor-benzoyl]-N',N'-dimethyl-N-[2]pyridyl- 3937

−, N-[2-Chlor-benzyl]-N',N'-dimethyl-N-[2]pyridyl- 3928

−, N-[4-Chlor-benzyl]-N',N'-dimethyl-N-[2]pyridyl- 3928

−, N-[4-Chlor-benzyl]-N',N'-dimethyl-N-[4]pyridyl- 4113

−, N-[4-Chlor-benzyl]-N-[2,6-dimethyl-[4]pyridyl]-N',N'-dimethyl- 4217

−, N-[2-Chlor-benzyl]-N-methyl-N'-[1-methyl-pyrrolidin-2-ylmethyl]- 3763

−, N-[3-Chlor-benzyl]-N-methyl-N'-[1-methyl-pyrrolidin-2-ylmethyl]- 3763

−, N-[5-Chlor-furfuryl]-N'-N'-dimethyl-N-[2]pyridyl- 3949

−, N-[3-Chlor-hexa-2,4-dienyl]-N',N'-dimethyl-N-[2]pyridyl- 3926

−, N'-[5-Chlor-3-nitro-[2]pyridyl]-N,N-dimethyl- 4066

−, N-[2-Chlor-phenyl]-N',N'-dimethyl-N-[4]pyridyl- 4112

−, N-[4-Chlor-phenyl]-N',N'-dimethyl-N-[4]pyridyl- 4112

−, N-[5-Chlor-[2]pyridyl]-N',N'-dimethyl-N-[1-phenyl-äthyl]- 4024

−, N-[5-Chlor-[2]pyridyl]-N-[4-methoxy-benzyl]-N',N'-dimethyl- 4025

−, N-[2-Chlor-[3]thienylmethyl]-N',N'-dimethyl-N-[2]pyridyl- 3953

−, N-[5-Chlor-[2]thienylmethyl]-N',N'-dimethyl-N-[2]pyridyl- 3951

−, N-[4-Chlor-thiobenzoyl]-N',N'-dimethyl-N-[2]pyridyl- 3937

−, N-Cyclohexylmethyl-N',N'-dimethyl-N-[2]pyridyl- 3926

−, N-Cyclopent-2-enyl-N',N'-dimethyl-N-[2]pyridyl- 3926

−, N,N-Diacetyl-N'-benzyl-N'-[2]pyridyl-3931

−, N,N-Diäthyl-N'-[1-äthyl-[3]piperidyl]-3747

−, N,N-Diäthyl-N'-{4-[2-(1-äthyl-[2]piperidyl)-äthyl]-phenyl}-N'-methyl-4287

−, N,N-Diäthyl-N'-{4-[2-(1-äthyl-[4]piperidyl)-äthyl]-phenyl}-N'-methyl-4290

−, N,N-Diäthyl-N'-benzyl-N'-[2,6-dimethyl-[4]pyridyl]- 4217

−, N,N-Diäthyl-N'-benzyl-N'-[2-methyl-[4]pyridyl]- 4132

−, N,N-Diäthyl-N'-[8-benzyl-nortropan-3-yl]- 3804

−, N,N-Diäthyl-N'-benzyl-N'-[2]pyridyl-3930

−, N,N-Diäthyl-N'-benzyl-N'-[3]pyridyl-4083

−, N,N-Diäthyl-N'-benzyl-N'-[4]pyridyl-4113

−, N,N-Diäthyl-N'-bibenzyl-α-yl-N'-[2]pyridyl- 3933

−, N,N-Diäthyl-N',N'-bis-[1-äthyl-pyrrolidin-2-ylmethyl]- 3748

−, N,N-Diäthyl-N'-[2-brom-benzyl]-N'-[2]pyridyl- 3930

−, N,N-Diäthyl-N'-[3-brom-benzyl]-N'-[2]pyridyl- 3930

−, N,N-Diäthyl-N'-[4-brom-benzyl]-N'-[2]pyridyl- 3930

−, N,N-Diäthyl-N'-butyl-N'-tropan-3-yl-3810

−, N,N-Diäthyl-N'-butyryl-N'-tropan-3-yl- 3811

−, N,N-Diäthyl-N'-chinuclidin-2-ylmethyl- 3820

−, N,N-Diäthyl-N'-[8-(2-chlor-benzyl)-nortropan-3-yl]- 3804

−, N,N-Diäthyl-N'-[8-(4-chlor-benzyl)-nortropan-3-yl]- 3805

−, N,N-Diäthyl-N'-[2,2-dibutyl-hexyl]-N'-[2]pyridyl- 3926

−, N,N-Diäthyl-N'-[8-(2,3-dimethoxy-benzyl)-nortropan-3-yl]- 3806

−, N,N-Diäthyl-N'-[1,6-dimethyl-[2]piperidylmethyl]- 3784

−, N,N-Diäthyl-N'-[2,6-dimethyl-[4]pyridyl]-N'-furfuryl- 4219

−, N,N-Diäthyl-N'-[2,6-dimethyl-[4]pyridyl]-N'-[4-methoxy-benzyl]- 4218

−, N,N-Diäthyl-N',N'-di-[2]pyridyl-3962

Äthylendiamin (Fortsetzung)
- —, *N*,*N'*-Dimethyl-*N*-phenyl-*N'*-tropan-3-yl- 3807
- —, *N*,*N*-Dimethyl-*N'*-piperonyl-*N'*-[2]pyridyl- 3960
- —, *N*,*N*-Dimethyl-*N'*-[pyridin-2-carbonyl]-*N'*-[2]pyridyl- 3966
- —, *N*,*N*-Dimethyl-*N'*-[2]pyridyl- 3923
- —, *N'*-[2,6-Dimethyl-[4]pyridyl]-*N*,*N*-dimethyl- 4217
- —, *N*-[2,6-Dimethyl-[4]pyridyl]-*N'*,*N'*-dimethyl-*N*-phenyl- 4217
- —, *N*-[2,6-Dimethyl-[4]pyridyl]-*N*-furfuryl-*N'*,*N'*-dimethyl- 4218
- —, *N*-[2,6-Dimethyl-[4]pyridyl]-*N*-[4-methoxy-benzyl]-*N'*,*N'*-dimethyl- 4218
- —, *N*-[2,6-Dimethyl-[4]pyridyl]-*N*-[2-methoxy-phenyl]-*N'*,*N'*-dimethyl- 4218
- —, *N*-[2,6-Dimethyl-[4]pyridyl]-*N*-[4-methoxy-phenyl]-*N'*,*N'*-dimethyl- 4218
- —, *N*,*N*-Dimethyl-*N'*-[2]pyridyl-*N'*-[3]pyridyl- 4086
- —, *N*,*N*-Dimethyl-*N'*-[2]pyridyl-*N'*-[1-[2]thienyl-äthyl]- 3954
- —, *N*,*N*-Dimethyl-*N'*-[2]pyridyl-*N'*-[1-[2]thienyl-butyl]- 3955
- —, *N*,*N*-Dimethyl-*N'*-[2]pyridyl-*N'*-[2]thienylmethyl- 3950
- —, *N*,*N*-Dimethyl-*N'*-[2]pyridyl-*N'*-[3]thienylmethyl- 3953
- —, *N*,*N*-Dimethyl-*N'*-[2]pyridyl-*N'*-veratryl- 3936
- —, *N*,*N'*-Dimethyl-*N*-*p*-tolyl-*N'*-tropan-3-yl- 3807
- —, *N*,*N*-Dimethyl-*N'*-tropan-3-yl- 3802
- —, *N*,*N'*-Di-[2]pyridyl- 3924
- —, *N*,*N'*-Di-tropan-3-yl- 3803
- —, *N*-[2-Fluor-benzyl]-*N'*,*N'*-dimethyl-*N*-[2]pyridyl- 3927
- —, *N*-[3-Fluor-benzyl]-*N'*,*N'*-dimethyl-*N*-[2]pyridyl- 3928
- —, *N*-[4-Fluor-benzyl]-*N'*,*N'*-dimethyl-*N*-[2]pyridyl- 3928
- —, *N*-Formyl-*N'*-[4-methoxy-phenyl]-*N'*-methyl-*N*-tropan-3-yl- 3811
- —, *N*-Formyl-*N'*-methyl-*N'*-phenyl-*N*-tropan-3-yl- 3810
- —, *N*-Formyl-*N'*-methyl-*N'*-*p*-tolyl-*N*-tropan-3-yl- 3810
- —, *N*-Furfuryl-*N'*,*N'*-dimethyl-*N*-[2]pyridyl- 3949
- —, *N*-[1-[2]Furyl-äthyl]-*N'*,*N'*-dimethyl-*N*-[2]pyridyl- 3954
- —, *N*-[[2]Furyl-phenyl-methyl]-*N'*,*N'*-dimethyl-*N*-[2]pyridyl- 3956
- —, *N*-Hexa-2,4-dienyl-*N'*,*N'*-dimethyl-*N*-[2]pyridyl- 3926
- —, *N*-Hexyl-*N'*,*N'*-dimethyl-*N*-[2]pyridyl- 3925

- —, *N*-[4-Isopropoxy-benzyl]-*N'*,*N'*-dimethyl-*N*-[2]pyridyl- 3935
- —, *N*-[4-Isopropyl-benzyl]-*N'*,*N'*-dimethyl-*N*-[2]pyridyl- 3932
- —, *N*-Isopropyl-*N'*,*N'*-dimethyl-*N*-[2]pyridyl- 3925
- —, *N*-[4-Jod-benzyl]-*N'*,*N'*-dimethyl-*N*-[2]pyridyl- 3929
- —, *N*-[4-Methoxy-benzhydryl]-*N'*,*N'*-dimethyl-*N*-[2]pyridyl- 3936
- —, *N*-[4-Methoxy-benzyl]-*N'*,*N'*-dimethyl-*N*-[2]pyridyl- 3934
- —, *N*-Methoxy-*N'*-[4-methoxy-benzyl]-*N*-methyl-*N'*-[2]pyridyl- 3947
- —, *N*-Methoxy-*N*-methyl-*N'*-[2]pyridyl- 3946
- —, *N*-[2-Methoxy-phenyl]-*N'*,*N'*-dimethyl-*N*-[4]pyridyl- 4113
- —, *N*-[4-Methoxy-phenyl]-*N'*,*N'*-dimethyl-*N*-[4]pyridyl- 4113
- —, *N*-[4-Methoxy-phenyl]-*N*,*N'*-dimethyl-*N'*-tropan-3-yl- 3807
- —, *N*-[4-Methoxy-phenyl]-*N*-methyl-*N'*-tropan-3-yl- 3803
- —, *N*-Methyl-*N*-phenyl-*N'*-tropan-3-yl- 3802
- —, *N*-Methyl-*N*-*p*-tolyl-*N'*-tropan-3-yl- 3802
- —, *N*-[3-Nitro-[4]pyridyl]- 4126
- —, *N*-[5-Nitro-[2]pyridyl]- 4061
- —, *N*-[2]Pyridyl- 3923
- —, *N*-[2-[2]Pyridyl-äthyl]- 4196
- —, *N*,*N*,*N'*-Triäthyl-*N'*-[8-phenyl-nortropan-3-yl]- 3810
- —, *N*,*N*,*N'*-Triäthyl-*N'*-tropan-3-yl- 3809
- —, *N*,*N*,*N'*-Tribenzyl-*N'*-[2]pyridyl- 3930
- —, *N*,*N*,*N'*-Trimethyl-*N'*-[3]pyridyl- 4083
- —, *N*,*N*,*N'*-Trimethyl-*N'*-tropan-3-yl- 3806

Äthylendiamin-*N*-oxid
- —, *N'*-Benzyl-*N*,*N*-dimethyl-*N'*-[2]pyridyl- 3929
- —, *N'*-[4-Methoxy-benzyl]-*N*,*N*-dimethyl-*N'*-[2]pyridyl- 3936

Äthylidendiamin
- —, *N*,*N'*-Di-[2]pyridyl- 3869
- —, 2,2,2-Trichlor-*N*,*N'*-di-[2]pyridyl- 3869

Alanin
- —, *N*-[1-Indol-3-ylmethyl-piperidin-4-carbonyl]-,
  - — äthylester 4313
- —, *N*-[5-Nitro-[2]pyridyl]- 4060
  - — äthylester 4060
  - — hydrazid 4060

Alanin (Fortsetzung)
—, N-[2]Pyridylmethyl-,
 — äthylester 4150

β-Alanin
—, N-[5-Brom-[2]pyridyl]- 4033
—, N-Butyl-N-[1-(2-cyan-äthyl)-
 [2]piperidylmethyl]-,
 — nitril 3767
—, N-Butyl-N-[2]piperidylmethyl-,
 — nitril 3766
—, N-Butyl-N-[2]pyridylmethyl-,
 — nitril 4151
—, N-[3-(Butyl-[2]pyridylmethyl-amino)-
 propyl]-,
 — nitril 4152
—, N,N-Diäthyl-,
 — [(1-methyl-4-phenyl-
 [4]piperidylmethyl)-amid] 4281
—, N-[1,1-Dimethyl-3-(6-methyl-
 [2]pyridyl)-propyl]-,
 — nitril 4243
—, N-[1,1-Dimethyl-3-[2]pyridyl-propyl]-,
 — nitril 4241
—, N,N-Di-[2]pyridyl-,
 — nitril 3962
—, N-Formyl-N-[3]pyridyl-,
 — äthylester 4081
—, N-[2-Indol-3-yl-äthyl]-,
 — nitril 4339
—, N-[2-Indol-3-yl-äthyl]-N-methyl-,
 — diäthylamid 4339
 — methylester 4339
—, N-[1-Methyl-4-phenyl-[4]piperidyl]-,
 — diäthylamid 4272
—, N-[1-Methyl-4-phenyl-
 [4]piperidylmethyl]-,
 — äthylamid 4279
 — diäthylamid 4279
 — dimethylamid 4279
 — methylamid 4278
 — piperidid 4279
—, N-(3-{2-[2-(2-Methyl-piperidino)-
 äthyl]-piperidino}-propyl)-,
 — nitril 3777
—, N-[4-Methyl-[2]pyridyl]- 4177
 — methylester 4177
—, N-[5-Methyl-[2]pyridyl]- 4165
 — methylester 4165
—, N-[6-Methyl-[2]pyridyl]- 4141
 — methylester 4141
—, N-[2]Pyridyl- 3912
 — äthylester 3912
 — amid 3912
 — methylester 3912
 — nitril 3912
—, N-[3]Pyridyl- 4081
 — methylester 4081
 — nitril 4081

Allophansäure
—, 4-[3]Pyridyl-,
 — äthylester 4077
 — methylester 4077

Ameisensäure
 — [4-[2]pyridylsulfamoyl-anilid] 3987

Amidoarsenigsäure
—, [2]Pyridyl-,
 — dichlorid 4018

Amidophosphorsäure
—, [2-Indol-3-yl-äthylthiocarbamoyl]-,
 — diäthylester 4339
—, [5-Nitro-[2]pyridyl]-,
 — diphenylester 4065
—, [2]Pyridylcarbamoyl- 3896
 — dimethylester 3896
 — diphenylester 3897
—, [3]Pyridylcarbamoyl-,
 — dimethylester 4078
—, [4-[2]Pyridylsulfamoyl-phenyl]-,
 — diphenylester 4001
—, [2]Pyridylthiocarbamoyl-,
 — diäthylester 3905

Amidoschwefelsäure
—, [5-Nitro-[2]pyridyl]- 4065
—, [2]Pyridyl- 4016

Amidothiophosphorsäure
—, [2]Pyridyl-,
 — O,O'-bis-[3-dimethylamino-
 phenylester] 4018
—, [2]Pyridylthiocarbamoyl-,
 — O,O'-diäthylester 3905

Amin
hier nur sekundäre und tertiäre Monoamine;
primäre Amine s. unter den entsprechenden
Alkyl- bzw. Arylaminen;
 s. a. Anilin
—, [2-Acetoxy-phenyl]-[3,5-dinitro-
 [2]pyridyl]- 4067
—, Acetyl-[N-acetyl-sulfanilyl]-[2]pyridyl-
 4015
—, [22-Acetyl-23-nor-con-5-en-3-yl]-
 dimethyl- 4386
—, Acridin-9-yl-chinuclidin-2-ylmethyl- 3821
—, [4-Äthoxy-benzyl]-[2]pyridyl- 3864
—, [2-Äthoxy-7-jod-acridin-9-yl]-
 [2]pyridyl- 3965
—, [3-Äthoxy-phenyl]-[2-(1-methyl-
 [2]piperidyl)-äthyl]-phenyl- 3772
—, [3-Äthoxy-phenyl]-[6-methyl-
 [2]pyridyl]- 4136
—, [4-Äthoxy-phenyl]-[4-methyl-
 [2]pyridyl]- 4173
—, [4-Äthoxy-phenyl]-[6-methyl-
 [2]pyridyl]- 4136
—, [2-Äthoxy-phenyl]-[3-nitro-[4]pyridyl]-
 4125
—, [4-Äthoxy-phenyl]-[5-nitro-[2]pyridyl]-
 4057

Amin (Fortsetzung)

—, [1-(4-Äthoxy-phenyl)-[4]piperidyl]-
dimethyl- 3755

—, [3-Äthoxy-phenyl]-[2]pyridyl- 3862

—, [4-Äthoxy-phenyl]-[2]pyridyl- 3862

—, [4-Äthoxy-phenyl]-[3]pyridyl- 4071

—, Äthyl-[2-(1-äthyl-4-methyl-pyrrol-
2-yl)-äthyl]- 3834

—, Äthyl-[1-äthyl-[3]piperidyl]- 3744

—, Äthyl-[4-(1-äthyl-[3]piperidyl)-butyl]-
methyl- 3789

—, Äthyl-[1-äthyl-[3]piperidyl]-
tetrahydrofurfuryl- 3748

—, Äthyl-[1-äthyl-pyrrolidin-2-ylmethyl]-
3744

—, Äthyl-[1-äthyl-pyrrolidin-2-ylmethyl]-
tetrahydrofurfuryl- 3748

—, Äthyl-benzyl-[2-indol-3-yl-äthyl]-
4324

—, Äthyl-benzyl-[2]pyridyl- 3854

—, Äthyl-benzyl-[2-[4]pyridyl-äthyl]- 4204

—, Äthyl-[5-brom-[2]pyridyl]- 4031

—, Äthyl-butyl-[4-methyl-[2]pyridyl]-
4173

—, Äthyl-butyl-[5-methyl-[2]pyridyl]-
4161

—, Äthyl-butyl-[6-methyl-[2]pyridyl]-
4134

—, Äthyl-butyl-[2]pyridyl- 3849

—, [1-Äthyl-1H-[2]chinolyliden]-
[2]pyridyl- 3964

—, [3-Äthyl-7-chlor-2-methyl-indol-5-yl]-
dimethyl- 4360

—, Äthyl-[5-chlor-3-nitro-[2]pyridyl]-
4065

—, Äthyl-decyl-[2]pyridyl- 3850

—, [3-Äthyl-1,2-dimethyl-indol-5-yl]-
dimethyl- 4359

—, [1-Äthyl-2,5-dimethyl-[4]piperidyl]-
methyl- 3780

—, [2-Äthyl-hexyl]-benzyl-[2-indol-3-yl-
äthyl]- 4324

—, Äthyl-[2-indol-3-yl-äthyl]- 4322

—, Äthyl-[5-jod-[2]pyridyl]- 4045

—, [3-Äthylmercapto-phenyl]-[2-
(1-methyl-[2]piperidyl)-äthyl]-phenyl-
3773

—, [3-Äthyl-2-methyl-indol-5-yl]-
dimethyl- 4359

—, [3-Äthyl-2-methyl-indol-5-yl]-methyl-
4359

—, Äthyl-methyl-[5-(1-methyl-
[3]piperidyl)-pentyl]- 3792

—, [1-Äthyl-1-methyl-3-[2]pyridyl-propyl]-
[2-[2]pyridyl-äthyl]- 4242

—, Äthyl-[1-methyl-pyrrol-2-ylmethyl]-
3830

—, [2-Äthyl-3-methyl-1,2,3,4-tetrahydro-
[4]chinolyl]-phenyl- 4282

—, Äthyl-[3-nitro-[4]pyridyl]- 4123

—, [8-Äthyl-nortropan-3-yl]-benzhydryl-
3798

—, [8-Äthyl-nortropan-3-yl]-[4-chlor-
benzhydryl]- 3798

—, [1-Äthyl-4-phenyl-[4]piperidylmethyl]-
[1-äthyl-4-phenyl-[4]piperidylmethylen]-
4281

—, Äthyl-[1-phenyl-pyrrol-2-ylmethyl]-
3831

—, Äthyl-picryl-[2]pyridyl- 3853

—, Äthyl-[2-piperidino-äthyl]-[2]pyridyl-
3925

—, Äthyl-[2-[2]piperidyl-äthyl]- 3770

—, [2-(1-Äthyl-[2]piperidyl)-äthyl]-
[3-brom-phenyl]-phenyl- 3771

—, [2-(1-Äthyl-[2]piperidyl)-äthyl]-
[3-chlor-phenyl]-phenyl- 3770

—, [1-Äthyl-[3]piperidyl]-benzyl- 3745

—, [1-Äthyl-[4]piperidyl]-benzyl- 3753

—, [1-Äthyl-[3]piperidyl]-benzyl-methyl-
3745

—, [1-Äthyl-[3]piperidyl]-benzyl-
[2]pyridyl- 3960

—, [1-Äthyl-[4]piperidyl]-benzyl-
[2]pyridyl- 3961

—, [1-Äthyl-[4]piperidyl]-benzyl-
[2-pyrrolidino-äthyl]- 3759

—, [1-Äthyl-[3]piperidyl]-[6-chlor-
2-methoxy-acridin-9-yl]- 3749

—, [1-Äthyl-[3]piperidyl]-dimethyl- 3744

—, [1-Äthyl-[4]piperidyl]-[2-pyrrolidino-
äthyl]- 3759

—, Äthyl-[2]pyridyl- 3848

—, Äthyl-[3]pyridyl- 4070

—, Äthyl-[2-[2]pyridyl-äthyl]- 4188

—, Äthyl-[2-[4]pyridyl-äthyl]- 4202

—, [2-(5-Äthyl-[2]pyridyl)-äthyl]-benzyl-
4236

—, [2-(5-Äthyl-[2]pyridyl)-äthyl]-butyl-
4236

—, [2-(5-Äthyl-[2]pyridyl)-äthyl]-dibutyl-
4236

—, [2-(5-Äthyl-[2]pyridyl)-äthyl]-
diisohexyl- 4236

—, [2-(5-Äthyl-[2]pyridyl)-äthyl]-
dipropyl- 4236

—, [2-(5-Äthyl-[2]pyridyl)-äthyl]-isohexyl-
4236

—, [2-(5-Äthyl-[2]pyridyl)-äthyl]-
[1]naphthyl- 4236

—, [2-(5-Äthyl-[2]pyridyl)-äthyl]-[1-
(4-propoxy-phenyl)-äthyl]- 4237

—, [4-Äthyl-[3]pyridyl]-bis-
benzolsulfonyl- 4201

—, Äthyl-[3]pyridylmethyl- 4168

Amin (Fortsetzung)

—, [1-Äthyl-pyrrolidin-2-ylmethyl]-
benzyl- 3762

—, [1-Äthyl-pyrrolidin-2-ylmethyl]-
benzyl-methyl- 3745

—, [1-Äthyl-pyrrolidin-2-ylmethyl]-
dimethyl- 3744

—, Äthyl-[2-pyrrol-2-yl-äthyl]- 3833

—, Äthyl-pyrrol-2-ylmethyl- 3830

—, Äthyl-[1,2,3,4-tetrahydro-[3]chinolyl]-
4249

—, Äthyl-[1,2,5-trimethyl-[4]piperidyl]-
3781

—, Allyl-[5-nitro-[2]pyridyl]- 4055

—, Allyl-[3]pyridylmethyl- 4168

—, [3*H*-Azepin-2-yl]-diisopropyl- 4129

—, [3*H*-Azepin-2-yl]-methyl-phenyl-
4129

—, Benzhydryl-methyl-[1-methyl-
pyrrolidin-2-ylmethyl]- 3762

—, Benzhydryl-[1-methyl-pyrrolidin-
2-ylmethyl]- 3762

—, [2-Benzhydryloxy-äthyl]-[2]pyridyl-
3857

—, Benzhydryl-[2]pyridyl- 3856

—, Benzhydryl-tropan-3-yl- 3797

—, Benzolsulfonyl-benzoyl-[2]pyridyl-
4015

—, Benzo[*b*]thiophen-2-ylmethyl-
[2]pyridyl- 3955

—, Benzo[*b*]thiophen-3-ylmethyl-
[2]pyridyl- 3955

—, Benzoyl-[2-(1-benzoyl-indol-3-yl)-
äthyl]-[toluol-4-sulfonyl]- 4349

—, Benzoyl-[*N*-benzoyl-sulfanilyl]-
[2]pyridyl- 4016

—, [1-Benzoyl-3,3-dimethyl-indolin-2-yl]-
phenyl- 4270

—, [1-Benzoyl-2-methyl-
1,2,3,4-tetrahydro-[4]chinolyl]-[4-brom-
phenyl]- 4258

—, [1-Benzoyl-2-methyl-
1,2,3,4-tetrahydro-[4]chinolyl]-
[2,4-dibrom-phenyl]- 4258

—, [1-Benzoyl-2-methyl-
1,2,3,4-tetrahydro-[4]chinolyl]-phenyl-
4258

—, [22-Benzoyl-23-nor-con-5-en-3-yl]-
dimethyl- 4387

—, Benzyl-[2-(1-benzyl-4-methyl-pyrrol-
2-yl)-äthyl]- 3835

—, Benzyl-bis-[2-(4,6-dimethyl-[2]pyridyl)-
äthyl]- 4240

—, Benzyl-bis-[2-(6-methyl-[2]pyridyl)-
äthyl]- 4229

—, Benzyl-bis-[2-[2]pyridyl-äthyl]- 4197

—, Benzyl-bis-[2-[4]pyridyl-äthyl]- 4209

—, Benzyl-[3-brom-[4]pyridyl]- 4119

—, Benzyl-butyl-[2-[4]pyridyl-äthyl]-
4204

—, Benzyl-chinuclidin-2-ylmethyl- 3820

—, Benzyl-[2-chlor-äthyl]-[2-[2]pyridyl-
äthyl]- 4191

—, Benzyl-[5-chlor-3-nitro-[2]pyridyl]-
4065

—, Benzyl-[5-chlor-[2]pyridyl]- 4019

—, Benzyl-[2,2-dimethoxy-äthyl]-
[3-methyl-[2]pyridyl]- 4155

—, Benzyl-[2,2-dimethoxy-äthyl]-
[2]pyridyl- 3872

—, Benzyl-[1,6-dimethyl-
[2]piperidylmethyl]-methyl- 3784

—, Benzyl-[2,6-dimethyl-[4]pyridyl]- 4216

—, Benzyl-[2-(4,6-dimethyl-[2]pyridyl)-
äthyl]- 4239

—, Benzyl-[2,6-dimethyl-[4]pyridyl]-
[2-piperidino-äthyl]- 4217

—, Benzyl-hexahydropyrrolizin-
1-ylmethyl-methyl- 3817

—, Benzyliden-[2-chlor-[3]pyridyl]- 4089

—, Benzyliden-[5-chlor-[2]pyridyl]- 4020

—, Benzyliden-[2-(2-methyl-indol-3-yl)-
äthyl]- 4364

—, Benzyliden-[1-methyl-4-phenyl-
[4]piperidylmethyl]- 4275

—, Benzyliden-[2]pyridyl- 3870

—, Benzyliden-[1,2,3,4-tetrahydro-
[2]chinolylmethyl]- 4261

—, Benzyliden-[1,2,5-trimethyl-
[4]piperidyl]- 3782

—, Benzyl-[2-indol-3-yl-äthyl]- 4324

—, [2-(1-Benzyl-indol-3-yl)-äthyl]-methyl-
4324

—, Benzyl-[2-indol-3-yl-1-methyl-äthyl]-
methyl- 4357

—, [1-Benzyl-indol-3-ylmethyl]-dimethyl-
4305

—, Benzyl-indol-3-ylmethyl-methyl- 4305

—, [3-Benzylmercapto-phenyl]-[2-
(1-methyl-[2]piperidyl)-äthyl]-phenyl-
3774

—, Benzyl-[2-(2-methyl-indol-3-yl)-äthyl]-
4363

—, Benzyl-methyl-[2-(2-methyl-indol-
3-yl)-äthyl]- 4363

—, Benzyl-[1-methyl-4-phenyl-
[4]piperidyl]- 4271

—, Benzyl-[1-methyl-[3]piperidyl]- 3744

—, Benzyl-[1-methyl-[4]piperidyl]- 3752

—, Benzyl-[6-methyl-[2]piperidylmethyl]-
3783

—, Benzyl-[1-methyl-[3]piperidyl]-
[2]pyridyl- 3960

—, Benzyl-[1-methyl-[4]piperidyl]-
[2]pyridyl- 3961

—, Benzyl-methyl-pseudoheliotridyl-
3817

Amin (Fortsetzung)

—, Benzyl-[2-methyl-[4]pyridyl]- 4131
—, Benzyl-[4-methyl-[2]pyridyl]- 4173
—, Benzyl-[5-methyl-[2]pyridyl]- 4162
—, Benzyl-[6-methyl-[2]pyridyl]- 4135
—, Benzyl-methyl-[2-[4]pyridyl-äthyl]- 4204
—, Benzyl-[2-(6-methyl-[2]pyridyl)-äthyl]- 4227
—, Benzyl-[6-methyl-[2]pyridylmethyl]- 4219
—, Benzyl-[2-methyl-[4]pyridyl]- [2-piperidino-äthyl]- 4132
—, Benzyl-[1-methyl-pyrrolidin- 2-ylmethyl]- 3762
—, Benzyl-methyl-tropan-3-yl- 3796
—, Benzyl-[3-nitro-[4]pyridyl]- 4124
—, Benzyl-[5-nitro-[2]pyridyl]- 4056
—, Benzyl-octahydrochinolizin-3-yl- 3822
—, [3-Benzyloxy-phenyl]-[2-(1-methyl- [2]piperidyl)-äthyl]-phenyl- 3773
—, [1-Benzyl-4-phenyl-[4]piperidylmethyl]- [6-chlor-2-methoxy-acridin-9-yl]- 4282
—, [2-Benzyl-3-phenyl-propyl]-[1-methyl- 4-phenyl-[4]piperidylmethyl]- 4275
—, Benzyl-[2-piperidino-äthyl]- [2]pyridyl- 3931
—, Benzyl-[2-piperidino-äthyl]-[4]pyridyl- 4113
—, [1-Benzyl-[4]piperidyl]-dimethyl- 3752
—, Benzyl-[2]pyridyl- 3854
—, Benzyl-[3]pyridyl- 4070
—, Benzyl-[4]pyridyl- 4103
—, Benzyl-[2-[2]pyridyl-äthyl]- 4191
—, Benzyl-[3]pyridylmethyl- 4169
—, [1-Benzyl-1,2,3,4-tetrahydro- [3]chinolyl]-dibutyl- 4250
—, [1-Benzyl-1,2,3,4-tetrahydro- [3]chinolyl]-dimethyl- 4250
—, Benzyl-tropan-3-yl- 3795
—, Bibenzyl-α-yl-[2-methylmercapto- äthyl]-[2]pyridyl- 3859
—, Bibenzyl-α-yl-[2]pyridyl- 3856
—, Bibenzyl-α-yl-[2]pyridyl- [2-pyrrolidino-äthyl]- 3934
—, Biphenyl-4-yl-[5-nitro-[2]pyridyl]- 4056
—, Bis-[2-acetoxy-äthyl]-[5-nitro- [2]pyridyl]- 4056
—, Bis-[1-acetyl-[2]piperidylmethyl]- 3766
—, Bis-[2-(N-acetyl-sulfanilyloxy)-äthyl]- [4]pyridyl- 4104
—, Bis-[2-äthoxycarbonyl-äthyl]-indol- 3-ylmethyl- 4310
—, Bis-äthoxycarbonylmethyl- [2]pyridylmethyl- 4150

—, Bis-[2-(5-äthyl-[2]pyridyl)-äthyl]- benzyl- 4238
—, Bis-[1-äthyl-pyrrolidin-2-ylmethyl]- 3762
—, Bis-[2-benzolsulfonyloxy-äthyl]- [4]pyridyl- 4103
—, Bis-benzolsulfonyl-[2,4,6-trimethyl- 1-oxy-[3]pyridyl]- 4232
—, Bis-benzolsulfonyl-[2,4,6-trimethyl- [3]pyridyl]- 4232
—, Bis-[2-benzoyloxy-äthyl]-[1-benzoyl- 1,2,3,4-tetrahydro-[2]chinolylmethyl]- 4262
—, Bis-[2-benzoyloxy-äthyl]-[2]pyridyl- 3859
—, Bis-[1-benzoyl-1,2,3,4-tetrahydro- [2]chinolylmethyl]- 4264
—, Bis-[1-benzyl-hexahydro-azepin-4-yl]- 3765
—, Bis-[3-brom-5-nitro-[4]pyridyl]- 4128
—, Bis-[2-chlor-äthyl]-[4]pyridyl- 4102
—, Bis-[3-chlor-1,4-dioxo-1,4-dihydro- [2]naphthyl]-[3-methyl-[2]pyridyl]- 4156
—, Bis-[3-chlor-1,4-dioxo-1,4-dihydro- [2]naphthyl]-[6-methyl-[2]pyridyl]- 4137
—, Bis-[3-chlor-phenyl]-[2-(1-methyl- [2]piperidyl)-äthyl]- 3770
—, Bis-[6-chlor-pyridin-3-sulfonyl]- [2]pyridyl- 4016
—, Bis-[6-chlor-[3]pyridylmethyl]- 4172
—, Bis-[3,5-dibrom-[4]pyridyl]- 4121
—, Bis-[2-dimethylamino-äthyl]- [2]pyridyl- 3937
—, Bis-[1,1-dimethyl-4-phenyl- piperidinium-4-ylmethyl]- 4281
—, Bis-[2-(4,6-dimethyl-[2]pyridyl)-äthyl]- propyl- 4239
—, Bis-[2-diphenylacetoxy-äthyl]- [2]pyridyl- 3859
—, Bis-[2-hydroxy-äthyl]-indol- 3-ylmethyl- 4306
—, Bis-[2-hydroxy-äthyl]-[5-jod- [2]pyridyl]- 4046
—, Bis-[2-hydroxy-äthyl]-[3-methyl- 5-nitro-[2]pyridyl]- 4159
—, Bis-[2-hydroxy-äthyl]-[4-methyl- 5-nitro-[2]pyridyl]- 4181
—, Bis-[2-hydroxy-äthyl]-[6-methyl- 5-nitro-[2]pyridyl]- 4146
—, Bis-[2-hydroxy-äthyl]-[1-methyl- 1,2,3,4-tetrahydro-[2]chinolylmethyl]- 4260
—, Bis-[2-hydroxy-äthyl]-[5-nitro- [2]pyridyl]- 4056
—, Bis-[2-hydroxy-äthyl]-[2]pyridyl- 3859
—, Bis-[2-hydroxy-äthyl]-[4]pyridyl- 4103
—, Bis-[2-hydroxy-äthyl]-[2-[2]pyridyl- äthyl]- 4191
—, Bis-[2-hydroxy-äthyl]-[2-[4]pyridyl-äthyl]- 4204

Amin   (Fortsetzung)

—, [4-Chlor-benzyl]-[2,6-dimethyl-[4]pyridyl]- 4216

—, [4-Chlor-benzyl]-[2,6-dimethyl-[4]pyridyl]-[2-piperidino-äthyl]- 4218

—, [4-Chlor-benzyliden]-[2]pyridyl- 3870

—, [4-Chlor-benzyl]-[6-methyl-[2]pyridyl]- 4135

—, [4-Chlor-benzyl]-methyl-tropan-3-yl- 3796

—, [8-(2-Chlor-benzyl)-nortropan-3-yl]-[2-pyrrolidino-äthyl]- 3805

—, 4-[4-Chlor-benzyl]-[2-piperidino-äthyl]-[4]pyridyl- 4113

—, [4-Chlor-benzyl]-[2]pyridyl- 3854

—, [4-Chlor-benzyl]-[4]pyridyl- 4103

—, [4-Chlor-benzyl]-[2]pyridyl-[2-pyrrolidino-äthyl]- 3931

—, [1-(4-Chlor-benzyl)-1,2,3,4-tetrahydro-[3]chinolyl]-dimethyl- 4250

—, [4-Chlor-benzyl]-tropan-3-yl- 3796

—, Chlor-[22-chlor-23-nor-con-5-en-3-yl]-methyl- 4387

—, [5-Chlor-conan-3-yl]-dimethyl- 4295

—, Chlor-conan-3-yl-methyl- 4295

—, [5-Chlor-furfuryl]-[2]pyridyl- 3947

—, [4-Chlor-indol-3-ylmethyl]-dimethyl- 4316

—, [5-Chlor-indol-3-ylmethyl]-dimethyl- 4316

—, [6-Chlor-indol-3-ylmethyl]-dimethyl- 4316

—, [6-Chlor-2-methoxy-acridin-9-yl]-[1-isobutyl-[4]piperidyl]- 3761

—, [6-Chlor-2-methoxy-acridin-9-yl]-[1-methyl-4-phenyl-[4]piperidylmethyl]- 4281

—, [6-Chlor-2-methoxy-acridin-9-yl]-octahydrochinolizin-1-ylmethyl- 3825

—, [6-Chlor-2-methoxy-acridin-9-yl]-[3]pyridyl- 4086

—, [5-Chlor-2-methoxy-phenyl]-[2]pyridyl- 3862

—, [7-Chlor-1-methyl-1*H*-[4]chinolyliden]-[2]pyridyl- 3964

—, [5-Chlor-2-methyl-indol-3-ylmethyl]-dimethyl- 4355

—, [4-Chlor-2-nitro-phenyl]-[2]pyridyl- 3852

—, [5-Chlor-2-nitro-phenyl]-[2]pyridyl- 3853

—, [5-Chlor-3-nitro-[2]pyridyl]-[6-chlor-[3]pyridyl]- 4091

—, [5-Chlor-3-nitro-[2]pyridyl]-methyl- 4065

—, [β-Chlor-phenäthyl]-[2]pyridyl- 3855

—, [3-Chlor-phenyl]-[3-methoxy-phenyl]-[2-(1-methyl-[2]piperidyl)-äthyl]- 3772

—, [3-Chlor-phenyl]-[4-methoxy-phenyl]-[2-(1-methyl-[2]piperidyl)-äthyl]- 3774

—, [3-Chlor-phenyl]-[2-(1-methyl-[2]piperidyl)-äthyl]-phenyl- 3770

—, [3-Chlor-phenyl]-phenyl-[2-[2]piperidyl-äthyl]- 3770

—, [4-Chlor-phenyl]-[2]pyridyl- 3852

—, [5-Chlor-[2]pyridyl]-bis-[2-hydroxy-äthyl]- 4020

—, [5-Chlor-[2]pyridyl]-[4-methoxy-benzyl]- 4020

—, [2-Chlor-[3]pyridyl]-methyl- 4089

—, [4-Chlor-[2]pyridylmethyl]-dimethyl- 4154

—, [6-Chlor-[3]pyridyl]-[5-nitro-[2]pyridyl]- 4091

—, [5-Chlor-[2]thienylmethyl]-[2]pyridyl- 3948

—, [5-Chlor-[2]thienylmethyl]-[2]pyridyl-[2-pyrrolidino-äthyl]- 3951

—, Cinnamoyl-[*N*-cinnamoyl-sulfanilyl]-[2]pyridyl- 4016

—, Conan-3-yl-dimethyl- 4293

—, Conan-3-yl-methyl- 4293

—, Con-5-en-3-yl-dimethyl- 4382

—, Con-20-en-3-yl-dimethyl- 4388

—, Con-5-en-3-yl-isopropyliden- 4386

—, Con-5-en-3-yl-methyl- 4381

—, Cyclohexancarbonyl-[*N*-cyclohexancarbonyl-sulfanilyl]-[2]pyridyl- 4015

—, [2-Cyclohexyl-äthyl]-[2]pyridyl- 3851

—, Cyclohexyl-[3-nitro-[4]pyridyl]- 4123

—, [1-Cyclohexyl-[4]piperidyl]-dimethyl- 3750

—, Cyclohexyl-[2]pyridyl- 3851

—, Cyclohexyl-[4]pyridyl- 4102

—, Cyclohexyl-[2-[2]pyridyl-äthyl]- 4190

—, Cyclohexyl-[2-[4]pyridyl-äthyl]- 4203

—, [3-Cyclohexyl-3-[2]pyridyl-propyl]-dimethyl- 4291

—, Cyclohexyl-pyrrol-2-ylmethyl- 3830

—, [1,5-Cyclo-1,10-seco-con-8-en-2-yl]-dimethyl- 4378

—, Decyl-[2]pyridyl- 3850

—, [2,2-Diäthoxy-äthyl]-[2]pyridyl- 3871

—, [5,5-Diäthoxy-pentyl]-[2-[2]piperidyl-äthyl]- 3774

—, Diäthyl-[11-(4-äthyl-3,5-dimethyl-pyrrolidin-2-yl)-undecyl]- 3794

—, Diäthyl-[11-(4-äthyl-3,5-dimethyl-pyrrol-2-yl)-undecyl]- 3840

—, Diäthyl-[2-(1-äthyl-4-methyl-pyrrol-2-yl)-äthyl]- 3834

—, Diäthyl-[1-äthyl-[3]piperidyl]- 3744

—, Diäthyl-[1-äthyl-pyrrolidin-2-ylmethyl]- 3744

—, Diäthyl-[1-äthyl-1,2,3,4-tetrahydro-[3]chinolyl]- 4250

Amin (Fortsetzung)

−, [2,2-Dimethoxy-äthyl]-[2]pyridyl-[2]thienylmethyl- 3948

−, [2,2-Dimethoxy-äthyl]-[2]pyridyl-[2,4,6-trimethyl-benzyl]- 3872

−, [2,3-Dimethoxy-benzyliden]-[2]pyridyl- 3877

−, [2,3-Dimethoxy-benzyl]-[2]pyridyl- 3867

−, [4,5-Dimethoxy-2-nitro-benzyliden]-[6-methyl-[2]pyridyl]- 4137

−, [3,3-Dimethoxy-propyl]-[2]pyridyl- 3873

−, [4-Dimethylamino-benzyliden]-[2]pyridyl- 3943

−, [1-(4-Dimethylamino-phenyl)-[4]piperidyl]-dimethyl- 3760

−, [1,2-Dimethyl-decahydro-[4]chinolyl]-methyl- 3823

−, [2-(1,3-Dimethyl-indolin-3-yl)-äthyl]-dimethyl- 4274

−, [2-(1,3-Dimethyl-indolin-3-yl)-äthyl]-methyl- 4273

−, [3-(1,3-Dimethyl-indolin-3-yl)-propyl]-dimethyl- 4284

−, [2,3-Dimethyl-indolizin-1-ylmethyl]-dimethyl- 4367

−, [1,3-Dimethyl-indol-2-ylmethyl]-dimethyl- 4354

−, [1,7-Dimethyl-indol-3-ylmethyl]-dimethyl- 4357

−, [2,5-Dimethyl-indol-3-ylmethyl]-dimethyl- 4366

−, Dimethyl-[3-methyl-3-aza-bicyclo≠[3.3.1]non-2-ylmethyl]- 3823

−, Dimethyl-[2-(2-methyl-indolizin-1-yl)-propyl]- 4369

−, Dimethyl-[2-methyl-indol-3-yl]- 4299

−, Dimethyl-[1-(1-methyl-indol-3-yl)-äthyl]- 4318

−, Dimethyl-[2-(1-methyl-indol-3-yl)-äthyl]- 4322

−, Dimethyl-[2-(2-methyl-indol-3-yl)-äthyl]- 4362

−, Dimethyl-[1-methyl-indol-2-ylmethyl]- 4301

−, Dimethyl-[1-methyl-indol-3-ylmethyl]- 4303

−, Dimethyl-[2-methyl-indol-3-ylmethyl]- 4354

−, Dimethyl-[3-methyl-indol-2-ylmethyl]- 4354

−, Dimethyl-[4-methyl-indol-3-ylmethyl]- 4356

−, Dimethyl-[5-methyl-indol-3-ylmethyl]- 4356

−, Dimethyl-[6-methyl-indol-2-ylmethyl]- 4355

−, Dimethyl-[6-methyl-indol-3-ylmethyl]- 4356

−, Dimethyl-[7-methyl-indol-3-ylmethyl]- 4356

−, Dimethyl-[2-methyl-6-nitro-indol-3-ylmethyl]- 4355

−, Dimethyl-[5-methyl-19-nor-con-8-en-3-yl]- 4378

−, Dimethyl-[2-methyl-1-oxy-[4]pyridyl]- 4131

−, Dimethyl-[1-methyl-4-phenyl-[4]piperidyl]- 4271

−, Dimethyl-[3-(1-methyl-3-phenyl-[3]piperidyl)-propyl]- 4292

−, Dimethyl-[1-methyl-[4]piperidyl]- 3749

−, Dimethyl-[2-(1-methyl-[4]piperidyl)-äthyl]- 3778

−, Dimethyl-[4-(1-methyl-[3]piperidyl)-butyl]- 3788

−, Dimethyl-[5-(1-methyl-[3]piperidyl)-pentyl]- 3791

−, Dimethyl-[3-(1-methyl-[2]piperidyl)-3-phenyl-propyl]- 4292

−, Dimethyl-[3-(1-methyl-[3]piperidyl)-propyl]- 3785

−, Dimethyl-[3-(1-methyl-[4]piperidyl)-propyl]- 3785

−, Dimethyl-[6-methyl-[2]pyridyl]- 4134

−, [1,1-Dimethyl-3-(6-methyl-[2]pyridyl)-propyl]-[2-(6-methyl-[2]pyridyl)-äthyl]- 4243

−, Dimethyl-[4-(1-methyl-pyrrolidin-2-yl)-but-2-inyl]- 3836

−, Dimethyl-[1-methyl-pyrrol-2-ylmethyl]- 3829

−, Dimethyl-[1-methyl-1,2,3,4-tetrahydro-[2]chinolylmethyl]- 4260

−, Dimethyl-[2-methyl-1,2,3,4-tetrahydro-[1]isochinolylmethyl]- 4268

−, Dimethyl-[1-[1]naphthyl-[4]piperidyl]- 3754

−, Dimethyl-[6-nitro-con-5-en-3-yl]- 4388

−, Dimethyl-[2-(5-nitro-indol-3-yl)-äthyl]- 4351

−, Dimethyl-[5-nitro-indol-3-ylmethyl]- 4317

−, Dimethyl-[6-nitro-indol-3-ylmethyl]- 4317

−, Dimethyl-[5-nitro-[2]pyridyl]- 4054

−, Dimethyl-[1-nitroso-indol-3-ylmethyl]- 4315

−, Dimethyl-[22-nitroso-23-nor-con-5-en-3-yl]- 4387

−, Dimethyl-[23-nor-con-5-en-3-yl]- 4381

−, [3,7-Dimethyl-octa-2,6-dienyl]-[2]pyridyl- 3851

Amin (Fortsetzung)

—, Dimethyl-[2,3,3-trimethyl-3*H*-indol-4-yl]- 4365

—, Dimethyl-[2,3,3-trimethyl-3*H*-indol-5-yl]- 4366

—, Dimethyl-[2,3,3-trimethyl-3*H*-indol-6-yl]- 4366

—, Dimethyl-[1,2,5-trimethyl-pyrrol-3-ylmethyl]- 3836

—, Dimethyl-[x,x,x-trinitro-[3]pyridyl]- 4069

—, Dimethyl-[1-veratryl-1,2,3,4-tetrahydro-[3]chinolyl]- 4251

—, [2,4-Dinitro-[1]naphthyl]-[2]pyridyl- 3855

—, [2,4-Dinitro-phenyl]-[9-methyl-4b,5,6,7,8,8a-hexahydro-carbazol-3-yl]- 4371

—, [2,6-Dinitro-phenyl]-methyl-[2]pyridyl- 3853

—, [2,4-Dinitro-phenyl]-[2]pyridyl- 3853

—, [2,6-Dinitro-phenyl]-[2]pyridyl- 3853

—, [3,5-Dinitro-[4]pyridyl]-[2]pyridyl- 4129

—, Dipentyl-[2-[2]pyridyl-äthyl]- 4190

—, Diphenyl-[2]piperidyl- 3743

—, Diphenyl-[2]pyridyl- 3853

—, Dipropyl-[2]pyridyl- 3849

—, Dipropyl-[2-[2]pyridyl-äthyl]- 4189

—, Di-[2]pyridyl- 3961

—, Di-[3]pyridyl- 4086

—, Di-[4]pyridyl- 4116

—, [2-Dodecahydrocarbazol-9-yl-äthyl]-[2]pyridyl- 3924

—, Dodecyl-[2]pyridyl- 3850

—, [4-Fluor-benzyl]-[2]pyridyl- 3854

—, [5-Fluor-indol-3-ylmethyl]-dimethyl- 4315

—, [6-Fluor-indol-3-ylmethyl]-dimethyl- 4315

—, [5-Fluor-2-methyl-indol-3-ylmethyl]-dimethyl- 4355

—, Furfuryliden-[2-indol-3-yl-äthyl]- 4346

—, Furfuryliden-[2]pyridyl- 3956

—, Furfuryl-[2-indol-3-yl-äthyl]- 4345

—, Furfuryl-[2-methyl-[4]pyridyl]-[2-piperidino-äthyl]- 4132

—, Furfuryl-[2]pyridyl- 3947

—, Furfuryl-[2-[2]pyridyl-äthyl]- 4197

—, Furfuryl-[2]pyridyl-[2-pyrrolidino-äthyl]- 3949

—, [1-[2]Furyl-äthyl]-[2]pyridyl- 3954

—, [[2]Furyl-phenyl-methyl]-[2]pyridyl- 3956

—, Geranyl-[2]pyridyl- 3851

—, [1-Heptyl-[4]piperidyl]-dimethyl- 3750

—, Heptyl-[2]pyridyl- 3850

—, Hexadecyl-[2]pyridyl- 3851

—, Hexahydropyrrolizin-1-ylmethyl-methyl-octyl- 3816

—, Hexahydropyrrolizin-1-ylmethyl-octyl- 3816

—, Hexanoyl-[*N*-hexanoyl-sulfanilyl]-[2]pyridyl- 4015

—, [3-Hexylmercapto-phenyl]-[2-(1-methyl-[2]piperidyl)-äthyl]-phenyl- 3774

—, [3-Hexylmercapto-phenyl]-[1-methyl-[3]piperidylmethyl]-phenyl- 3768

—, [3-Hexylmercapto-phenyl]-[2-(1-methyl-pyrrolidin-2-yl)-äthyl]-phenyl- 3769

—, Hexyl-[5-methyl-[2]pyridyl]- 4162

—, Hexyl-[6-methyl-[2]pyridyl]- 4135

—, Hexyl-[2]pyridyl- 3850

—, [*D*-Homo-*C*-nor-con-5-en-3-yl]-dimethyl- 4388

—, [2-Hydroxy-äthyl]-[2-hydroxy-propyl]-[5-nitro-[2]pyridyl]- 4056

—, [2-Hydroxy-äthyl]-[3-hydroxy-propyl]-[5-nitro-[2]pyridyl]- 4057

—, [3-Imino-3*H*-isoindol-1-yl]-[3]pyridyl- 4087

—, [2-Indol-3-yl-äthyl]-diisopropyl- 4323

—, [2-Indol-3-yl-äthyl]-dimethyl- 4321

—, [2-Indol-3-yl-äthyl]-dipropyl- 4323

—, [1-Indol-3-yl-äthyl]-isopropyl- 4318

—, [2-Indol-3-yl-äthyl]-isopropyl- 4323

—, [2-Indol-3-yl-äthyl]-isopropyliden- 4331

—, [2-Indol-3-yl-äthyl]-methyl- 4320

—, [2-Indol-3-yl-äthyl]-phenäthyl- 4325

—, [2-Indol-3-yl-äthyl]-propyl- 4323

—, Indol-3-ylmethyl-bis-methoxycarbonylmethyl- 4310

—, Indol-2-ylmethyl-dimethyl- 4301

—, Indol-3-ylmethyl-dimethyl- 4302

—, [1-Indol-3-ylmethyl-indol-3-ylmethyl]-dimethyl- 4314

—, Indol-3-ylmethyl-[1]naphthyl- 4305

—, Indol-3-ylmethyl-[2]naphthyl- 4306

—, [3-Indol-3-yl-propyl]-methyl- 4358

—, Isobutyl-[4-methyl-[2]pyridyl]- 4173

—, [1-Isobutyl-[4]piperidyl]-dimethyl- 3750

—, Isobutyl-[2]pyridyl- 3849

—, Isobutyl-[2-[2]pyridyl-äthyl]- 4189

—, Isohexyl-bis-[2-(6-methyl-[2]pyridyl)-äthyl]- 4229

—, Isohexyl-bis-[2-[2]pyridyl-äthyl]- 4197

—, Isohexyl-[2-(6-methyl-[2]pyridyl)-äthyl]- 4226

—, Isohexyl-[2-[2]pyridyl-äthyl]- 4190

—, Isopentyl-[6-methyl-[2]pyridyl]- 4135

—, [4-Isopropoxy-benzyl]-[2]pyridyl- 3864

Amin (Fortsetzung)

—, [3-Isopropoxy-phenyl]-[2-(1-methyl-[2]piperidyl)-äthyl]-phenyl- 3773
—, [4-Isopropyl-benzyl]-[2]pyridyl- 3855
—, Isopropyl-bis-[2-[2]pyridyl-äthyl]- 4197
—, Isopropyliden-[2-(1-methyl-indol-3-yl)-äthyl]- 4331
—, [3-Isopropylmercapto-phenyl]-[2-(1-methyl-[2]piperidyl)-äthyl]-phenyl- 3773
—, [1-Isopropyl-3-[2]pyridyl-propyl]-[2-[2]pyridyl-äthyl]- 4242
—, [4-(4-Jod-benzolsulfonyl)-phenyl]-[2]pyridyl- 3863
—, [5-Jod-indol-3-ylmethyl]-dimethyl- 4316
—, [2-Jod-7-methyl-acridin-9-yl]-[2]pyridyl- 3964
—, [5-Jod-[2]pyridyl]-[4-methoxy-benzyl]- 4046
—, [4-Methoxy-benzhydryl]-[2]pyridyl- 3867
—, [2-Methoxy-benzyliden]-[6-methyl-[2]pyridyl]- 4137
—, [4-Methoxy-benzyliden]-[2]pyridyl- 3875
—, [2-Methoxy-benzyl]-[6-methyl-[2]pyridyl]- 4136
—, [4-Methoxy-benzyl]-[6-methyl-[2]pyridyl]- 4136
—, [4-Methoxy-benzyl]-[2-piperidino-äthyl]-[2]pyridyl- 3936
—, [2-Methoxy-benzyl]-[2]pyridyl- 3864
—, [4-Methoxy-benzyl]-[2]pyridyl- 3864
—, [4-Methoxy-benzyl]-[2]pyridyl-[2-pyrrolidino-äthyl]- 3936
—, [1-(4-Methoxy-benzyl)-1,2,3,4-tetrahydro-[3]chinolyl]-dimethyl- 4250
—, [4-Methoxy-2-nitro-phenyl]-[3-nitro-[4]pyridyl]- 4125
—, [4-Methoxy-2-nitro-phenyl]-[5-nitro-[2]pyridyl]- 4058
—, [4-Methoxy-2-nitro-phenyl]-[4]pyridyl- 4106
—, [3-Methoxy-phenyl]-[2-(1-methyl-[2]piperidyl)-äthyl]-phenyl- 3772
—, [4-Methoxy-phenyl]-[5-nitro-[2]pyridyl]- 4057
—, [1-(4-Methoxy-phenyl)-[4]piperidyl]-dimethyl- 3755
—, [2-Methoxy-phenyl]-[2]pyridyl- 3862
—, [3-Methoxy-phenyl]-[4]pyridyl- 4106
—, [4-Methoxy-phenyl]-[2]pyridyl- 3862
—, [4-Methoxy-phenyl]-[4]pyridyl- 4106
—, [9-Methyl-9-aza-bicyclo[3.3.1]non-3-yl]-[2-piperidino-äthyl]- 3818

—, [9-Methyl-9-aza-bicyclo[3.3.1]non-3-yl]-[2-pyrrolidino-äthyl]- 3818
—, [4-Methyl-benzhydryl]-tropan-3-yl- 3798
—, Methyl-bis-[4-[3]pyridyl-butyl]- 4234
—, Methyl-bis-[3]pyridylmethyl- 4171
—, Methyl-bis-[4]pyridylmethyl- 4184
—, Methyl-bis-[3-[2]pyridyl-propyl]- 4222
—, Methyl-bis-[3-[3]pyridyl-propyl]- 4223
—, Methyl-bis-[3-[4]pyridyl-propyl]- 4223
—, Methyl-bis-[1,2,5-trimethyl-[4]piperidyl]- 3783
—, [2-Methyl-butyl]-[1-phenäthyl-[3]piperidyl]- 3745
—, [1-Methyl-1H-[2]chinolyliden]-[2]pyridyl- 3963
—, [2-Methyl-[1,3]dioxolan-2-ylmethyl]-[2]pyridyl- 3959
—, [5-Methyl-furfuryl]-[2]pyridyl- 3954
—, [2-(2-Methyl-indol-3-yl)-äthyl]-dipropyl- 4362
—, [3-Methylmercapto-phenyl]-[2-(1-methyl-[2]piperidyl)-äthyl]-phenyl- 3773
—, [3-Methylmercapto-phenyl]-[2]pyridyl- 3862
—, Methyl-[5-methyl-19,23-dinor-con-8-en-3-yl]- 4378
—, Methyl-[2-(1-methyl-indolin-3-yl)-äthyl]- 4270
—, Methyl-[2-(1-methyl-indol-3-yl)-äthyl]- 4321
—, Methyl-[2-(2-methyl-indol-3-yl)-äthyl]- 4361
—, Methyl-[2-(7-methyl-indol-3-yl)-äthyl]- 4365
—, Methyl-[3-(1-methyl-indol-3-yl)-propyl]- 4358
—, Methyl-[6-methyl-3-nitro-[2]pyridyl]-phenyl- 4146
—, Methyl-[5-methyl-19-nor-con-8-en-3-yl]- 4378
—, Methyl-[1-methyl-4-phenyl-[4]piperidylmethyl]- 4275
—, Methyl-[1-methyl-[4]piperidyl]- 3749
—, Methyl-[2-(1-methyl-[3]piperidyl)-äthyl]- 3777
—, Methyl-[5-(1-methyl-[3]piperidyl)-pentyl]- 3791
—, Methyl-[3-methyl-[2]pyridyl]- 4155
—, Methyl-[6-methyl-[2]pyridyl]- 4134
—, Methyl-[1-methyl-2-[2]pyridyl-äthyl]- 4221

Amin (Fortsetzung)

−, Methyl-[6-methyl-[2]pyridyl]-phenyl- 4135

−, Methyl-[1-methyl-pyrrol-2-ylmethyl]- 3829

−, Methyl-[1-methyl-1,2,3,4-tetrahydro-[2]chinolylmethyl]- 4259

−, Methyl-[5-(1-methyl-1,4,5,6-tetrahydro-[3]pyridyl)-pent-4-enyl]- 3838

−, [4-Methyl-2-nitro-phenyl]-[3-nitro-[4]pyridyl]- 4124

−, Methyl-[2-nitro-phenyl]-[2]pyridyl- 3853

−, [4-Methyl-2-nitro-phenyl]-[2]pyridyl- 3854

−, Methyl-[2-nitro-[3]pyridyl]- 4097

−, Methyl-[3-nitro-[4]pyridyl]- 4122

−, Methyl-[5-nitro-[2]pyridyl]- 4054

−, Methyl-[6-nitro-[3]pyridyl]- 4097

−, Methyl-[3-nitro-[2]pyridyl]-phenyl- 4053

−, [2-Methyl-6-nitro-1,2,3,4-tetrahydro-[4]chinolyl]-[4-nitro-phenyl]- 4258

−, Methyl-[23-nor-con-5-en-3-yl]- 4380

−, Methyl-octyl-pseudoheliotridyl- 3816

−, Methyl-[1-oxy-[2]pyridyl]- 3847

−, Methyl-[1-oxy-[4]pyridyl]- 4100

−, Methyl-phenäthyl-[2-[2]pyridyl-äthyl]- 4191

−, [1-Methyl-2-phenyl-äthyl]-[1-methyl-4-phenyl-[4]piperidylmethyl]- 4275

−, Methyl-[2-(1-phenyl-indol-3-yl)-äthyl]- 4324

−, Methyl-[1-phenyl-[4]piperidyl]- 3751

−, Methyl-[2-phenyl-2-[2]piperidyl-äthyl]- 4290

−, [1-(1-Methyl-4-phenyl-[4]piperidyl)-äthyliden]-[1-methyl-4-phenyl-[4]piperidylmethyl]- 4281

−, [1-Methyl-4-phenyl-[4]piperidylmethyl]-[1-methyl-4-phenyl-[4]piperidylmethylen]- 4281

−, [1-Methyl-4-phenyl-[4]piperidylmethyl]-phenäthyliden- 4275

−, Methyl-phenyl-[2]pyridyl- 3853

−, Methyl-phenyl-[3]pyridyl- 4070

−, Methyl-phenyl-[4]pyridyl- 4102

−, Methyl-picryl-[2]pyridyl- 3853

−, Methyl-[2-piperidino-äthyl]-tropan-3-yl- 3807

−, [1-Methyl-3-piperidino-propyl]-[2]pyridyl- 3940

−, Methyl-[3-piperidino-propyl]-tropan-3-yl- 3813

−, Methyl-[2-[4]piperidyl-äthyl]- 3778

−, [2-(1-Methyl-[2]piperidyl)-äthyl]-diphenyl- 3770

−, [2-(1-Methyl-[2]piperidyl)-äthyl]-[3-pentylmercapto-phenyl]-phenyl- 3774

−, [2-(1-Methyl-[2]piperidyl)-äthyl]-[3-phenoxy-phenyl]-phenyl- 3773

−, [2-(1-Methyl-[2]piperidyl)-äthyl]-phenyl-[3-phenylmercapto-phenyl]- 3774

−, [2-(1-Methyl-[2]piperidyl)-äthyl]-phenyl-[3-propoxy-phenyl]- 3772

−, [2-(1-Methyl-[2]piperidyl)-äthyl]-phenyl-[3-propylmercapto-phenyl]- 3773

−, [2-(1-Methyl-[2]piperidyl)-äthyl]-phenyl-*m*-tolyl- 3771

−, Methyl-[4-[3]piperidyl-butyl]- 3788

−, Methyl-[2]piperidylmethyl- 3765

−, Methyl-propyl-[4-(1-propyl-[3]piperidyl)-butyl]- 3789

−, [1-Methyl-1*H*-pyridin-2-yliden]-[2]pyridyl- 3963

−, Methyl-[2]pyridyl- 3847

−, Methyl-[3]pyridyl- 4069

−, Methyl-[4]pyridyl- 4100

−, Methyl-[2-[2]pyridyl-äthyl]- 4188

−, Methyl-[2-[4]pyridyl-äthyl]- 4202

−, [2-(6-Methyl-[2]pyridyl)-äthyl]-dipropyl- 4226

−, [2-(6-Methyl-[2]pyridyl)-äthyl]-[1]naphthyl- 4227

−, [2-(6-Methyl-[2]pyridyl)-äthyl]-[1-(4-propoxy-phenyl)-äthyl]- 4228

−, [2-(6-Methyl-[2]pyridyl)-äthyl]-propyl- 4226

−, Methyl-[4-[3]pyridyl-but-3-enyl]- 4248

−, Methyl-[4-[3]pyridyl-butyl]- 4233

−, Methyl-[2]pyridylmethyl- 4147

−, Methyl-[3]pyridylmethyl- 4168

−, Methyl-[4]pyridylmethyl- 4182

−, [6-Methyl-[2]pyridylmethylen]-[2]pyridylmethyl- 4153

−, [6-Methyl-[2]pyridylmethyl]-[6-methyl-[2]pyridylmethylen]- 4220

−, [6-Methyl-[2]pyridylmethyl]-[2]pyridylmethylen- 4220

−, Methyl-[3]pyridylmethyl-[2,3,3-trimethyl-[2]norbornyl]- 4169

−, [6-Methyl-[2]pyridyl]-[2-nitro-benzyliden]- 4136

−, [6-Methyl-[2]pyridyl]-[4-nitro-benzyliden]- 4136

−, [6-Methyl-[2]pyridyl]-octadecyl- 4135

−, [3-Methyl-[4]pyridyl]-phenyl- 4160

−, [4-Methyl-[2]pyridyl]-phenyl- 4173

−, [6-Methyl-[2]pyridyl]-phenyl- 4135

−, [3-Methyl-[2]pyridyl]-picryl- 4155 ,

−, [3-Methyl-[2]pyridyl]-[2-piperidino-äthyl]- 4158

−, [6-Methyl-[2]pyridyl]-[2-piperidino-äthyl]- 4142

−, [6-Methyl-[2]pyridyl]-piperonyl- 4143

Amin (Fortsetzung)

—, Piperonyl-[1,2,3,4-tetrahydro-
[1]isochinolylmethyl]- 4269

—, [1-(4-Propoxy-phenyl)-äthyl]-[2-
[2]pyridyl-äthyl]- 4194

—, [1-(4-Propoxy-phenyl)-äthyl]-[2-
[4]pyridyl-äthyl]- 4205

—, Propyl-[2]pyridyl- 3849

—, Propyl-[2-[2]pyridyl-äthyl]- 4189

—, [2-[2]Pyridyl-äthyl]-[2]thienylmethyl-
4197

—, [2]Pyridyl-bis-[2-pyrrolidino-äthyl]-
3937

—, [4]Pyridyl-bis-[2-sulfanilyloxy-äthyl]-
4104

—, [4]Pyridyl-bis-[2-(toluol-
4-sulfonyloxy)-äthyl]- 4104

—, [2]Pyridyl-bis-[2,2,3-trichlor-
1-hydroxy-butyl]- 3870

—, [2]Pyridylmethyl-[2]pyridylmethylen-
4153

—, [1-[3]Pyridyl-propenyl]-[1-[3]pyridyl-
propyliden]- 4245

—, [2]Pyridyl-[3]pyridyl- 4086

—, [2]Pyridyl-[4]pyridyl- 4115

—, [3]Pyridyl-[4]pyridyl- 4116

—, [2]Pyridyl-[2]pyridylmethyl- 4153

—, [2]Pyridyl-[2-pyrrolidino-äthyl]-
3924

—, [2]Pyridyl-[2-pyrrolidino-äthyl]-
[2]thienylmethyl- 3951

—, [2]Pyridyl-salicyl- 3864

—, [2]Pyridyl-[4-sulfanilyl-phenyl]- 3863

—, [2]Pyridyl-tetradecyl- 3850

—, [3]Pyridyl-tetrahydrofurfuryl- 4085

—, [2]Pyridyl-[2]thienylmethyl- 3948

—, [2]Pyridyl-[2]thienylmethylen- 3957

—, [3]Pyridyl-*m*-tolyl- 4070

—, [3]Pyridyl-*o*-tolyl- 4070

—, [4]Pyridyl-*o*-tolyl- 4102

—, [4]Pyridyl-*p*-tolyl- 4103

—, [2]Pyridyl-tridecyl- 3850

—, [2]Pyridyl-trityl- 3857

—, [2]Pyridyl-undecyl- 3850

—, [2]Pyridyl-veratryl- 3868

—, [2]Pyridyl-veratryliden- 3877

—, [2-Pyrrolidino-äthyl]-tropan-3-yl-
3803

—, [4-Pyrrolidino-butyl]-tropan-3-yl-
3814

—, [3-Pyrrolidino-propyl]-tropan-3-yl-
3813

—, [1,2,3,4-Tetrahydro-[2]chinolylmethyl]-
veratryl- 4261

—, [1,2,3,4-Tetrahydro-
[1]isochinolylmethyl]-veratryl- 4268

—, *p*-Tolyl-[2,2,4-trimethyl-1,2-dihydro-
[6]chinolyl]- 4368

—, Tri-[2]pyridyl- 3963

—, Tris-[3]pyridylmethyl- 4171

Aminoxid

—, [2-Indol-3-yl-äthyl]-dimethyl- 4321

—, Indol-3-ylmethyl-dimethyl- 4303

Ammonium

—, [2-(1-Acetyl-[2]piperidyl)-äthyl]-
trimethyl- 3775

—, [1-Äthoxycarbonyl-3,5-dimethyl-
pyrrol-2-ylmethyl]-trimethyl- 3835

—, Äthoxycarbonylmethyl-[2-(benzyl-
[2]pyridyl-amino)-äthyl]-dimethyl- 3931

—, {2-[(3-Äthoxy-phenyl)-(6-methyl-
[2]pyridyl)-amino]-äthyl}-diäthyl-methyl-
4143

—, {2-[(4-Äthoxy-phenyl)-(4-methyl-
[2]pyridyl)-amino]-äthyl}-diäthyl-methyl-
4179

—, {2-[(4-Äthoxy-phenyl)-(6-methyl-
[2]pyridyl)-amino]-äthyl}-diäthyl-methyl-
4143

—, {2-[(4-Äthoxy-phenyl)-[2]pyridyl-
amino]-äthyl}-diäthyl-methyl- 3934

—, [3-Äthyl-7-chlor-2-methyl-indol-5-yl]-
trimethyl- 4361

—, [3-Äthyl-1,2-dimethyl-indol-5-yl]-
trimethyl- 4360

—, Äthyl-dimethyl-[1-methyl-pyrrol-
2-ylmethyl]- 3830

—, [3-Äthyl-2-methyl-indol-5-yl]-
trimethyl- 4360

—, [1-(Benzoylamino-methyl)-indol-
3-ylmethyl]-trimethyl- 4309

—, [2-(1-Benzyl-indol-3-yl)-äthyl]-
trimethyl- 4324

—, Benzyl-indol-3-ylmethyl-dimethyl-
4305

—, *N,N'*-Bis-[1,1-dimethyl-4-phenyl-
piperidinium-4-ylmethyl]-*N,N,N',N'*-
tetramethyl-*N,N'*-decandiyl-di- 4280

—, *N,N'*-Bis-[1,1-dimethyl-4-phenyl-
piperidinium-4-ylmethyl]-*N,N,N',N'*-
tetramethyl-*N,N'*-hexandiyl-di- 4279

—, *N,N'*-Bis-[1,1-dimethyl-4-phenyl-
piperidinium-4-ylmethyl]-*N,N,N',N'*-
tetramethyl-*N,N'*-nonandiyl-di- 4280

—, Bis-[3-(1,1-dimethyl-piperidinium-
2-yl)-propyl]-dimethyl- 3784

—, Bis-indol-3-ylmethyl-dimethyl- 4315

—, [4-Chlor-[2]pyridylmethyl]-trimethyl-
4154

—, Diäthyl-[1-(1-benzoyl-[3]piperidyl)-
äthyl]-methyl- 3777

—, Diäthyl-[2-chlor-benzyl]-[2-(tropan-
3-ylaminooxalyl-amino)-äthyl]- 3799

—, Diäthyl-[2-chlor-benzyl]-[3-(tropan-
3-ylaminooxalyl-amino)-propyl]- 3799

—, Diäthyl-methyl-{2-[(4-methyl-
[2]pyridyl)-phenyl-amino]-äthyl}- 4179

Ammonium (Fortsetzung)

—, Diäthyl-methyl-{2-[(6-methyl-
[2]pyridyl)-phenyl-amino]-äthyl}- 4142
—, Diäthyl-methyl-[2-pyrrol-2-yl-äthyl]-
3833
—, Dimethyl-bis-[3-(1-methyl-
[2]piperidyl)-propyl]- 3784
—, Dimethyl-bis-[3-(1-methyl-
pyridinium-2-yl)-propyl]- 4222
—, Dimethyl-bis-[3-(1-methyl-
pyridinium-3-yl)-propyl]- 4223
—, Dimethyl-bis-[3-(1-methyl-
pyridinium-4-yl)-propyl]- 4224
—, [1,3-Dimethyl-indol-2-ylmethyl]-
trimethyl- 4354
—, [8,8-Dimethyl-nortropanium-3-yl]-
dimethyl-[3-(1-methyl-piperidinium-1-yl)-
propyl]- 3814
—, [2,5-Dimethyl-1-phenyl-pyrrol-
3-ylmethyl]-trimethyl- 3836
—, [2,5-Dimethyl-pyrrol-3-ylmethyl]-
trimethyl- 3835
—, [2-Indol-3-yl-äthyl]-trimethyl- 4322
—, [1-Indol-3-ylmethyl-indol-3-ylmethyl]-
trimethyl- 4314
—, Indol-2-ylmethyl-trimethyl- 4301
—, Indol-3-ylmethyl-trimethyl- 4304
—, {2-[(4-Methoxy-benzyl)-[2]pyridyl-
amino]-äthyl}-trimethyl- 3935
—, Trimethyl-[3-methyl-3-aza-bicyclo=
[3.3.1]non-2-ylmethyl]- 3823
—, Trimethyl-[3-methyl-3-aza-bicyclo=
[3.3.1]non-7-ylmethyl]- 3823
—, Trimethyl-[2-(2-methyl-indolizin-1-yl)-
propyl]- 4370
—, Trimethyl-[2-(2-methyl-indol-3-yl)-
äthyl]- 4362
—, Trimethyl-[1-methyl-indol-2-ylmethyl]-
4301
—, Trimethyl-[1-methyl-indol-3-ylmethyl]-
4304
—, Trimethyl-[3-methyl-indol-2-ylmethyl]-
4354
—, Trimethyl-[6-methyl-indol-2-ylmethyl]-
4356
—, Trimethyl-[1-methyl-pyrrol-
2-ylmethyl]- 3829
—, Trimethyl-[5-nitro-indol-3-ylmethyl]-
4317
—, Trimethyl-[6-nitro-indol-3-ylmethyl]- 4317
—, Trimethyl-octahydrochinolizin-
1-ylmethyl- 3824
—, Trimethyl-[2-(1-phenyl-indol-3-yl)-
äthyl]- 4324
—, Trimethyl-[1-phenyl-pyrrol-
2-ylmethyl]- 3831
—, Trimethyl-[2]pyridyl- 3848
—, Trimethyl-[2-[2]pyridyl-äthyl]- 4188
—, Trimethyl-[4-[2]pyridyl-butyl]- 4232

—, Trimethyl-[5-[2]pyridyl-pentyl]- 4240
—, Trimethyl-[3-[2]pyridyl-propyl]- 4222
—, Trimethyl-[(4-[2]pyridylsulfamoyl-
phenylcarbamoyl)-methyl]- 3998
— betain 3998
—, Trimethyl-[2-pyrrol-2-yl-äthyl]- 3833
—, Trimethyl-pyrrol-2-ylmethyl- 3829
—, Trimethyl-[1,2,5-trimethyl-pyrrol-
3-ylmethyl]- 3836

Anilin

—, 4-[2-(1-Äthyl-[2]piperidyl)-äthyl]-
N,N-dihexyl- 4286
—, 4-[2-(1-Äthyl-[4]piperidyl)-äthyl]-
N,N-dihexyl- 4290
—, 4-[2-(1-Äthyl-[2]piperidyl)-äthyl]-
N,N-dimethyl- 4285
—, 4-[2-(1-Äthyl-[4]piperidyl)-äthyl]-
N,N-dimethyl- 4288
—, N-[1-Äthyl-[3]piperidyl]-3-chlor-
2,4,6-trimethyl- 3745
—, N-[1-Äthyl-[3]piperidyl]-N-methyl-
3744
—, N-[2-(5-Äthyl-[2]pyridyl)-äthyl]- 4236
—, N-Äthyl-N-[2-[4]pyridyl-äthyl]- 4203
—, N-[2-(5-Äthyl-[2]pyridyl)-äthyl]-
N-benzyl- 4236
—, N-[1-Äthyl-pyrrolidin-2-ylmethyl]-
3-chlor-2,4,6-trimethyl- 3745
—, N-[1-Äthyl-pyrrolidin-2-ylmethyl]-
N-methyl- 3744
—, N-[4-Äthyl-1,2,5-trimethyl-
[4]piperidyl]- 3791
—, N-Benzyl-N-[2-(4,6-dimethyl-
[2]pyridyl)-äthyl]- 4239
—, 2-Benzyl-N-methyl-N-[1-methyl-
pyrrolidin-3-ylmethyl]- 3764
—, N-Benzyl-N-[1-methyl-[4]piperidyl]- 3753
—, N-Benzyl-N-[2-(6-methyl-[2]pyridyl)-
äthyl]- 4227
—, N-Benzyl-N-[2-[4]pyridyl-äthyl]- 4204
—, N-[4-Brom-benzyl]-N-[1-methyl-
[4]piperidyl]- 3753
—, 2-Brom-N,N-dimethyl-4-[2-(1-methyl-
[2]piperidyl)-äthyl]- 4287
—, N-[5-Brom-[2]thienylmethyl]-N-
[1-methyl-[4]piperidyl]- 3760
—, N-[4-Butyl-1,2,5-trimethyl-
[4]piperidyl]- 3793
—, 4-Chinuclidin-3-yl-N,N-dimethyl-
4373
—, N-[4-Chlor-benzyl]-N-[1-methyl-
[4]piperidyl]- 3753
—, 2-Chlor-N-indol-3-ylmethyl- 4305
—, 4-Chlor-N-indol-3-ylmethyl- 4305
—, N-[5-Chlor-[2]thienylmethyl]-N-
[1-methyl-[4]piperidyl]- 3760
—, N,N-Diäthyl-4-[2-(1-äthyl-
[2]piperidyl)-äthyl]- 4286

Anilin (Fortsetzung)
—, *N,N*-Diäthyl-4-[2-(1-äthyl-
[4]piperidyl)-äthyl]- 4289
—, *N,N*-Diäthyl-4-[2-(1-hexyl-
[2]piperidyl)-äthyl]- 4286
—, *N,N*-Diäthyl-4-[2-(1-hexyl-
[4]piperidyl)-äthyl]- 4290
—, *N,N*-Diäthyl-3-[2-(1-methyl-
[2]piperidyl)-äthyl]- 4284
—, *N,N*-Diäthyl-4-[2-(1-methyl-
[2]piperidyl)-äthyl]- 4285
—, *N,N*-Diäthyl-4-[2-(1-methyl-
[4]piperidyl)-äthyl]- 4288
—, *N,N*-Dihexyl-4-[2-(1-hexyl-
[2]piperidyl)-äthyl]- 4286
—, 3,4-Dimethoxy-*N*-[1-methyl-
1,2,5,6-tetrahydro-[3]pyridylmethyl]- 3795
—, 4-[4-Dimethylamino-piperidino]-
N,N-dimethyl- 3760
—, *N,N*-Dimethyl-4-[2-(1-methyl-
[2]piperidyl)-äthyl]- 4284
—, *N,N*-Dimethyl-4-[2-(1-methyl-
[4]piperidyl)-äthyl]- 4287
—, *N*-[2-(4,6-Dimethyl-[2]pyridyl)-äthyl]-
4239
—, *N*-[1,3-Dimethyl-1-[2]pyridyl-butyl]-
4242
—, *N*-Hexahydropyrrolizin-1-ylmethyl-
3816
—, *N*-[2-Indol-3-yl-äthyl]- 4324
—, *N*-Indol-3-ylmethyl- 4304
—, *N*-Indol-3-ylmethyl-*N*-methyl- 4305
—, *N*-[4-Methoxy-benzyl]-*N*-[1-methyl-
[4]piperidyl]- 3756
—, *N*-[4-Methyl-benzyl]-*N*-[1-methyl-
[4]piperidyl]- 3754
—, *N*-Methyl-*N*-[2-(6-methyl-[3]pyridyl)-
äthyl]- 4225
—, *N*-[1-Methyl-[4]piperidyl]- 3751
—, 3-[2-(1-Methyl-[2]piperidyl)-äthyl]-
4284
—, 4-[1-Methyl-[2]piperidylmethyl]- 4274
—, *N*-[1-Methyl-[4]piperidyl]-*N*-
[2]thienylmethyl- 3760
—, *N*-[2-(6-Methyl-[2]pyridyl)-äthyl]-
4227
—, *N*-[2-(6-Methyl-[3]pyridyl)-äthyl]-
4225
—, *N*-Methyl-*N*-[2-[2]pyridyl-äthyl]-
4190
—, *N*-Methyl-*N*-[2-[4]pyridyl-äthyl]-
4203
—, *N*-[2-(6-Methyl-[2]pyridyl)-äthyl]-
5-nitro-2-propoxy- 4228
—, *N*-[2-(6-Methyl-[2]pyridyl)-äthyl]-
2-propoxy- 4228
—, *N*-[1-Methyl-1-[2]pyridyl-heptyl]-
4243
—, 4-[3-Methyl-pyrrolidin-3-yl]- 4272

—, 4-[4-Nitro-phenylmercapto]-*N*-[2-
[2]pyridyl-äthyl]- 4193
—, 5-Nitro-2-propoxy-*N*-[2-[2]pyridyl-
äthyl]- 4193
—, *N*-[1-Phenyl-[4]piperidyl]- 3751
—, 2-Propoxy-*N*-[2-[2]pyridyl-äthyl]-
4193
—, 2-Propoxy-*N*-[2-[4]pyridyl-äthyl]-
4205
—, 4-Propoxy-*N*-[2-[2]pyridyl-äthyl]-
4193
—, *N*-[2-[2]Pyridyl-äthyl]- 4190
—, *N*-[2-[4]Pyridyl-äthyl]- 4203
—, *N*-[2]Pyridylmethyl- 4148
—, *N*-[3]Pyridylmethyl- 4169
—, *N*-[4]Pyridylmethyl- 4182
—, *N*-[1-*p*-Tolyl-[4]piperidyl]- 3752
—, *N*-[1,2,5-Trimethyl-[4]piperidyl]- 3782
Anilinium
—, *N*-Äthyl-4-[2-(1-äthyl-1-methyl-
piperidinium-2-yl)-äthyl]-*N,N*-dimethyl-
4285
—, *N*-Äthyl-4-[2-(1-äthyl-1-methyl-
piperidinium-4-yl)-äthyl]-*N,N*-dimethyl-
4288
—, *N*-Äthyl-4-[2-(1,1-diäthyl-
piperidinium-4-yl)-äthyl]-*N,N*-dimethyl-
4289
—, *N*-Äthyl-4-[2-(1,1-dimethyl-
piperidinium-4-yl)-äthyl]-*N,N*-dimethyl-
4288
—, 4-[2-(1-Äthyl-1-methyl-piperidinium-
2-yl)-äthyl]-tri-*N*-methyl- 4285
—, 4-[2-(1-Äthyl-1-methyl-piperidinium-
4-yl)-äthyl]-tri-*N*-methyl- 4288
—, *N*-Butyl-4-[2-(1-butyl-1-methyl-
piperidinium-2-yl)-äthyl]-*N,N*-dimethyl-
4286
—, *N*-Butyl-4-[2-(1-butyl-1-methyl-
piperidinium-4-yl)-äthyl]-*N,N*-dimethyl-
4289
—, *N,N*-Diäthyl-4-[2-(1-äthyl-1-methyl-
piperidinium-4-yl)-äthyl]-*N*-methyl- 4289
—, *N,N*-Diäthyl-4-[2-(1,1-dimethyl-
piperidinium-2-yl)-äthyl]-*N*-methyl- 4285
—, *N,N*-Diäthyl-4-[2-(1,1-dimethyl-
piperidinium-4-yl)-äthyl]-*N*-methyl- 4289
—, *N,N*-Dimethyl-4-[2-(1-methyl-
1-propyl-piperidinium-2-yl)-äthyl]-
N-propyl- 4286
—, *N,N*-Dimethyl-4-[2-(1-methyl-
1-propyl-piperidinium-4-yl)-äthyl]-
N-propyl- 4289
—, 4-[2-(1,1-Dimethyl-piperidinium-2-yl)-
äthyl]-tri-*N*-methyl- 4285
—, 4-[2-(1,1-Dimethyl-piperidinium-4-yl)-
äthyl]-tri-*N*-methyl- 4288
—, Tri-*N*-äthyl-4-[2-(1-äthyl-1-methyl-
piperidinium-2-yl)-äthyl]- 4286

Azetidin-2,4-dion (Fortsetzung)
—, 3,3-Diäthyl-1-[4]pyridyl- 4109
—, 3,3-Diphenyl-1-[2]pyridyl- 3892
—, 3,3-Diphenyl-1-[3]pyridyl- 4076
—, 3,3-Diphenyl-1-[4]pyridyl- 4110
—, 1-Indol-2-yl-3,3-diphenyl- 4295
—, 1-[1-Methyl-[3]piperidyl]-
   3,3-diphenyl- 3747
—, 1-[1-Methyl-[4]piperidyl]-
   3,3-diphenyl- 3757
Azobenzolcarbonsäure
s. Benzoesäure, Phenylazo-
Azobenzol-4,4'-disulfonsäure
 — bis-[2]pyridylamid 4009
Azobenzolsulfonsäure
s. Benzolsulfonsäure, Phenylazo-
9-Azonia-bicyclo[3.3.1]nonan
—, 3-{[2-(Äthyl-methyl-phenyl-ammonio)-
   äthyl]-methyl-amino}-9,9-dimethyl-
   3819
—, 3-[2-(Diäthyl-methyl-ammonio)-
   äthylamino]-9,9-dimethyl- 3817
—, 9,9-Dimethyl-3-[2-(1-methyl-
   pyrrolidinium-1-yl)-äthylamino]-
   3818
3-Azonia-bicyclo[3.3.1]non-2-en
—, 8-Acetylamino-1,2,3,4,4,5,8-
   heptamethyl- 3840
Azoxybenzol-4,4'-disulfonsäure
 — bis-[2]pyridylamid 4011
Azulen-1-sulfonsäure
—, 5-Isopropyl-3,8-dimethyl-,
 — [2,5,6-trimethyl-[3]pyridylamid]
   4230

B

Bamipin 3753
Benzaldehyd
 — [2-chlor-[3]pyridylimin]
   4089
 — [5-chlor-[2]pyridylimin]
   4020
 — [2-(2-methyl-indol-3-yl)-äthylimin]
   4364
 — [1-methyl-4-phenyl-
   [4]piperidylmethylimin]
   4275
 — [2]pyridylimin 3870
 — [1,2,3,4-tetrahydro-
   [2]chinolylmethylimin] 4261
 — [1,2,5-trimethyl-[4]piperidylimin]
   3782

—, 5-Brom-2-hydroxy-,
 — [6-methyl-[2]pyridylmethylimin]
   4219
 — [2]pyridylimin 3874
—, 4-Chlor-,
 — [2]pyridylimin 3870
—, 5-Chlor-2-hydroxy-,
 — [4-methyl-[2]pyridylimin] 4174
 — [2]pyridylimin 3874
—, 2,3-Dimethoxy-,
 — [2]pyridylimin 3877
—, 4,5-Dimethoxy-2-nitro-,
 — [6-methyl-[2]pyridylimin] 4137
—, 4-Dimethylamino-,
 — [2]pyridylimin 3943
—, 3-Hydroxy-,
 — [3]pyridylimin 4072
—, 4-Hydroxy-,
 — [2]pyridylimin 3875
 — [3]pyridylimin 4073
—, 2-Hydroxy-5-methyl-,
 — [2]pyridylimin 3875
—, 2-Methoxy-,
 — [6-methyl-[2]pyridylimin] 4137
—, 4-Methoxy-,
 — [2]pyridylimin 3875
—, 2-Nitro-,
 — [6-methyl-[2]pyridylimin] 4136
 — [2]pyridylimin 3870
—, 3-Nitro-,
 — [3]pyridylimin 4072
—, 4-Nitro-,
 — [6-methyl-[2]pyridylimin] 4136
 — [2]pyridylimin 3870
 — [3]pyridylimin 4072
Benzamid
—, N-[2-Acetyl-1,2,3,4-tetrahydro-
   [1]isochinolylmethyl]- 4268
—, N-[1-Äthyl-2-indol-3-yl-äthyl]- 4368
—, N-[1-Amino-1,2,3,4-tetrahydro-
   [2]chinolylmethyl]- 4265
—, N-[2-Amino-1,2,3,4-tetrahydro-
   [1]isochinolylmethyl]- 4269
—, N-Benzolsulfonyl-N-[2]pyridyl- 4015
—, N-[9-Benzoyl-3-chlor-4b,5,6,7,8,8a-
   hexahydro-carbazol-2-yl]- 4370
—, N-[9-Benzoyl-4b,5,6,7,8,8a-
   hexahydro-carbazol-2-yl]- 4370
—, N-[9-Benzoyl-4b,5,6,7,8,8a-
   hexahydro-carbazol-4-yl]- 4372
—, N-[2-(1-Benzoyl-indol-3-yl)-äthyl]-N-
   [toluol-4-sulfonyl]- 4349
—, N-[9-Benzoyl-3-methyl-4b,5,6,7,8,8a-
   hexahydro-carbazol-2-yl]- 4374
—, N-[9-Benzoyl-3-methyl-4b,5,6,7,8,8a-
   hexahydro-carbazol-4-yl]- 4374
—, N-[2-Benzoyl-1-methyl-
   1,2,3,4-tetrahydro-[6]isochinolyl]- 4267

Benzamid (Fortsetzung)

—, *N*-[22-Benzoyl-23-nor-con-5-en-3-yl]-*N*-methyl- 4387

—, *N*-[1-Benzoyl-[3]piperidyl]- 3746

—, *N*-[1-Benzoyl-[4]piperidyl]- 3757

—, *N*-[4-(1-Benzoyl-[3]piperidyl)-butyl]-*N*-methyl- 3790

—, *N*-[1-Benzoyl-[2]piperidylmethyl]- 3766

—, *N*-[1-Benzoyl-1,2,3,4-tetrahydro-[3]chinolyl]- 4251

—, *N*-[1-Benzoyl-1,2,3,4-tetrahydro-[2]chinolylmethyl]- 4263

—, *N*-[2-Benzoyl-1,2,3,4-tetrahydro-[1]isochinolylmethyl]- 4268

—, *N*-[1-Benzoyl-6-vinyl-indolin-4-yl]- 4351

—, *N*-[1-Benzylidenamino-1,2,3,4-tetrahydro-[2]chinolylmethyl]- 4265

—, *N*-[2-Chlor-[4]pyridyl]- 4118

—, *N*-[4-Chlor-[2]pyridyl]- 4019

—, *N*-Con-5-en-3-yl-*N*-methyl- 4387

—, *N*-Cyclohexyl-*N*-[2]pyridyl- 3886

—, *N*-[2,6-Dichlor-[4]pyridylmethyl]- 4185

—, *N*-[2-Dimethylamino-äthyl]-*N*-[2]pyridyl- 3936

—, *N*-[3-Dimethylaminomethyl-indol-1-ylmethyl]- 4309

—, *N*-[2,6-Dimethyl-[3]pyridyl]- 4214

—, *N*-[1,2-Dimethyl-1,2,3,4-tetrahydro-[6]isochinolyl]- 4267

—, *N*-[1-(2-Hydroxy-äthyl)-1,2,3,4-tetrahydro-[2]chinolylmethyl]- 4262

—, *N*-Indol-5-yl- 4296

—, *N*-[2-Indol-3-yl-äthyl]- 4334

—, *N*-[2-Indol-3-yl-äthyl]-*N*-methyl- 4334

—, *N*-[2-Indol-3-yl-1,1-dimethyl-äthyl]- 4369

—, *N*-Indol-3-ylmethyl- 4309

—, *N*-[4-Jod-[2]pyridyl]- 4045

—, *N*-Lupinyl- 3824

—, *N*-[1-Methyl-3,4-dihydro-[6]isochinolyl]- 4318

—, *N*-[9-Methyl-4b,5,6,7,8,8a-hexahydro-carbazol-3-yl]- 4371

—, *N*-[1-Methyl-indolin-5-yl]- 4246

—, *N*-[1-Methyl-indolin-6-yl]- 4248

—, *N*-[1-Methyl-indol-5-yl]- 4296

—, *N*-[1-Methyl-indol-6-yl]- 4297

—, *N*-[2-Methyl-indol-3-yl]- 4299

—, *N*-[2-Methyl-indol-5-yl]- 4299

—, *N*-[2-Methyl-indol-6-yl]- 4300

—, *N*-[2-(1-Methyl-indol-3-yl)-äthyl]- 4334

—, *N*-Methyl-*N*-[5-(1-methyl-[3]piperidyl)-pentyl]- 3792

—, *N*-Methyl-*N*-[3-methyl-[2]pyridyl]- 4156

—, *N*-Methyl-*N*-[1-oxy-[2]pyridyl]- 3886

—, *N*-Methyl-*N*-[1-oxy-[4]pyridyl]- 4109

—, *N*-[1-Methyl-4-phenyl-[4]piperidyl]- 4271

—, *N*-[1-Methyl-[4]piperidyl]- 3756

—, *N*-Methyl-*N*-[4-[3]piperidyl-butyl]- 3790

—, *N*-[2-Methyl-[3]pyridyl]- 4130

—, *N*-[3-Methyl-[4]pyridyl]- 4161

—, *N*-[6-Methyl-[3]pyridyl]- 4133

—, *N*-Methyl-*N*-[2]pyridyl- 3886

—, *N*-Methyl-*N*-[3]pyridyl- 4075

—, *N*-Methyl-*N*-[4]pyridyl- 4109

—, *N*-Methyl-*N*-[4-[3]pyridyl-but-3-enyl]- 4249

—, *N*-Methyl-*N*-[4-[3]pyridyl-butyl]- 4234

—, *N*-[6-Methyl-[3]pyridylmethyl]- 4213

—, *N*-[1-Methyl-1,2,3,4-tetrahydro-[2]chinolylmethyl]- 4262

—, *N*-[1-Methyl-1,2,3,4-tetrahydro-[4]chinolylmethyl]- 4266

—, *N*-[1-Methyl-1,2,3,4-tetrahydro-[6]isochinolyl]- 4266

—, *N*-[2-Methyl-1,2,3,4-tetrahydro-[7]isochinolyl]- 4256

—, *N*-[2-Methyl-1,2,3,4-tetrahydro-[1]isochinolylmethyl]- 4268

—, *N*-[5-Nitro-[2]pyridyl]- 4058

—, *N*-[1-Nitroso-1,2,3,4-tetrahydro-[2]chinolylmethyl]- 4266

—, *N*-[2-Nitroso-1,2,3,4-tetrahydro-[1]isochinolylmethyl]- 4269

—, *N*-Octahydrochinolizin-3-yl- 3822

—, *N*-Octahydrochinolizin-1-ylmethyl- 3824

—, *N*-[1-Oxiranylmethyl-1,2,3,4-tetrahydro-[2]chinolylmethyl]- 4264

—, *N*-[1-Oxy-[2]pyridyl]- 3886

—, *N*-[1-Oxy-[4]pyridyl]- 4109

—, *N*-[2-(1-Oxy-[3]pyridyl)-äthyl]- 4200

—, *N*-[2-(1-Oxy-[4]pyridyl)-äthyl]- 4207

—, *N*-[1-Phenacyl-1,2,3,4-tetrahydro-[2]chinolylmethyl]- 4262

—, *N*-[1-(1-Phenyl-äthylidenamino)-1,2,3,4-tetrahydro-[2]chinolylmethyl]- 4265

—, *N*-Phenyl-*N*-[4]pyridyl- 4109

—, *N*-[1-Piperonylidenamino-1,2,3,4-tetrahydro-[2]chinolylmethyl]- 4265

—, *N*-[2]Pyridyl- 3883

—, *N*-[3]Pyridyl- 4075

—, *N*-[4]Pyridyl- 4108

Benzoesäure (Fortsetzung)
–, 4-Butylamino-,
 – [1-methyl-[4]piperidylamid] 3760
–, 3-Chlor-,
 – [(2-indol-3-yl-äthyl)-methyl-amid]
  4334
–, 4-Chlor-,
 – [(2-dimethylamino-äthyl)-
  [2]pyridyl-amid] 3937
 – [1-methyl-[4]piperidylamid] 3757
 – [2-[3]pyridyl-äthylamid] 4200
 – [2]pyridylamid 3885
 – [4-[2]pyridylsulfamoyl-anilid] 3990
–, 4-Chlor-2-[6-chlor-[3]pyridylamino]-
  4091
–, 2-Chlor-4-nitro-,
 – [2]pyridylamid 3885
–, 4-Chlor-2-[3]pyridylamino- 4082
 – methylester 4082
–, 3,5-Dibrom-2-hydroxy-,
 – [2]pyridylamid 3914
–, 3,5-Dichlor-2-hydroxy-,
 – [2]pyridylamid 3914
–, 2,5-Dihydroxy-,
 – [2]pyridylamid 3917
–, 2,3-Dimethoxy-6-[(4-
  [2]pyridylsulfamoyl-phenylimino)-methyl]-
  3997
–, 3,5-Dinitro-,
 – [1-oxy-[2]pyridylamid] 3886
–, N-[N',N''-Di-[2]pyridyl-guanidino]-,
 – äthylester 3900
–, 4-[N',N''-Di-[2]pyridyl-guanidino]-
  2-hydroxy- 3900
–, 4-Fluor-,
 – [2]pyridylamid 3885
–, 2-Hydroxy-3-methyl-5-[4-
  [2]pyridylsulfamoyl-phenylazo]- 4009
–, 2-Hydroxy-4-nitro-,
 – [2]pyridylamid 3914
 – [4-[2]pyridylsulfamoyl-anilid] 3996
–, 2-Hydroxy-5-nitro-,
 – [2]pyridylamid 3914
–, 2-Hydroxy-5-[4-[2]pyridylsulfamoyl-
  phenylazo]- 4008
–, 2-Hydroxy-4-[N'-[2]pyridyl-
  thioureido]- 3905
 – methylester 3905
–, 2-[(2-Indol-3-yl-äthylcarbamoyl)-
  methyl]- 4337
 – methylester 4338
–, 2-[(2-Indol-3-yl-äthylcarbamoyl)-
  methyl]-4,5-dimethoxy- 4344
 – methylester 4344
–, 2-[(2-Indol-3-yl-äthylcarbamoyl)-
  methyl]-4-methoxy- 4344
–, 2-[(2-Indol-3-yl-äthylcarbamoyl)-
  methyl]-3-methyl- 4338
–, 4-[Indol-3-ylmethyl-amino]- 4310

–, 4-Methoxy-,
 – [1-methyl-[4]piperidylamid] 3758
 – [2]pyridylamid 3915
 – [4-[2]pyridylsulfamoyl-anilid] 3996
–, 4-[2-Methoxy-äthylamino]-,
 – [1-methyl-[4]piperidylamid] 3760
–, 4-Methyl-3-nitro-,
 – [2]pyridylamid 3887
–, 4-Methyl-3-[3-nitro-
  benzolsulfonylamino]-,
 – [2]pyridylamid 3945
–, 4-Methyl-3-[3-nitro-benzoylamino]-,
 – [2]pyridylamid 3945
–, 3-Nitro-,
 – [(2-indol-3-yl-äthyl)-methyl-amid]
  4334
–, 4-Nitro-,
 – [(1-äthyl-[3]piperidyl)-benzyl-amid]
  3746
 – [(2-dimethylamino-äthyl)-
  [2]pyridyl-amid] 3937
 – [1-methyl-[4]piperidylamid] 3757
 – [(6-methyl-[3]pyridylmethyl)-amid]
  4214
 – [2]pyridylamid 3885
 – [2-[2]pyridylamino-äthylester]
  3857
 – [[2]pyridylmethyl-amid] 4149
 – [[3]pyridylmethyl-amid] 4169
 – [4-[2]pyridylsulfamoyl-anilid]
  3990
–, 4,4'-Oxy-di-,
 – bis-[2]pyridylamid 3915
–, 4-[4]Pyridylamino- 4111
–, 4-[(1-[2]Pyridylcarbamoyl-äthyliden)-
  hydrazino]-,
 – äthylester 3918
–, 4-[2]Pyridylsulfamoyl- 3974
 – äthylester 3974
 – amid 3974
–, 4-[N'-(4-[2]Pyridylsulfamoyl-phenyl)-
  thioureido]- 3995
–, 4-Thiosemicarbazonomethyl-,
 – [2]pyridylamid 3918
–, 3,4,5-Trimethoxy-,
 – [2-[2]pyridyl-äthylamid] 4196
 – [2-[4]pyridyl-äthylamid] 4209
Benzol
–, 4-[(Indol-2-ylmethyl-amino)-methyl]-
  1-methoxy-2-[3,4,5-trimethoxy-
  benzoyloxy]- 4301
–, 1-Phenoxymethyl-4-[3-
  [2]pyridylamino-propyl]- 3866
Benzol-1,4-disulfonamid
–, N,N'-Di-[2]pyridyl- 3975
Benzol-1,3-disulfonsäure
–, 4-Chlor-,
 – bis-[2]pyridylamid 3975

Benzolsulfinsäure
—, 4-Äthoxycarbonylamino-,
  — [2]pyridylamid 3968
—, 4-Nitro-,
  — [2]pyridylamid 3968
Benzolsulfonamid
—,´ N-[4-Äthyl-[3]pyridyl]- 4201
—, N-[3H-Azepin-2-yl]-N-phenyl- 4129
—, N-[4-(1-Benzolsulfonyl-[3]piperidyl)-
  butyl]-N-methyl- 3790
—, N-[5-Chlor-[2]pyridyl]- 4027
—, N-Indol-3-ylmethyl- 4315
—, N-[3-Jod-[4]pyridyl]- 4122
—, N-[3-Methyl-5-nitro-[2]pyridyl]- 4159
—, N-[3-Methyl-[2]pyridyl]- 4158
—, N-[5-Methyl-[2]pyridyl]- 4166
—, N-[2]Pyridyl- 3969
—, N-[4-[3]Pyridyl-butyl]- 4233
—, N-[2-p-Tolyl-1,2,3,4-tetrahydro-
  [7]isochinolyl]- 4256
—, N-[2,4,6-Trimethyl-1-oxy-[3]pyridyl]-
  4231
—, N-[2,4,6-Trimethyl-[3]pyridyl]- 4231
Benzolsulfonsäure
—, 4-Acetoxy-,
  — [2]pyridylamid 3971
—, 4-[3-Acetoxy-1,4-dioxo-1,4-dihydro-
  [2]naphthyl]-,
  — [2]pyridylamid 3974
—, 4-[4-Acetoxy-1-hydroxy-3-methyl-
  [2]naphthylazo]-,
  — [2]pyridylamid 4008
—, 4-[4-Acetoxy-3-methyl-
  [1]naphthylazo]-,
  — [2]pyridylamid 4008
—, 4-Acetylamino-2,5-dimethyl-,
  — [2]pyridylamid 4004
—, 5-Acetylamino-2,4-dimethyl-,
  — [2]pyridylamid 4003
—, 4-[4-Acetylamino-3-methyl-
  [1]naphthylazo]-,
  — [2]pyridylamid 4009
—, 4-Acetylamino-3-nitro-,
  — [2]pyridylamid 4002
—, 4-[2-Äthoxy-4-hydroxy-phenylazo]-,
  — [2]pyridylamid 4008
—, 2-Amino-,
  — [2]pyridylamid 3977
—, 3-Amino-,
  — [5-brom-[2]pyridylamid] 4039
  — [5-chlor-[2]pyridylamid] 4028
  — [2]pyridylamid 3977
  — [3]pyridylamid 4088
—, 4-Amino-3-brom-,
  — [2]pyridylamid 4001
—, 3-Amino-4-chlor-,
  — [2]pyridylamid 3977
—, 4-Amino-3,5-dibrom-,
  — [2]pyridylamid 4001

—, 4-Amino-3,5-dijod-,
  — [2]pyridylamid 4002
—, 4-Amino-2,5-dimethyl-,
  — [2]pyridylamid 4004
—, 5-Amino-2,4-dimethyl-,
  — [2]pyridylamid 4003
—, 2-Amino-3,5-dinitro-,
  — [2]pyridylamid 3977
—, 3-Amino-4-hydroxy-,
  — [2]pyridylamid 4005
—, 4-Amino-3-hydroxy-,
  — [2]pyridylamid 4005
—, 4-Amino-3-jod-,
  — [2]pyridylamid 4001
—, 4-Aminomethyl-,
  — [2]pyridylamid 4003
—, 4-[4-Amino-3-methyl-[1]naphthylazo]-,
  — [2]pyridylamid 4009
—, 4-[2-Amino-[1]naphthylazo]-,
  — [2]pyridylamid 4009
—, 4-Amino-3-nitro-,
  — [2]pyridylamid 4002
—, 4-Amino-3-[4-(4-nitro-benzolsulfonyl)-
  phenylazo]-,
  — [2]pyridylamid 4011
—, 4-[2-Amino-5-sulfanilyl-phenylazo]-,
  — [2]pyridylamid 4009
—, 4-Amino-3-thiocyanato-,
  — [2]pyridylamid 4005
—, 4-Azido-,
  — [2]pyridylamid 3970
—, 4-Benzoyloxy-,
  — [2]pyridylamid 3971
—, 4-Benzylidenhydrazino-,
  — [2]pyridylamid 4006
—, 4-Brommethyl-,
  — [2]pyridylamid 3970
—, 3-Carbamimidoyl-,
  — [2]pyridylamid 3974
—, 4-Carbamimidoyl-,
  — [2]pyridylamid 3975
—, 4-Carbamoyl-,
  — [2]pyridylamid 3974
—, 4-Chlor-,
  — [3-methyl-[2]pyridylamid] 4158
  — [4-methyl-[2]pyridylamid] 4179
  — [5-methyl-[2]pyridylamid] 4166
  — [6-methyl-[2]pyridylamid] 4144
  — [2]pyridylamid 3969
—, 4-[3-Chlor-4-hydroxy-phenylazo]-,
  — [2]pyridylamid 4007
—, 4-Chlor-3-nitro-,
  — [2]pyridylamid 3970
—, 3-Cyan-,
  — [2]pyridylamid 3974
—, 4-Cyan-,
  — [2]pyridylamid 3974
—, 2,5-Diacetoxy-,
  — [2]pyridylamid 3972

Carbamidsäure (Fortsetzung)
—, Methyl-[1-methyl-[4]piperidyl]-,
  — äthylester 3758
  — diäthylamid 3758
—, Methyl-[2-nitro-[3]pyridyl]-,
  — äthylester 4097
—, [4-Methyl-1-oxy-[2]pyridyl]-,
  — äthylester 4176
—, [5-Methyl-1-oxy-[2]pyridyl]-,
  — äthylester 4164
—, [6-Methyl-1-oxy-[2]pyridyl]-,
  — äthylester 4141
—, [1-Methyl-4-phenyl-
  [4]piperidylmethyl]-,
  — äthylester 4276
—, [1-Methyl-[4]piperidyl]-,
  — äthylester 3758
—, [4-Methyl-[2]pyridyl]-,
  — äthylester 4175
—, [4-Methyl-[3]pyridyl]-,
  — benzylester 4181
—, [5-Methyl-[2]pyridyl]-,
  — äthylester 4163
—, [6-Methyl-[2]pyridyl]-,
  — äthylester 4139
—, [6-Methyl-[3]pyridyl]-,
  — äthylester 4133
—, [1-Methyl-2-[2]pyridyl-äthyl]-,
  — benzylester 4221
—, [4-Methyl-3-[2]pyridylsulfamoyl-
  phenyl]-,
  — äthylester 4003
—, [2-Nitro-[3]pyridyl]-,
  — äthylester 4097
—, [3-Nitro-[4]pyridyl]-,
  — äthylester 4125
  — methylester 4125
—, [5-Nitro-[2]pyridyl]-,
  — äthylester 4058
—, Octahydrochinolizin-1-yl-,
  — äthylester 3821
—, Octahydrochinolizin-3-yl-,
  — benzylester 3822
—, [1-Oxy-[2]pyridyl]-,
  — äthylester 3907
  — butylester 3907
  — propylester 3907
—, [2]Piperidylmethyl-,
  — äthylester 3766
—, [6-Propyl-[3]pyridyl]-,
  — äthylester 4220
—, [2]Pyridyl-,
  — [4-äthinyl-1-methyl-
  [4]piperidylester] 3894
  — äthylester 3893
  — butylester 3893
  — [4-chlor-but-2-inylester] 3894
  — cholesterylester 3894
  — [2-fluor-äthylester] 3893

  — isobutylester 3893
  — isopropylester 3893
  — methylester 3893
  — propylester 3893
—, [3]Pyridyl-,
  — äthylester 4076
  — benzylester 4077
  — butylester 4076
  — [2-fluor-äthylester] 4076
  — isobutylester 4076
  — isopropylester 4076
  — methylester 4076
  — propylester 4076
—, [4]Pyridyl-,
  — [2-fluor-äthylester] 4110
—, [2-[2]Pyridyl-äthyl]-,
  — methylester 4195
—, [2-[4]Pyridyl-äthyl]-,
  — methylester 4207
—, [4-[2]Pyridylaminosulfinyl-phenyl]-,
  — äthylester 3968
—, [4-[2]Pyridylsulfamoyl-phenyl]-,
  — äthylester 3992
  — cholesterylester 3993
  — methylester 3992
—, [1,2,3,4-Tetrahydro-[2]chinolylmethyl]-,
  — äthylester 4263
—, [1,2,3,4-Tetrahydro-
  [1]isochinolylmethyl]-,
  — äthylester 4268
—, Tropan-3-yl-,
  — äthylester 3800
Carbamonitril
—, Conan-3-yl-methyl- 4295
—, Con-5-en-3-yl-methyl- 4387
—, Methyl-[5-methyl-19-nor-con-8-en-
  3-yl]- 4379
—, [4-[2]Pyridylsulfamoyl-phenyl]- 3993
Carbamoylchlorid
—, [4-Äthoxy-phenyl]-[2]pyridyl- 3907
Carbazol
—, 9-Acetyl-5-acetylamino-1,2,3,4,4a,9a-
  hexahydro- 4371
—, 9-Acetyl-7-acetylamino-1,2,3,4,4a,9a-
  hexahydro- 4370
—, 9-Acetyl-7-acetylamino-8-methyl-
  1,2,3,4,4a,9a-hexahydro- 4374
—, 9-[2-(5-Äthyl-1-methyl-[2]piperidyl)-
  äthyl]- 3790
—, 6-Benzoylamino-9-methyl-1,2,3,4,4a,⚟
  9a-hexahydro- 4371
—, 9-Benzoyl-7-benzoylamino-6-chlor-
  1,2,3,4,4a,9a-hexahydro- 4370
—, 9-Benzoyl-5-benzoylamino-1,2,3,4,4a,⚟
  9a-hexahydro- 4372
—, 9-Benzoyl-7-benzoylamino-1,2,3,4,4a,⚟
  9a-hexahydro- 4370
—, 9-Benzoyl-5-benzoylamino-6-methyl-
  1,2,3,4,4a,9a-hexahydro- 4374

Chinolin (Fortsetzung)
—, 1-Benzyl-3-dimethylamino-
1,2,3,4-tetrahydro- 4250
—, 1-Benzyl-3-piperidino-
1,2,3,4-tetrahydro- 4250
—, 1-[4-Chlor-benzyl]-3-dimethylamino-
1,2,3,4-tetrahydro- 4250
—, 6-Diäthylamino-2,2,4-trimethyl-
1,2-dihydro- 4368
—, 1,4-Diäthyl-5-diäthylamino-
1,4-dihydro- 4357
—, 1,4-Diäthyl-8-diäthylamino-
1,4-dihydro- 4357
—, 1-[2,6-Dichlor-benzyl]-2-piperidino-
1,2-dihydro- 4298
—, 1-[2,6-Dichlor-benzyl]-4-piperidino-
1,4-dihydro- 4298
—, 3-Dimethylamino-1-[4-methoxy-
benzyl]-1,2,3,4-tetrahydro- 4250
—, 2-Dimethylaminomethyl-1-methyl-
1,2,3,4-tetrahydro- 4260
—, 2-Dimethylaminomethyl-
1,2,3,4-tetrahydro- 4260
—, 3-Dimethylamino-1,2,3,4-tetrahydro-
4249
—, 3-Dimethylamino-1-[2]thienylmethyl-
1,2,3,4-tetrahydro- 4251
—, 3-Dimethylamino-1-veratryl-
1,2,3,4-tetrahydro- 4251
—, 4-[2,4-Dimethyl-anilino]-
2,6,8-trimethyl-1,2,3,4-tetrahydro- 4283
—, 1,2-Dimethyl-4-methylamino-
decahydro- 3823
—, 1,2-Dimethyl-4-[N-methyl-anilino]-
1,2,3,4-tetrahydro- 4257
—, 2,6-Dimethyl-4-p-toluidino-
1,2,3,4-tetrahydro- 4273
—, 2,8-Dimethyl-4-o-toluidino-
1,2,3,4-tetrahydro- 4273
—, 1-Indol-3-ylmethyl-1,2,3,4-tetrahydro-
4308
—, 3-[1-Methylamino-äthyl]-
1,2,3,4-tetrahydro- 4272
—, 4-[2-Methylamino-äthyl]-
1,2,3,4-tetrahydro- 4273
—, 1-Methyl-2-methylaminomethyl-
1,2,3,4-tetrahydro- 4259
—, 1-Methyl-2-[nicotinoylamino-methyl]-
1,2,3,4-tetrahydro- 4264
—, 2-Methyl-6-nitro-4-[4-nitro-anilino]-
1,2,3,4-tetrahydro- 4258
—, 1-[3-(1-Methyl-[4]piperidyl)-propyl]-
1,2,3,4-tetrahydro- 3787
—, 1-Methyl-2-piperonylaminomethyl-
1,2,3,4-tetrahydro- 4264
—, 1-[2-(6-Methyl-[2]pyridyl)-äthyl]-
1,2,3,4-tetrahydro- 4229
—, 1-Methyl-2-[veratroylamino-methyl]-
1,2,3,4-tetrahydro- 4263

—, 1-Methyl-2-veratrylaminomethyl-
1,2,3,4-tetrahydro- 4261
—, 1-Nicotinoyl-2-[nicotinoylamino-
methyl]-1,2,3,4-tetrahydro- 4265
—, 1-[2-(5-Nitro-indol-3-yl)-äthyl]-
decahydro- 4351
—, 1,2,3,4,1',2',3',4'-Octahydro-
3,3'-imino-di- 4251
—, 2-[2-Piperidino-äthyl]-
1,2,3,4-tetrahydro- 4272
—, 2-Piperidinomethyl-
1,2,3,4-tetrahydro- 4261
—, 2-Piperonylaminomethyl-
1,2,3,4-tetrahydro- 4264
—, 1-[2-[2]Pyridyl-äthyl]-
1,2,3,4-tetrahydro- 4194
—, 1-[2-[4]Pyridyl-äthyl]-
1,2,3,4-tetrahydro- 4206
—, 1,2,2,4-Tetramethyl-6-methylamino-
1,2,3,4-tetrahydro- 4283
—, 2,2,4-Trimethyl-6-p-toluidino-
1,2-dihydro- 4368
—, 1-Veratroyl-2-[veratroylamino-
methyl]-1,2,3,4-tetrahydro- 4263
—, 2-Veratrylaminomethyl-
1,2,3,4-tetrahydro- 4261
Chinolin-2-carbaldehyd
— [6-methyl-[2]pyridylmethylimin]
4220
— [2]pyridylmethylimin 4153
Chinolin-6-carbaldehyd
— [2]pyridylimin 3964
Chinolin-8-carbaldehyd
— [2]pyridylmethylimin 4153
Chinolin-3-carbonsäure
—, 2-Hydroxy-4-methyl-,
— [2-indol-3-yl-äthylamid] 4348
—, 4-Methyl-2-oxo-1,2-dihydro-,
— [2-indol-3-yl-äthylamid] 4348
Chinolin-4-carbonsäure
—, 2-Phenyl-6-[2]pyridylsulfamoyl- 4012
Chinolinium
—, 6-Äthoxy-2-[2-(5-brom-
[2]pyridylamino)-vinyl]-1-methyl- 4038
—, 6-Äthoxy-2-[2-(5-chlor-
[2]pyridylamino)-vinyl]-1-methyl- 4027
—, 1-Äthyl-4-amino-2-[2-
[2]pyridylamino-vinyl]- 3965
—, 1-Äthyl-2-[2-(5-jod-[2]pyridylamino)-
propenyl]- 4051
—, 1-Äthyl-2-[2]pyridylamino- 3964
—, 2-[Benzoylamino-methyl]-
1,1-dimethyl-1,2,3,4-tetrahydro- 4262
—, 2-[2-(5-Brom-[2]pyridylamino)-vinyl]-
6-methoxy-1-methyl- 4038
—, 2-[2-(5-Brom-[2]pyridylamino)-vinyl]-
1-methyl-6-methylmercapto- 4038
—, 7-Chlor-1-methyl-4-[2]pyridylamino-
3964

E

Essigsäure (Fortsetzung)
- [4-(methyl-[2]pyridyl-sulfamoyl)-anilid] 4014
- [4-methyl-3-[2]pyridylsulfamoyl-anilid] 4002
- [4-(3-methyl-[2]pyridylsulfamoyl)-anilid] 4159
- [4-(4-methyl-[2]pyridylsulfamoyl)-anilid] 4180
- [4-(5-methyl-[2]pyridylsulfamoyl)-anilid] 4166
- [4-(6-methyl-[2]pyridylsulfamoyl)-anilid] 4144
- [4-(3-nitro-[4]pyridylamino)-anilid] 4127
- [4-(5-nitro-[2]pyridylamino)-anilid] 4061
- [2-nitro-4-[2]pyridylsulfamoyl-anilid] 4002
- [4-(5-nitro-[2]pyridylsulfamoyl)-anilid] 4064
- [4-(octahydro-chinolizin-3-yl)-anilid] 4376
- [4-(1-oxy-[2]pyridylsulfamoyl)-anilid] 4013
- [4-(1-oxy-[4]pyridylsulfamoyl)-anilid] 4118
- [4-(pentyl-[2]pyridyl-sulfamoyl)-anilid] 4014
- [1-phenyl-2-[2]pyridylamino-äthylester] 3865
- [4-(1-[2]pyridyl-äthylsulfamoyl)-anilid] 4187
- [4-(1-[3]pyridyl-äthylsulfamoyl)-anilid] 4199
- [4-(1-[4]pyridyl-äthylsulfamoyl)-anilid] 4201
- [4-([2]pyridylamino-methansulfonyl)-anilid] 3868
- [4-([2]pyridylmethyl-sulfamoyl)-anilid] 4154
- [4-([3]pyridylmethyl-sulfamoyl)-anilid] 4172
- [4-([4]pyridylmethyl-sulfamoyl)-anilid] 4185
- [4-[2]pyridylsulfamoyl-anilid] 3987
- [4-[3]pyridylsulfamoyl-anilid] 4088
- [4-[4]pyridylsulfamoyl-anilid] 4117
- [4-(4-[2]pyridylsulfamoyl-phenylsulfamoyl)-anilid] 4001
- [4-(4-[3]pyridylsulfamoyl-phenylsulfamoyl)-anilid] 4088
- [N-(1,2,5-trimethyl-4-phenyl-[4]piperidyl)-anilid] 4291
- [4-(2,4,6-trimethyl-[3]pyridylsulfamoyl)-anilid] 4231
-, [5-Äthyl-1-(2-indol-3-yl-äthyl)-2-oxo-[4]piperidyl]- 4343

-, Benzo[1,3]dioxol-5-yl-,
- [2-indol-3-yl-äthylamid] 4346
-, Benzyloxy-,
- [2-indol-3-yl-äthylamid] 4339
-, {[2-(Benzyl-[2]pyridyl-amino)-äthyl]-dimethyl-ammonio}-,
- äthylester 3931
-, Bis-[3]pyridylamino-,
- äthylester 4082
-, Carbamimidoylmercapto-,
- [2]pyridylamid 3911
-, Carbamoylmercapto-,
- [4-[2]pyridylsulfamoyl-anilid] 3995
-, Chlor-,
- [2]pyridylamid 3881
- [4-[2]pyridylsulfamoyl-anilid] 3988
-, Cyan-,
- [2-indol-3-yl-äthylamid] 4335
- [2]pyridylamid 3889
- [4]pyridylamid 4109
-, Cyan-[4-dimethylamino-phenylimino]-,
- [2]pyridylamid 3920
-, Cyclohexyl-,
- [2-indol-3-yl-äthylamid] 4333
-, Cyclohexyl-hydroxy-,
- [2]pyridylamid 3912
-, Dichlor-,
- [(2-hydroxy-äthyl)-[3]pyridylmethyl-amid] 4169
- [(2-hydroxy-äthyl)-[4]pyridylmethyl-amid] 4182
- [2]pyridylamid 3881
-, [3,4-Dimethoxy-phenyl]-,
- [2-indol-3-yl-äthylamid] 4342
- [2-pyrrol-2-yl-äthylamid] 3834
-, [4-Dimethylamino-anilino]-hydroxy-,
- [2]pyridylamid 3917
-, Diphenyl-,
- chinuclidin-3-ylamid 3816
- [2-indol-3-yl-äthylamid] 4335
- [2]pyridylamid 3887
- [2-[2]pyridylamino-äthylester] 3857
- [[3]pyridylmethyl-amid] 4169
-, Diphenyl-[2]pyridylamino- 3917
-, Disulfandiyldi-,
- bis-[4-[2]pyridylsulfamoyl-anilid] 3996
-, Fluor-,
- [2]pyridylamid 3880
-, [2-Hydroxymethyl-phenyl]-,
- [2-indol-3-yl-äthylamid] 4341
-, Imino-[3-methyl-[2]pyridylamino]-,
- amid 4157
-, Imino-[4-methyl-[2]pyridylamino]-,
- amid 4174
-, Imino-[5-methyl-[2]pyridylamino]-,
- amid 4162 f
-, Imino-[2]pyridylamino-,
- amid 3888

H

Harnstoff (Fortsetzung)
−, *N*-[2]Naphthyl-*N′*-[2]pyridyl- 3895
−, *N*-[3-Nitro-phenyl]-*N′*-[2]pyridyl-
    3895
−, *N*-[4-Nitro-phenyl]-*N′*-[2]pyridyl-
    3895
−, *N*-[5-Nitro-[2]pyridyl]-*N′*-phenyl-
    4058
−, *N*-Octahydrochinolizin-3-yl-
    N′-phenyl- 3822
−, [1-Oxy-[2]pyridyl]- 3907
−, *N*-[1-Oxy-[2]pyridyl]-*N′*-phenyl- 3907
−, [4-Phenyl-[4]piperidylmethyl]- 4276
−, *N*-Phenyl-*N′*-[2]pyridyl- 3895
−, *N*-Phenyl-*N′*-[3]pyridyl- 4077
−, *N*-Phenyl-*N′*-[4]pyridyl- 4110
−, *N*-Phenyl-*N′*-[2-[3]pyridyl-äthyl]-
    4200
−, *N*-Phenyl-*N′*-[2,4,6,6-tetramethyl-
    1-phenylcarbamoyl-[3]piperidyl]-
    3791
−, *N*-Propyl-*N′*-[2]pyridyl- 3894
−, [2]Pyridyl- 3894
−, [3]Pyridyl- 4077
−, [2-[2]Pyridyl-äthyl]- 4195
−, [2-[4]Pyridyl-äthyl]- 4208
−, *N*-[2-[4]Pyridyl-äthyl]-*N′*-[3-[4]pyridyl-
    propionyl]- 4208
−, [4]Pyridylmethyl- 4183
−, [4-[2]Pyridylsulfamoyl-phenyl]- 3993
−, *N*-[2]Pyridyl-*N′*-[4-sulfamoyl-phenyl]-
    3896
−, *N*-[2]Pyridyl-*N′*-[toluol-4-sulfonyl]-
    3896
−, *N*-[3]Pyridyl-*N′*-[toluol-4-sulfonyl]-
    4078
−, *N*-[4]Pyridyl-*N′*-[toluol-4-sulfonyl]-
    4110
−, [1,2,3,4-Tetrahydro-
    [1]isochinolylmethyl]- 4269
−, *N*-[2,3,6,7-Tetrahydro-1*H*,5*H*-pyrido≠
    [3,2,1-*ij*]chinolin-9-yl]-*N′*-*o*-tolyl- 4372

Heptan
−, 2-Amino-3-[2]pyridyl- 4243
−, 1-Dimethylamino-3-[2]pyridyl- 4243
Heptandiamid
−, *N*,*N′*-Bis-[2-indol-3-yl-äthyl]- 4336
Heptandiyldiamin
−, *N*,*N′*-Di-[2]pyridyl- 3942
Heptansäure
   − [4-[2]pyridylsulfamoyl-anilid] 3989
Hept-2-in
−, 1-Dimethylamino-7-[2]pyridyl- 4367
Heteroconessin 4384
−, Dihydro- 4293
Heteroconessin-bis-methojodid 4385
−, Dihydro- 4294

Hexan
−, 1,6-Bis-[(1,1-dimethyl-4-phenyl-
    piperidinium-4-ylmethyl)-dimethyl-
    ammonio]- 4279
−, 1-[(2-Indol-3-yl-äthyl)-methyl-amino]-
    6-[3,4,5-trimethoxy-benzoyloxy]- 4326
Hexandiyldiamin
−, *N*,*N′*-Bis-[1,1-dimethyl-4-phenyl-
    piperidinium-4-ylmethyl]- 4279
−, *N*,*N′*-Bis-[1-methyl-4-phenyl-
    [4]piperidylmethyl]- 4279
−, *N*,*N*-Bis-[2-[4]pyridyl-äthyl]- 4209
−, *N*,*N′*-Bis-[2-[4]pyridyl-äthyl]- 4209
−, *N*,*N*-Diäthyl-*N′*-[4]pyridyl- 4115
−, *N*,*N′*-Di-[2]pyridyl- 3941
−, *N*,*N′*-Di-[4]pyridyl- 4115
−, *N*-[2]Pyridyl- 3941
Hexannitril
−, 6-{Bis-[2-(6-methyl-[2]pyridyl)-äthyl]-
    amino}- 4229
−, 6-[Bis-(2-[4]pyridyl-äthyl)-amino]-
    4210
−, 6-[2-(6-Methyl-[2]pyridyl)-äthylamino]-
    4229
Hexan-1-ol
−, 6-[(2-Indol-3-yl-äthyl)-methyl-amino]-
    4326
Hexan-3-on
−, 2-Methyl-5-[2]pyridylamino- 3873
−, 1-[2]Pyridylimino- 3871
Hexansäure
   − [4-(1-[2]pyridyl-äthylsulfamoyl)-
     anilid] 4187
   − [4-(1-[3]pyridyl-äthylsulfamoyl)-
     anilid] 4199
   − [4-(1-[4]pyridyl-äthylsulfamoyl)-
     anilid] 4201
   − [4-([2]pyridylmethyl-sulfamoyl)-
     anilid] 4154
   − [4-([3]pyridylmethyl-sulfamoyl)-
     anilid] 4172
   − [4-([4]pyridylmethyl-sulfamoyl)-
     anilid] 4185
   − [4-[2]pyridylsulfamoyl-anilid] 3989
   − [4-[3]pyridylsulfamoyl-anilid] 4088
   − [4-[4]pyridylsulfamoyl-anilid] 4117
−, 2,3,4,5-Tetrahydroxy-6-[4-
    [2]pyridylsulfamoyl-phenylimino]- 3997
Hex-1-en-3-on
−, 2-Methyl-5-[2]pyridylamino- 3874
−, 1-[2]Pyridylamino- 3871
Hex-5-ensäure
−, 2-Oxo-6-phenyl-4-[2]pyridylamino-
    3922
Hexylamin
−, 2-[2-Methyl-indol-3-ylmethyl]- 4377
−, 1-Methyl-2-[2]pyridyl- 4243
***D*-Homo-*C*-nor-con-5-en**
−, 3-Dimethylamino- 4388

Hydantoinsäure
—, 5-[4-Äthoxy-phenyl]-5-[2]pyridyl-
3908
Hydrazin
—, N,N'-Bis-[4-[2]pyridylsulfamoyl-
phenyl]- 4007
Hydrazobenzol-4-sulfonsäure
— [2]pyridylamid 4006
Hydroxylamin
—, N-Nicotinoyl-O-[3]pyridylcarbamoyl-
4078
—, N-[Pyridin-2-carbonyl]-O-
[2]pyridylcarbamoyl- 3901

I

Imidophosphorsäure
—, [5-Nitro-[2]pyridyl]-,
— triphenylester 4065
Indan-1,3-dion
—, 2-[1-Methyl-1H-
[2]pyridylidenmethylimino]- 4154
Indol
—, Bz-Acetamino-2-methyl- 4299
—, 6-Acetylamino- 4297
—, 3-[2-Acetylamino-äthyl]- 4332
—, 3-[2-Acetylamino-äthyl]-1-benzyl-
4332
—, 3-[2-Acetylamino-äthyl]-1-phenyl-
4332
—, 5-Acetylamino-2,3-dimethyl- 4352
—, 6-Acetylamino-2,3-dimethyl- 4353
—, 7-Acetylamino-2,3-dimethyl- 4353
—, 5-Acetylamino-2-methyl- 4299
—, 6-Acetylamino-2,3,3-trimethyl-3H-
4366
—, 7-Acetylamino-1,2,3-trimethyl- 4353
—, 1-Äthyl-3-[2-amino-äthyl]- 4322
—, 3-[2-Äthylamino-äthyl]- 4322
—, 3-Äthyl-7-chlor-5-dimethylamino-
2-methyl- 4360
—, 3-Äthyl-5-dimethylamino-
1,2-dimethyl- 4359
—, 3-Äthyl-5-dimethylamino-2-methyl-
4359
—, 3-Äthyl-5-[dimethylsulfamoyl-amino]-
2-methyl- 4360
—, 3-Äthyl-5-formylamino-2-methyl-
4360
—, 3-Äthyl-2-methyl-5-methylamino-
4359
—, 3-[5-Äthyl-2-methyl-piperidinomethyl]-
4307
—, 3-Äthyl-2-methyl-5-pyrrolidino- 4360
—, 3-[2-Äthyl-piperidinomethyl]- 4307
—, 3-[4-Äthyl-piperidinomethyl]- 4307
—, 2-[2-Amino-äthyl]- 4318

—, 3-[2-Amino-äthyl]- 4319
—, 3-[2-Amino-äthyl]-1-benzyl- 4324
—, 3-[2-Amino-äthyl]-5-brom- 4351
—, 3-[2-Amino-äthyl]-5-chlor- 4349
—, 3-[2-Amino-äthyl]-6-chlor- 4350
—, 3-[2-Amino-äthyl]-7-chlor- 4350
—, 3-[2-Amino-äthyl]-5-chlor-1-methyl-
4350
—, 3-[2-Amino-äthyl]-4,7-dichlor- 4350
—, 3-[2-Amino-äthyl]-6,7-dichlor- 4350
—, 3-[2-Amino-äthyl]-5-fluor- 4349
—, 3-[2-Amino-äthyl]-6-fluor- 4349
—, 3-[2-Amino-äthyl]-1-methyl- 4320
—, 3-[2-Amino-äthyl]-2-methyl- 4361
—, 3-[2-Amino-äthyl]-4-methyl- 4364
—, 3-[2-Amino-äthyl]-5-methyl- 4364
—, 3-[2-Amino-äthyl]-6-methyl- 4365
—, 3-[2-Amino-äthyl]-7-methyl- 4365
—, 3-[2-Amino-äthyl]-1-methyl-5-nitro-
4351
—, 3-[2-Amino-äthyl]-2-methyl-5-nitro-
4364
—, 3-[2-Amino-äthyl]-5-nitro- 4351
—, 3-[2-Amino-äthyl]-1-phenyl- 4324
—, 3-[2-Amino-butyl]- 4368
—, 3-[3-Amino-butyl]- 4368
—, 3-[Amino-tert-butyl]- 4369
—, 3-[2-Amino-3,3-dimethyl-butyl]- 4375
—, 3-[β-Amino-isobutyl]- 4369
—, 3-[γ-Amino-isobutyl]-2-methyl- 4373
—, 3-[β-Amino-isopropyl]- 4359
—, 2-Aminomethyl- 4300
—, 3-Aminomethyl- 4302
—, Bz-Amino-2-methyl- 4299
—, 3-[2-Amino-3-methyl-butyl]- 4373
—, 3-[2-Aminomethyl-butyl]-2-methyl-
4375
—, 3-[2-Aminomethyl-hexyl]-2-methyl-
4377
—, 3-Aminomethyl-2-methyl- 4354
—, 3-[2-Aminomethyl-pentyl]-2-methyl-
4376
—, 3-[2-Amino-propyl]- 4357
—, 3-[3-Amino-propyl]- 4357
—, 3-[2-Amino-propyl]-5-methyl- 4369
—, 3-[3-Amino-propyl]-1-methyl- 4358
—, 3-[3-Amino-propyl]-2-methyl- 4369
—, 3-[2-Anilino-äthyl]- 4324
—, 3-Anilinomethyl- 4304
—, 3-p-Anisidinomethyl- 4307
—, 3-[2-Anthraniloylamino-äthyl]- 4345
—, 3-[Benzolsulfonylamino-methyl]-
4315
—, 5-Benzoylamino- 4296
—, 3-[2-Benzoylamino-äthyl]- 4334
—, 3-[2-Benzoylamino-äthyl]-1-methyl-
4334
—, 3-[Benzoylamino-methyl]- 4309
—, 3-Benzoylamino-2-methyl- 4299

L

Lactamid (Fortsetzung)
—, *N*-[2-[4]Pyridyl-äthyl]- 4208
Lauramid
—, *N*-[2]Pyridyl- 3882
Laurinsäure
— [4-[2]pyridylsulfamoyl-anilid] 3989
Linolamid
—, *N*-[2]Pyridyl- 3883
Linolsäure
— [4-[2]pyridylsulfamoyl-anilid] 3989
Lupinan
—, Amino- 3823

M

Maleinamidsäure
—, 2-Methyl-*N*-[2]pyridyl- 3892
—, 3-Methyl-*N*-[2]pyridyl- 3892
—, *N*-[2]Pyridyl- 3891
—, *N*-[4-[2]Pyridylsulfamoyl-phenyl]-
3991
Maleinsäure
—, Methyl-,
— mono-[2]pyridylamid 3892
Malonamid
—, *N,N'*-Bis-[5-brom-[2]pyridyl]- 4032
—, *N,N'*-Bis-[5-chlor-[2]pyridyl]- 4021
—, *N,N'*-Bis-[5-jod-[2]pyridyl]- 4047
—, *N,N'*-Bis-[4-methyl-[2]pyridyl]- 4175
—, *N,N'*-Bis-[5-methyl-[2]pyridyl]- 4163
—, *N,N'*-Bis-[6-methyl-[2]pyridyl]- 4138
—, *N*-[5-Brom-[2]pyridyl]-*N'*-[5-chlor-
[2]pyridyl]- 4032
—, *N*-[5-Brom-[2]pyridyl]-*N'*-[5-jod-
[2]pyridyl]- 4047
—, *N*-Butyl-2-phenylhydrazono-*N'*-
[2]pyridyl- 3920
—, 2,2-Diäthyl-*N*-[3]pyridyl- 4075
—, *N,N'*-Di-[2]pyridyl- 3889
—, *N,N'*-Di-tropan-3-yl- 3799
Malonamidsäure
—, 2-[4-Äthoxycarbonyl-
phenylhydrazono]-*N*-[2]pyridyl-,
— äthylester 3920
— methylester 3920
—, *N*-[5-Brom-[2]pyridyl]- 4032
— äthylester 4032
—, *N*-[5-Chlor-[2]pyridyl]- 4021
— äthylester 4021
—, 2,2-Diäthyl-*N*-[3]pyridyl- 4075
—, 2-Hydroxyimino-*N*-[2]pyridyl-,
— äthylester 3920
—, *N*-[5-Jod-[2]pyridyl]- 4047
— äthylester 4047

—, 2-[4-Methoxycarbonyl-
phenylhydrazono]-*N*-[2]pyridyl-,
— methylester 3920
—, *N*-[5-Methyl-[2]pyridyl]-,
— äthylester 4163
—, *N*-[6-Methyl-[2]pyridyl]-,
— äthylester 4138
—, 2-Phenylhydrazono-*N*-[2]pyridyl-
3919
— methylester 3919
—, 2-Phenylhydrazono-*N*-[4]pyridyl-,
— äthylester 4112
—, *N*-[2]Pyridyl-,
— äthylester 3889
Malononitril
—, [4-Chlor-α-[2]pyridylamino-benzyl]-
3921
—, [4-Chlor-α-[2]pyridylimino-benzyl]-
3921
—, [α-[2]Pyridylamino-benzyl]- 3921
—, [α-[2]Pyridylimino-benzyl]- 3921
Malonsäure
—, [(5-Brom-[2]pyridylamino)-methylen]-,
— diäthylester 4034
—, [(6-Brom-[2]pyridylamino)-methylen]-,
— diäthylester 4040
—, [(5-Brom-[2]pyridylimino)-methyl]-,
— diäthylester 4034
—, [(6-Brom-[2]pyridylimino)-methyl]-,
— diäthylester 4040
—, [(5-Chlor-[2]pyridylamino)-methylen]-,
— diäthylester 4024
—, [(5-Chlor-[2]pyridylimino)-methyl]-,
— diäthylester 4024
—, Diäthyl-,
— bis-[2]pyridylamid 3890
—, [(2,6-Dimethyl-[4]pyridylamino)-
methylen]-,
— diäthylester 4217
—, [(2,6-Dimethyl-[4]pyridylimino)-
methyl]-,
— diäthylester 4217
—, Diphenyl-,
— amid-[2]pyridylamid 3893
— bis-tropan-3-ylamid 3800
—, [(2-Indol-3-yl-äthylamino)-methylen]-,
— diäthylester 4344
—, [(2-Indol-3-yl-äthylimino)-methyl]-,
— diäthylester 4344
—, [(4-Methyl-[2]pyridylamino)-
methylen]-,
— diäthylester 4178
—, [(5-Methyl-[2]pyridylamino)-
methylen]-,
— diäthylester 4166
—, [(6-Methyl-[2]pyridylamino)-
methylen]-,
— diäthylester 4142

Malonsäure (Fortsetzung)
−, [(4-Methyl-[2]pyridylimino)-methyl]-,
  − diäthylester 4178
−, [(5-Methyl-[2]pyridylimino)-methyl]-,
  − diäthylester 4166
−, [(6-Methyl-[2]pyridylimino)-methyl]-,
  − diäthylester 4142
−, [(1-Oxy-[3]pyridylamino)-methylen]-,
  − diäthylester 4083
−, [(1-Oxy-[3]pyridylimino)-methyl]-,
  − diäthylester 4083
−, [[2]Pyridylamino-methylen]-,
  − diäthylester 3920
−, [[3]Pyridylamino-methylen]-,
  − diäthylester 4082
−, [[4]Pyridylamino-methylen]-,
  − diäthylester 4112
−, [[2]Pyridylimino-methyl]-,
  − diäthylester 3920
−, [[3]Pyridylimino-methyl]-,
  − diäthylester 4082
−, [[4]Pyridylimino-methyl]-,
  − diäthylester 4112
Mandelamid
−, N-[5-Brom-[2]pyridyl]- 4033
−, N-[5-Chlor-[2]pyridyl]- 4023
−, N-[4,6-Dimethyl-[2]pyridyl]- 4212
−, N-[4-Methyl-[2]pyridyl]- 4177
−, N-[5-Methyl-[2]pyridyl]- 4165
−, N-[2]Pyridyl- 3916
Mepyramin 3934
Metanicotin 4248
−, N-Benzoyl- 4249
−, Dihydro- 4233
−, N-Methyl- 4249
−, Octahydro- 3788
Methan
−, [N-Acetyl-sulfanilyl]-[2]pyridylamino-
  3868
−, [1-Benzyl-[2]piperidyl]-piperidino-
  3766
−, Bis-[2]pyridylamino-[2]thienyl- 3956
−, [3,4-Dihydro-2H-[1]chinolyl]-indol-
  3-yl- 4308
−, [3,4-Dihydro-1H-[2]isochinolyl]-indol-
  3-yl- 4308
−, [2,5-Dimethyl-indol-3-yl]-piperidino-
  4367
−, [2,5-Dimethyl-indol-3-yl]-pyrrolidino-
  4367
−, [2]Furyl-bis-[2]pyridylamino- 3956
−, [2]Furyl-phenyl-[2]pyridylamino-
  3956
−, Hexahydroazepin-2-yl-piperidino-
  3769
−, Indolin-1-yl-indol-3-yl- 4308
−, Indol-1-yl-indol-3-yl- 4308
−, Indol-3-yl-[3-methyl-indol-1-yl]- 4308
−, Indol-2-yl-piperidino- 4301

−, Indol-3-yl-piperidino- 4306
−, [4-Methoxy-phenyl]-bis-
  [2]pyridylamino- 3875
−, [2-Methyl-indol-3-yl]-piperidino-
  4354
−, [2-Methyl-indol-3-yl]-pyrrolidino-
  4354
−, [1-Methyl-[2]piperidyl]-piperidino-
  3765
−, [1-Methyl-pyridinium-2-yl]-pyridinio-
  4149
−, [1-Methyl-pyridinium-4-yl]-pyridinio-
  4182
−, [3-Nitro-phenyl]-bis-[2]pyridylamino-
  3870
−, Phenyl-bis-[2]pyridylamino- 3870
−, Phenyl-bis-[4]pyridylamino- 4107
−, Phenyl-[2]pyridylamino-[2]thienyl-
  3956
−, Piperidino-[2]piperidyl- 3765
−, Piperidino-[2]pyridyl- 4148
−, Piperidino-pyrrol-2-yl- 3831
−, Piperidino-[2,3,4,5-tetrahydro-
  1H-benz[c]azepin-3-yl]- 4272
−, Piperidino-[1,2,3,4-tetrahydro-
  [2]chinolyl]- 4261
−, [2]Pyridyl-bis-[2]pyridylamino- 3963
−, [3]Pyridyl-pyrrolidino- 4169
Methandisulfonamid
−, N,N'-Di-[2]pyridyl- 3972
Methandiyldiamin
−, N,N'-Di-[2]pyridyl-C-[2]thienyl- 3956
−, C-[2]Furyl-N,N'-di-[2]pyridyl- 3956
−, C-[4-Methoxy-phenyl]-N,N'-di-
  [2]pyridyl- 3875
−, C-[3-Nitro-phenyl]-N,N'-di-[2]pyridyl-
  3870
−, C-Phenyl-N,N'-di-[2]pyridyl- 3870
−, C-Phenyl-N,N'-di-[4]pyridyl- 4107
−, C,N,N'-Tri-[2]pyridyl- 3963
Methanol
−, [2-(2-Indol-3-yl-äthyl)-
  1,2,3,4-tetrahydro-[5]isochinolyl]- 4330
−, [1-Indol-3-ylmethyl-indol-3-yl]- 4308
Methansulfinsäure
−, [4-[2]Pyridylsulfamoyl-anilino]- 3981
Methansulfonamid
−, N-[2-(6-Amino-3,4-dihydro-2H-
  [1]chinolyl)-äthyl]- 4252
−, N-[2-(5-Amino-indolin-1-yl)-äthyl]-
  4247
−, N-[2-(6-Amino-7-methyl-3,4-dihydro-
  2H-[1]chinolyl)-äthyl]- 4266
−, N-[2]Pyridyl- 3968
Methansulfonsäure
−, [4-Amino-phenyl]-,
  − [2]pyridylamid 4003
−, [1-Methyl-1,2,3,4-tetrahydro-
  [6]chinolylamino]- 4252

Methansulfonsäure (Fortsetzung)
—, [4-Nitro-phenyl]-,
   — [2]pyridylamid 3971
—, Phenyl-,
   — [2]pyridylamid 3971
—, [2]Pyridylamino- 3868
—, [4-[2]Pyridylsulfamoyl-anilino]- 3982
Methapyrilen 3950
Methylamin
—, C-[1-Äthyl-4-phenyl-[4]piperidyl]-
   4275
—, C-[1-Äthyl-[3]piperidyl]- 3768
—, C-[1-Äthyl-pyrrolidin-2-yl]- 3762
—, C-[3-Aza-bicyclo[3.3.1]non-7-yl]-
   3823
—, C-[1-Benzyl-4-phenyl-[4]piperidyl]-
   4275
—, C-Chinuclidin-2-yl- 3819
—, C-[6-(2-Chlor-äthyl)-1-aza-bicyclo‌
   [3.2.1]oct-7-yl]- 3826
—, C-[3,5-Diäthyl-1-methyl-[2]piperidyl]-
   3793
—, C-[2,6-Dibrom-[4]pyridyl]- 4185
—, C-[2,6-Dichlor-[4]pyridyl]- 4185
—, C-[4,6-Dimethyl-[3]pyridyl]- 4230
—, C-[5,6-Dimethyl-[3]pyridyl]- 4230
—, C-[5,5-Dimethyl-pyrrolidin-2-yl]-
   3784
—, C-Indol-2-yl- 4300
—, C-Indol-3-yl- 4302
—, C-[3-Methyl-3-aza-bicyclo[3.3.1]non-
   2-yl]- 3823
—, C-[2-Methyl-indol-3-yl]- 4354
—, C-[1-Methyl-4-phenyl-hexahydro-
   azepin-4-yl]- 4284
—, C-[1-Methyl-4-phenyl-[4]piperidyl]-
   4274
—, C-[1-Methyl-[3]piperidyl]- 3767
—, C-[1-Methyl-[4]piperidyl]- 3768
—, C-[2-Methyl-[4]pyridyl]- 4213
—, C-[6-Methyl-[2]pyridyl]- 4219
—, C-[6-Methyl-[3]pyridyl]- 4213
—, C-[1-Methyl-pyrrolidin-2-yl]- 3762
—, C-[1-Methyl-1,2,3,4-tetrahydro-
   [2]chinolyl]- 4259
—, C-[1-Methyl-1,2,3,4-tetrahydro-
   [4]chinolyl]- 4266
—, C-[2-Methyl-1,2,3,4-tetrahydro-
   [1]isochinolyl]- 4267
—, C-Octahydrochinolizin-1-yl- 3823
—, C-Octahydrochinolizin-3-yl- 3825
—, C-[4-Phenyl-[4]piperidyl]- 4274
—, C-[2]Piperidyl- 3765
—, C-[3]Piperidyl- 3767
—, C-[6-Propyl-[3]pyridyl]- 4235
—, C-[2]Pyridyl- 4146
—, C-[3]Pyridyl- 4167
—, C-[4]Pyridyl- 4181
—, C-Pyrrolidin-2-yl- 3761

—, Pyrrol-2-yl- 3828
—, C-[Tetrachlor-[4]pyridyl]- 4185
—, C-[1,2,3,4-Tetrahydro-[2]chinolyl]-
   4259
—, C-[1,2,3,4-Tetrahydro-[1]isochinolyl]-
   4267
—, C-[1,4,4-Trimethyl-[2]piperidyl]- 3788
—, C-[4,5,6-Trimethyl-[3]pyridyl]- 4240
—, C-[4,5,5-Trimethyl-pyrrolidin-2-yl]-
   3788
Methylendiamin
—, N,N'-Bis-[3-methyl-[2]pyridyl]- 4155
—, N,N'-Bis-[3-nitro-[2]pyridyl]- 4054
—, N,N'-Bis-[5-nitro-[2]pyridyl]- 4058
—, N,N'-Dimethyl-N,N'-di-[2]pyridyl-
   3869
—, N,N'-Di-[2]pyridyl- 3869
—, N,N'-Di-[3]pyridyl- 4072
Myristamid
—, N-[2]Pyridyl- 3883

N

[1]Naphthaldehyd
—, 2-Hydroxy-,
   — [2]pyridylimin 3875
[2]Naphthaldehyd
—, 1,4-Dihydroxy-3-methyl-,
   — [2]pyridylimin 3877
Naphthalin-1,4-diol
—, 2-Methyl-3-[[2]pyridylimino-methyl]-
   3877
Naphthalin-2,7-disulfonsäure
—, 6-Acetylamino-4-hydroxy-3-[4-
   [2]pyridylsulfamoyl-phenylazo]- 4010
—, 5-Amino-4-hydroxy-3-[4-
   [2]pyridylsulfamoyl-phenylazo]- 4010
Naphthalin-1-on
—, 2-Hydroxy-4-[2]pyridylimino-4H-
   3877
Naphthalin-1-sulfonamid
—, N-[2]Pyridyl- 3971
Naphthalin-1-sulfonsäure
—, 4-Acetylamino-,
   — [2]pyridylamid 4004
—, 5-Acetylamino-,
   — [2]pyridylamid 4004
—, 4-Amino-,
   — [2]pyridylamid 4004
—, 5-Amino-,
   — [2]pyridylamid 4004
—, 4-Amino-3-[4-[2]pyridylsulfamoyl-
   phenylazo]- 4010
Naphthalin-2-sulfonsäure
—, 6-Acetylamino-,
   — [2]pyridylamid 4004

19-Nor-con-8-en
—, 3-[Cyan-methyl-amino]-5-methyl-
4379
—, 3-Dimethylamino-5-methyl- 4378
—, 5-Methyl-3-methylamino- 4378
23-Nor-con-5-en
—, 22-Acetyl-3-[acetyl-methyl-amino]-
4386
—, 22-Acetyl-3-dimethylamino- 4386
—, 22-Benzoyl-3-[benzoyl-methyl-amino]-
4387
—, 22-Benzoyl-3-dimethylamino- 4387
—, 22-Chlor-3-[chlor-methyl-amino]-
4387
—, 22-Cyan-3-[cyan-methyl-amino]-
4387
—, 3-Dimethylamino- 4381
—, 3-Dimethylamino-22-nitroso- 4387
—, 3-Methylamino- 4380
19-Nor-con-8-enium
—, 5,22-Dimethyl-3-trimethylammonio-
4379
19-Nor-con-8-en-23-nitril
—, 3-[Cyan-methyl-amino]-5-methyl-
4380
Norlupinan
—, 1-Amino- 3821
—, Hydroxy- 3821
Norlupinen 3821
Nornicotin
—, Octahydro- 3788
Nortropan
—, 8-Benzyl-3-[2-diäthylamino-
äthylamino]- 3804
—, 8-[2-Chlor-benzyl]-3-[2-diäthylamino-
äthylamino]- 3804
—, 8-[4-Chlor-benzyl]-3-[2-diäthylamino-
äthylamino]- 3805
—, 8-[2-Chlor-benzyl]-3-[2-pyrrolidino-
äthylamino]- 3805
—, 3-[2-Diäthylamino-äthylamino]-8-
[2,3-dimethoxy-benzyl]- 3806
—, 3-[2-Diäthylamino-äthylamino]-8-
[2-methoxy-benzyl]- 3806
—, 3-[2-Diäthylamino-äthylamino]-8-
[4-methoxy-benzyl]- 3806
—, 3-[2-Diäthylamino-äthylamino]-
8-phenyl- 3804
—, 3-[2-Diäthylamino-äthylamino]-
8-piperonyl- 3815
Nortropanium
—, 8-Äthyl-3-{[2-(1-äthyl-piperidinium-
1-yl)-äthyl]-methyl-amino}-8-methyl-
3809
—, 8-Äthyl-3-{[3-(1-äthyl-piperidinium-
1-yl)-propyl]-methyl-amino}-8-methyl-
3814
—, 8-Äthyl-3-[äthyl-(2-triäthylammonio-
äthyl)-amino]-8-methyl- 3809

—, 3-[2-(N-Äthyl-anilino)-äthylamino]-
8,8-dimethyl- 3804
—, 8-Äthyl-3-benzhydrylamino-8-methyl-
3798
—, 3-{Äthyl-[2-(diäthyl-methyl-
ammonio)-äthyl]-amino}-8,8-dimethyl-
3809
—, 8-Äthyl-8-methyl-3-[methyl-
(2-triäthylammonio-äthyl)-amino]- 3809
—, 3-{[2-(Äthyl-methyl-phenyl-ammonio)-
äthyl]-methyl-amino}-8,8-dimethyl- 3808
—, 3-Benzhydrylamino-8,8-dimethyl-
3798
—, 3-Benzoyloxy-8-[2-indol-3-yl-äthyl]-
8-methyl- 4330
—, 8-Benzyl-3-[benzyl-methyl-amino]-
8-methyl- 3796
—, 8-Benzyl-3-[2-(diäthyl-methyl-
ammonio)-äthylamino]-8-methyl- 3805
—, 3-[Benzyl-methyl-amino]-8-[4-chlor-
benzyl]-8-methyl- 3796
—, 3-[Benzyl-methyl-amino]-8-
[3,4-dichlor-benzyl]-8-methyl- 3797
—, 3-[Benzyl-methyl-amino]-
8,8-dimethyl- 3796
—, 3-[Benzyl-methyl-amino]-8-methyl-8-
[4-nitro-benzyl]- 3797
—, 3-[4-Chlor-benzhydrylamino]-
8,8-dimethyl- 3798
—, 8-[4-Chlor-benzyl]-3-[(4-chlor-benzyl)-
methyl-amino]-8-methyl- 3797
—, 8-[4-Chlor-benzyl]-3-[4-diäthylamino-
benzylamino]-8-methyl- 3814
—, 8-[2-Chlor-benzyl]-3-[2-(diäthyl-
methyl-ammonio)-äthylamino]-8-methyl-
3805
—, 3-[(4-Chlor-benzyl)-methyl-amino]-8-
[3,4-dichlor-benzyl]-8-methyl- 3797
—, 3-[(4-Chlor-benzyl)-methyl-amino]-
8,8-dimethyl- 3796
—, 3-[(4-Chlor-benzyl)-methyl-amino]-8-
[2-hydroxy-äthyl]-8-methyl- 3799
—, 3-[(4-Chlor-benzyl)-methyl-amino]-
8-methyl-8-[4-nitro-benzyl]- 3797
—, 8-[2-Chlor-benzyl]-8-methyl-3-[2-
(1-methyl-pyrrolidinium-1-yl)-äthylamino]-
3805
—, 3-[4-Diäthylamino-benzylamino]-8-
[3,4-dichlor-benzyl]-8-methyl- 3814
—, 3-[4-Diäthylamino-benzylamino]-
8,8-dimethyl- 3814
—, 3-[4-Diäthylamino-benzylamino]-
8-methyl-8-[4-nitro-benzyl]- 3815
—, 3-[2-(Diäthyl-methyl-ammonio)-
äthylamino]-8-[2,4-dichlor-benzyl]-
8-methyl- 3805
—, 3-[2-(Diäthyl-methyl-ammonio)-
äthylamino]-8-[2,3-dimethoxy-benzyl]-
8-methyl- 3806

Pantoinsäure
—, Di-*O*-acetyl-,
 — [2-[2]pyridylsulfamoyl-äthylamid]
 3976
Penta-1,3-dien
—, 1-[3]Pyridylamino-5-[3]pyridylimino-
 4072
Penta-2,4-dienal
—, 5-[3-Nitro-[4]pyridylamino]- 4125
 — phenylhydrazon 4125
Pentan
—, 1-[Acetyl-methyl-amino]-5-[1-methyl-
 [3]piperidyl]- 3792
—, 1-[Benzoyl-methyl-amino]-5-
 [1-methyl-[3]piperidyl]- 3792
—, 1,5-Bis-[4-[2]pyridylamino-phenoxy]-
 3863
—, 1-Diäthylamino-4-[2]pyridylamino-
 3941
—, 1-Diäthylamino-4-[4]pyridylamino-
 4115
—, 1-[1,1-Dimethyl-piperidinium-3-yl]-
 5-trimethylammonio- 3792
—, 1-[1-Methyl-[3]piperidyl]-5-[methyl-
 (toluol-4-sulfonyl)-amino]- 3792
Pentandiyldiamin
—, *N*-[5-Chlor-[3]pyridylmethyl]- 4172
—, *N,N*-Diäthyl-*N'*-[1-äthyl-[3]piperidyl]-
 3748
—, *N,N*-Diäthyl-*N'*-[1-äthyl-pyrrolidin-
 2-ylmethyl]- 3748
—, *N,N'*-Diäthyl-*N,N'*-di-[2]pyridyl-
 3940
—, *N,N*-Diäthyl-*N'*-[4]pyridyl- 4114
—, *N,N'*-Dibutyl-*N,N'*-di-[2]pyridyl-
 3941
—, *N,N'*-Dihexyl-*N,N'*-di-[2]pyridyl-
 3941
—, *N,N'*-Di-[2]pyridyl- 3940
Pentan-2-ol
—, 2-Methyl-1-[(1,2,3,4-tetrahydro-
 [2]chinolylmethyl)-amino]- 4261
Pentan-2-on
—, 4-[6-Methyl-[2]pyridylimino]- 4136
Pentan-3-on
—, 1-[2]Pyridylimino- 3871
Pentan-1-sulfonsäure
—, 5-Amino-,
 — [2]pyridylamid 3977
—, 5-Phthalimido-,
 — [2]pyridylamid 3977
Pent-2-en
—, 1,5-Bis-[3]pyridylimino- 4072
Pentendial
 — bis-[3]pyridylimin 4072
Pent-1-en-3-on
—, 1-[2]Pyridylamino- 3871
Pent-3-en-2-on
—, 4-[6-Methyl-[2]pyridylamino]- 4136

Pent-2-in
—, 1-Dimethylamino-5-[4]pyridyl- 4317
Pentylamin
—, 2-[2-Methyl-indol-3-ylmethyl]- 4376
—, 4-[2]Piperidyl- 3792
Phenol
—, 4-Amino-2-[2]pyridylamino- 3943
—, 4-[4-Anilino-piperidino]- 3755
—, 2-[Benzyl-(3,5-dinitro-[2]pyridyl)-
 amino]- 4067
—, 2-[3-Brom-5-nitro-[4]pyridylamino]-
 4128
—, 5-Brom-2-[[2]pyridylimino-methyl]-
 3874
—, 4-Chlor-2-[(4-methyl-[2]pyridylamino)-
 methyl]- 4174
—, 4-Chlor-2-[(4-methyl-[2]pyridylimino)-
 methyl]- 4174
—, 4-Chlor-2-nitro-6-[[2]pyridylamino-
 methyl]- 3864
—, 5-Chlor-2-[[2]pyridylimino-methyl]-
 3874
—, 4-[4-Dimethylamino-piperidino]-
 3755
—, 2-[3,5-Dinitro-[2]pyridylamino]- 4066
—, 2-[3,5-Dinitro-[4]pyridylamino]- 4128
—, 5-[(Indol-2-ylmethyl-amino)-methyl]-
 2-methoxy- 4301
—, 2-[Methyl-(3-nitro-[4]pyridyl)-amino]-
 4125
—, 2-Methyl-4-nitro-6-[[2]pyridylamino-
 methyl]- 3865
—, 2-Methyl-5-[2]pyridylamino- 3863
—, 2-[(6-Methyl-[2]pyridylamino)-methyl]-
 4136
—, 2-[(6-Methyl-[2]pyridylimino)-methyl]-
 4137
—, 4-Methyl-2-[[2]pyridylimino-methyl]-
 3875
—, 2-[3-Nitro-[4]pyridylamino]- 4125
—, 4-[5-Nitro-[2]pyridylamino]- 4057
—, 4-[Octahydro-[1,4']bipyridyl-1'-yl]-
 3755
—, 2-[4]Pyridylamino- 4106
—, 3-[4]Pyridylamino- 4106
—, 4-[2]Pyridylamino- 3862
—, 4-[4]Pyridylamino- 4106
—, 2-[[2]Pyridylamino-methyl]- 3864
—, 2-[[2]Pyridylimino-methyl]- 3874
—, 2-[[3]Pyridylimino-methyl]- 4072
—, 3-[[3]Pyridylimino-methyl]- 4072
—, 4-[[2]Pyridylimino-methyl]- 3875
—, 4-[[3]Pyridylimino-methyl]- 4073
Phenylalanin
—, *N*-[2-Indol-3-yl-äthyl]- 4341
—, *N*-[5-Nitro-[2]pyridyl]- 4060
—, *N*-[2]Pyridyl-,
 — nitril 3916

Piperidin (Fortsetzung)
—, 1-[4-Methoxy-benzoyl]-
2-piperidinomethyl- 3767
—, 1'-[4-Methoxy-benzyl]-1,2'-äthandiyl-
di- 3774
—, 4-[N-(4-Methoxy-benzyl)-anilino]-
1-methyl- 3756
—, 1'-Methyl-1,2'-äthandiyl-di- 3771
—, 1'-Methyl-1,4'-äthandiyl-di- 3779
—, 2-Methyl-1,2'-äthandiyl-di- 3772
—, 4-[2-Methylamino-äthyl]- 3778
—, 3-[4-Methylamino-butyl]- 3788
—, 2-Methylaminomethyl- 3765
—, 4-Methylamino-1-phenyl- 3751
—, 3-[2-Methyl-butylamino]-1-phenäthyl-
3745
—, 1'-Methyl-1,2'-methandiyl-di- 3765
—, 1-Methyl-4-methylamino- 3749
—, 1-Methyl-3-[2-methylamino-äthyl]-
3777
—, 1-Methyl-4-methylaminomethyl-
4-phenyl- 4275
—, 1-Methyl-3-[5-methylamino-pentyl]-
3791
—, 1-Methyl-4-[N-(4-methyl-benzyl)-
anilino]- 3754
—, 1-Methyl-4-nicotinoylamino-
3761
—, 1-[N-(1-Methyl-4-phenyl-
[4]piperidylmethyl)-β-alanyl]- 4279
—, 2-[2-(2-Methyl-piperidino)-äthyl]-1-
[2-[2]pyridyl-äthyl]- 4196
—, 1'-Methyl-1,3'-propandiyl-di- 3785
—, 1'-Methyl-1,4'-propandiyl-di- 3786
—, 3-[4-(Methyl-propyl-amino)-butyl]-
1-propyl- 3789
—, 2-Methyl-1'-[2-[2]pyridyl-äthyl]-
1,2'-äthandiyl-di- 4196
—, 2-Methyl-1'-[3-(2-[2]pyridyl-
äthylamino)-propyl]-1,2'-äthandiyl-di-
4196
—, 1-Methyl-4-pyrrolidino- 3754
—, 1-Methyl-4-[2-pyrrolidino-äthyl]-
3779
—, 1-Methyl-3-[4-pyrrolidino-but-2-inyl]-
3837
—, 1-Methyl-3-pyrrolidinomethyl-
3768
—, 1-Methyl-3-[3-pyrrolidino-propyl]-
3785
—, 1-Methyl-4-[3-pyrrolidino-propyl]-
3786
—, 1-[1-Methyl-pyrrol-2-ylmethyl]-
3831
—, 1-Methyl-4-[[2]thienylmethyl-amino]-
3760
—, 1-Methyl-4-[N-[2]thienylmethyl-
anilino]- 3760

—, 1-Methyl-4-[N-[2]thienylmethyl-
p-toluidino]- 3761
—, 1-Methyl-4-p-toluoylamino- 3757
—, 1-[4-Nitro-benzoyl]-2-[2-piperidino-
äthyl]- 3776
—, 1-Pentyl-3-pentylaminomethyl- 3768
—, 1-Phenylacetyl-2-[2-piperidino-äthyl]-
3776
—, 1,2'-[4-Phenyl-butandiyl]-di- 4292
—, 1-[1-Phenyl-pyrrol-2-ylmethyl]- 3831
—, 2-Propyl-1,2'-äthandiyl-di- 3772
—, 1-Pseudoheliotridyl- 3817
—, 1-[2]Pyridyl- 3860
—, 1-[4]Pyridyl- 4104
—, 1-[2-[2]Pyridyl-äthyl]- 4192
—, 1-[2-[4]Pyridyl-äthyl]- 4205
—, 1-[2-[4]Pyridyl-allyl]- 4245
—, 1-[2]Pyridylmethyl- 4148
—, 2-[2-Pyrrolidino-äthyl]- 3771
—, 4-[2-Pyrrolidino-äthyl]- 3779
—, 1-[1-Pyrrol-2-yl-äthyl]- 3832
—, 1-Pyrrol-2-ylmethyl- 3831
—, 1,2,3,5-Tetramethyl-4-methylamino-
3788
—, 1,2,3,6-Tetramethyl-4-methylamino-
3788
—, 1,2,5-Trimethyl-4-methylamino- 3780

Piperidin-4-carbaldehyd
—, 1-Äthyl-4-phenyl-,
— [1-äthyl-4-phenyl-
[4]piperidylmethylimin] 4281
—, 1-Methyl-4-phenyl-,
— [1-methyl-4-phenyl-
[4]piperidylmethylimin] 4281

Piperidin-1-carbonsäure
—, 4-Dimethylamino-,
— äthylester 3758
— diäthylamid 3758
—, 2-[2-Piperidino-äthyl]-,
— äthylester 3776
—, 3-Ureido-,
— amid 3747

Piperidin-2-carbonsäure
—, 1-Indol-3-ylmethyl-,
— äthylester 4311
— diäthylamid 4311

Piperidin-3-carbonsäure
—, 1-Indol-3-ylmethyl- 4311
— äthylester 4311
— amid 4311
— diäthylamid 4311
— diisopropylamid 4311
— [2-hydroxy-äthylamid] 4311
— [β-hydroxy-isopropylamid] 4312
— methylester 4311
—, 1-[Toluol-4-sulfonyl]-,
— [2-indol-3-yl-äthylamid] 4346

Pyridin (Fortsetzung)

—, 2-[β-Diäthylamino-isopropyl]- 4224
—, 2-Diäthylamino-5-jod- 4046
—, 3-Diäthylaminomethyl- 4168
—, 3-[4-Diäthylamino-1-methyl-butylamino]- 4084
—, 4-[4-Diäthylamino-1-methyl-butylamino]-2,6-dimethyl- 4218
—, 2-[4-Diäthylamino-1-methyl-butylamino]-6-methyl- 4143
—, 2-[3-Diäthylamino-propyl]- 4222
—, 3-[3-Diäthylamino-propyl]- 4223
—, 2-[2,4-Diamino-anilino]- 3943
—, 2-Dibenzhydrylamino- 3856
—, 2-Dibenzoylamino- 3886
—, 2-Dibenzoylamino-4-jod- 4045
—, 2-Dibenzoylamino-5-jod- 4047
—, 2,6-Dibrom-3-dimethylamino- 4096
—, 3,5-Dibrom-2-dimethylamino- 4041
—, 3,3'-Dibrom-5,5'-dinitro-4,4'-imino-di- 4128
—, 2,6-Dibrom-3-methylamino- 4096
—, 2-Dibutylamino- 3849
—, 2-[2-Dibutylamino-äthyl]- 4189
—, 4-[2-Dibutylamino-äthyl]- 4203
—, 2-[2-Dibutylamino-äthyl]-4,6-dimethyl- 4238
—, 2-[2-Dibutylamino-äthyl]-6-methyl- 4226
—, 2-Dichloramino-5-nitro- 4064
—, 5,6'-Dichlor-3-nitro-2,3'-imino-di- 4091
—, 3,5-Dichlor-2-salicylidenamino- 4028
—, 2-[2-Diisobutylamino-äthyl]- 4190
—, 2-[2-Diisohexylamino-äthyl]- 4190
—, 2-[2-Diisohexylamino-äthyl]-6-methyl- 4226
—, 4-[2-Diisopropylamino-äthyl]- 4203
—, 3,5-Dijod-2-sulfanilylamino- 4052
—, 2-Dimethylamino- 3847
—, 3-Dimethylamino- 4069
—, 4-Dimethylamino- 4101
—, 2-[2-Dimethylamino-äthyl]- 4188
—, 3-[1-Dimethylamino-äthyl]- 4198
—, 4-[2-Dimethylamino-äthyl]- 4202
—, 2-[4-Dimethylamino-butyl]- 4232
—, 2-Dimethylaminomethyl- 4148
—, 2-Dimethylamino-6-methyl- 4134
—, 3-Dimethylaminomethyl- 4168
—, 2-Dimethylamino-5-nitro- 4054
—, 2-[5-Dimethylamino-pentyl]- 4240
—, 2-[3-Dimethylamino-propyl]- 4222
—, 3-[3-Dimethylamino-propyl]- 4223
—, 1-[2,3-Dimethyl-but-2-enyl]-3,4,6-trimethyl-1,2-dihydro- 3839
—, 2,4-Dimethyl-6-[2-[1]naphthylamino-äthyl]- 4239
—, 2,6-Dimethyl-4-piperidino- 4216

—, 2,4-Dimethyl-6-[2-piperidino-äthyl]- 4239
—, 2,4-Dimethyl-6-[2-propylamino-äthyl]- 4238
—, 2-[2,5-Dimethyl-pyrrol-1-yl]- 3861
—, 2-[2-(2,5-Dimethyl-pyrrol-1-yl)-äthyl]- 4192
—, 2-[2,5-Dimethyl-pyrrol-1-yl]-3-methyl- 4155
—, 2-[2,5-Dimethyl-pyrrol-1-yl]-4-methyl- 4173
—, 2-[2,5-Dimethyl-pyrrol-1-yl]-6-methyl- 4135
—, 2,4-Dimethyl-6-sulfanilylamino- 4212
—, 2,6-Dimethyl-3-sulfanilylamino- 4215
—, 3',5'-Dinitro-2,4'-imino-di- 4129
—, 3,3'-Dinitro-4,4'-imino-di- 4127
—, 2-[2-Dipentylamino-äthyl]- 4190
—, 2-Diphenylamino- 3853
—, 2-Dipropylamino- 3849
—, 2-[2-Dipropylamino-äthyl]- 4189
—, 2-[2-Dipropylamino-äthyl]-4,6-dimethyl- 4238
—, 2-[2-Dipropylamino-äthyl]-6-methyl- 4226
—, 2-Dodecylamino- 3850
—, 2-Formylamino- 3878
—, 3-Formylamino- 4073
—, 4-Formylamino- 4108
—, 3-Formylamino-2,6-dimethyl- 4214
—, 2-[Formylamino-methyl]- 4149
—, 2-Formylamino-3-methyl- 4156
—, 2-Formylamino-6-methyl- 4137
—, 3-Formylamino-2-methyl- 4130
—, 4-Formylamino-3-methyl- 4160
—, 2-Furfurylamino- 3947
—, 2-[2-Furfurylamino-äthyl]- 4197
—, 2-Furfurylidenamino- 3956
—, 2-Geranylamino- 3851
—, 2-Heptylamino- 3850
—, 2-Hexadecylamino- 3851
—, 2-Hexylamino- 3850
—, 2-Hexylamino-5-methyl- 4162
—, 2-Hexylamino-6-methyl- 4135
—, 2,2'-Imino-di- 3961
—, 2,3'-Imino-di- 4086
—, 2,4'-Imino-di- 4115
—, 3,3'-Imino-di- 4086
—, 3,4'-Imino-di- 4116
—, 4,4'-Imino-di- 4116
—, 2-Imino-1,2-dihydro- 3840
—, 4-Imino-1,4-dihydro- 4098
—, 2-Isobutylamino- 3849
—, 2-[2-Isobutylamino-äthyl]- 4189
—, 2-Isobutylamino-4-methyl- 4173
—, 3-Isobutyrylamino- 4075
—, 2-[2-Isohexylamino-äthyl]- 4190
—, 2-[2-Isohexylamino-äthyl]-4,6-dimethyl- 4239

Pyridin (Fortsetzung)
−, 2-[3-Phenyl-propylamino]- 3855
−, 2-Piperidino- 3860
−, 4-Piperidino- 4104
−, 2-[2-Piperidino-äthyl]- 4192
−, 4-[2-Piperidino-äthyl]- 4205
−, 2-Piperidinomethyl- 4148
−, 4-[1-Piperidinomethyl-vinyl]- 4245
−, 2-Piperonylamino- 3959
−, 2-Piperonylidenamino- 3960
−, 2-Propionylamino- 3882
−, 2-Propylamino- 3849
−, 2-[2-Propylamino-äthyl]- 4189
−, 2-[2-(2-Propyl-piperidino)-äthyl]-
4192
−, 2-Pyrrolidino- 3860
−, 3-Pyrrolidino- 4070
−, 2-[2-Pyrrolidino-äthyl]- 4191
−, 4-[2-Pyrrolidino-äthyl]- 4205
−, 3-Pyrrolidinomethyl- 4169
−, 3-Pyrrol-1-yl- 4071
−, 4-Pyrrol-1-yl- 4105
−, 2-[2-Pyrrol-1-yl-äthyl]- 4192
−, 4-[2-Pyrrol-1-yl-äthyl]- 4205
−, 2-Salicylidenamino- 3874
−, 3-Salicylidenamino- 4072
−, 2-Stearoylamino- 3883
−, 2-Sulfanilylamino- 3978
−, 3-Sulfanilylamino- 4088
−, 4-Sulfanilylamino- 4117
−, 2-[Sulfanilylamino-methyl]- 4154
−, 3-[Sulfanilylamino-methyl]- 4172
−, 4-[Sulfanilylamino-methyl]- 4184
−, 3,5,3′,5′-Tetrabrom-4,4′-imino-di-
4121
−, 2-Tetradecylamino- 3850
−, 3-Tetrahydrofurfurylamino- 4085
−, 2-[[2]Thienylmethyl-amino]- 3948
−, 2-Thioacetylamino- 3881
−, 2-Thiobenzoylamino- 3885
−, 3-m-Toluidino- 4070
−, 3-o-Toluidino- 4070
−, 4-o-Toluidino- 4102
−, 4-p-Toluidino- 4103
−, 2-[2-m-Toluidino-äthyl]- 4191
−, 2-[2-o-Toluidino-äthyl]- 4190
−, 2-[2-p-Toluidino-äthyl]- 4191
−, 4-[2-m-Toluidino-äthyl]- 4204
−, 4-[2-o-Toluidino-äthyl]- 4203
−, 4-[2-p-Toluidino-äthyl]- 4204
−, 3,5,3′-Tribrom-5′-nitro-4,4′-imino-di-
4128
−, 2-Tridecylamino- 3850
−, 2,4,6-Trimethyl-3-sulfanilylamino-
4231
−, 2-Tritylamino- 3857
−, 2-Undec-10-enoylamino- 3883
−, 2-Undecylamino- 3850
−, 2-Valerylamino- 3882

−, 2-Veratrylamino- 3868
−, 2-Veratrylidenamino- 3877
Pyridin-2-carbaldehyd
− [6-methyl-[2]pyridylmethylimin]
4220
− [2]pyridylmethylimin 4153
−, 6-Methyl-,
− [6-methyl-[2]pyridylmethylimin]
4220
− [2]pyridylmethylimin 4153
Pyridin-4-carbaldehyd
−, 3-Hydroxy-5-hydroxymethyl-
2-methyl-,
− [2-indol-3-yl-äthylimin] 4346
Pyridin-2-carbonsäure
− [(2-dimethylamino-äthyl)-
[2]pyridyl-amid] 3966
− [5-nitro-[2]pyridylamid] 4063
− [phenyl-[2]pyridyl-amid] 3966
− [2]pyridylamid 3965
− [[2]pyridylcarbamoyloxy-amid] 3901
−, 6-Methyl-,
− [2]pyridylamid 3967
Pyridin-3-carbonsäure
−, 1-Indol-3-ylmethyl-1,2,5,6-tetrahydro-,
− äthylester 4314
− methylester 4313
−, 2-Oxo-1,2-dihydro-,
− [2]pyridylamid 3967
Pyridin-4-carbonsäure
−, 1-[2-Indol-3-yl-äthyl]-
1,2,3,6-tetrahydro-,
− äthylester 4341
Pyridin-2,6-dicarbonsäure
− bis-[2]pyridylamid 3967
−, 4-Oxo-3-phenyl-1-[4-
[2]pyridylsulfamoyl-phenyl]-1,4-dihydro-
3997
Pyridin-2,5-diyldiamin
−, x-Chlor- 4054
Pyridinium
−, 2-Acetoacetylamino-1-methyl- 3918
−, 3-Acetylamino-1-äthyl- 4074
−, 3-Acetylamino-1-[2,6-dichlor-benzyl]-
4074
−, 3-Acetylamino-1-[2,4-dinitro-phenyl]-
4074
−, 3-Acetylamino-1-[4-fluor-phenacyl]- 4074
−, 3-Acetylamino-1-methyl- 4073
−, 3-Acetylamino-1-phenyl- 4074
−, 2-[2-(N-Acetyl-anilino)-vinyl]-1-äthyl-
4244
−, 2-[2-(N-Acetyl-anilino)-vinyl]-
1,6-dimethyl- 4246
−, 2-[2-(N-Acetyl-anilino)-vinyl]-
1-methyl- 4244
−, 4-[2-(N-Acetyl-anilino)-vinyl]-
1-methyl- 4245

Pyridinium (Fortsetzung)

−, 2-{2-[N-(N-Acetyl-sulfanilyl)-anilino]-vinyl}-1-methyl- 4245

−, 4-Äthoxycarbonyl-1-[2-indol-3-yl-äthyl]- 4342

−, 1-Äthyl-2-[(1-äthyl-1H-[2]pyridylidenamino)-methylenamino]- 3879

−, 1-Äthyl-2,6-bis-[2-(5-brom-[2]pyridylamino)-vinyl]- 4038

−, 1-Äthyl-4-[2-(5-brom-[2]pyridylamino)-1-methyl-vinyl]- 4036

−, 1-Äthyl-2-[2-(5-brom-[2]pyridylamino)-vinyl]- 4035

−, 1-Äthyl-4-[2-(5-brom-[2]pyridylamino)-vinyl]- 4036

−, 1-Äthyl-2-[2-(5-brom-[2]pyridylamino)-vinyl]-6-[2-(5-chlor-[2]pyridylamino)-vinyl]- 4038

−, 1-Äthyl-2-[2-(5-brom-[2]pyridylamino)-vinyl]-6-[2-(5-jod-[2]pyridylamino)-vinyl]- 4051

−, 1-Äthyl-2-[2-(5-brom-[2]pyridylamino)-vinyl]-6-methyl- 4037

−, 1-Äthyl-4-[2-(5-chlor-[2]pyridylamino)-1-methyl-vinyl]- 4025

−, 1-Äthyl-4-[2-(6-chlor-[3]pyridylamino)-1-methyl-vinyl]- 4092

−, 1-Äthyl-4-[2-(5-chlor-[2]pyridylamino)-vinyl]- 4025

−, 1-Äthyl-4-[2-(6-chlor-[3]pyridylamino)-vinyl]- 4091

−, 1-Äthyl-2-[2-(5-chlor-[2]pyridylamino)-vinyl]-6-methyl- 4026

−, 1-Äthyl-4-[2-(3,5-dibrom-[2]pyridylamino)-1-methyl-vinyl]- 4042

−, 1-Äthyl-2-[2-(3,5-dibrom-[2]pyridylamino)-vinyl]- 4041

−, 1-Äthyl-4-[2-(3,5-dibrom-[2]pyridylamino)-vinyl]- 4041

−, 1-Äthyl-2-[2-(3,5-dibrom-[2]pyridylamino)-vinyl]-6-methyl- 4042

−, 1-Äthyl-4-[2-(3,5-dichlor-[2]pyridylamino)-1-methyl-vinyl]- 4029

−, 1-Äthyl-4-[2-(3,5-dichlor-[2]pyridylamino)-vinyl]- 4029

−, 5′-Äthyl-1′-[3,4-dimethoxy-phenäthyl]-1,2′-methandiyl-bis- 4225

−, 1-Äthyl-4-dimethylamino- 4101

−, 3-Äthyl-1-[2-indol-3-yl-äthyl]- 4328

−, 1-Äthyl-4-[2-(5-jod-[2]pyridylamino)-1-methyl-vinyl]- 4050

−, 1-Äthyl-4-[2-(5-jod-[2]pyridylamino)-vinyl]- 4049

−, 1-Äthyl-2-[2-(5-jod-[2]pyridylamino)-vinyl]-6-methyl- 4050

−, 1-Äthyl-4-[1-methyl-2-(5-nitro-[2]pyridylamino)-vinyl]- 4063

−, 1-Äthyl-3-[(methyl-tropoyl-amino)-methyl]- 4170

−, 1-Äthyl-2-[2-(1-oxy-[4]chinolyl)-äthylidenamino]- 3964

−, 1-Äthyl-2-[2-(1-oxy-[4]chinolyl)-vinylamino]- 3964

−, 1-Äthyl-2-[[2]pyridylamino-methylenamino]- 3879

−, 1-Äthyl-2-[2-[2]pyridylamino-vinyl]- 3963

−, 1-Äthyl-2-[2-[4]pyridylamino-vinyl]- 4116

−, 1-Äthyl-2-[2-[2]pyridylimino-äthyl]- 3963

−, 2-[(Äthyl-tropoyl-amino)-methyl]-1-methyl- 4151

−, 4-[(Äthyl-tropoyl-amino)-methyl]-1-methyl- 4183

−, 1-Allyl-2-[2-(3,5-dibrom-[2]pyridylamino)-vinyl]-6-methyl- 4043

−, 1-Allyl-2-[2-(5-jod-[2]pyridylamino)-vinyl]-6-methyl- 4051

−, 2-[2-Amino-äthyl]-1-methyl- 4188

−, 4-[2-Amino-äthyl]-1-methyl- 4202

−, 3-Amino-1-[2,4-dinitro-phenyl]- 4070

−, 3-Amino-1-[4-fluor-phenacyl]- 4073

−, 4-Amino-3-jod-1-methyl- 4122

−, 3-Amino-1-methyl- 4069

−, 3-[(Amino-methylmercapto-methylenamino)-methylmercapto-methylenamino]-1-methyl- 4081

−, 3-[Benzo[b]thiophen-3-carbonylamino]-1-methyl- 4085

−, 3-Benzoylamino-1-methyl- 4075

−, 1-[1-Benzoyl-3,3-dimethyl-indolin-2-yl]- 4271

−, 1-Benzyl-2,6-dimethyl-4-piperidino- 4216

−, 4-[2-(Benzylmercaptothiocarbonyl-methyl-amino)-äthyl]-1-methyl- 4208

−, 1-Benzyl-2-[tropoylamino-methyl]- 4151

−, 3,3′-Bis-acetylamino-1,1′-decandiyl-bis- 4084

−, 4-{Bis-[2-(N-acetyl-sulfanilyloxy)-äthyl]-amino}-1-methyl- 4104

−, 4-[Bis-(2-benzolsulfonyloxy-äthyl)-amino]-1-methyl- 4104

−, 4-[Bis-(2-chlor-äthyl)-amino]-1-methyl- 4102

−, 4-[Bis-(2-methansulfonyloxy-äthyl)-amino]-1-methyl- 4103

−, 3,3′-Bis-[2]pyridylcarbamoyl-1,1′-äthandiyl-bis- 3966

−, 4-{Bis-[2-(toluol-4-sulfonyloxy)-äthyl]-amino}-1-methyl- 4104

−, 3-Brom-1-[2]pyridyl- 3862

−, 4-[2-(5-Brom-[2]pyridylamino)-1-methyl-vinyl]-1-heptyl- 4037

Pyridinium (Fortsetzung)

−, 4-[2-(5-Brom-[2]pyridylamino)-
1-methyl-vinyl]-1-isopentyl- 4036

−, 4-[2-(5-Brom-[2]pyridylamino)-
1-methyl-vinyl]-1-methyl- 4036

−, 4-[2-(5-Brom-[2]pyridylamino)-
1-methyl-vinyl]-1-propyl- 4036

−, 2-[2-(5-Brom-[2]pyridylamino)-vinyl]-
1-butyl-6-methyl- 4037

−, 2-[2-(5-Brom-[2]pyridylamino)-vinyl]-
1-heptyl-6-methyl- 4037

−, 2-[2-(5-Brom-[2]pyridylamino)-vinyl]-
1-isopentyl-6-methyl- 4037

−, 4-[2-(5-Brom-[2]pyridylamino)-vinyl]-
1-methyl- 4036

−, 2-[2-(5-Brom-[2]pyridylamino)-vinyl]-
6-methyl-1-octyl- 4037

−, 2-[2-(5-Brom-[2]pyridylamino)-vinyl]-
6-methyl-1-propyl- 4037

−, 4-[2-(5-Brom-[2]pyridylamino)-vinyl]-
1-propyl- 4036

−, 2-[2-(5-Brom-[2]pyridylamino)-vinyl]-
1,4,6-trimethyl- 4037

−, 1-Butyl-2-[2-(5-chlor-[2]pyridylamino)-
vinyl]-6-methyl- 4026

−, 1-Butyl-2-[2-(5-jod-[2]pyridylamino)-
vinyl]-6-methyl- 4050

−, 2-[(Butyl-tropoyl-amino)-methyl]-
1-methyl- 4151

−, 3-Carbamoyl-1-[2-indol-3-yl-äthyl]-
4342

−, 3-Carboxy-1-[2-indol-3-yl-äthyl]-
4341

−, 5-Carboxy-1-[2-indol-3-yl-äthyl]-
2-methyl- 4342

−, 4-[2-(5-Chlor-[2]pyridylamino)-
1-methyl-vinyl]-1-heptyl- 4026

−, 4-[2-(6-Chlor-[3]pyridylamino)-
1-methyl-vinyl]-1-heptyl- 4092

−, 4-[2-(5-Chlor-[2]pyridylamino)-
1-methyl-vinyl]-1-isopentyl- 4025

−, 4-[2-(6-Chlor-[3]pyridylamino)-
1-methyl-vinyl]-1-isopentyl- 4092

−, 4-[2-(5-Chlor-[2]pyridylamino)-
1-methyl-vinyl]-1-methyl- 4025

−, 4-[2-(6-Chlor-[3]pyridylamino)-
1-methyl-vinyl]-1-methyl- 4092

−, 4-[2-(5-Chlor-[2]pyridylamino)-
1-methyl-vinyl]-1-propyl- 4025

−, 4-[2-(6-Chlor-[3]pyridylamino)-
1-methyl-vinyl]-1-propyl- 4092

−, 2-[2-(5-Chlor-[2]pyridylamino)-vinyl]-
1-heptyl-6-methyl- 4026

−, 4-[2-(6-Chlor-[3]pyridylamino)-vinyl]-
1-isopentyl- 4091

−, 2-[2-(5-Chlor-[2]pyridylamino)-vinyl]-
1-isopentyl-6-methyl- 4026

−, 4-[2-(5-Chlor-[2]pyridylamino)-vinyl]-
1-methyl- 4025

−, 4-[2-(6-Chlor-[3]pyridylamino)-vinyl]-
1-methyl- 4091

−, 2-[2-(5-Chlor-[2]pyridylamino)-vinyl]-
6-methyl-1-propyl- 4026

−, 4-[2-(5-Chlor-[2]pyridylamino)-vinyl]-
1-propyl- 4025

−, 4-[2-(6-Chlor-[3]pyridylamino)-vinyl]-
1-propyl- 4091

−, 2-[2-(5-Chlor-[2]pyridylamino)-vinyl]-
1,4,6-trimethyl- 4026

−, 2-Cyclohexylamino-1-methyl- 3851

−, 3-[3,3-Diäthyl-2,4-dioxo-azetidin-1-yl]-
1-methyl- 4076

−, 4-[3,3-Diäthyl-2,4-dioxo-azetidin-1-yl]-
1-methyl- 4110

−, 3,3'-Diamino-1,1'-decandiyl-bis- 4084

−, 4-[2-(3,5-Dibrom-[2]pyridylamino)-
1-methyl-vinyl]-1-heptyl- 4042

−, 4-[2-(3,5-Dibrom-[2]pyridylamino)-
1-methyl-vinyl]-1-isopentyl- 4042

−, 4-[2-(3,5-Dibrom-[2]pyridylamino)-
1-methyl-vinyl]-1-methyl- 4041

−, 4-[2-(3,5-Dibrom-[2]pyridylamino)-
1-methyl-vinyl]-1-propyl- 4042

−, 2-[2-(3,5-Dibrom-[2]pyridylamino)-
vinyl]-1,4-dimethyl- 4042

−, 2-[2-(3,5-Dibrom-[2]pyridylamino)-
vinyl]-1,6-dimethyl- 4042

−, 2-[2-(3,5-Dibrom-[2]pyridylamino)-
vinyl]-1-isopentyl-6-methyl- 4043

−, 4-[2-(3,5-Dibrom-[2]pyridylamino)-
vinyl]-1-methyl- 4041

−, 2-[2-(3,5-Dibrom-[2]pyridylamino)-
vinyl]-6-methyl-1-propyl- 4042

−, 2-[2-(3,5-Dibrom-[2]pyridylamino)-
vinyl]-1,4,6-trimethyl- 4043

−, 4-[2-(3,5-Dichlor-[2]pyridylamino)-
1-methyl-vinyl]-1-heptyl- 4029

−, 4-[2-(3,5-Dichlor-[2]pyridylamino)-
1-methyl-vinyl]-1-isopentyl- 4029

−, 4-[2-(3,5-Dichlor-[2]pyridylamino)-
1-methyl-vinyl]-1-methyl- 4029

−, 4-[2-(3,5-Dichlor-[2]pyridylamino)-
1-methyl-vinyl]-1-propyl- 4029

−, 2-[2-(3,5-Dichlor-[2]pyridylamino)-
vinyl]-1-heptyl-6-methyl- 4030

−, 2-[2-(3,5-Dichlor-[2]pyridylamino)-
vinyl]-1-hexyl-6-methyl- 4030

−, 4-[2-(3,5-Dichlor-[2]pyridylamino)-
vinyl]-1-methyl- 4029

−, 3-[4-Dimethylamino-but-1-enyl]-
1-methyl- 4249

−, 3-[4-Dimethylamino-butyl]-1-methyl-
4234

−, 4-Dimethylamino-2,6-dimethyl-
1-phenyl- 4216

−, 3-Dimethylamino-1-[2,4-dinitro-
phenyl]- 4070

−, 4-Dimethylamino-1-dodecyl- 4101

Pyrrolidin (Fortsetzung)
–, 2-Benzylaminomethyl-1-methyl- 3762
–, 3-[(2-Benzyl-*N*-methyl-anilino)-methyl]-1-methyl- 3764
–, 2-[(4-Chlor-benzhydrylamino)-methyl]-1-methyl- 3762
–, 2-[4-Diäthylamino-but-2-inyl]-1-methyl- 3837
–, 3-[10-Diäthylamino-decyl]-1-methyl- 3793
–, 2-[4-Dimethylamino-but-2-inyl]-1-methyl- 3836
–, 1'-Methyl-1,2'-but-2-indiyl-di- 3837
Pyrrolidin-2,5-dion
–, 1-[3-Äthyl-2-methyl-indol-5-yl]- 4360
–, 1-[2-(5-Äthyl-[2]pyridyl)-äthyl]- 4237
–, 3,4-Diäthyl-3,4-dimethyl-1-[2]pyridyl- 3891
–, 2-[2,3-Dimethyl-indol-5-yl]- 4352
–, 3-Methyl-1-[6-methyl-[2]pyridyl]-4-[6-methyl-[2]pyridylimino]- 4144
–, 1-[3-Methyl-[2]pyridyl]- 4157
–, 1-[4-Methyl-[2]pyridyl]- 4175
–, 1-[5-Methyl-[2]pyridyl]- 4163
–, 1-[6-Methyl-[2]pyridyl]- 4138
–, 1-[2]Pyridyl- 3889
–, 1-[2-[2]Pyridyl-äthyl]- 4194
–, 1-[2-[4]Pyridyl-äthyl]- 4207
–, 3,3,4,4-Tetraäthyl-1-[2]pyridyl- 3891
–, 3,3,4,4-Tetramethyl-1-[2]pyridyl- 3891
Pyrrolidinium
–, 2-[4-(Diäthyl-methyl-ammonio)-but-2-inyl]-1,1-dimethyl- 3837
–, 2-[4-(Diäthyl-prop-2-inyl-ammonio)-but-2-inyl]-1-methyl-1-prop-2-inyl- 3837
–, 1,1-Dimethyl-2-[4-trimethylammonio-but-2-inyl]- 3836
–, 1,1-Dimethyl-2-[3-trimethylammonio-propylaminomethyl]- 3763
Pyrrolidin-2-on
–, 1-[6-Chlor-[3]pyridyl]-3-[6-chlor-[3]pyridylimino]-5-phenyl- 4090
–, 1-[2-Indol-3-yl-äthyl]- 4339
Pyrrolizin
–, 1-Anilinomethyl-hexahydro- 3816
–, 1-Diäthylaminomethyl-hexahydro- 3816
–, 1-[2-Methyl-butylamino]-hexahydro- 3795
–, 1-[2-Methyl-butyrylamino]-hexahydro- 3795
–, 1-Octylaminomethyl-hexahydro- 3816
–, 1-Piperidinomethyl-hexahydro- 3817
Pyrrolizinium
–, 4-Äthyl-1-triäthylammoniomethyl-hexahydro- 3816

–, 1-[Benzyl-dimethyl-ammoniomethyl]-4-methyl-hexahydro- 3817
–, 1-[Dimethyl-octyl-ammoniomethyl]-4-methyl-hexahydro- 3816
Pyrrolo[3,2,1-*ij*]chinolin-8-ylamin
–, 1,2,5,6-Tetrahydro-4*H*- 4367
Pyrrol-3-ylamin
–, 2,4-Dimethyl- 3834
–, 1-Phenyl- 3827

S

Salazosulfapyridin 4008
Salicylaldehyd
– [5-brom-[2]pyridylimin] 4032
– [5-chlor-[2]pyridylimin] 4020
– [3,5-dichlor-[2]pyridylimin] 4028
– [5-jod-[2]pyridylimin] 4046
– [6-methyl-[2]pyridylimin] 4137
– [2]pyridylimin 3874
– [3]pyridylimin 4072
Salicylamid
–, *N*-[2-(5-Äthyl-[2]pyridyl)-äthyl]- 4238
–, *N*-[2]Pyridyl- 3913
–, *N*-[2-[2]pyridyl-äthyl]- 4195
–, *N*-[2-[4]Pyridyl-äthyl]- 4209
–, *N*-Tropan-3-yl- 3801
Salicylsäure
– tropan-3-ylamid 3801
Sarkosin
–, *N*-[5-Nitro-[2]pyridyl]- 4059
– äthylester 4059
– amid 4060
– hydrazid 4060
Sebacinamid
–, *N,N'*-Bis-[2-indol-3-yl-äthyl]- 4336
–, *N,N'*-Di-[2]pyridyl- 3891
2,3-Seco-corynan-3-on 4340
–, 17-Hydroxy- 4341
2,3-Seco-corynan-17-säure
–, 3-Oxo- 4343
2,3-Seco-yohimban 4327
17,18-Seco-yohimban
Bezifferung s. 4340 Anm.
2,3-Seco-yohimban-3,21-dion 4337
2,3-Seco-yohimbanium
–, 4-Methyl- 4327
2,3-Seco-yohimban-3-on 4340
2,3-Seco-yohimb-16-en 4327
2,3-Seco-yohimb-16-enium
–, 4-Methyl- 4327
Semicarbazid
–, 4-[5-Jod-[2]pyridyl]- 4048
–, 4-[5-Jod-[2]pyridyl]-1-[5-nitro-furfuryliden]- 4048
–, 4-[6-Methyl-[2]pyridyl]-1-phenyl- 4139
–, 4-[2]Pyridyl- 3901

Semicarbazid (Fortsetzung)
–, 4-[3]Pyridyl- 4078
–, 1-[4-[2]Pyridylsulfamoyl-phenyl]-
4006
Serin
–, O-Äthyl-N-[2]pyridylmethyl-,
 – äthylester 4151
–, N-Benzyloxycarbonyl-O-[[2]≠
 pyridylmethyl-carbamoyl]-,
 – benzylester 4150
–, O-[[2]Pyridylmethyl-carbamoyl]-
4150
Soventol 3753
Spiro[chinolin-4,1'-cyclohexan]
–, 1-Acetyl-x-acetylamino-2,3-dihydro-
 1H- 4376
–, x-Acetylamino-1-methyl-2,3-dihydro-
 1H- 4376
–, x-Amino-2,3-dihydro-1H- 4376
Stearamid
–, N-[2-Indol-3-yl-äthyl]- 4333
–, N-[2]Pyridyl- 3883
Strophanthidin
 – [2-indol-3-yl-äthylimin] 4346
Suberamid
–, N,N'-Bis-[2-indol-3-yl-äthyl]- 4336
–, N,N'-Di-[2]pyridyl- 3891
Succinamid
–, N,N'-Bis-[1,1-dimethyl-4-phenyl-
 piperidinium-4-ylmethyl]- 4276
–, N,N'-Bis-[2-indol-3-yl-äthyl]- 4335
–, N,N'-Bis-[1-methyl-4-phenyl-
 [4]piperidylmethyl]- 4276
–, N,N'-Bis-octahydrochinolizin-
 1-ylmethyl- 3824
–, N,N'-Dilupinyl- 3824
–, N,N'-Di-[2]pyridyl- 3889
Succinamidsäure
–, N-[2,3-Dimethyl-indol-5-yl]- 4352
–, 2-Dodecyl-3-methyl-N-[2]pyridyl-
 3891
–, 3-Dodecyl-2-methyl-N-[2]pyridyl-
 3891
–, 2-Dodecyl-3-methyl-N-[4-
 [2]pyridylsulfamoyl-phenyl]- 3991
–, 3-Dodecyl-2-methyl-N-[4-
 [2]pyridylsulfamoyl-phenyl]- 3991
–, 2-[3-Methyl-1,4-dioxo-1,4-dihydro-
 [2]naphthylmercapto]-N-[4-
 [2]pyridylsulfamoyl-phenyl]- 3996
–, N-[2]Pyridyl- 3889
 – methylester 3889
–, N-[4-[2]Pyridylsulfamoyl-phenyl]-
 3991
Succinimid
–, N-[3-Äthyl-2-methyl-indol-5-yl]- 4360
–, N-[2-(5-Äthyl-[2]pyridyl)-äthyl]- 4237
–, N-[2,3-Dimethyl-indol-5-yl]- 4352
–, N-Lupinyl- 3824

–, N-[3-Methyl-[2]pyridyl]- 4157
–, N-[4-Methyl-[2]pyridyl]- 4175
–, N-[5-Methyl-[2]pyridyl]- 4163
–, N-[6-Methyl-[2]pyridyl]- 4138
–, N-Octahydrochinolizin-1-ylmethyl-
 3824
–, N-[2]Pyridyl- 3889
–, N-[2-[2]Pyridyl-äthyl]- 4194
–, N-[2-[4]Pyridyl-äthyl]- 4207
Sulfamid
–, N'-[3-Äthyl-2-methyl-indol-5-yl]-
 N,N-dimethyl- 4360
–, N,N-Dimethyl-N'-[2-methyl-indol-
 5-yl]- 4300
–, N,N-Dimethyl-N'-[2]pyridyl- 4017
Sulfanilsäure
 – [3-äthyl-6-methyl-[2]pyridylamid]
 4225
 – [6-äthyl-1-oxy-[2]pyridylamid]
 4186
 – [benzyl-[2]pyridyl-amid] 4015
 – [5-brom-[2]pyridylamid] 4039
 – [6-brom-[3]pyridylamid] 4095
 – [5-chlor-[2]pyridylamid] 4028
 – [6-chlor-[3]pyridylamid] 4092
 – [(2-cyan-äthyl)-[2]pyridyl-amid]
 4016
 – [3,5-dijod-[2]pyridylamid] 4052
 – [2,3-dimethyl-indol-5-ylamid]
 4352
 – [(3,7-dimethyl-octa-2,6-dienyl)-
 [2]pyridyl-amid] 4014
 – [4,6-dimethyl-1-oxy-
 [2]pyridylamid] 4212
 – [2,6-dimethyl-[3]pyridylamid] 4215
 – [4,6-dimethyl-[2]pyridylamid] 4212
 – [geranyl-[2]pyridyl-amid] 4014
 – [hexadecyl-[2]pyridyl-amid] 4014
 – [2-indol-3-yl-äthylamid] 4348
 – indol-3-ylamid 4296
 – [5-jod-[2]pyridylamid] 4052
 – [6-jod-[3]pyridylamid] 4096
 – [3-methyl-1-oxy-[2]pyridylamid]
 4159
 – [4-methyl-1-oxy-[2]pyridylamid]
 4180
 – [5-methyl-1-oxy-[2]pyridylamid]
 4167
 – [6-methyl-1-oxy-[2]pyridylamid]
 4145
 – [methyl-[2]pyridyl-amid] 4013
 – [3-methyl-[2]pyridylamid] 4159
 – [4-methyl-[2]pyridylamid] 4180
 – [5-methyl-[2]pyridylamid] 4166
 – [6-methyl-[2]pyridylamid] 4144
 – [(6-methyl-[2]pyridyl)-octadecyl-
 amid] 4145
 – [5-nitro-[2]pyridylamid] 4064
 – [octadecyl-[2]pyridyl-amid] 4014

Sulfanilsäure (Fortsetzung)
- [1-oxy-[2]pyridylamid] 4013
- [pentyl-[2]pyridyl-amid] 4014
- [propyl-[2]pyridyl-amid] 4014
- [1-[2]pyridyl-äthylamid] 4187
- [1-[3]pyridyl-äthylamid] 4199
- [1-[4]pyridyl-äthylamid] 4201
- [2-[2]pyridyl-äthylamid] 4198
- [2]pyridylamid 3978
- [3]pyridylamid 4088
- [4]pyridylamid 4117
- [α-[2]pyridylamino-
  benzylidenamid] 3885
- [1H-[2]pyridylidenamid] 3978
- [[2]pyridylmethyl-amid] 4154
- [[3]pyridylmethyl-amid] 4172
- [[4]pyridylmethyl-amid] 4184
- [2,4,6-trimethyl-[3]pyridylamid]
  4231
-, N-Acetyl-,
- [acetyl-[2]pyridyl-amid] 4015
- [3-äthyl-6-methyl-[2]pyridylamid]
  4225
- [6-äthyl-1-oxy-[2]pyridylamid]
  4186
- [6-äthyl-[2]pyridylamid] 4186
- [benzyl-[2]pyridyl-amid] 4015
- [5-brom-[2]pyridylamid] 4039
- [6-chlor-[3]pyridylamid] 4092
- [3,5-dibrom-[2]pyridylamid] 4043
- [3,5-dijod-[2]pyridylamid] 4052
- [2,3-dimethyl-indol-5-ylamid] 4353
- [4,6-dimethyl-1-oxy-
  [2]pyridylamid] 4212
- [2,6-dimethyl-[3]pyridylamid] 4215
- [4,6-dimethyl-[2]pyridylamid] 4212
- [hexadecyl-[2]pyridyl-amid] 4014
- [2-indol-3-yl-äthylamid] 4348
- indol-3-ylamid 4296
- [5-jod-[2]pyridylamid] 4052
- [6-jod-[3]pyridylamid] 4096
- [3-methyl-1-oxy-[2]pyridylamid]
  4159
- [4-methyl-1-oxy-[2]pyridylamid]
  4180
- [5-methyl-1-oxy-[2]pyridylamid]
  4167
- [6-methyl-1-oxy-[2]pyridylamid]
  4145
- [methyl-[2]pyridyl-amid] 4014
- [3-methyl-[2]pyridylamid] 4159
- [4-methyl-[2]pyridylamid] 4180
- [5-methyl-[2]pyridylamid] 4166
- [6-methyl-[2]pyridylamid] 4144
- [(6-methyl-[2]pyridyl)-octadecyl-
  amid] 4145
- [5-nitro-[2]pyridylamid] 4064
- [octahydrochinolizin-
  3-yl-methylamid] 3826

- [1-oxy-[2]pyridylamid] 4013
- [1-oxy-[4]pyridylamid] 4118
- [pentyl-[2]pyridyl-amid] 4014
- [1-[2]pyridyl-äthylamid] 4187
- [1-[3]pyridyl-äthylamid] 4199
- [1-[4]pyridyl-äthylamid] 4201
- [2]pyridylamid 3987
- [3]pyridylamid 4088
- [4]pyridylamid 4117
- [1H-[2]pyridylidenamid] 3987
- [[2]pyridylmethyl-amid] 4154
- [[3]pyridylmethyl-amid] 4172
- [[4]pyridylmethyl-amid] 4185
- [2,4,6-trimethyl-[3]pyridylamid]
  4231
-, N-Acetyl-N-benzyl-,
- [2]pyridylamid 3981
-, N-[N-Acetyl-sulfanilyl]-,
- [2]pyridylamid 4001
- [3]pyridylamid 4088
-, N-Acridin-9-yl-,
- [2]pyridylamid 3999
-, N-[10H-Acridin-9-yliden]-,
- [2]pyridylamid 3999
-, N-Äthoxycarbonyl-,
- [äthoxycarbonyl-[2]pyridyl-amid]
  4016
- [2]pyridylamid 3992
-, N-[4-Amino-benzoyl]-,
- [2]pyridylamid 3999
-, N-[2-Amino-benzyliden]-,
- [2]pyridylamid 3997
-, N-Arabinosyl-,
- [2]pyridylamid 3986
-, N-Arabit-1-yliden-,
- [2]pyridylamid 3986
-, N-Benzolsulfonyl-,
- [2]pyridylamid 4000
-, N-Benzoyl-,
- [benzoyl-[2]pyridyl-amid] 4016
- [2]pyridylamid 3990
-, N-Benzyl-,
- [2]pyridylamid 3981
-, N-Benzyliden-,
- [2]pyridylamid 3982
-, N-[4-Brom-benzoyl]-,
- [2]pyridylamid 3990
-, N-[5-Brom-2-hydroxy-benzyliden]-,
- [2]pyridylamid 3984
-, N-Butyryl-,
- [butyryl-[2]pyridyl-amid] 4015
- [2]pyridylamid 3988
-, N-[Carbamoylmercapto-acetyl]-,
- [2]pyridylamid 3995
-, N-Chloracetyl-,
- [2]pyridylamid 3988
-, N-[4-Chlor-benzoyl]-,
- [2]pyridylamid 3990

Sulfanilsäure (Fortsetzung)
—, N-[4-Methoxy-benzoyl]-,
  — [2]pyridylamid 3996
—, N-[4-Methoxy-benzyl]-,
  — [2]pyridylamid 3981
—, N-[4-Methoxy-benzyliden]-,
  — [2]pyridylamid 3984
—, N-Methoxycarbonyl-,
  — [2]pyridylamid 3992
—, N-[4-Methoxy-3,6-dioxo-cyclohexa-
  1,4-dienyl]-,
  — [2]pyridylamid 3986
—, N-Methyl-,
  — [2]pyridylamid 3980
—, N-[5-(N-Methyl-anilino)-pent-
  2,4-dienyliden]-,
  — [2]pyridylamid 3997
—, N-Nicotinoyl-,
  — [2]pyridylamid 3999
—, N-[3-Nitro-benzolsulfonyl]-,
  — [2]pyridylamid 4000
—, N-[4-Nitro-benzoyl]-,
  — [(4-nitro-benzoyl)-[2]pyridyl-amid]
  4016
  — [2]pyridylamid 3990
—, N-[2-Nitro-benzyliden]-,
  — [2]pyridylamid 3982
—, N-[3-Nitro-benzyliden]-,
  — [2]pyridylamid 3983
—, N-[4-Nitro-benzyliden]-,
  — [2]pyridylamid 3983
—, N-[5-Nitro-[2]pyridyl]- 4061
  — amid 4061
—, N-Nonanoyl-,
  — [2]pyridylamid 3989
—, N-Octanoyl-,
  — [octanoyl-[2]pyridyl-amid] 4015
  — [2]pyridylamid 3989
—, N-[6-Oxo-1,6-dihydro-pyridin-
  3-sulfonyl]-,
  — [2]pyridylamid 4001
—, N-[2,3,4,5,6-Pentahydroxy-hexyliden]-,
  — [2]pyridylamid 3986
—, N-Phenäthyliden-,
  — [2]pyridylamid 3983
—, N-Phenylacetyl-,
  — [2]pyridylamid 3991
—, N,N-Phthaloyl-,
  — [2]pyridylamid 3992
—, N-Propionyl-,
  — [2]pyridylamid 3988
—, N-[2]Pyridyl-,
  — amid 3922
  — [2]pyridylamid 3999
—, N-[2]Pyridylcarbamoyl-,
  — amid 3896
—, N-Pyroglutamyl-,
  — [2]pyridylamid 4000

—, N-Rhamnosyl-,
  — [2]pyridylamid 3986
—, N-Salicyliden-,
  — [2]pyridylamid 3983
—, N,N-Succinyl-,
  — [2]pyridylamid 3991
—, N-Sulfanilyl-,
  — [2]pyridylamid 4000
  — [3]pyridylamid 4088
—, N-[2,3,4,5-Tetrahydroxy-hexyliden]-,
  — [2]pyridylamid 3986
—, N-[2,3,4,5-Tetrahydroxy-pentyliden]-,
  — [2]pyridylamid 3986
—, N-[Thiophen-2-carbonyl]-,
  — [2]pyridylamid 3999
—, N-[4-Thiosemicarbazonomethyl-
  benzyliden]-,
  — [2]pyridylamid 3983
—, N-[Toluol-4-sulfonyl]-,
  — [2]pyridylamid 4000
—, N-o-Toluoyl-,
  — [2]pyridylamid 3990
—, N-p-Toluoyl-,
  — [2]pyridylamid 3990
—, N-Trichloracetyl-,
  — [2]pyridylamid 3988
—, N,N-[1,2,2-Trimethyl-cyclopenta-
  1,3-dicarbonyl]-,
  — [2]pyridylamid 3992
—, N-Trityl-,
  — [2]pyridylamid 3981
—, N-Undecanoyl-,
  — [2]pyridylamid 3989
—, N-Undec-10-enoyl-,
  — [2]pyridylamid 3989
—, N-Vanillyliden-,
  — [2]pyridylamid 3985
—, N-Veratryliden-,
  — [2]pyridylamid 3985
—, N-Xylit-1-yliden-,
  — [2]pyridylamid 3986
—, N-Xylosyl-,
  — [2]pyridylamid 3986

Sulfapyridin 3978
—, N^4-Acetyl- 3987
—, N,N'-Bis-äthoxycarbonyl- 4016
—, N,N'-Bis-cyclohexancarbonyl- 4015
—, N,N'-Diacetyl- 4015
—, N,N'-Dibenzoyl- 4016
—, N,N'-Dibutyryl- 4015
—, N,N'-Dicinnamoyl- 4016
—, N,N'-Dihexanoyl- 4015
—, N,N'-Dioctanoyl- 4015

Sulfon
—, [4-Amino-phenyl]-[4-[2]pyridylamino-
  phenyl]- 3863
—, Bis-[4-(2-amino-5-[2]pyridylsulfamoyl-
  phenylazo)-phenyl]- 4011
—, Bis-[4-[2]pyridylamino-phenyl]- 3863

Thioharnstoff (Fortsetzung)
—, *N*-[5-Chlor-[2]pyridyl]-*N'*-[4-fluor-phenyl]- 4022
—, *N*-[5-Chlor-[2]pyridyl]-*N'*-[4-isopentyloxy-phenyl]- 4023
—, *N*-[5-Chlor-[2]pyridyl]-*N'*-[4-methoxy-phenyl]- 4023
—, *N*-[5-Chlor-[2]pyridyl]-*N'*-phenyl-4022
—, *N*-[5-Chlor-[2]pyridyl]-*N'*-*p*-tolyl-4023
—, *N*-Cyan-*N'*-[2]pyridyl- 3905
—, *N*-Diäthoxyphosphoryl-*N'*-[2-indol-3-yl-äthyl]- 4339
—, *N*-Diäthoxyphosphoryl-*N'*-[2]pyridyl-3905
—, *N*-Diäthoxythiophosphoryl-*N'*-[2]pyridyl- 3905
—, *N*-[2-Diäthylamino-äthyl]-*N*-[9-methyl-9-aza-bicyclo[3.3.1]non-3-yl]-*N'*-phenyl- 3819
—, *N*-[2-Diäthylamino-äthyl]-*N'*-phenyl-*N*-[8-phenyl-nortropan-3-yl]- 3812
—, *N*-[2-Diäthylamino-äthyl]-*N'*-phenyl-*N*-[8-piperonyl-nortropan-3-yl]- 3815
—, *N*-[2-Diäthylamino-äthyl]-*N'*-phenyl-*N*-tropan-3-yl- 3812
—, *N*-[4-Diäthylamino-benzyl]-*N'*-phenyl-*N*-tropan-3-yl- 3815
—, *N*-[2,4-Dimethyl-phenyl]-*N'*-[5-methyl-[2]pyridyl]- 4164
—, *N*-[2,4-Dimethyl-phenyl]-*N'*-[2]pyridyl- 3903
—, *N*-[2,4-Dimethyl-phenyl]-*N'*-[3]pyridyl- 4079
—, *N*,*N'*-Di-[2]pyridyl- 3905
—, *N*,*N'*-Di-[3]pyridyl- 4080
—, *N*-[4-Fluor-phenyl]-*N'*-[4-methyl-[2]pyridyl]- 4176
—, *N*-[4-Fluor-phenyl]-*N'*-[5-methyl-[2]pyridyl]- 4163
—, *N*-[4-Fluor-phenyl]-*N'*-[2]pyridyl-3902
—, *N*-[4-Fluor-phenyl]-*N'*-[3]pyridyl-4079
—, *N*-[4-Hydroxy-phenyl]-*N'*-[2]pyridyl-3904
—, *N*-Isobutyl-*N'*-[2]pyridyl- 3902
—, *N*-[4-Isopentyloxy-phenyl]-*N'*-[5-methyl-[2]pyridyl]- 4164
—, *N*-[4-Isopentyloxy-phenyl]-*N'*-[2]pyridyl- 3904
—, *N*-[4-Isopentyloxy-phenyl]-*N'*-[3]pyridyl- 4079
—, *N*-Isopropyl-*N'*-[2]pyridyl- 3902
—, *N*-[4-Methoxy-phenyl]-*N'*-[5-methyl-[2]pyridyl]- 4164
—, *N*-[4-Methoxy-phenyl]-*N'*-[2]pyridyl-3904

—, *N*-[4-Methoxy-phenyl]-*N'*-[3]pyridyl-4079
—, *N*-[9-Methyl-9-aza-bicyclo[3.3.1]non-3-yl]-*N'*-phenyl-*N*-[2-piperidino-äthyl]-3818
—, *N*-[9-Methyl-9-aza-bicyclo[3.3.1]non-3-yl]-*N'*-phenyl-*N*-[2-pyrrolidino-äthyl]-3819
—, [3-Methyl-1-oxy-[4]pyridyl]- 4161
—, *N*-Methyl-*N'*-phenyl-*N*-tropan-3-yl-3801
—, *N*-Methyl-*N'*-[2]pyridyl- 3902
—, *N*-[2-(6-Methyl-[3]pyridyl)-äthyl]-*N*,*N'*-diphenyl- 4225
—, *N*-[6-Methyl-[2]pyridyl]-*N'*-[1]naphthyl- 4140
—, *N*-[6-Methyl-[2]pyridyl]-*N'*-[2]naphthyl- 4140
—, *N*-[6-Methyl-[2]pyridyl]-*N'*-phenyl-4140
—, *N*-[5-Methyl-[2]pyridyl]-*N'*-*p*-tolyl-4164
—, *N*-[1]Naphthyl-*N'*-[2]pyridyl- 3903
—, *N*-[2]Naphthyl-*N'*-[2]pyridyl- 3903
—, *N*-[4-Nitro-benzoyl]-*N'*-[2]pyridyl-3905
—, *N*-[4-Nitro-phenyl]-*N'*-[*N*-[2]pyridyl-acetimidoyl]- 3880
—, [1-Oxy-[4]pyridyl]- 4111
—, *N*-Phenyl-*N'*-[2]pyridyl- 3902
—, *N*-Phenyl-*N'*-[3]pyridyl- 4079
—, *N*-Phenyl-*N'*-[*N*-[2]pyridyl-acetimidoyl]- 3880
—, *N*-Phenyl-*N'*-[1-[3]pyridyl-äthyl]-4198
—, *N*-Phenyl-*N'*-[4-pyrrol-2-yl-butyl]-3836
—, *N*-Phenyl-*N'*-[1,2,3,4-tetrahydro-[2]chinolylmethyl]- 4263
—, *N*-Phenyl-*N'*-tropan-3-yl- 3801
—, *N*-[4-Propoxy-phenyl]-*N'*-[2]pyridyl-3904
—, [2]Pyridyl- 3902
—, *N*-[4-[2]Pyridylsulfamoyl-phenyl]-*N'*-*p*-tolyl- 3995
—, *N*-[4-[3]Pyridylsulfamoyl-phenyl]-*N'*-*p*-tolyl- 4088
—, *N*-[2]Pyridyl-*N'*-*m*-tolyl- 3903
—, *N*-[2]Pyridyl-*N'*-*p*-tolyl- 3903
—, *N*-[3]Pyridyl-*N'*-*p*-tolyl- 4079
Thiophen-2-carbaldehyd
— [2]pyridylimin 3957
Thiophen-2-carbonsäure
— [2]pyridylamid 3957
— [4-[2]pyridylsulfamoyl-anilid] 3999
—, 5-{[(2-Dimethylamino-äthyl)-[2]pyridyl-amino]-methyl} 3959
—, 5-Nitro-,
— [3-methyl-[2]pyridylamid] 4158

Y

Yohimban
  Bezifferung s. 4327 Anm.

Z

Zimtsäure
  – [4-[2]pyridylsulfamoyl-anilid] 3991
–, 2-Chlor-,
  – [5-chlor-[2]pyridylamid] 4021
–, 4-Nitro-,
  – [5-chlor-[2]pyridylamid] 4021

Formelregister

Im Formelregister sind die Verbindungen entsprechend dem System von *Hill* (Am. Soc. **22** [1900] 478)

1. nach der Anzahl der C-Atome,
2. nach der Anzahl der H-Atome,
3. nach der Anzahl der übrigen Elemente

in alphabetischer Reihenfolge angeordnet. Isomere sind in Form des „Registernamens" (s. diesbezüglich die Erläuterungen zum Sachregister) in alphabetischer Reihenfolge aufgeführt. Verbindungen unbekannter Konstitution finden sich am Schluss der jeweiligen Isomeren-Reihe.

Formula Index

Compounds are listed in the Formula Index using the system of *Hill* (Am. Soc. **22** [1900] 478), following:

1. the number of Carbon atoms,
2. the number of Hydrogen atoms,
3. the number of other elements,

in alphabetical order. Isomers are listed in the alphabetical order of their Index Names (see foreword to Subject Index), and isomers of undetermined structure are located at the end of the particular isomer listing.

C_5

$C_5H_2Br_4N_2$
[2]Pyridylamin, 3,4,5,6-Tetrabrom- 4044
[4]Pyridylamin, 2,3,5,6-Tetrabrom- 4121
$C_5H_2Cl_4N_2$
[3]Pyridylamin, 2,4,5,6-Tetrachlor- 4093
$C_5H_3BrCl_2N_2$
[3]Pyridylamin, 5-Brom-2,4-dichlor- 4095
[4]Pyridylamin, 5-Brom-2,3-dichlor- 4120
$C_5H_3Br_2ClN_2$
[4]Pyridylamin, 2,5-Dibrom-3-chlor- 4121
$C_5H_3Br_3N_2$
[2]Pyridylamin, 3,4,5-Tribrom- 4044
−, 3,4,6-Tribrom- 4044
−, 3,5,6-Tribrom- 4044
−, 4,5,6-Tribrom- 4044
[3]Pyridylamin, 2,4,6-Tribrom- 4096
[4]Pyridylamin, 2,3,5-Tribrom- 4121
−, 2,3,6-Tribrom- 4121
$C_5H_3Cl_2N_3O_2$
Amin, Dichlor-[5-nitro-[2]pyridyl]- 4064
$C_5H_3Cl_3N_2$
[3]Pyridylamin, 2,4,6-Trichlor- 4093

[4]Pyridylamin, 2,3,5-Trichlor- 4119
−, 2,3,6-Trichlor- 4119
$C_5H_4BrClN_2$
[2]Pyridylamin, 4-Brom-3-chlor- 4040
[3]Pyridylamin, 2-Brom-5-chlor- 4095
−, 5-Brom-2-chlor- 4095
[4]Pyridylamin, 2-Brom-3-chlor- 4120
−, 5-Brom-2-chlor- 4120
$C_5H_4BrN_3O_2$
[2]Pyridylamin, 3-Brom-5-nitro- 4066
−, 5-Brom-3-nitro- 4066
[3]Pyridylamin, 2-Brom-6-nitro- 4097
[4]Pyridylamin, 3-Brom-5-nitro- 4128
$C_5H_4Br_2N_2$
[2]Pyridylamin, 3,4-Dibrom- 4040
−, 3,5-Dibrom- 4041
−, 3,6-Dibrom- 4043
−, 4,5-Dibrom- 4043
−, 4,6-Dibrom- 4044
−, 5,6-Dibrom- 4044
[3]Pyridylamin, 2,5-Dibrom- 4095
−, 2,6-Dibrom- 4095
−, 4,6-Dibrom- 4095
[4]Pyridylamin, 2,3-Dibrom- 4120
−, 2,5-Dibrom- 4120

$C_5H_4Br_2N_2$ (Fortsetzung)
[4]Pyridylamin, 2,6-Dibrom- 4120
—, 3,5-Dibrom- 4120
$C_5H_4ClIN_2$
[2]Pyridylamin, 4-Chlor-6-jod- 4052
$C_5H_4ClN_3O_2$
[2]Pyridylamin, 3-Chlor-5-nitro- 4066
—, 3-Chlor-6-nitro- 4066
—, 5-Chlor-3-nitro- 4065
[4]Pyridylamin, 2-Chlor-3-nitro- 4127
—, 2-Chlor-5-nitro- 4128
$C_5H_4Cl_2N_2$
[2]Pyridylamin, 3,4-Dichlor- 4028
—, 4,6-Dichlor- 4030
[3]Pyridylamin, 2,4-Dichlor- 4092
—, 2,5-Dichlor- 4093
—, 2,6-Dichlor- 4093
—, 4,6-Dichlor- 4093
[4]Pyridylamin, 2,3-Dichlor- 4118
—, 2,5-Dichlor- 4118
—, 2,6-Dichlor- 4119
—, 3,5-Dichlor- 4119
$C_5H_4I_2N_2$
[2]Pyridylamin, 3,5-Dijod- 4052
[3]Pyridylamin, 2,6-Dijod- 4096
[4]Pyridylamin, 3,5-Dijod- 4122
$C_5H_4N_4O_4$
[4]Pyridylamin, 3,5-Dinitro- 4128
$C_5H_5AsCl_2N_2$
Arsin, Dichlor-[2]pyridylamino- 4018
$C_5H_5BrN_2$
[2]Pyridylamin, 3-Brom- 4030
—, 4-Brom- 4030
—, 5-Brom- 4031
—, 6-Brom- 4040
[3]Pyridylamin, 2-Brom- 4093
—, 5-Brom- 4094
—, 6-Brom- 4095
[4]Pyridylamin, 2-Brom- 4119
—, 3-Brom- 4119
$C_5H_5ClN_2$
[2]Pyridylamin, 3-Chlor- 4018
—, 4-Chlor- 4018
—, 5-Chlor- 4019
—, 6-Chlor- 4028
[3]Pyridylamin, 2-Chlor- 4089
—, 4-Chlor- 4090
—, 5-Chlor- 4090
—, 6-Chlor- 4090
[4]Pyridylamin, 2-Chlor- 4118
—, 3-Chlor- 4118
$C_5H_5Cl_2IN_2$
[2]Pyridylamin, 5-Dichlorjodanyl- 4045
$C_5H_5IN_2$
[2]Pyridylamin, 4-Jod- 4044
—, 5-Jod- 4045
[3]Pyridylamin, 5-Jod- 4096
—, 6-Jod- 4096
[4]Pyridylamin, 2-Jod- 4122

—, 3-Jod- 4122
$C_5H_5N_3O_2$
[2]Pyridylamin, 3-Nitro- 4053
—, 5-Nitro- 4054
[3]Pyridylamin, 2-Nitro- 4097
—, 6-Nitro- 4097
[4]Pyridylamin, 3-Nitro- 4122
$C_5H_5N_3O_5S$
Amidoschwefelsäure, [5-Nitro-[2]pyridyl]-
4065
$C_5H_6ClN_3$
Pyridin-2,5-diyldiamin, x-Chlor- 4054
$C_5H_6N_2$
Pyridin-4-on, 1H-, imin 4098
[2]Pyridylamin 3840
[3]Pyridylamin 4067
[4]Pyridylamin 4098
$C_5H_6N_2O$
[2]Pyridylamin, 1-Oxy- 3846
[3]Pyridylamin, 1-Oxy- 4068
[4]Pyridylamin, 1-Oxy- 4099
$C_5H_6N_2O_3S$
Amidoschwefelsäure, [2]Pyridyl- 4016
$C_5H_8N_2$
Methylamin, Pyrrol-2-yl- 3828
$C_5H_{12}N_2$
Methylamin, C-Pyrrolidin-2-yl- 3761
[3]Piperidylamin 3743
[4]Piperidylamin 3749

C_6

$C_6H_4Cl_4N_2$
Methylamin, C-[Tetrachlor-[4]pyridyl]-
4185
$C_6H_4N_2S$
Pyridin, 2-Isothiocyanato- 3908
—, 3-Isothiocyanato- 4080
$C_6H_5BrN_2O_2$
Carbamidsäure, [5-Brom-[3]pyridyl]- 4094
$C_6H_6BrClN_2$
[3]Pyridylamin, 5-Brom-6-chlor-2-methyl-
4130
$C_6H_6BrN_3OS$
Thioharnstoff, [5-Brom-1-oxy-[3]pyridyl]-
4095
$C_6H_6BrN_3O_2$
[2]Pyridylamin, 3-Brom-6-methyl-5-nitro-
4146
—, 5-Brom-4-methyl-3-nitro- 4181
—, 5-Brom-6-methyl-3-nitro- 4146
$C_6H_6Br_2N_2$
Amin, [2,6-Dibrom-[3]pyridyl]-methyl-
4096
Methylamin, C-[2,6-Dibrom-[4]pyridyl]-
4185
[2]Pyridylamin, 3,5-Dibrom-6-methyl-
4145

C_7

C₇H₆Cl₂N₂O

$C_7H_6Cl_2N_2O$

Acetamid, N-[2,4-Dichlor-[3]pyridyl]- 4093
−, N-[4,6-Dichlor-[2]pyridyl]- 4030
Essigsäure, Dichlor-, [2]pyridylamid 3881

$C_7H_6I_2N_2O$

Acetamid, N-[2,6-Dijod-[3]pyridyl]- 4096

$C_7H_6N_4$

Oxalomonoimidsäure-nitril-[2]pyridylamid
3888

$C_7H_6N_4S$

Thioharnstoff, N-Cyan-N'-[2]pyridyl- 3905

$C_7H_7BrN_2O$

Acetamid, N-[3-Brom-[4]pyridyl]- 4120
−, N-[5-Brom-[3]pyridyl]- 4094

$C_7H_7BrN_2O_2$

Carbamidsäure, [5-Brom-[3]pyridyl]-,
methylester 4094

$C_7H_7ClN_2O$

Acetamid, N-[2-Chlor-[3]pyridyl]- 4089
−, N-[4-Chlor-[2]pyridyl]- 4019
−, N-[4-Chlor-[3]pyridyl]- 4090
−, N-[5-Chlor-[2]pyridyl]- 4020
−, N-[6-Chlor-[3]pyridyl]- 4091
Essigsäure, Chlor-, [2]pyridylamid 3881

$C_7H_7Cl_2IN_2O$

Acetamid, N-[5-Dichlorjodanyl-[2]pyridyl]-
4046

$C_7H_7Cl_3N_2O$

Äthanol, 2,2,2-Trichlor-1-[2]pyridylamino-
3869

$C_7H_7FN_2O$

Essigsäure, Fluor-, [2]pyridylamid 3880

$C_7H_7IN_2O$

Acetamid, N-[4-Jod-[2]pyridyl]- 4044
−, N-[5-Jod-[2]pyridyl]- 4046

$C_7H_7IN_2O_2$

Acetamid, N-[5-Jodosyl-[2]pyridyl]- 4046

$C_7H_7IN_2O_3$

Acetamid, N-[5-Jodyl-[2]pyridyl]- 4047

$C_7H_7IN_2S$

Thioacetamid, N-[5-Jod-[2]pyridyl]- 4047

$C_7H_7N_3$

Glycin, N-[2]Pyridyl-, nitril 3909

$C_7H_7N_3O_2S$

Thioacetamid, N-[5-Nitro-[2]pyridyl]- 4058

$C_7H_7N_3O_3$

Acetamid, N-[3-Nitro-[4]pyridyl]- 4125
−, N-[5-Nitro-[2]pyridyl]- 4058

$C_7H_7N_3O_3S$

Thiocarbamidsäure, [3-Nitro-[4]pyridyl]-,
O-methylester 4126

$C_7H_7N_3O_4$

Carbamidsäure, [3-Nitro-[4]pyridyl]-,
methylester 4125
Glycin, N-[5-Nitro-[2]pyridyl]- 4059

$C_7H_7N_5O_6$

Amin, Dimethyl-[x,x,x-trinitro-[3]pyridyl]-
4069

$C_7H_8BrN_3O_2$

[2]Pyridylamin, 5-Brom-4,6-dimethyl-
3-nitro- 4213

$C_7H_8BrN_3O_3$

Äthanol, 2-[3-Brom-5-nitro-
[2]pyridylamino]- 4066
−, 2-[3-Brom-5-nitro-[4]pyridylamino]-
4128

$C_7H_8Br_2N_2$

Amin, [2,6-Dibrom-[3]pyridyl]-dimethyl-
4096
−, [3,5-Dibrom-[2]pyridyl]-dimethyl-
4041
[2]Pyridylamin, 4-Äthyl-3,5-dibrom- 4200
−, 3,5-Dibrom-4,6-dimethyl- 4213

$C_7H_8ClN_3O_2$

Amin, Äthyl-[5-chlor-3-nitro-[2]pyridyl]-
4065
−, [2-Chlor-äthyl]-[3-nitro-[4]pyridyl]-
4123

$C_7H_8I_2N_2$

[4]Pyridylamin, 3,5-Dijod-2,6-dimethyl-
4219

$C_7H_8N_2O$

Acetamid, N-[2]Pyridyl- 3879
−, N-[3]Pyridyl- 4073
−, N-[4]Pyridyl- 4108
Formamid, N-[2-Methyl-[3]pyridyl]- 4130
−, N-[3-Methyl-[2]pyridyl]- 4156
−, N-[3-Methyl-[4]pyridyl]- 4160
−, N-[6-Methyl-[2]pyridyl]- 4137
−, N-[2]Pyridylmethyl- 4149

$C_7H_8N_2O_2$

Acetamid, N-[1-Oxy-[2]pyridyl]- 3881
−, N-[1-Oxy-[3]pyridyl]- 4073
−, N-[1-Oxy-[4]pyridyl]- 4108
Carbamidsäure, [2]Pyridyl-, methylester
3893
−, [3]Pyridyl-, methylester 4076
Glycin, N-[2]Pyridyl- 3909
−, N-[3]Pyridyl- 4081
Glykolamid, N-[2]Pyridyl- 3911

$C_7H_8N_2O_2S$

Äthensulfonamid, N-[2]Pyridyl- 3969

$C_7H_8N_2S$

Thioacetamid, N-[2]Pyridyl- 3881

$C_7H_8N_2S_2$

Dithiocarbamidsäure, [4-Methyl-[2]pyridyl]-
4176
−, [6-Methyl-[2]pyridyl]- 4140
−, [2]Pyridyl-, methylester 3906
−, [3]Pyridyl-, methylester 4080
−, [4]Pyridyl-, methylester 4111

$C_7H_8N_4O$

Oxalomonoimidsäure-2-amid-1-
[2]pyridylamid 3888

$C_7H_8N_4O_2$

Biuret, 1-[2]Pyridyl- 3895

C₇H₈N₄O₃
Glycin, N-[5-Nitro-[2]pyridyl]-, amid 4059

C₇H₈N₄S₂
Dithiobiuret, 1-[2]Pyridyl- 3905
—, 1-[3]Pyridyl- 4080

C₇H₉BrN₂
Amin, Äthyl-[5-brom-[2]pyridyl]- 4031
—, [2-Brom-[3]pyridyl]-dimethyl-
4093
—, [5-Brom-[3]pyridyl]-dimethyl-
4094
[2]Pyridylamin, 5-Brom-4,6-dimethyl- 4212

C₇H₉ClN₂
Amin, [2-Chlor-äthyl]-[2]pyridyl- 3848
[2]Pyridylamin, 3-Chlormethyl-6-methyl-
4213

C₇H₉IN₂
Amin, Äthyl-[5-jod-[2]pyridyl]- 4045
[4]Pyridylamin, 3-Jod-2,6-dimethyl- 4219

C₇H₉IN₂O₂S
Äthansulfonamid, N-[5-Jod-[2]pyridyl]-
4051

C₇H₉N₃
Acetamidin, N-[2]Pyridyl- 3880

C₇H₉N₃O
Acetaldehyd, [2]Pyridylamino-, oxim 3871
Glycin, N-[2]Pyridyl-, amid 3909
Harnstoff, N-Methyl-N'-[2]pyridyl- 3894
—, [4]Pyridylmethyl- 4183

C₇H₉N₃OS
Thioharnstoff, [3-Methyl-1-oxy-[4]pyridyl]-
4161

C₇H₉N₃O₂
Amin, Äthyl-[3-nitro-[4]pyridyl]- 4123
—, Dimethyl-[5-nitro-[2]pyridyl]-
4054
[2]Pyridylamin, 4-Äthyl-3-nitro- 4201
—, 4-Äthyl-5-nitro- 4201

C₇H₉N₃O₃
Äthanol, 2-[3-Nitro-[4]pyridylamino]- 4124
—, 2-[5-Nitro-[2]pyridylamino]- 4056

C₇H₉N₃S
Thioharnstoff, N-Methyl-N'-[2]pyridyl-
3902

C₇H₉N₅O₂
Guanidin, N-[5-Methyl-[2]pyridyl]-
N'-nitro- 4163
—, N-[6-Methyl-[2]pyridyl]-N'-nitro-
4140

C₇H₉N₅O₃
Glycin, N-[5-Nitro-[2]pyridyl]-, hydrazid
4059

C₇H₁₀BrN₃O₂S
Äthansulfonsäure, 2-Amino-, [5-brom-
[2]pyridylamid] 4039

C₇H₁₀ClN₃O₂S
Äthansulfonsäure, 2-Amino-, [5-chlor-
[2]pyridylamid] 4027

C₇H₁₀N₂
Äthylamin, 1-[2]Pyridyl- 4186
—, 1-[3]Pyridyl- 4198
—, 1-[4]Pyridyl- 4201
—, 2-[2]Pyridyl- 4187
—, 2-[3]Pyridyl- 4199
—, 2-[4]Pyridyl- 4201
Amin, Äthyl-[2]pyridyl- 3848
—, Äthyl-[3]pyridyl- 4070
—, Dimethyl-[2]pyridyl- 3847
—, Dimethyl-[3]pyridyl- 4069
—, Dimethyl-[4]pyridyl- 4101
—, Methyl-[3-methyl-[2]pyridyl]- 4155
—, Methyl-[6-methyl-[2]pyridyl]- 4134
—, Methyl-[2]pyridylmethyl- 4147
—, Methyl-[3]pyridylmethyl- 4168
—, Methyl-[4]pyridylmethyl- 4182
Methylamin, C-[2-Methyl-[4]pyridyl]- 4213
—, C-[6-Methyl-[2]pyridyl]- 4219
—, C-[6-Methyl-[3]pyridyl]- 4213
[2]Pyridylamin, 3-Äthyl- 4198
—, 4-Äthyl- 4200
—, 6-Äthyl- 4186
—, 4,6-Dimethyl- 4210
[3]Pyridylamin, 4-Äthyl- 4201
—, 6-Äthyl- 4186
—, 2,4-Dimethyl- 4210
—, 2,6-Dimethyl- 4214
—, 4,6-Dimethyl- 4210
[4]Pyridylamin, 2-Äthyl- 4186
—, 3-Äthyl- 4198
—, 2,6-Dimethyl- 4215

C₇H₁₀N₂O
Acetamid, N-[1-Methyl-pyrrol-3-yl]- 3828
Äthanol, 2-[2]Pyridylamino- 3857
Amin, Dimethyl-[1-oxy-[2]pyridyl]- 3848
—, Dimethyl-[1-oxy-[4]pyridyl]- 4101
Formamid, N-[2-Pyrrol-2-yl-äthyl]- 3833
[2]Pyridylamin, 4,6-Dimethyl-1-oxy- 4211
[4]Pyridylamin, 2,6-Dimethyl-1-oxy- 4215

C₇H₁₀N₂O₂S
Äthansulfonamid, N-[2]Pyridyl- 3968

C₇H₁₀N₄
Guanidin, [3]Pyridylmethyl- 4169

C₇H₁₀N₄O
Glycin, N-[2]Pyridyl-, hydrazid 3910

C₇H₁₀N₄O₂
Äthylendiamin, N-[3-Nitro-[4]pyridyl]-
4126
—, N-[5-Nitro-[2]pyridyl]- 4061

C₇H₁₀N₆
Biguanid, 1-[2]Pyridyl- 3897

C₇H₁₁N₃
Äthylendiamin, N-[2]Pyridyl- 3923

C₇H₁₁N₃O₂S
Sulfamid, N,N-Dimethyl-N'-[2]pyridyl-
4017
Taurin-[2]pyridylamid 3975

$C_7H_{12}N_2$
Äthylamin, 2-[1-Methyl-pyrrol-2-yl]- 3832
Amin, Äthyl-pyrrol-2-ylmethyl- 3830
–, Dimethyl-pyrrol-2-ylmethyl- 3829
–, Methyl-[1-methyl-pyrrol-
   2-ylmethyl]- 3829
–, Methyl-[2-pyrrol-2-yl-äthyl]- 3833
$C_7H_{12}N_2O_2$
Formamid, N-[1-Formyl-[4]piperidyl]-
   3756
$C_7H_{14}N_2$
Chinuclidin-3-ylamin 3816
$C_7H_{14}N_4O_2$
Piperidin-1-carbonsäure, 3-Ureido-, amid
   3747
$C_7H_{16}N_2$
Äthylamin, 2-[2]Piperidyl- 3769
Amin, Dimethyl-[4]piperidyl- 3749
–, Methyl-[1-methyl-[4]piperidyl]-
   3749
–, Methyl-[2]piperidylmethyl- 3765
Methylamin, C-[1-Äthyl-pyrrolidin-2-yl]-
   3762
–, C-[5,5-Dimethyl-pyrrolidin-2-yl]-
   3784
–, C-[1-Methyl-[3]piperidyl]- 3767
–, C-[1-Methyl-[4]piperidyl]- 3768
[3]Piperidylamin, 1-Äthyl- 3744
[4]Piperidylamin, 1-Äthyl- 3750

C_8

$C_8H_7BrN_2O_3$
Malonamidsäure, N-[5-Brom-[2]pyridyl]-
   4032
$C_8H_7ClN_2O_3$
Malonamidsäure, N-[5-Chlor-[2]pyridyl]-
   4021
$C_8H_7IN_2O_3$
Malonamidsäure, N-[5-Jod-[2]pyridyl]-
   4047
$C_8H_7N_3O$
Essigsäure, Cyan-, [2]pyridylamid 3889
–, Cyan-, [4]pyridylamid 4109
$C_8H_8Br_2N_2O$
Acetamid, N-[2,6-Dibrom-
   [4]pyridylmethyl]- 4185
$C_8H_8Cl_2N_2O$
Acetamid, N-[2,6-Dichlor-[4]pyridylmethyl]-
   4185
$C_8H_8Cl_2N_2O_2$
Carbamidsäure, [4,6-Dichlor-[2]pyridyl]-,
   äthylester 4030
$C_8H_8N_2$
Indol-4-ylamin 4296
Indol-5-ylamin 4296
Indol-6-ylamin 4297

$C_8H_8N_2O_2S_2$
Essigsäure, [2]Pyridylthiocarbamoyl=
   mercapto- 3906
–, [4]Pyridylthiocarbamoylmercapto-
   4111
$C_8H_8N_2S$
Verbindung $C_8H_8N_2S$ aus 2,6-Dimethyl-
   [1,4]pyridylamin 4215
$C_8H_8N_4$
Acetonitril, Imino-[3-methyl-
   [2]pyridylamino]- 4157
–, Imino-[4-methyl-[2]pyridylamino]-
   4175
–, Imino-[5-methyl-[2]pyridylamino]-
   4162
$C_8H_9BrN_2O_2$
β-Alanin, N-[5-Brom-[2]pyridyl]- 4033
Carbamidsäure, [5-Brom-[3]pyridyl]-,
   äthylester 4094
$C_8H_9ClN_2$
[1]Pyrindin-4-ylamin, 2-Chlor-6,7-dihydro-
   5H- 4246
$C_8H_9ClN_2O$
Acetamid, N-[2-Chlor-[3]pyridyl]-
   N-methyl- 4089
$C_8H_9ClN_2O_2$
Carbamidsäure, [4-Chlor-[2]pyridyl]-,
   äthylester 4019
$C_8H_9FN_2O_2$
Carbamidsäure, [2]Pyridyl-, [2-fluor-
   äthylester] 3893
–, [3]Pyridyl-, [2-fluor-äthylester]
   4076
–, [4]Pyridyl-, [2-fluor-äthylester]
   4110
$C_8H_9IN_2O_2$
Carbamidsäure, [4-Jod-[2]pyridyl]-,
   äthylester 4045
–, [5-Jod-[2]pyridyl]-, äthylester
   4048
$C_8H_9N_3$
β-Alanin, N-[2]Pyridyl-, nitril 3912
–, N-[3]Pyridyl-, nitril 4081
Glycin, N-[4-Methyl-[2]pyridyl]-, nitril
   4176
$C_8H_9N_3O$
Propionitril, 2-Hydroxy-3-[2]pyridylamino-
   3917
$C_8H_9N_3O_2$
Amin, Allyl-[5-nitro-[2]pyridyl]- 4055
$C_8H_9N_3O_3$
Allophansäure, 4-[3]Pyridyl-, methylester
   4077
$C_8H_9N_3O_3S$
Thiocarbamidsäure, [3-Nitro-[4]pyridyl]-,
   O-äthylester 4126
$C_8H_9N_3O_4$
Alanin, N-[5-Nitro-[2]pyridyl]- 4060

C_9

$C_9H_8Cl_2N_2$
Indol-5-ylamin, 6,7-Dichlor-2-methyl-
4300

$C_9H_8N_2$
Pyridin, 3-Pyrrol-1-yl- 4071
—, 4-Pyrrol-1-yl- 4105

$C_9H_8N_2O_2$
Succinimid, N-[2]Pyridyl- 3889

$C_9H_8N_2O_3$
Maleinamidsäure, N-[2]Pyridyl- 3891

$C_9H_9BrN_2O_2$
Acetoacetamid, N-[5-Brom-[2]pyridyl]-
4033

$C_9H_9ClN_2$
Indol-5-ylamin, 6-Chlor-2-methyl- 4300

$C_9H_9ClN_2O_2$
Acetoacetamid, N-[5-Chlor-[2]pyridyl]-
4024
Diacetamid, N-[2-Chlor-[3]pyridyl]- 4089

$C_9H_9IN_2O_2$
Acetoacetamid, N-[5-Jod-[2]pyridyl]- 4049

$C_9H_9N_3O$
Glycin, N-Acetyl-N-[2]pyridyl-, nitril
3911

$C_9H_{10}N_2$
Indol, Bz-Amino-2-methyl- 4299
Indol-5-ylamin, 1-Methyl- 4296
—, 2-Methyl- 4299
Indol-6-ylamin, 1-Methyl- 4297
—, 2-Methyl- 4300
Methylamin, C-Indol-2-yl- 4300
—, C-Indol-3-yl- 4302
[2]Pyridylamin, 3-Buta-1,3-dienyl- 4298
—, 5-Buta-1,3-dienyl- 4298

$C_9H_{10}N_2O$
But-3-en-2-on, 4-[2]Pyridylamino- 3870
Crotonamid, N-[2]Pyridyl- 3883

$C_9H_{10}N_2O_2$
Acetoacetamid, N-[2]Pyridyl- 3918
—, N-[3]Pyridyl- 4082
Acrylsäure, 3-[4-Methyl-[2]pyridylamino]-
4178
—, 3-[5-Methyl-[2]pyridylamino]-
4165
Diacetamid, N-[3]Pyridyl- 4074

$C_9H_{10}N_2O_2S_2$
Essigsäure, [6-Methyl-
[2]pyridylthiocarbamoylmercapto]-
4141

$C_9H_{10}N_2O_3$
Diacetamid, N-[1-Oxy-[2]pyridyl]- 3882
Succinamidsäure, N-[2]Pyridyl- 3889

$C_9H_{11}BrN_2$
[1]Isochinolylamin, 4-Brom-
5,6,7,8-tetrahydro- 4254

$C_9H_{11}BrN_2O$
Acetamid, N-[5-Brom-4,6-dimethyl-
[2]pyridyl]- 4212

$C_9H_{11}N_3$
Glycin, N-Äthyl-N-[2]pyridyl-, nitril 3910
—, N-[4,6-Dimethyl-[2]pyridyl]-,
nitril 4211

$C_9H_{11}N_3O$
Butyronitril, 2-Hydroxy-4-[2]pyridylamino-
3917
Harnstoff, N-Allyl-N'-[2]pyridyl- 3895

$C_9H_{11}N_3O_3$
Allophansäure, 4-[3]Pyridyl-, äthylester 4077

$C_9H_{11}N_3O_3S$
Thiocarbamidsäure, [3-Nitro-[4]pyridyl]-,
O-isopropylester 4126
—, [3-Nitro-[4]pyridyl]-,
O-propylester 4126

$C_9H_{11}N_3O_4$
Carbamidsäure, Methyl-[2-nitro-[3]pyridyl]-,
äthylester 4097
Glycin, N-[5-Nitro-[2]pyridyl]-, äthylester
4059

$C_9H_{11}N_3S$
Thioharnstoff, N-Allyl-N'-[2]pyridyl- 3902

$C_9H_{12}BrHgN_3O_2$
s. bei $[C_9H_{12}HgN_3O_2]^+$

$C_9H_{12}ClHgN_3O_2$
s. bei $[C_9H_{12}HgN_3O_2]^+$

$C_9H_{12}Cl_2N_2$
Amin, Bis-[2-chlor-äthyl]-[4]pyridyl- 4102

$[C_9H_{12}HgN_3O_2]^+$
Propylquecksilber(1+), 2-Hydroxy-3-[N'-
[3]pyridyl-ureido]- 4077
$[C_9H_{12}HgN_3O_2]Cl$ 4077
$[C_9H_{12}HgN_3O_2]Br$ 4077

$C_9H_{12}N_2$
Amin, Allyl-[3]pyridylmethyl- 4168
[3]Chinolylamin, 1,2,3,4-Tetrahydro- 4249
[4]Chinolylamin, 5,6,7,8-Tetrahydro- 4249
[6]Chinolylamin, 1,2,3,4-Tetrahydro- 4251
[7]Chinolylamin, 1,2,3,4-Tetrahydro- 4252
[8]Chinolylamin, 1,2,3,4-Tetrahydro- 4253
Indolin-5-ylamin, 1-Methyl- 4246
—, 2-Methyl- 4256
Indolin-6-ylamin, 1-Methyl- 4247
—, 2-Methyl- 4256
[1]Isochinolylamin, 5,6,7,8-Tetrahydro-
4253
[4]Isochinolylamin, 5,6,7,8-Tetrahydro-
4254
[5]Isochinolylamin, 1,2,3,4-Tetrahydro-
4254
[7]Isochinolylamin, 1,2,3,4-Tetrahydro- 4252
Pyridin, 2-Pyrrolidino- 3860
—, 3-Pyrrolidino- 4070
[2]Pyridylamin, 5-Buten-1-yl- 4248

$C_9H_{12}N_2O$
Acetamid, N-[2,6-Dimethyl-[3]pyridyl]-
4214
—, N-[4,6-Dimethyl-[2]pyridyl]- 4211
—, N-Methyl-N-[6-methyl-[2]pyridyl]-
4138
—, N-[1-[2]Pyridyl-äthyl]- 4186
—, N-[2-[2]Pyridyl-äthyl]- 4194
—, N-[2-[3]Pyridyl-äthyl]- 4200
—, N-[2-[4]Pyridyl-äthyl]- 4206
Butyramid, N-[2]Pyridyl- 3882
Formamid, N-[1-[2]Pyridyl-propyl]- 4221
Isobutyramid, N-[3]Pyridyl- 4075
Propionamid, N-[3-Methyl-[2]pyridyl]-
4156

$C_9H_{12}N_2OS$
Thiocarbamidsäure, [6-Methyl-[2]pyridyl]-,
O-äthylester 4140

$C_9H_{12}N_2O_2$
β-Alanin, N-[4-Methyl-[2]pyridyl]- 4177
—, N-[5-Methyl-[2]pyridyl]- 4165
—, N-[6-Methyl-[2]pyridyl]- 4141
—, N-[2]Pyridyl-, methylester 3912
—, N-[3]Pyridyl-, methylester 4081
Carbamidsäure, [4-Methyl-[2]pyridyl]-,
äthylester 4175
—, [5-Methyl-[2]pyridyl]-, äthylester
4163
—, [6-Methyl-[2]pyridyl]-, äthylester
4139
—, [6-Methyl-[3]pyridyl]-, äthylester
4133
—, [2]Pyridyl-, isopropylester 3893
—, [2]Pyridyl-, propylester 3893
—, [3]Pyridyl-, isopropylester 4076
—, [3]Pyridyl-, propylester 4076
—, [2-[2]Pyridyl-äthyl]-, methylester
4195
—, [2-[4]Pyridyl-äthyl]-, methylester
4207
Glycin, N-[2]Pyridyl-, äthylester 3909
Propionaldehyd, 2-Hydroxy-3-[methyl-
[2]pyridyl-amino]- 3876

$C_9H_{12}N_2O_3$
Carbamidsäure, [4-Methyl-1-oxy-
[2]pyridyl]-, äthylester 4176
—, [5-Methyl-1-oxy-[2]pyridyl]-,
äthylester 4164
—, [6-Methyl-1-oxy-[2]pyridyl]-,
äthylester 4141
—, [1-Oxy-[2]pyridyl]-, propylester
3907

$C_9H_{12}N_4$
Guanidin, N-Allyl-N'-[2]pyridyl- 3897

$C_9H_{12}N_4O_3$
Äthylendiamin, N-Acetyl-N'-[3-nitro-
[4]pyridyl]- 4127

$C_9H_{12}N_4S_2$
Isothioharnstoff, N-[Amino-
methylmercapto-methylen]-S-methyl-
N'-[3]pyridyl- 4081

$C_9H_{13}BrN_2$
Amin, Diäthyl-[6-brom-[2]pyridyl]- 4040

$C_9H_{13}BrN_2O_2$
Amin, [5-Brom-[2]pyridyl]-bis-[2-hydroxy-
äthyl]- 4031

$C_9H_{13}ClN_2O_2$
Amin, [5-Chlor-[2]pyridyl]-bis-[2-hydroxy-
äthyl]- 4020

$C_9H_{13}ClN_4O_2$
Äthylendiamin, N'-[5-Chlor-3-nitro-
[2]pyridyl]-N,N-dimethyl- 4066

$C_9H_{13}IN_2$
Amin, Diäthyl-[5-jod-[2]pyridyl]- 4046

$C_9H_{13}IN_2O_2$
Amin, Bis-[2-hydroxy-äthyl]-[5-jod-
[2]pyridyl]- 4046

$[C_9H_{13}N_2O]^+$
Pyridinium, 3-Acetylamino-1-äthyl- 4074
$[C_9H_{13}N_2O]I$ 4074

$[C_9H_{13}N_2S]^+$
Pyridinium, 1-Methyl-2-
[1-methylmercapto-äthylidenamino]-
3881
$[C_9H_{13}N_2S]I$ 3881

$C_9H_{13}N_3O$
Harnstoff, N-Isopropyl-N'-[2]pyridyl- 3894
—, N-Propyl-N'-[2]pyridyl- 3894

$C_9H_{13}N_3O_2$
Amin, Butyl-[3-nitro-[4]pyridyl]- 4123
—, Butyl-[5-nitro-[2]pyridyl]- 4055

$C_9H_{13}N_3O_3$
Äthanol, 2-[Äthyl-(5-nitro-[2]pyridyl)-
amino]- 4056

$C_9H_{13}N_3O_4$
Amin, Bis-[2-hydroxy-äthyl]-[5-nitro-
[2]pyridyl]- 4056

$C_9H_{13}N_3S$
Thioharnstoff, N-Isopropyl-N'-[2]pyridyl-
3902

$C_9H_{13}N_5O$
Propionaldehyd, 3-[2]Pyridylamino-,
semicarbazon 3873

$C_9H_{13}N_5S$
Propionaldehyd, 3-[2]Pyridylamino-,
thiosemicarbazon 3873

$C_9H_{14}BrN_3$
Äthylendiamin, N'-[5-Brom-[2]pyridyl]-
N,N-dimethyl- 4034

$[C_9H_{14}ClN_2]^+$
Ammonium, [4-Chlor-[2]pyridylmethyl]-
trimethyl- 4154
$[C_9H_{14}ClN_2]I$ 4154

$C_9H_{14}N_2$
Äthylamin, 1-Methyl-2-[6-methyl-
[2]pyridyl]- 4235

C₉H₁₄N₂ (Fortsetzung)

Amin, Äthyl-[2-[2]pyridyl-äthyl]- 4188
—, Äthyl-[2-[4]pyridyl-äthyl]- 4202
—, Butyl-[2]pyridyl- 3849
—, Butyl-[4]pyridyl- 4102
—, Diäthyl-[2]pyridyl- 3848
—, Diäthyl-[4]pyridyl- 4101
—, Dimethyl-[1-[3]pyridyl-äthyl]-
4198
—, Dimethyl-[2-[2]pyridyl-äthyl]-
4188
—, Dimethyl-[2-[4]pyridyl-äthyl]-
4202
—, Isobutyl-[2]pyridyl- 3849
—, Methyl-[1-methyl-2-[2]pyridyl-
äthyl]- 4221
Butylamin, 4-[3]Pyridyl- 4233
Methylamin, C-[6-Propyl-[3]pyridyl]- 4235
—, C-[4,5,6-Trimethyl-[3]pyridyl]-
4240
Propylamin, 1-Methyl-3-[4]pyridyl- 4235
[2]Pyridylamin, 3-Butyl- 4233
—, 4-sec-Butyl- 4235
—, 5-Butyl- 4233
[3]Pyridylamin, 6-Butyl- 4232
—, 6-sec-Butyl- 4235

C₉H₁₄N₂O

Acetamid, N-[2-(4-Methyl-pyrrol-2-yl)-
äthyl]- 3835
Äthanol, 2-[Äthyl-[2]pyridyl-amino]- 3858
—, 2-[2-[4]Pyridyl-äthylamino]- 4204
Amin, Diäthyl-[1-oxy-[2]pyridyl]- 3848
—, Diäthyl-[1-oxy-[4]pyridyl]- 4102

C₉H₁₄N₂O₂

Amin, Bis-[2-hydroxy-äthyl]-[2]pyridyl-
3859
—, Bis-[2-hydroxy-äthyl]-[4]pyridyl-
4103
—, [2,2-Dimethoxy-äthyl]-[2]pyridyl-
3871
Propan-1,3-diol, 2-Methyl-2-
[2]pyridylamino- 3867

C₉H₁₄N₂O₂S

Butan-1-sulfonamid, N-[2]Pyridyl- 3968
Propan-1-sulfonsäure, 2-Methyl-,
[2]pyridylamid 3969

C₉H₁₄N₄

Guanidin, N-Isopropyl-N'-[2]pyridyl- 3897

C₉H₁₄N₆

Biguanid, 1-[2-[4]Pyridyl-äthyl]- 4208

C₉H₁₅IN₂

Methojodid [C₉H₁₅N₂]I aus Dimethyl-
[2]pyridylmethyl-amin 4148

C₉H₁₅N

Norlupinen 3821

[C₉H₁₅N₂]⁺

Pyridinium, 1-Äthyl-4-dimethylamino-
4101
[C₉H₁₅N₂]Br 4101

C₉H₁₅N₃

Äthylendiamin, N,N-Dimethyl-N'-
[2]pyridyl- 3923
—, N-[2-[2]Pyridyl-äthyl]- 4196

C₉H₁₅N₃O

Äthylendiamin, N-Methoxy-N-methyl-N'-
[2]pyridyl- 3946

C₉H₁₅N₃O₂S

Butan-1-sulfonsäure, 4-Amino-,
[2]pyridylamid 3977

C₉H₁₆N₂

Amin, Diäthyl-pyrrol-2-ylmethyl- 3830
—, [2,5-Dimethyl-pyrrol-3-ylmethyl]-
dimethyl- 3835
—, [3,4-Dimethyl-pyrrol-2-ylmethyl]-
dimethyl- 3835
Pyrrol, 1-Dimethylaminomethyl-
2,5-dimethyl- 3835

C₉H₁₆N₂O₂

Acetamid, N-[1-Acetyl-[2]piperidyl]- 3743
—, N-[1-Acetyl-[4]piperidyl]- 3756

C₉H₁₆N₂S

Piperidin, 4-Isothiocyanato-2,2,6-trimethyl-
3787

C₉H₁₇NO

Norlupinan, Hydroxy- 3821

[C₉H₁₇N₂]⁺

Ammonium, Trimethyl-[1-methyl-pyrrol-
2-ylmethyl]- 3829
[C₉H₁₇N₂]I 3829
—, Trimethyl-[2-pyrrol-2-yl-äthyl]-
3833
[C₉H₁₇N₂]I 3833

C₉H₁₈N₂

Amin, Methyl-tropan-3-yl- 3795
Chinolizin-1-ylamin, Octahydro- 3821
Chinolizin-3-ylamin, Octahydro- 3821
[1]Isochinolylamin, Decahydro- 3821
Methylamin, C-[3-Aza-bicyclo[3.3.1]non-
7-yl]- 3823

C₉H₁₈N₂O

Acetamid, N-[1-Äthyl-[3]piperidyl]- 3746
[4]Piperidylamin, 1-Acetyl-2,5-dimethyl-
3783

C₉H₁₈N₂O₂

Carbamidsäure, [1-Methyl-[4]piperidyl]-,
äthylester 3758
—, [2]Piperidylmethyl-, äthylester
3766

C₉H₁₉N₃O

Harnstoff, N,N-Dimethyl-N'-[1-methyl-
[3]piperidyl]- 3747
—, N,N-Dimethyl-N'-[1-methyl-
[4]piperidyl]- 3758

C₉H₂₀N₂

Amin, Äthyl-[1-äthyl-[3]piperidyl]- 3744
—, Äthyl-[1-äthyl-pyrrolidin-
2-ylmethyl]- 3744
—, Äthyl-[2-[2]piperidyl-äthyl]- 3770

C₉H₂₀N₂ (Fortsetzung)

Amin, [1-Äthyl-[3]piperidyl]-dimethyl-
3744

–, [1-Äthyl-pyrrolidin-2-ylmethyl]-
dimethyl- 3744

–, Dimethyl-[2-[2]piperidyl-äthyl]-
3769

–, Dimethyl-[2-[4]piperidyl-äthyl]-
3778

–, Methyl-[2-(1-methyl-[3]piperidyl)-
äthyl]- 3777

–, Methyl-[1,2,5-trimethyl-
[4]piperidyl]- 3780

Butylamin, 4-[3]Piperidyl- 3788

Methylamin, C-[1,4,4-Trimethyl-
[2]piperidyl]- 3788

[3]Piperidylamin, 2,4,6,6-Tetramethyl-
3791

[4]Piperidylamin, 1-Äthyl-2,5-dimethyl-
3780

–, 1-Isobutyl- 3750

–, 1,2,3,5-Tetramethyl- 3787

C₉H₂₀N₂O

Äthanol, 2-[1-Äthyl-[4]piperidylamino]-
3754

C₁₀

C₁₀H₄Br₄N₂O

[1,4′]Bipyridyl-4-on, 3,5,3′,5′-Tetrabrom-
4121

C₁₀H₄I₄N₂O

[1,4′]Bipyridyl-4-on, 3,5,3′,5′-Tetrajod-
4122

C₁₀H₅Br₂N₅O₄

Amin, Bis-[3-brom-5-nitro-[4]pyridyl]-
4128

C₁₀H₅Br₃N₄O₂

Amin, [3-Brom-5-nitro-[4]pyridyl]-
[3,5-dibrom-[4]pyridyl]- 4128

C₁₀H₅Br₄N₃

Amin, Bis-[3,5-dibrom-[4]pyridyl]- 4121

C₁₀H₆Br₂ClN₃O₂S

Pyridin-3-sulfonsäure, 6-Chlor-,
[3,5-dibrom-[2]pyridylamid] 4043

C₁₀H₆Br₂N₂O

[1,2′]Bipyridyl-2-on, 3,5-Dibrom- 3913

[1,4′]Bipyridyl-4-on, 3,3′-Dibrom- 4120

C₁₀H₆Cl₂N₄O₂

Amin, [5-Chlor-3-nitro-[2]pyridyl]-[6-chlor-
[3]pyridyl]- 4091

C₁₀H₆N₄O₅

[1,2′]Bipyridyl-2-on, 5,5′-Dinitro- 4060

C₁₀H₇BrN₂O

[1,2′]Bipyridyl-2-on, 3-Brom- 3913

–, 3′-Brom- 4030

–, 5-Brom- 3913

C₁₀H₇ClN₂

Acetonitril, [6-Chlor-indol-3-yl]- 4350

C₁₀H₇ClN₂O

[1,2′]Bipyridyl-2-on, 5-Chlor- 3913

C₁₀H₇ClN₄O₂

Amin, [6-Chlor-[3]pyridyl]-[5-nitro-
[2]pyridyl]- 4091

C₁₀H₇FN₂

Acetonitril, [6-Fluor-indol-3-yl]- 4349

C₁₀H₇N₃O₃

Amin, [5-Nitro-furfuryliden]-[3]pyridyl-
4085

C₁₀H₇N₃O₃S

Thiophen-2-carbonsäure, 5-Nitro-,
[2]pyridylamid 3957

C₁₀H₇N₅O₄

Amin, Bis-[3-nitro-[4]pyridyl]- 4127

–, [3,5-Dinitro-[4]pyridyl]-[2]pyridyl-
4129

[C₁₀H₈BrN₂]⁺

Pyridinium, 3-Brom-1-[2]pyridyl- 3862
    [C₁₀H₈BrN₂]Br 3862
    [C₁₀H₈BrN₂]C₆H₂N₃O₇ 3862

C₁₀H₈ClN₃O₂S

Pyridin-3-sulfonsäure, 6-Chlor-,
[2]pyridylamid 4012

C₁₀H₈N₂O

Amin, Furfuryliden-[2]pyridyl- 3956

[1,2′]Bipyridyl-2-on 3912

[1,2′]Bipyridyl-4-on 3876

[1,4′]Bipyridyl-2-on 4111

[1,4′]Bipyridyl-4-on 4107

C₁₀H₈N₂OS

Thiophen-2-carbonsäure-[2]pyridylamid
3957

C₁₀H₈N₂O₂

Furan-2-carbonsäure-[2]pyridylamid 3957

– [3]pyridylamid 4085

C₁₀H₈N₂S

Amin, [2]Pyridyl-[2]thienylmethylen- 3957

[1,4′]Bipyridyl-4-thion 4108

[C₁₀H₈N₃O₂]⁺

[1,2′]Bipyridylium(1+), 3′-Nitro- 4053
    [C₁₀H₈N₃O₂]Cl 4053
    [C₁₀H₈N₃O₂]C₆H₂N₃O₇ 4053

–, 5′-Nitro- 4057
    [C₁₀H₈N₃O₂]Cl 4057
    [C₁₀H₈N₃O₂]C₆H₂N₃O₇ 4057

[1,4′]Bipyridylium(1+), 3′-Nitro- 4124
    [C₁₀H₈N₃O₂]Cl 4124
    [C₁₀H₈N₃O₂]C₆H₂N₃O₇ 4124

C₁₀H₈N₄O₂

Amin, [3-Nitro-[4]pyridyl]-[2]pyridyl- 4127

–, [3-Nitro-[4]pyridyl]-[4]pyridyl-
4127

–, [5-Nitro-[2]pyridyl]-[2]pyridyl-
4063

C₁₀H₉BrN₂O

Amin, [5-Brom-furfuryl]-[2]pyridyl- 3947

$C_{10}H_{17}N_3$ (Fortsetzung)

Äthylendiamin, N,N-Dimethyl-N'-[4-methyl-
　[2]pyridyl]- 4178
–, N,N-Dimethyl-N'-[6-methyl-
　[2]pyridyl]- 4142
–, N,N,N'-Trimethyl-N'-[3]pyridyl-
　4083
Propan, 1-Dimethylamino-2-
　[2]pyridylamino- 3940
Propandiyldiamin, N,N-Dimethyl-N'-
　[2]pyridyl- 3938

$C_{10}H_{17}N_3O_2S$

Pentan-1-sulfonsäure, 5-Amino-,
　[2]pyridylamid 3977

$C_{10}H_{18}N_2$

Amin, Diäthyl-[1-methyl-pyrrol-
　2-ylmethyl]- 3830
–, Diäthyl-[2-pyrrol-2-yl-äthyl]- 3833
–, Dimethyl-[1,2,5-trimethyl-pyrrol-
　3-ylmethyl]- 3836
Pyridin, 1-Methyl-4-pyrrolidino-
　1,2,3,6-tetrahydro- 3794

$C_{10}H_{18}N_2O_2$

Acetamid, N-[1-Acetyl-[2]piperidylmethyl]-
　3766
Carbamidsäure, Chinuclidin-2-yl-,
　äthylester 3815

$C_{10}H_{19}ClN_2$

Methylamin, C-[6-(2-Chlor-äthyl)-1-aza-
　bicyclo[3.2.1]oct-7-yl]- 3826

$[C_{10}H_{19}N_2]^+$

Ammonium, Äthyl-dimethyl-[1-methyl-
　pyrrol-2-ylmethyl]- 3830
　$[C_{10}H_{19}N_2]I$ 3830
–, [2,5-Dimethyl-pyrrol-3-ylmethyl]-
　trimethyl- 3835
　$[C_{10}H_{19}N_2]I$ 3835

$C_{10}H_{20}N_2$

Amin, Chinuclidin-2-ylmethyl-dimethyl-
　3820
Methylamin, C-[3-Methyl-3-aza-bicyclo=
　[3.3.1]non-2-yl]- 3823
–, C-Octahydrochinolizin-1-yl- 3823
–, C-Octahydrochinolizin-3-yl- 3825
Piperidin, 1-Methyl-4-pyrrolidino- 3754

$C_{10}H_{20}N_2O$

Acetamid, N-[1,2,5-Trimethyl-[4]piperidyl]-
　3780
Äthanol, 2-[Hexahydropyrrolizin-
　1-ylmethyl-amino]- 3817
Piperidin, 1-Acetyl-2-[2-amino-propyl]-
　3784

$C_{10}H_{20}N_2O_2$

Carbamidsäure, Methyl-[1-methyl-
　[4]piperidyl]-, äthylester 3758
Piperidin-1-carbonsäure,
　4-Dimethylamino-, äthylester 3758

$C_{10}H_{21}N_3O$

Harnstoff, N,N-Dimethyl-N'-[1-methyl-
　[3]piperidylmethyl]- 3768
–, N,N-Dimethyl-N'-[1-methyl-
　[4]piperidylmethyl]- 3768

$C_{10}H_{22}N_2$

Amin, [1-Äthyl-2,5-dimethyl-[4]piperidyl]-
　methyl- 3780
–, Äthyl-[1,2,5-trimethyl-[4]piperidyl]-
　3781
–, Butyl-[2]piperidylmethyl- 3765
–, Dimethyl-[2-(1-methyl-
　[4]piperidyl)-äthyl]- 3778
–, Dimethyl-[3-[2]piperidyl-propyl]-
　3784
–, Methyl-[4-[3]piperidyl-butyl]-
　3788
–, Methyl-[1,2,3,5-tetramethyl-
　[4]piperidyl]- 3788
–, Methyl-[1,2,3,6-tetramethyl-
　[4]piperidyl]- 3788
Pentylamin, 4-[2]Piperidyl- 3792
[4]Piperidylamin, 2,5-Dimethyl-1-propyl-
　3781
Propylamin, 1,1-Dimethyl-3-[2]piperidyl-
　3792
–, 3-[2,3-Dimethyl-[3]piperidyl]-
　3793

$C_{10}H_{23}N_3$

Äthylendiamin, N,N-Dimethyl-N'-
　[1-methyl-[3]piperidyl]- 3747
–, N,N-Dimethyl-N'-[1-methyl-
　pyrrolidin-2-ylmethyl]- 3763
[4]Piperidylamin, 1-[3-Amino-propyl]-
　2,5-dimethyl- 3783

C_{11}

$C_{11}H_6Br_4N_4$

Formamidin, N,N'-Bis-[3,5-dibrom-
　[2]pyridyl]- 4041

$C_{11}H_6Cl_4N_4$

Formamidin, N,N'-Bis-[3,5-dichlor-
　[2]pyridyl]- 4028

$C_{11}H_7N_5O_6$

Amin, Picryl-[2]pyridyl- 3853

$C_{11}H_8BrN_3O_2$

Amin, [4-Brom-phenyl]-[5-nitro-[2]pyridyl]-
　4055

$C_{11}H_8BrN_3O_3$

Phenol, 2-[3-Brom-5-nitro-[4]pyridylamino]-
　4128

$C_{11}H_8BrN_3O_4S$

Benzolsulfonsäure, 3-Nitro-, [5-brom-
　[2]pyridylamid] 4038
–, 4-Nitro-, [6-brom-[3]pyridylamid]
　4095

$C_{11}H_8Br_2N_2$
Amin, [3,5-Dibrom-[4]pyridyl]-phenyl-
4121
$C_{11}H_8Br_2N_4$
Formamidin, N,N'-Bis-[5-brom-[2]pyridyl]-
4032
$C_{11}H_8ClN_3O_2$
Amin, [4-Chlor-2-nitro-phenyl]-[2]pyridyl-
3852
–, [5-Chlor-2-nitro-phenyl]-
[2]pyridyl- 3853
$C_{11}H_8ClN_3O_4S$
Benzolsulfonsäure, 4-Chlor-3-nitro-,
[2]pyridylamid 3970
–, 3-Nitro-, [5-chlor-[2]pyridylamid]
4027
–, 4-Nitro-, [6-chlor-[3]pyridylamid]
4092
$C_{11}H_8Cl_2N_4$
Formamidin, N,N'-Bis-[5-chlor-[2]pyridyl]-
4020
–, N,N'-Bis-[6-chlor-[3]pyridyl]-
4090
$C_{11}H_8Cl_2N_4O$
Harnstoff, N,N'-Bis-[6-chlor-[2]pyridyl]-
4028
$C_{11}H_8Cl_2N_4S$
Thioharnstoff, N,N'-Bis-[5-chlor-[2]pyridyl]-
4023
$C_{11}H_8FN_3O$
Nicotinsäure, 6-Fluor-, [2]pyridylamid
3967
$C_{11}H_8IN_3O_4S$
Benzolsulfonsäure, 4-Nitro-, [5-jod-
[2]pyridylamid] 4051
$C_{11}H_8IN_5O_4$
Semicarbazid, 4-[5-Jod-
[2]pyridyl]-1-[5-nitro-furfuryliden]-
4048
$C_{11}H_8I_2N_4$
Formamidin, N,N'-Bis-[5-jod-[2]pyridyl]-
4046
$C_{11}H_8I_2N_4O$
Harnstoff, N,N'-Bis-[5-jod-[2]pyridyl]-
4048
$C_{11}H_8N_4$
Carbodiimid, Di-[2]pyridyl- 3908
$C_{11}H_8N_4O_3$
Pyridin-2-carbonsäure-[5-nitro-
[2]pyridylamid] 4063
$C_{11}H_8N_4O_4$
Amin, [2,4-Dinitro-phenyl]-[2]pyridyl-
3853
–, [2,6-Dinitro-phenyl]-[2]pyridyl-
3853
–, [2-Nitro-phenyl]-[3-nitro-
[4]pyridyl]- 4123

$C_{11}H_8N_4O_5$
Phenol, 2-[3,5-Dinitro-[2]pyridylamino]-
4066
–, 2-[3,5-Dinitro-[4]pyridylamino]-
4128
$C_{11}H_8N_6O_4$
Formamidin, N,N'-Bis-[3-nitro-[2]pyridyl]-
4054
–, N,N'-Bis-[5-nitro-[2]pyridyl]- 4058
$C_{11}H_9BrN_2O$
[1,2']Bipyridyl-2-on, 3-Brom-4'-methyl-
4177
–, 3-Brom-5'-methyl- 4165
$C_{11}H_9Br_2N_3O_2S$
Benzolsulfonsäure, 4-Amino-3,5-dibrom-,
[2]pyridylamid 4001
$C_{11}H_9ClN_2$
Amin, [4-Chlor-phenyl]-[2]pyridyl- 3852
$C_{11}H_9ClN_2O_2S$
Benzolsulfonamid, N-[5-Chlor-[2]pyridyl]-
4027
Benzolsulfonsäure, 4-Chlor-,
[2]pyridylamid 3969
$C_{11}H_9ClN_2O_3S$
Benzolsulfonsäure, 4-Hydroxy-, [5-chlor-
[2]pyridylamid] 4027
$C_{11}H_9FN_2O_2S$
Benzolsulfonsäure, 4-Fluor-,
[2]pyridylamid 3969
$C_{11}H_9IN_2O_2S$
Benzolsulfonamid, N-[3-Jod-[4]pyridyl]-
4122
$C_{11}H_9I_2N_3O_2S$
Benzolsulfonsäure, 4-Amino-3,5-dijod-,
[2]pyridylamid 4002
Sulfanilsäure-[3,5-dijod-[2]pyridylamid]
4052
$C_{11}H_9N_3O$
Isonicotinsäure-[4]pyridylamid 4116
Nicotinsäure-[2]pyridylamid 3966
– [3]pyridylamid 4087
– [4]pyridylamid 4116
Pyridin-2-carbonsäure-[2]pyridylamid 3965
$C_{11}H_9N_3O_2$
Amin, [2-Nitro-phenyl]-[2]pyridyl- 3852
–, [4-Nitro-phenyl]-[2]pyridyl- 3852
–, [3-Nitro-[2]pyridyl]-phenyl- 4053
–, [3-Nitro-[4]pyridyl]-phenyl- 4123
–, [5-Nitro-[2]pyridyl]-phenyl- 4055
Nicotinsäure, 2-Hydroxy-, [2]pyridylamid
3967
$C_{11}H_9N_3O_3$
Phenol, 2-[3-Nitro-[4]pyridylamino]- 4125
–, 4-[5-Nitro-[2]pyridylamino]- 4057
$C_{11}H_9N_3O_3S$
Benzolsulfinsäure, 4-Nitro-,
[2]pyridylamid 3968
Thiophen-2-carbonsäure, 5-Nitro-,
[3-methyl-[2]pyridylamid] 4158

C$_{11}$H$_9$N$_3$O$_3$S (Fortsetzung)
Thiophen-2-carbonsäure, 5-Nitro-, [4-methyl-
[2]pyridylamid] 4179

C$_{11}$H$_9$N$_3$O$_4$S
Benzolsulfonsäure, 2-Nitro-,
[2]pyridylamid 3969
–, 3-Nitro-, [2]pyridylamid 3970
–, 3-Nitro-, [3]pyridylamid 4087
–, 4-Nitro-, [2]pyridylamid 3970

C$_{11}$H$_9$N$_3$O$_5$S
Benzolsulfonsäure, 4-Hydroxy-, [5-nitro-
[2]pyridylamid] 4064
–, 4-Hydroxy-3-nitro-,
[2]pyridylamid 3972
Sulfanilsäure, N-[5-Nitro-[2]pyridyl]- 4061

C$_{11}$H$_9$N$_3$S
Pyridin-2-thiocarbonsäure-[2]pyridylamid
3966

[C$_{11}$H$_9$N$_4$O$_4$]$^+$
Pyridinium, 3-Amino-1-[2,4-dinitro-phenyl]-
4070
[C$_{11}$H$_9$N$_4$O$_4$]Cl 4070

C$_{11}$H$_9$N$_5$O$_2$S
Benzolsulfonsäure, 4-Azido-,
[2]pyridylamid 3970

C$_{11}$H$_9$N$_5$O$_4$
Furfural, 5-Nitro-, [4-[2]pyridyl-
semicarbazon] 3901
–, 5-Nitro-, [4-[3]pyridyl-
semicarbazon] 4078
o-Phenylendiamin, N-[3,5-Dinitro-
[4]pyridyl]- 4128

C$_{11}$H$_9$N$_5$O$_6$S
Benzolsulfonsäure, 2-Amino-3,5-dinitro-,
[2]pyridylamid 3977

C$_{11}$H$_{10}$AsN$_3$O$_5$
Arsonsäure, [2-(5-Nitro-[2]pyridylamino)-
phenyl]- 4062
–, [3-(5-Nitro-[2]pyridylamino)-
phenyl]- 4062
–, [4-(5-Nitro-[2]pyridylamino)-
phenyl]- 4062

C$_{11}$H$_{10}$AsN$_3$O$_6$
Arsonsäure, [2-Hydroxy-4-(5-nitro-
[2]pyridylamino)-phenyl]- 4062
–, [4-Hydroxy-3-(5-nitro-
[2]pyridylamino)-phenyl]- 4062

C$_{11}$H$_{10}$BrN$_3$O$_2$S
Benzolsulfonsäure, 3-Amino-, [5-brom-
[2]pyridylamid] 4039
–, 4-Amino-3-brom-,
[2]pyridylamid 4001
Sulfanilsäure-[5-brom-[2]pyridylamid] 4039
– [6-brom-[3]pyridylamid] 4095

C$_{11}$H$_{10}$ClN$_3$O$_2$S
Benzolsulfonsäure, 3-Amino-, [5-chlor-
[2]pyridylamid] 4028
–, 3-Amino-4-chlor-,
[2]pyridylamid 3977

Sulfanilsäure-[5-chlor-[2]pyridylamid] 4028
– [6-chlor-[3]pyridylamid] 4092

C$_{11}$H$_{10}$Cl$_2$N$_2$O$_2$
Indol-2-carbonsäure, 3-[2-Amino-äthyl]-
4,7-dichlor- 4350
–, 3-[2-Amino-äthyl]-6,7-dichlor-
4350

C$_{11}$H$_{10}$IN$_3$O$_2$S
Benzolsulfonsäure, 4-Amino-3-jod-,
[2]pyridylamid 4001
Sulfanilsäure-[5-jod-[2]pyridylamid] 4052
– [6-jod-[3]pyridylamid] 4096

C$_{11}$H$_{10}$N$_2$
Amin, Phenyl-[2]pyridyl- 3852
–, Phenyl-[3]pyridyl- 4070
–, Phenyl-[4]pyridyl- 4102

C$_{11}$H$_{10}$N$_2$O
[1,2']Bipyridyl-2-on, 3'-Methyl- 4157
–, 4'-Methyl- 4177
–, 5'-Methyl- 4165
–, 6'-Methyl- 4141
Phenol, 2-[4]Pyridylamino- 4106
–, 3-[4]Pyridylamino- 4106
–, 4-[2]Pyridylamino- 3862
–, 4-[4]Pyridylamino- 4106

C$_{11}$H$_{10}$N$_2$O$_2$
Furan-2-carbonsäure, 5-Methyl-,
[2]pyridylamid 3958

C$_{11}$H$_{10}$N$_2$O$_2$S
Benzolsulfonamid, N-[2]Pyridyl- 3969

C$_{11}$H$_{10}$N$_2$O$_3$S
Benzolsulfonsäure, 4-Hydroxy-,
[2]pyridylamid 3971

C$_{11}$H$_{10}$N$_2$O$_4$S
Benzolsulfonsäure, 2,5-Dihydroxy-,
[2]pyridylamid 3972
–, 3,4-Dihydroxy-, [2]pyridylamid
3972

[C$_{11}$H$_{10}$N$_3$O$_2$]$^+$
[1,2']Bipyridylium(1+), 3-Methyl-3'-nitro-
4054
[C$_{11}$H$_{10}$N$_3$O$_2$]Cl 4054
[C$_{11}$H$_{10}$N$_3$O$_2$]C$_6$H$_2$N$_3$O$_8$ 4054
–, 3-Methyl-5'-nitro- 4057
[C$_{11}$H$_{10}$N$_3$O$_2$]Cl 4057
[C$_{11}$H$_{10}$N$_3$O$_2$]C$_6$H$_2$N$_3$O$_7$ 4057
[1,4']Bipyridylium(1+), 3-Methyl-3'-nitro-
4124
[C$_{11}$H$_{10}$N$_3$O$_2$]Cl 4124
[C$_{11}$H$_{10}$N$_3$O$_2$]C$_6$H$_2$N$_3$O$_7$ 4124
–, 4-Methyl-3'-nitro- 4125
[C$_{11}$H$_{10}$N$_3$O$_2$]C$_6$H$_2$N$_3$O$_7$ 4125

C$_{11}$H$_{10}$N$_4$
Formamidin, N,N'-Di-[2]pyridyl- 3879

C$_{11}$H$_{10}$N$_4$O
Harnstoff, N,N'-Di-[2]pyridyl- 3896
–, N,N'-Di-[3]pyridyl- 4078
–, N,N'-Di-[4]pyridyl- 4110

$C_{11}H_{10}N_4O_2$
m-Phenylendiamin, N-[5-Nitro-[2]pyridyl]-
4061
o-Phenylendiamin, 4-Nitro-N^1-[2]pyridyl-
3942
–, N-[3-Nitro-[4]pyridyl]- 4123
p-Phenylendiamin, N-[3-Nitro-[4]pyridyl]-
4127
–, N-[5-Nitro-[2]pyridyl]- 4061
Pyridin, 3-Amino-4-[2-nitro-anilino]- 4123
$C_{11}H_{10}N_4O_3$
Harnstoff, N,N'-Bis-[1-oxy-[2]pyridyl]-
3907
$C_{11}H_{10}N_4O_4S$
Benzolsulfonsäure, 4-Amino-3-nitro-,
[2]pyridylamid 4002
Sulfanilsäure-[5-nitro-[2]pyridylamid] 4064
Sulfanilsäure, N-[5-Nitro-[2]pyridyl]-,
amid 4061
$C_{11}H_{10}N_4S$
Thioharnstoff, N,N'-Di-[2]pyridyl- 3905
–, N,N'-Di-[3]pyridyl- 4080
$C_{11}H_{10}N_6O_4$
Methylendiamin, N,N'-Bis-[3-nitro-
[2]pyridyl]- 4054
–, N,N'-Bis-[5-nitro-[2]pyridyl]- 4058
$C_{11}H_{11}AsN_2O_3$
Arsonsäure, [3-[2]Pyridylamino-phenyl]-
3947
–, [4-[2]Pyridylamino-phenyl]- 3947
$C_{11}H_{11}AsN_2O_5S$
Arsonsäure, [4-[2]Pyridylsulfamoyl-phenyl]-
4011
$C_{11}H_{11}BrN_2O$
Amin, [1-(5-Brom-[2]furyl)-äthyl]-
[2]pyridyl- 3954
$C_{11}H_{11}ClN_2O_2$
Indol-2-carbonsäure, 3-[2-Amino-äthyl]-
7-chlor- 4350
$[C_{11}H_{11}N_2]^+$
Pyridinium, 1-[2]Pyridylmethyl- 4148
$[C_{11}H_{11}N_2]Cl \cdot HCl$ 4148
$[C_{11}H_{11}N_2]C_6H_2N_3O_7 \cdot C_6H_3N_3O_7$
4149
$[C_{11}H_{11}N_2O]^+$
[1,4']Bipyridylium(1+), 1'-Methyl-4-oxo-
4H- 4107
$[C_{11}H_{11}N_2O]I$ 4107
$C_{11}H_{11}N_3$
Amin, [1-Methyl-1H-pyridin-2-yliden]-
[2]pyridyl- 3963
–, [2]Pyridyl-[2]pyridylmethyl- 4153
o-Phenylendiamin, N-[3]Pyridyl- 4084
$C_{11}H_{11}N_3O$
Phenol, 4-Amino-2-[2]pyridylamino- 3943
$C_{11}H_{11}N_3O_2$
Acrylsäure, 2-Cyan-3-[2]pyridylamino-,
äthylester 3921

$C_{11}H_{11}N_3O_2S$
Benzolsulfonsäure, 2-Amino-,
[2]pyridylamid 3977
–, 3-Amino-, [2]pyridylamid 3977
–, 3-Amino-, [3]pyridylamid 4088
Sulfanilsäure-[2]pyridylamid 3978
– [3]pyridylamid 4088
– [4]pyridylamid 4117
– [1H-[2]pyridylidenamid] 3978
Sulfanilsäure, N-[2]Pyridyl-, amid 3922
$C_{11}H_{11}N_3O_3S$
Benzolsulfonsäure, 3-Amino-4-hydroxy-,
[2]pyridylamid 4005
–, 4-Amino-3-hydroxy-,
[2]pyridylamid 4005
Sulfanilsäure-[1-oxy-[2]pyridylamid] 4013
$C_{11}H_{11}N_3O_3S_2$
Thiophen-2-sulfonsäure, 5-Acetylamino-,
[2]pyridylamid 4012
$C_{11}H_{11}N_5$
Guanidin, N,N'-Di-[2]pyridyl- 3898
$C_{11}H_{12}Br_2N_2O_2$
Crotonsäure, 3-[3,5-Dibrom-
[2]pyridylamino]-, äthylester 4041
$C_{11}H_{12}N_2$
Pyridin, 2-[2,5-Dimethyl-pyrrol-1-yl]- 3861
–, 2-[2-Pyrrol-1-yl-äthyl]- 4192
–, 4-[2-Pyrrol-1-yl-äthyl]- 4205
$C_{11}H_{12}N_2O$
Acetamid, N-[2-Methyl-indol-5-yl]- 4299
Amin, [1-[2]Furyl-äthyl]-[2]pyridyl- 3954
–, [5-Methyl-furfuryl]-[2]pyridyl-
3954
Formamid, N-[2-Indol-3-yl-äthyl]- 4332
Indol, Bz-Acetamino-2-methyl- 4299
$C_{11}H_{12}N_2O_2$
Glutarimid, N-[6-Methyl-[2]pyridyl]- 4138
Succinimid, N-[2-[2]Pyridyl-äthyl]- 4194
–, N-[2-[4]Pyridyl-äthyl]- 4207
$C_{11}H_{12}N_2O_3$
Crotonsäure, 3-Methyl-4-
[2]pyridylcarbamoyl- 3892
$C_{11}H_{12}N_2S$
Thioformamid, N-[2-Indol-3-yl-äthyl]-
4332
$C_{11}H_{12}N_4$
Benzen-1,2,4-triyltriamin, N^1-[2]Pyridyl-
3943
Methylendiamin, N,N'-Di-[2]pyridyl- 3869
–, N,N'-Di-[3]pyridyl- 4072
$C_{11}H_{12}N_4O_2S$
Benzolsulfonsäure, 4-Hydrazino-,
[2]pyridylamid 4006
$C_{11}H_{12}N_4O_4S_2$
Methandisulfonamid, N,N'-Di-[2]pyridyl-
3972
$C_{11}H_{13}BrN_2$
Amin, [5-Brom-indol-3-ylmethyl]-dimethyl-
4316

$C_{11}H_{16}N_2$ (Fortsetzung)
Anilin, 4-[3-Methyl-pyrrolidin-3-yl]- 4272
[6]Chinolylamin, 1-Äthyl-
  1,2,3,4-tetrahydro- 4252
[6]Isochinolylamin, 1,2-Dimethyl-
  1,2,3,4-tetrahydro- 4266
Methylamin, C-[1-Methyl-
  1,2,3,4-tetrahydro-[2]chinolyl]- 4259
−, C-[1-Methyl-1,2,3,4-tetrahydro-
  [4]chinolyl]- 4266
−, C-[2-Methyl-1,2,3,4-tetrahydro-
  [1]isochinolyl]- 4267
[4]Piperidylamin, 1-Phenyl- 3750
Pyridin, 2-Piperidinomethyl- 4148
−, 2-[2-Pyrrolidino-äthyl]- 4191
−, 4-[2-Pyrrolidino-äthyl]- 4205

$C_{11}H_{16}N_2O$
Buttersäure, 2-Äthyl-, [2]pyridylamid
  3882
Cyclohexanol, 2-[2]Pyridylamino- 3861
Formamid, N-Methyl-N-[4-[3]pyridyl-
  butyl]- 4234

$C_{11}H_{16}N_2O_2$
Alanin, N-[2]Pyridylmethyl-, äthylester
  4150
Carbamidsäure, [6-Propyl-[3]pyridyl]-,
  äthylester 4220

$C_{11}H_{16}N_2O_3S$
Methansulfonsäure, [1-Methyl-
  1,2,3,4-tetrahydro-[6]chinolylamino]-
  4252

$[C_{11}H_{17}N_2]^+$
Pyridinium, 1-Methyl-4-piperidino- 4105
  $[C_{11}H_{17}N_2]I$ 4105

$C_{11}H_{17}N_3$
Amin, [2]Pyridyl-[2-pyrrolidino-äthyl]-
  3924

$C_{11}H_{17}N_3O$
Glycin, N,N-Diäthyl-, [2]pyridylamid
  3943

$C_{11}H_{17}N_3O_2S$
Indolin-5-ylamin, 1-[2-Methansulfonyl-
  amino-äthyl]- 4247

$C_{11}H_{17}N_3O_4$
Amin, Bis-[3-hydroxy-propyl]-[5-nitro-
  [2]pyridyl]- 4057

$C_{11}H_{18}ClN_3$
Pentandiyldiamin, N-[5-Chlor-
  [3]pyridylmethyl]- 4172

$C_{11}H_{18}IN_3$
Äthylendiamin, N,N-Diäthyl-N′-[5-jod-
  [2]pyridyl]- 4049

$C_{11}H_{18}N_2$
Amin, Äthyl-butyl-[2]pyridyl- 3849
−, Butyl-[2-[2]pyridyl-äthyl]- 4189
−, Butyl-[2-[4]pyridyl-äthyl]- 4203
−, Cyclohexyl-pyrrol-2-ylmethyl-
  3830
−, Diäthyl-[1-[3]pyridyl-äthyl]- 4199

−, Diäthyl-[2-[2]pyridyl-äthyl]- 4188
−, Diäthyl-[2-[4]pyridyl-äthyl]- 4202
−, Dimethyl-[4-[2]pyridyl-butyl]-
  4232
−, Dimethyl-[4-[3]pyridyl-butyl]-
  4234
−, Dipropyl-[2]pyridyl- 3849
−, Hexyl-[2]pyridyl- 3850
−, Isobutyl-[2-[2]pyridyl-äthyl]- 4189
−, Isopentyl-[6-methyl-[2]pyridyl]-
  4135
−, [2-(6-Methyl-[2]pyridyl)-äthyl]-
  propyl- 4226
Piperidin, 1-[1-Methyl-pyrrol-2-ylmethyl]-
  3831
−, 1-[1-Pyrrol-2-yl-äthyl]- 3832
Propylamin, 1-Äthyl-1-methyl-3-[2]pyridyl-
  4241
−, 1-Äthyl-1-methyl-3-[4]pyridyl- 4242
−, 1-Äthyl-3-[6-methyl-[2]pyridyl]-
  4243
−, 1,1-Dimethyl-3-[6-methyl-
  [2]pyridyl]- 4243
−, 1-Isopropyl-3-[2]pyridyl- 4242
−, 1-Isopropyl-3-[4]pyridyl- 4242

$C_{11}H_{18}N_2O$
Äthanol, 1-[Butyl-[2]pyridyl-amino]- 3858

$C_{11}H_{18}N_2O_2$
Amin, Bis-[2-hydroxy-äthyl]-[2-[2]pyridyl-
  äthyl]- 4191
−, Bis-[2-hydroxy-äthyl]-[2-[4]pyridyl-
  äthyl]- 4204
−, [2,2-Diäthoxy-äthyl]-[2]pyridyl-
  3871

$C_{11}H_{18}N_2O_6S_2$
Amin, Bis-[2-methansulfonyloxy-äthyl]-
  [4]pyridyl- 4103

$C_{11}H_{18}N_2S$
Piperidin, 1-Methyl-4-[[2]thienylmethyl-
  amino]- 3760

$C_{11}H_{18}N_4O_2$
Äthylendiamin, N,N-Diäthyl-N′-[3-nitro-
  [4]pyridyl]- 4126
−, N,N-Diäthyl-N′-[5-nitro-[2]pyridyl]-
  4061

$[C_{11}H_{19}N_2]^+$
Ammonium, Trimethyl-[3-[2]pyridyl-propyl]-
  4222
  $[C_{11}H_{19}N_2]I$ 4222

$C_{11}H_{19}N_3$
Äthylendiamin, N-Äthyl-N′,N′-dimethyl-
  N-[2]pyridyl- 3925
−, N,N-Diäthyl-N′-[2]pyridyl- 3924
−, N,N-Diäthyl-N′-[4]pyridyl- 4112
−, N′-[2,6-Dimethyl-[4]pyridyl]-
  N,N-dimethyl- 4217
Hexandiyldiamin, N-[2]Pyridyl- 3941

$C_{11}H_{20}N_2$
Amin, Äthyl-[2-(1-äthyl-4-methyl-pyrrol-
2-yl)-äthyl]- 3834
—, [3,4-Diäthyl-pyrrol-2-ylmethyl]-
dimethyl- 3838
—, Dimethyl-[4-(1-methyl-pyrrolidin-
2-yl)-but-2-inyl]- 3836
$C_{11}H_{20}N_2O$
Acetyl-Derivat $C_{11}H_{20}N_2O$ aus
Decahydro-[1]isochinolylamin 3821
$C_{11}H_{20}N_2O_2$
Carbamidsäure, Tropan-3-yl-, äthylester
3800
$[C_{11}H_{21}N_2]^+$
Ammonium, Diäthyl-methyl-[2-pyrrol-2-yl-
äthyl]- 3833
$[C_{11}H_{21}N_2]I$ 3833
—, Trimethyl-[1,2,5-trimethyl-pyrrol-
3-ylmethyl]- 3836
$[C_{11}H_{21}N_2]I$ 3836
$C_{11}H_{21}N_3O$
Harnstoff, N,N-Dimethyl-N'-tropan-3-yl-
3800
$C_{11}H_{22}N_2$
Amin, Dimethyl-octahydrochinolizin-3-yl-
3822
Methan, Piperidino-[2]piperidyl- 3765
Piperidin, 1-Methyl-3-pyrrolidinomethyl-
3768
—, 2-[2-Pyrrolidino-äthyl]- 3771
—, 4-[2-Pyrrolidino-äthyl]- 3779
$C_{11}H_{22}N_2O$
Acetamid, N-[1-Äthyl-2,5-dimethyl-
[4]piperidyl]- 3780
Piperidin, 1-Acetyl-2-[2-dimethylamino-
äthyl]- 3775
—, 1-Acetyl-4-[2-dimethylamino-
äthyl]- 3779
$C_{11}H_{23}N_3O$
Harnstoff, N,N-Diäthyl-N'-[1-methyl-
[3]piperidyl]- 3747
—, N,N-Diäthyl-N'-[1-methyl-
[4]piperidyl]- 3758
$C_{11}H_{24}N_2$
Amin, [1-Butyl-[4]piperidyl]-dimethyl-
3750
—, Diäthyl-[1-äthyl-[3]piperidyl]-
3744
—, Diäthyl-[1-äthyl-pyrrolidin-
2-ylmethyl]- 3744
—, Diäthyl-[1-[3]piperidyl-äthyl]-
3777
—, Diäthyl-[2-[2]piperidyl-äthyl]-
3770
—, Diäthyl-[2-[4]piperidyl-äthyl]-
3778
—, Dimethyl-[3-(1-methyl-
[3]piperidyl)-propyl]- 3785

—, Dimethyl-[3-(1-methyl-
[4]piperidyl)-propyl]- 3785
—, [2,5-Dimethyl-1-propyl-
[4]piperidyl]-methyl- 3781
—, [1-Isobutyl-[4]piperidyl]-dimethyl-
3750
Methylamin, C-[3,5-Diäthyl-1-methyl-
[2]piperidyl]- 3793
[4]Piperidylamin, 1-Butyl-2,5-dimethyl-
3781
Propylamin, 1-Isopropyl-3-[2]piperidyl-
3793
$C_{11}H_{25}N_3$
Äthylendiamin, N'-[1-Äthyl-[3]piperidyl]-
N,N-dimethyl- 3747
—, N'-[1-Äthyl-[4]piperidyl]-
N,N-dimethyl- 3759
—, N'-[1-Äthyl-pyrrolidin-2-ylmethyl]-
N,N-dimethyl- 3747
—, N,N-Diäthyl-N'-[2]piperidyl- 3743
Propandiyldiamin, N,N-Dimethyl-N'-
[1-methyl-[3]piperidyl]- 3747
—, N,N-Dimethyl-N'-[1-methyl-
pyrrolidin-2-ylmethyl]- 3763

C_{12}

$C_{12}H_8BrN_3O_3$
Benzoesäure, 2-Brom-4-nitro-,
[2]pyridylamid 3885
$C_{12}H_8Br_2N_2O_2$
Anthranilsäure, N-[3,5-Dibrom-[4]pyridyl]-
4121
Benzoesäure, 3,5-Dibrom-2-hydroxy-,
[2]pyridylamid 3914
$C_{12}H_8ClN_3$
Benzonitril, 4-Chlor-2-[3]pyridylamino-
4082
$C_{12}H_8ClN_3O_3$
Benzoesäure, 2-Chlor-4-nitro-,
[2]pyridylamid 3885
$C_{12}H_8Cl_2N_2O$
Salicylaldehyd-[3,5-dichlor-[2]pyridylimin]
4028
$C_{12}H_8Cl_2N_2O_2$
Benzoesäure, 4-Chlor-2-[6-chlor-
[3]pyridylamino]- 4091
—, 3,5-Dichlor-2-hydroxy-,
[2]pyridylamid 3914
$C_{12}H_8Cl_2N_4O_3$
Harnstoff, N-[3,4-Dichlor-phenyl]-N'-
[5-nitro-[2]pyridyl]- 4059
—, N-[3,5-Dichlor-phenyl]-N'-[5-nitro-
[2]pyridyl]- 4059
$C_{12}H_8Cl_3N_3O$
Harnstoff, N-[5-Chlor-[2]pyridyl]-N'-
[3,4-dichlor-phenyl]- 4022

$C_{12}H_8Cl_3N_3O$ (Fortsetzung)
Harnstoff, N-[5-Chlor-[2]pyridyl]-N'-
[3,5-dichlor-phenyl]- 4022
$C_{12}H_8N_4O_6$
Benzoesäure, 3,5-Dinitro-, [1-oxy-
[2]pyridylamid] 3886
$C_{12}H_9AsN_2O_2$
Benzoesäure, 4-Arsenoso-,
[2]pyridylamid 3947
$C_{12}H_9BrClN_3S$
Thioharnstoff, N-[4-Brom-phenyl]-N'-
[5-chlor-[2]pyridyl]- 4022
$C_{12}H_9BrN_2O$
Benzaldehyd, 5-Brom-2-hydroxy-,
[2]pyridylimin 3874
Salicylaldehyd-[5-brom-[2]pyridylimin]
4032
$C_{12}H_9ClFN_3O$
Harnstoff, N-[5-Chlor-[2]pyridyl]-N'-
[4-fluor-phenyl]- 4021
$C_{12}H_9ClFN_3S$
Thioharnstoff, N-[5-Chlor-[2]pyridyl]-N'-
[4-fluor-phenyl]- 4022
$C_{12}H_9ClN_2$
Amin, Benzyliden-[2-chlor-[3]pyridyl]-
4089
—, Benzyliden-[5-chlor-[2]pyridyl]-
4020
—, [4-Chlor-benzyliden]-[2]pyridyl-
3870
Benzimidoylchlorid, N-[2]Pyridyl- 3884
$C_{12}H_9ClN_2O$
Benzaldehyd, 5-Chlor-2-hydroxy-,
[2]pyridylimin 3874
Benzamid, N-[2-Chlor-[4]pyridyl]- 4118
—, N-[4-Chlor-[2]pyridyl]- 4019
Benzoesäure, 4-Chlor-, [2]pyridylamid
3885
Salicylaldehyd-[5-chlor-[2]pyridylimin]
4020
$C_{12}H_9ClN_2O_2$
Benzoesäure, 4-Chlor-2-[3]pyridylamino-
4082
$C_{12}H_9ClN_4O_3$
Harnstoff, N-[4-Chlor-phenyl]-N'-[5-nitro-
[2]pyridyl]- 4059
$C_{12}H_9Cl_2N_3O$
Harnstoff, N-[4-Chlor-phenyl]-N'-[5-chlor-
[2]pyridyl]- 4021
$C_{12}H_9Cl_2N_3S$
Thioharnstoff, N-[4-Chlor-phenyl]-N'-
[5-chlor-[2]pyridyl]- 4022
$C_{12}H_9FN_2O$
Benzoesäure, 4-Fluor-, [2]pyridylamid
3885
$C_{12}H_9FN_4O_3$
Harnstoff, N-[4-Fluor-phenyl]-N'-[5-nitro-
[2]pyridyl]- 4058

$C_{12}H_9IN_2O$
Benzamid, N-[4-Jod-[2]pyridyl]- 4045
Salicylaldehyd-[5-jod-[2]pyridylimin] 4046
$C_{12}H_9N_3O_2$
Amin, [2-Nitro-benzyliden]-[2]pyridyl-
3870
—, [3-Nitro-benzyliden]-[3]pyridyl-
4072
—, [4-Nitro-benzyliden]-[2]pyridyl-
3870
—, [4-Nitro-benzyliden]-[3]pyridyl-
4072
$C_{12}H_9N_3O_2S$
Benzolsulfonsäure, 3-Cyan-,
[2]pyridylamid 3974
—, 4-Cyan-, [2]pyridylamid 3974
$C_{12}H_9N_3O_2S_2$
Benzolsulfonsäure, 4-Isothiocyanato-,
[2]pyridylamid 3995
Dithiocarbamidsäure, [2]Pyridyl-, [4-nitro-
phenylester] 3906
$C_{12}H_9N_3O_3$
Amin, [3-(5-Nitro-[2]furyl)-allyliden]-
[3]pyridyl- 4085
Benzamid, N-[5-Nitro-[2]pyridyl]- 4058
Benzoesäure, 4-Nitro-, [2]pyridylamid
3885
$C_{12}H_9N_3O_4$
Anthranilsäure, N-[5-Nitro-[2]pyridyl]-
4060
Benzoesäure, 2-Hydroxy-4-nitro-,
[2]pyridylamid 3914
—, 2-Hydroxy-5-nitro-,
[2]pyridylamid 3914
$C_{12}H_9N_5O_6$
Amin, Methyl-picryl-[2]pyridyl- 3853
—, [3-Methyl-[2]pyridyl]-picryl- 4155
$C_{12}H_{10}BrN_3S$
Thioharnstoff, N-[4-Brom-phenyl]-N'-
[2]pyridyl- 3903
—, N-[4-Brom-phenyl]-N'-[3]pyridyl-
4079
$C_{12}H_{10}ClN_3O$
Benzoesäure, 4-Amino-2-chlor-,
[2]pyridylamid 3944
Harnstoff, N-[5-Chlor-[2]pyridyl]-
N'-phenyl- 4021
$C_{12}H_{10}ClN_3O_2$
Amin, Benzyl-[5-chlor-3-nitro-[2]pyridyl]-
4065
$C_{12}H_{10}ClN_3O_3$
Phenol, 4-Chlor-2-nitro-6-[[2]pyridylamino-
methyl]- 3864
$C_{12}H_{10}ClN_3S$
Thioharnstoff, N-[4-Chlor-phenyl]-N'-
[2]pyridyl- 3902
—, N-[4-Chlor-phenyl]-N'-[3]pyridyl-
4079

$C_{12}H_{14}N_2$ (Fortsetzung)
Pyridin, 2-[2,5-Dimethyl-pyrrol-1-yl]-
6-methyl- 4135
$[C_{12}H_{14}N_2]^{2+}$
Pyridinium, 1'-Methyl-1,2'-methandiyl-bis-
4149
$[C_{12}H_{14}N_2]I_2$ 4149
−, 1'-Methyl-1,4'-methandiyl-bis-
4182
$[C_{12}H_{14}N_2]I_2$ 4182
$C_{12}H_{14}N_2O$
Acetamid, N-[2,3-Dimethyl-indol-5-yl]-
4352
−, N-[2,3-Dimethyl-indol-6-yl]- 4353
−, N-[2,3-Dimethyl-indol-7-yl]- 4353
−, N-[2-Indol-3-yl-äthyl]- 4332
Amin, Furfuryl-[2-[2]pyridyl-äthyl]- 4197
Formamid, N-[3-Äthyl-2-methyl-indol-5-yl]-
4360
−, N-[3-Indol-3-yl-propyl]- 4358
−, N-[2-(7-Methyl-indol-3-yl)-äthyl]-
4365
Nortropan-3-on, 8-[2]Pyridyl- 3876
$C_{12}H_{14}N_2O_2$
Acetamid, N-[1-Acetyl-indolin-5-yl]- 4246
−, N-[1-Acetyl-indolin-6-yl]- 4247
Azetidin-2,4-dion, 3,3-Diäthyl-1-[2]pyridyl-
3890
−, 3,3-Diäthyl-1-[3]pyridyl- 4076
−, 3,3-Diäthyl-1-[4]pyridyl- 4109
Carbamidsäure, [2-Indol-3-yl-äthyl]-,
methylester 4338
Indolin, 1,3,3-Trimethyl-2-methylen-x-
nitro- 4366
$C_{12}H_{14}N_2S$
Amin, [2-[2]Pyridyl-äthyl]-[2]thienylmethyl-
4197
$C_{12}H_{14}N_3O_2P$
Phosphonsäure, [4-Amino-phenyl]-,
methylester-[2]pyridylamid 4017
$C_{12}H_{14}N_4$
Äthylendiamin, N,N'-Di-[2]pyridyl- 3924
Äthylidendiamin, N,N'-Di-[2]pyridyl- 3869
$C_{12}H_{15}BrN_2$
Amin, [5-Brom-2-methyl-indol-3-ylmethyl]-
dimethyl- 4355
$C_{12}H_{15}ClN_2$
Amin, [5-Chlor-2-methyl-indol-3-ylmethyl]-
dimethyl- 4355
$C_{12}H_{15}FN_2$
Amin, [5-Fluor-2-methyl-indol-3-ylmethyl]-
dimethyl- 4355
$[C_{12}H_{15}N_2O_2]^+$
Pyridinium, 1-Methyl-2-[2-succinimido-
äthyl]- 4194
$[C_{12}H_{15}N_2O_2]I$ 4194
$C_{12}H_{15}N_3O_2$
Amin, Dimethyl-[2-methyl-6-nitro-indol-
3-ylmethyl]- 4355

−, Dimethyl-[2-(5-nitro-indol-3-yl)-
äthyl]- 4351
$C_{12}H_{16}Cl_4N_2O$
[1,2']Biazepinyl-2-on, 3,3,3',3'-Tetrachlor-
4,5,6,7,4',5',6',7'-octahydro-3H,3'H-
3794
$C_{12}H_{16}N_2$
Äthylamin, 1-Äthyl-2-indol-3-yl- 4368
−, 2-[1-Äthyl-indol-3-yl]- 4322
−, 2-Indol-3-yl-1,1-dimethyl- 4369
−, 1-Methyl-2-[5-methyl-indol-3-yl]-
4369
Amin, Äthyl-[2-indol-3-yl-äthyl]- 4322
−, [3-Äthyl-2-methyl-indol-5-yl]-
methyl- 4359
−, Dimethyl-[1-methyl-indol-
2-ylmethyl]- 4301
−, Dimethyl-[1-methyl-indol-
3-ylmethyl]- 4303
−, Dimethyl-[2-methyl-indol-
3-ylmethyl]- 4354
−, Dimethyl-[3-methyl-indol-
2-ylmethyl]- 4354
−, Dimethyl-[4-methyl-indol-
3-ylmethyl]- 4356
−, Dimethyl-[5-methyl-indol-
3-ylmethyl]- 4356
−, Dimethyl-[6-methyl-indol-
2-ylmethyl]- 4355
−, Dimethyl-[6-methyl-indol-
3-ylmethyl]- 4356
−, Dimethyl-[7-methyl-indol-
3-ylmethyl]- 4356
−, Dimethyl-[5-[4]pyridyl-pent-2-inyl]-
4317
−, [2-Indol-3-yl-äthyl]-dimethyl-
4321
−, [3-Indol-3-yl-propyl]-methyl- 4358
−, Methyl-[2-(1-methyl-indol-3-yl)-
äthyl]- 4321
−, Methyl-[2-(2-methyl-indol-3-yl)-
äthyl]- 4361
−, Methyl-[2-(7-methyl-indol-3-yl)-
äthyl]- 4365
Carbazol-2-ylamin, 4b,5,6,7,8,8a-
Hexahydro- 4370
Carbazol-3-ylamin, 4b,5,6,7,8,8a-
Hexahydro- 4371
Carbazol-4-ylamin, 4b,5,6,7,8,8a-
Hexahydro- 4370
Indolin-x-ylamin, 1,3,3-Trimethyl-
2-methylen- 4366
Indol-5-ylamin, 3-Äthyl-1,2-dimethyl-
4359
Propylamin, 2-Indol-3-yl-2-methyl- 4369
−, 3-Indol-3-yl-1-methyl- 4368
−, 3-[1-Methyl-indol-3-yl]- 4358
−, 3-[2-Methyl-indol-3-yl]- 4369

$C_{12}H_{16}N_2$ (Fortsetzung)

Pyrido[3,2,1-*ij*]chinolin-9-ylamin,
2,3,6,7-Tetrahydro-1*H*,5*H*- 4372

$C_{12}H_{16}N_2O$

Aminoxid, [2-Indol-3-yl-äthyl]-dimethyl-
4321

Hex-1-en-3-on, 2-Methyl-5-
[2]pyridylamino- 3874

Indolin-2-ylamin, 1-Acetyl-3,3-dimethyl-
4270

Piperidin-4-on, 2,5-Dimethyl-1-[2]pyridyl-
3876

$C_{12}H_{16}N_2O_3$

Adipamidsäure, *N*-[2]Pyridyl-,
methylester 3890

Glutaramidsäure, 2,4-Dimethyl-*N*-
[2]pyridyl- 3890

Malonamidsäure, 2,2-Diäthyl-*N*-[3]pyridyl-
4075

$[C_{12}H_{16}N_3O_2]^+$

Ammonium, Trimethyl-[5-nitro-indol-
3-ylmethyl]- 4317
$[C_{12}H_{16}N_3O_2]I$ 4317

−, Trimethyl-[6-nitro-indol-
3-ylmethyl]- 4317
$[C_{12}H_{16}N_3O_2]I$ 4317

$C_{12}H_{17}BrN_2$

Methobromid $[C_{12}H_{17}N_2]Br$ aus
Dimethyl-[2-methyl-indol-3-yl]-amin
4299

$C_{12}H_{17}HgN_3O_4$

s. bei $[C_{10}H_{14}HgN_3O_2]^+$

$C_{12}H_{17}HgN_3O_4S$

s. bei $[C_{10}H_{14}HgN_3O_2]^+$

$C_{12}H_{17}IN_2$

Methojodid $[C_{12}H_{17}N_2]I$ aus Dimethyl-
[2-methyl-indol-3-yl]-amin 4299

$[C_{12}H_{17}N_2]^+$

Ammonium, Indol-2-ylmethyl-trimethyl-
4301
$[C_{12}H_{17}N_2]I$ 4301

−, Indol-3-ylmethyl-trimethyl- 4304
$[C_{12}H_{17}N_2]I$ 4304
$[C_{12}H_{17}N_2]CH_3O_4S$ 4304
$[C_{12}H_{17}N_2]C_6H_2N_3O_7$ 4304
$[C_{12}H_{17}N_2]C_7H_7O_3S$ 4304

Indolium, 4-Amino-1,2,3,3-tetramethyl-
3*H*- 4365
$[C_{12}H_{17}N_2]ClO_4$ 4365

−, 5-Amino-1,2,3,3-tetramethyl-3*H*-
4366
$[C_{12}H_{17}N_2]I$ 4366

$C_{12}H_{17}N_3$

Amin, Bis-[2-pyrrol-2-yl-äthyl]- 3834

$C_{12}H_{17}N_3O$

Nicotinsäure-[1-methyl-[4]piperidylamid]
3761

$C_{12}H_{17}N_3O_2$

Malonamid, 2,2-Diäthyl-*N*-[3]pyridyl-
4075

$C_{12}H_{18}N_2$

Äthylamin, 2-[1,3-Dimethyl-indolin-3-yl]-
4273

−, 2-[3-Methyl-1,2,3,4-tetrahydro-
[1]isochinolyl]- 4283

Amin, Dimethyl-[1,2,3,4-tetrahydro-
[2]chinolylmethyl]- 4260

−, Methyl-[2-(1-methyl-indolin-3-yl)-
äthyl]- 4270

−, Methyl-[1-methyl-
1,2,3,4-tetrahydro-[2]chinolylmethyl]-
4259

−, Methyl-[1-phenyl-[4]piperidyl]-
3751

−, Methyl-[1-(1,2,3,4-tetrahydro-
[3]chinolyl)-äthyl]- 4272

−, Methyl-[2-(1,2,3,4-tetrahydro-
[4]chinolyl)-äthyl]- 4273

Anilin, *N*-[1-Methyl-[4]piperidyl]- 3751

[1,4′]Bipyridyl, 2′,6′-Dimethyl-
3,4,5,6-tetrahydro-2*H*- 4216

[5]Chinolylamin, 2,3,8-Trimethyl-
1,2,3,4-tetrahydro- 4283

[6]Chinolylamin, 2,2,4-Trimethyl-
1,2,3,4-tetrahydro- 4282

Methylamin, *C*-[4-Phenyl-[4]piperidyl]-
4274

[4]Piperidylamin, 1-Benzyl- 3752

−, 1-Methyl-4-phenyl- 4271

Pyridin, 3-Äthyl-6-methyl-2-pyrrolidino-
4225

−, 2-Methyl-6-[2-pyrrolidino-äthyl]-
4227

−, 2-[2-Piperidino-äthyl]- 4192

−, 4-[2-Piperidino-äthyl]- 4205

$C_{12}H_{18}N_2O$

Acetamid, *N*-Methyl-*N*-[4-[3]pyridyl-butyl]-
4234

Äthanol, 2-[(1,2,3,4-Tetrahydro-
[2]chinolylmethyl)-amino]- 4260

Hexan-3-on, 2-Methyl-5-[2]pyridylamino-
3873

$C_{12}H_{18}N_2O_2S$

Toluol-4-sulfonamid, *N*-[3]Piperidyl- 3749

$[C_{12}H_{19}N_2]^+$

Pyridinium, 2-Cyclohexylamino-1-methyl-
3851
$[C_{12}H_{19}N_2]I$ 3851

−, 3-[4-Dimethylamino-but-1-enyl]-
1-methyl- 4249
$[C_{12}H_{19}N_2]I \cdot HI$ 4249

$C_{12}H_{19}N_3$

Amin, [2-Piperidino-äthyl]-[2]pyridyl- 3924

−, [2-Piperidino-äthyl]-[4]pyridyl-
4112

$C_{12}H_{19}N_3O$
Glycin, N,N-Diäthyl-, [3-methyl-[2]pyridylamid] 4158

$C_{12}H_{19}N_3O_2S$
[6]Chinolylamin, 1-[2-Methansulfonyl≠amino-äthyl]-1,2,3,4-tetrahydro- 4252

$C_{12}H_{20}N_2$
Amin, Äthyl-butyl-[4-methyl-[2]pyridyl]- 4173
—, Äthyl-butyl-[5-methyl-[2]pyridyl]- 4161
—, Äthyl-butyl-[6-methyl-[2]pyridyl]- 4134
—, [3H-Azepin-2-yl]-diisopropyl- 4129
—, Butyl-[2-(6-methyl-[2]pyridyl)-äthyl]- 4226
—, Diäthyl-[2-(6-methyl-[2]pyridyl)-äthyl]- 4226
—, Diäthyl-[2-[2]pyridyl-propyl]- 4224
—, Diäthyl-[3-[2]pyridyl-propyl]- 4222
—, Diäthyl-[3-[3]pyridyl-propyl]- 4223
—, [2-(4,6-Dimethyl-[2]pyridyl)-äthyl]-propyl- 4238
—, Dimethyl-[5-[2]pyridyl-pentyl]- 4240
—, Heptyl-[2]pyridyl- 3850
—, Hexyl-[5-methyl-[2]pyridyl]- 4162
—, Hexyl-[6-methyl-[2]pyridyl]- 4135
Hexylamin, 1-Methyl-2-[2]pyridyl- 4243
Trop-2-en, 3-Pyrrolidino- 3836

$C_{12}H_{20}N_2O$
Acetamid, N-[1-Pentyl-pyrrol-2-ylmethyl]- 3831
[1,2']Biazepinyl-2-on, 4,5,6,7,4',5',6',7'-Octahydro-3H,3'H- 3794

$C_{12}H_{20}N_2O_2$
Azetidin-2,4-dion, 3,3-Diäthyl-1-[3]piperidyl- 3746
—, 3,3-Diäthyl-1-[4]piperidyl- 3757

$[C_{12}H_{21}N_2]^+$
Ammonium, Trimethyl-[4-[2]pyridyl-butyl]- 4232
$[C_{12}H_{21}N_2]$I 4232
Pyridinium, 3-[4-Dimethylamino-butyl]-1-methyl- 4234
$[C_{12}H_{21}N_2]$Br·HBr 4234

$[C_{12}H_{21}N_2O_6S_2]^+$
Pyridinium, 4-[Bis-(2-methansulfonyloxy-äthyl)-amino]-1-methyl- 4103
$[C_{12}H_{21}N_2O_6S_2]$I 4103

$C_{12}H_{21}N_3$
Äthandiyldiamin, N^1,N^1-Diäthyl-1-methyl-N^2-[2]pyridyl- 4114
Äthylendiamin, N-Isopropyl-N',N'-dimethyl-N-[2]pyridyl- 3925

Propandiyldiamin, N,N-Diäthyl-N'-[2]pyridyl- 3938
—, N,N-Diäthyl-N'-[4]pyridyl- 4114

$C_{12}H_{21}N_3O$
Propan-2-ol, 1-Diäthylamino-3-[4]pyridylamino- 4115

$C_{12}H_{22}N_2$
Amin, Methyl-[5-(1-methyl-1,4,5,6-tetrahydro-[3]pyridyl)-pent-4-enyl]- 3838
[1,2']Biazepinyl, 2,3,4,5,6,7,4',5',6',7'-Decahydro-3'H- 3794
Tropan, 3-Pyrrolidino- 3799

$C_{12}H_{22}N_2O$
Buttersäure, 2-Methyl-, hexahydropyrrolizin-1-ylamid 3795

$C_{12}H_{22}N_2O_2$
Carbamidsäure, Octahydrochinolizin-1-yl-, äthylester 3821
Formamid, N-[4-(1-Formyl-[3]piperidyl)-butyl]-N-methyl- 3789

$[C_{12}H_{23}N_2]^+$
Pyridinium, 1-Methyl-5-[5-methylamino-pentyliden]-2,3,4,5-tetrahydro- 3838
$[C_{12}H_{23}N_2]$Cl 3838
$[C_{12}H_{23}N_2]$AuCl$_4$·HAuCl$_4$ 3838
$[C_{12}H_{23}N_2]C_2H_3O_2$ 3838

$C_{12}H_{24}N_2$
Äthan, 1-Piperidino-2-[2]piperidyl- 3771
—, 1-Piperidino-2-[4]piperidyl- 3779
Amin, Diäthyl-chinuclidin-2-ylmethyl- 3820
—, Diäthyl-hexahydropyrrolizin-1-ylmethyl- 3816
—, [1,2-Dimethyl-decahydro-[4]chinolyl]-methyl- 3823
—, Dimethyl-[3-methyl-3-aza-bicyclo≠[3.3.1]non-2-ylmethyl]- 3823
—, Dimethyl-octahydrochinolizin-1-ylmethyl- 3823
—, Dimethyl-octahydrochinolizin-3-ylmethyl- 3826
Azepin, 2-Piperidinomethyl-hexahydro- 3769
[1,3']Bipyridyl, 1'-Äthyl-decahydro- 3745
Methan, [1-Methyl-[2]piperidyl]-piperidino- 3765
Piperidin, 1-[1-Äthyl-pyrrolidin-2-ylmethyl]- 3745
—, 1-Methyl-4-[2-pyrrolidino-äthyl]- 3779
Propylamin, 3-Octahydro[4a]chinolyl- 3827
Pyrrolizin, 1-[2-Methyl-butylamino]-hexahydro- 3795

$C_{12}H_{24}N_2O$
Acetamid, N-Methyl-N-[4-[3]piperidyl-butyl]- 3789

[$C_{12}H_{25}N_2O$]$^+$
Ammonium, [2-(1-Acetyl-[2]piperidyl)-
äthyl]-trimethyl- 3775
[$C_{12}H_{25}N_2O$]I 3775

$C_{12}H_{25}N_3$
Äthylendiamin, N,N-Dimethyl-N'-tropan-
3-yl- 3802

$C_{12}H_{25}N_3O$
Carbamidsäure, Methyl-[1-methyl-
[4]piperidyl]-, diäthylamid 3758
Formamid, N-[3-Dimethylamino-propyl]-
N-[1-methyl-pyrrolidin-2-ylmethyl]-
3764
Harnstoff, N,N-Diäthyl-N'-[1-methyl-
[4]piperidylmethyl]- 3769
Piperidin-1-carbonsäure,
4-Dimethylamino-, diäthylamid 3758

$C_{12}H_{26}N_2$
Amin, [1-Butyl-2,5-dimethyl-[4]piperidyl]-
methyl- 3781
−, Dimethyl-[4-(1-methyl-
[3]piperidyl)-butyl]- 3788
−, Methyl-[5-(1-methyl-[3]piperidyl)-
pentyl]- 3791

$C_{12}H_{26}N_6$
Guanidin, N-[4-(1-Carbamimidoyl-
[3]piperidyl)-butyl]-N-methyl- 3790

$C_{12}H_{27}N_3$
Äthylendiamin, N,N-Diäthyl-N'-[1-methyl-
pyrrolidin-2-ylmethyl]- 3763
Propandiyldiamin, N,N,N'-Trimethyl-N'-
[1-methyl-pyrrolidin-2-ylmethyl]- 3764

[$C_{12}H_{28}N_2$]$^{2+}$
Piperidinium, 1,1-Dimethyl-4-
[2-trimethylammonio-äthyl]- 3778
[$C_{12}H_{28}N_2$]I$_2$ 3778

C$_{13}$

$C_{13}H_4Cl_4N_2O_2$
Isoindolin-1,3-dion, 4,5,6,7-Tetrachlor-2-
[2]pyridyl- 3892

$C_{13}H_8N_2O_2$
Phthalimid, N-[2]Pyridyl- 3892
−, N-[4]Pyridyl- 4110

$C_{13}H_9N_3O$
Isoindolin-1-on, 3-[2]Pyridylimino- 3964
−, 3-[3]Pyridylimino- 4086

$C_{13}H_9N_3S$
Isoindolin-1-thion, 3-[2]Pyridylimino- 3965

$C_{13}H_{10}BrClN_4O_2$
Malonamid, N-[5-Brom-[2]pyridyl]-N'-
[5-chlor-[2]pyridyl]- 4032

$C_{13}H_{10}BrIN_4O_2$
Malonamid, N-[5-Brom-[2]pyridyl]-N'-
[5-jod-[2]pyridyl]- 4047

$C_{13}H_{10}Br_2N_4O_2$
Malonamid, N,N'-Bis-[5-brom-[2]pyridyl]-
4032

$C_{13}H_{10}ClN_3OS$
Thioharnstoff, N-[4-Chlor-benzoyl]-N'-
[2]pyridyl- 3904

$C_{13}H_{10}Cl_2N_2O$
Benzamid, N-[2,6-Dichlor-
[4]pyridylmethyl]- 4185

$C_{13}H_{10}Cl_2N_4O_2$
Malonamid, N,N'-Bis-[5-chlor-[2]pyridyl]-
4021

$C_{13}H_{10}Cl_3N_3O_3S$
Sulfanilsäure, N-Trichloracetyl-,
[2]pyridylamid 3988

$C_{13}H_{10}I_2N_4O_2$
Malonamid, N,N'-Bis-[5-jod-[2]pyridyl]-
4047

$C_{13}H_{10}N_2O_2$
Amin, Piperonyliden-[2]pyridyl- 3960

$C_{13}H_{10}N_2O_3$
Phthalamidsäure, N-[2]Pyridyl- 3892

$C_{13}H_{10}N_4$
Isoindolin-1,3-dion-imin-[3]pyridylimin
4087

$C_{13}H_{10}N_4O_3S$
Thioharnstoff, N-[4-Nitro-benzoyl]-N'-
[2]pyridyl- 3905

$C_{13}H_{10}N_4O_6$
Amin, [2-Acetoxy-phenyl]-[3,5-dinitro-
[2]pyridyl]- 4067

$C_{13}H_{11}BrN_2O_2$
Mandelamid, N-[5-Brom-[2]pyridyl]- 4033

$C_{13}H_{11}Br_2N_3O_3S$
Sulfanilsäure, N-Acetyl-, [3,5-dibrom-
[2]pyridylamid] 4043

$C_{13}H_{11}ClN_2O$
Benzaldehyd, 5-Chlor-2-hydroxy-,
[4-methyl-[2]pyridylimin] 4174

$C_{13}H_{11}ClN_2O_2$
Benzoesäure, 4-Chlor-2-[3]pyridylamino-,
methylester 4082
Mandelamid, N-[5-Chlor-[2]pyridyl]- 4023

$C_{13}H_{11}IN_4O_4$
Harnstoff, N-[5-Jod-[2]pyridyl]-N'-
[4-methoxy-2-nitro-phenyl]- 4048

$C_{13}H_{11}I_2N_3O_3S$
Sulfanilsäure, N-Acetyl-, [3,5-dijod-
[2]pyridylamid] 4052

$C_{13}H_{11}N_3OS$
Thioharnstoff, N-Benzoyl-N'-[2]pyridyl-
3904

$C_{13}H_{11}N_3O_2$
Amin, [6-Methyl-[2]pyridyl]-[2-nitro-
benzyliden]- 4136
−, [6-Methyl-[2]pyridyl]-[4-nitro-
benzyliden]- 4136

$C_{13}H_{11}N_3O_3$

Benzoesäure, 4-Methyl-3-nitro-,
[2]pyridylamid 3887
−, 4-Nitro-, [[2]pyridylmethyl-amid]
4149
−, 4-Nitro-, [[3]pyridylmethyl-amid]
4169

$C_{13}H_{11}N_3O_3S$

Benzoesäure, 2-Hydroxy-4-[N'-[2]pyridyl-
thioureido]- 3905

$[C_{13}H_{11}N_4O_5]^+$

Pyridinium, 3-Acetylamino-1-[2,4-dinitro-
phenyl]- 4074
[$C_{13}H_{11}N_4O_5$]Cl 4074

$C_{13}H_{11}N_5O_6$

Amin, Äthyl-picryl-[2]pyridyl- 3853

$C_{13}H_{12}BrN_3O_3S$

Sulfanilsäure, N-Acetyl-, [5-brom-
[2]pyridylamid] 4039

$C_{13}H_{12}BrN_3S$

Thioharnstoff, N-[4-Brom-phenyl]-N'-
[4-methyl-[2]pyridyl]- 4176
−, N-[4-Brom-phenyl]-N'-[5-methyl-
[2]pyridyl]- 4164

$[C_{13}H_{12}Br_2N_3]^+$

Pyridinium, 4-[2-(3,5-Dibrom-
[2]pyridylamino)-vinyl]-1-methyl-
4041
[$C_{13}H_{12}Br_2N_3$]I 4041

$C_{13}H_{12}ClN_3OS$

Thioharnstoff, N-[5-Chlor-[2]pyridyl]-N'-
[4-methoxy-phenyl]- 4023

$C_{13}H_{12}ClN_3O_3S$

Sulfanilsäure, N-Acetyl-, [6-chlor-
[3]pyridylamid] 4092
−, N-Chloracetyl-, [2]pyridylamid
3988

$C_{13}H_{12}ClN_3S$

Thioharnstoff, N-[4-Chlor-phenyl]-N'-
[4-methyl-[2]pyridyl]- 4176
−, N-[4-Chlor-phenyl]-N'-[5-methyl-
[2]pyridyl]- 4163
−, N-[5-Chlor-[2]pyridyl]-N'-p-tolyl-
4023

$[C_{13}H_{12}Cl_2N_3]^+$

Pyridinium, 4-[2-(3,5-Dichlor-
[2]pyridylamino)-vinyl]-1-methyl-
4029
[$C_{13}H_{12}Cl_2N_3$]I 4029

$[C_{13}H_{12}FN_2O]^+$

Pyridinium, 3-Amino-1-[4-fluor-phenacyl]-
4073
[$C_{13}H_{12}FN_2O$]Br 4073

$C_{13}H_{12}FN_3S$

Thioharnstoff, N-[4-Fluor-phenyl]-N'-
[4-methyl-[2]pyridyl]- 4176
−, N-[4-Fluor-phenyl]-N'-[5-methyl-
[2]pyridyl]- 4163

$C_{13}H_{12}IN_3O_3S$

Sulfanilsäure, N-Acetyl-, [5-jod-
[2]pyridylamid] 4052
−, N-Acetyl-, [6-jod-[3]pyridylamid]
4096

$C_{13}H_{12}N_2O$

Acetamid, N-Phenyl-N-[4]pyridyl- 4108
Äthanon, 1-Phenyl-2-[2]pyridylamino-
3875
Benzaldehyd, 2-Hydroxy-5-methyl-,
[2]pyridylimin 3875
−, 4-Methoxy-, [2]pyridylimin 3875
Benzamid, N-[2-Methyl-[3]pyridyl]- 4130
−, N-[3-Methyl-[4]pyridyl]- 4161
−, N-[6-Methyl-[3]pyridyl]- 4133
−, N-Methyl-N-[2]pyridyl- 3886
−, N-Methyl-N-[3]pyridyl- 4075
−, N-Methyl-N-[4]pyridyl- 4109
−, N-[2]Pyridylmethyl- 4149
−, N-[4]Pyridylmethyl- 4183
Essigsäure, Phenyl-, [2]pyridylamid 3886
Salicylaldehyd-[6-methyl-[2]pyridylimin]
4137

$C_{13}H_{12}N_2O_2$

Amin, Piperonyl-[2]pyridyl- 3959
Benzamid, N-Methyl-N-[1-oxy-[2]pyridyl]-
3886
−, N-Methyl-N-[1-oxy-[4]pyridyl]- 4109
[1,4]Benzochinon, [2-[2]Pyridyl-äthylamino]-
4194
Benzoesäure, 4-Methoxy-, [2]pyridylamid
3915
Carbamidsäure, [3]Pyridyl-, benzylester
4077
Mandelamid, N-[2]Pyridyl- 3916

$C_{13}H_{12}N_2O_2S$

Äthensulfonsäure, 2-Phenyl-,
[2]pyridylamid 3971

$C_{13}H_{12}N_2O_3$

Äthanon, 1-[3,4-Dihydroxy-phenyl]-2-
[2]pyridylamino- 3878
Pyran-3-carbonsäure, 2,4-Dimethyl-6-oxo-
$6H$-, [2]pyridylamid 3959

$C_{13}H_{12}N_2O_4$

Äthanon, 2-[2]Pyridylamino-1-
[2,3,4-trihydroxy-phenyl]- 3878

$C_{13}H_{12}N_2O_4S$

Benzolsulfonsäure, 4-Acetoxy-,
[2]pyridylamid 3971

$C_{13}H_{12}N_4$

β-Alanin, N,N-Di-[2]pyridyl-, nitril 3962

$C_{13}H_{12}N_4O_2$

Malonamid, N,N'-Di-[2]pyridyl- 3889

$C_{13}H_{12}N_4O_3$

p-Phenylendiamin, N-Acetyl-N'-[3-nitro-
[4]pyridyl]- 4127
−, N-Acetyl-N'-[5-nitro-[2]pyridyl]-
4061

$C_{13}H_{12}N_4O_3$ (Fortsetzung)
Monoacetyl-Derivat $C_{13}H_{12}N_4O_3$ aus
4-Nitro-N^1-[2]pyridyl-
o-phenylendiamin 3943

$C_{13}H_{12}N_4O_5S$
Benzolsulfonsäure, 4-Acetylamino-3-nitro-,
[2]pyridylamid 4002
Sulfanilsäure, N-Acetyl-, [5-nitro-
[2]pyridylamid] 4064

$C_{13}H_{13}BrN_2O$
Äthanol, 2-[5-Brom-[2]pyridylamino]-
1-phenyl- 4031

$[C_{13}H_{13}BrN_3]^+$
Pyridinium, 4-[2-(5-Brom-[2]pyridylamino)-
vinyl]-1-methyl- 4036
$[C_{13}H_{13}BrN_3]I$ 4036

$C_{13}H_{13}BrN_6$
Biguanid, 1-[4-Brom-phenyl]-5-[2]pyridyl-
3898

$C_{13}H_{13}ClN_2$
Amin, [4-Chlor-benzyl]-[6-methyl-
[2]pyridyl]- 4135
—, [β-Chlor-phenäthyl]-[2]pyridyl-
3855

$C_{13}H_{13}ClN_2O$
Äthanol, 2-[5-Chlor-[2]pyridylamino]-
1-phenyl- 4020
Amin, [5-Chlor-[2]pyridyl]-[4-methoxy-
benzyl]- 4020
Phenol, 4-Chlor-2-[(4-methyl-
[2]pyridylamino)-methyl]-
4174

$C_{13}H_{13}ClN_2O_2S$
Toluol-4-sulfonamid, N-[2-Chlor-
[3]pyridyl]-N-methyl- 4090

$[C_{13}H_{13}ClN_3]^+$
Pyridinium, 4-[2-(5-Chlor-[2]pyridylamino)-
vinyl]-1-methyl- 4025
$[C_{13}H_{13}ClN_3]I$ 4025
—, 4-[2-(6-Chlor-[3]pyridylamino)-
vinyl]-1-methyl- 4091
$[C_{13}H_{13}ClN_3]I$ 4091

$C_{13}H_{13}ClN_6$
Biguanid, 1-[4-Chlor-phenyl]-5-[2]pyridyl-
3898

$C_{13}H_{13}IN_2O$
Amin, [5-Jod-[2]pyridyl]-[4-methoxy-
benzyl]- 4046

$[C_{13}H_{13}IN_3]^+$
Pyridinium, 4-[2-(5-Jod-[2]pyridylamino)-
vinyl]-1-methyl- 4049
$[C_{13}H_{13}IN_3]I$ 4049

$[C_{13}H_{13}N_2O]^+$
Pyridinium, 3-Acetylamino-1-phenyl-
4074
$[C_{13}H_{13}N_2O]C_6H_2N_3O_7$ 4074
—, 3-Benzoylamino-1-methyl- 4075
$[C_{13}H_{13}N_2O]C_7H_7O_3S$ 4075

$C_{13}H_{13}N_3$
Amin, [6-Methyl-[2]pyridylmethylen]-
[2]pyridylmethyl- 4153
—, [6-Methyl-[2]pyridylmethyl]-
[2]pyridylmethylen- 4220
Benzamidin, N-Methyl-N'-[2]pyridyl- 3884
p-Toluamidin, N-[2]Pyridyl- 3887

$C_{13}H_{13}N_3O$
Acetaldehyd, [Phenyl-[2]pyridyl-amino]-,
oxim 3872
Äthanon, 1-Phenyl-2-[2]pyridylamino-,
oxim 3875
Benzamidin, 4-Methoxy-N-[2]pyridyl-
3915
Benzoesäure, 4-Amino-, [[2]pyridylmethyl-
amid] 4152
—, 3-Amino-4-methyl-,
[2]pyridylamid 3945
Essigsäure, Cyan-, [2-indol-3-yl-äthylamid]
4335
Furan-2-carbamidin, N-Allyl-N'-[2]pyridyl-
3957
Harnstoff, N-[6-Methyl-[2]pyridyl]-
N'-phenyl- 4139
Nicotinsäure, 6-Methyl-, [6-methyl-
[3]pyridylamid] 4133

$C_{13}H_{13}N_3OS$
Thioharnstoff, N-[4-Methoxy-phenyl]-N'-
[2]pyridyl- 3904
—, N-[4-Methoxy-phenyl]-N'-
[3]pyridyl- 4079

$C_{13}H_{13}N_3O_2$
Amin, Methyl-[6-methyl-3-nitro-[2]pyridyl]-
phenyl- 4146
—, [3-Nitro-[4]pyridyl]-phenäthyl-
4124

$C_{13}H_{13}N_3O_2S$
Benzamidin, 4-Methansulfonyl-N-
[2]pyridyl- 3915

$C_{13}H_{13}N_3O_3$
Amin, [2-Äthoxy-phenyl]-[3-nitro-
[4]pyridyl]- 4125
—, [4-Äthoxy-phenyl]-[5-nitro-
[2]pyridyl]- 4057
Phenol, 2-Methyl-4-nitro-6-[[2]-
pyridylamino-methyl]- 3865

$C_{13}H_{13}N_3O_3S$
Harnstoff, N-[2]Pyridyl-N'-[toluol-
4-sulfonyl]- 3896
—, N-[3]Pyridyl-N'-[toluol-4-sulfonyl]-
4078
—, N-[4]Pyridyl-N'-[toluol-4-sulfonyl]-
4110
Sulfanilsäure, N-Acetyl-, [2]pyridylamid
3987
—, N-Acetyl-, [3]pyridylamid 4088
—, N-Acetyl-, [4]pyridylamid 4117
—, N-Acetyl-, [1H-
[2]pyridylidenamid] 3987

$C_{13}H_{15}N_3$ (Fortsetzung)
p-Phenylendiamin, N,N-Dimethyl-N'-
  [3]pyridyl- 4084
$C_{13}H_{15}N_3O_2S$
Benzolsulfonsäure, 4-Amino-2,5-dimethyl-,
  [2]pyridylamid 4004
–, 5-Amino-2,4-dimethyl-,
  [2]pyridylamid 4003
Sulfanilsäure-[2,6-dimethyl-[3]pyridylamid]
  4215
– [4,6-dimethyl-[2]pyridylamid]
  4212
– [1-[2]pyridyl-äthylamid] 4187
– [1-[3]pyridyl-äthylamid] 4199
– [1-[4]pyridyl-äthylamid] 4201
– [2-[2]pyridyl-äthylamid] 4198
Sulfanilsäure, N,N-Dimethyl-,
  [2]pyridylamid 3980
$C_{13}H_{15}N_3O_3S$
Sulfanilsäure-[6-äthyl-1-oxy-[2]pyridylamid]
  4186
– [4,6-dimethyl-1-oxy-
  [2]pyridylamid] 4212
$[C_{13}H_{15}N_4]^+$
Pyridinium, 1-Äthyl-2-[[2]pyridylamino-
  methylenamino]- 3878
  $[C_{13}H_{15}N_4]I$ 3878
$C_{13}H_{15}N_5O$
Guanidin, N-[2-Hydroxy-äthyl]-N',N''-di-
  [2]pyridyl- 3898
Propionamidoxim, 3-[Di-[2]pyridyl-amino]-
  3962
$C_{13}H_{15}N_7O_2S$
Biguanid, 1-[4-[2]Pyridylsulfamoyl-phenyl]-
  3993
$C_{13}H_{16}Cl_6N_2O_2$
Amin, [2]Pyridyl-bis-[2,2,3-trichlor-
  1-hydroxy-butyl]- 3870
$C_{13}H_{16}N_2$
Amin, Äthyl-[1-phenyl-pyrrol-2-ylmethyl]-
  3831
–, Dimethyl-[1-phenyl-pyrrol-
  2-ylmethyl]- 3831
–, [2-Indol-3-yl-äthyl]-isopropyliden-
  4331
Pyridin, 2-[2-(2,5-Dimethyl-pyrrol-1-yl)-
  äthyl]- 4192
$C_{13}H_{16}N_2O$
Acetamid, N-[1,2,3-Trimethyl-indol-7-yl]-
  4353
–, N-[2,3,3-Trimethyl-3H-indol-6-yl]-
  4366
$C_{13}H_{16}N_2O_2$
Acetamid, N-[2-Acetyl-1,2,3,4-tetrahydro-
  [5]isochinolyl]- 4254
Pyrrolidin-2,5-dion, 3,3,4,4-Tetramethyl-1-
  [2]pyridyl- 3891
Succinimid, N-[2-(5-Äthyl-[2]pyridyl)-äthyl]-
  4237

$C_{13}H_{16}N_2O_3$
Acrylsäure, 2-Acetyl-3-[3-methyl-
  [2]pyridylamino]-, äthylester 4157
$C_{13}H_{16}N_2O_4$
Malonsäure, [[2]Pyridylamino-methylen]-,
  diäthylester 3920
–, [[3]Pyridylamino-methylen]-,
  diäthylester 4082
–, [[4]Pyridylamino-methylen]-,
  diäthylester 4112
$C_{13}H_{16}N_2O_5$
Malonsäure, [(1-Oxy-[3]pyridylamino)-
  methylen]-, diäthylester 4083
$C_{13}H_{16}N_3O_2P$
Phosphonsäure, [4-Amino-phenyl]-,
  äthylester-[2]pyridylamid 4017
$C_{13}H_{16}N_4$
Methylendiamin, N,N'-Bis-[3-methyl-
  [2]pyridyl]- 4155
–, N,N'-Dimethyl-N,N'-di-[2]pyridyl-
  3869
Propandiyldiamin, N,N'-Di-[2]pyridyl-
  3938
$C_{13}H_{16}N_4O_4S_2$
Sulfanilsäure, N-Dimethylsulfamoyl-,
  [2]pyridylamid 4001
$C_{13}H_{17}ClN_2$
Amin, [3-Äthyl-7-chlor-2-methyl-indol-
  5-yl]-dimethyl- 4360
–, [3-(2-Chlor-äthyl)-2-methyl-indol-
  5-yl]-dimethyl- 4361
–, Diäthyl-[4-chlor-indol-3-ylmethyl]-
  4316
–, Diäthyl-[6-chlor-indol-3-ylmethyl]-
  4316
$C_{13}H_{17}ClN_2O$
Benzoesäure, 4-Chlor-, [1-methyl-
  [4]piperidylamid] 3757
$[C_{13}H_{17}N_2O_2]^+$
Pyridinium, 3-[3,3-Diäthyl-2,4-dioxo-
  azetidin-1-yl]-1-methyl- 4076
  $[C_{13}H_{17}N_2O_2]Br$ 4076
–, 4-[3,3-Diäthyl-2,4-dioxo-azetidin-
  1-yl]-1-methyl- 4110
  $[C_{13}H_{17}N_2O_2]I$ 4110
$C_{13}H_{17}N_3O$
Chinuclidin-2-carbonsäure-[2]pyridylamid
  3965
$C_{13}H_{17}N_3O_3$
Benzoesäure, 4-Nitro-, [1-methyl-
  [4]piperidylamid] 3757
$C_{13}H_{17}N_3O_6$
Amin, Bis-[2-acetoxy-äthyl]-[5-nitro-
  [2]pyridyl]- 4056
$C_{13}H_{18}I_2N_4$
Bis-methojodid $[C_{13}H_{18}N_4]I_2$ aus N,N'-
  Di-[2]pyridyl-methylendiamin 3869

$C_{13}H_{18}N_2$
Amin, [3-Äthyl-2-methyl-indol-5-yl]-
  dimethyl- 4359
–, *tert*-Butyl-indol-3-ylmethyl- 4304
–, Diäthyl-indol-3-ylmethyl- 4304
–, [2,3-Dimethyl-indolizin-
  1-ylmethyl]-dimethyl- 4367
–, [1,3-Dimethyl-indol-2-ylmethyl]-
  dimethyl- 4354
–, [1,7-Dimethyl-indol-3-ylmethyl]-
  dimethyl- 4357
–, [2,5-Dimethyl-indol-3-ylmethyl]-
  dimethyl- 4366
–, Dimethyl-[1-(1-methyl-indol-3-yl)-
  äthyl]- 4318
–, Dimethyl-[2-(1-methyl-indol-3-yl)-
  äthyl]- 4322
–, Dimethyl-[2-(2-methyl-indol-3-yl)-
  äthyl]- 4362
–, Dimethyl-[2-[2]pyridyl-cyclopent-
  2-enylmethyl]- 4357
–, Dimethyl-[2,3,3-trimethyl-
  3*H*-indol-4-yl]- 4365
–, Dimethyl-[2,3,3-trimethyl-
  3*H*-indol-5-yl]- 4366
–, Dimethyl-[2,3,3-trimethyl-
  3*H*-indol-6-yl]- 4366
–, [1-Indol-3-yl-äthyl]-isopropyl-
  4318
–, [2-Indol-3-yl-äthyl]-isopropyl-
  4323
–, [2-Indol-3-yl-äthyl]-propyl- 4323
–, Methyl-[3-(1-methyl-indol-3-yl)-
  propyl]- 4358
Benzo[*f*]chinolin-7-ylamin, 1,2,3,4,4a,5,6,≠
  10b-Octahydro- 4374
Carbazol-2-ylamin, 1-Methyl-4b,5,6,7,8,8a-
  hexahydro- 4374
–, 3-Methyl-4b,5,6,7,8,8a-hexahydro-
  4374
–, 9-Methyl-4b,5,6,7,8,8a-hexahydro-
  4370
Carbazol-3-ylamin, 9-Methyl-4b,5,6,7,8,8a-
  hexahydro- 4371
Indol-5-ylamin, 3-Butyl-2-methyl- 4373
Propylamin, 1-Indol-3-ylmethyl-
  2-methyl- 4373
–, 2-Methyl-3-[2-methyl-indol-3-yl]-
  4373
Pyridin, 4-[1-Piperidinomethyl-vinyl]- 4245
Pyrido[3,2,1-*ij*]chinolin-9-ylamin,
  8-Methyl-2,3,6,7-tetrahydro-1*H*,5*H*-
  4375
$C_{13}H_{18}N_2O$
Äthanol, 2-[(2-Indol-3-yl-äthyl)-methyl-
  amino]- 4325
Benzamid, *N*-[1-Methyl-[4]piperidyl]- 3756

$C_{13}H_{18}N_2O_2$
Amin, Bis-[2-hydroxy-äthyl]-indol-
  3-ylmethyl- 4306
Carbamidsäure, [1,2,3,4-Tetrahydro-
  [2]chinolylmethyl]-, äthylester 4263
–, [1,2,3,4-Tetrahydro-
  [1]isochinolylmethyl]-, äthylester 4268
Diacetamid, *N*-[3-Butyl-[2]pyridyl]- 4233
Essigsäure, Cyclohexyl-hydroxy-,
  [2]pyridylamid 3912
$C_{13}H_{18}N_2O_3$
Adipamidsäure, *N*-[2]Pyridyl-, äthylester
  3890
$C_{13}H_{19}HgN_3O_4S$
s. bei $[C_{10}H_{14}HgN_3O_2]^+$
$[C_{13}H_{19}N_2]^+$
Ammonium, [2-Indol-3-yl-äthyl]-trimethyl-
  4322
  $[C_{13}H_{19}N_2]Cl$ 4322
  $[C_{13}H_{19}N_2]I$ 4322
–, Trimethyl-[1-methyl-indol-
  2-ylmethyl]- 4301
  $[C_{13}H_{19}N_2]I$ 4301
–, Trimethyl-[1-methyl-indol-
  3-ylmethyl]- 4304
  $[C_{13}H_{19}N_2]I$ 4304
–, Trimethyl-[3-methyl-indol-
  2-ylmethyl]- 4354
  $[C_{13}H_{19}N_2]I$ 4354
–, Trimethyl-[6-methyl-indol-
  2-ylmethyl]- 4356
  $[C_{13}H_{19}N_2]I$ 4356
Pyridinium, 1-Methyl-2-[2-piperidino-vinyl]-
  4244
  $[C_{13}H_{19}N_2]ClO_4$ 4244
$C_{13}H_{19}N_3$
β-Alanin, *N*-Butyl-*N*-[2]pyridylmethyl-,
  nitril 4151
–, *N*-[1,1-Dimethyl-3-[2]pyridyl-
  propyl]-, nitril 4241
Amin, Chinuclidin-2-ylmethyl-[2]pyridyl-
  3961
$C_{13}H_{19}N_3O$
Harnstoff, [4-Phenyl-[4]piperidylmethyl]-
  4276
$C_{13}H_{19}N_3O_2S$
Sulfamid, *N'*-[3-Äthyl-2-methyl-indol-5-yl]-
  N,N-dimethyl- 4360
$C_{13}H_{20}BrN_3O_5S$
Pantamid, *N*-[2-(5-Brom-
  [2]pyridylsulfamoyl)-äthyl]- 4039
$C_{13}H_{20}ClN_3O_5S$
Pantamid, *N*-[2-(5-Chlor-
  [2]pyridylsulfamoyl)-äthyl]- 4028
$C_{13}H_{20}N_2$
Äthylamin, 2-Phenyl-2-[2]piperidyl- 4290
Amin, Benzyl-[1-methyl-[3]piperidyl]- 3744
–, Benzyl-[1-methyl-[4]piperidyl]-
  3752

C$_{14}$

C$_{14}$H$_{10}$ClN$_3$O$_3$
Zimtsäure, 4-Nitro-, [5-chlor-
[2]pyridylamid] 4021

C$_{14}$H$_{10}$Cl$_2$N$_2$O
Zimtsäure, 2-Chlor-, [5-chlor-
[2]pyridylamid] 4021

C$_{14}$H$_{10}$N$_2$O
Chinolin-2-on, 1-[2]Pyridyl-1H- 3916

C$_{14}$H$_{10}$N$_2$OS
Benzo[b]thiophen-2-carbonsäure-
[2]pyridylamid 3958
Benzo[b]thiophen-3-carbonsäure-
[3]pyridylamid 4085

C$_{14}$H$_{10}$N$_2$O$_2$
Phthalimid, N-[6-Methyl-[2]pyridyl]- 4139
−, N-[2]Pyridylmethyl- 4150

C$_{14}$H$_{10}$N$_4$O$_4$S
Chinolin-8-sulfonsäure, 5-Nitro-,
[2]pyridylamid 4012

C$_{14}$H$_{11}$ClN$_2$O
Cinnamamid, N-[5-Chlor-[2]pyridyl]- 4021

C$_{14}$H$_{11}$ClN$_2$O$_2$
Propionsäure, 3-[2-Chlor-phenyl]-3-oxo-,
[2]pyridylamid 3918

C$_{14}$H$_{11}$N$_3$O$_2$
Phthalimid, N-[[2]Pyridylamino-methyl]-
3869

C$_{14}$H$_{12}$BrClN$_4$O
Crotonsäure, 3-[5-Brom-[2]pyridylamino]-,
[5-chlor-[2]pyridylamid] 4033
−, 3-[5-Chlor-[2]pyridylamino]-,
[5-brom-[2]pyridylamid] 4034

C$_{14}$H$_{12}$Br$_2$N$_2$O$_2$
Anthranilsäure, N-[3,5-Dibrom-[4]pyridyl]-,
äthylester 4121

C$_{14}$H$_{12}$Br$_2$N$_4$O
Crotonsäure, 3-[5-Brom-[2]pyridylamino]-,
[5-brom-[2]pyridylamid] 4034

C$_{14}$H$_{12}$ClIN$_4$O
Crotonsäure, 3-[5-Jod-[2]pyridylamino]-,
[5-chlor-[2]pyridylamid] 4048

C$_{14}$H$_{12}$ClN$_3$
Glycin, N-[4-Chlor-benzyl]-N-[2]pyridyl-,
nitril 3910

C$_{14}$H$_{12}$Cl$_2$N$_4$O
Crotonsäure, 3-[5-Chlor-[2]pyridylamino]-,
[5-chlor-[2]pyridylamid] 4024

C$_{14}$H$_{12}$I$_2$N$_4$O
Crotonsäure, 3-[5-Jod-[2]pyridylamino]-,
[5-jod-[2]pyridylamid] 4049

C$_{14}$H$_{12}$N$_2$O
Cinnamamid, N-[2]Pyridyl- 3887
Propenon, 1-Phenyl-3-[2]pyridylamino-
3871

C$_{14}$H$_{12}$N$_2$O$_2$
Amin, [6-Methyl-[2]pyridyl]-piperonyliden-
4144

C$_{14}$H$_{12}$N$_2$O$_3$
Benzo[1,4]dioxin-2-carbonsäure,
2,3-Dihydro-, [2]pyridylamid 3960
Benzoesäure, 2-Acetoxy-, [2]pyridylamid
3914

C$_{14}$H$_{12}$N$_2$S
Amin, Benzo[b]thiophen-2-ylmethyl-
[2]pyridyl- 3955
−, Benzo[b]thiophen-3-ylmethyl-
[2]pyridyl- 3955

C$_{14}$H$_{12}$N$_4$O$_3$
Malonamidsäure, 2-Phenylhydrazono-N-
[2]pyridyl- 3919

C$_{14}$H$_{13}$BrN$_2$O
Benzaldehyd, 5-Brom-2-hydroxy-,
[6-methyl-[2]pyridylmethylimin]
4219

C$_{14}$H$_{13}$ClN$_2$O
Benzoesäure, 4-Chlor-, [2-[3]pyridyl-
äthylamid] 4200

C$_{14}$H$_{13}$ClN$_2$O$_2$
Carbamoylchlorid, [4-Äthoxy-phenyl]-
[2]pyridyl- 3907

[C$_{14}$H$_{13}$Cl$_2$N$_2$O]$^+$
Pyridinium, 3-Acetylamino-1-[2,6-dichlor-
benzyl]- 4074
[C$_{14}$H$_{13}$Cl$_2$N$_2$O]Br 4074

C$_{14}$H$_{13}$N$_3$
Glycin, N-Benzyl-N-[2]pyridyl-, nitril
3910
Phenylalanin, N-[2]Pyridyl-, nitril 3916

C$_{14}$H$_{13}$N$_3$OS
Thioharnstoff, N-[4-Acetyl-phenyl]-N'-
[2]pyridyl- 3904

C$_{14}$H$_{13}$N$_3$O$_2$S
Sulfanilsäure-indol-3-ylamid 4296

C$_{14}$H$_{13}$N$_3$O$_3$
Benzoesäure, 4-Nitro-, [(6-methyl-
[3]pyridylmethyl)-amid] 4214

C$_{14}$H$_{13}$N$_3$O$_3$S
Benzoesäure, 2-Hydroxy-4-[N'-[2]pyridyl-
thioureido]-, methylester 3905

C$_{14}$H$_{13}$N$_3$O$_4$
Benzoesäure, 4-Nitro-, [2-[2]pyridylamino-
äthylester] 3857
Phenylalanin, N-[5-Nitro-[2]pyridyl]-
4060

C$_{14}$H$_{13}$N$_3$O$_4$S
Sulfanilsäure, N-[2-Hydroxy-3-oxo-
propenyl]-, [2]pyridylamid 3984

C$_{14}$H$_{13}$N$_5$OS
Benzoesäure, 4-Thiosemicarbazonomethyl-,
[2]pyridylamid 3918

C$_{14}$H$_{13}$N$_5$O$_2$S
Thioharnstoff, N-[4-Nitro-phenyl]-N'-[N-
[2]pyridyl-acetimidoyl]- 3880

$C_{14}H_{15}N_5O$
Äthanon, 1-Phenyl-2-[2]pyridylamino-,
   semicarbazon 3875
$C_{14}H_{16}BrN_3OS$
Äthylendiamin, N-[5-Brom-thiophen-
   3-carbonyl]-N',N'-dimethyl-N-
   [2]pyridyl- 3958
$C_{14}H_{16}N_2$
Amin, Äthyl-benzyl-[2]pyridyl- 3854
−, Benzyl-[2,6-dimethyl-[4]pyridyl]-
   4216
−, Benzyl-[6-methyl-[2]pyridylmethyl]-
   4219
−, Benzyl-[2-[2]pyridyl-äthyl]- 4191
−, [3-Phenyl-propyl]-[2]pyridyl- 3855
Anilin, N-[2-(6-Methyl-[2]pyridyl)-äthyl]-
   4227
−, N-[2-(6-Methyl-[3]pyridyl)-äthyl]-
   4225
−, N-Methyl-N-[2-[2]pyridyl-äthyl]-
   4190
−, N-Methyl-N-[2-[4]pyridyl-äthyl]-
   4203
m-Toluidin, N-[2-[2]Pyridyl-äthyl]- 4191
−, N-[2-[4]Pyridyl-äthyl]- 4204
o-Toluidin, N-[2-[2]Pyridyl-äthyl]- 4190
−, N-[2-[4]Pyridyl-äthyl]- 4203
p-Toluidin, N-[2-[2]Pyridyl-äthyl]- 4191
−, N-[2-[4]Pyridyl-äthyl]- 4204
$C_{14}H_{16}N_2O$
Äthanol, 2-[Benzyl-[2]pyridyl-amino]- 3859
−, 2-[Methyl-[2]pyridyl-amino]-
   1-phenyl- 3865
−, 2-[4-Methyl-[2]pyridylamino]-
   1-phenyl- 4174
−, 2-[5-Methyl-[2]pyridylamino]-
   1-phenyl- 4162
Amin, [4-Äthoxy-benzyl]-[2]pyridyl- 3864
−, [3-Äthoxy-phenyl]-[6-methyl-
   [2]pyridyl]- 4136
−, [4-Äthoxy-phenyl]-[4-methyl-
   [2]pyridyl]- 4173
−, [4-Äthoxy-phenyl]-[6-methyl-
   [2]pyridyl]- 4136
−, [2,6-Dimethyl-[4]pyridyl]-
   [4-methoxy-phenyl]- 4216
−, [2-Methoxy-benzyl]-[6-methyl-
   [2]pyridyl]- 4136
−, [4-Methoxy-benzyl]-[6-methyl-
   [2]pyridyl]- 4136
o-Anisidin, N-[2-[2]Pyridyl-äthyl]- 4193
−, N-[2-[4]Pyridyl-äthyl]- 4205
p-Anisidin, N-[2-[2]Pyridyl-äthyl]- 4193
Propan-1-ol, 1-Phenyl-2-[2]pyridylamino-
   3866
−, 1-Phenyl-3-[3]pyridylamino- 3866
Pyrrolidin-2-on, 1-[2-Indol-3-yl-äthyl]-
   4339

$C_{14}H_{16}N_2O_2$
Amin, [2,3-Dimethoxy-benzyl]-[2]pyridyl-
   3867
−, [2]Pyridyl-veratryl- 3868
$C_{14}H_{16}N_2O_2S$
Benzolsulfonamid, N-[2,4,6-Trimethyl-
   [3]pyridyl]- 4231
Toluol-4-sulfonamid, N-[2-[4]Pyridyl-äthyl]-
   4210
$C_{14}H_{16}N_2O_3$
Succinamidsäure, N-[2,3-Dimethyl-indol-
   5-yl]- 4352
$C_{14}H_{16}N_2O_3S$
Benzolsulfonamid, N-[2,4,6-Trimethyl-
   1-oxy-[3]pyridyl]- 4231
$[C_{14}H_{16}N_3]^+$
Pyridinium, 1-Äthyl-2-[2-[4]pyridylamino-
   vinyl]- 4116
−, 1-Äthyl-2-[2-[2]pyridylimino-äthyl]-
   3963
   $[C_{14}H_{16}N_3]I$ 3963
$C_{14}H_{16}N_3O_4P$
Phosphonsäure, [4-Nitro-phenyl]-,
   äthylester-[5-methyl-[2]pyridylamid]
   4167
$C_{14}H_{16}N_4$
Acetamidin, 2-[Benzyl-[2]pyridyl-amino]-
   3910
$C_{14}H_{16}N_4O$
Acetamidoxim, 2-[Benzyl-[2]pyridyl-amino]-
   3911
$C_{14}H_{16}N_4O_2$
Essigsäure, Bis-[3]pyridylamino-,
   äthylester 4082
$C_{14}H_{16}N_4O_2S$
Benzolsulfonsäure, 4-Isopropyl-
   idenhydrazino-, [2]pyridylamid 4006
$C_{14}H_{16}N_4O_3S$
Harnstoff, N-[4-Dimethylsulfamoyl-phenyl]-
   N'-[2]pyridyl- 3896
$C_{14}H_{16}N_6$
Oxalamidin, N,N''-Bis-[6-methyl-[2]pyridyl]-
   4138
$C_{14}H_{17}BrClN_3S$
Äthylendiamin, N-[5-Brom-[2]pyridyl]-N-
   [5-chlor-[2]thienylmethyl]-N',N'-
   dimethyl- 4035
$C_{14}H_{17}BrN_2$
Indol, 4-Brom-3-piperidinomethyl- 4316
$C_{14}H_{17}Br_2N_3S$
Äthylendiamin, N-[5-Brom-[2]pyridyl]-N-
   [5-brom-[2]thienylmethyl]-N',N'-
   dimethyl- 4035
−, N-[3,5-Dibrom-[2]thienylmethyl]-
   N',N'-dimethyl-N-[2]pyridyl- 3952
$C_{14}H_{17}Cl_2N_3S$
Äthylendiamin, N-[2,5-Dichlor-
   [3]thienylmethyl]-N',N'-dimethyl-N-
   [2]pyridyl- 3953

$C_{14}H_{17}IN_2$
Indol, 4-Jod-3-piperidinomethyl- 4316
$[C_{14}H_{17}N_2]^+$
Pyridinium, 4-Methyl-1-[2-(6-methyl-
[2]pyridyl)-äthyl]- 4228
$[C_{14}H_{17}N_2]Cl$ 4228
$C_{14}H_{17}N_3$
Äthylendiamin, N-Benzyl-N-[2]pyridyl-
3927
Amin, Bis-[2-methyl-[4]pyridylmethyl]-
4213
–, Bis-[1-[3]pyridyl-äthyl]- 4199
Propionitril, 3-[3-Dimethylaminomethyl-
indol-1-yl]- 4310
$C_{14}H_{17}N_3O_2$
Amin, [2,2-Dimethoxy-äthyl]-di-[2]pyridyl-
3962
Carbamidsäure, [2]Pyridyl-, [4-äthinyl-
1-methyl-[4]piperidylester] 3894
$C_{14}H_{17}N_3O_2S$
Sulfanilsäure-[3-äthyl-6-methyl-
[2]pyridylamid] 4225
– [propyl-[2]pyridyl-amid] 4014
– [2,4,6-trimethyl-[3]pyridylamid]
4231
Sulfanilsäure, N,N-Dimethyl-, [methyl-
[2]pyridyl-amid] 4013
$C_{14}H_{17}N_7O_2S$
Biguanid, 1-Methyl-5-[4-
[2]pyridylsulfamoyl-phenyl]- 3993
$C_{14}H_{18}BrN_3O$
Äthylendiamin, N-[5-Brom-furfuryl]-N',N'-
dimethyl-N-[2]pyridyl- 3949
$C_{14}H_{18}BrN_3S$
Äthylendiamin, N-[5-Brom-[2]pyridyl]-
N',N'-dimethyl-N-[2]thienylmethyl-
4035
–, N-[2-Brom-[3]thienylmethyl]-
N',N'-dimethyl-N-[2]pyridyl- 3954
–, N-[3-Brom-[2]thienylmethyl]-
N',N'-dimethyl-N-[2]pyridyl- 3952
–, N-[5-Brom-[2]thienylmethyl]-
N',N'-dimethyl-N-[2]pyridyl- 3952
$C_{14}H_{18}ClN_3O$
Äthylendiamin, N-[5-Chlor-furfuryl]-N'-
N'-dimethyl-N-[2]pyridyl- 3949
$C_{14}H_{18}ClN_3S$
Äthylendiamin, N-[2-Chlor-
[3]thienylmethyl]-N',N'-dimethyl-N-
[2]pyridyl- 3953
–, N-[5-Chlor-[2]thienylmethyl]-
N',N'-dimethyl-N-[2]pyridyl- 3951
$C_{14}H_{18}N_2$
Amin, Isopropyliden-[2-(1-methyl-indol-
3-yl)-äthyl]- 4331
Indol, 2-Methyl-3-pyrrolidinomethyl- 4354
–, 2-Piperidinomethyl- 4301
–, 3-Piperidinomethyl- 4306
–, 3-[2-Pyrrolidino-äthyl]- 4326

$C_{14}H_{18}N_2O$
Carbazol-3-ylamin, 9-Acetyl-4b,5,6,7,8,8a-
hexahydro- 4371
$C_{14}H_{18}N_2O_2$
Diacetyl-Derivat $C_{14}H_{18}N_2O_2$
aus C-[1,2,3,4-Tetrahydro-[2]chinolyl]-
methylamin 4259
$C_{14}H_{18}N_2O_2S$
Amin, [2,2-Dimethoxy-äthyl]-[2]pyridyl-
[2]thienylmethyl- 3948
$C_{14}H_{18}N_2O_4$
Malonsäure, [(4-Methyl-[2]pyridylamino)-
methylen]-, diäthylester 4178
–, [(5-Methyl-[2]pyridylamino)-
methylen]-, diäthylester 4166
–, [(6-Methyl-[2]pyridylamino)-
methylen]-, diäthylester 4142
$C_{14}H_{18}N_3O_4PS$
Phosphinsäure, [α-(4-[2]Pyridylsulfamoyl-
anilino)-isopropyl]- 3982
$C_{14}H_{18}N_4$
Äthylendiamin, N,N-Dimethyl-N',N'-di-
[2]pyridyl- 3962
–, N,N-Dimethyl-N'-[2]pyridyl-N'-
[3]pyridyl- 4086
$C_{14}H_{19}ClN_2$
Amin, Diäthyl-[5-chlor-2-methyl-indol-
3-ylmethyl]- 4355
$C_{14}H_{19}HgN_3O_6S$
s. bei $[C_{10}H_{14}HgN_3O_2]^+$
$[C_{14}H_{19}N_2]^+$
Ammonium, Trimethyl-[1-phenyl-pyrrol-
2-ylmethyl]- 3831
$[C_{14}H_{19}N_2]I$ 3831
$C_{14}H_{19}N_3O$
Äthylendiamin, N-Furfuryl-N',N'-
dimethyl-N-[2]pyridyl- 3949
Nicotinsäure-tropan-3-ylamid 3815
$C_{14}H_{19}N_3S$
Äthylendiamin, N,N-Dimethyl-N'-
[2]pyridyl-N'-[2]thienylmethyl- 3950
–, N,N-Dimethyl-N'-[2]pyridyl-N'-
[3]thienylmethyl- 3953
$[C_{14}H_{20}ClN_2]^+$
Ammonium, [3-Äthyl-7-chlor-2-methyl-
indol-5-yl]-trimethyl- 4361
$[C_{14}H_{20}ClN_2]C_6H_2N_3O_7$ 4361
$C_{14}H_{20}N_2$
Äthylamin, 2-[2,3,6,7-Tetrahydro-1H,5H-
pyrido[3,2,1-ij]chinolin-9-yl]- 4376
Amin, [3-Äthyl-1,2-dimethyl-indol-5-yl]-
dimethyl- 4359
–, $tert$-Butyl-[1-indol-3-yl-äthyl]-
4319
–, Diäthyl-[2-indol-3-yl-äthyl]- 4322
–, Diäthyl-[2-methyl-indol-
3-ylmethyl]- 4354
–, Diäthyl-[5-methyl-indol-
3-ylmethyl]- 4356

$C_{14}H_{20}N_2$ (Fortsetzung)

Amin, Dimethyl-[2-(2-methyl-indolizin-
1-yl)-propyl]- 4369

—, Dimethyl-[2-[2]pyridyl-cyclohex-
1-enylmethyl]- 4368

—, Dimethyl-[2-[2]pyridyl-cyclohex-
2-enylmethyl]- 4368

—, Dimethyl-[7-[2]pyridyl-hept-2-inyl]-
4367

Anilin, N-Hexahydropyrrolizin-
1-ylmethyl- 3816

Butylamin, 2-[2-Methyl-indol-3-ylmethyl]-
4375

Carbazol-2-ylamin, 9-Äthyl-4b,5,6,7,8,8a-
hexahydro- 4370

Carbazol-4-ylamin, 9-Äthyl-4b,5,6,7,8,8a-
hexahydro- 4370

Propylamin, 1-Indol-3-ylmethyl-
2-methyl- 4373

Pyrido[3,2,1-ij]chinolin-9-ylamin,
8,10-Dimethyl-2,3,6,7-tetrahydro-
1H,5H- 4376

Spiro[chinolin-4,1'-cyclohexan], x-Amino-
2,3-dihydro-1H- 4376

$C_{14}H_{20}N_2O$

Acetamid, N-[1-Methyl-4-phenyl-
[4]piperidyl]- 4271

Formamid, N-[1-Methyl-4-phenyl-
[4]piperidylmethyl]- 4275

Propan-1-ol, 3-[(2-Indol-3-yl-äthyl)-methyl-
amino]- 4325

Propan-2-ol, 1-[(2-Indol-3-yl-äthyl)-methyl-
amino]- 4325

p-Toluamid, N-[1-Methyl-[4]piperidyl]-
3757

$C_{14}H_{20}N_2O_2$

Benzoesäure, 4-Methoxy-, [1-methyl-
[4]piperidylamid] 3758

Glycin, N-[1,2,3,4-Tetrahydro-
[2]chinolylmethyl]-, äthylester
4263

$C_{14}H_{20}N_2O_3$

Glutaramidsäure, 2,4-Diäthyl-N-[2]pyridyl-
3891

$C_{14}H_{20}N_2O_4$

Amin, Bis-äthoxycarbonylmethyl-
[2]pyridylmethyl- 4150

$C_{14}H_{20}N_4O_2$

Harnstoff, [1-Carbamoyl-4-phenyl-
[4]piperidylmethyl]- 4278

$C_{14}H_{21}IN_2$

Mono-methojodid $[C_{14}H_{21}N_2]I$ aus
Dimethyl-[2,3,3-trimethyl-3H-indol-
5-yl]-amin 4366

$[C_{14}H_{21}N_2]^+$

Ammonium, [3-Äthyl-2-methyl-indol-5-yl]-
trimethyl- 4360

$[C_{14}H_{21}N_2]Cl$ 4360

$[C_{14}H_{21}N_2]C_6H_2N_3O_7$ 4360

—, [1,3-Dimethyl-indol-2-ylmethyl]-
trimethyl- 4354

$[C_{14}H_{21}N_2]CH_3O_4S$ 4354

—, Trimethyl-[2-(2-methyl-indol-3-yl)-
äthyl]- 4362

$[C_{14}H_{21}N_2]I$ 4362

$C_{14}H_{21}N_3$

Äthylendiamin, N-Cyclopent-2-enyl-N',N'-
dimethyl-N-[2]pyridyl- 3926

β-Alanin, N-[1,1-Dimethyl-3-(6-methyl-
[2]pyridyl)-propyl]-, nitril 4243

Hexannitril, 6-[2-(6-Methyl-[2]pyridyl)-
äthylamino]- 4229

Indol, 1,3-Bis-dimethylaminomethyl- 4309

$C_{14}H_{21}N_3O$

Harnstoff, [1-Methyl-4-phenyl-
[4]piperidylmethyl]- 4277

$C_{14}H_{22}N_2$

Amin, [1-Äthyl-[3]piperidyl]-benzyl- 3745

—, [1-Äthyl-[4]piperidyl]-benzyl- 3753

—, [1-Äthyl-pyrrolidin-2-ylmethyl]-
benzyl- 3762

—, Benzyl-[6-methyl-
[2]piperidylmethyl]- 3783

—, [1-Benzyl-[4]piperidyl]-dimethyl-
3752

—, [2-(1,3-Dimethyl-indolin-3-yl)-
äthyl]-dimethyl- 4274

—, Dimethyl-[1-methyl-4-phenyl-
[4]piperidyl]- 4271

—, Dimethyl-[1-phenyl-
[4]piperidylmethyl]- 3768

—, [2,5-Dimethyl-1-phenyl-
[4]piperidyl]-methyl- 3782

—, Dimethyl-[1-m-tolyl-[4]piperidyl]-
3752

—, Dimethyl-[1-o-tolyl-[4]piperidyl]-
3751

—, Dimethyl-[1-p-tolyl-[4]piperidyl]-
3752

—, Methyl-[1-methyl-4-phenyl-
[4]piperidylmethyl]- 4275

—, Methyl-[2-phenyl-2-[2]pyridyl-
äthyl]- 4290

—, Methyl-[1,2,2,4-tetramethyl-
1,2,3,4-tetrahydro-[6]chinolyl]- 4283

Anilin, N-[1-Äthyl-[3]piperidyl]-N-methyl-
3744

—, N-[1-Äthyl-pyrrolidin-2-ylmethyl]-
N-methyl- 3744

—, 3-[2-(1-Methyl-[2]piperidyl)-äthyl]-
4284

—, N-[1,2,5-Trimethyl-[4]piperidyl]-
3782

Methylamin, C-[1-Äthyl-4-phenyl-
[4]piperidyl]- 4275

—, C-[1-Methyl-4-phenyl-hexahydro-
azepin-4-yl]- 4284

C₁₄H₂₂N₂ (Fortsetzung)

Pyridin, 5-Äthyl-2-[2-piperidino-äthyl]-
4237

—, 2,4-Dimethyl-6-[2-piperidino-
äthyl]- 4239

—, 2-Methyl-6-[2-(2-methyl-
piperidino)-äthyl]- 4228

C₁₄H₂₂N₂O

Amin, [1-(4-Methoxy-phenyl)-[4]piperidyl]-
dimethyl- 3755

Cyclohexanol, 2-Dimethylaminomethyl-1-
[2]pyridyl- 4368

C₁₄H₂₂N₂O₂

Amin, Bis-[2-hydroxy-äthyl]-
[1,2,3,4-tetrahydro-[2]chinolylmethyl]-
4260

Succinimid, N-Octahydrochinolizin-
1-ylmethyl- 3824

C₁₄H₂₂N₂O₃

Azetidin-2,4-dion, 1-[1-Acetyl-[3]piperidyl]-
3,3-diäthyl- 3746

C₁₄H₂₂N₆

Guanidin, [1-Carbamimidoyl-4-phenyl-
[4]piperidylmethyl]- 4278

C₁₄H₂₃IN₂

Methojodid [C₁₄H₂₃N₂]I aus Dimethyl-
[1-methyl-1,2,3,4-tetrahydro-
[2]chinolylmethyl]-amin 4260

Methojodid [C₁₄H₂₃N₂]I aus Dimethyl-
[2-methyl-1,2,3,4-tetrahydro-
[1]isochinolylmethyl]-amin 4268

C₁₄H₂₃N

3-Aza-bicyclo[3.3.1]nona-2,7-dien, 1,2,4,4,≠
5,8-Hexamethyl- 3839

Pyridin, 1-[2,3-Dimethyl-but-2-enyl]-
3,4,6-trimethyl-1,2-dihydro- 3839

C₁₄H₂₃N₃

Amin, Äthyl-[2-piperidino-äthyl]-
[2]pyridyl- 3925

—, [1-Methyl-3-piperidino-propyl]-
[2]pyridyl- 3940

—, [4-Piperidino-butyl]-[2]pyridyl-
3940

C₁₄H₂₄N₂

Amin, Dimethyl-[3-[2]pyridyl-heptyl]- 4243

—, Isohexyl-[2-(6-methyl-[2]pyridyl)-
äthyl]- 4226

—, [2-(6-Methyl-[2]pyridyl)-äthyl]-
dipropyl- 4226

Piperidin, 1-[3,4-Diäthyl-pyrrol-2-ylmethyl]-
3838

—, 1-Methyl-3-[4-pyrrolidino-but-
2-inyl]- 3837

[C₁₄H₂₅N₂O₂]⁺

Piperidinium, 3-[3,3-Diäthyl-2,4-dioxo-
azetidin-1-yl]-1,1-dimethyl- 3746
[C₁₄H₂₅N₂O₂]Br 3746

—, 4-[3,3-Diäthyl-2,4-dioxo-azetidin-
1-yl]-1,1-dimethyl- 3757
[C₁₄H₂₅N₂O₂]Br 3757

C₁₄H₂₅N₃

Äthylendiamin, N,N-Diäthyl-N'-propyl-
N'-[2]pyridyl- 3925

Butandiyldiamin, N⁴,N⁴-Diäthyl-1-methyl-
N¹-[2]pyridyl- 3941

—, N⁴,N⁴-Diäthyl-1-methyl-N¹-
[3]pyridyl- 4084

—, N⁴,N⁴-Diäthyl-1-methyl-N¹-
[4]pyridyl- 4115

Pentandiyldiamin, N,N-Diäthyl-N'-
[4]pyridyl- 4114

Propandiyldiamin, N-Butyl-N',N'-
dimethyl-N-[2]pyridyl- 3939

C₁₄H₂₅N₃O

Äthanol, 2-[(3-Diäthylamino-propyl)-
[2]pyridyl-amino]- 3939

Amin, [3-(2-Diäthylamino-äthoxy)-propyl]-
[2]pyridyl- 3860

C₁₄H₂₆N₂

Amin, Diäthyl-[4-(1-methyl-[3]piperidyl)-
but-2-inyl]- 3837

—, Diäthyl-[6-vinyl-1-aza-bicyclo≠
[3.2.1]oct-7-ylmethyl]- 3838

—, Diäthyl-[3-vinyl-chinuclidin-
2-ylmethyl]- 3839

Chinolizin, 1-Pyrrolidinomethyl-
octahydro- 3824

[C₁₄H₂₆N₂]²⁺

Pyridinium, 1-Methyl-2-
[5-trimethylammonio-pentyl]- 4241
[C₁₄H₂₆N₂]I₂ 4241

C₁₄H₂₆N₂O

Piperidin, 1-Acetyl-2-[2-piperidino-äthyl]-
3775

C₁₄H₂₆N₂O₂

Acetamid, N-[4-(1-Acetyl-[3]piperidyl)-
butyl]-N-methyl- 3789

s. bei [C₁₂H₂₃N₂]⁺

C₁₄H₂₇N₃

Amin, [2-Pyrrolidino-äthyl]-tropan-3-yl-
3803

C₁₄H₂₈N₂

Äthan, 1-[1-Äthyl-[2]piperidyl]-
2-piperidino- 3771

Propan, 1-[1-Methyl-[3]piperidyl]-
3-piperidino- 3785

—, 1-[1-Methyl-[4]piperidyl]-
3-piperidino- 3786

C₁₄H₂₈N₂O

Acetamid, N-Methyl-N-[5-(1-methyl-
[3]piperidyl)-pentyl]- 3792

Äthanol, 2-[2-(2-Piperidino-äthyl)-
piperidino]- 3772

Amin, Äthyl-[1-äthyl-[3]piperidyl]-
tetrahydrofurfuryl- 3748

C₁₅H₁₃N₃O₂S
Naphthalin-1-sulfonsäure, 4-Amino-,
[2]pyridylamid 4004
−, 5-Amino-, [2]pyridylamid 4004
Naphthalin-2-sulfonsäure, 6-Amino-,
[2]pyridylamid 4004

C₁₅H₁₃N₃O₄S
Benzolsulfonsäure, 4-Succinimido-,
[2]pyridylamid 3991
Taurin, N,N-Phthaloyl-, [2]pyridylamid
3976

C₁₅H₁₃N₃O₅S
Maleinamidsäure, N-[4-
[2]Pyridylsulfamoyl-phenyl]- 3991

[C₁₅H₁₄FN₂O₂]⁺
Pyridinium, 3-Acetylamino-1-[4-fluor-
phenacyl]- 4074
[C₁₅H₁₄FN₂O₂]Br 4074

C₁₅H₁₄N₂
Anilin, N-Indol-3-ylmethyl- 4304
Indol, 1-[2-[4]Pyridyl-äthyl]- 4206

C₁₅H₁₄N₂O
Amin, Furfuryliden-[2-indol-3-yl-äthyl]-
4346
Indolin-5-ylamin, 1-Benzoyl- 4246
Indolin-6-ylamin, 1-Benzoyl- 4247

C₁₅H₁₄N₂O₂
Propenon, 1-[4-Methoxy-phenyl]-3-
[2]pyridylamino- 3877
Propionsäure, 3-Oxo-3-m-tolyl-,
[2]pyridylamid 3919

C₁₅H₁₄N₂O₂S
Benzolsulfonamid, N-Indol-3-ylmethyl-
4315

C₁₅H₁₄N₂O₃
Buttersäure, 2-Oxo-4-phenyl-4-
[2]pyridylamino- 3921
Propionsäure, 3-[2-Methoxy-phenyl]-3-oxo-,
[2]pyridylamid 3921
−, 3-[4-Methoxy-phenyl]-3-oxo-,
[2]pyridylamid 3921

C₁₅H₁₄N₂O₄
Buttersäure, 4-[2-Hydroxy-phenyl]-2-oxo-
4-[2]pyridylamino- 3922

C₁₅H₁₄N₂O₆S
Benzolsulfonsäure, 2,5-Diacetoxy-,
[2]pyridylamid 3972
−, 3,4-Diacetoxy-, [2]pyridylamid
3972

[C₁₅H₁₄N₃]⁺
Chinolinium, 1-Methyl-2-[2]pyridylamino-
3963
[C₁₅H₁₄N₃]I 3963

C₁₅H₁₄N₄
Penta-1,3-dien, 1-[3]Pyridylamino-5-
[3]pyridylimino- 4072

C₁₅H₁₄N₄O
Methandiyldiamin, C-[2]Furyl-N,N'-di-
[2]pyridyl- 3956

C₁₅H₁₄N₄O₂
Acrylsäure, 2-Acetyl-3-[2]pyridylamino-,
[2]pyridylamid 3919

C₁₅H₁₄N₄O₃
Malonamidsäure, 2-Phenylhydrazono-N-
[2]pyridyl-, methylester 3919

C₁₅H₁₄N₄S
Methandiyldiamin, N,N'-Di-[2]pyridyl-C-
[2]thienyl- 3956

C₁₅H₁₅AsN₆
Arsin, Tris-[2]pyridylamino- 4018

C₁₅H₁₅ClN₂
[7]Isochinolylamin, 2-[4-Chlor-phenyl]-
1,2,3,4-tetrahydro- 4254

[C₁₅H₁₅N₂]⁺
Pyridinium, 1-[3,3-Dimethyl-3H-indol-2-yl]-
4356
[C₁₅H₁₅N₂]Cl 4356
[C₁₅H₁₅N₂]ClO₄ 4356
−, 1-[2-Indol-3-yl-äthyl]- 4328
[C₁₅H₁₅N₂]Br 4328
[C₁₅H₁₅N₂]I 4328
[C₁₅H₁₅N₂]C₆H₂N₃O₇ 4328

C₁₅H₁₅N₃
Glycin, N-Benzyl-N-[4-methyl-[2]pyridyl]-,
nitril 4177

C₁₅H₁₅N₃O₂S
Sulfanilsäure, N-Indol-3-ylmethyl-, amid
4314

C₁₅H₁₅N₃O₄
Amin, [4,5-Dimethoxy-2-nitro-benzyliden]-
[6-methyl-[2]pyridyl]- 4137

C₁₅H₁₅N₃O₄S
Amin, Acetyl-[N-acetyl-sulfanilyl]-
[2]pyridyl- 4015

C₁₅H₁₅N₃O₅S
Succinamidsäure, N-[4-[2]Pyridylsulfamoyl-
phenyl]- 3991

C₁₅H₁₅N₆OP
Phosphorsäure-tris-[3]pyridylamid 4089

C₁₅H₁₅N₆P
Phosphin, Tris-[4]pyridylamino- 4118

[C₁₅H₁₆Br₂N₃]⁺
Pyridinium, 1-Äthyl-4-[2-(3,5-dibrom-
[2]pyridylamino)-1-methyl-vinyl]-
4042
[C₁₅H₁₆Br₂N₃]I 4042
−, 1-Äthyl-2-[2-(3,5-dibrom-
[2]pyridylamino)-vinyl]-6-methyl-
4042
[C₁₅H₁₆Br₂N₃]I 4042
−, 2-[2-(3,5-Dibrom-[2]pyridylamino)-
vinyl]-1,4,6-trimethyl- 4043
[C₁₅H₁₆Br₂N₃]I 4043

C₁₅H₁₆ClN₃O₂
Harnstoff, N'-Äthyl-N-[5-chlor-2-methoxy-
phenyl]-N-[2]pyridyl- 3907

$[C_{15}H_{16}Cl_2N_3]^+$

Pyridinium, 1-Äthyl-4-[2-(3,5-dichlor-
[2]pyridylamino)-1-methyl-vinyl]-
4029
$[C_{15}H_{16}Cl_2N_3]I$ 4029

$C_{15}H_{16}N_2O$

Äthanon, 2-[4,6-Dimethyl-[2]pyridylamino]-
1-phenyl- 4211

Amin, Furfuryl-[2-indol-3-yl-äthyl]- 4345

Buttersäure, 4-Phenyl-, [2]pyridylamid
3887

Essigsäure, Phenyl-, [2-[4]pyridyl-
äthylamid] 4207

Propionsäure, 2-Methyl-3-phenyl-,
[2]pyridylamid 3887

$C_{15}H_{16}N_2O_2$

Amin, [2-Phenyl-[1,3]dioxolan-2-ylmethyl]-
[2]pyridyl- 3960

Anthranilsäure, N-[2-[2]Pyridyl-äthyl]-,
methylester 4195

—, N-[2-[4]Pyridyl-äthyl]-,
methylester 4208

Azetidin-2,4-dion, 3,3-Diäthyl-1-indol-2-yl-
4295

Essigsäure-[1-phenyl-2-[2]pyridylamino-
äthylester] 3865

Glycin, N-Benzyl-N-[4-methyl-[2]pyridyl]-
4177

Mandelamid, N-[4,6-Dimethyl-[2]pyridyl]-
4212

Succinimid, N-[3-Äthyl-2-methyl-indol-
5-yl]- 4360

Tropasäure-[[2]pyridylmethyl-amid] 4151

—   [[3]pyridylmethyl-amid] 4170

—   [[4]pyridylmethyl-amid] 4183

$C_{15}H_{16}N_4O_2$

Glutaramid, N,N'-Di-[2]pyridyl- 3890

Malonamid, N,N'-Bis-[4-methyl-[2]pyridyl]-
4175

—, N,N'-Bis-[5-methyl-[2]pyridyl]-
4163

—, N,N'-Bis-[6-methyl-[2]pyridyl]-
4138

$[C_{15}H_{17}BrN_3]^+$

Pyridinium, 1-Äthyl-4-[2-(5-brom-
[2]pyridylamino)-1-methyl-vinyl]-
4036
$[C_{15}H_{17}BrN_3]I$ 4036

—, 1-Äthyl-2-[2-(5-brom-
[2]pyridylamino)-vinyl]-6-methyl-
4037
$[C_{15}H_{17}BrN_3]I$ 4037

—, 4-[2-(5-Brom-[2]pyridylamino)-
vinyl]-1-propyl- 4036
$[C_{15}H_{17}BrN_3]I$ 4036

—, 2-[2-(5-Brom-[2]pyridylamino)-
vinyl]-1,4,6-trimethyl- 4037
$[C_{15}H_{17}BrN_3]I$ 4037

$[C_{15}H_{17}ClN_3]^+$

Pyridinium, 1-Äthyl-4-[2-(5-chlor-
[2]pyridylamino)-1-methyl-vinyl]-
4025
$[C_{15}H_{17}ClN_3]I$ 4025

—, 1-Äthyl-4-[2-(6-chlor-
[3]pyridylamino)-1-methyl-vinyl]-
4092
$[C_{15}H_{17}ClN_3]I$ 4092

—, 1-Äthyl-2-[2-(5-chlor-
[2]pyridylamino)-vinyl]-6-methyl-
4026
$[C_{15}H_{17}ClN_3]I$ 4026

—, 4-[2-(5-Chlor-[2]pyridylamino)-
vinyl]-1-propyl- 4025
$[C_{15}H_{17}ClN_3]I$ 4025

—, 4-[2-(6-Chlor-[3]pyridylamino)-
vinyl]-1-propyl- 4091
$[C_{15}H_{17}ClN_3]I$ 4091

—, 2-[2-(5-Chlor-[2]pyridylamino)-
vinyl]-1,4,6-trimethyl- 4026
$[C_{15}H_{17}ClN_3]I$ 4026

$[C_{15}H_{17}IN_3]^+$

Pyridinium, 1-Äthyl-4-[2-(5-jod-
[2]pyridylamino)-1-methyl-vinyl]-
4050
$[C_{15}H_{17}IN_3]I$ 4050

—, 1-Äthyl-2-[2-(5-jod-
[2]pyridylamino)-vinyl]-6-methyl-
4050
$[C_{15}H_{17}IN_3]I$ 4050

—, 4-[2-(5-Jod-[2]pyridylamino)-vinyl]-
1-propyl- 4049
$[C_{15}H_{17}IN_3]I$ 4049

$[C_{15}H_{17}N_2]^+$

Pyridinium, 1-Methyl-2-[2-(N-methyl-
anilino)-vinyl]- 4244
$[C_{15}H_{17}N_2]I$ 4244

$C_{15}H_{17}N_3O$

Acetamidin, N-[4-Äthoxy-phenyl]-N'-
[2]pyridyl- 3880

$C_{15}H_{17}N_3OS$

Thioharnstoff, N-[4-Äthoxy-phenyl]-N'-
[5-methyl-[2]pyridyl]- 4164

—, N-[4-Propoxy-phenyl]-N'-
[2]pyridyl- 3904

$C_{15}H_{17}N_3O_2S$

Benzolsulfonsäure, 4-Pyrrolidino-,
[2]pyridylamid 3981

$C_{15}H_{17}N_3O_3S$

Benzolsulfonsäure, 4-Acetylamino-
2,5-dimethyl-, [2]pyridylamid 4004

—, 5-Acetylamino-2,4-dimethyl-,
[2]pyridylamid 4003

Sulfanilsäure, N-Acetyl-, [6-äthyl-
[2]pyridylamid] 4186

—, N-Acetyl-, [2,6-dimethyl-
[3]pyridylamid] 4215

$C_{15}H_{22}N_2$ (Fortsetzung)

Anilin, 4-Chinuclidin-3-yl-N,N-dimethyl- 4373

Chinolin, 2-Piperidinomethyl-1,2,3,4-tetrahydro- 4261

Pentylamin, 2-[2-Methyl-indol-3-ylmethyl]- 4376

$C_{15}H_{22}N_2O$

Acetamid, N-[2,5-Dimethyl-1-phenyl-[4]piperidyl]- 3782

Butan-1-ol, 4-[(2-Indol-3-yl-äthyl)-methyl-amino]- 4325

$C_{15}H_{22}N_2O_2$

Anilin, 3,4-Dimethoxy-N-[1-methyl-1,2,5,6-tetrahydro-[3]pyridylmethyl]- 3795

Benzoesäure, 4-Äthoxy-, [1-methyl-[4]piperidylamid] 3759

$C_{15}H_{22}N_3O_3PS$

Thioharnstoff, N-Diäthoxyphosphoryl-N'-[2-indol-3-yl-äthyl]- 4339

$[C_{15}H_{23}N_2]^+$

Ammonium, [3-Äthyl-1,2-dimethyl-indol-5-yl]-trimethyl- 4360

$[C_{15}H_{23}N_2]C_6H_2N_3O_7$ 4360

—, Trimethyl-[2-(2-methyl-indolizin-1-yl)-propyl]- 4370

$[C_{15}H_{23}N_2]I$ 4370

$C_{15}H_{23}N_3$

Äthylendiamin, N-Hexa-2,4-dienyl-N',N'-dimethyl-N-[2]pyridyl- 3926

$C_{15}H_{23}N_3O$

Harnstoff, N-[2-(1-Methyl-[3]piperidyl)-äthyl]-N'-phenyl- 3777

$C_{15}H_{24}I_2N_2$

Bis-methojodid $[C_{15}H_{24}N_2]I_2$ aus Dimethyl-[2,3,3-trimethyl-3H-indol-5-yl]-amin 4366

Bis-methojodid $[C_{15}H_{24}N_2]I_2$ aus Dimethyl-[2,3,3-trimethyl-3H-indol-6-yl]-amin 4366

$C_{15}H_{24}N_2$

Amin, [1-Äthyl-[3]piperidyl]-benzyl-methyl- 3745

—, [1-Äthyl-pyrrolidin-2-ylmethyl]-benzyl-methyl- 3745

—, Diäthyl-[1-äthyl-1,2,3,4-tetrahydro-[3]chinolyl]- 4250

—, [3-(1,3-Dimethyl-indolin-3-yl)-propyl]-dimethyl- 4284

—, Dimethyl-[1-phenäthyl-[4]piperidyl]- 3753

Butylamin, 2-Phenyl-4-[2]piperidyl- 4292

Pyridin, 2-[2-(2-Propyl-piperidino)-äthyl]- 4192

$C_{15}H_{24}N_2O$

Amin, [1-(4-Äthoxy-phenyl)-[4]piperidyl]-dimethyl- 3755

Isovaleramid, N-Methyl-N-[4-[3]pyridyl-butyl]- 4234

$C_{15}H_{24}N_2O_2$

Amin, Bis-[2-hydroxy-äthyl]-[1-methyl-1,2,3,4-tetrahydro-[2]chinolylmethyl]- 4260

$C_{15}H_{24}N_2O_4S$

s. bei $[C_{14}H_{21}N_2]^+$

$[C_{15}H_{25}N_2O_2]^+$

Chinolizinium, 5-Methyl-1-succinimidomethyl-octahydro- 3824

$[C_{15}H_{25}N_2O_2]I$ 3824

$C_{15}H_{25}N_3$

Amin, [2,2-Dimethyl-3-piperidino-propyl]-[2]pyridyl- 3941

Anilin, 4-[4-Dimethylamino-piperidino]-N,N-dimethyl- 3760

[7]Isochinolylamin, 2-[2-Diäthylamino-äthyl]-1,2,3,4-tetrahydro- 4256

$C_{15}H_{25}N_3O$

Harnstoff, N,N-Diäthyl-N'-methyl-N'-[4-[3]pyridyl-butyl]- 4234

$C_{15}H_{26}N_2$

Amin, [2-(5-Äthyl-[2]pyridyl)-äthyl]-dipropyl- 4236

—, [2-(5-Äthyl-[2]pyridyl)-äthyl]-isohexyl- 4236

—, Butyl-propyl-[6-propyl-[2]pyridyl]- 4220

—, Decyl-[2]pyridyl- 3850

—, Dibutyl-[2-[2]pyridyl-äthyl]- 4189

—, Dibutyl-[2-[4]pyridyl-äthyl]- 4203

—, Diisobutyl-[2-[2]pyridyl-äthyl]- 4190

—, [2-(4,6-Dimethyl-[2]pyridyl)-äthyl]-dipropyl- 4238

—, [2-(4,6-Dimethyl-[2]pyridyl)-äthyl]-isohexyl- 4239

—, Dimethyl-[3-[2]pyridyl-octyl]- 4244

1-Aza-bicyclo[3.2.1]octan, 7-Piperidinomethyl-6-vinyl- 3839

Chinuclidin, 2-Piperidinomethyl-3-vinyl- 3839

$C_{15}H_{27}N_3$

Äthylendiamin, N-Hexyl-N',N'-dimethyl-N-[2]pyridyl- 3925

Butandiyldiamin, N^4,N^4-Diäthyl-1-methyl-N'-[6-methyl-[2]pyridyl]- 4143

Hexandiyldiamin, N,N-Diäthyl-N'-[4]pyridyl- 4115

$C_{15}H_{27}N_3O$

Formamid, N-[2-Pyrrolidino-äthyl]-N-tropan-3-yl- 3810

$[C_{15}H_{28}N_2]^{2+}$

But-2-in, 1-[1,1-Dimethyl-pyrrolidinium-2-yl]-4-[1-methyl-pyrrolidinium-1-yl]- 3837

$[C_{15}H_{28}N_2]Br_2$ 3837

$C_{15}H_{28}N_2O_2$
Piperidin-1-carbonsäure, 2-[2-Piperidino-äthyl]-, äthylester 3776

$C_{15}H_{29}N_3$
Amin, [9-Methyl-9-aza-bicyclo[3.3.1]non-3-yl]-[2-pyrrolidino-äthyl]- 3818
–, Methyl-[2-pyrrolidino-äthyl]-tropan-3-yl- 3807
–, [2-Piperidino-äthyl]-tropan-3-yl- 3803
–, [3-Pyrrolidino-propyl]-tropan-3-yl- 3813

$C_{15}H_{30}N_2$
Äthan, 1-[1-Isopropyl-[2]piperidyl]-2-piperidino- 3771
–, 1-[2]Piperidyl-2-[2-propyl-piperidino]- 3772
Amin, Diäthyl-[2-octahydrochinolizin-3-yl-äthyl]- 3826
Azepin, 1-[3-(1-Methyl-[4]piperidyl)-propyl]-hexahydro- 3786
Propan, 1-[2-Methyl-piperidino]-3-[1-methyl-[4]piperidyl]- 3787

$[C_{15}H_{30}N_2]^{2+}$
Pyrrolidinium, 2-[4-(Diäthyl-methyl-ammonio)-but-2-inyl]-1,1-dimethyl- 3837
$[C_{15}H_{30}N_2]Br_2$ 3837

$C_{15}H_{30}N_2O$
Isovaleramid, N-Methyl-N-[4-[3]piperidyl-butyl]- 3790
Propan-2-ol, 1-[2-(2-Piperidino-äthyl)-piperidino]- 3772

$C_{15}H_{31}N_3$
Äthylendiamin, N,N-Diäthyl-N'-[9-methyl-9-aza-bicyclo[3.3.1]non-3-yl]- 3817
–, N,N-Diäthyl-N'-methyl-N'-tropan-3-yl- 3806
Propandiyldiamin, N,N-Diäthyl-N'-tropan-3-yl- 3812

$[C_{15}H_{32}N_2]^{2+}$
[1,4']Bipyridylium(2+), 1,1',1',2',5'-Pentamethyl-dodecahydro- 3782
$[C_{15}H_{32}N_2]I_2$ 3782
Chinolizinium, 1,5-Dimethyl-3-trimethyl≠ammoniomethyl-octahydro- 3827
$[C_{15}H_{32}N_2]I_2$ 3827
–, 3,5-Dimethyl-1-trimethyl≠ammoniomethyl-octahydro- 3827
$[C_{15}H_{32}N_2]I_2$ 3827
Piperidinium, 1,1-Dimethyl-3-[3-(1-methyl-pyrrolidinium-1-yl)-propyl]- 3785
$[C_{15}H_{32}N_2]I_2$ 3785
–, 1,1-Dimethyl-4-[3-(1-methyl-pyrrolidinium-1-yl)-propyl]- 3786
$[C_{15}H_{32}N_2]I_2$ 3786

–, 1,1',1'-Trimethyl-1,4'-äthandiyl-bis- 3779
$[C_{15}H_{32}N_2]I_2$ 3779

$[C_{15}H_{33}N_3]^{2+}$
Nortropanium, 8,8-Dimethyl-3-[methyl-(2-trimethylammonio-äthyl)-amino]- 3807
$[C_{15}H_{33}N_3]I_2$ 3807

$[C_{15}H_{34}N_2]^{2+}$
Piperidinium, 1-Äthyl-3-[3-(äthyl-dimethyl-ammonio)-propyl]-1-methyl- 3785
$[C_{15}H_{34}N_2]I_2$ 3785
–, 1-Äthyl-4-[3-(äthyl-dimethyl-ammonio)-propyl]-1-methyl- 3786
$[C_{15}H_{34}N_2]I_2$ 3786
–, 3-[3-(Diäthyl-methyl-ammonio)-propyl]-1,1-dimethyl- 3785
$[C_{15}H_{34}N_2]I_2$ 3785
–, 4-[3-(Diäthyl-methyl-ammonio)-propyl]-1,1-dimethyl- 3786
$[C_{15}H_{34}N_2]I_2$ 3786
–, 1,1-Dimethyl-3-[5-trimethylammonio-pentyl]- 3792
$[C_{15}H_{34}N_2]I_2$ 3792

C_{16}

$C_{16}H_{10}BrN_5O_7$
s. bei $[C_{10}H_8BrN_2]^+$

$C_{16}H_{10}N_6O_9$
s. bei $[C_{10}H_8N_3O_2]^+$

$C_{16}H_{11}BrN_2O_2$
[2]Naphthoesäure, 3-Hydroxy-, [5-brom-[2]pyridylamid] 4033

$C_{16}H_{11}ClN_2O_2$
[1,4]Naphthochinon, 2-Chlor-3-[4-methyl-[2]pyridylamino]- 4174
–, 3-Chlor-2-[5-methyl-[2]pyridylamino]- 4162

$C_{16}H_{11}N_3O_4$
[2]Naphthoesäure, 3-Hydroxy-, [5-nitro-[2]pyridylamid] 4060

$C_{16}H_{11}N_5O_7$
s. bei $[C_{10}H_9N_2]^+$

$C_{16}H_{11}N_5O_7S$
Benzolsulfonsäure, 4-[5-Nitro-[2]pyridyloxy]-, [5-nitro-[2]pyridylamid] 4064

$C_{16}H_{12}N_2O$
[1]Naphthaldehyd, 2-Hydroxy-, [2]pyridylimin 3875
[1]Naphthamid, N-[4]Pyridyl- 4109

$C_{16}H_{12}N_2O_2$
Indan-1,3-dion, 2-[1-Methyl-1H-[2]pyridylidenmethylimino]- 4154

$C_{16}H_{12}N_2O_2$ (Fortsetzung)
[2]Naphthoesäure, 1-Hydroxy-,
[2]pyridylamid 3916

$C_{16}H_{12}N_2O_3$
Chromen-2-carbonsäure, 4-Oxo-4H-,
[[3]pyridylmethyl-amid] 4170
[1,4]Naphthochinon, 3-Hydroxy-2-[[2]≠
pyridylamino-methyl]- 3878

$C_{16}H_{12}N_6O_4$
m-Phenylendiamin, 4,6-Dinitro-N,N'-di-
[2]pyridyl- 3943

$C_{16}H_{13}ClN_4O_4S_2$
Benzol-1,3-disulfonsäure, 4-Chlor-, bis-
[2]pyridylamid 3975
Sulfanilsäure, N-[6-Chlor-pyridin-
3-sulfonyl]-, [2]pyridylamid 4001

$C_{16}H_{13}N_3$
Amin, [2]Chinolylmethylen-
[2]pyridylmethyl- 4153
−, [8]Chinolylmethylen-
[2]pyridylmethyl- 4153
−, Phenyl-di-[2]pyridyl- 3962

$C_{16}H_{13}N_3O$
Harnstoff, N-[2]Naphthyl-N'-[2]pyridyl-
3895

$C_{16}H_{13}N_3O_3S$
Sulfanilsäure, N-Furfuryliden-,
[2]pyridylamid 3999

$C_{16}H_{13}N_3O_3S_2$
Sulfanilsäure, N-[Thiophen-2-carbonyl]-,
[2]pyridylamid 3999

$C_{16}H_{13}N_3O_4S$
Sulfanilsäure, N-[Furan-2-carbonyl]-,
[2]pyridylamid 3999

$C_{16}H_{13}N_3S$
Thioharnstoff, N-[1]Naphthyl-N'-
[2]pyridyl- 3903
−, N-[2]Naphthyl-N'-[2]pyridyl- 3903

$C_{16}H_{13}N_5O_5S$
Benzolsulfonsäure, 4-[5-Nitro-
furfurylidenhydrazino]-,
[2]pyridylamid 4007

$C_{16}H_{14}N_2O$
Amin, [[2]Furyl-phenyl-methyl]-[2]pyridyl-
3956
Benzamid, N-Indol-3-ylmethyl- 4309
−, N-[1-Methyl-indol-5-yl]- 4296
−, N-[1-Methyl-indol-6-yl]- 4297
−, N-[2-Methyl-indol-3-yl]- 4299
−, N-[2-Methyl-indol-5-yl]- 4299
−, N-[2-Methyl-indol-6-yl]- 4300

$C_{16}H_{14}N_2O_2$
Benzoesäure, 4-[Indol-3-ylmethyl-amino]-
4310

$C_{16}H_{14}N_2S$
Amin, [Phenyl-[2]thienyl-methyl]-
[2]pyridyl- 3956

$C_{16}H_{14}N_4O_2S$
Sulfanilsäure, N-[2]Pyridyl-,
[2]pyridylamid 3999

$C_{16}H_{14}N_4O_4S_2$
Benzol-1,4-disulfonamid, N,N'-Di-
[2]pyridyl- 3975

$C_{16}H_{14}N_4O_5S_2$
Sulfanilsäure, N-[6-Hydroxy-pyridin-
3-sulfonyl]-, [2]pyridylamid 4001

$C_{16}H_{14}N_5O_3P$
Phosphonsäure, [4-Nitro-phenyl]-, bis-
[2]pyridylamid 4018

$[C_{16}H_{15}N_2O_2]^+$
Pyridinium, 3-Carboxy-1-[2-indol-3-yl-
äthyl]- 4341
$[C_{16}H_{15}N_2O_2]Br$ 4341
−, 1-Methyl-4-[2-phthalimido-äthyl]-
4207
$[C_{16}H_{15}N_2O_2]Br$ 4207

$C_{16}H_{15}N_3$
Amin, [1-Äthyl-1H-[2]chinolyliden]-
[2]pyridyl- 3964

$C_{16}H_{15}N_3O$
Indol, Bz-[ω-Phenyl-ureido]-2-methyl-
4299
Isonicotinsäure-[2-indol-3-yl-äthylamid]
4347
Nicotinsäure-[2-indol-3-yl-äthylamid] 4347

$C_{16}H_{15}N_3O_3S$
Sulfanilsäure, N-Acetyl-, indol-3-ylamid
4296

$C_{16}H_{15}N_3O_4S$
Propan-1-sulfonsäure, 3-Phthalimido-,
[2]pyridylamid 3977

$C_{16}H_{15}N_3S$
Indol, Bz-[ω-Phenyl-thiureido]-2-methyl-
4299

$[C_{16}H_{15}N_4]^+$
Pyridinium, 2-[Di-[2]pyridyl-amino]-
1-methyl- 3963
$[C_{16}H_{15}N_4]I$ 3963
$[C_{16}H_{15}N_4]C_6H_2N_3O_7$ 3963

$C_{16}H_{15}N_5$
Methandiyldiamin, C,N,N'-Tri-[2]pyridyl-
3963

$C_{16}H_{15}N_5O$
Essigsäure, Cyan-[4-dimethylamino-
phenylimino]-, [2]pyridylamid 3920

$C_{16}H_{15}N_5O_2$
Penta-2,4-dienal, 5-[3-Nitro-
[4]pyridylamino]-, phenylhydrazon
4125

$[C_{16}H_{16}Br_2N_3]^+$
Pyridinium, 1-Allyl-2-[2-(3,5-dibrom-
[2]pyridylamino)-vinyl]-6-methyl-
4043
$[C_{16}H_{16}Br_2N_3]Br$ 4043

$C_{16}H_{16}N_2$
Äthylamin, 2-[1-Phenyl-indol-3-yl]- 4324

$C_{16}H_{16}N_2$ (Fortsetzung)

Anilin, N-[2-Indol-3-yl-äthyl]- 4324

–, N-Indol-3-ylmethyl-N-methyl-
4305

$C_{16}H_{16}N_2O$

p-Anisidin, N-Indol-3-ylmethyl- 4307

Benzamid, N-[1-Methyl-indolin-5-yl]- 4246

–, N-[1-Methyl-indolin-6-yl]- 4248

[6]Chinolylamin, 1-Benzoyl-
1,2,3,4-tetrahydro- 4252

[7]Chinolylamin, 1-Benzoyl-
1,2,3,4-tetrahydro- 4253

Cinnamamid, N-[2,6-Dimethyl-[3]pyridyl]-
4214

[7]Isochinolylamin, 2-Benzoyl-
1,2,3,4-tetrahydro- 4255

$C_{16}H_{16}N_2O_3$

Valeriansäure, 2-Oxo-5-phenyl-4-
[2]pyridylamino- 3922

$C_{16}H_{16}N_2O_4$

Buttersäure, 4-[4-Methoxy-phenyl]-2-oxo-
4-[2]pyridylamino- 3922

$C_{16}H_{16}N_2O_6S$

Benzolsulfonsäure, 4-Diacetoxymethyl-,
[2]pyridylamid 3973

$[C_{16}H_{16}N_3]^+$

Chinolinium, 1-Äthyl-2-[2]pyridylamino-
3964

$[C_{16}H_{16}N_3]I$ 3964

Pyridinium, 1-Methyl-2-[(2-methyl-
indolizin-3-ylimino)-methyl]- 4317

$[C_{16}H_{16}N_3]I$ 4317

$[C_{16}H_{16}N_3O]^+$

Pyridinium, 3-Carbamoyl-1-[2-indol-3-yl-
äthyl]- 4342

$[C_{16}H_{16}N_3O]Cl$ 4342

$C_{16}H_{16}N_4O_3$

Malonamidsäure, 2-Phenylhydrazono-N-
[4]pyridyl-, äthylester 4112

$C_{16}H_{16}N_4O_4$

Amin, [2-Methyl-6-nitro-
1,2,3,4-tetrahydro-[4]chinolyl]-[4-nitro-
phenyl]- 4258

$C_{16}H_{16}N_4O_4S$

Prolin, 5-Oxo-, [4-[2]pyridylsulfamoyl-
anilid] 4000

$C_{16}H_{16}N_5OP$

Phosphonsäure, [4-Amino-phenyl]-, bis-
[2]pyridylamid 4018

$[C_{16}H_{17}IN_3]^+$

Pyridinium, 1-Allyl-2-[2-(5-jod-
[2]pyridylamino)-vinyl]-6-methyl-
4051

$[C_{16}H_{17}IN_3]Br$ 4051

$[C_{16}H_{17}N_2]^+$

Pyridinium, 1-[2-Indol-3-yl-äthyl]-
4-methyl- 4328

$[C_{16}H_{17}N_2]I$ 4328

$[C_{16}H_{17}N_2]C_6H_2N_3O_7$ 4328

$[C_{16}H_{17}N_2O]^+$

Pyridinium, 2-[2-(N-Acetyl-anilino)-vinyl]-
1-methyl- 4244

$[C_{16}H_{17}N_2O]ClO_4$ 4244

$[C_{16}H_{17}N_2O]I$ 4244

$[C_{16}H_{17}N_2O]C_7H_5O_4$ 4244

–, 4-[2-(N-Acetyl-anilino)-vinyl]-
1-methyl- 4245

$[C_{16}H_{17}N_2O]I$ 4245

$C_{16}H_{17}N_3$

Amin, [1-[3]Pyridyl-propenyl]-[1-[3]pyridyl-
propyliden]- 4245

Glycin, N-Benzyl-N-[4,6-dimethyl-
[2]pyridyl]-, nitril 4212

$C_{16}H_{17}N_3O_2S$

Sulfanilsäure-[2,3-dimethyl-indol-5-ylamid]
4352

– [2-indol-3-yl-äthylamid] 4348

$C_{16}H_{17}N_3O_4$

Hydantoinsäure, 5-[4-Äthoxy-phenyl]-5-
[2]pyridyl- 3908

$[C_{16}H_{18}Br_2N_3]^+$

Pyridinium, 4-[2-(3,5-Dibrom-
[2]pyridylamino)-1-methyl-vinyl]-
1-propyl- 4042

$[C_{16}H_{18}Br_2N_3]I$ 4042

–, 2-[2-(3,5-Dibrom-[2]pyridylamino)-
vinyl]-6-methyl-1-propyl- 4042

$[C_{16}H_{18}Br_2N_3]I$ 4042

$C_{16}H_{18}ClN_3O$

Äthylendiamin, N-[4-Chlor-benzoyl]-N',N'-
dimethyl-N-[2]pyridyl- 3937

$C_{16}H_{18}ClN_3S$

Äthylendiamin, N-[4-Chlor-thiobenzoyl]-
N',N'-dimethyl-N-[2]pyridyl- 3937

$[C_{16}H_{18}Cl_2N_3]^+$

Pyridinium, 4-[2-(3,5-Dichlor-
[2]pyridylamino)-1-methyl-vinyl]-
1-propyl- 4029

$[C_{16}H_{18}Cl_2N_3]I$ 4029

$C_{16}H_{18}N_2$

Amin, [2-Methyl-1,2,3,4-tetrahydro-
[4]chinolyl]-phenyl- 4257

Chinolin, 1-[2-[2]Pyridyl-äthyl]-
1,2,3,4-tetrahydro- 4194

–, 1-[2-[4]Pyridyl-äthyl]-
1,2,3,4-tetrahydro- 4206

Eckstein-Base 4257

Eibner-Base 4257

[7]Isochinolylamin, 2-Benzyl-
1,2,3,4-tetrahydro- 4255

–, 2-p-Tolyl-1,2,3,4-tetrahydro- 4255

$C_{16}H_{18}N_2O$

Propionsäure, 3-Phenyl-, [2,6-dimethyl-
[3]pyridylamid] 4214

$C_{16}H_{18}N_2O_2$

Äthan, 1-[Äthyl-[2]pyridyl-amino]-
2-benzoyloxy- 3858

$C_{16}H_{18}N_2O_2$ (Fortsetzung)

Anthranilsäure, N-[2-(6-Methyl-[2]pyridyl)-äthyl]-, methylester 4229

Azetidin-2,4-dion, 3,3-Diäthyl-1-[3-methyl-indol-2-yl]- 4301

Carbamidsäure, [1-Methyl-2-[2]pyridyl-äthyl]-, benzylester 4221

Glycin, N-Benzyl-N-[2]pyridyl-, äthylester 3910

Pyridin-3-carbonsäure, 1-Indol-3-ylmethyl-1,2,5,6-tetrahydro-, methylester 4313

Salicylamid, N-[2-(5-Äthyl-[2]pyridyl)-äthyl]- 4238

Tropasäure-[methyl-[2]pyridylmethyl-amid] 4151

— [methyl-[3]pyridylmethyl-amid] 4170

— [methyl-[4]pyridylmethyl-amid] 4183

$C_{16}H_{18}N_2O_2S$

[7]Chinolylamin, 1-[Toluol-4-sulfonyl]-1,2,3,4-tetrahydro- 4253

$C_{16}H_{18}N_2O_4S$

Glycin, N-Benzolsulfonyl-N-[2,4,6-trimethyl-[3]pyridyl]- 4231

$C_{16}H_{18}N_2O_5S$

Glycin, N-Benzolsulfonyl-N-[2,4,6-trimethyl-1-oxy-[3]pyridyl]- 4232

$C_{16}H_{18}N_2S_2$

Dithiocarbamidsäure, Methyl-[2-[4]pyridyl-äthyl]-, benzylester 4208

$C_{16}H_{18}N_4O_2$

Adipamid, N,N'-Di-[2]pyridyl- 3890

Harnstoff, N-[2-[4]Pyridyl-äthyl]-N'-[3-[4]pyridyl-propionyl]- 4208

$C_{16}H_{18}N_4O_3$

Äthylendiamin, N,N-Dimethyl-N'-[4-nitro-benzoyl]-N'-[2]pyridyl- 3937

$C_{16}H_{18}N_4O_4S$

Valeriansäure, 4-[4-[2]Pyridylsulfamoyl-phenylhydrazono]- 4006

$[C_{16}H_{19}BrN_3]^+$

Pyridinium, 4-[2-(5-Brom-[2]pyridylamino)-1-methyl-vinyl]-1-propyl- 4036

$[C_{16}H_{19}BrN_3]I$ 4036

—, 2-[2-(5-Brom-[2]pyridylamino)-vinyl]-6-methyl-1-propyl- 4037

$[C_{16}H_{19}BrN_3]I$ 4037

$C_{16}H_{19}Br_2N_3$

Äthylendiamin, N-[3-Brom-benzyl]-N-[5-brom-[2]pyridyl]-N',N'-dimethyl- 4035

$C_{16}H_{19}ClN_2$

Amin, Benzyl-[2-chlor-äthyl]-[2-[2]pyridyl-äthyl]- 4191

$[C_{16}H_{19}ClN_3]^+$

Pyridinium, 4-[2-(5-Chlor-[2]pyridylamino)-1-methyl-vinyl]-1-propyl- 4025

$[C_{16}H_{19}ClN_3]I$ 4025

—, 4-[2-(6-Chlor-[3]pyridylamino)-1-methyl-vinyl]-1-propyl- 4092

$[C_{16}H_{19}ClN_3]I$ 4092

—, 2-[2-(5-Chlor-[2]pyridylamino)-vinyl]-6-methyl-1-propyl- 4026

$[C_{16}H_{19}ClN_3]I$ 4026

$[C_{16}H_{19}IN_3]^+$

Pyridinium, 2-[2-(5-Jod-[2]pyridylamino)-vinyl]-6-methyl-1-propyl- 4050

$[C_{16}H_{19}IN_3]I$ 4050

$[C_{16}H_{19}N_2]^+$

Chinolizinylium, 3-Benzylamino-1,2,3,4-tetrahydro- 4256

$[C_{16}H_{19}N_2]AuCl_4 \cdot HAuCl_4$ 4256

$[C_{16}H_{19}N_2O_2]^+$

Pyridinium, 1-Methyl-4-[tropoylamino-methyl]- 4183

$[C_{16}H_{19}N_2O_2]I$ 4183

$C_{16}H_{19}N_3O$

Acetamid, N-[2-(Benzyl-[2]pyridyl-amino)-äthyl]- 3931

Äthylendiamin, N-Benzoyl-N',N'-dimethyl-N-[2]pyridyl- 3936

Glycin, N,N-Dimethyl-, [benzyl-[2]pyridyl-amid] 3944

Nicotinsäure-[methyl-(4-[3]pyridyl-butyl)-amid] 4235

$C_{16}H_{19}N_3OS$

Thioharnstoff, N-[4-Butoxy-phenyl]-N'-[2]pyridyl- 3904

$C_{16}H_{19}N_3O_2$

Äthan, 1-[Äthyl-[2]pyridyl-amino]-2-[4-amino-benzoyloxy]- 3858

Benzamidin, 4-[2-Äthoxy-äthoxy]-N-[2]pyridyl- 3915

Glycin, N,N-Bis-[3]pyridylmethyl-, äthylester 4171

Harnstoff, N-[4-Äthoxy-phenyl]-N'-äthyl-N-[2]pyridyl- 3908

—, N-[4-Äthoxy-phenyl]-N'-äthyl-N-[3]pyridyl- 4080

$C_{16}H_{19}N_3O_3$

Anilin, 5-Nitro-2-propoxy-N-[2-[2]pyridyl-äthyl]- 4193

$C_{16}H_{19}N_3O_3S$

Sulfanilsäure, N-Acetyl-, [3-äthyl-6-methyl-[2]pyridylamid] 4225

—, N-Acetyl-, [2,4,6-trimethyl-[3]pyridylamid] 4231

—, N-Isovaleryl-, [2]pyridylamid 3988

$C_{16}H_{19}N_3O_6S$

Sulfanilsäure, N-Arabit-1-yliden-, [2]pyridylamid 3986

—, N-Xylit-1-yliden-, [2]pyridylamid 3986

$C_{16}H_{19}N_3S$

Thioharnstoff, N-[4-Butyl-phenyl]-N'-[2]pyridyl- 3903

[C₁₆H₂₁N₄O₃S]⁺

Ammonium, Trimethyl-[(4-
[2]pyridylsulfamoyl-phenylcarbamoyl)-
methyl]- 3998
[C₁₆H₂₁N₄O₃S]Cl 3998

C₁₆H₂₁N₇O₂S

Biguanid, 1-Isopropyl-5-[4-
[2]pyridylsulfamoyl-phenyl]- 3993

C₁₆H₂₂N₂

Indol, 3-[2-Äthyl-piperidinomethyl]- 4307
–, 3-[4-Äthyl-piperidinomethyl]-
4307
–, 2,5-Dimethyl-3-piperidinomethyl-
4367
–, 3-[2,4-Dimethyl-piperidinomethyl]-
4307
–, 3-[2,6-Dimethyl-piperidinomethyl]-
4307
–, 2-Methyl-3-[2-piperidino-äthyl]-
4363
–, 2-Methyl-3-[β-pyrrolidino-
isopropyl]- 4369

C₁₆H₂₂N₂O

Benzamid, N-Octahydrochinolizin-3-yl-
3822

C₁₆H₂₂N₂O₂

Acetamid, N-[1-Acetyl-2,3,8-trimethyl-
1,2,3,4-tetrahydro-[5]chinolyl]- 4283
Crotonsäure, 3-[(1,2,3,4-Tetrahydro-
[2]chinolylmethyl)-amino]-, äthylester
4264

C₁₆H₂₂N₂O₄

Isochinolin-2-carbonsäure,
1-[Äthoxycarbonylamino-methyl]-
3,4-dihydro-1H-, äthylester 4269

C₁₆H₂₂N₄

Äthylendiamin, N,N-Diäthyl-N′,N′-di-
[2]pyridyl- 3962
Hexandiyldiamin, N,N′-Di-[2]pyridyl-
3941
–, N,N′-Di-[4]pyridyl- 4115

C₁₆H₂₃ClN₂

Amin, [4-Chlor-benzyl]-methyl-tropan-3-yl-
3796

[C₁₆H₂₃N₂]⁺

Ammonium, [2,5-Dimethyl-1-phenyl-
pyrrol-3-ylmethyl]-trimethyl- 3836
[C₁₆H₂₃N₂]I 3836
Piperidinium, 1-[2-Indol-3-yl-äthyl]-
1-methyl- 4326
[C₁₆H₂₃N₂]I 4326
–, 1-Methyl-1-[1-methyl-indol-
3-ylmethyl]- 4306
[C₁₆H₂₃N₂]I 4306

C₁₆H₂₃N₃O

Äthylendiamin, N-[2,6-Dimethyl-[4]pyridyl]-
N-furfuryl-N′,N′-dimethyl- 4218
Chinolizin-3-carbonsäure, Octahydro-,
[[2]pyridylmethyl-amid] 4153

Harnstoff, N-Octahydrochinolizin-3-yl-
N′-phenyl- 3822

C₁₆H₂₃N₃S

Äthylendiamin, N,N-Diäthyl-N′-[2]pyridyl-
N′-[2]thienylmethyl- 3950
Thioharnstoff, N-Methyl-N′-phenyl-
N-tropan-3-yl- 3801

C₁₆H₂₄N₂

Amin, Benzyl-hexahydropyrrolizin-
1-ylmethyl-methyl- 3817
–, Benzyl-methyl-tropan-3-yl- 3796
–, Benzyl-octahydrochinolizin-3-yl-
3822
–, Diäthyl-[2-(1,2-dimethyl-indol-
3-yl)-äthyl]- 4362
–, Diäthyl-[2,2,4-trimethyl-
1,2-dihydro-[6]chinolyl]- 4368
–, Dimethyl-[6-pentyl-indol-
3-ylmethyl]- 4375
–, [2-Indol-3-yl-äthyl]-diisopropyl-
4323
–, [2-Indol-3-yl-äthyl]-dipropyl- 4323
Benz[c]azepin, 3-Piperidinomethyl-
2,3,4,5-tetrahydro-1H- 4272
[1,4′]Bipyridyl, 1′-Phenyl-decahydro- 3754
Chinolin, 2-[2-Piperidino-äthyl]-
1,2,3,4-tetrahydro- 4272
Hexylamin, 2-[2-Methyl-indol-3-ylmethyl]-
4377

C₁₆H₂₄N₂O

Phenol, 4-[Octahydro-[1,4′]bipyridyl-1′-yl]-
3755
Undec-10-enamid, N-[2]Pyridyl- 3883
Monobenzoyl-Derivat C₁₆H₂₄N₂O
aus 2,4,6,6-Tetramethyl-
[3]piperidylamin 3791

C₁₆H₂₄N₂O₂

Äthan, 1-[1-Äthyl-[4]piperidylamino]-
2-benzoyloxy- 3754
Carbamidsäure, [1-Methyl-4-phenyl-
[4]piperidylmethyl]-, äthylester 4276

C₁₆H₂₅BrN₂

Anilin, 2-Brom-N,N-dimethyl-4-[2-
(1-methyl-[2]piperidyl)-äthyl]- 4287

C₁₆H₂₅ClN₂

Anilin, N-[1-Äthyl-[3]piperidyl]-3-chlor-
2,4,6-trimethyl- 3745
–, N-[1-Äthyl-pyrrolidin-2-ylmethyl]-
3-chlor-2,4,6-trimethyl- 3745

C₁₆H₂₅IN₂

Methojodid [C₁₆H₂₅N₂]I aus Benzyliden-
[1,2,5-trimethyl-[4]piperidyl]-amin 3782

C₁₆H₂₅N₃O₂

Benzoesäure, 4-[2-Methoxy-äthylamino]-,
[1-methyl-[4]piperidylamid] 3760

C₁₆H₂₆ClN₃

Äthylendiamin, N-[2-Chlor-benzyl]-
N-methyl-N′-[1-methyl-pyrrolidin-
2-ylmethyl]- 3763

$[C_{16}H_{33}N_3]^{2+}$
Nortropanium, 8,8-Dimethyl-3-[2-
(1-methyl-pyrrolidinium-1-yl)-
äthylamino]- 3804
$[C_{16}H_{33}N_3]I_2$ 3804
$C_{16}H_{34}N_2$
Amin, Methyl-propyl-[4-(1-propyl-
[3]piperidyl)-butyl]- 3789
–, Pentyl-[1-pentyl-
[3]piperidylmethyl]- 3768
$[C_{16}H_{34}N_2]^{2+}$
Piperidinium, 1-Äthyl-4-[2-(1-äthyl-
pyrrolidinium-1-yl)-äthyl]-1-methyl-
3779
$[C_{16}H_{34}N_2]I_2$ 3779
–, 1,1′,1′-Trimethyl-1,3′-propandiyl-
bis- 3785
$[C_{16}H_{34}N_2]I_2$ 3785
–, 1,1′,1′-Trimethyl-1,4′-propandiyl-
bis- 3786
$[C_{16}H_{34}N_2]I_2$ 3786
Pyrrolizinium, 4-Äthyl-1-triäthylammonio=
methyl-hexahydro- 3816
$[C_{16}H_{34}N_2][C_6H_2N_3O_7]_2$ 3816
$C_{16}H_{34}N_2O_2$
Amin, [5,5-Diäthoxy-pentyl]-[2-
[2]piperidyl-äthyl]- 3774
$C_{16}H_{35}N_3$
Pentandiyldiamin, N,N-Diäthyl-N′-
[1-äthyl-[3]piperidyl]- 3748
–, N,N-Diäthyl-N′-[1-äthyl-
pyrrolidin-2-ylmethyl]- 3748
$[C_{16}H_{35}N_3]^{2+}$
Nortropanium, 3-[2-(Diäthyl-methyl-
ammonio)-äthylamino]-8,8-dimethyl-
3803
$[C_{16}H_{35}N_3]Br_2$ 3803
$[C_{16}H_{35}N_3]I_2$ 3803
$[C_{16}H_{36}N_2]^{2+}$
Piperidinium, 1-Äthyl-3-[4-(äthyl-dimethyl-
ammonio)-butyl]-1-methyl- 3789
$[C_{16}H_{36}N_2]I_2$ 3789
–, 4-[2-(Dimethyl-propyl-ammonio)-
äthyl]-1-methyl-1-propyl- 3778
$[C_{16}H_{36}N_2]I_2$ 3778
$C_{16}H_{36}N_4$
Propandiyldiamin, N-[1-(3-Amino-propyl)-
[2]piperidylmethyl]-N-butyl- 3767

C_{17}

$C_{17}H_{11}N_5O_6$
Amin, Phenyl-picryl-[2]pyridyl- 3854
$C_{17}H_{12}N_2$
Carbazol, 9-[2]Pyridyl- 3866
$C_{17}H_{12}N_2O_2$
Phthalimid, N-Indol-3-ylmethyl- 4310
–, N-[1-Methyl-indol-5-yl]- 4297
–, N-[1-Methyl-indol-6-yl]- 4297

$C_{17}H_{12}N_2O_3S$
Dibenzofuran-2-sulfonsäure-
[2]pyridylamid 4012
$C_{17}H_{12}N_6O_9$
s. bei $[C_{11}H_{10}N_3O_2]^+$
$C_{17}H_{12}N_6O_{10}$
s. bei $[C_{11}H_{10}N_3O_2]^+$
$C_{17}H_{13}BrN_2O_2S$
Amin, [4-(4-Brom-benzolsulfonyl)-phenyl]-
[2]pyridyl- 3863
$C_{17}H_{13}ClN_4O_3S$
Benzolsulfonsäure, 4-[3-Chlor-4-hydroxy-
phenylazo]-, [2]pyridylamid 4007
$C_{17}H_{13}IN_2O_2S$
Amin, [4-(4-Jod-benzolsulfonyl)-phenyl]-
[2]pyridyl- 3863
$C_{17}H_{13}IN_4O_3S$
Benzolsulfonsäure, 4-[4-Hydroxy-3-jod-
phenylazo]-, [2]pyridylamid 4007
$C_{17}H_{13}N_3O$
Nicotinsäure-[phenyl-[2]pyridyl-amid]
3967
Pyridin-2-carbonsäure-[phenyl-[2]pyridyl-
amid] 3966
$C_{17}H_{13}N_3O_2$
Amin, Biphenyl-4-yl-[5-nitro-[2]pyridyl]-
4056
$C_{17}H_{13}N_3O_4S$
Amin, [4-(4-Nitro-benzolsulfonyl)-phenyl]-
[2]pyridyl- 3863
Sulfanilsäure, N-[3,6-Dioxo-cyclohexa-
1,4-dienyl]-, [2]pyridylamid 3984
$C_{17}H_{13}N_3O_5S_2$
Phthalamidsäure, N-[5-[2]Pyridylsulfamoyl-
[2]thienyl]- 4012
$C_{17}H_{13}N_5O_2$
Pyridin-2,6-dicarbonsäure-bis-
[2]pyridylamid 3967
$C_{17}H_{13}N_5O_4$
o-Phenylendiamin, N-[3,5-Dinitro-
[4]pyridyl]-N′-phenyl- 4129
$C_{17}H_{13}N_5O_6S$
Sulfanilsäure, N-[2,4-Dinitro-phenyl]-,
[2]pyridylamid 3981
$C_{17}H_{14}N_2$
Amin, Diphenyl-[2]pyridyl- 3853
Methan, Indol-1-yl-indol-3-yl- 4308
$C_{17}H_{14}N_2O_2$
[2]Naphthaldehyd, 1,4-Dihydroxy-
3-methyl-, [2]pyridylimin 3877
Phthalimid, N-[1-Methyl-indolin-5-yl]-
4246
–, N-[1-Methyl-indolin-6-yl]- 4248
$C_{17}H_{14}N_2O_3$
[1,4]Naphthochinon, 3-Hydroxy-2-[1-
[2]pyridylamino-äthyl]- 3878
$C_{17}H_{14}N_3O_5P$
Amidophosphorsäure, [5-Nitro-[2]pyridyl]-,
diphenylester 4065

$C_{17}H_{20}N_2O$
Benzamid, N-Methyl-N-[4-[3]pyridyl-butyl]-
4234
Phenol, 4-[4-Anilino-piperidino]- 3755
$C_{17}H_{20}N_2O_2$
[7]Isochinolylamin, 2-[3,4-Dimethoxy-
phenyl]-1,2,3,4-tetrahydro- 4255
Pyridin-3-carbonsäure, 1-Indol-3-ylmethyl-
1,2,5,6-tetrahydro-, äthylester 4314
Tropasäure-[äthyl-[3]pyridylmethyl-amid]
4170
– [äthyl-[4]pyridylmethyl-amid]
4183
$C_{17}H_{20}N_2O_4$
Benzoesäure, 3,4,5-Trimethoxy-,
[2-[2]pyridyl-äthylamid] 4196
–, 3,4,5-Trimethoxy-, [2-[4]pyridyl-
äthylamid] 4209
$C_{17}H_{20}N_2O_4S$
Glycin, N-Benzolsulfonyl-N-
[2,4,6-trimethyl-[3]pyridyl]-,
methylester 4232
$C_{17}H_{20}N_4O_2$
Malonsäure, Diäthyl-, bis-[2]pyridylamid
3890
$C_{17}H_{20}N_4O_4S$
Buttersäure, 3-[4-[2]Pyridylsulfamoyl-
phenylhydrazono]-, äthylester 4006
$C_{17}H_{21}BrN_2S$
Anilin, N-[5-Brom-[2]thienylmethyl]-N-
[1-methyl-[4]piperidyl]- 3760
$[C_{17}H_{21}BrN_3]^+$
Pyridinium, 2-[2-(5-brom-[2]pyridylamino)-
vinyl]-1-butyl-6-methyl- 4037
$[C_{17}H_{21}BrN_3]I$ 4037
$C_{17}H_{21}ClN_2S$
Anilin, N-[5-Chlor-[2]thienylmethyl]-N-
[1-methyl-[4]piperidyl]- 3760
$[C_{17}H_{21}ClN_3]^+$
Pyridinium, 1-Butyl-2-[2-(5-chlor-
[2]pyridylamino)-vinyl]-6-methyl-
4026
$[C_{17}H_{21}ClN_3]I$ 4026
–, 4-[2-(6-Chlor-[3]pyridylamino)-
vinyl]-1-isopentyl- 4091
$[C_{17}H_{21}ClN_3]I$ 4091
$[C_{17}H_{21}IN_3]^+$
Pyridinium, 1-Butyl-2-[2-(5-jod-
[2]pyridylamino)-vinyl]-6-methyl-
4050
$[C_{17}H_{21}IN_3]Br$ 4050
$[C_{17}H_{21}IN_3]I$ 4050
–, 1-Isopentyl-4-[2-(5-jod-
[2]pyridylamino)-vinyl]- 4049
$[C_{17}H_{21}IN_3]I$ 4049
$[C_{17}H_{21}N_2]^+$
Chinolizinylium, 3-Benzylaminomethyl-
1,2,3,4-tetrahydro- 4270
$[C_{17}H_{21}N_2]Br \cdot HBr$ 4270

$[C_{17}H_{21}N_2O_2]^+$
Pyridinium, 1-Methyl-2-[(methyl-tropoyl-
amino)-methyl]- 4151
$[C_{17}H_{21}N_2O_2]I$ 4151
–, 1-Methyl-3-[(methyl-tropoyl-
amino)-methyl]- 4170
$[C_{17}H_{21}N_2O_2]Br$ 4170
$[C_{17}H_{21}N_2O_2]I$ 4170
$[C_{17}H_{21}N_2S_2]^+$
Pyridinium, 4-[2-(Benzyl≈
mercaptothiocarbonyl-methyl-amino)-
äthyl]-1-methyl- 4208
$[C_{17}H_{21}N_2S_2]ClO_4$ 4208
$C_{17}H_{21}N_3O$
Acetaldehyd, [[2]Pyridyl-(2,4,6-trimethyl-
benzyl)-amino]-, oxim 3873
$C_{17}H_{21}N_3OS$
Thioharnstoff, N-[4-Isopentyloxy-phenyl]-
N'-[2]pyridyl- 3904
–, N-[4-Isopentyloxy-phenyl]-N'-
[3]pyridyl- 4079
$C_{17}H_{21}N_3O_2$
Äthylendiamin, N,N-Dimethyl-
N'-piperonyl-N'-[2]pyridyl- 3960
$C_{17}H_{21}N_3O_3$
Anilin, N-[2-(6-Methyl-[2]pyridyl)-äthyl]-
5-nitro-2-propoxy- 4228
$C_{17}H_{21}N_3O_3S$
Sulfanilsäure, N-Hexanoyl-,
[2]pyridylamid 3989
–, N-Hexanoyl-, [3]pyridylamid
4088
–, N-Hexanoyl-, [4]pyridylamid
4117
$C_{17}H_{21}N_3O_6S$
Sulfanilsäure, N-[6-Desoxy-mannit-
1-yliden]-, [2]pyridylamid 3986
$C_{17}H_{21}N_3O_7S$
Sulfanilsäure, N-Galactit-1-yliden-,
[2]pyridylamid 3987
–, N-Glucit-1-yliden-,
[2]pyridylamid 3986
$C_{17}H_{22}BrN_3$
Äthylendiamin, N-Äthyl-N'-[3-brom-
benzyl]-N-methyl-N'-[2]pyridyl- 3929
–, N-Äthyl-N'-[4-brom-benzyl]-
N-methyl-N'-[2]pyridyl- 3929
$C_{17}H_{22}ClN_3$
Äthylendiamin, N-[5-Chlor-[2]pyridyl]-
N',N'-dimethyl-N-[1-phenyl-äthyl]-
4024
$C_{17}H_{22}ClN_3O$
Äthylendiamin, N-[5-Chlor-[2]pyridyl]-N-
[4-methoxy-benzyl]-N',N'-dimethyl-
4025
$C_{17}H_{22}N_2$
Amin, Dimethyl-[1-[1]naphthyl-
[4]piperidyl]- 3754

$C_{17}H_{22}N_2$ (Fortsetzung)
Anilin, N-[1,3-Dimethyl-1-[2]pyridyl-butyl]-
4242
$C_{17}H_{22}N_2O$
Anilin, N-[2-(6-Methyl-[2]pyridyl)-äthyl]-
2-propoxy- 4228
Piperidin-2-on, 5-Äthyl-1-[2-indol-3-yl-
äthyl]- 4339
$C_{17}H_{22}N_2O_2$
Acetamid, N-[9-Acetyl-1-methyl-4b,5,6,7,8,≠
8a-hexahydro-carbazol-2-yl]- 4374
Amin, Benzyl-[2,2-dimethoxy-äthyl]-
[3-methyl-[2]pyridyl]- 4155
Diacetamid, N-[9-Methyl-4b,5,6,7,8,8a-
hexahydro-carbazol-2-yl]- 4370
Piperidin-2-carbonsäure, 1-Indol-
3-ylmethyl-, äthylester 4311
Piperidin-3-carbonsäure, 1-Indol-
3-ylmethyl-, äthylester 4311
Piperidin-4-carbonsäure, 1-Indol-
3-ylmethyl-, äthylester 4312
$C_{17}H_{22}N_2S$
Anilin, N-[1-Methyl-[4]piperidyl]-N-
[2]thienylmethyl- 3760
$[C_{17}H_{23}N_2]^+$
Pyridinium, 4-Pentyl-1-[2-[4]pyridyl-äthyl]-
4206
$C_{17}H_{23}N_3$
Äthylendiamin, N-Benzyl-N',N'-dimethyl-
N-[2-methyl-[4]pyridyl]- 4131
—, N-Benzyl-N',N'-dimethyl-N-
[3-methyl-[2]pyridyl]- 4158
—, N-Benzyl-N',N'-dimethyl-N-
[4-methyl-[2]pyridyl]- 4179
—, N-Benzyl-N',N'-dimethyl-N-
[6-methyl-[2]pyridyl]- 4143
—, N,N-Diäthyl-N'-phenyl-N'-
[2]pyridyl- 3926
—, N,N-Dimethyl-N'-phenäthyl-N'-
[2]pyridyl- 3932
—, N,N-Dimethyl-N'-[1-phenyl-äthyl]-
N'-[2]pyridyl- 3932
—, N-[2,6-Dimethyl-[4]pyridyl]-N',N'-
dimethyl-N-phenyl- 4217
Amin, [1,1-Dimethyl-3-[2]pyridyl-propyl]-
[2-[2]pyridyl-äthyl]- 4241
—, Isopropyl-bis-[2-[2]pyridyl-äthyl]-
4197
—, Methyl-bis-[3-[2]pyridyl-propyl]-
4222
—, Methyl-bis-[3-[3]pyridyl-propyl]-
4223
—, Methyl-bis-[3-[4]pyridyl-propyl]-
4223
Propandiyldiamin, N-Benzyl-N',N'-
dimethyl-N-[2]pyridyl- 3939
$C_{17}H_{23}N_3O$
Äthylendiamin, N-[4-Methoxy-benzyl]-
N',N'-dimethyl-N-[2]pyridyl- 3934

Piperidin-4-carbonsäure, 1-Indol-
3-ylmethyl-, äthylamid 4312
—, 1-Indol-3-ylmethyl-,
dimethylamid 4312
$C_{17}H_{23}N_3O_2$
Äthylendiamin, N-Methoxy-N'-
[4-methoxy-benzyl]-N-methyl-N'-
[2]pyridyl- 3947
Äthylendiamin-N-oxid, N'-[4-Methoxy-
benzyl]-N,N-dimethyl-N'-[2]pyridyl-
3936
Piperidin-3-carbonsäure, 1-Indol-
3-ylmethyl-, [2-hydroxy-äthylamid]
4311
$C_{17}H_{23}N_3O_3$
Essigsäure, [7-[2]Pyridylcarbamoyl-1-aza-
bicyclo[3.2.1]oct-6-yl]-, äthylester 3967
—, [2-[2]Pyridylcarbamoyl-
chinuclidin-3-yl]-, äthylester 3967
$C_{17}H_{23}N_3S$
Amin, [2-Piperidino-äthyl]-[2]pyridyl-
[2]thienylmethyl- 3951
$C_{17}H_{23}N_7O_2S$
Biguanid, 1-Butyl-5-[4-[2]pyridylsulfamoyl-
phenyl]- 3993
$C_{17}H_{24}N_2$
Indol, 3-[5-Äthyl-2-methyl-
piperidinomethyl]- 4307
—, 1,2-Dimethyl-3-[2-piperidino-
äthyl]- 4363
—, 3-[2-Hexahydroazepin-1-yl-äthyl]-
2-methyl- 4363
—, 3-[2-Propyl-piperidinomethyl]-
4307
—, 3-[2,4,6-Trimethyl-
piperidinomethyl]- 4307
$C_{17}H_{24}N_2O$
Acetamid, N-[1-Methyl-2,3-dihydro-
1H-spiro[chinolin-4,1'-cyclohexan]-x-yl]-
4376
Benzamid, N-Octahydrochinolizin-
1-ylmethyl- 3824
Essigsäure-[4-(octahydro-chinolizin-3-yl)-
anilid] 4376
$C_{17}H_{24}N_2O_2$
Carbamidsäure, Octahydrochinolizin-3-yl-,
benzylester 3822
Pyrrolidin-2,5-dion, 3,3,4,4-Tetraäthyl-1-
[2]pyridyl- 3891
$C_{17}H_{24}N_4$
Heptandiyldiamin, N,N'-Di-[2]pyridyl-
3942
$C_{17}H_{25}N_3O$
Äthylendiamin, N,N-Diäthyl-N'-furfuryl-
N'-[2-methyl-[4]pyridyl]- 4132
$C_{17}H_{25}N_3O_7S$
Pantoinsäure, Di-O-acetyl-,
[2-[2]pyridylsulfamoyl-äthylamid] 3976

$C_{17}H_{25}N_3S$
Äthylendiamin, N,N-Dimethyl-N'-
[2]pyridyl-N'-[1-[2]thienyl-butyl]- 3955
$[C_{17}H_{26}ClN_2]^+$
Nortropanium, 3-[(4-Chlor-benzyl)-methyl-
amino]-8,8-dimethyl- 3796
$[C_{17}H_{26}ClN_2]Br$ 3796
$[C_{17}H_{26}ClN_2]I$ 3796
$C_{17}H_{26}N_2$
Amin, Diäthyl-[1,4-diäthyl-1,4-dihydro-
[5]chinolyl]- 4357
–, Diäthyl-[1,4-diäthyl-1,4-dihydro-
[8]chinolyl]- 4357
–, [2-(2-Methyl-indol-3-yl)-äthyl]-
dipropyl- 4362
–, Methyl-[3]pyridylmethyl-
[2,3,3-trimethyl-[2]norbornyl]- 4169
[1,4']Bipyridyl, 1'-p-Tolyl-decahydro- 3754
$C_{17}H_{26}N_2O$
Benzamid, N-Methyl-N-[4-[3]piperidyl-
butyl]- 3790
Hexan-1-ol, 6-[(2-Indol-3-yl-äthyl)-methyl-
amino]- 4326
$C_{17}H_{26}N_2O_2$
Benzoesäure, 4-Butoxy-, [1-methyl-
[4]piperidylamid] 3759
$[C_{17}H_{27}N_2]^+$
Nortropanium, 3-[Benzyl-methyl-amino]-
8,8-dimethyl- 3796
$[C_{17}H_{27}N_2]I$ 3796
$C_{17}H_{27}N_3$
Äthylendiamin, N-Methyl-N-phenyl-
N'-tropan-3-yl- 3802
$C_{17}H_{27}N_3O$
Acetamid, N-[2-(2-Diäthylamino-äthyl)-
1,2,3,4-tetrahydro-[7]isochinolyl]- 4256
β-Alanin, N-[1-Methyl-4-phenyl-
[4]piperidylmethyl]-, methylamid 4278
Benzoesäure, 4-Butylamino-, [1-methyl-
[4]piperidylamid] 3760
Glycin, N-[1-Methyl-4-phenyl-[4]piperidyl-
methyl]-, dimethylamid 4278
$[C_{17}H_{28}BrN_2]^+$
Piperidinium, 2-[3-Brom-4-dimethylamino-
phenäthyl]-1,1-dimethyl- 4287
$[C_{17}H_{28}BrN_2]I$ 4287
$C_{17}H_{28}N_2$
Amin, Diäthyl-[2-(3-phenyl-[3]piperidyl)-
äthyl]- 4291
–, Dimethyl-[3-(1-methyl-3-phenyl-
[3]piperidyl)-propyl]- 4292
–, Dimethyl-[3-(1-methyl-
[2]piperidyl)-3-phenyl-propyl]- 4292
Anilin, 4-[2-(1-Äthyl-[2]piperidyl)-äthyl]-
N,N-dimethyl- 4285
–, 4-[2-(1-Äthyl-[4]piperidyl)-äthyl]-
N,N-dimethyl- 4288
Piperidin, 2-[1-Äthyl-propyl]-2-[2]pyridyl-
äthyl]- 4192

$C_{17}H_{28}N_2O$
Lauramid, N-[2]Pyridyl- 3882
$C_{17}H_{28}N_4$
Amin, [2]Pyridyl-bis-[2-pyrrolidino-äthyl]-
3937
$[C_{17}H_{29}N_2]^+$
Piperidinium, 2-[4-Dimethylamino-
phenäthyl]-1,1-dimethyl- 4284
–, 4-[4-Dimethylamino-phenäthyl]-
1,1-dimethyl- 4288
$C_{17}H_{30}N_2$
Amin, Äthyl-decyl-[2]pyridyl- 3850
–, [2-(5-Äthyl-[2]pyridyl)-äthyl]-
dibutyl- 4236
–, Dibutyl-[2-(4,6-dimethyl-
[2]pyridyl)-äthyl]- 4238
–, Dipentyl-[2-[2]pyridyl-äthyl]- 4190
–, Dodecyl-[2]pyridyl- 3850
$C_{17}H_{30}N_4O$
Harnstoff, N,N'-Di-tropan-3-yl- 3800
$[C_{17}H_{31}N_2O]^+$
3-Azonia-bicyclo[3.3.1]non-2-en,
8-Acetylamino-1,2,3,4,4,5,8-
heptamethyl- 3840
$[C_{17}H_{31}N_2O]I$ 3840
$C_{17}H_{31}N_3O$
Äthanol, 2-[(2-Dibutylamino-äthyl)-
[2]pyridyl-amino]- 3934
$C_{17}H_{33}N_3$
Amin, Methyl-[3-piperidino-propyl]-
tropan-3-yl- 3813
–, Methyl-[4-pyrrolidino-butyl]-
tropan-3-yl- 3814
$C_{17}H_{33}N_3O$
Äthylendiamin, N,N-Diäthyl-N'-propionyl-
N'-tropan-3-yl- 3811
$C_{17}H_{34}N_2$
Äthan, 1-[2-(1-Äthyl-propyl)-piperidino]-
2-[2]piperidyl- 3772
Amin, Hexahydropyrrolizin-1-ylmethyl-
methyl-octyl- 3816
$C_{17}H_{34}N_4S$
Thioharnstoff, N'-Äthyl-N-
[2-diäthylamino-äthyl]-N-tropan-3-yl-
3811
$C_{17}H_{35}N_3$
Äthylendiamin, N,N-Diäthyl-N'-propyl-
N'-tropan-3-yl- 3810
Amin, Methyl-bis-[1,2,5-trimethyl-
[4]piperidyl]- 3783
Butandiyldiamin, N^4,N^4-Diäthyl-
N^1-chinuclidin-2-ylmethyl-1-methyl-
3820
$[C_{17}H_{35}N_3]^{2+}$
9-Azonia-bicyclo[3.3.1]nonan,
9,9-Dimethyl-3-[2-(1-methyl-
pyrrolidinium-1-yl)-äthylamino]- 3818
$[C_{17}H_{35}N_3]I_2$ 3818

[C$_{17}$H$_{35}$N$_3$]$^{2+}$ (Fortsetzung)
 Nortropanium, 8,8-Dimethyl-3-{methyl-
   [2-(1-methyl-pyrrolidinium-1-yl)-äthyl]-
   amino}- 3808
     [C$_{17}$H$_{35}$N$_3$]I$_2$ 3808
 —, 8,8-Dimethyl-3-[2-(1-methyl-
   piperidinium-1-yl)-äthylamino]-
   3804
     [C$_{17}$H$_{35}$N$_3$]I$_2$ 3804
[C$_{17}$H$_{36}$N$_2$]$^{2+}$
 Azepinium, 1-[3-(1,1-Dimethyl-
   piperidinium-4-yl)-propyl]-1-methyl-
   hexahydro- 3787
     [C$_{17}$H$_{36}$N$_2$]I$_2$ 3787
 Piperidinium, 1-Äthyl-3-[3-(1-äthyl-
   pyrrolidinium-1-yl)-propyl]-1-methyl-
   3785
     [C$_{17}$H$_{36}$N$_2$]I$_2$ 3785
 —, 1-Äthyl-4-[3-(1-äthyl-
   pyrrolidinium-1-yl)-propyl]-1-methyl-
   3786
     [C$_{17}$H$_{36}$N$_2$]I$_2$ 3786
 —, 1,2,1',1'-Tetramethyl-
   1,4'-propandiyl-bis- 3787
     [C$_{17}$H$_{36}$N$_2$]I$_2$ 3787
[C$_{17}$H$_{37}$N$_3$]$^{2+}$
 9-Azonia-bicyclo[3.3.1]nonan,
   3-[2-(Diäthyl-methyl-ammonio)-
   äthylamino]-9,9-dimethyl-
   3817
     [C$_{17}$H$_{37}$N$_3$]I$_2$
 Nortropanium, 3-{[2-(Diäthyl-methyl-
   ammonio)-äthyl]-methyl-amino}-
   8,8-dimethyl- 3808
     [C$_{17}$H$_{37}$N$_3$]Br$_2$ 3808
     [C$_{17}$H$_{37}$N$_3$]I$_2$ 3808
[C$_{17}$H$_{38}$N$_2$]$^{2+}$
 Piperidinium, 1-Äthyl-1-methyl-4-
   [3-triäthylammonio-propyl]-
   3786
     [C$_{17}$H$_{38}$N$_2$]I$_2$ 3786

C$_{18}$

C$_{18}$H$_{11}$BrN$_2$O$_3$S
 10λ^6-Thioxanthen-9-on, 2-Brom-
   10,10-dioxo-7-[2]pyridylamino-
   3957
C$_{18}$H$_{11}$IN$_2$O$_3$S
 10λ^6-Thioxanthen-9-on, 2-Jod-10,10-dioxo-
   7-[2]pyridylamino- 3957
C$_{18}$H$_{13}$Br$_2$N$_3$O$_3$S
 Sulfanilsäure, N-[3,5-Dibrom-2-hydroxy-
   benzyliden]-, [2]pyridylamid 3984
C$_{18}$H$_{13}$Cl$_2$N$_3$O$_3$S
 Sulfanilsäure, N-[3,5-Dichlor-2-hydroxy-
   benzyliden]-, [2]pyridylamid 3983

C$_{18}$H$_{13}$N$_3$O$_3$S
 10λ^6-Thioxanthen-9-on, 2-Amino-
   10,10-dioxo-7-[2]pyridylamino- 3959
C$_{18}$H$_{13}$N$_5$
 Isoindolin-1,3-dion-bis-[2]pyridylimin 3965
 — bis-[3]pyridylimin 4087
C$_{18}$H$_{14}$BrN$_3$O$_3$S
 Sulfanilsäure, N-[4-Brom-benzoyl]-,
   [2]pyridylamid 3990
 —, N-[5-Brom-2-hydroxy-benzyliden]-,
   [2]pyridylamid 3984
C$_{18}$H$_{14}$ClN$_3$O$_2$S
 Sulfanilsäure, N-[3-Chlor-benzyliden]-,
   [2]pyridylamid 3982
C$_{18}$H$_{14}$ClN$_3$O$_3$S
 Sulfanilsäure, N-[4-Chlor-benzoyl]-,
   [2]pyridylamid 3990
 —, N-[5-Chlor-2-hydroxy-benzyliden]-,
   [2]pyridylamid 3983
C$_{18}$H$_{14}$N$_2$O
 Benzamid, N-Phenyl-N-[4]pyridyl- 4109
 Indol-3-carbaldehyd, 1-Indol-3-ylmethyl-
   4309
C$_{18}$H$_{14}$N$_2$O$_2$
 Acrylsäure, 3-[2]Furyl-2-phenyl-,
   [2]pyridylamid 3958
 Indol-3-carbonsäure, 1-Indol-3-ylmethyl-
   4314
 Phthalimid, N-[2-Indol-3-yl-äthyl]- 4337
C$_{18}$H$_{14}$N$_2$O$_3$S
 Amin, Benzolsulfonyl-benzoyl-[2]pyridyl-
   4015
C$_{18}$H$_{14}$N$_2$O$_4$S
 Benzolsulfonsäure, 4-Benzoyloxy-,
   [2]pyridylamid 3971
C$_{18}$H$_{14}$N$_4$O$_4$S
 Benzolsulfonsäure, 4-Nitro-,
   [α-[2]pyridylamino-benzylidenamid] 3885
 Sulfanilsäure, N-[2-Nitro-benzyliden]-,
   [2]pyridylamid 3982
 —, N-[3-Nitro-benzyliden]-,
   [2]pyridylamid 3983
 —, N-[4-Nitro-benzyliden]-,
   [2]pyridylamid 3983
C$_{18}$H$_{14}$N$_4$O$_5$
 Phenol, 2-[Benzyl-(3,5-dinitro-[2]pyridyl)-
   amino]- 4067
C$_{18}$H$_{14}$N$_4$O$_5$S
 Benzoesäure, 2-Hydroxy-5-[4-
   [2]pyridylsulfamoyl-phenylazo]- 4008
 Sulfanilsäure, N-[4-Nitro-benzoyl]-,
   [2]pyridylamid 3990
C$_{18}$H$_{14}$N$_4$O$_6$S
 Sulfanilsäure, N-[2-Hydroxy-4-nitro-
   benzoyl]-, [2]pyridylamid 3996
C$_{18}$H$_{15}$ClN$_2$
 Amin, [4-Chlor-benzhydryl]-[2]pyridyl-
   3856

$C_{18}H_{18}N_2O_2$
Carbamidsäure, [2-Indol-3-yl-äthyl]-,
benzylester 4338
$[C_{18}H_{18}N_3O]^+$
Pyridinium, 1-Äthyl-2-[2-(1-oxy-
[4]chinolyl)-äthylidenamino]- 3964
$[C_{18}H_{18}N_3O]I$ 3964
$C_{18}H_{18}N_4$
Amin, Tris-[3]pyridylmethyl- 4171
Chinolin-4-on, 1-Äthyl-2-[2-
[2]pyridylimino-äthyl]-1H-, imin 3965
$C_{18}H_{18}N_4O$
Methandiyldiamin, C-[4-Methoxy-phenyl]-
N,N'-di-[2]pyridyl- 3875
$C_{18}H_{18}N_4O_5$
Malonamidsäure, 2-[4-Äthoxycarbonyl-
phenylhydrazono]-N-[2]pyridyl-,
methylester 3920
$C_{18}H_{18}N_6O_4S_2$
Guanidin, N-[4-[2]Pyridylsulfamoyl-phenyl]-
N'-[4-sulfamoyl-phenyl]- 3994
$[C_{18}H_{19}N_2]^+$
Isochinolinium, 2-[2-(5-Äthyl-[2]pyridyl)-
äthyl]- 4237
$[C_{18}H_{19}N_2]Cl$ 4237
$[C_{18}H_{19}N_2O_2]^+$
Pyridinium, 4-Äthoxycarbonyl-1-[2-indol-
3-yl-äthyl]- 4342
$[C_{18}H_{19}N_2O_2]Br$ 4342
$[C_{18}H_{19}N_3]^{2+}$
Pyridinium, 1,1'-Dimethyl-
2,2'-phenylimino-bis- 3962
$[C_{18}H_{19}N_3]I_2$ 3962
$C_{18}H_{19}N_3O$
Essigsäure, [1-Methyl-1H-[4]pyridyliden]-,
[2-indol-3-yl-äthylamid] 4348
Harnstoff, N-[2-Indol-3-yl-äthyl]-N-methyl-
N'-phenyl- 4339
$C_{18}H_{19}N_3O_2$
Pyridin-4-carbaldehyd, 3-Hydroxy-
5-hydroxymethyl-2-methyl-, [2-indol-
3-yl-äthylimin] 4346
$C_{18}H_{19}N_3O_3S$
Sulfanilsäure, N-Acetyl-, [2,3-dimethyl-
indol-5-ylamid] 4353
—, N-Acetyl-, [2-indol-3-yl-
äthylamid] 4348
$C_{18}H_{19}N_3O_4S$
Pentan-1-sulfonsäure, 5-Phthalimido-,
[2]pyridylamid 3977
$[C_{18}H_{19}N_4]^+$
Chinolinium, 1-Äthyl-4-amino-2-[2-
[2]pyridylamino-vinyl]- 3965
$[C_{18}H_{19}N_4]I$ 3965
$C_{18}H_{19}N_5O_7$
s. bei $[C_{12}H_{17}N_2]^+$
Methopicrat $[C_{12}H_{17}N_2]C_6H_2N_3O_7$ aus
Dimethyl-[2-methyl-indol-3-yl]-amin
4299

$C_{18}H_{20}N_2$
Amin, [2-(1-Benzyl-indol-3-yl)-äthyl]-
methyl- 4324
—, [1-Benzyl-indol-3-ylmethyl]-
dimethyl- 4305
—, Benzyl-[2-(2-methyl-indol-3-yl)-
äthyl]- 4363
—, [2-Indol-3-yl-äthyl]-phenäthyl-
4325
$C_{18}H_{20}N_2O$
Acetamid, N-[2-p-Tolyl-1,2,3,4-tetrahydro-
[7]isochinolyl]- 4255
Benzamid, N-Cyclohexyl-N-[2]pyridyl-
3886
—, N-[1,2-Dimethyl-
1,2,3,4-tetrahydro-[6]isochinolyl]- 4267
—, N-[1-Methyl-1,2,3,4-tetrahydro-
[2]chinolylmethyl]- 4262
—, N-[1-Methyl-1,2,3,4-tetrahydro-
[4]chinolylmethyl]- 4266
—, N-[2-Methyl-1,2,3,4-tetrahydro-
[1]isochinolylmethyl]- 4268
$C_{18}H_{20}N_2O_2$
Amin, Piperonyl-[1,2,3,4-tetrahydro-
[2]chinolylmethyl]- 4264
—, Piperonyl-[1,2,3,4-tetrahydro-
[1]isochinolylmethyl]- 4269
Tropasäure-[allyl-[3]pyridylmethyl-amid]
4170
— [allyl-[4]pyridylmethyl-amid] 4184
$C_{18}H_{20}N_2O_2S$
Toluol-4-sulfonamid, N-[2-Indol-3-yl-äthyl]-
N-methyl- 4349
$[C_{18}H_{20}N_3O]^+$
Pyridinium, 4-[(2-Indol-3-yl-
äthylcarbamoyl)-methyl]-1-methyl-
4348
$[C_{18}H_{20}N_3O]I$ 4348
$C_{18}H_{21}ClN_2$
Amin, [1-(4-Chlor-benzyl)-
1,2,3,4-tetrahydro-[3]chinolyl]-dimethyl-
4250
$[C_{18}H_{21}N_2]^+$
Ammonium, Benzyl-indol-3-ylmethyl-
dimethyl- 4305
$[C_{18}H_{21}N_2]Br$ 4305
$[C_{18}H_{21}N_2]C_6H_2N_3O_7$ 4305
$C_{18}H_{21}N_3$
Amin, Bis-[1,2,3,4-tetrahydro-[3]chinolyl]-
4251
$C_{18}H_{21}N_3O_2$
Äthylendiamin, N,N-Diacetyl-N'-benzyl-
N'-[2]pyridyl- 3931
$C_{18}H_{21}N_3S$
Äthylendiamin, N-Benzo[b]thiophen-
2-ylmethyl-N',N'-dimethyl-N-[2]pyridyl-
3955
—, N-Benzo[b]thiophen-3-ylmethyl-
N',N'-dimethyl-N-[2]pyridyl- 3955

$C_{18}H_{26}N_2O$ (Fortsetzung)
Piperidin, 1-Benzoyl-2-piperidinomethyl-
3766
$[C_{18}H_{26}N_3O]^+$
Ammonium, {2-[(4-Methoxy-benzyl)-
[2]pyridyl-amino]-äthyl}-trimethyl-
3935
$[C_{18}H_{26}N_3O]I$ 3935
$C_{18}H_{26}N_4$
Octandiyldiamin, N,N'-Di-[2]pyridyl- 3942
$C_{18}H_{26}N_6$
Guanidin, N-[3-Diäthylamino-propyl]-
N',N''-di-[2]pyridyl- 3900
$C_{18}H_{27}N_3O$
Äthylendiamin, N,N-Diäthyl-N'-
[2,6-dimethyl-[4]pyridyl]-N'-furfuryl-
4219
–, N-Formyl-N'-methyl-N'-phenyl-
N-tropan-3-yl- 3810
β-Alanin, N-[2-Indol-3-yl-äthyl]-N-methyl-,
diäthylamid 4339
$C_{18}H_{27}N_3O_3S$
Sulfanilsäure, N-Acetyl-, [octahydro-
chinolizin-3-yl-methylamid] 3826
$C_{18}H_{27}N_3S$
Äthylendiamin, N-[5-$tert$-Butyl-
[2]thienylmethyl]-N',N'-dimethyl-N-
[2]pyridyl- 3955
$[C_{18}H_{28}ClN_2O]^+$
Nortropanium, 3-[(4-Chlor-benzyl)-methyl-
amino]-8-[2-hydroxy-äthyl]-8-methyl-
3799
$[C_{18}H_{28}ClN_2O]Br$ 3799
$C_{18}H_{28}N_2$
Amin, Dibutyl-[2-indol-3-yl-äthyl]- 4323
–, [1-Methyl-3-(2,6,6-trimethyl-
cyclohex-1-enyl)-propyl]-[2]pyridyl-
3852
[1,4']Bipyridyl, 1'-[2,4-Dimethyl-phenyl]-
decahydro- 3755
Chinolin, 1-[3-(1-Methyl-[4]piperidyl)-
propyl]-1,2,3,4-tetrahydro- 3787
Methan, [1-Benzyl-[2]piperidyl]-piperidino-
3766
$C_{18}H_{28}N_2O$
Piperidin, 1-Benzoyl-2-[2-diäthylamino-
äthyl]- 3775
–, 1-Benzoyl-3-[1-diäthylamino-äthyl]-
3777
$C_{18}H_{29}N_3$
Äthylendiamin, N-Äthyl-N-phenyl-
N'-tropan-3-yl- 3802
–, N,N'-Dimethyl-N-phenyl-
N'-tropan-3-yl- 3807
–, N-Methyl-N-p-tolyl-N'-tropan-
3-yl- 3802
$C_{18}H_{29}N_3O$
Äthylendiamin, N-[4-Methoxy-phenyl]-
N-methyl-N'-tropan-3-yl- 3803

β-Alanin, N-[1-Methyl-4-phenyl-
[4]piperidylmethyl]-, äthylamid 4279
–, N-[1-Methyl-4-phenyl-
[4]piperidylmethyl]-, dimethylamid
4279
$C_{18}H_{30}N_2$
Amin, Diäthyl-[2-(1-methyl-3-phenyl-
[3]piperidyl)-äthyl]- 4291
–, [2-Methyl-butyl]-[1-phenäthyl-
[3]piperidyl]- 3745
–, [1-Methyl-3-(2,2,6-trimethyl-
cyclohexyl)-propyl]-[2]pyridyl- 3851
Anilin, N-[4-Butyl-1,2,5-trimethyl-
[4]piperidyl]- 3793
–, N,N-Diäthyl-3-[2-(1-methyl-
[2]piperidyl)-äthyl]- 4284
–, N,N-Diäthyl-4-[2-(1-methyl-
[2]piperidyl)-äthyl]- 4285
–, N,N-Diäthyl-4-[2-(1-methyl-
[4]piperidyl)-äthyl]- 4288
$[C_{18}H_{30}N_2]^{2+}$
Pyrrolizinium, 1-[Benzyl-dimethyl-
ammoniomethyl]-4-methyl-hexahydro-
3817
$[C_{18}H_{30}N_2][C_6H_2N_3O_7]_2$ 3817
$C_{18}H_{31}IN_2$
Methojodid $[C_{18}H_{31}N_2]I$ aus Dimethyl-
[3-(1-methyl-3-phenyl-[3]piperidyl)-
propyl]-amin 4292
$[C_{18}H_{31}N_2]^+$
Piperidinium, 1-Äthyl-2-[4-dimethylamino-
phenäthyl]-1-methyl- 4285
$[C_{18}H_{31}N_2]I$ 4285
$C_{18}H_{31}N_3$
Äthylendiamin, N-[1-Äthyl-[4]piperidyl]-
N-benzyl-N',N'-dimethyl- 3759
$C_{18}H_{32}N_2$
Amin, [2]Pyridyl-tridecyl- 3850
$[C_{18}H_{32}N_2]^{2+}$
Anilinium, 4-[2-(1,1-Dimethyl-
piperidinium-2-yl)-äthyl]-tri-N-methyl-
4285
$[C_{18}H_{32}N_2]I_2$ 4285
–, 4-[2-(1,1-Dimethyl-piperidinium-
4-yl)-äthyl]-tri-N-methyl- 4288
$[C_{18}H_{32}N_2]I_2$ 4288
$C_{18}H_{33}N_3O$
Äthanol, 2-[(3-Dibutylamino-propyl)-
[2]pyridyl-amino]- 3939
$C_{18}H_{34}N_4$
Äthylendiamin, N,N'-Di-tropan-3-yl- 3803
$C_{18}H_{34}N_4S$
Thioharnstoff, N'-Allyl-N-[2-diäthylamino-
äthyl]-N-tropan-3-yl- 3811
$C_{18}H_{35}N_3O$
Äthylendiamin, N,N-Diäthyl-N'-butyryl-
N'-tropan-3-yl- 3811

C₁₈H₃₇N₃
Äthylendiamin, *N,N*-Diäthyl-*N'*-butyl-
N'-tropan-3-yl- 3810

[C₁₈H₃₇N₃]²⁺
Nortropanium, 8,8-Dimethyl-3-{methyl-
[2-(1-methyl-piperidinium-1-yl)-äthyl]-
amino}- 3808
[C₁₈H₃₇N₃]I₂ 3808
—, 8,8-Dimethyl-3-{methyl-[3-
(1-methyl-pyrrolidinium-1-yl)-propyl]-
amino}- 3813
[C₁₈H₃₇N₃]I₂ 3813

[C₁₈H₃₈N₂]²⁺
Piperidinium, 1,1'-Diäthyl-1'-methyl-
1,3'-propandiyl-bis- 3785
[C₁₈H₃₈N₂]I₂ 3785

[C₁₈H₃₉N₃]²⁺
Nortropanium, 3-{Äthyl-[2-(diäthyl-
methyl-ammonio)-äthyl]-amino}-
8,8-dimethyl- 3809
[C₁₈H₃₉N₃]I₂ 3809
—, 3-{[3-(Diäthyl-methyl-ammonio)-
propyl]-methyl-amino}-8,8-dimethyl-
3813
[C₁₈H₃₉N₃]I₂ 3813

[C₁₈H₄₀N₂]²⁺
Piperidinium, 3-[4-(Dimethyl-propyl-
ammonio)-butyl]-1-methyl-1-propyl-
3789
[C₁₈H₄₀N₂]I₂ 3789

C₁₉

C₁₉H₁₃ClN₂O₂
Dibenzamid, *N*-[4-Chlor-[2]pyridyl]- 4019

C₁₉H₁₃IN₂O₂
Dibenzamid, *N*-[4-Jod-[2]pyridyl]- 4045
—, *N*-[5-Jod-[2]pyridyl]- 4047

C₁₉H₁₃N₃O₄S
Benzolsulfonsäure, 4-Phthalimido-,
[2]pyridylamid 3992

C₁₉H₁₄ClN₃O
Amin, [6-Chlor-2-methoxy-acridin-9-yl]-
[3]pyridyl- 4086

C₁₉H₁₄IN₃
Amin, [2-Jod-7-methyl-acridin-9-yl]-
[2]pyridyl- 3964

C₁₉H₁₄N₂O₂
Dibenzamid, *N*-[2]Pyridyl- 3886

C₁₉H₁₅ClN₂O
Isochinolin-1-on, 3-Chlor-2-[2-indol-3-yl-
äthyl]-2*H*- 4345

C₁₉H₁₅N₃O₄
Benzoesäure, 2-Benzyloxy-4-nitro-,
[2]pyridylamid 3914

C₁₉H₁₅N₃O₅S
Phthalamidsäure, *N*-[4-[2]Pyridylsulfamoyl-
phenyl]- 3992

C₁₉H₁₅N₅O₈
s. bei [C₁₃H₁₃N₂O]⁺

C₁₉H₁₆N₂
Amin, Indol-3-ylmethyl-[1]naphthyl- 4305
—, Indol-3-ylmethyl-[2]naphthyl-
4306

C₁₉H₁₆N₂O
Desoxybenzoin, α-[2]Pyridylamino- 3875
Essigsäure, Diphenyl-, [2]pyridylamid
3887

C₁₉H₁₆N₂O₂
Benzilamid, *N*-[2]Pyridyl- 3917
Essigsäure, Diphenyl-[2]pyridylamino-
3917
Indol-3-carbonsäure, 1-Indol-3-ylmethyl-,
methylester 4314
Isochinolin-1,3-dion, 2-[2-Indol-3-yl-äthyl]-
4*H*- 4338
Phthalimid, *N*-[3-Indol-3-yl-propyl]- 4358
—, *N*-[2-(1-Methyl-indol-3-yl)-äthyl]-
4337

C₁₉H₁₆N₄O₄S₂
Benzoesäure, 4-[*N'*-(4-[2]Pyridylsulfamoyl-
phenyl)-thioureido]- 3995

C₁₉H₁₆N₄O₅S
Benzoesäure, 2-Hydroxy-3-methyl-5-[4-
[2]pyridylsulfamoyl-phenylazo]- 4009
—, 4-Methyl-3-[3-nitro-
benzolsulfonylamino]-, [2]pyridylamid
3945

[C₁₉H₁₇N₂]⁺
Isochinolinium, 2-[2-Indol-3-yl-äthyl]-
4329
[C₁₉H₁₇N₂]Cl 4329
[C₁₉H₁₇N₂]ClO₄ 4329
[C₁₉H₁₇N₂]Br 4329
[C₁₉H₁₇N₂]I 4329
[C₁₉H₁₇N₂]C₆H₂N₃O₇ 4329

C₁₉H₁₇N₃O₂
Benzoesäure, 4-Amino-2-benzyloxy-,
[2]pyridylamid 3946

C₁₉H₁₇N₃O₂S
Anilin, 4-[4-Nitro-phenylmercapto]-*N*-[2-
[2]pyridyl-äthyl]- 4193
Sulfanilsäure, *N*-Phenäthyliden-,
[2]pyridylamid 3983

C₁₉H₁₇N₃O₃S
Sulfanilsäure, *N*-[4-Methoxy-benzyliden]-,
[2]pyridylamid 3984
—, *N*-Phenylacetyl-, [2]pyridylamid
3991
—, *N-o*-Toluoyl-, [2]pyridylamid
3990
—, *N-p*-Toluoyl-, [2]pyridylamid
3990

C₁₉H₁₇N₃O₄S
Sulfanilsäure, *N*-[2-Hydroxy-3-methoxy-
benzyliden]-, [2]pyridylamid 3984

$C_{19}H_{17}N_3O_4S$ (Fortsetzung)
Sulfanilsäure, N-[2-Hydroxy-4-methoxy-
benzyliden]-, [2]pyridylamid 3985
—, N-[4-Methoxy-benzoyl]-,
[2]pyridylamid 3996
—, N-Vanillyliden-, [2]pyridylamid
3985
$C_{19}H_{17}N_3O_5$
Diacetamid, N-[1-Benzoyl-4-nitro-indolin-
6-yl]- 4248
$C_{19}H_{18}BrN_7O_2S$
Biguanid, 1-[4-Brom-phenyl]-5-[4-
[2]pyridylsulfamoyl-phenyl]- 3994
$C_{19}H_{18}ClN_7O_2S$
Biguanid, 1-[4-Chlor-phenyl]-5-[4-
[2]pyridylsulfamoyl-phenyl]- 3994
$C_{19}H_{18}IN_7O_2S$
Biguanid, 1-[4-Jod-phenyl]-5-[4-
[2]pyridylsulfamoyl-phenyl]- 3994
$C_{19}H_{18}N_2$
Amin, Bibenzyl-α-yl-[2]pyridyl- 3856
$C_{19}H_{18}N_2O$
Äthanol, 1,1-Diphenyl-2-[2]pyridylamino-
3867
Amin, [4-Methoxy-benzhydryl]-[2]pyridyl-
3867
Bibenzyl-α-ol, α'-[2]Pyridylamino- 3867
$C_{19}H_{18}N_2O_3$
Benzoesäure, 2-[(2-Indol-3-yl-
äthylcarbamoyl)-methyl]- 4337
Diacetamid, N-[1-Benzoyl-indolin-6-yl]-
4248
Essigsäure, Benzo[1,3]dioxol-5-yl-,
[2-indol-3-yl-äthylamid] 4346
—, [2-(2-Indol-3-yl-äthylcarbamoyl)-
phenyl]- 4337
$C_{19}H_{18}N_2O_4$
Pyran-4-on, 3-Hydroxy-6-hydroxymethyl-
2-[α-(5-methyl-[2]pyridylamino)-benzyl]-
4166
$C_{19}H_{18}N_2O_4S_2$
Amin, [4-Äthyl-[3]pyridyl]-bis-
benzolsulfonyl- 4201
$C_{19}H_{18}N_2O_7S_2$
Benzolsulfonsäure, 4-[2-(4-
[2]Pyridylsulfamoyl-phenoxy)-äthoxy]-
3971
$C_{19}H_{18}N_4O_2S_2$
Thioharnstoff, N-[4-[2]Pyridylsulfamoyl-
phenyl]-N'-p-tolyl- 3995
—, N-[4-[3]Pyridylsulfamoyl-phenyl]-
N'-p-tolyl- 4088
$C_{19}H_{18}N_4O_3S$
Benzoesäure, 3-[3-Amino-
benzolsulfonylamino]-4-methyl-,
[2]pyridylamid 3946
$C_{19}H_{18}N_4O_4S$
Benzolsulfonsäure, 4-[2-Äthoxy-4-hydroxy-
phenylazo]-, [2]pyridylamid 4008

$C_{19}H_{18}N_4O_5S_2$
Sulfanilsäure, N-[N-Acetyl-sulfanilyl]-,
[2]pyridylamid 4001
—, N-[N-Acetyl-sulfanilyl]-,
[3]pyridylamid 4088
$C_{19}H_{18}N_6O_3S$
Guanidin, N-[4-Acetylsulfamoyl-phenyl]-
N',N''-di-[2]pyridyl- 3900
$[C_{19}H_{19}BrN_3O]^+$
Chinolinium, 6-Äthoxy-2-[2-(5-brom-
[2]pyridylamino)-vinyl]-1-methyl-
4038
$[C_{19}H_{19}BrN_3O]I$ 4038
$[C_{19}H_{19}ClN_3O]^+$
Chinolinium, 6-Äthoxy-2-[2-(5-chlor-
[2]pyridylamino)-vinyl]-1-methyl-
4027
$[C_{19}H_{19}ClN_3O]I$ 4027
$[C_{19}H_{19}IN_3]^+$
Chinolinium, 1-Äthyl-2-[2-(5-jod-
[2]pyridylamino)-propenyl]- 4051
$[C_{19}H_{19}IN_3]I$ 4051
$C_{19}H_{19}N_3O_2$
Isochinolin, 2-[2-(5-Nitro-indol-3-yl)-äthyl]-
1,2,3,4-tetrahydro- 4351
$C_{19}H_{19}N_3O_3S$
Sulfanilsäure, N-[4-Methoxy-benzyl]-,
[2]pyridylamid 3981
$C_{19}H_{19}N_5O$
Guanidin, N-[4-Äthoxy-phenyl]-N',N''-di-
[2]pyridyl- 3899
$C_{19}H_{19}N_7O_2S$
Biguanid, 1-Phenyl-5-[4-
[2]pyridylsulfamoyl-phenyl]- 3994
$C_{19}H_{20}N_2$
Amin, [2-(5-Äthyl-[2]pyridyl)-äthyl]-
[1]naphthyl- 4236
—, [2-(4,6-Dimethyl-[2]pyridyl)-äthyl]-
[1]naphthyl- 4239
Isochinolin, 2-[2-Indol-3-yl-äthyl]-
1,2,3,4-tetrahydro- 4328
$C_{19}H_{20}N_2O$
Acetamid, N-[2-(1-Benzyl-indol-3-yl)-äthyl]-
4332
Benzamid, N-[1-Äthyl-2-indol-3-yl-äthyl]-
4368
—, N-[2-Indol-3-yl-1,1-dimethyl-äthyl]-
4369
Carbazol-3-ylamin, 9-Benzoyl-4b,5,6,7,8,≠
8a-hexahydro- 4371
Essigsäure, o-Tolyl-, [2-indol-3-yl-
äthylamid] 4334
Lactam-B 4337
Lactam-C 4337
Propionsäure, 3-Phenyl-, [2-indol-3-yl-
äthylamid] 4334
$C_{19}H_{20}N_2O_2$
Benzamid, N-[2-Acetyl-1,2,3,4-tetrahydro-
[1]isochinolylmethyl]- 4268

$C_{19}H_{20}N_2O_2$ (Fortsetzung)

Benzamid, N-[1-Benzoyl-[3]piperidyl]- 3746

–, N-[1-Benzoyl-[4]piperidyl]- 3757

Essigsäure, Benzyloxy-, [2-indol-3-yl-äthylamid] 4339

–, [2-Hydroxymethyl-phenyl]-, [2-indol-3-yl-äthylamid] 4341

–, [4-Methoxy-phenyl]-, [2-indol-3-yl-äthylamid] 4340

Isochinolin-1,3-dion, 2-[2-Indol-3-yl-äthyl]-5,6,7,8-tetrahydro-4H- 4337

Phenylalanin, N-[2-Indol-3-yl-äthyl]- 4341

$C_{19}H_{20}N_4O_4$

Amin, [2,4-Dinitro-phenyl]-[9-methyl-4b,5,6,7,8,8a-hexahydro-carbazol-3-yl]- 4371

$C_{19}H_{20}N_4O_5$

Malonamidsäure, 2-[4-Äthoxycarbonyl-phenylhydrazono]-N-[2]pyridyl-, äthylester 3920

$C_{19}H_{20}N_8O_4S_2$

Guanidin, N-[4-Carbamimidoylsulfamoyl-phenyl]-N'-[4-[2]pyridylsulfamoyl-phenyl]- 3994

$C_{19}H_{21}I_2N_3$

Bis-äthojodid $[C_{19}H_{21}N_3]I_2$ aus [6]Chinolylmethylen-[2]pyridyl-amin 3964

$[C_{19}H_{21}N_2]^+$

Isochinolinium, 2-[2-Indol-3-yl-äthyl]-5,6,7,8-tetrahydro- 4328
$[C_{19}H_{21}N_2]Br$ 4328
$[C_{19}H_{21}N_2]I$ 4328

–, 2-Indol-3-ylmethyl-2-methyl-1,2,3,4-tetrahydro- 4308
$[C_{19}H_{21}N_2]I$ 4308

$C_{19}H_{21}N_3O$

Benzamid, N-[3-Dimethylaminomethyl-indol-1-ylmethyl]- 4309

$C_{19}H_{22}N_2$

Amin, Äthyl-benzyl-[2-indol-3-yl-äthyl]- 4324

–, Benzyl-[2-indol-3-yl-1-methyl-äthyl]-methyl- 4357

–, Benzyl-methyl-[2-(2-methyl-indol-3-yl)-äthyl]- 4363

–, p-Tolyl-[2,2,4-trimethyl-1,2-dihydro-[6]chinolyl]- 4368

$C_{19}H_{22}N_2O$

Benzamid, N-[1-Methyl-4-phenyl-[4]piperidyl]- 4271

$C_{19}H_{22}N_2O_2$

Amin, [1-Methyl-1,2,3,4-tetrahydro-[2]chinolylmethyl]-piperonyl- 4264

Benzamid, N-[1-(2-Hydroxy-äthyl)-1,2,3,4-tetrahydro-[2]chinolylmethyl]- 4262

2,3-Seco-yohimban-3,21-dion 4337

$C_{19}H_{22}N_2O_3$

Acetamid, N-[2-(3,4-Dimethoxy-phenyl)-1,2,3,4-tetrahydro-[7]isochinolyl]- 4255

$C_{19}H_{22}N_4O$

Harnstoff, N,N'-Bis-[1,2,3,4-tetrahydro-[6]chinolyl]- 4252

$C_{19}H_{23}BrN_2$

Anilin, N-[4-Brom-benzyl]-N-[1-methyl-[4]piperidyl]- 3753

$C_{19}H_{23}ClN_2$

Amin, [4-Chlor-benzhydryl]-[1-methyl-pyrrolidin-2-ylmethyl]- 3762

–, [3-Chlor-phenyl]-phenyl-[2-[2]piperidyl-äthyl]- 3770

Anilin, N-[4-Chlor-benzyl]-N-[1-methyl-[4]piperidyl]- 3753

$[C_{19}H_{23}N_2]^+$

Ammonium, Trimethyl-[2-(1-phenyl-indol-3-yl)-äthyl]- 4324
$[C_{19}H_{23}N_2]I$ 4324

$[C_{19}H_{23}N_2O]^+$

Chinolinium, 2-[Benzoylamino-methyl]-1,1-dimethyl-1,2,3,4-tetrahydro- 4262
$[C_{19}H_{23}N_2O]I$ 4262

Isochinolinium, 1-[Benzoylamino-methyl]-2,2-dimethyl-1,2,3,4-tetrahydro- 4268
$[C_{19}H_{23}N_2O]I$ 4268

–, 6-Benzoylamino-1,2,2-trimethyl-1,2,3,4-tetrahydro- 4967
$[C_{19}H_{23}N_2O]I$ 4967

$C_{19}H_{23}N_3O_4S$

Amin, Butyryl-[N-butyryl-sulfanilyl]-[2]pyridyl- 4015

$C_{19}H_{23}N_3O_5$

Azetidin-2,4-dion, 3,3-Diäthyl-1-[1-(4-nitro-benzoyl)-[3]piperidyl]- 3747

$C_{19}H_{24}ClN_3$

Amin, 4-[4-Chlor-benzyl]-[2-piperidino-äthyl]-[4]pyridyl- 4113

$[C_{19}H_{24}Cl_2N_3]^+$

Pyridinium, 2-[2-(3,5-Dichlor-[2]pyridylamino)-vinyl]-1-hexyl-6-methyl- 4030
$[C_{19}H_{24}Cl_2N_3]I$ 4030

$C_{19}H_{24}N_2$

Amin, Benzhydryl-[1-methyl-pyrrolidin-2-ylmethyl]- 3762

–, Benzyl-[1-methyl-4-phenyl-[4]piperidyl]- 4271

Anilin, N-Benzyl-N-[1-methyl-[4]piperidyl]- 3753

Isochinolin, 2-[2-Indol-3-yl-äthyl]-1,2,3,4,6,⇌7,8,8a-octahydro- 4327

Methylamin, C-[1-Benzyl-4-phenyl-[4]piperidyl]- 4275

2,3-Seco-yohimb-16-en 4327

$C_{19}H_{24}N_2O$
Amin, [1-(4-Methoxy-benzyl)-
1,2,3,4-tetrahydro-[3]chinolyl]-dimethyl-
4250
2,3-Seco-yohimban-3-on 4340
$C_{19}H_{24}N_2O_2$
Amin, [1,2,3,4-Tetrahydro-
[2]chinolylmethyl]-veratryl- 4261
−, [1,2,3,4-Tetrahydro-
[1]isochinolylmethyl]-veratryl- 4268
Tropasäure-[butyl-[4]pyridylmethyl-amid]
4184
$C_{19}H_{24}N_2O_3$
Cyclohexancarbonsäure, 2-[(2-Indol-3-yl-
äthylcarbamoyl)-methyl]- 4336
2,3-Seco-corynan-17-säure, 3-Oxo- 4343
$C_{19}H_{24}N_2O_3S$
s. bei $[C_{12}H_{17}N_2]^+$
$C_{19}H_{24}N_4O_2$
Nonandiamid, N,N'-Di-[2]pyridyl- 3891
$[C_{19}H_{25}N_2]^+$
[1,4']Bipyridylium(1+), 1'-Benzyl-
2',6'-dimethyl-3,4,5,6-tetrahydro-2H-
4216
$[C_{19}H_{25}N_2]I$ 4216
$[C_{19}H_{25}N_2O_2]^+$
Pyridinium, 4-[(Isopropyl-tropoyl-amino)-
methyl]-1-methyl- 4184
$[C_{19}H_{25}N_2O_2]I$ 4184
$C_{19}H_{25}N_3$
Amin, [1-Äthyl-[3]piperidyl]-benzyl-
[2]pyridyl- 3960
−, [1-Äthyl-[4]piperidyl]-benzyl-
[2]pyridyl- 3961
−, Benzyl-[2-piperidino-äthyl]-
[2]pyridyl- 3931
−, Benzyl-[2-piperidino-äthyl]-
[4]pyridyl- 4113
$C_{19}H_{25}N_3O$
Amin, [4-Methoxy-benzyl]-[2]pyridyl-
[2-pyrrolidino-äthyl]- 3936
$C_{19}H_{25}N_3O_2$
Chinolin, 1-[2-(5-Nitro-indol-3-yl)-äthyl]-
decahydro- 4351
$C_{19}H_{25}N_3O_3S$
Sulfanilsäure, N-Hexanoyl-, [1-[2]pyridyl-
äthylamid] 4187
−, N-Hexanoyl-, [1-[3]pyridyl-
äthylamid] 4199
−, N-Hexanoyl-, [1-[4]pyridyl-
äthylamid] 4201
−, N-Octanoyl-, [2]pyridylamid 3989
$C_{19}H_{26}N_2$
Anilin, N-[1-Methyl-1-[2]pyridyl-heptyl]-
4243
2,3-Seco-yohimban 4327
$C_{19}H_{26}N_2O$
Amin, [2-(6-Methyl-[2]pyridyl)-äthyl]-[1-
(4-propoxy-phenyl)-äthyl]- 4228

Cyclohexanon, 2-[1-Methyl-4b,5,6,7,8,8a-
hexahydro-carbazol-2-ylamino]- 4374
Essigsäure, [2-Methyl-cyclohexyl]-,
[2-indol-3-yl-äthylamid] 4333
−, [4-Methyl-cyclohexyl]-, [2-indol-
3-yl-äthylamid] 4333
2,3-Seco-corynan-3-on 4340
$C_{19}H_{26}N_2O_2$
Amin, [2,2-Dimethoxy-äthyl]-[2]pyridyl-
[2,4,6-trimethyl-benzyl]- 3872
Essigsäure, [4-Methoxy-cyclohexyl]-,
[2-indol-3-yl-äthylamid] 4340
2,3-Seco-corynan-3-on, 17-Hydroxy- 4341
$C_{19}H_{26}N_2O_3$
Adipamidsäure, N-[2-Indol-3-yl-äthyl]-
N-methyl-, äthylester 4335
$C_{19}H_{26}N_2O_4$
Amin, Bis-[2-äthoxycarbonyl-äthyl]-indol-
3-ylmethyl- 4310
$C_{19}H_{26}N_2O_6S$
s. bei $[C_{18}H_{23}N_2O_2]^+$
$C_{19}H_{27}ClN_2O$
Piperidin, 1-[4-Chlor-benzoyl]-2-
[2-piperidino-äthyl]- 3776
$C_{19}H_{27}N_3$
Äthylendiamin, N,N-Diäthyl-N'-benzyl-
N'-[2-methyl-[4]pyridyl]- 4132
−, N-[4-Isopropyl-benzyl]-N',N'-
dimethyl-N-[2]pyridyl- 3932
Amin, Bis-[2-(6-methyl-[2]pyridyl)-äthyl]-
propyl- 4229
−, [1,1-Dimethyl-3-(6-methyl-
[2]pyridyl)-propyl]-[2-(6-methyl-
[2]pyridyl)-äthyl]- 4243
−, Methyl-bis-[4-[3]pyridyl-butyl]-
4234
$C_{19}H_{27}N_3O$
Äthylendiamin, N-[4-Äthoxy-phenyl]-
N',N'-diäthyl-N-[2]pyridyl- 3934
−, N-[2,6-Dimethyl-[4]pyridyl]-N-
[4-methoxy-benzyl]-N',N'-dimethyl-
4218
−, N-[4-Isopropoxy-benzyl]-N',N'-
dimethyl-N-[2]pyridyl- 3935
Amin, [2,6-Dimethyl-[4]pyridyl]-furfuryl-
[2-piperidino-äthyl]- 4219
Piperidin-2-carbonsäure, 1-Indol-
3-ylmethyl-, diäthylamid 4311
Piperidin-3-carbonsäure, 1-Indol-
3-ylmethyl-, diäthylamid 4311
Piperidin-4-carbonsäure, 1-Indol-
3-ylmethyl-, diäthylamid 4313
$C_{19}H_{27}N_3O_3$
Piperidin, 1-[4-Nitro-benzoyl]-2-
[2-piperidino-äthyl]- 3776
$C_{19}H_{28}N_2O$
Piperidin, 1-Benzoyl-2-[2-piperidino-äthyl]-
3775

C₁₉H₂₈N₂O₂

Piperidin, 1-[4-Methoxy-benzoyl]-
2-piperidinomethyl- 3767

[C₁₉H₂₈N₃]⁺

Ammonium, Diäthyl-methyl-{2-[(4-methyl-
[2]pyridyl)-phenyl-amino]-äthyl}- 4179
[C₁₉H₂₈N₃]Br 4179

—, Diäthyl-methyl-{2-[(6-methyl-
[2]pyridyl)-phenyl-amino]-äthyl}- 4142
[C₁₉H₂₈N₃]Br 4142

C₁₉H₂₈N₄

Nonandiyldiamin, N,N'-Di-[2]pyridyl-
3942

Pentandiyldiamin, N,N'-Diäthyl-N,N'-di-
[2]pyridyl- 3940

C₁₉H₂₈N₆

Guanidin, N-[4-Diäthylamino-butyl]-
N',N'''-di-[2]pyridyl- 3900

C₁₉H₂₉N₃

Amin, [2-Dodecahydrocarbazol-9-yl-äthyl]-
[2]pyridyl- 3924

C₁₉H₂₉N₃O

Äthylendiamin, N-Äthyl-N'-formyl-
N-phenyl-N'-tropan-3-yl- 3810

—, N-Formyl-N'-methyl-N'-p-tolyl-
N-tropan-3-yl- 3810

Glycin, N,N-Diäthyl-, [1,2,3,4,4a,9,9a,10-
octahydro-acridin-9-ylamid] 4373

Piperidin, 1-[4-Amino-benzoyl]-2-
[2-piperidino-äthyl]- 3777

C₁₉H₂₉N₃O₂

Äthylendiamin, N-Formyl-N'-[4-methoxy-
phenyl]-N'-methyl-N-tropan-3-yl- 3811

C₁₉H₃₀N₂

Äthan, 1-[1-Benzyl-[2]piperidyl]-
2-piperidino- 3771

[C₁₉H₃₀N₂]²⁺

Pyrrolidinium, 2-[4-(Diäthyl-prop-2-inyl-
ammonio)-but-2-inyl]-1-methyl-1-prop-
2-inyl- 3837
[C₁₉H₃₀N₂]Br₂ 3837

C₁₉H₃₀N₂O

Benzamid, N-Methyl-N-[5-(1-methyl-
[3]piperidyl)-pentyl]- 3792

[C₁₉H₃₁N₂O]⁺

Ammonium, Diäthyl-[1-(1-benzoyl-
[3]piperidyl)-äthyl]-methyl- 3777
[C₁₉H₃₁N₂O]I 3777

C₁₉H₃₁N₃

Äthylendiamin, N-Äthyl-N'-[9-methyl-
9-aza-bicyclo[3.3.1]non-3-yl]-N-phenyl-
3818

—, N-Äthyl-N'-methyl-N-phenyl-
N'-tropan-3-yl- 3807

—, N,N-Diäthyl-N'-[8-phenyl-
nortropan-3-yl]- 3804

—, N,N-Dicyclohexyl-N'-[2]pyridyl-
3924

—, N,N'-Dimethyl-N-p-tolyl-
N'-tropan-3-yl- 3807

Amin, [4-Diäthylamino-benzyl]-tropan-
3-yl- 3814

C₁₉H₃₁N₃O

Äthylendiamin, N-[4-Methoxy-phenyl]-
N,N'-dimethyl-N'-tropan-3-yl- 3807

β-Alanin, N-[1-Methyl-4-phenyl-
[4]piperidyl]-, diäthylamid 4272

Glycin, N,N-Diäthyl-, [(1-methyl-
4-phenyl-[4]piperidylmethyl)-amid]
4280

—, N-[1-Methyl-4-phenyl-
[4]piperidylmethyl]-, diäthylamid 4278

Harnstoff, N-Menthyl-N'-[1-methyl-2-
[2]pyridyl-äthyl]- 4222

C₁₉H₃₂N₂

Anilin, N,N-Diäthyl-4-[2-(1-äthyl-
[2]piperidyl)-äthyl]- 4286

—, N,N-Diäthyl-4-[2-(1-äthyl-
[4]piperidyl)-äthyl]- 4289

C₁₉H₃₂N₂O

Myristamid, N-[2]Pyridyl- 3883

C₁₉H₃₂N₂O₂S

Toluol-4-sulfonamid, N-Methyl-N-[5-
(1-methyl-[3]piperidyl)-pentyl]- 3792

[C₁₉H₃₂N₃]⁺

Nortropanium, 3-[2-(N-Äthyl-anilino)-
äthylamino]-8,8-dimethyl- 3804
[C₁₉H₃₂N₃]I 3804

C₁₉H₃₂N₄O₂

Malonamid, N,N'-Di-tropan-3-yl- 3799

[C₁₉H₃₃N₂]⁺

Piperidinium, 2-[4-Diäthylamino-
phenäthyl]-1,1-dimethyl- 4285

—, 4-[4-Diäthylamino-phenäthyl]-
1,1-dimethyl- 4289

C₁₉H₃₃N₃

p-Xylylendiamin, N,N-Diäthyl-N'-[1-äthyl-
[3]piperidyl]- 3748

—, N,N-Diäthyl-N'-[1-äthyl-
pyrrolidin-2-ylmethyl]- 3748

C₁₉H₃₃N₃O

Harnstoff, N-[1,1-Dibutyl-pentyl]-N'-
[2]pyridyl- 3895

C₁₉H₃₄N₂

Amin, [2,2-Dibutyl-hexyl]-[2]pyridyl- 3851

—, Diisohexyl-[2-[2]pyridyl-äthyl]-
4190

—, [2]Pyridyl-tetradecyl- 3850

[C₁₉H₃₄N₂]²⁺

Anilinium, N-Äthyl-4-[2-(1,1-dimethyl-
piperidinium-4-yl)-äthyl]-N,N-dimethyl-
4288
[C₁₉H₃₄N₂]I₂ 4288

—, 4-[2-(1-Äthyl-1-methyl-
piperidinium-2-yl)-äthyl]-tri-N-methyl-
4285
[C₁₉H₃₄N₂]I₂ 4285

[C$_{19}$H$_{34}$N$_2$]$^{2+}$ (Fortsetzung)
Anilinium, 4-[2-(1-Äthyl-1-methyl-
  piperidinium-4-yl)-äthyl]-tri-N-methyl-
  4288
  [C$_{19}$H$_{34}$N$_2$]I$_2$ 4288
[C$_{19}$H$_{35}$N$_2$]$^+$
Pyridinium, 4-Dimethylamino-1-dodecyl-
  4101
  [C$_{19}$H$_{35}$N$_2$]Br 4101
C$_{19}$H$_{36}$N$_4$
β-Alanin, N-(3-{2-[2-(2-Methyl-piperidino)-
  äthyl]-piperidino}-propyl)-, nitril 3777
C$_{19}$H$_{39}$N$_3$
Butandiyldiamin, N^4,N^4-Diäthyl-1-methyl-
  N^1-octahydrochinolizin-1-ylmethyl-
  3825
C$_{19}$H$_{40}$N$_2$
Amin, Diäthyl-[10-(1-methyl-pyrrolidin-
  3-yl)-decyl]- 3793
[C$_{19}$H$_{40}$N$_2$]$^{2+}$
Pyrrolizinium, 1-[Dimethyl-octyl-
  ammoniomethyl]-4-methyl-hexahydro-
  3816
  [C$_{19}$H$_{40}$N$_2$][C$_6$H$_2$N$_3$O$_7$]$_2$ 3816
  [C$_{19}$H$_{40}$N$_2$][C$_7$H$_5$O$_3$]$_2$ 3816
[C$_{19}$H$_{41}$N$_3$]$^{2+}$
Nortropanium, 8-Äthyl-8-methyl-3-
  [methyl-(2-triäthylammonio-äthyl)-
  amino]- 3809
  [C$_{19}$H$_{41}$N$_3$]I$_2$ 3809
—, 3-{[2-(Diäthyl-methyl-ammonio)-
  äthyl]-propyl-amino}-8,8-dimethyl-
  3810
  [C$_{19}$H$_{41}$N$_3$]I$_2$ 3810

C$_{20}$

C$_{20}$H$_{14}$Cl$_2$N$_4$O
Pyrrolidin-2-on, 1-[6-Chlor-[3]pyridyl]-3-
  [6-chlor-[3]pyridylimino]-5-phenyl-
  4090
C$_{20}$H$_{14}$N$_2$O$_2$
Azetidin-2,4-dion, 3,3-Diphenyl-1-
  [2]pyridyl- 3892
—, 3,3-Diphenyl-1-[3]pyridyl- 4076
—, 3,3-Diphenyl-1-[4]pyridyl- 4110
C$_{20}$H$_{15}$N$_3$O$_3$
Acrylsäure, 3-[4-Nitro-phenyl]-2-phenyl-,
  [2]pyridylamid 3888
C$_{20}$H$_{15}$N$_3$O$_4$S
Benzolsulfonsäure, 4-Phthalimidomethyl-,
  [2]pyridylamid 4003
C$_{20}$H$_{16}$IN$_3$O
Amin, [2-Äthoxy-7-jod-acridin-9-yl]-
  [2]pyridyl- 3965
C$_{20}$H$_{16}$N$_2$O
Acrylsäure, 2,3-Diphenyl-,
  [2]pyridylamid 3888

[C$_{20}$H$_{16}$N$_3$]$^+$
Isochinolinium, 5-Cyan-2-[2-indol-3-yl-
  äthyl]- 4343
  [C$_{20}$H$_{16}$N$_3$]Br 4343
C$_{20}$H$_{16}$N$_4$O$_4$
Benzoesäure, 4-Methyl-3-[3-nitro-
  benzoylamino]-, [2]pyridylamid 3945
C$_{20}$H$_{16}$N$_4$O$_6$S
Benzoesäure, 2-Acetoxy-5-[4-
  [2]pyridylsulfamoyl-phenylazo]- 4009
C$_{20}$H$_{17}$N$_3$O$_2$
Malonsäure, Diphenyl-, amid-
  [2]pyridylamid 3893
C$_{20}$H$_{17}$N$_3$O$_2$S
Sulfanilsäure, N-Cinnamyliden-,
  [2]pyridylamid 3983
C$_{20}$H$_{17}$N$_3$O$_3$S
Sulfanilsäure, N-Cinnamoyl-,
  [2]pyridylamid 3991
C$_{20}$H$_{17}$N$_5$O$_2$S
Benzolsulfonsäure, 4-[2-Methyl-indol-
  3-ylidenhydrazino]-, [2]pyridylamid
  4007
C$_{20}$H$_{18}$N$_2$O
Essigsäure, Diphenyl-, [[3]pyridylmethyl-
  amid] 4169
Propionsäure, 2,3-Diphenyl-,
  [2]pyridylamid 3888
C$_{20}$H$_{18}$N$_2$O$_2$
Benzilamid, N-[3]Pyridylmethyl- 4170
Biphenyl-3-carbonsäure, 2-Hydroxy-,
  [2-[2]pyridyl-äthylamid] 4195
—, 2-Hydroxy-, [2-[4]pyridyl-
  äthylamid] 4209
Isochinolin-1,3-dion, 2-[2-Indol-3-yl-äthyl]-
  5-methyl-4H- 4338
Phthalimid, N-[2-(1-Äthyl-indol-3-yl)-äthyl]-
  4337
[C$_{20}$H$_{18}$N$_3$]$^+$
Chinolinium, 1-Methyl-2-[(2-methyl-
  indolizin-3-ylimino)-methyl]- 4317
  [C$_{20}$H$_{18}$N$_3$]I 4317
C$_{20}$H$_{18}$N$_4$O$_2$
Benzoesäure, 3-[3-Amino-benzoylamino]-
  4-methyl-, [2]pyridylamid 3945
C$_{20}$H$_{18}$N$_4$O$_4$
Terephthalsäure, 2,5-Bis-[[2]pyridylmethyl-
  amino]- 4152
C$_{20}$H$_{18}$N$_6$O$_2$S$_2$
Sulfanilsäure, N-[4-Thiosemicarbazono-
  methyl-benzyliden]-, [2]pyridylamid 3983
[C$_{20}$H$_{19}$N$_2$]$^+$
Isochinolinium, 2-[2-(1-Methyl-indol-3-yl)-
  äthyl]- 4329
  [C$_{20}$H$_{19}$N$_2$]Cl 4329
  [C$_{20}$H$_{19}$N$_2$]ClO$_4$ 4329
  [C$_{20}$H$_{19}$N$_2$]I 4329
  [C$_{20}$H$_{19}$N$_2$]C$_6$H$_2$N$_3$O$_7$ 4329

[C$_{20}$H$_{19}$N$_2$O]$^+$
Isochinolinium, 2-[2-Indol-3-yl-äthyl]-
4-methoxy- 4330
[C$_{20}$H$_{19}$N$_2$O]ClO$_4$ 4330
[C$_{20}$H$_{19}$N$_2$O]Br 4330
[C$_{20}$H$_{19}$N$_2$O]I 4330

C$_{20}$H$_{19}$N$_3$
Isochinolin-5-carbonitril, 2-[2-Indol-3-yl-
äthyl]-1,2,3,4-tetrahydro- 4343

C$_{20}$H$_{19}$N$_3$O$_3$S
Sulfanilsäure, N-Acetyl-, [benzyl-
[2]pyridyl-amid] 4015
−, N-Acetyl-N-benzyl-,
[2]pyridylamid 3981
Toluol-2-sulfonsäure, 4-[4-Methoxy-
benzylidenamino]-, [2]pyridylamid
4002

C$_{20}$H$_{19}$N$_3$O$_4$S
Sulfanilsäure, N-Veratryliden-,
[2]pyridylamid 3985

[C$_{20}$H$_{19}$N$_5$]$^{2+}$
Isoindolin, 1,3-Bis-[1-methyl-pyridinium-
2-ylimino]- 3965
[C$_{20}$H$_{19}$N$_5$]I$_2$ 3965

C$_{20}$H$_{19}$N$_5$O$_2$
Benzoesäure, N-[N′,N″-Di-[2]pyridyl-
guanidino]-, äthylester 3900

C$_{20}$H$_{20}$N$_2$
Anilin, N-Benzyl-N-[2-[4]pyridyl-äthyl]-
4204

C$_{20}$H$_{20}$N$_2$O
Amin, [2-Benzhydryloxy-äthyl]-[2]pyridyl-
3857

C$_{20}$H$_{20}$N$_2$O$_2$
But-2-en-1-on, 1-[2-Hydroxy-phenyl]-3-
[2-indol-3-yl-äthylamino]- 4331

C$_{20}$H$_{20}$N$_2$O$_3$
Benzoesäure, 2-[(2-Indol-3-yl-
äthylcarbamoyl)-methyl]-, methylester
4338
−, 2-[(2-Indol-3-yl-äthylcarbamoyl)-
methyl]-3-methyl- 4338

C$_{20}$H$_{20}$N$_2$O$_4$
Benzoesäure, 2-[(2-Indol-3-yl-
äthylcarbamoyl)-methyl]-4-methoxy-
4344

C$_{20}$H$_{20}$N$_2$O$_4$S
s. bei [C$_{13}$H$_{13}$N$_2$O]$^+$

C$_{20}$H$_{20}$N$_2$O$_4$S$_2$
Amin, Bis-benzolsulfonyl-[2,4,6-trimethyl-
[3]pyridyl]- 4232

C$_{20}$H$_{20}$N$_2$O$_5$S$_2$
Amin, Bis-benzolsulfonyl-[2,4,6-trimethyl-
1-oxy-[3]pyridyl]- 4232

C$_{20}$H$_{20}$N$_4$O$_2$S
Sulfanilsäure, N-[4-Dimethylamino-
benzyliden]-, [2]pyridylamid 3998

C$_{20}$H$_{20}$N$_4$O$_3$S$_2$
Thioharnstoff, N-[4-Äthoxy-phenyl]-N′-[4-
[2]pyridylsulfamoyl-phenyl]- 3995

C$_{20}$H$_{21}$BrN$_2$O$_2$
Acetamid, N-[1-Acetyl-6-brom-2-methyl-
1,2,3,4-tetrahydro-[4]chinolyl]-
N-phenyl- 4258

C$_{20}$H$_{21}$N$_3$
Amin, [1-Indol-3-ylmethyl-indol-
3-ylmethyl]-dimethyl- 4314

C$_{20}$H$_{21}$N$_5$O
Guanidin, N-[4-Propoxy-phenyl]-N′,N″-di-
[2]pyridyl- 3899

C$_{20}$H$_{21}$N$_7$O$_2$S
Biguanid, 1-[4-[2]Pyridylsulfamoyl-phenyl]-
5-p-tolyl- 3994

C$_{20}$H$_{22}$ClN$_5$O$_7$
s. bei [C$_{14}$H$_{20}$ClN$_2$]$^+$

C$_{20}$H$_{22}$N$_2$
Isochinolin, 2-[2-(1-Methyl-indol-3-yl)-
äthyl]-1,2,3,4-tetrahydro- 4328

C$_{20}$H$_{22}$N$_2$O
Acetamid, N-Benzyl-N-[2-(2-methyl-indol-
3-yl)-äthyl]- 4364
Benzamid, N-[9-Methyl-4b,5,6,7,8,8a-
hexahydro-carbazol-3-yl]- 4371
Buttersäure, 4-Phenyl-, [2-indol-3-yl-
äthylamid] 4334
Essigsäure, o-Tolyl-, [2-(1-methyl-indol-
3-yl)-äthyl-amid] 4334
Methanol, [2-(2-Indol-3-yl-äthyl)-
1,2,3,4-tetrahydro-[5]isochinolyl]- 4330
Propionamid, N-[2-(1-Benzyl-indol-3-yl)-
äthyl]- 4332
Propionsäure, 2-Methyl-2-phenyl-,
[2-indol-3-yl-äthylamid] 4335

C$_{20}$H$_{22}$N$_2$O$_2$
Acetamid, N-[1-Acetyl-2-methyl-
1,2,3,4-tetrahydro-[4]chinolyl]-
N-phenyl- 4257
Benzamid, N-[1-Benzoyl-
[2]piperidylmethyl]- 3766
−, N-[1-Oxiranylmethyl-
1,2,3,4-tetrahydro-[2]chinolylmethyl]-
4264
Isochinolin-7-ol, 2-[2-Indol-3-yl-äthyl]-
6-methoxy-1,2,3,4-tetrahydro- 4330

C$_{20}$H$_{22}$N$_2$O$_3$
Essigsäure, [3,4-Dimethoxy-phenyl]-,
[2-indol-3-yl-äthylamid] 4342

[C$_{20}$H$_{22}$N$_3$]$^+$
Ammonium, Bis-indol-3-ylmethyl-
dimethyl- 4315
[C$_{20}$H$_{22}$N$_3$]Br 4315
[C$_{20}$H$_{22}$N$_3$]I 4315
[C$_{20}$H$_{22}$N$_3$]C$_6$H$_2$N$_3$O$_7$ 4315

C$_{20}$H$_{23}$N$_3$
Äthylendiamin, N,N-Dimethyl-N′-
[1]naphthylmethyl-N′-[2]pyridyl- 3932

$C_{20}H_{23}N_3O$
Äthylendiamin, N-[[2]Furyl-phenyl-methyl]-
N',N'-dimethyl-N-[2]pyridyl- 3956
Harnstoff, N-[2,3,6,7-Tetrahydro-1H,5H-
pyrido[3,2,1-ij]chinolin-9-yl]-N'-o-tolyl-
4372
$C_{20}H_{23}N_3S$
Äthylendiamin, N,N-Dimethyl-N'-[phenyl-
[2]thienyl-methyl]-N'-[2]pyridyl- 3956
$C_{20}H_{23}N_5O_7$
s. bei $[C_{14}H_{21}N_2]^+$
$C_{20}H_{24}Cl_2N_2$
Amin, Bis-[3-chlor-phenyl]-[2-(1-methyl-
[2]piperidyl)-äthyl]- 3770
$C_{20}H_{24}N_2$
Amin, Benzyliden-[1-methyl-4-phenyl-
[4]piperidylmethyl]- 4275
Carbazol, 9-[2-(1-Methyl-[2]piperidyl)-
äthyl]- 3774
Isochinolin, 2-[2-(1-Methyl-indolin-3-yl)-
äthyl]-1,2,3,4-tetrahydro- 4270
$C_{20}H_{24}N_2O_3$
Veratramid, N-[1-Methyl-
1,2,3,4-tetrahydro-[2]chinolylmethyl]-
4263
$[C_{20}H_{24}N_3O]^+$
Ammonium, [1-(Benzoylamino-methyl)-
indol-3-ylmethyl]-trimethyl- 4309
$[C_{20}H_{24}N_3O]I$ 4309
$C_{20}H_{25}BrN_2$
Amin, [3-Brom-phenyl]-[2-(1-methyl-
[2]piperidyl)-äthyl]-phenyl- 3770
$C_{20}H_{25}ClN_2$
Amin, [3-Chlor-phenyl]-[2-(1-methyl-
[2]piperidyl)-äthyl]-phenyl- 3770
$[C_{20}H_{25}N_2]^+$
Ammonium, [2-(1-Benzyl-indol-3-yl)-äthyl]-
trimethyl- 4324
$[C_{20}H_{25}N_2]I$ 4324
$C_{20}H_{25}N_3O$
Harnstoff, [1-Benzyl-4-phenyl-
[4]piperidylmethyl]- 4278
$[C_{20}H_{26}Br_2N_3]^+$
Pyridinium, 4-[2-(3,5-Dibrom-
[2]pyridylamino)-1-methyl-vinyl]-
1-heptyl- 4042
$[C_{20}H_{26}Br_2N_3]I$ 4042
$C_{20}H_{26}ClN_3$
Cyclohexan-1,2-diyldiamin, N-[4-Chlor-
benzyl]-N',N'-dimethyl-N-[2]pyridyl-
3942
$[C_{20}H_{26}Cl_2N_3]^+$
Pyridinium, 4-[2-(3,5-Dichlor-
[2]pyridylamino)-1-methyl-vinyl]-
1-heptyl- 4029
$[C_{20}H_{26}Cl_2N_3]I$ 4029
–, 2-[2-(3,5-Dichlor-[2]pyridylamino)-
vinyl]-1-heptyl-6-methyl- 4030
$[C_{20}H_{26}Cl_2N_3]I$ 4030

$C_{20}H_{26}N_2$
Amin, Benzhydryl-methyl-[1-methyl-
pyrrolidin-2-ylmethyl]- 3762
–, Diäthyl-[1-benzyl-
1,2,3,4-tetrahydro-[3]chinolyl]- 4250
–, [2,4-Dimethyl-phenyl]-[2,6,8-trimethyl-
1,2,3,4-tetrahydro-[4]chinolyl]- 4283
–, [2-(1-Methyl-[2]piperidyl)-äthyl]-
diphenyl- 3770
–, Phenyl-[1,2,5-trimethyl-4-phenyl-
[4]piperidyl]- 4291
Anilin, 2-Benzyl-N-methyl-N-[1-methyl-
pyrrolidin-3-ylmethyl]- 3764
–, N-[4-Methyl-benzyl]-N-[1-methyl-
[4]piperidyl]- 3754
p-Toluidin, N-Benzyl-N-[1-methyl-
[4]piperidyl]- 3753
$C_{20}H_{26}N_2O$
Anilin, N-[4-Methoxy-benzyl]-N-[1-methyl-
[4]piperidyl]- 3756
p-Anisidin, N-Benzyl-N-[1-methyl-
[4]piperidyl]- 3756
$C_{20}H_{26}N_2O_2$
Amin, Dimethyl-[1-veratryl-
1,2,3,4-tetrahydro-[3]chinolyl]- 4251
–, [1-Methyl-1,2,3,4-tetrahydro-
[2]chinolylmethyl]-veratryl- 4261
$C_{20}H_{26}N_4$
Guanidin, [1-Benzyl-4-phenyl-
[4]piperidylmethyl]- 4278
Hexannitril, 6-[Bis-(2-[4]pyridyl-äthyl)-
amino]- 4210
$C_{20}H_{26}N_4O_2$
Decandiamid, N,N'-Di-[2]pyridyl- 3891
$[C_{20}H_{27}BrN_3]^+$
Pyridinium, 4-[2-(5-Brom-[2]pyridylamino)-
1-methyl-vinyl]-1-heptyl- 4037
$[C_{20}H_{27}BrN_3]I$ 4037
–, 2-[2-(5-Brom-[2]pyridylamino)-
vinyl]-1-heptyl-6-methyl- 4037
$[C_{20}H_{27}BrN_3]I$ 4037
$[C_{20}H_{27}ClN_3]^+$
Pyridinium, 4-[2-(5-Chlor-[2]pyridylamino)-
1-methyl-vinyl]-1-heptyl- 4026
$[C_{20}H_{27}ClN_3]I$ 4026
–, 4-[2-(6-Chlor-[3]pyridylamino)-
1-methyl-vinyl]-1-heptyl- 4092
$[C_{20}H_{27}ClN_3]I$ 4092
–, 2-[2-(5-Chlor-[2]pyridylamino)-
vinyl]-1-heptyl-6-methyl- 4026
$[C_{20}H_{27}ClN_3]I$ 4026
$C_{20}H_{27}IN_2$
Methojodid $[C_{20}H_{27}N_2]I$ aus Benzyl-
[1-methyl-4-phenyl-[4]piperidyl]-amin
4271
$[C_{20}H_{27}IN_3]^+$
Pyridinium, 1-Heptyl-4-[2-(5-jod-
[2]pyridylamino)-1-methyl-vinyl]- 4050
$[C_{20}H_{27}IN_3]I$ 4050

[C$_{20}$H$_{27}$IN$_3$]$^+$ (Fortsetzung)
Pyridinium, 1-Heptyl-2-[2-(5-jod-
    [2]pyridylamino)-vinyl]-6-methyl-
    4051
    [C$_{20}$H$_{27}$IN$_3$]I 4051
[C$_{20}$H$_{27}$N$_2$]$^+$
2,3-Seco-yohimb-16-enium, 4-Methyl-
    4327
    [C$_{20}$H$_{27}$N$_2$]I 4327
[C$_{20}$H$_{27}$N$_2$O$_2$]$^+$
Pyridinium, 2-[(Butyl-tropoyl-amino)-
    methyl]-1-methyl- 4151
    [C$_{20}$H$_{27}$N$_2$O$_2$]I 4151
C$_{20}$H$_{27}$N$_3$
Amin, Benzyl-[2-methyl-[4]pyridyl]-
    [2-piperidino-äthyl]- 4132
Cyclohexan-1,2-diyldiamin, N-Benzyl-
    N',N'-dimethyl-N-[2]pyridyl- 3942
C$_{20}$H$_{27}$N$_3$O
Amin, [4-Methoxy-benzyl]-[2-piperidino-
    äthyl]-[2]pyridyl- 3936
C$_{20}$H$_{27}$N$_3$O$_3$
Alanin, N-[1-Indol-3-ylmethyl-piperidin-
    4-carbonyl]-, äthylester 4313
C$_{20}$H$_{27}$N$_3$O$_3$S
Sulfanilsäure, N-Nonanoyl-,
    [2]pyridylamid 3989
[C$_{20}$H$_{27}$N$_4$O$_2$]$^+$
Pyridinium, 1-Heptyl-4-[1-methyl-2-
    (5-nitro-[2]pyridylamino)-vinyl]- 4063
    [C$_{20}$H$_{27}$N$_4$O$_2$]I 4063
C$_{20}$H$_{28}$Cl$_2$N$_6$
Guanidin, N,N'-Bis-[5-chlor-[2]pyridyl]-
    N''-[4-diäthylamino-1-methyl-butyl]-
    4022
C$_{20}$H$_{28}$N$_2$O
Amin, [2-(5-Äthyl-[2]pyridyl)-äthyl]-[1-
    (4-propoxy-phenyl)-äthyl]- 4237
[C$_{20}$H$_{28}$N$_3$O$_2$]$^+$
Ammonium, Äthoxycarbonylmethyl-[2-
    (benzyl-[2]pyridyl-amino)-äthyl]-
    dimethyl- 3931
    [C$_{20}$H$_{28}$N$_3$O$_2$]Br 3931
C$_{20}$H$_{28}$N$_4$O$_2$
[1,4]Benzochinon, 2-[3-Diäthylamino-
    propylamino]-5-[2-[2]pyridyl-
    äthylamino]- 4196
Harnstoff, N-[4-Äthoxy-phenyl]-N'-
    [2-diäthylamino-äthyl]-N'-[2]pyridyl-
    3908
[C$_{20}$H$_{29}$N$_2$]$^+$
Isochinolinium, 2-[2-Indol-3-yl-äthyl]-
    2-methyl-decahydro- 4327
    [C$_{20}$H$_{29}$N$_2$]I 4327
C$_{20}$H$_{29}$N$_3$
Äthylendiamin, N,N-Diäthyl-N'-benzyl-
    N'-[2,6-dimethyl-[4]pyridyl]- 4217
–, N,N-Diäthyl-N'-[1-phenyl-propyl]-
    N'-[2]pyridyl- 3932

Amin, Isohexyl-bis-[2-[2]pyridyl-äthyl]-
    4197
C$_{20}$H$_{29}$N$_3$O
Äthylendiamin, N-[3-Äthoxy-phenyl]-
    N',N'-diäthyl-N-[6-methyl-[2]pyridyl]-
    4143
–, N-[4-Äthoxy-phenyl]-N',N'-
    diäthyl-N-[4-methyl-[2]pyridyl]- 4179
–, N-[4-Äthoxy-phenyl]-N',N'-
    diäthyl-N-[6-methyl-[2]pyridyl]- 4143
–, N,N-Diäthyl-N'-[4-methoxy-
    benzyl]-N'-[2-methyl-[4]pyridyl]- 4132
Piperidin-4-carbonsäure, 1-[2-Methyl-
    indol-3-ylmethyl]-, diäthylamid 4355
C$_{20}$H$_{30}$ClN$_3$
Amin, [8-(2-Chlor-benzyl)-nortropan-3-yl]-
    [2-pyrrolidino-äthyl]- 3805
C$_{20}$H$_{30}$N$_2$O
Piperidin, 1-Phenylacetyl-2-[2-piperidino-
    äthyl]- 3776
C$_{20}$H$_{30}$N$_2$O$_2$
Piperidin, 1-[4-Methoxy-benzoyl]-2-
    [2-piperidino-äthyl]- 3776
[C$_{20}$H$_{30}$N$_3$O]$^+$
Ammonium, {2-[(4-Äthoxy-phenyl)-
    [2]pyridyl-amino]-äthyl}-diäthyl-methyl-
    3934
    [C$_{20}$H$_{30}$N$_3$O]Br 3934
C$_{20}$H$_{30}$N$_4$
Decandiyldiamin, N,N'-Di-[2]pyridyl-
    3942
Hexandiyldiamin, N,N'-Bis-[2-[4]pyridyl-
    äthyl]- 4209
–, N,N-Bis-[2-[4]pyridyl-äthyl]- 4209
C$_{20}$H$_{30}$N$_6$
Guanidin, N-[4-Diäthylamino-1-methyl-
    butyl]-N',N''-di-[2]pyridyl- 3901
C$_{20}$H$_{31}$N$_3$O
Äthylendiamin, N-Äthyl-N'-formyl-N'-
    [9-methyl-9-aza-bicyclo[3.3.1]non-3-yl]-
    N-phenyl- 3819
C$_{20}$H$_{32}$ClN$_3$
Äthylendiamin, N,N-Diäthyl-N'-[8-
    (2-chlor-benzyl)-nortropan-3-yl]- 3804
–, N,N-Diäthyl-N'-[8-(4-chlor-benzyl)-
    nortropan-3-yl]- 3805
C$_{20}$H$_{32}$N$_2$
Amin, Diäthyl-[2-(5-isopentyl-2-methyl-
    indol-3-yl)-äthyl]- 4377
–, Dimethyl-[13-[2]pyridyl-tridec-
    2-inyl]- 4377
–, Dimethyl-[13-[4]pyridyl-tridec-
    2-inyl]- 4377
Butan, 1-Phenyl-4-piperidino-1-
    [2]piperidyl- 4292
C$_{20}$H$_{32}$N$_2$O
Äthan, 1-[1-(4-Methoxy-benzyl)-
    [2]piperidyl]-2-piperidino- 3774

C$_{21}$H$_{14}$N$_2$O$_5$S

Benzolsulfonsäure, 4-[3-Hydroxy-
1,4-dioxo-1,4-dihydro-[2]naphthyl]-,
[2]pyridylamid 3973

C$_{21}$H$_{15}$N$_3$O$_4$S

Chinolin-4-carbonsäure, 2-Phenyl-6-
[2]pyridylsulfamoyl- 4012

Sulfanilsäure, N-[1,4-Dioxo-1,4-dihydro-
[2]naphthyl]-, [2]pyridylamid 3985

—, N-[3,4-Dioxo-3,4-dihydro-
[1]naphthyl]-, [2]pyridylamid 3985

C$_{21}$H$_{16}$N$_4$O

[2]Naphthamidin, 1-Hydroxy-N,N'-di-
[2]pyridyl- 3916

C$_{21}$H$_{16}$N$_4$O$_3$S

Benzolsulfonsäure, 4-[2-Hydroxy-
[1]naphthylazo]-, [2]pyridylamid
4008

[C$_{21}$H$_{17}$N$_2$O$_2$]$^+$

Pyridinium, 3-[2,4-Dioxo-3,3-diphenyl-
azetidin-1-yl]-1-methyl- 4076
[C$_{21}$H$_{17}$N$_2$O$_2$]I 4076

—, 4-[2,4-Dioxo-3,3-diphenyl-
azetidin-1-yl]-1-methyl- 4110
[C$_{21}$H$_{17}$N$_2$O$_2$]I 4110

C$_{21}$H$_{17}$N$_3$O$_2$

Acetamidin, N,N-Dibenzoyl-N'-[2]pyridyl-
3880

C$_{21}$H$_{17}$N$_5$O$_2$S

Benzolsulfonsäure, 4-[2-Amino-
[1]naphthylazo]-, [2]pyridylamid
4009

C$_{21}$H$_{17}$N$_5$O$_5$S$_2$

Naphthalin-1-sulfonsäure, 4-Amino-3-[4-
[2]pyridylsulfamoyl-phenylazo]- 4010

C$_{21}$H$_{17}$N$_5$O$_7$

s. bei [C$_{15}$H$_{15}$N$_2$]$^+$

C$_{21}$H$_{17}$N$_5$O$_9$S$_3$

Naphthalin-2,7-disulfonsäure, 5-Amino-
4-hydroxy-3-[4-[2]pyridylsulfamoyl-
phenylazo]- 4010

C$_{21}$H$_{18}$N$_2$O$_2$

Dibenzamid, N-[3-Äthyl-[2]pyridyl]-
4198

[C$_{21}$H$_{19}$N$_2$O$_2$]$^+$

Isochinolinium, 2-[2-Indol-3-yl-äthyl]-
5-methoxycarbonyl- 4343
[C$_{21}$H$_{19}$N$_2$O$_2$]Br 4343

C$_{21}$H$_{19}$N$_3$O$_2$

Chinolin-3-carbonsäure, 2-Hydroxy-
4-methyl-, [2-indol-3-yl-äthylamid]
4348

C$_{21}$H$_{19}$N$_3$O$_5$

Benzoesäure, 2-Benzyloxy-4-nitro-,
[2-[2]pyridylamino-äthylester] 3857

C$_{21}$H$_{19}$N$_3$O$_6$S

Benzoesäure, 2,3-Dimethoxy-6-[(4-
[2]pyridylsulfamoyl-phenylimino)-
methyl]- 3997

[C$_{21}$H$_{20}$BrClN$_5$]$^+$

Pyridinium, 1-Äthyl-2-[2-(5-brom-
[2]pyridylamino)-vinyl]-6-[2-(5-chlor-
[2]pyridylamino)-vinyl]- 4038
[C$_{21}$H$_{20}$BrClN$_5$]I 4038

[C$_{21}$H$_{20}$BrIN$_5$]$^+$

Pyridinium, 1-Äthyl-2-[2-(5-brom-
[2]pyridylamino)-vinyl]-6-[2-(5-jod-
[2]pyridylamino)-vinyl]- 4051
[C$_{21}$H$_{20}$BrIN$_5$]I 4051

[C$_{21}$H$_{20}$Br$_2$N$_5$]$^+$

Pyridinium, 1-Äthyl-2,6-bis-[2-(5-brom-
[2]pyridylamino)-vinyl]- 4038
[C$_{21}$H$_{20}$Br$_2$N$_5$]I 4038

C$_{21}$H$_{20}$N$_2$O

Propionsäure, 2-Benzyl-3-phenyl-,
[2]pyridylamid 3888

C$_{21}$H$_{20}$N$_2$O$_2$

Äthan, 1-Benzoyloxy-2-[benzyl-[2]pyridyl-
amino]- 3859

Essigsäure, Diphenyl-, [2-[2]pyridylamino-
äthylester] 3857

C$_{21}$H$_{20}$N$_2$O$_4$

Isochinolin-1,3-dion, 2-[2-Indol-3-yl-äthyl]-
6,7-dimethoxy-4H- 4344

C$_{21}$H$_{20}$N$_4$O$_5$S

Toluol-2-sulfonsäure, 4-[Acetyl-(4-nitro-
benzyl)-amino]-, [2]pyridylamid 4002

[C$_{21}$H$_{21}$N$_2$O$_2$]$^+$

Isochinolinium, 2-[2-Indol-3-yl-äthyl]-
6,7-dimethoxy- 4331
[C$_{21}$H$_{21}$N$_2$O$_2$]Br 4331
[C$_{21}$H$_{21}$N$_2$O$_2$]I 4331
[C$_{21}$H$_{21}$N$_2$O$_2$]C$_6$H$_2$N$_3$O$_7$·C$_6$H$_3$N$_3$O$_7$
4331

[C$_{21}$H$_{21}$N$_2$O$_2$S]$^+$

Pyridinium, 1-Methyl-4-{2-[N-(toluol-
4-sulfonyl)-anilino]-vinyl}- 4245
[C$_{21}$H$_{21}$N$_2$O$_2$S]Cl 4245

C$_{21}$H$_{21}$N$_3$O$_2$

Äthan, 1-[4-Amino-benzoyloxy]-2-[benzyl-
[2]pyridyl-amino]- 3859

C$_{21}$H$_{21}$N$_3$S

Thioharnstoff, N-[2-(6-Methyl-[3]pyridyl)-
äthyl]-N,N'-diphenyl- 4225

C$_{21}$H$_{22}$Cl$_2$N$_2$

Chinolin, 1-[2,6-Dichlor-benzyl]-
2-piperidino-1,2-dihydro- 4298

—, 1-[2,6-Dichlor-benzyl]-
4-piperidino-1,4-dihydro- 4298

Isochinolin, 2-[2,6-Dichlor-benzyl]-
1-piperidino-1,2-dihydro- 4298

C$_{21}$H$_{22}$N$_2$

Anilin, N-Benzyl-N-[2-(6-methyl-[2]pyridyl)-
äthyl]- 4227

C$_{21}$H$_{22}$N$_2$O

Amin, [3-(4-Phenoxymethyl-phenyl)-
propyl]-[2]pyridyl- 3866

$C_{21}H_{22}N_2O_2$
Azetidin-2,4-dion, 1-[1-Methyl-[3]piperidyl]-
3,3-diphenyl- 3747
−, 1-[1-Methyl-[4]piperidyl]-
3,3-diphenyl- 3757
Isochinolin-5-carbonsäure, 2-[2-Indol-3-yl-
äthyl]-1,2,3,4-tetrahydro-, methylester
4343
$C_{21}H_{22}N_2O_3$
Essigsäure, [2-(2-Indol-3-yl-
äthylcarbamoyl)-6-methyl-phenyl]-,
methylester 4338
$C_{21}H_{22}N_2O_5$
Benzoesäure, 2-[(2-Indol-3-yl-
äthylcarbamoyl)-methyl]-
4,5-dimethoxy- 4344
$C_{21}H_{22}N_2O_6S_2$
Amin, Bis-[2-benzolsulfonyloxy-äthyl]-
[4]pyridyl- 4103
$[C_{21}H_{22}N_3]^+$
Indolium, 1,3,3-Trimethyl-2-[(2-methyl-
indolizin-3-ylimino)-methyl]-3H- 4317
$[C_{21}H_{22}N_3]I$ 4317
$C_{21}H_{23}ClN_2$
Isochinolin, 2-[2-Chlor-benzyl]-
1-piperidino-1,2-dihydro- 4298
$C_{21}H_{23}N_3$
Äthylendiamin, N-Acenaphthen-1-yl-
N',N'-dimethyl-N-[2]pyridyl- 3932
Amin, Acridin-9-yl-chinuclidin-2-ylmethyl-
3821
−, Benzyl-bis-[2-[2]pyridyl-äthyl]-
4197
−, Benzyl-bis-[2-[4]pyridyl-äthyl]-
4209
$C_{21}H_{23}N_3O$
p-Anisidin, N,N-Bis-[2-[2]pyridyl-äthyl]-
4198
$C_{21}H_{23}N_3O_4S$
Benzolsulfonsäure, 4-[1,8,8-Trimethyl-
2,4-dioxo-3-aza-bicyclo[3.2.1]oct-3-yl]-,
[2]pyridylamid 3992
$C_{21}H_{23}N_5O$
Guanidin, N-[4-Butoxy-phenyl]-N',N''-di-
[2]pyridyl- 3899
$C_{21}H_{23}N_5O_7$
s. bei $[C_{15}H_{21}N_2]^+$
$C_{21}H_{23}N_7O_3S$
Biguanid, 1-[4-Äthoxy-phenyl]-5-[4-
[2]pyridylsulfamoyl-phenyl]- 3994
$C_{21}H_{24}ClN_3O$
Amin, [1-Äthyl-[3]piperidyl]-[6-chlor-
2-methoxy-acridin-9-yl]- 3749
$C_{21}H_{24}N_2$
Amin, Benzyl-[2-(1-benzyl-4-methyl-pyrrol-
2-yl)-äthyl]- 3835
$C_{21}H_{24}N_2O$
Essigsäure, Diphenyl-, chinuclidin-
3-ylamid 3816

Isochinolin, 1-Äthoxymethyl-2-indol-
3-ylmethyl-1,2,3,4-tetrahydro- 4308
$C_{21}H_{24}N_2O_2$
Acetamid, N-[1-Acetyl-1,2,3,4-tetrahydro-
[4]chinolyl]-N-phenäthyl- 4251
Isochinolin, 2-[2-Indol-3-yl-äthyl]-
6,7-dimethoxy-1,2,3,4-tetrahydro- 4331
−, 2-Indol-3-ylmethyl-6,7-dimethoxy-
1-methyl-1,2,3,4-tetrahydro- 4309
[1]Naphthoesäure, 4-Oxo-1,2,3,4,4a,5,8,8a-
octahydro-, [2-indol-3-yl-äthylamid]
4345
$C_{21}H_{24}N_2O_3$
Propionsäure, 3-[3,4-Dimethoxy-phenyl]-,
[2-indol-3-yl-äthylamid] 4342
$[C_{21}H_{24}N_3]^+$
Ammonium, [1-Indol-3-ylmethyl-indol-
3-ylmethyl]-trimethyl- 4314
$[C_{21}H_{24}N_3]I$ 4314
$[C_{21}H_{24}N_3]CH_3O_4S$ 4315
$[C_{21}H_{24}N_3]C_6H_2N_3O_7$ 4315
$C_{21}H_{24}N_4O_6S_2$
Amin, [4]Pyridyl-bis-[2-sulfanilyloxy-äthyl]-
4104
$C_{21}H_{25}ClN_2$
Amin, [4-Chlor-benzhydryl]-tropan-3-yl-
3797
$C_{21}H_{25}Cl_2N_3S$
Benzylochlorid $[C_{21}H_{25}ClN_3S]Cl$
aus N-[5-Chlor-[2]thienylmethyl]-N',N'-
dimethyl-N-[2]pyridyl-äthylendiamin
3951
$C_{21}H_{25}N_3O_3$
Benzoesäure, 4-Nitro-, [(1-äthyl-
[3]piperidyl)-benzyl-amid] 3746
$C_{21}H_{25}N_4O_2PS$
Amidothiophosphorsäure, [2]Pyridyl-,
O,O'-bis-[3-dimethylamino-phenylester]
4018
$C_{21}H_{25}N_5O_7$
s. bei $[C_{15}H_{23}N_2]^+$
$C_{21}H_{26}N_2$
Amin, Benzhydryl-tropan-3-yl- 3797
−, [1-Methyl-4-phenyl-
[4]piperidylmethyl]-phenäthyliden-
4275
Chinolin, 1-Benzyl-3-piperidino-
1,2,3,4-tetrahydro- 4250
$C_{21}H_{26}N_2O$
Acetamid, N-[1-Benzyl-4-phenyl-
[4]piperidylmethyl]- 4276
$C_{21}H_{26}N_2O_2$
Carbamidsäure, [1-Benzyl-4-phenyl-
[4]piperidylmethyl]-, methylester 4277
Piperidin-4-carbonsäure, 4-Phenyl-1-[2-
[2]pyridyl-äthyl]-, äthylester 4196
−, 4-Phenyl-1-[2-[4]pyridyl-äthyl]-,
äthylester 4209

$C_{21}H_{26}N_2O_3$

Monobenzoyl-Derivat $C_{21}H_{26}N_2O_3$ aus
Bis-[2-hydroxy-äthyl]-
[1,2,3,4-tetrahydro-[2]chinolylmethyl]-
amin 4260

$C_{21}H_{26}N_2O_4$

[1]Naphthoesäure, 6,7-Dihydroxy-4-oxo-
decahydro-, [2-indol-3-yl-äthylamid]
4345

$C_{21}H_{27}BrN_2$

Amin, [2-(1-Äthyl-[2]piperidyl)-äthyl]-
[3-brom-phenyl]-phenyl- 3771

$C_{21}H_{27}ClN_2$

Amin, [2-(1-Äthyl-[2]piperidyl)-äthyl]-
[3-chlor-phenyl]-phenyl- 3770

$C_{21}H_{27}ClN_2O$

Amin, [3-Chlor-phenyl]-[3-methoxy-phenyl]-
[2-(1-methyl-[2]piperidyl)-äthyl]- 3772
−, [3-Chlor-phenyl]-[4-methoxy-
phenyl]-[2-(1-methyl-[2]piperidyl)-äthyl]-
3774

$[C_{21}H_{27}N_2]^+$

Piperidinium, 2-[2-Carbazol-9-yl-äthyl]-
1,1-dimethyl- 3774
$[C_{21}H_{27}N_2]I$ 3774

$[C_{21}H_{27}N_3O_2]^{2+}$

Pyridinium, 4-[2-Phthalimido-äthyl]-1-
[3-trimethylammonio-propyl]- 4207
$[C_{21}H_{27}N_3O_2]Br_2$ 4207

$C_{21}H_{27}N_3O_2S$

Sulfanilsäure-[geranyl-[2]pyridyl-amid]
4014

$C_{21}H_{28}ClN_3$

Amin, [4-Chlor-benzyl]-[2,6-dimethyl-
[4]pyridyl]-[2-piperidino-äthyl]- 4218

$C_{21}H_{28}N_2$

Amin, [2-(1-Methyl-[2]piperidyl)-äthyl]-
phenyl-m-tolyl- 3771

$C_{21}H_{28}N_2O$

Amin, [3-Methoxy-phenyl]-[2-(1-methyl-
[2]piperidyl)-äthyl]-phenyl- 3772

$C_{21}H_{28}N_2O_4$

[1]Naphthoesäure, 4,6,7-Trihydroxy-
decahydro-, [2-indol-3-yl-äthylamid]
4344

$C_{21}H_{28}N_2S$

Amin, [3-Methylmercapto-phenyl]-[2-
(1-methyl-[2]piperidyl)-äthyl]-phenyl-
3773

$[C_{21}H_{29}BrN_3]^+$

Pyridinium, 2-[2-(5-Brom-[2]pyridylamino)-
vinyl]-6-methyl-1-octyl- 4037
$[C_{21}H_{29}BrN_3]I$ 4037

$C_{21}H_{29}N_3$

Amin, Benzyl-[2,6-dimethyl-[4]pyridyl]-
[2-piperidino-äthyl]- 4217

$[C_{21}H_{29}N_3]^+$

Pyridinium, 4-[2-Indol-1-yl-äthyl]-1-
[3-trimethylammonio-propyl]- 4206
$[C_{21}H_{29}N_3]Br$ 4206

$C_{21}H_{29}N_3O_2$

Propandiyldiamin, N,N-Diäthyl-N'-
[2-benzoyloxy-äthyl]-N'-[2]pyridyl-
3939

$C_{21}H_{29}N_3O_3S$

Sulfanilsäure, N-Decanoyl-,
[2]pyridylamid 3989

$C_{21}H_{31}N_3$

Amin, Bis-[2-(4,6-dimethyl-[2]pyridyl)-
äthyl]-propyl- 4239

$C_{21}H_{31}N_3O$

Äthylendiamin, N,N-Diäthyl-N'-
[2,6-dimethyl-[4]pyridyl]-N'-[4-methoxy-
benzyl]- 4218
Piperidin-3-carbonsäure, 1-Indol-
3-ylmethyl-, diisopropylamid 4311
Piperidin-4-carbonsäure, 1-Indol-
3-ylmethyl-, diisopropylamid 4313

$C_{21}H_{32}N_2O_2$

Piperidin, 1-[4-Äthoxy-benzoyl]-2-
[2-piperidino-äthyl]- 3777

$[C_{21}H_{32}N_3O]^+$

Ammonium, {2-[(3-Äthoxy-phenyl)-
(6-methyl-[2]pyridyl)-amino]-
äthyl}-diäthyl-methyl- 4143
$[C_{21}H_{32}N_3O]Br$ 4143
−, {2-[(4-Äthoxy-phenyl)-(4-methyl-
[2]pyridyl)-amino]-äthyl}-diäthyl-
methyl- 4179
$[C_{21}H_{32}N_3O]Br$ 4179
−, {2-[(4-Äthoxy-phenyl)-(6-methyl-
[2]pyridyl)-amino]-äthyl}-diäthyl-
methyl- 4143
$[C_{21}H_{32}N_3O]Br$ 4143

$C_{21}H_{33}N_3O$

Äthylendiamin, N-Acetyl-N'-äthyl-N-
[9-methyl-9-aza-bicyclo[3.3.1]non-3-yl]-
N'-phenyl- 3819
−, N-Acetyl-N',N'-diäthyl-N-
[8-phenyl-nortropan-3-yl]- 3811
β-Alanin, N-[1-Methyl-4-phenyl-
[4]piperidylmethyl]-, piperidid 4279

$C_{21}H_{33}N_3O_2$

Äthylendiamin, N,N-Diäthyl-N'-
[8-piperonyl-nortropan-3-yl]- 3815

$C_{21}H_{33}N_3S$

Propandiyldiamin, N,N-Dibutyl-N'-
[2]pyridyl-N'-[2]thienylmethyl- 3953

$C_{21}H_{34}N_4S$

Thioharnstoff, N-[2-Diäthylamino-äthyl]-
N'-phenyl-N-tropan-3-yl- 3812

$C_{21}H_{35}N_3$

Äthylendiamin, N,N'-Diäthyl-N-[9-methyl-
9-aza-bicyclo[3.3.1]non-3-yl]-N'-phenyl-
3819

$C_{21}H_{35}N_3$ (Fortsetzung)
Äthylendiamin, N,N,N'-Triäthyl-N'-[8-phenyl-
nortropan-3-yl]- 3810

$C_{21}H_{35}N_3O$
Äthylendiamin, N,N-Diäthyl-N'-[8-
(2-methoxy-benzyl)-nortropan-3-yl]-
3806
−, N,N-Diäthyl-N'-[8-(4-methoxy-
benzyl)-nortropan-3-yl]- 3806

$C_{21}H_{36}N_2O$
Palmitamid, N-[2]Pyridyl- 3883

$C_{21}H_{36}N_4$
Amin, Bis-[3-piperidino-propyl]-[2]pyridyl-
3940

$[C_{21}H_{37}N_2]^+$
Piperidinium, 1,1-Diäthyl-2-
[4-diäthylamino-phenäthyl]- 4286

$C_{21}H_{37}N_3$
Äthylendiamin, N,N-Diäthyl-N'-methyl-
N'-{4-[2-(1-methyl-[2]piperidyl)-äthyl]-
phenyl}- 4287
−, N,N-Diäthyl-N'-methyl-N'-{4-[2-
(1-methyl-[4]piperidyl)-äthyl]-phenyl}-
4290

$[C_{21}H_{37}N_3]^{2+}$
Nortropanium, 3-{[2-(Äthyl-methyl-
phenyl-ammonio)-äthyl]-methyl-
amino}-8,8-dimethyl- 3808
$[C_{21}H_{37}N_3]I_2$ 3808

$[C_{21}H_{37}N_3O]^{2+}$
Nortropanium, 3-[{2-[(4-Methoxy-phenyl)-
dimethyl-ammonio]-äthyl}-methyl-
amino]-8,8-dimethyl- 3809
$[C_{21}H_{37}N_3O]I_2$ 3809

$C_{21}H_{38}N_2$
Amin, [2-(5-Äthyl-[2]pyridyl)-äthyl]-
diisohexyl- 4236
−, Hexadecyl-[2]pyridyl- 3851

$[C_{21}H_{38}N_2]^{2+}$
Anilinium, N-Äthyl-4-[2-(1,1-diäthyl-
piperidinium-4-yl)-äthyl]-N,N-dimethyl-
4289
$[C_{21}H_{38}N_2]I_2$ 4289
−, N,N-Diäthyl-4-[2-(1-äthyl-
1-methyl-piperidinium-4-yl)-äthyl]-
N-methyl- 4289

$[C_{21}H_{43}N_3]^{2+}$
Nortropanium, 8-Äthyl-3-{[3-(1-äthyl-
piperidinium-1-yl)-propyl]-methyl-
amino}-8-methyl- 3814
$[C_{21}H_{43}N_3]I_2$ 3814

C_{22}

$C_{22}H_{14}N_8O_{14}$
s. bei $[C_{10}H_9N_2]^+$

$C_{22}H_{15}BrN_4O_2$
[2]Naphthoesäure, 3-Hydroxy-4-phenylazo-,
[5-brom-[2]pyridylamid] 4035

$C_{22}H_{15}N_5O_4$
[2]Naphthoesäure, 3-Hydroxy-4-phenylazo-,
[5-nitro-[2]pyridyl-amid] 4062

$C_{22}H_{16}N_2O_3$
[1,4]Naphthochinon, 3-Hydroxy-2-[α-
[2]pyridylamino-benzyl]- 3878

$C_{22}H_{16}N_6O_4S_2$
Disulfid, Bis-[2-(3-nitro-[2]pyridylamino)-
phenyl]- 4054

$C_{22}H_{17}N_3O_3$
Glyoxylsäure, [5-Benzyloxy-indol-3-yl]-,
[2]pyridylamid 3968
−, [5-Benzyloxy-indol-3-yl]-,
[3]pyridylamid 4087
−, [5-Benzyloxy-indol-3-yl]-,
[4]pyridylamid 4116

$C_{22}H_{17}N_7O_7$
s. bei $[C_{16}H_{15}N_4]^+$

$C_{22}H_{18}N_4O_2S$
Sulfon, Bis-[4-[2]pyridylamino-phenyl]-
3863

$C_{22}H_{18}N_4O_3S$
Benzolsulfonsäure, 4-[4-Hydroxy-3-methyl-
[1]naphthylazo]-, [2]pyridylamid 4008

$C_{22}H_{18}N_4O_4S_4$
Disulfid, Bis-[4-[2]pyridylsulfamoyl-phenyl]-
3972

$C_{22}H_{18}N_6O_4S_2$
Azobenzol-4,4'-disulfonsäure-bis-
[2]pyridylamid 4009

$C_{22}H_{18}N_6O_5S_2$
Azoxybenzol-4,4'-disulfonsäure-bis-
[2]pyridylamid 4011

$C_{22}H_{19}N_3O_2$
Phthalimid, N-[2-(Benzyl-[2]pyridyl-amino)-
äthyl]- 3931

$C_{22}H_{19}N_5O_2S$
Benzolsulfonsäure, 4-[4-Amino-3-methyl-
[1]naphthylazo]-, [2]pyridylamid 4009

$C_{22}H_{19}N_5O_7$
s. bei $[C_{16}H_{17}N_2]^+$

$C_{22}H_{20}N_2O$
Essigsäure, [1]Naphthyl-, [2-indol-3-yl-
äthylamid] 4335

$[C_{22}H_{20}N_3O_3]^+$
Pyridinium, 1-[3,3-Dimethyl-1-(4-nitro-
benzoyl)-indolin-2-yl]- 4271
$[C_{22}H_{20}N_3O_3]Cl$ 4271

$C_{22}H_{20}N_4O_2$
Nicotinsäure-[(1-nicotinoyl-
1,2,3,4-tetrahydro-[2]chinolylmethyl)-
amid] 4265

$C_{22}H_{20}N_6O_4S_2$
Hydrazin, N,N'-Bis-[4-[2]pyridylsulfamoyl-
phenyl]- 4007

$C_{22}H_{20}N_6O_4S_4$
Disulfid, Bis-[2-amino-4-
[2]pyridylsulfamoyl-phenyl]- 4005
−, Bis-[2-amino-5-
[2]pyridylsulfamoyl-phenyl]- 4005
$[C_{22}H_{21}N_2O]^+$
Pyridinium, 1-[1-Benzoyl-3,3-dimethyl-
indolin-2-yl]- 4271
$[C_{22}H_{21}N_2O]ClO_4$ 4271
$C_{22}H_{21}N_5O_5$
Buttersäure, 4-[4-Methoxy-phenyl]-2-
[4-nitro-phenylhydrazono]-4-
[2]pyridylamino- 3922
$C_{22}H_{22}N_2O_2$
Biphenyl-3-carbonsäure, 2-Hydroxy-,
[2-(5-äthyl-[2]pyridyl)-äthylamid] 4238
$C_{22}H_{22}N_2O_2S$
Benzolsulfonamid, N-[2-p-Tolyl-
1,2,3,4-tetrahydro-[7]isochinolyl]-
4256
$[C_{22}H_{22}N_3O_3S]^+$
Pyridinium, 2-{2-[N-(N-Acetyl-sulfanilyl)-
anilino]-vinyl}-1-methyl- 4245
$[C_{22}H_{22}N_3O_3S]I$ 4245
$[C_{22}H_{23}N_2O_2]^+$
Pyridinium, 1-Benzyl-2-[tropoylamino-
methyl]- 4151
$[C_{22}H_{23}N_2O_2]Cl$ 4151
$C_{22}H_{24}ClN_3$
Äthylendiamin, N-[4-Chlor-benzhydryl]-
N',N'-dimethyl-N-[2]pyridyl- 3933
$C_{22}H_{24}ClN_3O$
Amin, Chinuclidin-2-ylmethyl-[6-chlor-
2-methoxy-acridin-9-yl]- 3821
$C_{22}H_{24}N_2$
Anilin, N-[2-(5-Äthyl-[2]pyridyl)-äthyl]-
N-benzyl- 4236
−, N-Benzyl-N-[2-(4,6-dimethyl-
[2]pyridyl)-äthyl]- 4239
Isochinolin, 1-Piperidino-2-styryl-
1,2-dihydro- 4298
$C_{22}H_{24}N_2O_2$
Isochinolin, 5-Acetoxymethyl-2-[2-indol-
3-yl-äthyl]-1,2,3,4-tetrahydro- 4330
$C_{22}H_{24}N_2O_5$
Benzoesäure, 2-[(2-Indol-3-yl-
äthylcarbamoyl)-methyl]-
4,5-dimethoxy-, methylester 4344
$C_{22}H_{24}N_2S$
Amin, Bibenzyl-α-yl-[2-methylmercapto-
äthyl]-[2]pyridyl- 3859
$C_{22}H_{24}N_6O_4$
Oxalamid, N,N'-Bis-[1-nitroso-
1,2,3,4-tetrahydro-[2]chinolylmethyl]-
4266
$[C_{22}H_{25}N_2O_2]^+$
Piperidinium, 3-[2,4-Dioxo-3,3-diphenyl-
azetidin-1-yl]-1,1-dimethyl- 3747
$[C_{22}H_{25}N_2O_2]Br$ 3747

−, 4-[2,4-Dioxo-3,3-diphenyl-
azetidin-1-yl]-1,1-dimethyl- 3757
$[C_{22}H_{25}N_2O_2]Br$ 3757
$[C_{22}H_{25}N_2O_6S_2]^+$
Pyridinium, 4-[Bis-(2-benzolsulfonyloxy-
äthyl)-amino]-1-methyl- 4104
$[C_{22}H_{25}N_2O_6S_2]I$ 4104
$C_{22}H_{25}N_3$
Äthylendiamin, N-Benzhydryl-N',N'-
dimethyl-N-[2]pyridyl- 3933
$C_{22}H_{25}N_3O$
Piperidin-4-carbonsäure, 1-Indol-
3-ylmethyl-, benzylamid 4313
$C_{22}H_{25}N_5O$
Guanidin, N-[4-Pentyloxy-phenyl]-N',N''-
di-[2]pyridyl- 3899
$C_{22}H_{26}ClN_3S$
Thioharnstoff, N-[4-Chlor-benzyl]-
N'-phenyl-N-tropan-3-yl- 3801
$C_{22}H_{26}IN_3$
Methojodid $[C_{22}H_{26}N_3]I$ aus
N-Acenaphthen-1-yl-N',N'-dimethyl-N-
[2]pyridyl-äthylendiamin 3933
$C_{22}H_{26}N_2O_2$
Benzilsäure-tropan-3-ylamid 3801
Isochinolin, 1-Äthyl-2-indol-3-ylmethyl-
6,7-dimethoxy-1,2,3,4-tetrahydro- 4309
$C_{22}H_{26}N_4$
Butan-2,3-dion-bis-[1,2,3,4-tetrahydro-
[8]chinolylimin] 4253
$C_{22}H_{26}N_4O_2$
Oxalamid, N,N'-Bis-[1,2,3,4-tetrahydro-
[2]chinolylmethyl]- 4263
$C_{22}H_{27}ClN_2$
Amin, [8-Äthyl-nortropan-3-yl]-[4-chlor-
benzhydryl]- 3798
$C_{22}H_{27}N_3O_4S$
s. bei $[C_{21}H_{24}N_3]^+$
$[C_{22}H_{28}ClN_2]^+$
Nortropanium, 3-[4-Chlor-
benzhydrylamino]-8,8-dimethyl- 3798
$[C_{22}H_{28}ClN_2]CH_3O_4S$ 3798
$C_{22}H_{28}N_2$
Amin, [8-Äthyl-nortropan-3-yl]-
benzhydryl- 3798
−, [4-Methyl-benzhydryl]-tropan-3-yl-
3798
Carbazol, 9-[2-(5-Äthyl-1-methyl-
[2]piperidyl)-äthyl]- 3790
$C_{22}H_{28}N_2O$
Chinolin, 1-Acetyl-4-[2,4-dimethyl-anilino]-
2,6,8-trimethyl-1,2,3,4-tetrahydro- 4283
Essigsäure-[N-(1,2,5-trimethyl-4-phenyl-
[4]piperidyl)-anilid] 4291
$C_{22}H_{28}N_2O_2$
Carbamidsäure, [1-Benzyl-4-phenyl-
[4]piperidylmethyl]-, äthylester 4277
Piperidin-4-carbonsäure, 4-Phenyl-1-[3-
[4]pyridyl-propyl]-, äthylester 4223

[$C_{22}H_{29}N_2$]$^+$
Nortropanium, 3-Benzhydrylamino-
8,8-dimethyl- 3798
  [$C_{22}H_{29}N_2$]I 3798
  [$C_{22}H_{29}N_2$]CH_3O_4S 3798
  [$C_{22}H_{29}N_2$]NO_3 3798

$C_{22}H_{29}N_3O_3S$
Sulfanilsäure, N-Undec-10-enoyl-,
[2]pyridylamid 3989

$C_{22}H_{30}N_2$
Amin, [1-Methyl-2-phenyl-äthyl]-[1-methyl-
4-phenyl-[4]piperidylmethyl]- 4275

$C_{22}H_{30}N_2O$
Amin, [3-Äthoxy-phenyl]-[2-(1-methyl-
[2]piperidyl)-äthyl]-phenyl- 3772

$C_{22}H_{30}N_2O_4S_2$
Benzolsulfonamid, N-[4-(1-Benzolsulfonyl-
[3]piperidyl)-butyl]-N-methyl- 3790

$C_{22}H_{30}N_2S$
Amin, [3-Äthylmercapto-phenyl]-[2-
(1-methyl-[2]piperidyl)-äthyl]-phenyl-
3773

$C_{22}H_{30}N_4$
Hexannitril, 6-{Bis-[2-(6-methyl-[2]pyridyl)-
äthyl]-amino}- 4229

$C_{22}H_{31}N_3O$
Amin, [2,6-Dimethyl-[4]pyridyl]-
[4-methoxy-benzyl]-[2-piperidino-äthyl]-
4218

$C_{22}H_{31}N_3O_3S$
Sulfanilsäure, N-Undecanoyl-,
[2]pyridylamid 3989

$C_{22}H_{33}N_3$
Amin, Butyl-bis-[2-(4,6-dimethyl-
[2]pyridyl)-äthyl]- 4240
—, Isohexyl-bis-[2-(6-methyl-
[2]pyridyl)-äthyl]- 4229

$C_{22}H_{34}Cl_2N_2$
23-Nor-con-5-en, 22-Chlor-3-[chlor-
methyl-amino]- 4387

[$C_{22}H_{34}N_4O_2$]$^{2+}$
[1,4]Benzochinon, 2-[3-(Diäthyl-methyl-
ammonio)-propylamino]-5-[2-(1-methyl-
pyridinium-2-yl)-äthylamino]- 4196
  [$C_{22}H_{34}N_4O_2$]Br_2 4196

$C_{22}H_{34}N_4S$
Thioharnstoff, N-[9-Methyl-9-aza-bicyclo≠
[3.3.1]non-3-yl]-N′-phenyl-N-
[2-pyrrolidino-äthyl]- 3819

[$C_{22}H_{36}ClN_3$]$^{2+}$
Nortropanium, 8-[2-Chlor-benzyl]-
8-methyl-3-[2-(1-methyl-pyrrolidinium-
1-yl)-äthylamino]- 3805
  [$C_{22}H_{36}ClN_3$]I_2 3805

$C_{22}H_{36}N_2$
Con-5-en-3-ylamin 4380
19,23-Dinor-con-8-en, 5-Methyl-
3-methylamino- 4378
23-Nor-con-5-en, 3-Methylamino- 4380

$C_{22}H_{36}N_2O_3$
Succinamidsäure, 2-Dodecyl-3-methyl-N-
[2]pyridyl- 3891
—, 3-Dodecyl-2-methyl-N-[2]pyridyl-
3891

$C_{22}H_{36}N_4S$
Thioharnstoff, N-[2-Diäthylamino-äthyl]-
N-[9-methyl-9-aza-bicyclo[3.3.1]non-
3-yl]-N′-phenyl- 3819

[$C_{22}H_{37}Cl_2N_3$]$^{2+}$
Nortropanium, 3-[2-(Diäthyl-methyl-
ammonio)-äthylamino]-8-[2,4-dichlor-
benzyl]-8-methyl- 3805
  [$C_{22}H_{37}Cl_2N_3$]I_2 3805

$C_{22}H_{37}N_3O_2$
Äthylendiamin, N,N-Diäthyl-N′-[8-
(2,3-dimethoxy-benzyl)-nortropan-3-yl]-
3806

[$C_{22}H_{38}ClN_3$]$^{2+}$
Nortropanium, 8-[2-Chlor-benzyl]-3-[2-
(diäthyl-methyl-ammonio)-äthylamino]-
8-methyl- 3805
  [$C_{22}H_{38}ClN_3$]Br_2 3805
  [$C_{22}H_{38}ClN_3$]I_2 3805

$C_{22}H_{39}N_3$
Äthylendiamin, N,N-Diäthyl-N′-{4-[2-
(1-äthyl-[2]piperidyl)-äthyl]-phenyl}-
N′-methyl- 4287
—, N,N-Diäthyl-N′-{4-[2-(1-äthyl-
[4]piperidyl)-äthyl]-phenyl}-N′-methyl-
4290

[$C_{22}H_{39}N_3$]$^{2+}$
9-Azonia-bicyclo[3.3.1]nonan, 3-{[2-(Äthyl-
methyl-phenyl-ammonio)-äthyl]-methyl-
amino}-9,9-dimethyl- 3819
  [$C_{22}H_{39}N_3$]I_2 3819
Nortropanium, 8-Benzyl-3-[2-(diäthyl-
methyl-ammonio)-äthylamino]-
8-methyl- 3805
  [$C_{22}H_{39}N_3$]I_2 3805

[$C_{22}H_{40}N_2$]$^{2+}$
Anilinium, N,N-Dimethyl-4-[2-(1-methyl-
1-propyl-piperidinium-2-yl)-äthyl]-
N-propyl- 4286
  [$C_{22}H_{40}N_2$]I_2 4286
—, N,N-Dimethyl-4-[2-(1-methyl-
1-propyl-piperidinium-4-yl)-äthyl]-
N-propyl- 4289
  [$C_{22}H_{40}N_2$]I_2 4289
—, Tri-N-äthyl-4-[2-(1-äthyl-1-methyl-
piperidinium-2-yl)-äthyl]- 4286
—, Tri-N-äthyl-4-[2-(1-äthyl-1-methyl-
piperidinium-4-yl)-äthyl]- 4289
  [$C_{22}H_{40}N_2$]I_2 4289

[$C_{22}H_{40}N_3$]$^{3+}$
Nortropanium, 3-{[2-(Dimethyl-p-tolyl-
ammonio)-äthyl]-dimethyl-ammonio}-
8,8-dimethyl- 3809
  [$C_{22}H_{40}N_3$]I_3 3809

$C_{23}H_{27}N_3$ (Fortsetzung)
Amin, Benzyl-bis-[2-(6-methyl-[2]pyridyl)-
äthyl]- 4229
$C_{23}H_{27}N_3O$
Äthylendiamin, N-[4-Methoxy-benzhydryl]-
N',N'-dimethyl-N-[2]pyridyl- 3936
$C_{23}H_{27}N_3O_3S$
Piperidin-3-carbonsäure, 1-[Toluol-
4-sulfonyl]-, [2-indol-3-yl-äthylamid]
4346
$C_{23}H_{27}N_5O$
Guanidin, N-[4-Hexyloxy-phenyl]-N',N'''-
di-[2]pyridyl- 3899
$C_{23}H_{28}ClN_3O$
Amin, [6-Chlor-2-methoxy-acridin-9-yl]-
[1-isobutyl-[4]piperidyl]- 3761
$[C_{23}H_{28}Cl_3N_2]^+$
Nortropanium, 3-[(4-Chlor-benzyl)-methyl-
amino]-8-[3,4-dichlor-benzyl]-8-methyl-
3797
$[C_{23}H_{28}Cl_3N_2]Cl$ 3797
$C_{23}H_{28}N_2$
Indol, 3-[2-(4-Phenäthyl-piperidino)-äthyl]-
4329
$C_{23}H_{28}N_2O$
Chinolin, 1-Benzoyl-2-[2-piperidino-äthyl]-
1,2,3,4-tetrahydro- 4272
$[C_{23}H_{28}N_2O_2]^{2+}$
Pyridinium, 5'-Äthyl-1'-[3,4-dimethoxy-
phenäthyl]-1,2'-methandiyl-bis- 4225
$[C_{23}H_{28}N_2O_2]I_2$ 4225
$C_{23}H_{28}N_2O_2S$
Azulen-1-sulfonsäure, 5-Isopropyl-
3,8-dimethyl-, [2,5,6-trimethyl-
[3]pyridylamid] 4230
$C_{23}H_{28}N_2O_5$
Äthan, 1-[(2-Indol-3-yl-äthyl)-methyl-
amino]-2-[3,4,5-trimethoxy-benzoyloxy]-
4325
$[C_{23}H_{29}ClN_3O_2]^+$
Nortropanium, 3-[(4-Chlor-benzyl)-methyl-
amino]-8-methyl-8-[4-nitro-benzyl]-
3797
$[C_{23}H_{29}ClN_3O_2]Br$ 3797
$[C_{23}H_{29}Cl_2N_2]^+$
Nortropanium, 3-[Benzyl-methyl-amino]-
8-[3,4-dichlor-benzyl]-8-methyl- 3797
$[C_{23}H_{29}Cl_2N_2]Cl$ 3797
−, 8-[4-Chlor-benzyl]-3-[(4-chlor-
benzyl)-methyl-amino]-8-methyl- 3797
$[C_{23}H_{29}Cl_2N_2]Cl$ 3797
$[C_{23}H_{29}N_2O_2]^+$
Isochinolinium, 1-Äthyl-2-indol-
2-ylmethyl-6,7-dimethoxy-2-methyl-
1,2,3,4-tetrahydro- 4309
$[C_{23}H_{29}N_2O_2]I$ 4309
$C_{23}H_{29}N_3S$
Äthylendiamin, N-Benzyl-N-butyl-N'-
[2]pyridyl-N'-[2]thienylmethyl- 3950

$[C_{23}H_{30}ClN_2]^+$
Nortropanium, 3-[Benzyl-methyl-amino]-
8-[4-chlor-benzyl]-8-methyl- 3796
$[C_{23}H_{30}ClN_2]Cl$ 3796
$C_{23}H_{30}N_2O$
Propionsäure-[N-(1,2,5-trimethyl-4-phenyl-
[4]piperidyl)-anilid] 4291
$C_{23}H_{30}N_2O_2$
Carbamidsäure, [1-Benzyl-4-phenyl-
[4]piperidylmethyl]-, propylester 4277
$[C_{23}H_{30}N_3O_2]^+$
Nortropanium, 3-[Benzyl-methyl-amino]-
8-methyl-8-[4-nitro-benzyl]- 3797
$[C_{23}H_{30}N_3O_2]Br$ 3797
$C_{23}H_{30}N_4O_2$
Harnstoff, N-Phenyl-N'-
[2,4,6,6-tetramethyl-1-phenylcarbamoyl-
[3]piperidyl]- 3791
$C_{23}H_{31}ClN_2O_4S$
s. bei $[C_{22}H_{28}ClN_2]^+$
$[C_{23}H_{31}N_2]^+$
Nortropanium, 8-Äthyl-
3-benzhydrylamino-8-methyl- 3789
$[C_{23}H_{31}N_2]I$ 3798
−, 8-Benzyl-3-[benzyl-methyl-amino]-
8-methyl- 3796
$[C_{23}H_{31}N_2]Cl$ 3796
Piperidinium, 5-Äthyl-2-[2-carbazol-9-yl-
äthyl]-1,1-dimethyl- 3791
$[C_{23}H_{31}N_2]I$ 3791
$C_{23}H_{31}N_3O_4S$
Amin, Hexanoyl-[N-hexanoyl-sulfanilyl]-
[2]pyridyl- 4015
$C_{23}H_{31}N_3O_{12}S$
Sulfanilsäure, N-[O^4-Glucopyranosyl-
glucit-1-yliden]-, [2]pyridylamid 3987
$C_{23}H_{32}N_2O$
Amin, [3-Isopropoxy-phenyl]-[2-(1-methyl-
[2]piperidyl)-äthyl]-phenyl- 3773
−, [2-(1-Methyl-[2]piperidyl)-äthyl]-
phenyl-[3-propoxy-phenyl]- 3772
$C_{23}H_{32}N_2O_4S$
s. bei $[C_{22}H_{29}N_2]^+$
$C_{23}H_{32}N_2O_4S_2$
Toluol-4-sulfonamid, N-{4-[1-(Toluol-
4-sulfonyl)-[3]piperidyl]-butyl}- 3790
$C_{23}H_{32}N_2S$
Amin, [3-Isopropylmercapto-phenyl]-[2-
(1-methyl-[2]piperidyl)-äthyl]-phenyl-
3773
−, [2-(1-Methyl-[2]piperidyl)-äthyl]-
phenyl-[3-propylmercapto-phenyl]-
3773
$[C_{23}H_{33}N_2]^+$
Piperidinium, 1-Benzyl-2-
[4-dimethylamino-phenäthyl]-1-methyl-
4287

$C_{23}H_{33}N_3O_3S$
Sulfanilsäure, N-Lauroyl-, [2]pyridylamid
3989
$[C_{23}H_{36}ClN_4O_2]^+$
Ammonium, Diäthyl-[2-chlor-benzyl]-[2-
(tropan-3-ylaminooxalyl-amino)-äthyl]-
3799
$[C_{23}H_{36}ClN_4O_2]Cl$ 3799
$[C_{23}H_{36}N]^+$
Cona-3,5-dienium, 22-Methyl- 4385
$[C_{23}H_{36}N]I$ 4385
$C_{23}H_{36}N_2O$
Desmethyl-dehydro-oxyconessin 4383
Linolamid, N-[2]Pyridyl- 3883
$C_{23}H_{36}N_2O_2$
Octadec-10-ensäure, 12-Oxo-,
[4]pyridylamid 4112
$C_{23}H_{36}N_2O_3$
Desmethyl-dehydro-trioxyconessin 4383
Octadecansäure, 10,11-Epoxy-12-oxo-,
[3]pyridylamid 4085
$C_{23}H_{36}N_4$
Pentandiyldiamin, N,N'-Dibutyl-N,N'-di-
[2]pyridyl- 3941
$C_{23}H_{36}N_4S$
Thioharnstoff, N-[9-Methyl-9-aza-bicyclo=
[3.3.1]non-3-yl]-N'-phenyl-N-
[2-piperidino-äthyl]- 3818
$C_{23}H_{37}N_3O$
23-Nor-con-5-en, 3-Dimethylamino-
22-nitroso- 4387
$C_{23}H_{37}N_3O_4$
Apoconessinnitrosat, Dihydro- 4384
$C_{23}H_{38}N_2$
Con-5-en, 3-Methylamino- 4381
19-Nor-con-8-en, 5-Methyl-
3-methylamino- 4378
23-Nor-con-5-en, 3-Dimethylamino- 4381
$C_{23}H_{38}N_2O$
Oleamid, N-[2]Pyridyl- 3883
$C_{23}H_{38}N_4OS$
Thioharnstoff, N'-[4-Äthoxy-phenyl]-N-
[2-diäthylamino-äthyl]-N-tropan-3-yl-
3812
$C_{23}H_{39}ClN_2$
Conan, 3-[Chlor-methyl-amino]- 4295
$[C_{23}H_{39}N_3O_2]^{2+}$
Nortropanium, 3-[2-(Diäthyl-methyl-
ammonio)-äthylamino]-8-methyl-
8-piperonyl- 3815
$[C_{23}H_{39}N_3O_2]I_2$ 3815
$C_{23}H_{40}N_2$
Amin, Conan-3-yl-methyl- 4293
Anilin, N,N-Diäthyl-4-[2-(1-hexyl-
[2]piperidyl)-äthyl]- 4286
—, N,N-Diäthyl-4-[2-(1-hexyl-
[4]piperidyl)-äthyl]- 4290
$C_{23}H_{40}N_2O$
Stearamid, N-[2]Pyridyl- 3883

$C_{23}H_{40}N_4$
Propan, 1-{2-[2-(2-Methyl-piperidino)-
äthyl]-piperidino}-3-[2-[2]pyridyl-
äthylamino]- 4196
$[C_{23}H_{41}N_3O]^{2+}$
Nortropanium, 3-[2-(Diäthyl-methyl-
ammonio)-äthylamino]-8-[2-methoxy-
benzyl]-8-methyl- 3806
$[C_{23}H_{41}N_3O]I_2$ 3806
—, 3-[2-(Diäthyl-methyl-ammonio)-
äthylamino]-8-[4-methoxy-benzyl]-
8-methyl- 3806
$[C_{23}H_{41}N_3O]I_2$ 3806
$C_{23}H_{42}N_2$
Amin, Octadecyl-[2]pyridyl- 3851
$C_{23}H_{43}N_3$
Äthylendiamin, N-[2,2-Dibutyl-hexyl]-
N',N'-dimethyl-N-[2]pyridyl- 3925
$C_{23}H_{44}N_2$
Amin, Diäthyl-[11-(4-äthyl-3,5-dimethyl-
pyrrol-2-yl)-undecyl]- 3840
$C_{23}H_{48}N_2$
Amin, Diäthyl-[11-(4-äthyl-3,5-dimethyl-
pyrrolidin-2-yl)-undecyl]- 3794

C_{24}

$C_{24}H_{17}N_3O_7S$
Pyridin-2,6-dicarbonsäure, 4-Oxo-
3-phenyl-1-[4-[2]pyridylsulfamoyl-
phenyl]-1,4-dihydro- 3997
$C_{24}H_{18}N_4O_2S$
Sulfanilsäure, N-Acridin-9-yl-,
[2]pyridylamid 3999
$C_{24}H_{18}N_4O_3$
Äther, Bis-[4-[2]pyridylcarbamoyl-phenyl]-
3915
$C_{24}H_{19}N_3O_3S$
Biphenyl-4-sulfonsäure, 2'-Benzoylamino-,
[2]pyridylamid 4005
$C_{24}H_{20}N_2$
Amin, [2]Pyridyl-trityl- 3857
$C_{24}H_{20}N_2O_2$
Benzamid, N-[1-Benzoyl-6-vinyl-indolin-
4-yl]- 4351
$C_{24}H_{20}N_4O_4S$
Benzolsulfonsäure, 4-[4-Acetoxy-3-methyl-
[1]naphthylazo]-, [2]pyridylamid 4008
$C_{24}H_{20}N_4O_5S$
Benzolsulfonsäure, 4-[4-Acetoxy-
1-hydroxy-3-methyl-[2]naphthylazo]-,
[2]pyridylamid 4008
$C_{24}H_{20}N_6O$
Äther, Bis-[4-[2]pyridylcarbamimidoyl-
phenyl]- 3915
$C_{24}H_{21}N_3O_2$
Indol, 1,3-Bis-[benzoylamino-methyl]-
4309

$C_{24}H_{39}IN_2O$
Methojodid $[C_{24}H_{39}N_2O]I$ aus
Desmethyl-dehydro-oxyconessin 4383

$C_{24}H_{39}N_3$
Carbamonitril, Conan-3-yl-methyl- 4295

$C_{24}H_{39}N_3O_2$
Con-5-en, 3-Dimethylamino-6-nitro- 4388
Isonitroconessin 4384

$C_{24}H_{40}BrN_3O_4$
Methobromid $[C_{24}H_{40}N_3O_4]Br$ aus
Dihydro-apoconessinnitrosat 4384

$C_{24}H_{40}Br_2N_2$
Conan, 5,6-Dibrom-3-dimethylamino-
4295

$C_{24}H_{40}N_2$
Con-20-en, 3-Dimethylamino- 4388
Conessin 4382
1,5-Cyclo-1,10-seco-con-8-en,
2-Dimethylamino- 4378
Heteroconessin 4384
D-Homo-C-nor-con-5-en,
3-Dimethylamino- 4388
19-Nor-con-8-en, 3-Dimethylamino-
5-methyl- 4378

$C_{24}H_{40}N_2Br_4$
Conessin, Tetrabrom- 4384

$C_{24}H_{40}N_2O_2$
Conessin, Dehydrodioxy- 4383
Verbindung $C_{24}H_{40}N_2O_2$ aus Conessin
4383

$C_{24}H_{41}ClN_2$
Conan, 5-Chlor-3-dimethylamino- 4295

$[C_{24}H_{41}N_2]^+$
Con-20(22)-enium, 3-Dimethylamino-
4380
$[C_{24}H_{41}N_2]ClO_4 \cdot HClO_4$ 4380

$C_{24}H_{42}N_2$
Conan, 3-Dimethylamino- 4293

$C_{24}H_{42}N_2O_2$
Isodioxyconessin 4388

$C_{24}H_{42}N_2O_3$
Conessin, Trioxy- 4383

$C_{24}H_{42}N_4O_2$
Succinamid, N,N'-Bis-octahydro=
chinolizin-1-ylmethyl- 3824

$[C_{24}H_{43}N_3O_2]^{2+}$
Nortropanium, 3-[2-(Diäthyl-methyl-
ammonio)-äthylamino]-8-
[2,3-dimethoxy-benzyl]-8-methyl- 3806
$[C_{24}H_{43}N_3O_2]I_2$ 3806

$C_{24}H_{44}N_2$
Amin, [6-Methyl-[2]pyridyl]-octadecyl-
4135

$[C_{24}H_{44}N_2]^{2+}$
Anilinium, N-Butyl-4-[2-(1-butyl-1-methyl-
piperidinium-2-yl)-äthyl]-N,N-dimethyl-
4286
$[C_{24}H_{44}N_2]I_2$ 4286

–, N-Butyl-4-[2-(1-butyl-1-methyl-
piperidinium-4-yl)-äthyl]-N,N-dimethyl-
4289
$[C_{24}H_{44}N_2]I_2$ 4289

C_{25}

$C_{25}H_{17}N_5O_8S$
Amin, [4-Nitro-benzoyl]-[N-(4-nitro-
benzoyl)-sulfanilyl]-[2]pyridyl- 4016

$C_{25}H_{19}ClN_4O_3S$
Sulfanilsäure, N-[6-Chlor-2-methoxy-
acridin-9-yl]-, [2]pyridylamid 3999

$C_{25}H_{19}N_3O_4S$
Amin, Benzoyl-[N-benzoyl-sulfanilyl]-
[2]pyridyl- 4016

$C_{25}H_{19}N_5O_7$
s. bei $[C_{19}H_{17}N_2]^+$

$C_{25}H_{23}N_3O_2S$
Sulfanilsäure, N,N-Dibenzyl-,
[2]pyridylamid 3981

$C_{25}H_{23}N_3O_3$
Benzamid, N-[1-Piperonylidenamino-
1,2,3,4-tetrahydro-[2]chinolylmethyl]-
4265

$C_{25}H_{24}N_2O_2$
Benzamid, N-[1-Phenacyl-
1,2,3,4-tetrahydro-[2]chinolylmethyl]-
4262

$C_{25}H_{25}N_3O$
Benzamid, N-[1-(1-Phenyl-äthylidenamino)-
1,2,3,4-tetrahydro-[2]chinolylmethyl]-
4265

$C_{25}H_{25}N_3O_6$
Serin, N-Benzyloxycarbonyl-O-[[2]=
pyridylmethyl-carbamoyl]-,
benzylester 4150

$C_{25}H_{26}N_2$
Amin, Dibenzyl-[2-(2-methyl-indol-3-yl)-
äthyl]- 4363

$C_{25}H_{26}N_2O_2S$
Toluol-4-sulfonamid, N-[2-(1-Benzyl-indol-
3-yl)-äthyl]-N-methyl- 4349

$C_{25}H_{27}N_3O_3$
Biphenyl-2-carbonsäure,
2'-[(2-Dimethylamino-äthyl)-[2]pyridyl-
carbamoyl]-, äthylester 3937

$C_{25}H_{28}N_2$
Amin, [[1]Naphthyl-phenyl-methyl]-tropan-
3-yl- 3799

$C_{25}H_{28}N_4O_8S_2$
Amin, Bis-[2-(N-acetyl-sulfanilyloxy)-äthyl]-
[4]pyridyl- 4104

$[C_{25}H_{29}N_2O_2]^+$
Nortropanium, 3-Benzoyloxy-8-[2-(indol-
3-yl-äthyl]-8-methyl- 4330
$[C_{25}H_{29}N_2O_2]Br$ 4330

C$_{26}$H$_{30}$N$_2$S
Amin, [2-(1-Methyl-[2]piperidyl)-äthyl]-
phenyl-[3-phenylmercapto-phenyl]-
3774

C$_{26}$H$_{30}$N$_4$O$_2$
Adipamid, N,N'-Bis-[2-indol-3-yl-äthyl]-
4335

C$_{26}$H$_{30}$N$_4$O$_4$
Terephthalsäure, 2,5-Bis-[2-[2]pyridyl-
äthylamino]-, diäthylester 4197

[C$_{26}$H$_{31}$N$_4$O$_8$S$_2$]$^+$
Pyridinium, 4-{Bis-[2-(N-acetyl-
sulfanilyloxy)-äthyl]-amino}-1-methyl-
4104
[C$_{26}$H$_{31}$N$_4$O$_8$S$_2$]I 4104

C$_{26}$H$_{33}$N$_3$
Propandiyldiamin, N,N-Diäthyl-
N'-bibenzyl-α-yl-N'-[2]pyridyl- 3939

C$_{26}$H$_{34}$N$_2$O
Piperidin, 1-Diphenylacetyl-2-
[2-piperidino-äthyl]- 3776

C$_{26}$H$_{35}$N$_3$
Amin, [1-Methyl-4-phenyl-
[4]piperidylmethyl]-[1-methyl-4-phenyl-
[4]piperidylmethylen]- 4281

C$_{26}$H$_{35}$N$_3$O
Piperidin-4-carbonsäure, 1-Methyl-
4-phenyl-, [(1-methyl-4-phenyl-
[4]piperidylmethyl)-amid] 4282

[C$_{26}$H$_{36}$Cl$_2$N$_3$]$^+$
Nortropanium, 3-[4-Diäthylamino-
benzylamino]-8-[3,4-dichlor-benzyl]-
8-methyl- 3814
[C$_{26}$H$_{36}$Cl$_2$N$_3$]Cl 3814

C$_{26}$H$_{36}$N$_2$O$_2$
Carbamidsäure, [1-Benzyl-4-phenyl-
[4]piperidylmethyl]-, hexylester 4277

C$_{26}$H$_{36}$N$_4$S
Thioharnstoff, N-[2-Diäthylamino-äthyl]-
N'-phenyl-N-[8-phenyl-nortropan-3-yl]-
3812
−, N-[4-Diäthylamino-benzyl]-
N'-phenyl-N-tropan-3-yl- 3815

[C$_{26}$H$_{37}$ClN$_3$]$^+$
Nortropanium, 8-[4-Chlor-benzyl]-3-
[4-diäthylamino-benzylamino]-8-methyl-
3814
[C$_{26}$H$_{37}$ClN$_3$]Cl 3814

C$_{26}$H$_{37}$N$_3$
Amin, Bis-[1-benzyl-hexahydro-azepin-4-yl]-
3765
−, Bis-[1-methyl-4-phenyl-
[4]piperidylmethyl]- 4281
−, Bis-[2-phenyl-2-[2]piperidyl-äthyl]-
4291

[C$_{26}$H$_{37}$N$_4$O$_2$]$^+$
Nortropanium, 3-[4-Diäthylamino-
benzylamino]-8-methyl-8-[4-nitro-
benzyl]- 3815
[C$_{26}$H$_{37}$N$_4$O$_2$]Br 3815

C$_{26}$H$_{38}$N$_2$S
Amin, [3-Hexylmercapto-phenyl]-[2-
(1-methyl-[2]piperidyl)-äthyl]-phenyl-
3774

[C$_{26}$H$_{40}$N$_2$]$^{2+}$
Piperidinium, 1-Benzyl-3-[4-(benzyl-
dimethyl-ammonio)-butyl]-1-methyl-
3789
[C$_{26}$H$_{40}$N$_2$]Cl$_2$ 3789

C$_{26}$H$_{40}$N$_2$O$_2$
19,23-Dinor-con-8-en, 22-Acetyl-3-[acetyl-
methyl-amino]-5-methyl- 4379
23-Nor-con-5-en, 22-Acetyl-3-[acetyl-
methyl-amino]- 4386

C$_{26}$H$_{42}$N$_2$O
Palmitamid, N-[2-Indol-3-yl-äthyl]- 4333

[C$_{26}$H$_{43}$N$_2$O]$^+$
Con-5-enium, 3-[Acetyl-methyl-amino]-
22-methyl- 4386
[C$_{26}$H$_{43}$N$_2$O]I 4386

C$_{26}$H$_{45}$Br$_2$N$_3$O$_2$
Bis-methobromid [C$_{26}$H$_{45}$N$_3$O$_2$]Br$_2$ aus
Isonitroconessin 4384

C$_{26}$H$_{45}$Br$_4$N$_3$O$_2$
Dibrom-Derivat [C$_{26}$H$_{45}$Br$_2$N$_3$O$_2$]Br$_2$
s. bei Isonitroconessin 4384
Dibrom-Derivat [C$_{26}$H$_{45}$Br$_2$N$_3$O$_2$]Br$_2$
aus 22-Methyl-6-nitro-
3-trimethylammonio-con-5-enium 4388

[C$_{26}$H$_{45}$N$_3$O$_2$]$^{2+}$
Con-5-enium, 22-Methyl-6-nitro-
3-trimethylammonio- 4388
[C$_{26}$H$_{45}$N$_3$O$_2$]Br$_2$ 4388
[C$_{26}$H$_{45}$N$_3$O$_2$]I$_2$ 4388

[C$_{26}$H$_{46}$N$_2$]$^{2+}$
Con-5-enium, 22-Methyl-
3-trimethylammonio- 4385
[C$_{26}$H$_{46}$N$_2$](ClO$_4$)$_2$ 4385
[C$_{26}$H$_{46}$N$_2$]Br$_2$ 4385
[C$_{26}$H$_{46}$N$_2$]I$_2$ 4385
[C$_{26}$H$_{46}$N$_2$](CH$_3$O$_4$S)$_2$ 4385
[C$_{26}$H$_{46}$N$_2$]PtCl$_6$ 4385
1,5-Cyclo-1,10-seco-con-8-enium,
22-Methyl-2-trimethylammonio- 4378
[C$_{26}$H$_{46}$N$_2$]I$_2$ 4378
19-Nor-con-8-enium, 5,22-Dimethyl-
3-trimethylammonio- 4379
[C$_{26}$H$_{46}$N$_2$](ClO$_4$)$_2$ 4379
[C$_{26}$H$_{46}$N$_2$]Br$_2$ 4379
[C$_{26}$H$_{46}$N$_2$]I$_2$ 4379
[C$_{26}$H$_{46}$N$_2$]PtCl$_6$ 4379

$C_{26}H_{47}N_3$
Äthylendiamin, N,N-Diäthyl-N'-{4-[2-(1-hexyl-[2]piperidyl)-äthyl]-phenyl}-N'-methyl- 4287
—, N,N-Diäthyl-N'-{4-[2-(1-hexyl-[4]piperidyl)-äthyl]-phenyl}-N'-methyl- 4290
$[C_{26}H_{48}N_2]^{2+}$
Conanium, 22-Methyl-3-trimethylammonio- 4294
     $[C_{26}H_{48}N_2](ClO_4)_2$ 4294
     $[C_{26}H_{48}N_2]I_2$ 4294

C_{27}

$C_{27}H_{18}N_8O_{14}$
s. bei $[C_{15}H_{13}N_2]^+$
$C_{27}H_{23}N_5O_9$
s. bei $[C_{21}H_{21}N_2O_2]^+$
$C_{27}H_{26}N_2O$
Äthanol, 2-[Bibenzyl-α-yl-[2]pyridyl-amino]-1-phenyl- 3865
$C_{27}H_{26}N_2O_2$
Benzamid, N-[9-Benzoyl-3-methyl-4b,5,6,7,≠8,8a-hexahydro-carbazol-2-yl]- 4374
—, N-[9-Benzoyl-3-methyl-4b,5,6,7,8,≠8a-hexahydro-carbazol-4-yl]- 4374
$C_{27}H_{26}N_2O_3$
Isochinolin, 7-Benzoyloxy-2-[2-indol-3-yl-äthyl]-6-methoxy-1,2,3,4-tetrahydro-4331
$C_{27}H_{28}ClN_3O$
Amin, [6-Chlor-2-methoxy-acridin-9-yl]-[1-methyl-4-phenyl-[4]piperidylmethyl]-4281
$C_{27}H_{28}N_2O_6$
Benzol, 4-[(Indol-2-ylmethyl-amino)-methyl]-1-methoxy-2-[3,4,5-trimethoxy-benzoyloxy]- 4301
$C_{27}H_{28}N_4O_2$
Pentan, 1,5-Bis-[4-[2]pyridylamino-phenoxy]- 3863
$C_{27}H_{30}N_2O$
Chinolin, 1-Benzoyl-4-[2,4-dimethyl-anilino]-2,6,8-trimethyl-1,2,3,4-tetrahydro- 4283
$C_{27}H_{32}N_2O$
Amin, [3-Benzyloxy-phenyl]-[2-(1-methyl-[2]piperidyl)-äthyl]-phenyl- 3773
$C_{27}H_{32}N_2S$
Amin, [3-Benzylmercapto-phenyl]-[2-(1-methyl-[2]piperidyl)-äthyl]-phenyl-3774
$C_{27}H_{32}N_4O_2$
Heptandiamid, N,N'-Bis-[2-indol-3-yl-äthyl]- 4336

$C_{27}H_{36}N_2O_5$
Hexan, 1-[(2-Indol-3-yl-äthyl)-methyl-amino]-6-[3,4,5-trimethoxy-benzoyloxy]-4326
$C_{27}H_{37}ClN_4S$
Thioharnstoff, N-[8-(2-Chlor-benzyl)-nortropan-3-yl]-N-[2-diäthylamino-äthyl]-N'-phenyl- 3812
$C_{27}H_{37}N_3$
Amin, [1-(1-Methyl-4-phenyl-[4]piperidyl)-äthyliden]-[1-methyl-4-phenyl-[4]piperidylmethyl]- 4281
$C_{27}H_{38}N_4S$
Thioharnstoff, N-[8-Benzyl-nortropan-3-yl]-N-[2-diäthylamino-äthyl]-N'-phenyl-3812
$C_{27}H_{39}N_3O_4S$
Amin, Octanoyl-[N-octanoyl-sulfanilyl]-[2]pyridyl- 4015
$[C_{27}H_{40}N_2]^{2+}$
Piperidinium, 1-Benzyl-4-[3-(1-benzyl-pyrrolidinium-1-yl)-propyl]-1-methyl-3786
     $[C_{27}H_{40}N_2]Cl_2$ 3786
$C_{27}H_{43}N_3O_2S$
Sulfanilsäure-[hexadecyl-[2]pyridyl-amid] 4014
$C_{27}H_{44}N_4$
Pentandiyldiamin, N,N'-Dihexyl-N,N'-di-[2]pyridyl- 3941
$C_{27}H_{48}N_2$
Anilin, 4-[2-(1-Äthyl-[2]piperidyl)-äthyl]-N,N-dihexyl- 4286
—, 4-[2-(1-Äthyl-[4]piperidyl)-äthyl]-N,N-dihexyl- 4290

C_{28}

$C_{28}H_{22}N_6O_6S_2$
[1,4]Benzochinon, 2,5-Bis-[4-[2]pyridylsulfamoyl-anilino]- 3998
$C_{28}H_{26}N_2O_2$
Äthan, 1-[Benzyl-[2]pyridyl-amino]-2-diphenylacetoxy- 3859
$C_{28}H_{26}N_4O_2$
Diacetyl-Derivat $C_{28}H_{26}N_4O_2$ aus N,N'-Bis-indol-3-ylmethyl-p-phenylendiamin 4314
$C_{28}H_{28}ClN_3$
Äthylendiamin, N,N-Dibenzyl-N'-[4-chlor-benzyl]-N'-[2]pyridyl- 3930
$C_{28}H_{29}N_3$
Äthylendiamin, N,N,N'-Tribenzyl-N'-[2]pyridyl- 3930
$C_{28}H_{30}N_2O_6$
Veratramid, N-[1-Veratroyl-1,2,3,4-tetrahydro-[2]chinolylmethyl]-4263

$C_{28}H_{30}N_4O$
Äther, Bis-[2-(benzyl-[2]pyridyl-amino)-
äthyl]- 3859

$C_{28}H_{34}N_4O_2$
Octandiamid, N,N'-Bis-[2-indol-3-yl-äthyl]-
4336

$C_{28}H_{38}N_4O_2S$
Thioharnstoff, N-[2-Diäthylamino-äthyl]-
N'-phenyl-N-[8-piperonyl-nortropan-
3-yl]- 3815

$C_{28}H_{38}N_8O_{14}$
s. bei $[C_{16}H_{34}N_2]^{2+}$

$C_{28}H_{39}N_3$
Amin, [1-Äthyl-4-phenyl-
[4]piperidylmethyl]-[1-äthyl-4-phenyl-
[4]piperidylmethylen]- 4281

$C_{28}H_{41}N_3O_5S$
Succinamidsäure, 2-Dodecyl-3-methyl-N-
[4-[2]pyridylsulfamoyl-phenyl]- 3991
—, 3-Dodecyl-2-methyl-N-[4-
[2]pyridylsulfamoyl-phenyl]- 3991

$[C_{28}H_{43}N_3]^{2+}$
Amin, Bis-[1,1-dimethyl-4-phenyl-
piperidinium-4-ylmethyl]- 4281
$[C_{28}H_{43}N_3]I_2$ 4281

$C_{28}H_{46}N_2O$
Stearamid, N-[2-Indol-3-yl-äthyl]- 4333

$C_{28}H_{52}N_2O_8S_4$
s. bei $[C_{26}H_{46}N_2]^{2+}$

C_{29}

$C_{29}H_{22}N_{10}O_{14}$
s. bei $[C_{17}H_{18}N_4]^{2+}$

$C_{29}H_{23}N_3O_4S$
Amin, Cinnamoyl-[N-cinnamoyl-sulfanilyl]-
[2]pyridyl- 4016

$C_{29}H_{26}N_2O_6S_2$
Amin, Bis-[2-(naphthalin-2-sulfonyloxy)-
äthyl]-[4]pyridyl- 4104

$C_{29}H_{26}N_4$
Pyridin, 1-[4'-Amino-biphenyl-4-yl]-2-
[4'-amino-biphenyl-4-ylamino]-
1,2-dihydro- 3828

$C_{29}H_{31}N_3O$
Äthylendiamin, N,N-Dibenzyl-N'-
[4-methoxy-benzyl]-N'-[2]pyridyl- 3935

$C_{29}H_{34}N_2O$
Propionsäure, 2-Benzyl-3-phenyl-,
[(1-methyl-4-phenyl-[4]piperidylmethyl)-
amid] 4276

$C_{29}H_{34}N_4S_2$
Bis-phenylthiocarbamoyl-Derivat
$C_{29}H_{34}N_4S_2$ aus 2-Phenyl-4-
[2]piperidyl-butylamin 4292

$C_{29}H_{36}N_2$
Amin, [2-Benzyl-3-phenyl-propyl]-
[1-methyl-4-phenyl-[4]piperidylmethyl]-
4275

$C_{29}H_{39}N_5O$
Guanidin, N-[4-Dodecyloxy-phenyl]-
N',N''-di-[2]pyridyl- 3900

$C_{29}H_{41}N_3O_3S$
Sulfanilsäure, N-[13-Cyclopent-2-enyl-
tridecanoyl]-, [2]pyridylamid 3990
—, N-Linoloyl-, [2]pyridylamid 3989

$C_{29}H_{45}N_3O_3S$
Sulfanilsäure, N-Acetyl-, [hexadecyl-
[2]pyridyl-amid] 4014

$C_{29}H_{47}N_3O_2S$
Sulfanilsäure-[octadecyl-[2]pyridyl-amid]
4014

C_{30}

$C_{30}H_{25}N_3O_2S$
Sulfanilsäure, N-Trityl-, [2]pyridylamid
3981

$C_{30}H_{32}N_2O_6$
Isochinolin, 2-[2-Indol-3-yl-äthyl]-
6-methoxy-7-[3,4,5-trimethoxy-
benzoyloxy]-1,2,3,4-tetrahydro- 4331

$C_{30}H_{32}N_6O_4$
Äthan, 1,2-Bis-[N'-(4-äthoxy-phenyl)-N'-
[2]pyridyl-ureido]- 3908

$C_{30}H_{34}N_8O_{14}$
s. bei $[C_{18}H_{30}N_2]^{2+}$

$C_{30}H_{38}N_4O_2$
Decandiamid, N,N'-Bis-[2-indol-3-yl-äthyl]-
4336

$C_{30}H_{42}N_2O$
Con-5-en, 3-[Benzoyl-methyl-amino]- 4387
23-Nor-con-5-en, 22-Benzoyl-
3-dimethylamino- 4387

$C_{30}H_{42}N_4O_2$
Succinamid, N,N'-Bis-[1-methyl-4-phenyl-
[4]piperidylmethyl]- 4276

$C_{30}H_{46}N_4$
Butandiyldiamin, N,N'-Bis-[1-methyl-
4-phenyl-[4]piperidylmethyl]- 4279

$C_{30}H_{49}N_3O_2S$
Sulfanilsäure-[(6-methyl-[2]pyridyl)-
octadecyl-amid] 4145

C_{31}

$C_{31}H_{26}N_2$
Amin, Dibenzhydryl-[2]pyridyl- 3856

$C_{31}H_{26}N_2O_4S$
Amin, Benzoyl-[2-(1-benzoyl-indol-3-yl)-
äthyl]-[toluol-4-sulfonyl]- 4349

$C_{31}H_{33}N_3O_5S$
Nonansäure, 9-[3-Methyl-1,4-dioxo-
1,4-dihydro-[2]naphthyl]-,
[4-[2]pyridylsulfamoyl-anilid] 3996

$C_{31}H_{40}N_4O_2$
Malonsäure, Diphenyl-, bis-tropan-
3-ylamid 3800

$C_{31}H_{44}N_8O_{14}$
s. bei $[C_{19}H_{40}N_2]^{2+}$

$C_{31}H_{47}N_5O_7$
s. bei $[C_{25}H_{45}N_2]^+$

$C_{31}H_{56}N_2$
Anilin, N,N-Dihexyl-4-[2-(1-hexyl-
[2]piperidyl)-äthyl]- 4286

C_{32}

$C_{32}H_{46}N_4O_2$
Adipamid, N,N'-Bis-[1-methyl-4-phenyl-
[4]piperidylmethyl]- 4276

$[C_{32}H_{48}N_4O_2]^{2+}$
Succinamid, N,N'-Bis-[1,1-dimethyl-
4-phenyl-piperidinium-4-ylmethyl]-
4276
$[C_{32}H_{48}N_4O_2]I_2$ 4276

$C_{32}H_{50}N_2O$
Cholest-5-en-3-ol, 7-[2]Pyridylamino- 3866
−, 7-[3]Pyridylamino- 4071

$C_{32}H_{50}N_4$
Hexandiyldiamin, N,N'-Bis-[1-methyl-
4-phenyl-[4]piperidylmethyl]- 4279

$C_{32}H_{51}N_3O_3S$
Sulfanilsäure, N-Acetyl-, [(6-methyl-
[2]pyridyl)-octadecyl-amid] 4145

$C_{32}H_{52}N_2O_3S$
s. bei $[C_{25}H_{45}N_2]^+$

C_{33}

$C_{33}H_{32}ClN_3O$
Amin, [1-Benzyl-4-phenyl-
[4]piperidylmethyl]-[6-chlor-2-methoxy-
acridin-9-yl]- 4282

$C_{33}H_{42}N_2O_5$
Card-20(22)-enolid, 3,5,14-Trihydroxy-19-
[2-indol-3-yl-äthylimino]- 4346

$C_{33}H_{50}N_2O_2$
Cholest-5-en, 3-[2]Pyridylcarbamoyloxy-
3894

$C_{33}H_{50}N_2O_6$
s. bei $[C_{19}H_{40}N_2]^{2+}$

C_{34}

$C_{34}H_{28}N_{10}O_6S_3$
Sulfon, Bis-[4-(2-amino-5-
[2]pyridylsulfamoyl-phenylazo)-phenyl]-
4011

$C_{34}H_{33}N_3O_2$
Amin, Bis-[1-benzoyl-1,2,3,4-tetrahydro-
[2]chinolylmethyl]- 4264

$[C_{34}H_{52}N_4O_2]^{2+}$
Adipamid, N,N'-Bis-[1,1-dimethyl-
4-phenyl-piperidinium-4-ylmethyl]-
4276
$[C_{34}H_{52}N_4O_2]I_2$ 4276

$[C_{34}H_{56}N_4]^{2+}$
Hexandiyldiamin, N,N'-Bis-[1,1-dimethyl-
4-phenyl-piperidinium-4-ylmethyl]-
4279
$[C_{34}H_{56}N_4]I_2$ 4279

C_{35}

$C_{35}H_{34}N_2O_5$
Amin, Bis-[2-benzoyloxy-äthyl]-[1-benzoyl-
1,2,3,4-tetrahydro-[2]chinolylmethyl]-
4262

$C_{35}H_{35}N_3$
Äthylendiamin, N,N-Dibenzyl-N'-bibenzyl-
α-yl-N'-[2]pyridyl- 3933

$C_{35}H_{52}N_4O_2$
Nonandiamid, N,N'-Bis-[1-methyl-
4-phenyl-[4]piperidylmethyl]- 4276

$C_{35}H_{56}N_4$
Nonandiyldiamin, N,N'-Bis-[1-methyl-
4-phenyl-[4]piperidylmethyl]- 4280

C_{36}

$C_{36}H_{44}N_2O_2$
23-Nor-con-5-en, 22-Benzoyl-3-[benzoyl-
methyl-amino]- 4387

$C_{36}H_{54}N_4O_2$
Decandiamid, N,N'-Bis-[1-methyl-
4-phenyl-[4]piperidylmethyl]- 4276

$C_{36}H_{58}N_4$
Decandiyldiamin, N,N'-Bis-[1-methyl-
4-phenyl-[4]piperidylmethyl]- 4280

C_{37}

$C_{37}H_{34}N_2O_4$
Amin, Bis-[2-diphenylacetoxy-äthyl]-
[2]pyridyl- 3859

[C$_{37}$H$_{58}$N$_4$O$_2$]$^{2+}$
Nonandiamid, N,N'-Bis-[1,1-dimethyl-
4-phenyl-piperidinium-4-ylmethyl]-
4276
  [C$_{37}$H$_{58}$N$_4$O$_2$]I$_2$ 4276
[C$_{37}$H$_{62}$N$_4$]$^{2+}$
Nonandiyldiamin, N,N'-Bis-[1,1-dimethyl-
4-phenyl-piperidinium-4-ylmethyl]-
4280
  [C$_{37}$H$_{62}$N$_4$]I$_2$ 4280

C$_{38}$

[C$_{38}$H$_{60}$N$_4$O$_2$]$^{2+}$
Decandiamid, N,N'-Bis-[1,1-dimethyl-
4-phenyl-piperidinium-4-ylmethyl]-
4276
  [C$_{38}$H$_{60}$N$_4$O$_2$]I$_2$ 4276
[C$_{38}$H$_{66}$N$_4$]$^{4+}$
Ammonium, N,N'-Bis-[1,1-dimethyl-
4-phenyl-piperidinium-4-ylmethyl]-$N,N,$
N',N'-tetramethyl-N,N'-hexandiyl-di-
4279
  [C$_{38}$H$_{66}$N$_4$]I$_4$ 4279

C$_{39}$

C$_{39}$H$_{34}$N$_8$O$_7$S$_2$
Harnstoff, N,N'-Bis-[3-(2-methyl-5-
[2]pyridylcarbamoyl-phenylsulfamoyl)-
phenyl]- 3946
C$_{39}$H$_{54}$N$_2$O$_2$
Cholest-5-en, 3-Benzoyloxy-7-
[2]pyridylamino- 3866
−, 3-Benzoyloxy-7-[3]pyridylamino-
4071
C$_{39}$H$_{55}$N$_3$O$_4$S
Carbamidsäure, [4-[2]Pyridylsulfamoyl-
phenyl]-, cholesterylester 3993

C$_{41}$

C$_{41}$H$_{34}$N$_8$O$_5$
Harnstoff, N,N'-Bis-[3-(2-methyl-5-
[2]pyridylcarbamoyl-phenylcarbamoyl)-
phenyl]- 3945
[C$_{41}$H$_{72}$N$_4$]$^{4+}$
Ammonium, N,N'-Bis-[1,1-dimethyl-
4-phenyl-piperidinium-4-ylmethyl]-$N,N,$
N',N'-tetramethyl-N,N'-nonandiyl-di-
4280
  [C$_{41}$H$_{72}$N$_4$]I$_4$ 4280

C$_{42}$

[C$_{42}$H$_{74}$N$_4$]$^{4+}$
Ammonium, N,N'-Bis-[1,1-dimethyl-
4-phenyl-piperidinium-4-ylmethyl]-$N,N,$
N',N'-tetramethyl-N,N'-decandiyl-di-
4280
  [C$_{42}$H$_{74}$N$_4$]I$_4$ 4280

C$_{44}$

C$_{44}$H$_{28}$N$_{10}$O$_8$
Biphenyl, 4,4'-Bis-[2-hydroxy-3-(5-nitro-
[2]pyridylcarbamoyl)-[1]naphthylazo]-
4062

C$_{48}$

C$_{48}$H$_{80}$N$_4$O$_5$
Verbindung C$_{48}$H$_{80}$N$_4$O$_5$ aus Conessin
4383